Arbeitsbuch zu Tipler/Mosca, Physik

David Mills
Alexander Knochel
(Hrsg.)

Arbeitsbuch zu Tipler/Mosca, Physik

Alle Aufgaben und Fragen mit Lösungen
zur 8. Auflage

David Mills

Hrsg.
Alexander Knochel
Dossenheim, Deutschland

ISBN 978-3-662-58918-2　　　　　ISBN 978-3-662-58919-9 (eBook)
https://doi.org/10.1007/978-3-662-58919-9

Die Deutsche Nationalbibliothek verzeichnet diese Publikation in der Deutschen Nationalbibliografie; detaillierte bibliografische Daten sind im Internet über http://dnb.d-nb.de abrufbar.

Springer Spektrum
Überarbeitete und ergänzte Ausgabe der deutschsprachigen Übersetzung der amerikanischen Originalausgabe erschienen bei W.H., Freeman and Company, New York, USA, 2008. Alle Rechte vorbehalten. First published in the United States by W.H. Freeman and Company. Copyright © 2008 by W.H. Freeman and Company. All rights reserved.

Springer Spektrum ist ein Imprint der eingetragenen Gesellschaft Springer-Verlag GmbH, DE und ist ein Teil von Springer Nature.
Die Anschrift der Gesellschaft ist: Heidelberger Platz 3, 14197 Berlin, Germany

Vorwort zur 8. Auflage

Nicht nur die Physik als Wissenschaft entwickelt sich ständig weiter, sondern auch die Art und Weise, wie Physik an Schulen und Hochschulen gelehrt und gelernt wird. Beim Entwurf der neuen Aufgaben für die Auflage 8 verfolgten wir daher einerseits das Ziel, thematische Lücken zu schließen und neueste Erkenntnisse und Entwicklungen zu würdigen. So gibt es neben den Standardthemen beispielsweise auch neue Aufgaben zur Teilchenphysik, zur Beobachtung Schwarzer Löcher oder diversen Anwendungen der Kernphysik. Andererseits wollten wir zumindest einen ersten Schritt tun, um die sich verändernde Aufgabenkultur in Richtung Kompetenzorientierung in Form von freier gestellten Aufgaben, von Aufgaben zum Recherchieren und zum Argumentieren zu berücksichtigen.

Mein Dank gilt wieder Dipl. Phys. Margit Maly und Stefanie Adam, M.A., von Springer Spektrum für die hervorragende Betreuung und technische Unterstützung. Ich danke ganz besonders dem Herausgeber des Lehrbuchs, Prof. Dr.-Ing. Peter Kersten, für seine Beiträge und die erfreuliche und fruchtbare Zusammenarbeit bei der Koordination der beiden Bücher. Ich danke Prof. Dr.-Ing. Thomas Schulenberg für die freundliche fachliche Beratung in Fragen der Kerntechnik und meiner Frau und meinen Kollegen und Mitstreitern in Karlsruhe für viele interessante Diskussionen. Ebenso wertvoll waren die Hinweise auf Fehler seitens unserer Leser, die wir dankbar annehmen.

Ich wünsche Ihnen viel Erfolg beim Arbeiten!

Heidelberg
im Mai 2019

Alexander Knochel

Vorwort zur 7. Auflage

Die aktuelle 7. deutschsprachige Auflage des Lehrbuchs Tipler/Mosca Physik (Jenny Wagner, Hrsg.) wurde speziell an die Bachelorlehrpläne im deutschsprachigen Raum angepasst, neu strukturiert und um einige Themengebiete erweitert. Das vorliegende Arbeitsbuch spiegelt diese Veränderungen wider und enthält alle Aufgaben der 7. Auflage mit ausführlich vorgerechneten Lösungen, teilweise in überarbeiteter Fassung.

Mein Dank gilt Dipl. Phys. Margit Maly und Stefanie Adam, M.A., von Springer Spektrum für die hervorragende Betreuung und technische Unterstützung, insbesondere M.M. für die Überprüfungs- und Korrekturarbeiten, sowie Prof. Dr. Christian H. Kautz für die fachliche Beratung in Fragen der technischen Mechanik.

Ich kann mich nur meinen Vorgängern anschließen, Ihnen viel Erfolg beim Arbeiten zu wünschen, und zu hoffen, dass Sie wie wir von diesem faszinierenden und vielseitigen Material begeistert sind!

Heidelberg
im Mai 2016

Alexander Knochel

Vorwort zur 6. Auflage

Das Arbeitsbuch zur 6. Auflage des Lehrbuchs *Physik für Wissenschaftler und Ingenieure* von Paul A. Tipler und Gene Mosca hat sich zu einem Bachelor-Trainer gewandelt, der vorlesungsbegleitend Lern- und Testmaterial für Dozenten wie auch Studierende der Physik zur Verfügung stellt: in gedruckter Form die Lösungen zahlreicher Aufgaben aus allen physikalischen Teilgebieten, kombiniert mit rund 2000 Verständnisfragen auf DVD, die im Multiple-choice-Format zum Selbsttest einladen. Der Bachelor-Trainer ist unabhängig vom Lehrbuch nutzbar, weil die Aufgabenstellungen und Lösungen mit allen erforderlichen Abbildungen eine geschlossene Einheit bilden und auch die Verständnisfragen eine separate Einheit darstellen.

Die gedruckte Aufgaben- und Lösungssammlung dieses Arbeitsbuchs ging aus dem amerikanischen Handbuch für Dozenten hervor, das die Lösungswege sämtlicher Aufgaben des amerikanischen Lehrbuchs enthält. Allerdings ist das amerikanische Handbuch nur Dozenten an amerikanischen Universitäten zugänglich. Konzipiert von einem Team aus zahlreichen College- und Universitätslehrern, wurde es von David Mills herausgegeben.

Wir meinen, dieses profunde Material ist zum ergänzenden, sozusagen autodidaktischen Lernen so gut geeignet, dass wir es allen deutschsprachigen Lesern zugänglich machen wollen, also nicht nur den Dozenten, sondern auch den Studenten. Das war umso notwendiger, als sich unsere Gegebenheiten von denen in den USA unterscheiden. Dort sind die Lehrbücher enger an den Kursstoff gebunden als hierzulande, und die Studierenden können sich kostenpflichtig per Internet beim Lösen der Aufgaben betreuen lassen, d. h., Schritt für Schritt die Lösung abrufen bzw. mit der eigenen vergleichen – ein Service, der von Deutschland aus nicht zugänglich ist. Für die deutschsprachigen Leser sind hier die Lösungen sämtlicher Aufgaben der deutschen Ausgabe des Lehrbuchs zusammengestellt. Damit wird die in Amerika praktizierte schrittweise Betreuung sozusagen dem Lernenden selbst in die Hand gegeben.

Wie auch bei der deutschen Fassung des Lehrbuchs ging die Übertragung ins Deutsche über eine bloße Übersetzung hinaus. Im Einzelnen sei auf folgende Punkte hingewiesen:

- Die Formelnotation wurde auf unsere Verhältnisse angepasst.
- Die Vielzahl der Aufgaben im amerikanischen Original wurde reduziert, wobei dieses Arbeitsbuch selbstverständlich dieselben Aufgaben wie das deutsche Lehrbuch enthält. Damit wird den Vorkenntnissen der europäischen Studenten besser Rechnung getragen, und der Umfang des recht voluminösen Werks blieb handlich.
- Schließlich haben wir die optische Gestaltung der Aufgabenlösungen gestrafft und in einem neuen Layout gestaltet. Jede Lösung wird schrittweise vorgestellt, wie auch im Original. In den Lösungen werden Text und Formeln fortlaufend angeordnet und Abbildungen und Tabellen dem Text direkt zugeordnet. Wir haben bei all dem versucht, mit der vorliegenden Übertragung ins Deutsche den Intentionen und dem didaktischen Konzept der Autoren gerecht zu werden.

Die DVD [*Anm. des Hrsg.: Die DVD ist in der 7. Auflage nicht mehr enthalten*] enthält 2000 Verständnisfragen, die der Verlag W.H. Freeman auf der Dozentenwebsite zusammengestellt hat und mit denen die Lernerfolge effizient bewertet werden können. Wir bieten die Übersetzungen dieser Fragen als Ergänzung zu diesem Arbeitsbuch an, weil wir sie im Rahmen der neuen Studiengänge für eine gute Unterstützung der Vorlesungen und Übungen halten. Der Wissenstest ist in den USA standardisiert, und bei uns kann dessen Übersetzung als weiterer Fundus für Dozenten dienen, die Klausuren oder Tests zusammenstellen wollen. Für Studierende bieten die nach Kapiteln geordneten Fragen einen Selbsttest, mit dem sie nach der Lektüre des betreffenden Lehrbuchkapitels den Stoff rekapitulieren können. Dabei kann zwar keine Simulation oder gar Auswertung hiesiger Prüfungen geboten werden, weil diese bei uns nicht standardisiert sind, aber das Training mit Multiple Choice-Fragen zum vertiefenden und rekapitulierenden Lernen ist eine ansprechende und nachhaltige Prüfungsvorbereitung.

Was den Dank an alle diejenigen betrifft, die am Entstehen des Bachelor-Trainers mitgewirkt haben, so möchten wir zunächst auf die Aufgabenauswahl von Prof. Dr. Dietrich Pelte hinweisen, der als Emeritus an der Universität Heidelberg forscht und über lange Zeit hinweg die Didaktik an seiner Fakultät wesentlich mitbestimmt hat. Er hatte für die vorige deutsche Auflage die Auswahl nach Kriterien getroffen, die wir auch nach seinem Ausscheiden als Herausgeber bei dieser Auflage beibehalten haben. Weiterhin danken wir den Übersetzern des Lehrbuchs, deren Übersetzungen der Aufgabentexte hier wiederum Eingang gefunden haben: Dr. Michael Basler, Dr. Renate Marianne Dohmen, Carsten Heinisch und Dr. Anna Schleitzer. Schließlich danken wir allen Mitgliedern des Projektteams im Verlag, die uns bei den vielen Arbeitsschritten geholfen haben, Fehler zu vermeiden oder zu beseitigen: Regine Zimmerschied als Redakteurin für die sprachliche Seite sowie Stefanie Adam und Silke Hutt für die Qualitätsprüfung bei Satz und Layout. Natürlich liegt die Verantwortung für Fehler, die trotz aller unserer Bemühungen noch vorhanden sind, allein bei uns. Für diese Fehler möchten wir uns nicht nur entschuldigen, sondern auch daran mitwirken, ihre Auswirkungen abzumildern. Dazu wird auf www.tipler-physik.de eine Errata-Liste veröffentlicht, die bei Notwendigkeit jeweils aktualisiert wird. Für die Mitteilung jeglicher Fehler, die Sie beim Nutzen dieses Werks entdecken, sind wir stets sehr dankbar.

Wir wünschen nun viel Erfolg, beim Ausprobieren eigener Lösungen der physikalischen Probleme und Aufgaben ebenso wie beim Selbsttest mit den Multiple-choice-Fragen. Lassen Sie sich nicht entmutigen – auch wir haben als gestandene Physiker nicht immer sofort alles richtig beantwortet. Aber es hat uns Spaß gemacht, uns den Aufgaben und den Fragen zu stellen und wie in Studienzeiten aus unseren Fehlern zu lernen. Wir hoffen, dass sich von unserer Begeisterung für die Physik und ihre Herausforderungen ein wenig auch auf Dozenten und Studierende überträgt.

Heidelberg
im August 2009

Michael Zillgitt
Katharina Neuser-von Oettingen

Danksagungen des Autors

Gene Mosca (Mitautor der 6. Auflage der *Physik für Wissenschaftler und Ingenieure* von Paul A. Tipler), der an der United States Naval Academy lehrte, unterstützte mich dankenswerterweise sehr, indem er etliche meiner Lösungen verbesserte oder einen klareren Lösungsweg vorschlug. Es war mir eine große Freude, bei der Erstellung dieses Arbeitsbuchs mit ihm zusammenzuarbeiten. Sicherlich teilt er meine Hoffnung, dass die hier zusammengestellten Aufgaben und ausführlichen Lösungen beim Erlernen der Physik hilfreich sind.

Viele Lösungen wurden von Carlos Delgado (Community College of Southern Nevada) und Mike Crivello (San Diego Mesa College) überprüft. Ohne ihre gründliche Arbeit hätten etliche Fehler noch der Entdeckung durch die Leserschaft geharrt. Carlos Delgado schlug auch mehrere alternative Lösungswege vor. Weil sie sämtlich Verbesserungen darstellten, fanden sie natürlich auch Eingang in dieses Buch. Beiden Kollegen danke ich sehr für ihre unschätzbare Hilfe. Für die trotz ihrer überaus gründlichen Arbeit immer noch vorhandenen Fehler bin natürlich allein ich verantwortlich.

Mein großer Dank gilt schließlich Susan Brennan, Clancy Marshall und Kharissa Pettus, die die Erstellung dieses Arbeitsbuchs maßgeblich begleiteten, sowie Kathryn Treadway und Janie Chan für die Überprüfungs- und Korrekturarbeiten.

College of the Redwoods
Juni 2007

David Mills

David Mills ist Emeritus für Physik am College of the Redwoods im kalifornischen Eureka und hat als erfahrener Didaktiker für Physik in Schule und Hochschule bereits das Arbeitsbuch der Vorauflage herausgegeben.

Michael Zillgitt und **Michael Basler** haben in Physikalischer Chemie bzw. Physik promoviert und sind seit etlichen Jahren als Fachübersetzer – auch für den Tipler/Mosca – tätig.

Alexander Knochel hat in Theoretischer Hochenergiephysik promoviert und ist als Lehrer sowie als Sach- und Lehrbuchautor tätig.

Inhaltsverzeichnis

Physikalische Größen und Messungen

© kadmy/Getty Images/iStock

Physikalische Größen und Messungen

© Springer-Verlag GmbH Deutschland, ein Teil von Springer Nature 2019

A. Knochel (Hrsg.), *Arbeitsbuch zu Tipler/Mosca, Physik*, https://doi.org/10.1007/978-3-662-58919-9_1

Aufgaben

Verständnisaufgaben

1.1 • Welche der folgenden physikalischen Größen ist keine Grundgröße im SI-Einheitensystem? a) Masse, b) Länge, c) Energie, d) Zeit, e) alle genannten Größen sind solche Grundgrößen.

1.2 • Am Ende einer Berechnung erhalten Sie m/s im Zähler und m/s^2 im Nenner. Wie lautet die endgültige Maßeinheit? a) m^2/s^3, b) $1/s$, c) s^3/m^2, d) s, e) m/s.

1.3 • Wie viele signifikante Stellen hat die Dezimalzahl $0{,}000\,513\,0$? a) eine, b) drei, c) vier, d) sieben, e) acht.

1.4 • Richtig oder falsch? Zwei Größen müssen die gleiche Dimension haben, um miteinander multipliziert werden zu können.

Schätzungs- und Näherungsaufgaben

1.5 • Die Annahme, dass der menschliche Körper im Wesentlichen aus Wasser besteht, ermöglicht einige gute Schätzungen. Ein Wassermolekül hat die Masse $29{,}9 \cdot 10^{-27}\,\text{kg}$. Schätzen Sie die Anzahl der Wassermoleküle eines Menschen mit einer Masse von 60 kg.

1.6 •• a) Schätzen Sie, wie viele Liter Benzin die Kraftfahrzeuge in den USA jeden Tag verbrauchen, sowie den Geldwert dieser Benzinmenge. b) Aus einem Barrel (knapp 159 l) Rohöl können ca. 73 l Benzin gewonnen werden. Wie viele Barrel Rohöl müssen die USA demnach zur Benzingewinnung jährlich einsetzen? Wie vielen Barrel Rohöl pro Tag entspricht das?

1.7 •• Das sogenannte „Megabyte" (MB) ist eine Maßeinheit für die Kapazität bzw. das Fassungsvermögen von Computerspeichern, CD-ROMs oder Musik- bzw. Sprach-CDs. Beispielsweise kann eine Musik-CD mit ihrer Speicherkapazität von 700 MB etwa 70 min Musik in HiFi-Qualität speichern. a) Wie viele MB werden für einen 5 min langen Musiktitel benötigt? b) Schätzen Sie, wie viele Romane auf einer CD-ROM gespeichert werden können, wenn pro Druckseite Text durchschnittlich 5 KB an Speicherplatz benötigt werden.

Maßeinheiten

1.8 • Drücken Sie die folgenden Werte mithilfe geeigneter Vorsätze aus. Beispiel: $10\,000\,\text{m} = 10\,\text{km}$. a) $1\,000\,000\,\text{W}$, b) $0{,}002\,\text{g}$, c) $3 \cdot 10^{-6}\,\text{m}$, d) $30\,000\,\text{s}$.

1.9 •• In den folgenden Gleichungen wird die Strecke x in Metern, die Zeit t in Sekunden und die Geschwindigkeit v in Metern pro Sekunde angegeben. Welche SI-Einheiten haben jeweils die Konstanten C_1 und C_2? a) $x = C_1 + C_2\,t$, b) $x = \frac{1}{2}\,C_1\,t^2$, c) $v^2 = 2\,C_1\,x$, d) $x = C_1 \cos C_2\,t$, e) $v^2 = 2\,C_1\,v - (C_2\,x)^2$.

Umrechnen von Einheiten

1.10 • Die Schallgeschwindigkeit in Luft beträgt bei normalen Bedingungen 343 m/s. Sie wird in der Luft- und Raumfahrt nach Ernst Mach als „Mach 1" bezeichnet (man sagt auch: „Die Mach-Zahl beträgt 1"). Wie hoch ist in km/h die Geschwindigkeit eines Überschallflugzeugs, das mit Mach 2, also mit doppelter Schallgeschwindigkeit, fliegt?

1.11 •• Im Folgenden ist jeweils x in Metern, t in Sekunden, v in Metern pro Sekunde und a in Metern pro Sekunde zum Quadrat gegeben. Gesucht sind die SI-Einheiten der Ausdrücke a) v^2/x, b) $\sqrt{x/a}$, c) $\frac{1}{2}\,a\,t^2$.

Dimensionen physikalischer Größen

1.12 • Prüfen Sie, dass die rechte Seite von Einsteins berühmter Formel $E = mc^2$ für den Zusammenhang zwischen Masse und Energie tatsächlich die passenden Einheiten für eine Energiemenge liefert. Dabei ist m die gegebene Masse und c die Lichtgeschwindigkeit.

1.13 • Das Zeitgesetz für den radioaktiven Zerfall lautet $n(t) = n_0\,e^{-\lambda t}$, wobei n_0 die Anzahl der radioaktiven Kerne zur Zeit $t = 0$ und $n(t)$ die Anzahl der davon zum Zeitpunkt t verbliebenen Kerne sowie λ die sogenannte Zerfallskonstante ist. Welche Dimension hat λ?

1.14 •• Die SI-Einheit $kg\,m/s^2$ der Kraft wird Newton (N) genannt. Gesucht sind die Dimension und die SI-Einheit der Konstanten Γ im Newton'schen Gravitationsgesetz $F = \Gamma\,m_1\,m_2/r^2$.

1.15 •• Der Impuls eines Körpers ist das Produkt aus seiner Geschwindigkeit und seiner Masse. Zeigen Sie, dass der Impuls die Dimension Kraft mal Zeit hat.

1.16 •• Wenn ein Gegenstand in der Luft fällt, dann übt diese eine Widerstandskraft F_W aus, die proportional zum Produkt aus der Querschnittsfläche des Gegenstands und dem Quadrat seiner Geschwindigkeit ist. Somit gilt $F_W = C A v^2$, wobei C eine Konstante ist. Bestimmen Sie deren Dimension.

Exponentialschreibweise und signifikante Stellen

1.17 • Drücken Sie folgende Werte in der jeweils zusätzlich angegebenen Einheit in der Exponentialschreibweise aus: a) $1\,345\,100\,\text{m} = \ldots\,\text{km}$, b) $12\,340{,}0\,\text{kW} = \ldots\,\text{MW}$, c) $54{,}32\,\text{ps} = \ldots\,\text{s}$, d) $3{,}0\,\text{m} = \ldots\,\text{mm}$.

Allgemeine Aufgaben

1.18 • Sie stehen am Ufer der französischen Kanalküste und sehen in der Ferne die englischen Kreidefelsen. Sie wollen mit der trigonometrischen Formel $h = l \cdot \sin(\alpha)$ die Höhe der Kreidefelsen berechnen, wobei l die Entfernung der Felsen und α die Winkelausdehnung der Kreidefelsen aus Ihrer Perspektive ist. Sie schätzen, dass das andere Kanalufer etwa 35 ± 5 km entfernt ist. Die Felsen nehmen in ihrer Höhe einen Winkel von etwa $0{,}2° \pm 0{,}02°$ im Sichtfeld ein. Führen Sie die Fehlerfortpflanzung durch und geben Sie einen Wert für h sowie den Fehler in h an.

1.19 •• Ein Eisenatomkern hat den Radius $5{,}4 \cdot 10^{-15}$ m und die Masse $9{,}3 \cdot 10^{-26}$ kg. a) Wie groß ist (in kg/m^3) das Verhältnis der Masse zum Volumen? b) Angenommen, die Erde hätte das gleiche Masse-Volumen-Verhältnis. Wie groß wäre dann ihr Radius? (Die Masse der Erde beträgt $5{,}98 \cdot 10^{24}$ kg.)

1.20 •• Falls die durchschnittliche Dichte des Universums mindestens $6 \cdot 10^{-27}$ kg/m^3 beträgt, wird seine Expansion eines Tages aufhören und in eine Kontraktion umschlagen. a) Wie viele Elektronen pro Kubikmeter wären notwendig, um die kritische Dichte zu erzeugen? b) Wie viele Protonen pro Kubikmeter würden die kritische Dichte erzeugen? ($m_\mathrm{e} = 9{,}11 \cdot 10^{-31}$ kg, $m_\mathrm{P} = 1{,}67 \cdot 10^{-27}$ kg.)

1.21 •• Eine astronomische Einheit (1 AE) ist definiert als der mittlere Abstand $1{,}496 \cdot 10^{11}$ m der Mittelpunkte von Erde und Sonne. Ein Parsec (1 pc) ist der Radius eines Kreises, dessen Kreisbogen bei einem Zentriwinkel von einer Bogensekunde ($= \frac{1}{3600}°$) genau 1 AE lang ist (siehe Abbildung). Ein Lichtjahr ist die Entfernung, die das Licht in einem Jahr zurücklegt. a) Wie viele Parsec bilden eine astronomische Einheit? b) Wie viele Meter entsprechen einem Parsec? c) Wie viele Meter umfasst ein Lichtjahr? d) Wie viele astronomische Einheiten ergeben ein Lichtjahr? e) Wie viele Lichtjahre bilden ein Parsec?

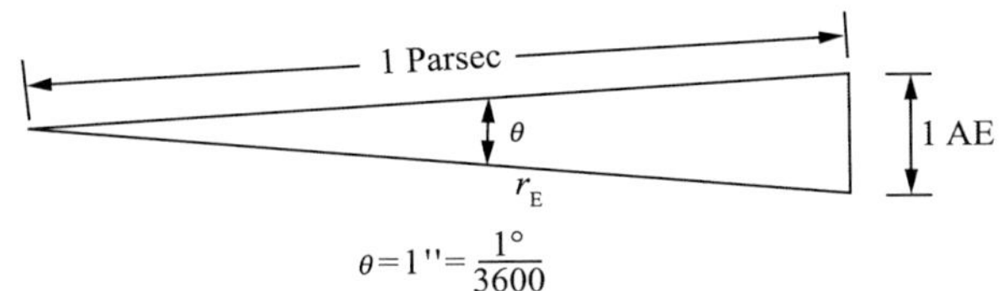

Abb. 1.1 Zu Aufgabe 1.21

1.22 •• In der folgenden Tabelle sind die Umlaufzeiten T und die Radien r der Umlaufbahnen von vier Satelliten aufgeführt, die einen schweren Asteroiden mit hoher Dichte umkreisen.

Umlaufzeit T, a	0,44	1,61	3,88	7,89
Radius r, Gm	0,088	0,208	0,374	0,600

a) Die Daten lassen sich durch die Formel $T = C\, r^n$ beschreiben. Ermitteln Sie die Werte der Konstanten C und n. b) Es wird ein fünfter Satellit mit einer Umlaufzeit von 6,20 a entdeckt. Bestimmen Sie mithilfe der in Teilaufgabe a ermittelten Formel den Radius der Umlaufbahn dieses Satelliten.

1.23 ••• Die Schwingungsdauer T eines mathematischen Pendels hängt von seiner Länge l und von der Erdbeschleunigung g (Dimension L/T^2) ab. a) Ermitteln Sie eine einfache Kombination von l und g, die die Dimension der Zeit hat. b) Überprüfen Sie durch Messen der Schwingungsdauern (der Dauern für ein vollständiges Hin- und Herschwingen) eines Pendels bei zwei verschiedenen Pendellängen l die Abhängigkeit der Schwingungsdauer T von l. c) Die richtige Formel für T, l und g enthält eine Konstante, die ein Vielfaches von π ist und sich nicht aus der Dimensionsbetrachtung in Teilaufgabe a ergibt. Sie kann aber experimentell wie in Teilaufgabe b ermittelt werden, wenn g bekannt ist. Ermitteln Sie mit $g = 9{,}81$ m/s^2 und mithilfe Ihrer experimentellen Ergebnisse von Teilaufgabe b eine möglichst genaue Beziehung zwischen T, l und g.

Lösungen zu den Aufgaben

Verständnisaufgaben

L1.1 Die Masse, die Länge und die Zeit sind physikalische Grundgrößen im SI-Einheitensystem, die Energie dagegen nicht. Also ist Aussage c richtig.

L1.2 Dividieren von m/s durch m/s^2 und Kürzen ergibt

$$\frac{\mathrm{m/s}}{\mathrm{m/s^2}} = \frac{\mathrm{m} \cdot \mathrm{s}^2}{\mathrm{m} \cdot \mathrm{s}} = \mathrm{s}\,.$$

Also ist Aussage d richtig.

L1.3 Wir zählen die Stellen von links nach rechts, wobei Nullen links von der ersten von null verschiedenen Ziffer (d. h. „führende Nullen") nicht berücksichtigt werden. Die ersten vier Nullen, davon drei nach dem Komma, sind also nicht signifikant, während die Null am Schluss signifikant ist. Die Zahl hat daher vier signifikante Stellen (5130), sodass Aussage c richtig ist.

L1.4 Falsch, denn beispielsweise der zurückgelegte Weg ergibt sich aus der Multiplikation von Geschwindigkeit (Länge pro Zeit) und verstrichener Zeit.

Schätzungs- und Näherungsaufgaben

L1.5 Der Schätzwert für die Anzahl der Wassermoleküle ergibt sich ganz einfach aus dem Quotienten der Masse m des Menschen und der Masse eines Wassermoleküls:

$$n = \frac{m}{m_{\text{Molek.}}} = \frac{60\,\text{kg}}{29{,}9 \cdot 10^{-27}\,\text{kg/Molek.}} = 2{,}0 \cdot 10^{27}\,\text{Molek.}$$

L1.6 Die USA haben ca. $3 \cdot 10^8$ Einwohner. Wir nehmen an, dass eine durchschnittliche Familie mit vier Personen zwei PKWs hat, sodass es in den USA etwa $1{,}5 \cdot 10^8$ PKWs gibt. Wir verdoppeln die Zahl, um LKWs, Taxis, Busse usw. zu berücksichtigen, sodass wir von $3 \cdot 10^8$ Fahrzeugen ausgehen. Weiter nehmen wir an, dass jedes Fahrzeug durchschnittlich 35 Liter Benzin pro Woche, also 5 Liter pro Tag, verbraucht.

a) Der gesamte tägliche Benzinverbrauch ergibt sich daraus zu

$$B = (3 \cdot 10^8\ \text{Fahrzeuge})\,(5\,\text{l/Tag}) = 15 \cdot 10^8\,\text{l/Tag}.$$

Bei einem Preis von $P = 0{,}80\,\$$ pro Liter belaufen sich die täglichen Kosten K auf

$$K = B\,P = (15 \cdot 10^8\,\text{l/Tag})\,(0{,}80\,\$/\text{l})$$
$$= 12 \cdot 10^8\,\$/\text{Tag} \approx 1{,}2\ \text{Mrd.}\ \$/\text{Tag}.$$

b) Die Anzahl n_{B} der jährlich verbrauchten Barrel Rohöl ist der Quotient aus dem oben berechneten Benzinverbrauch, umgerechnet auf das Jahr, und der Anzahl n der Liter Benzin, die aus einem Barrel Rohöl hergestellt werden können. Wir rechnen weiterhin mit leicht gerundeten Werten, weil wir ja nur Schätzungen vornehmen. Wir erhalten schließlich

$$n_{\text{B}} = \frac{B}{n} = \frac{(15 \cdot 10^8\,\text{l/Tag})\,(365\,\text{Tage/Jahr})}{73\,\text{l/Barrel}}$$
$$\approx 8 \cdot 10^9\ \text{Barrel/Jahr}.$$

Wir rechnen die Barrel pro Jahr in Barrel pro Tag um:

$$n_{\text{B}} = \frac{8 \cdot 10^9\ \text{Barrel/Jahr}}{365\,\text{Tage/Jahr}} \approx 2 \cdot 10^7\ \text{Barrel/Tag}.$$

L1.7 a) Die Anzahl der MB, die die CD insgesamt fasst, verhält sich zu ihrer Gesamtspieldauer wie die Anzahl $n_{\text{MB,Titel}}$ der MB eines Titels zu dessen Dauer:

$$\frac{700\,\text{MB}}{70\,\text{min}} = \frac{n_{\text{MB,Titel}}}{5\,\text{min}}.$$

Damit ergibt sich

$$n_{\text{MB,Titel}} = \frac{700\,\text{MB}}{70\,\text{min}}\,(5\,\text{min}) = 50\,\text{MB}.$$

b) Die Anzahl n_{R} der Romane, die die CD-ROM aufnehmen kann, ist der Quotient aus ihrer Speicherkapazität $700\,\text{MB}$ und der für einen Roman (R) benötigten Speicherkapazität k_{R} (die die Einheit MB/R oder KB/R hat):

$$n_{\text{R}} = \frac{700\,\text{MB}}{k_{\text{R}}}.$$

Wie gegeben, beträgt der Speicherbedarf für eine Romanseite 5 KB. Wir nehmen dazu an, dass ein Roman durchschnittlich 200 Seiten hat. Damit beträgt der Speicherbedarf pro Roman

$$k_{\text{R}} = 200\,(5\,\text{KB/R}) = 1000\,\text{KB/R}.$$

Wir müssen im Folgenden beachten, dass der Vorsatz M beim Speicherplatz nicht für den Faktor 10^6, sondern für den Faktor 1024^2 (und entsprechend der Vorsatz K nicht für den Faktor 10^3, sondern für den Faktor 1024) steht. Damit ergibt sich für die Anzahl der zu speichernden Romane

$$n_{\text{R}} = \frac{700\,\text{MB}}{k_{\text{R}}} = \frac{700\,\text{MB}}{1000\,\text{KB/R}} = \frac{700\,(1024\,\text{KB})}{1000\,\text{KB/R}}$$
$$= 71{,}7 \approx 7 \cdot 10^2\ \text{R}.$$

Maßeinheiten

L1.8 a) $1\,000\,000\,\text{W} = 10^6\,\text{W} = 1\,\text{MW}$, b) $0{,}002\,\text{g} = 2 \cdot 10^{-3}\,\text{g} = 2\,\text{mg}$, c) $3 \cdot 10^{-6}\,\text{m} = 3\,\mu\text{m}$, d) $30\,000\,\text{s} = 30 \cdot 10^3\,\text{s} = 30\,\text{ks}$.

L1.9 Die SI-Einheit des Terms auf der rechten Seite der angegebenen Gleichungen ist jeweils gleich der Einheit der Größe auf der linken Seite. a) Da x in Metern angegeben wird, müssen C_1 und $C_2\,t$ ebenfalls die Einheit Meter (m) haben, sodass C_1 in m und C_2 in m/s anzugeben ist. Auf dem gleichen Weg finden wir: b) C_1 ist in m/s^2 anzugeben. c) Da v^2 die Einheit m^2/s^2 hat, muss C_1 die Einheit m/s^2 haben. d) C_1 hat die Einheit m und C_2 die Einheit s^{-1}. e) C_1 ist in m/s und C_2 in s^{-1} anzugeben.

Umrechnen von Einheiten

L1.10 Wir rechnen die Geschwindigkeit des Flugzeugs in km/h um:

$$v = 2\,(343\,\text{m s}^{-1}) = 686\,\text{m} \cdot \text{s}^{-1}$$
$$= \left(686\,\frac{\text{m}}{\text{s}}\right)\left(\frac{1\,\text{km}}{10^3\,\text{m}}\right)\left(3600\,\frac{\text{s}}{\text{h}}\right) = 2{,}47 \cdot 10^3\ \text{km} \cdot \text{h}^{-1}.$$

L1.11 a) Einsetzen und Kürzen ergibt für die Einheiten

$$\frac{v^2}{x}:\quad \frac{(\text{m} \cdot \text{s}^{-1})^2}{\text{m}} = \frac{\text{m}^2}{\text{m}\,\text{s}^2} = \frac{\text{m}}{\text{s}^2}.$$

b) Entsprechend erhalten wir

$$\sqrt{\frac{x}{a}}:\quad \sqrt{\frac{\text{m}}{\text{m} \cdot \text{s}^{-2}}} = \sqrt{\text{s}^2} = \text{s}.$$

c) Die Konstante $\frac{1}{2}$ ist dimensionslos und muss daher nicht berücksichtigt werden; somit ergibt sich

$$\frac{1}{2}\,a\,t^2:\quad \frac{\text{m}}{\text{s}^2} \cdot \text{s}^2 = \text{m}.$$

Dimensionen physikalischer Größen

L1.12 Die Einheiten der rechten Seite ergeben $\mathrm{kg}\cdot\left(\frac{\mathrm{m}}{\mathrm{s}}\right)^2 = \frac{\mathrm{kg\,m^2}}{\mathrm{s^2}}$. Damit liegt passend zur Energie die Einheit Joule vor.

L1.13 Da der Exponent dimensionslos sein muss, hat λ die Dimension t^{-1}.

L1.14 Wir lösen das Newton'sche Gravitationsgesetz nach der Gravitationskonstanten Γ auf und setzen die bekannten Dimensionen der einzelnen Größen ein. Das ergibt für die Dimensionen

$$[\Gamma] = \frac{[F]\,[r^2]}{[m_1]\,[m_2]} = \frac{\frac{m\,l}{t^2}\,l^2}{m^2} = \frac{l^3}{m\,t^2}\,.$$

Einsetzen der SI-Einheiten zeigt, dass die Gravitationskonstante Γ die Einheit $\mathrm{m^3 \cdot kg^{-1} \cdot s^{-2}}$ hat.

L1.15 Die Masse hat die Dimension m und die Geschwindigkeit die Dimension $l\,t^{-1}$. Damit ergibt sich für den Impuls die Dimension $[m\,v] = m\,l\,t^{-1}$. Ferner hat die Kraft mit der Einheit $\mathrm{kg \cdot m/s^2}$ die Dimension $m\,l\,t^{-2}$. Daher ergibt sich für das Produkt aus Kraft und Zeit die Dimension $[F\,t] = (m\,l\,t^{-2})\,t = m\,l\,t^{-1}$, die also mit der des Impulses übereinstimmt.

L1.16 Wir lösen die gegebene Gleichung für die Widerstandskraft nach der Konstanten C auf:

$$C = \frac{F_{\mathrm{W}}}{A\,v^2}\,.$$

Nun setzen wir die Dimensionen der Kraft, der Fläche und der Geschwindigkeit ein:

$$[C] = \frac{[F_{\mathrm{W}}]}{[A]\,[v]^2} = \frac{m\,l\,t^{-2}}{l^2\,(l\,t^{-1})^2} = \frac{m}{l^3}\,.$$

Exponentialschreibweise und signifikante Stellen

L1.17 a) $1\,345\,100\,\mathrm{m} = 1{,}3451 \cdot 10^6\,\mathrm{m} = 1{,}3451 \cdot 10^3\,\mathrm{km}$.

b) $12\,340{,}0\,\mathrm{kW} = 1{,}2340 \cdot 10^4\,\mathrm{kW} = 1{,}2340 \cdot 10^1\,\mathrm{MW}$.

c) $54{,}32\,\mathrm{ps} = 54{,}32 \cdot 10^{-12}\,\mathrm{s} = 5{,}432 \cdot 10^{-11}\,\mathrm{s}$.

d) $3{,}0\,\mathrm{m} = 3{,}0\,\mathrm{m} \cdot \dfrac{10^3\,\mathrm{mm}}{1\,\mathrm{m}} = 3{,}0 \cdot 10^3\,\mathrm{mm}$.

Allgemeine Aufgaben

L1.18 Im Bogenmaß entsprechen $0{,}2°$ gerade $\alpha = 0{,}0035$. Die Unsicherheit $0{,}02°$ entspricht also $\Delta\alpha = 0{,}00035$. Die aus den Mittelwerten berechnete Höhe ergibt sich aus den folgenden trigonometrischen Verhältnissen:

$$h = 35\,\mathrm{km} \cdot \sin(0{,}0035) \approx 35\,\mathrm{km} \cdot 0{,}0035$$
$$= 0{,}123\,\mathrm{km} = 123\,\mathrm{m}$$

Dabei wurde die Kleinwinkelnäherung für den Sinus verwendet. Die Unsicherheit in der Höhe ergibt sich aus der Formel für die Fehlerfortpflanzung:

$$\Delta h = \sqrt{\left(\frac{\partial h}{\partial \alpha}\,\Delta\alpha\right)^2 + \left(\frac{\partial h}{\partial l}\,\Delta l\right)^2}$$

Im Einzelnen erhalten wir

$$\frac{\partial h}{\partial \alpha} = 35\,\mathrm{km} \cdot \cos(0{,}0035) = 35\,\mathrm{km},$$
$$\frac{\partial h}{\partial l} = \sin(0{,}0035) \approx 0{,}0035\,.$$

Damit ist

$$\Delta h = \sqrt{(35\,\mathrm{km} \cdot 0{,}00035)^2 + (0{,}0035 \cdot 5\,\mathrm{km})^2}$$
$$= 0{,}021\,\mathrm{km} = 21\,\mathrm{m}\,. \tag{1}$$

Unsere Abschätzung für die Höhe der Kreidefelsen ergibt also $h = 123 \pm 21\,\mathrm{m}$.

L1.19 a) Das Verhältnis der Masse zum Volumen ist die Dichte: $\varrho = m/V$. Wenn das Atom als kugelförmig angenommen wird, ist sein Volumen $V = \frac{4}{3}\,\pi\,r^3$. Damit ergibt sich

$$\varrho = \frac{m}{\frac{4}{3}\,\pi\,r^3} = \frac{3\,m}{4\,\pi\,r^3} \tag{1}$$
$$= \frac{3\,(9{,}3 \cdot 10^{-26}\,\mathrm{kg})}{4\,\pi\,(5{,}4 \cdot 10^{-15}\,\mathrm{m})^3} = 1{,}410 \cdot 10^{17}\,\mathrm{kg \cdot m^{-3}}$$
$$= 1{,}4 \cdot 10^{17}\,\mathrm{kg \cdot m^{-3}}\,.$$

b) Wir lösen Gleichung 1 nach r auf und erhalten für den hypothetischen Radius

$$r = \sqrt[3]{\frac{3\,m}{4\,\pi\,\varrho}} = \sqrt[3]{\frac{3\,(5{,}98 \cdot 10^{24}\,\mathrm{kg})}{4\,\pi\,(1{,}410 \cdot 10^{17}\,\mathrm{kg \cdot m^{-3}})}} = 2{,}2 \cdot 10^2\,\mathrm{m}\,.$$

Die Erde hätte also einen Radius von nur $220\,\mathrm{m}$!

L1.20 a) Mit der Anzahl n_{e} der Elektronen gilt gemäß der Definition der Dichte

$$\rho = \frac{m}{V} = \frac{n_{\mathrm{e}}\,m_{\mathrm{e}}}{V} \qquad \text{und daher} \qquad \frac{n_{\mathrm{e}}}{V} = \frac{\rho}{m_{\mathrm{e}}}\,. \tag{1}$$

Einsetzen der Zahlenwerte liefert für die erforderliche Anzahldichte der Elektronen

$$\frac{n_{\mathrm{e}}}{V} = \frac{6 \cdot 10^{-27}\,\mathrm{kg \cdot m^{-3}}}{9{,}11 \cdot 10^{-31}\,\mathrm{kg}} = 6{,}586 \cdot 10^3\,\mathrm{m^{-3}} \approx 7 \cdot 10^3\,\mathrm{m^{-3}}\,.$$

b) Wir berechnen zunächst das Verhältnis der Elektronenmasse zur Protonenmasse:

$$\frac{m_{\mathrm{e}}}{m_{\mathrm{P}}} = \frac{9{,}11 \cdot 10^{-31}\,\mathrm{kg}}{1{,}67 \cdot 10^{-27}\,\mathrm{kg}} = 5{,}455 \cdot 10^{-4}\,.$$

Nun stellen wir die der Gleichung 1 entsprechende Beziehung für die Protonen auf:

$$\frac{n_\mathrm{P}}{V} = \frac{\rho}{m_\mathrm{P}}. \tag{2}$$

Dividieren von Gleichung 2 durch Gleichung 1 ergibt bei gleicher Dichte

$$\frac{n_\mathrm{P}/V}{n_\mathrm{e}/V} = \frac{m_\mathrm{e}}{m_\mathrm{P}}, \qquad \text{also} \qquad \frac{n_\mathrm{P}}{V} = \frac{m_\mathrm{e}}{m_\mathrm{P}}\frac{n_\mathrm{e}}{V}.$$

Einsetzen der zuvor ermittelten Zahlenwerte der beiden Brüche ergibt für die erforderliche Anzahldichte der Protonen

$$\frac{n_\mathrm{P}}{V} = (5{,}455 \cdot 10^{-4})\,(6{,}586 \cdot 10^3\,\mathrm{m}^{-3}) \approx 4\,\mathrm{m}^{-3}.$$

L1.21 a) Der Winkel ist der Quotient aus der Bogenlänge und dem Radius, sodass gilt:

$$\theta = \frac{s}{r} \qquad \text{und somit} \qquad s = r\,\theta. \tag{1}$$

Gesucht ist die Bogenlänge s in Parsec (Parallaxensekunden, pc), die 1 AE entspricht (das Zeichen $'$ bezeichnet Winkelminuten und das Zeichen $''$ Winkelsekunden):

$$s = (1\,\mathrm{pc})\,(1'')\left(\frac{1'}{60''}\right)\left(\frac{1°}{60'}\right)\left(\frac{2\pi\,\mathrm{rad}}{360°}\right) = 4{,}85 \cdot 10^{-6}\,\mathrm{pc}.$$

b) Hierfür lösen wir Gleichung 1 nach r auf und setzen die gegebene Bogenlänge und den zugehörigen Winkel (1 Winkelsekunde) ein:

$$r = \frac{s}{\theta} = \frac{1{,}496 \cdot 10^{11}\,\mathrm{m}}{(1'')\left(\dfrac{1'}{60''}\right)\left(\dfrac{1°}{60'}\right)\left(\dfrac{2\pi\,\mathrm{rad}}{360°}\right)} = 3{,}086 \cdot 10^{16}\,\mathrm{m}$$

$$= 3{,}09 \cdot 10^{16}\,\mathrm{m}.$$

c) Die Strecke d ist das Produkt aus der Lichtgeschwindigkeit c und der Zeitspanne Δt:

$$d = c\,\Delta t = (3{,}00 \cdot 10^8\,\mathrm{m} \cdot \mathrm{s}^{-1})\,(1\,\mathrm{a})\,(3{,}156 \cdot 10^7\,\mathrm{s} \cdot \mathrm{a}^{-1})$$
$$= 9{,}468 \cdot 10^{15}\,\mathrm{m} = 9{,}47 \cdot 10^{15}\,\mathrm{m}.$$

d) Mit der Definition der astronomischen Einheit AE und dem Ergebnis von Teilaufgabe c erhalten wir für die Einheit Lichtjahr

$$(1\,c)\,\mathrm{a} = (9{,}468 \cdot 10^{15}\,\mathrm{m})\,\frac{1\,\mathrm{AE}}{1{,}496 \cdot 10^{11}\,\mathrm{m}} = 6{,}33 \cdot 10^4\,\mathrm{AE}.$$

e) Mit den Lösungen der Teilaufgaben b und c ergibt sich

$$1\,\mathrm{pc} = (3{,}086 \cdot 10^{16}\,\mathrm{m})\,\frac{(1\,c)\,\mathrm{a}}{9{,}468 \cdot 10^{15}\,\mathrm{m}} = (3{,}26\,c)\,\mathrm{a}.$$

L1.22 a) Um die Konstante C zu ermitteln, tragen wir die Logarithmen der Umlaufzeiten T gegen die Logarithmen der Radien r auf. Hierfür bilden wir auf beiden Seiten der Gleichung $T = C\,r^n$ den Logarithmus zur Basis 10:

$$\log T = \log\,(C\,r^n) = \log C + \log r^n = n\log r + \log C.$$

Dies ist eine Geradengleichung der Form $y = m\,x + b$. Die Steigung m dieser Geraden entspricht dem Exponenten n, und ihr Schnittpunkt b mit der y-Achse entspricht $\log C$. Die Gerade in der Abbildung wurde mit der Excel-Funktion „Trendlinie hinzufügen" erstellt, die mittels Regressionsanalyse die Ausgleichsgerade berechnet.

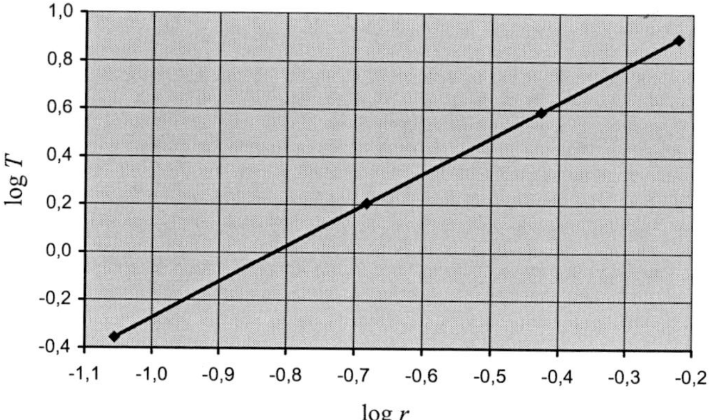

Die Gleichung für die Ausgleichsgerade lautet

$$\log T = 1{,}5036\log r + 1{,}2311.$$

Ihre Koeffizienten sind also

$$n = 1{,}50, \quad C = 10^{1{,}2311}\,\mathrm{a} \cdot \mathrm{Gm}^{-3/2} = 17{,}0\,\mathrm{a} \cdot \mathrm{Gm}^{-3/2},$$

und die gesuchte Funktion lautet

$$T = (17{,}0\,\mathrm{a} \cdot \mathrm{Gm}^{-3/2})\,r^{1{,}50}. \tag{1}$$

Dabei ist zu beachten, dass n dimensionslos ist, während sich für die Konstante C die Einheit $\mathrm{a} \cdot \mathrm{Gm}^{-3/2}$ ergab, weil die Umlaufzeiten in a (der Einheit Jahr) und die Radien in Gm (der Einheit Gigameter) gegeben waren.

b) Wir lösen Gleichung 1 nach dem Radius der Umlaufbahn des fünften Satelliten auf und setzen die Zahlenwerte ein:

$$r = \left(\frac{T}{17{,}0\,\mathrm{a} \cdot \mathrm{Gm}^{-3/2}}\right)^{2/3} = \left(\frac{6{,}20\,\mathrm{a}}{17{,}0\,\mathrm{a} \cdot \mathrm{Gm}^{-3/2}}\right)^{2/3}$$
$$= 0{,}510\,\mathrm{Gm} = 510 \cdot 10^3\,\mathrm{km}.$$

L1.23 a) Zunächst drücken wir die Schwingungsdauer T als Produkt der Pendellänge l und der Erdbeschleunigung g mit noch unbekannten Exponenten a und b sowie mit einer dimensionslosen Konstanten C aus:

$$T = C\,l^a\,g^b. \tag{1}$$

Weil C dimensionslos ist, gilt für die Dimensionen auf der rechten Seite $[l]^a\,[g]^b = [t]$ und daher wegen $[g] = [l]/[t^2]$ für die gesamte Gleichung

$$t = l^a \left(\frac{l}{t^2}\right)^b \qquad \text{bzw.} \qquad t^1 = l^{a+b}\, t^{-2b}\,.$$

Um beide Seiten leichter vergleichen zu können, fügen wir auf der linken Seite den Faktor l^0 hinzu, der ja gleich 1 ist:

$$l^0\, t^1 = l^{a+b}\, t^{-2b}\,.$$

Nun können wir die Exponenten von l und die Exponenten von t auf beiden Seiten jeweils gleichsetzen. Das ergibt

$$a + b = 0 \quad \text{sowie} \quad -2b = 1\,.$$

Also ist $a = \frac{1}{2}$ und $b = -\frac{1}{2}$. Damit wird Gleichung 1 zu

$$T = C\, l^{1/2}\, g^{-1/2} = C\,\sqrt{\frac{l}{g}}\,. \tag{2}$$

b) Wenn Sie beispielsweise zwei Pendel mit den Längen 1,0 m bzw. 0,50 m verwenden, erhalten Sie näherungsweise die Schwingungsdauern $T_{1\,\mathrm{m}} = 2{,}0\,\mathrm{s}$ und $T_{0{,}5\,\mathrm{m}} = 1{,}4\,\mathrm{s}$.

c) Wir lösen Gleichung 2 nach der gesuchten Konstanten C auf und setzen die Werte $l = 1{,}0\,\mathrm{m}$ und $T \approx 2{,}0\,\mathrm{s}$ ein:

$$C = T\,\sqrt{\frac{g}{l}} \approx (2{,}0\,\mathrm{s})\,\sqrt{\frac{9{,}81\,\mathrm{m}\cdot\mathrm{s}^{-2}}{1{,}0\,\mathrm{m}}} = 6{,}26 \approx 2\pi\,.$$

Einsetzen in Gleichung 2 ergibt $T \approx 2\pi\,\sqrt{\dfrac{l}{g}}$.

Mechanik

© DLR

Mechanik von Massepunkten

2

© Springer-Verlag GmbH Deutschland, ein Teil von Springer Nature 2019

A. Knochel (Hrsg.), *Arbeitsbuch zu Tipler/Mosca, Physik*, https://doi.org/10.1007/978-3-662-58919-9_2

Aufgaben

Bei allen Aufgaben ist die Fallbeschleunigung $g = 9{,}81\,\text{m/s}^2$. Falls nichts anderes angegeben ist, sind Reibung und Luftwiderstand zu vernachlässigen.

Verständnisaufgaben

2.1 • Nennen Sie ein Beispiel aus dem Alltag für eine eindimensionale Bewegung, bei der a) die Geschwindigkeit von Osten nach Westen und die Beschleunigung von Westen nach Osten gerichtet ist bzw. b) sowohl die Geschwindigkeit als auch die Beschleunigung von Süden nach Norden gerichtet sind.

2.2 • Kann der Betrag der Ortsveränderung (Ortsverschiebung) eines Teilchens kleiner als die entlang seiner Bahn zurückgelegte Strecke sein? Kann der Betrag der Ortsveränderung größer als die zurückgelegte Strecke sein? Begründen Sie Ihre Antworten.

2.3 • Gegeben sind die Ortsvektoren eines Teilchens an zwei Orten seines Wegs zu einem früheren und zu einem späteren Zeitpunkt. Außerdem wissen Sie, wie lange es dauerte, dass sich das Teilchen von einem Ort zum anderen bewegte. Lässt sich damit a) die mittlere Geschwindigkeit zwischen beiden Orten, b) die mittlere Beschleunigung zwischen beiden Orten, c) die Momentangeschwindigkeit, d) die Momentanbeschleunigung ermitteln?

2.4 • Stellen Sie sich die Bewegung eines Teilchens auf irgendeiner Bahn vor. a) Wie hängt der Geschwindigkeitsvektor geometrisch mit der Bahn des Teilchens zusammen? b) Skizzieren Sie eine gekrümmte Bahn und zeichnen Sie bei einigen vom Teilchen durchlaufenen Punkten jeweils den Geschwindigkeitsvektor ein.

2.5 • Nennen Sie Beispiele für eine Bewegung, bei der der Geschwindigkeits- und der Beschleunigungsvektor a) in entgegengesetzte Richtungen zeigen, b) in die gleiche Richtung zeigen bzw. c) senkrecht aufeinander stehen.

2.6 • Ein Fluss hat eine Breite von $0{,}76\,\text{km}$. Seine Ufer sind, wie in der Abbildung gezeigt, geradlinig und parallel. Die Strömung hat die Geschwindigkeit $4{,}0\,\text{km/h}$ und verläuft parallel zu den Ufern. Im Fluss schwimmt ein Boot mit einer Höchstgeschwindigkeit von (in ruhigem Wasser) $4{,}0\,\text{km/h}$. Der Kapitän möchte den Fluss auf direktem Wege von A nach B überqueren, wobei die Strecke AB senkrecht zu den Ufern verläuft. Sollte der Kapitän a) sein Boot direkt zum gegenüberliegenden Ufer steuern, b) sein Boot 53° stromaufwärts der Strecke AB steuern, c) sein Boot 37° stromaufwärts der Strecke AB steuern, d) aufgeben, da die Geschwindigkeit des Boots nicht ausreicht, oder e) etwas anderes tun?

2.7 • Beantworten Sie für jedes der vier x-t-Diagramme in der Abbildung folgende Fragen: a) Ist die Geschwindigkeit zum Zeitpunkt t_2 größer als die, kleiner als die oder gleich der zum Zeitpunkt t_1? b) Ist der Geschwindigkeitsbetrag zum Zeitpunkt t_2 größer als der, kleiner als der oder gleich dem zum Zeitpunkt t_1?

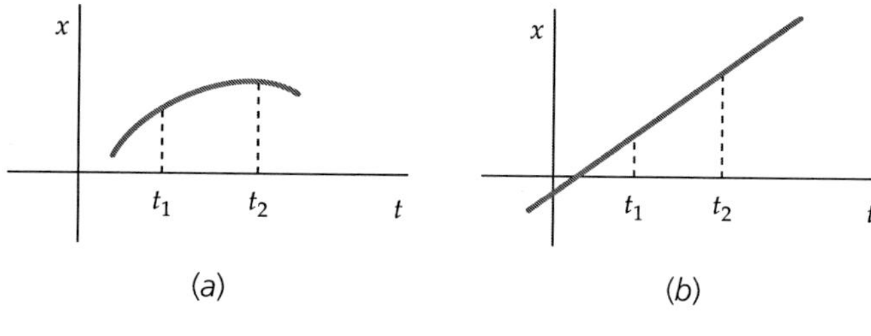
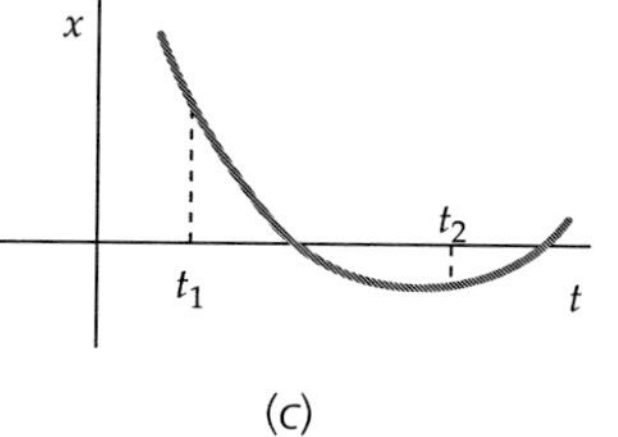
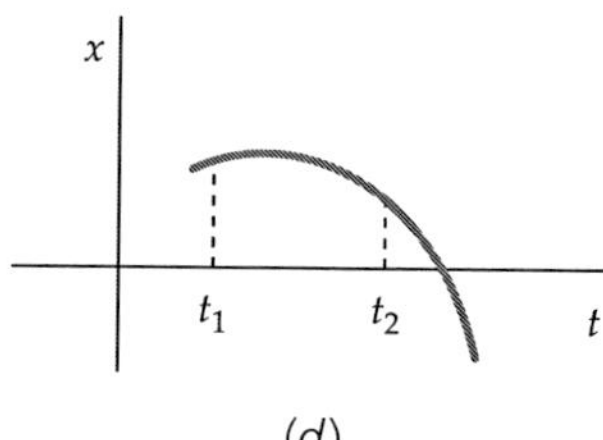

Abb. 2.2 Zu Aufgabe 2.7

2.8 •• Welche der Weg-Zeit-Kurven in der Abb. 2.3 zeigt am besten die Bewegung eines Körpers a) mit positiver Be-

Abb. 2.1 Zu Aufgabe 2.6

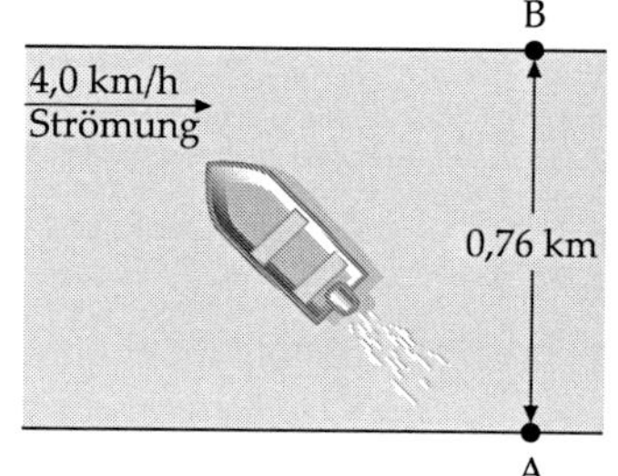

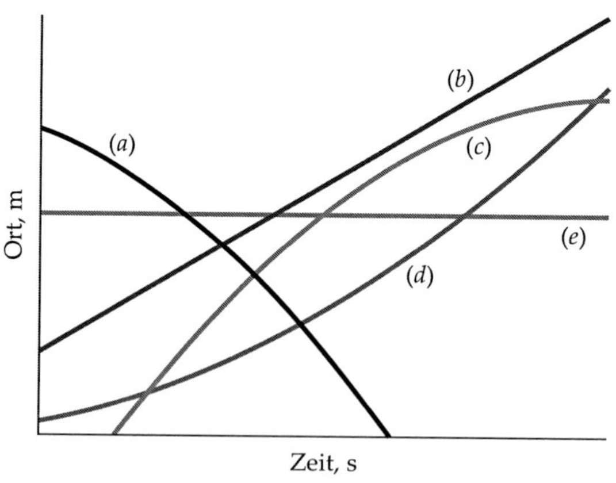

Abb. 2.3 Zu Aufgabe 2.8

schleunigung, b) mit konstanter positiver Geschwindigkeit, c) in ständigem Stillstand bzw. d) mit negativer Beschleunigung? (Es kann jeweils mehr als eine richtige Antwort geben.)

2.9 •• Ein Körper bewegt sich auf einer Geraden. Seine Weg-Zeit-Kurve ist in der Abb. 2.4 dargestellt. Zu welcher Zeit bzw. zu welchen Zeiten ist a) sein Geschwindigkeitsbetrag am kleinsten, b) seine Beschleunigung positiv bzw. c) seine Geschwindigkeit negativ?

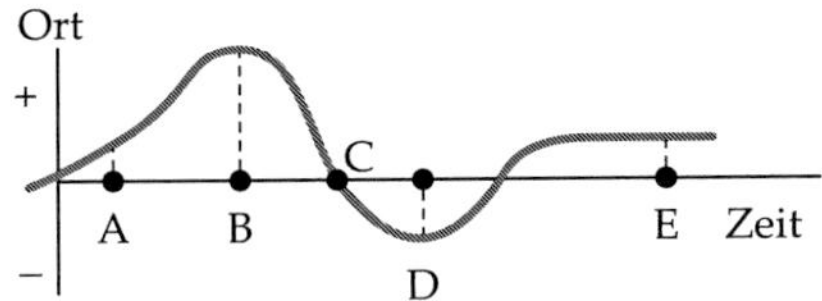

Abb. 2.4 Zu Aufgabe 2.9

2.10 •• Welches der v-t-Diagramme in der Abb. 2.5 beschreibt am besten die Bewegung eines Teilchens a) mit positiver Geschwindigkeit und zunehmendem Geschwindigkeitsbetrag, b) mit positiver Geschwindigkeit und der Beschleunigung null, c) mit konstanter, von null verschiedener Beschleunigung bzw. d) mit abnehmendem Geschwindigkeitsbetrag?

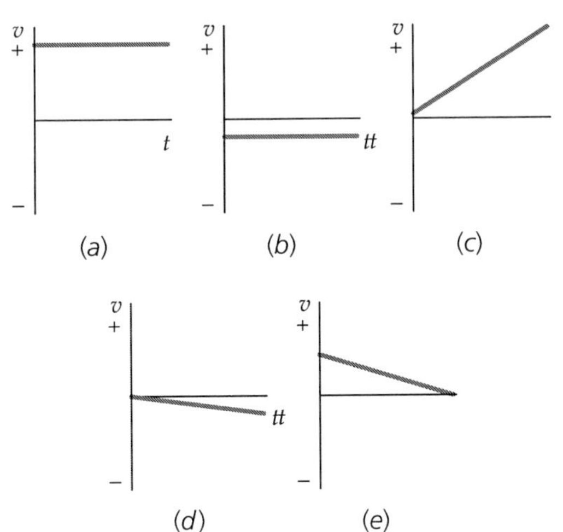

Abb. 2.5 Zu Aufgabe 2.10

2.11 •• Welche der Geschwindigkeits-Zeit-Kurven in der Abb. 2.6 beschreibt am besten die Bewegung eines Körpers a) mit konstanter positiver Beschleunigung, b) mit zeitlich abnehmender positiver Beschleunigung, c) mit zeitlich zunehmender positiver Beschleunigung bzw. d) ohne Beschleunigung? (Es kann jeweils mehr als eine richtige Antwort geben.)

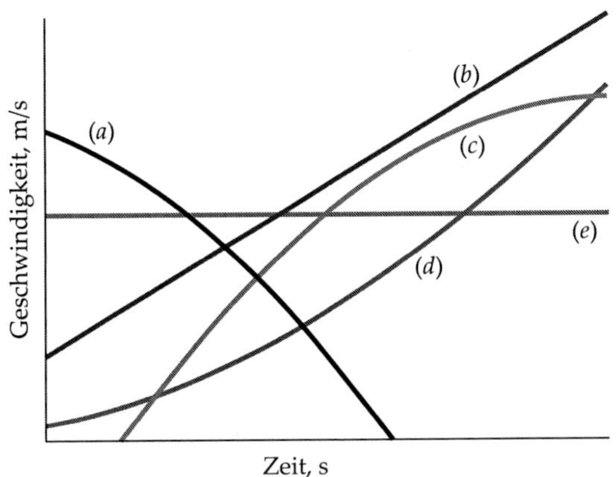

Abb. 2.6 Zu Aufgabe 2.11

2.12 •• Zeichnen Sie möglichst genaue Diagramme für die Zeitabhängigkeit von Ort, Geschwindigkeit und Beschleunigung eines Wagens, der in der Zeitspanne $0 \leq t \leq 30\,\mathrm{s}$ nacheinander die folgenden Bewegungen ausführt: Zunächst bewegt er sich während 5,0 s mit 5,0 m/s gleichförmig geradlinig in $+x$-Richtung, wobei er bei $t = 0{,}0\,\mathrm{s}$ am Koordinatenursprung beginnt. Daraufhin wird er 10,0 s lang gleichförmig pro Sekunde um 0,50 m/s schneller. Schließlich verzögert er während der folgenden 15,0 s gleichförmig pro Sekunde um 0,50 m/s.

2.13 •• Ein Porsche beschleunigt gleichförmig geradlinig von 80,5 km/h bei $t = 0\,\mathrm{s}$ auf 113 km/h bei $t = 9{,}00\,\mathrm{s}$. a) Welches Diagramm in der Abbildung beschreibt seine Geschwindigkeit am besten? b) Skizzieren Sie ein Weg-Zeit-Diagramm, das die Zeitabhängigkeit des Orts in diesen neun Sekunden zeigt. Nehmen Sie dabei an, dass zum Zeitpunkt $t = 0$ der Ort $x = 0$ ist.

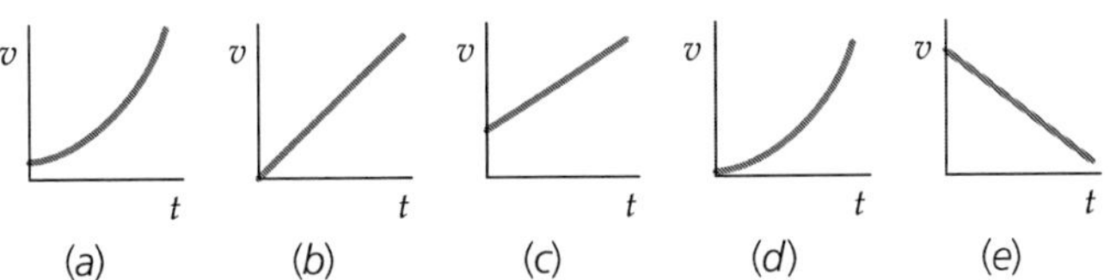

Abb. 2.7 Zu Aufgabe 2.13

2.14 •• Ein senkrecht nach oben geworfener Gegenstand fällt zurück und wird an der Abwurfstelle wieder aufgefangen. Seine Flugzeit ist t und seine Maximalhöhe h. Was gilt dann für seinen mittleren Geschwindigkeitsbetrag beim gesamten Flug? a) h/t, b) 0, c) $h/(2\,t)$, d) $2\,h/t$?

2.15 •• Ein Ball wird senkrecht nach oben geworfen. a) Wie groß ist die Geschwindigkeit an seinem höchsten Punkt? b) Wie groß ist in diesem Punkt seine Beschleunigung? c) Wie unterscheiden sich hiervon die Geschwindigkeit und die Beschleunigung im höchsten Punkt, wenn der Ball stattdessen gegen die horizontale Zimmerdecke stößt und von ihr zurückprallt? Vernachlässigen Sie den Luftwiderstand.

2.16 •• Ein Pfeil wird nach oben geworfen und bleibt in der Decke stecken. Nachdem er sich aus der Hand gelöst hat, wird er beim Steigen immer langsamer. a) Zeichnen Sie den Geschwindigkeitsvektor des Pfeils zu zwei Zeitpunkten t_1 und t_2, nachdem der Pfeil die Hand verlassen hat, jedoch bevor er in der Decke steckengeblieben ist. Die Differenz $t_2 - t_1$ soll klein sein. Entnehmen Sie aus Ihrer Zeichnung die Richtung der Geschwindigkeitsänderung $\Delta v = v_2 - v_1$ und somit die Richtung des Beschleunigungsvektors. b) Nachdem der Pfeil eine Weile in der Decke gesteckt hat, fällt er zu Boden. Dabei wird er natürlich beschleunigt, bis er auf den Boden auftrifft. Wiederholen Sie das Vorgehen aus Teilaufgabe a, um die Richtung des Beschleunigungsvektors beim Fallen zu ermitteln. c) Jetzt wird der Pfeil horizontal geworfen. Welche Richtung hat der Beschleunigungsvektor nun, nachdem sich der Pfeil aus der Hand gelöst hat und bevor er auf den Boden auftrifft?

2.17 •• Abb. 2.8 zeigt die Orte zweier Autos auf parallelen Fahrspuren in Abhängigkeit von der Zeit. Die positive x-Achse weist nach rechts. Beantworten Sie qualitativ folgende Fragen: a) Sind beide Autos irgendwann gleichauf? Wenn ja, geben Sie den bzw. die entsprechenden Zeitpunkt(e) an. b) Fahren die Autos immer in dieselbe Richtung, oder gibt es Zeiten, zu denen sie entgegengerichtet fahren? Wenn ja, wann? c) Fahren sie irgendwann mit derselben Geschwindigkeit? Wenn ja, wann? d) Wann sind die Autos am weitesten voneinander entfernt? e) Skizzieren Sie (ohne Zahlenwerte) für jedes Auto das Geschwindigkeit-Zeit-Diagramm.

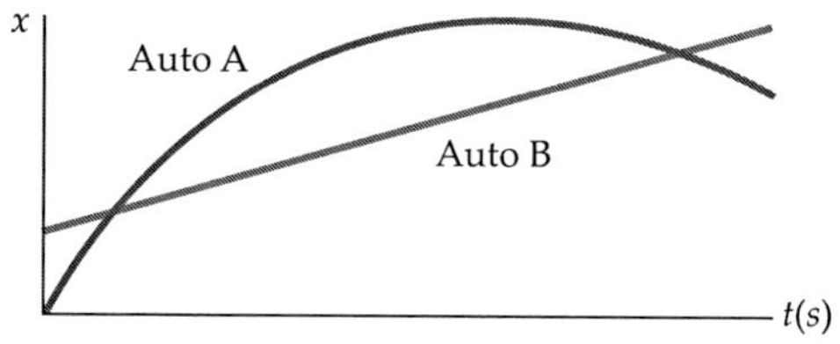

Abb. 2.8 Zu Aufgabe 2.17

2.18 •• Bestimmen Sie mithilfe eines Bewegungsdiagramms die Beschleunigungsrichtung eines Pendelkörpers, der sich gerade an einem Umkehrpunkt befindet.

Schätzungs- und Näherungsaufgabe

2.19 •• Gelegentlich überleben Menschen einen tiefen Sturz, wenn der Untergrund, auf den sie fallen, weich genug ist. Während der Besteigung der berüchtigten Eiger-Nordwand löste sich der Felsanker des Bergsteigers Carlos Ragone, sodass er etwa 150 m in die Tiefe fiel. Dank einer Landung im weichen Schnee erlitt er lediglich ein paar Prellungen und renkte sich die Schulter aus. Wir wollen annehmen, dass das durch den Aufschlag verursachte Loch im Schnee 1,20 m tief war. Mit welcher – als konstant angenommenen – mittleren Beschleunigung wurde er durch den Schnee abgebremst? (Vernachlässigen Sie den Luftwiderstand.)

Orts- und Verschiebungvektor

2.20 • Eine Wanduhr hat einen 0,50 m langen Minutenzeiger und einen 0,25 m langen Stundenzeiger. Drücken Sie den Ortsvektor a der Spitze des Stundenzeigers und den Ortsvektor b der Spitze des Minutenzeigers durch die Einheitsvektoren $\hat{x}$ und $\hat{y}$ aus, wenn die Uhr folgende Zeiten anzeigt: a) 12:00 Uhr, b) 3:00 Uhr, c) 6:00 Uhr, d) 9:00 Uhr. Legen Sie den Koordinatenursprung in die Mitte des Zifferblatts und verwenden Sie ein kartesisches Koordinatensystem, dessen positive x-Achse in die 3-Uhr-Richtung und dessen positive y-Achse in die 12-Uhr-Richtung zeigt.

2.21 • Ein für kurze Zeit aus dem Winterschlaf erwachter Bär trottet 12 m weit genau nach Nordosten und anschließend 12 m weit genau nach Osten. Stellen Sie die beiden Ortsverschiebungen grafisch dar und ermitteln Sie anhand der Zeichnung, wie der Bär danach durch eine einzige Verschiebung wieder in die Höhle zurückkommt, um den Winterschlaf fortzusetzen.

2.22 • Ein Schiff auf See empfängt Funksignale von zwei Sendern A und B, wobei sich der eine genau 100 km südlich des anderen befindet. Der Peilempfänger im Schiff zeigt an, dass sich der Sender A um den Winkel $\theta = 30°$ südlich der Ostrichtung befindet, während der Sender B genau östlich liegt. Gesucht ist die Entfernung des Schiffs vom Sender B.

Geschwindigkeit

2.23 • a) Ein Elektron fliegt in einer Fernsehbildröhre vom Gitter zum Bildschirm beispielsweise 16 cm weit mit einer mittleren Geschwindigkeit von $4{,}0 \cdot 10^7$ m/s. Wie lange dauert dies? b) Ein Elektron in einem stromführenden Kabel bewegt sich mit einer mittleren Geschwindigkeit von nur $4{,}0 \cdot 10^{-5}$ m/s. Wie lange braucht es, um 16 cm zurückzulegen?

2.24 • Eine der häufig beflogenen Flugrouten über den Atlantik ist ungefähr 5500 km lang. Für diese Routen diente zeitweise auch ein Überschallverkehrsflugzeug, nämlich die inzwischen außer Betrieb genommene Concorde, die mit doppelter Schallgeschwindgkeit fliegen konnte. a) Wie lange dauerte der Flug in einer Richtung ungefähr? Setzen Sie als Schallgeschwindigkeit 343 m/s an. b) Vergleichen Sie die Flugzeit mit derjenigen, die ein gewöhnliches Verkehrsflugzeug mit 0,9-facher Schallgeschwindigkeit benötigt.

2.25 • Proxima Centauri ist derjenige Stern, der unserer Erde – abgesehen von der Sonne – am nächsten liegt. Seine Entfernung von uns beträgt $4{,}1 \cdot 10^{13}$ km. Angenommen, ein Bewohner eines Planeten bei Proxima Centauri möchte mithilfe von Lichtsignalen eine Pizza auf der Erde bestellen. Das schnellste Raumschiff des irdischen Pizzahändlers fliegt mit der Geschwindigkeit $(1{,}00 \cdot 10^{-4})\,c$. a) Wie lange dauert es, bis die Bestellung auf der Erde eingeht? b) Wie lange muss der Besteller warten, bis er die Pizza in den Händen hält? Muss er etwas bezahlen, wenn der Händler eine Geld-zurück-Garantie bei Lieferzeiten über 1000 Jahre bietet?

2.26 •• Es wurde festgestellt, dass sich alle Galaxien mit einer Geschwindigkeit von der Erde weg bewegen, die im Mittel proportional zu ihrer Entfernung von der Erde ist. Nach seinem Entdecker, dem Astrophysiker Edwin Hubble, wird dieser Zusammenhang als Hubble-Gesetz bezeichnet. Hubble hatte erkannt, dass die Fluchtgeschwindigkeit v einer Galaxie in der Entfernung r von der Erde durch $v = H\,r$ gegeben ist. Darin ist $H = 1{,}58 \cdot 10^{-18}\,\mathrm{s}^{-1}$ die Hubble-Konstante. Welche Fluchtgeschwindigkeiten haben demnach Galaxien in der Entfernung a) $5{,}00 \cdot 10^{22}\,\mathrm{m}$ bzw. b) $2{,}00 \cdot 10^{25}\,\mathrm{m}$ von der Erde? c) Nehmen Sie an, dass sich diese Galaxien stets geradlinig und gleichförmig von der Erde weg bewegt haben. Vor welcher Zeit wären sie demnach am gleichen Ort wie die Erde gewesen?

2.27 •• Zwei Autos fahren auf einer geraden Straße. Das Auto A fährt mit der konstanten Geschwindigkeit $80\,\mathrm{km/h}$, das Auto B mit der ebenfalls konstanten Geschwindigkeit $110\,\mathrm{km/h}$. Zum Zeitpunkt $t = 0$ ist das Auto B $45\,\mathrm{km}$ hinter dem Auto A zurück. a) Wie weit ist das Auto A gefahren, wenn es vom Auto B überholt wird? b) Welchen Vorsprung vor dem Auto A erreicht das Auto B innerhalb von $30\,\mathrm{s}$ nach dem Überholen?

2.28 •• Ein Kleinflugzeug startet von A und fliegt zum Zielflughafen B, der $520\,\mathrm{km}$ genau nördlich von A liegt. Das Flugzeug hat eine Fluggeschwindigkeit von $240\,\mathrm{km/h}$ relativ zur Luft, und es weht ein konstanter Nordwestwind von $50\,\mathrm{km/h}$. Bestimmen Sie den anzusteuernden Kurs und die Flugdauer.

2.29 •• Der Pilot eines Kleinflugzeugs fliegt mit einer Geschwindigkeit von $280\,\mathrm{km/h}$ relativ zur Luft und möchte relativ zum Erdboden genau nach Norden (Azimut: Az $= 000°$) fliegen. a) Welche Richtung (Azimut) muss er bei direktem Ostwind (Az $= 090°$) von $55{,}5\,\mathrm{km/h}$ ansteuern? b) Wie hoch ist bei dieser Richtung seine Bodengeschwindigkeit?

Beschleunigung

2.30 • Ein Sportwagen beschleunigt im dritten Gang innerhalb von $3{,}70\,\mathrm{s}$ von $48{,}3\,\mathrm{km/h}$ auf $80{,}5\,\mathrm{km/h}$. a) Wie hoch ist dabei (in $\mathrm{m/s^2}$) die mittlere Beschleunigung? b) Wie schnell würde das Auto werden, wenn es mit der gleichen Beschleunigung noch eine Sekunde länger beschleunigen würde?

2.31 •• Gegeben ist ein Teilchen, dessen Ort gemäß der Gleichung

$$x(t) = (1{,}0\,\mathrm{m\,s^{-2}})\,t^2 - (5{,}0\,\mathrm{m\,s^{-1}})\,t + 1{,}0\,\mathrm{m}$$

von der Zeit abhängt. a) Gesucht sind die Verschiebung und die mittlere Geschwindigkeit im Zeitintervall $3{,}0\,\mathrm{s} \le t \le 4{,}0\,\mathrm{s}$. b) Ermitteln Sie eine allgemeine Formel für die Verschiebung im Zeitintervall von t bis $t + \Delta t$. c) Bilden Sie den entsprechenden

Grenzwert, um die Momentangeschwindigkeit zu einem beliebigen Zeitpunkt t zu ermitteln.

2.32 •• Die Position der Masse eines Federpendels wird durch die Funktion $x(t) = 0{,}2\,\mathrm{m} \cdot \sin\left(10\,\mathrm{s}^{-1} \cdot t\right)$ beschrieben. Berechnen Sie durch ein- bzw. zweimaliges Ableiten den maximalen Betrag ihrer Geschwindigkeit und Beschleunigung.

Gleichförmig beschleunigte Bewegung in einer Dimension

2.33 • Ein mit der Anfangsgeschwindigkeit v_0 senkrecht nach oben abgeschossener Körper erreicht eine Höhe h über dem Ausgangspunkt. Ein weiterer Körper, der mit einer Anfangsgeschwindigkeit von $2\,v_0$ am selben Ausgangspunkt abgeschossen wird, erreicht dann eine maximale Höhe von a) $4\,h$, b) $3\,h$, c) $2\,h$ oder d) h?

2.34 • Ein Stein wurde von einem $200\,\mathrm{m}$ hohen Felsvorsprung senkrecht hinabgeworfen. Während der letzten halben Sekunde legte er $45\,\mathrm{m}$ zurück. Wie groß war seine Anfangsgeschwindigkeit?

2.35 • Ein Auto mit dem Anfangsort $x = 50\,\mathrm{m}$ beschleunigt entlang der $+x$-Achse aus dem Stand gleichförmig mit $8{,}0\,\mathrm{m/s^2}$. a) Wie schnell fährt es nach $10\,\mathrm{s}$? b) Wie weit ist es nach $10\,\mathrm{s}$ gekommen? c) Wie hoch ist seine mittlere Geschwindigkeit im Zeitraum $0 \le t \le 10\,\mathrm{s}$?

2.36 •• Eine Ladung Steine wird von einem Kran mit einer gleichförmigen Geschwindigkeit von $5{,}0\,\mathrm{m/s}$ angehoben, wobei sich $6{,}0\,\mathrm{m}$ über dem Erdboden einer der Steine löst und zu Boden fällt. a) Skizzieren Sie den Ort $y(t)$ des Steins von dem Moment an, in dem er sich löst, bis er auf den Boden auftrifft. b) Welche maximale Höhe über dem Boden erreicht der Stein dabei? c) Nach welcher Zeit trifft er auf den Boden auf? d) Welche Geschwindigkeit hat er, wenn er auf den Boden auftrifft?

2.37 •• Stellen Sie sich vor, Sie haben eine Rakete mit einer Apparatur zur Untersuchung der Erdatmosphäre konstruiert. Sie wird mit einer Beschleunigung von $20\,\mathrm{m/s^2}$ senkrecht gestartet. Nach $25\,\mathrm{s}$ schalten sich die Triebwerke ab, wonach die Rakete (durch die Erdbeschleunigung verzögert) noch eine Weile weiter steigt. Schließlich hört ihr Steigflug auf, und sie fällt zur Erde zurück. Sie benötigen eine Luftprobe aus einer Höhe von $20\,\mathrm{km}$ über dem Boden. a) Hat die Rakete diese Höhe erreicht? Wenn nicht, was müssten Sie dann ändern, damit sie beim nächsten Versuch bis in diese Höhe kommt? b) Ermitteln Sie die Gesamtflugzeit der Rakete. c) Wie hoch ist ihre Geschwindigkeit, wenn sie auf den Boden auftrifft?

2.38 •• Bei einem Schulexperiment bewegt sich ein Luftkissengleiter längs einer schrägen Bahn nach oben. Er hat eine konstante Beschleunigung und wurde bereits mit einer bestimmten Anfangsgeschwindigkeit am unteren Ende der Schräge gestartet. Nachdem 8,00 s vergangen sind, ist der Gleiter 100 cm von seinem Anfangspunkt entfernt und hat eine Geschwindigkeit von -15 cm/s. Gesucht sind die Anfangsgeschwindigkeit sowie die Beschleunigung.

2.39 •• Ein Schnellkäfer kann sich mit der Beschleunigung $a = 400\,g$ in die Luft katapultieren. Das ist eine Größenordnung mehr, als ein Mensch aushalten kann. Der Käfer springt, indem er seine $d = 0,60$ cm langen Beine „ausklappt". a) Wie hoch kann er springen? b) Wie lange dauert dieser Sprung? Nehmen Sie während des Absprungs eine konstante Beschleunigung an und vernachlässigen Sie den Luftwiderstand.

2.40 •• Ein Physikprofessor springt, ausgestattet mit einer kleinen Rucksackrakete, in einer Höhe von 575 m ohne senkrechte Startgeschwindigkeit aus einem Hubschrauber. Er verbringt 8,0 s im freien Fall. Anschließend zündet er die Rakete und verringert damit seine Geschwindigkeit mit 15 m/s^2 bis auf 5,0 m/s. Beim Erreichen dieser Geschwindigkeit stellt er die Raketentriebwerke so ein, dass er nun mit konstanter Geschwindigkeit weiter sinkt. a) Skizzieren Sie in demselben Diagramm seine Beschleunigungs-Zeit-Funktion und seine Geschwindigkeits-Zeit-Funktion. (Die positive Richtung zeige nach oben.) b) Wie hoch ist seine Geschwindigkeit nach den ersten 8,0 s des Flugs? c) Wie lange verliert er an Geschwindigkeit? d) Wie weit fällt er, während er langsamer wird? e) Wie lange ist er insgesamt in der Luft? f) Wie hoch ist dabei seine mittlere Geschwindigkeit?

2.41 •• Zwei Eisenbahnzüge stehen sich im Abstand 40 m auf benachbarten Gleisen gegenüber. Nun beschleunigt der linke Zug mit 1,0 m/s^2 nach rechts, und der rechte Zug beschleunigt gleichzeitig mit 1,3 m/s^2 nach links. a) Wie weit fährt der linke Zug, bis die Stirnseiten der Loks aneinander vorbeifahren? b) Beide Züge sind 150 m lang und beschleunigen gleichförmig. In welcher Zeit nach dem Anfahren sind sie vollständig aneinander vorbeigefahren?

2.42 •• Ein Raser fährt mit konstant 125 km/h an einer mobilen Verkehrskontrolle vorbei. Dieser Streifenwagen beschleunigt ab dem Moment des Vorbeifahrens aus dem Stand mit konstanter Beschleunigung (8,0 km/h)/s, um die Verfolgung aufzunehmen, und erreicht schließlich seine Höchstgeschwindigkeit von 190 km/h. Diese behält er bei, bis er den Raser eingeholt hat. a) Wie lange braucht der Streifenwagen, um den Raser einzuholen? b) Wie weit fährt bis zu diesem Moment jedes der beiden Autos? c) Zeichnen Sie die Kurven $x(t)$ für beide Autos.

Der schräge Wurf

2.43 •• Eine Kanonenkugel wird mit einer Anfangsgeschwindigkeit v_0 unter dem Winkel 30° über der Horizontalen aus der Höhe 40 m abgeschossen. Sie trifft den Boden mit einer

Geschwindigkeit von $1,2\,v_0$. Gesucht ist der Betrag von v_0. (Der Luftwiderstand sei vernachlässigbar.)

2.44 •• In Abb. 2.9 sei $x = 50$ m und $h = 10$ m. Der Affe lässt sich genau in dem Moment fallen, in dem der Pfeil abgeschossen wird. Welche Abschussgeschwindigkeit muss der Pfeil mindestens haben, damit er den anfangs 11,2 m hoch über dem Boden sitzenden Affen erreicht, bevor dieser auf den Boden auftrifft? (Der Luftwiderstand sei vernachlässigbar.)

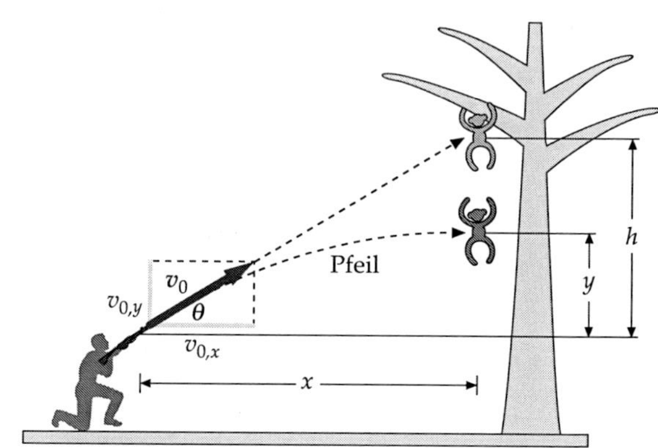

Abb. 2.9 Zu Aufgabe 2.44

2.45 •• Ein Ball wird mit einer Anfangsgeschwindigkeit v_0 unter einem Winkel θ_0 gegenüber der Horizontalen schräg nach oben geworfen. Es sei $|\boldsymbol{v}|$ sein Geschwindigkeitsbetrag bei der Höhe h über dem Boden. Zeigen Sie, dass $|\boldsymbol{v}|$ bei einer gegebenen Höhe h unabhängig von θ_0 ist. (Der Luftwiderstand sei vernachlässigbar.)

2.46 •• Eine Kanone ist auf einen Abschusswinkel von 45° gegenüber der Horizontalen eingestellt. Sie feuert eine Kugel mit einer Geschwindigkeit von 300 m/s ab. a) Welche Höhe erreicht die Kugel? b) Wie lange fliegt sie? c) Welche horizontale Reichweite hat die Kanone? (Der Luftwiderstand sei vernachlässigbar.)

2.47 •• Die Reichweite einer horizontal von einer Felskuppe abgeschossenen Kanonenkugel sei genauso groß wie die Höhe der Felskuppe. In welche Richtung zeigt der Geschwindigkeitsvektor, wenn die Kugel auf dem Boden auftrifft? (Der Luftwiderstand sei vernachlässigbar.)

2.48 •• Bilden Sie aus $R = (|\boldsymbol{v_0}|^2/g)\sin(2\,\theta_0)$ die Ableitung $\mathrm{d}R/\mathrm{d}\theta_0$ und zeigen Sie, dass sich mit $\mathrm{d}R/\mathrm{d}\theta_0 = 0$, also bei maximaler Reichweite R, der Winkel $\theta = 45°$ ergibt.

2.49 ••• Ein Geschoss, das auf der gleichen Höhe auftrifft, auf der es abgeschossen wird, hat die Reichweite $R = (|\boldsymbol{v_0}|^2/g)\sin 2\theta_0$. Ein Golfball, der von einem erhöhten Abschlag mit 45,0 m/s unter einem Winkel von 35,0° geschlagen wird, landet auf einem Grün, das 20,0 m tiefer als der Abschlag liegt (Abb. 2.10). (Der Luftwiderstand sei vernachlässigbar.) a) Ermitteln Sie mit der Gleichung $R = (|\boldsymbol{v_0}|^2/g)\sin 2\theta_0$ die Reichweite, wenn zunächst davon abgesehen wird, dass der Ball von dem erhöhten Abschlag aus geschlagen wird. b) Zeigen Sie, dass die Reichweite für die allgemeinere Aufgabenstellung gemäß der Abbildung gegeben ist durch

$$R = \left(1 + \sqrt{1 - \frac{2\,g\,y}{|\boldsymbol{v}_0|^2 \sin^2 \theta_0}}\right) \frac{|\boldsymbol{v}_0|^2}{2\,g} \sin 2\theta_0 \, .$$

Darin ist y die Höhe des Grüns über dem Abschlag (es ist also $y = -h$). c) Ermitteln Sie die Reichweite nun auch mit dieser Formel. Wie groß ist der prozentuale Fehler, wenn der Höhenunterschied vernachlässigt wird?

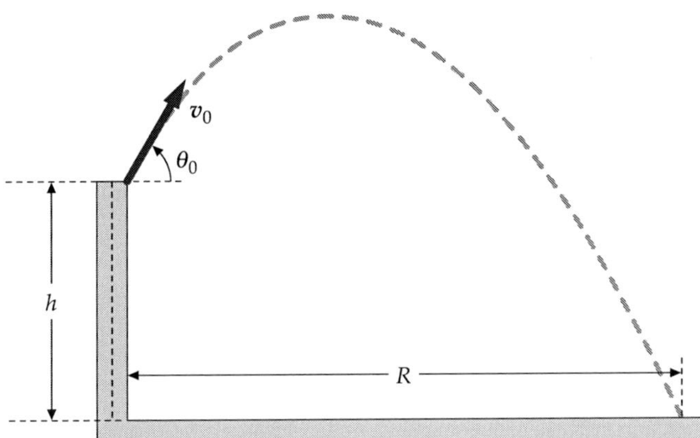

Abb. 2.10 Zu Aufgabe 2.49

2.50 ••• Ein Geschoss wird unter einem Winkel θ gegenüber dem horizontalen Boden abgeschossen. Ein Beobachter, der an der Abschussstelle steht, beobachtet das Geschoss an seinem höchsten Punkt und misst den in Abb. 2.11 eingezeichneten Winkel ϕ zwischen Geschoss und Boden. Zeigen Sie, dass $\tan \phi = \frac{1}{2} \tan \theta$ gilt. (Der Luftwiderstand sei vernachlässigbar.)

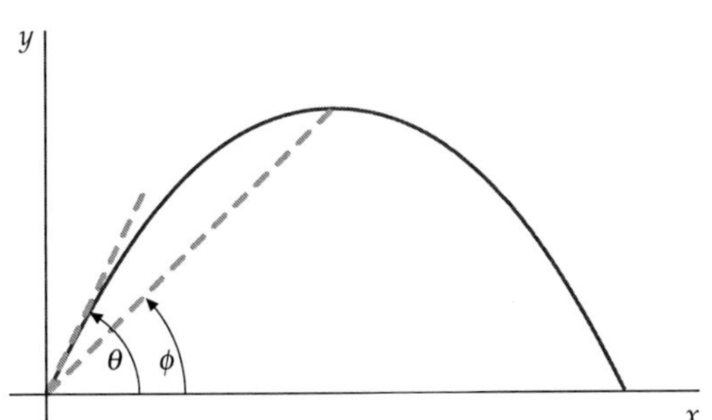

Abb. 2.11 Zu Aufgabe 2.50

2.51 ••• Eine Spielzeugkanone wird auf einer Rampe mit einem Neigungswinkel ϕ aufgestellt. Die Kanonenkugel wird bergauf mit einer Mündungsgeschwindigkeit v_0 unter einem Winkel θ_0 gegenüber der Horizontalen abgeschossen (Abb. 2.12). Zeigen Sie, dass die Reichweite R der Kanonenkugel (längs der Rampe gemessen) gegeben ist durch

$$R = \frac{2\,v_0^2 \cos^2 \theta_0 \, (\tan \theta_0 - \tan \phi)}{g \cos \phi} \, .$$

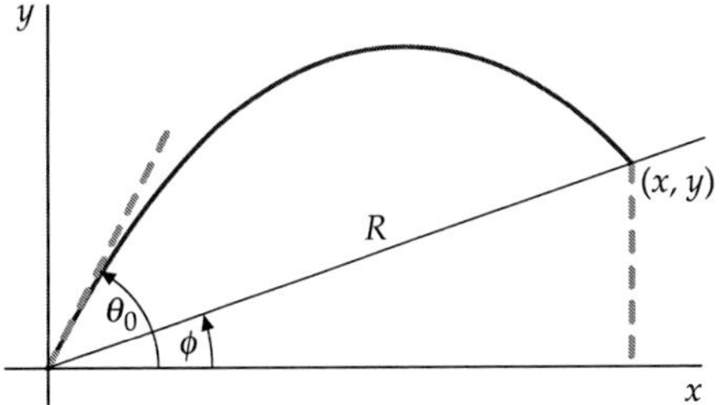

Abb. 2.12 Zu Aufgabe 2.51

2.52 ••• Eine Kugel verlässt die Gewehrmündung (Höhe: 1,7 m über dem Boden) mit 250 m/s. Sie soll ein in der gleichen Höhe liegendes, 100 m von der Mündung entferntes Ziel treffen. a) Wie weit oberhalb des eigentlichen Ziels liegt der Punkt, den man dabei anpeilen muss? b) Wie weit hinter dem Ziel trifft die Kugel auf dem Boden auf? (Der Luftwiderstand sei vernachlässigbar.)

Kreisbewegung und Zentripetalbeschleunigung

2.53 • Mit welchem Beschleunigungsbetrag wird die Spitze des Minutenzeigers der Uhr in Aufgabe 2.20 beschleunigt? Drücken Sie den Betrag als Bruchteil der Erdbeschleunigung g aus.

2.54 • Eine Zentrifuge dreht sich mit 15 000 U/min. a) Berechnen Sie die Zentripetalbeschleunigung, der ein Reagenzglas im Abstand 15 cm von der Rotationsachse standhalten muss. b) Erst nach 1 min und 15 s erreicht die Zentrifuge aus der Ruhe ihre maximale Rotationsgeschwindigkeit. Berechnen Sie unter der Annahme einer konstanten Tangentialbeschleunigung deren Betrag während der Anlaufphase.

Allgemeine Aufgaben

2.55 •• Ein Eishockey-Puck wird von der Eisfläche aus geschlagen. Er verfehlt das Netz und fliegt in einer Höhe von $h = 2,80$ m über die Plexiglasscheibe. In dem Moment, in dem er die Plexiglasscheibe überfliegt, beträgt die Flugzeit $t_1 = 0,650$ s. Die horizontale Entfernung ist $x_1 = 12,0$ m. a) Ermitteln Sie die Anfangsgeschwindigkeit und -richtung des Pucks. b) Wann erreicht der Puck seine maximale Höhe? c) Wie groß ist die maximale Höhe des Pucks?

2.56 •• Sie schwimmen in einem Fluss und stoppen die Zeit, die Sie benötigen, um zwischen zwei am selben Ufer angebrachten Markierungen hin- und zurückzuschwimmen. Hängt die Zeit, die Sie für den Hin- und den Rückweg benötigen, von der Strömung des Flusses ab? Gehen Sie davon aus, dass Sie relativ zum Wasser immer mit demselben Geschwindigkeitsbetrag schwimmen.

2.57 • Ein Wagen einer Achterbahn fährt gerade in einen Looping ein. In dem Moment, in dem der Wagen den ersten Viertelkreis des Looping durchfahren hat, fährt der Wagen mit $20\,\mathrm{m}\cdot\mathrm{s}^{-1}$ direkt nach oben und verzögert mit $5{,}0\,\mathrm{m}\cdot\mathrm{s}^{-2}$. Der Looping hat einen Krümmungsradius von 25 m. Wie groß sind in diesem Moment seine Zentripetal- und Tangentialbeschleunigung?

2.58 • Eine kleine Stahlkugel rollt horizontal mit der Anfangsgeschwindigkeit 3,0 m/s von der obersten Stufe einer langen Treppe herab. Jede Stufe ist 0,18 m hoch und 0,30 m breit. Auf welche Stufe trifft die Kugel zuerst auf?

2.59 •• Galileo Galilei zeigte, dass die Reichweiten von zwei Geschossen, deren Abschusswinkel den Wert 45° um den gleichen Betrag über- bzw. unterschreiten, auf ebenem Feld bei Vernachlässigung des Luftwiderstands gleich sind. Beweisen Sie Galileis Aussage.

2.60 ••• Zur Bestimmung der Fallbeschleunigung wird in einem Experiment ein Aufbau mit zwei Lichtschranken verwendet. (Lichtschranken sind Ihnen sicher schon im Alltag aufgefallen. Sie sind am Eingang mancher Geschäfte angebracht. Wenn jemand hindurchgeht und den Strahl unterbricht, ertönt eine Klingel.) Beim Experiment befindet sich eine Lichtschranke an einer 1,00 m hohen Tischkante und eine zweite genau darunter, unmittelbar über dem Boden. Eine Murmel, die Sie in einer Höhe von 0,50 m über der oberen Lichtschranke aus der Ruhe loslassen, soll durch diese Lichtschranken fallen. Beim Durchgang der Kugel durch die obere Lichtschranke startet diese eine Stoppuhr. Die zweite Lichtschranke hält die Stoppuhr an, wenn die Kugel ihren Strahl passiert. a) Beweisen Sie, dass der experimentelle Wert der Fallbeschleunigung durch $g_{\mathrm{exp}} = 2\,\Delta y/(\Delta t)^2$ gegeben ist, wobei Δy die vertikale Strecke zwischen den Lichtschranken und Δt die Fallzeit ist. b) Welchen Wert von Δt erwarten Sie als Messergebnis, wenn für g_{exp} der Standardwert $9{,}81\,\mathrm{m/s^2}$ angenommen wird? c) Bei den Experimenten geschieht ein kleiner Irrtum: Ein unachtsamer Student bringt die obere Lichtschranke nicht genau an der Tischkante an, sondern 0,50 cm tiefer. Die zweite Lichtschranke befestigt er aber in der richtigen Höhe. Welchen Wert für g_{exp} werden Sie dann erhalten? Welcher prozentualen Abweichung gegenüber dem auf den Meeresspiegel bezogenen üblichen Wert entspricht das?

2.61 ••• Der Ort eines Körpers, der an einer Feder schwingt, ist durch $x = A\sin\omega t$ gegeben, wobei A und ω (der griechische Kleinbuchstabe omega) Konstanten mit den Werten $A = 5{,}0\,\mathrm{cm}$ und $\omega = 0{,}175\,\mathrm{s}^{-1}$ sind. a) Zeichnen Sie x als Funktion von t für $0 \le t \le 36$ s. b) Messen Sie die Steigung der Kurve bei $t = 0$, um die Geschwindigkeit zu diesem Zeitpunkt zu ermitteln. c) Berechnen Sie die mittlere Geschwindigkeit für Zeitintervalle, die jeweils bei $t = 0$ beginnen und bei $t = 6{,}0$, 3,0, 2,0, 1,0, 0,50 bzw. 0,25 s enden. d) Ermitteln Sie $\mathrm{d}x/\mathrm{d}t$ und berechnen Sie die Geschwindigkeit zur Zeit $t = 0$. e) Vergleichen Sie die Ergebnisse der Teilaufgaben c und d und erläutern Sie, weshalb sich die Ergebnisse von Teilaufgabe c an die von Teilaufgabe d annähern.

2.62 ••• Die Beschleunigung eines Teilchens ist durch folgende Funktion von x gegeben: $a_x(x) = (2{,}0\,\mathrm{s}^{-2})\,x$. a) Welche Geschwindigkeit hat das Teilchen bei $x = 3{,}0\,\mathrm{m}$, wenn seine Geschwindigkeit bei $x = 1{,}0\,\mathrm{m}$ gleich null ist? b) Wie lange dauert es, bis das Teilchen von $x = 1{,}0\,\mathrm{m}$ zu $x = 3{,}0\,\mathrm{m}$ gelangt?

2.63 ••• Sie fahren mit dem Auto in einer Wohngegend mit der Geschwindigkeit von 40,0 km/h. Sie sehen, dass die Ampel an der Kreuzung 65 m vor Ihnen auf Gelb schaltet. Sie wissen, dass diese Ampel genau 5,0 s lang Gelb zeigt, bevor sie auf Rot schaltet. Zunächst brauchen Sie 1,0 s, um zu überlegen. Anschließend beschleunigen Sie das Auto gleichförmig. Sie schaffen es gerade noch, mit dem 4,5 m langen Auto vollständig über die 15,0 m breite Kreuzung zu kommen, als die Ampel auch schon rot wird. So entgehen Sie gerade noch einem Strafzettel wegen Überfahrens der roten Ampel. Unmittelbar nachdem Sie die Kreuzung passiert haben, nehmen Sie erleichtert den Fuß vom Gaspedal. Kurz darauf werden Sie aber wegen überhöhter Geschwindigkeit angehalten. Berechnen Sie Ihre maximal erreichte Geschwindigkeit und entscheiden Sie, ob es sinnvoll ist, den Bußgeldbescheid anzufechten, wenn Sie davon ausgehen, dass eine Höchstgeschwindigkeit von 50,0 km/h gilt.

Lösungen zu den Aufgaben

Verständnisaufgaben

L2.1 Die Beschleunigung ist $a = \mathrm{d}v/\mathrm{d}t$, also gleich der zeitlichen Änderung der Geschwindigkeit v. Somit ist sie Beschleunigung positiv, wenn $\mathrm{d}v > 0$ ist, aber negativ, wenn $\mathrm{d}v < 0$ ist.

a) Ein Beispiel für eine eindimensionale Bewegung, bei der die Geschwindigkeit nach Westen gerichtet ist, während die Beschleunigung nach Osten zeigt, finden wir bei einem Auto, das nach Westen fährt und dabei bremst.

b) Ein Beispiel für eine eindimensionale Bewegung, bei der die Geschwindigkeit ebenso wie die Beschleunigung nach Norden gerichtet ist, finden wir bei einem Auto, das nach Norden fährt und dabei beschleunigt.

L2.2 Die entlang irgendeiner Bahn zurückgelegte Strecke kann, wie in der Abbildung beispielhaft gezeigt ist, als Abfolge kleiner Verschiebungen $\Delta \boldsymbol{r}$ dargestellt werden.

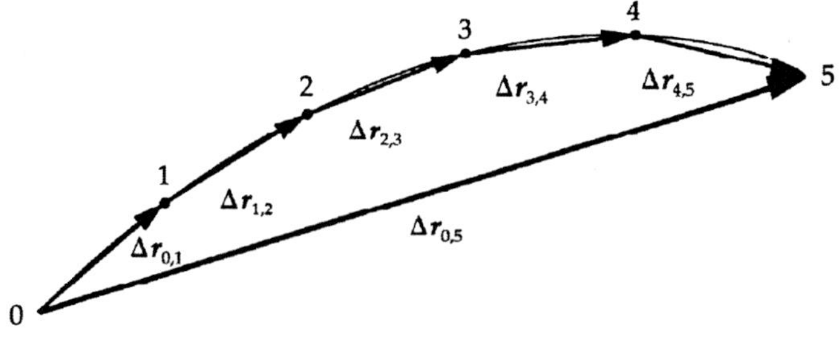

Die resultierende Ortsverschiebung $\Delta r_{0,5}$ ergibt sich hier aus der Vektorsumme aller Verschiebungen. Aber die insgesamt zurückgelegte Strecke ist die Summe der *Beträge* der Einzelverschiebungen. Somit ist die insgesamt zurückgelegte Strecke

$$|\Delta r_{0,1}| + |\Delta r_{1,2}| + |\Delta r_{2,3}| + \cdots + |\Delta r_{n-1,n}|,$$

wobei n die Anzahl der einzelnen kleinen Verschiebungen ist. (Damit dies exakt gilt, müssten wir den Grenzwert für $n \to \infty$ bilden, bei dem jede Verschiebung gegen null geht.) Da die kürzeste Verbindung zwischen zwei Punkten die Gerade ist, gilt jedoch für den Betrag $|\Delta r_{0,n}|$ der Gesamtverschiebung:

$$|\Delta r_{0,n}| \leq |\Delta r_{0,1}| + |\Delta r_{1,2}| + |\Delta r_{2,3}| + \cdots + |\Delta r_{n-1,n}|.$$

Also ist der Betrag der insgesamt resultierenden Ortsverschiebung stets höchstens so groß wie die zurückgelegte Strecke.

L2.3 Aus der Differenz der Ortsvektoren und der Zeitspanne, während der die Verschiebung erfolgte, lässt sich lediglich die mittlere Geschwindigkeit ermitteln. Momentangrößen können daraus nicht ermittelt werden, und zur Berechnung der mittleren Beschleunigung wären zwei Momentangeschwindigkeiten erforderlich. Somit ist nur Aussage a richtig.

L2.4 a) Der Geschwindigkeitsvektor zeigt stets in die momentane Bewegungsrichtung des Teilchens. Daher verläuft er längs der Tangente an die Bahnkurve in der jeweiligen Bewegungsrichtung.

b) Die Abbildung zeigt zwei Geschwindigkeitsvektoren eines Teilchens, das sich entlang einer gekrümmten Bahn nach oben bewegt.

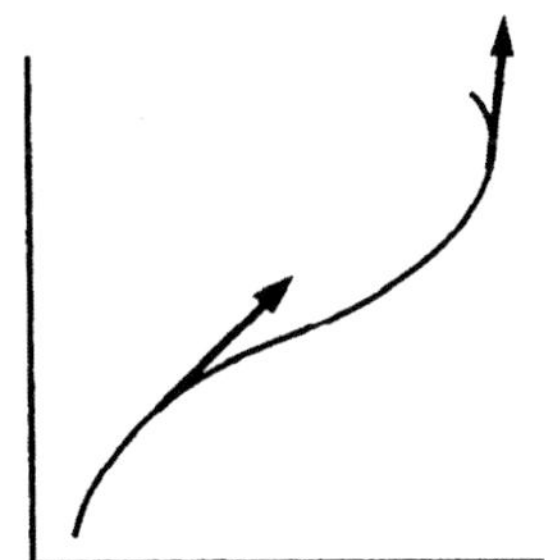

L2.5 Die Definition des Geschwindigkeitsvektors lautet $v = \mathrm{d}r/\mathrm{d}t$, während der Beschleunigungsvektor durch $a = \mathrm{d}v/\mathrm{d}t$ definiert ist. Damit erfüllen folgende Beispiele die Bedingungen der Aufgabe:

a) Ein Auto, das auf gerader Straße fährt und bremst.

b) Ein Auto, das auf gerader Straße fährt und beschleunigt.

c) Ein Auto, das mit konstantem Geschwindigkeitsbetrag im Kreis fährt.

L2.6 Die Geschwindigkeit der Wasserströmung ist betragsmäßig gleich der Höchstgeschwindigkeit des Boots relativ zum Wasser. Um nicht abgetrieben zu werden, muss der Bootsführer das Boot also genau entgegengesetzt zur Strömung lenken –

wobei er aber nicht vom Ufer wegkommt. Daher ist Aussage d richtig: Er sollte sein Vorhaben aufgeben.

L2.7 Bei der eindimensionalen Bewegung ist die Geschwindigkeit v die Steigung der Weg-Zeit-Kurve. Während diese Steigung positiv, null oder negativ sein kann, kann der Geschwindigkeitsbetrag naturgemäß nur positiv oder null sein.

a) Für die Geschwindigkeiten gilt

Kurve a: $v(t_2) < v(t_1)$,
Kurve b: $v(t_2) = v(t_1)$,
Kurve c: $v(t_2) > v(t_1)$,
Kurve d: $v(t_2) < v(t_1)$.

b) Für die Geschwindigkeitsbeträge gilt

Kurve a: $|v(t_2)| < |v(t_1)|$,
Kurve b: $|v(t_2)| = |v(t_1)|$,
Kurve c: $|v(t_2)| < |v(t_1)|$,
Kurve d: $|v(t_2)| > |v(t_1)|$.

L2.8 Die Steigung der Kurve $x(t)$ ist stets gleich der Geschwindigkeit zum betreffenden Zeitpunkt. Die Beschleunigung ist positiv, wenn die Steigung dieser Weg-Zeit-Kurve mit zunehmender Zeit weniger stark negativ oder stärker positiv wird. Dagegen ist die Beschleunigung negativ, wenn die Steigung weniger stark positiv oder stärker negativ wird. Die Steigung (d. h. die zeitliche Änderung) der Steigung der Kurve $x(t)$ ist jeweils die momentane Beschleunigung zu diesem Zeitpunkt.

a) Kurve d, denn ihre Steigung ist positiv und nimmt zu; also ist die Beschleunigung (wie auch die Geschwindigkeit) positiv.

b) Kurve b, weil ihre Steigung positiv und konstant ist.

c) Kurve e, weil ihre Steigung null ist; das bedeutet, sowohl Geschwindigkeit als auch Beschleunigung sind null.

d) Kurven a und c. Die Steigung der Kurve a ist negativ und wird mit zunehmender Zeit immer stärker negativ; das bedeutet, sowohl Geschwindigkeit als auch Beschleunigung sind negativ. Die Steigung der Kurve c ist positiv und nimmt ab; hierbei ist zwar die Geschwindigkeit positiv, aber die Beschleunigung negativ.

L2.9 Aus der Weg-Zeit-Kurve der Bewegung (siehe die Abbildung bei der Aufgabenstellung) können Geschwindigkeitsbetrag, Geschwindigkeit und Beschleunigung qualitativ entnommen werden.

a) Den kleinsten Geschwindigkeitsbetrag (nämlich null) hat der Körper in den Punkten B, D und E, in denen die Steigung der Weg-Zeit-Kurve und damit die Geschwindigkeit gleich null ist.

b) Wenn die Beschleunigung positiv sein soll, muss die Steigung der Kurve mit der Zeit zunehmen. Dies ist in den Punkten A und D der Fall – aber auch im Punkt C, denn hier wird die Steigung weniger stark negativ, nimmt also ebenfalls zu.

c) Weil die Steigung im Punkt C negativ ist, ist hier die Geschwindigkeit negativ.

L2.10 Wenn die Geschwindigkeit positiv ist, liegt die v-t-Kurve über der Geraden $v = 0$ (also oberhalb der t-Achse). Wenn die Beschleunigung positiv ist, hat die Kurve eine positive Steigung. Anhand dieser Kriterien können wir die Fragen beantworten.

a) Die Kurve c beschreibt eine Bewegung eines Teilchens mit positiver Geschwindigkeit und zunehmendem Geschwindigkeitsbetrag, weil $v(t)$ über der t-Achse liegt und eine positive Steigung aufweist.

b) Die Kurve a beschreibt eine Bewegung eines Teilchens mit positiver Geschwindigkeit und der Beschleunigung null, weil $v(t)$ oberhalb der t-Achse liegt und die Steigung null hat.

c) Die Kurven c, d und e beschreiben Bewegungen eines Teilchens mit konstanter und von null verschiedener Beschleunigung, weil $v(t)$ jeweils linear ist und eine von null verschiedene Steigung hat.

d) Die Kurve e beschreibt eine Bewegung eines Teilchens mit abnehmendem Geschwindigkeitsbetrag.

L2.11 Die Steigung der Kurve $v(t)$ ist stets gleich der Beschleunigung zum betreffenden Zeitpunkt.

a) Kurve b, weil ihre Steigung konstant und positiv ist.

b) Kurve c, denn ihre Steigung ist positiv, nimmt aber mit der Zeit ab.

c) Kurve d, denn ihre Steigung ist positiv und nimmt mit der Zeit zu.

d) Kurve e, weil ihre Steigung null ist.

L2.12 Die Geschwindigkeit ist die Steigung der Weg-Zeit-Kurve, und die Beschleunigung ist die Steigung der Geschwindigkeits-Zeit-Kurve. Die Diagramme $x(t)$, $v(t)$ und $a(t)$ in Abb. 2.13 wurden mithilfe eines Tabellenkalkulationsprogramms erstellt.

L2.13 a) Der Porsche beschleunigt gleichförmig; daher brauchen wir lediglich diejenigen Kurven (b und c) zu betrachten, die eine positive konstante Beschleunigung darstellen. Dazu müssen sie eine positive konstante Steigung haben. Außerdem hat das Auto eine von null verschiedene (und positive) Anfangsgeschwindigkeit. Somit kommt nur Kurve c in Betracht.

b) Aus den Werten in der Aufgabenstellung ergibt sich die Beschleunigung zu $1{,}00\,\mathrm{m \cdot s^{-2}}$ und die Anfangsgeschwindigkeit zu $22{,}4\,\mathrm{m \cdot s^{-1}}$. Somit wird der Ort des Autos durch die Gleichung

$$x = (22{,}4\,\mathrm{m \cdot s^{-1}})\,t + \tfrac{1}{2}\,(1{,}00\,\mathrm{m \cdot s^{-2}})\,t^2$$

beschrieben. Die Auftragung von $x(t)$ in Abb. 2.14 wurde mithilfe eines Tabellenkalkulationsprogramms erzeugt.

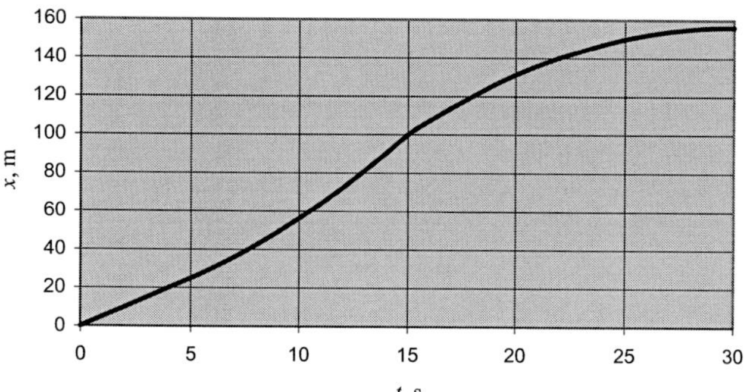

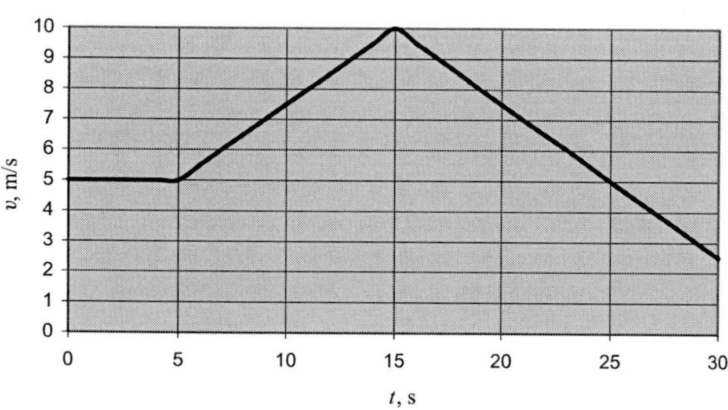

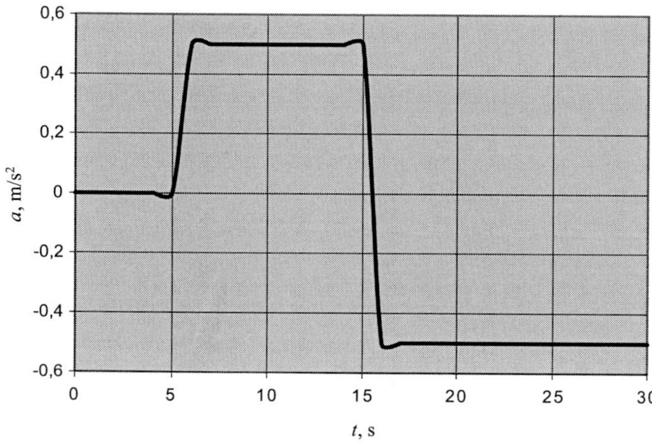

Abb. 2.13 zu Aufgabe 2.12

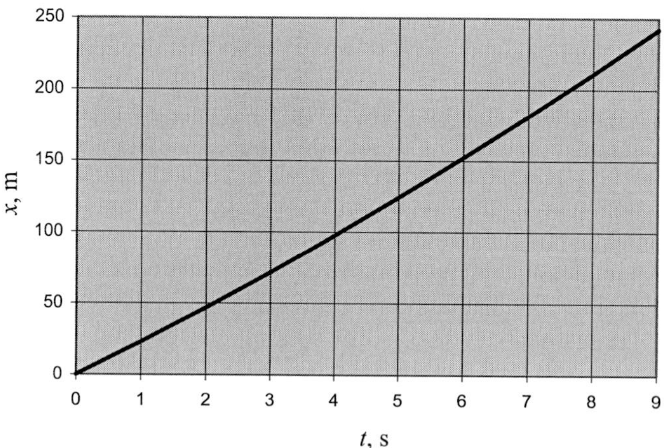

Abb. 2.14 zu Aufgabe 2.13

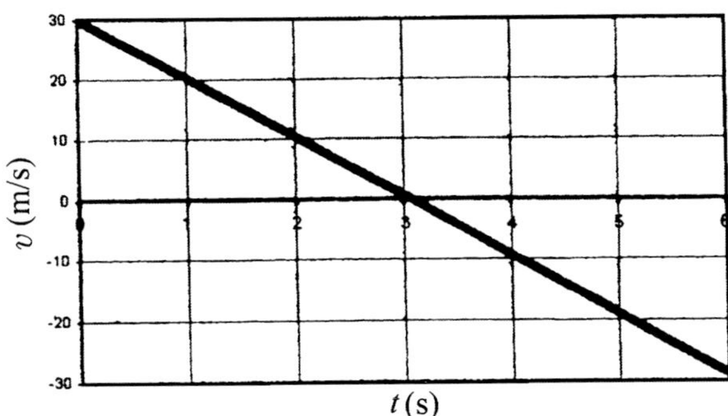

Abb. 2.15 zu Aufgabe 2.15

L2.14 Hier muss sorgfältig zwischen *mittlerem Geschwindigkeitsbetrag* und *mittlerer Geschwindigkeit* unterschieden werden. Der mittlere Geschwindigkeitsbetrag ist in jedem Fall – so auch bei konstanter Beschleunigung – der Quotient aus der zurückgelegten Gesamtstrecke, hier $(h + h)$, und der verstrichenen Zeit, hier t, und damit $2\,h/t$. Somit ist Antwort d richtig. *Anmerkung*: Wäre aber die *mittlere Geschwindigkeit* gesucht, so wäre Antwort b (also null) richtig, denn der insgesamt zurückgelegte Weg ist ja null.

L2.15 Der Ball fliegt (ohne Berücksichtigung des Luftwiderstands) mit konstanter, nach unten gerichteteter Beschleunigung. Wir wählen ein Koordinatensystem, dessen Ursprung im Abwurfpunkt liegt. Die positive Richtung soll nach oben zeigen. In Abb. 2.15 ist der zeitliche Verlauf der Geschwindigkeit des Balls aufgetragen, der mit der Anfangsgeschwindigkeit $30\,\mathrm{m \cdot s^{-1}}$ senkrecht nach oben geworfen wurde.

a) Es ist $v_{\mathrm{Scheitel}} = 0$, weil der Ball am Scheitelpunkt nicht mehr steigt, sondern zu fallen beginnt.

b) Die Geschwindigkeits-Zeit-Kurve ist eine Gerade mit negativer Steigung. Das bedeutet: Die von der Erdanziehung herrührende, im vorliegenden Fall negative Beschleunigung des Balls ist in jedem Punkt seiner Bahn, auch bei $v = 0$ (im Scheitel), gleich. Somit ist $a_{\mathrm{Scheitel}} = -g$.

c) Auch wenn der Ball an der horizontalen Decke abprallt, ist seine Geschwindigkeit im Scheitelpunkt (in diesem Fall an der Decke) gleich null. Die Beschleunigung ist ebenfalls nach unten gerichtet, jedoch in diesem Fall *momentan* betragsmäßig größer als g.

L2.16 Die Geschwindigkeitsdifferenz pro Zeiteinheit ist gleich der (mittleren) Beschleunigung. Wenn sich die Bewegungsrichtung nicht ändert (was bei kleiner Zeitspanne angenommen werden darf), dann haben der Vektor Δv der Geschwindigkeitsdifferenz und der Beschleunigungsvektor dieselbe Richtung.

a) In der ersten Abbildung (Wurf nach oben) sind links die beiden Geschwindigkeitsvektoren v_1 und v_2 dargestellt. Der Vektorpfeil v_2 ist kürzer, weil die nach oben gerichtete Geschwindigkeit aufgrund der Erdbeschleunigung abnimmt. Im rechten Bildteil ist gezeigt, wie der Differenzvektor Δv ermittelt wird. Er ist senkrecht nach unten gerichtet, also auch der Beschleunigungsvektor.

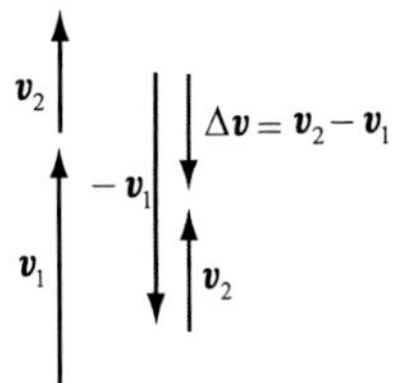

b) In der zweiten Abbildung (Fall von der Decke) sind beide Geschwindigkeitsvektoren v_1 und v_2 nach unten gerichtet. Dabei ist der Vektorpfeil v_2 länger als der Vektorpfeil v_1, weil der Pfeil nach unten beschleunigt wird. Auch der Differenzvektor Δv ist senkrecht nach unten gerichtet, also auch der Beschleunigungsvektor.

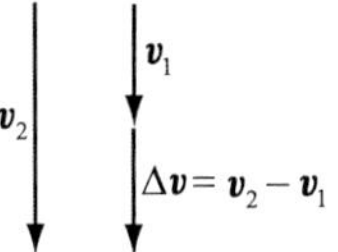

c) In der dritten Abbildung (waagerechter Wurf und Bewegung nach unten aufgrund der Erdbeschleunigung) zeigt der Differenzvektor Δv ebenfalls senkrecht nach unten, also auch der Beschleunigungsvektor.

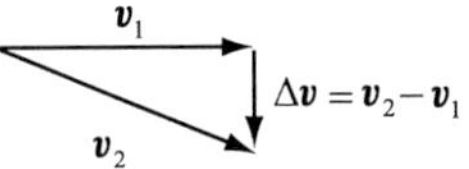

L2.17 Alle Fragen sind anhand der Schnittpunkte der Kurven und ihrer Steigungen zu verschiedenen Zeitpunkten zu beantworten.

a) Ja; die Autos sind zu den Zeitpunkten gleichauf, zu denen sich beide Kurven schneiden.

b) Die Richtungen sind zu den Zeiten entgegengesetzt, in denen die Steigungen der Kurven unterschiedliche Vorzeichen haben. Das trifft nach etwa 6,5 Sekunden zu, denn ab hier hat die Weg-Zeit-Kurve des Autos A eine negative Steigung.

c) Ja; die Geschwindigkeiten sind zu dem Zeitpunkt gleich, zu dem beide Kurven dieselbe Steigung haben (bei schätzungsweise 4,5 Sekunden).

d) Die beiden Autos sind zu dem Zeitpunkt (bei schätzungsweise 4,5 Sekunden) am weitesten voneinander entfernt, zu dem die beiden Kurven in x-Richtung (im Diagramm senkrecht) den größten Abstand voneinander haben.

L2.18 Die Teilabbildung a zeigt den Pendelkörper kurz vor und die Teilabbildung b kurz nach der Umkehr beim linken Maximalausschlag. In der unteren Teilabbildung ist dargestellt, wie der Vektor $v_{\mathrm{E}} - v_{\mathrm{A}}$ der Geschwindigkeitsdifferenz ermittelt wird.

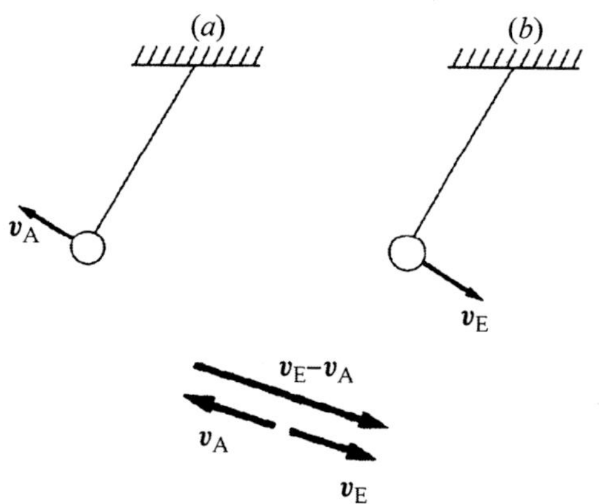

Die Beschleunigung hat dieselbe Richtung wie die Geschwindigkeitsänderung $v_E - v_A$. Sie verläuft längs der Tangente an die Bahnkurve des Pendels nahe beim Umkehrpunkt.

Die Zentripetalbeschleunigung ist sehr nahe beim Umkehrpunkt praktisch null, weil dies hier auch für den Betrag der Geschwindigkeit gilt. Die Tangentialbeschleunigung ist dagegen von null verschieden, weil sich die Bewegungsrichtung des Pendelkörpers hier ändert.

Schätzungs- und Näherungsaufgabe

L2.19 Der Bergsteiger fiel (ohne Berücksichtigung des Luftwiderstands) mit konstanter Beschleunigung. Weil die Bewegung nach unten gerichtet war, legen wir das Koordinatensystem so an, dass die positive y-Richtung nach unten zeigt. Den Ursprung legen wir in den Punkt, an dem der Sturz begann.

Bei konstanter Beschleunigung (bzw. Verzögerung) während der Abbremsung im Schnee gilt für die Endgeschwindigkeit v_2 des Bergsteigers sowie für seine Geschwindigkeit v_1 beim Auftreffen auf den Schnee, ferner für seine Beschleunigung a_H bis zum Halt und für seinen Bremsweg Δy im Schnee:

$$v_2^2 = v_1^2 + 2\,a_H\,\Delta y\,, \quad \text{woraus folgt:} \quad a_H = \frac{v_2^2 - v_1^2}{2\,\Delta y}\,.$$

Weil sich der Bergsteiger zum Schluss nicht mehr bewegt, ist $v_2 = 0$ und daher

$$a_H = -\frac{v_1^2}{2\,\Delta y}\,. \tag{1}$$

Die Geschwindigkeit, die der Bergsteiger beim Auftreffen auf den Schnee hatte, ergibt sich mit der Gleichung für den freien Fall aus der Höhe h. Dabei war die Beschleunigung gleich der Erdbeschleunigung g. Daher gilt

$$v_1^2 = v_0^2 + 2\,g\,h\,.$$

Wegen $v_0 = 0$ zu Beginn des Falls ist also $v_1^2 = 2\,g\,h$, und mit Gleichung 1 erhalten wir für die Beschleunigung im Schnee

$$a_H = -\frac{v_1^2}{2\,\Delta y} = -\frac{2\,g\,h}{2\,\Delta y} = -\frac{(9{,}81\,\mathrm{m}\cdot\mathrm{s}^{-2})\,(150\,\mathrm{m})}{1{,}20\,\mathrm{m}}$$
$$= -1{,}2\cdot 10^3\,\mathrm{m}\cdot\mathrm{s}^{-2}\,.$$

Anmerkung: Diese Beschleunigung entspricht über $120\,g$!

Orts- und Verschiebungsvektor

L2.20 Wie gefordert, soll die $+y$-Richtung nach oben und die $+x$-Richtung nach rechts zeigen.

a) Um 12:00 Uhr weisen beide Zeiger gemeinsam entlang der $+y$-Achse. Der Ortsvektor zur Spitze des Stundenzeigers ist $\boldsymbol{a} = (0{,}25\,\mathrm{m})\,\widehat{\boldsymbol{y}}$, und der zur Spitze des Minutenzeigers ist $\boldsymbol{b} = (0{,}50\,\mathrm{m})\,\widehat{\boldsymbol{y}}$.

b) Um 3:00 Uhr weist der Minutenzeiger entlang der $+y$-Achse und der Stundenzeiger entlang der $+x$-Achse. Der Ortsvektor zur Spitze des Stundenzeigers ist $\boldsymbol{a} = (0{,}25\,\mathrm{m})\,\widehat{\boldsymbol{x}}$ und der zur Spitze des Minutenzeigers auch hier $\boldsymbol{b} = (0{,}50\,\mathrm{m})\,\widehat{\boldsymbol{y}}$.

c) Um 6:00 Uhr weist der Minutenzeiger entlang der $+y$-Achse und der Stundenzeiger entlang der $-y$-Achse. Der Ortsvektor zur Spitze des Stundenzeigers ist $\boldsymbol{a} = (-0{,}25\,\mathrm{m})\,\widehat{\boldsymbol{y}}$ und der zur Spitze des Minutenzeigers auch hier $\boldsymbol{b} = (0{,}50\,\mathrm{m})\,\widehat{\boldsymbol{y}}$.

d) Um 9:00 Uhr weist der Minutenzeiger entlang der $+y$-Achse und der Stundenzeiger entlang der $-x$-Achse. Der Ortsvektor zur Spitze des Stundenzeigers ist $\boldsymbol{a} = (-0{,}25\,\mathrm{m})\,\widehat{\boldsymbol{x}}$ und der zur Spitze des Minutenzeigers auch hier $\boldsymbol{b} = (0{,}50\,\mathrm{m})\,\widehat{\boldsymbol{y}}$.

L2.21 Wir bezeichnen die Verschiebung, längs der sich der Bär direkt zur Höhle zurück bewegen muss, mit $\boldsymbol{D}$. Den Betrag $|\boldsymbol{D}|$ und die Richtung θ dieses Vektors können wir der maßstäblichen Abb. 2.16 entnehmen: Die Strecke beträgt $|\boldsymbol{D}| \approx 22\,\mathrm{m}$, und der Winkel zur Ostrichtung ist $\theta \approx 23°$.

L2.22 Die Abb. 2.17 zeigt die Orte der Sender A und B relativ zum Schiff S sowie die Bezeichnungen für die Abstände der Sender vom Schiff sowie voneinander.

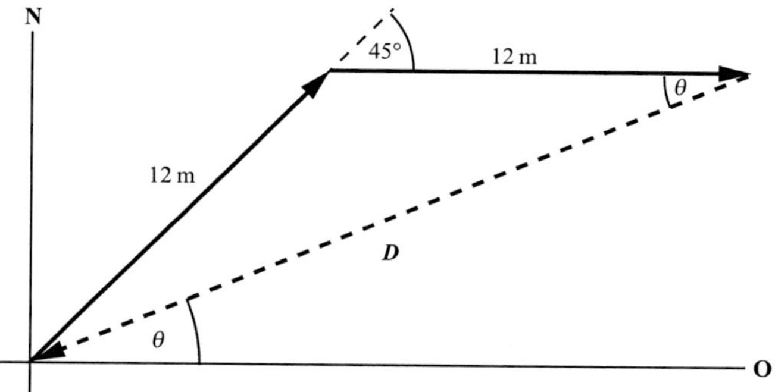

Abb. 2.16 zu Aufgabe 2.21

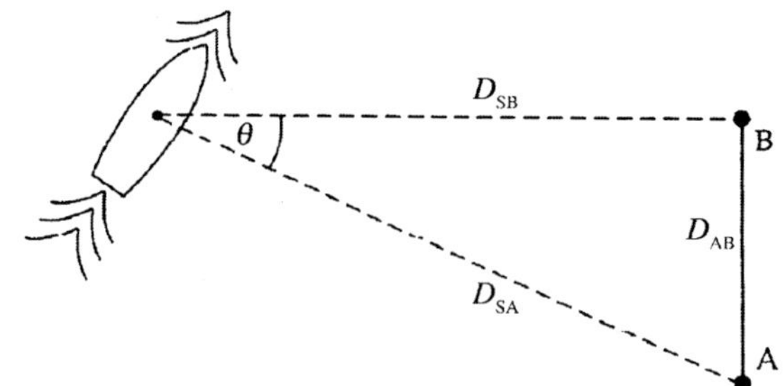

Abb. 2.17 zu Aufgabe 2.22

Der Abstand zwischen den Sendern A und B sowie der zwischen S und A sind miteinander über $\tan\theta = D_{AB}/D_{SB}$ verknüpft. Wir lösen nach dem Abstand zwischen Schiff S und Sender B auf und setzen die gegebenen Werte ein:

$$D_{SB} = D_{AB}/(\tan\theta) = (100\,\text{km})/(\tan 30°) = 1{,}7\cdot 10^2\,\text{km}\,.$$

Geschwindigkeit

L2.23 a) Wir nehmen an, dass sich das Elektron mit konstanter Geschwindigkeit entlang einer Geraden bewegt. Die mittlere Geschwindigkeit $\langle v\rangle$ ist der Quotient aus der Strecke Δs und der Zeitspanne Δt. Damit erhalten wir

$$\Delta t = \frac{\Delta s}{\langle v\rangle} = \frac{0{,}16\,\text{m}}{4{,}0\cdot 10^7\,\text{m}\cdot\text{s}^{-1}} = 4{,}0\cdot 10^{-9}\,\text{s} = 4{,}0\,\text{ns}\,.$$

b) Die Zeitdauer, in der ein Elektron durch einen 16 cm langen stromführenden Draht fließt, ist

$$\Delta t = \frac{\Delta s}{\langle v\rangle} = \frac{0{,}16\,\text{m}}{4{,}0\cdot 10^{-5}\,\text{m}\cdot\text{s}^{-1}} = 4{,}0\cdot 10^3\,\text{s}\cdot\frac{1\,\text{min}}{60\,\text{s}}$$
$$= 67\,\text{min}\,.$$

L2.24 Wegen der Kugelform der Erde können die Flugzeuge den Atlantik natürlich nicht geradlinig überfliegen. Der Einfachheit halber wollen wir das bei unserer Berechnung aber trotzdem annehmen.

a) Die Flugzeit ist der Quotient aus der Strecke s und der mittleren Geschwindigkeit $\langle v\rangle$. Damit erhalten wir für das Überschallflugzeug, das mit Mach 2 fliegt:

$$t_{M2} = \frac{s}{\langle v\rangle_{M2}} = \frac{5500\,\text{km}}{2\,(343\,\text{m}\cdot\text{s}^{-1})\,(3600\,\text{s}\cdot\text{h}^{-1})} = 2{,}2\,\text{h}\,.$$

b) Wir bilden das Verhältnis aus dieser Flugdauer und der Flugdauer des Überschallflugzeugs mit Mach 0,9:

$$\frac{t_{M2}}{t_{0,9}} = \frac{\dfrac{s}{\langle v\rangle_{M2}}}{\dfrac{s}{\langle v\rangle_{M0,9}}} = \frac{\langle v\rangle_{M0,9}}{\langle v\rangle_{M2}} = \frac{0{,}9\,(343\,\text{m}\cdot\text{s}^{-1})}{2\,(343\,\text{m}\cdot\text{s}^{-1})} = 0{,}45\,.$$

L2.25 a) Im freien Weltraum breitet sich Licht geradlinig mit der konstanten Geschwindigkeit c aus. Die Übermittlungsdauer der Bestellung ergibt sich aus dem Quotienten der Strecke s und der Lichtgeschwindigkeit:

$$\Delta t_{\text{Best.}} = \frac{s}{c} = \frac{4{,}1\cdot 10^{16}\,\text{m}}{2{,}998\cdot 10^8\,\text{m}\cdot\text{s}^{-1}} = 1{,}37\cdot 10^8\,\text{s} = 4{,}33\,\text{a}\,.$$

b) Die Gesamtlieferzeit ist die Summe der eben ermittelten Übermittlungsdauer der Bestellung und der Transportdauer der

Pizza von der Erde zu Proxima Centauri:

$$\Delta t_{\text{ges}} = \Delta t_{\text{Best.}} + \Delta t_{\text{Transp.}}$$
$$= 4{,}33\,\text{a} + \frac{4{,}1\cdot 10^{13}\,\text{km}}{(1{,}00\cdot 10^{-4})\,(2{,}998\cdot 10^8\,\text{m}\cdot\text{s}^{-1})}$$
$$= 4{,}33\,\text{a} + 4{,}33\cdot 10^6\,\text{a} \approx 4{,}3\cdot 10^6\,\text{a}\,.$$

Die Pizza ist also kostenlos und wäre das sogar noch bei tausendfach schnellerem Transport, d. h. bei $4{,}3\cdot 10^3$ Jahren Lieferzeit.

L2.26 Die Geschwindigkeiten der beiden Galaxien ergeben sich gemäß dem Hubble-Gesetz zu

a) $\quad v_a = H\,r_a = (1{,}58\cdot 10^{-18}\,\text{s}^{-1})\,(5{,}00\cdot 10^{22}\,\text{m})$
$$= 7{,}90\cdot 10^4\,\text{m}\cdot\text{s}^{-1}\,,$$

b) $\quad v_b = H\,r_b = (1{,}58\cdot 10^{-18}\,\text{s}^{-1})\,(2{,}00\cdot 10^{25}\,\text{m})$
$$= 3{,}16\cdot 10^7\,\text{m}\cdot\text{s}^{-1}\,.$$

c) Die Zeit, die die Galaxien für die von der Position der Erde aus zurückgelegte Strecke benötigten, ist der Quotient aus der Strecke und der Geschwindigkeit:

$$\Delta t = \frac{r}{v} = \frac{r}{H\,r} = \frac{1}{H} = 6{,}33\cdot 10^{17}\,\text{s} \approx 20\cdot 10^9\,\text{a}\,.$$

L2.27 a) Wir wählen den Ort des Autos A bei $t=0$ als Ursprung des Koordinatensystems. Die Orte beider Autos in Abhängigkeit von der Zeit werden durch die Gleichungen für gleichförmig beschleunigte Bewegungen beschrieben. In dem Moment, in dem das Auto B das Auto A überholt, sind sie bei derselben x-Koordinate, sodass gilt:

$$x_A(t) = x_B(t)\,. \tag{1}$$

Der Ort des Autos A ist gegeben durch

$$x_A(t) = x_{0,A} + v_A\,t\,,$$

sodass mit dem Ort $x_{0,A} = 0$ zum Zeitpunkt $t=0$ gilt:

$$x_A(t) = v_A\,t\,. \tag{2}$$

Für den Ort des Autos B gilt entsprechend

$$x_B(t) = x_{0,B} + v_B\,t\,,$$

wobei $x_{0,B}$ sein Ort zum Zeitpunkt $t=0$ ist. Einsetzen von $x_A(t)$ und $x_B(t)$ in Gleichung 1 liefert

$$v_A\,t = x_{0,B} + v_B\,t\,.$$

Hiermit erhalten wir für die Zeit, zu der das Auto B das Auto A eingeholt hat:

$$t = \frac{x_{0,B}}{v_A - v_B} = \frac{-45\,\text{km}}{80\,\text{km}\cdot\text{h}^{-1} - 110\,\text{km}\cdot\text{h}^{-1}} = 1{,}50\,\text{h}\,.$$

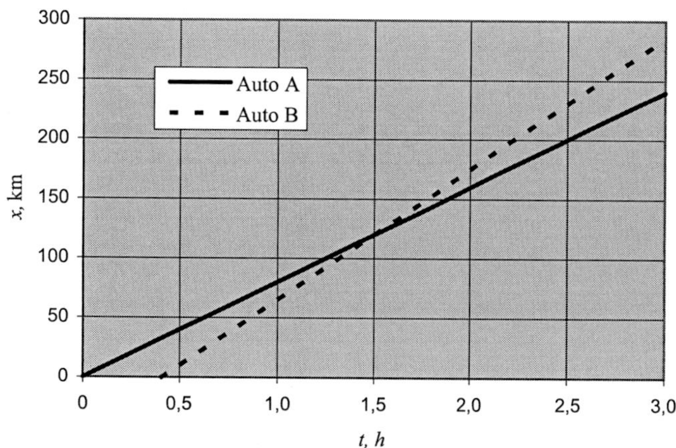

Abb. 2.18 zu Aufgabe 2.27

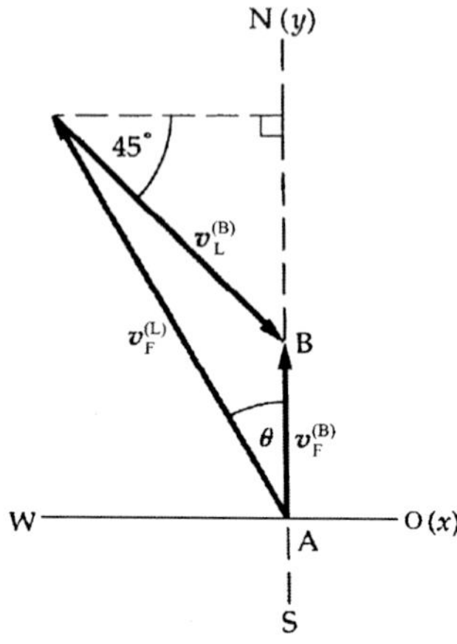

Der Ort des Überholens ergibt sich durch Einsetzen dieser Zeitspanne in Gleichung 2:

$$x_{A,\,1,50\,\mathrm{h}} = (80\,\mathrm{km} \cdot \mathrm{h}^{-1})\,(1{,}50\,\mathrm{h}) = 120\,\mathrm{km} = 1{,}2 \cdot 10^5\,\mathrm{m}\,.$$

b) Für den Abstand der beiden Autos in Abhängigkeit von der Zeit gilt

$$\Delta x(t) = x_\mathrm{B}(t) - x_\mathrm{A}(t) = x_{0,\mathrm{B}} + v_\mathrm{B}\,t - v_\mathrm{A}\,t\,.$$

Die Autos sind nach 1,50 h gleichauf, und wir müssen den Vorsprung des Autos A nach weiteren 30 s = 0,083 h, also nach insgesamt 1,508 h, ermitteln. Für diesen Vorsprung ergibt sich mit der eben aufgestellten Gleichung

$$\Delta x_{1,508\,\mathrm{h}} = -45\,\mathrm{km} + \left[(110 - 80)\,\mathrm{km} \cdot \mathrm{h}^{-1}\right](1{,}5083\,\mathrm{h})$$
$$= 0{,}24\,\mathrm{km}\,.$$

Anmerkung: Die Aufgabe kann auch mit einem grafikfähigen Taschenrechner oder mit einem Tabellenkalkulationsprogramm gelöst werden. Das Diagramm in Abb. 2.18 wurde mit einem Tabellenkalkulationsprogramm erzeugt. Es bestätigt unser Ergebnis, dass sich die Autos nach 1,5 h treffen.

L2.28 Die Geschwindigkeit des Flugzeugs relativ zum Boden bezeichnen wir, wie in der Abbildung gezeigt, mit $v_F^{(B)}$, die des Flugzeugs relativ zur Luft mit $v_F^{(L)}$ und die der Luft relativ zum Boden mit $v_L^{(B)}$. Damit gilt

$$v_F^{(B)} = v_F^{(L)} + v_L^{(B)}\,. \tag{1}$$

Wir legen den Koordinatenursprung in den Punkt A, wobei die positive $+x$-Richtung nach Osten und die positive $+y$-Richtung nach Norden zeigt. Den Winkel zwischen Norden und der Flugrichtung bezeichnen wir mit θ. Damit das Flugzeug genau nach Norden fliegt, muss der Pilot so Kurs halten, dass die Ost-West-Komponente von $v_F^{(B)}$ null wird.

Wie aus der Abbildung hervorgeht, müssen die ostwärts gerichtete Komponente von $v_L^{(B)}$ und die westwärts gerichtete Komponente von $v_F^{(L)}$ betragsmäßig gleich sein:

$$|v_L^{(B)}|\cos 45° = |v_F^{(L)}|\sin\theta\,.$$

Unter dieser Bedingung (sie entspricht dem Gleichsetzen der x-Komponenten in Gleichung 1) fliegt das Flugzeug genau nach Norden. Auflösen nach θ und Einsetzen der Zahlenwerte ergibt für den Winkel zur Nordrichtung

$$\theta = \mathrm{asin}\,\frac{|v_L^{(B)}|\cos 45°}{|v_F^{(L)}|} = \mathrm{asin}\,\frac{(50\,\mathrm{km} \cdot \mathrm{h}^{-1})\cos 45°}{240\,\mathrm{km} \cdot \mathrm{h}^{-1}}$$
$$= 8{,}47° = 8{,}5°\,.$$

Dieser Winkel ist der Kurs, den der Pilot ansteuern muss.

Um die Flugdauer zu ermitteln, betrachten wir die Nordkomponenten der Geschwindigkeiten. Hierfür gilt

$$|v_F^{(B)}| + |v_L^{(B)}|\sin 45° = |v_F^{(L)}|\cos 8{,}47°\,.$$

Damit erhalten wir für die Geschwindigkeit des Flugzeugs relativ zum Boden

$$|v_F^{(B)}| = |v_F^{(L)}|\cos 8{,}47° - |v_L^{(B)}|\sin 45°$$
$$= (240\,\mathrm{km} \cdot \mathrm{h}^{-1})\cos 8{,}47° - (50\,\mathrm{km} \cdot \mathrm{h}^{-1})\sin 45°$$
$$= 202{,}0\,\mathrm{km} \cdot \mathrm{h}^{-1}\,.$$

Mit der Strecke $s = 520\,\mathrm{km}$ ergibt sich die Flugdauer

$$\Delta t_\mathrm{Flug} = \frac{s}{|v_F^{(B)}|} = \frac{520\,\mathrm{km}}{202{,}0\,\mathrm{km} \cdot \mathrm{h}^{-1}} = 2{,}6\,\mathrm{h}\,.$$

L2.29 a) Gegeben sind die Richtung der Geschwindigkeit $v_F^{(B)}$ des Flugzeugs relativ zum Boden (nach Norden), der Betrag seiner Geschwindigkeit $v_F^{(L)}$ relativ zur Luft sowie Betrag und Richtung der Geschwindigkeit $v_L^{(B)}$ der Luft relativ zum Boden. Gesucht ist die Richtung der Geschwindigkeit $v_F^{(L)}$ des Flugzeugs relativ zur Luft. Wir stellen nun die Beziehung

$$v_F^{(B)} = v_F^{(L)} + v_L^{(B)}$$

in einem Vektordiagramm dar (siehe Abbildung) und stellen mit dessen Hilfe eine Beziehung für die gesuchte Richtung auf.

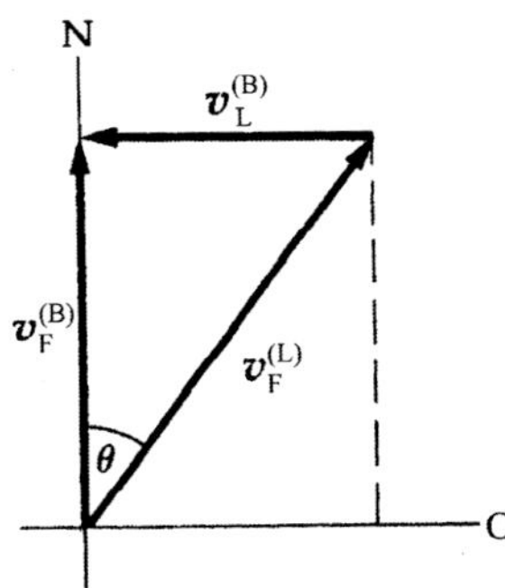

Wie aus der Abbildung hervorgeht, kann die Richtung aus den Beträgen der Luft- bzw. Windgeschwindigkeit relativ zum Boden und der Geschwindigkeit des Flugzeugs relativ zur Luft berechnet werden:

$$\theta = \operatorname{asin} \frac{|v_{\mathrm{L}}^{(\mathrm{B})}|}{|v_{\mathrm{F}}^{(\mathrm{L})}|} = \operatorname{asin} \frac{55{,}5 \, \mathrm{km} \cdot \mathrm{h}^{-1}}{280 \, \mathrm{km} \cdot \mathrm{h}^{-1}} = 11{,}5^\circ \, .$$

Somit ist der gesuchte Azimut $\mathrm{Az} = 011{,}5^\circ = 012^\circ$.

b) Aufgrund der geometrischen Gegebenheiten (siehe Abbildung) hängt die Richtung θ des Flugs mit den Beträgen der Geschwindigkeit relativ zum Boden und der relativ zur Luft über die Kosinus-Funktion zusammen:

$$\cos \theta = \frac{|v_{\mathrm{F}}^{(\mathrm{B})}|}{|v_{\mathrm{F}}^{(\mathrm{L})}|} \, .$$

Durch Auflösen nach $|v_{\mathrm{F}}^{(\mathrm{B})}|$ können wir hieraus den Betrag der Geschwindigkeit relativ zum Boden berechnen:

$$|v_{\mathrm{F}}^{(\mathrm{B})}| = |v_{\mathrm{F}}^{(\mathrm{L})}| \cos \theta = (280 \, \mathrm{km} \cdot \mathrm{h}^{-1}) \cos 11{,}5^\circ$$
$$= 2{,}74 \cdot 10^2 \, \mathrm{km} \cdot \mathrm{h}^{-1} \, .$$

Beschleunigung

L2.30 a) Wir gehen von der Definition der mittleren Beschleunigung aus und rechnen in m/s^2 um:

$$\langle a \rangle = \frac{\Delta v}{\Delta t} = \frac{(80{,}5 - 48{,}3) \, \mathrm{km} \cdot \mathrm{h}^{-1}}{3{,}70 \, \mathrm{s}} = 8{,}70 \, \mathrm{km} \cdot \mathrm{h}^{-1} \cdot \mathrm{s}^{-1}$$
$$= \left(8{,}70 \cdot 10^3 \, \frac{\mathrm{m}}{\mathrm{h} \cdot \mathrm{s}} \right) \frac{1 \, \mathrm{h}}{3600 \, \mathrm{s}} = 2{,}42 \, \mathrm{m} \cdot \mathrm{s}^{-2} \, .$$

b) Für die Geschwindigkeit nach insgesamt 4,70 s dauernder beschleunigter Fahrt gilt

$$v_{4{,}70 \, \mathrm{s}} = v_{3{,}70 \, \mathrm{s}} + \Delta v_{1{,}00 \, \mathrm{s}} = 80{,}5 \, \mathrm{km} \cdot \mathrm{h}^{-1} + \Delta v_{1{,}00 \, \mathrm{s}} \, .$$

Die in 1,00 s erzielte Geschwindigkeitsänderung berechnen wir aus der Beschleunigung:

$$\Delta v_{1{,}00 \, \mathrm{s}} = \langle a \rangle \, \Delta t = \left(8{,}70 \, \frac{\mathrm{km}}{\mathrm{h} \cdot \mathrm{s}} \right) (1{,}00 \, \mathrm{s}) = 8{,}70 \, \mathrm{km} \cdot \mathrm{h}^{-1} \, .$$

Damit ist die Geschwindigkeit nach einer weiteren Sekunde beschleunigter Fahrt

$$v_{4{,}70 \, \mathrm{s}} = 80{,}5 \, \mathrm{km} \cdot \mathrm{h}^{-1} + 8{,}70 \, \mathrm{km} \cdot \mathrm{h}^{-1} = 89{,}2 \, \mathrm{km} \cdot \mathrm{h}^{-1} \, .$$

L2.31 a) Die Verschiebung des Teilchens im gegebenen Zeitintervall $3{,}0 \, \mathrm{s} \leq t \leq 4{,}0 \, \mathrm{s}$ ist gegeben durch

$$\Delta x = x_{4{,}0 \, \mathrm{s}} - x_{3{,}0 \, \mathrm{s}} \, . \tag{1}$$

Währenddessen hat es die mittlere Geschwindigkeit

$$\langle v \rangle = \frac{\Delta x}{\Delta t} \, . \tag{2}$$

Mit der Gleichung in der Aufgabenstellung ergibt sich für die beiden in Gleichung 1 einzusetzenden Orte

$$x_{4{,}0 \, \mathrm{s}} = (1{,}0 \, \mathrm{m} \cdot \mathrm{s}^{-2}) \, (4{,}0 \, \mathrm{s})^2 - (5{,}0 \, \mathrm{m} \cdot \mathrm{s}^{-1}) \, (4{,}0 \, \mathrm{s}) + 1{,}0 \, \mathrm{m}$$
$$= -3{,}0 \, \mathrm{m} \, ,$$
$$x_{3{,}0 \, \mathrm{s}} = (1{,}0 \, \mathrm{m} \cdot \mathrm{s}^{-2}) \, (3{,}0 \, \mathrm{s})^2 - (5{,}0 \, \mathrm{m} \cdot \mathrm{s}^{-1}) \, (3{,}0 \, \mathrm{s}) + 1{,}0 \, \mathrm{m}$$
$$= -5{,}0 \, \mathrm{m} \, .$$

Einsetzen in Gleichung 1 liefert

$$\Delta x = x_{4{,}0 \, \mathrm{s}} - x_{3{,}0 \, \mathrm{s}} = (-3{,}0 \, \mathrm{m}) - (-5{,}0 \, \mathrm{m}) = 2{,}0 \, \mathrm{m} \, ,$$

und mit Gleichung 2 erhalten wir

$$\langle v \rangle = \frac{2{,}0 \, \mathrm{m}}{1{,}0 \, \mathrm{s}} = 2{,}0 \, \mathrm{m} \cdot \mathrm{s}^{-1} \, .$$

b) Die Verschiebung ist gegeben durch

$$x(t + \Delta t) = (1{,}0 \, \mathrm{m} \cdot \mathrm{s}^{-2}) \, (t + \Delta t)^2$$
$$- (5{,}0 \, \mathrm{m} \cdot \mathrm{s}^{-1}) \, (t + \Delta t) + 1{,}0 \, \mathrm{m}$$
$$= (1{,}0 \, \mathrm{m} \cdot \mathrm{s}^{-2}) \, (t^2 + 2 \, t \, \Delta t + (\Delta t)^2)$$
$$- (5{,}0 \, \mathrm{m} \cdot \mathrm{s}^{-1}) \, (t + \Delta t) + 1{,}0 \, \mathrm{m} \, .$$

Für die Differenz $x(t + \Delta t) - x(t) = \Delta x$ ergibt sich

$$\Delta x = \left[(1{,}0 \, \mathrm{m} \cdot \mathrm{s}^{-2}) \, 2 \, t - 5{,}0 \, \mathrm{m} \cdot \mathrm{s}^{-1} \right] \Delta t$$
$$+ (1{,}0 \, \mathrm{m} \cdot \mathrm{s}^{-2}) \, (\Delta t)^2 \, .$$

c) Damit erhalten wir

$$\frac{\Delta x}{\Delta t} = \frac{\left[(1{,}0 \, \mathrm{m} \cdot \mathrm{s}^{-2}) \, 2 \, t - 5{,}0 \, \mathrm{m} \cdot \mathrm{s}^{-1} \right] \Delta t}{\Delta t}$$
$$+ \frac{(1{,}0 \, \mathrm{m} \cdot \mathrm{s}^{-2}) \, (\Delta t)^2}{\Delta t}$$
$$= (1{,}0 \, \mathrm{m} \cdot \mathrm{s}^{-2}) \, 2 \, t - 5{,}0 \, \mathrm{m} \cdot \mathrm{s}^{-1} + (1{,}0 \, \mathrm{m} \cdot \mathrm{s}^{-2}) \, \Delta t \, .$$

Wir bilden nun den Grenzwert für $\Delta t \to 0$:

$$v = \lim_{\Delta t \to 0} \frac{\Delta x}{\Delta t} = (1{,}0 \, \mathrm{m} \cdot \mathrm{s}^{-2}) \, 2 \, t - 5{,}0 \, \mathrm{m} \cdot \mathrm{s}^{-1} \, .$$

Alternativ können wir auch direkt $x(t)$ nach t ableiten:

$$v(t) = \frac{\mathrm{d} x(t)}{\mathrm{d} t}$$
$$= \frac{\mathrm{d}}{\mathrm{d} t} \left[(1{,}0 \, \mathrm{m} \cdot \mathrm{s}^{-2}) \, t^2 - (5{,}0 \, \mathrm{m} \cdot \mathrm{s}^{-1}) \, t + 1{,}0 \, \mathrm{m} \right]$$
$$= 2 \cdot (1{,}0 \, \mathrm{m} \cdot \mathrm{s}^{-2}) \, t - 5{,}0 \, \mathrm{m} \cdot \mathrm{s}^{-1} \, .$$

L2.32 Es ist

$$x = 0{,}2\,\mathrm{m} \cdot \sin\left(10\,\mathrm{s}^{-1} \cdot t\right)$$

und damit

$$\dot{x} = 0{,}2\,\mathrm{m} \cdot \cos\left(10\,\mathrm{s}^{-1} \cdot t\right) \cdot 10\,\mathrm{s}^{-1} = 2\,\frac{\mathrm{m}}{\mathrm{s}} \cdot \cos\left(10\,\mathrm{s}^{-1} \cdot t\right)$$

und

$$\ddot{x} = -20\,\frac{\mathrm{m}}{\mathrm{s}^2} \cdot \sin\left(10\,\mathrm{s}^{-1} \cdot t\right).$$

Die maximalen Beträge lassen sich direkt an den Vorfaktoren der trigonometrischen Funktionen ablesen, da diese einen Wertebereich $[-1; 1]$ besitzen. Es ist also $|\dot{x}|_{\max} = 2\,\frac{\mathrm{m}}{\mathrm{s}}$ und $|\ddot{x}|_{\max} = 20\,\frac{\mathrm{m}}{\mathrm{s}^2}$.

Gleichförmig beschleunigte Bewegung in einer Dimension

L2.33 Wir setzen als positive Bewegungsrichtung die nach oben an. Dabei ist die Beschleunigung konstant gleich der Erdbeschleunigung $-g$, und wir können die Geschwindigkeitsgleichung $v^2 = v_0^2 - 2\,g\,\Delta y$ für eine gleichförmig beschleunigte Bewegung anwenden. Im Scheitelpunkt $\Delta y = h$ ist $v(h) = 0$, sodass gilt:

$$0 = v_0^2 - 2\,g\,h \qquad \text{und daher} \qquad h = \frac{v_0^2}{2\,g}.$$

Das Verhältnis der maximalen Höhen von Körper 1 und Körper 2 ist

$$\frac{h_2}{h_1} = \frac{(2\,v_0)^2/(2\,g)}{v_0^2/(2\,g)} = 4.$$

Also ist $h_2 = 4\,h$, sodass Lösung a richtig ist.

L2.34 Die Beschleunigung des Steins ist (bei Vernachlässigung des Luftwiderstands) konstant. Wir wählen ein Koordinatensystem, dessen Ursprung im Auftreffpunkt liegt, und als positive Richtung die nach oben. Die Anfangs- und die Endgeschwindigkeit sind dann über $v_E^2 = v_A^2 + 2\,a\,\Delta y$ miteinander verknüpft. Mit $a = -g$ ergibt sich daraus für die Anfangsgeschwindigkeit

$$v_A = \pm\sqrt{v_E^2 + 2\,g\,\Delta y}. \tag{1}$$

Wir bezeichnen mit $v_{E-0{,}5}$ die Geschwindigkeit, die der Stein $0{,}5\,\mathrm{s}$ vor dem Auftreffen auf den Boden hat. Mit $\Delta x < 0$ (weil der Stein nach unten fällt) ist die mittlere Geschwindigkeit in der letzten halben Sekunde

$$\langle v \rangle = \frac{v_{E-0{,}5} + v_E}{2} = \frac{\Delta x_{\text{letzte }0{,}5\,\mathrm{s}}}{\Delta t} = \frac{-45\,\mathrm{m}}{0{,}50\,\mathrm{s}} = -90\,\mathrm{m} \cdot \mathrm{s}^{-1}.$$

Also gilt

$$v_{E-0{,}5} + v_E = -2\left(90\,\mathrm{m} \cdot \mathrm{s}^{-1}\right) = -180\,\mathrm{m} \cdot \mathrm{s}^{-1}.$$

Bei gleichförmiger Beschleunigung ist die Geschwindigkeitsänderung in der letzten halben Sekunde

$$v_E - v_{E-0{,}5} = \Delta v = -g\,\Delta t = -\left(9{,}81\,\mathrm{m} \cdot \mathrm{s}^{-2}\right)(0{,}5\,\mathrm{s})$$
$$= -4{,}91\,\mathrm{m} \cdot \mathrm{s}^{-1}.$$

Damit haben wir eine Gleichung für die Summe und eine weitere für die Differenz von $v_{E-0{,}5}$ und v_E. Addieren beider Gleichungen ergibt

$$v_E = \frac{-180\,\mathrm{m} \cdot \mathrm{s}^{-1} - 4{,}91\,\mathrm{m} \cdot \mathrm{s}^{-1}}{2} = -92{,}5\,\mathrm{m} \cdot \mathrm{s}^{-1}.$$

Dies setzen wir in Gleichung 1 ein:

$$v_A = \pm\sqrt{(92{,}5\,\mathrm{m} \cdot \mathrm{s}^{-1})^2 + 2\,(9{,}81\,\mathrm{m} \cdot \mathrm{s}^{-2})\,(-200\,\mathrm{m})}$$
$$= \pm 68\,\mathrm{m} \cdot \mathrm{s}^{-1}.$$

Anmerkung: Offensichtlich ist das Ergebnis unabhängig davon, ob der Stein mit dieser Anfangsgeschwindigkeit nach oben oder unten geworfen wurde. Seine Geschwindigkeit beim Abwurf nach unten oder (wenn er nach oben geworfen wurde) beim Passieren des Abwurfpunkts nach unten ist in beiden Fällen gleich.

L2.35 a) Das Auto wird aus dem Stand gleichförmig beschleunigt und erreicht nach $10\,\mathrm{s}$ die Geschwindigkeit

$$v = v_0 + a\,t = 0 + \left(8{,}0\,\mathrm{m} \cdot \mathrm{s}^{-2}\right)(10\,\mathrm{s}) = 80\,\mathrm{m} \cdot \mathrm{s}^{-1}.$$

b) Mit der Formel für die Verschiebung bei gleichförmig beschleunigter Bewegung erhalten wir (ebenfalls mit $v_0 = 0$)

$$\Delta x = x - x_0 = v_0 t + \tfrac{1}{2}\,a\,t^2 = \tfrac{1}{2}\left(8{,}0\,\mathrm{m} \cdot \mathrm{s}^{-2}\right)(10\,\mathrm{s})^2$$
$$= 0{,}40\,\mathrm{km}.$$

c) Mit der zurückgelegten Strecke Δx ergibt sich gemäß der Definition die mittlere Geschwindigkeit zu

$$\langle v \rangle = \frac{\Delta x}{\Delta t} = \frac{400\,\mathrm{m}}{10\,\mathrm{s}} = 40\,\mathrm{m} \cdot \mathrm{s}^{-1}.$$

Anmerkung: Weil die Verschiebung eines Körpers gleich der Fläche unter seiner Geschwindigkeits-Zeit-Kurve ist, hätten wir die Aufgabe auch grafisch lösen können.

L2.36 a) Wir setzen die Bewegungsrichtung nach oben als positiv an. Der herausgefallene Stein wird (ohne Berücksichtigung des Luftwiderstands) durch die Erdanziehung gleichförmig nach unten beschleunigt, sodass die Weg-Zeit-Kurve durch folgende Parabelgleichung beschrieben wird:

$$y = y_0 + v_0 t + \tfrac{1}{2}\,(-g)\,t^2$$
$$= 6{,}0\,\mathrm{m} + \left(5{,}0\,\mathrm{m} \cdot \mathrm{s}^{-1}\right) t - \left(4{,}91\,\mathrm{m} \cdot \mathrm{s}^{-2}\right) t^2. \tag{1}$$

Darin ist v_0 die nach oben gerichtete anfängliche Geschwindigkeit des Steins. Das Diagramm in der Abbildung wurde mithilfe eines Tabellenkalkulationsprogramms erstellt und zeigt die Zeitabhängigkeit der Höhe y.

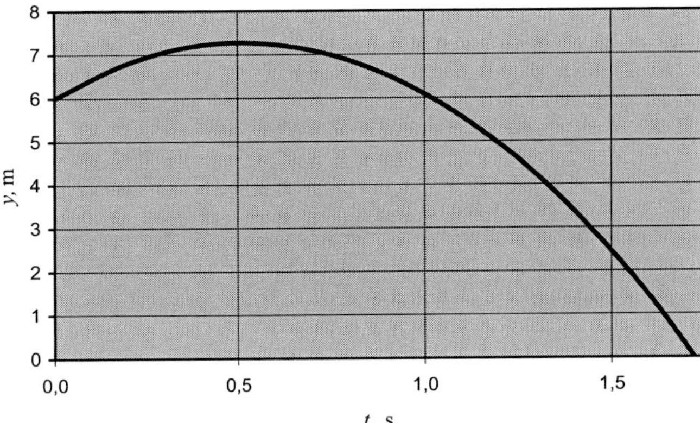

b) Zunächst stellen wir einen Ausdruck für die Gesamthöhe h_{ges} auf, die der Stein erreicht. Sie ist die Summe seiner Höhe y_0 im Augenblick des Ablösens und der Höhe Δy_{max}, um die er danach noch steigt:

$$h_{\text{ges}} = y_0 + \Delta y_{\text{max}}. \tag{2}$$

Mithilfe der Gleichung für die Geschwindigkeit bei gleichförmig beschleunigter Bewegung gilt im Scheitelpunkt

$$v_{\text{Scheitel}}^2 = v_0^2 + 2\,(-g)\,\Delta y_{\text{max}},$$

und wegen $v_{\text{Scheitel}} = 0$ gilt $0 = v_0^2 + 2\,(-g)\,\Delta y_{\text{max}}$.
Damit ergibt sich für die maximale Höhe über dem Ablösepunkt

$$\Delta y_{\text{max}} = \frac{v_0^2}{2\,g} = \frac{(5,0\,\text{m} \cdot \text{s}^{-1})^2}{2\,(9,81\,\text{m} \cdot \text{s}^{-2})} = 1,27\,\text{m}.$$

Einsetzen in Gleichung 2 ergibt die Gesamthöhe

$$h_{\text{ges}} = 6,0\,\text{m} + 1,27\,\text{m} = 7,3\,\text{m}.$$

Dies zeigt auch das obige Diagramm.

c) Einsetzen von $y = 0$ in Gleichung 1 liefert

$$0 = 6,0\,\text{m} + \left(5,0\,\text{m} \cdot \text{s}^{-1}\right) t - \left(4,91\,\text{m} \cdot \text{s}^{-2}\right) t^2.$$

Durch analytisches Lösen der quadratischen Gleichung oder mithilfe einer grafischen Darstellung, beispielsweise auf dem Taschenrechner, erhalten wir die beiden Lösungen $t = 1,7\,\text{s}$ und $t = -0,71\,\text{s}$, von denen die zweite physikalisch nicht sinnvoll ist. (Auch die Zeitspanne von $1,7\,\text{s}$ können wir im obigen Diagramm näherungsweise ablesen.)

d) Wir verwenden die Formel $v^2 = v_0^2 + 2\,g\,h$ für die Geschwindigkeit bei gleichförmig beschleunigter Bewegung. Im vorliegenden Fall ist $v_0 = v_{\text{Scheitel}} = 0$, und für den Betrag der Geschwindigkeit beim Auftreffen auf dem Boden ergibt sich

$$v = \sqrt{2\,g\,h} = \sqrt{2\,(9,81\,\text{m} \cdot \text{s}^{-2})\,(7,3\,\text{m})} = 12\,\text{m} \cdot \text{s}^{-1}.$$

L2.37 Der gesamte Flug der Rakete kann in drei Phasen unterteilt werden, in denen die Beschleunigung jeweils konstant ist: 1. Bewegung nach oben, mit Raketenantrieb, bis zum Brennschluss, 2. Weiterflug nach oben bis zum Scheitelpunkt der Flugbahn, 3. freier Fall (da der Luftwiderstand vernachlässigt wird) bis zum Erdboden. Wir legen das Koordinatensystem so an, dass die positive Richtung nach oben weist. Die Bezeichnungen können aus der Abbildung abgelesen werden, in der die Darstellung zweckmäßigerweise um 90° nach rechts gedreht ist (hier ist die positive Richtung also die nach rechts).

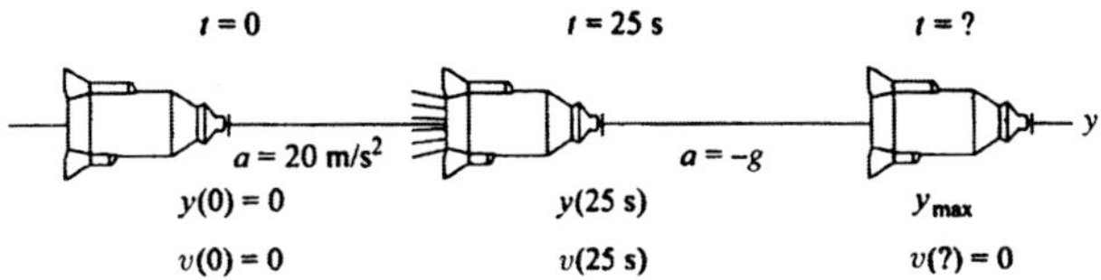

a) Zunächst stellen wir fest, dass die Höhe h des Scheitelpunkts, den die Rakete erreicht, der Summe ihrer Verschiebungen während der ersten beiden Phasen entspricht:

$$h = \Delta y_1 + \Delta y_2. \tag{1}$$

Die Höhe, die die Rakete in der ersten Phase erreicht, können wir durch die Anfangsgeschwindigkeit v_0, die Beschleunigung a_1 und die Brenndauer Δt_1 ausdrücken:

$$\Delta y_1 = v_0\,\Delta t_1 + \tfrac{1}{2}\,a_1\,(\Delta t_1)^2.$$

Wegen $v_0 = 0$ folgt daraus $\Delta y_1 = \tfrac{1}{2}\,a_1\,(\Delta t_1)^2$.

Die Geschwindigkeit nach der 1. Phase (also beim Brennschluss) ergibt sich aus der Anfangsgeschwindigkeit, der Beschleunigung und der Brenndauer: $v_1 = v_0 + a_1\,\Delta t_1$.

Mit $v_0 = 0$ wird dies zu

$$v_1 = a_1\,\Delta t_1. \tag{2}$$

Um die Verschiebung in der 2. Phase (Weiterflug nach oben, nach dem Brennschluss) zu erhalten, nutzen wir die Beziehung zwischen der Geschwindigkeitsänderung, der konstanten (Erd-)Beschleunigung und der Verschiebung bei gleichförmig beschleunigter Bewegung. Die Geschwindigkeit im Scheitelpunkt (am Ende der 2. Phase) ist v_2, und die Geschwindigkeit beim Brennschluss (am Ende der 1. Phase) ist v_1. Damit gilt

$$v_{\text{Scheitel}}^2 = v_2^2 = v_{\text{Brennschluss}}^2 + 2\,a_2\,\Delta y_2 = v_1^2 + 2\,a_2\,\Delta y_2.$$

Am Scheitel ist die Geschwindigkeit null: $v_{\text{Scheitel}} = v_2 = 0$. Außerdem wirkt in der 2. Phase nur die Erdbeschleunigung (mit $a_2 = -g$), sodass folgt:

$$0 = v_1^2 - 2\,g\,\Delta y_2 \qquad \text{und daher} \qquad \Delta y_2 = \frac{v_1^2}{2\,g}.$$

Mit Gleichung 2 wird daraus

$$\Delta y_2 = \frac{(a_1\,\Delta t_1)^2}{2\,g}.$$

Nun setzen wir die Ausdrücke für die Verschiebungen Δy_1 und Δy_2 in Gleichung 1 ein:

$$h = \Delta y_1 + \Delta y_2 = \tfrac{1}{2} a_1 (\Delta t_1)^2 + \frac{(a_1 \Delta t_1)^2}{2 g}$$

$$= \left(\frac{1}{2} + \frac{a_1}{2 g} \right) a_1 (\Delta t_1)^2$$

$$= \left(\frac{1}{2} + \frac{20\,\mathrm{m \cdot s^{-2}}}{2 (9{,}81\,\mathrm{m \cdot s^{-2}})} \right) \left(20\,\mathrm{m \cdot s^{-2}} \right) (25\,\mathrm{s})^2 \approx 19\,\mathrm{km} \,.$$

Also wird die erforderliche Höhe nicht erreicht. Um auf 20 km zu kommen, muss die Rakete entweder stärker oder länger beschleunigen.

b) Die Gesamtflugzeit ist die Summe der Dauern von Phase 1 (angetriebener Flug nach oben, 25 s lang) und Phase 2 (Weiterflug nach oben ohne Antrieb) sowie Phase 3 (freier Fall):

$$\Delta t_{\mathrm{ges.}} = \Delta t_1 + \Delta t_2 + \Delta t_3 = 25\,\mathrm{s} + \Delta t_2 + \Delta t_3 \,.$$

Die Dauer der 2. Phase ergibt sich aus der Verschiebung und der mittleren Geschwindigkeit:

$$\Delta t_2 = \frac{\Delta y_2}{\langle v_2 \rangle} \,.$$

Einen Ausdruck für die in dieser Phase zurückgelegte Strecke Δy_2 haben wir in Teilaufgabe a bereits aufgestellt und erhalten damit

$$\Delta t_2 = \frac{\dfrac{(a_1 \Delta t_1)^2}{2 g}}{\langle v_2 \rangle} = \frac{(a_1 \Delta t_1)^2}{2 g \, \langle v_2 \rangle} \,.$$

Nun müssen wir noch die Zeitdauer des Falls (3. Phase) ermitteln. Die Rakete fällt gleichförmig beschleunigt, und die Anfangsgeschwindigkeit ist dabei $v_0 = v_{\mathrm{Scheitel}} = 0$. Damit gilt für die Verschiebung

$$\Delta y_3 = v_0 \Delta t_3 - \tfrac{1}{2} g (\Delta t_3)^2 = -\tfrac{1}{2} g (\Delta t_3)^2 \,,$$

und somit für die Dauer des Falls

$$\Delta t_3 = \sqrt{\frac{2 \Delta y_3}{-g}} = \sqrt{\frac{2 (-h)}{-g}} = \sqrt{\frac{2 h}{g}} \,.$$

Nun haben wir einen Ausdruck für die Gesamtdauer:

$$\Delta t_{\mathrm{ges.}} = \Delta t_1 + \Delta t_2 + \Delta t_3$$

$$= 25\,\mathrm{s} + \frac{(a_1 \Delta t_1)^2}{2 g \, \langle v_2 \rangle} + \sqrt{\frac{2 h}{g}} \,.$$

Wir setzen die Werte aus der Aufgabenstellung ein und berücksichtigen dabei, dass $\langle v_2 \rangle$ der Mittelwert aus der Anfangs- und der Endgeschwindigkeit in der 2. Phase ist:

$$\Delta t_{\mathrm{ges.}} = 25\,\mathrm{s} + \frac{\left[(20\,\mathrm{m \cdot s^{-2}}) (25\,\mathrm{s}) \right]^2}{2 (9{,}81\,\mathrm{m \cdot s^{-2}}) \, \dfrac{0\,\mathrm{m \cdot s^{-1}} + 500\,\mathrm{m \cdot s^{-1}}}{2}}$$

$$+ \sqrt{\frac{2 (19 \cdot 10^3\,\mathrm{m})}{9{,}81\,\mathrm{m \cdot s^{-2}}}}$$

$$\approx 1{,}4 \cdot 10^2\,\mathrm{s} \,.$$

c) Weil die Rakete in der 3. Phase mit der Anfangsgeschwindigkeit $v_0 = v_{\mathrm{Scheitel}} = 0$ durch die Erdbeschleunigung gleichförmig beschleunigt fällt, ist der Betrag der Endgeschwindigkeit dieser Phase gleich der Aufschlaggeschwindigkeit:

$$v_3 = v_0 - g \, \Delta t_3 = -g \, \Delta t_3 = g \, \sqrt{\frac{2 \Delta y_3}{-g}} = \sqrt{-2 g \, \Delta y_3}$$

$$= \sqrt{-2 (9{,}81\,\mathrm{m \cdot s^{-2}}) (-19\,\mathrm{km})} = 6{,}1 \cdot 10^2\,\mathrm{m \cdot s^{-1}} \,.$$

L2.38 Wir legen das Koordinatensystem so an, dass sich der Gleiter anfangs in der positiven x-Richtung bewegt. Seine mittlere Geschwindigkeit ist dann

$$\langle v \rangle = \frac{\Delta x}{\Delta t} = \frac{v_0 + v}{2} \,,$$

wobei v die End- und v_0 die Anfangsgeschwindigkeit ist. Letztere beträgt daher

$$v_0 = \frac{2 \Delta x}{\Delta t} - v = \frac{2 (100\,\mathrm{cm})}{8{,}00\,\mathrm{s}} - (-15\,\mathrm{cm \cdot s^{-1}})$$

$$= 40\,\mathrm{cm \cdot s^{-1}} \,.$$

Die Beschleunigung des Gleiters ist konstant, sodass seine Momentanbeschleunigung in jedem Zeitpunkt gleich der mittleren Beschleunigung ist:

$$a = \langle a \rangle = \frac{\Delta v}{\Delta t} = \frac{-15\,\mathrm{cm \cdot s^{-1}} - (40{,}0\,\mathrm{cm \cdot s^{-1}})}{8{,}00\,\mathrm{s}}$$

$$= -6{,}9\,\mathrm{cm \cdot s^{-2}} \,.$$

L2.39 Die positive Koordinatenrichtung soll nach oben zeigen. Wir gehen davon aus, dass der Käfer beim Absprung durch seine Beine gleichförmig beschleunigt wird und dass er danach (sobald er in der Luft ist) nur noch der Erdbeschleunigung unterliegt.

a) Für die Geschwindigkeit im Scheitel mit der Höhe h gilt

$$v_{\mathrm{Scheitel}}^2 = v_{\mathrm{Absprung}}^2 + 2 a \, \Delta y_{\mathrm{Flug}} = v_{\mathrm{Absprung}}^2 + 2 (-g) h \,.$$

Wegen $v_{\mathrm{Scheitel}} = 0$ folgt daraus

$$0 = v_{\mathrm{Absprung}}^2 + 2 (-g) h \,, \quad \text{also} \quad h = \frac{v_{\mathrm{Absprung}}^2}{2 g} \,. \tag{1}$$

Zum Ermitteln der Absprunggeschwindigkeit verwenden wir erneut die Gleichung für die Geschwindigkeit bei gleichförmig beschleunigter Bewegung. Dabei wird während der kurzen Absprungphase die als konstant angenommene Beschleunigung durch die Beine des Käfers bewirkt:

$$v_{\text{Absprung}}^2 = v_0^2 + 2\,a_{\text{Beine}}\,\Delta y_{\text{Absprung}}\,.$$

Vor der kurzen Absprungphase ist der Käfer in Ruhe ($v_0 = 0$), sodass gilt:

$$v_{\text{Absprung}}^2 = 2\,a_{\text{Beine}}\,\Delta y_{\text{Absprung}}\,.$$

Dies setzen wir in Gleichung 1 ein und erhalten mit $a_{\text{Beine}} = 400\,g$ für die erreichte Höhe

$$h = \frac{2\,a_{\text{Beine}}\,\Delta y_{\text{Absprung}}}{2\,g} = \frac{(400)\,g\,\Delta y_{\text{Absprung}}}{g}$$
$$= (400)\,(0{,}60 \cdot 10^{-2}\,\text{m}) = 2{,}4\,\text{m}\,.$$

b) Weil der Käfer nach dem Absprung gleichförmig verzögert fliegt, ist $v_{\text{Scheitel}} = v_{\text{Absprung}} - g\,\Delta t_{\text{Scheitel}}$.

Mit $v_{\text{Scheitel}} = 0$ folgt $0 = v_{\text{Absprung}} - g\,\Delta t_{\text{Scheitel}}$.

Hieraus ergibt sich die Flugdauer bis zur Umkehr im Scheitelpunkt: $\Delta t_{\text{Scheitel}} = v_{\text{Absprung}}/g$. Der Absprung- und der Landepunkt des Käfers haben die gleiche Höhe, und der Käfer bewegt sich während des Flugs unter der Wirkung der Erdbeschleunigung gleichförmig beschleunigt. Daher ist die Gesamtflugdauer doppelt so groß wie die Steigdauer:

$$\Delta t_{\text{Flug}} = 2\,\Delta t_{\text{Scheitel}} = \frac{2\,v_{\text{Absprung}}}{g}\,.$$

Die Absprunggeschwindigkeit ergibt sich mit Gleichung 1 zu

$$v_{\text{Absprung}} = \sqrt{2\,g\,h} = \sqrt{2\,(9{,}81\,\text{m}\cdot\text{s}^{-2})\,(2{,}4\,\text{m})}$$
$$= 6{,}9\,\text{m}\cdot\text{s}^{-1}\,.$$

Damit ist die gesamte Flugdauer

$$\Delta t_{\text{Flug}} = \frac{2\,v_{\text{Absprung}}}{g} = \frac{2\,(6{,}9\,\text{m}\cdot\text{s}^{-1})}{9{,}81\,\text{m}\cdot\text{s}^{-2}} = 1{,}4\,\text{s}\,.$$

L2.40 Hier liegen drei Bewegungsphasen vor, in denen die Beschleunigung jeweils konstant ist. Wir legen das Koordinatensystem so an, dass die positive Richtung nach oben weist. Die erste Abbildung zeigt den Ablauf des gesamten Flugs.

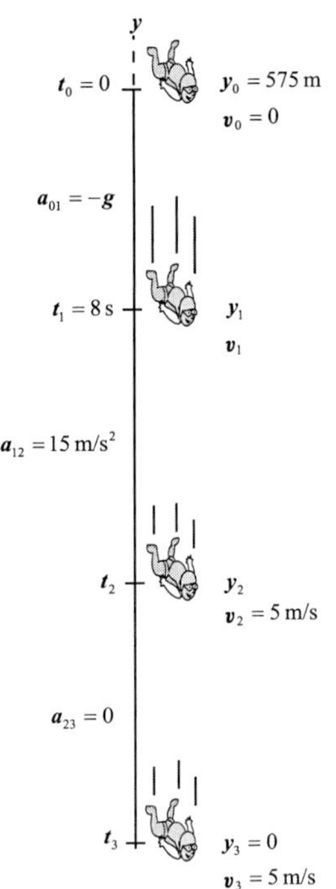

a) In der zweiten Abbildung stellt die durchgezogene Linie die Geschwindigkeit $v(t)$ und die gestrichelte Linie die Beschleunigung $a(t)$ dar.

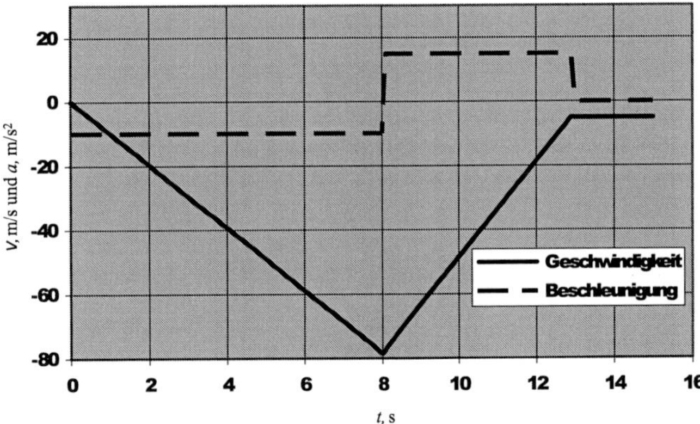

b) Der Professor fällt zunächst 8,0 s lang frei, und zwar mit der Anfangsgeschwindigkeit null und unter der Wirkung der konstanten Erdbeschleunigung. Daher hat er nach der ersten Phase (die von 0 bis t_1 dauert) die Geschwindigkeit

$$v_1 = v_0 + a_{01}\,\Delta t_{01}\,.$$

Mit $a_{01} = -g$ und $v_0 = 0$ erhalten wir für die Geschwindigkeit am Ende des freien Falls bzw. beim Zünden der Rakete

$$v_1 = -g\,\Delta t_{01} = (-9{,}81\,\text{m}\cdot\text{s}^{-2})\,(8{,}0\,\text{s}) = -78{,}5\,\text{m}\cdot\text{s}^{-1}$$
$$= -79\,\text{m}\cdot\text{s}^{-1}\,.$$

c) Auch während des Betriebs der Rakete (Phase 2 von t_1 bis t_2) handelt es sich um eine gleichförmig beschleunigte Bewegung, wobei die Beschleunigung a_{12} jedoch nach oben gerichtet, also negativ ist. Die Endgeschwindigkeit dieser Phase ist

$$v_2 = v_1 + a_{12}\,\Delta t_{12}\,,$$

und die Dauer dieser zweiten Flugphase ergibt sich zu

$$\Delta t_{12} = \frac{v_2 - v_1}{a_{12}} = \frac{-5{,}0\,\mathrm{m\cdot s^{-1}} - (-78{,}5\,\mathrm{m\cdot s^{-1}})}{15\,\mathrm{m\cdot s^{-2}}} = 4{,}9\,\mathrm{s}\,.$$

d) Wir berechnen zunächst die mittlere Geschwindigkeit in der zweiten Phase, während der sich die Geschwindigkeit von $-78{,}5\,\mathrm{m\cdot s^{-1}}$ auf $-5\,\mathrm{m\cdot s^{-1}}$ ändert:

$$\langle v_{12}\rangle = \frac{v_1 + v_2}{2} = \frac{-78{,}5\,\mathrm{m\cdot s^{-1}} - 5{,}0\,\mathrm{m\cdot s^{-1}}}{2}$$
$$= -41{,}7\,\mathrm{m\cdot s^{-1}}\,.$$

Hiemit sowie mit der eben ermittelten Dauer Δt_{12} ergibt sich die in dieser zweiten Flugphase zurückgelegte Strecke:

$$\Delta y_{12} = \langle v\rangle\,\Delta t_{12} = (-41{,}7\,\mathrm{m\cdot s^{-1}})\,(4{,}90\,\mathrm{s}) = -204{,}3\,\mathrm{m}\,.$$

Also fällt der Professor in dieser Phase ca. 204 m weit, und zwar verzögert.

e) Die Summe der Flugdauern aller drei Phasen ist

$$\Delta t_{\mathrm{ges.}} = \Delta t_{01} + \Delta t_{12} + \Delta t_{23}\,.$$

Die Zeiten $\Delta t_{01} = 8{,}0\,\mathrm{s}$ und $\Delta t_{12} = 4{,}9\,\mathrm{s}$ kennen wir bereits, sodass wir nur noch die Zeit Δt_{23} ermitteln müssen. In diesem Zeitraum bewegt sich der Professor gleichförmig geradlinig. Daher können wir Δt_{23} aus dem zurückgelegten Weg Δy_{23} und der Geschwindigkeit berechnen, die ja ab dem Ende der zweiten Phase konstant ist. Zunächst ermitteln wir den in der dritten Phase zurückgelegten Weg:

$$\Delta y_{23} = \Delta y_{\mathrm{ges.}} - \Delta y_{01} - \Delta y_{12} = \Delta y_{\mathrm{ges.}} - \langle v_{01}\rangle\,\Delta t_{01} - \Delta y_{12}$$
$$= -575\,\mathrm{m} - \frac{-78{,}5\,\mathrm{m\cdot s^{-1}}}{2}\,(8{,}0\,\mathrm{s}) - (-204{,}3\,\mathrm{m})$$
$$= -56{,}7\,\mathrm{m}\,.$$

Die Geschwindigkeit $v_3 = -5{,}0\,\mathrm{m\cdot s^{-1}}$ ist gegeben, und wir erhalten für die Gesamtdauer des Flugs

$$\Delta t_{\mathrm{ges.}} = \Delta t_{01} + \Delta t_{12} + \Delta t_{23} = \Delta t_{01} + \Delta t_{12} + \frac{\Delta y_{23}}{v_3}$$
$$= 8{,}0\,\mathrm{s} + 4{,}9\,\mathrm{s} + \frac{-56{,}7\,\mathrm{m}}{-5{,}0\,\mathrm{m\cdot s^{-1}}} = 24{,}24\,\mathrm{s} = 24\,\mathrm{s}\,.$$

f) Die mittlere Geschwindigkeit ergibt sich mit den zuvor berechneten Werten aus der Definition:

$$\langle v\rangle = \frac{\Delta y_{\mathrm{ges.}}}{\Delta t_{\mathrm{ges.}}} = \frac{-575\,\mathrm{m}}{24{,}24\,\mathrm{s}} = -24\,\mathrm{m\cdot s^{-1}}\,.$$

L2.41 Wir nehmen an, dass sich die Züge gleichförmig beschleunigt bewegen. Das Koordinatensystem legen wir so an, dass die Bewegungsrichtung des linken Zugs die positive Richtung ist und dass sich dieser bei $t = 0$ am Ort $x_0 = 0$ befindet. Die Beschleunigung des rechten Zugs ist also negativ.

a) Der linke Zug wird mit a_{L} gleichförmig beschleunigt, und seine Stirnseite ist daher zur Zeit t am Ort

$$x_{\mathrm{L}} = \tfrac{1}{2}\,a_{\mathrm{L}}\,t^2\,. \qquad (1)$$

Entsprechend gilt für den rechten Zug (unter Berücksichtigung seines Anfangsorts $x_{\mathrm{R},0} = 40\,\mathrm{m}$)

$$x_{\mathrm{R}} = 40\,\mathrm{m} + \tfrac{1}{2}\,a_{\mathrm{R}}\,t^2\,.$$

Wenn die Stirnseiten einander passieren, ist die Zeit t_{Z} verstrichen, und die Orte x_{L} und x_{R} sind gleich. Dabei gilt

$$\frac{1}{2}\,a_{\mathrm{L}}\,t_{\mathrm{Z}}^2 = 40\,\mathrm{m} + \frac{1}{2}\,a_{\mathrm{R}}\,t_{\mathrm{Z}}^2\,, \quad \text{also} \quad t_{\mathrm{Z}} = \sqrt{\frac{80\,\mathrm{m}}{a_{\mathrm{L}} - a_{\mathrm{R}}}}\,.$$

Dies setzen wir in Gleichung 1 ein:

$$x_{\mathrm{L}} = \frac{1}{2}\,a_{\mathrm{L}}\,\frac{80\,\mathrm{m}}{a_{\mathrm{L}} - a_{\mathrm{R}}} = \frac{1}{2}\,\frac{80\,\mathrm{m}}{1 - \dfrac{a_{\mathrm{R}}}{a_{\mathrm{L}}}} = \frac{1}{2}\,\frac{80\,\mathrm{m}}{1 - \dfrac{1{,}0\,\mathrm{m\cdot s^{-2}}}{-1{,}3\,\mathrm{m\cdot s^{-2}}}}$$
$$= 17\,\mathrm{m}\,.$$

b) Wir legen das Koordinatensystem jetzt so an, dass das Ende des linken Zugs bei $t = 0$ im Koordinatenursprung ist. Das Ende des rechten Zugs ist dann zu Beginn bei

$$x_{\mathrm{R},0} = 150\,\mathrm{m} + 40\,\mathrm{m} + 150\,\mathrm{m} = 340\,\mathrm{m}\,.$$

Weil sich der linke Zug gleichförmig beschleunigt bewegt, gilt für sein Ende $x_{\mathrm{L}} = \tfrac{1}{2}\,a_{\mathrm{L}}\,t^2$. Für das Ende des rechten Zugs, der sich ebenfalls gleichförmig beschleunigt bewegt, gilt entsprechend $x_{\mathrm{R}} = 340\,\mathrm{m} + \tfrac{1}{2}\,a_{\mathrm{R}}\,t^2$. In dem Moment, zu dem die Züge vollständig aneinander vorbeigefahren sind, ist die Zeit t_{v} verstrichen, und es gilt

$$x_{\mathrm{L}} = x_{\mathrm{R}} \quad \text{und somit} \quad \tfrac{1}{2}\,a_{\mathrm{L}}\,t_{\mathrm{v}}^2 = 340\,\mathrm{m} + \tfrac{1}{2}\,a_{\mathrm{R}}\,t_{\mathrm{v}}^2\,.$$

Damit ergibt sich für die Zeitspanne bis zum vollständigen Vorbeifahren

$$t_{\mathrm{v}} = \sqrt{\frac{680\,\mathrm{m}}{a_{\mathrm{L}} - a_{\mathrm{R}}}} = \sqrt{\frac{680\,\mathrm{m}}{1{,}0\,\mathrm{m\cdot s^{-2}} - (-1{,}3\,\mathrm{m\cdot s^{-2}})}} = 17\,\mathrm{s}\,.$$

L2.42 Wir betrachten die beiden Bewegungsphasen separat. In der ersten beschleunigt der Streifenwagen, und in der zweiten fährt er mit Höchstgeschwindigkeit. In beiden Fällen ist die Beschleunigung konstant. Die Bewegungsrichtung der beiden Autos wählen wir als die positive Richtung. In der ersten Abbildung sind die gegebenen Größen sowie die Bezeichnungen dargestellt, wobei die obere Gerade den vom Raser (R) zurückgelegten Weg und die untere den des Streifenwagens (S) zeigt.

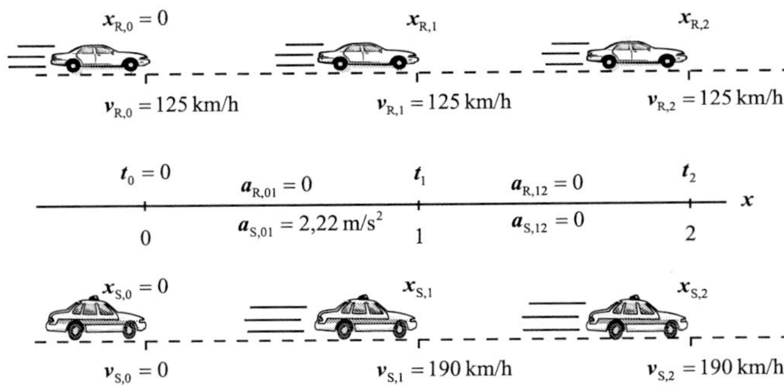

Bei $t = 0$ startet der Streifenwagen, bei t_1 erreicht er seine Höchstgeschwindigkeit, und bei t_2 holt er den Raser ein.

Zunächst rechnen wir die Beschleunigung des Streifenwagens in m/s^2 sowie die bekannten Geschwindigkeiten des Rasers und des Streifenwagens in m/s um:

$$a_{S,01} = 8{,}0\,\frac{\text{km}}{\text{h}\cdot\text{s}} = 8{,}0\,\frac{\text{km}}{\text{h}\cdot\text{s}}\,\frac{1\,\text{h}}{3600\,\text{s}} = 2{,}22\,\text{m}\cdot\text{s}^{-2}\,,$$

$$v_R = 125\,\frac{\text{km}}{\text{h}} = 125\,\frac{\text{km}}{\text{h}}\,\frac{1\,\text{h}}{3600\,\text{s}} = 34{,}7\,\text{m}\cdot\text{s}^{-1}\,,$$

$$v_{S,1} = v_{S,2} = 190\,\frac{\text{km}}{\text{h}} = 190\,\frac{\text{km}}{\text{h}}\,\frac{1\,\text{h}}{3600\,\text{s}} = 52{,}8\,\text{m}\cdot\text{s}^{-1}\,.$$

a) Wenn der Streifenwagen den Raser eingeholt hat, gilt

$$\Delta x_{S,02} = \Delta x_{R,02}\,.$$

Der Streifenwagen beschleunigt zunächst gleichförmig und bewegt sich nach dem Erreichen der Höchstgeschwindigkeit gleichförmig und geradlinig. Somit ist seine Gesamtverschiebung gegeben durch

$$\Delta x_{S,02} = \Delta x_{S,01} + \Delta x_{S,12} = \Delta x_{S,01} + v_{S,1}\,(t_2 - t_1)\,, \quad (1)$$

wobei der erste Anteil auf die beschleunigte Fahrt entfällt. Die Zeitspanne, während der der Streifenwagen beschleunigt, ist:

$$\Delta t_{S,01} = \frac{\Delta v_{S,01}}{a_{S,01}} = \frac{v_{S,1} - v_{S,0}}{a_{S,01}}$$

$$= \frac{52{,}8\,\text{m}\cdot\text{s}^{-1} - 0\,\text{m}\cdot\text{s}^{-1}}{2{,}22\,\text{m}\cdot\text{s}^{-2}} = 23{,}8\,\text{s} = 24\,\text{s}\,.$$

Damit erhalten wir für den ersten Anteil in Gleichung 1

$$\Delta x_{S,01} = v_{S,0}\,\Delta t_{S,01} + \tfrac{1}{2}\,a_{S,01}\,\Delta t_{S,01}^2 = 0 + \tfrac{1}{2}\,a_{S,01}\,\Delta t_{S,01}^2$$

$$= \tfrac{1}{2}\left(2{,}22\,\text{m}\cdot\text{s}^{-2}\right)(23{,}8\,\text{s})^2 = 628\,\text{m} = 0{,}63\,\text{km}\,.$$

Dies und $t_1 = \Delta t_{S,01}$ setzen wir in Gleichung 1 ein:

$$\Delta x_{S,02} = \Delta x_{S,01} + v_{S,1}\,(t_2 - t_1)$$

$$= 628\,\text{m} + \left(52{,}8\,\text{m}\cdot\text{s}^{-1}\right)(t_2 - 23{,}8\,\text{s})\,.$$

Die Verschiebung des während der gesamten Zeit gleichförmig und geradlinig fahrenden Rasers vom Zeitpunkt t_0 bis zum Zeitpunkt t_2 ist:

$$\Delta x_{R,02} = v_R\,\Delta t_{02} = (34{,}7\,\text{m}\cdot\text{s}^{-1})\,t_2\,.$$

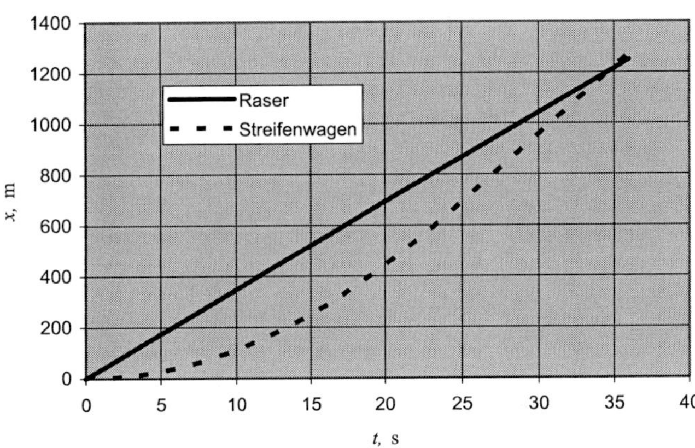

Abb. 2.19 zu Aufgabe 2.42

Zum Zeitpunkt t_2, zu dem der Streifenwagen den Raser einholt, gilt $\Delta x_{R,02} = \Delta x_{S,02}$ und damit

$$\left(34{,}7\,\text{m}\cdot\text{s}^{-1}\right)t_2 = 628\,\text{m} + \left(52{,}8\,\text{m}\cdot\text{s}^{-1}\right)(t_2 - 23{,}8\,\text{s})\,.$$

Hieraus erhalten wir den Zeitpunkt, zu dem der Streifenwagen den Raser einholt: $t_2 = 34{,}7\,\text{s} = 35\,\text{s}$.

b) Die von beiden Fahrzeugen bis zum Einholen zurückgelegte Strecke ist gleich der Verschiebung $\Delta x_{R,02}$ des Rasers in der Zeitspanne Δt_{02}, also bis er eingeholt wird:

$$\Delta x_{R,02} = v_R\,\Delta t_{02} = \left(34{,}7\,\text{m}\cdot\text{s}^{-1}\right)(34{,}7\,\text{s}) = 1{,}2\,\text{km}\,.$$

c) Abb. 2.19 zeigt für beide Fahrzeuge die in Abhängigkeit von der Zeit zurückgelegte Strecke $x(t)$. Die durchgezogene Gerade repräsentiert den Raser und die gestrichelte Linie den Streifenwagen, der ja in den ersten 24 s beschleunigt.

Der schräge Wurf

L2.43 Wir legen das Koordinatensystem so an, wie es in der Abbildung gezeigt ist.

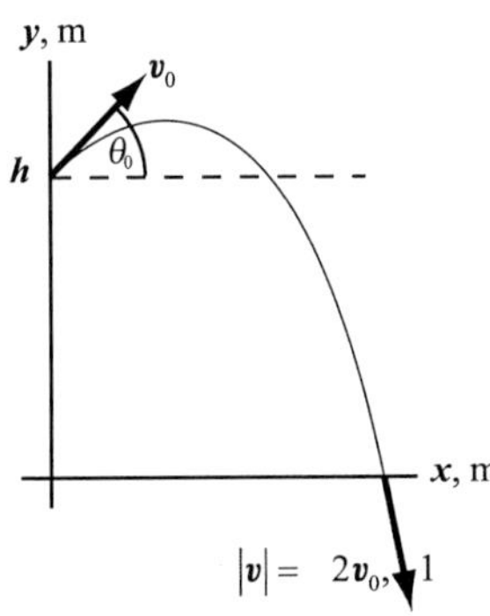

Die horizontale und die vertikale Geschwindigkeitskomponente sind unabhängig voneinander. Da der Luftwiderstand vernachlässigt wird, können wir die Gleichungen für die gleichförmig beschleunigte Bewegung anwenden.

Die horizontale und die vertikale Komponente der Anfangsgeschwindigkeit sind

$$v_{0,x} = v_x = |\boldsymbol{v}_0| \cos \theta_0 \quad \text{bzw.} \quad v_{0,y} = |\boldsymbol{v}_0| \sin \theta_0 \,.$$

Die horizontale Komponente v_x bleibt während des Flugs konstant. Die vertikale Komponente v_y kann wegen der gleichförmigen Beschleunigung durch die vertikale Verschiebung Δy der Kugel ausgedrückt werden: $v_y^2 = v_{0,y}^2 + 2\, a_y\, \Delta y$.

Mit $a_y = -g$ und $\Delta y = -h$ folgt daraus

$$v_y^2 = (|\boldsymbol{v}_0| \sin \theta_0)^2 + 2\, g\, h \,.$$

Damit ist das Betragsquadrat des Geschwindigkeitsvektors

$$|\boldsymbol{v}|^2 = v_x^2 + v_y^2 = (|\boldsymbol{v}_0| \cos \theta_0)^2 + v_y^2$$
$$= |\boldsymbol{v}_0|^2 (\cos^2 \theta_0 + \sin^2 \theta_0) + 2\, g\, h = |\boldsymbol{v}_0|^2 + 2\, g\, h \,.$$

Die Auftreffgeschwindigkeit soll den Betrag $1{,}2\,|\boldsymbol{v}_0|$ haben:

$$(1{,}2\,|\boldsymbol{v}_0|)^2 = |\boldsymbol{v}_0|^2 + 2\, g\, h \,.$$

Auflösen nach $|\boldsymbol{v}_0|$ und Einsetzen der Zahlenwerte ergibt

$$|\boldsymbol{v}_0| = \sqrt{\frac{2\, g\, h}{0{,}44}} = \sqrt{\frac{2\,(9{,}81\ \mathrm{m\cdot s^{-2}})\,(40\ \mathrm{m})}{0{,}44}} = 42\ \mathrm{m\cdot s^{-1}} \,.$$

Anmerkung: Offensichtlich ist die Geschwindigkeit unabhängig von θ_0. Das ist einleuchtend, wenn man den Vorgang unter dem Gesichtspunkt der Energieerhaltung betrachtet.

L2.44 Damit der Pfeil den Affen trifft, muss er die Falllinie des Affen erreichen, bevor dieser auf dem Boden auftrifft. Die Falldauer des Affen setzen wir gleich der Flugdauer des Pfeils und berechnen damit dessen horizontale Geschwindigkeitskomponente sowie über den Winkel θ die Anfangsgeschwindigkeit.

Die Horizontalgeschwindigkeit des Pfeils ergibt sich aus seiner horizontalen Anfangsgeschwindigkeit v_x und dem Abschusswinkel θ, wobei gilt:

$$v_x = |\boldsymbol{v}_0| \cos \theta \quad \text{und somit} \quad |\boldsymbol{v}_0| = \frac{v_x}{\cos \theta} \,.$$

Bei Vernachlässigung des Luftwiderstands ist die Horizontalgeschwindigkeit konstant. Also ist $v_x = \Delta x / \Delta t$.

Dies setzen wir in die Formel für $|\boldsymbol{v}_0|$ ein:

$$|\boldsymbol{v}_0| = \frac{\Delta x}{(\cos \theta)\, \Delta t} \,. \tag{1}$$

Andererseits gilt für die gleichförmig beschleunigte Bewegung, während der Affe fällt:

$$\Delta h = \frac{1}{2}\, g\, (\Delta t)^2 \quad \text{und daher} \quad \Delta t = \sqrt{\frac{2\, \Delta h}{g}} \,.$$

Diese Falldauer Δt des Affen setzen wir in Gleichung 1 ein:

$$|\boldsymbol{v}_0| = \frac{\Delta x}{\cos \theta} \sqrt{\frac{g}{2\, \Delta h}} \,. \tag{2}$$

Der Winkel θ des Pfeils gegen die Horizontale ist

$$\theta = \operatorname{atan} \frac{10\ \mathrm{m}}{50\ \mathrm{m}} = 11{,}3° \,.$$

Damit liefert Gleichung 2 die geforderte Anfangsgeschwindigkeit des Pfeils:

$$|\boldsymbol{v}_0| = \frac{50\ \mathrm{m}}{\cos 11{,}3°} \sqrt{\frac{9{,}81\ \mathrm{m\cdot s^{-2}}}{2\,(11{,}2\ \mathrm{m})}} = 34\ \mathrm{m\cdot s^{-1}} \,.$$

L2.45 Die Abbildung stellt den Abwurf in einem geeigneten Koordinatensystem dar.

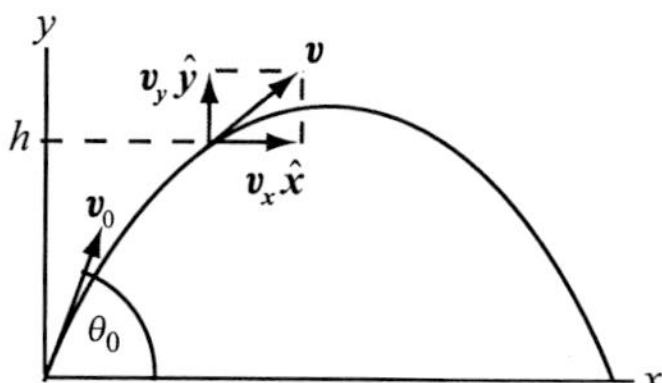

Bei Vernachlässigung des Luftwiderstands ist die (negative) Beschleunigung des Balls infolge der Erdanziehung konstant, sodass wir die Gleichungen für die gleichförmig beschleunigte Bewegung anwenden können. Für das Quadrat der konstanten x-Komponente der Geschwindigkeit gilt nach dem Abwurf unter dem Winkel θ_0

$$v_x^2 = |\boldsymbol{v}_0|^2 \cos^2 \theta_0 \,.$$

Dagegen gilt für das Quadrat der y-Komponente unter Berücksichtigung der gleichförmigen Verzögerung

$$v_y^2 = |\boldsymbol{v}_0|^2 \sin^2 \theta_0 - 2\, g\, h \,.$$

Hieraus folgt für das Quadrat des Vektorbetrags

$$|\boldsymbol{v}|^2 = v_x^2 + v_y^2 = |\boldsymbol{v}_0|^2 \cos^2 \theta_0 + |\boldsymbol{v}_0|^2 \sin^2 \theta_0 - 2\, g\, h$$
$$= |\boldsymbol{v}_0|^2 (\cos^2 \theta_0 + \sin^2 \theta_0) - 2\, g\, h = |\boldsymbol{v}_0|^2 - 2\, g\, h \,.$$

Der Betrag der Geschwindigkeit ist also unabhängig von θ_0.

L2.46 Die horizontale Geschwindigkeit und die vertikale Beschleunigung der Kanonenkugel sind bei Vernachlässigung des Luftwiderstands konstant. Daher können wir die Gleichungen für gleichförmig beschleunigte Bewegungen anwenden, um Ort und Geschwindigkeit der Kugel in Abhängigkeit von der Zeit und der Beschleunigung auszudrücken. Wir berücksichtigen dabei, dass die vertikale und die horizontale Bewegung der Kugel voneinander unabhängig sind.

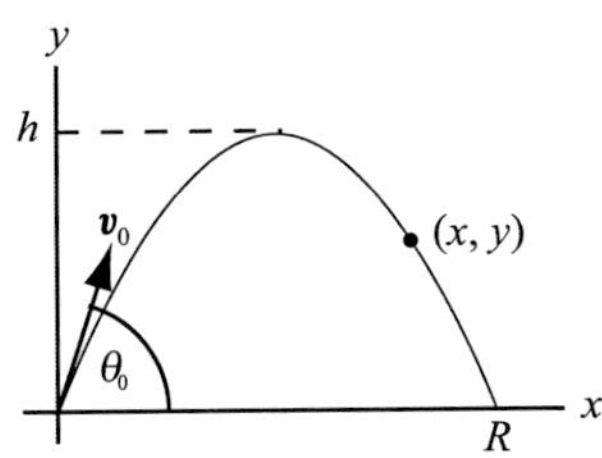

a) Bei konstanter Beschleunigung ist

$$v_y^2 = v_{0,y}^2 + 2\,a_y\,\Delta y\,.$$

Mit $v_y = 0$ (im Scheitelpunkt) sowie $a_y = -g$ und $\Delta y = h$ ergibt sich daraus

$$0 = v_{0,y}^2 - 2\,g\,h \quad \text{und somit} \quad h = \frac{v_{0,y}^2}{2\,g}\,.$$

Die vertikale Komponente der Abschussgeschwindigkeit ist

$$v_{0,y} = |\boldsymbol{v}_0|\sin\theta_0\,.$$

Das setzen wir in die vorige Gleichung für $v_{0,y}$ ein und erhalten

$$h = \frac{|\boldsymbol{v}_0|^2 \sin^2\theta_0}{2\,g} = \frac{(300\,\mathrm{m\cdot s^{-1}})^2 \sin^2 45^\circ}{2\,(9{,}81\,\mathrm{m\cdot s^{-2}})} = 2{,}3\,\mathrm{km}\,.$$

b) Die gesamte Flugdauer der Kugel ist damit

$$\Delta t = t_{\mathrm{auf}} + t_{\mathrm{ab}} = 2\,t_{\mathrm{auf}} = 2\,\frac{v_{0,y}}{g} = \frac{2\,|\boldsymbol{v}_0|\sin\theta_0}{g}$$

$$= \frac{2\,(300\,\mathrm{m\cdot s^{-1}})\sin 45^\circ}{9{,}81\,\mathrm{m\cdot s^{-2}}} = 43{,}2\,\mathrm{s} = 43\,\mathrm{s}\,.$$

c) In x-Richtung bewegt sich die Kugel mit konstanter Geschwindigkeit, und die Reichweite $x = R$ ist

$$x = v_{0,x}\,\Delta t = (|\boldsymbol{v}_0|\cos\theta)\,\Delta t$$

$$= \left[(300\,\mathrm{m\cdot s^{-1}})\cos 45^\circ\right](43{,}2\,\mathrm{s}) = 9{,}2\,\mathrm{km}\,.$$

L2.47 Unter Vernachlässigung des Luftwiderstands ist die Beschleunigung der Kanonenkugel konstant. Die horizontale und die vertikale Bewegung sind unabhängig voneinander. Wir legen den Koordinatenursprung in die Abwurfstelle auf der Felskuppe und wählen die Achsen, wie es in der Abbildung gezeigt ist.

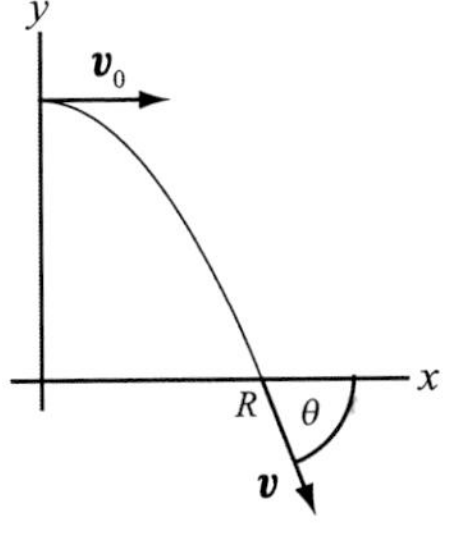

Für den gesuchten Winkel, unter dem die Kugel auf dem Boden auftrifft, gilt

$$\theta = \mathrm{atan}\,\frac{v_y}{v_x}\,. \tag{1}$$

Für die horizontale und die vertikale Verschiebung der Kanonenkugel gelten die Bewegungsgleichungen für die gleichförmig beschleunigte Bewegung. Die vertikale Verschiebung bei konstanter Beschleunigung ist also

$$\Delta y = v_{0,y}\,\Delta t + \tfrac{1}{2}\,a_y\,(\Delta t)^2\,,$$

und mit $v_{0,y} = 0$ sowie $a_y = -g$ ergibt sich

$$\Delta y = -\tfrac{1}{2}\,g\,(\Delta t)^2\,.$$

Da die Reichweite $R = -h$ sein soll und somit $\Delta x = -\Delta y$ ist, folgt für die Verschiebung in x-Richtung

$$\Delta x = v_x\,\Delta t = \tfrac{1}{2}\,g\,(\Delta t)^2\,, \quad \text{also} \quad v_x = \frac{\Delta x}{\Delta t} = \tfrac{1}{2}\,g\,\Delta t\,.$$

Die Geschwindigkeitskomponente in y-Richtung beim Auftreffen auf den Boden ist

$$v_y = v_{0,y} + a_y\,\Delta t = -g\,\Delta t = -2\,v_x\,.$$

Wir setzen die Geschwindigkeitskomponenten in Gleichung 1 ein und erhalten so den Auftreffwinkel:

$$\theta = \mathrm{atan}\,\frac{-2\,v_x}{v_x} = \mathrm{atan}\,(-2) = -63{,}4^\circ\,.$$

L2.48 Die Lage eines Extremwerts einer Funktion ergibt sich durch Nullsetzen der ersten Ableitung. Wir leiten also die Reichweite R nach dem Abwurfwinkel θ ab:

$$\frac{\mathrm{d}R}{\mathrm{d}\theta_0} = \frac{v_0^2}{g}\frac{\mathrm{d}}{\mathrm{d}\theta_0}(\sin 2\theta_0) = \frac{2\,v_0^2}{g}\cos 2\theta_0\,.$$

Nullsetzen liefert

$$\frac{2\,v_0^2}{g}\cos 2\theta_0 = 0\,.$$

Damit ist der Abwurfwinkel $\theta_0 = \tfrac{1}{2}\,\mathrm{acos}\,(0) = 45^\circ$.

Nun müssen wir noch feststellen, ob dies ein Maximum oder ein Minimum ist. Wir bilden dazu die zweite Ableitung und setzen $\theta_0 = 45^\circ$ ein:

$$\left.\frac{\mathrm{d}^2 R}{\mathrm{d}\theta_0^2}\right|_{\theta_0=45^\circ} = \left[-4\,(v_0^2/g)\sin 2\theta_0\right]_{\theta_0=45^\circ} < 0\,.$$

Da dies negativ ist, liegt ein Maximum vor. Also ist die Reichweite R bei $\theta_0 = 45^\circ$ maximal.

L2.49 a) Wenn der Ball in der gleichen Höhe (hier mit dem Index „gl. H." bezeichnet) auftrifft, von der er abgeschlagen wurde, gilt gemäß der gegebenen Formel

$$R_{\text{gl. H.}} = \frac{|\boldsymbol{v}_0|^2}{g} \sin 2\theta_0 = \frac{(45{,}0\,\text{m} \cdot \text{s}^{-1})^2}{9{,}81\,\text{m} \cdot \text{s}^{-2}} \sin (2 \cdot 35{,}0°)$$
$$= 194\,\text{m} .$$

b) Wir betrachten nun den allgemeineren Fall, dass der Ball nicht in der Höhe h, von der er abgeschlagen wurde, sondern in der Höhe null auf den Erdboden auftrifft. Bei gleichförmig beschleunigter Bewegung aufgrund der Erdbeschleunigung gilt

$$x = v_{0,x}\, t \quad \text{und} \quad y = h + v_{0,y}\, t + \tfrac{1}{2}(-g)\, t^2 ,$$

mit

$$v_{0,x} = |\boldsymbol{v}_0| \cos \theta_0 \quad \text{sowie} \quad v_{0,y} = |\boldsymbol{v}_0| \sin \theta_0 .$$

Wir lösen die Gleichung für die x-Komponente nach t auf und setzen den eben aufgestellten Ausdruck für $v_{0,x}$ ein:

$$t = \frac{x}{v_{0,x}} = \frac{x}{|\boldsymbol{v}_0| \cos \theta_0} .$$

Mithilfe der Gleichung für die x-Komponente eliminieren wir t aus der Beziehung für die y-Komponente:

$$y = h + (\tan \theta_0)\, x - \frac{g}{2\,|\boldsymbol{v}_0|^2 \cos^2 \theta_0}\, x^2 .$$

Wenn der Ball auf dem Boden auftrifft, hat er die Koordinaten $(R, 0)$, sodass gilt:

$$0 = h + (\tan \theta_0)\, R - \frac{g}{2\,|\boldsymbol{v}_0|^2 \cos^2 \theta_0}\, R^2 .$$

Diese quadratische Gleichung für R hat zwei Lösungen, von denen nur die mit dem positiven Vorzeichen physikalisch sinnvoll ist:

$$R = \left(1 + \sqrt{1 + \frac{2\,g\,h}{|\boldsymbol{v}_0|^2 \sin^2 \theta_0}}\right) \frac{|\boldsymbol{v}_0|^2}{2\,g} \sin 2\theta_0 .$$

Mit $y = -h$ gilt also für die Reichweite

$$R = \left(1 + \sqrt{1 - \frac{2\,g\,y}{|\boldsymbol{v}_0|^2 \sin^2 \theta_0}}\right) \frac{|\boldsymbol{v}_0|^2}{2\,g} \sin 2\theta_0 .$$

c) Mit den Werten in der Aufgabenstellung erhalten wir aus der eben aufgestellten Gleichung für die Reichweite

$$R = \left(1 + \sqrt{1 - \frac{2\,(9{,}81\,\text{m} \cdot \text{s}^{-2})\,(-20{,}0\,\text{m})}{(45{,}0\,\text{m} \cdot \text{s}^{-1})^2 \sin^2 35{,}0°}}\right)$$
$$\cdot \frac{(45{,}0\,\text{m} \cdot \text{s}^{-1})^2}{2\,(9{,}81\,\text{m} \cdot \text{s}^{-2})} \sin (2 \cdot 35{,}0°)$$
$$= 219\,\text{m} .$$

Der prozentuale Fehler beträgt

$$\left| \frac{R - R_{\text{gl. H.}}}{R} \right| = \left| \frac{219\,\text{m} - 194\,\text{m}}{219\,\text{m}} \right| = 0{,}114 = 11\,\% .$$

L2.50 Der Abbildung in der Aufgabenstellung entnehmen wir, dass der Blickwinkel ϕ (gegen die Horizontale) von der maximalen Höhe h des Geschosses und von der Reichweite R folgendermaßen abhängt:

$$\tan \phi = \frac{h}{\tfrac{1}{2}\,R} . \tag{1}$$

Mithilfe der Gleichungen für die gleichförmig beschleunigte Bewegung ermitteln wir R und h. Dazu drücken wir die Reichweite in Abhängigkeit vom Winkel θ aus und verwenden die trigonometrische Umformung $\sin 2\theta = 2 \sin \theta \cos \theta$:

$$R = \frac{|\boldsymbol{v}_0|^2}{g} \sin 2\theta = 2\,\frac{|\boldsymbol{v}_0|^2}{g} \sin \theta \cos \theta .$$

Die Geschwindigkeitskomponente in y-Richtung ändert sich bei konstanter Beschleunigung bis zum Gipfel mit der Höhe h gemäß $v_y^2 = v_{0,y}^2 - 2\,g\,h$.

Mit $v_y = 0$ im Scheitel und der Beziehung $v_{0,y} = |\boldsymbol{v}_0| \sin \theta$ folgt daraus

$$|\boldsymbol{v}_0|^2 \sin^2 \theta = 2\,g\,h \quad \text{und somit} \quad h = \frac{|\boldsymbol{v}_0|^2}{2\,g} \sin^2 \theta .$$

Nun können wir R und h in Gleichung 1 einsetzen:

$$\tan \phi = \frac{2 \left(\dfrac{|\boldsymbol{v}_0|^2}{2\,g} \sin^2 \theta \right)}{2 \left(\dfrac{|\boldsymbol{v}_0|^2}{g} \sin \theta \cos \theta \right)} = \tfrac{1}{2} \tan \theta .$$

L2.51 Wir gehen von der Gleichung für die Flughöhe beim schrägen Wurf aus:

$$y(x) = (\tan \theta_0)\, x - \frac{g}{2\,|\boldsymbol{v}_0|^2 \cos^2 \theta_0}\, x^2 .$$

Die x- und die y-Komponente irgendeines Punkts auf der Rampe sind miteinander über

$$y(x) = (\tan \phi)\, x$$

verknüpft. Dort, wo die Kanonenkugel auf der Rampe auftrifft, sind beide Ausdrücke für $y(x)$ gleich:

$$(\tan \phi)\, x = (\tan \theta_0)\, x - \frac{g}{2\,|\boldsymbol{v}_0|^2 \cos^2 \theta_0}\, x^2 .$$

Dies lösen wir nach x auf:

$$x = \frac{2\,|\boldsymbol{v}_0|^2 \cos^2 \theta_0\,(\tan \theta_0 - \tan \phi)}{g} .$$

Andererseits hängt die Strecke x mit der Reichweite R über $x = R \cos \phi$ zusammen. Damit ergibt sich

$$R \cos \phi = x = \frac{2\,|\boldsymbol{v}_0|^2 \cos^2 \theta_0\,(\tan \theta_0 - \tan \phi)}{g}$$

sowie

$$R = \frac{2\,|\boldsymbol{v}_0|^2 \cos^2 \theta_0\,(\tan \theta_0 - \tan \phi)}{g \cos \phi} .$$

L2.52 Bei Vernachlässigung des Luftwiderstands erfährt die Kugel entlang ihrer Wurfparabel die konstante Erdbeschleunigung. Wir legen das Koordinatensystem so an, wie es in der Abbildung gezeigt ist; der Ursprung liegt am Erdboden, 1,7 m unterhalb der Gewehrmündung.

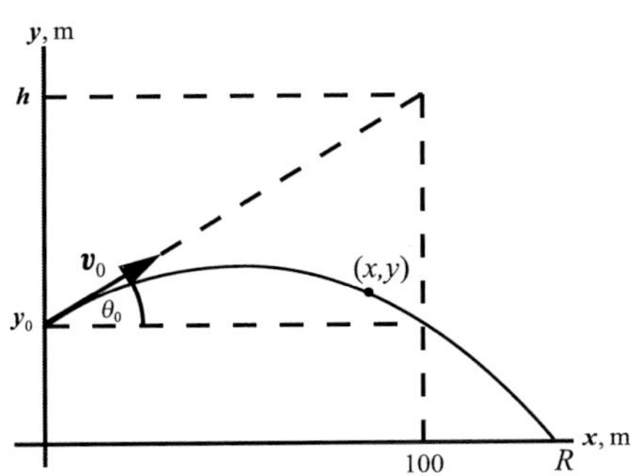

a) Für den horizontalen Ort der Kugel gilt bei beschleunigter Bewegung die allgemeine Gleichung

$$x = x_0 + v_{0,x}\, t + \tfrac{1}{2}\, a_x\, t^2 .$$

Im vorliegenden Fall ist $x_0 = 0$ und $v_{0,x} = |v_0|\cos\theta_0$ sowie $a_x = 0$. Damit ergibt sich

$$x = (|v_0|\cos\theta_0)\, t .$$

Für die vertikale Bewegung lautet die allgemeine Gleichung bei konstanter Beschleunigung

$$y = y_0 + v_{0,y}\, t + \tfrac{1}{2}\, a_y\, t^2 .$$

Im vorliegenden Fall ist $v_{0,y} = |v_0|\sin\theta_0$ und $a_y = -g$, sodass folgt:

$$y = y_0 + (|v_0|\sin\theta_0)\, t - \tfrac{1}{2}\, g\, t^2 .$$

Mit dem obigen Ausdruck für x eliminieren wir hieraus t und erhalten

$$y = y_0 + (\tan\theta_0)\, x - \frac{g}{2\,|v_0|^2 \cos^2\theta_0}\, x^2 .$$

Das Ziel befindet sich in der Höhe $y = y_0$, sodass gilt:

$$0 = (\tan\theta_0)\, x - \frac{g}{2\,|v_0|^2 \cos^2\theta_0}\, x^2 .$$

Hieraus ergibt sich der Winkel θ gegenüber der Horizontalen, unter dem die Kugel abgeschossen werden muss, damit sie das Ziel trifft:

$$\theta_0 = \frac{1}{2}\,\mathrm{asin}\,\frac{x\,g}{|v_0|^2} = \frac{1}{2}\,\mathrm{asin}\,\frac{(100\,\mathrm{m})\,(9{,}81\,\mathrm{m\cdot s^{-2}})}{(250\,\mathrm{m\cdot s^{-1}})^2} = 0{,}450° .$$

Anmerkung: Es gibt eine zweite Lösung $\theta_0 = 89{,}6°$, die aber physikalisch nicht sinnvoll ist.

Für die anzupeilende Höhe $h - y_0$ über dem Ziel gilt

$$\tan\theta_0 = \frac{h - y_0}{(100\,\mathrm{m})} ,$$

und wir erhalten

$$h - y_0 = (100\,\mathrm{m})\tan 0{,}450° = 0{,}785\,\mathrm{m} .$$

b) Die Kugel trifft hinter dem Ziel in der Höhe $y = 0$ und in der horizontalen Entfernung R von der Gewehrmündung auf den Boden auf. Hierfür gilt

$$0 = y_0 + (\tan\theta_0)\, x - \frac{g}{2\,|v_0|^2 \cos^2\theta_0}\, R^2 .$$

Mit den Werten der Aufgabenstellung ergibt sich die quadratische Gleichung

$$\frac{9{,}81\,\mathrm{m\cdot s^{-2}}}{2\,(250\,\mathrm{m\cdot s^{-1}})^2 \cos^2 0{,}450°}\, R^2 - (\tan 0{,}450°)\, R - 1{,}7\,\mathrm{m} = 0 .$$

Sie hat die physikalisch sinnvolle Lösung $R = 206\,\mathrm{m}$. Damit ist die horizontale Entfernung zwischen Ziel und Auftreffpunkt am Boden

$$\Delta x = R - 100\,\mathrm{m} = 206\,\mathrm{m} - 100\,\mathrm{m} = 106\,\mathrm{m} .$$

Kreisbewegung und Zentripetalbeschleunigung

L2.53 Gemäß der Definition der Zentripetalbeschleunigung gilt für deren Betrag $|a_{ZP}| = v^2/r$.

Die Geschwindigkeit der Zeigerspitze ist der Quotient aus der von ihr zurückgelegten Strecke (des Umfangs des Zifferblatts) und der dafür benötigten Zeitdauer: $v = 2\pi r/T$.

Einsetzen in die erste Gleichung ergibt mit den gegebenen Werten

$$|a_{ZP}| = \frac{4\pi^2 r}{T^2} = \frac{4\pi^2\,(0{,}50\,\mathrm{m})}{(3600\,\mathrm{s})^2} = 1{,}52\cdot10^{-6}\,\mathrm{m\cdot s^{-2}}$$
$$= 1{,}5\cdot10^{-6}\,\mathrm{m\cdot s^{-2}} .$$

Als Bruchteil der Erdbeschleunigung ist das

$$\frac{|a_{ZP}|}{g} = \frac{1{,}52\cdot10^{-6}\,\mathrm{m\cdot s^{-2}}}{9{,}81\,\mathrm{m\cdot s^{-2}}} = 1{,}55\cdot10^{-7} .$$

L2.54 Die Abbildung veranschaulicht die Zentripetal- und die Tangentialbeschleunigung des Reagenzglases.

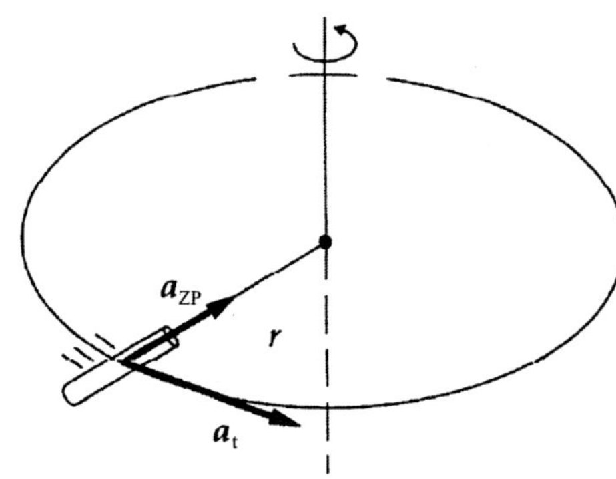

a) Die Zentripetalbeschleunigung a_{ZP} der Zentrifuge nimmt mit wachsender Tangentialgeschwindigkeit bzw. Umdrehungsgeschwindigkeit zu. Ihr Betrag ist der Quotient aus dem Quadrat der Bahngeschwindigkeit v und dem Radius r (der Länge des Zentrifugenarms), und sie ist radial nach innen gerichtet.

Also gilt für die am Ende der Anlaufphase erreichte maximale Zentripetalbeschleunigung $a_{\mathrm{ZP,max}} = -v^2/r$.

Die Bahngeschwindigkeit v ist der Quotient aus dem pro Umlauf zurückgelegten Weg (dem Umfang) und der Umlaufzeit T, sodass gilt: $v = 2\pi r/T$.

Einsetzen in die vorige Gleichung liefert mit den gegebenen Werten

$$a_{\mathrm{ZP,max}} = \frac{-4\pi^2 r}{T^2} = \frac{-4\pi^2\,(0{,}15\,\mathrm{m})}{\left(\dfrac{1\,\mathrm{min}}{15\,000\,\mathrm{U}}\,\dfrac{60\,\mathrm{s}}{1\,\mathrm{min}}\right)^2}$$

$$= -3{,}7\cdot 10^5\,\mathrm{m}\cdot\mathrm{s}^{-2}\,.$$

b) Die mittlere Tangentialbeschleunigung ist der Quotient aus der Differenz von End- und Anfangs-Bahngeschwindigkeit sowie der Zeitdauer Δt der Anpaufphase. Damit erhalten wir

$$a_{\mathrm{t}} = \frac{v_{\mathrm{E}} - v_{\mathrm{A}}}{\Delta t} = \frac{\dfrac{2\pi r}{T} - 0}{\Delta t} = \frac{2\pi r}{T\,\Delta t}$$

$$= \frac{2\pi\,(0{,}15\,\mathrm{m})}{\dfrac{1\,\mathrm{min}}{15\,000\,\mathrm{U}}\,\dfrac{60\,\mathrm{s}}{1\,\mathrm{min}}\,(75\,\mathrm{s})} = 3{,}1\,\mathrm{m}\cdot\mathrm{s}^{-2}\,.$$

Allgemeine Aufgaben

L2.55 Bei der Lösung dieser Aufgabe wird das Superpositionsprinzip ausgenutzt: Wir können die Bewegung in horizontale Richtung als gleichförmige, unbeschleunigte Bewegung beschreiben, die Bewegung in vertikale Richtung als davon völlig unabhängigen freien Fall, also eine gleichmäßig beschleunigte Bewegung. a) Wir wissen, dass in der Zeit $t_1 = 0{,}650\,\mathrm{s}$ eine horizontale Strecke von $x_1 = 12{,}0\,\mathrm{m}$ zurückgelegt wird. Damit ist die konstante horizontale Geschwindigkeitskomponente

$$v_x = \frac{12{,}0\,\mathrm{m}}{0{,}650\,\mathrm{s}} = 18{,}46\,\frac{\mathrm{m}}{\mathrm{s}}\,.$$

Wie können wir eine Aussage über die vertikale Komponente v_y erhalten? Wir wissen, dass der Puck nach der Zeit t_1 gerade eine Höhe von h erreicht hat. In der Zeit t_1 ist er aber durch die Fallbeschleunigung um $\frac{1}{2}gt_1^2 = \frac{1}{2}\cdot 9{,}81\cdot 0{,}650^2\,\mathrm{m} = 2{,}072\,\mathrm{m}$ gefallen. Ohne die Schwerkraft hätte er nach dieser Zeit also nicht nur die Höhe $h = 2{,}80\,\mathrm{m}$ erreicht, sondern die Höhe $4{,}87\,\mathrm{m}$. Damit können wir ein rechtwinkliges Dreieck bilden und den Flugwinkel beim Abschuss berechnen. Für diesen gilt

$$\tan(\theta) = \frac{4{,}87}{12} \Rightarrow \theta = 22{,}1^\circ\,.$$

Mithilfe dieses Winkels können wir nun den Geschwindigkeitsbetrag zu Beginn berechnen:

$$v_0 = \frac{v_x}{\cos(\theta)} = 19{,}9\,\frac{\mathrm{m}}{\mathrm{s}}$$

b) Die maximale Höhe wird erreicht, wenn $v_y = 0$ ist. Wir ermitteln also zunächst die vertikale Geschwindigkeitskomponente zu Beginn:

$$v_{y,0} = v_x \cdot \tan(22{,}1^\circ) = 7{,}50\,\frac{\mathrm{m}}{\mathrm{s}}$$

Nun müssen wir ermitteln, wie lange es dauert, bis diese Geschwindigkeit durch die Fallbeschleunigung ausgeglichen wird:

$$t_{\mathrm{max}} = \frac{7{,}50\,\frac{\mathrm{m}}{\mathrm{s}}}{9{,}81\,\frac{\mathrm{m}}{\mathrm{s}^2}} = 0{,}764\,\mathrm{s}$$

c) Wir könnten nun den freien Fall mit t_{max} und Anfangsgeschwindigkeit $v_{y,0}$ berechnen. Dies ist aber unnötig kompliziert, da wir die Symmetrie der Wurfparabel nutzen können. Um die Höhe des Scheitels der Wurfparabel zu bestimmen, müssen wir lediglich den Puck die Zeit t_{max} aus der Ruhe fallen lassen und erhalten

$$y_{\mathrm{max}} = \frac{1}{2}\cdot 9{,}81\,\frac{\mathrm{m}}{\mathrm{s}^2}\cdot (0{,}764\,\mathrm{s})^2 = 2{,}86\,\mathrm{m}\,.$$

L2.56 Auf den ersten Blick könnte man vermuten, dass die Strömung des Flusses keinen Einfluss auf die Gesamtdauer hat, da man einmal gegen den Strom schwimmt, einmal mit dem Strom. Die Geschwindigkeit des Flusses addiert sich also einmal zu unserer Schwimmgeschwindigkeit, einmal wird sie subtrahiert.

Da die Strecke auf beiden Wegen gleich lang ist, wird man aber weniger Zeit mit der höheren Geschwindigkeit verbringen und mehr Zeit mit der geringeren. Damit ist die durchschnittliche Geschwindigkeit geringer als unsere Schwimmgeschwindigkeit im Wasser, und wir brauchen insgesamt länger, wenn der Fluss schnell strömt.

Wir nennen die Distanz zwischen den Markierungen l, die Flussgeschwindigkeit des Flusses V und unsere Schwimmgeschwindigkeit relativ zum Wasser v. Dann ist unsere Geschwindigkeit auf einem Weg $v + V$, auf dem Rückweg $v - V$. Die jeweiligen Schwimmzeiten für die Wege sind also $l/(v + V)$

und $l/(v - V)$. Insgesamt ergibt sich

$$T = l/(v + V) + l/(v - V) = \frac{l(v - V) + l(V + v)}{v^2 - V^2}$$
$$= \frac{2lv}{v^2 - V^2}.$$

Steht das Wasser, ergibt sich der einfache Zusammenhang $T = 2l/v$. Die Tatsache, dass sich V im Zähler weghebt, entspricht der Intuition, dass sich die Wirkung der Flussgeschwindigkeit zwischen Hin- und Rückweg aufheben sollte. Allerdings bleibt ein Effekt höherer Ordnung im Nenner übrig: Bei größerer Flussgeschwindigkeit wird der Wert des Nenners kleiner, und die Schwimmzeit T steigt. Erreicht oder übersteigt V unsere Schwimmgeschwindigkeit v, so divergiert T oder wird negativ. Wir können das Ziel also nicht mehr erreichen.

Diese Betrachtung ist von großer wissenschaftshistorischer Bedeutung, da die Laufzeitunterschiede eines Lichtstrahls in Anwesenheit eines bewegten Lichtäthers dieselbe Form haben. Dass die Experimente von Michelson und Morley keinen solchen Laufzeitunterschied fanden, trug entscheidend zur Entwicklung der speziellen Relativitätstheorie Einsteins und der Ablehnung der Äthertheorie bei.

L2.57 Die Zentripetalbeschleunigung ist nicht von der in Tangentialrichtung wirkenden Verzögerung des Wagens betroffen und daher allein durch

$$a_z = \frac{v^2}{r} = \frac{400 \,\frac{\mathrm{m}^2}{\mathrm{s}^2}}{25\,\mathrm{m}} = 16\,\frac{\mathrm{m}}{\mathrm{s}^2}$$

gegeben. Die Tangentialbeschleunigung hingegen ist einfach durch die Verzögerung bestimmt. Wird positive Beschleunigung nach oben definiert, ist die Tangentialbeschleunigung bis auf ein Vorzeichen durch die Verzögerung gegeben:

$$a_t = -5\,\frac{\mathrm{m}}{\mathrm{s}^2}$$

L2.58 Bei Vernachlässigung des Luftwiderstands wird die Kugel konstant beschleunigt. Wir legen das Koordinatensystem so an, dass der Ursprung am Anfangsort der Kugel liegt, die x-Achse nach rechts zeigt und die y-Richtung nach unten weist. Also ist $y_0 = 0$, und die Beschleunigung ist die Erdbeschleunigung: $a = g$. Wir verwenden die Gleichungen für die gleichförmig beschleunigte Bewegung, um die Flugdauer der Kugel bis zum Auftreffen auf die Treppe zu ermitteln. Aus der Flugdauer ergibt sich dann die horizontale Reichweite und somit die Stufe, auf die die Kugel zuerst auftrifft.

Zunächst beschreiben wir die x-Komponente des Orts der Kugel durch die allgemeine Gleichung für die gleichförmig beschleunigte Bewegung:

$$x = x_0 + v_{0,x}\, t + \tfrac{1}{2}\, a_x\, t^2.$$

Die Kugel befindet sich zu Beginn bei $x_0 = 0$, und horizontal wirkt keine Beschleunigung ($a_x = 0$). Also ist

$$x = v_{0,x}\, t = |\boldsymbol{v}_0|\, t.$$

Abb. 2.20 zu Aufgabe 2.58

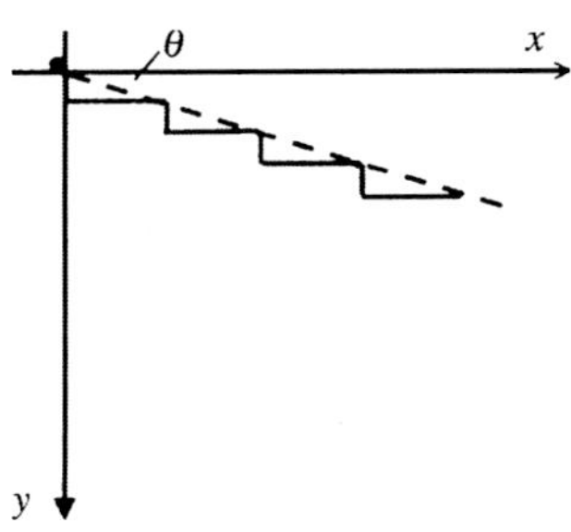

Für die y-Komponente des Orts der Kugel gilt die allgemeine Gleichung für eine gleichförmig beschleunigte Bewegung:

$$y = y_0 + v_{0,y}\, t + \tfrac{1}{2}\, a_y\, t^2.$$

Hierin ist $y_0 = 0$ und $v_{0,y} = 0$ sowie $a_y = g$.

Damit ergibt sich $y = \tfrac{1}{2}\, g\, t^2$.

Die Neigung der Treppe gegen die Horizontale ist durch die gestrichelte Linie in Abb. 2.20 dargestellt. Der Winkel θ ergibt sich aus der Höhe 0,18 m und der Breite 0,30 m einer Stufe zu

$$\theta = \mathrm{atan}\,\frac{0{,}18\,\mathrm{m}}{0{,}30\,\mathrm{m}} = 31{,}0°.$$

Wenn die Kugel auf die Treppe trifft, schneidet ihre Wurfparabel nach der Zeitspanne Δt diese Gerade, wobei gilt:

$$\tan\theta = \frac{y}{x} = \frac{\tfrac{1}{2}\, g\, (\Delta t)^2}{v_{0,x}\, \Delta t} = \frac{g\, \Delta t}{2\, v_{0,x}}.$$

Das lösen wir nach der Flugdauer Δt bis zum Auftreffen auf:

$$\Delta t = \frac{2\, v_{0,x}}{g}\,\tan\theta.$$

Der Punkt, an dem die Kugel auf die Treppe (bzw. auf die geneigte Gerade in der Abbildung) auftrifft, hat damit die x-Koordinate

$$x = |\boldsymbol{v}_0|\,\Delta t = \frac{2\,|\boldsymbol{v}_0|^2}{g}\,\tan\theta = \frac{2\,(3{,}0\,\mathrm{m}\cdot\mathrm{s}^{-1})^2}{9{,}81\,\mathrm{m}\cdot\mathrm{s}^{-2}}\,\tan 31{,}0°$$
$$= 1{,}1\,\mathrm{m}.$$

Wegen der Stufenbreite 0,30 m ist die erste Stufe, für die $x > 1{,}10\,\mathrm{m}$ ist, die vierte Stufe. Auf diese prallt die Kugel daher auf.

L2.59 Bei Vernachlässigung des Luftwiderstands wirkt nur die vertikale, konstante Erdbeschleunigung auf das Geschoss ein. Damit gilt die Formel für die Reichweite beim schrägen Wurf mit gleicher Anfangs- und Endhöhe:

$$R = \frac{v_0^2}{g}\,\sin 2\theta_0.$$

Mit $\theta_0 = 45° \pm \theta$ wird daraus

$$R = \frac{v_0^2}{g}\,\sin\,(90° \pm 2\,\theta) = \frac{v_0^2}{g}\,\cos\,(\pm 2\,\theta).$$

Die Kosinusfunktion ist eine gerade Funktion, d. h., es gilt $\cos(-\alpha) = \cos(+\alpha)$. Damit erhalten wir

$$R\left(45° + \theta\right) = R\left(45° - \theta\right).$$

Die Reichweite R ist also bei gleicher Abweichung des Abschusswinkels vom Wert $45°$ nach oben bzw. nach unten dieselbe.

L2.60 Die Beschleunigung der Kugel ist konstant. Weil die Bewegung nach unten gerichtet ist, wählen wir ein Koordinatensystem, dessen positive Richtung nach unten zeigt.

a) Aus der Gleichung $\Delta y = v_0 \Delta t + \frac{1}{2} g_{\exp} (\Delta t)^2$ für die gleichförmig beschleunigte Bewegung ergibt sich (unter Berücksichtigung von $v_0 = 0$)

$$\Delta y = \tfrac{1}{2} g_{\exp} (\Delta t)^2 \quad \text{und damit} \quad g_{\exp} = \frac{2\,\Delta y}{(\Delta t)^2}. \quad (1)$$

b) Wir lösen Gleichung 1 nach Δt auf und setzen die Zahlenwerte ein:

$$\Delta t = \sqrt{\frac{2\,\Delta y}{g_{\exp}}} = \sqrt{\frac{2\,(1{,}00\,\text{m})}{9{,}81\,\text{m}\cdot\text{s}^{-2}}} = 0{,}452\,\text{s}.$$

c) Wir verwenden die Gleichung für die Geschwindigkeit bei gleichförmig beschleunigter Bewegung:

$$v^2 = v_0^2 + 2\,a\,\Delta y.$$

Wegen $v_0 = 0$ und $a = g$ ist $v^2 = 2\,g\,\Delta y$ und daher

$$v = \sqrt{2\,g\,\Delta y}.$$

Nun bezeichnen wir mit v_1 die Geschwindigkeit der Kugel, nachdem sie 0,5 cm weit gefallen ist, und mit v_2 die Geschwindigkeit, nachdem sie 0,5 m weit gefallen ist. Damit ergeben sich die Geschwindigkeiten

$$v_1 = \sqrt{2\,(9{,}81\,\text{m}\cdot\text{s}^{-2})\,(0{,}0050\,\text{m})} = 0{,}313\,\text{m}\cdot\text{s}^{-1},$$

$$v_2 = \sqrt{2\,(9{,}81\,\text{m}\cdot\text{s}^{-2})\,(0{,}50\,\text{m})} = 3{,}13\,\text{m}\cdot\text{s}^{-1}.$$

Wegen der gleichförmigen Beschleunigung ist $v_2 = v_1 + g\,\Delta t$ und somit

$$\Delta t = \frac{v_2 - v_1}{g} = \frac{3{,}13\,\text{m}\cdot\text{s}^{-1} - 0{,}313\,\text{m}\cdot\text{s}^{-1}}{9{,}81\,\text{m}\cdot\text{s}^{-2}} = 0{,}2872\,\text{s}.$$

In dieser Zeit fällt die Kugel die Strecke

$$\Delta y = 1{,}00\,\text{m} - 0{,}50\,\text{m} - 0{,}0050\,\text{m} = 0{,}495\,\text{m}.$$

Nun können wir mit Gleichung 1 den experimentellen Wert der Schwerebeschleunigung berechnen:

$$g_{\exp} = \frac{2\,\Delta y}{(\Delta t)^2} = \frac{2\,(0{,}495\,\text{m})}{(0{,}2872\,\text{s})^2} = 12\,\text{m}\cdot\text{s}^{-2}.$$

Somit führt der Fehler beim Anbringen der Lichtschranke zur folgenden relativen Abweichung gegenüber dem auf den Meeresspiegel bezogenen üblichen Wert von g:

$$\frac{|9{,}81\,\text{m}\cdot\text{s}^{-2} - 12\,\text{m}\cdot\text{s}^{-2}|}{9{,}81\,\text{m}\cdot\text{s}^{-2}} = 0{,}022 = 22\,\%.$$

L2.61 a) Wir erhalten die in der Abbildung gezeigte Kurve.

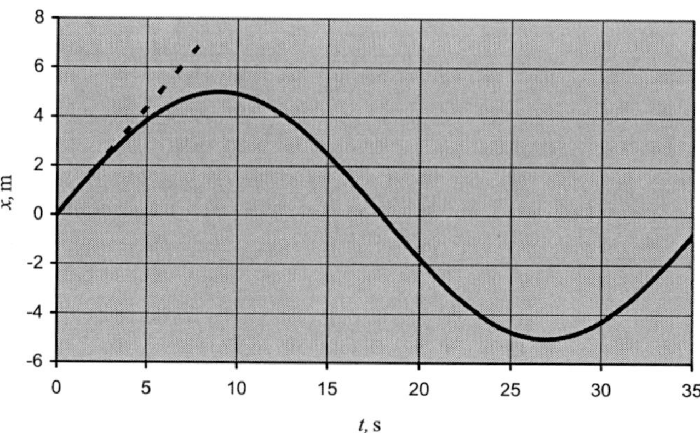

b) Wir könnten zwar die mittlere Geschwindigkeit $\langle v \rangle = \Delta x / \Delta t$ in einem festen Zeitintervall berechnen. Aber die Momentangeschwindigkeit $v = \mathrm{d}x / \mathrm{d}t$ kann nur durch Ableitung oder grafisch ermittelt werden. Um die Geschwindigkeit im Punkt $t = 0$ zu bestimmen, zeichnen wir im Koordinatenursprung die Tangente ein und messen ihre Steigung. Wie aus der Abbildung hervorgeht, verläuft die Tangente näherungsweise durch den Punkt $(5, 4)$. Mit dem Ursprung als zweitem Punkt dieser Geraden gilt dann

$$\Delta x = 4\,\text{cm} - 0\,\text{cm} = 4\,\text{cm}, \qquad \Delta t = 5\,\text{s} - 0\,\text{s} = 5\,\text{s}.$$

Damit ergibt sich für die Steigung der Tangente und somit für die Geschwindigkeit im Koordinatenursprung

$$v(0) = \frac{\Delta x}{\Delta t} = \frac{4\,\text{cm}}{5\,\text{s}} = 0{,}8\,\text{cm}\cdot\text{s}^{-1}.$$

c) In der Tabelle sind die mittleren Geschwindigkeiten in den verschiedenen Zeitintervallen aufgeführt.

t_0 (s)	t (s)	Δt (s)	x_0 (cm)	x (cm)	Δx (cm)	$\langle v \rangle = \Delta x / \Delta t$ (m/s)
0	6	6	0	4,34	4,34	0,723
0	3	3	0	2,51	2,51	0,835
0	2	2	0	1,71	1,71	0,857
0	1	1	0	0,871	0,871	0,871
0	0,50	0,50	0	0,437	0,437	0,874
0	0,25	0,25	0	0,219	0,219	0,875

d) Die zeitliche Ableitung der gegebenen Ortsfunktion liefert einen Ausdruck für die Geschwindigkeit:

$$v = \frac{\mathrm{d}x}{\mathrm{d}t} = A\,\omega \cos \omega t.$$

Einsetzen der gegebenen Zahlenwerte und von $t = 0$ ergibt

$$v_0 = A\,\omega \cos(0) = A\,\omega = (0{,}050\,\text{m})\,(0{,}175\,\text{s}^{-1})$$

$$= 0{,}875\,\text{cm}\cdot\text{s}^{-1} = 0{,}88\,\text{cm}\cdot\text{s}^{-1}.$$

e) Wenn Δt und somit auch Δx hinreichend klein gewählt werden, geht der Wert der mittleren Geschwindigkeit nahe bei $t = 0$ in den der Momentangeschwindigkeit in Teilaufgabe d über. Bei $\Delta t = 0{,}25\,\mathrm{s}$ stimmen die Ergebnisse beispielsweise schon auf drei Stellen überein. Dies liegt daran, dass sich die Differenzenquotienten in Teilaufgabe c für $\Delta t \to 0$ dem in Teilaufgabe d berechneten Wert annähern.

L2.62 a) Die Beschleunigung des Teilchens ist ortsabhängig und daher nicht konstant. Deswegen müssen wir $\mathrm{d}v_x = a_x\,\mathrm{d}t$ integrieren, um $v_x(t)$ zu ermitteln. Aber das ist nicht unmittelbar möglich, weil die Funktion $a_x(t)$ nicht bekannt ist. Daher führen wir eine Variablensubstitution durch, indem wir $\mathrm{d}v_x/\mathrm{d}t$ mithilfe der Kettenregel umformen:

$$a_x = \frac{\mathrm{d}v_x}{\mathrm{d}t} = \frac{\mathrm{d}v_x}{\mathrm{d}x}\,\frac{\mathrm{d}x}{\mathrm{d}t} = v_x\,\frac{\mathrm{d}v_x}{\mathrm{d}x}\,.$$

Diese Differenzialgleichung können wir nach Trennung der Variablen lösen: $v_x\,\mathrm{d}v_x = a_x\,\mathrm{d}x$. Einsetzen von a_x gemäß der Aufgabenstellung ergibt $v_x\,\mathrm{d}v_x = b\,x\,\mathrm{d}x$, mit $b = 2{,}0\,\mathrm{s}^{-2}$.

Wir integrieren von x_0 bis x und von $v_{0,x}$ bis v:

$$\int_{v_{0,x}}^{v} v_x'\,\mathrm{d}v_x' = \int_{x_0}^{x} b\,x'\,\mathrm{d}x'\,.$$

Daraus ergibt sich $v_x^2 - v_{0,x}^2 = b\,(x^2 - x_0^2)$. Das lösen wir nach v_x^2 auf und ziehen die Wurzel:

$$v_x = \sqrt{v_{0,x}^2 + b\,(x^2 - x_0^2)}\,.$$

Nun setzen wir die Werte $v_{0,x} = 0$, $x_0 = 1{,}0\,\mathrm{m}$, $x = 3{,}0\,\mathrm{m}$ sowie $b = 2{,}0\,\mathrm{s}^{-2}$ ein und erhalten für den Geschwindigkeitsbetrag

$$|v_{x,\,3\,\mathrm{m}}| = \sqrt{(2{,}0\,\mathrm{s}^{-2})\,[(3{,}0\,\mathrm{m})^2 - (1{,}0\,\mathrm{m})^2]} = 4{,}0\,\mathrm{m}\cdot\mathrm{s}^{-1}\,.$$

b) Gemäß der Definition der Momentangeschwindigkeit gilt

$$t = \int_0^t \mathrm{d}t' = \int_{x_0}^x \frac{\mathrm{d}x'}{v_x(x')}\,.$$

Mit dem Ausdruck für v_x aus Teilaufgabe a ergibt sich

$$t = \int_{x_0}^x \frac{\mathrm{d}x'}{\sqrt{b\,(x'^2 - x_0^2)}}\,.$$

Wir schlagen das Integral nach und erhalten damit

$$t = \frac{1}{\sqrt{b}}\int_{x_0}^x \frac{\mathrm{d}x'}{\sqrt{(x'^2 - x_0^2)}} = \frac{1}{\sqrt{b}}\ln\frac{x + \sqrt{x^2 - x_0^2}}{x_0}$$

$$= \frac{1}{\sqrt{2{,}0\,\mathrm{s}^{-2}}}\ln\frac{3{,}0\,\mathrm{m} + \sqrt{(3{,}0\,\mathrm{m})^2 - (1{,}0\,\mathrm{m})^2}}{1{,}0\,\mathrm{m}} = 1{,}2\,\mathrm{s}\,.$$

L2.63 Zwischen dem Zeitpunkt, zu dem die Ampel auf Gelb schaltet, und dem Zeitpunkt, zu dem die hintere Stoßstange des Autos die Kreuzung verlässt, legt das Auto die Strecke

$$\Delta x_{\mathrm{ges.}} = 65\,\mathrm{m} + 15\,\mathrm{m} + 4{,}5\,\mathrm{m} = 84{,}5\,\mathrm{m}$$

zurück. Einen Teil dieser Strecke, den wir mit $\Delta x_{\mathrm{konst.}}$ bezeichnen, legt es dabei noch mit konstanter Geschwindigkeit zurück, weil Sie zunächst $1{,}0\,\mathrm{s}$ lang überlegen, ob Sie noch korrekt über die Kreuzung kommen können. Wenn wir diese Strecke subtrahieren, verbleibt die Strecke $\Delta x_{\mathrm{beschl.}}$, in der Sie konstant beschleunigen. Hierfür gilt also

$$\Delta x_{\mathrm{beschl.}} = \Delta x_{\mathrm{ges.}} - \Delta x_{\mathrm{konst.}}\,.$$

Die Skizze in der Abbildung verdeutlicht den Ablauf.

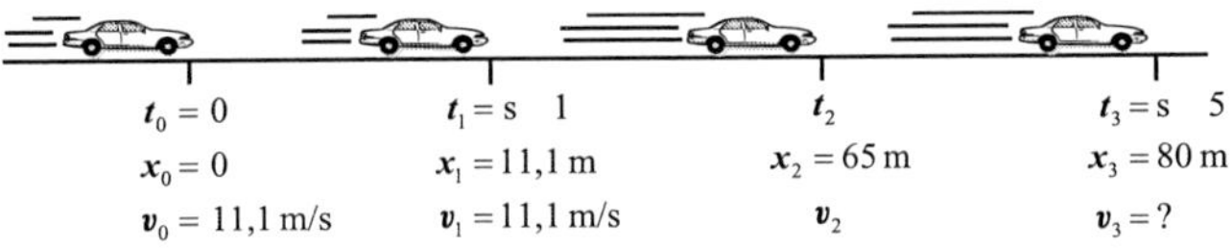

Wegen der gleichförmigen geradlinigen Beschleunigung gilt für die Beschleunigungsstrecke

$$\Delta x_{\mathrm{beschl.}} = v_1\,\Delta t_{\mathrm{beschl.}} + \tfrac{1}{2}\,a\,(\Delta t_{\mathrm{beschl.}})^2\,.$$

Darin ist v_1 die Geschwindigkeit beim Beginn der Beschleunigung. Das Auto erfährt während der Zeitspanne $\Delta t_{\mathrm{beschl.}}$ die Beschleunigung a und erreicht dadurch die Geschwindigkeit

$$v_3 = v_1 + a\,\Delta t_{\mathrm{beschl.}}\,.$$

Also ist $a = \dfrac{v_3 - v_1}{\Delta t_{\mathrm{beschl.}}}$.

Einsetzen in die obige Gleichung ergibt für die Beschleunigungsstrecke

$$\Delta x_{\mathrm{beschl.}} = v_1\,\Delta t_{\mathrm{beschl.}} + \tfrac{1}{2}\,\frac{v_3 - v_1}{\Delta t_{\mathrm{beschl}}}\,(\Delta t_{\mathrm{beschl.}})^2$$

$$= v_1\,\Delta t_{\mathrm{beschl.}} + \tfrac{1}{2}\,(v_3 - v_1)\,(\Delta t_{\mathrm{beschl.}})\,.$$

Andererseits gilt, wie oben ermittelt:

$$\Delta x_{\mathrm{beschl.}} = \Delta x_{\mathrm{ges.}} - \Delta x_{\mathrm{konst.}}\,.$$

Wir setzen die rechten Seiten beider Beziehungen für $\Delta x_{\mathrm{beschl.}}$ gleich und lösen nach v_3 auf. Dann setzen wir die anfangs ohne Beschleunigung zurückgelegte Strecke ein, für die gilt:

$$\Delta x_{\mathrm{konst.}} = v_1\,(1\,\mathrm{s}) = (40\,\mathrm{km}\cdot\mathrm{h}^{-1})\,(1\,\mathrm{s}) = 11{,}1\,\mathrm{m}\,.$$

Damit ergibt sich schließlich

$$v_3 = \frac{2\,(\Delta x_{\mathrm{ges.}} - \Delta x_{\mathrm{konst.}})}{\Delta t_{\mathrm{beschl.}}} - v_1$$

$$= \frac{2\,(84{,}5\,\mathrm{m} - 11{,}1\,\mathrm{m})}{4{,}0\,\mathrm{s}} - 11{,}1\,\mathrm{m}\cdot\mathrm{s}^{-1} = 25\,\mathrm{m}\cdot\mathrm{s}^{-1}\,.$$

Das sind umgerechnet $90\,\mathrm{km}\cdot\mathrm{h}^{-1}$. Daher sollten Sie den Bußgeldbescheid besser nicht anfechten.

Die Newton'schen Axiome

© Springer-Verlag GmbH Deutschland, ein Teil von Springer Nature 2019

A. Knochel (Hrsg.), *Arbeitsbuch zu Tipler/Mosca, Physik*, https://doi.org/10.1007/978-3-662-58919-9_3

Aufgaben

Bei allen Aufgaben ist die Fallbeschleunigung $g = 9{,}81\,\mathrm{m/s^2}$. Falls nichts anderes angegeben ist, sind Reibung und Luftwiderstand zu vernachlässigen.

Verständnisaufgaben

3.1 • Sie sitzen im Flugzeug auf einem Interkontinentalflug, haben die Reiseflughöhe erreicht und fliegen nun horizontal. Vor Ihnen steht der Kaffeebecher, den Ihnen die Stewardess gerade gebracht hat. Wirken Kräfte auf diesen Becher? Wenn ja, wie unterscheiden sie sich von den Kräften, die auf ihn wirkten, wenn er zu Hause auf Ihrem Küchentisch stünde?

3.2 • Von einem Inertialsystem aus betrachtet, bewegt sich ein Körper auf einer Kreisbahn. Welche der folgenden Aussagen trifft bzw. treffen dabei zu? a) Auf den Körper wirkt eine von null verschiedene Gesamtkraft. b) Auf den Körper kann keine radial nach außen gerichtete Kraft wirken. c) Wenigstens eine der auf den Körper wirkenden Kräfte muss direkt zum Mittelpunkt der Kreisbahn hin wirken.

3.3 •• Auf einen Handball wirkt eine einzelne, bekannte Kraft. Wissen Sie allein anhand dieser Aussage, in welche Richtung sich der Handball relativ zu einem Bezugssystem bewegt? Erläutern Sie Ihre Aussage.

3.4 •• Stellen Sie sich vor, Sie sitzen in einem Zug, der geradlinig und mit konstanter Geschwindigkeit relativ zur Erdoberfläche fährt. Einige Reihen vor Ihnen sitzt ein Freund, dem Sie einen Ball zuwerfen. Erläutern Sie mithilfe des zweiten Newton'schen Axioms, weshalb Sie aus Ihrer Beobachtung des fliegenden Balls nicht die Geschwindigkeit des Zugs relativ zur Erdoberfläche ermitteln können.

3.5 •• Ein 2,5 kg schwerer Block hängt ruhend an einem Seil, das an der Decke befestigt ist. a) Zeichnen Sie das Kräftediagramm des Blocks, benennen Sie die Reaktionskraft zu jeder eingezeichneten Kraft und geben Sie an, auf welchen Körper diese jeweils wirkt. b) Zeichnen Sie das Kräftediagramm des Seils, benennen Sie die Reaktionskraft zu jeder eingezeichneten Kraft und geben Sie an, auf welchen Körper diese jeweils wirkt. Die Masse des Seils ist hier nicht zu vernachlässigen.

3.6 •• a) Welches der Kräftediagramme in Abb. 3.1 stellt einen Körper dar, der entlang einer reibungsfreien geneigten Ebene hinuntergleitet? b) Benennen Sie bei dem zutreffenden Diagramm die Kräfte und geben Sie an, welche davon Kontaktkräfte und welche Fernwirkungskräfte sind. c) Benennen Sie für jede Kraft in dem zutreffenden Diagramm die Reaktionskraft;

geben Sie an, auf welchen Körper sie wirkt und welche Richtung sie hat.

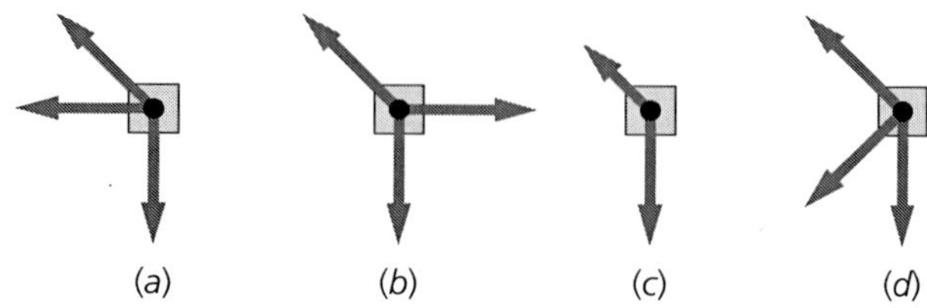

Abb. 3.1 Zu Aufgabe 3.6

3.7 •• Stellen Sie sich vor, Sie sitzen auf einem Rollensessel am Schreibtisch. Die Reibungskraft zwischen Sessel und Fußboden soll vernachlässigbar sein, nicht aber die Reibungskraft zwischen Tisch und Fußboden. Um aufzustehen, drücken Sie horizontal gegen den Tisch, sodass der Stuhl nach hinten wegrollt. a) Zeichnen Sie ein Kräftediagramm der auf Sie wirkenden Kräfte, während Sie gegen den Tisch drücken, und benennen Sie exakt diejenige Kraft, die dafür verantwortlich ist, dass Sie beschleunigt werden. b) Welches ist die Reaktionskraft zu der Kraft, die Ihre Beschleunigung bewirkt? c) Zeichnen Sie das Kräftediagramm der auf den Schreibtisch wirkenden Kräfte und erläutern Sie, weshalb er nicht beschleunigt wird. Verletzt dies nicht das dritte Newton'sche Axiom? Erläutern Sie Ihre Aussage.

3.8 •• Ein Teilchen bewegt sich mit konstantem Geschwindigkeitsbetrag auf einer vertikalen Kreisbahn. Die Beträge welcher Größen sind dabei konstant: a) der Geschwindigkeit, b) der Beschleunigung, c) der Gesamtkraft, d) des scheinbaren Gewichts?

3.9 ••• Auf zwei Körper mit den Massen m_1 und m_2 (mit $m_1 > m_2$), die auf einer ebenen, reibungsfreien Oberfläche liegen, wird während eines festen Zeitintervalls Δt jeweils eine gleiche horizontale Gesamtkraft F_x ausgeübt. a) In welchem Verhältnis stehen ihre Beschleunigungen, ausgedrückt durch F_x, m_1 und m_2, während dieses Zeitintervalls, wenn beide Körper anfangs ruhten? b) In welchem Verhältnis stehen ihre Geschwindigkeitsbeträge $v_{1,x}$ und $v_{2,x}$ am Ende des Zeitintervalls? c) Wie weit voneinander entfernt sind die beiden Körper am Ende des Zeitintervalls? Welcher ist dem anderen voraus?

Schätzungs- und Näherungsaufgaben

3.10 •• Ein Rennwagen, über den der Fahrer die Gewalt verloren hat, kann noch auf 90 km/h abgebremst werden, bevor er frontal auf eine Ziegelmauer auffährt. Zum Glück trägt der Fahrer einen Sicherheitsgurt. Schätzen Sie unter der Annahme sinnvoller Werte für die Masse des Fahrers und für dessen Anhalteweg im Rennwagen beim Aufprall die (als konstant angenommene) durchschnittliche Kraft, die der Sicherheitsgurt auf den Fahrer ausübt, einschließlich deren Richtung. Wirkungen der Reibungskräfte, die der Sitz auf den Fahrer ausübt, seien zu vernachlässigen.

Das erste und das zweite Newton'sche Axiom: Masse, Trägheit und Kraft

3.11 • Die japanische Raumsonde IKAROS wird durch ein Sonnensegel angetrieben, das den Photonendruck des Sonnenlichts nutzt. Die Sonde erfährt durch das Sonnensegel eine Antriebskraft von etwa 0,0016 Newton und besitzt eine Masse von etwa 300 kg. a) Welche Geschwindigkeitszunahme kann die Sonde pro Jahr verzeichnen? b) Welche Strecke würde sie bei anfänglicher Ruhe in einem Jahr zurücklegen?

3.12 • Ein Körper hat eine Beschleunigung mit dem Betrag 3,0 m/s^2, wobei eine einzelne Kraft mit dem Betrag $|F_0|$ auf ihn wirkt. a) Welchen Betrag hat seine Beschleunigung, wenn der Betrag der Kraft verdoppelt wird? b) Ein zweiter Körper erhält unter dem Einfluss einer einzelnen Kraft mit dem Betrag $|F_0|$ eine Beschleunigung mit dem Betrag 9,0 m/s^2. Wie groß ist das Verhältnis der Masse des zweiten Körpers zu der des ersten Körpers? c) Wie groß ist der Betrag der Beschleunigung, die die einzelne Kraft vom Betrag $|F_0|$ dem Gesamtkörper verleiht, der entsteht, wenn man beide Körper zusammenklebt?

3.13 • Auf einen Körper der Masse 1,5 kg wirkt die Gesamtkraft $(6,0\,\mathrm{N})\,\hat{x} - (3,0\,\mathrm{N})\,\hat{y}$. Berechnen Sie die Beschleunigung a.

3.14 •• Eine Kugel mit der Masse $1,80 \cdot 10^{-3}$ kg, die mit 500 m/s fliegt, trifft auf einen Baumstumpf und bohrt sich 6,00 cm weit in ihn hinein, bevor sie zum Stillstand kommt. a) Berechnen Sie unter der Annahme, dass die Beschleunigung bzw. Verzögerung der Kugel konstant ist, die Kraft (einschließlich der Richtung), die das Holz auf die Kugel ausübt. b) Auf die Kugel soll dieselbe Kraft wirken, und sie soll mit derselben Geschwindigkeit auftreffen, allerdings soll sie nur die halbe Masse haben. Wie weit bohrt sie sich dann in das Holz?

Masse und Gewicht

3.15 • Auf dem Mond beträgt die Beschleunigung infolge der Gravitation nur ein Sechstel der Erdbeschleunigung. Ein Astronaut, dessen Gewicht auf der Erde 600 N beträgt, betritt die Mondoberfläche. Dort wird seine Masse gemessen. Beträgt der Messwert a) 600 kg, b) 100 kg, c) 61,2 kg, d) 9,81 kg oder e) 360 kg?

Kräftediagramme: Statisches Gleichgewicht

3.16 •• Eine Kugel mit dem Gewicht 100 N ist, wie in Abb. 3.2 gezeigt, an mehreren Seilen aufgehängt. Wie groß sind die Zugkräfte im horizontalen Seil und im schrägen Seil?

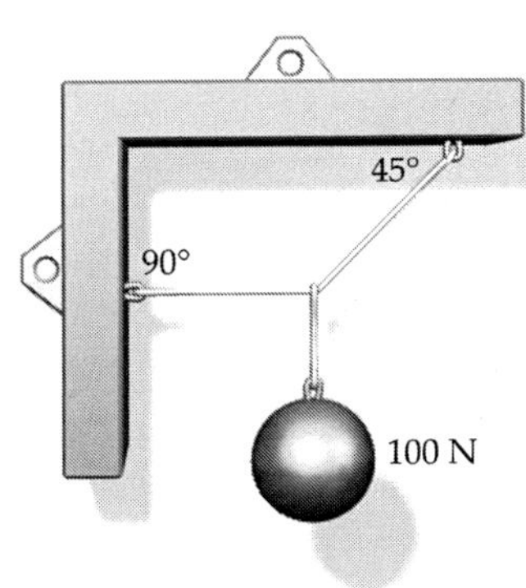
Abb. 3.2 Zu Aufgabe 3.16

3.17 •• Eine Verkehrsampel mit der Masse 35,0 kg ist, wie in Abb. 3.3 gezeigt, an zwei Drähten aufgehängt. a) Zeichnen Sie das Kräftediagramm und beantworten Sie anhand dessen qualitativ die folgende Frage: Ist die Zugkraft im Draht 2 größer als die im Draht 1? b) Überprüfen Sie Ihre Antwort unter Anwendung der Newton'schen Axiome und durch Berechnen der beiden Zugkräfte.

Abb. 3.3 Zu Aufgabe 3.17

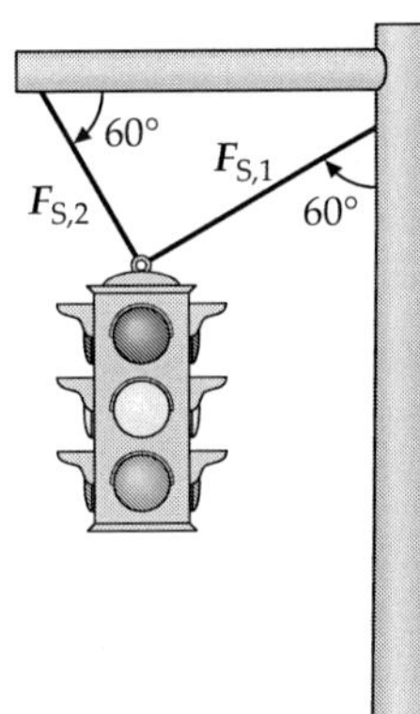

3.18 •• In Abb. 3.4a ist ein 0,500-kg-Gewicht in der Mitte eines 1,25 m langen Seils aufgehängt. Die Enden des Seils sind an zwei Punkten im Abstand von 1,00 m an der Decke befestigt. a) Welchen Winkel bildet das Seil mit der Decke? b) Wie groß ist die Zugkraft im Seil? c) Das 0,500-kg-Gewicht wird entfernt, und am Seil werden zwei 0,250-kg-Gewichte so befestigt, dass die Längen der drei Seilabschnitte gleich sind (Abb. 3.4b). Wie groß sind die Zugkräfte in den Seilabschnitten?

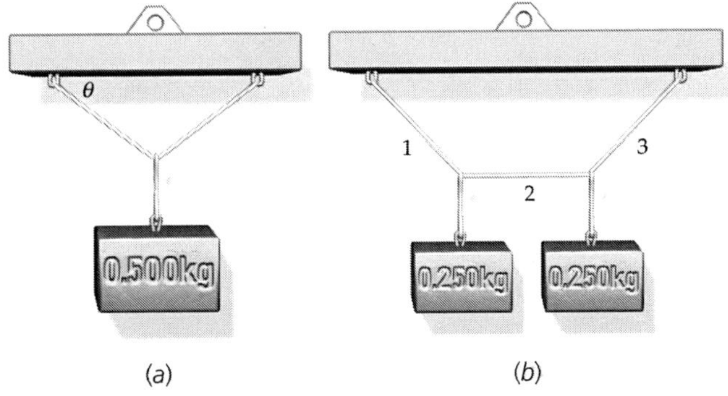

Abb. 3.4 Zu Aufgabe 3.18

3.19 •• Ihr Auto ist in einem Schlammloch steckengeblieben. Sie sind zwar allein, haben zum Glück aber ein Abschleppseil dabei. Eines seiner Enden befestigen Sie am Auto und das andere an einem Telegrafenmast. Anschließend ziehen Sie das Seil, wie in Abb. 3.5 gezeigt, zur Seite. a) Wie groß ist die Kraft, die das Seil auf das Auto ausübt, wenn der Winkel $\theta = 3{,}00°$ beträgt und Sie mit einer Kraft von 400 N ziehen, ohne dass sich das Auto bewegt? b) Welche Kraft muss das Seil aushalten, wenn Sie eine Kraft von 600 N ausüben müssen, um das Auto bei $\theta = 4{,}00°$ zu bewegen?

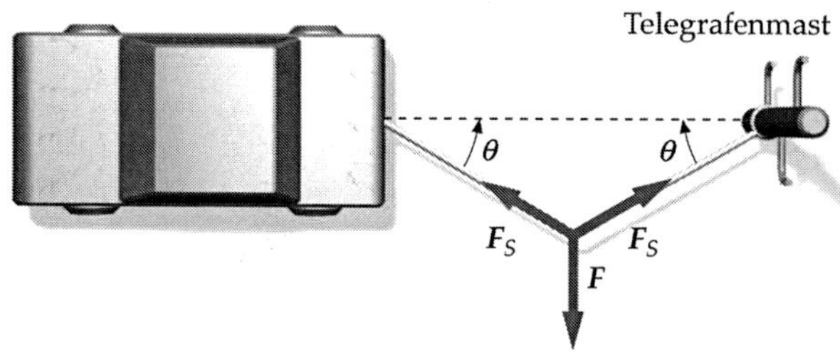

Abb. 3.5 Zu Aufgabe 3.19

3.20 •• Ermitteln Sie bei den im Gleichgewicht befindlichen Systemen in den Abb. 3.6a, b und c die unbekannten Zugkräfte und Massen.

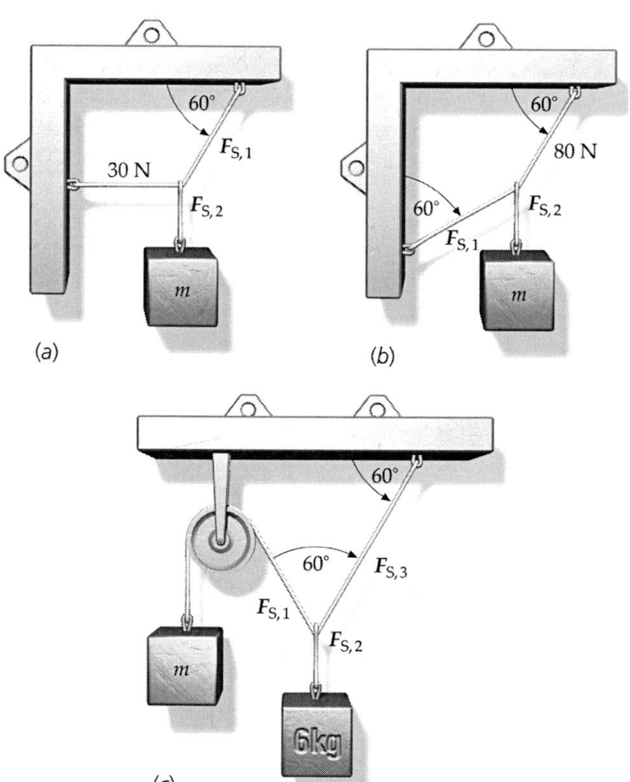

Abb. 3.6 Zu Aufgabe 3.20

Kräftediagramme: Geneigte Ebenen und Normalkräfte

3.21 • Die Körper in Abb. 3.7 sind an Federwaagen befestigt, die in Newton kalibriert sind. Geben Sie jeweils den Messwert der Waage bzw. die Messwerte der Waagen an. Die Waagen selbst und die Seile werden als masselos angenommen.

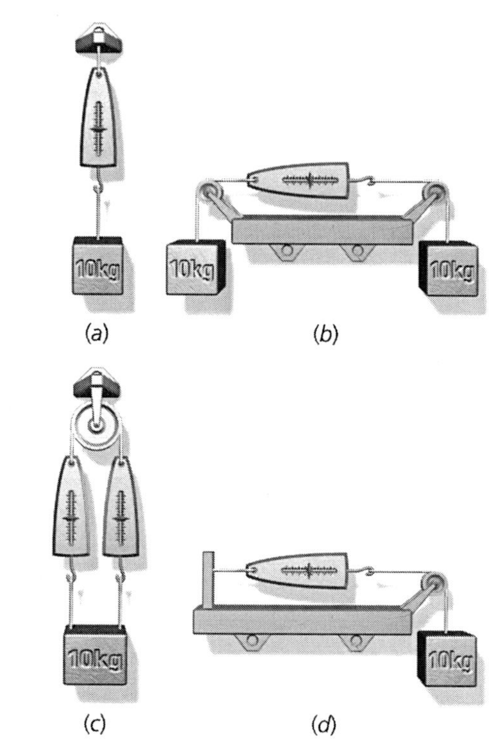

Abb. 3.7 Zu Aufgabe 3.21

3.22 •• Ein Block wird auf einer reibungsfreien schrägen Rampe durch ein Kabel gehalten (Abb. 3.8). a) Wie groß sind

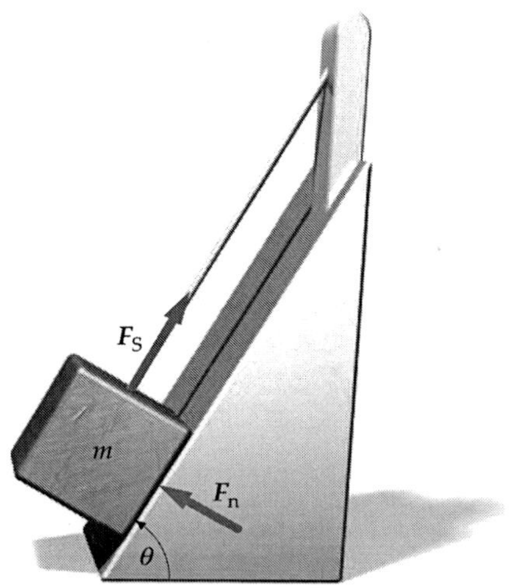

Abb. 3.8 Zu Aufgabe 3.22

die Zugkraft im Kabel und die von der Rampe ausgeübte Normalkraft, wenn $\theta = 60°$ und $m = 50\,\mathrm{kg}$ ist? b) Ermitteln Sie die Zugkraft als Funktion von θ und m und überprüfen Sie Ihr Ergebnis für die Spezialfälle $\theta = 0°$ und $\theta = 90°$ auf Plausibilität.

3.23 •• Ein Block der Masse m gleitet auf einem reibungsfreien horizontalen Boden und anschließend eine reibungsfreie Rampe hinauf (Abb. 3.9). Der Winkel der Rampe ist θ, und die Geschwindigkeit des Blocks, bevor er die Rampe hinaufgleitet, ist v_0. Der Block gleitet bis zu einer bestimmten maximalen Höhe h relativ zum Boden hinauf, bevor er anhält. Leiten Sie einen Ausdruck für h in Abhängigkeit von v_0 und g her und zeigen Sie, dass h unabhängig von m und θ ist.

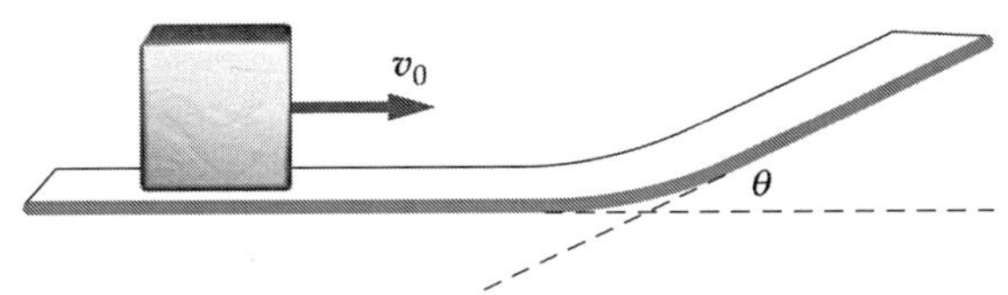

Abb. 3.9 Zu Aufgabe 3.23

Kräftediagramme: Fahrstühle

3.24 • Ein 10,0-kg-Block hängt an einer Schnur, die eine Nennzugkraft von $150\,\mathrm{N}$ aushalten soll, an der Decke eines Aufzugs. Kurz nachdem der Aufzug zu steigen beginnt, reißt die Schnur. Wie hoch war die Beschleunigung des Aufzugs mindestens, als die Schnur riss?

Krummlinige und Kreisbewegung

3.25 • Ein Stein mit der Masse $m = 95\,\mathrm{g}$ wird am Ende eines 85 cm langen Fadens auf einem horizontalen Kreis herumgewirbelt. Ein vollständiger Umlauf des Steins dauert 1,2 s. Ermitteln Sie den Winkel, den der Faden mit der Horizontalen bildet.

3.26 • Der Krümmungsradius der Bahn im Scheitel des Loopings einer Achterbahn beträgt $12,0\,\mathrm{m}$. An diesem Punkt übt der Sitz auf einen Insassen mit der Masse m eine Kraft von $0{,}40\,m\,g$ aus. Wie schnell fährt der Achterbahnwagen durch diesen höchsten Punkt?

3.27 •• Ein Kunstflugpilot mit einer Masse von $50\,\mathrm{kg}$ vollführt einen Sturzflug und zieht das Flugzeug kurz vor dem Boden auf einer vertikalen Kreisbahn in die Horizontale. Am tiefsten Punkt dieser Kreisbahn wird der Pilot mit $3{,}5\,g$ nach oben beschleunigt. a) Vergleichen Sie den Betrag der vom Sitz auf den Piloten ausgeübten Kraft mit dessen Gewicht. b) Erläutern Sie mithilfe der Newton'schen Axiome, weshalb der Pilot kurzzeitig bewusstlos werden kann, weil sich in seinen unteren Gliedmaßen mehr Blut als im Normalzustand ansammelt. Wie würde ein Beobachter in einem Inertialsystem die Ursache für die Blutansammlung erklären?

3.28 •• Ein Mann wirbelt sein Kind wie in Abb. 3.10 gezeigt auf einem Kreis mit dem Radius 0,75 m herum. Das Kind hat die Masse 25 kg, und eine Umdrehung dauert 1,5 s. a) Ermitteln Sie den Betrag und die Richtung der Kraft, die der Mann auf das Kind ausübt. (Stellen Sie sich das Kind vereinfacht als punktförmiges Teilchen vor.) b) Welchen Betrag und welche Richtung hat die Kraft, die das Kind auf den Mann ausübt?

Abb. 3.10 Zu Aufgabe 3.28

3.29 •• Ein Automobilclub möchte ein Rennen mit Autos mit einer Masse von $750\,\mathrm{kg}$ durchführen. Die Autos sollen auf der Rennstrecke mit $90\,\mathrm{km/h}$ durch mehrere Kurven mit dem Krümmungsradius $160\,\mathrm{m}$ fahren. In welchem Winkel müssen die Kurven überhöht sein, damit die Kraft des Straßenbelags auf die Reifen in Richtung der Normalkraft wirkt? *Hinweis:* Überlegen Sie sich, was man aus dieser Bedingung für die Reibungskraft folgern kann.

3.30 •• Ein Modellflugzeug mit der Masse $0{,}400\,\mathrm{kg}$ ist an einer horizontalen Schnur befestigt. An dieser soll es auf einem horizontalen Kreis mit dem Radius $5{,}70\,\mathrm{m}$ fliegen. (Das Gewicht ist dabei mit der nach oben gerichteten Auftriebskraft, die die Luft auf die Flügel ausübt, im Gleichgewicht.) Das Flugzeug legt in $4{,}00\,\mathrm{s}$ genau 1,20 Runden zurück. a) Gesucht ist der Betrag der Geschwindigkeit, mit der das Flugzeug fliegt. b) Berechnen Sie die Kraft, die auf die Hand ausgeübt wird, die die Schnur hält. (Die Schnur kann als masselos angenommen werden.)

3.31 •• Auf den Körper in Abb. 3.11 wirken im Gleichgewicht drei Kräfte. a) Ihre Beträge seien $|\boldsymbol{F}_1|$, $|\boldsymbol{F}_2|$ und $|\boldsymbol{F}_3|$. Zeigen Sie, dass gilt: $|\boldsymbol{F}_1|/\sin\theta_{2,3} = |\boldsymbol{F}_2|/\sin\theta_{3,1} =$

$|F_3|/\sin\theta_{1,2}$. b) Zeigen Sie, dass außerdem gilt: $|F_1|^2 = |F_2|^2 + |F_3|^2 + 2\,|F_2|\,|F_3|\cos\theta_{2,3}$.

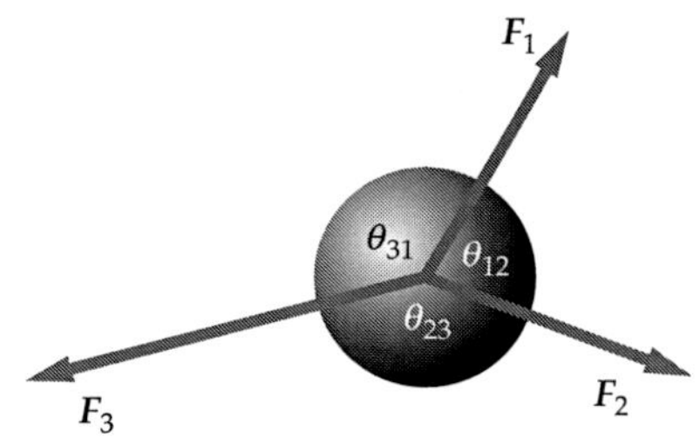

Abb. 3.11 Zu Aufgabe 3.31

3.32 ••• Eine Perle mit einer Masse von 100 g gleitet reibungsfrei auf einem halbkreisförmigen Drahtstück mit dem Radius 10 cm, das sich mit 2,0 Umdrehungen pro Sekunde um die vertikale Achse dreht (Abb. 3.12). Ermitteln Sie denjenigen Wert von θ, bei dem die Perle in Bezug auf den rotierenden Draht an der gleichen Stelle bleibt.

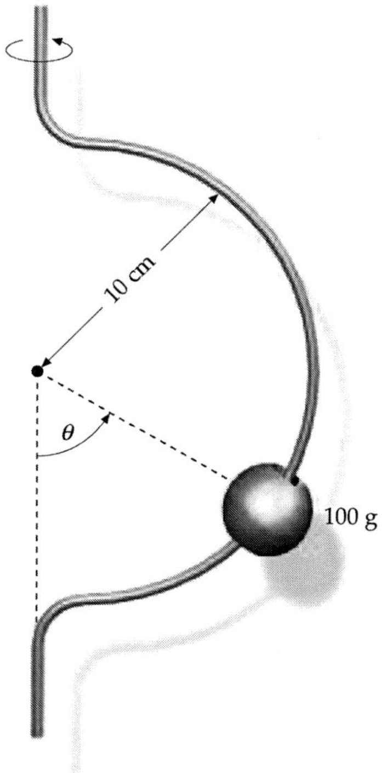

Abb. 3.12 Zu Aufgabe 3.32

3.33 ••• Der Ortsvektor eines Teilchens mit der Masse $m = 0{,}80\,\mathrm{kg}$ lautet als Funktion der Zeit

$$r = r_x\,\widehat{x} + r_y\,\widehat{y} = (R\sin\omega t)\,\widehat{x} + (R\cos\omega t)\,\widehat{y},$$

wobei $R = 4{,}0\,\mathrm{m}$ und $\omega = 2\pi\,\mathrm{s}^{-1}$ ist. a) Zeigen Sie, dass der Weg des Teilchens eine Kreisbahn mit dem Radius R ist, deren Mittelpunkt im Koordinatenursprung und damit in der x-y-Ebene, liegt. b) Berechnen Sie den Geschwindigkeitsvektor und zeigen Sie, dass $v_x/v_y = -y/x$ gilt. c) Berechnen Sie den Beschleunigungsvektor und zeigen Sie, dass er zum Koordinatenursprung hin gerichtet ist und den Betrag $|v|^2/R$ hat. d) Ermitteln Sie Richtung und Betrag der Gesamtkraft, die auf das Teilchen wirkt.

Lösungen zu den Aufgaben

Verständnisaufgaben

L3.1 Auf den Kaffeebecher wirken zwei Kräfte: die Normalkraft des Tischchens, auf dem der Becher steht, und die Schwerkraft (sein Gewicht) aufgrund der Erdanziehung. Da der Becher relativ zur Erdoberfläche nicht beschleunigt wird, sind beide Kräfte – ebenso wie bei einem Becher zu Hause auf dem Küchentisch – betragsmäßig gleich, aber entgegengesetzt gerichtet.

L3.2 a) Richtig. Weil der Körper ständig seine Richtung ändert, muss eine von null verschiedene Gesamtkraft auf ihn wirken, selbst wenn der Geschwindigkeitsbetrag gleich bleibt.

b) Falsch. Auf den Körper kann durchaus eine nach außen gerichtete Kraft wirken; lediglich die Gesamtkraft, also die Summe der nach außen und der nach innen gerichteten Kräfte, muss radial nach innen wirken.

c) Falsch. Lediglich die Summe der auf den Körper einwirkenden Kräfte muss radial nach innen wirken.

L3.3 Nein. Um die Bewegungsrichtung zu bestimmen, müssen wir sowohl die Beschleunigung als auch die Anfangsgeschwindigkeit kennen. Zwar kann mithilfe des zweiten Newton'schen Axioms die von der bekannten Kraft herrührende Beschleunigung ermittelt werden, aber die Geschwindigkeit kann nur bei Kenntnis der Anfangsgeschwindigkeit durch Integration bestimmt werden.

L3.4 Weil Sie sich im Zug mit dessen konstanter Geschwindigkeit geradlinig bewegen, ist Ihr Bezugssystem ein Inertialsystem. In einem solchen System wirken keine Scheinkräfte. Daher fliegt der Ball für Sie infolge der anfangs einwirkenden Beschleunigungskraft auf der gleichen Trajektorie (Flugbahn) – unabhängig davon, ob sich der Zug bewegt oder nicht. Also lässt sich die Geschwindigkeit des Zugs aus der beobachteten Trajektorie nicht ermitteln.

L3.5 a) Auf den Block wirken die Gravitationskraft (Gewichtskraft) $F_{\mathrm{G,Block}}$ und die Zugkraft F_S des Seils (linke Teilabbildung). Die zu dieser Zugkraft F_S gehörende Reaktionskraft ist die Kraft, die der Block seinerseits am Seil nach unten ausübt. Entsprechend ist die Reaktionskraft zur Gravitationskraft $F_{\mathrm{G,Block}}$ die nach oben gerichtete Anziehungskraft, die der Block auf die Erde ausübt.

b) Auf das Seil wirken sein eigenes Gewicht $F_{\mathrm{G,Seil}}$ infolge der Gravitation, ferner das Gewicht $F_{\mathrm{G,Block}}$ des Blocks sowie die Kraft F_{Decke}, mit der die Decke das Seil hält (rechte Teilabbildung). Die Reaktionskraft zu $F_{\mathrm{G,Seil}}$ ist die nach oben gerichtete Anziehungskraft, die das Seil auf die Erde ausübt. Die Reaktionskraft zu F_{Decke} ist die nach unten gerichtete Kraft, mit der das Seil an der Decke zieht. Schließlich ist auch hier die Reaktionskraft zu $F_{\mathrm{G,Block}}$ die nach oben gerichtete Anziehungskraft, die der Block auf die Erde ausübt.

L3.6 a) Der Sachverhalt wird durch das Kräftediagramm c beschrieben.

b) Weil die Ebene reibungsfrei ist, übt sie auf den Körper lediglich die Normalkraft F_{n} aus, die senkrecht auf der Oberfläche der geneigten Ebene steht. Diese Normalkraft ist eine Kontaktkraft. Die zweite Kraft, die auf den Körper wirkt, ist die senkrecht nach unten wirkende Gravitationskraft F_{G}. Diese ist eine Fernwirkungskraft. Da nur die senkrecht zur geneigten Ebene wirkende Komponente des Gewichts mit der Normalkraft im Gleichgewicht ist, ist die Gewichtskraft betragsmäßig größer als die Normalkraft (wie in der Abbildung zu erkennen ist).

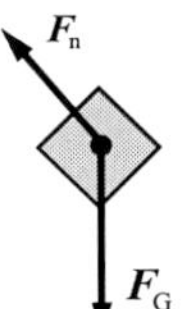

c) Die Reaktionskraft zur Normalkraft ist die Kraft, die der Körper senkrecht auf die Oberfläche der geneigten Ebene ausübt. Die Reaktionskraft zur Gravitationskraft der Erde auf den Körper ist die nach oben gerichtete Anziehungskraft, die der Körper auf die Erde ausübt.

L3.7 a) Wir wenden das dritte Newton'sche Axiom an. Während Sie sich mit den Händen am Schreibtisch abstoßen, übt der Schreibtisch auf Ihre Hände eine betragsmäßig gleiche, aber entgegengesetzt gerichtete Kraft aus. Diese Kraft beschleunigt Sie vom Schreibtisch weg.

b) Wie betrachten die erste Abbildung. Die Reaktionskraft zu der eingezeichneten Kraft $F_{\mathrm{vom\,Tisch}}$, mit der Sie beschleunigt werden, ist die Kraft, mit der Sie gegen den Tisch drücken.

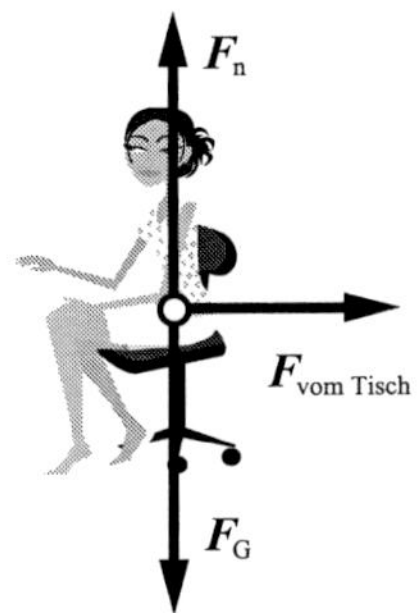

c) Wir betrachten die zweite Abbildung. Offenbar reicht die Kraft, mit der Sie gegen den Tisch drücken, nicht aus, um die Reibungskraft zwischen Tisch und Fußboden zu überwinden. Mit anderen Worten: Die Kraft, mit der Sie gegen den Tisch drücken, und die Reibungskraft, die der Fußboden auf den Tisch ausübt, heben einander auf, sodass der Tisch nicht beschleunigt wird. Außer diesen beiden Kräften, die sich zueinander wie Reaktionskräfte verhalten, wirkt am Fußboden auch die Reibungskraft $F_{\mathrm{vom\,Boden}}$; daher liegt kein Widerspruch zum dritten Newton'schen Axiom vor.

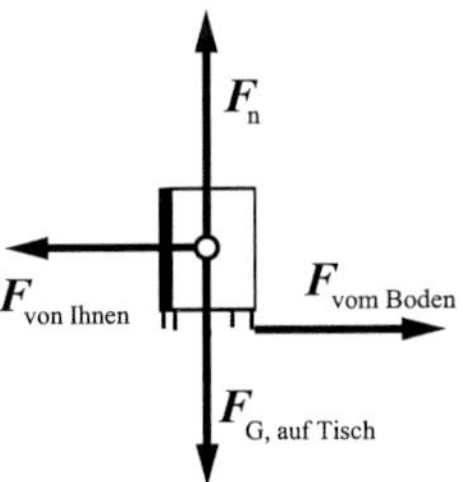

L3.8 Auf ein Teilchen, das sich auf einer vertikalen Kreisbahn bewegt, wirken die nach unten gerichtete Schwerkraft sowie eine weitere Kraft, die es auf seiner Kreisbahn hält. Im vorliegenden Fall vollzieht sich die Bewegung so, dass der Geschwindigkeitsbetrag konstant ist. Aus dieser Konstanz folgt aber nicht, dass die Beschleunigung selbst konstant ist (denn diese ändert hier ja ständig ihre Richtung). Weil der Betrag der Geschwindigkeit konstant ist und zudem die Richtungsänderung gleichförmig erfolgt, ist der Beschleunigungsbetrag konstant. Wegen des zweiten Newton'schen Axioms muss dann auch der Betrag der Gesamtkraft konstant sein. Damit sind die Aussagen a, b und c richtig. Während die Schwerkraft immer gleich ist, ist die vertikale Komponente der Beschleunigung auf der Bahn ortsabhängig, sodass die Aussage d falsch ist.

L3.9 a) Gemäß dem zweiten Newton'schen Axiom gilt für die Beschleunigungen der beiden Körper

$$a_{1,x} = \frac{F_x}{m_1} \quad \text{und} \quad a_{2,x} = \frac{F_x}{m_2}.$$

Wir dividieren die erste Gleichung durch die zweite:

$$\frac{a_{1,x}}{a_{2,x}} = \frac{F_x/m_1}{F_x/m_2} = \frac{m_2}{m_1}. \tag{1}$$

b) Da beide Körper zu Beginn ruhen, haben sie nach Ablauf der Zeit Δt die Geschwindigkeiten

$$v_{1,x} = a_{1,x}\,\Delta t \quad \text{und} \quad v_{2,x} = a_{2,x}\,\Delta t\,.$$

Wir dividieren auch hier die erste Gleichung durch die zweite und erhalten mit Gleichung 1 das Verhältnis der Geschwindigkeiten am Ende des Zeitintervalls Δt:

$$\frac{v_{1,x}}{v_{2,x}} = \frac{a_{1,x}\,\Delta t}{a_{2,x}\,\Delta t} = \frac{a_{1,x}}{a_{2,x}} = \frac{m_2}{m_1}\,.$$

c) Nach Ablauf des Zeitintervalls Δt haben die Körper voneinander den Abstand

$$\Delta x = \Delta x_2 - \Delta x_1\,. \tag{2}$$

Wegen der gleichförmigen Beschleunigung legten beide Körper während Δt die folgenden Strecken zurück:

$$\Delta x_1 = \tfrac{1}{2}\,a_{1,x}\,(\Delta t)^2 \quad \text{und} \quad \Delta x_2 = \tfrac{1}{2}\,a_{2,x}\,(\Delta t)^2\,.$$

Dies setzen wir in Gleichung 2 ein:

$$\Delta x = \frac{a_{2,x}}{2}\,(\Delta t)^2 - \frac{a_{1,x}}{2}\,(\Delta t)^2 = \tfrac{1}{2}\,F_x\left(\frac{1}{m_2} - \frac{1}{m_1}\right)(\Delta t)^2\,.$$

Wegen $m_1 > m_2$ erfährt der Körper mit der Masse m_1 die geringere Beschleunigung, und der Körper mit der Masse m_2 ist ihm voraus.

Schätzungs- und Näherungsaufgabe

L3.10 In der Zeitspanne, in dem der Sicherheitsgurt den Fahrer zum Stillstand bringt, gilt für die vom Gurt auf den Fahrer ausgeübte Kraft gemäß dem zweiten Newton'schen Axiom

$$F_{\text{Fahrer}}^{(\text{Gurt})} = m_{\text{Fahrer}}\,a_{\text{Fahrer}}\,. \tag{1}$$

Der Fahrer erfährt während derselben Zeitspanne beim Aufprall des Autos auf die Ziegelmauer die als konstant angenommene (negative) Beschleunigung a_{Fahrer}. Dabei gilt mit den Geschwindigkeiten v_0 zu Beginn und v am Ende:

$$v^2 = v_0^2 + 2\,a_{\text{Fahrer}}\,\Delta x_{\text{Fahrer}}\,.$$

Daraus folgt

$$a_{\text{Fahrer}} = \frac{v^2 - v_0^2}{2\,\Delta x_{\text{Fahrer}}}\,.$$

Dies setzen wir in Gleichung 1 ein:

$$F_{\text{Fahrer}}^{(\text{Gurt})} = m_{\text{Fahrer}}\,\frac{v^2 - v_0^2}{2\,\Delta x_{\text{Fahrer}}}\,.$$

Wir nehmen an, dass bei der Verformung des Rennwagens an der Mauer mit der Anfangsgeschwindigkeit $90\,\text{km/h}$ bzw. $25\,\text{m/s}$ der Fahrer bis zum Stillstand noch eine Strecke von

$1{,}0\,\text{m}$ zurücklegt. Mit der Masse $55\,\text{kg}$ des Fahrers ergibt sich für die auf ihn vom Gurt ausgeübte Kraft

$$F_{\text{Fahrer}}^{(\text{Gurt})} = (55\,\text{kg})\,\frac{(0\,\text{m}\cdot\text{s}^{-1})^2 - (25\,\text{m}\cdot\text{s}^{-1})^2}{2\,(1{,}0\,\text{m})} = -17\,\text{kN}\,.$$

Diese Kraft ist negativ, denn sie ist der Bewegungsrichtung entgegengerichtet. Beachten Sie auch, dass die auf den Fahrer einwirkende Kraft etwa 32-mal so groß wie sein Gewicht ist.

Das erste und das zweite Newton'sche Axiom: Masse, Trägheit und Kraft

L3.11 a) Die Beschleunigung beträgt

$$a = \frac{F}{m} = \frac{0{,}0016\,\text{N}}{300\,\text{kg}} = 5{,}3\cdot 10^{-6}\,\frac{\text{m}}{\text{s}^2}\,.$$

Das erscheint als sehr wenig, aber da diese Beschleunigung über sehr lange Zeiten konstant gehalten werden kann, können in der Mission dennoch sehr hohe Geschwindigkeiten erreicht werden. Ein Jahr hat etwa $3{,}16\cdot 10^7$ s. Damit ergibt sich nach einem Jahr die Geschwindigkeit

$$v_{1a} = 3{,}16\cdot 10^7\,\text{s}\cdot 5{,}3\cdot 10^{-6}\,\frac{\text{m}}{\text{s}^2} = 167\,\frac{\text{m}}{\text{s}}\,.$$

b) Dies entspricht einer zurückgelegten Strecke von

$$s = \tfrac{1}{2}at^2 = \tfrac{1}{2}\cdot 5{,}3\cdot 10^{-6}\cdot\left(3{,}16\cdot 10^7\right)^2\,\text{m} = 2{,}6\cdot 10^9\,\text{m}\,.$$

Es können also 2,6 Mio. Kilometer zurückgelegt werden.

L3.12 a) Gemäß dem zweiten Newton'schen Axiom ist die Beschleunigung bei einer doppelt so hohen Kraft

$$|a| = \frac{|F|}{m} = \frac{2\,|F_0|}{m} = 2\left(3{,}0\,\text{m}\cdot\text{s}^{-2}\right) = 6{,}0\,\text{m}\cdot\text{s}^{-2}\,.$$

Die Beschleunigung ist also ebenfalls doppelt so hoch.

b) Auf die beiden Körper, die wir mit den Indices 1 und 2 bezeichnen, wenden wir das zweite Newton'sche Axiom an:

$$\frac{m_2}{m_1} = \frac{|F_0|/|a_2|}{|F_0|/|a_1|} = \frac{|a_1|}{|a_2|} = \frac{3{,}0\,\text{m}\cdot\text{s}^{-2}}{9{,}0\,\text{m}\cdot\text{s}^{-2}} = \tfrac{1}{3}\,.$$

Der zweite Körper ist also dreimal leichter als der erste. Das ist auch einleuchtend, weil er ja durch die gleiche Kraft die dreifache Beschleunigung erhält.

c) Die Beschleunigung des kombinierten Körpers ist der Quotient aus der Gesamtkraft $|F|$ und der Gesamtmasse m. Mit $m = m_1 + m_2$ und $m_2 = m_1/3$ sowie $|a_1| = |F_0|/m_1$ erhalten wir

$$|a| = \frac{|F|}{m} = \frac{|F_0|}{m_1 + m_2} = \frac{|F_0|/m_1}{1 + m_2/m_1} = \frac{|a_1|}{1 + \tfrac{1}{3}} = \tfrac{3}{4}\,|a_1|$$
$$= \tfrac{3}{4}\left(3{,}0\,\text{m}\cdot\text{s}^{-2}\right) = 2{,}3\,\text{m}\cdot\text{s}^{-2}\,.$$

L3.13 Mit dem zweiten Newton'schen Axiom erhalten wir

$$\boldsymbol{a} = \frac{\boldsymbol{F}}{m} = \frac{(6{,}0\,\mathrm{N})\,\widehat{\boldsymbol{x}} - (3{,}0\,\mathrm{N})\,\widehat{\boldsymbol{y}}}{1{,}5\,\mathrm{kg}}$$
$$= (4{,}0\,\mathrm{m\cdot s^{-2}})\,\widehat{\boldsymbol{x}} - (2{,}0\,\mathrm{m\cdot s^{-2}})\,\widehat{\boldsymbol{y}}\,.$$

L3.14 Wir legen die $+x$-Richtung des Koordinatensystems in die Bewegungsrichtung der Kugel. Gemäß dem zweiten Newton'schen Axiom gilt dann

$$\sum F_{i,x} = F_{\mathrm{H},x} = m\,a_x\,, \tag{1}$$

wobei $F_{\mathrm{H},x}$ die Kraft ist, die die Kugel im Holz bis zum Halt abbremst.

Die Kugel wird gleichförmig verzögert. Daher hängen Endgeschwindigkeit, Anfangsgeschwindigkeit und Beschleunigung folgendermaßen miteinander zusammen:

$$v_{\mathrm{E},x}^2 = v_{\mathrm{A},x}^2 + 2\,a_x\,\Delta x\,.$$

Mit der Endgeschwindigkeit $v_{\mathrm{E},x} = 0$ folgt daraus

$$0 = v_{\mathrm{A},x}^2 + 2\,a_x\,\Delta x\,,$$

sodass für die Beschleunigung gilt:

$$a_x = \frac{-v_{\mathrm{A},x}^2}{2\,\Delta x}\,.$$

Dies setzen wir in Gleichung 1 für die Kraft ein:

$$F_{\mathrm{H},x} = m\,a_x = -m\,\frac{v_{\mathrm{A},x}^2}{2\,\Delta x}\,. \tag{2}$$

Mit den Werten der Aufgabenstellung ergibt sich somit

$$F_{\mathrm{H},x} = -(1{,}80\cdot 10^{-3}\,\mathrm{kg})\frac{(500\,\mathrm{m\cdot s^{-1}})^2}{2\,(6{,}00\,\mathrm{cm})} = -3{,}8\ \mathrm{kN}\,.$$

Das negative Vorzeichen besagt, dass die Kraft entgegen der Bewegungsrichtung wirkt.

b) Wir lösen Gleichung 2 nach der Verschiebung auf:

$$\Delta x = -m\,\frac{v_{\mathrm{A},x}^2}{2\,F_{\mathrm{H},x}}\,. \tag{3}$$

Die leichtere Kugel hat die Masse m' und erfährt die Verschiebung $\Delta x'$. Also gilt für sie entsprechend

$$\Delta x' = -m'\,\frac{v_{\mathrm{A},x}^2}{2\,F_{\mathrm{H},x}}\,.$$

Mit $m' = \tfrac{1}{2}\,m$ folgt daraus

$$\Delta x' = -m\,\frac{v_{\mathrm{A},x}^2}{4\,F_{\mathrm{H},x}}\,. \tag{4}$$

Dividieren von Gleichung 4 durch Gleichung 3 ergibt

$$\frac{\Delta x'}{\Delta x} = \frac{-m\,\dfrac{v_{\mathrm{A},x}^2}{4\,F_{\mathrm{H},x}}}{-m\,\dfrac{v_{\mathrm{A},x}^2}{2\,F_{\mathrm{H},x}}} = \frac{1}{2}\,,$$

und wir erhalten für die Eindringtiefe

$$\Delta x' = \tfrac{1}{2}\,\Delta x = \tfrac{1}{2}\,(6{,}00\,\mathrm{cm}) = 3{,}00\,\mathrm{cm}\,.$$

Masse und Gewicht

L3.15 Wir berechnen zunächst die Masse des Astronauten, wie sie auf der Erde gemessen wird:

$$m = \frac{F_{\mathrm{G,Erde}}}{g_{\mathrm{Erde}}} = \frac{600\,\mathrm{N}}{9{,}81\,\mathrm{N\cdot kg^{-1}}} = 61{,}2\,\mathrm{kg}\,.$$

Die Masse ist unabhängig vom Gravitationsfeld überall gleich. Daher ist sie auf dem Mond genauso groß wie auf der Erde, und Lösung c ist richtig.

Kräftediagramme: Statisches Gleichgewicht

L3.16 Die Abbildung zeigt die Kräfte, die auf den Seilknoten über der Kugel wirken. Die $+x$-Achse zeigt nach rechts und die $+y$-Achse nach oben.

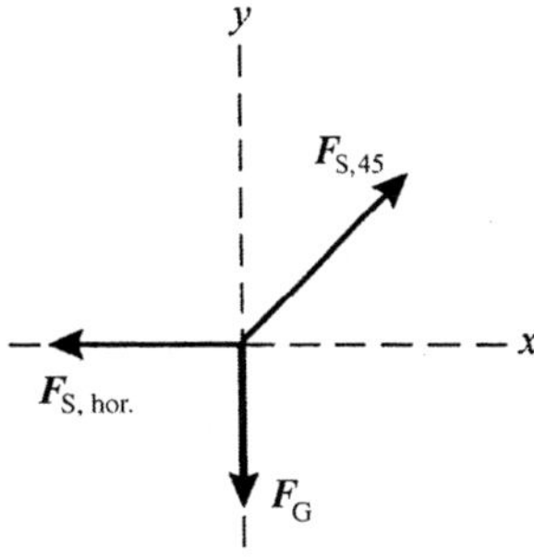

Da die gesamte Anordnung im Gleichgewicht ist, muss die resultierende Kraft gleich null sein:

$$\sum \boldsymbol{F}_i = \boldsymbol{F}_{\mathrm{S,hor}} + \boldsymbol{F}_{\mathrm{S,45}} + \boldsymbol{F}_{\mathrm{G}} = 0\,.$$

Für die y-Komponenten lautet diese Bedingung

$$\sum F_{i,y} = |\boldsymbol{F}_{\mathrm{S,45}}|\,\sin 45° - |\boldsymbol{F}_{\mathrm{G}}| = 0\,.$$

Hieraus ergibt sich

$$|\boldsymbol{F}_{\mathrm{S,45}}| = \frac{|\boldsymbol{F}_{\mathrm{G}}|}{\sin 45°}\,. \tag{1}$$

Auch die Summe der x-Komponente muss null sein:

$$\sum F_{i,x} = |F_{\text{S},45}| \cos 45° - |F_{\text{S,hor}}| = 0 \, ,$$

sodass gilt:

$$|F_{\text{S,hor}}| = |F_{\text{S},45}| \cos 45°$$

Wir setzen $|F_{\text{S},45}|$ aus Gleichung 1 ein und erhalten für den Betrag der Zugkraft im schrägen Seil

$$|F_{\text{S,hor}}| = \frac{|F_\text{G}|}{\sin 45°} \cos 45° = |F_\text{G}| = 100 \,\text{N} \, .$$

Dies setzen wir in Gleichung 1 ein und erhalten für den Betrag der Zugkraft im horizontalen Seil

$$|F_{\text{S},45}| = \frac{100 \,\text{N}}{\sin 45°} = 141 \,\text{N} \, .$$

L3.17 a) Wir zeichnen das Kräftediagramm.

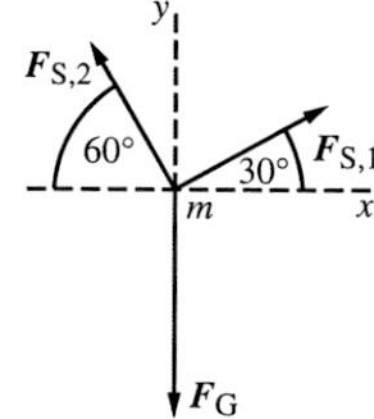

Weil die gesamte Anordnung im Gleichgewicht ist, sind die horizontalen Komponenten der Kräfte in den beiden Drähten gleich groß. Also muss $|F_{\text{S},2}|$ wegen der steileren Richtung des linken Drahts einen größeren Anteil der nach unten gerichteten Gewichtskraft kompensieren und muss daher größer sein als $|F_{\text{S},2}|$.

b) Wegen des bereits erwähnten Gleichgewichts muss die auf die Verkehrsampel wirkende Gesamtkraft null sein:

$$F_{\text{S},1} + F_{\text{S},2} + F_\text{G} = 0 \, .$$

Für die x-Komponenten gilt dabei

$$|F_{\text{S},1}| \cos 30° - |F_{\text{S},2}| \cos 60° = 0 \, .$$

Damit ergibt sich für den Betrag der Zugkraft im rechten Draht

$$|F_{\text{S},2}| = \frac{\cos 30°}{\cos 60°} |F_{\text{S},1}| = 1,73 \, |F_{\text{S},1}| \, .$$

Also ist, wie in Teilaufgabe a bereits erklärt, $|F_{\text{S},2}|$ größer als $|F_{\text{S},1}|$.

L3.18 Die erste Abbildung zeigt das Kräftediagramm für die Teilaufgaben a und b.

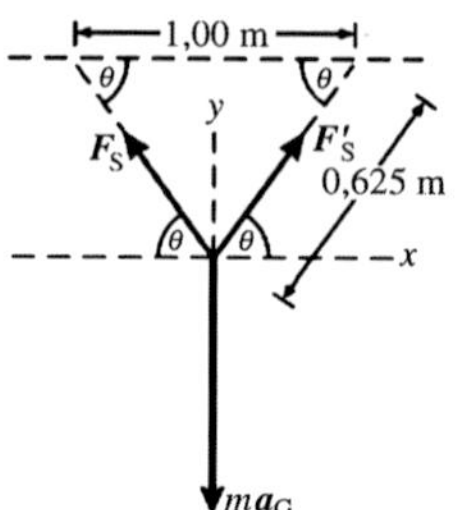

a) Aus der Zeichnnung lesen wir ab:

$$\theta = \text{acos} \, \frac{0,50 \,\text{m}}{0,625 \,\text{m}} = 36,9° = 37° \, .$$

b) Wir betrachten die y-Komponenten der Gleichung $\sum F_{i,y} = m\,a_y = 0$ für das zweite Newton'sche Axiom in Bezug auf das Gewichtsstück. Mit $|F'_\text{S}| = |F_\text{S}|$ (wegen der Symmetrie) und $a_y = 0$ erhalten wir

$$2 \, |F_\text{S}| \sin \theta - m\,g = 0 \, .$$

Damit ergibt sich für den Betrag der Zugkraft

$$|F_\text{S}| = \frac{m\,g}{2 \sin \theta} = \frac{(0,500 \,\text{kg}) \, (9,81 \,\text{m} \cdot \text{s}^{-2})}{2 \sin 36,9°} = 4,1 \,\text{N} \, .$$

c) Um den Winkel θ der beiden schrägen Seilabschnitte gegen die Horizontale zu ermitteln (siehe Abbildung b bei der Aufgabenstellung), skizzieren wir die Anordnung.

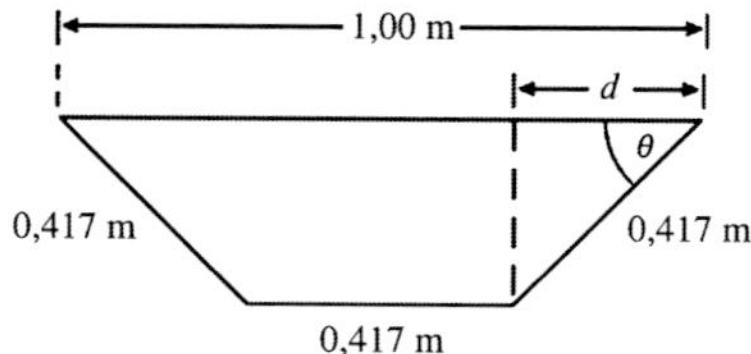

Weil alle drei Seilabschnitte gleich lang sind, hat jeder von ihnen die Länge $(1,25 \,\text{m})/3 = 0,41667 \,\text{m}$. Damit hat die Strecke d die Länge

$$d = \frac{1,00 \,\text{m} - 0,41667 \,\text{m}}{2} = 0,29167 \,\text{m} \, .$$

Hiermit können wir den Winkel θ berechnen:

$$\theta = \text{acos} \, \frac{d}{0,41667 \,\text{m}} = \text{acos} \, \frac{0,29167 \,\text{m}}{0,41667 \,\text{m}} = 45,57° \, .$$

Die dritte Abbildung zeigt die Kräfte am rechten Knoten, über dem rechten Gewichtsstück.

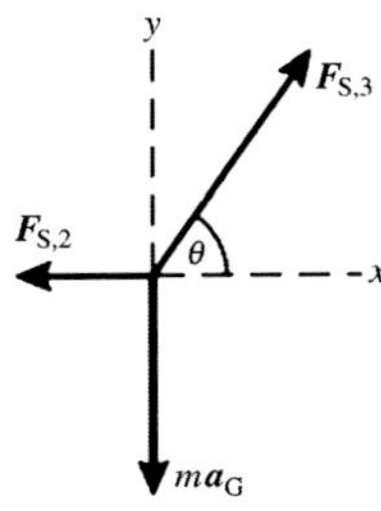

Gemäß dem zweiten Newton'schen Axiom gilt für die y-Komponenten der Kräfte $\sum F_{i,y} = m\, a_y$. Die vertikale Beschleunigung a_y des 0,250-kg-Gewichts ist null, sodass gilt:

$$|F_{S,3}| \sin \theta - m\, g = 0.$$

Damit erhalten wir

$$|F_{S,3}| = \frac{m\, g}{\sin \theta} = \frac{(0{,}250\,\text{kg})\,(9{,}81\,\text{m} \cdot \text{s}^{-2})}{\sin 45{,}57°} = 3{,}434\,\text{N}$$
$$= 3{,}4\,\text{N}.$$

Um die horizontale Zugkraft $|F_{S,2}|$ zu berechnen, ziehen wir das zweite Newton'sche Axiom $\sum F_{i,x} = m\, a_x$ für die x-Komponenten heran. Auch die horizontale Beschleunigung a_x des 0,250-kg-Gewichts ist null. Also ist

$$|F_{S,3}| \cos \theta - |F_{S,2}| = 0,$$

und für den Betrag der Zugkraft im horizontalen Seilabschnitt ergibt sich

$$|F_{S,2}| = (3{,}434\,\text{N}) \cos 45{,}57° = 2{,}4\,\text{N}.$$

Wegen der Symmetrie der Anordnung gilt für die Beträge der Zugkräfte in den schrägen Seilabschnitten

$$|F_{S,1}| = |F_{S,3}| = 3{,}4\,\text{N}.$$

L3.19 Wir zeichnen das Kräftediagramm. Die Kraft $F_{S,1}$ wirkt in dem Seilabschnitt zwischen dem Auto und Ihnen. Entsprechend wirkt $F_{S,2}$ in dem Seilabschnitt zwischen Ihnen und dem Mast. Sie ziehen (quer zur anfänglichen Seilrichtung) mit der äußeren Kraft F_{ext}.

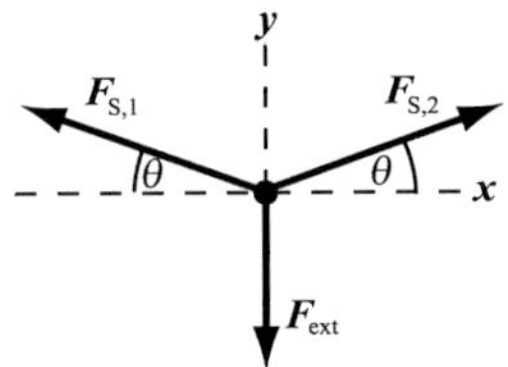

a) Wegen der Symmetrie ist $|F_{S,1}| = |F_{S,2}| = |F_S|$. Außerdem berücksichtigen wir, dass sich das Auto noch nicht bewegt, d. h. seine Beschleunigung null ist. Gemäß dem zweiten Newton'schen Axiom gilt also in Bezug auf das Auto $\sum F_{i,y} = m\, a_y = 0$. Damit ergibt sich

$$2\,|F_S| \sin \theta - |F_{\text{ext}}| = m\, a_y = 0,$$

und die Zugkraft im Seil ist

$$|F_S| = \frac{|F_{\text{ext}}|}{2 \sin \theta} = \frac{400\,\text{N}}{2 \sin 3{,}00°} = 3{,}82\,\text{kN}.$$

b) Auf dem gleichen Weg wie in Teilaufgabe a erhalten wir

$$|F_S| = \frac{600\,\text{N}}{2 \sin 4{,}00°} = 4{,}30\,\text{kN}.$$

L3.20 Wir zeichnen jeweils das Kräftediagramm und berechnen mithilfe der Gleichgewichtsbedingungen $\sum F_{i,x} = 0$ und $\sum F_{i,y} = 0$ die Zugkräfte und daraus schließlich die betreffende Masse.

a) Eine Skizze der Kräfteverhältnisse könnte so aussehen:

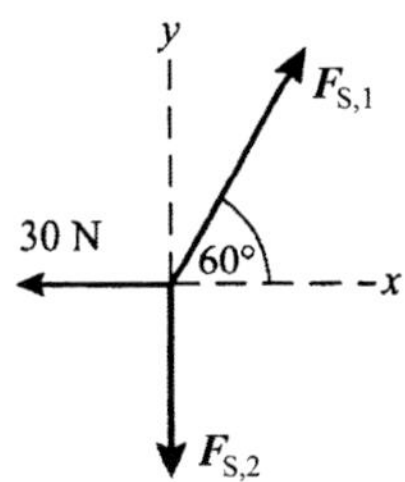

Für die Kraftkomponenten gilt hier

$$\sum F_{i,x} = |F_{S,1}| \cos 60° - 30\,\text{N} = 0, \qquad (1)$$
$$\sum F_{i,y} = |F_{S,1}| \sin 60° - |F_{S,2}| = 0. \qquad (2)$$

Auflösen von Gleichung 1 nach $|F_{S,1}|$ ergibt

$$|F_{S,1}| = \frac{30\,\text{N}}{\cos 60°} = 60\,\text{N},$$

und Gleichung 2 liefert entsprechend

$$|F_{S,2}| = |F_{S,1}| \sin 60° = (60\,\text{N}) \sin 60° = 51{,}96\,\text{N} = 52\,\text{N}.$$

Nun ist $|F_{S,2}|$ das Gewicht des Körpers mit der Masse m. Also gilt $|F_{S,2}| = |F_G| = m\, g$, und wir erhalten

$$m = \frac{|F_{S,2}|}{g} = \frac{51{,}96\,\text{N}}{9{,}81\,\text{m} \cdot \text{s}^{-2}} = 5{,}3\,\text{kg}.$$

b)

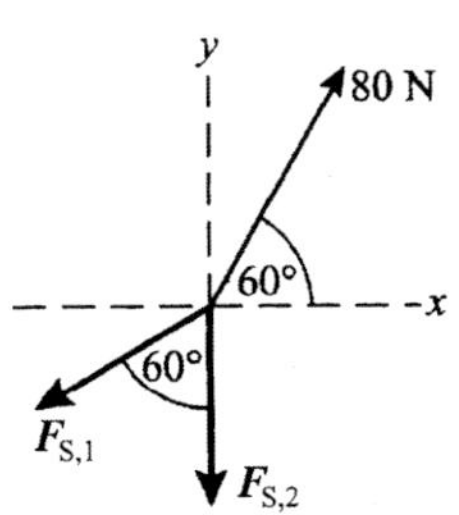

Für die Kraftkomponenten gilt hier

$$\sum F_{i,x} = (80\,\mathrm{N})\cos 60° - |\boldsymbol{F}_{\mathrm{S},1}|\sin 60° = 0\,,$$

$$\sum F_{i,y} = (80\,\mathrm{N})\sin 60° - |\boldsymbol{F}_{\mathrm{S},2}| - |\boldsymbol{F}_{\mathrm{S},1}|\cos 60° = 0\,.$$

Für die Zugkräfte ergibt sich aus der ersten Gleichung

$$|\boldsymbol{F}_{\mathrm{S},1}| = \frac{(80\,\mathrm{N})\cos 60°}{\sin 60°} = 46{,}19\,\mathrm{N} = 46\,\mathrm{N}$$

und aus der zweiten Gleichung

$$|\boldsymbol{F}_{\mathrm{S},2}| = (80\,\mathrm{N})\sin 60° - |\boldsymbol{F}_{\mathrm{S},1}|\cos 60°$$
$$= (80\,\mathrm{N})\sin 60° - (46{,}19\,\mathrm{N})\cos 60° = 46{,}19\,\mathrm{N}$$
$$= 46\,\mathrm{N}\,.$$

Die Zugkraft $|\boldsymbol{F}_{\mathrm{S},2}|$ ist das Gewicht des Körpers mit der Masse m, sodass $|\boldsymbol{F}_{\mathrm{S},2}| = |\boldsymbol{F}_{\mathrm{G}}| = m\,g$ gilt und somit

$$m = \frac{|\boldsymbol{F}_{\mathrm{S},2}|}{g} = \frac{46{,}19\,\mathrm{N}}{9{,}81\,\mathrm{m}\cdot\mathrm{s}^{-2}} = 4{,}7\,\mathrm{kg}\,.$$

c)

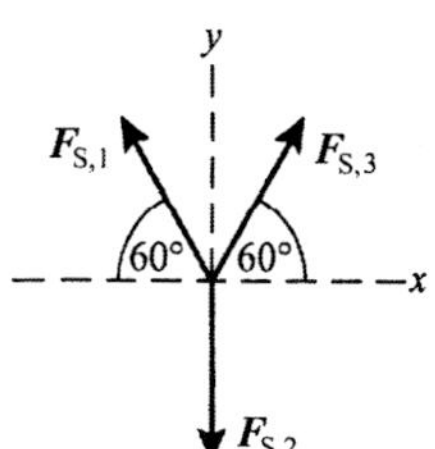

Für die Kraftkomponenten gilt hier

$$\sum F_{i,x} = -|\boldsymbol{F}_{\mathrm{S},1}|\cos 60° + |\boldsymbol{F}_{\mathrm{S},3}|\cos 60° = 0\,,$$

$$\sum F_{i,y} = |\boldsymbol{F}_{\mathrm{S},1}|\sin 60° + |\boldsymbol{F}_{\mathrm{S},3}|\sin 60° - |\boldsymbol{F}_{\mathrm{G}}| = 0\,.$$

Aus der ersten Gleichung folgt $|\boldsymbol{F}_{\mathrm{S},1}| = |\boldsymbol{F}_{\mathrm{S},3}|$. Die zweite Gleichung liefert damit

$$|\boldsymbol{F}_{\mathrm{S},1}| = |\boldsymbol{F}_{\mathrm{S},3}| = \frac{|\boldsymbol{F}_{\mathrm{G}}|}{2\sin 60°} = \frac{m\,g}{2\sin 60°}$$
$$= \frac{(6{,}0\,\mathrm{kg})(9{,}81\,\mathrm{m}\cdot\mathrm{s}^{-2})}{2\sin 60°} = 33{,}98\,\mathrm{N} = 34\,\mathrm{N}\,.$$

Weil $|\boldsymbol{F}_{\mathrm{S},2}| = |\boldsymbol{F}_{\mathrm{G}}|$ das Gewicht des 6,0-kg-Körpers ist, ergibt sich

$$|\boldsymbol{F}_{\mathrm{S},2}| = (6{,}0\,\mathrm{kg})(9{,}81\,\mathrm{m}\cdot\mathrm{s}^{-2}) = 58{,}9\,\mathrm{N} = 60\,\mathrm{N}\,.$$

Die Rolle ändert lediglich die Wirkungsrichtung von $\boldsymbol{F}_{\mathrm{S},1}$. Daher ist der Betrag dieser Kraft gleich dem Gewicht der Masse m. Es gilt also $|\boldsymbol{F}_{\mathrm{S},1}| = m\,g$, und wir erhalten

$$m = \frac{|\boldsymbol{F}_{\mathrm{S},1}|}{g} = \frac{33{,}98\,\mathrm{N}}{9{,}81\,\mathrm{m}\cdot\mathrm{s}^{-2}} = 3{,}5\,\mathrm{kg}\,.$$

Kräftediagramme: Geneigte Ebenen und Normalkräfte

L3.21 Wir zeichnen jeweils das Kräftediagramm und berechnen mithilfe der Gleichgewichtsbedingungen $\sum F_{i,x} = 0$ und $\sum F_{i,y} = 0$ die Beträge der Zugkräfte.

a) In der Abbildung ist die Situation dargestellt:

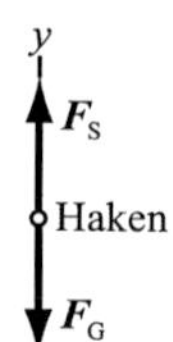

Anwenden des zweiten Newton'schen Axioms $\sum \boldsymbol{F}_i = 0$ auf den Haken ergibt für die y-Komponenten der Kräfte an ihm

$$\sum F_{i,y} = |\boldsymbol{F}_{\mathrm{S}}| - |\boldsymbol{F}_{\mathrm{G}}| = 0\,.$$

Wegen $|\boldsymbol{F}_{\mathrm{G}}| = m\,g$ erhalten wir damit

$$|\boldsymbol{F}_{\mathrm{S}}| = m\,g = (10\,\mathrm{kg})\left(9{,}81\,\mathrm{m}\cdot\mathrm{s}^{-2}\right) = 98\,\mathrm{N}\,.$$

b)

Anwenden von $\sum \boldsymbol{F}_i = 0$ auf die Waage ergibt für die x-Komponenten der Kräfte an ihr

$$\sum F_{i,x} = |\boldsymbol{F}_{\mathrm{S}}| - |\boldsymbol{F}_{\mathrm{S}}'| = 0\,.$$

Wegen $|\boldsymbol{F}_{\mathrm{S}}'| = m\,g$ erhalten wir damit

$$|\boldsymbol{F}_{\mathrm{S}}| = |\boldsymbol{F}_{\mathrm{S}}'| = m\,g = (10\,\mathrm{kg})\left(9{,}81\,\mathrm{m}\cdot\mathrm{s}^{-2}\right) = 98\,\mathrm{N}\,.$$

c)

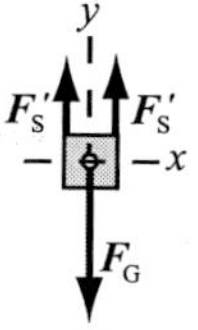

Wir wenden $\sum \boldsymbol{F}_i = 0$ auf die y-Komponenten der Kräfte beim angehängten Massestück an:

$$\sum F_{i,y} = 2\,|\boldsymbol{F}_{\mathrm{S}}| - |\boldsymbol{F}_{\mathrm{G}}| = 2\,|\boldsymbol{F}_{\mathrm{S}}| - m\,g = 0\,.$$

Damit ergibt sich

$$|\boldsymbol{F}_{\mathrm{S}}| = \tfrac{1}{2}\,m\,g = \tfrac{1}{2}\,(10\,\mathrm{kg})\left(9{,}81\,\mathrm{m}\cdot\mathrm{s}^{-2}\right) = 49\,\mathrm{N}\,.$$

d)

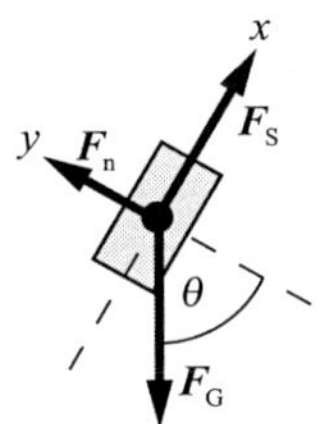

Anwenden von $\sum F_i = 0$ auf die x-Komponenten der Kräfte an der Waage ergibt

$$\sum F_{i,x} = |\boldsymbol{F}_{\mathrm{S}}| - |\boldsymbol{F}_{\mathrm{S}}'| = 0\,.$$

Wegen $|\boldsymbol{F}_{\mathrm{S}}'| = m\,g$ erhalten wir damit

$$|\boldsymbol{F}_{\mathrm{S}}| = |\boldsymbol{F}_{\mathrm{S}}'| = m\,g = (10\,\mathrm{kg})\,(9{,}81\,\mathrm{m}\cdot\mathrm{s}^{-2}) = 98\,\mathrm{N}\,.$$

Auf den ersten Blick mag es verwundern, dass die Teilaufgaben a, b und d dieselben Ergebnisse liefern. Anhand der Kräftediagramme wird aber deutlich, woran das liegt: Es hängt ja eine gleich große Masse jeweils ruhend an einem einzigen Seil.

L3.22 Der Block wird durch die auf ihn wirkenden Kräfte im Gleichgewicht gehalten. Also ist $\boldsymbol{F}_{\mathrm{S}} + \boldsymbol{F}_{\mathrm{n}} + \boldsymbol{F}_{\mathrm{G}} = 0$. Wir legen das Koordinatensystem so an, dass die Zugkraft $\boldsymbol{F}_{\mathrm{S}}$ in die $+x$-Richtung und die Normalkraft $\boldsymbol{F}_{\mathrm{n}}$ in die $+y$-Richtung zeigt.

a) Anwenden des zweiten Newton'schen Axioms $\sum F_i = 0$ auf die x-Komponenten der Kräfte am Block ergibt

$$|\boldsymbol{F}_{\mathrm{S}}| - |\boldsymbol{F}_{\mathrm{G}}|\sin\theta = |\boldsymbol{F}_{\mathrm{S}}| - m\,g\sin\theta = 0$$

und daher

$$|\boldsymbol{F}_{\mathrm{S}}| = m\,g\sin\theta\,. \tag{1}$$

Mit den gegebenen Werten erhalten wir

$$|\boldsymbol{F}_{\mathrm{S}}| = m\,g\sin\theta = (50\,\mathrm{kg})(9{,}81\,\mathrm{m}\cdot\mathrm{s}^{-2})\sin 60^\circ = 0{,}42\,\mathrm{kN}\,.$$

Für die y-Komponenten der Kräfte am Block gilt entsprechend $\sum F_{i,y} = 0$. Damit ist

$$|\boldsymbol{F}_{\mathrm{n}}| - |\boldsymbol{F}_{\mathrm{G}}|\cos\theta = |\boldsymbol{F}_{\mathrm{n}}| - m\,g\cos\theta = 0\,,$$

und wir erhalten

$$|\boldsymbol{F}_{\mathrm{n}}| = m\,g\cos\theta = (50\,\mathrm{kg})(9{,}81\,\mathrm{m}\cdot\mathrm{s}^{-2})\cos 60^\circ = 0{,}25\,\mathrm{kN}\,.$$

b) Die Zugkraft hängt von θ und m gemäß Gleichung 1 ab. In den beiden Spezialfällen ist erwartungsgemäß

$$|\boldsymbol{F}_{\mathrm{S,90}}| = m\,g\sin 90^\circ = m\,g\,, \qquad |\boldsymbol{F}_{\mathrm{S,0}}| = m\,g\sin 0^\circ = 0\,.$$

L3.23 Die Abbildung zeigt das Kräftediagramm für den Block beim Hinaufgleiten entlang der Rampe in $+x$-Richtung.

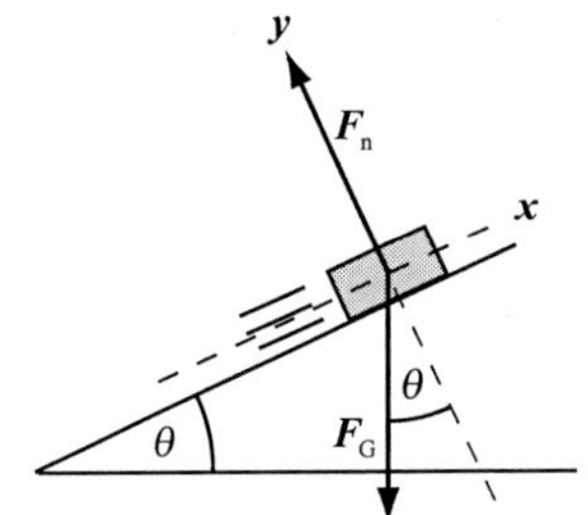

Die Höhe h des Blocks über dem Boden hängt gemäß

$$h = \Delta x \sin\theta \tag{1}$$

von dem längs der Rampe zurückgelegten Weg Δx ab. Wegen der gleichförmigen Beschleunigung entlang der Rampe hängt die Endgeschwindigkeit v_x des Blocks gemäß

$$v_x^2 = v_{0,x}^2 + 2\,a_x\,\Delta x$$

von seiner Anfangsgeschwindigkeit $v_{0,x}$ ab. Die Endgeschwindigkeit ist null ($v_x = 0$), sodass folgt:

$$0 = v_{0,x}^2 + 2\,a_x\,\Delta x\,.$$

Auflösen nach Δx liefert

$$\Delta x = \frac{-v_{0,x}^2}{2\,a_x}\,.$$

Damit wird Gleichung 1 zu

$$h = \Delta x \sin\theta = \frac{-v_{0,x}^2}{2\,a_x}\sin\theta\,. \tag{2}$$

Nun wenden wir das zweite Newton'sche Axiom $\sum F_{i,x} = m\,a_x$ auf den Block an:

$$-|\boldsymbol{F}_{\mathrm{G}}|\sin\theta = -m\,g\sin\theta = m\,a_x\,.$$

Daraus ergibt sich für die Beschleunigung

$$a_x = -g\sin\theta\,.$$

Einsetzen in Gleichung 2 ergibt schließlich

$$h = \frac{v_{0,x}^2}{2\,g\sin\theta}\sin\theta = \frac{v_{0,x}^2}{2\,g}\,.$$

Also ist die vertikale Höhe h, bis zu der der Block hinaufgleitet, unabhängig vom Neigungswinkel θ der Rampe.

Kräftediagramme: Fahrstühle

L3.24 Wir zeichnen das Kräftediagramm.

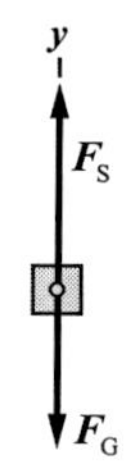

Anwenden des zweiten Newton'schen Axioms $\sum F_{i,y} = m\,a_y$ auf die Kräfte am Block ergibt

$$|F_\mathrm{S}| - |F_\mathrm{G}| = m\,a_y\,.$$

Darin ist $|F_\mathrm{S}|$ die Zugkraft in der Schnur und $|F_\mathrm{G}| = m\,g$ das Gewicht des Blocks. Für die Mindestbeschleunigung, bei der die Schnur durchriss, ergibt sich damit

$$a_y = \frac{|F_\mathrm{S}| - m\,g}{m} = \frac{|F_\mathrm{S}|}{m} - g = \frac{150\,\mathrm{N}}{10{,}0\,\mathrm{kg}} - 9{,}81\,\mathrm{m}\cdot\mathrm{s}^{-2}$$
$$= 5{,}19\,\mathrm{m}\cdot\mathrm{s}^{-2}\,.$$

Krummlinige und Kreisbewegung

L3.25 Die Abbildung zeigt das Kräftediagramm des Steins bei der Kreisbewegung. Die einzigen Kräfte, die auf ihn einwirken, sind die Zugkraft des Fadens und die Schwerkraft. Die Zentripetalkraft, die den Stein auf der Kreisbahn hält, ist die horizontale Komponente der Zugkraft.

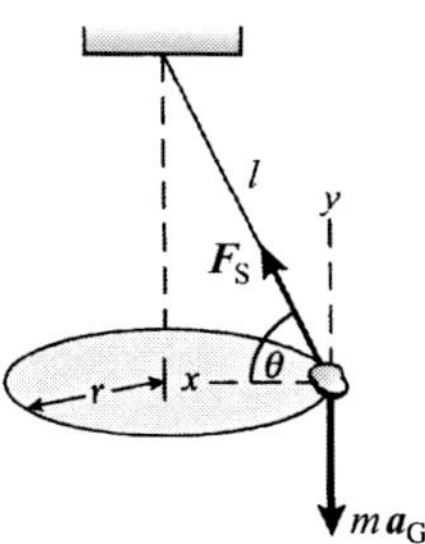

Anwenden des zweiten Newton'schen Axioms $\sum F_i = m\,a$ auf den Stein ergibt

$$\sum F_{i,x} = |F_\mathrm{S}|\cos\theta = m\,a_\mathrm{ZP} = m\,\frac{v^2}{r}\,, \tag{1}$$
$$\sum F_{i,y} = |F_\mathrm{S}|\sin\theta - m\,g = 0\,. \tag{2}$$

Die Zentripetalbeschleunigung a_ZP trägt hier ein positives Vorzeichen, da die positive x-Richtung nach innen weist. Zwischen

dem Radius r, der Fadenlänge l und dem Winkel θ gilt aufgrund der geometrischen Gegebenheiten die Beziehung

$$r = l\cos\theta\,. \tag{3}$$

Wir eliminieren aus den Gleichungen 1, 2 und 3 die Zugkraft $|F_\mathrm{S}|$ sowie den Radius r und lösen nach v^2 auf:

$$v^2 = g\,l\cot\theta\cos\theta\,. \tag{4}$$

Die Bahngeschwindigkeit ist der Quotient aus dem Kreisumfang und der Zeitdauer T eines Umlaufs:

$$v = \frac{2\pi r}{T}\,. \tag{5}$$

Wir eliminieren v aus den Gleichungen 4 und 5 und setzen den Ausdruck für den Radius gemäß Gleichung 3 ein. Schließlich lösen wir nach θ auf und erhalten

$$\theta = \mathrm{asin}\,\frac{g\,T^2}{4\,\pi^2\,l} = \mathrm{asin}\,\frac{(9{,}81\,\mathrm{m}\cdot\mathrm{s}^{-2})\,(1{,}2\,\mathrm{s})^2}{4\,\pi^2\,(0{,}85\,\mathrm{m})} = 25°\,.$$

L3.26 Die Abbildung zeigt schematisch einen Wagen im Scheitelpunkt des Loopings und die einwirkenden Kräfte.

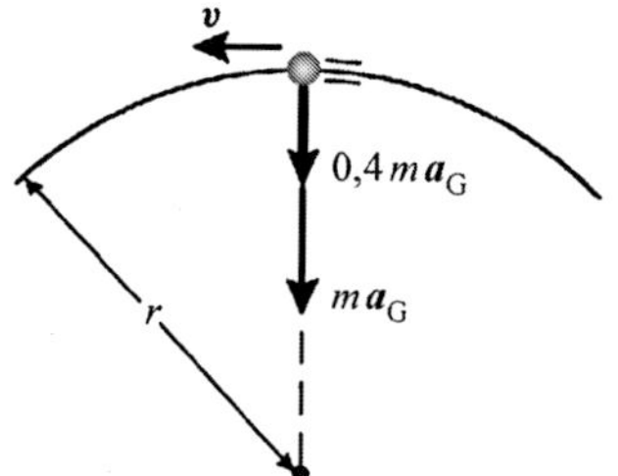

Auf den Insassen wirkt die Radialbeschleunigung a_r, sodass gemäß dem zweiten Newton'schen Axiom gilt:

$$\sum F_{i,r} = m\,a_r\,.$$

Die Radialkraft $m\,v^2/e$ auf den Insassen ist daher im Scheitelpunkt gleich der Summe aus seinem Gewicht $m\,g$ und der Kraft, die der Sitz auf ihn ausübt:

$$m\,g + 0{,}40\,m\,g = m\,\frac{v^2}{r}\,.$$

Damit ergibt sich die Geschwindigkeit im Scheitelpunkt:

$$v = \sqrt{1{,}40\,g\,r} = \sqrt{(1{,}40)\,(9{,}81\,\mathrm{m}\cdot\mathrm{s}^{-2})\,(12{,}0\,\mathrm{m})}$$
$$= 12{,}8\,\mathrm{m}\cdot\mathrm{s}^{-1}\,.$$

L3.27 Die Abbildung zeigt die Kräfte, die im tiefsten Punkt der Kreisbahn auf den Piloten wirken. Hierbei ist F_n die Kraft, der Sitz auf den Piloten ausübt.

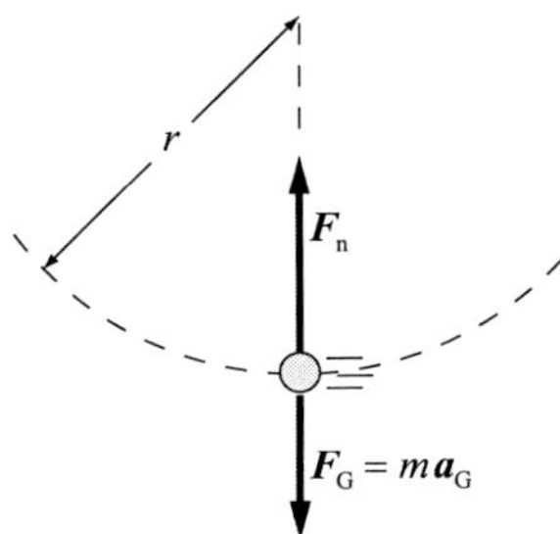

a) Wir wenden auf den Piloten das zweite Newton'sche Axiom $\sum F_{r,i} = m\,a_r$ für Kreisbewegungen an. Die radiale Richtung ist hier die nach innen, sodass gilt:

$$|\boldsymbol{F}_{\mathrm{n}}| - m\,g = m\,a_{\mathrm{ZP}}\,.$$

Damit ergibt sich für die Normalkraft

$$|\boldsymbol{F}_{\mathrm{n}}| = m\,(g + a_{\mathrm{ZP}}) = m\,(g + 3{,}5\,g) = 4{,}5\,m\,g\,.$$

Das Verhältnis der Normalkraft zum Gewicht des Piloten ist

$$\frac{|\boldsymbol{F}_{\mathrm{n}}|}{m\,g} = \frac{4{,}5\,m\,g}{m\,g} = 4{,}5\,.$$

b) Für einen äußeren Beobachter in einem Inertialsystem hat das Blut am tiefsten Punkt der Flugbahn das Bestreben, sich gleichförmig geradlinig, tangential zur Kreisbahn weiterzubewegen. Weil der Pilot das Flugzeug nach oben reißt, wird das Blut in seinem Bezugssystem nach unten beschleunigt und somit dem Gehirn entzogen.

L3.28 Die Abbildung zeigt das Kräftediagramm. Die Kraft, mit der der Vater an den Armen des Kindes zieht, bezeichnen wir mit $\boldsymbol{F}$. Den Winkel zwischen der vertikal nach oben zeigenden y-Richtung und der Richtung, in der das Kind gezogen wird, nennen wir θ.

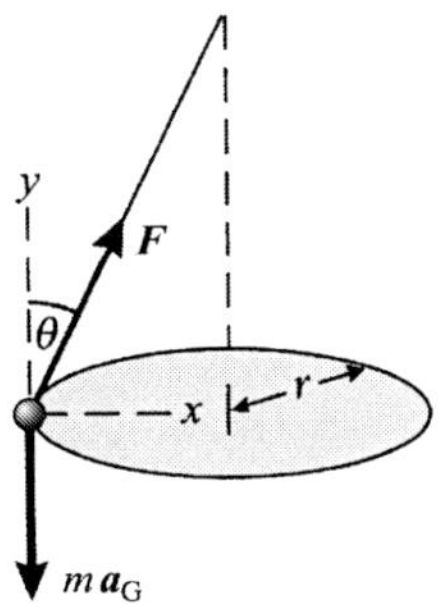

a) Wir wenden $\sum \boldsymbol{F}_i = m\,\boldsymbol{a}$ auf das Kind an:

$$\sum F_{i,x} = |\boldsymbol{F}|\sin\theta = m\,\frac{v^2}{r}\,,$$
$$\sum F_{i,y} = |\boldsymbol{F}|\cos\theta - m\,g = 0\,.$$

Wir berechnen zunächst den Winkel θ. Dazu eliminieren wir aus beiden Gleichungen die Kraft $|\boldsymbol{F}|$ und lösen nach θ auf:

$$\theta = \mathrm{atan}\,\frac{v^2}{r\,g}\,.$$

Die Bahngeschwindigkeit ist der Quotient aus Umfang und Umlaufdauer: $v = 2\,\pi\,r/T$. Damit erhalten wir

$$\theta = \mathrm{atan}\,\frac{4\,\pi^2\,r}{g\,T^2} = \mathrm{atan}\,\frac{4\,\pi^2\,(0{,}75\,\mathrm{m})}{(9{,}81\,\mathrm{m}\cdot\mathrm{s}^{-2})\,(1{,}5\,\mathrm{s})^2} = 53{,}3^\circ$$
$$= 53^\circ\,.$$

Dem entspricht ein Winkel von $90^\circ - 53^\circ = 37^\circ$ gegen die Horizontale. Einsetzen des Werts von θ in die obige Gleichung für die y-Komponenten der Kraft ergibt

$$|\boldsymbol{F}| = \frac{m\,g}{\cos\theta} = \frac{(25\,\mathrm{kg})\,(9{,}81\,\mathrm{m}\cdot\mathrm{s}^{-2})}{\cos 53{,}3^\circ} = 0{,}41\,\mathrm{kN}\,.$$

b) Die Kraft, die das Kind auf den Mann ausübt, ist die Reaktionskraft zu der Kraft, mit der er am Kind zieht. Daher hat sie denselben Betrag, wirkt aber in der entgegengesetzten Richtung.

L3.29 Wenn die von der Fahrbahn ausgeübte Kraft lediglich als Normalkraft wirkt, sind die einzigen auf ein Auto wirkenden Kräfte seine Schwerkraft und die Normalkraft der Fahrbahn. Eine Komponente der Haftreibungskraft quer zur Normalkraft ist ausgeschlossen. Die Horizontalkomponente der Normalkraft wirkt als Zentripetalkraft. Die Abbildung zeigt das Kräftediagramm.

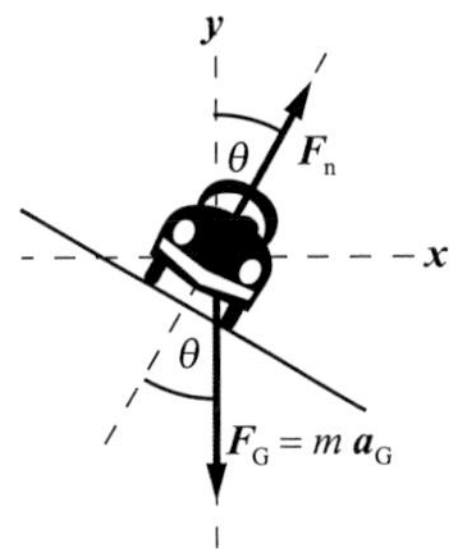

Wir wenden das zweite Newton'sche Axiom $\sum \boldsymbol{F}_i = m\,\boldsymbol{a}$ auf das Auto an:

$$\sum F_{i,x} = |\boldsymbol{F}_{\mathrm{n}}|\sin\theta = m\,\frac{v^2}{r}\,,$$
$$\sum F_{i,y} = |\boldsymbol{F}_{\mathrm{n}}|\cos\theta - m\,g = 0\,.$$

Eliminieren von $|\boldsymbol{F}_{\mathrm{n}}|$ aus beiden Gleichungen ergibt

$$\tan\theta = \frac{v^2}{r\,g}\,,$$

und wir erhalten für den Überhöhungswinkel

$$\theta = \mathrm{atan}\,\frac{v^2}{r\,g} = \mathrm{atan}\,\frac{\left(90\,\dfrac{\mathrm{km}}{\mathrm{h}}\cdot\dfrac{1\,\mathrm{h}}{3600\,\mathrm{s}}\right)^2}{(160\,\mathrm{m})\,(9{,}81\,\mathrm{m}\cdot\mathrm{s}^{-2})} = 22^\circ\,.$$

L3.30 a) Die Geschwindigkeit ergibt sich aus dem Umfang $2\pi r$ der Kreisbahn und der Zeitdauer T einer Runde:

$$v = \frac{2\pi r}{T} = \frac{2\pi\,(5{,}70\,\text{m})}{\dfrac{4{,}00}{1{,}20}\,\text{s}} = 10{,}7\,\text{m}\cdot\text{s}^{-1}.$$

b) Die Abbildung zeigt die auf das Modellflugzeug wirkenden Kräfte.

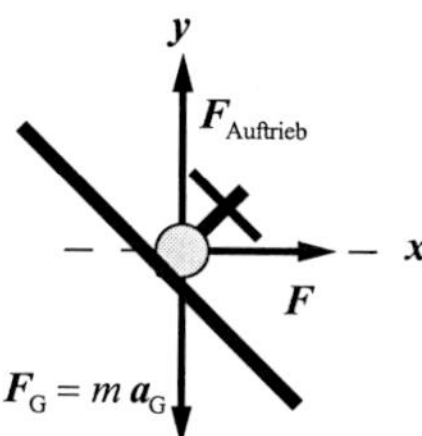

Mithilfe des zweiten Newton'schen Axioms $\sum F_{i,x} = m\,a_x$ ergibt sich für die Zugkraft in der Schnur

$$|F_{\text{S}}| = m\,\frac{v^2}{r} = m\,\frac{(2\pi r/T)^2}{r} = \frac{4\pi^2\,m\,r}{T^2}$$

$$= \frac{4\pi^2\,(0{,}400\,\text{kg})\,(5{,}70\,\text{m})}{\left(\dfrac{4{,}00}{1{,}20}\,\text{s}\right)^2} = 8{,}10\,\text{N}.$$

L3.31 a) Weil der Körper im Gleichgewicht ist, muss gelten

$$F_1 + F_2 + F_3 = 0.$$

Die Abbildung zeigt das entsprechende Kräftedreieck.

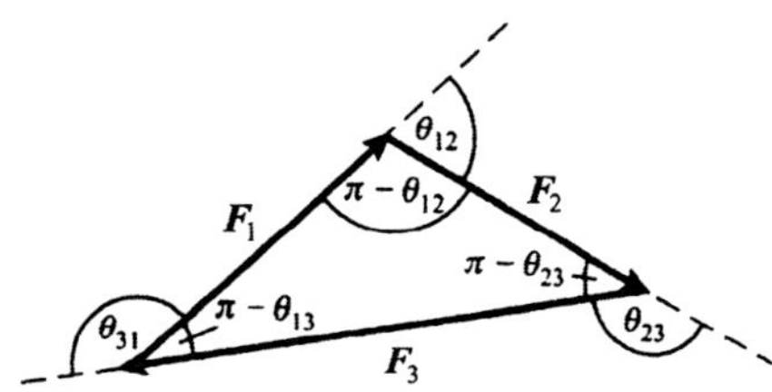

Gemäß dem Sinussatz gilt

$$\frac{|F_1|}{\sin(\pi - \theta_{23})} = \frac{|F_2|}{\sin(\pi - \theta_{13})} = \frac{|F_3|}{\sin(\pi - \theta_{12})}.$$

Wegen $\sin(\pi - \alpha) = \sin\alpha$ folgt daraus

$$\frac{|F_1|}{\sin\theta_{23}} = \frac{|F_2|}{\sin\theta_{13}} = \frac{|F_3|}{\sin\theta_{12}}.$$

b) Anwenden des Kosinussatzes auf das Dreieck ergibt

$$|F_1|^2 = |F_2|^2 + |F_3|^2 - 2\,|F_2|\,|F_3|\cos(\pi - \theta_{23}),$$

und wegen $\cos(\pi - \alpha) = -\cos\alpha$ folgt daraus

$$|F_1|^2 = |F_2|^2 + |F_3|^2 + 2\,|F_2|\,|F_3|\cos\theta_{23}.$$

L3.32 Der Draht beschränkt die Bewegung der Perle ebenso wie ein an ihr befestigter $10\,\text{cm}$ langer Faden, dessen anderes Ende in der Mitte des Halbkreises angebracht ist. Die horizontale Komponente der Normalkraft, die der Draht auf die Perle ausübt, ist die Zentripetalkraft. Die Abbildung zeigt das Kräftediagramm.

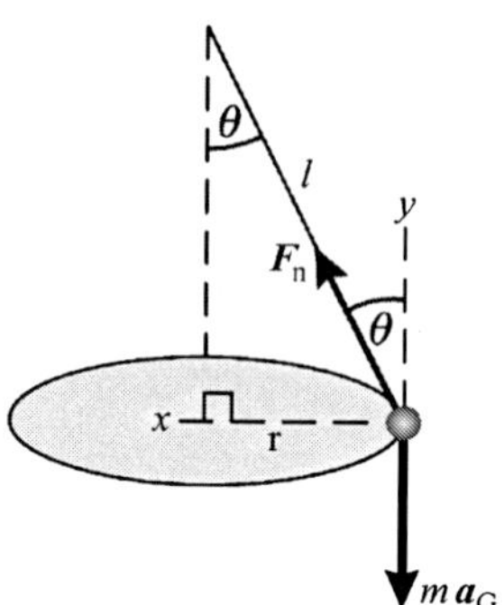

Anwenden des zweiten Newton'schen Axioms $\sum F_i = m\,a$ auf die Perle ergibt

$$\sum F_{i,x} = |F_{\text{n}}|\sin\theta = m\,\frac{v^2}{r},$$

$$\sum F_{i,y} = |F_{\text{n}}|\cos\theta - m\,g = 0.$$

Wir eliminieren aus diesen Gleichungen die Normalkraft $|F_{\text{n}}|$ und erhalten

$$\tan\theta = \frac{v^2}{r\,g}. \tag{1}$$

Der Betrag der Geschwindigkeit der Perle ist der Quotient aus dem Umfang der Kreisbahn und der Umlaufdauer: $v = 2\pi r/T$. Außerdem gilt aufgrund der geometrischen Gegebenheiten $r = l\sin\theta$. Nach Einsetzen dieser Ausdrücke für v und r in Gleichung 1 sowie der gegebenen Werte erhalten wir für den Winkel

$$\theta = \text{acos}\,\frac{g\,T^2}{4\pi^2\,l} = \text{acos}\,\frac{(9{,}81\,\text{m}\cdot\text{s}^{-2})\,(0{,}50)^2}{4\pi^2\,(0{,}10\,\text{m})} = 52°.$$

L3.33 a) Um zu zeigen, dass sich das Teilchen auf einer Kreisbahn um den Koordinatenursprung bewegt, weisen wir nach, dass der Betrag $|r|$ des Ortsvektors konstant ist. Hierzu drücken wir ihn durch die Komponenten aus:

$$|r| = \sqrt{r_x^2 + r_y^2}.$$

Einsetzen von $r_x = R\sin\omega t$ und $r_y = R\cos\omega t$ (siehe Aufgabenstellung) ergibt

$$|r| = \sqrt{(R\sin\omega t)^2 + (R\cos\omega t)^2}$$

$$= \sqrt{R^2\,(\sin^2\omega t + \cos^2\omega t)} = R.$$

Also ist der Weg des Teilchens ein Kreis mit den Radius R und dem Mittelpunkt im Koordinatenursprung.

b) Wir leiten den gegebenen Ausdruck für den Vektor r nach der Zeit ab. Dies ergibt den Geschwindigkeitsvektor

$$v = \mathrm{d}r/\mathrm{d}t = (R\,\omega\cos\omega t)\,\widehat{x} + (-R\,\omega\sin\omega t)\,\widehat{y}$$
$$= \left[(8{,}0\,\pi\cos\omega t)\,\mathrm{m}\cdot\mathrm{s}^{-1}\right]\widehat{x} - \left[(8{,}0\,\pi\sin\omega t)\,\mathrm{m}\cdot\mathrm{s}^{-1})\right]\widehat{y}\,.$$

Daraus folgt

$$\frac{v_x}{v_y} = \frac{8{,}0\,\pi\cos\omega t}{-8{,}0\,\pi\sin\omega t} = -\cot\omega t\,.$$

Für das Verhältnis y/x gilt aufgrund der geometrischen Gegebenheiten

$$\frac{y}{x} = \frac{R\cos\omega t}{R\sin\omega t} = \cot\omega t\,.$$

Aus diesen beiden Gleichungen folgt unmittelbar

$$\frac{v_x}{v_y} = -\frac{y}{x}\,.$$

c) Der Beschleunigungsvektor ergibt sich durch zeitliche Ableitung des Geschwindigkeitsvektors:

$$a = \mathrm{d}v/\mathrm{d}t$$
$$= [(-16\pi^2\,\mathrm{m}\cdot\mathrm{s}^{-2})\sin\omega t]\,\widehat{x} + [(-16\pi^2\,\mathrm{m}\cdot\mathrm{s}^{-2})\cos\omega t]\,\widehat{y}\,.$$

Ausklammern von $(-4{,}0\,\pi^2\,\mathrm{s}^{-2})$ ergibt

$$a = (-4{,}0\,\pi^2\,\mathrm{s}^{-2})\,[(4{,}0\sin\omega t)\,\widehat{x} + (4{,}0\cos\omega t)\,\widehat{y}]$$
$$= (-4{,}0\,\pi^2\,\mathrm{s}^{-2})\,r\,.$$

Die Richtung der Beschleunigung a ist, wie das negative Vorzeichen besagt, derjenigen des Ortsvektors r entgegengesetzt, zeigt also zur Mitte der Kreisbahn des Teilchens. Wir berechnen, wie gefordert, den folgenden Quotienten:

$$\frac{|v|^2}{R} = \frac{(8{,}0\,\pi\,\mathrm{m}\cdot\mathrm{s}^{-1})^2}{4{,}0\,\mathrm{m}} = 16\,\pi^2\,\mathrm{m}\cdot\mathrm{s}^{-2}\,.$$

Mit $|r| = R = 4{,}0\,\mathrm{m}$ ergibt sich für den Betrag der Beschleunigung

$$|a| = |-4{,}0\,\pi^2\,\mathrm{s}^{-2}|\,|r| = (4{,}0\,\pi^2\,\mathrm{s}^{-2})\,(4{,}0\,\mathrm{m})$$
$$= 16{,}0\,\pi^2\,\mathrm{m}\cdot\mathrm{s}^{-2}\,.$$

Also gilt:

$$|a| = \frac{|v|^2}{R}$$

d) Mithilfe des zweiten Newton'schen Axioms $\sum F_i = m\,a$ erhalten wir

$$|F| = m\,|a| = (0{,}80\,\mathrm{kg})\,(16\pi^2\,\mathrm{m}\cdot\mathrm{s}^{-2}) = 13\,\pi^2\,\mathrm{N}\,.$$

Weil F und a dieselbe Richtung haben, zeigt auch die Kraft F zum Mittelpunkt des Kreises.

Weitere Anwendungen der Newton'schen Axiome

© Springer-Verlag GmbH Deutschland, ein Teil von Springer Nature 2019

A. Knochel (Hrsg.), *Arbeitsbuch zu Tipler/Mosca, Physik*, https://doi.org/10.1007/978-3-662-58919-9_4

Aufgaben

Verständnisaufgaben

4.1 • Auf der Ladefläche eines LKW, der auf einer geradlinigen, horizontalen Straße fährt, liegen verschiedene Gegenstände. Der LKW fährt an, und seine Beschleunigung nimmt allmählich zu. Welche Kraft wirkt auf die Gegenstände und führt dazu, dass sie ebenfalls beschleunigt werden? Erläutern Sie, weshalb einige Gegenstände auf der Ladefläche liegen bleiben können, während andere nach hinten rutschen.

4.2 • Ein Block mit der Masse m liegt auf einer unter einem Winkel θ zur Horizontalen geneigten Ebene. Welche Aussage gilt dann für den Haftreibungskoeffizienten zwischen Block und Ebene? a) $\mu_{R,h} \geq g$, b) $\mu_{R,h} = \tan \theta$, c) $\mu_{R,h} \leq \tan \theta$ oder d) $\mu_{R,h} \geq \tan \theta$.

4.3 • Richtig oder falsch? a) Damit das zweite Kepler'sche Gesetz (in gleichen Zeiten werden gleiche Flächen überstrichen) gilt, muss die Gravitationskraft umgekehrt proportional zum Quadrat des Abstands zwischen einem gegebenen Planeten und der Sonne sein. b) Der der Sonne am nächsten gelegene Planet hat die kürzeste Umlaufdauer. c) Die Bahngeschwindigkeit der Venus ist größer als die Bahngeschwindigkeit der Erde. d) Aus der Umlaufdauer eines Planeten lässt sich die Planetenmasse genau bestimmen.

4.4 • Die Masse eines die Erde umkreisenden Satelliten wird verdoppelt, wobei der Radius seiner Umlaufbahn jedoch gleich bleiben soll. Muss sich dazu die Geschwindigkeit des Satelliten a) um den Faktor 8 erhöhen, b) um den Faktor 2 erhöhen, c) nicht verändern, d) um den Faktor 8 verringern oder e) um den Faktor 2 verringern?

4.5 • Zwei Sterne, die ihren gemeinsamen Massenmittelpunkt umkreisen, werden als *Doppelsternsystem* bezeichnet. Was müsste mit ihrem Abstand geschehen, wenn die Masse jedes der beiden Planeten verdoppelt würde, aber dieselbe Gravitationskraft herrschen soll? Ihr Abstand müsste a) gleich bleiben, b) sich verdoppeln, c) sich vervierfachen, d) sich halbieren. e) Mit den Angaben ist eine Antwort nicht möglich.

4.6 •• An einem Wintertag mit Glatteis sei der Haftreibungskoeffizient zwischen Autoreifen und Fahrbahn nur ein Viertel so groß wie an einem Tag, an dem die Fahrbahn trocken ist. Dadurch verringert sich die Maximalgeschwindigkeit v_{max}, mit der ein Auto sicher durch eine Kurve mit dem Radius r fahren kann, gegenüber dem Wert von $v_{max,tr}$ bei trockener Fahrbahn. Die Maximalgeschwindigkeit v_{max} ist dann: a) $v_{max,tr}$, b) $0{,}71\, v_{max,tr}$, c) $0{,}50\, v_{max,tr}$, d) $0{,}25\, v_{max,tr}$ oder e) je nach der Masse des Autos unterschiedlich stark verringert?

4.7 •• Das folgende interessante Experiment können Sie auch zu Hause ausführen: Legen Sie einen Holzklotz auf den Boden oder auf eine andere ebene Fläche, befestigen Sie ein Gummiband an ihm und ziehen Sie daran behutsam in horizontaler Richtung. Bewegen Sie die Hand dabei mit konstanter Geschwindigkeit. Zu einem bestimmten Zeitpunkt beginnt sich der Klotz zu bewegen. Allerdings bewegt er sich nicht gleichmäßig, sondern beginnt sich zu bewegen, hält wieder an, beginnt sich erneut zu bewegen, hält wieder an usw. Erläutern Sie, weshalb sich der Klotz auf diese Weise bewegt. (Diese Art der Bewegung wird zuweilen „Ruckgleiten" genannt.)

4.8 •• Jemand möchte einen Rekord für die Endgeschwindigkeit beim Fallschirmspringen aufstellen. Bei der Planung des Vorhabens informiert er sich zunächst über die physikalischen Grundlagen. Danach beschließt er Folgendes: Er will (ausgerüstet mit einem Sauerstoffgerät) an einem warmen Tag aus so großer Höhe wie möglich abspringen. Dabei will er eine Stellung einnehmen, in der sein gestreckter Körper mit den Händen voran senkrecht nach unten gerichtet ist. Außerdem will er einen glatten Spezialhelm und einen abgerundeten Schutzanzug tragen. Erläutern Sie, inwiefern die einzelnen Faktoren das Vorhaben unterstützen.

4.9 •• Stellen Sie sich vor, Sie sitzen als Beifahrer in einem Rennwagen, der mit hoher Geschwindigkeit auf einer kreisförmigen horizontalen Rennstrecke seine Runden dreht. Dabei „spüren" Sie deutlich eine „Kraft", die Sie zur Außenseite der Rennstrecke drückt. Welche Richtung hat die auf Sie wirkende Kraft tatsächlich? Woher kommt sie? (Es wird angenommen, dass Sie auf Ihrem Sitz nicht rutschen.) Erläutern Sie mithilfe der Newton'schen Axiome das *Gefühl*, dass auf Sie eine nach außen gerichtete Kraft wirkt.

4.10 •• Versetzen Sie sich in die 1960er Jahre, in denen die NASA die Apollo-Mission zum Mond plante. Man wusste schon lange, dass es einen bestimmten Punkt zwischen Erde und Mond gibt, an dem ein Raumschiff für einen sehr kurzen Moment wirklich schwerelos ist. (Betrachten Sie nur den Mond sowie die Erde und das Apollo-Raumschiff; vernachlässigen Sie alle anderen Gravitationskräfte.) Erläutern Sie dieses Phänomen und bestimmen Sie, ob dieser Punkt – der Librationspunkt – näher am Mond oder in der Mitte zwischen beiden Himmelskörpern oder näher an der Erde liegt.

4.11 •• Erläutern Sie, warum das Gravitationsfeld innerhalb einer massiven gleichförmigen Kugel direkt proportional zu r und nicht umgekehrt proportional zu r ist.

Schätzungs- und Näherungsaufgaben

4.12 • Schätzen Sie die Masse unserer Galaxis (der Milchstraße). Die Sonne umkreist das Zentrum der Galaxis mit einer Umlaufdauer von 250 Millionen Jahren in einer mittleren Entfernung von 30 000 Lichtjahren. Drücken Sie die Masse der Galaxis in Vielfachen der Sonnenmasse m_S aus. (Vernachlässigen Sie die Massen, die vom Zentrum der Galaxis weiter entfernt sind als die Sonne; nehmen Sie außerdem an, dass die näher am Zentrum befindlichen Massen der Galaxis ihre Gravitationskraft so ausüben, als wären sie im Zentrum in einem Punktteilchen vereinigt.)

4.13 •• Bestimmen Sie mithilfe einer Dimensionsanalyse die Einheiten und die Dimensionen der Konstanten b in der Gleichung $F_W = b\,|v|^n$ für die Widerstandskraft für a) $n = 1$ und b) $n = 2$. c) Newton zeigte, dass der Luftwiderstand eines fallenden Körpers mit einer kreisförmigen Querschnittsfläche (Fläche quer zur Bewegungsrichtung) näherungsweise durch $F_W = \frac{1}{2}\,\rho\,\pi\,r^2\,v^2$ gegeben ist, wobei die Luftdichte ρ etwa $1{,}20\,\mathrm{kg/m^3}$ beträgt. Zeigen Sie, dass dies mit der Dimensionsbetrachtung in Teilaufgabe b in Einklang steht. d) Wie groß ist die Endgeschwindigkeit (vor dem Öffnen des Schirms) eines Fallschirmspringers mit einer Masse von $56{,}0\,\mathrm{kg}$? Nehmen Sie dabei seine Querschnittsfläche näherungsweise als Kreisfläche mit einem Radius von ca. $0{,}30\,\mathrm{m}$ an. Die Luftdichte in der Nähe der Erdoberfläche sei $1{,}20\,\mathrm{kg/m^3}$. e) Die Luftdichte nimmt mit steigender Höhe über der Erdoberfläche ab; in $8{,}0\,\mathrm{km}$ Höhe beträgt sie nur noch $0{,}514\,\mathrm{kg/m^3}$. Wie groß ist die Endgeschwindigkeit in dieser Höhe?

4.14 •• Schätzen Sie, in welchem Winkel man die Beine ohne Kraftaufwand und ohne in den Spagat zu rutschen, auf einer trockenen Eisfläche spreizen kann. Der Haftreibungskoeffizient von Gummi auf Eis beträgt ungefähr 0,25.

Reibung

4.15 • Ein Holzklotz wird mit konstanter Geschwindigkeit an einem horizontalen Seil über eine horizontale Fläche gezogen. Dabei wird eine Kraft von 20 N ausgeübt. Der Gleitreibungskoeffizient zwischen den Oberflächen beträgt 0,3. Ist die Reibungskraft a) ohne Kenntnis der Masse des Klotzes nicht zu bestimmen, b) ohne Kenntnis der Geschwindigkeit des Klotzes nicht zu bestimmen, c) 0,30 N, d) 6,0 N oder e) 20 N?

4.16 • Ein Block mit einem Gewicht von 20 N ruht auf einer horizontalen Oberfläche. Der Haftreibungskoeffizient ist $\mu_{R,h} = 0{,}80$, während der Gleitreibungskoeffizient $\mu_{R,g} = 0{,}60$ ist. Nun wird am Block ein horizontaler Faden befestigt und daran mit einer konstanten Zugkraft $|\boldsymbol{F}_S|$ gezogen. Welchen Betrag hat die auf den Block wirkende Reibungskraft a) bei $|\boldsymbol{F}_S| = 15\,\mathrm{N}$ bzw. b) bei $|\boldsymbol{F}_S| = 20\,\mathrm{N}$?

4.17 • Eine Kiste mit einer Masse von 100 kg steht auf einem dicken Florteppich. Ein Arbeiter beginnt, mit einer horizontalen Kraft von 500 N dagegenzudrücken. Der Haftreibungskoeffizient zwischen Kiste und Teppich beträgt 0,600, während der Gleitreibungskoeffizient 0,400 beträgt. Berechnen Sie den Betrag der Reibungskraft, die der Teppich auf die Kiste ausübt.

4.18 • Der Haftreibungskoeffizient zwischen den Reifen eines Autos und einer horizontalen Straße beträgt 0,60. Der Luftwiderstand und die Rollreibung sollen vernachlässigbar sein. a) Wie hoch ist die maximal mögliche (negative) Beschleunigung, wenn das Auto bremst? b) Wie groß ist der Bremsweg des Autos mindestens, wenn es anfangs mit 30 m/s fährt?

4.19 •• Ein schon mit verschiedenen Dingen vollbepackter Student versucht noch, ein dickes Physikbuch unter seinem Arm geklemmt zu halten (Abb. 4.1). Die Masse des Buchs beträgt 3,2 kg, der Haftreibungskoeffizient zwischen Buch und Arm 0,320 und der zwischen Buch und T-Shirt 0,160. a) Welche horizontale Kraft muss der Student mindestens aufbringen, um zu verhindern, dass das Buch herunterfällt? b) Der Student kann nur eine Kraft von 61 N aufbringen. Wie groß ist in diesem Fall die Beschleunigung des Physikbuchs, während es unter dem Arm wegrutscht? Der Gleitreibungskoeffizient zwischen Buch und Arm beträgt 0,200 und der zwischen Buch und T-Shirt 0,090.

Abb. 4.1 Zu Aufgabe 4.19

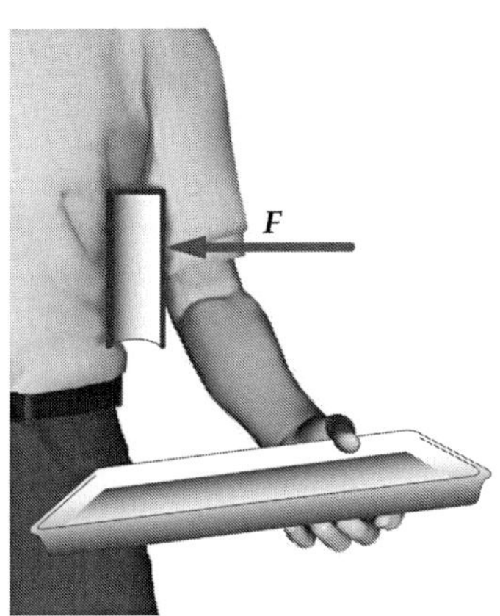

4.20 •• An einem Tag, an dem bei Temperaturen um den Gefrierpunkt Schnee fällt, findet ein Autorennen statt. Der Haftreibungskoeffizient zwischen den Autoreifen und der vereisten Straße beträgt 0,080. Der Rennleiter hat Bedenken wegen einiger Hügel auf der Bahn und empfiehlt, Reifen mit Spikes zu verwenden. Um die Sache genauer zu betrachten, möchte er prüfen, welche der tatsächlich auf der Bahn vorkommenden Neigungswinkel ein Rennwagen schaffen kann. a) Welche maximale Steigung kann ein Auto mit Allradantrieb unter diesen Bedingungen mit konstanter Geschwindigkeit hinauffahren? b) Wie groß ist der steilste Neigungswinkel, den dieses Auto mit konstanter Geschwindigkeit hinabfahren kann, wenn die Strecke vereist ist?

4.21 •• Eine 50-kg-Kiste, die auf ebenem Boden liegt, soll verschoben werden. Der Haftreibungskoeffizient zwischen der Kiste und dem Boden beträgt 0,60. Eine Möglichkeit, die Kiste zu verschieben, besteht darin, unter dem Winkel θ zur Horizontalen schräg nach unten auf die Kiste zu drücken. Eine andere Möglichkeit ist die, unter dem gleichen Winkel θ zur Horizontalen schräg nach oben an der Kiste zu ziehen. a) Erklären Sie, weshalb eines der Verfahren weniger Kraft erfordert als das andere. b) Berechnen Sie die Kraft, die bei dem jeweiligen Verfahren mindestens aufgewendet werden muss, um den Block zu verschieben. Dabei sei $\theta = 30°$. Vergleichen Sie die Ergebnisse mit denen, die Sie in beiden Fällen für $\theta = 0°$ erhalten.

4.22 •• Das Gewicht eines Autos mit Hinterradantrieb laste zu 40 % auf seinen beiden angetriebenen Rädern. Der Haftreibungskoeffizient zwischen Reifen und Straße beträgt 0,70. a) Ermitteln Sie die maximal mögliche Beschleunigung des

Autos. b) In welcher kürzestmöglichen Zeit kann das Auto eine Geschwindigkeit von 100 km/h erreichen? (Nehmen Sie an, dass der Motor eine beliebig hohe Leistung abgeben kann.)

4.23 •• Eine Schildkröte mit einer Masse von 12 kg liegt im LKW einer Zoohandlung auf der Ladefläche. Der LKW fährt mit einer Geschwindigkeit von 80 km/h auf einer Landstraße. Als der Zoohändler auf der Straße ein Reh erblickt, bremst er und hält nach gleichförmiger Verzögerung innerhalb von 12 s an. Wie groß muss der Haftreibungskoeffizient zwischen der Schildkröte und der LKW-Ladefläche mindestens sein, damit das Tier nicht zu rutschen beginnt?

4.24 •• Ein Auto fährt mit 30 m/s eine im Winkel von 15° geneigte, geradlinige Straße hinauf. Der Haftreibungskoeffizient zwischen Reifen und Straße beträgt 0,70. a) Wie lang ist der Bremsweg mindestens? b) Wie lang wäre er mindestens, wenn das Auto bergab fahren würde?

4.25 •• Zwei durch ein Seil miteinander verbundene Blöcke (Abb. 4.2) gleiten eine um 10° geneigte Ebene hinab. Der Block 1 hat die Masse $m_1 = 0{,}80$ kg und der Block 2 die Masse $m_2 = 0{,}25$ kg. Außerdem betragen die Gleitreibungskoeffizienten zwischen den Blöcken und der geneigten Ebene 0,30 beim Block 1 und 0,20 beim Block 2. Ermitteln Sie den Betrag a) der Beschleunigung der Blöcke und b) der Zugkraft im Seil.

Abb. 4.2 Zu den Aufgaben 4.25 und 4.26

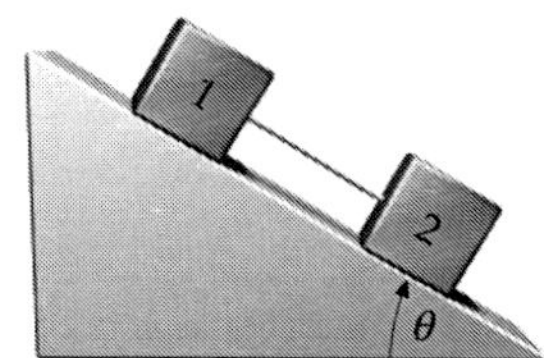

4.26 •• Zwei miteinander verbundene Blöcke mit den Massen m_1 und m_2, die durch einen masselosen Stab verbunden sind, gleiten eine geneigte Ebene hinab (vgl. die Abbildung zu Aufgabe 4.25). Der Gleitreibungskoeffizient zwischen Block und Oberfläche ist beim Block 1 $\mu_{R,g,1}$ und beim Block 2 $\mu_{R,g,2}$. a) Bestimmen Sie die Beschleunigung der beiden Blöcke. b) Ermitteln Sie die Kräfte, die der Stab auf die beiden Blöcke ausübt. Zeigen Sie, dass diese Kräfte bei $\mu_{R,g,1} = \mu_{R,g,2}$ beide gleich null sind, und geben Sie eine einfache, nichtmathematische Begründung hierfür.

4.27 •• Der Haftreibungskoeffizient zwischen einem Gummireifen und dem Straßenbelag sei 0,85. Welche maximale Beschleunigung kann ein allradangetriebenes Auto mit einer Masse von 1000 kg maximal erreichen, wenn es eine Steigung mit einem Winkel von 12° a) hinauffährt bzw. b) hinabfährt?

4.28 ••• Ein Block mit einer Masse von 10,0 kg liegt, wie Abb. 4.3 gezeigt, auf einem Winkelträger mit einer Masse von 5,0 kg. Der Winkelträger liegt auf einer reibungsfreien Fläche. Die Reibungskoeffizienten zwischen Block und Winkelträger sind $\mu_{R,h} = 0{,}40$ bzw. $\mu_{R,g} = 0{,}30$. a) Wie hoch ist die maximale Kraft $|\boldsymbol{F}|$, die auf den Block ausgeübt werden kann, damit er nicht auf dem Winkelträger gleitet? b) Wie hoch ist die ihr entsprechende Beschleunigung des Winkelträgers?

Abb. 4.3 Zu Aufgabe 4.28

4.29 ••• Ein Block mit der Masse 100 kg auf einer Rampe ist, wie Abb. 4.4 gezeigt, über ein Seil mit einem Gewicht der Masse m verbunden. Der Haftreibungskoeffizient zwischen Block und Rampe beträgt $\mu_{R,h} = 0{,}40$, während der Gleitreibungskoeffizient $\mu_{R,g} = 0{,}20$ beträgt. Die Rampe hat gegen die Horizontale den Neigungswinkel 18°. a) Ermitteln Sie den Wertebereich für die Masse m, bei dem sich der Block auf der Rampe nicht von selbst bewegt, jedoch nach einem leichten Stoß längs der Rampe *nach unten* gleitet. b) Ermitteln Sie den Wertebereich für die Masse m, bei dem sich der Block auf der Rampe nicht von selbst bewegt, jedoch nach einem leichten Stoß längs der Rampe *nach oben* gleitet.

Abb. 4.4 Zu Aufgabe 4.29

4.30 ••• Ein Block mit einer Masse von 0,50 kg liegt auf der schrägen Seite eines Keils mit einer Masse von 2,0 kg (Abb. 4.5). Der Keil gleitet auf einer reibungsfreien Oberfläche, wobei auf ihn eine horizontale Kraft $\boldsymbol{F}$ wirkt. a) Der Haftreibungskoeffizient zwischen Keil und Block ist $\mu_{R,h} = 0{,}80$, und der Neigungswinkel gegen die Horizontale beträgt 35°. Zwischen welchem Mindest- und welchem Höchstwert muss die

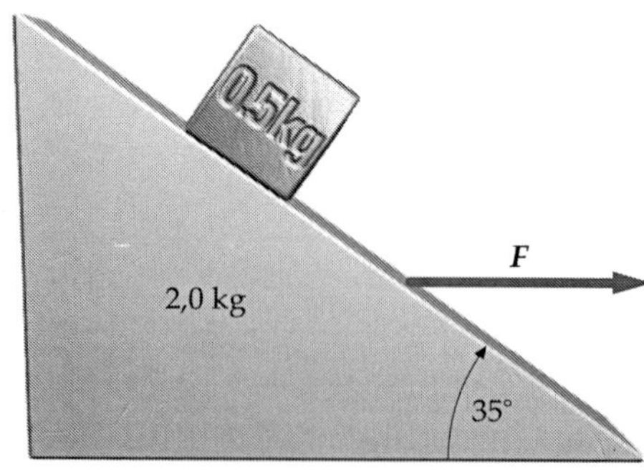

Abb. 4.5 Zu Aufgabe 4.30

ausgeübte Kraft liegen, wenn der Block nicht rutschen soll?
b) Wiederholen Sie die Teilaufgabe a mit $\mu_{R,h} = 0,40$.

4.31 ••• Um den Gleitreibungskoeffizienten eines Holzklotzes auf einem horizontalen Holztisch zu bestimmen, werden Ihnen folgende Anweisungen erteilt: Verleihen Sie durch kurzes Anstoßen dem Holzklotz eine Anfangsgeschwindigkeit relativ zur Oberfläche des Tischs. Messen Sie mit einer Stoppuhr die Zeitspanne Δt, die er gleitet, bis er zur Ruhe kommt, sowie die Gesamtverschiebung Δx, die er zurücklegt. a) Zeigen Sie mithilfe der Newton'schen Axiome und eines Kräftediagramms für den Klotz, dass der Gleitreibungskoeffizient durch $\mu_{R,g} = (2\,\Delta x)/[(\Delta t)^2\,g]$ gegeben ist. b) Ermitteln Sie $\mu_{R,g}$, wenn der Klotz bis zum Anhalten innerhalb von 0,97 s die Strecke 1,37 m zurückgelegt hat. c) Wie groß war die Anfangsgeschwindigkeit des Klotzes?

Widerstandskräfte

4.32 • Ein Schadstoffpartikel fällt bei Windstille mit einer Endgeschwindigkeit von 0,30 mm/s zu Boden. Die Masse des Partikels beträgt $1,0 \cdot 10^{-10}$ g, und die Gleichung für die auf das Partikel einwirkende Luftwiderstandskraft habe die Form $b\,v$. Wie groß ist b?

4.33 • Ein Tischtennisball hat eine Masse von 2,3 g und in Luft eine Endgeschwindigkeit von 9,0 m/s. Die Gleichung für die auf Luftwiderstandskraft habe die Form $b\,v^2$. Welchen Wert hat b?

4.34 ••• Kleine kugelförmige Teilchen erfahren bei langsamer Bewegung in einem Fluid eine Widerstandskraft, die durch das Stokes'sche Gesetz $|\boldsymbol{F}_W| = 6\,\pi\,\eta\,r\,v$ gegeben ist. Dabei ist r der Radius des Teilchens, v seine Geschwindigkeit und η die Viskosität des fluiden Mediums. a) Schätzen Sie in Luft (Viskosität $\eta = 1,80 \cdot 10^{-5}$ N s/m^2) die Endgeschwindigkeit eines kugelförmigen Schadstoffteilchens mit dem Radius $1,00 \cdot 10^{-5}$ m und der Dichte 2000 kg/m^3. b) Schätzen Sie, wie lange ein solches Teilchen braucht, um bei Windstille 100 m weit zu fallen.

4.35 ••• Bei einem Praktikum in Umweltchemie erhält ein Student eine Luftprobe mit Schadstoffpartikeln, die die gleiche Größe und Dichte wie in Aufgabe 4.34 haben. Die Probe wird in einem 8,0 cm langen Reagenzglas aufgefangen. Der Student setzt das Reagenzglas in eine Zentrifuge ein, wobei die Mitte des Reagenzglases 12 cm von der Drehachse entfernt ist. Dann stellt er die Zentrifuge auf eine Drehzahl von 800 Umdrehungen pro Minute ein. a) Schätzen Sie, nach welcher Zeitspanne sich nahezu alle Schadstoffpartikel am Ende des Reagenzglases abgesetzt haben. b) Vergleichen Sie dieses Ergebnis mit der Zeit, die es dauert, bis ein Schadstoffpartikel in ruhender Luft unter dem Einfluss der Schwerkraft und der in Aufgabe 4.34 gegebenen Widerstandskraft 8,0 cm weit fällt.

Die Kepler'schen Gesetze

4.36 • Der Radius der Erdbahn beträgt $1,496 \cdot 10^{11}$ m und der Radius der Uranusbahn $2,87 \cdot 10^{12}$ m. Welche Umlaufdauer hat der Planet Uranus?

4.37 •• Im Apogäum, dem erdfernsten Punkt seiner Bahn, ist der Mittelpunkt des Monds 406 395 km vom Mittelpunkt der Erde entfernt, und im Perigäum, dem erdnächsten Punkt, beträgt der Abstand 357 643 km. Welche Bahngeschwindigkeit hat der Mond im Perigäum und welche im Apogäum? Seine Umlaufdauer um die Erde beträgt 27,3 d.

Das Newton'sche Gravitationsgesetz

4.38 • Die internationale Raumstation ISS umkreist die Erde in einer Höhe von etwa 400 km über der Erdoberfläche. Wie groß ist die Fallbeschleunigung dort?

4.39 • Zeigen Sie, dass die Gravitationskraft, mit der ein Mann von 65 kg eine Frau von 50 kg anzieht, wenn sie 0,5 m voneinander entfernt sind, gerade $8,67 \cdot 10^{-7}$ N beträgt. (Betrachten Sie beide Personen für diese Rechnung als punktförmig.)

4.40 • Die Saturnmasse beträgt $5,69 \cdot 10^{26}$ kg. a) Berechnen Sie die Umlaufdauer des Saturnmonds Mimas, dessen mittlerer Bahnradius $1,86 \cdot 10^8$ m beträgt. b) Berechnen Sie den mittleren Bahnradius des Saturnmonds Titan, der den Saturn in $1,38 \cdot 10^6$ s einmal umrundet.

4.41 •• Sie haben ein supraleitendes Gravimeter, das Änderungen des Gravitationsfelds mit einer Empfindlichkeit $\Delta G/G = 1,00 \cdot 10^{-11}$ bestimmen kann. a) Sie verstecken sich mit dem Gerät hinter einem Baum, während Ihr 80 kg schwerer Freund von der anderen Seite auf Sie zu kommt. Wie nahe kann Ihr Freund an Sie herankommen, bevor das Messgerät eine Änderung von G infolge seiner Anwesenheit feststellt? b) Sie fahren in einem Heißluftballon und verwenden das Gerät, um Ihre Steiggeschwindigkeit zu messen (nehmen Sie an, dass der Ballon eine konstante Beschleunigung nach oben erfährt). Welches ist die kleinste Höhenänderung, die Sie mit Ihrem Gerät im Gravitationsfeld der Erde bestimmen können?

4.42 •• Der Erdradius beträgt 6370 km und der Mondradius 1738 km. Die Fallbeschleunigung auf der Mondoberfläche beträgt 1,62 m/s^2. In welchem Verhältnis steht die mittlere Monddichte zur mittleren Dichte der Erde?

Schwere Masse und träge Masse

4.43 • Bei einem Probekörper, dessen Masse exakt 1,00 kg beträgt, wird ein Gewicht von 9,81 N gemessen. Am selben Ort hat ein zweiter Körper mit unbekannter Masse ein Gewicht von 56,6 N. a) Welche Masse hat der zweite Körper? b) Haben Sie in Teilaufgabe a die schwere oder die träge Masse bestimmt?

Das Gravitationsfeld

4.44 • Das Gravitationsfeld in einem bestimmten Punkt ist gegeben durch $\boldsymbol{G} = 2{,}5 \cdot 10^{-6}\,\hat{\boldsymbol{y}}$ N/kg. Welche Gravitationskraft wirkt hier auf eine Masse von 0,0040 kg?

4.45 • Eine gleichförmige dünne Kugelschale hat den Radius 2,0 m und die Masse 300 kg. Wie stark ist das Gravitationsfeld in folgenden Abständen vom Mittelpunkt der Kugelschale: a) 0,50 m, b) 1,9 m, c) 2,5 m?

4.46 •• Zeigen Sie, dass bei dem Feld in Abb. 4.6 die Feldkomponente G_x ihren maximalen Betrag in den Punkten $x = \pm a\,\sqrt{2}$ annimmt.

Abb. 4.6 Zur Aufgabe 4.46

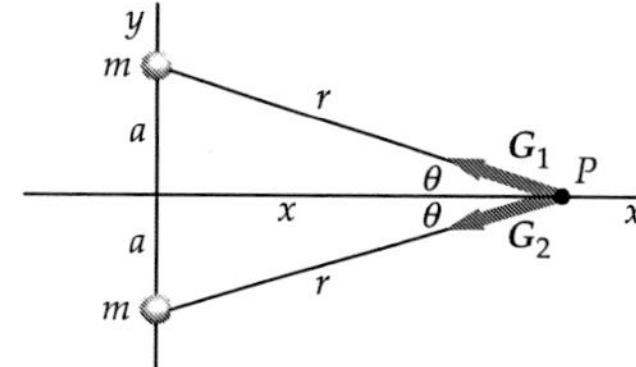

4.47 •• Zwei konzentrische, gleichförmige dünne Kugelschalen haben die Massen m_1 und m_2 sowie die Radien a bzw. $2a$ (Abb. 4.7). Welchen Betrag hat die Gravitationskraft auf ein punktförmiges Teilchen der Masse m, das sich im Abstand a) $3\,a$, b) $1{,}9\,a$ bzw. c) $0{,}9\,a$ vom Mittelpunkt der Kugelschalen befindet?

Abb. 4.7 Zu den Aufgaben 4.47 und 4.48

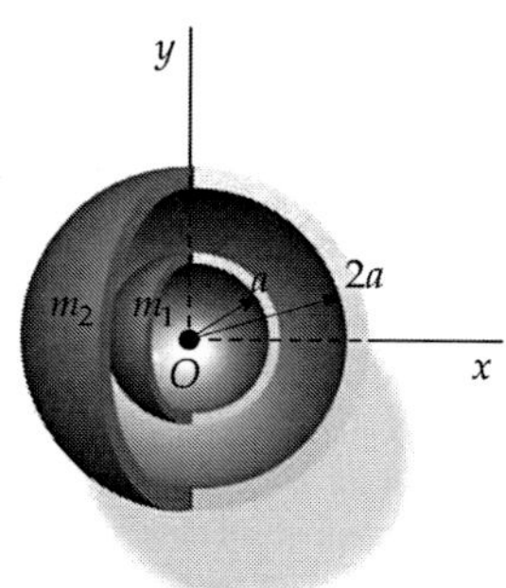

4.48 •• Die innere Kugelschale aus Aufgabe 4.47 wird so verschoben, dass sich ihr Mittelpunkt auf der x-Achse bei $x = 0{,}8\,a$ befindet. Welchen Betrag hat die Gravitationskraft auf eine Punktmasse m, die sich auf der x-Achse bei a) $x = 3\,a$, b) $x = 1{,}9\,a$ bzw. c) $x = 0{,}9\,a$ befindet?

4.49 •• Sie stehen auf einer Federwaage in einem Aufzug, der mit konstanter Geschwindigkeit im senkrechten, sehr tiefen Schacht einer Mine am Äquator hinabfährt. Fassen Sie die Erde als homogene Kugel auf. a) Zeigen Sie, dass die Kraft, die allein aufgrund der Gravitation der Erde auf Sie wirkt, proportional zur Ihrem Abstand vom Erdmittelpunkt ist. b) Wiederholen Sie die Aufgabe unter Berücksichtigung der Rotation der Erde. Zeigen Sie, dass die Anzeige auf der Federwage proportional zu Ihrem Abstand vom Erdmittelpunkt ist.

4.50 •• Ein Sternhaufen ist eine etwa kugelförmige Ansammlung von bis zu mehreren Millionen Sternen, die durch ihre gegenseitige Gravitation zusammengehalten werden. Die Astronomen können die Geschwindigkeiten der Sterne in solchen Haufen messen, um eine Vorstellung von der Massenverteilung im Haufen zu gewinnen. Nehmen Sie an, dass alle Sterne des Haufens dieselbe Masse haben und in ihm gleichmäßig verteilt sind. Zeigen Sie, dass die mittlere Geschwindigkeit eines Sterns auf einer kreisförmigen Bahn um den Mittelpunkt des Sternhaufens dabei linear mit seinem Abstand vom Mittelpunkt zunimmt.

4.51 •• Der Mittelpunkt einer gleichförmigen massiven Kugel mit dem Radius r_0 befindet sich im Ursprung. Die Kugel hat eine gleichförmige Dichte ρ_0, abgesehen von einem kugelförmigen Loch mit dem Radius $r = \frac{1}{2}\,r_0$, dessen Mittelpunkt auf der x-Achse bei $x = \frac{1}{2}\,r_0$ liegt (Abb. 4.8). Berechnen Sie das Gravitationsfeld an Punkten auf der x-Achse mit $|x| > r_0$. (*Hinweis:* Betrachten Sie das Loch als eine Kugel mit der Masse $m = \frac{4}{3}\,\pi\,r^3\rho_0$ plus einer Kugel mit der „negativen" Masse $-m$.)

Abb. 4.8 Zu Aufgabe 4.51

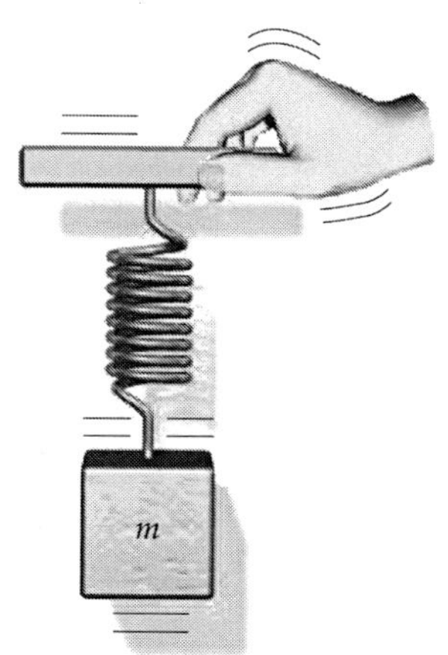

4.52 ••• Die Dichte einer bestimmten Kugel ist durch $\rho(r) = C/r$ definiert. Die Kugel hat den Radius 5,0 m und die Masse $1{,}0 \cdot 10^{11}$ kg. a) Bestimmen Sie die Konstante C. b) Stellen Sie Ausdrücke für die Gravitationsfelder in den Bereichen $r > 5{,}0$ m und $r < 5{,}0$ m auf.

4.53 ••• In die Kugel aus Aufgabe 4.52 wird ein enges, 2,0 m tiefes Loch gebohrt, das zum Mittelpunkt der Kugel gerichtet ist. Sie lassen von der Oberfläche der Kugel aus ein kleines Teilchen mit der Masse m in das Loch fallen. Bestimmen Sie die Geschwindigkeit, mit der das Teilchen auf den Boden des Lochs aufschlägt.

Allgemeine Aufgaben

4.54 • Berechnen Sie die Masse der Erde aus den bekannten Werten von Γ, g und r_{E}.

4.55 •• Ein Flugkörper mit der Masse 100 kg umrundet die Erde auf einer kreisförmigen Bahn in einer Höhe $h = 2\,r_{\mathrm{E}}$. a) Welche Umlaufdauer hat der Flugkörper? b) Wie hoch ist seine kinetische Energie? c) Drücken Sie seinen Drehimpuls L bezüglich des Erdmittelpunkts mithilfe seiner kinetischen Energie E_{kin} aus und berechnen Sie den Betrag von L.

4.56 •• Eine Münze mit dem Gewicht 100 g liegt auf einer horizontalen Drehscheibe, die sich mit genau 1,00 Umdrehungen pro Sekunde um ihre Achse dreht. Die Münze liegt 10 cm von der Drehachse entfernt. a) Wie groß ist die Reibungskraft, die auf die Münze wirkt? b) Wie groß ist der Haftreibungskoeffizient zwischen Münze und Drehscheibe, wenn die Münze bei einem Abstand von etwas über 16,0 cm von der Drehachse weggeschleudert wird?

4.57 •• Stellen Sie sich vor, Sie fahren mit dem Fahrrad auf einer horizontalen, ebenen Kreisbahn mit dem Radius 20 m. Die Gesamtkraft, die die Straße auf das Fahrrad ausübt und die sich aus Normalkraft und Reibungskraft zusammensetzt, bildet einen Winkel von 15° gegen die Vertikale. a) Welchen Betrag hat Ihre Geschwindigkeit? b) Die Reibungskraft auf das Fahrrad sei halb so groß wie der maximal mögliche Wert. Wie groß ist dann der Haftreibungskoeffizient?

4.58 •• Eine Spedition soll eine Bücherkiste mithilfe einiger Bohlen, die den Neigungswinkel 30° haben, auf einen LKW verladen. Die Masse der Kiste beträgt 100 kg und der Gleitreibungskoeffizient zwischen Kiste und Bohlen 0,500. Die Arbeiter drücken *horizontal* mit einer Kraft F gegen die Kiste. Wie groß muss $|F|$ sein, damit die Kiste mit konstanter Geschwindigkeit weitergeschoben wird, nachdem sie erst einmal in Bewegung versetzt wurde?

4.59 •• Sally behauptet, Flughörnchen würden gar nicht richtig fliegen; stattdessen würden sie nur springen und die Hautfalten, die ihre Vorder- und Hinterbeine verbinden, wie einen Fallschirm aufspannen, um von Ast zu Ast gleiten zu können. Liz glaubt dies nicht recht und möchte Sallys Behauptung nachprüfen. Dazu berechnet sie die Endgeschwindigkeit eines flach ausgestreckten fallenden Flughörnchens. Gehen Sie bei der Konstanten b im Ausdruck $b\,v^2$ für die Luftwiderstandskraft vom Wert für einen Menschen ($b_{\mathrm{Mensch}} = 0{,}251\,\mathrm{kg/m}$) aus und treffen Sie eine sinnvolle Annahme für die Größe des Flughörnchens, um dessen (nach unten gerichtete) Endgeschwindigkeit zu schätzen. Die Konstante b sei proportional zur Querschittsfläche des Körpers, auf die der Luftwiderstand wirkt. Unterstützt das Ergebnis Sallys Behauptung?

4.60 •• Ein *Neutronenstern* ist der hochverdichtete Überrest eines schweren Sterns in der letzten Phase seiner Entwicklung. Er besteht aus Neutronen (daher der Name), denn seine Gravitationskraft ist so hoch, dass Elektronen und Protonen zu Neutronen „verschmolzen" sind. Nehmen Sie hypothetisch an, unsere Sonne werde zum Ende ihrer Lebensdauer zu einem Neutronenstern mit 12,0 km Radius kollabieren, ohne bei dem Prozess Masse zu verlieren. (Dieser Prozess wird jedoch in der Realität nicht ablaufen, weil die Sonne dafür nicht genug Masse hat.) a) Berechnen Sie das Verhältnis der Fallbeschleunigung

an der Oberfläche nach diesem Kollaps und dem Wert auf der heutigen Sonnenoberfläche. b) Berechnen Sie das Verhältnis der Fluchtgeschwindigkeiten dieser hypothetischen „Neutronensonne" und der heutigen Sonne.

4.61 •• Ein Satellit umkreist den Mond, der den Radius 1700 km hat, unmittelbar über der Oberfläche mit der Geschwindigkeit v. Mit derselben Anfangsgeschwindigkeit v wird von der Mondoberfläche ein Geschoss senkrecht nach oben abgeschossen. Welche Höhe erreicht es?

4.62 •• Uranus, der siebte Planet des Sonnensystems, wurde erst 1781 von dem deutschstämmigen britischen Astronomen William Herschel entdeckt. Die Werte seiner Umlaufbahn wurden mit denen gemäß den Kepler'schen Gesetzen verglichen. Zu Beginn der 1840er Jahre stellte sich heraus, dass die Umlaufbahn des Uranus so stark von den damaligen Berechnungen abweicht, dass sich die Fehler nicht durch die Beobachtungsunsicherheit erklären ließen. Man schloss daraus, dass außer dem Einfluss der Sonne und der innerhalb der Uranusbahn liegenden Planeten noch eine weitere Kraft auf den Uranus einwirken müsse. Diese Kraft, so nahm man an, müsste von einem (damals hypothetischen) achten Planeten herrühren. Dessen Umlaufbahn wurde im Jahre 1845 von dem englischen Astronomen John Couch Adams und dem französischen Mathematiker Urbain Le Verrier unabhängig voneinander berechnet. Im September 1846 suchte der deutsche Astronom Johann Gottfried Galle in dem von ihnen angegebenen Bereich und entdeckte den Planeten Neptun. Uranus und Neptun umrunden die Erde innerhalb von 84,0 bzw. 164,8 Erdenjahren. Geben Sie die Gravitationswirkung des Neptun auf Uranus an, d. h., bestimmen Sie das Verhältnis der Gravitationskraft zwischen Neptun und Uranus zu der zwischen Uranus und Sonne, und zwar für den Zeitpunkt der dichtesten Annäherung von Neptun und Uranus (d. h., wenn sie von der Sonne aus genau hintereinander liegen). Die Massen von Sonne, Uranus und Neptun sind 333 000 bzw. 14,5 bzw. 17,1 Erdmassen.

4.63 •• Eine dicke Kugelschale mit homogener Dichte hat die Masse m_K und den Innenradius r_1 sowie den Außenradius r_2. Geben Sie das Gravitationsfeld G der Kugelschale als Funktion von r für $0 < r < \infty$ an. Skizzieren Sie die Funktion $G(r)$.

4.64 ••• Ein Bauingenieur soll einen Kurvenabschnitt einer Straße planen. Er erhält folgende Vorgaben: Bei vereister Straße, d. h. bei einem Haftreibungskoeffizienten von 0,080 zwischen Straße und Gummireifen, darf ein stehendes Auto nicht in den Straßengraben im Inneren der Kurve rutschen. Andererseits dürfen Autos, die mit bis zu 60 km/h fahren, nicht aus der Kurve heraus gleiten. Luftwiderstand und Rollreibung seien zu vernachlässigen. Welchen Radius muss die Kurve mindestens haben, und unter welchem Winkel muss sie überhöht sein?

4.65 ••• Bei einer Attraktion in einem Freizeitpark stehen die Fahrgäste mit dem Rücken zur Wand in einer vertikalen Trommel, die sich dreht. Plötzlich wird der Boden abgesenkt, wobei die Reibung aber verhindert, dass die Fahrgäste hinabfallen. a) Zeichnen Sie das Kräftediagramm eines Fahrgasts.

b) Bestimmen Sie anhand dieses Kräftediagramms sowie der Newton'schen Axiome die auf einen Fahrgast mit der Masse 75 kg wirkende Reibungskraft. c) Der Zylinder hat den Radius 4,0 m, und der Haftreibungskoeffizient zwischen Fahrgast und Wand beträgt 0,55. Mit wie vielen Umdrehungen pro Minute muss sich der Zylinder drehen, damit die Fahrgäste nicht herunterfallen? Fallen schwerere Fahrgäste bei geringerer Drehzahl herunter als leichtere?

4.66 ••• Eine wichtige Frage in der frühen Planetologie war die, ob die einzelnen Ringe um den Saturn massiv sind oder aus vielen kleinen Teilen bestehen, die sich jeweils auf ihrer eigenen Umlaufbahn bewegen. Man kann dies entscheiden, indem man die Geschwindigkeiten des innersten und des äußersten Teilrings misst. Ist der innerste Teilring langsamer als der äußerste, dann ist der Ring massiv; trifft das Gegenteil zu, dann besteht er aus vielen Einzelteilen. Wir wollen hier untersuchen, warum das so ist. Die radiale Breite eines bestimmten der (zahlreichen) Ringe ist Δr, sein mittlerer Abstand vom Mittelpunkt des Saturn ist r_R, und seine mittlere Geschwindigkeit ist v_m. a) Zeigen Sie, dass bei einem *massiven* Ring die Geschwindigkeitsdifferenz Δv zwischen seinem äußersten und seinem innersten Teil durch

$$\Delta v = v_a - v_i = v_m \, \Delta r / r_R$$

gegeben ist. Dabei ist v_a die Geschwindigkeit des äußersten und v_i die Geschwindigkeit des innersten Ringteils. b) Angenommen, der Ring besteht aus vielen kleinen Einzelteilen; zeigen Sie, dass dann bei $\Delta r \ll r_R$ gilt:

$$\Delta v \approx -\tfrac{1}{2} \, v_m \, \Delta r / r_R \, .$$

4.67 •• Viele Kommunikationssatelliten befinden sich in der geostationären Umlaufbahn. Sie ist so gewählt, dass die Umlaufzeit gerade 24 h beträgt und der Satellit so von der Erdoberfläche aus gesehen an einer festen Position am Himmel steht. a) Berechnen Sie, ausgehend von der Fallbeschleunigung auf der Erdoberfläche von 9,81 m/s^2 und dem Erdradius von 6370 km, den Abstand der geostationären Umlaufbahn vom Erdmittelpunkt. b) Wie müsste eine „geostationäre" Umlaufbahn um den Erdmond beschaffen sein? Der Mondradius beträgt ca. 1738 km, die Fallbeschleunigung auf der Mondoberfläche ist 1,62 m/s^2. c) Begründen Sie, weshalb ein solcher mondstationärer Orbit in der Realität nicht umsetzbar ist.

Lösungen zu den Aufgaben

Verständnisaufgaben

L4.1 Auf die Gegenstände wirken die Normalkraft und die Reibungskraft (die beide von der Ladefläche des LKW ausgeübt werden) sowie die Gravitationskraft der Erde. Von diesen Kräften wirkt, wenn die Gegenstände noch nicht rutschen, lediglich die Haftreibungskraft in Richtung der Beschleunigung. Also kann nur diese Kraft die Gegenstände beschleunigen. Die maximale Beschleunigung, bis zu der ein Gegenstand liegen bleibt, ist dabei nicht durch seine Masse bestimmt, sondern durch den Haftreibungskoeffizienten. Dieser kann bei den einzelnen Gegenständen je nach deren Oberflächenbeschaffenheit unterschiedlich groß sein. Daher können bei einer bestimmten Beschleunigung einige Gegenstände zu rutschen beginnen, aber andere noch nicht.

L4.2 Auf den Block wirken die Normalkraft $\boldsymbol{F}_n$ der geneigten Ebene, ferner sein Gewicht $\boldsymbol{F}_G = m \, \boldsymbol{a}_G$ sowie die Haftreibungskraft $\boldsymbol{F}_{R,h}$ (siehe Abbildung).

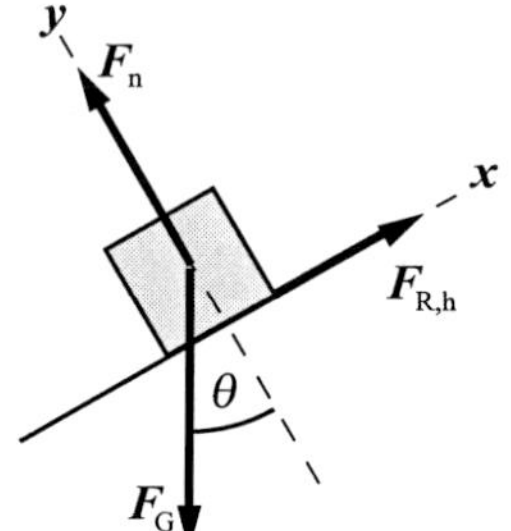

Da der Block im Gleichgewicht ist, also nicht beschleunigt wird, liefert das zweite Newton'sche Axiom $\sum F_{i,x} = m \, a_x$, angewendet auf den Block:

$$|\boldsymbol{F}_{R,h}| - |\boldsymbol{F}_G| \sin \theta = 0 \, .$$

Mit $|\boldsymbol{F}_G| = m \, g$ wird dies zu

$$|\boldsymbol{F}_{R,h}| - m \, g \sin \theta = 0 \, . \tag{1}$$

Gemäß $\sum F_{i,y} = m \, a_y$ erhalten wir in y-Richtung

$$|\boldsymbol{F}_n| - m \, g \cos \theta = 0 \, . \tag{2}$$

Dividieren von Gleichung 1 durch Gleichung 2 ergibt

$$\tan \theta = \frac{|\boldsymbol{F}_{R,h}|}{|\boldsymbol{F}_n|} \, .$$

Die maximale Haftreibungskraft wird nicht überschritten. Also ist $|\boldsymbol{F}_{R,h}| \leq |\boldsymbol{F}_{R,h,max}| = \mu_{R,h} |\boldsymbol{F}_n|$. Daraus folgt

$$\tan \theta \leq \frac{\mu_{R,h} |\boldsymbol{F}_n|}{|\boldsymbol{F}_n|} = \mu_{R,h} \, ,$$

sodass Lösung d richtig ist.

L4.3 a) Falsch. Gemäß dem zweiten Kepler'schen Gesetz überstreicht die Verbindungslinie zwischen Sonne und Planet in gleichen Zeitintervallen gleiche Flächen. Dies ergibt sich aus der Tatsache, dass die Gravitationskraft stets entlang der Verbindungslinie zwischen zwei Körpern (beispielsweise Sonne und Erde) wirkt. Dabei spielt die Abhängigkeit der Gravitationskraft vom Abstand aber keine Rolle.

b) Richtig. Die Umlaufdauern der Planeten sind umso kürzer, je näher sie der Sonne sind. Dabei sind die Quadrate der Umlaufdauern proportional zur dritten Potenz der mittleren Abstände von der Sonne: $T^2 \propto r^3$.

c) Richtig. Die Bahngeschwindigkeit ist der Quotient aus dem Umfang und der Umlaufdauer. Also ist das Verhältnis der Bahngeschwindigkeiten von Venus und Erde

$$\frac{v_V}{v_E} = \frac{2\pi r_V}{T_V} \frac{T_E}{2\pi r_E} = \frac{r_V\, T_E}{T_V\, r_E} \,.$$

Nach dem dritten Kepler'schen Gesetz gilt für die Umlaufdauern T und die mittleren Bahnradien r

$$\frac{T_E^2}{T_V^2} = \frac{r_E^3}{r_V^3} \qquad \text{bzw.} \qquad \frac{T_E}{T_V} = \frac{r_E^{3/2}}{r_V^{3/2}} \,.$$

Das setzen wir ein und berücksichtigen, dass der mittlere Bahnradius der Venus ungefähr $\frac{2}{3}$ des Bahnradius der Erde beträgt. Damit ergibt sich für das Verhältnis der Bahngeschwindigkeiten

$$\frac{v_V}{v_E} = \frac{r_V}{r_E} \frac{r_E^{3/2}}{r_V^{3/2}} = \sqrt{\frac{r_E}{r_V}} \approx \sqrt{\frac{r_E}{\frac{2}{3} r_E}} = \sqrt{\frac{3}{2}} \,.$$

d) Falsch. Die Umlaufdauer eines Planeten ist unabhängig von seiner Masse.

L4.4 Die Masse der Erde ist m_E und die des Satelliten m_S. Die Gravitationskraft ist gemäß dem zweiten Newton'schen Axiom betragsmäßig gleich der ebenfalls radial wirkenden Zentripetalkraft, sodass gilt:

$$\frac{\Gamma\, m\, m_E}{r^2} = \frac{m\, v^2}{r} \qquad \text{und daher} \qquad v = \sqrt{\frac{\Gamma\, m_E}{r}} \,.$$

Die Bahngeschwindigkeit ist also unabhängig von der Satellitenmasse m, und Aussage c ist richtig.

L4.5 Die Gravitationskraft zwischen den Sternen mit den Massen m_1 und m_2 sowie dem Abstand r voneinander ist

$$F = \frac{\Gamma\, m_1\, m_2}{r^2} \,.$$

Nach Verdopplung der Massen beider Planeten ist beim neuen Abstand r' die Gravitationskraft gegeben durch

$$F' = \frac{\Gamma\,(2\,m_1)\,(2\,m_2)}{(r')^2} = \frac{4\,\Gamma\, m_1\, m_2}{(r')^2} \,.$$

Das Verhältnis der Kräfte ist

$$\frac{F'}{F} = \frac{4\,\Gamma\, m_1\, m_2/(r')^2}{\Gamma\, m_1\, m_2/r^2} = \frac{4\,r^2}{(r')^2} \,.$$

Also gilt $r' = 2\,r$, sodass Aussage b richtig ist.

L4.6 Das Kräftediagramm zeigt die Kräfte, die auf das Auto wirken, während es mit der maximalen Geschwindigkeit durch die Kurve mit dem Radius r fährt. Die Zentripetalkraft wird von der Haftreibungskraft bewirkt, die die Fahrbahn auf die Reifen ausübt.

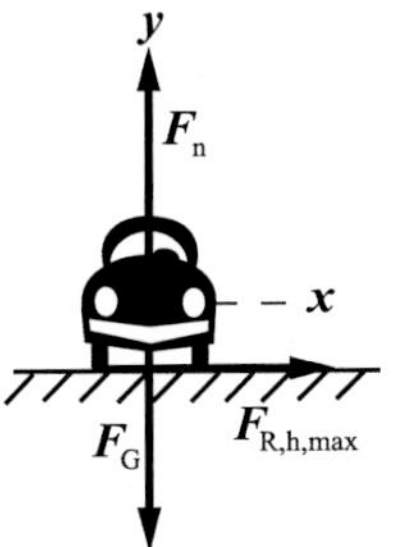

Anwenden des zweiten Newton'schen Axioms $\sum \boldsymbol{F}_i = m\,\boldsymbol{a}$ auf das Auto ergibt

$$\sum F_{i,r} = |\boldsymbol{F}_{R,h,max}| = m\,\frac{v_{max}^2}{r} \,,$$

$$\sum F_{i,y} = |\boldsymbol{F}_n| - m\,g = 0 \,.$$

Aus der Gleichung für die y-Richtung folgt $|\boldsymbol{F}_n| = m\,g$.

Wir verwenden nun die Beziehung $|\boldsymbol{F}_{R,h,max}| = \mu_{R,h}\,|\boldsymbol{F}_n|$. (Beachten Sie, dass die Reibungskraft hier in die positive r-Richtung zur Mitte der Kurve hin zeigt.) Damit ergibt sich für die Maximalgeschwindigkeit bei trockener Straße

$$v_{max,tr} = \sqrt{\mu_{R,h,tr}\, g\, r} \tag{1}$$

und entsprechend bei vereister Straße

$$v_{max} = \sqrt{\mu_{R,h}\, g\, r} \,. \tag{2}$$

Dividieren von Gleichung 2 durch Gleichung 1 liefert

$$\frac{v_{max}}{v_{max,tr}} = \frac{\sqrt{\mu_{R,h}\, g\, r}}{\sqrt{\mu_{R,h,tr}\, g\, r}} = \sqrt{\frac{\mu_{R,h}}{\mu_{R,h,tr}}} \,.$$

Hieraus folgt

$$v_{max} = \sqrt{\frac{\mu_{R,h}}{\mu_{R,h,tr}}}\, v_{max,tr} = \sqrt{\frac{1}{4}}\, v_{max,tr} = 0{,}5\, v_{max,tr} \,.$$

Damit ist Antwort c richtig.

L4.7 Während Sie am Gummiband ziehen, solange der Klotz noch ruht, nimmt wegen der zunehmenden Dehnungskraft die auf den Klotz ausgeübte Kraft zu. Wenn diese größer als die maximale Haftreibungskraft wird, beginnt der Klotz zu gleiten. Während er nun durch die Zugkraft beschleunigt wird, wird das Gummiband aber kürzer, sodass die Dehnungskraft und damit die Zugkraft auf den Klotz kleiner wird. Dadurch wird er langsamer und kann sogar zum Stillstand kommen.

Bei fortgesetztem Ziehen am Gummiband nimmt die Zugkraft wegen der Dehnung des Gummibands wieder zu, sodass der Klotz beschleunigt wird, und das Spiel beginnt von vorn. Dieses Prinzip wird z. B. bei der Geige angewendet, wobei die Vorgänge aber in sehr schneller Folge ablaufen. Die gespannte Saite übernimmt dabei die Rolle des Gummibands und der Bogen die des Klotzes. Während der Bogen über die Saite gezogen wird, bleibt die Saite periodisch am Bogen haften, um sich jeweils gleich darauf wieder von ihm zu lösen.

L4.8 Bei höherer Temperatur, wie auch in größerer Höhe über dem Erdboden, hat die Luft eine geringere Dichte. Daher ist das Vorhaben an einem warmen Tag begünstigt. Auch die ausgestreckte, senkrechte Haltung beim Fall trägt, ebenso wie der glatte Schutzhelm und die abgerundete Form des Schutzanzugs, dazu bei, die Widerstandskraft der Luft zu verringern. Dadurch wird die Fallbewegung des Springers stärker beschleunigt, und er erreicht außerdem eine höhere Endgeschwindigkeit.

L4.9 Vom Straßenrand aus (also von einem Inertialsystem aus) gesehen, wird der Beifahrer durch die Zentripetalkraft auf der kreisförmigen Bahn gehalten. Diese Kraft rührt von der Reibung her, die der Sitz auf den Beifahrer ausübt. Der Beifahrer spürt in der Kurve eine „Schein"kraft nach außen. Diese rührt daher, dass sein Körper gemäß dem Trägheitsgesetz bestrebt ist, sich gleichförmig geradlinig (d. h. tangential zur Kreisbahn) weiterzubewegen. Daran wird er aber durch die Reibungskraft des Sitzes gehindert.

L4.10 Zwischen Erde und Mond wirken auf das Raumschiff die anziehenden Gravitationskräfte von Erde und Mond, die einander entgegengerichtet sind. Weil der Mond wesentlich weniger Masse als die Erde hat, ist bei gleicher Anziehungskraft sein Abstand vom Raumschiff wesentlich geringer. Daher liegt der Punkt gleicher Anziehungskräfte viel näher beim Mond als bei der Erde.

L4.11 Innerhalb einer massiven gleichförmigen Kugel ist im Abstand r von ihrem Mittelpunkt das Gravitationsfeld direkt proportional zu der Masse, die sich innerhalb des Radius r befindet. Diese Masse ist proportional zu r^3. Außerdem ist das Gravitationsfeld umgekehrt proportional zum Quadrat des jeweiligen Radius, d. h. des Abstands von der Kugelmitte, und damit insgesamt proportional zu $r^3/r^2 = r$.

Schätzungs- und Näherungsaufgaben

L4.12 Wir betrachten das Zentrum der Galaxis (G) als punktförmige Masse, die von der ebenfalls als punktförmig angenommenen Sonne (S) im mittleren Abstand r umrundet wird. Nach dem dritten Kepler'schen Gesetz gilt für das Quadrat der Umlaufdauer

$$T^2 = \frac{4\,\pi^2}{\Gamma\,m_{\mathrm{G}}}\,r^3 = \frac{4\,\pi^2/m_{\mathrm{S}}}{\Gamma\,m_{\mathrm{G}}/m_{\mathrm{S}}}\,r^3\,.$$

(Dabei haben wir mit $1/m_{\mathrm{E}}$ erweitert, weil wir das Verhältnis $m_{\mathrm{G}}/m_{\mathrm{S}}$ berechnen wollen.) Umformen ergibt

$$\frac{r^3}{T^2} = \frac{\Gamma\,m_{\mathrm{G}}/m_{\mathrm{S}}}{4\,\pi^2/m_{\mathrm{S}}} = \frac{m_{\mathrm{G}}/m_{\mathrm{S}}}{4\,\pi^2/(\Gamma\,m_{\mathrm{S}})}\,.$$

Die Gravitationskonstante kann auch in $\mathrm{m}^3 \cdot \mathrm{kg}^{-1} \cdot \mathrm{s}^{-2}$ angegeben werden. Wenn wir nun den Radius in astronomischen Einheiten (AE) anstatt in Lichtjahren (Lj) und die Umlaufdauer in Jahren (a) einsetzen, dann gilt $4\,\pi^2/(\Gamma\,m_{\mathrm{S}}) = 1$. Damit ergibt sich

$$\frac{m_{\mathrm{G}}}{m_{\mathrm{S}}} = \frac{r^3}{T^2} = \frac{\left[(3{,}00 \cdot 10^4\,\mathrm{Lj})\,\dfrac{6{,}3 \cdot 10^4\,\mathrm{AE}}{1\,\mathrm{Lj}}\right]^3}{(250 \cdot 10^6\,\mathrm{a})^2} = 1{,}08 \cdot 10^{11}\,.$$

Also ist $m_{\mathrm{G}} = 1{,}08 \cdot 10^{11}\,m_{\mathrm{S}}$.

L4.13 Wir ermitteln die jeweilige Dimension der Konstanten b, indem wir von den bekannten Dimensionen der Kraft und der Geschwindigkeit ausgehen.

a) Auflösen der Gleichung für die Widerstandskraft nach b ergibt für $n = 1$:

$$b = \frac{F_{\mathrm{W}}}{v} \quad \text{sowie für die Dimensionen} \quad [b] = \frac{m\,l/t^2}{l/t} = \frac{m}{t}\,.$$

Daher hat b bei $n = 1$ die Einheit $\mathrm{kg} \cdot \mathrm{s}^{-1}$.

b) Entsprechend gilt im Fall $n = 2$

$$b = \frac{F_{\mathrm{W}}}{v^2} \quad \text{und für die Dimensionen} \quad [b] = \frac{m\,l/t^2}{(l/t)^2} = \frac{m}{l}\,.$$

Somit hat b bei $n = 2$ die Einheit $\mathrm{kg} \cdot \mathrm{m}^{-1}$.

c) Wir setzen in den Newton'schen Ausdruck für die Widerstandskraft die Dimensionen ein:

$$[F_{\mathrm{W}}] = \left[\tfrac{1}{2}\,\rho\,\pi\,r^2\,v^2\right] = \frac{m}{l^3}\,l^2 \left(\frac{l}{t}\right)^2 = \frac{m\,l}{t^2}\,.$$

Gemäß der in Teilaufgabe b aufgestellten Beziehung gilt

$$[F_{\mathrm{W}}] = [b\,v^2] = \frac{m}{l} \left(\frac{l}{t}\right)^2 = \frac{m\,l}{t^2}\,,$$

was mit dem eben erhaltenen Ergebnis übereinstimmt.

d) Die positive y-Richtung soll nach unten zeigen. Anwenden von $\sum F_{i,y} = m\,a_y$ auf den Fallschirmspringer liefert

$$m\,g - F_{\mathrm{W,E}} = m\,g - \tfrac{1}{2}\,\rho\,\pi\,r^2\,v_{\mathrm{E}}^2 = 0\,,$$

und für seine Endgeschwindigkeit ergibt sich

$$v_{\mathrm{E}} = \sqrt{\frac{2\,m\,g}{\pi\,\rho\,r^2}} = \sqrt{\frac{2\,(56\,\mathrm{kg})\,(9{,}81\,\mathrm{m} \cdot \mathrm{s}^{-2})}{\pi\,(1{,}2\,\mathrm{kg} \cdot \mathrm{m}^{-3})(0{,}30\,\mathrm{m})^2}} = 57\,\mathrm{m} \cdot \mathrm{s}^{-1}\,.$$

e) Bei der geringeren Luftdichte $0{,}514\,\mathrm{kg} \cdot \mathrm{m}^{-3}$ ist die Endgeschwindigkeit

$$v_{\mathrm{E}} = \sqrt{\frac{2\,(56\,\mathrm{kg})\,(9{,}81\,\mathrm{m} \cdot \mathrm{s}^{-2})}{\pi\,(0{,}514\,\mathrm{kg} \cdot \mathrm{m}^{-3})\,(0{,}30\,\mathrm{m})^2}} = 87\,\mathrm{m} \cdot \mathrm{s}^{-1}\,.$$

L4.14 Wir zeichnen zunächst das Diagramm der auf einen Fuß wirkenden Kräfte.

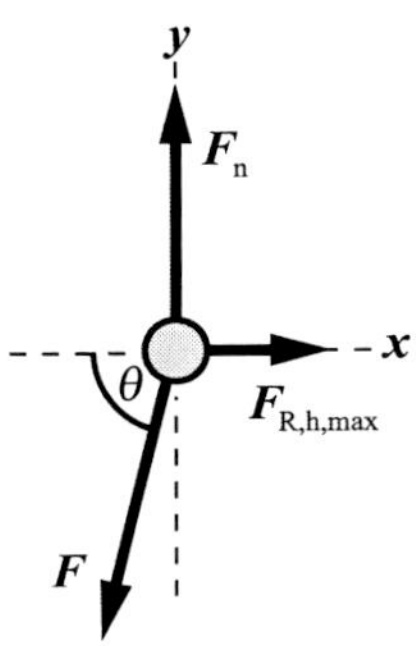

Gemäß dem zweiten Newton'schen Axiom $\sum \boldsymbol{F}_i = m \boldsymbol{a}$ gilt

$$\sum F_{i,x} = |\boldsymbol{F}_{\mathrm{R,h,max}}| - |\boldsymbol{F}_{\mathrm{G}}| \cos \theta = 0 \,,$$

$$\sum F_{i,y} = |\boldsymbol{F}_{\mathrm{n}}| - |\boldsymbol{F}_{\mathrm{G}}| \sin \theta = 0 \,.$$

Wegen $|\boldsymbol{F}_{\mathrm{R,h,max}}| = \mu_{\mathrm{R,h}} |\boldsymbol{F}_{\mathrm{n}}|$ und $|\boldsymbol{F}_{\mathrm{G}}| = m\,g$ gilt daher

$$\mu_{\mathrm{R,h}} |\boldsymbol{F}_{\mathrm{n}}| - m\,g \cos \theta = 0 \tag{1}$$

sowie $|\boldsymbol{F}_{\mathrm{n}}| = m\,g \sin \theta$.

Einsetzen dieses Ausdrucks in Gleichung 1 ergibt

$$\mu_{\mathrm{R,h}}\, m\,g \sin \theta - m\,g \cos \theta = 0 \,,$$

und wir erhalten für den Winkel

$$\theta = \operatorname{atan} \frac{1}{\mu_{\mathrm{R,h}}} = \operatorname{atan} \frac{1}{0{,}25} = 76° \,.$$

Dies ist der Winkel zwischen der Horizontalen und dem Bein. Also bildet es mit der Vertikalen den Winkel 14°, und beide Beine schließen wegen der Symmetrie den Winkel 28° ein.

Reibung

L4.15 Der Klotz bewegt sich mit konstanter Geschwindigkeit. Daher ist er im Gleichgewicht, wobei auf ihn nur folgende Kräfte einwirken: die Normalkraft $\boldsymbol{F}_{\mathrm{n}}$, seine Gewichts- bzw. Gravitationskraft $\boldsymbol{F}_{\mathrm{G}}$ sowie die ausgeübte Zugkraft $\boldsymbol{F}_{\mathrm{S}}$ und die Gleitreibungskraft $\boldsymbol{F}_{\mathrm{R,g}}$. Daher gilt

$$\boldsymbol{F}_{\mathrm{n}} + \boldsymbol{F}_{\mathrm{G}} + \boldsymbol{F}_{\mathrm{S}} + \boldsymbol{F}_{\mathrm{R,g}} = 0 \,.$$

Das Diagramm zeigt diese Kräfte.

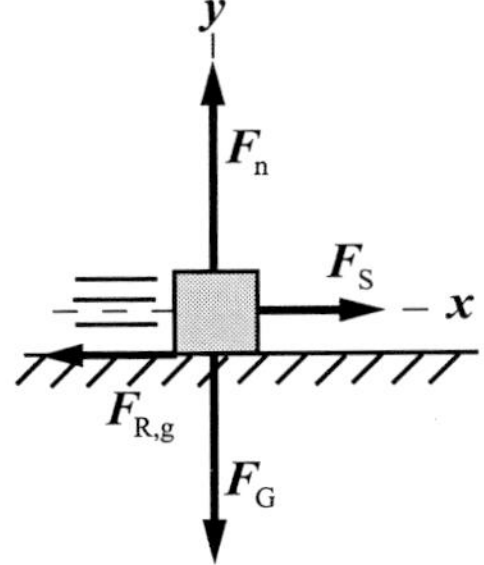

Gemäß dem zweiten Newton'schen Axiom $\sum F_{i,x} = m\,a_x$ erhalten wir mit $a_x = 0$ für die x-Komponenten der Kräfte

$$|\boldsymbol{F}_{\mathrm{S}}| - |\boldsymbol{F}_{\mathrm{R,g}}| = 0 \,.$$

Also ist $|\boldsymbol{F}_{\mathrm{R,g}}| = |\boldsymbol{F}_{\mathrm{S}}| = 20\,\mathrm{N}$, und Lösung e ist richtig.

L4.16 Zunächst müssen wir entscheiden, ob Haftreibung oder Gleitreibung vorliegt. Das Diagramm zeigt die einwirkenden Kräfte.

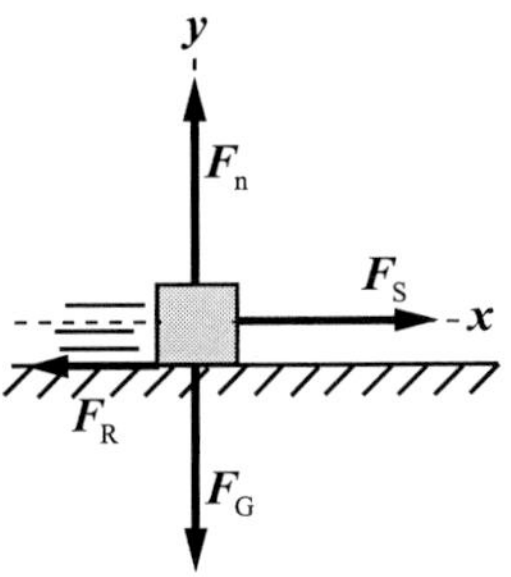

Das Ergebnis der Entscheidung hängt davon ab, ob die ausgeübte Zugkraft $\boldsymbol{F}_{\mathrm{S}}$ einen höheren Betrag hat als die maximale Haftreibungskraft. Mit $|\boldsymbol{F}_{\mathrm{n}}| = |\boldsymbol{F}_{\mathrm{G}}|$ ergibt sich diese zu

$$|\boldsymbol{F}_{\mathrm{R,h,max}}| = \mu_{\mathrm{R,h}} |\boldsymbol{F}_{\mathrm{n}}| = \mu_{\mathrm{R,h}} |\boldsymbol{F}_{\mathrm{G}}| = (0{,}80)\,(20\,\mathrm{N}) = 16\,\mathrm{N} \,.$$

Damit können wir die Teilaufgaben lösen.

a) Wegen $|\boldsymbol{F}_{\mathrm{R,h,max}}| > |\boldsymbol{F}_{\mathrm{S}}| = 15\,\mathrm{N}$ liegt Haftreibung vor, sodass der Block liegen bleibt. Dabei ist die Reibungskraft

$$|\boldsymbol{F}_{\mathrm{R}}| = |\boldsymbol{F}_{\mathrm{R,h}}| = |\boldsymbol{F}_{\mathrm{S}}| = 15\,\mathrm{N} \,.$$

b) Wegen $|\boldsymbol{F}_{\mathrm{S}}| = 20\,\mathrm{N} > |\boldsymbol{F}_{\mathrm{R,h,max}}|$ liegt Gleitreibung vor. Weil also die Zugkraft größer als die Haftreibungskraft ist, beginnt der Block zu gleiten, und wir erhalten für die Reibungskraft

$$\begin{aligned} |\boldsymbol{F}_{\mathrm{R}}| &= |\boldsymbol{F}_{\mathrm{R,g}}| = \mu_{\mathrm{R,g}} |\boldsymbol{F}_{\mathrm{n}}| = \mu_{\mathrm{R,g}} |\boldsymbol{F}_{\mathrm{G}}| = (0{,}60)\,(20\,\mathrm{N}) \\ &= 12\,\mathrm{N} \,. \end{aligned}$$

L4.17 Wir müssen zunächst entscheiden, ob Haftreibung oder Gleitreibung vorliegt. Das Diagramm zeigt die einwirkenden Kräfte.

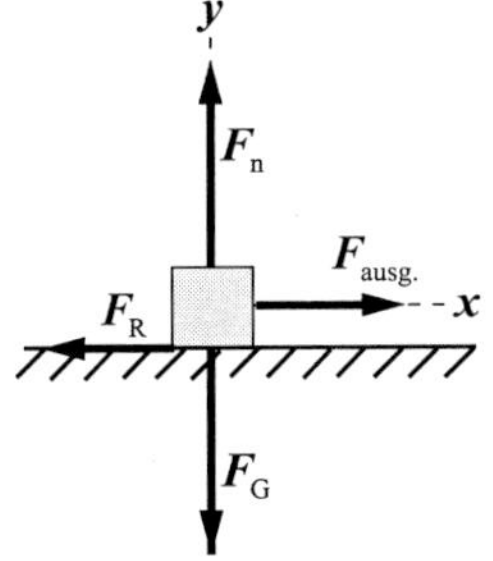

Das Ergebnis der Entscheidung hängt davon ab, ob die ausgeübte Kraft $\boldsymbol{F}_{\text{ausg.}}$ einen höheren Betrag hat als die maximale Haftreibungskraft. Für diese erhalten wir

$$|\boldsymbol{F}_{\text{R,h,max}}| = \mu_{\text{R,h}} |\boldsymbol{F}_{\text{n}}| = \mu_{\text{R,h}} |\boldsymbol{F}_{\text{G}}| = \mu_{\text{R,h}} \, m \, g$$
$$= (0{,}600)\,(100\,\text{kg})\,(9{,}81\,\text{m} \cdot \text{s}^{-2}) = 589\,\text{N} \, .$$

Wegen $|\boldsymbol{F}_{\text{R,h,max}}| > |\boldsymbol{F}_{\text{ausg.}}| = 500\,\text{N}$ bewegt sich die Kiste nicht. Also ist die Haftreibungskraft zwischen Teppich und Kiste ebenso groß wie die ausgeübte Kraft:

$$|\boldsymbol{F}_{\text{ausg.}}| = |\boldsymbol{F}_{\text{R,h}}| = 500\,\text{N} \, .$$

L4.18 a) In der Abbildung fährt das Auto geradlinig nach rechts in die positive x-Richtung.

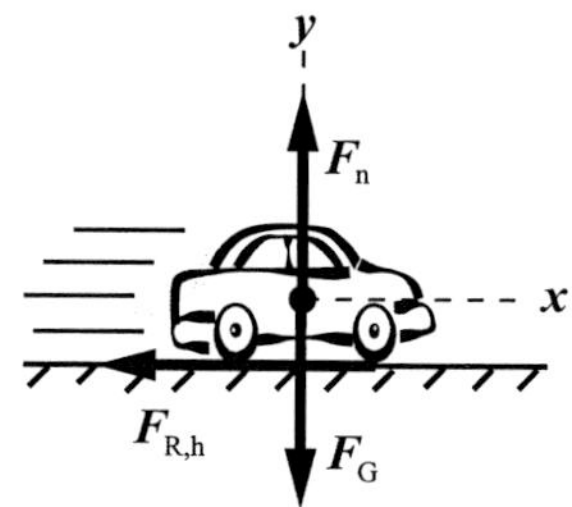

Wir wenden das zweite Newton'sche Axiom $\sum F_{i,x} = m\,a_x$ auf das Auto an:

$$-|\boldsymbol{F}_{\text{R,h,max}}| = -\mu_{\text{R,h}} |\boldsymbol{F}_{\text{n}}| = m\,a_{\text{max},x} \, . \tag{1}$$

Nun wenden wir die Beziehung $\sum F_{i,y} = m\,a_y$ an:

$$|\boldsymbol{F}_{\text{n}}| - |\boldsymbol{F}_{\text{G}}| = m\,a_y \, .$$

Mit $|\boldsymbol{F}_{\text{G}}| = m\,g$ und $a_y = 0$ folgt daraus

$$|\boldsymbol{F}_{\text{n}}| = m\,g \, . \tag{2}$$

Das setzen wir in Gleichung 1 ein, um $|\boldsymbol{F}_{\text{n}}|$ zu eliminieren:

$$-|\boldsymbol{F}_{\text{R,h,max}}| = -\mu_{\text{R,h}} \, m\,g = m\,a_{\text{max},x} \, .$$

Das ergibt für die maximal mögliche Beschleunigung

$$a_{\text{max},x} = -\mu_{\text{R,h}}\,g = -(0{,}60)\,(9{,}81\,\text{m} \cdot \text{s}^{-2})$$
$$= -5{,}89\,\text{m} \cdot \text{s}^{-2} \, .$$

b) Weil das Auto gleichförmig verzögert wird, gilt für seine Endgeschwindigkeit in Abhängigkeit von der Anfangsgeschwindigkeit: $v_x^2 = v_{0,x}^2 + 2\,a_x\,\Delta x$. Mit $v_x = 0$ erhalten wir für den Bremsweg

$$\Delta x = \frac{-v_{0,x}^2}{2\,a_x} = \frac{-(30\,\text{m} \cdot \text{s}^{-1})^2}{2\,(-5{,}89\,\text{m} \cdot \text{s}^{-2})} = 76\,\text{m} \, .$$

L4.19 Die Abbildung zeigt die auf das Buch wirkenden Kräfte. Die positive x-Richtung zeigt nach rechts und die positive y-Richtung nach oben.

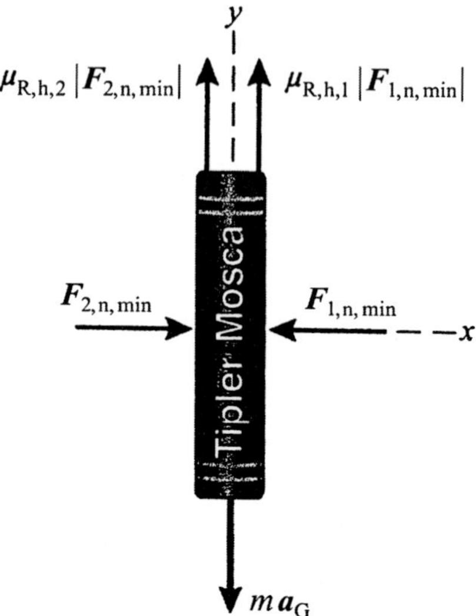

Die Normalkräfte sind die Kräfte, mit denen der Student auf das Buch drückt. Da das Buch in horizontaler Richtung nicht beschleunigt wird, sind die von beiden Seiten wirkenden Normalkräfte betragsmäßig gleich. Während das Buch also in horizontaler Richtung ruht, kann es – je nach dem Betrag der Reibungskräfte – nach unten beschleunigt werden oder aber steckenbleiben.

a) Gemäß dem zweiten Newton'schen Axiom $\sum \boldsymbol{F}_i = m\,\boldsymbol{a}$ gilt

$$\sum F_{i,x} = |\boldsymbol{F}_{\text{2,n,min}}| - |\boldsymbol{F}_{\text{1,n,min}}| = 0 \, ,$$

$$\sum F_{i,y} = \mu_{\text{R,h,1}} |\boldsymbol{F}_{\text{1,n,min}}| + \mu_{\text{R,h,2}} |\boldsymbol{F}_{\text{2,n,min}}| - m\,g = 0 \, .$$

Wegen $|\boldsymbol{F}_{\text{2,n,min}}| = |\boldsymbol{F}_{\text{1,n,min}}| = |\boldsymbol{F}_{\text{n,min}}|$ ergibt die erste dieser Gleichungen für die in horizontaler Richtung mindestens auszuübende Normalkraft

$$|\boldsymbol{F}_{\text{n,min}}| = \frac{m\,g}{\mu_{\text{R,h,1}} + \mu_{\text{R,h,2}}} = \frac{(3{,}2\,\text{kg})(9{,}81\,\text{m} \cdot \text{s}^{-2})}{0{,}320 + 0{,}160} = 65\,\text{N} \, .$$

b) Wir betrachten nun den Fall, dass das Buch gemäß der Beziehung $\sum F_{i,y} = m\,a_y$ nach unten beschleunigt wird. Dabei wirkt in horizontaler Richtung nicht mehr die eben berechnete Normalkraft $|\boldsymbol{F}_{\text{n,min}}|$, sondern die gegebene Normalkraft $|\boldsymbol{F}_{\text{n}}| = 61\,\text{N}$. Mit dem Gleitreibungs- anstatt dem Haftreibungskoeffizienten gilt dann

$$\sum F_{i,y} = \mu_{\text{R,g,1}} |\boldsymbol{F}_{\text{n}}| + \mu_{\text{R,g,2}} |\boldsymbol{F}_{\text{n}}| - m\,g = m\,a_y \, .$$

Damit erhalten wir für die Beschleunigung

$$a_y = \frac{\mu_{\text{R,g,1}} + \mu_{\text{R,g,2}}}{m} |\boldsymbol{F}_{\text{n}}| - g$$
$$= \frac{0{,}200 + 0{,}090}{3{,}2\,\text{kg}}\,(61\,\text{N}) - 9{,}81\,\text{m} \cdot \text{s}^{-2} = -4{,}3\,\text{m} \cdot \text{s}^{-2} \, .$$

Das negative Vorzeichen besagt gemäß unserer Festlegung der positiven y-Richtung, dass das Buch nach unten beschleunigt wird.

L4.20 Die Abbildung zeigt die auf das Auto wirkenden Kräfte. Im Grenzfall wirkt schräg nach oben (in positiver x-Richtung) die maximale Haftreibungskraft $\boldsymbol{F}_{\mathrm{R,h,max}}$ zwischen Straße und Reifen.

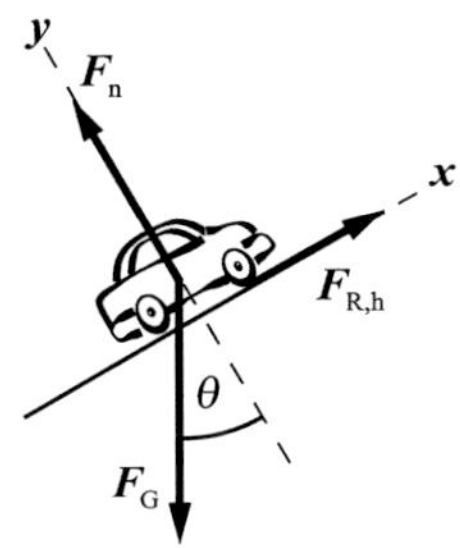

a) Wir wenden $\sum \boldsymbol{F}_i = m\,\boldsymbol{a}$ auf das Auto an:

$$\sum F_{i,x} = |\boldsymbol{F}_{\mathrm{R,h,max}}| - |\boldsymbol{F}_{\mathrm{G}}| \sin\theta = 0 \,,$$

$$\sum F_{i,y} = |\boldsymbol{F}_{\mathrm{n}}| - |\boldsymbol{F}_{\mathrm{G}}| \cos\theta = 0 \,.$$

Mit $|\boldsymbol{F}_{\mathrm{G}}| = m\,g$ folgt aus diesen beiden Gleichungen

$$|\boldsymbol{F}_{\mathrm{R,h,max}}| = m\,g\,\sin\theta \quad \text{und} \quad |\boldsymbol{F}_{\mathrm{n}}| = m\,g\,\cos\theta \,.$$

Der Quotient dieser Kräfte ist der Haftreibungskoeffizient:

$$\mu_{\mathrm{R,h}} = \frac{|\boldsymbol{F}_{\mathrm{R,h,max}}|}{|\boldsymbol{F}_{\mathrm{n}}|} = \frac{m\,g\,\sin\theta}{m\,g\,\cos\theta} = \tan\theta \,.$$

Mit dem Haftreibungskoeffizienten 0,08 ergibt sich daraus der Winkel der Steigung zu

$$\theta = \operatorname{atan}\mu_{\mathrm{R,h}} = \operatorname{atan}(0{,}080) = 4{,}6° \,.$$

b) Auf dem gleichen Weg wie in Teilaufgabe a erhalten wir auch hier $\theta = \operatorname{atan}(0{,}080) = 4{,}6°$.

L4.21 In der Abbildung sind die Kräftediagramme für beide Verfahren einander gegenübergestellt.

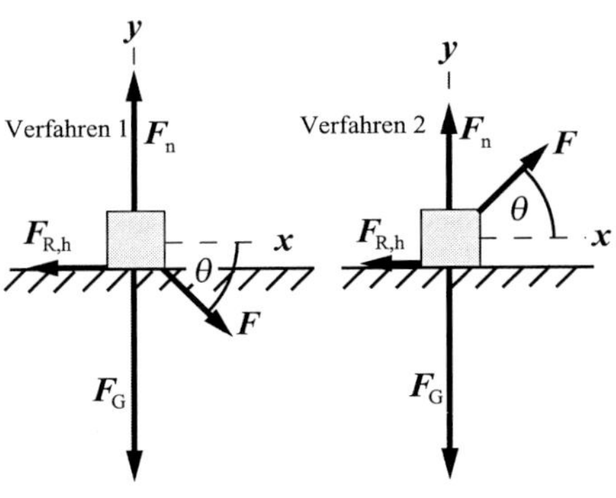

a) Beim Drücken schräg nach unten (Verfahren 1) wird die Kiste auch auf den Boden gedrückt, sodass sich die Normalkraft und damit auch die Haftreibungskraft erhöht. Wird jedoch an der Kiste schräg nach oben gezogen (Verfahren 2), dann wird sie teilweise angehoben, sodass die Normalkraft und die Haftreibungskraft kleiner werden. Daher erfordert das Verfahren 2 eine geringere Kraft als das Verfahren 1.

b) Anwenden von $\sum F_{i,x} = m\,a_x$ auf die Kiste ergibt

$$|\boldsymbol{F}|\cos\theta - |\boldsymbol{F}_{\mathrm{R,h,max}}| = |\boldsymbol{F}|\cos\theta - \mu_{\mathrm{R,h}}|\boldsymbol{F}_{\mathrm{n}}| = m\,a_x \,.$$

Beim Verfahren 1 wird die Kiste mit der Kraft $\boldsymbol{F}$ nach unten gedrückt. Wegen $\sum F_{i,y} = m\,a_y$ ergibt sich hier

$$|\boldsymbol{F}_{\mathrm{n}}| - m\,g - |\boldsymbol{F}|\sin\theta = 0$$

und damit für die Normalkraft

$$|\boldsymbol{F}_{\mathrm{n}}| = m\,g + |\boldsymbol{F}|\sin\theta \,.$$

Somit gilt für die Haftreibungskraft

$$|\boldsymbol{F}_{\mathrm{R,h,max}}| = \mu_{\mathrm{R,h}}|\boldsymbol{F}_{\mathrm{n}}| = \mu_{\mathrm{R,h}}(m\,g + |\boldsymbol{F}|\sin\theta) \,. \quad (1)$$

Beim Verfahren 2 wird an der Kiste mit der Kraft $\boldsymbol{F}$ unter dem Winkel θ schräg nach oben gezogen. Wegen $\sum F_{i,y} = m\,a_y$ gilt dabei

$$|\boldsymbol{F}_{\mathrm{n}}| - m\,g + |\boldsymbol{F}|\sin\theta = 0$$

und daher $|\boldsymbol{F}_{\mathrm{n}}| = m\,g - |\boldsymbol{F}|\sin\theta$.

Also ist die Haftreibungskraft gegeben durch

$$|\boldsymbol{F}_{\mathrm{R,h,max}}| = \mu_{\mathrm{R,h}}|\boldsymbol{F}_{\mathrm{n}}| = \mu_{\mathrm{R,h}}(m\,g - |\boldsymbol{F}|\sin\theta) \,. \quad (2)$$

Damit die Kiste bewegt werden kann, muss in beiden Fällen gelten:

$$|\boldsymbol{F}_{\mathrm{R,h,max}}| < |\boldsymbol{F}|\cos\theta \,. \quad (3)$$

Beim Verfahren 1 liefert das Einsetzen von Gleichung 1 in Gleichung 3

$$|\boldsymbol{F}_1| > \frac{\mu_{\mathrm{R,h}}\,m\,g}{\cos\theta - \mu_{\mathrm{R,h}}\sin\theta} \,. \quad (4)$$

Beim Verfahren 2 ergibt das Einsetzen von Gleichung 2 in Gleichung 3

$$|\boldsymbol{F}_2| > \frac{\mu_{\mathrm{R,h}}\,m\,g}{\cos\theta + \mu_{\mathrm{R,h}}\sin\theta} \,. \quad (5)$$

Für den Winkel $\theta = 30°$ erhalten wir mit Gleichung 4 bzw. 5 für die beim Verfahren 1 bzw. 2 jeweils auszuübende Kraft

$$|\boldsymbol{F}_{1,\,30°}| > \frac{(0{,}60)\,(50\,\mathrm{kg})\,(9{,}81\,\mathrm{m\cdot s^{-2}})}{\cos 30° - 0{,}60\sin 30°} = 0{,}52\,\mathrm{kN}$$

bzw.

$$|\boldsymbol{F}_{2,\,30°}| > \frac{(0{,}60)\,(50\,\mathrm{kg})\,(9{,}81\,\mathrm{m\cdot s^{-2}})}{\cos 30° + 0{,}60\sin 30°} = 0{,}25\,\mathrm{kN} \,.$$

Diese Ergebnisse bestätigen unsere Lösung von Teilaufgabe a, dass beim Verfahren 1 eine geringere Kraft $\boldsymbol{F}$ ausgeübt werden muss.

Für den Winkel $\theta = 0°$ ergibt sich mit Gleichung 4 bzw. 5

$$|\boldsymbol{F}_{1,0°}| > \frac{(0{,}60)\,(50\,\text{kg})\,(9{,}81\,\text{m} \cdot \text{s}^{-2})}{\cos 0° - 0{,}60 \sin 0°} = 0{,}29\,\text{kN}$$

bzw.

$$|\boldsymbol{F}_{2,0°}| > \frac{(0{,}60)\,(50\,\text{kg})\,(9{,}81\,\text{m} \cdot \text{s}^{-2})}{\cos 0° + 0{,}60 \sin 0°} = 0{,}29\,\text{kN}\,.$$

Diese beiden Ergebnisse müssen gleich sein, weil der Winkel $\theta = 0°$ bei beiden Verfahren denselben Grenzfall darstellt.

L4.22 Die erste Abbildung veranschaulicht den Sachverhalt mit den gegebenen und den gesuchten Größen.

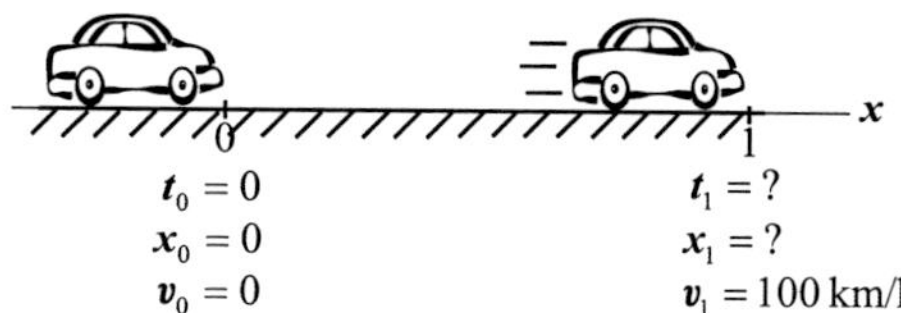

a) Auf den beiden angetriebenen Rädern des Autos lasten insgesamt 40 % des Gewichts. Weil nur an ihnen die beschleunigenden Reibungskräfte angreifen, zeigt die zweite Abbildung das Kräftediagramm nur für diese beiden Räder.

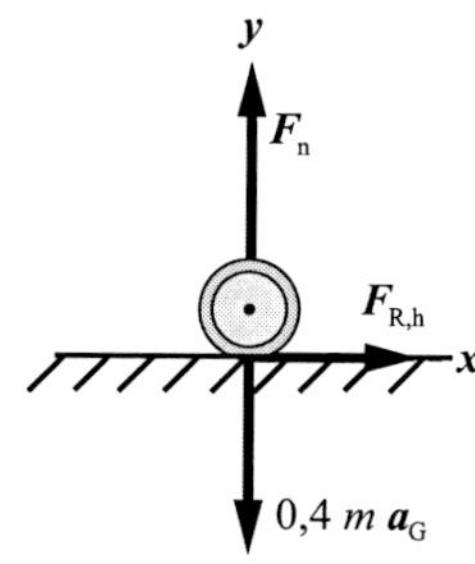

Wir wenden das zweite Newton'sche Axiom $\sum \boldsymbol{F}_i = m\,\boldsymbol{a}$ auf die angetriebenen Räder an:

$$\sum F_{i,x} = |\boldsymbol{F}_{\text{R,h,max}}| = m\,a_{\text{max},x}\,,$$

$$\sum F_{i,y} = |\boldsymbol{F}_\text{n}| - 0{,}4\,m\,g = 0\,.$$

Wir setzen die Definition $|\boldsymbol{F}_{\text{R,h,max}}| = \mu_{\text{R,h}}\,|\boldsymbol{F}_\text{n}|$ der Haftreibungskraft in die erste Gleichung ein und eliminieren $|\boldsymbol{F}_\text{n}|$ aus beiden Gleichungen. Damit erhalten wir

$$a_{\text{max},x} = 0{,}4\,\mu_{\text{R,h}}\,g = 0{,}4\,(0{,}70)\,(9{,}81\,\text{m} \cdot \text{s}^{-2})$$
$$= 2{,}747\,\text{m} \cdot \text{s}^{-2} = 2{,}7\,\text{m} \cdot \text{s}^{-2}\,.$$

b) Das Auto wird aus dem Stand, also mit der Anfangsgeschwindigkeit $v_{0,x} = 0$, gleichförmig beschleunigt. Daher gilt für seine Endgeschwindigkeit nach der Zeitspanne Δt

$$v_x = v_{0,x} + a_{\text{max},x}\,\Delta t = a_{\text{max},x}\,\Delta t\,.$$

Damit ergibt sich für die zur Beschleunigung auf 100 km/h erforderliche Zeitspanne

$$\Delta t = \frac{v_x}{a_{\text{max},x}} = \frac{100\,\dfrac{\text{km}}{\text{h}} \cdot \dfrac{1\,\text{h}}{3600\,\text{s}} \cdot \dfrac{1000\,\text{m}}{1\,\text{km}}}{2{,}747\,\text{m} \cdot \text{s}^{-2}} = 10\,\text{s}\,.$$

L4.23 Die Abbildung zeigt das Kräftediagramm.

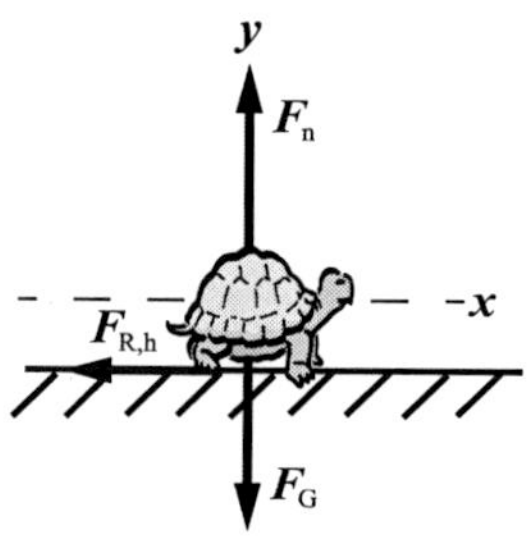

Die Haftreibungskraft

$$\mu_{\text{R,h}} = \frac{|\boldsymbol{F}_{\text{R,h,max}}|}{|\boldsymbol{F}_\text{n}|} \tag{1}$$

soll so groß sein, dass sie die Schildkröte am Gleiten hindert. Wir wenden nun auf die Schildkröte das zweite Newton'sche Axiom $\sum \boldsymbol{F}_i = m\,\boldsymbol{a}$ an:

$$\sum F_{i,x} = -|\boldsymbol{F}_{\text{R,h,max}}| = m\,a_x\,, \tag{2}$$

$$\sum F_{i,y} = |\boldsymbol{F}_\text{n}| - |\boldsymbol{F}_\text{G}| = m\,a_y\,. \tag{3}$$

Aus Gleichung 2 folgt

$$|\boldsymbol{F}_{\text{R,h,max}}| = -m\,a_x\,,$$

und wegen $a_y = 0$ sowie $|\boldsymbol{F}_\text{G}| = m\,g$ wird Gleichung 3 zu

$$|\boldsymbol{F}_\text{n}| = |\boldsymbol{F}_\text{G}| = m\,g\,.$$

Einsetzen dieser beiden Ausdrücke für die Kräfte in Gleichung 1 ergibt

$$\mu_{\text{R,h}} = \frac{-m\,a_x}{m\,g} = \frac{-a_x}{g}\,. \tag{4}$$

Für die gemeinsame Beschleunigung bzw. Verzögerung von LKW und Schildkröte beim Abbremsen gilt gemäß der Definition

$$a_x = \frac{\Delta v}{\Delta t} = \frac{v_{\text{E},x} - v_{\text{A},x}}{\Delta t} = \frac{-v_{\text{A},x}}{\Delta t}\,.$$

Dabei haben wir schon $v_{\text{E},x} = 0$ eingesetzt, weil der LKW bis zum Stillstand abgebremst wird. Diesen Ausdruck für die Beschleunigung setzen wir nun in Gleichung 4 ein und erhalten für den Haftreibungskoeffizienten

$$\mu_{\text{R,h}} = \frac{-a_x}{g} = \frac{v_{\text{A},x}}{g\,\Delta t} = \frac{(80\,\text{km} \cdot \text{h}^{-1})\,\dfrac{1\,\text{h}}{3600\,\text{s}}}{(9{,}81\,\text{m} \cdot \text{s}^{-2})\,(12\,\text{s})} = 0{,}19\,.$$

L4.24 Die erste Abbildung veranschaulicht den Sachverhalt mit den gegebenen und den gesuchten Größen.

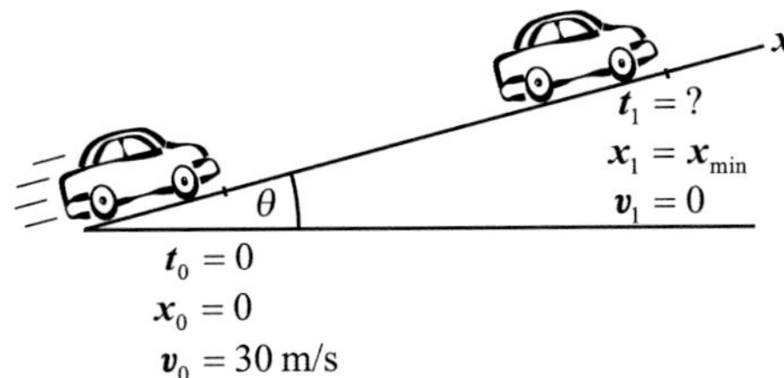

a) Wir nehmen an, dass das Auto mit konstanter Beschleunigung abbremst. Mit der Anfangsgeschwindigkeit $v_{0,x}$ und der Endgeschwindigkeit $v_{1,x}$ gilt dann

$$v_{1,x}^2 = v_{0,x}^2 + 2\,a_{\max,x}\,x_{\min}\,,$$

wobei $a_{\max,x}$ die maximal mögliche Beschleunigung bzw. Verzögerung ist. Weil die Endgeschwindigkeit $v_{1,x}$ null ist, folgt für den Bremsweg

$$x_{\min} = \frac{-v_{0,x}^2}{2\,a_{\max,x}}\,. \tag{1}$$

Die maximal mögliche Beschleunigung bzw. Verzögerung kann nur bei der maximalen Haftreibungskraft erzielt werden. Bevor wir sie berechnen, zeichnen wir zunächst das Kräftediagramm für das Auto (siehe zweite Abbildung). Die $+x$-Achse zeigt dabei längs der Straße aufwärts.

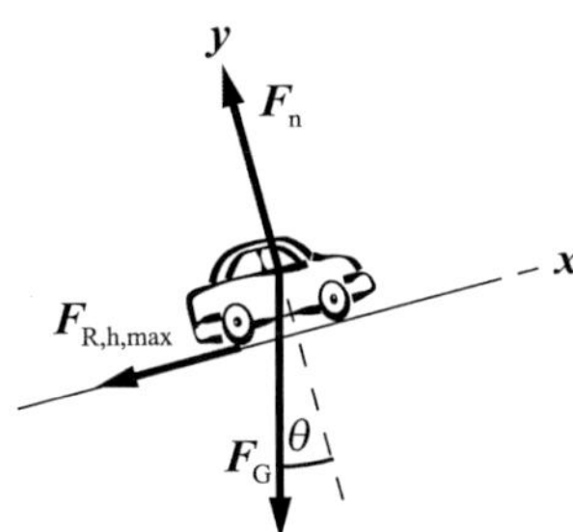

Das zweite Newton'sche Axiom $\sum \boldsymbol{F}_i = m\,\boldsymbol{a}$, angewendet auf das Auto, liefert unter Berücksichtigung von $|\boldsymbol{F}_{\mathrm{G}}| = m\,g$

$$\sum F_{i,x} = -|\boldsymbol{F}_{\mathrm{R,h,max}}| - m\,g\,\sin\theta = m\,a_{\max,x}\,, \tag{2}$$

$$\sum F_{i,y} = |\boldsymbol{F}_{\mathrm{n}}| - m\,g\,\cos\theta = 0\,. \tag{3}$$

Wir setzen die Definition $|\boldsymbol{F}_{\mathrm{R,h,max}}| = \mu_{\mathrm{R,h}}\,|\boldsymbol{F}_{\mathrm{n}}|$ der Haftreibungskraft in Gleichung 2 ein und eliminieren $|\boldsymbol{F}_{\mathrm{n}}|$ aus den Gleichungen 2 und 3. Daraus folgt

$$a_{\max,x} = -g\,(\mu_{\mathrm{R,h}}\cos\theta + \sin\theta)\,.$$

Damit liefert Gleichung 1 den Bremsweg:

$$x_{\min} = \frac{-v_{0,x}^2}{2\,a_{\max,x}} = \frac{-v_{0,x}^2}{2\,[-g\,(\mu_{\mathrm{R,h}}\cos\theta + \sin\theta)]}$$
$$= \frac{(30\,\mathrm{m}\cdot\mathrm{s}^{-1})^2}{2\,(9{,}81\,\mathrm{m}\cdot\mathrm{s}^{-2})\,(0{,}70\cos 15^\circ + \sin 15^\circ)} = 49\,\mathrm{m}\,.$$

b) In der dritten Abbildung ist das Kräftediagramm für eine Bergabfahrt gezeigt. Die $+x$-Achse zeigt hier längs der Straße zweckmäßigerweise abwärts.

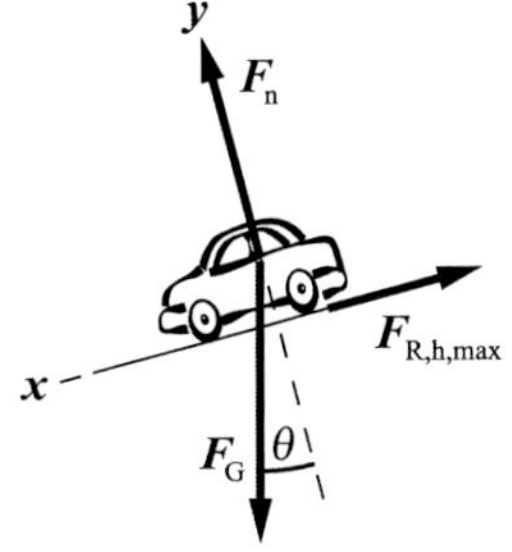

Das zweite Newton'sche Axiom $\sum \boldsymbol{F}_i = m\,\boldsymbol{a}$, angewendet auf das Auto, ergibt hier

$$\sum F_{i,x} = m\,g\,\sin\theta - F_{\mathrm{R,h,max}} = m\,a_{\max,x}\,,$$

$$\sum F_{i,y} = |\boldsymbol{F}_{\mathrm{n}}| - m\,g\,\cos\theta = 0\,.$$

Auf dem gleichen Weg wie in Teilaufgabe a erhalten wir daraus für die maximale Beschleunigung bzw. Verzögerung

$$a_{\max,x} = g\,(\sin\theta - \mu_{\mathrm{R,h}}\cos\theta)\,.$$

Damit liefert Gleichung 1 den Bremsweg:

$$x_{\min} = \frac{-v_{0,x}^2}{2\,a_{\max,x}} = \frac{-v_{0,x}^2}{2\,g\,(\sin\theta - \mu_{\mathrm{R,h}}\cos\theta)}$$
$$= \frac{-(30\,\mathrm{m}\cdot\mathrm{s}^{-1})^2}{2\,(9{,}81\,\mathrm{m}\cdot\mathrm{s}^{-2})\,(\sin 15^\circ - 0{,}70\cos 15^\circ)} = 0{,}11\,\mathrm{km}\,.$$

L4.25 Wir nehmen an, dass das Seil masselos ist und sich nicht dehnt. In der ersten Abbildung ist das Kräftediagramm für den oberen Block mit der Masse m_1 gezeigt.

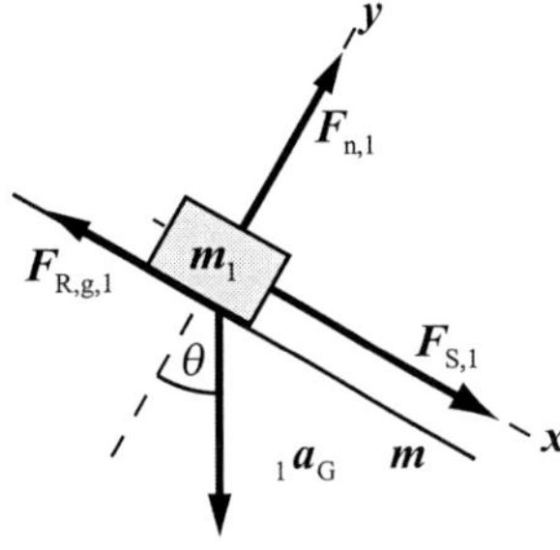

a) Anwenden von $\sum \boldsymbol{F}_{i,1} = m\,\boldsymbol{a}_1$ auf den Block 1 ergibt

$$\sum F_{i,1,x} = -|\boldsymbol{F}_{\mathrm{R,g,1}}| + |\boldsymbol{F}_{\mathrm{S,1}}| + m_1\,g\,\sin\theta = m_1\,a_{1,x}\,, \tag{1}$$

$$\sum F_{i,1,y} = |\boldsymbol{F}_{\mathrm{n,1}}| - m_1\,g\,\cos\theta = 0\,. \tag{2}$$

Für die Gleitreibungskraft gilt definitionsgemäß

$$|\boldsymbol{F}_{\mathrm{R,g,1}}| = \mu_{\mathrm{R,g,1}}\,|\boldsymbol{F}_{\mathrm{n,1}}|\,. \tag{3}$$

Eliminieren von $|\boldsymbol{F}_{\mathrm{R,g,1}}|$ und $|\boldsymbol{F}_{\mathrm{n,1}}|$ aus den Gleichungen 1 bis 3 liefert

$$-\mu_{\mathrm{R,g,1}}\, m_1\, g \cos\theta + |\boldsymbol{F}_{\mathrm{S,1}}| + m_1\, g \sin\theta = m_1\, a_{1,x}\,. \quad (4)$$

Nun zeichnen wir das Kräftediagramm für den unteren Block mit der Masse m_2 (siehe zweite Abbildung).

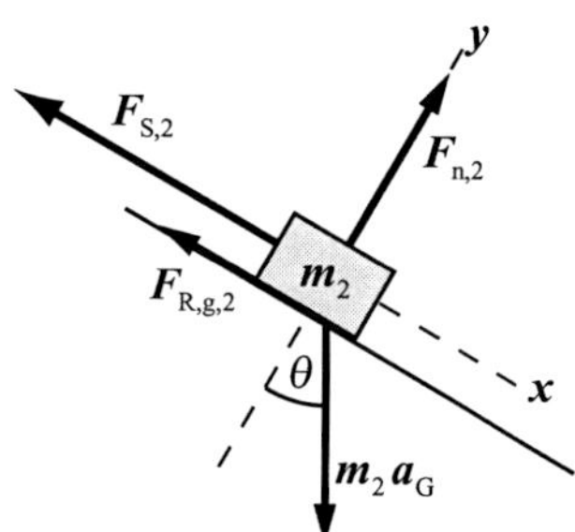

Die Beziehung $\sum \boldsymbol{F}_{i,2} = m\, \boldsymbol{a}_2$ liefert für den Block 2

$$\sum F_{i,2,x} = -|\boldsymbol{F}_{\mathrm{R,g,2}}| - |\boldsymbol{F}_{\mathrm{S,2}}| + m_2\, g \sin\theta = m_2\, a_{2,x}\,, \quad (5)$$

$$\sum F_{i,2,y} = |\boldsymbol{F}_{\mathrm{n,2}}| - m_2\, g \cos\theta = 0\,. \quad (6)$$

Analog zu Gleichung 3 gilt für die Gleitreibungskraft beim Block 2

$$|\boldsymbol{F}_{\mathrm{R,g,2}}| = \mu_{\mathrm{R,g,2}}\, |\boldsymbol{F}_{\mathrm{n,2}}|\,. \quad (7)$$

Wir eliminieren $|\boldsymbol{F}_{\mathrm{R,g,2}}|$ und $|\boldsymbol{F}_{\mathrm{n,2}}|$ aus den Gleichungen 5 bis 7 und erhalten

$$-\mu_{\mathrm{R,g,2}}\, m_2\, g \cos\theta - |\boldsymbol{F}_{\mathrm{S,2}}| + m_2\, g \sin\theta = m_2\, a_{2,x}\,. \quad (8)$$

Da beide Blöcke durch ein straffes Seil verbunden sind, gilt für die Beschleunigungen $a_{1,x} = a_{2,x} = a_x$. Daher bilden die Gleichungen 4 und 8 ein Gleichungssystem für die gemeinsame Beschleunigung a_x und für die Zugkraft $|\boldsymbol{F}_{\mathrm{S}}| = |\boldsymbol{F}_{\mathrm{S,1}}| = |\boldsymbol{F}_{\mathrm{S,2}}|$. Addieren der Gleichungen 4 und 8 sowie Auflösen nach a_x ergibt für den Betrag der Beschleunigung

$$
\begin{aligned}
|a_x| &= \left\| \left[\sin\theta - \frac{\mu_{\mathrm{R,g,1}}\, m_1 + \mu_{\mathrm{R,g,2}}\, m_2}{m_1 + m_2} \cos\theta \right] g \right\| \\
&= \left\| \left[\sin 10° - \frac{(0{,}20)\,(0{,}25\,\mathrm{kg}) + (0{,}30)\,(0{,}80\,\mathrm{kg})}{0{,}25\,\mathrm{kg} + 0{,}80\,\mathrm{kg}} \right.\right. \\
&\quad \left.\left. \cdot \cos 10° \right] \left(9{,}81\,\mathrm{m \cdot s^{-2}} \right) \right\| \\
&= 0{,}96\,\mathrm{m \cdot s^{-2}}\,.
\end{aligned}
$$

b) Nun eliminieren wir die Beschleunigung aus den Gleichungen 4 und 8 und berechnen damit die Zugkraft, für die ja gilt: $|\boldsymbol{F}_{\mathrm{S}}| = |\boldsymbol{F}_{\mathrm{S,1}}| = |\boldsymbol{F}_{\mathrm{S,2}}|$. Mit den gegebenen Werten sowie mit $g = 9{,}81\,\mathrm{m \cdot s^{-2}}$ erhalten wir

$$
\begin{aligned}
|\boldsymbol{F}_{\mathrm{S}}| &= \frac{m_1\, m_2\, (\mu_{\mathrm{R,g,2}} - \mu_{\mathrm{R,g,1}})\, g \cos\theta}{m_1 + m_2} \\
&= \frac{(0{,}25\,\mathrm{kg})\,(0{,}80\,\mathrm{kg})\,(0{,}30 - 0{,}20)\, g \cos 10°}{0{,}25\,\mathrm{kg} + 0{,}80\,\mathrm{kg}} = 0{,}18\,\mathrm{N}\,.
\end{aligned}
$$

L4.26 Das Kräftediagramm zeigt die beim Hinabgleiten auf die beiden Blöcke wirkenden Kräfte. Die positive x-Richtung zeigt entlang der geneigten Ebene abwärts.

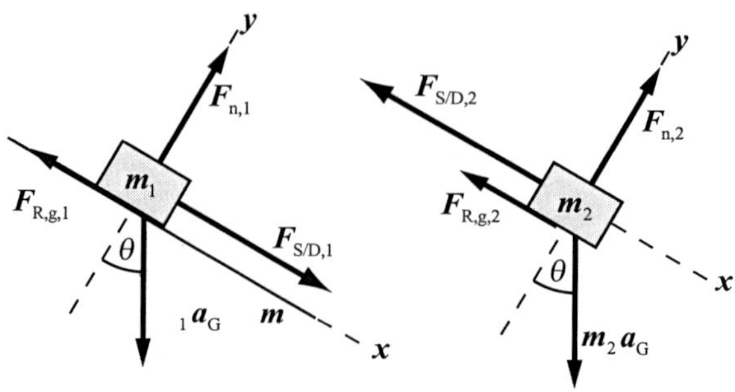

Für die durch den Stab übertragene Kraft gilt dabei

$$|\boldsymbol{F}_{\mathrm{S/D}}| = |\boldsymbol{F}_{\mathrm{S/D,1}}| = |\boldsymbol{F}_{\mathrm{S/D,2}}|\,.$$

Diese Kraft kann also eine Zugkraft $\boldsymbol{F}_{\mathrm{S}}$ (im Folgenden oberes Vorzeichen) oder eine Druckkraft $\boldsymbol{F}_{\mathrm{D}}$ (im Folgenden unteres Vorzeichen) sein.

Wir betrachten zunächst beide Blöcke getrennt und leiten daraus ein Gleichungssystem für die Beschleunigungskomponente a_x und für die Zug- bzw. Druckkraft $|\boldsymbol{F}_{\mathrm{S/D}}|$ her.

a) Anwenden von $\sum \boldsymbol{F}_i = m\, \boldsymbol{a}$ auf den Block 1 ergibt

$$\sum F_{i,1,x} = \pm|\boldsymbol{F}_{\mathrm{S/D,1}}| + m_1\, g \sin\theta - |\boldsymbol{F}_{\mathrm{R,g,1}}| = m_1\, a_x\,,$$

$$\sum F_{i,1,y} = |\boldsymbol{F}_{\mathrm{n,1}}| - m_1\, g \cos\theta = 0\,.$$

Entsprechend gilt für den Block 2

$$\sum F_{i,2,x} = m_2\, g \sin\theta \mp |\boldsymbol{F}_{\mathrm{S/D,2}}| - |\boldsymbol{F}_{\mathrm{R,g,2}}| = m_2\, a_x\,,$$

$$\sum F_{i,2,y} = |\boldsymbol{F}_{\mathrm{n,2}}| - m_2\, g \cos\theta = 0\,.$$

Wir verwenden jeweils die Definition $|\boldsymbol{F}_{\mathrm{R,g}}| = \mu_{\mathrm{R,g}}\, |\boldsymbol{F}_{\mathrm{n}}|$ der Gleitreibungskraft. Damit eliminieren wir $|\boldsymbol{F}_{\mathrm{R,g,1}}|$ und $|\boldsymbol{F}_{\mathrm{n,1}}|$ aus den Gleichungen für Block 1 sowie $|\boldsymbol{F}_{\mathrm{R,g,2}}|$ und $|\boldsymbol{F}_{\mathrm{n,2}}|$ aus den Gleichungen für Block 2. Mit der eingangs angeführten Beziehung

$$|\boldsymbol{F}_{\mathrm{S/D}}| = |\boldsymbol{F}_{\mathrm{S/D,1}}| = |\boldsymbol{F}_{\mathrm{S/D,2}}|$$

ergibt sich dabei

$$m_1\, a_x = m_1\, g \sin\theta \pm |\boldsymbol{F}_{\mathrm{S/D}}| - \mu_{\mathrm{R,g,1}}\, m_1\, g \cos\theta\,, \quad (1)$$

$$m_2\, a_x = m_2\, g \sin\theta \mp |\boldsymbol{F}_{\mathrm{S/D}}| - \mu_{\mathrm{R,g,2}}\, m_2\, g \cos\theta\,. \quad (2)$$

Um $|\boldsymbol{F}_{\mathrm{S/D}}|$ zu eliminieren, addieren wir diese beiden Gleichungen. Damit erhalten wir für die Beschleunigung

$$a_x = g \left(\sin\theta - \frac{\mu_{\mathrm{R,g,1}}\, m_1 + \mu_{\mathrm{R,g,2}}\, m_2}{m_1 + m_2} \cos\theta \right)\,.$$

b) Dividieren von Gleichung 1 durch m_1 und von Gleichung 2 durch m_2 ergibt

$$a_x = g \sin \theta \pm \frac{|F_{S/D}|}{m_1} - \mu_{R,g,1}\, g \cos \theta \,, \qquad (3)$$

$$a_x = g \sin \theta \mp \frac{|F_{S/D}|}{m_2} - \mu_{R,g,2}\, g \cos \theta \,. \qquad (4)$$

Nun subtrahieren wir Gleichung 4 von Gleichung 3 und lösen nach der Zug- bzw. Druckkraft auf:

$$|F_{S/D}| = \pm \frac{m_1 m_2}{m_1 - m_2} \left(\mu_{R,g,1} - \mu_{R,g,2}\right) g \cos \theta \,.$$

Aus dieser Beziehung ersehen wir: Im Fall $\mu_{R,g,1} = \mu_{R,g,2}$ ist $|F_{S/D}| = 0$. Das ist plausibel, denn bei gleichen Gleitreibungskoeffizienten erfahren beide Körper die gleiche Beschleunigung, nämlich $g\,(\sin \theta - \mu \cos \theta)$. Hieran ändert auch der zwischen ihnen angebrachte Stab nichts, sodass dieser keine Kraft überträgt.

L4.27 Wir zeichnen zunächst das Kräftediagramm.

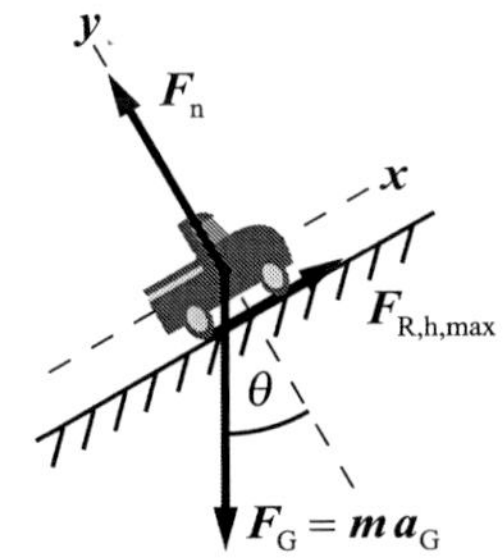

a) Anwenden von $\sum F_i = m\, a$ auf das Auto beim Hinauffahren ergibt

$$\sum F_{i,x} = |F_{R,h,max}| - m g \sin \theta = m a_x \,, \qquad (1)$$

$$\sum F_{i,y} = |F_n| - m g \cos \theta = 0 \,. \qquad (2)$$

Aus Gleichung 2 folgt mit der Definition der Haftreibungskraft

$$|F_{R,h,max}| = \mu_{R,h}\, m g \cos \theta \,. \qquad (3)$$

Einsetzen von Gleichung 3 in Gleichung 1 liefert mit den gegebenen Werten

$$a_x = g \left(\mu_{R,h} \cos \theta - \sin \theta\right)$$
$$= (9{,}81\,\text{m} \cdot \text{s}^{-2})\,(0{,}85 \cos 12° - \sin 12°) = 6{,}1\,\text{m} \cdot \text{s}^{-2} \,.$$

b) Wenn das Auto abwärts fährt, wirkt die Haftreibungskraft in der negativen x-Richtung, und es gilt

$$-|F_{R,h,max}| - m g \sin \theta = m a_x \,. \qquad (4)$$

Hiermit erhalten wir nach Einsetzen des Ausdrucks für die Haftreibungskraft (Gleichung 3) die Beschleunigung:

$$a_x = -g \left(\mu_{R,h} \cos \theta + \sin \theta\right)$$
$$= (-9{,}81\,\text{m} \cdot \text{s}^{-2})\,(0{,}85 \cos 12° + \sin 12°) = -10\,\text{m} \cdot \text{s}^{-2} \,.$$

L4.28 Im oberen Teil der Abbildung sind die Kräfte dargestellt, die auf den 10-kg-Block wirken, während der untere Teil die auf den Winkelträger wirkenden Kräfte zeigt.

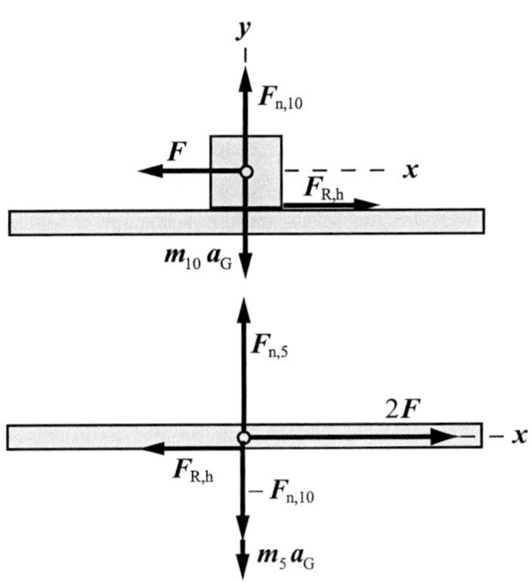

Wir stellen zunächst die benötigten Gleichungen auf.

Gemäß dem zweiten Newton'schen Axiom $\sum F_i = m\, a$ gilt bei maximaler Beschleunigung des Blocks

$$\sum F_{i,x} = |F_{R,h,max}| - |F| = m_{10}\, a_{10,max} \,,$$

$$\sum F_{i,y} = |F_{n,10}| - m_{10}\, g = 0 \,.$$

Die auf den Block wirkende Haftreibungskraft ist nach Definition gegeben durch

$$|F_{R,h,max}| = \mu_{R,h}\, |F_{n,10}| \,.$$

Eliminieren von $|F_{R,h,max}|$ und $|F_{n,10}|$ aus diesen drei Gleichungen liefert

$$\mu_{R,h}\, m_{10}\, g - |F| = m_{10}\, a_{10,max} \,. \qquad (1)$$

Entsprechend ergibt Anwenden von $\sum F_i = m\, a$ auf den Winkelträger mit der Masse 5 kg (der die Beschleunigung $a_{5,max}$ erfährt)

$$2\,|F| - \mu_{R,h}\, m_{10}\, g = m_5\, a_{5,max} \,. \qquad (2)$$

Es ist zweckmäßig, mit Teilaufgabe b zu beginnen, also zunächst die Beschleunigung zu berechnen.

b) Wenn der Block auf dem Winkelträger nicht gleitet, sind beide Beschleunigungen gleich:

$$a_{5,max} = a_{10,max} = a_{max} \,.$$

Wir eliminieren die Kraft $|F|$ aus den Gleichungen 1 und 2 und berechnen diese Beschleunigung:

$$a_{max} = \frac{\mu_{R,h}\, m_{10}\, g}{m_5 + 2\, m_{10}} = \frac{(0{,}40)\,(10\,\text{kg})\,(9{,}81\,\text{m} \cdot \text{s}^{-2})}{5{,}0\,\text{kg} + 2\,(10{,}0\,\text{kg})}$$
$$= 1{,}57\,\text{m} \cdot \text{s}^{-2} = 1{,}6\,\text{m} \cdot \text{s}^{-2} \,.$$

a) Mit $|\boldsymbol{F}| = |\boldsymbol{F}_{\max}|$ erhalten wir mithilfe von Gleichung 1 die maximal auszuübende Kraft:

$$|\boldsymbol{F}| = \mu_{\mathrm{R,h}} \, m_{10} \, g - m_{10} \, a_{\max} = m_{10} \, (\mu_{\mathrm{R,h}} \, g - a_{\max})$$
$$= (10\,\mathrm{kg}) \, [(0{,}40) \, (9{,}81\,\mathrm{m \cdot s^{-2}}) - 1{,}57\,\mathrm{m \cdot s^{-2}}] = 24\,\mathrm{N} \,.$$

L4.29 Das Kräftediagramm zeigt den Block, der unter der Wirkung der Reibungskraft sowie seines Gewichts und der Normalkraft entlang der schrägen Rampe hinabgleitet.

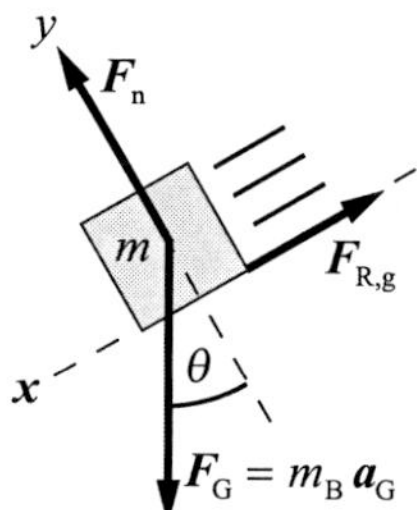

a) Wir untersuchen zunächst, ob der angestoßene Block mit der Masse m_{B} ohne das rechts angehängte Gewicht (also bei der Masse $m = 0$) mit konstanter Geschwindigkeit auf der Ebene hinabgleitet. Die Beziehung $\sum \boldsymbol{F}_i = m\,\boldsymbol{a}$ liefert dafür

$$F_x = F_{\mathrm{ges},x} = -|\boldsymbol{F}_{\mathrm{R,g}}| + m_{\mathrm{B}} \, g \, \sin\theta = 0 \,,$$
$$F_y = |\boldsymbol{F}_{\mathrm{n}}| - m_{\mathrm{B}} \, g \, \cos\theta = 0 \,.$$

Mit der Definition $|\boldsymbol{F}_{\mathrm{R,g}}| = \mu_{\mathrm{R,g}} \, |\boldsymbol{F}_{\mathrm{n}}|$ der Gleitreibungskraft eliminieren wir aus der zweiten Gleichung die Normalkraft $|\boldsymbol{F}_{\mathrm{n}}|$ und erhalten für die auf den Block wirkende Gesamtkraft

$$F_{\mathrm{ges},x} = -\mu_{\mathrm{R,g}} \, m_{\mathrm{B}} \, g \, \cos\theta + m_{\mathrm{B}} \, g \, \sin\theta \,.$$

Damit der Block hinabgleitet, darf die x-Komponente der auf ihn wirkenden Gesamtkraft nicht negativ sein:

$$(-\mu_{\mathrm{R,g}} \cos\theta + \sin\theta) \, m_{\mathrm{B}} \, g \geq 0 \,.$$

Also muss für den Gleitreibungskoeffizienten gelten:

$$\mu_{\mathrm{R,g}} \leq \tan\theta = \tan 18° = 0{,}325$$

Wegen $\mu_{\mathrm{R,g}} = 0{,}2$ gleitet der einmal angestoßene Block also bei $m_{\min} = 0$ (wie eingangs angesetzt) die Ebene hinab. Dies ist somit die untere Grenze des Wertebereichs für m.

Wenn rechts ein Gewicht mit $m > 0$ am Seil hängt, wirkt in diesem die Zugkraft $m\,g$. Damit sich der Block auf der Rampe hinaufbewegt, muss die Differenz aus der entlang der Rampe gerichteten Komponente seines Gewichts und der Reibungskraft mindestens gleich der Zugkraft sein:

$$m_{\mathrm{B}} \, g \, \sin\theta - \mu_{\mathrm{R,g}} \, m_{\mathrm{B}} \, g \, \cos\theta \geq m_{\max} \, g \,.$$

Hiermit ergibt sich für den oberen Grenzwert der Masse

$$m_{\max} \leq m_{\mathrm{B}} \, (\sin\theta - \mu_{\mathrm{R,g}} \cos\theta)$$
$$= (100\,\mathrm{kg}) \, (\sin 18° - 0{,}20 \cos 18°) = 11{,}9\,\mathrm{kg} \,.$$

Also ist der Wertebereich der angehängten Masse, bei dem der Block die Rampe hinabgleitet, $0\,\mathrm{kg} \leq m \leq 11{,}9\,\mathrm{kg}$.

b) Wenn der Block nach oben gezogen wird, wirkt die Gleitreibungskraft entlang der Rampe nach unten, sodass gilt:

$$m_{\mathrm{B}} \, g \, \sin\theta + \mu_{\mathrm{R,g}} \, m_{\mathrm{B}} \, g \, \cos\theta < m_{\min} \, g \,.$$

Wir berechnen die Masse $m_{\min}$, die rechts mindestens am Seil hängen muss, damit der Block hinaufgezogen wird:

$$m_{\min} > m_{\mathrm{B}} \, (\sin\theta + \mu_{\mathrm{R,g}} \cos\theta)$$
$$= (100\,\mathrm{kg}) \, (\sin 18° + 0{,}20 \cos 18°) = 49{,}9\,\mathrm{kg} \,.$$

Andererseits soll sich der Block nicht von selbst in Bewegung setzen. Daher darf die hängende Masse nur so groß sein, dass die Zugkraft $m_{\max} \, g$ kleiner als die Summe der Gewichtskomponente von m_{B} entlang der Ebene und der Haftreibungskraft ist:

$$m_{\mathrm{B}} \, g \, \sin\theta + \mu_{\mathrm{R,h}} \, m_{\mathrm{B}} \, g \, \cos\theta > m_{\max} \, g \,.$$

Folglich muss gelten:

$$m_{\max} < m_{\mathrm{B}} \, (\sin\theta + \mu_{\mathrm{R,h}} \cos\theta)$$
$$= (100\,\mathrm{kg}) \, (\sin 18° + 0{,}40 \cos 18°) = 68{,}9\,\mathrm{kg}$$

Somit ist der Wertebereich der angehängten Masse, bei dem der Block – einmal angestoßen – hinaufgleitet, aber nicht von selbst zu gleiten beginnt, $49{,}9\,\mathrm{kg} < m < 68{,}9\,\mathrm{kg}$.

L4.30 Das Kräftediagramm zeigt die Kräfte, die auf den 0,50-kg-Block wirken, wenn er die minimale Beschleunigung erfährt. Die positive x-Richtung ist die Richtung der Kraft, die nach rechts auf den Keil wirkt.

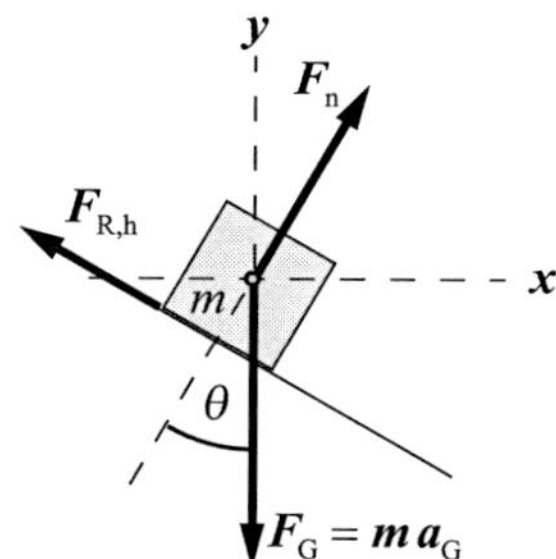

Um die beiden gesuchten Kräfte zu ermitteln, berechnen wir zunächst die minimale Beschleunigung, bei der der Block noch nicht nach unten gleitet, und die maximale Beschleunigung, bei der er noch nicht nach oben gleitet. Daraus ermitteln wir dann jeweils die auf den Keil auszuübende Kraft.

a) Die maximale und die minimale Kraft, bei denen der Block nicht gleitet, sind über die Gesamtmasse m_{ges} von Block und Keil mit der jeweiligen Beschleunigung verknüpft:

$$|\boldsymbol{F}_{\max}| = m_{\mathrm{ges}} \, a_{x,\max} \,, \tag{1}$$
$$|\boldsymbol{F}_{\min}| = m_{\mathrm{ges}} \, a_{x,\min} \,. \tag{2}$$

Anwenden von $\sum \boldsymbol{F}_i = m\,\boldsymbol{a}$ auf den 0,50-kg-Block liefert

$$\sum F_{i,x} = |\boldsymbol{F}_{\mathrm n}|\sin\theta - |\boldsymbol{F}_{\mathrm{R,h}}|\cos\theta = m\,a_x\,, \qquad (3)$$

$$\sum F_{i,y} = |\boldsymbol{F}_{\mathrm n}|\cos\theta + |\boldsymbol{F}_{\mathrm{R,h}}|\sin\theta - m\,g = 0\,. \qquad (4)$$

Die minimale Beschleunigung $a = a_{\min}$, bei der der Keil gerade noch nicht hinabrutscht, ist bestimmt durch die maximal mögliche Haftreibungskraft

$$|\boldsymbol{F}_{\mathrm{R,h,max}}| = \mu_{\mathrm{R,h}}\,|\boldsymbol{F}_{\mathrm n}|\,. \qquad (5)$$

Einsetzen in Gleichung 4 liefert

$$|\boldsymbol{F}_{\mathrm n}| = \frac{m\,g}{\cos\theta + \mu_{\mathrm{R,h}}\sin\theta}\,.$$

Dies und Gleichung 5 setzen wir in Gleichung 3 ein und erhalten so einen Ausdruck für die minimale Beschleunigung:

$$a_{x,\min} = g\,\frac{\sin\theta - \mu_{\mathrm{R,h}}\cos\theta}{\cos\theta + \mu_{\mathrm{R,h}}\sin\theta}\,.$$

Damit Block und Keil diese Beschleunigung gemeinsam erfahren, muss auf den Keil mindestens eine Kraft wirken, für deren Betrag gemäß Gleichung 2 gilt:

$$\begin{aligned}
|\boldsymbol{F}_{\min}| &= |m_{\mathrm{ges}}\,a_{x,\min}| = \left| m_{\mathrm{ges}}\,g\,\frac{\sin\theta - \mu_{\mathrm{R,h}}\cos\theta}{\cos\theta + \mu_{\mathrm{R,h}}\sin\theta}\right| \\
&= \left|(2{,}5\,\mathrm{kg})\,(9{,}81\,\mathrm{m\cdot s^{-2}})\,\frac{\sin 35^\circ - 0{,}80\cos 35^\circ}{\cos 35^\circ + 0{,}80\sin 35^\circ}\right| \\
&= 1{,}6\,\mathrm N\,.
\end{aligned}$$

Wir berechnen nun die maximale Beschleunigung, die dem Keil und dem Block erteilt werden kann, ohne dass letzterer entlang der schrägen Ebene hinaufgleitet, wobei die Haftreibungskraft längs dieser Ebene nach unten wirkt. An die Stelle der Gleichungen 3 und 4 treten dann die Gleichungen

$$\sum F_{i,x} = |\boldsymbol{F}_{\mathrm n}|\sin\theta + |\boldsymbol{F}_{\mathrm{R,h}}|\cos\theta = m\,a_x\,,$$

$$\sum F_{i,y} = |\boldsymbol{F}_{\mathrm n}|\cos\theta - |\boldsymbol{F}_{\mathrm{R,h}}|\sin\theta - m\,g = 0\,.$$

Auf die gleiche Weise wie zuvor erhalten wir für die maximale Beschleunigung

$$a_{x,\max} = g\,\frac{\sin\theta + \mu_{\mathrm{R,h}}\cos\theta}{\cos\theta - \mu_{\mathrm{R,h}}\sin\theta}\,.$$

Einsetzen in Gleichung 1 liefert die maximale Kraft, die auf den Keil ausgeübt werden darf, ohne dass der Block hinaufgleitet:

$$\begin{aligned}
|\boldsymbol{F}_{\max}| &= |m_{\mathrm{ges}}\,a_{x,\max}| = \left| m_{\mathrm{ges}}\,g\,\frac{\sin\theta + \mu_{\mathrm{R,h}}\cos\theta}{\cos\theta - \mu_{\mathrm{R,h}}\sin\theta}\right| \\
&= \left|(2{,}5\,\mathrm{kg})\,(9{,}81\,\mathrm{m\cdot s^{-2}})\,\frac{\sin 35^\circ + 0{,}80\cos 35^\circ}{\cos 35^\circ - 0{,}80\sin 35^\circ}\right| \\
&= 84\,\mathrm N\,.
\end{aligned}$$

Der Block gleitet also nicht auf dem Keil, solange dieser mindestens mit 1,6 N und höchstens mit 84 N nach rechts beschleunigt wird.

b) Mit $\mu_{\mathrm{R,h}} = 0{,}40$ erhalten wir auf dieselbe Weise wie in Teilaufgabe a die Kräfte

$$|\boldsymbol{F}_{\min}| = 5{,}8\,\mathrm N \quad \text{und} \quad |\boldsymbol{F}_{\max}| = 37\,\mathrm N\,.$$

L4.31 Die Abbildung zeigt das Kräftediagramm für den Holzklotz bei dessen Bewegung nach rechts.

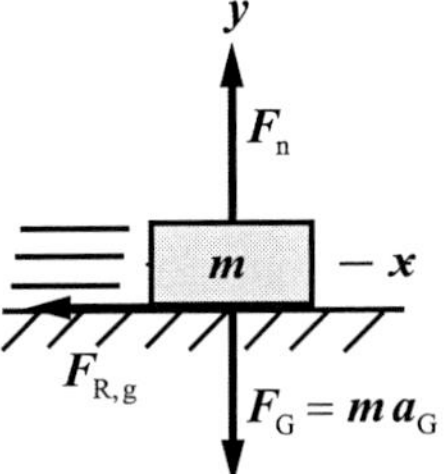

Die Gleitreibungskraft bremst den Klotz und bringt ihn schließlich zum Stillstand. Wir drücken zunächst mithilfe des zweiten Newton'schen Axioms die Beschleunigung a durch den Gleitreibungskoeffizienten $\mu_{\mathrm{R,g}}$ aus.

a) Gemäß $\sum \boldsymbol{F}_i = m\,\boldsymbol{a}$ ergibt sich hier

$$\sum F_{i,x} = -|\boldsymbol{F}_{\mathrm{R,g}}| = m\,a_x\,,$$

$$\sum F_{i,y} = |\boldsymbol{F}_{\mathrm n}| - m\,g = 0\,.$$

Mit der Definition $|\boldsymbol{F}_{\mathrm{R,g}}| = \mu_{\mathrm{R,g}}\,|\boldsymbol{F}_{\mathrm n}|$ folgt aus diesen beiden Gleichungen

$$a_x = -\mu_{\mathrm{R,g}}\,g\,. \qquad (1)$$

Die Verschiebung bei der gleichförmig beschleunigten Bewegung ist gegeben durch

$$\Delta x = v_{0,x}\,\Delta t + \tfrac{1}{2}\,a_x\,(\Delta t)^2\,, \qquad (2)$$

wobei $v_{0,x}$ die Anfangsgeschwindigkeit und a_x die Beschleunigung ist. Daraus ergibt sich für die Zeit Δt des Abbremsens bis zum Stillstand der Bremsweg Δx. Dieser hängt andererseits mit der mittleren Geschwindigkeit $\langle v_x\rangle$ und der Endgeschwindigkeit $v_{t,x} = 0$ folgendermaßen zusammen:

$$\Delta x = \langle v_x\rangle\,\Delta t = \frac{v_{0,x} + v_{t,x}}{2}\,\Delta t = \frac{1}{2}\,v_{0,x}\,\Delta t\,. \qquad (3)$$

Damit eliminieren wir $v_{0,x}$ aus Gleichung 2 und erhalten

$$\Delta x = -\tfrac{1}{2}\,a_x\,(\Delta t)^2\,.$$

Hierin setzen wir Gleichung 1 ein und lösen nach den Gleitreibungskoeffizienten auf:

$$\mu_{\mathrm{R,g}} = \frac{2\,\Delta x}{g\,(\Delta t)^2}\,.$$

b) Mit der soeben aufgestellten Gleichung ergibt sich der Gleitreibungskoeffizient zu

$$\mu_{\mathrm{R,g}} = \frac{2\,(1{,}37\,\mathrm{m})}{(9{,}81\,\mathrm{m\cdot s^{-2}})\,(0{,}97\,\mathrm{s})^2} = 0{,}30 \,.$$

c) Die Anfangsgeschwindigkeit $v_{0,x}$ erhalten wir mithilfe von Gleichung 3:

$$v_{0,x} = \frac{2\,\Delta x}{\Delta t} = \frac{2\,(1{,}37\,\mathrm{m})}{0{,}97\,\mathrm{s}} = 2{,}8\,\mathrm{m\cdot s^{-1}} \,.$$

Widerstandskräfte

L4.32 Die Anwendung des zweiten Newton'schen Axioms $\sum F_{i,y} = m\,a_y$ auf das Partikel ergibt $m\,g - b\,v_y = m\,a_y$. Wenn es die Endgeschwindigkeit $v = v_{\mathrm{E}}$ erreicht hat, ist $a_y = 0$ und daher $m\,g - b\,v_{\mathrm{E}} = 0$. Auflösen nach b und Einsetzen der Zahlenwerte ergibt

$$b = \frac{m\,g}{v_{\mathrm{E}}} = \frac{(1{,}0\cdot 10^{-13}\,\mathrm{kg})\,(9{,}81\,\mathrm{m\cdot s^{-2}})}{3{,}0\cdot 10^{-4}\,\mathrm{m\cdot s^{-1}}}$$
$$= 3{,}3\cdot 10^{-9}\,\mathrm{kg\cdot s^{-1}} \,.$$

L4.33 Die Anwendung des zweiten Newton'schen Axioms $\sum F_{i,y} = m\,a_y$ auf den Tischtennisball ergibt $m\,g - b\,v_y^2 = m\,a_y$. Wenn er die Endgeschwindigkeit $v_y = v_{\mathrm{E}}$ erreicht hat, ist $a_y = 0$ und daher $m\,g - b\,v_{\mathrm{E}}^2 = 0$. Auflösen nach b und Einsetzen der Zahlenwerte ergibt

$$b = \frac{m\,g}{v_{\mathrm{E}}^2} = \frac{(2{,}3\cdot 10^{-3}\,\mathrm{kg})\,(9{,}81\,\mathrm{m\cdot s^{-2}})}{(9{,}0\,\mathrm{m\cdot s^{-1}})^2}$$
$$= 2{,}8\cdot 10^{-4}\,\mathrm{kg\cdot m^{-1}} \,.$$

L4.34 a) Die $+y$-Richtung soll nach unten zeigen. Wir wenden das zweite Newton'sche Axiom $\sum F_{i,y} = m\,a_y$ auf das Teilchen an. Das ergibt $m\,g - 6\,\pi\,\eta\,r\,v_y = m\,a_y$. Bei der Endgeschwindigkeit ist $a_y = 0$. Damit wird die vorige Gleichung zu $m\,g - 6\,\pi\,\eta\,r\,v_{\mathrm{E}} = 0$. Auflösen nach der Endgeschwindigkeit liefert

$$v_{\mathrm{E}} = \frac{m\,g}{6\,\pi\,\eta\,r} \,.$$

Für die Masse m gilt mit der Dichte ρ und dem Kugelvolumen V

$$m = \rho\,V = \rho\left(\tfrac{4}{3}\,\pi\,r^3\right) \,.$$

Das setzen wir in die vorige Gleichung ein und erhalten für die Endgeschwindigkeit in ruhender Luft

$$v_{\mathrm{E}} = \frac{2\,r^2\,\rho\,g}{9\,\eta}$$
$$= \frac{2\,(1{,}00\cdot 10^{-5}\,\mathrm{m})^2\,(2000\,\mathrm{kg\cdot m^{-3}})\,(9{,}81\,\mathrm{m\cdot s^{-2}})}{9\,(1{,}80\cdot 10^{-5}\,\mathrm{N\cdot s\cdot m^{-2}})}$$
$$= 2{,}422\,\mathrm{cm\cdot s^{-1}} = 2{,}42\,\mathrm{cm\cdot s^{-1}} \,.$$

b) Die Fallzeit ergibt sich aus dem Quotienten von Fallstrecke und Geschwindigkeit:

$$t = \frac{10^4\,\mathrm{cm}}{2{,}422\,\mathrm{cm\cdot s^{-1}}} = 4{,}128\cdot 10^3\,\mathrm{s} = 1{,}15\,\mathrm{h} \,.$$

L4.35 Wir bezeichnen mit r_{Part} den Radius des Partikels und mit r_{Zentr} den Radius seiner Kreisbahn in der Zentrifuge. Die positive r-Richtung soll nach innen zeigen. Wenn sich die Zentrifuge in Bewegung setzt, beginnt sich das Partikel (vom Boden des Glases aus gesehen, geradlinig gleichförmig) im Reagenzglas nach außen, zu dessen Boden hin, zu bewegen. Dieser Bewegung wirkt, solange das Partikel den Boden noch nicht erreicht hat, die Stokes'sche Reibungskraft als Zentripetalkraft entgegen, die auf das Partikel zur Mitte der Zentrifuge hin wirkt.

a) Wir wenden das zweite Newton'sche Axiom $\sum F_r = m\,a_r$ in Verbindung mit dem Stokes'schen Reibungsgesetz auf das Partikel an:

$$6\,\pi\,\eta\,r_{\mathrm{Part}}\,v_{\mathrm{E}} = m\,a_{\mathrm{ZP}} \,. \tag{1}$$

Darin ist v_{E} die Endgeschwindigkeit des Partikels. Für dessen Masse m gilt mit seinem Radius r_{Part} und seiner Dichte ρ

$$m = \rho\,V = \rho\,\tfrac{4}{3}\,\pi\,r_{\mathrm{Part}}^3 \,.$$

Die Zentripetalbeschleunigung ist der Quotient aus dem Quadrat der Bahngeschwindigkeit v und dem Radius r_{Zentr} der Zentrifuge:

$$a_{\mathrm{ZP}} = \frac{v^2}{r_{\mathrm{Zentr}}} = \frac{\left(\dfrac{2\,\pi\,r_{\mathrm{Zentr}}}{T}\right)^2}{r_{\mathrm{Zentr}}} = \frac{4\,\pi^2\,r_{\mathrm{Zentr}}}{T^2} \,.$$

(Die tangential gerichtete Bahngeschwindigkeit v ist von der radial gerichteten Endgeschwindigkeit v_{E} zu unterscheiden.) Wir setzen die Masse und die Zentripetalbeschleunigung in Gleichung 1 ein:

$$6\,\pi\,\eta\,r_{\mathrm{Part}}\,v_{\mathrm{E}} = \frac{4}{3}\,\pi\,r_{\mathrm{Part}}^3\,\rho\,\frac{4\,\pi^2\,r_{\mathrm{Zentr}}}{T^2} = \frac{16\,\pi^3\,\rho\,r_{\mathrm{Zentr}}\,r_{\mathrm{Part}}^3}{3\,T^2} \,.$$

Hieraus folgt für die Endgeschwindigkeit

$$v_{\mathrm{E}} = \frac{8\,\pi^2\,\rho\,r_{\mathrm{Zentr}}\,r_{\mathrm{Part}}^2}{9\,\eta\,T^2} \,.$$

Wir nehmen der Einfachheit halber an, dass der Radius der Kreisbahn des Partikels stets gleich r_{Zentr} ist. Die Zeit, bis sich das Partikel abgesetzt hat, ergibt sich dann zu

$$\Delta t_{\mathrm{Abs.}} = \frac{\Delta x}{v_{\mathrm{E}}} = \frac{\Delta x}{\dfrac{8\,\pi^2\,\rho\,r_{\mathrm{Zentr}}\,r_{\mathrm{Part}}^2}{9\,\eta\,T^2}} = \frac{9\,\eta\,T^2}{8\,\pi^2\,\rho\,r_{\mathrm{Zentr}}\,r_{\mathrm{Part}}^2}\,\Delta x$$

$$= \frac{9\left(1{,}8\cdot 10^{-5}\,\dfrac{\mathrm{N\cdot s}}{\mathrm{m}^2}\right)\left(\dfrac{1}{(800\,\mathrm{min^{-1}})\,\dfrac{1\,\mathrm{min}}{60\,\mathrm{s}}}\right)^2}{8\,\pi^2\left(2000\,\dfrac{\mathrm{kg}}{\mathrm{m}^3}\right)(0{,}12\,\mathrm{m})\,(10^{-5}\,\mathrm{m})^2}$$
$$\cdot\,(8{,}0\,\mathrm{cm})$$
$$= 38{,}47\,\mathrm{ms} = 38\,\mathrm{ms} \,.$$

b) In Aufgabe 4.34 haben wir berechnet, dass die Endgeschwindigkeit kugelförmiger Partikel in ruhender Luft $2{,}422\,\mathrm{cm\cdot s^{-1}}$

beträgt. Damit ergibt sich für die hier vorliegende Strecke die Fallzeit zu

$$\Delta t_{\text{Luft}} = \frac{\Delta x}{v_{\text{E,Luft}}} = \frac{8,0\,\text{cm}}{2,422\,\text{cm} \cdot \text{s}^{-1}} = 3,31\,\text{s}\,.$$

Das Verhältnis beider Zeitspannen beträgt

$$\frac{\Delta t_{\text{Luft}}}{\Delta t_{\text{Abs.}}} = \frac{3,31\,\text{s}}{38,47\,\text{ms}} = 86\,.$$

Unter der Wirkung der Schwerkraft in ruhender Luft dauert die Absetzung des Partikels also 86-mal so lange wie in der Zentrifuge.

Die Kepler'schen Gesetze

L4.36 Nach dem dritten Kepler'schen Gesetz gilt für die Umlaufdauern und die mittleren Bahnradien von Uranus und Erde $T_{\text{U}}^2/T_{\text{E}}^2 = r_{\text{U}}^3/r_{\text{E}}^3$, und wir erhalten

$$T_{\text{U}} = T_{\text{E}} \sqrt{\frac{r_{\text{U}}^3}{r_{\text{E}}^3}} = (1,00\,\text{a}) \sqrt{\frac{(2,87 \cdot 10^{12}\,\text{m})^3}{(1,496 \cdot 10^{11}\,\text{m})^3}} = 84,0\,\text{a}\,.$$

L4.37 Weil die Gravitationskraft entlang der Verbindungslinie der Massenmittelpunkte von Erde und Mond wirkt, übt sie auf dem Mond kein Drehmoment aus. Daher bleibt der Drehimpuls des Monds auf seiner Bahn um die Erde erhalten, und es gilt für Apogäum (A) und Perigäum (P):

$$m\,v_{\text{P}}\,r_{\text{P}} = m\,v_{\text{A}}\,r_{\text{A}} \quad \text{und daher} \quad v_{\text{P}}\,r_{\text{P}} = v_{\text{A}}\,r_{\text{A}}\,.$$

Die Apogäumgeschwindigkeit ist also $v_{\text{A}} = v_{\text{P}}\,r_{\text{P}}/r_{\text{A}}$.

Die Energie bleibt ebenfalls erhalten:

$$\tfrac{1}{2}\,m\,v_{\text{P}}^2 - \Gamma\,m_{\text{E}}\,m/r_{\text{P}} = \tfrac{1}{2}\,m\,v_{\text{A}}^2 - \Gamma\,m_{\text{E}}\,m/r_{\text{A}}\,.$$

(Hierin ist m_{E} die Erdmasse.) Daraus folgt

$$\tfrac{1}{2}\,v_{\text{P}}^2 - \Gamma\,m_{\text{E}}/r_{\text{P}} = \tfrac{1}{2}\,v_{\text{A}}^2 - \Gamma\,m_{\text{E}}/r_{\text{A}}\,.$$

Wir setzen $v_{\text{A}} = v_{\text{P}}\,r_{\text{P}}/r_{\text{A}}$ ein und erhalten

$$\begin{aligned}
\frac{1}{2}\,v_{\text{P}}^2 - \frac{\Gamma\,m_{\text{E}}}{r_{\text{P}}} &= \frac{1}{2}\left(\frac{r_{\text{P}}}{r_{\text{A}}}\,v_{\text{P}}\right)^2 - \frac{\Gamma\,m_{\text{E}}}{r_{\text{A}}} \\
&= \frac{1}{2}\left(\frac{r_{\text{P}}}{r_{\text{A}}}\right)^2 v_{\text{P}}^2 - \frac{\Gamma\,m_{\text{E}}}{r_{\text{A}}}
\end{aligned}$$

sowie $\quad v_{\text{P}} = \sqrt{\dfrac{2\,\Gamma\,m_{\text{E}}}{r_{\text{P}}}\left(\dfrac{1}{1 + r_{\text{P}}/r_{\text{A}}}\right)}\,.$

Wir setzen nun die Zahlenwerte ein. Diese sind: $\Gamma = 6,673 \cdot 10^{-11}\,\text{N} \cdot \text{m}^2 \cdot \text{kg}^{-2}$ und $m_{\text{E}} = 5,98 \cdot 10^{24}\,\text{kg}$ sowie die Perigäumentfernung $r_{\text{P}} = 3,576 \cdot 10^8\,\text{m}$ und die Apogäumentfernung $r_{\text{A}} = 4,064 \cdot 10^8\,\text{m}$. Damit erhalten wir die Geschwindigkeit im Perigäum zu $v_{\text{P}} = 1,09\,\text{km} \cdot \text{s}^{-1}$.

Mit der eingangs hergeleiteten Beziehung ergibt sich die Geschwindigkeit im Apogäum zu

$$v_{\text{A}} = v_{\text{P}}\,r_{\text{P}}/r_{\text{A}} = 0,959\,\text{km} \cdot \text{s}^{-1}\,.$$

Das Newton'sche Gravitationsgesetz

L4.38 Wir gehen von einem Erdradius von $R \approx 6370\,\text{km}$ aus. Ausgehend von der Fallbeschleunigung an der Oberfläche von $g = 9,81\,\text{m/s}^2$ können wir ausnutzen, dass die Gravitationskraft quadratisch mit dem Abstand vom Erdmittelpunkt abnimmt. Damit haben wir in einer Höhe von $400\,\text{km}$ über der Erdoberfläche

$$g' \approx \left(\frac{6370}{6370 + 400}\right)^2 \cdot 9,81\,\text{m/s}^2 = 8,69\,\text{m/s}^2\,.$$

L4.39 Wir müssen lediglich die Werte in den Ausdruck für die Gravitationskraft einsetzen:

$$\begin{aligned}
F_G &= -\Gamma\,\frac{m_1 m_2}{r^2} = -6,67 \cdot 10^{-11}\,\frac{\text{Nm}^2}{\text{kg}^2} \cdot \frac{65\,\text{kg} \cdot 50\,\text{kg}}{(0,5\,\text{m})^2} \\
&= 8,67 \cdot 10^{-7}\,\text{N}
\end{aligned}$$

L4.40 a) Wir verwenden die Indices S für Saturn und M für Mimas. Nach dem dritten Kepler'schen Gesetz gilt für das Quadrat der Umlaufdauer des Saturnmonds Mimas

$$T_{\text{M}}^2 = \frac{4\,\pi^2}{\Gamma\,m_{\text{S}}}\,r_{\text{M}}^3\,,$$

und wir erhalten

$$\begin{aligned}
T_{\text{M}} &= \sqrt{\frac{4\,\pi^2}{\Gamma\,m_{\text{S}}}\,r_{\text{M}}^3} \\
&= \sqrt{\frac{4\,\pi^2\,(1,86 \cdot 10^8\,\text{m})^3}{(6,673 \cdot 10^{-11}\,\text{N} \cdot \text{m}^2 \cdot \text{kg}^{-2})\,(5,69 \cdot 10^{26}\,\text{kg})}} \\
&= 8,18 \cdot 10^4\,\text{s} \approx 22,7\,\text{h}\,.
\end{aligned}$$

b) Entsprechend gilt für den Saturnmond Titan

$$T_{\text{T}}^2 = \frac{4\,\pi^2}{\Gamma\,m_{\text{S}}}\,r_{\text{T}}^3\,, \qquad \text{also} \qquad r_{\text{T}} = \sqrt[3]{\frac{T_{\text{T}}^2\,\Gamma\,m_{\text{S}}}{4\,\pi^2}}\,.$$

Mit dem bekannten, auch in Teilaufgabe a verwendeten Wert von Γ ergibt sich der Bahnradius des Titan zu

$$r_{\text{T}} = \sqrt[3]{\frac{(1,38 \cdot 10^6\,\text{s})^2\,\Gamma\,(5,69 \cdot 10^{26}\,\text{kg})}{4\,\pi^2}} = 1,22 \cdot 10^9\,\text{m}\,.$$

L4.41 a) Das Gravitationsfeld der Erde an ihrer Oberfläche ist $G_{\text{E}} = \Gamma\,m_{\text{E}}/r_{\text{E}}^2$. Wir nehmen die Masse m Ihres Freunds als punktförmig an. Bei der angegebenen relativen Auflösung $1,00 \cdot 10^{-11}$ Ihres Messgeräts ist die gerade noch feststellbare Änderung des Gravitationsfelds

$$G = \frac{\Gamma\,m}{r^2} = \left(1,00 \cdot 10^{-11}\right) G_{\text{E}} = \left(1,00 \cdot 10^{-11}\right) \frac{\Gamma\,m_{\text{E}}}{r_{\text{E}}^2}\,.$$

Daraus ergibt sich für den Abstand, bis zu dem Ihr Freund sich nähern kann:

$$r = r_{\text{E}} \sqrt{\frac{(1{,}00 \cdot 10^{11})\, m}{m_{\text{E}}}}$$

$$= (6{,}37 \cdot 10^6\,\text{m}) \sqrt{\frac{(1{,}00 \cdot 10^{11})\,(80\,\text{kg})}{5{,}98 \cdot 10^{24}\,\text{kg}}} = 7{,}37\,\text{m}\,.$$

b) Wir differenzieren G aus Teilaufgabe a nach dem Abstand:

$$\frac{\mathrm{d}G}{\mathrm{d}r} = \frac{-2\,\Gamma\, m}{r^3} = -\frac{2}{r}\,\frac{\Gamma\, m}{r^2} = -\frac{2}{r}\,G\,.$$

Die Trennung der Variablen ergibt $\mathrm{d}G/G = -2\,\mathrm{d}r/r$.

Wir können die Differenziale durch die Differenzen annähern. Bei $r = r_{\text{E}}$ erhalten wir dann mit $\Delta G/G = 1{,}00 \cdot 10^{-11}$ für den Betrag der Abstandsänderung:

$$\Delta r = \left| -\tfrac{1}{2}\, r_{\text{E}}\, \frac{\Delta G}{G} \right| = \left| -\tfrac{1}{2}\,(6{,}37 \cdot 10^6\,\text{m})\,(1{,}00 \cdot 10^{-11}) \right|$$

$$= 3{,}19 \cdot 10^{-5}\,\text{m} = 31{,}9\,\mu\text{m}\,.$$

L4.42 Mit der mittleren Dichte $\varrho_{\text{E}} = m_{\text{E}}/V_{\text{E}}$ der Erde gilt für die Fallbeschleunigung an der Erdoberfläche

$$a_{\text{E}} = g = \frac{\Gamma\, m_{\text{E}}}{r_{\text{E}}^2} = \frac{\Gamma\, \varrho_{\text{E}}\, V_{\text{E}}}{r_{\text{E}}^2} = \frac{\Gamma\, \varrho_{\text{E}}\, \tfrac{4}{3}\,\pi\, r_{\text{E}}^3}{r_{\text{E}}^2} = \frac{4}{3}\,\pi\,\Gamma\, \varrho_{\text{E}}\, r_{\text{E}}\,.$$

Entsprechend gilt für die Fallbeschleunigung an der Mondoberfläche

$$a_{\text{M}} = \tfrac{4}{3}\,\pi\,\Gamma\, \varrho_{\text{M}}\, r_{\text{M}}\,.$$

Der Quotient der beiden Fallbeschleunigungen ist

$$\frac{a_{\text{M}}}{a_{\text{E}}} = \frac{\varrho_{\text{M}}\, r_{\text{M}}}{\varrho_{\text{E}}\, r_{\text{E}}}\,.$$

Damit ergibt sich das Verhältnis der Dichten zu

$$\frac{\varrho_{\text{M}}}{\varrho_{\text{E}}} = \frac{a_{\text{M}}\, r_{\text{E}}}{a_{\text{E}}\, r_{\text{M}}} = \frac{(1{,}62\,\text{m} \cdot \text{s}^{-2})\,(6{,}37 \cdot 10^6\,\text{m})}{(9{,}81\,\text{m} \cdot \text{s}^{-2})\,(1{,}738 \cdot 10^6\,\text{m})} = 0{,}605\,.$$

Schwere Masse und träge Masse

L4.43 a) Für die Gewichtskraft des Probekörpers gilt $F_{\text{G},1} = m_1\, g$ und für die des zweiten Körpers entsprechend $F_{\text{G},2} = m_2\, g$.

Damit erhalten wir

$$m_2 = \frac{F_{\text{G},2}}{F_{\text{G},1}}\, m_1 = \frac{56{,}6\,\text{N}}{9{,}81\,\text{N}}\,(1{,}00\,\text{kg}) = 5{,}77\,\text{kg}\,.$$

b) Wir haben hier die Auswirkung des Gravitationsfelds der Erde auf die Masse des zweiten Körpers betrachtet. Also haben wir die schwere Masse bestimmt.

Das Gravitationsfeld

L4.44 Definitionsgemäß ist das Gravitationsfeld gegeben durch $\boldsymbol{G} = \boldsymbol{F}/m$. Damit erhalten wir

$$\boldsymbol{F} = m\,\boldsymbol{G} = (0{,}0040\,\text{kg})\,(2{,}5 \cdot 10^{-6}\,\widehat{\boldsymbol{y}})\,\text{N} \cdot \text{kg}^{-1}$$

$$= (1{,}0 \cdot 10^{-8}\,\widehat{\boldsymbol{y}})\,\text{N}\,.$$

L4.45 Die Gravitationsfeldstärke ist innerhalb einer Kugelschale null, und an der Außenfläche sowie außerhalb der Kugelschale ist sie im Abstand r von deren Mittelpunkt $G = \Gamma\, m/r^2$. Wir bezeichnen den Radius der dünnen Kugelschale mit r_{K}.

a) Wegen $0{,}50\,\text{m} < r_{\text{K}}$ ist die Feldstärke $G_{0{,}5} = 0$.

b) Wegen $1{,}9\,\text{m} < r_{\text{K}}$ ist die Feldstärke $G_{1{,}9} = 0$.

c) Wegen $2{,}5\,\text{m} > r_{\text{K}}$ ergibt sich für die Feldstärke

$$G_{2{,}5} = \frac{\Gamma\, m}{r^2} = \frac{(6{,}673 \cdot 10^{-11}\,\text{N} \cdot \text{m}^2 \cdot \text{kg}^{-2})\,(300\,\text{kg})}{(2{,}5\,\text{m})^2}$$

$$= 3{,}2 \cdot 10^{-9}\,\text{N} \cdot \text{kg}^{-1}\,.$$

L4.46 Die Feldstärke des Felds $\boldsymbol{G}_1$ ist $|\boldsymbol{G}_1| = \Gamma\, m/r^2$. Die y-Komponente des resultierenden Felds ist null, und der Betrag der x-Komponente ist die Summe aus $G_{1,x}$ und $G_{2,x}$. Also gilt

$$G_x = G_{1,x} + G_{2,x} = 2\,G_{1,x} = 2\,|\boldsymbol{G}_1|\cos\theta\,.$$

Aufgrund der geometrischen Gegebenheiten ist $\cos(\pi - \theta) = x/r$, also $\cos\theta = -x/r$. Wir setzen $r = (x^2 + a^2)^{1/2}$ und erhalten damit

$$G_x = -2\,\frac{\Gamma\, m}{r^2}\,\frac{x}{r} = -\frac{2\,\Gamma\, m\, x}{r^3} = -\frac{2\,\Gamma\, m\, x}{(x^2 + a^2)^{3/2}}\,.$$

Das leiten wir nach x ab:

$$\frac{\mathrm{d}G_x}{\mathrm{d}x} = -2\,\Gamma\, m\left[(x^2 + a^2)^{-3/2} - 3\,x^2\,(x^2 + a^2)^{-5/2} \right]\,.$$

Bei Extremwerten ist dies null, woraus folgt:

$$x = \pm a/\sqrt{2}\,.$$

Um zu prüfen, ob hier lokale Maxima vorliegen, kann man die zweite Ableitung von G_x an den Stellen $x = \pm a/\sqrt{2}$ heranziehen oder den Graphen der Funktion $G(x)$ betrachten.

L4.47 Die Gravitationskraft einer dünnen Kugelschale mit der Masse m ist $F = m\,G$, wobei innerhalb der Kugelschale $G = 0$ und außerhalb von ihr $G = \Gamma\, m/r^2$ ist. Dabei ist r der Abstand von ihrem Mittelpunkt.

a) Beim Abstand $r = 3\,a$ tragen beide Kugelschalen zur Gravitationskraft bei, und diese ist

$$F_{3a} = m\,G_{3a} = m\,\frac{\Gamma\,(m_1 + m_2)}{(3\,a)^2} = \frac{\Gamma\, m\,(m_1 + m_2)}{9\,a^2}\,.$$

b) Beim Abstand $r = 1,9\,a$ vom Mittelpunkt trägt die äußere Kugelschale 2 zur Gravitationskraft nichts bei. Also ist $m_2 = 0$ zu setzen, und die Kraft ist

$$F_{1,9\,a} = m\,G_{1,9\,a} = m\,\frac{\Gamma\,m_1}{(1,9\,a)^2} = \frac{\Gamma\,m\,m_1}{3,61\,a^2}\,.$$

c) Beim Abstand $r = 0,9\,a$ vom Mittelpunkt befindet sich das Teilchen innerhalb beider Kugelschalen. Also ist $G_{0,9\,a} = 0$ und daher $F_{0,9\,a} = 0$.

L4.48 In der Abbildung sind die x-Koordinaten für die drei Teilaufgaben eingezeichnet.

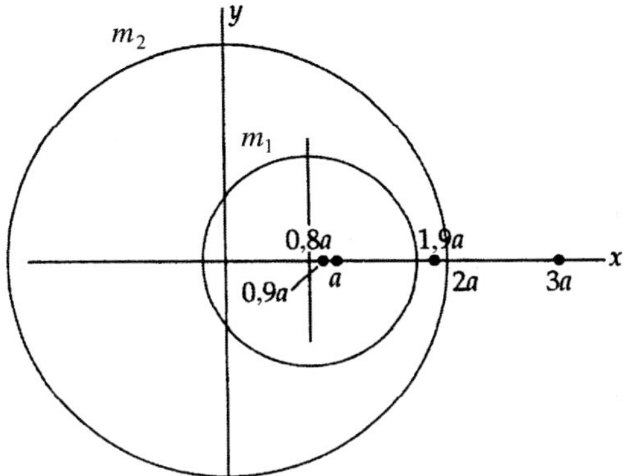

a) Die auf das Teilchen mit der Masse m in x-Richtung wirkende Gravitationskraft ist $F = m\,(G_1 + G_2)$. Bei $x = 3\,a$ gilt für das Feld der äußeren Kugelschale

$$G_2 = \frac{\Gamma\,m_2}{(3\,a)^2} = \frac{\Gamma\,m_2}{9\,a^2}$$

und für das der inneren Kugelschale

$$G_1 = \frac{\Gamma\,m_1}{(3\,a - 0,8\,a)^2} = \frac{\Gamma\,m_1}{4,84\,a^2}\,.$$

Die Gravitationskraft ergibt sich damit zu

$$F_{3\,a} = m\left(\frac{\Gamma\,m_2}{9\,a^2} + \frac{\Gamma\,m_1}{4,84\,a^2}\right) = \frac{\Gamma\,m}{a^2}\left(\frac{m_2}{9} + \frac{m_1}{4,84}\right)\,.$$

b) Im Abstand $x = 1,9\,a$ vom Ursprung befindet sich das Teilchen nur innerhalb der äußeren Kugelschale. Also ist

$$G_2 = 0 \quad \text{sowie} \quad G_1 = \frac{\Gamma\,m_1}{(1,9\,a - 0,8\,a)^2} = \frac{\Gamma\,m_1}{1,21\,a^2}\,,$$

und für die Gravitationskraft erhalten wir

$$F_{1,9\,a} = m\,G_1 = \frac{\Gamma\,m\,m_1}{1,21\,a^2}\,.$$

c) Beim Abstand $x = 0,9\,a$ befindet sich das Teilchen innerhalb beider Kugelschalen. Also ist $G_2 = 0$ und $G_1 = 0$, sodass die Kraft $F_{0,9\,a} = 0$ ist.

L4.49 Wenn Sie sich im Abstand r vom Erdmittelpunkt befinden, dann wirken zwei Kräfte auf Sie ein: die Gravitationskraft $m\,G$ nach unten und die Normalkraft F_n nach oben; diese wird vom Boden des Aufzugs bzw. von der Federwaage ausgeübt, die Ihr jeweiliges „Gewicht" anzeigt. Beide Kräfte gleichen einander aus, weil Sie sich mit dem Aufzug mit konstanter Geschwindigkeit bewegen.

a) Im Abstand r vom Mittelpunkt der Erde ist die Gewichtskraft gegeben durch $F_{\mathrm{G},r} = \Gamma\,m_{\mathrm{E},r}\,m/r^2$. Darin ist $m_{\mathrm{E},r}$ die Masse der Erde, die sich innerhalb des Radius r befindet. Gemäß der Definition der Dichte gilt für die innere Teilkugel mit dem Radius r bzw. für die gesamte Erdkugel

$$\varrho_r = \frac{m_{\mathrm{E},r}}{V_r} = \frac{m_{\mathrm{E},r}}{\frac{4}{3}\,\pi\,r^3} \quad \text{bzw.} \quad \varrho_\mathrm{E} = \frac{m_\mathrm{E}}{V_\mathrm{E}} = \frac{m_\mathrm{E}}{\frac{4}{3}\,\pi\,r_\mathrm{E}^3}\,.$$

Wir nehmen die Erde als homogene Kugel an. Dann sind beide Dichten gleich, und wir erhalten

$$\frac{m_{\mathrm{E},r}}{\frac{4}{3}\,\pi\,r^3} = \frac{m_\mathrm{E}}{\frac{4}{3}\,\pi\,r_\mathrm{E}^3} \quad \text{und daraus} \quad m_{\mathrm{E},r} = m_\mathrm{E}\left(\frac{r}{r_\mathrm{E}}\right)^3\,.$$

Damit ergibt sich für die Gewichtskraft im Abstand r vom Erdmittelpunkt

$$F_{\mathrm{G},r} = \frac{\Gamma\,m_{\mathrm{E},r}\,m}{r^2} = \frac{\Gamma\,m_\mathrm{E}\,(r/r_\mathrm{E})^3\,m}{r^2} = \frac{\Gamma\,m_\mathrm{E}\,m}{r_\mathrm{E}^2}\,\frac{r}{r_\mathrm{E}}\,.$$

Mit der Fallbeschleunigung g an der Erdoberfläche gilt aufgrund des Newton'schen Gravitationsgesetzes

$$m\,g = \Gamma\,m_\mathrm{E}\,m/r_\mathrm{E}^2$$

und daher $g = \Gamma\,m_\mathrm{E}/r_\mathrm{E}^2$. Das setzen wir ein und erhalten

$$F_{\mathrm{G},r} = m\,g\,r/r_\mathrm{E}\,.$$

Also ist die Gravitationskraft, die auf Sie einwirkt, proportional zu Ihrem Abstand r vom Erdmittelpunkt.

b) Gemäß dem zweiten Newton'schen Axiom für Drehbewegungen gilt für die Kräfte, die auf Sie einwirken:

$$F_{\mathrm{n},r} - m\,g\,r/r_\mathrm{E} = -m\,r\,\omega^2\,.$$

Darin ist $(-m\,r\,\omega^2)$ die aufgrund der Rotation auf Sie wirkende Zentripetalkraft; sie ist zum Erdmittelpunkt hin gerichtet. Für die Normalkraft ergibt sich daraus

$$F_{\mathrm{n},r} = m\,g\,r/r_\mathrm{E} - m\,r\,\omega^2 = (m\,g/r_\mathrm{E} - m\,\omega)\,r\,.$$

Also ist Ihr effektives Gewicht (die Anzeige auf der Federwaage) proportional zum Abstand r vom Erdmittelpunkt.

L4.50 Wir bezeichnen den Radius des Sternhaufens mit r_H, die Gesamtzahl seiner Sterne mit n und die Anzahl von Sternen innerhalb einer Kugel mit dem Radius r um das Zentrum des Haufens mit n_r. Die Gravitationskraft, die auf irgendeinen Stern (mit der Masse m) im Abstand r vom Zentrum des Haufens wirkt, ist gemäß dem zweiten Newton'schen Axiom betragsmäßig gleich der Zentripetalkraft:

$$\Gamma\, n_r\, m^2/r^2 = m\, \upsilon^2/r \,.$$

Darin ist υ die Bahngeschwindigkeit des betreffenden Sterns beim Umlauf um das Zentrum. Wegen der gleichmäßigen Verteilung der Sterne im Haufen können wir für die Dichte schreiben:

$$\varrho = \frac{n_r\, m}{\frac{4}{3}\,\pi\, r^3} = \frac{n\, m}{\frac{4}{3}\,\pi\, r_{\mathrm H}^3}$$

Also ist $n_r = n\, r^3/r_{\mathrm H}^3$. Dies setzen wir in die Beziehung für die Zentripetalkraft ein und erhalten

$$\frac{\Gamma\, n\, m^2}{r^2}\, \frac{r^3}{r_{\mathrm H}^3} = m\, \frac{\upsilon^2}{r} \qquad \text{sowie} \qquad \Gamma\, n\, m\, \frac{r^2}{r_{\mathrm H}^3} = \upsilon^2 \,.$$

Damit ist die Geschwindigkeit eines Sterns im Abstand r vom Zentrum des Haufens gegeben durch

$$\upsilon = r\, \sqrt{\frac{\Gamma\, n\, m}{r_{\mathrm H}^3}} \,.$$

Sie ist also proportional zum Abstand r.

L4.51 Wir verwenden die Indices K und L für die massive Kugel bzw. für das Loch in der Kugel. Das Loch wird gemäß dem Hinweis in der Aufgabenstellung als „eingebaute" Kugel mit der negativen Masse m angesehen. Damit ist die Abhängigkeit des Gravitationsfelds im Abstand x vom Mittelpunkt der Kugel gegeben durch

$$G(x) = G_{\mathrm K} + G_{\mathrm L} = \frac{\Gamma\, m_{\mathrm K}}{x^2} + \frac{\Gamma\, m_{\mathrm L}}{(x - \frac{1}{2}\, r_0)^2}$$

$$= \frac{\Gamma\varrho_0\left(\frac{4}{3}\,\pi\, r_0^3\right)}{x^2} + \frac{\Gamma\varrho_0\left[-\frac{4}{3}\,\pi\left(\frac{1}{2}\, r_0\right)^3\right]}{(x - \frac{1}{2}\, r_0)^2}$$

$$= \Gamma\, \frac{4\,\pi\varrho_0\, r_0^3}{3}\left(\frac{1}{x^2} - \frac{1}{8\left(x - \frac{1}{2}\, r_0\right)^2}\right).$$

L4.52 a) Weil wir die Masse $m_{\mathrm K}$ und den Radius $r_{\mathrm K}$ der Kugel kennen, können wir die Konstante C durch Integration ermitteln. Mit $\varrho = C/r$ gilt für die Masse eines Volumenelements $\mathrm dV$ der Kugel

$$\mathrm dm = \varrho\, \mathrm dV = \varrho\,(4\,\pi\, r^2\, \mathrm dr) = 4\,\pi\, C\, \varrho\, r\, \mathrm dr \,.$$

Damit ist die Gesamtmasse der Kugel gegeben durch

$$m_{\mathrm K} = 4\,\pi\, C \int_0^{r_{\mathrm K}} r\, \mathrm dr = (50\,\mathrm m^2)\,\pi\, C \,,$$

und wir erhalten für die Konstante

$$C = \frac{m_{\mathrm K}}{(50\,\mathrm m^2)\,\pi} = \frac{1{,}0 \cdot 10^{11}\,\mathrm{kg}}{(50\,\mathrm m^2)\,\pi} = 6{,}37 \cdot 10^8\,\mathrm{kg \cdot m^{-2}}$$

$$= 6{,}4 \cdot 10^8\,\mathrm{kg \cdot m^{-2}} \,.$$

b) Die Stärke des Gravitationsfelds im Abstand r vom Kugelmittelpunkt ist $G = \Gamma\, m/r^2$. Bei $r > 5{,}0\,\mathrm m$, also außerhalb der Kugel, gilt für das Feld

$$G_{\mathrm a} = \frac{\Gamma\, m_{\mathrm K}}{r^2} = \frac{(6{,}673 \cdot 10^{-11}\,\mathrm{N \cdot m^2 \cdot kg^{-2}})\,(1{,}0 \cdot 10^{11}\,\mathrm{kg})}{r^2}$$

$$= (6{,}7\,\mathrm{N \cdot m^2 \cdot kg^{-1}})\,\frac{1}{r^2} \,.$$

Bei $r < 5{,}0\,\mathrm m$, also innerhalb der Kugel, gilt für das Feld $G = \Gamma\, m_r/r^2$. Dabei ist m_r die innerhalb des Radius r befindliche Masse der Kugel. Hierfür haben wir in Teilaufgabe a schon den Ausdruck

$$m_r = 4\,\pi\, C \int_0^r r\, \mathrm dr$$

aufgestellt. Damit gilt für das Feld innerhalb der Kugel

$$G_{\mathrm i} = \frac{\Gamma\, m_r}{r^2} = \frac{\Gamma\, 4\,\pi\, C \displaystyle\int_0^r r\, \mathrm dr}{r^2} = 2\,\pi\, \Gamma\, C$$

$$= 2\,\pi\,(6{,}673 \cdot 10^{-11}\,\mathrm{N \cdot m^2 \cdot kg^{-2}})\,(6{,}37 \cdot 10^8\,\mathrm{kg \cdot m^{-2}})$$

$$= 0{,}27\,\mathrm{N \cdot kg^{-1}} \,.$$

L4.53 Wir bezeichnen, wie üblich, den Anfangszustand mit dem Index A und den Endzustand mit dem Index E. Dann gilt wegen der Erhaltung der Energie des Teilchens, das die Masse m hat:

$$E_{\mathrm{kin,E}} - E_{\mathrm{kin,A}} + \Delta E_{\mathrm{pot}} = 0 \,.$$

Wegen $E_{\mathrm{kin,A}} = 0$ ist $-\Delta E_{\mathrm{pot}} = E_{\mathrm{kin,E}} = \frac{1}{2}\, m\, \upsilon_{\mathrm E}^2$, also

$$\upsilon = \sqrt{\frac{-2\,\Delta E_{\mathrm{pot}}}{m}} = \sqrt{\frac{2\,W}{m}} \,.$$

Dies ist die Geschwindigkeit, mit der das Teilchen auf dem Boden des Lochs aufschlägt. Hier haben wir $-\Delta E_{\mathrm{pot}} = W$ gesetzt, denn dies ist die Arbeit, die das Gravitationsfeld am Teilchen verrichtet. Für sie gilt

$$W = -\int_{5\,\mathrm m}^{3\,\mathrm m} m\, G_{\mathrm i}\, \mathrm dr = (2{,}0\,\mathrm m)\, m\, G_{\mathrm i} \,.$$

Das Feld $G_{\mathrm i}$ innerhalb der Kugel haben wir in Aufgabe 4.52 ermittelt:

$$G_{\mathrm i} = 2\,\pi\, \Gamma\, C = 0{,}27\,\mathrm{N \cdot kg^{-1}} \,.$$

Dies und den zuvor aufgestellten Ausdruck für die Arbeit setzen wir in die obige Gleichung für die Geschwindigkeit ein und erhalten

$$\upsilon = \sqrt{\frac{2\,W}{m}} = \sqrt{\frac{2\,(2{,}0\,\mathrm m)\, m\, G_{\mathrm i}}{m}} = \sqrt{(4{,}0\,\mathrm m)\, G_{\mathrm i}}$$

$$= \sqrt{(4{,}0\,\mathrm m)\,(0{,}27\,\mathrm{N \cdot kg^{-1}})} = 1{,}0\,\mathrm{m \cdot s^{-1}} \,.$$

Allgemeine Aufgaben

L4.54 Wir betrachten einen Körper mit der Masse m, der sich an der Erdoberfläche befindet. Die auf ihn wirkende Gewichtskraft ist $F_\mathrm{G} = m\,g = \Gamma\,m_\mathrm{E}\,m/r_\mathrm{E}^2$. Daraus ergibt sich die Erdmasse zu

$$
\begin{aligned}
m_\mathrm{E} &= \frac{g\,r_\mathrm{E}^2}{\Gamma} \\
&= \frac{\left(9{,}81\,\mathrm{N \cdot kg^{-1}}\right)\left(6{,}37 \cdot 10^6\,\mathrm{m}\right)^2}{6{,}673 \cdot 10^{-11}\,\mathrm{N \cdot m^2 \cdot kg^{-2}}} = 5{,}97 \cdot 10^{24}\,\mathrm{kg}\,.
\end{aligned}
$$

L4.55 a) Die Umlaufdauer T ist der Quotient aus dem Umfang $2\,\pi\,r_\mathrm{U}$ der Umlaufbahn und der Umlaufgeschwindigkeit v. Der Radius der Umlaufbahn ist gleich 3 Erdradien, weil der Abstand von der Erdoberfläche 2 Erdradien beträgt. Also gilt für die Umlaufdauer

$$
T = \frac{2\,\pi\,r_\mathrm{U}}{v} = \frac{6\,\pi\,r_\mathrm{E}}{v}\,.
$$

Gemäß dem zweiten Newton'schen Axiom gilt mit der Masse m des Flugkörpers für die Beträge der beim Umlauf radial wirkenden Kräfte

$$
\frac{\Gamma\,m_\mathrm{E}\,m}{(3\,r_\mathrm{E})^2} = m\,\frac{v^2}{3\,r_\mathrm{E}}\,.
$$

Daraus folgt $v = \sqrt{\dfrac{g\,r_\mathrm{E}}{3}}$, und für die Umlaufdauer ergibt sich

$$
\begin{aligned}
T &= \frac{6\,\pi\,r_\mathrm{E}}{v} = 6\,\sqrt{3}\,\pi\,\sqrt{\frac{r_\mathrm{E}}{g}} = 6\,\sqrt{3}\,\pi\,\sqrt{\frac{6{,}37 \cdot 10^6\,\mathrm{m}}{9{,}81\,\mathrm{m \cdot s^{-2}}}} \\
&= \left(2{,}631 \cdot 10^4\,\mathrm{s}\right)\frac{1\,\mathrm{h}}{3600\,\mathrm{s}} = 7{,}31\,\mathrm{h}\,.
\end{aligned}
$$

b) Die kinetische Energie auf der Umlaufbahn ist

$$
\begin{aligned}
E_\mathrm{kin} &= \tfrac{1}{2}\,m\,v^2 = \tfrac{1}{2}\,m\left(\tfrac{1}{3}\,g\,r_\mathrm{E}\right) \\
&= \tfrac{1}{6}\left(100\,\mathrm{kg}\right)\left(9{,}81\,\mathrm{m \cdot s^{-2}}\right)\left(6{,}37 \cdot 10^6\,\mathrm{m}\right) \\
&= 1{,}041 \cdot 10^9\,\mathrm{J} = 1{,}04\,\mathrm{GJ}\,.
\end{aligned}
$$

c) Der Drehimpuls L und das Trägheitsmoment I hängen mit der kinetischen Energie über $E_\mathrm{kin} = L^2/(2\,I)$ zusammen.

Das Trägheitsmoment des Flugkörpers bezüglich des Erdmittelpunkts ist $I = m\,(3\,r_\mathrm{E})^2 = 9\,m\,r_\mathrm{E}^2$.

Das setzen wir ein, lösen nach dem Drehimpuls L auf und erhalten für dessen Betrag

$$
\begin{aligned}
L &= \sqrt{2\left(9\,m\,r_\mathrm{E}^2\right) E_\mathrm{kin}} = 3\,r_\mathrm{E}\,\sqrt{2\,m\,E_\mathrm{kin}} \\
&= 3\left(6{,}37 \cdot 10^6\,\mathrm{m}\right)\sqrt{2\left(100\,\mathrm{kg}\right)\left(1{,}041 \cdot 10^9\,\mathrm{J}\right)} \\
&= 8{,}72 \cdot 10^{12}\,\mathrm{J \cdot s}\,.
\end{aligned}
$$

L4.56 Die Abbildung zeigt das Kräftediagramm für die Münze. Die Haftreibungskraft $\boldsymbol{F}_\mathrm{R,h}$ verhindert, dass die Münze auf der Drehscheibe gleitet.

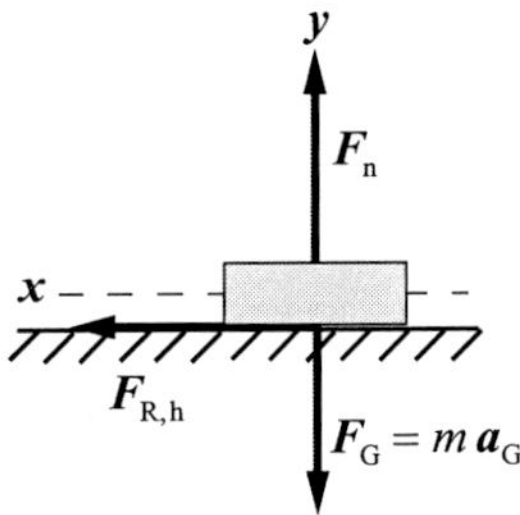

a) Wir wenden das zweite Newton'sche Axiom $\sum \boldsymbol{F}_i = m\,\boldsymbol{a}$ auf die Münze an:

$$
\begin{aligned}
\sum F_{i,x} &= |\boldsymbol{F}_\mathrm{R,h}| = m\,\frac{v^2}{r}\,, \qquad (1)\\
\sum F_{i,y} &= |\boldsymbol{F}_\mathrm{n}| - m\,g = 0\,.
\end{aligned}
$$

Die Bahngeschwindigkeit ist der Quotient aus Umfang und Umlaufdauer: $v = 2\,\pi\,r/T$. Das setzen wir in Gleichung 1 ein und erhalten

$$
|\boldsymbol{F}_\mathrm{R,h}| = \frac{4\,\pi^2\,m\,r}{T^2} = \frac{4\,\pi^2\left(0{,}100\,\mathrm{kg}\right)\left(0{,}10\,\mathrm{m}\right)}{(1{,}00\,\mathrm{s})^2} = 0{,}40\,\mathrm{N}\,.
$$

Diese Haftreibungskraft wirkt als Zentripetalkraft nach innen.

b) Aus der Gleichung für die y-Komponenten der Kräfte folgt $|\boldsymbol{F}_\mathrm{n}| = m\,g$. Wenn die Münze bei $r = 16{,}0\,\mathrm{cm}$ gerade noch nicht wegrutscht, ist die Haftreibungskraft dort maximal. Dabei gilt also $|\boldsymbol{F}_\mathrm{R,h}| = |\boldsymbol{F}_\mathrm{R,h,max}|$. Hieraus ergibt sich der Haftreibungskoeffizient zu

$$
\begin{aligned}
\mu_\mathrm{R,h} &= \frac{|\boldsymbol{F}_\mathrm{R,h,max}|}{|\boldsymbol{F}_\mathrm{n}|} = \frac{4\,\pi^2\,m\,r/T^2}{m\,g} = \frac{4\,\pi^2\,r}{g\,T^2} \\
&= \frac{4\,\pi^2\left(0{,}160\,\mathrm{m}\right)}{\left(9{,}81\,\mathrm{m \cdot s^{-2}}\right)(1{,}00\,\mathrm{s})^2} = 0{,}644\,.
\end{aligned}
$$

L4.57 Die Abbildung zeigt das Kräftediagramm für das Fahrrad. Die Zentripetalkraft, durch die es auf der Kreisbahn bleibt, rührt von der Haftreibungskraft zwischen Reifen und Fahrbahn her. Die Resultierende $\boldsymbol{F}_\mathrm{n} + \boldsymbol{F}_\mathrm{R,h}$ von Normal- und Reibungskraft wirkt im Winkel θ gegen die Senkrechte. Dieser Winkel ist die Richtung, in der die Fahrbahn auf die Reifen drückt.

a) Anwenden des zweiten Newton'schen Axioms $\sum \boldsymbol{F}_i = m\,\boldsymbol{a}$ auf das Fahrrad ergibt

$$
\begin{aligned}
\sum F_{i,x} &= |\boldsymbol{F}_\mathrm{R,h}| = \frac{m\,v^2}{r}\,, \\
\sum F_{i,y} &= |\boldsymbol{F}_\mathrm{n}| - m\,g = 0\,.
\end{aligned}
$$

Für den Winkel θ der resultierenden Kraft gegen die Senkrechte gilt aufgrund der geometrischen Anordnung

$$
\tan\theta = \frac{|\boldsymbol{F}_\mathrm{R,h}|}{|\boldsymbol{F}_\mathrm{n}|} = \frac{m\,v^2/r}{m\,g} = \frac{v^2}{r\,g}\,.
$$

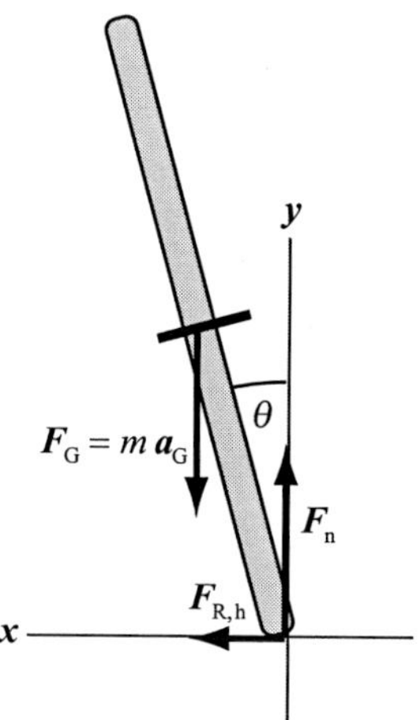

Damit ergibt sich für die Geschwindigkeit

$$v = \sqrt{r\,g\,\tan\theta} = \sqrt{(20\,\mathrm{m})\,(9{,}81\,\mathrm{m}\cdot\mathrm{s}^{-2})\,\tan 15^\circ}$$
$$= 7{,}3\,\mathrm{m}\cdot\mathrm{s}^{-1}\,.$$

b) Die Haftreibungskraft soll halb so groß wie der Maximalwert sein: $F_{\mathrm{R,h}} = \tfrac{1}{2}\,F_{\mathrm{R,h,max}} = \tfrac{1}{2}\,\mu_{\mathrm{R,h}}\,m\,g$. Wir setzen den Ausdruck für die Haftreibungskraft $F_{\mathrm{R,h}}$ aus der Kraftgleichung für die x-Komponenten ein und erhalten für den Haftreibungskoeffizienten

$$\mu_{\mathrm{R,h}} = \frac{2\,|\boldsymbol{F}_{\mathrm{R,h}}|}{m\,g} = \frac{2\,v^2}{r\,g} = \frac{2\,(7{,}25\,\mathrm{m}\cdot\mathrm{s}^{-1})^2}{(20\,\mathrm{m})\,(9{,}81\,\mathrm{m}\cdot\mathrm{s}^{-2})} = 0{,}54\,.$$

L4.58 Die Abbildung zeigt das Kräftediagramm.

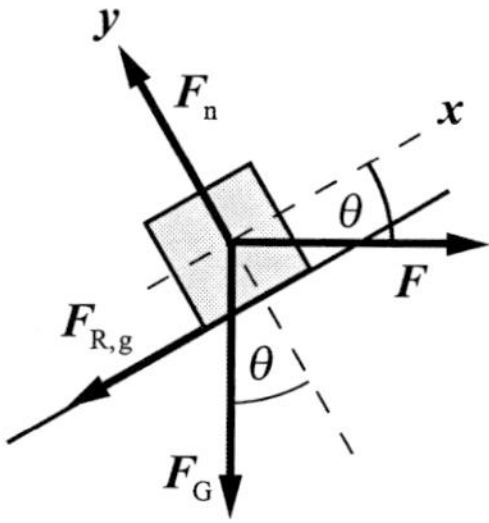

Die Gleitreibungskraft wirkt entgegen der schräg nach oben erfolgenden Bewegung der Kiste, und die Arbeiter drücken mit der Kraft $\boldsymbol{F}$ horizontal gegen die Kiste.

Da die Kiste mit konstanter Geschwindigkeit bewegt wird, ist ihre Beschleunigung null. Gemäß dem zweiten Newton'schen Axiom $\sum \boldsymbol{F}_i = m\,\boldsymbol{a}$ gilt dann für die Kiste

$$\sum F_{i,x} = |\boldsymbol{F}|\cos\theta - |\boldsymbol{F}_{\mathrm{R,g}}| - m\,g\,\sin\theta = 0\,,$$

$$\sum F_{i,y} = |\boldsymbol{F}_{\mathrm{n}}| - |\boldsymbol{F}|\sin\theta - m\,g\,\cos\theta = 0\,.$$

Mit der Definition $|\boldsymbol{F}_{\mathrm{R,g}}| = \mu_{\mathrm{R,g}}\,|\boldsymbol{F}_{\mathrm{n}}|$ der Gleitreibungskraft wird die Gleichung für die x-Komponenten der Kräfte zu

$$|\boldsymbol{F}|\cos\theta - \mu_{\mathrm{R,g}}\,|\boldsymbol{F}_{\mathrm{n}}| - m\,g\,\sin\theta = 0\,. \tag{1}$$

Umstellen der Gleichung für die y-Komponenten ergibt

$$|\boldsymbol{F}_{\mathrm{n}}| = |\boldsymbol{F}|\sin\theta + m\,g\,\cos\theta\,.$$

Das setzen wir in Gleichung 1 ein und erhalten für den Betrag der Kraft, mit der die Arbeiter gegen die Kiste drücken müssen:

$$|\boldsymbol{F}| = \frac{m\,g\,(\sin\theta + \mu_{\mathrm{R,g}}\cos\theta)}{\cos\theta - \mu_{\mathrm{R,g}}\sin\theta}$$
$$= \frac{(100\,\mathrm{kg})\,(9{,}81\,\mathrm{m}\cdot\mathrm{s}^{-2})\,(\sin 30^\circ + 0{,}500\cos 30^\circ)}{\cos 30^\circ - 0{,}500\sin 30^\circ}$$
$$= 1{,}49\,\mathrm{kN}\,.$$

L4.59 Die Abbildung zeigt das Kräftediagramm für ein Flughörnchen, das mit der Endgeschwindigkeit $\boldsymbol{v}_{\mathrm{E}}$ fliegt. Die Kraft $\boldsymbol{F}_{\mathrm{W}}$ rührt vom Luftwiderstand her, und $\boldsymbol{F}_{\mathrm{G}}$ ist das Gewicht des Flughörnchens.

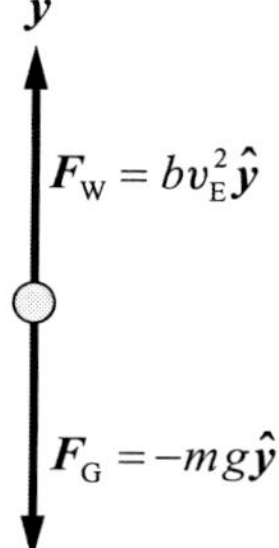

Wir nehmen an, dass der Koeffizient b proportional zur waagerechten Querschnittsfläche des Flughörnchens bei ausgespannten Flughäuten ist. Ferner sei diese Fläche ungefähr $1/10$ so groß wie bei einem flach ausgestreckten Menschen. Schließlich setzen wir die Masse des Flughörnchens zu $1{,}0\,\mathrm{kg}$ an. Gemäß dem zweiten Newton'schen Axiom $\sum F_{i,y} = m\,a_y$ gilt mit den eben eingeführten Kräften

$$|\boldsymbol{F}_{\mathrm{W}}| - |\boldsymbol{F}_{\mathrm{G}}| = m\,a_y\,.$$

Wegen $a_y = 0$ ist also $|\boldsymbol{F}_{\mathrm{W}}| - |\boldsymbol{F}_{\mathrm{G}}| = 0$.

Einsetzen von $|\boldsymbol{F}_{\mathrm{W}}| = b\,v_{\mathrm{E}}^2$ und $|\boldsymbol{F}_{\mathrm{G}}| = m\,g$ ergibt

$$b\,v_{\mathrm{E}}^2 - m\,g = 0 \qquad \text{und somit} \qquad v_{\mathrm{E}} = \sqrt{\frac{m\,g}{b}}\,.$$

Mit der obigen Annahme ($A_{\mathrm{Flugh.}} = 0{,}1\,A_{\mathrm{Mensch}}$) ergibt sich für die Konstante $b_{\mathrm{Flugh.}} = 0{,}1\,b_{\mathrm{Mensch}}$. Damit erhalten wir für die Endgeschwindigkeit des Flughörnchens

$$v_{\mathrm{E}} = \sqrt{\frac{m_{\mathrm{Flugh.}}\,g}{b_{\mathrm{Flugh.}}}} = \sqrt{\frac{(1{,}0\,\mathrm{kg})\,(9{,}81\,\mathrm{m}\cdot\mathrm{s}^{-2})}{(0{,}1)\,(0{,}251\,\mathrm{kg}\cdot\mathrm{m}^{-1})}} \approx 20\,\mathrm{m}\cdot\mathrm{s}^{-1}\,.$$

Das entspricht rund $72\,\mathrm{km/h}$ und damit $40\,\%$ der Endgeschwindigkeit eines flach ausgestreckt fallenden Fallschirmspringers vor dem Öffnen des Schirms. Offenbar hat Sally also Recht.

L4.60 a) Auf ein Objekt mit der Masse m wirkt auf der Oberfläche der Sonne (mit der Masse m_S und dem Radius r_S) die Gravitationskraft

$$F_G = m\, a_G = \frac{\Gamma\, m_S\, m}{r_S^2}.$$

Also ist die Fallbeschleunigung an der Sonnenoberfläche

$$a_G = \frac{F_G}{m} = \frac{\Gamma\, m_S}{r_S^2}.$$

Beim Neutronenstern (N) gilt entsprechend

$$F_G' = m\, a_G' = \frac{\Gamma\, m_N\, m}{r_N^2} \qquad \text{sowie} \qquad a_G' = \frac{\Gamma\, m_N}{r_N^2}.$$

Wir bilden das Verhältnis der Fallbeschleunigungen, berücksichtigen dabei, dass $m_S = m_N$ sein soll, und setzen die Zahlenwerte der Radien ein:

$$\frac{a_G'}{a_G} = \frac{\Gamma\, m_N/r_N^2}{\Gamma\, m_S/r_S^2} = \frac{r_S^2}{r_N^2} = \left(\frac{6{,}96 \cdot 10^8\,\text{m}}{12{,}0 \cdot 10^3\,\text{m}}\right)^2 = 3{,}36 \cdot 10^9.$$

b) Die Fluchtgeschwindigkeiten sind

$$v_F' = \sqrt{\frac{\Gamma\, m_N}{r_N}} \qquad \text{und} \qquad v_F = \sqrt{\frac{\Gamma\, m_S}{r_S}},$$

und ihr Verhältnis ergibt sich zu

$$\frac{v_F'}{v_F} = \sqrt{\frac{r_S}{r_N}} = \sqrt{\frac{6{,}96 \cdot 10^8\,\text{m}}{12{,}0 \cdot 10^3\,\text{m}}} = 241.$$

L4.61 Wegen der Energieerhaltung gilt für das Geschoss

$$E_{kin,E} - E_{kin,A} + E_{pot,E} - E_{pot,A} = 0.$$

Der Mond hat die Masse m_M und den Radius r_M, und das Geschoss hat die Masse m. Mit der von ihm erreichten Höhe h sowie der Beziehung $E_{kin,E} = 0$ gilt daher

$$-\tfrac{1}{2}\, m\, v^2 - \frac{\Gamma\, m_M\, m}{r_M + h} + \frac{\Gamma\, m_M\, m}{r_M} = 0.$$

Also ist die vom Geschoss erreichte Höhe

$$h = r_M \left(\frac{1}{1 - \dfrac{v^2\, r_M}{2\,\Gamma\, m_M}} - 1 \right).$$

Gemäß dem zweiten Newton'schen Axiom gilt für die Beträge der auf den Satelliten (S) beim Umlauf radial wirkenden Kräfte

$$\frac{\Gamma\, m_M\, m_S}{r_M^2} = m_S\, \frac{v^2}{r_M}.$$

Daraus folgt $v^2 = \dfrac{\Gamma\, m_M}{r_M}$, und wir erhalten für die Höhe, die das Geschoss erreicht:

$$h = r_M \left(\frac{1}{1 - \dfrac{(\Gamma\, m_M/r_M)\, r_M}{2\,\Gamma\, m_M}} - 1 \right) = r_M \left(\frac{1}{1 - \tfrac{1}{2}} - 1 \right)$$

$$= r_M = 1{,}7 \cdot 10^6\,\text{m}.$$

Sie ist also gleich dem Mondradius.

L4.62 Die Abstände des Neptun bzw. des Uranus von der Sonne bezeichnen wir mit r_N bzw. r_U, weil wir sie jeweils gleich dem mittlerem Bahnradius setzen können. Beim geringsten Abstand $(r_N - r_U)$ ist das Verhältnis der Gravitationskräfte von Neptun und Uranus (NU) sowie von Uranus und Sonne (US) gegeben durch

$$\frac{F_{G,NU}}{F_{G,US}} = \frac{\dfrac{\Gamma\, m_N\, m_U}{(r_N - r_U)^2}}{\dfrac{\Gamma\, m_U\, m_S}{r_U^2}} = \frac{m_N\, r_U^2}{m_S\, (r_N - r_U)^2}.$$

Für die Umlaufdauern T gilt dann mit einer Konstanten C gemäß dem dritten Kepler'schen Gesetz

$$T_U^2 = C\, r_U^3 \qquad \text{und} \qquad T_N^2 = C\, r_N^3.$$

Daraus folgt

$$\frac{T_N^2}{T_U^2} = \frac{r_N^3}{r_U^3} \qquad \text{sowie} \qquad r_N = r_U \left(\frac{T_N}{T_U}\right)^{2/3}.$$

Das setzen wir in die obige Gleichung für das Verhältnis der Gravitationskräfte ein und erhalten

$$\frac{F_{G,NU}}{F_{G,US}} = \frac{m_N\, r_U^2}{m_S \left[r_U \left(\dfrac{T_N}{T_U}\right)^{2/3} - r_U \right]^2} = \frac{m_N}{m_S \left[\left(\dfrac{T_N}{T_U}\right)^{2/3} - 1 \right]^2}.$$

Einsetzen der gegebenen Vielfachen der Erdmasse sowie der Umlaufdauern liefert schließlich

$$\frac{F_{G,NU}}{F_{G,US}} = \frac{17{,}1\, m_E}{3{,}33 \cdot 10^5 m_E \left[\left(\dfrac{164{,}8\,\text{a}}{84{,}0\,\text{a}}\right)^{2/3} - 1 \right]^2} \approx 2 \cdot 10^{-4}.$$

Dieses Verhältnis ist sehr klein. Das bedeutet: Selbst in der kurzen Zeitspanne, während der die Planeten Neptun und Uranus einander am nächsten sind, ist die Gravitationskraft zwischen beiden wesentlich geringer als die zwischen Uranus und Sonne.

L4.63 Wir müssen das Gravitationsfeld in drei Bereichen ermitteln: 1) innerhalb des kugelförmigen Hohlraums bei $r < r_1$, 2) innerhalb der Schale bei $r_1 < r < r_2$, also zwischen ihrem Innen- und ihrem Außenradius, und 3) außerhalb der Schale bei $r > r_2$.

Bereich 1, bei $r < r_1$:
Innerhalb der Schale befindet sich keine Masse, und das Feld ist $G(r) = 0$.

Bereich 2, bei $r_1 < r < r_2$:
Mit der Masse m, die sich innerhab des Radius r befindet, ist das Feld gegeben durch

$$G(r) = \frac{\Gamma\, m_r}{r^2}, \qquad \text{mit} \qquad m_r = \tfrac{4}{3}\,\pi\,\varrho\,(r^3 - r_1^3)\,.$$

Einen Ausdruck für die Dichte erhalten wir aus der Masse m_K und den Radien der Kugelschale:

$$\varrho = \frac{m_K}{V} = \frac{m_K}{\tfrac{4}{3}\,\pi\,(r_2^3 - r_1^3)}\,.$$

Damit ergibt sich $m = \dfrac{m_K\,(r^3 - r_1^3)}{r_2^3 - r_1^3}$,

und wir erhalten für das Feld

$$G(r) = \frac{\Gamma\, m_K\,(r^3 - r_1^3)}{r^2\,(r_2^3 - r_1^3)}\,.$$

Bereich 3, bei $r > r_2$:
Hier ist das Feld dasselbe wie außerhalb einer Kugel mit der Masse m_K:

$$G(r) = \frac{\Gamma\, m_K}{r^2}\,.$$

In der Abbildung ist die Abstandsabhängigkeit des Felds für alle drei Bereiche dargestellt. Dabei ist der Einfachheit halber $r_1 = 1$ und $r_2 = 2$ sowie $\Gamma\, m_K = 1$ gesetzt.

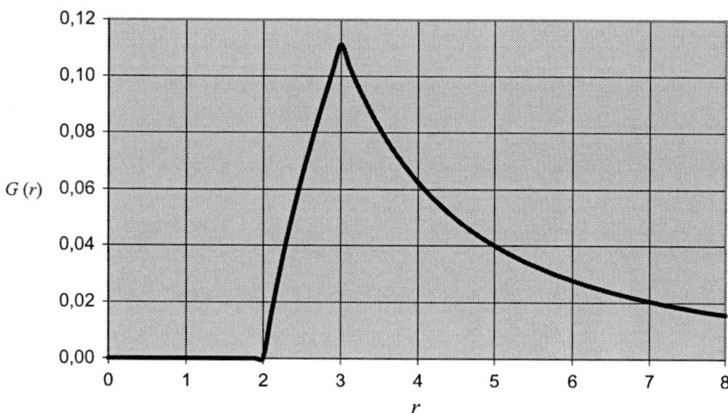

L4.64 Das Kräftediagramm links in der Abbildung gilt für ein stehendes Auto. Die entlang der Fahrbahnfläche nach oben wirkende Haftreibungskraft ist mit der nach unten gerichteten Komponente des Gewichts im Gleichgewicht, sodass das Auto nicht hinabgleitet.

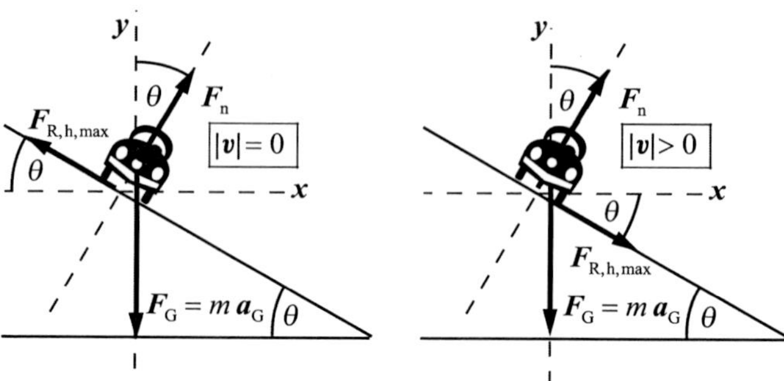

Anwenden des zweiten Newton'schen Axioms $\sum \boldsymbol{F}_i = m\,\boldsymbol{a}$ auf das Auto ergibt

$$\sum F_{i,y} = |\boldsymbol{F}_n|\cos\theta + |\boldsymbol{F}_{R,h}|\sin\theta - m\,g = 0\,,$$

$$\sum F_{i,x} = |\boldsymbol{F}_n|\sin\theta - |\boldsymbol{F}_{R,h}|\cos\theta = 0\,.$$

Wir setzen nun in der zweiten Gleichung

$$|\boldsymbol{F}_{R,h}| = |\boldsymbol{F}_{R,h,max}| = \mu_{R,h}\,|\boldsymbol{F}_n|\,,$$

lösen nach θ auf und setzen den Haftreibungskoeffizienten 0,080 ein, bei dem das Auto noch nicht ins Rutschen kommen soll. Damit ergibt sich für den Überhöhungswinkel

$$\theta = \text{atan}\,\mu_{R,h} = \text{atan}\,(0{,}080) = 4{,}57° = 4{,}6°\,.$$

Das rechte Kräftediagramm gilt für ein Auto, das mit der Geschwindigkeit $|v|$ durch die Kurve fährt. Das Auto versucht dabei sozusagen, nach außen zu gleiten. Daher wirkt die Haftreibungskraft teilweise nach innen und liefert so die Zentripetalkraft, die verhindert, dass es „aus der Kurve getragen" wird.

Anwenden der Beziehung $\sum \boldsymbol{F}_i = m\,\boldsymbol{a}$ liefert hier

$$\sum F_{i,y} = |\boldsymbol{F}_n|\cos\theta - |\boldsymbol{F}_{R,h}|\sin\theta - m\,g = 0\,,$$

$$\sum F_{i,x} = |\boldsymbol{F}_n|\sin\theta + |\boldsymbol{F}_{R,h}|\cos\theta = m\,\frac{v^2}{r}\,.$$

Einsetzen von $|\boldsymbol{F}_{R,h}| = \mu_{R,h}\,|\boldsymbol{F}_n|$ in die Gleichungen ergibt

$$|\boldsymbol{F}_n|\,(\cos\theta - \mu_{R,h}\sin\theta) = m\,g\,,$$

$$|\boldsymbol{F}_n|\,(\sin\theta + \mu_{R,h}\cos\theta) = m\,\frac{v^2}{r}\,.$$

Mit den Werten von θ und $\mu_{R,h}$ erhalten wir daraus

$$0{,}9904\,|\boldsymbol{F}_n| = m\,g \quad \text{sowie} \quad 0{,}1595\,|\boldsymbol{F}_n| = m\,\frac{v^2}{r}\,.$$

Hieraus eliminieren wir $|\boldsymbol{F}_n|$ und lösen nach r auf. Damit ergibt sich für den Mindestradius der Kurve

$$r = \frac{v^2}{0{,}1610\,g} = \frac{\left(60\,\dfrac{\text{km}}{\text{h}}\cdot\dfrac{1\,\text{h}}{3600\,\text{s}}\right)^2}{0{,}1610\,(9{,}81\,\text{m}\cdot\text{s}^{-2})} = 0{,}18\,\text{km}\,.$$

L4.65 a) Die Abbildung zeigt das Kräftediagramm für einen Fahrgast. Die maximale Haftreibungskraft verhindert, dass er an der Wand heruntergleitet.

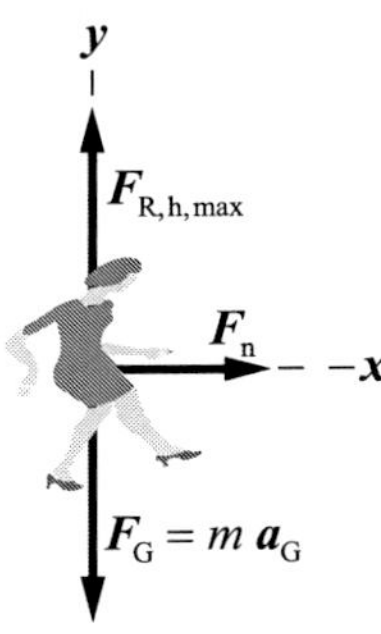

b) Anwenden des zweiten Newton'schen Axioms $\sum \boldsymbol{F}_i = m\,\boldsymbol{a}$ auf den Fahrgast ergibt

$$\sum F_{i,x} = |\boldsymbol{F}_{\mathrm{n}}| = m\,\frac{v^2}{r}\,, \tag{1}$$

$$\sum F_y = |\boldsymbol{F}_{\mathrm{R,h,max}}| - m\,g = 0\,. \tag{2}$$

Mit Gleichung 2 ergibt sich die maximale Haftreibungskraft:

$$|\boldsymbol{F}_{\mathrm{R,h,max}}| = m\,g = (75\,\mathrm{kg})\,(9{,}81\,\mathrm{m\cdot s^{-2}}) = 0{,}74\,\mathrm{kN}\,.$$

c) Die Anzahl n der Umdrehungen pro Minute, also die Drehzahl, ist der Kehrwert der in Minuten anzugebenden Periodendauer:

$$n = \frac{1}{T}\,. \tag{3}$$

Mit $|\boldsymbol{F}_{\mathrm{R,h,max}}| = \mu_{\mathrm{R,h}}\,|\boldsymbol{F}_{\mathrm{n}}|$ wird Gleichung 1 zu

$$\frac{|\boldsymbol{F}_{\mathrm{R,h,max}}|}{\mu_{\mathrm{R,h}}} = \frac{m\,g}{\mu_{\mathrm{R,h}}} = m\,\frac{v^2}{r}\,. \tag{4}$$

Der Betrag der Geschwindigkeit des Fahrgasts auf der Kreisbahn ist der Quotient aus Umfang und Periodendauer: $v = 2\,\pi\,r/T$. Das setzen wir in Gleichung 4 ein und erhalten

$$\frac{m\,g}{\mu_{\mathrm{R,h}}} = m\,\frac{(2\,\pi\,r/T)^2}{r} = \frac{4\,\pi^2\,m\,r}{T^2}$$

sowie daraus

$$T = 2\,\pi\,\sqrt{\frac{\mu_{\mathrm{R,h}}\,r}{g}}\,.$$

Gemäß Gleichung 3 ergibt sich hiermit die Drehzahl zu

$$n = \frac{1}{T} = \frac{1}{2\,\pi\,\sqrt{\dfrac{\mu_{\mathrm{R,h}}\,r}{g}}} = \frac{1}{2\,\pi}\,\sqrt{\frac{g}{\mu_{\mathrm{R,h}}\,r}}$$

$$= \frac{1}{2\,\pi}\,\sqrt{\frac{9{,}81\,\mathrm{m\cdot s^{-2}}}{(0{,}55)\,(4{,}0\,\mathrm{m})}} = 0{,}336\,\mathrm{s^{-1}} = 20\,\mathrm{min^{-1}}\,.$$

In diese Gleichung geht die Masse des Fahrgasts nicht ein; also ist die mindestens erforderliche Drehzahl für alle Fahrgäste dieselbe.

L4.66 a) Wir nehmen zunächst an, dass der gesamte Ring (der die Dicke Δr und den mittleren Abstand r_{R} vom Zentrum des Planeten hat) mit der einheitlichen Winkelgeschwindigkeit ω rotiert. Dann gilt (wegen $v = r\,\omega$) für die Bahngeschwindigkeiten des innersten (i) und des äußersten (a) Ringteils

$$v_{\mathrm{i}} = \left(r_{\mathrm{R}} - \tfrac{1}{2}\,\Delta r\right)\omega \qquad \text{bzw.} \qquad v_{\mathrm{a}} = \left(r_{\mathrm{R}} + \tfrac{1}{2}\,\Delta r\right)\omega\,.$$

Ihre Differenz ist

$$\Delta v = v_{\mathrm{a}} - v_{\mathrm{i}} = \left(r_{\mathrm{R}} + \tfrac{1}{2}\,\Delta r\right)\omega - \left(r_{\mathrm{R}} - \tfrac{1}{2}\,\Delta r\right)\omega$$

$$= \Delta r\,\omega = v_{\mathrm{m}}\,\frac{\Delta r}{r_{\mathrm{R}}}\,.$$

b) Wir betrachten einen Ringteil mit der Masse m, der sich unter dem Einfluss der Gravitationskraft auf einer Kreisbahn um den Planeten (mit der Masse m_{P}) bewegt, und zwar im Abstand r von dessen Zentrum. Dabei ist die Zentripetalkraft gemäß dem zweiten Newton'schen Axiom betragsmäßig gleich der Gravitationskraft, und mit der Bahngeschwindigkeit v ergibt sich

$$\frac{\Gamma\,m_{\mathrm{P}}\,m}{r^2} = \frac{m\,v^2}{r} \qquad \text{sowie daraus} \qquad v = \sqrt{\Gamma\,m_{\mathrm{P}}/r}\,.$$

Beim äußersten Ringteil ist $r = r_{\mathrm{R}} + \tfrac{1}{2}\,\Delta r$, und wir erhalten für seine Geschwindigkeit

$$v_{\mathrm{a}} = \sqrt{\frac{\Gamma\,m_{\mathrm{P}}}{r_{\mathrm{R}} + \tfrac{1}{2}\,\Delta r}} = \sqrt{\frac{\Gamma\,m_{\mathrm{P}}}{r_{\mathrm{R}}\left(1 + \tfrac{1}{2}\,\Delta r/r_{\mathrm{R}}\right)}}$$

$$= \sqrt{\frac{\Gamma\,m_{\mathrm{P}}}{r_{\mathrm{R}}}}\left(1 + \frac{1}{2}\,\frac{\Delta r}{r_{\mathrm{R}}}\right)^{-1/2}\,.$$

Den Wurzelausdruck können wir in eine Binomialreihe entwickeln. Damit ergibt sich

$$v_{\mathrm{a}} = \sqrt{\frac{\Gamma\,m_{\mathrm{P}}}{r_{\mathrm{R}}}}\left(1 - \frac{1}{2}\,\frac{1}{2}\,\frac{\Delta r}{r_{\mathrm{R}}} + - \cdots\right)$$

$$\approx \sqrt{\frac{\Gamma\,m_{\mathrm{P}}}{r_{\mathrm{R}}}}\left(1 - \frac{1}{4}\,\frac{\Delta r}{r_{\mathrm{R}}}\right)\,.$$

Entsprechend gilt für die Geschwindigkeit des innersten Ringteils

$$v_{\mathrm{i}} \approx \sqrt{\frac{\Gamma\,m_{\mathrm{P}}}{r_{\mathrm{R}}}}\left(1 + \frac{1}{4}\,\frac{\Delta r}{r_{\mathrm{R}}}\right)\,.$$

Mit $v r_{\mathrm{R}} = \sqrt{\Gamma\,m_{\mathrm{P}}/r_{\mathrm{R}}}$ erhalten wir für die Differenz beider Geschwindigkeiten

$$\Delta v \approx \sqrt{\frac{\Gamma\,m_{\mathrm{P}}}{r_{\mathrm{R}}}}\left(1 - \frac{1}{4}\,\frac{\Delta r}{r_{\mathrm{R}}}\right) - \sqrt{\frac{\Gamma\,m_{\mathrm{P}}}{r_{\mathrm{R}}}}\left(1 + \frac{1}{4}\,\frac{\Delta r}{r_{\mathrm{R}}}\right)$$

$$= \sqrt{\frac{\Gamma\,m_{\mathrm{P}}}{r_{\mathrm{R}}}}\left(-\frac{1}{2}\,\frac{\Delta r}{r_{\mathrm{R}}}\right) = -\frac{1}{2}\,\frac{\Delta r}{r_{\mathrm{R}}}\,v_{\mathrm{m}}\,.$$

L4.67 a) Die Fallbeschleunigung im Abstand r vom Erdmittelpunkt ist gegeben durch

$$a_z = 9{,}81\,\frac{\mathrm{m}}{\mathrm{s}^2} \cdot \left(\frac{6370\,\mathrm{km}}{r}\right)^2 .$$

Sie soll gleich der Zentripetalbeschleunigung für eine Kreisbewegung sein:

$$a_z \overset{!}{=} \omega^2 r$$

Die einem täglichen synchronen Umlauf entsprechende Winkelgeschwindigkeit beträgt

$$\omega = \frac{2\pi}{24\,\mathrm{h}} = \frac{2\pi}{86\,400\,\mathrm{s}} = 7{,}27 \cdot 10^{-5}\,\mathrm{s}^{-1} ,$$

also ist $\omega^2 = 5{,}3 \cdot 10^{-9}\,\mathrm{s}^{-2}$. Gleichsetzen und Auflösen nach r ergibt

$$\frac{9{,}81\,\frac{\mathrm{m}}{\mathrm{s}^2} \cdot (6370\,\mathrm{km})^2}{5{,}3 \cdot 10^{-9}\,\mathrm{s}^{-2}} = r^3$$

und damit $r \approx 42\,000\,\mathrm{km}$.

b) Die Fallbeschleunigung im Abstand r vom Mondmittelpunkt ist gegeben durch

$$a_z = 1{,}62\,\frac{\mathrm{m}}{\mathrm{s}^2} \cdot \left(\frac{1738\,\mathrm{km}}{r}\right)^2 .$$

Die Winkelgeschwindigkeit für einen „geostationären" Orbit muss allerdings viel geringer sein. Da wir immer dieselbe Seite des Mondes sehen und seine Eigendrehung an den monatlichen Umlauf um die Erde gebunden ist, gilt

$$\omega = \frac{2\pi}{27{,}32\,\mathrm{d}} \approx \frac{2\pi}{2\,360\,000\,\mathrm{s}} \approx 2{,}66 \cdot 10^{-6}\,\mathrm{s}^{-1} .$$

Gleichsetzen und Auflösen ergibt in diesem Fall $6{,}92 \cdot 10^{23}\,\mathrm{m}^3 = r^3$ und damit $r = 88\,000\,\mathrm{km}$.

c) Der resultierende Abstand vom Mondmittelpunkt beträgt einen signifikanten Anteil des Abstands Erde–Mond. Die absolute Stärke der Erdanziehungskraft stellt nicht unmittelbar eine Störung des Orbits dar, da sich der Satellit zusammen mit dem Mond im freien Fall um die Erde befindet. Allerdings ist im Abstand von 88 000 km vom Mond die Erdanziehungskraft merklich stärker. Um abzuschätzen, ob das Gravitationsfeld der Erde über Gezeitenkräfte den Orbit um den Mond stört, berechnen wir die Zunahme der Erdanziehungskraft 88 000 km vom Mond entfernt, und vergleichen diese mit der Anziehungskraft des Monds selbst. Die Fallbeschleunigung der Erde am Ort des Mondes im Abstand von etwa 380 000 km beträgt etwa $g_{E-M} \approx 0{,}0028\,\mathrm{m} \cdot \mathrm{s}^{-2}$. Gehen wir 88 000 km näher an die Erde, beträgt sie $g_{E-O} \approx 0{,}0047\,\mathrm{m} \cdot \mathrm{s}^{-2}$. Die Differenz beträgt damit etwa $0{,}0019\,\mathrm{m} \cdot \mathrm{s}^{-2}$. Diese Größe wollen wir mit der Fallbeschleunigung des Mondes vergleichen. Sie beträgt 88 000 km vom Mondmittelpunkt entfernt

$$a_z = 1{,}62\,\frac{\mathrm{m}}{\mathrm{s}^2} \cdot \left(\frac{1738}{88\,000}\right)^2 \approx 0{,}00063\,\mathrm{m} \cdot \mathrm{s}^{-2} .$$

Es ist also davon auszugehen, dass der Orbit durch die wesentlich stärkeren Gezeitenkräfte der Erde vollständig gestört wird.

Energie und Arbeit

© Springer-Verlag GmbH Deutschland, ein Teil von Springer Nature 2019
A. Knochel (Hrsg.), *Arbeitsbuch zu Tipler/Mosca, Physik*, https://doi.org/10.1007/978-3-662-58919-9_5

Aufgaben

Bei allen Aufgaben sei die Fallbeschleunigung $|a_\mathrm{G}| = g = 9{,}81\,\mathrm{m/s^2}$. Falls nichts anderes angegeben ist, sind Reibung und Luftwiderstand zu vernachlässigen.

Verständnisaufgaben

5.1 •• Die Kraft, die zur Überwindung des Luftwiderstands eines Autos erforderlich ist, nimmt quadratisch mit der Geschwindigkeit zu. Was bedeutet dies für die Motorleistung, die bei zunehmender Geschwindigkeit zur Verfügung stehen muss?

5.2 • Richtig oder falsch? a) Nur die Gesamtkraft, die an einem Körper angreift, kann Arbeit verrichten. b) An einem Teilchen, das ruht, wird keine Arbeit verrichtet. c) Eine Kraft, die stets senkrecht zur Geschwindigkeit eines Teilchens steht, verrichtet an ihm keine Arbeit.

5.3 • Um welchen Faktor ändert sich die kinetische Energie eines Teilchens, wenn seine Geschwindigkeit verdoppelt, seine Masse aber halbiert wird?

5.4 • Nennen Sie ein Beispiel für ein Teilchen, das eine konstante kinetische Energie hat, aber dennoch beschleunigt wird. Kann sich die kinetische Energie eines Teilchens ändern, das nicht beschleunigt wird? Nennen Sie ein Beispiel, falls dies zutrifft.

5.5 • Vergleichen Sie die Arbeit, die verrichtet werden muss, um eine entspannte Feder 2,0 cm weit zu dehnen, mit der Arbeit, die erforderlich ist, um sie 1,0 cm weit zu dehnen.

5.6 • Richtig oder falsch? a) Da die Gravitationskraft keine Kontaktkraft ist, kann sie an einem Körper keine Arbeit verrichten. b) Die Haftreibungskraft kann an einem Körper nie Arbeit verrichten. c) Wenn ein (negativ geladenes) Elektron von einem (positiv geladenen) Atomkern weiter entfernt wird, verrichtet die auf das Elektron nach außen wirkende Kraft eine positive Arbeit. d) Die Arbeit, die an einem Teilchen verrichtet wird, das sich auf einer Kreisbahn bewegt, ist zwangsläufig null.

5.7 • Richtig oder falsch? a) Nur konservative Kräfte können Arbeit verrichten. b) Solange nur konservative Kräfte wirken, ändert sich die kinetische Energie eines Teilchens nicht. c) Die Arbeit, die eine konservative Kraft verrichtet, ist gleich der von dieser Kraft herrührenden Änderung der potenziellen Energie. d) Wenn die von einer konservativen Kraft herrührende potenzielle Energie eines Teilchens, dessen Bewegung auf die x-Achse beschränkt ist, abnimmt, während sich das Teilchen nach rechts bewegt, so wirkt die Kraft nach links. e) Wenn eine konservative Kraft auf ein Teilchen, dessen Bewegung auf die x-Achse beschränkt ist, nach rechts wirkt, so nimmt die von

dieser konservativen Kraft herrührende potenzielle Energie zu, wenn sich das Teilchen nach links bewegt.

5.8 • Abb. 5.1 zeigt eine Abhängigkeit der potenziellen Energie E_pot von x. a) Geben Sie für jeden beschrifteten Punkt an, ob die x-Komponente der zu dieser potenziellen Energie gehörenden Kraft positiv, negativ oder null ist. b) An welchem der Punkte hat die Kraft den größten Betrag? c) Ermitteln Sie alle Gleichgewichtslagen und geben Sie jeweils an, ob es sich um ein stabiles, ein labiles oder ein indifferentes Gleichgewicht handelt.

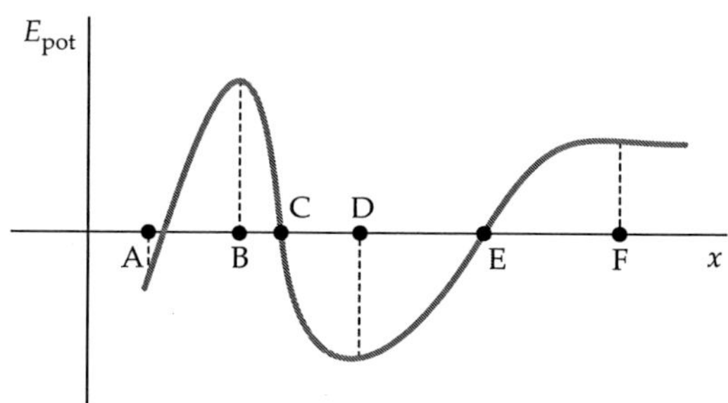

Abb. 5.1 Zu Aufgabe 5.8

5.9 • Zwei Steine werden gleichzeitig und mit gleichem Geschwindigkeitsbetrag vom Dach eines Gebäudes geworfen, und zwar der eine unter einem Winkel von 30° nach oben und der andere genau horizontal. Luftwiderstandseffekte seien zu vernachlässigen. Welche der folgenden Aussagen trifft zu? a) Beide Steine treffen gleichzeitig und mit dem gleichen Geschwindigkeitsbetrag auf dem Boden auf. b) Die Steine treffen gleichzeitig, aber mit unterschiedlichen Geschwindigkeitsbeträgen auf. c) Die Steine treffen nacheinander mit dem gleichen Geschwindigkeitsbetrag auf. d) Die Steine treffen nacheinander mit unterschiedlichen Geschwindigkeitsbeträgen auf.

5.10 • Nehmen Sie an, dass die Straße beim Bremsen eine konstante Reibungskraft auf die Räder eines Autos ausübt. Welche Aussage trifft dann zwangsläufig zu? a) Der Bremsweg ist proportional zur Geschwindigkeit, die das Auto hatte, bevor die Bremsung eingeleitet wurde. b) Die kinetische Energie des Autos nimmt mit einer konstanten Rate ab. c) Die kinetische Energie ist umgekehrt proportional zu der Zeit, die seit Beginn des Bremsens vergangen ist. d) Keine der obigen Aussagen trifft zu.

5.11 •• Ein Auto wird auf ebener Straße aus dem Stand beschleunigt, ohne dass die Räder durchdrehen. Erläutern Sie anhand des Zusammenhangs zwischen Gesamtmassenmittelpunktsarbeit und kinetischer Energie der Translation sowie von Kräftediagrammen genau, welche Kraft bzw. welche Kräfte für die Zunahme an kinetischer Energie der Translation des Autos und der Fahrerin direkt verantwortlich ist bzw. sind. *Hinweis:* Der Zusammenhang betrifft nur äußere Kräfte, sodass z. B. bei der Beschleunigung des Autos die Antwort „die Motorkraft" nicht richtig ist. Betrachten Sie jeweils das richtige System.

5.12 •• Wenn ein Stein, der an einem masselosen, starren Stab befestigt ist, mit konstantem Geschwindigkeitsbetrag auf einem vertikalen Kreis bewegt wird (Abb. 5.2), ist die mechanische Gesamtenergie des Systems aus Stein und Erde nicht konstant. Während die kinetische Energie des Steins konstant ist, ändert sich die potenzielle Energie der Gravitation ständig. Ist die am Stein verrichtete Gesamtarbeit während aller Zeitintervalle null? Hat die Kraft, die der Stab auf den Stein ausübt, jemals eine von null verschiedene Tangentialkomponente?

Abb. 5.2 Zu Aufgabe 5.12

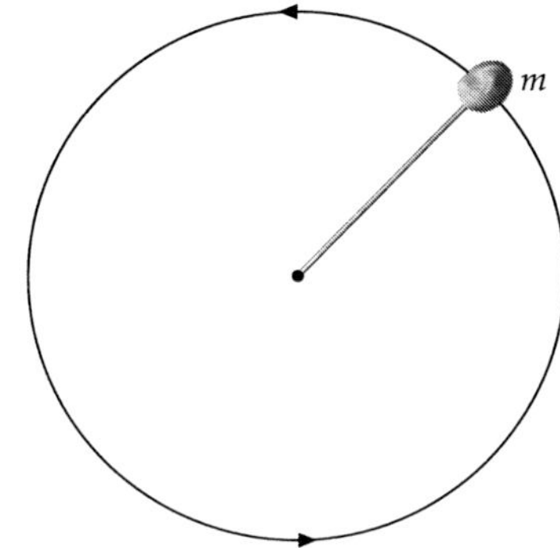

Schätzungs- und Näherungsaufgaben

5.13 • In der Nacht sind 25 cm Schnee gefallen, den Sie auf der 15 m langen Zufahrt zur Garage wegschippen müssen (Abb. 5.3). Schätzen Sie, welche Arbeit Sie dabei am Schnee verrichten müssen. Treffen Sie für alle benötigten Größen (etwa für die Breite der Zufahrt) sinnvolle Annahmen und begründen Sie diese jeweils.

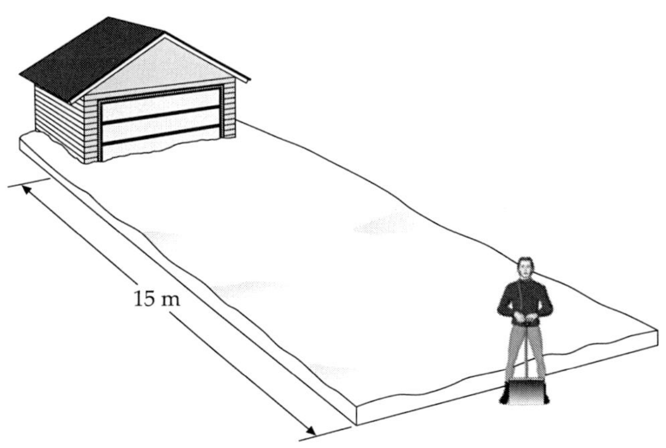

Abb. 5.3 Zu Aufgabe 5.13

5.14 • Eine Seiltänzerin mit einer Masse von 50 kg läuft über ein Seil, das zwischen zwei 10 m voneinander entfernten Pfeilern gespannt ist. Wenn die Seiltänzerin genau in der Mitte des Seils steht, beträgt die Zugkraft darin 5000 N. a) Schätzen Sie, wie weit das Seil dabei durchhängt. b) Schätzen Sie die Änderung ihrer potenziellen Energie der Gravitation zwischen dem Moment, in dem sie das Seil betritt, und dem Moment, in dem sie genau in der Mitte des Seils steht.

5.15 •• Die Masse eines Space Shuttle beträgt ungefähr $8,0 \cdot 10^4$ kg und die Dauer seines Umlaufs um die Erde 90 min. Schätzen Sie die kinetische Energie des Space Shuttle in der Umlaufbahn und die Arbeit, die die Gravitationskraft an ihm zwischen dem Start und dem Erreichen der Umlaufbahn verrichtet. (Die Gravitationskraft nimmt zwar mit der Höhe ab, aber angesichts der recht niedrigen Umlaufbahn können Sie davon absehen. Setzen Sie auf dieser Grundlage eine sinnvolle Näherung an. Eine Integration brauchen Sie dann nicht auszuführen.) Die Umlaufbahnen der Space Shuttles liegen rund 400 km über der Erdoberfläche.

5.16 •• Der Stoffwechselumsatz ist als die Rate definiert, mit der ein Lebewesen chemische Energie umsetzt, um damit seine Lebensfunktionen aufrechtzuerhalten. Experimentell wurde ermittelt, dass der durchschnittliche Stoffwechselumsatz beim Menschen proportional zur gesamten Hautoberfläche des Körpers ist. Bei einem 1,78 m großen und 80 kg schweren Mann beträgt die Körperoberfläche etwa $2,0$ m^2, während sie bei einer 1,63 m großen und 50 kg schweren Frau etwa $1,5$ m^2 beträgt. Pro 1,5 kg Gewichtsabweichung oder pro 2,5 cm Größenabweichung von den angegebenen Werten ändert sich die Körperoberfläche um rund 1 %. a) Schätzen Sie den Stoffwechselumsatz eines durchschnittlichen Mannes während eines Tages anhand der folgenden Werte (pro Quadratmeter Hautoberfläche) bei den verschiedenen Tätigkeiten: Schlafen: 40 W/m^2, Sitzen: 60 W/m^2, Gehen: 160 W/m^2, mittelschwere körperliche Tätigkeit: 175 W/m^2, mittelschwere Aerobic-Übung: 300 W/m^2. Vergleichen Sie dies mit der elektrischen Leistung einer 100-W-Glühbirne. b) Drücken Sie Ihr Ergebnis in kcal/Tag aus (1 kcal $= 4,19$ kJ ist die Einheit, in der der Nahrungsbedarf gewöhnlich angegeben wird). c) Nach einer Faustregel sollte ein „Durchschnittsmensch" täglich eine Energiemenge von 25–30 kcal pro Kilogramm Körpermasse mit der Nahrung zu sich nehmen, um sein Gewicht zu halten. Erscheint diese Angabe angesichts der Ergebnisse der Teilaufgabe b vernünftig?

5.17 •• Bei der Verbrennung von Benzin wird pro 3,78 l (= 1 US-Gallone) eine chemische Energie von $1,3 \cdot 10^5$ kJ freigesetzt. Schätzen Sie die von allen Kraftfahrzeugen in Deutschland pro Jahr verbrauchte Gesamtenergie. Welchem Bruchteil des gesamten jährlichen Energieverbrauchs in Deutschland (derzeit rund $1,49 \cdot 10^{19}$ J) entspricht das?

5.18 •• Nehmen wir für einen bestimmten Typ von Solarzelle einen Wirkungsgrad von ca. 12 % an. Es ist bekannt, dass von der Sonnenstrahlung rund $1,0$ kW/m^2 die Erdoberfläche erreichen. Welche Fläche müsste man mit Solarzellen auslegen, um den jährlichen Energieverbrauch Deutschlands ($1,49 \cdot 10^{19}$ J) zu decken? Nehmen Sie dazu u. a. an, dass über Deutschland stets wolkenloser Himmel herrscht.

Arbeit, kinetische Energie und Anwendungen

5.19 • Ein Fensterreiniger mit einer Masse von 55 kg steht auf einer Hebebühne 8,0 m über dem Boden. Wie groß ist die potenzielle Energie E_{pot} des Systems aus dem Fensterreiniger und aus der Erde, wenn a) E_{pot} am Boden null gesetzt wird,

b) E_{pot} in 4,0 m Höhe null gesetzt wird und c) E_{pot} in 10 m Höhe null gesetzt wird?

5.20 • Berechnen Sie geometrisch die Fläche unter der in Abb. 5.4 gezeigten Geraden und zeigen Sie, dass das Ergebnis mit folgender Formel übereinstimmt:

$$W_{\text{Feder}} = \frac{1}{2}k_F x_A^2 - \frac{1}{2}k_F x_E^2$$

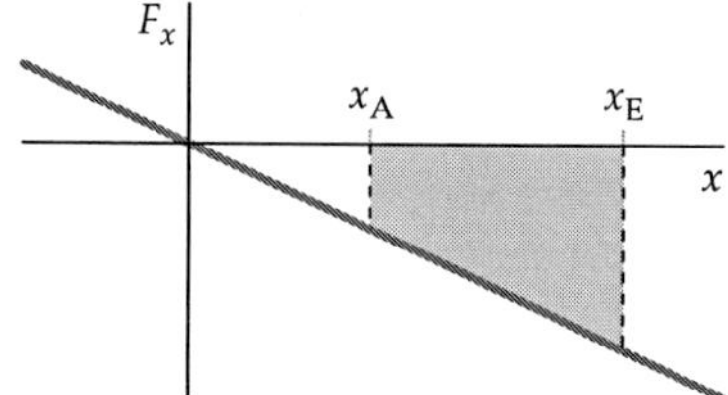

Abb. 5.4 Zu Aufgabe 5.20

5.21 • Eine Kraft von 12 N greift wie in Abb. 5.5 unter einem Winkel von $\theta = 20°$ an einer Kiste an. Wie viel Arbeit verrichtet die Kraft an der Kiste, während sich diese 3,0 m auf dem Tisch bewegt?

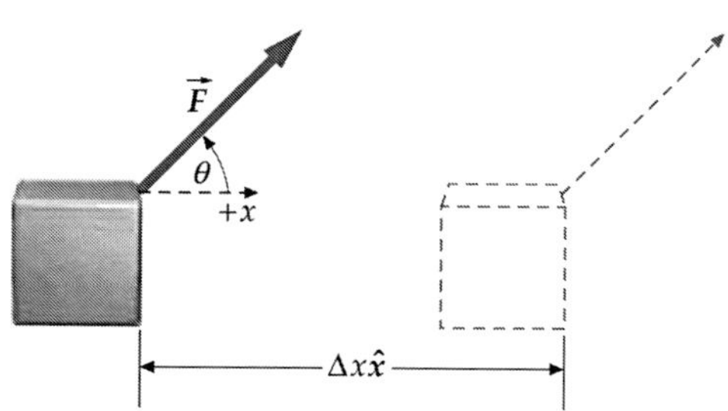

Abb. 5.5 Zu Aufgabe 5.21

5.22 • Eine Kiste mit der Masse 6,0 kg wird aus dem Stand durch eine vertikal wirkende Kraft von 80 N um 3,0 m angehoben. a) Welche Arbeit verrichtet die angreifende Kraft an der Kiste? b) Welche Arbeit verrichtet die Gravitationskraft an der Kiste? c) Welche kinetische Energie hat die Kiste zum Schluss?

5.23 •• Ein Paar läuft um die Wette. Zunächst haben beide die gleiche kinetische Energie, wobei die Frau schneller läuft. Wenn der Mann seine Geschwindigkeit nun um 25 % erhöhen würde, dann wären beide gleich schnell. Der Mann hat eine Masse von 85 kg. Wie groß ist die Masse seiner Partnerin?

5.24 •• Auf ein Teilchen mit der Masse 1,5 kg wirkt eine Kraft F_x, die gemäß $F_x = C\,x^3$, mit $C = 0{,}50\,\text{N/m}^3$, vom Ort x des Teilchens abhängt. a) Welche Arbeit verrichtet die Kraft, während sich das Teilchen von $x = 3{,}0\,\text{m}$ nach $x = 1{,}5\,\text{m}$ bewegt? b) Bei $x = 3{,}0\,\text{m}$ wirkt die Kraft entgegengesetzt zur Bewegungsrichtung des Teilchens, dessen Geschwindigkeit hier den Betrag 12,0 m/s hat. Wie groß ist der Geschwindigkeitsbetrag bei $x = 1{,}5\,\text{m}$? Können Sie allein aus dem Zusammenhang zwischen verrichteter Gesamtarbeit und kinetischer Energie die Bewegungsrichtung des Teilchens bei $x = 1{,}5\,\text{m}$ herleiten? Erläutern Sie Ihre Antwort.

5.25 •• Ein Mann besitzt ein Wochenendhaus mit einem in der Nähe angebrachten schwarzen Wasserbehälter, den die Sonne erwärmt und dessen Wasser einer Außendusche zugeführt wird. Leider ist zur Zeit die Pumpe ausgefallen, sodass der Mann frisches Wasser wohl oder übel selbst vom Teich in den 4,0 m hohen Behälter befördern muss. Der Eimer hat eine Masse von 5,0 kg und ein Fassungsvermögen von 15,0 kg Wasser. Allerdings hat er ein Loch. Während der Mann den anfangs vollen Eimer mit konstanter Geschwindigkeit v senkrecht nach oben befördert, fließt Wasser mit einer konstanten Rate aus. Wenn die nötige Höhe erreicht ist, sind nur noch 5,0 kg Wasser übrig. a) Formulieren Sie einen Ausdruck für die Summe der Massen von Eimer und Wasser in Abhängigkeit von der Höhe über dem Teich. b) Wie viel Arbeit muss der Mann für jeweils 5,0 kg Wasser verrichten, die er in den Behälter schütten kann?

5.26 •• Ein Teilchen A mit der Masse m befindet sich zu Beginn bei $x = x_0$ auf der positiven x-Achse. Auf das Teilchen wirkt eine Abstoßungskraft F_x vom Teilchen B, das am Koordinatenursprung fixiert ist. Die Kraft F_x ist umgekehrt proportional zum Quadrat des Abstands x beider Teilchen, d. h., es gilt $F_x = C/x^2$ mit einer positiven Konstanten C. Nun wird das Teilchen A aus der Ruhe losgelassen und kann sich unter dem Einfluss der Kraft frei bewegen. Ermitteln Sie eine Formel für die Arbeit, die die Kraft in Abhängigkeit von x am Teilchen A verrichtet. Ermitteln Sie für x gegen unendlich die kinetische Energie und die Geschwindigkeit des Teilchens A.

Abb. 5.6 Zu Aufgabe 5.27

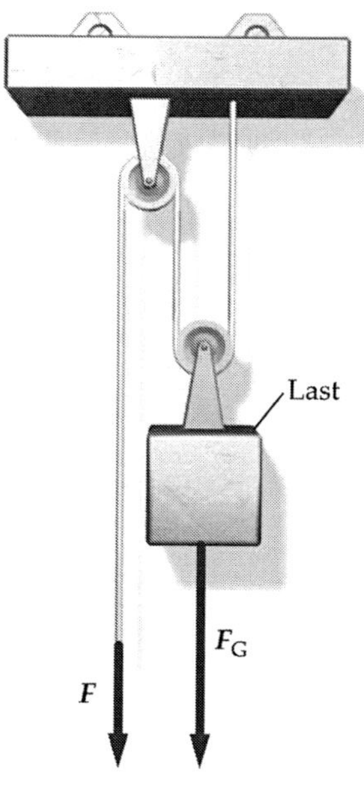

5.27 •• Abb. 5.6 zeigt zwei Seilrollen, die so angeordnet sind, dass sie das Anheben eines schweren Gewichts erleichtern. Das Seil läuft um zwei masselose, reibungsfreie Seilrollen, wobei an einer von ihnen ein Gewicht hängt, auf das die Gravitationskraft F_G wirkt. Ein Arbeiter zieht nun mit einer Kraft F am losen Ende des Seils. a) Das Gewicht wird dabei um eine Strecke h angehoben. Über welche Strecke muss die Kraft F dabei wirken? b) Wie viel Arbeit verrichtet das Seil am Gewicht? c) Wie viel Arbeit verrichtet der Arbeiter am Seil?

Leistung

5.28 • Welche Leistung ist erforderlich, um eine Auto mit einer Masse von $1\,500\,\text{kg}$ aus dem Stand in $8\,\text{s}$ auf eine Geschwindigkeit von $100\,\text{km/h}$ zu beschleunigen?

5.29 • Eine Kraft F_A verrichtet in $10\,\text{s}$ eine Arbeit von $5{,}0\,\text{J}$. Eine Kraft F_B verrichtet in $5{,}0\,\text{s}$ eine Arbeit von $3{,}0\,\text{J}$. Liefert F_A oder F_B die höhere Leistung? Begründen Sie Ihre Antwort.

5.30 • Auf einen 8,0-kg-Körper wirkt eine einzelne Kraft von $5{,}0\,\text{N}$ in $+x$-Richtung. a) Der anfangs ruhende Körper beginnt zum Zeitpunkt $t = 0$, sich vom Ort $x = 0$ aus unter dem Einfluss der angegebenen Kraft zu bewegen. Formulieren Sie einen Ausdruck für die von dieser Kraft gelieferte Leistung als Funktion der Zeit. b) Wie groß ist die von dieser Kraft gelieferte Leistung zum Zeitpunkt $t = 3{,}0\,\text{s}$?

5.31 •• Ein Teilchen der Masse m beginnt bei $t = 0$, sich unter dem Einfluss einer einzigen, konstanten Kraft F aus der Ruhe zu bewegen. Zeigen Sie, dass die von dieser Kraft gelieferte Leistung zum Zeitpunkt t gleich $P = F^2 t/m$ ist.

Die Erhaltung der mechanischen Energie

5.32 • Eine Feder der Federung eines Toyota Prius hat eine Federkonstante von $11\,000\,\text{N/m}$. Wie viel Energie wird auf eine solche Feder übertragen, wenn sie, ausgehend von ihrer Ruhelänge, auf $30{,}0\,\text{cm}$ zusammengedrückt wird?

5.33 • Ein mathematisches Pendel der Länge l mit einem Pendelkörper der Masse m wird so weit zur Seite gezogen, dass der Pendelkörper eine Höhe $l/4$ über der Gleichgewichtslage hat. Daraufhin wird er losgelassen. Mit welcher Geschwindigkeit schwingt der Pendelkörper dann durch die Gleichgewichtslage? Vernachlässigen Sie Reibung und Luftwiderstand.

5.34 • Der in Abb. 5.7 gezeigte Körper mit der Masse $3{,}00\,\text{kg}$ wird in der Höhe $5{,}00\,\text{m}$ losgelassen und gleitet längs einer gekrümmten, reibungsfreien Rampe hinab. Etwas entfernt

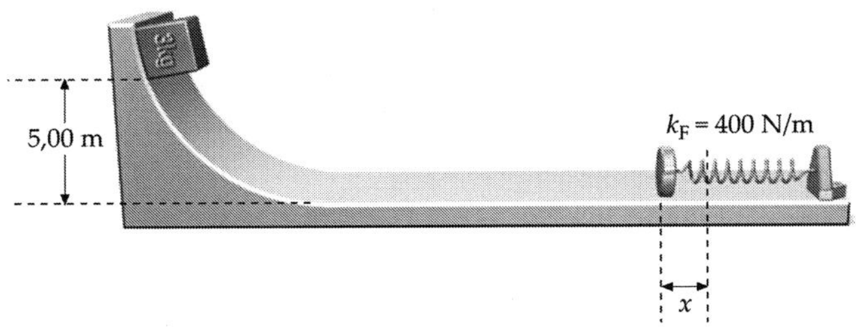

Abb. 5.7 Zu Aufgabe 5.34

von deren Fuß befindet sich eine Feder mit der Federkonstanten $400\,\text{N/m}$. Nachdem der Körper hinab- und herübergeglitten ist, staucht er die Feder um eine Strecke x, bei der er momentan zur Ruhe kommt. a) Wie groß ist x? b) Beschreiben Sie die Bewegung des Körpers (falls überhaupt eine erfolgt), nachdem er momentan zur Ruhe kam.

5.35 •• Gegeben ist eine Kraft F_x, von der die potenzielle Energie $E_{\text{pot}} = C/x$ herrührt, wobei C eine positive Konstante ist. a) Ermitteln Sie die Kraft F_x als Funktion des Orts x. b) Wirkt die Kraft im Gebiet $x > 0$ zum Koordinatenursprung hin oder von ihm weg? Wiederholen Sie diese Teilaufgabe für $x < 0$. c) Steigt oder sinkt die potenzielle Energie E_{pot} bei zunehmendem x im Gebiet $x > 0$? d) Beantworten Sie die Fragen b und c für den Fall, dass C negativ ist.

5.36 •• Die Kraft, die auf einen Körper wirkt, ist durch $F_x = a/x^2$ gegeben. Ferner ist bekannt, dass die Kraft bei $x = 5{,}0\,\text{m}$ in $-x$-Richtung wirkt und einen Betrag von $25\,\text{N}$ hat. Bestimmen Sie die von dieser Kraft herrührende potenzielle Energie als Funktion von x. Legen Sie dabei als Bezugswert $E_{\text{pot}} = -10\,\text{J}$ bei $x = 2{,}0\,\text{m}$ fest.

5.37 •• Das in Abb. 5.8 gezeigte System ist anfangs in Ruhe. Nun wird der untere Faden zerschnitten. Wie schnell sind beide Gewichte, wenn sie momentan die gleiche Höhe haben? Die Rolle sei reibungsfrei und ihre Masse vernachlässigbar.

Abb. 5.8 Zu Aufgabe 5.37

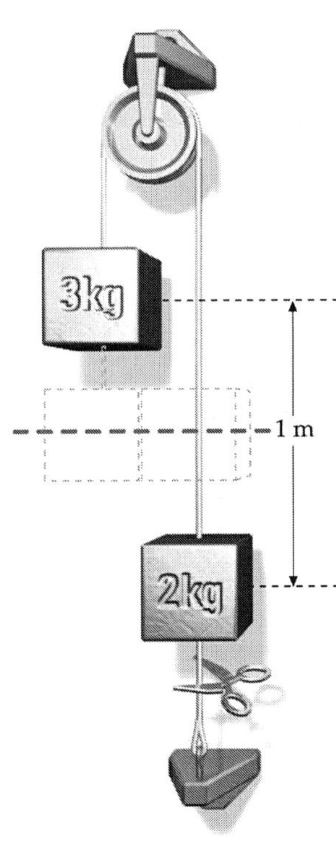

5.38 •• Ein Ball am Ende eines Fadens bewegt sich mit einer konstanten mechanischen Energie E auf einer vertikalen Kreisbahn. Wie groß ist der Unterschied zwischen der Zugkraft des Fadens im tiefsten und der im höchsten Punkt der Kreisbahn?

5.39 •• Ein Achterbahnwagen mit der Masse 1500 kg beginnt seine Fahrt in der Höhe $h = 23,0$ m über dem Boden vor einem Looping mit dem Durchmesser 15,0 m (Abb. 5.9). Die Reibung sei vernachlässigbar. Wie groß ist die nach unten gerichtete Kraft der Schienen auf den Wagen im höchsten Punkt des Loopings?

Abb. 5.9 Zu Aufgabe 5.39

5.40 •• Ein Stein wird im Winkel 53° zur Horizontalen nach oben geworfen. Er erreicht eine maximale Höhe von 24 m über dem Abwurfpunkt. Mit welchem Geschwindigkeitsbetrag wurde er geworfen? Vom Luftwiderstand soll abgesehen werden.

5.41 •• Ein Ball mit einer Masse von 0,17 kg wird vom Dach eines 12 m hohen Gebäudes geworfen. Sein Abwurf erfolgt mit 30 m/s im Winkel 40° über der Horizontalen. Vom Luftwiderstand soll abgesehen werden. a) Welche Höhe erreicht der Ball? b) Mit welchem Geschwindigkeitsbetrag trifft er auf dem Boden auf?

5.42 •• Ein Pendel besteht aus einem Pendelkörper mit der Masse 2,0 kg, der an einer leichten, 3,0 m langen Schnur befestigt ist. Der ruhend an der senkrechten Schnur hängende Pendelkörper wird kurzzeitig horizontal so angestoßen, dass er eine horizontale Geschwindigkeit von 4,5 m/s erhält. Betrachten Sie den Moment, in dem die Schnur einen Winkel von 30° zur Vertikalen bildet. Wie groß sind dort a) der Geschwindigkeitsbetrag, b) die potenzielle Energie der Gravitation des Pendelkörpers (in Bezug auf seinen tiefsten Punkt) und c) die Zugkraft in der Schnur? d) Welchen Winkel zur Vertikalen bildet die Schnur, wenn der Pendelkörper seinen höchsten Punkt erreicht?

5.43 ••• Abb. 5.10 zeigt eine neu entwickelte Designerwanduhr. Allerdings sind sich die Designer nicht sicher, ob sie schon marktreif ist – eventuell könnte sie in einem labilen Gleichgewicht sein. Dies soll anhand der potenziellen Energie und der Gleichgewichtsbedingungen untersucht werden. Die Uhr mit der Masse m_U wird von zwei dünnen Drähten gehalten, die jeweils über eine reibungsfreie Rolle mit vernachlässigbarem Durchmesser laufen und jeweils mit einem Gegengewicht der Masse m_G verbunden sind. a) Ermitteln Sie die potenzielle Energie des Systems in Abhängigkeit von der Strecke y.

b) Geben Sie einen Ausdruck für die Strecke y an, bei der die potenzielle Energie des Systems minimal ist. c) Wenn die potenzielle Energie minimal ist, dann ist das System im Gleichgewicht, d. h., die Summe aller Kräfte ist null. Beweisen Sie mithilfe des zweiten Newton'schen Axioms, dass dies für die in Teilaufgabe b ermittelte Strecke y tatsächlich der Fall ist. d) Schließlich die entscheidende Frage: Handelt es sich dabei um ein stabiles oder um ein labiles Gleichgewicht?

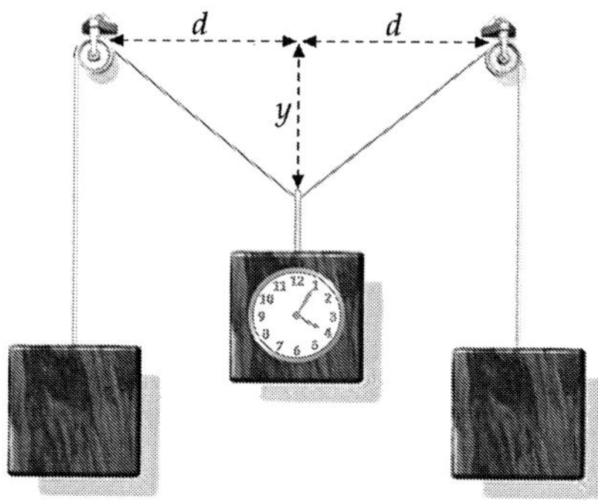

Abb. 5.10 Zu Aufgabe 5.43

5.44 ••• An der Decke hängt ein Pendelkörper, der über eine Feder senkrecht unter der Pendelaufhängung mit dem Boden verbunden ist (Abb. 5.11). Die Masse des Pendelkörpers ist m, die Länge des Fadens l und die Federkonstante k_F. Die Feder ist entspannt $l/2$ lang, und der Abstand zwischen Decke und Boden beträgt $1,5 l$. Das Pendel wird nun so zur Seite gezogen, dass es einen Winkel θ zur Vertikalen bildet, und dann losgelassen. Geben Sie einen Ausdruck für den Geschwindigkeitsbetrag des Pendelkörpers im Punkt senkrecht unter der Aufhängung an.

Abb. 5.11 Zu Aufgabe 5.44

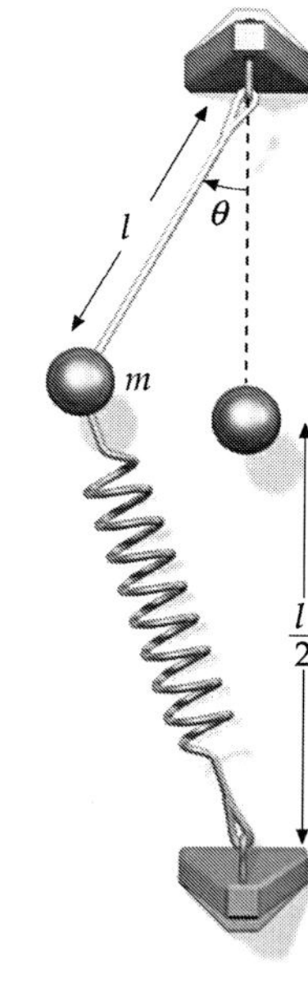

5.45 ••• Wir wollen die Leistung einer Windkraftanlage mit einem Rotordurchmesser von 40 m untersuchen. a) Es soll ein mäßiger Wind mit einer Geschwindigkeit von 6 m/s herrschen. Schätzen Sie die Leistung der Anlage bei dieser Windgeschwindigkeit ab. Gehen Sie dazu vereinfachend davon aus, dass der Wind hinter dem Rotor vollständig abgebremst wird und die Luft eine Dichte von $1,2\,kg/m^3$ hat. b) Recherchieren Sie das Betz'sche Gesetz und geben Sie die bei dieser Windgeschwindigkeit theoretisch maximal erreichbare Leistung an, wenn man den Luftstau hinter dem Rotor berücksichtigt. c) Diskutieren Sie, ob die Angabe der mittleren Windgeschwindigkeit ausreicht, um die mittlere Leistung der Windkraftanlage zu ermitteln.

Energieerhaltung

5.46 • Ein Student, der am Abend noch eine Portion Pizza verzehrt hat, möchte am nächsten Morgen als Ausgleich einen 120 m hohen Hügel besteigen. a) Berechnen Sie unter der Annahme eines sinnvollen Werts für seine Masse, um wie viel dabei seine potenzielle Energie der Gravitation zunimmt. b) Woher kommt diese Energie? c) Der menschliche Körper hat durchschnittlich einen Wirkungsgrad von 20 %. Wie viel Energie wird beim Aufstieg in Wärmeenergie umgewandelt? d) Wie viel chemische Energie muss der Organismus dabei aufwenden? Reicht es für den erwähnten Ausgleich aus, dass der Student einmal auf den Hügel steigt? Nehmen Sie dazu an, dass die Verdauung der Portion Pizza $1,0\,MJ$ (knapp 250 kcal) an Energie liefert.

5.47 • Ein Auto mit der Masse 2000 kg fährt mit 25 m/s auf einer horizontalen Straße. Plötzlich bremst der Fahrer heftig, sodass das Auto ins Rutschen kommt und schließlich 60 m weiter stehen bleibt. a) Wie viel Energie wird durch die Reibung in Wärme umgewandelt? b) Berechnen Sie den Gleitreibungskoeffizienten zwischen den Reifen und der Straße. (*Anmerkung:* Bei herkömmlichen Bremsen wird die kinetische Energie durch Reibung in den Bremsen zu 100 % in Wärme umgewandelt, wenn die Räder nicht blockieren, also nicht rutschen. Dagegen werden bei der Rückgewinnungsbremsung in Hybridfahrzeugen nur 70 % der kinetischen Energie in Wärme umgewandelt.)

5.48 •• Ein Mädchen mit der Masse 20 kg gleitet eine 3,2 m hohe Rutsche auf einem Spielplatz hinunter. Unten angekommen, ist es 1,3 m/s schnell. a) Wie viel Energie ist durch Reibung in Wärme umgewandelt worden? b) Wie groß ist der Gleitreibungskoeffizient zwischen der Kleidung des Mädchens und der Rutsche, wenn diese um 20° gegen die Horizontale geneigt ist?

5.49 ••• Ein Block mit der Masse m ruht auf einer Rampe, die einen Winkel θ zur Horizontalen bildet. Der Block ist, wie in Abb. 5.12 gezeigt, mit einer Feder mit der Federkonstanten k_F verbunden. Der Haftreibungskoeffizient zwischen Block und Rampe ist $\mu_{R,h}$ und der Gleitreibungskoeffizient $\mu_{R,g}$. Wenn an der Feder sehr langsam nach oben gezogen wird, beginnt sich der Block zu einem bestimmten Zeitpunkt plötzlich zu bewegen. a) Geben Sie einen Ausdruck für die Dehnung d der Feder in dem Moment an, in dem sich der Block in Bewegung setzt. b) Angenommen, der Block kommt genau an dem Punkt

wieder zum Stillstand, an dem die Feder entspannt (also weder gedehnt noch gestaucht) ist. Geben Sie hierfür einen Ausdruck für $\mu_{R,g}$ an.

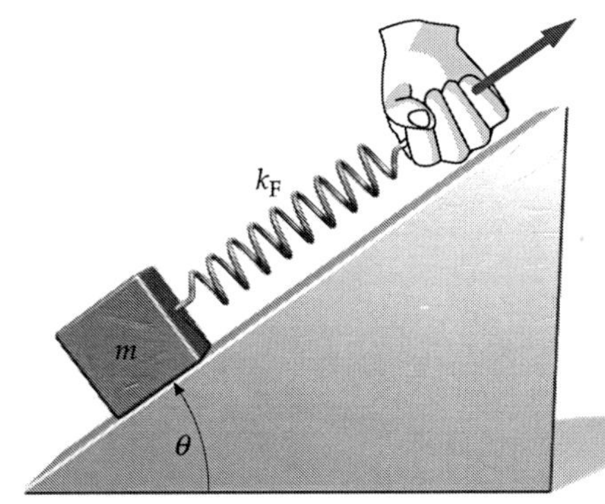

Abb. 5.12 Zu Aufgabe 5.49

Allgemeine Aufgaben

5.50 • In Österreich gab es einmal eine kleine Seilbahn mit 5,6 km Länge. Die Gondeln benötigten 60 min für die Fahrt nach oben. Nehmen Sie an, dass zwölf Gondeln jeweils mit einer Nutzlast von 550 kg den Berg hochfuhren, während zwölf leere Gondeln hinabfuhren. Die zu überwindende Strecke hatte einen Steigungswinkel von 30°. Schätzen Sie ab, welche Leistung P der Motor für den Antrieb der Seilbahn haben musste.

5.51 • Ein Block mit der Masse m gleitet mit konstanter Geschwindigkeit v auf einer Ebene hinab, die um den Winkel θ gegen die Horizontale geneigt ist. Leiten Sie einen Ausdruck für die Energie her, die während des Zeitintervalls Δt durch Reibung abgegeben wird.

5.52 • Eine Farm soll mit einer Solarenergieanlage ausgestattet werden. Am betreffenden Standort erreichen an einem wolkenlosen Tag tagsüber im Mittel $1,0\,kW/m^2$ die Erdoberfläche. Wie groß müsste die Sonnenkollektorfläche ausgelegt werden, um tagsüber eine Bewässerungspumpe mit einer Leistung von 3,0 kW zu betreiben, wenn die Sonnenenergie mit einem Wirkungsgrad von 25 % in elektrische Energie umgewandelt werden kann?

5.53 •• Ein Geschoss mit der Masse 0,0200 kg erhält beim Abschuss eine kinetische Energie von 1200 J. a) Das Geschoss wird in einem 1,00 m langen Gewehrlauf beschleunigt. Wie groß ist die mittlere Leistung, die dabei an das Geschoss abgegeben wird? b) Wie groß ist unter Vernachlässigung des Luftwiderstands die Reichweite des Geschosses, wenn es unter einem Winkel gegen die Horizontale abgeschossen wird, bei dem die Reichweite genau gleich der maximalen Höhe der Flugbahn ist?

5.54 •• Eine Kiste mit der Masse m ruht am Fuß einer reibungsfreien geneigten Ebene (Abb. 5.13). An der Kiste ist ein Seil angebracht, an dem sie mit der konstanten Zugkraft F_S gezogen wird. a) Ermitteln Sie die Arbeit, die die Zugkraft

F_S verrichtet, während die Kiste um eine Strecke x längs der geneigten Ebene hinaufgezogen wird. b) Bestimmen Sie die Geschwindigkeit der Kiste als Funktion von x. c) Welche Leistung führt die Zugkraft im Seil in Abhängigkeit von x und θ zu?

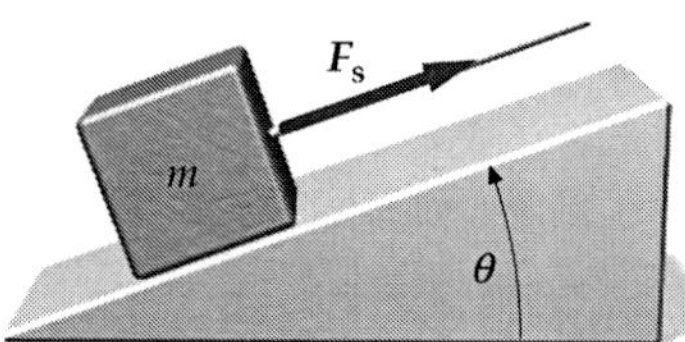

Abb. 5.13 Zu Aufgabe 5.54

5.55 ●● In einem neuen Skigebiet wird ein Schlepplift geplant. Er soll jederzeit bis zu 80 Skiläufer einen 600 m langen und um 15° zur Horizontalen geneigten Hang hinaufziehen können. Die Geschwindigkeit beträgt 2,50 m/s, und der Gleitreibungskoeffizient zwischen Skiern und Schnee liegt bei 0,060. Für welche Leistung muss der Motor des Skilifts mindestens ausgelegt werden, wenn die Masse eines Skiläufers zu durchschnittlich 75,0 kg angenommen wird? Sicherheitshalber soll der Motor aber eine Nennleistung von 50 % über der notwendigen Mindestleistung haben.

5.56 ●● Bei einem Vulkanausbruch wird ein poröses Vulkangesteinsstück, das die Masse 2,0 kg hat, mit der Geschwindigkeit 40 m/s senkrecht in die Luft geschleudert. Es erreicht eine Höhe von 50 m und fällt anschließend wieder zu Boden. a) Wie groß ist die kinetische Energie des Steins am Anfang? b) Wie stark nimmt seine Wärmeenergie durch die Reibung während des Aufstiegs zu? c) Angenommen, beim Fallen beträgt die Zunahme der Wärmeenergie durch den Luftwiderstand nur 70 % der Änderung beim Steigen des Gesteinsstücks. Mit welcher Geschwindigkeit schlägt der Stein danach auf dem Boden auf?

5.57 ●● a) Berechnen Sie die kinetische Energie eines Autos mit der Masse 1200 kg, das mit der Geschwindigkeit 50 km/h fährt. b) Welche Energie ist mindestens notwendig, damit das Auto mit der konstanten Geschwindigkeit 50 km/h eine Strecke von 300 m weit fährt, wenn die Reibung (in Form von Rollreibung und Luftwiderstand) dabei zu einer Bremskraft von 300 N führt?

5.58 ●● Die Abb. 5.14 zeigt ein gern vorgeführtes Hörsaalexperiment, mit dem die Energieerhaltung und die Newton'schen Axiome demonstriert werden können. Auf einer waagerechten, ebenen Luftkissenbahn kann ein Gleitkörper gleiten, an dem eine Schnur befestigt ist. Die Schnur läuft über eine praktisch masselose und reibungsfreie Rolle, an deren Ende ein Gewicht hängt. Der Gleitkörper hat die Masse m_{Gl} und das Gewicht an der Schnur die Masse m_{Ge}. Wenn die Luftzufuhr zur Luftkissenbahn eingeschaltet ist, kann sich der Gleitkörper praktisch reibungsfrei bewegen. Nun wird das hängende Gewicht losgelassen und die Geschwindigkeit des Gleitkörpers bei der Fallstrecke y des Gewichts gemessen. a) Wenden Sie das Gesetz von der Erhaltung der mechanischen Energie an und ermitteln Sie die Geschwindigkeit in Abhängigkeit von y. b) Wenden Sie das zweite und das dritte Newton'sche Axiom direkt an, um das Ergebnis der Teilaufgabe a zu überprüfen. Zeichnen Sie dazu für jede der beiden Massen ein Kräftediagramm und ermitteln Sie mithilfe der Newton'schen Axiome ihre Beschleunigungen. Ermitteln Sie anschließend mithilfe kinematischer Beziehungen die Geschwindigkeit des Gleitkörpers als Funktion von y.

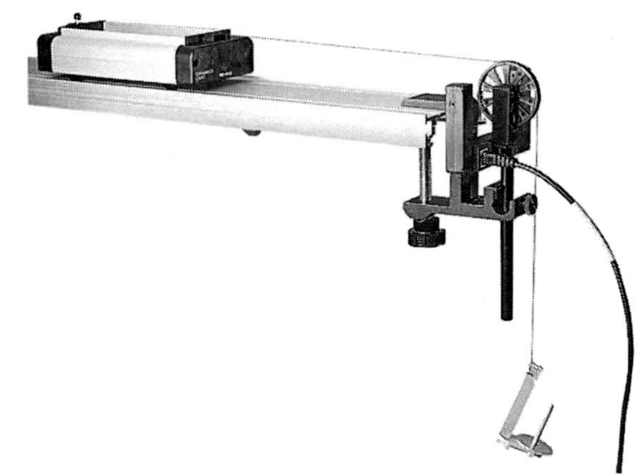

Abb. 5.14 Zu Aufgabe 5.58

5.59 ●● In einem Modell für das Jogging wird angenommen, dass die verausgabte Energie dazu verwendet wird, die Füße und die Unterschenkel periodisch zu beschleunigen und abzubremsen. Bei der Geschwindigkeit v des Läufers ist die Maximalgeschwindigkeit der Füße und der Unterschenkel ungefähr $2\,v$. (Von dem Zeitpunkt an, zu dem sich ein Fuß vom Boden löst, bis zu dem Moment, zu dem er ihn wieder berührt, legt der Fuß etwa die doppelte Strecke wie der Rumpf zurück, sodass er im Mittel die doppelte Geschwindigkeit wie dieser haben muss.) Die Masse eines Fußes und Unterschenkels sei m. Die Energie, die benötigt wird, um Fuß und Unterschenkel eines Beins aus der Ruhe auf die Geschwindigkeit $2\,v$ zu beschleunigen, ist $\frac{1}{2}\,m\,(2\,v)^2 = 2\,m\,v^2$; die gleiche Energie wird benötigt, um die Masse wieder abzubremsen, sodass sie für den nächsten Schritt momentan zur Ruhe kommt. Nehmen Sie die Masse von Fuß und Unterschenkel eines Beins des Läufers zu 5,0 kg an. Er läuft mit der Geschwindigkeit 3,0 m/s, und seine Schrittweite beträgt 1,0 m. Die Energie, die er jedem Bein jeweils längs der Strecke 2,0 m zuführen muss, ist durch $2\,m\,v^2$ gegeben. Also muss er beiden Beinen pro Sekunde die Energie $6\,m\,v^2$ zuführen. Ermitteln Sie anhand dieses Modells die Rate, mit der der Jogger Energie aufwenden muss, wenn sein Organismus einen Wirkungsgrad von 20 % hat.

5.60 ●●● Eine Kraft, die auf ein Teilchen mit den Koordinaten (x, y) in der x-y-Ebene wirkt, ist durch die Gleichung $\boldsymbol{F} = (F_0/r)\,(y\,\widehat{\boldsymbol{x}} - x\,\widehat{\boldsymbol{y}})$ gegeben, wobei F_0 eine positive Konstante und r der Abstand des Teilchens vom Koordinatenursprung ist. a) Zeigen Sie, dass der Betrag der Kraft gleich F_0 ist und dass ihre Richtung senkrecht auf dem Ortsvektor

$\boldsymbol{r} = x\,\widehat{\boldsymbol{x}} + y\,\widehat{\boldsymbol{y}}$ steht. b) Welche Arbeit verrichtet die Kraft an einem Teilchen, das sich unter ihrem Einfluss auf einem Kreis mit dem Radius 5,0 m einmal um den Koordinatenursprung dreht?

5.61 ••• Ein Pendel besteht aus einem kleinen Pendelkörper mit der Masse m, der an einem Faden der Länge l befestigt ist. Der Pendelkörper wird seitlich so weit ausgelenkt, dass der Faden die Horizontale erreicht (Abb. 5.15). Anschließend wird er aus dieser Position losgelassen. Am tiefsten Punkt seiner Bahn schlägt der Faden gegen einen kleinen Nagel, der sich in einem Abstand r_{N} über dem tiefsten Punkt der Mitte des Pendelkörpers befindet. Zeigen Sie, dass r_{N} kleiner als $\frac{2}{5}\,l$ sein muss, damit der Faden straff bleibt und sich der Pendelkörper daher auf einer Kreisbahn um den Nagel bewegt.

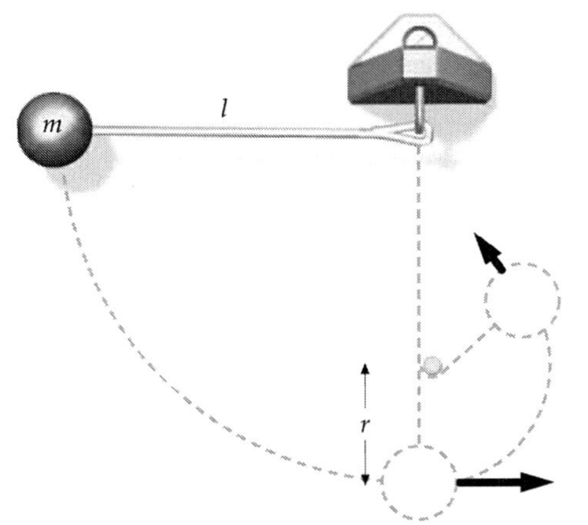

Abb. 5.15 Zu Aufgabe 5.61

5.62 ••• Der Pendelkörper eines Pendels der Länge l wird um einen Winkel θ_0 gegen die Senkrechte ausgelenkt und anschließend losgelassen. Am einfachsten bestimmt man die Geschwindigkeit des Pendelkörpers am tiefsten Punkt seiner Bahn anhand der Energieerhaltung. Versuchen Sie, diese Aufgabe hier auf andere Weise, nämlich mithilfe des zweiten Newton'schen Axioms, zu lösen: a) Zeigen Sie, dass die Anwendung dieses Axioms für die tangentiale Richtung $\mathrm{d}v_{\mathrm{t}}/\mathrm{d}t = -g\sin\theta$ ergibt, wobei v_{t} die Tangentialkomponente der Geschwindigkeit und θ der Winkel zwischen dem Faden und der Vertikalen ist. b) Zeigen Sie nun, dass $v_{\mathrm{t}} = l\,\mathrm{d}\theta/\mathrm{d}t$ gilt. c) Verwenden Sie diese Relation sowie die Kettenregel der Ableitung, um die Gleichung

$$\frac{\mathrm{d}v_{\mathrm{t}}}{\mathrm{d}t} = \frac{\mathrm{d}v_{\mathrm{t}}}{\mathrm{d}\theta}\frac{v_{\mathrm{t}}}{l}$$

herzuleiten. d) Kombinieren Sie die Ergebnisse der Teilaufgaben a und c zu der Formel $v_{\mathrm{t}}\,\mathrm{d}v_{\mathrm{t}} = -g\,l\sin\theta\,\mathrm{d}\theta$. e) Integrieren Sie die linke Seite dieser Gleichung von $v_{\mathrm{t}} = 0$ bis zur Endgeschwindigkeit v_{t} und die rechte Seite von $\theta = \theta_0$ bis $\theta = 0$. Zeigen Sie, dass das Ergebnis $v_{\mathrm{t}} = \sqrt{2\,g\,h}$ lautet, wobei h die Anfangshöhe des Pendelkörpers über der Gleichgewichtslage seiner Schwingung ist.

Lösungen zu den Aufgaben

Verständnisaufgaben

L5.1 Da die bei einer Bewegung gegen eine Kraft F aufgebrachte Leistung gerade $P = F\cdot v$ ist, erhalten wir bei einer quadratisch mit der Geschwindigkeit anwachsenden Kraft den Zusammenhang

$$P \propto v^3 .$$

Die Motorleistung muss also sehr stark ansteigen, um höhere Endgeschwindigkeiten zu erreichen.

L5.2 a) Falsch. Die an einem Körper angreifende *Gesamt*kraft ist die Vektorsumme aller auf den Körper wirkenden Kräfte. Sie ist für die Beschleunigung des Körpers verantwortlich. Arbeit kann aber jede der Kräfte verrichten, die zu der auf den Körper wirkenden Gesamtkraft beitragen.

b) Richtig. Weil die Verschiebung null ist, ist auch die verrichtete Arbeit null. Das Teilchen könnte zwar in einem Bezugssystem ruhen und sich in einem anderen bewegen. Weil aber die verrichtete Arbeit vom Bezugssystem unabhängig ist, können wir immer in dasjenige System transformieren, in dem das Teilchen ruht, und dort feststellen, dass die Arbeit null ist.

c) Richtig. Eine Kraft, die stets senkrecht zur Geschwindigkeit wirkt, ändert die kinetische Energie des Teilchens nicht und verrichtet daher an ihm keine Arbeit.

L5.3 Die kinetische Energie des Teilchens mit der Masse m ist proportional zum Quadrat seiner Geschwindigkeit v, wobei $E_{\mathrm{kin}} = \frac{1}{2}\,m\,v^2$ gilt. Ersetzen von v durch $2\,v$ und von m durch $\frac{1}{2}\,m$ ergibt

$$E'_{\mathrm{kin}} = \tfrac{1}{2}\left(\tfrac{1}{2}\,m\right)(2\,v)^2 = \tfrac{1}{2}\left(2\,m\,v^2\right) = 2\,E_{\mathrm{kin}} .$$

Der Faktor beträgt also 2.

L5.4 Ein Teilchen, das sich mit konstantem Geschwindigkeitsbetrag auf einer Kreisbahn bewegt, hat eine konstante kinetische Energie. Aber es wird ständig beschleunigt, und zwar zum Mittelpunkt des Kreises hin. Ohne diese Beschleunigung könnte sich seine Bewegungsrichtung nicht ändern. Die kinetische Energie eines Teilchens, das *nicht* beschleunigt wird, kann sich *nicht* ändern, weil seine Geschwindigkeit konstant ist.

L5.5 Der Betrag der Arbeit beim Dehnen (oder Stauchen) einer Feder um die Strecke x ist $|W| = \frac{1}{2}\,k_{\mathrm{F}}\,x^2$, wobei k_{F} die Federkonstante ist. Weil W proportional zu x^2 ist, erfordert das Dehnen um die doppelte Strecke die vierfache Arbeit.

L5.6 a) Falsch. Die Definition der Arbeit ist nicht auf Verschiebungen infolge von Kontaktkräften beschränkt. So verrichtet die Gravitationskraft beispielsweise Arbeit an einem Körper, der unter der Wirkung der Schwerkraft frei fällt.

b) Falsch. Die Kraft, die die Erde auf Ihre Füße beim Laufen ausübt, ist eine Haftreibungskraft. Ähnlich verhält es sich mit der Haftreibungskraft, die auf die Reifen eines fahrenden Autos wirkt.

c) Richtig. Die elektrostatische Kraft, mit der das Elektron nach außen gezogen wird, wirkt in derselben Richtung, in der es verschoben wird.

d) Falsch. Wenn das Teilchen entlang der Kreisbahn (genauer gesagt, stets tangential zu ihr) beschleunigt wird, steht es unter der Einwirkung einer Gesamtkraft, die eine Arbeit verrichtet.

L5.7 a) Falsch. Die Definition der Arbeit ist nicht auf Verschiebungen durch konservative Kräfte beschränkt.

b) Falsch. Ein Gegenbeispiel ist die Arbeit infolge der Gravitationskraft an einem frei fallenden Körper.

c) Falsch. Die Arbeit kann auch die kinetische Energie des Systems ändern.

d) Falsch. Weil die Kraftrichtung durch $F_x = -\mathrm{d}E_{\mathrm{pot}}/\mathrm{d}x$ gegeben ist, ist die Kraft positiv (wirkt also nach rechts), wenn die potenzielle Energie nach rechts abnimmt (die Steigung von $E_{\mathrm{pot}}(x)$ also negativ ist).

e) Richtig. Weil die Kraftrichtung durch $F_x = -\mathrm{d}E_{\mathrm{pot}}/\mathrm{d}x$ gegeben ist, nimmt die potenzielle Energie nach links zu, wenn die Kraft nach rechts wirkt.

L5.8 a) Die Kraft F_x ist als negative Ableitung der potenziellen Energie nach x definiert: $F_x = -\mathrm{d}E_{\mathrm{pot}}/\mathrm{d}x$. Damit ergeben sich folgende Vorzeichen:

Punkt	$\mathrm{d}E_{\mathrm{pot}}/\mathrm{d}x$	F_x
A	+	−
B	0	0
C	−	+
D	0	0
E	+	−
F	0	0

b) Am Punkt C hat die Steigung ihren höchsten Betrag; also ist auch $|F_x|$ am größten.

c) Bei $\mathrm{d}^2 E_{\mathrm{pot}}/\mathrm{d}x^2 < 0$ ist die Kurve nach unten gekrümmt, und das Gleichgewicht ist *labil*. Dies ist im Punkt B der Fall. Bei $\mathrm{d}^2 E_{\mathrm{pot}}/\mathrm{d}x^2 > 0$ ist die Kurve nach oben gekrümmt, und das Gleichgewicht ist *stabil*. Dies ist im Punkt D der Fall. Bei $\mathrm{d}^2 E_{\mathrm{pot}}/\mathrm{d}x^2 = 0$ verläuft die Kurve waagerecht, und das Gleichgewicht ist *indifferent*. Dies ist im Punkt F der Fall.

Anmerkung: Wenn bei F die zweite Ableitung $\mathrm{d}^2 E_{\mathrm{pot}}/\mathrm{d}x^2 0$ gleich null, aber die dritte Ableitung positiv wäre, dann läge ebenfalls ein *stabiles* Gleichgewicht vor.

L5.9 Wir setzen die potenzielle Energie der Schwerkraft in Höhe des Bodens gleich null. Da beide Steine aus der gleichen Höhe und mit gleichen Beträgen der Anfangsgeschwindigkeit geworfen werden, haben sie gleich hohe Anfangsenergien. Daher bleiben auch ihre Gesamtenergien in jedem Punkt ihrer Flugbahn gleich. Beim Auftreffen auf den Boden sind ihre potenziellen Energien der Schwerkraft null und ihre kinetischen Energien gleich, sodass sie dabei den gleichen Geschwindigkeitsbetrag haben. Allerdings ist der schräg nach oben geworfene Stein wegen seiner anfangs nach oben gerichteten Anfangsgeschwindigkeit länger unterwegs. Folglich treffen die Steine nicht gleichzeitig auf dem Boden auf, und Aussage c ist richtig.

L5.10 Wir wählen als System die Gesamtheit aus Erde und Auto und nehmen an, dass das Auto auf einer horizontalen Strecke, also mit $\Delta E_{\mathrm{pot}} = 0$, fährt.

Aussage a: Die konstante Reibungskraft bewirkt eine konstante Verzögerung (negative Beschleunigung), sodass wir die Gleichung für die gleichförmig beschleunigte Bewegung anwenden können. Damit ergibt sich der Bremsweg Δs aus der Geschwindigkeit vor dem Beginn des Bremsens:

$$v^2 = v_0^2 + 2\,a\,\Delta s \,.$$

Wegen $v = 0$ gilt für den Bremsweg

$$\Delta s = \frac{-v_0^2}{2\,a} \quad (\text{mit} \quad a < 0)\,.$$

Also ist $\Delta s \propto v_0^2$, und Aussage a ist falsch.

Aussage b: Wir wenden den Zusammenhang zwischen Arbeit und Energie bei Vorliegen von Reibung an:

$$W_{\mathrm{ext}} = \Delta E_{\mathrm{kin}} + \Delta E_{\mathrm{Wärme}} = \Delta E_{\mathrm{kin}} + \mu_{\mathrm{R,g}}\, m\, g\, \Delta s = 0\,.$$

Die Rate, mit der die kinetische Energie E_{kin} in Wärme umgewandelt wird, ist damit

$$\frac{\Delta E_{\mathrm{kin}}}{\Delta t} = -\mu_{\mathrm{R,g}}\, m\, g\, \frac{\Delta s}{\Delta t}\,.$$

Somit ist $\Delta E_{\mathrm{kin}}/\Delta t$ proportional zur Geschwindigkeit $\Delta s/\Delta t$ und demzufolge nicht konstant. Also ist Aussage b ebenfalls falsch.

Aussage c: Der Bremsweg und damit auch die Bremsdauer Δt_{B} sind endlich. Wäre die kinetische Energie umgekehrt proportional zur Zeitspanne seit Beginn des Bremsens, müsste beim Stillstand des Autos noch eine endliche kinetische Energie $E_{\mathrm{kin,E}} \propto 1/\Delta t_{\mathrm{B}}$ vorliegen. Da das Auto jetzt aber steht, ist $v = 0$ und damit auch $E_{\mathrm{kin}} = 0$. Die Aussage c ist somit auch falsch. – Es trifft also Aussage d zu, nach der die drei anderen Aussagen falsch sind.

L5.11 Die Abbildung zeigt beide Kräftediagramme.

Die auf das Auto einwirkende Gesamtkraft, durch die es in positiver x-Richtung beschleunigt wird, ist bei Vernachlässigung des Luftwiderstands allein die Haftreibungskraft $\boldsymbol{F}_{\mathrm{R,h}}$, die die Straße auf die Reifen ausübt. Dagegen wird die Fahrerin selbst durch die Kraft $\boldsymbol{F}_{\mathrm{Lehne}}$ beschleunigt, die die Sitzlehne auf sie ausübt. In beiden Fällen gleichen die Gewichtskraft $\boldsymbol{F}_\mathrm{G}$ bzw. $\boldsymbol{F}_\mathrm{G,Fahrerin}$ und die Normalkraft $\boldsymbol{F}_\mathrm{n}$ bzw. $\boldsymbol{F}_\mathrm{n,Sitz}$ einander aus. Die auf das Gesamtsystem (Auto mit Fahrerin darin) einwirkende Gesamtkraft ist somit die Haftreibungskraft $\boldsymbol{F}_\mathrm{R,h}$, die die Straße auf die Reifen ausübt. Sie verrichtet die positive Massenmittelpunktsarbeit, die zur Zunahme der kinetischen Energie des Gesamtsystems führt.

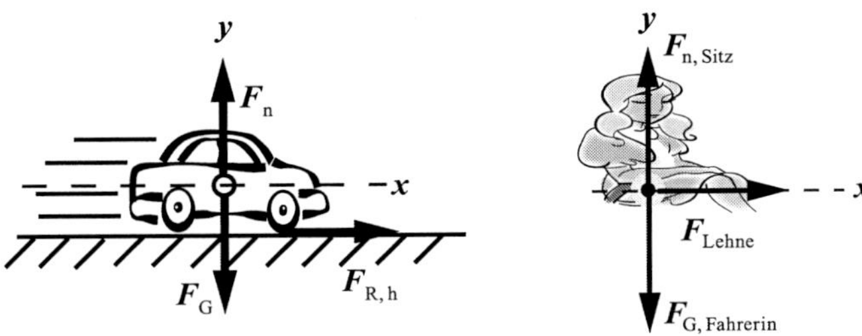

L5.12 Die kinetische Energie des Steins ist konstant; daher folgt aus dem Zusammenhang von verrichteter Gesamtarbeit und kinetischer Energie, dass die an ihm verrichtete Gesamtarbeit null ist. Allerdings muss der Stab eine sich zeitlich ändernde Tangentialkraft auf den Stein ausüben, um dessen Geschwindigkeitsbetrag konstant zu halten. Diese Kraft muss die tangentiale Komponente der am Stein senkrecht nach unten wirkenden Schwerkraft kompensieren.

Schätzungs- und Näherungsaufgaben

L5.13 Zunächst nehmen wir Folgendes an: Die Zufahrt zu der recht großen Garage ist 5,0 m breit, und der Schnee muss beim Wegschippen jeweils bis auf Taillenhöhe (1,0 m) angehoben werden, um danach an der Seite der Einfahrt abgeworfen zu werden. Die zahlreichen kurzen Beschleunigungsphasen beim Anheben, Loslaufen und Zurücklaufen wollen wir vernachlässigen.

Für die Arbeit beim Anheben des Schnees mit der Dichte ρ_S in die Höhe h gilt

$$W = m\,g\,h = \rho_\mathrm{S}\,V_\mathrm{S}\,g\,h\,. \tag{1}$$

Darin haben wir die allgemeine Beziehung $m = \varrho\,V$ zwischen Masse, Dichte und Volumen angewendet. Die Dichten von Schnee und Wasser sind

$$\rho_\mathrm{S} = \frac{m_\mathrm{S}}{V_\mathrm{S}} \qquad \text{bzw.} \qquad \rho_\mathrm{W} = \frac{m_\mathrm{W}}{V_\mathrm{W}}\,.$$

Damit ist wegen der im vorliegenden Fall gleichen Massen ihr Quotient

$$\frac{\rho_\mathrm{S}}{\rho_\mathrm{W}} = \frac{V_\mathrm{W}}{V_\mathrm{S}}\,.$$

Die Dichte ρ_S des Schnees kennen wir nicht. Sie hängt ja stark davon ab, wie nass er ist. Hier wollen wir annehmen, dass 1,0 l des Schnees 0,10 l Schmelzwasser ergäbe. Damit erhalten wir

$$\rho_\mathrm{S} = \rho_\mathrm{W}\,\frac{V_\mathrm{W}}{V_\mathrm{S}} = \left(1{,}0\cdot 10^3\,\mathrm{kg\cdot m^{-3}}\right)\frac{0{,}10\,\mathrm{l}}{1{,}0\,\mathrm{l}} = 100\,\mathrm{kg\cdot m^{-3}}\,.$$

Von den in Gleichung 1 einzusetzenden Größen benötigen wir noch das Volumen des Schnees. Dieses ergibt sich mit den gegebenen Werten zu

$$V_\mathrm{S} = (15\,\mathrm{m})(5{,}0\,\mathrm{m})(0{,}25\,\mathrm{m}) = 18{,}75\,\mathrm{m}^3\,.$$

Damit ist die beim Schaufeln zu verrichtende Arbeit (genauer: eine Untergrenze für ihren Wert) entsprechend unserer Schätzung

$$\begin{aligned} W &= \rho_\mathrm{S}\,V_\mathrm{S}\,g\,h \\ &= \left(100\,\mathrm{kg\cdot m^{-3}\,kg}\right)\left(18{,}75\,\mathrm{m}^3\right)\left(9{,}81\,\mathrm{m\cdot s^{-2}}\right)(1{,}0\,\mathrm{m}) \\ &= 18\,\mathrm{kJ}\,. \end{aligned}$$

Anmerkung: Diese Energie erscheint angesichts der großen Schneemenge sehr gering. Dabei ist aber dreierlei zu bedenken: 1. Den Schnee portionsweise zur Seite zu tragen und jeweils dort abzuwerfen, erfordert (obwohl auch dies „anstrengend ist") physikalisch gesehen keine Arbeit, weil die Gewichtskraft des hierbei beförderten Schnees senkrecht zur Verschiebung wirkt. 2. Wir haben zur Vereinfachung außer Acht gelassen, dass Ihr Körper jedes Mal mitsamt der Schneeportion zur Seite der Einfahrt (und ohne Schnee wieder zurück) beschleunigt werden muss, und das ist bei der Energiebilanz durchaus nicht vernachlässigbar. 3. Der menschliche Organismus bzw. seine Muskulatur hat einen sehr geringen Wirkungsgrad von größenordnungsmäßig 0,5. Daher ist nur ein entsprechend kleiner Anteil der mit der Nahrung täglich zugeführten Energiemenge von ungefähr 8000 kJ mechanisch nutzbar.

L5.14 Die Abbildung zeigt das Kräftediagramm, wenn die Seiltänzerin mit der Masse m in der Mitte des Seils steht. Die $+x$-Richtung zeigt nach rechts und die $+y$-Richtung nach oben. Die vertikalen Komponenten der betragsmäßig gleichen Zugkräfte $\boldsymbol{F}_\mathrm{S,1}$ und $\boldsymbol{F}_\mathrm{S,2}$ gleichen das Gewicht der Seiltänzerin aus.

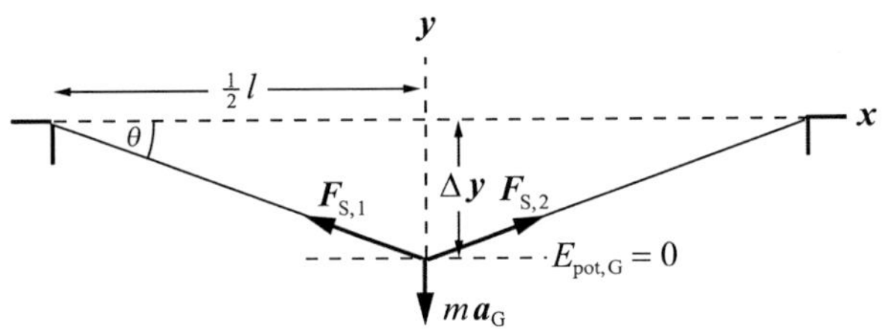

a) Da die Seiltänzerin im Gleichgewicht ist, gilt gemäß dem zweiten Newton'schen Axiom $\sum F_{i,y} = 0$ und daher in der Mitte des Seils

$$2\,|\boldsymbol{F}_\mathrm{S}|\sin\theta - m\,g = 0\,.$$

Dabei ist $|\boldsymbol{F}_\mathrm{S}| = |\boldsymbol{F}_\mathrm{S,1}| = |\boldsymbol{F}_\mathrm{S,2}|$, und für den Winkel θ ergibt sich

$$\theta = \mathrm{asin}\,\frac{m\,g}{2\,|\boldsymbol{F}_\mathrm{S}|}\,.$$

Aufgrund der geometrischen Gegebenheiten gilt

$$\tan\theta = \frac{\Delta y}{l/2}\,.$$

Damit erhalten wir für die Strecke, um die das Seil in der Mitte durchhängt:

$$\begin{aligned}
\Delta y &= \frac{l}{2}\tan\theta = \frac{l}{2}\tan\left(\operatorname{asin}\frac{m\,g}{2\,|\boldsymbol{F}_{\mathrm{s}}|}\right)\\
&= \frac{10\,\mathrm{m}}{2}\tan\left(\operatorname{asin}\frac{(50\,\mathrm{kg})\,(9{,}81\,\mathrm{m}\cdot\mathrm{s}^{-2})}{2\,(5000\,\mathrm{N})}\right)\\
&= 0{,}2455\,\mathrm{m} = 25\,\mathrm{cm}\,.
\end{aligned}$$

b) Die Differenz der potenziellen Energie der Seiltänzerin aufgrund der Schwerkraft zwischen der Mitte (M) und einem Endpunkt (E) des Seils ist

$$\begin{aligned}
\Delta E_{\mathrm{pot}} &= E_{\mathrm{pot,M}} - E_{\mathrm{pot,E}} = 0 + m\,g\,\Delta y = m\,g\,\Delta y\\
&= (50\,\mathrm{kg})\,(9{,}81\,\mathrm{m}\cdot\mathrm{s}^{-2})\,(-0{,}2455\,\mathrm{m}) = -0{,}12\,\mathrm{kJ}\,.
\end{aligned}$$

L5.15 Die kinetische Energie des Space Shuttle ist beim Start gleich null, und in der Umlaufbahn ist sie gegeben durch $\frac{1}{2}\,m\,v^2$. Dabei ergibt sich die Bahngeschwindigkeit v als Quotient aus dem Umfang $2\,\pi\,r$ der Kreisbahn und der Umlaufdauer T. Damit erhalten wir für die kinetische Energie in der Umlaufbahn

$$\begin{aligned}
E_{\mathrm{kin,U}} &= \tfrac{1}{2}\,m\left(\frac{2\,\pi\,r}{T}\right)^2 = \frac{2\,\pi^2\,m\,r^2}{T^2}\\
&= \frac{2\,\pi^2\,(8{,}0\cdot10^4\,\mathrm{kg})\,(400\,\mathrm{km}+6370\,\mathrm{km})^2}{\left[(90\,\mathrm{min})\,\left(60\,\mathrm{s}\cdot\mathrm{min}^{-1}\right)\right]^2}\\
&= 2{,}3\,\mathrm{TJ}\,.
\end{aligned}$$

Die Arbeit, die die Gravitationskraft am Shuttle verrichtet, ergibt sich aus dem Produkt von Masse m, Erdbeschleunigung g und Höhendifferenz Δy:

$$\begin{aligned}
W_{\mathrm{G}} &= m\,g\,\Delta y = \left(8{,}0\cdot10^4\,\mathrm{kg}\right)\left(9{,}81\,\mathrm{m}\cdot\mathrm{s}^{-2}\right)(400\,\mathrm{km})\\
&= 0{,}32\,\mathrm{TJ}\,.
\end{aligned}$$

Wegen der gegenüber dem Erdradius kleinen Höhendifferenz haben wir für die Erdbeschleunigung als Näherung ihren Wert an der Erdoberfläche angesetzt.

L5.16 Wir nehmen an, dass der in der Aufgabe spezifizierte „durchschnittliche Mann" pro Tag 8 h schläft, 2 h läuft, 8 h sitzt, 1 h Aerobic betreibt und 5 h mittelschwere körperliche Arbeiten verrichtet. Wir können seinen jeweiligen Energieaufwand näherungsweise durch

$$E_{\mathrm{Aktivität}} = A\,(P/A)_{\mathrm{Aktivität}}\,\Delta t_{\mathrm{Aktivität}}$$

ausdrücken. Dabei ist A seine Körperoberfläche, $(P/A)_{\mathrm{Aktivität}}$ die Rate seines Energieaufwands (also die Leistung) pro Flächeneinheit bei der betreffenden Aktivität und $\Delta t_{\mathrm{Aktivität}}$ deren Dauer.

a) Der gesamte Energieaufwand ist gleich der Summe der Energiebeträge bei den oben genannten fünf Aktivitäten:

$$E = E_{\mathrm{Schlafen}} + E_{\mathrm{Gehen}} + E_{\mathrm{Sitzen}} + E_{\mathrm{Arbeit}} + E_{\mathrm{Aerobic}}\,.$$

Wir berechnen die einzelnen Beiträge:

$$\begin{aligned}
E_{\mathrm{Schlafen}} &= A\,(P/A)_{\mathrm{Schlafen}}\,\Delta t_{\mathrm{Schlafen}}\\
&= (2{,}0\,\mathrm{m}^2)\,(40\,\mathrm{W}\cdot\mathrm{m}^{-2})\,(8{,}0\,\mathrm{h})\,(3600\,\mathrm{s}\cdot\mathrm{h}^{-1})\\
&= 2{,}30\cdot10^6\,\mathrm{J}\,.\\
E_{\mathrm{Gehen}} &= A\,(P/A)_{\mathrm{Gehen}}\,\Delta t_{\mathrm{Gehen}}\\
&= (2{,}0\,\mathrm{m}^2)\,(160\,\mathrm{W}\cdot\mathrm{m}^{-2})\,(2{,}0\,\mathrm{h})\,(3600\,\mathrm{s}\cdot\mathrm{h}^{-1})\\
&= 2{,}30\cdot10^6\,\mathrm{J}\,.\\
E_{\mathrm{Sitzen}} &= A\,(P/A)_{\mathrm{Sitzen}}\,\Delta t_{\mathrm{Sitzen}}\\
&= (2{,}0\,\mathrm{m}^2)\,(60\,\mathrm{W}\cdot\mathrm{m}^{-2})\,(8{,}0\,\mathrm{h})\,(3600\,\mathrm{s}\cdot\mathrm{h}^{-1})\\
&= 3{,}46\cdot10^6\,\mathrm{J}\,.\\
E_{\mathrm{Arbeit}} &= A\,(P/A)_{\mathrm{Arbeit}}\,\Delta t_{\mathrm{Arbeit}}\\
&= (2{,}0\,\mathrm{m}^2)\,(175\,\mathrm{W}\cdot\mathrm{m}^{-2})\,(5{,}0\,\mathrm{h})\,(3600\,\mathrm{s}\cdot\mathrm{h}^{-1})\\
&= 6{,}30\cdot10^6\,\mathrm{J}\,.\\
E_{\mathrm{Aerobic}} &= A\,(P/A)_{\mathrm{Aerobic}}\,\Delta t_{\mathrm{Aerobic}}\\
&= (2{,}0\,\mathrm{m}^2)\,(300\,\mathrm{W}\cdot\mathrm{m}^{-2})\,(1{,}0\,\mathrm{h})\,(3600\,\mathrm{s}\cdot\mathrm{h}^{-1})\\
&= 2{,}16\cdot10^6\,\mathrm{J}\,.
\end{aligned}$$

Die Summe ist

$$\begin{aligned}
E &= 2{,}30\cdot10^6\,\mathrm{J} + 2{,}30\cdot10^6\,\mathrm{J} + 3{,}46\cdot10^6\,\mathrm{J} + 6{,}30\cdot10^6\,\mathrm{J}\\
&\quad + 2{,}16\cdot10^6\,\mathrm{J} = 16{,}5\cdot10^6\,\mathrm{J} = 17\,\mathrm{MJ}\,.
\end{aligned}$$

Damit ergibt sich der mittlere Energieumsatz zu

$$\langle P\rangle = \frac{E}{t} = \frac{16{,}5\cdot10^6\,\mathrm{J}}{(24\,\mathrm{h})\,\left(3600\,\mathrm{s}\cdot\mathrm{h}^{-1}\right)} = 0{,}19\,\mathrm{kW}\,.$$

Er ist also fast doppelt so hoch wie die in einer 100-W-Glühbirne umgesetzte Leistung.

b) Wir rechnen den eben geschätzten mittleren täglichen Energieaufwand in kcal um:

$$E_{\mathrm{Tag}} = \frac{16{,}5\cdot10^6\,\mathrm{J}}{4{,}19\,\mathrm{kJ}\cdot\mathrm{kcal}^{-1}} \approx 4\cdot10^3\,\mathrm{kcal}\,.$$

c) Die täglich aufzuwendende Energie beträgt nach unseren Annahmen rund 4000 kcal pro 80 kg Körpermasse, also etwa 50 kcal/kg, und ist damit höher als nach der Faustregel in der Aufgabenstellung. Dabei ist aber zu beachten, dass der tägliche Energieaufwand durchaus um über einen Faktor 2 schwanken kann, je nachdem, welche Aktivitäten wie lange ausgeführt werden.

L5.17 In der Bundesrepublik Deutschland leben ca. 82 Mio. Einwohner. Ein Haushalt bestehe durchschnittlich aus 2 Personen, und wir wollen für unsere grobe Abschätzung annehmen, dass er jeweils über ein Auto verfügt. Hinzu kommen ca. 25 %

andere Kraftfahrzeuge (LKW u. a.). Wir setzen also schätzungsweise 50 Mio. Kraftfahrzeuge an, bei denen wir einen Verbrauch von jeweils 20 Liter Kraftstoff pro Woche ansetzen. Damit erhalten wir für den Gesamtverbrauch aller Fahrzeuge im Jahr

$$E_{\mathrm{KFZ,Jahr}} \approx \left(50 \cdot 10^6\right) \frac{20\,\mathrm{l}}{1\,\text{Woche}} \frac{52\,\text{Wochen}}{1\,\text{Jahr}} \frac{1,3 \cdot 10^8\,\mathrm{J}}{3,78\,\mathrm{l}}$$

$$\approx 1,8 \cdot 10^{18}\,\mathrm{J}\,.$$

Der Anteil der Kraftfahrzeuge am gesamten Energieverbrauch der Bundesrepublik beträgt damit

$$\frac{E_{\mathrm{KFZ,\,Jahr}}}{E_{\mathrm{Jahr}}} \approx \frac{1,8 \cdot 10^{18}\,\mathrm{J}}{1,49 \cdot 10^{19}\,\mathrm{J}} = 0,12 = 12\,\%\,.$$

L5.18 Wir rechnen zunächst den Energieumsatz pro Jahr in die mittlere Leistung um. Es ist ja $1\,\mathrm{W} = 1\,\mathrm{J} \cdot \mathrm{s}^{-1}$, und ein Jahr hat $3,16 \cdot 10^7$ s. Damit erhalten wir für die mittlere Leistung

$$\langle P \rangle = \left(1,49 \cdot 10^{19}\,\mathrm{J}\right) / \left(3,16 \cdot 10^7\,\mathrm{s}\right) = 4,7 \cdot 10^{11}\,\mathrm{W}\,.$$

Die Solarkonstante (die Leistung der Sonnenstrahlung, die die Erdoberfläche pro Flächeneinheit erreicht) beträgt, wie gegeben, etwa $1,0 \cdot 10^3\,\mathrm{W/m^2}$. Bei einem Wirkungsgrad von $12\,\%$ könnten davon $120\,\mathrm{W/m^2}$ genutzt werden. Die dafür erforderliche Fläche an Solarzellen ergibt sich damit zu

$$A = \frac{P}{I} = \frac{\left(4,7 \cdot 10^{11}\,\mathrm{W}\right)}{\frac{1}{2}\left(120\,\mathrm{W} \cdot \mathrm{m}^{-2}\right)} \approx 78 \cdot 10^8\,\mathrm{m^2} = 78 \cdot 10^2\,\mathrm{km^2}\,.$$

Mit dem Faktor $\frac{1}{2}$ im Nenner wird berücksichtigt, dass die Sonne im Mittel nur während der Hälfte der Zeit scheint. Die eben berechnete Fläche macht etwa $2\,\%$ der Gesamtfläche Deutschlands ($356\,910\,\mathrm{km^2}$) aus und entspricht der eines Quadrats mit der Seitenlänge $s \approx \sqrt{78 \cdot 10^2\,\mathrm{km^2}} \approx 88\,\mathrm{km}$!

Anmerkung: Bei dieser groben Abschätzung haben wir zwei entscheidende Gegebenheiten außer Acht gelassen: In unseren geografischen Breiten fällt die Sonnenstrahlung niemals senkrecht auf die Erdoberfläche, und der Einstrahlwinkel der Sonne ändert sich im Tagesverlauf drastisch. Eine realistischere Berechnung, die außerdem auch Wetterschwankungen berücksichtigen sollte, könnte durchaus eine über zehnmal größere Fläche ergeben.

Arbeit, kinetische Energie und Anwendungen

L5.19 a) In diesem Fall ist die Höhe über dem Nullpunkt 8 m, also erhalten wir

$$E_{\mathrm{pot}} = m \cdot g \cdot h = 55\,\mathrm{kg} \cdot 9,81\,\frac{\mathrm{m}}{\mathrm{s^2}} \cdot 8\,\mathrm{m} = 4316\,\mathrm{J}\,.$$

b) Jetzt ist die Höhe über dem Nullpunkt nur noch 4 m, also erhalten wir die halbe potenzielle Energie:

$$E_{\mathrm{pot}} = 2158\,\mathrm{J}$$

c) Jetzt liegt die Masse 2 m unter dem festgelegten Nullpunkt, und die potenzielle Energie wird negativ:

$$E_{\mathrm{pot}} = m \cdot g \cdot h = 55\,\mathrm{kg} \cdot 9,81\,\frac{\mathrm{m}}{\mathrm{s^2}} \cdot (-2\,\mathrm{m}) = -1079\,\mathrm{J}$$

L5.20 Die mittlere Höhe ist

$$-\frac{k_F x_A + k_F x_E}{2}\,.$$

Das Vorzeichen berücksichtigt, dass sich die Fläche unterhalb der x-Achse befindet und der orientierte Flächeninhalt daher negativ gezählt wird.

Der Flächeninhalt ergibt sich aus dem Produkt mit der Breite:

$$-\frac{k_F x_A + k_F x_E}{2}(x_E - x_A) = -\frac{k_F}{2}(x_E^2 - x_A^2)$$

$$= \frac{1}{2}k_F x_A^2 - \frac{1}{2}k_F x_E^2$$

L5.21 Die Kraftkomponente in Richtung der Bewegung beträgt

$$12\,\mathrm{N} \cdot \cos\left(20°\right) \approx 11,28\,\mathrm{N}\,.$$

Damit ist die aufgewendete Arbeit

$$W = 11,28\,\mathrm{N} \cdot 3\,\mathrm{m} = 33,8\,\mathrm{J}\,.$$

L5.22 a) Wir setzen die vertikale Richtung als positive y-Richtung an. Die durch die angreifende Kraft $\boldsymbol{F}$ verrichtete Arbeit ist dann definitionsgemäß

$$W = \boldsymbol{F} \cdot \Delta \boldsymbol{y}\,. \tag{1}$$

Für die Größen $\boldsymbol{F}$ und $\Delta \boldsymbol{y}$ gilt in diesem Fall

$$\boldsymbol{F} = (80\,\mathrm{N})\,\widehat{\boldsymbol{y}} \qquad \text{und} \qquad \Delta \boldsymbol{y} = (3,0\,\mathrm{m})\,\widehat{\boldsymbol{y}}\,.$$

Damit ergibt sich

$$W = (80\,\mathrm{N})\,\widehat{\boldsymbol{y}} \cdot (3,0\,\mathrm{m})\,\widehat{\boldsymbol{y}} = 0,24\,\mathrm{kJ}\,.$$

b) Wir verwenden wieder die Definition der verrichteten Arbeit, nun aber mit der Schwerkraft $\boldsymbol{F}_{\mathrm{G}}$:

$$W_{\mathrm{G}} = \boldsymbol{F}_{\mathrm{G}} \cdot \Delta \boldsymbol{y}\,. \tag{2}$$

Dabei sind $\boldsymbol{F}_{\mathrm{G}}$ und $\Delta \boldsymbol{y}$ jetzt

$$\boldsymbol{F}_{\mathrm{G}} = -m\,g\,\widehat{\boldsymbol{y}} = -(6,0\,\mathrm{kg})\,(9,81\,\mathrm{m} \cdot \mathrm{s}^{-2})\,\widehat{\boldsymbol{y}} = (-58,9\,\mathrm{N})\,\widehat{\boldsymbol{y}}$$

und $\Delta \boldsymbol{y} = (3,0\,\mathrm{m})\,\widehat{\boldsymbol{y}}$.

Damit ergibt sich

$$W_{\mathrm{G}} = (-58,9\,\mathrm{N})\,\widehat{\boldsymbol{y}} \cdot (3,0\,\mathrm{m})\,\widehat{\boldsymbol{y}} = -0,18\,\mathrm{kJ}\,.$$

c) Gemäß der Beziehung zwischen verrichteter Gesamtarbeit und kinetischer Energie ist $\Delta E_{\mathrm{kin}} = W + W_{\mathrm{G}}$, und mit der kinetischen Energie $E_{\mathrm{kin,A}} = 0$ am Anfang ergibt sich die kinetische Energie am Ende zu

$$E_{\mathrm{kin,E}} = W + W_{\mathrm{G}} = 0,24\,\mathrm{kJ} - 0,18\,\mathrm{kJ} = 0,06\,\mathrm{kJ}\,.$$

L5.23 Für die anfänglichen kinetischen Energien des Manns und der Frau gilt $\frac{1}{2} m_1 v_1^2 = \frac{1}{2} m_2 v_2^2$, wobei der Index 1 den Mann und der Index 2 die Frau bezeichnet. Damit gilt für die Masse der Frau

$$m_2 = m_1 \left(\frac{v_1}{v_2} \right)^2 .$$

Mit der gegebenen Beziehung $v_2 = 1{,}25\, v_1$ zwischen den Geschwindigkeiten ergibt sich

$$m_2 = m_1 \left(\frac{v_1}{1{,}25\, v_1} \right)^2 = (85\,\text{kg}) \left(\frac{1}{1{,}25} \right)^2 = 54\,\text{kg} .$$

L5.24 a) Da die Kraft F_x nichtlinear vom Ort abhängt, müssen wir die von ihr verrichtete Arbeit über eine Integration berechnen:

$$W = \int \boldsymbol{F} \cdot \mathrm{d}\boldsymbol{s} = \int -F_x \, \mathrm{d}x .$$

Das Minuszeichen folgt daraus, dass Kraft und Verschiebung einander entgegen gerichtet sind. Mit dem gegebenen Ausdruck $C x^3$ für die Kraft ergibt sich

$$W = \int_{3{,}0\,\text{m}}^{1{,}5\,\text{m}} (-C x^3)\, \mathrm{d}x = -C \int_{3{,}0\,\text{m}}^{1{,}5\,\text{m}} x^3 \, \mathrm{d}x$$

$$= -(0{,}50\,\text{N} \cdot \text{m}^{-3}) \left[\tfrac{1}{4} x^4 \right]_{3{,}0\,\text{m}}^{1{,}5\,\text{m}}$$

$$= -\tfrac{1}{4} (0{,}50\,\text{N} \cdot \text{m}^{-3}) \left[(1{,}5\,\text{m})^4 - (3{,}0\,\text{m})^4 \right] = 9{,}492\,\text{J} .$$

b) Aus dem Zusammenhang zwischen verrichteter Gesamtarbeit und kinetischer Energie ergibt sich

$$W = \Delta E_{\text{kin}} = E_{\text{kin},\, 1{,}5\,\text{m}} - E_{\text{kin},\, 3{,}0\,\text{m}}$$

$$= \tfrac{1}{2} m\, v_{1{,}5\,\text{m}}^2 - \tfrac{1}{2} m\, v_{3{,}0\,\text{m}}^2 .$$

Damit erhalten wir

$$v_{1{,}5\,\text{m}} = \sqrt{ v_{3{,}0\,\text{m}}^2 + \frac{2\, W}{m} }$$

$$= \sqrt{ (12\,\text{m} \cdot \text{s}^{-1})^2 + \frac{2\, (9{,}49\,\text{J})}{1{,}5\,\text{kg}} } = 13\,\text{m} \cdot \text{s}^{-1} .$$

Die Bewegungsrichtung lässt sich aus dem Zusammenhang zwischen verrichteter Gesamtarbeit und kinetischer Energie allerdings nicht ableiten. Wir können lediglich feststellen, dass die kinetische Energie des Teilchens zugenommen hat.

L5.25 a) Zunächst drücken wir die Gesamtmasse des Eimers und des darin befindlichen Wassers als Funktion der Höhe y aus, in der sich der Eimer gerade befindet. Mit der Auslaufrate r, die in Kilogramm (Wasser) pro Meter Höhendifferenz einzusetzen ist, gilt:

$$m(y) = 20{,}0\,\text{kg} - r\, y .$$

Mit den gegebenen Werten ist die Rate, mit der das Wasser aus dem Eimer läuft:

$$r = \frac{\Delta m}{\Delta y} = \frac{10{,}0\,\text{kg}}{4{,}0\,\text{m}} = 2{,}5\,\text{kg} \cdot \text{m}^{-1} .$$

Einsetzen in die vorige Gleichung liefert

$$m(y) = 20{,}0\,\text{kg} - (2{,}5\,\text{kg} \cdot \text{m}^{-1})\; y .$$

b) Die Arbeit, die der Mann zu verrichten hat, ergibt sich durch Integration über die auf den Eimer ausgeübte Gravitationskraft zwischen den Grenzen 0 m und 4,0 m:

$$W = m(y)\, g\, \Delta y = g \int_{0\,\text{m}}^{4{,}0\,\text{m}} \left[20{,}0\,\text{kg} - (2{,}5\,\text{kg} \cdot \text{m}^{-1})\, y \right] \mathrm{d}y$$

$$= (9{,}81\,\text{m} \cdot \text{s}^{-2}) \left[(20{,}0\,\text{kg})\, y - \tfrac{1}{2} (2{,}5\,\text{kg} \cdot \text{m}^{-1})\, y^2 \right]_{0\,\text{m}}^{4{,}0\,\text{m}}$$

$$= 0{,}59\,\text{kJ} .$$

Alternativ kann die verrichtete Arbeit zumindest näherungsweise grafisch ermittelt werden. Dazu wird das Produkt $m(y)\, g$ gegen die Höhe y aufgetragen und die Fläche unter der Kurve zwischen den y-Werten 0 m und 4,0 m bestimmt.

L5.26 Da die Kraft vom Abstand der beiden Teilchen abhängt, müssen wir die Arbeit mithilfe einer Integration berechnen:

$$W(x_0, x) = \int_{x_0}^{x} \boldsymbol{F} \cdot \mathrm{d}x\, \widehat{\boldsymbol{x}} = \int_{x_0}^{x} |\boldsymbol{F}|\, (\cos \theta)\, \mathrm{d}x .$$

Darin ist θ der Winkel zwischen der Kraft $\boldsymbol{F}$ und der Verschiebung $\widehat{\boldsymbol{x}}$. Einsetzen des gegebenen Ausdrucks C / x^2 für die Kraft und von $\theta = 0$ ergibt

$$W(x_0, x) = \int_{x_0}^{x} \frac{C}{x^2}\, (\cos 0°)\, \mathrm{d}x = C \int_{x_0}^{x} \frac{1}{x^2}\, \mathrm{d}x$$

$$= -C \left[\frac{1}{x} \right]_{x_0}^{x} = \frac{C}{x_0} - \frac{C}{x} .$$

Aus dem Zusammenhang zwischen verrichteter Gesamtarbeit und kinetischer Energie folgt für das Teilchen A

$$W(x_0, x) = \Delta E_{\text{kin}} = E_{\text{kin}}(x) - E_{\text{kin}}(x_0) = E_{\text{kin}}(x) .$$

Dabei rührt die letzte Gleichsetzung daher, dass das Teilchen aus der Ruhe losgelassen wird. Einsetzen ergibt

$$E_{\text{kin}}(x) = \frac{C}{x_0} - \frac{C}{x} ,$$

und für $x \to \infty$ erhalten wir

$$E_{\text{kin}}(x \to \infty) = \frac{C}{x_0} .$$

Das Teilchen A erreicht dabei die Geschwindigkeit

$$v(x \to \infty) = \sqrt{ \frac{2\, E_{\text{kin}}(x \to \infty)}{m} } = \sqrt{ \frac{2\, \dfrac{C}{x_0}}{m} } = \sqrt{ \frac{2\, C}{m\, x_0} } .$$

L5.27 a) Wenn sich die Last mit der Gewichtskraft $\boldsymbol{F}_G$ um die Strecke h bewegt, bewegt sich der Angriffspunkt der Kraft $\boldsymbol{F}$ um die Strecke $2h$.

Wir lassen im Folgenden außer Acht, dass die beiden Rollen die Kraft im Seil jeweils um 180° umlenken, sodass das Gewicht angehoben wird, wenn der Arbeiter am freien Seilende nach unten zieht. Wir betrachten also stets nur den Betrag der Kraft und der Verschiebung.

b) Unter der Annahme, dass sich die kinetische Energie des Gewichts letztlich nicht ändert, ist die an ihm verrichtete Arbeit

$$W = F_G \, h \cos \theta = F_G \, h \, .$$

Die zweite Gleichsetzung rührt daher, dass sowohl die Kraft als auch die Verschiebung vertikale Richtung haben, sodass $\theta = 0$ ist.

c) Am freien Seilende haben Kraft und Verschiebung dieselbe Richtung. Wiederum mit $\theta = 0$ gilt dabei für die Arbeit, die die Kraft F bei der vertikalen Verschiebung h verrichtet:

$$W = F \, (2h) \cos \theta = 2 \, F \, h \, .$$

In den beiden Seilstücken, an denen die Rolle mit dem Gewicht hängt, wirkt jeweils eine vertikale Zugkraft mit dem Betrag F, die insgesamt von der Gewichtskraft mit dem Betrag F_G ausgeglichen wird. Also gilt

$2 \, F - F_G = 0$ und daher $F = \frac{1}{2} \, F_G$.

Das setzen wir in die Gleichung für die Arbeit ein:

$$W = 2 \, F \, h = 2 \left(\tfrac{1}{2} \, F_G \right) h = F_G \, h$$

Anmerkung: Das mechanische Kraftverhältnis F_G/F charakterisiert die mithilfe der Vorrichtung erzielte Kraftverstärkung. Diese ist im vorliegenden Fall gegeben durch

$$\frac{F_G}{F} = \frac{F_G}{\frac{1}{2} \, F_G} = 2 \, .$$

Sie ist bei der hier gezeigten einfachsten Konstruktion eines sogenannten Flaschenzugs mit nur einem Zugstrang gleich der Anzahl 2 der Laststränge an der Rolle mit der Last.

Leistung

L5.28 Die zu erreichende Bewegungsenergie beträgt

$$E_{\text{kin}} = 1500 \, \text{kg} \cdot \frac{(100 \, \text{km/h})^2}{2}$$
$$\approx 1500 \, \text{kg} \cdot \frac{(27{,}78 \, \text{m/s})^2}{2} \approx 579\,000 \, \text{J} \, .$$

Soll diese Energie über einen Zeitraum von 8 s bei konstanter Leistung bereitgestellt werden, benötigen wir die Leistung $P = 579\,000 \, \text{J}/8 \, \text{s} \approx 72{,}3 \, \text{kW}$.

L5.29 Die mittels einer Kraft zugeführte mittlere Leistung ist der Quotient aus der verrichteten Arbeit und der Zeitspanne. Folglich gilt für die beiden Leistungen

$$P_A = \frac{W_A}{\Delta t_A} = \frac{5{,}0 \, \text{J}}{10 \, \text{s}} = 0{,}50 \, \text{W} \, ,$$
$$P_B = \frac{W_B}{\Delta t_B} = \frac{3{,}0 \, \text{J}}{5{,}0 \, \text{s}} = 0{,}60 \, \text{W} \, .$$

Die von der Kraft F_B verrichtete Arbeit $W_B = 3{,}0 \, \text{J}$ macht nur 60 % der Arbeit $W_A = 5{,}0 \, \text{J}$ aus. Dennoch liefert die Kraft F_B die höhere Leistung, weil sie hierfür nur halb so viel Zeit benötigt.

L5.30 a) Die mittels der Kraft F erbrachte Leistung ist in Abhängigkeit von der Zeit gegeben durch

$$P(t) = \frac{\text{d}W}{\text{d}t} = \boldsymbol{F} \cdot \boldsymbol{v} = |\boldsymbol{F}| \, |\boldsymbol{v}(t)| \cos \theta \, .$$

Die Kraft wirkt in Richtung der Geschwindigkeit, sodass gilt:

$$P(t) = |\boldsymbol{F}| \, |\boldsymbol{v}(t)| \, . \tag{1}$$

Bei konstanter Beschleunigung ist die Geschwindigkeit das Produkt aus Beschleunigung und Zeit:

$$|\boldsymbol{v}(t)| = |\boldsymbol{a}| \, t \, .$$

Die Beschleunigung ergibt sich gemäß dem zweiten Newton'schen Axiom $\sum \boldsymbol{F}_i = m \, \boldsymbol{a}$ zu

$$|\boldsymbol{a}| = \frac{|\boldsymbol{F}|}{m} \, .$$

Damit ist $|\boldsymbol{v}(t)| = \dfrac{|\boldsymbol{F}|}{m} \, t$, und Einsetzen in Gleichung 1 liefert

$$P(t) = |\boldsymbol{F}| \, |\boldsymbol{v}(t)| = \frac{F^2}{m} \, t = \frac{(5{,}0 \, \text{N})^2}{8{,}0 \, \text{kg}} \, t = (3{,}125 \, \text{W} \cdot \text{s}^{-1}) \, t$$
$$= (3{,}1 \, \text{W} \cdot \text{s}^{-1}) \, t \, .$$

b) Für die Leistung beim Zeitpunkt 3,0 s ergibt sich

$$P_{3{,}0 \, \text{s}} = (3{,}125 \, \text{W} \cdot \text{s}^{-1}) \, (3{,}0 \, \text{s}) = 9{,}4 \, \text{W} \, .$$

L5.31 Die Leistung ist das Skalarprodukt aus der auf das Teilchen wirkenden Kraft und dessen Geschwindigkeit:

$$P = \boldsymbol{F} \cdot \boldsymbol{v} \, .$$

Bei konstanter Beschleunigung gilt $\boldsymbol{v} = \boldsymbol{a} \, t$. Wenn nur eine Kraft auf das Teilchen wirkt, ist diese die Gesamtkraft, die gemäß dem zweiten Newton'schen Axiom zu dessen Beschleunigung führt. Damit ist $\boldsymbol{v} = (\boldsymbol{F}/m) \, t$, und Einsetzen in die erste Gleichung liefert

$$P = \boldsymbol{F} \cdot \boldsymbol{v} = \boldsymbol{F} \cdot \frac{\boldsymbol{F}}{m} \, t = \frac{\boldsymbol{F} \cdot \boldsymbol{F}}{m} \, t = \frac{F^2}{m} \, t \, .$$

Die Erhaltung der mechanischen Energie

L5.32 Mit $\Delta x = 0{,}3\,\text{m}$ und $k = 11\,000\,\text{N/m}$ ist

$$E = \frac{1}{2}k\,\Delta x^2 = 495\,\text{J}\,.$$

L5.33 Die Abbildung zeigt den Pendelkörper in seiner Anfangslage, rechts in der Höhe $l/4$. Den Nullpunkt der potenziellen Energie der Schwerkraft legen wir in den tiefsten Punkt der Pendelschwingung (also in die Gleichgewichtslage). Das betrachtete System umfasst das Pendel und die Erde.

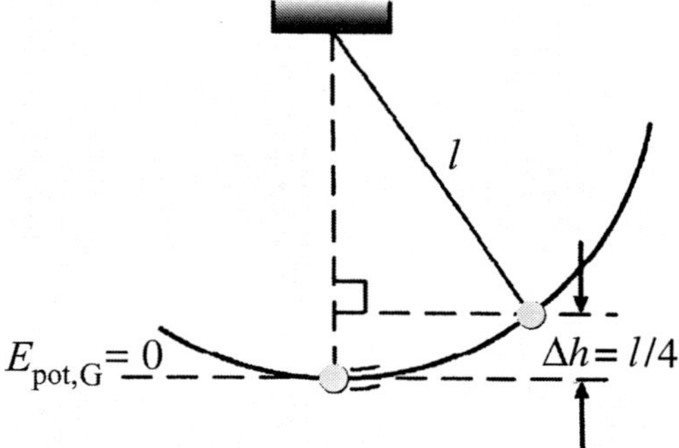

Wegen der Erhaltung der mechanischen Energie gilt

$$W_{\text{ext}} = \Delta E_{\text{kin}} + \Delta E_{\text{pot}}\,.$$

Da am Pendel von außen keine Arbeit verrichtet wird, ist

$$W_{\text{ext}} = 0 \quad \text{undsomit} \quad \Delta E_{\text{kin}} + \Delta E_{\text{pot}} = 0\,.$$

Wir bezeichnen mit dem Index A den Anfangszustand und mit dem Index E den Endzustand in der Höhe 0, also in der Gleichgewichtslage. Wegen $E_{\text{kin,A}} = E_{\text{pot,E}} = 0$ erhalten wir aus der vorigen Gleichung

$$E_{\text{kin,E}} - E_{\text{pot,A}} = 0\,.$$

Mit den bekannten Ausdrücken für die kinetische und die potenzielle Energie folgt daraus

$$\tfrac{1}{2}m\,v_{\text{E}}^2 - m\,g\,\Delta h = 0 \quad \text{sowie} \quad v_{\text{E}} = \sqrt{2\,g\,\Delta h}\,.$$

Mit der Anfangshöhe $\Delta h = l/4$ des Pendelkörpers ergibt sich damit für die Geschwindigkeit

$$v_{\text{E}} = \sqrt{\frac{g\,l}{2}}\,.$$

L5.34 Als System betrachten wir die Erde, den Körper und die Feder. Dabei verrichten keine äußeren Kräfte Arbeit am System, sodass dessen Energie erhalten bleibt. In Höhe der Feder sei $E_{\text{pot,G}} = 0$. Somit wird die potenzielle Energie der Schwerkraft, die der Körper zu Beginn hat, beim Hinabgleiten in kinetische Energie umgewandelt, die anschließend weiter in potenzielle Energie der gestauchten Feder umgewandelt wird.

a) Wegen der Erhaltung der mechanischen Energie gilt dabei

$$W_{\text{ext}} = \Delta E_{\text{kin}} + \Delta E_{\text{pot}} = 0\,.$$

Mit $\Delta E_{\text{kin}} = 0$ (weil der Körper zu Beginn und bei gestauchter Feder jeweils momentan ruht) gilt daher

$$-m\,g\,h + \tfrac{1}{2}\,k_{\text{F}}\,x^2 = 0\,.$$

Damit ergibt sich für den Betrag der Strecke, um die die Feder gestaucht wird:

$$|x| = \sqrt{\frac{2\,m\,g\,h}{k_{\text{F}}}} = \sqrt{\frac{2\,(3{,}00\,\text{kg})\,(9{,}81\,\text{m}\cdot\text{s}^{-2})\,(5{,}00\,\text{m})}{400\,\text{N}\cdot\text{m}^{-1}}}$$
$$= 0{,}858\,\text{m}\,.$$

b) Anschließend wird die in der gestauchten Feder gespeicherte Energie freigesetzt, wobei der Körper nach links beschleunigt wird, sodass er sich entlang der Rampe nach oben bewegt und dabei, wenn Reibung und Luftwiderstand vernachlässigbar sind, wieder die Anfangshöhe von $5{,}00\,\text{m}$ erreicht.

L5.35 a) Die Kraft ist die negative Ableitung der potenziellen Energie nach der Strecke x, längs der sie wirkt. Damit ergibt sich

$$F_x = -\frac{\mathrm{d}E_{\text{pot}}}{\mathrm{d}x} = -\frac{\mathrm{d}}{\mathrm{d}x}\frac{C}{x} = \frac{C}{x^2}\,.$$

b) Wegen $C > 0$ ist F_x bei $x > 0$ positiv, sodass $\boldsymbol{F}$ vom Ursprung weg gerichtet ist. Aber auch bei $x < 0$ ist F_x positiv; daher wirkt $\boldsymbol{F}$ dort zum Ursprung hin.

c) Die potenzielle Energie E_{pot} ist, wie gegeben, umgekehrt proportional zu x, und es ist $C > 0$. Daher fällt die Funktion $E_{\text{pot}}(x)$ im Gebiet $x > 0$ monoton mit wachsendem x.

d) Wegen $C < 0$ ist F_x bei $x > 0$ negativ, sodass $\boldsymbol{F}$ zum Ursprung hin wirkt. Aber auch bei $x < 0$ ist F_x negativ; daher wirkt $\boldsymbol{F}$ dort vom Ursprung weg. Die potenzielle Energie E_{pot} ist umgekehrt proportional zu x, und es ist $C < 0$. Daher wird die Funktion $E_{\text{pot}}(x)$ im Gebiet $x > 0$ mit zunehmendem x weniger stark negativ, sodass E_{pot} mit zunehmendem x zunimmt.

Anmerkung: Im Ursprung, d. h. bei $x = 0$, sind wegen des Bruchs C/x^2 die potenzielle Energie und die Kraft im vorliegenden Fall nicht definiert.

L5.36 Die Kraft F_x ist die negative Ableitung der potenziellen Energie nach x, sodass gilt: $F_x = -\mathrm{d}E_{\text{pot}}/\mathrm{d}x$. Daher ergibt sich E_{pot} aus dem Negativen des Integrals über F_x:

$$E_{\text{pot}}(x) = -\int F_x(x)\,\mathrm{d}x = -\int \frac{a}{x^2}\,\mathrm{d}x = \frac{a}{x} + E_{\text{pot,0}}\,. \quad (1)$$

Mit $F_{x,\text{pot},5\,\text{m}} = -25{,}0\,\text{N}$ erhalten wir

$$\frac{a}{(5{,}00\,\text{m})^2} = -25{,}0\,\text{N}\,, \qquad \text{also} \qquad a = -625\,\text{N}\cdot\text{m}^2\,.$$

Das setzen wir in Gleichung 1 ein:

$$E_{\text{pot}}(x) = \frac{-625\,\text{N}\cdot\text{m}^2}{x} + E_{\text{pot},0}\,. \qquad (2)$$

Mit dem Bezugswert $E_{\text{pot},2\,\text{m}} = -10\,\text{J}$ ergibt sich

$$-10\,\text{J} = \frac{-625\,\text{N}\cdot\text{m}^2}{2{,}0\,\text{m}} + E_{\text{pot},0}\,.$$

Daraus folgt $E_{\text{pot},0} = 303\,\text{J}$, was wir schießlich in Gleichung 2 einsetzen:

$$E_{\text{pot}}(x) = \frac{-625\,\text{N}\cdot\text{m}^2}{x} + 303\,\text{J}\,.$$

L5.37 Als System betrachten wir die beiden Körper und die Erde, sodass $W_{\text{ext}} = 0$ ist. In der Höhe, in der sich die beiden Körper begegnen, setzen wir die potenzielle Energie aufgrund der Gravitation gleich null: $E_{\text{pot},\text{G}} = 0$. Bei diesem Ansatz ist die potenzielle Energie des 3-kg-Körpers zunächst positiv und die des 2-kg-Körpers negativ, wobei die Gesamtenergie beider Körper positiv ist, weil der schwerere Körper sich weiter oben befindet. Nach dem Durchschneiden des Fadens wird die potenzielle Energie in kinetische Energie umgewandelt. Weil die Energie erhalten bleibt, gilt dabei

$$W_{\text{ext}} = \Delta E_{\text{kin}} + \Delta E_{\text{pot},\text{G}} = 0\,.$$

Daraus folgt $\Delta E_{\text{kin}} = -\Delta E_{\text{pot},\text{G}}$ sowie

$$\tfrac{1}{2}\,m_{\text{ges}}\,v_{\text{E}}^2 - \tfrac{1}{2}\,m_{\text{ges}}\,v_{\text{A}}^2 = -\Delta E_{\text{pot},\text{G}}\,.$$

Dabei ist m_{ges} die Gesamtmasse beider Gewichte. Weil die Anfangsgeschwindigkeit null ist ($v_{\text{A}} = 0$), ergibt sich

$$\frac{1}{2}\,m_{\text{ges}}\,v_{\text{E}}^2 = -\Delta E_{\text{pot},\text{G}}\,, \quad \text{also} \quad v_{\text{E}} = \sqrt{\frac{-2\,\Delta E_{\text{pot},\text{G}}}{m_{\text{ges}}}}\,.$$

Die Differenz der potenziellen Energien am Ende und am Anfang ist

$$\Delta E_{\text{pot},\text{G}} = E_{\text{pot},\text{G},\text{E}} - E_{\text{pot},\text{G},\text{A}} = 0 - (m_{3\,\text{kg}} - m_{2\,\text{kg}})\,g\,h\,.$$

Einsetzen in die vorige Gleichung ergibt mit den gegebenen Werten die Endgeschwindigkeit:

$$\begin{aligned}
v_{\text{E}} &= \sqrt{\frac{-2\,\Delta E_{\text{pot},\text{G}}}{m_{\text{ges}}}} = \sqrt{\frac{2\,(m_{3\,\text{kg}} - m_{2\,\text{kg}})\,g\,h}{m}} \\
&= \sqrt{\frac{2\,(3{,}0\,\text{kg} - 2{,}0\,\text{kg})\,(9{,}81\,\text{m}\cdot\text{s}^{-2})\,(0{,}50\,\text{m})}{3{,}0\,\text{kg} + 2{,}0\,\text{kg}}} \\
&= 1{,}4\,\text{m}\cdot\text{s}^{-1}\,.
\end{aligned}$$

L5.38 Die Abbildung zeigt den Ball auf seiner Kreisbahn und die auf ihn einwirkenden Kräfte. Im obersten Punkt der Bahn setzen wir $E_{\text{pot},\text{G}} = 0$.

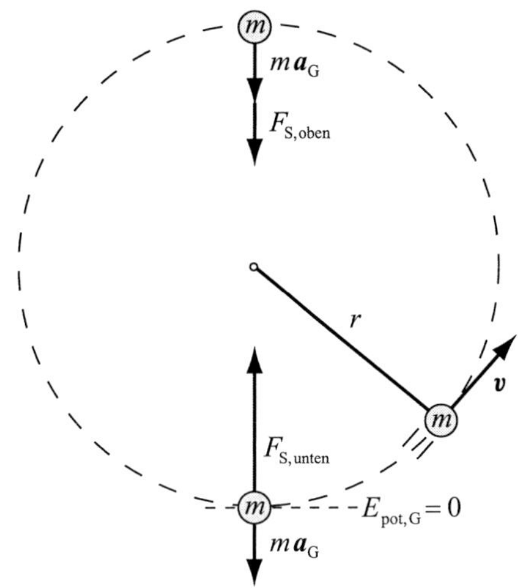

Wir wenden nun das zweite Newton'sche Axiom $\sum F_{i,r} = m\,a_r$ zunächst beim untersten Punkt der Kreisbahn auf den Ball an. Dabei zeigt die positive Richtung radial nach innen, und wir erhalten

$$F_{\text{S,unten}} - m\,g = m\,\frac{v_{\text{unten}}^2}{r}\,.$$

Auflösen nach der Zugkraft liefert

$$F_{\text{S,unten}} = m\,g + m\,\frac{v_{\text{unten}}^2}{r}\,.$$

Entsprechend gilt am obersten Punkt der Bahn

$$F_{\text{S,oben}} + m\,g = m\,\frac{v_{\text{oben}}^2}{r}$$

und somit

$$F_{\text{S,oben}} = -m\,g + m\,\frac{v_{\text{oben}}^2}{r}\,.$$

Die Differenz der beiden Zugkräfte ist also

$$\begin{aligned}
F_{\text{S,unten}} - F_{\text{S,oben}} &= m\,g + m\,\frac{v_{\text{unten}}^2}{r} - \left(-m\,g + m\,\frac{v_{\text{oben}}^2}{r}\right) \\
&= m\,\frac{v_{\text{unten}}^2}{r} - m\,\frac{v_{\text{oben}}^2}{r} + 2\,m\,g\,. \qquad (1)
\end{aligned}$$

Um die ersten beiden Summanden auszuwerten, ziehen wir den Satz von der Erhaltung der mechanischen Energie heran:

$$\tfrac{1}{2}\,m\,v_{\text{unten}}^2 = \tfrac{1}{2}\,m\,v_{\text{oben}}^2 + m\,g\,(2\,r)$$

Damit erhalten wir

$$m\,\frac{v_{\text{unten}}^2}{r} - m\,\frac{v_{\text{oben}}^2}{r} = 4\,m\,g\,,$$

und Einsetzen in Gleichung 1 ergibt schließlich

$$F_{\text{S,unten}} - F_{\text{S,oben}} = 6\,m\,g\,.$$

L5.39 Als System betrachten wir den Wagen, die Bahn, entlang derer er rollt, und die Erde. Die Abbildung zeigt die Kräfte, die auf den Wagen in dem Moment einwirken, in dem er „kopfüber" den Scheitel des Loopings passiert. Wir setzen die potenzielle Energie $E_{\text{pot,G}}$ im tiefsten Punkt des Loopings gleich null.

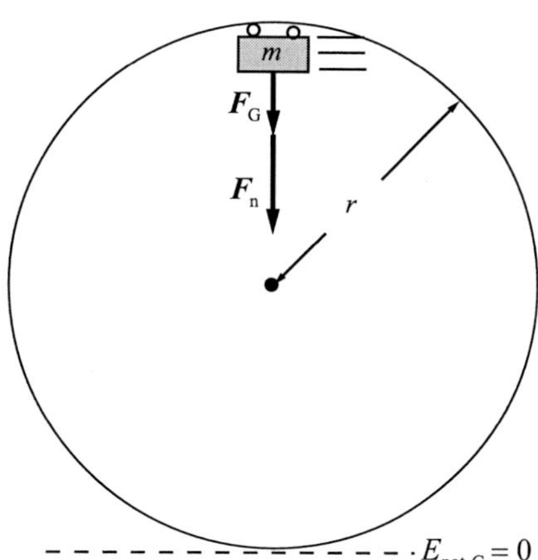

Gemäß dem zweiten Newton'schen Axiom $\sum F_{i,r} = m\, a_r$ gilt im Scheitelpunkt (wenn die positive Richtung nach innen, also hier momentan nach unten zeigt):

$$F_{\text{n}} + m\,g = m\,\frac{v^2}{r},$$

wobei r der Radius des Loopings und v die Geschwindigkeit des Wagens entlang der Bahn ist. Auflösen nach der Normalkraft liefert

$$F_{\text{n}} = m\,\frac{v^2}{r} - m\,g. \qquad (1)$$

Zum Ermitteln der Zentripetalbeschleunigung v^2/r ziehen wir den Satz von der Erhaltung der mechanischen Energie heran. Nach diesem ist die Energie des Wagens beim Beginn der Bewegung (am tiefsten Punkt der Bahn) gleich der im Scheitel des Loopings:

$$W_{\text{ext}} = \Delta E_{\text{kin}} + \Delta E_{\text{pot}} = 0.$$

Weil die kinetische Energie zu Beginn null ist, folgt daraus

$$E_{\text{kin,E}} + E_{\text{pot,E}} - E_{\text{pot,A}} = 0.$$

Einsetzen der bekannten Ausdrücke für die kinetische und die potenzielle Energie ergibt

$$\tfrac{1}{2}\,m\,v^2 + m\,g\,(2\,r) - m\,g\,h = 0$$

sowie daraus

$$m\,\frac{v^2}{r} = 2\,m\,g\left(\frac{h}{r} - 2\right).$$

Das setzen wir in Gleichung 1 ein und erhalten mit den gegebenen Werten

$$F_{\text{n}} = 2\,m\,g\left(\frac{h}{r} - 2\right) - m\,g = m\,g\left(\frac{2\,h}{r} - 5\right)$$

$$= (1500\,\text{kg})\,(9{,}81\,\text{m} \cdot \text{s}^{-2})\left(\frac{2\,(23{,}0\,\text{m})}{7{,}50\,\text{m}} - 5\right)$$

$$= 16{,}7\,\text{kN}.$$

L5.40 Das betrachtete System besteht aus dem Stein und der Erde. Der Luftwiderstand wird vernachlässigt, sodass $W_{\text{ext}} = 0$ ist. Wie in der Abbildung gezeigt ist, setzen wir am Startpunkt der Flugbahn $E_{\text{pot,G}} = 0$.

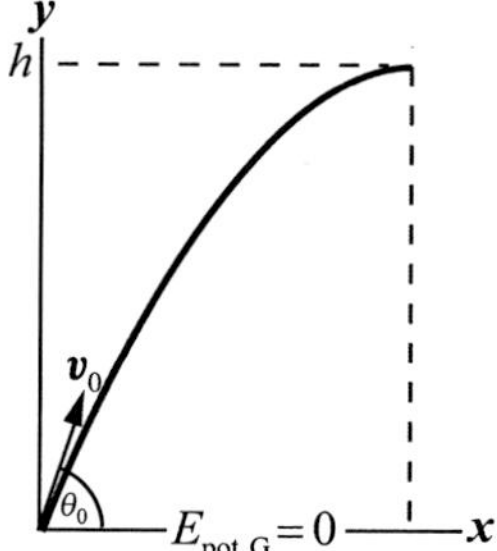

Wegen der Erhaltung der mechanischen Energie gilt

$$W_{\text{ext}} = \Delta E_{\text{kin}} + \Delta E_{\text{pot}} = 0$$

bzw.

$$E_{\text{kin,1}} - E_{\text{kin,0}} + E_{\text{pot,1}} - E_{\text{pot,0}}.$$

Dabei bezeichnet der Index 1 den höchsten Punkt und der Index 0 den Anfangspunkt. Wegen $E_{\text{pot,0}} = 0$ folgt daraus

$$E_{\text{kin,1}} - E_{\text{kin,0}} + E_{\text{pot,1}} = 0.$$

Mit den bekannten Ausdrücken für die kinetische und die potenzielle Energie ergibt dies

$$\tfrac{1}{2}\,m\,v_x^2 - \tfrac{1}{2}\,m\,|\boldsymbol{v}|^2 + m\,g\,h = 0.$$

Bei Vernachlässigung des Luftwiderstands ist die horizontale Komponente der Geschwindigkeit $\boldsymbol{v}$ konstant, sodass gilt: $v_x = |\boldsymbol{v}|\cos\theta$. Damit erhalten wir

$$\tfrac{1}{2}\,m\,(|\boldsymbol{v}|\cos\theta)^2 - \tfrac{1}{2}\,m\,|\boldsymbol{v}|^2 + m\,g\,h = 0.$$

Somit ergibt sich für den Betrag der Geschwindigkeit

$$|\boldsymbol{v}| = \sqrt{\frac{2\,g\,h}{1 - \cos^2\theta}} = \sqrt{\frac{2\,(9{,}81\,\text{m} \cdot \text{s}^{-2})\,(24\,\text{m})}{1 - \cos^2 53°}}$$

$$= 27\,\text{m} \cdot \text{s}^{-1}.$$

L5.41 Die Abbildung zeigt die Gegebenheiten beim Abwurf des Balls vom Dach des Gebäudes. Als System wählen wir den Ball und die Erde, sodass $W_{\text{ext}} = 0$ ist. Die potenzielle Energie setzen wir in Höhe des Erdbodens gleich null: $E_{\text{pot,G}} = 0$.

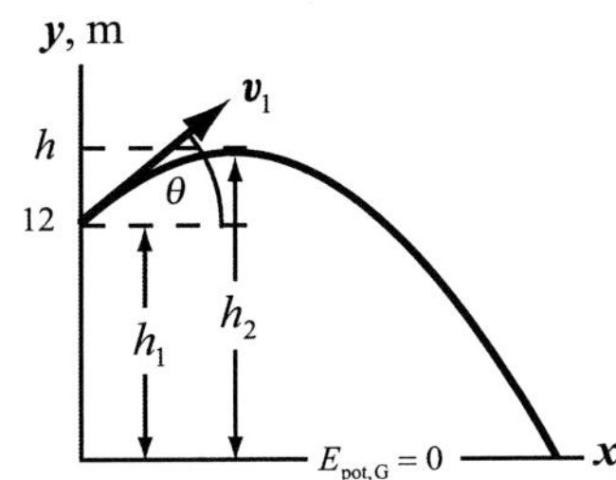

a) Um die Höhe berechnen zu können, die der Ball maximal erreicht, wenden wir zunächst das Gesetz von der Erhaltung der mechanischen Energie an:

$$W_{\text{ext}} = \Delta E_{\text{kin}} + \Delta E_{\text{pot}} = 0. \qquad (1)$$

Das ist gleichbedeutend mit

$$E_{\text{kin},2} - E_{\text{kin},1} + E_{\text{pot},2} - E_{\text{pot},1} = 0.$$

Einsetzen der bekannten Ausdrücke für die kinetische und die potenzielle Energie ergibt

$$\tfrac{1}{2} m\, v_2^2 - \tfrac{1}{2} m\, v_1^2 + m\, g\, h_2 - m\, g\, h_1 = 0.$$

Der Ball bewegt sich im Scheitelpunkt 2 horizontal, und die horizontale Komponente seiner Geschwindigkeit ist konstant; also gilt

$$|\boldsymbol{v}_2| = |\boldsymbol{v}_1| \cos\theta.$$

Dies und $h_2 = h$ setzen wir in die vorige Gleichung ein:

$$\tfrac{1}{2} m\, (|\boldsymbol{v}_1| \cos\theta)^2 - \tfrac{1}{2} m\, v_1^2 + m\, g\, h_2 - m\, g\, h_1 = 0.$$

Damit ergibt sich die maximale Höhe zu

$$h_2 = h_1 - \frac{v_1^2}{2\,g}\left(\cos^2\theta - 1\right)$$

$$= 12\,\text{m} - \frac{(30\,\text{m}\cdot\text{s}^{-1})^2}{2\,(9{,}81\,\text{m}\cdot\text{s}^{-2})}\left(\cos^2 40° - 1\right) = 31\,\text{m}.$$

b) Da die potenzielle Energie in Höhe des Aufpralls auf den Boden $E_{\text{pot,E}} = 0$ ist, gilt nach Gleichung 1

$$E_{\text{kin,E}} - E_{\text{kin,A}} - E_{\text{pot,A}} = 0.$$

Mit den bekannten Ausdrücken für die kinetische und die potenzielle Energie wird daraus

$$\tfrac{1}{2} m\, v_{\text{E}}^2 - \tfrac{1}{2} m\, v_{\text{A}}^2 - m\, g\, h_{\text{A}} = 0,$$

und wir erhalten mit $h_{\text{A}} = h_1$ für den Betrag der Endgeschwindigkeit

$$|\boldsymbol{v}_{\text{E}}| = \sqrt{v_{\text{A}}^2 + 2\,g\,h_1}$$

$$= \sqrt{(30\,\text{m}\cdot\text{s}^{-1})^2 + 2\,(9{,}81\,\text{m}\cdot\text{s}^{-2})\,(12\,\text{m})}$$

$$= 34\,\text{m}\cdot\text{s}^{-1}.$$

L5.42 Das System soll aus der Erde und dem Pendelkörper bestehen, sodass $W_{\text{ext}} = 0$ ist. Die potenzielle Energie setzen wir am tiefsten Punkt der Bahn gleich null: $E_{\text{pot,G}} = 0$.

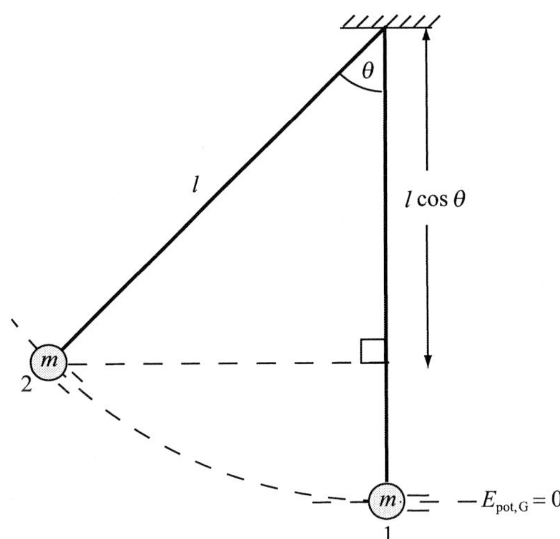

a) Wenn der Pendelkörper eine Auslenkung von 30° erreicht hat, hat er sowohl kinetische als auch potenzielle Energie. Wir wenden das Prinzip der Erhaltung der mechanischen Energie auf den tiefsten Punkt 1 und auf den Punkt 2 beim Winkel $\theta = 30°$ an:

$$W_{\text{ext}} = \Delta E_{\text{kin}} + \Delta E_{\text{pot}} = 0.$$

Das ist gleichbedeutend mit

$$E_{\text{kin},2} - E_{\text{kin},1} + E_{\text{pot},2} - E_{\text{pot},1} = 0.$$

Wegen $E_{\text{pot},1} = 0$ ergibt sich daraus mit den bekannten Ausdrücken für die kinetische und die potenzielle Energie

$$\tfrac{1}{2} m\, v_2^2 - \tfrac{1}{2} m\, v_1^2 + E_{\text{pot},2} = 0. \qquad (1)$$

Im Punkt 2 gilt für die potenzielle Energie $E_{\text{pot},2}$ des Systems in Abhängigkeit vom Winkel θ

$$E_{\text{pot},2} = m\, g\, l\, (1 - \cos\theta).$$

Dies setzen wir in Gleichung 1 ein:

$$\tfrac{1}{2} m\, v_2^2 - \tfrac{1}{2} m\, v_1^2 + m\, g\, l\, (1 - \cos\theta) = 0.$$

Damit erhalten wir für den Betrag der Geschwindigkeit im Punkt 2

$$|\boldsymbol{v}_2| = \sqrt{v_1^2 - 2\,g\,l\,(1 - \cos\theta)}$$

$$= \sqrt{(4{,}5\,\text{m}\cdot\text{s}^{-1})^2 - 2\,(9{,}81\,\text{m}\cdot\text{s}^{-2})\,(3{,}0\,\text{m})\,(1 - \cos 30°)}$$

$$= 3{,}52\,\text{m}\cdot\text{s}^{-1} = 3{,}5\,\text{m}\cdot\text{s}^{-1}.$$

b) Mit der bereits in Teilaufgabe a aufgestellten Beziehung für die potenzielle Energie im Punkt 2 erhalten wir

$$E_{\text{pot},2} = m\, g\, l\, (1 - \cos\theta)$$

$$= (2{,}0\,\text{kg})\,(9{,}81\,\text{m}\cdot\text{s}^{-2})\,(3{,}0\,\text{m})(1 - \cos 30°)$$

$$= 7{,}9\,\text{J}.$$

c) Gemäß dem zweiten Newton'schen Axiom gilt in radialer Richtung $\sum F_{i,r} = m\,a_r$. Daher gilt für die Zugkraft

$$|\boldsymbol{F}_S| - m\,g\cos\theta = m\,\frac{v_2^2}{l}\,,$$

und wir erhalten für diese

$$|\boldsymbol{F}_S| = m\left(g\cos\theta + \frac{v_2^2}{l}\right)$$

$$= (2{,}0\,\text{kg})\left[(9{,}81\,\text{m}\cdot\text{s}^{-2})\,(\cos 30°) + \frac{(3{,}52\,\text{m}\cdot\text{s}^{-1})^2}{3{,}0\,\text{m}}\right]$$

$$= 25\,\text{N}\,.$$

d) Am höchsten erreichten Punkt ist die potenzielle Energie maximal, sodass gilt:

$$E_{\text{pot}} = E_{\text{pot,max}} = m\,g\,l\,(1 - \cos\theta_{\text{max}})\,.$$

Weil der Körper hier momentan ruht, gilt außerdem

$$-E_{\text{kin,1}} + E_{\text{pot,max}} = 0\,.$$

Einsetzen der Ausdrücke für $E_{\text{kin,1}}$ und $E_{\text{pot,max}}$ liefert

$$-\tfrac{1}{2}\,m\,v_1^2 + m\,g\,l\,(1 - \cos\theta_{\text{max}}) = 0\,.$$

Daraus ergibt sich der Winkel θ_{max} zu

$$\theta_{\text{max}} = \text{acos}\left(1 - \frac{v_1^2}{2\,g\,l}\right)$$

$$= \text{acos}\left(1 - \frac{(4{,}5\,\text{m}\cdot\text{s}^{-1})^2}{2\,(9{,}81\,\text{m}\cdot\text{s}^{-2})\,(3{,}0\,\text{m})}\right) = 49°\,.$$

L5.43 Die Gesamtlänge eines der beiden Drähte bezeichnen wir mit l, und den Nullpunkt der potenziellen Energie der Schwerkraft legen wir auf die Höhe der obersten Punkte der beiden Rollen.

a) Die potenzielle Energie des Gesamtsystems ist die Summe der potenziellen Energien der Uhr und der beiden Gegengewichte:

$$E_{\text{pot}}(y) = E_{\text{pot,Uhr}}(y) + E_{\text{pot,Gewichte}}(y)\,.$$

Für die potenzielle Energie der Uhr gilt

$$E_{\text{pot,Uhr}}(y) = -m_U\,g\,y\,.$$

Die auf einer Seite senkrecht herabhängende Drahtlänge ist gegeben durch $l - \sqrt{y^2 + d^2}$. Damit erhalten wir für die potenzielle Energie eines Gewichts

$$E_{\text{pot,1\,Gewicht}}(y) = m_G\,g\left(l - \sqrt{y^2 + d^2}\right)\,.$$

Einsetzen in die erste Gleichung ergibt für die gesamte potenzielle Energie der Anordnung

$$E_{\text{pot}}(y) = -m_U\,g\,y - 2\,m_G\,g\left(l - \sqrt{y^2 + d^2}\right)\,.$$

b) Das Minimum der potenziellen Energie $E_{\text{pot}}(y)$ ergibt sich aus der ersten Ableitung nach y:

$$\frac{\text{d}E_{\text{pot}}(y)}{\text{d}y} = -\frac{\text{d}}{\text{d}y}\left[m_U\,g\,y + 2\,m_G\,g\left(l - \sqrt{y^2 + d^2}\right)\right]$$

$$= -\left(m_U\,g - 2\,m_G\,g\,\frac{y}{\sqrt{y^2 + d^2}}\right)\,.$$

Bei Extremwerten y_E (lokale Maxima oder Minima) muss also gelten:

$$m_U\,g - 2\,m_G\,g\,\frac{y_E}{\sqrt{y_E^2 + d^2}} = 0 \qquad (1)$$

und daher

$$y_E = d\,\sqrt{\frac{m_U^2}{4\,m_G^2 - m_U^2}}$$

Wir müssen nun noch die zweite Ableitung untersuchen:

$$\frac{\text{d}^2 E_{\text{pot}}(y)}{\text{d}y^2} = -\frac{\text{d}}{\text{d}y}\left(m_U\,g - 2\,m_G\,g\,\frac{y}{\sqrt{y^2 + d^2}}\right)$$

$$= \frac{2\,m_G\,g\,d^2}{(y^2 + d^2)^{3/2}}\,.$$

Einsetzen des eben ermittelten Extremwerts $y = y_E$ ergibt

$$\left.\frac{\text{d}^2 E_{\text{pot}}(y)}{\text{d}y^2}\right|_{y=y_E} = \left.\frac{2\,m_G\,g\,d^2}{(y^2 + d^2)^{3/2}}\right|_{y=y_E}$$

$$= \frac{2\,m_G\,g\,d^{-1}}{\left(\dfrac{m_U^2}{4\,m_G^2 - m_U^2} + 1\right)^{3/2}} > 0\,.$$

Wegen des positiven Vorzeichens der zweiten Ableitung ist die potenzielle Energie bei $y = y_E$ tatsächlich minimal.

c) Die Abbildung zeigt das Kräftediagramm der auf den Befestigungspunkt direkt über der Uhr wirkenden Kräfte.

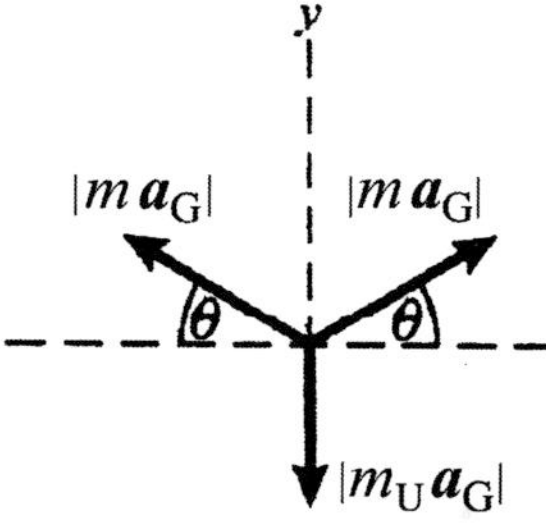

Anwenden der Gleichgewichtsbedingung $\sum F_{i,y} = 0$ gemäß dem zweiten Newton'schen Axiom ergibt

$$2\,m_G\,g\sin\theta - m_U\,g = 0 \quad\text{und damit}\quad \sin\theta = \frac{m_U}{2\,m_G}\,.$$

Der Sinus des Winkels θ kann aufgrund der geometrischen Gegebenheiten durch

$$\sin\theta = \frac{y}{\sqrt{y^2 + d^2}}$$

ausgedrückt werden. Gleichsetzen beider Ausdrücke für $\sin\theta$ liefert

$$\frac{m_\mathrm{U}}{2\,m_\mathrm{G}} = \frac{y}{\sqrt{y^2 + d^2}}\,.$$

Dies entspricht beim Extremwert $y = y_\mathrm{E}$ der Gleichung 1.

d) Es liegt ein stabiles Gleichgewicht vor. Wird die Uhr nach unten gezogen, dann nimmt θ zu, sodass auf die Uhr eine stärkere vertikale Kraft nach oben wirkt, die sie zurückzieht. Wird die Uhr dagegen angehoben, dann nimmt die von den Drähten ausgeübte vertikale Kraft ab, sodass die Uhr nach unten gezogen wird, zurück zur Gleichgewichtslage.

Anmerkung: Dass ein stabiles Gleichgewicht vorliegt, folgt auch daraus, dass die potenzielle Energie des Systems bei $y = y_\mathrm{E}$ minimal ist, d. h., dass $E_\mathrm{pot}(y)$ in diesem Punkt ein lokales Minimum aufweist.

L5.44 Im Punkt 2, dem tiefsten Punkt der Bahn des Körpers, wählen wir $E_\mathrm{pot,G} = 0$. Das betrachtete System besteht aus der Erde, der Decke, der Feder und dem Pendelkörper. Dabei verrichten keine äußeren Kräfte Arbeit am System, sodass dessen Energie konstant ist.

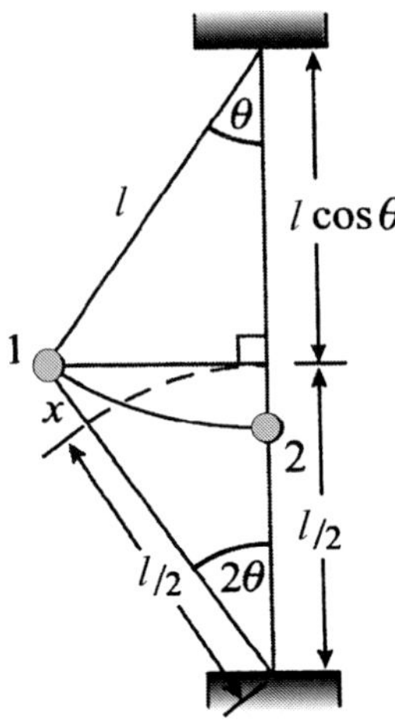

Zur Anfangsenergie des nach links ausgelenkten Pendelkörpers (im Punkt 1 in der Abbildung) tragen seine potenzielle Energie $E_\mathrm{pot,G}$ der Schwerkraft und die in der gedehnten Feder gespeicherte potenzielle Energie $E_\mathrm{pot,F}$ bei. Während der Körper zum Punkt 2 hin, also zu einer geringeren Höhe, schwingt, wird diese Energie in kinetische Energie umgewandelt. Wegen der Erhaltung der mechanischen Energie gilt dann

$$W_\mathrm{ext} = \Delta E_\mathrm{kin} + E_\mathrm{pot,G} + E_\mathrm{pot,F} = 0\,,$$

wobei die beiden letzten Summanden die potenziellen Energien der Gravitation und der Feder sind. Wegen

$$E_\mathrm{kin,1} = E_\mathrm{pot,G,2} = E_\mathrm{pot,F,2} = 0$$

folgt aus der vorigen Gleichung

$$E_\mathrm{kin,2} - E_\mathrm{pot,G,1} - E_\mathrm{pot,F,1} = 0\,.$$

Einsetzen der Ausdrücke für die kinetische Energie und für die potenziellen Energien liefert

$$\tfrac{1}{2}\,m\,v_2^2 - m\,g\,l\,(1 - \cos\theta) - \tfrac{1}{2}\,k_\mathrm{F}\,x^2 = 0\,. \qquad (1)$$

Nach dem Satz des Pythagoras gilt in dem unteren Dreieck in der Abbildung

$$\begin{aligned}
\left(x + \tfrac{1}{2}l\right)^2 &= l^2\left[\sin^2\theta + \left(\tfrac{3}{2} - \cos\theta\right)^2\right]\\
&= l^2\left[\sin^2\theta + \tfrac{9}{4} - 3\cos\theta + \cos^2\theta\right]\\
&= l^2\left[\tfrac{13}{4} - 3\cos\theta\right].
\end{aligned}$$

Wir ziehen auf beiden Seiten die Wurzel:

$$x + \tfrac{1}{2}l = l\sqrt{\tfrac{13}{4} - 3\cos\theta}\,.$$

Auflösen nach x ergibt

$$x = l\left(\sqrt{\tfrac{13}{4} - 3\cos\theta} - \tfrac{1}{2}\right).$$

Dies setzen wir in Gleichung 1 ein:

$$\tfrac{1}{2}\,m\,v_2^2 = \tfrac{1}{2}\,k_\mathrm{F}\,l^2\left(\sqrt{\tfrac{13}{4} - 3\cos\theta} - \tfrac{1}{2}\right)^2 + m\,g\,l\,(1 - \cos\theta)\,.$$

Daraus erhalten wir für die Geschwindigkeit im Punkt 2

$$v_2 = l\,\sqrt{2\,\frac{g}{l}\,(1 - \cos\theta) + \frac{k_\mathrm{F}}{m}\left(\sqrt{\tfrac{13}{4} - 3\cos\theta} - \tfrac{1}{2}\right)^2}\,.$$

L5.45 a) Als Maß für die zur Verfügung stehende Energie können wir die kinetische Energie der Luft berechnen, die sich insgesamt durch den Querschnitt des Rotors bewegt. Dazu berechnen wir zunächst die kinetische Energiedichte:

$$e_\mathrm{kin} = \frac{1}{2}\cdot\rho_\mathrm{Luft}\cdot v^2 = \frac{1}{2}\cdot 1{,}2\,\frac{\mathrm{kg}}{\mathrm{m}^3}\cdot(6\,\mathrm{m/s})^2 = 21{,}6\,\frac{\mathrm{J}}{\mathrm{m}^3}$$

Das durch die Querschnittsfläche A ziehende Luftvolumen pro Zeit ist durch $A\cdot v$ gegeben. Multiplizieren wir diesen Volumenstrom mit der kinetischen Energiedichte, erhalten wir eine Leistung, die der pro Zeit durch die Windkraftanlage strömenden kinetischen Energie entspricht:

$$P = e_\mathrm{kin}\cdot v\cdot A = 21{,}6\,\frac{\mathrm{J}}{\mathrm{m}^3}\cdot 6\,\frac{\mathrm{m}}{\mathrm{s}}\cdot\pi\cdot(20\,\mathrm{m})^2 \approx 163\,\mathrm{kW}\,.$$

b) Es ist physikalisch unmöglich, die gesamte kinetische Energie aus der Luft zu ziehen, da sie stehen bleiben und das Nachfließen weiterer Luft unmöglich machen würde. Der Anteil der nutzbaren kinetischen Energie wird durch das Betz'sche Gesetz beschrieben. Es besagt, dass der maximale sogenannte

Leistungsbeiwert 16/27 betragen kann. Wir erhalten also eine maximal nutzbare Leistung von

$$P = 163\,\text{kW} \cdot \frac{16}{27} \approx 96{,}5\,\text{kW}\,.$$

c) Die kinetische Energiedichte ist proportional zu v^2, der Volumenstrom zu v. Für die Leistung der Anlage gilt also $P \propto v^3$. Der Mittelwert $\langle P \rangle \propto \langle v^3 \rangle$ kann sich aber je nach Verteilung der Windgeschwindigkeiten stark von der dritten Potenz des Mittelwerts $\langle v \rangle^3$ unterscheiden, da in ersterem Spitzen der Windgeschwindigkeit viel stärker beitragen. Die mittlere Windgeschwindigkeit ist daher keine gute Näherungsgröße für den Einsatz in der oben gewonnenen Formel. Will man aus gegebenen mittleren Windgeschwindigkeiten die mittlere Leistung berechnen, muss man eine Modellverteilung f der Windgeschwindigkeiten zugrunde legen und das Integral $P \propto \int f_{\langle v \rangle}(v)v^3\,dv$ berechnen. Hier kommen häufig sogenannte Weibull-Verteilungen zum Einsatz.

Energieerhaltung

L5.46 a) Das betrachtete System besteht aus dem Studenten und der Erde. Wenn der Student eine Masse von $70\,\text{kg}$ hat, steigt seine potenzielle Energie beim Überwinden der Höhendifferenz $120\,\text{m}$ um

$$\Delta E_{\text{pot}} = m\,g\,\Delta h = (70\,\text{kg})\,(9{,}81\,\text{m} \cdot \text{s}^{-2})\,(120\,\text{m})$$
$$= 82{,}4\,\text{kJ} = 82\,\text{kJ}\,.$$

b) Die aufgebrachte mechanische Energie stammt letztlich aus der in seinem Organismus bei der Verdauung der Nahrung erzeugten chemischen Energie. Ein Teil von ihr wird durch weitere chemische Vorgänge in den Muskeln in mechanische Energie umgewandelt.

c) Es werden nur etwa $20\,\%$ der chemischen Energie ΔE_{chem} in potenzielle Gravitationsenergie umgesetzt, und die restlichen $80\,\%$, also eine viermal so große Energiemenge, werden in Wärmeenergie umgewandelt:

$$\Delta E_{\text{Wärme}} = 4\,\Delta E_{\text{pot,G}} = 4\,(82{,}4\,\text{kJ}) = 329\,\text{kJ} = 0{,}33\,\text{MJ}$$

d) Wegen der Erhaltung der Energie des Systems gilt

$$W_{\text{ext}} = \Delta E_{\text{mech}} + \Delta E_{\text{Wärme}} + \Delta E_{\text{chem}} = 0\,.$$

Der Student ist vor und nach dem Anstieg in Ruhe. Also ist $\Delta E_{\text{kin}} = 0$ sowie daher $\Delta E_{\text{mech}} = \Delta E_{\text{pot,G}}$, und wir erhalten die Beziehung

$$\Delta E_{\text{pot,G}} + \Delta E_{\text{Wärme}} + \Delta E_{\text{chem}} = 0\,.$$

Damit ergibt sich die umgesetzte chemische Energie zu

$$\Delta E_{\text{chem}} = -\Delta E_{\text{pot,G}} - \Delta E_{\text{Wärme}}$$
$$= -(82{,}4\,\text{kJ}) - (329\,\text{kJ}) = -0{,}41\,\text{MJ}\,.$$

Die Energie, die der Organismus des Studenten insgesamt aufwendet, wenn dieser einmal auf den Hügel steigt, reicht also nicht aus, um die mit der Pizza aufgenommene Energie „abzubauen".

L5.47 a) Das betrachtete System umfasst das Auto und die Erde. Beim Rutschen des Autos auf einer horizontalen Straße wird seine kinetische Energie infolge der längs der Strecke Δs wirkenden Reibungskraft $|\boldsymbol{F}_{\text{R,g}}|$ in Wärmeenergie umgewandelt. Für diese gilt

$$\Delta E_{\text{Wärme}} = |\boldsymbol{F}_{\text{R,g}}|\,\Delta s\,.$$

Aus dem Zusammenhang zwischen der verrichteten Arbeit und der Gesamtenergie bei Vorliegen von Gleitreibung ergibt sich

$$W_{\text{ext}} = \Delta E_{\text{mech}} + \Delta E_{\text{Wärme}} = \Delta E_{\text{mech}} + |\boldsymbol{F}_{\text{R,g}}|\,\Delta s\,.$$

Da sich nur die kinetische Energie ändert und diese am Schluss null ist, gilt weiterhin

$$\Delta E_{\text{mech}} = \Delta E_{\text{kin}} = -E_{\text{kin,A}}\,,$$

wobei der Index A den Anfangszustand bezeichnet. Außerdem wird am System keine äußere Arbeit verrichtet, d. h., es ist $W_{\text{ext}} = 0$. Damit wird Gleichung 1 zu

$$0 = -\tfrac{1}{2}\,m\,v_{\text{A}}^2 + |\boldsymbol{F}_{\text{R,g}}|\,\Delta s\,.$$

Somit erhalten wir für die durch Reibung freigesetzte Wärmeenergie

$$|\boldsymbol{F}_{\text{R,g}}|\,\Delta s = \tfrac{1}{2}\,m\,v_{\text{A}}^2 = \tfrac{1}{2}\,(2000\,\text{kg})\,(25\,\text{m} \cdot \text{s}^{-1})^2$$
$$= 6{,}25 \cdot 10^5\,\text{J} = 6{,}3 \cdot 10^5\,\text{J}\,.$$

b) Der Gleitreibungskoeffizient verknüpft die Gleitreibungskraft mit der auf die Straße wirkenden Normalkraft: $|\boldsymbol{F}_{\text{R,g}}| = \mu_{\text{R,g}}\,m\,g$. Umformen ergibt

$$\mu_{\text{R,g}} = \frac{|\boldsymbol{F}_{\text{R,g}}|}{m\,g}\,.$$

Für die aufgrund der Reibung abgegebene Wärmeenergie gilt gemäß der in Teilaufgabe a aufgestellten Beziehung

$$\Delta E_{\text{Wärme}} = |\boldsymbol{F}_{\text{R,g}}|\,\Delta s\,, \quad \text{also} \quad |\boldsymbol{F}_{\text{R,g}}| = \frac{\Delta E_{\text{Wärme}}}{\Delta s}\,.$$

Dies setzen wir in die Gleichung für den Gleitreibungskoeffizienten ein und erhalten für diesen

$$\mu_{\text{R,g}} = \frac{\Delta E_{\text{Wärme}}}{m\,g\,\Delta s} = \frac{6{,}25 \cdot 10^5\,\text{J}}{(2000\,\text{kg})\,(9{,}81\,\text{m} \cdot \text{s}^{-2})\,(60\,\text{m})}$$
$$= 0{,}53\,.$$

L5.48 Das betrachtete System besteht aus der Erde, dem Mädchen und der Rutsche. Dabei verrichten keine äußeren Kräfte Arbeit am System. Wenn das Mädchen den Boden erreicht, ist seine potenzielle Energie, die es oben auf der Rutsche hatte, in kinetische Energie umgewandelt worden. Wir setzen die potenzielle Energie am Boden gleich null: $E_{\text{pot,G}} = 0$. Die Bezeichnungen 1 und 2 des Anfangs- bzw. des Endpunkts sind in der Abbildung eingetragen.

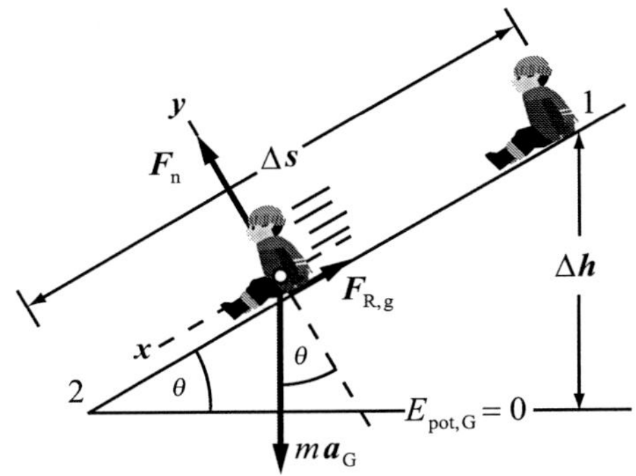

a) Aufgrund des Zusammenhangs zwischen Arbeit und Energie bei Vorliegen von Reibung gilt

$$W_\mathrm{ext} = \Delta E_\mathrm{kin} + \Delta E_\mathrm{pot} + \Delta E_\mathrm{Wärme} = 0\,.$$

Wegen $E_\mathrm{pot,2} = E_\mathrm{kin,1} = W_\mathrm{ext} = 0$ ergibt sich daraus

$$E_\mathrm{kin,2} - E_\mathrm{pot,1} + \Delta E_\mathrm{Wärme} = 0\,,$$

und wir erhalten für die infolge Reibung erzeugte Wärmeenergie

$$\begin{aligned}
\Delta E_\mathrm{Wärme} &= E_\mathrm{pot,1} - E_\mathrm{kin,2} = m\,g\,\Delta h - \tfrac{1}{2}\,m\,v_2^2 \\
&= (20\,\mathrm{kg})\,(9{,}81\,\mathrm{m\cdot s^{-2}})\,(3{,}2\,\mathrm{m}) \\
&\quad - \tfrac{1}{2}(20\,\mathrm{kg})\,(1{,}3\,\mathrm{m\cdot s^{-1}})^2 \\
&= 611\,\mathrm{J} = 0{,}61\,\mathrm{kJ}\,.
\end{aligned}$$

b) Die abgegebene Wärmeenergie ist gleich dem Produkt aus der Reibungskraft und der Strecke, längs derer diese Kraft wirkt:

$$\Delta E_\mathrm{Wärme} = |F_\mathrm{R,g}|\,\Delta s = \mu_\mathrm{R,g}\,|F_\mathrm{n}|\,\Delta s\,.$$

Daraus folgt für den Gleitreibungskoeffizienten

$$\mu_\mathrm{R,g} = \frac{\Delta E_\mathrm{Wärme}}{|F_\mathrm{n}|\,\Delta s}\,. \tag{1}$$

Gemäß dem zweiten Newton'schen Axiom $\sum F_{i,y} = m\,a_y$ gilt für das Mädchen

$$|F_\mathrm{n}| - m\,g\cos\theta = 0 \qquad \text{bzw.} \qquad |F_\mathrm{n}| = m\,g\cos\theta\,.$$

Aufgrund der geometrischen Gegebenheiten gilt

$$\Delta s = \frac{\Delta h}{\sin\theta}\,.$$

Diese Ausdrücke für die Normalkraft und für die Strecke setzen wir in Gleichung 1 ein und erhalten für den Gleitreibungskoeffizienten

$$\begin{aligned}
\mu_\mathrm{R,g} &= \frac{\Delta E_\mathrm{Wärme}}{m\,g\,(\cos\theta)\,\frac{\Delta h}{\sin\theta}} = \frac{\Delta E_\mathrm{Wärme}\,\tan\theta}{m\,g\,\Delta h} \\
&= \frac{(611\,\mathrm{J})\,\tan 20°}{(20\,\mathrm{kg})\,(9{,}81\,\mathrm{m\cdot s^{-2}})\,(3{,}2\,\mathrm{m})} = 0{,}35\,.
\end{aligned}$$

L5.49 Das betrachtete System besteht aus Erde, Block, Rampe und Feder. Dabei verrichten keine äußeren Kräfte Arbeit am System, sodass dessen Energie konstant ist. Die Abbildung zeigt die auf den Block wirkenden Kräfte, unmittelbar bevor er sich in Bewegung setzt.

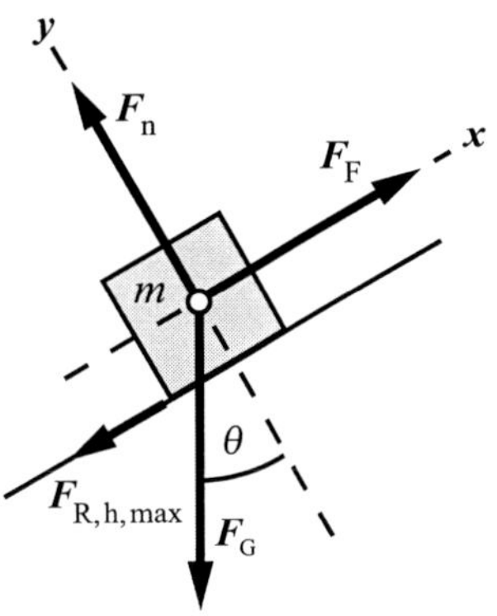

a) Wir wenden das zweite Newton'sche Axiom $\sum F = m\,a$ auf den Block an. Unmittelbar bevor er zu gleiten beginnt, gilt:

$$\begin{aligned}
\sum F_{i,x} &= |F_\mathrm{F}| - |F_\mathrm{R,h,max}| - m\,g\sin\theta = 0\,, \\
\sum F_{i,y} &= |F_\mathrm{n}| - m\,g\cos\theta = 0\,.
\end{aligned}$$

Einsetzen der bekannten Ausdrücke für die Federkraft $|F_\mathrm{F}|$ bei der Dehnung d und für die maximale Gleitreibungskraft $|F_\mathrm{R,h,max}|$ in die erste Gleichung sowie Eliminieren der Normalkraft $|F_\mathrm{n}|$ mithilfe der zweiten Gleichung ergibt

$$k_\mathrm{F}\,d - \mu_\mathrm{R,h}\,m\,g\cos\theta - m\,g\sin\theta = 0$$

sowie daraus

$$d = \frac{m\,g}{k_\mathrm{F}}\,(\sin\theta + \mu_\mathrm{R,h}\cos\theta)\,.$$

b) Wir formulieren den Zusammenhang zwischen Arbeit und Energie bei Vorliegen von Reibung, wobei wir mit $\Delta E_\mathrm{pot,G}$ die potenzielle Energie der Schwerkraft (Gravitation) und mit $\Delta E_\mathrm{pot,F}$ die potenzielle Energie der Feder bezeichnen. Weil am betrachteten System keine äußere Arbeit verrichtet wird, gilt dann

$$\begin{aligned}
W_\mathrm{ext} &= \Delta E_\mathrm{mech} + \Delta E_\mathrm{Wärme} \\
&= \Delta E_\mathrm{kin} + \Delta E_\mathrm{pot,G} + \Delta E_\mathrm{pot,F} + \Delta E_\mathrm{Wärme} = 0\,.
\end{aligned}$$

Weil der Block am Anfang und am Ende ruht, ist $\Delta E_\mathrm{kin} = 0$, sodass gilt:

$$\Delta E_\mathrm{pot,G} + \Delta E_\mathrm{pot,F} + \Delta E_\mathrm{Wärme} = 0\,. \tag{1}$$

Wir wählen den Nullpunkt der potenziellen Energie so, dass in der Anfangslage des Blocks $E_\mathrm{pot,G,A} = 0$ ist. Dann gilt

$$\Delta E_\mathrm{pot,G} = E_\mathrm{pot,G,E} - E_\mathrm{pot,G,A} = m\,g\,h - 0 = m\,g\,d\sin\theta\,.$$

Da die Feder zum Schluss entspannt sein soll, ändert sich die in ihr gespeicherte potenzielle Energie um

$$\Delta E_{\text{pot,F}} = E_{\text{pot,F,E}} - E_{\text{pot,F,A}} = 0 - \tfrac{1}{2}\,k_{\text{F}}\,d^2 = -\tfrac{1}{2}\,k_{\text{F}}\,d^2\,.$$

Die infolge Reibung abgegebene Wärmeenergie ist

$$\Delta E_{\text{Wärme}} = |\boldsymbol{F}_{\text{R,g}}|\,|\Delta \boldsymbol{s}| = |\boldsymbol{F}_{\text{R,g}}|\,d = \mu_{\text{R,g}}\,|\boldsymbol{F}_{\text{n}}|\,d$$
$$= \mu_{\text{R,g}}\,m\,g\,d\,\cos\theta\,.$$

Diese drei Ausdrücke für die Energien setzen wir nun in Gleichung 1 ein:

$$m\,g\,d\,\sin\theta - \tfrac{1}{2}\,k_{\text{F}}\,d^2 + \mu_{\text{R,g}}\,m\,g\,d\,\cos\theta = 0\,.$$

Mit dem in Teilaufgabe a erhaltenen Ausdruck für d ergibt sich daraus

$$m\,g\,\sin\theta - \tfrac{1}{2}\,k_{\text{F}}\left[\frac{m\,g}{k_{\text{F}}}\,(\sin\theta + \mu_{\text{R,h}}\cos\theta)\right]$$
$$+\,\mu_{\text{R,g}}\,m\,g\,\cos\theta = 0\,.$$

Daraus folgt schließlich für den Gleitreibungskoeffizienten

$$\mu_{\text{R,g}} = \tfrac{1}{2}\,(\mu_{\text{R,h}} - \tan\theta)\,.$$

Allgemeine Aufgaben

L5.50 Die Leistung P des Motors ergibt sich aus der Rate, mit der an den Gondeln Arbeit verrichtet wird:

$$P = \frac{W}{\Delta t} = \frac{|\boldsymbol{F}|\,|\Delta \boldsymbol{s}|}{\Delta t}\,.$$

Dabei ist $\boldsymbol{F}$ die Kraft, die der Antrieb auf die Gondeln ausübt, und $\Delta \boldsymbol{s}$ deren *vertikale* Verschiebung. Wir bezeichnen die Anzahl der Gondeln mit n und die Masse der Nutzlast in einer Gondel mit m. (Die Masse der Gondeln selbst können wir außer Acht lassen, da wir die Reibung vernachlässigen und stets gleich viele Gondeln aufwärts wie abwärts unterwegs sind.) Somit gilt für die Kraft $|\boldsymbol{F}| = |\boldsymbol{F}_{\text{G}}| = n\,m\,g$ und daher für die Leistung

$$P = \frac{n\,m\,g\,\Delta s}{\Delta t}\,.$$

Die vertikale Verschiebung Δs ergibt sich aus der Länge l der schräg verlaufenden Strecke und deren Neigungswinkel θ, wobei $\Delta s = l\,\sin\theta$ gilt. Damit erhalten wir für die erforderliche Leistung

$$P = \frac{n\,m\,g\,l\,\sin\theta}{\Delta t}$$
$$= \frac{12\,(550\,\text{kg})\,(9{,}81\,\text{m}\cdot\text{s}^{-2})\,(5{,}6\,\text{km})\,\sin 30°}{(60\,\text{min})\,(60\,\text{s}\cdot\text{min}^{-1})} = 50\,\text{kW}\,.$$

L5.51 Das betrachtete System umfasst die Erde, den Block und die geneigte Ebene. Auf dieses System wirken keine äußeren Kräfte, sodass $W_{\text{ext}} = 0$ ist.

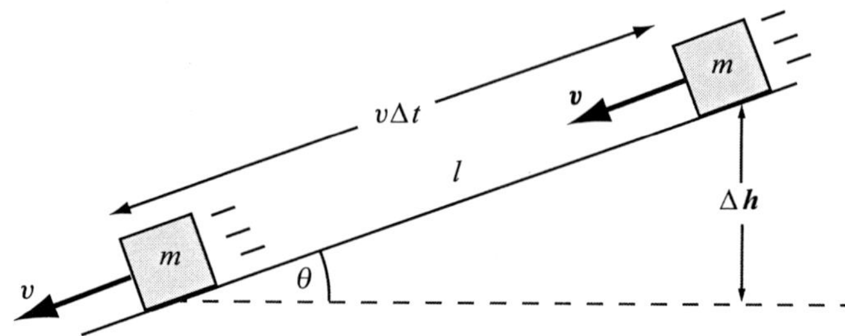

Der Zusammenhang zwischen Arbeit und Energie bei Vorliegen von Reibung ergibt hier

$$W_{\text{ext}} = \Delta E_{\text{kin}} + \Delta E_{\text{pot}} + \Delta E_{\text{Wärme}} = 0\,.$$

Weil der Block mit konstanter Geschwindigkeit gleitet, gilt $\Delta E_{\text{kin}} = 0$, und es folgt

$$\Delta E_{\text{Wärme}} = -\Delta E_{\text{pot}} = -m\,g\,\Delta h\,.$$

Im Zeitintervall Δt legt der gleitende Block längs der geneigten Ebene die Strecke $v\,\Delta t$ nach unten zurück. Aufgrund der geometrischen Gegebenheiten (siehe Abbildung) ist die zugehörige Höhenänderung gegeben durch

$$\Delta h = -v\,\Delta t\,\sin\theta\,.$$

Einsetzen in die vorige Gleichung ergibt für die Wärmeenergie

$$\Delta E_{\text{Wärme}} = m\,g\,v\,\Delta t\,\sin\theta\,.$$

L5.52 Die auf der Erdoberfläche ankommende Leistung pro Oberflächeneinheit ist die Intensität I_{Ob}. Bei einem Wirkungsgrad ϵ der Energieumwandlung kann daraus pro Oberflächeneinheit die folgende Leistung erzeugt werden:

$$\epsilon\,I_{\text{Ob}} = \frac{P}{A}\,.$$

Mit den gegebenen Werten ergibt sich damit die erforderliche Oberfläche der Sonnenkollektoren zu

$$A = \frac{P}{\epsilon\,I_{\text{Ob}}} = \frac{3{,}0\,\text{kW}}{(0{,}25)\,(1{,}0\,\text{kW}\cdot\text{m}^{-2})} = 12\,\text{m}^2\,.$$

Anmerkung: Bei dieser groben Abschätzung haben wir zwei entscheidende Gegebenheiten außer Acht gelassen: In unseren geografischen Breiten fällt die Sonnenstrahlung niemals senkrecht auf die Erdoberfläche, und der Einstrahlwinkel der Sonne ändert sich im Tagesverlauf drastisch. Eine realistischere Berechnung, die außerdem auch Wetterschwankungen berücksichtigen sollte, könnte durchaus eine über zehnmal größere Fläche ergeben.

L5.53 a) Die im Gewehrlauf an das Geschoss abgegebene mittlere Leistung ist

$$\langle P \rangle = \frac{W}{\Delta t} . \qquad (1)$$

Gemäß dem Zusammenhang zwischen verrichteter Gesamtarbeit und kinetischer Energie gilt

$$W = \Delta E_{\text{kin}} = E_{\text{kin,E}} - E_{\text{kin,A}} = E_{\text{kin,E}} = \tfrac{1}{2} m v_{\text{E}}^2 .$$

Dabei haben wir schon berücksichtigt, dass die Anfangsgeschwindigkeit des Geschosses im Lauf und damit auch $E_{\text{kin,A}}$ gleich null ist. Somit ist die Endgeschwindigkeit beim Austritt aus der Gewehrmündung gegeben durch

$$v_{\text{E}} = \sqrt{\frac{2\, E_{\text{kin,E}}}{m}} . \qquad (2)$$

Wir wissen zwar, welche Energie das Geschoss insgesamt erhält, kennen aber weder seine Endgeschwindigkeit v_{E} noch die in Gleichung 1 einzusetzende Zeitspanne Δt, während derer es sich im Lauf befindet. Wenn wir nun annehmen, dass das Geschoss hierin aus der Ruhe ($v_{\text{A}} = 0$) gleichförmig beschleunigt wird, gilt für seine mittlere Geschwindigkeit im Gewehrlauf

$$\langle v \rangle = \frac{v_{\text{A}} - v_{\text{E}}}{2} = \tfrac{1}{2}\, v_{\text{E}} .$$

Die Zeitspanne Δt, in der das Geschoss durch den Lauf getrieben wird, ist der Quotient aus der Länge und der mittleren Geschwindigkeit:

$$\Delta t = \frac{l}{\langle v \rangle} = \frac{2\,l}{v_{\text{E}}} = \frac{2\,l}{\sqrt{\dfrac{2\, E_{\text{kin,E}}}{m}}} .$$

Das und den oben aufgestellten Ausdruck für die Arbeit W setzen wir nun in Gleichung 1 ein und erhalten für die dem Geschoss im Lauf zugeführte mittlere Leistung

$$\langle P \rangle = \frac{W}{\Delta t} = \frac{E_{\text{kin,E}}}{\Delta t} = \frac{E_{\text{kin,E}}}{2\,l} \sqrt{\frac{2\, E_{\text{kin,E}}}{m}}$$

$$= \frac{1200\,\text{J}}{2\,(1{,}0\,\text{m})} \sqrt{\frac{2\,(1200\,\text{J})}{0{,}0200\,\text{kg}}} = 208\,\text{kW} .$$

b) Wir nehmen an, dass das Geschoss auf der gleichen Höhe landet, von der es abgeschossen wird. Dann spielt die Abschusshöhe keine Rolle, und für die Reichweite R in Abhängigkeit von der Abschussgeschwindigkeit v_0 gilt

$$R = \frac{v_0^2}{g} \sin 2\theta = \frac{2\, v_0^2 \sin\theta \cos\theta}{g} , \qquad (3)$$

wobei wir die trigonometrische Formel $\sin 2\theta = 2\sin\theta\cos\theta$ verwendet haben. Das Geschoss wird nach dem Verlassen der Gewehrmündung durch die Erdbeschleunigung gleichförmig (mit $a = -g$) beschleunigt. Dann gilt für die in der Zeit t zurückgelegte horizontale bzw. vertikale Strecke

$$x = (v_0 \cos\theta)\, t \qquad \text{bzw.} \qquad y = (v_0 \sin\theta)\, t - \tfrac{1}{2}\, g\, t^2 .$$

Hieraus eliminieren wir die Zeit t und erhalten eine Gleichung für $y(x)$. Ferner setzen wir für die Maximalhöhe $y = h$ ein und berücksichtigen, dass diese (wegen gleicher Höhe von Abschuss und Landung) bei der halben Reichweite erreicht wird. Dies ergibt schließlich

$$h = \frac{(v_0 \sin\theta)^2}{2\, g} .$$

Mit $R = h$, wie gegeben, ergibt sich

$$\frac{(v_0 \sin\theta)^2}{2\, g} = \frac{2\, v_0^2 \sin\theta \cos\theta}{g} .$$

Also ist $\tan\theta = 4$ und somit $\theta = \text{atan}\,(4) = 76{,}0°$.

Zur Berechnung der Reichweite mit Gleichung 3 benötigen wir noch die Abschussgeschwindigkeit v_0. Diese kennen wir nicht, wissen jedoch, dass sie die Endgeschwindigkeit v_{E} an der Gewehrmündung ist. Weil wir aber nur die kinetische Energie 1200 J beim Verlassen des Laufs kennen, verwenden wir hier noch einmal den Zusammenhang zwischen Geschwindigkeitsquadrat und kinetischer Energie (siehe Gleichung 2):

$$v_0^2 = \frac{2\, E_{\text{kin}}}{m} .$$

Dies und den eben ermittelten Wert von θ setzen wir in Gleichung 3 für die Reichweite ein und erhalten für diese

$$R = \frac{2\, E_{\text{kin}} \sin 2\theta}{m\, g} = \frac{2\,(1200\,\text{J}) \sin\,[2\,(76{,}0°)]}{(0{,}0200\,\text{kg})\,(9{,}81\,\text{m}\cdot\text{s}^{-2})} = 5{,}74\,\text{km} .$$

L5.54 Das Kräftediagramm zeigt die Kiste in ihrer Anfangslage bei $x = 0$. Die positive x-Richtung zeigt längs der geneigten Ebene nach oben.

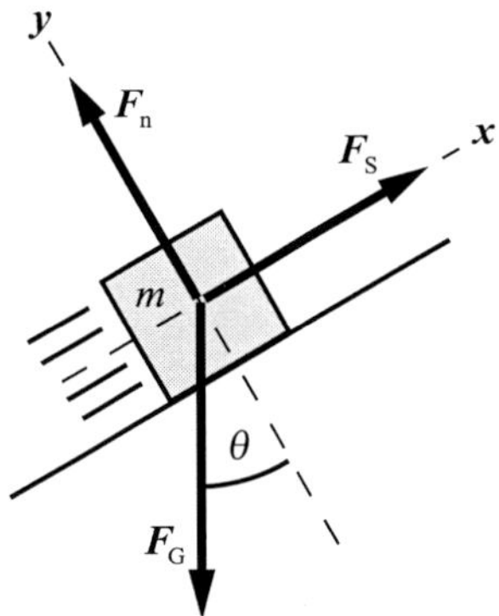

Weil keine Reibung auftritt, kann die verrichtete Arbeit in beiden Teilaufgaben mit der jeweiligen Änderung der kinetischen Energie verknüpft werden.

a) Die von der Zugkraft $\boldsymbol{F}_{\text{S}}$ entlang der Strecke x verrichtete Arbeit ist

$$W = \int\limits_{(0,y_0)}^{(x,y_0)} \boldsymbol{F}_{\text{S}} \cdot \mathrm{d}\boldsymbol{s} = \int\limits_0^x |\boldsymbol{F}_{\text{S}}|\, \mathrm{d}x'\, \cos\phi = \int\limits_0^x |\boldsymbol{F}_{\text{S}}|\, \mathrm{d}x'$$

$$= |\boldsymbol{F}_{\text{S}}|\, x .$$

Dabei haben wir die Tatsache ausgenutzt, dass die Kraft $\boldsymbol{F}_\text{S}$ und die Verschiebung $\text{d}\boldsymbol{s}$ die gleiche Richtung haben, der Winkel ϕ zwischen ihnen also null ist.

b) Da die Kiste anfangs ruht, gilt gemäß dem Zusammenhang zwischen verrichteter Gesamtarbeit und kinetischer Energie

$$W = \Delta E_\text{kin} = E_\text{kin,E} - E_\text{kin,A} = E_\text{kin,E} = \tfrac{1}{2}\, m\, v_\text{E}^2 \,.$$

Somit ist

$$v_\text{E} = \sqrt{\frac{2\,W}{m}}\,. \tag{1}$$

Die an der Kiste verrichtete Gesamtarbeit ist wiederum die Arbeit, die die auf sie wirkende Gesamtkraft verrichtet:

$$W = \int_{(0,y_0)}^{(x,y_0)} \boldsymbol{F}\cdot\text{d}\boldsymbol{s} = \int_0^x |\boldsymbol{F}|\,\text{d}x'\cos\phi = \int_0^x |\boldsymbol{F}|\,\text{d}x' \,.$$

Die letzte Gleichsetzung rührt auch hier daher, dass der Winkel zwischen der Kraft $\boldsymbol{F}$ und der Verschiebung $\text{d}\boldsymbol{s}$ null ist. Aufgrund der geometrischen Gegebenheiten (siehe Abbildung) gilt für die x-Komponente der Kraft, die auf den Block infolge der Gewichtskraft und der Zugkraft einwirkt:

$$|\boldsymbol{F}| = |\boldsymbol{F}_\text{S}| - m\,g\sin\theta \,.$$

Damit ergibt sich für die an der Kiste verrichtete Arbeit

$$W = \int_0^x (|\boldsymbol{F}_\text{S}| - m\,g\sin\theta)\,\text{d}x' = (|\boldsymbol{F}_\text{S}| - m\,g\sin\theta)\,x \,.$$

Dies setzen wir in Gleichung 1 ein und erhalten für die Endgeschwindigkeit

$$v_\text{E} = \sqrt{2\left(\frac{|\boldsymbol{F}_\text{S}|}{m} - g\sin\theta\right)x}\,.$$

c) Die mittels der Zugkraft im Seil verrichtete Leistung ist damit

$$P = \boldsymbol{F}_\text{S}\cdot\boldsymbol{v}_\text{E} = |\boldsymbol{F}_\text{S}|\,|\boldsymbol{v}_\text{E}|\cos\phi = |\boldsymbol{F}_\text{S}|\,|\boldsymbol{v}_\text{E}| \,,$$

wobei wir erneut berücksichtigt haben, dass der Winkel zwischen $\boldsymbol{F}$ und $\boldsymbol{v}_\text{E}$ null ist. Einsetzen des in Teilaufgabe b aufgestellten Ausdrucks für die Endgeschwindigkeit ergibt

$$P = |\boldsymbol{F}_\text{S}|\sqrt{2\left(\frac{|\boldsymbol{F}_\text{S}|}{m} - g\sin\theta\right)x}\,.$$

L5.55 Die Abbildung zeigt das Kräftediagramm für einen Skiläufer, der mit konstanter Geschwindigkeit längs des Hangs nach oben gezogen wird.

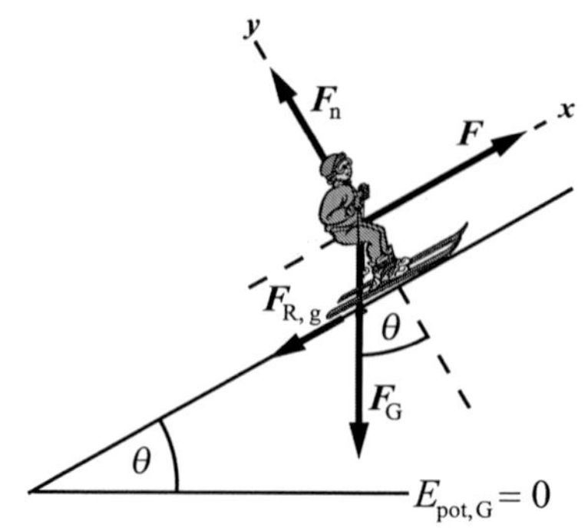

Gemäß dem Zusammenhang zwischen Arbeit und Gesamtenergie gilt

$$\begin{aligned} W_\text{ext} &= \Delta E_\text{mech} + \Delta E_\text{Wärme} \\ &= \Delta E_\text{kin} + \Delta E_\text{pot,G} + \Delta E_\text{Wärme} \,. \end{aligned}$$

Mit $\Delta E_\text{kin} = 0$ sowie den Beziehungen

$$\Delta E_\text{Wärme} = |\boldsymbol{F}_\text{R,g}|\,l \quad \text{und} \quad \Delta E_\text{pot,G} = m_\text{ges}\,g\,l\sin\theta$$

ergibt sich daraus

$$W_\text{ext} = m_\text{ges}\,g\,l\sin\theta + |\boldsymbol{F}_\text{R,g}|\,l \,. \tag{1}$$

Die vom Elektromotor zu verrichtende externe Arbeit ist

$$W_\text{ext} = P_\text{min}\,t = P_\text{min}\,\frac{l}{v} \,,$$

wobei v die Geschwindigkeit ist, mit der der Skiläufer längs des Hangs um die Strecke l hinaufgezogen wird. Die Gleitreibungskraft zwischen Hang und Skiern ist gegeben durch

$$|\boldsymbol{F}_\text{R,g}| = \mu_\text{R,g}\,|\boldsymbol{F}_\text{n}| = \mu_\text{R,g}\,m_\text{ges}\,g\cos\theta \,.$$

Diese Ausdrücke für die externe Arbeit und für die Gleitreibungskraft setzen wir in Gleichung 1 ein und erhalten

$$P_\text{min}\,\frac{l}{v} = m_\text{ges}\,g\,l\sin\theta + \mu_\text{R,g}\,m_\text{ges}\,g\cos\theta$$

sowie daraus

$$P_\text{min} = m_\text{ges}\,g\,v\,(\sin\theta + \mu_\text{R,g}\cos\theta) \,.$$

Mit dem geforderten Sicherheitszuschlag von 50 %, also mit dem Faktor 1,, erhalten wir für die Mindestleistung des Motors bei 80 Skiläufern

$$\begin{aligned} P &= 1{,}5\,m_\text{ges}\,g\,v\,(\sin\theta + \mu_\text{R,g}\cos\theta) \\ &= 1{,}5\cdot 80\cdot(75{,}0\,\text{kg})\,(9{,}81\,\text{m}\cdot\text{s}^{-2})\,(2{,}50\,\text{m}\cdot\text{s}^{-1}) \\ &\quad \cdot[\sin 15^\circ + (0{,}060)\cos 15^\circ] \\ &= 70\,\text{kW} \,. \end{aligned}$$

L5.56 Das betrachtete System besteht aus der Erde, dem Gesteinsstück und der Luft. An diesem System verrichten keine äußeren Kräfte Arbeit, sodass $W_{\text{ext}} = 0$ ist. Wir setzen in der Höhe, von der aus der Stein nach oben geschleudert wird, die potenzielle Energie gleich null: $E_{\text{pot,G}} = 0$. Während der Stein steigt, wird seine kinetische Energie teilweise in potenzielle Energie und teilweise durch die Reibung infolge des Luftwiderstands in Wärme umgewandelt. Während er fällt, wird seine potenzielle Energie teilweise wieder in kinetische Energie umgewandelt, während auch hierbei ein Teil durch die Reibung in Wärme umgewandelt wird.

a) Wir berechnen zunächst die kinetische Energie, die der Stein zu Beginn (im Anfangszustand A) hat:

$$E_{\text{kin,A}} = \tfrac{1}{2}\, m\, v_{\text{A}}^2 = \tfrac{1}{2}\,(2{,}0\,\text{kg})\,(40\,\text{m} \cdot \text{s}^{-1})^2 = 1{,}6\,\text{kJ}\,.$$

b) Während der Stein steigt, gilt für den Zusammenhang zwischen Arbeit und Energie bei Vorliegen von Reibung

$$\Delta E_{\text{kin}} + \Delta E_{\text{pot}} + \Delta E_{\text{Wärme}} = 0\,.$$

Wegen $E_{\text{kin,E}} = 0$ ist $-E_{\text{kin,A}} + \Delta E_{\text{pot}} + \Delta E_{\text{Wärme}} = 0$,

und wir erhalten für die Zunahme der Wärmeenergie

$$\begin{aligned}
\Delta E_{\text{Wärme}} &= E_{\text{kin,A}} - \Delta E_{\text{pot}}\\
&= 1{,}6\,\text{kJ} - (2{,}0\,\text{kg})\,(9{,}81\,\text{m} \cdot \text{s}^{-2})\,(50\,\text{m})\\
&= 0{,}619\,\text{kJ} = 0{,}6\,\text{kJ}\,.
\end{aligned}$$

c) Während der Stein fällt, besteht – wiederum bei Vorliegen von Reibung – zwischen Arbeit und Energie der Zusammenhang

$$\Delta E_{\text{kin}} + \Delta E_{\text{pot}} + 0{,}70\,\Delta E_{\text{Wärme}} = 0\,.$$

Wegen $E_{\text{kin,A}} = E_{\text{pot,E}} = 0$ ergibt sich hieraus

$$E_{\text{kin,E}} - E_{\text{pot,A}} + 0{,}70\,\Delta E_{\text{Wärme}} = 0\,.$$

Mit den bekannten Ausdrücken für die kinetische und die potenzielle Energie gilt dann

$$\tfrac{1}{2}\, m\, v_{\text{E}}^2 - m\, g\, h + 0{,}70\,\Delta E_{\text{Wärme}} = 0\,.$$

Unter Berücksichtigung der in Teilaufgabe a berechneten Wärmeenergie beim Aufstieg ergibt sich damit die Endgeschwindigkeit zu

$$\begin{aligned}
v_{\text{E}} &= \sqrt{2\,g\,h - \frac{1{,}40\,\Delta E_{\text{Wärme}}}{m}}\\
&= \sqrt{2\,(9{,}81\,\text{m} \cdot \text{s}^{-2})\,(50\,\text{m}) + \frac{(1{,}40)\,(0{,}619\,\text{kJ})}{2{,}0\,\text{kg}}}\\
&= 23\,\text{m} \cdot \text{s}^{-1}\,.
\end{aligned}$$

L5.57 a) Für die kinetische Energie des Autos erhalten wir

$$E_{\text{kin}} = \tfrac{1}{2}\,(1200\,\text{kg})\left(50\,\frac{\text{km}}{\text{h}} \cdot \frac{1\,\text{h}}{3600\,\text{s}}\right)^2 = 0{,}2\,\text{MJ}\,.$$

b) Das betrachtete System besteht aus der Erde mit der horizontalen Straße und dem Auto, jedoch ausschließlich seines Motors. Gemäß dem Zusammenhang von Arbeit und Energie bei Vorliegen von Reibung muss der Motor dabei am System externe Arbeit verrichten. Diese Arbeit muss die durch Reibung abgeführte Energie zuführen, und ihr Betrag ergibt sich damit zu

$$|\Delta E_{\text{Wärme}}| = |\boldsymbol{F}_{\text{R}}|\,\Delta s = (300\,\text{N})\,(300\,\text{m}) = 90{,}0\,\text{kJ}\,.$$

L5.58 a) Als System betrachten wir den Gleitkörper, die Luftkissenbahn, das Gewicht und die Erde. Nach dem Loslassen des Gewichts bewegen sich der Gleitkörper und das Gewicht mit demselben Geschwindigkeitsbetrag. Wenn das Gewicht eine vorgegebene Strecke y weit gefallen ist, soll es den Geschwindigkeitsbetrag $|\boldsymbol{v}|$ haben. In der zu diesem Zeitpunkt, also im Endzustand, erreichten Höhe setzen wir die potenzielle Energie gleich null. Gemäß dem Zusammenhang zwischen Arbeit und Energie gilt hierbei für das System

$$W_{\text{ext}} = \Delta E_{\text{kin}} + \Delta E_{\text{pot}}\,.$$

Wegen $W_{\text{ext}} = 0$ folgt daraus

$$E_{\text{kin,E}} - E_{\text{kin,A}} + E_{\text{pot,E}} - E_{\text{pot,A}} = 0\,.$$

Weil Gleitkörper und Gewicht anfangs ruhen und weil wir $E_{\text{pot,E}} = 0$ festgelegt hatten, vereinfacht sich dies zu

$$E_{\text{kin,E}} - E_{\text{pot,A}} = 0\,.$$

Mit den bekannten Ausdrücken für die kinetische und die potenzielle Energie ergibt dies

$$\tfrac{1}{2}\, m_{\text{Ge}}\, v_{\text{Ge}}^2 + \tfrac{1}{2}\, m_{\text{Gl}}\, v_{\text{Gl}}^2 - m_{\text{Ge}}\, g\, y = 0\,.$$

Hieraus erhalten wir mit $|\boldsymbol{v}_{\text{Ge}}| = |\boldsymbol{v}_{\text{Gl}}| = |\boldsymbol{v}|$ für den Geschwindigkeitsbetrag bei der Fallstrecke y

$$|\boldsymbol{v}| = \sqrt{\frac{2\,m_{\text{Ge}}\, g\, y}{m_{\text{Ge}} + m_{\text{Gl}}}}\,.$$

b) Wir zeichnen zunächst die Kräftediagramme für den Gleitkörper und für das Gewicht (siehe Abbildung).

Gemäß dem dritten Newton'schen Axiom ist

$$|\boldsymbol{F}_{\text{S},1}| = |\boldsymbol{F}_{\text{S},2}| = |\boldsymbol{F}_{\text{S}}|\,.$$

Nun wenden wir das zweite Newton'sche Axiom $\sum F_{i,x} = m\,a_x$ auf den Gleitkörper an. Außerdem berücksichtigen wir, dass dieser und das Gewicht betragsmäßig dieselbe Beschleunigung erfahren:

$$|\boldsymbol{F}_{\text{S}}| = m_{\text{Gl}}\,|\boldsymbol{a}|\,.$$

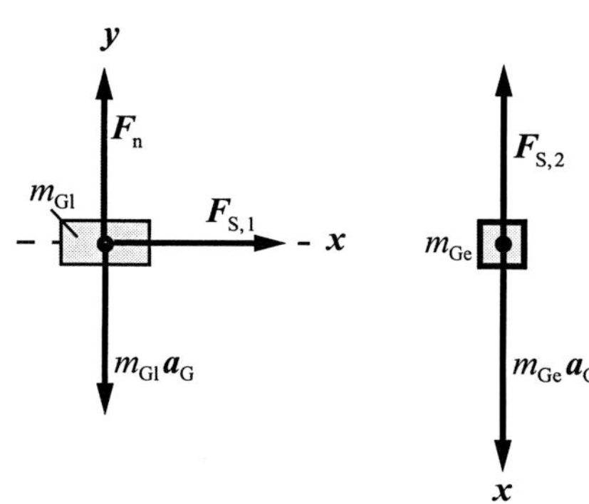

Anwenden der Bedingung $\sum F_{i,x} = m\,a_x$ auf das hängende Gewicht ergibt

$$m_\mathrm{Ge}\,g - |\boldsymbol{F}_\mathrm{S}| = m_\mathrm{Ge}\,|\boldsymbol{a}| .$$

Wir addieren beide Gleichungen, um die Zugkraft zu eliminieren:

$$m_\mathrm{Ge}\,g = m_\mathrm{Gl}\,|\boldsymbol{a}| + m_\mathrm{Ge}\,|\boldsymbol{a}| .$$

Damit ergibt sich für den Betrag der Beschleunigung

$$|\boldsymbol{a}| = g\,\frac{m_\mathrm{Ge}}{m_\mathrm{Ge} + m_\mathrm{Gl}} .$$

Wegen der gleichförmigen Beschleunigung von Gleitkörper und Gewicht gilt unter Berücksichtigung von $v_0^2 = 0$ für ihre Geschwindigkeit

$$v^2 = v_0^2 + 2\,|\boldsymbol{a}|\,y = 2\,|\boldsymbol{a}|\,y .$$

Einsetzen des eben aufgestellten Ausdrucks für $|\boldsymbol{a}|$ liefert

$$|\boldsymbol{v}| = \sqrt{\frac{2\,m\,g\,y}{m_\mathrm{Ge} + m_\mathrm{Gl}}} ,$$

also dasselbe Ergebnis wie in Teilaufgabe a.

L5.59 Gemäß den Annahmen in der Aufgabenstellung ist die pro Zeiteinheit aufgebrachte Energie (also die Leistung) beider Beine des Läufers

$$P = \frac{\Delta E}{\Delta t} = \frac{6\,m\,v^2}{\Delta t} = \frac{6\,(10\,\mathrm{kg})\,(3{,}0\,\mathrm{m}\cdot\mathrm{s}^{-1})^2}{1\,\mathrm{s}} = 540\,\mathrm{W} .$$

Wegen des Wirkungsgrads von nur 20 % muss sein Organismus die fünffache Energie aufbringen:

$$P' = 5\,P = 5\,(540\,\mathrm{W}) = 2{,}7\,\mathrm{kW} .$$

Anmerkung: Der sehr hohe Wert von 540 W für die mechanische Leistung zeigt die Hauptschwäche des hier angesetzten Jogging-Modells. Die Annahme, dass die Beine bei jedem Schritt zum Stillstand abgebremst und dann wieder beschleunigt werden, ist nicht sehr realistisch. Zum Vergleich der Leistungswerte: Ein durchschnittlicher Erwachsener kann am Fahrradergometer einige Minuten lang eine mechanische Leistung von ungefähr 160 W erbringen.

L5.60 a) Der Betrag von $\boldsymbol{F}$ ist gegeben durch

$$|\boldsymbol{F}| = \sqrt{F_x^2 + F_y^2} = \sqrt{\left(\frac{F_0}{r}\,y\right)^2 + \left(-\frac{F_0}{r}\,x\right)^2}$$
$$= \frac{F_0}{r}\,\sqrt{x^2 + y^2} .$$

Wegen $r = \sqrt{x^2 + y^2}$ folgt daraus

$$|\boldsymbol{F}| = \frac{F_0}{r}\,\sqrt{x^2 + y^2} = \frac{F_0}{r}\,r = F_0 .$$

Wir müssen nun noch zeigen, dass $\boldsymbol{F}$ auf dem Ortsvektor $\boldsymbol{r}$ senkrecht steht. Hierzu bilden wir das Skalarprodukt:

$$\boldsymbol{F} \cdot \boldsymbol{r} = \frac{F_0}{r}\,(y\,\widehat{\boldsymbol{x}} - x\,\widehat{\boldsymbol{y}}) \cdot (x\,\widehat{\boldsymbol{x}} + y\,\widehat{\boldsymbol{y}})$$
$$= \frac{F_0}{r}\,(y\,x - x\,y) = 0 .$$

Also steht $\boldsymbol{F}$ senkrecht auf $\boldsymbol{r}$.

b) Die bei der Verschiebung vom Winkel θ_1 zum Winkel θ_2 verrichtete Arbeit ist gegeben durch

$$W = \int_{\theta_1}^{\theta_2} \boldsymbol{F} \cdot \mathrm{d}\boldsymbol{s} = \int_{\theta_1}^{\theta_2} \frac{F_0}{r}\,(y\,\widehat{\boldsymbol{x}} - x\,\widehat{\boldsymbol{y}}) \cdot \mathrm{d}\boldsymbol{s}$$
$$= \frac{F_0}{r} \int_{\theta_1}^{\theta_2} (r\sin\theta\,\widehat{\boldsymbol{x}} - r\cos\theta\,\widehat{\boldsymbol{y}}) \cdot \mathrm{d}\boldsymbol{s}$$
$$= F_0 \int_{\theta_1}^{\theta_2} (\sin\theta\,\widehat{\boldsymbol{x}} - \cos\theta\,\widehat{\boldsymbol{y}}) \cdot \mathrm{d}\boldsymbol{s} .$$

Wir drücken den Ortsvektor $\boldsymbol{r}$ durch seinen Betrag r und seinen Winkel θ zur positiven x-Achse aus:

$$\boldsymbol{r} = r\cos\theta\,\widehat{\boldsymbol{x}} + r\sin\theta\,\widehat{\boldsymbol{y}} .$$

Auf dem Kreis, auf dem sich das Teilchen bewegt, zeigt das Differential $\mathrm{d}\boldsymbol{r}$ des Ortsvektors in Richtung des Integrationswegs und ist daher

$$\mathrm{d}\boldsymbol{r} = \mathrm{d}\boldsymbol{s} = -r\sin\theta\,\mathrm{d}\theta\,\widehat{\boldsymbol{x}} + r\cos\theta\,\mathrm{d}\theta\,\widehat{\boldsymbol{y}}$$
$$= (-r\sin\theta\,\widehat{\boldsymbol{x}} + r\cos\theta\,\widehat{\boldsymbol{y}})\,\mathrm{d}\theta .$$

Dies setzen wir in die obige Integralgleichung für die Arbeit ein. Dabei nehmen wir zunächst an, dass sich das Teilchen entgegen dem Uhrzeigersinn einmal im Kreis bewegt:

$$W_{\text{entgegen Uhrz.}} = F_0 \int_0^{2\pi} (\sin\theta\,\widehat{\boldsymbol{x}} - r\cos\theta\,\widehat{\boldsymbol{y}})$$

$$\cdot (-r\sin\theta\,\widehat{\boldsymbol{x}} + r\cos\theta\,\widehat{\boldsymbol{y}})\,\mathrm{d}\theta$$

$$= -r\,F_0 \int_0^{2\pi} (\sin^2\theta + \cos^2\theta)\,\mathrm{d}\theta$$

$$= -r\,F_0 \int_0^{2\pi} \mathrm{d}\theta = -r\,F_0\,\theta\Big|_0^{2\pi}$$

$$= -2\,\pi\,r\,F_0 = -2\,\pi\,(5{,}0\,\mathrm{m})\,F_0$$

$$= (-10\,\pi\,\mathrm{m})\,F_0$$

Für die Bewegung des Teilchens im Uhrzeigersinn ergibt sich entsprechend

$$W_{\text{im Uhrz.}} = -r\,F_0\,\theta\Big|_{2\pi}^0 = 2\,\pi\,r\,F_0 = 2\,\pi\,(5{,}0\,\mathrm{m})\,F_0$$

$$= (10\,\pi\,\mathrm{m})\,F_0\,.$$

L5.61 Die Geschwindigkeit, mit der der Pendelkörper nach dem Umklappen der Schnur die Kreisbahn um den Nagel durchläuft, bezeichnen wir mit v. Wie in der Abbildung gezeigt ist, wirken auf den Pendelkörper (der sich hier gerade im Scheitelpunkt der Kreisbahn nach links bewegt) zwei Kräfte: die Zugkraft F_S im Faden (soweit im jeweiligen Punkt vorhanden) und die Schwerkraft $m\,g$.

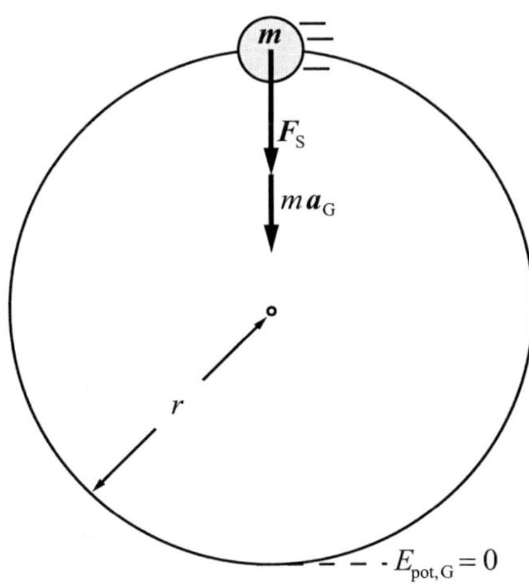

In dem Moment, in dem sich der Pendelkörper senkrecht über dem Nagel befindet, wirken beide genannten Kräfte nach unten. Bei der Mindestgeschwindigkeit, die der Pendelkörper haben muss, um diesen Punkt zu durchlaufen, ist die Zugkraft in der Schnur null. Die Zentripetalkraft, die den Pendelkörper auf seiner kreisförmigen Bahn um den Nagel hält, stammt dann allein von der Schwerkraft. Daher muss gelten:

$$\frac{m\,v^2}{r} > m\,g \qquad \text{bzw.} \qquad \frac{v^2}{r} > g \qquad (1)$$

Die kinetische Energie des Pendelkörpers im Scheitelpunkt über dem Nagel ist wegen der Erhaltung der mechanischen Energie gleich der Differenz der potenziellen Energie zu Beginn (vor dem Loslassen, also bei der Höhe l) und der potenziellen Energie im Scheitelpunkt über dem Nagel, also bei der Höhe $2\,r$:

$$\tfrac{1}{2}\,m\,v^2 = m\,g\,(l - 2\,r)\,.$$

Daher ist $v^2 = 2\,g\,(l - 2\,r)$, und Einsetzen in Gleichung 1 ergibt die Bedingung

$$\frac{2g\,(l - 2\,r)}{r} > g \qquad \text{bzw.} \qquad r < \frac{2}{5}\,l\,.$$

L5.62 Abb. 5.16 zeigt das Kräftediagramm der auf den Pendelkörper wirkenden Kräfte. Die x-Achse legen wir beim betrachteten Punkt tangential an.

a) Gemäß dem zweiten Newton'schen Axiom $\sum F_{i,\mathrm{t}} = m\,a_\mathrm{t}$ gilt für den Pendelkörper

$$F_\mathrm{t} = -m\,g\sin\theta = m\,a_\mathrm{t}\,, \quad \text{also} \quad a_\mathrm{t} = \mathrm{d}v_\mathrm{t}/\mathrm{d}t = -g\sin\theta\,.$$

b) Die Bogenlänge s ist durch $s = l\,\theta$ definiert. Ableiten nach der Zeit ergibt die geforderte Relation:

$$\mathrm{d}s/\mathrm{d}t = v_\mathrm{t} = l\,\mathrm{d}\theta/\mathrm{d}t\,.$$

c) Wir wenden die Kettenregel an und erhalten mit der Beziehung $\mathrm{d}\theta/\mathrm{d}t = v_\mathrm{t}/l$ aus Teilaufgabe b

$$a_\mathrm{t} = \frac{\mathrm{d}v_\mathrm{t}}{\mathrm{d}t} = \frac{\mathrm{d}v_\mathrm{t}}{\mathrm{d}\theta}\,\frac{\mathrm{d}\theta}{\mathrm{d}t} = \frac{\mathrm{d}v_\mathrm{t}}{\mathrm{d}\theta}\,\frac{v_\mathrm{t}}{l}\,.$$

d) Gleichsetzen der Ausdrücke für $\mathrm{d}v_\mathrm{t}/\mathrm{d}t$ aus den Teilaufgaben a und c liefert

$$\frac{\mathrm{d}v_\mathrm{t}}{\mathrm{d}\theta}\,\frac{v_\mathrm{t}}{l} = -g\sin\theta\,,$$

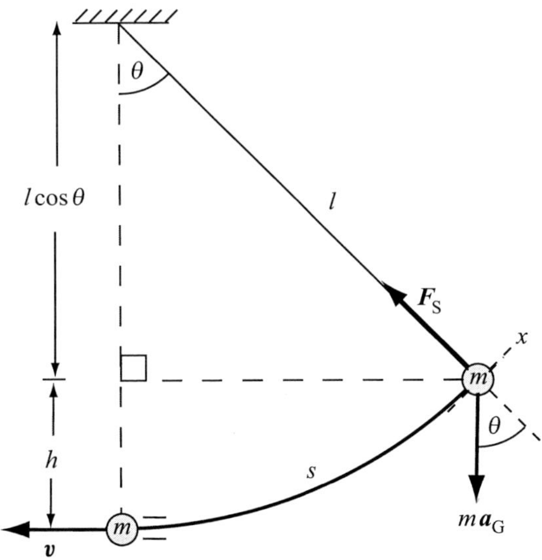

Abb. 5.16 zu Aufgabe 5.62

und die Trennung der Variablen ergibt

$$v_t \, dv_t = -g \, l \sin \theta \, d\theta \,.$$

e) Wir integrieren die linke Seite von $v_t = 0$ bis zur Endgeschwindigkeit v_t sowie die rechte Seite vom Anfangswinkel $\theta = \theta_0$ bis zum Endwinkel $\theta = 0$:

$$\int_0^{v_t} v_t' \, dv_t' = \int_{\theta_0}^{0} -g \, l \sin \theta' \, d\theta' \,.$$

Dies ergibt

$$\tfrac{1}{2} v_t^2 = g \, l \, (1 - \cos \theta_0) \,.$$

Wie der Abbildung zu entnehmen ist, gilt aufgrund der geometrischen Gegebenheiten $\cos \theta_0 = (l - h)/l$ und somit $h = l \, (1 - \cos \theta_0)$. Einsetzen und Umformen ergibt schließlich

$$\tfrac{1}{2} v_t^2 = g \, h \,, \quad \text{also} \quad v_t = \sqrt{2 \, g \, h} \,.$$

Der Impuls

© Springer-Verlag GmbH Deutschland, ein Teil von Springer Nature 2019
A. Knochel (Hrsg.), *Arbeitsbuch zu Tipler/Mosca, Physik*, https://doi.org/10.1007/978-3-662-58919-9_6

Aufgaben

Bei allen Aufgaben ist die Fallbeschleunigung $g = 9{,}81\,\text{m/s}^2$. Falls nichts anderes angegeben ist, sind Reibung und Luftwiderstand zu vernachlässigen.

Verständnisaufgaben

6.1 • Zeigen Sie: Wenn zwei Teilchen gleiche kinetische Energien haben, dann sind die Beträge ihrer Impulse nur dann gleich, wenn sie auch dieselbe Masse haben.

6.2 • Richtig oder falsch? a) Der Gesamtimpuls eines Systems kann auch dann erhalten bleiben, wenn die mechanische Energie des Systems nicht erhalten bleibt. b) Damit der Gesamtimpuls eines Systems erhalten bleibt, dürfen keine äußeren Kräfte auf das System wirken. c) Die Geschwindigkeit des Massenmittelpunkts ändert sich nur, wenn eine resultierende äußere Kraft auf das System wirkt.

6.3 • Ein Kind springt von einem kleinen Boot an Land. Warum muss es mit mehr Energie springen, als es müsste, wenn es dieselbe Strecke von einem Felsen auf einen Baumstumpf springen würde?

6.4 • Zwei identische Kegelkugeln bewegen sich mit gleichen Schwerpunktsgeschwindigkeiten, aber die eine gleitet, ohne zu rollen, und die andere rollt entlang der Bahn. Welche der Kugeln hat die größere kinetische Energie? Wegen des Zusammenhangs $E_{\text{kin}} = p^2/(2\,m)$ zwischen kinetischer Energie und Impuls eines Teilchens mag es aussehen, als liege ein Widerspruch vor. Erläutern Sie, warum das nicht der Fall ist.

6.5 • Richtig oder falsch? a) Nach einem vollständig inelastischen Stoß ist die kinetische Energie des Systems in allen Inertialsystemen null. b) Bei einem zentralen elastischen Stoß entfernen sich die Stoßpartner genauso schnell voneinander, wie sie sich zuvor einander genähert hatten.

6.6 •• Ein Großteil der frühen Raketenforschung geht auf Robert H. Goddard (1882–1945) zurück, der als Physikprofessor am Clark College in Massachusetts arbeitete. Ein Leitartikel der *New York Times* aus dem Jahr 1920 belegt, was die Öffentlichkeit von seinen Arbeiten hielt: „Zu sagen, dass Professor Goddard, sein ‚Lehrstuhl‘ am Clark College und seine Genossen an der Smithsonian Institution den Zusammenhang zwischen Aktion und Reaktion nicht kennen, nach dem eine Rakete etwas mehr als nur das Vakuum braucht, um sich daran abzustoßen – das alles zu sagen, wäre absurd. Offenbar fehlt es ihm einfach an dem Wissen, das schon an unseren Highschools gelehrt wird." Die Ansicht, dass eine Rakete sich an einem Medium abstoßen muss, war damals ein weit verbreiteter Irrglaube. Erläutern Sie, warum die Ansicht falsch ist. (Übrigens brauchte die *New York Times* ein halbes Jahrhundert, um sich zu entschuldigen: Erst am 17. Juli 1969, drei Tage vor der ersten Mondlandung, berichtete die Zeitung den Fehler.)

6.7 •• Betrachten Sie einen vollständig inelastischen Stoß zwischen zwei Körpern gleicher Masse. a) In welchem Fall ist der Verlust an kinetischer Energie größer: wenn die zwei Körper sich mit entgegengesetzten Geschwindigkeiten mit dem Betrag $v/2$ einander nähern oder wenn zuvor einer der beiden Körper in Ruhe ist und der andere die Geschwindigkeit v hat? b) In welchem der beiden Fälle ist der prozentuale Verlust an kinetischer Energie größer?

6.8 •• Ein Teilchen der Masse m_1 mit der Geschwindigkeit v stößt elastisch zentral mit einem ruhenden Teilchen der Masse m_2 zusammen. In welchem Fall wird am meisten Energie auf das Teilchen der Masse m_2 übertragen? a) $m_2 < m_1$, b) $m_2 = m_1$, c) $m_2 > m_1$, d) in keinem der angegebenen Fälle.

6.9 •• Die Düse an einem Gartenschlauch ist oft rechtwinklig geformt (Abb. 6.1). Wenn Sie eine solche Düse anschließen und den Wasserhahn öffnen, werden Sie feststellen, dass die Düse ziemlich stark gegen Ihre Hand drückt – jedenfalls viel stärker, als wenn Sie eine nicht gebogene Düse verwenden. Warum ist das so?

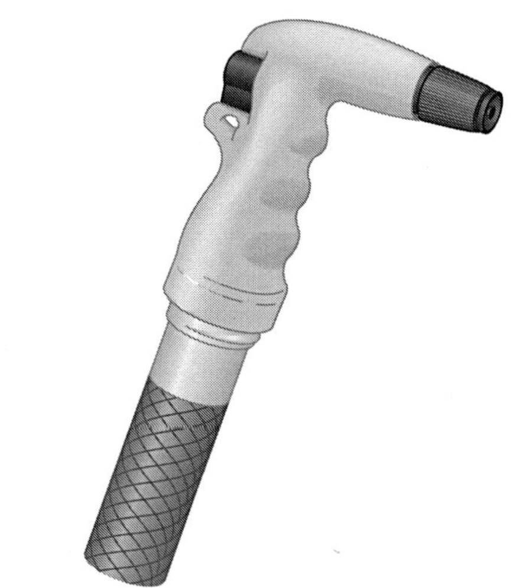

Abb. 6.1 Zu Aufgabe 6.9

6.10 •• Dass selbst wirklich gut ausgebildete und intelligente Personen Fehler machen können, zeigt die folgende Aufgabe, die einem Einführungskurs am Caltech gestellt wurde: „Ein Segelboot treibt bei einer Flaute auf dem Wasser. Um das Boot zu bewegen, baut ein physikalisch unbedarfter Matrose im Heck des Schiffs einen Ventilator auf, der die Segel anblasen und so das Boot bewegen soll. Erläutern Sie, warum das Boot sich nicht bewegt." Die Vorstellung war, dass die resultierende Kraft des Windes, der das Segel nach vorn treibt, durch die Kraft ausgeglichen wird, die den Ventilator nach hinten treibt (drittes Newton'sches Axiom). Wie ein Student dem Prüfer nachwies, konnte das Boot sich aber *doch* vorwärtsbewegen. Wie das?

Schätzungs- und Näherungsaufgabe

6.11 •• Ein Auto mit einer Masse von 2000 kg rast mit 90 km/h gegen eine unnachgiebige Betonwand. a) Schätzen Sie die Stoßzeit ab. Nehmen Sie dabei an, dass die vordere Hälfte des Wagens um die Hälfte zusammengestaucht wird, während der Mittelpunkt des Wagens eine konstante Verzögerung erfährt. (Rechnen Sie mit einem vernünftigen Wert für die Wagenlänge.) b) Schätzen Sie die mittlere Kraft ab, die von der Betonwand auf das Auto ausgeübt wird.

6.12 •• Schätzen Sie anhand von Abb. 6.2 die Elastizitätszahl für den Stoß zwischen Schläger und Ball.

Abb. 6.2 Zu Aufgabe 6.12

Impulserhaltung

6.13 • Abb. 6.3 zeigt das Verhalten eines Geschosses unmittelbar nach dem Zerbrechen in drei Stücke. Welche Geschwindigkeit hatte das Geschoss unmittelbar vor dem Zerbrechen? a) v_3, b) $v_3/3$, c) $v_3/4$, d) v_3, e) $(v_1 + v_2 + v_3)/4$.

6.14 ••• Ein Keil mit der Masse m_K liegt auf einer horizontalen, reibungsfreien Oberfläche. Auf die ebenfalls reibungsfreie geneigte Ebene des Keils wird ein kleiner Block der Masse m gelegt (Abb. 6.4). Während der Block von seiner Ausgangsposition bis zur horizontalen Ebene hinabgleitet, bewegt sich sein Massenmittelpunkt um die Strecke h nach unten. a) Welche Geschwindigkeiten haben der Block und der Keil, sobald sie sich nicht mehr berühren? b) Überprüfen Sie die Plausibilität Ihrer Berechnung anhand des Grenzfalls $m_K \gg m$.

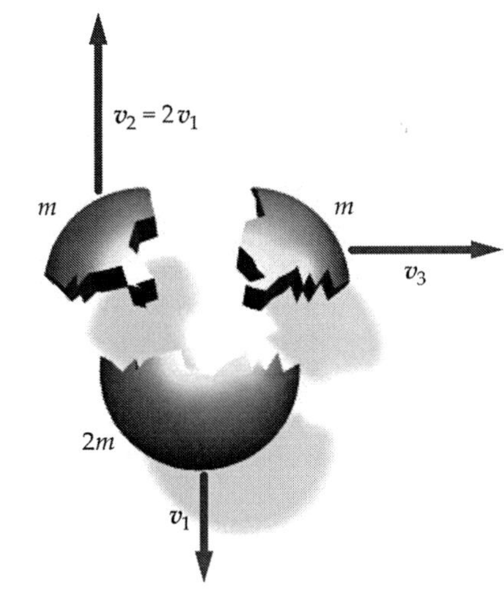

Abb. 6.3 Zu Aufgabe 6.13

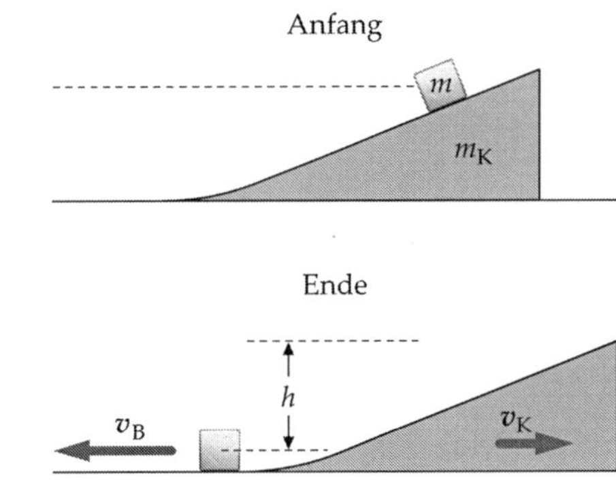

Abb. 6.4 Zu Aufgabe 6.14

6.15 •• Eine Basketballspielerin der Masse $m = 70$ kg springt mit einer Anfangsgeschwindigkeit von 1 m/s aus dem Stand nach oben ab. Vergleichen Sie die Veränderung des Impulses der Person und der Erde beim Abspringen. Vergleichen Sie dann die Veränderung der kinetischen Energie der Person und der Erde beim Abspringen.

Kraftstoß und zeitliches Mittel einer Kraft

6.16 • Sie treten einen Fußball der Masse 0,43 kg. Der Ball verlässt Ihren Fuß mit einer Geschwindigkeit von 25 m/s. a) Welchen Betrag hat der Kraftstoß, den Sie auf den Ball übertragen haben? b) Nehmen Sie an, Ihr Fuß ist für 8,0 ms mit dem Ball in Kontakt. Wie groß ist dann die mittlere Kraft, die Ihr Fuß auf den Ball ausübt?

6.17 •• Ein Ball mit einer Masse von 60 g, der sich mit 5,0 m/s bewegt, trifft in einem Winkel von 40° gegen die Normale auf eine Wand und prallt von ihr in gleichem Winkel wieder ab. Er ist für 2,0 ms mit der Wand in Kontakt. Welche mittlere Kraft übt der Ball auf die Wand aus?

6.18 •• Das Polster, auf dem ein Stabhochspringer nach seinem Sprung landet, ist im Wesentlichen ein Luftkissen mit einer Normalhöhe von 1,2 m, das auf etwa 0,20 m zusammengepresst wird, wenn der Springer darauf zur Ruhe kommt. a) In welcher Zeit wird ein Springer, der gerade die Latte bei 6,40 m überwunden hat, bis zum Stillstand gestoppt? b) Wie groß wäre der Zeitraum, wenn man nicht ein Luftkissen verwenden würde, sondern eine 20 cm dicke Schicht von Sägespänen, die sich beim Aufprall auf 5,0 cm komprimiert? c) Diskutieren Sie qualitativ, wie sich die mittleren Kräfte auf den Springer bei diesen beiden Landungsmatten unterscheiden. Mit anderen Worten: Welche der Matten übt die geringere Kraft auf den Springer aus, und warum?

6.19 ••• In großen Kalksteinhöhlen tropft ständig Wasser herunter. a) Nehmen Sie an, pro Minute fallen zehn Wassertropfen von je 0,030 ml aus einer Höhe von 5,0 m zu Boden. Wie hoch ist die mittlere Kraft, die während 1,0 min von den Wassertröpfchen auf den Kalksteinboden ausgeübt wird? (Nehmen Sie dabei an, dass sich auf dem Boden keine Pfütze bildet.) b) Vergleichen Sie diese Kraft mit der Gewichtskraft eines Tropfens.

Stöße in einer Raumrichtung

6.20 • Ein Auto mit der Masse 2000 kg fährt nach rechts und verfolgt mit 30 m/s ein zweites Auto derselben Masse, das mit 10 m/s in dieselbe Richtung fährt. a) Die beiden Autos stoßen zusammen und bleiben aneinanderhaften. Wie hoch ist ihre Geschwindigkeit unmittelbar nach dem Stoß? b) Welcher Anteil der kinetischen Energie geht bei diesem Stoß verloren? Wo bleibt er?

6.21 • Ein 5,0 kg schwerer Körper stößt mit 4,0 m/s frontal auf einen 10 kg schweren zweiten Körper, der ihm mit 3,0 m/s entgegenkommt. Der schwerere Körper kommt durch den Stoß zum Stillstand. a) Wie hoch ist die Geschwindigkeit des 5,0 kg schweren Körpers nach dem Stoß? b) Ist der Stoß elastisch?

6.22 •• Bei einem elastischen Stoß trifft ein Proton der Masse m_P zentral auf einen ruhenden Kohlenstoffkern der Masse $12\,m_P$. Die Geschwindigkeit des Protons beträgt 300 m/s. Berechnen Sie die Geschwindigkeiten des Protons und des Kohlenstoffkerns nach dem Stoß.

6.23 •• Ein Proton der Masse m_P bewegt sich mit einer Anfangsgeschwindigkeit v_0 auf ein ruhendes Alphateilchen der Masse $4\,m_P$ zu. Weil beide Teilchen positive Ladung tragen, stoßen sie einander ab. (Die abstoßenden Kräfte sind so groß, dass die beiden Teilchen nicht in direkten Kontakt treten.) Berechnen Sie die Geschwindigkeit v_α des Alphateilchens, a) wenn der Abstand zwischen den beiden Teilchen minimal ist, und b) zu einem späteren Zeitpunkt, wenn die beiden Teilchen weit voneinander entfernt sind.

6.24 •• Eine Kugel mit der Masse 16 g wird auf den Pendelkörper eines ballistischen Pendels mit der Masse 1,5 kg abgefeuert (Abb. 6.5). Wenn der Pendelkörper seine maximale Höhe erreicht hat, bilden die 2,3 m langen Schnüre einen Winkel von 60° mit der Vertikalen. Berechnen Sie die Geschwindigkeit der Kugel vor dem Einschlag.

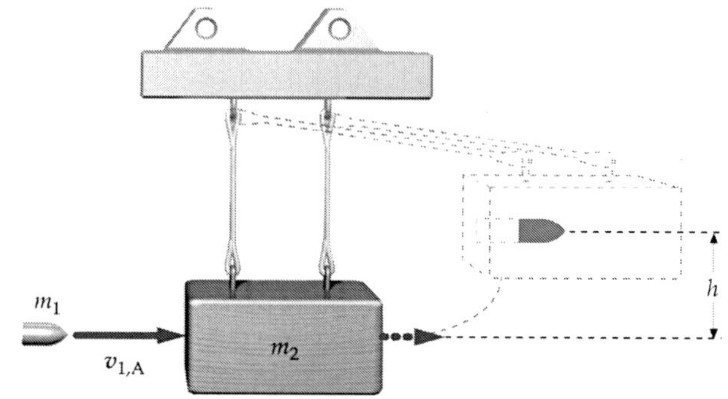

Abb. 6.5 Zu Aufgabe 6.24

6.25 •• Bei einem eindimensionalen elastischen Stoß sind die Masse und die anfängliche Geschwindigkeit des ersten Körpers durch m_1 bzw. $v_{1,A}$ gegeben, die des zweiten Körpers durch m_2 bzw. $v_{2,A}$. Zeigen Sie, dass dann für die Endgeschwindigkeiten $v_{1,E}$ und $v_{2,E}$ gilt

$$v_{1,E} = \frac{m_1 - m_2}{m_1 + m_2}\, v_{1,A} + \frac{2\,m_2}{m_1 + m_2}\, v_{2,A}\,,$$

und

$$v_{2,E} = \frac{2\,m_1}{m_1 + m_2}\, v_{1,A} + \frac{m_2 - m_1}{m_1 + m_2}\, v_{2,A}\,.$$

6.26 •• Eine Kugel der Masse m_1 trifft mit der Geschwindigkeit v_0 horizontal auf den Pendelkörper eines ballistischen Pendels der Masse m_2. Der Pendelkörper ist an einem Ende an einer sehr leichten Stange der Länge l befestigt, die am anderen Ende frei drehbar aufgehängt ist. Die Kugel bleibt im Pendelkörper stecken. Geben Sie einen Ausdruck für die Geschwindigkeit v_0 an, die die Kugel mindestens haben muss, damit der Pendelkörper eine vollständige Umdrehung ausführt.

6.27 •• Das Berylliumisotop ^{8}Be ist instabil und zerfällt in zwei Alphateilchen der Masse $m_\alpha = 6{,}64 \cdot 10^{-27}$ kg, wobei eine Energie von $1{,}5 \cdot 10^{-14}$ J frei wird. Bestimmen Sie die Geschwindigkeit der beiden Alphateilchen, die aus dem Zerfall des anfangs ruhenden Berylliumkerns hervorgehen. Nehmen Sie an, dass sämtliche Energie als kinetische Energie der Teilchen frei wird.

*Stöße in mehr als einer Raumrichtung

6.28 •• Auf geometrische Weise kann man beweisen, dass die Geschwindigkeitsvektoren zweier Teilchen gleicher Masse, von denen eines anfangs in Ruhe ist, nach einem nicht zentralen elastischen Stoß im rechten Winkel zueinander stehen. In dieser Aufgabe sollen Sie diese Aussage auf einem anderen Weg beweisen, bei dem der Nutzen der Vektorschreibweise deutlich wird. a) Gegeben sind drei Vektorbeträge A, B und C, für die gilt: $A = B + C$. Quadrieren Sie beide Seiten dieser Gleichung (d. h., bilden Sie das Skalarprodukt jeder Seite mit sich selbst) und zeigen Sie, dass $A^2 = B^2 + C^2 + 2BC$ gilt. b) Der Impuls des sich anfänglich bewegenden Teilchens ist p, und die Impulse der Teilchen nach dem Stoß sind p_1 und p_2. Schreiben Sie die Vektorgleichung für die Impulserhaltung und quadrieren Sie beide Seiten (d. h., bilden Sie das Skalarprodukt jeder Seite mit sich selbst). Vergleichen Sie diesen Ausdruck mit der Gleichung, die Sie aus der Bedingung für den elastischen Stoß (Erhaltung der kinetischen Energie) herleiten, und zeigen Sie schließlich, dass aus den beiden Gleichungen folgt: $p_1 p_2 = 0$.

6.29 •• Bei einer Billardpartie stößt der Spielball mit $5{,}0\,\text{m/s}$ elastisch auf eine ruhende andere Kugel. Nach dem Stoß entfernt sich die andere Kugel nach rechts, in einem Winkel von $30°$ zur ursprünglichen Richtung des Spielballs fort. Beide Kugeln haben die gleiche Masse. a) Geben Sie die Bewegungsrichtung des Spielballs unmittelbar nach dem Stoß an. b) Berechnen Sie die Geschwindigkeiten der beiden Kugeln unmittelbar nach dem Stoß.

6.30 •• Ein Puck der Masse $5{,}0\,\text{kg}$ und der Geschwindigkeit $2{,}0\,\text{m/s}$ stößt auf einen identischen Puck, der auf einer reibungsfreien Eisfläche liegt. Nach dem Stoß entfernt sich der erste Puck mit der Geschwindigkeit v_1 im Winkel von $30°$ zu seiner ursprünglichen Richtung; der zweite Puck entfernt sich mit v_2 im Winkel von $60°$ (Abb. 6.6). a) Berechnen Sie die Geschwindigkeiten v_1 und v_2. b) War der Stoß elastisch?

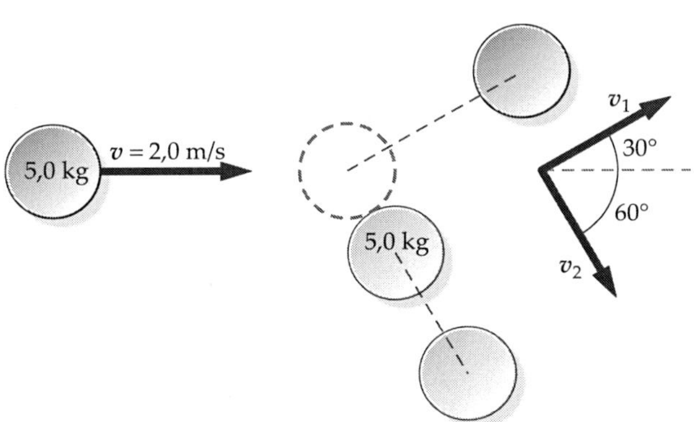

Abb. 6.6 Zu Aufgabe 6.30

6.31 ••• In einem Billardspiel trifft eine Kugel mit der Geschwindigkeit v_0 nicht zentral auf eine zweite Kugel. Der Stoß ist elastisch, die zweite Kugel ruht vor dem Stoß, und die erste Kugel wird durch den Stoß um $30°$ aus ihrer ursprünglichen Bewegungsrichtung abgelenkt. Welche Geschwindigkeit hat die zweite Kugel nach dem Stoß? (Beide Kugeln sollen dieselbe Masse haben.)

6.32 •• Ein Teilchen hat eine Anfangsgeschwindigkeit v_0. Es stößt mit einem ruhenden Teilchen derselben Masse zusammen und wird um einen Winkel ϕ abgelenkt. Seine Geschwindigkeit nach dem Stoß ist v. Das zweite Teilchen erfährt einen Rückstoß, und seine Richtung bildet einen Winkel θ mit der ursprünglichen Richtung des ersten Teilchens. a) Zeigen Sie, dass $\tan\theta = (v\sin\phi)/(v_0 - v\cos\phi)$ gilt. b) Zeigen Sie, dass für den Fall eines elastischen Stoßes $v = v_0\cos\phi$ gilt.

6.33 ••• Das Borisotop ^9B ist instabil und zerfällt in ein Proton und zwei Alphateilchen. Dabei werden $4{,}4 \cdot 10^{-14}\,\text{J}$ als kinetische Energie der Zerfallsprodukte frei. Bei einem solchen Zerfall wird die Geschwindigkeit des Protons zu $6{,}0 \cdot 10^6\,\text{m/s}$ gemessen, wenn der Borkern anfangs in Ruhe ist. Nehmen Sie an, dass beide Alphateilchen gleiche Energien haben. Berechnen Sie, wie schnell und in welche Richtungen bezüglich der Richtung des Protons sich die beiden Alphateilchen bewegen.

Elastizitätszahl

6.34 • Sie haben die Aufgabe, die Elastizitätszahl einer neuen Stahllegierung zu messen. Sie überzeugen Ihre Kollegen, den Wert einfach dadurch zu bestimmen, dass sie aus der Legierung eine Kugel und eine Platte fertigen und dann die Kugel auf die Platte fallen lassen. Die Kugel fällt aus $3{,}0\,\text{m}$ Höhe und springt $2{,}5\,\text{m}$ hoch zurück. Wie groß ist die Elastizitätszahl?

6.35 •• Ein Block der Masse $2{,}0\,\text{kg}$ bewegt sich mit $5{,}0\,\text{m/s}$ nach rechts und stößt mit einem Block der Masse $3{,}0\,\text{kg}$ zusammen, der sich mit $2{,}0\,\text{m/s}$ in dieselbe Richtung bewegt (siehe Abbildung). Nach dem Stoß bewegt sich der schwerere Block mit $4{,}2\,\text{m/s}$ nach rechts. Berechnen Sie a) die Geschwindigkeit des leichteren Blocks nach dem Stoß und b) die Elastizitätszahl zwischen den beiden Blöcken.

Allgemeine Aufgaben

6.36 • Ein Auto mit einer Masse von $1500\,\text{kg}$ fährt mit $70\,\text{km/h}$ nach Norden. An einer Kreuzung stößt es mit einem Auto mit der Masse $2000\,\text{kg}$ zusammen, das mit $55\,\text{km/h}$ nach Westen fährt. Die beiden Autos verkeilen sich ineinander und bleiben aneinanderhaften. a) Wie groß ist der Gesamtimpuls des Systems vor dem Stoß? b) Ermitteln Sie Betrag und Richtung der Geschwindigkeit der beiden verkeilten Wracks unmittelbar nach dem Stoß.

6.37 •• Eine Frau von $60\,\text{kg}$ steht auf einem $6{,}0\,\text{m}$ langen Floß von $120\,\text{kg}$ auf einem stehenden Gewässer. Das Floß kann sich reibungsfrei auf der ruhigen Wasseroberfläche bewegen, jetzt aber ruht es in $0{,}50\,\text{m}$ Entfernung von einem festen Pier (Abb. 6.7). a) Die Frau geht zum Ende des Floßes und hält an. Wie weit ist sie jetzt vom Pier entfernt? b) Während die Frau läuft, hat sie eine konstante Geschwindigkeit von $3{,}0\,\text{m/s}$ relativ zum Floß. Berechnen Sie die kinetische Gesamtenergie des Systems (Frau + Floß) und vergleichen Sie sie mit der kinetischen Energie, die sich ergäbe, wenn die Frau mit $3{,}0\,\text{m/s}$ auf einem am Pier vertäuten Floß liefe. c) Woher kommt die Energie, und wo bleibt sie, wenn die Frau am Ende des Floßes stoppt? d) An Land kann die Frau einen Beutel mit Bleischrot 6,0 m weit werfen. Sie steht jetzt am hinteren Ende des Floßes, zielt über das Floß und wirft den Beutel so, dass er ihre Hand mit derselben Geschwindigkeit verlässt wie bei einem Wurf an Land. Geben Sie näherungsweise an, wo der Beutel landet.

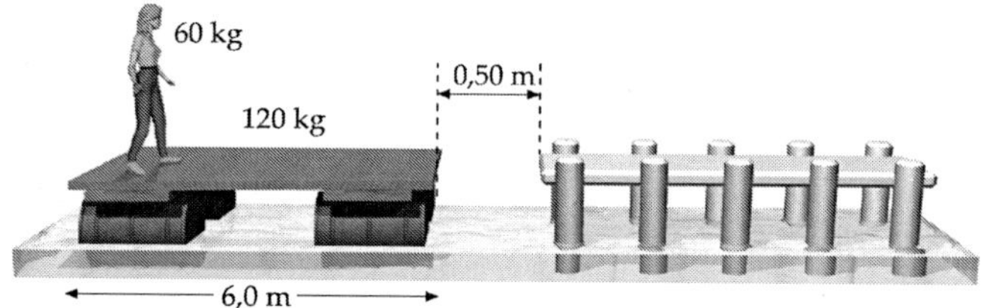

Abb. 6.7 Zu Aufgabe 6.37

6.38 ••• Bei der sogenannten Swing-by-Technik wird die Energieübertragung bei einem elastischen Stoß ausgenutzt, um die Energie einer Raumsonde so stark zu erhöhen, dass sie das Sonnensystem verlassen kann. Alle Geschwindigkeiten werden hier in einem Inertialsystem angegeben, bei dem der Sonnenmittelpunkt in Ruhe ist. Abb. 6.8 zeigt eine Raumsonde, die sich mit 10,4 km/s dem Planeten Saturn nähert, der ihr mit 9,6 km/s näherungsweise entgegenkommt. Wegen der Anziehungskraft zwischen Saturn und Sonde schwingt die Sonde um den Planeten herum und rast mit einer Geschwindigkeit v_E in etwa entgegengesetzter Richtung weiter. a) Fassen Sie diesen Vorgang als elastischen Stoß in einer Dimension auf, wobei die Saturnmasse sehr viel größer ist als die Masse der Raumsonde. Berechnen Sie v_E. b) Um welchen Faktor nimmt die kinetische Energie der Raumsonde zu? Woher kommt die zusätzliche Energie?

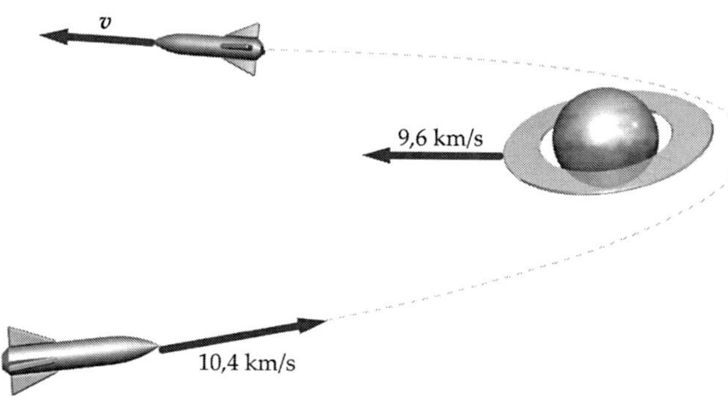

Abb. 6.8 Zu Aufgabe 6.38

6.39 ••• Ein Neutron der Masse m_n stößt elastisch zentral mit einem ruhenden Atomkern der Masse m_K zusammen. a) Zeigen Sie, dass für die kinetische Energie des Kerns $E_{\mathrm{kin,K}} = E_{\mathrm{kin,n}}\, 4\, m_n\, m_K/(m_n + m_K)^2$ gilt, wobei $E_{\mathrm{kin,n}}$ die kinetische Anfangsenergie des Neutrons bezeichnet. b) Zeigen Sie, dass für den anteiligen Energieverlust des Neutrons bei diesem Stoß gilt:

$$\frac{\Delta E_{\mathrm{kin,n}}}{E_{\mathrm{kin,n}}} = \frac{-4\,(m_n/m_K)}{\left(1 + [m_n/m_K]\right)^2}.$$

c) Zeigen Sie, dass dieser Ausdruck sowohl für $m_n \ll m_K$ als auch für $m_n = m_K$ plausible Ergebnisse liefert. Welche Art von ruhenden Kernen sollte man verwenden, wenn die Neutronen bei dem Stoß möglichst viel ihrer kinetischen Energie verlieren sollen?

6.40 ••• Die Masse eines Kohlenstoffkerns ist etwa zwölfmal so groß wie die eines Neutrons. a) Zeigen Sie mithilfe des Ergebnisses aus der vorigen Aufgabe, dass die kinetische Energie eines Neutrons nach n zentralen Stößen mit einem ruhenden Kohlenstoffkern nur noch etwa $0{,}716^n$ seiner anfänglichen kinetischen Energie $E_{\mathrm{kin,0}}$ beträgt. b) Die Neutronen, die bei der Spaltung eines Urankerns frei werden, haben eine kinetische Energie von etwa 2,0 MeV. Damit ein solches Neutron in einem Reaktor einen weiteren Urankern spalten kann, muss seine kinetische Energie auf etwa 0,020 eV verringert werden. Wie viele zentrale Stöße mit ruhenden Kohlenstoffkernen sind für diesen Energieverlust erforderlich?

Lösungen zu den Aufgaben

Verständnisaufgaben

L6.1 Für die kinetischen Energien der beiden Teilchen gilt

$$E_{\mathrm{kin,1}} = \frac{p_1^2}{2\, m_1} \quad \text{und} \quad E_{\mathrm{kin,2}} = \frac{p_2^2}{2\, m_2}.$$

Gleichsetzen der Energien liefert

$$\frac{p_1^2}{2\, m_1} = \frac{p_2^2}{2\, m_2}.$$

Wenn die beiden Impulsbeträge gleich sind, ist $p_1^2 = p_2^2$, und Kürzen der Gleichung ergibt

$$\frac{1}{m_1} = \frac{1}{m_2} \quad \text{sowie daraus} \quad m_1 = m_2.$$

L6.2 a) Richtig. Wir betrachten zwei Körper gleicher Masse, die sich gleich schnell in exakt entgegengesetzten Richtungen bewegen und dann vollständig inelastisch zusammenstoßen. Die mechanische Energie bzw. Bewegungsenergie des Systems bleibt nicht erhalten, sondern wird in Energie anderer Formen umgewandelt. Aber der Gesamtimpuls des Systems ist nach dem Stoß ebenso groß wie zuvor, nämlich null. Also kann bei einem inelastischen Stoß der Impuls erhalten bleiben, während sich die Bewegungsenergie ändert.

b) Falsch. Die auf ein System einwirkende resultierende äußere Kraft muss null sein, wenn sein Impuls erhalten bleiben soll.

c) Richtig. Die Einwirkung einer resultierenden äußeren Kraft auf das System führt zu einer Beschleunigung (oder Verzögerung) des Massenmittelpunkts, sodass sich dessen Geschwindigkeit ändert. Wirkt aber keine äußere Kraft, dann bleibt die Geschwindigkeit konstant.

L6.3 Beim Absprung muss das Boot, das ja eine ähnliche Masse wie das Kind hat und außerdem leicht beweglich ist, wegen der Impulserhaltung einen Rückstoß erfahren. Der Impuls des Kinds ist betragsmäßig ebenso groß wie der entgegengesetzt gerichtete Impuls, den es dem Boot verleiht. Den Impulsbetrag für den Rückstoß des Boots sowie die damit zusammenhängende Energie muss das Kind also zusätzlich aufbringen. Wenn das Kind aber an Land von einem Felsen auf einen Baumstamm springt, dann ist der von der Erde beim Absprung aufgenommene Impuls vernachlässigbar klein, weil die Erde wegen ihrer enorm hohen Masse praktisch nicht beschleunigt wird. Daher muss das Kind keinen zusätzlichen Rückstoßimpuls und damit auch keine zusätzliche Energie aufbringen.

L6.4 Die kinetische Energie der gleitenden Kugel mit der Schwerpunktsgeschwindigkeit v_S ist $\frac{1}{2} m v_S^2$, und die der rollenden Kugel ist $\frac{1}{2} m v_S^2 + E_{\mathrm{kin,rel}}$. Dabei ist $E_{\mathrm{kin,rel}}$ die kinetische Energie relativ zu ihrem Massenmittelpunkt. Weil die Kugeln identisch sind und sich gleich schnell vorwärts bewegen, hat die rollende Kugel die höhere Energie. Es liegt kein Widerspruch zur Beziehung $E_{\mathrm{kin}} = p^2/(2\,m)$ vor, denn diese gilt für den Impuls p und die kinetische Energie E_{kin} des Schwerpunkts der Kugel, wobei die Rotation außer Betracht bleibt.

L6.5 a) Falsch. Wir betrachten einen vollständig inelastischen Stoß, nach dem die Körper aneinanderhaften bleiben. Ob sie dann ruhen oder sich bewegen, hängt von den Impulsen ab, die sie vorher hatten.

b) Richtig. Bei einem zentralen elastischen Stoß bleiben sowohl der gesamte Impuls als auch die gesamte kinetische Energie erhalten. Daher ist die relative Geschwindigkeit des Entfernens genauso groß wie die des Annäherns.

L6.6 Die Rakete muss sich beim Aufstieg sozusagen an nichts abstoßen. Ihren Vorwärtsimpuls erhält sie durch Ausstoßen der Verbrennungsgase entgegen ihrer Beschleunigungsrichtung. Dabei bleibt der Gesamtimpuls erhalten, und es ist unerheblich, ob das in der Erdatmosphäre oder im luftleeren Weltraum geschieht.

L6.7 Wir bezeichnen die Endgeschwindigkeit beider Körper nach dem inelastischen Stoß jeweils mit v_E.

a) Im ersten Fall nähern sich die Körper einander mit gleich hohen, entgegengesetzt gerichteten Geschwindigkeiten. Wegen der Impulserhaltung sind Anfangs- und Endimpuls gleich: $p_A = p_E$. Daher ist

$$m\,v/2 - m\,v/2 = 2\,m\,v_E$$

und somit $v_E = 0$.

Die Differenz der kinetischen Energien ist

$$\Delta E_{\mathrm{kin}} = E_{\mathrm{kin,E}} - E_{\mathrm{kin,A}} = 0 - \frac{2\,m}{2}\left(\frac{v}{2}\right)^2 = -\frac{m\,v^2}{4}.$$

Im zweiten Fall ist einer der Körper anfangs in Ruhe. Wegen der Impulserhaltung ist $p_A = p_E$ und daher $m\,v = 2\,m\,v_E$. Daraus folgt $v_E = \frac{1}{2}\,v$. Die Differenz der kinetischen Energien ist damit

$$\Delta E_{\mathrm{kin}} = E_{\mathrm{kin,E}} - E_{\mathrm{kin,A}} = \frac{2\,m}{2}\left(\frac{v}{2}\right)^2 - \frac{m\,v^2}{2} = -\frac{m\,v^2}{4}.$$

Der Verlust an kinetischer Energie ist also in beiden Fällen gleich groß.

b) Der relative bzw. prozentuale Verlust an kinetischer Energie ist im ersten Fall (beide Körper bewegten sich anfangs mit $|v/2|$ gleich schnell):

$$\frac{|\Delta E_{\mathrm{kin}}|}{E_{\mathrm{kin,A}}} = \frac{\frac{1}{4}\,m\,v^2}{\frac{1}{4}\,m\,v^2} = 100\,\%.$$

Im zweiten Fall, bei dem sich anfangs nur einer der Körper bewegte (aber mit doppelt so hoher Geschwindigkeit v), ergibt sich

$$\frac{|\Delta E_{\mathrm{kin}}|}{E_{\mathrm{kin,A}}} = \frac{\frac{1}{4}\,m\,v^2}{\frac{1}{2}\,m\,v^2} = 50\,\%.$$

Der relative bzw. prozentuale Verlust an kinetischer Energie ist also am größten, wenn sich beide Körper mit Geschwindigkeiten gleichen Betrags $v/2$ frontal aufeinander zu bewegen.

L6.8 Wir bezeichnen die Teilchen mit den Indices 1 und 2. Als positive x-Richtung nehmen wir die Bewegungsrichtung des Teilchens 1 an. Wegen der Impulserhaltung gilt für die Anfangs- und die Endgeschwindigkeiten

$$m_1\,v_{1,A} = m_1\,v_{1,E} + m_2\,v_{2,E}.$$

Wegen der Erhaltung der mechanischen Energie ist

$$v_{2,E} - v_{1,E} = -\left(v_{2,A} - v_{1,A}\right) = v_{1,A}.$$

Dies ergibt $v_{1,E} = v_{2,E} - v_{1,A}$. Das setzen wir in die erste Gleichung ein:

$$m_1\,v_{1,A} = m_1\left(v_{2,E} - v_{1,A}\right) + m_2\,v_{2,E}.$$

Daraus folgt

$$v_{2,E} = \frac{2\,m_1}{m_1 + m_2}\,v_{1,A}.$$

Nun drücken wir das Verhältnis der kinetischen Energien in Abhängigkeit von den beiden Massen aus:

$$\frac{E_{\mathrm{kin,2,E}}}{E_{\mathrm{kin,1,A}}} = \frac{\frac{1}{2}\,m_2\left(\dfrac{2\,m_1}{m_1 + m_2}\right)^2 v_{1,A}^2}{\frac{1}{2}\,m_1\,v_{1,A}^2} = \frac{m_2}{m_1}\,\frac{4\,m_1^2}{\left(m_1 + m_2\right)^2}.$$

Dies differenzieren wir nach m_2 und setzen die Ableitung gleich null. Das ergibt

$$-\frac{m_2^2}{m_1^2} + 1 = 0 \qquad \text{und daher} \qquad m_2 = m_1\,.$$

Die Aussage b ist also richtig, denn im Fall $m_2 = m_1$ wird die gesamte kinetische Energie des ersten Teilchens auf das zweite übertragen.

L6.9 Wenn das Wasser die Düse passiert, muss es wegen der Krümmung seine Richtung ändern. Dazu muss die Düse eine Kraft in Richtung der Impulsänderung des Wasserstrahls ausüben. Und dieser Kraft müssen Sie mit Ihrer Hand entgegenwirken, um die Düse festzuhalten.

L6.10 Wir nehmen der Einfachheit halber an, dass das Segel genau senkrecht zur Bewegungsrichtung des Segelboots angebracht ist und dass die Luftmoleküle mit einem (vom Ventilator verliehenen) Gesamtimpuls p in Fahrtrichtung senkrecht auf die Segelfläche auftreffen. Weiterhin sollen die Luftmoleküle vom Segel elastisch nach hinten abprallen. Dabei ändert sich ihr Impuls um $2\,p$. Also ist der Betrag der Impulsänderung gleich p, und der resultierende Impuls der Luftmoleküle ist rückwärts gerichtet. Wegen der Erhaltung des Impulses erfährt das Segelboot einen gleich großen Impuls p in Vorwärtsrichtung.

Schätzungs- und Näherungsaufgaben

L6.11 a) Die Stoßzeit Δt ist der Quotient aus der Abbremsungsstrecke s_B und der mittleren Geschwindigkeit $\langle v \rangle$ während des Stoßes: $\Delta t = s_\text{B} / \langle v \rangle$.

Wir berechnen zunächst die mittlere Geschwindigkeit während des Stoßes. Sie ist der Mittelwert aus der Endgeschwindigkeit null und der (gegebenen) Anfangsgeschwindigkeit:

$$\langle v \rangle = \frac{v_\text{E} + v_\text{A}}{2} = \frac{0 + \dfrac{90\,\text{km}}{\text{h}}\,\dfrac{1\,\text{h}}{3600\,\text{s}}\,\dfrac{1000\,\text{m}}{\text{km}}}{2}$$
$$= 12{,}5\,\text{m} \cdot \text{s}^{-1}\,.$$

Die Abbremsungsstrecke s_B entspricht (wie gegeben) einem Viertel der Wagenlänge: $s_\text{B} = \frac{1}{4}\,l$. Damit erhalten wir bei einer Wagenlänge von $6{,}0\,\text{m}$ für die Stoßzeit

$$\Delta t = \frac{s_\text{B}}{\langle v \rangle} = \frac{\frac{1}{4}\,(6{,}0\,\text{m})}{12{,}5\,\text{m} \cdot \text{s}^{-1}} = 0{,}120\,\text{s} = 0{,}12\,\text{s}\,.$$

b) Die mittlere Kraft ergibt sich (mit derselben Umrechnung der Geschwindigkeitseinheit in $\text{m} \cdot \text{s}^{-1}$ wie zuvor) zu

$$\langle F \rangle = \frac{\Delta p}{\Delta t} = \frac{(2000\,\text{kg})\,(90\,\text{km} \cdot \text{h}^{-1})}{0{,}120\,\text{s}} = 4{,}2 \cdot 10^5\,\text{N}\,.$$

L6.12 Die Elastizitätszahl ist durch das Verhältnis der Relativgeschwindigkeiten

$$e = \frac{v_\text{rel,nach}}{v_\text{rel,vor}}$$

gegeben. Gehen wir davon aus, dass das Stroboskop in konstanten Zeitabständen beleuchtet, können wir Abstände benachbarter Bilder desselben Objekts als näherungsweise proportional zur Geschwindigkeit annehmen. In diesem Fall ergibt sich durch Nachmessen etwa

$$e = \frac{v_{B,E} - v_{S,E}}{v_{S,A}} \approx 0{,}69\,.$$

Die Anfangsgeschwindigkeit des Balls verschwindet, $v_{B,A} = 0$. Die absoluten Größen hängen vom Maßstab der Reproduktion des Bilds ab.

Impulserhaltung

L6.13 Bei diesem explosionsähnlichen Vorgang bleibt der Impuls erhalten. Also können wir in x-Richtung und in y-Richtung jeweils den Anfangs- und den Endimpuls gleichsetzen. Die positive x-Richtung soll die nach rechts und die positive y-Richtung die nach oben sein. Damit erhalten wir für die Impulse in y-Richtung

$$\sum p_{y,\text{A}} = \sum p_{y,\text{E}} = m\,v_2 - 2\,m\,v_1$$
$$= m\,(2\,v_1) - 2\,m\,v_1 = 0\,.$$

Daher muss vor der Explosion der gesamte Impuls die x-Richtung (nach rechts) gehabt haben. Für die Impulse in dieser Richtung ergibt sich

$$\sum p_{x,\text{A}} = \sum p_{x,\text{E}} \qquad \text{bzw.} \qquad 4\,m\,v_\text{A} = m\,v_3\,.$$

Daraus folgt $v_\text{A} = \frac{1}{4}\,v_3$. Also ist Aussage c richtig.

L6.14 a) Das System besteht aus der Erde, dem Keil und dem Block. Weil keine äußere Einwirkung vorliegt, bleiben Energie und Impuls des gesamten Systems erhalten. Also gilt für die Energieänderungen $\Delta E_\text{kin} + \Delta E_\text{pot} = 0$ und daher

$$E_\text{kin,E} - E_\text{kin,A} + E_\text{pot,E} - E_\text{pot,A} = 0\,.$$

Wir setzen die potenzielle Energie des Blocks nach dem Herabgleiten gleich null. Also ist

$$E_\text{kin,E} - E_\text{pot,A} = 0\,.$$

Mit den Indices B für den Block und K für den Keil ergibt sich daraus

$$\tfrac{1}{2}\,m\,v_\text{B}^2 + \tfrac{1}{2}\,m_\text{K}\,v_\text{K}^2 - m\,g\,h = 0\,. \qquad (1)$$

Aufgrund der Impulserhaltung gilt

$$\Delta \boldsymbol{p}_\text{System} = \Delta \boldsymbol{p}_\text{B} + \Delta \boldsymbol{p}_\text{K} = 0$$

bzw. mit den Anfangswerten (A) und den Endwerten (E):

$$p_{\mathrm{B,E}} - p_{\mathrm{B,A}} + p_{\mathrm{K,E}} - p_{\mathrm{K,A}} = 0.$$

Die Anfangsimpulse sind null, sodass für die Impulse am Ende (vereinfacht, d. h. ohne den Index E geschrieben) gilt:

$$p_{\mathrm{B}} + p_{\mathrm{K}} = 0$$

und daher

$$-m\, v_{\mathrm{B}}\, \widehat{\boldsymbol{x}} + m_{\mathrm{K}}\, v_{\mathrm{K}}\, \widehat{\boldsymbol{x}} = 0 \quad \text{bzw.} \quad -m\, v_{\mathrm{B}} + m_{\mathrm{K}}\, v_{\mathrm{K}} = 0.$$

Daraus folgt

$$v_{\mathrm{K}} = \frac{m}{m_{\mathrm{K}}}\, v_{\mathrm{B}}. \tag{2}$$

Das setzen wir in Gleichung 1 ein:

$$\tfrac{1}{2}\, m\, v_{\mathrm{B}}^2 + \tfrac{1}{2}\, m_{\mathrm{K}} \left(\frac{m}{m_{\mathrm{K}}}\, v_{\mathrm{B}} \right)^2 - m\, g\, h = 0.$$

Daraus ergibt sich für die Endgeschwindigkeit des Blocks

$$v_{\mathrm{B}} = \sqrt{\frac{2\, g\, h\, m_{\mathrm{K}}}{m_{\mathrm{K}} + m}}. \tag{3}$$

Entsprechend folgt für die Endgeschwindigkeit des Keils

$$v_{\mathrm{K}} = \frac{m}{m_{\mathrm{K}}} \sqrt{\frac{2\, g\, h\, m_{\mathrm{K}}}{m_{\mathrm{K}} + m}} = \sqrt{\frac{2\, g\, h\, m^2}{m_{\mathrm{K}}\, (m_{\mathrm{K}} + m)}}. \tag{4}$$

b) Wir dividieren in Gleichung 3 den Zähler und den Nenner unter der Wurzel durch m_{K}. Das ergibt

$$v_{\mathrm{B}} = \sqrt{\frac{2\, g\, h}{1 + \dfrac{m}{m_{\mathrm{K}}}}}.$$

Bei $m_{\mathrm{K}} \gg m$ wird dies zu $v_{\mathrm{B}} = \sqrt{2\, g\, h}$.

Nun dividieren wir in Gleichung 4 den Zähler und den Nenner unter der Wurzel durch m_{K}. Das ergibt

$$v_{\mathrm{K}} = \sqrt{\frac{2\, g\, h \left(\dfrac{m}{m_{\mathrm{K}}} \right)^2}{1 + \dfrac{m}{m_{\mathrm{K}}}}}.$$

Bei $m_{\mathrm{K}} \gg m$ wird dies zu $v_{\mathrm{K}} = 0$.

Diese Ergebnisse entsprechen genau unseren Erwartungen: Wenn der Keil eine sehr viel größere Masse als der Block hat, können wir ihn als unbewegliche geneigte Ebene ansehen.

L6.15 Aufgrund der Impulserhaltung muss die Erde die Impulsänderung der Spielerin von $m \cdot v = 70\,\mathrm{kg\,m/s}$ komplett aufnehmen. Damit hat $p_E = -70\,\mathrm{kg\,m/s}$ denselben Betrag wie die Impulsänderung der Spielerin. Die mit dieser Impulsänderung verbundene kinetische Energie ist aber $E_{\mathrm{kin}} = p^2/(2m)$. Da die Erde eine um 23 Größenordnungen höhere Masse hat, nimmt sie eine vernachlässigbare, um 23 Größenordnungen geringere kinetische Energie auf. Aus der Sicht der Energieerhaltung kann also vernachlässigt werden, dass die Erde sich bei dem Sprung geringfügig mitbewegt, aus Sicht der Impulserhaltung nicht.

Kraftstoß und zeitliches Mittel einer Kraft

L6.16 a) Der Kraftstoß entspricht der Änderung des Impulses des Balls: $\Delta p = p_{\mathrm{E}} - p_{\mathrm{A}}$. Weil die Anfangsgeschwindigkeit des Balls null ist, gilt: $\Delta p = m\, v_{\mathrm{E}}$. Also ist

$$\Delta p = \left(0{,}43\,\mathrm{kg}\right)\left(25\,\mathrm{m \cdot s^{-1}}\right) = 10{,}8\,\mathrm{N \cdot s} = 11\,\mathrm{N \cdot s}.$$

b) Der Kraftstoß ist gleich dem Produkt aus der mittleren Kraft, die Sie auf den Ball ausüben, und der Zeitspanne, während der sie wirkt: $\Delta p = \langle F \rangle\, \Delta t$. Daher erhalten wir für die mittlere Kraft

$$\langle F \rangle = \frac{\Delta p}{\Delta t} = \frac{10{,}8\,\mathrm{N \cdot s}}{0{,}0080\,\mathrm{s}} = 1{,}3\,\mathrm{kN}.$$

L6.17 Die Abbildung zeigt die Gegebenheiten. Der Ball kommt von unten links und prallt nach oben links ab. Die positive x-Richtung ist die nach rechts. Durch den Aufprall ändert sich der Impuls des Balls, weil die Wand eine Kraft auf ihn ausübt. Die Reaktionskraft ist die, die der Ball auf die Wand ausübt. Weil Kraft und Reaktionskraft gleich große Beträge haben, können wir die mittlere Kraft, die die Wand auf den Ball ausübt, aus dessen Impulsänderung ermitteln.

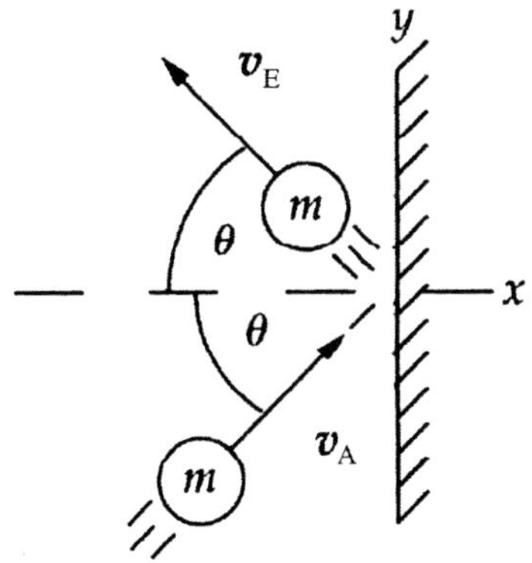

Gemäß dem dritten Newton'schen Axiom ist

$$\langle \boldsymbol{F}_{\mathrm{auf\,Wand}} \rangle = -\langle \boldsymbol{F}_{\mathrm{auf\,Ball}} \rangle.$$

Die Beträge der Kräfte sind gleich:

$$\langle F_{\mathrm{auf\,Wand}} \rangle = \langle F_{\mathrm{auf\,Ball}} \rangle.$$

Die mittlere Kraft, die auf den Ball wirkt, ergibt sich aus dessen Impulsänderung:

$$\langle F_{\text{auf Ball}}\rangle = \frac{\Delta p}{\Delta t} = \frac{m\,\Delta v}{\Delta t}\,.$$

Beim Stoß bleibt die y-Komponente der Geschwindigkeit v unverändert, und wir müssen nur die Geschwindigkeitsänderung des Balls in x-Richtung betrachten. Mit $v_{A,x} = v\cos\theta$ und $v_{E,x} = -v\cos\theta$ gilt hierfür

$$\Delta v_x = v_{E,x}\,\widehat{x} - v_{A,x}\,\widehat{x} = -\left(v\cos\theta\right)\widehat{x} - \left(v\cos\theta\right)\widehat{x}$$
$$= -2\left(v\cos\theta\right)\widehat{x}\,.$$

Damit erhalten wir für die mittlere Kraft auf den Ball

$$\langle F_{\text{auf Ball}}\rangle = \frac{m\,\Delta v}{\Delta t} = -\frac{2\,m\,v\cos\theta}{\Delta t}\,\widehat{x}\,.$$

Für den Betrag dieser Kraft ergibt sich damit

$$\langle F_{\text{auf Ball}}\rangle = \frac{2\left(0{,}060\,\text{kg}\right)\left(5{,}0\,\text{m}\cdot\text{s}^{-1}\right)\cos 40°}{2{,}0\,\text{ms}} = 0{,}23\,\text{kN}\,.$$

Die auf die Wand wirkende Kraft hat, wie bereits festgestellt, den gleichen Betrag.

L6.18 Die Abbildung zeigt die Gegebenheiten beim Landen des Stabhochspringers, der mit der Geschwindigkeit v auf dem Luftkissen auftrifft.

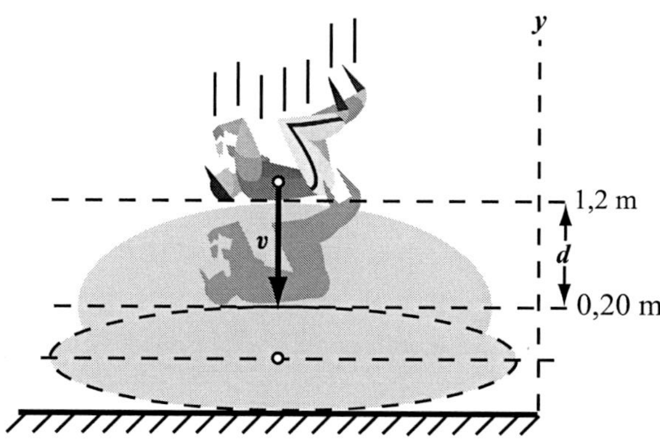

a) Der Springer wird durch das Kissen in der Zeitspanne Δt bis auf die Geschwindigkeit null abgebremst. Dabei übt das Kissen die mittlere Kraft $\langle F\rangle$ auf ihn aus. Mit der Impulsänderung Δp des Springers gilt daher

$$\langle F\rangle\,\Delta t = \Delta p\,.$$

Wir kennen weder die mittlere Kraft noch den Impuls oder die Geschwindigkeit des Springers. Wenn er die Masse m hat und aus der Höhe Δy auf das Luftkissen fällt, hat er beim Auftreffen die anfängliche kinetische Energie $E_{\text{kin,A}} = m\,g\,\Delta y$, die ja betragsmäßig seiner potenziellen Energie am höchsten Punkt entspricht. Am Ende, wenn er auf dem komprimierten Kissen ruht, ist seine kinetische Energie gleich null. Also gilt

$$\Delta E_{\text{kin}} = 0 - E_{\text{kin,A}} = -m\,g\,\Delta y\,.$$

Außerdem ist diese Energieänderung betragsmäßig gleich der Arbeit $\langle F\rangle\,d$, die das Kissen am Springer während des Abbremsens längs der Strecke d verrichtet. Daher gilt $\Delta E_{\text{kin}}/d = \langle F\rangle$. Einsetzen in die obige Gleichung für die Impulsänderung ergibt

$$\langle F\rangle\,\Delta t = \frac{\Delta E_{\text{kin}}}{d}\,\Delta t = \Delta p\,.$$

Für die Impulsänderung gilt $\Delta p = 0 - p_A$, weil der Springer am Ende ruht, d. h. $p_E = 0$ ist. Mit dem bekannten Zusammenhang

$$E_{\text{kin}} = \frac{p^2}{2\,m} \qquad \text{bzw.} \qquad p = \sqrt{2\,m\,E_{\text{kin}}}$$

ergibt sich für die Zeitspanne des Abbremsens

$$\Delta t = \frac{d\,\Delta p}{\Delta E_{\text{kin}}} = \frac{d\left(-p_A\right)}{-E_{\text{kin,A}}} = \frac{d\,p_A}{E_{\text{kin,A}}} = \frac{2\,m\,d\,p_A}{p_A^2}$$
$$= \frac{2\,m\,d}{p_A} = \frac{2\,m\,d}{\sqrt{2\,m\,E_{\text{kin,A}}}} = d\,\sqrt{\frac{2\,m}{E_{\text{kin,A}}}}\,.$$

Nun setzen wir den obigen Ausdruck $E_{\text{kin,A}} = m\,g\,\Delta y$ ein und erhalten

$$\Delta t = d\,\sqrt{\frac{2\,m}{m\,g\,\Delta y}} = d\,\sqrt{\frac{2}{g\,\Delta y}}$$
$$= \left(1{,}2\,\text{m} - 0{,}2\,\text{m}\right)$$
$$\cdot\,\sqrt{\frac{2}{\left(9{,}81\,\text{m}\cdot\text{s}^{-2}\right)\left(6{,}4\,\text{m} - 1{,}2\,\text{m}\right)}}$$
$$= 0{,}20\,\text{s}\,.$$

b) Bei den Sägespänen erhalten wir für die Zeitspanne

$$\Delta t = \left(0{,}2\,\text{m} - 0{,}05\,\text{m}\right)$$
$$\cdot\,\sqrt{\frac{2}{\left(9{,}81\,\text{m}\cdot\text{s}^{-2}\right)\left(6{,}4\,\text{m} - 0{,}2\,\text{m}\right)}}$$
$$= 0{,}027\,\text{s}\,.$$

c) Die Zeitspanne des Abbremsens ist, wie eben berechnet, beim Luftkissen über siebenmal länger als bei den Sägespänen. Weil die Impulsänderung $\Delta p = \langle F\rangle\,\Delta t$ des Springers dieselbe ist, ist die mittlere Kraft um denselben Faktor geringer. Wir haben das auch erwartet: Das Luftkissen bremst sanfter ab, weil die kinetische Energie über einen deutlich längeren Weg abgebaut wird.

L6.19 a) Die von den Tropfen, die die Anfangsgeschwindigkeit $v_A = 0$ haben, ausgeübte mittlere Kraft ist

$$\langle F\rangle = \frac{\Delta p_{\text{Tropfen}}}{\Delta t} = \frac{n}{\Delta t}\,m\left(v_E - v_A\right) = \frac{n}{\Delta t}\,m\,v_E\,.$$

Darin ist $n/\Delta t$ die Anzahl der Tropfen pro Zeiteinheit und v_E die Endgeschwindigkeit, mit der sie unten auftreffen. Die Masse eines Tropfens ist

$$m = \varrho\,V = \left(1{,}0\,\text{kg}\cdot\text{l}^{-1}\right)\left(0{,}030\,\text{l}\right) = 3{,}0\cdot 10^{-5}\,\text{kg}\,.$$

Wegen der Energieerhaltung gilt $\Delta E_{\text{kin}} + \Delta E_{\text{pot}} = 0$ und daher

$$E_{\text{kin,E}} - E_{\text{kin,A}} + E_{\text{pot,E}} - E_{\text{pot,A}} = 0 \,.$$

Wir setzen die potenzielle Energie $E_{\text{pot,E}}$ am Auftreffpunkt (unten) gleich null. Somit ist $E_{\text{kin,E}} - E_{\text{pot,A}} = 0$. Damit ergibt sich

$$\frac{1}{2}\, m\, v_{\text{E}}^2 - m\, g\, h = 0 \qquad \text{sowie} \qquad v_{\text{E}} = \sqrt{2\, g\, h} \,,$$

und wir erhalten (mit den gegebenen bzw. eben ermittelten Zahlenwerten) für die mittlere Kraft

$$\langle F \rangle = \frac{n}{\Delta t}\, m\, \sqrt{2\, g\, h} = 4{,}95 \cdot 10^{-5}\,\text{N} = 50\,\mu\text{N} \,.$$

b) Das Verhältnis der Gewichtskraft eines Tropfens zu dieser mittleren Kraft ist

$$\frac{F_{\text{G}}}{\langle F \rangle} = \frac{m\, g}{\langle F \rangle} = \frac{\left(3{,}0 \cdot 10^{-5}\,\text{kg}\right)\left(9{,}81\,\text{m} \cdot \text{s}^{-2}\right)}{4{,}95 \cdot 10^{-5}\,\text{N}} \approx 6 \,.$$

Stöße in einer Raumrichtung

L6.20 a) Die beiden Autos haben vor dem Stoß die Geschwindigkeiten v_1 bzw. v_2, und ihre gemeinsame Geschwindigkeit nach dem inelastischen Stoß ist v_{E}. Der Impuls bleibt erhalten: $p_{\text{A}} = p_{\text{E}}$. Daher ist $m\, v_1 + m\, v_2 = 2\, m\, v_{\text{E}}$, und die Endgeschwindigkeit ergibt sich zu

$$v_{\text{E}} = \frac{v_1 + v_2}{2} = \frac{(30 + 10)\,\text{m} \cdot \text{s}^{-1}}{2} = 20\,\text{m} \cdot \text{s}^{-1} \,.$$

b) Der beim Stoß verloren gegangene Anteil der kinetischen Energie der Autos ist

$$\begin{aligned}
\frac{\Delta E_{\text{kin}}}{E_{\text{kin,A}}} &= \frac{E_{\text{kin,E}} - E_{\text{kin,A}}}{E_{\text{kin,A}}} = \frac{E_{\text{kin,E}}}{E_{\text{kin,A}}} - 1 \\
&= \frac{\frac{1}{2}\,(2\,m)\, v_{\text{E}}^2}{\frac{1}{2}\, m\, v_1^2 + \frac{1}{2}\, m\, v_2^2} - 1 = \frac{2\, v_{\text{E}}^2}{v_1^2 + v_2^2} - 1 \\
&= \frac{2\,\left(20\,\text{m} \cdot \text{s}^{-1}\right)^2}{\left(30\,\text{m} \cdot \text{s}^{-1}\right)^2 + \left(10\,\text{m} \cdot \text{s}^{-1}\right)^2} - 1 = -0{,}20 \,.
\end{aligned}$$

Demnach gehen 20 % der anfänglich vorhandenen kinetischen Energie in Wärme-, Schall- und Verformungsenergie über.

L6.21 a) Als positive x-Richtung nehmen wir diejenige an, in der sich der 5-kg-Körper vor dem Stoß bewegt. Wir bezeichnen die Körper mit den Indices 5 bzw. 10, die für ihre jeweilige Masse stehen. Wegen der Impulserhaltung gilt $p_{\text{A}} = p_{\text{E}}$ und daher (weil der schwerere Körper zum Schluss ruht):

$$m_5\, v_{5,\text{A}} - m_{10}\, v_{10,\text{A}} = m_5\, v_{5,\text{E}} \,.$$

Damit ergibt sich

$$\begin{aligned}
v_{5,\text{E}} &= \frac{m_5\, v_{5,\text{A}} - m_{10}\, v_{10,\text{A}}}{m_5} \\
&= \frac{\left(5{,}0\,\text{kg}\right)\left(4{,}0\,\text{m} \cdot \text{s}^{-1}\right) - \left(10\,\text{kg}\right)\left(3{,}0\,\text{m} \cdot \text{s}^{-1}\right)}{\left(5{,}0\,\text{kg}\right)} \\
&= -2{,}0\,\text{m} \cdot \text{s}^{-1} \,.
\end{aligned}$$

Das Minuszeichen besagt, dass sich der 5-kg-Körper nach dem Stoß in der negativen x-Richtung bewegt.

b) Um festzustellen, ob der Stoß elastisch ist, vergleichen wir die Anfangs- und die Endenergie des Systems:

$$\begin{aligned}
\Delta E_{\text{kin}} &= E_{\text{kin,E}} - E_{\text{kin,A}} \\
&= \tfrac{1}{2}\left(5{,}0\,\text{kg}\right)\left(2{,}0\,\text{m} \cdot \text{s}^{-1}\right)^2 \\
&\quad - \Big[\tfrac{1}{2}\left(5{,}0\,\text{kg}\right)\left(4{,}0\,\text{m} \cdot \text{s}^{-1}\right)^2 \\
&\qquad + \tfrac{1}{2}\left(10\,\text{kg}\right)\left(3{,}0\,\text{m} \cdot \text{s}^{-1}\right)^2\Big] \\
&= -75\,\text{J} \,.
\end{aligned}$$

Es ist $\Delta E_{\text{kin}} \neq 0$; also ist der Stoß inelastisch.

L6.22 a) Als positive x-Richtung nehmen wir diejenige an, in der sich das Proton (P) vor dem Stoß mit dem Kern (K) bewegt. Die Impulserhaltung liefert uns eine Beziehung zwischen den Endgeschwindigkeiten:

$$m_{\text{P}}\, v_{\text{P,A}} = m_{\text{P}}\, v_{\text{P,E}} + m_{\text{K}}\, v_{\text{K,E}} \,. \tag{1}$$

Außerdem ist wegen der Erhaltung der mechanischen Energie die Rückstoßgeschwindigkeit gleich der negativen Annäherungsgeschwindigkeit:

$$v_{\text{K,E}} - v_{\text{P,E}} = -\left(v_{\text{K,A}} - v_{\text{P,A}}\right) = v_{\text{P,A}} \,. \tag{2}$$

Hieraus folgt $v_{\text{K,E}} = v_{\text{P,A}} + v_{\text{P,E}}$. Das setzen wir in Gleichung 1 ein und erhalten

$$m_{\text{P}}\, v_{\text{P,A}} = m_{\text{P}}\, v_{\text{P,E}} + m_{\text{K}}\left(v_{\text{P,A}} + v_{\text{P,E}}\right) \,.$$

Damit ergibt sich

$$\begin{aligned}
v_{\text{P,E}} &= \frac{m_{\text{P}} - m_{\text{K}}}{m_{\text{P}} + m_{\text{K}}}\, v_{\text{P,A}} = \frac{m_{\text{P}} - 12\, m_{\text{P}}}{m_{\text{P}} + 12\, m_{\text{P}}}\, v_{\text{P,A}} \\
&= -\frac{11}{13}\, v_{\text{P,A}} = -\frac{11}{13}\left(300\,\text{m} \cdot \text{s}^{-1}\right) = -254\,\text{m} \cdot \text{s}^{-1} \,.
\end{aligned}$$

Das negative Vorzeichen besagt, dass sich die Bewegungsrichtung des Protons durch den Stoß umgekehrt hat. Mithilfe von Gleichung 2 erhalten wir für die Endgeschwindigkeit des Kerns

$$v_{\text{K,E}} = v_{\text{P,A}} + v_{\text{P,E}} = \left(300 - 254\right)\,\text{m} \cdot \text{s}^{-1} = 46\,\text{m} \cdot \text{s}^{-1} \,.$$

Das positive Vorzeichen besagt, dass sich der Kern in der positiven x-Richtung bewegt, wie das Proton vor dem Stoß.

L6.23 a) Wegen der Impulserhaltung gilt

$$\boldsymbol{p} = \sum_i m_i \, \boldsymbol{v}_i = (m_\mathrm{P} + m_\alpha) \, \boldsymbol{v}_\mathrm{S} \,.$$

Darin ist m_P die Masse des Protons, und der Index S steht für den Schwerpunkt oder Massenmittelpunkt. Wenn der Abstand zwischen beiden Teilchen minimal ist, sind ihre Geschwindigkeiten gleich v_S. Mit der Anfangsgeschwindigkeit $v_\mathrm{P,A}$ des Protons und der Masse m_α des ruhenden Alphateilchens folgt daher

$$m_\mathrm{P} \, v_\mathrm{P,A} = (m_\mathrm{P} + m_\alpha) \, v_\mathrm{S} \,.$$

Damit erhalten wir

$$v_\mathrm{S} = \frac{m_\mathrm{P} \, v_\mathrm{P,A} + m_\alpha \, v_{\alpha,\mathrm{A}}}{m_\mathrm{P} + m_\alpha} = \frac{m_\mathrm{P} \, v_0 + 0}{m_\mathrm{P} + 4 \, m_\mathrm{P}} = 0{,}2 \, v_0 \,.$$

b) Die Impulserhaltung liefert uns eine Beziehung zwischen den Endgeschwindigkeiten:

$$m_\mathrm{P} \, v_0 = m_\mathrm{P} \, v_\mathrm{P,E} + m_\alpha \, v_{\alpha,\mathrm{E}} \,.$$

Außerdem ist wegen der Erhaltung der mechanischen Energie die Rückstoßgeschwindigkeit gleich der negativen Annäherungsgeschwindigkeit:

$$v_\mathrm{P,E} - v_{\alpha,\mathrm{E}} = -\left(v_\mathrm{P,A} - v_{\alpha,\mathrm{A}}\right) = -v_\mathrm{P,A} \,.$$

Wir lösen diese Gleichung nach $v_\mathrm{P,E}$ auf und setzen das Ergebnis in die vorige Gleichung ein. Dies ergibt

$$v_{\alpha,\mathrm{E}} = \frac{2 \, m_\mathrm{P} \, v_0}{m_\mathrm{P} + m_\alpha} = \frac{2 \, m_\mathrm{P} \, v_0}{m_\mathrm{P} + 4 \, m_\mathrm{P}} = 0{,}4 \, v_0 \,.$$

L6.24 Die Abbildung zeigt die Gegebenheiten. Wir setzen die potenzielle Energie am tiefsten Punkt der Bahn des Pendelkörpers gleich null.

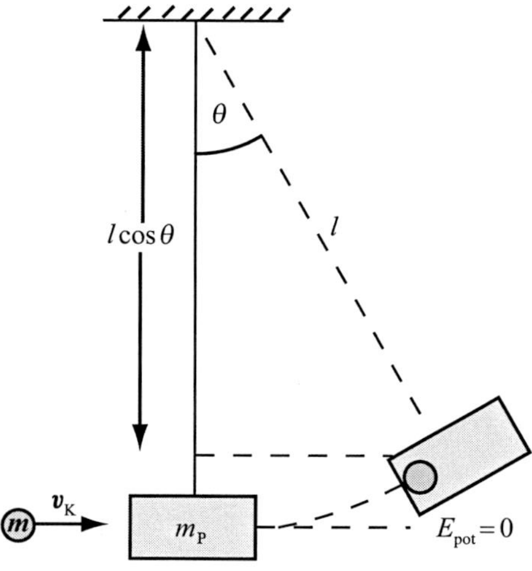

Die Geschwindigkeit der auftreffenden Kugel bezeichnen wir mit v_K und die Anfangsgeschwindigkeit des Pendelkörpers P

nach dem Einschlag der Kugel mit v. Aufgrund der Impulserhaltung gilt

$$m \, v_\mathrm{K} = (m + m_\mathrm{P}) \, v \,, \qquad \text{also} \qquad v_\mathrm{K} = \left(1 + \frac{m_\mathrm{P}}{m}\right) v \,.$$

Der Anfangszeitpunkt ist der Einschlag der Kugel, und der Endzeitpunkt ist das Erreichen der maximalen Höhe. Weil die gesamte Energie des Systems aus Kugel und Pendelkörper erhalten bleibt, gilt:

$$\Delta E_\mathrm{kin} + \Delta E_\mathrm{pot} = 0 \,.$$

Zu Beginn war die potenzielle Energie null, und am Ende (bei maximaler Höhe) ist die kinetische Energie null. Also ist

$$-E_\mathrm{kin,A} + E_\mathrm{pot,E} = 0 \,.$$

Wie wir der Abbildung entnehmen können, ist die maximal erreichte Höhe gegeben durch $l \, (1 - \cos \theta)$.

Damit ergibt sich aus der vorigen Gleichung für die Energieerhaltung

$$-\tfrac{1}{2} \left(m + m_\mathrm{P}\right) v^2 + \left(m + m_\mathrm{P}\right) g \, l \left(1 - \cos \theta\right) = 0$$

und daraus

$$v = \sqrt{2 \, g \, l \left(1 - \cos \theta\right)} \,.$$

Das setzen wir in die eingangs aufgestellte Gleichung für die Geschwindigkeit der Kugel ein und erhalten

$$\begin{aligned}
v_\mathrm{K} &= \left(1 + \frac{m_\mathrm{P}}{m}\right) v = \left(1 + \frac{m_\mathrm{P}}{m}\right) \sqrt{2 \, g \, l \left(1 - \cos \theta\right)} \\
&= \left(1 + \frac{1{,}5 \, \mathrm{kg}}{0{,}016 \, \mathrm{kg}}\right) \\
&\quad \cdot \sqrt{2 \left(9{,}81 \, \mathrm{m \cdot s^{-2}}\right) \left(2{,}3 \, \mathrm{m}\right) \left(1 - \cos 60°\right)} \\
&= 0{,}45 \, \mathrm{km \cdot s^{-1}} \,.
\end{aligned}$$

L6.25 Wegen der Impulserhaltung gilt beim elastischen Stoß der beiden Körper

$$m_1 \, v_\mathrm{1,E} + m_2 \, v_\mathrm{2,E} = m_1 \, v_\mathrm{1,A} + m_2 \, v_\mathrm{2,A} \,. \tag{1}$$

Wegen der Energieerhaltung gilt für die kinetischen Energien nach und vor dem elastischen Stoß

$$\tfrac{1}{2} m_1 \, v_\mathrm{1,E}^2 + \tfrac{1}{2} m_2 \, v_\mathrm{2,E}^2 = \tfrac{1}{2} m_1 \, v_\mathrm{1,A}^2 + \tfrac{1}{2} m_2 \, v_\mathrm{2,A}^2 \,.$$

Umstellen ergibt

$$m_2 \left(v_\mathrm{2,E}^2 - v_\mathrm{2,A}^2\right) = m_1 \left(v_\mathrm{1,A}^2 - v_\mathrm{1,E}^2\right) \,.$$

Daraus folgt

$$\begin{aligned}
m_2 &\left(v_\mathrm{2,E} - v_\mathrm{2,A}\right) \left(v_\mathrm{2,E} + v_\mathrm{2,A}\right) \\
&= m_1 \left(v_\mathrm{1,A} - v_\mathrm{1,E}\right) \left(v_\mathrm{1,A} + v_\mathrm{1,E}\right) \,. \tag{2}
\end{aligned}$$

Umformen von Gleichung 1 liefert

$$m_2 \left(v_{2,\mathrm{E}} - v_{2,\mathrm{A}} \right) = m_1 \left(v_{1,\mathrm{A}} - v_{1,\mathrm{E}} \right). \tag{3}$$

Wir dividieren Gleichung 2 durch Gleichung 3 und erhalten

$$v_{2,\mathrm{E}} + v_{2,\mathrm{A}} = v_{1,\mathrm{A}} + v_{1,\mathrm{E}}.$$

Umstellen liefert

$$v_{1,\mathrm{E}} - v_{2,\mathrm{E}} = v_{2,\mathrm{A}} - v_{1,\mathrm{A}}. \tag{4}$$

Nun multiplizieren wir Gleichung 4 mit m_2 und addieren das Ergebnis zu Gleichung 1:

$$\left(m_1 + m_2 \right) v_{1,\mathrm{E}} = \left(m_1 - m_2 \right) v_{1,\mathrm{A}} + 2\, m_2\, v_{2,\mathrm{A}}.$$

Wir lösen nach der Endgeschwindigkeit des Körpers 1 auf:

$$v_{1,\mathrm{E}} = \frac{m_1 - m_2}{m_1 + m_2}\, v_{1,\mathrm{A}} + \frac{2\, m_2}{m_1 + m_2}\, v_{2,\mathrm{A}}.$$

Nun multiplizieren wir Gleichung 4 mit m_1 und subtrahieren das Ergebnis von Gleichung 1:

$$\left(m_1 + m_2 \right) v_{2,\mathrm{E}} = \left(m_2 - m_1 \right) v_{2,\mathrm{A}} + 2\, m_1\, v_{1,\mathrm{A}}.$$

Wir lösen nach der Endgeschwindigkeit des Körpers 2 auf:

$$v_{2,\mathrm{E}} = \frac{2\, m_1}{m_1 + m_2}\, v_{1,\mathrm{A}} + \frac{m_2 - m_1}{m_1 + m_2}\, v_{2,\mathrm{A}}.$$

Anmerkung: Die Geschwindigkeiten der Körper erfüllen die Bedingung $v_{2,\mathrm{E}} - v_{1,\mathrm{E}} = -(v_{2,\mathrm{A}} - v_{1,\mathrm{A}})$. Die relative Entfernungsgeschwindigkeit ist also ebenso groß wie die relative Annäherungsgeschwindigkeit.

L6.26 Beim Einschlag der Kugel bleibt der gesamte Impuls erhalten, und die kinetische Energie der Kugel geht in die kinetische und die potenzielle Energie von Pendelkörper und Kugel über. Beim höchsten Punkt liegt nur potenzielle Energie vor, weil gemäß der Aufgabenstellung die kinetische Energie hier null ist. (Der Pendelkörper muss ja den höchsten Punkt gerade erreichen, damit er eine volle Umdrehung ausführen kann.) Unmittelbar nach dem Einschlag der Kugel hat der Pendelkörper P (mit der Kugel darin) die Geschwindigkeit v_{P}. Wegen der Impulserhaltung ist $m_1\, v_0 = (m_1 + m_2)\, v_{\mathrm{P}}$. Daher gilt für die Geschwindigkeit der Kugel unmittelbar vor dem Einschlag

$$v_0 = \left(1 + \frac{m_2}{m_1} \right) v_{\mathrm{P}}.$$

Wegen der Energieerhaltung ist $\Delta E_{\mathrm{kin}} + \Delta E_{\mathrm{pot}} = 0$. Die potenzielle Energie setzen wir in der tiefsten Position des Pendelkörpers gleich null. Mit $E_{\mathrm{kin,E}} = E_{\mathrm{pot,A}} = 0$ ergibt sich daraus $-E_{\mathrm{kin,A}} + E_{\mathrm{pot,E}} = 0$. Wir setzen die Ausdrücke für die Energien ein und erhalten (mit der Länge l der Pendelstange):

$$-\tfrac{1}{2} \left(m_1 + m_2 \right) v_{\mathrm{P}}^2 + \left(m_1 + m_2 \right) g \left(2\, l \right) = 0.$$

Daraus folgt $v_{\mathrm{P}} = 2\, \sqrt{g\, l}$. Das setzen wir in den obigen Ausdruck für die Geschwindigkeit v_0 der Kugel ein:

$$v_0 = 2 \left(1 + \frac{m_2}{m_1} \right) v_{\mathrm{P}} = 2 \left(1 + \frac{m_2}{m_1} \right) \sqrt{g\, l}.$$

L6.27 Weil der Impuls erhalten bleibt, müssen sich die beiden Alphateilchen in entgegengesetzten Richtungen und mit gleich großen Geschwindigkeiten voneinander entfernen. Wegen der Energieerhaltung ist $2\, E_{\mathrm{kin},\alpha} = 2\, (\tfrac{1}{2}\, m_\alpha\, v_\alpha^2)$ gleich der gegebenen Energie E. Damit erhalten wir

$$v_\alpha = \sqrt{\frac{E}{m_\alpha}} = \sqrt{\frac{1{,}5 \cdot 10^{-14}\,\mathrm{J}}{6{,}64 \cdot 10^{-27}\,\mathrm{kg}}} = 1{,}5 \cdot 10^6\,\mathrm{m} \cdot \mathrm{s}^{-1}.$$

*Stöße in mehr als einer Raumrichtung

L6.28 a) Wir bilden das Skalarprodukt von $(\boldsymbol{B} + \boldsymbol{C})$ mit sich selbst:

$$\left(\boldsymbol{B} + \boldsymbol{C} \right) \cdot \left(\boldsymbol{B} + \boldsymbol{C} \right) = B^2 + C^2 + 2\, \boldsymbol{B} \cdot \boldsymbol{C}.$$

Wegen $\boldsymbol{A} = \boldsymbol{B} + \boldsymbol{C}$ ist

$$A^2 = |\boldsymbol{B} + \boldsymbol{C}|^2 = \left(\boldsymbol{B} + \boldsymbol{C} \right) \cdot \left(\boldsymbol{B} + \boldsymbol{C} \right).$$

Einsetzen des obigen Skalarprodukts ergibt

$$A^2 = B^2 + C^2 + 2\, \boldsymbol{B} \cdot \boldsymbol{C}.$$

b) Wegen der Impulserhaltung ist $\boldsymbol{p}_1 + \boldsymbol{p}_2 = \boldsymbol{p}$. Wir bilden das Skalarprodukt jeder Seite dieser Gleichung mit sich selbst:

$$\left(\boldsymbol{p}_1 + \boldsymbol{p}_2 \right) \cdot \left(\boldsymbol{p}_1 + \boldsymbol{p}_2 \right) = \boldsymbol{p} \cdot \boldsymbol{p}.$$

Daraus folgt $p_1^2 + p_2^2 + 2\, \boldsymbol{p}_1 \cdot \boldsymbol{p}_2 = p^2$. Weil der Stoß elastisch ist, gilt

$$\frac{p_1^2}{2\, m} + \frac{p_2^2}{2\, m} + \frac{p^2}{2\, m}, \qquad \text{also} \qquad p_1^2 + p_2^2 = p^2.$$

Wir subtrahieren die vorletzte Gleichung für p^2 von der letzten und erhalten für die Vektoren

$$2\, \boldsymbol{p}_1 \cdot \boldsymbol{p}_2 = 0 \quad \text{und daher} \quad \boldsymbol{p}_1 \cdot \boldsymbol{p}_2 = 0.$$

Die Teilchen bewegen sich also auf Bahnen voneinander weg, die einen rechten Winkel einschließen.

L6.29 Wir setzen die anfängliche Bewegungsrichtung des Spielballs als positive x-Richtung an. Den Spielball bezeichnen wir mit dem Index S und die angespielte Kugel mit dem Index K.

a) Wegen der Energieerhaltung gilt mit der Masse m des Spielballs und der angespielten Kugel für deren Anfangsgeschwindigkeiten (Index A) und Endgeschwindigkeiten (Index B):

$$\frac{1}{2}\, m\, v_{\mathrm{S,A}}^2 = \frac{1}{2}\, m\, v_{\mathrm{S,E}}^2 + \frac{1}{2}\, m\, v_{\mathrm{K,E}}^2$$

und daher $v_{\mathrm{S,A}}^2 = v_{\mathrm{S,E}}^2 + v_{\mathrm{K,E}}^2$.

Den jeweiligen Winkel gegen die positive x-Richtung bezeichnen wir mit θ. Wir wissen, dass die Richtungen der Kugeln ein rechtwinkliges Dreieck bilden. Also ist $\theta_{\mathrm{S,E}} + \theta_{\mathrm{K,E}} = 90°$, und die angespielte Kugel K entfernt sich nach dem Stoß im Winkel $\theta_{K,E} = 60°$ zur positiven x-Richtung.

b) Wegen der Impulserhaltung muss für die x-Komponenten der Geschwindigkeiten gelten: $\boldsymbol{p}_{x,A} = \boldsymbol{p}_{x,E}$. Also ist

$$m\, v_{S,A} = m\, v_{S,E} \cos \theta_{S,E} + m\, v_{K,E} \cos \theta_{K,E}\,.$$

Nun betrachten wir die y-Komponenten der Geschwindigkeiten beider Kugeln. Hier muss wegen der Impulserhaltung $\boldsymbol{p}_{y,A} = \boldsymbol{p}_{y,E}$ gelten und daher

$$0 = m\, v_{S,E} \sin \theta_{S,E} + m\, v_{K,E} \sin \theta_{K,E}\,.$$

Aus den beiden Gleichungen für die Anfangs- und die Endimpulse ergibt sich mit $v_{S,A} = 5{,}0\,\mathrm{m \cdot s^{-1}}$ für die Beträge der Geschwindigkeiten nach dem Stoß

$$v_{S,E} = 2{,}5\,\mathrm{m \cdot s^{-1}}, \qquad v_{K,E} = 4{,}3\,\mathrm{m \cdot s^{-1}}\,.$$

L6.30 Als positive x-Richtung nehmen wir diejenige an, in der sich der erste Puck auf den zweiten zu bewegt.

a) Wegen der Impulserhaltung gilt in x-Richtung $p_{x,A} = p_{x,E}$ und daher

$$m\, v = m\, v_1 \cos 30° + m\, v_2 \cos 60°\,.$$

Daraus folgt

$$v = v_1 \cos 30° + v_2 \cos 60°\,. \tag{1}$$

Entsprechend erhalten wir für die y-Richtung $p_{y,A} = p_{y,E}$ und daher

$$0 - m\, v_1 \sin 30° - m\, v_2 \sin 60°\,.$$

Daraus folgt

$$0 = v_1 \sin 30° + v_2 \sin 60°\,. \tag{2}$$

Die Lösungen der Gleichungen 1 und 2 sind

$$v_1 = 1{,}7\,\mathrm{m \cdot s^{-1}}, \quad v_2 = 1{,}0\,\mathrm{m \cdot s^{-1}}\,.$$

b) Ob der Stoß elastisch war, könnten wir ermitteln, indem wir die kinetischen Energien vor und nach dem Stoß berechnen. Wir können aber auch einfach den Winkel zwischen den beiden Endgeschwindigkeiten $\boldsymbol{v}_1$ und $\boldsymbol{v}_2$ betrachten. Er beträgt 90°; also war der Stoß elastisch.

L6.31 Zunächst wollen wir zeigen, dass zwei Kugeln gleicher Masse sich nach solch einem elastischen Stoß stets im rechten Winkel zueinander bewegen. Die vermutlich einfachste Möglichkeit, dies ohne längliche Rechnung zu sehen, geht so: Bei gleicher Masse lässt sich die Impulserhaltung einfach als

$$\vec{v}_0 = \vec{v}_1 + \vec{v}_2$$

schreiben, wobei $\vec{v}_0$ die Geschwindigkeit der ankommenden Kugel ist, $\vec{v}_i$ die Geschwindigkeiten der beiden Kugeln nach

dem Stoß. Die drei Geschwindigkeitsvektoren bilden also ein Dreieck. Die Energieerhaltung lässt sich bei gleicher Masse als

$$v_0^2 = v_1^2 + v_2^2$$

schreiben. Diese Gleichung können wir als Satz des Pythagoras interpretieren, wobei die Geschwindigkeit $\vec{v}_0$ die Hypotenuse bildet. Damit sind $\vec{v}_1$ und $\vec{v}_2$ die rechtwinklig aufeinander stehenden Katheten.

Mit dieser Vorarbeit wissen wir, dass die zweite Kugel um den Winkel 60° in die entgegengesetzte Richtung abgelenkt wird. Wir können also konkrete Zahlen für die Impulserhaltung in der Ebene einsetzen:

$$\begin{aligned} p_x: &\qquad v_0 = v_1 \cos(30°) + v_2 \cos(60°) \\ p_y: &\qquad 0 = v_1 \sin(30°) - v_2 \sin(60°) \end{aligned}$$

Dabei haben wir die identischen Massen wieder herausgekürzt. Auswerten der trigonometrischen Funktionen ergibt $v_0 = v_1\sqrt{3}/2 + v_2/2$ und $0 = v_1/2 - v_2\sqrt{3}/2$. Daraus folgt $v_1 = \sqrt{3}v_2$ und damit $v_0 = \frac{3}{2}v_2 + \frac{1}{2}v_2 = 2v_2$. Wir erhalten als Ergebnis also

$$v_2 = \frac{v_0}{2}\,.$$

L6.32 Die positive x-Richtung soll diejenige sein, in der sich das erste Teilchen mit der Geschwindigkeit v_0 annähert (siehe Abbildung).

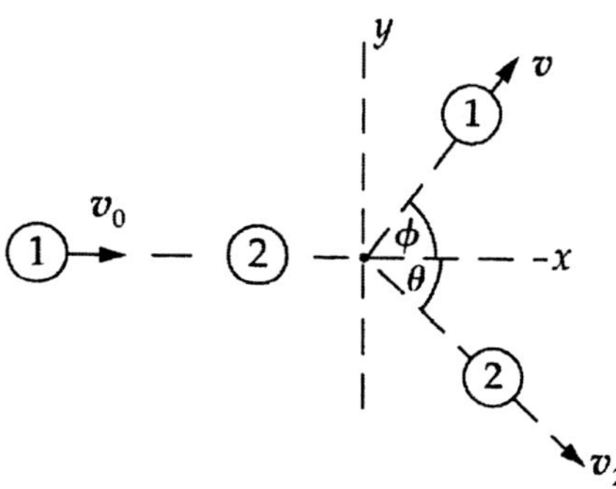

Die Geschwindigkeit des ersten Teilchens nach dem Stoß bezeichnen wir mit v und die des getroffenen zweiten Teilchens mit v_2.

a) Wegen der Impulserhaltung und der Gleichheit der Teilchenmassen gilt in x-Richtung

$$v_0 = v \cos \phi + v_2 \cos \theta\,. \tag{5}$$

Entsprechend gilt in y-Richtung

$$v \sin \phi = v_2 \sin \theta\,. \tag{6}$$

Wir formen Gleichung 1 um:

$$v_2 \cos \theta = v_0 - v \cos \phi\,. \tag{7}$$

Dividieren von Gleichung 2 durch Gleichung 3 ergibt

$$\frac{v_2 \sin \theta}{v_2 \cos \phi} = \frac{v \sin \phi}{v_0 - v \cos \phi}, \quad \text{also} \quad \tan \theta = \frac{v \sin \phi}{v_0 - v \cos \phi}.$$

b) Wegen der Impulserhaltung und der Gleichheit der Teilchenmassen ist $\boldsymbol{v}_0 = \boldsymbol{v} + \boldsymbol{v}_2$ (siehe Abbildung).

Beim elastischen Stoß gilt $v_0^2 = v^2 + v_2^2$. Damit ist im Dreieck der Satz des Pythagoras erfüllt, und es ist $v = v_0 \cos \phi$.

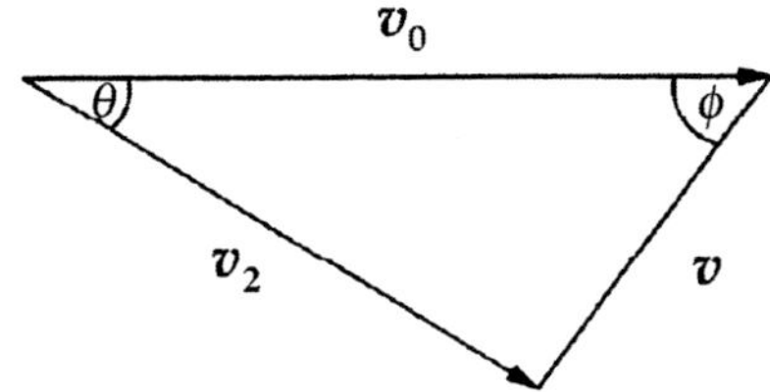

L6.33 Als negative x-Richtung nehmen wir, wie in der Abbildung eingezeichnet, diejenige an, in der sich das Proton nach dem Zerfall bewegt.

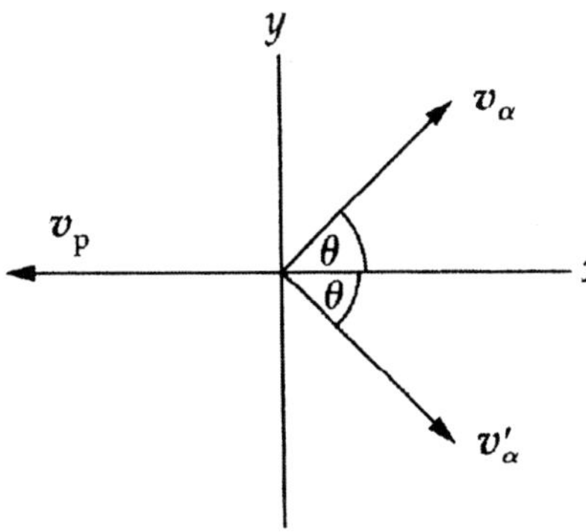

Die Geschwindigkeiten v_α und v_α' der beiden Alphateilchen sind gleich groß. Wegen der Energieerhaltung muss daher $E_{\mathrm{kin,P}} + 2\,E_{\mathrm{kin},\alpha} = E$ gelten. Das ist gleichbedeutend mit

$$\tfrac{1}{2} m_{\mathrm{P}}\, v_{\mathrm{P}}^2 + 2 \left(\tfrac{1}{2} m_\alpha\, v_\alpha^2 \right) = E.$$

Dieser Energiewert ist gegeben. Wir lösen nach der Geschwindigkeit eines Alphateilchens auf und setzen die Zahlenwerte ein (die Protonenmasse ist $m_{\mathrm{P}} = 1{,}67 \cdot 10^{-27}$ kg). Damit erhalten wir

$$
\begin{aligned}
v_\alpha &= \sqrt{\frac{E - \tfrac{1}{2} m_{\mathrm{P}}\, v_{\mathrm{P}}^2}{m_\alpha}} \\[2mm]
&= \sqrt{\frac{\left(4{,}4 \cdot 10^{-14}\,\mathrm{J}\right) - \tfrac{1}{2} m_{\mathrm{P}} \left(6{,}0 \cdot 10^6\,\mathrm{m \cdot s^{-1}}\right)^2}{6{,}64 \cdot 10^{-27}\,\mathrm{kg}}} \\[2mm]
&= 1{,}44 \cdot 10^6\,\mathrm{m \cdot s^{-1}} = 1{,}4 \cdot 10^6\,\mathrm{m \cdot s^{-1}}.
\end{aligned}
$$

Weil der Atomkern vor dem Zerfall ruhte, gilt wegen der Impulserhaltung $\boldsymbol{p}_{\mathrm{E}} = \boldsymbol{p}_{\mathrm{A}} = 0$ und daher $p_{x,\mathrm{E}} = 0$.

Also ist

$$2 \left(m_\alpha\, v_\alpha \cos \theta \right) - m_{\mathrm{P}}\, v_{\mathrm{P}} = 0$$

sowie

$$2 \left(4\, m_{\mathrm{P}}\, v_\alpha \cos \theta \right) - m_{\mathrm{P}}\, v_{\mathrm{P}} = 0.$$

Damit ergibt sich für den Stoßwinkel

$$\theta = \mathrm{acos}\, \frac{v_{\mathrm{P}}}{8\, v_\alpha} = \mathrm{acos}\, \frac{6{,}0 \cdot 10^6\,\mathrm{m \cdot s^{-1}}}{8 \left(1{,}44 \cdot 10^6\,\mathrm{m \cdot s^{-1}} \right)} = \pm 59°.$$

Die Winkel, in denen die Alphateilchen relativ zur Bewegungsrichtung des Protons wegfliegen, sind dann gegeben durch

$$\theta' = \pm \left(180° - 59° \right) = \pm 121°.$$

Elastizitätszahl

L6.34 Die Elastizitätszahl e ist der Quotient aus der Rückstoßgeschwindigkeit und der Annäherungsgeschwindigkeit: $e = v_{\mathrm{RS}} / v_{\mathrm{AN}}$. Wegen der Energieerhaltung ist $\Delta E_{\mathrm{kin}} + \Delta E_{\mathrm{pot}} = 0$. Wir setzen die potenzielle Energie an der Oberfläche der Stahlplatte null. Weil $E_{\mathrm{kin,A}} = E_{\mathrm{pot,E}} = 0$ ist, gilt daher $E_{\mathrm{kin,E}} - E_{\mathrm{pot,A}} = 0$. Damit ergibt sich

$$\tfrac{1}{2} m\, v_{\mathrm{AN}}^2 - m\, g\, h_{\mathrm{AN}} = 0.$$

Für die Annäherungsgeschwindigkeit gilt somit

$$v_{\mathrm{AN}} = \sqrt{2\, g\, h_{\mathrm{AN}}},$$

und die Rückstoßgeschwindigkeit ist gegeben durch

$$v_{\mathrm{RS}} = \sqrt{2\, g\, h_{\mathrm{RS}}}.$$

Einsetzen ergibt

$$e = \frac{v_{\mathrm{RS}}}{v_{\mathrm{AN}}} = \frac{\sqrt{2\, g\, h_{\mathrm{RS}}}}{\sqrt{2\, g\, h_{\mathrm{AN}}}} = \sqrt{\frac{h_{\mathrm{RS}}}{h_{\mathrm{AN}}}} = \sqrt{\frac{2{,}5\,\mathrm{m}}{3{,}0\,\mathrm{m}}} = 0{,}91.$$

L6.35 Wir bezeichnen den 2,0-kg-Block mit dem Index 2 und den 3,0-kg-Block mit dem Index 3. Die Bewegungsrichtung der beiden Blöcke vor dem Stoß setzen wir als positive x-Richtung an. Das System, das wir betrachten, besteht aus der Erde, der Oberfläche, auf der sich die Blöcke bewegen, sowie den Blöcken selbst.

a) Wegen der Impulserhaltung ist der gesamte Anfangsimpuls gleich dem gesamten Endimpuls: $\boldsymbol{p}_{\mathrm{A}} = \boldsymbol{p}_{\mathrm{E}}$. Daher gilt

$$m_2\, v_{2,\mathrm{A}} + m_3\, v_{3,\mathrm{A}} = m_2\, v_{2,\mathrm{E}} + m_3\, v_{3,\mathrm{E}}.$$

Daraus ergibt sich für die Endgeschwindigkeit des 2,0-kg-Blocks

$$
\begin{aligned}
v_{2,\mathrm{E}} &= \frac{m_2\, v_{2,\mathrm{A}} + m_3\, v_{3,\mathrm{A}} - m_3\, v_{3,\mathrm{E}}}{m_2} \\[2mm]
&= \frac{m_2\, v_{2,\mathrm{A}} + m_3\, \left(v_{3,\mathrm{A}} - v_{3,\mathrm{E}}\right)}{m_2} \\[2mm]
&= \frac{\left(2{,}0\,\mathrm{kg}\right)\left(5{,}0\,\mathrm{m}\cdot\mathrm{s}^{-1}\right) + \left(3{,}0\,\mathrm{kg}\right)\left[\left(2{,}0 - 4{,}2\right)\mathrm{m}\cdot\mathrm{s}^{-1}\right]}{2{,}0\,\mathrm{kg}} \\[2mm]
&= 1{,}7\,\mathrm{m}\cdot\mathrm{s}^{-1}\,.
\end{aligned}
$$

b) Die Elastizitätszahl e ist der Quotient aus den relativen Geschwindigkeiten v_{EN} des Entfernens und v_{AN} des Annäherns der Blöcke, und wir erhalten

$$
e = \frac{v_{\mathrm{EN}}}{v_{\mathrm{AN}}} = \frac{v_{3,\mathrm{E}} - v_{2,\mathrm{E}}}{v_{2,\mathrm{A}} - v_{3,\mathrm{A}}} = \frac{\left(4{,}2 - 1{,}7\right)\mathrm{m}\cdot\mathrm{s}^{-1}}{\left(5{,}0 - 2{,}0\right)\mathrm{m}\cdot\mathrm{s}^{-1}} = 0{,}83\,.
$$

Allgemeine Aufgaben

L6.36 Wir wählen als positive x-Richtung die nach Osten und als positive y-Richtung die nach Norden. Der Index 1 bezeichnet das leichtere Auto (mit $m_1 = 1500\,\mathrm{kg}$) und der Index 2 das schwerere (mit $m_2 = 2000\,\mathrm{kg}$). Auf das System wirken keine äußeren Kräfte, sodass der Impuls beim vollkommen inelastischen Stoß erhalten bleibt.

a) Für den gesamten Impuls vor dem Stoß gilt

$$
\begin{aligned}
\boldsymbol{p} &= \boldsymbol{p}_1 + \boldsymbol{p}_2 = m_1\, \boldsymbol{v}_1 + m_2\, \boldsymbol{v}_2 = m_1\, v_1\, \widehat{\boldsymbol{y}} - m_2\, v_2\, \widehat{\boldsymbol{x}} \\
&= -m_2\, v_2\, \widehat{\boldsymbol{x}} + m_1\, v_1\, \widehat{\boldsymbol{y}}\,.
\end{aligned}
$$

Damit ergibt sich

$$
\begin{aligned}
\boldsymbol{p} &= -m_2\, v_2\, \widehat{\boldsymbol{x}} + m_1\, v_1\, \widehat{\boldsymbol{y}} \\
&= -\left(2000\,\mathrm{kg}\right)\left(55\,\mathrm{km}\cdot\mathrm{h}^{-1}\right)\widehat{\boldsymbol{x}} \\
&\quad + \left(1500\,\mathrm{kg}\right)\left(70\,\mathrm{km}\cdot\mathrm{h}^{-1}\right)\widehat{\boldsymbol{y}} \\
&= \left(-1{,}10\cdot 10^5\,\mathrm{kg}\cdot\mathrm{km}\cdot\mathrm{h}^{-1}\right)\widehat{\boldsymbol{x}} \\
&\quad + \left(1{,}05\cdot 10^5\,\mathrm{kg}\cdot\mathrm{km}\cdot\mathrm{h}^{-1}\right)\widehat{\boldsymbol{y}} \\
&= \left(-1{,}1\cdot 10^5\,\mathrm{kg}\cdot\mathrm{km}\cdot\mathrm{h}^{-1}\right)\widehat{\boldsymbol{x}} \\
&\quad + \left(1{,}1\cdot 10^5\,\mathrm{kg}\cdot\mathrm{km}\cdot\mathrm{h}^{-1}\right)\widehat{\boldsymbol{y}}\,.
\end{aligned}
$$

b) Für die Endgeschwindigkeit der ineinander vekeilten Autos erhalten wir

$$
\begin{aligned}
\boldsymbol{v}_{\mathrm{E}} &= \boldsymbol{v}_{\mathrm{S}} = \frac{\boldsymbol{p}}{m_1 + m_2} \\[2mm]
&= \frac{\left(-1{,}10\cdot 10^5\,\mathrm{kg}\cdot\mathrm{km}\cdot\mathrm{h}^{-1}\right)\widehat{\boldsymbol{x}}}{\left(1500 + 2000\right)\mathrm{kg}} \\[2mm]
&\quad + \frac{\left(1{,}05\cdot 10^5\,\mathrm{kg}\cdot\mathrm{km}\cdot\mathrm{h}^{-1}\right)\widehat{\boldsymbol{y}}}{\left(1500 + 2000\right)\mathrm{kg}} \\[2mm]
&= -\left(31{,}4\,\mathrm{km}\cdot\mathrm{h}^{-1}\right)\widehat{\boldsymbol{x}} + \left(30{,}0\,\mathrm{km}\cdot\mathrm{h}^{-1}\right)\widehat{\boldsymbol{y}}\,,
\end{aligned}
$$

und ihr Betrag ist

$$
\begin{aligned}
v_{\mathrm{E}} &= \sqrt{\left(31{,}4\,\mathrm{km}\cdot\mathrm{h}^{-1}\right)^2 + \left(30{,}0\,\mathrm{km}\cdot\mathrm{h}^{-1}\right)^2} \\
&= 43\,\mathrm{km}\cdot\mathrm{h}^{-1}\,.
\end{aligned}
$$

Für den Winkel der Endgeschwindigkeit zur positiven x-Richtung erhalten wir

$$
\theta = \mathrm{atan}\,\frac{30{,}0\,\mathrm{km}\cdot\mathrm{h}^{-1}}{-31{,}4\,\mathrm{km}\cdot\mathrm{h}^{-1}} = -43{,}7^\circ\,.
$$

Die beiden aneinanderhaftenden Autos bewegen sich also ungefähr nach Nordwest, und zwar unter einem Winkel von 46,3° zur Nordrichtung.

L6.37 Wir setzen den Koordinatenursprung an die anfängliche Position der rechten Floßkante, und die positive x-Richtung ist die nach links. Als Indices verwenden wir Fr für die Frau, Fl für das Floß, außerdem (wie gewöhnlich) A für den Anfangs- und E für den Endzustand der jeweiligen Größe sowie S für den Massenmittelpunkt. Beachten Sie, dass auf das System (Frau und Floß) keine äußere Kraft einwirkt, sodass sein Massenmittelpunkt sich nicht verschiebt; die Größe x_{S} ist also konstant (senkrechte gestrichelte Linie in der Abbildung).

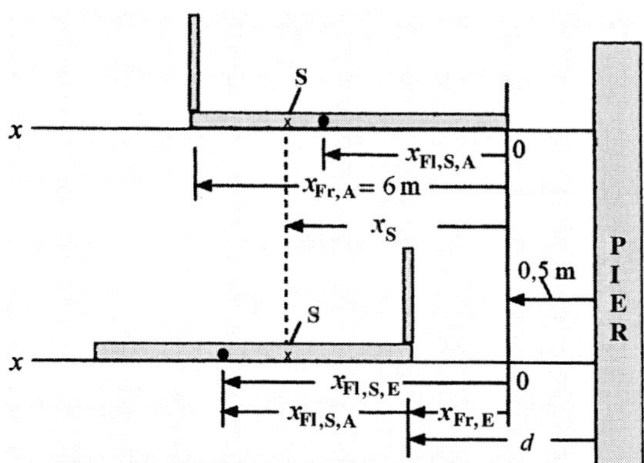

a) Nachdem die Frau an das Ende des Floßes gelaufen ist, hat dessen Vorderkante vom Pier den Abstand $d = 0{,}5\,\mathrm{m} + x_{\mathrm{Fr,E}}$. Wir müssen also $x_{\mathrm{Fr,E}}$ ermitteln. Bevor die Frau losgelaufen ist, gilt für die x-Koordinate des Massenmittelpunkts des Systems (Frau und Floß)

$$
x_{\mathrm{S}} = \frac{m_{\mathrm{Fr}}\, x_{\mathrm{Fr,A}} + m_{\mathrm{Fl}}\, x_{\mathrm{Fl,S,A}}}{m_{\mathrm{Fr}} + m_{\mathrm{Fl}}}\,.
$$

Wenn die Frau das Ende des Floßes erreicht hat, gilt:

$$
x_{\mathrm{S}} = \frac{m_{\mathrm{Fr}}\, x_{\mathrm{Fr,E}} + m_{\mathrm{Fl}}\, x_{\mathrm{Fl,S,E}}}{m_{\mathrm{Fr}} + m_{\mathrm{Fl}}}\,.
$$

Weil sich, wie gesagt, x_{S} nicht ändert, müssen die rechten Seiten dieser beiden Gleichungen gleich sein:

$$
m_{\mathrm{Fr}}\, x_{\mathrm{Fr,A}} + m_{\mathrm{Fl}}\, x_{\mathrm{Fl,S,A}} = m_{\mathrm{Fr}}\, x_{\mathrm{Fr,E}} + m_{\mathrm{Fl}}\, x_{\mathrm{Fl,S,E}}\,.
$$

Wir formen um:

$$x_{\mathrm{Fr,E}} = x_{\mathrm{Fr,A}} - \frac{m_{\mathrm{Fr}}}{m_{\mathrm{Fl}}} \left(x_{\mathrm{Fl,S,E}} - x_{\mathrm{Fl,S,A}} \right).$$

Wie der Abbildung zu entnehmen ist, gilt:

$$x_{\mathrm{Fl,S,E}} - x_{\mathrm{Fl,S,A}} = x_{\mathrm{Fr,E}}.$$

Das setzen wir ein und erhalten

$$x_{\mathrm{Fr,E}} = \frac{m_{\mathrm{Fr}}\, x_{\mathrm{Fr,A}}}{m_{\mathrm{Fr}} + m_{\mathrm{Fl}}} = \frac{(60\,\mathrm{kg})\,(6{,}0\,\mathrm{m})}{60\,\mathrm{kg} + 120\,\mathrm{kg}} = 2{,}0\,\mathrm{m}.$$

Das setzen wir in die eingangs aufgestellte Gleichung für den Abstand d ein:

$$d = 0{,}5\,\mathrm{m} + x_{\mathrm{Fr,E}} = 0{,}5\,\mathrm{m} + 2{,}0\,\mathrm{m} = 2{,}5\,\mathrm{m}.$$

b) Die gesamte kinetische Energie des Systems ist

$$E_{\mathrm{kin}} = \tfrac{1}{2}\, m_{\mathrm{Fr}}\, v_{\mathrm{Fr}}^2 + \tfrac{1}{2}\, m_{\mathrm{Fl}}\, v_{\mathrm{Fl}}^2.$$

Die Frau benötigt, um auf dem Floß das andere Ende zu erreichen, eine Zeitspanne von 2 s. Damit können wir die Geschwindigkeiten relativ zum Pier berechnen:

$$v_{\mathrm{Fr}} = \frac{x_{\mathrm{Fr,E}} - x_{\mathrm{Fr,A}}}{\Delta t} = \frac{(2{,}0 - 6{,}0)\,\mathrm{m}}{2{,}0\,\mathrm{s}} = -2{,}0\,\mathrm{m\cdot s^{-1}}.$$

$$v_{\mathrm{Fl}} = \frac{x_{\mathrm{Fl,E}} - x_{\mathrm{Fl,A}}}{\Delta t} = \frac{(2{,}5 - 0{,}50)\,\mathrm{m}}{2{,}0\,\mathrm{s}} = 1{,}0\,\mathrm{m\cdot s^{-1}}.$$

Damit ergibt sich für die gesamte kinetische Energie

$$\begin{aligned} E_{\mathrm{kin}} &= \tfrac{1}{2}\,(60\,\mathrm{kg})\,(-2{,}0\,\mathrm{m\cdot s^{-1}})^2 \\ &\quad + \tfrac{1}{2}\,(120\,\mathrm{kg})\,(1{,}0\,\mathrm{m\cdot s^{-1}})^2 \\ &= 0{,}18\,\mathrm{kJ}. \end{aligned}$$

Wäre das Floß am Pier vertäut, so ergäbe sich für die kinetische Energie

$$E_{\mathrm{kin}} = \tfrac{1}{2}\, m_{\mathrm{Fr}}\, v_{\mathrm{Fr}}^2 = \tfrac{1}{2}\,(60\,\mathrm{kg})\,(3{,}0\,\mathrm{m\cdot s^{-1}}) = 0{,}27\,\mathrm{kJ}.$$

c) Die kinetische Energie wird von der Frau aufgebracht. Wenn sie am Ende des Floßes aufgrund der Haftreibung stoppt, geht die kinetische Energie in ihre innere Energie über.

d) Wenn der Schrotbeutel die Hand der Frau verlässt, bildet das System aus Frau und Floß ein Inertialsystem. In diesem hat der Schrotbeutel dieselbe Anfangsgeschwindigkeit, wie wenn ihn die Frau an Land 6,0 m weit werfen würde. Daher beträgt die Wurfweite auch im System aus Frau und Floß 6,0 m. Der Schrotbeutel landet also vorn am Floß.

L6.38 Als positive x-Richtung wählen wir die Richtung der Raumsonde nach dem Stoß bzw. Vorbeiflug. Sie entspricht praktisch der Bewegungsrichtung des Saturn. Wir bezeichnen die Annäherungsgeschwindigkeit mit v_{AN} und die Rückstoßgeschwindigkeit mit v_{RS}.

a) Die Endgeschwindigkeit ist die Summe aus der Rückstoßgeschwindigkeit relativ zum Massenmittelpunkt und dessen Geschwindigkeit: $v_{\mathrm{E}} = v_{\mathrm{RS}} + v_{\mathrm{S}}$.

Für die Annäherungsgeschwindigkeit ergibt sich

$$v_{\mathrm{AN}} = -9{,}6\,\mathrm{km\cdot s^{-1}} - 10{,}4\,\mathrm{km\cdot s^{-1}} = -20{,}0\,\mathrm{km\cdot s^{-1}}.$$

Der Stoß ist elastisch; also gilt $v_{\mathrm{RS}} = -v_{\mathrm{AN}} = 20{,}0\,\mathrm{km\cdot s^{-1}}$. Weil der Planet sehr viel massereicher als die Raumsonde ist, können wir die Geschwindigkeit des Massenmittelpunkts gleich der des Planeten setzen: $v_{\mathrm{S}} = v_{\mathrm{Saturn}} = 9{,}6\,\mathrm{km\cdot s^{-1}}$. Damit erhalten wir

$$v_{\mathrm{E}} = v_{\mathrm{RS}} + v_{\mathrm{S}} = (20{,}0 + 9{,}6)\,\mathrm{km\cdot s^{-1}} = 30\,\mathrm{km\cdot s^{-1}}.$$

b) Der Faktor, um den die kinetische Energie der Raumsonde zunimmt, ist gegeben durch

$$\frac{E_{\mathrm{kin,E}}}{E_{\mathrm{kin,A}}} = \frac{\tfrac{1}{2}\, m\, v_{\mathrm{RS}}^2}{\tfrac{1}{2}\, m\, v_{\mathrm{A}}^2} = \left(\frac{v_{\mathrm{RS}}}{v_{\mathrm{A}}} \right)^2 = \left(\frac{29{,}6\,\mathrm{km\cdot s^{-1}}}{10{,}4\,\mathrm{km\cdot s^{-1}}} \right)^2 = 8{,}1.$$

Die zusätzliche kinetische Energie der Raumsonde wird durch eine unmessbar geringe Verlangsamung der Bewegung des Saturn geliefert.

L6.39 a) Wegen der Energieerhaltung ist die kinetische Energie des zurückprallenden Kerns (K) gleich der Differenz zwischen den kinetischen Energien des Neutrons (n) vor dem Stoß (Index A) und nach dem Stoß (Index E). Daher gilt

$$\frac{p_{\mathrm{n,A}}^2}{2\,m_{\mathrm{n}}} = \frac{p_{\mathrm{n,E}}^2}{2\,m_{\mathrm{n}}} + \frac{p_{\mathrm{K}}^2}{2\,m_{\mathrm{K}}}.$$

Die Impulserhaltung liefert uns eine zweite Beziehung zwischen den Anfangs- und den Endimpulsen:

$$p_{\mathrm{n,A}} = p_{\mathrm{n,E}} + p_{\mathrm{K}}.$$

Wir eliminieren mithilfe dieser Gleichung den Impuls $p_{\mathrm{n,E}}$ aus der vorigen Gleichung:

$$\frac{p_{\mathrm{K}}}{2\,m_{\mathrm{K}}} + \frac{p_{\mathrm{K}}}{2\,m_{\mathrm{n}}} - \frac{p_{\mathrm{n,A}}}{m_{\mathrm{n}}} = 0.$$

Umformen liefert für die anfängliche Energie des Neutrons

$$\frac{p_{\mathrm{n,A}}^2}{2\,m_{\mathrm{n}}} = E_{\mathrm{kin,n}} = \frac{p_{\mathrm{K}}^2\,(m_{\mathrm{n}} + m_{\mathrm{K}})^2}{8\,m_{\mathrm{n}}\, m_{\mathrm{K}}^2}.$$

Mit dem Ausdruck $E_{\mathrm{kin,K}} = p_{\mathrm{K}}^2/(2\,m_{\mathrm{K}})$ für die kinetische Energie des Kerns ergibt sich daraus

$$E_{\mathrm{kin,K}} = E_{\mathrm{kin,n}}\, \frac{4\,m_{\mathrm{n}}\, m_{\mathrm{K}}}{(m_{\mathrm{n}} + m_{\mathrm{K}})^2}.$$

b) Die Änderung der kinetischen Energie des Neutrons ist gegeben durch $\Delta E_{\mathrm{kin,n}} = -E_{\mathrm{kin,K}}$. Dabei ist $E_{\mathrm{kin,K}}$ die kinetische Energie des Kerns nach dem Stoß. Mit der vorigen Gleichung erhalten wir für den anteiligen Energieverlust des Neutrons:

$$\frac{\Delta E_{\mathrm{kin,n}}}{E_{\mathrm{kin,n}}} = \frac{-4\, m_{\mathrm{n}}\, m_{\mathrm{K}}}{\left(m_{\mathrm{n}} + m_{\mathrm{K}}\right)^2} = \frac{-4\, m_{\mathrm{n}}/m_{\mathrm{K}}}{\left(1 + m_{\mathrm{n}}/m_{\mathrm{K}}\right)^2}\,.$$

c) Für $m_{\mathrm{n}} \ll m_{\mathrm{K}}$ ergibt sich, wie erwartet:

$$\frac{\Delta E_{\mathrm{kin,n}}}{E_{\mathrm{kin,n}}} \approx 0\,.$$

Für $m_{\mathrm{n}} = m_{\mathrm{K}}$ ergibt sich, ebenfalls wie erwartet:

$$\frac{\Delta E_{\mathrm{kin,n}}}{E_{\mathrm{kin,n}}} = \frac{-4}{(1 + 1)^2} = -1\,.$$

Aus dieser Beziehung können wir ableiten, dass die ruhenden Kerne eine möglichst geringe Masse haben sollten.

L6.40 a) In Aufgabe 6.39b haben wir einen Ausdruck für den anteiligen Verlust an kinetischer Energie ermittelt. Diesen setzen wir ein und erhalten hier (mit den Indices A für den Anfangs- bzw. E für den Endwert):

$$\frac{E_{\mathrm{kin,n,E}}}{E_{\mathrm{kin,0}}} = \frac{E_{\mathrm{kin,0}} - \Delta E_{\mathrm{kin}}}{E_{\mathrm{kin,0}}} = \frac{\left(m_{\mathrm{K}} - m_{\mathrm{n}}\right)^2}{\left(m_{\mathrm{K}} + m_{\mathrm{n}}\right)^2}\,.$$

Daraus ergibt sich der anteilige Energieverlust pro Stoß zu

$$\frac{E_{\mathrm{kin,n,E}}}{E_{\mathrm{kin,0}}} = \frac{\left(12\, m_{\mathrm{n}} - m_{\mathrm{n}}\right)^2}{\left(12\, m_{\mathrm{n}} + m_{\mathrm{n}}\right)^2} = 0{,}716\,.$$

Also beträgt er nach n Stößen $E_{\mathrm{kin,n,E}} = 0{,}716^n\, E_{\mathrm{kin,0}}$.

c) Die kinetische Energie soll von $2{,}0\,\mathrm{MeV}$ auf $0{,}020\,\mathrm{eV}$ herabgesetzt werden. Dies entspricht einer Verringerung auf das $\left(10^{-8}\right)$-Fache, sodass für die Anzahl n der Stöße gilt:

$$0{,}716^n = 10^{-8}\,.$$

Logarithmieren und Auflösen nach n ergibt

$$n = \frac{-8}{\log 0{,}716} \approx 55\,.$$

Teilchensysteme

© Springer-Verlag GmbH Deutschland, ein Teil von Springer Nature 2019

A. Knochel (Hrsg.), *Arbeitsbuch zu Tipler/Mosca, Physik*, https://doi.org/10.1007/978-3-662-58919-9_7

Aufgaben

Bei allen Aufgaben ist die Fallbeschleunigung $g = 9{,}81\,\mathrm{m/s^2}$. Falls nichts anderes angegeben ist, sind Reibung und Luftwiderstand zu vernachlässigen.

Verständnisaufgaben

7.1 •• Ein 2,5 kg schwerer Block hängt ruhend an einem Seil, das an der Decke befestigt ist. a) Zeichnen Sie das Kräftediagramm des Blocks, benennen Sie die Reaktionskraft zu jeder eingezeichneten Kraft und geben Sie an, auf welchen Körper diese jeweils wirkt. b) Zeichnen Sie das Kräftediagramm des Seils, benennen Sie die Reaktionskraft zu jeder eingezeichneten Kraft und geben Sie an, auf welchen Körper diese jeweils wirkt. Die Masse des Seils ist hier nicht zu vernachlässigen.

7.2 •• Nennen Sie jeweils ein Beispiel für folgende Konfigurationen: a) einen dreidimensionalen Körper, in dessen Massenmittelpunkt sich keine Masse befindet, b) einen Festkörper, dessen Massenmittelpunkt außerhalb der Masse des Körpers liegt, c) eine Vollkugel, deren Massenmittelpunkt nicht in ihrer geometrischen Mitte liegt, d) einen Holzstock, dessen Massenmittelpunkt nicht in der Mitte liegt.

7.3 •• Ein Bumerang fliegt nach dem Abwurf für eine Weile gleichförmig geradlinig horizontal, wobei er sich im Flug rasch dreht. Zeichnen Sie mehrere Skizzen des Bumerangs in der Draufsicht in verschiedenen Drehstellungen auf seinem Weg parallel zur Erdoberfläche. Zeichnen Sie in jede Skizze den Ort des Massenmittelpunkts ein und verbinden Sie diese Punkte, um dessen Trajektorie zu veranschaulichen. Wie wird der Bumerang während dieses Abschnitts des Flugs beschleunigt?

7.4 •• Ein Auto wird auf ebener Straße aus dem Stand beschleunigt, ohne dass die Räder durchdrehen. Erläutern Sie anhand des Zusammenhangs zwischen Gesamtmassenmittelpunktsarbeit und kinetischer Energie der Translation sowie von Kräftediagrammen genau, welche Kraft bzw. welche Kräfte für die Zunahme an kinetischer Energie der Translation des Autos und der Fahrerin direkt verantwortlich ist bzw. sind. *Hinweis:* Der Zusammenhang betrifft nur äußere Kräfte, sodass z. B. bei der Beschleunigung des Autos die Antwort „die Motorkraft" nicht richtig ist. Betrachten Sie jeweils das richtige System.

7.5 •• Ein fleißiger Student stolpert über die Frage: „Wenn nur äußere Kräfte den Massenmittelpunkt eines Teilchensystems beschleunigen können, wie kann sich dann ein Auto bewegen? Normalerweise glauben wir, dass der Motor des Wagens die Beschleunigungskraft liefert, aber ist das auch wahr?" Erläutern Sie, welche äußere Ursache die Kraft zur Beschleunigung des Wagens liefert, und erklären Sie, was der Motor mit dieser Ursache zu tun hat.

Schätzungs- und Näherungsaufgabe

7.6 •• Ein Holzklotz und ein Revolver sind an den entgegengesetzten Enden eines langen Gleiters befestigt, der sich reibungsfrei auf einer Luftkissenbahn bewegen kann (Abb. 7.1). Der Holzklotz und der Revolver haben voneinander den Abstand l. Das System ist anfangs in Ruhe. Wenn der Revolver abgefeuert wird, verlässt die Kugel den Lauf mit der Geschwindigkeit v_K, trifft auf den Holzklotz und bleibt darin stecken. Die Kugel hat die Masse m_K, und das System aus Holzklotz, Revolver und Gleiter (ohne Kugel) hat die Masse m_G. a) Welche Geschwindigkeit hat der Gleiter, unmittelbar nachdem die Kugel den Lauf verlassen hat? b) Welche Geschwindigkeit hat der Gleiter, unmittelbar nachdem die Kugel im Holzklotz steckengeblieben ist? c) Wie weit bewegt sich der Gleiter in der Zeit, in der die Kugel sich zwischen dem Revolverlauf und dem Holzklotz befindet?

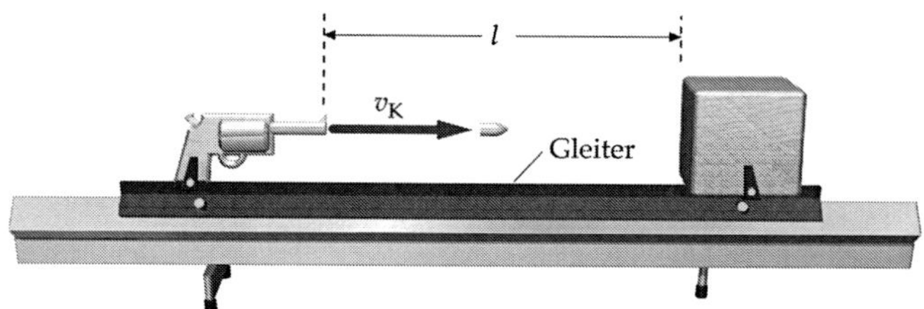

Abb. 7.1 Zu Aufgabe 7.6

Mehrkörperprobleme

7.7 •• Zwei Blöcke der Massen m_1 und m_2 sind durch ein masseloses Seil miteinander verbunden. Sie werden, wie in Abb. 7.2 gezeigt, beide gleichmäßig durch die Zugkraft $\boldsymbol{F}_{\mathrm{S},2}$ in einem weiteren horizontalen Seil auf einer reibungsfreien Fläche gezogen. a) Zeichnen Sie separat die Kräftediagramme beider Blöcke und zeigen Sie, dass gilt:

$$\frac{|\boldsymbol{F}_{\mathrm{S},1}|}{|\boldsymbol{F}_{\mathrm{S},2}|} = \frac{m_1}{m_1 + m_2}\,.$$

b) Ist diese Beziehung plausibel? Erläutern Sie Ihre Antwort. Überprüfen Sie, dass die Beziehung sowohl im Grenzfall $m_2/m_1 \gg 1$ als auch im Grenzfall $m_2/m_1 \ll 1$ sinnvoll ist.

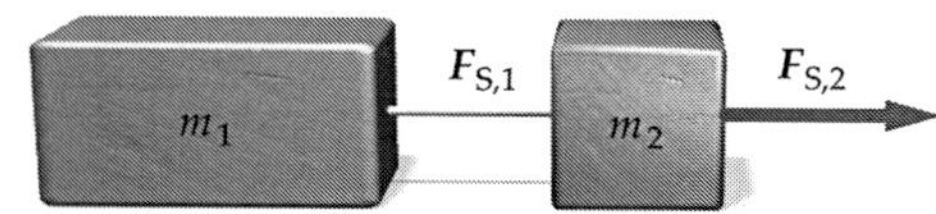

Abb. 7.2 Zu Aufgabe 7.7

7.8 •• Ein Block der Masse $m_2 = 3{,}5\,\mathrm{kg}$ liegt auf einem reibungsfreien, horizontalen Brett und ist über zwei Seile mit zwei Blöcken der Massen $m_1 = 1{,}5\,\mathrm{kg}$ und $m_3 = 2{,}5\,\mathrm{kg}$ verbunden (Abb. 7.3). Beide Rollen seien reibungsfrei und masselos. Das System wird aus der Ruhe losgelassen. Ermitteln Sie für diesen Zustand a) die Beschleunigung der Blöcke und b) die Zugkräfte in den beiden Seilen.

Abb. 7.3 Zu Aufgabe 7.8

7.9 •• Ein Block der Masse m wird durch ein homogenes Seil der Masse m_S und der Länge l_S vertikal angehoben. Das Seil wird durch eine Kraft $\boldsymbol{F}_S$ an seinem oberen Ende nach oben gezogen, wobei das Seil und der Block mit der Beschleunigung a gemeinsam nach oben beschleunigt werden. Zeigen Sie, dass der Betrag der Zugkraft im Seil in einer Höhe x (mit $x < l_S$) über dem Block durch

$$(a + g)\left(m + \frac{x}{l_S}\, m_S\right)$$

gegeben ist.

7.10 •• Zwei Körper sind, wie in in Abb. 7.4 gezeigt, über ein masseloses Seil miteinander verbunden. Die geneigte Ebene und die Rolle seien reibungsfrei. Ermitteln Sie den Betrag der Beschleunigung der Körper und der Zugkraft im Seil a) allgemein in Abhängigkeit von θ, m_1 und m_2 sowie b) für $\theta = 30°$ und $m_1 = m_2 = 5{,}0\,\text{kg}$.

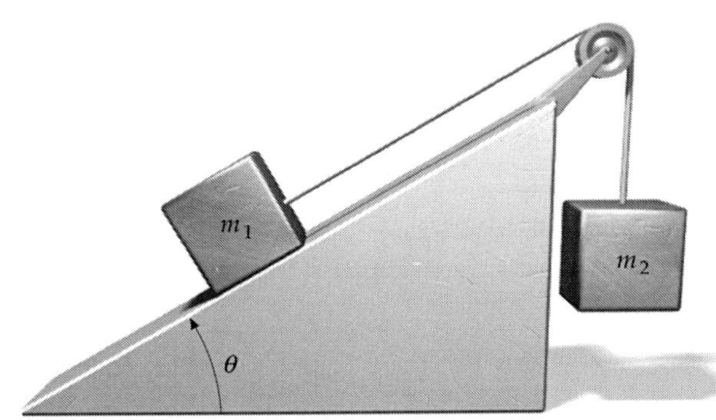

Abb. 7.4 Zu Aufgabe 7.10

7.11 •• Die Apparatur in Abb. 7.5 wird *Atwood'sche Fallmaschine* genannt und dient zum Messen der Erdbeschleunigung g. Dazu wird die Beschleunigung der beiden mittels eines Seils über eine Rolle verbundenen Körper gemessen. Nehmen Sie eine masselose, reibungsfreie Rolle sowie ein masseloses Seil an. a) Zeichnen Sie für jeden Körper das Kräftediagramm. b) Zeigen Sie anhand der Kräftediagramme beider Körper und mithilfe des zweiten Newton'schen Axioms, dass für die Beträ-

ge der Beschleunigung der Körper und der Zugkraft im Seil gilt:

$$a = \frac{m_1 - m_2}{m_1 + m_2}\, g \qquad \text{und} \qquad F_S = \frac{2\, m_1\, m_2}{m_1 + m_2}\, g\,.$$

c) Überprüfen Sie, dass diese Formeln für $m_1 = m_2$ sowie für die Grenzfälle $m_1 \gg m_2$ und $m_1 \ll m_2$ sinnvolle Ergebnisse liefern.

Abb. 7.5 Zu Aufgabe 7.11 bis 7.13

7.12 •• Eine der Massen in der Atwood'schen Fallmaschine aus Abb. 7.5 sei 1,2 kg. Wie groß muss dann die andere Masse sein, damit der Betrag der Verschiebung jeder der beiden Massen in der ersten Sekunde nach dem Loslassen 0,30 m beträgt?

7.13 ••• Die Schwerebeschleunigung g kann dadurch bestimmt werden, dass die Zeit t gemessen wird, die es dauert, bis die Masse m_2 in der Atwood'schen Fallmaschine von Aufgabe 7.11 aus der Ruhe um eine Strecke l fällt. a) Ermitteln Sie anhand der Formeln in Aufgabe 7.11 einen Ausdruck für g als Funktion von l, t, m_1 und m_2. Beachten Sie, dass die Beschleunigung konstant ist. b) Zeigen Sie, dass ein kleiner Fehler $\mathrm{d}t$ in der Zeitmessung zu einem relativen Fehler $\mathrm{d}g/g = -2\,\mathrm{d}t/t$ in g führt. c) Nehmen Sie an, dass die einzige maßgebende Unsicherheit der Messwerte in der Fallzeit liegt. Es sei $l = 3{,}00\,\text{m}$ und $m_1 = 1{,}00\,\text{kg}$. Ermitteln Sie denjenigen Wert von m_2, bei dem g mit einer Genauigkeit von $\pm 5\,\%$ gemessen werden kann, wenn die Zeitmessung auf $\pm 0{,}1\,\text{s}$ genau ist.

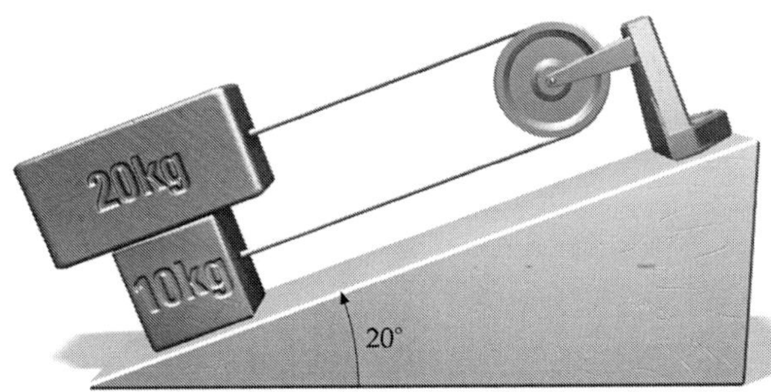

Abb. 7.6 Zu Aufgabe 7.14

7.14 ••• Abb. 7.6 zeigt einen 20-kg-Block, der auf einem 10-kg-Block gleiten kann. Alle Oberflächen seien reibungsfrei, und die Rolle sei masselos und ebenfalls reibungsfrei. Gesucht sind die Beschleunigungen beider Blöcke sowie die Zugkraft im Seil, das die Blöcke verbindet.

Massenmittelpunktsystem

7.15 •   Eine Masse von 4,0 kg befindet sich im Koordinatenursprung und eine Masse von 2,0 kg auf der x-Achse bei $x = 6,0$ cm. Wie lautet die Koordinate x_S des Massenmittelpunkts?

7.16 •   Drei Kugeln A, B und C mit den Massen 3,0 kg, 1,0 kg bzw. 1,0 kg sind, wie in Abb. 7.7 gezeigt, durch masselose Stäbe miteinander verbunden. Welche Koordinaten hat der Massenmittelpunkt?

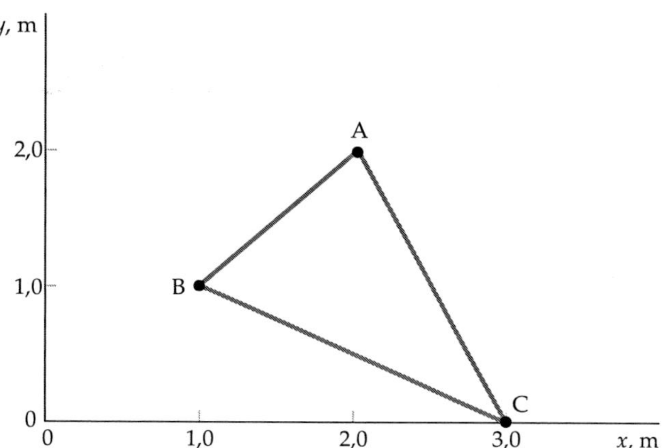

Abb. 7.7   Zu Aufgabe 7.16

7.17 •   Bestimmen Sie mithilfe von Symmetrieüberlegungen den Massenmittelpunkt einer homogenen Platte in Form eines gleichseitigen Dreiecks mit der Seitenlänge a. Ein Eckpunkt befindet sich auf der y-Achse, und die beiden anderen Eckpunkte liegen bei $\left(-\frac{a}{2}, 0\right)$ und $\left(+\frac{a}{2}, 0\right)$.

7.18 •   Zwei gleiche Teilchen der Masse 3,0 kg haben die Geschwindigkeit $v_1 = (2,0 \text{ m/s}) \, \widehat{x} + (3,0 \text{ m/s}) \, \widehat{y}$ bzw. $v_2 = (4,0 \text{ m/s}) \, \widehat{x} - (6,0 \text{ m/s}) \, \widehat{y}$. Berechnen Sie den Geschwindigkeitsvektor des Massenmittelpunkts des Systems.

7.19 •   Beschreiben Sie im Schwerpunktsystem einen vollständig inelastischen zentralen Stoß zwischen zwei gleichen Autos.

7.20 ••   Eine zylinderförmige Dose der Masse m und der Höhe h ist mit Wasser gefüllt. Anfangs hat das Wasser in der Dose ebenfalls die Masse m. Jetzt wird ein kleines Loch in den Boden geschlagen, und das Wasser tropft heraus. a) Geben Sie einen Ausdruck für die Höhe des Massenmittelpunkts an, wenn der Wasserspiegel die Höhe x hat. b) Welche Höhe unterschreitet der Massenmittelpunkt nicht, wenn das Wasser herausläuft?

7.21 ••   Ein Auto fährt nachts auf einer Landstraße. Gerade als es aus einer 90-km/h-Zone in eine 80-km/h-Zone fährt, springt plötzlich ein Reh aus dem Wald und bleibt mitten auf der Fahrbahn stehen. Genau beim Schild mit der Geschwindigkeitsbegrenzung auf 80 km/h bremst der Fahrer scharf, sodass die Bremsen blockieren. Das Auto kommt wenige Zentimeter vor dem erschrockenen Reh zum Stehen. Als sich der Fahrer von seinem Schreck erholt hat, hält hinter ihm ein Streifenwagen an. Der Polizeibeamte verpasst dem Fahrer einen Strafzettel, da er mit 92 km/h in einer 80-km/h-Zone gefahren sein soll. Der Fahrer, der sich in Physik auskennt, verweist auf die 25 m langen Bremsspuren seines Autos und bestreitet, mit überhöhter Geschwindigkeit gefahren zu sein. Wie geht er dabei vor? Für die Lösung benötigen Sie den Gleitreibungskoeffizienten zwischen den Autoreifen und trockenem Beton ($\mu_{R,g} = 0,80$).

7.22 ••   Ein Block von 3,0 kg bewegt sich mit 5,0 m/s nach rechts (in die positive x-Richtung) und ein zweiter Block von 3,0 kg mit 2,0 m/s nach links. a) Berechnen Sie die kinetische Gesamtenergie der beiden Blöcke. b) Berechnen Sie die Geschwindigkeit des Massenmittelpunkts des Systems aus den beiden Blöcken. c) Berechnen Sie die Geschwindigkeiten der beiden Blöcke bezüglich des Massenmittelpunkts. d) Berechnen Sie die kinetischen Energien der beiden Blöcke bezüglich des Massenmittelpunkts. e) Zeigen Sie, dass der in Teilaufgabe a erhaltene Wert größer ist als der in Teilaufgabe d erhaltene, und zwar um einen Betrag, der gleich der kinetischen Energie ist, die mit der Bewegung des Massenmittelpunkts zusammenhängt.

7.23 ••   Wiederholen Sie die vorige Aufgabe, wobei der zweite Block jedoch eine Masse von 5,0 kg hat und sich mit 3,0 m/s nach rechts bewegt.

7.24 ••   Im Schwerpunktsystem stößt ein Teilchen mit der Masse m_1 und dem Impuls p_1 elastisch zentral mit einem zweiten Teilchen zusammen, das die Masse m_2 und den Impuls $p_2 = -p_1$ hat. Nach dem Stoß hat das erste Teilchen den Impuls p_1'. Geben Sie die anfängliche kinetische Gesamtenergie in Abhängigkeit von m_1, m_2 und p_1 sowie die kinetische Gesamtenergie nach dem Stoß in Abhängigkeit von m_1, m_2 und p_1' an. Zeigen Sie, dass $p_1' = \pm p_1$ gilt. Bei $p_1' = -p_1$ kehrt sich für das Teilchen nur die Bewegungsrichtung um, aber der Betrag seiner Anfangsgeschwindigkeit bleibt gleich. Welche Situation liegt bei der Lösung mit $p_1' = +p_1$ vor?

Abb. 7.8   Zu Aufgabe 7.25

7.25 •••   In einer Atwood'schen Fallmaschine aus Abb. 7.8 gleitet das Seil reibungsfrei über die Oberfläche eines festen Zylinders der Masse m_Z, der sich nicht dreht. a) Ermitteln Sie die Beschleunigung des Massenmittelpunkts des Gesamtsystems aus den zwei Klötzen und dem Zylinder. b) Ermitteln Sie mithilfe des zweiten Newton'schen Axioms für Systeme die Kraft F, die von der Aufhängung ausgeübt wird. c) Ermitteln Sie die Zugkraft $|F_S|$ des Seils zwischen den beiden Klötzen und zeigen Sie, dass gilt: $|F| = m_Z\, g + 2\, F_S$.

7.26 •• Ein Gleiter A bewegt sich auf einer reibungsfreien ebenen Luftkissenbahn mit 1,0 m/s in positiver x-Richtung. Auf der Luftkissenbahn befindet sich vor dem Gleiter A ein identischer Gleiter B. Beide Gleiter haben eine Masse von je 1,0 kg. Wir betrachten das System aus den beiden Gleitern. a) Welche Geschwindigkeit hat der Massenmittelpunkt, und welche Geschwindigkeit haben die Gleiter bezüglich des Massenmittelpunkts? b) Welche kinetische Energie hat jeder der beiden Gleiter bezüglich des Massenmittelpunkts? c) Wie groß ist die kinetische Gesamtenergie bezüglich des Massenmittelpunkts? d) Die Gleiter stoßen zusammen und bleiben aneinander haften. Wie groß ist dann die kinetische Gesamtenergie bezüglich des Massenmittelpunkts?

Raketen- und Strahlantrieb

7.27 •• Ein frei rollender Eisenbahnwaggon passiert eine Getreideverladeeinrichtung, die mit konstanter Rate (Masse pro Zeiteinheit) Getreide in den Waggon befördert. a) Wird der Waggon wegen der Impulserhaltung langsamer, während er die Ladeeinrichtung passiert? Das Gleis soll reibungsfrei und völlig eben sein, und das Getreide soll vertikal in den Waggon hineinfallen. b) Wenn der Waggon langsamer wird, muss es eine äußere Kraft geben, die ihn abbremst. Woher kommt diese Kraft? c) Nachdem der Waggon beladen ist, entsteht in seinem Boden ein Loch, und das Getreide fällt mit konstanter Rate (Masse pro Zeiteinheit) nach unten heraus. Wird der Waggon schneller, während er seine Ladung verliert?

7.28 •• Eine Rakete verbrennt 200 kg Treibstoff pro Sekunde und stößt die Gase mit einer Geschwindigkeit von 6,00 km/s relativ zur Rakete aus. Wie stark ist der Schub der Rakete?

7.29 •• Eine Rakete hat eine Startmasse von 30 000 kg, wovon 80 % Treibstoff sind. Sie verbrennt den Treibstoff mit einer Rate von 200 kg/s und stößt die Gase mit einer relativen Geschwindigkeit von 1,80 km/s aus. Berechnen Sie a) die Schubkraft der Rakete, b) die Zeitdauer bis zum Brennschluss und c) die Geschwindigkeit beim Brennschluss unter der Voraussetzung, dass die Rakete senkrecht nach oben fliegt und so dicht an der Erdoberfläche bleibt, dass die Erdbeschleunigung g praktisch konstant ist. Vernachlässigen Sie die Auswirkungen des Luftwiderstands.

7.30 • Wir betrachten eine einstufige Rakete, deren Startmasse zu 90 % vom Treibstoff herrühren soll. Um welchen Faktor kann die Endgeschwindigkeit der Rakete erhöht werden, wenn bei gleichem Leergewicht die doppelte Treibstoffmenge mitgeführt wird? Die Rakete befinde sich im freien Raum, d. h., die Erdanziehung soll vernachlässigt werden.

Allgemeine Aufgaben

7.31 •• An einer 1,5 m langen homogenen Kette, die an der Decke befestigt ist, hängt ein Block mit der Masse 50 kg. Die Eigenmasse der Kette beträgt 20 kg. Bestimmen Sie die Zugkraft in der Kette a) an dem Punkt, in dem sie am Block befestigt ist, b) in der Mitte der Kette und c) am Befestigungspunkt an der Decke.

7.32 •• Eine reibungsfreie Fläche ist unter dem Winkel 30,0° gegen die Horizontale geneigt. Ein 270-g-Block auf der geneigten Ebene ist über ein Seil und eine Rolle mit einem frei hängenden Gewicht mit der Masse 75,0 g verbunden (Abb. 7.9). a) Zeichnen Sie separat die Kräftediagramme für den 270-g-Block und für das 75,0-g-Gewicht. b) Berechnen Sie die Zugkraft im Seil und die Beschleunigung des 270-g-Blocks. c) Der 270-g-Block, der anfangs ruht, wird nun losgelassen. Wie lange dauert es, bis er 1,00 m weit gerutscht ist? Gleitet er auf der geneigten Ebene nach oben oder nach unten?

Abb. 7.9 Zu Aufgabe 7.32

7.33 •• Ein 2,0-kg-Block ruht auf einem reibungsfreien Keil mit dem Neigungswinkel 60°. Der Keil wird mit einer Beschleunigung a nach rechts beschleunigt, deren Betrag so groß ist, dass der Block seine Lage relativ zum Keil beibehält (Abb. 7.10). a) Zeichnen Sie das Kräftediagramm des Blocks und bestimmen Sie anhand dessen den Betrag der Beschleunigung a. b) Was geschähe, wenn der Keil stärker beschleunigt würde? Was geschähe, wenn er schwächer beschleunigt würde?

Abb. 7.10 Zu Aufgabe 7.33

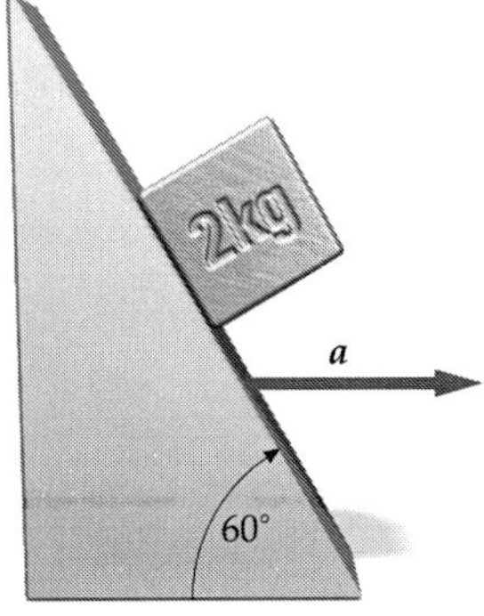

7.34 •• Eine kleine Kugel mit der Masse m_1 bewegt sich auf einer Kreisbahn mit dem Radius r auf einer reibungsfreien horizontalen Tischplatte (Abb. 7.11). Über einen Faden, der durch ein Loch in der Tischplatte verläuft, ist sie mit einem Gewicht mit der Masse m_2 verbunden. Wie hängt r von m_1 und m_2 sowie von der Zeit T für einen Umlauf ab?

Abb. 7.11 Zu Aufgabe 7.34

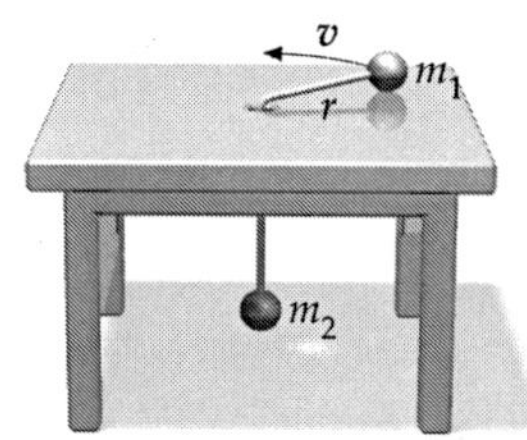

7.35 •• Aus einer kreisförmigen Platte vom Radius r ist ein kreisförmiges Loch vom Radius $r/2$ herausgeschnitten (Abb. 7.12). Ermitteln Sie den Massenmittelpunkt der Platte. *Hinweis:* Die gelochte Platte kann als zwei übereinandergelegte Scheiben modelliert werden, wobei das Loch als Scheibe mit negativer Masse betrachtet wird.

Abb. 7.12 Zu Aufgabe 7.35

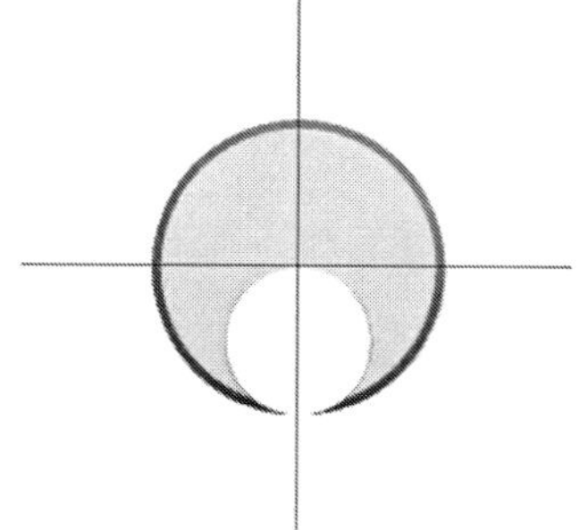

7.36 ••• Die Rolle in einer idealen Atwood'schen Fallmaschine wird mit einer Beschleunigung a nach oben beschleunigt (Abb. 7.13). Ermitteln Sie Ausdrücke für die Beschleunigungen der Gewichte und für die Zugkraft im Verbindungsseil. In dieser Situation sind die Geschwindigkeiten beider Blöcke nicht gleich.

Abb. 7.13 Zu Aufgabe 7.36

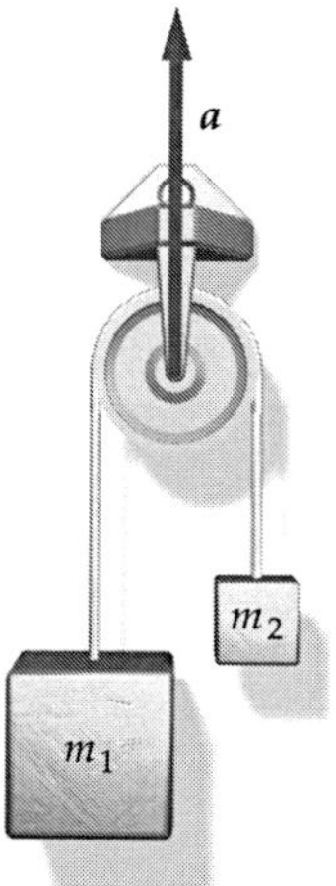

Lösungen zu den Aufgaben

Verständnisaufgaben

L7.1 a) Auf den Block wirken die Gravitationskraft (Gewichtskraft) $F_{G,Block}$ und die Zugkraft F_S des Seils (linke Teilabbildung). Die zu dieser Zugkraft F_S gehörende Reaktionskraft ist die Kraft, die der Block seinerseits am Seil nach unten ausübt. Entsprechend ist die Reaktionskraft zur Gravitationskraft $F_{G,Block}$ die nach oben gerichtete Anziehungskraft, die der Block auf die Erde ausübt.

b) Auf das Seil wirken sein eigenes Gewicht $F_{G,Seil}$ infolge der Gravitation, ferner das Gewicht $F_{G,Block}$ des Blocks sowie die Kraft F_{Decke}, mit der die Decke das Seil hält (rechte Teilabbildung). Die Reaktionskraft zu $F_{G,Seil}$ ist die nach oben gerichtete Anziehungskraft, die das Seil auf die Erde ausübt. Die Reaktionskraft zu F_{Decke} ist die nach unten gerichtete Kraft, mit der das Seil an der Decke zieht. Schließlich ist auch hier die Reaktionskraft zu $F_{G,Block}$ die nach oben gerichtete Anziehungskraft, die der Block auf die Erde ausübt.

L7.2 Beispiele sind: a) eine massive Kugelschale oder ein Torus, b) eine massive Halbkugelschale, c) eine Kugel, deren eine Hälfte eine höhere Dichte als die andere hat oder deren Dichteverteilung auf andere Weise nicht radialsymmetrisch ist, d) ein Stock (etwa ein Baseballschläger), dessen Massenverteilung nicht gleichmäßig und/oder nicht symmetrisch zum Mittelpunkt ist.

L7.3 Die Bewegung des Massenmittelpunkts ist in der Abbildung gezeigt. In der Draufsicht bewegt sich der Massenmittelpunkt geradlinig gleichförmig, während sich der Bumerang auf seiner Bahn um ihn herum dreht. Die horizontale Beschleunigung des Massenmittelpunkts ist während des Flugs null, wenn wir von der Wirkung des Luftwiderstands absehen.

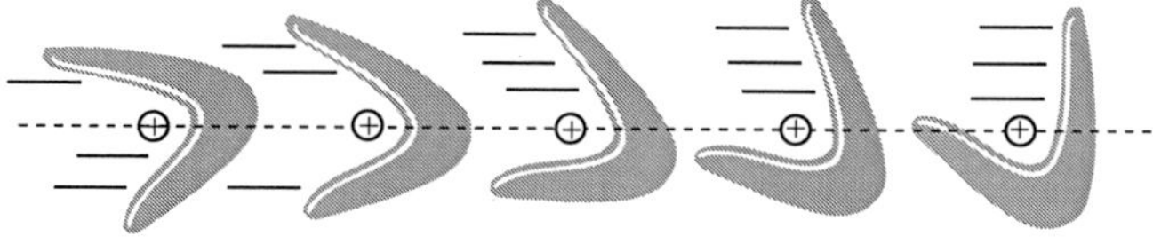

L7.4 Die Abbildung zeigt beide Kräftediagramme.

Die auf das Auto einwirkende Gesamtkraft, durch die es in positiver x-Richtung beschleunigt wird, ist bei Vernachlässigung des Luftwiderstands allein die Haftreibungskraft $\boldsymbol{F}_{\mathrm{R,h}}$, die die Straße auf die Reifen ausübt. Dagegen wird die Fahrerin selbst durch die Kraft $\boldsymbol{F}_{\mathrm{Lehne}}$ beschleunigt, die die Sitzlehne auf sie ausübt. In beiden Fällen gleichen die Gewichtskraft $\boldsymbol{F}_{\mathrm{G}}$ bzw. $\boldsymbol{F}_{\mathrm{G,Fahrerin}}$ und die Normalkraft $\boldsymbol{F}_{\mathrm{n}}$ bzw. $\boldsymbol{F}_{\mathrm{n,Sitz}}$ einander aus. Die auf das Gesamtsystem (Auto mit Fahrerin darin) einwirkende Gesamtkraft ist somit die Haftreibungskraft $\boldsymbol{F}_{\mathrm{R,h}}$, die die Straße auf die Reifen ausübt. Sie verrichtet die positive Massenmittelpunktsarbeit, die zur Zunahme der kinetischen Energie des Gesamtsystems führt.

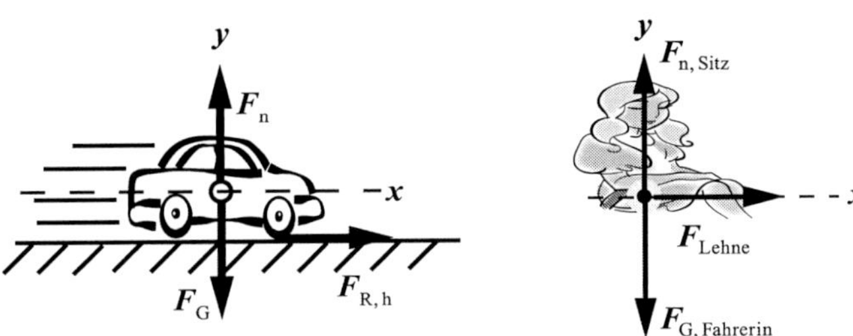

L7.5 Es gibt (wenn wir einmal vom Hangabtrieb, vom Wind und von Zusammenstößen absehen) nur eine Kraft, die das Auto beschleunigen kann, nämlich die Reibungskraft der Reifen auf der Straße. Der Motor bewirkt über den Antriebsstrang die Drehung der Räder. Wäre die Straße reibungsfrei, wie es bei Glatteis näherungsweise der Fall ist, dann käme das Auto nicht vorwärts, weil die Räder durchdrehten. Liegt aber Reibung vor, dann üben die Reifen beim Beschleunigen eine nach hinten gerichtete Kraft auf die Straße aus, und auf das Fahrzeug wirkt gemäß dem dritten Newton'schen Axiom eine Kraft, die es nach vorn beschleunigt. Wir halten die Reibung gewöhnlich für einen nachteiligen, das Auto abbremsenden Effekt, aber ohne sie könnte es überhaupt nicht fahren.

Schätzungs- und Näherungsaufgabe

L7.6 a) Weil das System anfangs in Ruhe ist, gilt wegen der Erhaltung des Impulses unmittelbar nach dem Abschuss der Kugel:

$$0 = \boldsymbol{p}_{\mathrm{K}} + \boldsymbol{p}_{\mathrm{G}} \qquad \text{bzw.} \qquad 0 = m_{\mathrm{K}}\, v_{\mathrm{K}}\, \widehat{\boldsymbol{x}} + m_{\mathrm{G}}\, \boldsymbol{v}_{\mathrm{G}}\,.$$

Daraus folgt

$$\boldsymbol{v}_{\mathrm{G}} = -\frac{m_{\mathrm{K}}}{m_{\mathrm{G}}}\, v_{\mathrm{K}}\, \widehat{\boldsymbol{x}}\,.$$

b) Der Impuls des Systems aus Revolver, Gleiter und Holzklotz war zu Beginn, als die Kugel den Lauf verließ, null. Wegen der Erhaltung des Impulses muss er das auch nach dem Eintreten der Kugel in den Holzklotz sein. Also ist

$$0 = \boldsymbol{p}_{\mathrm{G,E}} \qquad \text{und daher} \qquad \boldsymbol{v}_{\mathrm{G,E}} = 0\,.$$

c) Weil der Gleiter, wie eben ermittelt, zum Schluss wieder in Ruhe ist, bewegt er sich nur in der Zeitspanne Δt, in der die Kugel vom Revolver zum Holzklotz fliegt. Die von ihm zurückgelegte Strecke ist daher $|\Delta s| = v_{\mathrm{G}}\, \Delta t$, und die Zeitspanne Δt ist der Quotient aus der Strecke l und der Geschwindigkeit v_{rel} der Kugel relativ zum Gleiter. Für diese gilt

$$v_{\mathrm{rel}} = v_{\mathrm{K}} - v_{\mathrm{G}} = v_{\mathrm{K}} + \frac{m_{\mathrm{K}}}{m_{\mathrm{G}}}\, v_{\mathrm{K}} = \left(1 + \frac{m_{\mathrm{K}}}{m_{\mathrm{G}}}\right) v_{\mathrm{K}}$$

$$= \frac{m_{\mathrm{G}} + m_{\mathrm{K}}}{m_{\mathrm{G}}}\, v_{\mathrm{K}}\,.$$

Mit $\Delta t = l/v_{\mathrm{rel}}$ erhalten wir für die Strecke, die der Gleiter zurücklegt:

$$|\Delta s| = v_{\mathrm{G}}\, \Delta t = v_{\mathrm{G}}\, \frac{l}{v_{\mathrm{rel}}} = \left(\frac{m_{\mathrm{K}}}{m_{\mathrm{G}}}\, v_{\mathrm{K}}\right) \frac{l}{\dfrac{m_{\mathrm{G}} + m_{\mathrm{K}}}{m_{\mathrm{G}}}\, v_{\mathrm{K}}}$$

$$= \frac{m_{\mathrm{K}}}{m_{\mathrm{G}} + m_{\mathrm{K}}}\, l\,.$$

Mehrkörperprobleme

L7.7 a) Wir zeichnen die Kräftediagramme (siehe Abbildung).

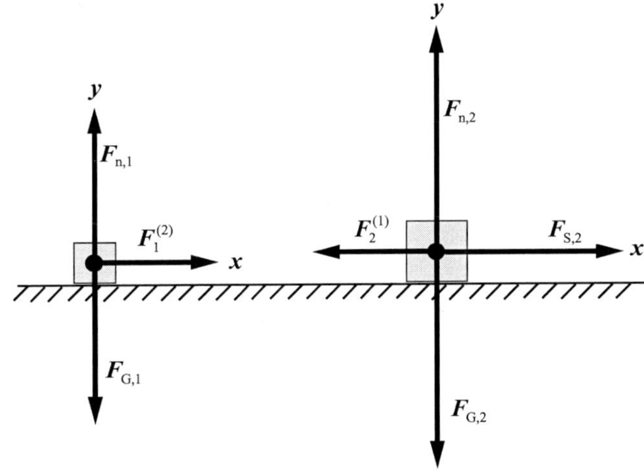

Auf den linken Block wirkt die Kraft $\boldsymbol{F}_{1}^{(2)}$. Anwenden des zweiten Newton'schen Axioms $\sum F_{i,x} = m\, a_x$ ergibt hier

$$|\boldsymbol{F}_{1}^{(2)}| = m_1\, a_{1,x}\,.$$

Der Betrag dieser Kraft ist gleich dem der Zugkraft im linken Seil: $|\boldsymbol{F}_{1}^{(2)}| = |\boldsymbol{F}_{\mathrm{S,1}}|$. Damit folgt

$$|\boldsymbol{F}_{\mathrm{S,1}}| = m_1\, a_{1,x}\,. \tag{1}$$

Ähnlich ergibt sich mit dem zweiten Newton'schen Axiom für den rechten Block $\sum F_{i,x} = m\, a_x$ und somit

$$|\boldsymbol{F}_{\mathrm{S,2}}| - |\boldsymbol{F}_{2}^{(1)}| = m_2\, a_{2,x}\,.$$

Der Betrag der auf diesen Block von links einwirkenden Kraft ist gleich dem der Zugkraft im linken Seil: $|\boldsymbol{F}_{2}^{(1)}| = |\boldsymbol{F}_{\mathrm{S},1}|$. Daher gilt

$$|\boldsymbol{F}_{\mathrm{S},2}| - |\boldsymbol{F}_{\mathrm{S},1}| = m_2\, a_{2,x}\,. \qquad (2)$$

Beide Blöcke werden gemeinsam gezogen; also sind ihre Beschleunigungen gleich. Dividieren von Gleichung 1 durch Gleichung 2 liefert

$$\frac{|\boldsymbol{F}_{\mathrm{S},1}|}{|\boldsymbol{F}_{\mathrm{S},2}| - |\boldsymbol{F}_{\mathrm{S},1}|} = \frac{m_1\, a_{1,x}}{m_2\, a_{2,x}} = \frac{m_1}{m_2}$$

sowie

$$\frac{|\boldsymbol{F}_{\mathrm{S},1}|}{|\boldsymbol{F}_{\mathrm{S},2}|} = \frac{m_1}{m_1 + m_2}\,.$$

b) Das Ergebnis von Teilaufgabe a erscheint plausibel, da die Kraft $\boldsymbol{F}_{\mathrm{S},1}$ nur an der Masse m_1 angreift, während $\boldsymbol{F}_{\mathrm{S},2}$ an beiden Massen angreift.

Um die Grenzfälle betrachten zu können, erweitern wir den Bruch in der letzten Gleichung mit $1/m_1$:

$$\frac{|\boldsymbol{F}_{\mathrm{S},1}|}{|\boldsymbol{F}_{\mathrm{S},2}|} = \frac{1}{1 + \dfrac{m_2}{m_1}}\,.$$

Für $m_2/m_1 \gg 1$ geht der Quotient der Kräfte erwartungsgemäß gegen null: $|\boldsymbol{F}_{\mathrm{S},1}|/|\boldsymbol{F}_{\mathrm{S},2}| \to 0$. Und für $m_2/m_1 \ll 1$ geht er gegen eins: $|\boldsymbol{F}_{\mathrm{S},1}|/|\boldsymbol{F}_{\mathrm{S},2}| \to 1$.

L7.8 Als positive x-Richtungen der Beschleunigungen wählen wir (entsprechend der Bewegung der Seile) die Richtung des Blocks 1 nach oben, die des Blocks 2 auf der Ebene nach rechts und die des Blocks 3 nach unten.

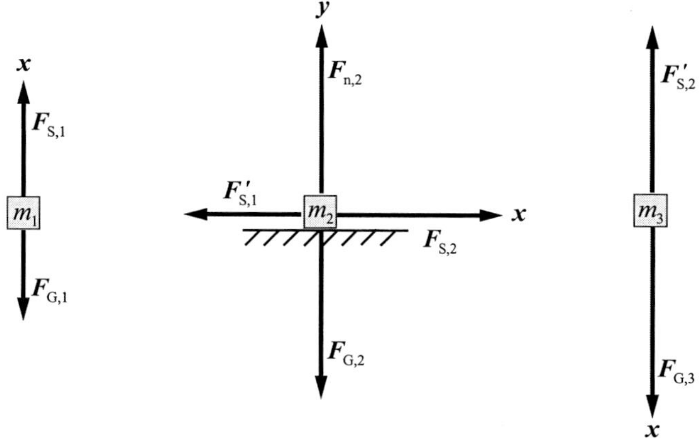

Die Abbildung zeigt die entsprechenden Kräftediagramme. Wegen der Verbindungen durch die beiden straffen Seile sind die Beträge aller drei Beschleunigungen a_x gleich.

a) Wir wenden das zweite Newton'sche Axiom $\sum F_{i,x} = m\, a_x$ auf den Block mit der Masse m_1 an:

$$|\boldsymbol{F}_{\mathrm{S},1}| - |\boldsymbol{F}_{\mathrm{G},1}| = |\boldsymbol{F}_{\mathrm{S},1}| - m_1\, g = m_1\, a_x\,. \qquad (1)$$

Beim mittleren Block mit der Masse m_2 gilt mit $|\boldsymbol{F}_{\mathrm{S},1}| = |\boldsymbol{F}'_{\mathrm{S},1}|$ ebenfalls gemäß dem zweiten Newton'schen Axiom

$$|\boldsymbol{F}_{\mathrm{S},2}| - |\boldsymbol{F}'_{\mathrm{S},1}| = |\boldsymbol{F}_{\mathrm{S},2}| - |\boldsymbol{F}_{\mathrm{S},1}| = m_2\, a_x\,. \qquad (2)$$

Mit $|\boldsymbol{F}_{\mathrm{S},2}| = |\boldsymbol{F}'_{\mathrm{S},2}|$ ergibt sich gemäß dem zweiten Newton'schen Axiom für den rechten Block (mit der Masse m_3)

$$|\boldsymbol{F}_{\mathrm{G},3}| - |\boldsymbol{F}'_{\mathrm{S},2}| = m_3\, g - |\boldsymbol{F}_{\mathrm{S},2}| = m_3\, a_x\,. \qquad (3)$$

Die Addition der Gleichungen 1 bis 3 liefert

$$m_3\, g - m_1\, g = m_1\, a_x + m_2\, a_x + m_3\, a_x\,.$$

Hieraus erhalten wir für die Beschleunigung

$$a_x = \frac{(m_3 - m_1)\, g}{m_1 + m_2 + m_3} = \frac{(2{,}5\,\mathrm{kg} - 1{,}5\,\mathrm{kg})\,(9{,}81\,\mathrm{m \cdot s^{-2}})}{1{,}5\,\mathrm{kg} + 3{,}5\,\mathrm{kg} + 2{,}5\,\mathrm{kg}}$$
$$= 1{,}31\,\mathrm{m \cdot s^{-2}} = 1{,}3\,\mathrm{m \cdot s^{-2}}\,.$$

Wie oben erläutert, ist dies die Beschleunigung aller Blöcke.

b) Mit Gleichung 1 ergibt sich die Zugkraft im linken Seil:

$$|\boldsymbol{F}_{\mathrm{S},1}| = m_1\, a_x + m_1\, g = m_1\,(a_x + g)$$
$$= (1{,}5\,\mathrm{kg})\,(1{,}31\,\mathrm{m \cdot s^{-2}} + 9{,}81\,\mathrm{m \cdot s^{-2}}) = 17\,\mathrm{N}\,.$$

Ähnlich ergibt sich mit Gleichung 3 die Zugkraft im rechten Seil:

$$|\boldsymbol{F}_{\mathrm{S},2}| = m_3\, g - m_3\, a_x = m_3\,(g - a_x)$$
$$= (2{,}5\,\mathrm{kg})\,(9{,}81\,\mathrm{m \cdot s^{-2}} - 1{,}31\,\mathrm{m \cdot s^{-2}}) = 21\,\mathrm{N}\,.$$

L7.9 Die Abbildung zeigt die geometrischen Gegebenheiten und das Kräftediagramm.

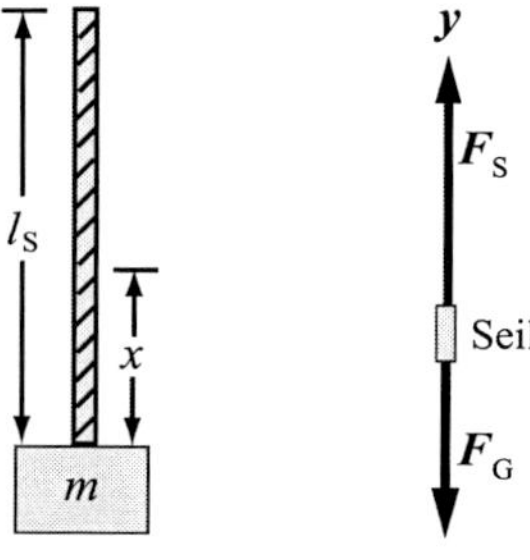

Die Masse des Seils ist homogen über dessen Länge verteilt. Also verhält sich die Masse m'_{S} eines Seilabschnitts zu dessen Länge x wie die Gesamtmasse m_{S} des Seils zu dessen Gesamtlänge l_{S}. Daher gilt

$$\frac{m'_{\mathrm{S}}}{x} = \frac{m_{\mathrm{S}}}{l_{\mathrm{S}}} \qquad \text{und somit} \qquad m'_{\mathrm{S}} = \frac{x}{l_{\mathrm{S}}}\, m_{\mathrm{S}}\,.$$

Im Abstand x über dem Block hängt also eine Gesamtmasse, für die gilt:

$$m + m'_{\mathrm{S}} = m + \frac{x}{l_{\mathrm{S}}}\, m_{\mathrm{S}}\,.$$

Die Zugkraft ergibt sich aus dem zweiten Newton'schen Axiom $\sum F_{i,y} = m\,a_y$, angewendet auf den Block und das Teilstück x des Seils:

$$|\boldsymbol{F}_\mathrm{S}| - |\boldsymbol{F}_\mathrm{G}| = |\boldsymbol{F}_\mathrm{S}| - (m + m'_\mathrm{S})\,g = (m + m'_\mathrm{S})\,a_y\,.$$

Einsetzen des obigen Ausdrucks für $m + m'_\mathrm{S}$ ergibt

$$|\boldsymbol{F}_\mathrm{S}| - \left(m + \frac{x}{l_\mathrm{S}}\,m_\mathrm{S}\right) g = \left(m + \frac{x}{l_\mathrm{S}}\,m_\mathrm{S}\right) a_y\,.$$

Somit gilt für den Betrag der Zugkraft

$$|\boldsymbol{F}_\mathrm{S}| = (a_y + g)\left(m + \frac{x}{l_\mathrm{S}}\,m_\mathrm{S}\right).$$

L7.10 Da das Seil weder durchhängt noch gedehnt wird, sind sowohl die Geschwindigkeiten als auch die Beschleunigungen beider Körper betragsmäßig jeweils gleich. Wir wählen für den Körper mit der Masse m_1 ein Koordinatensystem, dessen positive x-Achse entlang der geneigten Ebene nach oben zeigt. Die positive x-Achse des Körpers mit der Masse m_2 soll nach unten zeigen. Die reibungsfreie Rolle ändert lediglich die Richtung, in der die Zugkraft angreift.

a) Wir zeichnen die beiden Kräftediagramme.

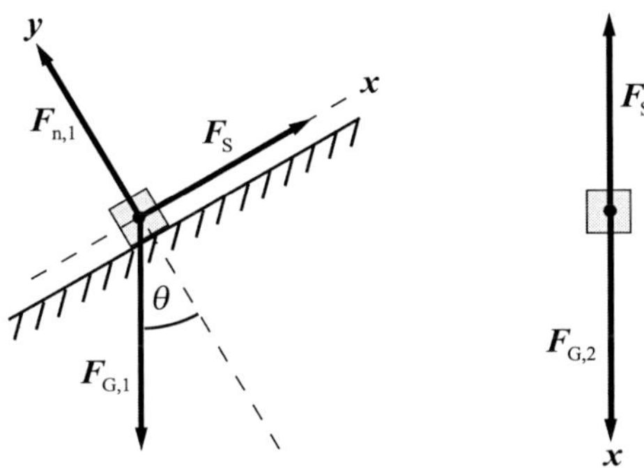

Anwenden des zweiten Newton'schen Axioms $\sum F_{i,x} = m\,a_x$ auf den Körper mit der Masse m_1 ergibt

$$|\boldsymbol{F}_\mathrm{S}| - |\boldsymbol{F}_{\mathrm{G},1}|\sin\theta = m_1 a_{1,x}\,.$$

Unter Berücksichtigung von $|\boldsymbol{F}_{\mathrm{G},1}| = m_1\,g$ und der Tatsache, dass beide Körper betragsmäßig die gleiche Beschleunigung a_x erfahren, ergibt sich

$$|\boldsymbol{F}_\mathrm{S}| - m_1\,g\sin\theta = m_1 a_x\,. \tag{1}$$

Wir wenden nun die Bedingung $\sum F_{i,x} = m\,a_x$ auf den Körper mit der Masse m_2 an:

$$m_2\,g - |\boldsymbol{F}_\mathrm{S}| = m_2\,a_x\,. \tag{2}$$

Addieren von Gleichung 1 und 2 liefert

$$m_2\,g - m_1\,g\sin\theta = m_1 a_x + m_2\,a_x\,.$$

Somit gilt für die Beschleunigung

$$a_x = \frac{g\,(m_2 - m_1\sin\theta)}{m_1 + m_2}\,. \tag{3}$$

Um die Zugkraft zu ermitteln, setzen wir dies in die Kräftegleichung 1 oder 2 ein und lösen nach der Kraft auf:

$$|\boldsymbol{F}_\mathrm{S}| = \frac{g\,m_1\,m_2\,(1 + \sin\theta)}{m_1 + m_2} \tag{4}$$

b) Einsetzen der Zahlenwerte in Gleichung 3 liefert für die Beschleunigung

$$a_x = \frac{(9{,}81\,\mathrm{m\cdot s^{-2}})\,[5{,}0\,\mathrm{kg} - (5{,}0\,\mathrm{kg})\sin 30°]}{5{,}0\,\mathrm{kg} + 5{,}0\,\mathrm{kg}} = 2{,}5\,\mathrm{m\cdot s^{-2}},$$

und mit Gleichung 4 erhalten wir den Betrag der Kraft:

$$|\boldsymbol{F}_\mathrm{S}| = \frac{(9{,}81\,\mathrm{m\cdot s^{-2}})\,(5{,}0\,\mathrm{kg})^2\,(1 + \sin 30°)}{5{,}0\,\mathrm{kg} + 5{,}0\,\mathrm{kg}} = 37\,\mathrm{N}\,.$$

L7.11 Wir nehmen an, dass $m_1 > m_2$ ist. Die $+y$-Richtung soll beim Körper 1 nach unten und beim Körper 2 nach oben zeigen.

a) Wir zeichnen die beiden Kräftediagramme.

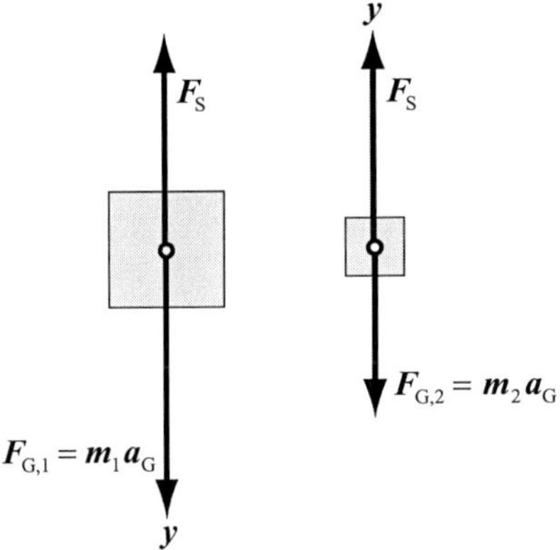

b) Wir wenden das zweite Newton'sche Axiom $\sum F_{i,y} = m\,a_y$ auf den Körper 2 an:

$$|\boldsymbol{F}_\mathrm{S}| - m_2\,g = m_2\,a_{2,y}\,. \tag{1}$$

Entsprechend ergibt sich für den Körper 1

$$m_1\,g - |\boldsymbol{F}_\mathrm{S}| = m_1\,a_{1,y}\,. \tag{2}$$

Da die Körper durch ein straffes Seil verbunden sind, haben sie betragsmäßig die gleiche Beschleunigung, die wir a nennen. Die Gleichungen 1 und 2 lauten dann

$$|\boldsymbol{F}_\mathrm{S}| - m_2\,g = m_2\,a \qquad \text{bzw.} \qquad m_1\,g - |\boldsymbol{F}_\mathrm{S}| = m_1\,a\,.$$

Wir addieren diese beiden Gleichungen, um die Zugkraft $|\boldsymbol{F}_\mathrm{S}|$ zu eliminieren:

$$m_1\,g - m_2\,g = m_1\,a + m_2\,a\,.$$

Daraus ergibt sich für die Beschleunigung

$$a = \frac{m_1 - m_2}{m_1 + m_2}\, g\,. \tag{3}$$

Einsetzen dieses Ausdrucks in eine der beiden Kräftegleichungen liefert für die Zugkraft

$$|\boldsymbol{F}_{\mathrm{S}}| = \frac{2\,m_1\,m_2}{m_1 + m_2}\, g\,. \tag{4}$$

c) Mit $m_1 = m_2$ lauten die Gleichungen 3 und 4

$$a = \frac{0}{m_1 + m_2}\, g = 0 \qquad \text{bzw.} \qquad |\boldsymbol{F}_{\mathrm{S}}| = m\, g\,,$$

was zu erwarten war.

Nun betrachten wir den Grenzfall $m_1 \gg m_2$. Hierfür erweitern wir die Brüche in Gleichung 3 und 4 mit $1/m_1$. Das ergibt

$$a = \frac{1 - \dfrac{m_2}{m_1}}{1 + \dfrac{m_2}{m_1}}\, g \qquad \text{bzw.} \qquad |\boldsymbol{F}_{\mathrm{S}}| = \frac{2\,m_2}{1 + \dfrac{m_2}{m_1}}\, g\,.$$

Für $m_1 \gg m_2$ ergibt sich daraus erwartungsgemäß

$$a = g \quad \text{bzw.} \quad |\boldsymbol{F}_{\mathrm{S}}| = 2\,m_2\, g\,.$$

Nun betrachten wir den Grenzfall $m_1 \ll m_2$. Hierfür erweitern wir die Brüche in Gleichung 3 und 4 mit $1/m_2$. Das ergibt

$$a = \frac{\dfrac{m_1}{m_2} - 1}{\dfrac{m_1}{m_2} + 1}\, g \qquad \text{bzw.} \qquad |\boldsymbol{F}_{\mathrm{S}}| = \frac{2\,m_1}{\dfrac{m_1}{m_2} + 1}\, g\,.$$

Für $m_1 \ll m_2$ ergibt sich daraus (auch erwartungsgemäß)

$$a = -g \quad \text{bzw.} \quad |\boldsymbol{F}_{\mathrm{S}}| = 2\,m_1\, g\,.$$

L7.12 Wie die Beschleunigung von den beiden Massen abhängt, haben wir in der vorherigen Aufgabe hergeleitet:

$$a = \frac{m_1 - m_2}{m_1 + m_2}\, g$$

Auflösen nach m_1 ergibt

$$m_1 = m_2\, \frac{g + a}{g - a}\,. \tag{1}$$

Wegen derselben gleichförmigen Beschleunigung a beider Massen gilt für ihre Verschiebung

$$\Delta y = v_0\, t + \tfrac{1}{2}\, a\, (\Delta t)^2 = \tfrac{1}{2}\, a\, (\Delta t)^2\,.$$

Dabei haben wir berücksichtigt, dass die Anfangsgeschwindigkeit $v_0 = 0$ ist. Somit gilt für die Beschleunigung

$$a = \frac{2\,\Delta y}{(\Delta t)^2} = \frac{2\,(0{,}30\,\mathrm{m})}{(1{,}0\,\mathrm{s})^2} = 0{,}600\,\mathrm{m} \cdot \mathrm{s}^{-2}\,.$$

Aus Gleichung 1 ergibt sich hiermit

$$m_1 = m_2\, \frac{9{,}81\,\mathrm{m} \cdot \mathrm{s}^{-2} + 0{,}600\,\mathrm{m} \cdot \mathrm{s}^{-2}}{9{,}81\,\mathrm{m} \cdot \mathrm{s}^{-2} - 0{,}600\,\mathrm{m} \cdot \mathrm{s}^{-2}} = 1{,}13\,m_2\,.$$

Wir nehmen, wie die Abbildung zu Aufgabe 7.11 nahelegt, m_1 als die größere Masse an. Dann ist

$$m_1 = 1{,}13\,(1{,}2\,\mathrm{kg}) = 1{,}4\,\mathrm{kg} \quad \text{und} \quad m_2 = 1{,}2\,\mathrm{kg}\,.$$

L7.13 a) Wie die Beschleunigung von den beiden Massen abhängt, haben wir in in der vorletzten Aufgabe hergeleitet:

$$a = \frac{m_1 - m_2}{m_1 + m_2}\, g\,.$$

Auflösen nach g ergibt

$$g = a\, \frac{m_1 + m_2}{m_1 - m_2}\,. \tag{1}$$

Wegen derselben gleichförmigen Beschleunigung a beider Massen gilt für ihre Verschiebung

$$\Delta y = l = v_0\, \Delta t + \tfrac{1}{2}\, a\, (\Delta t)^2 = \tfrac{1}{2}\, a\, t^2\,.$$

Dabei haben wir $\Delta t = t$ gesetzt und auch berücksichtigt, dass $v_0 = 0$ ist. Daraus folgt für die Beschleunigung

$$a = \frac{2\,l}{t^2}\,. \tag{2}$$

Das setzen wir in Gleichung 1 ein:

$$g = \frac{2\,l}{t^2}\, \frac{m_1 + m_2}{m_1 - m_2}\,.$$

b) Wir leiten den eben erhaltenen Ausdruck für die Beschleunigung nach der Zeit ab:

$$\frac{\mathrm{d}g}{\mathrm{d}t} = -4\,l\,t^{-3}\, \frac{m_1 + m_2}{m_1 - m_2} = \frac{-2}{t}\left(\frac{2\,l}{t^2}\, \frac{m_1 + m_2}{m_1 - m_2} \right) = \frac{-2\,g}{t}\,.$$

Durch Multiplizieren beider Seiten mit $\mathrm{d}t/g$ trennen wir die Variablen:

$$\frac{\mathrm{d}g}{g} = -2\, \frac{\mathrm{d}t}{t}\,.$$

c) Mit $\mathrm{d}g/g = \pm 0{,}05$ ergibt sich für die Fallzeit

$$t = \left| \frac{-2\,\mathrm{d}t}{\mathrm{d}g/g} \right| = \left| \frac{-2\,(\pm 0{,}1\,\mathrm{s})}{\pm 0{,}05} \right| = 4\,\mathrm{s}\,.$$

Gleichung 2 liefert mit den gegebenen Werten die Beschleunigung:

$$a = \frac{2\,(3{,}00\,\mathrm{m})}{(4\,\mathrm{s})^2} = 0{,}375\,\mathrm{m} \cdot \mathrm{s}^{-2}\,.$$

Die Masse m_2 berechnen wir mit Gleichung 1, die wir zunächst nach m_2 auflösen. Mit $m_1 = 1{,}00\,\mathrm{kg}$ erhalten wir

$$m_2 = \frac{g - a}{g + a}\, m_1$$

$$= \frac{9{,}81\,\mathrm{m} \cdot \mathrm{s}^{-2} - 0{,}375\,\mathrm{m} \cdot \mathrm{s}^{-2}}{9{,}81\,\mathrm{m} \cdot \mathrm{s}^{-2} + 0{,}375\,\mathrm{m} \cdot \mathrm{s}^{-2}}\,(1{,}00\,\mathrm{kg}) \approx 0{,}9\,\mathrm{kg}\,.$$

L7.14 Wir legen das Koordinatensystem so an, dass die $+x$-Richtung entlang der geneigten Ebene nach oben zeigt. Die erste Abbildung zeigt das Kräftediagramm für den 20-kg-Block.

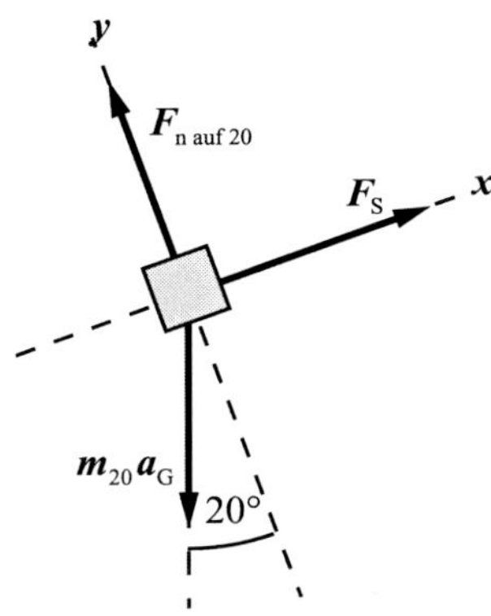

Anwenden von $\sum F_{i,x} = m\, a_x$ auf den Block ergibt

$$|F_{\text{S}}| - m_{20}\, g \sin 20° = m_{20}\, a_{20,x}\,. \qquad (1)$$

Die zweite Abbildung zeigt das Kräftediagramm für den 10-kg-Block.

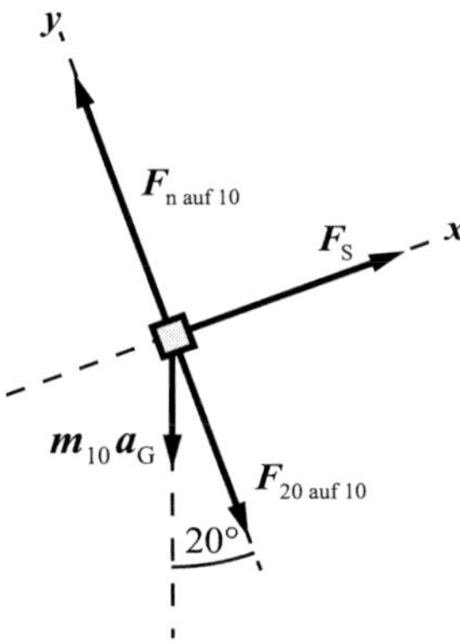

Sämtliche Oberflächen, einschließlich der zwischen den beiden Blöcken, sind reibungsfrei. Daher steht die Kraft, die der 20-kg-Block auf den 10-kg-Block ausübt, senkrecht auf den Oberflächen beider Blöcke (wie in der zweiten Abbildung eingezeichnet).

Anwenden des zweiten Newton'schen Axioms $\sum F_{i,x} = m\, a_x$ auf den 10-kg-Block ergibt

$$|F_{\text{S}}| - m_{10}\, g \sin 20° = m_{10}\, a_{10,x}\,. \qquad (2)$$

Weil die Blöcke durch ein straffes Seil verbunden sind, sind die Beschleunigungen gleich groß, jedoch mit entgegengesetzten Vorzeichen: $a_{20,x} = -a_{10,x}$.

Das setzen wir in Gleichung 1 ein:

$$|F_{\text{S}}| - m_{20}\, g \sin 20° = -m_{20}\, a_{10,x}\,. \qquad (3)$$

Eliminieren von $|F_{\text{S}}|$ aus den Gleichungen 2 und 3 ergibt

$$
\begin{aligned}
a_{10,x} &= \frac{m_{20} - m_{10}}{m_{20} + m_{10}}\, g \sin 20° \\
&= \frac{(20 - 10)\,\text{kg}}{(20 + 10)\,\text{kg}}\, (9{,}81\,\text{m}\cdot\text{s}^{-2}) \sin 20° = 1{,}1\,\text{m}\cdot\text{s}^{-2}\,.
\end{aligned}
$$

Die Beschleunigung des anderen Blocks ist

$$a_{20,x} = -a_{10,x} = -1{,}1\,\text{m}\cdot\text{s}^{-2}\,.$$

Einsetzen einer der Beschleunigungen in Gleichung 1 bzw. 2 ergibt die Zugkraft im Seil: $|F_{\text{S}}| = 45\,\text{N}$.

Massenmittelpunktsystem

L7.15 Der gewichtete Mittelwert der x-Koordinaten lautet

$$x_S = \frac{4{,}0\,\text{kg}\cdot 0\,\text{cm} + 2{,}0\,\text{kg}\cdot 6{,}0\,\text{cm}}{4{,}0\,\text{kg} + 2{,}0\,\text{kg}} = 2\,\text{cm}\,.$$

L7.16 Wir können die Kugeln als punktförmige Objekte annehmen. Für die x-Koordinate des Massenmittelpunkts ergibt sich gemäß der Definition

$$
\begin{aligned}
x_S &= \frac{m_{\text{A}}\, x_{\text{A}} + m_{\text{B}}\, x_{\text{B}} + m_{\text{C}}\, x_{\text{C}}}{m_{\text{A}} + m_{\text{B}} + m_{\text{C}}} \\
&= \frac{(3{,}0\,\text{kg})\,(2{,}0\,\text{m}) + (1{,}0\,\text{kg})\,(1{,}0\,\text{m}) + (1{,}0\,\text{kg})\,(3{,}0\,\text{m})}{3{,}0\,\text{kg} + 1{,}0\,\text{kg} + 1{,}0\,\text{kg}} \\
&= 2{,}0\,\text{m}\,.
\end{aligned}
$$

Entsprechend erhalten wir für die y-Koordinate

$$
\begin{aligned}
y_S &= \frac{m_{\text{A}}\, y_{\text{A}} + m_{\text{B}}\, y_{\text{B}} + m_{\text{C}}\, y_{\text{C}}}{m_{\text{A}} + m_{\text{B}} + m_{\text{C}}} \\
&= \frac{(3{,}0\,\text{kg})\,(2{,}0\,\text{m}) + (1{,}0\,\text{kg})\,(1{,}0\,\text{m}) + (1{,}0\,\text{kg})\,(0{,}0\,\text{m})}{3{,}0\,\text{kg} + 1{,}0\,\text{kg} + 1{,}0\,\text{kg}} \\
&= 1{,}4\,\text{m}\,.
\end{aligned}
$$

Der Massenmittelpunkt der drei Kugeln liegt also bei den Koordinaten $(2{,}0\,\text{m},\ 1{,}4\,\text{m})$.

L7.17 Die Abbildung zeigt das gleichseitige Dreieck mit der Seitenlänge a. Die y-Achse verläuft durch den Scheitel und die x-Achse durch die Basis.

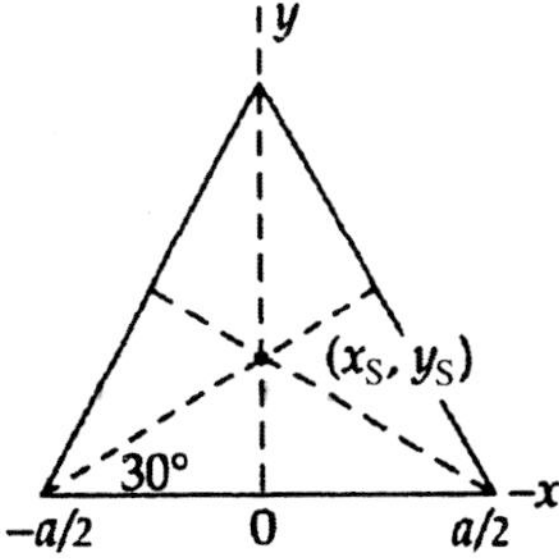

Die Winkelhalbierenden sind gestrichelt eingezeichnet. Die Koordinaten ihres Schnittpunkts und damit des Massenmittelpunkts S können wir folgendermaßen ermitteln: Da der Scheitel auf der y-Achse liegt, muss wegen der Symmetrie $x_S = 0$ sein. Außerdem können wir aus der Abbildung ablesen, dass für seine y-Koordinate gilt:

$$\tan 30° = \frac{y_S}{a/2}.$$

Damit erhalten wir $y_S = \frac{1}{2} a \tan 30° = 0{,}29\, a$.

Der Massenmittelpunkt liegt also bei $(0,\ 0{,}29\, a)$.

L7.18 Die Geschwindigkeit $\boldsymbol{v}_S$ des Massenmittelpunkts eines Teilchensystems ergibt sich aus den Geschwindigkeiten $\boldsymbol{v}_i$ der einzelnen Teilchen mithilfe der allgemeinen Beziehung

$$\boldsymbol{v}_S = \frac{\sum_i m_i \,\boldsymbol{v}_i}{\sum_i m_i}.$$

Damit erhalten wir

$$\begin{aligned}
\boldsymbol{v}_S &= \frac{m_1\, \boldsymbol{v}_1 + m_2\, \boldsymbol{v}_2}{m_1 + m_2} \\
&= \frac{(3{,}0\,\text{kg})\left[(2{,}0\,\text{m}\cdot\text{s}^{-1})\,\widehat{\boldsymbol{x}} + (2{,}0\,\text{m}\cdot\text{s}^{-1})\,\widehat{\boldsymbol{y}}\right]}{3{,}0\,\text{kg} + 3{,}0\,\text{kg}} \\
&\quad + \frac{(3{,}0\,\text{kg})\left[(4{,}0\,\text{m}\cdot\text{s}^{-1})\,\widehat{\boldsymbol{x}} - (6{,}0\,\text{m}\cdot\text{s}^{-1})\,\widehat{\boldsymbol{y}}\right]}{3{,}0\,\text{kg} + 3{,}0\,\text{kg}} \\
&= (3{,}0\,\text{m}\cdot\text{s}^{-1})\,\widehat{\boldsymbol{x}} - (1{,}5\,\text{m}\cdot\text{s}^{-1})\,\widehat{\boldsymbol{y}}.
\end{aligned}$$

L7.19 Im Schwerpunktsystem bewegen sich beide Autos mit gleich großen, aber entgegengesetzt gerichteten Impulsen aufeinander zu und bleiben am Schluss unbeweglich liegen.

L7.20 a) Mit der Masse m_W des noch in der Dose befindlichen Wassers gilt bei der Höhe x des Wasserspiegels für die Höhe des Massenmittelpunkts

$$x_S = \frac{m\,\dfrac{h}{2} + m_W\,\dfrac{x}{2}}{m + m_W}. \tag{1}$$

Mit der Querschnittsfläche A der Dose und der Dichte ϱ des Wassers gilt

$$\varrho = \frac{m}{A\,h} = \frac{m_W}{A\,x} \qquad \text{undsomit} \qquad m_W = \frac{x}{h}\, m.$$

Das setzen wir in Gleichung 1 ein und erhalten

$$x_S = \frac{m\,\dfrac{h}{2} + \dfrac{x}{h}\,m\,\dfrac{x}{2}}{m + \dfrac{x}{h}\,m} = \frac{h}{2}\,\frac{1 + \left(\dfrac{x}{h}\right)^2}{1 + \dfrac{x}{h}}. \tag{2}$$

b) Den soeben aufgestellten Ausdruck für die Höhe des Massenmittelpunkts leiten wir nach x ab, um danach durch Nullsetzen

den Minimalwert zu ermitteln:

$$\begin{aligned}
\frac{\mathrm{d}x_S}{\mathrm{d}x} &= \frac{h}{2}\,\frac{\mathrm{d}}{\mathrm{d}x}\left(\frac{1 + \left(\dfrac{x}{h}\right)^2}{1 + \dfrac{x}{h}}\right) \\
&= \frac{h}{2}\left[\frac{\left(1 + \dfrac{x}{h}\right)2\,\dfrac{x}{h}\,\dfrac{1}{h}}{\left(1 + \dfrac{x}{h}\right)^2} - \frac{\left[1 + \left(\dfrac{x}{h}\right)^2\right]\dfrac{1}{h}}{\left(1 + \dfrac{x}{h}\right)^2}\right]
\end{aligned}$$

Vereinfachen des Klammerinhalts und Nullsetzen ergibt eine quadratische Gleichung für die minimale Höhe x des Massenmittelpunkts:

$$\left(\frac{x_{\min}}{h}\right)^2 + 2\left(\frac{x_{\min}}{h}\right) - 1 = 0.$$

Sie hat die Lösung $x_{\min} = h\,(\sqrt{2} - 1) \approx 0{,}414\, h$.

(Wir verwenden die positive Lösung der Wurzel, weil ein negativer Wert von x/h physikalisch sinnlos ist.) Durch Auftragen von x_S gegen x kann überprüft werden, dass hier ein Minimum vorliegt. Schließlich setzen wir den Ausdruck für $x_{\min}$ in Gleichung 2 ein:

$$x_{S,\min} = \frac{h}{2}\,\frac{1 + \left(\dfrac{h\,(\sqrt{2} - 1)}{h}\right)^2}{1 + \dfrac{h\,(\sqrt{2} - 1)}{h}} = h\,(\sqrt{2} - 1).$$

L7.21 Gemäß dem Zusammenhang zwischen verrichteter Gesamtarbeit und kinetischer Energie gilt

$$W = \Delta E_{\text{kin}} = E_{\text{kin,E}} - E_{\text{kin,A}}.$$

Mit $E_{\text{kin,E}} = 0$ (weil das Auto am Ende steht) wird daraus

$$W = -E_{\text{kin,A}}. \tag{1}$$

Die Gesamtarbeit, die das Auto zum Stehen bringt, wird von der Gleitreibungskraft der blockierten Räder auf der Fahrbahn verrichtet, wobei diese Kraft längs der Verschiebung $\boldsymbol{d}$ wirkt:

$$W = W_{\text{R,g}} = \boldsymbol{F}_{\text{R,g}}\cdot\boldsymbol{d} = |\boldsymbol{F}_{\text{R,g}}|\,|\boldsymbol{d}|\cos\theta = -|\boldsymbol{F}_{\text{R,g}}|\,|\boldsymbol{d}|. \tag{2}$$

Dabei haben wir berücksichtigt, dass die Gleitreibungskraft $\boldsymbol{F}_{\text{R,g}}$ und die Verschiebung $\boldsymbol{d}$ entgegengesetzte Richtungen haben, also $\theta = 180°$ ist.

Kombinieren der Gleichungen 1 und 2 sowie Einsetzen des bekannten Ausdrucks $\frac{1}{2}\,m\,v^2$ für die kinetische Energie ergibt

$$-|\boldsymbol{F}_{\text{R,g}}|\,|\boldsymbol{d}| = -E_{\text{kin,A}} = -\tfrac{1}{2}\,m\,v_{\text{A}}^2.$$

Hier setzen wir die Definition $|\boldsymbol{F}_{\text{R,g}}| = \mu_{\text{R,g}}\,|\boldsymbol{F}_{\text{n}}|$ der Gleitreibungskraft ein:

$$\mu_{\text{R,g}}\,|\boldsymbol{F}_{\text{n}}|\,|\boldsymbol{d}| = \tfrac{1}{2}\,m\,v_{\text{A}}^2. \tag{3}$$

Gemäß dem zweiten Newton'schen Axiom $\sum F_{i,y} = m\,a_y$ gilt für das Auto

$$|\boldsymbol{F}_{\mathrm{n}}| - |\boldsymbol{F}_{\mathrm{G}}| = 0 \quad \text{und damit} \quad |\boldsymbol{F}_{\mathrm{n}}| = |\boldsymbol{F}_{\mathrm{G}}| = m\,g\,.$$

Einsetzen dieses Ausdrucks für $|\boldsymbol{F}_{\mathrm{n}}|$ in Gleichung 3 ergibt

$$\mu_{\mathrm{R,g}}\, m\, g\, |\boldsymbol{d}| = \tfrac{1}{2}\, m\, v_{\mathrm{A}}^2\,.$$

Mit dem Gleitreibungskoeffizienten $\mu_{\mathrm{R,g}} = 0{,}80$ zwischen Reifen und Straße erhalten wir schließlich

$$|\boldsymbol{v}_{\mathrm{A}}| = \sqrt{2\,\mu_{\mathrm{R,g}}\, g\, |\boldsymbol{d}|} = \sqrt{2\,(0{,}80)\,(9{,}81\,\mathrm{m\cdot s^{-2}})\,(25\,\mathrm{m})}$$

$$= 19{,}81\,\mathrm{m\cdot s^{-1}} = (19{,}81\,\mathrm{m\cdot s^{-1}})\,\frac{\frac{1\,\mathrm{km}}{1000\,\mathrm{m}}}{\frac{1\,\mathrm{h}}{3600\,\mathrm{s}}}$$

$$= 71{,}3\,\mathrm{km\cdot h^{-1}}\,.$$

Das war also die Geschwindigkeit in dem Augenblick, in dem der Fahrer am 80-km/h-Schild zu bremsen begann.

L7.22 a) Die Summe der kinetischen Energien ist

$$E_{\mathrm{kin}} = E_{\mathrm{kin},1} + E_{\mathrm{kin},2} = \tfrac{1}{2}\, m_1\, v_1^2 + \tfrac{1}{2}\, m_2\, v_2^2$$
$$= \tfrac{1}{2}\,(3{,}0\,\mathrm{kg})\,(5{,}0\,\mathrm{m\cdot s^{-1}})^2 + \tfrac{1}{2}\,(3{,}0\,\mathrm{kg})\,(2{,}0\,\mathrm{m\cdot s^{-1}})^2$$
$$= 43{,}5\,\mathrm{J} = 44\,\mathrm{J}\,.$$

b) Die positive x-Richtung ist, wie gegeben, die nach rechts. Mit $m = m_1 + m_2$ ist der Impuls des Massenmittelpunkts

$$m\,\boldsymbol{v}_{\mathrm{S}} = m_1\,\boldsymbol{v}_1 + m_2\,\boldsymbol{v}_2\,.$$

Damit ergibt sich für seine Geschwindigkeit

$$\boldsymbol{v}_{\mathrm{S}} = \frac{m_1\,\boldsymbol{v}_1 + m_2\,\boldsymbol{v}_2}{m_1 + m_2}$$
$$= \frac{(3{,}0\,\mathrm{kg})\,(5{,}0\,\mathrm{m\cdot s^{-1}})\,\widehat{\boldsymbol{x}} - (3{,}0\,\mathrm{kg})\,(2{,}0\,\mathrm{m\cdot s^{-1}})\,\widehat{\boldsymbol{x}}}{3{,}0\,\mathrm{kg} + 3{,}0\,\mathrm{kg}}$$
$$= (1{,}5\,\mathrm{m\cdot s^{-1}})\,\widehat{\boldsymbol{x}}\,.$$

c) Die Geschwindigkeit eines Blocks i relativ zum Massenmittelpunkt ist $\boldsymbol{v}_{i,\mathrm{rel}} = \boldsymbol{v}_i - \boldsymbol{v}_{\mathrm{S}}$. Für den ersten Block ergibt sich

$$\boldsymbol{v}_{1,\mathrm{rel}} = (5{,}0\,\mathrm{m\cdot s^{-1}})\,\widehat{\boldsymbol{x}} - (1{,}5\,\mathrm{m\cdot s^{-1}})\,\widehat{\boldsymbol{x}} = (3{,}5\,\mathrm{m\cdot s^{-1}})\,\widehat{\boldsymbol{x}}\,,$$

und beim zweiten Block ist entsprechend

$$\boldsymbol{v}_{2,\mathrm{rel}} = (-2{,}0\,\mathrm{m\cdot s^{-1}})\,\widehat{\boldsymbol{x}} - (1{,}5\,\mathrm{m\cdot s^{-1}})\,\widehat{\boldsymbol{x}}$$
$$= (-3{,}5\,\mathrm{m\cdot s^{-1}})\,\widehat{\boldsymbol{x}}\,.$$

d) Die Summe der kinetischen Energien relativ zum Massenmittelpunkt ist

$$E_{\mathrm{kin,rel}} = E_{\mathrm{kin},1,\mathrm{rel}} + E_{\mathrm{kin},2,\mathrm{rel}} = \tfrac{1}{2}\, m_1\, v_{1,\mathrm{rel}}^2 + \tfrac{1}{2}\, m_2\, v_{2,\mathrm{rel}}^2$$
$$= \tfrac{1}{2}\,(3{,}0\,\mathrm{kg})\,(3{,}5\,\mathrm{m\cdot s^{-1}})^2$$
$$+ \tfrac{1}{2}\,(3{,}0\,\mathrm{kg})\,(-3{,}5\,\mathrm{m\cdot s^{-1}})^2$$
$$= 37\,\mathrm{J}\,.$$

e) Für die kinetische Energie des Massenmittelpunkts erhalten wir

$$E_{\mathrm{kin,S}} = \tfrac{1}{2}\, m_{\mathrm{ges}}\, v_{\mathrm{S}}^2 = \tfrac{1}{2}\,(6{,}0\,\mathrm{kg})\,(1{,}5\,\mathrm{m\cdot s^{-1}})^2$$
$$= 6{,}75\,\mathrm{J} = 43{,}5\,\mathrm{J} - 36{,}75\,\mathrm{J} = E_{\mathrm{kin}} - E_{\mathrm{kin,rel}}\,.$$

L7.23 a) Die Summe der kinetischen Energien ist

$$E_{\mathrm{kin}} = E_{\mathrm{kin},1} + E_{\mathrm{kin},2} = \tfrac{1}{2}\, m_1\, v_1^2 + \tfrac{1}{2}\, m_2\, v_2^2$$
$$= \tfrac{1}{2}\,(3{,}0\,\mathrm{kg})\,(5{,}0\,\mathrm{m\cdot s^{-1}})^2 + \tfrac{1}{2}\,(5{,}0\,\mathrm{kg})\,(3{,}0\,\mathrm{m\cdot s^{-1}})^2$$
$$= 60{,}0\,\mathrm{J} = 60\,\mathrm{J}\,.$$

b) Die positive x-Richtung ist, wie gegeben, die nach rechts. Mit $m = m_1 + m_2$ ist der Impuls des Massenmittelpunkts

$$m\,\boldsymbol{v}_{\mathrm{S}} = m_1\,\boldsymbol{v}_1 + m_2\,\boldsymbol{v}_2\,.$$

Damit ergibt sich für seine Geschwindigkeit

$$\boldsymbol{v}_{\mathrm{S}} = \frac{m_1\,\boldsymbol{v}_1 + m_2\,\boldsymbol{v}_2}{m_1 + m_2}$$
$$= \frac{(3{,}0\,\mathrm{kg})\,(5{,}0\,\mathrm{m\cdot s^{-1}})\,\widehat{\boldsymbol{x}} - (5{,}0\,\mathrm{kg})\,(3{,}0\,\mathrm{m\cdot s^{-1}})\,\widehat{\boldsymbol{x}}}{3{,}0\,\mathrm{kg} + 5{,}0\,\mathrm{kg}}$$
$$= (3{,}75\,\mathrm{m\cdot s^{-1}})\,\widehat{\boldsymbol{x}} = (3{,}8\,\mathrm{m\cdot s^{-1}})\,\widehat{\boldsymbol{x}}\,.$$

c) Die Geschwindigkeit eines Blocks i relativ zum Massenmittelpunkt ist $\boldsymbol{v}_{i,\mathrm{rel}} = \boldsymbol{v}_i - \boldsymbol{v}_{\mathrm{S}}$. Für den ersten Block ergibt sich

$$\boldsymbol{v}_{1,\mathrm{rel}} = (5{,}0\,\mathrm{m\cdot s^{-1}})\,\widehat{\boldsymbol{x}} - (3{,}75\,\mathrm{m\cdot s^{-1}})\,\widehat{\boldsymbol{x}} = (1{,}3\,\mathrm{m\cdot s^{-1}})\,\widehat{\boldsymbol{x}}\,,$$

und beim zweiten Block ist entsprechend

$$\boldsymbol{v}_{2,\mathrm{rel}} = (3{,}0\,\mathrm{m\cdot s^{-1}})\,\widehat{\boldsymbol{x}} - (3{,}75\,\mathrm{m\cdot s^{-1}})\,\widehat{\boldsymbol{x}}$$
$$= (-0{,}75\,\mathrm{m\cdot s^{-1}})\,\widehat{\boldsymbol{x}} = (-0{,}8\,\mathrm{m\cdot s^{-1}})\,\widehat{\boldsymbol{x}}\,.$$

d) Die Summe der kinetischen Energien relativ zum Massenmittelpunkt ist

$$E_{\mathrm{kin,rel}} = E_{\mathrm{kin},1,\mathrm{rel}} + E_{\mathrm{kin},2,\mathrm{rel}} = \tfrac{1}{2}\, m_1\, v_{1,\mathrm{rel}}^2 + \tfrac{1}{2}\, m_2\, v_{2,\mathrm{rel}}^2$$
$$= \tfrac{1}{2}\,(3{,}0\,\mathrm{kg})\,(1{,}25\,\mathrm{m\cdot s^{-1}})^2$$
$$+ \tfrac{1}{2}\,(5{,}0\,\mathrm{kg})\,(-0{,}75\,\mathrm{m\cdot s^{-1}})^2$$
$$= 3{,}75\,\mathrm{J} = 4\,\mathrm{J}\,.$$

e) Für die kinetische Energie des Massenmittelpunkts erhalten wir

$$E_{\mathrm{kin,S}} = \tfrac{1}{2}\, m_{\mathrm{ges}}\, v_{\mathrm{S}}^2 = \tfrac{1}{2}\,(8{,}0\,\mathrm{kg})\,(3{,}75\,\mathrm{m\cdot s^{-1}})^2$$
$$\approx 56{,}3\,\mathrm{J} \approx E_{\mathrm{kin}} - E_{\mathrm{kin,rel}}\,.$$

L7.24 Die kinetische Energie relativ zum Massenmittelpunkt hängt wegen $\boldsymbol{p}_2 = -\boldsymbol{p}_1$ vom gleichen Betrag p_1 der Impulse der beiden Teilchen folgendermaßen ab:

$$E_{\mathrm{kin,rel}} = \frac{p_1^2}{2\,m_1} + \frac{p_1^2}{2\,m_2} = \frac{p_1^2\,(m_1 + m_2)}{2\,m_1\,m_2}\,.$$

Die kinetische Energie des Massenmittelpunkts ist

$$E_{\text{kin,S}} = \frac{(2\,p_1)^2}{2\,(m_1 + m_2)} = \frac{2\,p_1^2}{m_1 + m_2}\,.$$

Die gesamte kinetische Energie des Systems ist also

$$E_{\text{kin}} = E_{\text{kin,rel}} + E_{\text{kin,S}} = \frac{p_1^2\,(m_1 + m_2)}{2\,m_1\,m_2} + \frac{2\,p_1^2}{m_1 + m_2}$$

$$= \frac{p_1^2}{2}\left(\frac{m_1^2 + 6\,m_1\,m_2 + m_2^2}{m_1^2\,m_2 + m_1\,m_2^2}\right).$$

Beim elastischen Stoß ist

$$E_{\text{kin,A}} = E_{\text{kin,E}} = \frac{p_1^2}{2}\left(\frac{m_1^2 + 6\,m_1\,m_2 + m_2^2}{m_1^2\,m_2 + m_1\,m_2^2}\right)$$

$$= \frac{(p_1')^2}{2}\left(\frac{m_1^2 + 6\,m_1\,m_2 + m_2^2}{m_1^2\,m_2 + m_1\,m_2^2}\right).$$

Vereinfachen ergibt

$$(p_1')^2 = (p_1)^2 \quad \text{und daher} \quad p_1' = \pm p_1\,.$$

Wenn $p_1' = +p_1$ ist, stoßen die Teilchen nicht zusammen.

L7.25 Wie die Abbildung bei der Aufgabenstellung nahelegt, nehmen wir m_1 als die größere Masse an. Dieser Klotz bewegt sich daher nach unten, und wir setzen seine Beschleunigungsrichtung als positive Richtung an.

a) Für die Beschleunigung des Massenmittelpunkts gilt

$$m_{\text{ges}}\,\boldsymbol{a}_\text{S} = (m_1 + m_2 + m_\text{Z})\,\boldsymbol{a}_\text{S} = m_1\,\boldsymbol{a}_1 + m_2\,\boldsymbol{a}_2 + m_\text{Z}\,\boldsymbol{a}_\text{Z}\,.$$

Da m_1 und m_2 gleich stark beschleunigt werden ($|\boldsymbol{a}_1| = |\boldsymbol{a}_2| = |\boldsymbol{a}|$), während der Zylinder nicht beschleunigt wird ($|\boldsymbol{a}_\text{Z}| = 0$), ergibt sich

$$|\boldsymbol{a}_\text{S}| = |\boldsymbol{a}|\,\frac{m_1 - m_2}{m_1 + m_2 + m_\text{Z}}\,.$$

Wie in Lösung L4.27 gezeigt wurde, gilt für den Betrag der resultierenden Beschleunigung der Klötze

$$|\boldsymbol{a}| = \frac{m_1 - m_2}{m_1 + m_2}\,g\,.$$

Einsetzen in die vorige Gleichung ergibt

$$|\boldsymbol{a}_\text{S}| = \left(\frac{m_1 - m_2}{m_1 + m_2}\,g\right)\frac{m_1 - m_2}{m_1 + m_2 + m_\text{Z}}$$

$$= \frac{(m_1 - m_2)^2}{(m_1 + m_2)\,(m_1 + m_2 + m_\text{Z})}\,g\,.$$

b) Wir setzen wieder $m_{\text{ges}} = m_1 + m_2 + m_\text{Z}$. Ferner ist gemäß unserer Richtungswahl die Kraft $\boldsymbol{F}$ positiv, wenn sie nach unten gerichtet ist. Dann gilt gemäß dem zweiten Newton'schen Axiom $-|\boldsymbol{F}| + m\,g = m\,|\boldsymbol{a}_\text{S}|$, und wir erhalten

$$|\boldsymbol{F}| = m\,g - m\,|\boldsymbol{a}_\text{S}| = m\,g - \frac{(m_1 - m_2)^2}{m_1 + m_2}\,g$$

$$= \left(\frac{4\,m_1\,m_2}{m_1 + m_2} + m_\text{Z}\right)g\,.$$

c) Wie ebenfalls in Lösung 4.27 gezeigt wurde, gilt für die Zugkraft

$$|\boldsymbol{F}_\text{s}| = \frac{2\,m_1\,m_2}{m_1 + m_2}\,g\,.$$

Einsetzen in unser Ergebnis von Teilaufgabe b liefert

$$|\boldsymbol{F}| = \left(2\,\frac{2\,m_1\,m_2}{m_1 + m_2} + m_\text{Z}\right)g = \left(2\,\frac{|\boldsymbol{F}_\text{s}|}{g} + m_\text{Z}\right)g$$

$$= 2\,|\boldsymbol{F}_\text{s}| + m_\text{Z}\,g\,.$$

L7.26 a) Der gewichtete Mittelwert der Geschwindigkeiten ist

$$v_S = \frac{1{,}0\,\text{m/s} \cdot 1\,\text{kg} + 0{,}0\,\text{m/s} \cdot 1\,\text{kg}}{2\,\text{kg}} = 0{,}5\,\text{m/s}\,.$$

Die Geschwindigkeiten der beiden Gleiter relativ zum Massenmittelpunkt mit Geschwindigkeit v_S sind

$$v_A = 1{,}0\,\text{m/s} - v_S = 0{,}5\,\text{m/s}$$

und

$$v_B = 0{,}0\,\text{m/s} - v_S = -0{,}5\,\text{m/s}\,.$$

b) Beide Gleiter haben dieselbe Masse und bezüglich des Massenmittelpunkts denselben Geschwindigkeitsbetrag. Daher ist die kinetische Energie beider Gleiter

$$E_{\text{kin,A,rel}} = E_{\text{kin,B,rel}} = \frac{1}{2} \cdot 1\,\text{kg} \cdot (0{,}5\,\text{m/s})^2 = 0{,}125\,\text{J}\,.$$

c) Da wir beide kinetische Energien im selben Bezugssystem berechnet haben, dürfen wir sie addieren und erhalten

$$E_{\text{kin,rel}} = 0{,}25\,\text{J}\,.$$

d) Der Gesamtimpuls der beiden Gleiter ist im Bezugssystem des Massenmittelpunkts $p = m\,v_A + m\,v_B = 0$. Da beim Zusammenstoß zwar nicht die Bewegungsenergie, aber weiterhin der Impuls erhalten bleibt, trägt der resultierende große Gleiter den Impuls $p = 0$ und damit auch die kinetische Energie $E_{\text{kin,rel}} = 0$.

Raketen- und Strahlantrieb

L7.27 a) Ja, der Waggon wird langsamer. Das können wir uns klarmachen, wenn wir eine bestimmte Anzahl von Getreidekörnern betrachten, die auf einmal in den Wagon fallen. Die Körner stoßen vollkommen inelastisch auf den Waggonboden, wobei ihre anfängliche Geschwindigkeit in horizontaler Richtung null ist. Nach dem Aufprall bzw. Stoß bewegen sie sich aber mit derselben Geschwindigkeit wie der Waggon. Daher wird dieser durch die hineingefallenen Körner abgebremst, weil deren Bewegungsenergie von der des Waggons abgeht.

b) Wenn das Getreide im Waggon landet, hat es (wie schon erwähnt) in horizontaler Richtung die Geschwindigkeit null.

Es muss also auf die Geschwindigkeit des Waggons beschleunigt werden; die dazu nötige Kraft übt der Waggon auf das hineingefallene Getreide aus. Nach dem dritten Newton'schen Axiom übt das Getreide dabei eine gleich große, entgegengesetzt gerichtete Kraft (eine Reibungskraft) aus, die den Waggon verzögert.

c) Nein, der Waggon wird nicht schneller. Nehmen wir an, 1 kg Getreidekörner fällt aus dem Waggon nach unten auf das Gleisbett. Unmittelbar nach dem Herausfallen haben die Getreidekörner in horizontaler Richtung dieselbe Geschwindigkeit wie der Waggon. Daher wird dieser weder beschleunigt noch verzögert, sondern behält seine Geschwindigkeit bei. Aber sein Impuls nimmt ab, weil seine Masse geringer wird.

L7.28 Der Betrag der Schubkraft ist

$$
F = \left| \frac{dm}{dt} \right| v_{\mathrm{rel}} = \left(200\,\mathrm{kg \cdot s^{-1}} \right) \left(6{,}00\,\mathrm{km \cdot s^{-1}} \right) = 1{,}20\,\mathrm{MN} \,.
$$

L7.29 a) Der Betrag der Schubkraft ist

$$
F = \left| \frac{dm}{dt} \right| v_{\mathrm{rel}} = \left(200\,\mathrm{kg \cdot s^{-1}} \right) \left(1{,}80\,\mathrm{km \cdot s^{-1}} \right) = 360\,\mathrm{kN} \,.
$$

b) Die Brenndauer ergibt sich aus der anfänglichen Masse m_{Br} an Brennstoff und der anfänglichen Gesamtmasse m_0 sowie der Brennrate $|dm/dt|$:

$$
t_{\mathrm{B}} = \frac{m_{\mathrm{Br}}}{|dm/dt|} = \frac{0{,}80\,m_0}{|dm/dt|} = \frac{0{,}8\,(30\,000\,\mathrm{kg})}{200\,\mathrm{kg \cdot s^{-1}}} = 120\,\mathrm{s} \,.
$$

c) Mit der Brennrate $R = 200\,\mathrm{kg \cdot s^{-1}}$ erhalten wir für die Geschwindigkeit beim Brennschluss

$$
\begin{aligned}
v_{\mathrm{E}} &= v_{\mathrm{rel}}\,\ln\!\left(\frac{m_0}{m_0 - R\,t_{\mathrm{B}}} \right) - g\,t_{\mathrm{B}} \\
&= \left(1{,}80\,\mathrm{km \cdot s^{-1}} \right) (\ln 5) - \left(9{,}81\,\mathrm{m \cdot s^{-2}} \right) (120\,\mathrm{s}) \\
&= 1{,}72\,\mathrm{km \cdot s^{-1}} \,.
\end{aligned}
$$

L7.30 Die erreichbare Geschwindigkeit in Abwesenheit der Schwerkraft ist gegeben durch

$$
v_{\mathrm{end}} = v_{\mathrm{rel}}\,\ln\!\left(\frac{m_0}{m_1} \right) \,,
$$

wobei v_{rel} die Geschwindigkeit des ausgestoßenen Gases im Raketensystem und m_0 bzw. m_1 die Startmasse und Leermasse der gesamten Rakete sind. Nach Vorgabe ist die Leermasse nur 10 % der Startmasse, also $m_0/m_1 = 10$. Die Treibstoffmasse ist hier $m_0 - m_1 = 9m_1$. Kann bei gleicher Leermasse die doppelte Treibstoffmenge mitgeführt werden, so ist jetzt $m_0 - m_1 = 18m_1$ und damit $m_0 = 19m_1$ bzw. $m_0/m_1 = 19$. Das Argument des Logarithmus steigt also von 10 auf 19. Dies entspricht einem Faktor in der Endgeschwindigkeit von

$$
\frac{\ln(19)}{\ln(10)} = 1{,}28 \,.
$$

Wir gewinnen also wesentlich weniger als den Faktor 2, den wir in den Treibstoff investiert haben. Die anschauliche Erklärung dafür ist, dass dieser zusätzliche Treibstoff ebenfalls mitbeschleunigt werden muss.

Allgemeine Aufgaben

L7.31 Wir bezeichnen die Masse des Blocks mit m und die der Kette mit m_{K}. Die drei Kräftediagramme zeigen die angreifenden Kräfte: a) an dem Ende, an dem der Block befestigt ist, b) in der Mitte und c) am Befestigungspunkt an der Decke.

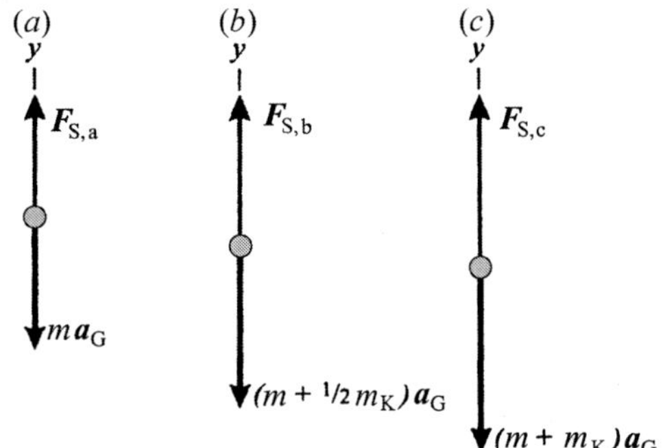

a) Wir betrachten das Kräftediagramm a. Anwenden des zweiten Newton'schen Axioms $\sum F_{i,y} = m\,a_y$ auf den Block ergibt für die Zugkraft

$$
F_{\mathrm{S,a}} - m\,g = m\,a_y \,.
$$

Wegen $a_y = 0$ ergibt sie sich daraus zu

$$
F_{\mathrm{S,a}} = m\,g = (50\,\mathrm{kg})\left(9{,}81\,\mathrm{m \cdot s^{-2}} \right) = 0{,}49\,\mathrm{kN} \,.
$$

b) Wir betrachten das Kräftediagramm b. Hier wenden wir $\sum F_{i,y} = m\,a_y$ auf den Block und auf die halbe Kette an und lösen nach der Zugkraft $F_{\mathrm{S,b}}$ auf:

$$
F_{\mathrm{S,b}} - \left(m + \frac{m_{\mathrm{K}}}{2} \right) g = m\,a_y \,.
$$

Mit $a_y = 0$ erhalten wir

$$
\begin{aligned}
F_{\mathrm{S,b}} &= \left(m + \frac{m_{\mathrm{K}}}{2} \right) g = (50\,\mathrm{kg} + 10\,\mathrm{kg})\left(9{,}81\,\mathrm{m \cdot s^{-2}} \right) \\
&= 0{,}59\,\mathrm{kN} \,.
\end{aligned}
$$

c) Wir betrachten das Kräftediagramm c. Hier wenden wir $\sum F_{i,y} = m\,a_y$ auf den Block und auf die gesamte Kette an und lösen nach der Zugkraft $F_{\mathrm{S,c}}$ auf:

$$
F_{\mathrm{S,c}} - (m + m_{\mathrm{K}})\,g = m\,a_y \,.
$$

Mit $a_y = 0$ ergibt sich

$$
\begin{aligned}
F_{\mathrm{S,c}} &= (m + m_{\mathrm{K}})\,g = (50\,\mathrm{kg} + 20\,\mathrm{kg})\left(9{,}81\,\mathrm{m \cdot s^{-2}} \right) \\
&= 0{,}69\,\mathrm{kN} \,.
\end{aligned}
$$

L7.32 a) Das linke Kräftediagramm gilt für den Block mit der Masse $m_1 = 270\,\mathrm{g}$ und das rechte für das Gewicht mit der Masse $m_2 = 75{,}0\,\mathrm{g}$.

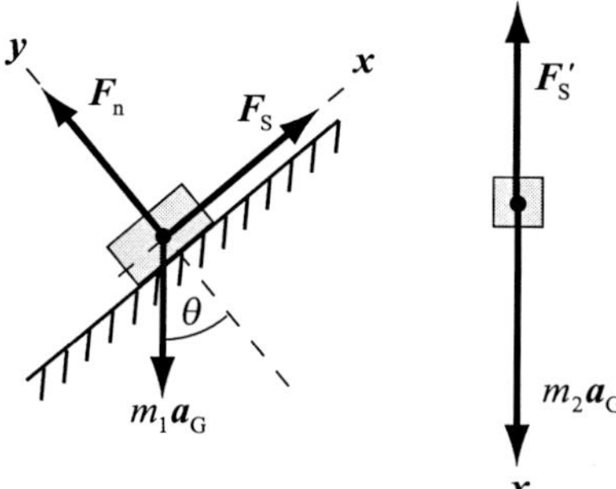

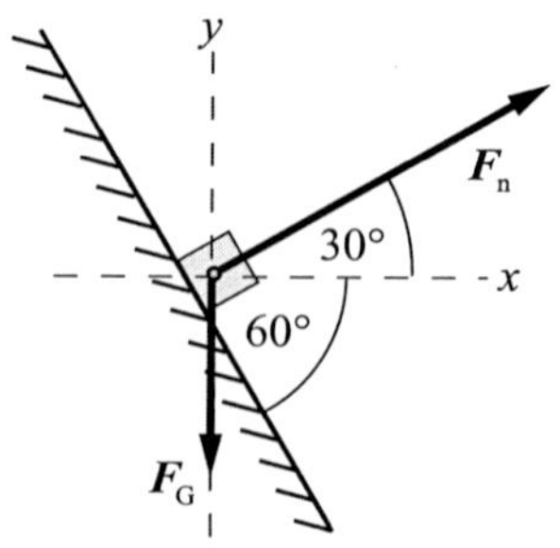

Bei beiden Körpern setzen wir, wie gezeigt, die positive x-Richtung als diejenige an, bei der sich der rechte Körper nach unten bewegt.

b) Gemäß dem zweiten Newton'schen Axiom $\sum F_{i,x} = m\,a_x$ gilt für die beiden Körper

$$|\boldsymbol{F}_S| - m_1\,g\sin\theta = m_1\,a_{1,x}\,, \quad m_2\,g - |\boldsymbol{F}_S| = m_2\,a_{2,x}\,.$$

Die betragsmäßig gleichen Beschleunigungen beider Körper nennen wir $a_{1,x} = a_{2,x} = a$. Wir eliminieren die Zugkraft aus den Gleichungen und berechnen die Beschleunigung:

$$\begin{aligned}
a &= \frac{m_2 - m_1 \sin\theta}{m_1 + m_2}\,g \\
&= \frac{0{,}0750\,\mathrm{kg} - (0{,}270\,\mathrm{kg})\sin 30°}{0{,}0750\,\mathrm{kg} + 0{,}270\,\mathrm{kg}}\left(9{,}81\,\mathrm{m\cdot s^{-2}}\right) \\
&= -1{,}706\,\mathrm{m\cdot s^{-2}} = -1{,}71\,\mathrm{m\cdot s^{-2}}
\end{aligned}$$

Das negative Vorzeichen besagt, dass der Block mit der Masse m_1 längs der geneigten Ebene nach unten (und das Gewicht mit der Masse m_2 senkrecht nach oben) beschleunigt wird. Um die Zugkraft zu ermitteln, setzen wir die Beschleunigung in eine der beiden Kräftegleichungen ein und erhalten

$$|\boldsymbol{F}_S| = 0{,}864\,\mathrm{N}$$

c) Wegen der gleichförmigen Beschleunigung des auf der Rampe gleitenden Blocks gilt

$$\Delta x = v_0\,\Delta t + \tfrac{1}{2}\,a(\Delta t)^2\,,$$

wobei v_0 die Anfangsgeschwindigkeit ist. Wegen $v_0 = 0$ folgt $\Delta x = \tfrac{1}{2}\,a\,(\Delta t)^2$. Damit benötigt der Block für die Strecke $\Delta x = -1{,}00\,\mathrm{m}$ die Zeit

$$\Delta t = \sqrt{\frac{2\,\Delta x}{a}} = \sqrt{\frac{2\,(-1{,}00\,\mathrm{m})}{-1{,}706\,\mathrm{m\cdot s^{-2}}}} = 1{,}08\,\mathrm{s}\,.$$

L7.33 Die Abbildung zeigt das Kräftediagramm für den Block am Keil. Dabei haben wir das Koordinatensystem so angelegt, dass der Keil in $+x$-Richtung beschleunigt wird. Die geneigte Oberfläche des Keils ist reibungsfrei. Daher muss die Kraft, die der Keil auf den Block ausübt, senkrecht zu dieser Oberfläche wirken.

a) Gemäß dem zweiten Newton'schen Axiom $\sum F_{i,y} = m\,a_y$ gilt beim Block

$$|\boldsymbol{F}_n|\sin 30° - |\boldsymbol{F}_G| = m\,a_y\,.$$

Wegen $a_y = 0$ und $|\boldsymbol{F}_G| = m\,g$ folgt daraus

$$|\boldsymbol{F}_n|\sin 30° = m\,g\,. \tag{1}$$

Die Bedingung $\sum F_{i,x} = m\,a_x$ liefert für die x-Richtung

$$|\boldsymbol{F}_n|\cos 30° = m\,a_x\,. \tag{2}$$

Dividieren von Gleichung 2 durch Gleichung 1 ergibt

$$\cot 30° = \frac{a_x}{g}\,.$$

Damit erhalten wir für die Beschleunigung

$$a_x = g\cot 30° = (9{,}81\,\mathrm{m\cdot s^{-2}})\cot 30° = 17\,\mathrm{m\cdot s^{-2}}\,.$$

b) Angenommen, der Keil beschleunigt stärker als mit $g\cot 30°$, wie eben berechnet wurde. Dann würde auf ihn eine Normalkraft $F_n > m\,g/(\sin 30°)$ ausgeübt. Somit entstünde eine resultierende Kraft in y-Richtung, die den Block auf dem Keil nach oben beschleunigen würde. Dagegen würde der Block bei einer geringeren Beschleunigung des Keils herunterrutschen, weil dabei eine geringere Normalkraft als $m\,g/(\sin 30°)$ vorläge.

L7.34 Wir nehmen an, dass der Faden masselos ist und sich nicht dehnt. Die Abbildung zeigt links das Kräftediagramm des unten hängenden Gewichts und rechts das der Kugel auf der Kreisbahn. Das Loch in der Tischplatte ändert nur die Richtung der Zugkraft, die die Zentripetalkraft liefert; diese hält ihrerseits die Kugel auf ihrer Kreisbahn.

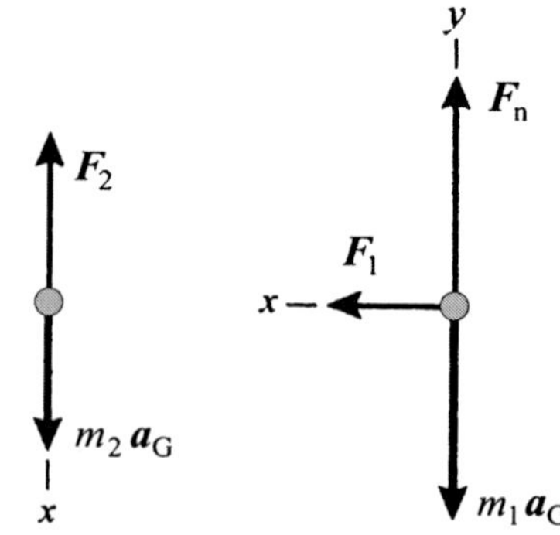

Wir wenden auf beide Körper die Beziehung $\sum F_{i,x} = m\,a_x$ an und setzen bei der Kugel den Ausdruck für die Zentripetalbeschleunigung ein. Das ergibt

$$m_2\,g - |\boldsymbol{F}_2| = 0 \quad \text{und} \quad |\boldsymbol{F}_1| = m_1\,a_{\mathrm{ZP}} = m_1\,\frac{v^2}{r}\,.$$

Wegen $|\boldsymbol{F}_1| = |\boldsymbol{F}_2|$ können wir die Kräfte aus beiden Gleichungen eliminieren:

$$m_2\,g - m_1\,\frac{v^2}{r} = 0\,.$$

Die Bahngeschwindigkeit ist der Quotient aus Umfang und Umlaufdauer: $v = 2\,\pi\,r/T$. Damit ergibt sich

$$m_2\,g - m_1\,\frac{4\,\pi^2\,r}{T^2} = 0 \quad \text{sowie daraus} \quad r = \frac{m_2\,g\,T^2}{4\,\pi^2\,m_1}\,.$$

L7.35 Aufgrund der Symmetrie muss die x-Koordinate des Massenmittelpunkts $x_{\mathrm{S}} = 0$ sein, und gemäß der Definition des Massenmittelpunkts gilt für seine y-Koordinate

$$y_{\mathrm{S}} = \frac{\sum_i m_i\,y_i}{m - m_{\mathrm{Loch}}} = \frac{m_{\mathrm{Scheibe}}\,y_{\mathrm{Scheibe}} - m_{\mathrm{Loch}}\,y_{\mathrm{Loch}}}{m - m_{\mathrm{Loch}}}\,.$$

Wir bezeichnen die Masse pro Flächeneinheit mit σ; damit ist

$$m = \sigma\,A = \sigma\,\pi\,r^2\,.$$

Das im ausgeschnittenen Loch fehlende Material hätte daher die Masse

$$m_{\mathrm{Loch}} = \sigma\,\pi\left(\frac{r}{2}\right)^2 = \tfrac{1}{4}\,\sigma\,\pi\,r^2 = \tfrac{1}{4}\,m\,.$$

Einsetzen der Ausdrücke für beide Massen in die vorige Gleichung ergibt

$$y_{\mathrm{S}} = \frac{(\mathrm{m})\,(0\,\mathrm{cm}) - \left(\tfrac{1}{4}\,\mathrm{m}\right)\left(-\tfrac{1}{2}\,r\right)}{\mathrm{m} - \tfrac{1}{4}\,\mathrm{m}} = \frac{1}{6}\,r\,.$$

Der Massenmittelpunkt hat also die Koordinaten $\left(0, \tfrac{r}{6}\right)$.

L7.36 Wir haben oben hergeleitet (siehe Gleichung 4 in Lösung 7.11), dass die Zugkraft in einer fest aufgehängten Atwood'-schen Fallmaschine gegeben ist durch

$$|\boldsymbol{F}_{\mathrm{S}}| = \frac{2\,m_1\,m_2}{m_1 + m_2}\,g\,.$$

Die konstante Beschleunigung der Maschine nach oben wirkt auf diese wie eine Erhöhung der Erdbeschleunigung. Daher brauchen wir in der obigen Gleichung lediglich a durch $a + g$ zu ersetzen. Für die Zugkraft gilt damit

$$|\boldsymbol{F}_{\mathrm{S}}| = \frac{2\,m_1\,m_2}{m_1 + m_2}\,(a + g)\,.$$

Die Abbildung zeigt das Kräftediagramm für den Körper 2, der sich in der Fallmaschine rechts befindet.

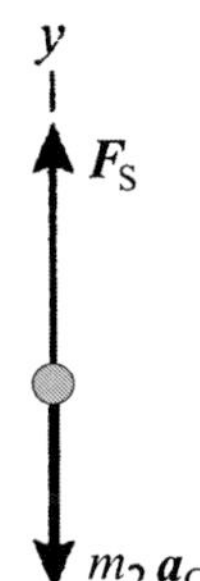

Gemäß dem zweiten Newton'schen Axiom $\sum F_{i,y} = m\,a_y$ gilt hier

$$|\boldsymbol{F}_{\mathrm{S}}| - m_2\,g = m_2\,a_2\,.$$

Auflösen nach a_2 und Einsetzen des obigen Ausdrucks für $|\boldsymbol{F}_{\mathrm{S}}|$ ergibt für die Beschleunigung

$$a_2 = \frac{|\boldsymbol{F}_{\mathrm{S}}| - m_2\,g}{m_2} = \frac{(m_1 - m_2)\,g + 2\,m_1\,a}{m_1 + m_2}\,.$$

Auf die gleiche Weise erhalten wir für die Beschleunigung des Gewichts 1

$$a_1 = \frac{(m_1 - m_2)\,g + 2\,m_2\,a}{m_1 + m_2}\,,$$

wobei die $+y$-Achse wie in Aufgabe 7.11 nach oben zeigt.

Drehbewegungen

© Springer-Verlag GmbH Deutschland, ein Teil von Springer Nature 2019
A. Knochel (Hrsg.), *Arbeitsbuch zu Tipler/Mosca, Physik*, https://doi.org/10.1007/978-3-662-58919-9_8

Aufgaben

Bei allen Aufgaben ist die Fallbeschleunigung $g = 9{,}81\,\text{m/s}^2$. Falls nichts anderes angegeben ist, sind Reibung und Luftwiderstand zu vernachlässigen.

Verständnisaufgaben

8.1 •   Eine Scheibe rotiert mit konstanter Winkelgeschwindigkeit um eine feste Achse, die senkrecht zur Scheibe durch deren Mittelpunkt verläuft. Auf ihr sind zwei Punkte markiert: einer auf dem Rand und einer auf der Mitte zwischen dem Rand und der Drehachse. a) Welcher der Punkte bewegt sich in einer bestimmten Zeit über die größere Entfernung? b) Welcher der beiden Punkte dreht sich um den größeren Winkel? c) Welcher Punkt hat die höhere (tangentiale) Geschwindigkeit? d) Welcher Punkt hat die höhere Winkelgeschwindigkeit? e) Welcher Punkt hat die größere tangentiale Beschleunigung? f) Welcher Punkt hat die größere Winkelbeschleunigung? g) Welcher Punkt hat die größere Zentripetalbeschleunigung?

8.2 •   Eine Scheibe kann frei um eine feste Achse rotieren. Eine tangentiale Kraft, die im Abstand d von der Achse angreift, verursacht eine Winkelbeschleunigung α. Welche Winkelbeschleunigung erfährt die Scheibe, wenn dieselbe Kraft im Abstand $2\,d$ von der Achse angreift? a) α, b) $2\,\alpha$, c) $\alpha/2$, d) $4\,\alpha$, e) $\alpha/4$.

8.3 •   Das Trägheitsmoment eines Körpers bezüglich einer Achse, die nicht durch seinen Massenmittelpunkt verläuft, ist … Trägheitsmoment bezüglich einer Achse durch den Massenmittelpunkt. Füllen Sie die Lücke im Satz aus: a) immer geringer als das, b) manchmal geringer als das, c) manchmal gleich dem, d) immer größer als das.

8.4 •   Bei den meisten Türen befindet sich der Griff nahe der Seitenkante, die den Angeln gegenüberliegt (also nicht in der Mitte wie beispielsweise bei einer Schublade). Warum ist das Öffnen der Tür dadurch leichter?

8.5 •   Ein Teilchen mit der Masse m bewegt sich mit konstanter Geschwindigkeit v entlang einer geraden Bahn, die durch einen Punkt P verläuft. Was kann man über den Drehimpuls des Teilchens bezüglich des Punkts P sagen? a) Sein Betrag ist $m\,v$. b) Sein Betrag ist null. c) Sein Betrag ändert das Vorzeichen, wenn das Teilchen durch P geht. d) Sein Betrag nimmt zu, wenn sich das Teilchen dem Punkt P nähert.

8.6 •   Ein Teilchen bewegt sich mit konstanter Geschwindigkeit auf einer geraden Bahn. Wie ändert sich sein Drehimpuls bezüglich eines beliebigen festen Punkts mit der Zeit?

8.7 ••   Ein massiver, gleichförmiger Zylinder und eine massive, gleichförmige Kugel haben dieselbe Masse. Beide rollen, ohne zu gleiten, auf einer horizontalen Ebene. Welche der folgenden Aussagen gilt, wenn ihre kinetischen Energien gleich sind? a) Die Translationsgeschwindigkeit des Zylinders ist größer als die der Kugel. b) Die Translationsgeschwindigkeit des Zylinders ist kleiner als die der Kugel. c) Die Translationsgeschwindigkeiten von Zylinder und Kugel sind gleich.

8.8 ••   Ein Ring mit der Masse m und dem Radius r rollt, ohne zu gleiten. Welche Aussage bezüglich seiner kinetischen Translationsenergie und seiner kinetischen Rotationsenergie relativ zum Schwerpunkt trifft zu? a) Die kinetische Translationsenergie ist größer. b) Die kinetische Rotationsenergie relativ zum Schwerpunkt ist größer. c) Beide Energien sind gleich groß. d) Die Antwort hängt vom Radius des Rings ab. e) Die Antwort hängt von der Masse des Rings ab.

8.9 ••   Eine vollständig starre Kugel rollt, ohne zu gleiten, auf einer vollständig starren horizontalen Oberfläche. Zeigen Sie, dass die Reibungskraft auf die Kugel null sein muss. (*Hinweis:* Überlegen Sie, in welcher Richtung die Reibungskraft angreifen kann und welche Wirkung eine solche Kraft auf die Geschwindigkeit des Massenmittelpunkts und auf die Winkelgeschwindigkeit hätte.)

8.10 ••   In einem System bleibt der Drehimpuls bezüglich eines festen Punkts P konstant. Welche der folgenden Aussagen ist dann richtig? a) Auf kein Teil des Systems wirkt bezüglich P ein Drehmoment. b) Auf jeden Teil des Systems wirkt bezüglich P ein konstantes Drehmoment. c) Auf jeden Teil des Systems wirkt bezüglich P ein resultierendes äußeres Drehmoment von null. d) Auf das System wirkt bezüglich P ein konstantes äußeres Drehmoment. e) Auf das System wirkt bezüglich P ein resultierendes äußeres Drehmoment von null.

8.11 ••   Ein Block, der reibungsfrei auf einem Tisch gleitet, ist an einer Schnur befestigt, die durch ein kleines Loch in der Tischplatte verläuft. Anfangs gleitet der Block mit der Geschwindigkeit v_0 auf einer Kreisbahn mit dem Radius r_0 um das Loch. Ein Student unter dem Tisch zieht nun langsam an der Schnur. Was geschieht, während der Block sich auf einer Spiralbahn nach innen bewegt? (Der Begriff „Drehimpuls" soll in diesem Zusammenhang den Drehimpuls bezüglich einer vertikalen, durch das kleine Loch verlaufenden Achse bezeichnen.) a) Energie und Drehimpuls des Blocks bleiben erhalten. b) Der Drehimpuls des Blocks bleibt erhalten, seine Energie nimmt zu. c) Der Drehimpuls des Blocks bleibt erhalten, seine Energie nimmt ab. d) Die Energie des Blocks bleibt erhalten, sein Drehimpuls nimmt zu. e) Die Energie des Blocks bleibt erhalten, sein Drehimpuls nimmt ab. Begründen Sie Ihre Antwort.

8.12 ••   Der Drehimpulsvektor eines sich drehenden Rads verläuft entlang dessen Achse und zeigt nach Osten. Um den Vektor in die südliche Richtung zu drehen, übt man eine Kraft am östlichen Ende der Achse aus. In welche Richtung muss die Kraft wirken? a) Aufwärts, b) abwärts, c) nach Norden, d) nach Süden, e) nach Osten.

8.13 ••   Sie haben ein Auto konstruiert, das durch die Energie angetrieben wird, die in einem einzelnen Schwungrad mit dem Eigendrehimpuls L gespeichert ist. Über Nacht schließen Sie den Wagen an eine Steckdose an. Ein Elektromotor bringt dann das Schwungrad auf Touren und führt ihm einen Betrag an Rotationsenergie zu, die Sie tagsüber nutzen und in kinetische Energie des Fahrzeugs umwandeln. Da Sie in einem Physikkurs gerade etwas über Drehimpulse und Drehmomente gelernt haben, erkennen Sie, dass bei dieser Konstruktion Probleme bei verschiedenen Fahrmanövern des Wagens auftreten können. Diskutieren Sie einige dieser Probleme. Nehmen Sie beispielsweise an, dass das Schwungrad so montiert ist, dass L vertikal nach oben weist, wenn der Wagen auf einer ebenen Strecke fährt. Was geschieht, wenn der Wagen über einen Hügel oder durch eine Senke fährt? Nehmen Sie nun an, dass das Schwungrad so montiert ist, dass L auf gerader, ebener Strecke nach vorn bzw. zu einer Seite hin weist. Was geschieht, wenn das Auto eine Links- oder eine Rechtskurve fährt? Berücksichtigen Sie in jedem der Fälle, die Sie untersuchen, die Richtung des Drehmoments, das die Straße auf den Wagen ausübt.

Schätzungs- und Näherungsaufgaben

8.14 •• Warum landet eine Toastbrotscheibe, die vom Tisch fällt, immer mit der Marmeladenseite auf dem Teppich? Die Frage klingt albern, ist aber ernsthaft wissenschaftlich untersucht worden. Die Theorie ist zu kompliziert, als dass man sie hier detailliert wiedergeben könnte, aber R. D. Edge und D. Steinert zeigten, dass eine (als quadratisch angenommene) Scheibe Toastbrot, die man vorsichtig über den Rand einer Tischplatte schiebt, bis sie kippt, typischerweise dann herunterfällt, wenn der Winkel gegen die Horizontale größer ist als 30° (Abb. 8.1). In diesem Moment hat die Scheibe eine Winkelgeschwindigkeit von $\omega = 0{,}956 \sqrt{g/l}$, wobei l ihre Kantenlänge ist. Die Marmeladenseite ist natürlich oben. Auf welche Seite fällt die Scheibe, wenn der Tisch 0,500 m hoch ist? Wie sieht es bei einem 1,00 m hohen Tisch aus? Setzen Sie für die Kantenlänge $l = 10{,}0$ cm an und vernachlässigen Sie alle Effekte durch den Luftwiderstand.

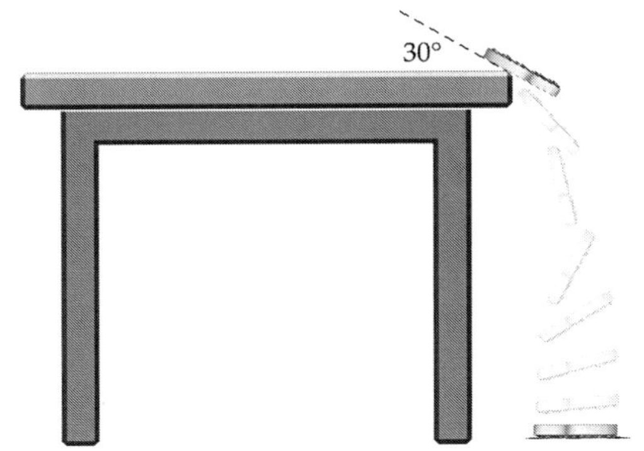

Abb. 8.1 Zu Aufgabe 8.14

8.15 •• Betrachten Sie das Trägheitsmoment eines durchschnittlichen Erwachsenen bezüglich einer Achse, die vertikal mitten durch seinen Körper verläuft. Unterscheiden Sie die Fälle, dass er die Arme eng an den Körper presst und dass er die Arme seitlich waagerecht ausstreckt. Schätzen Sie das Verhältnis der beiden Trägheitsmomente ab.

8.16 •• Die polaren Eiskappen der Erde enthalten etwa $2{,}3 \cdot 10^{19}$ kg Eis. Diese Masse trägt kaum zum Trägheitsmoment der Erde bei, weil sie an den Polen, also nahe an der Rotationsachse, konzentriert ist. Schätzen Sie den Einfluss auf die Tageslänge ab, wenn das gesamte Polareis abschmelzen und sich gleichmäßig auf der Erdoberfläche verteilen würde. (Das Trägheitsmoment einer Kugelschale mit der Masse m und dem Radius r ist $2\,m\,r^2/3$.)

8.17 •• Das Trägheitsmoment der Erde bezüglich ihrer Drehachse beträgt etwa $8{,}03 \cdot 10^{37}$ kg m². a) Weil die Erde annähernd kugelförmig ist, lässt sich das Trägheitsmoment in der Form $I = C\,m\,r^2$ schreiben; darin ist C eine dimensionslose Konstante, $m = 5{,}98 \cdot 10^{24}$ kg die Erdmasse und $r = 6370$ km der Erdradius. Berechnen Sie C. b) Wäre die Massenverteilung in der Erde gleichförmig, hätte C den Wert 2/5. Vergleichen Sie diesen mit dem in Teilaufgabe a berechneten Wert. Wo ist die Dichte der Erde größer – nahe beim Erdkern oder eher an der Erdkruste? Erläutern Sie Ihre Argumentation.

8.18 •• Der Energiebedarf der Menschheit betrug im Jahr 2008 etwa 140 000 Terawattstunden. a) Schätzen Sie ab, wie lange man den Energiebedarf der Menschheit aus der Rotationsenergie der Erde um ihre Achse speisen könnte. Die Erde besitzt einen Radius von etwa 6000 km und eine Masse von etwa $6 \cdot 10^{24}$ kg. b) Welches physikalische Prinzip hindert die Menschheit daran, diese Energiequelle effizient anzuzapfen?

8.19 • Eine CD rotiert mit 3000 U · min⁻¹. Wie hoch ist die Winkelgeschwindigkeit in Radiant pro Sekunde?

8.20 • Ein Punkt auf dem Rand einer CD ist 6,00 cm von der Drehachse entfernt. Berechnen Sie die Tangentialgeschwindigkeit v_t, die Tangentialbeschleunigung a_t und die Normalbeschleunigung a_n dieses Punkts, wenn die CD mit konstanter Winkelgeschwindigkeit von 300 U · s⁻¹ rotiert.

Winkelgeschwindigkeit und Winkelbeschleunigung

8.21 • Ein Rad beginnt sich aus dem Stillstand zu drehen, die Winkelbeschleunigung ist 2,6 rad s⁻². Wir warten 6,0 s lang ab. a) Wie hoch ist dann die Winkelgeschwindigkeit? b) Um welchen Winkel hat sich das Rad bis dahin gedreht? c) Wie viele Umdrehungen hat es ausgeführt? d) Welche tangentiale Geschwindigkeit und welche lineare Beschleunigung liegen nun an einem Punkt in 0,30 m Abstand von der Drehachse vor?

8.22 • Wie hoch ist die Winkelgeschwindigkeit der Erde in Radiant pro Sekunde bei der Rotation um ihre eigene Achse?

Berechnung von Trägheitsmomenten

8.23 • Ein Tennisball ist 57 g schwer und hat 7,0 cm Durchmesser. Fassen Sie ihn als Kugelschale auf und berechnen Sie sein Trägheitsmoment bezüglich eines Durchmessers.

8.24 • Ermitteln Sie das Trägheitsmoment einer massiven Kugel mit der Masse m und dem Radius r bezüglich einer Achse, die tangential zur Kugeloberfläche verläuft (Abb. 8.2).

Abb. 8.2 Zu Aufgabe 8.24

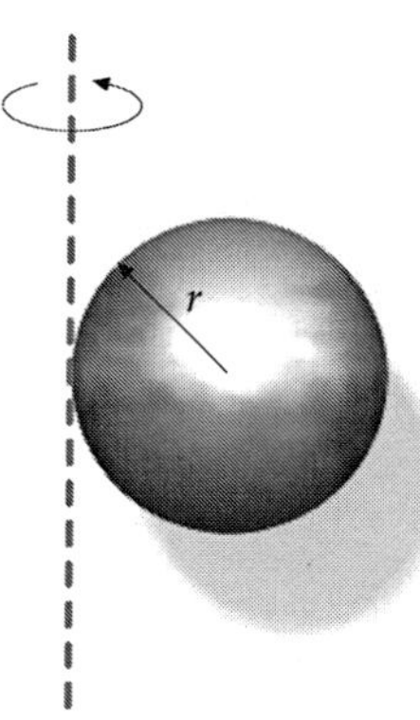

8.25 •• Zwei Punktmassen m_1 und m_2 sind durch einen masselosen Stab der Länge l miteinander verbunden. a) Geben Sie einen Ausdruck für das Trägheitsmoment I bezüglich einer Achse an, die senkrecht zum Stab im Abstand x von der Masse m_1 verläuft. b) Ermitteln Sie dI/dx und zeigen Sie, dass I minimal ist, wenn die Achse durch den Massenmittelpunkt des Systems verläuft.

8.26 •• Eine gleichförmige rechteckige Platte hat die Masse m und die Kantenlängen a und b. a) Zeigen Sie durch Integration, dass die Platte bezüglich einer Achse, die senkrecht auf ihr steht und durch eine ihrer Ecken verläuft, das Trägheitsmoment $I = \frac{1}{3} m (a^2 + b^2)$ hat. b) Geben Sie einen Ausdruck für das Trägheitsmoment bezüglich einer Achse an, die senkrecht auf der Platte steht und durch ihren Massenmittelpunkt verläuft.

8.27 •• Das Methanmolekül (CH_4) besteht aus vier Wasserstoffatomen, die in den Eckpunkten eines regelmäßigen Tetraeders mit der Kantenlänge 0,18 nm angeordnet sind, und einem Kohlenstoffatom im Mittelpunkt des Tetraeders (Abb. 8.3). Berechnen Sie das Trägheitsmoment des Moleküls bezüglich einer Achse durch die Mittelpunkte des Kohlenstoffatoms und eines der Wasserstoffatome.

Abb. 8.3 Zu Aufgabe 8.27

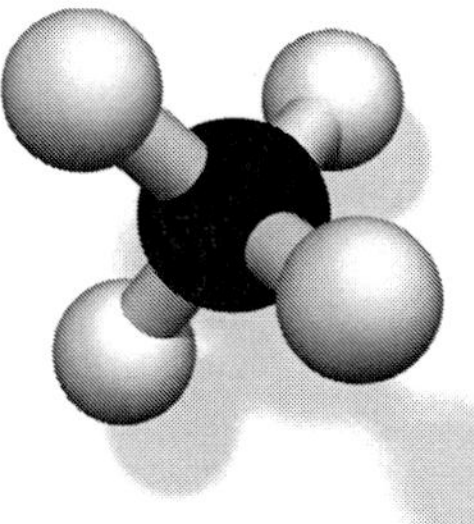

8.28 ••• Zeigen Sie durch Integration, dass das Trägheitsmoment einer dünnen Kugelschale mit dem Radius r und der Masse m bezüglich einer Achse durch den Mittelpunkt durch $I = 2 m r^2/3$ gegeben ist.

Drehmoment

8.29 • Ein Unternehmen möchte bestimmen, welches Drehmoment beim Schleifen auf die von ihm produzierte Serie von Schleifsteinen wirkt, um ggf. die Konstruktion zu ändern und energieeffizienter zu machen. Dazu sollen Sie das bestverkaufte Modell untersuchen, das im Wesentlichen aus einem scheibenförmigen Schleifstein mit der Masse 1,70 kg sowie dem Radius 8,00 cm besteht und das mit einer Nenndrehzahl von 730 U min^{-1} arbeitet. Nachdem der Motor abgeschaltet wird, stoppen Sie die Zeit, bis der Stein zum Stillstand kommt, zu 31,2 s. a) Berechnen Sie die Winkelbeschleunigung des Schleifsteins. b) Welches Drehmoment wird auf den Schleifstein ausgeübt? (Nehmen Sie an, dass die Winkelbeschleunigung konstant ist, und vernachlässigen Sie alle anderen Reibungskräfte.)

8.30 • Ein Zylinder mit dem Radius 11 cm und der Masse 2,5 kg ist um die Zylinderachse drehbar gelagert. Zu Beginn ist der Zylinder in Ruhe. Um ihn ist ein Seil mit vernachlässigbarer Masse geschlungen, an dem eine Zugkraft von 17 N wirkt. Das Seil soll schlupffrei über den Zylinder laufen. Berechnen Sie a) das Drehmoment, das das Seil auf den Zylinder ausübt, b) die Winkelbeschleunigung des Zylinders und c) die Winkelgeschwindigkeit des Zylinders nach 0,50 s.

8.31 •• Ein Fadenpendel mit der Länge l und der Pendelmasse m schwingt in einer vertikalen Ebene. Wenn der Faden einen Winkel θ mit der Vertikalen bildet, a) wie hoch ist dann die Tangentialkomponente der auf den Pendelkörper wirkenden Beschleunigung? (Verwenden Sie die Gleichung $F_t = m a_t$.) b) Welches Drehmoment wird bezüglich der Aufhängung ausgeübt? c) Zeigen Sie, dass die Gleichung $M = I\alpha$ mit $a_t = l\alpha$ dieselbe Tangentialbeschleunigung ergibt, wie sie in Teilaufgabe a ermittelt wurde.

8.32 ••• Ein gleichförmiger Stab der Länge l und der Masse m ist an einem Ende reibungsfrei drehbar aufgehängt (Abb. 8.4). Er wird von einer horizontalen Kraft in einer Entfernung x unterhalb der Aufhängung angestoßen. a) Zeigen Sie, dass die Geschwindigkeit des Massenmittelpunkts unmittelbar nach dem Stoß gegeben ist durch $v_0 = 3 x F_0 \Delta t/(2 m l)$ (dabei ist F_0 die mittlere Kraft und Δt die Dauer der Krafteinwirkung). b) Berechnen Sie die Horizontalkomponente der Kraft, die die Aufhängung auf den Stab ausübt, und zeigen Sie, dass diese Kraft für $x = \frac{2}{3} l$ null wird. Der Punkt $x = \frac{2}{3} l$ wird das *Schlagzentrum* des Systems Stab-Aufhängung genannt. Dieser Punkt spielt eine besondere Rolle bei Ballspielen, die mit einem Schläger gespielt werden (z. B. Tennis oder Baseball): Wenn man den Schläger so führt, dass der Ball genau mit dem Schlagzentrum getroffen wird, erhält der Ball die höchstmögliche Beschleunigung, und der Schläger wird geringstmöglich vibrieren. Außerdem sind Ballaufprallwinkel und -abprallwinkel exakt gleich.

Abb. 8.4 Zu Aufgabe 8.32

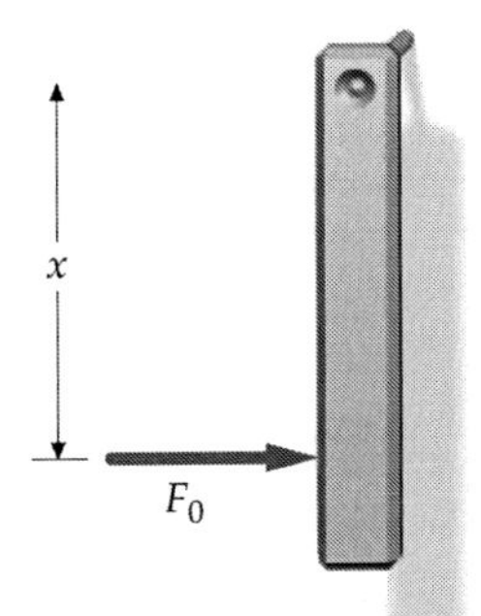

Kinetische Energie der Rotation

8.33 • Eine massive Kugel hat eine Masse von 1,4 kg und einen Durchmesser von 15 cm; sie rotiert mit 70 U min^{-1} um ihre Achse. a) Wie hoch ist die kinetische Energie? b) Die Rotationsenergie wird um 5,0 mJ erhöht. Wie hoch sind dann die Umdrehungsgeschwindigkeit bzw. die Winkelgeschwindigkeit der Kugel?

8.34 •• Berechnen Sie die kinetische Rotationsenergie der Erde bezüglich ihrer Drehachse und vergleichen Sie diesen Wert mit der kinetischen Energie aufgrund der Bahnbewegung des Massenmittelpunkts der Erde um die Sonne. Betrachten Sie die Erde als gleichförmige Kugel mit der Masse $6,0 \cdot 10^{24}$ kg und dem Radius $6,4 \cdot 10^6$ m. Der Radius der hier als kreisförmig anzunehmenden Erdbahn beträgt $1,5 \cdot 10^{11}$ m.

8.35 •• Ein gleichförmiger Ring mit 1,5 m Durchmesser ist so an einem Punkt seines Außendurchmessers aufgehängt, dass er frei um eine horizontale Achse rotieren kann. Anfangs ist die Verbindungslinie zwischen der Aufhängung und dem Mittelpunkt des Rings horizontal (Abb. 8.5). a) Welche maximale Winkelgeschwindigkeit erreicht der Ring, wenn er aus der Anfangslage losgelassen wird? b) Welche anfängliche Winkelgeschwindigkeit muss der Ring erhalten, damit er einmal um 360° rotiert?

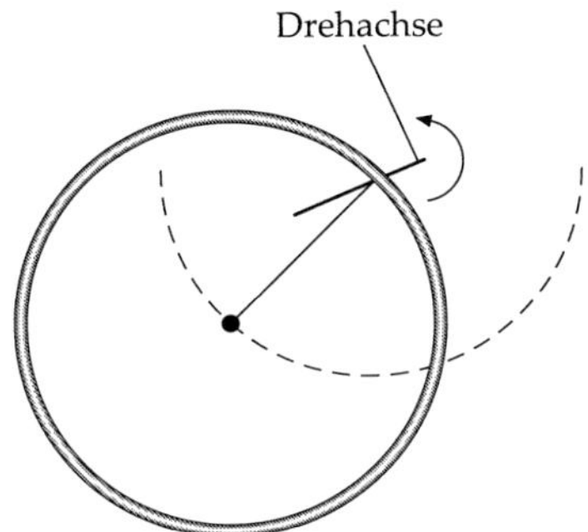

Abb. 8.5 Zu Aufgabe 8.35

Rollen, Fallmaschinen und herabhängende Teile

8.36 •• Das System in Abb. 8.6 wird aus dem Stillstand losgelassen. Der 30-kg-Block hängt 2,0 m über der Platte. Als Rolle dient eine gleichförmige Scheibe mit einem Radius von 10 cm und einer Masse von 5,0 kg. Berechnen Sie, jeweils

unmittelbar vor dem Auftreffen: a) die Geschwindigkeit des 30-kg-Blocks, b) die Winkelgeschwindigkeit der Rolle und c) die Zugkräfte in den Seilstücken. d) Berechnen Sie ferner die Fallzeit des 30-kg-Blocks. Das Seil soll schlupffrei über die Rolle laufen.

Abb. 8.6 Zu Aufgabe 8.36

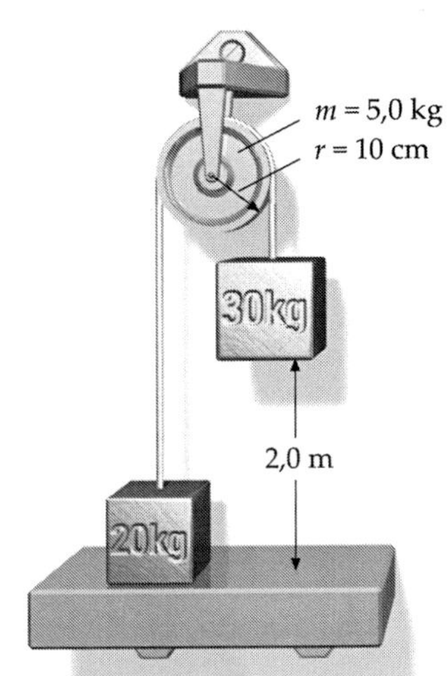

8.37 •• Abb. 8.7 zeigt eine Anordnung zur Messung von Trägheitsmomenten. An einem Drehteller ist ein konzentrischer Zylinder mit einem Radius r befestigt, um den eine Schnur gewunden ist. Drehteller und Zylinder können sich um eine vertikale Achse reibungsfrei drehen. Die Schnur läuft über eine reibungsfreie und masselose Rolle zu einem Gewichtsstück mit der Masse m. Dieses wird aus dem Stillstand losgelassen, und man misst die Zeit t_1, in der es um eine Höhe d fällt. Dann wickelt man die Schnur wieder auf, legt den Körper, dessen Trägheitsmoment I zu messen ist, auf den Drehteller und lässt das Gewichtsstück erneut fallen. Mit der Zeitspanne t_2, die es nun für dieselbe Fallstrecke benötigt, lässt sich I berechnen. Mit $r = 10$ cm, $m = 2,5$ kg und $d = 1,8$ m werden die Fallzeiten $t_1 = 4,2$ s und $t_2 = 6,8$ s gemessen. a) Berechnen Sie das Gesamtträgheitsmoment des Systems aus Drehteller und Zylinder. b) Berechnen Sie das Trägheitsmoment des Systems aus Drehteller, Zylinder und zu vermessendem Körper. c) Berechnen Sie mithilfe der Ergebnisse aus den Teilaufgaben a und b das Trägheitsmoment des Körpers bezüglich der Achse des Drehtellers.

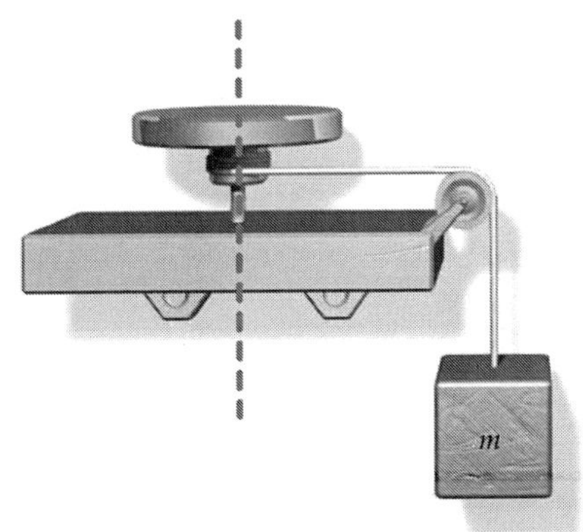

Abb. 8.7 Zu Aufgabe 8.37

Drehimpuls und Drehimpulserhaltung

8.38 • Ein Planet läuft auf elliptischer Bahn um die Sonne, die in einem Brennpunkt der Ellipse steht (Abb. 8.8). a) Welches Drehmoment bezüglich des Mittelpunkts der Sonne übt deren Gravitationsanziehung auf den Planeten aus? b) In der Position A hat der Planet den Abstand r_1 von der Sonne und bewegt sich mit der Geschwindigkeit v_1 senkrecht zur Verbindungslinie zwischen Sonne und Planet. In der Position B ist der Abstand r_2 und die Geschwindigkeit v_2, wie immer senkrecht zur Verbindungslinie zwischen Sonne und Planet. Geben Sie das Verhältnis v_1/v_2 mithilfe von r_1 und r_2 an.

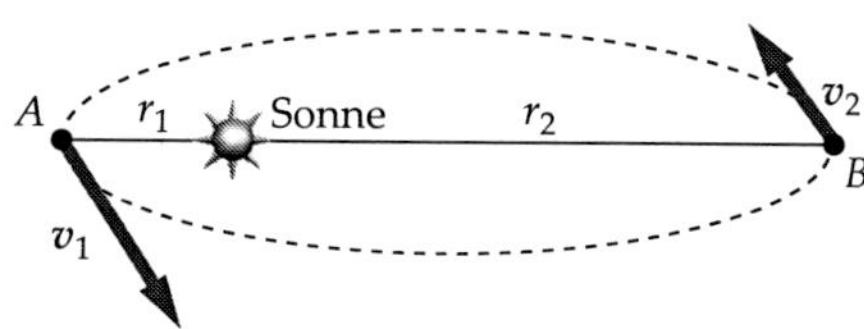

Abb. 8.8 Zu Aufgabe 8.38

8.39 •• a) Ein Teilchen, das sich mit konstanter Geschwindigkeit bewegt, hat bezüglich eines bestimmten Punkts keinen Drehimpuls. Zeigen Sie anhand der Definition des Drehimpulses, dass sich das Teilchen dann entweder direkt auf den bestimmten Punkt zu oder direkt von ihm fort bewegt. b) Sie sind Rechtshänder und spielen als Schlagmann beim Baseball. Ein schneller Ball kommt in Bauchhöhe auf Sie zu. Sie lassen den Ball passieren, ohne sich zu bewegen. Welche Richtung hat der Drehimpuls des Balls bezüglich Ihres Bauchnabels? (Nehmen Sie an, dass der Ball sich entlang einer geraden horizontalen Bahn bewegt, wenn er an Ihnen vorbeifliegt.)

8.40 •• Eine auf einem Tisch aufrecht stehende Münze mit der Masse 15 g und dem Durchmesser 1,5 cm dreht sich mit 10 U/s um eine vertikale, fest stehende Achse durch den Mittelpunkt der Münze. Beim Blick von oben auf den Tisch dreht sich die Münze im Uhrzeigersinn. a) Wie groß ist der Drehimpuls der Münze bezüglich ihres Massenmittelpunkts, und welche Richtung hat er? (Die Formel für das Trägheitsmoment einer Scheibe bezüglich ihres Durchmessers können Sie nachschlagen. Betrachten Sie die Münze dabei als Zylinder mit der Länge l und wählen Sie den Grenzwert für $l \to 0$.) b) Welchen Drehimpuls (Betrag und Richtung) hat die Münze bezüglich eines Punkts auf dem Tisch, der 10 cm von der Drehachse entfernt ist? c) Nun soll sich die Münze mit 5,0 cm/s entlang einer geraden Linie in östlicher Richtung über den Tisch bewegen, während sie sich wie in Teilaufgabe a um eine vertikale Achse dreht. Welchen Drehimpuls (Betrag und Richtung) hat die Münze dann bezüglich eines Punkts, der auf der Bewegungslinie ihres Massenmittelpunkts liegt? d) Welchen Drehimpuls (Betrag und Richtung) hat die rotierende und gleitende Münze bezüglich eines Punkts, der 10 cm nördlich der Bewegungslinie ihres Massenmittelpunkts liegt?

8.41 •• Bei einer bestimmten Drehbank wird die Kraft über ein exakt ausgewuchtetes zylinderförmiges Schwungrad übertragen, das die Masse 90 kg und den Radius 0,40 m hat. Dieser Zylinder rotiert (wie wir hier annehmen, reibungsfrei) um eine raumfeste Achse und wird über einen Riemen angetrieben, der an seinem Umfang ein konstantes Drehmoment ausübt. Zur Zeit $t = 0$ ist die Winkelgeschwindigkeit des Zylinders null, und zur Zeit $t = 25$ s dreht er sich mit 500 U/min. a) Welchen Betrag hat der Drehimpuls bei $t = 25$ s? b) Mit welcher Rate nimmt der Drehimpuls zu? c) Wie groß ist das Drehmoment, das auf den Zylinder einwirkt? d) Wie groß ist die Reibungskraft zwischen dem Treibriemen und dem Mantel des Zylinders?

8.42 •• Ein Serviertablett enthält einen schweren Kunststoffzylinder, der sich reibungsfrei um seine senkrecht stehende Symmetrieachse drehen kann. Der Zylinder des Tabletts hat den Radius $r_\mathrm{T} = 15$ cm und die Masse $m_\mathrm{T} = 0,25$ kg. Auf dem Tablett befindet sich 8,0 cm von der Achse entfernt eine Küchenschabe mit der Masse $m_\mathrm{K} = 0,015$ kg. Sowohl das Tablett als auch die Schabe sind anfangs in Ruhe. Dann beginnt die Küchenschabe auf einem Kreis mit dem Radius 8,0 cm zu laufen; der Mittelpunkt der Kreisbahn liegt auf der Drehachse des Tabletts. Die Geschwindigkeit der Küchenschabe relativ zum Tablett ist $v = 0,010$ m/s. Wie hoch ist dabei ihre Geschwindigkeit relativ zum Raum?

8.43 •• Ein Block mit der Masse m gleitet reibungsfrei auf einem Tisch; er ist an einer Schnur befestigt, die durch ein kleines Loch in der Tischplatte verläuft. Anfangs bewegt sich der Block mit der Geschwindigkeit v_0 auf einer Kreisbahn mit dem Radius r_0. Geben Sie Ausdrücke für a) den Drehimpuls des Blocks, b) die kinetische Energie des Blocks und c) die Zugkraft in der Schnur an. d) Ein Student unter dem Tisch zieht nun die Schnur langsam nach unten. Welche Arbeit muss er verrichten, um den Radius der Kreisbahn von r_0 auf $r_0/2$ zu reduzieren?

Rollen ohne Schlupf

8.44 •• Um einen gleichförmigen Zylinder mit der Masse m und dem Radius r ist eine Schnur gewickelt, wie in Abb. 8.9 gezeigt ist. Die Schnur wird festgehalten und der Zylinder losgelassen, sodass er herunterfällt. a) Zeigen Sie, dass die Beschleunigung nach unten gerichtet ist und den Betrag $a = 2\,g/3$ hat. b) Geben Sie einen Ausdruck für die Zugkraft in der Schnur an.

Abb. 8.9 Zu Aufgabe 8.44

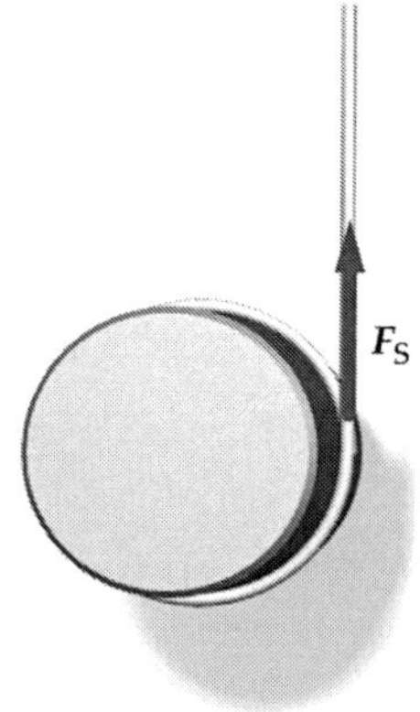

8.45 •• Ein gleichförmiger Zylindermantel und ein gleichförmiger massiver Zylinder rollen horizontal, ohne zu gleiten. Die Geschwindigkeit des Zylindermantels ist v. Die Zylinder treffen auf eine geneigte Ebene, die sie hinaufrollen, ohne zu gleiten. Beide Zylinder erreichen dieselbe Höhe. Welche Geschwindigkeit v' hatte der massive Zylinder?

8.46 ••• Abb. 8.10 zeigt zwei große Zahnräder als Teil einer größeren Maschine. Jedes der Zahnräder ist um eine feste Achse durch seinen Mittelpunkt frei drehbar. Die Radien der Zahnräder sind 0,50 m bzw. 1,0 m, die Trägheitsmomente 1,0 kg m^2 bzw. 16 kg m^2. Der an dem kleineren Zahnrad befestigte Hebel ist 1,0 m lang und hat eine vernachlässigbare Masse. a) Ein Arbeiter übt typischerweise eine Kraft von 2,0 N auf das Ende des Hebels aus, wie dargestellt. Wie hoch sind dann die Winkelbeschleunigungen der beiden Zahnräder? b) Ein anderes (in der Abbildung nicht sichtbares) Teil der Maschine übt eine Tangentialkraft auf den Außenrand des größeren Zahnrads aus, um das Getriebe zeitweise am Rotieren zu hindern. Welchen Betrag und welche Richtung (im oder gegen den Uhrzeigersinn) sollte diese Tangentialkraft haben?

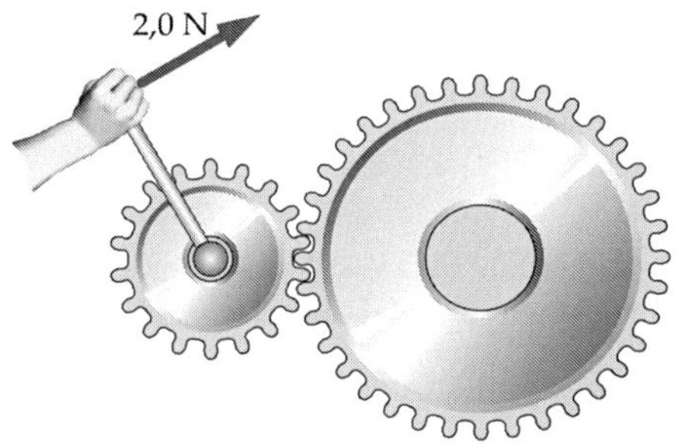

Abb. 8.10 Zu Aufgabe 8.46

Rollen mit Schlupf

8.47 •• Eine ruhende Billardkugel mit dem Radius r wird mit einem Queue scharf angestoßen. Die Kraft wirkt horizontal und wird in einer Höhe $2\,r/3$ unterhalb der Mittellinie aufgebracht, wie in Abb. 8.11 gezeigt. Die Anfangsgeschwindigkeit der Kugel ist v_0, der Gleitreibungskoeffizient ist $\mu_{\mathrm{R,g}}$. a) Welche Winkelgeschwindigkeit ω_0 hat die Kugel unmittelbar nach dem Stoß? b) Welche Geschwindigkeit hat die Kugel, wenn sie beginnt zu rollen, ohne zu gleiten? c) Welche kinetische Energie hat die Kugel unmittelbar nach dem Stoß?

Abb. 8.11 Zu Aufgabe 8.47

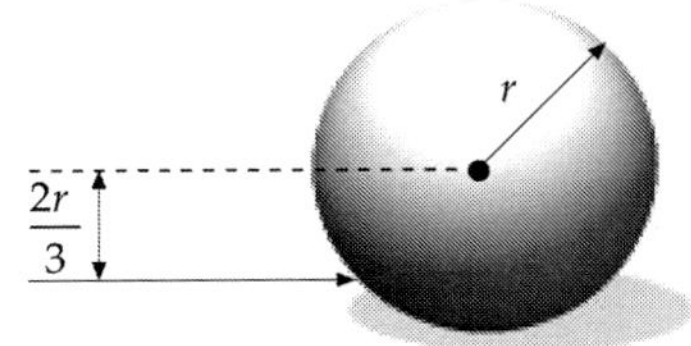

Kreisel

8.48 •• Ein Speichenrad mit dem Radius 28 cm steckt auf der Mitte einer 50 cm langen Achse. Der Reifen und die Felge wiegen 30 N. Das Rad wird mit 12 U/s in Drehung versetzt; dann wird die Achse in waagerechter Lage mit einem Ende an einem Gelenk befestigt. a) Welchen Drehimpuls hat das Rad aufgrund seiner Drehung? (Betrachten Sie das Rad als einen Ring.) b) Welche Winkelgeschwindigkeit hat die Präzessionsbewegung? c) Wie lange dauert es, bis die Achse eine 360°-Bewegung um das Gelenk ausgeführt hat? d) Welchen Drehimpuls hat das Rad aufgrund der Bewegung des Massenmittelpunkts, also aufgrund der Präzessionsbewegung? In welche Richtung zeigt dieser Drehimpuls?

Allgemeine Aufgaben

8.49 • Ein gleichförmiger Stab der Länge 2,00 m wird in einem Winkel von 30° zur Horizontalen über einer Eisfläche gehalten, wobei das untere Ende des Stocks das Eis berührt. Auch nachdem der Stock losgelassen wurde, bleibt das Stockende immer in Kontakt mit dem Eis. Wie weit wird sich der Kontaktpunkt während des Falls bewegen? Nehmen Sie die Eisfläche als reibungsfrei an.

8.50 • Der Ortsvektor eines Teilchens mit der Masse 3,0 kg ist $r = (4,0\,\widehat{x})\,\mathrm{m} + (3,0\,t^2\,\widehat{y})\,\mathrm{m\,s^{-2}}$, wobei t in Sekunden anzugeben ist. Bestimmen Sie den Drehimpuls und das bezüglich des Ursprungs auf das Teilchen wirkende Drehmoment.

8.51 •• Ein Geschoss mit der Masse m wird mit der Geschwindigkeit v_0 unter dem Winkel θ gegenüber der Horizontalen abgefeuert. Betrachten Sie das Drehmoment und den Drehimpuls bezüglich des Startpunkts und zeigen Sie, dass $\mathrm{d}L/\mathrm{d}t = M$ ist. Vernachlässigen Sie alle Einflüsse des Luftwiderstands.

8.52 •• Ein Karussell auf einem Spielplatz besteht aus einer 240 kg schweren Holzscheibe mit 4,00 m Durchmesser. Vier Kinder schieben das anfangs ruhende Karussell tangential entlang des Rands an, bis es sich mit 2,14 U min^{-1} um die eigene Achse dreht. a) Jedes Kind übt beim Anschieben eine andauernde Kraft von 26 N aus. Wie weit muss dann jedes Kind rennen? b) Wie hoch ist die Winkelbeschleunigung des Karussells? c) Welche Arbeit verrichtet jedes der Kinder? d) Welche kinetische Energie erhält das Karussell?

Abb. 8.12 Zu Aufgabe 8.53

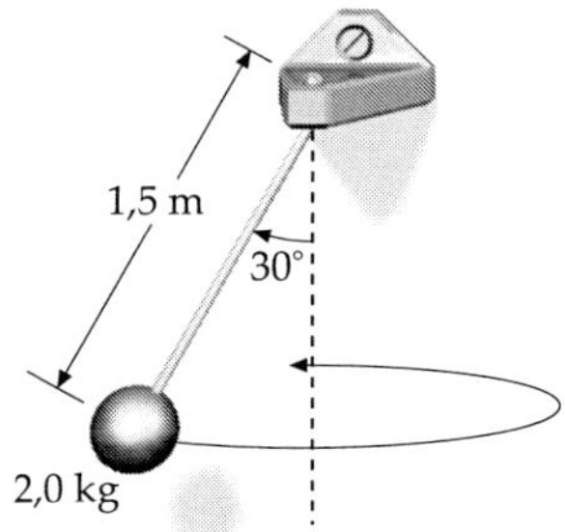

8.53 •• Eine Kugel mit der Masse 2,0 kg ist an einer Schnur mit der Länge 1,5 m befestigt und bewegt sich, von oben gesehen, gegen den Uhrzeigersinn auf einer horizontalen Kreisbahn. Eine solche Anordnung nennt man konisches Pendel (Abb. 8.12). Die Schnur bildet mit der Vertikalen einen Winkel $\theta = 30°$. a) Bestimmen Sie die horizontale und die vertikale Komponente des Drehimpulses L der Kugel bezüglich der Aufhängung im Punkt P. b) Berechnen Sie den Betrag von dL/dt und zeigen Sie, dass er genauso groß ist wie der Betrag des Drehmoments, das durch die Schwerkraft bezüglich des Aufhängungspunkts ausgeübt wird.

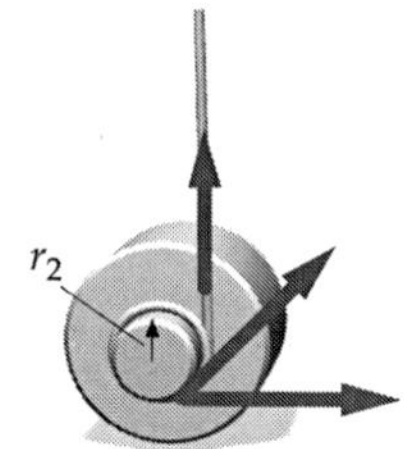

Abb. 8.14 Zu Aufgabe 8.55

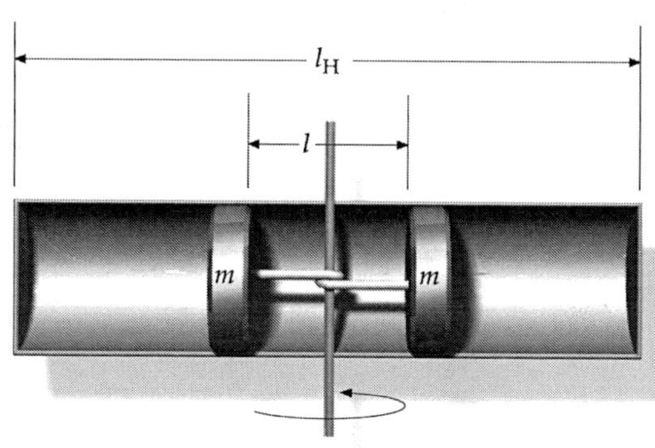

Abb. 8.13 Zu Aufgabe 8.54

8.54 ●● Abb. 8.13 zeigt einen Hohlzylinder mit der Masse m_H, der Länge l_H und dem Trägheitsmoment $m_H\, l_H^2/10$. Im Inneren des Hohlzylinders befinden sich im Abstand l voneinander zwei zylindrische Scheiben, beide mit der Masse m und dem Radius r. Sie sind mit einer dünnen Schnur an einer Halterung in der Mitte der Anordnung befestigt. Das System kann – angetrieben durch einen Motor – um eine vertikale Achse durch den Mittelpunkt des Hohlzylinders rotieren. Sie wollen nun dieses System durch einen elektronischen Schalter ergänzen, der den Motor abschaltet, sobald die Schnur zwischen den Scheiben reißt und die Scheiben das jeweilige Ende des Hohlzylinders erreichen. Beim Experimentieren bemerken Sie, dass bei einer bestimmten Winkelgeschwindigkeit ω des Systems die Schnur reißt, sodass die Scheiben nach außen geschleudert werden und an den Verschlusskappen des Hohlzylinders haften bleiben. Geben Sie Ausdrücke für die Winkelgeschwindigkeit zum Schluss sowie für die kinetische Anfangs- und die kinetische Endenergie des Systems an. Nehmen Sie dazu an, dass die Innenwände des Hohlzylinders reibungsfrei sind.

8.55 ●●● Abb. 8.14 zeigt einen massiven Zylinder mit der Masse m_1 und dem Radius r_1, an dem ein zweiter massiver Zylinder mit der Masse m und dem kleineren Radius r befestigt ist. Um diesen dünneren Zylinder ist eine Schnur gewunden. Der dickere Zylinder ruht auf einer horizontalen Fläche. Der Haftreibungskoeffizient zwischen dem dickeren Zylinder und der Fläche ist $\mu_{R,h}$. Wenn an der Schnur mit geringer Zugkraft nach oben gezogen wird, bewegen sich die Zylinder nach links. Wenn die Zugkraft aber in horizontaler Richtung nach rechts wirkt, bewegen sich auch die Zylinder nach rechts. Bestimmen Sie den Winkel, den die Schnur mit der Horizontalen bilden muss, damit die Zylinder bei einer geringen Zugkraft in Ruhe bleiben.

Lösungen zu den Aufgaben

Verständnisaufgaben

L8.1 a) Der Punkt am Rand der Scheibe befindet sich beim größeren Radius und legt daher in derselben Zeit wegen der gleichen Winkelgeschwindigkeit den längeren Weg zurück.

b) Beide Punkte legen wegen der gleichen Winkelgeschwindigkeit in derselben Zeit denselben Winkel zurück.

c) Der Punkt am Rand der Scheibe befindet sich beim größeren Radius, legt also bei gleichem Drehwinkel in derselben Zeit den größeren Weg zurück. Daher ist seine lineare bzw. tangentiale Geschwindigkeit größer.

d) Die Winkelgeschwindigkeiten beider Punkte sind gleich.

e) Die tangentiale Beschleunigung beider Punkte ist null, weil die Winkelgeschwindigkeit konstant ist.

f) Die Winkelbeschleunigung beider Punkte ist null, weil die Winkelgeschwindigkeit konstant ist.

g) Der Punkt am Rand der Scheibe hat wegen des größeren Radius die höhere Zentripetalbeschleunigung.

L8.2 Mit dem Drehmoment M, der angreifenden Kraft F und dem Trägheitsmoment I gilt für die Winkelbeschleunigung $\alpha = M/I = F\,d/I$. Also ist α proportional zum Abstand d von der Drehachse. Ist dieser Abstand doppelt so groß, dann ist es auch die Winkelbeschleunigung; demnach ist Aussage b richtig.

L8.3 Nach dem Steiner'schen Satz ist das Trägheitsmoment gegeben durch $I = I_S + m\,h^2$. Darin ist I_S das Trägheitsmoment des Körpers bezüglich einer Achse durch seinen Massenmittelpunkt S. Ferner ist m die Masse des Körpers und h der Abstand zwischen den beiden zueinander parallelen Drehachsen. Gemäß der obigen Beziehung ist I immer um $m\,h^2$ größer als I_S, und Aussage d ist richtig.

L8.4 Der Hebelarm beim Öffnen einer Tür ist der horizontale Abstand zwischen dem Griff bzw. der Türklinke und dem Scharnier. Je größer dieser Abstand ist, desto größer ist das bei gleicher Kraft erzeugte Drehmoment. Anders ausgedrückt: Bei größerem Abstand von den Angeln ist die zum Öffnen der Tür erforderliche Kraft geringer.

L8.5 Die Vektoren L des Drehimpulses und p des Impulses hängen miteinander zusammen über $L = r \times p$. Weil die Bewegung entlang einer Bahn verläuft, die durch den Punkt P geht, ist $r = 0$ und daher auch $L = 0$. Also ist Aussage b richtig.

L8.6 Mit dem Radiusvektor r und dem Impulsvektor p ist der Drehimpuls gegeben durch $L = r \times p$. Die Ableitung nach der Zeit ist

$$\frac{\mathrm{d}L}{\mathrm{d}t} = \left(r \times \frac{\mathrm{d}p}{\mathrm{d}t} \right) + \left(\frac{\mathrm{d}r}{\mathrm{d}t} \times p \right). \qquad (1)$$

Mit den Beziehungen $p = m\,v$ für den Impuls und $F = \mathrm{d}p/\mathrm{d}t$ für die resultierende Kraft sowie $v = \mathrm{d}r/\mathrm{d}t$ für die Geschwindigkeit erhalten wir daraus

$$\frac{\mathrm{d}L}{\mathrm{d}t} = (r \times F) + (v \times p).$$

Weil sich das Teilchen mit konstanter Geschwindigkeit auf einer geradlinigen Bahn bewegt, muss die resultierende Kraft F gleich null sein; also ist $r \times F = 0$. Außerdem haben v und $p = m\,v$ dieselbe Richtung, sodass auch $v \times p = 0$ ist. Einsetzen in Gleichung 1 ergibt $\mathrm{d}L/\mathrm{d}t = 0$. Somit ändert sich der Drehimpuls nicht mit der Zeit.

L8.7 Die kinetischen Energien beider Körper sind jeweils gleich der Summe aus den kinetischen Energien der Translation und der Rotation. Eine etwaige Differenz ihrer Translationsgeschwindigkeiten v rührt vom Unterschied ihrer Trägheitsmomente I her. Die gesamte kinetische Energie des Zylinders ist

$$\begin{aligned} E_{\mathrm{kin,Z}} &= \tfrac{1}{2}\,I_{\mathrm{Z}}\,\omega_{\mathrm{Z}}^2 + \tfrac{1}{2}\,m\,v_{\mathrm{Z}}^2 \\ &= \tfrac{1}{2}\left(\tfrac{1}{2}\,m\,r^2 \right)\frac{v_{\mathrm{Z}}^2}{r^2} + \tfrac{1}{2}\,m\,v_{\mathrm{Z}}^2 = \tfrac{3}{4}\,m\,v_{\mathrm{Z}}^2 . \end{aligned}$$

Für die Kugel gilt entsprechend

$$\begin{aligned} E_{\mathrm{kin,K}} &= \frac{1}{2}\,I_{\mathrm{K}}\,\omega_{\mathrm{K}}^2 + \frac{1}{2}\,m\,v_{\mathrm{K}}^2 \\ &= \frac{1}{2}\left(\frac{2}{5}\,m\,r^2 \right)\frac{v_{\mathrm{K}}^2}{r^2} + \frac{1}{2}\,m\,v_{\mathrm{K}}^2 = \frac{7}{10}\,m\,v_{\mathrm{K}}^2 . \end{aligned}$$

Wir setzen die beiden Energien gleich und erhalten

$$v_{\mathrm{Z}} = \sqrt{14/15}\,v_{\mathrm{K}} < v_{\mathrm{K}} .$$

Also ist Aussage b richtig.

L8.8 Die kinetische Energie der Translation ist $E_{\mathrm{kin,Transl.}} = \tfrac{1}{2}\,m\,v^2$, und mit dem Trägheitsmoment I_{Ring} ist die kinetische Energie der Rotation

$$E_{\mathrm{kin,Rot.}} = \frac{1}{2}\,I_{\mathrm{Ring}}\,\omega^2 = \frac{1}{2}\,(m\,r^2)\,\frac{v^2}{r^2} = \frac{1}{2}\,m\,v^2 .$$

Also sind translatorische und rotatorische kinetische Energie gleich, und Aussage c ist richtig.

L8.9 Wir nehmen an, dass die Reibungskraft F_{R} nicht null ist und entlang der Bewegungsrichtung wirkt. Wir betrachten nun die Beschleunigung a_{S} des Massenmittelpunkts und die Winkelbeschleunigung α um den Kontaktpunkt mit der Oberfläche. Bei $F_{\mathrm{R}} \neq 0$ muss $a_{\mathrm{S}} \neq 0$ sein. Nun ist aber das Drehmoment $M = 0$, weil $l = 0$ ist. Daher ist die Winkelbeschleunigung (relativ zum Kontaktpunkt mit dem Boden) $\alpha = 0$. Das widerspricht aber der Aussage $a_{\mathrm{S}} \neq 0$. Also muss die Reibungskraft F_{R} gleich null sein.

L8.10 Wenn L konstant ist, muss das auf das System einwirkende *resultierende* Drehmoment null sein. Es können durchaus verschiedene (konstante oder zeitabhängige) Drehmomente einwirken, solange ihre Resultierende null ist. Also ist Aussage e richtig.

L8.11 Die auf den Block ausgeübte Zugkraft wirkt senkrecht zur jeweiligen Bewegungsrichtung und übt kein Drehmoment aus. (Es ist ja $M = r \times F$ und $M = r\,F\sin\phi$.) Also bleibt der Drehimpuls des Blocks erhalten. Der Student verrichtet jedoch Arbeit, indem er den Block in Richtung der radialen Kraft verschiebt, sodass die Energie des Blocks zunimmt. Also ist Aussage b richtig.

L8.12 Die Differenz $\Delta L = L_{\mathrm{E}} - L_{\mathrm{A}}$ zwischen Anfangs- und Endvektor (wie auch das Drehmoment, das für diese Richtungsänderung des Drehimpulsvektors verantwortlich ist) zeigt anfangs nach Süden und letztlich nach Südwesten. Sie können die Richtung des Drehmoments und daher der Kraft, die den Drehimpulsvektor von Osten nach Süden dreht, mithilfe der Rechte-Hand-Regel ermitteln. Lassen Sie die Finger Ihrer rechten Hand nach Osten zeigen und drehen Sie dann Ihr Handgelenk, bis Ihr Daumen nach Süden weist. Nun weisen Finger, die in die Richtung der Kraft zeigen, die auf das östliche Ende der Achse ausgeübt werden muss, nach oben. Also ist Aussage a richtig.

L8.13 Wenn L nach oben weist und das Auto über einen Hügel bzw. durch eine Senke fährt, dann wird die Kraft, die die Straße auf die Räder ausübt, auf der einen bzw. auf der anderen Seite größer, und das Auto neigt zum Kippen. Wenn L nach vorn weist und das Auto eine Links- bzw. eine Rechtskurve fährt, dann wirkt auf das vordere bzw. auf das hintere Ende des Autos eine nach oben gerichtete Kraft. Diese Probleme wären zu vermeiden, wenn man zwei gleiche Schwungräder verwendete, die auf derselben Welle gegensinnig rotieren.

Schätzungs- und Näherungsaufgaben

L8.14 Die in der Aufgabenstellung gegebene Winkelgeschwindigkeit $\omega = 0{,}956\,\sqrt{g/l}$ bleibt während des Falls konstant. Dann gilt für den zur Zeit t erreichten Winkel gegen die Horizontale

$$\theta = \theta_0 + \omega\,\Delta t = \theta_0 + 0{,}956\,\sqrt{\frac{g}{l}}\,\Delta t .$$

Die Fallzeit Δt können wir anhand der Fallbeschleunigung g und der Fall- bzw. Tischhöhe h ermitteln. Für die Fallhöhe gilt (mit der anfänglichen Fallgeschwindigkeit $v_{y,0} = 0$):

$$h = v_{y,0}\,\Delta t + \tfrac{1}{2}\,g\,(\Delta t)^2 = \tfrac{1}{2}\,g\,(\Delta t)^2\,.$$

Daraus folgt $\Delta t = \sqrt{\dfrac{2\,h}{g}}$,

und für den erreichten Winkel ergibt sich

$$\theta = \theta_0 + 0{,}956\,\sqrt{\frac{g}{l}}\,\sqrt{\frac{2\,h}{g}} = \theta_0 + 0{,}956\,\sqrt{\frac{2\,h}{l}}\,.$$

Bei der Tischhöhe 0,500 m erhalten wir für den erreichten Winkel

$$\theta_{0{,}5\,\mathrm{m}} = \frac{\pi}{6} + 0{,}956\,\sqrt{\frac{2\,(0{,}500\,\mathrm{m})}{0{,}100\,\mathrm{m}}} = (3{,}547\,\mathrm{rad})\,\frac{180°}{\pi\,\mathrm{rad}}$$
$$= 203°\,,$$

und bei der Tischhöhe 1,00 m dreht sich die Scheibe um den Winkel

$$\theta_{1{,}0\,\mathrm{m}} = \frac{\pi}{6} + 0{,}956\,\sqrt{\frac{2\,(1{,}00\,\mathrm{m})}{0{,}100\,\mathrm{m}}} = (4{,}799\,\mathrm{rad})\,\frac{180°}{\pi\,\mathrm{rad}}$$
$$= 275°\,.$$

L8.15 Die Masse des Erwachsenen setzen wir zu $m = 80\,\mathrm{kg}$ an. Wenn er die Arme angelegt hat, nehmen wir seinen Körper als zylinderförmig an, wobei der Umfang dem Mittelwert aus dem durchschnittlichen Taillenumfang (86 cm) und dem durchschnittlichen Brustumfang (107 cm) entspricht. Weiterhin nehmen wir an, dass 20 % der Körpermasse auf die $l = 1\,\mathrm{m}$ langen Arme entfallen. Somit hat jeder Arm die Masse $m_{\mathrm{A}} = 8\,\mathrm{kg}$. Das Trägheitsmoment bei ausgestreckten Armen bezeichnen wir mit $I_{\mathrm{ausg.}}$ und das bei angelegten Armen mit $I_{\mathrm{ang.}}$. Das Verhältnis dieser Trägheitsmomente ist

$$\frac{I_{\mathrm{ausg.}}}{I_{\mathrm{ang.}}} = \frac{I_{\mathrm{Körper}} + I_{\mathrm{Arme}}}{I_{\mathrm{ang.}}}\,.$$

Bei angelegten Armen ist das Trägheitsmoment das eines Zylinders: $I_{\mathrm{ang.}} = \tfrac{1}{2}\,m\,r^2$, und das Trägheitsmoment der ausgestreckten Arme bei der Rotation des Körpers um die Längsachse ist $I_{\mathrm{Arme}} = 2\left(\tfrac{1}{3}\right)m\,l^2$. Das Trägheitsmoment des restlichen Körpers (ohne Arme) ist gegeben durch

$$I_{\mathrm{Körper}} = \tfrac{1}{2}\,(m - m_{\mathrm{Arme}})\,r^2\,.$$

Einsetzen in die erste Gleichung ergibt

$$\frac{I_{\mathrm{ausg.}}}{I_{\mathrm{ang.}}} = \frac{\tfrac{1}{2}\,(m - m_{\mathrm{Arme}})\,r^2 + 2\left(\tfrac{1}{3}\right)m\,l^2}{\tfrac{1}{2}\,m\,r^2}\,.$$

Als Umfang des Zylinders setzen wir, wie oben gesagt, den Mittelwert aus 86 cm und 107 cm an, also 96,5 cm. Der Radius ist daher $r = (96{,}5\,\mathrm{cm})/(2\pi) = 15{,}4\,\mathrm{cm}$. Damit ergibt sich das Verhältnis der Trägheitsmomente näherungsweise zu

$$\frac{I_{\mathrm{ausg.}}}{I_{\mathrm{ang.}}} \approx \frac{\tfrac{1}{2}\,[(80 - 16)\,\mathrm{kg}]\,(0{,}154\,\mathrm{m})^2 + \tfrac{2}{3}\,(8\,\mathrm{kg})\,(1\,\mathrm{m})^2}{\tfrac{1}{2}\,(80\,\mathrm{kg})\,(0{,}154\,\mathrm{m})^2} \approx 6\,.$$

L8.16 Die Differenz der Tageslängen ist die Differenz von End- und Anfangswert: $\Delta T = T_{\mathrm{E}} - T_{\mathrm{A}}$. Die Winkelgeschwindigkeit ist gegeben als Quotient aus Drehimpuls und Trägheitsmoment: $\omega = L/I$. Wir betrachten nun die aus dem geschmolzenen Eis hervorgegangene Wasserschicht, die die gesamte Erde bedeckt, als dünne Kugelschale. Das Trägheitsmoment der als exakt kugelförmig angenommenen Erde bezeichnen wir mit I_{K} und das Trägheitsmoment der Wasserschicht mit I_{W}.

Weil beim Schmelzen des Eises kein Drehmoment einwirkt, bleibt der Drehimpuls der Erde erhalten, sodass End- und Anfangswert gleich sind: $\Delta L = L_{\mathrm{E}} - L_{\mathrm{A}} = 0$.

Also gilt $(I_{\mathrm{K}} + I_{\mathrm{W}})\,\omega_{\mathrm{E}} - I_{\mathrm{K}}\,\omega_{\mathrm{A}} = 0$.

Mit $\omega = 2\pi/T$ folgt daraus

$$(I_{\mathrm{K}} + I_{\mathrm{W}})\,\frac{2\pi}{T_{\mathrm{E}}} - I_{\mathrm{K}}\,\frac{2\pi}{T_{\mathrm{A}}} \quad \mathrm{bzw.} \quad \frac{I_{\mathrm{K}} + I_{\mathrm{W}}}{T_{\mathrm{E}}} - \frac{I_{\mathrm{K}}}{T_{\mathrm{A}}} = 0\,.$$

Daraus folgt

$$T_{\mathrm{E}} = \left(1 + \frac{I_{\mathrm{W}}}{I_{\mathrm{K}}}\right) T_{\mathrm{A}}\,.$$

Das setzen wir in die eingangs aufgestellte Gleichung für die Differenz der Tageslängen ein und erhalten

$$\Delta T = T_{\mathrm{E}} - T_{\mathrm{A}} = \left(1 + \frac{I_{\mathrm{W}}}{I_{\mathrm{K}}}\right) T_{\mathrm{A}} - T_{\mathrm{A}} = \frac{I_{\mathrm{W}}}{I_{\mathrm{K}}}\,T_{\mathrm{A}}\,.$$

Die massive Erdkugel hat mit ihrem Radius r_{E} und ihrer Masse m_{E} das Trägheitsmoment $I_{\mathrm{K}} = \tfrac{2}{5}\,m_{\mathrm{E}}\,r_{\mathrm{E}}^2$. Die Kugelschale aus Wasser hat praktisch denselben Radius, sodass ihr Trägheitsmoment durch $I_{\mathrm{W}} = \tfrac{2}{3}\,m_{\mathrm{W}}\,r_{\mathrm{E}}^2$ gegeben ist. Damit erhalten wir für die Differenz der Tageslängen

$$\Delta T = \frac{I_{\mathrm{W}}}{I_{\mathrm{K}}}\,T_{\mathrm{A}} = \frac{\tfrac{2}{3}\,m_{\mathrm{W}}\,r_{\mathrm{E}}^2}{\tfrac{2}{5}\,m_{\mathrm{E}}\,r_{\mathrm{E}}^2}\,T_{\mathrm{A}} = \frac{5\,m_{\mathrm{W}}}{3\,m_{\mathrm{E}}}\,T_{\mathrm{A}}$$
$$= \frac{5\,(2{,}3\cdot10^{19}\,\mathrm{kg})}{3\,(5{,}98\cdot10^{24}\,\mathrm{kg})}\,(1\,\mathrm{d})\,\frac{24\,\mathrm{h}}{\mathrm{d}}\,\frac{3600\,\mathrm{s}}{\mathrm{h}} = 0{,}55\,\mathrm{s}\,.$$

L8.17 a) Wir lösen die Beziehung $I = C\,m\,r^2$ nach C auf und setzen die Zahlenwerte ein:

$$C = \frac{I}{m_{\mathrm{E}}\,r_{\mathrm{E}}^2} = \frac{8{,}03\cdot10^{37}\,\mathrm{kg}\cdot\mathrm{m}^2}{(5{,}98\cdot10^{24}\,\mathrm{kg})\,(6370\,\mathrm{m})^2} = 0{,}331\,.$$

b) Befände sich die gesamte Masse in der Erdkruste, dann hätte die Erde das Trägheitsmoment einer dünnen Kugelschale, $I = \tfrac{2}{3}\,m_{\mathrm{E}}\,r_{\mathrm{E}}^2$, und es wäre $C = 0{,}67$. Wäre die Masse gleichmäßig verteilt, dann hätte die Erde das Trägheitsmoment einer gleichförmigen Kugel, $I = \tfrac{2}{5}\,m_{\mathrm{E}}\,r_{\mathrm{E}}^2$, und es wäre $C = 0{,}4$. Der in Teilaufgabe a berechnete Wert ist jedoch noch kleiner als 0,4. Also muss die Dichte der Erde nahe dem Erdkern größer als weiter außen sein.

L8.18 Wir nehmen die Erde als homogene Kugel an. Damit überschätzen wir ihr Trägheitsmoment etwas, da die Dichte zum Erdmittelpunkt hin zunimmt. Das Trägheitsmoment einer homogenen Vollkugel ist

$$I = \tfrac{2}{5} M R^2 = \tfrac{2}{5} \cdot 6 \cdot 10^{24}\,\text{kg} \cdot (6000\,\text{km})^2 \approx 8{,}6 \cdot 10^{37}\,\text{kg}\,\text{m}^2\,.$$

Die Winkelgeschwindigkeit beträgt etwa

$$\omega \approx \frac{2\pi}{24 \cdot 60 \cdot 60\,\text{s}} \approx 7{,}2 \cdot 10^{-5}\,\text{s}^{-1}\,.$$

Wir erhalten für unsere Abschätzung der Rotationsenergie

$$\tfrac{1}{2} I \omega^2 \approx \tfrac{1}{2} \cdot 8{,}6 \cdot 10^{37}\,\text{kg}\,\text{m}^2 \cdot 51{,}8 \cdot 10^{-10}\,\text{s}^{-1} \approx 2{,}2 \cdot 10^{29}\,\text{J}\,.$$

Um diese Zahl mit der Leistungsaufnahme der Menschheit zu vergleichen, rechnen wir diese zunächst in Watt um:

$$P = \frac{140\,000\,\text{TWh}}{1\,\text{a}} = \frac{140\,000 \cdot 10^{12}\,\text{W} \cdot 3600\,\text{s}}{365 \cdot 86\,400\,\text{s}}$$
$$\approx 1{,}6 \cdot 10^{13}\,\text{W}\,.$$

Um die Zeit zu berechnen, bilden wir den Quotienten:

$$T = \frac{2{,}2 \cdot 10^{29}\,\text{J}}{1{,}6 \cdot 10^{13}\,\text{W}} \approx 1{,}4 \cdot 10^{16}\,\text{s} \approx 440\,\text{Mio. Jahre}\,.$$

L8.19 Wir erhalten durch Multiplikation mit 2π

$$\omega = \frac{2\pi \cdot 3000}{\text{min}} = \frac{2\pi \cdot 3000}{60\,\text{s}} = 100\pi\,\text{s}^{-1}$$

oder etwa $314\,\text{rad/s}$.

L8.20 Die Winkelgeschwindigkeit ist

$$\omega = \frac{2\pi \cdot 300}{1\,\text{min}} = \frac{2\pi \cdot 300}{60\,\text{s}} = 10\pi\,\text{s}^{-1}\,.$$

Die Tangentialgeschwindigkeit ist

$$v_t = \omega \cdot r = 10\pi\,\text{s}^{-1} \cdot 0{,}06\,\text{m} = 0{,}6\,\pi\,\text{m/s} \approx 189\,\text{cm/s}\,.$$

Die Tangentialbeschleunigung ist $a_t = 0$, da sich die Winkelgeschwindigkeit nicht ändert. Die Normalbeschleunigung ist

$$a_n = \omega^2 \cdot r = 100\pi^2\,\text{s}^{-2} \cdot 0{,}06\,\text{m} \approx 59\,\text{m/s}^2\,.$$

Winkelgeschwindigkeit und Winkelbeschleunigung

L8.21 a) Die Winkelbeschleunigung ist konstant. Daher gilt für die Winkelgeschwindigkeit $\omega = \omega_0 + \alpha\,\Delta t$. Mit $\omega_0 = 0$ ergibt sich im vorliegenden Fall

$$\omega = \alpha\,\Delta t = (2{,}6\,\text{rad} \cdot \text{s}^{-2})\,(6{,}0\,\text{s}) = 15{,}6\,\text{rad} \cdot \text{s}^{-1}$$
$$= 16\,\text{rad} \cdot \text{s}^{-1}\,.$$

b) Für den in der Zeitspanne Δt infolge der Winkelbeschleunigung α erreichten Drehwinkel gilt

$$\Delta\theta = \omega_0\,\Delta t + \frac{1}{2}\alpha(\Delta t)^2\,.$$

Mit $\omega_0 = 0$ ergibt sich für den Drehwinkel nach $6{,}0\,\text{s}$

$$\Delta\theta_{6\,\text{s}} = \tfrac{1}{2}\,(2{,}6\,\text{rad} \cdot \text{s}^{-2})\,(6{,}0\,\text{s})^2 = 46{,}8\,\text{rad} = 47\,\text{rad}\,.$$

c) Wir rechnen in Umdrehungen um:

$$\Delta\theta_{6\,\text{s}} = (46{,}8\,\text{rad})\,\frac{1\,\text{U}}{2\pi\,\text{rad}} = 7{,}4\,\text{U}\,.$$

d) Für die Tangentialgeschwindigkeit erhalten wir

$$v = r\,\omega = (0{,}30\,\text{m})\,(15{,}6\,\text{rad} \cdot \text{s}^{-1}) = 4{,}7\,\text{m} \cdot \text{s}^{-1}\,.$$

Die resultierende Beschleunigung a des Punkts, der $0{,}30\,\text{m}$ von der Achse entfernt ist, ergibt sich aus der Tangentialbeschleunigung a_t und der Zentripetalbeschleunigung a_z:

$$a = \sqrt{a_t^2 + a_z^2} = \sqrt{(r\,\alpha)^2 + (r\,\omega^2)^2} = r\,\sqrt{\alpha^2 + \omega^4}$$
$$= (0{,}30\,\text{m})\,\sqrt{(2{,}6\,\text{rad} \cdot \text{s}^{-2})^2 + (15{,}6\,\text{rad} \cdot \text{s}^{-1})^4}$$
$$= 73\,\text{m} \cdot \text{s}^{-2}\,.$$

L8.22 Pro Tag, also in $24 \cdot (3600\,\text{s}) = 86\,400\,\text{s}$, vollführt die Erde eine volle Umdrehung; das entspricht $2\pi\,\text{rad}$. Also ist die Winkelgeschwindigkeit

$$\omega = \frac{\Delta\theta}{\Delta t} = \frac{2\pi\,\text{rad}}{86\,400\,\text{s}} = 73\,\mu\text{rad} \cdot \text{s}^{-1}\,.$$

Berechnung von Trägheitsmomenten

L8.23 Das Trägheitsmoment einer dünnen Kugelschale, die um einen Durchmesser rotiert, ist $I = \tfrac{2}{3}\,m\,r^2$. Damit erhalten wir

$$I = \tfrac{1}{2}\,(0{,}057\,\text{kg})\,(0{,}035\,\text{m}^2) = 4{,}66 \cdot 10^{-5}\,\text{kg} \cdot \text{m}^2\,.$$

L8.24 Das Trägheitsmoment einer massiven Kugel, die um einen Durchmesser rotiert (der natürlich durch den Massenmittelpunkt verläuft), ist $I_S = \tfrac{2}{5}\,m\,r^2$. Wenn die Kugel um eine andere Achse rotiert, die zur ersten parallel verläuft und von ihr den Abstand h hat, dann ist nach dem Steiner'schen Satz das Trägheitsmoment gegeben durch

$$I = I_S + m\,h^2\,.$$

Mit $h = r$ ergibt sich $I = \tfrac{2}{5}\,m\,r^2 + m\,r^2 = \tfrac{7}{5}\,m\,r^2$.

L8.25 a) Das Trägheitsmoment ist gegeben durch

$$I = \sum_i = m_i \, r_i^2 = m_1 \, x^2 + m_2 \, (l - x)^2 \, .$$

b) Wir leiten nach x ab:

$$\frac{\mathrm{d}I}{\mathrm{d}x} = 2 \, m_1 \, x - 2 \, m_2 \, (l - x) = 2 \, (m_1 \, x + m_2 \, x - m_2 \, l) \, .$$

Bei einem Extremwert ist die Ableitung $\mathrm{d}I / \mathrm{d}x$ gleich null, und wir erhalten $m_1 \, x + m_2 \, x - m_2 \, l = 0$ sowie daraus

$$x = \frac{m_2 \, l}{m_1 + m_2} \, .$$

Dies ist definitionsgemäß der Abstand des Massenmittelpunkts von der Masse m_1. (Dass hier ein Minimum des Trägheitsmoments vorliegt, kann anhand der zweiten Ableitung $\mathrm{d}^2 I / \mathrm{d}x^2$ überprüft werden; sie ist positiv.)

L8.26 In der Abbildung ist ein Massenelement $\mathrm{d}m$ am Punkt (x, y) dargestellt. Den Ursprung des Koordinatensystems legen wir in die linke untere Ecke, durch die die Drehachse verläuft.

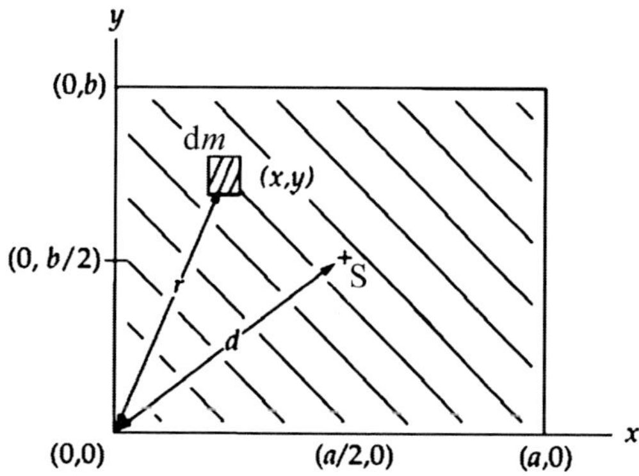

Die Masse pro Flächeneinheit der gleichmäßig dicken Platte bezeichnen wir mit σ. Dann hat das Massenelement die Masse $\mathrm{d}m = \sigma \, \mathrm{d}x \, \mathrm{d}y$, und für seinen Abstand r vom Ursprung gilt (gemäß dem Satz des Pythagoras) $r^2 = x^2 + y^2$.

a) Das Trägheitsmoment des Massenelements bezüglich der Drehachse ist

$$\mathrm{d}I = \sigma \, r^2 \, \mathrm{d}x \, \mathrm{d}y = \sigma \, (x^2 + y^2) \, \mathrm{d}x \, \mathrm{d}y \, .$$

Wir integrieren von $x = 0$ bis $x = a$ sowie von $y = 0$ bis $y = b$ und setzen die Beziehung $m = \sigma \, a \, b$ ein:

$$I = \sigma \int_0^a \int_0^b (x^2 + y^2) \, \mathrm{d}x \, \mathrm{d}y = \tfrac{1}{3} \, \sigma \, (a^3 \, b + a \, b^3)$$
$$= \tfrac{1}{3} \, m \, (a^2 + b^2) \, .$$

b) Gemäß dem Steiner'schen Satz ist das Trägheitsmoment um eine Achse, die vom Massenmittelpunkt S den Abstand d hat, gegeben durch $I = I_S + m \, d^2$. (Dabei muss die Achse durch den Massenmittelpunkt parallel zur anderen Achse verlaufen.) Also ist

$$I_S = I - m \, d^2 = \tfrac{1}{3} \, m \, (a^2 + b^2) - m \, d^2 \, .$$

Gemäß dem Satz des Pythagoras gilt

$$d^2 = \left(\tfrac{1}{2} a\right)^2 + \left(\tfrac{1}{2} b\right)^2 = \tfrac{1}{4} \, (a^2 + b^2) \, ,$$

und wir erhalten

$$I_S = \tfrac{1}{3} \, m \, (a^2 + b^2) - \tfrac{1}{4} \, m \, (a^2 + b^2) = \tfrac{1}{12} \, m \, (a^2 + b^2) \, .$$

L8.27 Wie in der Abbildung angedeutet, verläuft die Drehachse (senkrecht zur Zeichenebene) durch ein Wasserstoffatom und das Kohlenstoffatom sowie durch die Mitte der Basis des Tetraeders. Diese beiden Atome auf der Drehachse tragen zum Trägheitsmoment nichts bei.

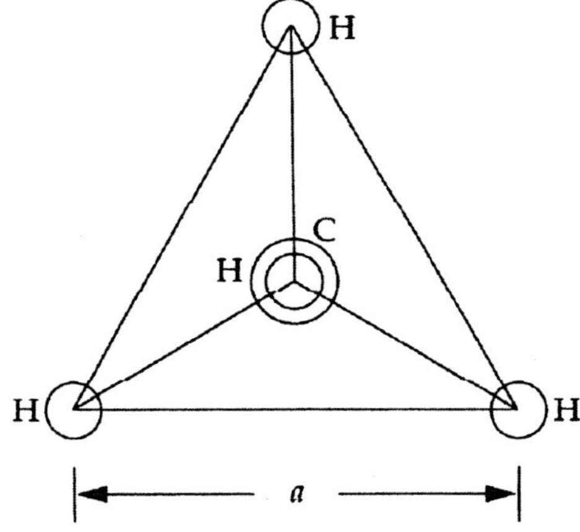

Die Wasserstoffatome haben von der Mitte des Moleküls den Abstand $a / \sqrt{3}$, wobei a die Kantenlänge des Tetraeders ist. Für das Trägheitsmoment ergibt sich also

$$I = \sum_i m_i \, r_i^2 = m_H \, r_1^2 + m_H \, r_2^2 + m_H \, r_3^2$$
$$= 3 \, m_H \left(\frac{a}{\sqrt{3}}\right)^2 = m_H \, a^2$$
$$= (1{,}67 \cdot 10^{-27} \, \mathrm{kg}) \, (0{,}18 \cdot 10^{-9} \, \mathrm{m})^2$$
$$= 5{,}4 \cdot 10^{-47} \, \mathrm{kg \cdot m^2} \, .$$

L8.28 Das Trägheitsmoment einer Kugel mit der Masse m und dem Radius r bezüglich einer Achse durch ihren Mittelpunkt ist $I = \tfrac{2}{5} \, m \, r^2$. Für die Masse einer Kugel mit dem Radius r und der Dichte ρ gilt $m = \tfrac{4}{3} \, \pi \, \rho \, r^3$. Das setzen wir ein und erhalten für das Trägheitsmoment

$$I = \tfrac{8}{15} \, \pi \, \rho \, r^5 \, .$$

Das Differenzial des Trägheitsmoments ist damit

$$\mathrm{d}I = \tfrac{8}{15} \, \pi \, \rho \, r^4 \, \mathrm{d}r \, .$$

Das Differenzial $\mathrm{d}m$ der Masse entspricht der Zunahme der Masse m bei einer Zunahme des Radius der Kugel r um $\mathrm{d}r$. Also gilt $\mathrm{d}m = 4\pi\rho\,r^2\,\mathrm{d}r$.

Aus den beiden letzten Beziehungen eliminieren wir $\mathrm{d}r$, woraus folgt: $\mathrm{d}I = \frac{2}{3}\,r^2\,\mathrm{d}m$.

Die Integration über die Masse ergibt schließlich das gesuchte Trägheitsmoment der Kugelschale: $I = \frac{2}{3}\,m\,r^2$.

Drehmoment

L8.29 a) Die Winkelbeschleunigung ist

$$\alpha = \frac{\Delta\omega}{\Delta t} = \frac{\omega - \omega_0}{\Delta t}\,.$$

Mit $\omega = 0$ ergibt sich

$$\alpha = \frac{-\omega_0}{\Delta t} = \frac{-\dfrac{730\,\mathrm{U}}{1\,\mathrm{min}}\dfrac{2\pi\,\mathrm{rad}}{1\,\mathrm{U}}\dfrac{1\,\mathrm{min}}{60\,\mathrm{s}}}{31{,}2\,\mathrm{s}} = -2{,}45\,\mathrm{rad}\cdot\mathrm{s}^{-2}\,.$$

Das negative Vorzeichen besagt, dass die Winkelbeschleunigung negativ ist; der Schleifstein wird ja langsamer.

b) Gemäß dem zweiten Newton'schen Axiom gilt für das Drehmoment, das den Schleifstein abbremst: $M = I\alpha$. Mit dem Ausdruck $I = \frac{1}{2}\,m\,r^2$ für das Trägheitsmoment erhalten wir für den Betrag des Drehmoments

$$M = \tfrac{1}{2}\,m\,r^2\,\alpha = \tfrac{1}{2}\,(1{,}70\,\mathrm{kg})\,(0{,}0800\,\mathrm{m})^2\,(2{,}45\,\mathrm{rad}\cdot\mathrm{s}^{-2})$$
$$= 0{,}0133\,\mathrm{N}\cdot\mathrm{m}\,.$$

L8.30 a) Das vom Seil ausgeübte Drehmoment ist das Produkt aus der Kraft F und dem Abstand r von der Drehachse, sodass wir erhalten:

$$M = F\,r = (17\,\mathrm{N})\,(0{,}11\,\mathrm{m}) = 1{,}87\,\mathrm{N}\cdot\mathrm{m} = 1{,}9\,\mathrm{N}\cdot\mathrm{m}\,.$$

b) Gemäß dem zweiten Newton'schen Axiom gilt für die Winkelbeschleunigung $\alpha = M/I$, wobei M das Drehmoment und I das Trägheitsmoment ist. Dieses ist bei einem Zylinder mit dem Radius r und der Masse m gegeben durch $I = \frac{1}{2}\,m\,r^2$. Damit erhalten wir für die Winkelbeschleunigung

$$\alpha = \frac{2\,M}{m\,r^2} = \frac{2\,(1{,}87\,\mathrm{N}\cdot\mathrm{m})}{(2{,}5\,\mathrm{kg})\,(0{,}11\,\mathrm{kg})^2} = 124\,\mathrm{rad}\cdot\mathrm{s}^{-2}$$
$$= 1{,}2\cdot 10^2\,\mathrm{rad}\cdot\mathrm{s}^{-2}\,.$$

c) Bei konstanter Winkelbeschleunigung α gilt für die Winkelgeschwindigkeit $\omega = \omega_0 + \alpha\,t$. Weil im vorliegenden Fall aus der Ruhe beschleunigt wird, ist $\omega_0 = 0$, und für die Winkelgeschwindigkeit nach 5,0 s ergibt sich

$$\omega_5 = (124\,\mathrm{rad}\cdot\mathrm{s}^{-2})\,(5{,}0\,\mathrm{s}) = 6{,}2\cdot 10^2\,\mathrm{rad}\cdot\mathrm{s}^{-1}\,.$$

L8.31 Wie aus der Abbildung hervorgeht, wirkt die Zugkraft in radialer Richtung, übt also keine tangentiale Kraft auf den Pendelkörper aus.

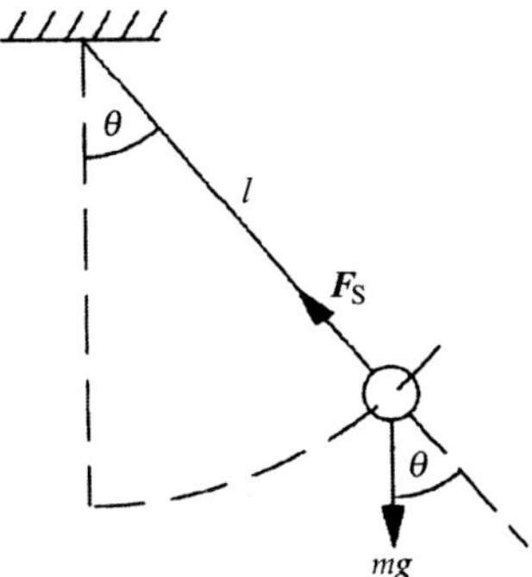

a) Der Betrag der tangentialen Komponente der Kraft, die auf den Pendelkörper wirkt, ist $F_\mathrm{t} = m\,g\sin\theta$. Gemäß dem zweiten Newton'schen Axiom ist die tangentiale Beschleunigung des Pendelkörpers

$$a_\mathrm{t} = \frac{F_\mathrm{t}}{m} = \frac{m\,g\sin\theta}{m} = g\sin\theta\,.$$

b) Die Richtung der Zugkraft verläuft durch den Aufhängungspunkt. Daher ist die Länge des Hebelarms null. Das Drehmoment bezüglich des Aufhängungspunkts rührt also von der Gewichtskraft des Pendelkörpers her und ist gegeben durch

$$M = m\,g\,l\sin\theta\,.$$

c) Nach dem zweiten Newton'schen Axiom gilt mit der Winkelbeschleunigung α für das Drehmoment $M = m\,g\,l\sin\theta = I\alpha$. Mit dem Ausdruck $I = m\,l^2$ für das Trägheitsmoment erhalten wir daraus

$$\alpha = \frac{m\,g\,l\sin\theta}{I} = \frac{m\,g\,l\sin\theta}{m\,l^2} = \frac{g\sin\theta}{l}\,.$$

Für die Tangentialbeschleunigung ergibt sich

$$\alpha_\mathrm{t} = r\,\alpha = l\,\frac{g\sin\theta}{l} = g\sin\theta\,.$$

L8.32 a) Die Geschwindigkeit des Massenmittelpunkts des Stabs ist gegeben durch $v_\mathrm{S} = l\,\omega/2$. Das von der Kraft F_0 im Abstand x von der Aufhängung ausgeübte Drehmoment ist $M = F_0\,x = I\alpha$. Daraus folgt $\alpha = F_0\,x/I$. Das Trägheitsmoment des Stabs bezüglich seines Aufhängungspunkts ist $I = \frac{1}{3}\,m\,l^2$. Einsetzen ergibt für die Winkelbeschleunigung

$$\alpha = \frac{3\,F_0\,x}{m\,l^2}\,.$$

Die Winkelgeschwindigkeit ist damit

$$\omega = \alpha\,\Delta t = \frac{3\,F_0\,x\,\Delta t}{m\,l^2}\,.$$

Schließlich erhalten wir für die Geschwindigkeit des Massenmittelpunkts

$$v_{\mathrm{S}} = \frac{l\,\omega}{2} = \frac{3\,F_0\,x\,\Delta t}{2\,m\,l}\,.$$

b) Wir bezeichnen den Kraftstoß, den die Aufhängung (Ah) dem Stab verleiht, mit Δp_{Ah}. Dann gilt für den gesamten dem Stab verliehenen Kraftstoß $\Delta p_{\mathrm{Ah}} + F_0\,\Delta t = m\,v_{\mathrm{S}}$. Das ergibt $\Delta p_{\mathrm{Ah}} = m\,v_{\mathrm{S}} - F_0\,\Delta t$. Wir setzen das Ergebnis von Teilaufgabe a ein und erhalten

$$\Delta p_{\mathrm{Ah}} = \frac{3\,F_0\,x\,\Delta t}{2\,l} - F_0\,\Delta t = F_0\,\Delta t\left(\frac{3\,x}{2\,l} - 1\right).$$

Wegen $\Delta p_{\mathrm{Ah}} = F_{\mathrm{Ah}}\,\Delta t$ folgt daraus

$$F_{\mathrm{Ah}} = F_0\left(\frac{3\,x}{2\,l} - 1\right).$$

Wenn $F_{\mathrm{Ah}} = 0$ sein soll, muss $3\,x/(2\,l) - 1 = 0$ und daher $x = (2/3)\,l$ gelten.

Kinetische Energie der Rotation

L8.33 a) Die kinetische Energie der Rotation ist gegeben durch $E_{\mathrm{kin}} = \frac{1}{2}\,I\,\omega^2$, und für das Trägheitsmoment einer Kugel mit der Masse m und dem Radius r, die um einen Durchmesser rotiert, gilt $I = \frac{2}{5}\,m\,r^2$. Damit ergibt sich für die anfängliche kinetische Energie der Kugel

$$\begin{aligned}
E_{\mathrm{kin}} &= \tfrac{1}{5}\,m\,r^2\,\omega_{\mathrm{A}}^2 \\
&= \tfrac{1}{5}\,(1{,}4\,\mathrm{kg})\,(0{,}075\,\mathrm{m})^2\left(70\cdot\frac{2\pi\,\mathrm{rad}}{60\,\mathrm{s}}\right)^2 \\
&= 84{,}6\,\mathrm{mJ} = 85\,\mathrm{mJ}\,.
\end{aligned}$$

b) Nach der Erhöhung um $5{,}0\,\mathrm{mJ}$ ist die kinetische Energie nun $E_{\mathrm{kin}}' = 89{,}6\,\mathrm{mJ}$. Für den Quotienten der kinetischen Energien gilt

$$\frac{E_{\mathrm{kin}}'}{E_{\mathrm{kin}}} = \frac{\tfrac{1}{2}\,I\,(\omega')^2}{\tfrac{1}{2}\,I\,(\omega')^2} = \left(\frac{\omega'}{\omega}\right)^2\,.$$

Damit erhalten wir für die neue Umdrehungsgeschwindigkeit

$$\omega' = \omega\,\sqrt{\frac{E_{\mathrm{kin}}'}{E_{\mathrm{kin}}}} = \frac{70\,\mathrm{U}}{1\,\mathrm{min}}\,\sqrt{\frac{89{,}6\,\mathrm{mJ}}{84{,}6\,\mathrm{mJ}}} = 72\,\mathrm{U}\cdot\mathrm{min}^{-1}\,.$$

Damit ist die neue Winkelgeschwindigkeit

$$\omega = 2\pi\,\mathrm{rad}\cdot 72\,\mathrm{min}^{-1} = 7{,}54\,\mathrm{rad}\,\mathrm{s}^{-1}\,. \tag{1}$$

L8.34 Die kinetische Rotationsenergie der Erde ist gegeben durch $E_{\mathrm{kin,Rot.}} = \frac{1}{2}\,I_{\mathrm{Rot.}}\,\omega_{\mathrm{Rot.}}^2$.

Die Winkelgeschwindigkeit der Erde bei der Rotation um ihre Achse ist

$$\omega_{\mathrm{Rot.}} = \frac{\Delta\theta}{\Delta t} = \frac{2\pi\,\mathrm{rad}}{24\,(3600\,\mathrm{s})} = 7{,}27\cdot 10^{-5}\,\mathrm{rad}\cdot\mathrm{s}^{-1}\,.$$

Das Trägheitsmoment der rotierenden Erde ist das einer massiven Kugel, und wir erhalten

$$\begin{aligned}
I_{\mathrm{Rot.}} &= \tfrac{2}{5}\,m_{\mathrm{E}}\,r_{\mathrm{E}}^2 = \tfrac{2}{5}\,(6{,}0\cdot 10^{24}\,\mathrm{kg})\,(6{,}4\cdot 10^6\,\mathrm{m})^2 \\
&= 9{,}83\cdot 10^{37}\,\mathrm{kg}\cdot\mathrm{m}^2\,.
\end{aligned}$$

Damit ergibt sich für die kinetische Energie der Rotation

$$\begin{aligned}
E_{\mathrm{kin,Rot.}} &= \tfrac{1}{2}\,I_{\mathrm{Rot.}}\,\omega_{\mathrm{Rot.}}^2 \\
&= \tfrac{2}{5}\,(9{,}83\cdot 10^{37}\,\mathrm{kg}\cdot\mathrm{m}^2)\,(7{,}27\cdot 10^{-5}\,\mathrm{rad}\cdot\mathrm{s}^{-1})^2 \\
&= 2{,}60\cdot 10^{29}\,\mathrm{J} = 2{,}6\cdot 10^{29}\,\mathrm{J}\,.
\end{aligned}$$

Der Massenmittelpunkt des Systems aus Erde und Sonne befindet sich sehr nahe beim Sonnenzentrum, und der Abstand zwischen beiden Körpern (der Radius der Erdbahn) ist so groß, dass wir ihn als Abstand ihrer Massenmittelpunkte ansehen können. Zudem dürfen wir die beiden Körper dann als Massepunkte annehmen.

Die kinetische Energie der Erde auf der Umlaufbahn ist gegeben durch, $E_{\mathrm{kin,Bahn}} = \frac{1}{2}\,I_{\mathrm{Bahn}}\,\omega_{\mathrm{Bahn}}^2$.

Die Winkelgeschwindigkeit der Erde auf ihrer Umlaufbahn um die Sonne ist

$$\begin{aligned}
\omega_{\mathrm{Bahn}} &= \frac{\Delta\theta}{\Delta t} = \frac{2\pi\,\mathrm{rad}}{(365{,}24\,\mathrm{d})\,(24\,\mathrm{h}\cdot\mathrm{d}^{-1})\,(3600\,\mathrm{s}\cdot\mathrm{h}^{-1})} \\
&= 1{,}99\cdot 10^{-7}\,\mathrm{rad}\cdot\mathrm{s}^{-1}\,.
\end{aligned}$$

Das Trägheitsmoment der die Sonne umrundenden Erde ist

$$\begin{aligned}
I_{\mathrm{Bahn}} &= m_{\mathrm{E}}\,r_{\mathrm{Bahn}}^2 = (6{,}0\cdot 10^{24}\,\mathrm{kg})\,(1{,}50\cdot 10^{11}\,\mathrm{m})^2 \\
&= 1{,}35\cdot 10^{47}\,\mathrm{kg}\cdot\mathrm{m}^2\,.
\end{aligned}$$

Wir erhalten damit für die kinetische Energie der Erde auf der Umlaufbahn

$$\begin{aligned}
E_{\mathrm{kin,Bahn}} &= \tfrac{1}{2}\,I_{\mathrm{Bahn}}\,\omega_{\mathrm{Bahn}}^2 \\
&= \tfrac{1}{2}\,(1{,}35\cdot 10^{47}\,\mathrm{kg}\cdot\mathrm{m}^2)\,(1{,}99\cdot 10^{-7}\,\mathrm{rad}\cdot\mathrm{s}^{-1})^2 \\
&= 2{,}68\cdot 10^{33}\,\mathrm{J}\,.
\end{aligned}$$

Der Quotient der kinetischen Energien ist damit

$$\frac{E_{\mathrm{kin,Bahn}}}{E_{\mathrm{kin,Rot.}}} = \frac{2{,}68\cdot 10^{33}\,\mathrm{J}}{2{,}60\cdot 10^{29}\,\mathrm{J}} \approx 10^4\,.$$

L8.35 a) Die potenzielle Energie der Gravitation setzen wir gleich null, wenn sich der Massenmittelpunkt des Rings senkrecht unter der Aufhängung befindet. Wegen der Energieerhaltung gilt $\Delta E_{\mathrm{kin}} + \Delta E_{\mathrm{pot}} = 0$. Im vorliegenden Fall ist $E_{\mathrm{pot,E}} = E_{\mathrm{kin,A}} = 0$. Mit dem Trägheitsmoment I_{Ah} bezüglich der Aufhängung gilt also $\frac{1}{2}\,I_{\mathrm{Ah}}\,\omega_{\mathrm{max}}^2 - m\,g\,\Delta h = 0$. Gemäß dem Steiner'schen Satz ist $I_{\mathrm{Ah}} = I_{\mathrm{S}} + m\,r^2$. Mit $\Delta h = r$ folgt hiermit für die Energien

$$\tfrac{1}{2}\,(m\,r^2 + m\,r^2)\,\omega_{\mathrm{max}}^2 - m\,g\,r = 0\,.$$

Damit erhalten wir

$$\omega_{\max} = \sqrt{\frac{g}{r}} = \sqrt{\frac{9{,}81\,\mathrm{m}\cdot\mathrm{s}^{-2}}{0{,}75\,\mathrm{m}}} = 3{,}6\,\mathrm{rad}\cdot\mathrm{s}^{-1}\,.$$

b) Mit $\Delta E_{\mathrm{kin}} + \Delta E_{\mathrm{pot}} = 0$ und $E_{\mathrm{pot,A}} = E_{\mathrm{kin,E}} = 0$ ergibt sich $-\frac{1}{2}\,I_{\mathrm{Ah}}\,\omega_{\mathrm{A}}^2 + m\,g\,\Delta h = 0$. Der Massenmittelpunkt des Rings muss die Höhe $\Delta h = r$ überwinden, damit der Ring eine volle Umdrehung ausführen kann. Daraus folgt

$$-\tfrac{1}{2}\,(m\,r^2 + m\,r^2)\,\omega_{\mathrm{A}}^2 + m\,g\,r = 0\,,$$

und schließlich ergibt sich

$$\omega_{\mathrm{A}} = \sqrt{\frac{g}{r}} = \sqrt{\frac{9{,}81\,\mathrm{m}\cdot\mathrm{s}^{-2}}{0{,}75\,\mathrm{m}}} = 3{,}6\,\mathrm{rad}\cdot\mathrm{s}^{-1}\,.$$

Rollen, Fallmaschinen und herabhängende Teile

L8.36 Das System besteht aus den beiden Blöcken, der Rolle und der Erde. Wir bezeichnen die Blöcke mit Indices, die ihrer jeweiligen Masse in Kilogramm entsprechen, und die Rolle mit dem Index R. Die potenzielle Energie der Gravitation setzen wir auf der Höhe der Platte gleich null.

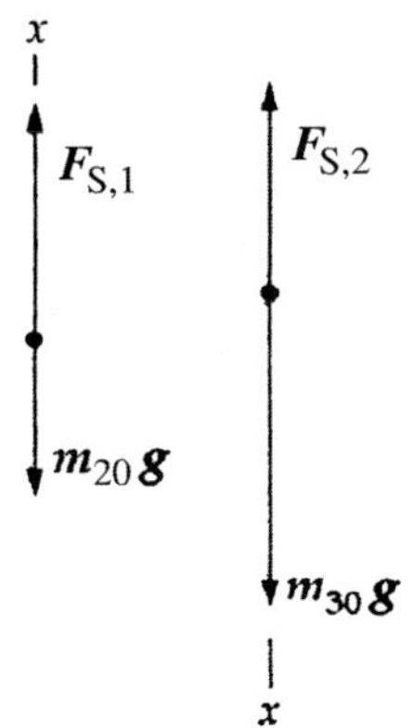

a) Wegen der Energieerhaltung gilt $\Delta E_{\mathrm{kin}} + \Delta E_{\mathrm{pot}} = 0$. Im vorliegenden Fall gilt $E_{\mathrm{kin,A}} = E_{\mathrm{pot,E}} = 0$. Mit dem Trägheitsmoment I und der Winkelgeschwindigkeit ω der Rolle gilt daher

$$\tfrac{1}{2}\,m_{30}\,v^2 + \tfrac{1}{2}\,m_{20}\,v^2 + \tfrac{1}{2}\,I\,\omega^2 + m_{20}\,g\,\Delta h - m_{30}\,g\,\Delta h = 0\,.$$

Einsetzen von $I = \tfrac{1}{2}\,m_{\mathrm{R}}\,r^2$ und $\omega = v/r$ ergibt

$$\frac{1}{2}\,m_{30}\,v^2 + \frac{1}{2}\,m_{20}\,v^2 + \frac{1}{2}\left(\frac{1}{2}\,m_{\mathrm{R}}\,r^2\right)\frac{v^2}{r^2}$$
$$+\, m_{20}\,g\,\Delta h - m_{30}\,g\,\Delta h = 0\,.$$

Damit erhalten wir für die Geschwindigkeit

$$\begin{aligned}
v &= \sqrt{\frac{2\,g\,\Delta h\,(m_{30} - m_{20})}{m_{20} + m_{30} + \tfrac{1}{2}\,m_{\mathrm{R}}}}\\[4pt]
&= \sqrt{\frac{2\,(9{,}81\,\mathrm{m}\cdot\mathrm{s}^{-2})\,(2{,}0\,\mathrm{m})\,(30 - 20)\,\mathrm{kg}}{20\,\mathrm{kg} + 30\,\mathrm{kg} + \tfrac{1}{2}\,(5\,\mathrm{kg})}}\\[4pt]
&= 2{,}73\,\mathrm{m}\cdot\mathrm{s}^{-1} = 2{,}7\,\mathrm{m}\cdot\mathrm{s}^{-1}\,.
\end{aligned}$$

b) Die Winkelgeschwindigkeit beim Aufprall ergibt sich aus der Tangentialgeschwindigkeit und dem Radius der Rolle:

$$\omega = \frac{v}{r} = \frac{2{,}73\,\mathrm{m}\cdot\mathrm{s}^{-1}}{0{,}10\,\mathrm{m}} = 27\,\mathrm{rad}\cdot\mathrm{s}^{-1}\,.$$

c) Gemäß dem zweiten Newton'schen Axiom gilt

$$\sum F_x = F_{\mathrm{S},1} - m_{20}\,g = m_{20}\,a\,, \tag{2}$$
$$\sum F_x = m_{30}\,g - F_{\mathrm{S},2} = m_{30}\,a\,. \tag{3}$$

Wegen der konstanten Beschleunigung ist $v^2 = v_0^2 + 2\,a\,\Delta h$. Mit $v_0 = 0$ erhalten wir für die Beschleunigung

$$a = \frac{v^2}{2\,\Delta h} = \frac{(2{,}73\,\mathrm{m}\cdot\mathrm{s}^{-1})^2}{2\,(2{,}0\,\mathrm{m})} = 1{,}87\,\mathrm{m}\cdot\mathrm{s}^{-2}\,.$$

Einsetzen in Gleichung 1 liefert

$$\begin{aligned}
F_{\mathrm{S},1} &= m_{20}\,(g + a)\\
&= (20\,\mathrm{kg})\,(9{,}81 + 1{,}87)\,\mathrm{m}\cdot\mathrm{s}^{-2} = 0{,}23\,\mathrm{kN}\,.
\end{aligned}$$

Einsetzen in Gleichung 2 liefert

$$\begin{aligned}
F_{\mathrm{S},2} &= m_{30}\,(g - a)\\
&= (30\,\mathrm{kg})\,(9{,}81 - 1{,}87)\,\mathrm{m}\cdot\mathrm{s}^{-2} = 0{,}24\,\mathrm{N}\,.
\end{aligned}$$

Die Differenz der Zugkräfte rührt daher, dass auch die Rolle beschleunigt werden muss.

d) Die Anfangsgeschwindigkeit des 30-kg-Blocks ist null. Damit ergibt sich für die Fallzeit

$$\Delta t = \frac{\Delta h}{\langle v\rangle} = \frac{\Delta h}{\tfrac{1}{2}\,v} = \frac{2\,\Delta h}{v} = \frac{2\,(2{,}0\,\mathrm{m})}{2{,}73\,\mathrm{m}\cdot\mathrm{s}^{-1}} = 1{,}5\,\mathrm{s}\,.$$

L8.37 Der Zylinder hat den Radius $r = 10\,\mathrm{cm}$; das Trägheitsmoment der Gesamtheit aus Drehteller, Zylinder, Drehachse und Rolle bezeichnen wir mit I_0.

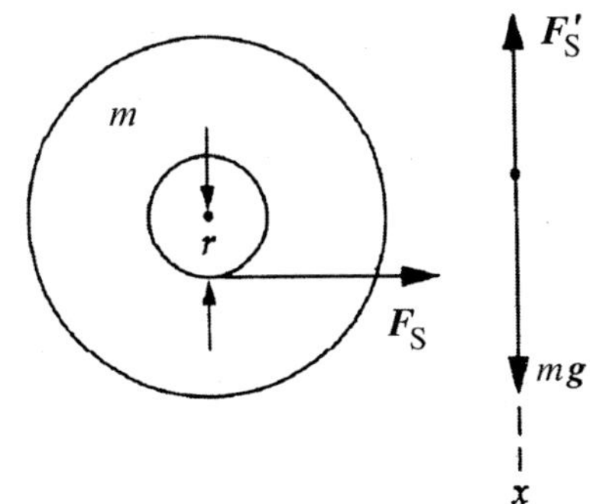

a) Gemäß dem zweiten Newton'schen Axiom gilt für den Drehteller mit Zylinder, Drehachse und Rolle sowie für das Gewichtsstück (das die Masse m hat)

$$\sum M_0 = F_S\, r = I_0\, \alpha\,, \qquad (4)$$

$$\sum F_x = m\, g - F_S = m\, a\,. \qquad (5)$$

Wir setzen $\alpha = a/r$ in Gleichung 1 ein und formen um: $F_S = I_0\, a/r^2$. Einsetzen in Gleichung 2 ergibt

$$I_0 = \frac{m\, r^2\,(g - a)}{a}\,. \qquad (6)$$

Weil die Beschleunigung konstant ist, gilt für die Fallstrecke $d = v_0\,\Delta t + \frac{1}{2}\, a\,(\Delta t)^2$. Die Anfangsgeschwindigkeit v_0 ist null, sodass $a = 2\, d/(\Delta t)^2$ folgt. Wir setzen dies in Gleichung 3 ein und erhalten für das Trägheitsmoment

$$I_0 = m\, r^2 \left(\frac{g}{a} - 1\right) = m\, r^2 \left(\frac{g\,(\Delta t)^2}{2\, d} - 1\right)$$

$$= (2{,}5\,\mathrm{kg})\,(0{,}10\,\mathrm{m})^2 \left(\frac{(9{,}81\,\mathrm{m\cdot s^{-2}})\,(4{,}2\,\mathrm{s})^2}{2\cdot(1{,}8\,\mathrm{m})} - 1\right)$$

$$= 1{,}177\,\mathrm{kg\cdot m^2} = 1{,}2\,\mathrm{kg\cdot m^2}\,.$$

b) Das gesamte Trägheitsmoment ist die Summe aus dem Trägheitsmoment I_0 von Drehteller, Zylinder, Drehachse und Rolle sowie dem Trägheitsmoment I_K des zu vermessenden Körpers bzw. Objekts:

$$I_{\mathrm{ges}} = I_0 + I_K = m\, r^2 \left(\frac{g}{u_2} - 1\right) = m\, r^2 \left(\frac{g\,(\Delta t_2)^2}{2\, d} - 1\right)$$

$$= (2{,}5\,\mathrm{kg})\,(0{,}10\,\mathrm{m})^2 \left(\frac{(9{,}81\,\mathrm{m\cdot s^{-2}})\,(6{,}8\,\mathrm{s})^2}{2\,(1{,}8\,\mathrm{m})} - 1\right)$$

$$= 3{,}125\,\mathrm{kg\cdot m^2} = 3{,}1\,\mathrm{kg\cdot m^2}\,.$$

Das gesuchte Trägheitsmoment ist die Differenz:

$$I_K = I_{\mathrm{ges}} - I_0 = (3{,}125 - 1{,}177)\,\mathrm{kg\cdot m^2} = 1{,}9\,\mathrm{kg\cdot m^2}\,.$$

Drehimpuls und Drehimpulserhaltung

L8.38 a) Die Kraft F wirkt entlang der Verbindungslinie bzw. dem Radiusvektor r zwischen Sonne und Planet. Also ist $M = r \times F = 0$.

b) Weil das Drehmoment M null ist, gilt $\mathrm{d}L/\mathrm{d}t = 0$. Daher ist $L = r \times m\, v$ konstant (hierbei ist m die Masse des Planeten). An den Punkten A und B ist $|r \times v| = r\, v$. Daraus folgt

$$r_1\, v_1 = r_2\, v_2 \quad \text{und somit} \quad v_1/v_2 = r_2/r_1\,.$$

L8.39 a) Der Drehimpuls ist gegeben durch $L = r \times p$. Wegen $L = 0$ ist

$$r \times p = r \times m\, v = m\, r \times v = 0$$

und daher $r \times v = 0$. Für den Betrag von $r \times v$ gilt

$$|r \times v| = r\, v \sin\theta = 0\,.$$

Nun sind weder r noch v gleich null. Also muss $\sin\theta = 0$ sein. Dabei ist θ der Winkel zwischen r und v. Auflösen nach dem Winkel ergibt $\theta = \mathrm{asin}\, 0 = 0°$ oder $180°$.

b) Mithilfe der Rechte-Hand-Regel stellen wir fest, dass der Drehimpuls des Balls nach unten gerichtet ist.

L8.40 a) Der Eigendrehimpuls der Münze ist gegeben durch $L_{\mathrm{Spin}} = I\,\omega_{\mathrm{Spin}}$. Wenn die Dicke l der Münze (d. h. die Zylinderlänge) sehr viel kleiner als der Radius ist, hat die Münze bezüglich ihres Durchmessers das Trägheitsmoment einer Scheibe: $I = \frac{1}{4}\, m\, r^2$. Damit ergibt sich

$$L_{\mathrm{Spin}} = I\,\omega_{\mathrm{Spin}} = \tfrac{1}{4}\, m\, r^2\,\omega_{\mathrm{Spin}}$$

$$= \tfrac{1}{4}\,(0{,}015\,\mathrm{kg})\,(0{,}0075\,\mathrm{m})^2 \left(\frac{10\,\mathrm{U}}{\mathrm{s}}\,\frac{2\pi\,\mathrm{rad}}{\mathrm{U}}\right)$$

$$= 1{,}33 \cdot 10^{-5}\,\mathrm{kg\cdot m^2\cdot s^{-1}} = 1{,}3 \cdot 10^{-5}\,\mathrm{kg\cdot m^2\cdot s^{-1}}\,.$$

Mithilfe der Rechte-Hand-Regel stellen wir beim Blick von oben fest, dass die Richtung dieses Drehimpulses von uns weg gerichtet ist.

b) Der gesamte Drehimpuls ist die Summe aus dem Bahn- und dem Eigendrehimpuls. Weil der Bahndrehimpuls null ist, erhalten wir

$$L_{\mathrm{ges}} = L_{\mathrm{Bahn}} + L_{\mathrm{Spin}} = L_{\mathrm{Spin}} = 1{,}3 \cdot 10^{-5}\,\mathrm{kg\cdot m^2\cdot s^{-1}}\,.$$

Die Richtung dieses Drehimpulses ist dieselbe wie in Teilaufgabe a.

c) Auch hierbei ist $L_{\mathrm{Bahn}} = 0$ und daher wiederum

$$L_{\mathrm{ges}} = 1{,}3 \cdot 10^{-5}\,\mathrm{kg\cdot m^2\cdot s^{-1}}\,.$$

Die Richtung dieses Drehimpulses ist ebenfalls dieselbe wie in Teilaufgabe a.

d) Der Eigendrehimpuls ist derselbe wie in Teilaufgabe a. Für den Bahndrehimpuls erhalten wir

$$L_{\mathrm{Bahn}} = m\, v\, r = (0{,}015\,\mathrm{kg})\,(0{,}05\,\mathrm{m\cdot s^{-1}})\,(0{,}10\,\mathrm{m})$$

$$= 7{,}50 \cdot 10^{-5}\,\mathrm{kg\cdot m^2\cdot s^{-1}}\,.$$

Damit ergibt sich der gesamte Drehimpuls zu

$$L_{\mathrm{ges}} = L_{\mathrm{Bahn}} + L_{\mathrm{Spin}}$$

$$= 7{,}50 \cdot 10^{-5}\,\mathrm{kg\cdot m^2\cdot s^{-1}} + 1{,}33 \cdot 10^{-5}\,\mathrm{kg\cdot m^2\cdot s^{-1}}$$

$$= 8{,}8 \cdot 10^{-5}\,\mathrm{kg\cdot m^2\cdot s^{-1}}\,.$$

Dieser Drehimpuls ist auf uns zu gerichtet.

L8.41 a) Der nach 25 s vorliegende Drehimpuls des Zylinders ist

$$
\begin{aligned}
L = I\,\omega &= \tfrac{1}{2}\,m\,r^2\,\omega \\
&= \tfrac{1}{2}\,(90\,\text{kg})\,(0{,}40\,\text{m})^2 \left(\frac{500\,\text{U}}{\text{min}}\ \frac{2\pi\,\text{rad}}{\text{U}}\ \frac{1\,\text{min}}{60\,\text{s}} \right) \\
&= 377\,\text{kg}\cdot\text{m}^2\cdot\text{s}^{-1} = 3{,}8\cdot 10^2\,\text{kg}\cdot\text{m}^2\cdot\text{s}^{-1}\,.
\end{aligned}
$$

b) Die vom Drehmoment hervorgerufene zeitliche Änderung des Drehimpulses ist

$$
\begin{aligned}
\frac{\Delta L}{\Delta t} &= \frac{337\,\text{kg}\cdot\text{m}^2\cdot\text{s}^{-1}}{25\,\text{s}} = 15{,}1\,\text{kg}\cdot\text{m}^2\cdot\text{s}^{-2} \\
&= 15\,\text{kg}\cdot\text{m}^2\cdot\text{s}^{-2}\,.
\end{aligned}
$$

c) Weil das auf den gleichförmigen Zylinder einwirkende Drehmoment zeitlich konstant ist, gilt dies auch für die Änderungsgeschwindigkeit des Drehimpulses. Daher ist der Momentanwert der Änderungsgeschwindigkeit gleich dem zeitlichen Mittelwert während der gesamten Dauer. Also ergibt sich für das Drehmoment

$$
M = \frac{\Delta L}{\Delta t} = 15\,\text{kg}\cdot\text{m}^2\cdot\text{s}^{-2}\,.
$$

d) Aus der Definition $M = F\,l$ des Drehmoments erhalten wir für die Reibungskraft, die der Treibriemen ausübt:

$$
F_\text{R} = \frac{M}{l} = \frac{15{,}1\,\text{kg}\cdot\text{m}^2\cdot\text{s}^{-2}}{0{,}40\,\text{m}} = 38\,\text{N}\,.
$$

L8.42 Die Geschwindigkeit der Küchenschabe relativ zum Raum ist $v_\text{R} = v - \omega\,r$. Darin ist $\omega\,r$ die Geschwindigkeit des Tabletts am Ort der Küchenschabe, ebenfalls relativ zum Raum. Der gesamte Drehimpuls bleibt erhalten; er ist null, weil das Tablett zu Beginn ruhte. Also ist $L_\text{T} - L_\text{K} = 0$. Darin ist L_T der Drehimpuls des Tabletts und L_K derjenige der Küchenschabe. Der Drehimpuls des Tabletts ist

$$
L_\text{T} = I_\text{T}\,\omega = \tfrac{1}{2}\,m_\text{T}\,r_\text{T}^2\,\omega\,,
$$

und für den Drehimpuls der Küchenschabe gilt

$$
L_\text{K} = I_\text{K}\,\omega_\text{K} = m_\text{K}\,r^2 \left(\frac{v}{r} - \omega \right).
$$

Einsetzen in die Beziehung $L_\text{T} - L_\text{K} = 0$ ergibt

$$
\tfrac{1}{2}\,m_\text{T}\,r_\text{T}^2\,\omega - m_\text{K}\,r^2 \left(\frac{v}{r} - \omega \right) = 0\,.
$$

Daraus folgt

$$
\omega = \frac{2\,m_\text{K}\,r\,v}{m_\text{T}\,r_\text{T}^2 + 2\,m_\text{K}\,r^2}\,.
$$

Also ist die Geschwindigkeit der Küchenschabe relativ zum Raum

$$
\begin{aligned}
v_\text{R} = v - \omega\,r &= v - \frac{2\,m_\text{K}\,r^2\,v}{m_\text{T}\,r_\text{T}^2 + 2\,m_\text{K}\,r^2} \\
&= 0{,}010\,\text{m}\cdot\text{s}^{-1} \\
&\quad - \frac{2\,(0{,}015\,\text{kg})\,(0{,}080\,\text{m})^2\,(0{,}010\,\text{m}\cdot\text{s}^{-1})}{(0{,}25\,\text{kg})\,(0{,}15\,\text{m})^2 + 2\,(0{,}015\,\text{kg})\,(0{,}080\,\text{m})^2} \\
&= 10\,\text{mm}\cdot\text{s}^{-1}\,.
\end{aligned}
$$

L8.43 a) Der Anfangsdrehimpuls des Blocks ist gegeben durch $L_0 = r_0\,m\,v_0$.

b) Seine kinetische Anfangsenergie ist $E_{\text{kin},0} = \tfrac{1}{2}\,m\,v_0^2$.

c) Gemäß dem zweiten Newton'schen Axiom ist die Zugkraft in der Schnur betragsmäßig gleich der Zentripetalkraft:

$$
F_\text{S} = F_\text{ZP} = m\,v_0^2/r_0\,.
$$

d) Mit der Beziehung $L_0 = r_0\,m\,v_0$ (aus Teilaufgabe a) sowie mit $L_0 = L_\text{E}$ ergibt sich die Arbeit aus der Differenz der kinetischen Energien zu

$$
\begin{aligned}
W = \Delta E_\text{kin} = E_{\text{kin,E}} - E_{\text{kin},0} &= \frac{L_\text{E}^2}{2\,I_\text{E}} - \frac{L_0^2}{2\,I_0} \\
&= \frac{L_0^2}{2\,I_\text{E}} - \frac{L_0^2}{2\,I_0} = \frac{L_0^2}{2}\left(\frac{1}{I_\text{E}} - \frac{1}{I_0} \right) \\
&= \frac{L_0^2}{2}\left(\frac{1}{m\left(\tfrac{1}{2}\,r_0\right)^2} - \frac{1}{m\,r_0^2} \right) = -\frac{3}{8}\,\frac{L_0^2}{m\,r_0^2} = -\tfrac{3}{8}\,m\,v_0^2\,.
\end{aligned}
$$

Rollen ohne Schlupf

L8.44 Die Abbildung zeigt die Kräfte, die auf den Zylinder wirken.

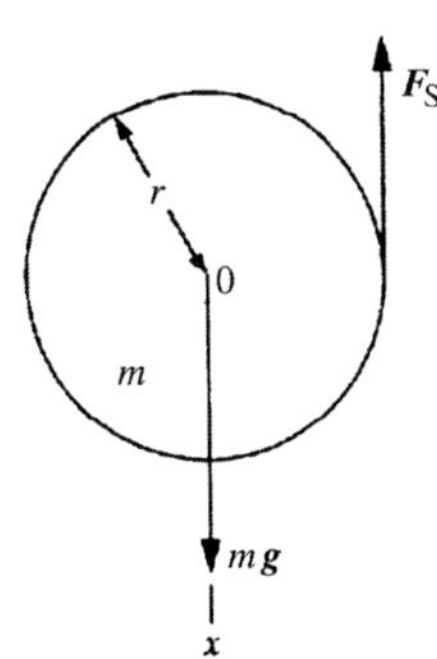

a) Gemäß dem zweiten Newton'schen Axiom können wir zwei Gleichungen für die Zugkraft, das Drehmoment und die Beschleunigung des Zylinders aufstellen:

$$
\sum M = F_\text{S}\,r = I\,\alpha\,, \tag{1}
$$

$$
\sum F_x = m\,g - F_\text{S} = m\,a\,. \tag{2}
$$

Wir setzen in Gleichung 1 die bekannten Ausdrücke für α und I ein: $F_S\, r = \left(\frac{1}{2}\, m\, r^2\right) a/r$. Auflösen liefert

$$F_S = \tfrac{1}{2}\, m\, a\,. \tag{3}$$

Dies setzen wir in Gleichung 2 ein und lösen nach der Beschleunigung auf. Dies ergibt $m\, g - \frac{1}{2}\, m\, a = m\, a$ und daher

$$a = \tfrac{2}{3}\, g\,.$$

b) Aus Gleichung 3 ergibt sich die Zugkraft zu

$$F_S = \tfrac{1}{2}\, m \left(\tfrac{2}{3}\, g\right) = \tfrac{1}{3}\, m\, g\,.$$

L8.45 Wir verwenden die Indices m für den massiven und d für den dünnwandigen Zylinder. Unmittelbar vor dem Erreichen der geneigten Ebene hat der dünnwandige Zylinder die kinetische Energie $E_{\text{kin,d}}$. Sie besteht aus einem Translations- und einem Rotationsanteil, sodass sie gegeben ist durch

$$E_{\text{kin,d}} = E_{\text{kin,Transl.}} + E_{\text{kin,Rot.}} = \tfrac{1}{2}\, m_{\text{d}}\, v^2 + \tfrac{1}{2}\, I_{\text{d}}\, \omega_{\text{d}}^2$$
$$= \tfrac{1}{2}\, m_{\text{d}}\, v^2 + \tfrac{1}{2} \left(m_{\text{d}}\, r^2\right) \frac{v^2}{r^2} = m_{\text{d}}\, v^2\,.$$

Entsprechend gilt für den massiven Zylinder

$$E_{\text{kin,m}} = E_{\text{kin,Transl.}} + E_{\text{kin,Rot.}}$$
$$= \tfrac{1}{2}\, m_{\text{m}}\, (v')^2 + \tfrac{1}{2}\, I_{\text{m}}\, (\omega'_{\text{m}})^2$$
$$= \tfrac{1}{2}\, m_{\text{m}}\, (v')^2 + \tfrac{1}{2} \left(\tfrac{1}{2}\, m_{\text{m}}\, r^2\right) \frac{(v')^2}{r^2} = \tfrac{3}{4}\, m_{\text{m}}\, (v')^2\,.$$

Beide Zylinder erreichen auf der geneigten Ebene dieselbe Höhe; also ist

$$\tfrac{3}{4}\, m_{\text{m}}\, (v')^2 = m_{\text{m}}\, g\, h \qquad \text{und} \qquad m_{\text{d}}\, v^2 = m_{\text{d}}\, g\, h\,.$$

Wir dividieren die erste dieser Gleichungen durch die zweite:

$$\frac{\tfrac{3}{4}\, m_{\text{m}}\, (v')^2}{m_{\text{d}}\, v^2} = \frac{m_{\text{m}}\, g\, h}{m_{\text{d}}\, g\, h}\,.$$

Dies ergibt $\dfrac{3\,(v')^2}{4\, v^2} = 1$ und $v' = \sqrt{\dfrac{4}{3}}\, v$.

L8.46 Die Abbildung zeigt schematisch die Kräfte, die mit den Drehmomenten an beiden Zahnrädern zusammenhängen.

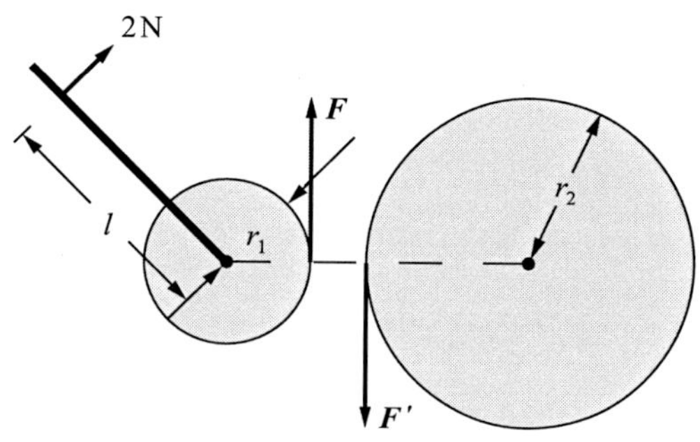

a) Wir wenden auf beide Zahnräder das zweite Newton'sche Axiom an. Mit den Winkelbeschleunigungen α gilt dann

$$(2{,}0\,\text{N}\cdot\text{m}) - F\, r_1 = I_1\, \alpha_1\,, \tag{1}$$
$$F'\, r_2 = I_2\, \alpha_2\,. \tag{2}$$

Dabei bewirken die gleich großen Kräfte F und F', dass die Zahnräder relativ zueinander keinen Schlupf haben. Und wegen des fehlenden Schlupfs sind die Tangentialbeschleunigungen am Eingriffspunkt der Zahnräder betragsmäßig gleich, sodass $r_1\, \alpha_1 = r_2\, \alpha_2$ gilt und daher

$$\alpha_2 = \frac{r_1}{r_2}\, \alpha_1 = \tfrac{1}{2}\, \alpha_1\,. \tag{3}$$

Nun dividieren wir Gleichung 1 durch r_1:

$$\frac{2{,}0\,\text{N}\cdot\text{m}}{r_1} - F = \frac{I_1}{r_1}\, \alpha_1\,.$$

Die Division von Gleichung 2 durch r_2 liefert entsprechend

$$F = \frac{I_2}{r_2}\, \alpha_2\,.$$

Addieren dieser beiden Gleichungen ergibt

$$\frac{2{,}0\,\text{N}\cdot\text{m}}{r_1} = \frac{I_1}{r_1}\, \alpha_1 + \frac{I_2}{r_2}\, \alpha_2\,.$$

Mithilfe von Gleichung 3 eliminieren wir daraus α_2:

$$\frac{2{,}0\,\text{N}\cdot\text{m}}{r_1} = \frac{I_1}{r_1}\, \alpha_1 + \frac{I_2}{2\, r_2}\, \alpha_1\,.$$

Das ergibt für die Winkelbeschleunigung des kleinen Zahnrads

$$\alpha_1 = \frac{2{,}0\,\text{N}\cdot\text{m}}{I_1 + \dfrac{r_1}{2\, r_2}\, I_2}$$
$$= \frac{2{,}0\,\text{N}\cdot\text{m}}{(1{,}0\,\text{kg}\cdot\text{m}^2) + \dfrac{0{,}50\,\text{m}}{2\,(1{,}0\,\text{m})}\,(16\,\text{kg}\cdot\text{m}^2)}$$
$$= 0{,}400\,\text{rad}\cdot\text{s}^{-2} = 0{,}40\,\text{rad}\cdot\text{s}^{-2}\,.$$

Mit Gleichung 3 erhalten wir für die Winkelbeschleunigung des großen Zahnrads

$$\alpha_2 = \tfrac{1}{2}\,(0{,}400\,\text{rad}\cdot\text{s}^{-2}) = 0{,}20\,\text{rad}\cdot\text{s}^{-2}\,.$$

b) Damit die Rotation des großen Zahnrads verhindert wird, muss das gesamte Drehmoment null sein. Mit der von außen ausgeübten Kraft F_{a} muss also gelten:

$$2{,}0\,\text{N}\cdot\text{m} - F_{\text{a}}\, r_1 = 0$$

Damit ergibt sich für diese Kraft

$$F_{\text{a}} = \frac{2{,}0\,\text{N}\cdot\text{m}}{r_1} = \frac{2{,}0\,\text{N}\cdot\text{m}}{0{,}50\,\text{m}} = 4{,}0\,\text{N}\,.$$

Sie muss im Uhrzeigersinn wirken.

Rollen mit Schlupf

L8.47 Weil die Kugel unterhalb des Mittelpunkts angespielt wird, erhält sie einen Rückwärtsdrall. Der positive Drehsinn ist der im Uhrzeigersinn. Die erste Abbildung zeigt, wo der Stoß angesetzt wird und welche Kräfte dabei wirken.

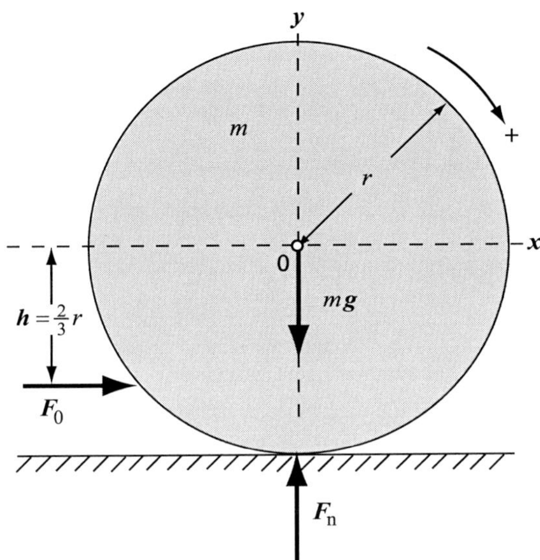

Die zweite Abbildung zeigt die Gegebenheiten unmittelbar nach dem Stoß.

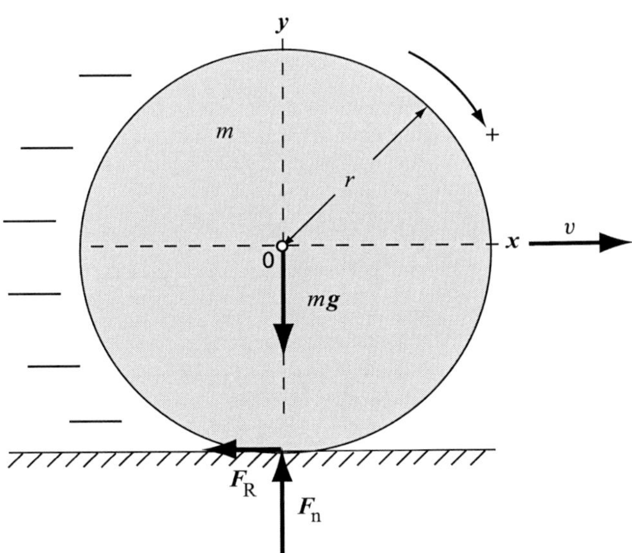

a) Die in der Höhe h unterhalb der Kugelmitte ausgeübte Kraft F_0 bewirkt einen Kraftstoß auf die Kugel, der diese in Rotation versetzt, d. h. ihr eine Winkelbeschleunigung α verleiht. Mit dem Trägheitsmoment I_S der Kugel bezüglich ihres Massenmittelpunkts gilt dabei gemäß dem zweiten Newton'schen Axiom für das Drehmoment

$$F_0 \, (h - r) = I_S \, \alpha = \frac{2}{5} \, m \, r^2 \, \frac{\Delta \omega}{\Delta t} = \frac{2}{5} \, m \, r^2 \, \frac{\omega_0}{\Delta t} \,.$$

Darin ist ω_0 die Winkelgeschwindigkeit unmittelbar nach dem Stoß. Im letzten Schritt haben wir zudem berücksichtigt, dass die Winkelgeschwindigkeit ω vor dem Stoß gleich null war. Auflösen nach ω_0 ergibt

$$\omega_0 = \frac{5 \, F_0 \, (h - r) \, \Delta t}{2 \, m \, r^2} \,.$$

Für den Kraftstoß gilt $F_0 \, \Delta t = \Delta p = m \, v_0$. Daraus folgt $\Delta t = m \, v_0 / F_0$. Das setzen wir in die eben aufgestellte Gleichung für die Winkelgeschwindigkeit ω unmittelbar nach dem Stoß ein und erhalten

$$\omega_0 = \frac{5 \, F_0 \, (h - r) \, m \, v_0 / F_0}{2 \, m \, r^2} = \frac{5}{2} \, \frac{v_0 \, (h - r)}{r^2} \,.$$

b) Gemäß dem zweiten Newton'schen Axiom gilt

$$\sum M = F_R \, r = I_S \, \alpha \,, \tag{1}$$

$$\sum F_y = F_n - m \, g = 0 \,, \tag{2}$$

$$\sum F_x = -F_{R,g} = m \, a \,. \tag{3}$$

Mit der bekannten Definition der Gleitreibungskraft $F_{R,g}$ und mit der Normalkraft F_n gemäß Gleichung 2 erhalten wir für die Winkelbeschleunigung

$$\alpha = \frac{\mu_{R,g} \, m \, g \, r}{I_S} = \frac{\mu_{R,g} \, m \, g \, r}{\frac{2}{5} \, m \, r^2} = \frac{5 \, \mu_{R,g} \, g}{2 \, r} \,.$$

Wegen der konstanten Winkelbeschleunigung α gilt für die Winkelgeschwindigkeit

$$\omega = \omega_0 + \alpha \, \Delta t = \omega_0 + \frac{5 \, \mu_{R,g} \, g}{2 \, r} \, \Delta t \,.$$

Mit der Definition der Gleitreibungskraft $F_{R,g}$ und mit der Normalkraft F_n gemäß Gleichung 2 erhalten wir aus Gleichung 3 für die Beschleunigung $a = -\mu_{R,g} \, g$. Wegen der konstanten Beschleunigung a ist die Geschwindigkeit gegeben durch

$$v = v_0 + a \, \Delta t = v_0 - \mu_{R,g} \, g \, \Delta t \,. \tag{4}$$

Mit der Bedingung, dass die Kugel rollt, ohne zu gleiten, ergibt sich

$$v = r \, \omega = r \left(\omega_0 + \frac{5 \, \mu_{R,g} \, g}{2 \, r} \, \Delta t \right) = v_0 - \mu_{R,g} \, g \, \Delta t \,.$$

Daraus folgt $\Delta t = \dfrac{16}{21} \, \dfrac{v_0}{\mu_{R,g} \, g}$.

Einsetzen in Gleichung 4 liefert

$$v = v_0 - \mu_{R,g} \, g \left(\frac{16}{21} \, \frac{v_0}{\mu_{R,g} \, g} \right) = \frac{5}{21} \, v_0 \,.$$

c) Die anfängliche kinetische Energie der Kugel ist

$$E_{kin,A} = E_{kin,Transl.} + E_{kin,Rot.} = \frac{1}{2} \, m \, v_0^2 + \frac{1}{2} \, I \, \omega_0^2$$

$$= \frac{1}{2} \, m \, v_0^2 + \frac{1}{2} \left(\frac{2}{5} \, m \, r^2 \right) \left(\frac{5 \, v_0}{3 \, r} \right)^2 = \frac{19}{18} \, m \, v_0^2 \,.$$

Kreisel

L8.48 a) Der Drehimpuls des Rads ist

$$L = I\,\omega = m\,r^2\,\omega = \frac{F_G}{g}\,r^2\,\omega$$
$$= \left(\frac{30\,\text{N}}{9{,}81\,\text{m}\cdot\text{s}^{-2}}\right)(0{,}28\,\text{m})^2\left(\frac{12\,\text{U}}{\text{s}}\,\frac{2\pi\,\text{rad}}{\text{U}}\right)$$
$$= 18{,}1\,\text{J}\cdot\text{s} = 18\,\text{J}\cdot\text{s}.$$

b) Für die Winkelgeschwindigkeit der Präzession ergibt sich

$$\omega_P = \frac{\mathrm{d}\theta}{\mathrm{d}t} = \frac{m\,g\,d}{L} = \frac{(30\,\text{N})\,(0{,}25\,\text{m})}{18{,}1\,\text{J}\cdot\text{s}} = 0{,}414\,\text{rad}\cdot\text{s}^{-1}$$
$$= 0{,}41\,\text{rad}\cdot\text{s}^{-1}.$$

c) Die Periodendauer der Präzession ist

$$T_P = \frac{2\pi}{\omega_P} = \frac{2\pi}{0{,}414\,\text{rad}\cdot\text{s}^{-1}} = 15\,\text{s}.$$

d) Der Drehimpuls aufgrund der Bewegung des Massenmittelpunkts bei der Präzession ergibt sich zu

$$L_P = I_S\,\omega_P = m\,d^2\,\omega_P$$
$$= \left(\frac{30\,\text{N}}{9{,}81\,\text{m}\cdot\text{s}^{-2}}\right)(0{,}25\,\text{m})^2\,(0{,}414\,\text{rad}\cdot\text{s}^{-1})$$
$$= 0{,}079\,\text{J}\cdot\text{s}.$$

Dieser Drehimpuls weist nach oben oder nach unten, abhängig von der Richtung des Drehimpulses L.

Allgemeine Aufgaben

L8.49 Auf den Stock wirken keine horizontalen Kräfte. Daher ändert sich die horizontale Position seines Massenmittelpunkts nicht. Wir wählen den Ursprung des Koordinatensystems so, dass der Massenmittelpunkt bei $x = 0$ liegt. Die Abbildung zeigt oben den Anfangszustand (Index 1), also den festgehaltenen geneigten Stock, und unten den Endzustand (Index 2), also den liegenden Stock.

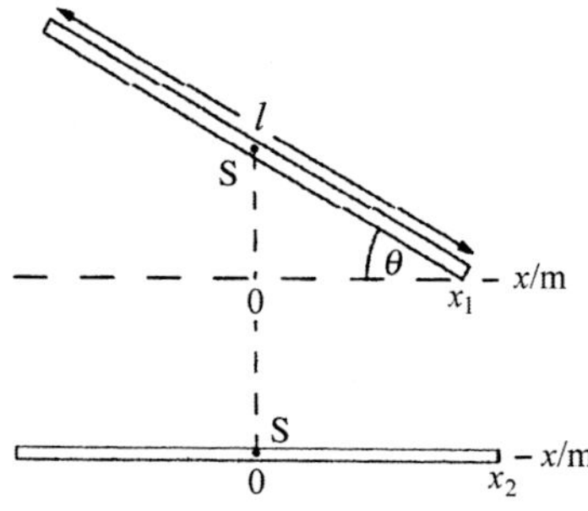

Für die Verschiebung des rechten Endes des Stocks gilt $\Delta x = x_2 - x_1$. Aufgrund der trigonometrischen Gegebenheiten ergibt sich für die Anfangskoordinate des rechten Endes

$$x_1 = \tfrac{1}{2}\,l\cos\theta = \tfrac{1}{2}\,(2{,}00\,\text{m})\cos 30° = 0{,}866\,\text{m}.$$

Weil keine horizontalen Kräfte auf den Stab einwirken, verschiebt sich, wie gesagt, sein Massenmittelpunkt horizontal nicht. Daher ist die Endkoordinate des rechten Endes

$$x_2 = \tfrac{1}{2}\,l = 1{,}00\,\text{m},$$

und dessen Verschiebung ergibt sich zu

$$\Delta x = 1{,}00\,\text{m} - 0{,}866\,\text{m} = 13\,\text{cm}.$$

L8.50 Der Drehimpuls des Teilchens ist gegeben durch

$$\boldsymbol{L} = \boldsymbol{r} \times \boldsymbol{p} = \boldsymbol{r} \times m\,\boldsymbol{v} = m\,\boldsymbol{r} \times \boldsymbol{v} = m\,\boldsymbol{r} \times \frac{\mathrm{d}\boldsymbol{r}}{\mathrm{d}t}.$$

Mit der gegebenen Gleichung ergibt sich für die Ableitung

$$\frac{\mathrm{d}\boldsymbol{r}}{\mathrm{d}t} = \frac{\mathrm{d}}{\mathrm{d}t}\left[(4{,}0\,\widehat{\boldsymbol{x}})\,\text{m} + (3{,}0\,t^2\,\widehat{\boldsymbol{y}})\,\text{m}\cdot\text{s}^{-2}\right] = (6{,}0\,t\,\widehat{\boldsymbol{y}})\,\text{m}\cdot\text{s}^{-1}.$$

Dies setzen wir in die erste Gleichung ein und erhalten

$$\boldsymbol{L} = \left\{(3{,}0\,\text{kg})\left[(4{,}0\,\widehat{\boldsymbol{x}})\,\text{m} + (3{,}0\,t^2\,\widehat{\boldsymbol{y}})\,\text{m}\cdot\text{s}^{-2}\right]\right\}$$
$$\times\,(6{,}0\,t\,\widehat{\boldsymbol{y}})\,\text{m}\cdot\text{s}^{-1}$$
$$= (72\,t\,\widehat{\boldsymbol{z}})\,\text{J}\cdot\text{s}.$$

Damit ergibt sich das Drehmoment zu

$$\boldsymbol{M} = \frac{\mathrm{d}\boldsymbol{L}}{\mathrm{d}t} = \frac{\mathrm{d}}{\mathrm{d}t}\left[(72\,t\,\widehat{\boldsymbol{z}})\,\text{J}\cdot\text{s}\right] = (72\,\widehat{\boldsymbol{z}})\,\text{N}\cdot\text{m}.$$

L8.51 Für den Drehimpuls des Geschosses gilt

$$\boldsymbol{L} = \boldsymbol{r} \times m\,\boldsymbol{v}, \tag{1}$$

und wegen der konstanten Beschleunigung in y-Richtung ist

$$x = v_{0x}\,t = (v_0\cos\theta)\,t$$

sowie

$$y = v_{0y}\,t + \tfrac{1}{2}\,a_y\,t^2 = (v_0\sin\theta)\,t - \tfrac{1}{2}\,g\,t^2.$$

Der Ortsvektor des Geschosses in Abhängigkeit von der Zeit ist damit gegeben durch

$$\boldsymbol{r} = \left[(v_0\cos\theta)\,t\right]\widehat{\boldsymbol{x}} + \left[(v_0\sin\theta)\,t - \tfrac{1}{2}\,g\,t^2\right]\widehat{\boldsymbol{y}}.$$

Weil die Beschleunigung in y-Richtung konstant ist, gilt:

$$v_x = v_{0x} = v_0\cos\theta,$$
$$v_y = v_{0y} + a_y\,t = v_0\sin\theta - g\,t.$$

Damit ist der Geschwindigkeitsvektor

$$\boldsymbol{v} = \left[(v_0\cos\theta)\right]\widehat{\boldsymbol{x}} + \left[(v_0\sin\theta) - g\,t\right]\widehat{\boldsymbol{y}}.$$

Dies und den obigen Ausdruck für den Ortsvektor setzen wir in Gleichung 1 ein und vereinfachen:

$$L = \left\{ \left[(v_0 \cos \theta)\, t \right] \widehat{x} + \left[(v_0 \sin \theta)\, t - \tfrac{1}{2}\, g\, t^2 \right] \widehat{y} \right\}$$
$$\times m \left\{ \left[(v_0 \cos \theta) \right] \widehat{x} + \left[(v_0 \sin \theta) - g\, t \right] \widehat{y} \right\}$$
$$= \left(-\tfrac{1}{2}\, m\, g\, t^2\, v_0 \cos \theta \right) \widehat{z} \,.$$

Dies leiten wir nach der Zeit t ab:

$$\frac{\mathrm{d}L}{\mathrm{d}t} = \frac{\mathrm{d}}{\mathrm{d}t}\left(-\tfrac{1}{2}\, m\, g\, t^2\, v_0 \cos \theta \right) \widehat{z} = \left(-m\, g\, t\, v_0 \cos \theta \right) \widehat{z} \,. \quad (2)$$

Gemäß der Definition des Drehmoments erhalten wir daraus

$$M = r \times (-m\, g)\, \widehat{y}$$
$$= \left[(v_0 \cos \theta)\, t \right] \widehat{x} + \left[(v_0 \sin \theta)\, t - \tfrac{1}{2}\, g\, t^2 \right] \widehat{y} \times (-m\, g)\, \widehat{y}$$
$$= \left(-m\, g\, t\, v_0 \cos \theta \right) \widehat{z} \,. \quad (3)$$

Aus den Gleichungen 2 und 3 ergibt sich $\mathrm{d}L/\mathrm{d}t = M$.

L8.52 a) Weil sich das Karussell zu Beginn nicht dreht, gilt für die Arbeit, die die Kinder am Karussell verrichten, $W = \Delta E_{\mathrm{kin}} = E_{\mathrm{kin,E}}$. Mit dem Weg Δs, über den die Kraft F eines jeden der vier Kinder wirkt, gilt $4\, F\, \Delta s = \tfrac{1}{2}\, I\, \omega^2$. Damit ergibt sich die Strecke, längs der die Kinder schieben müssen, zu

$$\Delta s = \frac{I\, \omega^2}{8\, F} = \frac{\tfrac{1}{2}\, m\, r^2\, \omega^2}{8\, F} = \frac{m\, r^2\, \omega^2}{16\, F}$$
$$= \frac{(240\,\mathrm{kg})\,(2{,}00\,\mathrm{m})^2 \left(\dfrac{1\,\mathrm{U}}{2{,}8\,\mathrm{s}} \cdot \dfrac{2\pi\,\mathrm{rad}}{\mathrm{U}} \right)^2}{16\,(26\,\mathrm{N})} = 11{,}6\,\mathrm{m}$$
$$= 12\,\mathrm{m}\,.$$

b) Nach dem zweiten Newton'schen Axiom erhalten wir für die Winkelbeschleunigung

$$\alpha = \frac{M}{I} = \frac{4\, F\, r}{\tfrac{1}{2}\, m\, r^2} = \frac{8\, F\, r}{m\, r} = \frac{8\,(26\,\mathrm{N})}{(240\,\mathrm{kg})\,(2{,}00\,\mathrm{m})}$$
$$= 0{,}43\,\mathrm{rad} \cdot \mathrm{s}^{-2}\,.$$

c) Die Arbeit, die ein Kind verrichtet, ist

$$W = F\, \Delta s = (26\,\mathrm{N})\,(11{,}6\,\mathrm{m}) = 0{,}30\,\mathrm{kJ}\,.$$

d) Die Energie, die das Karussell aufnimmt, ist

$$W = \Delta E_{\mathrm{kin}} = 4\, F\, \Delta s = 4\,(26\,\mathrm{N})\,(11{,}6\,\mathrm{m}) = 1{,}2\,\mathrm{kJ}\,.$$

L8.53 Wir legen den Ursprung des Koordinatensystems in den Dreh- bzw. Aufhängungspunkt. Die Abbildung zeigt die Kräfte, die auf die Kugel wirken.

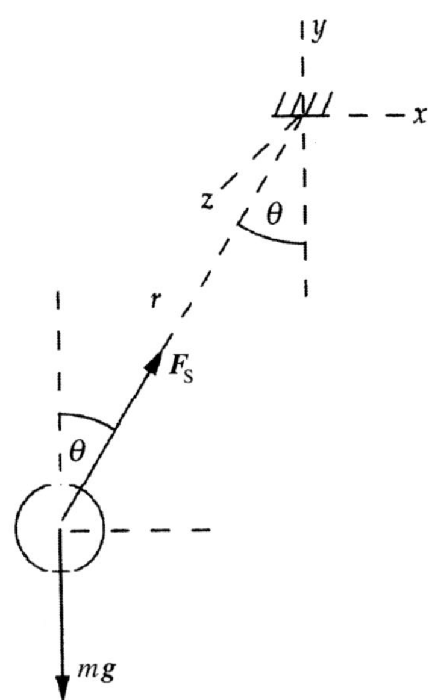

a) Der Drehimpuls der Kugel ist $L = r \times p = m\, r \times v$. Gemäß dem zweiten Newton'schen Axiom gilt für die Kräfte, die auf die Kugel wirken:

$$\sum F_x = F_\mathrm{S} \sin \theta = m\, \frac{v^2}{r \sin \theta}\,,$$
$$\sum F_z = F_\mathrm{S} \cos \theta - m\, g = 0\,.$$

Wir eliminieren die Zugkraft F_S und lösen nach der Geschwindigkeit auf:

$$v = \sqrt{r\, g \sin \theta \tan \theta}$$
$$= \sqrt{(1{,}5\,\mathrm{m})\,(9{,}81\,\mathrm{m} \cdot \mathrm{s}^{-2}) \sin 30^\circ \tan 30^\circ} = 2{,}06\,\mathrm{m} \cdot \mathrm{s}^{-1}\,.$$

Für den Ortsvektor erhalten wir

$$r = (1{,}5\,\mathrm{m}) \sin 30^\circ (\cos \omega t\, \widehat{x} + \sin \omega t\, \widehat{y})$$
$$- (1{,}5\,\mathrm{m}) \cos 30^\circ\, \widehat{z}\,.$$

Es ist $\omega = \omega\, \widehat{z}$, und die Geschwindigkeit der Kugel ergibt sich durch zeitliche Ableitung des Ortvektors:

$$v = \frac{\mathrm{d}r}{\mathrm{d}t} = (0{,}75\, \omega\, \mathrm{m} \cdot \mathrm{s}^{-1})\,(-\sin \omega t\, \widehat{x} + \cos \omega t\, \widehat{y})\,.$$

Für die Winkelgeschwindigkeit erhalten wir

$$\omega = \frac{2{,}06\,\mathrm{m} \cdot \mathrm{s}^{-1}}{(1{,}5\,\mathrm{m}) \sin 30^\circ} = 2{,}75\,\mathrm{rad} \cdot \mathrm{s}^{-1}\,.$$

Einsetzen ergibt für die Geschwindigkeit

$$v = (2{,}06\,\mathrm{m} \cdot \mathrm{s}^{-1})\,(-\sin \omega t\, \widehat{x} + \cos \omega t\, \widehat{y})\,.$$

Damit erhalten wir für den Drehimpuls

$$L = m\,\boldsymbol{r} \times \boldsymbol{v} =$$
$$= (2{,}0\,\text{kg})\,[(1{,}5\,\text{m})\sin 30°\,(\cos\omega t\,\widehat{\boldsymbol{x}} + \sin\omega t\,\widehat{\boldsymbol{y}})$$
$$-\,(1{,}5\,\text{m})\cos 30°\,\widehat{\boldsymbol{z}}]$$
$$\times\,[(2{,}06\,\text{m}\cdot\text{s}^{-1})\,(-\sin\omega t\,\widehat{\boldsymbol{x}} + \cos\omega t\,\widehat{\boldsymbol{y}})]$$
$$= [5{,}35\,(\cos\omega t\,\widehat{\boldsymbol{x}} + \sin\omega t\,\widehat{\boldsymbol{y}}) + (3{,}09\,\widehat{\boldsymbol{z}})]\,\text{J}\cdot\text{s}\,.$$

Die horizontale Komponente von $\boldsymbol{L}$ ist

$$\boldsymbol{L}_{\text{hor}} = [5{,}4\,(\cos\omega t\,\widehat{\boldsymbol{x}} + \sin\omega t\,\widehat{\boldsymbol{y}})]\,\text{J}\cdot\text{s}\,,$$

und die vertikale Komponente ist

$$\boldsymbol{L}_{\text{vert}} = (3{,}1\,\widehat{\boldsymbol{z}})\,\text{J}\cdot\text{s}\,.$$

b) Die zeitliche Änderung des Drehimpulses erhalten wir durch Differenzieren nach der Zeit:

$$\frac{\mathrm{d}\boldsymbol{L}}{\mathrm{d}t} = [5{,}35\,\omega\,(-\sin\omega t\,\widehat{\boldsymbol{x}} + \cos\omega t\,\widehat{\boldsymbol{y}})]\,\text{J}\,,$$

und ihr Betrag ist

$$\left|\frac{\mathrm{d}\boldsymbol{L}}{\mathrm{d}t}\right| = (5{,}35\,\text{N}\cdot\text{m}\cdot\text{s})\,(2{,}75\,\text{rad}\cdot\text{s}^{-1}) = 15\,\text{N}\cdot\text{m}\,.$$

Für den Betrag des Drehmoments ergibt sich

$$M = m\,g\,r\sin\theta$$
$$= (2{,}0\,\text{kg})\,(9{,}81\,\text{m}\cdot\text{s}^{-2})\,(1{,}5\,\text{m})\sin 30° = 15\,\text{N}\cdot\text{m}\,.$$

L8.54 Weil der Drehimpuls erhalten bleibt, gilt $L_{\text{E}} = L_{\text{A}}$ bzw. $I_{\text{A}}\,\omega_{\text{A}} = I_{\text{E}}\,\omega_{\text{E}}$. Auflösen nach der am Ende vorliegenden Winkelgeschwindigkeit ergibt

$$\omega_{\text{E}} = \frac{I_{\text{A}}}{I_{\text{E}}}\,\omega_{\text{A}} = \frac{I_{\text{A}}}{I_{\text{E}}}\,\omega\,. \qquad (1)$$

Mit dem Trägheitsmoment I_{S} bezüglich ihres jeweiligen Massenmittelpunkts ist gemäß dem Steiner'schen Satz das anfängliche Trägheitsmoment einer Scheibe gegeben durch

$$I_{\text{A,S}} = I_{\text{S}} + m\,\left(\tfrac{1}{2}\,l\right)^2 = \tfrac{1}{4}\,m\,r^2 + \tfrac{1}{4}\,m\,l^2 = \tfrac{1}{4}\,m\,(r^2 + l^2)\,.$$

Zu Beginn ist das gesamte Trägheitsmoment gleich der Summe aus dem anfänglichen Trägheitsmoment I_{Z} des Hohlzylinders und den beiden anfänglichen Trägheitsmomenten $I_{\text{A,S}}$ der Scheiben:

$$I_{\text{A}} = I_{\text{Z}} + 2\,I_{\text{A,S}} = \tfrac{1}{10}\,m_{\text{H}}\,l_{\text{H}}^2 + 2\left[\tfrac{1}{4}\,m\,(r^2 + l^2)\right]$$
$$= \tfrac{1}{10}\,m_{\text{H}}\,l_{\text{H}}^2 + \tfrac{1}{2}\,m\,(r^2 + l^2)$$

Für das Trägheitsmoment am Ende gilt

$$I_{\text{E}} = \tfrac{1}{10}\,m_{\text{H}}\,l_{\text{H}}^2 + \tfrac{1}{2}\,m\,(r^2 + l_{\text{H}}^2)\,.$$

Einsetzen in Gleichung 1 ergibt

$$\omega_{\text{E}} = \frac{I_{\text{A}}}{I_{\text{E}}}\,\omega = \frac{\tfrac{1}{10}\,m_{\text{H}}\,l_{\text{H}}^2 + \tfrac{1}{2}\,m\,(r^2 + l^2)}{\tfrac{1}{10}\,m_{\text{H}}\,l_{\text{H}}^2 + \tfrac{1}{2}\,m\,(r^2 + l_{\text{H}}^2)}\,\omega$$
$$= \frac{m_{\text{H}}\,l_{\text{H}}^2 + 5\,m\,(r^2 + l^2)}{m_{\text{H}}\,l_{\text{H}}^2 + 5\,m\,(r^2 + l_{\text{H}}^2)}\,\omega\,.$$

Das System hatte zu Anfang die kinetische Energie

$$E_{\text{kin,A}} = \tfrac{1}{2}\,I_{\text{A}}\,\omega^2 = \tfrac{1}{2}\left[\tfrac{1}{10}\,m_{\text{H}}\,l_{\text{H}}^2 + \tfrac{1}{2}\,m\,(r^2 + l^2)\right]\omega^2$$
$$= \left[\tfrac{1}{20}\,m_{\text{H}}\,l_{\text{H}}^2 + \tfrac{1}{4}\,m\,(r^2 + l^2)\right]\omega^2\,.$$

Für die kinetische Energie, die das System am Ende hat, ergibt sich

$$E_{\text{kin,E}} = \tfrac{1}{2}\,I_{\text{E}}\,\omega_{\text{E}}^2$$
$$= \tfrac{1}{2}\left[\tfrac{1}{10}\,m_{\text{H}}\,l_{\text{H}}^2 + \tfrac{1}{2}\,m\,(r^2 + l_{\text{H}}^2)\right]$$
$$\cdot\left(\frac{m_{\text{H}}\,l_{\text{H}}^2 + 5\,m\,(r^2 + l^2)}{m_{\text{H}}\,l_{\text{H}}^2 + 5\,m\,(r^2 + l_{\text{H}}^2)}\,\omega\right)^2$$
$$= \tfrac{1}{20}\,\frac{\left[m_{\text{H}}\,l_{\text{H}}^2 + 5\,m\,(r^2 + l^2)\right]^2}{m_{\text{H}}\,l_{\text{H}}^2 + 5\,m\,(r^2 + l_{\text{H}}^2)}\,\omega^2\,.$$

L8.55 In der Abbildung sind die Kräfte eingezeichnet, wie sie zu Beginn wirken.

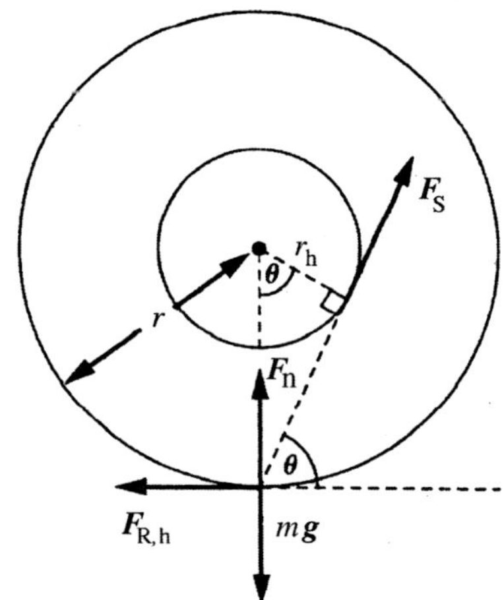

Wenn die Zugkraft $\boldsymbol{F}_{\text{S}}$ gering ist, kann der Zylinder nicht gleiten, sondern muss rollen. Wir sehen die Kontaktlinie des Zylinders mit der Unterlage als Drehachse an. Wenn der Zylinder nicht rollt, muss das Drehmoment bezüglich dieser Drehachse null sein. Dies ist der Fall, wenn die Wirkungslinie der Zugkraft durch die Drehachse verläuft. Aus der Zeichnung ist zu entnehmen, dass dann gilt: $\theta = \text{acos}\,(r_{\text{h}}/r)$.

Mechanik deformierbarer Körper

© Springer-Verlag GmbH Deutschland, ein Teil von Springer Nature 2019
A. Knochel (Hrsg.), *Arbeitsbuch zu Tipler/Mosca, Physik*, https://doi.org/10.1007/978-3-662-58919-9_9

Aufgaben

Bei allen Aufgaben ist die Erdbeschleunigung $g = 9,81\,\text{m/s}^2$. Falls nichts anderes angegeben ist, sind Reibung und Luftwiderstand zu vernachlässigen.

Verständnisaufgaben

9.1 • Wie ändert sich die Spannung in einem Draht, wenn Sie seine Querschnittsfläche verdoppeln und die Kraft vervierfachen?

9.2 • Ein Stab mit einer Querkontraktionszahl $\mu = 0,2$ wird um $5\,\%$ gedehnt. Um wie viel Prozent ändert sich seine Dicke?

9.3 • Benennen Sie die in Abb. 9.1 gezeigten Deformationsvorgänge.

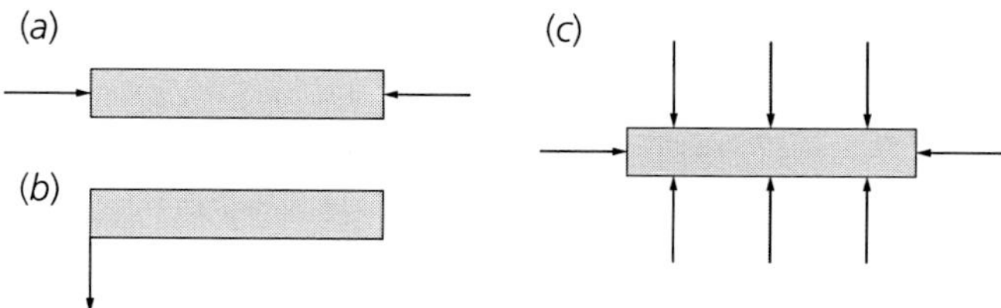

Abb. 9.1 Zu Aufgabe 9.3

9.4 •• Ein Aluminium- und ein Stahldraht mit gleicher Länge l und gleichem Durchmesser d werden so verbunden, dass ein einziger Draht mit der Länge $2l$ entsteht. Ein Ende dieses Drahts wird an der Decke befestigt, und am unteren Ende wird ein Körper mit der Masse m angehängt. Vernachlässigen Sie die Massen der beiden Drahtstücke. Welche der folgenden Aussagen sind richtig, welche falsch? a) Der Aluminiumteil dehnt sich um dieselbe Länge wie der Stahlteil. b) Die Spannungen im Aluminium- und im Stahlteil sind gleich. c) Die Spannung im Aluminiumteil ist größer als im Stahlteil. d) Keine dieser Aussagen trifft zu.

Schätzungs- und Näherungsaufgabe

9.5 •• Betrachten Sie ein atomares Modell für den Elastizitätsmodul: Eine große Anzahl von Atomen ist in einem kubischen Gitter angeordnet, d. h., jedes Atom sitzt in den Ecken eines Würfels und hat von seinen sechs nächsten Nachbarn den Abstand a (Abb. 9.2). Stellen Sie sich vor, jedes Atom sei durch kleine Federn mit der Federkonstanten k_F mit seinen sechs nächsten Nachbarn verbunden. (Dieses Bild liefert ein brauchbares Modell, weil die zwischen den Atomen wirkenden Kräfte sich ähnlich wie die von Federn verhalten.) a) Zeigen Sie, dass ein derart aufgebautes Material beim Dehnen den Elastizitätsmodul $E = k_\text{F}/a$ hat. b) Schätzen Sie damit die „atomare Federkonstante" k_F in einem Metall ab. Nehmen Sie dabei $a \approx 1,0\,\text{nm}$ an.

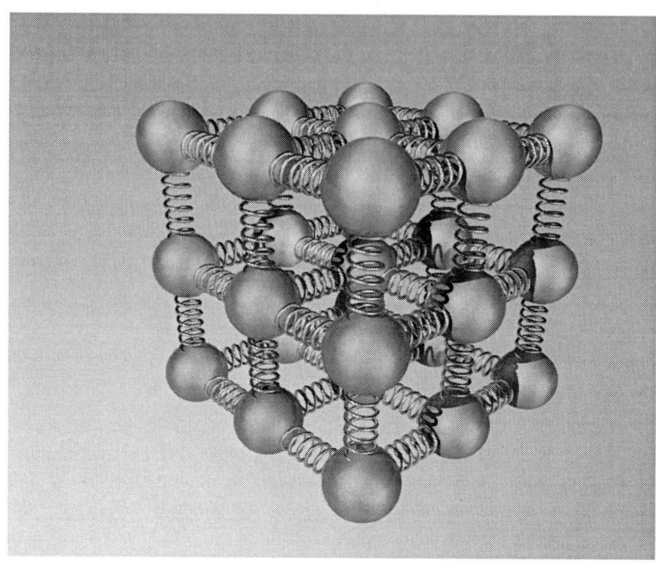

Abb. 9.2 Zu Aufgabe 9.5

Spannung und Dehnung

9.6 • Eine Masse von $50\,\text{kg}$ hängt an einem $5,0\,\text{m}$ langen Stahldraht mit dem Radius $2,0\,\text{mm}$. Um wie viel dehnt sich der Draht?

9.7 • Kupfer hat die Zugfestigkeit $3,0 \cdot 10^8\,\text{N m}^{-2}$. a) Wie groß ist die maximale Last, die man an einen Kupferdraht von $0,42\,\text{mm}$ Durchmesser anhängen kann? b) Eine Last von der Hälfte der Maximallast hängt an diesem Kupferdraht. Um welchen prozentualen Anteil dehnt er sich?

9.8 •• An den beiden Enden eines dünnen Drahts der Länge l mit der Querschnittsfläche A wirken entgegengesetzt gerichtete, gleich große Dehnungskräfte mit dem Betrag F. Zeigen Sie, dass man den Draht als eine „Feder" mit der Federkonstanten $k_\text{F} = AE/l$ betrachten kann und dass die im Draht gespeicherte potenzielle Energie durch $E_\text{pot} = \frac{1}{2} F\,\Delta l$ gegeben ist. Darin ist E der Elastizitätsmodul und Δl die Längenzunahme des Drahts.

9.9 •• Bei einem Versuch zum Elastizitätsmodul von Gummi erhalten Sie von Ihrer Tutorin ein Gummiband mit rechteckigem Querschnitt. Sie lässt Sie zunächst die Abmessungen des Querschnitts bestimmen. Sie ermitteln dabei die Werte $3,0\,\text{mm}$ und $1,5\,\text{mm}$. Gemäß der Versuchsanleitung lassen Sie das Band nun senkrecht von der Decke herabhängen und belasten das untere Ende mit verschiedenen (bekannten) Massen. Bei Ihrer Messreihe finden Sie folgende Werte für die Länge und die angehängte Masse:

Masse (kg)	0,0	0,10	0,20	0,30	0,40	0,50
Länge (cm)	5,0	5,6	6,2	6,9	7,8	8,8

a) Berechnen Sie mithilfe eines grafischen Taschenrechners oder eines Tabellenkalkulationsprogramms den Elastizitätsmodul des Gummibands im angegebenen Lastbereich. *Hinweis:* Es ist wohl am besten, F/A gegen $\Delta l/l$ aufzutragen. Warum? b) Berechnen Sie die im gedehnten Gummiband gespeicherte potenzielle Energie, wenn die angehängte Masse 0,15 kg beträgt. c) Berechnen Sie die im Gummiband gespeicherte Energie bei einer angehängten Masse von 0,30 kg. Ist sie doppelt so groß wie in Teilaufgabe b? Erläutern Sie Ihr Ergebnis.

9.10 •• Ein Tragkabel für einen Aufzug soll aus einem neuartigen Verbundmaterial hergestellt werden. Im Labor war ein 2,00 m langes Kabelstück mit einer Querschnittsfläche von 0,200 mm² bei einer Last von 1000 N gerissen. Das geplante Kabel für den Aufzug soll 20,0 m lang sein und eine Querschnittsfläche von 1,20 mm² haben. Es soll eine Last von 20 000 N sicher tragen. Ist das Material geeignet?

9.11 ••• Bei vielen festen Materialien ist die Zugfestigkeit um zwei bis drei Größenordnungen geringer als der Elastizitätsmodul. Daher reißen die meisten dieser Materialien, bevor die Dehnung 1 % übersteigt. Unter den synthetischen Materialien hat Nylon die höchste Dehnbarkeit – es kann um bis zu 20 % gedehnt werden, bevor es reißt. Aber viele Spinnenfäden übertreffen die synthetischen Materialien bei weitem: Bestimmte Spinnenfäden können, ohne zu reißen, auf das Zehnfache gedehnt werden! a) Ein solcher Spinnenfaden mit kreisförmigem Querschnitt hat ungedehnt den Radius r_0 und die Länge l_0. Ermitteln Sie seinen Radius, wenn er auf die Länge $l = 10\,l_0$ gedehnt ist. (Die Dichte des Fadens soll bei der Dehnung konstant bleiben.) b) Drücken Sie die Zugkraft beim Reißen des Fadens in Abhängigkeit von seinem Elastizitätsmodul E und seinem Radius r_0 aus.

Kompression

9.12 • Um wie viel N/m² muss man den Druck erhöhen, damit ein kleiner Würfel aus Quarzglas der Kantenlänge 1 cm auf einen Würfel mit der Kantenlänge 0,99 cm komprimiert wird?

9.13 •• Ein Elefant der Masse 5 t tritt mit einem Fuß auf einen Quader aus Beton. Der Quader ist 5 cm lang, 5 cm breit, 4 cm hoch und wird vom Elefantenfuß gerade vollständig überdeckt. Gehen Sie davon aus, dass er mit einem Viertel seiner Gesamtmasse auf das Stück Beton tritt, und berechnen Sie, um wie viel das Volumen des Betonquaders dadurch verringert wird. Um wie viel würde das Volumen eines Quaders aus Stahl

mit gleichen Ausmaßen verringert? Halten die Materialien dem Elefantentritt stand, oder gehen sie dabei zu Bruch?

9.14 • Berechnen Sie den K- und den G-Modul für Beton. Dabei können Sie von $E = 23\,\mathrm{GN} \cdot \mathrm{m}^{-2}$ und $\mu = 0{,}20$ ausgehen.

Scherung

9.15 • An einem 1 m langen Draht mit einem Durchmesser von 4 cm hängt ein Gegenstand mit einem Trägheitsmoment von $I = 770{,}1\,\mathrm{kg} \cdot \mathrm{m}^2$. Versetzt man den Gegenstand in Drehschwingungen, misst man eine Schwingungsdauer von 1,2 s. Wie groß ist der Torsionsmodul des Drahts, und um welches Material handelt es sich dabei?

9.16 • Während sich der Fuß eines Läufers vom Boden abdrückt, übt er auf die Sohle des Schuhs eine Scherkraft aus (Abb. 9.3). Die Sohle ist 8,0 mm dick. Berechnen Sie den Scherwinkel θ, wenn eine Kraft von 25 N über eine Fläche von 15 cm² verteilt ist. Der Schubmodul der Sohle beträgt $1{,}9 \cdot 10^5\,\mathrm{N\,m}^{-2}$.

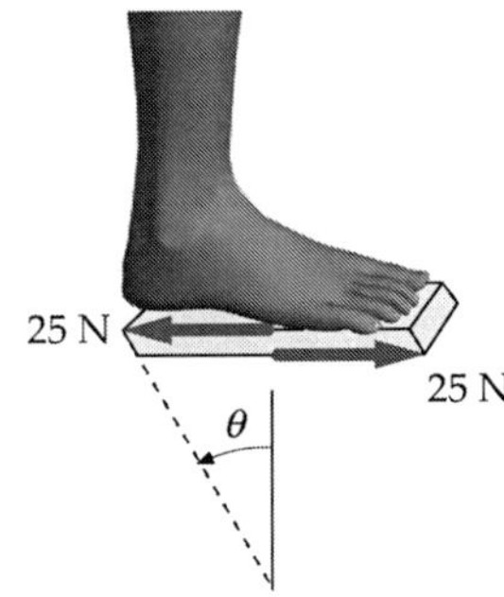

Abb. 9.3 Zu Aufgabe 9.16

9.17 • Berechnen Sie die potenzielle Energie, die bei der Scherung eines Eiswürfels gespeichert wird, wenn er eine Kantenlänge von 5 cm hat und seine Oberseite um einen halben Zentimeter verschoben wird. Welche Scherspannung wirkt an dem Eiswürfel?

9.18 •• Ein 50 cm langer Draht wird an der Decke und eine Kugel an seinem herunterhängenden Ende befestigt. Die Kugel hat den Radius $r_K = 15\,\mathrm{cm}$ und eine Masse von $m_K = 1\,\mathrm{kg}$, während der Draht einen kreisförmigen Querschnitt mit Radius $R = 2\,\mathrm{mm}$ hat. Gehen Sie davon aus, dass Sie das Trägheitsmoment der Kugel, die Länge und den Radius des Drahts ohne Fehler messen können. Wird die Kugel in Drehschwingungen versetzt, messen Sie eine Schwingungsdauer von 0,38 s mit einem statistischen relativen Fehler von 2,5 %. Wie groß sind der sich daraus ergebende Schubmodul des Drahts und der Fehler? Können Sie im Rahmen der Messgenauigkeit eindeutig feststellen, um welches Material es sich bei dem Draht handelt? Nehmen Sie Tab. 9.1 zu Hilfe. *Hinweis: Nehmen Sie eine Hohlkugel an!*

Tab. 9.1 Module und Festigkeiten verschiedener Materialien

Material	E $[\mathrm{GN \cdot m^{-2}}]$	K $[\mathrm{GN \cdot m^{-2}}]$	G $[\mathrm{GN \cdot m^{-2}}]$	μ	Zugfestigkeit $[\mathrm{MN \cdot m^{-2}}]$	Druckfestigkeit $[\mathrm{MN \cdot m^{-2}}]$
Aluminium	70	70	30	0,34	90	
Beton	23			0,20	2	17
Blei	16	7,7	5,6	0,44	12	
Eis (−4 °C)	10	9	3,6	0,33		
Eisen (verarbeitet)	190	100	70	0,23	390	
Knochen	16		9		200	270
Kupfer	110	140	42	0,35	230	
Messing	90	61	36		370	
Quarzglas	75	38	32	0,17		
Stahl	200	160	84	0,28	520	520
Wolfram	407	323	158	0,29		

*Bei den Werten handelt es sich um typische Werte. Die Werte einer einzelnen Probe können erheblich abweichen.

Biegung

9.19 • Berechnen Sie die Formeln für das Flächenträgheitsmoment a) eines Stabs mit kreisrundem Querschnitt vom Radius r, an dem eine Kraft senkrecht zu seiner Symmetrieachse angreift, b) eines Balkens mit der Querschnittsfläche in Form eines gleichseitigen Dreiecks mit Kantenlänge a, der ebenfalls in eine Richtung senkrecht zu seiner Symmetrieachse und senkrecht zu einer Kante gebogen wird.

9.20 • Hans steht auf einem quaderförmigen Balken, der an beiden Enden aufliegt, genau zwischen den beiden Auflagepunkten. Hans wiegt 80 kg. Wie weit wird der Balken durch sein Gewicht nach unten gedrückt, wenn der Balken 2 m lang, 10 cm breit und 5 cm dick ist? Nehmen Sie als Material beispielsweise Stahl an.

9.21 •• An einen Ast eines Weihnachtsbaums wird ganz am Ende eine Kugel mit einer Masse von 50 g gehängt. Der Baum ist eine Fichte mit einem E-Modul von $E = 10\,\mathrm{MN/m^2}$. Der Ast hat einen annähernd kreisförmigen Querschnitt mit einem Durchmesser von 2,8 cm und eine Länge von 30 cm. Berechnen Sie die Auslenkung des Astendes durch das Gewicht der Kugel. Welche Masse darf eine Kugel höchstens haben, damit der Ast nicht unter der Last zusammenbricht? (Gehen Sie davon aus, dass die maximale Spannung an der Astgabel höchstens $70\,\mathrm{N/mm^2}$ betragen sollte.)

9.22 ••• Berechnen Sie die Gleichung für die Spannung und die Auslenkungskurve für einen beidseitig fest montierten Balken mit beliebigem Querschnitt und einer festen Länge l, der in der Mitte durch eine Kraft F belastet wird. Zudem soll der E-Modul des Balkens bekannt sein. Gehen Sie wieder von Bernoullis Voraussetzungen aus.

9.23 ••• Ein 10 m hohes Schleusentor ist am Boden durch ein Gelenk kippbar befestigt und an der Oberkante durch ein Loslager angelehnt. Das Becken ist bis zur Oberkante des Tors gefüllt. In welcher Höhe über dem Boden herrscht das größte Biegemoment im Tor?

Lösungen zu den Aufgaben

Verständnisaufgaben

L9.1 Die Spannung ist die Normalkraft pro Fläche, F_n/A, und eine Vervierfachung der Kraft und Verdopplung der Fläche ergibt

$$\frac{F_n}{A} \rightarrow \frac{4 \cdot F_n}{2 \cdot A} = 2\,\frac{F_n}{A},$$

also eine Verdopplung der Spannung.

L9.2 Die Querkontraktionszahl oder Poisson'sche Zahl μ ist definiert als

$$\mu = -\frac{\Delta d/d}{\Delta l/l}.$$

Die relative Längenänderung soll $\Delta l/l = 5\,\%$ sein. Wir lösen nach der relativen Dickenänderung auf und erhalten

$$\frac{\Delta d}{d} = -\mu \cdot 5\,\% = -0{,}2 \cdot 5\,\% = -1\,\%.$$

Der Draht wird also erwartungsgemäß etwas dünner.

L9.3 (a) Stauchung, (b) Scherung bzw. Biegung, (c) Kompression.

L9.4 Wir vernachlässigen die Massen der Drahtstücke und damit die von ihnen selbst ausgeübten Zugkräfte. Dann ist die Zugkraft – und wegen des konstanten Querschnitts auch die Zugspannung – überall dieselbe; dabei ist es gleichgültig, welcher Draht der obere und welcher der untere ist. Also ist Aussage b richtig und Aussage c falsch. Auch Aussage a ist falsch, weil die Elastizitätsmodule der beiden Metalle unterschiedlich sind.

Schätzungs- und Näherungsaufgabe

L9.5 a) Der Elastizitätsmodul ist gegeben durch

$$E = \frac{F/A}{\Delta l_{\text{ges}}/l} \, . \qquad (1)$$

Mit der Federkonstanten k_{F} und der von der Feder ausgeübten Kraft F_{F} gilt für die Längenänderung einer Feder

$$\Delta l = \frac{F_{\text{F}}}{k_{\text{F}}} \, . \qquad (2)$$

Wenn auf die Fläche A, in der sich n Federn befinden, die Kraft F einwirkt, dann erfährt jede Feder die Kraft $F_{\text{F}} = F/n$. Außerdem gilt für die Anzahl der Federn $n = A/a^2$. Damit erhalten wir $F_{\text{F}} = Fa^2/A$. Einsetzen in Gleichung 2 liefert $\Delta l = Fa^2/(k_{\text{F}}A)$. Wir nehmen an, dass sich die Federn proportional zur Kraft dehnen. Dann gilt für die gesamte relative Längenänderung

$$\frac{\Delta l_{\text{ges}}}{l} = \frac{\Delta l}{a} = \frac{1}{a} \frac{Fa^2}{k_{\text{F}}A} = \frac{Fa}{k_{\text{F}}A} \, .$$

Dies setzen wir in Gleichung 1 ein:

$$E = \frac{F/A}{Fa/(k_{\text{F}}A)} = \frac{k_{\text{F}}}{a} \, .$$

b) Wie in Teilaufgabe a gezeigt, ist $k_{\text{F}} = E\,a$. Der Elastizitätsmodul ist $E = 200\,\text{GN} \cdot \text{m}^{-2} = 2{,}00 \cdot 10^{11}\,\text{N} \cdot \text{m}^{-2}$. Mit $a \approx 1{,}0\,\text{nm}$ erhalten wir

$$k_{\text{F}} \approx (2{,}00 \cdot 10^{11}\,\text{N} \cdot \text{m}^{-2})\,(1{,}0 \cdot 10^{-9}\,\text{m}) = 2{,}0\,\text{N} \cdot \text{cm}^{-1} \, .$$

Spannung und Dehnung

L9.6 Der Elastizitätsmodul E ist der Quotient aus der Spannung (der Kraft F pro Querschnittsfläche A) und der Dehnung (der relativen Längenänderung $\Delta l/l$):

$$E = \frac{F/A}{\Delta l/l} \, .$$

Wir schlagen den Elastizitätsmodul von Stahl $(200\,\text{GN/m}^2)$ nach. Unter Vernachlässigung der Masse des Drahts selbst erhalten wir mit der Gewichtskraft $m\,g$ der angehängten Masse für die Längenänderung

$$\begin{aligned}
\Delta l &= \frac{F\,l}{E\,A} = \frac{m\,g\,l}{E\,\pi\,r^2} \\
&= \frac{(50\,\text{kg})\,(9{,}81\,\text{m} \cdot \text{s}^{-2})\,(5{,}0\,\text{m})}{(200\,\text{GN} \cdot \text{m}^{-2})\,\pi\,(2{,}0 \cdot 10^{-3}\,\text{m})^2} = 0{,}98\,\text{mm} \, .
\end{aligned}$$

L9.7 a) Die maximale Zugkraft ist das Produkt aus der Zugfestigkeit und der Querschnittsfläche $\pi\,r^2$, und wir erhalten

$$\begin{aligned}
F_{\text{max}} &= (3{,}0 \cdot 10^8\,\text{N} \cdot \text{m}^{-2})\,\pi\,(0{,}21 \cdot 10^{-3}\,\text{m})^2 = 41{,}6\,\text{N} \\
&= 42\,\text{N} \, .
\end{aligned}$$

b) Der Elastizitätsmodul E ist der Quotient aus der Spannung (der Kraft F pro Querschnittsfläche A) und der Dehnung (der relativen Längenänderung $\Delta l/l$):

$$E = \frac{F/A}{\Delta l/l}$$

Für die Dehnung bei der Hälfte der maximalen Zugkraft erhalten wir (mit $A = \pi\,r^2$)

$$\begin{aligned}
\frac{\Delta l}{l} &= \frac{F}{AE} = \frac{\frac{1}{2}F_{\text{max}}}{AE} \\
&= \frac{\frac{1}{2}\,(41{,}6\,\text{N})}{\pi\,(0{,}21\,\text{mm})^2\,(1{,}10 \cdot 10^{11}\,\text{N} \cdot \text{m}^{-2})} = 0{,}0014 \, .
\end{aligned}$$

Das entspricht $0{,}14\,\%$.

L9.8 a) Nach dem Hooke'schen Gesetz ist die Kraft proportional zur Längenänderung: $F = k_{\text{F}}\,\Delta l$. Daraus folgt $k_{\text{F}} = F/\Delta l$. Aus der Definition des Elastizitätsmoduls E ergibt sich $F/\Delta l = AE/l$. Also ist $k_{\text{F}} = AE/l$. Für die in der „Feder" bzw. im Draht gespeicherte potenzielle Energie gilt daher

$$E_{\text{pot}} = \tfrac{1}{2}\,k_{\text{F}}\,(\Delta l)^2 = \tfrac{1}{2}\,\frac{AE}{l}\,(\Delta l)^2 \, .$$

Aus der obigen Beziehung $F/\Delta l = AE/l$ ergibt sich für die Kraft $AE\,\Delta l/l = F$. Das setzen wir ein und erhalten

$$E_{\text{pot}} = \tfrac{1}{2}\,\frac{AE\,\Delta l}{l}\,\Delta l = \tfrac{1}{2}\,F\,\Delta l \, .$$

L9.9 a) Der Elastizitätsmodul E ist der Quotient aus der Spannung (der Kraft F pro Querschnittsfläche A) und der Dehnung (der relativen Längenänderung $\Delta l/l$):

$$E = \frac{F/A}{\Delta l/l} \, .$$

Weil die Länge sowie die jeweiligen Werte der angehängten Masse (bzw. der Last) und der Längenänderung gegeben sind, ergibt sich der Elastizitätsmodul aus der Gleichung

$$\frac{F}{A} = E\,\frac{\Delta l}{l} \, .$$

Daher ist es zweckmäßig, F/A gegen $\Delta l/l$ aufzutragen, denn dies sollte eine Gerade mit der Steigung E liefern.

In der Tabelle sind die Werte zusammengestellt, die sich aus den Messwerten ergaben: die angehängte Masse m, die von ihr ausgeübte Last $F = m\,g$ und der aufzutragende Quotient F/A, außerdem die Längenänderung Δl und die relative Längenänderung $\Delta l/l$ sowie schließlich die gemäß $E_{\text{pot}} = \tfrac{1}{2}\,F\,\Delta l$ (siehe Aufgabe 9.8) berechnete potenzielle Energie.

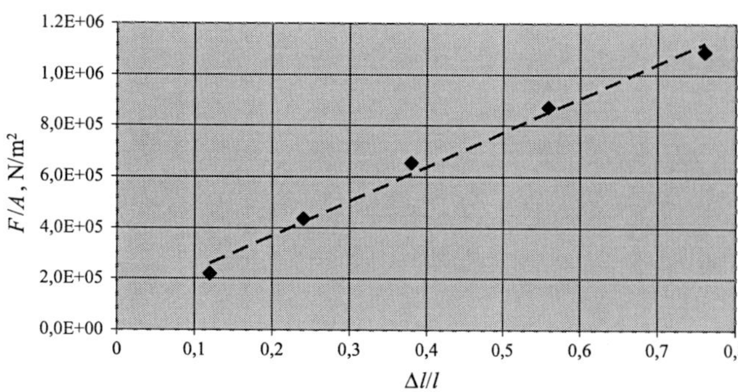

Abb. 9.4 zu Aufgabe 9.9

m/kg	F/N	$\dfrac{F/A}{\mathrm{N\cdot m^{-2}}}$	$\Delta l/\mathrm{m}$	$\Delta l/l$	$E_{\mathrm{pot}}/\mathrm{mJ}$
0,10	0,981	$2{,}18\cdot 10^5$	0,006	0,12	2,9
0,20	1,962	$4{,}36\cdot 10^5$	0,012	0,24	12
0,30	2,943	$6{,}54\cdot 10^5$	0,019	0,38	28
0,40	3,924	$8{,}72\cdot 10^5$	0,028	0,56	55
0,50	4,905	$1{,}09\cdot 10^6$	0,038	0,76	93

Abb. 9.4 zeigt die Auftragung von F/A gegen $\Delta l/l$.

Die Ausgleichsgerade hat die Gleichung

$$F/A = (1{,}35\cdot 10^6\,\mathrm{N\cdot m^{-2}})\,(\Delta l/l) + 9{,}89\cdot 10^4\,\mathrm{N\cdot m^{-2}}\,.$$

Gemäß der obigen Beziehung $F/A = E\,\Delta l/l$ ist die Steigung dieser Geraden gleich dem gesuchten Elastizitätsmodul:

$$E = 1{,}4\cdot 10^6\,\mathrm{N\cdot m^{-2}}\,.$$

b) Wir verwenden den in Aufgabe 9.8 aufgestellten Ausdruck $E_{\mathrm{pot}} = \tfrac{1}{2}\,F\,\Delta l$ für die potenzielle Energie. Die Kraft ist hier die Gewichtskraft des angehängten Massestücks. Daher gilt für die Abhängigkeit der potenziellen Energie von dieser Masse

$$E_{\mathrm{pot},m} = \tfrac{1}{2}\,m\,g\,\Delta l\,.$$

Wir interpolieren in der Tabelle auf die Dehnung bei einer angehängten Masse von 0,15 kg. Hierfür ergibt sich eine Längenänderung von 0,9 cm, und wir erhalten (mit $g = 9{,}81\,\mathrm{m\cdot s^{-2}}$) für die potenzielle Energie

$$E_{\mathrm{pot},0{,}15} = \tfrac{1}{2}\,(0{,}15\,\mathrm{kg})\,g\,(5{,}9 - 5{,}0)\,\mathrm{cm} = 7\,\mathrm{mJ}\,.$$

Bei der Masse 0,30 kg ergibt sich entsprechend

$$E_{\mathrm{pot},0{,}30} = \tfrac{1}{2}\,(0{,}30\,\mathrm{kg})\,g\,(6{,}9 - 5{,}0)\,\mathrm{cm} = 28\,\mathrm{mJ}\,.$$

Diese im gedehnten Gummiband gespeicherte Energie ist viermal so groß wie die bei der halben Dehnungskraft. Das haben wir eigentlich erwartet, weil die potenzielle Energie proportional zur Dehnungskraft *und* proportional zur Längenänderung ist.

Eine genaue Betrachtung der Abbildung oder der Tabelle zeigt jedoch, dass die Dehnung des Gummibands nicht exakt proportional zur Dehnungskraft ist. Aber bei geringer Last ist die zweifache Proportionalität gegeben, wie der vierfache Energiewert zeigt.

L9.10 Die geforderte Mindestspannung (Kraft pro Querschnittsfläche) ist

$$\frac{F_1}{A_1} = \frac{20{,}0\,\mathrm{kN}}{1{,}20\cdot 10^{-6}\,\mathrm{m^2}} = 1{,}67\cdot 10^{10}\,\mathrm{N\cdot m^{-2}}\,.$$

Das getestete Material riss bei der Spannung

$$\frac{F_2}{A_2} = \frac{1000\,\mathrm{N}}{0{,}200\cdot 10^{-6}\,\mathrm{m^2}} = 0{,}500\cdot 10^{10}\,\mathrm{N\cdot m^{-2}}\,.$$

Es ist also keinesfalls geeignet, weil die geforderte Spannung etwa dreimal so groß wie diese Reißspannung ist.

L9.11 a) Wir nehmen an, dass sich die Dichte und daher auch das Volumen bei der Dehnung nicht ändern. Der Spinnenfaden hat vor der Dehnung den Radius r_0 und die Länge l_0 sowie nach der Dehnung den Radius r und die Länge l. Also gilt

$$\pi r^2 l = \pi r_0^2 l_0 \qquad \text{und daher} \qquad r = r_0\,\sqrt{l_0/l}\,.$$

Bei der Dehnung auf die Länge $l = 10\,l_0$ ist der Radius

$$r_{10} = r_0\,\sqrt{l_0/(10\,l_0)} = r_0\,\sqrt{1/10} = 0{,}316\,r_0\,.$$

b) Bei der Dehnung auf die 10-fache Länge gilt für den Elastizitätsmodul

$$E = \frac{F_{\mathrm{S}}/A}{\Delta l/l} = \frac{F_{\mathrm{S}}/(\pi r^2)}{\Delta l/l} = \frac{10\,F_{\mathrm{S}}/(\pi r_0^2)}{10} = \frac{F_{\mathrm{S}}}{\pi r_0^2}\,.$$

Daher ist die maximale Zugkraft bei den genannten Spinnenfäden etwas größer, als es der Beziehung $F_{\mathrm{S}} = E\,\pi\,r_0^2$ entspricht, denn sie reißen ja bei 10-facher Dehnung noch nicht.

Kompression

L9.12 Wir wollen den Würfel von einer Kantenlänge von 1 cm auf 0,99 cm reduzieren. Dies entspricht einer Reduktion des Volumens von 1 cm^3 auf etwa 0,97 cm^3. Die relative Volumenänderung ist daher in guter Näherung $\Delta V/V \approx -0{,}03$. Sie ist damit etwa dreimal so groß wie die relative Längenänderung. Die Druckänderung ist gegeben durch

$$\frac{\Delta V}{V}\cdot K = -\Delta p\,.$$

Nehmen wir für Quarzglas den Wert $K = 38\,\mathrm{GN}/m^2$ an, erhalten wir $\Delta p = 0{,}03\cdot 38\,\mathrm{GN}/m^2 = 1{,}14\,\mathrm{GN}/m^2$.

L9.13 Die relative Volumenänderung ist durch

$$\frac{\Delta V}{V} = \frac{\Delta l}{l}(1 - 2\mu)$$

gegeben, wobei μ die Querkontraktionszahl ist. Wir benötigen also die Längenänderung. Diese ist wiederum durch

$$\frac{\Delta l}{l} = -\frac{F_n}{A\cdot E}$$

gegeben, wobei A die Fläche und E der Elastizitätsmodul sind. Einsetzen liefert

$$\frac{\Delta V}{V} = -\frac{F_n}{A}\frac{(1-2\mu)}{E}\,.$$

Es fällt auf, dass der zweite Term mit dem Kompressionsmodul zusammenhängt und gerade $1/3\,K^{-1}$ ist. Der Faktor $1/3$ kommt daher, dass der Elefant nur in einer von drei möglichen Richtungen Druck ausübt. Die Kraft ist $F_n = \frac{1}{4}\cdot 5000\,\text{kg}\cdot 9{,}81\,\text{m/s}^2$ und die relevante Fläche $A = (5\,\text{cm})^2$.

Nehmen wir für Beton die Werte $E = 23\,\text{GN}/m^2$ und $\mu = 0{,}20$ an, erhalten wir

$$\left.\frac{\Delta V}{V}\right|_{\text{Beton}} \approx 0{,}00013$$

und mit einem Ausgangsvolumen von $4\cdot 5\cdot 5\,\text{cm}^3 = 100\,\text{cm}^3$ dann $\Delta V \approx 0{,}0123\,\text{cm}^3$.

Nehmen wir für Stahl die Werte $E = 200\,\text{GN}/m^2$ und $\mu = 0{,}28$ an, erhalten wir

$$\left.\frac{\Delta V}{V}\right|_{\text{Stahl}} \approx 0{,}000011$$

und mit einem Ausgangsvolumen von $100\,\text{cm}^3$ dann $\Delta V \approx 0{,}0011\,\text{cm}^3$.

Typische Druckfestigkeiten für Stahl und Beton sind $520\,\text{MN}/m^2$ und $17\,\text{MN}/m^2$. Der Elefant übt einen Druck von

$$\frac{5000\,\text{kg}}{4}\cdot 9{,}81\,\frac{\text{m}}{\text{s}^2}\cdot \frac{1}{0{,}0025\,\text{m}^2} \approx 4{,}9\cdot 10^6\,\frac{\text{kg}}{\text{m}\cdot\text{s}^2} = 4{,}9\,\frac{\text{MN}}{\text{m}^2}$$

aus. Der Quader wird also voraussichtlich halten, es ist aber dennoch fraglich, ob das Experiment mit dem Tierschutz vereinbar ist.

L9.14 Es sind

$$K = \frac{E}{3(1-2\mu)} \approx 12{,}8\,\text{GN}\,\text{m}^{-2}$$

und

$$G = \frac{E}{2(1+\mu)} \approx 9{,}6\,\text{GN}\,\text{m}^{-2}\,.$$

Scherung

L9.15 Der Torsionsmodul ist

$$G = \frac{8\,\pi\cdot l\cdot I}{R^4\cdot T^2} \approx 8{,}4\cdot 10^{10}\,\text{N}\,\text{m}^{-2} = 84\,\text{GN}\,\text{m}^{-2}\,.$$

Es handelt sich bei dem Material vermutlich um Stahl.

L9.16 Der Quotient aus Scherspannung und Scherung ist der Schubmodul G. Mit der in tangentialer Richtung wirkenden Kraft F_t gilt daher

$$G = \frac{F_t/A}{\tan\theta} \quad\text{und}\quad \tan\theta = \frac{F_t}{GA} \quad\text{sowie}\quad \theta = \text{atan}\,\frac{F_t}{GA}\,.$$

Damit ergibt sich der Winkel zu

$$\theta = \text{atan}\,\frac{25\,\text{N}}{(1{,}9\cdot 10^5\,\text{N}\cdot\text{m}^{-2})\,(15\cdot 10^{-4}\,\text{m}^2)} = 5{,}0^\circ\,.$$

L9.17 Als Schubmodul für Eis nehmen wir $G = 3{,}6\,\text{GN}/m^2$ an. Die Kantenlänge ist $l = 0{,}05\,\text{m}$ und die Verschiebung der Oberseite ein Zehntel davon, $\Delta x = 0{,}005\,\text{m}$. Die Scherspannung ist einfach

$$\tau = F_t/A\,,$$

wobei A die Oberfläche ist, an der die Kraft F_t tangential angreift. Wir können aber die Tangentialkraft bzw. Spannung über den Schubmodul mit $\Delta x/l$ in Verbindung setzen,

$$G = \frac{F_t/A}{\Delta x/l}\,,$$

und damit erhalten wir bei voller Auslenkung $\tau_{\text{max}} = 0{,}1\cdot G = 0{,}36\,\text{GN}/\text{m}^2$. Die resultierende Tangentialkraft ist bei voller Auslenkung $\Delta x = 0{,}005\,\text{m}$ also

$$F_t^{\text{max}} = 0{,}36\,\text{GN}/\text{m}^2\cdot (0{,}05\,\text{m})^2 \approx 900\,000\,\text{N}\,.$$

Fassen wir nun diese Kraft als eine Rückstellkraft auf, die proportional zur Auslenkung ist, können wir eine Formel für die Kraft bei beliebigen kleinen Auslenkungen aufstellen,

$$F_t(\Delta x) = \frac{900\,000\,\text{N}}{0{,}005\,\text{m}}\cdot \Delta x\,.$$

Um die am Würfel zu leistende Arbeit zu berechnen, um ihn bis zur Scherung $\Delta x = 0{,}005\,\text{m}$ zu bringen, müssen wir die Kraft von $\Delta x = 0$ bis $\Delta x = 0{,}005\,\text{m}$ aufintegrieren,

$$W = \int_0^{0{,}005\,\text{m}} F_t\,d(\Delta x) = \frac{1}{2}\frac{900\,000\,\text{N}}{0{,}005\,\text{m}}(0{,}005\,\text{m})^2$$
$$= 2250\,\text{Nm} = 2250\,\text{J}\,.$$

L9.18 Die Oszillationszeit eines Drehpendels ist durch

$$T = \frac{2\pi}{R^2}\sqrt{\frac{2\,l\cdot I}{\pi\cdot G}}$$

gegeben, wobei I das Trägkeitsmoment der Kugel, R der Radius des Drahtes und G der Schubmodul sind. Auflösen nach G ergibt

$$G = \frac{8\pi\,l\cdot I}{R^4}\cdot \frac{1}{T^2}\,.$$

Nehmen wir eine Hohlkugel an, ist

$$I = \frac{2}{3} m_K r_K^2 \,.$$

Einfaches Einsetzen der Vorgabewerte $r_K = 0,15\,\mathrm{m}$, $m_K = 1\,\mathrm{kg}$, $R = 0,002\,\mathrm{m}$ und $T = 0,38\,\mathrm{s}$ ergibt

$$G \approx 81,5\,\mathrm{GN/m^2} \,.$$

Da der Schubmodul (invers) quadratisch von der Zeit abhängt, werden sich kleine relative Fehler in T etwa doppelt so stark als relative Fehler in G niederschlagen: Gemäß der Fehlerfortpflanzungsformel für Gauß'sche Fehler ergibt sich konkret

$$\Delta G = \sqrt{\left(\frac{\partial G}{\partial T}\Delta T\right)^2}$$

solange die Ungenauigkeit ΔT die einzige Fehlerquelle ist, und damit für $\Delta T/T = 2,5\,\%$

$$\frac{\Delta G}{G} = \left|-2\frac{\Delta T}{T}\right| = 2\frac{\Delta T}{T} = 5\,\% \,.$$

Unter den im Lehrbuch Tipler (7. Auflage) angegebenen Stoffen ist Stahl mit $G \approx 84\,\mathrm{GN/m^2}$ als einziger in diesem 5 %-Intervall. Eisen liegt mit $G \approx 70\,\mathrm{GN/m^2}$ schon deutlich darunter.

Biegung

L9.19 Die allgemeine Formel für das Flächenträgheitsmoment bei Biegungen in y-Richtung lautet

$$I_{F_y} = \int y^2\, dA \,.$$

Hier ist y der Abstand von der neutralen Faser *in Biegerichtung*. Die Kunst besteht nun darin, den Nullpunkt von y, also die Position der neutralen Faser zu bestimmen, und die Querschnittsfläche des Objekts zu parametrisieren bzw. die Integralgrenzen entsprechend zu wählen. Die neutrale Faser liegt dabei auf dem Flächenschwerpunkt der Querschnittsfläche, und bei beiden in dieser Aufgabe betrachteten Beispielen entspricht er dem Ort der Symmetrieachse.

Im Fall eines runden Stabs mit Radius r verwenden wir herkömmliche Polarkoordinaten,

$$I_{F,y} = \int_0^r d\rho \int_0^{2\pi} \rho\, d\phi \underbrace{(\rho\cos\phi)^2}_{y^2}$$

wobei der Ausdruck für y dadurch besonders einfach ist, dass die neutrale Faser im Ursprung des Kreises bei $\rho = 0$ liegt. Einfaches Integrieren ergibt

$$I_{F,y} = \int_0^r d\rho\, \rho^3 \int d\phi \cos^2\phi = \frac{1}{4} r^4 \pi = \frac{\pi}{4} r^4 \,.$$

Ist das Stabprofil ein gleichseitigen Dreick mit Seitenlänge a, liegt der Schwerpunkt bei

$$y_s = \frac{\sqrt{3}}{6} a$$

von der Basis des Dreiecks entfernt. Die Höhe des Dreiecks beträgt $h = \sqrt{3}a/2$. Wir bauen unser Flächenintegral nun auf, indem wir in y-Richtung über die Höhe des Dreiecks integrieren und dabei einfach mit der jeweiligen Breite des Dreiecks multiplizieren statt zusätzlich in z-Richtung zu integrieren – der Integrand hängt schließlich nur von y ab. Also erhalten wir

$$I_{F,y} = \int_0^h dy \underbrace{\left(\frac{h-y}{h}a\right)}_{\text{Breite des Dreiecks bei der Höhe } y} (y - y_s)^2 = \frac{a^4}{32\sqrt{3}} \,.$$

Hier ist $y - y_s$ der Abstand von der neutralen Faser in y-Richtung.

L9.20 Die maximale Durchbiegung eines an beiden Enden aufliegenden und mittig mit der Kraft F belasteten Balkens beträgt

$$y(0) = -\frac{1}{48}\frac{F}{E}\frac{l^3}{I_{F,y}} \,.$$

(Merke: Ein beidseitig am Rand aufliegender Träger kann als zwei einseitig in der Mitte eingespannte Träger halber Länge aufgefasst werden!)

Für ein rechteckiges Profil mit der Dicke (in Biegungsrichtung) d und der Breite b ist das Flächenträgheitsmoment

$$I_{F,y} = b \int_{-d/2}^{d/2} y^2\, dy = \frac{bd^3}{12} \,.$$

Wir finden also

$$y(0) = -\frac{1}{48}\frac{F}{E}\frac{12\,l^3}{bd^3} \,.$$

Die Kraft beträgt $F = 80\,\mathrm{kg} \times 9{,}81\,\mathrm{m/s^2}$, $d = 0{,}05\,\mathrm{m}$, $b = 0{,}1\,\mathrm{m}$ und $l = 2\,\mathrm{m}$, $E_{\mathrm{Stahl}} = 200\,\mathrm{GN/m^2}$ und insgesamt erhalten wir damit $y(0) \approx -0{,}63\,\mathrm{mm}$.

L9.21 i) Die Durchbiegung am mit der Kraft F belasteten Ende eines einseitig eingspannten Trägers der Länge l (hier: der Ast eines Weihnachtsbaumes) beträgt

$$y = -\frac{1}{3}\frac{F}{E}\frac{l^3}{I_{F,y}} \,.$$

Das Flächenträgheitsmoment eines runden Vollstabs ist $I_{F,y} = \pi r^4/4$. Mit der Kraft $F = 0{,}05\,\mathrm{kg} \times 9{,}81\,\mathrm{m/s^2}$, dem geschätzten Modul für Holz $E = 10^7\,\mathrm{kg/s^2 m}$ und dem Radius $r = 0{,}014\,\mathrm{m}$ ergibt sich $y \approx -1{,}5\,\mathrm{cm}$.

ii) Um zu ermitteln, welche Masse der Christbaumkugel den Ast zum Brechen bringen würde, benötigen wir den Wert für die maximal vorliegende Spannung im Ast, um ihn mit der maximal erlaubten Spannung in Holz zu vergleichen. Die maximale Spannung liegt am Ort der Einspannung am oberen Rand des Asts vor. Dort wirkt die volle Hebellänge und somit ist das Durchbiegemoment maximal. Zudem ist oben am Rand des Asts die Streckung des Materials am höchsten. Die Spannung dort ist $\sigma_{max} = C \cdot y^*_{max}$ wobei $y^*_{max} = r$ der maximale Abstand (in Biegerichtung) im Holz von der neutralen Faser ist. Die Proportionalitätskonstante ist durch $C = l\,F/I_{F,y}$ gegeben. Wir setzen als maximal erlaubte Spannung im Holz $\sigma = 70\,\mathrm{kg\,m/s^2}/(10^{-3}\,\mathrm{m})^2$, lösen nach der Masse auf und erhalten $m_{\mathrm{Kugel,max}} \approx 51{,}3\,\mathrm{kg}$. Hier ist also noch Luft nach oben für gestalterische Experimente. Allerdings muss man beachten, dass bei solch starken Durchbiegungen das linearisierte Modell für einen gebogenen Balken vermutlich nicht wirklich gültig ist.

L9.22 Im Lehrbuch Tipler (7. Auflage) werden die Beispiele eines einseitig eingespannten Balkens und eines an zwei Stellen unterstützten Balkens vorgerechnet (letzteres leider fehlerhaft). Diese beiden Szenarien zeichnen sich dadurch aus, dass genau zwei Randbedingungen an den Balken gestellt werden. Sei $y(x)$ die Auslenkung des Balkens an der Stelle x, so lauten die beiden Randbedingungen beim einseitig eingespannten Balken beispielsweise $y(0) = 0, y'(0) = 0$, da am linken Rand sowohl seine Position als auch der Winkel durch die Montierung festgelegt werden. Beim an zwei Stellen unterstützten (aber nicht eingespannten!) Balken lauten die Bedingungen $y(0) = 0, y(l) = 0$, da die Lagerung zwar die Position, aber nicht die Steigung y' vorgibt.

Die (linearisierte) Differenzialgleichung für die Auslenkung eines Balkens ist durch

$$y''(x) = \pm \frac{M(x)}{E \cdot I_{F,y}} \qquad (1)$$

gegeben, wobei $M(x)$ das ortsabhängige Drehmoment ist, das an der entsprechenden Stelle des Balkens angreift, E der E-Modul und

$$I_{F,y} = \int y^2\, dA$$

das Flächenträgheitsmoment für Deformationen in y-Richtung, das wir hier als konstant annehmen. Da diese Differenzialgleichung zweiten Grades ist, ist sie für ein fest vorgegebenes Drehmoment $M(x)$ genau mit zwei Randbedingungen wie den oben genannten eindeutig lösbar. Solche Problemstellungen nennt man *statisch bestimmt*, da die Gleichgewichtsbedingungen genau ausreichen, um die Lage des Balkens festzulegen.

Das Szenario für diese Aufgabenstellung gibt aber **vier** Zwangsbedingungen für den Balken vor und ist damit *zweifach statisch unbestimmt*. An beiden Enden des Balkens sind durch die feste Montage sowohl die Positionen als auch die Steigungen festgelegt, $y(0) = 0, y'(0) = 0, y(l) = 0, y'(l) = 0$. Durch die beiden zusätzlichen Bedingungen treten zusätzliche innere Kräfte bzw. Drehmomente auf, die wir berücksichtigen müssen.

Dazu verwenden wir eine Hilfskonstruktion: Wir nutzen die Links-Rechts-Symmetrie des Problems aus und untersuchen zunächst nur die linke Hälfte von $x = 0$ bis $x = l/2$. Für

die linke Hälfte des Balkens ergeben sich **drei** Bedingungen: $y(0) = 0, y'(0) = 0$ und $y'(l/2) = 0$. Die letzte davon stellt sicher, dass aufgrund der Symmetrie die Mitte des Balkens ebenfalls horizontal ist. Da die Differenzialgleichung (1) zweiter Ordnung ist, kann man eigentlich keine drei Bedingungen an die Lösung fordern – wir werden aber gleich sehen, dass es in der Differenzialgleichung selbst noch einen freien Parameter gibt, den wir so wählen können, dass auch die dritte Bedingung erfüllt ist.

Wir betrachten das Drehmoment, das die Einspannung am Randpunkt auf den Balken ausübt. Der linke Randpunkt trägt die Hälfte der Kraft, und das Moment ist proportional zum Abstand (dem Hebelarm),

$$M_{\mathrm{aufl.}}(x) = x \cdot F/2\,.$$

Im Fall eines aufliegenden Balkens wären wir jetzt fertig. Was fehlt uns nun noch, um korrekt zu berücksichtigen, dass der Balken am Rand nicht nur aufliegt, sondern eingespannt ist? Die Montage übt zusätzlich zur Kraft noch ein konstantes, noch unbestimmtes Drehmoment aus, das den Balken in die Horizontale zwingt. Um dieses Drehmoment zu berücksichtigen, schreiben wir zu $M(x)$ eine Konstante M_c hinzu,

$$M(x) = x \cdot F/2 + M_c\,.$$

Dieses Drehmoment ist nicht von x abhängig, da es nicht durch einen Hebel zustande kommt. Der Parameter M_c erlaubt es uns, die dritte Zwangsbedingung $y'(0) = 0$ zu erfüllen.

Wir integrieren die Differenzialgleichung

$$y''(x) = \frac{xF/2 + M_c}{E \cdot I_{F,y}}$$

nun einfach zweimal hoch, und erhalten jedes mal eine Integrationskonstante,

$$y(x) = \frac{1}{12}\frac{F}{E \cdot I_{F,y}}x^3 + \frac{1}{2}\frac{M_c}{E \cdot I_{F,y}}x^2 + C_1 x + C_0 \qquad (2)$$

Aus der Einspannung am linken Ende erhalten wir sofort $y(0) = 0 \Rightarrow C_0 = 0$, und $y'(0) = 0 \Rightarrow C_1 = 0$. Damit folgt aus der letzten Bedingung $y'(l/2) = 0 \Rightarrow M_c = -Fl/8$, und wir erhalten als Endergebnis für die linke Hälfte des Balkens

$$y(x) = \frac{1}{12}\frac{F}{E \cdot I_{F,y}}x^3 - \frac{1}{16}\frac{Fl}{E \cdot I_{F,y}}x^2\,. \quad (x = 0\ldots l/2)$$

Die Lösung für die rechte Hälfte ergibt sich durch Ersetzung $x \to l - x$. Alternativ kann man auch die Koordinate $x = l/2 - |\tilde{x}|, \tilde{x} = -l/2\ldots l/2$ wählen und so die Auslenkung des gesamten Balkens als Funktion von $|\tilde{x}|$ schreiben. Der tiefste Punkt in der Mitte erfährt eine Auslenkung von

$$y(l/2) = -\frac{1}{192}\frac{F \cdot l^3}{E \cdot I_{F,y}}\,.$$

Die Biegespannung im Balken ist jeweils durch

$$\sigma_b = \frac{M}{I_{F,y}} y^*$$

gegeben (und damit proportional zu y''), wobei y^* der Abstand von der neutralen Faser ist. In diesem Fall ist das Biegemoment

$$M = xF/2 + M_c = F/2 \cdot (x - l/4).$$

Wir sehen, dass es wie auch die Krümmung des Balkens sein Vorzeichen wechselt – am Rand wird er nach unten gebogen und damit in seiner oberen Hälfte gestreckt. In der Mitte am tiefsten Punkt wird seine Hälfte unterhalb der neutralen Faser gestreckt.

Zum Vergleich: Ein lediglich an beiden Enden aufliegender, aber nicht eingespannter Balken biegt sich stärker. Um das zu sehen, lassen wir die Bedingung $y'(0) = 0$ fallen und setzen auch das vom Rand ausgehende Drehmoment $M_c = 0$. Damit erhalten wir aus den verbliebenen Randbedingungen $y(0) = 0$ und $y'(l/2) = 0$ für die beiden Integrationskonstanten $C_0 = 0$ und $C_1 = -Fl^2/(16E \cdot I_{F,y})$. Wir setzen sie in die allgemeine Lösung (2) ein und erhalten

$$y_{\text{aufl.}}(x) = \frac{1}{12}\frac{F}{E \cdot I_{F,y}} x^3 - \frac{1}{16}\frac{F \cdot l^2}{E \cdot I_{F,y}} x \quad (x = 0 \ldots l/2)$$

Die Durchbiegung in der Mitte ist daher

$$y_{\text{aufl.}}(l/2) = -\frac{1}{48}\frac{F \cdot l^3}{E \cdot I_{F,y}}$$

und damit viermal größer als beim beidseitig fest eingespannten Balken der Aufgabenstellung.

L9.23 Wir legen den Ursprung des Koordinatensystems mit $y = 0$ an das Loslager an der Oberkante des Tors, und lassen die positive y-Richtung nach unten zeigen. Damit hat das Gelenk an der Unterkante die Position $y = 10$. Das Schleusentor wird dann aufgrund des linear mit der Tiefe zunehmenden Wasserdrucks mit einer Querkraftdichte

$$q \propto y$$

belastet. Es kommt nicht auf die absolute Stärke der Kräfte an. Wir rechnen daher in beliebigen Einheiten. Der Querkraftverlauf ist das Integral der Querkraftdichte:

$$Q(y) = Q_0 + \tfrac{1}{2}y^2$$

Dabei ist nun Q_0 die noch zu bestimmende Kraft der oberen Befestigung auf das Tor (die Lagerreaktion).

Das Biegemoment ist wiederum das Integral des Querkraftverlaufs:

$$M_b(y) = M_0 + Q_0 y + \tfrac{1}{6} y^3$$

Das Biegemoment verschwindet bei $y = 0$ und bei $y = 10$, da beide Lager gelenkig sind. Also gilt $M_0 = 0$ und $M_b(10) = 10 Q_0 + \tfrac{1}{6} \cdot 1000 = 0$ und damit $Q_0 = -100/6$. Wir können diesen Wert nun in $Q(y)$ einsetzen und erhalten

$$Q(y) = -\frac{100}{6} + \frac{1}{2} y^2.$$

Das Maximum von M_b wird gerade bei $Q(y) = 0$ erreicht, und Auflösen ergibt $y_{\max} = 10/\sqrt{3} \approx 5{,}8$. Das größte Biegemoment auf das Schleusentor liegt also in einer Höhe von $10 - 5{,}8 \approx 4{,}2\,\text{m}$ vor.

Fluide

10

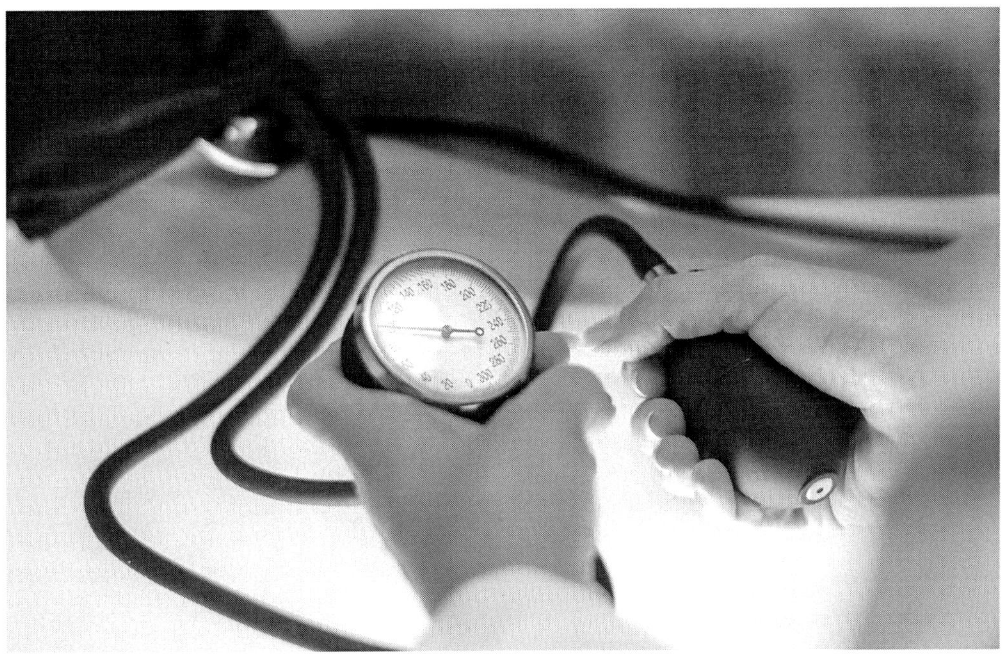

© Springer-Verlag GmbH Deutschland, ein Teil von Springer Nature 2019

A. Knochel (Hrsg.), *Arbeitsbuch zu Tipler/Mosca, Physik*, https://doi.org/10.1007/978-3-662-58919-9_10

Aufgaben

Bei allen Aufgaben ist die Erdbeschleunigung $g = 9,81\,\mathrm{m/s^2}$. Falls nichts anderes angegeben ist, sind Reibung und Luftwiderstand zu vernachlässigen.

Verständnisaufgaben

10.1 • Zwei kugelförmige Körper unterscheiden sich in ihren Größen und in ihren Massen. Die Masse von Körper A ist 8-mal so groß wie die von Körper B, und der Radius von A ist 2-mal so groß wie der von B. Was gilt für ihre Dichten? a) $\rho_A > \rho_B$, b) $\rho_A < \rho_B$, c) $\rho_A = \rho_B$; d) es liegen nicht genug Informationen vor, um die Dichten zu vergleichen.

10.2 • In Abenteuerfilmen kann man manchmal sehen, wie der Held und seine Begleiterin den Bösewichten im Dschungel entkommen, indem sie sich für einige Zeit unter Wasser verstecken. Dazu atmen sie durch ein Schilfröhrchen. Nehmen Sie an, das Wasser sei so klar, dass man bis in eine Tiefe von 15 m tauchen muss, um von oben nicht gesehen zu werden. Als wissenschaftlicher Berater des Filmstudios erklären Sie dem Produzenten, dass eine solche Tiefe nicht realistisch ist und kundige Zuschauer bei dieser Szene sicherlich lachen werden. Erläutern Sie, warum.

10.3 •• Ein massiver Bleibarren von 200 g und ein massiver Kupferbarren, ebenfalls von 200 g, sind komplett in ein wassergefülltes Aquarium eingetaucht. Jeder Barren hängt an einem Faden unmittelbar über dem Boden des Aquariums. Welche der folgenden Aussagen ist richtig? a) Die Auftriebskraft auf den Bleibarren ist größer als die auf den Kupferbarren. b) Die Auftriebskraft auf den Kupferbarren ist größer als die auf den Bleibarren. c) Die Auftriebskräfte auf beide Barren sind gleich. d) Für eine korrekte Antwort sind weitere Angaben nötig.

10.4 •• Beantworten Sie dieselben Fragen wie in Aufgabe 10.3, betrachten Sie nun aber einen massiven Blei- und einen massiven Kupferbarren mit einem Volumen von jeweils 20 cm³.

10.5 •• Abb. 10.1 zeigt einen sogenannten kartesischen Taucher. Er besteht aus einem kleinen, unten offenen Röhrchen, das oben geschlossen ist und eine Luftblase enthält. Das Röhrchen befindet sich in einer teilweise mit Wasser gefüllten Kunststoffflasche. Normalerweise schwebt der Taucher im Wasser. Aber wenn man die Flasche zusammendrückt, sinkt er. a) Erläutern Sie, warum der kartesische Taucher sinkt. b) Erläutern Sie die Vorgänge bei einem an der Oberfläche schwimmenden U-Boot, das ohne jeden Antrieb zu sinken beginnt, wenn Wasser in leere Tanks beim Kiel eingelassen wird. c) Erläutern Sie, warum eine auf dem Wasser schwimmende Person sich auf der Wasseroberfläche auf- und abbewegt, wenn sie ein- und ausatmet.

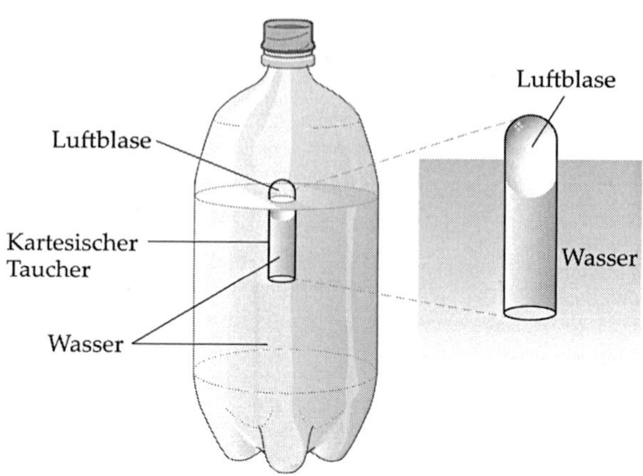

Abb. 10.1 Zu Aufgabe 10.5

10.6 •• Ein strömendes Fluid wird beschleunigt, wenn es in einer Röhre eine Verengung passiert. Erklären Sie die Kraft, die am Beginn der Verengung auf das Fluid wirkt und diese Beschleunigung verursacht.

10.7 •• Sie sitzen in einem Boot, das auf einem sehr kleinen See schwimmt. Sie nehmen den Anker aus dem Boot und werfen ihn ins Wasser. Erhöht sich der Wasserspiegel des Sees, sinkt er oder bleibt er gleich? Erläutern Sie Ihre Antwort.

10.8 •• Eine horizontale Röhre verengt sich von 10 cm Durchmesser am Punkt A auf 5,0 cm Durchmesser am Punkt B. Betrachten Sie ein nichtviskoses, inkompressibles Fluid, das ohne Turbulenz von A nach B fließt. Was können Sie über die Fließgeschwindigkeiten an den beiden Punkten sagen? a) $v_A = v_B$, b) $v_A = \frac{1}{2}\,v_B$, c) $v_A = \frac{1}{4}\,v_B$, d) $v_A = 2\,v_B$, e) $v_A = 4\,v_B$.

10.9 •• Abb. 10.2 zeigt schematisch den Tunnelbau eines Präriehunds. Die beiden Eingänge sind so beschaffen, dass Eingang 1 von einem Erdwall umgeben ist, Eingang 2 dagegen von flachem Terrain. Erläutern Sie, wie der Tunnel belüftet wird, und geben Sie an, in welche Richtung die Luft durch den Tunnel strömt.

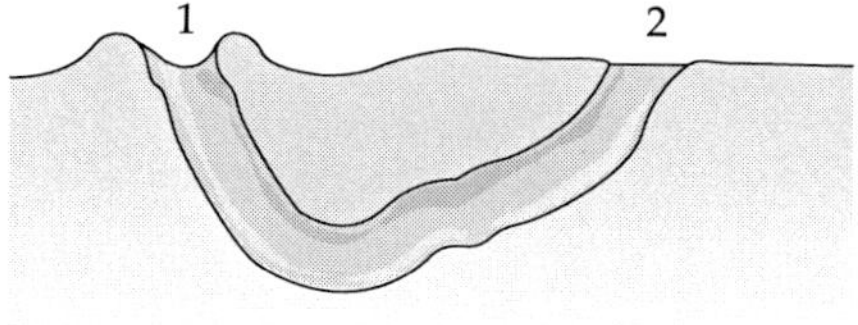

Abb. 10.2 Zu Aufgabe 10.9

Schätzungs- und Näherungsaufgaben

10.10 •• Im Rahmen Ihres Physikpraktikums für Fortgeschrittene sollen Sie der Erdatmosphäre in verschiedenen Höhen Luftproben entnehmen. Die Sammeleinheit hat die Masse 25,0 kg. Schätzen Sie den Durchmesser eines heliumgefüllten Ballons, der die Sammeleinheit tragen kann. Vernachlässigen

Sie die Masse der Ballonhaut und die (geringe) Auftriebskraft auf die Sammeleinheit selbst.

10.11 •• Ein Freund von Ihnen möchte kommerzielle Fahrten mit einem Heißluftballon anbieten. Der leere Ballon, der Korb und die Insassen haben eine Gesamtmasse von maximal 1000 kg. Der Ballon hat voll gefüllt einen Durchmesser von 22,0 m. Schätzen Sie die erforderliche Dichte der heißen Luft. Vernachlässigen Sie die Auftriebskraft auf den Korb und auf die Insassen.

Dichte

10.12 • Betrachten Sie einen Raum von $4,0\,\mathrm{m} \times 5,0\,\mathrm{m} \times 4,0\,\mathrm{m}$. Der Raum befindet sich an der Erdoberfläche, und es herrschen normale atmosphärische Bedingungen. Welche Masse hat die Luft in diesem Raum?

10.13 •• Ein 60-ml-Kolben ist bei $0\,°\mathrm{C}$ bis zum Rand mit Quecksilber gefüllt (Abb. 10.3). Wenn die Temperatur auf $80\,°\mathrm{C}$ steigt, laufen 1,47 g Quecksilber über. Nehmen Sie an, dass das Volumen des Kolbens gleich bleibt, und geben Sie die Änderung der Quecksilberdichte bei der Erwärmung an. Bei $0\,°\mathrm{C}$ hat Quecksilber die Dichte $13\,645\,\mathrm{kg/m^3}$.

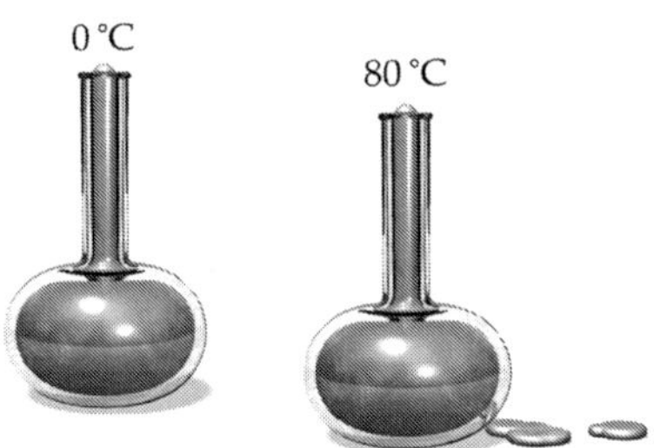

Abb. 10.3 Zu Aufgabe 10.13

Druck

10.14 • Über der Oberfläche eines Sees herrscht ein Luftdruck von $P_{\mathrm{at}} = 101,3\,\mathrm{kPa}$. a) In welcher Tiefe ist der Druck doppelt so groß wie der Luftdruck? b) Über einem Quecksilbergefäß herrscht der Druck P_{at}. In welcher Tiefe beträgt der Druck $2\,P_{\mathrm{at}}$?

10.15 •• Wenn eine Frau in hochackigen Schuhen geht, lastet ihr gesamtes Gewicht jeweils für einen kurzen Moment auf dem Absatz eines ihrer Schuhe. Ihre Masse beträgt 56,0 kg und die Absatzfläche $1,00\,\mathrm{cm^2}$. Welchen Druck übt sie dabei auf den Boden aus? Vergleichen Sie Ihr Ergebnis mit dem Druck, den ein Elefantenfuß auf den Boden ausübt. Nehmen Sie die Masse des Elefanten mit 5000 kg und die Fläche eines Fußes mit $400\,\mathrm{cm^2}$ an; alle vier Füße des Elefanten seien gleichmäßig belastet.

10.16 •• Im 17. Jahrhundert führte Blaise Pascal das folgende, in Abb. 10.4 gezeigte Experiment durch: Auf ein was-sergefülltes Weinfass wurde eine lange Röhre aufgesetzt. Dann schüttete man Wasser in die Röhre, bis das Fass barst. Der Fassdeckel hatte einen Radius von 20 cm, und die Wassersäule in der Röhre war 12 m hoch. a) Berechnen Sie die Kraft, die aufgrund der Druckerhöhung auf den Fassinhalt wirkt. b) Der Innendurchmesser der Röhre betrug 3,00 mm. Welche Masse an Wasser hat dabei den Druck verursacht, der das Fass zum Bersten brachte?

Abb. 10.4 Zu Aufgabe 10.16

10.17 •• Viele Leute glauben, dass sie unter Wasser atmen können, wenn sie das Ende eines flexiblen Schnorchels aus dem Wasser herausragen lassen (Abb. 10.5). Sie ziehen im Allgemeinen nicht in Betracht, dass der Wasserdruck der Ausdehnung des Brustkorbs beim Einatmen und somit der Aufblähung der Lunge entgegenwirkt. Nehmen Sie an, dass Sie gerade noch atmen können, wenn Sie auf dem Boden liegen und auf Ihrem Brustkorb ein Gewicht von 400 N liegt. Wie weit dürfte sich dann Ihr Brustkorb unterhalb der Wasseroberfläche befinden, damit Sie noch atmen können? Ihr Brustkorb habe die Fläche $0,090\,\mathrm{m^2}$.

Abb. 10.5 Zu Aufgabe 10.17

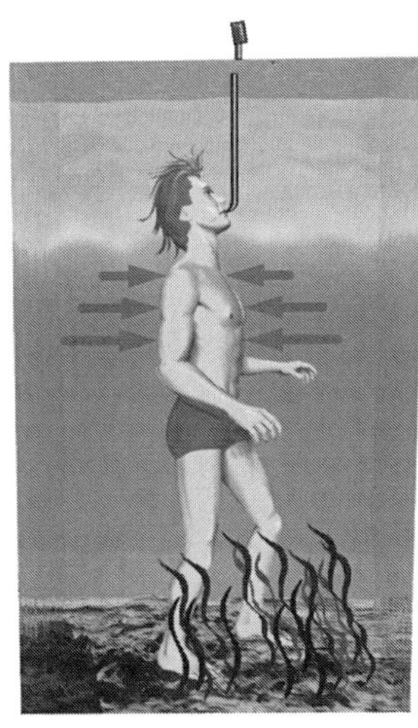

10.18 •• Bei einer hydraulischen Anordnung, wie sie in Abb. 10.6 dargestellt ist, kann eine Kraft von 150 N, die auf den kleinen Kolben wirkt, ein Auto mit der Gewichtskraft 15 000 N anheben. Beweisen Sie, dass dies nicht den Energieerhaltungssatz verletzt. Zeigen Sie dazu, dass die von der 150-N-Kraft am kleinen Kolben verrichtete Arbeit betragsmäßig gleich der Arbeit ist, die der große Kolben am Auto verrichtet.

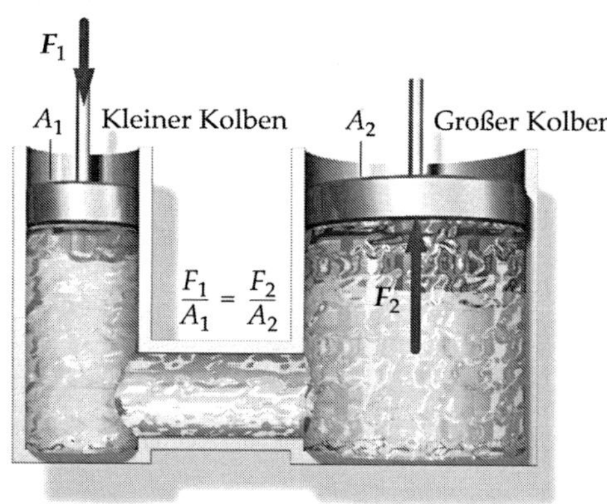

Abb. 10.6 Zu Aufgabe 10.18

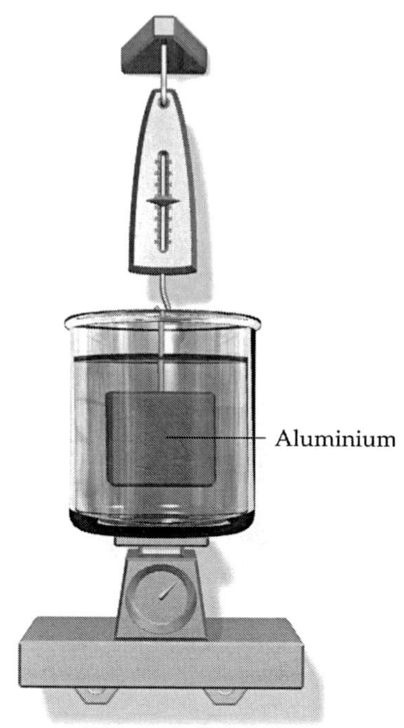

Abb. 10.7 Zu Aufgabe 10.22

Auftrieb

10.19 • Ein 500-g-Block aus Kupfer mit der relativen Dichte 8,96 hängt an einer Federwage und taucht in ein wassergefülltes Gefäß ein. Welche Gewichtskraft zeigt die Federwaage an?

10.20 • Ein Block aus unbekanntem Material wiegt in Luft 5,00 N. Dagegen wiegt er 4,55 N, wenn er in Wasser eingetaucht ist. a) Welche Dichte hat das Material? b) Nehmen Sie an, dass der Block massiv und homogen ist. Aus welchem Material besteht er vermutlich?

10.21 •• Ein homogener, massiver Körper schwimmt auf Wasser, wobei sich 80 % seines Volumens unterhalb der Wasseroberfläche befinden. Wenn derselbe Körper auf einer anderen Flüssigkeit schwimmt, befinden sich 72 % seines Volumens unterhalb der Oberfläche. Berechnen Sie die Dichte des Körpers und die relative Dichte der Flüssigkeit.

10.22 •• Ein Becher mit der Masse 1,00 kg enthält 2,00 kg Wasser und steht auf einer Waage. Ein Block aus Aluminium (Dichte $2{,}70 \cdot 10^3$ kg/m^3) mit der Masse 2,00 kg hängt an einer Federwaage und ist in das Wasser eingetaucht (Abb. 10.7). Welche Werte zeigen die beiden Waagen an?

10.23 •• Ein Forschungsteam soll einen großen heliumgefüllten Wetterballon starten lassen. Der kugelförmige Ballon hat einen Radius von 2,5 m und eine Gesamtmasse von 15 kg (Ballon plus Helium plus Messausrüstung). a) Welche Anfangsbeschleunigung nach oben erfährt der Ballon, wenn man ihn auf Meereshöhe starten lässt? b) Die Reibungskraft auf den Ballon ist $F_{\mathrm{R}} = \frac{1}{2}\,\pi\,r^2 \rho\,v^2$, wobei r der Ballonradius, ρ die Luftdichte und v die Steiggeschwindigkeit des Ballons ist. Berechnen Sie die Endgeschwindigkeit des steigenden Ballons.

10.24 • In modernen Prallluftschiffen wird Helium als Traggas eingesetzt. a) Berechnen Sie die zur Verfügung stehende Auftriebs- und Tragkraft eines Prallluftschiffes mit 20 000 Kubikmetern Volumen unter Normalbedingungen. b) Auf welchen Wert könnte man das Volumen bei gleicher Tragkraft verringern, wenn man anstelle von Helium Wasserstoff als Traggas verwenden würde. c) In welchem Rahmen verändert sich die maximale Zuladung bei verschiedenen Wetterlagen mit niedrigem oder hohem Luftdruck und Temperatur?

Kontinuitäts- und Bernoulli-Gleichung

Hinweis: **Wenn nichts anderes angegeben ist, soll bei allen Aufgaben in diesem Abschnitt eine laminare, zeitlich konstante Strömung eines nichtviskosen Fluids angenommen werden.**

10.25 •• Durch eine Aorta mit 9,0 mm Radius fließt Blut mit einer Geschwindigkeit von 30 cm/s. a) Berechnen Sie den Volumenstrom in Litern pro Minute. b) Obwohl der Querschnitt eines kapillaren Blutgefäßes wesentlich kleiner ist als der der Aorta, ist der Gesamtquerschnitt aller Kapillaren größer, weil sie so zahlreich sind. Nehmen Sie an, dass alles Blut aus der Aorta in die Kapillaren fließt und sich darin mit einer Geschwindigkeit von 1,0 mm/s bewegt. Berechnen Sie den Gesamtquerschnitt der Kapillaren.

10.26 •• Mit einem Staurohr (Abb. 10.8), das nach seinem Erfinder Henri de Pitot (1695–1771) auch Pitot-Rohr genannt wird, kann man die Strömungsgeschwindigkeit eines Gases messen. Die innere Röhre steht senkrecht zum strömenden Fluid, aber der Ring mit den Löchern in der äußeren Röhre wird parallel umströmt. Zeigen Sie, dass für die Strömungsgeschwindigkeit gilt: $v^2 = 2\,g\,h\,(\rho - \rho_{\mathrm{G}})/\rho_{\mathrm{G}}$; dabei ist ρ die Dichte der Flüssigkeit im Manometer und ρ_{G} die Dichte des Gases.

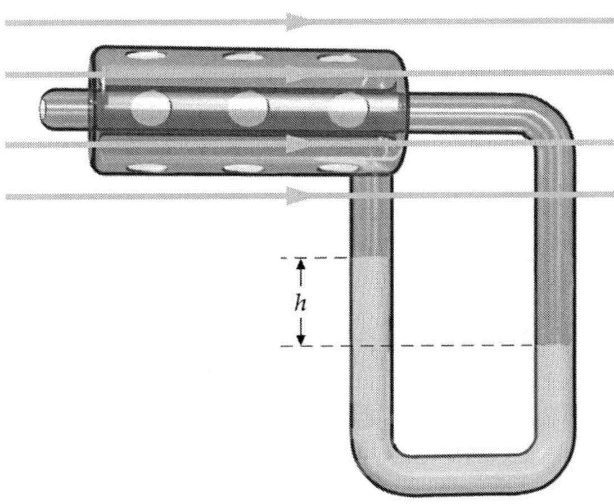

Abb. 10.8 Zu Aufgabe 10.26

10.27 •• Ein Saugheber oder Siphon ist eine Anordnung, mit der man Flüssigkeiten von einem Behälter in einen anderen überführen kann. Der Schlauch in Abb. 10.9 muss mit Flüssigkeit gefüllt sein, damit der Saugheber arbeiten kann. Dann fließt die Flüssigkeit so lange durch den Schlauch, bis die Flüssigkeitsspiegel in beiden Behältern gleich hoch stehen. a) Zeigen Sie mithilfe der Bernoulli-Gleichung, dass sich die Flüssigkeit im Schlauch mit der Geschwindigkeit $v = \sqrt{2\,g\,d}$ bewegt. b) Geben Sie einen Ausdruck für den Druck am höchsten Punkt des Schlauchs an.

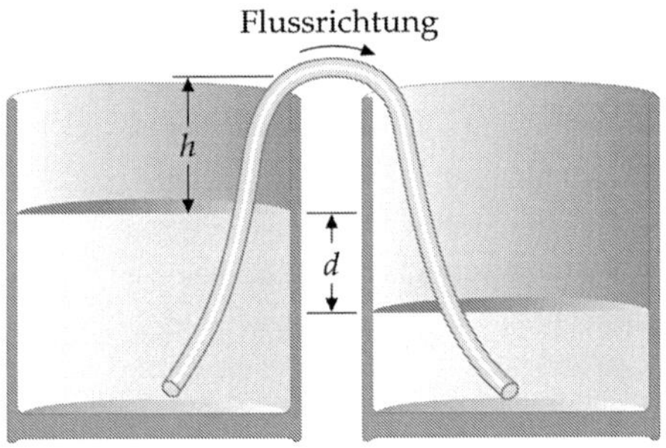

Abb. 10.9 Zu Aufgabe 10.27

10.28 •• In einem Springbrunnen soll eine 12 m hohe Fontäne erzeugt werden. Die Düse am Boden der Brunnenschale hat den Durchmesser 1,0 cm, und die Pumpe befindet sich 3,0 m unterhalb der Brunnenschale. Das Rohr zur Düse hat den Durchmesser 2,0 cm. Berechnen Sie den notwendigen Pumpdruck.

10.29 ••• Leiten Sie eine allgemeinere Form der Bernoulli-Gleichung

$$P_2 + \tfrac{1}{2}\,v_2^2 = P_1 + \tfrac{1}{2}\,v_1^2$$

her, bei der auch mögliche Höhenunterschiede des Fluids bei seiner Bewegung berücksichtigt werden. Anders ausgedrückt: Zeigen Sie mithilfe des Zusammenhangs von Arbeit und Energie, dass aus der obigen Beziehung die Gleichung

$$P_1 + \rho\,g\,h_1 + \tfrac{1}{2}\,\rho\,v_1^2 = P_2 + \rho\,g\,h_2 + \tfrac{1}{2}\,\rho\,v_2^2$$

hervorgeht, wenn Höhendifferenzen einbezogen werden.

Strömung viskoser Flüssigkeiten

10.30 • Berechnen Sie die Stokes'sche und die Newton'sche Reibungskraft für eine Kugel mit Radius 5,0 cm, wenn sie sich mit $v_1 = 1{,}0\,\text{cm/s}$ und mit $v_2 = 1{,}0\,\text{m/s}$ durch Luft (mit der Dichte $\varrho = 1{,}2\,\text{kg/m}^3$ und der Viskosität $\eta = 0{,}018\,\text{mPa s}$) bewegt.

10.31 •• Wir nehmen an, dass das Blut 1,00 s braucht, um durch eine 1,00 mm lange Kapillare des menschlichen Gefäßsystems zu fließen. Der Durchmesser der Kapillare beträgt 7,00 µm und der Druckabfall 2,60 kPa. Nehmen Sie eine laminare Strömung an und berechnen Sie die Viskosität des Bluts.

10.32 ••• Das Stokes'sche Reibungsgesetz (benannt nach dem britischen Physiker und Mathematiker Sir Gabriel Stokes, 1819–1903) beschreibt die Reibungskraft auf eine sich in einem Fluid bewegende Kugel. Dieses Gesetz gilt jedoch nur für laminare Strömungen bei sehr niedrigen Reynolds-Zahlen. Danach ist die Reibungskraft gegeben durch $F_{\mathrm{R}} = 6\,\pi\,\eta\,r\,v$, wobei η die Viskosität des Fluids und r der Radius der Kugel ist. Berechnen Sie mithilfe dieses Gesetzes die Aufstiegsgeschwindigkeit einer Kohlendioxidblase von 1,0 mm Durchmesser in einem Glas Limonade (mit der Dichte $\varrho = 1{,}1\,\text{kg/l}$ und der Viskosität $\eta = 1{,}8\,\text{mPa s}$). Wie lange dauert demnach der Aufstieg in einem 20 cm hohen Limonadenglas? Entspricht dieser Wert Ihren Alltagserfahrungen?

Allgemeine Aufgaben

10.33 • Eine Gruppe von Teenagern schwimmt zu einem rechteckigen Holzfloß mit 3,00 m Breite und 2,00 m Länge. Das Floß ist 9,00 cm dick. Wie viele Teenager mit der durchschnittlichen Masse 75,0 kg können sich auf das Floß stellen, sodass es gerade noch nicht vollständig in das Wasser eintaucht? Die Dichte des Holzes sei 650 kg/m^3.

10.34 • Der Kompressionsmodul K von Meerwasser beträgt $2{,}30 \cdot 10^9\,\text{N m}^{-2}$. Berechnen Sie die Dichte des Meerwassers in einer Tiefe, in der ein Druck von 800 bar herrscht. Die Dichte von Meerwasser an der Oberfläche beträgt 1025 kg/m^3. Vernachlässigen Sie alle Auswirkungen der Temperatur und des Salzgehalts des Wassers.

10.35 •• Ein halb mit Wasser gefüllter 200-ml-Becher steht auf der linken Schale einer Balkenwaage. Auf der rechten Waagschale liegt eine solche Menge Sand, dass die Waage sich im Gleichgewicht befindet. Ein an einem Faden hängender Würfel mit 4,0 cm Kantenlänge wird so tief in das Wasser getaucht, dass er komplett untertaucht, aber den Boden des Bechers nicht berührt. Um die Waage wieder ins Gleichgewicht zu bringen, muss man auf die rechte Waagschale ein Gewichtsstück mit der Masse m auflegen. Wie groß ist m?

10.36 •• Angenommen, Rohöl hat bei Normaltemperatur eine Viskosität von 0,800 Pa s. Zwischen einem Ölfeld und dem Tankerterminal soll eine 50,0 km lange, horizontal verlaufende

Pipeline gebaut werden. Sie soll am Terminal Öl mit einer Rate von $500\,\mathrm{l/s}$ anliefern. Dabei soll die Strömung in der Pipeline laminar sein, um den Druck zu minimieren, mit dem das Öl durch die Pipeline gepumpt werden muss. Nehmen Sie an, dass Rohöl die Dichte $700\,\mathrm{kg/m^3}$ hat, und schätzen Sie ab, welchen Durchmesser die Pipeline haben sollte.

10.37 •• Ein Heliumballon kann eine Last von $750\,\mathrm{N}$ tragen, deren Volumen vernachlässigbar sei. Die Hülle des Ballons hat die Masse $1,5\,\mathrm{kg}$. a) Welches Volumen hat der Ballon? b) Nehmen Sie an, der Ballon hat das doppelte Volumen wie in Teilaufgabe a berechnet. Welche Anfangsbeschleunigung erfährt der Ballon, wenn er eine Last von $900\,\mathrm{N}$ trägt und auf Meereshöhe startet?

10.38 •• Zwischen dem Luftdruck und der Höhe h über Meereshöhe besteht ein Zusammenhang, nach dem die relative Abnahme des Luftdrucks proportional zur Höhenzunahme ist. Das lässt sich mit einer positiven Konstanten C in einer Differenzialgleichung der Form $\mathrm{d}P/P = -C\,\mathrm{d}h$ ausdrücken. a) Zeigen Sie, dass diese Differenzialgleichung durch die sogenannte barometrische Höhenformel $P(h) = P_0\,\mathrm{e}^{-C\,h}$ gelöst wird, wobei P_0 der Luftdruck bei $h = 0$ ist. b) Der Druck in einer Höhe von $h = 5{,}5\,\mathrm{km}$ beträgt nur die Hälfte des Drucks auf Meereshöhe. Berechnen Sie damit die Konstante C.

10.39 •• Ein Sportwagen hat einen Widerstandsbeiwert von $c = 0{,}36$ und eine Stirnfläche von $1{,}7$ Quadratmetern. Welche Motorleistung würde benötigt werden, um eine Endgeschwindigkeit von $300\,\mathrm{km/h}$ zu erreichen, wenn andere Reibungsverluste vernachlässigt werden?

10.40 ••• Die meisten Fischarten haben eine sogenannte Schwimmblase. Indem ein Fisch diese dehnbare Blase mit Sauerstoff aus den Kiemen füllt, kann er im umgebenden Wasser steigen, und wenn er die Blase wieder leert, kann er absinken. Ein Süßwasserfisch hat eine mittlere Dichte von $1{,}05\,\mathrm{kg/l}$, wenn seine Schwimmblase leer ist. Welches Volumen muss der Sauerstoff in der Schwimmblase einnehmen, damit der Fisch (mit der Masse $0{,}825\,\mathrm{kg}$) im Wasser schwebt? Nehmen Sie an, dass die Dichte des Sauerstoffs in der Schwimmblase gleich der Luftdichte bei Standardbedingungen ist.

Lösungen zu den Aufgaben

Verständnisaufgaben

L10.1 In der Abbildung sind die beiden Kugeln mit den Massen m und $8\,m$ maßstäblich dargestellt.

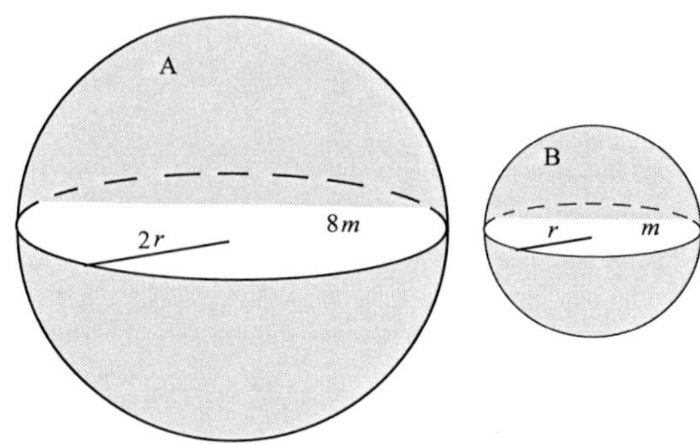

Die Dichte eines Körpers ist definiert als der Quotient aus der Masse und dem Volumen: $\varrho = m/V$. Daher gilt

$$\varrho_A = \frac{m_A}{V_A} = \frac{m_A}{\frac{4}{3}\pi\,r_A^2}, \qquad \varrho_B = \frac{m_B}{V_B} = \frac{m_B}{\frac{4}{3}\pi\,r_B^2},$$

und für den Quotienten der Dichten ergibt sich

$$\frac{\varrho_A}{\varrho_B} = \frac{\dfrac{m_A}{\frac{4}{3}\pi\,r_A^2}}{\dfrac{m_B}{\frac{4}{3}\pi\,r_B^2}} = \frac{m_A}{m_B}\,\frac{r_B^3}{r_A^3} = \frac{8\,m}{m}\,\frac{r^3}{(2\,r)^3} = 1\,.$$

Also gilt $\varrho_A = \varrho_B$, und Aussage c ist richtig.

L10.2 Bei einer um $10\,\mathrm{m}$ größeren Wassertiefe ist der hydrostatische Druck um rund $1\,\mathrm{bar}$ höher. Beim Einatmen wird ein leichter Unterdruck bzw. ein Luftdruck von etwas unter $1\,\mathrm{bar}$ erzeugt. Das ist zwar dicht unterhalb der Wasseroberfläche möglich, aber keinesfalls in einer Tiefe von $10\,\mathrm{m}$ oder mehr.

L10.3 Die Auftriebskraft auf jeden Barren ist betragsmäßig gleich der Gewichtskraft der von ihm verdrängten Wassermenge. Diese ist proportional zu ihrem Volumen, das ja gleich dem des jeweiligen Barrens ist. Kupfer hat eine geringere Dichte als Blei, sodass das Volumen des Kupferbarrens größer als das des gleich schweren Bleibarrens ist. Also ist die Auftriebskraft auf den Kupferbarren größer, und Aussage b ist richtig.

L10.4 Die Auftriebskraft auf jeden Barren ist betragsmäßig gleich der Gewichtskraft der von ihm verdrängten Wassermenge. Diese ist proportional zu ihrem Volumen, das ja gleich dem des jeweiligen Barrens ist. Die Volumina der beiden Barren sind gleich; also sind es auch die auf sie einwirkenden Auftriebskräfte, und Aussage c ist richtig.

L10.5 a) Beim Zusammendrücken der Flasche wird die Kraft in der Flüssigkeit gleichmäßig übertragen, sodass der Druck auf die Luftblase im Röhrchen zunimmt. Dadurch wird sie komprimiert, und die Auftriebskraft nimmt wegen des geringeren Luftvolumens ab. Dadurch sinkt der Taucher.

b) Wenn Wasser eingelassen wird, erhöht sich die Masse des U-Boots, nicht aber sein Volumen. Wegen der nun höheren Gewichtskraft muss es ein größeres Wasservolumen verdrängen, sodass es zu sinken beginnt.

c) Beim Einatmen wird der Brustkorb ein wenig expandiert, sodass das Volumen des Körpers leicht zunimmt. Das bedeutet, dass dessen mittlere Dichte geringer wird, denn seine Gewichtskraft ändert sich wegen der geringen eingeatmeten Luftmenge praktisch nicht. Je geringer die Dichte eines an der Oberfläche schwimmenden Körpers ist, desto weniger tief taucht er in das Wasser ein. Beim Ausatmen sind die Verhältnisse umgekehrt, und der Körper sinkt etwas tiefer ein.

L10.6 Die das Fluid beschleunigende Kraft rührt von der Druckdifferenz des Fluids im engen und im weiten Teil der Röhre her. Dabei entspricht die Kraft dem Produkt aus der Druckdifferenz und der Querschnittsfläche des engeren Teils.

L10.7 Wenn der Anker im Boot liegt, verdrängt dieses eine Wassermenge, deren Gewichtskraft der Summe aus den Gewichtskräften von Boot, Anker und Ihnen entspricht. Nach dem Herauswerfen des Ankers ist die gesamte Gewichtskraft des Boots um die des Ankers geringer, also auch das verdrängte Wasservolumen. Der herausgeworfene Anker verdrängt im See wegen seiner hohen Dichte ein geringes Wasservolumen, das nur seinem eigenen Volumen entspricht. Daher sinkt der Wasserspiegel des Sees beim Herauswerfen des Ankers ein wenig ab.

L10.8 Wir wenden die Kontinuitätsgleichung auf die Punkte A und B an. Mit den Querschnittsflächen A und den Geschwindigkeiten v ergibt dies

$$A_A\, v_A = A_B\, v_B\,, \qquad \text{also} \qquad v_A = \frac{A_B}{A_A}\, v_B\,.$$

Einsetzen der bekannten Ausdrücke für die Querschnittsflächen ergibt (mit den Durchmessern d)

$$v_A = \frac{\frac{1}{4}\,\pi\, d_B^2}{\frac{1}{4}\,\pi\, d_A^2}\, v_B = \left(\frac{d_B}{d_A}\right)^2 v_B = \left(\frac{5{,}0\,\text{cm}}{10\,\text{cm}}\right)^2 v_B = \tfrac{1}{4}\, v_B\,.$$

Somit ist Aussage c richtig.

L10.9 Wegen des Walls um das Loch 1 ist die Luftströmung über ihm von unten gesehen konkav. Dabei bewirkt ein nach oben gerichteter Druckgradient eine nach unten gerichtete Zentripetalkraft. Daher ist der Luftdruck am Loch 1 geringer als am Loch 2, denn bei diesem befindet sich kein Wall. Somit strömt die Luft in das Loch 2 hinein und aus dem Loch 1 hinaus. Dazu genügt, wie man zeigen konnte, bereits eine sehr schwache Brise, die über dem Erdboden weht.

Schätzungs- und Näherungsaufgaben

L10.10 Im Gleichgewicht sind die Beträge der Auftriebskraft F_A und der Gewichtskraft F_G gleich:

$$F_A = F_G = m\, g\,.$$

Die Auftriebskraft ist betragsmäßig gleich der Gewichtskraft der verdrängten Luft. Diese ist mit der Luftdichte ϱ_L und dem Ballonvolumen V_B gegeben durch $F_G = \varrho_L\, V_B\, g$.

Mit der ersten Gleichung ergibt sich daraus $\varrho_L\, V_B = m$.

Die gesamte anzuhebende Masse m ist die Summe aus der Masse m_N der Nutzlast und der Masse m_{He} des Heliums im Ballon (dessen Haut wir ja vernachlässigen):

$$m = m_N + m_{He} = m_N + \varrho_{He}\, V_B\,.$$

Das setzen wir in die vorige Gleichung ein und erhalten

$$\varrho_L\, V_B = m_N + \varrho_{He}\, V_B \qquad \text{sowie} \qquad V_B = \frac{m_N}{\varrho_L - \varrho_{He}}\,.$$

Mit dem Durchmesser $d = 2\, r$ gilt für das Ballonvolumen

$$V_B = \tfrac{4}{3}\,\pi\, r^3 = \tfrac{1}{6}\,\pi\, d^3\,,$$

und wir erhalten $\tfrac{1}{6}\,\pi\, d^3 = \dfrac{m_N}{\varrho_L - \varrho_{He}}\,.$

Damit ergibt sich für den Ballondurchmesser

$$d = \sqrt[3]{\frac{6\, m_N}{\pi\,(\varrho_L - \varrho_{He})}} = \sqrt[3]{\frac{6\,(25{,}0\,\text{kg})}{\pi\,(1{,}293 - 0{,}179)\,\text{kg}\cdot\text{m}^{-3}}}$$
$$= 3{,}50\,\text{m}\,.$$

L10.11 Im Gleichgewicht, also wenn der Ballon gerade abheben kann, sind die Beträge der Auftriebskraft F_A und der Gewichtskraft F_G praktisch gleich:

$$F_A = F_G = m\, g\,.$$

Die Auftriebskraft ist betragsmäßig gleich der Gewichtskraft der verdrängten Luft. Diese ist mit der Luftdichte ϱ_L und dem Ballonvolumen V_B gegeben durch $F_G = \varrho_L\, V_B\, g$.

Mit der ersten Gleichung ergibt sich daraus $\varrho_L\, V_B = m$.

Die gesamte anzuhebende Masse m ist die Summe aus der Masse m_N der Nutzlast und der Masse m_{HL} der Heißluft im Ballon (dessen Haut wir vernachlässigen):

$$m = m_N + m_{HL} = m_N + \varrho_{HL}\, V_B\,.$$

Das setzen wir in die vorige Gleichung ein:

$$\varrho_L\, V_B = m_N + \varrho_{HL}\, V_B\,.$$

Auflösen nach ϱ_L und Vereinfachen liefert

$$\varrho_{HL} = \frac{\varrho_L\, V_B - m_N}{V_B} = \varrho_L - \frac{m_N}{V_B}\,.$$

Mit dem Durchmesser $d = 2\, r$ gilt für das Ballonvolumen

$$V_B = \tfrac{4}{3}\,\pi\, r^3 = \tfrac{1}{6}\,\pi\, d^3\,.$$

Damit erhalten wir für die Dichte der Heißluft

$$\varrho_{HL} = \varrho_L - \frac{m_N}{\frac{1}{6}\,\pi\, d^3} = \varrho_L - \frac{6\, m_N}{\pi\, d^3}$$
$$= 1{,}293\,\text{kg}\cdot\text{m}^{-3} - \frac{6\,(1000\,\text{kg})}{\pi\,(22{,}0\,\text{m})^3} = 1{,}11\,\text{kg}\cdot\text{m}^{-3}\,.$$

Wie erwartet, ist die Dichte der Heißluft merklich geringer als die der kälteren Außenluft.

Dichte

L10.12 Die Masse ist das Produkt aus der Dichte und dem Volumen:

$$m = \varrho\, V = (1{,}293\,\text{kg} \cdot \text{m}^{-3})\,(4{,}0\,\text{m})\,(5{,}0\,\text{m})\,(4{,}0\,\text{m})$$
$$= 1{,}0 \cdot 10^2\,\text{kg}.$$

L10.13 Die Dichte des Quecksilbers bei $0\,°\text{C}$ bezeichnen wir mit ϱ_0 und die bei der höheren Temperatur mit ϱ. Die gesuchte Differenz der Dichten ist $\Delta\varrho = \varrho_0 - \varrho$. Weil die Dichte gleich dem Quotienten aus Masse und Volumen ist, gilt vor dem Erwärmen

$$\varrho_0 = \frac{m_0}{V_0}.$$

Das beim Erwärmen ausgelaufene Quecksilber hat das Volumen

$$V_\text{aus} = \frac{m_\text{aus}}{\varrho}.$$

Nach dem Erwärmen gilt daher für die Dichte

$$\varrho = \frac{m_0}{V_0 + V_\text{aus}} = \frac{m_0}{V_0 + \dfrac{m_\text{aus}}{\varrho}} = \frac{m_0 - m_\text{aus}}{V_0} = \varrho_0 - \frac{m_\text{aus}}{V_0}.$$

Damit ergibt sich für die Differenz der Dichten

$$\Delta\varrho = \varrho_0 - \varrho = \varrho_0 - \left(\varrho_0 - \frac{m_\text{aus}}{V_0}\right) = \frac{m_\text{aus}}{V_0}$$
$$= \frac{1{,}47 \cdot 10^{-3}\,\text{kg}}{60{,}0 \cdot 10^{-6}\,\text{m}^3} = 24{,}5\,\text{kg} \cdot \text{m}^{-3}.$$

Druck

L10.14 Der Druck in einer bestimmten Tiefe h unter der Wasseroberfläche ist die Summe aus dem Atmosphärendruck P_at und dem Druck $P = \varrho_\text{W}\, g\, h$ der Flüssigkeitssäule, die ja die Höhe h hat.

a) Mit der Dichte ϱ_W des Wassers ist der Wasserdruck P in der Tiefe h gegeben durch $P = P_\text{at} + \varrho_\text{W}\, g\, h$. Für die Tiefe mit dem Druck $2\,P_\text{at}$ erhalten wir damit

$$h = \frac{P - P_\text{at}}{\varrho_\text{W}\, g} = \frac{2\,P_\text{at} - P_\text{at}}{\varrho_\text{W}\, g} = \frac{P_\text{at}}{\varrho_\text{W}\, g}$$
$$= \frac{1{,}013 \cdot 10^5\,\text{N} \cdot \text{m}^{-2}}{(1{,}00 \cdot 10^3\,\text{kg} \cdot \text{m}^{-3})\,(9{,}81\,\text{m} \cdot \text{s}^{-2})} = 10{,}3\,\text{m}.$$

b) Mit der Dichte ϱ_Hg des Quecksilbers erhalten wir auf die gleiche Weise wie in Teilaufgabe a

$$h = \frac{2\,P_\text{at} - P_\text{at}}{\varrho_\text{Hg}\, g} = \frac{P_\text{at}}{\varrho_\text{Hg}\, g}$$
$$= \frac{1{,}013 \cdot 10^5\,\text{N} \cdot \text{m}^{-2}}{(13{,}6 \cdot 10^3\,\text{kg} \cdot \text{m}^{-3})\,(9{,}81\,\text{m} \cdot \text{s}^{-2})} = 75{,}7\,\text{cm}.$$

L10.15 Der Druck ist gleich dem Quotienten aus der Gewichtskraft und der Fläche. Damit ergibt sich der Druck des Pfennigabsatzes auf den Boden zu

$$P_\text{A} = \frac{F_\text{G}}{A} = \frac{m\, g}{A}$$
$$= \frac{(56\,\text{kg})\,(9{,}81\,\text{m} \cdot \text{s}^{-2})}{1{,}00 \cdot 10^{-4}\,\text{m}^2} = 5{,}49 \cdot 10^6\,\text{N} \cdot \text{m}^{-2}$$
$$= 54{,}9\,\text{bar}.$$

Wir nehmen an, dass der Elefant stillsteht, also alle Füße gleichmäßig belastet. Dann erhalten wir für den Druck eines seiner Füße

$$P_\text{E} = \frac{F_\text{G}}{A} = \frac{m\, g}{A}$$
$$= \frac{\frac{1}{4}\,(5000\,\text{kg})\,(9{,}81\,\text{m} \cdot \text{s}^{-2})}{400 \cdot 10^{-4}\,\text{m}^2} = 3{,}066 \cdot 10^5\,\text{N} \cdot \text{m}^{-2}$$
$$= 3{,}07\,\text{bar}.$$

Der Druck eines Pfennigabsatzes, auf dem das gesamte Gewicht einer Frau ruht, ist also rund 18-mal so groß wie der Druck der Füße eines stillstehenden Elefanten.

L10.16 a) Der Druck einer Wassersäule mit der Höhe h ist $P = \varrho_\text{W}\, g\, h$. Die Kraft entspricht dem Produkt aus dem Druck und der Fläche. Mit $A = \pi\, r^2$ erhalten wir also

$$F = PA = \varrho_\text{W}\, g\, h\, \pi\, r^2$$
$$= (1{,}00 \cdot 10^3\,\text{kg} \cdot \text{m}^{-3})\,(9{,}81\,\text{m} \cdot \text{s}^{-2})\,(12\,\text{m})\,\pi\,(0{,}20\,\text{m})^2$$
$$= 15\,\text{kN}.$$

b) Die Masse des Wassers in der Röhre ergibt sich aus der Dichte ϱ_W und dem Volumen V zu

$$m = \varrho_\text{W}\, V = \varrho_\text{W}\, h\, \pi\, r^2$$
$$= (1{,}00 \cdot 10^3\,\text{kg} \cdot \text{m}^{-3})\,(12\,\text{m})\,\pi\,(3{,}0 \cdot 10^{-3}\,\text{m})^2$$
$$= 0{,}34\,\text{kg}.$$

L10.17 Der Wasserdruck in der Tiefe h ist $P = \varrho_\text{W}\, g\, h$. Zudem ist der Druck gleich dem Quotienten aus Kraft und Fläche: $P = F/A$. Damit ergibt sich

$$h = \frac{P}{\varrho_\text{W}\, g} = \frac{F}{A\, \varrho_\text{W}\, g}$$
$$= \frac{400\,\text{N}}{(0{,}090\,\text{m})^2\,(1{,}00 \cdot 10^3\,\text{kg} \cdot \text{m}^{-3})\,(9{,}81\,\text{m} \cdot \text{s}^{-2})}$$
$$= 45\,\text{cm}.$$

L10.18 Wir betrachten hier jeweils nur den Betrag der Arbeit. Die beim Anheben des Autos um die Strecke h_1 verrichtete Arbeit ist $W_1 = F_1\, h_1$, wobei F_1 die Gewichtskraft und m_1 die Masse des Autos ist. Der Druck ist definiert als Quotient aus Kraft und Fläche. Weil im gesamten Hydrauliksystem derselbe Druck herrscht, gilt mit den Kolbenflächen A_1 und A_2

$$\frac{F_1}{A_1} = \frac{F_2}{A_2} \qquad \text{und daher} \qquad F_1 = F_2\,\frac{A_1}{A_2}.$$

Die Hydraulikflüssigkeit ist nicht kompressibel, sodass ihr Volumen gleich bleibt. Also gilt

$$h_1\,A_1 = h_2\,A_2 \qquad \text{und daher} \qquad h_1 = h_2\,\frac{A_2}{A_1}\,.$$

Einsetzen der Beziehungen für F_1 und für h_1 in die eingangs aufgestellte Gleichung ergibt

$$W_1 = F_1\,h_1 = F_2\,\frac{A_1}{A_2}\,h_2\,\frac{A_2}{A_1} = F_2\,h_2 = W_2\,.$$

Diese Gleichheit von W_1 und W_2 war zu beweisen.

Auftrieb

L10.19 Die scheinbare Gewichtskraft des Kupferblocks, die von der Federwaage angezeigt wird, ist die Differenz aus seiner Gewichtskraft F_G und der an ihm angreifenden Auftriebskraft F_A:

$$F_G' = F_G - F_A$$

Wir verwenden die Definition der Dichte (Quotient aus Masse und Volumen) sowie das archimedische Prinzip. Mit der Dichte ϱ_W des Wassers und dem Volumen V_{Cu} des Kupferblocks ergibt sich dann

$$F_G' = \varrho_{Cu}\,V_{Cu}\,g - \varrho_W\,V_{Cu}\,g = (\varrho_{Cu} - \varrho_W)\,V_{Cu}\,g\,.$$

Die Gewichtskraft des Kupferblocks ist $F_G = \varrho_{Cu}\,V_{Cu}\,g$, sodass $V_{Cu}\,g = F_G/\varrho_{Cu}$ gilt.

Das setzen wir in die Gleichung für F_G' ein und erhalten

$$\begin{aligned}
F_G' &= (\varrho_{Cu} - \varrho_W)\,V_{Cu}\,g = (\varrho_{Cu} - \varrho_W)\,\frac{F_G}{\varrho_{Cu}} \\
&= \left(1 - \frac{\varrho_W}{\varrho_{Cu}}\right) F_G \\
&= \left(1 - \frac{1}{8{,}96}\right)(0{,}500\,\mathrm{kg})\,(9{,}81\,\mathrm{m\cdot s^{-2}}) = 4{,}36\,\mathrm{N}\,.
\end{aligned}$$

L10.20 a) Die Dichte des Blocks ist gleich dem Quotienten aus der Masse und der Dichte: $\varrho_B = m_B/V_B$. Das Volumen können wir aus der Auftriebskraft ermitteln, die der Differenz von 0,45 N zwischen der Gewichtskraft in Luft und der scheinbaren Gewichtskraft in Wasser entspricht. Nach dem Archimedischen Prinzip gilt für den Betrag der Auftriebskraft in Wasser

$$|F_A| = F_{G,w} = m_w\,g = \varrho_W\,V_W\,g\,.$$

Darin ist $F_{G,w}$ die Gewichtskraft des verdrängten Wassers. Wir lösen nach dem verdrängten Wasservolumen auf:

$$V_W = \frac{|F_A|}{\varrho_W\,g}$$

Dieses Volumen ist natürlich gleich dem Volumen V_B des Blocks. Das setzen wir in die Beziehung für ϱ_B ein und erhalten mit der Gewichtskraft $F_G = m_B\,g$ des Blocks für dessen Dichte

$$\begin{aligned}
\varrho_B &= \frac{m_B}{V_B} = \frac{m_B}{V_W} = \frac{\varrho_W\,g\,m_B}{|F_A|} = \frac{\varrho_W\,F_G}{|F_A|} \\
&= \frac{(1{,}00\cdot 10^3\,\mathrm{kg\cdot m^{-3}})\,(5{,}00\,\mathrm{N})}{(5{,}00 - 4{,}55)\,\mathrm{N}} = 11\cdot 10^3\,\mathrm{kg\cdot m^{-3}}\,.
\end{aligned}$$

b) Nachschlagen in Dichtetabellen ergibt, dass der Block vermutlich aus Blei besteht.

L10.21 Wir bezeichnen mit ϱ die Dichte des Körpers, mit V sein Volumen und mit V' das Volumen des von ihm verdrängten Wassers, wenn er darin schwimmt. Dabei gleicht die Auftriebskraft im Wasser (mit der Dichte ϱ_W) die Gewichtskraft $m\,g$ des Körpers aus:

$$\varrho_W\,V'\,g - m\,g = \varrho_W\,V'\,g - \varrho\,V\,g = 0\,. \tag{1}$$

Mit $V'/V = 0{,}800$ erhalten wir daraus die Dichte des Körpers:

$$\varrho = \varrho_W\,\frac{V'}{V} = (1{,}00\cdot 10^3\,\mathrm{kg\cdot m^{-3}})\,(0{,}800) = 800\,\mathrm{kg\cdot m^{-3}}$$

Aus Gleichung 1 folgt damit $m\,g = 0{,}800\,\varrho_W\,V\,g$.

Diese Gewichtskraft ist ebenso groß wie die Auftriebskraft in der anderen Flüssigkeit (mit der Dichte ϱ_{Fl}), wobei aber gilt: $m\,g = 0{,}720\,\varrho_{Fl}\,V\,g$. Gleichsetzen beider Ausdrücke für die Gewichtskraft ergibt $0{,}720\,\varrho_{Fl} = 0{,}800\,\varrho_W$.

Daraus erhalten wir für die relative Dichte der Flüssigkeit

$$\frac{\varrho_{Fl}}{\varrho_W} = \frac{0{,}800}{0{,}720} = 1{,}11\,.$$

L10.22 Die scheinbare Gewichtskraft F_G' des Aluminiumblocks ist gleich der Differenz von Gewichtskraft und Auftriebskraft: $F_G' = F_G - F_A$.

Diese Kraft ist betragsmäßig gleich der Zugkraft in der Halteschnur und entspricht der Anzeige der oberen Waage. Mit dem archimedischen Prinzip und der Definition der Dichte ergibt sich daraus

$$F_G' = \varrho_{Al}\,V\,g - \varrho_W\,V\,g = (\varrho_{Al} - \varrho_W)\,V\,g\,.$$

Mit $F_G = \varrho_{Al}\,V\,g$ und daher $V\,g = F_G/\varrho_{Al}$ erhalten wir

$$\begin{aligned}
F_G' &= (\varrho_{Al} - \varrho_W)\,\frac{F_G}{\varrho_{Al}} = \left(1 - \frac{\varrho_W}{\varrho_{Al}}\right) F_G \\
&= \left(1 - \frac{1{,}00\cdot 10^3\,\mathrm{kg\cdot m^{-3}}}{2{,}70\cdot 10^3\,\mathrm{kg\cdot m^{-3}}}\right)(200\,\mathrm{kg})\,(9{,}81\,\mathrm{m\cdot s^{-2}}) \\
&= 12{,}4\,\mathrm{N}\,.
\end{aligned}$$

Der Betrag der Kraft F, die von der unteren Waage ausgeübt, also auch angezeigt wird, ergibt sich aus der Differenz der gesamten Gewichtskraft und der von der oberen Waage ausgeübten Kraft:

$$\begin{aligned}
|F| &= m_{ges}\,g - F_G' = (5{,}00\,\mathrm{kg})\,(9{,}81\,\mathrm{m\cdot s^{-2}}) - 12{,}4\,\mathrm{N} \\
&= 36{,}7\,\mathrm{N}
\end{aligned}$$

L10.23 a) Auf den Ballon wirken die Auftriebskraft F_A, seine Gewichtskraft $\boldsymbol{F}_G = m\,\boldsymbol{g}$ sowie die Reibungskraft $\boldsymbol{F}_R$.

Wir ermitteln zunächst die Auftriebskraft (wobei L die vom Ballon verdrängte Luft und B den Ballon bezeichnet):

$$F_A = \varrho_L\,V_L\,g = \varrho_B\,V_B\,g = \tfrac{4}{3}\,\pi\,\varrho_L\,r^3\,g$$

Die den Ballon in y-Richtung (nach oben) beschleunigende Kraft $m_B\,a_y$ entspricht der Differenz von Auftriebs- und Gewichtskraft:

$$F_A - m_B\,g = m_B\,a_y$$

Mit dem zuvor ermittelten Ausdruck für die Auftriebskraft folgt daraus

$$\tfrac{4}{3}\,\pi\,\varrho_L\,r^3\,g - m_B\,g = m_B\,a_y\,.$$

Also ist die Anfangsbeschleunigung nach oben

$$a_y = \left(\frac{\tfrac{4}{3}\,\pi\,\varrho_L\,r^3}{m_B} - 1\right) g$$

$$= \left(\frac{\tfrac{4}{3}\,\pi\,(1{,}29\,\text{kg}\cdot\text{m}^{-3})\,(2{,}5\,\text{m})^3}{15\,\text{kg}} - 1\right)(9{,}81\,\text{m}\cdot\text{s}^{-2})$$

$$= 45\,\text{m}\cdot\text{s}^{-2}\,.$$

b) Nach dem Erreichen der Endgeschwindigkeit v_E wirkt keine Kraft mehr auf den Ballon, da die Auftriebskraft von der Gewichtskraft und der Reibungskraft ausgeglichen wird:

$$F_A - m_B\,g - \tfrac{1}{2}\,\pi\,r^2\,\varrho\,v_E^2 = 0$$

Wir setzen den in Teilaufgabe a aufgestellten Ausdruck für die Auftriebskraft ein:

$$\tfrac{4}{3}\,\pi\,\varrho_L\,r^3\,g - m_B\,g - \tfrac{1}{2}\,\pi\,r^2\,\varrho\,v_E^2 = 0\,.$$

Die Endgeschwindigkeit ergibt sich damit zu

$$v_E = \sqrt{\frac{\left(\tfrac{4}{3}\,\pi\,\varrho_L\,r^3 - m_B\right) g}{\tfrac{1}{2}\,\pi\,r^2\,\varrho}}$$

$$= \sqrt{\frac{\left[\tfrac{4}{3}\,\pi\,(1{,}29\,\text{kg}\cdot\text{m}^{-3})\,(2{,}5\,\text{m})^3 - 15\,\text{kg}\right](9{,}81\,\text{m}\cdot\text{s}^{-2})}{\tfrac{1}{2}\,\pi\,(2{,}5\,\text{m})^2\,(1{,}29\,\text{kg}\cdot\text{m}^{-3})}}$$

$$= 7{,}3\,\text{m}\cdot\text{s}^{-1}\,.$$

L10.24 a) Die Tragkraft des Traggases ist durch die Differenz der Gewichtskraft der verdrängten Luft (der eigentlichen Auftriebskraft) und der Gewichtskraft des Traggases gegeben. Damit erhalten wir für die Tragkraft

$$F_T = g \cdot V \cdot (\rho_{\text{Luft}} - \rho_{\text{Traggas}})\,.$$

Wir vernachlässigen den leicht erhöhten Innendruck von Prallluftschiffen. Unter Normalbedingungen hat Luft die Dichte $\rho_{\text{Luft}} = 1{,}293\,\text{kg/m}^3$ und Helium die Dichte $\rho_{\text{He}} = 0{,}1785\,\text{kg/m}^3$. Daraus erhalten wir für die Tragkraft direkt

$$F_T = 9{,}81\,\text{m/s}^2 \cdot 20\,000\,\text{m}^3 \cdot 1{,}115\,\text{kg/m}^3$$

$$\approx 219\,\text{kN}\,.$$

b) Wasserstoffgas aus H_2-Molekülen besitzt eine Normdichte von $\rho_{H_2} = 0{,}08988\,\text{kg/m}^3$, und damit ist $\rho_{\text{Luft}} - \rho_{H_2} = 1{,}203\,\text{kg/m}^3$. Wir erhalten die Gleichung

$$219\,\text{kN} = 9{,}81\,\text{m/s}^2 \cdot V \cdot 1{,}115\,\text{kg/m}^3\,.$$

Auflösen nach V ergibt

$$V \approx 18\,600\,\text{m}^3\,.$$

c) Hier ist es eine Ermessensfrage, welche Schwankungen des Luftdrucks und der Temperatur man in Betracht zieht. Für Deutschland sind Schwankungen des Luftdrucks zwischen ca. 950 hPa und 1060 hPa dokumentiert. Die Dichte ist bei fester Stoffmenge proportional zu $\rho \propto V^{-1}$, und gemäß der Gleichung für ideale Gase

$$pV = nRT$$

ist

$$\rho \propto \frac{p}{T}\,.$$

Für kleine relative Änderungen der Dichte oder der Temperatur (in Kelvin) erfährt die Dichte eine vergleichbare relative Änderung. Die angegebene Druckschwankung entspricht einer Änderung von insgesamt ca. 10 %. Eine Schwankung der Luftdichte von 10 % führt zu einer Änderung der Auftriebskraft von etwa 10 %. Der Druck des Traggases ändert sich bei Prallluftschiffen unter Umständen nicht im gleichen Maße, ist für diese Abschätzung aber vernachlässigbar. Ähnlich verhält es sich mit den Temperaturschwankungen. Die historischen Temperaturextreme (von Oberflächentemperaturen abgesehen) bewegen sich in Deutschland etwa zwischen $-40\,^\circ\text{C} \sim 233\,\text{K}$ und $40\,^\circ\text{C} \sim 313\,\text{K}$, was einer Schwankung von etwa 30 % entspricht und zu einer vergleichbaren relativen Änderung der Tragkraft führt. Höhere Temperaturen entsprechen dabei einer niedrigeren Tragkraft. Die hier zitierten Werte sind allerdings historische Rekorde. Allgemein lässt sich folgern, dass die relativen Schwankungen in der Tragkraft etwa vergleichbar mit den relativen Schwankungen von Temperatur und Luftdruck sind.

Kontinuitäts- und Bernoulli-Gleichung

L10.25 a) Der Volumenstrom ist

$$I_V = A \, \upsilon = \pi \, r^2 \, \upsilon = \pi \, (9{,}0 \cdot 10^{-3}\,\mathrm{m})^2 \, (0{,}30\,\mathrm{m \cdot s^{-1}})$$

$$= (7{,}634 \cdot 10^{-5}\,\mathrm{m^3 \cdot s^{-1}}) \, \frac{60\,\mathrm{s}}{1\,\mathrm{min}} \, \frac{1\,\mathrm{l}}{10^{-3}\,\mathrm{m^3}}$$

$$= 4{,}58\,\mathrm{l \cdot min^{-1}} = 4{,}6\,\mathrm{l \cdot min^{-1}} \, .$$

b) In den Kapillaren ist der Volumenstrom $I_V = A_\mathrm{K} \, \upsilon_\mathrm{K}$. Damit ergibt sich für deren Gesamtquerschnitt

$$A_\mathrm{K} = \frac{I_V}{\upsilon_\mathrm{K}} = \frac{7{,}634 \cdot 10^{-5}\,\mathrm{m^3 \cdot s^{-1}}}{0{,}0010\,\mathrm{m \cdot s^{-1}}} = 7{,}6 \cdot 10^{-2}\,\mathrm{m^2} \, .$$

L10.26 Wir verwenden den Index 1 für die Öffnung am Ende der inneren Röhre und den Index 2 für eines der Löcher in der äußeren Röhre. Unter Vernachlässigung des Höhenunterschieds zwischen den beiden Öffnungen gilt gemäß der Bernoulli-Gleichung

$$P_1 + \tfrac{1}{2} \, \varrho_\mathrm{G} \, \upsilon_1^2 = P_2 + \tfrac{1}{2} \, \varrho_\mathrm{G} \, \upsilon_2^2 \, .$$

Dabei ignorieren wir auch den Druckunterschied aufgrund des Höhenunterschieds der Löcher. Die Druckdifferenz am Staurohr ergibt sich damit zu

$$\Delta P = P_1 - P_2 = \tfrac{1}{2} \, \varrho_\mathrm{G} \, \upsilon_2^2 - \tfrac{1}{2} \, \varrho_\mathrm{G} \, \upsilon_1^2 \, .$$

Weil das Gas am Loch zur inneren Röhre hin zum Stillstand kommt, ist $\upsilon_1 = 0$. Nun setzen wir $\upsilon_2 = \upsilon$, da das Gas an den Löchern im äußeren Ring frei vorbeiströmt. Damit gilt für die Druckdifferenz

$$\Delta P = \tfrac{1}{2} \, \varrho_\mathrm{G} \, \upsilon^2 \, .$$

Die Querschnittsfläche der inneren Röhre bezeichnen wir mit A und die Gewichtskraft der verdrängten Flüssigkeit in der inneren Röhre mit $F_\mathrm{G,F}$. Auf die Flüssigkeitssäule mit der Höhe h in der inneren Röhre wirkt die Auftriebskraft $F_\mathrm{A} = \varrho_\mathrm{G} \, g \, A \, h$. Damit ergibt sich

$$P_1 = P_2 + \frac{F_\mathrm{G,F}}{A} - \frac{F_\mathrm{A}}{A} = P_2 + \frac{\varrho \, g \, A \, h}{A} - \frac{\varrho_\mathrm{G} \, g \, A \, h}{A} \, .$$

Also ist $\Delta P = P_1 - P_2 = (\varrho - \varrho_\mathrm{G}) \, g \, h$.

Gleichsetzen beider Ausdrücke für die Druckdifferenz liefert

$$\tfrac{1}{2} \, \varrho_\mathrm{G} \, \upsilon^2 = (\varrho - \varrho_\mathrm{G}) \, g \, h \, .$$

Dies ergibt

$$\upsilon^2 = \frac{2 \, g \, h \, (\varrho - \varrho_\mathrm{G})}{\varrho_\mathrm{G}} \, .$$

Beachten Sie, dass die Korrektur für die vom verdrängten Gas hervorgerufene Auftriebskraft sehr klein ist. In guter Näherung gilt daher auch

$$\upsilon^2 \approx 2 \, g \, h \, \varrho / \varrho_\mathrm{G} \cdot \gamma$$

Anmerkung: Pitot-Rohre dienen z. B. an Flugzeugen zum Messen der Geschwindigkeit relativ zur Luft.

L10.27 Der Index a bezeichnet den Eingang und der Index b den Ausgang des Schlauchs. In diesem fließt das Fluid laminar, sodass wir die Bernoulli-Gleichung verwenden können.

a) Mit der Höhe h_B der Behälter und dem Atmosphärendruck P_at gilt gemäß der Bernoulli-Gleichung

$$P_\mathrm{at} + \tfrac{1}{2} \, \varrho \, \upsilon_\mathrm{a}^2 + \varrho \, g \, (h_\mathrm{B} - h)$$

$$= P_\mathrm{at} + \tfrac{1}{2} \, \varrho \, \upsilon_\mathrm{b}^2 + \varrho \, g \, (h_\mathrm{B} - h - d) \, .$$

Wir wenden nun die Kontinuitätsgleichung auf einen Punkt an der Flüssigkeitsoberfläche A_F im linken Behälter und auf den Eingangspunkt a des Schlauchs an:

$$\upsilon_\mathrm{a} \, A_\mathrm{a} = \upsilon_\mathrm{F} \, A_\mathrm{F} \, .$$

Weil A_F viel größer als die Querschnittsfläche A_a des Schlauchs ist, gilt: $\upsilon_\mathrm{a} = \upsilon_\mathrm{F} = 0$.

Das setzen wir in die vorige Gleichung ein, wobei wir außerdem $\upsilon_\mathrm{b} = \upsilon$ setzen:

$$P_\mathrm{at} + \varrho \, g \, (h_\mathrm{B} - h) = P_\mathrm{at} + \tfrac{1}{2} \, \varrho \, \upsilon^2 + \varrho \, g \, (h_\mathrm{B} - h - d) \, .$$

Auflösen nach der Geschwindigkeit ergibt $\upsilon = \sqrt{2 \, g \, d}$.

b) Mit dem Druck P_o am obersten Punkt im Schlauch gilt gemäß der Bernoulli-Gleichung

$$P_\mathrm{o} + \varrho \, g \, (h_\mathrm{B} - h) + \tfrac{1}{2} \, \varrho \, \upsilon_\mathrm{h}^2$$

$$= P_\mathrm{at} + \varrho \, g \, (h_\mathrm{B} - h - d) + \tfrac{1}{2} \, \varrho \, \upsilon_\mathrm{b}^2 \, .$$

Mit $\upsilon_\mathrm{h} = \upsilon_\mathrm{b}$ folgt daraus $P_\mathrm{o} = P_\mathrm{at} - \varrho \, g \, d$.

Anmerkung: Mit $P_\mathrm{o} = 0$ können wir daraus die maximale Höhendifferenz ermitteln, bei der der Siphon theoretisch noch funktionieren kann.

L10.28 Wir verwenden die Indices W für das Wasser, P für das Rohr (mit dem Durchmesser $2{,}0\,\mathrm{cm}$) aus der Pumpe sowie D für die Düse (mit dem Durchmesser $1{,}0\,\mathrm{cm}$). Die Drücke, die Durchmesser, die Geschwindigkeiten und die zu überwindenden Höhen hängen über die Bernoulli-Gleichung miteinander zusammen:

$$P_\mathrm{P} + \varrho_\mathrm{W} \, g \, h_\mathrm{P} + \tfrac{1}{2} \, \varrho_\mathrm{W} \, \upsilon_\mathrm{P}^2 = P_\mathrm{D} + \varrho_\mathrm{W} \, g \, h_\mathrm{D} + \tfrac{1}{2} \, \varrho_\mathrm{W} \, \upsilon_\mathrm{D}^2 \, .$$

Der Druck P_D ist gleich dem Atmosphärendruck P_at, und es ist $h_\mathrm{P} = 0$. Damit ergibt sich

$$P_\mathrm{P} + \tfrac{1}{2} \, \varrho_\mathrm{W} \, \upsilon_\mathrm{P}^2 = P_\mathrm{at} + \varrho_\mathrm{W} \, g \, h_\mathrm{D} + \tfrac{1}{2} \, \varrho_\mathrm{W} \, \upsilon_\mathrm{D}^2 \, .$$

Für den Pumpendruck gilt also

$$P_\mathrm{P} = P_\mathrm{at} + \varrho_\mathrm{W} \, g \, h_\mathrm{D} + \tfrac{1}{2} \, \varrho_\mathrm{W} \, (\upsilon_\mathrm{D}^2 - \upsilon_\mathrm{P}^2) \, . \qquad (1)$$

Gemäß der Kontinuitätsgleichung ist $A_\mathrm{P} \, \upsilon_\mathrm{P} = A_\mathrm{D} \, \upsilon_\mathrm{D}$ und daher

$$\upsilon_\mathrm{P} = \frac{A_\mathrm{D}}{A_\mathrm{P}} \, \upsilon_\mathrm{D} = \frac{\tfrac{1}{4} \pi \, d_\mathrm{D}^2}{\tfrac{1}{4} \pi \, d_\mathrm{P}^2} \, \upsilon_\mathrm{D} = \left(\frac{1{,}0\,\mathrm{cm}}{2{,}0\,\mathrm{cm}} \right)^2 \upsilon_\mathrm{D} = \tfrac{1}{4} \, \upsilon_\mathrm{D} \, .$$

Wegen der konstanten Beschleunigung gilt $v^2 = v_{\mathrm{D}}^2 - 2\,g\,\Delta h$. Außerdem ist $v = 0$, sodass $v_{\mathrm{D}}^2 = 2\,g\,\Delta h$ folgt. Das setzen wir in Gleichung 1 ein:

$$
\begin{aligned}
P_{\mathrm{P}} &= P_{\mathrm{at}} + \varrho_{\mathrm{w}}\,g\,h_{\mathrm{D}} + \tfrac{1}{2}\,\varrho_{\mathrm{w}}\left[2\,g\,\Delta h - \tfrac{1}{16}\left(2\,g\,\Delta h\right)\right] \\
&= P_{\mathrm{at}} + \varrho_{\mathrm{w}}\,g\,h_{\mathrm{D}} + \tfrac{1}{2}\,\varrho_{\mathrm{w}}\left(\tfrac{15}{8}\,g\,\Delta h\right) \\
&= P_{\mathrm{at}} + \varrho_{\mathrm{w}}\,g\left(h_{\mathrm{D}} + \tfrac{15}{16}\,\Delta h\right) \\
&= 101{,}325\,\mathrm{kPa} + \left(1{,}00 \cdot 10^3\,\mathrm{kg \cdot m^{-3}}\right)\left(9{,}81\,\mathrm{m \cdot s^{-2}}\right) \\
&\quad \cdot \left[3{,}0\,\mathrm{m} + \tfrac{15}{16}\,(12\,\mathrm{m})\right] \\
&= 2{,}4 \cdot 10^5\,\mathrm{Pa} .
\end{aligned}
$$

L10.29 Die Abbildung zeigt eine Röhre mit zwei verschiedenen Querschnitten in unterschiedlichen Höhen. Die jeweiligen Geschwindigkeiten und Druckkräfte sind eingezeichnet. Wir setzen die potenzielle Energie bei der Höhe $h = 0$ (beispielsweise am Erdboden) gleich null.

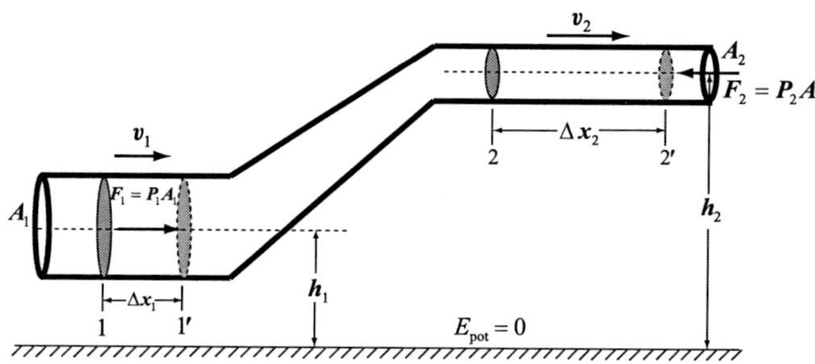

Wir betrachten ein Volumenelement ΔV des Fluids, das die Masse $\Delta m = \varrho\,\Delta V$ hat. Es bewegt sich von links nach rechts, also in den Teil mit der kleineren Querschnittsfläche hinein. Dafür ist insgesamt die Arbeit

$$
W_{\mathrm{ges}} = \Delta E_{\mathrm{kin}} + \Delta E_{\mathrm{pot}} \tag{1}
$$

aufzuwenden. Wegen der Energieerhaltung gilt dabei für die Änderung der potenziellen Energie

$$
\begin{aligned}
\Delta E_{\mathrm{pot}} &= (\Delta m)\,g\,h_2 - (\Delta m)\,g\,h_1 = (\Delta m)\,g\,(h_2 - h_1) \\
&= \varrho\,\Delta V\,g\,(h_2 - h_1) ,
\end{aligned}
$$

und für die Änderung der kinetischen Energie gilt

$$
\begin{aligned}
\Delta E_{\mathrm{kin}} &= \tfrac{1}{2}\,(\Delta m)\,v_2^2 - \tfrac{1}{2}\,(\Delta m)\,v_1^2 = \tfrac{1}{2}\,(\Delta m)\left(v_2^2 - v_1^2\right) \\
&= \tfrac{1}{2}\,\varrho\,\Delta V\left(v_2^2 - v_1^2\right) .
\end{aligned}
$$

Die Arbeit, die in der linken Teilröhre vom Fluid hinter dem Volumenelement an diesem verrichtet wird, ergibt sich aus der Kraft $F_1 = P_1 A_1$, die es beim Druck P_1 ausübt. Weil sich das Volumenelement dabei um die Strecke Δx_1 bewegt, gilt für diese Arbeit

$$
W_1 = F_1\,\Delta x_1 = P_1 A_1\,\Delta x_1 = P_1\,\Delta V .
$$

Entsprechend ist die Arbeit, die das Fluid vor dem Volumenelement an diesem in der rechten Teilröhre beim Druck P_2 verrichtet:

$$
W_2 = -F_2\,\Delta x_2 = -P_2 A_2\,\Delta x_2 = -P_2\,\Delta V .
$$

Das negative Vorzeichen rührt daher, dass die Richtungen der Bewegung und der Kraft hier entgegengesetzt sind.

Damit ergibt sich für die gesamte Arbeit, die am Volumenelement verrichtet wird:

$$
W_{\mathrm{ges}} = W_1 + W_2 = P_1\,\Delta V - P_2\,\Delta V = (P_1 - P_2)\,\Delta V .
$$

Diese Arbeit muss nun gleich der Summe der oben ermittelten Energieänderungen ΔE_{kin} und ΔE_{pot} gemäß Gleichung 1 sein. Also gilt

$$
(P_1 - P_2)\,\Delta V = \varrho\,\Delta V\,g\,(h_2 - h_1) + \tfrac{1}{2}\,\varrho\,\Delta V\left(v_2^2 - v_1^2\right),
$$

und Herauskürzen von ΔV liefert

$$
(P_1 - P_2) = \varrho\,g\,(h_2 - h_1) + \tfrac{1}{2}\,\varrho\left(v_2^2 - v_1^2\right) .
$$

Wir bringen Ausdrücke mit gleichen Indices jeweils auf seine Seite und erhalten damit die zu beweisende Gleichung:

$$
P_1 + \rho\,g\,h_1 + \tfrac{1}{2}\,\rho\,v_1^2 = P_2 + \rho\,g\,h_2 + \tfrac{1}{2}\,\rho\,v_2^2 .
$$

Das ist die Bernoulli-Gleichung für ein nicht kompressibles Fluid ohne Viskosität, das mit konstantem Volumendurchsatz strömt.

Strömung viskoser Flüssigkeiten

L10.30 Luft besitzt die Viskosität $\eta = 0{,}018 \cdot 10^{-3}\,\mathrm{Ns/m^2}$. Die Dichte ist in guter Näherung $1{,}2\,\mathrm{kg/m^3}$. Der Widerstandsbeiwert einer Kugel ist $c = 0{,}4$. Damit erhalten wir für die Stoke'sche Reibungskraft

$$
F_W(v) = 6\pi\,\eta\,r\,v
$$

die Werte

$$
\begin{aligned}
F_W(10^{-2}\,\mathrm{m/s}) &= 6\pi \cdot 0{,}018 \cdot 10^{-3}\,\frac{\mathrm{Ns}}{\mathrm{m^2}} \cdot 0{,}05\,\mathrm{m} \cdot 10^{-2}\,\frac{\mathrm{m}}{\mathrm{s}} \\
&= 1{,}7 \cdot 10^{-7}\,\mathrm{N}
\end{aligned}
$$

und

$$
\begin{aligned}
F_W(1\,\mathrm{m/s}) &= 6\pi \cdot 0{,}018 \cdot 10^{-3}\,\frac{\mathrm{Ns}}{\mathrm{m^2}} \cdot 0{,}05\,\mathrm{m} \cdot 1\,\frac{\mathrm{m}}{\mathrm{s}} \\
&= 1{,}7 \cdot 10^{-5}\,\mathrm{N} .
\end{aligned}
$$

Für die Newton'sche Reibungskraft

$$
F_W(v) = \tfrac{1}{2}\,c\,A\,\rho\,v^2
$$

erhalten wir

$$F_W(10^{-2}\,\text{m/s})$$
$$= \frac{1}{2} \cdot 0{,}4 \cdot \pi \cdot (0{,}05\,\text{m})^2 \cdot 1{,}2\,\frac{\text{kg}}{\text{m}^3} \cdot (10^{-2}\,\text{m/s})^2$$
$$= 1{,}9 \cdot 10^{-7}\,\text{N}$$

und

$$F_W(1\,\text{m/s})$$
$$= \frac{1}{2} \cdot 0{,}4 \cdot \pi \cdot (0{,}05\,\text{m})^2 \cdot 1{,}2\,\frac{\text{kg}}{\text{m}^3} \cdot (1\,\text{m/s})^2$$
$$= 1{,}9 \cdot 10^{-3}\,\text{N}\,.$$

L10.31 Gemäß dem Gesetz von Hagen-Poiseuille hängt die Druckdifferenz ΔP mit dem Volumenstrom I_V zusammen über

$$\Delta P = \frac{8\,\eta\,l}{\pi\,r^4}\,I_V\,.$$

Darin ist η die Viskosität, l die Länge der Kapillare und r deren Radius. Der Volumenstrom I_V ist das Produkt aus der Querschnittsfläche A der Kapillare und der Strömungsgeschwindigkeit v. Er ist also $I_V = A_\text{Kap}\,v = \pi\,r^2\,v$. Das setzen wir in die erste Gleichung ein, lösen diese nach η auf und erhalten für die Viskosität

$$\eta = \frac{\pi\,r^4\,\Delta P}{8\,l\,I_V} = \frac{r^2\,\Delta P}{8\,l\,v}$$
$$= \frac{(3{,}50 \cdot 10^{-6}\,\text{m})^2\,(2{,}60\,\text{kPa})}{8\,(1{,}00 \cdot 10^{-3}\,\text{m})\,(1{,}00 \cdot 10^{-3}\,\text{m} \cdot \text{s}^{-1})} = 3{,}98\,\text{mPa} \cdot \text{s}\,.$$

L10.32 Nach oben wirkt die Auftriebskraft F_A, und nach unten wirken die Reibungskraft F_R und die Gewichtskraft $m_G\,g$ der Gasblase. Wir wählen als positive Richtung die nach oben.

Als Indices verwenden wir F für die verdrängte Flüssigkeit, L für die Limonade sowie G für das Gas. Bis die Gasblase ihre Endgeschwindigkeit erreicht, wird sie mit der Beschleunigung a_y nach oben beschleunigt, wobei für die Kräfte gilt:

$$F_A - m_G\,g - F_R = m\,a_y\,.$$

Nach dem Erreichen der Endgeschwindigkeit ist die Beschleunigung null:

$$F_A - m_G\,g - F_R = 0\,. \tag{1}$$

Gemäß dem Archimedischen Prinzip gilt für die Auftriebskraft auf die Gasblase

$$|F_A| = |F_{G,F}| = m_{Fl}\,g = \varrho_{Fl}\,V_{Fl}\,g = \varrho_L\,V_{Blase}\,g\,.$$

Mit der Masse $m_G = \varrho_G\,V_{Blase}$ der Gasblase und mit der Endgeschwindigkeit v_E ergibt sich aus Gleichung 1

$$\varrho_L\,V_{Blase}\,g - \varrho_G\,V_{Blase}\,g - 6\,\pi\,\eta\,r\,v_E = 0\,.$$

Wir berücksichtigen, dass $\varrho_L \gg \varrho_G$ ist, und erhalten für die Endgeschwindigkeit

$$v_E = \frac{V_{Blase}\,g\,(\varrho_L - \varrho_G)}{6\,\pi\,\eta\,r} = \frac{\frac{4}{3}\,\pi\,r^3\,g\,(\varrho_L - \varrho_G)}{6\,\pi\,\eta\,r}$$
$$= \frac{2\,r^2\,g\,(\varrho_L - \varrho_G)}{9\,\eta} \approx \frac{2\,r^2\,g\,\varrho_L}{9\,\eta}$$
$$= \frac{2\,(0{,}50 \cdot 10^{-3}\,\text{m})\,(9{,}81\,\text{m} \cdot \text{s}^{-2})}{9\,(1{,}8 \cdot 10^{-3}\,\text{Pa} \cdot \text{s})}\,(1{,}1 \cdot 10^3\,\text{kg} \cdot \text{m}^{-3})$$
$$= 0{,}333\,\text{m} \cdot \text{s}^{-1} \approx 0{,}33\,\text{m} \cdot \text{s}^{-1}\,.$$

Damit ist die Zeitspanne, die die Gasblase bis zur Oberfläche benötigt:

$$\Delta t \approx \frac{h}{v_E} \approx \frac{0{,}20\,\text{m}}{0{,}333\,\text{m} \cdot \text{s}^{-1}} = 0{,}60\,\text{s}\,.$$

Diese Zeitspanne ist durchaus realistisch.

Allgemeine Aufgaben

L10.33 Weil das Floß (F) mit den Teenagern (T) darauf schwimmt, ist seine Auftriebskraft F_A betragsmäßig gleich der gesamten Gewichtskraft:

$$F_A = F_{G,F} + F_{G,T} \tag{1}$$

Die Auftriebskraft ist andererseits betragsmäßig gleich der Gewichtskraft des verdrängten Wassers, das wir mit dem Index W bezeichnen:

$$F_A = F_{G,W} = m_W\,g = \varrho_W\,V_W\,g = \varrho_W\,V_F\,g\,.$$

Darin haben wir $V_W = V_F$ gesetzt, weil das Floß gerade noch nicht vollständig eingetaucht ist. Die Gewichtskraft des Floßes ist gegeben durch

$$F_{G,F} = m_F\,g = \varrho_F\,V_F\,g\,,$$

und mit der Masse m_{1T} eines Teenagers ist die Gewichtskraft aller n Teenager

$$F_{G,T} = m_T\,g = n\,m_{1T}\,g\,.$$

Wir setzen nun die Ausdrücke für die Auftriebskraft und für die Gewichtskräfte in (1) ein:

$$\varrho_W V_F g = \varrho_F V_F g + n\, m_{1T}\, g\,.$$

Damit ergibt sich die Anzahl der Teenager zu

$$\begin{aligned}
n &= \frac{\varrho_W V_F g - \varrho_F V_F g}{m_{1T}\, g} = (\varrho_W - \varrho_F)\,\frac{V_F}{m_{1T}} \\
&= \left[(1{,}00 \cdot 10^3 - 650)\ \mathrm{kg \cdot m^{-3}}\right] \\
&\quad \cdot \frac{(3{,}00\,\mathrm{m})\,(2{,}00\,\mathrm{m})\,(0{,}0900\,\mathrm{m})}{75{,}0\,\mathrm{kg}} \\
&= 2{,}5\,.
\end{aligned}$$

Also können sich nur zwei Teenager auf das Floß stellen.

L10.34 Für die Masse eines gegebenen Volumens an Meerwasser gilt $m = \varrho\, V$. Weil sich die Masse nicht ändert, gilt für ihr Differenzial: $\varrho\, dV + V\, d\varrho = 0$. Daraus folgt

$$\frac{d\varrho}{\varrho} = -\frac{dV}{V} \qquad \text{bzw.} \qquad \frac{\Delta\varrho}{\varrho} \approx -\frac{\Delta V}{V}\,.$$

Mit der Definition des Kompressionsmoduls

$$K = -\frac{\Delta P}{\Delta V / V} = \frac{\Delta P}{\Delta\varrho / \varrho_0}$$

erhalten wir $\Delta\varrho = \varrho - \varrho_0 \approx \dfrac{\varrho_0\, \Delta P}{K}$.

Damit ergibt sich für die Dichte in der Tiefe, bei der der Druck insgesamt 800 bar beträgt:

$$\begin{aligned}
\varrho_{800} &\approx \varrho_0 + \frac{\varrho_0\, \Delta P}{K} = \varrho_0 \left(1 + \frac{\Delta P}{K}\right) \\
&\approx (1025\,\mathrm{kg \cdot m^{-3}}) \left(1 + \frac{799\,\mathrm{bar}}{2{,}3 \cdot 10^9\,\mathrm{N \cdot m^{-2}}}\right) \\
&= 1046\,\mathrm{kg \cdot m^{-3}}\,.
\end{aligned}$$

L10.35 Die auf der rechten Waagschale hinzuzufügende Gewichtskraft muss die Auftriebskraft F_A auf den in das Wasser (Wa) hineingehängten Würfel (W) ausgleichen. Für deren Betrag gilt

$$|F_A| = F_{G,Wa} = m_{Wa}\, g = \varrho_{Wa}\, V_{Wa}\, g = \varrho_{Wa}\, V_W\, g\,.$$

Darin haben wir das Volumen V_{Wa} des verdrängten Wassers gleich dem Volumen V_W des Würfels gesetzt.

Die Gewichtskraft des rechts aufzulegenden Massestücks ist $F_G = m\, g$. Ihr Betrag soll, wie gefordert, gleich dem der Auftriebskraft sein: $\varrho_{Wa}\, V_W\, g = m\, g$.

Damit ergibt sich für die rechts aufzulegende Masse

$$m = \varrho_{Wa}\, V_W = (1{,}00\,\mathrm{g \cdot cm^{-3}})\,(4{,}0\,\mathrm{cm})^3 = 64\,\mathrm{g}\,.$$

L10.36 Mit der Strömungsgeschwindigkeit v und der Querschnittsfläche $A = \pi r^2$ ergibt sich aus der Definition $I_V = A\,v = \pi r^2\, v$ des Volumenstroms für die Geschwindigkeit

$$v = \frac{I_V}{\pi r^2}\,.$$

Dies setzen wir in die Definition der Reynolds-Zahl ein:

$$Re = \frac{2\, r\, \varrho\, v}{\eta} = \frac{2\, \varrho\, I_V}{\eta\, \pi\, r}\,.$$

Wir nehmen für die Reynolds-Zahl einen Wert von 1000 an, der eindeutig einer laminaren Strömung entspricht. Damit erhalten wir

$$r = \frac{2\, \varrho\, I_V}{\eta\, \pi\, Re} = \frac{2\,(700\,\mathrm{kg \cdot m^{-3}})\,(0{,}500\,\mathrm{m^3 \cdot s^{-1}})}{\pi\,(0{,}800\,\mathrm{Pa \cdot s})\,(1000)} = 28\,\mathrm{cm}\,.$$

Mit dem Gesetz von Hagen-Poiseuille berechnen wir nun die Druckdifferenz, mit der bei diesem Radius von 0,28 m der geforderte Volumenstrom erzielt wird:

$$\begin{aligned}
\Delta P_{0,28} &= \frac{8\, \eta\, l}{\pi\, r^4}\, I_V \\
&= \frac{8\,(0{,}800\,\mathrm{Pa \cdot s})\,(50\,\mathrm{km})}{\pi\,(0{,}28\,\mathrm{m})^4}\,(0{,}500\,\mathrm{m^3 \cdot s^{-1}}) \\
&= 8{,}4 \cdot 10^6\,\mathrm{Pa} = 84\,\mathrm{bar}\,.
\end{aligned}$$

Ein so hoher Druck kann in der Pipeline nicht aufrechterhalten werden. Daher versuchen wir es mit einem etwa doppelt so großen Radius, nämlich 0,5 m:

$$\begin{aligned}
\Delta P_{0,5} &= \frac{8\,(0{,}800\,\mathrm{Pa \cdot s})\,(50\,\mathrm{km})}{\pi\,(0{,}50\,\mathrm{m})^4}\,(0{,}500\,\mathrm{m^3 \cdot s^{-1}}) \\
&= 8{,}2 \cdot 10^5\,\mathrm{Pa} = 8{,}2\,\mathrm{bar}\,.
\end{aligned}$$

Ein Durchmesser von 1 m ist also sinnvoll.

L10.37 a) Wenn der Ballon weder steigt noch sinkt, gleicht die Auftriebskraft F_A die Gewichtskräfte der Ballonhülle (H), des Heliums (He) sowie die Gewichtskraft F_G der Last (Korb plus Nutzlast) aus:

$$F_A - m_H\, g - m_{He}\, g - F_G = 0\,.$$

Mit dem Volumen V des Ballons gilt gemäß dem Archimedischen Prinzip

$$\varrho_{Luft}\, V g - m_H\, g - m_{He}\, g - F_G = 0\,.$$

Mit $m_{He} = \varrho_{He}\, V$ folgt daraus

$$\varrho_{Luft}\, V g - m_H\, g - \varrho_{He}\, V g - F_G = 0\,.$$

Damit erhalten wir für das Volumen

$$\begin{aligned}
V &= \frac{m_H\, g + F_G}{(\varrho_{Luft} - \varrho_{He})\, g} \\
&= \frac{(1{,}5\,\mathrm{kg})\,(9{,}81\,\mathrm{m \cdot s^{-2}}) + 750\,\mathrm{N}}{[(1{,}293 - 0{,}1786)\,\mathrm{kg \cdot m^{-3}}]\,(9{,}81\,\mathrm{m \cdot s^{-2}})} = 70\,\mathrm{m^3}\,.
\end{aligned}$$

b) Mit der nach oben beschleunigenden Kraft $m_{\text{ges}}\,a$ gilt beim Steigen $F_{\text{A}} - m_{\text{ges}}\,g = m_{\text{ges}}\,a$. Die Beschleunigung ist also gegeben durch $a = F_{\text{A}}/m_{\text{ges}} - g$. Wir berechnen zunächst die Gesamtmasse, wobei wir für das neue (doppelt so große) Volumen V' setzen:

$$m_{\text{ges}} = m_{\text{Last}} + m_{\text{He}} + m_{\text{H}} = \frac{F_{\text{G}}}{g} + \varrho_{\text{He}}\,V' + m_{\text{H}}$$

$$= \frac{900\,\text{N}}{9{,}81\,\text{m}\cdot\text{s}^{-2}}$$

$$+ (0{,}1786\,\text{kg}\cdot\text{m}^{-3})\,(140\,\text{m}^3) + 1{,}5\,\text{kg}$$

$$= 118\,\text{kg}\,.$$

Die Auftriebskraft ist nun

$$F_{\text{A}}' = \varrho_{\text{Luft}}\,V'g$$
$$= (1{,}293\,\text{kg}\cdot\text{m}^{-3})\,(140\,\text{m}^3)\,(9{,}81\,\text{m}\cdot\text{s}^{-2}) = 1{,}78\,\text{kN}\,.$$

Mit der obigen Beziehung für die Beschleunigung erhalten wir für diese

$$a = \frac{F_{\text{A}}}{m_{\text{ges}}} - g = \frac{1{,}78\,\text{kN}}{118\,\text{kg}} - 9{,}81\,\text{m}\cdot\text{s}^{-2} = 5{,}3\,\text{m}\cdot\text{s}^{-2}\,.$$

L10.38 a) Wir leiten den gegebenen Ausdruck für den Druck nach der Höhe ab:

$$\frac{\mathrm{d}P}{\mathrm{d}h} = -C\,P_0\,\mathrm{e}^{-C\,h} = -C\,P\,.$$

Separieren der Variablen ergibt $\mathrm{d}P/P = -C\,\mathrm{d}h$.

b) Wir logarithmieren die Funktion $P(h)$:

$$\ln P = \ln(P_0\,\mathrm{e}^{-Ch}) = \ln P_0 + \ln\,\mathrm{e}^{-Ch} = \ln P_0 - C\,h\,.$$

Auflösen nach C und Einsetzen der Werte ergibt

$$C = \frac{1}{h}\,\ln\frac{P_0}{P} = \frac{1}{5{,}5\,\text{km}}\,\ln\frac{P_0}{\frac{1}{2}\,P_0} = \frac{\ln 2}{5{,}5\,\text{km}} = 0{,}13\,\text{km}^{-1}\,.$$

L10.39 Die mechanische Leistung, um ein Fahrzeug mit der Geschwindigkeit v gegen eine Kraft F zu bewegen, ist

$$P = F\cdot v\,.$$

Mit der Newton'schen Reibungskraft erhalten wir also

$$P = \frac{1}{2}\,c\,A\,\rho\,v^2\,v = \frac{1}{2}\,c\,A\,\rho\,v^3\,.$$

Wir setzen ein und erhalten mit $v = 83{,}3\,\text{m/s}$ und $\rho = 1{,}2\,\text{kg/m}^3$ die Leistung

$$P = \frac{1}{2}\cdot 0{,}36\cdot 1{,}7\,\text{m}^2\cdot 1{,}2\,\text{kg/m}^3\cdot(83{,}3\,\text{m/s})^3$$
$$\approx 212\,\text{kW}\,.$$

Dies entspricht einer Leistung von etwa 288 PS. In der Regel benötigen handelsübliche Sportwagen aufgrund weiterer Reibungsverluste eine größere Motorleistung, um diese Geschwindigkeit zu erreichen.

L10.40 Es herrscht Kräftegleichgewicht, weil Auftriebs- und Gewichtskraft einander ausgleichen:

$$\sum F_y = F_{\text{A}} - F_{\text{G}} = 0\,.$$

Mit dem Index W für das Wasser erhalten wir daraus mithilfe der entsprechenden Ausdrücke für die beiden Kräfte

$$\varrho_{\text{W}}\,(V + \delta V)\,g - m\,g = 0\,.$$

Darin ist V das Volumen des Fischs und δV dessen Zunahme infolge der Expansion der Schwimmblase. Hierfür gilt also

$$\delta V = \frac{m}{\varrho_{\text{W}}} - V\,.$$

Aus der Definition $\varrho = m/V$ ergibt sich $V = m/\varrho$. Das setzen wir ein und erhalten für das zusätzliche Volumen der Schwimmblase und damit auch des Sauerstoffs darin

$$\delta V = \frac{m}{\varrho_{\text{W}}} - \frac{m}{\varrho} = m\left(\frac{1}{\varrho_{\text{W}}} - \frac{1}{\varrho}\right)$$
$$= (0{,}825\,\text{kg})\left(\frac{1}{1{,}00\,\text{kg}\cdot\text{l}^{-1}} - \frac{1}{1{,}05\,\text{kg}\cdot\text{l}^{-1}}\right)$$
$$= 39\,\text{cm}^3\,.$$

Anmerkung: Hierbei haben wir die Masse m_{S} des Sauerstoffs in der Schwimmblase vernachlässigt, die eigentlich zur gegebenen Masse des Fischs addiert werden müsste. Aber sie kann getrost außer Acht gelassen werden, weil sie wegen der kleinen Volumenzunahme der Schwimmblase äußerst gering ist:

$$m_{\text{S}} = \varrho_{\text{Luft}}\,\delta V = (1{,}293\,\text{kg}\cdot\text{m}^{-3})\,(39\cdot 10^{-6}\,\text{m}^3) = 50\,\mu\text{g}\,.$$

Schwingungen und Wellen

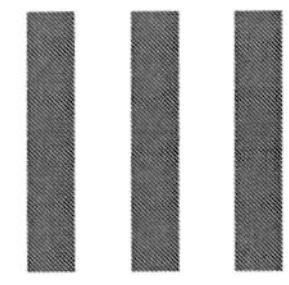

© diego_cervo/Getty Images/iStock

Schwingungen

© Springer-Verlag GmbH Deutschland, ein Teil von Springer Nature 2019
A. Knochel (Hrsg.), *Arbeitsbuch zu Tipler/Mosca, Physik*, https://doi.org/10.1007/978-3-662-58919-9_11

Aufgaben

Verständnisaufgaben

11.1 • Richtig oder falsch? a) Bei einem harmonischen Oszillator ist die Periode proportional zum Quadrat der Amplitude. b) Bei einem harmonischen Oszillator hängt die Frequenz nicht von der Amplitude ab. c) Wenn die Gesamtkraft auf ein Teilchen, das sich in einer Dimension bewegen kann, proportional zur Auslenkung aus der Gleichgewichtslage und ihr entgegengesetzt gerichtet ist, liegt eine harmonische Schwingung vor.

11.2 •• Ein Federschwinger führt eine harmonische Schwingung mit einer Amplitude von 4,0 cm aus. Er ist zu einem bestimmten Zeitpunkt 2,0 cm von der Gleichgewichtslage entfernt. Welcher Bruchteil der Gesamtenergie ist hier potenzielle Energie? a) Ein Viertel, b) ein Drittel, c) die Hälfte, d) zwei Drittel, e) drei Viertel.

11.3 •• In Einführungskursen zur Physik wird die Masse der Feder eines harmonisch schwingenden Federschwingers meist vernachlässigt, weil sie viel kleiner ist als die an der Feder befestigte Masse. Diese Vereinfachung ist aber nicht immer zulässig. Welchen Einfluss hat es auf die berechneten Werte der Schwingungsdauer, der Frequenz und der Gesamtenergie im Vergleich zu den korrekten Werten, wenn man die Federmasse vernachlässigt? Erläutern Sie Ihre Antwort.

11.4 •• Zwei Federschwinger A und B schwingen so, dass ihre gesamten Energien gleich sind. Welcher Ausdruck beschreibt den Zusammenhang zwischen ihren Schwingungsamplituden am besten, wenn $m_A = 2\,m_B$ gilt? a) $A_A = A_B/4$, b) $A_A = A_B/\sqrt{2}$, c) $A_A = A_B$. d) Die Informationen reichen nicht aus, um das Verhältnis der Amplituden zu ermitteln.

11.5 •• Bei zwei mathematischen Pendeln gelten folgende Zusammenhänge: Pendel A hat die Länge l_A und einen Pendelkörper der Masse m_A, Pendel B hat die Länge l_B und einen Pendelkörper der Masse m_B. Ferner ist die Schwingungsdauer von A doppelt so groß wie die von B. Welche Aussage ist richtig? a) $l_A = 2\,l_B$ und $m_A = 2\,m_B$, b) $l_A = 4\,l_B$ und $m_A = m_B$, c) $l_A = 4\,l_B$ (unabhängig vom Verhältnis m_A/m_B), d) $l_A = \sqrt{2}\,l_B$ (unabhängig vom Verhältnis m_A/m_B).

11.6 •• Bei zwei mathematischen Pendeln gelten folgende Zusammenhänge: Pendel A hat die Länge l_A und einen Pendelkörper der Masse m_A, Pendel B hat die Länge l_B und einen Pendelkörper der Masse m_B. Ferner beträgt die Frequenz von A ein Drittel der Frequenz von B. Welche Aussage ist richtig? a) $l_A = 3\,l_B$ und $m_A = 3\,m_B$, b) $l_A = 9\,l_B$ und $m_A = m_B$, c) $l_A = 9\,l_B$ (unabhängig vom Verhältnis m_A/m_B), d) $l_A = \sqrt{3}\,l_B$ (unabhängig vom Verhältnis m_A/m_B).

11.7 •• Richtig oder falsch? a) Die mechanische Energie eines gedämpften, nicht angetriebenen Oszillators sinkt expo-

nentiell mit der Zeit. b) Resonanz tritt bei einem gedämpften, angetriebenen Oszillator auf, wenn die Anregungsfrequenz genau gleich der Eigenfrequenz ist. c) Wenn der Q-Faktor eines gedämpften Oszillators hoch ist, dann ist die Resonanzkurve schmal. d) Die Zeitkonstante τ eines Federschwingers mit linearer Dämpfung hängt nicht von seiner Masse ab. e) Der Q-Faktor eines angetriebenen Federschwingers mit linearer Dämpfung hängt nicht von seiner Masse ab.

11.8 •• Zwei gedämpfte Federschwinger haben gleiche Federkonstanten und gleiche Dämpfungskonstanten. Jedoch ist die Masse m_A des Schwingers A 4-mal so groß wie die Masse m_B des Schwingers B. Wie hängen ihre Zeitkonstanten miteinander zusammen? a) $\tau_A = 4\,\tau_B$, b) $\tau_A = 2\,\tau_B$, c) $\tau_A = \tau_B$, d) die Zeitkonstanten können nicht verglichen werden, da nicht genügend Informationen vorliegen.

Schätzungs- und Näherungsaufgaben

11.9 • Schätzen Sie ab, wie sich die Breite einer typischen alten Standuhr mit Pendel zu den Abmessungen des Pendelkörpers verhält. Nehmen Sie an, dass das Pendel eine harmonische Schwingung ausführt.

11.10 • Bei einer Schaukel auf einem Spielplatz nimmt die Amplitude über acht Perioden auf den Bruchteil 1/e ab, wenn dem System keine zusätzliche Energie zugeführt wird. Schätzen Sie den Q-Faktor des Systems ab.

11.11 •• a) Schätzen Sie die Schwingungsdauer Ihrer Arme, wenn Sie gehen. Ihre Hände seien leer. b) Schätzen Sie die Schwingungsdauer eines Arms, wenn Sie eine schwere Aktentasche tragen. c) Beobachten Sie andere Leute beim Gehen. Sind Ihre Schätzungen plausibel?

Harmonische Schwingungen

11.12 • Der Ort eines bestimmten Teilchens ist gegeben durch $x(t) = (7{,}0\,\text{cm})\cos(6\pi\,\text{s}^{-1}\,t)$; dabei ist t in Sekunden einzusetzen. Wie groß sind a) die Frequenz, b) die Schwingungsdauer und c) die Amplitude der Teilchenbewegung? d) Wann befindet sich das Teilchen zum ersten Mal nach $t = 0$ in seiner Gleichgewichtslage? In welche Richtung bewegt es sich zu diesem Zeitpunkt?

11.13 • Bestimmen Sie a) die maximale Geschwindigkeit sowie b) die maximale Beschleunigung des Teilchens in Aufgabe 11.12. c) Zu welchem Zeitpunkt bewegt sich das Teilchen zum ersten Mal durch die Linie $x = 0$ nach rechts?

11.14 • Gegeben ist die Beziehung $x = A\cos(\omega t + \delta)$. Wie groß ist darin jeweils die Phasenkonstante δ, wenn für den Ort x des schwingenden Teilchens zur Zeit $t = 0$ Folgendes gilt? a) 0, b) $-A$, c) A bzw. d) $A/2$.

11.15 •• Nach militärischen Spezifikationen müssen elektronische Geräte Beschleunigungen bis zu $10\,g = 98{,}1\,\mathrm{m/s^2}$ (darin ist g die Erdbeschleunigung) aushalten. Um zu überprüfen, ob die Produkte Ihrer Firma diesen Anforderungen entsprechen, wollen Sie einen Rütteltisch verwenden, der ein Gerät bei verschiedenen Frequenzen und Amplituden dieser Beschleunigung aussetzt. Wie groß muss beim Test auf die Einhaltung der 10-g-Spezifizierung die Frequenz sein, wenn die Schwingungsamplitude 1,5 cm beträgt?

11.16 •• a) Zeigen Sie, dass man den zeitabhängigen Ausdruck $A_0 \cos(\omega t + \delta)$ in der Form $A_\mathrm{s} \sin \omega t + A_\mathrm{c} \cos \omega t$ ausdrücken kann, und bestimmen Sie A_s sowie A_c in Abhängigkeit von A_0 und δ. b) Geben Sie den Zusammenhang von A_s und A_c mit dem Anfangsort und der Anfangsgeschwindigkeit eines harmonisch schwingenden Teilchens an.

Harmonische Schwingungen und Kreisbewegung

11.17 • Ein Teilchen bewegt sich um den Ursprung auf einem Kreis mit dem Radius 15 cm. In 3,0 s vollführt es 1,0 Umdrehungen. a) Wie groß ist die Bahngeschwindigkeit des Teilchens? b) Wie groß ist seine Winkelgeschwindigkeit ω? c) Geben Sie einen Ausdruck für die x-Komponente des Teilchenorts als Funktion der Zeit t an. Nehmen Sie dazu an, dass sich das Teilchen bei $t = 0$ auf der negativen x-Achse befindet.

Energie eines harmonischen Oszillators

11.18 • Ein horizontaler Federschwinger besteht aus einem Körper von 3,0 kg, der an einer horizontalen Feder befestigt ist und auf einer reibungsfreien Unterlage mit der Amplitude 10 cm und der Frequenz 2,4 Hz schwingt. Bestimmen Sie die mechanische Gesamtenergie.

11.19 •• Ein horizontaler Federschwinger besteht aus einem Körper von 3,0 kg, der an einer horizontalen Feder befestigt ist und auf einer reibungsfreien Unterlage mit der Amplitude 8,0 cm schwingt. Die maximale Beschleunigung beträgt $3{,}5\,\mathrm{m/s^2}$. Bestimmen Sie die mechanische Gesamtenergie.

Harmonische Schwingungen und Federschwinger

11.20 • Eine Person von 85,0 kg steigt in ein Auto der Masse 2400 kg. Dabei federt der Wagen um 2,35 cm durch. Mit welcher Frequenz wird das Auto mit dem Fahrgast auf der Federung schwingen, wenn keine Dämpfung vorliegt?

11.21 •• Ein Körper der Masse m hängt an einer vertikalen Feder mit der Kraftkonstanten 1800 N/m. Wenn er 2,50 cm weit aus seiner Gleichgewichtslage nach unten gezogen und hier aus dem Stillstand heraus losgelassen wird, schwingt er mit 5,50 Hz.

a) Bestimmen Sie m. b) Um wie viel ist die Feder gegenüber dem unbelasteten Zustand gedehnt, wenn der Körper in seiner Gleichgewichtslage an ihr hängt? c) Geben Sie Ausdrücke für die Auslenkung y, die Geschwindigkeit v_y und die Beschleunigung a_y als Funktionen der Zeit t an.

11.22 •• Ein Koffer mit einer Masse von 20 kg hängt an zwei elastischen Kordeln, wie in Abb. 11.1 gezeigt ist. Im Gleichgewicht ist jede Kordel um 5,0 cm gedehnt. Wie hoch ist die Schwingungsfrequenz, wenn der Koffer ein wenig nach unten gezogen und dann losgelassen wird?

Abb. 11.1 Zu Aufgabe 11.22

11.23 •• Ein Körper mit einer Masse von 2,0 kg ist oben an einer vertikalen Feder befestigt, die am Boden verankert ist. Die Länge der nicht komprimierten Feder beträgt 8,0 cm, und im Gleichgewicht beträgt sie 5,0 cm. Hierbei erhält der Körper mit einem Hammer einen nach unten gerichteten Impuls, sodass seine Anfangsgeschwindigkeit 0,30 m/s beträgt. a) Welche maximale Höhe über dem Boden erreicht der Körper danach? b) Wie lange braucht er, um zum ersten Mal die maximale Höhe zu erreichen? c) Wird die Feder während der Schwingung jemals wieder unkomprimiert? Welche minimale Anfangsgeschwindigkeit muss der Körper erhalten, damit die Feder zu irgendeiner Zeit unkomprimiert ist?

11.24 ••• Das Seil einer Winde hat eine Querschnittsfläche von $1{,}5\,\mathrm{cm^2}$ und ist 2,5 m lang. Der Elastizitätsmodul des Seilmaterials beträgt $150\,\mathrm{GN\,m^{-2}}$. Am Seil hängt ein Maschinenteil von 950 kg. a) Um welche Länge dehnt sich das Seil? b) Fassen Sie das Seil als einfache Feder auf. Wie groß ist die Frequenz der vertikalen Schwingung des Maschinenteils?

Mathematisches Pendel

11.25 • Bestimmen Sie die Schwingungsdauer eines 1,00 m langen Pendels, das kleine Schwingungen vollführt.

11.26 • Bestimmen Sie die Länge eines mathematischen Pendels, dessen Schwingungsdauer bei kleiner Amplitude 5,0 s beträgt.

11.27 •• Zeigen Sie, dass die Gesamtenergie eines mathematischen Pendels, das Schwingungen mit kleiner Winkelamplitude θ_0 ausführt, durch $E \approx \frac{1}{2}\, m\, g\, l\, \theta_0^2$ gegeben ist. *Hinweis:* Verwenden Sie die für kleines θ gültige Näherung $\cos\theta \approx 1 - \frac{1}{2}\theta^2$.

11.28 •• Ein mathematisches Pendel der Länge l ist mit einem schweren Wagen verbunden, der reibungsfrei eine geneigte Ebene mit dem Winkel θ gegenüber der Horizontalen heruntergleitet (Abb. 11.2). Bestimmen Sie die Schwingungsdauer dieses Pendels bei kleinen Auslenkungen.

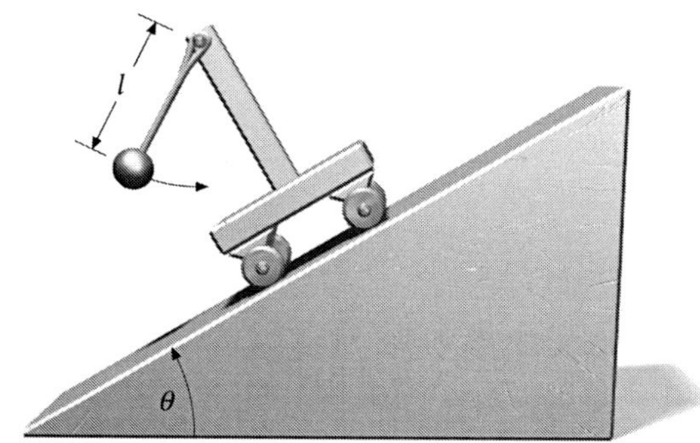

Abb. 11.2 Zu Aufgabe 11.28

11.29 •• Ein mathematisches Pendel der Länge 1,00 m ist in einem Waggon aufgehängt, der sich mit einer Beschleunigung von $|\boldsymbol{a}_{\mathrm{R}}^{(\mathrm{I})}| = 3{,}00\,\mathrm{m/s^2}$ bewegt. Berechnen Sie $|\boldsymbol{a}_{\mathrm{G}}^{(\mathrm{B})}|$ und die Schwingungsdauer T.

Physikalische Pendel

11.30 • Eine dünne gleichförmige Scheibe mit der Masse 5,0 kg und dem Radius 20 cm ist an einer festen horizontalen Achse aufgehängt, die senkrecht zur Scheibe durch deren Rand verläuft. Die Scheibe wird aus dem Gleichgewicht leicht ausgelenkt und dann losgelassen. Bestimmen Sie die Schwingungsdauer der darauf folgenden harmonischen Schwingung.

11.31 • Ein ebener, flacher Körper mit der Masse 3,0 kg ist an einem Punkt im Abstand 10 cm vom Schwerpunkt aufgehängt. Wenn der Körper mit kleiner Amplitude schwingt, beträgt seine Schwingungsdauer 2,6 s. Bestimmen Sie das Trägheitsmoment I bezüglich der Achse, die senkrecht auf der Ebene des Körpers steht und durch den Aufhängungspunkt verläuft.

11.32 •• Abb. 11.3 zeigt eine gleichförmige zylindrische Scheibe mit dem Radius $r = 0{,}80$ m und der Masse 6,00 kg. Im Abstand d vom Mittelpunkt befindet sich ein kleines Loch, an dem die Scheibe drehbar aufgehängt wird. a) Wie groß muss d sein, damit die Schwingungsdauer dieses physikalischen Pendels 2,50 s beträgt? b) Wie groß muss d sein, damit die Schwingungsdauer minimal wird? Wie groß ist diese Dauer?

Abb. 11.3 Zu Aufgabe 11.32

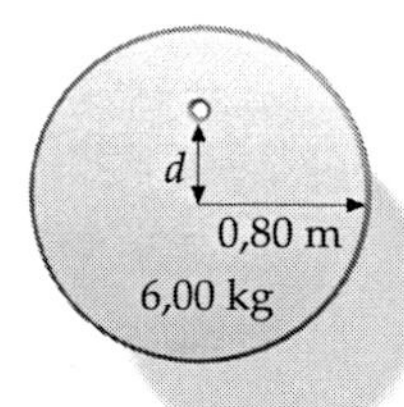

11.33 ••• Die Punkte P_1 und P_2 auf einem ebenen, flachen Körper befinden sich im Abstand h_1 bzw. h_2 vom Schwerpunkt (Abb. 11.4). Wenn sich der Körper um eine Achse durch P_1 drehen kann, schwingt er mit derselben Schwingungsdauer T, wie wenn er sich um eine Achse durch P_2 drehen kann. Beide Achsen stehen senkrecht auf der Ebene des Körpers. Zeigen Sie, dass $h_1 + h_2 = g\, T^2/(4\pi^2)$ gilt (mit $h_1 \neq h_2$).

Abb. 11.4 Zu Aufgabe 11.33

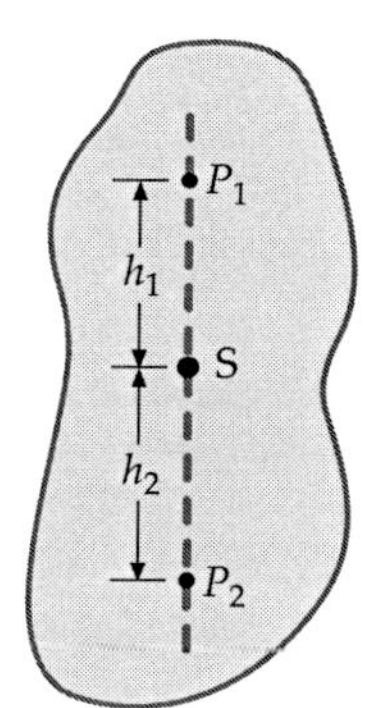

11.34 ••• Ein physikalisches Pendel besteht aus einer Kugel mit dem Radius r_{K} und der Masse m, die an einem starren, oben drehbaren Stab (oder beim Fadenpendel an einem Faden) mit vernachlässigbarer Masse hängt. Der Abstand zwischen dem Mittelpunkt der Kugel und dem Aufhängepunkt ist l. Bei $r_{\mathrm{K}} \ll l$ kann man ein solches Pendel oft als mathematisches Pendel mit der Länge l ansehen. a) Zeigen Sie, dass die Schwingungsdauer bei geringen Amplituden durch

$$T = T_0 \sqrt{1 + \frac{2\, r_{\mathrm{K}}^2}{5\, l^2}}$$

gegeben ist. Dabei gibt $T_0 = 2\pi\sqrt{l/g}$ die Schwingungsdauer eines mathematischen Pendels mit der Länge l an. b) Zeigen Sie, dass sich die Schwingungsdauer bei $r_{\mathrm{K}} \ll l$ durch $T \approx T_0 [1 + r_{\mathrm{K}}^2/(5\, l^2)]$ annähern lässt. c) Berechnen Sie den Fehler bei $l = 1{,}00$ m und $r_{\mathrm{K}} = 2{,}00$ cm, wenn bei diesem Pendel die Näherung $T = T_0$ verwendet wird. Wie groß muss der Radius des Pendelkörpers sein, damit der Fehler 1,00 % beträgt?

Gedämpfte Schwingungen

11.35 • Ein 2,00 kg schwerer Körper schwingt vertikal mit der Anfangsamplitude 3,00 cm an einer Feder mit der Kraftkonstanten $k_F = 400\,\text{N/m}$. Bestimmen Sie a) die Schwingungsdauer und b) die gesamte Anfangsenergie. c) Bestimmen Sie die Dämpfungskonstante b und den Q-Faktor, wenn die Energie pro Periode um 1,00 % abnimmt.

11.36 •• Ein linear gedämpfter Oszillator hat den Q-Faktor 20. a) Um welchen Bruchteil nimmt die Energie während jeder Periode ab? b) Bestimmen Sie mithilfe der Gleichung

$$\omega' = \omega_0 \sqrt{1 - \left(\frac{b}{2\,m\,\omega_0}\right)^2}$$

die prozentuale Differenz zwischen ω' und ω_0. *Hinweis:* Verwenden Sie die für kleine x gültige Näherung $(1 + x)^{1/2} \approx 1 + \frac{1}{2}\,x$.

11.37 •• Seismologen und Geophysiker haben festgestellt, dass die schwingende Erde eine Resonanzperiode von 54 min und einen Q-Faktor von ungefähr 400 aufweist. Nach einem großen Erdbeben klingt die Erde bis zu zwei Monate lang „nach". a) Bestimmen Sie den prozentualen Anteil der Schwingungsenergie, die durch Dämpfungskräfte während jeder Periode verloren geht. b) Zeigen Sie, dass nach n Perioden die Energie der Schwingung durch $E_n = (0{,}984)^n\,E_0$ gegeben ist (hierin ist E_0 die Anfangsenergie). c) Wie groß ist die Energie nach 2,0 Tagen?

11.38 ••• Sie wollen die Viskosität des Schmieröls aus einer Raffinerie überwachen. Dazu wenden Sie folgendes Messverfahren an, das auf dem Stokes'schen Reibungsgesetz basiert: Sie bestimmen die Zeitkonstante eines Oszillators mit bekannten Eigenschaften, der beim Schwingen vollständig in ein Fluid eingetaucht ist. Solange die Geschwindigkeit des Oszillators im Fluid relativ gering ist, sodass keine Turbulenz auftritt, ist die Reibungskraft F_R des Fluids auf eine Kugel proportional zu deren Geschwindigkeit v relativ zum Fluid. Es gilt $F_R = 6\,\pi\,\eta\,a\,v$; dabei ist η die Viskosität des Fluids und a der Kugelradius. Die Dämpfungskonstante b ist also gegeben durch $b = 6\,\pi\,a\,\eta$. Die Messapparatur enthält eine ziemlich steife Feder mit der Kraftkonstanten 350 N/cm, an der eine Goldkugel mit dem Radius 6,00 cm hängt. a) Welche Viskosität messen Sie, wenn die Zeitkonstante dieses Systems 2,80 s beträgt? b) Wie groß ist der Q-Faktor?

Erzwungene Schwingungen und Resonanz

11.39 • Bestimmen Sie die Resonanzfrequenzen für die drei Systeme in Abb. 11.5.

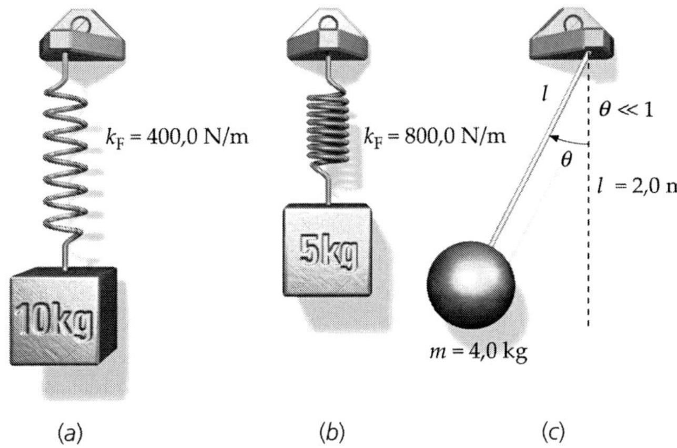

Abb. 11.5 Zu Aufgabe 11.39

11.40 •• Ein gedämpfter Oszillator verliert während einer Schwingungsperiode jeweils 3,50 % seiner Energie. a) Wie viele Schwingungsperioden laufen ab, bis die Hälfte der ursprünglichen Energie abgegeben ist? b) Wie groß ist der Q-Faktor? c) Wie groß ist die Resonanzbreite, wenn der Oszillator durch eine Kraft mit sinusförmiger Zeitabhängigkeit angeregt wird und seine Eigenfrequenz 100 Hz beträgt?

11.41 •• Sie arbeiten mit derselben Messapparatur wie in Aufgabe 11.38, wobei die Goldkugel jetzt aber an einer weicheren Feder mit einer Federkonstanten von nur 35,0 N/cm hängt. Sie haben mit dieser Apparatur die Viskosität von Ethylenglykol zu 19,9 Pa s bestimmt. Nun wollen Sie das System mit einer äußeren Kraft anregen. a) Diese Kraft hat den Betrag 0,110 N, und die Apparatur wird in Resonanz angeregt. Wie groß ist die Amplitude der erzwungenen Schwingung? b) Welchen Bruchteil seiner Energie verliert das System bei einer Schwingungsperiode, wenn Sie das System nicht anregen, sondern frei schwingen lassen?

Allgemeine Aufgaben

11.42 • Die zeitabhänge Auslenkung eines Teilchens aus der Gleichgewichtslage wird durch

$$x(t) = (0{,}40\,\text{m})\cos\left(3{,}0\,\text{s}^{-1}\,t + \pi/4\right)$$

beschrieben (dabei ist t in Sekunden einzusetzen). a) Bestimmen Sie die Frequenz ν und die Periodendauer T der Bewegung. b) Geben Sie einen Ausdruck für die Geschwindigkeit des Teilchens in Abhängigkeit von der Zeit an. c) Wie groß ist die maximale Geschwindigkeit?

11.43 •• Abb. 11.6 zeigt ein Pendel der Länge l mit einem Pendelkörper der Masse m. Der Pendelkörper ist an einer horizontalen Feder mit der Federkonstanten k_F befestigt. Wenn sich der Pendelkörper direkt unter der Aufhängung befindet, hat die Feder ihre Gleichgewichtslänge. a) Leiten Sie einen Ausdruck für die Schwingungsdauer dieses Systems bei kleinen Amplituden her. b) Nehmen Sie an, dass $m = 1{,}00$ kg ist und l so gewählt wird, dass die Schwingungsdauer ohne die Feder 2,00 s beträgt. Wie groß ist die Federkonstante k_F, wenn die Schwingungsdauer 1,00 s beträgt?

Abb. 11.6 Zu Aufgabe 11.43

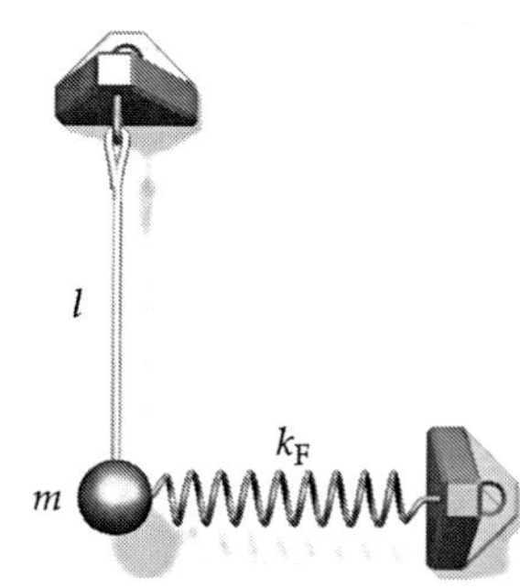

11.44 •• Die Gravitationsbeschleunigung g auf der Erde hängt wegen der Erdrotation und weil die Erde nicht exakt kugelförmig ist, von der geographischen Breite ab. Das wurde schon im 17. Jahrhundert erkannt, als man beobachtete, dass eine Pendeluhr, die so justiert war, dass sie in Paris die exakte Zeit anzeigte, in der Nähe des Äquators etwa 90 s/d nachging. a) Zeigen Sie mithilfe der Differenzialrechnung, dass eine kleine Änderung Δg in der Gravitationsbeschleunigung eine kleine Änderung ΔT in der Schwingungsdauer eines Pendels erzeugt, wobei gilt: $\Delta T/T = -\frac{1}{2}\Delta g/g$. b) Wie groß muss die Änderung von g sein, um die beschriebene Verzögerung von 90 s/d hervorzurufen?

11.45 •• Abb. 11.7 zeigt zwei Möglichkeiten, wie man eine Masse m an zwei waagerecht angebrachten Federn befestigen kann. Zeigen Sie, dass die Masse mit der Frequenz $\nu = \frac{1}{2\pi}\sqrt{k_{F,\mathrm{eff}}/m}$ schwingt, wobei die effektive Federkonstante $k_{F,\mathrm{eff}}$ gegeben ist durch a) $k_{F,\mathrm{eff}} = k_{F,1} + k_{F,2}$ bzw. durch b) $1/k_{F,\mathrm{eff}} = 1/k_{F,1} + 1/k_{F,2}$. *Hinweis:* Ermitteln Sie den Betrag der Gesamtkraft auf einen Körper bei einer kleinen Auslenkung x und setzen Sie dabei $F = -k_{F,\mathrm{eff}}\, x$. Beachten Sie, dass sich die Federn in Teilaufgabe b um verschiedene Strecken dehnen, deren Summe x ergibt.

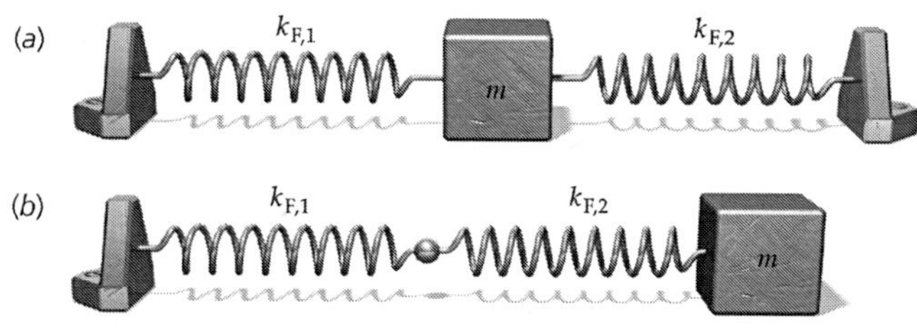

Abb. 11.7 Zu Aufgabe 11.45

11.46 •• Während eines Erdbebens vollführt eine ebene Plattform eine horizontale, näherungsweise harmonische Schwingung. Nehmen Sie an, dass die Plattform mit einer einzigen Frequenz und der Periodendauer 0,80 s schwingt. a) Nach dem Erdbeben wollen Sie mithilfe von Videoaufzeichnungen die Bewegungen der Plattform untersuchen. Sie beobachten dabei einen Kasten, der auf der Plattform zu gleiten begann, als die Schwingungsamplitude 10 cm erreichte. Wie groß war

der Haftreibungskoeffizient zwischen Kasten und Plattform? b) Wie groß war die maximale Schwingungsamplitude, bei der der Kasten gerade noch nicht ins Rutschen geriet, wenn der Haftreibungskoeffizient zwischen ihm und der Plattform 0,40 betrug?

11.47 •• Zwei Blöcke mit den Massen m_1 und m_2 sind an den beiden Enden einer Feder mit der Kraftkonstanten k_F befestigt und liegen auf einer horizontalen reibungsfreien Unterlage. Sie ziehen nun die Massen auseinander und lassen sie dann frei schwingen. Zeigen Sie, dass die Schwingungsfrequenz durch $\omega = (k_F/m_{\mathrm{red}})^{1/2}$ gegeben ist. Dabei ist $m_{\mathrm{red}} = m_1 m_2/(m_1 + m_2)$ die reduzierte Masse des Systems. Die Feder soll als masselos angenommen werden.

11.48 •• In einem Chemielabor messen Sie die Frequenz einer Schwingungsmode des HCl-Moleküls in der Gasphase zu $8{,}969 \cdot 10^{13}$ Hz. Bestimmen Sie mithilfe der Formel in Aufgabe 11.47 die „effektive Federkonstante" zwischen den beiden Atomen im HCl-Molekül.

11.49 •• Im HCl-Molekül von Aufgabe 11.48 sei das Wasserstoffatom durch ein Deuteriumatom ersetzt (sodass DCl entstand). Wie groß ist die Schwingungsfrequenz dieses Moleküls? (Der Atomkern des Wasserstoffisotops Deuterium besteht aus einem Proton und einem Neutron.)

11.50 ••• Abb. 11.8 zeigt einen homogenen Halbzylinder mit der Masse m und dem Radius r_Z, der auf einer horizontalen Oberfläche ruht. Wenn eine Seite dieses Zylinders ein wenig nach unten gedrückt und danach losgelassen wird, beginnt er, um seine Gleichgewichtslage zu schwingen. Bestimmen Sie die Schwingungsdauer.

Abb. 11.8 Zu Aufgabe 11.50

11.51 ••• Leiten Sie einen Ausdruck für die mittlere Leistung her, die durch eine anregende Kraft auf einen angetriebenen Oszillator übertragen wird.

a) Zeigen Sie, dass die von der anregenden Kraft dem System momentan zugeführte Leistung gegeben ist durch

$$P = F v = -A\,\omega\,F_0 \cos\omega t\,\sin(\omega t - \delta).$$

b) Zeigen Sie mithilfe des Additionstheorems

$$\sin(\theta_1 - \theta_2) = \sin\theta_1 \cos\theta_2 - \cos\theta_1 \sin\theta_2\,,$$

dass sich die Gleichung in Teilaufgabe a als

$$P = A\,\omega\,F_0 \sin\delta \cos^2\omega t - A\,\omega\,F_0 \cos\delta \cos\omega t \sin\omega t$$

ausdrücken lässt. c) Zeigen Sie, dass das zeitliche Mittel des zweiten Summanden in der Gleichung in Teilaufgabe b über eine oder mehrere Perioden gleich null ist und dass deshalb gilt:

$$\langle P \rangle = \tfrac{1}{2}\, A\, \omega\, F_0 \sin \delta\,.$$

d) Konstruieren Sie mithilfe der Gleichung

$$\tan \delta = \frac{b\,\omega}{m\,(\omega_0^2 - \omega^2)}$$

ein rechtwinkliges Dreieck, in dem der dem Winkel δ gegenüberliegenden Seite der Wert $b\,\omega$ und der ihm anliegenden Seite der Wert $m\,(\omega_0^2 - \omega^2)$ zugeordnet ist. Zeigen Sie anhand dieses Dreiecks, dass gilt:

$$\sin \delta = \frac{b\,\omega}{\sqrt{m^2\,(\omega_0^2 - \omega^2)^2 + b^2\,\omega^2}} = \frac{b\,\omega\,A}{F_0}\,.$$

e) Eliminieren Sie mithilfe der Gleichung in Teilaufgabe d den Ausdruck ωA aus der Gleichung in Teilaufgabe c, sodass sich die mittlere zugeführte Leistung als

$$\langle P \rangle = \frac{1}{2}\frac{F_0^2}{b} \sin^2 \delta = \frac{1}{2}\frac{b\,\omega^2\,F_0^2}{m^2\,(\omega_0^2 - \omega^2)^2 + b^2\,\omega^2}$$

ausdrücken lässt.

11.52 ••• Leiten Sie mithilfe der Ergebnisse von Aufgabe 11.51 die Gleichung

$$\frac{\Delta \omega}{\omega_0} = \frac{1}{Q}$$

her, die bei scharfer Resonanz einen Zusammenhang zwischen der Breite der Resonanzkurve und dem Q-Faktor herstellt. Im Resonanzfall ist der Nenner des großen Bruchs auf der rechten Seite der Gleichung in Aufgabe 11.51e gleich $b^2\,\omega_0^2$, und $\langle P \rangle$ hat seinen Maximalwert. Bei scharfer Resonanz kann man die Änderung von ω im Zähler dieser Gleichung vernachlässigen. Dann ist die dem System zugeführte Leistung bei den Werten von ω, für die der Zähler gleich $2\,b^2\,\omega_0^2$ ist, halb so groß wie der Maximalwert.

a) Zeigen Sie, dass ω dabei folgende Beziehung erfüllt:

$$m^2\,(\omega - \omega_0)^2\,(\omega + \omega_0)^2 \approx b^2\,\omega_0^2\,.$$

b) Zeigen Sie mithilfe der Näherung $\omega + \omega_0 \approx 2\,\omega_0$, dass gilt: $\omega - \omega_0 \approx \pm b/(2\,m)$. c) Drücken Sie die Größe b mithilfe des Gütefaktors Q aus. d) Kombinieren Sie die Ergebnisse der Teilaufgaben b und c und zeigen Sie, dass es zwei Werte von ω gibt, bei denen die zugeführte Leistung halb so groß ist wie bei Resonanz, und dass diese Werte gegeben sind durch

$$\omega_1 = \omega_0 - \frac{\omega_0}{2\,Q} \quad \text{und} \quad \omega_2 = \omega_0 + \frac{\omega_0}{2\,Q}\,.$$

Daher gilt $\omega_2 - \omega_1 = \Delta \omega = \omega_0/Q$, was mit der eingangs angeführten Gleichung $\Delta \omega/\omega_0 = 1/Q$ übereinstimmt.

11.53 ••• Zur Beschreibung zwischenatomarer Kräfte verwendet man oft die Gleichung für das sogenannte Morse-Potenzial, das sich in der Form

$$\phi(r) = D\left(1 - \mathrm{e}^{-\beta(r - r_0)}\right)^2$$

ausdrücken lässt; darin ist r der Abstand zwischen den zwei Atomkernen. a) Erstellen Sie mithilfe eines Tabellenkalkulationsprogramms oder eines grafikfähigen Taschenrechners einen Graphen des Morse-Potenzials mit den Werten $D = 5{,}00\,\mathrm{eV}$ und $\beta = 0{,}20\,\mathrm{nm}^{-1}$ sowie $r_0 = 0{,}750\,\mathrm{nm}$. b) Bestimmen Sie den Gleichgewichtsabstand und die „Federkonstante" beim Morse-Potenzial, wenn nur kleine Auslenkungen aus der Gleichgewichtslage erfolgen. c) Stellen Sie eine Formel für die Schwingungsfrequenz eines zweiatomigen Moleküls mit zwei gleichen Atomen der Masse m auf.

Lösungen zu den Aufgaben

Verständnisaufgaben

L11.1 a) Falsch. Bei einer harmonischen Schwingung ist die Schwingungsperiode unabhängig von der Amplitude.

b) Richtig. Bei einer harmonischen Schwingung ist die Frequenz der Kehrwert der Schwingungsperiode, und diese ist unabhängig von der Amplitude (siehe Teilaufgabe a).

c) Richtig. Das ist die Bedingung für eine harmonische Schwingung.

L11.2 Die Gesamtenergie eines Körpers, der eine harmonische Bewegung ausführt, ist $E = \tfrac{1}{2}\,k_F A^2$. Darin ist k_F die Kraftkonstante oder Federkonstante und A die Amplitude der Bewegung. Die potenzielle Energie ist bei der Auslenkung x aus der Gleichgewichtslage $E_{\mathrm{pot}}(x) = \tfrac{1}{2}\,k_F x^2$. Für den Quotienten gilt also

$$\frac{E_{\mathrm{pot}}(x)}{E} = \frac{\tfrac{1}{2}\,k_F x^2}{\tfrac{1}{2}\,k_F A^2} = \frac{x^2}{A^2}\,.$$

Mit den gegebenen Werten $x = 2{,}0\,\mathrm{cm}$ und $A = 4{,}0\,\mathrm{cm}$ ergibt sich für diesen Quotienten $(2{,}0\,\mathrm{cm})^2/(4{,}0\,\mathrm{cm})^2 = \tfrac{1}{4}$. Also ist Lösung a richtig.

L11.3 Die Frequenz eines Feder-Masse-Systems mit der Masse m und der Federkonstanten k_F ist

$$\nu = \frac{1}{2\,\pi}\sqrt{\frac{k_F}{m}}\,.$$

Sie ist also umgekehrt proportional zur Wurzel aus der Masse. Wird die Masse der Feder vernachlässigt, dann hat die in diese Formel einzusetzende Masse m einen geringeren Wert, und der damit berechnete Wert der Frequenz ist etwas zu groß.

Für die Schwingungsperiode gilt $T = 1/\nu$. Wegen dieser umgekehrten Proportionalität zwischen T und ν wird bei Vernachlässigung der Federmasse eine etwas zu geringe Schwingungsdauer berechnet.

Mit der Amplitude A gilt für die Gesamtenergie des schwingenden Körpers $E = \frac{1}{2} k_{\mathrm{F}} A^2$. Dies ist in jedem Augenblick die Summe der kinetischen und der potenziellen Energie. Weil diese beiden Energien proportional zur Masse sind, ergibt sich bei Vernachlässigung der Federmasse eine etwas zu geringe Gesamtenergie.

L11.4 Die Energie eines schwingenden Feder-Masse-Systems mit der Masse m, der Kraftkonstanten k_{F} und der Amplitude A ist gegeben durch $E = \frac{1}{2} k_{\mathrm{F}} A^2 = \frac{1}{2} m \, \omega^2 A^2$.

Wir bilden nun den Quotienten der Energien zweier solcher Systeme, die die Masse m_{A} bzw. m_{B} haben:

$$\frac{E_{\mathrm{A}}}{E_{\mathrm{B}}} = \frac{\frac{1}{2} m_{\mathrm{A}} \, \omega_{\mathrm{A}}^2 \, A_{\mathrm{A}}^2}{\frac{1}{2} m_{\mathrm{B}} \, \omega_{\mathrm{B}}^2 \, A_{\mathrm{B}}^2}.$$

Die Energien sollen gleich sein; also setzen wir diesen Quotienten gleich 1. Mit $m_{\mathrm{A}} = 2 \, m_{\mathrm{B}}$ ergibt dies

$$\frac{2 \, m_{\mathrm{B}} \, \omega_{\mathrm{A}}^2 \, A_{\mathrm{A}}^2}{m_{\mathrm{B}} \, \omega_{\mathrm{B}}^2 \, A_{\mathrm{B}}^2} = \frac{2 \, \omega_{\mathrm{A}}^2 \, A_{\mathrm{A}}^2}{\omega_{\mathrm{B}}^2 \, A_{\mathrm{B}}^2} = 1.$$

Daraus folgt

$$A_{\mathrm{A}} = \frac{\omega_{\mathrm{B}}}{\sqrt{2} \, \omega_{\mathrm{A}}} \, A_{\mathrm{B}}.$$

Ohne Kenntnis der Kreisfrequenzen oder der Kraftkonstanten sind keine näheren Angaben möglich, und Lösung d ist richtig.

L11.5 Die Schwingungsdauer $T = 2\pi \sqrt{l/g}$ eines harmonisch schwingenden Pendels ist unabhängig von der Masse m des Pendelkörpers. Für die Schwingungsdauern der zwei Pendel gilt also

$$T_{\mathrm{A}} = 2\pi \sqrt{\frac{l_{\mathrm{A}}}{g}} \qquad \text{und} \qquad T_{\mathrm{B}} = 2\pi \sqrt{\frac{l_{\mathrm{B}}}{g}}.$$

Wir dividieren das Quadrat der ersten dieser Gleichungen durch das Quadrat der zweiten und lösen nach dem Quotienten der Längen auf. Mit $T_{\mathrm{A}} = 2 \, T_{\mathrm{B}}$ ergibt dies

$$\frac{l_{\mathrm{A}}}{l_{\mathrm{B}}} = \left(\frac{T_{\mathrm{A}}}{T_{\mathrm{B}}}\right)^2 \qquad \text{sowie} \qquad l_{\mathrm{A}} = \left(\frac{2 \, T_{\mathrm{B}}}{T_{\mathrm{B}}}\right)^2 l_{\mathrm{B}} = 4 \, l_{\mathrm{B}}.$$

Also ist Lösung c richtig.

L11.6 Die Frequenz $\nu = \frac{1}{2\pi} \sqrt{g/l}$ eines harmonisch schwingenden Pendels ist unabhängig von der Masse m des Pendelkörpers. Für die Längen der zwei Pendel gilt also

$$l_{\mathrm{A}} = \frac{g}{4\pi^2 \, \nu_{\mathrm{A}}^2} \qquad \text{und} \qquad l_{\mathrm{B}} = \frac{g}{4\pi^2 \, \nu_{\mathrm{B}}^2},$$

und ihr Verhältnis ist

$$\frac{l_{\mathrm{A}}}{l_{\mathrm{B}}} = \frac{\dfrac{g}{4\pi^2 \, \nu_{\mathrm{A}}^2}}{\dfrac{g}{4\pi^2 \, \nu_{\mathrm{B}}^2}} = \frac{\nu_{\mathrm{B}}^2}{\nu_{\mathrm{A}}^2} = \left(\frac{\nu_{\mathrm{B}}}{\nu_{\mathrm{A}}}\right)^2.$$

Mit $\nu_{\mathrm{A}} = \frac{1}{3} \, \nu_{\mathrm{B}}$ erhalten wir $\dfrac{l_{\mathrm{A}}}{l_{\mathrm{B}}} = \left(\dfrac{\nu_{\mathrm{B}}}{\frac{1}{3} \, \nu_{\mathrm{B}}}\right)^2 = 9.$

Also ist $l_{\mathrm{A}} = 9 \, l_{\mathrm{B}}$, sodass Lösung c richtig ist.

L11.7 a) Richtig. Die Gesamtenergie eines Oszillators ist $E = \frac{1}{2} k_{\mathrm{F}} A^2$, also proportional zum Quadrat seiner Amplitude A. Bei einem gedämpften, nicht angetriebenen Oszillator nimmt die Amplitude und damit auch die Gesamtenergie exponentiell mit der Zeit ab.

b) Falsch. Die Resonanzfrequenz eines gedämpften, angetriebenen Oszillators ist

$$\omega' = \omega_0 \sqrt{1 - \left(\frac{b}{2 \, m \, \omega_0}\right)^2}.$$

Darin ist ω_0 die Eigenfrequenz ohne Dämpfung.

c) Richtig. Das Verhältnis der Halbwertsbreite der Resonanzkurve zur Resonanzfrequenz ist der Kehrwert des Q-Faktors: $\Delta\omega/\omega_0 = 1/Q$. Also ist die Resonanzkurve umso schmaler, je größer Q ist.

d) Falsch. Die Zeitkonstante eines gedämpften, nicht angetriebenen Federschwingers ist proportional zu dessen Masse.

e) Richtig. Aus der Beziehung $\Delta\omega/\omega_0 = 1/Q$ geht hervor, dass Q unabhängig von der Masse m ist.

L11.8 Die Zeitkonstante eines gedämpften Federschwingers mit der Masse m ist $\tau = m/b$, wobei b die Dämpfungskonstante ist. Also gilt für das Verhältnis der Zeitkonstanten der beiden Federschwinger

$$\frac{\tau_{\mathrm{A}}}{\tau_{\mathrm{B}}} = \frac{m_{\mathrm{A}}/b_{\mathrm{A}}}{m_{\mathrm{B}}/b_{\mathrm{B}}} = \frac{m_{\mathrm{A}}}{m_{\mathrm{B}}} \, \frac{b_{\mathrm{B}}}{b_{\mathrm{A}}} = \frac{m_{\mathrm{A}}}{m_{\mathrm{B}}}.$$

Die letzte Gleichsetzung rührt daher, dass $b_{\mathrm{A}} = b_{\mathrm{B}}$ ist. Außerdem ist die Beziehung $m_{\mathrm{A}} = 4 \, b_{\mathrm{B}}$ gegeben, und wir erhalten

$$\frac{\tau_{\mathrm{A}}}{\tau_{\mathrm{B}}} = \frac{m_{\mathrm{A}}}{m_{\mathrm{B}}} = \frac{4 \, m_{\mathrm{B}}}{m_{\mathrm{B}}} = 4 \qquad \text{sowie} \qquad \tau_{\mathrm{A}} = 4 \, \tau_{\mathrm{B}}.$$

Also ist Lösung a richtig.

Schätzungs- und Näherungsaufgaben

L11.9 Wir bezeichnen die mindestens erforderliche Innenbreite der Standuhr mit d_{U} und die Breite des Pendelkörpers mit d_{P}. Bei maximalen Auslenkungen erreicht der Mittelpunkt des Pendelkörpers zwei Punkte, die voneinander den Abstand d_{A} haben (siehe Abb. 11.9).

Wie aus der Abbildung hervorgeht, muss gelten:

$$d_{\mathrm{U}} = 2 \, (d_{\mathrm{P}}/2) + d_{\mathrm{A}} = d_{\mathrm{P}} + d_{\mathrm{A}}.$$

Das gesuchte Verhältnis ist also

$$\frac{d_{\mathrm{U}}}{d_{\mathrm{P}}} = 1 + \frac{d_{\mathrm{A}}}{d_{\mathrm{P}}}.$$

Abb. 11.9 zu Aufgabe 11.9

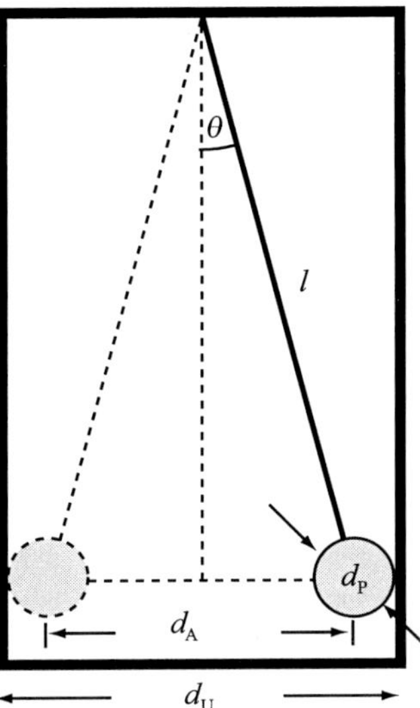

Aufgrund der geometrischen Anordnung gilt bei maximaler Auslenkung $d_A/2 = l \sin\theta$ bzw. $d_A = 2l \sin\theta$. Das setzen wir ein und erhalten

$$\frac{d_U}{d_P} = 1 + \frac{2l \sin\theta}{d_P}.$$

Den Winkel θ kennen wir nicht. Aber es gibt eine Beziehung zwischen der Schwingungsperiode T und diesem Winkel:

$$T = T_0 \left(1 + \frac{1}{2^2} \sin^2\left(\frac{1}{2}\theta\right) + \cdots\right).$$

Wir dürfen annehmen, dass $T \approx T_0$ ist, und setzen die relative Abweichung zu 0,1 % an. Dann gilt

$$\tfrac{1}{4} \sin^2\left(\tfrac{1}{2}\theta\right) \leq 0,001 \quad \text{bzw.} \quad \theta \leq 2 \operatorname{asin}(0,0623) \approx 7,25°.$$

Die Länge l des Pendels nehmen wir zu 1,5 m und die Breite d_P des Pendelkörpers zu 0,010 m an. Damit ergibt sich

$$\frac{d_U}{d_P} = 1 + \frac{2(1,5\,\text{m}) \sin 7,25°}{0,010\,\text{m}} \approx 5.$$

L11.10 Zwischen dem Gütefaktor Q, der Zeitkonstanten τ und der Schwingungsperiode T besteht folgender Zusammenhang: $Q = \omega_0 \tau = 2\pi\tau/T$.

Die Zeitabhängigkeit der Amplitude einer gedämpften Schwingung ist $A = A_0\,\mathrm{e}^{-t/(2\tau)}$.

Daher ist die Amplitude nach 8 Schwingungsperoden abgesunken auf $A_8 = A_0\,\mathrm{e}^{-(t+8T)/(2\tau)}$.

Das Verhältnis der Amplituden ist somit

$$\frac{A_8}{A} = \frac{A_0\,\mathrm{e}^{-(t+8T)/(2\tau)}}{A_0\,\mathrm{e}^{-t/(2\tau)}} = \mathrm{e}^{-4T/\tau}.$$

Dieses Verhältnis setzen wir gleich 1/e, wie gefordert. Das ergibt $\mathrm{e}^{-4T/\tau} = \mathrm{e}^{-1}$ sowie daraus $\tau = 4T$.

Dies setzen wir in die erste Gleichung ein und erhalten für den Gütefaktor

$$Q = \frac{2\pi\tau}{T} = \frac{2\pi(4T)}{T} = 8\pi.$$

L11.11 Wir setzen als durchschnittliche Länge eines Arms $l = 0,80\,\text{m}$ an und betrachten ihn als gleichförmigen Stab, der sich quer zu seiner Längsachse um eines seiner Enden drehen kann.

a) Das Trägheitsmoment eines Stabs der Masse m bezüglich einer auf ihm senkrecht stehenden Achse durch eines seiner Enden ist $I = \frac{1}{3} m l^2$. Damit und mit dem Abstand $d = \frac{1}{2} l$ des Schwerpunkts vom Drehpunkt erhalten wir für die Schwingungsperiode

$$T \approx 2\pi \sqrt{\frac{I}{m\,g\,d}} = 2\pi \sqrt{\frac{\frac{1}{3}\,m\,l^2}{m\,g\,\left(\frac{1}{2}\,l\right)}} = 2\pi \sqrt{\frac{2\,l}{3\,g}}$$

$$\approx 2\pi \sqrt{\frac{2\,(0,80\,\text{m})}{3\,(9,81\,\text{m}\cdot\text{s}^{-2})}} = 1,5\,\text{s}.$$

b) Wenn man eine Tasche trägt, ist nach unseren vereinfachenden Annahmen sozusagen der Arm etwas länger. Wir nehmen zudem an, dass die Tasche deutlich schwerer als der Arm ist, und setzen daher die Formel für ein einfaches Pendel mit der Länge $l' = 1,0\,\text{m}$ an:

$$T' \approx 2\pi \sqrt{\frac{l'}{g}} = 2\pi \sqrt{\frac{1,0\,\text{m}}{9,81\,\text{m}\cdot\text{s}^{-2}}} = 2,0\,\text{s}.$$

c) Die hier berechneten Werte erscheinen realistisch.

Harmonische Schwingungen

L11.12 Wir vergleichen jeden Term im gegebenen Ausdruck $x = (7,0\,\text{cm}) \cos(6\pi\,\text{s}^{-1}\,t)$ mit dem entsprechenden Term in der Gleichung $x = A \cos(\omega t + \delta)$. Darin ist A die Amplitude der Bewegung, ω die Kreisfrequenz und δ die Phasenkonstante (die hier null ist).

a) Wegen $\omega t = 6\pi\,\text{s}^{-1}\,t$ ist die Frequenz der Teilchenbewegung

$$\nu = \frac{\omega}{2\pi} = \frac{6\pi\,\text{s}^{-1}}{2\pi} = 3,00\,\text{Hz}.$$

b) Die Schwingungsdauer ist der Reziprokwert der Frequenz:

$$T = \frac{1}{\nu} = \frac{1}{3,00\,\text{Hz}} = 0,333\,\text{s}.$$

c) Die Amplitude ist, wie aus dem eingangs erläuterten Vergleich hervorgeht, $A = 7,0\,\text{cm}$, denn dies ist der erste Term im gegebenen Ausdruck.

d) Bei der Gleichgewichtslage $x = 0$ ist $\cos\omega t = 0$. Daraus folgt $\omega t = \operatorname{acos} 0 = \pi/2$, und mit $\omega t = 6\pi\,\text{s}^{-1}\,t$ erhalten wir

$$t_{x=0} = \frac{\pi}{2\,\omega} = \frac{\pi}{2\,(6\pi)\,\text{s}^{-1}} = 0,0833\,\text{s}.$$

Die Ableitung nach der Zeit ergibt die Geschwindigkeit:

$$v = \frac{\mathrm{d}}{\mathrm{d}t}\left[(7{,}0\,\mathrm{cm})\cos\left(6\pi\,\mathrm{s}^{-1}\,t\right)\right]$$
$$= -\left(42\pi\,\mathrm{cm}\cdot\mathrm{s}^{-1}\right)\sin\left(6\pi\,\mathrm{s}^{-1}\,t\right).$$

Beim Durchgang durch die Gleichgewichtslage zum Zeitpunkt $t_{x=0} = 0{,}0833\,\mathrm{s}$ ist die Geschwindigkeit

$$v_{x=0} = -\left(42\pi\,\mathrm{cm}\cdot\mathrm{s}^{-1}\right)\sin\left[6\pi\,\mathrm{s}^{-1}\,(0{,}0833\,\mathrm{s})\right] < 0.$$

Das Teilchen bewegt sich hier also in negativer Richtung.

L11.13 Für die Position des Teilchens gilt hier $x = A\cos(\omega t + \delta)$, wobei $A = 7{,}0\,\mathrm{cm}$ und $\omega = 6\pi\,\mathrm{s}^{-1}$ sowie $\delta = 0$ ist. Die Geschwindigkeit des Teilchens ist gegeben durch

$$v = \mathrm{d}x/\mathrm{d}t = -A\,\omega\sin(\omega t + \delta).$$

a) Die maximale Geschwindigkeit ist

$$v_{\max} = A\,\omega = (7{,}0\,\mathrm{cm})\,(6\pi\,\mathrm{s}^{-1}) = 42\pi\,\mathrm{cm}\cdot\mathrm{s}^{-1}$$
$$= 1{,}3\,\mathrm{m}\cdot\mathrm{s}^{-1}.$$

b) Für die maximale Beschleunigung ergibt sich

$$a_{\max} = A\,\omega^2 = (7{,}0\,\mathrm{cm})\,(6\pi\,\mathrm{s}^{-1})^2 = 252\,\pi^2\,\mathrm{cm}\cdot\mathrm{s}^{-2}$$
$$= 25\,\mathrm{m}\cdot\mathrm{s}^{-2}.$$

c) Beim Durchgang durch $x = 0$ ist $\cos\omega t = 0$ und daher

$$\omega t = \mathrm{acos}\,0 = \pi/2,\ 3\pi/2.$$

Für $\omega t = \pi/2$ ergibt sich die Geschwindigkeit

$$v_{\pi/2} = -A\,\omega\sin(\pi/2) = -A\,\omega.$$

Das Teilchen bewegt sich hier nach links.

Für $\omega t = 3\pi/2$ erhalten wir

$$v_{3\pi/2} = -A\,\omega\sin(3\pi/2) = A\,\omega.$$

Das Teilchen bewegt sich hier nach rechts. Auflösen nach t ergibt hierfür

$$t_{3\pi/2} = \frac{3\pi}{2\,\omega} = \frac{3\pi}{2\,(6\pi\,\mathrm{s}^{-1})} = 0{,}25\,\mathrm{s}.$$

L11.14 Die Anfangsposition x_0 des schwingenden Teilchens hängt mit der Amplitude A und der Phasenkonstanten δ folgendermaßen zusammen:

$$x_0 = A\cos\delta, \quad \text{mit} \quad 0 \le \delta < 2\pi$$

a) $x_0 = 0$: $\cos\delta = 0$, also $\delta = \mathrm{acos}\,(0) = \dfrac{\pi}{2},\ \dfrac{3\pi}{2}$

b) $x_0 = -A$: $-A = A\cos\delta$, also $\delta = \mathrm{acos}\,(-1) = \pi$

c) $x_0 = A$: $A = A\cos\delta$, also $\delta = \mathrm{acos}\,(1) = 0$

d) $x_0 = a/2$: $A/2 = \cos\delta$, also $\delta = \mathrm{acos}\,(\tfrac{1}{2}) = \dfrac{\pi}{3}$

L11.15 Mit $\omega = 2\pi v$ gilt für die maximale Beschleunigung eines Oszillators $a_{\max} = A\,\omega^2 = 4\pi^2 A\,v^2$. Darin ist A die Amplitude und v die Frequenz. Für diese ergibt sich

$$v = \frac{1}{2\pi}\sqrt{\frac{a_{\max}}{A}} = \frac{1}{2\pi}\sqrt{\frac{98{,}1\,\mathrm{m}\cdot\mathrm{s}^{-2}}{1{,}5\cdot10^{-2}\,\mathrm{m}}} = 13\,\mathrm{Hz}.$$

L11.16 a) Mit der trigonometrischen Umformung

$$\cos(\omega t + \delta) = \cos\omega t\,\cos\delta - \sin\omega t\,\sin\delta$$

ergibt sich aus der gegebenen Gleichung

$$A_0\cos(\omega t + \delta) = A_0\,[\cos\omega t\,\cos\delta - \sin\omega t\,\sin\delta]$$
$$= -A_0\sin\delta\,\sin\omega t + A_0\cos\delta\,\cos\omega t$$
$$= A_\mathrm{s}\sin\omega t + A_\mathrm{c}\cos\omega t.$$

Darin ist $A_\mathrm{s} = -A_0\sin\delta$ und $A_\mathrm{c} = A_0\cos\delta$.

b) Bei $t = 0$ ist $x(0) = A_0\cos\delta = A_\mathrm{c}$.

Die zeitliche Ableitung von $x(t)$ ist die Geschwindigkeit:

$$v = \frac{\mathrm{d}x}{\mathrm{d}t} = \frac{\mathrm{d}}{\mathrm{d}t}(A_\mathrm{s}\sin\omega t + A_\mathrm{c}\cos\omega t)$$
$$= A_\mathrm{s}\,\omega\cos\omega t - A_\mathrm{c}\,\omega\sin\omega t$$

Damit erhalten wir für die Geschwindigkeit bei $t = 0$

$$v(0) = \omega A_\mathrm{s} = -\omega A_0\sin\delta.$$

Harmonische Schwingungen und Kreisbewegung

L11.17 a) Die Bahngeschwindigkeit ist der Quotient aus dem Umfang und der Umdrehungsdauer:

$$v = \frac{2\pi r}{T} = \frac{2\pi\,(15\,\mathrm{cm})}{3{,}0\,\mathrm{s}} = 31\,\mathrm{cm}\cdot\mathrm{s}^{-1}$$

b) Die Kreisfrequenz ergibt sich zu

$$\omega = \frac{2\pi}{T} = \frac{2\pi}{3{,}0\,\mathrm{s}} = \frac{2\pi}{3}\,\mathrm{rad}\cdot\mathrm{s}^{-1}.$$

c) Für die x-Komponente des Teilchenorts gilt

$$x = A\cos(\omega t + \delta).$$

Zum Zeitpunkt $t = 0$ soll sich das Teilchen auf der negativen x-Achse befinden. Dabei gilt $x = -A$ und daher

$$-A = A\cos\delta, \quad \text{also} \quad \delta = \mathrm{acos}\,(-1) = \pi.$$

Einsetzen liefert

$$x(t) = (15\,\mathrm{cm})\cos\left[\left(\frac{2\pi}{3}\,\mathrm{s}^{-1}\right)t + \pi\right].$$

Energie eines harmonischen Oszillators

L11.18 Für die Gesamtenergie gilt $E = \frac{1}{2} m \upsilon_{\text{max}}^2$ und für die maximale Geschwindigkeit $\upsilon_{\text{max}} = A\,\omega = 2\,\pi\,A\,\nu$. Dies setzen wir ein und erhalten

$$
\begin{aligned}
E &= \tfrac{1}{2} m \upsilon_{\text{max}}^2 = \tfrac{1}{2} m \,(2\,\pi\,A\,\nu)^2 = 2\,m\,A^2\,\pi^2\,\nu^2 \\
&= 2\,(3{,}0\,\text{kg})\,(0{,}10\,\text{m})^2\,\pi^2\,\left(2{,}4\,\text{s}^{-1}\right)^2 = 3{,}4\,\text{J}\,.
\end{aligned}
$$

L11.19 Die Gesamtenergie ist die Summe aus potenzieller und kinetischer Energie: $E = \frac{1}{2} k_{\text{F}}\, x^2 + \frac{1}{2} m\, \upsilon^2$. Weil wir die Federkonstante k_{F} nicht kennen, benötigen wir noch eine Beziehung, die sie mit einer der bekannten Größen verknüpft. Diese Beziehung ist der Zusammenhang mit der bei der Schwingung beschleunigenden Kraft: $-k_{\text{F}}\, x = m\, a$. Bei $x = -A$ ist die Beschleunigung maximal: $a = a_{\text{max}}$, und wir erhalten

$$
k_{\text{F}} = -\frac{m\, a_{\text{max}}}{-A} = \frac{m\, a_{\text{max}}}{A}\,.
$$

Damit ergibt sich mit $\upsilon = 0$ bei $x = A$ die Gesamtenergie

$$
\begin{aligned}
E &= \frac{1}{2} k_{\text{F}}\, x^2 + \frac{1}{2} m\, \upsilon^2 = \frac{1}{2}\,\frac{m\, a_{\text{max}}}{A}\, x^2 + \frac{1}{2} m\, \upsilon^2 \\
&= \frac{1}{2}\,\frac{m\, a_{\text{max}}}{A}\, A^2 + 0 = \frac{1}{2}\, m\, a_{\text{max}}\, A \\
&= \tfrac{1}{2}\,(3{,}0\,\text{kg})\,\left(3{,}50\,\text{m}\cdot\text{s}^{-2}\right)\,(0{,}080\,\text{m}) = 0{,}42\,\text{J}\,.
\end{aligned}
$$

Harmonische Schwingungen und Federschwinger

L11.20 Die Frequenz der Schwingung ist bei einer Gesamtmasse m_{ges} gegeben durch

$$
\nu = \frac{1}{2\,\pi}\,\sqrt{\frac{k_{\text{F}}}{m_{\text{ges}}}}\,.
$$

Mit der Masse m des Fahrgasts und der Rückstellkraft F sowie der Auslenkung Δy gilt für die Federkonstante $k_{\text{F}} = F/\Delta y = m\,g/\Delta y$. Dies setzen wir in den Ausdruck für die Frequenz ein und erhalten

$$
\begin{aligned}
\nu &= \frac{1}{2\,\pi}\,\sqrt{\frac{m\,g}{m_{\text{ges}}\,\Delta y}} \\
&= \frac{1}{2\,\pi}\,\sqrt{\frac{(85{,}0\,\text{kg})\,(9{,}81\,\text{m}\cdot\text{s}^{-2})}{(2485\,\text{kg})\,(2{,}35\cdot 10^{-2}\,\text{m})}} = 0{,}601\,\text{Hz}\,.
\end{aligned}
$$

L11.21 a) Das Quadrat der Kreisfrequenz ist der Quotient aus der Federkonstanten und der Masse: $\omega^2 = k_{\text{F}}/m$. Außerdem gilt $\omega = 2\,\pi\,\nu$. Dies setzen wir in die vorige Gleichung ein, die wir zuvor nach der Masse auflösen:

$$
\begin{aligned}
m &= \frac{k_{\text{F}}}{\omega^2} = \frac{k_{\text{F}}}{4\,\pi^2\,\nu^2} = \frac{1800\,\text{N}\cdot\text{m}^{-1}}{4\,\pi^2\,(5{,}50\,\text{s}^{-1})^2} = 1{,}507\,\text{kg} \\
&= 1{,}51\,\text{kg}
\end{aligned}
$$

b) Wenn sich der Körper an der Feder im Gleichgewicht befindet, gilt $k_{\text{F}}\,\Delta y - m\,g = 0$. Daraus ergibt sich für die Auslenkung der Feder aus ihrer natürlichen Länge

$$
\Delta y = \frac{m\,g}{k_{\text{F}}} = \frac{(1{,}507\,\text{kg})\,(9{,}81\,\text{m}\cdot\text{s}^{-2})}{1800\,\text{N}\cdot\text{m}^{-1}} = 8{,}21\,\text{mm}\,.
$$

c) Die zeitliche Abhängigkeit der Position des Körpers ist gegeben durch $y(t) = A\cos\,(\omega t + \delta)$. Die Anfangsbedingungen lauten $y_0 = -2{,}50\,\text{cm}$ und $\upsilon_0 = 0$. Damit ergibt sich für die Phasenkonstante

$$
\delta = \text{atan}\left(-\frac{\upsilon_0}{\omega\, y_0}\right) = \text{atan}\, 0 = \pi
$$

und für die Kreisfrequenz

$$
\omega = \sqrt{\frac{k_{\text{F}}}{m}} = \sqrt{\frac{1800\,\text{N}\cdot\text{m}^{-1}}{1{,}507\,\text{kg}}} = 34{,}56\,\text{rad}\cdot\text{s}^{-1}\,.
$$

Mit $y = A\cos\,(\omega t + \delta)$ erhalten wir für die Auslenkung

$$
\begin{aligned}
y(t) &= (2{,}50\,\text{cm})\,\cos\,(34{,}56\,\text{rad}\cdot\text{s}^{-1}\,t + \pi) \\
&= -(2{,}50\,\text{cm})\,\cos\,(34{,}6\,\text{rad}\cdot\text{s}^{-1}\,t)\,.
\end{aligned}
$$

Die Geschwindigkeit $\upsilon_y(t)$ ergibt sich aus der Ableitung von $y(t)$ nach der Zeit:

$$
\begin{aligned}
\upsilon_y(t) &= \mathrm{d}y(t)/\mathrm{d}t = (86{,}39\,\text{cm}\cdot\text{s}^{-1})\,\sin\,(34{,}56\,\text{rad}\cdot\text{s}^{-1}\,t) \\
&= (86{,}4\,\text{cm}\cdot\text{s}^{-1})\,\sin\,(34{,}6\,\text{rad}\cdot\text{s}^{-1}\,t)
\end{aligned}
$$

Schließlich ergibt sich die Beschleunigung $a_y(t)$ aus der Ableitung von $\upsilon_y(t)$ nach der Zeit:

$$
\begin{aligned}
a_y(t) &= \mathrm{d}\upsilon_y(t)/\mathrm{d}t = (29{,}86\,\text{m}\cdot\text{s}^{-2})\,\cos\,(34{,}56\,\text{rad}\cdot\text{s}^{-1}\,t) \\
&= (29{,}9\,\text{m}\cdot\text{s}^{-2})\,\cos\,(34{,}6\,\text{rad}\cdot\text{s}^{-1}\,t)
\end{aligned}
$$

L11.22 Die Abbildung zeigt die Gegebenheiten, wenn sich der Handkoffer mit der Masse m an den Kordeln bei der Auslenkung y_0 im Gleichgewicht befindet.

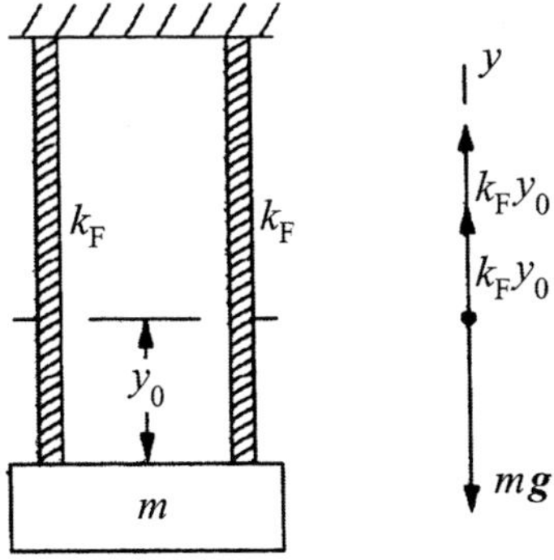

Seine Gewichtskraft wird durch die Kräfte beider Kordeln ausgeglichen: $2\,k_{\text{F}}\, y_0 - m\,g = 0$. Darin ist k_{F} die Kraftkonstante einer Kordel. Für die effektive Kraftkonstante beider Kordeln gemeinsam gilt also $k_{\mathrm{F,eff}} = 2\,k_{\mathrm{F}}$ und daher

$$k_{\mathrm{F,eff}} = \frac{m\,g}{y_0}\,.$$

Die Schwingungsfrequenz ergibt sich damit zu

$$\nu = \frac{1}{2\,\pi}\,\sqrt{\frac{k_{\mathrm{F,eff}}}{m}} = \frac{1}{2\,\pi}\,\sqrt{\frac{m\,g}{y_0\,m}} = \frac{1}{2\,\pi}\,\sqrt{\frac{g}{y_0}}$$

$$= \frac{1}{2\,\pi}\,\sqrt{\frac{9{,}81\,\mathrm{m}\cdot\mathrm{s}^{-2}}{0{,}050\,\mathrm{m}}} = 2{,}2\,\mathrm{Hz}\,.$$

L11.23 a) Die maximale Höhe, die der Körper erreicht, entspricht der Summe aus der Gleichgewichtslänge der Feder und der Schwingungsamplitude: $h_{\mathrm{max}} = A + 5{,}0\,\mathrm{cm}$.

Mit der Kreisfrequenz ω gilt für die maximale Geschwindigkeit des Körpers $v_{\mathrm{max}} = A\,\omega$. Mit $\omega^2 = k_{\mathrm{F}}/m$ folgt daraus für die Amplitude

$$A = v_{\mathrm{max}}\,\sqrt{\frac{m}{k_{\mathrm{F}}}}\,.$$

Bei der Gleichgewichtsposition gleichen die Federkraft und die Gewichtskraft einander aus: $k_{\mathrm{F}}\,\Delta y - m\,g = 0$. Daher gilt für die Federkonstante $k_{\mathrm{F}} = m\,g/\Delta y$. Einsetzen in die vorige Gleichung liefert

$$A = v_{\mathrm{max}}\,\sqrt{\frac{m\,\Delta y}{m\,g}} = v_{\mathrm{max}}\,\sqrt{\frac{\Delta y}{g}}\,.$$

Damit ergibt sich für die maximale Höhe

$$h_{\mathrm{max}} = A + 5{,}0\,\mathrm{cm} = v_{\mathrm{max}}\,\sqrt{\frac{\Delta y}{g}} + 5{,}0\,\mathrm{cm}$$

$$= (0{,}30\,\mathrm{m}\cdot\mathrm{s}^{-1})\,\sqrt{\frac{0{,}030\,\mathrm{m}}{9{,}81\,\mathrm{m}\cdot\mathrm{s}^{-2}}} + 5{,}0\,\mathrm{cm} = 6{,}7\,\mathrm{cm}\,.$$

b) Der Körper wird zu Beginn aus der Gleichgewichtslage nach unten beschleunigt. Daher erreicht er die maximale Höhe nach drei Vierteln der Schwingungsdauer: $t_{h_{\mathrm{max}}} = \tfrac{3}{4}\,T$. Dabei gilt für die Schwingungsdauer

$$T = 2\,\pi\,\sqrt{\frac{m}{k_{\mathrm{F}}}} = 2\,\pi\,\sqrt{\frac{m}{m\,g/\Delta y}} = 2\,\pi\,\sqrt{\frac{\Delta y}{g}}\,,$$

und wir erhalten

$$t_{h_{\mathrm{max}}} = \frac{3}{4}\,2\,\pi\,\sqrt{\frac{\Delta y}{g}} = \frac{3\,\pi}{2}\,\sqrt{\frac{\Delta y}{g}}$$

$$= \frac{3\,\pi}{2}\,\sqrt{\frac{0{,}030\,\mathrm{m}}{9{,}81\,\mathrm{m}\cdot\mathrm{s}^{-2}}} = 0{,}26\,\mathrm{s}\,.$$

c) Die in Teilaufgabe a berechnete maximale Höhe ist kleiner als 8,0 cm, sodass die Feder niemals unkomprimiert ist.

Die kinetische Energie, die der Körper haben muss, damit die Feder wieder unkomprimiert wird, ist betragsmäßig ebenso groß wie die potenzielle Energie, die das System in diesem Fall am oberen Umkehrpunkt erreicht. Dieser Umkehrpunkt liegt, wie gefordert, um $\Delta y = 3{,}0\,\mathrm{cm}$ über der Gleichgewichtsposition. Mit der dazu nötigen Anfangsgeschwindigkeit v_{A} gilt also

$$\tfrac{1}{2}\,m\,v_{\mathrm{A}}^2 = \tfrac{1}{2}\,k_{\mathrm{F}}(\Delta y)^2\,,$$

und wir erhalten

$$v_{\mathrm{A}} = \sqrt{g\,\Delta y} = \sqrt{(9{,}81\,\mathrm{m}\cdot\mathrm{s}^{-2})\,(3{,}0\,\mathrm{cm})} = 54\,\mathrm{cm}\cdot\mathrm{s}^{-1}\,.$$

L11.24 a) Der Elastizitätsmodul E ist der Quotient aus der Spannung (der Kraft F pro Querschnittsfläche A) und der Dehnung (der relativen Längenänderung $\Delta l/l$):

$$E = \frac{F/A}{\Delta l/l}$$

Im vorliegenden Fall ist die Dehnungskraft F gleich der Gewichtskraft des Maschinenteils. Mit der ursprünglichen Länge l des Seils erhalten wir für die Längenänderung

$$\Delta l = \frac{F\,l}{A\,E} = \frac{m\,g\,l}{A\,E} = \frac{(950\,\mathrm{kg})\,(9{,}81\,\mathrm{m}\cdot\mathrm{s}^{-2})\,(2{,}5\,\mathrm{m})}{(1{,}5\,\mathrm{cm}^2)\,(150\,\mathrm{GN}\cdot\mathrm{m}^{-2})}$$

$$= 1{,}0355\,\mathrm{mm} = 1{,}0\,\mathrm{mm}\,.$$

b) Mit der Federkonstanten k_{F} und der Masse m des Maschinenteils gilt für die Schwingungsfrequenz

$$\nu = \frac{1}{2\,\pi}\,\sqrt{\frac{k_{\mathrm{F}}}{m}}\,.$$

Dabei ist die Federkonstante gleich dem Quotienten aus der Kraft und der Längenänderung: $k_{\mathrm{F}} = F/\Delta l = m\,g/\Delta l$.

Also ist $k_{\mathrm{F}}/m = g/\Delta l$. Das setzen wir ein und erhalten für die Schwingungsfrequenz

$$\nu = \frac{1}{2\,\pi}\,\sqrt{\frac{g}{\Delta l}} = \frac{1}{2\,\pi}\,\sqrt{\frac{9{,}81\,\mathrm{m}\cdot\mathrm{s}^{-2}}{1{,}0355\,\mathrm{mm}}} = 15\,\mathrm{Hz}\,.$$

Mathematisches Pendel

L11.25 Die Winkelfrequenz der Schwingung ist

$$\omega = \sqrt{\frac{g}{l}} = \sqrt{\frac{9{,}81\,\mathrm{m/s}^2}{1\,\mathrm{m}}} = 3{,}13\,\mathrm{s}^{-1}\,.$$

Daraus ergibt sich eine Periodendauer von $T = 2\pi/\omega = 2{,}01\,\mathrm{s}$.

L11.26 Für die Schwingungsdauer gilt $T = 2\,\pi\,\sqrt{l/g}$. Damit ergibt sich für die Länge des Pendels

$$l = \frac{T^2\,g}{4\,\pi^2} = \frac{(5{,}0\,\mathrm{s})^2\,(9{,}81\,\mathrm{m}\cdot\mathrm{s}^{-2})}{4\,\pi^2} = 6{,}2\,\mathrm{m}\,.$$

L11.27 Die maximale Winkelauslenkung ist θ_0, und wir setzen die potenzielle Energie am tiefsten Punkt gleich null.

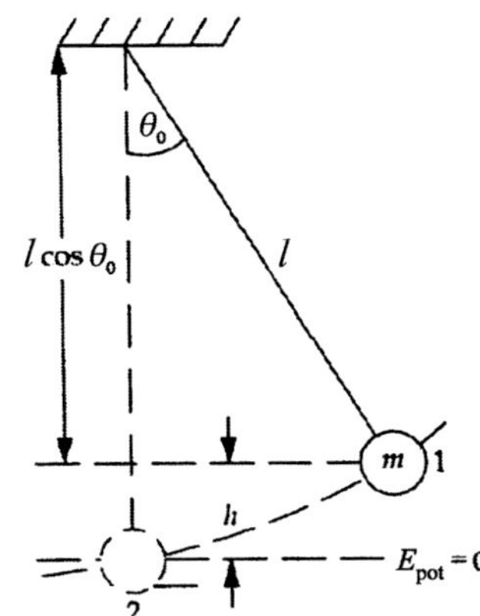

Bei maximaler Auslenkung (also am Umkehrpunkt) liegt die maximale potenzielle Energie vor. Für diese gilt, wie aus der Abbildung hervorgeht:

$$E = E_{\mathrm{pot,max}} = m\,g\,h = m\,g\,l\,(1 - \cos\theta_0)$$

Für $\theta \ll 1$ gilt $\cos\theta \approx 1 - \tfrac{1}{2}\theta^2$, und wir erhalten

$$E \approx m\,g\,l\left[1 - (1 - \tfrac{1}{2}\theta_0^2)\right] = \tfrac{1}{2}\,m\,g\,l\,\theta_0^2\,.$$

L11.28 Weil der Wagen eine wesentlich größere Masse als der Pendelkörper hat, fährt er mit der praktisch konstanten Beschleunigung $g\sin\theta$ entlang der geneigten Ebene hinunter.

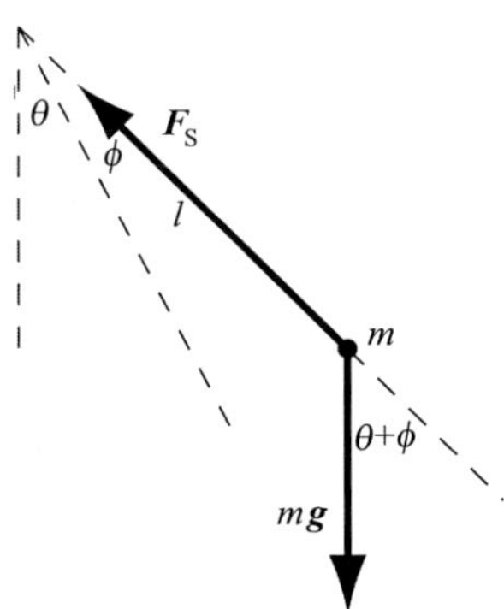

Dabei wird seine Geschwindigkeit nicht von der Pendelbewegung beeinflusst. Die Pendelbewegung ist im Bezugssystem der stationären Ebene nur schwierig zu beschreiben, während sie im Bezugssystem des Wagens, an dem das Pendel befestigt ist, die gewohnten Merkmale hat: Der Pendelkörper schwingt auf einer kreisbogenförmigen Bahn hin und her.

Die erste Abbildung zeigt die Kräfte, die auf den Pendelkörper mit der Masse m wirken: seine Gewichtskraft $m\,\boldsymbol{g}$ und die Zugkraft $\boldsymbol{F}_\mathrm{S}$ im Seil.

Hierin ist ϕ ist der Winkel, den das Seil mit der Normalen auf der geneigten Ebene bildet, und θ ist der Neigungswinkel der Ebene gegen die Horizontale.

Weil die Kräfte auf den Pendelkörper (P) einander ausgleichen, gilt mit der Erdbeschleunigung $\boldsymbol{g}$ gemäß dem zweiten Newton'schen Axiom

$$\boldsymbol{F}_\mathrm{S} + m\,\boldsymbol{g} = m\,\boldsymbol{a}_{\mathrm{PE}}\,.$$

Die Beschleunigungen bezeichnen wir mit folgenden Indices:
PE: Pendelkörper relativ zur geneigten Ebene,
PW: Pendelkörper relativ zum Wagen,
WE: Wagen relativ zur geneigten Ebene.

Die Beschleunigung $\boldsymbol{a}_{\mathrm{PE}}$ des Pendelkörpers relativ zur Ebene ist gleich der Summe seiner Beschleunigung $\boldsymbol{a}_{\mathrm{PW}}$ relativ zum Wagen und der Beschleunigung $\boldsymbol{a}_{\mathrm{WE}}$ des Wagens relativ zur Ebene: $\boldsymbol{a}_{\mathrm{PE}} = \boldsymbol{a}_{\mathrm{PW}} + \boldsymbol{a}_{\mathrm{WE}}$.

Das setzen wir in die vorige Gleichung ein:

$$\boldsymbol{F}_\mathrm{S} + m\,\boldsymbol{g} = m\,(\boldsymbol{a}_{\mathrm{PW}} + \boldsymbol{a}_{\mathrm{WE}})\,.$$

Umstellen liefert $\boldsymbol{F}_\mathrm{S} + m\,(\boldsymbol{g} - \boldsymbol{a}_{\mathrm{WE}}) = m\,\boldsymbol{a}_{\mathrm{PW}}$.

Darin setzen wir $\boldsymbol{g}_{\mathrm{eff}} = \boldsymbol{g} - \boldsymbol{a}_{\mathrm{WE}}$ und erhalten

$$\boldsymbol{F}_\mathrm{S} + m\,\boldsymbol{g}_{\mathrm{eff}} = m\,\boldsymbol{a}_{\mathrm{PW}}\,. \tag{1}$$

Die zweite Abbildung zeigt das Vektordiagramm für die obige Beziehung $\boldsymbol{g}_{\mathrm{eff}} = \boldsymbol{g} - \boldsymbol{a}_{\mathrm{WE}}$. Dabei beachten wir, dass für die Beträge $a_{\mathrm{WE}} = g\sin\theta$ gilt.

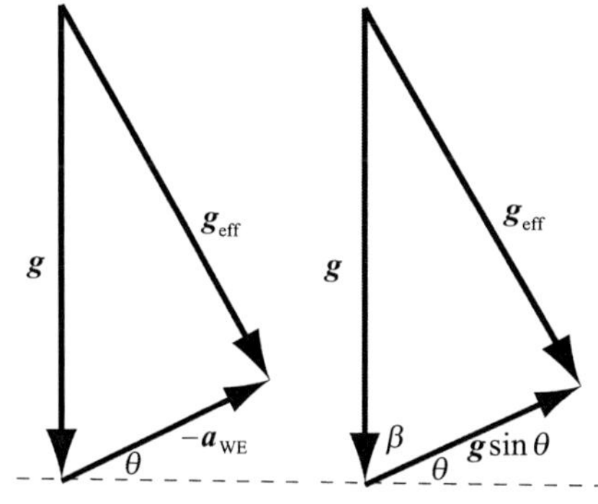

Wir ermitteln nun mithilfe dieses Diagramms den Betrag von $\boldsymbol{g}_{\mathrm{eff}}$. Gemäß dem Kosinussatz gilt

$$g_{\mathrm{eff}}^2 = g^2 + g^2\sin^2\theta - 2\,g\,(g\sin\theta)\cos\beta\,.$$

Wegen $\cos\beta = \sin\theta$ folgt daraus

$$g_{\mathrm{eff}}^2 = g^2 + g^2\sin^2\theta - 2\,g^2\sin^2\theta = g^2\,(1 - \sin^2\theta)\,.$$

Also ist $g_{\mathrm{eff}} = g\,\sqrt{1 - \sin^2\theta} = g\cos\theta$.

Um die Richtung von $\boldsymbol{g}_{\mathrm{eff}}$ zu ermitteln, zeichnen wir zunächst das vorige Vektordiagramm um (siehe dritte Abbildung).

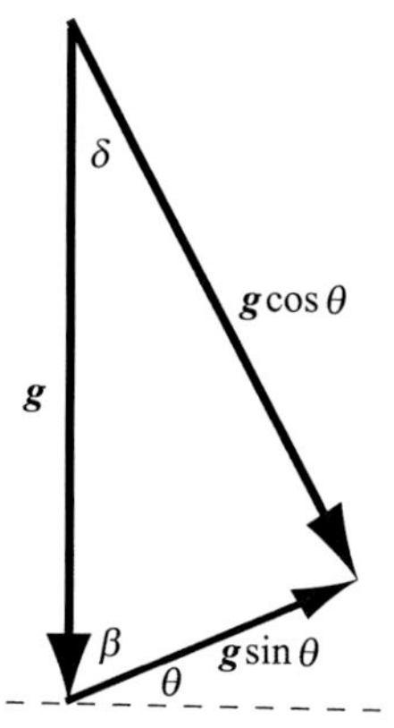

Wiederum wegen des Kosinussatzes gilt hier

$$g^2 \sin^2 \theta = g^2 + g^2 \cos^2 \theta - 2 g^2 \cos \theta \cos \delta .$$

Also ist $\delta = \theta$.

Letztlich benötigen wir die Bewegungsgleichung für den Pendelkörper auf der geneigten Ebene. Dazu zeichnen wir das Vektordiagramm für die Kräfte gemäß Gleichung 1 (siehe vierte Abbildung).

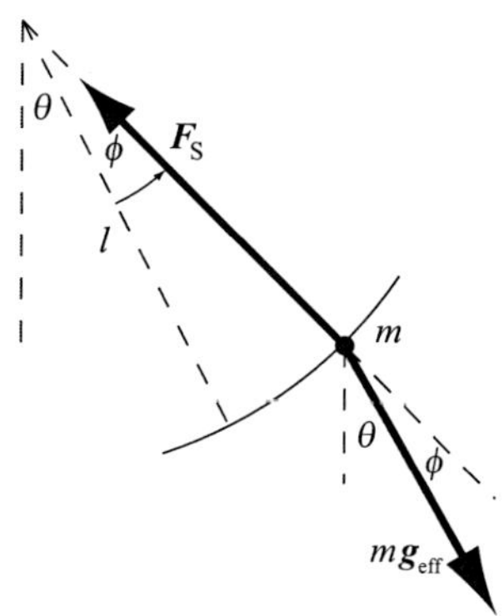

Wir betrachten nun im Inertialsystem des Wagens die Tangentialkomponenten der Kräfte in Gleichung 1. Die Tangentialkomponente der Beschleunigung des Pendelkörpers ist gleich dem Produkt des Radius des Schwingungskreises und der Winkelbeschleunigung: $a_{\mathrm{t}} = r \alpha$. Also gilt gemäß dem zweiten Newton'schen Axiom

$$0 - m\, g_{\mathrm{eff}} \sin \phi = m\, l\, \frac{\mathrm{d}^2 \phi}{\mathrm{d}t^2} .$$

Darin ist l die Länge der Pendelschnur und $\mathrm{d}^2\phi/\mathrm{d}t^2$ die Winkelbeschleunigung des Pendelkörpers. Die positive tangentiale Richtung ist die entgegen dem Uhrzeigersinn. Umformen der letzten Gleichung liefert

$$m\, l\, \frac{\mathrm{d}^2 \phi}{\mathrm{d}t^2} + m\, g_{\mathrm{eff}} \sin \phi = 0 . \qquad (2)$$

Bei geringen Auslenkungen des Pendelkörpers ist $|\phi| \ll 1$ und daher $\sin \phi \approx \phi$. Das setzen wir ein und erhalten

$$m\, l\, \frac{\mathrm{d}^2 \phi}{\mathrm{d}t^2} + m\, g_{\mathrm{eff}}\, \phi = 0 , \qquad \text{also} \qquad \frac{\mathrm{d}^2 \phi}{\mathrm{d}t^2} + \frac{g_{\mathrm{eff}}}{l}\, \phi = 0 .$$

Dies entspricht der Differenzialgleichung für eine harmonische Schwingung mit der Winkelgeschwindigkeit $\omega = \sqrt{g_{\mathrm{eff}}/l}$. Damit ergibt sich für die Schwingungsperiode

$$T = \frac{2\pi}{\omega} = 2\pi \sqrt{\frac{l}{g_{\mathrm{eff}}}} = 2\pi \sqrt{\frac{l}{g \cos \theta}} .$$

Anmerkung: Im Grenzfall einer infinitesimal geringen Neigung der Ebene, also bei $\theta \approx 0$, gilt $T \approx 2\pi \sqrt{l/g}$. Im anderen Grenzfall, $\theta \to 90°$, strebt T gegen unendlich.

L11.29 Da die Beschleunigung des Waggons senkrecht zur Fallbeschleunigung steht, verwenden wir den Satz des Pythagoras und erhalten eine effektive Fallbeschleunigung, welche die Scheinkraft mit berücksichtigt:

$$|a_G^{(B)}| = \sqrt{9{,}81^2 + 3{,}00^2}\ \mathrm{m/s^2} = 10{,}26\ \mathrm{m/s^2}$$

Bei der Berechnung der Schwingungsdauer können wir dank des Äquivalenzprinzips diese Größe einfach anstelle der Fallbeschleunigung einsetzen und erhalten für die Winkelfrequenz der Schwingung

$$\omega = \sqrt{\frac{a_G^{(B)}}{l}} = \sqrt{\frac{10{,}26\ \mathrm{m/s^2}}{1\mathrm{m}}} = 3{,}20\ \mathrm{s^{-1}} .$$

Daraus ergibt sich eine Periodendauer von $T = 2\pi/\omega = 1{,}96\ \mathrm{s}$.

Physikalische Pendel

L11.30 Mit der Masse m des Pendelkörpers und seinem Trägheitsmoment I bezüglich einer festen, horizontalen Drehachse ist die Schwingungsdauer eines physikalischen Pendels gegeben durch

$$T = 2\pi \sqrt{\frac{I}{m\, g\, d}} .$$

Darin ist d der Abstand der Drehachse vom Schwerpunkt. Das Trägheitsmoment einer Scheibe mit dem Radius r bezüglich ihrer Achse durch den Schwerpunkt ist $I_{\mathrm{S}} = \frac{1}{2} m\, r^2$. Also gilt gemäß dem Steiner'schen Satz für ihr Trägheitsmoment bezüglich der dazu parallelen Achse an ihrem Rand

$$I = I_{\mathrm{S}} + m\, r^2 = \tfrac{1}{2} m\, r^2 + m\, r^2 = \tfrac{3}{2} m\, r^2 .$$

Das setzen wir ein und erhalten

$$T = 2\pi \sqrt{\frac{\tfrac{3}{2} m\, r^2}{m\, g\, r}} = 2\pi \sqrt{\frac{3\, r}{2\, g}} = 2\pi \sqrt{\frac{3\,(0{,}20\,\mathrm{m})}{2\,(9{,}81\,\mathrm{m \cdot s^{-2}})}}$$
$$= 1{,}1\ \mathrm{s} .$$

L11.31 Die Schwingungsdauer eines physikalischen Pendels ist gegeben durch

$$T = 2\pi \sqrt{\frac{I}{m\,g\,d}}\,.$$

Darin ist m die Masse des Pendelkörpers, I sein Trägheitsmoment bezüglich der Drehachse und d deren Abstand vom Schwerpunkt. Auflösen der Gleichung nach dem Trägheitsmoment und Einsetzen der Zahlenwerte ergibt

$$I = \frac{m\,g\,d\,T^2}{4\,\pi^2} = \frac{(3,0\,\mathrm{kg})\,(9,81\,\mathrm{m\cdot s^{-2}})\,(0,10\,\mathrm{m})\,(2,6\,\mathrm{s})^2}{4\,\pi^2}$$
$$= 0,50\,\mathrm{kg\cdot m^2}\,.$$

L11.32 a) Die Scheibe mit der Masse m und dem Radius r stellt ein physikalisches Pendel dar. Mit dem Trägheitsmoment I bezüglich einer Achse im Abstand d vom Schwerpunkt gilt für die Schwingungsdauer

$$T = 2\pi \sqrt{\frac{I}{m\,g\,d}}\,.$$

Gemäß dem Steiner'schen Satz gilt dabei

$$I = I_\mathrm{S} + m\,d^2\,,$$

wobei I_S das Trägheitsmoment bezüglich einer Achse durch den Schwerpunkt ist, die parallel zu der zuvor genannten Achse verläuft. Bei einer Scheibe ist $I_\mathrm{S} = \frac{1}{2}\,m\,r^2$, sodass wir für das Trägheitsmoment erhalten:

$$I = \tfrac{1}{2}\,m\,r^2 + m\,d^2\,.$$

Das setzen wir in die Gleichung für die Schwingungsdauer ein:

$$T = 2\pi \sqrt{\frac{\frac{1}{2}\,m\,r^2 + m\,d^2}{m\,g\,d}} = 2\pi \sqrt{\frac{\frac{1}{2}\,r^2 + d^2}{g\,d}}\,. \quad (1)$$

Quadrieren beider Seiten dieser Gleichung liefert nach Vereinfachen und Umformen

$$d^2 - \frac{g\,T^2}{4\,\pi^2}\,d + \frac{r^2}{2} = 0$$

bzw.

$$d^2 - (1,553\,\mathrm{m})\,d + 0,320\,\mathrm{m^2} = 0\,.$$

Diese quadratische Gleichung hat zwei Lösungen. Die eine ($d = 1,31\,\mathrm{m}$) ist physikalisch nicht sinnvoll, weil der Radius der Scheibe nur $0,80\,\mathrm{m}$ beträgt. Der gesuchte Abstand ist also

$$d = 0,238\,\mathrm{m} = 24\,\mathrm{cm}\,.$$

b) Wir leiten den Ausdruck für T gemäß Gleichung 1 nach dem Abstand d ab und setzen die Ableitung gleich null:

$$\frac{2\,d^2 - \left(\frac{1}{2}\,r^2 + d^2\right)}{\sqrt{g}\,d^2} = 0\,.$$

Daher ist $2\,d^2 - \left(\frac{1}{2}\,r^2 + d^2\right)$ sowie $d = \dfrac{r}{\sqrt{2}}$.

Das setzen wir in Gleichung 1 ein und erhalten für die minimale Schwingungsdauer

$$T_\mathrm{min} = 2\pi \sqrt{\frac{\frac{1}{2}\,r^2 + d^2}{g\,d}} = 2\pi \sqrt{\frac{\frac{1}{2}\,r^2 + \frac{1}{2}\,r^2}{g\,r/\sqrt{2}}} = 2\pi \sqrt{\frac{\sqrt{2}\,r}{g}}$$
$$= 2\pi \sqrt{\frac{\sqrt{2}\,(0,80\,\mathrm{m})}{9,81\,\mathrm{m\cdot s^{-2}}}} = 2,1\,\mathrm{s}\,.$$

Anmerkung: Wir haben hier nur gezeigt, dass bei $d = r/\sqrt{2}$ ein Extremwert der Schwingungsdauer T vorliegt. Dass dieser ein Minimum ist, kann entweder mithilfe der zweiten Ableitung $\mathrm{d}^2 T / \mathrm{d}t^2$ (die an dieser Stelle positiv sein muss) oder anhand des Graphen der Funktion $T(d)$ gezeigt werden.

L11.33 Mit der Masse m des Pendelkörpers und seinem Trägheitsmoment I bezüglich der Drehachse ist die Schwingungsdauer eines physikalischen Pendels gegeben durch

$$T = 2\pi \sqrt{\frac{I}{m\,g\,d}}\,.$$

Darin ist d der Abstand der Drehachse vom Schwerpunkt. Nach dem Steiner'schen Satz ist das Trägheitsmoment des Körpers bezüglich des Punkts P_1 (im Abstand h_1 vom Schwerpunkt) $I = I_\mathrm{S} + m\,h_1^2$. (Hierin ist I_S das Trägheitsmoment bezüglich der Achse durch den Schwerpunkt, die parallel zu der anderen Achse verläuft.) Das setzen wir ein und erhalten für die Schwingungsdauer

$$T = 2\pi \sqrt{\frac{I_\mathrm{S} + m\,h_1^2}{m\,g\,h_1}}\,.$$

Quadrieren und Umstellen ergibt

$$\frac{m\,g\,T^2}{4\,\pi^2} = \frac{I_\mathrm{S}}{h_1} + m\,h_1\,. \quad (1)$$

Die Schwingungsdauern bezüglich der Achsen durch die beiden Punkte P_1 und P_2 sollen gleich sein. Dann muss gelten

$$\frac{I_\mathrm{S}}{h_1} + m\,h_1 = \frac{I_\mathrm{S}}{h_2} + m\,h_2$$

und daher

$$\left(\frac{1}{h_1} - \frac{1}{h_2}\right) I_\mathrm{S} = m\,(h_2 - h_1)\,.$$

Für $h_1 \neq h_2$ ergibt sich daraus $I_\mathrm{S} = m\,h_1\,h_2$. Das setzen wir in Gleichung 1 ein und erhalten

$$\frac{m\,g\,T^2}{4\,\pi^2} = \frac{m\,h_1\,h_2}{h_1} + m\,h_1 \quad \text{sowie} \quad h_1 + h_2 = \frac{g\,T^2}{4\,\pi^2}\,.$$

L11.34 a) Mit der Masse m des Pendelkörpers und seinem Trägheitsmoment I bezüglich der Drehachse ist die Schwingungsdauer eines physikalischen Pendels gegeben durch

$$T = 2\pi \sqrt{\frac{I}{m\,g\,l}}\,.$$

Darin ist l der Abstand der Drehachse vom Schwerpunkt. Nach dem Steiner'schen Satz ist das Trägheitsmoment des vorliegenden Pendels bezüglich seines Aufhängungspunkts

$$I = I_\mathrm{S} + m\,l^2 = \tfrac{2}{5}\,m\,r_\mathrm{K}^2 + m\,l^2\,.$$

(Hierin ist I_S das Trägheitsmoment bezüglich der zur oben genannten Drehachse parallelen Achse durch den Schwerpunkt.) Das setzen wir ein und erhalten für die Schwingungsdauer

$$T = 2\pi \sqrt{\frac{\tfrac{2}{5}\,m\,r_\mathrm{K}^2 + m\,l^2}{m\,g\,l}} = 2\pi \sqrt{\frac{\tfrac{2}{5}\,r_\mathrm{K}^2 + l^2}{g\,l}}$$

$$= 2\pi \sqrt{\frac{l}{g}\left(1 + \frac{2\,r_\mathrm{K}^2}{5\,l^2}\right)} = 2\pi \sqrt{\frac{l}{g}}\,\sqrt{1 + \frac{2\,r_\mathrm{K}^2}{5\,l^2}}$$

$$= T_0 \sqrt{1 + \frac{2\,r_\mathrm{K}^2}{5\,l^2}}\,.$$

Dabei ist $T_0 = 2\pi \sqrt{l/g}$.

b) Wir entwickeln die Wurzel in eine binomische Reihe und berücksichtigen wegen $r_\mathrm{K} \ll l$ nur den ersten Summanden:

$$\left(1 + \frac{2\,r_\mathrm{K}^2}{5\,l^2}\right)^{1/2} = 1 + \frac{1}{2}\,\frac{2\,r_\mathrm{K}^2}{5\,l^2} + \frac{1}{8}\left(\frac{2\,r_\mathrm{K}^2}{5\,l^2}\right)^2 + \cdots \approx 1 + \frac{r_\mathrm{K}^2}{5\,l^2}\,.$$

Dies setzen wir in das Ergebnis der Teilaufgabe a ein:

$$T \approx T_0 \left(1 + \frac{r_\mathrm{K}^2}{5\,l^2}\right)\,.$$

c) Wird $T \approx T_0$ gesetzt, dann ist der relative Fehler

$$\frac{\Delta T}{T} = \frac{T - T_0}{T_0} = \frac{T}{T_0} - 1 \approx 1 + \frac{r_\mathrm{K}^2}{5\,l^2} - 1 = \frac{r_\mathrm{K}^2}{5\,l^2}$$

$$\approx \frac{(2{,}00\,\mathrm{cm})^2}{5\,(100\,\mathrm{cm})^2} = 0{,}0000800\,.$$

Dies sind 0,00800 %. Soll der Fehler 1,00 % betragen, muss gelten

$$0{,}0100 = \frac{\Delta T}{T} \approx \frac{r_\mathrm{K}^2}{5\,l^2}\,,$$

und der Radius ergibt sich damit zu

$$r \approx l\,\sqrt{0{,}0500} = (100\,\mathrm{cm})\,\sqrt{0{,}0500} = 22{,}4\,\mathrm{cm}\,.$$

Gedämpfte Schwingungen

L11.35 a) Die Schwingungsdauer ist

$$T = 2\pi \sqrt{\frac{m}{k_\mathrm{F}}} = 2\pi \sqrt{\frac{2{,}00\,\mathrm{kg}}{400\,\mathrm{N}\cdot\mathrm{m}^{-1}}} = 0{,}444\,\mathrm{s}\,.$$

b) Die gesamte Anfangsenergie ist proportional zum Quadrat der Amplitude, und wir erhalten

$$E_0 = \tfrac{1}{2}\,k_\mathrm{F}A^2 = \tfrac{1}{2}\,(400\,\mathrm{N}\cdot\mathrm{m}^{-1})\,(0{,}0300\,\mathrm{m})^2 = 0{,}180\,\mathrm{J}\,.$$

c) Bei einer relativen Abnahme der Energie um 1,00 % pro Periode muss gelten

$$\left(\frac{|\Delta E|}{E}\right)_\mathrm{Per.} = 0{,}0100\,,$$

und der Q-Faktor ist

$$Q = \frac{2\pi}{(|\Delta E|/E)_\mathrm{Per.}} = \frac{2\pi}{0{,}0100} = 628\,.$$

Mit $Q = \omega_0\,m/b$ erhalten wir für die Dämpfungskonstante

$$b = \frac{\omega_0\,m}{Q} = \frac{2\pi\,m}{T\,Q} = \frac{2\pi\,(2{,}00\,\mathrm{kg})}{(0{,}444\,\mathrm{s})\,\dfrac{2\pi}{0{,}0100}} = 0{,}0450\,\mathrm{kg}\cdot\mathrm{s}^{-1}\,.$$

L11.36 a) Die relative Energieabnahme in einer Periode ist

$$\left(\frac{|\Delta E|}{E}\right)_\mathrm{Per.} = \frac{2\pi}{Q} = \frac{2\pi}{20} = 0{,}31\,.$$

b) Mit $Q = \omega_0\,m/b$ ergibt sich aus der in der Aufgabenstellung gegebenen Gleichung für den Quotienten der Kreisfrequenzen

$$\frac{\omega'}{\omega_0} = \sqrt{1 - \left(\frac{b}{2\,m\,\omega_0}\right)^2} = \sqrt{1 - \frac{1}{4\,Q^2}}\,.$$

Damit ist die relative Abweichung der Kreisfrequenz

$$\frac{\omega' - \omega_0}{\omega_0} = \frac{\omega'}{\omega_0} - 1 = \sqrt{1 - \frac{1}{4\,Q^2}} - 1\,.$$

Mit der Näherung $\sqrt{1 + x} \approx 1 + \tfrac{1}{2}\,x$, die für kleines x gültig ist, sowie mit $x = -1/(4\,Q^2)$ ergibt sich

$$\sqrt{1 - \frac{1}{4\,Q^2}} \approx 1 - \frac{1}{8\,Q^2}\,.$$

Das setzen wir ein und erhalten mit $Q = 20$ im Rahmen dieser Näherung

$$\frac{\omega' - \omega_0}{\omega_0} = 1 - \frac{1}{8\,Q^2} - 1 = -\frac{1}{8\,(20)^2} = -3{,}1 \cdot 10^{-4}\,.$$

Das entspricht $-3{,}1 \cdot 10^{-2}\,\%$.

L11.37 a) Die relative Energieabnahme pro Periode ist

$$\left(\frac{|\Delta E|}{E}\right)_{\text{Per.}} = \frac{2\,\pi}{Q} = \frac{2\,\pi}{400} = 0{,}0157 = 1{,}57\,\% \,.$$

b) Nach einer Periode ist die Energie abgesunken auf

$$E_1 = E_0 \left[1 - \left(\frac{|\Delta E|}{E}\right)_{\text{Per.}}\right],$$

nach zwei Perioden auf

$$E_2 = E_1 \left[1 - \left(\frac{|\Delta E|}{E}\right)_{\text{Per.}}\right] = E_0 \left[1 - \left(\frac{|\Delta E|}{E}\right)_{\text{Per.}}\right]^2$$

und allgemein nach n Perioden auf

$$E_n = E_0 \left[1 - \left(\frac{|\Delta E|}{E}\right)_{\text{Per.}}\right]^n$$
$$= E_0 \,(1 - 0{,}0157)^n = E_0 \,(0{,}9843)^n = E_0 \,(0{,}984)^n \,.$$

c) Wir berechnen zunächst, wie viele Schwingungsperioden von jeweils 54 min in zwei Tagen (2,0 d) ablaufen. Zwei Tage haben $2{,}0 \cdot 24 \cdot (60\,\text{min}) = 2880\,\text{min}$. Damit ergibt sich die Anzahl der Schwingungsperioden zu

$$n = \frac{2880\,\text{min}}{54\,\text{min}} = 53{,}3 \,.$$

Also ist die Schwingungsenergie nach zwei Tagen abgesunken auf $E_{2\,\text{d}} = E_{53{,}3} = E_0 \,(0{,}9843)^{53{,}3} = 0{,}43\,E_0$.

L11.38 a) Für die Reibungskraft gilt, wie gegeben, $F_{\text{R}} = 6\,\pi\,\eta\,a\,v$, wobei a der Radius der Kugel und v deren Geschwindigkeit ist. Andererseits ist ihr Betrag proportional zur Geschwindigkeit: $F_{\text{R}} = b\,v$. Darin ist b die Reibungs- oder Dämpfungskonstante, für die also $b = 6\,\pi\,\eta\,a$ gilt. Somit ist die Viskosität gegeben durch

$$\eta = \frac{b}{6\,\pi\,a} \,.$$

Mit der Zeitkonstanten $\tau = m/b$ sowie den Ausdrücken $m = V\varrho$ für die Masse und $\frac{4}{3}\,\pi\,a^3$ für das Volumen der Kugel erhalten wir daraus

$$\eta = \frac{b}{6\,\pi\,a} = \frac{m}{6\,\pi\,a\,\tau} = \frac{V\varrho}{6\,\pi\,a\,\tau} = \frac{\frac{4}{3}\,\pi\,a^3\,\varrho}{6\,\pi\,a\,\tau} = \frac{2\,a^2\,\varrho}{9\,\tau}$$
$$= \frac{2\,(0{,}0600\,\text{m})^2\,(19{,}3 \cdot 10^3\,\text{kg} \cdot \text{m}^{-3})}{9\,(2{,}80\,\text{s})} = 5{,}51\,\text{Pa} \cdot \text{s} \,.$$

b) Für den Q-Faktor ergibt sich

$$Q = \omega_0\,\tau = \sqrt{\frac{k_{\text{F}}}{m}}\,\tau = \sqrt{\frac{k_{\text{F}}}{V\varrho}}\,\tau = \sqrt{\frac{k_{\text{F}}}{\frac{4}{3}\,\pi\,a^3\,\varrho}}\,\tau$$
$$= \sqrt{\frac{3\,(350\,\text{N} \cdot \text{cm}^{-1})\,(100\,\text{cm} \cdot \text{m}^{-1})}{4\,\pi\,(0{,}0600\,\text{m})^3\,(19{,}3 \cdot 10^3\,\text{kg} \cdot \text{m}^{-3})}}\,(2{,}80\,\text{s})$$
$$\approx 125 \,.$$

Erzwungene Schwingungen und Resonanz

L11.39 Mit der Kraftkonstanten k_{F} der Feder und der schwingenden Masse m ergibt sich die Resonanzfrequenz in den Teilaufgaben a und b mithilfe der Formel

$$v_0 = \frac{1}{2\,\pi}\,\sqrt{\frac{k_{\text{F}}}{m}} \,.$$

a) $v_0 = \dfrac{1}{2\,\pi}\,\sqrt{\dfrac{400{,}0\,\text{N} \cdot \text{m}^{-1}}{10\,\text{kg}}} = 1{,}0\,\text{Hz}.$

b) $v_0 = \dfrac{1}{2\,\pi}\,\sqrt{\dfrac{800{,}0\,\text{N} \cdot \text{m}^{-1}}{5\,\text{kg}}} = 2\,\text{Hz}.$

c) Hier liegt ein einfaches Pendel vor, und wir erhalten

$$v_0 = \frac{1}{2\,\pi}\,\sqrt{\frac{g}{l}} = \frac{1}{2\,\pi}\,\sqrt{\frac{9{,}81\,\text{m} \cdot \text{s}^{-2}}{2{,}0\,\text{m}}} = 0{,}35\,\text{Hz} \,.$$

L11.40 a) Nach einer Periode ist die Energie abgesunken auf

$$E_1 = E_0 \left[1 - \left(\frac{|\Delta E|}{E}\right)_{\text{Per.}}\right],$$

nach zwei Perioden auf

$$E_2 = E_1 \left[1 - \left(\frac{|\Delta E|}{E}\right)_{\text{Per.}}\right] = E_0 \left[1 - \left(\frac{|\Delta E|}{E}\right)_{\text{Per.}}\right]^2$$

und allgemein nach n Perioden auf

$$E_n = E_0 \left[1 - \left(\frac{|\Delta E|}{E}\right)_{\text{Per.}}\right]^n \,.$$

Einsetzen der Zahlenwerte ergibt

$$0{,}50\,E_0 = E_0\,(1 - 0{,}035)^n \quad \text{bzw.} \quad 0{,}50 = (0{,}965)^n \,.$$

Damit erhalten wir für die Anzahl der Perioden

$$n = \frac{\ln 0{,}50}{\ln 0{,}965} = 19{,}5 \,.$$

Es laufen also knapp 20 Schwingungsperioden ab.

b) Der Q-Faktor ist

$$Q = \frac{2\,\pi}{(|\Delta E|/E)_{\text{Per.}}} = \frac{2\,\pi}{0{,}0350} = 180 \,.$$

c) Die Resonanzbreite errechnet sich zu

$$\Delta\omega = \frac{\omega_0}{Q} = \frac{2\,\pi\,v_0\,(|\Delta E|/E)_{\text{Per.}}}{2\,\pi} = v_0\,(|\Delta E|/E)_{\text{Per.}}$$
$$= (100\,\text{Hz})\,(0{,}0350) = 3{,}50\,\text{rad} \cdot \text{s}^{-1} \,.$$

L11.41 a) Mit der äußeren Kraft F_0 gilt bei Resonanz für die Amplitude $A = F_0/(b\,\omega)$. Dabei ist, wie in Aufgabe 36, die Dämpfungskonstante gegeben durch $b = 6\pi\eta a$, wobei η die Viskosität und a der Kugelradius ist. Hiermit sowie mit den Beziehungen $\omega = \sqrt{k_{\mathrm{F}}/m}$ und $m = V\varrho = \tfrac{4}{3}\pi a^3 \varrho$ ergibt sich für die Amplitude

$$
\begin{aligned}
A &= \frac{F_0}{b\,\omega} = \frac{F_0}{6\pi\eta a\,\omega} = \frac{F_0}{6\pi\eta a}\sqrt{\frac{m}{k_{\mathrm{F}}}} \\
&= \frac{F_0}{6\pi\eta a}\sqrt{\frac{\tfrac{4}{3}\pi a^3 \varrho}{k_{\mathrm{F}}}} = \frac{F_0}{3\pi\eta}\sqrt{\frac{\pi a\,\varrho}{3\,k_{\mathrm{F}}}} \\
&= \frac{0{,}110\,\mathrm{N}}{3\pi\,(19{,}9\,\mathrm{mPa\cdot s})}\sqrt{\frac{\pi\,(0{,}0600\,\mathrm{m})\,(19{,}3\cdot 10^3\,\mathrm{kg\cdot m^{-3}})}{3\,(35{,}0\,\mathrm{N\cdot cm^{-1}})}} \\
&= 34{,}5\,\mathrm{cm}\,.
\end{aligned}
$$

b) Weil hier ein sehr schwach gedämpftes System vorliegt, können wir den relativen Energieverlust $(|\Delta E|/E)_{\mathrm{Z}}$ pro Schwingungszyklus mit dem Q-Faktor verknüpfen. Mit der Zeitkonstanten τ gilt dabei

$$
Q = \frac{2\pi}{(|\Delta E|/E)_{\mathrm{Z}}} = \omega_0\,\tau\,.
$$

Mit $\tau = \dfrac{m}{b} = \dfrac{m}{6\pi\eta a}$ ergibt sich daraus

$$
\begin{aligned}
\frac{2\pi}{(|\Delta E|/E)_{\mathrm{Z}}} &= \frac{m\,\omega_0}{6\pi\eta a} = \frac{V\varrho\,\sqrt{k_{\mathrm{F}}/m}}{6\pi\eta a} = \frac{\tfrac{4}{3}\pi a^3 \varrho}{6\pi\eta a}\sqrt{\frac{k_{\mathrm{F}}}{m}} \\
&= \frac{2\,a^2 \varrho}{9\,\eta}\sqrt{\frac{k_{\mathrm{F}}}{m}}\,.
\end{aligned}
$$

Für den relativen Energieverlust pro Zyklus erhalten wir

$$
\begin{aligned}
(|\Delta E|/E)_{\mathrm{Z}} &= \frac{9\pi\eta}{a^2\,\varrho}\sqrt{\frac{m}{k_{\mathrm{F}}}} \\
&= \frac{9\pi\,(19{,}9\,\mathrm{mPa\cdot s})}{(0{,}0600\,\mathrm{m})^2\,(19{,}3\cdot 10^3\,\mathrm{kg\cdot m^{-3}})} \\
&\quad \cdot \sqrt{\frac{17{,}5\,\mathrm{kg}}{35{,}0\,\mathrm{N\cdot cm^{-1}}}} \\
&= 5{,}37\cdot 10^{-4}\,.
\end{aligned}
$$

Allgemeine Aufgaben

L11.42 a) Für die Auslenkung aus der Gleichgewichtslage gilt allgemein $x(t) = A\cos(\omega t + \delta)$, und im vorliegenden Fall ist sie gegeben durch

$$
x(t) = (0{,}40\,\mathrm{m})\cos\!\left[(3{,}0\,\mathrm{s^{-1}})\,t + \pi/4\right]\,.
$$

Der Vergleich der Koeffizienten ergibt $\omega = 3{,}0\,\mathrm{rad\cdot s^{-1}}$, und wir erhalten für die Frequenz

$$
\nu = \frac{\omega}{2\pi} = \frac{3{,}0\,\mathrm{rad\cdot s^{-1}}}{2\pi} = 0{,}477\,\mathrm{Hz} = 0{,}48\,\mathrm{Hz}\,.
$$

Die Periodendauer ist der Kehrwert der Frequenz:

$$
T = \frac{1}{\nu} = \frac{1}{0{,}477\,\mathrm{Hz}} = 2{,}1\,\mathrm{s}\,.
$$

b) Die Geschwindigkeit ergibt sich durch Ableiten der Auslenkung nach der Zeit:

$$
\begin{aligned}
v_x &= \frac{\mathrm{d}x}{\mathrm{d}t} = \frac{\mathrm{d}}{\mathrm{d}t}\left[A\cos(\omega t + \delta)\right] = -\omega A\sin(\omega t + \delta) \\
&= -(3{,}0\,\mathrm{rad\cdot s^{-1}})\,(0{,}40\,\mathrm{m})\sin\!\left[(3{,}0\,\mathrm{rad\cdot s^{-1}})\,t + \pi/4\right] \\
&= -(1{,}2\,\mathrm{m\cdot s^{-1}})\sin\!\left[(3{,}0\,\mathrm{rad\cdot s^{-1}})\,t + \pi/4\right]\,.
\end{aligned}
$$

c) Bei $\sin(\omega t + \delta) = -1$ liegt das Maximum der Geschwindigkeit vor: $v_{x,\mathrm{max}} = -(1{,}2\,\mathrm{m\cdot s^{-1}})\,(-1) = 1{,}2\,\mathrm{m\cdot s^{-1}}$.

L11.43 Die Abbildung zeigt die bei der Winkelauslenkung θ auf den Pendelkörper wirkenden Kräfte: die Zugkraft $\boldsymbol{F}_{\mathrm{S}}$ im Seil, die Gewichtskraft $m\,\boldsymbol{g}$ und die Federkraft $-k_{\mathrm{F}}\,x\,\hat{\boldsymbol{x}}$.

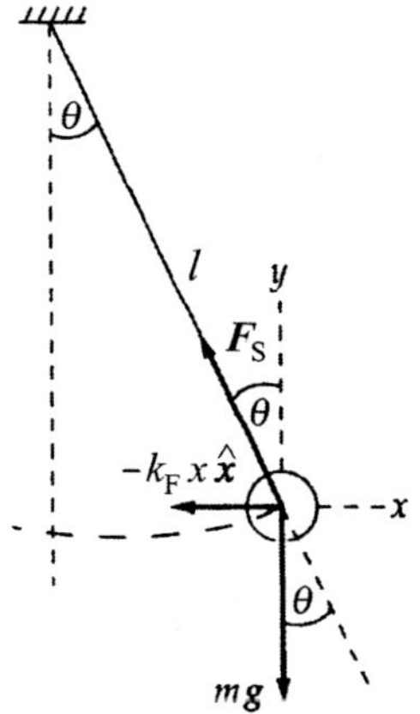

a) Die Schwingungsdauer ist $T = 2\pi/\omega$. Auf den Pendelkörper wirkt in x-Richtung die resultierende Kraft

$$
\sum F_x = -k_{\mathrm{F}}\,x - F_{\mathrm{S}}\sin\theta = m\,a_x
$$

und in y-Richtung die resultierende Kraft

$$
\sum F_y = F_{\mathrm{S}}\cos\theta - m\,g = 0\,.
$$

Wir eliminieren F_{S} aus beiden Gleichungen:

$$
m\,a_x = -k_{\mathrm{F}}\,x - m\,g\tan\theta\,.
$$

Nun ersetzen wir die Variable x durch $l\,\theta$, weil wir berücksichtigen, dass bei kleinen Winkeln $x \approx l\,\theta$ ist. Mit der Winkelbeschleunigung α gilt außerdem $a_x = l\,\alpha = l\,\mathrm{d}^2\theta/\mathrm{d}t^2$. Damit ergibt sich, wiederum bei kleinem θ (also mit $\tan\theta \approx \theta$):

$$
m\,l\,\frac{\mathrm{d}^2\theta}{\mathrm{d}t^2} = -k_{\mathrm{F}}\,l\,\theta - m\,g\tan\theta = -(k_{\mathrm{F}}\,l + m\,g)\,\theta\,.
$$

Das ist gleichbedeutend mit

$$\frac{d^2\theta}{dt^2} = -\left(\frac{k_F}{m} + \frac{g}{l}\right)\theta = -\omega^2\,\theta\,.$$

Darin ist $\omega = \sqrt{\dfrac{k_F}{m} + \dfrac{g}{l}}$.

Dies setzen wir in die bekannte Gleichung für die Schwingungsdauer ein und erhalten (wiederum im Rahmen der für kleines θ angesetzten Näherungen)

$$T = \frac{2\pi}{\omega} = \frac{2\pi}{\sqrt{\dfrac{k_F}{m} + \dfrac{g}{l}}}\,.$$

b) Mit $m = 1,00\,\text{kg}$ und bei $T = 2,00\,\text{s}$ gilt für die Schwingungsdauer ohne Feder (also mit $k_F = 0$)

$$2,00\,\text{s} = \frac{2\pi}{\sqrt{g/l}}\,,$$

und bei $T = 1,00\,\text{s}$ gilt mit der Feder

$$1,00\,\text{s} = \frac{2\pi}{\sqrt{\dfrac{k_F}{1,00\,\text{kg}} + \dfrac{g}{l}}}\,.$$

Aus diesen beiden Gleichungen ergibt sich die Federkonstante näherungsweise zu $k_F = 30\,\text{N}\cdot\text{m}^{-1}$.

L11.44 a) Die Schwingungsdauer eines mathematischen Pendels mit der Länge l ist $T = 2\pi\,\sqrt{l/g}$. Wir leiten sie nach der Gravitationsbeschleunigung ab:

$$\frac{dT}{dg} = \frac{d}{dg}\left(2\pi\,\sqrt{l}\,g^{-1/2}\right) = -\pi\,\sqrt{l}\,g^{-3/2} = -\frac{T}{2\,g}\,.$$

Wir separieren die Variablen: $\dfrac{dT}{T} = -\dfrac{1}{2}\,\dfrac{dg}{g}$.

Bei kleinen Änderungen $\Delta g \ll g$ der Gravitationskonstanten können wir dies mit den Differenzen annähern:

$$\frac{\Delta T}{T} \approx -\frac{1}{2}\,\frac{\Delta g}{g}\,.$$

b) Aus der in Teilaufgabe a erhaltenen Gleichung ergibt sich für die Änderung der Gravitationskonstanten

$$\Delta g \approx -2\,g\,\frac{\Delta T}{T}\,.$$

Zunächst berechnen wir die relative Änderung der Schwingungsdauer:

$$\frac{\Delta T}{T} \approx \frac{-90\,\text{s}}{1\,\text{d}}\,\frac{1\,\text{d}}{24\,\text{h}}\,\frac{1\,\text{h}}{3600\,\text{s}} = -1,0417\cdot 10^{-3}\,.$$

Einsetzen in die vorige Beziehung ergibt

$$\Delta g \approx -2\,g\,\frac{\Delta T}{T} = -2\,(9,81\,\text{m}\cdot\text{s}^{-2})\,(-1,0417\cdot 10^{-3})$$
$$\approx 0,020\,\text{m}\cdot\text{s}^{-2} = 2,0\,\text{cm}\cdot\text{s}^{-2}\,.$$

L11.45 a) Die resultierende Kraft, die auf die Masse m wirkt, ist hier gegeben durch

$$F = -k_{F,1}\,x - k_{F,2}\,x = -(k_{F,1} + k_{F,2})\,x = -k_{F,\text{eff}}\,x\,.$$

Also ist $k_{F,\text{eff}} = k_{F,1} + k_{F,2}$.

b) Bei dieser Anordnung gilt für die auf die Masse m wirkende resultierende Kraft

$$F' = -k_{F,1}\,x_1 = -k_{F,2}\,x_2\,.$$

Daraus folgt $x_2 = \dfrac{k_{F,1}}{k_{F,2}}\,x_1$,

und die gesamte Auslenkung ist $x_1 + x_2 = -\dfrac{F'}{k_{F,\text{eff}}}$.

Mit der obigen Beziehung für F' ergibt sich daraus

$$k_{F,\text{eff}} = -\frac{F'}{x_1 + x_2} = -\frac{-k_{F,1}\,x_1}{x_1 + x_2} = \frac{k_{F,1}\,x_1}{x_1 + \dfrac{k_{F,1}}{k_{F,2}}\,x_1}$$
$$= \frac{1}{\dfrac{1}{k_{F,1}} + \dfrac{1}{k_{F,2}}}\,.$$

Wir bilden die Kehrwerte beider Seiten dieser Gleichung:

$$\frac{1}{k_{F,\text{eff}}} = \frac{1}{k_{F,1}} + \frac{1}{k_{F,2}}\,.$$

L11.46 a) Kurz bevor der Kasten zu gleiten beginnt, gilt mit der maximalen Haftreibungskraft $F_{R,h,\text{max}}$ für die auf ihn einwirkenden Kräfte in x-Richtung

$$F_{R,h,\text{max}} = m\,a_{\text{max}}$$

und (mit der Normalkraft F_n) für die Kräfte in y-Richtung

$$F_n - m\,g = 0\,.$$

Wir nutzen die Beziehung $F_{R,h,\text{max}} = \mu_{R,h}\,F_n$, um aus diesen beiden Gleichungen die Kräfte $F_{R,h,\text{max}}$ und F_n zu eliminieren. Dies ergibt

$$\mu_{R,h}\,m\,g = m\,a_{\text{max}}\,, \qquad \text{also} \qquad \mu_{R,h} = \frac{a_{\text{max}}}{g}\,.$$

Die maximale Beschleunigung bei einer Schwingung ist gegeben durch $a_{\text{max}} = A\,\omega^2$. Dies sowie $\omega = 2\pi/T$ setzen wir ein und erhalten für den Haftreibungskoeffizienten

$$\mu_{R,h} = \frac{A\,\omega^2}{g} = \frac{4\,\pi^2\,A}{g\,T^2} = \frac{4\,\pi^2\,(0,10\,\text{m})}{(9,81\,\text{m}\cdot\text{s}^{-2})\,(0,80\,\text{s})^2} = 0,63\,.$$

b) Die maximale Schwingungsamplitude beim Haftreibungskoeffizienten $0,40$ erhalten wir durch Umformen der vorigen Gleichung und Einsetzen der Zahlenwerte:

$$A_{\text{max}} = \frac{\mu_{R,h}\,g}{\omega^2} = \frac{\mu_{R,h}\,g\,T^2}{4\,\pi^2}$$
$$= \frac{(0,40)\,(9,81\,\text{m}\cdot\text{s}^{-2})\,(0,80\,\text{s})^2}{4\,\pi^2} = 6,4\,\text{cm}\,.$$

L11.47 Die Abbildung zeigt die beiden Blöcke mit der Feder sowie die Beträge und die Richtungen der auf sie einwirkenden Kräfte.

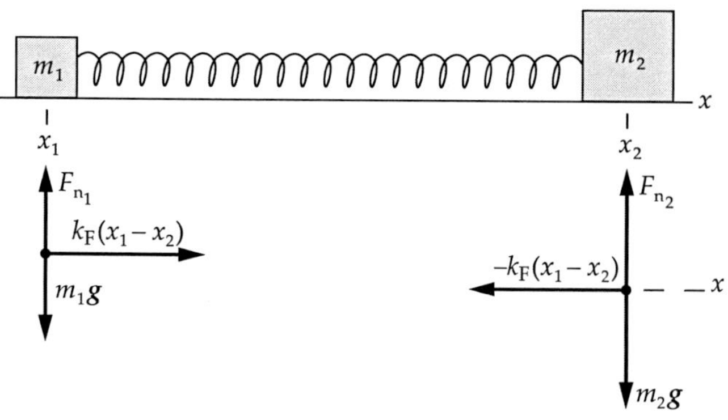

Die beiden Massen verhalten sich hier wie gekoppelte Oszillatoren. Auf den Block mit der Masse m_1 wirkt die resultiernde Kraft $\sum \boldsymbol{F} = m\,\boldsymbol{a}$, sodass für die Beträge gilt:

$$k_{\mathrm{F}}\,(x_1 - x_2) = m_1\,a_1 = m_1\,\frac{\mathrm{d}^2 x_1}{\mathrm{d}t^2}\,.$$

Also ist seine Beschleunigung

$$a_1 = \frac{\mathrm{d}^2 x_1}{\mathrm{d}t^2} = \frac{k_{\mathrm{F}}}{m_1}\,(x_1 - x_2)\,.$$

Entsprechend gilt beim Block mit der Masse m_2

$$-k_{\mathrm{F}}\,(x_1 - x_2) = m_2\,a_2 = m_2\,\frac{\mathrm{d}^2 x_2}{\mathrm{d}t^2}\,,$$

und seine Beschleunigung ist

$$a_2 = \frac{\mathrm{d}^2 x_2}{\mathrm{d}t^2} = \frac{k_{\mathrm{F}}}{m_2}\,(x_2 - x_1)\,.$$

Wir setzen $x = x_2 - x_1$ und subtrahieren die Gleichung für a_2 von der Gleichung für a_1. Das ergibt

$$\frac{\mathrm{d}^2(x_2 - x_1)}{\mathrm{d}t^2} = \frac{\mathrm{d}^2 x}{\mathrm{d}t^2} = -k_{\mathrm{F}}\left(\frac{1}{m_1} + \frac{1}{m_2}\right) x\,.$$

Darin gilt (wie zuvor unter Vernachlässigung der Federmasse) für die reduzierte Masse m_{red} des Systems

$$\frac{1}{m_{\mathrm{red}}} = \frac{1}{m_1} + \frac{1}{m_2} \qquad \text{bzw.} \qquad m_{\mathrm{red}} = \frac{m_1\,m_2}{m_1 + m_2}\,.$$

Das setzen wir in die vorige Gleichung ein und erhalten

$$\frac{\mathrm{d}^2 x}{\mathrm{d}t^2} = -\frac{k_{\mathrm{F}}}{m_{\mathrm{red}}}\,x\,. \tag{1}$$

Die Differenzialgleichung

$$\frac{\mathrm{d}^2 x}{\mathrm{d}t^2} = -\frac{k_{\mathrm{F}}}{m}\,x$$

für den harmonischen Oszillator hat die Lösung

$$x = x_0 \cos\left(\omega t + \delta\right)\,, \qquad \text{mit} \qquad \omega = \sqrt{\frac{k_{\mathrm{F}}}{m}}\,.$$

Also muss Gleichung 1 ebenfalls die Lösung

$$x = x_0 \cos\left(\omega t + \delta\right)$$

haben, jedoch mit

$$\omega = \sqrt{\frac{k_{\mathrm{F}}}{m_{\mathrm{red}}}} \qquad \text{und darin} \qquad m_{\mathrm{red}} = \frac{m_1\,m_2}{m_1 + m_2}\,.$$

L11.48 Mit der Federkonstanten k_{F} und der reduzierten Masse m_{red} gilt, wie in der vorherigen Lösung gezeigt, für die Kreisfrequenz

$$\omega = \sqrt{\frac{k_{\mathrm{F}}}{m_{\mathrm{red}}}} \qquad \text{mit} \qquad m_{\mathrm{red}} = \frac{m_1\,m_2}{m_1 + m_2}\,.$$

Die Atommassen sind

$$m_1 = m_{\mathrm{H}} = 1\,\mathrm{amu} = 1{,}673 \cdot 10^{-27}\,\mathrm{kg}\,,$$
$$m_2 = m_{\mathrm{Cl}} = 35{,}45\,\mathrm{amu} = 5{,}931 \cdot 10^{-26}\,\mathrm{kg}\,.$$

Auflösen der obigen Gleichung nach k_{F} und Einsetzen der Zahlenwerte liefert

$$\begin{aligned}
k_{\mathrm{F}} &= m_{\mathrm{red}}\,\omega^2 = \frac{m_1\,m_2}{m_1 + m_2}\,(2\,\pi\,\nu)^2 \\[2mm]
&= \frac{(1{,}673 \cdot 10^{-27}\,\mathrm{kg})\,(5{,}931 \cdot 10^{-26}\,\mathrm{kg})}{1{,}673 \cdot 10^{-27}\,\mathrm{kg} + 5{,}931 \cdot 10^{-26}\,\mathrm{kg}} \\[1mm]
&\quad \cdot (2\,\pi)^2\,(8{,}969 \cdot 10^{13}\,\mathrm{s}^{-1})^2 \\[2mm]
&= 517\,\mathrm{N} \cdot \mathrm{m}^{-1}\,.
\end{aligned}$$

L11.49 Mit der Federkonstanten k_{F} und der reduzierten Masse m_{red} gilt, wie in der vorletzten Lösung gezeigt, für die Kreisfrequenz

$$\omega = \sqrt{\frac{k_{\mathrm{F}}}{m_{\mathrm{red}}}}\,, \qquad \text{mit} \qquad m_{\mathrm{red}} = \frac{m_1\,m_2}{m_1 + m_2}\,.$$

Die Atommassen sind

$$m_1 = m_{\mathrm{D}} = 2\,\mathrm{amu} = 3{,}346 \cdot 10^{-27}\,\mathrm{kg}\,,$$
$$m_2 = m_{\mathrm{Cl}} = 35{,}45\,\mathrm{amu} = 5{,}931 \cdot 10^{-26}\,\mathrm{kg}\,.$$

Einsetzen des Ausdrucks für m_{red} und der Zahlenwerte liefert

$$\begin{aligned}
\omega &= \sqrt{\frac{k_{\mathrm{F}}}{\dfrac{m_1\,m_2}{m_1 + m_2}}} = \sqrt{\frac{13{,}1\,\mathrm{N} \cdot \mathrm{m}^{-1}}{\dfrac{(3{,}346 \cdot 10^{-27}\,\mathrm{kg})\,(5{,}931 \cdot 10^{-26}\,\mathrm{kg})}{3{,}346 \cdot 10^{-27}\,\mathrm{kg} + 5{,}931 \cdot 10^{-26}\,\mathrm{kg}}}} \\[2mm]
&= 6{,}44 \cdot 10^{13}\,\mathrm{rad} \cdot \mathrm{s}^{-1}\,.
\end{aligned}$$

Die Schwingungsfrequenz ist also

$$\nu = \frac{\omega}{2\,\pi} = 1{,}02 \cdot 10^{13}\,\mathrm{Hz}\,.$$

L11.50 Die erste Abbildung zeigt den Halbzylinder, der um den Winkel θ aus der Gleichgewichtslage ausgelenkt ist. Den Abstand des Schwerpunkts S von der Achse O des (halbierten) Zylinders bezeichnen wir mit d und die jeweilige Höhe der Achse über dem Schwerpunkt mit h.

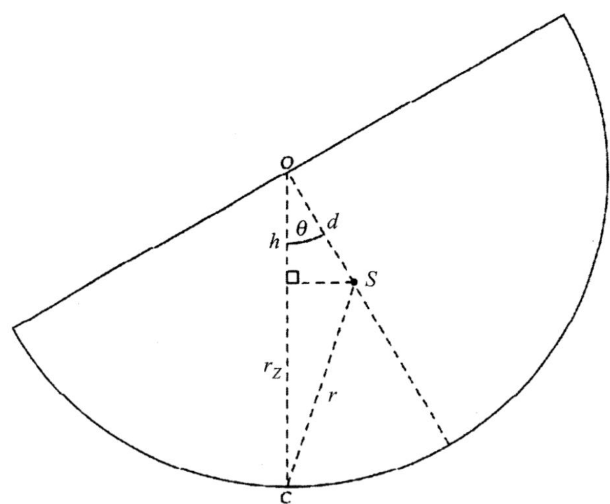

Mit der Winkelgeschwindigkeit $\mathrm{d}\theta/\mathrm{d}t$ gilt für die Gesamtenergie des schwingenden Halbzylinders:

$$E = E_{\mathrm{pot}} + E_{\mathrm{kin}} = m\,g\,(d-h) + \tfrac{1}{2}\,I_{\mathrm{C}}\left(\frac{\mathrm{d}\theta}{\mathrm{d}t}\right)^2 . \quad (1)$$

Darin ist I_{C} das Trägheitsmoment des Halbzylinders bezüglich des Kontaktpunkts (bzw. der Kontaktlinie) C mit der Unterlage. Dieses Trägheitsmoment müssen wir zunächst ermitteln. Ein vollständiger Zylinder mit der Masse $2\,m$ und dem Radius r hat bezüglich seiner Achse (die in der Abbildung senkrecht zur Zeichenebene durch den Punkt O verläuft) das Trägheitsmoment

$$I_{\mathrm{VZ,O}} = \tfrac{1}{2}\,(2\,m)\,r_{\mathrm{Z}}^2 = m\,r_{\mathrm{Z}}^2 .$$

Also ist das Trägheitsmoment des Halbzylinders mit der Masse m bezüglich derselben Achse $I_{\mathrm{HZ,O}} = \tfrac{1}{2}\,m\,r_{\mathrm{Z}}^2$.

Wir bezeichnen das Trägheitsmoment des Halbzylinders bezüglich seines Schwerpunkts mit $I_{\mathrm{HZ,S}}$. Gemäß dem Steiner'schen Satz ist sein Trägheitsmoment bezüglich der Achse durch den Punkt O im Abstand d vom Schwerpunkt gegeben durch

$$I_{\mathrm{HZ,O}} = I_{\mathrm{HZ,S}} + m\,d^2 .$$

Daraus folgt für das Trägheitsmoment des Halbzylinders bezüglich seines Schwerpunkts

$$I_{\mathrm{HZ,S}} = I_{\mathrm{HZ,O}} - m\,d^2 = \tfrac{1}{2}\,m\,r_{\mathrm{Z}}^2 - m\,d^2 .$$

Wir wenden nun noch einmal den Steiner'schen Satz an, um das Trägheitsmoment des Halbzylinders bezüglich der Kontaktlinie C zu ermitteln, die vom Schwerpunkt den variablen Abstand r hat:

$$I_{\mathrm{C}} = \tfrac{1}{2}\,m\,r_{\mathrm{Z}}^2 - m\,d^2 + m\,r^2 = m\,(\tfrac{1}{2}\,r_{\mathrm{Z}}^2 - d^2 + r^2) . \quad (2)$$

Gemäß dem Kosinussatz ist $r^2 = r_{\mathrm{Z}}^2 + d^2 - 2\,r_{\mathrm{Z}}\,d\,\cos\theta$.

Das setzen wir in Gleichung 2 ein und erhalten für das gesuchte Trägheitsmoment

$$I_{\mathrm{C}} = m\left(\tfrac{1}{2}\,r_{\mathrm{Z}}^2 - d^2 + r_{\mathrm{Z}}^2 + d^2 - 2\,r_{\mathrm{Z}}\,d\,\cos\theta\right)$$
$$= m\,r_{\mathrm{Z}}^2\left(\frac{3}{2} - 2\,\frac{d}{r_{\mathrm{Z}}}\,\cos\theta\right) .$$

Dies und $d - h = d\,(1 - \cos\theta)$ setzen wir nun in Gleichung 1 für die Energie ein:

$$E = m\,g\,d\,(1 - \cos\theta) + \frac{1}{2}\,m\,r_{\mathrm{Z}}^2\left(\frac{3}{2} - 2\,\frac{d}{r_{\mathrm{Z}}}\,\cos\theta\right)\left(\frac{\mathrm{d}\theta}{\mathrm{d}t}\right)^2 .$$

Wegen des kleinen Winkels θ setzen wir $\cos\theta \approx 1 - \tfrac{1}{2}\,\theta^2$ und erhalten damit näherungsweise

$$E = \frac{1}{2}\,m\,g\,d\,\theta^2 + \frac{1}{2}\,m\,r_{\mathrm{Z}}^2\left[\frac{3}{2} - \frac{d}{r_{\mathrm{Z}}}\,(2 - \theta^2)\right]\left(\frac{\mathrm{d}\theta}{\mathrm{d}t}\right)^2 .$$

Wegen $\theta^2 \ll 2$ können wir $2 - \theta^2 \approx 2$ setzen. Damit ergibt sich, wiederum näherungsweise:

$$E = \frac{1}{2}\,m\,g\,d\,\theta^2 + \frac{1}{2}\,m\,r_{\mathrm{Z}}^2\left(\frac{3}{2} - 2\,\frac{d}{r_{\mathrm{Z}}}\right)\left(\frac{\mathrm{d}\theta}{\mathrm{d}t}\right)^2 .$$

Weil die Gesamtenergie konstant ist, liefert die Ableitung beider Seiten nach der Zeit:

$$0 = m\,g\,d\,\theta\,\frac{\mathrm{d}\theta}{\mathrm{d}t} + m\,r_{\mathrm{Z}}^2\left(\frac{3}{2} - 2\,\frac{d}{r_{\mathrm{Z}}}\right)\left(\frac{\mathrm{d}\theta}{\mathrm{d}t}\right)\left(\frac{\mathrm{d}^2\theta}{\mathrm{d}t^2}\right)$$

und damit

$$r_{\mathrm{Z}}^2\left(\frac{3}{2} - 2\,\frac{d}{r_{\mathrm{Z}}}\right)\left(\frac{\mathrm{d}^2\theta}{\mathrm{d}t^2}\right) + g\,d\,\theta = 0$$

sowie

$$\frac{\mathrm{d}^2\theta}{\mathrm{d}t^2} + \frac{g\,d}{r_{\mathrm{Z}}^2\left(\dfrac{3}{2} - 2\,\dfrac{d}{r_{\mathrm{Z}}}\right)}\,\theta = 0 .$$

Dies entspricht der Differenzialgleichung für eine harmonische Schwingung, wenn gilt:

$$\omega^2 = \frac{g\,d}{r_{\mathrm{Z}}^2\left(\dfrac{3}{2} - 2\,\dfrac{d}{r_{\mathrm{Z}}}\right)} . \quad (3)$$

Wir müssen noch den Abstand d des Schwerpunkts von der Achse des Halbzylinders ermitteln. In der zweiten Abbildung ist ein Flächenelement $\mathrm{d}A$ der dicken Scheibe (als die wir den Zylinder ja auffassen können) grau getönt eingezeichnet.

Schwingungen

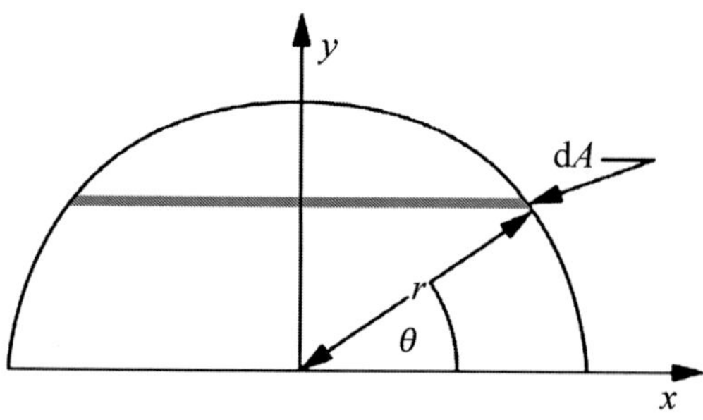

Weil die Scheibe gleichförmig ist, können wir die Beziehung $m\,\boldsymbol{r}_{\mathrm{S}} = \int \boldsymbol{r}\,\mathrm{d}m$ anwenden. Wegen der Symmetrie ist die x-Koordinate des Schwerpunkts $x_{\mathrm{S}} = 0$. Für die y-Koordinate, die ja gleich dem gesuchten Abstand d ist, gilt

$$y_{\mathrm{S}} = d = \frac{\int y\,\sigma\,\mathrm{d}A}{m}.$$

Darin ist σ die Flächenladungsdichte der Scheibe. Ferner gilt $y = r \sin\theta$ und $\mathrm{d}A = r\,\mathrm{d}\theta\,\mathrm{d}r$, und es ergibt sich

$$y_{\mathrm{S}} = d = \frac{\sigma \int\limits_{0}^{r_{\mathrm{Z}}} \int\limits_{0}^{\pi} r^2 \sin\theta\,\mathrm{d}\theta\,\mathrm{d}r}{m} = \frac{2\,\sigma}{m} \int\limits_{0}^{r_{\mathrm{Z}}} r^2\,\mathrm{d}r = \frac{2\,\sigma}{3\,m}\,r_{\mathrm{Z}}^3.$$

Die Fläche der halben Kreisscheibe ist $A_{\mathrm{halb}} = \frac{1}{2}\,\pi\,r_{\mathrm{Z}}^2$, sodass für die Flächenladungsdichte gilt:

$$\sigma = \frac{m}{A_{\mathrm{halb}}} = \frac{m}{\pi\,r_{\mathrm{Z}}^2/2} = \frac{2\,m}{\pi\,r_{\mathrm{Z}}^2}.$$

Damit ergibt sich $d = 4\,r_{\mathrm{Z}}/(3\,\pi)$.

Diesen Abstand setzen wir in Gleichung 3 ein und sind uns dessen bewusst, dass wir zuvor stets Näherungen für kleine Winkel angesetzt hatten:

$$\omega^2 \approx \frac{\dfrac{4}{3\,\pi}}{\dfrac{3}{2} - \dfrac{8}{3\,\pi}}\,\frac{g}{r_{\mathrm{Z}}} = \left(\frac{8}{9\,\pi - 16}\right)\frac{g}{r_{\mathrm{Z}}}.$$

Daraus ergibt sich für die Schwingungsdauer

$$T = \frac{2\,\pi}{\omega} \approx 2\,\pi \sqrt{\left(\frac{9\,\pi - 16}{8}\right)\frac{r_{\mathrm{Z}}}{g}} = 7{,}78 \sqrt{\frac{r_{\mathrm{Z}}}{g}}.$$

L11.51 a) Die mithilfe einer Kraft $\boldsymbol{F}$ dem Oszillator zugeführte Leistung ist

$$P = \boldsymbol{F} \cdot \boldsymbol{v} = F\,v \cos\theta.$$

Mit $\theta = 0$ ergibt sich daraus $P = F\,v$. Die Zeitabhängigkeit der Kraft ist $F = F_0 \cos \omega t$, und für die Position des angetriebenen Oszillators gilt $x = A \cos(\omega t - \delta)$. Die Ableitung nach

der Zeit liefert die Geschwindigkeit: $v = -A\,\omega \sin(\omega t - \delta)$. Das setzen wir ein und erhalten

$$\begin{aligned}P &= (F_0 \cos \omega t)\,[-A\,\omega \sin(\omega t - \delta)]\\ &= -A\,\omega\,F_0 \cos \omega t\, \sin(\omega t - \delta).\end{aligned}$$

b) Wir formen den Sinusausdruck um, wie in der Aufgabenstellung angegeben:

$$\sin(\omega t - \delta) = \sin \omega t \cos \delta - \cos \omega t \sin \delta.$$

Das setzen wir in die vorige Gleichung ein:

$$\begin{aligned}P &= -A\,\omega\,F_0 \cos \omega t\,(\sin \omega t \cos \delta - \cos \omega t \sin \delta)\\ &= A\,\omega\,F_0 \sin \delta \cos^2 \omega t - A\,\omega\,F_0 \cos \delta \cos \omega t \sin \omega t.\end{aligned}$$

c) Wir integrieren über eine Periode, um den ersten Mittelwert $\langle \sin\theta \cos\theta \rangle$ zu erhalten:

$$\langle \sin\theta \cos\theta \rangle = \frac{1}{2\,\pi} \int\limits_{0}^{2\pi} \sin\theta \cos\theta\,\mathrm{d}\theta = \frac{1}{2\,\pi}\left[\frac{1}{2}\sin^2\theta\right]_0^{2\pi} = 0.$$

Nun integrieren wir über eine Periode, um den anderen Mittelwert $\langle \cos^2\theta \rangle$ zu erhalten:

$$\begin{aligned}\langle \cos^2\theta \rangle &= \frac{1}{2\,\pi} \int\limits_{0}^{2\pi} \cos^2\theta\,\mathrm{d}\theta = \frac{1}{2\,\pi}\left[\frac{1}{2}\int\limits_{0}^{2\pi}(1 + \cos 2\theta)\,\mathrm{d}\theta\right]\\ &= \frac{1}{2\,\pi}\left[\frac{1}{2}\int\limits_{0}^{2\pi}\mathrm{d}\theta + \frac{1}{2}\int\limits_{0}^{2\pi}\cos 2\theta\,\mathrm{d}\theta\right] = \frac{1}{2\,\pi}\,(\pi + 0) = \frac{1}{2}.\end{aligned}$$

Damit ergibt sich für die mittlere Leistung

$$\begin{aligned}\langle P \rangle &= A\,\omega\,F_0 \sin \delta \langle \cos^2 \omega t \rangle - A\,\omega\,F_0 \cos \delta \langle \cos \omega t \sin \omega t \rangle\\ &= \tfrac{1}{2} A\,\omega\,F_0 \sin \delta - (A\,\omega\,F_0 \cos \delta) \cdot (0)\\ &= \tfrac{1}{2} A\,\omega\,F_0 \sin \delta.\end{aligned}$$

d) Wir konstruieren, wie in der Aufgabenstellung gefordert, das rechtwinklige Dreieck (siehe Abbildung).

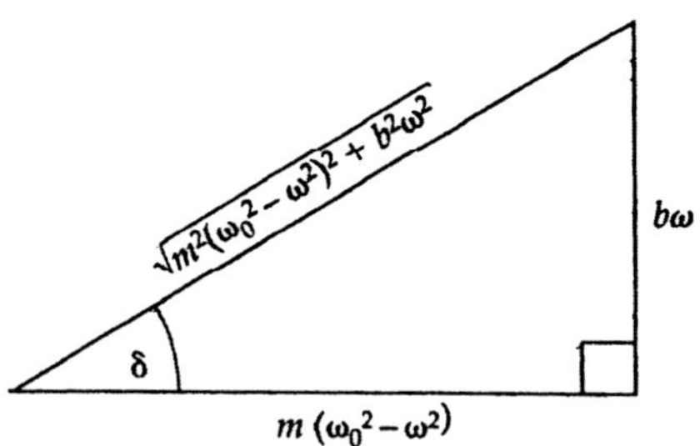

Darin ist $\tan \delta = \dfrac{b\,\omega}{m\,(\omega_0^2 - \omega^2)}$.

Außerdem gilt mit dem Satz des Pythagoras aufgrund der geometrischen Gegebenheiten

$$\sin \delta = \frac{b\,\omega}{\sqrt{m^2\,(\omega_0^2 - \omega^2)^2 + b^2\,\omega^2}} \,.$$

Mit $A = \dfrac{F_0}{\sqrt{m^2\,(\omega_0^2 - \omega^2)^2 + b^2\,\omega^2}}$

lässt sich dies vereinfachen zu $\sin \delta = \dfrac{b\,\omega\,A}{F_0}$.

e) Wir lösen die vorige Gleichung nach der Kreisfrequenz auf:

$$\omega = \frac{F_0}{b\,A}\,\sin \delta \,.$$

Mit der Beziehung $\langle P \rangle = \frac{1}{2}\,A\,\omega\,F_0 \sin \delta$ aus Teilaufgabe c ergibt dies für die mittlere zugeführte Leistung

$$\langle P \rangle = \frac{F_0^2}{2\,b}\,\sin^2 \delta = \frac{1}{2}\,\frac{b\,\omega^2\,F_0^2}{m^2\,(\omega_0^2 - \omega^2)^2 + b^2\,\omega^2}\,.$$

L11.52 a) Mit der Gleichung in Lösung 49e ergibt sich bei der Hälfte der maximalen Eingangsleistung

$$m^2\,(\omega_0^2 - \omega^2)^2 + b^2\,\omega^2 = 2\,b^2\,\omega_0^2 \,.$$

Bei scharfer Resonanz gilt dabei $m^2\,(\omega_0^2 - \omega^2)^2 \approx b^2\,\omega_0^2$.

Umformen liefert

$$m^2\,[(\omega_0 - \omega)\,(\omega_0 + \omega)]^2 \approx b^2\,\omega_0^2$$

bzw.

$$m^2\,(\omega_0 - \omega)^2\,(\omega_0 + \omega)^2 \approx b^2\,\omega_0^2 \,.$$

b) Mit der Näherung $\omega + \omega_0 \approx 2\,\omega_0$ ergibt sich aus der vorigen Gleichung $m^2\,(\omega_0 - \omega)^2\,(2\,\omega_0)^2 \approx b^2\,\omega_0^2$. Dies formen wir um und erhalten

$$\omega_0 - \omega = \pm \frac{b}{2\,m} \,. \tag{1}$$

c) Definitionsgemäß gilt $Q = \omega_0\,\tau = \omega_0\,m/b$. Das ist gleichbedeutend mit $b = \omega_0\,m/Q$.

d) Den eben ermittelten Ausdruck für b setzen wir in Gleichung 1 ein. Das ergibt

$$\omega_0 - \omega = \pm \frac{\omega_0}{2\,Q} \qquad \text{und} \qquad \omega = \omega_0 \pm \frac{\omega_0}{2\,Q} \,.$$

Damit gilt für die beiden Kreisfrequenzen

$$\omega_1 = \omega_0 - \frac{\omega_0}{2\,Q} \qquad \text{und} \qquad \omega_2 = \omega_0 + \frac{\omega_0}{2\,Q} \,.$$

Die Halbwertsbreite ist also $\Delta\omega = \omega_2 - \omega_1 = \omega_0/Q$.

L11.53 a) In ein Tabellenkalkulationsprogramm sind zur Berechnung des Morse-Potenzials ϕ in Abhängigkeit von r folgende Anweisungen einzugeben:

Zelle	Inhalt/Formel	Algebr. Ausdruck
B1	5	D
B2	0,2	β
C9	C8 + 0,1	$r + \Delta r$
D8	\$B\$1*(1−EXP(−\$B\$2*(C8−\$B\$3)))^2	$D\,[1 - e^{-\beta(r-r_0)}]^2$

Die zweite Tabelle enthält auszugsweise die einzugebenden Werte und die Ergebnisse.

	A	B	C	D
1	D=	5	eV	
2	Beta=	0,2	nm^{-1}	
3	r0=	0,75	nm	
4				
5			.	
6			r	$\phi(r)$
7			(nm)	(eV)
8			0,0	0,13095
9			0,1	0,09637
10			0,2	0,06760
11			0,3	0,04434
12			0,4	0,02629
…				
235			22,7	4,87676
236			22,8	4,87919
237			22,9	4,88156
238			23,0	4,88390
239			23,1	4,88618

Die Abbildung zeigt die vom Programm erzeugte Kurve.

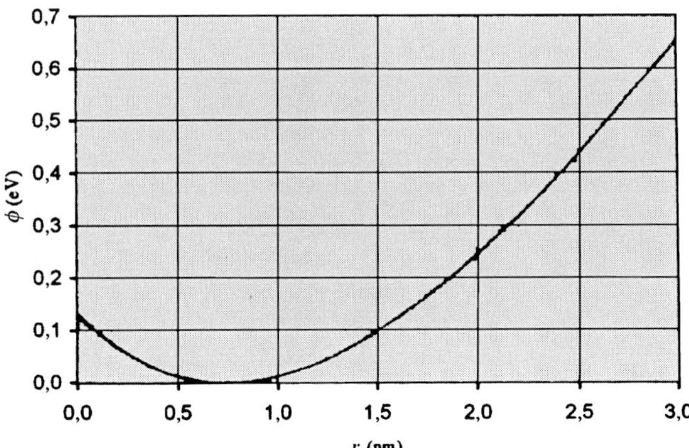

b) Wir leiten den gegebenen Ausdruck für das Morse-Potenzial nach r ab:

$$\frac{\mathrm{d}\phi}{\mathrm{d}r} = \frac{\mathrm{d}}{\mathrm{d}r}\left[D\left(1 - e^{-\beta(r-r_0)}\right)^2\right] = -2\,\beta\,D\left(1 - e^{-\beta(r-r_0)}\right).$$

Bei einem Extremwert muss die Ableitung gleich null sein:

$$-2\beta D \left(1 - e^{-\beta(r-r_0)}\right) = 0.$$

Dies ergibt $r = r_0$, weil der Klammerausdruck gleich 0 und daher der Exponentialausdruck gleich 1, also der Exponent gleich 0 sein muss.

Die zweite Ableitung von ϕ nach r lautet

$$\frac{d^2\phi}{dr^2} = \frac{d}{dr}\left[-2\beta D \left(1 - e^{-\beta(r-r_0)}\right)\right] = 2\beta^2 D\, e^{-\beta(r-r_0)}.$$

Einsetzen von $r = r_0$ ergibt

$$\left.\frac{d^2\phi}{dr^2}\right|_{r=r_0} = 2\beta^2 D.$$

Das Potenzial eines harmonischen Oszillators ist gegeben durch $\phi = \frac{1}{2} k_F x^2$, und die zweite Ableitung nach r ist

$$\frac{d^2\phi}{dr^2} = k_F.$$

Der Vergleich mit der vorigen Beziehung ergibt

$$k_F = 2\beta^2 D.$$

c) Die Schwingungsfrequenz eines Moleküls mit der reduzierten Masse m_{red} ist $\omega = \sqrt{k_F/m_{red}}$. Ein Molekül aus zwei gleichen Atomen, also mit $m = m_1 = m_2$, hat die reduzierte Masse

$$m_{red} = \frac{m_1 m_2}{m_1 + m_2} = \frac{m^2}{2m} = \frac{m}{2}.$$

Damit ergibt sich $\omega = \sqrt{\dfrac{2\beta^2 D}{m/2}} = 2\beta \sqrt{\dfrac{D}{m}}.$

Ein anderer Lösungsweg wäre folgender: Wir entwickeln den Ausdruck für das Morse-Potenzial in eine Taylor-Reihe:

$$\phi(r) = \phi(r_0) + (r - r_0)\,\phi'(r_0) + \frac{1}{2!}(r - r_0)^2\,\phi''(r_0) + \cdots$$

Daraus folgt $\phi(r) \approx \beta^2 D\,(r - r_0)^2$.

Diesen Ausdruck vergleichen wir mit dem für das Potenzial eines Feder-Masse-Systems und erhalten $k_F = 2\beta^2 D$.

Wellen

12

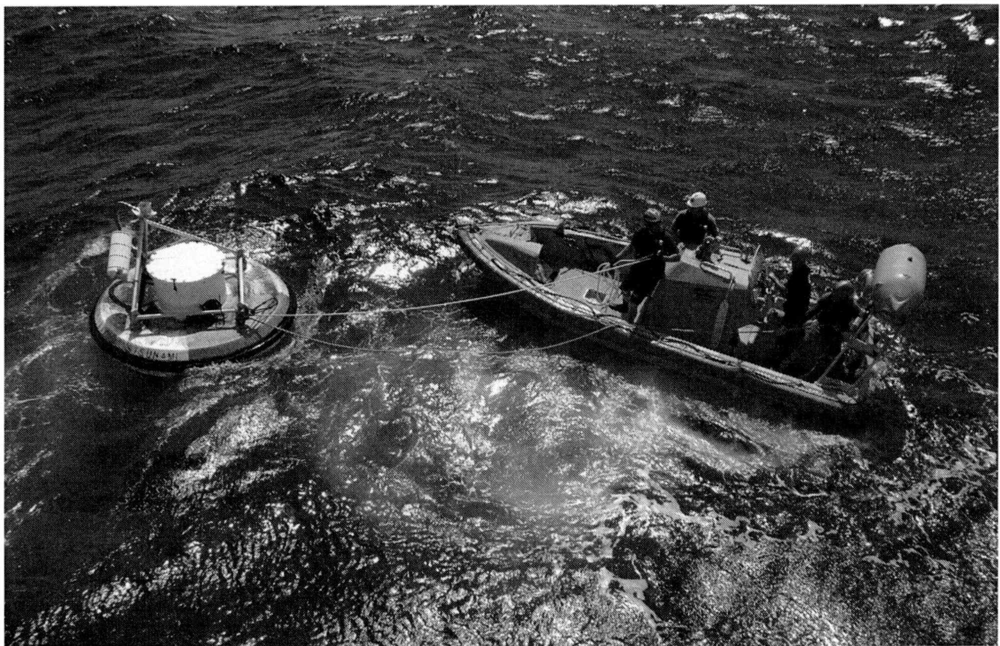

© Springer-Verlag GmbH Deutschland, ein Teil von Springer Nature 2019

A. Knochel (Hrsg.), *Arbeitsbuch zu Tipler/Mosca, Physik*, https://doi.org/10.1007/978-3-662-58919-9_12

Aufgaben

Verwenden Sie, wenn nicht anders angegeben, 343 m/s als Wert für die Schallgeschwindigkeit in Luft. Den Wert für die Hörschwelle, der in Aufgaben zum Schallpegel verwendet wird, setzt man nach Konvention mit exakt $1 \cdot 10^{-12}\,\mathrm{W/m^2}$ an. Dabei geht man von einer beliebigen Anzahl signifikanter Stellen aus. Die Anzahl der signifikanten Stellen in den Antworten hängt somit nur von den gegebenen Zahlenwerten ab.

Verständnisaufgaben

12.1 • Eine fortschreitende sinusförmige Welle auf einem gespannten Seil passiert einen Beobachtungspunkt. Hier beträgt die Zeitspanne zwischen aufeinanderfolgenden Wellenzügen 0,20 s. Welche der folgenden Aussagen ist richtig? a) Die Wellenlänge beträgt 5,0 m. b) Die Frequenz beträgt 5,0 Hz. c) Die Ausbreitungsgeschwindigkeit beträgt 5,0 m/s. d) Die Wellenlänge beträgt 0,20 m. e) Es liegen nicht genügend Informationen vor, um eine dieser Angaben bestätigen zu können.

12.2 • Ein Ende eines sehr leichten, aber ziemlich reißfesten Fadens ist mit einem Ende eines dickeren und dichteren Seils verbunden. Das andere Ende des Fadens ist an einem stabilen Pfosten befestigt. Sie ziehen nun am freien Ende des Seils, sodass Faden und Seil gespannt sind. Dann schicken Sie von hier einen Wellenberg durch das Seil. Welche der Aussagen ist bzw. sind richtig und welche falsch? a) Der an der Verbindungsstelle reflektierte Puls ist gegenüber dem einlaufenden Puls invertiert. b) Der über die Verbindungsstelle laufende Puls ist gegenüber dem einlaufenden Puls nicht invertiert. c) Der über die Verbindungsstelle laufende Puls hat eine geringere Amplitude als der einlaufende Puls.

12.3 • Die Mikrowellen in einem Mikrowellengerät haben eine Wellenlänge in der Größenordnung von Zentimetern. Erwarten Sie nennenswerte Beugungseffekte, wenn solche Strahlung durch eine 1,0 m breite Tür fällt? Erläutern Sie Ihre Antwort.

12.4 • Zwei Rechteckpulse bewegen sich auf einer Saite aufeinander zu. Abb. 12.1 zeigt die Situation bei $t = 0$. a) Zeichnen Sie die Wellenfunktion bei $t = 1{,}0\,\mathrm{s}$, $2{,}0\,\mathrm{s}$ und $3{,}0\,\mathrm{s}$. b) Betrachten Sie nun den Fall, dass der von rechts kommende Puls die entgegengesetzte Auslenkung hat.

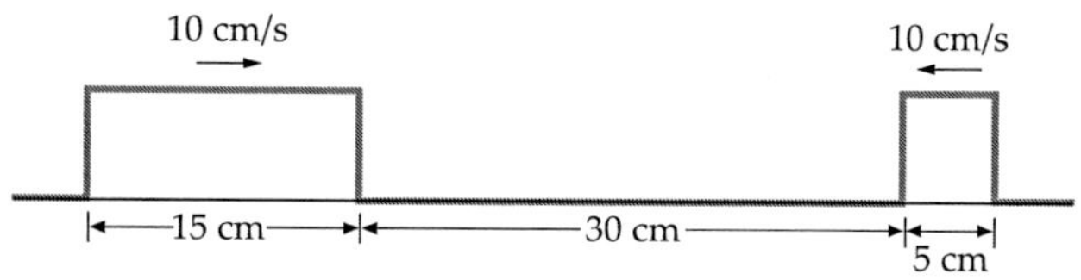

Abb. 12.1 Zu Aufgabe 12.4

12.5 • Welche Aussage trifft zu? Stehende Wellen entstehen bei der Überlagerung von zwei Wellen a) mit gleicher Amplitude, gleicher Frequenz und gleicher Ausbreitungsrichtung, b) mit gleicher Amplitude, gleicher Frequenz und entgegengesetzten Ausbreitungsrichtungen, c) mit gleicher Amplitude, etwas unterschiedlichen Frequenzen und gleicher Ausbreitungsrichtung, d) mit gleicher Amplitude, etwas unterschiedlichen Frequenzen und entgegengesetzten Ausbreitungsrichtungen.

12.6 •• Abb. 12.2 zeigt einen Wellenpuls zur Zeit $t = 0$, der sich nach rechts bewegt. a) Welche Segmente der Saite bewegen sich zu diesem Zeitpunkt nach oben? b) Welche Segmente der Saite bewegen sich nach unten? c) Gibt es irgendein Segment der Saite im Bereich des Pulses, das momentan in Ruhe ist? Beantworten Sie diese Fragen, indem Sie den Puls zu einem etwas späteren und zu einem etwas früheren Zeitpunkt skizzieren, um die Beweugngen der Saitensegmente deutlich zu machen.

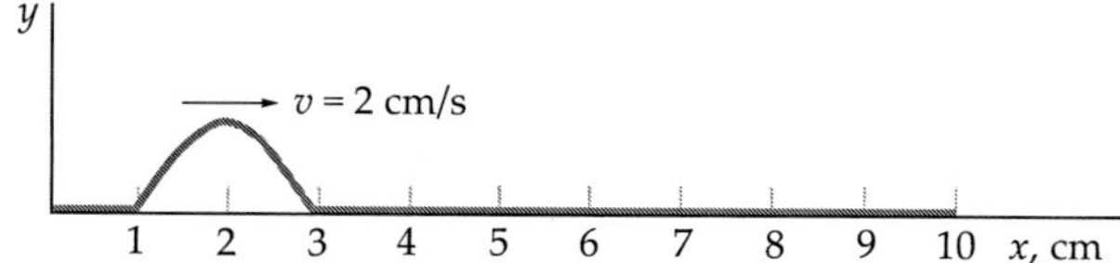

Abb. 12.2 Zu Aufgabe 12.6

12.7 •• Die Explosion einer Wasserbombe unterhalb der Wasseroberfläche wird von einem Hubschrauber aus beobachtet (Abb. 12.3). Auf welchem Weg (A, B oder C) benötigt der Schall die geringste Zeit bis zum Hubschrauber? Erläutern Sie Ihre Antwort.

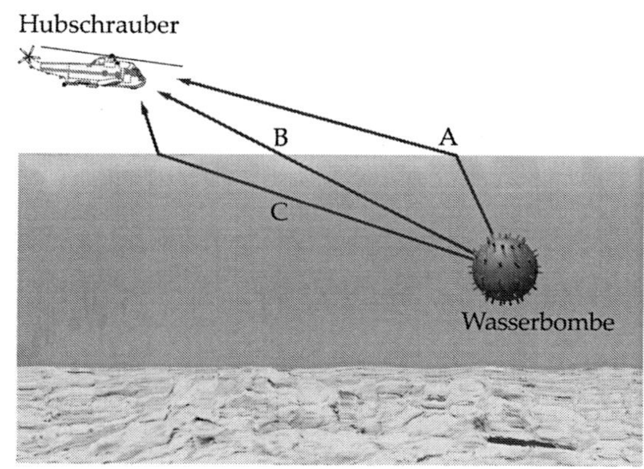

Abb. 12.3 Zu Aufgabe 12.7

12.8 •• Wenn man zwei sehr feine Seidentücher übereinanderlegt, kann man ein Muster aus hellen und dunklen Linien erkennen Abb. 12.4. Ein solches sogenanntes Moiré erscheint auch, wenn man Fotos aus einem Buch oder einer Zeitung einscannt. Wodurch wird dies verursacht und worin ähnelt es dem Phänomen der Interferenz?

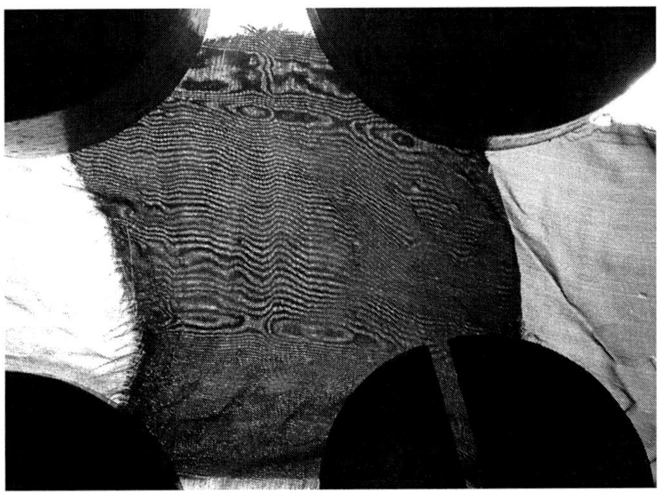

Abb. 12.4 Zu Aufgabe 12.8 (© *Chuck Adler, St. Mary's College of Maryland*)

Schätzungs- und Näherungsaufgaben

12.9 • Es heißt, eine Sopranistin könne mit einem ausreichend intensiven Ton ein leeres Weinglas zerspringen lassen. Dazu müsse der Ton gerade so hoch sein, dass bei seiner Frequenz die Luft im Glas in Resonanz gerät. Schätzen Sie die Mindestfrequenz ab, mit der man in einem (ohne Stiel) 8,0 cm hohen Weinglas eine stehende Welle erzeugen kann. Um wie viele Oktaven liegt dieser Ton oberhalb des Tons c^1 (mit 262 Hz)? *Hinweis:* Eine Erhöhung um eine Oktave entspricht einer Verdopplung der Frequenz.

12.10 •• Früher wurde der 100-m-Lauf in der Leichtathletik mit dem Startschuss aus einer Pistole gestartet. Der Starter stand dabei an der Innenseite der Bahn, einige Meter vor den Startblöcken. (Heute wird meist zusätzlich ein Auslöser betätigt, der die Lautsprecher elektronisch aktiviert, die hinter jedem einzelnen der Startblöcke stehen. Auf diese Weise vermeidet man, dass einer der Sprinter den Startschuss früher als die anderen hört.) Schätzen Sie den Zeitvorteil ab, den der Läufer auf der Innenbahn gegenüber dem Läufer auf der äußersten der acht Bahnen hätte, wenn alle Läufer genau in dem Moment losliefen, in dem sie den konventionellen (nahe der Innenbahn abgegebenen) Startschuss hörten.

12.11 •• Man nimmt an, dass das Gehirn die Richtung einer Schallquelle feststellt, indem es die Phasendifferenz zwischen den von derselben Quelle herrührenden Schallwellen bestimmt, die die beiden Ohrmuscheln erreichen. Eine entfernte Quelle strahlt Schall mit einer Frequenz von 680 Hz ab. Wenn man direkt vor der Schallquelle steht, sollte es keine Phasendifferenz zwischen rechtem und linkem Ohr geben. Schätzen Sie die Phasendifferenz zwischen den Schallwellen ab, die am linken bzw. am rechten Ohr ankommen, wenn Sie die Schallquelle nicht direkt ansehen, sondern sich um 90° drehen.

12.12 • Das Richtungshören bei Menschen basiert vor allem bei mittleren Frequenzen bis ca. 1000 Hz auf den Phasenunterschieden des Signals zwischen beiden Ohren. Begründen Sie, weshalb es für Menschen schwierig ist, Schallquellen mit wesentlich höheren oder tieferen Frequenzen räumlich zu orten.

Ausbreitungsgeschwindigkeit von Wellen

12.13 • Der Mensch kann Schall in einem Frequenzbereich von ungefähr 20 Hz bis fast 20 000 Hz hören (ältere Menschen meist jedoch nur bis 15 000 Hz). Wie groß sind die Wellenlängen, die diesen extremen Frequenzen entsprechen, wenn die Schallgeschwindigkeit in Luft 343 m/s beträgt?

12.14 • Berechnen Sie die Geschwindigkeit von Schallwellen in Wasserstoffgas bei $T = 300$ K. (Verwenden Sie die Werte $m_{\mathrm{Mol}} = 2{,}00 \cdot 10^{-3}$ kg/mol und $\gamma = 1{,}4$.)

12.15 • Ein 7,00 m langer Saitendraht für eine Gitarre hat die Masse 100 g und wird mit einer Kraft von 900 N gespannt. Welche Ausbreitungsgeschwindigkeit hat ein transversaler Wellenpuls auf diesem Saitendraht?

12.16 •• a) Ermitteln Sie die Ableitung der Schallgeschwindigkeit v in Luft nach der absoluten Temperatur T und zeigen Sie, dass die Differenziale $\mathrm{d}v$ und $\mathrm{d}T$ der Beziehung $\mathrm{d}v/v = \frac{1}{2}\,\mathrm{d}T/T$ genügen. b) Berechnen Sie mit diesem Ergebnis die prozentuale Änderung der Schallgeschwindigkeit, wenn sich die Temperatur von 0 °C auf 27 °C ändert. c) Wie groß ist näherungsweise die Schallgeschwindigkeit bei 27 °C, wenn sie bei 0 °C 331 m/s beträgt? d) Vergleichen Sie diese Näherung mit dem Ergebnis der exakten Berechnung.

Die Wellengleichung

12.17 • Zeigen Sie explizit, dass die folgenden Funktionen die Wellengleichung $\partial^2 y/\partial x^2 = (1/v^2)\,\partial^2 y/\partial t^2$ erfüllen: a) $y(x,t) = k(x + vt)^3$ und b) $y(x,t) = A\,\mathrm{e}^{\mathrm{i}k\,(x-vt)}$ (wobei A und k Konstanten sind und definitionsgemäß $\mathrm{i} = \sqrt{-1}$ ist) sowie c) $y(x,t) = \ln[k\,(x - vt)]$.

Harmonische Wellen auf einer Saite

12.18 •• Argumentieren Sie nur mithilfe einer Dimensionsanalyse der relevanten Größen und ihrer Einheiten, wie sich die Grundfrequenz einer Klaviersaite verändert, wenn ihre Spannkraft verdoppelt wird. Um welchen Faktor müssen Sie die Spannkraft also verändern, um den Grundton um eine Oktave zu erhöhen?

12.19 • Die Wellenfunktion einer harmonischen Welle auf einem Seil ist $y(x,t) = (1{,}00\,\mathrm{mm})\sin(62{,}8\,\mathrm{m}^{-1}\,x + 314\,\mathrm{s}^{-1}\,t)$. a) In welche Richtung bewegt sich die Welle, und wie groß ist ihre Geschwindigkeit? b) Bestimmen Sie Wellenlänge, Frequenz und Schwingungsperiode. c) Wie groß ist die maximale Geschwindigkeit eines beliebigen Punkts auf dem Seil?

12.20 •• Durch ein gespanntes Seil soll mittels transversaler harmonischer Wellen eine bestimmte Leistung übertragen werden. Die Wellengeschwindigkeit beträgt 10 m/s, und das Seil hat die lineare Massendichte 0,010 kg/m. Die Quelle schwingt mit der Amplitude 0,50 mm. a) Wie groß ist die längs des Seils transportierte mittlere Leistung, wenn die Frequenz 400 Hz beträgt? b) Man kann die übertragene Leistung erhöhen, indem man die Spannkraft des Seils, die Frequenz der Quelle oder die Amplitude der Welle vergrößert. Um wie viel müssten diese Größen jeweils zunehmen, damit die Leistung auf das 100-Fache gesteigert wird, wenn jeweils nur diese eine Größe geändert wird?

12.21 •• Auf einer realen Saite dissipiert stets ein Teil der Wellenenergie, während die Welle auf der Saite fortschreitet. Dies lässt sich durch eine Wellenfunktion beschreiben, die durch $y = A(x)\sin(kx - \omega t)$ gegeben ist. Dabei hängt die Amplitude von x ab, wobei gilt: $A(x) = A_0 \, e^{-bx}$. Geben Sie einen Ausdruck für die durch die Welle übertragene Leistung als Funktion von x (bei $x > 0$) an.

Harmonische Schallwellen

12.22 • a) Berechnen Sie die Auslenkungsamplitude einer Schallwelle mit der Frequenz 500 Hz und der Druckamplitude an der Schmerzschwelle (29,0 Pa). b) Bestimmen Sie die Auslenkungsamplitude einer Schallwelle mit derselben Druckamplitude wie in Teilaufgabe a, aber mit der Frequenz 1,00 kHz. (Die Dichte der Luft beträgt 1,29 kg/m^3.)

12.23 • Eine laute Schallwelle mit der Frequenz 1,00 kHz hat eine Druckamplitude von $1,00 \cdot 10^{-4}$ atm (es ist 1 atm $= 1,01325 \cdot 10^5$ N/m^2). a) Zum Zeitpunkt $t = 0$ sei der Druck am Punkt x_1 maximal. Wie groß ist hier die Auslenkung zur Zeit $t = 0$? b) Die Dichte der Luft beträgt 1,29 kg/m^3. Wie groß ist die maximale Auslenkung zu einer beliebigen Zeit an einem beliebigen Ort?

12.24 •• Die Wale in den Meeren kommunizieren durch Schallübertragung unter Wasser. Ein Mutterwal stößt beispielsweise einen Laut mit der Frequenz 50,0 Hz aus, um sein eigensinniges Kalb zurückzurufen. Die Schallgeschwindigkeit in Wasser beträgt etwa 1500 m/s. a) Wie lange braucht der Schall zu dem 1,20 km entfernten Kalb? b) Wie groß ist die Wellenlänge dieses Tons im Wasser? c) Wenn die Wale dicht an der Wasseroberfläche sind, kann ein Teil der Schallenergie in die Luft gebrochen werden. Welche Frequenz und welche Wellenlänge hat dieser Ton über Wasser?

Intensität

12.25 • Ein Lautsprecher bei einem Rockkonzert erzeugt bei einer Frequenz von 1,00 kHz in 20,0 m Entfernung beispielsweise die Intensität $1,00 \cdot 10^{-2}$ W/m^2. Nehmen Sie an, dass der Lautsprecher die Schallenergie in alle Richtungen gleichmäßig abstrahlt. a) Wie groß ist seine gesamte Schallleistung? b) In welcher Entfernung liegt die Intensität an der Schmerzgrenze 1,00 W/m^2? c) Wie groß ist sie in 30,0 m Entfernung?

Schallpegel

12.26 • Wie groß ist die Intensität einer Schallwelle, wenn der Schallintensitätspegel an einem bestimmten Ort a) $IP = 10$ dB bzw. b) $IP = 3,0$ dB ist? c) Um welchen Anteil muss man die akustische Leistung eines Geräuschs verringern, um seinen Schallintensitätspegel von 10 dB auf 3,0 dB zu reduzieren?

12.27 •• Eine kugelförmige Quelle strahlt Schall gleichmäßig in alle Raumrichtungen aus. Im Abstand 10 m von der Quelle beträgt der Schallintensitätspegel 80 dB. a) In welchem Abstand beträgt er 60 dB? b) Welche Leistung strahlt die Quelle ab?

12.28 •• Zeigen Sie, dass die Differenz ΔIP der beiden Schallintensitätspegel, die zwei Personen in unterschiedlichen Abständen von einer Schallquelle wahrnehmen, stets gleich ist, unabhängig von der Leistung, die die Quelle abstrahlt.

12.29 ••• Auf einer Party beträgt an Ihrem Standort der Schallintensitätspegel einer sprechenden Person 72 dB. Nehmen Sie (nicht ganz realistisch) an, dass auf der Party insgesamt 38 Personen außer Ihnen gleichzeitig mit der gleichen Intensität wie die erwähnte Person sprechen und dabei sämtlich gleich weit von Ihnen entfernt sind. Bestimmen Sie den Schallintensitätspegel an Ihrem Standort.

Doppler-Effekt

12.30 • Eine Schallquelle mit einer Frequenz von 200 Hz bewegt sich mit der Geschwindigkeit 80 m/s relativ zur ruhenden Luft auf einen ruhenden Beobachter zu. a) Bestimmen Sie die Wellenlänge des Schalls im Bereich zwischen Quelle und Beobachter. b) Geben Sie die Frequenz an, die der Beobachter hört.

12.31 • Betrachten Sie die in der vorigen Aufgabe beschriebene Situation im Bezugssystem der Quelle. Hierin bewegen sich der Beobachter und die Luft mit 80 m/s auf die ruhende Quelle zu. a) Mit welcher Geschwindigkeit relativ zur Quelle breitet sich der Schall im Bereich zwischen Quelle und Beobachter aus? b) Bestimmen Sie die Wellenlänge des Schalls im Bereich zwischen Quelle und Beobachter. c) Bestimmen Sie die Frequenz, die der Beobachter hört.

12.32 •   Sie haben eine Reise in die USA unternommen, um die Landung eines Space Shuttle zu verfolgen. Gegen Ende des Flugs bewegt sich die Raumfähre mit Mach 2,50 in einer Höhe von 5000 m. a) Welchen Winkel bildet die Stoßwelle mit der Bahn der Raumfähre? b) In welcher horizontalen Entfernung von Ihnen befindet sich die Raumfähre zu dem Zeitpunkt, in dem Sie die Stoßwelle hören? (Nehmen Sie an, dass die Raumfähre ihre Richtung und ihre Höhe über dem Boden nicht ändert, während sie über Sie hinwegfliegt.)

12.33 ••   Der Neutrinodetektor Super-Kamiokande in Japan besteht aus einem Wassertank, der etwa so groß wie ein 14-stöckiges Gebäude ist. Wenn ein Neutrino mit einem Elektron der Wassermoleküle zusammenstößt, überträgt es den größten Teil seiner Energie auf das Elektron, das dann mit einer Geschwindigkeit durch das Wasser wegfliegt, die nur wenig unterhalb der Vakuumlichtgeschwindigkeit c, aber oberhalb der Lichtgeschwindigkeit in Wasser liegt. Dabei entsteht eine Stoßwelle, die von der Čerenkov-Strahlung herrührt und durch die das Neutrino indirekt nachgewiesen wird. Wie groß ist die Lichtgeschwindigkeit in Wasser, wenn der maximale Winkel des Čerenkov-Stoßwellenkegels 48,75° beträgt?

12.34 ••   Sie haben den Auftrag, die Radargeräte des Polizeipräsidiums zu kalibrieren. Ein solches Gerät strahlt beispielsweise Mikrowellen mit der Frequenz 2,00 GHz aus. Bei Ihren Messungen werden die Wellen von einem Auto reflektiert, das sich direkt von der ruhenden Strahlungsquelle weg bewegt. Sie registrieren eine Frequenzdifferenz von 293 Hz zwischen den ausgestrahlten und den empfangenen Radarwellen. Bestimmen Sie die Geschwindigkeit des Autos.

12.35 ••   Eine Schallquelle mit der Frequenz ν_Q bewegt sich mit der Geschwindigkeit v_Q relativ zur ruhenden Luft auf einen Empfänger zu, der sich mit der Geschwindigkeit v_E relativ zur ruhenden Luft von der Quelle weg bewegt. a) Geben Sie einen Ausdruck für die empfangene Frequenz ν_E' an. b) Weil v_Q und v_E im Vergleich zu v klein sind, können Sie die Näherung $(1-x)^{-1} \approx 1 + x$ anwenden. Zeigen Sie, dass die empfangene Frequenz näherungsweise durch

$$\nu_E \approx \left(1 + \frac{v_Q - v_E}{v}\right)\nu_Q = \left(1 + \frac{v_{rel}}{v}\right)\nu_Q$$

gegeben ist (dabei ist $v_{rel} = v_Q - v_E$ die relative Geschwindigkeit der Annäherung von Quelle und Empfänger).

12.36 ••   Ein Auto nähert sich einer reflektierenden Wand. Ein hinter dem Auto ruhender Beobachter hört von der Autohupe einen Ton mit der Frequenz 745 Hz und von der Wand einen Ton mit der Frequenz 863 Hz. a) Wie schnell fährt das Auto? b) Welche Frequenz hat der Ton aus der Autohupe? c) Welche Frequenz hört der Autofahrer bei der Welle, die von der Wand reflektiert wird?

12.37 •••   Das Weltraumteleskop Hubble dient u. a. dazu, die Existenz von Planeten nachzuweisen, die um entfernte Sterne kreisen. Wenn ein Stern von einem solchen Planeten umrundet wird, beginnt er mit der Periode von dessen Umlauf zu „wobbeln" (zu taumeln). Aufgrund dessen ist die auf der Er-

de empfangene Lichtfrequenz periodisch nach oben und nach unten doppler-verschoben. Schätzen Sie die maximale und die minimale Wellenlänge des Lichts ab, das die Sonne mit der Wellenlänge 500 nm abstrahlt und das aufgrund der Bewegung der Sonne infolge der Gravitationswirkung des Planeten Jupiter doppler-verschoben ist.

Reflexion und Transmission

12.38 •   Ein 3,00 m langer Faden der Masse 25,0 g wird mit dem Ende einer 4,00 m langen Schnur der Masse 75,0 g verbunden. Dann wird auf beide Enden eine Spannkraft von 100 N ausgeübt, und in den weniger dichten Faden wird ein Wellenpuls geschickt. Bestimmen Sie den Reflexions- und den Transmissionskoeffizienten am Verbindungspunkt.

12.39 ••   Beweisen Sie, dass gilt: $1 = R^2 + (v_1/v_2)\,T^2$. Setzen Sie dazu die bekannten Ausdrücke für den Reflexionskoeffizienten R bzw. für den Transmissionskoeffizienten T ein.

Überlagerung und Interferenz

12.40 ••   Zwei Wellen mit derselben Frequenz, Wellenlänge und Amplitude bewegen sich in dieselbe Richtung. a) Ihre Phasendifferenz ist $\pi/2$ (90°), ihre Amplitude beträgt jeweils 4,00 cm. Wie groß ist dann die Amplitude der resultierenden Welle? b) Für welche Phasendifferenz δ hat die resultierende Welle eine Amplitude von 4,0 cm?

12.41 •   Zwei Lautsprecher schwingen in Phase mit derselben Amplitude A. Sie haben einen räumlichen Abstand von $\lambda/3$ und strahlen Schall in dieselbe Richtung ab (stehen also hintereinander). Ein Punkt P liegt vor den beiden Lautsprechern auf der Linie, die durch deren Mittelpunkte verläuft. Die Schallamplitude bei P aufgrund jedes der beiden Lautsprecher ist A. Drücken Sie die Amplitude der bei P durch Überlagerung resultierenden Welle mithilfe von A aus.

12.42 •   Zwei etwas voneinander entfernte Lautsprecher emittieren Schallwellen derselben Frequenz. An einem Punkt P' beträgt die Intensität aufgrund des Schalls aus jedem der beiden Lautsprecher I_0. Der Abstand zwischen P' und einem der Lautsprecher ist um eine Wellenlänge größer als der zwischen P' und dem anderen Lautsprecher. Wie groß ist die Intensität bei P', wenn die Lautsprechermembranen a) kohärent und in Phase schwingen, b) inkohärent schwingen bzw. c) kohärent und außer Phase schwingen?

12.43 ••   Zwei Punktquellen Q_1 und Q_2 im Abstand d voneinander sind in Phase. Entlang einer Linie parallel zur Verbindungslinie zwischen den Quellen und in einem großen Abstand r von den Quellen ergibt sich ein Interferenzmuster (Abb. 12.5). a) Zeigen Sie, dass sich der Wegunterschied Δs von den beiden Quellen bis zu einem Punkt auf der Linie bei einem kleinen Winkel θ durch $\Delta s \approx d \sin \theta$ annähern lässt. *Hinweis:* Nehmen Sie $r \gg d$ an, sodass die Linien von den beiden Quellen zum

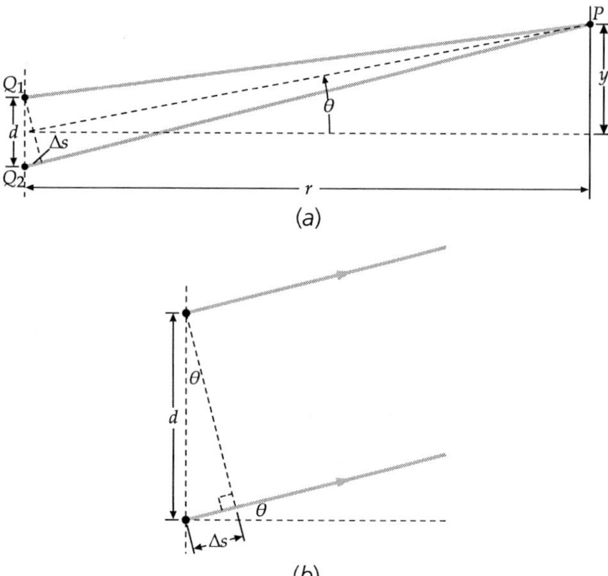

Abb. 12.5 Zu Aufgabe 12.43

Punkt P näherungsweise parallel sind (Abbildung b). b) Zeigen Sie, dass die beiden Wellen in P bei $\Delta s = m\,\lambda$ konstruktiv interferieren (mit $m = 0, 1, 2, \ldots$). Mit anderen Worten: Zeigen Sie, dass es in P bei $\Delta s = m\,\lambda$ mit $m = 0, 1, 2, \ldots$ ein Interferenzmaximum gibt. c) Zeigen Sie, dass sich der Abstand y_n vom zentralen Maximum (bei $y = 0$) zum n-ten Interferenzmaximum näherungsweise durch $y_n = r\,\tan\theta_n$ ausdrücken lässt (mit $d\,\sin\theta_n = m\,\lambda$).

12.44 •• Ein bestimmtes Radioteleskop besteht aus zwei Antennen im Abstand von 200 m. Beide Antennen werden auf eine bestimmte Frequenz – beispielsweise 20 MHz – abge-

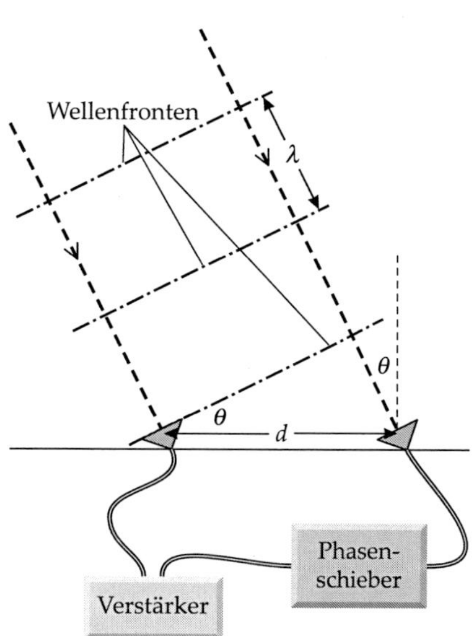

Abb. 12.6 Zu Aufgabe 12.44

stimmt. Die Signale aus jeder der beiden Antennen werden in einen gemeinsamen Verstärker eingespeist, aber eines der beiden Signale läuft zuvor durch einen sogenannten Phasenschieber, der die Phase um einen bestimmten wählbaren Betrag verzögert (Abb. 12.6). Durch diesen Trick kann das Teleskop in verschiedenen Richtungen „schauen". Bei der Phasenverzögerung null erzeugen ebene Radiowellen, die senkrecht auf die Antennen treffen, Signale, die sich im Verstärker konstruktiv überlagern. Welche Phasenverzögerung sollte man wählen, damit Signale, die unter einem Winkel von 10° gegenüber der Vertikalen (in der Ebene, die durch die Vertikale und die Gerade zwischen den Antennen definiert ist) auftreffen, sich im Verstärker konstruktiv überlagern? *Hinweis:* Radiowellen breiten sich mit Lichtgeschwindigkeit ($3{,}00 \cdot 10^8$ m/s) aus.

12.45 ••• Bei der Beschallung großer Hallen oder Open-Air-Veranstaltungen werden häufig Lautsprecher in einer sogenannten Line-Array-Konfiguration verwendet. Dabei werden viele identische Lautsprechergehäuse unmittelbar übereinander zu einem schmalen Turm gestapelt und neben der Bühne aufgehängt. Diskutieren Sie anhand der Gesetze der Wellenausbreitung, welche Vorteile eine solche Anordnung gegenüber einem oder mehreren leistungsstarken Einzellautsprechern haben kann. Hinweis: Sie können das Line Array näherungsweise als einen schmalen Spalt endlicher Höhe auffassen, durch den von hinten eine Wellenfront dringt.

Schwebungen

12.46 • Wenn zwei bestimmte Stimmgabeln gleichzeitig angeschlagen werden, hört man 4,0 Schwebungen pro Sekunde. Die Frequenz der einen Stimmgabel beträgt 500 Hz. a) Welche Frequenzwerte sind bei der anderen Stimmgabel möglich? b) Auf die 500-Hz-Gabel wird ein Stückchen Wachs geklebt, um ihre Frequenz ein wenig zu verringern. Erläutern Sie, wie man mithilfe der dann gemessenen Schwebungsfrequenz bestimmen kann, welche der Lösungen von Teilaufgabe a die richtige Frequenz der anderen Stimmgabel angibt.

Stehende Wellen

12.47 • Eine 3,00 m lange, beidseitig eingespannte Saite schwingt in der dritten Harmonischen. Die maximale Auslenkung eines beliebigen Punkts auf der Saite beträgt 4,00 mm, und die Ausbreitungsgeschwindigkeit von transversalen Wellen auf der Saite ist 50,0 m/s. a) Welche Wellenlänge und welche Frequenz hat die stehende Welle? b) Geben Sie die Wellenfunktion an.

12.48 • Ein 4,00 m langes Seil ist an einem Ende eingespannt, und das andere Ende ist an einer langen, leichten Schnur befestigt, sodass es sich frei bewegen kann (loses Ende). Die Ausbreitungsgeschwindigkeit von Wellen auf dem Seil beträgt 20,0 m/s. Berechnen Sie die Frequenz a) der Grundschwingung, b) der zweiten Harmonischen und c) der dritten Harmonischen.

12.49 •• Die Wellenfunktion $y(x,t)$ einer stehenden Welle auf einer beidseitig eingespannten Saite ist gegeben durch

$$y(x,t) = (4{,}20\,\text{cm}) \sin(0{,}200\,\text{cm}^{-1}\,x) \cos(300\,\text{s}^{-1}\,t),$$

wobei x in Zentimetern und t in Sekunden einzusetzen ist. Man kann eine stehende Welle als Überlagerung von zwei fortschreitenden Wellen betrachten. a) Welche Wellenlänge und welche Frequenz haben die beiden fortschreitenden Wellen, die sich zu der obigen stehenden Welle überlagern? b) Mit welcher Ausbreitungsgeschwindigkeit bewegen sich diese Wellen auf der Saite? c) Die Saite schwingt dabei in der vierten Harmonischen. Wie lang ist sie?

12.50 •• Eine Orgelpfeife hat bei $16{,}00\,°\text{C}$ die Fundamentalfrequenz $440{,}0\,\text{Hz}$. Welche Fundamentalfrequenz hat sie bei einer Temperatur von $32{,}00\,°\text{C}$ (unter der Annahme, dass sich die Länge der Pfeife nicht ändert)? Ist es besser, Orgelpfeifen aus einem Material zu bauen, das sich bei Erwärmung merklich ausdehnt, oder sollten Orgelpfeifen vielmehr aus einem Material bestehen, das bei „normalen" Temperaturen seine Länge praktisch beibehält?

12.51 •• Aus theoretischen Erwägungen ergibt sich für eine Orgelpfeife mit kreisförmigem Querschnitt eine Endkorrektur (d. h. eine Differenz zwischen der tatsächlichen und der effektiven Länge) von näherungsweise $\Delta l = 0{,}3186\,d$, wobei d der Durchmesser der Pfeife ist. Berechnen Sie die tatsächliche Länge einer beidseitig offenen Pfeife, die den Ton c^1 ($262\,\text{Hz}$) als Grundschwingung hervorbringt und einen Durchmesser von a) $1{,}00\,\text{cm}$, b) $10{,}0\,\text{cm}$ bzw. c) $30{,}0\,\text{cm}$ hat.

12.52 •• Die g-Saite einer Violine ist $30{,}0\,\text{cm}$ lang. Wenn sie „leer", d. h. ohne Fingersatz gespielt wird, schwingt sie mit $196\,\text{Hz}$. Die nächsthöheren Töne der C-Dur-Tonleiter sind a ($220\,\text{Hz}$), h ($247\,\text{Hz}$), c^1 ($262\,\text{Hz}$) und d^1 ($294\,\text{Hz}$). Wie weit vom Ende der Saite entfernt muss man die Finger für diese Töne setzen? *Anmerkung:* Eine gestrichene Saite schwingt real nicht in einer einzigen Mode; daher sind die hier angegebenen Werte nicht ganz exakt.

12.53 •• Die Saiten einer Violine sind in g, d^1, a^1 und e^1 gestimmt, die jeweils eine Quint auseinanderliegen; es gilt also $\nu(d^1) = 1{,}5\,\nu(g)$, $\nu(a^1) = 1{,}5\,\nu(d^1) = 440\,\text{Hz}$ und $\nu(e^1) = 1{,}5\,\nu(a^1)$. Der Abstand zwischen den beiden Befestigungspunkten – an der Schnecke und am Steg über dem Korpus – beträgt $30{,}0\,\text{cm}$, und die e^1-Saite ist mit einer Kraft von $90{,}0\,\text{N}$ gespannt. a) Welche lineare Massendichte μ_e hat diese Saite? b) Um zu vermeiden, dass sich das Instrument mit der Zeit verzieht, sollen die Spannkräfte bei allen Saiten gleich sein. Berechnen Sie hierfür die linearen Massendichten der anderen Saiten.

*Harmonische Analyse

12.54 • Eine Gitarrensaite wird in der Mitte leicht angezupft. Sie nehmen den Ton mit einem Mikrofon auf und lassen ihn von Ihrem Computer analysieren. Demnach besteht der Ton im Wesentlichen aus einer 100-Hz-Schwingung mit einer kleinen „Zumischung" von 300 Hz. Welches sind die beiden dominanten Schwingungsmoden stehender Wellen auf der Saite?

*Wellenpakete

12.55 •• Eine Stimmgabel mit der Frequenz ν_0 wird zur Zeit $t = 0$ angeschlagen und nach einer Zeitspanne Δt gestoppt. Die Wellenform des Schalls zu einem späteren Zeitpunkt ist eine Funktion des Abstands x von der Stimmgabel (Abb. 12.7). Die Zahl n soll (näherungsweise) die Anzahl der Schwingungszyklen in dieser Wellenform sein. a) Wie hängen n, ν_0 und Δt zusammen? b) Wie kann man die Wellenlängen mithilfe von Δx und n ausdrücken, wenn Δx die räumliche Länge des Wellenpakets ist? c) Drücken Sie die Wellenzahl k mithilfe von n und Δx aus. d) Die Zahl n der Schwingungszyklen ist nur mit einer Ungenauigkeit von ± 1 bekannt. Erklären Sie anhand der Abbildung, warum das so ist. e) Zeigen Sie, dass die Unsicherheit in der Wellenzahl k aufgrund der Unsicherheit von n gegeben ist durch $2\pi/\Delta x$.

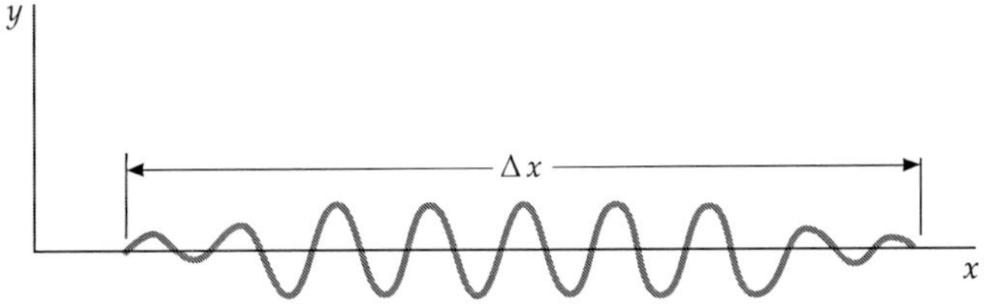

Abb. 12.7 Zu Aufgabe 12.55

Allgemeine Aufgaben

12.56 • Zur Zeit $t = 0$ ist die Form eines Wellenpulses auf einer Saite durch die Funktion

$$y(x,0) = \frac{0{,}120\,\text{m}^3}{(2{,}00\,\text{m})^2 + x^2}$$

gegeben (dabei ist x in Metern einzusetzen). a) Skizzieren Sie $y(x,0)$ in Abhängigkeit von x. b) Geben Sie die Wellenfunktionen $y(x,t)$ zu einer beliebigen Zeit t an, wenn sich der Puls mit der Geschwindigkeit $10{,}0\,\text{m/s}$ in positiver x-Richtung bzw. in negativer x-Richtung bewegt.

12.57 • Eine Pfeife mit der Frequenz $500\,\text{Hz}$ bewegt sich mit $3{,}00$ Umdrehungen pro Sekunde auf einer Kreisbahn mit dem Radius $1{,}00\,\text{m}$. Wie groß sind die maximale und die minimale Frequenz, die ein Beobachter hört, der in $5{,}00\,\text{m}$ Entfernung vom Bahnmittelpunkt in der Ebene der Kreisbahn steht?

12.58 •• Eine Lautsprechermembran mit dem Durchmesser $20{,}0\,\text{cm}$ schwingt bei $800\,\text{Hz}$ mit der Amplitude $0{,}0250\,\text{mm}$. Nehmen Sie an, dass die Luftmoleküle in der Umgebung mit derselben Amplitude schwingen, und bestimmen Sie a) die

Druckamplitude und b) die Schallintensität unmittelbar vor der Membran sowie c) die von der Vorderseite des Lautsprechers abgestrahlte akustische Leistung.

12.59 •• In der Anordnung, die in Abb. 12.8 gezeigt ist, wird mit einer Hochgeschwindigkeitskamera aufgenommen, wie ein Geschoss gerade eine Seifenblase durchschlägt. Die Stoßwelle des Geschosses wird mithilfe eines Mikrofons erfasst, das dabei den Blitz für die Aufnahme auslöst. Das Mikrofon befindet sich 0,350 m unterhalb der Geschossbahn auf einer parallel zu dieser verlaufenden Schiene, auf der die horizontale Position des Mikrofons eingestellt werden kann. Wie weit muss sich das Mikrofon horizontal hinter der Seifenblase befinden, damit der Blitz genau im richtigen Moment ausgelöst wird, wenn das Geschoss mit 1,25-Facher Schallgeschwindigkeit fliegt? (Nehmen Sie an, dass der Blitz unmittelbar bei der Auslösung durch das Mikrofon aufleuchtet.)

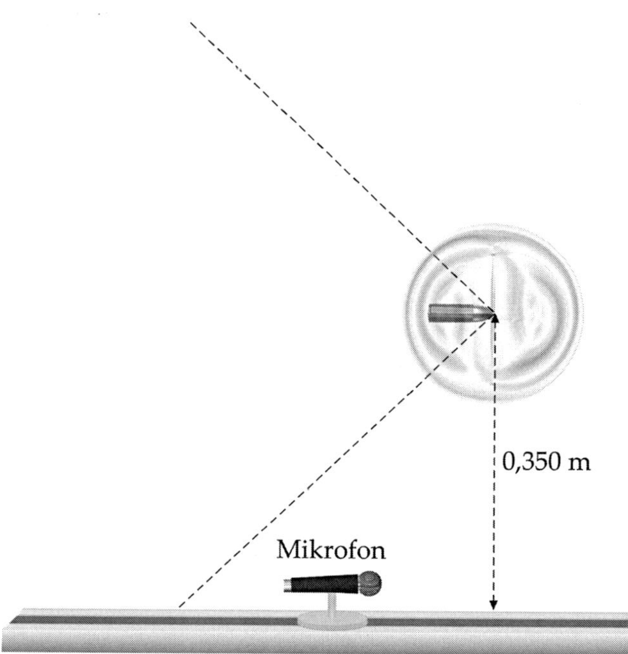

Abb. 12.8 Zu Aufgabe 12.59

12.60 •• Eine 5,00 m lange, einseitig eingespannte Saite ist mit einer langen, praktisch masselosen Saite verbunden und schwingt mit 400 Hz in der fünften Harmonischen. Die Amplitude eines jeden Schwingungsbauchs auf der Saite beträgt 3,00 cm. a) Wie groß ist die Wellenlänge? b) Welche Wellenzahl k hat diese stehende Welle? c) Wie groß ist ihre Kreisfrequenz? d) Geben Sie die Wellenfunktion an.

12.61 •• Eine 2,5 m lange Saite mit der Masse 0,10 kg ist beidseitig befestigt, und die Spannkraft beträgt 30 N. Wenn man die n-te Harmonische anregt, befindet sich 0,50 m von einem Ende entfernt ein Schwingungsknoten. a) Wie groß ist n? b) Welche Frequenzen haben die ersten drei Harmonischen auf dieser Saite?

12.62 •• Drei aufeinanderfolgende Resonanzfrequenzen einer Orgelpfeife sind 1310 Hz, 1834 Hz und 2358 Hz. a) Ist die Pfeife an einem Ende geschlossen oder an beiden Seiten offen? b) Wie hoch ist ihre Grundfrequenz? c) Welche effektive Länge hat die Pfeife?

12.63 •• Eine stehende Welle auf einem Seil wird durch die Wellenfunktion

$$y(x,t) = (0{,}020\,\mathrm{m}) \sin\left(\tfrac{1}{2}\,\pi\,\mathrm{m}^{-1}\,x\right) \cos\left(40\,\pi\,\mathrm{s}^{-1}\,t\right)$$

beschrieben; dabei ist x in Metern und t in Sekunden einzusetzen. a) Geben Sie Wellenfunktionen von zwei fortschreitenden Wellen an, die sich zu dieser stehenden Welle überlagern. b) Welchen Abstand haben die Knoten der stehenden Welle? c) Welche maximale Geschwindigkeit hat ein kurzes Segment des Seils bei $x = 1{,}0\,\mathrm{m}$? d) Wie hoch ist die maximale Beschleunigung, die ein kurzes Segment des Seils bei $x = 1{,}0\,\mathrm{m}$ erfährt?

12.64 ••• Ein langes Seil mit der linearen Massendichte 0,100 kg/m unterliegt einer konstanten Spannkraft von 10,0 N. Ein Motor am Punkt $x = 0$ bewegt harmonisch ein Ende des Seils mit 5,00 Schwingungsperioden pro Sekunde und der Amplitude 40,0 mm auf und ab. a) Wie groß ist die Geschwindigkeit der Transversalwelle im Seil? b) Wie groß ist ihre Wellenlänge? c) Wie groß ist der maximale transversale Impuls eines 1,00 mm langen Seilsegments? d) Wie groß ist die maximale resultierende Kraft auf ein 1,00 mm langes Segment des Seils?

12.65 ••• In dieser Aufgabe soll ein Ausdruck für die potenzielle Energie eines Saitensegments hergeleitet werden, die durch eine fortschreitende Welle übertragen wird (Abb. 12.9). Die potenzielle Energie eines Segments ist gleich der Arbeit, die an ihm durch die Spannkraft beim Dehnen der Saite verrichtet wird. Sie ist gegeben durch $\Delta E_{\mathrm{pot}} = |\boldsymbol{F}_{\mathrm{S}}|\,(\Delta l - \Delta x)$; darin ist $\boldsymbol{F}_{\mathrm{S}}$ die Spannkraft, Δl die Länge des gedehnten Segments und Δx dessen ursprüngliche Länge. Aus der Abbildung erkennt man den für positives Δx gültigen Zusammenhang

$$\Delta l = \sqrt{(\Delta x)^2 + (\Delta y)^2} = \Delta x\,\sqrt{1 + (\Delta y / \Delta x)^2}\,.$$

a) Zeigen Sie mithilfe einer Binomialentwicklung, dass gilt:

$$\Delta l - \Delta x \approx \tfrac{1}{2}\,(\Delta y / \Delta x)^2\,\Delta x\,,$$

also auch

$$\Delta E_{\mathrm{pot}} \approx \tfrac{1}{2}\,|\boldsymbol{F}_{\mathrm{S}}|\,(\Delta y / \Delta x)^2\,\Delta x\,.$$

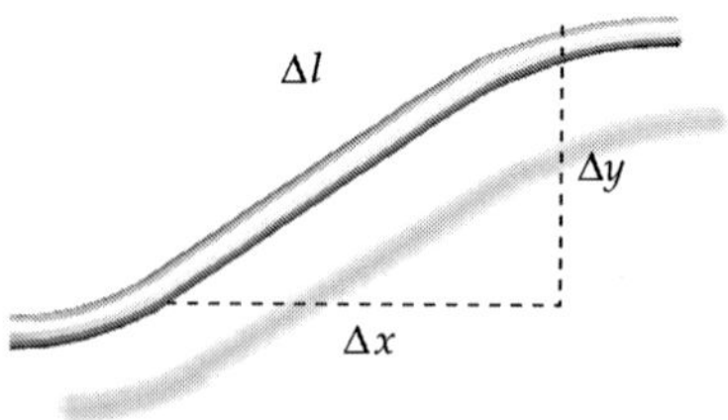

Abb. 12.9 Zu Aufgabe 12.65

b) Ermitteln Sie die Ableitung $\partial y/\partial x$ aus der Wellenfunktion $y(x,t) = A \sin(kx - \omega t)$ und zeigen Sie, dass gilt:

$$\Delta E_{\mathrm{pot}} \approx \tfrac{1}{2}\,|\boldsymbol{F}_{\mathrm{S}}|\,k^2 A^2 \cos^2(kx - \omega t)\,\Delta x \,.$$

12.66 ••• Drei Wellen mit jeweils gleichen Frequenzen, Wellenlängen und Amplituden breiten sich in dieselbe Richtung entlang der x-Achse aus. Die drei Wellen sind gegeben durch

$$y_1(x,t) = (5{,}00\,\mathrm{cm}) \sin(kx - \omega t - \pi/3)\,,$$
$$y_2(x,t) = (5{,}00\,\mathrm{cm}) \sin(kx - \omega t)\,,$$
$$y_3(x,t) = (5{,}00\,\mathrm{cm}) \sin(kx - \omega t + \pi/3)\,.$$

Dabei sind x in Zentimetern und t in Sekunden einzusetzen. Die resultierende Welle wird beschrieben durch

$$y(x,t) = A \sin(kx - \omega t + \delta)\,.$$

Welche Werte haben dabei A und δ?

12.67 ••• Im Prinzip lässt sich eine harmonische Welle von nahezu beliebiger Form als Summe von harmonischen Wellen verschiedener Frequenzen darstellen. a) Betrachten Sie die Funktion

$$f(x) = \frac{4}{\pi}\left(\frac{\cos x}{1} - \frac{\cos 3x}{3} + \frac{\cos 5x}{5} - + \cdots\right)$$
$$= \frac{4}{\pi}\sum_{n=0}^{\infty}(-1)^n\,\frac{\cos\,[(2n+1)x]}{2n+1}\,.$$

Schreiben Sie Anweisungen für ein Tabellenkalkulationsprogramm, um diese Reihe mit einer endlichen Zahl von Termen zu berechnen. Zeichnen Sie für den Bereich $x = 0$ bis $x = 4\pi$ drei Graphen der Funktion. Nähern Sie dabei für den ersten Graphen die Summe von $n = 0$ bis $n = \infty$ nur mit dem ersten Term der obigen Formel an. Verwenden Sie für den zweiten bzw. den dritten Graphen die ersten fünf bzw. die ersten zehn Terme. (Die Funktion $f(x)$ beschreibt eine sogenannte Rechteckwelle.) b) Wie hängt $f(x)$ mit der Leibniz'schen Reihendarstellung

$$\frac{\pi}{4} = 1 - \frac{1}{3} + \frac{1}{5} - \frac{1}{7} + - \cdots$$

für die Zahl π zusammen?

Lösungen zu den Aufgaben

Verständnisaufgaben

L12.1 Der räumliche Abstand zwischen aufeinanderfolgenden Wellenbergen ist gleich der Wellenlänge, und der zeitliche Abstand zwischen ihnen ist gleich der Schwingungsdauer der Wellenbewegung. Somit ist $T = 0{,}20\,\mathrm{s}$ und daher $\nu = 1/T = 5{,}20\,\mathrm{Hz}$. Also ist Aussage b richtig.

L12.2 a) Falsch. Die Welle breitet sich anfangs im dickeren Seil aus. Daher erfolgt die Reflexion an einem Medium mit geringerer Dichte, sodass dabei kein Phasensprung und somit keine Invertierung des Pulses auftritt.

b) Richtig. Die Verbindungsstelle stellt einen Übergang von einem Medium mit höherer Dichte zu einem Medium mit geringerer Dichte dar, und es tritt kein Phasensprung und somit keine Invertierung des durchlaufenden Pulses auf.

c) Richtig. An der Verbindungsstelle wird der Puls teilweise reflektiert und teilweise durchgelassen. Daher hat der durchlaufende Puls eine geringere Amplitude als der (im dickeren Seil) einlaufende Puls.

L12.3 Nein. Die Wellenlänge der Mikrowellen beträgt nur einige Zentimeter und ist daher wesentlich kleiner als eine etwa 100 cm breite Türöffnung.

L12.4 Wir können die Positionen der Pulse aus den Geschwindigkeiten und den Zeitintervallen ableiten. Ein Teilstrich auf der x-Achse entspricht 5 cm:

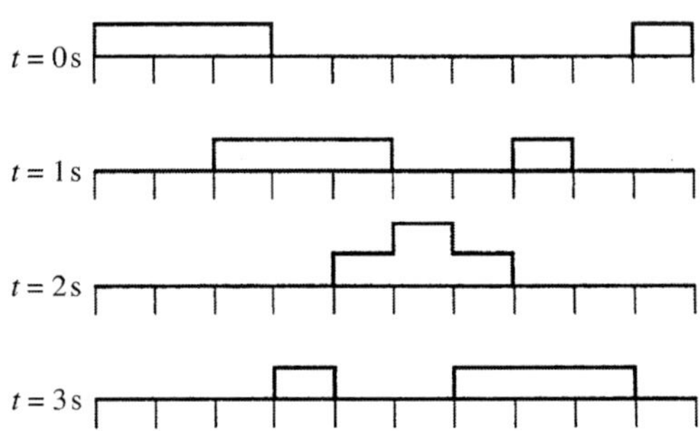

Für den Fall umgekehrter Auslenkung erhalten wir:

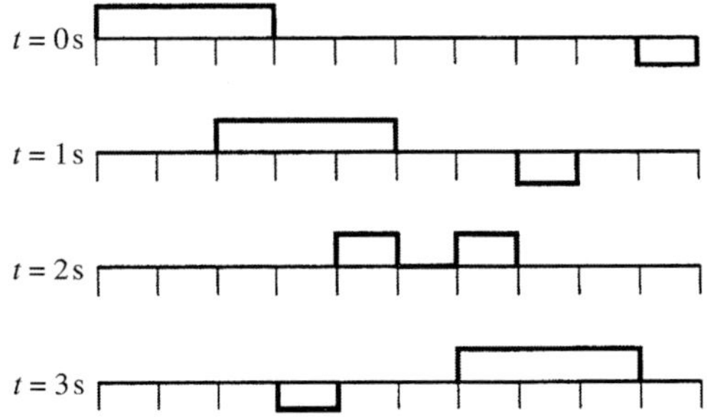

L12.5 Stehende Wellen entstehen durch konstruktive Interferenz von Wellen, die gleiche Amplitude und gleiche Frequenz haben, sich aber in entgegengesetzten Richtungen ausbreiten. Also ist Aussage b richtig.

L12.6 Die Abbildung zeigt den Wellenpuls zu drei Zeitpunkten: vor, bei bzw. nach $t = 0$.

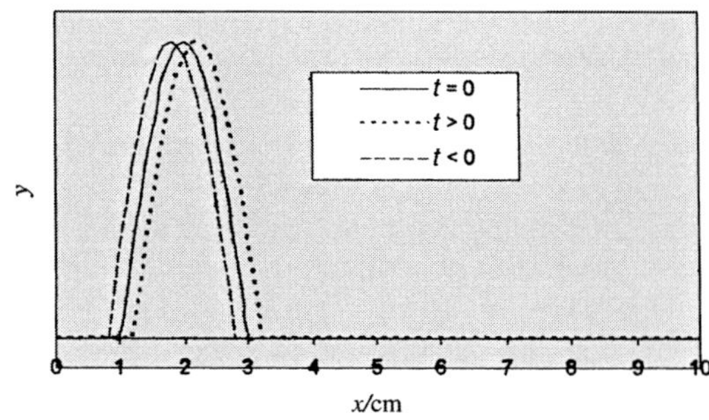

Zur Zeit $t = 0$ bewegt sich das Segment zwischen $x = 1\,\mathrm{cm}$ und $x = 2\,\mathrm{cm}$ nach unten und das zwischen $x = 2\,\mathrm{cm}$ und $x = 3\,\mathrm{cm}$ nach oben, während ein sehr kurzes Segment bei $x = 2\,\mathrm{cm}$ momentan in Ruhe ist.

L12.7 Die Schallgeschwindigkeit ist in Wasser deutlich höher als in Luft. Also ist der Zeitbedarf beim Weg C am geringsten, denn hier legt der Schall den größten Teil des Gesamtwegs im Wasser zurück.

L12.8 Das Licht strahlt von unten durch die Tücher hindurch. Bei dem Muster, das man von oben erkennt, rühren dunkle Streifen davon her, dass Gewebefäden über Lücken liegen, und helle Streifen davon, dass Lücken übereinanderliegen. Beide Gewebe sind einander sehr ähnlich, haben aber nicht genau dieselben Abstände zwischen den Fäden, vor allem wenn sie unterschiedlich stark gespannt sind. Dadurch wechseln helle Bereiche mit übereinanderliegenden Lücken (sozusagen in Phase, also Lichtdurchlass) mit solchen Bereichen ab, in denen Fäden über Lücken liegen (sozusagen um 180° phasenverschoben, also kein Lichtdurchlass). Die Gegebenheiten sind hierbei die gleichen wie bei der Interferenz von Wellen.

Schätzungs- und Näherungsaufgaben

L12.9 a) In der Abbildung ist der Kelch des Weinglases in waagerechter Position angeordnet, sodass die stehende Schallwelle darin ebenfalls waagerecht ausgerichtet ist.

Das Glas stellt im Prinzip einen einseitig offenen Zylinder dar. Bei der Fundamental- oder Grundfrequenz ν_1 entspricht die Zylinderlänge einem Viertel der Wellenlänge der stehenden Welle darin (siehe Abbildung). Also ist $\lambda_1 = 4\,l$, und für die Frequenz des Grundtons ergibt sich

$$\nu_1 = \frac{v}{\lambda_1} = \frac{v}{4\,l} = \frac{343\,\mathrm{m \cdot s^{-1}}}{4\,(8{,}0\,\mathrm{cm})} \approx 1\,\mathrm{kHz}\,.$$

Dieser Ton liegt etwa zwei Oktaven über dem Ton c^1.

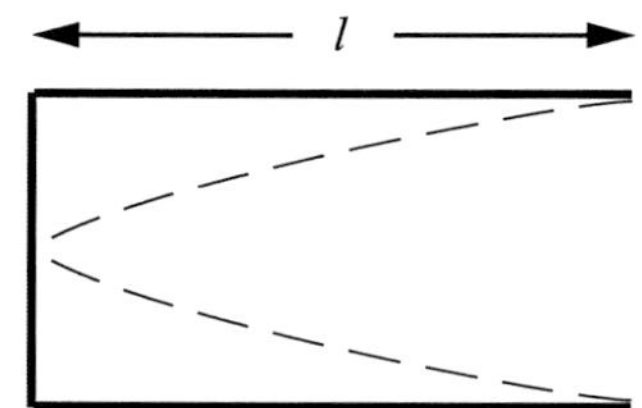

L12.10 Die Abstände von der Startpistole sind folgende: l_A beim Läufer auf der Außenbahn und l_I beim Läufer auf der Innenbahn. Mit der Schallgeschwindigkeit v gilt dann für die gesuchte Differenz der Zeitspannen nach dem Startschuss

$$\Delta t = t_\mathrm{A} - t_\mathrm{I} = \frac{l_\mathrm{A}}{v} - \frac{l_\mathrm{I}}{v}\,.$$

Wir nehmen folgende Abstände an: $b = 7{,}0\,\mathrm{m}$ zwischen dem innersten und dem äußersten Läufer sowie $l_\mathrm{I} = 5{,}0\,\mathrm{m}$ (näherungsweise längs der Innenbahn) zwischen dem innersten Läufer und dem Starter.

Mit dem Satz des Pythagoras ergibt sich für den Abstand des äußersten Läufers vom Starter $l_\mathrm{A} = \sqrt{l_\mathrm{I}^2 + b^2}$.

Das setzen wir ein und erhalten

$$\Delta t = \frac{l_\mathrm{A} - l_\mathrm{I}}{v} = \frac{\sqrt{l_\mathrm{I}^2 + b^2} - l_\mathrm{I}}{v}$$
$$= \frac{\sqrt{(5{,}0\,\mathrm{m})^2 + (7{,}0\,\mathrm{m})^2} - 5{,}0\,\mathrm{m}}{343\,\mathrm{m \cdot s^{-1}}} = 11\,\mathrm{ms} \approx 0{,}01\,\mathrm{s}\,.$$

Anmerkung: Bei Weltklassesprintern liegen die Zeitunterschiede über 100 m zuweilen nur bei einer oder zwei Hundertstelsekunden. Daher kann die hier berechnete Zeitdifferenz durchaus eine Rolle spielen. Nicht zuletzt deshalb ging man zur elektronischen Erzeugung des „Startschusses" über, wie sie in der Aufgabenstellung beschrieben ist.

L12.11 Als Abstand zwischen den Ohren nehmen wir 20 cm an. Wenn man den Kopf um 90° dreht, bewirkt man also einen Wegunterschied dieses Ausmaßes. Die dadurch hervorgerufene Phasendifferenz ist $\delta = 2\pi\,(0{,}20\,\mathrm{m})/\lambda$. Für die Wellenlänge gilt $\lambda = v/\nu$, wobei ν die Frequenz und v die Schallgeschwindigkcit ist. Damit erhalten wir für die Phasendifferenz

$$\delta = 2\pi\,\frac{0{,}20\,\mathrm{m}}{\lambda} = 2\pi\,\nu\,\frac{0{,}20\,\mathrm{m}}{v} = 2\pi\,(680\,\mathrm{s^{-1}})\,\frac{0{,}20\,\mathrm{m}}{343\,\mathrm{m \cdot s^{-1}}}$$
$$= 0{,}79\,\pi\,\mathrm{rad}\,.$$

L12.12 Schall mit einer Frequenz von 1 kHz besitzt eine Wellenlänge von etwa 34 cm. Damit kann das Schallsignal zwischen den beiden Ohren eines Menschen eine Phasenverschiebung nahe 180° erreichen. Bei wesentlich höheren Frequenzen ist die Wellenlänge wesentlich kleiner als der Ohrabstand, und eine gegebene Phasenverschiebung kann nicht mehr eindeutig einer Richtung zugeordnet werden. Umgekehrt ist die Wellenlänge bei wesentlich niedrigeren Frequenzen so hoch, dass unabhängig von der Richtung keine große Phasenverschiebung der Schallwelle zwischen den beiden Ohren erreicht wird.

Ausbreitungsgeschwindigkeit von Wellen

L12.13 Die Wellenlänge ist bei einer Frequenz ν und Ausbreitungsgeschwindigkeit v gerade

$$\lambda = \frac{v}{\nu}\,.$$

Gehen wir von einer Schallgeschwindigkeit von $v = 343\,\text{m/s}$ aus, erhalten wir

$$\lambda_1 = \frac{343\,\text{m/s}}{20\,\text{s}^{-1}} = 17{,}1\,\text{m}\,.$$

$$\lambda_2 = \frac{343\,\text{m/s}}{20 \cdot 10^3\,\text{s}^{-1}} = 0{,}017\,\text{m} = 1{,}7\,\text{cm}\,.$$

L12.14 Mit der Gaskonstanten R, der molaren Masse m_{Mol} und dem Quotienten γ der molaren Wärmekapazitäten bei konstantem Druck und bei konstantem Volumen ergibt sich die Schallgeschwindigkeit in Wasserstoffgas bei $T = 300\,\text{K}$ zu

$$v_{\text{S,H}_2} = \sqrt{\frac{\gamma\,R\,T}{m_{\text{Mol}}}} = \sqrt{\frac{1{,}4\,(8{,}314\,\text{J}\cdot\text{mol}^{-1}\cdot\text{K}^{-1})\,(300\,\text{K})}{2{,}00 \cdot 10^{-3}\,\text{kg}\cdot\text{mol}^{-1}}}$$
$$= 1{,}32\,\text{km}\cdot\text{s}^{-1}\,.$$

L12.15 Mit der Spannkraft F_{S} der Saite gilt für die Ausbreitungsgeschwindigkeit der Welle $v = \sqrt{F_{\text{S}}/\mu}$, wobei $\mu = m/l$ die lineare Massendichte der Saite ist. Damit erhalten wir für die Ausbreitungsgeschwindigkeit

$$v = \sqrt{\frac{F_{\text{S}}}{m/l}} = \sqrt{\frac{900\,\text{N}}{\dfrac{0{,}100\,\text{kg}}{7{,}00\,\text{m}}}} = 251\,\text{m}\cdot\text{s}^{-1}\,.$$

L12.16 a) Mit der Gaskonstanten R, der molaren Masse m_{Mol} und dem Quotienten γ der molaren Wärmekapazitäten bei konstantem Druck und bei konstantem Volumen gilt für die Schallgeschwindigkeit in einem Gas bei der Temperatur T:

$$v = \sqrt{\frac{\gamma\,R\,T}{m_{\text{Mol}}}}\,.$$

Wir leiten nach der Temperatur ab:

$$\frac{\text{d}}{\text{d}T}\sqrt{\frac{\gamma\,R\,T}{m_{\text{Mol}}}} = \frac{1}{2}\sqrt{\frac{m_{\text{Mol}}}{\gamma\,R\,T}}\left(\frac{\gamma\,R}{m_{\text{Mol}}}\right) = \frac{1}{2}\frac{v}{T}$$

Separieren der Variablen liefert $\dfrac{\text{d}v}{v} = \dfrac{1}{2}\dfrac{\text{d}T}{T}$.

b) Wir nähern die Differenziale durch die Differenzen an und setzen die gegebenen Werte ein:

$$\frac{\Delta v}{v} = \frac{1}{2}\frac{\Delta T}{T} = \frac{1}{2}\left(\frac{300\,\text{K} - 273\,\text{K}}{273\,\text{K}}\right) = 0{,}0495 = 5{,}0\,\%$$

c) Mit der Näherung durch Ansetzen der Differenzen erhalten wir für die Schallgeschwindigkeit bei $300\,\text{K}$

$$v_{300\,\text{K}} \approx v_{273\,\text{K}} + v_{273\,\text{K}}\,\frac{\Delta v}{v} = v_{273\,\text{K}}\left(1 + \frac{\Delta v}{v}\right)$$
$$\approx (331\,\text{m}\cdot\text{s}^{-1})\,(1 + 0{,}0495) = 347\,\text{m}\cdot\text{s}^{-1}\,.$$

Gemäß der ersten Gleichung gilt für die beiden korrekt berechneten Schallgeschwindigkeiten

$$v_{\text{ber.},300\,\text{K}} = \sqrt{\frac{\gamma\,R\,(300\,\text{K})}{m_{\text{Mol}}}}\,, \quad v_{\text{ber.},273\,\text{K}} = \sqrt{\frac{\gamma\,R\,(273\,\text{K})}{m_{\text{Mol}}}}\,.$$

Der Quotient ist

$$\frac{v_{\text{ber.},300\,\text{K}}}{v_{\text{ber.},273\,\text{K}}} = \frac{\sqrt{\dfrac{\gamma\,R\,(300\,\text{K})}{m_{\text{Mol}}}}}{\sqrt{\dfrac{\gamma\,R\,(273\,\text{K})}{m_{\text{Mol}}}}} = \sqrt{\frac{300}{273}}\,.$$

Damit ergibt sich

$$v_{\text{ber.},300\,\text{K}} = (331\,\text{m}\cdot\text{s}^{-1})\,\sqrt{\frac{300}{273}} = 347\,\text{m}\cdot\text{s}^{-1}\,.$$

Beide Ergebnisse für die Schallgeschwindigkeit bei $300\,\text{K}$ stimmen in den ersten drei Stellen überein.

Die Wellengleichung

L12.17 Die allgemeine Form der eindimensionalen Wellengleichung lautet

$$\frac{\partial^2 y}{\partial x^2} = \frac{1}{v^2}\frac{\partial^2 y}{\partial t^2}\,.$$

Wir müssen also jeweils zeigen, dass gilt:

$$\frac{\partial^2 y/\partial x^2}{\partial^2 y/\partial t^2} = \frac{1}{v^2}$$

a) Wir bilden die ersten beiden räumlichen Ableitungen der gegebenen Funktion $y(x,t) = k\,(x + vt)^3$:

$$\frac{\partial y}{\partial x} = 3\,k\,(x + vt)^2 \quad \text{und} \quad \frac{\partial^2 y}{\partial x^2} = 6\,k\,(x + vt)$$

Die ersten beiden zeitlichen Ableitungen der Funktion sind

$$\frac{\partial y}{\partial t} = 3\,k\,v\,(x + vt)^2 \quad \text{und} \quad \frac{\partial^2 y}{\partial t^2} = 6\,k\,v^2\,(x + vt)\,.$$

Wir bilden den Quotienten der zweiten Ableitungen:

$$\frac{\partial^2 y/\partial x^2}{\partial^2 y/\partial t^2} = \frac{6\,k\,(x + vt)}{6\,k\,v^2\,(x + vt)} = \frac{1}{v^2}$$

Also ist die gegebene Funktion eine Lösung der allgemeinen Wellengleichung.

b) Wir bilden die ersten beiden räumlichen Ableitungen der gegebenen Funktion $y(x,t) = A\,\text{e}^{\text{i}k\,(x - vt)}$:

$$\frac{\partial y}{\partial x} = \text{i}\,k\,A\,\text{e}^{\text{i}k\,(x - vt)}\,,$$

$$\frac{\partial^2 y}{\partial x^2} = \text{i}^2\,k^2\,A\,\text{e}^{\text{i}k\,(x - vt)} = -k^2\,A\,\text{e}^{\text{i}k\,(x - vt)}$$

Die ersten beiden zeitlichen Ableitungen der Funktion sind

$$\frac{\partial y}{\partial t} = -\mathrm{i}\, k\, v A\, \mathrm{e}^{\mathrm{i}\, k\,(x-vt)},$$

$$\frac{\partial^2 y}{\partial t^2} = \mathrm{i}^2\, k^2\, v^2 A\, \mathrm{e}^{\mathrm{i}\, k\,(x-vt)} = -k^2\, v^2 A\, \mathrm{e}^{\mathrm{i}\, k\,(x-vt)}.$$

Wir bilden den Quotienten der zweiten Ableitungen:

$$\frac{\partial^2 y / \partial x^2}{\partial^2 y / \partial t^2} = \frac{-k^2 A\, \mathrm{e}^{\mathrm{i}\, k\,(x-vt)}}{-k^2\, v^2 A\, \mathrm{e}^{\mathrm{i}\, k\,(x-vt)}} = \frac{1}{v^2}$$

Also ist die gegebene Funktion eine Lösung der allgemeinen Wellengleichung.

c) Wir bilden die ersten beiden räumlichen Ableitungen der gegebenen Funktion $y(x,t) = \ln\,[k\,(x-vt)]$:

$$\frac{\partial y}{\partial x} = \frac{k}{x-vt} \quad \text{und} \quad \frac{\partial^2 y}{\partial x^2} = -\frac{k^2}{(x-vt)^2}$$

Die ersten beiden zeitlichen Ableitungen der Funktion sind

$$\frac{\partial y}{\partial t} = -\frac{v\,k}{x-vt} \quad \text{und} \quad \frac{\partial^2 y}{\partial t^2} = -\frac{v^2\,k^2}{(x-vt)^2}.$$

Wir bilden den Quotienten der zweiten Ableitungen:

$$\frac{\partial^2 y / \partial x^2}{\partial^2 y / \partial t^2} = \frac{-\dfrac{k^2}{(x-vt)^2}}{-\dfrac{v^2\,k^2}{(x-vt)^2}} = \frac{1}{v^2}$$

Also ist die gegebene Funktion eine Lösung der allgemeinen Wellengleichung.

Harmonische Wellen auf einer Saite

L12.18 Die relevanten Größen des Problems sind die Länge der Saite, $[l] = \mathrm{m}$, die Längendichte der Saite $[\rho_l] = \mathrm{kg/m}$ und die Spannkraft $[F] = \mathrm{kg\,m/s^2}$. Die Dimension Zeit taucht nur in der Kraft auf und besitzt den Exponenten T^{-2}. Der Ausdruck für die Frequenz (Dimension T^{-1}) ist also proportional zur Quadratwurzel der Kraft:

$$\nu \propto \sqrt{F}$$

Verdoppeln wir die Spannkraft, steigt die Frequenz also um den Faktor $\sqrt{2} = 2^{1/2} = 2^{6/12}$. Bei dem Intervall handelt es sich also um einen Tritonus. Um die Frequenz um eine Oktave anzuheben (d. h. zu verdoppeln), benötigen wir eine Zunahme der Spannkraft um den Faktor $2^2 = 4$.

L12.19 Die Gleichung der Form $y(x,t) = A\sin\,(kx-\omega t)$ beschreibt eine sich in positiver x-Richtung ausbreitende Welle. Bei Ausbreitung in negativer x-Richtung gilt entsprechend $y(x,t) = A\sin\,(kx+\omega t)$. Die Größen A, k und ω können

wir der Wellenfunktion entnehmen. Dann können wir die Wellenlänge λ, die Frequenz ν und die Schwingungsdauer T aus k und ω ermitteln.

a) Im Argument der Sinusfunktion steht das Pluszeichen; also breitet sich die Welle in negativer x-Richtung aus. Für den Betrag ihrer Geschwindigkeit ergibt sich

$$v = \frac{\omega}{k} = \frac{314\,\mathrm{s}^{-1}}{62{,}8\,\mathrm{m}^{-1}} = 5{,}00\,\mathrm{m}\cdot\mathrm{s}^{-1}.$$

b) Der Koeffizient von x im Argument der Sinusfunktion ist $k = 2\,\pi/\lambda$, und wir erhalten für die Wellenlänge

$$\lambda = \frac{2\,\pi}{k} = \frac{2\,\pi}{62{,}8\,\mathrm{m}^{-1}} = 10{,}0\,\mathrm{cm}.$$

Der Koeffizient von t im Argument der Sinusfunktion ist $\omega = 2\,\pi\,\nu$, und wir erhalten für die Frequenz

$$\nu = \frac{\omega}{2\,\pi} = \frac{314\,\mathrm{s}^{-1}}{2\,\pi} = 50{,}0\,\mathrm{Hz}.$$

Daraus ergibt sich die Schwingungsdauer zu

$$T = \frac{1}{\nu} = \frac{1}{50{,}0\,\mathrm{Hz}} = 0{,}0200\,\mathrm{s}.$$

c) Die maximale Geschwindigkeit eines Seilsegments ist

$$v_{\max} = A\,\omega = (1{,}00\,\mathrm{mm})\,(314\,\mathrm{rad}\cdot\mathrm{s}^{-1}) = 0{,}314\,\mathrm{m}\cdot\mathrm{s}^{-1}.$$

L12.20 a) Mit der Geschwindigkeit v der Welle, der linearen Massendichte μ des Seils sowie der Kreisfrequenz ω und der Amplitude A ist die mittlere übertragene Leistung gegeben durch

$$\langle P \rangle = \tfrac{1}{2}\,\mu\,\omega^2 A^2\, v = 2\,\pi^2\,\mu\,\nu^2 A^2\, v.$$

Damit erhalten wir

$$\langle P \rangle = 2\,\pi^2\,(0{,}010\,\mathrm{kg}\cdot\mathrm{m}^{-1})\,(400\,\mathrm{s}^{-1})^2$$
$$\cdot\,(0{,}50\cdot 10^{-3}\,\mathrm{m})^2\,(10\,\mathrm{m}\cdot\mathrm{s}^{-1})$$
$$= 79\,\mathrm{mW}.$$

b) Weil $\langle P \rangle$ proportional zu ν^2 ist, wird eine 100-fache Leistung bei 10-facher Frequenz erreicht.

Weil $\langle P \rangle$ proportional zu A^2 ist, wird eine 100-fache Leistung bei 10-facher Amplitude erreicht.

Weil $\langle P \rangle$ proportional zu v und damit proportional zu $\sqrt{F_\mathrm{S}}$, also zur Wurzel aus der Spannkraft ist, wird eine 100-fache Leistung bei 10^4-facher Spannkraft bzw. bei 100-facher Geschwindigkeit erreicht.

L12.21 Mit der Geschwindigkeit v der Welle, der linearen Massendichte μ der Saite sowie der Kreisfrequenz ω und der Amplitude A ist die vom Ursprung ausgehende Leistung gegeben durch

$$P = \tfrac{1}{2}\,\mu\,\omega^2 A^2\, v.$$

Mit der gegebenen Beziehung $A(x) = A_0\,\mathrm{e}^{-bx}$ für die Amplitude ergibt sich

$$P(x) = \tfrac{1}{2}\,\mu\,\omega^2\,(A_0\,\mathrm{e}^{-bx})^2\, v = \tfrac{1}{2}\,\mu\,\omega^2 A_0^2\, v\,\mathrm{e}^{-2bx}.$$

Harmonische Schallwellen

L12.22 a) Die Druckamplitude p_{max} hängt mit der Auslenkungsamplitude s_{max} zusammen über $p_{max} = \varrho\, \omega\, v\, s_{max}$. Darin ist ϱ die Dichte des Mediums (hier der Luft) und v die Ausbreitungsgeschwindigkeit der Schallwelle darin. Umformen ergibt

$$s_{max} = \frac{p_{max}}{\varrho\, \omega\, v}\,.$$

Bei der Frequenz 500 Hz ist die Auslenkungsamplitude

$$s_{max,500} = \frac{29{,}0\,\text{Pa}}{2\,\pi\,(1{,}29\,\text{kg}\cdot\text{m}^{-3})\,(500\,\text{s}^{-1})\,(343\,\text{m}\cdot\text{s}^{-1})}$$
$$= 20{,}9\,\mu\text{m}\,.$$

b) Bei der Frequenz 1000 Hz ergibt sich entsprechend

$$s_{max,1000} = \frac{29{,}0\,\text{Pa}}{2\,\pi\,(1{,}29\,\text{kg}\cdot\text{m}^{-3})\,(1000\,\text{s}^{-1})\,(343\,\text{m}\cdot\text{s}^{-1})}$$
$$= 10{,}4\,\mu\text{m}\,.$$

L12.23 a) Die Druck- oder Dichtewelle ist gegenüber der Auslenkungswelle um 90° phasenverschoben. Die Druck- oder die Dichteänderung ist also null, wenn die Auslenkung betragsmäßig maximal ist. Umgekehrt ist die Auslenkung null, wenn die Druck- oder die Dichteänderung betragsmäßig ein Maximum hat. Somit ist die Auslenkung bei $t = 0$ am Ort x_1 gleich null, weil der Druck maximal ist.

b) Die Druckamplitude p_{max} hängt mit der Auslenkungsamplitude s_{max} zusammen über $p_{max} = \varrho\, \omega\, v\, s_{max}$. Darin ist ϱ die Dichte des Mediums (hier der Luft) und v die Ausbreitungsgeschwindigkeit der Schallwelle darin. Für die Auslenkungsamplitude bei der Frequenz 1000 Hz erhalten wir also

$$s_{max} = \frac{p_{max}}{\varrho\, \omega\, v} = \frac{1{,}01325 \cdot 10^1\,\text{N}\cdot\text{m}^{-2}}{2\,\pi\,(1{,}29\,\text{kg}\cdot\text{m}^{-3})\,(1000\,\text{s}^{-1})\,(343\,\text{m}\cdot\text{s}^{-1})}$$
$$= 3{,}64\,\mu\text{m}\,.$$

L12.24 a) Die Zeitspanne, die der Ton zum Zurücklegen der Strecke d benötigt, ist gegeben durch $\Delta t = d/v$, wobei v_W die Schallgeschwindigkeit im Wasser ist. Damit erhalten wir

$$\Delta t = \frac{d}{v_W} = \frac{1{,}20 \cdot 10^3\,\text{m}}{1500\,\text{m}\cdot\text{s}^{-1}} = 0{,}80\,\text{s}\,.$$

b) Die Wellenlänge des Schalls im Wasser ist

$$\lambda_W = \frac{v_W}{v} = \frac{1500\,\text{m}\cdot\text{s}^{-1}}{50{,}0\,\text{Hz}} = 30\,\text{m}\,.$$

c) Die Frequenz bleibt beim Übergang in die Luft unverändert bei $v = 50{,}0\,\text{Hz}$. Also ist die Wellenlänge in der Luft

$$\lambda_L = \frac{v_L}{v} = \frac{343\,\text{m}\cdot\text{s}^{-1}}{50{,}0\,\text{Hz}} = 6{,}86\,\text{m}\,.$$

Intensität

L12.25 a) Mit der Intensität I und dem Abstand r ergibt sich die mittlere Leistung der Quelle zu

$$\langle P \rangle = 4\,\pi\, r^2\, I = 4\,\pi\,(20{,}0\,\text{m})^2\,(1{,}00 \cdot 10^{-2}\,\text{W}\cdot\text{m}^{-2})$$
$$= 50{,}27\,\text{W} = 50{,}3\,\text{W}\,.$$

b) Mit der gegebenen Intensität $1{,}00 \cdot 10^{-2}\,\text{W}\cdot\text{m}^{-2}$ im Abstand 20,0 m gilt

$$1{,}00 \cdot 10^{-2}\,\text{W}\cdot\text{m}^{-2} = \frac{\langle P \rangle}{4\,\pi\,(20{,}0\,\text{m})^2}\,.$$

Im Abstand r soll die Intensität $1{,}00\,\text{W}\cdot\text{m}^{-2}$ betragen:

$$1{,}00\,\text{W}\cdot\text{m}^{-2} = \frac{\langle P \rangle}{4\,\pi\, r^2}\,.$$

Wir dividieren die erste dieser beiden Gleichungen durch die zweite und erhalten

$$r = \sqrt{(1{,}00 \cdot 10^{-2})\,(20{,}0\,\text{m})^2} = 2{,}00\,\text{m}\,.$$

c) Wir lösen die erste Gleichung in Teilaufgabe a nach I auf und erhalten damit für die Intensität in 30 m Entfernung

$$I_{30} = \frac{\langle P \rangle}{4\,\pi\, r^2} = \frac{50{,}3\,\text{W}}{4\,\pi\,(30{,}0\,\text{m})^2} = 4{,}45 \cdot 10^{-3}\,\text{W}\cdot\text{m}^{-2}\,.$$

Schallpegel

L12.26 Der Intensitätspegel ist definiert als

$$IP = (10\,\text{dB})\,\log\,(I/I_0)\,.$$

Also gilt für die Intensität $I = 10^{IP/(10\,\text{dB})}\, I_0$.

a) Für $IP = 10\,\text{dB}$ erhalten wir

$$I = 10^{(10\,\text{dB})/(10\,\text{dB})}\, I_0 = 10\, I_0 = 10\,(10^{-12}\,\text{W}\cdot\text{m}^{-2})$$
$$= 10^{-11}\,\text{W}\cdot\text{m}^{-2}\,.$$

b) Für $IP = 3{,}0\,\text{dB}$ ergibt sich entsprechend

$$I = 10^{(3{,}0\,\text{dB})/(10\,\text{dB})}\, I_0 \approx 2\, I_0 = 2\,(10^{-12}\,\text{W}\cdot\text{m}^{-2})$$
$$= 2 \cdot 10^{-12}\,\text{W}\cdot\text{m}^{-2}\,.$$

c) Definitiongemäß gilt für die Intensitätspegel

$$IP_{10} = (10\,\text{dB})\,\log\,\frac{I_{10}}{I_0}\,, \qquad IP_3 = (10\,\text{dB})\,\log\,\frac{I_3}{I_0}\,,$$

und ihre Differenz ist, wie gegeben:

$$7\,\text{dB} = (10\,\text{dB})\left(\log\,\frac{I_{10}}{I_0} - \log\,\frac{I_3}{I_0}\right) = (10\,\text{dB})\,\log\,\frac{I_{10}}{I_3}$$

Also ist $I_{10} \approx 5\, I_3$. Damit ergibt sich für den Anteil, um den die Intensität bzw. die Leistung verringert werden muss:

$$\frac{I_{10} - I_3}{I_{10}} \approx \frac{5\, I_3 - I_3}{5\, I_3} = 0{,}8 = 80\,\%\,.$$

Dieses Ergebnis ist in Übereinstimmung mit den Teilaufgaben a und b.

L12.27 Mit der mittleren Leistung $\langle P \rangle$ der Quelle ist die Intensität im Abstand r von ihr gegeben durch

$$ I = \frac{\langle P \rangle}{4\pi r^2} . $$

Beim Abstand r_{80}, bei dem der Schallintensitätspegel 80 dB beträgt, gilt für die Intensität

$$ I_{80} = \frac{\langle P \rangle}{4\pi r_{80}^2} . $$

Beim unbekannten Abstand r_{60} (mit 60 dB) gilt entsprechend

$$ I_{60} = \frac{\langle P \rangle}{4\pi r_{60}^2} . $$

Wir bilden den Quotienten und setzen den gegebenen Abstand $r_{80} = 10\,\text{m}$ ein:

$$ \frac{I_{80}}{I_{60}} = \frac{\dfrac{\langle P \rangle}{4\pi r_{80}^2}}{\dfrac{\langle P \rangle}{4\pi r_{60}^2}} = \frac{\dfrac{\langle P \rangle}{4\pi\,(10\,\text{m})^2}}{\dfrac{\langle P \rangle}{4\pi r_{60}^2}} = \frac{r_{60}^2}{100\,\text{m}^2} . $$

Daraus folgt

$$ r_{60} = (10\,\text{m})\,\sqrt{\frac{I_{80}}{I_{60}}} . \tag{1} $$

Für I_{80} gilt $80\,\text{dB} = (10\,\text{dB})\log\,(I_{80}/I_0)$ und daher $I_{80} = 10^8\,I_0 = 10^{-4}\,\text{W} \cdot \text{m}^{-2}$.

Für I_{60} gilt $60\,\text{dB} = (10\,\text{dB})\log\,(I_{60}/I_0)$ und daher $I_{60} = 10^6\,I_0 = 10^{-6}\,\text{W} \cdot \text{m}^{-2}$.

Die beiden Intensitäten I_{80} und I_{60} setzen wir in die obige (1) für den Abstand bei 60 dB ein und erhalten

$$ r_{60} = (10\,\text{m})\,\sqrt{\frac{I_{80}}{I_{60}}} = (10\,\text{m})\,\sqrt{\frac{10^{-4}\,\text{W} \cdot \text{m}^{-2}}{10^{-6}\,\text{W} \cdot \text{m}^{-2}}} = 0{,}10\,\text{km} . $$

b) Die von der Quelle abgestrahlte mittlere Leistung ist

$$ \langle P \rangle = I_{80}\,A = (10^{-4}\,\text{W} \cdot \text{m}^{-2})\,\big[4\pi\,(10\,\text{m})^2\big] = 0{,}13\,\text{W} . $$

L12.28 Wir bezeichnen die Abstände der beiden Personen von der Schallquelle mit r_1 und r_2. Mit der von der Schallquelle abgestrahlten mittleren Leistung $\langle P \rangle$ gilt dann für den Schallintensitätspegel bei der ersten Person

$$ IP_1 = (10\,\text{dB})\log\frac{I_1}{I_0} = (10\,\text{dB})\log\frac{\langle P \rangle}{A_1\,I_0} $$

$$ = (10\,\text{dB})\log\frac{\langle P \rangle}{2\pi r_1^2\,I_0} , $$

und der Schallintensitätspegel bei der zweiten Person ist

$$ IP_2 = (10\,\text{dB})\log\frac{\langle P \rangle}{2\pi r_2^2\,I_0} . $$

Für die Differenz ergibt sich

$$ \Delta IP = IP_2 - IP_1 = (10\,\text{dB})\left[\log\frac{\langle P \rangle}{2\pi r_2^2\,I_0} - \log\frac{\langle P \rangle}{2\pi r_1^2\,I_0}\right] $$

$$ = (10\,\text{dB})\log\frac{\dfrac{\langle P \rangle}{2\pi r_2^2\,I_0}}{\dfrac{\langle P \rangle}{2\pi r_1^2\,I_0}} = (10\,\text{dB})\log\frac{r_1^2}{r_2^2} . $$

Die Differenz der Schallintensitätspegel hängt also nur vom Verhältnis der Abstände von der Schallquelle ab und nicht von deren Leistung.

L12.29 Wir bezeichnen die Intensität der Sprache einer Person mit I_1. Dann ist der Schallintensitätspegel bei 38 Personen

$$ IP_{38} = (10\,\text{dB})\log\frac{38\,I_1}{I_0} = (10\,\text{dB})\log 38 + (10\,\text{dB})\log\frac{I_1}{I_0} $$

$$ = (10\,\text{dB})\log 38 + 72\,\text{dB} = 88\,\text{dB} . $$

Ein anderer, aber längerer Lösungsweg ist der folgende:

Der Schallintensitätspegel von 38 Personen ist

$$ IP_{38} = (10\,\text{dB})\log\,(38\,I_1/I_0) , $$

und der von einer Person ist

$$ IP_1 = 72\,\text{dB} = (10\,\text{dB})\log\,(I_1/I_0) . $$

Hieraus ergibt sich die Intensität zu

$$ I_1 = 10^{7,2}\,I_0 = 10^{7,2}\,(10^{-12}\,\text{W} \cdot \text{m}^{-2}) = 15{,}8\,\mu\text{W} \cdot \text{m}^{-2} . $$

Die Intensität von allen 38 Personen ist $I_{38} = 38\,I_1$, und wir erhalten für den gesamten Schallintensitätspegel

$$ IP_{38} = (10\,\text{dB})\log\frac{38\,(15{,}8\,\mu\text{W} \cdot \text{m}^{-2})}{10^{-12}\,\text{W} \cdot \text{m}^{-2}} = 88\,\text{dB} . $$

Doppler-Effekt

L12.30 a) Weil sich die Quelle nähert, ist in der Gleichung für die Wellenlänge im Zähler das Minuszeichen anzusetzen. Wir erhalten also

$$ \lambda = \frac{v - v_Q}{\nu_Q} = \frac{343\,\text{m} \cdot \text{s}^{-1} - 80\,\text{m} \cdot \text{s}^{-1}}{200\,\text{s}^{-1}} = 1{,}32\,\text{m} . $$

b) Der Beobachter bzw. Empfänger ruht; also ist $v_E = 0$. Die von ihm empfangene Frequenz der sich nähernden Quelle ist damit

$$ \nu_E = \frac{v}{v - v_Q}\,\nu_Q = \frac{(343\,\text{m} \cdot \text{s}^{-1})\,(200\,\text{s}^{-1})}{(343 - 80)\,\text{m} \cdot \text{s}^{-1}} = 261\,\text{Hz} . $$

L12.31 a) Im Bezugssystem der Quelle ist die Schallgeschwindigkeit zwischen ihr und dem Beobachter um die Geschwindigkeit der Luft verringert. Mit der Geschwindigkeit v_L der Luft ergibt sie sich zu

$$v' = v - v_L = 343\,\mathrm{m \cdot s^{-1}} - 80\,\mathrm{m \cdot s^{-1}} = 263\,\mathrm{m \cdot s^{-1}}\,.$$

b) Die Frequenz bleibt unverändert, und wir erhalten

$$\lambda' = \frac{v'}{\nu} = \frac{263\,\mathrm{m \cdot s^{-1}}}{200\,\mathrm{m \cdot s^{-1}}} = 1{,}32\,\mathrm{m}\,.$$

c) Im Bereich zwischen Quelle und Beobachter bzw. Empfänger sind die Schallwellen infolge der Bewegung des Empfängers komprimiert, sodass er eine höhere Frequenz hört. Mit $v_Q = 0$ ergibt sich

$$\nu_E = \frac{v' + v_E}{v' + v_Q}\,\nu_Q = \frac{(263 + 80)\,\mathrm{m \cdot s^{-1}}}{263\,\mathrm{m \cdot s^{-1}}}\,(200\,\mathrm{s^{-1}}) = 261\,\mathrm{Hz}\,.$$

L12.32 Die Abbildung zeigt die Position des Space Shuttle zur Zeit Δt nach dem Überfliegen der 5000 m unter ihm befindlichen Person P. Wir bezeichnen mit v_Q die Geschwindigkeit des Space Shuttle, das ja die Quelle darstellt, und mit v die Schallgeschwindigkeit in Luft. Die Strecke x ist die horizontale Entfernung des Space Shuttle vom Beobachter in dem Augenblick, zu dem er am Erdboden die Stoßwelle hört.

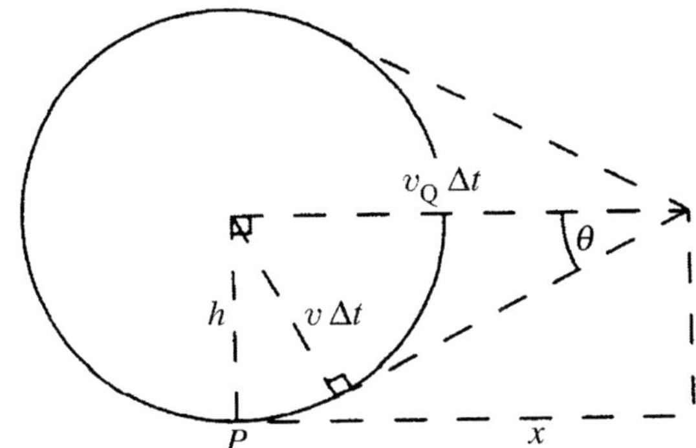

a) Aus den geometrischen Gegebenheiten ergibt sich für den Winkel zwischen der Stoßwelle und der horizontalen Flugbahn des Space Shuttle

$$\theta = \mathrm{asin}\,\frac{v\,\Delta t}{v_Q\,\Delta t} = \mathrm{asin}\,\frac{1}{v_Q/v} = \mathrm{asin}\,\frac{1}{2{,}50} = 23{,}58° = 23{,}6°\,.$$

b) Die Strecke x errechnen wir mit dem eben ermittelten Winkel θ im rechtwinkligen Dreieck. Wegen $\tan\theta = h/x$ erhalten wir

$$x = \frac{h}{\tan\theta} = \frac{5000\,\mathrm{m}}{\tan 23{,}58°} = 11{,}5\,\mathrm{km}\,.$$

L12.33 Für den Sinus des Kegelwinkels θ der Čerenkov-Stoßwelle gilt $\sin\theta = v/c$. Darin ist v die Lichtgeschwindigkeit im Wasser. Für diese erhalten wir

$$v = c\sin\theta = (2{,}998 \cdot 10^8\,\mathrm{m \cdot s^{-1}})\sin 48{,}75°$$
$$= 2{,}254 \cdot 10^8\,\mathrm{m \cdot s^{-1}}\,.$$

L12.34 Das Auto entfernt sich von der stationären Radarquelle, sodass die am Auto (hier dem Empfänger) ankommende Frequenz ν_E kleiner als die Frequenz ν_Q der Quelle ist. Das Auto reflektiert die Welle, die daraufhin mit einer noch geringeren Frequenz ν_E' vom Gerät empfangen wird, weil sich das Auto von ihm entfernt.

Das Auto, das die Geschwindigkeit v hat, empfängt eine Welle mit der Frequenz

$$\nu_E = \frac{c - v}{c}\,\nu_Q\,,$$

und für die vom Gerät empfangene Frequenz der vom Auto reflektierten Welle gilt

$$\nu_E' = \frac{c - v}{c}\,\nu_E\,.$$

Wir setzen die erste in die zweite Gleichung ein, um ν_E zu eliminieren. Das ergibt

$$\nu_E' = \left(\frac{c - v}{c}\right)^2 \nu_Q = \left(1 - \frac{v}{c}\right)^2 \nu_Q \approx \left(1 - \frac{2\,v}{c}\right)\nu_Q\,.$$

Die Näherung rührt daher, dass $v \ll c$ ist. Dabei gilt für die (gegebene) gesamte Frequenzdifferenz

$$\Delta\nu = \nu_Q - \nu_E' = \nu_Q - \left(1 - \frac{2\,v}{c}\right)\nu_Q = \frac{2\,v}{c}\,\nu_Q\,.$$

Im Rahmen der obigen Näherung ergibt sich damit für die Geschwindigkeit des Autos

$$v = \frac{c}{2\,\nu_Q}\,\Delta\nu = \frac{2{,}998 \cdot 10^8\,\mathrm{m \cdot s^{-1}}}{2\,(2{,}00\,\mathrm{GHz})}\,(293\,\mathrm{Hz}) = 21{,}96\,\mathrm{m \cdot s^{-1}}$$
$$= (21{,}96\,\mathrm{m \cdot s^{-1}})\,\frac{1\,\mathrm{km}}{10^3\,\mathrm{m}}\,\frac{3600\,\mathrm{s}}{1\,\mathrm{h}} = 79{,}1\,\mathrm{km \cdot h^{-1}}\,.$$

L12.35 a) Quelle und Empfänger bewegen sich mit den Geschwindigkeiten v_Q bzw. v_E in dieselbe Richtung. Also gilt mit der Schallgeschwindigkeit v für die vom Empfänger wahrgenommene Frequenz

$$\nu_E = \frac{1 - v_E/v}{1 - v_Q/v}\,\nu_Q = (1 - v_E/v)\,(1 - v_Q/v)^{-1}\,\nu_Q\,.$$

b) Wir setzen für den zweiten Faktor die Binomialentwicklung an und brechen nach dem zweiten Glied ab, da $v_Q \ll v$ ist:

$$(1 - v_Q/v)^{-1} \approx 1 + v_Q/v\,.$$

Das setzen wir ein und erhalten

$$\nu_E \approx (1 - v_E/v)\,(1 + v_Q/v)\,\nu_Q$$
$$= \left[1 + v_Q/v - v_E/v - (v_E/v)\,(v_Q/v)\right]\nu_Q$$
$$\approx \left(1 + \frac{v_Q - v_E}{v}\right)\nu_Q = \left(1 + \frac{v_{\mathrm{rel}}}{v}\right)\nu_Q\,.$$

Die letzte Näherung beruht darauf, dass auch $v_E \ll v$ ist.

L12.36 Wir bezeichnen die Schallgeschwindigkeit mit v, die Geschwindigkeit des Autos mit v_A und die Frequenz der Quelle, also der Hupe, mit ν_Q.

a) Der ruhende Beobachter bzw. Empfänger hört von der Hupe des Autos, das sich ja von ihm entfernt, die Frequenz

$$\nu_\mathrm{E} = \frac{1}{1 + v_\mathrm{A}/v}\,\nu_\mathrm{Q}\,.$$

Weil sich das Auto der ruhenden Wand nähert, empfängt der ebenfalls ruhende Beobachter bei der an der Wand reflektierten Welle die Frequenz

$$\nu_\mathrm{E}' = \frac{1}{1 - v_\mathrm{A}/v}\,\nu_\mathrm{Q}\,.$$

Wir dividieren die zweite Gleichung durch die erste:

$$\frac{\nu_\mathrm{E}'}{\nu_\mathrm{E}} = \frac{1 + v_\mathrm{A}/v}{1 - v_\mathrm{A}/v}\,.$$

Damit erhalten wir für die Geschwindigkeit des Autos

$$\begin{aligned}
v_\mathrm{A} &= \frac{\nu_\mathrm{E}' - \nu_\mathrm{E}}{\nu_\mathrm{E}' + \nu_\mathrm{E}}\,v = \frac{863\,\mathrm{Hz} - 745\,\mathrm{Hz}}{863\,\mathrm{Hz} + 745\,\mathrm{Hz}}\,(343\,\mathrm{m\cdot s^{-1}}) \\
&= 25{,}17\,\mathrm{m\cdot s^{-1}} \\
&= (25{,}17\,\mathrm{m\cdot s^{-1}})\,\frac{1\,\mathrm{km}}{10^3\,\mathrm{m}}\,\frac{3600\,\mathrm{s}}{1\,\mathrm{h}} = 90{,}6\,\mathrm{km\cdot h^{-1}}\,.
\end{aligned}$$

b) Die Frequenz ν_Q der Autohupe erhalten wir aus der ersten Gleichung, die wir dazu umformen:

$$\begin{aligned}
\nu_\mathrm{Q} &= \left(1 + \frac{v_\mathrm{A}}{v}\right)\nu_\mathrm{E} = \left(1 + \frac{25{,}17\,\mathrm{m\cdot s^{-1}}}{343\,\mathrm{m\cdot s^{-1}}}\right)(745\,\mathrm{Hz}) \\
&= 800\,\mathrm{Hz}\,.
\end{aligned}$$

c) Der Fahrer ist ein sich mit der Geschwindigkeit v_A bewegender Beobachter bzw. Empfänger. Daher können wir die von ihm bei der von der Wand reflektierten Welle wahrgenommene Frequenz ν_F aus der Frequenz ν_E' berechnen, die der ruhende Beobachter mit der reflektierten Welle hört:

$$\begin{aligned}
\nu_\mathrm{F} &= \left(1 + \frac{v_\mathrm{A}}{v}\right)\nu_\mathrm{E}' = \left(1 + \frac{25{,}17\,\mathrm{m\cdot s^{-1}}}{343\,\mathrm{m\cdot s^{-1}}}\right)(863\,\mathrm{Hz}) \\
&= 926\,\mathrm{Hz}\,.
\end{aligned}$$

L12.37 Wir nehmen an, dass Jupiter und Sonne ohne jede Beeinflussung durch die anderen Planeten um ihren gemeinsamen Massenmittelpunkt kreisen, in dem sich sozusagen ihre effektive Masse befindet. Wir bezeichnen mit v die Umlaufgeschwindigkeit der Sonne um diesen Punkt. Während sich die Sonne dabei der Erde momentan direkt nähert, ist die dadurch Doppler-verschobene, auf der Erde empfangene Frequenz gegeben durch

$$\nu_\mathrm{E,N} = \frac{c}{\lambda_\mathrm{E,N}} = \nu\,\sqrt{\frac{1 + v/c}{1 - v/c}} = \frac{c}{\lambda}\,\sqrt{\frac{1 + v/c}{1 - v/c}}\,.$$

Daraus folgt

$$\lambda_\mathrm{E,N} = \lambda\,\sqrt{\frac{1 - v/c}{1 + v/c}} = \lambda\,(1 - v/c)^{1/2}\,(1 + v/c)^{-1/2}\,.$$

Wir entwickeln beide Wurzelausdrücke in eine binomische Reihe und brechen nach dem ersten Summanden ab, weil $v \ll c$ ist. Das ergibt die Näherungen

$$(1 - v/c)^{1/2} \approx 1 - \frac{v}{2\,c} \quad \text{und} \quad (1 + v/c)^{-1/2} \approx 1 - \frac{v}{2\,c}\,,$$

und wir erhalten

$$\sqrt{\frac{1 - v/c}{1 + v/c}} \approx \left(1 - \frac{v}{2\,c}\right)^2 \approx 1 - \frac{v}{c}\,.$$

Also gilt für die Doppler-verschobene empfangene Wellenlänge bei der Annäherung der Sonne an die Erde

$$\lambda_\mathrm{E,N} = \lambda\,\sqrt{\frac{1 - v/c}{1 + v/c}} \approx \lambda\left(1 - \frac{v}{c}\right)\,. \tag{1a}$$

Mit der Näherung

$$\sqrt{\frac{1 + v/c}{1 - v/c}} \approx \left(1 + \frac{v}{2\,c}\right)^2 \approx 1 + \frac{v}{c}$$

ergibt sich entsprechend für die Doppler-verschobene empfangene Wellenlänge bei der Entfernung der Sonne von der Erde

$$\lambda_\mathrm{E,E} = \lambda\,\sqrt{\frac{1 + v/c}{1 - v/c}} \approx \lambda\left(1 + \frac{v}{c}\right)\,. \tag{1b}$$

Für die Berechnung der Bahngeschwindigkeit v der Sonne ziehen wir das Gravitationsgesetz heran. Mit der Sonnenmasse m_S und dem Abstand d_S der Sonne vom gemeinsamen Massenmittelpunkt von Sonne und Jupiter sowie der effektiven Masse m_eff des Systems Sonne–Jupiter gilt

$$\frac{\Gamma\,m_\mathrm{S}\,m_\mathrm{eff}}{d_\mathrm{S}^2} = m_\mathrm{S}\,\frac{v^2}{d_\mathrm{S}}\,.$$

Daraus folgt $v = \sqrt{\dfrac{\Gamma\,m_\mathrm{eff}}{d_\mathrm{S}}}$.

Mit dem Abstand d_SJ zwischen Sonne und Jupiter ist der Abstand der Sonne vom gemeinsamen Massenmittelpunkt gegeben durch

$$d_\mathrm{S} = \frac{(0)\cdot m_\mathrm{S} + d_\mathrm{SJ}\,m_\mathrm{J}}{m_\mathrm{S} + m_\mathrm{J}} = \frac{d_\mathrm{SJ}\,m_\mathrm{J}}{m_\mathrm{S} + m_\mathrm{J}}\,.$$

Nun drücken wir die effektive Masse durch die beiden einzelnen Massen aus:

$$\frac{1}{m_\mathrm{eff}} = \frac{1}{m_\mathrm{S}} + \frac{1}{m_\mathrm{J}}\,; \quad \text{also ist} \quad m_\mathrm{eff} = \frac{m_\mathrm{S}\,m_\mathrm{J}}{m_\mathrm{S} + m_\mathrm{J}}\,.$$

Mit der obigen Gleichung für die Umlaufgeschwindigkeit v der Sonne um den gemeinsamen Massenmittelpunkt erhalten wir

$$v = \sqrt{\frac{\Gamma\, m_{\mathrm{eff}}}{d_{\mathrm{S}}}} = \sqrt{\frac{\Gamma\, \dfrac{m_{\mathrm{S}}\, m_{\mathrm{J}}}{m_{\mathrm{S}} + m_{\mathrm{J}}}}{\dfrac{d_{\mathrm{SJ}}\, m_{\mathrm{J}}}{m_{\mathrm{S}} + m_{\mathrm{J}}}}} = \sqrt{\frac{\Gamma\, m_{\mathrm{S}}}{d_{\mathrm{SJ}}}}$$

$$= \sqrt{\frac{(6{,}673 \cdot 10^{-11}\,\mathrm{N} \cdot \mathrm{m}^2 \cdot \mathrm{kg}^{-2})\,(1{,}998 \cdot 10^{30}\,\mathrm{kg})}{7{,}78 \cdot 10^{11}\,\mathrm{m}}}$$

$$= 1{,}306 \cdot 10^4\,\mathrm{m} \cdot \mathrm{s}^{-1}\,.$$

Das setzen wir in Gleichung 1b bzw. 1a ein:

$$\lambda_{\mathrm{E}} \approx (500\,\mathrm{nm}) \left(1 \pm \frac{1{,}306 \cdot 10^4\,\mathrm{m} \cdot \mathrm{s}^{-1}}{2{,}998 \cdot 10^8\,\mathrm{m} \cdot \mathrm{s}^{-1}} \right)$$

$$= (500\,\mathrm{nm})\,(1 \pm 4{,}36 \cdot 10^{-5})\,.$$

Die maximale und die minimale Wellenlänge, die auf der Erde gemessen werden, sind also

$$\lambda_{\mathrm{E,E}} = \lambda_{\mathrm{E,max}} \approx (500\,\mathrm{nm})\,(1 + 4{,}36 \cdot 10^{-5})\,,$$

$$\lambda_{\mathrm{E,N}} = \lambda_{\mathrm{E,min}} \approx (500\,\mathrm{nm})\,(1 - 4{,}36 \cdot 10^{-5})\,.$$

Reflexion und Transmission

L12.38 Wir bezeichnen den Faden mit dem Index F und die schwerere Schnur mit dem Index S. Um Verwechslungen mit diesem Index zu vermeiden, weisen wir der Spannkraft hier den Index Sp zu.

Gemäß den Definitionen gilt für den Reflexionskoeffizienten

$$R = \frac{v_{\mathrm{S}} - v_{\mathrm{F}}}{v_{\mathrm{S}} + v_{\mathrm{F}}} = \frac{1 - \dfrac{v_{\mathrm{F}}}{v_{\mathrm{S}}}}{1 + \dfrac{v_{\mathrm{F}}}{v_{\mathrm{S}}}} \qquad (1)$$

und für den Transmissionskoeffizienten

$$T = \frac{2\, v_{\mathrm{S}}}{v_{\mathrm{S}} + v_{\mathrm{F}}} = \frac{2}{1 + \dfrac{v_{\mathrm{F}}}{v_{\mathrm{S}}}}\,. \qquad (2)$$

Mit den linearen Massedichten μ gilt für die Ausbreitungsgeschwindigkeiten

$$v_{\mathrm{S}} = \sqrt{\frac{F_{\mathrm{Sp}}}{\mu_{\mathrm{S}}}} \qquad \text{und} \qquad v_{\mathrm{F}} = \sqrt{\frac{F_{\mathrm{Sp}}}{\mu_{\mathrm{F}}}}\,.$$

Also ist $\dfrac{v_{\mathrm{F}}}{v_{\mathrm{S}}} = \dfrac{\sqrt{F_{\mathrm{Sp}}/\mu_{\mathrm{F}}}}{\sqrt{F_{\mathrm{Sp}}/\mu_{\mathrm{S}}}} = \sqrt{\dfrac{\mu_{\mathrm{S}}}{\mu_{\mathrm{F}}}}\,.$

Einsetzen in Gleichung 1 ergibt

$$R = \frac{1 - \sqrt{\mu_{\mathrm{S}}/\mu_{\mathrm{F}}}}{1 + \sqrt{\mu_{\mathrm{S}}/\mu_{\mathrm{F}}}}\,. \qquad (3)$$

Gemäß der Definition ist (mit den Massen m und den Längen l) der Quotient der linearen Massedichten

$$\frac{\mu_{\mathrm{S}}}{\mu_{\mathrm{F}}} = \frac{m_{\mathrm{S}}/l_{\mathrm{S}}}{m_{\mathrm{F}}/l_{\mathrm{F}}} = \frac{m_{\mathrm{S}}\, l_{\mathrm{F}}}{m_{\mathrm{F}}\, l_{\mathrm{S}}}\,.$$

Nach Einsetzen in Gleichung 3 erhalten wir für den Reflexionskoeffizienten

$$R = \frac{1 - \sqrt{\dfrac{m_{\mathrm{S}}\, l_{\mathrm{F}}}{m_{\mathrm{F}}\, l_{\mathrm{S}}}}}{1 + \sqrt{\dfrac{m_{\mathrm{S}}\, l_{\mathrm{F}}}{m_{\mathrm{F}}\, l_{\mathrm{S}}}}} = \frac{1 - \sqrt{\dfrac{(75{,}0 \cdot 10^{-3}\,\mathrm{kg})\,(3{,}00\,\mathrm{m})}{(25{,}0 \cdot 10^{-3}\,\mathrm{kg})\,(4{,}00\,\mathrm{m})}}}{1 + \sqrt{\dfrac{(75{,}0 \cdot 10^{-3}\,\mathrm{kg})\,(3{,}00\,\mathrm{m})}{(25{,}0 \cdot 10^{-3}\,\mathrm{kg})\,(4{,}00\,\mathrm{m})}}}$$

$$= -0{,}20\,.$$

Mit Gleichung 2 und dem oben hergeleiteten Ausdruck für $v_{\mathrm{F}}/v_{\mathrm{S}}$ erhalten wir für den Transmissionskoeffizienten

$$T = \frac{2}{1 + \dfrac{v_{\mathrm{F}}}{v_{\mathrm{S}}}} = \frac{2}{1 + \sqrt{\dfrac{\mu_{\mathrm{S}}}{\mu_{\mathrm{F}}}}} = \frac{2}{1 + \sqrt{\dfrac{m_{\mathrm{S}}\, l_{\mathrm{F}}}{m_{\mathrm{F}}\, l_{\mathrm{S}}}}}$$

$$= \frac{2}{1 + \sqrt{\dfrac{(75{,}0 \cdot 10^{-3}\,\mathrm{kg})\,(3{,}00\,\mathrm{m})}{(25{,}0 \cdot 10^{-3}\,\mathrm{kg})\,(4{,}00\,\mathrm{m})}}} = 0{,}80\,.$$

L12.39 Gemäß den Definitionen gilt für den Reflexionskoeffizienten R und für den Transmissionskoeffizienten T

$$R = \frac{v_2 - v_1}{v_2 + v_1} \qquad \text{bzw.} \qquad T = \frac{2\, v_2}{v_2 + v_1}\,.$$

Das setzen wir in die gegebene Gleichung ein:

$$1 = R^2 + \frac{v_1}{v_2}\, T^2 = \left(\frac{v_2 - v_1}{v_2 + v_1} \right)^2 + \frac{v_1}{v_2} \left(\frac{2\, v_2}{v_2 + v_1} \right)^2$$

$$= \frac{(v_2 - v_1)^2 + 4\, v_2^2\, \dfrac{v_1}{v_2}}{(v_2 + v_1)^2} = \frac{v_2^2 - 2\, v_2\, v_1 + v_1^2 + 4\, v_2\, v_1}{(v_2 + v_1)^2}$$

$$= \frac{v_2^2 + 2\, v_2\, v_1 + v_1^2}{(v_2 + v_1)^2} = \frac{(v_2 + v_1)^2}{(v_2 + v_1)^2} = 1\,.$$

Überlagerung und Interferenz

L12.40 Zur Lösung dieser Aufgabe benötigen wir die trigonometrische Identität für die Summe zweier trigonometrischer Funktionen:

$$\sin(\alpha) + \sin(\beta) = 2\sin\left(\frac{\alpha + \beta}{2} \right) \cos\left(\frac{\alpha - \beta}{2} \right)$$

Wir setzen $\beta = \alpha - \delta$, wobei δ für die relative Phase steht, und erhalten

$$\sin(\alpha) + \sin(\alpha - \delta) = 2\sin\left(\frac{2\alpha - \delta}{2} \right) \cos\left(\frac{\delta}{2} \right)\,.$$

Der Faktor $\sin(\alpha - \delta/2)$ beschreibt die Schwingung selbst, da $\alpha = \omega t$ der zeitabhängige Phasenwinkel der Schwingung ist. Die Amplitude dieser Schwingung ist bis auf ein Vorzeichen durch den Betrag des konstanten Faktors

$$|2\cos(\delta/2)|$$

gegeben.

a) Für $\delta = \pi/2$ erhalten wir $\mathcal{A} = 4{,}00\,\text{cm} \cdot 2\cos(\pi/4) = 5{,}66\,\text{cm}$. b) Wir fordern, dass die Amplitude gleich der Amplitude der Einzelwellen sein soll, $2\cos(\delta/2) = \pm 1$. Wir lösen auf und erhalten $\delta/2 = \arccos(1/2) = 60°$ und $\delta/2 = \arccos(-1/2) = 120°$. Damit ist $\delta = 120°$ oder $\delta = 240°$.

L12.41 Die Phasendifferenz δ der sich in derselben Richtung ausbreitenden Wellen rührt von ihrem Abstand Δx her, der, wie gegeben, einem Drittel der Wellenlänge λ entspricht. Sie ist also

$$\delta = 2\pi\,\frac{\Delta x}{\lambda} = 2\pi\,\frac{\lambda/3}{\lambda} = \frac{2}{3}\,\pi.$$

Die resultierende Amplitude ergibt sich zu

$$A_{\text{res}} = 2\,y_0\cos\tfrac{1}{2}\delta = 2A\cos\left(\tfrac{1}{2}\cdot\tfrac{2}{3}\pi\right) = 2A\cos\tfrac{\pi}{3} = A.$$

L12.42 a) Mit dem Wegunterschied Δx ist die Phasendifferenz gegeben durch

$$\delta = 2\pi\,\frac{\Delta x}{\lambda}.$$

Im vorliegenden Fall ist $\delta = 2\pi\lambda/\lambda = 2\pi$. Damit ergibt sich für die Amplitude der bei P' resultierenden Welle

$$A = \left|2\,p_{\max}\cos\left(\tfrac{1}{2}\cdot 2\pi\right)\right| = 2\,p_{\max}.$$

Weil die Intensität proportional zum Quadrat der Amplitude ist, erhalten wir für die Intensität bei P'

$$I = \frac{A^2}{p_{\max}^2}\,I_0 = \frac{(2\,p_0)^2}{p_{\max}^2}\,I_0 = 4\,I_0.$$

b) Die Quellen sind nicht kohärent, und die Intensitäten addieren sich. Also ist $I = 2\,I_0$.

c) Die gesamte Phasendifferenz ist die Summe aus der Phasendifferenz $\delta_{\text{Q}} = \pi$ der Quellen und der Phasendifferenz δ_{WU} aufgrund des Wegunterschieds Δx (der gleich der Wellenlänge λ ist):

$$\delta_{\text{ges}} = \delta_{\text{Q}} + \delta_{\text{WU}} = \pi + 2\pi\,\frac{\Delta x}{\lambda} = \pi + 2\pi\,\frac{\lambda}{\lambda} = 3\pi.$$

Also ist die Amplitude der bei P' resultierenden Welle

$$A = \left|2\,p_{\max}\cos\left(\tfrac{1}{2}\cdot 3\pi\right)\right| = 0.$$

Weil die Intensität proportional zum Quadrat der Amplitude ist, ist auch die Intensität bei P' gleich null: $I = 0$.

L12.43 Die Strahlen aus den beiden Quellen Q_1 und Q_2 verlaufen nahezu parallel. Daher können wir das in der ersten Abbildung eingezeichnete Dreieck als rechtwinklig ansehen.

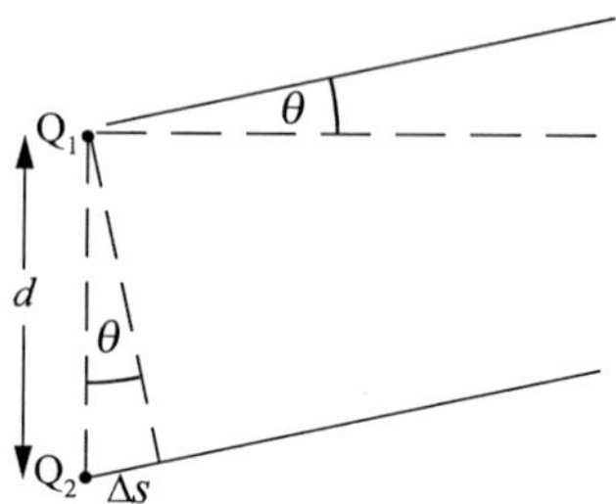

a) Aus den geometrischen Zusammenhängen ergibt sich

$$\sin\theta \approx \frac{\Delta s}{d} \quad\text{und daher}\quad \Delta s \approx d\sin\theta.$$

b) Am Punkt P (siehe die Abbildung bei der Aufgabenstellung) muss bei konstruktiver Interferenz die Phasendifferenz ein ganzzahliges Vielfaches von 2π sein:

$$\delta = 2\pi m, \quad\text{mit}\quad m = 0, 1, 2, \ldots$$

Für den Zusammenhang mit dem Wegunterschied Δs gilt

$$\frac{\delta}{2\pi} = \frac{\Delta s}{\lambda}, \quad\text{woraus folgt:}\quad \delta = 2\pi\,\frac{\Delta s}{\lambda}.$$

Einsetzen der gegebenen Beziehung $\Delta s = m\,\lambda$ liefert

$$\delta = 2\pi\,\frac{m\,\lambda}{\lambda} = 2\pi m, \quad\text{mit}\quad m = 0, 1, 2, \ldots$$

c) Wir betrachten nun die zweite Abbildung.

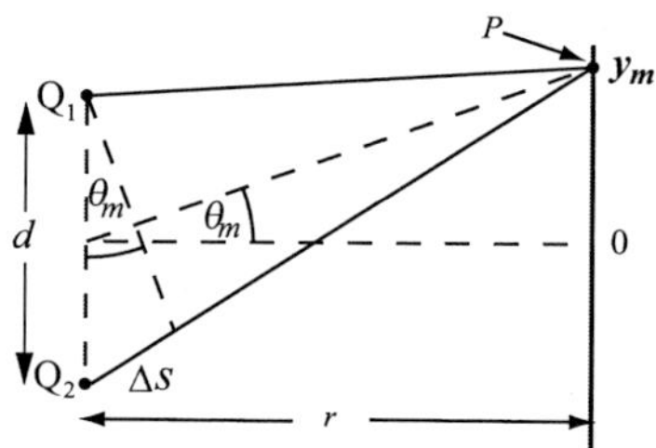

Wenn für den Winkel $\theta_m \ll 1$ gilt (was bei $d \ll r$ der Fall ist), dann ist $d\sin\theta_m = m\,\lambda$, sodass folgt: $\tan\theta_m = y_m/r$ sowie

$$y_m = r\tan\theta_m, \quad\text{mit}\quad m = 0, 1, 2, \ldots$$

L12.44 Mit dem Wegunterschied Δs und der Wellenlänge λ ist die Phasendifferenz gegeben durch $\delta = 2\pi\,\Delta s/\lambda$. Wir berechnen zunächst die Wellenlänge:

$$\lambda = \frac{c}{\nu} = \frac{3{,}00\cdot 10^8\,\text{m}\cdot\text{s}^{-1}}{20\cdot 10^6\,\text{s}^{-1}} = 15{,}0\,\text{m}.$$

Der Wegunterschied beim Winkel θ ist

$$\Delta s = d \sin \theta = (200\,\text{m}) \sin 10° = (34{,}73\,\text{m})\,\frac{\lambda}{15{,}0\,\text{m}}$$
$$= 2{,}315\,\lambda = 2\,\lambda + 0{,}315\,\lambda\,.$$

Beim Betrachten der Überlagerung der Wellen können wir den Summanden $2\,\lambda$ außer Acht lassen. Damit erhalten wir für die Phasendifferenz bzw. Phasenverzögerung

$$\delta = 2\,\pi\,\frac{\Delta s}{\lambda} = 2\,\pi\,\frac{0{,}315\,\lambda}{\lambda} = 2{,}0\,\text{rad}\,.$$

L12.45 Eine linienförmige Schallquelle, deren Länge wesentlich größer als die Wellenlänge ist, hat ein besonderes Abstrahlverhalten, das man mit der Streuung von Licht an einem schmalen Spalt vergleichen kann. Wir können uns dazu die aus dem Spalt austretende Schallwelle als ein Kontinuum von Kugelwellen vorstellen, welche in gleicher Phase von jedem Punkt auf der Linie ausgehen. Befinden wir uns in größerer Entfernung genau vor dem Spalt, addieren sich die Elementarwellen konstruktiv. Stehen wir oberhalb oder unterhalb des Spalts, löschen sich die Elementarwellen größtenteils aus, und die Amplitude ist klein. Dementsprechend strahlt eine linienförmige Schallquelle weniger Schallenergie nach oben und unten ab. Durch diese Zylinderform der abgestrahlten Wellen geht weniger Energie verloren, und Reflexionen von Decken, Boden etc. sind leichter in den Griff zu bekommen. Zudem verteilt sich die Schallenergie idealerweise nur auf einer mit dem Abstand linear zunehmenden Zylindermantelfläche statt einer quadratisch zunehmenden Kugelfläche. Damit verringert sich der Schalldruckabfall, den man bei der Verdopplung des Abstands vom Lautsprecher erwarten muss, von $-6\,\text{dB}$ auf nur $-3\,\text{dB}$.

Schwebungen

L12.46 a) Mit der Frequenz $\nu_1 = 500\,\text{Hz}$ der ersten Stimmgabel sind bei der Schwebungsfrequenz $4\,\text{Hz}$ die möglichen Frequenzen der anderen Stimmgabel

$$\nu_2 = \nu_1 \pm \Delta\nu = 500\,\text{Hz} \pm 4\,\text{Hz}\,.$$

b) Wenn die Schwebungsfrequenz nach dem Aufkleben des Wachses höher ist, so ist $\nu_2 = 504\,\text{Hz}$, und wenn sie geringer ist, dann ist $\nu_2 = 496\,\text{Hz}$.

Stehende Wellen

L12.47 Die Abbildung zeigt die stehende Welle bei der dritten Harmonischen auf der beidseitig eingespannten Saite.

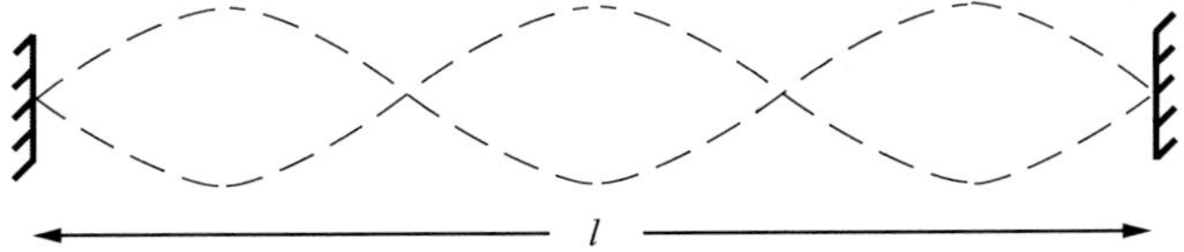

a) Für die Länge l einer beidseitig eingespannten Saite gilt mit den möglichen Wellenlängen λ_n der stehenden Wellen:

$$l = n\,\frac{\lambda_n}{2}\,,\quad \text{mit}\quad n = 1, 2, 3, \dots$$

Für $n = 3$, wie gegeben, erhalten wir damit die Wellenlänge

$$\lambda_3 = \tfrac{2}{3}\,l = \tfrac{2}{3}\,(3{,}00\,\text{m}) = 2{,}00\,\text{m}\,,$$

und für die Frequenz ergibt sich

$$\nu_3 = \frac{\upsilon}{\lambda_3} = \frac{50{,}0\,\text{m}\cdot\text{s}^{-1}}{2{,}00\,\text{m}} = 25{,}0\,\text{Hz}\,.$$

b) Die Wellenfunktion einer Welle auf einer beidseitig eingespannten Saite hat die Form

$$y_n(x,t) = A_n \sin k_n x \cos \omega_n t\,.$$

Mit $n = 3$ ergibt sich

$$k_3 = \frac{2\,\pi}{\lambda_3} = \frac{2\,\pi}{2{,}00\,\text{m}} = \pi\,\text{m}^{-1}\,,$$
$$\omega_3 = 2\,\pi\,\nu_3 = 2\,\pi\,(25{,}0\,\text{s}^{-1}) = 50{,}0\,\pi\,\text{s}^{-1}\,.$$

Mit der gegebenen Amplitude $A = 4{,}00\,\text{mm}$ lautet die gesuchte Wellenfunktion

$$y_3(x,t) = (4{,}00\,\text{mm}) \sin(\pi\,\text{m}^{-1}\,x)\cos(50{,}0\,\pi\,\text{s}^{-1}\,t)\,.$$

L12.48 Die möglichen Frequenzen der stehenden Wellen auf einem einseitig eingespannten Seil der Länge l sind

$$\nu_n = n\,\frac{\upsilon}{4\,l} = n\,\nu_1 \quad \text{mit}\quad n = 1, 3, 5, \dots \qquad (1)$$

a) Für die Grundschwingung ist $n = 1$, und wir erhalten

$$\nu_1 = (1)\cdot\frac{20{,}0\,\text{m}\cdot\text{s}^{-1}}{4\,(4{,}00\,\text{m})} = 1{,}25\,\text{Hz}\,.$$

b) Weil das Seil einseitig eingespannt ist, kann gemäß Gleichung 1 keine zweite Harmonische vorliegen.

c) Für die dritte Harmonische ist $n = 3$, und wir erhalten

$$\nu_3 = 3\,\nu_1 = 3\,(1{,}25\,\text{Hz}) = 3{,}75\,\text{Hz}\,.$$

L12.49 a) Die Wellenfunktion einer Welle auf einer beidseitig eingespannten Saite hat die Form

$$y_n(x,t) = A_n \sin k_n x \cos \omega_n t\,.$$

Der Vergleich mit den Koeffizienten der gegebenen Wellenfunktion

$$y(x,t) = (4{,}20\,\text{cm}) \sin(0{,}200\,\text{cm}^{-1}\,x)\cos(300\,\text{s}^{-1}\,t)$$

ergibt $k_n = 2\pi/\lambda_n = 0{,}200\,\text{cm}^{-1}$ und damit

$$\lambda_n = \frac{2\pi}{0{,}200\,\text{cm}^{-1}} = 10\,\pi\,\text{cm} = 31{,}4\,\text{cm}\,.$$

Außerdem liefert der Vergleich der Koeffizienten

$$\omega_n = 2\pi\,\nu_n = 300\,\text{s}^{-1} \quad \text{und} \quad \nu_n = \frac{300\,\text{s}^{-1}}{2\pi} = 47{,}7\,\text{Hz}\,.$$

b) Für den Betrag der Ausbreitungsgeschwindigkeiten der Wellen erhalten wir

$$v_n = \frac{\omega_n}{k_n} = \frac{300\,\text{s}^{-1}}{0{,}200\,\text{cm}^{-1}} = 15{,}0\,\text{m}\cdot\text{s}^{-1}\,.$$

c) Für die Länge l einer beidseitig eingespannten Saite gilt mit den möglichen Wellenlängen λ_n der stehenden Wellen

$$l = n\,\frac{\lambda_n}{2}\,, \quad \text{mit} \quad n = 1,2,3,\dots$$

Mit $n = 4$ ergibt sich die Länge zu

$$l = 2\,\lambda_4 = 2\,(31{,}4\,\text{cm}) = 62{,}8\,\text{cm}\,.$$

L12.50 Für die Schallgeschwindigkeit in Luft gilt

$$v = \sqrt{\gamma\,R\,T/m_{\text{Mol}}}\,.$$

Darin ist $\gamma = C_P/C_V$ (der Quotient der molaren Wärmekapazitäten bei konstantem Druck und bei konstantem Volumen) eine Konstante; ferner ist R ist die Gaskonstante, T die absolute Temperatur und m_{Mol} die mittlere Momasse der Luft. Mit $v = \nu\,\lambda$ ist die Frequenz der Schallwelle daher gegeben durch

$$\nu = \frac{v}{\lambda} = \frac{1}{\lambda}\,\sqrt{\frac{\gamma\,R\,T}{m_{\text{Mol}}}}\,.$$

Bei einer anderen (im vorliegenden Fall höheren) Temperatur gilt entsprechend

$$\nu' = \frac{1}{\lambda'}\,\sqrt{\frac{\gamma\,R\,T'}{m_{\text{Mol}}}}\,.$$

Mit der Annahme, dass sich die Länge der Orgelpfeife nicht ändert, sind die Wellenlängen gleich: $\lambda = \lambda'$. Damit ergibt sich für den Quotienten beider Frequenzen

$$\frac{\nu'}{\nu} = \sqrt{\frac{T'}{T}}\,.$$

Mit $T = 289\,\text{K}$ und $T' = 305\,\text{K}$ erhalten wir

$$\nu_{305\,\text{K}} = \nu_{289\,\text{K}}\,\sqrt{\frac{305\,\text{K}}{289\,\text{K}}} = (440{,}0\,\text{Hz})\,\sqrt{\frac{305\,\text{K}}{289\,\text{K}}} = 452\,\text{Hz}\,.$$

Es ist besser, für die Orgelpfeifen Material zu verwenden, das sich bei Erwärmung ausdehnt. Dann hängt nämlich der Quotient v/l aus Schallgeschwindigkeit und Pfeifenlänge und somit die Frequenz $\nu = v/\lambda$ weniger stark von der Temperatur ab.

L12.51 Die Bedingungen für stehende Wellen bei einer beidseitig offenen Pfeife entsprechen denen bei einer beidseitig eingespannten Saite. Mit der physikalischen Länge l der Pfeife und der Endkorrektur Δl ist die Wellenlänge der ersten Harmonischen

$$\lambda = 2\,l_{\text{eff}} = 2\,(l + \Delta l)\,.$$

Wir setzen $\lambda = v/\nu$ und $\Delta l = 0{,}3186\,d$ ein, lösen nach der Länge auf und setzen die Werte ein:

$$\begin{aligned}
l &= \frac{\lambda}{2} - \Delta l = \frac{v}{2\,\nu} - \Delta l = \frac{343\,\text{m}\cdot\text{s}^{-1}}{2\,(262\,\text{s}^{-1})} - 0{,}3186\,d \\
&= 0{,}6546\,\text{m} - 0{,}3186\,d\,.
\end{aligned}$$

a) $l_{0,01} = 0{,}6546\,\text{m} - 0{,}3186\,(0{,}01\,\text{m}) = 65{,}1\,\text{cm}$.

b) $l_{0,1} = 0{,}6546\,\text{m} - 0{,}3186\,(0{,}1\,\text{m}) = 62{,}3\,\text{cm}$.

c) $l_{0,3} = 0{,}6546\,\text{m} - 0{,}3186\,(0{,}3\,\text{m}) = 55{,}9\,\text{cm}$.

L12.52 Wir bezeichnen mit l_{g} die Länge der „leeren" g-Saite. Die abzugreifende Länge x_ν entspricht der Differenz aus der gesamten Länge l_{g} und der schwingenden Länge l_ν, wobei ν die Frequenz des betreffenden Tons ist:

$$x_\nu = l_{\text{g}} - l_\nu\,. \tag{1}$$

Wegen $v = \nu\,\lambda$ gilt für die Grundfrequenz der leeren Saite

$$\nu_{\text{g}} = \frac{v}{\lambda_{\text{g}}} = \frac{v}{2\,l_{\text{g}}}\,.$$

Daraus folgt für die Länge der leeren Saite

$$l_{\text{g}} = \frac{v}{2\,\nu_{\text{g}}}\,.$$

Entsprechend gilt für die schwingenden Längen bei den anderen Frequenzen

$$l_\nu = \frac{v}{2\,\nu}\,.$$

Der Quotient der Längen ist

$$\frac{l_\nu}{l_{\text{g}}} = \frac{\nu_{\text{g}}}{\nu}\,, \qquad \text{woraus folgt:} \qquad l_\nu = \frac{\nu_{\text{g}}}{\nu}\,l_{\text{g}}\,.$$

Damit berechnen wir die schwingenden Längen l_ν der Saite. Außerdem ermitteln wir mit Gleichung 1 die jeweiligen abzugreifenden Längen x_ν. Die Ergebnisse sind in der Tabelle zusammengestellt.

Ton	ν/Hz	l_ν/cm	x_ν/cm
a	220	26,73	3,3
h	247	23,81	6,2
c^1	262	22,44	7,6
d^1	294	20,00	10

L12.53 a) Mit der linearen Massendichte μ und der Spannkraft F_S einer gegebenen Saite ist die Ausbreitungsgeschwindigkeit einer Welle auf ihr gegeben durch $v = \sqrt{F_S/\mu}$. Daraus folgt $\mu = F_S/v^2$. Für die Geschwindigkeit gilt außerdem $v = \nu\,\lambda = 2\,\nu\,l$. Das setzen wir in die Gleichung für die Massendichte ein und erhalten

$$\mu = \frac{F_S}{v^2} = \frac{F_S}{4\,v^2\,l^2}\,.$$

Für die e-Saite ergibt sich

$$\mu_e = \frac{90{,}0\,\mathrm{N}}{4\,[1{,}5\,(440\,\mathrm{s}^{-1})]^2\,(0{,}300\,\mathrm{m})^2} = 5{,}74 \cdot 10^{-4}\,\mathrm{kg\cdot m^{-1}}$$
$$= 0{,}574\,\mathrm{g\cdot m^{-1}}\,.$$

b) Für dieselbe Spannkraft berechnen wir die Massendichten der anderen Saiten:

$$\mu_a = \frac{90{,}0\,\mathrm{N}}{4\,(440\,\mathrm{s}^{-1})^2\,(0{,}300\,\mathrm{m})^2} = 1{,}29\,\mathrm{g\cdot m^{-1}}$$

$$\mu_d = \frac{90{,}0\,\mathrm{N}}{4\,[(440\,\mathrm{s}^{-1})/(1{,}5)]^2\,(0{,}300\,\mathrm{m})^2} = 2{,}91\,\mathrm{g\cdot m^{-1}}$$

$$\mu_g = \frac{90{,}0\,\mathrm{N}}{4\,[(440\,\mathrm{s}^{-1})/(1{,}5)^2]^2\,(0{,}300\,\mathrm{m})^2} = 6{,}57\,\mathrm{g\cdot m^{-1}}$$

*Harmonische Analyse

L12.54 Bei einer beidseitig eingespannten Saite mit der Länge l tritt Resonanz bei folgenden Frequenzen auf:

$$\nu_n = n\,\frac{v}{2\,l} = n\,\nu_1\,, \quad \text{mit} \quad n = 1, 3, 5, \ldots$$

Darin ist ν_n die Ausbreitungsgeschwindigkeit der jeweiligen stehenden Welle.

Für die Schwingungsmode mit der Grundfrequenz $\nu_1 = 100\,\mathrm{Hz}$ ergibt sich $n = 1$.

Für die Frequenz $\nu = 300\,\mathrm{Hz} = 3\,(100\,\mathrm{Hz})$ erhalten wir entsprechend $n = 3$.

*Wellenpakete

L12.55 a) Die Dauer eines Pulses entspricht etwa dem Produkt aus n (der Anzahl der Schwingungszyklen) und T (der Schwingungsdauer): $\Delta t \approx n\,T = n/\nu_0$.

b) Das Intervall Δx enthält etwa n Wellenlängen. Also muss $\lambda \approx \Delta x/n$ gelten.

c) Aus der Definition der Wellenzahl ergibt sich gemäß der vorigen Gleichung

$$k = \frac{2\,\pi}{\lambda} \approx \frac{2\,\pi\,n}{\Delta x}\,.$$

d) Die Anzahl der Schwingungszyklen bzw. der Wellenlängen kann nicht exakt angegeben werden, weil die Amplitude allmählich abnimmt, anstatt zu einem bestimmten Zeitpunkt abrupt auf null zu fallen. Der Beginn und das Ende des Pulses können also nicht genau lokalisiert werden.

e) Mit der in Teilaufgabe c hergeleiteten Beziehung ergibt sich für $\Delta n = \pm 1$ die Unsicherheit in der Wellenzahl zu

$$\Delta k \approx \frac{2\,\pi\,\Delta n}{\Delta x} = \pm\frac{2\,\pi}{|\Delta x|}\,.$$

Allgemeine Aufgaben

L12.56 Eine Gleichung der Form $y(x,t) = f(x - vt)$ beschreibt eine sich in positiver x-Richtung ausbreitende Welle. Bei der Ausbreitung in negativer x-Richtung gilt entsprechend $y(x,t) = f(x + vt)$.

a) Die mit einem Tabellenkalkulationsprogramm erzeugte Abbildung zeigt den Puls zum Zeitpunkt $t = 0$.

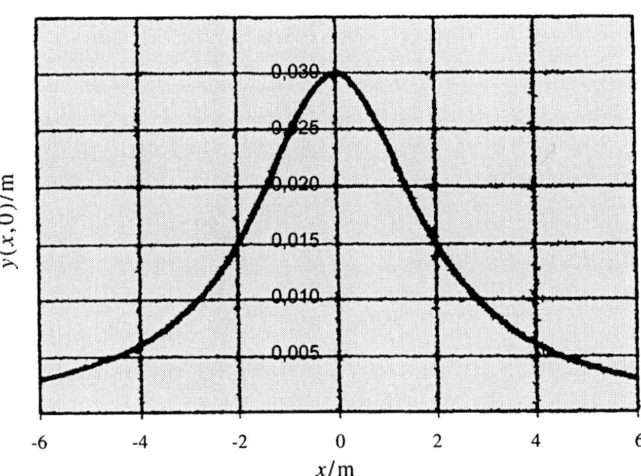

b) Weil die Geschwindigkeit $10{,}0\,\mathrm{m\cdot s^{-1}}$ beträgt, muss die Gleichung bei der Ausbreitung der Welle in positiver x-Richtung folgende Form haben:

$$y(x,t) = f(x - vt) = f\big[x - (10{,}0\,\mathrm{m\cdot s^{-1}})\,t\big]\,.$$

Darin sind x in Metern und t in Sekunden einzusetzen. Mit der gegebenen Gleichung erhalten wir

$$y_1(x,t) \approx \frac{0{,}120\,\mathrm{m}^3}{(2{,}00\,\mathrm{m})^2 + \big[x - (10{,}0\,\mathrm{m\cdot s^{-1}})\,t\big]^2}\,.$$

c) Bei der Ausbreitung in negativer x-Richtung ergibt sich mit demselben Betrag der Geschwindigkeit

$$y_2(x,t) = \frac{0{,}120\,\mathrm{m}^3}{(2{,}00\,\mathrm{m})^2 + \big[x + (10{,}0\,\mathrm{m\cdot s^{-1}})\,t\big]^2}\,.$$

L12.57 Die Abbildung zeigt den Kreis, auf dem sich die Pfeife bewegt, und den Standort P des Beobachters. Die Geschwindigkeit der Pfeife auf der Kreisbahn hat den Betrag v_Q, wobei der Index Q wie gewöhnlich die Quelle des Schalls bezeichnet.

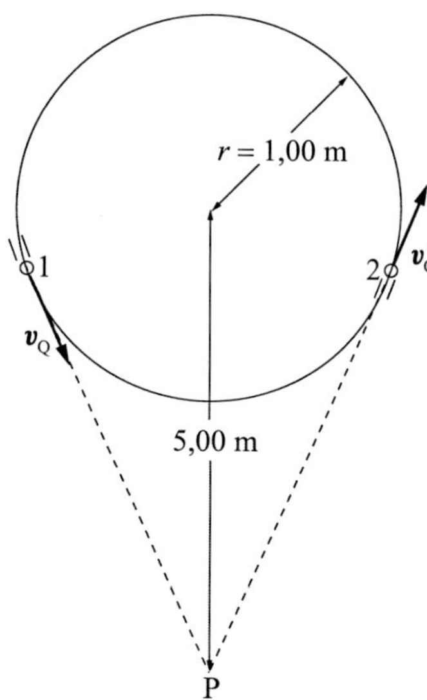

Wenn sich die Pfeife am Punkt 1 befindet, hört der Beobachter (Empfänger) die höchste Frequenz v_{max}, weil sich die Quelle ihm mit der maximalen Relativgeschwindigkeit v_Q nähert. Mit der Schallgeschwindigkeit v gilt dabei

$$v_{max} = \frac{1}{1 - v_Q/v}\, v_Q .$$

Die Umlaufgeschwindigkeit der Pfeife auf der Kreisbahn hat den Betrag $v_Q = r\,\omega$. Damit erhalten wir

$$v_{max} = \frac{1}{1 - v_Q/v}\, v_Q = \frac{1}{1 - r\,\omega/v}\, v_Q$$

$$= \frac{500\,\text{Hz}}{1 - \dfrac{(1,00\,\text{m})\,(3,00\,\text{U}\cdot\text{s}^{-1})\,(2\pi\,\text{rad}\cdot\text{U}^{-1})}{343\,\text{m}\cdot\text{s}^{-1}}}$$

$$= 529\,\text{Hz} .$$

Wenn sich die Pfeife am Punkt 2 befindet, hört der Beobachter die tiefste Frequenz v_{max}, weil sich die Quelle mit der maximalen Relativgeschwindigkeit v_Q von ihm entfernt. Für die Frequenz, die der Beobachter dabei hört, ergibt sich:

$$v_{min} = \frac{1}{1 + v_Q/v}\, v_Q = \frac{1}{1 + r\,\omega/v}\, v_Q$$

$$= \frac{500\,\text{Hz}}{1 + \dfrac{(1,00\,\text{m})\,(3,00\,\text{U}\cdot\text{s}^{-1})\,(2\pi\,\text{rad}\cdot\text{U}^{-1})}{343\,\text{m}\cdot\text{s}^{-1}}}$$

$$= 474\,\text{Hz} .$$

L12.58 a) Die Druckamplitude p_{max} hängt mit der Auslenkungsamplitude s_{max} zusammen über $p_{max} = \varrho\,\omega\,v\,s_{max}$. Darin ist ϱ die Dichte des Mediums (hier der Luft) und v die Ausbreitungsgeschwindigkeit der Schallwelle darin. Wir erhalten damit

$$p_{max} = \varrho\,\omega\,v\,s_{max}$$
$$= (1,29\,\text{kg}\cdot\text{m}^{-3})\,2\,\pi\,(800\,\text{s}^{-1})$$
$$\cdot (343\,\text{m}\cdot\text{s}^{-1})\,(0,0250\cdot 10^{-3}\,\text{m})$$
$$= 55,6\,\text{N}\cdot\text{m}^{-2} .$$

b) Für die Intensität ergibt sich

$$I = \tfrac{1}{2}\,\varrho\,\omega^2\,s_{max}^2\,v$$
$$= \tfrac{1}{2}\,(1,29\,\text{kg}\cdot\text{m}^{-3})\,\big[2\,\pi\,(800\,\text{s}^{-1})\big]^2$$
$$\cdot (0,0250\cdot 10^{-3}\,\text{m})^2\,(343\,\text{m}\cdot\text{s}^{-1})$$
$$= 3,494\,\text{W}\cdot\text{m}^{-2} = 3,49\,\text{W}\cdot\text{m}^{-2} .$$

c) Die abgestrahlte akustische Leistung ist das Produkt aus der Intensität und der Fläche $A = \pi\,r^2$ der Lautsprechermembran:

$$P = I\,A = (3,4494\,\text{W}\cdot\text{m}^{-2})\,\pi\,(0,100\,\text{m})^2 = 0,110\,\text{W} .$$

L12.59 Mit dem vertikalen Abstand $0,350$ m gilt für den gesamten horizontalen Abstand d zwischen Seifenblase und Mikrofon

$$d = \frac{0,350\,\text{m}}{\tan\theta} .$$

Für den Winkel θ der Stoßwelle mit der Richtung des Geschosses gilt $\sin\theta = v/v_G$. Darin ist v die Schallgeschwindigkeit und v_G die Geschwindigkeit des Geschosses. Also ist der Winkel gegeben durch

$$\theta = \text{asin}\,\frac{v}{v_G} .$$

Dies setzen wir in die Beziehung für den horizontalen Abstand ein. Mit $v_G = 1,25\,v$ erhalten wir

$$d = \frac{0,350\,\text{m}}{\tan\left(\text{asin}\,\dfrac{v}{v_G}\right)} = \frac{0,350\,\text{m}}{\tan\left(\text{asin}\,\dfrac{v}{1,25\,v}\right)} = 26,3\,\text{cm} .$$

L12.60 a) Mit den möglichen Wellenlängen λ_n der stehenden Wellen gilt für die Länge einer einseitig eingespannten Saite

$$l = n\,\frac{\lambda_n}{4} , \quad \text{mit} \quad n = 1, 3, 5, \ldots$$

Damit erhalten wir für $n = 5$ die Wellenlänge

$$\lambda_5 = 4\,l/n = 4\,(5,00\,\text{m})/5 = 4,00\,\text{m} .$$

b) Die Wellenzahl ergibt sich zu

$$k_5 = \frac{2\,\pi}{\lambda_5} = \frac{2\,\pi}{4,00\,\text{m}} = \frac{\pi}{2}\,\text{m}^{-1} .$$

c) Für die Kreisfrequenz erhalten wir

$$\omega_5 = 2\,\pi\,\nu_5 = 2\,\pi\,(400\,\mathrm{s}^{-1}) = 800\,\pi\,\mathrm{s}^{-1}\,.$$

c) Die Wellenfunktion der n-ten Harmonischen lautet

$$y_n(x,t) = A\,\sin k_n x\,\cos \omega_n t\,.$$

Einsetzen der zuvor ermittelten Ausdrücke ergibt für die fünfte Harmonische

$$\begin{aligned}
y_5(x,t) &= A\,\sin k_5 x\,\cos \omega_5 t \\
&= (0{,}0300\,\mathrm{m})\,\sin\left(\frac{\pi}{2}\,\mathrm{m}^{-1}\,x\right)\,\cos\left(800\,\pi\,\mathrm{s}^{-1}\,t\right)\,.
\end{aligned}$$

L12.61 a) Für die Länge l einer beidseitig eingespannten Saite gilt mit den möglichen Wellenlängen λ_n der stehenden Wellen:

$$l = n\,\frac{\lambda_n}{2}\,, \quad \text{mit} \quad n = 1, 2, 3, \ldots \tag{1}$$

Die Wellenlänge bei der Grundschwingung ist daher

$$\lambda_1 = 2\,l/1 = 2\,l = 2\,(2{,}5\,\mathrm{m}) = 5{,}0\,\mathrm{m}\,.$$

Weil von einem Ende her gesehen der erste Schwingungsbauch 0,5 m weit entfernt ist, muss gelten:

$$\tfrac{1}{2}\,\lambda_n = 0{,}5\,\mathrm{m}\,, \quad \text{also} \quad \lambda_n = 1{,}0\,\mathrm{m}\,.$$

Mit Gleichung 1 erhalten wir

$$n = \frac{2\,l}{\lambda_n} = \frac{2\,(2{,}5\,\mathrm{m})}{1{,}0\,\mathrm{m}} = 5\,.$$

b) Die Resonanzfrequenzen hängen mit den Wellenlängen zusammen über

$$\nu_n = \frac{v}{\lambda_n} = n\,\frac{v}{\lambda_1}\,.$$

Mit der Spannkraft F_S und der linearen Massendichte μ gilt für die Ausbreitungsgeschwindigkeit $v = \sqrt{F_\mathrm{S}/\mu}$, und wir erhalten mit $\mu = m/l$ für die Frequenzen

$$\nu_n = \frac{n}{\lambda_1}\,\sqrt{\frac{F_\mathrm{S}\,l}{m}} = \frac{n}{(5{,}0\,\mathrm{m})}\,\sqrt{\frac{(30\,\mathrm{N})\,(2{,}5\,\mathrm{m})}{0{,}10\,\mathrm{kg}}} = n\,(5{,}48\,\mathrm{Hz})\,.$$

Die ersten drei Frequenzen sind daher

$$\begin{aligned}
\nu_1 &= 5{,}5\,\mathrm{Hz}\,, \\
\nu_2 &= 2\,(5{,}48\,\mathrm{Hz}) = 11\,\mathrm{Hz}\,, \\
\nu_3 &= 3\,(5{,}48\,\mathrm{Hz}) = 16\,\mathrm{Hz}\,.
\end{aligned}$$

L12.62 a) Bei einer an beiden Seiten offenen Pfeife muss für die Frequenzen der stehenden Wellen gelten $\Delta\nu = \nu_1$ und $\nu_n = n\,\nu_1$. Dabei ist n eine positive ganze Zahl. Aus der ersten Bedingung folgt mit den ersten beiden Resonanzfrequenzen

$$\Delta\nu = 1834\,\mathrm{Hz} - 1310\,\mathrm{Hz} = 524\,\mathrm{Hz} = \nu_1\,.$$

Einsetzen in die zweite Bedingung und Auflösen nach n ergibt

$$n = \frac{\nu_n}{\nu_1} = \frac{1310\,\mathrm{Hz}}{524\,\mathrm{Hz}} = 2{,}5\,.$$

Weil dies keine ganze Zahl ist, kann die Pfeife nicht an beiden Enden offen sein, sondern muss an einem Ende geschlossen sein. Zudem kann 524 Hz nicht die Grundfrequenz sein, weil n größer als 2 ist.

b) Weil die Pfeife an einem Ende geschlossen ist, muss für die Differenz der Frequenzen $\Delta\nu = 2\,\nu_1$ gelten. Also ist die Grundfrequenz

$$\nu_1 = \tfrac{1}{2}\,\Delta\nu = \tfrac{1}{2}\,(524\,\mathrm{Hz}) = 262\,\mathrm{Hz}\,.$$

c) Mit den möglichen Wellenlängen λ_n der stehenden Wellen gilt für die Länge einer an einem Ende geschlossenen Pfeife

$$l = n\,\frac{\lambda_n}{4} \quad \text{mit} \quad n = 1, 3, 5, \ldots$$

Bei $n = 1$ ist $\quad \lambda_1 = \dfrac{v}{\nu_1} \quad$ und $\quad l = \dfrac{\lambda_1}{4} = \dfrac{v}{4\,\nu_1}\,.$

Damit ergibt sich die Länge der Pfeife zu

$$l = \frac{343\,\mathrm{m}\cdot\mathrm{s}^{-1}}{4\,(262\,\mathrm{s}^{-1})} = 32{,}7\,\mathrm{cm}\,.$$

L12.63 Wir vergleichen die gegebene Wellenfunktion mit der allgemeinen Gleichung $y(x,t) = A\,\sin kx\,\cos\omega t$ für stehende Wellen. Daraus folgt $k = \tfrac{1}{2}\,\pi\,\mathrm{m}^{-1}$ und $\omega = 40\,\pi\,\mathrm{s}^{-1}$.

a) Zur stehenden Welle tragen zwei Wellen bei: die sich in positiver x-Richtung ausbreitende Welle

$$y_1(x,t) = (0{,}010\,\mathrm{m})\,\sin\left(\tfrac{1}{2}\,\pi\,\mathrm{m}^{-1}\,x - 40\,\pi\,\mathrm{s}^{-1}\,t\right)$$

und die sich in negativer x-Richtung ausbreitende Welle

$$y_2(x,t) = (0{,}010\,\mathrm{m})\,\sin\left(\tfrac{1}{2}\,\pi\,\mathrm{m}^{-1}\,x + 40\,\pi\,\mathrm{s}^{-1}\,t\right)\,.$$

b) Der Knotenabstand d entspricht der halben Wellenlänge. Diese erhalten wir aus der Wellenzahl:

$$k = \tfrac{1}{2}\,\pi\,\mathrm{m}^{-1} = 2\,\pi/\lambda\,; \quad \text{also ist} \quad \lambda = 4{,}00\,\mathrm{m}\,.$$

Damit ergibt sich $d = \tfrac{1}{2}\,\lambda = \tfrac{1}{2}\,(4{,}00\,\mathrm{m}) = 2{,}00\,\mathrm{m}\,.$

c) Die Geschwindigkeit eines kurzen Segments des Seils erhalten wir aus der zeitlichen Ableitung der Wellenfunktion:

$$\begin{aligned}
v_y(x,t) &= \frac{\partial}{\partial t}\left[(0{,}020\,\mathrm{m})\,\sin\left(\frac{\pi}{2}\,\mathrm{m}^{-1}\,x\right)\,\cos\left(40\,\pi\,\mathrm{s}^{-1}\,t\right)\right] \\
&= -(0{,}80\,\pi\,\mathrm{m}\cdot\mathrm{s}^{-1})\,\sin\left(\frac{\pi}{2}\,\mathrm{m}^{-1}\,x\right)\,\sin\left(40\,\pi\,\mathrm{s}^{-1}\,t\right)\,.
\end{aligned}$$

Für $x = 1{,}0$ m ergibt sie sich zu

$$v_y(1{,}0\,\mathrm{m}, t) = -(0{,}80\,\pi\,\mathrm{m \cdot s^{-1}})$$
$$\cdot \sin\left[\frac{\pi}{2}\,\mathrm{m^{-1}}\,(1\,\mathrm{m})\right] \sin(40\,\pi\,\mathrm{s^{-1}}\,t)$$
$$= -(0{,}80\,\pi\,\mathrm{m \cdot s^{-1}})\,\sin(40\,\pi\,\mathrm{s^{-1}}\,t)$$
$$= -(2{,}5\,\mathrm{m \cdot s^{-1}})\,\sin(40\,\pi\,\mathrm{s^{-1}}\,t)\,.$$

d) Die Beschleunigung eines kurzen Segments des Seils ergibt sich aus der zeitlichen Ableitung der Geschwindigkeit:

$$a_y(x, t) = \frac{\partial}{\partial t}\left[-(0{,}8\,\pi\,\mathrm{m \cdot s^{-1}})\,\sin\left(\frac{\pi}{2}\,\mathrm{m^{-1}}\,x\right)\,\sin(40\,\pi\,\mathrm{s^{-1}}\,t)\right]$$
$$= -(32\,\pi^2\,\mathrm{m \cdot s^{-2}})\,\sin\left(\frac{\pi}{2}\,\mathrm{m^{-1}}\,x\right)\,\cos(40\,\pi\,\mathrm{s^{-1}}\,t)\,.$$

Für $x = 1{,}0$ m ergibt sie sich zu

$$a_y(1{,}0\,\mathrm{m}, t) = -(32\,\pi^2\,\mathrm{m \cdot s^{-2}})$$
$$\cdot \sin\left[\tfrac{1}{2}\,\pi\,\mathrm{m^{-1}}\,(1\,\mathrm{m})\right]\cos(40\,\pi\,\mathrm{s^{-1}}\,t)$$
$$= -(32\,\pi^2\,\mathrm{m \cdot s^{-2}})\,\cos(40\,\pi\,\mathrm{s^{-1}}\,t)$$
$$= -(0{,}32\,\mathrm{km \cdot s^{-2}})\,\cos(40\,\pi\,\mathrm{s^{-1}}\,t)\,.$$

L12.64 a) Mit der linearen Massendichte μ und der Spannkraft F_S ergibt sich für die Wellengeschwindigkeit

$$v = \sqrt{\frac{F_\mathrm{S}}{\mu}} = \sqrt{\frac{10{,}0\,\mathrm{N}}{0{,}100\,\mathrm{kg \cdot m^{-1}}}} = 10{,}0\,\mathrm{m \cdot s^{-1}}\,.$$

b) Für die Wellenlänge erhalten wir

$$\lambda = \frac{v}{\nu} = \frac{10{,}0\,\mathrm{m \cdot s^{-1}}}{5{,}00\,\mathrm{s^{-1}}} = 2{,}00\,\mathrm{m}\,.$$

c) Der maximale transversale Impuls eines Segments mit der Länge $\Delta x = 1$ mm, das die maximale Geschwindigkeit v_max und die Amplitude A erreicht, ist

$$p_\mathrm{max} = \Delta m\,v_\mathrm{max} = \mu\,\Delta x\,A\,\omega = 2\,\pi\,\nu\,\mu\,\Delta x\,A$$
$$= 2\,\pi\,(5{,}00\,\mathrm{s^{-1}})\,(0{,}100\,\mathrm{kg \cdot m^{-1}})$$
$$\cdot (1{,}00 \cdot 10^{-3}\,\mathrm{m})\,(0{,}0400\,\mathrm{m})$$
$$= 1{,}257 \cdot 10^{-4}\,\mathrm{kg \cdot m \cdot s^{-1}} = 1{,}26 \cdot 10^{-4}\,\mathrm{kg \cdot m \cdot s^{-1}}\,.$$

d) Für die radiale Kraft an einem Segment des Seils gilt $F = m\,v^2/r$. Im vorliegenden Fall entspricht der Radius r der Amplitude, und wir erhalten

$$F_\mathrm{max} = \Delta m\,\frac{v^2}{A} = \mu\,\Delta x\,\frac{A^2\,\omega^2}{A}$$
$$= \mu\,\Delta x\,A\,\omega^2 = \omega\,p_\mathrm{max} = 2\,\pi\,\nu\,p_\mathrm{max}$$
$$= 2\pi\,(5{,}00\,\mathrm{s^{-1}})\,(1{,}257 \cdot 10^{-4}\,\mathrm{kg \cdot m \cdot s^{-1}}) = 3{,}95\,\mathrm{mN}\,.$$

L12.65 a) Bei $x \ll 1$ gilt $\sqrt{1 + x} \approx 1 + \frac{1}{2}\,x$. Damit ergibt sich bei $\Delta y/\Delta x \ll 1$ aus dem gegebenen Ausdruck die Längenänderung

$$\Delta l = \Delta x\,\sqrt{1 + \left(\frac{\Delta y}{\Delta x}\right)^2} \approx \Delta x\left[1 + \frac{1}{2}\left(\frac{\Delta y}{\Delta x}\right)^2\right]$$

und daher

$$\Delta l - \Delta x \approx \Delta x\left[1 + \frac{1}{2}\left(\frac{\Delta y}{\Delta x}\right)^2\right] - \Delta x = \frac{1}{2}\left(\frac{\Delta y}{\Delta x}\right)^2 \Delta x\,.$$

Damit erhalten wir für die potenzielle Energie

$$\Delta E_\mathrm{pot} = |\boldsymbol{F}_\mathrm{S}|\,(\Delta l - \Delta x) \approx \frac{1}{2}\,F_\mathrm{S}\left(\frac{\Delta y}{\Delta x}\right)^2 \Delta x\,.$$

b) Wir leiten die gegebene Funktion $y(x, t)$ nach x ab:

$$\frac{\mathrm{d}y}{\mathrm{d}x} = \frac{\mathrm{d}}{\mathrm{d}x}\,[A\,\sin(kx - \omega t)] = k\,A\,\cos(kx - \omega t)\,.$$

Wir nähern die Differenziale durch die Differenzen an und verwenden den in Teilaufgabe a aufgestellten Ausdruck für ΔE_pot. Damit erhalten wir

$$\Delta E_\mathrm{pot} = \tfrac{1}{2}\,F_\mathrm{S}\,(\Delta y/\Delta x)^2\,\Delta x$$
$$= \tfrac{1}{2}\,F_\mathrm{S}\,[k\,A\,\cos(kx - \omega t)]^2\,\Delta x$$
$$= \tfrac{1}{2}\,F_\mathrm{S}\,A^2\,k^2\,\Delta x\,\cos^2(kx - \omega t)\,.$$

L12.66 Die Funktion für eine harmonische Schwingung kann durch die Projektion eines Vektors repräsentiert werden, der mit konstanter Winkelgeschwindigkeit bzw. mit konstanter Kreisfrequenz ω um eine Achse rotiert. In der Abbildung sind die Vektoren $\boldsymbol{v}_1$, $\boldsymbol{v}_2$ und $\boldsymbol{v}_3$ der drei Wellen eingezeichnet. Ihre Amplitude ist jeweils $A = 5{,}00$ cm.

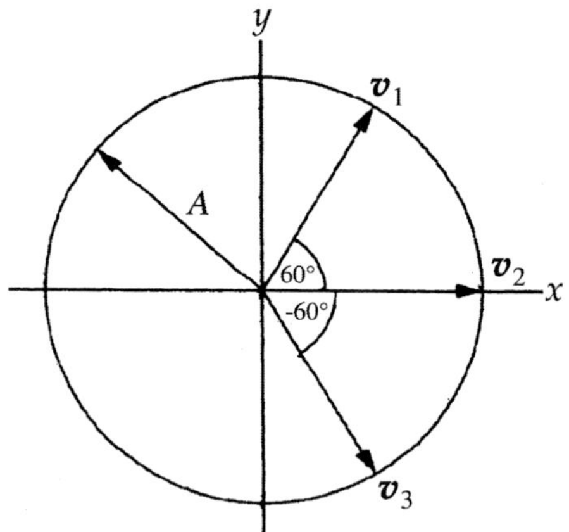

Die resultierende Wellenfunktion können wir ermitteln, indem wir Betrag und Richtung des resultierenden Vektors bestimmen.

Der Abbildung können wir entnehmen, dass die Summe der y-Komponenten gleich null ist: $\sum v_y = 0$.

Für die Summe der x-Komponenten der Vektoren ergibt sich

$$\sum v_x = (5{,}00\,\text{cm})\cos 60° + (5{,}00\,\text{cm})\cos 60° = 10{,}0\,\text{cm}.$$

Der Betrag des resultierenden Vektors hängt mit seinen x- und seinen y-Komponenten zusammen über

$$A = \sqrt{\left(\sum v_x\right)^2 + \left(\sum v_y\right)^2} = \sqrt{(10{,}0\,\text{cm})^2 + (0)^2}$$
$$= 10{,}0\,\text{cm}.$$

Die Richtung des resultierenden Vektors ist schließlich

$$\delta = \operatorname{atan}\frac{\sum v_y}{\sum v_x} = \operatorname{atan}\frac{0}{2A} = 0.$$

L12.67 a) Es ist die folgende Funktion zu berechnen:

$$f(x) = \frac{4}{\pi}\sum_{n=0}^{\infty}(-1)^n \frac{\cos\left[(2n+1)x\right]}{2n+1}$$

In einem Tabellenkalkulationsprogramm ist dazu mit

$$g = \frac{4}{\pi}\frac{(-1)^0\cos\left[(1)\cdot(0{,}0)\right]}{1}$$
$$h = 1{,}2732 + \frac{4}{\pi}\frac{(-1)^1\cos\left[(3)\cdot(0{,}0)\right]}{3}$$

u. a. Folgendes einzugeben:

Zelle	Inhalt/Formel	Algebr. Ausdruck
A6	A5+0,1	$x + \Delta x$
B4	2*B3+1	$2n+1$
B5	(−1)^B$3*COS(B$4*$A5)/B$4*4/PI()	g
C5	B5+(−1)^C$3*COS(C$4*$A5)/C$4*4/PI()	h

In der folgenden Tabelle sind die Werte auszugsweise wiedergegeben.

	A	B	C	D	⋯	K	L
1							
2							
3	$n =$	0	1	2		9	10
4	$2n+1 =$	1	3	5		19	21
5	0,0	1,2732	0,8488	1,1035		0,9682	1,0289
6	0,1	1,2669	0,8614	1,0849		1,0314	0,9828
7	0,2	1,2479	0,8976	1,0352		1,0209	0,9912
8	0,3	1,2164	0,9526	0,9706		0,9680	1,0286
9	0,4	1,1727	1,0189	0,9130		1,0057	0,9742
10	0,5	1,1174	1,0874	0,8833		1,0298	1,0010
⋯							
130	12,5	1,2704	0,8544	1,0952		0,9924	1,0031
131	12,6	1,2725	0,8503	1,1013		0,9752	1,0213
132	12,7	1,2619	0,8711	1,0710		1,0287	0,9714
133	12,8	1,2386	0,9143	1,0141		1,0009	1,0126
134	12,9	1,2030	0,9740	0,9493		0,9691	1,0146
135	13,0	1,1554	1,0422	0,8990		1,0261	0,9685

Die erste Abbildung zeigt die mithilfe des Programms erzeugte Kurve der Funktion $f(x)$ mit $n = 1$, also mit einem Term.

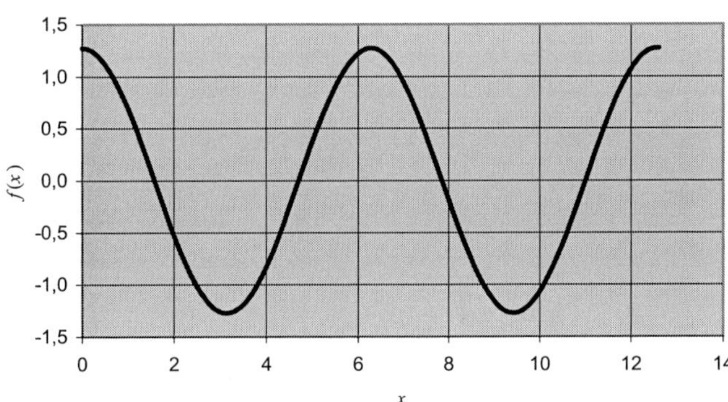

Die zweite Abbildung zeigt die Kurve der Funktion $f(x)$ mit $n = 5$, also mit fünf Termen.

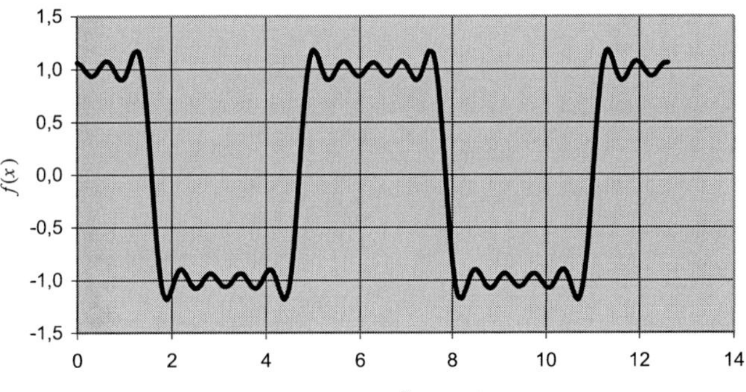

Die dritte Abbildung zeigt die Kurve der Funktion $f(x)$ mit $n = 10$, also mit zehn Termen.

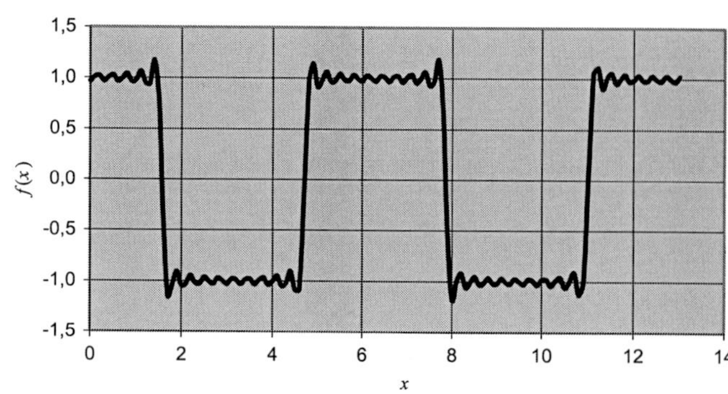

b) Wir berechnen die Funktion $f(x)$ an der Stelle 2π:

$$f(2\pi) = \frac{4}{\pi} \left(\frac{\cos 2\pi}{1} - \frac{\cos (3 \cdot 2\pi)}{3} \right.$$
$$\left. + \frac{\cos (5 \cdot 2\pi)}{5} - \frac{\cos (7 \cdot 2\pi)}{7} + - \cdots \right)$$
$$= \frac{4}{\pi} \left(1 - \frac{1}{3} + \frac{1}{5} - \frac{1}{7} + - \cdots \right) = 1 \,.$$

Der Ausdruck in Klammern ist also gleich $\pi/4$, wie es der Leibniz'schen Reihendarstellung entspricht.

Thermodynamik

IV

© karandaev/Getty Images/iStock

Temperatur und der Nullte Hauptsatz der Thermodynamik

© Springer-Verlag GmbH Deutschland, ein Teil von Springer Nature 2019
A. Knochel (Hrsg.), *Arbeitsbuch zu Tipler/Mosca, Physik*, https://doi.org/10.1007/978-3-662-58919-9_13

Aufgaben

Verständnisaufgaben

13.1 • Wie können Sie feststellen, ob sich zwei Körper in thermischem Gleichgewicht miteinander befinden, wenn es nicht möglich ist, sie in thermischen Kontakt miteinander zu bringen? (Beispielsweise können Sie ein Stück Natriummetall nicht in Wasser bringen, ohne eine heftige chemische Reaktion auszulösen.)

13.2 • Warum sinkt der Meniskus eines Flüssigkeitsthermometers anfangs ein wenig ab, wenn man es in warmes Wasser eintaucht?

13.3 • Ein großes Metallblech wurde in der Mitte durchbohrt. Was geschieht mit der Querschnittsfläche des Bohrlochs, wenn das Blech erwärmt wird? a) Sie ändert sich nicht. b) Sie wird auf jeden Fall größer. c) Sie wird auf jeden Fall kleiner. d) Sie wird größer, wenn sich das Loch nicht genau in der Mitte des Blechs befindet. e) Sie wird nur dann kleiner, wenn sich das Loch genau in der Mitte des Blechs befindet.

13.4 • Ein Metall A hat einen Längenausdehnungskoeffizienten, der dreimal so groß ist wie derjenige eines Metalls B. Wie verhalten sich ihre Volumenausdehnungskoeffizienten β zueinander? a) $\beta_A = \beta_B$, b) $\beta_A = 3\,\beta_B$, c) $\beta_A = 6\,\beta_B$, d) $\beta_A = 9\,\beta_B$; e) das ist anhand der Angaben nicht zu entscheiden.

Schätzungs- und Näherungsaufgabe

13.5 • Für welchen Temperaturbereich eignet sich Wasser als Flüssigkeit zur Temperaturmessung in einem Flüssigkeitsthermometer?

Temperaturskalen

13.6 • Ein Gasthermometer mit konstantem Volumen hat beim Tripelpunkt des Wassers einen Druck von 66,0 mbar. a) Skizzieren Sie die Abhängigkeit des Drucks von der absoluten Temperatur bei diesem Thermometer. b) Wie hoch ist der Druck, wenn dieses Thermometer eine Temperatur von 300 K misst? c) Welche absolute Temperatur herrscht in ihm bei einem Druck von 0,9 bar?

13.7 • Rechnen Sie folgende Temperaturen in Grad Fahrenheit um: a) $-273,15\,°\mathrm{C}$, b) $20\,°\mathrm{C}$, c) $100\,°\mathrm{C}$, d) $300\,\mathrm{K}$.

13.8 • Rechnen Sie folgende Temperaturen in Kelvin um: a) $-273,15\,°\mathrm{C}$, b) $20\,°\mathrm{C}$, c) $100\,°\mathrm{C}$, d) $32\,°\mathrm{F}$.

13.9 • Rechnen Sie folgende Temperaturen in Grad Celsius um: a) $0\,°\mathrm{F}$, b) $100\,°\mathrm{F}$, c) $10\,\mathrm{K}$, d) $1000\,\mathrm{K}$.

Wärmeausdehnung

13.10 •• Eine $2\,\mathrm{m} \times 2\,\mathrm{m}$ große Glasscheibe wird bei Raumtemperatur in einen Stahlrahmen eingefasst. Wie viel Spielraum muss am Rand der Einfassung gelassen werden, wenn die Konstruktion im Temperaturbereich $T = -20\,°\mathrm{C} \ldots 60\,°\mathrm{C}$ eingesetzt werden soll?

13.11 •• Ein Kupferring soll eng um einen Stahlstab gelegt werden, der bei $20,0\,°\mathrm{C}$ einen Durchmesser von $6,0000\,\mathrm{cm}$ hat. Bei dieser Temperatur beträgt der Innendurchmesser des Kupferrings $5,9800\,\mathrm{cm}$. Auf welche Temperatur muss er erwärmt werden, damit er gerade über den Stahlstab geschoben werden kann? Nehmen Sie an, dass dessen Temperatur sich nicht ändert, sondern bei $20,0\,°\mathrm{C}$ bleibt.

13.12 ••• Wie hoch ist die Zugspannung in dem Kupferring in Aufgabe 13.11, nachdem er auf $20\,°\mathrm{C}$ abgekühlt ist?

Allgemeine Aufgaben

13.13 •• Zur Kalibrierung eines Flüssigkeitsthermometers mit einer Fahrenheit-Skala wird ein mit Alkohol gefülltes Flüssigkeitsthermometer verwendet. Die beiden Kalibrierungspunkte haben eine Temperaturdifferenz von $100\,°\mathrm{F}$. Wie groß ist die relative Volumenänderung bezüglich des Ursprungsvolumens, wenn der Alkohol um diese Differenz erhitzt wird?

13.14 •• Zeigen Sie, dass bei einem Temperaturanstieg um ΔT für die Dichteänderung $\Delta \varrho$ eines isotropen Materials gilt: $\Delta \varrho = -\varrho\,\beta\,\Delta T$.

Lösungen zu den Aufgaben

Verständnisaufgaben

L13.1 Setzen Sie jeden Körper in thermisches Gleichgewicht mit einem dritten, beispielsweise einem Thermometer. Wenn beide Körper mit dem dritten in thermischem Gleichgewicht sind, dann sind sie es auch miteinander.

L13.2 Zuerst wird der Glaskolben erwärmt, sodass er sich ausdehnt. Dadurch sinkt der Meniskus der noch nicht erwärmten Flüssigkeit. Diese erwärmt sich infolge der Wärmeleitung durch das Glas erst danach, sodass sie sich etwas später ausdehnt.

L13.3 Durch die Erwärmung steigt der mittlere Abstand der Atome im Festkörper an. Infolgedessen wird auch die Querschnittsfläche des Lochs größer. Also ist Aussage b richtig.

L13.4 Wir wissen, dass der Volumenausdehnungskoeffizient β dreimal so groß ist wie der Längenausdehnungskoeffizient α. Also gilt für das Metall A: $\beta_A = 3\,\alpha_A$ und entsprechend für das Metall B: $\beta_B = 3\,\alpha_B$. Mit dem gegebenen Zusammenhang

$\alpha_A = 3\,\alpha_B$ erhalten wir für das Verhältnis beider Volumenausdehnungskoeffizienten

$$\frac{\beta_A}{\beta_B} = \frac{3\,\alpha_A}{3\,\alpha_B} = \frac{\alpha_A}{\alpha_B} = \frac{3\,\alpha_B}{\alpha_B} = 3\,.$$

Also ist $\beta_A = 3\,\beta_B$, und Aussage b ist richtig.

Schätzungs- und Näherungsaufgabe

L13.5 Sofern die Luft über der Flüssigkeitssäule im Thermometer in etwa Atmosphärendruck besitzt, ist das Thermometer voraussichtlich bis knapp unter 100°C verwendbar. Mit höheren Drücken kann man den Siedepunkt allerdings nach oben verschieben, bei niedrigeren Drücken sinkt er entsprechend. Nach unten wird der Anwendungsbereich des Thermometers durch die Dichteanomalie des Wassers begrenzt. Da das Volumen nur bis etwa 4°C abnimmt und dort ein Minimum besitzt, in dessen Umgebung es sich kaum mit der Temperatur ändert, kann man das Thermometer erst ein Stück oberhalb von 4°C sinnvoll verwenden.

Temperaturskalen

L13.6 a) Der Druck ist proportional zur absoluten Temperatur, wie in der Abbildung dargestellt.

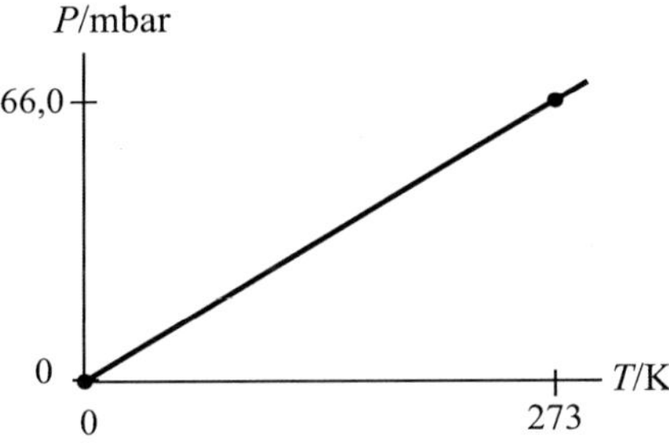

Mit der Temperatur T in der Temperaturskala der absoluten Temperatur ist der Druck dabei gegeben durch

$$P = \left(\frac{66{,}0\,\text{mbar}}{273\,\text{K}}\right) T\,.$$

b) Für $T = 300\,\text{K}$ erhalten wir

$$P_{300\,\text{K}} = \left(\frac{66{,}0\,\text{mbar}}{273\,\text{K}}\right)(300\,\text{K}) = 72{,}5\,\text{mbar}\,.$$

c) Wir lösen die erste Gleichung nach T auf und setzen die Zahlenwerte ein:

$$T_{900\,\text{mbar}} = \frac{273{,}16\,\text{K}}{66{,}0\,\text{mbar}}\,(900\,\text{mbar}) = 3{,}70 \cdot 10^3\,\text{K}$$

L13.7 a) $-273{,}15°\text{C} \equiv -459{,}67°\text{F}$ b) $20°\text{C} \equiv 68°\text{F}$ c) $100°\text{C} \equiv 212°\text{F}$ d) $300\,\text{K} \equiv 80{,}33°\text{F}$

L13.8 a) $-273{,}15°\text{C} \equiv 0\,\text{K}$ b) $20°\text{C} \equiv 293{,}15\,\text{K}$ c) $100°\text{C} \equiv 373{,}15\,\text{K}$ d) $32°\text{F} \equiv 273{,}15\,\text{K}$

L13.9 a) $0°\text{F} \equiv -17{,}78°\text{C}$ b) $100°\text{F} \equiv 37{,}78°\text{C}$ c) $10\,\text{K} \equiv -263{,}15°\text{C}$ d) $1000\,\text{K} \equiv 726{,}85°\text{C}$

Wärmeausdehnung

L13.10 Wir betrachten eine Temperaturschwankung von $\Delta T = \pm 40\,\text{K}$. Der lineare Ausdehnungskoeffizient ist wie folgt definiert:

$$\alpha = \frac{\Delta l/l}{\Delta T}$$

Er kann sich zwischen verschiedenen Glassorten stark unterscheiden. Im Lehrbuch sind für Glas und Stahl die Werte $\alpha_{\text{Glas}} \approx 9 \cdot 10^{-6}/\text{K}$ und $\alpha_{\text{Stahl}} \approx 11 \cdot 10^{-6}/\text{K}$ angegeben. Das Glas der 2 m großen Konstruktion erfährt also eine Längenänderung von

$$\Delta l = l\,\alpha\,\Delta T = 2\,\text{m} \cdot 9 \cdot 10^{-6}/\text{K} \cdot 40\,\text{K} = 0{,}7\,\text{mm}\,.$$

Die Differenz zwischen der Längenänderung von Stahl und Glas beträgt nur

$$l\,(\alpha_{\text{Stahl}} - \alpha_{\text{Glas}})\,\Delta T = 2\,\text{m} \cdot 2 \cdot 10^{-6}/\text{K} \cdot 40\,\text{K} = 0{,}16\,\text{mm}\,.$$

Der Spielraum zwischen Glas und Stahl muss auf jeder Seite also weniger als einen zehntel Millimeter betragen, außen am Rahmen muss mit einer Veränderung von ca $\pm 0{,}35\,\text{mm}$ gerechnet werden.

L13.11 Weil sich die Temperatur des Stahlstabs nicht ändert, müssen wir nur die Ausdehnung des Kupferrings betrachten. Die erforderliche Temperatur berechnen wir aus der Anfangstemperatur T_A und der Temperaturerhöhung ΔT, die die notwendige Ausdehnung bewirkt. Die Temperatur, auf die der Kupferring erwärmt werden muss, ist $T = T_A + \Delta T$. Aus der Definition des Längenausdehnungskoeffizienten $\alpha = (1/d)\,\Delta d/\Delta T$ ergibt sich $\Delta T = (\Delta d/d)/\alpha$, und wir erhalten

$$T = T_A + \frac{\Delta d}{\alpha\,d} = (20\,°\text{C}) + \frac{6{,}0000\,\text{cm} - 5{,}9800\,\text{cm}}{(17 \cdot 10^{-6}\,(°\text{C})^{-1})\,(5{,}9800\,\text{cm})}$$
$$= 220\,°\text{C}\,.$$

L13.12 Mit dem Elastizitätsmodul E, der Zugkraft F und der Querschnittsfläche A ist die Zugspannung hier gegeben durch

$$\frac{F}{A} = E\,\frac{\Delta l}{l_{20}}\,.$$

Darin ist $l_{20} = \pi\,d_{20}$ der Umfang des Rings bei 20 °C. Bei der Temperatur T passt der Ring mit dem Umfang $l_T = \pi\,d_T$ gerade über den Stab. Also ist $\Delta l = \pi\,d_T - \pi\,d_{20}$. Das setzen wir in die erste Gleichung ein:

$$\frac{F}{A} = E\,\frac{\pi\,d_T - \pi\,d_{20}}{\pi\,d_{20}} = E\,\frac{d_T - d_{20}}{d_{20}}$$
$$= \left(11 \cdot 10^{-10}\,\text{N} \cdot \text{m}^{-2}\right)\,\frac{6{,}0000\,\text{cm} - 5{,}9800\,\text{cm}}{5{,}9800\,\text{cm}}$$
$$= 3{,}7 \cdot 10^{-12}\,\text{N} \cdot \text{m}^{-2}\,.$$

Allgemeine Aufgaben

L13.13 In linearer Näherung ist die relative Volumenänderung durch

$$\frac{\Delta V}{V_1} = \frac{V_2 - V_1}{V_1} = \beta \cdot \Delta T$$

gegeben. Hier ist $\beta = 1,1 \cdot 10^{-3}/\mathrm{K}$.

Um die Volumenänderung ausgehend von dieser Formel zu berechnen, müssen wir also die Temperaturänderung in Kelvin ermitteln. Die Umrechnungsformel zwischen Grad Fahrenheit und Kelvin ist

$$T_K/\mathrm{K} \approx \frac{T_F/^\circ\mathrm{F}}{1,8} + 255,37.$$

Für die Berechnung der Änderung ist nur der Faktor $1/1,8$ wichtig, nicht die Konstante $255,37$. Man erhält $100/1,8 \approx 55,56$. Da die Nullpunkte unterschiedlich sind, kann man hier also nicht einfach die Umrechnungsformel für die absoluten Temperaturen verwenden und $100\,^\circ\mathrm{F}$ einsetzen! Eine Temperatur*änderung* von $100\,^\circ\mathrm{F}$ entspricht also einer *Änderung* von $55,56\,\mathrm{K}$, und damit resultiert

$$\frac{\Delta V}{V_1} \approx 1,1 \cdot 10^{-3}/\,\mathrm{K} \times 55,56\,\mathrm{K} \approx 6\,\%.$$

L13.14 Wir leiten die Dichte $\varrho = m/V$ nach der Temperatur T ab und berücksichtigen dabei den Volumenausdehnungskoeffizienten β. Mit diesem ist die infinitesimale Volumenänderung gegeben durch $\mathrm{d}V = \beta\,V\,\mathrm{d}T$. Das entspricht $\mathrm{d}V/\mathrm{d}T = \beta\,V$, und wir erhalten

$$\frac{\mathrm{d}\varrho}{\mathrm{d}T} = \frac{\mathrm{d}\varrho}{\mathrm{d}V}\frac{\mathrm{d}V}{\mathrm{d}T} = -\frac{m}{V^2}\,\beta\,V = -\frac{\varrho\,V}{V^2}\,\beta\,V = -\varrho\,\beta.$$

Das ist gleichbedeutend mit $\mathrm{d}\varrho = -\varrho\,\beta\,\mathrm{d}T$ bzw. (bei nicht infinitesimaler Temperaturänderung) $\Delta\varrho = -\varrho\,\beta\,\Delta T$.

Die kinetische Gastheorie

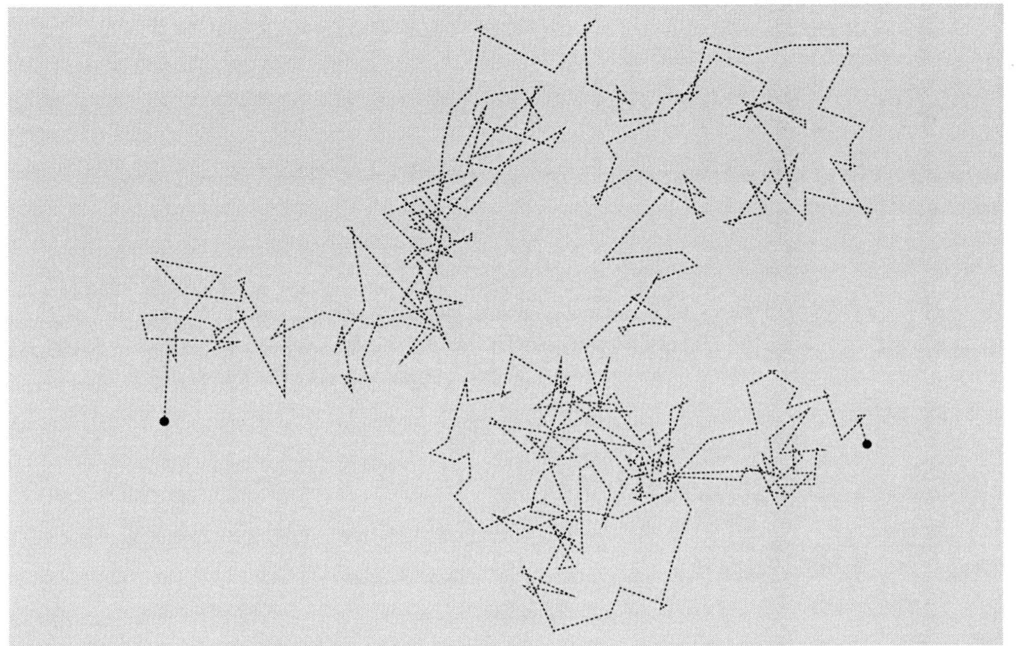

Die kinetische
Gastheorie

© Springer-Verlag GmbH Deutschland, ein Teil von Springer Nature 2019

A. Knochel (Hrsg.), *Arbeitsbuch zu Tipler/Mosca, Physik*, https://doi.org/10.1007/978-3-662-58919-9_14

Aufgaben

Verständnisaufgaben

14.1 • Um welchen Faktor muss die absolute Temperatur eines Gases erhöht werden, damit sich die quadratisch gemittelte Geschwindigkeit seiner Teilchen verdoppelt?

14.2 • Zwei unterschiedliche Gase haben die gleiche Temperatur. Was können Sie über die quadratisch gemittelten Geschwindigkeiten der Gasteilchen sagen? Was können Sie über die mittleren kinetischen Energien der Teilchen sagen?

14.3 • Wovon hängt die mittlere kinetische Energie der Teilchen des idealen Gases ab: a) von der Anzahl der Mole des Gases und von der Temperatur, b) vom Druck und von der Temperatur, c) allein vom Druck, d) allein von der Temperatur?

14.4 •• Ein geschlossener Zylinder besitzt in der Mitte eine Trennwand. Die linke Hälfte ist mit einem idealen Gas der Temperatur T und dem Druck p gefüllt, die rechte Hälfte ist leer. Nun wird die Trennwand schlagartig zur Seite hin entfernt und kurz gewartet, bis das Gas wieder im Gleichgewicht ist. Wie haben sich die Temperatur, die innere Energie und der Druck des Gases verändert?

14.5 •• Zwei identische Behälter enthalten unterschiedliche ideale Gase bei gleichem Druck und gleicher Temperatur. Welche der folgenden Aussagen trifft bzw. treffen dann zu? a) Die Anzahlen der Gasteilchen in beiden Behältern sind gleich. b) Die Gesamtmassen an Gas in beiden Behältern sind gleich. c) Die mittleren Geschwindigkeiten der Gasteilchen in beiden Behältern sind gleich. d) Keine dieser Aussagen trifft zu.

14.6 •• Ein Gefäß enthält eine Mischung aus Helium (He) und Methan (CH_4). Wie groß ist das Verhältnis der quadratisch gemittelten Teilchengeschwindigkeit des Heliums zu der des Methans: a) 1, b) 2, c) 4, d) 16?

14.7 •• Nehmen Sie an, Sie erhöhen die Temperatur einer bestimmten Gasmenge, wobei Sie deren Volumen konstant halten. Erklären Sie im Hinblick auf die Teilchenbewegungen, warum dabei der Druck auf die Wände eines Behälters ansteigt.

14.8 •• Dem Phasendiagramm in Abb. 14.1 ist zu entnehmen, wie sich die Schmelz- und die Siedetemperatur von Wasser mit dem äußeren Druck, also auch mit der Höhe über dem Meeresspiegel ändern. a) Erläutern Sie, wie diese Informationen bestätigt werden können. b) Was bedeuten die Ergebnisse für das Kochen von Lebensmitteln in großer Höhe?

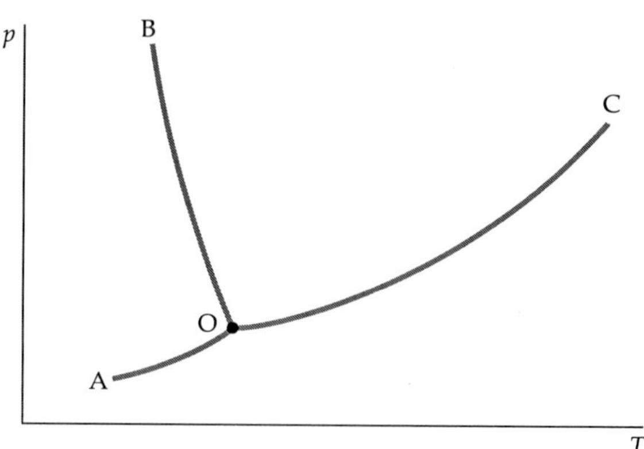

Abb. 14.1 Zu Aufgabe 14.8

14.9 •• Erklären Sie, warum das auf dem Mars gefundene Kohlendioxid sich in dessen Polargebieten in festem Zustand befindet, obwohl der Atmosphärendruck an der Marsoberfläche nur etwa 0,1 % des Atmosphärendrucks auf der Erde beträgt.

Schätzungs- und Näherungsaufgabe

14.10 •• Die Fluchtgeschwindigkeit auf dem Mars beträgt 5,0 km/s, und die Temperatur an seiner Oberfläche liegt durchschnittlich bei 0 °C. Berechnen Sie die quadratisch gemittelte Geschwindigkeit von a) H_2, b) O_2 und c) CO_2 bei dieser Temperatur. d) Ist es nach dem Kriterium für die Fluchtgeschwindigkeit wahrscheinlich, dass die Atmosphäre des Mars H_2, O_2 bzw. CO_2 enthält?

Die Zustandsgleichung für das ideale Gas

14.11 • In einem Zylinder, der mit einem beweglichen Kolben verschlossen ist (Abb. 14.2), befindet sich eine bestimmte Menge eines idealen Gases bei gleich bleibendem Druck. Um welchen Faktor ändert sich ihr Volumen, wenn die Temperatur von 50 °C auf 100 °C erhöht wird?

Abb. 14.2 Zu Aufgabe 14.11

14.12 • Ein 10,0-l-Behälter enthält Gas bei einer Temperatur von 0,00 °C und einem Druck von 4,00 bar. Wie viele Mole an Gas befinden sich im Behälter? Wie viele Gasteilchen enthält er?

14.13 •• Eine Autofahrerin pumpt die Reifen ihres Autos auf einen Druck von 180 kPa auf, während die Temperatur bei −8,0 °C liegt. Als sie ihr Fahrtziel erreicht hat, ist der Reifendruck auf 245 kPa angestiegen. Wie hoch ist dann die Temperatur der Reifen, wenn a) angenommen wird, dass sie sich nicht ausdehnen, bzw. wenn b) angenommen wird, dass sie sich so ausdehnen, dass das Volumen der Luft darin um 7 % zunimmt?

14.14 •• Ein Zimmer hat eine Größe von 6,0 m mal 5,0 m mal 3,0 m. a) Wie viele Mole Luft befinden sich im Zimmer, wenn der Luftdruck bei 1,0 bar liegt und eine Temperatur von 300 K herrscht? b) Wie viele Mole Luft entweichen aus dem Zimmer, wenn die Temperatur um 5,0 K ansteigt, während der Luftdruck gleich bleibt?

14.15 •• 10,0 g flüssiges Helium mit einer Anfangstemperatur von 4,20 K verdampfen in einen leeren Ballon, der auf einem Druck von 1,00 bar gehalten wird. Wie groß ist das Volumen des Ballons a) bei 25,0 K bzw. b) bei 293 K?

14.16 •• Ein Taucher befindet sich in einem See 40 m tief, wo die Temperatur bei 5,0 °C liegt. Aus seinem Atemgerät entweicht eine Luftblase mit einem Volumen von 15 cm³. Die Blase steigt an die Oberfläche, wo eine Temperatur von 25 °C herrscht. Nehmen Sie an, dass sich die Luft in der Blase stets in thermischem Gleichgewicht mit dem umgebenden Wasser befindet und dass zwischen Luft und Wasser kein Austausch von Molekülen stattfindet. Wie groß ist das Volumen der Luftblase unmittelbar vor dem Erreichen der Wasseroberfläche? (*Hinweis:* Beachten Sie, dass sich nach oben hin auch der Druck ändert.)

14.17 •• Ein unten offener Heißluftballon hat ein Volumen von 446 m³, und die Luft in ihm hat eine mittlere Temperatur von 100 °C. Die Außenluft hat eine Temperatur von 20,0 °C und einen Druck von 1,00 bar. Welche Nutzlast (einschließlich der Ballonhülle) kann der Ballon tragen? Setzen Sie für die Molmasse der Luft 29,0 g/mol an und vernachlässigen Sie das Volumen der Ballonhülle und der Nutzlast.

Die molekulare Geschwindigkeit und der Gleichverteilungssatz

14.18 • Berechnen Sie die kinetische Energie der Moleküle von 1,0 l Sauerstoffgas bei einer Temperatur von 0,0 °C und einem Druck von 1,0 bar.

14.19 • Berechnen Sie die quadratisch gemittelte Geschwindigkeit und die mittlere kinetische Energie von Wasserstoffatomen bei einer Temperatur von $1,0 \cdot 10^7$ K. (Bei dieser Temperatur, die in der Größenordnung der Temperatur im Inneren von Sternen liegt, sind die Wasserstoffatome ionisiert, bestehen also nur aus einem einzelnen Proton.)

14.20 •• Zeigen Sie, dass die Verteilungsfunktion

$$f(v) = \frac{4}{\sqrt{\pi}} \left(\frac{m}{2\,k_B\,T} \right)^{3/2} v^2 \, \mathrm{e}^{-mv^2/(2k_B T)}$$

maximal ist, wenn $v = \sqrt{2\,k_B\,T/m}$ ist. (*Hinweis:* Setzen Sie $\mathrm{d}f/\mathrm{d}v = 0$ und lösen Sie nach v auf.)

Die mittlere freie Weglänge

14.21 • Zeigen Sie, dass die mittlere freie Weglänge eines Teilchens in einem idealen Gas bei der Temperatur T und dem Druck P gegeben ist durch: $\lambda = k_B\,T/(\sqrt{2}\,P\,\pi\,d^2)$.

14.22 •• Bei einer Temperatur von 300 K und einem Druck von 1,00 bar beträgt die mittlere freie Weglänge von O_2-Molekülen $\lambda = 7,10 \cdot 10^{-8}$ m Schätzen Sie mithilfe dieser Daten die Größe eines O_2-Moleküls ab.

Die Van-der-Waals-Gleichung für reale Gase

14.23 • Berechnen Sie a) das Volumen von 1,00 mol eines idealen Gases bei einer Temperatur von 100 °C und einem Druck von 1,00 bar, b) das Volumen von 1,00 mol Wasserdampf bei denselben Bedingungen. Verwenden Sie hierzu die Van-der-Waals-Koeffizienten $a = 5,50\,\mathrm{l}^2\,\mathrm{bar}\,\mathrm{mol}^{-2}$ und $b = 30,0\,\mathrm{cm}^3\,\mathrm{mol}^{-1}$.

14.24 •• Für Helium betragen die Van-der-Waals-Koeffizienten $a = 0,0350\,\mathrm{l}^2\,\mathrm{bar}\,\mathrm{mol}^{-2}$ und $b = 0,0238\,\mathrm{l}\,\mathrm{mol}^{-1}$. Berechnen Sie damit das Volumen in Kubikzentimeter, das ein Heliumatom besetzt, und schätzen Sie dessen Radius ab.

Allgemeine Aufgaben

14.25 • a) Verwenden Sie die Definition des Volumenausdehnungskoeffizienten β (bei konstantem Druck) und zeigen Sie, dass für das ideale Gas gilt: $\beta = 1/T$. b) Für Stickstoffgas (N_2) wurde bei 0 °C experimentell der Wert $\beta = 0,003673\,\mathrm{K}^{-1}$ bestimmt. Vergleichen Sie diesen gemessenen Wert von β mit dem theoretischen Wert von $1/T$ für das ideale Gas und geben Sie die prozentuale Abweichung an.

14.26 •• a) Das Volumen, das einem Molekül in einem Gas zur Verfügung steht, ist der Kehrwert der Anzahldichte (d. h. der Anzahl der Molekül pro Volumeneinheit). Berechnen Sie das mittlere Volumen pro Molekül in trockener Luft bei einem Druck von 1,0 bar. b) Schätzen Sie mithilfe der Quadratwurzel aus dem Ergebnis von Teilaufgabe a den mittleren Abstand d der Moleküle voneinander grob ab. c) Berechnen oder schätzen Sie den mittleren Durchmesser D der Luftmoleküle und vergleichen Sie ihn mit dem Wert, den Sie in Teilaufgabe b erhalten haben. d) Skizzieren Sie ein würfelförmiges Volumen, in dem sich Luft befindet und das eine Kantenlänge von $3\,d$ hat. Zeichnen Sie maßstabsgerecht die Moleküle so ein, wie sie Ihrer Meinung nach in einer typischen Momentaufnahme vorliegen. e) Erklären Sie anhand Ihrer Skizze, warum die mittlere freie Weglänge wesentlich größer ist als der mittlere Abstand der Moleküle voneinander.

14.27 •• Ein Zylinder mit konstantem Volumen enthält eine Mischung von Stickstoffgas (N_2) und Wasserstoffgas (H_2). Bei der Temperatur T_1 seien sämtliche Stickstoffmoleküle dissoziiert, jedoch keines der Wasserstoffmoleküle. Der Druck sei dabei P_1. Wenn die Temperatur auf $T_2 = 2\,T_1$ verdoppelt wird, dann verdreifacht sich der Druck, weil nun auch alle Wasserstoffmoleküle dissoziiert sind. In welchem Massenverhältnis liegen die beiden Gase im Zylinder vor?

14.28 •• Bei neueren Experimenten mit Atomfallen und Laserkühlung konnte man Gase mit sehr geringer Dichte realisieren, die Rubidium- und andere Atome enthalten, wobei die Temperatur im Bereich von Nanokelvin (nK, 10^{-9} K) lag. Die Atome werden dabei mithilfe von Magnetfeldern und Laserstrahlung in Ultrahochvakuumkammern eingefangen und gekühlt. Eine Methode zum Messen der Temperatur von derart eingefangenen Gasteilchen besteht darin, die Falle abzuschalten und die Zeitspanne zu messen, in der die Gasteilchen eine bestimmte Strecke weit fallen. Nehmen Sie an, ein Gas aus Rubidiumatomen hat eine Temperatur von 120 nK. Berechnen Sie, welche Zeit ein Atom mit der quadratisch gemittelten Geschwindigkeit des Gases benötigt, um 10,0 cm weit zu fallen, wenn es sich a) anfangs direkt nach unten bewegt bzw. wenn es sich b) anfangs direkt nach oben bewegt. Nehmen Sie an, dass das Atom auf seiner Flugbahn mit keinem anderen Atom zusammenstößt.

14.29 ••• Ein Zylinder ist mit 0,10 mol eines idealen Gases bei Standardbedingungen gefüllt. Ein zunächst fixierter Kolben mit der Masse 1,4 kg (Abb. 14.3) dichtet den Zylinder gasdicht ab. Die eingeschlossene Gassäule ist 2,4 m hoch. Kolben und Zylinder sind von Luft umgeben, ebenfalls bei Standardbedingungen. Nun wird der Kolben losgelassen und kann absinken, wobei er sich (nach wie vor gasdicht schließend) reibungsfrei bewegen kann. Nach einiger Zeit endet die Schwingungsbewegung des Kolbens; nun sind der Kolben und die umgebende Luft in thermischem Gleichgewicht miteinander. a) Berechnen Sie, wie hoch die Gassäule nun ist. b) Nehmen Sie an, der Kolben wird um eine geringe Strecke aus seiner Gleichgewichtsposition nach unten gedrückt und dann losgelassen. Nehmen Sie an, dass die Temperatur des Gases konstant bleibt, und berechnen Sie die Frequenz, mit der der Kolben schwingt.

Abb. 14.3 Zu Aufgabe 14.29

Lösungen zu den Aufgaben

Verständnisaufgaben

L14.1 Zwischen der quadratisch gemittelten Geschwindigkeit v_{rms} und der absoluten Temperatur T besteht folgender Zusammenhang: $v_{\mathrm{rms}} = \sqrt{3\,R\,T/m_{\mathrm{Mol}}}$. Darin ist R die Gaskonstante

und m_{Mol} die molare Masse. Demnach ist v_{rms} proportional zur Quadratwurzel aus der Temperatur, und diese muss vervierfacht werden, um die quadratisch gemittelte Geschwindigkeit der Moleküle zu verdoppeln.

L14.2 Zwischen der quadratisch gemittelten Geschwindigkeit v_{rms} der Teilchen und der Temperatur T des idealen Gases besteht folgender Zusammenhang: $v_{\mathrm{rms}} = \sqrt{3\,R\,T/m_{\mathrm{Mol}}}$.

Bei gleicher Temperatur ist das Verhältnis der quadratisch gemittelten Geschwindigkeiten von Gasteilchen umgekehrt proportional zur Quadratwurzel aus dem Verhältnis ihrer Molmassen.

Die mittlere kinetische Energie der Teilchen des idealen Gases ist gegeben durch $\langle E_{\mathrm{kin}} \rangle = \frac{3}{2}\,k_{\mathrm{B}}\,T$. Bei gleicher Temperatur sind die mittleren kinetischen Energien also gleich.

L14.3 Die mittlere kinetische Energie der Teilchen des idealen Gases ist gegeben durch $\langle E_{\mathrm{kin}} \rangle = \frac{3}{2}\,k_{\mathrm{B}}\,T$. Also ist Aussage d richtig, denn die mittlere kinetische Energie hängt allein von der Temperatur ab.

L14.4 Wird das Gas durch einen Kolben adiabatisch oder isotherm expandiert, verrichtet es die Arbeit $\delta W = p\,dV$ am Kolben, und seine innere Energie (und ggf. Temperatur) sinkt. Mikroskopisch lässt sich das so verstehen: Der Kolben bewegt sich mit der Geschwindigkeit v, und die davon zurückprallenden Luftteilchen besitzen bei lotrechtem Einfall einen um $2v$ reduzierten Geschwindigkeitsbetrag.

Im Gegensatz zu einer solchen adiabatischen oder isothermen Ausdehnung beim Herausziehen eines Kolbens verrichtet das Gas in dem hier betrachteten Szenario keine Arbeit. Mikroskopisch gesehen wird einfach das zur Verfügung stehende Volumen vergrößert. Die Geschwindigkeitsverteilung der Teilchen und damit die innere Energie bleibt im Falle eines idealen Gases gleich. Auch die Temperatur bleibt damit unverändert. Lediglich der Druck sinkt gemäß $p \propto T/V$ auf die Hälfte. Dies lässt sich wiederum mikroskopisch verstehen, da schlagartig die doppelte Wegstrecke zwischen den Enden des Zylinders zurückgelegt werden muss. Dies führt dazu, dass die Stöße der Luftteilchen an den Zylinderenden mit halber Rate geschehen bzw. sich an den Seitenwänden nun auf eine verdoppelte Fläche verteilen.

Reale Gase besitzen aufgrund innerer Kräfte zwischen den Teilchen eine volumenabhängige innere Energie und verändern im obigen Versuch ihre innere Energie und Temperatur. Dies ist die Grundlage des Joule-Thomson-Effekts, der zur Abkühlung von Gasen verwendet wird.

L14.5 Wir betrachten die Zustandsgleichung für das ideale Gas: $P\,V = \tilde{n}\,R\,T$. Die Behälter haben gleiche Volumina, und die idealen Gase in ihnen haben den gleichen Druck und die gleiche Temperatur. Daher müssen auch die Molanzahlen $\tilde{n}$ dieselben sein. Also ist Aussage a richtig.

L14.6 Die quadratisch gemittelte Geschwindigkeit der Gasmoleküle ist gegeben durch $v_{\mathrm{rms}} = \sqrt{3\,R\,T/m_{\mathrm{Mol}}}$. Für die Heliumatome ist also $v_{\mathrm{rms,He}} = \sqrt{3\,R\,T/m_{\mathrm{Mol,He}}}$ und für die

CH_4-Moleküle entsprechend $v_{\mathrm{rms,CH_4}} = \sqrt{3\,R\,T/m_{\mathrm{Mol,CH_4}}}$. Wir dividieren die vorletzte durch die letzte Gleichung und setzen die nachgeschlagenen Molmassenwerte ein:

$$\frac{v_{\mathrm{rms,He}}}{v_{\mathrm{rms,CH_4}}} = \sqrt{\frac{m_{\mathrm{Mol,CH_4}}}{m_{\mathrm{Mol,He}}}} = \sqrt{\frac{16\,\mathrm{g \cdot mol^{-1}}}{4\,\mathrm{g \cdot mol^{-1}}}} = 2\,.$$

Also ist der Wert b richtig.

L14.7 Der Druck rührt von der zeitlichen Änderung des Impulses her, die ein Gasmolekül beim Stoß auf die Behälterwand erfährt. Wenn das Gas erwärmt wird, dann steigt die mittlere Geschwindigkeit seiner Teilchen, also auch ihr mittlerer Impuls und damit der Druck, den die Teilchen auf die Behälterwand ausüben.

L14.8 a) Mit zunehmender Höhe über dem Meeresspiegel sinkt der Druck P. Entlang der Kurve OC sinkt die Temperatur mit abnehmendem Druck bzw. steigender Höhe über dem Meeresspiegel; daher sinkt auch die Siedetemperatur. Analog dazu steigt entlang der Kurve OB die Schmelztemperatur mit abnehmendem Druck. b) Die Garzeit von Speisen wird wegen der geringeren Siedetemperatur mit steigender Höhe über dem Meeresspiegel länger.

L14.9 Bei Drücken unterhalb von 5,17 bar kann Kohlendioxid nur fest oder gasförmig (bzw. als Festkörper- oder als Dampfphase) vorliegen. Auf dem Mars ist die Temperatur im Mittel so hoch, dass das Kohlendioxid vorwiegend gasförmig ist. Doch an den Polkappen ist die Temperatur offenbar so niedrig, dass nur festes Kohlendioxid („Trockeneis") vorliegt.

Schätzungs- und Näherungsaufgabe

L14.10 Die quadratisch gemittelte Geschwindigkeit der Gasmoleküle ist gegeben durch $v_{\mathrm{rms}} = \sqrt{3\,R\,T/m_{\mathrm{Mol}}}$. Wir berechnen mit dieser Formel die Werte für die Gase H_2, O_2 und CO_2 bei 273 K und vergleichen sie mit 20 % der Fluchtgeschwindigkeit auf dem Mars. Das gibt Aufschluss über die Wahrscheinlichkeit dafür, dass das jeweilige Gas in der Atmosphäre des Mars vorhanden ist. Wir erhalten folgende Werte:

a) Mit $m_{\mathrm{Mol}} = 2{,}02 \cdot 10^{-3}\,\mathrm{kg \cdot mol^{-1}}$ für Wasserstoff:

$$
\begin{aligned}
v_{\mathrm{rms,H_2}} &= \sqrt{\frac{3\,(8{,}314\,\mathrm{J \cdot mol^{-1} \cdot K^{-1}})\,(273\,\mathrm{K})}{m_{\mathrm{Mol}}}} \\
&= \sqrt{\frac{3\,(8{,}314\,\mathrm{J \cdot mol^{-1} \cdot K^{-1}})\,(273\,\mathrm{K})}{2{,}02 \cdot 10^{-3}\,\mathrm{kg \cdot mol^{-1}}}} \\
&= 1{,}84\,\mathrm{km/s}\,;
\end{aligned}
$$

b) Mit $m_{\mathrm{Mol}} = 32{,}0 \cdot 10^{-3}\,\mathrm{kg \cdot mol^{-1}}$ für Sauerstoff:

$$v_{\mathrm{rms,O_2}} = 461\,\mathrm{m/s}\,;$$

c) Mit $m_{\mathrm{Mol}} = 44{,}0 \cdot 10^{-3}\,\mathrm{kg \cdot mol^{-1}}$ für Kohlendioxid:

$$v_{\mathrm{rms,CO_2}} = 393\,\mathrm{m/s}\,.$$

d) Ein Fünftel der Fluchtgeschwindigkeit auf dem Mars entspricht $\frac{1}{5}\,(5{,}0\,\mathrm{km/s}) = 1{,}0\,\mathrm{km/s}$. Dieser Wert ist höher als die quadratisch gemittelte Geschwindigkeit der CO_2- und der O_2-Moleküle, jedoch geringer als die der H_2-Moleküle. Daher enthält die Atmosphäre des Mars von den genannten Gasen nur Sauerstoff und Kohlendioxid, jedoch keinen Wasserstoff.

Die Zustandsgleichung für das ideale Gas

L14.11 Wir bezeichnen mit dem Index 1 das Gas bei 50 °C und mit dem Index 2 das Gas bei 100 °C. Gemäß der Zustandsgleichung für das ideale Gas gilt $P_2\,V_2/T_2 = P_1\,V_1/T_1$. Wegen $P_2 = P_1$ ist also $V_2/V_1 = T_2/T_1$.

Einsetzen der gegebenen Werte ergibt

$$\frac{V_2}{V_1} = \frac{T_2}{T_1} = \frac{(273{,}15 + 100)\,\mathrm{K}}{(273{,}15 + 50)\,\mathrm{K}} = 1{,}15\,.$$

Das Volumen nimmt also um 15 % zu.

L14.12 Die Anzahl der Mole im Behälter ermitteln wir mithilfe der Zustandsgleichung $P\,V = \tilde{n}\,R\,T$ für ideale Gase:

$$
\begin{aligned}
\tilde{n} = \frac{P\,V}{R\,T} &= \frac{(4{,}00\,\mathrm{bar})\,(10{,}0\,\mathrm{l})}{(8{,}314 \cdot 10^{-2}\,\mathrm{l \cdot bar \cdot mol^{-1} \cdot K^{-1}})\,(273\,\mathrm{K})} \\
&= 1{,}762\,\mathrm{mol} = 1{,}76\,\mathrm{mol}\,.
\end{aligned}
$$

Die Anzahl der Teilchen im Gas ist $n = \tilde{n}\,N_{\mathrm{A}}$, wobei N_{A} die Avogadro-Zahl ist. Damit erhalten wir

$$n = (1{,}762\,\mathrm{mol})\,(6{,}022 \cdot 10^{23}\,\mathrm{mol^{-1}}) = 1{,}06 \cdot 10^{24}\,.$$

L14.13 Wir verwenden den Index 1 für den Reifendruck 180 kPa und den Index 2 für den Reifendruck 245 kPa. Weiterhin nehmen wir an, dass sich die Luft in den Reifen wie ein ideales Gas verhält.

a) Für eine gegebene Menge eines idealen Gases lautet die Zustandsgleichung

$$\frac{P_2\,V_2}{T_2} = \frac{P_1\,V_1}{T_1}\,.$$

Weil das Volumen konstant bleibt, ergibt sich für die gesuchte Temperatur: $T_2 = T_1\,P_2/P_1$. Beim Einsetzen der gegebenen Werte beachten wir, dass der angegebene Druck jeweils ein Überdruck ist, dass also der Atmosphärendruck (101 kPa) addiert werden muss:

$$T_2 = (265\,\mathrm{K})\,\frac{245\,\mathrm{kPa} + 101\,\mathrm{kPa}}{180\,\mathrm{kPa} + 101\,\mathrm{kPa}} = 326{,}3\,\mathrm{K} = 53\,°\mathrm{C}\,.$$

b) Wir verwenden mit dem um 7 % angestiegenen Volumen $V_2 = 1{,}07\,V_1$ wieder die erste Gleichung und setzen für $T_2 = P_2\,T_1/P_1$ den eben berechneten Wert ein. Das ergibt

$$
\begin{aligned}
T_2 &= \frac{V_2\,P_2}{V_1\,P_1}\,T_1 = 1{,}07\,\left(\frac{P_2}{P_1}\,T_1\right) = 1{,}07\,T_2 \\
&= 1{,}07\,(326{,}3\,\mathrm{K}) = 349{,}1\,\mathrm{K} = 76\,°\mathrm{C}\,.
\end{aligned}
$$

L14.14 a) Die Anzahl der Mole an Luft im Zimmer hängt gemäß der Zustandsgleichung für das ideale Gas von der Temperatur und vom Druck ab:

$$\tilde{n} = \frac{P\,V}{R\,T}\,. \tag{1}$$

Einsetzen der Werte ergibt

$$\tilde{n} = \frac{(1{,}0 \cdot 10^5\,\text{Pa})\,(6{,}0\,\text{m})\,(5{,}0\,\text{m})\,(3{,}0\,\text{m})}{(8{,}314\,\text{J} \cdot \text{mol}^{-1} \cdot \text{K}^{-1})\,(300\,\text{K})}$$
$$= 3{,}61 \cdot 10^3\,\text{mol} = 3{,}6 \cdot 10^3\,\text{mol}\,.$$

b) Die Anzahl der Mole im Zimmer nach der Erhöhung der Temperatur um 5 °C bezeichnen wir mit $\tilde{n}'$. Die Änderung der Molanzahl ist also $\Delta n = \tilde{n}' - \tilde{n}$. Analog zu Gleichung 1 gilt

$$\tilde{n}' = \frac{P\,V}{R\,T'}\,. \tag{2}$$

Dividieren von Gleichung 2 durch Gleichung 1 ergibt $\tilde{n}'/\tilde{n} = T/T'$ sowie $\tilde{n}' = \tilde{n}\,T/T'$. Damit ist die Änderung der Molanzahl

$$\Delta\tilde{n} = \tilde{n}' - \tilde{n} = \tilde{n}\,\frac{T}{T'} - \tilde{n} = \tilde{n}\left(\frac{T}{T'} - 1\right)$$
$$= (3{,}61 \cdot 10^3\,\text{mol})\left(\frac{300\,\text{K}}{305\,\text{K}} - 1\right) = -59\,\text{mol}\,.$$

Es entweichen also 59 Mole Luft.

L14.15 a) Die Zustandsgleichung für das ideale Gas lautet $V = \tilde{n}\,R\,T/P$, wobei für die Molanzahl $\tilde{n} = m/m_{\text{Mol}}$ gilt. Damit erhalten wir für das Volumen bei 25,0 K

$$V_{25} = \frac{m}{m_{\text{Mol}}}\,\frac{R\,T}{P}$$
$$= \frac{(10{,}0\,\text{g})\,(0{,}083141 \cdot \text{bar} \cdot \text{mol}^{-1} \cdot \text{K}^{-1})\,(25{,}0\,\text{K})}{(4{,}003\,\text{g} \cdot \text{mol}^{-1})\,(1{,}00\,\text{bar})}$$
$$= 5{,}1921 = 5{,}2\,\text{l}\,.$$

b) Mithilfe der Zustandsgleichung $P\,V = \tilde{n}\,R\,T$ für das ideale Gas, also mit der Beziehung

$$\frac{P_{293}\,V_{293}}{T_{293}} = \frac{P_{25}\,V_{25}}{T_{25}}\,,$$

berechnen wir das Volumen der gegebenen Menge an Helium bei 293 K, wobei wir berücksichtigen, dass $P_{293} = P_{25}$ ist:

$$V_{293} = \frac{T_{293}}{T_{25}}\,V_{25} = \frac{293\,\text{K}}{25{,}0\,\text{K}}\,(5{,}1921) = 60{,}9\,\text{l}\,.$$

L14.16 Wir verwenden den Index 1 für die Bedingungen in 40 m Tiefe und den Index 2 für die Bedingungen an der Oberfläche. Gemäß der Zustandsgleichung gilt für eine bestimmte Menge eines idealen Gases $P_2\,V_2/T_2 = P_1\,V_1/T_1$. Das Volumen der Luftblase unmittelbar vor dem Erreichen der Oberfläche ist

$$V_2 = V_1\,\frac{T_2\,P_1}{T_1\,P_2}\,.$$

Damit erhalten wir für den Druck in 40 m Tiefe

$$P_1 = P_{\text{Atm}} + \varrho\,g\,h$$
$$= (101{,}325\,\text{kPa})$$
$$\quad + (1{,}00 \cdot 10^3\,\text{kg} \cdot \text{m}^{-3})\,(9{,}81\,\text{m} \cdot \text{s}^{-2})\,(40\,\text{m})$$
$$= 493{,}7\,\text{kPa}\,.$$

Einsetzen dieses Druckwerts sowie der Temperaturwerte $T_1 = 278\,\text{K}$ und $T_2 = 298\,\text{K}$ in die erste Gleichung ergibt für das Volumen der Luftblase an der Oberfläche

$$V_2 = (15\,\text{cm}^3)\,\frac{(298\,\text{K})\,(493{,}7\,\text{kPa})}{(278\,\text{K})\,(101{,}3\,\text{kPa})} = 78\,\text{cm}^3\,.$$

L14.17 Die Nutzlast F_{N} (einschließlich der Gewichtskraft der Ballonhülle) ist betragsmäßig gleich der Differenz zwischen der Auftriebskraft F_{A} und der Gewichtskraft F_{i} der Luft innerhalb des Ballons: $F_{\text{N}} = F_{\text{A}} - F_{\text{i}}$.

Die Auftriebskraft ist betragsmäßig gleich der Gewichtskraft der verdrängten Außenluft und daher – mit dem Volumen V_{B} des Ballons – gegeben durch $F_{\text{A}} = \varrho_{\text{a}}\,V_{\text{B}}\,g$.

Die Luft im Ballon hat die Dichte ϱ_{i} und daher die Gewichtskraft $F_{\text{i}} = \varrho_{\text{i}}\,V_{\text{B}}\,g$.

Somit gilt für die Nutzlast

$$F_{\text{N}} = F_{\text{A}} - F_{\text{i}} = \varrho_{\text{a}}\,V_{\text{B}}\,g - \varrho_{\text{i}}\,V_{\text{B}}\,g = (\varrho_{\text{a}} - \varrho_{\text{i}})\,V_{\text{B}}\,g\,.$$

Mit der Molmasse m_{Mol}, der Avogadro-Zahl $\tilde{n}$ und der Anzahl n der Moleküle gilt für die Dichte

$$\varrho = \frac{m_{\text{Mol}}}{\tilde{n}}\,\frac{n}{V}\,.$$

Mit der Zustandsgleichung für das ideale Gas

$$P\,V = n\,k_{\text{B}}\,T \qquad \text{bzw.} \qquad \frac{n}{V} = \frac{P}{k_{\text{B}}\,T}$$

wird daraus

$$\varrho = \frac{m_{\text{Mol}}\,P}{\tilde{n}\,k_{\text{B}}}\,\frac{1}{T}\,.$$

Mit der obigen Gleichung für die Nutzlast erhalten wir

$$F_{\text{N}} = (\varrho_{\text{a}} - \varrho_{\text{i}})\,V_{\text{B}}\,g = \frac{m_{\text{Mol}}\,P}{\tilde{n}\,k_{\text{B}}}\left(\frac{1}{T_{\text{a}}} - \frac{1}{T_{\text{i}}}\right)V_{\text{B}}\,g$$
$$= \frac{(29{,}0\,\text{g} \cdot \text{mol}^{-1})\,(100\,\text{kPa})\left(\dfrac{1}{293\,\text{K}} - \dfrac{1}{373\,\text{K}}\right)}{(6{,}022 \cdot 10^{23}\,\text{mol}^{-1})\,(1{,}381 \cdot 10^{-23}\,\text{J} \cdot \text{K}^{-1})}$$
$$\quad \cdot (446\,\text{m}^3)\,(9{,}81\,\text{m} \cdot \text{s}^{-2})$$
$$= 11\,\text{kN}\,.$$

Die molekulare Geschwindigkeit und der Gleichverteilungssatz

L14.18 Die Energie der Translation von $\tilde{n}$ Molen eines Gases ist gegeben durch $E_{\text{kin}} = \frac{3}{2}\tilde{n}RT$, und für das ideale Gas gilt die Zustandsgleichung $PV = \tilde{n}RT$. Einsetzen in die erste Gleichung ergibt $E_{\text{kin}} = \frac{3}{2}PV$. Also ist

$$E_{\text{kin}} = \tfrac{3}{2}\,(1{,}0 \cdot 10^5\,\text{Pa})\,(1{,}0 \cdot 10^{-3}\,\text{m}^{-3}) = 0{,}15\,\text{kJ}\,.$$

L14.19 Die Temperatur ist gegeben, und wir kennen die molare Masse des Wasserstoffatoms. Also können wir mit der Beziehung $v_{\text{rms}} = \sqrt{3RT/m_{\text{Mol}}}$ die quadratisch gemittelte Geschwindigkeit der Atome berechnen. Einsetzen der Werte ergibt

$$v_{\text{rms}} = \sqrt{\frac{3\,(8{,}314\,\text{J}\cdot\text{mol}^{-1}\cdot\text{K}^{-1})\,(1{,}0\cdot 10^7\,\text{K})}{1{,}0079\cdot 10^{-3}\,\text{kg}\cdot\text{mol}^{-1}}}$$

$$= 5{,}0 \cdot 10^5\,\text{m}\cdot\text{s}^{-1}\,.$$

Die mittlere kinetische Energie eines Wasserstoffatoms ist

$$\langle E_{\text{kin}}\rangle = \tfrac{3}{2}k_{\text{B}}T = \tfrac{3}{2}\,(1{,}381\cdot 10^{-23}\,\text{J}\cdot\text{K}^{-1})\,(1{,}0\cdot 10^7\,\text{K})$$

$$= 2{,}1 \cdot 10^{-16}\,\text{J}\,.$$

L14.20 Die Gleichung

$$f(v) = \frac{4}{\sqrt{\pi}}\left(\frac{m}{2k_{\text{B}}T}\right)^{3/2} v^2\, e^{-mv^2/(2k_{\text{B}}T)}$$

beschreibt die Maxwell-Boltzmann'sche Geschwindigkeitsverteilung. Ihre Extrema erhält man durch Nullsetzen ihrer Ableitung nach der Geschwindigkeit v. Wir leiten also nach v ab:

$$\frac{\mathrm{d}f}{\mathrm{d}v} = \frac{\mathrm{d}}{\mathrm{d}v}\left[\frac{4}{\sqrt{\pi}}\left(\frac{m}{2k_{\text{B}}T}\right)^{3/2} v^2\, e^{-mv^2/(2k_{\text{B}}T)}\right]$$

$$= \frac{4}{\sqrt{\pi}}\left(\frac{m}{2k_{\text{B}}T}\right)^{3/2}\left(2v - \frac{m\,v^3}{k_{\text{B}}T}\right) e^{-mv^2/(2k_{\text{B}}T)}\,.$$

Nullsetzen der Ableitung ergibt

$$2v - \frac{m\,v^3}{k_{\text{B}}T} = 0 \qquad \text{sowie daraus} \qquad v = \sqrt{\frac{2k_{\text{B}}T}{m}}\,.$$

Aus einer Auftragung von $f(v)$ gegen v wird klar, dass dieser Extremwert ein Maximum ist. Die Kurve ist hier von oben gesehen konvex. (Dass ein Maximum vorliegt, wird auch daraus deutlich, dass bei $v = \sqrt{2k_{\text{B}}T/m}$ die zweite Ableitung negativ ist: $\mathrm{d}^2 f/\mathrm{d}v^2 < 0$.)

Die mittlere freie Weglänge

L14.21 Die mittlere freie Weglänge eine Gasteilchens mit dem Durchmesser d ist

$$\lambda = \frac{1}{\sqrt{2}\,(n/V)\,\pi\, d^2}\,.$$

Mit der Zustandsgleichung $PV = \tilde{n}RT$ für das ideale Gas sowie mit $R = N_{\text{A}}k_{\text{B}}$ gilt für die Anzahldichte der Teilchen

$$n/V = \frac{\tilde{n}\,N_{\text{A}}}{V} = \frac{\tilde{n}\,N_{\text{A}}}{\tilde{n}\,R\,T}\,P = \frac{P}{k_{\text{B}}T}\,.$$

Das setzen wir in die erste Gleichung ein und erhalten

$$\lambda = \frac{k_{\text{B}}T}{\sqrt{2}\,P\,\pi\,d^2}\,.$$

L14.22 Wir können uns das O_2-Molekül so vorstellen, als hingen zwei Kugeln aneinander. Die Querschnittsfläche A entspricht dann *ungefähr* der von zwei Kreisen mit dem Atomdurchmesser d. Sie ist also $A = 2\,(\pi\, d^2/4) = \pi\, d^2/2$. Dann ist der Atomdurchmesser gegeben durch $d = \sqrt{2A/\pi}$. Die Querschnittsfläche können wir aus ihrem Zusammenhang mit der mittleren freien Weglänge λ und der Anzahldichte n/V der Moleküle abschätzen. Die mittlere freie Weglänge ist

$$\lambda = \frac{1}{(n/V)\,A}\,.$$

Auflösen nach der Querschnittsfläche A ergibt

$$A = \frac{1}{(n/V)\,\lambda}\,.$$

Damit ist der Atomdurchmesser

$$d = \sqrt{\frac{2A}{\pi}} = \sqrt{\frac{2}{\pi\,(n/V)\,\lambda}}\,.$$

Gemäß der Zustandsgleichung $PV = n k_{\text{B}} T$ für das ideale Gas gilt für die Anzahldichte $n/V = P/(k_{\text{B}}T)$. Dies setzen wir in die Formel für den Atomdurchmesser ein:

$$d = \sqrt{\frac{2k_{\text{B}}T}{\pi\,P\,\lambda}} = \sqrt{\frac{2\,(1{,}381\cdot 10^{-23}\,\text{J}\cdot\text{K}^{-1})\,(300\,\text{K})}{\pi\,(1{,}00\cdot 10^5\,\text{Pa})\,(7{,}10\cdot 10^{-8}\,\text{m})}}$$

$$= 6{,}12 \cdot 10^{-10}\,\text{m} = 0{,}612\,\text{nm}\,.$$

Die Van-der-Waals-Gleichung für reale Gase

L14.23 a) Mithilfe der Zustandsgleichung für das ideale Gas ergibt sich mit $R = 8{,}314\cdot 10^{-2}\,\text{l}\cdot\text{bar}\cdot\text{mol}^{-1}\cdot\text{K}^{-1}$ das Dampfvolumen zu

$$V = \frac{\tilde{n}RT}{P} = \frac{(1{,}00\,\text{mol})\,R\,(373\,\text{K})}{1{,}00\,\text{bar}} = 31{,}0\,\text{l}\,.$$

b) Wir lösen die Van-der-Waals-Gleichung nach der Temperatur auf und setzen die Zahlenwerte ein:

$$T = \left(P + \frac{a\,\tilde{n}^2}{V^2}\right)\frac{V - b\,\tilde{n}}{\tilde{n}\,R}$$

$$= \left((1{,}00\,\text{bar}) + \frac{(5{,}50\,\text{l}^6\cdot\text{bar}\cdot\text{mol}^{-2})\,(1{,}00\,\text{mol})^2}{(3{,}10\cdot 10^{-2}\,\text{m}^3)^2}\right)$$

$$\cdot\frac{(31{,}0\,\text{l}) - (30{,}0\cdot 10^{-3}\,\text{l}\cdot\text{mol}^{-1})\,(1{,}00\,\text{mol})}{(1{,}00\,\text{mol})\,(8{,}314\cdot 10^{-2}\,\text{l}\cdot\text{bar}\cdot\text{mol}^{-1}\cdot\text{K}^{-1})}$$

$$= 373\,\text{K}\,.$$

L14.24 Der Van-der-Waals-Koeffizient b entspricht dem Volumen eines Mols der Atome. Wir dividieren dieses Volumen b durch die Avogadro-Zahl und erhalten für das Volumen eines Heliumatoms

$$V_A = \frac{b}{N_A} = \frac{(0{,}02381 \cdot \mathrm{mol}^{-1})\,(10^3\,\mathrm{cm}^{-3} \cdot \mathrm{l}^{-1})}{6{,}022 \cdot 10^{23}\,\mathrm{mol}^{-1}}$$
$$= 3{,}95 \cdot 10^{-23}\,\mathrm{cm}^3\,.$$

Wir nehmen das Heliumatom als kugelförmig an. Dann ist sein Volumen $V_A = \frac{4}{3}\pi r^3$, und sein Radius ergibt sich zu

$$r = \sqrt[3]{\frac{3\,V_A}{4\pi}} = \sqrt[3]{\frac{3\,(3{,}95 \cdot 10^{-23}\,\mathrm{cm}^3)}{4\pi}}$$
$$= 2{,}11 \cdot 10^{-8}\,\mathrm{cm} = 0{,}21\,\mathrm{nm}\,.$$

Allgemeine Aufgaben

L14.25 a) Für das ideale Gas gilt

$$V = \frac{\tilde{n}\,R\,T}{P} \qquad \text{und daher} \qquad \frac{\mathrm{d}V}{\mathrm{d}T} = \frac{\tilde{n}\,R}{P}\,.$$

Damit ergibt sich für den Volumenausdehnungskoeffizienten

$$\beta = \frac{1}{V}\frac{\mathrm{d}V}{\mathrm{d}T} = \frac{1}{V}\frac{\tilde{n}\,R}{P} = \frac{1}{T}\,.$$

b) Bei $T = 273\,\mathrm{K}$ ist die relative Abweichung des experimentellen vom theoretischen Volumenausdehnungskoeffizienten

$$\frac{\beta_{\text{exp.}} - \beta_{\text{theor.}}}{\beta_{\text{theor.}}} = \frac{0{,}003673\,\mathrm{K}^{-1} - \frac{1}{273}\,\mathrm{K}^{-1}}{\frac{1}{273}\,\mathrm{K}^{-1}} < 0{,}3\,\%\,.$$

L14.26 a) Wir berechnen zunächst das pro Molekül im Mittel zur Verfügung stehende Volumen, also den Quotienten aus dem Gesamtvolumen und der Molekülanzahl. Mit der Zustandsgleichung $P\,V = n\,k_B\,T$ für das ideale Gas erhalten wir

$$\frac{V}{n} = \frac{k_B\,T}{P} = \frac{(1{,}381 \cdot 10^{-23}\,\mathrm{J} \cdot \mathrm{K}^{-1})\,(293\,\mathrm{K})}{1{,}00 \cdot 10^5\,\mathrm{Pa}}$$
$$= 4{,}043 \cdot 10^{-26}\,\mathrm{m}^3\,.$$

b) Wir stellen uns vor, dass jedes Molekül einen kleinen Würfel mit der Kantenlänge d besetzt. Dann ist der mittlere Abstand zwischen den Molekülen gleich dem Abstand der Würfelmitten bzw. gleich dieser Kantenlänge, und diese ist die dritte Wurzel aus dem eben berechneten Volumen pro Molekül:

$$d = \sqrt[3]{4{,}043 \cdot 10^{-26}\,\mathrm{m}^3} \approx 3{,}4\,\mathrm{nm}\,.$$

c) Anhand der nachgeschlagenen Atomdurchmesser können wir den mittleren Durchmesser eines Luftmoleküls zu knapp 0,4 nm abschätzen. Das entspricht gut einem Zehntel des eben abgeschätzten mittleren Molekülabstands.

d) Die Skizze zeigt schematisch eine Momentaufnahme der Moleküle in einem Würfel mit der Kantenlänge $3\,d$, wobei zur besseren Übersicht jedoch nicht 27, sondern nur 19 Moleküle eingezeichnet sind.

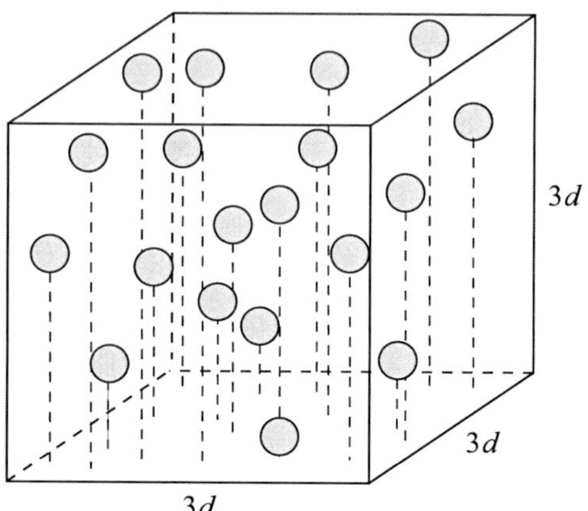

e) Wir betrachten irgendeines der Moleküle in der Skizze und nehmen an, dass es sich gerade nach rechts bewegt. Dann ist die Wahrscheinlichkeit, dass es auf ein anderes Molekül in seiner Nähe trifft, sehr gering, weil sich dieses ja ebenfalls bewegt. Nur dann, wenn beide sich in Richtungen bewegen, die annähernd in einer Ebene liegen und außerdem nicht voneinander abgewandt sind, können sie sich treffen. Daher ist die mittlere freie Weglänge vielfach länger als der mittlere Abstand vom nächsten Molekül.

L14.27 Wir können jeweils die Zustandsgleichung für das ideale Gas ansetzen. Bei der Temperatur T_1 sind nur die Stickstoffmoleküle dissoziiert, und es ist

$$P_1\,V = (2\,\tilde{n}_{N_2} + \tilde{n}_{H_2})\,R\,T_1\,.$$

Bei der doppelt so hohen Temperatur sind auch die Wasserstoffmoleküle dissoziiert, und mit dem dreimal so hohen Druck gilt:

$$3\,P_1\,V = (2\,\tilde{n}_{N_2} + 2\,\tilde{n}_{H_2})\,2\,R\,T_1\,.$$

Wir dividieren die zweite Gleichung durch die erste und vereinfachen. Das ergibt $\tilde{n}_{H_2} = 2\,\tilde{n}_{N_2}$. Die Masse des vorhandenen Stickstoffs ist

$$m_N = \tilde{n}_{N_2}\,m_{\text{Mol},N_2} = \tilde{n}_{N_2}\,(28{,}01\,\mathrm{g} \cdot \mathrm{mol}^{-1})\,.$$

Also ist die Molanzahl des Stickstoffs gegeben durch $\tilde{n}_{N_2} = m_N/(28{,}01\,\mathrm{g} \cdot \mathrm{mol}^{-1})$.

Entsprechend gilt für die Molanzahl des Wasserstoffs: $\tilde{n}_{H_2} = m_H/(2{,}016\,\mathrm{g} \cdot \mathrm{mol}^{-1})$. Wir setzen die beiden Molanzahlen in die obige Beziehung $\tilde{n}_{H_2} = 2\,\tilde{n}_{N_2}$ ein:

$$\frac{m_H}{2{,}016\,\mathrm{g} \cdot \mathrm{mol}^{-1}} = \frac{2\,m_N}{28{,}01\,\mathrm{g} \cdot \mathrm{mol}^{-1}}\,.$$

Dies ergibt $m_N \approx 7\,m_H$.

L14.28 Wir wählen das Koordinatensystem am besten so, dass die positive Richtung nach unten weist. Die Fallbewegung können wir als gleichförmig beschleunigt ansehen, wobei die Erdbeschleunigung g wirkt. Die Fallstrecke der Atome können wir dann aus der Anfangsgeschwindigkeit, der Fallzeit und der quadratisch gemittelten Geschwindigkeit v_{rms} ermitteln.

a) Die Fallstrecke ist gegeben durch

$$y = v_0\, t + \frac{1}{2}\, g\, t^2 . \tag{1}$$

Die quadratisch gemittelte Geschwindigkeit der Atome mit der Masse m ist

$$v_{rms} = \sqrt{3\, k_B\, T / m} .$$

Einsetzen der gegebenen bzw. bekannten Werte ergibt

$$v_{rms} = \sqrt{\frac{3\,(1{,}381 \cdot 10^{-23}\,\text{J} \cdot \text{K}^{-1})\,(120\,\text{nK})}{(85{,}47\,\text{u})\,(1{,}6606 \cdot 10^{-27}\,\text{kg} \cdot \text{u}^{-1})}}$$
$$= 5{,}918 \cdot 10^{-3}\,\text{m} \cdot \text{s}^{-1} .$$

Dies setzen wir für v_0 in die (1) für die Fallstrecke y ein:

$$0{,}100\,\text{m} = (5{,}918 \cdot 10^{-3}\,\text{m} \cdot \text{s}^{-1})\, t + \tfrac{1}{2}\,(9{,}81\,\text{m} \cdot \text{s}^{-2})\, t^2$$

Das ergibt $t = 0{,}14218\,\text{s} = 142\,\text{ms}$.

b) Wenn sich das Atom anfangs nach oben bewegt, ist

$$v_{rms} = v_0 = -5{,}918 \cdot 10^{-3}\,\text{m} \cdot \text{s}^{-1} .$$

Einsetzen in die erste Gleichung liefert

$$0{,}100\,\text{m} = (-5{,}918 \cdot 10^{-3}\,\text{m} \cdot \text{s}^{-1})\, t + \tfrac{1}{2}\,(9{,}81\,\text{m} \cdot \text{s}^{-2})\, t^2 .$$

Damit erhalten wir $t = 0{,}1464\,\text{s} = 146\,\text{ms}$.

L14.29 a) Der Innendruck P_i setzt sich zusammen aus dem äußeren Druck P_a (bei Standardbedingungen 1 bar) und dem Druck $m\,g / A$, den der Kolben mit der Masse m und der Querschnittsfläche A auf das Gas ausübt:

$$P_i = P_a + \frac{m\,g}{A}$$

Mit der Zustandsgleichung $P\,V = \tilde{n}\,R\,T$ für ideale Gase ist der Druck der eingeschlossenen Gassäule, die die Höhe h hat, gegeben durch:

$$P_i = \frac{\tilde{n}\,R\,T}{V} = \frac{\tilde{n}\,R\,T}{h\,A} \tag{1}$$

Gleichsetzen der beiden Ausdrücke für den Gasdruck P_i ergibt

$$P_a + \frac{m\,g}{A} = \frac{\tilde{n}\,R\,T}{h\,A} .$$

Die Querschnittsfläche A können wir anhand der anfänglichen Höhe 2,4 m der Gassäule sowie der Gasmenge 0,1 mol berechnen, weil Standardbedingungen vorliegen. Bei diesen haben 0,1 mol eines idealen Gases ein Volumen von 22,71 l. Also gilt für das anfängliche Volumen

$$h\,A = (2{,}4\,\text{m})\,A = 2{,}271 \cdot 10^{-3}\,\text{m}^{-3} ,$$

und wir erhalten $A = 9{,}462 \cdot 10^{-4}\,\text{m}^2$.

Nun lösen wir die obige Gleichung für P_a nach der Gleichgewichtshöhe h auf und setzen die Werte ein, wobei wir

$$\tilde{n}\,R\,T = (2{,}4\,\text{m})\,A\,P_a$$

setzen können:

$$h = \frac{\tilde{n}\,R\,T}{A\,P_a + m\,g} = \frac{(2{,}4\,\text{m})\,A\,P_a}{A\,P_a + m\,g} = \frac{2{,}4\,\text{m}}{1 + \dfrac{m\,g}{A\,P_a}}$$
$$= \frac{2{,}4\,\text{m}}{1 + \dfrac{(1{,}4\,\text{kg})\,(9{,}81\,\text{m} \cdot \text{s}^{-2})}{(9{,}462 \cdot 10^{-4}\,\text{m}^2)\,(1{,}00 \cdot 10^5\,\text{Pa})}}$$
$$= 2{,}096\,\text{m} = 2{,}1\,\text{m}$$

b) Mit der „Federkonstanten" k_F und mit der Masse m des Kolbens gilt für dessen Schwingungsfrequenz

$$\nu = \frac{1}{2\,\pi}\,\sqrt{\frac{k_F}{m}} . \tag{2}$$

In der Gleichgewichtsposition des Kolbens gleichen die nach oben und die nach unten wirkenden Kräfte einander aus:

$$P_i\,A - m\,g - P_a\,A = 0 ,$$

und bei einer geringen vertikalen Auslenkung y gilt

$$P_i{'}A - m\,g - P_a\,A = -m\,a_y$$

und daher

$$P_i{'}A - P_i\,A = m\,a_y . \tag{3}$$

Es liegt eine konstante Gasmenge vor, sodass $P_i{'}\,V' = P_i\,V$ ist. Damit folgt

$$P_i{'}\,(V + A\,y) = P_i\,V , \qquad \text{also} \qquad P_i{'} = P_i\,\frac{V}{V + A\,y} .$$

Mit $V = A\,h$ erhalten wir daraus

$$P_i{'}A = P_i\,A\,\frac{A\,h}{A\,h + A\,y} = P_i\,A\,\frac{1}{1 + \dfrac{y}{h}} .$$

Einsetzen in Gleichung 3 ergibt

$$P_i\,A\left(1 + \frac{y}{h}\right)^{-1} - P_i\,A = m\,a_y .$$

Bei kleinen Auslenkungen ($y \ll h$) ist daher

$$P_i\,A\left(1 + \frac{y}{h}\right) - P_i\,A \approx m\,a_y , \qquad \text{also} \qquad -P_i\,A\,\frac{y}{h} \approx m\,a_y .$$

Einsetzen in Gleichung 1 und Vereinfachen liefert

$$-\frac{\tilde{n}\,R\,T}{A\,h}\,A\,\frac{y}{h} \approx m\,a_y\,, \quad \text{also} \quad -\frac{\tilde{n}\,R\,T}{h^2}\,y \approx m\,a_y\,.$$

Daraus folgt, wie bei der Schwingung einer Schraubenfeder:

$$a_y = -\frac{\tilde{n}\,R\,T}{m\,h^2}\,y = -\frac{k_F}{m}\,y\,, \quad \text{mit} \quad \frac{k_F}{m} = \frac{\tilde{n}\,R\,T}{m\,h^2}\,.$$

Das setzen wir schließlich in Gleichung 2 ein, um die Frequenz zu berechnen, mit der der Kolben schwingt:

$$\nu = \frac{1}{2\,\pi}\,\sqrt{\frac{k_F}{m}} = \frac{1}{2\,\pi}\,\sqrt{\frac{\tilde{n}\,R\,T}{m\,h^2}}$$

$$= \frac{1}{2\,\pi}\,\sqrt{\frac{(0{,}10\,\text{mol})\,(8{,}314\,\text{J}\cdot\text{mol}^{-1}\cdot\text{K}^{-1})\,(298\,\text{K})}{(1{,}4\,\text{kg})\,(2{,}096\,\text{m})^2}}$$

$$= 1{,}0\,\text{Hz}\,.$$

Die kinetische Gastheorie

Wärme und der Erste Hauptsatz der Thermodynamik

© Springer-Verlag GmbH Deutschland, ein Teil von Springer Nature 2019

A. Knochel (Hrsg.), *Arbeitsbuch zu Tipler/Mosca, Physik*, https://doi.org/10.1007/978-3-662-58919-9_15

Aufgaben

Verständnisaufgaben

15.1 • Gegenstand A hat eine doppelt so große Masse wie Gegenstand B. Wenn beide Gegenstände gleich große Wärmemengen aufnehmen, ergibt sich bei beiden die gleiche Temperaturänderung. Welche Beziehung besteht zwischen ihren spezifischen Wärmekapazitäten? a) $c_A = 2\,c_B$, b) $2\,c_A = c_B$, c) $c_A = c_B$, d) keine dieser Beziehungen.

15.2 • Beim Joule'schen Experiment, das die Äquivalenz von Wärme und Arbeit zeigte, wird mechanische Energie in innere Energie umgesetzt. Nennen Sie einige Beispiele, bei denen die innere Energie eines Systems in mechanische Energie umgesetzt wird.

15.3 • Kann eine bestimmte Gasmenge Wärme aufnehmen, ohne dass sich ihre innere Energie ändert? Wenn ja, nennen Sie ein Beispiel. Wenn nein, begründen Sie Ihre Antwort.

15.4 • In der Gleichung $Q = \Delta U - W$ (einer Formulierung des Ersten Hauptsatzes der Thermodynamik) stehen die Größen Q und W für: a) die dem System zugeführte Wärme und die von ihm verrichtete Arbeit, b) die dem System zugeführte Wärme und die an ihm verrichtete Arbeit, c) die vom System abgegebene Wärme und die von ihm verrichtete Arbeit, d) die vom System abgegebene Wärme und die an ihm verrichtete Arbeit. – Welche der Aussagen sind richtig, welche sind falsch?

15.5 • Ein bestimmtes Gas besteht aus Ionen, die einander abstoßen. Das Gas erfährt eine freie Expansion, während der es weder Wärme aufnimmt noch Arbeit verrichtet. Wie ändert sich die Temperatur? Begründen Sie Ihre Antwort.

15.6 • Ein Gas ändert seinen Zustand reversibel von A nach C im p-V-Diagramm von Abb. 15.1. Die vom Gas verrichtete Arbeit ist a) am größten beim Weg A→B→C, b) am kleinsten beim Weg A→C, c) am größten beim Weg A→D→C, d) bei allen drei Wegen gleich groß. – Welche dieser Aussagen trifft zu?

Abb. 15.1 Zu Aufgabe 15.6

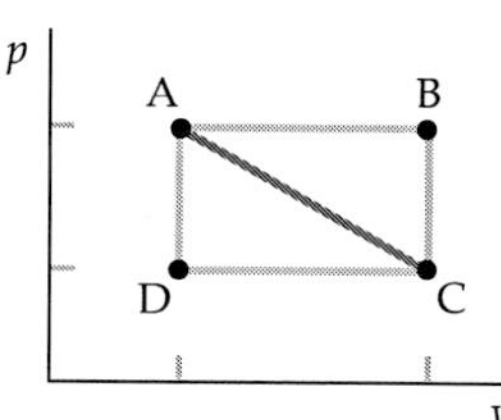

15.7 • Das Volumen einer bestimmten Menge eines Gases bleibt konstant, während sich ihre Temperatur und ihr Druck ändern. Welche der folgenden Aussagen trifft bzw. treffen dafür zu? a) Die innere Energie des Gases bleibt unverändert. b) Das Gas verrichtet keine Arbeit. c) Das Gas nimmt keine Wärme auf.

d) Die Änderung der inneren Energie des Gases entspricht der von ihm netto aufgenommenen Wärmemenge. e) Es trifft keine dieser Aussagen zu.

15.8 •• Welches Metall hat nach Ihrer Einschätzung die höhere Wärmekapazität *pro Masseneinheit*: Blei oder Kupfer? Warum? (Schlagen Sie vor der Beantwortung der Frage nicht die Wärmekapazitäten nach.)

15.9 •• Ein ideales Gas durchläuft einen Prozess, bei dem das Produkt $P\sqrt{V}$ konstant ist und das Gasvolumen abnimmt. Wie ändert sich dabei die Temperatur? Erklären Sie die Zusammenhänge.

Schätzungs- und Näherungsaufgaben

15.10 • An einer Küste soll ein Kraftwerk errichtet werden, und zur Kühlung soll Meerwasser verwendet werden. Das Kraftwerk soll eine elektrische Leistung von 1,00 GW abgeben und einen Wirkungsgrad von einem Drittel haben (was für moderne Kraftwerke ein guter Wert ist). Die Wärmeabgabe an das Kühlwasser beträgt daher 2,00 GW. Nach den Vorschriften darf dessen Temperaturanstieg aber nicht höher als 10 °C sein. Schätzen Sie ab, wie hoch der Kühlwasserdurchsatz (in kg/s) sein muss.

15.11 •• Ein gewöhnlicher Mikrowellenherd nimmt eine elektrische Leistung von rund 1200 W auf. Schätzen Sie ab, wie lange es dauert, um eine Tasse Wasser zum Sieden zu bringen, wenn 50 % dieser Leistung zum Erwärmen des Wassers genutzt werden. Entspricht der damit berechnete Wert Ihrer Erfahrung?

Wärmekapazität, spezifische Wärme, latente Wärme

15.12 • Ein mit Sonnenenergie beheiztes Haus besteht u. a. aus $1,00 \cdot 10^5$ kg Beton (spezifische Wärmekapazität $1,00\,\text{kJ}\,\text{kg}^{-1}\,\text{K}^{-1}$). Wie viel Wärme gibt diese Betonmenge ab, wenn sie von 25,0 °C auf 20,0 °C abkühlt?

15.13 • Wie viel Wärme muss zugeführt werden, um 60,0 g Eis mit $-10,0$ °C zu 60,0 g Wasser mit 40,0 °C umzuwandeln?

15.14 •• Wie viel Wärme muss abgeführt werden, wenn 0,100 kg Wasserdampf mit 150 °C abgekühlt und zu 0,100 kg Eis mit 0,00 °C umgewandelt werden?

Kalorimetrie

15.15 •• Nehmen Sie an, bei seinen verschiedenen Teilnahmen an der Tour de France erbrachte der Radrennfahrer Lance Armstrong jeweils 20 Tage lang 5,0 Stunden täglich eine mittlere Leistung von 400 W. Welche Wassermenge mit einer Anfangstemperatur von 24 °C wäre bis zum Siedepunkt zu erwärmen, wenn die von Armstrong während einer Tour insgesamt erbrachte Energie nutzbar gemacht werden könnte?

15.16 •• Ein Stück Eis der Masse 200 g mit der Temperatur 0,0 °C wird in 500 g Wasser mit 20 °C eingebracht. Das System ist ein von der Umgebung thermisch isolierter Behälter mit vernachlässigbarer Wärmekapazität. a) Wie hoch ist am Ende die Gleichgewichtstemperatur des Systems? b) Wie viel Eis ist dann geschmolzen?

15.17 •• Ein gut isolierter Behälter mit vernachlässigbarer Wärmekapazität enthält 150 g Eis mit einer Temperatur von 0,0 °C. a) Welche Gleichgewichtstemperatur erreicht das System, nachdem 20 g Dampf mit 100 °C hineingespritzt wurden? b) Ist noch Eis vorhanden, wenn das System wieder im Gleichgewicht ist?

15.18 •• Ein Kalorimeter mit vernachlässigbarer Masse enthält 1,00 kg Wasser mit 303 K. Es werden 50,0 g Eis mit 273 K hineingegeben. a) Welche Endtemperatur stellt sich nach einiger Zeit ein? b) Wie hoch ist die Endtemperatur bei einer Eismenge von 500 g?

Erster Hauptsatz der Thermodynamik

15.19 • Eine bestimmte Menge eines zweiatomigen Gases verrichtet 300 J Arbeit und nimmt 2,50 kJ Wärme auf. Wie hoch ist die Änderung der inneren Energie?

15.20 • Eine bestimmte Menge eines Gases nimmt 1,67 MJ Wärme auf, während sie 800 J Arbeit verrichtet. Wie hoch ist die Änderung der inneren Energie?

15.21 •• Ein Bleigeschoss mit einer Anfangstemperatur von 30 °C kam gerade zum Schmelzen, als es inelastisch auf eine Platte aufschlug. Nehmen Sie an, die gesamte kinetische Energie des Projektils ging beim Aufprall in seine innere Energie über und bewirkte dadurch die Temperaturerhöhung, die zum Schmelzen führte. Wie hoch war die Geschwindigkeit des Projektils beim Aufprall?

Arbeit und das p-V-Diagramm eines Gases

15.22 • 1,00 mol eines idealen Gases haben folgenden Anfangszustand: $P_1 = 3,00$ bar, $V_1 = 1,00\,1$ und $U_1 = 456$ J. Der Endzustand ist $P_2 = 2,00$ bar, $V_2 = 3,00\,1$ und $U_2 = 912$ J. Das Gas expandiert bei konstantem Druck bis auf das angegebene Endvolumen. Dann wird es bei konstantem Volumen abgekühlt, bis es den angegebenen Enddruck erreicht hat. a) Erstellen Sie das p-V-Diagramm für diesen Vorgang und berechnen Sie die Arbeit, die das Gas verrichtet. b) Welche Wärmemenge wird während des Prozesses zugeführt?

15.23 •• 1,00 mol eines idealen Gases haben anfangs einen Druck von 1,00 bar und ein Volumen von 25,0 l. Das Gas wird langsam erwärmt, wofür sich im p-V-Diagramm eine gerade Linie zum Endzustand mit dem Druck 3,00 bar und dem Volumen 75,0 l ergibt. Wie viel Arbeit verrichtet das Gas, und wie viel Wärme nimmt es auf?

15.24 • Eine bestimmte Menge eines idealen Gases nimmt bei 2,00 bar ein Volumen von 5,00 l ein. Sie wird bei konstantem Druck abgekühlt, bis das Volumen nur noch 3,00 l beträgt. Welche Arbeit wird dabei am Gas verrichtet?

Wärmekapazitäten von Gasen und der Gleichverteilungssatz

15.25 •• Eine bestimmte Menge eines zweiatomigen Gases befindet sich beim Druck P_0 in einem verschlossenen Behälter mit dem konstanten Volumen V. Welche Wärmemenge Q muss dem Gas zugeführt werden, um den Druck zu verdreifachen?

15.26 •• Eine bestimmte Menge Kohlendioxid (CO_2) sublimiert bei einem Druck von 1,00 bar und einer Temperatur von $-78,5$ °C. Sie geht also direkt vom festen in den gasförmigen Zustand über, ohne die flüssige Phase zu durchlaufen. Wie hoch ist die Änderung der molaren Wärmekapazität (bei konstantem Druck) bei der Sublimation? Ist die Änderung positiv oder negativ? Nehmen Sie an, dass die Gasmoleküle rotieren, nicht aber schwingen können. Die Struktur des CO_2-Moleküls ist in Abb. 15.2 dargestellt.

Abb. 15.2 Zu Aufgabe 15.26

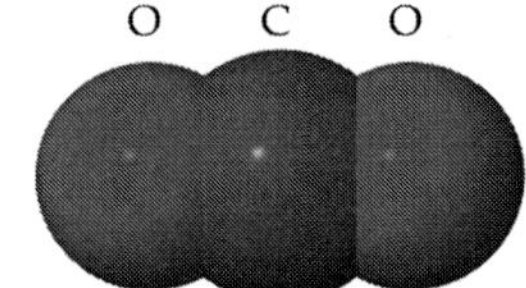

Wärmekapazitäten von Festkörpern und die Dulong-Petit'sche Regel

15.27 • Die Dulong-Petit'sche Regel diente ursprünglich dazu, die molare Masse einer metallischen Substanzprobe aus ihrer Wärmekapazität zu ermitteln. Die spezifische Wärmekapazität eines bestimmten Festkörpers wurde zu $0,447\,\mathrm{kJ\,kg^{-1}\,K^{-1}}$ gemessen. a) Wie hoch ist seine molare Masse? b) Um welches Element kann es sich handeln?

15.28 ••• Die Dulong-Petit'sche Regel nimmt an, dass jedes Atom im Festkörper sechs Freiheitsgrade besitzt, die jeweils einen Teil der Energie aufnehmen. a) Welche sechs Freiheitsgrade sind es, die hier eine Rolle spielen? b) Manche Festkörper mit starken Bindungen wie beispielsweise Diamant besitzen tatsächlich eine wesentlich geringere als die von der Dulong-Petit'schen Regel vorhergesate Wärmekapazität. Die Regel versagt ebenfalls bei sehr niedrigen Temperaturen. Begründen Sie.

Reversible adiabatische Expansion eines Gases

15.29 •• 0,500 mol eines einatomigen idealen Gases mit einem Druck von 400 kPa und einer Temperatur von 300 K expandieren reversibel, bis der Druck auf 160 kPa abgesunken ist. Ermitteln Sie die Endtemperatur, das Endvolumen, die netto zugeführte Arbeit und die netto aufgenommene Wärmemenge, wenn die Expansion a) isotherm bzw. wenn sie b) adiabatisch abläuft.

15.30 •• Wiederholen Sie die vorangegangene Aufgabe für ein zweiatomiges Gas.

Zyklische Prozesse

15.31 •• 1,00 mol eines zweiatomigen idealen Gases können so expandieren, dass im p-V-Diagramm (Abb. 15.3) die gerade Linie vom Zustand 1 zum Zustand 2 durchlaufen wird. Dann werden sie isotherm vom Zustand 2 zum Zustand 1 komprimiert, wobei die gekrümmte Linie durchlaufen wird. Berechnen Sie die in diesem Zyklus insgesamt umgesetzte Arbeit.

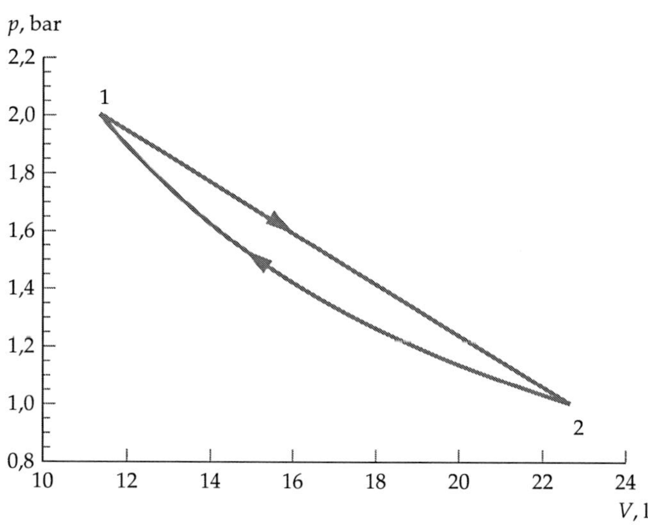

Abb. 15.3 Zu Aufgabe 15.31

15.32 ••• Am Punkt D in Abb. 15.4 haben 2,00 mol eines einatomigen idealen Gases einen Druck von 2,00 bar und eine Temperatur von 360 K. Am Punkt B im p-V-Diagramm ist das Volumen des Gases dreimal so groß wie am Punkt D, und sein Druck ist zweimal so groß wie am Punkt C. Die Wege AB und CD entsprechen isothermen Prozessen. Das Gas durchläuft einen vollständigen Zyklus entlang des Wegs DABCD. Ermitteln Sie die dem Gas netto zugeführte Arbeit und die ihm in jedem einzelnen Schritt netto zugeführte Wärmemenge.

Abb. 15.4 Zu Aufgabe 15.32

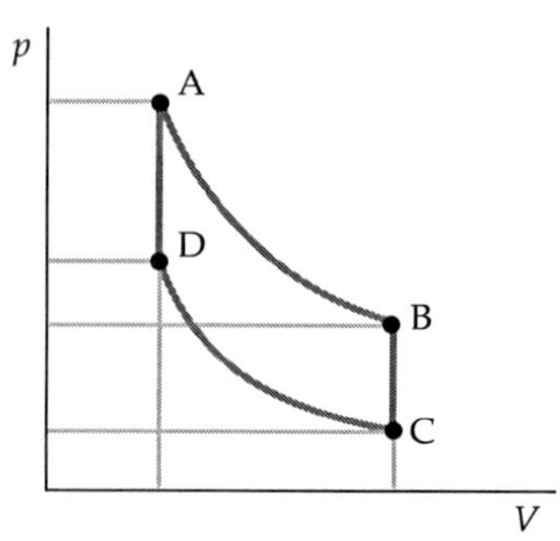

Allgemeine Aufgaben

15.33 •• Ein thermisch isoliertes System besteht aus 1,00 mol eines zweiatomigen idealen Gases mit einer Temperatur von 100 K sowie 2,00 mol eines Festkörpers mit einer Temperatur von 200 K, die durch eine feste, isolierende Wand voneinander getrennt sind. Ermitteln Sie die Gleichgewichtstemperatur, die das System erreicht, nachdem die Wand entfernt wurde. Nehmen Sie an, dass die Zustandsgleichung für ideale Gase bzw. die Dulong-Petit'sche Regel gelten.

15.34 •• Wenn eine bestimmte Menge eines idealen Gases bei konstantem Volumen eine Temperaturänderung erfährt, so ändert sich ihre innere Energie um $\Delta U = \tilde{n}\, C_V\, \mathrm{d}T$. a) Erklären Sie, warum diese Gleichung für ein ideales Gas auch bei einer Veränderung des Volumens korrekte Ergebnisse liefert. b) Zeigen Sie mithilfe dieser Beziehung und des Ersten Hauptsatzes der Thermodynamik, dass für ein ideales Gas gilt: $C_P = C_V + R$.

15.35 •• Gemäß dem Einstein'schen Modell für einen kristallinen Festkörper gilt für dessen molare innere Energie

$$U_{\mathrm{Mol}} = \frac{3\, N_A\, k_B\, \Theta_E}{\mathrm{e}^{\Theta_E/T} - 1}.$$

Bestimmen Sie mithilfe dieser Gleichung die molare innere Energie von Diamant ($\Theta_E = 1060$ K) bei 300 K und bei 600 K sowie daraus die Zunahme der inneren Energie, wenn 1,00 mol Diamant von 300 K auf 600 K erwärmt werden.

15.36 ••• Gemäß dem Einstein'schen Modell für einen kristallinen Festkörper gilt für dessen molare innere Energie

$$U_{\mathrm{Mol}} = \frac{3\, N_A\, k_B\, \Theta_E}{\mathrm{e}^{\Theta_E/T} - 1}.$$

Darin ist Θ_E die Einstein-Temperatur und T die in Kelvin einzusetzende Temperatur des Festkörpers. indexFestkörper!Einstein-Temperatur Zeigen Sie mithilfe dieser Beziehung, dass für die molare Wärmekapazität des kristallinen Festkörpers bei konstantem Volumen gilt:

$$C_V = 3\, R \left(\frac{\Theta_E}{T} \right)^2 \frac{\mathrm{e}^{\Theta_E/T}}{\left(\mathrm{e}^{\Theta_E/T} - 1 \right)^2}.$$

Lösungen zu den Aufgaben

Verständnisaufgaben

L15.1 Die aufgenommene Wärmemenge ist das Produkt aus der Masse m, der spezifischen Wärmekapazität c und der Temperaturänderung ΔT, also gegeben durch $Q = m\,c\,\Delta T$. Für die Temperaturänderungen der Blöcke A und B gilt daher

$$\Delta T_A = \frac{Q}{m_A\,c_A} \quad \text{und} \quad \Delta T_B = \frac{Q}{m_B\,c_B}.$$

Gleichsetzen der Temperaturänderungen ergibt

$$\frac{1}{m_A\,c_A} = \frac{1}{m_B\,c_B}.$$

Wir lösen nach der spezifischen Wärmekapazität von Block B auf und setzen $m_A = 2\,m_B$ ein:

$$c_B = \frac{m_A}{m_B}\,c_A = \frac{2\,m_B}{m_B}\,c_A = 2\,c_A.$$

Also ist Aussage b richtig.

L15.2 Ein Beispiel ist eine Wärmekraftmaschine, in der heißes Gas den Kolben gegen eine äußere Kraft bewegt und dabei Arbeit verrichtet. Ein anderes Beispiel ist eine Spraydose; bei dieser verrichtet das Gas, das beim Öffnen des Ventils aus ihr entweicht, Arbeit gegen den Atmosphärendruck.

L15.3 Ja, wenn die vom System aufgenommene Wärme vollständig in mechanische Arbeit umgesetzt wird. In diesem Fall wird per Saldo weder Energie zugeführt noch aufgenommen, sodass die innere Energie und daher auch die Temperatur des Gases konstant bleiben.

L15.4 Nach dem Ersten Hauptsatz der Thermodynamik ist die Änderung der inneren Energie des Systems gleich der Wärmemenge, die in das System gelangt, zuzüglich der an ihm verrichteten Arbeit: $\Delta U = Q + W$. Also ist Aussage b richtig.

L15.5 Bei abstoßender Wechselwirkung zwischen den Teilchen verringert sich im Mittel deren potenzielle Energie, wenn sich ihr mittlerer Abstand vergrößert. Weil in einem abgeschlossenen System die Energie erhalten bleibt, kann die Verringerung der potenziellen Energie bei der Expansion nur durch eine Erhöhung der kinetischen Energie der Teilchen ausgeglichen werden. Daher steigt die Temperatur des Gases bei der Volumenzunahme an.

L15.6 Die entlang der einzelnen Wege jeweils verrichtete Arbeit entspricht der Fläche unter der entsprechenden Kurve. Diese Fläche ist beim Weg A→B→C am größten und beim Weg A→D→C am geringsten. Also ist Aussage a richtig.

L15.7 Bei einem Prozess mit konstantem Volumen wird weder vom Gas noch am Gas Arbeit verrichtet. Nach dem Ersten Hauptsatz der Thermodynamik ist dabei $W = 0$ und daher $Q = \Delta U$. Weil sich die Temperatur bei einem solchen Vorgang ändern muss, können wir folgern, dass $\Delta U \neq 0$ und daher auch $Q \neq 0$ ist. Also sind die Aussagen b und d richtig.

L15.8 Gemäß der Dulong-Petit'schen Regel haben die meisten Festkörper bei Raumtemperatur eine ungefähr konstante *molare* Wärmekapazität von rund $25\ \mathrm{J\cdot mol^{-1}\cdot K^{-1}}$. Ein Mol Kupfer hat eine geringere Masse als ein Mol Blei. Deshalb ist die spezifische Wärmekapazität von Kupfer höher als die von Blei.

L15.9 Gemäß der Zustandsgleichung für das ideale Gas ist das Produkt aus Druck und Volumen konstant: $P\,V = \tilde{n}\,R\,T$. Wenn auch $P\,\sqrt{V}$ konstant ist, ergibt sich mit einer beliebigen Konstanten B daraus

$$P\,V = \left(P\,\sqrt{V}\right)\sqrt{V} = B\,\sqrt{V} = \tilde{n}\,R\,T.$$

Auflösen nach T ergibt

$$T = \frac{B\,\sqrt{V}}{\tilde{n}\,R}.$$

Weil die Temperatur proportional zur Wurzel aus dem Volumen ist, nimmt sie ab, wenn das Volumen kleiner wird.

Schätzungs- und Näherungsaufgaben

L15.10 Den Wasserdurchsatz pro Zeit bezeichnen wir mit $\Delta m/\Delta t$ und die spezifische Wärmekapazität des Wassers mit c. Für die Wärmemenge gilt $Q = \Delta m\,c\,\Delta T$, und mit der maximal zulässigen Temperaturdifferenz ΔT ist die Leistung gegeben durch

$$P = \frac{\Delta Q}{\Delta t} = \frac{\Delta m}{\Delta t}\,c\,\Delta T.$$

Für den Wasserdurchsatz pro Zeit erhalten wir damit

$$\Delta m/\Delta t = \frac{P}{c\,\Delta T} = \frac{2{,}00\cdot 10^9\ \mathrm{J\cdot s^{-1}}}{\left(4{,}184\ \mathrm{kJ\cdot kg^{-1}\cdot K^{-1}}\right)(10\ \mathrm{K})}$$
$$= 4{,}8\cdot 10^4\ \mathrm{kg\cdot s^{-1}}.$$

L15.11 Wir nehmen an, dass die Tasse $200\ \mathrm{g}$ Wasser enthält, das anfangs eine Temperatur von $30\ ^\circ\mathrm{C}$ hat. Die elektrische Leistung (Energie pro Zeiteinheit), die der Mikrowellenherd aufnimmt, und ihr Anteil, der auf das Wasser übergeht, sind gegeben. Ferner kennen wir die spezifische Wärmekapazität c des Wassers sowie die geforderte Temperaturdifferenz ΔT. Die Leistung ist gegeben durch

$$P = \frac{\Delta E}{\Delta t} = \frac{m\,c\,\Delta T}{\Delta t}.$$

Auflösen nach Δt und Einsetzen der Werte ergibt

$$
\begin{aligned}
\Delta t &= \frac{m\,c\,\Delta T}{P} \\
&= \frac{(0{,}200\,\text{kg})\,(4{,}184\,\text{kJ}\cdot\text{kg}^{-1}\cdot\text{K}^{-1})\,(373-303)\,\text{K}}{600\,\text{W}} \\
&= 97{,}6\,\text{s} \approx 1{,}6\,\text{min}\,.
\end{aligned}
$$

Diese Zeitspanne entspricht den Erfahrungswerten.

Wärmekapazität, spezifische Wärme, latente Wärme

L15.12 Die Abkühlung erfolgt von $25\,^{\circ}\text{C} = 298\,\text{K}$ auf $20\,^{\circ}\text{C} = 293\,\text{K}$. Damit ergibt sich für die Wärmemenge

$$
\begin{aligned}
Q &= m\,c\,\Delta T \\
&= (1{,}00\cdot 10^5\,\text{kg})\,(1{,}00\,\text{kJ}\cdot\text{kg}^{-1}\cdot\text{K}^{-1})\,(298-293)\,\text{K} \\
&= 500\,\text{MJ}\,.
\end{aligned}
$$

L15.13 Um die gesamte erforderliche Wärmemenge zu ermitteln, müssen wir folgende zuzuführende Wärmemengen addieren: die Wärmemenge zum Erwärmen des Eises von $-10\,^{\circ}\text{C}$ auf $0\,^{\circ}\text{C}$, ferner die Schmelzwärme sowie die Wärmemenge zum Erwärmen des Wassers (Wa) von $0\,^{\circ}\text{C}$ auf $40\,^{\circ}\text{C}$. Die gesamte Wärmemenge ist also

$$
\begin{aligned}
Q &= Q_{\text{Erw.,Eis}} + Q_{\text{Schm.}} + Q_{\text{Erw.,Wa}} \\
&= m\,c_{\text{Eis}}\,\Delta T_{\text{Eis}} + m\,\lambda_{\text{S,Wa}} + m\,c_{\text{Wa}}\,\Delta T_{\text{Wa}} \\
&= m\,(c_{\text{Eis}}\,\Delta T_{\text{Eis}} + \lambda_{\text{S,Wa}} + c_{\text{Wa}}\,\Delta T_{\text{Wa}})\,.
\end{aligned}
$$

Wir setzen folgende Werte ein:
$m = 0{,}0600\,\text{kg}$, $c_{\text{Eis}} = 2{,}05\,\text{kJ}\cdot\text{kg}^{-1}\cdot\text{K}^{-1}$,
$\Delta T_{\text{Eis}} = (273-263)\,\text{K} = 10\,\text{K}$,
$\lambda_{\text{S,Wa}} = 333{,}5\,\text{kJ}\cdot\text{kg}^{-1}$, $c_{\text{Wa}} = 4{,}184\,\text{kJ}\cdot\text{kg}^{-1}\cdot\text{K}^{-1}$,
$\Delta T_{\text{Wa}} = (313-273)\,\text{K} = 40\,\text{K}$

Das ergibt schließlich $Q = 31{,}3\,\text{kJ}$.

L15.14 Um die gesamte Wärmemenge zu ermitteln, müssen wir folgende abzuführende Wärmemengen addieren: die Wärmemenge zum Abkühlen des Dampfs (Da) von $150\,^{\circ}\text{C}$ auf $100\,^{\circ}\text{C}$, ferner die Verdampfungswärme zum Kondensieren des Dampfs und die Wärmemenge zum Abkühlen des Wassers (Wa) von $100\,^{\circ}\text{C}$ auf $0\,^{\circ}\text{C}$ sowie schließlich die Schmelzwärme zum Gefrieren des Wassers. Die gesamte Wärmemenge ist also

$$
\begin{aligned}
Q &= Q_{\text{Abk.,Da}} + Q_{\text{Kond.}} + Q_{\text{Abk.,Wa}} + Q_{\text{Gefr.}} \\
&= m\,c_{\text{Da}}\,\Delta T_{\text{Da}} + m\,\lambda_{\text{D,Wa}} + m\,c_{\text{Wa}}\,\Delta T_{\text{Wa}} + m\,\lambda_{\text{S,Wa}} \\
&= m\,(c_{\text{Da}}\,\Delta T_{\text{Da}} + \lambda_{\text{D,Wa}} + c_{\text{Wa}}\,\Delta T_{\text{Wa}} + \lambda_{\text{S,Wa}})\,.
\end{aligned}
$$

Wir setzen folgende Werte ein:
$m = 0{,}100\,\text{kg}$, $c_{\text{Da}} = 2{,}02\,\text{kJ}\cdot\text{kg}^{-1}\cdot\text{K}^{-1}$,
$\Delta T_{\text{Da}} = (423-373)\,\text{K} = 50\,\text{K}$,
$\lambda_{\text{D,Wa}} = 2{,}26\,\text{MJ}\cdot\text{kg}^{-1}$, $c_{\text{Wa}} = 4{,}184\,\text{kJ}\cdot\text{kg}^{-1}\cdot\text{K}^{-1}$,
$\Delta T_{\text{Wa}} = (373-273)\,\text{K} = 100\,\text{K}$, $\lambda_{\text{S,Wa}} = 333{,}5\,\text{kJ}\cdot\text{kg}^{-1}$.

Das ergibt schließlich $Q = 311\,\text{kJ}$.

Kalorimetrie

L15.15 Mit der (indirekt gegebenen) Wärmemenge Q soll eine zu bestimmende Masse m_{W} an Wasser um die gegebene Temperaturdifferenz ΔT erwärmt werden. Aus der Beziehung $Q = m_{\text{W}}\,c_{\text{W}}\,\Delta T$ folgt

$$
m_{\text{W}} = \frac{Q}{c_{\text{W}}\,\Delta T}\,.
$$

Die gesamte vom Radrennfahrer verrichtete Arbeit ergibt sich aus der gegebenen Leistung P und der Zeitspanne Δt, denn es ist $P = Q/\Delta t$ und daher $Q = P\,\Delta t$. Wir setzen ein und erhalten (mit der Einheit d = Tag):

$$
\begin{aligned}
m_{\text{W}} &= \frac{P\,\Delta t}{c_{\text{W}}\,\Delta T} \\
&= \frac{(400\,\text{J}\cdot\text{s}^{-1})\,(3600\,\text{s}\cdot\text{h}^{-1})\,(5{,}0\,\text{h}\cdot\text{d}^{-1})\,(20\,\text{d})}{(4{,}184\,\text{kJ}\cdot\text{kg}^{-1}\cdot\text{K}^{-1})\,(373-297)\,\text{K}} \\
&= 4{,}5\cdot 10^2\,\text{kg}\,.
\end{aligned}
$$

L15.16 a) Wir wissen nicht von vornherein, ob die Wassermenge $500\,\text{g}$ beim Abkühlen von $20\,^{\circ}\text{C}$ auf $0\,^{\circ}\text{C}$ eine Wärmemenge abgibt, die ausreicht, um die gesamte eingebrachte Eismenge zu schmelzen. Daher müssen wir diese Frage zuerst beantworten. Wenn nicht alles Eis geschmolzen wird, beträgt die Endtemperatur $0\,^{\circ}\text{C}$, und wir müssen sie nicht eigens berechnen.

Die zum Schmelzen des Eises erforderliche Wärmemenge ist

$$
\begin{aligned}
Q_{\text{Schm.}} &= m_{\text{Eis}}\,\lambda_{\text{S,Wa}} \\
&= (0{,}200\,\text{kg})\,(333{,}5\,\text{kJ}\cdot\text{kg}^{-1}) = 66{,}70\,\text{kJ}\,.
\end{aligned}
$$

Die Wärmemenge, die das Wasser beim Abkühlen auf $0\,^{\circ}\text{C}$ höchstens abgeben kann, ist

$$
\begin{aligned}
Q_{\text{Abk.,max}} &= m_{\text{Wa}}\,c_{\text{Wa}}\,\Delta T_{\text{Wa}} \\
&= (0{,}500\,\text{kg})\,(4{,}184\,\text{kJ}\cdot\text{kg}^{-1}\cdot\text{K}^{-1}) \\
&\quad \cdot (273\,\text{K} - 293\,\text{K}) \\
&= -41{,}84\,\text{kJ}\,.
\end{aligned}
$$

Also reicht die Wärmemenge nicht aus, um die gesamte Eismenge zu schmelzen. Die Endtemperatur beträgt, weil noch Eis vorhanden ist, $0\,^{\circ}\text{C}$ und muss nicht eigens berechnet werden.

b) Anhand der Wärmemenge, die das Wasser abgegeben hat, können wir nun berechnen, welche Menge an Eis geschmolzen ist. Hierfür erhalten wir

$$
m_{\text{Eis,geschm.}} = \frac{|Q_{\text{Abk.,max}}|}{\lambda_{\text{S,Wa}}} = \frac{41{,}84\,\text{kJ}}{333{,}5\,\text{kJ}\cdot\text{kg}^{-1}} = 125\,\text{g}\,.
$$

L15.17 a) Wir wissen nicht von vornherein, ob die beim Kondensieren des Dampfs und beim Abkühlen des aus ihm entstandenen Wassers abgegebene Wärmemenge ausreicht, um die gesamte Eismenge zu schmelzen. Daher müssen wir diese Frage zuerst beantworten. Wenn nicht alles Eis geschmolzen wird, beträgt die Endtemperatur $0\,^{\circ}\text{C}$, und wir müssen sie nicht eigens berechnen.

Die zum Schmelzen des Eises erforderliche Wärmemenge ist

$$Q_{\text{Schm.}} = m_{\text{Eis}}\, \lambda_{\text{S,Wa}}$$
$$= (0{,}150\,\text{kg})\,(333{,}5\,\text{kJ}\cdot\text{kg}^{-1}) = 50{,}03\,\text{kJ}\,.$$

Die beim Kondensieren des Dampfs und beim Abkühlen des aus ihm entstandenen Wassers maximal abgegebene Wärmemenge ist

$$Q_{\text{Da.,max}} = m_{\text{Da}}\, \lambda_{\text{S,Wa}} + m_{\text{Da}}\, c_{\text{Wa}}\, \Delta T_{\text{max}}$$
$$= m_{\text{Da}}\, (\lambda_{\text{S,Wa}} + c_{\text{Wa}}\, \Delta T_{\text{max}})$$
$$= (0{,}020\,\text{kg})\,\big[(2257\,\text{kJ}\cdot\text{kg}^{-1})$$
$$+ (4{,}184\,\text{kJ}\cdot\text{kg}^{-1}\cdot\text{K}^{-1})\,(273\,\text{K} - 373\,\text{K})\big]$$
$$- 45{,}14\,\text{kJ} - 8{,}37\,\text{kJ} = -53{,}51\,\text{kJ}\,.$$

Diese Wärmemenge ist mehr als ausreichend, um das Eis vollständig zu schmelzen. Daher ist die Gleichgewichtstemperatur am Ende höher als $0\,^\circ\text{C}$, und wir müssen sie berechnen.

Wegen der Erhaltung der Energie ist die Summe aller (jeweils vorzeichenrichtig einzusetzenden) Wärmemengen null:

$$Q_{\text{Kond.,Da}} + Q_{\text{Abk.,Wa}} + Q_{\text{Schm.,Eis}} + Q_{\text{Erw.,Wa}} = 0\,.$$

Darin ist $Q_{\text{Erw.,Wa}}$ die Wärmemenge zum Erwärmen des beim Schmelzen des Eises entstandenen Wassers.

Damit ergibt sich

$$- 45{,}14\,\text{kJ} + m_{\text{Da}}\, c_{\text{Wa}}\, (T_{\text{E}} - 373)\,\text{K}$$
$$+ 50{,}03\,\text{kJ} + m_{\text{Eis}}\, c_{\text{Wa}}\, (T_{\text{E}} - 273\,\text{K}) = 0\,.$$

Wir setzen die Werte ein:

$$- 45{,}14\,\text{kJ}$$
$$+ (0{,}020\,\text{kg})\,(4{,}184\,\text{kJ}\cdot\text{kg}^{-1}\cdot\text{K}^{-1})\,(T_{\text{E}} - 373\,\text{K})$$
$$+ 50{,}03\,\text{kJ}$$
$$+ (0{,}150\,\text{kg})\,(4{,}184\,\text{kJ}\cdot\text{kg}^{-1}\cdot\text{K}^{-1})\,(T_{\text{E}} - 273\,\text{K}) = 0\,.$$

Daraus erhalten wir $T_{\text{E}} = 4{,}9\,^\circ\text{C}$.

b) Weil die Temperatur zum Schluss über $0\,^\circ\text{C}$ liegt, ist kein Eis mehr vorhanden (was wir auch schon in Teilaufgabe a festgestellt hatten).

L15.18 a) Zunächst berechnen wir, ob die Wärmemenge ausreicht, das gesamte Eis zu schmelzen. Die zum Schmelzen des Eises verfügbare Wärmemenge ist

$$Q_{\text{verf.}} = m_{\text{W}}\, c_{\text{W}}\, \Delta T_{\text{W}}$$
$$= (1{,}00\,\text{kg})\,(4{,}184\,\text{kJ}\cdot\text{kg}^{-1}\cdot\text{K}^{-1})\,(303 - 273)\,\text{K}$$
$$= 125{,}5\,\text{kJ}\,.$$

Die zum Schmelzen der gesamten Eismenge erforderliche Wärmemenge ist

$$Q_{\text{Schm.,Eis}} = m_{\text{Eis}}\, \lambda_{\text{S}}$$
$$= (0{,}0500\,\text{kg})\,(333{,}5\,\text{kJ}\cdot\text{kg}^{-1}) = 16{,}68\,\text{kJ}\,.$$

Somit ist die Wärmemenge $Q_{\text{verf.}}$ mehr als ausreichend, um das Eis vollständig zu schmelzen. Daher ist die Gleichgewichtstemperatur am Ende höher als $0\,^\circ\text{C}$, und wir müssen sie berechnen.

Wegen der Erhaltung der Energie ist die Summe aller (jeweils vorzeichenrichtig einzusetzenden) Wärmemengen null:

$$Q_{\text{Abk.,Wa}} + Q_{\text{Schm.,Eis}} + Q_{\text{Erw.,Wa}} = 0\,.$$

Darin ist $Q_{\text{Erw.,Wa}}$ die Wärmemenge zum Erwärmen des beim Schmelzen des Eises entstandenen Wassers.

Also ist

$$(1{,}00\,\text{kg})\,(4{,}184\,\text{kJ}\cdot\text{kg}^{-1}\cdot\text{K}^{-1})\,(T_{\text{E}} - 303\,\text{K}) + 16{,}68\,\text{J}$$
$$+ (0{,}0500\,\text{kg})\,(4{,}184\,\text{kJ}\cdot\text{kg}^{-1}\cdot\text{K}^{-1})\,(T_{\text{E}} - 273\,\text{K}) = 0\,.$$

Daraus erhalten wir $T_{\text{E}} = 25\,^\circ\text{C}$.

b) Die zum Schmelzen von $500\,\text{g}$ Eis nötige Wärmemenge ist

$$Q_{\text{Schm.,Eis}} = m_{\text{Eis}}\, \lambda_{\text{S}}$$
$$= (0{,}0500\,\text{kg})\,(333{,}5\,\text{kJ}\cdot\text{kg}^{-1}) = 167\,\text{kJ}\,.$$

Weil diese Wärmemenge größer ist als die verfügbare ($125{,}5\,\text{J}$), wird nicht die gesamte Eismenge geschmolzen, und die Endtemperatur beträgt $0\,^\circ\text{C}$.

Erster Hauptsatz der Thermodynamik

L15.19 Gemäß dem Ersten Hauptsatz ist die Änderung der inneren Energie $\Delta U = Q + W$. Weil im vorliegenden Fall Wärme zugeführt wird, ist diese positiv anzusetzen. Dagegen wird Arbeit nach außen verrichtet und ist daher negativ anzusetzen. Damit ist

$$\Delta U = Q + W = 2{,}50\,\text{kJ} + (-300\,\text{J}) = 2{,}20\,\text{kJ}\,.$$

L15.20 Gemäß dem Ersten Hauptsatz ist die Änderung der inneren Energie $\Delta U = Q + W$. Weil im vorliegenden Fall Wärme zugeführt wird, ist diese positiv anzusetzen. Dagegen wird Arbeit nach außen verrichtet und ist daher negativ anzusetzen. Damit ist

$$\Delta U = Q + W = 1{,}67\,\text{MJ} + (-800\,\text{kJ}) = 0{,}87\,\text{MJ}\,.$$

L15.21 Gemäß dem Ersten Hauptsatz entspricht die Zunahme der inneren Energie des Geschosses der Abnahme seiner kinetischen Energie E_{kin}, weil keine Wärme aufgenommen oder abgegeben wurde. Wegen $Q = 0$ ist daher

$$\Delta U = 0 + W = \Delta E_{\text{kin}} = -(E_{\text{kin,E}} - E_{\text{kin,A}})\,.$$

Dabei bezeichnen die Indices E und A den Endzustand bzw. den Anfangszustand. Die Energie ΔE_{kin} führte zur Erwärmung des Projektils von $303\,\text{K}$ auf die Schmelztemperatur $600\,\text{K}$ sowie zum Schmelzen. Daher gilt

$$m\, c_{\text{Pb}}\, \Delta T_{\text{Pb}} + m\, \lambda_{\text{S,Pb}} = -\left(0 - \tfrac{1}{2}\, m\, v^2\right) = \tfrac{1}{2}\, m\, v^2\,.$$

Einsetzen der Temperaturdifferenz liefert

$$m\,c_{\mathrm{Pb}}\,(T_{\mathrm{Smp,Pb}} - T_{\mathrm{A}}) + m\,\lambda_{\mathrm{S,Pb}} = \frac{1}{2}\,m\,v^2\,,$$

und Auflösen nach der Geschwindigkeit ergibt

$$v = \sqrt{2\left[c_{\mathrm{Pb}}\,(T_{\mathrm{Smp,Pb}} - T_{\mathrm{A}}) + \lambda_{\mathrm{S,Pb}}\right]}\,.$$

Mit $\lambda_{\mathrm{S,Pb}} = 0{,}128\,\mathrm{kJ}\cdot\mathrm{kg}^{-1}\cdot\mathrm{K}^{-1}$ sowie $T_{\mathrm{Smp,Pb}} = 600\,\mathrm{K}$ und $T_{\mathrm{A}} = 303\,\mathrm{K}$ ergibt sich die Geschwindigkeit $v = 354\,\mathrm{m}\cdot\mathrm{s}^{-1}$.

Arbeit und das p-V-Diagramm eines Gases

L15.22 Die vom Gas verrichtete Arbeit entspricht betragsmäßig der Fläche unter der Kurve im P-V-Diagramm. Im vertikalen Abschnitt wird keine Arbeit aufgenommen oder verrichtet, weil das Volumen dabei konstant ist. Es wird also nur bei konstantem Druck, während der isobaren Expansion, Arbeit verrichtet.

a) Wie aus der Abbildung hervorgeht, ändert sich der Druck beim Übergang vom Zustand 1 zum Zustand 2 nicht. Die Arbeit entspricht betragsmäßig der Fläche unter dieser Geraden:

$$W = -P\,\Delta V = -(3{,}00\,\mathrm{bar})\,(3{,}00\,\mathrm{l} - 1{,}00\,\mathrm{l})$$
$$= -(300\,\mathrm{kPa})\,(2{,}00\cdot 10^{-3}\,\mathrm{m}^3) = -600\,\mathrm{J}\,.$$

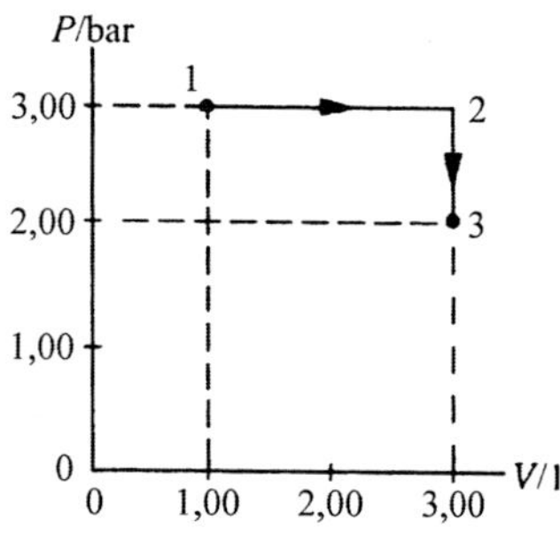

b) Nachdem das Gas den Zustand 3 erreicht hat, gilt gemäß dem Ersten Hauptsatz $Q = \Delta U - W = (U_2 - U_1) - W$, und wir erhalten

$$Q = (912\,\mathrm{J} - 456\,\mathrm{J}) - (-600\,\mathrm{J}) = 1{,}06\,\mathrm{kJ}\,.$$

L15.23 Die Arbeit entspricht betragsmäßig der in diesem Fall trapezförmigen Fläche unter der Kurve im P-V-Diagramm.

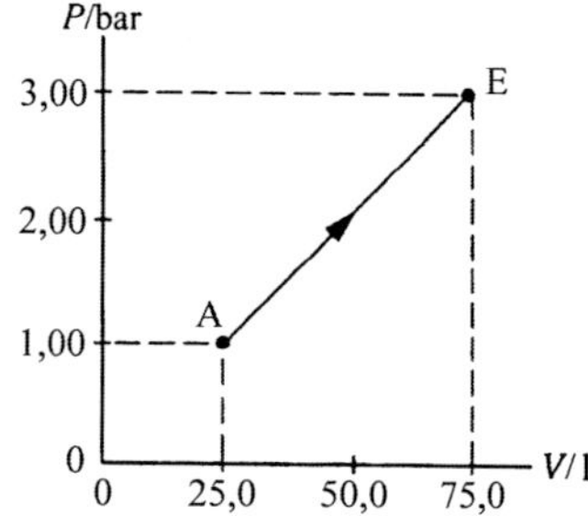

Die Arbeit ist also

$$W = -P\,\Delta V = -\frac{1}{2}\,(3{,}00\,\mathrm{bar} + 1{,}00\,\mathrm{bar})\,(75{,}0\,\mathrm{l} - 25{,}0\,\mathrm{l})$$
$$= -(100\,\mathrm{bar}\cdot\mathrm{l})\,\frac{100\,\mathrm{J}}{1\,\mathrm{bar}\cdot\mathrm{l}} = -10{,}0\,\mathrm{kJ}\,.$$

Das negative Vorzeichen besagt, dass die Arbeit vom Gas verrichtet wird.

Die aufgenommene Wärmemenge können wir mithilfe des Ersten Hauptsatzes der Thermodynamik berechnen:

$$Q = \Delta U - W = (U_2 - U_1) - W$$
$$= (912\,\mathrm{J} - 456\,\mathrm{J}) - (-10\,\mathrm{kJ}) = 10{,}5\,\mathrm{kJ}\,.$$

Anmerkung: Man kann hier die Linearität des Wegs von A nach E im P-V-Diagramm rechnerisch ausnutzen: Weil P linear von V abhängt, ist die Integration zum Ermitteln der Volumenarbeit leicht durchzuführen.

L15.24 Die durch eine infinitesimale Volumenänderung dV am Gas verrichtete Arbeit ist

$$\delta W = p\,dV\,.$$

In diesem Fall ist p konstant, und wir können direkt schreiben:

$$W = -p\,(V_2 - V_1) = 2{,}00\,\mathrm{bar}\cdot 5{,}00\,\mathrm{l}$$

Eine Umrechnung der Einheiten ergibt $2{,}00\,\mathrm{bar} = 2\cdot 10^5\,\mathrm{N/m}^2$ und $2{,}00\,\mathrm{l} = 0{,}002\,\mathrm{m}^3$. Damit ist

$$W = -2\cdot 10^5\,\mathrm{N/m}^2\cdot(-0{,}002\,\mathrm{m}^3) = 400\,\mathrm{J}\,.$$

Wärmekapazitäten von Gasen und der Gleichverteilungssatz

L15.25 Gemäß der Zustandsgleichung für das ideale Gas gilt hier bei der Verdreifachung des Drucks auf den Endzustand (Index E):

$$\frac{P_0\,V}{T_0} = \frac{3\,P_0\,V}{T_{\mathrm{E}}} \qquad \text{und daher} \qquad T_{\mathrm{E}} = 3\,T_0\,.$$

Das Gas ist zweiatomig, und das Volumen ist konstant. Also ist seine molare Wärmekapazität $C_V = \frac{5}{2}\,R$. Mit $\tilde{n}\,R\,T_0 = P_0\,V$ ergibt sich für die Wärmemenge

$$Q = \tilde{n}\,C_V\,(T_{\mathrm{E}} - T_0) = \tilde{n}\,\frac{5}{2}\,R\,(2\,T_0) = 5\,(\tilde{n}\,R\,T_0) = 5\,P_0\,V\,.$$

L15.26 Die bei der Sublimation erfolgende Änderung $\Delta C_P = C_{P,\mathrm{Gas}} - C_{P,\mathrm{Festk.}}$ der molaren Wärmekapazität bei konstantem Druck ist anhand der Änderung der Anzahl an Freiheitsgraden des CO_2-Moleküls beim Übergang vom festen in den gasförmigen Zustand zu ermitteln. Im Gaszustand hat jedes CO_2-Molekül fünf Freiheitsgrade (drei der Translation und zwei der Rotation). Damit ist die molare Wärmekapazität $C_{P,\mathrm{Gas}} =$

$5\left(\frac{1}{2}R\right) = \frac{5}{2}R$. Nach der Dulong-Petit'schen Regel gilt für die molare Wärmekapazität eines Festkörpers $C_{P,\text{Festk.}} = 3\,R$. Dabei wird vorausgesetzt, dass der Festkörper aus Teilchen mit jeweils sechs Freiheitsgraden besteht. Das CO_2-Molekül ist dreiatomig, sodass die molare Wärmekapazität des festen Kohlendioxids dreimal so groß ist: $C_{P,\text{Festk.}} = 9\,R$. Die Änderung der molaren Wärmekapazität ist also

$$\Delta C_P = \frac{1}{2}R - \frac{18}{2}R = -\frac{13}{2}R.$$

Wärmekapazitäten von Festkörpern und die Dulong-Petit'sche Regel

L15.27 a) Gemäß der Dulong-Petit'schen Regel ist die molare Wärmekapazität eines Festkörpers $C = 3\,R$. Daher ist seine spezifische Wärmekapazität $c = 3\,R/m_{\text{Mol}}$.

Damit ergibt sich für die Molmasse

$$m_{\text{Mol}} = \frac{3\,R}{c} = \frac{3\,(8{,}314\,\text{J}\cdot\text{mol}^{-1}\cdot\text{K}^{-1})}{0{,}447\,\text{kJ}\cdot\text{kg}^{-1}\cdot\text{K}^{-1}} = 55{,}7\,\text{g}\cdot\text{mol}^{-1}.$$

b) Ein Blick in das Periodensystem der Elemente zeigt, dass es sich offenbar um Eisen handelt.

L15.28 a) Der Gleichverteilungssatz besagt, dass im thermischen Gleichgewicht jeder zur Verfügung stehende Freiheitsgrad des Systems die mittlere Energie $\frac{1}{2}k_B T$ aufnimmt. Die Gitterschwingungen eines Atoms in einer Dimension entsprechen mit der potenziellen und kinetischen Energie zwei solchen Freiheitsgraden. Damit ist $2 \cdot \frac{1}{2}k_B T$. Kann das Atom in alle Raumrichtungen schwingen, ergibt sich die Energie $3 \cdot 2 \cdot \frac{1}{2}k_B T = 3k_B T$.

b) Während Gitterschwingungen klassisch als kontinuierlicher Bewegungsablauf beschrieben werden, weisen sie in der quantenphysikalischen Beschreibung diskrete Anregungsenergien ΔE auf (vgl. harmonischer Oszillator in der Quantenmechanik). Die obige Zählung der Freiheitsgrade greift also nur, wenn die betrachteten Freiheitsgrade durch die im Körper vorliegende thermische Energie auch angeregt werden können. Dies ist bei sehr niedrigen Temperaturen nicht mehr der Fall, da dann $\frac{1}{2}k_B T \ll \Delta E$. Man spricht davon, dass die entsprechenden Freiheitsgrade „eingefroren" sind. Dieser Fall kann ebenso eintreten, falls ΔE groß ist. Dies ist beim Element Kohlenstoff und insbesondere bei Diamanten aufgrund der hohen Bindungskräfte der Fall.

Reversible adiabatische Expansion eines Gases

L15.29 Wir müssen zunächst das Anfangsvolumen V_A ermitteln. Mit der Zustandsgleichung für das ideale Gas erhalten wir hierfür

$$V_A = \frac{\tilde{n}\,R\,T_A}{P_A} = \frac{(0{,}500\,\text{mol})\,(8{,}314\,\text{J}\cdot\text{mol}^{-1}\cdot\text{K}^{-1})\,(300\,\text{K})}{400\,\text{kPa}}$$
$$= 3{,}118 \cdot 10^{-3}\,\text{m}^3.$$

a) Für das ideale Gas gilt $P_A V_A/T_A = P_E V_E/T_E$. Weil der Prozess isotherm verläuft, sind Anfangs- und Endtemperatur gleich: $T_E = T_A = 300\,\text{K}$. Damit erhalten wir

$$V_E = V_A\,\frac{P_A}{P_E} = (3{,}118\,\text{l})\,\frac{400\,\text{kPa}}{160\,\text{kPa}} = 7{,}795\,\text{l} = 7{,}80\,\text{l}.$$

Mit $R = 8{,}314\,\text{J}\cdot\text{mol}^{-1}\cdot\text{K}^{-1}$ ergibt sich für die (vom Gas verrichtete) Arbeit

$$W = -\tilde{n}\,R\,T\,\ln\frac{V_E}{V_A}$$
$$= -(0{,}500\,\text{mol})\,R\,(300\,\text{K})\,\ln\frac{7{,}795\,\text{l}}{3{,}118\,\text{l}} = -1{,}14\,\text{kJ}.$$

Gemäß dem Ersten Hauptsatz ist die aufgenommene Wärme

$$Q = \Delta U - W = 0 - (-1{,}14\,\text{kJ}) = 1{,}14\,\text{kJ}.$$

b) Bei einem reversiblen adiabatischen Prozess ist das Produkt $P\,V^\gamma$ konstant. Also gilt $P_A\,V_A^\gamma = P_E\,V_E^\gamma$. Im vorliegenden Fall ist $\gamma = \frac{5}{3}$, und wir erhalten

$$V_E = V_A\left(\frac{P_A}{P_E}\right)^{1/\gamma} = (3{,}118\,\text{l})\left(\frac{400\,\text{kPa}}{160\,\text{kPa}}\right)^{3/5}$$
$$= 5{,}403\,\text{l} = 5{,}40\,\text{l}.$$

Mit der Zustandsgleichung für das ideale Gas ergibt sich für die Endtemperatur

$$T_E = \frac{P_E\,V_E}{\tilde{n}\,R} = \frac{(160\,\text{kPa})\,(5{,}403 \cdot 10^{-3}\,\text{m}^3)}{(0{,}500\,\text{mol})\,(8{,}314\,\text{J}\cdot\text{mol}^{-1}\cdot\text{K}^{-1})} = 208\,\text{K}.$$

Weil der Prozess adiabatisch verläuft, ist $Q = 0$, und wir erhalten mithilfe des Ersten Hauptsatzes

$$W = \Delta U - Q = \tilde{n}\,C_V\,\Delta T - 0 = \frac{3}{2}\tilde{n}\,R\,\Delta T$$
$$= \frac{3}{2}\,(0{,}500\,\text{mol})\,(8{,}314\,\text{J}\cdot\text{mol}^{-1}\cdot\text{K}^{-1})\,(208 - 300)\,\text{K}$$
$$= -574\,\text{J}.$$

Das negative Vorzeichen gibt an, dass die Arbeit verrichtet wird.

L15.30 Wir müssen zunächst das Anfangsvolumen V_A ermitteln. Mit der Zustandsgleichung für das ideale Gas erhalten wir hierfür

$$V_A = \frac{\tilde{n}\,R\,T_A}{P_A} = \frac{(0{,}500\,\text{mol})\,(8{,}314\,\text{J}\cdot\text{mol}^{-1}\cdot\text{K}^{-1})\,(300\,\text{K})}{400\,\text{kPa}}$$
$$= 3{,}118 \cdot 10^{-3}\,\text{m}^3.$$

a) Für das ideale Gas gilt $P_A V_A/T_A = P_E V_E/T_E$. Weil der Prozess isotherm verläuft, sind Anfangs- und Endtemperatur gleich: $T_E = T_A = 300\,\text{K}$. Damit erhalten wir

$$V_E = V_A\,\frac{P_A}{P_E} = (3{,}118\,\text{l})\,\frac{400\,\text{kPa}}{160\,\text{kPa}} = 7{,}795\,\text{l} = 7{,}80\,\text{l}.$$

Mit $R = 8{,}314\,\text{J}\cdot\text{mol}^{-1}\cdot\text{K}^{-1}$ ergibt sich für die (vom Gas verrichtete) Arbeit

$$W = -\tilde{n}\,R\,T\,\ln\frac{V_\text{E}}{V_\text{A}}$$
$$= -(0{,}500\,\text{mol})\,R\,(300\,\text{K})\,\ln\frac{7{,}795\,\text{l}}{3{,}118\,\text{l}} = -1{,}14\,\text{kJ}.$$

Gemäß dem Ersten Hauptsatz ist die aufgenommene Wärme

$$Q = \Delta U - W = 0 - (-1{,}14\,\text{kJ}) = 1{,}14\,\text{kJ}.$$

b) Bei einem reversiblen adiabatischen Prozess ist das Produkt $P\,V^\gamma$ konstant. Also gilt $P_\text{A}\,V_\text{A}^\gamma = P_\text{E}\,V_\text{E}^\gamma$. Im vorliegenden Fall ist $\gamma = 1{,}4$, und wir erhalten

$$V_\text{E} = V_\text{A}\left(\frac{P_\text{A}}{P_\text{E}}\right)^{1/\gamma} = (3{,}118\,\text{l})\left(\frac{400\,\text{kPa}}{160\,\text{kPa}}\right)^{1/1{,}4}$$
$$= 6{,}000\,\text{l} = 6{,}00\,\text{l}.$$

Mit der Zustandsgleichung für das ideale Gas ergibt sich für die Endtemperatur

$$T_\text{E} = \frac{P_\text{E}\,V_\text{E}}{\tilde{n}\,R} = \frac{(160\,\text{kPa})\,(6{,}000\cdot10^{-3}\,\text{m}^3)}{(0{,}500\,\text{mol})\,(8{,}314\,\text{J}\cdot\text{mol}^{-1}\cdot\text{K}^{-1})} = 231\,\text{K}.$$

Weil der Prozess adiabatisch verläuft, ist $Q = 0$, und wir erhalten mithilfe des Ersten Hauptsatzes

$$W = \Delta U - Q = \tilde{n}\,C_V\,\Delta T - 0 = \tfrac{5}{2}\,\tilde{n}\,R\,\Delta T$$
$$= \tfrac{5}{2}\,(0{,}500\,\text{mol})\,(8{,}314\,\text{J}\cdot\text{mol}^{-1}\cdot\text{K}^{-1})\,(231 - 300)\,\text{K}$$
$$= -717\,\text{J}.$$

Das negative Vorzeichen gibt an, dass die Arbeit verrichtet wird.

Zyklische Prozesse

L15.31 Die im gesamten Zyklus verrichtete Arbeit entspricht der Fläche zwischen den beiden Kurvenstücken in der Abbildung bei der Aufgabenstellung. Bei der Expansion (Prozess $1\to2$) entspricht die Arbeit betragsmäßig einer Trapezfläche, weil die Kurve geradlinig verläuft. Daher ist

$$W_{1\to2} = \tfrac{1}{2}\,(231 - 11{,}5\,\text{l})\,(2{,}0\,\text{bar} + 1{,}0\,\text{bar}) = -17{,}31\cdot\text{bar}.$$

Die Temperatur beim Punkt 1 im Diagramm ermitteln wir mithilfe der Zustandsgleichung für das ideale Gas:

$$T = \frac{P\,V}{\tilde{n}\,R} = \frac{(2{,}0\,\text{bar})\,(11{,}5\,\text{l})}{(1{,}00\,\text{mol})\,(8{,}314\cdot10^{-2}\,\text{l}\cdot\text{bar}\cdot\text{mol}^{-1}\cdot\text{K}^{-1})}$$
$$= 277\,\text{K}.$$

Mit $R = 8{,}314\cdot10^{-2}\,\text{l}\cdot\text{bar}\cdot\text{mol}^{-1}\cdot\text{K}^{-1}$ ergibt sich die Arbeit bei der isothermen Kompression (Prozess $2\to1$) zu

$$W_{2\to1} = -\tilde{n}\,R\,T\,\ln(V_\text{E}/V_\text{A})$$
$$= -(1{,}00\,\text{mol})\,R\,(277\,\text{K})\,\ln\frac{11{,}5\,\text{l}}{23\,\text{l}} = 15{,}91\cdot\text{bar}.$$

Die insgesamt umgesetzte Arbeit ist die Summe beider Werte:

$$W_\text{ges} = W_{1\to2} + W_{2\to1} = -17{,}31\cdot\text{bar} + 15{,}91\cdot\text{bar}$$
$$= -1{,}401\cdot\text{bar} = -140\,\text{J}.$$

Anmerkung: In jedem vollständigen Zyklus verrichtet das Gas also eine Arbeit von $140\,\text{J}$.

L15.32 Die einzelnen Druck-, Temperatur- und Volumenwerte sind mit der Zustandsgleichung für das ideale Gas zu berechnen. Die Arbeit entspricht betragsmäßig der jeweiligen Fläche unter der Kurve im P-V-Diagramm, und die ausgetauschte Wärme ergibt sich jeweils aus der spezifischen Wärmekapazität und der betreffenden Temperaturänderung. Das Volumen am Punkt D im P-V-Diagramm ist

$$V_\text{D} = \frac{\tilde{n}\,R\,T_\text{D}}{P_\text{D}}$$
$$= \frac{(2{,}00\,\text{mol})\,(8{,}314\,\text{J}\cdot\text{mol}^{-1}\cdot\text{K}^{-1})\,(360\,\text{K})}{(2{,}00\,\text{bar})} = 29{,}93\,\text{l}.$$

Wie angegeben, ist das Volumen am Punkt B (wie auch am Punkt C) dreimal so groß wie am Punkt D. Also ist $V_\text{B} = V_\text{C} = 3\,V_\text{D} = 89{,}79\,\text{l}$.

Mit $R = 8{,}314\cdot10^{-2}\,\text{l}\cdot\text{bar}\cdot\text{mol}^{-1}\cdot\text{K}^{-1}$ ergibt sich für den Druck am Punkt C

$$P_\text{C} = \frac{\tilde{n}\,R\,T_\text{C}}{V_\text{C}} = \frac{(2{,}00\,\text{mol})\,R\,(360\,\text{K})}{(89{,}79\,\text{l})} = 0{,}6667\,\text{bar}.$$

Wir wissen, dass der Druck am Punkt B zweimal so groß ist wie am Punkt C. Also ist

$$P_\text{B} = 2\,P_\text{C} = 2\,(0{,}6667\,\text{bar}) = 1{,}333\,\text{bar}.$$

Der Schritt D$\to$C verläuft isotherm. Daher gilt $T_\text{D} = T_\text{C} = 360\,\text{K}$. Die Temperatur an den Punkten A und B ist

$$T_\text{A} = T_\text{B} = \frac{P_\text{B}\,V_\text{B}}{\tilde{n}\,R}$$
$$= \frac{(1{,}333\,\text{bar})\,(89{,}79\,\text{l})}{(2{,}00\,\text{mol})\,(8{,}314\cdot10^{-2}\,\text{l}\cdot\text{bar}\cdot\text{mol}^{-1}\cdot\text{K}^{-1})}$$
$$= 719{,}8\,\text{K}.$$

Die Temperatur am Punkt A ist doppelt so groß wie die am Punkt D. Daher muss wegen des bei A und D gleichen Volumens gelten: $P_\text{A} = 2\,P_\text{D} = 4{,}00\,\text{bar}$. In der nachstehenden Tabelle sind die Druck-, Volumen- und Temperaturwerte an den vier Punkten zusammengestellt.

Punkt	P/bar	V/l	T/K
A	4	29,9	720
B	1,33	89,8	720
C	0,667	89,8	360
D	2	29,9	360

Wir berechnen nun für jeden Schritt die verrichtete bzw. aufgenommene Arbeit sowie die ausgetauschte Wärme.

Beim Schritt D→A ist $W_{\mathrm{D}\to\mathrm{A}} = 0$ und

$$
\begin{aligned}
Q_{\mathrm{D}\to\mathrm{A}} &= \Delta U_{\mathrm{D}\to\mathrm{A}} = \tfrac{3}{2}\, \tilde{n}\, R\, \Delta T_{\mathrm{D}\to\mathrm{A}} = \tfrac{3}{2}\, \tilde{n}\, R\, (T_{\mathrm{A}} - T_{\mathrm{D}}) \\
&= \tfrac{3}{2}\, (2{,}00\,\mathrm{mol})\, (8{,}314\,\mathrm{J}\cdot\mathrm{mol}^{-1}\cdot\mathrm{K}^{-1})\, (720 - 360)\,\mathrm{K} \\
&= +8{,}979\,\mathrm{kJ}\,.
\end{aligned}
$$

Der Schritt A→B verläuft isotherm, sodass $\Delta U_{\mathrm{A}\to\mathrm{B}} = 0$ ist. Die Arbeit ergibt sich mit $R = 8{,}314\,\mathrm{J}\cdot\mathrm{mol}^{-1}\cdot\mathrm{K}^{-1}$ zu

$$
\begin{aligned}
W_{\mathrm{A}\to\mathrm{B}} &= -Q_{\mathrm{A}\to\mathrm{B}} = -\tilde{n}\, R\, T_{\mathrm{A},\mathrm{B}}\, \ln\frac{V_{\mathrm{B}}}{V_{\mathrm{A}}} \\
&= -(2{,}00\,\mathrm{mol})\, R\, (719{,}8\,\mathrm{K})\, \ln\frac{89{,}79\,\mathrm{l}}{29{,}93\,\mathrm{l}} = -13{,}15\,\mathrm{kJ}\,.
\end{aligned}
$$

Beim Schritt B→C ist $W_{\mathrm{B}\to\mathrm{C}} = 0$ und

$$
\begin{aligned}
Q_{\mathrm{B}\to\mathrm{C}} &= \Delta U_{\mathrm{B}\to\mathrm{C}} = \tilde{n}\, C_V\, \Delta T_{\mathrm{B}\to\mathrm{C}} = \tfrac{3}{2}\, \tilde{n}\, R\, (T_{\mathrm{C}} - T_{\mathrm{B}}) \\
&= \tfrac{3}{2}\, (2{,}00\,\mathrm{mol})\, (8{,}314\,\mathrm{J}\cdot\mathrm{mol}^{-1}\cdot\mathrm{K}^{-1}) \\
&\quad \cdot (360 - 719{,}8)\,\mathrm{K} \\
&= -8{,}979\,\mathrm{kJ}\,.
\end{aligned}
$$

Der Schritt C→D verläuft isotherm, sodass $\Delta U_{\mathrm{C}\to\mathrm{D}} = 0$ ist. Die Arbeit ergibt sich mit $R = 8{,}314\,\mathrm{J}\cdot\mathrm{mol}^{-1}\cdot\mathrm{K}^{-1}$ zu

$$
\begin{aligned}
W_{\mathrm{C}\to\mathrm{D}} &= -Q_{\mathrm{C}\to\mathrm{D}} = -\tilde{n}\, R\, T_{\mathrm{C},\mathrm{D}}\, \ln\frac{V_{\mathrm{D}}}{V_{\mathrm{C}}} \\
&= -(2{,}00\,\mathrm{mol})\, R\, (360\,\mathrm{K})\, \ln\frac{29{,}93\,\mathrm{l}}{89{,}79\,\mathrm{l}} = +6{,}576\,\mathrm{kJ}\,.
\end{aligned}
$$

In der nachstehenden Tabelle sind die bei den einzelnen Schritten ausgetauschten Energien zusammengestellt.

Schritt	Q/kJ	W/kJ	$\Delta U/\mathrm{kJ}$
D→A	8,98	0	8,98
A→B	13,2	−13,2	0
B→C	−8,98	0	−8,98
C→D	−6,58	6,58	0

Die im gesamten Zyklus ausgetauschte Arbeit ist

$$
\begin{aligned}
W_{\mathrm{ges}} &= W_{\mathrm{D}\to\mathrm{A}} + W_{\mathrm{A}\to\mathrm{B}} + W_{\mathrm{B}\to\mathrm{C}} + W_{\mathrm{C}\to\mathrm{D}} \\
&= 0 - 13{,}2\,\mathrm{kJ} + 0 + 6{,}58\,\mathrm{kJ} = -6{,}6\,\mathrm{kJ}\,.
\end{aligned}
$$

Anmerkung: Wie zu erwarten war, ist die Änderung ΔU der inneren Energie beim gesamten Zyklus null.

Allgemeine Aufgaben

L15.33 Die Endtemperatur T_{E} können wir aus den Wärmekapazitäten ermitteln. Beim vorliegenden Prozess bleibt die Gesamtenergie erhalten. Wir bezeichnen das Gas mit G und den Festkörper mit F sowie die Gleichgewichts- bzw. Endtemperatur mit T_{E}. Wegen der Energieerhaltung ist $Q_{\mathrm{G}} + Q_{\mathrm{F}} = 0$ und daher

$$
\tilde{n}_{\mathrm{G}}\, C_{V,\mathrm{G}}\, (T_{\mathrm{E}} - 100\,\mathrm{K}) - \tilde{n}_{\mathrm{F}}\, C_{V,\mathrm{F}}\, (200\,\mathrm{K} - T_{\mathrm{E}}) = 0\,.
$$

Wir lösen nach der Endtemperatur auf:

$$
T_{\mathrm{E}} = \frac{(100\,\mathrm{K})\, \tilde{n}_{\mathrm{G}}\, C_{V,\mathrm{G}} + (200\,\mathrm{K})\, \tilde{n}_{\mathrm{F}}\, C_{V,\mathrm{F}}}{\tilde{n}_{\mathrm{G}}\, C_{V,\mathrm{G}} + \tilde{n}_{\mathrm{F}}\, C_{V,\mathrm{F}}}\,.
$$

Bei konstantem Volumen ist die Wärmekapazität des Gases

$$
\begin{aligned}
\tilde{n}_{\mathrm{G}}\, C_{V,\mathrm{G}} &= \tfrac{5}{2}\, \tilde{n}_{\mathrm{G}}\, R = \tfrac{5}{2}\, (1{,}00\,\mathrm{mol})\, (8{,}314\,\mathrm{J}\cdot\mathrm{mol}^{-1}\cdot\mathrm{K}^{-1}) \\
&= 20{,}8\,\mathrm{J}\cdot\mathrm{K}^{-1}\,.
\end{aligned}
$$

Gemäß der Dulong-Petit'schen Regel ist die Wärmekapazität des Festkörpers

$$
\begin{aligned}
\tilde{n}_{\mathrm{F}}\, C_{V,\mathrm{F}} &= 3\, \tilde{n}_{\mathrm{F}}\, R = 3\, (2{,}00\,\mathrm{mol})\, (8{,}314\,\mathrm{J}\cdot\mathrm{mol}^{-1}\cdot\mathrm{K}^{-1}) \\
&= 49{,}9\,\mathrm{J}\cdot\mathrm{K}^{-1}\,.
\end{aligned}
$$

Einsetzen der Werte ergibt

$$
\begin{aligned}
T_{\mathrm{E}} &= \frac{(100\,\mathrm{K})\, (20{,}8\,\mathrm{J}\cdot\mathrm{K}^{-1}) + (200\,\mathrm{K})\, (49{,}9\,\mathrm{J}\cdot\mathrm{K}^{-1})}{(20{,}8 + 49{,}9)\,\mathrm{J}\cdot\mathrm{K}^{-1}} \\
&= 171\,\mathrm{K}\,.
\end{aligned}
$$

L15.34 a) Die innere Energie U einer bestimmten Menge eines idealen Gases ist die Summe der kinetischen Energien aller seiner Teilchen und daher proportional zu $k_{\mathrm{B}}\, T$ bzw. zu T. Also hängt ΔU nur von der Temperatur T ab, wobei gilt: $\Delta U = \tilde{n}\, C_V\, \Delta T$. Insbesondere ist ΔU unabhängig von dem Prozess, durch den das Gas von dem einen Zustand in den anderen übergeht, also auch bei einer Änderung des Volumens.

b) Nach dem Ersten Hauptsatz ist $\Delta U = Q + W$. Bei konstantem Druck ist wegen $P\, V = \tilde{n}\, R\, T$ daher

$$
W = -P\, (V_{\mathrm{E}} - V_{\mathrm{A}}) = -\tilde{n}\, R\, (T_{\mathrm{E}} - T_{\mathrm{A}}) = -\tilde{n}\, R\, \Delta T\,.
$$

Mit $Q = \tilde{n}\, C_P\, \Delta T$ sowie $C_P = C_V + R$ ergibt sich daraus

$$
\begin{aligned}
\Delta U = Q + W &= \tilde{n}\, C_P\, \Delta T + (-\tilde{n}\, R\, \Delta T) \\
&= \tilde{n}\, (C_P - R)\, \Delta T = \tilde{n}\, C_V\, \Delta T\,.
\end{aligned}
$$

L15.35 Die Berechnung wird vereinfacht, wenn wir das Produkt $N_{\mathrm{A}}\, k_{\mathrm{B}}$ durch R ersetzen. Aus

$$
\tilde{n}\, R = n\, k_{\mathrm{B}} \qquad \text{ergibt sich} \qquad R = \frac{n}{\tilde{n}}\, k_{\mathrm{B}} = N_{\mathrm{A}}\, k_{\mathrm{B}}\,.
$$

Dies setzen wir in die gegebene Gleichung ein:

$$
U_{\mathrm{Mol}} = \frac{3\, N_{\mathrm{A}}\, k_{\mathrm{B}}\, \Theta_{\mathrm{E}}}{\mathrm{e}^{\Theta_{\mathrm{E}}/T} - 1} = \frac{3\, R\, \Theta_{\mathrm{E}}}{\mathrm{e}^{\Theta_{\mathrm{E}}/T} - 1}\,.
$$

Für 300 K erhalten wir

$$U_{\text{Mol},300\,\text{K}} = \frac{3\,(8{,}314\,\text{J}\cdot\text{mol}^{-1}\cdot\text{K}^{-1})\,(1060\,\text{K})}{e^{1060\,\text{K}/(300\,\text{K})} - 1}$$
$$= 795{,}4\,\text{J}\cdot\text{mol}^{-1} = 795\,\text{J}\cdot\text{mol}^{-1}\,.$$

Für 600 K ergibt sich

$$U_{\text{Mol},600\,\text{K}} = \frac{3\,(8{,}314\,\text{J}\cdot\text{mol}^{-1}\cdot\text{K}^{-1})\,(1060\,\text{K})}{e^{1060\,\text{K}/(600\,\text{K})} - 1}$$
$$= 5{,}4498\,\text{kJ}\cdot\text{mol}^{-1} = 5{,}45\,\text{kJ}\cdot\text{mol}^{-1}\,.$$

Die Differenz ist

$$\Delta U_{\text{Mol}} = U_{\text{Mol},600\,\text{K}} - U_{\text{Mol},300\,\text{K}}$$
$$= (5{,}4498 - 0{,}7954)\,\text{kJ}\cdot\text{mol}^{-1} = 4{,}66\,\text{kJ}\cdot\text{mol}^{-1}\,.$$

L15.36 Für die molare innere Energie gilt, wie gegeben:

$$U_{\text{Mol}} = \frac{3\,N_A\,k_B\,\Theta_E}{e^{\Theta_E/T} - 1}\,.$$

Die molare Wärmekapazität bei konstantem Volumen ist $C_V = dU/dT$. Wir müssen also den obigen Ausdruck für U_{Mol} nach T ableiten. Dabei verwenden wir die Beziehung $\tilde{n}\,R = n\,k_B$ bzw. $R = N_A\,k_B$. Damit ergibt sich

$$C_V = \frac{d}{dT}\left(\frac{3\,N_A\,k_B\,\Theta_E}{e^{\Theta_E/T} - 1}\right)$$
$$= 3\,R\,\Theta_E\,\frac{d}{dT}\left(\frac{1}{e^{\Theta_E/T} - 1}\right)$$
$$= 3\,R\,\Theta_E\left(\frac{-1}{(e^{\Theta_E/T} - 1)^2}\right)\frac{d}{dT}\left(e^{\Theta_E/T} - 1\right)$$
$$= 3\,R\,\Theta_E\left(\frac{-1}{(e^{\Theta_E/T} - 1)^2}\right)\left[e^{\Theta_E/T}\left(-\frac{\Theta_E}{T^2}\right)\right]$$
$$= 3\,R\left(\frac{\Theta_E}{T}\right)^2\frac{e^{\Theta_E/T}}{(e^{\Theta_E/T} - 1)^2}\,.$$

Der Zweite Hauptsatz der Thermodynamik

16

© Springer-Verlag GmbH Deutschland, ein Teil von Springer Nature 2019
A. Knochel (Hrsg.), *Arbeitsbuch zu Tipler/Mosca, Physik*, https://doi.org/10.1007/978-3-662-58919-9_16

Aufgaben

Verständnisaufgaben

16.1 • Warum ist es sinnlos, die Kühlschranktür offen zu halten, wenn man bei heißem Wetter die Küche kühlen will? Und warum kühlt im Gegensatz dazu eine Klimaanlage den Raum?

16.2 • Warum versucht man, in Kraftwerken die Temperatur des den Turbinen zugeführten Dampfs so hoch wie möglich anzusetzen?

16.3 • Welche der nachfolgend genannten Maßnahmen ist am besten geeignet, um den Wirkungsgrad einer Carnot-Wärmekraftmaschine zu steigern? a) Die Temperatur des wärmeren Reservoirs wird gesenkt. b) Die Temperatur des kälteren Reservoirs wird erhöht. c) Die Temperatur des wärmeren Reservoirs wird erhöht. d) Das Verhältnis des maximalen Volumens zum minimalen Volumen wird geändert.

16.4 •• An einem Tag mit hoher Luftfeuchtigkeit kondensiert Wasser einer kalten Oberfläche. Wie ändert sich bei der Kondensation die Entropie des Wassers? a) Sie steigt. b) Sie bleibt gleich. c) Sie sinkt. d) Sie kann abnehmen oder unverändert bleiben. Begründen Sie Ihre Antwort.

16.5 •• Ein ideales Gas durchläuft reversibel eine Zustandsänderung vom Anfangszustand P_1, V_1, T_1 zum Endzustand P_2, V_2, T_2. Es stehen zwei mögliche Wege zur Auswahl: A ist eine isotherme Expansion, gefolgt von einer adiabatischen Kompression, und B ist eine adiabatische Kompression, gefolgt von einer isothermen Expansion. Was trifft für diese beiden Wege zu? a) $\Delta U_A > \Delta U_B$, b) $\Delta S_A > \Delta S_B$, c) $\Delta S_A < \Delta S_B$, d) keine dieser Beziehungen.

16.6 •• Abb. 16.1 zeigt das S-T-Diagramm eines Kreisprozesses mit einem idealen Gas. Um welchen Prozess handelt es sich? Skizzieren Sie sein p-V-Diagramm.

Abb. 16.1 Zu Aufgabe 16.6

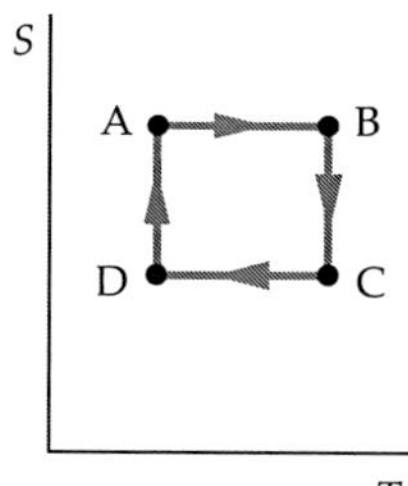

16.7 • Welche Form des Wärmetransports sollte auf jeden Fall vermieden werden, wenn eine Maschine mit möglichst geringer Entropieerhöhung arbeiten soll? Betrachten Sie beispielsweise den Carnot-Prozess.

16.8 • Die Erde gibt etwa dieselbe Energiemenge in Form von Wärmestrahlung ab, die sie von der Sonne empfängt. Könnte man sich also das Sonnenlicht als Energiequelle „sparen" und stattdessen eine verspiegelte Sphäre um die Erde errichten, die jeglichen Energieverlust verhindert?

Schätzungs- und Näherungsaufgaben

16.9 •• Schätzen Sie den maximalen Wirkungsgrad eines Ottomotors mit dem Verdichtungsverhältnis 8,0 : 1,0 ab. Legen Sie den in Abb. 16.2 dargestellten Otto-Kreisprozess zugrunde und setzen Sie $\gamma = 1,4$.

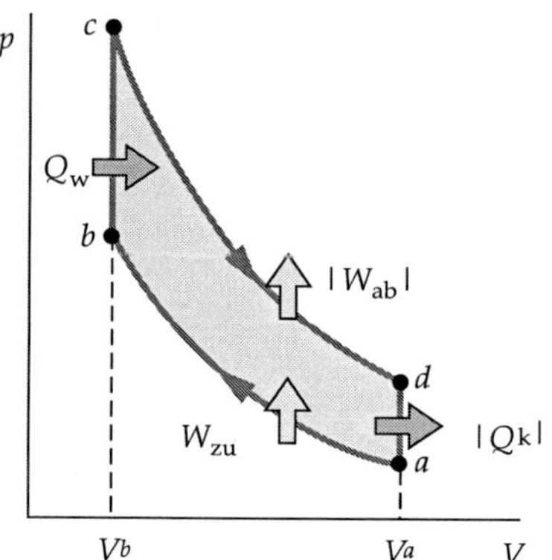

Abb. 16.2 Zu Aufgabe 16.6

16.10 •• Die mittlere Oberflächentemperatur der Sonne liegt bei rund 5400 K und die der Erde bei rund 290 K. Die Solarkonstante beträgt etwa $1{,}37\,\mathrm{kW/m^2}$ (das ist die Leistung pro Fläche, die durch Sonneneinstrahlung auf die Erde auftrifft). a) Schätzen Sie die gesamte Strahlungsleistung der Sonne ab, die auf die Erde trifft. b) Wie stark erhöht sich pro Zeiteinheit die Entropie der Erde durch diese Strahlungsleistung? c) Wie stark sinkt pro Zeiteinheit die Entropie der Sonne aufgrund des Anteils der von ihr emittierten Strahlung, der auf die Erde trifft?

16.11 ••• „Soweit wir wissen, hat die Natur niemals eine Wärmekraftmaschine hervorgebracht." Dies schrieb Steven Vogel 1988 in seinem Werk *Life's Devices*. a) Berechnen Sie den Wirkungsgrad einer Wärmekraftmaschine, die zwischen Reservoiren mit der menschlichen Körpertemperatur (37 °C) und einer mittleren Außentemperatur von 21 °C arbeitet. Vergleichen Sie den erhaltenen Wert mit dem Wirkungsgrad von rund 0,2, mit dem der menschliche Körper chemische in mechanische Energie umsetzt. Widerspricht das Ergebnis dem Zweiten Hauptsatz der Thermodynamik? b) Verwenden Sie die Ergebnisse von a sowie Ihre Kenntnisse über die Lebensbedingungen der meisten Warmblüter. Erklären Sie, warum die Warmblüter im Verlauf der Evolution keine „Wärmekraftmaschine" entwickelt haben, mit der sie ihre innere Energie erhöhen könnten.

Wärmekraftmaschinen und Kältemaschinen

16.12 • Eine Wärmekraftmaschine mit einem Wirkungsgrad von 20,0 % verrichtet pro Zyklus 0,100 kJ Arbeit. a) Wie viel Wärme wird pro Zyklus aus dem wärmeren Reservoir aufgenommen? b) Wie viel Wärme wird pro Zyklus an das kältere Reservoir abgegeben?

16.13 • Eine Wärmekraftmaschine entnimmt pro Zyklus 0,400 kJ Wärme aus dem wärmeren Reservoir und verrichtet 0,120 kJ Arbeit. a) Wie hoch ist ihr Wirkungsgrad? b) Wie viel Wärme wird pro Zyklus an das kältere Reservoir abgegeben?

16.14 •• Eine Wärmekraftmaschine enthält als Arbeitssubstanz 1,00 mol eines idealen Gases. Zu Beginn hat dieses ein Volumen von 24,6 l und eine Temperatur von 400 K. Sie durchläuft folgenden vierschrittigen Kreisprozess: 1) isotherme Expansion bei 400 K auf das doppelte Volumen, 2) Abkühlung bei konstantem Volumen auf 300 K, 3) isotherme Kompression auf das Anfangsvolumen, 4) Erwärmung bei konstantem Volumen auf die Anfangstemperatur 400 K. Skizzieren Sie das p-V-Diagramm für den angegebenen Kreisprozess. Berechnen Sie den Wirkungsgrad der Maschine; setzen Sie dabei $C_V = 21{,}0\,\mathrm{J\,K^{-1}}$.

16.15 ••• Der Kreisprozess für die Vorgänge im Dieselmotor (der sogenannte „Diesel-Kreisprozess") ist in Abb. 16.3 schematisch dargestellt. Von a nach b wird adiabatisch komprimiert, und von b nach c wird bei konstantem Druck expandiert. Der Prozess von c nach d ist eine adiabatische Expansion, und von d nach a wird bei konstantem Volumen abgekühlt. Berechnen Sie den Wirkungsgrad dieses Kreisprozesses als Funktion der Volumina V_a, V_b und V_c.

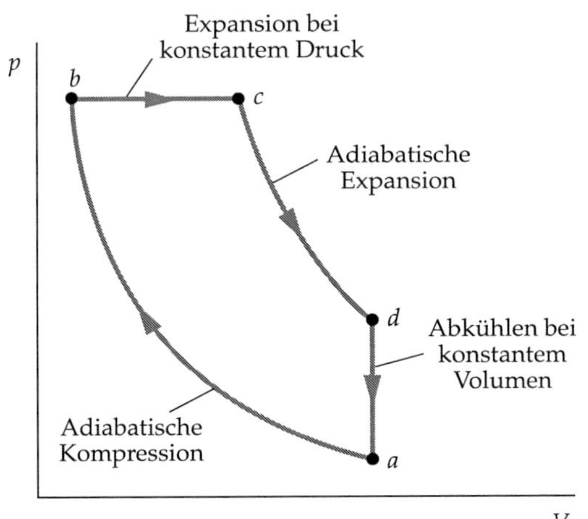

Abb. 16.3 Zu Aufgabe 16.15

Der Zweite Hauptsatz

16.16 •• Wenn sich in einem p-V-Diagramm zwei Kurven schneiden, die reversible adiabatische Prozesse darstellen, so kann durch Hinzufügen einer Isothermen zwischen beiden

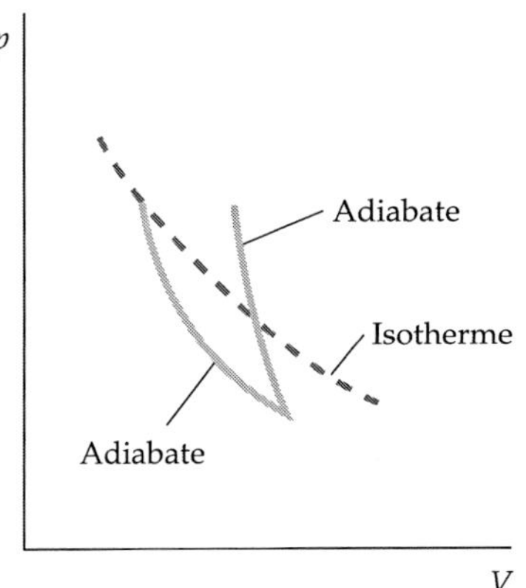

Abb. 16.4 Zu Aufgabe 16.16

Adiabaten ein Kreisprozess konstruiert werden (Abb. 16.4). Zeigen Sie, dass ein solcher Kreisprozess den Zweiten Hauptsatz verletzen würde.

Carnot-Kreisprozesse

16.17 • Eine Carnot-Maschine arbeitet zwischen zwei Reservoiren mit den Temperaturen $T_\mathrm{w} = 300\,\mathrm{K}$ und $T_\mathrm{k} = 200\,\mathrm{K}$. a) Wie hoch ist ihr Wirkungsgrad? b) Wie viel Arbeit verrichtet sie pro Zyklus, wenn sie 100 J aus dem wärmeren Reservoir aufnimmt? c) Wie viel Wärme gibt sie in jedem Zyklus an das kältere Reservoir ab? d) Wie hoch ist ihre Leistungszahl, wenn sie zwischen denselben Reservoiren in umgekehrter Richtung als Kältemaschine arbeitet?

16.18 • Eine Carnot-Maschine arbeitet zwischen zwei Reservoiren mit den Temperaturen $T_\mathrm{w} = 300\,\mathrm{K}$ und $T_\mathrm{k} = 77{,}0\,\mathrm{K}$. a) Wie hoch ist ihr Wirkungsgrad? b) Wie viel Arbeit wird verrichtet, wenn sie pro Zyklus 100 J aus dem wärmeren Reservoir aufnimmt? c) Wie viel Wärme gibt sie in jedem Zyklus an das kältere Reservoir ab? d) Wie hoch ist ihre Leistungszahl, wenn sie zwischen denselben Reservoiren in umgekehrter Richtung als Kältemaschine arbeitet?

16.19 •• Der Kreisprozess in Abb. 16.5 wird mit 1,00 mol eines zweiatomigen Gases durchgeführt, das sich wie ein ideales Gas verhält und bei dem $\gamma = 1{,}4$ ist. Zu Anfang beträgt

Abb. 16.5 Zu Aufgabe 16.19

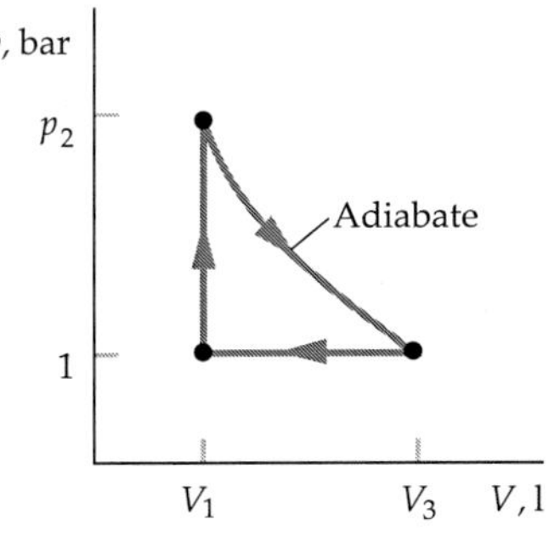

der Druck 1,00 bar und die Temperatur 0,0 °C. Das Gas wird bei konstantem Volumen auf $T_2 = 150\,°\mathrm{C}$ aufgeheizt und anschließend adiabatisch expandiert, bis der Druck wieder 1,00 bar beträgt. Schließlich wird es bei konstantem Druck auf den Endzustand komprimiert. Ermitteln Sie a) die Temperatur T_3 nach der adiabatischen Expansion, b) die vom Gas bei jedem Schritt abgegebene oder aufgenommene Wärmemenge, c) den Wirkungsgrad dieses Kreisprozesses, d) den Carnot-Wirkungsgrad eines Kreisprozesses zwischen der niedrigsten und der höchsten hier auftretenden Temperatur.

16.20 •• Einer Dampfmaschine wird überhitzter Wasserdampf mit einer Temperatur von 270 °C zugeführt. Aus ihrem Arbeitszylinder gibt sie kondensierten Dampf, also Wasser, mit 50,0 °C ab. Der Wirkungsgrad wurde zu 0,300 gemessen. a) Vergleichen Sie diesen Wert mit dem theoretischen Wirkungsgrad bei den angegebenen Temperaturen. b) Angenommen, die Maschine liefert 200 kW an nutzbarer mechanischer Leistung. Wie viel Wärme gibt sie dann in 1,00 h an die Umgebung ab?

Wärmepumpen

16.21 • Eine Wärmepumpe führt der Heizung eines Hauses eine Wärmeleistung von 20 kW zu. Die Außentemperatur beträgt −10 °C, und die Temperatur des Heizkessels liegt bei 40 °C. a) Wie hoch wäre die Leistungszahl, wenn die Maschine bei denselben Temperaturen vollkommen reversibel, also mit dem Carnot-Wirkungsgrad, arbeitete? b) Mit welcher elektrischen Leistung müsste die Wärmepumpe dabei mindestens betrieben werden? c) Angenommen, die Wärmepumpe erreicht 60 % der theoretischen Leistungszahl einer idealen Wärmepumpe. Mit welcher elektrischen Leistung muss sie dann mindestens betrieben werden?

Entropieänderungen

16.22 • Sie haben einen Topf mit Wasser versehentlich auf dem eingeschalteten Herd stehen lassen und bemerken das gerade noch rechtzeitig, bevor das letzte Tröpfchen Wasser verdampft. Zu Beginn hatte sich 1,00 l Wasser im Topf befunden. Wie hoch ist die Entropieänderung des Wassers infolge seiner Zustandsänderung von flüssig zu gasförmig?

16.23 • Wie stark ändert sich die Entropie von 1,00 mol flüssigen Wassers, wenn es bei 0,0 °C zu Eis gefriert?

16.24 •• Im Gefrierfach eines Kühlschranks werden 50,0 g Wasser, die eine Anfangstemperatur von 0,0 °C haben, gefroren und auf −10 °C abgekühlt. Nehmen Sie an, die Wände des Gefrierfachs werden dabei auf einer konstanten Temperatur von −10 °C gehalten. Zeigen Sie, dass die Entropie des Universums zunimmt, obwohl die Entropie des Wassers bzw. Eises abnimmt.

16.25 •• 2,00 mol eines idealen Gases expandieren bei 400 K reversibel und isotherm vom Anfangsvolumen 40,0 l auf das doppelte Volumen. Wie hoch sind die Entropieänderungen a) des Gases und b) des Universums?

16.26 •• Ein 200-kg-Block Eis mit 0,0 °C wird in einen großen See gelegt. Dessen Temperatur liegt nur geringfügig über 0,0 °C, sodass das Eis sehr langsam schmilzt. Bestimmen Sie die nach dem Schmelzen eingetretenen Entropieänderungen: a) des Eises, b) des Sees, c) des Universums (hier vereinfacht: Eis plus See).

16.27 •• Ein Kupferblock mit der Masse 1,00 kg hat eine Temperatur von 100 °C. Er wird in ein Kalorimeter mit vernachlässigbarer Wärmekapazität gegeben, das 4,00 l flüssiges Wasser mit 0,0 °C enthält. Wie groß sind die Entropieänderungen a) des Kupferblocks, b) des Wassers, c) des Universums?

Entropie und entwertete Energie

16.28 •• Ein Reservoir mit 300 K nimmt aus einem zweiten Reservoir mit 400 K eine Wärmemenge von 500 J auf. a) Wie groß ist die Entropieänderung des Universums? b) Wie viel Energie wird bei diesem Prozess entwertet bzw. „geht verloren"?

Allgemeine Aufgaben

16.29 • Eine Wärmekraftmaschine nimmt in jedem Zyklus 150 J aus einem Reservoir mit 100 °C auf und gibt 125 J an ein Reservoir mit 20 °C ab. a) Wie hoch ist der Wirkungsgrad dieser Maschine? b) Wie hoch ist dieser Wirkungsgrad im Verhältnis zum Carnot-Wirkungsgrad bei denselben Reservoiren?

16.30 • Um die Temperatur in einem Haus auf 20 °C zu halten, nimmt eine elektrische Fußbodenheizung an einem Tag mit einer Außentemperatur von −7,0 °C eine Leistung von 30,0 kW auf. Wie viel trägt dieses Beheizen in einer Stunde zur Entropieerhöhung des Universums bei?

16.31 •• Zeigen Sie, dass die Leistungszahl $\varepsilon_{\mathrm{KM}}$ einer Carnot-Kältemaschine folgendermaßen mit dem Carnot-Wirkungsgrad $\varepsilon_{\max}$ zusammenhängt: $\varepsilon_{\mathrm{KM}} = T_{\mathrm{k}}/(\varepsilon_{\max}\,T_{\mathrm{w}})$.

16.32 •• Vergleichen Sie den Wirkungsgrad des Otto-Kreisprozesses (Abschn. 16.1 des Lehrbuchs) mit dem einer Carnot-Maschine, die zwischen denselben Temperaturen arbeitet.

16.33 ••• Der englische Logiker und Philosoph Bertrand Russell (1872–1970) behauptete einmal, dass eine Million Affen, die eine Million Jahre lang auf je einer Schreibmaschine völlig ungezielt herumtippen, sämtliche Werke von Shakespeare hervorbringen könnten. Beschränken wir uns hier auf einige Sätze aus *Julius Caesar* (3. Akt, 2. Szene), die Marcus Antonius zu den Römern spricht:

Friends, Romans, countrymen! Lend me your ears.
I come to bury Caesar, not to praise him.
The evil that men do lives after them,
The good is oft interred with the bones.
So let it be with Caesar.
The noble Brutus hath told you that Caesar was ambitious,
And, if so, it were a grievous fault,
And grievously hath Caesar answered it . . .

Selbst für diesen kurzen Ausschnitt würden die Affen nach der eben beschriebenen Methode wesentlich länger als eine Million Jahre brauchen. Um welchen Faktor irrte sich Russel näherungsweise? Treffen Sie dabei die nötigen Annahmen (darunter auch die, dass die Affen unsterblich sind).

Lösungen zu den Aufgaben

Verständnisaufgaben

L16.1 Nach dem Zweiten Hauptsatz der Thermodynamik muss von einer Kältemaschine mehr Wärme an das wärmere Reservoir (die Küche) abgegeben werden, als sie dem kälteren Reservoir (dem Inneren des Kühlschranks) entzieht. Die Kühlschlangen befinden sich außerhalb des Kühlschranks und erwärmen daher die Küche stärker, als sie das Innere des Kühlschranks kühlen. Im Gegensatz dazu befinden sich bei einer Klimaanlage die Kühlschlangen außerhalb des Raums, sodass dieser gekühlt wird, analog zum Inneren des Kühlschranks, das ja von der Küche thermisch weitgehend isoliert ist.

L16.2 Bei einer höheren Temperatur des wärmeren Reservoirs (bzw. des Dampfs) ist der Carnot'sche Wirkungsgrad höher und daher allgemein – bei sonst gleichen Bedingungen – der Wirkungsgrad einer Wärmekraftmaschine.

L16.3 Der Wirkungsgrad einer mit dem Carnot-Prozess arbeitenden Wärmekraftmaschine ist $\varepsilon_{\max} = 1 - T_{\mathrm{k}}/T_{\mathrm{w}}$. Daher sollte auch bei realen Wärmekraftmaschinen möglichst die Temperatur T_{w} des wärmeren Reservoirs erhöht werden. Also ist Antwort c richtig.

L16.4 Bei der Kondensation gibt das Wasser Wärme ab. Die damit verknüpfte Entropieänderung ist $\mathrm{d}S = \mathrm{d}Q_{\mathrm{rev}}/T$. Weil $\mathrm{d}Q_{\mathrm{rev}}$ negativ ist, sinkt die Entropie des Wassers beim Kondensieren aus der Gasphase. Also ist Aussage c richtig. Dem entspricht auch die Tatsache, dass der flüssige Zustand eine höhere Ordnung aufweist als der gasförmige.

L16.5 Die Abbildung zeigt die jeweils zweiteiligen Wege A und B im P-V-Diagramm.

Für die Auswahl der richtigen Alternative ist entscheidend, welche Größen Zustandsfunktionen sind und welche nicht.

a) Die innere Energie U ist eine Zustandsfunktion; daher sind ihre Anfangs- und ihre Endwerte bei beiden Wegen jeweils gleich. Es ist also $\Delta U_{\mathrm{A}} = \Delta U_{\mathrm{B}}$, und Aussage a ist falsch.

b) und c) Wie die innere Energie U ist auch die Entropie S eine Zustandsfunktion. Ihre Änderung hängt also nur vom Anfangs- und vom Endzustand ab, nicht aber vom durchlaufenen Weg. Daher ist $\Delta S_{\mathrm{A}} = \Delta S_{\mathrm{B}}$. Die Aussagen b und c sind also ebenfalls falsch, und Aussage d ist richtig.

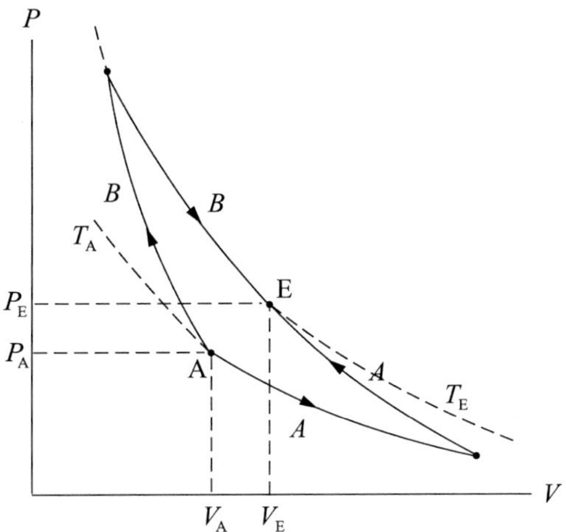

L16.6 Die Abbildung zeigt die vier Schritte im P-V-Diagramm.

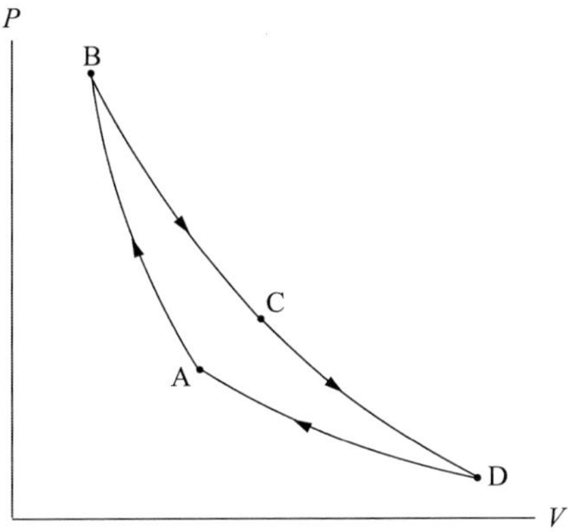

Die Schritte A→B und C→D verlaufen adiabatisch, während die Schritte B→C und D→A isotherm verlaufen. Es handelt sich also um den Carnot'schen Kreisprozess.

L16.7 Der Carnot-Prozess in seiner idealen Form ist komplett reversibel, da die Wärmeübertragung aus und in die Reservoirs jeweils bei gleicher Temperatur von Gas und Reservoir geschieht. Bevor das Gas mit dem Reservoir verbunden wird, wurde es bereits durch die adiabatische Ausdehnung oder Kompression an dessen Temperatur angeglichen. Die Summe der Entropieänderungen bei der Übertragung der Wärmemenge Q,

$$\Delta S = \frac{Q}{T_{\mathrm{Gas}}} + \frac{-Q}{T_{\mathrm{Res}}},$$

verschwindet bei gleicher Temperatur, und der Prozess bleibt reversibel.

Die Wärmeleitung zwischen Objekten unterschiedlicher Temperatur hingegen resultiert in

$$\Delta S = \frac{Q}{T_1} + \frac{-Q}{T_2} > 0.$$

Das Vorzeichen ergibt sich, da die Wärmemenge $Q > 0$ zu dem Objekt der niedrigeren Temperatur fließt (hier T_1). Die Wärmeleitung entlang eines Temperaturgradienten in einer Maschine führt also unweigerlich dazu, dass der Prozess irreversibel wird und kein optimaler Wirkungsgrad erreicht werden kann.

L16.8 Da die abgestrahlte Energiemenge der Erde in Form von Wärmestrahlung sich mit der Sonneneinstrahlung etwa im Gleichgewicht befindet, würde das Errichten einer großen verspiegelten Sphäre um die Erde die eingestrahlte Energiemenge zunächst nicht wesentlich verändern. Dennoch würde das Experiment nicht funktionieren, da nach und nach alle Teile des Systems innerhalb der Sphäre dieselbe Temperatur annehmen würden. Im thermischen Gleichgewicht können aber keine mechanischen oder anderen Prozesse mehr angetrieben werden. Die Rolle der Sonne bei der Erhaltung des Lebens auf der Erde besteht daher nicht nur darin, der Erde Energie in Form von Strahlung zuzuführen. Um die verschiedenen Abläufe auf der Erde anzutreiben, muss diese Strahlung auch dazu geeignet sein, die Erde vor einem Anstieg der Entropie zu ihrem Maximalwert und damit dem Übergang zum thermischen Gleichgewicht aller Teile des Systems (dem sog. Wärmetod) zu bewahren.

Dazu muss die zugeführte Strahlung kurzwelliger sein als die von der Erde abgegebene Wärmestrahlung – einzelne Photonen tragen dann mehr Energie, und die Zahl der von der Sonne eintreffenden Photonen ist geringer als die Zahl der von der Erde abgestrahlten. Damit wird die Entropie der Erde niedrig gehalten. Die Sonne kann dies leisten, da sie eine wesentlich höhere Temperatur als die Erde besitzt.

Schätzungs- und Näherungsaufgaben

L16.9 Der theoretisch höchstmögliche Wirkungsgrad eines Ottomotors entspricht dem einer Carnot'schen Wärmekraftmaschine, die zwischen denselben Temperaturen arbeitet:

$$\varepsilon_{\max} = 1 - \frac{T_k}{T_w}.$$

Für die reversible adiabatische Expansion (beim Arbeitstakt des Motors) gilt $T_k V_k^{\gamma-1} = T_w V_w^{\gamma-1}$. Dies lösen wir nach dem Quotienten T_k/T_w auf:

$$\frac{T_k}{T_w} = \frac{V_w^{\gamma-1}}{V_k^{\gamma-1}} = \left(\frac{V_w}{V_k}\right)^{\gamma-1}.$$

Einsetzen in die erste Gleichung ergibt

$$\varepsilon_{\max} = 1 - \frac{T_k}{T_w} = 1 - \left(\frac{V_w}{V_k}\right)^{\gamma-1}.$$

Mit dem Verdichtungsverhältnis $r = V_k/V_w = 8{,}0$ ergibt sich für den theoretisch höchstmöglichen Wirkungsgrad

$$\varepsilon_{\max} = 1 - \frac{1}{r^{\gamma-1}} = 1 - \frac{1}{(8{,}0)^{1{,}4-1}} = 0{,}565 \approx 57\,\%.$$

L16.10 a) Die Solarkonstante ist die pro Flächeneinheit auf die Erde auftreffende Leistung: $I_A = P/A$. Daher ergibt sich mit dem Erdradius r_E die insgesamt auf die Erde auftreffende Leistung

$$P = I_A A = I_A \pi r_E^2 = \pi (1{,}37\,\text{kW} \cdot \text{m}^{-2})(6{,}37 \cdot 10^6\,\text{m})^2$$
$$= 1{,}746 \cdot 10^{17}\,\text{W} = 1{,}75 \cdot 10^{17}\,\text{W}.$$

b) Mit der mittleren Temperatur T_E der Erde ist die zeitliche Entropieänderung der Erde $|dS_E|/dt = P/T_E$. Damit ist

$$\frac{|dS_E|}{dt} = \frac{1{,}746 \cdot 10^{17}\,\text{W}}{290\,\text{K}} = 6{,}02 \cdot 10^{14}\,\text{J} \cdot \text{K}^{-1} \cdot \text{s}^{-1}.$$

c) Mit der mittleren Temperatur T_S der Sonnenoberfläche ist die zeitliche Entropieänderung der Sonne $|dS_S|/dt = P/T_S$. Dies ist nur die Entropieänderung, die von der *die Erde erreichenden* Strahlungsleistung P herrührt. Wir erhalten hierfür

$$\frac{|dS_S|}{dt} = \frac{1{,}746 \cdot 10^{17}\,\text{W}}{5400\,\text{K}} = 3{,}23 \cdot 10^{13}\,\text{J} \cdot \text{K}^{-1} \cdot \text{s}^{-1}.$$

L16.11 Die theoretische Obergrenze für den Wirkungsgrad ist der Carnot'sche Wirkungsgrad einer Wärmekraftmaschine mit Reservoiren, deren Temperaturen die des menschlichen Körpers und die der durchschnittlichen Umgebung sind.

a) Der Carnot'sche Wirkungsgrad ist $\varepsilon_{\max} = 1 - T_k/T_w$. Mit der Körpertemperatur $T_1 = 310\,\text{K}$ und der Umgebungs- oder Raumtemperatur $T_2 = 294\,\text{K}$ erhalten wir

$$\varepsilon_{\max} = 1 - \frac{294\,\text{K}}{310\,\text{K}} = 0{,}0516.$$

Dieser Wirkungsgrad von gut 5 % ist wesentlich geringer als der des menschlichen Körpers, der bei rund 20 % liegt. Das ist aber kein Widerspruch zum Zweiten Hauptsatz der Thermodynamik, denn unser Organismus funktioniert nicht einfach durch Austausch von Wärme und Arbeit mit der Umgebung. Vielmehr gewinnt er seine Energie durch die chemische Umsetzung der aufgenommenen Nahrung.

b) Die meisten Warmblüter leben unter ähnlichen Umgebungsbedingungen wie wir Menschen. Sogar eine ideale Wärmekraftmaschine mit einem Wirkungsgrad von rund 0,2 würde daher eine unrealistisch hohe Körpertemperatur erfordern.

Wärmekraftmaschinen und Kältemaschinen

L16.12 Der Wirkungsgrad einer Wärmekraftmaschine ist definiert als $\varepsilon = |W|/Q_w$. Darin ist, jeweils pro Zyklus, $|W|$ die verrichtete Arbeit und Q_w die dem wärmeren Reservoir entnommene Wärme.

a) Mit den gegebenen Werten erhalten wir

$$Q_w = \frac{|W|}{\varepsilon} = \frac{100\,\text{J}}{0{,}200} = 500\,\text{J}.$$

b) Nach dem Ersten Hauptsatz gilt $Q_w = |W| + |Q_k|$. Also ist die abgegebene Wärmemenge

$$|Q_k| = Q_w - |W| = 500\,\text{J} - 100\,\text{J} = 400\,\text{J}.$$

L16.13 a) Der Wirkungsgrad der Wärmekraftmaschine ist

$$\varepsilon = \frac{|W|}{Q_{\mathrm{w}}} = \frac{120\,\mathrm{J}}{400\,\mathrm{J}} = 0{,}30\,.$$

b) Wegen der Erhaltung der Energie bzw. wegen des Ersten Hauptsatzes der Thermodynamik gilt $Q_{\mathrm{w}} = |W| + |Q_{\mathrm{k}}|$, und wir erhalten für die abgegebene Wärmemenge

$$|Q_{\mathrm{k}}| = Q_{\mathrm{w}} - |W| = 400\,\mathrm{J} - 120\,\mathrm{J} = 280\,\mathrm{J}\,.$$

L16.14 Um den Wirkungsgrad $\varepsilon = |W|/Q$ berechnen zu können, müssen wir die im gesamten Kreisprozess ausgetauschten Arbeits- und Wärmemengen berechnen. Gemäß der Zustandsgleichung für das ideale Gas ist der Druck beim Punkt 1 im P-V-Diagramm

$$P_1 = \frac{\tilde{n}\,R}{V_1}\,T_1$$

$$= \frac{(1{,}00\,\mathrm{mol})\,(8{,}314 \cdot 10^{-2}\,\mathrm{l} \cdot \mathrm{bar} \cdot \mathrm{mol}^{-1} \cdot \mathrm{K}^{-1})}{24{,}6\,\mathrm{l}}\,(400\,\mathrm{K})$$

$$= 1{,}352\,\mathrm{bar}\,.$$

Auf die gleiche Weise sind die Drücke bei den anderen Punkten zu ermitteln. In der Tabelle sind alle Druck-, Volumen- und Temperaturwerte zusammengestellt.

Punkt	P/bar	V/l	T/K
1	1,352	24,6	400
2	0,676	49,2	400
3	0,507	49,2	300
4	1,013	24,6	300

Die Abbildung zeigt das P-V-Diagramm.

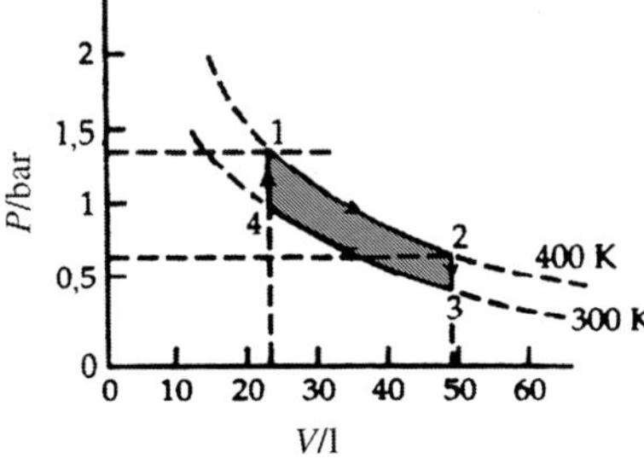

Mit $R = 8{,}314\,\mathrm{J} \cdot \mathrm{mol}^{-1} \cdot \mathrm{K}^{-1}$ ist bei der isothermen Expansion vom Punkt 1 zum Punkt 2 die Arbeit

$$W_{1\to 2} = -Q_{1\to 2} = -\tilde{n}\,R\,T_1 \ln \frac{V_2}{V_1}$$

$$= -(1{,}00\,\mathrm{mol})\,R\,(400\,\mathrm{K}) \ln \frac{49{,}2\,\mathrm{l}}{24{,}6\,\mathrm{l}} = -2{,}305\,\mathrm{kJ}\,.$$

Bei der Abkühlung vom Punkt 2 zum Punkt 3, die bei konstantem Volumen erfolgt, ist die Arbeit null, und die Wärme ist

$$Q_{2\to 3} = \tilde{n}\,C_V\,\Delta T_{2\to 3}$$

$$= (1{,}00\,\mathrm{mol})\,(21{,}0\,\mathrm{J} \cdot \mathrm{mol}^{-1} \cdot \mathrm{K}^{-1})\,(300 - 400)\,\mathrm{K}$$

$$= -2{,}10\,\mathrm{kJ}\,.$$

Mit $R = 8{,}314\,\mathrm{J} \cdot \mathrm{mol}^{-1} \cdot \mathrm{K}^{-1}$ ist bei der isothermen Kompression vom Punkt 3 zum Punkt 4 die Arbeit

$$W_{3\to 4} = -Q_{3\to 4} = -\tilde{n}\,R\,T_3 \ln \frac{V_4}{V_3}$$

$$= -(1{,}00\,\mathrm{mol})\,R\,(300\,\mathrm{K}) \ln \frac{24{,}6\,\mathrm{l}}{49{,}2\,\mathrm{l}} = +1{,}729\,\mathrm{kJ}\,.$$

Bei der Erwärmung vom Punkt 4 zum Punkt 1, die bei konstantem Volumen erfolgt, ist die Arbeit null, und die Wärme ist

$$Q_{4\to 1} = \tilde{n}\,C_V\,\Delta T_{4\to 1}$$

$$= (1{,}00\,\mathrm{mol})\,(21{,}0\,\mathrm{J} \cdot \mathrm{mol}^{-1} \cdot \mathrm{K}^{-1})\,(400 - 300)\,\mathrm{K}$$

$$= +2{,}10\,\mathrm{kJ}\,.$$

Die im gesamten Zyklus netto zugeführte Arbeit ist

$$W = W_{1\to 2} + W_{2\to 3} + W_{3\to 4} + W_{4\to 1}$$

$$= -2{,}305\,\mathrm{kJ} + 0 + 1{,}729\,\mathrm{kJ} + 0 = -0{,}5760\,\mathrm{kJ}\,.$$

(Am negativen Vorzeichen ist zu erkennen, dass diese Arbeit verrichtet wird.) Die im gesamten Zyklus netto zugeführte Wärme ist

$$Q = Q_{1\to 2} + Q_{4\to 1} = 2{,}305\,\mathrm{kJ} + 2{,}10\,\mathrm{kJ} = 4{,}405\,\mathrm{kJ}\,.$$

Damit ist der Wirkungsgrad

$$\varepsilon = |W|/Q = (0{,}5760\,\mathrm{kJ})/(4{,}034\,\mathrm{kJ}) = 0{,}131\,.$$

L16.15 Zur Vereinfachung nehmen wir als Arbeitssubstanz ein ideales Gas sowie vollständig reversible Prozessführung an. Um den Wirkungsgrad $\varepsilon = |W|/Q$ berechnen zu können, müssen wir die im gesamten Kreisprozess ausgetauschten Wärmemengen berechnen. Bei den Schritten a→b und c→d im P-V-Diagramm (siehe die Abbildung bei der Aufgabenstellung) wird keine Wärme ausgetauscht. Der Wirkungsgrad des Kreisprozesses ist definiert als $\varepsilon = 1 - |Q_{\mathrm{k}}|/Q_{\mathrm{w}}$.

Für die Erwärmung bei konstantem Druck (b→c) gilt

$$Q_{\mathrm{b}\to\mathrm{c}} = Q_{\mathrm{w}} = \tilde{n}\,C_P\,(T_{\mathrm{c}} - T_{\mathrm{b}})\,.$$

Für die Abkühlung bei konstantem Volumen (d→a) gilt

$$Q_{\mathrm{d}\to\mathrm{a}} = |Q_{\mathrm{k}}| = \tilde{n}\,C_V\,(T_{\mathrm{d}} - T_{\mathrm{a}})\,.$$

Einsetzen in die Gleichung für den Wirkungsgrad ergibt

$$\varepsilon = 1 - \frac{|Q_{\mathrm{k}}|}{Q_{\mathrm{w}}} = 1 - \frac{C_V\,(T_{\mathrm{d}} - T_{\mathrm{a}})}{C_P\,(T_{\mathrm{c}} - T_{\mathrm{b}})} = 1 - \frac{(T_{\mathrm{d}} - T_{\mathrm{a}})}{\gamma\,(T_{\mathrm{c}} - T_{\mathrm{b}})}\,.$$

Für den reversiblen adiabatischen Prozess a→b gilt $T_{\mathrm{a}}\,V_{\mathrm{a}}^{\gamma-1} = T_{\mathrm{b}}\,V_{\mathrm{b}}^{\gamma-1}$ und daher

$$T_{\mathrm{a}} = T_{\mathrm{b}}\,\frac{V_{\mathrm{b}}^{\gamma-1}}{V_{\mathrm{a}}^{\gamma-1}}\,.$$

Entsprechend ist $T_c\, V_c^{\gamma-1} = T_d\, V_d^{\gamma-1}$ und daher

$$T_d = T_c\, \frac{V_c^{\gamma-1}}{V_d^{\gamma-1}}\,.$$

Diese Ausdrücke für T_a und für T_d setzen wir in die Beziehung für ε ein, wobei wir berücksichtigen, dass $V_a = V_d$ ist:

$$\varepsilon = 1 - \frac{(T_d - T_a)}{\gamma\,(T_c - T_b)} = 1 - \frac{T_c\,\dfrac{V_c^{\gamma-1}}{V_d^{\gamma-1}} - T_b\,\dfrac{V_b^{\gamma-1}}{V_a^{\gamma-1}}}{\gamma\,(T_c - T_b)}$$

$$= 1 - \frac{\left(\dfrac{V_c}{V_a}\right)^{\gamma-1} - \dfrac{T_b}{T_c}\left(\dfrac{V_b}{V_a}\right)^{\gamma-1}}{\gamma\left(1 - \dfrac{T_b}{T_c}\right)}\,.$$

Wegen $P_b = P_c$ gilt für eine bestimmte Menge eines idealen Gases $T_b/T_c = V_b/V_c$. Damit ergibt sich

$$\varepsilon = 1 - \frac{\left(\dfrac{V_c}{V_a}\right)^{\gamma-1} - \dfrac{V_b}{V_c}\left(\dfrac{V_b}{V_a}\right)^{\gamma-1}}{\gamma\left(1 - \dfrac{V_b}{V_c}\right)}\,\frac{\left(\dfrac{V_c}{V_a}\right)}{\left(\dfrac{V_c}{V_a}\right)}\,,$$

und damit

$$\varepsilon = 1 - \frac{\left(\dfrac{V_c}{V_a}\right)^{\gamma} - \dfrac{V_b}{V_a}\left(\dfrac{V_b}{V_a}\right)^{\gamma-1}}{\gamma\left(\dfrac{V_c}{V_a} - \dfrac{V_b}{V_a}\right)}$$

$$= 1 - \frac{\left(\dfrac{V_c}{V_a}\right)^{\gamma} - \left(\dfrac{V_b}{V_a}\right)^{\gamma}}{\gamma\left(\dfrac{V_c}{V_a} - \dfrac{V_b}{V_a}\right)} = 1 - \frac{V_c^{\gamma} - V_b^{\gamma}}{\gamma\, V_d^{\gamma-1}\,(V_c - V_b)}\,.$$

Der Zweite Hauptsatz

L16.16 Die vom System verrichtete Arbeit entspricht betragsmäßig der von den Kurvenstücken eingeschlossenen Fläche, wenn der gesamte Zyklus durchlaufen wird. Wir nehmen an, dass der Kreisprozess mit der isothermen Expansion beginnt. Nur bei diesem Schritt wird Wärme aus einem Reservoir entnommen. Dagegen wird bei der adiabatischen Expansion oder Kompression keine Wärme ausgetauscht. Somit würde in diesem Kreisprozess Wärme vollständig in Arbeit umgesetzt, ohne dass gleichzeitig Wärme in ein kälteres Reservoir übertragen würde. Das aber widerspräche dem Zweiten Hauptsatz.

Carnot-Kreisprozesse

L16.17 a) Der Carnot'sche Wirkungsgrad ist

$$\varepsilon_{\max} = 1 - \frac{T_k}{T_w} = 1 - \frac{200\,\mathrm{K}}{300\,\mathrm{K}} = 0{,}333\,.$$

b) Die verrichtete Arbeit ist

$$|W| = \varepsilon_{\max}\, Q_w = (0{,}333)\,(100\,\mathrm{J}) = 33{,}3\,\mathrm{J}\,.$$

c) Wegen der Erhaltung der Energie ist die pro Zyklus an das kältere Reservoir abgegebene Wärmemenge

$$|Q_k| = Q_w - |W| = 100\,\mathrm{J} - 33{,}3\,\mathrm{J} = 66{,}7\,\mathrm{J}\,.$$

d) Die Leistungszahl der Kältemaschine ist damit

$$\varepsilon_{\mathrm{KM}} = Q_k/W = (66{,}7\,\mathrm{J})/(33{,}3\,\mathrm{J}) = 2{,}00\,.$$

L16.18 a) Der Carnot'sche Wirkungsgrad ist

$$\varepsilon_{\max} = 1 - \frac{T_k}{T_w} = 1 - \frac{77{,}0\,\mathrm{K}}{300\,\mathrm{K}} = 0{,}743\,.$$

b) Die verrichtete Arbeit ist

$$|W| = \varepsilon_{\max}\, Q_w = (0{,}743)\,(100\,\mathrm{J}) = 74{,}3\,\mathrm{J}\,.$$

c) Wegen der Erhaltung der Energie ist die pro Zyklus an das kältere Reservoir abgegebene Wärmemenge

$$|Q_k| = Q_w - |W| = 100\,\mathrm{J} - 74{,}3\,\mathrm{J} = 25{,}7\,\mathrm{J}\,.$$

d) Die Leistungszahl der Kältemaschine ist damit

$$\varepsilon_{\mathrm{KM}} = Q_k/W = (25{,}7\,\mathrm{J})/(74{,}3\,\mathrm{J}) = 0{,}346\,.$$

L16.19 a) Gemäß der Zustandsgleichung für das ideale Gas gilt für die Punkte 1 und 3 im P-V-Diagramm $P_1 V_1/T_1 = P_3 V_3/T_3$. Mit $P_1 = P_3$ folgt daraus

$$T_3 = T_1\, \frac{V_3}{V_1}\,. \tag{1}$$

Entsprechend gilt für die Punkte 1 und 2

$$P_1 V_1/T_1 = P_2 V_2/T_2\,.$$

Mit $V_1 = V_2$ ergibt dies

$$P_2 = P_1\, \frac{T_2}{T_1} = (1{,}00\,\mathrm{bar})\,\frac{423\,\mathrm{K}}{273\,\mathrm{K}} = 1{,}55\,\mathrm{bar}\,.$$

Für den adiabatischen Prozess $2 \rightarrow 3$ gilt $P_2 V_2^{\gamma} = P_3 V_3^{\gamma}$.
Mit $V_1 = V_2 = 22{,}7\,\mathrm{l}$ erhalten wir

$$V_3 = V_2\left(\frac{P_2}{P_3}\right)^{1/\gamma} = (22{,}7\,\mathrm{l})\left(\frac{1{,}55\,\mathrm{bar}}{1{,}00\,\mathrm{bar}}\right)^{1/1{,}4} = 31{,}4\,\mathrm{l}\,.$$

Dies setzen wir in Gleichung 1 ein:

$$T_3 = (273\,\mathrm{K})\,(31{,}4\,\mathrm{l})/(22{,}7\,\mathrm{l}) = 378\,\mathrm{K}\,.$$

b) Der Prozess $1 \rightarrow 2$ verläuft bei konstantem Volumen. Dabei berücksichtigen wir, dass $\gamma = 1{,}4$ ist; dies entspricht der Beziehung $C_P - C_V = R$ bei einem zweiatomigen Gas. Mit $R = 8{,}314 \, \text{J} \cdot \text{mol}^{-1} \cdot \text{K}^{-1}$ erhalten wir

$$Q_{1 \rightarrow 2} = \tilde{n} \, C_V \, \Delta T_{1 \rightarrow 2} = \tfrac{5}{2} \, \tilde{n} \, R \, \Delta T_{1 \rightarrow 2}$$
$$= \tfrac{5}{2} \, (1{,}00 \, \text{mol}) \, R \, (423 \, \text{K} - 273 \, \text{K}) = 3{,}12 \, \text{kJ} \, .$$

Der Prozess $2 \rightarrow 3$ verläuft adiabatisch, sodass $Q_{2 \rightarrow 3} = 0$ ist.

Der Prozess $3 \rightarrow 1$ verläuft bei konstantem Druck (isobar), und es ist $C_P = C_V + R$. Damit ergibt sich

$$Q_{3 \rightarrow 1} = \tilde{n} \, C_P \, \Delta T_{3 \rightarrow 1} = \tfrac{7}{2} \, \tilde{n} \, R \, \Delta T_{3 \rightarrow 1}$$
$$= \tfrac{7}{2} \, (1{,}00 \, \text{mol}) \, R \, (273 \, \text{K} - 378 \, \text{K}) = -3{,}06 \, \text{kJ} \, .$$

c) Um den Wirkungsgrad $\varepsilon = |W| / Q_{\text{zu}}$ berechnen zu können, müssen wir die entsprechenden Mengen an Arbeit und Wärme ermitteln. Gemäß dem Ersten Hauptsatz ist $\Delta U = Q_{\text{zu}} + W$. Weil das System am Ende denselben Zustand wie zu Beginn hat, ist $\Delta U = 0$ und damit

$$W = -Q_{\text{zu}} = -(3{,}12 \, \text{kJ} - 3{,}06 \, \text{kJ}) = -0{,}06 \, \text{kJ} \, .$$

Daraus ergibt sich $\varepsilon = (0{,}06 \, \text{kJ}) / (3{,}12 \, \text{kJ}) = 0{,}022$.

d) Der Carnot'sche Wirkungsgrad bei denselben Temperaturen ist $\varepsilon_{\text{max}} = 1 - T_k / T_w = 1 - (273 \, \text{K}) / (423 \, \text{K}) = 0{,}355$.

L16.20 a) Der Carnot'sche Wirkungsgrad bei den gegebenen Temperaturen ist $\varepsilon_{\text{max}} = 1 - T_k / T_w = (323 \, \text{K}) / (543 \, \text{K}) = 0{,}4052$. Der Wirkungsgrad der realen Maschine beträgt $0{,}300$. Wir dividieren ihn durch den Carnot'schen Wirkungsgrad und erhalten $0{,}300 / 0{,}4052 = 0{,}7405$. Der Wirkungsgrad der Maschine entspricht also $74 \, \%$ des theoretischen Maximums.

b) Der Wirkungsgrad ist definiert durch

$$\varepsilon = \frac{|W|}{Q_w} = \frac{Q_w - |Q_k|}{Q_w} = 1 - \frac{|Q_k|}{Q_w} \, .$$

Somit ist die von der Maschine an die Umgebung abgegebene Wärmemenge $|Q_k| = (1 - \varepsilon) \, Q_w$. Für die von ihr aufgenommene Wärmemenge gilt $Q_w = |W| / \varepsilon = P \, \Delta t / \varepsilon$. Damit ergibt sich

$$|Q_k| = (1 - \varepsilon) \, \frac{P \, \Delta t}{\varepsilon} = \left(\frac{1}{\varepsilon} - 1 \right) P \, \Delta T$$
$$= \left(\frac{1}{0{,}300} - 1 \right) (200 \, \text{kJ} \cdot \text{s}^{-1}) \, (3600 \, \text{s}) = 1{,}68 \, \text{GJ} \, .$$

Wärmepumpen

L16.21 a) Mit den Reservoirtemperaturen $T_w = 313 \, \text{K}$ und $T_k = 263 \, \text{K}$ gilt für die maximale Leistungszahl der Wärmepumpe

$$\varepsilon_{\text{WP,max}} = \frac{|Q_w|}{W} = \frac{|Q_w|}{|Q_w| - Q_k}$$
$$= \frac{1}{1 - \dfrac{Q_k}{|Q_w|}} = \frac{1}{1 - \dfrac{T_k}{T_w}}$$
$$= \frac{T_w}{T_w - T_k} = \frac{313 \, \text{K}}{313 \, \text{K} - 263 \, \text{K}} = 6{,}26 = 6{,}3 \, .$$

b) Die von einer idealen Wärmepumpe benötigte Arbeit ist

$$W_{\text{min}} = \frac{|Q_w|}{\varepsilon_{\text{WP,max}}} \, .$$

Die dafür erforderliche elektrische Leistung ergibt sich zu

$$P_{\text{min}} = \frac{W_{\text{min}}}{\Delta t} = \frac{|Q_w| / \Delta t}{\varepsilon_{\text{WP,max}}} = \frac{20 \, \text{kW}}{6{,}26} = 3{,}2 \, \text{kW} \, .$$

c) Wenn $60 \, \%$ der theoretischen Leistungszahl der Wärmepumpe erreicht werden, ist die benötigte elektrische Leistung

$$P = \frac{|Q_w| / \Delta t}{0{,}60 \, \varepsilon_{\text{WP,max}}} = \frac{20 \, \text{kW}}{0{,}60 \cdot 6{,}26} = 5{,}3 \, \text{kW} \, .$$

Entropieänderungen

L16.22 Beim Verdampfen nimmt das Wasser die Wärmemenge Q auf, die dem Produkt aus der Masse $m = \varrho \, V$ und der spezifischen Verdampfungswärme λ_D entspricht: $Q = m \, \lambda_D$. Damit erhalten wir für die Entropieänderung des Wassers

$$\Delta S = \frac{Q}{T} = \frac{m \, \lambda_D}{T} = \frac{\varrho \, V \, \lambda_D}{T}$$
$$= \frac{(1{,}00 \, \text{kg} \cdot \text{l}^{-1}) \, (1{,}00 \, \text{l}) \, (2257 \, \text{kJ} \cdot \text{kg}^{-1})}{373 \, \text{K}}$$
$$= 6{,}05 \, \text{kJ} \cdot \text{K}^{-1} \, .$$

L16.23 Beim Erstarren bzw. Gefrieren gibt das Wasser eine Wärmemenge ab, die dem negativen Produkt aus der Masse m und der spezifischen Schmelzwärme λ_S entspricht: $Q = -m \, \lambda_S$. Die Masse ist das Produkt aus der Molanzahl und der Molmasse: $m = \tilde{n} \, m_{\text{Mol}}$. Damit erhalten wir für die Entropieänderung des Wassers

$$\Delta S = \frac{Q}{T} = \frac{-m \, \lambda_S}{T_{\text{Smp}}}$$
$$= -\frac{(1{,}00 \, \text{kg}) \, (18{,}015 \, \text{g} \cdot \text{mol}^{-1}) \, (333{,}5 \, \text{J} \cdot \text{g}^{-1})}{273 \, \text{K}}$$
$$= -22{,}0 \, \text{J} \cdot \text{K}^{-1} \, .$$

L16.24 Wir bezeichnen den Kühlschrank bzw. das Gefrierfach mit dem Index G und das Wasser mit dem Index W. Dann ist die Entropieänderung des Universums gegeben durch

$$\Delta S_{\mathrm{U}} = \Delta S_{\mathrm{W}} + \Delta S_{\mathrm{G}} . \tag{1}$$

Die Entropieänderung des Wassers beim Abkühlen und Gefrieren ist

$$\Delta S_{\mathrm{W}} = \Delta S_{\mathrm{Abk.}} + \Delta S_{\mathrm{Gefr.}} . \tag{2}$$

Die Entropieänderung des Wassers beim Gefrieren hängt mit der dabei abgegebenen Schmelzwärme Q_{S} und der Erstarrungs- bzw. Schmelztemperatur T_{Smp} folgendermaßen zusammen:

$$\Delta S_{\mathrm{Gefr.}} = \frac{-|Q_{\mathrm{S}}|}{T_{\mathrm{Smp}}} .$$

Das Minuszeichen rührt daher, dass beim Gefrieren Wärme abgeführt wird. Diese Wärmemenge ist das Produkt aus der Masse und der spezifischen Schmelzwärme des Wassers: $Q_{\mathrm{S}} = m\,\lambda_{\mathrm{S}}$. Damit wird die vorige Gleichung zu

$$\Delta S_{\mathrm{Gefr.}} = \frac{-m\,\lambda_{\mathrm{S}}}{T_{\mathrm{Smp}}} . \tag{3}$$

Die Entropieänderung beim Abkühlungsvorgang hängt von der Anfangstemperatur T_{A}, der Endtemperatur T_{E} und der Wärmekapazität $m\,c_{P,\mathrm{W}}$ des Wassers ab:

$$\Delta S_{\mathrm{Abk.}} = m\,c_{P,\mathrm{W}}\,\ln\frac{T_{\mathrm{E}}}{T_{\mathrm{A}}} .$$

Dies und den Ausdruck für $\Delta S_{\mathrm{Gefr.}}$ in Gleichung 3 setzen wir in Gleichung 2 ein:

$$\Delta S_{\mathrm{W}} = m\,c_{P,\mathrm{W}}\,\ln\frac{T_{\mathrm{E}}}{T_{\mathrm{A}}} + \frac{-m\,\lambda_{\mathrm{S}}}{T_{\mathrm{Smp}}} .$$

Das Gefrierfach nimmt bei 263 K vom erstarrenden Wasser und vom abkühlenden Eis Wärme auf. Daher ist

$$\Delta S_{\mathrm{G}} = \frac{|Q_{\mathrm{Gefr.}}|}{T_{\mathrm{Smp}}} + \frac{|Q_{\mathrm{Abk.,Eis}}|}{T_{\mathrm{G}}} = \frac{m\,\lambda_{\mathrm{S}}}{T_{\mathrm{G}}} + \frac{m\,c_{P,\mathrm{W}}\,\Delta T}{T_{\mathrm{G}}} .$$

Die Ausdrücke für ΔS_{W} und ΔS_{G} setzen wir in Gleichung 1 ein:

$$\Delta S_{\mathrm{U}} = m\,c_{P,\mathrm{W}}\,\ln\frac{T_{\mathrm{E}}}{T_{\mathrm{A}}} + \frac{-m\,\lambda_{\mathrm{S}}}{T_{\mathrm{Smp}}} + \frac{m\,\lambda_{\mathrm{S}}}{T_{\mathrm{G}}} + \frac{m\,c_{P,\mathrm{W}}\,\Delta T}{T_{\mathrm{G}}} .$$

Wir setzen nun die Zahlenwerte ein: $m = 0,0500\,\mathrm{kg}$, $\lambda_{\mathrm{S}} = 333,5 \cdot 10^3\,\mathrm{J}\cdot\mathrm{kg}^{-1}$, $c_{P,\mathrm{W}} = 2100\,\mathrm{J}\cdot\mathrm{kg}^{-1}\cdot\mathrm{K}^{-1}$, $T_{\mathrm{A}} = 273\,\mathrm{K}$, $T_{\mathrm{E}} = 263\,\mathrm{K}$, $T_{\mathrm{G}} = 263\,\mathrm{K}$, $T_{\mathrm{Smp}} = 273\,\mathrm{K}$ und $\Delta T = -10\,\mathrm{K}$. Das ergibt schließlich $\Delta S_{\mathrm{U}} = 2,40\,\mathrm{J}\cdot\mathrm{K}^{-1}$. Dieser Wert ist positiv; die Entropie des Universums nimmt also zu.

L16.25 a) Die Entropieänderung des Gases ist $\Delta S_{\mathrm{G}} = Q/T$. Wir verwenden den Ersten Hauptsatz der Thermodynamik und die Zustandsgleichung für das ideale Gas. Bei der freien Expansion ist $\Delta U = 0$, sodass gilt:

$$Q = \Delta U - W = -W = -\left(-\tilde{n}\,R\,T\,\ln\frac{V_{\mathrm{E}}}{V_{\mathrm{A}}}\right) .$$

Einsetzen in den Ausdruck für ΔS ergibt

$$\begin{aligned}
\Delta S_{\mathrm{G}} &= \frac{Q}{T} = \tilde{n}\,R\,\ln\frac{V_{\mathrm{E}}}{V_{\mathrm{A}}} \\
&= (2,00\,\mathrm{mol})\,(8,314\,\mathrm{J}\cdot\mathrm{mol}^{-1}\cdot\mathrm{K}^{-1})\,\ln\frac{80,01}{40,01} \\
&= 11,5\,\mathrm{J}\cdot\mathrm{K}^{-1} .
\end{aligned}$$

b) Weil der Prozess reversibel verläuft, ist die Entropieänderung des Universums null: $\Delta S_{\mathrm{U}} = 0$. Die Entropieänderung der Umgebung des Gases ist also $\Delta S_{\mathrm{Umg}} = -11,5\,\mathrm{J}\cdot\mathrm{K}^{-1}$.

L16.26 a) Beim Schmelzen nimmt das Eis die Wärmemenge Q auf, die dem Produkt aus der Masse m und der spezifischen Schmelzwärme λ_{S} entspricht: $Q = m\,\lambda_{\mathrm{S}}$. Damit erhalten wir für die Entropieänderung des Eises beim Schmelzen

$$\begin{aligned}
\Delta S_{\mathrm{Eis}} &= \frac{Q}{T} = \frac{m\,\lambda_{\mathrm{S}}}{T} \\
&= \frac{(200\,\mathrm{kg})\,(333,5\,\mathrm{kJ}\cdot\mathrm{kg}^{-1})}{273\,\mathrm{K}} = 244\,\mathrm{kJ}\cdot\mathrm{K}^{-1} .
\end{aligned}$$

b) Die Entropieänderung des Sees ist $\Delta S_{\mathrm{See}} \approx -\Delta S_{\mathrm{Eis}}$. Dabei ist der Betrag von ΔS_{See} etwas geringer, da die Temperatur des Sees ein wenig höher als die Anfangstemperatur des Eises ist.

c) Für die Entropieänderung des Universums gilt, wie angenommen, $\Delta S_{\mathrm{U}} = \Delta S_{\mathrm{Eis}} + \Delta S_{\mathrm{See}}$. Mit der in Teilaufgabe b aufgestellten Gleichung ergibt sich, dass $\Delta S_{\mathrm{U}} > 0$ ist, weil ΔS_{See} wegen $T_{\mathrm{See}} > 0,0\,^{\circ}\mathrm{C}$ einen etwas geringeren Betrag als ΔS_{Eis} hat.

L16.27 a) Die Entropieänderung des Kupferblocks ist

$$\Delta S_{\mathrm{Cu}} = m_{\mathrm{Cu}}\,c_{\mathrm{Cu}}\,\ln\frac{T_{\mathrm{E}}}{T_{\mathrm{A}}} .$$

Um die Endtemperatur T_{E} zu ermitteln, nutzen wir den Ersten Hauptsatz der Thermodynamik aus. Nach diesem ist die vom Kupferblock abgegebene Wärmemenge Q_{Cu} betragsmäßig ebenso groß wie die vom Wasser aufgenommene: $-Q_{\mathrm{Cu}} = Q_{\mathrm{W}}$. Der Kupferblock gibt folgende Wärmemenge ab:

$$Q_{\mathrm{Cu}} = (1,00\,\mathrm{kg})\,(0,386\,\mathrm{kJ}\cdot\mathrm{kg}^{-1}\cdot\mathrm{K}^{-1})\,(T_{\mathrm{E}} - 373,15\,\mathrm{K}) .$$

Das Wasser nimmt folgende Wärmemenge auf (wobei wir gleich berücksichtigen, dass $4,00\,\mathrm{l}$ Wasser die Masse $4,00\,\mathrm{kg}$ haben):

$$Q_{\mathrm{W}} = (4,00\,\mathrm{kg})\,(4,184\,\mathrm{kJ}\cdot\mathrm{kg}^{-1}\cdot\mathrm{K}^{-1})\,(T_{\mathrm{E}} - 273,15\,\mathrm{K}) .$$

Mit $-Q_{\mathrm{Cu}} = Q_{\mathrm{W}}$ ergibt sich aus diesen beiden Gleichungen die Endtemperatur $T_{\mathrm{E}} = 275{,}26\,\mathrm{K}$. Damit ist gemäß der ersten Gleichung

$$\Delta S_{\mathrm{Cu}} = (1{,}00\,\mathrm{kg})\,(0{,}386\,\mathrm{kJ \cdot kg^{-1} \cdot K^{-1}})\,\ln\frac{275{,}26\,\mathrm{K}}{373{,}15\,\mathrm{K}}$$

$$= -117\,\mathrm{J \cdot K^{-1}}\,.$$

b) Die Entropieänderung des Wassers ist

$$\Delta S_{\mathrm{W}} = m_{\mathrm{W}}\,c_{\mathrm{W}}\,\ln\frac{T_{\mathrm{E}}}{T_{\mathrm{A}}}$$

$$= (4{,}00\,\mathrm{kg})\,(4{,}184\,\mathrm{kJ \cdot kg^{-1} \cdot K^{-1}})\,\ln\frac{275{,}26\,\mathrm{K}}{273{,}15\,\mathrm{K}}$$

$$= +137\,\mathrm{J \cdot K^{-1}}\,.$$

c) Die Entropieänderung des Universums ist die Summe beider Entropieänderungen: $\Delta S_{\mathrm{U}} = \Delta S_{\mathrm{Cu}} + \Delta S_{\mathrm{W}} = +20\,\mathrm{J \cdot K^{-1}}$.

Anmerkung: Der positive Wert von ΔS_{U} deutet darauf hin, dass der Prozess irreversibel ist.

Entropie und entwertete Energie

L16.28 a) Die Entropieänderung des Universums ergibt sich aus der Summe der Entropieänderungen des wärmeren und des kälteren Reservoirs:

$$\Delta S_{\mathrm{U}} = \Delta S_{\mathrm{w}} + \Delta S_{\mathrm{k}}$$

$$= -\frac{Q}{T_{\mathrm{w}}} + \frac{Q}{T_{\mathrm{k}}} = -Q\left(\frac{1}{T_{\mathrm{w}}} - \frac{1}{T_{\mathrm{k}}}\right)$$

$$= (-500\,\mathrm{J})\left(\frac{1}{400\,\mathrm{K}} - \frac{1}{300\,\mathrm{K}}\right) = 0{,}417\,\mathrm{J \cdot K^{-1}}\,.$$

b) In einer Wärmekraftmaschine, die zwischen den Reservoirtemperaturen 300 K und 400 K mit dem Carnot-Wirkungsgrad arbeiten würde, könnte theoretisch folgende Wärmemenge in Arbeit umgesetzt werden:

$$W = \varepsilon_{\max}\,|Q_{\mathrm{w}}| = \left(1 - \frac{T_{\mathrm{k}}}{T_{\mathrm{w}}}\right)|Q_{\mathrm{w}}|$$

$$= \left(1 - \frac{300\,\mathrm{K}}{400\,\mathrm{K}}\right)(500\,\mathrm{J}) = 125\,\mathrm{J}\,.$$

Die bei der Wärmeaufnahme entwertete Energie macht also ein Viertel der aufgenommenen Wärmemenge 500 J aus.

Allgemeine Aufgaben

L16.29 a) Der Wirkungsgrad ist

$$\varepsilon = \frac{|W|}{Q_{\mathrm{w}}} = 1 - \frac{|Q_{\mathrm{k}}|}{Q_{\mathrm{w}}} = 1 - \frac{125\,\mathrm{J}}{150\,\mathrm{J}} = 0{,}1667 = 16{,}7\,\%\,.$$

b) Der Carnot'sche Wirkungsgrad bei denselben Reservoirtemperaturen ist

$$\varepsilon_{\max} = 1 - \frac{T_{\mathrm{k}}}{T_{\mathrm{w}}} = 1 - \frac{293{,}15\,\mathrm{K}}{373{,}15\,\mathrm{K}} = 0{,}2145 = 21{,}5\,\%\,.$$

Wir vergleichen beide Wirkungsgrade:

$$\varepsilon / \varepsilon_{\max} = 0{,}1667 / 0{,}2145 = 0{,}78\,.$$

L16.30 Weil die Entropie eine Zustandsfunktion ist, ändert sich die Entropie des Hausinneren nicht, denn dessen Temperatur bleibt konstant. Also gilt

$$\Delta S_{\mathrm{U}} = \Delta S_{\mathrm{Haus}} + \Delta S_{\mathrm{Umg}} = \Delta S_{\mathrm{Umg}}\,.$$

Die Entropieänderung der Umgebung rührt von der ihr aus dem Hausinneren zugeführten Wärme her. Pro Zeiteinheit entspricht dies der Wärmeleistung $P = Q/\Delta t$ der Heizung. Mithilfe der Beziehung $\Delta S = Q/T$ erhalten wir für die Entropieänderung des Universums pro Zeiteinheit

$$\frac{\Delta S_{\mathrm{U}}}{\Delta t} = \frac{Q/T_{\mathrm{Umg}}}{\Delta t} = \frac{P}{T_{\mathrm{Umg}}} = \frac{30{,}0\,\mathrm{kW}}{266\,\mathrm{K}}$$

$$= 113\,\mathrm{J \cdot K^{-1} \cdot s^{-1}} = 113\,\mathrm{W \cdot K^{-1}}\,.$$

Die Entropieänderung in einer Stunde (3600 s) beträgt also

$$\Delta S_{\mathrm{U,\,1\,h}} = 407\,\mathrm{kJ \cdot K^{-1}}\,.$$

L16.31 Die Leistungszahl einer Kältemaschine ist definiert durch $\varepsilon_{\mathrm{KM}} = Q_{\mathrm{k}}/W$. Wegen der Erhaltung der Energie ist $Q_{\mathrm{k}} = |Q_{\mathrm{w}}| - W$. Damit ergibt sich

$$\varepsilon_{\mathrm{KM}} = \frac{Q_{\mathrm{k}}}{W} = \frac{|Q_{\mathrm{w}}| - W}{W} = \frac{1 - \dfrac{W}{|Q_{\mathrm{w}}|}}{\dfrac{W}{|Q_{\mathrm{w}}|}}\,.$$

Dabei haben wir im letzten Schritt den Bruch mit $1/|Q_{\mathrm{w}}|$ erweitert. Wegen $\varepsilon_{\max} = W/|Q_{\mathrm{w}}|$ folgt daraus

$$\varepsilon_{\mathrm{KM}} = \frac{1 - \varepsilon_{\max}}{\varepsilon_{\max}} = \frac{1 - \left(1 - \dfrac{T_{\mathrm{k}}}{T_{\mathrm{w}}}\right)}{\varepsilon_{\max}} = \frac{\dfrac{T_{\mathrm{k}}}{T_{\mathrm{w}}}}{\varepsilon_{\max}} = \frac{T_{\mathrm{k}}}{\varepsilon_{\max}\,T_{\mathrm{w}}}\,.$$

L16.32 Der Wirkungsgrad des Otto-Kreisprozesses (siehe die Abbildung zu Aufgabe 16.9 ist gegeben durch

$$\varepsilon_{\mathrm{Otto}} = 1 - \frac{T_{\mathrm{d}} - T_{\mathrm{a}}}{T_{\mathrm{c}} - T_{\mathrm{b}}}\,.$$

Beim adiabatischen Prozess a→b ist $T\,V^{\gamma-1}$ konstant. Daher ist

$$T_{\mathrm{b}} = T_{\mathrm{a}}\left(\frac{V_{\mathrm{a}}}{V_{\mathrm{b}}}\right)^{\gamma-1}\,.$$

Entsprechend gilt für den adiabatischen Prozess c→d

$$T_c = T_d \left(\frac{V_d}{V_c}\right)^{\gamma-1} .$$

Wir subtrahieren die vorletzte von der letzten Gleichung:

$$T_c - T_b = T_d \left(\frac{V_d}{V_c}\right)^{\gamma-1} - T_a \left(\frac{V_a}{V_b}\right)^{\gamma-1} .$$

Beim Otto-Kreisprozess ist $V_a = V_d$ und $V_c = V_b$. Damit ergibt sich

$$T_c - T_b = T_d \left(\frac{V_a}{V_b}\right)^{\gamma-1} - T_a \left(\frac{V_a}{V_b}\right)^{\gamma-1}$$
$$= (T_d - T_a) \left(\frac{V_a}{V_b}\right)^{\gamma-1} .$$

Dies setzen wir in der ersten Gleichung in den Nenner des Bruchs ein:

$$\varepsilon_{\text{Otto}} = 1 - \frac{T_d - T_a}{(T_d - T_a)\left(\frac{V_a}{V_b}\right)^{\gamma-1}} = 1 - \left(\frac{V_b}{V_a}\right)^{\gamma-1} = 1 - \frac{T_a}{T_b} .$$

Beachten Sie, dass in diesem Kreisprozess T_a die tiefste, jedoch T_b nicht die höchste Temperatur ist.

Für die hier höchste Temperatur T_c gilt gemäß der Zustandsgleichung für das ideale Gas

$$\frac{P_c}{T_c} = \frac{P_b}{T_b} \qquad \text{und daher} \qquad T_c = T_b \, \frac{P_c}{P_b} > T_b .$$

Eine Carnot-Maschine, die zwischen der höchsten und der tiefsten Temperatur des Otto-Kreisprozesses arbeitet, hat den Wirkungsgrad $\varepsilon_{\text{max}} = 1 - T_a/T_c$. Wir vergleichen beide Wir-kungsgrade und berücksichtigen dabei, dass $T_c > T_b$ ist:

$$\frac{\varepsilon_{\text{max}}}{\varepsilon_{\text{Otto}}} = \frac{1 - T_a/T_c}{1 - T_a/T_b} > 1 .$$

L16.33 Der Einfachheit halber nehmen wir 30 Zeichen an, nämlich die 26 Buchstaben sowie das Leerzeichen und drei Satzzeichen (Komma, Punkt und Ausrufezeichen). Ferner lassen wir Groß- und Kleinschreibung außer Acht. Der Textauszug in der Aufgabenstellung hat damit rund 330 Zeichen. Diese können auf 30^{330} verschiedene Weisen angeordnet werden. Die Wahrscheinlichkeit, dass ein Affe den Text richtig eintippt, ist also $p = 1/30^{330}$. Mit der Näherung $30 \approx \sqrt{1000} = 10^{1,5}$ ergibt sich für diese Wahrscheinlichkeit

$$p \approx \frac{1}{10^{(1,5)\,(330)}} = \frac{1}{10^{495}} = 10^{-495} .$$

Wenn ein Affe pro Sekunde ein Zeichen eingibt, braucht er für den hier zitierten Textauszug 330 s. Weil nicht nur ein Affe tippt, sondern eine Million Affen gleichzeitig, ergibt sich mit $3{,}16 \cdot 10^7$ Sekunden pro Jahr für die benötigte Zeit

$$t = \frac{(330\,\text{s})\,(10^{495})}{10^6}$$
$$= (3{,}30 \cdot 10^{491}\,\text{s}) \left(\frac{1\,\text{a}}{3{,}16 \cdot 10^7\,\text{s}}\right) \approx 10^{484}\,\text{a} .$$

Vergleichen wir diesen Zeitbedarf mit Russells Schätzung:

$$\frac{t}{t_{\text{Russell}}} = \frac{10^{484}\,\text{a}}{10^6\,\text{a}} = 10^{478} .$$

Russel lag also mit seiner Zeitspanne um mindestens diesen unvorstellbar großen Faktor zu niedrig – abgesehen davon, dass Russel seine Aussage sogar auf sämtliche Werke Shakespeares bezogen hatte.

Wärmeübertragung

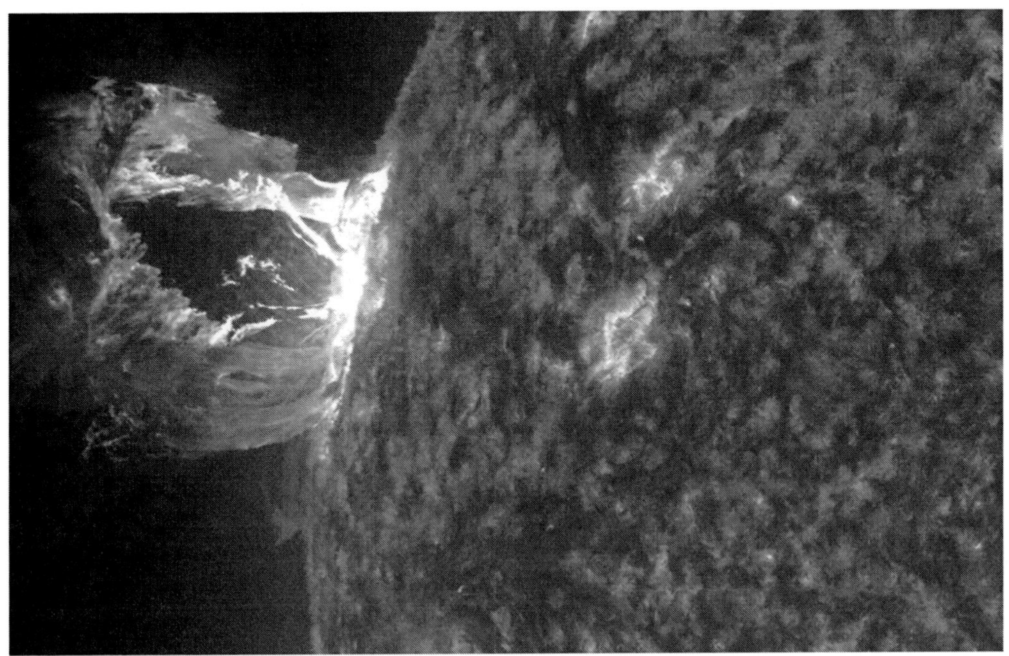

© Springer-Verlag GmbH Deutschland, ein Teil von Springer Nature 2019
A. Knochel (Hrsg.), *Arbeitsbuch zu Tipler/Mosca, Physik*, https://doi.org/10.1007/978-3-662-58919-9_17

Aufgaben

Verständnisaufgaben

17.1 •• Warum kann man Heizkosten sparen, wenn man im Winter die Raumtemperatur nachts absenkt? Erklären Sie dazu, warum folgende Annahme falsch ist, die viele Menschen vertreten: „Das Wiederaufheizen am Morgen macht die Ersparnis zunichte, die durch das Absenken der Temperatur über Nacht erreicht wurde.“

17.2 •• Zwei massive Zylinder aus dem Material A bzw. B sind gleich lang, und für ihre Durchmesser gilt $d_A = 2\,d_B$. Wenn zwischen ihren Enden die gleiche Temperaturdifferenz aufrechterhalten wird, dann übertragen beide Zylinder pro Zeiteinheit dieselbe Wärmemenge. Wie verhalten sich die Wärmeleitfähigkeiten der beiden Materialien zueinander? a) $k_A = k_B/4$, b) $k_A = k_B/2$, c) $k_A = k_B$, d) $k_A = 2\,k_B$, e) $k_A = 4\,k_B$.

Schätzungs- und Näherungsaufgaben

17.3 •• Flüssiges Helium wird gewöhnlich in Behältern mit einer 7,00 cm starken „Superisolation“ aufbewahrt, die aus zahlreichen sehr dünnen Schichten aus aluminisiertem Mylar besteht. Angenommen, aus einem solchen kugelförmigen Behälter mit einem Volumen von 200 l verdampfen bei einer Raumtemperatur von 20 °C pro Tag 0,700 l Helium. Die Dichte des flüssigen Heliums beträgt 0,125 kg/l und seine spezifische Verdampfungswärme 21,0 kJ/kg. Schätzen Sie die Wärmeleitfähigkeit der Superisolation ab.

17.4 •• Schätzen Sie die Wärmeleitfähigkeit der menschlichen Haut ab. Nehmen Sie als Durchschnittswerte an, dass ein Mensch eine Körperoberfläche von 1,8 m² hat und in Ruhe eine Leistung von rund 130 W abgibt. Die Temperatur beträgt im Körperinneren 37 °C und an der Hautoberfläche 33 °C. Setzen Sie als mittlere Dicke der Haut 1 mm an.

17.5 •• Schätzen Sie den mittleren Emissionsgrad der Erde ab, wobei Sie folgende Daten heranziehen: Die Solarkonstante (die Intensität der Sonnenstrahlung, die auf die Erde trifft) beträgt 1,37 kW/m²; es werden 70 % dieser Strahlung von der Erde absorbiert; die mittlere Temperatur der Erdoberfläche liegt bei 288 K. Nehmen Sie als Fläche, auf die die Strahlung auftrifft, $\pi\,r_E^2$ an, wobei r_E der Erdradius ist. Als Fläche, von der angenommen wird, dass sie wie ein schwarzer Körper strahlt, ist die Kugeloberfläche $4\,\pi\,r_E^2$ anzusetzen.

Wärmeleitung

17.6 •• Zwei Metallwürfel mit der Kantenlänge 3,00 cm, einer aus Kupfer und der andere aus Aluminium, sind angeordnet, wie in Abb. 17.1 gezeigt. Berechnen Sie a) den Wärmewiderstand jedes Würfels, b) den Wärmewiderstand der gezeigten Kombination aus beiden Würfeln, c) den Wärmestrom I durch diese Kombination, d) die Temperatur an der Grenzfläche zwischen den Würfeln.

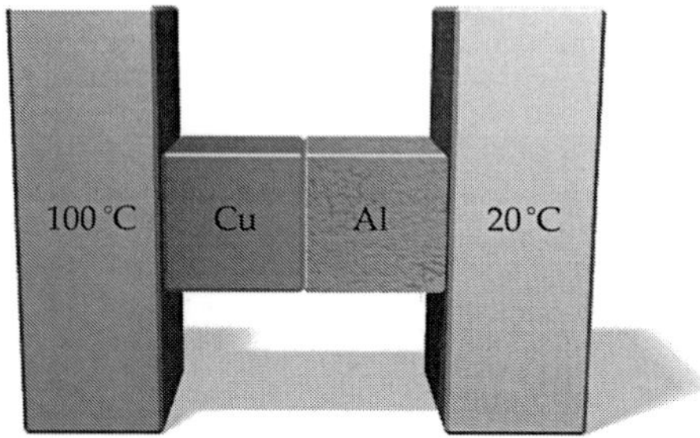

Abb. 17.1 Zu Aufgabe 17.6

17.7 •• Die monatlichen Kosten für die Klimatisierung eines Hauses sind etwa proportional zu der Geschwindigkeit, mit der das Haus Wärme aus der Umgebung aufnimmt, dividiert durch die Leistungszahl ε_{KM} der Klimaanlage. Bezeichnen Sie die Temperaturdifferenz zwischen dem Inneren des Hauses und der Außenluft mit ΔT. Nehmen Sie an, dass der Wärmestrom in das Haus proportional zu ΔT ist und dass die Klimaanlage eine ideal arbeitende Kältemaschine ist. Zeigen Sie, dass die monatlichen Kosten für die Klimatisierung des Hauses dann proportional zu $(\Delta T)^2/T_H$ sind, wobei T_H die Temperatur im Inneren des klimatisierten Hauses ist.

17.8 • Jean-Baptiste Joseph Fourier und später Lord Kelvin berechneten das Alter der Erde, indem sie von einer zu Beginn geschmolzenen Eisenkugel ausgingen, die dann nach außen Wärme abstrahlte und deren inneres Temperaturprofil sich dabei nach den Gesetzen der Wärmeleitung einstellte. Aus dem Temperaturgradienten der Erde konnte so auf die vergangene Zeit geschlossen werden. Lord Kelvin erhielt Werte von einigen zehn bis hundert Millionen Jahren, die damit Größenordnungen unter dem wahren Wert lagen. Er beharrte sehr auf seinen Ergebnissen und trieb damit Zeitgenossen aus der Geologie und Evolutionsbiologie wie C. Darwin zur Verzweiflung. Welche wichtigen Effekte wurden von Kelvin nicht berücksichtigt?

Wärmestrahlung

17.9 • Nehmen Sie den menschlichen Körper als schwarzen Strahler der Temperatur 33 °C an (das ist etwa die Temperatur der Hautoberfläche) und berechnen Sie hierfür λ_{max}, die Wellenlänge der maximalen Strahlungsleistung.

17.10 • Das Universum ist von einer sogenannten Hintergrundstrahlung erfüllt, von der man annimmt, dass sie letztlich vom Urknall herrührt. Nehmen Sie an, das gesamte Universum sei ein schwarzer Körper mit einer Temperatur von 2,3 K. Wie groß ist dann die Wellenlänge λ_{max} der maximalen Strahlungsleistung?

17.11 •• Eine geschwärzte, massive Kupferkugel mit dem Radius 4,0 cm hängt in einem evakuierten Gefäß, dessen Wandungen eine Temperatur von 20 °C haben. Die Kugel hat eine Anfangstemperatur von 0,0 °C. Berechnen Sie – unter der Annahme, dass Wärme nur durch Strahlung übertragen wird – die Geschwindigkeit ihrer Temperaturänderung. (Nehmen Sie dabei an, dass die Kugel wie ein schwarzer Körper strahlt.)

17.12 ••• Die Solarkonstante (Strahlungsenergie der Sonne pro Fläche) bei der Erde beträgt rund $1{,}37\,\mathrm{kW/m^2}$. a) Zeigen Sie geometrisch, dass die im Profil auf die Erde treffende Strahlungsenergie auf die gesamte Erdoberfläche gemittelt genau ein Viertel der Solarkonstante beträgt. b) Wir nehmen die Erde als Schwarzkörper mit homogener Temperatur an. Welche Temperatur muss die Oberfläche der Erde dann annehmen, damit ihre Wärmestrahlung genau die im Mittel eingestrahlte Strahlungsenergie der Sonne ausgleicht? c) Als einfaches Spielzeugmodell für den Treibhauseffekt bzw. die Treibhausgase in der Atmosphäre kann man sich eine „Glassphäre" vorstellen, welche die Erde in kleinem Abstand umgibt. Sie lässt das Sonnenlicht von außen durch, absorbiert aber die von der Erde kommende infrarote Wärmestrahlung komplett. Die Glassphäre heizt sich dann ebenfalls auf, bis ihre thermische Abstrahlung nach innen und außen die von der Erde eingestrahlte Energie genau ausgleicht. Welche Gleichgewichtstemperatur erreicht nun die Glassphäre, welche die Erdoberfläche? Wäre die Erde jetzt noch bewohnbar?

17.13 •• Der berühmte Physiker Stephen Hawking hat gezeigt, dass Schwarze Löcher nicht komplett schwarz sind, sondern sich nach den Gesetzen der Quantenphysik ungefähr wie thermische Schwarzkörperstrahler verhalten sollten. Für ein Schwarzes Loch mit dem Radius r_s beträgt die sogenannte Hawking-Temperatur

$$T_H = \frac{\hbar c}{4\pi r_s k_B}\,.$$

Dabei ist $\hbar \approx 1{,}0546\,\mathrm{J\,s}$ das reduzierte Planck'sche Wirkungsquantum und c die Lichtgeschwindigkeit. a) Vergleichen Sie die Wellenlänge des Maximums der resultierenden thermischen Strahlung mit dem Radius des Schwarzen Lochs. b) Welchen Radius müsste ein Schwarzes Loch besitzen, damit es gerade die Leistung eines typischen Großkraftwerks von $P = 1\,\mathrm{GW}$ abstrahlt? c) Das Schwarze Loch im Zentrum der Milchstraße hat eine Ausdehnung von ca. $r = 13$ Mio. km. Begründen Sie, weshalb seine Hawking-Strahlung voraussichtlich nicht durch Beobachtungen nachgewiesen werden kann.

Allgemeine Aufgaben

17.14 •• Die Solarkonstante ist die Strahlungsleistung der Sonne, die beim mittleren Abstand zwischen Sonne und Erde pro Flächeneinheit, die auf der Strahlungsrichtung senkrecht steht, auf die Erdoberfläche trifft. Sie beträgt in der oberen Atmosphäre rund $1{,}37\,\mathrm{kW/m^2}$. Nehmen Sie die Sonne als schwarzen Strahler an und berechnen Sie ihre effektive Oberflächentemperatur. (Der Sonnenradius beträgt $6{,}96 \cdot 10^8\,\mathrm{m}$.)

17.15 •• Die Temperatur der Erdkruste nimmt pro 30 m Tiefe durchschnittlich um 1,0 °C zu. Ihre mittlere Wärmeleitfähigkeit beträgt $0{,}74\,\mathrm{J/(m\,s\,K)}$. Welche Wärmemenge pro Sekunde führt die Erdkruste durch Wärmeleitung aus dem Erdkern ab? Wie hoch ist diese Wärmeabgabe im Vergleich zur Strahlungsleistung, die von der Sonne auf die Erde gelangt? (Die Solarkonstante beträgt rund $1{,}37\,\mathrm{kW/m^2}$.)

17.16 •• Ein Stab hat einen sich entlang seiner Länge ändernden Durchmesser d, wobei gilt: $d = d_0\,(1 + a\,x)$. Darin ist a eine Konstante und x der Abstand von einem Ende des Stabs. Dieser besteht aus einem Material mit der Wärmeleitfähigkeit k. Stellen Sie einen Ausdruck für den Wärmewiderstand des Stabs in Abhängigkeit von der Länge l auf.

17.17 ••• Auf einem Teich schwimmt eine 1,00 cm dicke Eisschicht. a) Um wie viele Zentimeter pro Stunde wird die Eisschicht unten dicker, wenn die Lufttemperatur $-10\,°\mathrm{C}$ beträgt? Eis hat die Dichte $0{,}917\,\mathrm{g/cm^3}$. b) Wie lange dauert es, bis sich eine 20,0 cm dicke Eisschicht gebildet hat, sodass man darauf Schlittschuh laufen kann?

Lösungen zu den Aufgaben

Verständnisaufgaben

L17.1 Die aus dem Haus pro Zeiteinheit entweichende Wärmemenge (der Wärmestrom) ist proportional zur Temperaturdifferenz zwischen Innen- und Außentemperatur. Und dieser Wärmestrom ist es, der für die Heizkosten maßgebend ist. Hält man nun die Innentemperatur nachts auf derselben Höhe wie tagsüber, dann ist die entweichende und durch Heizen nachzuliefernde Wärmemenge pro Zeiteinheit größer, als wenn man die Innentemperatur nachts absinken lässt.

L17.2 Mit der Wärmeleitfähigkeit k ist der Wärmestrom I durch einen Zylinder mit der Länge x, dem Durchmesser d und der Querschnittsfläche A gegeben durch

$$I = k\,A\,\frac{\Delta T}{\Delta x} = k\,\tfrac{1}{4}\,\pi\,d^2\,\frac{\Delta T}{\Delta}\,.$$

Die Wärmeströme durch die beiden Zylinder A und B sind gleich, sodass gilt:

$$k_\mathrm{A}\,\tfrac{1}{4}\,\pi\,d_\mathrm{A}^2\,\frac{\Delta T_\mathrm{A}}{\Delta x_\mathrm{A}} = k_\mathrm{B}\,\tfrac{1}{4}\,\pi\,d_\mathrm{B}^2\,\frac{\Delta T_\mathrm{B}}{\Delta x_\mathrm{B}}\,.$$

Weil außerdem die Temperaturdifferenzen ΔT und die Längen Δx gleich sind, erhalten wir $k_\mathrm{A}\,d_\mathrm{A}^2 = k_\mathrm{B}\,d_\mathrm{B}^2$.

Mit dem gegebenen Zusammenhang $d_\mathrm{A} = 2\,d_\mathrm{B}$ zwischen den Durchmessern ergibt sich daraus schließlich

$$k_\mathrm{A}\,(2\,d_\mathrm{B})^2 = k_\mathrm{B}\,d_\mathrm{B}^2 \qquad \text{sowie} \qquad k_\mathrm{A} = k_\mathrm{B}/4\,.$$

Also ist Aussage a richtig.

Schätzungs- und Näherungsaufgaben

L17.3 Der Wärmestrom entspricht dem Wärmeinhalt der pro Zeiteinheit verdampfenden Masse an Helium:

$$I = \lambda_{\mathrm{D}}\,\Delta m/\Delta t\,.$$

Hierin ist λ_{D} die spezifische Verdampfungswärme des Heliums.

Andererseits hängt der Wärmestrom von der Wärmeleitfähigkeit k, ferner von der Fläche A, von der Dicke Δx der Isolation sowie von der Temperaturdifferenz ΔT ab:

$$I = k\,A\,\Delta T/\Delta x\,.$$

Wir setzen beide Ausdrücke für I gleich, lösen nach k auf und berücksichtigen, dass (mit der Dichte ϱ) gilt: $\Delta m = \varrho\,\Delta V$. Damit erhalten wir

$$k = \frac{\lambda_{\mathrm{D}}\,\Delta x\,\dfrac{\Delta m}{\Delta t}}{A\,\Delta T} = \frac{\lambda_{\mathrm{D}}\,\Delta x\,\varrho\,\dfrac{\Delta V}{\Delta t}}{A\,\Delta T}\,.$$

Wir kennen weder die Oberfläche A des kugelförmigen Behälters noch seinen Radius r, sondern nur sein Volumen, für das gilt: $V = \frac{4}{3}\pi r^3$. Damit ist

$$\frac{A}{V} = \frac{4\,\pi\,r^2}{\frac{4}{3}\pi\,r^3} = \frac{3\,V}{r}\,,\qquad \text{also}\qquad A = \frac{3\,V}{r}\,.$$

Aus der Gleichung für das Kugelvolumen erhalten wir

$$r = \sqrt[3]{\frac{3\,V}{4\,\pi}}\qquad\text{und damit}\qquad A = \sqrt[3]{36\,\pi\,V^2}\,.$$

Das setzen wir in die Gleichung für k ein. Mit den gegebenen Werten $\Delta V = 0{,}700\,\mathrm{l}$ und $\Delta t = 1\,\mathrm{d} = 86\,400\,\mathrm{s}$ ergibt sich für die Wärmeleitfähigkeit

$$k = \frac{\lambda_{\mathrm{D}}\,\Delta x\,\varrho}{\sqrt[3]{36\,\pi\,V^2}\,\Delta T}\,\frac{\Delta V}{\Delta t}$$

$$= \frac{(21{,}0\,\mathrm{kJ\cdot kg^{-1}})\,(7{,}00\cdot 10^{-2}\,\mathrm{m})\,(125\,\mathrm{kg\cdot m^{-3}})}{\sqrt[3]{36\,\pi\,(200\cdot 10^{-3}\,\mathrm{m^3})^2}\,(289\,\mathrm{K})}$$

$$\cdot\left(\frac{0{,}700\cdot 10^{-3}\,\mathrm{m^3}}{86\,400\,\mathrm{s}}\right)$$

$$= 3{,}12\cdot 10^{-6}\,\mathrm{W\cdot m^{-1}\cdot K^{-1}}\,.$$

L17.4 Der Wärmestrom ist $I = k\,A\,\Delta T/\Delta x$. Damit erhalten wir für die Wärmeleitfähigkeit

$$k = \frac{I}{A\,\Delta T/\Delta x} = \frac{130\,\mathrm{W}}{(1{,}8\,\mathrm{m^2})\,\dfrac{(310\,\mathrm{K} - 306\,\mathrm{K})}{1{,}0\cdot 10^{-3}\,\mathrm{m}}}$$

$$= 18\,\mathrm{mW\cdot m^{-1}\cdot K^{-1}}\,.$$

L17.5 Wenn die Temperatur der Erde, wie wir annehmen, praktisch gleich bleibt, muss die abgestrahlte Leistung ebenso groß sein wie die absorbierte. Gemäß dem Stefan-Boltzmann'schen Gesetz ist die von der Erde abgestrahlte (emittierte) Strahlungsleistung $P_{\mathrm{e}} = e\,\sigma A\,T^4$. Darin ist A die Oberfläche der Erde. Für den Emissionsgrad folgt daraus

$$e = \frac{P_{\mathrm{e}}}{\sigma A\,T^4}\,.$$

Mit der absorbierten Strahlungsleistung P_{a} ist die pro Flächeneinheit aufgenommene Leistung gegeben durch $I = P_{\mathrm{a}}/A_{\mathrm{Q}}$. Darin ist A_{Q} die Querschnittsfläche der Erde. Weil nur 70 % der Strahlungsleistung absorbiert werden, ist $I = (0{,}7)\,P_{\mathrm{e}}/A_{\mathrm{Q}}$. Dies setzen wir in den Ausdruck für e ein und erhalten

$$e = \frac{(0{,}70)\,A_{\mathrm{Q}}\,I}{\sigma A\,T^4} = \frac{(0{,}70)\,\pi\,R^2\,I}{4\,\pi\,R^2\,\sigma\,T^4} = \frac{(0{,}70)\,I}{4\,\sigma\,T^4}$$

$$= \frac{(0{,}70)\,(0{,}137\,\mathrm{kW\cdot m^{-2}})}{4\,(5{,}670\cdot 10^{-8}\,\mathrm{W\cdot m^{-2}\cdot K^{-4}})\,(288\,\mathrm{K})^4} = 0{,}61\,.$$

Wärmeleitung

L17.6 a) Mit der Beziehung $R = \Delta x/(k\,A)$ ermitteln wir den Wärmewiderstand jedes Würfels. Beim Kupferwürfel ergibt er sich zu

$$R_{\mathrm{Cu}} = \frac{3{,}00\,\mathrm{cm}}{(401\,\mathrm{W\cdot m^{-1}\cdot K^{-1}})\,(3{,}00\,\mathrm{cm})^2}$$

$$= 0{,}08313\,\mathrm{K\cdot W^{-1}} = 0{,}0831\,\mathrm{K\cdot W^{-1}}$$

und beim Aluminiumwürfel zu

$$R_{\mathrm{Al}} = \frac{3{,}00\,\mathrm{cm}}{(237\,\mathrm{W\cdot m^{-1}\cdot K^{-1}})\,(3{,}00\,\mathrm{cm})^2}$$

$$= 0{,}1406\,\mathrm{K\cdot W^{-1}} = 0{,}141\,\mathrm{K\cdot W^{-1}}\,.$$

b) Weil die Würfel hintereinander angeordnet sind, ist der gesamte Wärmewiderstand die Summe der Einzelwiderstände:

$$R = R_{\mathrm{Cu}} + R_{\mathrm{Al}} = 0{,}2237\,\mathrm{K\cdot W^{-1}} = 0{,}224\,\mathrm{K\cdot W^{-1}}\,.$$

c) Der Wärmestrom ist

$$I = \frac{\Delta T}{R} = \frac{373\,\mathrm{K} - 293\,\mathrm{K}}{0{,}2237\,\mathrm{K\cdot W^{-1}}} = 357{,}6\,\mathrm{W} = 0{,}36\,\mathrm{kW}\,.$$

d) Die Temperatur an der Grenzfläche ist gegeben durch $T_{\mathrm{Gr}} = 373\,\mathrm{K} - \Delta T_{\mathrm{Cu}}$. Für die Temperaturdifferenz am Kupferwürfel gilt dabei: $\Delta T_{\mathrm{Cu}} = I_{\mathrm{Cu}}\,R_{\mathrm{Cu}} = I\,R_{\mathrm{Cu}}$. Dies setzen wir mit dem oben errechneten Wert von R_{Cu} ein und erhalten

$$T_{\mathrm{Gr}} = (373\,\mathrm{K}) - (357{,}6\,\mathrm{W})\,(0{,}08313\,\mathrm{K\cdot W^{-1}})$$

$$= 343{,}3\,\mathrm{K} \approx 70\,^{\circ}\mathrm{C}\,.$$

L17.7 Wir nehmen an, dass die Innentemperatur T_H des Hauses, die niedriger als die Außentemperatur ist, von der Klimaanlage konstant gehalten wird. Mit einer angenommenen effektiven Wärmeleitfähigkeit k der gesamten Wärmeisolation des Hauses und der Temperaturdifferenz ΔT zwischen innen und außen fließt dabei pro Zeiteinheit die Wärmemenge $dQ_k / dt = k\,\Delta T$ in das Haus und wird von der Kältemaschine abgeführt. Wir bezeichnen die Wärmemenge mit dem Index k, da sie von der Kältemaschine bei der tieferen Temperatur aufgenommen wird. Mit der aufgenommenen elektrischen Arbeit W ist die Leistungszahl der Kältemaschine definiert durch

$$\varepsilon_{KM} = \frac{Q_k}{W}, \qquad \text{sodass gilt:} \qquad \frac{dW}{dt} = \frac{1}{\varepsilon_{KM}}\,\frac{dQ_k}{dt}.$$

Die Leistungszahl einer ideal arbeitenden Kältemaschine ist gegeben durch $\varepsilon_{KM,max} = T_k / \Delta T$. Diese Leistungszahl nehmen wir, wie gefordert, an und setzen den eingangs aufgestellten Ausdruck $k\,\Delta T$ für die pro Zeiteinheit abgeführte Wärmemenge ein. Zudem setzen wir $T_k = T_H$, weil die tiefere Temperatur der Kältemaschine gleich der Innentemperatur des Hauses ist. Damit ergibt sich

$$\begin{aligned}\frac{dW}{dt} &= \frac{\Delta T}{T_H}\,\frac{dQ_k}{dt} = \frac{dQ_k/dt}{T_H}\,\Delta T \\ &= \frac{k\,\Delta T}{T_H}\,\Delta T = \frac{k}{T_H}\,(\Delta T)^2.\end{aligned}$$

Die Wärmeleitfähigkeit k wurde als konstant angenommen. Also sind die elektrische Arbeit pro Zeit und damit die Kosten z. B. pro Monat proportional zu $(\Delta T)^2 / T_H$.

L17.8 Lord Kelvin konnte nicht wissen, dass die Energiebilanz im Inneren der Erde durch eine wichtige Energiequelle verändert wird, nämlich den Zerfall radioaktiver Elemente. Hier schlagen vor allem Thorium (^{232}Th) und Uran (^{238}U) zu Buche. Weiterhin ist die einfache Wärmeleitung kein gutes Modell für die Vorgänge im flüssigen Teil der Erde. Die darin auftretende Konvektion verändert den Wärmetransport und den Temperaturgradienten wesentlich und täuscht damit ebenfalls eine jüngere Erde vor.

Wärmestrahlung

L17.9 Mit dem Wien'schen Verschiebungsgesetz erhalten wir

$$\lambda_{max} = \frac{2{,}898\,\text{mm} \cdot \text{K}}{T} = \frac{2{,}898\,\text{mm} \cdot \text{K}}{273\,\text{K} + 33\,\text{K}} = 9{,}47\,\mu\text{m}.$$

L17.10 Mit dem Wien'schen Verschiebungsgesetz erhalten wir

$$\lambda_{max} = \frac{2{,}898\,\text{mm} \cdot \text{K}}{T} = \frac{2{,}898\,\text{mm} \cdot \text{K}}{2{,}3\,\text{K}} = 1{,}3\,\text{mm}.$$

L17.11 Die von der Kupferkugel durch Absorption aufgenommene Strahlungsleistung ist $P = dQ/dt = m\,c_{Cu}\,dT/dt$. Wir formen um und setzen das Volumen $V = \frac{4}{3}\pi r^3$ der Kugel ein.

Dies ergibt für die zeitliche Änderung der Temperatur T der Kugel

$$\frac{dT}{dt} = \frac{P}{m\,c_{Cu}} = \frac{P}{V\varrho\,c_{Cu}} = \frac{P}{\frac{4}{3}\pi r^3 \varrho\,c_{Cu}}.$$

Gemäß dem Stefan-Boltzmann'schen Gesetz ist die von der Kugel aufgenommene Strahlungsleistung

$$P = A\,e\,\sigma\,(T^4 - T_0^4) = 4\pi r^2\,e\,\sigma\,(T^4 - T_0^4).$$

Dies setzen wir in die vorige Gleichung ein und erhalten

$$\frac{dT}{dt} = \frac{4\pi r^2\,e\,\sigma\,(T^4 - T_0^4)}{\frac{4}{3}\pi r^3 \varrho\,c_{Cu}} = \frac{3\,e\,\sigma\,(T^4 - T_0^4)}{r\,\varrho\,c_{Cu}}.$$

Mit $\sigma = 5{,}6703 \cdot 10^{-8}\,\text{W} \cdot \text{m}^{-2} \cdot \text{K}^{-4}$, $\varrho = 8{,}93 \cdot 10^3\,\text{kg} \cdot \text{m}^{-3}$ sowie $c_{Cu} = 0{,}386\,\text{kJ} \cdot \text{kg}^{-1} \cdot \text{K}^{-1}$ und $e = 1$ ergibt sich

$$\frac{dT}{dt} = \frac{3\,\sigma\,\left[(293\,\text{K})^4 - (273\,\text{K})^4\right]}{(4{,}0 \cdot 10^{-2}\,\text{m})\,\varrho\,c_{Cu}} = 2{,}2 \cdot 10^{-3}\,\text{K} \cdot \text{s}^{-1}.$$

L17.12 a) Die Oberfläche der Erdkugel ist durch $A = 4\pi r^2$ gegeben. Von der Sonne aus gesehen hat die Erde die Form einer Kreisscheibe der Fläche $A' = \pi r^2$. Das Verhältnis der beiden Flächen ist genau $A'/A = \frac{1}{4}$. Die von der Sonne effektiv bestrahlte Fläche beträgt also exakt ein Viertel der gesamten Erdoberfläche. Setzen wir die eingestrahlte Intensität mit der viermal größeren Fläche A ins Verhältnis, erhalten wir damit ein Viertel der Solarkonstante von rund $343\,\text{W/m}^2$.

b) Nach dem Stefan-Boltzmann-Gesetz beträgt die abgestrahlte Leistung einer Fläche A eines Schwarzen Körpers

$$P = \sigma \cdot A \cdot T^4$$

mit der Konstante

$$\sigma = 5{,}67 \cdot 10^{-8}\,\text{W} \cdot \text{m}^{-2} \cdot \text{K}^{-4}.$$

Soll die Erde pro Quadratmeter die Leistung $P = 343\,\text{W}$ zurück abstrahlen, muss gelten:

$$343\,\text{W} = 5{,}67 \cdot 10^{-8}\,\text{W/K}^4 \cdot T^4$$

Auflösen nach T ergibt $T \approx 278{,}9\,\text{K} \sim 5{,}7\,°\text{C}$.

c) Die Abstrahlung des Systems Erde – Sphäre nach außen geschieht nur durch die Wärmestrahlung der Sphäre, da per Annahme die Wärmestrahlung der Erde nicht durchgelassen wird. Die Sphäre muss also $343\,\text{W/m}^2$ nach oben Abstrahlen (wir gehen davon aus, dass die Fläche der Sphäre sich nicht wesentlich von der Fläche der Erdkugel unterscheidet). Sie muss dazu die zuvor berechnete Temperatur von $278{,}9\,\text{K}$ annehmen. Damit strahlt die Sphäre aber auch mit derselben Intensität nach unten ab. Die Einstrahlung auf die Erdoberfläche hat sich damit verdoppelt, da wir annehmen, dass die direkte Sonneneinstrahlung die Sphäre im Wesentlichen ungestört passieren kann. Nach dem Stefan-Boltzmann-Gesetz muss die Temperatur der Erdoberfläche um den Faktor $2^{\frac{1}{4}}$ auf $T = 331{,}7\,\text{K} \sim 58{,}5\,°\text{C}$ ansteigen, um die verdoppelte Einstrahlung durch Wärmeabstrahlung auszugleichen.

Mit dieser extremen Form des Treibhauseffekts wäre die Erde nicht mehr bewohnbar. Dieses Modell stellt eine stark vereinfachte Version des realen Treibhauseffekts dar. Einerseits wird die Infrarotstrahlung von Treibhausgasen nicht vollständig und stark frequenzabhängig absorbiert. Dies führt auch dazu, dass unterschiedliche Wellenlängen von unterschiedlichen Schichten der Atmosphäre abgestrahlt werden, die dementsprechend unterschiedliche Temperaturen aufweisen. Am Beispiel unseres Nachbarplaneten Venus wird aber deutlich, dass der Treibhauseffekt bei ausreichender Konzentration an Treibhausgasen tatsächlich einen vergleichbaren oder noch größeren Einfluss auf die Temperatur haben kann.

L17.13 a) Die Wellenlänge des Maximums beträgt nach dem Wien'schen Verschiebungsgesetz

$$\lambda_{\max} = \frac{2{,}898\,\text{mm K}}{T} = \frac{0{,}002898\,\text{m K}}{T}.$$

Setzen wir die Hawking-Temperatur ein, erhalten wir

$$0{,}002898\,\text{m K} \cdot \frac{4\pi r_s k_B}{\hbar c} = 15{,}9\,r_s.$$

Die Wellenlänge des Maximums ist also proportional zum Schwarzschildradius und etwa das Achtfache des Durchmessers des Schwarzen Lochs.

b) Eine Kugel der Oberfläche $A = 4\pi r_s^2$ und der Temperatur

$$T_H = \frac{\hbar c}{4\pi r_s k_B}$$

strahlt nach dem Stefan-Boltzmann-Gesetz Photonen mit der Leistung

$$P = \sigma \cdot A \cdot T^4 = \sigma \cdot 4\pi r_s^2 \cdot \frac{\hbar^4 c^4}{(4\pi)^4\, r_s^4\, k_B^4}$$
$$= \sigma \cdot \frac{\hbar^4 c^4}{(4\pi)^3 r_s^2 k_B^4}$$

ab. Auflösen und Einsetzen ergibt

$$r_s^2 = \sigma \cdot \frac{\hbar^4 c^4}{(4\pi)^3\, P\, k_B^4}$$
$$= 5{,}67 \cdot 10^{-8}\,\frac{\text{W}}{\text{m}^2\text{K}^4} \cdot \frac{(3{,}16 \cdot 10^{-26}\text{Jm})^4}{(4\pi)^3\, 10^9\,\text{W}\,(1{,}38 \cdot 10^{-23}\text{J/K})^4}$$
$$= 5{,}67 \cdot 10^{-8} \cdot 2{,}75 \cdot 10^{-11}\,\text{m}^2 / 10^9 / (4\pi)^3$$
$$\approx 8 \cdot 10^{-31}\,\text{m}^2$$

Der Radius beträgt also etwa $r_s \approx 10^{-15}$ m, vergleichbar mit einem Proton.

c) Unser Ergebnis aus der ersten Teilaufgabe zeigt, dass die Wellenlänge des Maximums der Verteilung etwa das 8-fache des Durchmessers beträgt. Diese Wellenlänge ist bei diesem schwarzen Loch $\lambda \approx 200$ Mio. km und damit weit jenseits dessen, was sinnvoll detektiert werden kann. Zudem ist auch die Temperatur eines so großen schwarzen Loches mit ca. $T_H \approx 10^{-14}$ K, und damit auch die abgestrahlte Leistung extrem niedrig.

Allgemeine Aufgaben

L17.14 Gemäß dem Stefan-Boltzmann'schen Gesetz ist die von der Sonne, deren Oberfläche A die Temperatur T hat, emittierte Strahlungsleistung $P_e = e\,\sigma A\,T^4$. Wir lösen nach der Temperatur auf:

$$T = \sqrt[4]{\frac{P_e}{e\,\sigma A}}.$$

Mit dem Abstand d zwischen Sonne und Erde ist die Solarkonstante (die Strahlungsleistung, die pro Flächeneinheit auf die Erde gelangt) gegeben durch

$$I = \frac{P_e}{4\pi d^2}.$$

Das ergibt $P_e = 4\pi d^2 I$. Wir setzen dies und die Sonnenoberfläche $A = 4\pi r_S^2$ in die obige Gleichung für T ein:

$$T = \sqrt[4]{\frac{P_e}{e\,\sigma A}} = \sqrt[4]{\frac{4\pi d^2 I}{e\,\sigma\, 4\pi r_S^2}} = \sqrt[4]{\frac{d^2 I}{e\,\sigma r_S^2}}$$
$$= \sqrt[4]{\frac{(1{,}5 \cdot 10^{11}\,\text{m})^2\,(1{,}35\,\text{kW} \cdot \text{m}^{-2})}{(1)\,(5{,}67 \cdot 10^{-8}\,\text{W} \cdot \text{m}^{-2} \cdot \text{K}^{-4})\,(6{,}96 \cdot 10^8\,\text{m})^2}}$$
$$= 5{,}8 \cdot 10^3\,\text{K}.$$

L17.15 Mit der Wärmeleitfähigkeit k, dem Erdradius r_E und der Erdoberfläche A ergibt sich für den Wärmestrom aus dem Erdkern an der Erdoberfläche

$$I = \frac{\text{d}Q}{\text{d}t} = k\,A\,\frac{\Delta T}{\Delta x} = k\,4\pi r_E^2\,\frac{\Delta T}{\Delta x}$$
$$= (0{,}74\,\text{J} \cdot \text{m}^{-1} \cdot \text{s}^{-1} \cdot \text{K}^{-1})\,4\pi\,(6{,}37 \cdot 10^6\,\text{m})^2 \left(\frac{1{,}0\,\text{K}}{30\,\text{m}}\right)$$
$$= 1{,}3 \cdot 10^{10}\,\text{kW}.$$

Für den Wärmestrom pro Flächeneinheit ergibt sich

$$\frac{I}{A} = k\,\frac{\Delta T}{\Delta x} = (0{,}74\,\text{J} \cdot \text{m}^{-1} \cdot \text{s}^{-1} \cdot \text{K}^{-1}) \left(\frac{1{,}0\,\text{K}}{30\,\text{m}}\right)$$
$$= 0{,}0247\,\text{W} \cdot \text{m}^{-2}.$$

Wir vergleichen diesen Wärmestrom pro Flächeneinheit mit der Solarkonstanten:

$$(0{,}0247\,\text{W} \cdot \text{m}^{-2}) / (1{,}35\,\text{kW} \cdot \text{m}^{-2}) < 0{,}00002.$$

Nach dieser Abschätzung macht der Wärmestrom aus dem Erdinneren also weniger als 0,002 % des Wärmestroms aus, den die Sonnenstrahlung der Erde zuführt.

L17.16 Der Wärmewiderstand des Stabs ist $R = \Delta T / I$. Wir müssen also zunächst den Wärmestrom $I = -k\,A\,\text{d}T/\text{d}t$ ermitteln. (Das Minuszeichen rührt hier daher, dass der Wärmestrom entgegen dem Temperaturgradienten verläuft.) Mit dem Abstand x von einem Ende des Stabs und dem Durchmesser

d ist die längenabhängige Querschnittsfläche $A = \frac{1}{4}\pi d^2 = \frac{1}{4}\pi d_0^2 (1 + a\,x)^2$. Das setzen wir in den Ausdruck für den Wärmestrom ein:

$$I = -k\left[\tfrac{\pi}{4}\, d_0^2 (1 + a\,x)^2\right]\frac{\mathrm{d}T}{\mathrm{d}x}\,.$$

Wir formen um und separieren die Variablen:

$$\mathrm{d}T = -\frac{I\,\mathrm{d}x}{k\left[\tfrac{\pi}{4}\, d_0^2 (1 + a\,x)^2\right]} = -\frac{4\,I}{\pi\,k\,d_0^2}\,\frac{\mathrm{d}x}{(1 + a\,x)^2}\,.$$

Nun integrieren wir von T_1 bis T_2 und von 0 bis l:

$$\int_{T_1}^{T_2} \mathrm{d}T = -\frac{4\,I}{\pi\,k\,d_0^2}\int_0^l \frac{\mathrm{d}x}{(1 + a\,x)^2}\,.$$

Dies ergibt $\quad T_2 - T_1 = \Delta T = \dfrac{4\,I\,l}{\pi\,k\,d_0^2\,(1 + a\,l)}\,.$

Mit diesem Ausdruck für ΔT ist der Wärmewiderstand

$$R = \frac{\Delta T}{I} = \frac{4\,l}{\pi\,k\,d_0^2\,(1 + a\,l)}\,.$$

L17.17 a) Die beim Gefrieren abzuführende Wärmemenge ist $|Q| = m\,\lambda_\mathrm{S}$. Dabei ist λ_S die spezifische Schmelzwärme des Wassers und m dessen Masse. Wir differenzieren nach der Zeit: $\mathrm{d}Q/\mathrm{d}t = \lambda_\mathrm{S}\,\mathrm{d}m/\mathrm{d}t$. Mit der Schichtdicke x und der Oberfläche A der Eisschicht gilt für die gefrierende Masse $m = \varrho\,V = \varrho\,A\,x$. Auch dies leiten wir nach der Zeit ab: $\mathrm{d}m/\mathrm{d}t = \varrho\,A\,\mathrm{d}x/\mathrm{d}t$. (Hierbei ist $\mathrm{d}x/\mathrm{d}t$ die gesuchte Geschwindigkeit, mit der die Eisschicht dicker wird.) Einsetzen ergibt

$$\frac{\mathrm{d}Q}{\mathrm{d}t} = \lambda_\mathrm{S}\,\frac{\mathrm{d}m}{\mathrm{d}t} = \lambda_\mathrm{S}\,\varrho\,A\,\frac{\mathrm{d}x}{\mathrm{d}t}\,.$$

Der Wärmestrom ist definiert durch $\quad \dfrac{\mathrm{d}Q}{\mathrm{d}t} = k\,A\,\dfrac{\Delta T}{x}.$

Die linken Seiten und daher auch die rechten Seiten der beiden letzten Beziehungen sind gleich. Also ist

$$\lambda_\mathrm{S}\,\varrho\,A\,\frac{\mathrm{d}x}{\mathrm{d}t} = k\,A\,\frac{\Delta T}{x} \qquad \text{und daher} \qquad \frac{\mathrm{d}x}{\mathrm{d}t} = \frac{k}{\lambda_\mathrm{S}\,\varrho}\,\frac{\Delta T}{x}\,.$$

(Beachten Sie, dass sich die Oberfläche herauskürzt.) Einsetzen der Zahlenwerte ergibt

$$\frac{\mathrm{d}x}{\mathrm{d}t} = \frac{(0{,}592\,\mathrm{W}\cdot\mathrm{m}^{-1}\cdot\mathrm{K}^{-1})\,(10\,\mathrm{K})}{(333{,}5\,\mathrm{kJ}\cdot\mathrm{kg}^{-1})\,(917\,\mathrm{kg}\cdot\mathrm{m}^{-3})\,(0{,}0100\,\mathrm{m})}$$
$$= 1{,}94\,\mathrm{\mu m}\cdot\mathrm{s}^{-1} = 0{,}70\,\mathrm{cm}\cdot\mathrm{h}^{-1}\,.$$

b) Im vorigen Ausdruck für $\mathrm{d}t/\mathrm{d}x$ separieren wir die Variablen:

$$x\,\mathrm{d}x = \frac{k\,\Delta T}{\lambda_\mathrm{S}\,\varrho}\,\mathrm{d}t\,.$$

Nun integrieren wir von x_A bis x_E und von 0 bis t_{20}:

$$\int_{x_\mathrm{A}}^{x_\mathrm{E}} x\,\mathrm{d}x = \frac{k\,\Delta T}{\lambda_\mathrm{S}\,\varrho}\int_0^{t_{20}} \mathrm{d}t\,.$$

Dies ergibt $\frac{1}{2}\left(x_\mathrm{E}^2 - x_\mathrm{A}^2\right) = \dfrac{k\,\Delta T}{\lambda_\mathrm{S}\,\varrho}\,t_{20}.$

Wir lösen nach t_{20} auf und setzen die Zahlenwerte ein. Mit $x_\mathrm{A} = 0{,}0100\,\mathrm{m}$ und $x_\mathrm{E} = 0{,}200\,\mathrm{m}$ erhalten wir

$$t_{20} = \frac{\lambda_\mathrm{S}\,\varrho\,(x_\mathrm{E}^2 - x_\mathrm{A}^2)}{2\,k\,\Delta T}$$
$$= \frac{(333{,}5\,\mathrm{kJ}\cdot\mathrm{kg}^{-1})\,(917\,\mathrm{kg}\cdot\mathrm{m}^{-3})\,(x_\mathrm{E}^2 - x_\mathrm{A}^2)}{2\,(0{,}592\,\mathrm{W}\cdot\mathrm{m}^{-1}\cdot\mathrm{K}^{-1})\,(10\,\mathrm{K})}$$
$$= 1{,}03\cdot 10^6\,\mathrm{s}\,.$$

Das entspricht knapp zwölf Tagen.

Elektrizität und Magnetismus

V

© zolazo/Getty Images/iStock

Das elektrische Feld I: Diskrete Ladungsverteilungen

Aufgaben

Verständnisaufgaben

18.1 •• Sie wollen mit einem einfachen Experiment das Coulomb'sche Gesetz widerlegen: Zunächst gehen Sie mit einem Gummikamm durch Ihre trockenen Haare, dann ziehen sie mit dem Kamm kleine, ungeladene Papierfetzen auf dem Tisch an. Nun behaupten Sie: „Damit elektrostatische Anziehungskräfte zwischen zwei Körper wirken, müssen dem Coulomb'schen Gesetz zufolge beide Körper geladen sein. Das Papier war jedoch nicht geladen. Nach dem Coulomb'schen Gesetz hätten keine elektrostatischen Anziehungskräfte auftreten dürfen, sie sind aber offenbar doch aufgetreten. Daher stimmt das Gesetz nicht." a) Worin liegt der Fehler Ihrer Argumentation? b) Muss für eine Anziehungskraft zwischen dem Papier und dem Kamm die Nettoladung auf dem Kamm negativ sein? Erläutern Sie Ihre Antwort.

18.2 •• Sie haben einen positiv geladenen, nichtleitenden Stab und zwei Metallkugeln auf isolierten Füßen. Erläutern Sie Schritt für Schritt, wie mit dem Stab – ohne dass er eine der Kugeln berührt – eine der Kugeln negativ geladen werden kann.

18.3 •• Sie können die elektrostatische Anziehung einfach demonstrieren, indem Sie eine kleine Kugel aus zerknüllter Aluminiumfolie an einem herabhängenden Bindfaden befestigen und einen geladenen Stab in die Nähe bringen. Anfänglich wird die Kugel vom Stab angezogen, aber sobald sie sich berühren, wird die Kugel von ihm stark abgestoßen. Erläutern Sie dieses Verhalten.

18.4 •• Drei Punktladungen, $+q_0$, $+q$ und $-q$, befinden sich in den Ecken eines gleichseitigen Dreiecks (Abb. 18.1). Es befinden sich keine anderen geladenen Körper in der Nähe. a) In welche Richtung wirkt auf die Ladung $+q_0$ die resultierende Kraft, die durch die anderen beiden Ladungen verursacht wird? b) Welche resultierende elektrische Kraft wirkt auf diese Ladungsanordnung? Erläutern Sie Ihre Antwort.

Abb. 18.1 Zu Aufgabe 18.4

18.5 •• Vier Ladungen befinden sich in den Ecken eines Quadrats, wie in Abb. 18.2 dargestellt. Es befinden sich keine anderen geladenen Körper in der Nähe. Welche der folgenden Aussagen ist richtig? a) Das elektrische Feld E ist null in allen Punkten in der Mitte zwischen zwei Ladungen längs der Seiten des Quadrats. b) E ist null im Mittelpunkt des Quadrats. c) E ist null in der Mitte zwischen den beiden oberen und in der Mitte zwischen den beiden unteren Ladungen.

Abb. 18.2 Zu Aufgabe 18.5

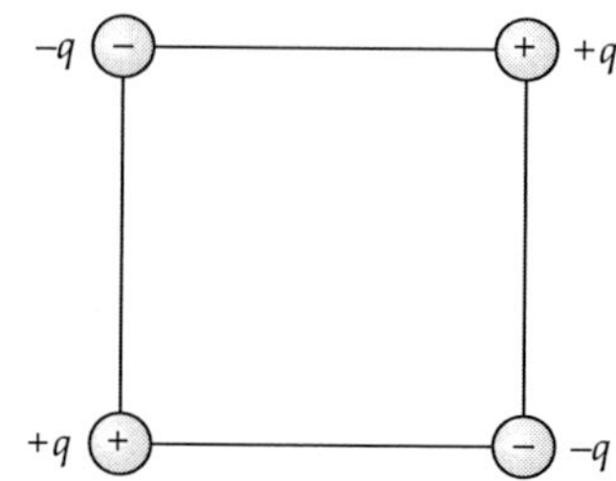

18.6 •• Zwei Punktladungen, $+q$ und $-3\,q$, sind durch einen kleinen Abstand d voneinander getrennt. a) Veranschaulichen Sie mit elektrischen Feldlinien das elektrische Feld in der Nähe dieser Anordnung. b) Zeichnen Sie auch die Feldlinien bei Abständen, die viel größer als der Abstand der Ladungen sind.

18.7 •• Ein ruhendes Molekül mit einem elektrischen Dipolmoment $\wp$ ist so orientiert, dass $\wp$ mit einem homogenen elektrischen Feld E einen Winkel θ einschließt. Das Molekül kann sich nun in Reaktion auf die durch das Feld wirkende Kraft frei bewegen. Beschreiben Sie die Bewegung des Moleküls.

18.8 •• Richtig oder falsch? a) Das elektrische Feld einer Punktladung zeigt stets von der Ladung weg. b) Die elektrische Kraft auf ein geladenes Teilchen in einem elektrischen Feld weist stets in dieselbe Richtung wie das Feld. c) Elektrische Feldlinien kreuzen sich niemals. d) Alle Moleküle haben in Gegenwart eines äußeren elektrischen Felds ein elektrisches Dipolmoment.

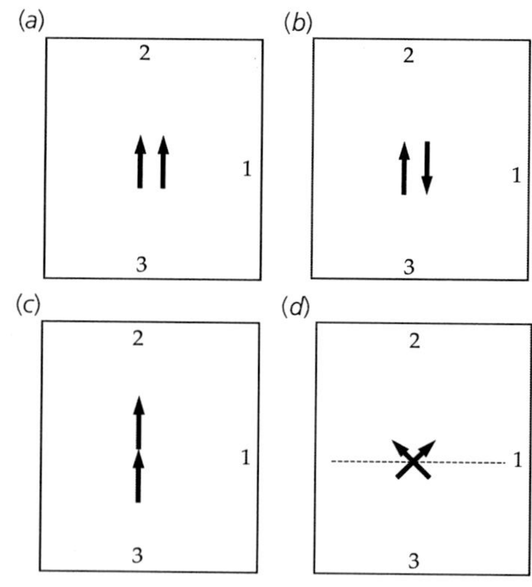

Abb. 18.3 Zu Aufgabe 18.9

18.9 •• Zwei Moleküle haben Dipolmomente mit gleichem Betrag, sind aber auf vier verschiedene Arten orientiert (Abb. 18.3). Bestimmen Sie jeweils die Richtung des elektrischen Felds in den durch die Nummern gekennzeichneten Punkten. Erläutern Sie Ihre Antworten.

Schätzungs- und Näherungsaufgaben

18.10 •• Schätzen Sie die Kraft ab, die notwendig ist, um den Kern des Heliumatoms zusammenzuhalten. (*Hinweis:* Modellieren Sie die Protonen als Punktladungen. Den Abstand zwischen diesen müssen Sie abschätzen.)

18.11 •• Bei einem verbreiteten Schauversuch reibt man einen Kunststoffstab an einem Fell, um ihn aufzuladen, und hält den Stab dann in die Nähe einer leeren, liegenden Getränkedose (Abb. 18.4). Erläutern Sie, warum die Dose sich auf den Stab zu bewegt.

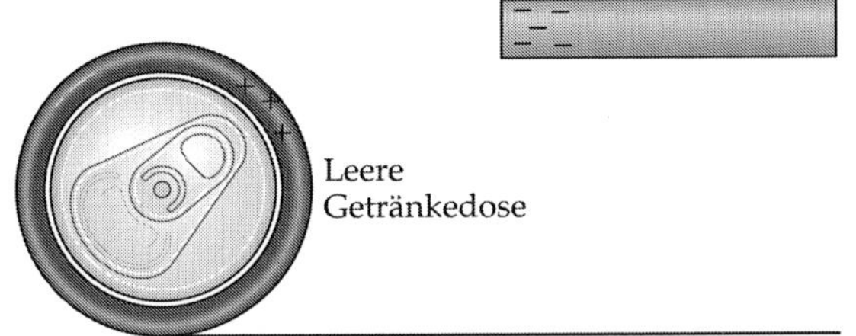

Abb. 18.4 Zu Aufgabe 18.11

Elektrische Ladung

18.12 • Eine Ladung, die der Ladung der Avogadro-Zahl von Protonen ($N_\mathrm{A} = 6{,}022 \cdot 10^{23}$) entspricht, nennt man ein *Faraday*. Wie viele Coulomb sind das?

18.13 • Welche Gesamtladung haben alle Protonen in $1{,}00\,\mathrm{kg}$ Kohlenstoff?

Das Coulomb'sche Gesetz

18.14 • Drei Punktladungen befinden sich auf der x-Achse: $q_1 = -6{,}0\,\mathrm{mC}$ bei $x = -3{,}0\,\mathrm{m}$, $q_2 = 4{,}0\,\mathrm{mC}$ im Koordinatenursprung und $q_3 = -6{,}0\,\mathrm{mC}$ bei $x = 3{,}0\,\mathrm{m}$. Berechnen Sie die Kraft auf q_1.

18.15 •• Eine Punktladung von $-2{,}5\,\mathrm{mC}$ befindet sich im Koordinatenursprung und eine zweite Punktladung von $6{,}0\,\mu\mathrm{C}$ bei $x = 1{,}0\,\mathrm{m}$, $y = 0{,}5\,\mathrm{m}$. Eine dritte Punktladung – ein Elektron – befindet sich in einem Punkt mit den Koordinaten (x, y). Berechnen Sie die Werte von x und y, bei denen sich das Elektron im Gleichgewicht befindet.

18.16 ••• Fünf gleiche Punktladungen q sind gleichmäßig auf einem Halbkreis mit dem Radius r verteilt (Abb. 18.5). Geben Sie mithilfe von $1/4\pi\varepsilon_0$ und q sowie r die Kraft auf die Ladung q_0 an, die von den anderen fünf Ladungen gleich weit entfernt ist.

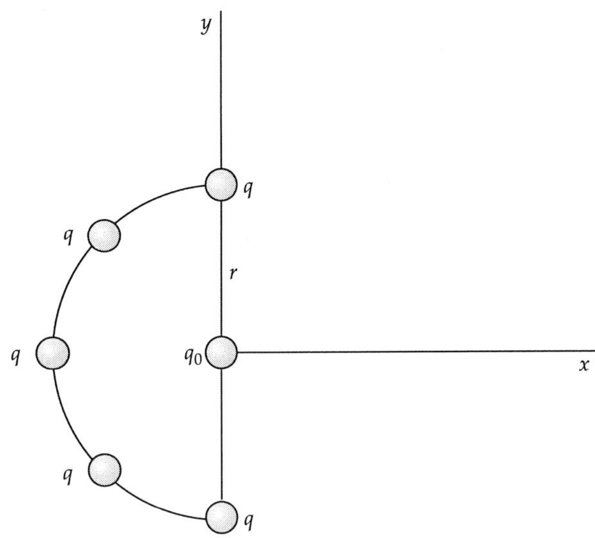

Abb. 18.5 Zu Aufgabe 18.16

Elektrisches Feld

18.17 • Zwei Punktladungen von je $+4{,}0\,\mu\mathrm{C}$ befinden sich auf der x-Achse: die eine im Koordinatenursprung und die andere bei $x = 8{,}0\,\mathrm{m}$. Berechnen Sie das elektrische Feld auf der x-Achse bei a) $x = -2{,}0\,\mathrm{m}$, b) $x = 2{,}0\,\mathrm{m}$, c) $x = 6{,}0\,\mathrm{m}$ bzw. d) $x = 10\,\mathrm{m}$. e) An welchem Punkt auf der x-Achse ist das elektrische Feld null? f) Skizzieren Sie E_x in Abhängigkeit von x über den Bereich $-3{,}0\,\mathrm{m} < x < 11\,\mathrm{m}$.

18.18 • Das elektrische Feld in der Nähe der Erdoberfläche zeigt nach unten und hat einen Betrag von $150\,\mathrm{N/C}$. a) Vergleichen Sie den Betrag der nach oben gerichteten elektrischen Kraft auf ein Elektron mit dem Betrag seiner nach unten gerichteten Gewichtskraft. b) Welche Ladung muss ein Tischtennisball mit einer Masse von $2{,}70\,\mathrm{g}$ tragen, damit die elektrische Kraft seine Gewichtskraft in der Nähe der Erdoberfläche ausgleicht?

18.19 •• Zwei gleich große positive Ladungen q befinden sich auf der y-Achse: die eine bei $y = +a$ und die andere bei $y = -a$. a) Zeigen Sie, dass für Punkte auf der x-Achse die x-Komponente des elektrischen Felds den Betrag $E_x = (1/4\pi\varepsilon_0)\,2\,q\,x/(x^2 + a^2)^{3/2}$ hat. b) Zeigen Sie, dass in der Nähe des Koordinatenursprungs (d. h. für $x \ll a$) näherungsweise gilt: $E_x \approx (1/4\pi\varepsilon_0)\,2\,q\,x/a^3$. c) Zeigen Sie, dass für $x \gg a$ das Feld näherungsweise durch $E_x \approx (1/4\pi\varepsilon_0)\,2\,q/x^2$ gegeben ist. Erläutern Sie, warum man dieses Ergebnis auch ohne eine entsprechende Grenzwertbetrachtung erhalten kann.

18.20 •• a) Zeigen Sie, dass die elektrische Feldstärke bei der Ladungsverteilung in Aufgabe 18.19 ihren größten Betrag in den Punkten $x = a/\sqrt{2}$ und $x = -a/\sqrt{2}$ hat, indem Sie $\partial E_x/\partial x$ ermitteln und die Ableitung gleich null setzen. b) Tragen Sie E_x gegen x auf, unter Verwendung des Ergebnisses von Teilaufgabe a dieser Aufgabe sowie der in den Teilaufgaben b und c von Aufgabe 18.19 gegebenen Ausdrücke.

18.21 • Wie groß ist die Kraft auf ein Elektron, das sich an einem Ort befindet, in dem $E = (4 \cdot 10^4 \, \mathrm{N/C}) \, \widehat{x}$ beträgt?

18.22 •• Wenn eine Probeladung von 5 nC an einen bestimmten Punkt gebracht wird, erfährt sie eine Kraft von $2 \cdot 10^{-4} \, \mathrm{N}$ in Richtung zunehmender x-Werte. Wie groß ist das elektrische Feld E an diesem Punkt?

Bewegung von Punktladungen in elektrischen Feldern

18.23 •• Die Beschleunigung eines Teilchens in einem elektrischen Feld hängt vom Verhältnis q/m seiner Ladung zu seiner Masse ab. a) Berechnen Sie dieses Verhältnis für ein Elektron. b) Welchen Betrag und welche Richtung hat die Beschleunigung eines Elektrons in einem homogenen elektrischen Feld der Stärke 100 N/C? c) Berechnen Sie die Zeitspanne, die ein ruhendes Elektron in einem elektrischen Feld der Stärke 100 N/C benötigt, um eine Geschwindigkeit von $0{,}01 \, c$ zu erlangen. (Wenn sich die Geschwindigkeit des Elektrons der Lichtgeschwindigkeit c nähert, muss man zur Berechnung seiner Bewegung eigentlich die Gesetze der relativistischen Mechanik anwenden. Bei Geschwindigkeiten von $0{,}01 \, c$ oder darunter liefern aber auch die Gesetze der Newton'schen Mechanik hinreichend genaue Ergebnisse.) d) Wie weit bewegt sich das Elektron in dieser Zeitspanne?

18.24 •• Ein Elektron hat eine kinetische Energie von $2{,}00 \, 10^{-16} \, \mathrm{J}$ und bewegt sich entlang der Achse einer Kathodenstrahlröhre nach rechts (Abb. 18.6). Im Bereich zwischen den Ablenkplatten herrscht ein elektrisches Feld $E = (2{,}00 \, 10^4 \, \widehat{y}) \, \mathrm{N/C}$, aber außerhalb dieses Bereichs besteht kein elektrisches Feld (d. h., hier ist $E = 0$). a) Wie weit ist das Elektron von der Achse entfernt, wenn es den Bereich zwischen den Platten gerade durchflogen hat? b) In welchem Winkel zur Achse bewegt sich das Elektron dabei? c) In welchem Abstand von der Achse trifft das Elektron auf die Fluoreszenzschicht des Schirms?

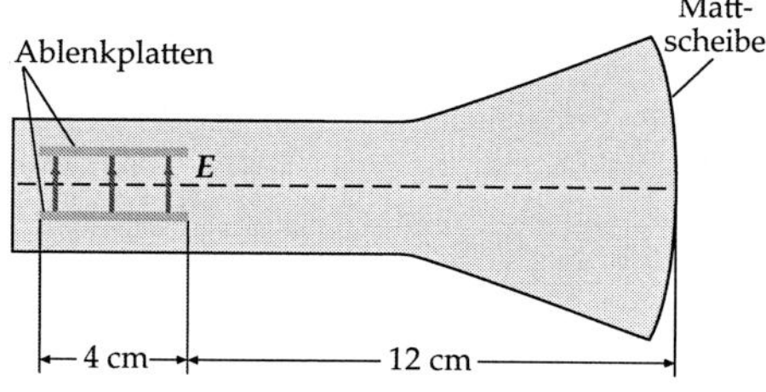

Abb. 18.6 Zu Aufgabe 18.24

Dipole

18.25 • Zwei Punktladungen $q_1 = 2{,}0 \, \mathrm{pC}$ und $q_2 = -2{,}0 \, \mathrm{pC}$ sind durch einen Abstand von $4{,}0 \, \mu\mathrm{m}$ voneinander getrennt. a) Wie groß ist das Dipolmoment dieses Ladungspaars? b) Skizzieren Sie das Ladungspaar und die Richtung des Dipolmoments.

18.26 •• Man kann sich vorstellen, dass das Neutron aus drei Quarks mit den Ladungen $2/3 e$ und $2 \times -1/3 e$ aufgebaut ist und einen Durchmesser von ungefähr 10^{-15} m besitzt. Die experimentelle Obergrenze für sein elektrisches Dipolmoment liegt derzeit bei ca. $< 3 \cdot 10^{-26} \, \mathrm{cm} \, e$, wobei e die Elementarladung ist. Machen Sie anhand der Größe des Neutrons und der Ladungen der Bestandteile eine Abschätzung seines erwarteten elektrischen Dipolmoments und vergleichen Sie das Ergebnis mit der experimentellen Obergrenze. Können Sie sich die Diskrepanz erklären?

Allgemeine Aufgaben

18.27 •• Eine positive Ladung q wird in zwei positive Ladungen q_1 und q_2 getrennt. Zeigen Sie, dass die Kraft, die von einer Ladung auf die andere ausgeübt wird, bei einem gegebenen Abstand d dann am größten ist, wenn $q_1 = q_2 = \frac{1}{2} \, q$ ist.

18.28 •• Zwei punktförmige Teilchen sind durch einen Abstand von 0,60 m voneinander getrennt und tragen eine Gesamtladung von 200 µC. Bestimmen Sie die Ladung jedes der beiden Teilchen, wenn sie sich a) mit einer Kraft von 80 N abstoßen bzw. b) mit einer Kraft von 80 N anziehen.

18.29 •• Ein punktförmiges Teilchen mit der Ladung $+q$ und der unbekannten Masse m befindet sich anfangs in Ruhe. Es wird dann in einem homogenen elektrischen Feld E, das senkrecht nach unten gerichtet ist, aus der Höhe h fallen gelassen. Das Teilchen trifft mit der Geschwindigkeit $v = 2 \sqrt{g \, h}$ unten auf. Bestimmen Sie m in Abhängigkeit von E, q und g.

18.30 •• Ein starrer Stab von 1,00 m Länge ist in seinem Mittelpunkt drehbar gelagert (Abb. 18.7). Eine Ladung $q_1 = 5{,}00 \, 10^{-7} \, \mathrm{C}$ wird an einem Ende des Stabs angebracht, und eine weitere Ladung $q_2 = -q_1$ wird im Abstand $d = 10{,}0 \, \mathrm{cm}$ direkt darunter platziert. a) Welche Kraft übt q_2 auf q_1 aus? b) Welches Drehmoment (bezüglich des Drehpunkts) ruft diese Kraft hervor? c) Um die Anziehungskraft zwischen den Ladungen auszugleichen, wird, wie in der Abbildung gezeigt, ein Massestück in 25,0 cm Abstand vom Drehpunkt angehängt. Welche Masse m muss dieses Stück haben? d) Nun wird das Massestück in 25,0 cm Abstand vom Drehpunkt auf die andere (den Ladungen zugewandte) Seite des Stabs gehängt. Dabei bleiben q_1 und d unverändert. Welchen Wert muss q_2 jetzt haben, damit die Anordnung im Gleichgewicht bleibt?

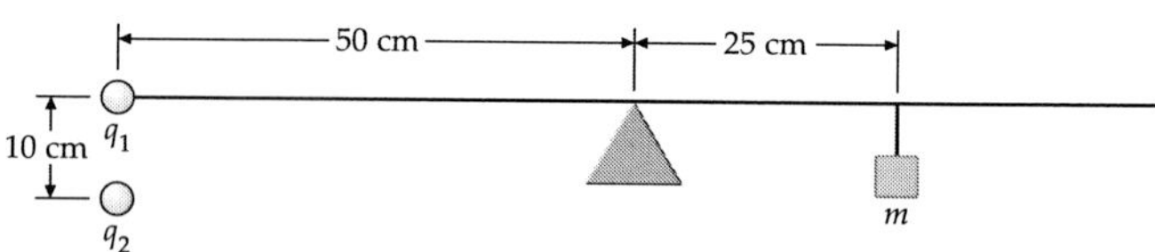

Abb. 18.7 Zu Aufgabe 18.30

18.31 •• Zwei Punktladungen von je 3,0 µC befinden sich in den Punkten $x = 0$, $y = 2{,}0 \, \mathrm{m}$ und $x = 0$, $y = -2{,}0 \, \mathrm{m}$. Zwei weitere Punktladungen, jeweils mit der Ladung q, befinden sich in den Punkten $x = 4{,}0 \, \mathrm{m}$, $y = 2{,}0 \, \mathrm{m}$ und $x = 4{,}0 \, \mathrm{m}$, $y = -2{,}0 \, \mathrm{m}$ (Abb. 18.8). Das elektrische Feld bei $x = 0$, $y = 0$

aufgrund der vier Ladungen ist $(4{,}0 \cdot 10^3\,\hat{x})\,\mathrm{N/C}$. Bestimmen Sie q.

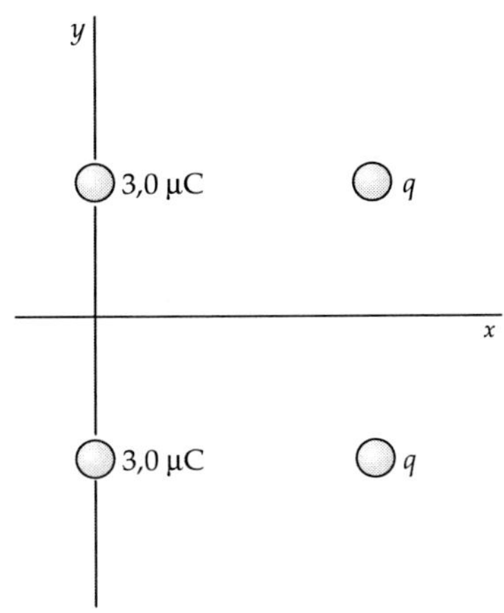

Abb. 18.8 Zu Aufgabe 18.31

18.32 •• Vier Ladungen mit gleichem Betrag sind in den Ecken eines Quadrats der Seitenlänge l angeordnet (Abb. 18.9). a) Bestimmen Sie Betrag und Richtung der Kraft, die durch die anderen Ladungen auf die Ladung in der unteren linken Ecke ausgeübt wird. b) Zeigen Sie, dass das elektrische Feld in der Mitte einer der Quadratseiten entlang dieser Seite zur negativen Ladung hin gerichtet ist und dass die Feldstärke hier gegeben ist durch

$$E = \frac{1}{4\pi\varepsilon_0}\,\frac{8\,q}{l^2}\left(1 - \frac{\sqrt{5}}{25}\right).$$

Abb. 18.9 Zu Aufgabe 18.32

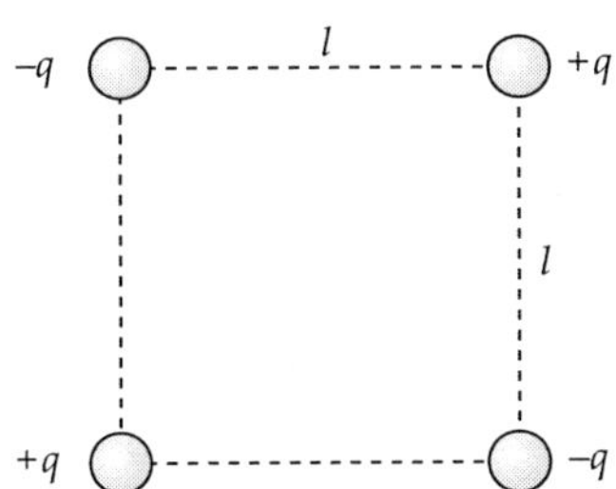

18.33 •• Ein Elektron (Ladung $-e$, Masse m) und ein Positron (Ladung $+e$, Masse m) drehen sich unter dem Einfluss ihrer anziehenden Coulomb-Kraft um ihren gemeinsamen Massenmittelpunkt. Bestimmen Sie die Geschwindigkeit v jedes Teilchens in Abhängigkeit von e, m, ε_0 und ihrem Abstand r.

18.34 ••• Ein punktförmiges Teilchen der Masse m und der Ladung q_0 kann sich innerhalb eines engen reibungsfreien Zylinders nur senkrecht bewegen (Abb. 18.10). Am Boden des Zylinders befindet sich eine Punktladung q, die das gleiche Vorzeichen wie q_0 hat. a) Zeigen Sie, dass das Teilchen in der Höhe

$y_0 = \sqrt{(1/4\pi\varepsilon_0)\,(q_0\,q/m\,g)}$ im Gleichgewicht ist. b) Zeigen Sie, dass das Teilchen eine harmonische Schwingung mit der Kreisfrequenz $\omega = \sqrt{2\,g/y_0}$ ausführt, wenn es um eine kleine Strecke aus seiner Gleichgewichtslage verschoben wird und dann sich selbst überlassen bleibt.

Abb. 18.10 Zu Aufgabe 18.34

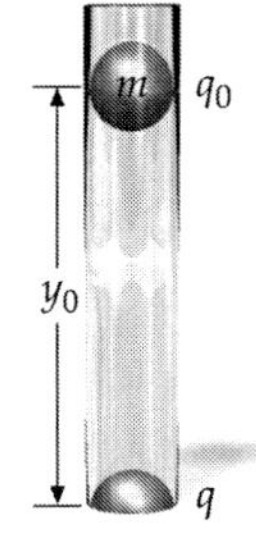

18.35 ••• Beim Millikan-Experiment, das zum Bestimmen der Ladung des Elektrons dient, wird ein geladenes Polystyrolkügelchen in ruhender Luft in ein bekanntes senkrechtes elektrisches Feld gebracht. Das geladene Kügelchen wird in Richtung einer einwirkenden Gesamtkraft beschleunigt, bis es seine Endgeschwindigkeit erreicht. Seine Ladung wird durch Messen seiner Endgeschwindigkeit bestimmt. Bei einem solchen Experiment hat das Kügelchen einen Radius von $r = 5{,}50 \cdot 10^{-7}$ m, und die Feldstärke beträgt $E = 6{,}00 \cdot 10^4$ N/C. Für den Betrag der Reibungskraft auf das Kügelchen gilt $F_\mathrm{R} = 6\,\pi\,\eta\,r\,v$; dabei ist v seine Geschwindigkeit und $\eta = 1{,}8 \cdot 10^{-5}$ N s/m² die Viskosität von Luft. Polystyrol hat eine Dichte von $1{,}05 \cdot 10^3$ kg/m³. a) Das elektrische Feld zeigt nach unten, und das Polystyrolkügelchen erreicht eine Endgeschwindigkeit von $v = 1{,}16 \cdot 10^{-4}$ m/s. Wie groß ist die Ladung auf dem Kügelchen? b) Wie viele überschüssige Elektronen befinden sich auf ihm? c) Wie groß ist seine Endgeschwindigkeit, wenn die Richtung des elektrischen Felds umgekehrt wird, aber die Feldstärke gleich bleibt?

18.36 ••• In Aufgabe 18.35 wurde das Millikan-Experiment beschrieben, das zur Bestimmung der Ladung des Elektrons dient. Dabei kann man die Richtung des elektrischen Felds durch einen Schalter umkehren (nach oben oder nach unten); die Feldstärke bleibt dabei unverändert, sodass man die Endgeschwindigkeit des Mikrokügelchens messen kann, wenn es sich nach oben (entgegen der Gravitationskraft) bzw. nach unten bewegt. Es sei v_u (Index u von *up*) die Endgeschwindigkeit, mit der sich das Teilchen nach oben bewegt, und v_d (Index d von *down*) die Endgeschwindigkeit bei einer Bewegung nach unten. a) Setzen Sie $v = v_\mathrm{u} + v_\mathrm{d}$ und zeigen Sie, dass $v = q\,E/(3\,\pi\,\eta\,r)$ gilt (dabei ist q die Nettoladung des Mikrokügelchens). Welchen Vorteil hat es bei der Bestimmung von q, anstelle einer einzigen Geschwindigkeit beide Geschwindigkeiten v_u und v_d zu messen? b) Weil die Ladung quantisiert ist, kann sich v nur in Schritten mit dem Betrag $n\,|\Delta v|$ ändern, wobei n eine positive ganze Zahl ist. Berechnen Sie Δv mithilfe der Werte in Aufgabe 18.35.

Lösungen zu den Aufgaben

Verständnisaufgaben

L18.1 a) Das Coulomb'sche Gesetz gilt nur für punktförmige Teilchen. Als solche können wir die Papierfetzen aber nicht ansehen, denn sie werden durch das elektrische Feld polarisiert.

b) Nein; dass die Kraft anziehend wirkt, hängt nicht vom Vorzeichen der Ladung auf dem Kamm ab. Vielmehr hat die Ladung, die in dem dem Kamm am nächsten liegenden Teil eines Papierfetzens induziert wird, stets dasjenige Vorzeichen, das dem der Ladung auf dem Kamm entgegengesetzt ist. Somit ist die elektrostatische Kraft auf einen Papierfetzen stets anziehend.

L18.2 Erden Sie eine Metallkugel und bringen Sie dann den positiv geladenen nichtleitenden Stab in ihre Nähe. Trennen Sie nun die Metallkugel von der Erdung und entfernen Sie schließlich den nichtleitenden Stab. Dann ist die Metallkugel negativ geladen.

L18.3 Wir nehmen an, dass der Stab eine negative Ladung trägt. Wenn er der Stanniolkugel genähert wird, dann werden die Ladungen der Kugel aufgrund der Influenz umverteilt: Ihre dem Stab zugewandte Seite wird positiv und ihre abgewandte (vom Stab also weiter entfernte) Seite negativ geladen. Wegen der resultierenden elektrostatischen Anziehung bewegt sich die Kugel ein wenig zum Stab hin. Wenn sie ihn aber berührt, so wird etwas negative Ladung vom Stab auf die Kugel übertragen. Weil diese nun eine negative Nettoladung trägt, wird sie vom Stab abgestoßen.

L18.4 Abb. 18.11 zeigt die Kräfte, die auf die Punktladung $+q_0$ wirken. Die von $-q$ auf $+q_0$ wirkende Kraft verläuft in Richtung der Verbindungslinie zwischen diesen beiden Punktladungen und zeigt dabei zu $-q$ hin. Entsprechend zeigt die Kraft zwischen $+q$ und $+q_0$ von letzterer weg und verläuft dabei in der Verlängerung der Verbindungslinie dieser beiden Punktladungen.

a) Weil die Punktladungen $+q$ und $-q$ denselben Betrag haben, sind auch die auf sie ausgeübten, in der Abbildung eingezeichneten Kräfte gleich groß. Daher zeigt wegen der Symmetrie der Anordnung die Vektorsumme bzw. die Resultierende dieser beiden Kräfte horizontal nach rechts. Beachten Sie, dass die vertikalen Komponenten beider Kräfte einander aufheben.

b) Weil sich in der Nähe keine anderen geladenen Objekte befinden, stellen die hier dargestellten Kräfte innere Kräfte dar. Die auf die gezeigte Ladungsanordnung einwirkende elektrische Kraft ist daher null.

L18.5 Im Mittelpunkt des Quadrats erzeugen die beiden positiven Ladungen allein ein verschwindendes elektrisches Feld, ebenso die beiden negativen Ladungen allein. Somit ist das insgesamt resultierende Feld im Mittelpunkt des Quadrats null, und Aussage b ist richtig. Die Aussagen a und c sind falsch, weil in den angegebenen Positionen jeweils ein elektrisches Feld vorliegt, das von den benachbarten Punktladungen herrührt.

L18.6 a) Abb. 18.12 zeigt die elektrischen Feldlinien, wie sie gemäß den Regeln zu zeichnen sind. Hier sind pro Ladungsmenge $|q|$ jeweils zwei Feldlinien eingezeichnet.

b) In Abständen, die wesentlich größer als der Abstand d der zwei Ladungen sind, wirken diese Ladungen wie eine einzelne Nettoladung $-2q$. Die Abb. 18.13 zeigt die zugehörigen Feldlinien, hier aber mit je vier Feldlinien pro Ladungsmenge $|q|$.

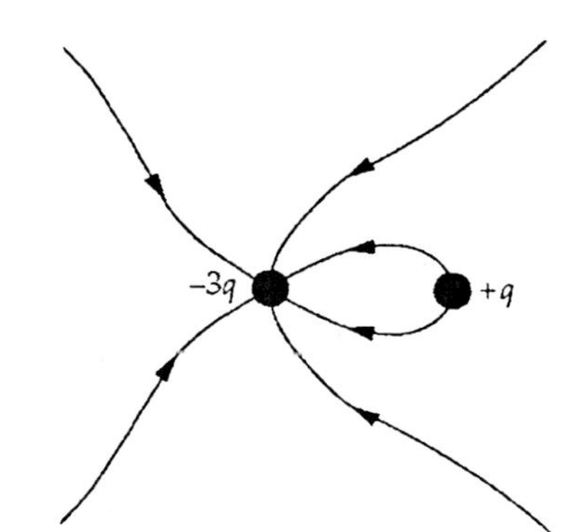

Abb. 18.12 zu Lösung 18.6

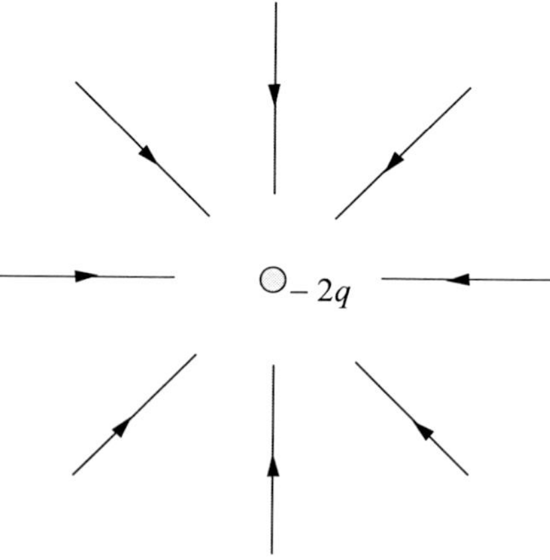

Abb. 18.13 zu Lösung 18.6

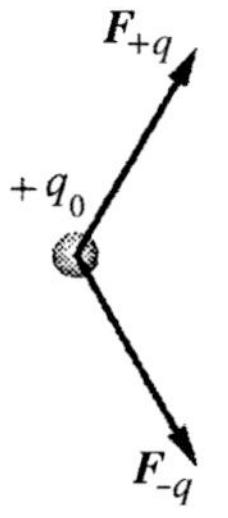

Abb. 18.11 zu Lösung 18.4

L18.7 Der Winkel θ, den das Dipolmoment mit der Richtung des elektrischen Felds einschließt, ist nicht null. Daher erfährt das Molekül ein Rückstellmoment mit dem Betrag $|\wp||E|\sin\theta$ und schwingt um seine Gleichgewichtslage $\theta=0$ hin und her. Dabei nimmt seine Winkelgeschwindigkeit immer dann ab, wenn die Auslenkung (der Betrag von θ) größer wird, und nimmt immer dann zu, wenn die Auslenkung kleiner wird, d. h., wenn der sich der Dipol zur Richtung des Felds hin bewegt.

L18.8 a) Falsch. Das elektrische Feld ist zur negativen Ladung hin gerichtet.

b) Falsch. Die Richtung der elektrischen Kraft, die auf eine Punktladung wirkt, hängt vom Vorzeichen der Ladung ab.

c) Falsch. Elektrische Feldlinien schneiden jeden Punkt im Raum, der von einer Punktladung besetzt ist.

d) Richtig. Ein elektrisches Feld bewirkt eine teilweise Polarisation der Moleküle, die sich in ihm befinden. Diese Polarisation führt aufgrund einer partiellen Ladungstrennung zu einem elektrischen Dipolmoment.

L18.9 a) Das von zwei gleich starken Dipolen erzeugte resultierende elektrische Feld ergibt sich jeweils durch Überlagerung der Felder der einzelnen Dipole. In der Tabelle ist jeweils die Richtung des resultierenden Felds mithilfe eines Pfeils angegeben.

	1	2	3
a)	↓	↑	↑
b)	↑	→	←
c)	↓	↑	↑
d)	↓	↑	↑

Schätzungs- und Näherungsaufgaben

L18.10 Wir nehmen an, dass eine Bindungskraft F_{Bind} und eine abstoßende elektrostatische Kraft F_{el} wirken, und wenden das zweite Newton'sche Axiom $\sum F = 0$ auf ein Proton an: $F_{\mathrm{Bind}} - F_{\mathrm{el}} = 0$. Den Abstand r nehmen wir zu 10^{-15} m an und erhalten für die Bindungskraft

$$F_{\mathrm{Bind}} = F_{\mathrm{el}} = \frac{1}{4\pi\varepsilon_0}\frac{q^2}{r^2}$$
$$= (8{,}988\cdot10^9\,\mathrm{N\cdot m^2\cdot C^{-2}})\,\frac{(1{,}602\cdot10^{-19}\,\mathrm{C})^2}{(1\cdot10^{-15}\,\mathrm{m})^2}$$
$$\approx 0{,}2\,\mathrm{kN}\,.$$

L18.11 Weil die Dose geerdet ist, induziert der negativ geladene Stab in seiner Nähe eine positive Ladung auf ihr (wie in der Abbildung zur Aufgabenstellung gezeigt ist). Dadurch wird die Dose infolge der Coulomb'schen Wechselwirkung vom Stab angezogen, sodass sie sich auf ihn zu bewegt.

Elektrische Ladung

L18.12 Die Ladung pro Mol Protonen ist

$$N_{\mathrm{A}}\,e = (6{,}02\cdot10^{23}\,\mathrm{mol}^{-1})\,(1{,}602\cdot10^{-19}\,\mathrm{C})$$
$$= 9{,}63\cdot10^4\,\mathrm{C\cdot mol}^{-1}\,.$$

L18.13 Weil ein Kohlenstoffatom sechs Protonen enthält, ist die gesamte positive Ladung in der gegebenen Kohlenstoffmenge $q = 6\,n\,e$. Darin ist n die Anzahl der insgesamt vorhandenen Kohlenstoffatome. Wir können sie aus der Masse m und der (nachzuschlagenden) molaren Masse m_{Mol} des Kohlenstoffs sowie der Avogadro-Zahl N_{A} berechnen, denn die Anzahl der Atome verhält sich zur Avogadro-Zahl wie die gesamte vorliegende Masse m zur molaren Masse. Also ist

$$\frac{n}{N_{\mathrm{A}}} = \frac{m}{m_{\mathrm{Mol}}} \qquad \text{und daher} \qquad n = \frac{N_{\mathrm{A}}\,m}{m_{\mathrm{Mol}}}\,.$$

Die gesamte positive Ladung ergibt sich somit zu

$$q = 6\,n\,e = \frac{6\,N_{\mathrm{A}}\,m\,e}{m_{\mathrm{Mol}}}$$
$$= \frac{6\,(6{,}022\cdot10^{23}\,\mathrm{mol}^{-1})\,(1{,}00\,\mathrm{kg})\,(1{,}602\cdot10^{-19}\,\mathrm{C})}{0{,}01201\,\mathrm{kg\cdot mol}^{-1}}$$
$$= 4{,}82\cdot10^7\,\mathrm{C}\,.$$

Das Coulomb'sche Gesetz

L18.14 Auf q_1 werden zwei Kräfte ausgeübt: von der Ladung q_2 die anziehende Kraft $\boldsymbol{F}_{2,1}$ und von der Ladung q_3 die abstoßende Kraft $\boldsymbol{F}_{3,1}$ (siehe Abbildung.)

Die resultierende Kraft auf q_1 ist die Summe beider Kräfte:

$$\boldsymbol{F}_1 = \boldsymbol{F}_{2,1} + \boldsymbol{F}_{3,1}\,.$$

Die eine Kraft ist $\boldsymbol{F}_{2,1} = \dfrac{1}{4\pi\varepsilon_0}\dfrac{|q_1|\,|q_2|}{r_{2,1}^2}\,\widehat{\boldsymbol{x}}$,

und die andere ist $\boldsymbol{F}_{3,1} = \dfrac{1}{4\pi\varepsilon_0}\dfrac{|q_1|\,|q_3|}{r_{3,1}^2}\,(-\widehat{\boldsymbol{x}})$.

Damit erhalten wir

$$\boldsymbol{F}_1 = \boldsymbol{F}_{2,1} + \boldsymbol{F}_{3,1} = \frac{1}{4\pi\varepsilon_0}\left(\frac{|q_1|\,|q_2|}{r_{2,1}^2}\,\widehat{\boldsymbol{x}} - \frac{|q_1|\,|q_3|}{r_{3,1}^2}\,\widehat{\boldsymbol{x}}\right)$$
$$= \frac{1}{4\pi\varepsilon_0}\,|q_1|\left(\frac{|q_2|}{r_{2,1}^2} - \frac{|q_3|}{r_{3,1}^2}\right)\widehat{\boldsymbol{x}}$$
$$= (8{,}988\cdot10^9\,\mathrm{N\cdot m^2\cdot C^{-2}})\,(6{,}0\,\mu\mathrm{C})$$
$$\cdot\left(\frac{4{,}0\,\mu\mathrm{C}}{(3{,}0\,\mathrm{m})^2} - \frac{6{,}0\,\mu\mathrm{C}}{(6{,}0\,\mathrm{m})^2}\right)\widehat{\boldsymbol{x}}$$
$$= (1{,}5\cdot10^{-2}\,\widehat{\boldsymbol{x}})\,\mathrm{N}\,.$$

L18.15 Die Abbildung zeigt die Positionen der beiden gegebenen Punktladungen q_1 und q_2 sowie des Elektrons (e).

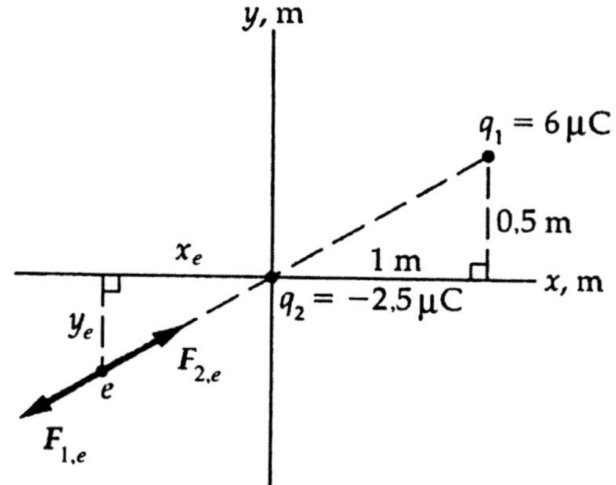

Offensichtlich muss sich das Elektron, wenn es im Gleichgewicht sein soll, auf der Verlängerung der Verbindungslinie der beiden Ladungen befinden. Und weil es negativ geladen ist, muss es sich näher bei der negativen Punktladung befinden, weil deren Ladung den kleineren Betrag hat.

Wir können die Position des Elektrons berechnen, indem wir die Beträge der elektrostatischen Kräfte gleichsetzen, die zwischen ihm und den beiden Ladungen wirken:

$$|F_{1,e}| = |F_{2,e}|.$$

Den Abstand des Elektrons vom Ursprung bezeichnen wir mit r. Mithilfe des Coulomb'schen Gesetzes und des Satzes des Pythagoras erhalten wir für den Betrag der ersten Kraft (zwischen Elektron und negativer Ladung)

$$|F_{1,e}| = \frac{1}{4\pi\varepsilon_0} \frac{|q_1|\, e}{(r + \sqrt{1{,}25}\,\mathrm{m})^2}$$

und für den Betrag der zweiten Kraft (zwischen Elektron und positiver Ladung) entsprechend

$$|F_{2,e}| = \frac{1}{4\pi\varepsilon_0} \frac{|q_2|\, e}{r^2}.$$

Wir setzen die Beträge gleich und kürzen $4\pi\varepsilon_0$ sowie e heraus:

$$\frac{|q_1|}{(r + \sqrt{1{,}25}\,\mathrm{m})^2} = \frac{|q_2|}{r^2}.$$

Ausmultiplizieren liefert

$$r^2\,|q_1| = \left[r^2 + (2\,\sqrt{1{,}25}\,\mathrm{m})\,r + 1{,}25\,\mathrm{m}^2\right]|q_2|.$$

Umstellen in die übliche Form der quadratischen Gleichung und Einsetzen der Zahlenwerte ergibt

$$r^2 - (1{,}597\,\mathrm{m})\,r - (0{,}893)\,\mathrm{m}^2 = 0.$$

Die Lösungen sind $r_\mathrm{a} = 2{,}036\,\mathrm{m}$, $r_\mathrm{b} = -0{,}4386\,\mathrm{m}$.

Weil wir mit r den Abstand des Elektrons vom Ursprung bezeichnen, ist der negative Wert physikalisch nicht sinnvoll, sodass wir nur das positive Ergebnis verwenden. Wegen der Ähnlichkeit der beiden rechtwinkligen Dreiecke gilt für die y-Koordinaten

$$\frac{|y_e|}{0{,}50\,\mathrm{m}} = \frac{2{,}036\,\mathrm{m}}{1{,}12\,\mathrm{m}} \qquad \text{und daher} \qquad |y_e| = 0{,}909\,\mathrm{m}.$$

Wir nutzen noch einmal die Ähnlichkeit der Dreiecke, diesmal für die x-Koordinaten. Dies ergibt

$$\frac{|x_e|}{1{,}0\,\mathrm{m}} = \frac{2{,}036\,\mathrm{m}}{1{,}12\,\mathrm{m}} \qquad \text{und daher} \qquad |x_e| = 1{,}82\,\mathrm{m}.$$

Somit sind die gesuchten Koordinaten

$$x_e = -1{,}8\,\mathrm{m}, \quad y_e = -0{,}91\,\mathrm{m}.$$

L18.16 Aus Symmetriegründen ist die y-Komponente der resultierenden Kraft auf die Ladung q_0 null. Wir müssen also nur die Kraft zwischen der Ladung q_0 und der Ladung q auf der Verlängerung der x-Achse sowie die x-Komponenten der Kräfte zwischen der Ladung q_0 und den beiden Ladungen q bei $45°$ betrachten. Damit gilt für die resultierende Kraft

$$F_{q_0} = F_{q(\mathrm{Achse}),\, q_0} + 2\, F_{q(45°),\, q_0}.$$

Für die Kraft längs der Achse gilt

$$F_{q(\mathrm{Achse}),\, q_0} = \frac{1}{4\pi\varepsilon_0} \frac{q_0\, q}{r^2}\, \widehat{x},$$

und für die schräg verlaufenden Kräfte gilt

$$2\, F_{q(45°),\, q_0} = \frac{1}{4\pi\varepsilon_0} \frac{2\, q_0\, q}{r^2}\, (\cos 45°)\, \widehat{x} = \frac{2}{\sqrt{2}} \frac{1}{4\pi\varepsilon_0} \frac{q_0\, q}{r^2}\, \widehat{x}.$$

Die Gesamtkraft auf die Ladung q_0 ergibt sich gemäß der ersten Gleichung aus der Summe, und wir erhalten

$$F_{q_0} = \frac{1}{4\pi\varepsilon_0} \frac{q_0\, q}{r^2} \left(1 + \sqrt{2}\right) \widehat{x}.$$

Elektrisches Feld

L18.17 Wir ermitteln das elektrische Feld jeder Punktladung mithilfe des Coulomb'schen Gesetzes und beachten dabei, dass sich beide Felder überlagern und dass die beiden Ladungen q_1 und q_2 gleich sind. Dann erhalten wir für das resultierende Feld im Punkt P in Abhängigkeit von der Koordinate x:

$$
\begin{aligned}
E_x &= E_{q_1,x} + E_{q_2,x} \\
&= \frac{1}{4\pi\varepsilon_0} \left(\frac{q_1}{x^2}\, \widehat{r}_{q_1,\mathrm{P}} + \frac{q_2}{(8{,}0\,\mathrm{m} - x)^2}\, \widehat{r}_{q_2,\mathrm{P}} \right) \\
&= \frac{1}{4\pi\varepsilon_0}\, q_1 \left(\frac{1}{x^2}\, \widehat{r}_{q_1,\mathrm{P}} + \frac{1}{(8{,}0\,\mathrm{m} - x)^2}\, \widehat{r}_{q_2,\mathrm{P}} \right) \\
&= (36\,\mathrm{kN \cdot m^2 \cdot C^{-1}}) \left(\frac{1}{x^2}\, \widehat{r}_{q_1,\mathrm{P}} + \frac{1}{(8{,}0\,\mathrm{m} - x)^2}\, \widehat{r}_{q_2,\mathrm{P}} \right).
\end{aligned}
$$

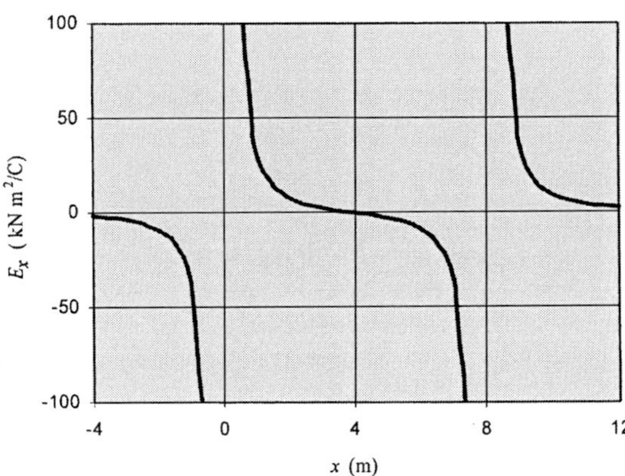

Abb. 18.14 zu Lösung 18.17

a) Damit ergibt sich bei $x = -2{,}0$ m für das elektrische Feld

$$\boldsymbol{E}_{-2} = \left(36\,\mathrm{kN \cdot m^2 \cdot C^{-1}}\right) \left(\frac{-\widehat{\boldsymbol{x}}}{(2{,}0\,\mathrm{m})^2} + \frac{-\widehat{\boldsymbol{x}}}{(10\,\mathrm{m})^2}\right)$$

$$= (-9{,}4\,\widehat{\boldsymbol{x}})\,\mathrm{kN \cdot C^{-1}}.$$

b) Das Feld bei $x = 2{,}0$ m ist

$$\boldsymbol{E}_{2} = \left(36\,\mathrm{kN \cdot m^2 \cdot C^{-1}}\right) \left(\frac{\widehat{\boldsymbol{x}}}{(2{,}0\,\mathrm{m})^2} + \frac{-\widehat{\boldsymbol{x}}}{(6{,}0\,\mathrm{m})^2}\right)$$

$$= (8{,}0\,\widehat{\boldsymbol{x}})\,\mathrm{kN \cdot C^{-1}}.$$

c) Das Feld bei $x = 6{,}0$ m ist

$$\boldsymbol{E}_{6} = \left(36\,\mathrm{kN \cdot m^2 \cdot C^{-1}}\right) \left(\frac{\widehat{\boldsymbol{x}}}{(6{,}0\,\mathrm{m})^2} + \frac{-\widehat{\boldsymbol{x}}}{(2{,}0\,\mathrm{m})^2}\right)$$

$$= (-8{,}0\,\widehat{\boldsymbol{x}})\,\mathrm{kN \cdot C^{-1}}.$$

d) Das Feld bei $x = 10$ m ist

$$\boldsymbol{E}_{10} = \left(36\,\mathrm{kN \cdot m^2 \cdot C^{-1}}\right) \left(\frac{\widehat{\boldsymbol{x}}}{(10\,\mathrm{m})^2} + \frac{\widehat{\boldsymbol{x}}}{(2{,}0\,\mathrm{m})^2}\right)$$

$$= (9{,}4\,\widehat{\boldsymbol{x}})\,\mathrm{kN \cdot C^{-1}}.$$

e) Aufgrund der vorliegenden Symmetrie ist das Feld bei $x = 4$ m null: $\boldsymbol{E}_4 = 0$.

f) Die in Abb. 18.14 dargestellte Auftragung von E_x wurde mithilfe eines Tabellenkalkulationsprogramms erstellt.

L18.18 a) Der Betrag der auf das Elektron einwirkenden elektrostatischen Kraft ist $|\boldsymbol{F}_{\mathrm{el}}| = e\,|\boldsymbol{E}|$, und der Betrag seiner Gewichtskraft ist $|\boldsymbol{F}_{\mathrm{G}}| = m_{\mathrm{e}}\,g$. Für den Quotienten erhalten wir

$$\frac{|\boldsymbol{F}_{\mathrm{el}}|}{|\boldsymbol{F}_{\mathrm{G}}|} = \frac{e\,|\boldsymbol{E}|}{m_{\mathrm{e}}\,g}$$

$$= \frac{(1{,}602 \cdot 10^{-19}\,\mathrm{C})\,(150\,\mathrm{N \cdot C^{-1}})}{(9{,}109 \cdot 10^{-31}\,\mathrm{kg})\,(9{,}81\,\mathrm{m \cdot s^{-2}})} = 2{,}69 \cdot 10^{12}.$$

Die elektrostatische Kraft ist also um über 12 Größenordnungen stärker als die Gewichtskraft.

b) Wenn er die Ladung q trägt, wirkt auf den Tischtennisball die elektrostatische Kraft $-q\,E$. Seine Gewichtskraft ist $m\,g$. Gemäß dem zweiten Newton'schen Axiom ist die Summe beider der Kräfte null. Wir setzen die Aufwärtsrichtung als positiv an, sodass gilt:

$$-q\,E - m\,g = 0.$$

Das lösen wir nach q auf und erhalten

$$q = -\frac{m\,g}{E} = -\frac{(3{,}00 \cdot 10^{-3}\,\mathrm{kg})\,(9{,}81\,\mathrm{m \cdot s^{-2}})}{150\,\mathrm{N \cdot C^{-1}}}$$

$$= -0{,}196\,\mathrm{mC}.$$

L18.19 Die Abbildung zeigt die Positionen der Ladungen und einen beliebigen Punkt P auf der x-Achse, bei dem das elektrische Feld zu ermitteln ist.

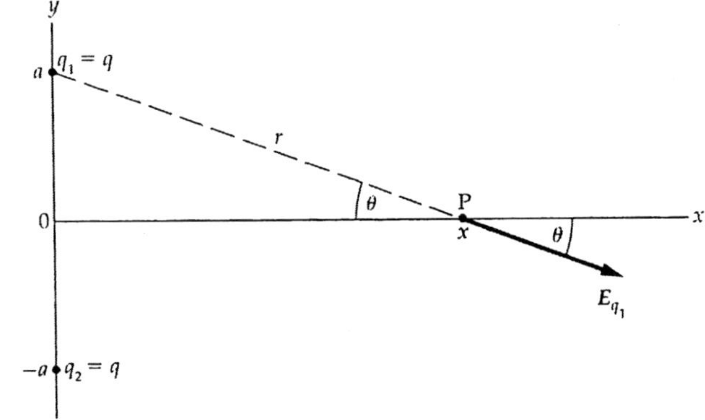

a) Aufgrund der Symmetrie muss die y-Komponente des elektrischen Felds auf der x-Achse überall null sein. Es genügt also, jeweils nur die x-Komponente zu ermitteln. Die beiden Ladungen befinden sich bei $y = a$ und bei $y = -a$, also vom Punkt P aus jeweils unter dem Winkel θ zur x-Achse. Damit ist das Feld im Punkt P gegeben durch

$$\boldsymbol{E}_x = \frac{1}{4\pi\varepsilon_0}\,\frac{2\,q}{r^2}\,(\cos\theta)\,\widehat{\boldsymbol{x}}.$$

Mit der Näherung $\cos\theta \approx x/r$ sowie mit dem Satz des Pythagoras (hier $r^2 = x^2 + a^2$) ergibt sich daraus

$$\boldsymbol{E}_x \approx \frac{1}{4\pi\varepsilon_0}\,\frac{2\,q}{r^2}\,\frac{x}{r}\,\widehat{\boldsymbol{x}} = \frac{1}{4\pi\varepsilon_0}\,\frac{2\,q\,x}{(x^2 + a^2)^{3/2}}\,\widehat{\boldsymbol{x}}.$$

Das Feld ist hier also

$$E_x \approx \frac{1}{4\pi\varepsilon_0}\,\frac{2\,q\,x}{(x^2 + a^2)^{3/2}}.$$

b) In der Nähe des Koordinatenursprungs ist $|x| \ll a$ und daher $x^2 + a^2 \approx a^2$. Das Feld ist hier

$$E_{\mathrm{x}} \approx \frac{1}{4\pi\varepsilon_0}\,\frac{2\,q\,x}{(a^2)^{3/2}} = \frac{1}{4\pi\varepsilon_0}\,\frac{2\,q\,x}{a^3}.$$

c) In großem Abstand vom Koordinatenursprung ist $|x| \gg a$ und daher $x^2 + a^2 \approx x^2$. Somit ist das Feld hier

$$E_x \approx \frac{1}{4\pi\varepsilon_0} \frac{2\,q\,x}{(x^2)^{3/2}} = \frac{1}{4\pi\varepsilon_0} \frac{2\,q}{x^2}.$$

Dieses Ergebnis wäre auch ohne Berechnung und Grenzwertbetrachtung zu erhalten, weil beide Ladungen in großem Abstand wie eine einzige Punktladung $2\,q$ wirken, die sich im Ursprung befindet.

L18.20 a) Wie in Aufgabe 18.19 gezeigt wurde, ist das von den beiden bei $(0, a)$ bzw. $(0, -a)$ befindlichen gleichen Ladungen q erzeugte elektrische Feld auf der x-Achse näherungsweise gegeben durch

$$E_x = \frac{1}{4\pi\varepsilon_0} \frac{2\,q\,x}{(x^2 + a^2)^{3/2}}.$$

Wir leiten nach x ab:

$$\begin{aligned}
\frac{\mathrm{d}E_x}{\mathrm{d}x} &= \frac{2\,q}{4\pi\varepsilon_0} \frac{\mathrm{d}}{\mathrm{d}x}\left[x\,(x^2 + a^2)^{-3/2}\right] \\
&= \frac{2\,q}{4\pi\varepsilon_0} \left[x\,\frac{\mathrm{d}}{\mathrm{d}x}(x^2 + a^2)^{-3/2} + (x^2 + a^2)^{-3/2}\right] \\
&= \frac{2\,q}{4\pi\varepsilon_0} \left[x\,(-\tfrac{3}{2})(x^2 + a^2)^{-5/2}(2\,x) + (x^2 + a^2)^{-3/2}\right] \\
&= \frac{2\,q}{4\pi\varepsilon_0} \left[-3\,x^2\,(x^2 + a^2)^{-5/2} + (x^2 + a^2)^{-3/2}\right].
\end{aligned}$$

Nullsetzen dieser Ableitung ergibt

$$-3\,x^2\,(x^2 + a^2)^{-5/2} + (x^2 + a^2)^{-3/2} = 0$$

und daraus $x = \pm a/\sqrt{2}$.

b) Die in der Abbildung dargestellte Kurve für E_x wurde mithilfe eines Tabellenkalkulationsprogramms erstellt. Dabei wurde der Einfachheit halber $2\,q/(4\pi\varepsilon_0) = 1$ und $a = 1$ gesetzt.

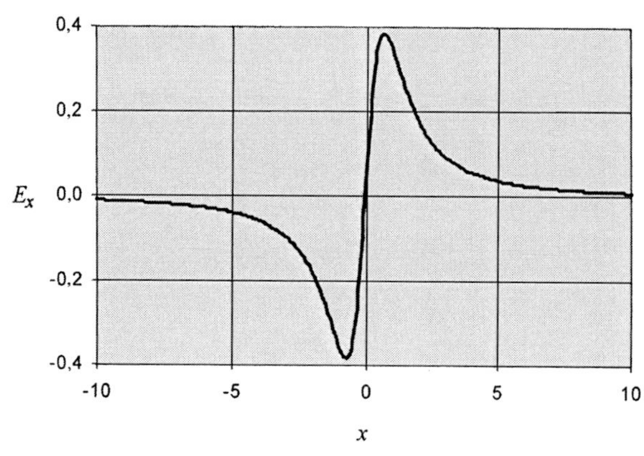

L18.21 Der Kraftvektor auf eine Ladung ist proportional zum Richtungsvektor des Feldes. Wir multiplizieren die Feldstärke mit der Ladung und erhalten

$$4 \cdot 10^4\,\text{N/C} \cdot (-1{,}60 \cdot 10^{-19}) = -6{,}41 \cdot 10^{-15}\,\text{N}.$$

Wir übernehmen den Einheitsvektor des Felds und erhalten

$$\boldsymbol{F} = (-6{,}4 \cdot 10^{-15}\text{N})\,\widehat{\boldsymbol{x}}.$$

L18.22 Die Ladung ist positiv, also zeigt das elektrische Feld ebenfalls in Richtung zunehmender x-Werte, d. h. in Richtung $\widehat{\boldsymbol{x}}$. Der Betrag berechnet sich aus dem Verhältnis

$$E = F/q = \frac{2 \cdot 10^{-4}\,\text{N}}{5 \cdot 10^{-9}\,\text{C}} = 4 \cdot 10^4\,\text{N/C}.$$

Der resultierende Feldvektor ist

$$\boldsymbol{E} = (4 \cdot 10^4\,\text{N/C})\,\widehat{\boldsymbol{x}}.$$

Bewegung von Punktladungen in elektrischen Feldern

L18.23 a) Das Ladung-Masse-Verhältnis des Elektrons ist

$$\frac{|e|}{m_{\mathrm{e}}} = \frac{1{,}602 \cdot 10^{-19}\,\text{C}}{9{,}109 \cdot 10^{-31}\,\text{kg}} = 1{,}76 \cdot 10^{11}\,\text{C} \cdot \text{kg}^{-1}.$$

b) Gemäß dem zweiten Newton'schen Axiom ergibt sich für den Betrag der Beschleunigung des Elektrons durch das elektrische Feld

$$\begin{aligned}
|\boldsymbol{a}| &= \frac{|\boldsymbol{F}_{\mathrm{el}}|}{m_{\mathrm{e}}} = \frac{|e|\,|\boldsymbol{E}|}{m_{\mathrm{e}}} \\
&= \frac{(1{,}602 \cdot 10^{-19}\,\text{C})\,(100\,\text{N} \cdot \text{C}^{-1})}{9{,}109 \cdot 10^{-31}\,\text{kg}} \\
&= 1{,}759 \cdot 10^{13}\,\text{m} \cdot \text{s}^{-2} = 1{,}76 \cdot 10^{13}\,\text{m} \cdot \text{s}^{-2}.
\end{aligned}$$

Das Elektron wird entgegen der Feldrichtung beschleunigt.

c) Aus der Definition der Beschleunigung a ergibt sich mit der Endgeschwindigkeit v_{E} die Zeitspanne, in der das Elektron vom Stillstand auf $0{,}01\,c$ beschleunigt wird, zu

$$\begin{aligned}
\Delta t &= \frac{v_{\mathrm{E}}}{a} = \frac{0{,}01\,c}{a} = \frac{0{,}01\,(2{,}998 \cdot 10^8\,\text{m} \cdot \text{s}^{-1})}{1{,}759 \cdot 10^{13}\,\text{m} \cdot \text{s}^{-2}} \\
&= 0{,}1704\,\mu\text{s} = 0{,}2\,\mu\text{s}.
\end{aligned}$$

d) Die zurückgelegte Strecke ist das Produkt aus der mittleren Geschwindigkeit und der Zeitspanne:

$$\begin{aligned}
\Delta x &= \langle v \rangle\,\Delta t = \tfrac{1}{2}\,(v_{\mathrm{A}} + v_{\mathrm{E}})\,\Delta t \\
&= \tfrac{1}{2}\,[0 + 0{,}01\,(2{,}998 \cdot 10^8\,\text{m} \cdot \text{s}^{-1})]\,(0{,}1704\,\mu\text{s}) = 0{,}3\,\text{m}.
\end{aligned}$$

L18.24 a) Wir nehmen als x-Achse die Achse der Kathodenstrahlröhre an. Außerdem vernachlässigen wir den Einfluss der Gravitationskraft auf das Elektron, weil er wegen der geringen Masse und der kurzen Einwirkungszeit sehr gering ist. Bei konstanter Beschleunigung a_y durch die elektrische Kraft senkrecht zur Bewegungsrichtung gilt dann für die x- und die y-Koordinate des Elektrons in Abhängigkeit von der Zeit

$$x(t) = v_0\, t\,, \qquad y(t) = v_{0,y}\, t + \tfrac{1}{2}\, a_y\, t\,.$$

Wegen $v_{0,y} = 0$ wird daraus

$$x(t) = v_0\, t\,, \qquad y(t) = \tfrac{1}{2}\, a_y\, t\,. \tag{1}$$

Gemäß dem zweiten Newton'schen Axiom ist mit der einwirkenden elektrischen Kraft F_{el} und der Elektronenmasse m_{e} die Querbeschleunigung gegeben durch

$$a_y = \frac{F_{\mathrm{el}}}{m_{\mathrm{e}}} = \frac{-e\, E_y}{m_{\mathrm{e}}}\,.$$

Darin ist E_y das elektrische Feld in y-Richtung. Einsetzen liefert

$$y(t) = \tfrac{1}{2}\, a_y\, t = -\frac{e\, E_y}{2\, m_{\mathrm{e}}}\, t^2\,. \tag{2}$$

Wir eliminieren nun mithilfe der Beziehung $x(t) = v_0\, t$ (siehe Gleichung 1) den Parameter t und setzen für die kinetische Energie des Elektrons $\tfrac{1}{2}\, m_{\mathrm{e}}\, v^2 = E_{\mathrm{kin,e}}$ ein:

$$y(x) = -\frac{e\, E_y}{2\, m_{\mathrm{e}}\, v_0^2}\, x^2 = -\frac{e\, E_y}{4\, E_{\mathrm{kin,e}}}\, x^2\,.$$

Für den Abstand $y_{4\,\mathrm{cm}}$ von der y-Achse nach der Flugstrecke 4 cm im elektrischen Feld erhalten wir damit

$$y_{4\,\mathrm{cm}} = -\frac{(1{,}602 \cdot 10^{-19}\,\mathrm{C})\,(2{,}00 \cdot 10^4\,\mathrm{N \cdot C^{-1}})\,(0{,}0400\,\mathrm{m})^2}{4\,(2{,}00 \cdot 10^{-16}\,\mathrm{J})}$$
$$= -6{,}40\,\mathrm{mm}\,.$$

b) Beim Verlassen des elektrischen Felds gilt für die x- und die y-Komponente der Geschwindigkeit des Elektrons

$$v_x = v_0\cos\theta\,, \qquad v_y = v_0\sin\theta\,.$$

Dividieren der zweiten dieser Gleichungen durch die erste und Auflösen nach θ liefert

$$\theta = \operatorname{atan}\frac{v_y}{v_x} = \operatorname{atan}\frac{v_y}{v_0}\,.$$

Weil die Beschleunigung in y-Richtung konstant ist und außerdem $v_{0,y} = 0$ gilt, erhalten wir:

$$v_y = v_{0,y} + a_y\, t = a_y\, t = \frac{F_y}{m_{\mathrm{e}}}\, t = -\frac{e\, E_y}{m_{\mathrm{e}}}\, \frac{x}{v_0}$$

und daraus mit $e = 1{,}602 \cdot 10^{-19}\,\mathrm{C}$:

$$\theta = \operatorname{atan}\left(-\frac{e\, E_y\, x}{m_{\mathrm{e}}\, v_0^2}\right) = \operatorname{atan}\left(-\frac{e\, E_y\, x}{2\, E_{\mathrm{kin,e}}}\right)$$
$$= \operatorname{atan}\left(-\frac{e\,(2{,}00 \cdot 10^4\,\mathrm{N \cdot C^{-1}})\,(0{,}0400\,\mathrm{m})}{4\,(2{,}00 \cdot 10^{-16}\,\mathrm{J})}\right)$$
$$= -17{,}7^\circ\,.$$

c) Der am Schirm schließlich erreichte vertikale Abstand y_{S} des Elektrons von der y-Achse am Schirm ergibt sich aus der Summe der Abstände, die in beiden Flugphasen erreicht werden:

$$y_{\mathrm{S}} = y_{4\,\mathrm{cm}} + y_{12\,\mathrm{cm}}\,.$$

Wir müssen also noch den Abstand $y_{12\,\mathrm{cm}}$ berechnen.

Mit der Flugdauer Δt vom Verlassen des elektrischen Felds bis zum Erreichen des Schirms gilt für den in dieser Zeit zurückgelegten horizontalen bzw. vertikalen Abstand

$$x_{12\,\mathrm{cm}} = v_x\, \Delta t\,, \qquad y_{12\,\mathrm{cm}} = v_y\, \Delta t\,.$$

Eliminieren von Δt und Einsetzen der Werte ergibt

$$y_{12\,\mathrm{cm}} = \frac{v_y}{v_x}\, x = (\tan\theta)\, x$$
$$= [\tan(-17{,}7^\circ)]\,(0{,}120\,\mathrm{m}) = -3{,}83\,\mathrm{cm}\,.$$

Der schließlich erreichte Abstand von der Achse ist, wie eben gesagt, gleich der Summe:

$$y_{\mathrm{S}} = y_{4\,\mathrm{cm}} + y_{12\,\mathrm{cm}}$$
$$= -0{,}640\,\mathrm{cm} + (-3{,}83\,\mathrm{cm}) = -4{,}47\,\mathrm{cm}\,.$$

Dipole

L18.25 a) Mit der Definition $\wp = q\, l$ des elektrischen Dipolmoments erhalten wir

$$\wp = (2{,}0\,\mathrm{pC})\,(4{,}0\,\mu\mathrm{m}) = 8{,}0 \cdot 10^{-18}\,\mathrm{C \cdot m}\,.$$

b) Wir nehmen an, dass die negative Ladung sich links befindet. Dann zeigt das Dipolmoment $\wp$ nach rechts, zur positiven Ladung (siehe Abbildung).

L18.26 Machen wir die Annahme, dass die Bestandteile einen Abstand von der Größenordnung des Neutronendurchmessers annehmen können, erhalten wir für das Dipolmoment

$$\wp \approx d_N \cdot \frac{1}{3}e \approx 10^{-15}\,\mathrm{m} \cdot \frac{1}{3} \cdot 1{,}60 \cdot e \approx 5{,}3 \cdot 10^{-18}\,\mathrm{cm}\,e\,.$$

Dieser Wert liegt acht Größenordnungen über der aktuellen experimentellen Obergrenze. Wenn in der Kern- und Teilchenphysik solche extremen Abweichungen zwischen den Messwerten und der naiven Erwartung aus der Dimensionsanalyse auftauchen, liegen häufig Symmetrien zugrunde, welche die gemessene Größe klein halten. In diesem Fall ist dies die sogenannte CP-Symmetrie, die eine Invarianz der Naturgesetze unter Ladungsumkehr und Parität postuliert. Die CP-Symmetrie ist in der schwachen Wechselwirkung messbar verletzt, gilt aber sehr genau für die starke Wechselwirkung.

Allgemeine Aufgaben

L18.27 Die elektrostatische Kraft zwischen zwei Ladungen q_1 und q_2 im Abstand d voneinander ist gemäß dem Coulomb'schen Gesetz

$$F_{\text{el}} = \frac{1}{4\pi\varepsilon_0} \frac{q_1 q_2}{d^2} \, .$$

Im vorliegenden Fall ist $q_1 + q_2 = q$, nämlich gleich der anfangs vorhandenen Ladung, die ja aufgeteilt wurde. Also ist

$$q_2 = q - q_1 \, .$$

Das setzen wir ein und erhalten für die Kraft

$$F_{\text{el}} = \frac{1}{4\pi\varepsilon_0} \frac{q_1 \, (q - q_1)}{d^2} \, .$$

Wir wollen wissen, bei welcher Ladungsverteilung die Kraft maximal ist. Also leiten wir nach q_1 ab:

$$\frac{\mathrm{d}F_{\text{el}}}{\mathrm{d}q_1} = \frac{1}{4\pi\varepsilon_0} \frac{1}{d^2} \frac{\mathrm{d}}{\mathrm{d}q_1} [q_1 \, (q - q_1)]$$

$$= \frac{1}{4\pi\varepsilon_0} \frac{1}{d^2} [q_1 \, (-1) + q - q_1] \, .$$

Diese Ableitung setzen wir gleich null, um den Extremwert zu ermitteln. Das ergibt

$$q_1 = \tfrac{1}{2} q \qquad \text{und daher} \qquad q_2 = q - q_1 = \tfrac{1}{2} q \, .$$

Nun müssen wir uns noch vergewissern, dass die Kraft bei dieser Ladungsverteilung wirklich ein Maximum hat. Dazu bilden wir die zweite Ableitung:

$$\frac{\mathrm{d}^2 F_{\text{el}}}{\mathrm{d}q_1^2} = \frac{1}{4\pi\varepsilon_0} \frac{1}{d^2} \frac{\mathrm{d}}{\mathrm{d}q_1} (q - 2\,q_1) = \frac{1}{4\pi\varepsilon_0} \frac{1}{d^2} (-2) \, .$$

Die zweite Ableitung der Kraft nach der Ladung q_1 ist negativ, unabhängig von dieser Ladung. Also ist die elektrostatische Kraft bei der gleichmäßigen Aufteilung der Gesamtladung maximal.

L18.28 a) Die beiden Punktladungen q_1 und q_2 haben den Abstand $r_{1,2}$ voneinander. Dann ist gemäß dem Coulomb'schen Gesetz die elektrostatische Kraft zwischen ihnen

$$F_{\text{el}} = \frac{1}{4\pi\varepsilon_0} \frac{q_1 q_2}{r_{1,2}^2} \, .$$

Sie wirkt abstoßend, wenn die beiden Teilladungen gleichnamig sind. Die Gesamtladung bezeichnen wir mit q; dann ist $q_2 = q - q_1$, und für die Kraft ergibt sich

$$F_{\text{el}} = \frac{1}{4\pi\varepsilon_0} \frac{q_1 \, (q - q_1)}{r_{1,2}^2} \, .$$

Einsetzen der Zahlenwerte liefert die Gleichung

$$80\,\text{N} = \frac{(8{,}988 \cdot 10^9 \,\text{N} \cdot \text{m}^2 \cdot \text{C}^{-2}) \, [(200\,\mu\text{C}) \, q_1 - q_1^2]}{(0{,}60\,\text{m})^2} \, .$$

Daraus erhalten wir die in q_1 quadratische Gleichung

$$q_1^2 + (-0{,}200\,\text{mC}) \, q_1 + 3{,}20 \cdot 10^{-3} \, (\text{mC})^2 = 0 \, .$$

Ihre (auf zwei gültige Stellen angegebenen) Lösungen sind die Ladungen der beiden Teilchen:

$$q_1 = 1{,}8 \cdot 10^{-5}\,\text{C}, \qquad q_2 = 1{,}8 \cdot 10^{-4}\,\text{C} \, .$$

b) Bei anziehender Wirkung gilt für die elektrische Kraft

$$F_{\text{el}} = -\frac{1}{4\pi\varepsilon_0} \frac{q_1 q_2}{r_{1,2}^2} \, .$$

Wir verfahren wie in Teilaufgabe a und erhalten hier die in q_1 quadratische Gleichung

$$q_1^2 + (-0{,}200\,\text{mC}) \, q_1 - 3{,}20 \cdot 10^{-3} \, (\text{mC})^2 = 0 \, .$$

Ihre (auf zwei gültige Stellen angegebenen) Lösungen sind die ungleichnamigen Ladungen der beiden Teilchen:

$$q_1 = -1{,}4 \cdot 10^{-5}\,\text{C}, \qquad q_2 = 2{,}1 \cdot 10^{-4}\,\text{C} \, .$$

Dabei können die Vorzeichen der beiden Ladungen auch vertauscht sein.

L18.29 Wir bezeichnen den Anfangszustand mit dem Index 0 und den Endzustand mit dem Index 1 (siehe Abbildung). Die mit der Gravitation zusammenhängende potenzielle Energie des Teilchens setzen wir im Endzustand, also unten, gleich null.

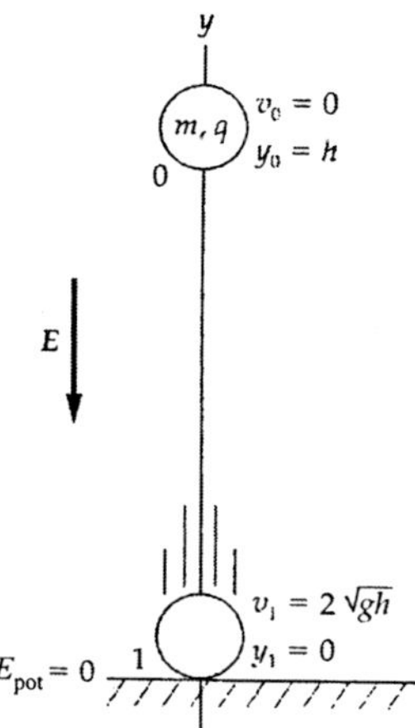

Die vom elektrischen Feld am Teilchen verrichtete Arbeit W_{el} ändert die mechanische Energie des Systems, das das Teilchen und die Erde umfasst:

$$W_{\text{el}} = \Delta E_{\text{kin}} + \Delta E_{\text{pot}} = E_{\text{kin},1} - E_{\text{kin},0} + E_{\text{pot},1} - E_{\text{pot},0} \, .$$

Wegen $E_{\text{kin},0} = 0$ und $E_{\text{pot},1} = 0$ wird daraus

$$W_{\text{el}} = E_{\text{kin},1} - E_{\text{pot},0} \, .$$

Die vom elektrischen Feld verrichtete Arbeit ist $W_{\text{el}} = q\,E_y\,h$, und die kinetische Energie des Teilchens beim Auftreffen ist $E_{\text{kin},1} = \frac{1}{2}\,m\,v_1^2$. Außerdem ist die potenzielle Energie am Anfang $E_{\text{pot},0} = m\,g\,h$. Mit dem gegebenen Ausdruck $2\sqrt{g\,h}$ für die Geschwindigkeit v_1 erhalten wir daher

$$q\,E_y\,h = \frac{1}{2}\,m\,v_1^2 - m\,g\,h = \frac{1}{2}\,m\,(2\sqrt{g\,h})^2 - m\,g\,h = m\,g\,h$$

sowie $m = q\,E_y/g$.

L18.30 a) Die elektrische Kraft zwischen den Ladungen ist

$$\begin{aligned}
F_{\text{el}} &= \frac{1}{4\pi\varepsilon_0}\,\frac{q_1\,q_2}{d^2} \\
&= \frac{(8{,}988\cdot10^9\,\text{N}\cdot\text{m}^2\cdot\text{C}^{-2})\,(5{,}00\cdot10^{-7}\,\text{C})^2}{(0{,}100\,\text{m})^2} \\
&= 0{,}2247\,\text{N} = 0{,}225\,\text{N}\,.
\end{aligned}$$

b) Das Drehmoment ist das Produkt aus der Kraft und dem Abstand vom Drehpunkt, sodass wir erhalten:

$$\begin{aligned}
M &= F_{\text{el}}\,l = (0{,}2247\,\text{N})\,(0{,}500\,\text{m}) = 0{,}1124\,\text{N}\cdot\text{m} \\
&= 0{,}112\,\text{N}\cdot\text{m}\,.
\end{aligned}$$

Das Drehmoment ist entgegen dem Urzeigersinn gerichtet.

c) Wir wenden das zweite Newton'sche Axiom $\sum F = 0$ auf den Mittelpunkt des Stabs an:

$$M - m\,g\,l' = 0\,.$$

Darin ist l' der zu berechnende Abstand der Masse m vom Drehpunkt. Für die Masse ergibt sich daraus

$$\begin{aligned}
m &= \frac{M}{g\,l'} = \frac{0{,}1124\,\text{N}\cdot\text{m}}{(9{,}81\,\text{m}\cdot\text{s}^{-2})\,(0{,}250\,\text{m})} = 0{,}04582\,\text{kg} \\
&= 45{,}8\,\text{g}\,.
\end{aligned}$$

d) Auch hier wenden wir das zweite Newton'sche Axiom $\sum F = 0$ auf den Mittelpunkt des Stabs an:

$$-M + m\,g\,l' = 0\,.$$

Mit $M = F_{\text{el}}\,l$ folgt daraus

$$-\frac{1}{4\pi\varepsilon_0}\,\frac{q_1\,q_2'}{d^2}\,l + m\,g\,l' = 0\,.$$

Darin ist q_2' die anstatt q_2 nun anzubringende Ladung, für die wir erhalten:

$$\begin{aligned}
q_2' &= (4\pi\varepsilon_0)\,g\,\frac{d^2\,m\,l'}{q_1\,l} \\
&= \frac{1}{8{,}988\cdot10^9\,\text{N}\cdot\text{m}^2\cdot\text{C}^{-2}}\,(9{,}81\,\text{m}\cdot\text{s}^{-2}) \\
&\quad \cdot \frac{(0{,}100\,\text{m})^2\,(0{,}04582\,\text{kg})\,(0{,}250\,\text{m})}{(5{,}00\cdot10^{-7}\,\text{C})\,(0{,}500\,\text{m})} \\
&= 5{,}00\cdot10^{-7}\,\text{C}\,.
\end{aligned}$$

L18.31 Wir verwenden im ersten Quadranten den Index 1 und im vierten Quadranten den Index 2. Für das von den zwei Punktladungen q im Ursprung hervorgerufene elektrische Feld gilt dann mit dem Abstand r_1 bzw. r_2 der jeweiligen Punktladung q vom Ursprung:

$$\begin{aligned}
\boldsymbol{E}(0,0) &= \boldsymbol{E}_1 + \boldsymbol{E}_2 = \frac{1}{4\pi\varepsilon_0}\,\frac{q}{r_1^2}\,\widehat{\boldsymbol{r}}_1 + \frac{1}{4\pi\varepsilon_0}\,\frac{q}{r_2^2}\,\widehat{\boldsymbol{r}}_2 \\
&= \frac{q}{(4\pi\varepsilon_0)\,r^3}\left[(-4{,}0\,\text{m})\,\widehat{\boldsymbol{x}} + (-2{,}0\,\text{m})\,\widehat{\boldsymbol{y}}\right] \\
&\quad + \frac{q}{(4\pi\varepsilon_0)\,r^3}\left[(-4{,}0\,\text{m})\,\widehat{\boldsymbol{x}} + (2{,}0\,\text{m})\,\widehat{\boldsymbol{y}}\right] \\
&= -\frac{1}{4\pi\varepsilon_0}\,\frac{(8{,}0\,\text{m})\,q}{r^3}\,\widehat{\boldsymbol{x}} = E_x\,\widehat{\boldsymbol{x}}\,.
\end{aligned}$$

Darin ist $E_x = -\dfrac{1}{4\pi\varepsilon_0}\,\dfrac{(8{,}0\,\text{m})\,q}{r^3}$.

Mit den Koordinaten x und y der beiden Punktladungen q gilt für ihre (gleich großen) Abstände r vom Ursprung

$$r = \sqrt{x^2 + y^2}\,.$$

Damit ergibt sich für das elektrische Feld

$$E_x = -\frac{1}{4\pi\varepsilon_0}\,\frac{(8{,}0\,\text{m})\,q}{(x^2 + y^2)^{3/2}}\,.$$

Diese Gleichung lösen wir nach q auf und setzen den gegebenen Wert $(4{,}0\cdot10^3\,\widehat{\boldsymbol{x}})\,\text{N/C}$ für das elektrische Feld ein:

$$\begin{aligned}
q &= -(4\pi\varepsilon_0)\,\frac{E_x\,(x^2 + y^2)^{3/2}}{8{,}0\,\text{m}} \\
&= -\frac{\left[(4{,}0\cdot10^3\,\widehat{\boldsymbol{x}})\,\text{N/C}\right]\left[(4{,}0\,\text{m})^2 + (2{,}0\,\text{m})^2\right]^{3/2}}{(8{,}988\cdot10^9\,\text{N}\cdot\text{m}^2\cdot\text{C}^{-2})\,(8{,}0\,\text{m})} \\
&= -5{,}0\,\mu\text{C}\,.
\end{aligned}$$

L18.32 Wir legen den Ursprung des Koordinatensystems in die linke obere Ecke. Aus der Abbildung gehen auch die von uns gewählten Bezeichnungen für die Ladungen hervor.

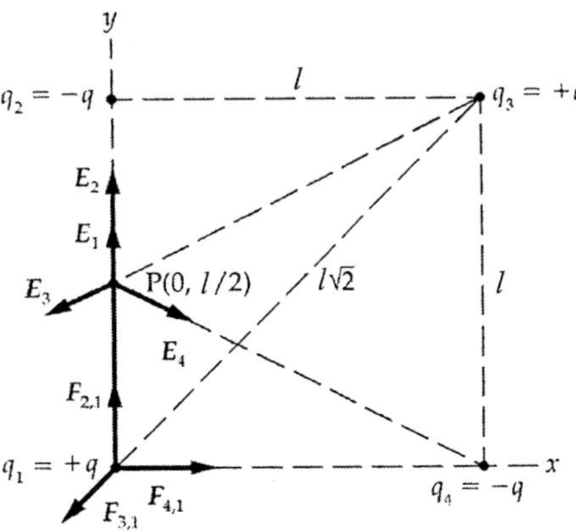

a) Die auf die Ladung q_1 einwirkende Kraft ergibt sich aus der Addition der Kräfte zwischen ihr und den anderen drei Ladungen: $\boldsymbol{F}_1 = \boldsymbol{F}_{2,1} + \boldsymbol{F}_{3,1} + \boldsymbol{F}_{4,1}$.

Zwischen q_1 und q_2 wirkt die Kraft

$$\boldsymbol{F}_{2,1} = \frac{1}{4\pi\varepsilon_0} \frac{q_2\,q_1}{r_{2,1}^2}\,\widehat{\boldsymbol{r}}_{2,1} = \frac{1}{4\pi\varepsilon_0} \frac{q_2\,q_1}{r_{2,1}^3}\,\boldsymbol{r}_{2,1}$$

$$= \frac{1}{4\pi\varepsilon_0} \frac{(-q)\,q}{l^3}\,(-l\,\widehat{\boldsymbol{y}}) = \frac{1}{4\pi\varepsilon_0} \frac{q^2}{l^2}\,\widehat{\boldsymbol{y}}\,,$$

zwischen q_1 und q_3 wirkt die Kraft

$$\boldsymbol{F}_{3,1} = \frac{1}{4\pi\varepsilon_0} \frac{q_3\,q_1}{r_{3,1}^2}\,\widehat{\boldsymbol{r}}_{3,1} = \frac{1}{4\pi\varepsilon_0} \frac{q_3\,q_1}{r_{3,1}^3}\,\boldsymbol{r}_{3,1}$$

$$= \frac{1}{4\pi\varepsilon_0} \frac{q^2}{2^{3/2}\,l^3}\,(-l\,\widehat{\boldsymbol{x}} - l\,\widehat{\boldsymbol{y}}) = \frac{1}{4\pi\varepsilon_0} \frac{-q^2}{2^{3/2}\,l^2}\,(\widehat{\boldsymbol{x}} + \widehat{\boldsymbol{y}})\,,$$

und zwischen q_1 und q_4 wirkt die Kraft

$$\boldsymbol{F}_{4,1} = \frac{1}{4\pi\varepsilon_0} \frac{q_4\,q_1}{r_{4,1}^2}\,\widehat{\boldsymbol{r}}_{4,1} = \frac{1}{4\pi\varepsilon_0} \frac{q_4\,q_1}{r_{4,1}^3}\,\boldsymbol{r}_{4,1}$$

$$= \frac{1}{4\pi\varepsilon_0} \frac{(-q)\,q}{l^3}\,(-l\,\widehat{\boldsymbol{x}}) = \frac{1}{4\pi\varepsilon_0} \frac{q^2}{l^2}\,\widehat{\boldsymbol{x}}\,.$$

Diese Ausdrücke setzen wir in die Gleichung für die auf q_1 einwirkende Kraft ein, wobei wir $(4\pi\varepsilon_0)^{-1}$ ausklammern:

$$\boldsymbol{F}_1 = \boldsymbol{F}_{2,1} + \boldsymbol{F}_{3,1} + \boldsymbol{F}_{4,1}$$

$$= \frac{1}{4\pi\varepsilon_0} \left[\frac{q^2}{l^2}\,\widehat{\boldsymbol{y}} - \frac{q^2}{2^{3/2}\,l^2}\,(\widehat{\boldsymbol{x}} + \widehat{\boldsymbol{y}}) + \frac{q^2}{l^2}\,\widehat{\boldsymbol{x}} \right]$$

$$= \frac{1}{4\pi\varepsilon_0} \left[\frac{q^2}{l^2}\,(\widehat{\boldsymbol{x}} + \widehat{\boldsymbol{y}}) - \frac{q^2}{2^{3/2}\,l^2}\,(\widehat{\boldsymbol{x}} + \widehat{\boldsymbol{y}}) \right]$$

$$= \frac{1}{4\pi\varepsilon_0} \frac{q^2}{l^2} \left(1 - \frac{1}{2\sqrt{2}} \right) (\widehat{\boldsymbol{x}} + \widehat{\boldsymbol{y}})\,.$$

b) Das elektrische Feld im Punkt P, also in der Mitte der linken Quadratseite, ergibt sich aus der Überlagerung der Felder aller vier Ladungen: $\boldsymbol{E}_\mathrm{P} = \boldsymbol{E}_1 + \boldsymbol{E}_2 + \boldsymbol{E}_3 + \boldsymbol{E}_4$.

Im Punkt P ist das von der Ladung q_1 hervorgerufene Feld

$$\boldsymbol{E}_1 = \frac{1}{4\pi\varepsilon_0} \frac{q_1}{r_{1,\mathrm{P}}^2}\,\widehat{\boldsymbol{r}}_{1,\mathrm{P}} = \frac{1}{4\pi\varepsilon_0} \frac{q}{r_{1,\mathrm{P}}^3} \left(\frac{l}{2}\,\widehat{\boldsymbol{y}} \right)$$

$$= \frac{1}{4\pi\varepsilon_0} \frac{q}{(l/2)^3} \left(\frac{l}{2}\,\widehat{\boldsymbol{y}} \right) = \frac{1}{4\pi\varepsilon_0} \frac{4\,q}{l^2}\,\widehat{\boldsymbol{y}}\,,$$

das hier von der Ladung q_2 hervorgerufene Feld ist

$$\boldsymbol{E}_2 = \frac{1}{4\pi\varepsilon_0} \frac{q_2}{r_{2,\mathrm{P}}^2}\,\widehat{\boldsymbol{r}}_{2,\mathrm{P}} = \frac{1}{4\pi\varepsilon_0} \frac{-q}{r_{2,\mathrm{P}}^3} \left(\frac{-l}{2}\,\widehat{\boldsymbol{y}} \right)$$

$$= \frac{1}{4\pi\varepsilon_0} \frac{-q}{(l/2)^3} \left(\frac{-l}{2}\,\widehat{\boldsymbol{y}} \right) = \frac{1}{4\pi\varepsilon_0} \frac{4\,q}{l^2}\,\widehat{\boldsymbol{y}}\,,$$

das hier von der Ladung q_3 hervorgerufene Feld ist

$$\boldsymbol{E}_3 = \frac{1}{4\pi\varepsilon_0} \frac{q_3}{r_{3,\mathrm{P}}^2}\,\widehat{\boldsymbol{r}}_{3,\mathrm{P}} = \frac{1}{4\pi\varepsilon_0} \frac{q}{r_{3,\mathrm{P}}^3} \left(-l\,\widehat{\boldsymbol{x}} - \frac{l}{2}\,\widehat{\boldsymbol{y}} \right)$$

$$= \frac{1}{4\pi\varepsilon_0} \frac{8\,q}{5^{3/2}\,l^2} \left(-\widehat{\boldsymbol{x}} - \frac{1}{2}\,\widehat{\boldsymbol{y}} \right)\,,$$

und das hier von der Ladung q_4 hervorgerufene Feld ist

$$\boldsymbol{E}_4 = \frac{1}{4\pi\varepsilon_0} \frac{q_4}{r_{4,\mathrm{P}}^2}\,\widehat{\boldsymbol{r}}_{4,\mathrm{P}} = \frac{1}{4\pi\varepsilon_0} \frac{-q}{r_{4,\mathrm{P}}^3} \left(-l\,\widehat{\boldsymbol{x}} + \frac{l}{2}\,\widehat{\boldsymbol{y}} \right)$$

$$= \frac{1}{4\pi\varepsilon_0} \frac{8\,q}{5^{3/2}\,l^2} \left(\widehat{\boldsymbol{x}} - \frac{1}{2}\,\widehat{\boldsymbol{y}} \right)\,.$$

Diese Ausdrücke setzen wir in die Gleichung für das Feld im Punkt P ein, wobei wir $(4\pi\varepsilon_0)^{-1}\,q/l^2$ ausklammern:

$$\boldsymbol{E}_\mathrm{P} = \boldsymbol{E}_1 + \boldsymbol{E}_2 + \boldsymbol{E}_3 + \boldsymbol{E}_4$$

$$= \frac{1}{4\pi\varepsilon_0} \frac{q}{l^2}$$

$$\cdot \left[4\,\widehat{\boldsymbol{y}} + 4\,\widehat{\boldsymbol{y}} + \frac{8}{5^{3/2}} \left(-\widehat{\boldsymbol{x}} - \tfrac{1}{2}\,\widehat{\boldsymbol{y}} \right) + \frac{8}{5^{3/2}} \left(\widehat{\boldsymbol{x}} - \tfrac{1}{2}\,\widehat{\boldsymbol{y}} \right) \right]$$

$$= \frac{1}{4\pi\varepsilon_0} \frac{8\,q}{l^2} \left(1 - \frac{\sqrt{5}}{25} \right) \widehat{\boldsymbol{y}}\,.$$

L18.33 Die Kräfte, die die Teilchen aufeinander ausüben, bilden ein Aktions-Reaktions-Paar. Die Beträge ihrer Ladungen und ihre Massen sind jeweils gleich, sodass die Beträge ihrer Geschwindigkeiten ebenfalls gleich sein müssen. Es genügt also, nur eines der Teilchen zu betrachten. Wir wenden auf das Positron das zweite Newton'sche Axiom und das Coulomb'sche Gesetz für Punktladungen an und erhalten

$$\frac{1}{4\pi\varepsilon_0} \frac{e^2}{r^2} = m\,\frac{v^2}{r/2} \qquad \text{und daher} \qquad \frac{1}{4\pi\varepsilon_0} \frac{e^2}{r} = 2\,m\,v^2\,.$$

Daraus folgt $v = \sqrt{\dfrac{1}{4\pi\varepsilon_0} \dfrac{e^2}{2\,m\,r}}$.

L18.34 a) Die bewegliche Masse m mit der Ladung q_0 befindet sich in einer Höhe y_0 im Gleichgewicht, wenn die elektrostatische Kraft und die Gewichtskraft einander aufheben:

$$\frac{1}{4\pi\varepsilon_0} \frac{q_0\,q}{y_0^2} - m\,g = 0\,.$$

Daraus folgt $y_0 = \sqrt{\dfrac{1}{4\pi\varepsilon_0} \dfrac{q_0\,q}{m\,g}}$.

b) Bei der Auslenkung um die Strecke Δy aus der Gleichgewichtslage wirkt die elektrostatische Rückstellkraft

$$\boldsymbol{F}_\mathrm{R} = \frac{1}{4\pi\varepsilon_0} \left(\frac{q_0\,q}{(y_0 + \Delta y)^2} - \frac{q_0\,q}{y_0^2} \right)$$

$$\approx \frac{1}{4\pi\varepsilon_0} \left(\frac{q_0\,q}{y_0^2 + 2\,y_0\,\Delta y} - \frac{q_0\,q}{y_0^2} \right)\,.$$

Dabei gilt die Näherung für eine kleine Auslenkung, also für $\Delta y \ll y_0$. Wir bringen die beiden Brüche auf einen Nenner und vereinfachen, wobei wir bei der letzten Umformung noch einmal dieselbe Näherung verwenden, also den Ausdruck $2\,\Delta y / y_0$

vernachlässigen:

$$F_{\mathrm{R}} \approx -\frac{1}{4\pi\varepsilon_0}\,\frac{2\,y_0\,\Delta y\,q_0\,q}{y_0^4 + 2\,y_0^3\,\Delta y}$$

$$= -\frac{1}{4\pi\varepsilon_0}\,\frac{2\,y_0\,\Delta y\,q_0\,q}{y_0^4\,(1 + 2\,\Delta y/y_0)} \approx -\frac{1}{4\pi\varepsilon_0}\,\frac{2\,\Delta y\,q_0\,q}{y_0^3}\,.$$

Gemäß der eingangs aufgestellten Gleichgewichtsbedingung für die Kräfte gilt

$$\frac{1}{4\pi\varepsilon_0}\,\frac{q_0\,q}{y_0^2} = m\,g\,.$$

Das setzen wir in die vorige Gleichung ein:

$$F_{\mathrm{R}} \approx -\frac{2\,m\,g}{y_0}\,\Delta y\,.$$

Gemäß dem zweiten Newton'schen Axiom ist die Kraft gleich dem Produkt aus Masse und Beschleunigung, sodass wir erhalten

$$m\,\frac{\mathrm{d}^2\Delta y}{\mathrm{d}t^2} \approx -\frac{2\,m\,g}{y_0}\,\Delta y \quad \text{sowie} \quad \frac{\mathrm{d}^2\Delta y}{\mathrm{d}t^2} - \frac{2\,g}{y_0}\,\Delta y \approx 0\,.$$

Dies entspricht näherungsweise der Differenzialgleichung für eine einfache harmonische Schwingung mit der Kreisfrequenz $\omega = \sqrt{2\,g/y_0}$.

L18.35 Auf das sich nach unten bewegende Kügelchen mit der Nettoladung $n\,e$ wirken die elektrostatische Kraft $\boldsymbol{F}_{\mathrm{el}}$ sowie die Gewichtskraft $m\,g$ und die Widerstandskraft $\boldsymbol{F}_{\mathrm{W}}$ in der Luft (siehe Abbildung). Das elektrische Feld ist nach unten gerichtet.

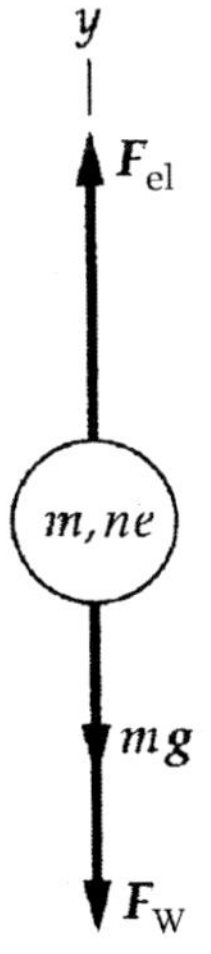

a) und b) Gemäß dem zweiten Newton'schen Axiom $\sum F_y = m\,a_y$ gilt $F_{\mathrm{el}} - m\,g - F_{\mathrm{W}} = m\,a_y$.

Wenn das Kügelchen seine Endgeschwindigkeit v_{E} erreicht hat, ist die Beschleunigung a_y in vertikaler Richtung null, und wir erhalten mit der nun, am Ende, vorliegenden Widerstandskraft $F_{\mathrm{W,E}}$ die Beziehung

$$F_{\mathrm{el}} - m\,g - F_{\mathrm{W,E}} = 0\,.$$

Mit der Nettoladung q bzw. der Anzahl n der überschüssigen Elektronen auf dem Kügelchen ist die elektrische Kraft, die darauf einwirkt: $q\,E = n\,e\,E$. Die Masse des Kügelchens ist das Produkt aus Volumen und Dichte: $V\rho = \frac{4}{3}\pi r^3\rho$. Mit der Endgeschwindigkeit v_{E} und dem gegebenen Ausdruck für die Widerstandskraft erhalten wir aus der vorigen Beziehung für die Kräfte:

$$n\,e\,E - \frac{4}{3}\pi r^3\rho\,g - 6\pi\eta\,r\,v_{\mathrm{E}} = 0\,.$$

Damit ist die Anzahl der überschüssigen Elektronen auf dem Kügelchen

$$n = \frac{\frac{4}{3}\pi r^3\rho\,g + 6\pi\eta\,r\,v_{\mathrm{E}}}{e\,E}\,.$$

Aus Gründen der Übersichtlichkeit berechnen wir zunächst die beiden Summanden im Zähler. Der Radius und die Dichte des Kügelchens sind gegeben, und wir erhalten für die Gewichtskraft

$$\frac{4}{3}\pi r^3\rho\,g = \frac{4}{3}\pi\,(5{,}50\cdot 10^{-7}\,\mathrm{m})^3$$
$$\cdot\,(1{,}05\cdot 10^3\,\mathrm{kg\cdot m^{-3}})\,(9{,}81\,\mathrm{m\cdot s^{-2}})$$
$$= 7{,}18\cdot 10^{-15}\,\mathrm{N}\,.$$

Die Viskosität der Luft und die Endgeschwindigkeit sind gegeben. Damit ergibt sich die Widerstands- bzw. Reibungskraft zu

$$6\pi\eta\,r\,v_{\mathrm{E}} = 6\pi\,(1{,}8\cdot 10^{-5}\,\mathrm{Pa\cdot s})$$
$$\cdot\,(5{,}50\cdot 10^{-7}\,\mathrm{m})\,(1{,}16\cdot 10^{-4}\,\mathrm{m\cdot s^{-1}})$$
$$= 2{,}16\cdot 10^{-14}\,\mathrm{N}\,.$$

Einsetzen der Werte beider Kräfte in die vorige Gleichung liefert die Anzahl der überschüssigen Elektronen auf dem Kügelchen:

$$n = \frac{7{,}18\cdot 10^{-15}\,\mathrm{N} + 2{,}16\cdot 10^{-14}\,\mathrm{N}}{(1{,}6\cdot 10^{-19}\,\mathrm{C})\,(6\cdot 10^{-4}\,\mathrm{V\cdot m^{-1}})} = 3\,.$$

Die Ladung des Kügelchens ist also

$$n\,e = 3\,(1{,}602\cdot 10^{-19}\,\mathrm{C}) = 4{,}8\cdot 10^{-19}\,\mathrm{C}\,.$$

c) Wenn das elektrische Feld nach oben zeigt, dann wirkt die elektrostatische Kraft nach unten. Wir gehen genauso vor wie in Teilaufgabe a und erhalten diesmal $F_{\mathrm{W,E}} - F_{\mathrm{el}} - m\,g = 0$ und daher $6\pi\eta\,r\,v_{\mathrm{E}} - n\,e\,E - \frac{4}{3}\pi r^3\rho\,g = 0$.

Daraus folgt für die Endgeschwindigkeit

$$v_{\mathrm{E}} = \frac{n\,e\,E + \frac{4}{3}\pi r^3\rho\,g}{6\pi\eta\,r}\,.$$

Einsetzen der Werte, ähnlich wie in Teilaufgabe a, ergibt

$$v_{\mathrm{E}} = 0{,}19\,\mathrm{mm\cdot s^{-1}}\,.$$

L18.36 Auf das sich nach oben bewegende Kügelchen mit der Nettoladung $n\,e$ wirken – wenn das elektrische Feld nach unten gerichtet ist – nach oben die elektrostatische Kraft F_{el} sowie nach unten die Gewichtskraft $m\,g$ und die Widerstandskraft F_W in der Luft (siehe die Abbildung zur vorigen Lösung).

a) Gemäß dem zweiten Newton'schen Axiom $\sum F_y = m\,a_y$ gilt bei der Bewegung des Kügelchens nach oben (Index u):

$$F_{el} - m\,g - F_{W,u} = m\,a_y \,.$$

Wenn das Kügelchen seine Endgeschwindigkeit v_u erreicht hat, ist die Beschleunigung a_y in vertikaler Richtung null, und wir erhalten mit der nun vorliegenden Widerstandskraft $F_{W,E,u}$ die Beziehung

$$F_{el} - m\,g - F_{W,E,u} = 0 \,.$$

Mit der Nettoladung q bzw. der Anzahl n der überschüssigen Elektronen auf dem Kügelchen ist die elektrische Kraft, die darauf einwirkt: $q\,E = n\,e\,E$. Mit der Masse m des Kügelchens und der Endgeschwindigkeit v_u sowie mit dem in der vorigen Aufgabe gegebenen Ausdruck für die Widerstandskraft ergibt sich

$$n\,e\,E - m\,g - 6\,\pi\,\eta\,r\,v_u = 0 \,.$$

Daraus folgt für die Endgeschwindigkeit nach oben

$$v_u = \frac{n\,e\,E - m\,g}{6\,\pi\,\eta\,r} \,. \tag{1}$$

Wenn das elektrische Feld nach oben zeigt, dann wirkt die elektrostatische Kraft nach unten, und für die Kräfte auf das Kügelchen gilt bei der Bewegung nach unten (Index d):

$$F_{W,E,d} - F_{el} - m\,g = 0$$

und daher $6\,\pi\,\eta\,r\,v_d - n\,e\,E - m\,g = 0$.

Damit ist die Endgeschwindigkeit nach unten

$$v_d = \frac{n\,e\,E + m\,g}{6\,\pi\,\eta\,r} \,. \tag{2}$$

Mit den Gleichungen 1 und 2 erhalten wir

$$v = v_u + v_d = \frac{n\,e\,E - m\,g}{6\,\pi\,\eta\,r} + \frac{n\,e\,E + m\,g}{6\,\pi\,\eta\,r}$$

$$= \frac{n\,e\,E}{3\,\pi\,\eta\,r} = \frac{q\,E}{3\,\pi\,\eta\,r} \,.$$

Das Messen beider Geschwindigkeiten hat den Vorteil, dass die Masse des Kügelchens nicht bekannt sein muss.

b) Wenn sich die Ladung des Kügelchens um eine Elementarladung ändert, so ändert sich die Geschwindigkeit nach oben ebenso stark wie die nach unten, und wir brauchen nur eine Richtung zu betrachten, z. B. die nach oben. Mit n überschüssigen Elektronen (also mit der Ladung $n\,e$) ist gemäß Gleichung 1 die Endgeschwindigkeit des Kügelchens

$$v_n = \frac{n\,e\,E - m\,g}{6\,\pi\,\eta\,r} \,,$$

und mit $n + 1$ überschüssigen Elektronen ist sie

$$v_{n+1} = \frac{(n + 1)\,e\,E - m\,g}{6\,\pi\,\eta\,r} \,.$$

Für die Differenz ergibt sich

$$\begin{aligned}
\Delta v &= v_{n+1} - v_n \\
&= \frac{1}{6\,\pi\,\eta\,r}\,[(n + 1)\,e\,E - m\,g - (n\,e\,E - m\,g)] \\
&= \frac{e\,E}{6\,\pi\,\eta\,r} \\
&= \frac{(1{,}602 \cdot 10^{-19}\,\text{C})\,(6{,}00 \cdot 10^{-4}\,\text{V} \cdot \text{m}^{-1})}{6\,\pi\,(1{,}8 \cdot 10^{-5}\,\text{Pa} \cdot \text{s})\,(5{,}50 \cdot 10^{-7}\,\text{m})} \\
&= 52\,\mu\text{m} \cdot \text{s}^{-1} \,.
\end{aligned}$$

Das elektrische Feld II: Kontinuierliche Ladungsverteilungen

© Springer-Verlag GmbH Deutschland, ein Teil von Springer Nature 2019
A. Knochel (Hrsg.), *Arbeitsbuch zu Tipler/Mosca, Physik*, https://doi.org/10.1007/978-3-662-58919-9_19

Aufgaben

Verständnisaufgaben

19.1 • Richtig oder falsch? a) Das elektrische Feld, das von einer homogen geladenen dünnen Hohlkugelschale verursacht wird, ist in allen Punkten innerhalb der Schale null. b) Im elektrostatischen Gleichgewicht muss das elektrische Feld überall im Inneren eines Leiters null sein. c) Wenn die Gesamtladung eines Leiters null ist, muss die Ladungsdichte in jedem Punkt auf der Oberfläche des Leiters null sein.

19.2 •• Eine einzelne Punktladung q befindet sich im Mittelpunkt sowohl eines imaginären Würfels als auch einer imaginären Kugel. In welchem Verhältnis zueinander stehen der elektrische Fluss durch die Oberfläche des Würfels und der Fluss durch die Oberfläche der Kugel? Erläutern Sie Ihre Antwort.

19.3 •• Begründen Sie, warum die elektrische Feldstärke zwischen dem Mittelpunkt und der Oberfläche einer homogen geladenen Vollkugel proportional zu r zunimmt, anstatt proportional zu $1/r^2$ abzunehmen.

19.4 •• Die Gesamtladung auf der leitenden Kugelschale in Abb. 19.1 ist null. Die negative Punktladung im Mittelpunkt hat die Ladungsmenge q. Welche Richtung hat das elektrische Feld in den folgenden Bereichen? a) $r < r_1$, b) $r_1 < r < r_2$, c) $r > r_2$. Erläutern Sie Ihre Antwort.

Abb. 19.1 Zu Aufgabe 19.5 und 19.6

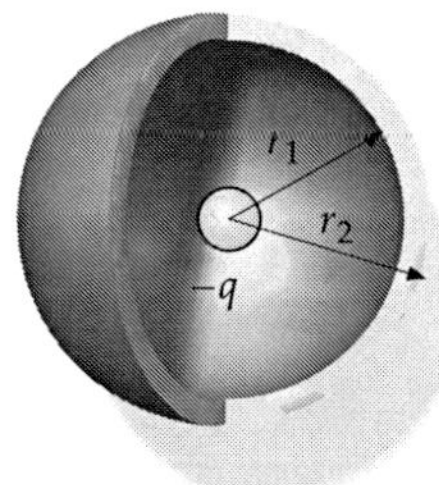

19.5 •• Die leitende Kugelschale in Abb. 19.1 ist außen geerdet. Die negative Punktladung im Mittelpunkt hat die Ladungsmenge q. Welche der folgenden Aussagen trifft zu? a) Die Ladung auf der inneren Oberfläche der Kugelschale ist $+q$, und die Ladung auf der äußeren Oberfläche ist $-q$. b) Die Ladung auf der inneren Oberfläche der Kugelschale ist q, und die Ladung auf der äußeren Oberfläche ist null. c) Die Ladung auf beiden Oberflächen der Kugelschale ist $+q$. d) Die Ladung auf beiden Oberflächen der Kugelschale ist null.

19.6 •• Die leitende Kugelschale in Abb. 19.1 ist außen geerdet. Die negative Punktladung im Mittelpunkt trägt die Ladungsmenge q. Welche Richtung hat das elektrische Feld in den folgenden Bereichen? a) $r < r_1$, b) $r_1 < r < r_2$, c) $r > r_2$. Erläutern Sie Ihre Antwort.

19.7 ••• Wie würde es sich äußern, wenn das gesamte Universum (das wir als unendlich annehmen) mit einer konstanten Ladungsdichte ρ gefüllt wäre? Diskutieren Sie konzeptionelle Schwierigkeiten, die sich bei der physikalischen Interpretation dieser Situation ergeben.

19.8 •• Ist es möglich, eine kontinuierliche Ladungsverteilung zu finden, bei der in einem Raumgebiet kein elektrisches Feld vorliegt?

Schätzungs- und Näherungsaufgaben

19.9 •• An einem Punkt auf der Achse einer homogen geladenen Scheibe mit dem Radius r ist das elektrische Feld gegeben durch

$$|E| = \frac{\sigma}{2\,\varepsilon_0} \left[1 - \left(1 + \frac{r^2}{z^2} \right)^{-1/2} \right] .$$

Bei großem Abstand ($|z| \gg r$) nähert sich das Feld dem Ausdruck $E \approx (1/4\pi\varepsilon_0)\,q/z^2$ an, und sehr nahe bei der Scheibe (also bei $|z| \ll r$) ist das Feld näherungsweise dasselbe wie bei einer unendlich ausgedehnten geladenen Ebene, wobei gilt: $|E| \approx \sigma/(2\,\varepsilon_0)$. Sie haben eine Scheibe mit einem Radius von 2,5 cm mit einer homogenen Flächenladungsdichte von 3,6 μC/m². Wenden Sie sowohl den exakten Ausdruck als auch die Näherungsausdrücke an und bestimmen Sie die elektrische Feldstärke auf der Achse im Abstand a) 0,010 cm, b) 0,040 cm bzw. c) 5,0 m von der Scheibe. Vergleichen Sie jeweils die beiden Werte und beurteilen Sie, wie gut die Näherung im betreffenden Gültigkeitsbereich ist.

Berechnung von *E* aus dem Coulomb'schen Gesetz

19.10 •• Eine homogene Linienladung mit der linearen Ladungsdichte $\lambda = 3,5$ nC/m erstreckt sich auf der x-Achse von $x = 0$ bis $x = 5,0$ m. a) Wie groß ist die Gesamtladung? Berechnen Sie das elektrische Feld auf der x-Achse bei b) $x = 6,0$ m, c) $x = 9,0$ m und d) $x = 250$ m. e) Bestimmen Sie das Feld bei $x = 250$ m, jedoch mit der Näherung, dass die Ladung eine Punktladung bei $x = 2,5$ m ist, und vergleichen Sie Ihr Ergebnis mit der exakten Berechnung in Teilaufgabe d. (Dafür müssen Sie annehmen, dass die ermittelten Zahlenwerte auf mehr als zwei signifikante Stellen gelten.) Ist ihr Näherungsergebnis größer oder kleiner als das exakte Ergebnis? Erläutern Sie Ihre Antwort.

19.11 •• a) Zeigen Sie, dass die elektrische Feldstärke E auf der Achse einer Ringladung vom Radius a Maximalwerte bei $z = +a/\sqrt{2}$ und $z = -a/\sqrt{2}$ hat. b) Skizzieren Sie den Verlauf von E in Abhängigkeit von z für positive und für negative z-Werte. c) Bestimmen Sie den Maximalwert von E.

19.12 •• Eine Linienladung mit einer homogenen linearen Ladungsdichte λ erstreckt sich längs der x-Achse von $x = x_1$ bis $x = x_2$ (mit $x_1 < x_2$). Zeigen Sie, dass die x-Komponente des elektrischen Felds an einem Punkt auf der y-Achse bei $y \neq 0$ gegeben ist durch

$$E_x = \frac{1}{4\pi\varepsilon_0} \frac{\lambda}{y} \left(\cos\theta_2 - \cos\theta_1 \right).$$

Dabei ist $\theta_1 = \mathrm{atan}\,(x_1/y)$ und $\theta_2 = \mathrm{atan}\,(x_2/y)$.

19.13 •• Ein Ring vom Radius r_R hat eine Ladungsverteilung $\lambda(\theta) = \lambda_0 \sin\theta$ (Abb. 19.2). a) In welche Richtung zeigt das elektrische Feld im Ringmittelpunkt? b) Welchen Betrag hat das Feld im Ringmittelpunkt?

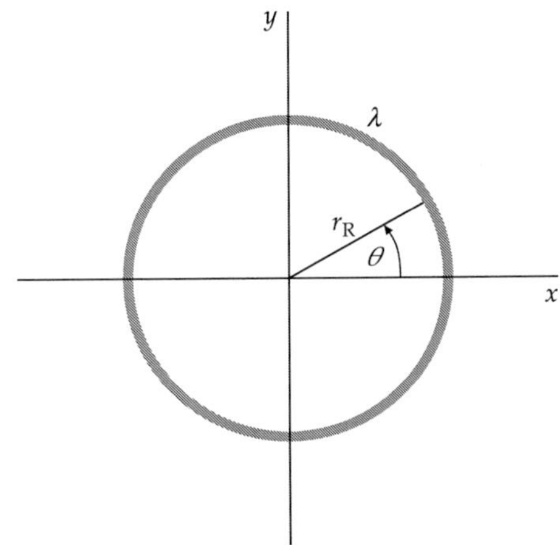

Abb. 19.2 Zu Aufgabe 19.13

19.14 ••• Eine dünne Halbkugelschale vom Radius r_K hat eine homogene Flächenladungsdichte σ. Bestimmen Sie das elektrische Feld im Mittelpunkt der Basis der Halbkugelschale.

Das Gauß'sche Gesetz

19.15 • Wir betrachten ein homogenes elektrisches Feld $\boldsymbol{E} = (2{,}00\,\widehat{\boldsymbol{x}})\,\mathrm{kN/C}$. a) Wie groß ist der elektrische Fluss dieses Felds durch eine quadratische Fläche der Seitenlänge $10\,\mathrm{cm}$, die auf der x-Achse zentriert ist und deren Normale in die positive x-Richtung weist? b) Wie groß ist der elektrische Fluss durch dieselbe Quadratfläche, wenn ihre Normale mit der y-Achse den Winkel $60°$ und mit der z-Achse den Winkel $90°$ einschließt?

19.16 •• Weil das Newton'sche Gravitationsgesetz und das Coulomb'sche Gesetz dieselbe Abstandsabhängigkeit in Form eines $(1/r^2)$-Gesetzes aufweisen, kann man in Analogie zum Gauß'schen Gesetz für den elektrischen Fluss auch einen Ausdruck für den Vektorfluss des Gravitationsfelds aufstellen. Das Gravitationsfeld $\boldsymbol{G}$ in einem Punkt kann als die Kraft pro Masseneinheit auf eine Probemasse m_0 in diesem Punkt definiert werden. Bei einer felderzeugenden Masse m im Ursprung des Koordinatensystems ist das Gravitationsfeld an einem Ort $\widehat{\boldsymbol{r}}$ gegeben durch

$$\boldsymbol{G} = -\Gamma\,\frac{m}{r^2}\,\widehat{\boldsymbol{r}}\,.$$

Ermitteln Sie den Fluss des Gravitationsfelds durch eine Kugeloberfläche mit dem Radius r_K und dem Mittelpunkt im Koordinatenursprung. Zeigen Sie, dass – in Analogie zum Gauß'schen Gesetz für den elektrischen Fluss – für die Gravitation gilt: $\Phi_{\mathrm{grav}} = -4\,\pi\,\Gamma\,m_{\mathrm{innen}}$.

19.17 •• Ein imaginärer senkrechter Kreiskegel (Abb. 19.3) mit dem Basiswinkel θ und dem Basisradius r_K befindet sich in einem ladungsfreien Gebiet mit einem homogenen elektrischen Feld $\boldsymbol{E}$ (die Feldlinien verlaufen vertikal, also parallel zur Kegelachse). In welchem Verhältnis steht die Anzahl der Feldlinien pro Einheitsfläche, die die Kegelbasis durchdringen, zu der Anzahl der Feldlinien pro Einheitsfläche, die die Mantelfläche des Kegels durchdringen? Wenden Sie das Gauß'sche Gesetz an. (Die in der Abbildung gezeigten Feldlinien sind nur repräsentative Beispiele.)

Abb. 19.3 Zu Aufgabe 19.17

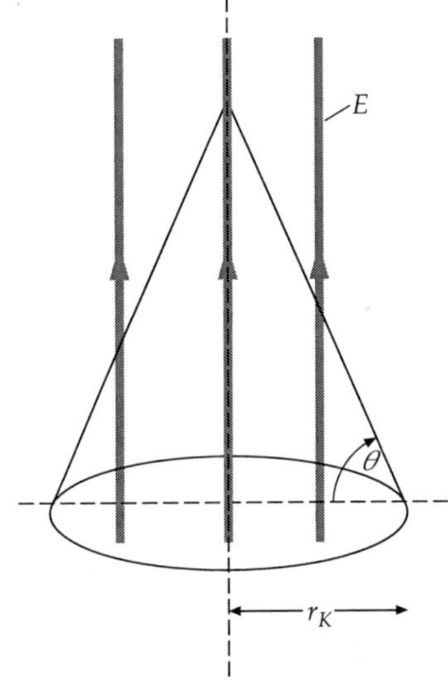

19.18 •• In einem bestimmten Gebiet der Erdatmosphäre wurde das elektrische Feld oberhalb der Erdoberfläche mit folgenden Ergebnissen gemessen: $150\,\mathrm{N/C}$ in $250\,\mathrm{m}$ Höhe und $170\,\mathrm{N/C}$ in $400\,\mathrm{m}$ Höhe. In beiden Fällen ist das elektrische Feld nach unten zur Erde gerichtet. Berechnen Sie die Raumladungsdichte der Atmosphäre zwischen $250\,\mathrm{m}$ und $400\,\mathrm{m}$ Höhe, unter der Annahme, dass sie in diesem Bereich homogen ist. (Die Erdkrümmung kann vernachlässigt werden. Warum?)

Anwendungen des Gauß'schen Gesetzes bei Kugelsymmetrie

19.19 • Eine dünne, nichtleitende Kugelschale vom Radius $r_{K,1}$ trägt eine Gesamtladung q_1, die gleichmäßig auf ihrer

Oberfläche verteilt ist. Eine zweite, größere Kugelschale mit dem Radius $r_{K,2}$, die konzentrisch zur ersten ist, trägt eine Ladung q_2, die ebenfalls gleichmäßig auf ihrer Oberfläche verteilt ist. a) Wenden Sie das Gauß'sche Gesetz an und bestimmen Sie das elektrische Feld in den Bereichen $r < r_{K,1}$ und $r_{K,1} < r < r_{K,2}$ sowie $r > r_{K,2}$. b) Wie müssen Sie das Verhältnis der Ladungen q_1/q_2 und deren relative Vorzeichen wählen, damit das elektrische Feld im Bereich $r > r_{K,2}$ gleich null ist? c) Skizzieren Sie die elektrischen Feldlinien für die Situation in Teilaufgabe b, wenn q_1 positiv ist.

19.20 ●● Betrachten Sie die leitende Vollkugel und die konzentrisch zu ihr angeordnete leitende Kugelschale in Abb. 19.4. Die Kugelschale trägt die Ladung $-7\,q$ und die Vollkugel die Ladung $+2\,q$. a) Welche Ladungsmenge befindet sich auf der äußeren Oberfläche der Kugelschale und welche auf ihrer inneren? b) Nun wird zwischen der Kugelschale und der Kugel ein Metalldraht eingezogen. Welche Ladungsmengen befinden sich nach Erreichen des elektrostatischen Gleichgewichts auf der Kugel und auf den Oberflächen der Kugelschale? Ändert sich das elektrische Feld an der Oberfläche der Kugel, wenn der Draht eingezogen wird? Wenn ja, in welcher Weise? c) Wir kehren nun zu den Gegebenheiten von Teilaufgabe a zurück. Dann verbinden wir die Kugelschale über einen Metalldraht mit der Erde und unterbrechen die Verbindung wieder. Welche Ladungsmengen befinden sich nun auf der Kugel und auf den Oberflächen der Kugelschale?

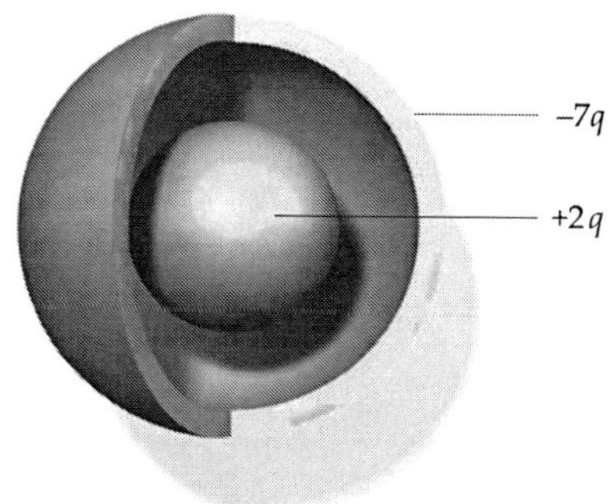

Abb. 19.4 Zu Aufgabe 19.20

19.21 ●● Eine nichtleitende Kugel mit dem Radius r_K trägt eine Raumladungsdichte, die proportional zum Abstand vom Mittelpunkt ist: $\rho = B\,r$ bei $r < r_K$. Darin ist B eine Konstante. Bei $r > r_K$ ist $\rho = 0$. a) Bestimmen Sie die Gesamtladung der Kugel, indem Sie die Ladungen auf Kugelschalen der Dicke $\mathrm{d}r$ und des Volumens $4\pi\,r^2\,\mathrm{d}r$ integrieren. b) Bestimmen Sie das elektrische Feld E innerhalb und außerhalb der Ladungsverteilung. c) Skizzieren Sie das elektrische Feld E in Abhängigkeit vom Abstand r vom Kugelmittelpunkt.

19.22 ●● Wiederholen Sie Aufgabe 19.21 für eine Kugel mit einer Raumladungsdichte $\rho = C/r$ bei $r < r_K$ und $\rho = 0$ bei $r > r_K$ (darin ist C eine Konstante).

Anwendungen des Gauß'schen Gesetzes bei Zylindersymmetrie

19.23 ●● Im Physikpraktikum bauen Sie ein Geiger-Müller-Zählrohr zum Nachweis ionisierender Strahlung. Das Zählrohr besteht aus einer langen zylindrischen Röhre, entlang deren Achse ein dünner Metalldraht gespannt ist. Der Draht hat eine Dicke von 0,500 mm, und der Innendurchmesser des Zählrohrs beträgt 4,00 cm. Das Zählrohr wird mit einem verdünnten Gas gefüllt, in dem eine Gasentladung (ein Spannungsdurchbruch im Gas) stattfindet, wenn die elektrische Feldstärke einen Wert von $5{,}50 \cdot 10^6$ N/C erreicht. Bestimmen Sie den Maximalwert der linearen Ladungsdichte auf dem Draht, bei der noch kein Spannungsdurchbruch auftritt. Nehmen Sie an, das Zählrohr und der Draht seien unendlich lang.

19.24 ●● Ein unendlich langer nichtleitender, massiver Zylinder mit einem Radius r_Z trägt eine homogene Raumladungsdichte $\rho(r) = \rho_0$. Zeigen Sie, dass das elektrische Feld durch

$$E_n = \frac{\rho_0}{2\,\varepsilon_0}\,r_\perp \qquad \text{bei} \quad 0 < r_\perp < r_Z,$$

$$E_n = \frac{\rho_0\,r_Z^2}{2\,\varepsilon_0\,r_\perp} \qquad \text{bei} \quad r_\perp > r_Z$$

gegeben ist. Dabei ist $r_\perp$ der Abstand von der Längsachse des Zylinders.

19.25 ●● Abb. 19.5 zeigt einen Ausschnitt aus einem unendlich langen Koaxialkabel. Der innere Leiter trägt eine Ladungsdichte von 6,00 nC/m, der äußere Leiter ist ungeladen. a) Bestimmen Sie das elektrische Feld für alle Werte des Abstands r von der Achse des konzentrischen Zylindersystems. b) Wie groß sind die Oberflächenladungsdichten auf der inneren und auf der äußeren Oberfläche des äußeren Leiters?

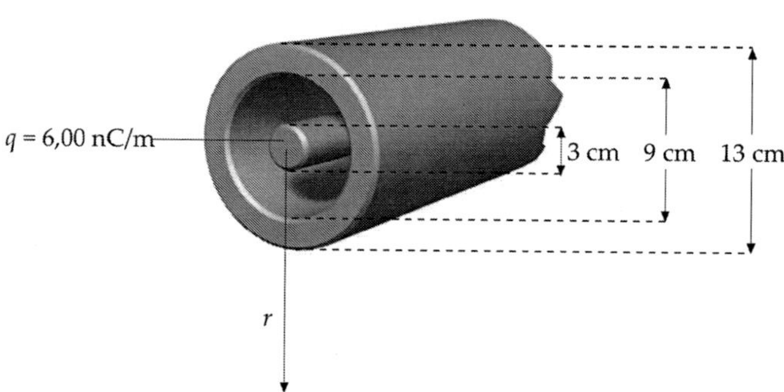

Abb. 19.5 Zu Aufgabe 19.25

19.26 ●●● Betrachten Sie noch einmal das Geiger-Müller-Zählrohr aus Aufgabe 19.23. Ionisierende Strahlung habe in einem Abstand von 2,00 cm von der Längsachse des Drahts im Zählrohr ein Ion und ein Elektron erzeugt. Der Draht soll positiv geladen sein und eine lineare Ladungsdichte von 76,5 pC/m tragen. a) Welche Geschwindigkeit hat in diesem Fall das Elektron, wenn es auf den Draht auftrifft? b) Vergleichen Sie die Elektronengeschwindigkeit mit der Endgeschwindigkeit des Ions, wenn es auf die Innenfläche des Zählrohrs auftrifft. Erläutern Sie Ihre Antwort.

Elektrische Ladungen und Felder an Leiteroberflächen

19.27 • Eine ungeladene Kupfermünze befindet sich in einem homogenen elektrischen Feld der Stärke 1,60 kN/C, das senkrecht auf ihren kreisförmigen Flächen steht. a) Bestimmen Sie die Ladungsdichte auf jeder Seite der Kupfermünze unter der Annahme, dass diese Flächen eben sind. b) Bestimmen Sie die Gesamtladung auf einer der Flächen, wenn der Radius der Münze 1,00 cm beträgt.

19.28 •• Das nach unten gerichtete elektrische Feld unmittelbar über der Erdoberfläche wurde zu 150 N/C gemessen. a) Welches Vorzeichen hat demnach die Gesamtladung auf der Erdoberfläche? b) Auf welche Gesamtladung an der Erdoberfläche deutet diese Messung hin?

19.29 •• Wenn die Stärke eines elektrischen Felds in Luft etwa $3{,}0 \cdot 10^6$ N/C beträgt, dann wird die Luft ionisiert und somit elektrisch leitend. Dieses Phänomen wird als dielektrischer Durchschlag (oder dielektrische Entladung) bezeichnet. Eine Ladung von 18 μC wird auf eine leitende Kugel gebracht. Bei welchem Minimalradius kann die Kugel diese Ladung gerade noch halten, ohne dass es zu einem Durchschlag kommt?

Allgemeine Aufgaben

19.30 •• Betrachten Sie die drei in Abb. 19.6 dargestellten konzentrischen Kugeln bzw. Kugelschalen aus Metall. Kugel 1 ist eine Vollkugel mit dem Radius $r_{K,1}$, Kugel 2 eine Hohlkugel mit dem Innenradius $r_{K,2}$ und dem Außenradius $r_{K,3}$ und

Kugel 3 eine Hohlkugel mit dem Innenradius $r_{K,4}$ und dem Außenradius $r_{K,5}$. Zu Beginn sind alle drei Kugeln ungeladen. Dann wird eine negative Ladung $-q_0$ auf die Kugel 1 und eine positive Ladung $+q_0$ auf die Hohlkugel 3 gebracht. a) In welche Richtung zeigt das elektrische Feld in dem Raum zwischen den Kugeln 1 und 2, wenn sich elektrostatisches Gleichgewicht eingestellt hat? b) Wie groß ist die Ladung auf der inneren Oberfläche der Hohlkugel 2? Geben Sie das Vorzeichen dieser Ladung an. c) Wie groß ist die Ladung auf der äußeren Oberfläche der Hohlkugel 2? d) Wie groß ist die Ladung auf der inneren Oberfläche der Hohlkugel 3? e) Wie groß ist die Ladung auf der äußeren Oberfläche der Hohlkugel 3? f) Skizzieren Sie E in Abhängigkeit von r.

19.31 •• Eine dünne nichtleitende, homogen geladene Kugelschale vom Radius r (Abb. 19.7a) trägt eine Gesamtladung q. Ein kleiner kreisförmiger Stöpsel wird aus der Oberfläche entfernt. a) Geben Sie Betrag und Richtung des elektrischen Felds im Zentrum des Lochs an. b) Der Stöpsel wird wieder in das Loch eingesetzt (Abb. 19.7b). Ermitteln Sie anhand des Ergebnisses von Teilaufgabe a einen Ausdruck für die elektrostatische Kraft auf den Stöpsel. c) Ermitteln Sie anhand des Betrags der Kraft einen Ausdruck für den elektrostatischen Druck (also die Kraft pro Einheitsfläche), der versucht, die Kugelschale auszudehnen.

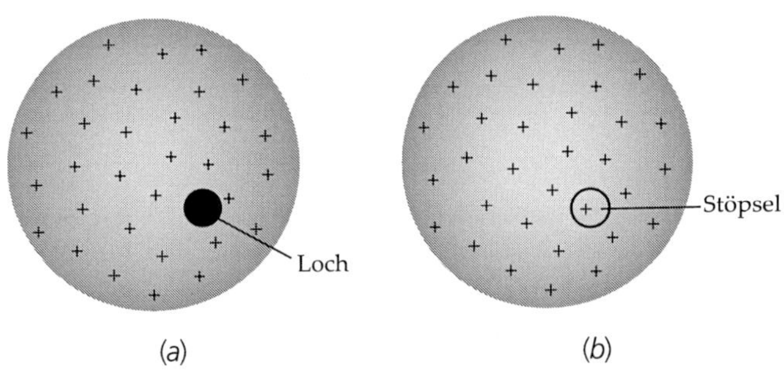

Abb. 19.7 Zu Aufgabe 19.31

19.32 •• Eine unendlich ausgedehnte Ebene in der x-z-Ebene (also bei $y = 0$) trägt eine homogene Oberflächenladungsdichte $\sigma_1 = +65\,\mathrm{nC/m^2}$. Eine zweite unendlich ausgedehnte Ebene mit einer homogenen Ladungsdichte $\sigma_2 = +45\,\mathrm{nC/m^2}$ schneidet die x-z-Ebene auf der z-Achse und schließt mit der x-z-Ebene einen Winkel von 30° ein (Abb. 19.8). Bestimmen Sie das elektrische Feld a) bei $x = 6{,}0$ m, $y = 2{,}0$ m und b) bei $x = 6{,}0$ m, $y = 5{,}0$ m.

Abb. 19.8 Zu Aufgabe 19.32

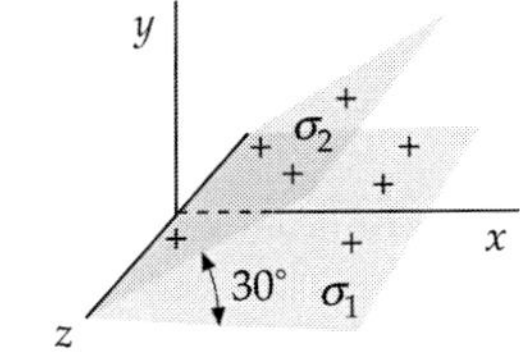

19.33 •• Eine quantenmechanische Betrachtung des Wasserstoffatoms zeigt, dass man das Elektron in diesem Atom

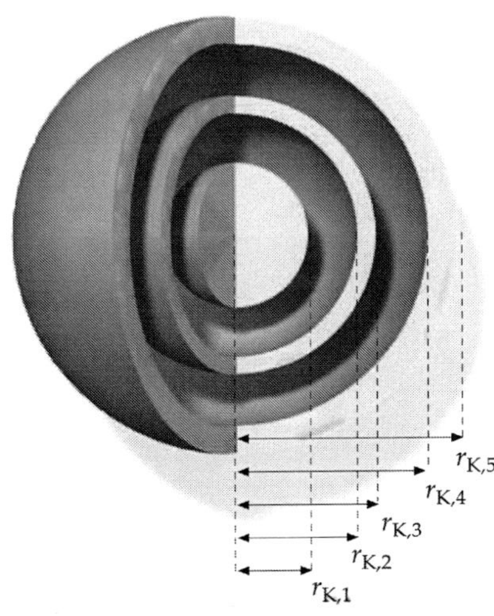

Abb. 19.6 Zu Aufgabe 19.30

als eine verschmierte negative Ladungsverteilung mit der Abstandsabhängigkeit $\rho(r) = -\rho_0\,e^{-2r/a}$ betrachten kann. Darin ist r der Abstand vom Kern und a der erste Bohr'sche Radius ($a = 0{,}0529\,\text{nm}$). Der Kern des Wasserstoffatoms besteht aus einem Proton, das Sie hier als positive Punktladung betrachten können. a) Berechnen Sie ρ_0 unter Berücksichtigung der Tatsache, dass das Atom ungeladen ist. b) Geben Sie das elektrische Feld in Abhängigkeit vom Abstand r vom Kern an.

19.34 •• Ein ruhender Ring mit dem Radius r_R liegt in der y-z-Ebene und trägt eine positive Ladung q, die gleichmäßig über seine Länge verteilt ist. Ein Punktteilchen mit der Masse m und der negativen Ladung $-q$ befindet sich im Mittelpunkt des Rings. a) Zeigen Sie, dass bei $x \ll r_\mathrm{R}$ das elektrische Feld längs der Ringachse proportional zu x ist. b) Bestimmen Sie die Kraft auf das Teilchen mit der Masse m als Funktion von x. c) Zeigen Sie, dass das Teilchen nach einer kleinen Auslenkung in positive x-Richtung eine harmonische Schwingung ausführt. d) Welche Frequenz hat diese Schwingung?

19.35 •• Eine homogen geladene, nichtleitende Vollkugel mit dem Radius a und dem Mittelpunkt im Koordinatenursprung hat eine Raumladungsdichte ρ. a) Zeigen Sie, dass an einem Punkt innerhalb der Kugel im Abstand r vom Mittelpunkt das elektrische Feld durch

$$E = \frac{\rho}{3\,\varepsilon_0}\, r\, \widehat{r}$$

zu beschreiben ist. b) Nun wird Material aus der Kugel so entfernt, dass ein kugelförmiger Hohlraum mit dem Radius $b = a/2$ und dem Mittelpunkt bei $x = b$ auf der x-Achse entsteht (Abb. 19.9). Ermitteln Sie das elektrische Feld in den Punkten 1 und 2, die in der Abbildung eingezeichnet sind. (*Hinweis:* Ersetzen Sie die Kugel mit Hohlraum durch zwei gleich große homogene Kugeln mit positiver bzw. negativer Ladungsdichte gleichen Betrags.)

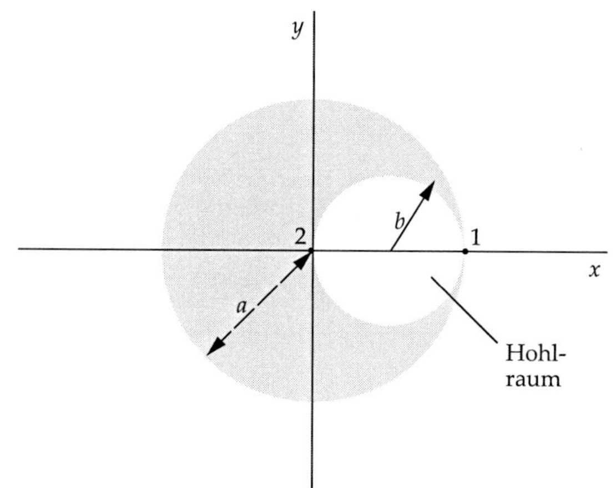

Abb. 19.9 Zu Aufgabe 19.35 und 19.37

19.36 •• Betrachten Sie ein einfaches, aber überraschend genaues Modell des Wasserstoffmoleküls: Zwei positive Punktladungen mit jeweils der Ladung $+e$ befinden sich innerhalb einer Kugel vom Radius r mit homogener Ladungsdichte und

einer Gesamtladung von $-2\,e$. Die zwei Punktladungen sind räumlich symmetrisch, also gleich weit vom Kugelmittelpunkt angeordnet (Abb. 19.10). Bestimmen Sie den Abstand a vom Kugelmittelpunkt, bei dem die resultierende Kraft auf jede der beiden Punktladungen gleich null ist.

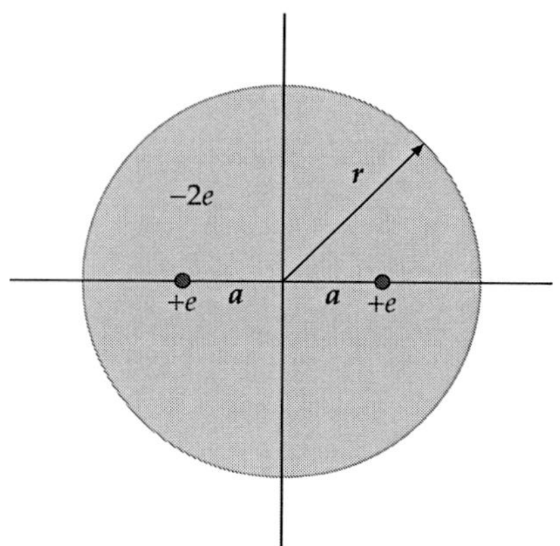

Abb. 19.10 Zu Aufgabe 19.36

19.37 ••• Zeigen Sie, dass das elektrische Feld in dem Hohlraum der Kugel von Aufgabe 19.35b homogen ist und durch

$$E = \frac{\rho\,b}{3\,\varepsilon_0}\, \widehat{x}$$

zu beschreiben ist.

19.38 ••• Eine *kleine* Gauß'sche Oberfläche in Form eines Würfels mit Flächen, die parallel zur x-y-, zur x-z- und zur y-z-Ebene liegen (Abb. 19.11), befindet sich in einem Raumbereich, in dem ein elektrisches Feld parallel zur x-Achse gerichtet ist. a) Zeigen Sie mithilfe der Taylor-Reihe (unter Vernachlässigung aller Terme ab zweiter Ordnung), dass der Gesamtfluss des elektrischen Felds aus der Gauß'schen Oberfläche durch

$$\Phi_\mathrm{el} \approx \frac{\partial E_x}{\partial x}\,\Delta V$$

gegeben ist; darin ist ΔV das von der Gauß'schen Oberfläche eingeschlossene Volumen. b) Zeigen Sie mithilfe des

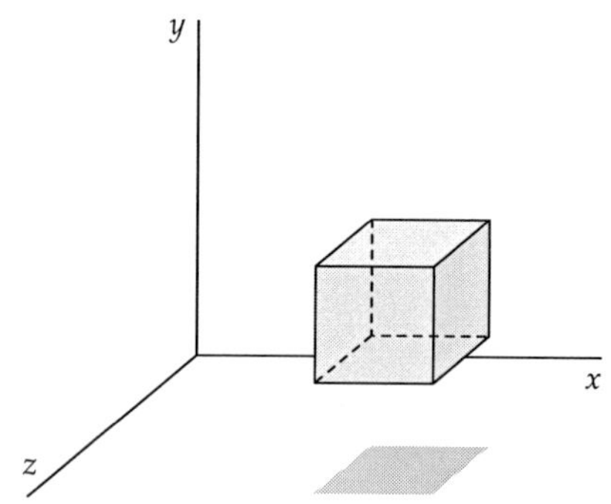

Abb. 19.11 Zu Aufgabe 19.38

Gauß'schen Gesetzes und der Ergebnisse der Teilaufgabe a, dass gilt:

$$\frac{\partial E_x}{\partial x} \approx \frac{\rho}{\varepsilon_0}.$$

Darin ist ρ die Raumladungsdichte innerhalb des Würfels. (Diese Gleichung ist die eindimensionale Version des Gauß'schen Satzes.)

Lösungen zu den Aufgaben

Verständnisaufgaben

L19.1 a) Richtig – unter der Annahme, dass sich innerhalb der Hohlkugelschale keine Ladung befindet.

b) Richtig. Die Ladungen befinden sich an der Oberfläche des Leiters.

c) Falsch. Betrachten wir als Beispiel eine leitende Kugelschale: Die Ladungen an ihrer inneren und an ihrer äußeren Oberfläche sind gleich groß. Weil aber diese beiden Oberflächen wegen der endlichen Dicke der Kugelschale nicht gleich sind, unterscheiden sich die Ladungsdichten auf ihnen.

L19.2 Der gesamte elektrische Fluss ist proportional zu der von der Oberfläche eingeschlossenen Gesamtladung, und diese ist im vorliegenden Fall für beide Oberflächen dieselbe. Also ist der elektrische Fluss durch die Oberfläche des Würfels ebenso groß wie der durch die Oberfläche der Kugel.

L19.3 Gemäß dem Gauß'schen Gesetz gilt für das elektrische Feld innerhalb einer kugelförmigen Ladungsverteilung

$$E = \frac{q_{\text{innen}}/\varepsilon_0}{A}.$$

Darin ist A die Oberfläche, die der Fluss durchsetzt, also hier die Kugeloberfläche $A = 4\pi r^2$. Mit der Volumenladungsdichte ρ erhalten wir $q_{\text{innen}} = V\rho = \frac{4}{3}\pi r^3 \rho$ und damit für das Feld

$$E = \frac{\frac{4}{3}\pi r^3 \rho/\varepsilon_0}{4\pi r^2} = \frac{\rho/\varepsilon_0}{3}\, r.$$

Also nimmt die Feldstärke zwischen dem Mittelpunkt und der Oberfläche einer homogen geladenen Vollkugel proportional zu r zu.

L19.4 a) Bereich $r < r_1$ (innerhalb der Kugelschale): Gemäß dem Gauß'schen Gesetz ist die elektrische Feldstärke hier nicht null. Eine in diesen Bereich eingebrachte positive Ladung würde daher eine Anziehungskraft durch die negative Ladung im Mittelpunkt der Kugelschale erfahren. Also ist das elektrische Feld hier radial nach innen gerichtet.

b) Bereich $r_1 < r < r_2$ (innerhalb der leitenden Schale selbst): Die Gesamtladung auf der Kugelschale ist null. Wegen der negativen Ladung im Mittelpunkt ist die innere Oberfläche der

Schale positiv und die äußere Oberfläche negativ geladen. Somit herrscht innerhalb der Schale selbst ein elektrisches Feld, das radial nach außen gerichtet ist.

c) Bereich $r > r_2$ (außerhalb der Kugelschale): Wegen der an der äußeren Oberfläche negativen Ladung herrscht hier ein elektrisches Feld, das radial nach innen gerichtet ist.

L19.5 Wir müssen die Ladungsverteilungen vor und nach der Erdung der Außenseite der Kugelschale betrachten. Die negative Punktladung im Mittelpunkt induziert eine positive Ladung an der inneren und eine negative Ladung an der äußeren Oberfläche der Schale. Beim Erden wird daher positive Ladung aus der Erde angezogen, sodass die äußere Oberfläche elektrisch neutral wird. Also ist Aussage b richtig.

L19.6 a) Bereich $r < r_1$ (innerhalb der Kugelschale): Gemäß dem Gauß'schen Gesetz ist die elektrische Feldstärke hier nicht null. Eine in diesen Bereich eingebrachte positive Ladung würde daher eine Anziehungskraft durch die negative Ladung im Mittelpunkt der Kugelschale erfahren. Also ist das elektrische Feld hier radial nach innen gerichtet.

b) Bereich $r_1 < r < r_2$ (innerhalb der leitenden Schale selbst): Wegen der Erdung der Außenseite ist die äußere Oberfläche der Kugelschale nicht geladen, während durch die negative Ladung im Mittelpunkt eine positive Ladung auf ihrer inneren Oberfläche induziert wird. Somit herrscht innerhalb der Schale selbst ein elektrisches Feld, das radial nach außen gerichtet ist.

c) Bereich $r > r_2$ (außerhalb der Kugelschale): Wegen der Erdung der Außenseite ist die äußere Oberfläche nicht geladen. Daher herrscht außerhalb der Kugelschale kein elektrisches Feld.

L19.7 Um uns der Frage zu nähern, können wir wieder versuchen, das elektrische Feld einer Kugel mit Radius R mit konstanter Ladungsdichte ρ zu betrachten und dann den Grenzübergang $R \to \infty$ durchzuführen. Der Abstand vom Mittelpunkt der Kugel ist r. Das Gauß'sche Gesetz besagt, dass das elektrische Feld über eine gedachte Kugeloberfläche mit Radius r summiert

$$A \cdot E = \frac{q_{\text{innen}}}{\epsilon_0}$$

beträgt, wobei $q_{\text{innen}} = \rho \cdot \frac{4}{3}\pi r^3$ die Ladungsmenge innerhalb der gedachten Kugel und $A = 4\pi r^2$ die Kugeloberfläche sind. Einsetzen und nach E Auflösen ergibt wieder

$$E = \frac{\rho \frac{4}{3}\pi r^3}{\epsilon_0 \cdot 4\pi r^2} = \frac{\rho}{3\epsilon_0}\, r.$$

Die Feldstärke nimmt also mit dem Abstand vom Mittelpunkt der Kugel proportional zu. Hier ist die Größe der eigentlichen Kugel R nicht mehr eingegangen, da wir alles durch die Ladungsdichte ausgedrückt haben. Wir können also den Grenzübergang $R \to \infty$ scheinbar ohne Konsequenzen vornehmen und erhalten weiterhin das Ergebnis

$$E = \frac{\rho}{3\epsilon_0}\, r.$$

Allerdings hängt die Feldstärke nun vom Abstand vom Mittelpunkt ab, und eine als unendlich groß gedachte Ladungsverteilung besitzt eigentlich keinen sinnvoll definierten Mittelpunkt. Bei einer wirklich unendlich ausgedehnten Ladungsverteilung ist nach diesem Grenzübergang nicht klar, wo der Punkt mit $r = 0$ und damit $E = 0$ liegen sollte. Es kommt also doch darauf an, wie wir den Grenzübergang zu einer raumfüllenden Ladungsverteilung vornehmen, d. h. wo wir den Mittelpunkt der endlichen Kugeln hinlegen.

Alternativ können wir ein Symmetrieargument anstrengen: Da in einem mit einer homogenen Ladungsverteilung gefüllten Raum keinerlei Richtung und Ort ausgezeichnet sind, sollte (bei geeigneten „Randbedingungen") die vektorielle Größe $\boldsymbol{E}$ überall verschwinden. Dieses Argument funktioniert aber wirklich nur mit einer unendlich großen raumfüllenden Ladungsverteilung. Obige Berechnung zeigt, dass für jede endliche Verteilung je nach Abstand vom Mittelpunkt beliebig große Feldstärken $\propto r$ auftreten können. Das Symmetrieargument für $E = 0$ hängt also empfindlich von der Ladungsverteilung an beliebig weit entfernten Punkten ab und ist damit von zweifelhaftem physikalischen Gehalt.

L19.8 Das typische Beispiel für eine Ladungsverteilung mit verschwindender Feldstärke in einem ausgedehnten Raumbereich ist die unendlich dünne Kugelschale. Über die Kugelsymmetrie und den Gauß'schen Satz lässt sich hier zeigen, dass im Inneren überall $\boldsymbol{E} = 0$ herrscht. Die unendlich dünne Kugelschale besitzt allerdings formal auf der Oberfläche eine unendlich hohe Ladungsdichte. Will man eine reguläre Ladungsverteilung mit derselben Eigenschaft konstruieren, kann man sich aber dieselben Prinzipien zunutze machen: Jede kugelsymmetrische Ladungsverteilung mit $\rho = 0$ im Inneren hat dort $\boldsymbol{E} = 0$.

Schätzungs- und Näherungsaufgabe

L19.9 a) Beim Abstand $z = 0{,}010\,\mathrm{cm}$ ergibt sich mit der exakten Formel das Feld zu

$$
\begin{aligned}
|E|_{0,010} &= \frac{\sigma}{2\,\varepsilon_0} \left[1 - \left(1 + \frac{r^2}{z^2} \right)^{-1/2} \right] \\
&= 2\,\pi\, \frac{1}{4\pi\varepsilon_0}\, \sigma \left(1 - \frac{1}{\sqrt{1 + \dfrac{r^2}{z^2}}} \right) \\
&= 2\,\pi\, (8{,}988 \cdot 10^9\,\mathrm{N \cdot m^2 \cdot C^{-2}})\, (3{,}6\,\mu\mathrm{C \cdot m^{-2}}) \\
&\quad \cdot \left(1 - \frac{1}{\sqrt{1 + \dfrac{(2{,}5\,\mathrm{cm})^2}{(0{,}010\,\mathrm{cm})^2}}} \right) \\
&= 2{,}025 \cdot 10^5\,\mathrm{N \cdot C^{-1}} = 2{,}0 \cdot 10^5\,\mathrm{N \cdot C^{-1}}.
\end{aligned}
$$

Weil der Abstand sehr viel kleiner als der Radius der Scheibe ist ($|z| \ll r$), können wir diese als unendlich ausgedehnte Ebene ansehen. Mit der hierfür in der Aufgabenstellung angegebenen Näherungsformel ergibt sich für das Feld

$$
\begin{aligned}
|E'|_{0,010} &= \frac{\sigma}{2\,\varepsilon_0} = 2\,\pi\, \frac{1}{4\pi\varepsilon_0}\, \sigma \\
&= 2\,\pi\, (8{,}988 \cdot 10^9\,\mathrm{N \cdot m^2 \cdot C^{-2}})\, (3{,}6\,\mu\mathrm{C \cdot m^{-2}}) \\
&= 2{,}033 \cdot 10^5\,\mathrm{N \cdot C^{-1}} = 2{,}0 \cdot 10^5\,\mathrm{N \cdot C^{-1}}.
\end{aligned}
$$

Die beiden nicht auf zwei signifikante Stellen gerundeten Werte weichen nur um 0,40 % voneinander ab, wobei der Näherungswert der größere ist.

b) Beim Abstand $z = 0{,}040\,\mathrm{cm}$ ergibt sich mit der exakten Formel das Feld zu

$$
\begin{aligned}
|E|_{0,040} &= 2\,\pi\, (8{,}988 \cdot 10^9\,\mathrm{N \cdot m^2 \cdot C^{-2}})\, (3{,}6\,\mu\mathrm{C \cdot m^{-2}}) \\
&\quad \cdot \left(1 - \frac{1}{\sqrt{1 + \dfrac{(2{,}5\,\mathrm{cm})^2}{(0{,}040\,\mathrm{cm})^2}}} \right) \\
&= 2{,}001 \cdot 10^5\,\mathrm{N \cdot C^{-1}} = 2{,}0 \cdot 10^5\,\mathrm{N \cdot C^{-1}}.
\end{aligned}
$$

Auch dieser Abstand ist viel kleiner als der Radius der Scheibe, und der (in Teilaufgabe a bereits berechnete) Näherungswert ist hier um 1,2 % kleiner als der exakte.

c) Beim Abstand $z = 5{,}0\,\mathrm{m}$ (bzw. $500\,\mathrm{cm}$) ergibt sich mit der exakten Formel das Feld zu

$$
\begin{aligned}
|E|_{500} &= 2\,\pi\, (8{,}988 \cdot 10^9\,\mathrm{N \cdot m^2 \cdot C^{-2}})\, (3{,}6\,\mu\mathrm{C \cdot m^{-2}}) \\
&\quad \cdot \left(1 - \frac{1}{\sqrt{1 + \dfrac{(2{,}5\,\mathrm{cm})^2}{(5{,}0\,\mathrm{m})^2}}} \right) \\
&= 2{,}541\,\mathrm{N \cdot C^{-1}} = 2{,}5\,\mathrm{N \cdot C^{-1}}.
\end{aligned}
$$

Der Abstand $z = 5{,}0\,\mathrm{m}$ ist sehr viel größer als der Radius der Scheibe ($|z| \gg r$), und die Ladung der Scheibe kann praktisch als Punktladung angesehen werden. Wir verwenden die in der Aufgabenstellung hierfür angegebene Näherungsformel und berücksichtigen dabei, dass die Ladung gleich dem Produkt aus der Fläche ($\pi\, r^2$) und der Flächenladungsdichte σ ist. Damit erhalten wir

$$
\begin{aligned}
|E'|_{500} &= \frac{1}{4\pi\varepsilon_0}\, \frac{q}{z^2} = \frac{1}{4\pi\varepsilon_0}\, \frac{\pi\, r^2\, \sigma}{z^2} \\
&= (8{,}988 \cdot 10^9\,\mathrm{N \cdot m^2 \cdot C^{-2}}) \\
&\quad \cdot \frac{\pi\, (2{,}5\,\mathrm{cm})^2\, (3{,}6\,\mu\mathrm{C \cdot m^{-2}})}{(5{,}0\,\mathrm{m})^2} \\
&= 2{,}541\,\mathrm{N \cdot C^{-1}} = 2{,}5\,\mathrm{N \cdot C^{-1}}.
\end{aligned}
$$

Dieser Näherungswert stimmt auf vier signifikante Stellen mit dem exakten Wert überein.

Berechnung von E aus dem Coulomb'schen Gesetz

L19.10 a) Die Gesamtladung ist das Produkt aus der linearen Ladungsdichte und der Länge:

$$q = \lambda\, l = (3,5\,\text{nC}\cdot\text{m}^{-1})\,(5,0\,\text{m}) = 17,5\,\text{nC} = 18\,\text{nC}.$$

b) Das elektrische Feld einer endlich langen Linienladung auf der x-Achse mit der Ladung q und der Länge l (beginnend bei $x = 0$) ist bei x_0 gegeben durch

$$E_{x_0} = \frac{1}{4\pi\varepsilon_0}\,\frac{q}{x_0\,(x_0 - l)}.$$

Bei $x_0 = 6,0\,\text{m}$ ist das Feld

$$E_{6\,\text{m}} = (8{,}988 \cdot 10^9\,\text{N}\cdot\text{m}^2\cdot\text{C}^{-2})\,\frac{17,5\,\text{nC}}{(6,0\,\text{m})\,(6,0\,\text{m} - 5,0\,\text{m})}$$
$$= 26\,\text{N}\cdot\text{C}^{-1}.$$

c) Bei $x_0 = 9,0\,\text{m}$ ist das Feld

$$E_{9\,\text{m}} = (8{,}988 \cdot 10^9\,\text{N}\cdot\text{m}^2\cdot\text{C}^{-2})\,\frac{17,5\,\text{nC}}{(9,0\,\text{m})\,(9,0\,\text{m} - 5,0\,\text{m})}$$
$$= 4,4\,\text{N}\cdot\text{C}^{-1}.$$

d) Bei $x = 250\,\text{m}$ ist das Feld

$$E_{250\,\text{m}} = (8{,}988 \cdot 10^9\,\text{N}\cdot\text{m}^2\cdot\text{C}^{-2})\,\frac{17,5\,\text{nC}}{(250\,\text{m})\,(250 - 5,0)\,\text{m}}$$
$$= 2,56800\,\text{mN}\cdot\text{C}^{-1} = 2,6\,\text{mN}\cdot\text{C}^{-1}.$$

e) Das elektrische Feld einer Punktladung ist im Abstand x von ihr gegeben durch

$$E_{\text{P},x} = \frac{1}{4\pi\varepsilon_0}\,\frac{q}{x^2}.$$

Mit $x = 250\,\text{m} - 2,5\,\text{m}$ ergibt es sich zu

$$E_{\text{P},250\,\text{m}} = (8{,}988 \cdot 10^9\,\text{N}\cdot\text{m}^2\cdot\text{C}^{-2})\,\frac{17,5\,\text{nC}}{(250\,\text{m} - 2,5\,\text{m})^2}$$
$$= 2,56774\,\text{mN}\cdot\text{C}^{-1} = 2,6\,\text{mN}\cdot\text{C}^{-1}.$$

Dieses Ergebnis ist um rund 0,01 % kleiner als der in Teilaufgabe d berechnete exakte Wert. Das deutet darauf hin, dass die Längenausdehnung der Ladung so groß ist, dass sie sogar im Abstand 250 m nicht exakt als Punktladung behandelt werden kann.

L19.11 a) Das elektrische Feld im axialen Abstand z von einer Ringladung q mit dem Radius a ist gegeben durch

$$E_z = \frac{1}{4\pi\varepsilon_0}\,\frac{q\,z}{(z^2 + a^2)^{3/2}}.$$

Wir leiten nach z ab:

$$\frac{\mathrm{d}E_z}{\mathrm{d}z} = \frac{1}{4\pi\varepsilon_0}\,q\,\frac{\mathrm{d}}{\mathrm{d}z}\,\frac{z}{(z^2 + a^2)^{3/2}}$$

$$= \frac{1}{4\pi\varepsilon_0}\,q\,\frac{(z^2 + a^2)^{3/2} - z\,\dfrac{\mathrm{d}}{\mathrm{d}z}(z^2 + a^2)^{3/2}}{(z^2 + a^2)^3}$$

$$= \frac{1}{4\pi\varepsilon_0}\,q\,\frac{(z^2 + a^2)^{3/2} - z\,\left(\frac{3}{2}\right)(z^2 + a^2)^{1/2}\,(2z)}{(z^2 + a^2)^3}$$

$$= \frac{1}{4\pi\varepsilon_0}\,q\,\frac{(z^2 + a^2)^{3/2} - 3\,z^2\,(z^2 + a^2)^{1/2}}{(z^2 + a^2)^3}.$$

Bei Extremwerten ist die Ableitung gleich null. Wir vergewissern uns, dass der Nenner nicht null sein kann, und setzen den Zähler gleich null:

$$(z^2 + a^2)^{3/2} - 3\,z^2\,(z^2 + a^2)^{1/2} = 0.$$

Dies ergibt $z^2 + a^2 - 3\,z^2 = 0$, also $z = \pm a/\sqrt{2}$.

b) In der Abbildung ist der Betrag von E_z in Vielfachen von $(1/4\pi\varepsilon_0)\,q/a^2$ gegen z/a aufgetragen. Bei $z/a = \pm 1/\sqrt{2}$ liegen also tatsächlich Maxima vor.

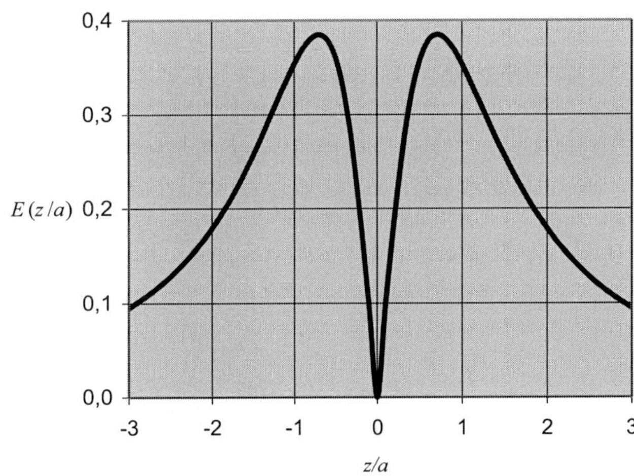

c) Wir berechnen den Betrag der Feldstärke an den eben ermittelten Stellen $z = \pm a/\sqrt{2}$:

$$|E_{z,\text{max}}| = \left| \frac{\dfrac{1}{4\pi\varepsilon_0}\,q\left(\pm\dfrac{a}{\sqrt{2}}\right)}{\left[\left(\pm\dfrac{a}{\sqrt{2}}\right)^2 + a^2\right]^{3/2}} \right|$$

$$= \frac{\dfrac{1}{4\pi\varepsilon_0}\,q\,\dfrac{a}{\sqrt{2}}}{\left(\frac{1}{2}\,a^2 + a^2\right)^{3/2}} = \frac{1}{4\pi\varepsilon_0}\,\frac{2\sqrt{3}}{9}\,\frac{q}{a^2}.$$

Dieses Ergebnis bestätigt die in Teilaufgabe b grafisch erhaltenen Maxima.

L19.12 Die Abbildung zeigt die Linienladung und den Punkt $(0, y)$ sowie ein Linienelement $\mathrm{d}x$ und das von diesem im angegebenen Punkt erzeugte Feld $\mathrm{d}E$.

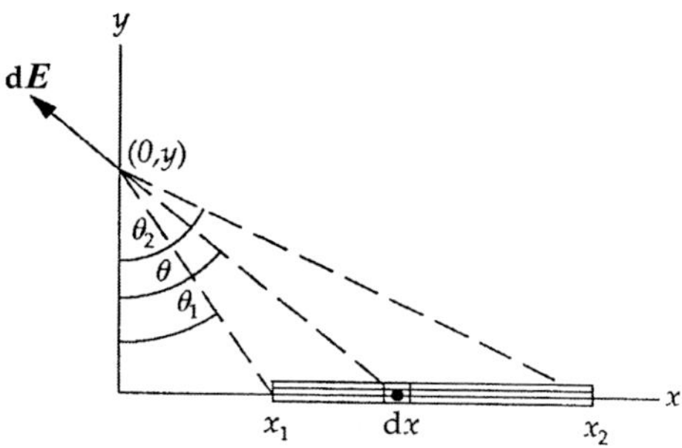

Mit der linearen Ladungsdichte λ ist die x-Komponente von $\mathrm{d}E$ gegeben durch

$$
\begin{aligned}
\mathrm{d}E_x &= -\frac{1}{4\pi\varepsilon_0} \frac{\lambda}{x^2 + y^2} (\sin\theta)\, \mathrm{d}x \\
&= -\frac{1}{4\pi\varepsilon_0} \frac{\lambda}{x^2 + y^2} \frac{x}{\sqrt{x^2 + y^2}}\, \mathrm{d}x \\
&= -\frac{1}{4\pi\varepsilon_0} \frac{\lambda\, x}{(x^2 + y^2)^{3/2}}\, \mathrm{d}x \,.
\end{aligned}
$$

Wir integrieren von $x = x_1$ bis $x = x_2$:

$$
\begin{aligned}
E_x &= -\frac{1}{4\pi\varepsilon_0} \lambda \int_{x_1}^{x_2} \frac{x}{(x^2 + y^2)^{3/2}}\, \mathrm{d}x \\
&= -\frac{1}{4\pi\varepsilon_0} \lambda \left[-\frac{1}{\sqrt{x^2 + y^2}} \right]_{x_1}^{x_2} \\
&= -\frac{1}{4\pi\varepsilon_0} \lambda \left(-\frac{1}{\sqrt{x_2^2 + y^2}} + \frac{1}{\sqrt{x_1^2 + y^2}} \right) \\
&= -\frac{1}{4\pi\varepsilon_0} \frac{\lambda}{y} \left(-\frac{y}{\sqrt{x_2^2 + y^2}} + \frac{y}{\sqrt{x_1^2 + y^2}} \right) .
\end{aligned}
$$

Der Abbildung können wir entnehmen, dass gemäß dem Satz des Pythagoras gilt:

$$
\cos\theta_2 = \frac{y}{\sqrt{x_2^2 + y^2}} \,, \quad \text{also} \quad \theta_2 = \operatorname{atan} \frac{x_2}{y}
$$

und entsprechend

$$
\cos\theta_1 = \frac{y}{\sqrt{x_1^2 + y^2}} \,, \quad \text{also} \quad \theta_1 = \operatorname{atan} \frac{x_1}{y} \,.
$$

Einsetzen ergibt schließlich

$$
\begin{aligned}
E_x &= -\frac{1}{4\pi\varepsilon_0} \frac{\lambda}{y} (-\cos\theta_2 + \cos\theta_1) \\
&= \frac{1}{4\pi\varepsilon_0} \frac{\lambda}{y} (\cos\theta_2 - \cos\theta_1) \,.
\end{aligned}
$$

L19.13 Die Abbildung zeigt ein Ringelement bzw. ein Segment des Rings mit der Länge $\mathrm{d}s$ und der Ladung $\mathrm{d}q = \lambda\, \mathrm{d}s$.

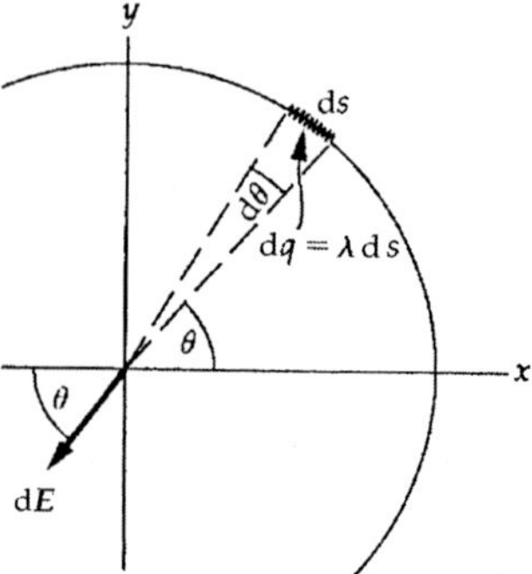

a) und b) Wir ermitteln zuerst den Betrag des Felds. Das von der Ladung $\mathrm{d}q$ des Ringelements erzeugte Feldelement im Mittelpunkt des Rings ist

$$
\mathrm{d}\boldsymbol{E} = \mathrm{d}\boldsymbol{E}_x + \mathrm{d}\boldsymbol{E}_y = -\mathrm{d}E\, (\cos\theta)\, \widehat{\boldsymbol{x}} - \mathrm{d}E\, (\sin\theta)\, \widehat{\boldsymbol{y}} \,. \quad (1)
$$

Das Feldelement im Mittelpunkt des Rings hat den Betrag

$$
\mathrm{d}E = \frac{1}{4\pi\varepsilon_0} \frac{\mathrm{d}q}{r^2} \,.
$$

Gegeben ist die Beziehung $\lambda(\theta) = \lambda_0 \sin\theta$. Damit sowie mit $\mathrm{d}q = \lambda\, \mathrm{d}s$ und $\mathrm{d}s = r\, \mathrm{d}\theta$ erhalten wir

$$
\begin{aligned}
\mathrm{d}E &= \frac{1}{4\pi\varepsilon_0} \frac{\lambda\, \mathrm{d}s}{r^2} = \frac{1}{4\pi\varepsilon_0} \frac{\lambda_0\, (\sin\theta)\, \mathrm{d}s}{r^2} \\
&= \frac{1}{4\pi\varepsilon_0} \frac{\lambda_0\, (\sin\theta)\, r\, \mathrm{d}\theta}{r^2} = \frac{1}{4\pi\varepsilon_0} \frac{\lambda_0\, (\sin\theta)\, \mathrm{d}\theta}{r} \,.
\end{aligned}
$$

Dies setzen wir in Gleichung 1 ein:

$$
\mathrm{d}\boldsymbol{E} = \frac{1}{4\pi\varepsilon_0} \frac{\lambda_0}{r} \left[-(\sin\theta \cos\theta)\, \mathrm{d}\theta\, \widehat{\boldsymbol{x}} - (\sin^2\theta)\, \mathrm{d}\theta\, \widehat{\boldsymbol{y}} \right] .
$$

Nun integrieren wir von $\theta = 0$ bis $\theta = 2\pi$:

$$
\begin{aligned}
\boldsymbol{E} &= \frac{1}{4\pi\varepsilon_0} \frac{\lambda_0}{r} \left[-\frac{1}{2} \int_0^{2\pi} (\sin 2\theta)\, \mathrm{d}\theta\, \widehat{\boldsymbol{x}} - \int_0^{2\pi} (\sin^2\theta)\, \mathrm{d}\theta\, \widehat{\boldsymbol{y}} \right] \\
&= 0 - \frac{1}{4\pi\varepsilon_0} \frac{\pi\, \lambda_0}{r} \widehat{\boldsymbol{y}} = -\frac{1}{4\pi\varepsilon_0} \frac{\pi\, \lambda_0}{r} \widehat{\boldsymbol{y}} \,.
\end{aligned}
$$

Das Feld hat also im Ringmittelpunkt die negative y-Richtung und den Betrag $\lambda_0 / (4\,\varepsilon_0\, r)$.

L19.14 a) Wir betrachten einen Ring in der Kugelschale, der den Radius $z = r \cos\theta$ und die Breite $r\, \mathrm{d}r$ hat (siehe Abbildung). Seine Achse ist die z-Achse, und er trägt die Ladung $\mathrm{d}q$.

Das elektrische Feldelement entlang der Achse dieser Ringladung ist gegeben durch

$$
\mathrm{d}E = \frac{1}{4\pi\varepsilon_0} \frac{z\, \mathrm{d}q}{(r^2 \sin^2\theta + r^2 \cos^2\theta)^{3/2}} = \frac{1}{4\pi\varepsilon_0} \frac{z\, \mathrm{d}q}{r^3} \,.
$$

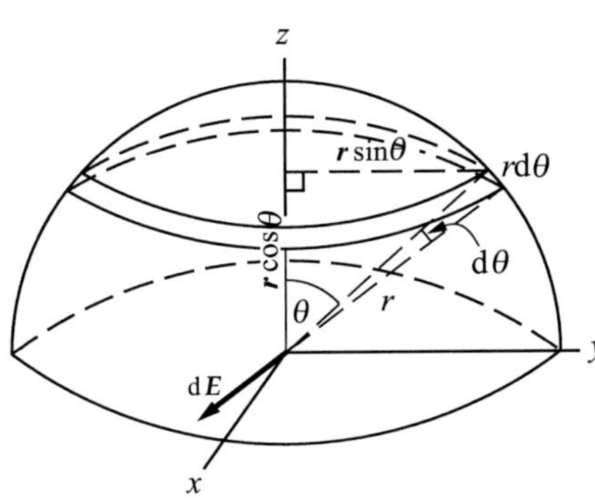

Mit der Flächenladungsdichte σ und der Ringfläche $\mathrm{d}A$ gilt für die Ladung des Rings

$$\mathrm{d}q = \sigma \, \mathrm{d}A = \sigma \, (2\pi r \sin\theta) \, r \, \mathrm{d}\theta = 2\pi r^2 \sigma \sin\theta \, \mathrm{d}\theta \, .$$

Damit sowie mit $z = r \cos\theta$ erhalten wir für das Feldelement

$$\mathrm{d}E = \frac{1}{4\pi\varepsilon_0} \, \frac{(r\cos\theta)\,2\pi r^2 \sigma \sin\theta \, \mathrm{d}\theta}{r^3}$$
$$= \frac{\sigma}{2\varepsilon_0} \sin\theta \cos\theta \, \mathrm{d}\theta \, .$$

Das integrieren wir von 0 bis $\pi/2$ und erhalten für das elektrische Feld im Mittelpunkt der Basis der Halbkugelschale

$$E = \frac{\sigma}{2\varepsilon_0} \int_0^{\pi/2} \sin\theta \cos\theta \, \mathrm{d}\theta$$
$$= \frac{\sigma}{2\varepsilon_0} \left[\tfrac{1}{2} \sin^2\theta \right]_0^{\pi/2} = \frac{\sigma}{4\varepsilon_0} \, .$$

Das Gauß'sche Gesetz

L19.15 a) Der elektrische Fluss ist $\Phi_{\mathrm{el}} = \oint_A \boldsymbol{E} \cdot \widehat{\boldsymbol{n}} \, \mathrm{d}A$, und wir erhalten

$$\Phi_{\mathrm{el}} = \oint_A (2{,}00\,\mathrm{kN}\cdot\mathrm{C}^{-1})\, \widehat{\boldsymbol{x}} \cdot \widehat{\boldsymbol{x}} \, \mathrm{d}A = (2{,}00\,\mathrm{kN}\cdot\mathrm{C}^{-1}) \oint_A \mathrm{d}A$$
$$= (2{,}00\,\mathrm{kN}\cdot\mathrm{C}^{-1})\,(0{,}100\,\mathrm{m})^2 = 20{,}0\,\mathrm{N}\cdot\mathrm{m}^2\cdot\mathrm{C}^{-1} \, .$$

b) Mit $\widehat{\boldsymbol{x}} \cdot \widehat{\boldsymbol{n}} = \cos 30°$ ergibt sich auf dieselbe Weise wie in Teilaufgabe a

$$\Phi_{\mathrm{el}} = \oint_A (2{,}00\,\mathrm{kN}\cdot\mathrm{C}^{-1})\,(\cos 30°)\,\mathrm{d}A$$
$$= (2{,}00\,\mathrm{kN}\cdot\mathrm{C}^{-1})\,(\cos 30°)\oint_A \mathrm{d}A$$
$$= (2{,}00\,\mathrm{kN}\cdot\mathrm{C}^{-1})\,(0{,}100\,\mathrm{m})^2 \cos 30°$$
$$= 17{,}3\,\mathrm{N}\cdot\mathrm{m}^2\cdot\mathrm{C}^{-1} \, .$$

L19.16 Mit dem Gravitationsfeld $\boldsymbol{G} = -(\Gamma\, m_{\mathrm{innen}}/r^2)\,\widehat{\boldsymbol{r}}$ erhalten wir für den Fluss des Gravitationsfelds

$$\Phi_{\mathrm{grav}} = \oint_A \boldsymbol{G} \cdot \widehat{\boldsymbol{n}} \, \mathrm{d}A = \oint_A -\frac{\Gamma\, m_{\mathrm{innen}}}{r^2} \, \widehat{\boldsymbol{r}} \cdot \widehat{\boldsymbol{n}} \, \mathrm{d}A$$
$$= -\frac{\Gamma\, m_{\mathrm{innen}}}{r^2} \oint_A \mathrm{d}A = -\frac{\Gamma\, m_{\mathrm{innen}}}{r^2}\,(4\pi r^2)$$
$$= -4\pi\,\Gamma\, m_{\mathrm{innen}} \, .$$

L19.17 Die Abbildung zeigt die Gegebenheiten.

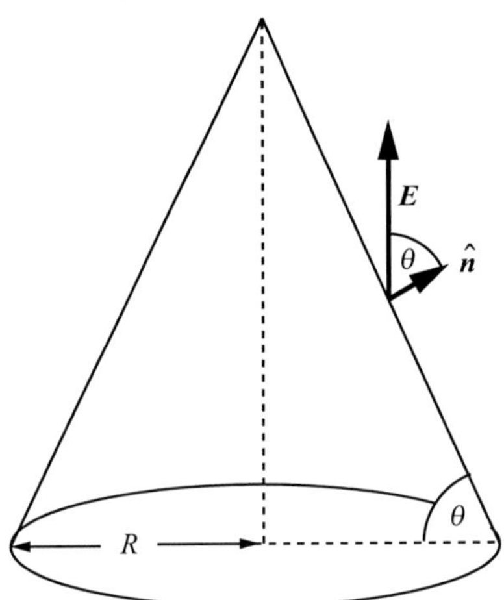

Innerhalb des Kegels befindet sich keine Ladung. Also ist der Nettofluss des elektrisches Felds durch alle Oberflächen des Kegels null. Somit muss die Anzahl der Feldlinien, die in Feldrichtung die gekrümmte Mantelfläche durchsetzen, gleich der Anzahl der Feldlinien sein, die die Basisfläche durchsetzen. Mit anderen Worten: Der austretende Fluss muss gleich dem eintretenden Fluss sein.

Der durch die Basisfläche eintretende Fluss ist

$$\Phi_{\mathrm{el,ein}} = E\,A_{\mathrm{Basis}} \, ,$$

und der durch die Mantelfläche austretende Fluss ist

$$\Phi_{\mathrm{el,aus}} = \oint_A \boldsymbol{E} \cdot \widehat{\boldsymbol{n}} \, \mathrm{d}A = \oint_A E \cos\theta \, \mathrm{d}A \, .$$

Gleichsetzen der Flüsse in Feldrichtung sowie Auflösen nach der Basisfläche und Vereinfachen liefert

$$A_{\mathrm{Basis}} = \cos\theta \oint_A \mathrm{d}A = (\cos\theta)\,A_{\mathrm{Mantel}} \, .$$

Für den Quotienten der in Feldrichtung effektiv durchsetzten Flächen und damit auch für den Quotienten der Anzahl der Feldlinien pro Einheitsfläche ergibt sich daraus

$$\frac{A_{\mathrm{Basis}}}{A_{\mathrm{Mantel}}} = \cos\theta \, .$$

L19.18 Das als säulenförmig angenommene Teilvolumen V der Erdatmosphäre hat die Grundfläche A und die Höhe $\Delta h = 400\,\text{m} - 250\,\text{m} = 150\,\text{m}$. Wir bezeichnen die Feldstärke jeweils mit einem Index, der die Höhe angibt, und wählen als positive Richtung die nach oben. Außerdem setzen wir die Ladung bei $h = 250\,\text{m}$ gleich null. Dann ist gemäß dem Gauß'schen Gesetz die Ladung im betrachteten Volumen

$$q = -(E_{400}\,A - E_{250}\,A)\,\varepsilon_0 = (E_{250}\,A - E_{400}\,A)\,\varepsilon_0\,.$$

Die Raumladungsdichte ist definiert als $\rho = q/V$. Mit dem Volumen $V = A\,\Delta h$ ergibt sie sich zu

$$\rho = \frac{q}{V} = \frac{(E_{250}\,A - E_{400}\,A)\,\varepsilon_0}{A\,\Delta h} = \frac{(E_{250} - E_{400})\,\varepsilon_0}{\Delta h}$$

$$= \frac{\left[(150 - 170)\,\text{N}\cdot\text{C}^{-1}\right]\,(8{,}854\cdot 10^{-12}\,\text{C}^2\cdot\text{N}^{-1}\cdot\text{m}^{-2})}{400\,\text{m} - 150\,\text{m}}$$

$$= -1{,}2\cdot 10^{-12}\,\text{C}\cdot\text{m}^{-3}\,.$$

Wir dürfen die Erdkrümmung vernachlässigen, weil die maximale Höhe (400 m) nur ca. 0,006 % des Erdradius ausmacht.

Anwendungen des Gauß'schen Gesetzes bei Kugelsymmetrie

L19.19 a) Gemäß dem Gauß'schen Gesetz gilt für das Feld

$$\oint_A E_\text{n}\,\mathrm{d}A = q_\text{innen}/\varepsilon_0\,.$$

Mit dem radialen Einheitsvektor $\widehat{\boldsymbol{r}}$ gilt für $r < r_{\text{K},1}$, also den inneren Bereich:

$$E_{r<r_{\text{K},1}} = \frac{q_\text{innen}}{\varepsilon_0\,A}\,\widehat{\boldsymbol{r}}\,.$$

Weil $q_\text{innen} = 0$ ist, ist das Feld gleich null: $E_{r<r_{\text{K},1}} = 0$.

Entsprechend erhalten wir für $r_{\text{K},1} < r < r_{\text{K},2}$, also den mittleren Bereich:

$$E_{r_{\text{K},1}<r<r_{\text{K},2}} = \frac{q_1}{\varepsilon_0\,(4\,\pi\,r^2)}\,\widehat{\boldsymbol{r}} = \frac{1}{4\pi\varepsilon_0}\,\frac{q_1}{r^2}\,\widehat{\boldsymbol{r}}$$

und für $r > r_{\text{K},2}$, also den äußeren Bereich:

$$E_{r>r_{\text{K},2}} = \frac{q_1 + q_2}{\varepsilon_0\,(4\,\pi\,r^2)}\,\widehat{\boldsymbol{r}} = \frac{1}{4\pi\varepsilon_0}\,\frac{q_1 + q_2}{r^2}\,\widehat{\boldsymbol{r}}\,.$$

b) Wir setzen $E_{r>r_{\text{K},2}} = 0$ und erhalten daraus $q_1 + q_2 = 0$ sowie $q_1/q_2 = -1$.

c) Abb. 19.12 zeigt das elektrische Feld für die Situation von Teilaufgabe b, wobei q_1 positiv ist.

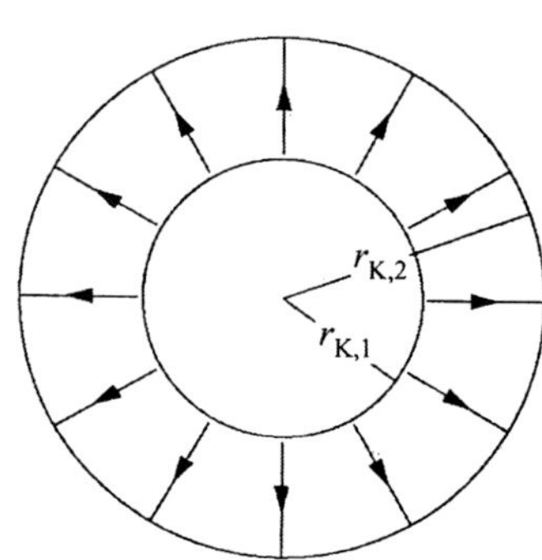

Abb. 19.12 zu Lösung 19.19

L19.20 a) Weil die Kugelschale aus einem leitenden Material besteht, werden die Ladungen in ihr durch induktive Einwirkung der im Mittelpunkt befindlichen Ladung $+2\,q$ umverteilt. Daher befindet sich auf ihrer inneren Oberfläche die Ladung $-2\,q$ und auf ihrer äußeren Oberfläche die Ladung $-5\,q$. Beide Ladungen sind auf der jeweiligen Oberfläche gleichmäßig verteilt.

b) Aufgrund der leitenden Verbindung zwischen der inneren Ladung und der Kugelschale gleichen sich die Ladungen $+2\,q$ und $-2\,q$ aus. Nun befindet sich auf der inneren Oberfläche der Kugelschale keine Ladung und auf ihrer äußeren Oberfläche die Ladung $-5\,q$. Unmittelbar über der Oberfläche der inneren Kugel ist das elektrische Feld jetzt null.

c) Durch Verbinden der Kugelschale mit der Erde fließt die Ladung $-5\,q$ zur Erde ab. Nun trägt die Kugelschale auf ihrer äußeren Oberfläche keine Ladung und auf der inneren Oberfläche nach wie vor die Ladung $-2\,q$, die durch die Ladung der inneren Kugel induziert wurde. Dies ist jetzt also auch die Gesamtladung der Kugelschale.

L19.21 a) Eine Kugelschale mit der Dicke $\mathrm{d}r$ und dem Radius r hat das Volumen $4\,\pi\,r^2\,\mathrm{d}r$. Mit der gegebenen Beziehung $\rho = B\,r$ für die Raumladungsdichte ist die Ladung der Kugelschale

$$\mathrm{d}q = 4\,\pi\,r^2\rho\,\mathrm{d}r = 4\,\pi\,r^2\,(B\,r)\,\mathrm{d}r = 4\,\pi\,B\,r^3\,\mathrm{d}r\,.$$

Die Gesamtladung ergibt sich durch Integration von 0 bis r_K:

$$q = 4\,\pi\,B\int_0^{r_\text{K}} r^3\,\mathrm{d}r = \left[\pi\,B\,r^4\right]_0^{r_\text{K}} = \pi\,B\,r_\text{K}^4\,.$$

b) Gemäß dem Gauß'schen Gesetz gilt für eine Kugelfläche, die den Radius $r > r_\text{K}$ hat und konzentrisch mit der nichtleitenden Kugel ist:

$$\oint_A E_r\,\mathrm{d}A = q_\text{innen}/\varepsilon_0\,, \quad \text{also} \quad 4\,\pi\,r^2\,E_r = q_\text{innen}/\varepsilon_0\,.$$

Damit ergibt sich für das Feld $E_{r>r_\text{K}} = \dfrac{1}{4\pi\varepsilon_0}\,\dfrac{q_\text{innen}}{r^2}$.

Wir setzen hier für die Ladung q_innen den in Teilaufgabe a ermittelten Ausdruck $\pi\,B\,r_\text{K}^4$ ein und erhalten

$$E_{r>r_\text{K}} = \frac{1}{4\pi\varepsilon_0}\,\frac{\pi\,B\,r_\text{K}^4}{r^2} = \frac{B\,r_\text{K}^4}{4\,\varepsilon_0\,r^2}\,.$$

Auch im Bereich $r < r_K$ gilt gemäß dem Gauß'schen Gesetz

$$\oint_A E_r \, dA = q_{innen}/\varepsilon_0 \,, \quad \text{also} \quad 4\pi r^2 E_r = q_{innen}/\varepsilon_0 \,.$$

Jedoch ist die eingeschlossene Ladung hier $q_{innen} = \pi B r^4$, und für das Feld ergibt sich

$$E_{r<r_K} = \frac{1}{4\pi\varepsilon_0} \frac{q_{innen}}{r^2} = \frac{1}{4\pi\varepsilon_0} \frac{\pi B r^4}{r^2} = \frac{B r^2}{4 \varepsilon_0} \,.$$

c) In der Abbildung ist E_r in Vielfachen von $B/(4\,\varepsilon_0)$ gegen r/r_K aufgetragen.

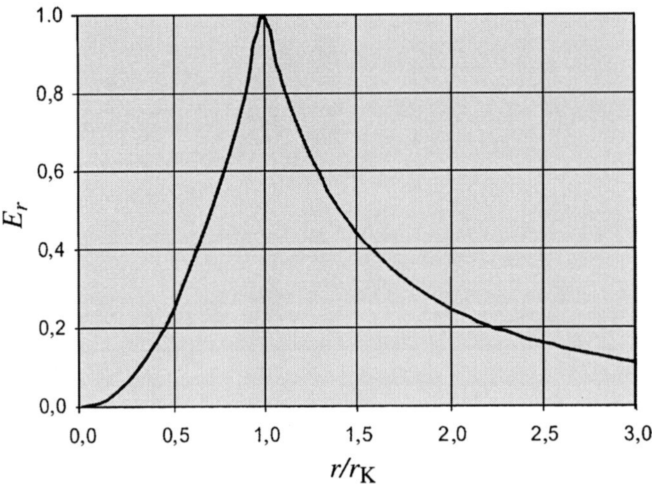

Anmerkung: Bei $r = r_K$ stimmen die beiden Ausdrücke für das Feld in Teilaufgabe b miteinander überein.

L19.22 a) Eine Kugelschale mit der Dicke dr und dem Radius r hat das Volumen $4\pi r^2 \, dr$. Mit der gegebenen Beziehung $\rho = C/r$ für die Raumladungsdichte bei $r < r_K$ ist die Ladung der Kugelschale

$$dq = 4\pi r^2 \rho \, dr = 4\pi r^2 \, (C/r) \, dr = 4\pi C r \, dr \,.$$

Die Gesamtladung ergibt sich durch Integration von 0 bis r_K:

$$q = 4\pi C \int_0^{r_K} r \, dr = \left[2\pi C r^2 \right]_0^{r_K} = 2\pi C r_K^2.$$

b) Gemäß dem Gauß'schen Gesetz gilt für eine Kugelfläche, die den Radius $r > r_K$ hat und konzentrisch mit der nichtleitenden Kugel ist:

$$\oint_A E_r \, dA = q_{innen}/\varepsilon_0 \,, \quad \text{also} \quad 4\pi r^2 E_r = q_{innen}/\varepsilon_0 \,.$$

Wir setzen hier für die Ladung q_{innen} den in Teilaufgabe a ermittelten Ausdruck $2\pi C r_K^2$ ein und erhalten für das Feld

$$E_{r>r_K} = \frac{1}{4\pi\varepsilon_0} \frac{q_{innen}}{r^2} = \frac{1}{4\pi\varepsilon_0} \frac{2\pi C r_K^2}{r^2} = \frac{C r_K^2}{2 \varepsilon_0 r^2} \,.$$

Bei $r < r_K$ ist $q_{innen} = 2\pi C r^2$, und wir erhalten für das Feld

$$E_{r<r_K} = \frac{1}{4\pi\varepsilon_0} \frac{q_{innen}}{r^2} = \frac{1}{4\pi\varepsilon_0} \frac{2\pi C r^2}{r^2} = \frac{C}{2 \varepsilon_0} \,.$$

c) In der Abbildung ist E_r in Vielfachen von $C/(2\,\varepsilon_0)$ gegen r/r_K aufgetragen.

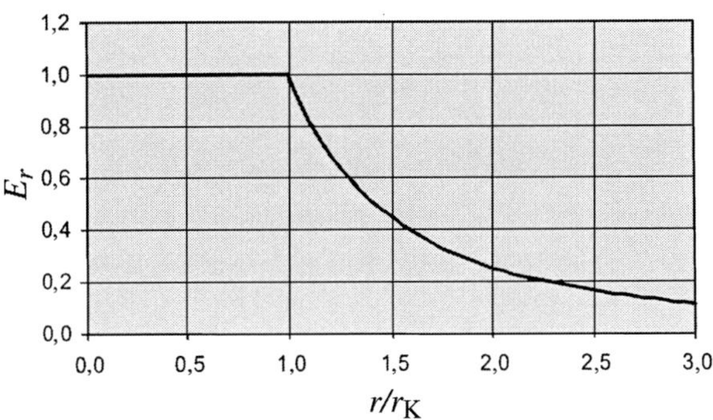

Anmerkung: Bei $r = r_K$ stimmen die beiden Ausdrücke für das Feld in Teilaufgabe b miteinander überein.

Anwendungen des Gauß'schen Gesetzes bei Zylindersymmetrie

L19.23 Für das elektrische Feld einer Linienladung, die die Linienladungsdichte λ und eine unendliche Länge hat, gilt im senkrechten Abstand r von ihrer Achse

$$E_r = \frac{1}{2\pi\varepsilon_0} \frac{\lambda}{r} \,.$$

Weil die Feldstärke umgekehrt proportional zum Abstand ist, ist sie direkt an der Oberfläche des Leiters, also bei dessen Radius r_L, maximal. Hierfür gilt

$$E_{max} = \frac{1}{2\pi\varepsilon_0} \frac{\lambda}{r_L} \,.$$

Mit der gegebenen maximalen Feldstärke $5{,}50 \cdot 10^6 \, \text{N/C}$ ergibt sich daraus die Linienladungsdichte an der Oberfläche des Leiters zu

$$\begin{aligned}
\lambda &= 2\pi \varepsilon_0 r_L E_{max} \\
&= 2\pi \, (8{,}854 \cdot 10^{-12} \, \text{C}^2 \cdot \text{N}^{-1} \cdot \text{m}^{-2}) \\
&\quad \cdot (0{,}250 \, \text{mm}) \, (5{,}50 \cdot 10^6 \, \text{N} \cdot \text{C}^{-1}) \\
&= 76{,}5 \, \text{pC} \cdot \text{m}^{-1} \,.
\end{aligned}$$

L19.24 Gemäß dem Gauß'schen Gesetz gilt für das Feld

$$\oint_A E_n \, dA = q_{innen}/\varepsilon_0 \,.$$

Aus Symmetriegründen muss das Feld am Zylinder in tangentialer Richtung verschwinden. Ferner können wir die Randbereiche außer Acht lassen, weil sie von keinem Fluss durchsetzt werden. Für das Feld an der zylindrischen Oberfläche, die den Radius $r_\perp$ und die Länge l hat und konzentrisch zum unendlich langen nichtleitenden Zylinder angeordnet ist, erhalten wir daher

$$2\,\pi\,r_\perp\,l\,E_\mathrm{n} = q_\mathrm{innen}/\varepsilon_0 \quad \text{sowie} \quad E_\mathrm{n} = \frac{q_\mathrm{innen}}{2\,\pi\,\varepsilon_0\,r_\perp\,l}\,.$$

Bei $r_\perp < r_\mathrm{Z}$ ist $q_\mathrm{innen} = \rho_0\,V = \rho_0\,\pi\,r_\perp^2\,l$.

Daraus ergibt sich mit der Linienladungsdichte $\lambda = \pi\,r_\mathrm{Z}^2\,\rho_0$ für das Feld

$$E_{\mathrm{n},r_\perp<r_\mathrm{Z}} = \frac{\rho_0\,\pi\,r_\perp^2\,l}{2\,\pi\,\varepsilon_0\,r_\perp\,l} = \frac{\rho_0\,r_\perp}{2\,\varepsilon_0} = \frac{\lambda\,r_\perp}{2\,\pi\,\varepsilon_0\,r_\mathrm{Z}^2}\,.$$

Bei $r_\perp > r_\mathrm{Z}$ ist $q_\mathrm{innen} = \rho_0\,V = \rho_0\,\pi\,r_\mathrm{Z}^2\,l$. Hiermit sowie mit der Linienladungsdichte $\lambda = \pi\,r_\mathrm{Z}^2\,\rho_0$ erhalten wir für das Feld

$$E_{\mathrm{n},r_\perp>r_\mathrm{Z}} = \frac{\rho_0\,\pi\,r_\mathrm{Z}^2\,l}{2\,\pi\,\varepsilon_0\,r_\perp\,l} = \frac{\rho_0\,r_\mathrm{Z}^2}{2\,\varepsilon_0\,r_\perp} = \frac{\lambda}{2\,\pi\,\varepsilon_0\,r_\perp}\,.$$

L19.25 a) Das elektrische Feld ist radial nach außen gerichtet. An der zylindrischen Oberfläche, die den Radius r und die Länge l hat und konzentrisch zum unendlich langen inneren Leiter angeordnet ist, gilt gemäß dem Gauß'schen Gesetz

$$\oint_A E_\mathrm{n}\,\mathrm{d}A = q_\mathrm{innen}/\varepsilon_0\,.$$

Daraus folgt $2\,\pi\,r\,l\,E_\mathrm{n} = q_\mathrm{innen}/\varepsilon_0$ sowie

$$E_\mathrm{n} = \frac{1}{4\pi\varepsilon_0}\,\frac{2\,q_\mathrm{innen}}{l\,r}\,. \tag{1}$$

Bei $r < 1{,}50\,\mathrm{cm}$ ist $q_\mathrm{innen} = 0$, und das Feld ist $E_{\mathrm{n},1} = 0$.

Bei $1{,}50\,\mathrm{cm} < r < 4{,}50\,\mathrm{cm}$ ist $q_\mathrm{innen} = \lambda\,l$, und wir erhalten für das Feld

$$\begin{aligned}
E_{\mathrm{n},2} &= \frac{1}{4\pi\varepsilon_0}\,\frac{2\,\lambda\,l}{l\,r} = \frac{1}{4\pi\varepsilon_0}\,\frac{2\,\lambda}{r} \\
&= 2\,(8{,}988\cdot10^9\,\mathrm{N\cdot m^2\cdot C^{-2}})\,\frac{6{,}00\,\mathrm{nC\cdot m^{-1}}}{r} \\
&= \frac{108\,\mathrm{N\cdot m\cdot C^{-1}}}{r}\,.
\end{aligned}$$

Bei $4{,}50\,\mathrm{cm} < r < 6{,}50\,\mathrm{cm}$ ist $q_\mathrm{innen} = 0$, und das Feld ist

$$E_{\mathrm{n},3} = 0\,.$$

Wir bezeichnen die Flächenladungsdichte auf der inneren Oberfläche mit σ_2. Damit ist bei $r > 6{,}50\,\mathrm{cm}$ die Ladung $q_\mathrm{innen} = A_2\,\sigma_2 = 2\,\pi\,r_2\,\sigma_2\,l$, wobei $r_2 = 6{,}50\,\mathrm{cm}$ ist. Wir verwenden nun Gleichung 1 und setzen für den Betrag von σ_2 den Wert

$21{,}22\,\mathrm{nC\cdot m^{-2}}$ ein, den wir in Teilaufgabe b berechnen werden. Damit ergibt sich das Feld hier zu

$$\begin{aligned}
E_{\mathrm{n},4} &= \frac{1}{4\pi\varepsilon_0}\,\frac{2\,q_\mathrm{innen}}{l\,r} = \frac{1}{4\pi\varepsilon_0}\,\frac{4\,\pi\,r_2\,\sigma_2\,l}{l\,r} = \frac{\sigma_2\,r_2}{\varepsilon_0\,r} \\
&= \frac{(21{,}22\,\mathrm{nC\cdot m^{-2}})\,(6{,}50\,\mathrm{cm})}{(8{,}854\cdot10^{-12}\,\mathrm{C^2\cdot N^{-1}\cdot m^{-2}})\,r} \\
&= \frac{156\,\mathrm{N\cdot m\cdot C^{-1}}}{r}\,.
\end{aligned}$$

b) Die Flächenladungsdichten σ_i und σ_a an der inneren bzw. an der äußeren Oberfläche sind

$$\begin{aligned}
\sigma_\mathrm{i} &= \frac{-\lambda}{2\,\pi\,r_\mathrm{i}} = \frac{-6{,}00\,\mathrm{nC\cdot m^{-1}}}{2\,\pi\,(0{,}0450\,\mathrm{m})} = -21{,}22\,\mathrm{nC\cdot m^{-2}} \\
&= -21{,}2\,\mathrm{nC\cdot m^{-2}}\,, \\
\sigma_\mathrm{a} &= \frac{\lambda}{2\,\pi\,r_\mathrm{a}} = \frac{6{,}00\,\mathrm{nC\cdot m^{-1}}}{2\,\pi\,(0{,}0650\,\mathrm{m})} = 14{,}7\,\mathrm{nC\cdot m^{-2}}\,.
\end{aligned}$$

L19.26 a) Die auf das Elektron im Abstand r von der Achse des Leiters einwirkende elektrische Kraft ist das Produkt aus seiner Ladung e und der Feldstärke: $F_{\mathrm{e},r} = -e\,E_r$.

Darin gibt das Minuszeichen an, dass die Kraft radial nach innen, also dem Feld entgegen, gerichtet ist.

Für die Feldstärke einer Linienladung, die die Linienladungsdichte λ und eine unendliche Länge hat, gilt im senkrechten Abstand r von ihrer Achse

$$E_r = \frac{1}{2\,\pi\,\varepsilon_0}\,\frac{\lambda}{r}\,.$$

Damit erhalten wir für die elektrische Kraft auf das Elektron

$$F_{\mathrm{e},r} = -e\,E_r = -\frac{e\,\lambda}{2\,\pi\,\varepsilon_0}\,\frac{1}{r}\,.$$

Gemäß dem zweiten Newton'schen Axiom ist die Kraft gleich dem Produkt aus der Masse und der Beschleunigung, sodass gilt:

$$-\frac{e\,\lambda}{2\,\pi\,\varepsilon_0}\,\frac{1}{r} = m\,\frac{\mathrm{d}v}{\mathrm{d}t} = m\,\frac{\mathrm{d}v}{\mathrm{d}t}\,\frac{\mathrm{d}r}{\mathrm{d}r} = m\,\frac{\mathrm{d}v}{\mathrm{d}r}\,\frac{\mathrm{d}r}{\mathrm{d}t} = m\,v\,\frac{\mathrm{d}v}{\mathrm{d}r}\,.$$

Darin haben wir $\mathrm{d}r/\mathrm{d}t = v$ gesetzt. Separieren der Variablen ergibt

$$v\,\mathrm{d}v = -\frac{e\,\lambda}{2\,\pi\,m\,\varepsilon_0}\,\frac{\mathrm{d}r}{r}\,.$$

Wir integrieren von der Geschwindigkeit null (weil das Elektron zu Beginn ruht) bis zur Endgeschwindigkeit:

$$\int_0^{v_\mathrm{E}} v\,\mathrm{d}v = -\frac{e\,\lambda}{2\,\pi\,m\,\varepsilon_0}\int_{r_1}^{r_2}\frac{\mathrm{d}r}{r}\,.$$

Daraus folgt

$$\frac{1}{2}\,v_{\mathrm{E}}^2 = -\frac{e\,\lambda}{2\,\pi\,m\,\varepsilon_0}\,\ln\frac{r_2}{r_1} = \frac{e\,\lambda}{2\,\pi\,m\,\varepsilon_0}\,\ln\frac{r_1}{r_2}\,,$$

und wir erhalten für die Endgeschwindigkeit

$$v_{\mathrm{E}} = \sqrt{\frac{e\,\lambda}{\pi\,m\,\varepsilon_0}}\,\sqrt{\ln\frac{r_1}{r_2}}$$

$$= \sqrt{\frac{(1{,}602\cdot 10^{-19}\,\mathrm{C})\,(76{,}5\,\mathrm{pC\cdot m^{-1}})}{\pi\,(9{,}109\cdot 10^{-31}\,\mathrm{kg})\,(8{,}854\cdot 10^{-12}\,\mathrm{C^2\cdot N^{-1}\cdot m^{-2}})}}$$

$$\cdot\sqrt{\ln\frac{0{,}0200\,\mathrm{m} - 0{,}0025\,\mathrm{m}}{0{,}250\,\mathrm{m}}}$$

$$= 1{,}46\cdot 10^6\,\mathrm{m\cdot s^{-1}}\,.$$

b) Das positive Ion bewegt sich in radialer Richtung nach außen und trifft auf die Innenfläche des Zählrohrs anstatt auf den Draht. Wegen seiner viel größeren Masse als der des Elektrons ist seine Endgeschwindigkeit wesentlich geringer, weil die beschleunigende elektrische Kraft denselben Betrag hat.

Elektrische Ladungen und Felder an Leiteroberflächen

L19.27 Weil sich die Kupfermünze in einem äußeren Feld befindet, das senkrecht auf ihren beiden kreisförmigen Oberflächen steht, werden auf diesen Flächen Ladungen mit entgegengesetzten Vorzeichen induziert.

a) Das elektrische Feld, das von einer Flächenladungsdichte σ hervorgerufen wird, hat den Betrag $E = \sigma/\varepsilon_0$. Damit ist die Flächenladungsdichte auf einer Kreisfläche

$$\sigma = \varepsilon_0\,E = (8{,}854\cdot 10^{-12}\,\mathrm{C^2\cdot N^{-1}\cdot m^{-2}})\,(1{,}60\,\mathrm{kN\cdot C^{-1}})$$
$$= 14{,}17\,\mathrm{nC\cdot m^{-2}} = 14{,}2\,\mathrm{nC\cdot m^{-2}}\,.$$

b) Die Ladung auf einer kreisförmigen Fläche A der Münze ergibt sich aus der Beziehung $\sigma = q/A = q/(\pi r^2)$, und wir erhalten

$$q = \pi r^2\,\sigma = \pi\,(0{,}0100\,\mathrm{m})^2\,(14{,}17\,\mathrm{nC\cdot m^{-2}}) = 4{,}45\,\mathrm{pC}\,.$$

L19.28 a) Die Richtung eines elektrischens Feld ist die Richtung, in der es eine Kraft auf eine positive Ladung ausübt. Also muss die Erdoberfläche negativ geladen sein.

b) Für das Feld gilt gemäß dem Gauß'schen Gesetz

$$\oint_A E_{\mathrm{n}}\,\mathrm{d}A = q_{\mathrm{innen}}/\varepsilon_0\,.$$

Bei der kugelförmigen Erde mit dem Radius r_{E} ergibt sich daraus $4\,\pi\,r_{\mathrm{E}}^2\,E_{\mathrm{n}} = q_{\mathrm{innen}}/\varepsilon_0$, und mit $q_{\mathrm{innen}} = q_{\mathrm{E}}$ erhalten wir für

diese Ladung auf der Erdoberfläche

$$q_{\mathrm{E}} = (4\pi\varepsilon_0)\,r_{\mathrm{E}}^2\,E_{\mathrm{n}}$$
$$= \frac{(6{,}37\cdot 10^6\,\mathrm{m})^2\,(150\,\mathrm{N\cdot C^{-1}})}{8{,}988\cdot 10^9\,\mathrm{N\cdot m^2\cdot C^{-2}}} = 677\,\mathrm{kC}\,.$$

L19.29 Gemäß dem Gauß'schen Gesetz ist das Feld an der Oberfläche einer geladenen Kugel, die den Radius r hat:

$$E = \frac{1}{4\pi\varepsilon_0}\,\frac{q}{r^2}\,.$$

Für das beim minimalen Radius herrschende maximale Feld gilt daher

$$E_{\mathrm{max}} = \frac{1}{4\pi\varepsilon_0}\,\frac{q}{r_{\mathrm{min}}^2}\,.$$

Damit erhalten wir

$$r_{\mathrm{min}} = \sqrt{\frac{1}{4\pi\varepsilon_0}\,\frac{q}{E_{\mathrm{max}}}}$$

$$= \sqrt{\frac{(8{,}988\cdot 10^9\,\mathrm{N\cdot m^2\cdot C^{-2}})\,(18\,\mu\mathrm{C})}{3{,}0\cdot 10^6\,\mathrm{N\cdot C^{-1}}}} = 23\,\mathrm{cm}\,.$$

Allgemeine Aufgaben

L19.30 a) Die auf der Hohlkugel 3 befindliche Ladung hat keinen Einfluss auf das elektrische Feld zwischen den Kugeln 1 und 2. Daher zeigt das Feld hier zur negativen Ladung hin, die sich auf der innersten Kugel befindet.

b) Die Ladung $-q_0$ auf der Kugel 1 induziert auf der Innenfläche der Hohlkugel 2 eine gleich große Ladung, die aber das entgegengesetzte Vorzeichen hat: $+q_0$.

c) Die Ladung $+q_0$ auf der Innenfläche der Hohlkugel 2 bewirkt, dass ihre Außenfläche eine gleich große, aber entgegengesetzte Ladung, also $-q_0$, aufweist.

d) Die Ladung $-q_0$ auf der Außenfläche der Hohlkugel 2 induziert auf der Innenfläche der Hohlkugel 3 eine gleich große Ladung, die aber das entgegengesetzte Vorzeichen hat: $+q_0$.

e) Weil die Hohlkugel 3 schon die Gesamtladung $+q_0$ trägt, die sich nun aufgrund der elektrostatischen Induktion auf ihrer Innenfläche befindet, ist ihre Außenfläche nicht geladen.

f) Die Abbildung zeigt das Feld E in der gesamten Anordnung in Abhängigkeit vom Radius r.

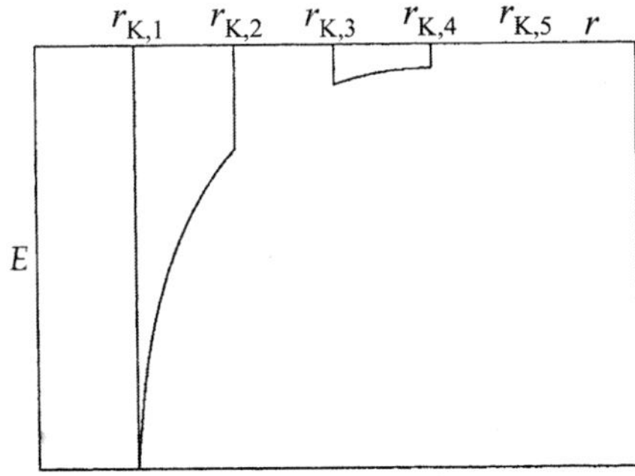

L19.31 Es existieren zwei Beiträge zum Feld innerhalb des Lochs. Der eine ist das Feld der homogen geladenen Kugelschale mit der Ladung q, und der andere ist das Feld der kleinen Fläche des Lochs mit derselben Flächenladungsdichte wie die der Kugelschale, aber mit entgegengesetztem Vorzeichen der Ladung. Wir verwenden die Indices KS für die Kugelschale und L für das Loch sowie S für den Stöpsel.

a) Wie zuvor erläutert, ist das Feld gegeben durch

$$E = E_{\mathrm{KS}} + E_{\mathrm{L}} \, .$$

Gemäß dem Gauß'schen Gesetz gilt dann mit dem Radius r der Kugelschale

$$4\pi r^2 \, E_{\mathrm{KS}} = q_{\mathrm{innen}}/\varepsilon_0 = q/\varepsilon_0$$

und daher $E_{\mathrm{KS}} = \dfrac{1}{4\pi\varepsilon_0} \dfrac{q}{r^2}$.

Wir nehmen an, dass das Loch so klein ist, dass wir diesen Ausschnitt der Kugeloberfläche als eben betrachten können. Dann erhalten wir mit der Flächenladungsdichte σ für das Feld des Lochs

$$E_{\mathrm{L}} = \frac{-\sigma}{2\,\varepsilon_0} \, .$$

Das gesamte Feld ergibt sich also mit $\sigma = q/(4\pi r^2)$ zu

$$E = E_{\mathrm{KS}} + E_{\mathrm{L}} = \frac{1}{4\pi\varepsilon_0}\frac{q}{r^2} + \frac{-\sigma}{2\,\varepsilon_0}$$

$$= \frac{q}{4\pi\varepsilon_0\, r^2} - \frac{q}{2\,\varepsilon_0\,(4\pi r^2)} = \frac{1}{4\pi\varepsilon_0}\frac{q}{2\,r^2} \, .$$

Dieses Feld ist radial nach außen gerichtet.

b) Auf den Stöpsel, der die Ladung q_{S} trägt und den Radius r_{S} hat, wirkt die Kraft $F = q_{\mathrm{S}}\,E$. Das Verhältnis seiner Ladung zur Ladung der Kugelschale ist

$$\frac{q_{\mathrm{S}}}{\pi\,r_{\mathrm{S}}^2} = \frac{q}{4\pi r^2} \, , \qquad \text{woraus folgt:} \qquad q_{\mathrm{S}} = \frac{r_{\mathrm{S}}^2\,q}{4\,r^2} \, .$$

Mit dem in Teilaufgabe a aufgestellten Ausdruck für das Feld E ergibt sich also für die Kraft auf den Stöpsel

$$F = q_{\mathrm{S}}\,E = \frac{r_{\mathrm{S}}^2\,q}{4\,r^2}\,\frac{1}{4\pi\varepsilon_0}\,\frac{q}{2\,r^2} = \frac{1}{4\pi\varepsilon_0}\,\frac{q^2\,r_{\mathrm{S}}^2}{8\,r^4} \, .$$

Dieses Feld ist radial nach innen gerichtet.

c) Der Druck ist der Quotient aus der Kraft und der Fläche:

$$P = \frac{F}{\pi\,r_{\mathrm{S}}^2} = \frac{1}{4\pi\varepsilon_0}\,\frac{q^2}{8\,\pi\,r^4} \, .$$

L19.32 Das elektrische Feld an irgendeinem Raumpunkt rührt von den Feldern beider Flächen her: $E = E_1 + E_2$.

a) Beim Punkt A, also bei $x = 6{,}0\,\mathrm{m}$, $y = 2{,}0\,\mathrm{m}$ ist das von der Ebene 1 hervorgerufene Feld

$$E_{1,\mathrm{A}} = \frac{\sigma_1}{2\,\varepsilon_0}\,\widehat{\boldsymbol{y}} = \frac{65\,\mathrm{nC}\cdot\mathrm{m}^{-2}}{2\,(8{,}854\cdot10^{-12}\,\mathrm{C}^2\cdot\mathrm{N}^{-1}\cdot\mathrm{m}^{-2})}\,\widehat{\boldsymbol{y}}$$

$$= (3{,}67\,\widehat{\boldsymbol{y}})\,\mathrm{kN}\cdot\mathrm{C}^{-1} \, ,$$

und für das von der Ebene 2 hier hervorgerufene Feld ergibt sich entsprechend

$$E_{2,\mathrm{A}} = \frac{\sigma_2}{2\,\varepsilon_0}\,\widehat{\boldsymbol{r}} = \frac{45\,\mathrm{nC}\cdot\mathrm{m}^{-2}}{2\,(8{,}854\cdot10^{-12}\,\mathrm{C}^2\cdot\mathrm{N}^{-1}\cdot\mathrm{m}^{-2})}\,\widehat{\boldsymbol{r}}$$

$$= (2{,}54\,\widehat{\boldsymbol{r}})\,\mathrm{kN}\cdot\mathrm{C}^{-1} \, .$$

Darin ist $\widehat{\boldsymbol{r}}$ der Einheitsvektor, der von der Ebene 2 zum Punkt A bei (6,0 m, 2,0 m) zeigt. Aufgrund der geometrischen Gegebenheiten (siehe Abbildung) gilt für diesen Einheitsvektor

$$\widehat{\boldsymbol{r}} = (\sin 30°)\,\widehat{\boldsymbol{x}} - (\cos 30°)\,\widehat{\boldsymbol{y}} \, .$$

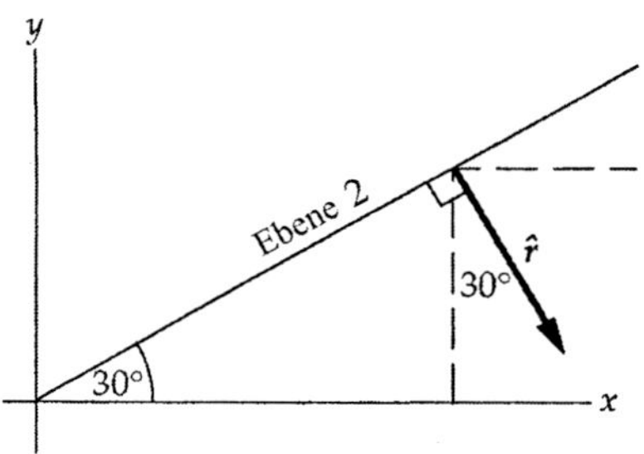

Das setzen wir ein und erhalten

$$E_{2,\mathrm{A}} = (2{,}54\,\mathrm{kN}\cdot\mathrm{C}^{-1})\,[(\sin 30°)\,\widehat{\boldsymbol{x}} - (\cos 30°)\,\widehat{\boldsymbol{y}}]$$

$$= (1{,}27\,\widehat{\boldsymbol{x}})\,\mathrm{kN}\cdot\mathrm{C}^{-1} + (-2{,}20\,\widehat{\boldsymbol{y}})\,\mathrm{kN}\cdot\mathrm{C}^{-1} \, .$$

Das gesamte Feld im Punkt A ist damit

$$E_{\mathrm{A}} = E_{1,\mathrm{A}} + E_{2,\mathrm{A}}$$

$$= (3{,}67\,\widehat{\boldsymbol{y}})\,\mathrm{kN}\cdot\mathrm{C}^{-1}$$

$$+ (1{,}27\,\widehat{\boldsymbol{x}})\,\mathrm{kN}\cdot\mathrm{C}^{-1} + (-2{,}20\,\widehat{\boldsymbol{y}})\,\mathrm{kN}\cdot\mathrm{C}^{-1}$$

$$= (1{,}3\,\widehat{\boldsymbol{x}})\,\mathrm{kN}\cdot\mathrm{C}^{-1} + (1{,}5\,\widehat{\boldsymbol{y}})\,\mathrm{kN}\cdot\mathrm{C}^{-1} \, .$$

b) Beim Punkt B, also bei $x = 6{,}0\,\mathrm{m}$, $y = 5{,}0\,\mathrm{m}$, ist das von der Ebene 1 hervorgerufene Feld

$$E_{1,\mathrm{B}} = \frac{\sigma_1}{2\,\varepsilon_0}\,\widehat{\boldsymbol{y}} = \frac{65\,\mathrm{nC}\cdot\mathrm{m}^{-2}}{2\,(8{,}854\cdot10^{-12}\,\mathrm{C}^2\cdot\mathrm{N}^{-1}\cdot\mathrm{m}^{-2})}\,\widehat{\boldsymbol{y}}$$

$$= (3{,}67\,\widehat{\boldsymbol{y}})\,\mathrm{kN}\cdot\mathrm{C}^{-1} \, .$$

Für das von der Ebene 2 an diesem Punkt hervorgerufene Feld gilt $E_{2,\mathrm{B}} = -E_{2,\mathrm{A}}$ und daher

$$E_{2,\mathrm{B}} = (-1{,}27\,\widehat{\boldsymbol{x}})\,\mathrm{kN}\cdot\mathrm{C}^{-1} + (2{,}20\,\widehat{\boldsymbol{y}})\,\mathrm{kN}\cdot\mathrm{C}^{-1} \, .$$

Damit ist das gesamte Feld im Punkt B

$$
\begin{aligned}
\boldsymbol{E}_{\mathrm{B}} &= \boldsymbol{E}_{1,\mathrm{B}} + \boldsymbol{E}_{2,\mathrm{B}} \\
&= (3{,}67\,\widehat{\boldsymbol{y}}\,)\,\mathrm{kN}\cdot\mathrm{C}^{-1} \\
&\quad + (-1{,}27\,\widehat{\boldsymbol{x}}\,)\,\mathrm{kN}\cdot\mathrm{C}^{-1} + (2{,}20\,\widehat{\boldsymbol{y}}\,)\,\mathrm{kN}\cdot\mathrm{C}^{-1} \\
&= (-1{,}3\,\widehat{\boldsymbol{x}}\,)\,\mathrm{kN}\cdot\mathrm{C}^{-1} + (5{,}9\,\widehat{\boldsymbol{y}}\,)\,\mathrm{kN}\cdot\mathrm{C}^{-1}\,.
\end{aligned}
$$

L19.33 a) Weil das Atom insgesamt nicht geladen ist, muss die Integration der Ladungsverteilung des Elektrons über den gesamten Raum den Betrag von dessen Ladung ergeben:

$$
e = \int_0^\infty \rho(r)\,\mathrm{d}V = \int_0^\infty \rho(r)\,4\,\pi\,r^2\,\mathrm{d}r\,.
$$

Mit der gegebenen Beziehung $\rho(r) = -\rho_0\,\mathrm{e}^{-2r/a}$ ergibt sich daraus

$$
e = -\int_0^\infty \rho_0\,\mathrm{e}^{-2r/a}\,4\,\pi\,r^2\,\mathrm{d}r = -4\,\pi\,\rho_0 \int_0^\infty r^2\,\mathrm{e}^{-2r/a}\,\mathrm{d}r\,.
$$

Das Integral können wir nachschlagen oder durch partielle Integration lösen. Es hat den Wert $a^3/4$, und wir erhalten

$$
e = -4\,\pi\,\rho_0\,\frac{a^3}{4} = -\pi\,a^3\,\rho_0 \quad \text{sowie} \quad \rho_0 = -\frac{e}{\pi\,a^3}\,.
$$

b) Das elektrische Feld im Abstand r vom Kern ergibt sich aus der Überlagerung der Felder des Protons, das wir als Punktladung (Index P) betrachten, und des Elektrons, dessen Ladung ja verteilt ist (Index LV für Ladungsverteilung):

$$
E = E_{\mathrm{P}} + E_{\mathrm{LV}} = \frac{1}{4\pi\varepsilon_0}\,\frac{q_r}{r^2} + E_{\mathrm{LV}}\,.
$$

Mit der Nettoladung $q_{\mathrm{innen},\,r}$ des Elektrons, die sich innerhalb des Radius r um das Proton befindet, gilt für das von diesem Radius abhängige Feld der Elektronenladung

$$
E_{\mathrm{LV},\,r} = \frac{1}{4\pi\varepsilon_0}\,\frac{q_{\mathrm{innen},\,r}}{r^2}\,.
$$

Damit ist das gesamte Feld gegeben durch

$$
E_r = \frac{1}{4\pi\varepsilon_0}\left(\frac{e}{r^2} + \frac{q_{\mathrm{innen},\,r}}{r^2}\right)\,. \tag{1}
$$

Ähnlich wie in Teilaufgabe a integrieren wir die Ladung über den Raum, diesmal aber nur bis zum Radius r':

$$
q_r = \int_0^r 4\,\pi\,(r')^2\,\rho_{r'}\,\mathrm{d}r' = 4\,\pi \int_0^r (r')^2\,\rho_0\,\mathrm{e}^{-2r/a}\,\mathrm{d}r'\,.
$$

Mit dem in Teilaufgabe a aufgestellten Ausdruck

$$
\rho_0 = -\frac{e}{\pi\,a^3}
$$

ergibt sich

$$
\begin{aligned}
q_r &= 4\,\pi\,\frac{-e}{\pi\,a^3}\int_0^r (r')^2\,\mathrm{e}^{-2r'/a}\,\mathrm{d}r' \\
&= \frac{-4\,e}{a^3}\int_0^r (r')^2\,\mathrm{e}^{-2r'/a}\,\mathrm{d}r'\,.
\end{aligned}
$$

Wir schlagen das Integral nach und erhalten

$$
\begin{aligned}
\int_0^r x^2\,\mathrm{e}^{-\frac{2x}{a}}\,\mathrm{d}x &= \tfrac{1}{4}\,\mathrm{e}^{-\frac{2r}{a}}\,a\left[\left(\mathrm{e}^{-\frac{2r}{a}}-1\right)a^2 - 2\,a\,r - 2\,r^2\right] \\
&= \tfrac{1}{4}\,\mathrm{e}^{-\frac{2r}{a}}\,a^3\left[\left(\mathrm{e}^{-\frac{2r}{a}}-1\right) - 2\,\frac{r}{a} - 2\,\frac{r^2}{a^2}\right] \\
&= \frac{a^3}{4}\left[\left(1-\mathrm{e}^{-\frac{2r}{a}}\right) - 2\,\mathrm{e}^{-\frac{2r}{a}}\left(\frac{r}{a} + \frac{r^2}{a^2}\right)\right]\,.
\end{aligned}
$$

Für die Ladungsverteilung ergibt sich damit

$$
q_r = \frac{-e}{4}\left[\left(1-\mathrm{e}^{-\frac{2r}{a}}\right) - 2\,\mathrm{e}^{-\frac{2r}{a}}\left(\frac{r}{a} + \frac{r^2}{a^2}\right)\right]\,.
$$

Einsetzen in Gleichung 1 liefert schließlich

$$
\begin{aligned}
E_r &= \frac{1}{4\pi\varepsilon_0}\left\{\frac{e}{r^2} - \frac{e}{4\,r^2}\left[\left(1-\mathrm{e}^{-\frac{2r}{a}}\right) - 2\,\mathrm{e}^{-\frac{2r}{a}}\left(\frac{r}{a} + \frac{r^2}{a^2}\right)\right]\right\} \\
&= \frac{1}{4\pi\varepsilon_0}\,\frac{e}{r^2}\left\{1 - \frac{1}{4}\left[\left(1-\mathrm{e}^{-\frac{2r}{a}}\right) - 2\,\mathrm{e}^{-\frac{2r}{a}}\left(\frac{r}{a} + \frac{r^2}{a^2}\right)\right]\right\}\,.
\end{aligned}
$$

L19.34 a) Das elektrische Feld auf der Achse einer Ringladung q mit dem Radius r_{R} ist im axialen Abstand x vom Ring gegeben durch

$$
E_x = \frac{1}{4\pi\varepsilon_0}\,\frac{q\,x}{(x^2 + r_{\mathrm{R}}^2)^{3/2}}\,.
$$

Wir formen um, wobei wir zunächst r_{R}^2 in der Wurzel im Nenner ausklammern:

$$
\begin{aligned}
E_x &= \frac{1}{4\pi\varepsilon_0}\,\frac{q\,x}{\left[r_{\mathrm{R}}^2\left(1 + \dfrac{x^2}{r_{\mathrm{R}}^2}\right)\right]^{3/2}} = \frac{1}{4\pi\varepsilon_0}\,\frac{q\,x}{r_{\mathrm{R}}^3\left(1 + \dfrac{x^2}{r_{\mathrm{R}}^2}\right)^{3/2}} \\
&\approx \frac{1}{4\pi\varepsilon_0}\,\frac{q\,x}{r_{\mathrm{R}}^3}\,.
\end{aligned}
$$

Dabei gilt die Näherung für $x \ll r_{\mathrm{R}}$. (Der Bruch in der Klammer kann dabei vernachlässigt werden.)

b) Für die in x-Richtung wirkende Kraft auf das Teilchen mit der Ladung q_0 gilt

$$
F_x = q_0\,E_x = \frac{1}{4\pi\varepsilon_0}\,\frac{q_0\,q}{r_{\mathrm{R}}^3}\,x\,.
$$

c) Nach einer kleinen Auslenkung des negativ geladenen Teilchens wirkt eine Rückstellkraft, die proportional zur Auslenkung ist, und es gilt gemäß dem zweiten Newton'schen Axiom

$$m \, \frac{\mathrm{d}^2 x}{\mathrm{d}t^2} = -\frac{1}{4\pi\varepsilon_0} \, \frac{q_0 \, q}{r_{\mathrm{R}}^3} \, x \, .$$

Dies ist gleichbedeutend mit $\dfrac{\mathrm{d}^2 x}{\mathrm{d}t^2} + \dfrac{1}{4\pi\varepsilon_0} \, \dfrac{q_0 \, q}{m \, r_{\mathrm{R}}^3} \, x = 0$,

also formal mit der Differenzialgleichung für eine harmonische Schwingung.

d) Der eben aufgestellten Differenzialgleichung entnehmen wir durch Vergleich der Koeffizienten, dass für das Quadrat der Kreisfrequenz der Schwingung gilt:

$$\omega^2 = \frac{1}{4\pi\varepsilon_0} \, \frac{q_0 \, q}{m \, r_{\mathrm{R}}^3} \, .$$

Daraus folgt für die Kreisfrequenz bzw. für die Frequenz

$$\omega = \sqrt{\frac{1}{4\pi\varepsilon_0} \, \frac{q_0 \, q}{m \, r_{\mathrm{R}}^3}} \quad \text{bzw.} \quad \nu = \frac{1}{2\pi} \sqrt{\frac{1}{4\pi\varepsilon_0} \, \frac{q_0 \, q}{m \, r_{\mathrm{R}}^3}} \, .$$

L19.35 a) Für das elektrische Feld einer homogen geladenen, nichtleitenden Kugel mit der Raumladungsdichte ρ gilt

$$\boldsymbol{E}_\rho = E \, \widehat{\boldsymbol{r}} \, , \tag{1}$$

wobei $\widehat{\boldsymbol{r}}$ ein radial nach außen weisender Einheitsvektor ist. Gemäß dem Gauß'schen Gesetz ist der Betrag des Felds im radialen Abstand r vom Mittelpunkt der Kugel gegeben durch

$$\oint_A E_{\mathrm{n}} \, \mathrm{d}A = 4\pi r^2 \, E_\rho = q_{\mathrm{innen}}/\varepsilon_0 \, .$$

Die Raumladungsdichte ist $\rho = \dfrac{q_{\mathrm{innen}}}{\frac{4}{3}\pi r^3}$.

Für die Ladung innerhalb einer Kugelfläche mit dem Radius r, also innerhalb der Oberfläche A, ergibt sich daraus

$$q_{\mathrm{innen}} = \frac{4}{3} \pi r^3 \, \rho \, ,$$

und für das Feld erhalten wir

$$4\pi r^2 \, E_\rho = \frac{\frac{4}{3}\pi r^3 \rho}{\varepsilon_0} \quad \text{sowie} \quad E_\rho = \frac{\rho \, r}{3 \, \varepsilon_0} \, .$$

Einsetzen in Gleichung 1 liefert

$$E = \frac{\rho}{3 \, \varepsilon_0} \, r \, \widehat{\boldsymbol{r}} \, .$$

b) Das elektrische Feld an einem Punkt P(x, y) ergibt sich aus der Summe der Felder der zwei Ladungsverteilungen:

$$\boldsymbol{E} = \boldsymbol{E}_\rho + \boldsymbol{E}_{-\rho} = E_\rho \, \widehat{\boldsymbol{r}} + E_{-\rho} \, \widehat{\boldsymbol{r}}' \, . \tag{2}$$

Darin ist $\widehat{\boldsymbol{r}}'$ ein Einheitsvektor, der senkrecht auf einer Gauß'schen Oberfläche mit dem Mittelpunkt bei $x = b$ steht.

Wir wenden nun das Gauß'sche Gesetz auf eine kugelförmige Oberfläche mit dem Radius r' und dem Mittelpunkt bei $x = b = r/2$ an.

$$\oint_A E_{\mathrm{n}} \, \mathrm{d}A = 4\pi r'^2 \, E_{-\rho} = \frac{q_{\mathrm{innen}}}{\varepsilon_0} \, .$$

Zwischen der Ladungsdichte $-\rho$ und der Ladung q_{innen} besteht folgender Zusammenhang:

$$-\rho = \frac{q_{\mathrm{innen}}}{\frac{4}{3}\pi r'^3} \, , \quad \text{woraus folgt:} \quad q_{\mathrm{innen}} = -\frac{4}{3}\pi r'^3 \, \rho \, .$$

Einsetzen in die vorige Gleichung für $E_{-\rho}$ und Vereinfachen ergibt

$$E_{-\rho} = -\frac{\rho \, r'}{3 \, \varepsilon_0} \, .$$

Das sowie die Lösung von Teilaufgabe a setzen wir in Gleichung 2 ein und erhalten

$$\boldsymbol{E} = \frac{\rho}{3 \, \varepsilon_0} \, r \, \widehat{\boldsymbol{r}} - \frac{\rho}{3 \, \varepsilon_0} \, r' \, \widehat{\boldsymbol{r}} \, . \tag{3}$$

Mit den Koordinaten x und y irgendeines Punkts im Hohlraum gilt für die radialen Vektoren

$$\boldsymbol{r} = x \, \widehat{\boldsymbol{x}} + y \, \widehat{\boldsymbol{y}} \quad \text{bzw.} \quad \boldsymbol{r}' = (x - b) \, \widehat{\boldsymbol{x}} + y \, \widehat{\boldsymbol{y}} \, .$$

Das setzen wir in Gleichung 3 ein und vereinfachen:

$$\boldsymbol{E} = \frac{\rho}{3 \, \varepsilon_0} \, (x \, \widehat{\boldsymbol{x}} + y \, \widehat{\boldsymbol{y}}) - \frac{\rho}{3 \, \varepsilon_0} \, [(x - b) \, \widehat{\boldsymbol{x}} + y \, \widehat{\boldsymbol{y}}] = \frac{\rho \, b}{3 \, \varepsilon_0} \, \widehat{\boldsymbol{x}} \, .$$

Weil $\boldsymbol{E}$ von x und y unabhängig ist, erhalten wir:

$$\boldsymbol{E}_1 = \boldsymbol{E}_2 = \frac{\rho \, b}{3 \, \varepsilon_0} \, \widehat{\boldsymbol{x}} \, .$$

L19.36 Auf keine der beiden positiven Punktladungen soll eine resultierende Kraft wirken; also muss gemäß dem zweiten Newton'schen Axiom gelten:

$$F_{\mathrm{Coul.}} - F_{\mathrm{Feld}} = 0 \, .$$

Die elektrostatische Kraft zwischen den positiven Punktladungen (mit dem Abstand $2\,a$ voneinander) wirkt abstoßend und hat den Betrag

$$F_{\mathrm{Coul.}} = \frac{1}{4\pi\varepsilon_0} \, \frac{e^2}{(2\,a)^2} = \frac{1}{4\pi\varepsilon_0} \, \frac{e^2}{4\,a^2} \, .$$

Das von der negativen Ladungsverteilung erzeugte Feld übt eine Kraft mit dem Betrag $F_{\mathrm{Feld}} = e \, E$ aus.

Gemäß dem Gauß'schen Gesetz gilt für das elektrische Feld E einer kugelförmigen Ladungsverteilung mit dem Radius a und dem Mittelpunkt im Ursprung

$$4\pi a^2 E = q_{\text{innen}}/\varepsilon_0 \,.$$

Die gesamte Ladung $2e$ der beiden Elektronen ist in der Kugel mit dem Radius r gleichmäßig verteilt, sodass die beiden folgenden Verhältnisse gleich sind:

$$\frac{2e}{\frac{4}{3}\pi r^3} = \frac{q_{\text{innen}}}{\frac{4}{3}\pi a^3} \,.$$

Daraus folgt $q_{\text{innen}} = 2e\,a^3/r^3$. Das setzen wir in die vorige Gleichung für das Feld E ein und erhalten

$$4\pi a^2 E = \frac{q_{\text{innen}}}{\varepsilon_0} = \frac{2e\,a^3}{\varepsilon_0\,r^3} \qquad \text{sowie} \qquad E = \frac{e\,a}{2\pi\varepsilon_0\,r^3} \,.$$

Damit ist die vom Feld auf die positiven Punktladungen ausgeübte Kraft

$$F_{\text{Feld}} = e\,E = \frac{e^2\,a}{2\pi\varepsilon_0\,r^3} \,.$$

Einsetzen der Ausdrücke für beide Kräfte in die erste Gleichung ($F_{\text{Coul.}} - F_{\text{Feld}} = 0$) ergibt

$$\frac{1}{4\pi\varepsilon_0}\,\frac{e^2}{4\,a^2} - \frac{e^2\,a}{2\pi\varepsilon_0\,r^3} = 0$$

und (nach Herauskürzen von $4\pi\varepsilon_0$):

$$\frac{e^2}{4\,a^2} - \frac{2\,e^2\,a}{r^3} = 0 \,.$$

Daraus folgt schließlich $a = \sqrt[3]{\frac{1}{8}}\,r = \frac{1}{2}\,r$.

L19.37 Das elektrische Feld an einem Punkt P(x, y) ergibt sich aus der Summe der Felder von zwei Ladungsverteilungen:

$$\boldsymbol{E} = \boldsymbol{E}_\rho + \boldsymbol{E}_{-\rho} = E_\rho\,\widehat{\boldsymbol{r}} + E_{-\rho}\,\widehat{\boldsymbol{r}}' \,. \qquad (1)$$

Darin ist $\widehat{\boldsymbol{r}}'$ ein Einheitsvektor, der senkrecht auf einer Gauß'schen Oberfläche mit dem Mittelpunkt bei $x = b$ steht.

Wir wenden nun das Gauß'sche Gesetz auf eine kugelförmige Oberfläche mit dem Radius r' und dem Mittelpunkt bei $x = b = r/2$ an.

$$\oint_A E_{\text{n}}\,\mathrm{d}A = 4\pi r'^2\,E_{-\rho} = \frac{q_{\text{innen}}}{\varepsilon_0} \,.$$

Zwischen der Ladungsdichte $-\rho$ und der Ladung q_{innen} besteht folgender Zusammenhang:

$$-\rho = \frac{q_{\text{innen}}}{\frac{4}{3}\pi r'^3} \,, \qquad \text{woraus folgt:} \qquad q_{\text{innen}} = -\tfrac{4}{3}\pi r'^3\,\rho \,.$$

Einsetzen in die vorige Gleichung für $E_{-\rho}$ und Vereinfachen ergibt

$$E_{-\rho} = -\frac{\rho\,r'}{3\,\varepsilon_0} \,.$$

In Aufgabe 19.33 hatten wir das Feld der positiven Ladungsverteilung ermittelt:

$$E_\rho = -\frac{\rho\,r}{3\,\varepsilon_0} \,.$$

Das sowie den eben erhaltenen Ausdruck für $E_{-\rho}$ setzen wir in Gleichung 1 ein:

$$\boldsymbol{E} = \frac{\rho}{3\,\varepsilon_0}\,r\,\widehat{\boldsymbol{r}} - \frac{\rho}{3\,\varepsilon_0}\,r'\,\widehat{\boldsymbol{r}} \,. \qquad (2)$$

Mit den Koordinaten x und y irgendeines Punkts im Hohlraum gilt für die radialen Vektoren

$$\boldsymbol{r} = x\,\widehat{\boldsymbol{x}} + y\,\widehat{\boldsymbol{y}} \qquad \text{bzw.} \qquad \boldsymbol{r}' = (x-b)\,\widehat{\boldsymbol{x}} + y\,\widehat{\boldsymbol{y}} \,.$$

Das setzen wir in Gleichung 2 ein und vereinfachen:

$$\boldsymbol{E} = \frac{\rho}{3\,\varepsilon_0}\,(x\,\widehat{\boldsymbol{x}} + y\,\widehat{\boldsymbol{y}}) - \frac{\rho}{3\,\varepsilon_0}\,[(x-b)\,\widehat{\boldsymbol{x}} + y\,\widehat{\boldsymbol{y}}] = \frac{\rho\,b}{3\,\varepsilon_0}\,\widehat{\boldsymbol{x}} \,.$$

L19.38 a) Die Koordinaten einer Ecke des Würfels seien (x, y, z), und seine Seitenlängen seien Δx, Δy und Δz. Wir müssen den Fluss in x-Richtung ermitteln, also durch die Flächen des Würfels, die parallel zur y-z-Ebene liegen. Der Nettofluss ist die Differenz aus dem Fluss aus der einen Fläche und dem Fluss in die andere Fläche:

$$\Phi_{\text{el}} = \Phi_{\text{el}}(x + \Delta x) - \Phi_{\text{el}}(x) \,.$$

Wir setzen die Taylor-Reihe an:

$$\Phi_{\text{el}}(x + \Delta x) = \Phi_{\text{el}}(x) + \Delta x\,\Phi'_{\text{el}}(x) + \frac{1}{2}\,(\Delta x)^2\,\Phi''_{\text{el}}(x) + \cdots$$

Dies setzen wir ein, wobei wir nur die ersten beiden Summanden der Reihe berücksichtigen:

$$\Phi_{\text{el}} \approx \Phi_{\text{el}}(x) + \Delta x\,\Phi'_{\text{el}}(x) - \Phi_{\text{el}}(x) = \Delta x\,\Phi'_{\text{el}}(x) \,.$$

Weil das elektrische Feld x-Richtung hat, gilt:

$$\Phi_{\text{el}}(x) \approx E_x\,\Delta y\,\Delta z \,, \qquad \text{also} \qquad \Phi'_{\text{el}}(x) \approx \frac{\partial E_x}{\partial x}\,\Delta y\,\Delta z \,.$$

Mit $\Phi_{\text{el}} \approx \Delta x\,\Phi'_{\text{el}}(x)$ ergibt sich schließlich

$$\Phi_{\text{el}} \approx \Delta x\,\frac{\partial E_x}{\partial x}\,\Delta y\,\Delta z = \frac{\partial E_x}{\partial x}\,\Delta x\,\Delta y\,\Delta z = \frac{\partial E_x}{\partial x}\,\Delta V \,.$$

b) Gemäß dem Gauß'schen Gesetz ist der Nettofluss durch irgendeine Oberfläche

$$\Phi_{\text{el}} = \frac{q_{\text{innen}}}{\varepsilon_0} = \frac{\rho}{\varepsilon_0}\,\Delta V \,,$$

wobei ρ die Raumladungsdichte ist. In Teilaufgabe a hatten wir erhalten:

$$\Phi_{el} \approx \frac{\partial E_x}{\partial x}\,\Delta V\,.$$

Damit ergibt sich

$$\frac{\partial E_x}{\partial x}\,\Delta V \approx \frac{\rho}{\varepsilon_0}\,\Delta V \qquad \text{bzw.} \qquad \frac{\partial E_x}{\partial x} \approx \frac{\rho}{\varepsilon_0}\,.$$

Das elektrische Potenzial

© Springer-Verlag GmbH Deutschland, ein Teil von Springer Nature 2019
A. Knochel (Hrsg.), *Arbeitsbuch zu Tipler/Mosca, Physik*, https://doi.org/10.1007/978-3-662-58919-9_20

Aufgaben

Verständnisaufgaben

20.1 • Ein Proton wird in einem homogenen elektrischen Feld, das nach rechts zeigt, nach links verschoben. Bewegt sich das Proton dabei in Richtung zunehmenden oder abnehmenden Potenzials? Nimmt die elektrische Energie des Protons dabei zu oder ab?

20.2 • Was kann man über das elektrische Feld in einem Raumgebiet aussagen, in dem das elektrische Potenzial überall konstant ist?

20.3 • Gegeben ist das Potenzial ϕ an einem einzigen Punkt. Lässt sich daraus die elektrische Feldstärke E an diesem einen Punkt berechnen? Erläutern Sie Ihre Antwort.

20.4 •• Wir betrachten zwei gleich große positive Punktladungen in einem endlichen Abstand voneinander. Skizzieren Sie die elektrischen Feldlinien und die Äquipotenzialflächen des Systems.

20.5 •• Es ist ein elektrostatisches Potenzial $\phi(x, y, z) = (4{,}00\,\text{V/m})\,|x| + \phi_0$ mit einer Konstanten ϕ_0 gegeben. a) Skizzieren Sie das elektrische Feld dieses Potenzials. b) Welche der folgenden Ladungsverteilungen könnte dieses Potenzial Ihrer Meinung nach am ehesten erzeugen? 1) Eine negativ geladene ebene Platte in der $(x = 0)$-Ebene, 2) eine Punktladung im Koordinatenursprung, 3) eine positiv geladene ebene Platte in der $(x = 0)$-Ebene oder 4) eine homogen geladene Kugel mit dem Mittelpunkt im Koordinatenursprung. Erläutern Sie Ihre Antwort.

20.6 •• Das elektrische Potenzial ist überall auf der Oberfläche eines Leiters gleich. Bedeutet dies, dass auch die Oberflächenladungsdichte überall auf der Oberfläche gleich ist? Erläutern Sie Ihre Antwort.

20.7 •• An den Ecken eines gleichseitigen Dreiecks befinden sich drei gleiche positive Punktladungen. Um welchen Faktor ändert sich die elektrische Energie dieses Systems, wenn die Länge jeder Seite des Dreiecks auf ein Viertel der ursprünglichen Länge verkürzt wird? (Wenn die Länge jeder Seite des Dreiecks gegen unendlich geht, geht die elektrische Energie gegen null.)

Schätzungs- und Näherungsaufgaben

20.8 • Der Radius eines Protons beträgt ca. $1{,}0 \cdot 10^{-15}$ m. Zwei Protonen treffen mit gleich großen, aber entgegengesetzt gerichteten Impulsen zentral aufeinander. Schätzen Sie die kinetische Energie (in MeV) ab, die jedes Proton mindestens haben muss, damit beide die elektrische Abstoßung überwinden und zusammenstoßen. *Hinweis:* Die Ruheenergie des Protons beträgt 938 MeV. Die nichtrelativistische Berechnung ist gerechtfertigt, wenn die kinetische Energie der Protonen klein gegen diese Ruheenergie ist.

20.9 •• Nachdem Sie an einem trockenen Tag über einen Teppich gelaufen sind, berühren Sie einen Freund. Dabei entsteht beispielsweise ein 2,0 mm langer Funken. Schätzen Sie die Potenzialdifferenz zwischen Ihnen und Ihrem Freund ab, bevor der Funken überspringt.

Potenzialdifferenz

20.10 •• Die einander gegenüber liegenden Oberflächen zweier großer paralleler, leitender Platten in einem Abstand von 10,0 cm tragen homogene Oberflächenladungsdichten, die betragsmäßig gleich sind, deren Vorzeichen aber entgegengesetzt sind. Die Potenzialdifferenz zwischen den Platten beträgt 500 V. a) Ist die positive oder die negative Platte auf dem höheren Potenzial? b) Wie groß ist der Betrag des elektrischen Felds zwischen den Platten? c) In der Nähe der negativen Platte wird ein Elektron aus der Ruhe losgelassen. Welche Arbeit muss das elektrische Feld an dem Elektron verrichten, während sich dieses von dem Punkt, an dem es losgelassen wird, zu der positiven Platte bewegt? Geben Sie die Lösung sowohl in Elektronenvolt als auch in Joule an. d) Wie groß ist die Änderung der elektrischen Energie des Elektrons, wenn es sich von dem Punkt, an dem es losgelassen wird, bis zur positiven Platte bewegt? e) Welche kinetische Energie hat es, wenn es die positive Platte erreicht?

20.11 •• Ein Kaliumion (K^+) und ein Chlorion (Cl^-) haben im kristallinen Kaliumchlorid einen Abstand von $2{,}80 \cdot 10^{-10}$ m. a) Berechnen Sie die Energie (in eV), die aufgewendet werden muss, um die beiden Ionen bis zu einem unendlichen Abstand zu trennen. (Modellieren Sie die beiden Ionen als zwei Punktteilchen, die zu Beginn ruhen.) b) Wie hoch ist die kinetische Gesamtenergie beider Ionen im unendlichen Abstand, wenn eine doppelt so hohe wie die in Teilaufgabe a ermittelte Energie zugeführt wird?

20.12 • Wie groß ist das Potenzial auf einer Kugelschale mit einem Radius von 10,0 cm und mit einer Ladung von 6,00 μC?

20.13 •• Sie wollen zwischen zwei $d = 1$ m voneinander entfernten Punkten im Raum eine Spannungsdifferenz von 100 V erzeugen, indem Sie in der Nähe eine Punktladung platzieren. Geben Sie eine mögliche Position und Ladung Q an.

Das Potenzial eines Punktladungssystems

Hinweis: **Soweit nichts anderes angegeben ist, wird in allen Aufgabenstellungen dieses Abschnitts angenommen, dass das elektrische Potenzial in großem Abstand von allen Ladungen null ist.**

20.14 •   An den Ecken eines Quadrats mit einer Seitenlänge von 4,00 m sind vier Punktladungen von jeweils 2,00 µC befestigt. Bestimmen Sie das elektrische Potenzial in der Mitte des Quadrats, wenn a) alle Ladungen positiv sind, b) drei Ladungen positiv sind und eine negativ ist bzw. c) zwei Ladungen positiv und zwei negativ sind.

20.15 ••   Gegeben sind zwei Punktladungen q und q' mit einem Abstand a voneinander. An einem Punkt im Abstand $a/3$ von q auf der Verbindungslinie der beiden Ladungen ist das Potenzial null. a) Welche der folgenden Aussagen trifft zu? 1) Die Ladungen tragen das gleiche Vorzeichen. 2) Die Ladungen tragen entgegengesetzte Vorzeichen. 3) Die relativen Vorzeichen der Ladungen lassen sich aus diesen Angaben nicht ermitteln. b) Welche der folgenden Beziehungen trifft zu? 1) $|q| > |q'|$, 2) $|q| < |q'|$, 3) $|q| = |q'|$. 4) Die relativen Beträge der Ladungen lassen sich aus diesen Angaben nicht ermitteln. c) Bestimmen Sie das Verhältnis q/q'.

20.16 ••   Im Koordinatenursprung befindet sich eine Punktladung $+3\,e$. Eine zweite Punktladung $-2\,e$ befindet sich auf der x-Achse bei $x = a$. a) Skizzieren Sie für alle Punkte auf der x-Achse das Potenzial $\phi(x)$ in Abhängigkeit von x. b) An welchem Punkt oder an welchen Punkten ist das Potenzial $\phi(x)$ auf der x-Achse null? c) An welchem Punkt oder an welchen Punkten, wenn überhaupt, auf der x-Achse ist das elektrische Feld null? Stimmen diese Punkte mit den in Teilaufgabe b ermittelten überein? Erläutern Sie Ihre Antwort. d) Welche Arbeit muss verrichtet werden, um eine dritte Ladung $+e$ zu dem Punkt $x = \frac{1}{2}\,a$ auf der x-Achse zu bringen?

Berechnung des elektrischen Felds aus dem Potenzial

20.17 •   Gegeben ist ein homogenes elektrisches Feld, das in die $-x$-Richtung zeigt. Wir betrachten zwei Punkte a und b auf der x-Achse, wobei a bei $x = 2,00$ m und b bei $x = 6,00$ m liegt. a) Ist die Potenzialdifferenz $\phi_b - \phi_a$ positiv oder negativ? b) Wie groß ist der Betrag des elektrischen Felds, wenn $|\phi_b - \phi_a|$ gleich 100 kV ist?

20.18 ••   Das elektrische Potenzial einer bestimmten Ladungsverteilung wird an zahlreichen Punkten entlang der x-Achse gemessen. Abb. 20.1 zeigt eine grafische Darstellung

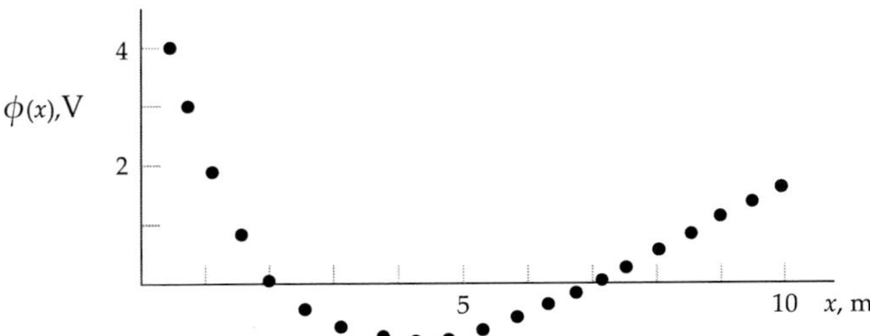

Abb. 20.1 Zu Aufgabe 20.18

der Messergebnisse. An welchem Ort (oder an welchen Orten) ist die x-Komponente des elektrischen Felds null? Ist das Potenzial an diesem Ort (bzw. an diesen Orten) ebenfalls null? Erläutern Sie Ihre Antwort.

20.19 ••   In der x-y-Ebene liegen drei Punktladungen, jeweils mit der Ladung q. Zwei davon befinden sich auf der y-Achse bei $y = -a$ und $y = +a$, während die dritte auf der x-Achse bei $x = a$ liegt. a) Ermitteln Sie das Potenzial dieser Ladungen als Ortsfunktion auf der x-Achse. b) Bestimmen Sie anhand des Ergebnisses der Teilaufgabe a die x-Komponente des elektrischen Felds E_x als Funktion von x. Entsprechen die Ergebnisse der Teilaufgaben a und b am Koordinatenursprung und für $x \to \infty$ Ihren Erwartungen?

Berechnung des Potenzials ϕ kontinuierlicher Ladungsverteilungen

20.20 ••   Ein Stab der Länge l ist mit der homogen über seine Länge verteilten Gesamtladung q geladen. Der Stab liegt entlang der y-Achse, wobei sich seine Mitte im Koordinatenursprung befindet. a) Berechnen Sie das elektrische Potenzial in Abhängigkeit vom Ort entlang der x-Achse. b) Zeigen Sie, dass sich das in Teilaufgabe a erhaltene Ergebnis für $x \gg l$ zu $\phi = q/(4\pi\varepsilon_0 \,|x|)$ vereinfacht. Erläutern Sie, weshalb dies zu erwarten war.

20.21 ••   Zwei koaxiale leitende Zylinderschalen tragen gleich große, aber entgegengesetzte Ladungen. Die innere Schale trägt die Ladung $+q$ und hat einen Außenradius a, während die äußere Schale die Ladung $-q$ trägt und den Innenradius b hat. Die Länge jeder Zylinderschale ist l, wobei $l \gg b$ ist. Ermitteln Sie die Potenzialdifferenz $\phi_a - \phi_b$ zwischen den beiden Schalen.

20.22 ••   Eine leitende Kugelschale mit dem Innenradius b und dem Außenradius c ist konzentrisch mit einer kleinen Metallkugel mit dem Radius $a < b$. Die Metallkugel ist mit der positiven Ladung q geladen. Die Gesamtladung auf der leitenden Kugelschale ist $-q$. a) Wie lautet das Potenzial auf der Kugelschale? b) Wie lautet das Potenzial auf der Metallkugel? Nehmen Sie an, dass das Potenzial fern von allen Ladungen null ist.

20.23 ••   Zwei konzentrische, leitende Kugelschalen tragen gleich große, aber entgegengesetzte Ladungen. Die innere Kugelschale hat den Radius a und trägt die Ladung $+q$. Die äußere Kugelschale hat den Radius b und trägt die Ladung $-q$. Bestimmen Sie die Potenzialdifferenz $\phi_a - \phi_b$ zwischen beiden Kugelschalen.

20.24 •••   Eine Scheibe mit dem Radius r_S trägt eine Oberflächenladungsdichteverteilung $\sigma = \sigma_0\, r_S/r$, wobei σ_0 eine Konstante und r der Abstand vom Mittelpunkt der Scheibe ist. a) Bestimmen Sie die Gesamtladung der Scheibe. b) Ermitteln Sie das elektrische Potenzial in einem Abstand x von der Mitte der Scheibe auf der Achse, die durch den Mittelpunkt der Scheibe verläuft und senkrecht auf deren Ebene steht.

20.25 ••• Das elektrische Potenzial im Inneren einer homogen geladenen Vollkugel ist gegeben durch

$$\phi(r) = \frac{1}{4\pi\varepsilon_0}\,\frac{q}{2\,r_{\mathrm{K}}}\left(3 - \frac{r^2}{r_{\mathrm{K}}^2}\right).$$

Dabei ist r_{K} der Kugelradius und r der Abstand von der Mitte. Diese Formel wird oft über das elektrische Feld hergeleitet. In der vorliegenden Aufgabe sollen Sie sie herleiten, indem Sie die Kugel aus aneinandergrenzenden dünnen Kugelschalen modellieren und anschließend die Potenziale dieser Schalen an einem Feldpunkt innerhalb der Kugel addieren. Das Potenzial $\mathrm{d}\phi$ in einem Abstand r vom Mittelpunkt einer homogen geladenen dünnen Kugelschale mit dem Radius r' und der Ladung $\mathrm{d}q$ ist $\mathrm{d}\phi = \mathrm{d}q/(4\pi\varepsilon_0\,r)$ bei $r \geq r'$ und $\mathrm{d}\phi = \mathrm{d}q/(4\pi\varepsilon_0\,r')$ bei $r \leq r'$. Betrachten Sie nun eine Kugel vom Radius r, die eine homogen verteilte Ladung q enthält, und ermitteln Sie ϕ an einem Punkt innerhalb der Kugel (d. h. für $r < r_{\mathrm{K}}$). a) Bestimmen Sie die Ladung $\mathrm{d}q$ auf einer Kugelschale mit dem Radius r' und der Dicke $\mathrm{d}r'$. b) Bestimmen Sie das Potenzial $\mathrm{d}\phi$ der Ladung auf einer Schale mit dem Radius r' und der Dicke $\mathrm{d}r'$ im Abstand r mit $r \leq r' \leq r_{\mathrm{K}}$. c) Integrieren Sie Ihre Formel aus Teilaufgabe b von $r' = r$ bis $r' = r_{\mathrm{K}}$, um das Potenzial zu bestimmen, das die Gesamtladung in dem weiter als r vom Kugelmittelpunkt entfernten Gebiet bei r erzeugt. d) Ermitteln Sie das Potenzial $\mathrm{d}\phi$ der Ladung in einer Schale mit dem Radius r' und der Dicke $\mathrm{d}r'$ bei r für $r' \leq r$. e) Integrieren Sie die Formel aus Teilaufgabe d von $r' = 0$ bis $r' = r$, um das Potenzial zu bestimmen, das von dem weniger weit als r vom Kugelmittelpunkt entfernten Gebiet bei r hervorgerufen wird. f) Ermitteln Sie durch Addieren der Ergebnisse der Teilaufgaben c und e das Gesamtpotenzial ϕ bei r.

Äquipotenzialflächen

20.26 •• Ein Geiger-Müller-Zählrohr besteht aus einem langen Metallzylinder und aus einem langen, geraden Metalldraht, der in seiner Mittelachse verläuft. Modellieren Sie das Zählrohr so, dass der Draht und der Zylinder unendlich lang sind. Der Mitteldraht ist positiv und der Außenzylinder negativ geladen. Zwischen dem Draht und dem Zylinder herrscht eine Potenzialdifferenz von 1,00 kV. a) In welche Richtung zeigt das elektrische Feld im Inneren des Zählrohrs? b) Ist der Zylinder oder der Draht auf dem höheren Potenzial? c) Welche Form(en) haben die Äquipotenzialflächen in dem Zählrohr? d) Betrachten Sie zwei in Teilaufgabe c ermittelte Äquipotenzialflächen, deren Potenzial sich um 10 V unterscheidet. Haben zwei derartige Äquipotenzialflächen in der Nähe des Mitteldrahts denselben Abstand wie in der Nähe des Außenzylinders? Wenn nicht, wo sind die Äquipotenzialflächen weiter voneinander entfernt? Erläutern Sie Ihre Antwort.

20.27 •• Ein Punktteilchen mit der Ladung $+11{,}1$ nC befindet sich im Koordinatenursprung. a) Welche Form(en) haben die Äquipotenzialflächen in dem Gebiet um die Ladung? b) Nehmen Sie an, dass das Potenzial bei $r = \infty$ null ist. Berechnen Sie die Radien der fünf Flächen mit den Potenzialen 20,0 V, 40,0 V, 60,0 V, 80,0 V bzw. 100 V und zeichnen Sie sie maßstabsgerecht um die Ladung im Mittelpunkt. c) Sind diese Flächen äquidistant? Erläutern Sie Ihre Antwort. d) Schätzen Sie die elektrischen Feldstärken zwischen den Äquipotenzialflächen mit 40,0 V und mit 60,0 V ab, indem Sie die Differenz zwischen den beiden Potenzialen durch die Differenz der beiden Radien dividieren. Vergleichen Sie diesen Schätzwert mit dem genauen Wert in der Mitte zwischen beiden Äquipotenzialflächen.

Die elektrische Energie

20.28 • Drei Punktladungen q_1, q_2 und q_3 sind an den Eckpunkten eines gleichseitigen Dreiecks mit einer Seitenlänge von 2,50 m befestigt. Bestimmen Sie die elektrische Energie dieses Ladungssystems für die folgenden Werte der Ladungen: a) $q_1 = q_2 = q_3 = +4{,}20\,\mu\mathrm{C}$; b) $q_1 = q_2 = +4{,}2\,\mu\mathrm{C}$ und $q_3 = -4{,}20\,\mu\mathrm{C}$; c) $q_1 = q_2 = -4{,}2\,\mu\mathrm{C}$ und $q_3 = +4{,}20\,\mu\mathrm{C}$. (Nehmen Sie an, dass die elektrische Energie null ist, wenn die Ladungen sehr weit voneinander entfernt sind.)

20.29 •• An den Eckpunkten eines Quadrats mit dem Mittelpunkt im Koordinatenursprung sind vier Punktladungen befestigt. Jede Seite des Quadrats hat die Länge $2\,a$. Die Ladungen sind wie folgt angeordnet: $+q$ bei $(-a, +a)$; $+2\,q$ bei $(+a, +a)$; $-3\,q$ bei $(+a, -a)$; $+6\,q$ bei $(-a, -a)$. Nun wird ein fünftes Teilchen mit der Masse m und der Ladung $+q$ in den Koordinatenursprung gebracht und dort aus der Ruhe losgelassen. Ermitteln Sie einen Ausdruck für den Geschwindigkeitsbetrag in großem Abstand vom Koordinatenursprung.

Allgemeine Aufgaben

20.30 • Wie klein kann der Radius einer leitenden Kugel gewählt werden, die auf ein Potenzial von 10,0 kV geladen werden soll, damit das elektrische Feld in der Nähe der Kugeloberfläche die Durchschlagfestigkeit von Luft nicht übersteigt?

20.31 •• Der metallischen Elektrodenkugel eines Van-de-Graaff-Generators wird durch ein Band mit einer Rate von $200\,\mu\mathrm{C/s}$ Ladung zugeführt. Zwischen dem Band und der Kugel herrscht eine Potenzialdifferenz von 1,25 MV. Die Kugel gibt mit derselben Rate Ladung an die Umgebung ab, sodass die Potenzialdifferenz von 1,25 MV erhalten bleibt. Mit welcher Leistung muss das Band dazu mindestens angetrieben werden?

20.32 •• Eine Ladung von $+2{,}00$ nC ist homogen auf einem Ring mit einem Radius von 10,0 cm verteilt. Der Ring liegt mit seinem Mittelpunkt im Koordinatenursprung in der Ebene $x = 0$. Auf der x-Achse befindet sich anfangs bei $x = 50{,}0$ cm eine Punktladung von $+1{,}00$ nC. Welche Arbeit muss verrichtet werden, um die Punktladung in den Koordinatenursprung zu bringen?

20.33 •• Ein kugelförmiger Leiter mit dem Radius r_1 wird auf 20 kV geladen. Wenn er durch einen langen, dünnen leitenden Draht mit einer weit entfernten zweiten leitenden Kugel verbunden wird, fällt sein Potenzial auf 12 kV. Wie groß ist der Radius der zweiten Kugel?

20.34 •• Ein radioaktiver ^{210}Po-Kern emittiert ein Alphateilchen mit der Ladung $+2\,e$. Wenn das Alphateilchen weit vom Kern entfernt ist, hat es eine kinetische Energie von 5,30 MeV. Es wird angenommen, dass das Alphateilchen eine vernachlässigbar geringe kinetische Energie hat, wenn es aus der Oberfläche des Atomkerns austritt. Der Folgekern ^{206}Pb hat die Ladung $+82\,e$. Ermitteln Sie den Kernradius des ^{206}Pb. (Der Radius des Alphateilchens sei vernachlässigbar, und es wird angenommen, dass der ^{206}Pb-Kern in Ruhe bleibt.)

20.35 •• Das Potenzial längs der Mittelachse einer homogen geladenen Scheibe an einem 0,60 m vom Mittelpunkt der Scheibe entfernten Punkt beträgt 80 V. Die elektrische Feldstärke ist dort 80 V/m. In einem Abstand von 1,5 m beträgt das Potenzial 40 V und die elektrische Feldstärke 23,5 V/m. In großer Entfernung von der Scheibe soll das Potenzial null sein. Bestimmen Sie die Gesamtladung auf der Scheibe.

20.36 ••• Das Wasserstoffatom im Grundzustand kann als eine positive Punktladung der Größe $+e$ (das Proton) modelliert werden, die von einer negativen Ladungsverteilung umgeben ist, deren Ladungsdichte (des Elektrons) gemäß der Formel $\rho(r) = \rho_0\,\mathrm{e}^{-2r/a}$ vom Abstand r vom Mittelpunkt des Protons abhängt. Diese Formel folgt aus der Quantenmechanik; darin ist $a = 0{,}523$ nm der wahrscheinlichste Abstand des Elektrons vom Proton. a) Berechnen Sie den Wert, den ρ_0 haben muss, damit das Wasserstoffatom neutral ist. b) Ermitteln Sie das elektrische Potenzial (in Bezug auf Unendlich) dieses Systems in Abhängigkeit vom Abstand r vom Proton.

20.37 ••• Ein Teilchen mit der Masse m und der positiven Ladung q kann sich nur entlang der x-Achse bewegen. Bei $x = -l$ und bei $x = l$ befinden sich zwei Ringladungen mit dem Radius l (Abb. 20.2). Die Mittelpunkte beider Ringe liegen auf der x-Achse, und ihre Ebenen stehen senkrecht auf dieser.

Jeder Ring trägt eine positive Gesamtladung q_R, die homogen auf ihm verteilt ist. a) Ermitteln Sie das Potenzial $\phi(x)$ der Ringladungen auf der x-Achse. b) Zeigen Sie, dass $\phi(x)$ bei $x = 0$ minimal ist. c) Zeigen Sie, dass für das Potenzial bei $x \ll l$ im Grenzfall gilt: $\phi(x) = \phi(0) + \alpha\,x^2$. d) Ermitteln Sie mithilfe des Ergebnisses der Teilaufgabe c die Kreisfrequenz der Schwingung, die die Masse m ausführt, wenn sie etwas aus dem Koordinatenursprung verschoben und dann losgelassen wird. (Nehmen Sie an, dass das Potenzial an weit von den Ringen entfernten Punkten null ist.)

20.38 ••• Zeigen Sie, dass die Gesamtarbeit, die verrichtet werden muss, um eine homogen geladene Kugel mit der Gesamtladung q und dem Radius r_K zusammenzusetzen, durch $3\,q^2/(20\pi\varepsilon_0\,r_\mathrm{K})$ gegeben ist. Aus der Energieerhaltung folgt, dass diese Arbeit gleich der resultierenden elektrischen Energie der Kugel ist. *Hinweis:* Schreiben Sie ρ für die Ladungsdichte der Kugel und berechnen Sie die Arbeit $\mathrm{d}W$, die verrichtet werden muss, um die Ladung $\mathrm{d}q'$ aus dem Unendlichen bis an die Oberfläche einer homogen geladenen Kugel mit dem Radius $r < r_\mathrm{K}$ und der Ladungsdichte ρ zu bringen. (Um die Ladung $\mathrm{d}q'$ gleichmäßig auf einer Kugelschale mit dem Radius r, der Dicke $\mathrm{d}r$ und der Ladungsdichte ρ zu verteilen, braucht keine weitere Arbeit verrichtet zu werden. Weshalb?)

20.39 ••• a) Berechnen Sie ausgehend vom Ergebnis der Aufgabe 20.38 den *klassischen Elektronenradius*. Das ist der Radius einer homogenen Kugel mit der Ladung $-e$, deren elektrische Energie gleich der Ruheenergie des Elektrons ($5{,}11 \cdot 10^5$ eV) ist. Welche Schwächen hat dieses Modell des Elektrons? b) Wiederholen Sie die Berechnung von Teilaufgabe a für ein Proton mit der Ruheenergie 938 MeV. Experimente zeigen, dass das Proton näherungsweise einen Radius von $1{,}2 \cdot 10^{-15}$ m hat. Liegt Ihr Ergebnis in der Nähe dieses Werts?

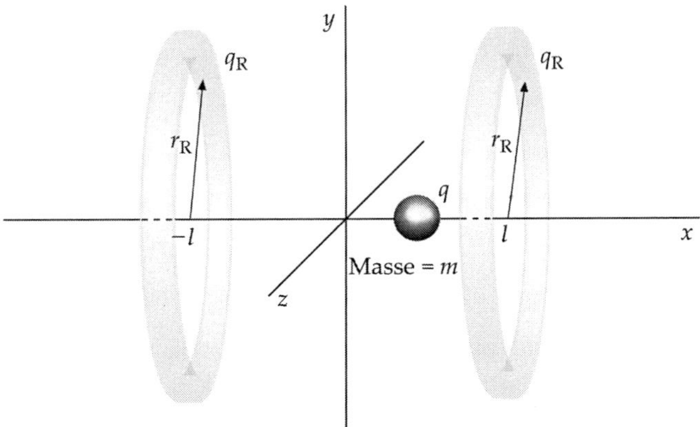

Abb. 20.2 Zu Aufgabe 20.37

Lösungen zu den Aufgaben

Verständnisaufgaben

L20.1 Das Proton bewegt sich in ein Gebiet mit höherem Potenzial, und seine elektrische Energie nimmt zu.

L20.2 Wenn das Potenzial ϕ konstant ist, ist sein Gradient null, sodass im gesamten Raumgebiet das Feld $E = 0$ herrscht.

L20.3 Nein. Um die elektrische Feldstärke E zu bestimmen, muss das Potenzial ϕ in einem Kontinuum von Punkten gegeben sein, damit die Ableitungen berechnet werden können.

L20.4 In der Abbildung sind die Äquipotenzialflächen mit gestrichelten Linien und die elektrischen Feldlinien mit durchgezogenen Linien dargestellt.

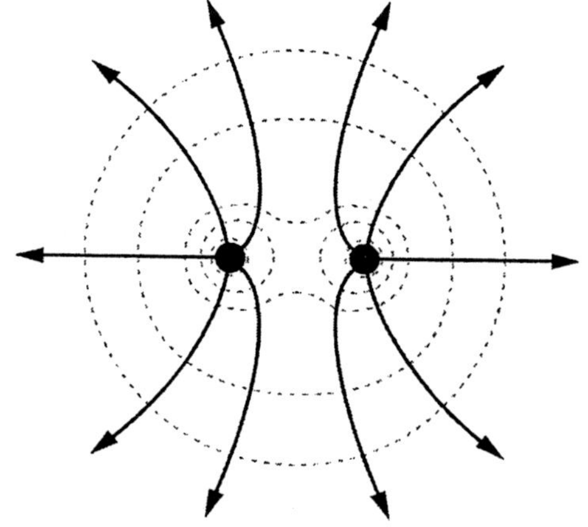

In der Nähe jeder Ladung sind die Äquipotenzialflächen Kugeln, in deren Mitte sich jeweils die Ladung befindet. In großem Abstand von den Ladungen sind die Äquipotenzialflächen Kugeln, deren Mittelpunkt der Punkt in der Mitte zwischen beiden Ladungen ist. Außerdem stehen die elektrischen Feldlinien stets senkrecht auf den Äquipotenzialflächen.

L20.5 a) Wir berechnen das elektrische Feld:

$$\boldsymbol{E} = -\frac{\partial \phi}{\partial x}\,\widehat{\boldsymbol{x}} = -\frac{\partial}{\partial x}\left[(4{,}00\,\mathrm{V\cdot m^{-1}})\,|x| + \phi_0\right]\widehat{\boldsymbol{x}}$$
$$= (-4{,}00\,\mathrm{V\cdot m^{-1}})\,\frac{\partial}{\partial x}\,(|x|\,\widehat{\boldsymbol{x}})\,.$$

Bei $x > 0$ ist $\dfrac{\partial}{\partial x}\,(|x|) = 1$ und damit

$$\boldsymbol{E}_{x>0} = (-4{,}00\,\mathrm{V\cdot m^{-1}})\,\widehat{\boldsymbol{x}}\,.$$

Dagegen ist bei $x < 0$ die Ableitung $\dfrac{\partial}{\partial x}\,(|x|) = -1$, also

$$\boldsymbol{E}_{x<0} = (4{,}00\,\mathrm{V\cdot m^{-1}})\,\widehat{\boldsymbol{x}}\,.$$

Das elektrische Feld in diesem Gebiet ist in der Abbildung dargestellt.

b) Weil die Feldlinien bei negativen Ladungen enden, ist Antwort 1 richtig.

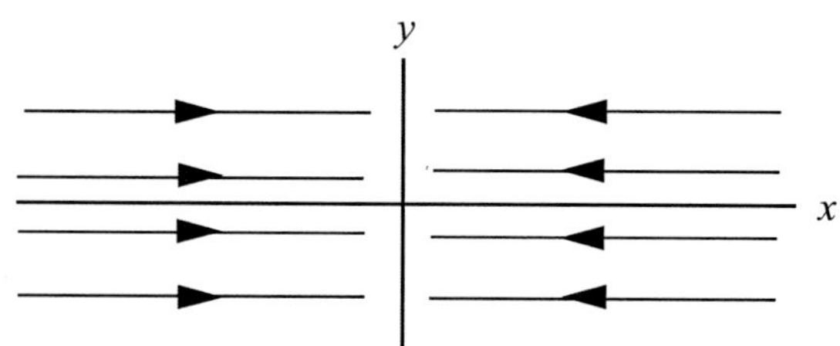

L20.6 Nein. Die Oberflächenladungsdichte ist nicht proportional zum Potenzial an der Oberfläche, sondern zur Normalkomponente des elektrischen Felds, die ortsabhängig sein kann.

L20.7 Die Abbildung zeigt die drei Punktladungen.

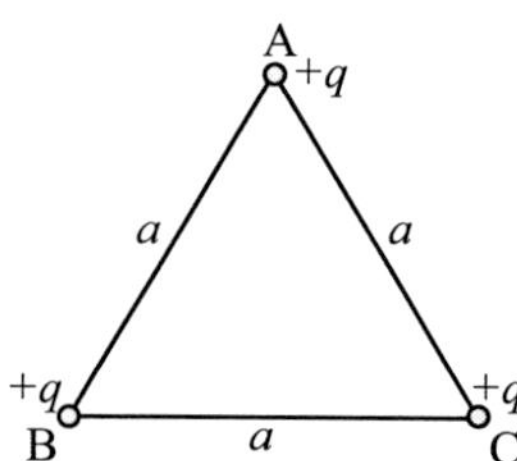

Die elektrische Energie ist die Gesamtarbeit, die verrichtet werden muss, um die Ladungen aus dem Unendlichen an die Ecken des Dreiecks zu bringen:

$$E_{\mathrm{el}} = W_{\mathrm{A}} + W_{\mathrm{B}} + W_{\mathrm{C}}\,. \tag{1}$$

Beim Heranbringen der ersten Ladung braucht noch keine Arbeit verrichtet zu werden; also ist $W_{\mathrm{A}} = 0$. Die Arbeit, um die zweite Ladung zum Punkt B zu bringen, ist:

$$W_{\mathrm{B}} = q\,\phi_{\mathrm{A}} = q\left(\frac{1}{4\pi\varepsilon_0}\,\frac{q}{a}\right) = \frac{1}{4\pi\varepsilon_0}\,\frac{q^2}{a}\,.$$

Dabei ist ϕ_{A} das Potenzial der ersten (am Punkt A befindlichen) Ladung bei dem um die Strecke a entfernten Punkt B. Entsprechend ergibt sich bei der dritten Ladung

$$W_{\mathrm{C}} = q\,\phi_{\mathrm{B}} = q\left(\frac{1}{4\pi\varepsilon_0}\,\frac{q}{a} + \frac{1}{4\pi\varepsilon_0}\,\frac{q}{a}\right) = \frac{1}{4\pi\varepsilon_0}\,\frac{2\,q^2}{a}\,.$$

Einsetzen der drei Beiträge in Gleichung 1 ergibt

$$E_{\mathrm{el}} = 0 + \frac{1}{4\pi\varepsilon_0}\,\frac{q^2}{a} + \frac{1}{4\pi\varepsilon_0}\,\frac{2\,q^2}{a} = \frac{1}{4\pi\varepsilon_0}\,\frac{3\,q^2}{a}\,.$$

Wird jede Seite des Dreiecks auf ein Viertel ihrer ursprünglichen Länge verkürzt, dann steigt die Energie auf

$$E_{\mathrm{el}}' = \frac{1}{4\pi\varepsilon_0}\,\frac{3\,q^2}{a/4} = 4\cdot\frac{1}{4\pi\varepsilon_0}\,\frac{3\,q^2}{a} = 4\,E_{\mathrm{el}}\,,$$

also auf das Vierfache.

Schätzungs- und Näherungsaufgaben

L20.8 a) Wir gehen vom Energieerhaltungssatz aus. Er besagt, dass die Summe aus kinetischer und potenzieller Energie am Anfang (wenn die Protonen getrennt sind) gleich der entsprechenden Summe am Ende ist:

$$E_{\mathrm{kin,A}} + E_{\mathrm{el,A}} = E_{\mathrm{kin,E}} + E_{\mathrm{el,E}}\,.$$

Die Protonen haben am Anfang lediglich kinetische Energie, jedoch am Ende, beim minimalen Abstand r, lediglich potenzielle

Energie. Daher ist $E_{\mathrm{kin,A}} = E_{\mathrm{el,E}}$. Wenn jedes der zwei Protonen anfangs die kinetische Energie $E_{\mathrm{kin,p}}$ hat, muss also gelten:

$$2\,E_{\mathrm{kin,p}} = \frac{1}{4\pi\varepsilon_0}\,\frac{e^2}{r}\,.$$

Damit ergibt sich die erforderliche kinetische Energie eines Protons zu

$$\begin{aligned}
E_{\mathrm{kin,p}} &= \frac{e^2}{8\pi\varepsilon_0\,r} \\
&= \frac{(1{,}602 \cdot 10^{-19}\,\mathrm{C})^2}{8\pi\,(8{,}854 \cdot 10^{-12}\,\mathrm{C^2 \cdot N^{-1} \cdot m^{-2}})\,(1{,}0 \cdot 10^{-15}\,\mathrm{m})} \\
&= (1{,}153 \cdot 10^{-13}\,\mathrm{J})\,\frac{1\,\mathrm{eV}}{1{,}602 \cdot 10^{-19}\,\mathrm{J}} = 0{,}72\,\mathrm{MeV}\,.
\end{aligned}$$

Anmerkung: Diese kinetische Energie eines Protons beträgt näherungsweise 0,08 % seiner Ruheenergie:

$$E_{\mathrm{kin,p}}/E_0 = (0{,}72\,\mathrm{MeV})/(938\,\mathrm{MeV}) \approx 0{,}0008\,.$$

Also ist die nichtrelativistische Näherung gerechtfertigt.

L20.9 Der Funke springt bei einer elektrischen Feldstärke von rund $3{,}0\,\mathrm{MV \cdot m^{-1}}$ über. Die Potenzialdifferenz ist das Produkt aus dieser Feldstärke und dem Abstand, bei dem der Funke überspringt:

$$\Delta\phi \approx (3{,}0\,\mathrm{MV \cdot m^{-1}})\,(2{,}0\,\mathrm{mm}) = 6{,}0\,\mathrm{kV}\,.$$

Potenzialdifferenz

L20.10 a) Weil das elektrische Feld von der positiven zur negativen Platte zeigt, befindet sich die positive Platte auf dem höheren Potenzial.

b) Weil das elektrische Feld homogen ist, ergibt sich sein Betrag zu

$$E = \frac{\Delta\phi}{\Delta x} = \frac{500\,\mathrm{V}}{0{,}100\,\mathrm{m}} = 5{,}00\,\mathrm{kV \cdot m^{-1}}\,.$$

c) Der Betrag der vom elektrischen Feld am Elektron verrichteten Arbeit ist das Produkt aus der Potenzialdifferenz und der Ladung:

$$W = q\,\Delta\phi = (1{,}602 \cdot 10^{-19}\,\mathrm{C})\,(500\,\mathrm{V}) = 8{,}01 \cdot 10^{-17}\,\mathrm{J}\,.$$

Dies rechnen wir in Elektronenvolt um:

$$W = (8{,}01 \cdot 10^{-17}\,\mathrm{J})\,\frac{1\,\mathrm{eV}}{1{,}602 \cdot 10^{-19}\,\mathrm{J}} = 500\,\mathrm{eV}\,.$$

d) Die Änderung der potenziellen Energie ist das Negative der Arbeit, die am Elektron verrichtet wird, während es sich von der negativen zur positiven Platte bewegt:

$$\Delta E_{\mathrm{el}} = -W = -500\,\mathrm{eV}\,.$$

e) Die kinetische Energie nach Durchlaufen der Strecke ergibt sich wegen der Energieerhaltung zu

$$\Delta E_{\mathrm{kin}} = -\Delta E_{\mathrm{el}} = 500\,\mathrm{eV}\,.$$

L20.11 Im Allgemeinen ändert die Arbeit, die beim Trennen von zwei Ionen aufgewendet wird, sowohl deren kinetische als auch deren potenzielle Energie. Hier wird angenommen, dass die Ionen sowohl zu Beginn als auch am Ende, wenn sie unendlich weit voneinander entfernt sind, ruhen. Weil zudem die potenzielle Energie der Ionen bei unendlich großem Abstand null ist, ist die zum Trennen erforderliche Energie W das Negative ihrer potenziellen Energie im Abstand r.

a) Die erforderliche Energie ist daher

$$\begin{aligned}
W &= \Delta E_{\mathrm{kin}} + \Delta E_{\mathrm{el}} = 0 - E_{\mathrm{el,A}} \\
&= -\frac{1}{4\pi\varepsilon_0}\,\frac{(q_-)\,(q_+)}{r} = -\frac{1}{4\pi\varepsilon_0}\,\frac{(-e)\,e}{r} = \frac{1}{4\pi\varepsilon_0}\,\frac{e^2}{r} \\
&= \frac{(8{,}988 \cdot 10^9\,\mathrm{N \cdot m^2 \cdot C^{-2}})\,(1{,}602 \cdot 10^{-19}\,\mathrm{C})^2}{2{,}80 \cdot 10^{-10}\,\mathrm{m}} \\
&= 8{,}238 \cdot 10^{-19}\,\mathrm{J} \\
&= (8{,}238 \cdot 10^{-19}\,\mathrm{J})\,\frac{1\,\mathrm{eV}}{1{,}602 \cdot 10^{-19}\,\mathrm{J}} = 5{,}14\,\mathrm{eV}\,.
\end{aligned}$$

b) Anwenden des Zusammenhangs zwischen Arbeit und kinetischer Energie auf das System der beiden Ionen ergibt

$$2\,W = \Delta E_{\mathrm{kin}} + \Delta E_{\mathrm{el}} = E_{\mathrm{kin,E}} - E_{\mathrm{el,A}}\,.$$

Auflösen nach $E_{\mathrm{kin,E}}$ und Einsetzen der Beziehung $W = -E_{\mathrm{el,A}}$ aus Teilaufgabe a liefert

$$E_{\mathrm{kin,E}} = 2\,W + E_{\mathrm{el,A}} = 2\,W - W = W = 5{,}14\,\mathrm{eV}\,.$$

L20.12 Das elektrische Feld außerhalb, und damit auch das Potenzial, entspricht dem Potenzial einer identischen Punktladung in der Kugelmitte:

$$\begin{aligned}
\phi &= \frac{1}{4\pi\epsilon_0}\,\frac{q}{r} = \frac{1}{4\pi \cdot 8{,}854 \cdot 10^{-12}\,\mathrm{As/Vm}}\,\frac{6{,}00 \cdot 10^{-6}\,\mathrm{C}}{0{,}100\,\mathrm{m}} \\
&= 5{,}39 \cdot 10^5\,\mathrm{V}\,.
\end{aligned}$$

Mit dem Ansatz $\phi \propto 1/r$ verwenden wir die Konvention, dass das Potenzial im Unendlichen verschwindet.

L20.13 Hier gibt es ein Kontinuum möglicher Lösungen. Die Potenzialdifferenz ist gegeben durch

$$\Delta\phi = \frac{q}{4\pi\epsilon_0}\left(\frac{1}{r_1} - \frac{1}{r_2}\right)\,.$$

Hier sind r_1 und r_2 die Abstände der beiden Pole von der Punktladung. Da wir mehrere freie Parameter haben, betrachten wir als Beispiel die einfachste Situation, in der die beiden Raumpunkte auf einer Linie zur Punktladung mit den Abständen $r_1 = 1\,\mathrm{m}$ und $r_2 = 2\,\mathrm{m}$ liegen. Damit erhalten wir

$$100\,\mathrm{V} = \frac{q}{4\pi \cdot 8{,}854 \cdot 10^{-12}\,\mathrm{As/Vm}} \cdot \frac{1}{2\,\mathrm{m}}\,.$$

Wir können nun nach q auflösen,

$$q = 100\,\mathrm{V} \cdot 4\pi \cdot 8{,}854 \cdot 10^{-12}\,\frac{\mathrm{C}}{\mathrm{Vm}} \cdot 2\,\mathrm{m}\,,$$

und erhalten für die Ladung

$$q = 2{,}2 \cdot 10^{-8}\,\text{C}\,.$$

Das Potenzial eines Punktladungssystems

L20.14 Wir bezeichnen die vier Ladungen mit den Indices 1, 2, 3 und 4. Den Abstand jeder Ladung vom Mittelpunkt des Quadrats nennen wir r. Das Gesamtpotenzial ist die Summe der Einzelpotenziale der vier Ladungen:

$$\phi = \frac{1}{4\pi\varepsilon_0}\frac{q_1}{r} + \frac{1}{4\pi\varepsilon_0}\frac{q_2}{r} + \frac{1}{4\pi\varepsilon_0}\frac{q_3}{r} + \frac{1}{4\pi\varepsilon_0}\frac{q_4}{r}$$

$$= \frac{1}{4\pi\varepsilon_0}\frac{1}{r}(q_1 + q_2 + q_3 + q_4) = \frac{1}{4\pi\varepsilon_0}\frac{1}{r}\sum_{i=1}^{4} q_i\,.$$

a) Wenn alle Ladungen positiv sind, ist das Potenzial:

$$\phi = \frac{8{,}988 \cdot 10^9\,\text{N}\cdot\text{m}^2\cdot\text{C}^{-2}}{2{,}00\,\sqrt{2}\,\text{m}}\,(4)\,(2{,}00\,\mu\text{C}) = 25{,}4\,\text{kV}\,.$$

b) Wenn drei Ladungen positiv sind und eine negativ ist, ergibt sich:

$$\phi = \frac{8{,}988 \cdot 10^9\,\text{N}\cdot\text{m}^2\cdot\text{C}^{-2}}{2{,}00\,\sqrt{2}\,\text{m}}\,(2)\,(2{,}00\,\mu\text{C}) = 12{,}7\,\text{kV}\,.$$

c) Bei je zwei positiven und negativen Ladungen ist $\phi = 0$.

L20.15 a) Weil das Potenzial an einem beliebigen Punkt die Summe der Potenziale der Einzelladungen q und q' ist, kann es an dem genannten Punkt (im Abstand $a/3$ von q) nur dann null sein, wenn die Ladungen entgegengesetzte Vorzeichen tragen. Also ist Aussage 2 richtig.

b) Weil der genannte Punkt näher bei der Ladung q liegt, muss diese betragsmäßig kleiner als q' sein. Daher trifft Beziehung 2 zu.

c) Damit das Potenzial am genannten Punkt verschwindet, muss gelten:

$$\frac{1}{4\pi\varepsilon_0}\frac{q}{a/3} + \frac{1}{4\pi\varepsilon_0}\frac{q'}{2\,a/3} = 0\,.$$

Daraus ergibt sich

$$q + \frac{q'}{2} = 0 \qquad \text{und somit} \qquad \frac{q}{q'} = -\frac{1}{2}\,.$$

L20.16 a) Der auf der x-Achse bei x gelegene Punkt hat von der Ladung $+3\,e$ im Koordinatenursprung den Abstand $r = |x|$ und von der Ladung $-2\,e$ (bei $x = a$) den Abstand $r = |x - a|$. Das Potenzial am betrachteten Punkt ist die Summe der beiden Einzelpotenziale:

$$\phi(x) = \frac{1}{4\pi\varepsilon_0}\frac{3\,e}{|x|} + \frac{1}{4\pi\varepsilon_0}\frac{-2\,e}{|x - a|}\,.$$

Die grafische Darstellung des Potenzials $\phi(x)$ in der Abbildung wurde für $e/4\pi\epsilon_0 = 0{,}2\,\text{V}\cdot\text{m}$ und $a = 1\,\text{m}$ mit einem Tabellenkalkulationsprogramm berechnet.

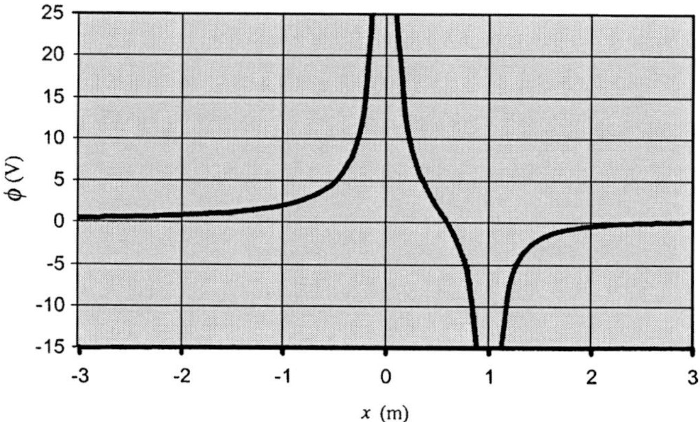

b) Aus der Kurve können wir zunächst ablesen, dass bei $x = \pm\infty$ das Potenzial $\phi(x) - 0$ ist. Weiterhin ergibt sich beim Nullsetzen der Funktion $\phi(x)$:

$$\frac{3}{|x|} - \frac{2}{|x - a|} = 0\,.$$

Im Bereich $x > a$ ist $\phi(x) = 0$ bei $x = 3\,a$.

Im Bereich $0 < x < a$ ist $\phi(x) = 0$ bei $x = 0{,}6\,a$.

c) Das elektrische Feld an einem Punkt x ist die Summe der elektrischen Felder beider Punktladungen:

$$E(x) = \frac{1}{4\pi\varepsilon_0}\frac{3\,e}{x^2} + \frac{1}{4\pi\varepsilon_0}\frac{-2\,e}{(x - a)^2}\,.$$

Nullsetzen und Umformen ergibt hieraus die quadratische Gleichung $x^2 - 6\,a\,x + 3\,a^2 = 0$ mit den beiden Lösungen $x_1 = 5{,}4\,a$ und $x_2 = 0{,}55\,a$. Wir erkennen daran, dass die Nullstellen des elektrischen Felds im Allgemeinen nicht mit denen des Potenzials (siehe Teilaufgabe b) übereinstimmen.

d) Die Arbeit ist gleich der Änderung der elektrischen Energie der dritten Ladung:

$$W = \Delta E_{\text{el}} = q\,\phi\left(\tfrac{1}{2}a\right)\,.$$

Das Potenzial am betrachteten Punkt $x = \tfrac{1}{2}a$ ist

$$\phi\left(\tfrac{1}{2}a\right) = \frac{1}{4\pi\varepsilon_0}\frac{3\,e}{|\tfrac{1}{2}a|} + \frac{1}{4\pi\varepsilon_0}\frac{-2\,e}{|\tfrac{1}{2}a - a|}$$

$$= \frac{1}{4\pi\varepsilon_0}\frac{6\,e}{a} - \frac{1}{4\pi\varepsilon_0}\frac{4\,e}{a} = \frac{1}{4\pi\varepsilon_0}\frac{2\,e}{a}\,.$$

Damit ergibt sich für die zu verrichtende Arbeit

$$W = e\,\frac{1}{4\pi\varepsilon_0}\frac{2\,e}{a} = \frac{e^2}{2\pi\varepsilon_0\,a}\,.$$

Berechnung des elektrischen Felds aus dem Potenzial

L20.17 a) Es gilt $E_x = -\mathrm{d}\phi/\mathrm{d}x$. Wegen $E_x < 0$ ist ϕ bei höheren x-Werten größer. Somit ist $\phi_b - \phi_a$ positiv.

b) Der Betrag der elektrischen Feldstärke ist

$$|E| = |E_x| = \left|\frac{\Delta\phi}{\Delta x}\right| = \left|\frac{\phi_b - \phi_a}{\Delta x}\right| = \frac{100\,\mathrm{kV}}{6{,}00\,\mathrm{m} - 2{,}00\,\mathrm{m}}$$
$$= 25{,}0\,\mathrm{kV \cdot m^{-1}} .$$

L20.18 Wegen $E_x = -\mathrm{d}\phi/\mathrm{d}x$ muss dort, wo $E_x = 0$ ist, der Anstieg der Funktion $\phi(x)$ null sein. Wir erkennen, dass dies bei $x \approx 4{,}4\,\mathrm{m}$ der Fall ist. Das Potenzial selbst ist an diesem Punkt aber offensichtlich von null verschieden.

L20.19 a) Wir bezeichnen den Abstand zwischen $(0, a)$ und $(x, 0)$ mit r_1, den Abstand zwischen $(0, -a)$ und $(x, 0)$ mit r_2 sowie den Abstand zwischen $(a, 0)$ und $(x, 0)$ mit r_3. Das Potenzial $\phi(x)$ ist die Summe der Potenziale der Ladungen bei $(0, a)$, $(0, -a)$ und $(a, 0)$:

$$\phi(x) = \frac{1}{4\pi\varepsilon_0}\frac{q_1}{r_1} + \frac{1}{4\pi\varepsilon_0}\frac{q_2}{r_2} + \frac{1}{4\pi\varepsilon_0}\frac{q_3}{r_3} ,$$

mit $q_1 = q_2 = q_3 = q$.

Bei $x = 0$ heben die Felder von q_1 und q_2 einander gerade auf, sodass gilt:

$$E_x(0) = -\frac{1}{4\pi\varepsilon_0}\frac{q}{a^2} .$$

Dies ergibt sich für $x = 0$ auch in Teilaufgabe b.

Für $x \to \infty$ (bzw. $x \gg a$) erscheinen die drei Ladungen als eine Punktladung $3\,q$, sodass gilt:

$$E_x(\infty) = \frac{1}{4\pi\varepsilon_0}\frac{3\,q}{x^2} .$$

Dies ergibt sich für $x \gg a$ ebenfalls in Teilaufgabe b.

Einsetzen der (mit dem Satz des Pythagoras ermittelten) Ausdrücke für die Abstände r_i in die erste Gleichung ergibt (bei $x \neq a$) für das Potenzial

$$\phi(x) = \frac{1}{4\pi\varepsilon_0}\,q\left(\frac{1}{\sqrt{x^2+a^2}} + \frac{1}{\sqrt{x^2+a^2}} + \frac{1}{|x-a|}\right)$$
$$= \frac{1}{4\pi\varepsilon_0}\,q\left(\frac{2}{\sqrt{x^2+a^2}} + \frac{1}{|x-a|}\right).$$

b) Beim elektrischen Feld treffen wir nun eine Fallunterscheidung.

Bei $x > a$ ist $x - a > 0$ und daher $|x-a| = x - a$.

Aus $E_x = -\mathrm{d}\phi/\mathrm{d}x$ ergibt sich damit bei $x > a$:

$$E_x(x) = -\frac{\mathrm{d}}{\mathrm{d}x}\left[\frac{1}{4\pi\varepsilon_0}\,q\left(\frac{2}{\sqrt{x^2+a^2}} + \frac{1}{x-a}\right)\right]$$
$$= \frac{1}{4\pi\varepsilon_0}\frac{2\,q\,x}{(x^2+a^2)^{3/2}} + \frac{1}{4\pi\varepsilon_0}\frac{q}{(x-a)^2} .$$

Bei $x < a$ ist $x - a < 0$, also $|x-a| = -(x-a) = a - x$.

In diesem Fall ist das elektrische Feld bei $x < a$:

$$E_x(x) = -\frac{\mathrm{d}}{\mathrm{d}x}\left[\frac{1}{4\pi\varepsilon_0}\,q\left(\frac{2}{\sqrt{x^2+a^2}} + \frac{1}{a-x}\right)\right]$$
$$= \frac{1}{4\pi\varepsilon_0}\frac{2\,q\,x}{(x^2+a^2)^{3/2}} - \frac{1}{4\pi\varepsilon_0}\frac{q}{(a-x)^2} .$$

Berechnung des Potenzials ϕ kontinuierlicher Ladungsverteilungen

L20.20 Die Abbildung zeigt die Anordnung.

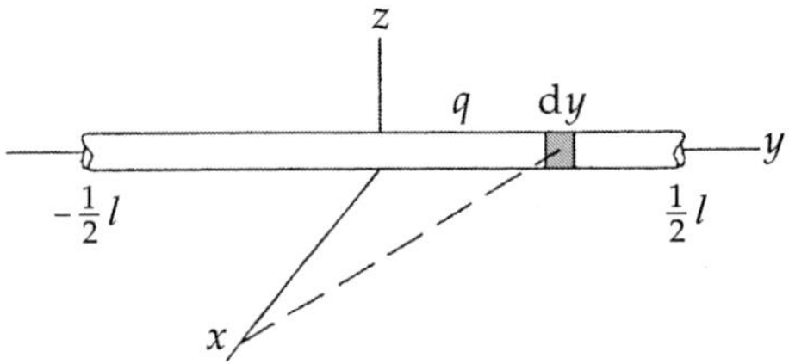

a) Die Ladung pro Längeneinheit ist $\lambda = q/l$. Ein Linienelement $\mathrm{d}y$ trägt dabei die Ladung $\lambda\,\mathrm{d}y$. Mit $r = \sqrt{x^2 + y^2}$ ist das zu diesem Linienelement gehörende Potenzial gegeben durch

$$\mathrm{d}\phi(x) = \frac{1}{4\pi\varepsilon_0}\frac{\lambda}{r}\,\mathrm{d}y = \frac{1}{4\pi\varepsilon_0}\frac{q}{l}\frac{\mathrm{d}y}{\sqrt{x^2+y^2}} .$$

Wir integrieren über $\mathrm{d}\phi(x)$ von $y = -l/2$ bis $y = l/2$. Das Integral können wir nachschlagen und erhalten

$$\phi(x, 0) = \frac{1}{4\pi\varepsilon_0}\frac{q}{l}\int_{-l/2}^{l/2}\frac{\mathrm{d}y}{\sqrt{x^2+y^2}}$$
$$= \frac{1}{4\pi\varepsilon_0}\frac{q}{l}\,\ln\frac{\sqrt{x^2+l^2/4}+l/2}{\sqrt{x^2+l^2/4}-l/2} .$$

b) Wir klammern x im Zähler und im Nenner aus und kürzen:

$$\phi(x, 0) = \frac{1}{4\pi\varepsilon_0}\frac{q}{l}\,\ln\frac{\sqrt{1+\dfrac{l^2}{4\,x^2}}+\dfrac{l}{2\,x}}{\sqrt{1+\dfrac{l^2}{4\,x^2}}-\dfrac{l}{2\,x}} .$$

Wegen $\ln(a/b) = \ln a - \ln b$ ist dies gleichbedeutend mit

$$\phi(x, 0) = \frac{1}{4\pi\varepsilon_0}\frac{q}{l}\left[\ln\left(\sqrt{1+\frac{l^2}{4\,x^2}}+\frac{l}{2\,x}\right) - \ln\left(\sqrt{1+\frac{l^2}{4\,x^2}}-\frac{l}{2\,x}\right)\right].$$

Wir entwickeln nun den Ausdruck $\sqrt{1 + l^2/(4\,x^2)}$ in eine Reihe. Dazu setzen wir $l^2/(4\,x^2) = \vartheta$. Mit

$$(1 + \vartheta)^{1/2} = 1 + \tfrac{1}{2}\vartheta - \tfrac{1}{8}\vartheta^2 + - \cdots$$

ergibt sich für $x \gg l$ daraus:

$$\left(1 + \frac{l^2}{4\,x^2}\right)^{1/2} = 1 + \frac{1}{2}\frac{l^2}{4\,x^2} - \frac{1}{8}\left(\frac{l^2}{4\,x^2}\right)^2 + - \cdots \approx 1 \,.$$

Einsetzen liefert

$$\phi(x,0) \approx \frac{1}{4\pi\varepsilon_0}\frac{q}{l}\left[\ln\left(1 + \frac{l}{2\,x}\right) - \ln\left(1 - \frac{l}{2\,x}\right)\right].$$

Nun entwickeln wir die beiden Ausdrücke $\ln[1 \pm l/(2\,x)]$ in eine Reihe. Dazu setzen wir $l/(2\,x) = \delta$. Mit

$$\ln(1 + \delta) = \delta - \tfrac{1}{2}\delta^2 + - \cdots$$

erhalten wir für $x \gg l$:

$$\ln\left(1 + \frac{l}{2\,x}\right) \approx \frac{l}{2\,x} - \frac{l^2}{4\,x^2}\,,$$

$$\ln\left(1 - \frac{l}{2\,x}\right) \approx -\frac{l}{2\,x} - \frac{l^2}{4\,x^2}\,.$$

Einsetzen und Vereinfachen ergibt schließlich

$$\phi(x,0) \approx \frac{1}{4\pi\varepsilon_0}\frac{q}{l}\left[\frac{l}{2\,x} - \frac{l^2}{4\,x^2} - \left(-\frac{l}{2\,x} - \frac{l^2}{4\,x^2}\right)\right]$$
$$= \frac{1}{4\pi\varepsilon_0}\frac{q}{x}\,.$$

Weil die Ladung des Stabs in großem Abstand $|x| \gg l$ wie eine Punktladung wirkt, war dies zu erwarten.

L20.21 Die Abbildung zeigt die Anordnung. Die Potenzialdifferenz ist das Integral über das elektrische Feld, sodass gilt:

$$\phi_b - \phi_a = -\int E_r\,\mathrm{d}r \qquad \text{bzw.} \qquad \phi_a - \phi_b = \int E_r\,\mathrm{d}r\,.$$

Nach dem Gauß'schen Gesetz ist

$$\oint_A \boldsymbol{E} \cdot \hat{\boldsymbol{n}}\,\mathrm{d}A = 2\pi r\,l\,E_r = \frac{q}{\varepsilon_0}\,,$$

wobei die Integration über die eingezeichnete Gauß'sche Oberfläche mit dem Radius r und der Länge l erfolgte. Damit ist

$$E_r = \frac{q}{2\pi\varepsilon_0\,r\,l}\,.$$

Einsetzen in die obige Gleichung für die Potenzialdifferenz und Integrieren von a bis b ergibt

$$\phi_a - \phi_b = \frac{q}{2\pi\varepsilon_0\,l}\int_a^b \frac{\mathrm{d}r}{r} = \frac{1}{4\pi\varepsilon_0}\frac{2q}{l}\ln\frac{b}{a}\,.$$

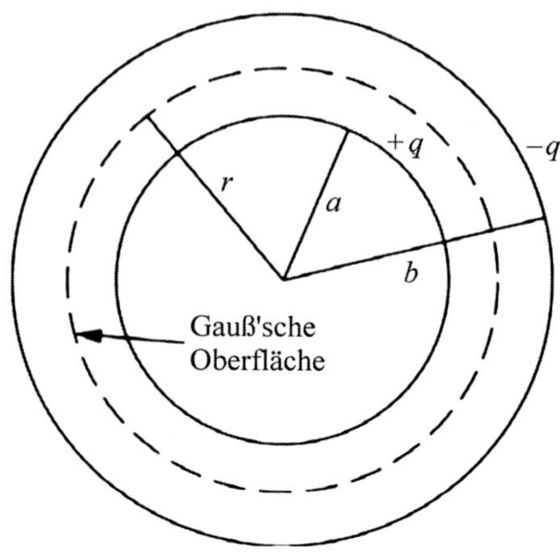

L20.22 Die Abbildung zeigt die Anordnung im Querschnitt mit den beiden Ladungen $-q$ auf der Kugelschale und q auf der Metallkugel im Inneren.

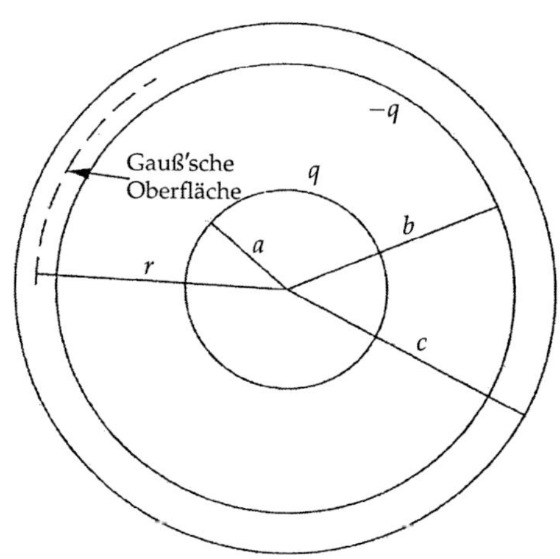

a) Bei $r > b$ ergibt sich das Potenzial aus der Beziehung

$$\phi_{r>b} = -\int E_{r>b}\,\mathrm{d}r\,.$$

Zum Ermitteln des elektrischen Felds integrieren wir über die gestrichelt eingezeichnete Gauß'sche Fläche. Bei $r > b$ ist die eingeschlossene Ladung $q_{\text{innen}} = 0$, und wir erhalten

$$\oint_A \boldsymbol{E}_r \cdot \hat{\boldsymbol{n}}\,\mathrm{d}A = \frac{q_{\text{innen}}}{\varepsilon_0} = 0\,.$$

Also ist $E_{r>b} = 0$, und für das Potenzial ergibt sich

$$\phi_{r>b} = -\int (0)\,\mathrm{d}r = 0\,.$$

b) Bei $a < r < b$ wirkt die Metallkugel in der Mitte wie eine Punktladung q. Das Potenzial ist dann die Summe des Potenzials dieser Punktladung in der Mitte und des Potenzials auf der

Oberfläche, das von der Ladung auf der Innenseite der Kugeloberfläche herrührt:

$$\phi_{\mathrm{a}} = \phi_{q,\mathrm{Mitte}} + \phi_{q,\mathrm{Oberfl.}} \,.$$

Der erste Anteil ist das Coulomb-Potenzial im Abstand a von einer in der Mitte gelegenen Punktladung:

$$\phi_{q,\mathrm{Mitte}} = \frac{1}{4\pi\varepsilon_0}\,\frac{q}{a}\,.$$

Der zweite Anteil entspricht dem Potenzial auf der Innenseite der leitenden Hohlkugel:

$$\phi_{q,\mathrm{Oberfl.}} = \frac{1}{4\pi\varepsilon_0}\,\frac{-q}{b} = -\frac{1}{4\pi\varepsilon_0}\,\frac{q}{b}\,.$$

Damit ergibt sich

$$\phi_a = \frac{1}{4\pi\varepsilon_0}\,\frac{q}{a} - \frac{1}{4\pi\varepsilon_0}\,\frac{q}{b} = \frac{1}{4\pi\varepsilon_0}\,q\left(\frac{1}{a} - \frac{1}{b}\right).$$

L20.23 Die Abbildung zeigt im Querschnitt die konzentrischen Kugelschalen mit ihren Ladungen.

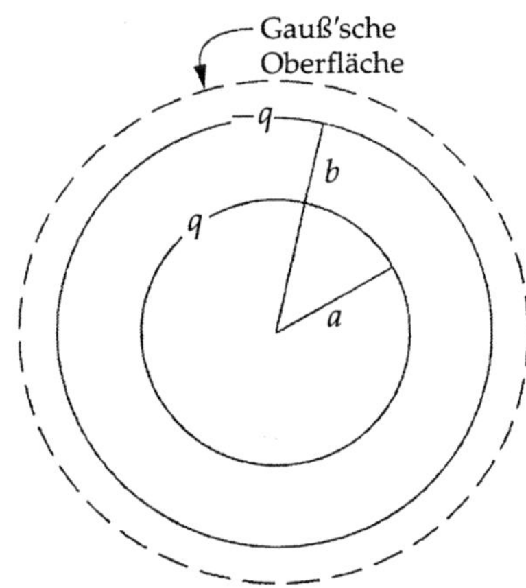

Das Potenzial beim Radius b ergibt sich aus dem elektrischen Feld außerhalb der Kugelschale, also aus der Beziehung

$$\phi_b = -\int_{\infty}^{b} E_{r\geq b}\,\mathrm{d}r\,.$$

Wir berechnen das elektrische Feld mithilfe des Gauß'schen Gesetzes. Als Integrationsfläche wählen wir dabei die gestrichelt eingezeichnete Kugelschale bei $r \geq b$. Hierbei ist die eingeschlossene Gesamtladung gleich null, und wir erhalten

$$\oint_A \mathbf{E}_r \cdot \widehat{\mathbf{n}}\,\mathrm{d}A = \frac{q_{\mathrm{innen}}}{\varepsilon_0} = 0\,.$$

Also ist $E_{r\geq b} = 0$, und für das Potenzial ergibt sich hier

$$\phi_b = -\int_{\infty}^{b} (0)\,\mathrm{d}r = 0\,.$$

Das Potenzial beim Radius a auf der inneren Kugelschale ist

$$\phi_a = -\int_{b}^{a} E_{r\geq a}\,\mathrm{d}r\,.$$

Wir wenden das Gauß'sche Gesetz nun auf eine Integrationsfläche an, die zwischen den Radien a und b liegt:

$$4\pi r^2\,E_{r\geq a} = \frac{q}{\varepsilon_0}\,.$$

Daraus folgt $E_{r\geq a} = \dfrac{1}{4\pi\varepsilon_0}\,\dfrac{q}{r^2}$.

Das Potenzial auf der inneren Kugelschale ist daher

$$\phi_a = -\frac{1}{4\pi\varepsilon_0}\,q\int_{b}^{a}\frac{\mathrm{d}r}{r^2} = \frac{1}{4\pi\varepsilon_0}\,\frac{q}{a} - \frac{1}{4\pi\varepsilon_0}\,\frac{q}{b}\,.$$

Hiermit ergibt sich die gesuchte Potenzialdifferenz zu

$$\phi_a - \phi_b = \phi_a - 0 = \frac{1}{4\pi\varepsilon_0}\,q\left(\frac{1}{a} - \frac{1}{b}\right).$$

L20.24 Die Abbildung zeigt die Anordnung.

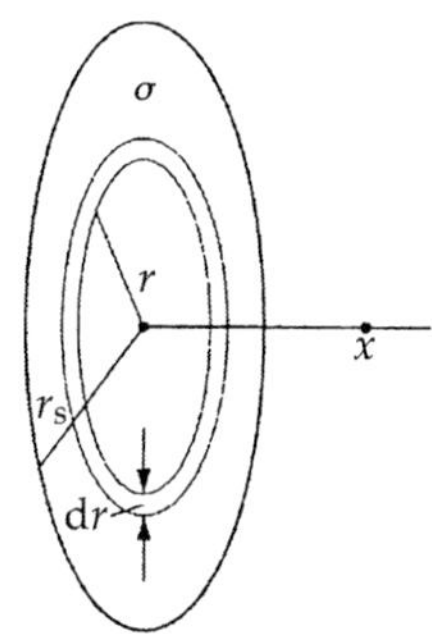

a) Wir können die Gesamtladung q bestimmen, indem wir die Scheibe gedanklich in Ringe mit dem Radius r und der Dicke $\mathrm{d}r$ zerlegen und dann von $r = 0$ bis $r = r_S$ integrieren.

Die Ladung $\mathrm{d}q'$ auf einem Ring mit dem Radius r und der Dicke $\mathrm{d}r$ ist

$$\mathrm{d}q' = 2\pi r\,\sigma\,\mathrm{d}r = 2\pi r\left(\sigma_0\,\frac{r_S}{r}\right)\mathrm{d}r = 2\pi\sigma_0\,r_S\,\mathrm{d}r\,.$$

Wir integrieren von $r = 0$ bis $r = r_S$:

$$q = 2\pi\sigma_0\,r_S\int_{0}^{r_S}\mathrm{d}r = 2\pi\sigma_0\,r_S^2\,.$$

b) Ein ringförmiges Element mit der Ladung $\mathrm{d}q' = 2\pi r\,\sigma\,\mathrm{d}r$ erzeugt auf der Achse der Scheibe das Potenzial

$$\mathrm{d}\phi = \frac{1}{4\pi\varepsilon_0}\,\frac{\mathrm{d}q'}{r'} = \frac{1}{4\pi\varepsilon_0}\,\frac{2\pi\sigma_0\,r_S\,\mathrm{d}r}{\sqrt{x^2 + r^2}}\,.$$

Die Integration von $r = 0$ bis $r = r_\mathrm{S}$ ergibt

$$\phi = 2\pi \, \frac{1}{4\pi\varepsilon_0} \, \sigma_0 \, r_\mathrm{S} \int_0^{r_\mathrm{S}} \frac{\mathrm{d}r}{\sqrt{x^2 + r^2}}$$

$$= \frac{1}{2\varepsilon_0} \, \sigma_0 \, r_\mathrm{S} \, \ln \frac{r_\mathrm{S} + \sqrt{x^2 + r_\mathrm{S}^2}}{x} \, .$$

L20.25 Die Abbildung zeigt die Vollkugel mit dem Radius r_K, die die gleichmäßig verteilte Ladung q trägt.

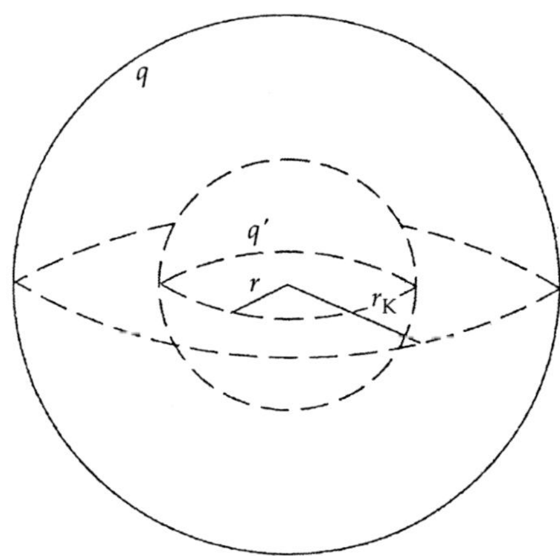

a) Die Ladung $\mathrm{d}q'$ in einer Kugelschale mit dem Radius r' und der Dicke $\mathrm{d}r'$ ist bei $r' > r$:

$$\mathrm{d}q' = \rho \, \mathrm{d}V' = \rho \, A' \, \mathrm{d}r' = \rho \, 4\pi \, r'^2 \, \mathrm{d}r' \, .$$

Da die Kugel homogen geladen ist, hat sie die Ladungsdichte

$$\rho = \frac{q}{V} = \frac{q}{\frac{4}{3}\pi \, r_\mathrm{K}^3} = \frac{3\,q}{4\pi \, r_\mathrm{K}^3} \, .$$

Damit ergibt sich

$$\mathrm{d}q' = \left(\frac{3\,q}{4\pi \, r_\mathrm{K}^3} \right) 4\pi \, r'^2 \, \mathrm{d}r' = \frac{3\,q}{r_\mathrm{K}^3} \, r'^2 \, \mathrm{d}r' \, .$$

b) Das Potenzial $\mathrm{d}\phi$ der Ladung $\mathrm{d}q'$ in der Kugelschale bei $r \leq r' \leq r_\mathrm{K}$ ist

$$\mathrm{d}\phi = \frac{1}{4\pi\varepsilon_0} \, \frac{\mathrm{d}q'}{r'} \, .$$

Einsetzen des in Teilaufgabe a aufgestellten Ausdrucks für $\mathrm{d}q'$ ergibt

$$\mathrm{d}\phi = \frac{1}{4\pi\varepsilon_0} \, \frac{1}{r'} \left(\frac{3\,q}{r_\mathrm{K}^3} \, r'^2 \, \mathrm{d}r' \right) = \frac{1}{4\pi\varepsilon_0} \, \frac{3\,q}{r_\mathrm{K}^3} \, r' \, \mathrm{d}r' \, .$$

c) Wir integrieren über $\mathrm{d}\phi$ von $r' = r$ bis $r' = r_\mathrm{K}$:

$$\phi = \frac{1}{4\pi\varepsilon_0} \, \frac{3\,q}{r_\mathrm{K}^3} \int_r^{r_\mathrm{K}} r' \, \mathrm{d}r' = \frac{1}{4\pi\varepsilon_0} \, \frac{3\,q}{2\,r_\mathrm{K}^3} \, (r_\mathrm{K}^2 - r^2) \, .$$

d) Damit ergibt sich für das Potenzial $\mathrm{d}\phi$ einer geladenen Kugelschale mit dem Radius r' und der Dicke $\mathrm{d}r'$ bei $r' \leq r$:

$$\mathrm{d}\phi = \frac{1}{4\pi\varepsilon_0} \, \frac{\mathrm{d}q'}{r} = \frac{1}{4\pi\varepsilon_0} \, \frac{\rho \, \mathrm{d}V'}{r} = \frac{1}{4\pi\varepsilon_0} \, \frac{\rho \, A' \, \mathrm{d}r'}{r}$$

$$= \frac{1}{4\pi\varepsilon_0} \, \frac{\rho \, (4\pi \, r'^2) \, \mathrm{d}r'}{r} = \frac{1}{4\pi\varepsilon_0} \, \frac{4\pi \, \rho}{r} \, r'^2 \, \mathrm{d}r' \, .$$

Einsetzen des in Teilaufgabe a aufgestellten Ausdrucks für die Ladungsdichte ρ ergibt

$$\mathrm{d}\phi = \frac{1}{4\pi\varepsilon_0} \, \frac{4\pi}{r} \left(\frac{3\,q}{4\pi \, r_\mathrm{K}^3} \right) r'^2 \, \mathrm{d}r' = \frac{1}{4\pi\varepsilon_0} \, \frac{3\,q}{r_\mathrm{K}^3 \, r} \, r'^2 \, \mathrm{d}r' \, .$$

e) Nun integrieren wir von $r' = 0$ bis $r' = r$, um das Potenzial der Ladung innerhalb der Kugel mit dem Radius r zu ermitteln:

$$\phi = \frac{1}{4\pi\varepsilon_0} \, \frac{3\,q}{r_\mathrm{K}^3 \, r} \int_0^r r'^2 \, \mathrm{d}r' = \frac{1}{4\pi\varepsilon_0} \, \frac{q}{r_\mathrm{K}^3} \, r^2 \, .$$

f) Die Summe der Ergebnisse der Teilaufgaben c und e ist das Gesamtpotenzial bei r:

$$\phi = \frac{1}{4\pi\varepsilon_0} \, \frac{q}{r_\mathrm{K}^3} \, r^2 + \frac{1}{4\pi\varepsilon_0} \, \frac{3\,q}{2\,r_\mathrm{K}^3} \, (r_\mathrm{K}^2 - r^2)$$

$$= \frac{1}{4\pi\varepsilon_0} \, \frac{q}{2\,r_\mathrm{K}} \left(3 - \frac{r^2}{r_\mathrm{K}^2} \right) \, .$$

Äquipotenzialflächen

L20.26 a) Die Richtung des elektrischen Felds stimmt mit der Richtung der Kraft überein, die es auf eine positive Ladung ausübt. Weil der Mitteldraht positiv geladen ist, und aufgrund der Zylindersymmetrie ist das Feld vom Draht weg radial nach außen gerichtet.

b) Weil mehr Arbeit verrichtet werden muss, um eine positive Probeladung aus dem Unendlichen zum Draht als zum Zylinder zu bringen, liegt der Draht auf dem höheren Potenzial.

c) Wegen der Zylindersymmetrie des Geiger-Müller-Zählrohrs sind die Äquipotenzialflächen bezüglich des Drahts konzentrische Zylinderflächen.

d) Nein. Die Änderung des Potenzials pro Abstandsänderung ist betragsmäßig gleich dem elektrischen Feld, das nach außen hin schwächer wird. Wegen $\mathrm{d}\phi = -|\boldsymbol{E}| \, |\mathrm{d}s|$ nimmt daher der Abstand zwischen benachbarten Äquipotenzialflächen mit jeweils gleicher Potenzialdifferenz zu.

L20.27 a) Die Äquipotenzialflächen sind konzentrische Kugelflächen, in deren Mittelpunkt sich die Ladung befindet.

b) Aus der Beziehung zwischen dem Potenzial und dem elektrischen Feld einer Punktladung folgt

$$\int_a^b \mathrm{d}\phi = -\int_{r_a}^{r_b} \boldsymbol{E} \cdot \mathrm{d}\boldsymbol{r} = -\frac{1}{4\pi\varepsilon_0} \, q \int_{r_a}^{r_b} r^{-2} \, \mathrm{d}r$$

und somit

$$\phi_b - \phi_a = \frac{1}{4\pi\varepsilon_0} q \left(\frac{1}{r_b} - \frac{1}{r_a}\right).$$

Nullsetzen des Potenzials ϕ_a bei $r_a = \infty$ ergibt

$$\phi_b - 0 = \frac{1}{4\pi\varepsilon_0} q \frac{1}{r_b}.$$

Daraus folgt

$$\phi = \frac{1}{4\pi\varepsilon_0} \frac{q}{r}, \qquad \text{also} \qquad r = 4\pi\varepsilon_0 \frac{q}{\phi}.$$

Mit $q = +1{,}11 \cdot 10^{-8}$ C gilt daher

$$r = \frac{(8{,}988 \cdot 10^9 \,\text{N} \cdot \text{m}^2 \cdot \text{C}^{-2})\,(1{,}11 \cdot 10^{-8}\,\text{C})}{\phi}$$
$$= \frac{99{,}77 \,\text{N} \cdot \text{m}^2 \cdot \text{C}^{-1}}{\phi}.$$

Damit ergibt sich folgende Wertetabelle:

ϕ (V)	20,0	40,0	60,0	80,0	100
r (m)	4,99	2,49	1,66	1,25	1,00

Die entsprechenden Äquipotenzialflächen sind in der Abbildung im Querschnitt dargestellt.

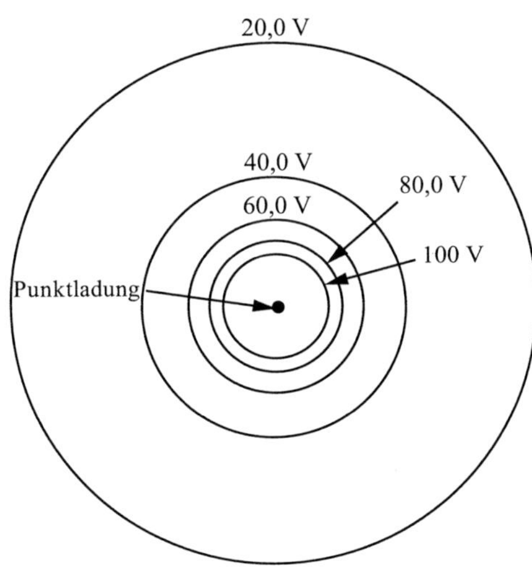

c) Nein. Die Äquipotenzialflächen sind dort einander am nächsten, wo die elektrische Feldstärke am größten ist.

d) Für das elektrische Feld gilt

$$E = -\frac{\Delta\phi}{\Delta r} = -\frac{40\,\text{V} - 60\,\text{V}}{\Delta r}.$$

Den Abstand Δr zwischen den beiden Äquipotenzialflächen können wir näherungsweise der Abbildung entnehmen:

$$E \approx \frac{40\,\text{V} - 60\,\text{V}}{2{,}4\,\text{m} - 1{,}7\,\text{m}} = 29\,\text{V} \cdot \text{m}^{-1}.$$

Der exakte Wert für das elektrische Feld in der Mitte zwischen beiden Äquipotenzialflächen ergibt sich aus der Beziehung $E = q/(4\pi\epsilon_0\, r^2)$, wobei für r der Mittelwert der in Teilaufgabe b berechneten Radien beider Äquipotenzialflächen einzusetzen ist. Damit erhalten wir

$$E_{\text{exakt}} = \frac{1}{4\pi\varepsilon_0} \frac{q}{r^2}$$
$$= \frac{(8{,}988 \cdot 10^9 \,\text{N} \cdot \text{m}^2 \cdot \text{C}^{-2})\,(1{,}11 \cdot 10^{-8}\,\text{C})}{\left[\frac{1}{2}\,(1{,}66\,\text{m} + 2{,}49\,\text{m})\right]^2}$$
$$= 23\,\text{V} \cdot \text{m}^{-1}.$$

Der abgeschätzte Wert unterscheidet sich also um etwa 21 % vom exakten Wert.

Die elektrische Energie

L20.28 Die Abbildung zeigt die Anordnung.

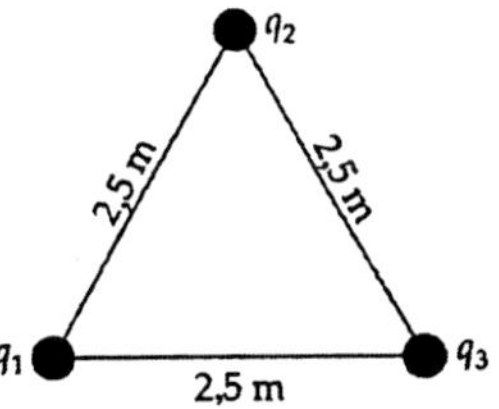

Die elektrische Energie ist die Arbeit, die aufgewendet werden muss, um die Ladungen aus unendlich großen Abständen an die Eckpunkte des Dreiecks zu bringen:

$$E_{\text{el}} = \frac{1}{4\pi\varepsilon_0} \frac{q_1\,q_2}{r_{\text{r}_{1,2}}} + \frac{1}{4\pi\varepsilon_0} \frac{q_1\,q_3}{r_{\text{r}_{1,3}}} + \frac{1}{4\pi\varepsilon_0} \frac{q_2\,q_3}{r_{\text{r}_{2,3}}}$$
$$= \frac{1}{4\pi\varepsilon_0} \left(\frac{q_1\,q_2}{r_{\text{r}_{1,2}}} + \frac{q_1\,q_3}{r_{\text{r}_{1,3}}} + \frac{q_2\,q_3}{r_{\text{r}_{2,3}}}\right).$$

Dabei sind die schließlich erreichten Abstände der Ladungen voneinander: $r_{1,2} = r_{2,3} = r_{1,3} = 2{,}50\,\text{m}$.

a) Für $q_1 = q_2 = q_3 = 4{,}20\,\mu\text{C}$ ergibt sich

$$E_{\text{el}} = (8{,}988 \cdot 10^9 \,\text{N} \cdot \text{m}^2 \cdot \text{C}^{-2}) \left[\frac{(4{,}20\,\mu\text{C})\,(4{,}20\,\mu\text{C})}{2{,}50\,\text{m}}\right.$$
$$\left. + \frac{(4{,}20\,\mu\text{C})\,(4{,}20\,\mu\text{C})}{2{,}50\,\text{m}} + \frac{(4{,}20\,\mu\text{C})\,(4{,}20\,\mu\text{C})}{2{,}50\,\text{m}}\right]$$
$$= 190\,\text{mJ}.$$

b) Für $q_1 = q_2 = 4{,}20\,\mu\text{C}$ und $q_3 = -4{,}20\,\mu\text{C}$ erhalten wir

$$E_{\text{el}} = (8{,}988 \cdot 10^9 \,\text{N} \cdot \text{m}^2 \cdot \text{C}^{-2}) \left[\frac{(4{,}20\,\mu\text{C})\,(4{,}20\,\mu\text{C})}{2{,}5\,\text{m}}\right.$$
$$\left. + \frac{(4{,}20\,\mu\text{C})\,(4{,}20\,\mu\text{C})}{2{,}50\,\text{m}} + \frac{(4{,}20\,\mu\text{C})\,(4{,}20\,\mu\text{C})}{2{,}50\,\text{m}}\right]$$
$$= -63{,}4\,\text{mJ}.$$

c) Für $q_1 = q_2 = -4{,}20\,\mu\mathrm{C}$ und $q_3 = 4{,}20\,\mu\mathrm{C}$ ist

$$E_{\mathrm{el}} = (8{,}988 \cdot 10^9\,\mathrm{N} \cdot \mathrm{m}^2 \cdot \mathrm{C}^{-2}) \left[\frac{(-4{,}20\,\mu\mathrm{C})\,(-4{,}20\,\mu\mathrm{C})}{2{,}50\,\mathrm{m}} \right.$$

$$\left. + \frac{(-4{,}20\,\mu\mathrm{C})\,(4{,}20\,\mu\mathrm{C})}{2{,}50\,\mathrm{m}} + \frac{(-4{,}20\,\mu\mathrm{C})\,(4{,}20\,\mu\mathrm{C})}{2{,}50\,\mathrm{m}} \right]$$

$$= -63{,}4\,\mathrm{mJ}\,.$$

L20.29 Die Abbildung zeigt die vier Ladungen an den Ecken des Quadrats.

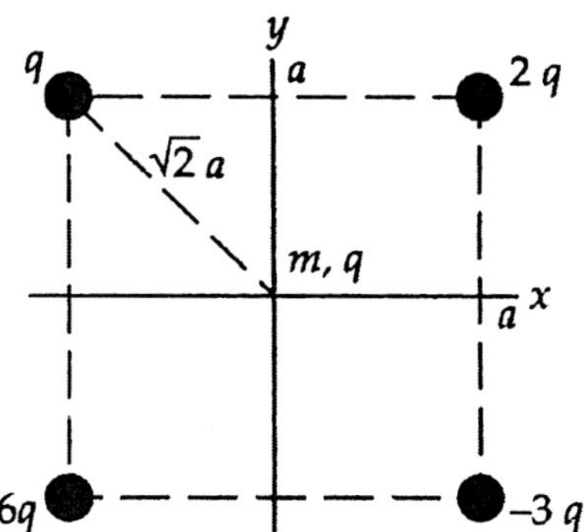

Das Teilchen mit der Masse m und der Ladung q wird in der Mitte losgelassen und durch Wechselwirkung mit den anderen Ladungen beschleunigt. Wir betrachten die energetischen Verhältnisse. Wegen der Energieerhaltung ist die Zunahme der kinetischen Energie gleich der Abnahme der potenziellen Energie, wenn sich das Teilchen aus dem Mittelpunkt quasi bis ins Unendliche bewegt:

$$\Delta E_{\mathrm{kin}} + \Delta E_{\mathrm{el}} = 0\,.$$

Weil die kinetische Energie zu Beginn und die elektrostatische potenzielle Energie in großem Abstand null sind, ergibt sich hieraus

$$E_{\mathrm{kin,E}} - E_{\mathrm{el,A}} = 0\,. \tag{1}$$

Die potenzielle Energie der Ladung q ist am Anfang

$$E_{\mathrm{el,A}} = q\,\phi(0)\,,$$

und die kinetische Energie ist am Ende, wenn das Teilchen in großem Abstand die Geschwindigkeit v erreicht hat:

$$E_{\mathrm{kin,E}} = \tfrac{1}{2}\,m\,v^2\,.$$

Einsetzen der Ausdrücke für $E_{\mathrm{kin,E}}$ und $E_{\mathrm{el,A}}$ in Gleichung 1 liefert

$$\tfrac{1}{2}\,m\,v^2 - q\,\phi(0) = 0\,, \quad \text{also} \quad v = \sqrt{\frac{2\,q\,\phi(0)}{m}}\,.$$

Das elektrostatische Potenzial im Koordinatenursprung ist

$$\phi(0) = \frac{1}{4\pi\varepsilon_0} \left(\frac{q}{\sqrt{2}\,a} + \frac{2q}{\sqrt{2}\,a} + \frac{-3q}{\sqrt{2}\,a} + \frac{6q}{\sqrt{2}\,a} \right)$$

$$= \frac{1}{4\pi\varepsilon_0}\,\frac{6q}{\sqrt{2}\,a}\,.$$

Einsetzen in die vorige Gleichung ergibt schließlich

$$v = \sqrt{\frac{2q}{m}\,\frac{1}{4\pi\varepsilon_0}\,\frac{6q}{\sqrt{2}\,a}} = q\,\sqrt{\frac{1}{4\pi\varepsilon_0}\,\frac{6\sqrt{2}}{m\,a}}\,.$$

Allgemeine Aufgaben

L20.30 Das elektrische Feld auf der Oberfläche einer leitenden Kugel ergibt sich aus dem Potenzial $\phi(r)$ auf der Oberfläche und dem Kugelradius r:

$$E_r = \frac{\phi(r)}{r}\,.$$

Also gilt für den Radius $r = \dfrac{\phi(r)}{E_r}$.

Den bei gegebenem Potenzial minimal möglichen Radius erhalten wir, wenn wir hier die maximal mögliche Feldstärke bzw. die Durchschlagfestigkeit $E_{\max}$ einsetzen:

$$r_{\min} = \frac{\phi(r)}{E_{\max}}\,.$$

Mit der Durchschlagfestigkeit der Luft von rund $3\,\mathrm{MV} \cdot \mathrm{m}^{-1}$ ergibt sich der minimale Radius zu

$$r_{\min} \approx \frac{10{,}0\,\mathrm{kV}}{3\,\mathrm{MV} \cdot \mathrm{m}^{-1}} \approx 3\,\mathrm{mm}\,.$$

L20.31 Die zum Antreiben des Bands benötigte Leistung ist die Rate, mit der der Van-de-Graaff-Generator elektrische Arbeit verrichtet: $P = \mathrm{d}W/\mathrm{d}t$. Um eine Ladung q über eine Potenzialdifferenz $\Delta\phi$ zu verschieben, muss die Arbeit $W = q\,\Delta\phi$ verrichtet werden. Einsetzen ergibt

$$P = \frac{\mathrm{d}W}{\mathrm{d}t} = \frac{\mathrm{d}}{\mathrm{d}t}(q\,\Delta\phi) = \Delta\phi\,\frac{\mathrm{d}q}{\mathrm{d}t}$$

$$= (1{,}25\,\mathrm{MV})\,(200\,\mu\mathrm{C} \cdot \mathrm{s}^{-1}) = 250\,\mathrm{W}\,.$$

L20.32 Die Ladung, die von der Position $x = 50{,}0\,\mathrm{cm}$ in den Koordinatenursprung verschoben werden soll, bezeichnen wir mit q, die Ladung des Rings mit q_{R} und den Radius des Rings mit a. Die Arbeit, die zu verrichten ist, um die Ladung von $x = 50{,}0\,\mathrm{cm}$ in den Koordinatenursprung $x = 0$ zu verschieben, ist:

$$W = q\,\Delta\phi = q\,[\phi(0) - \phi(0{,}500\,\mathrm{m})]\,.$$

Auf der Achse des mit der Ladung q_{R} homogen geladenen Rings herrscht das Potenzial

$$\phi(x) = \frac{1}{4\pi\varepsilon_0}\,\frac{q_{\mathrm{R}}}{\sqrt{x^2 + a^2}}\,.$$

Das Potenzial bei $x = 50{,}0\,\mathrm{cm}$ ist

$$\phi(0{,}500\,\mathrm{m}) = \frac{1}{4\pi\varepsilon_0}\,\frac{q_{\mathrm{R}}}{\sqrt{(0{,}500\,\mathrm{m})^2 + a^2}}\,,$$

und das Potenzial bei $x = 0$ ist

$$\phi(0) = \frac{1}{4\pi\varepsilon_0} \frac{q_R}{\sqrt{a^2}} = \frac{1}{4\pi\varepsilon_0} \frac{q_R}{a}.$$

Damit ist die verrichtete Arbeit

$$W = q \left(\frac{1}{4\pi\varepsilon_0} \frac{q_R}{a} - \frac{1}{4\pi\varepsilon_0} \frac{q_R}{\sqrt{(0,500\,\mathrm{m})^2 + a^2}} \right)$$

$$= \frac{1}{4\pi\varepsilon_0} q\, q_R \left(\frac{1}{a} - \frac{1}{\sqrt{(0,500\,\mathrm{m})^2 + a^2}} \right).$$

Mit den gegebenen Werten ergibt sich

$$W = (8{,}988 \cdot 10^9\,\mathrm{N} \cdot \mathrm{m}^2 \cdot \mathrm{C}^{-2})\,(2{,}00\,\mathrm{nC})\,(1{,}00\,\mathrm{nC})$$

$$\cdot \left(\frac{1}{0{,}100\,\mathrm{m}} - \frac{1}{\sqrt{(0{,}500\,\mathrm{m})^2 + (0{,}100\,\mathrm{m})^2}} \right)$$

$$= 1{,}445 \cdot 10^{-7}\,\mathrm{J} = 1{,}4 \cdot 10^{-7}\,\mathrm{J}$$

$$= (1{,}445 \cdot 10^7\,\mathrm{J}) \cdot \frac{1\,\mathrm{eV}}{1{,}602 \cdot 10^{-19}\,\mathrm{J}} = 9{,}0 \cdot 10^{11}\,\mathrm{eV}.$$

L20.33 Wir bezeichnen den Radius der zweiten Kugel mit r_2. Die Ladungen der Kugeln nach dem Verbinden durch den Draht nennen wir q_1 und q_2. Anfangs befinden sich diese beiden Ladungen auf der Kugel 1, und ihr Potenzial ist dabei

$$20\,\mathrm{kV} = \frac{1}{4\pi\varepsilon_0} \frac{q_1 + q_2}{r_1}. \qquad (1)$$

Nachdem die beiden Kugeln verbunden wurden, verteilt sich die anfängliche Gesamtladung der Kugel 1 so lange, bis beide Kugeln auf demselben Potenzial sind. Anschließend gilt

$$12\,\mathrm{kV} = \frac{1}{4\pi\varepsilon_0} \frac{q_1}{r_1} \qquad (2)$$

und

$$12\,\mathrm{kV} = \frac{1}{4\pi\varepsilon_0} \frac{q_2}{r_2}. \qquad (3)$$

Aus den Gleichungen 2 und 3 erhalten wir

$$q_1 = 4\pi\varepsilon_0\,(12\,\mathrm{kV})\,r_1 \quad \text{und} \quad q_2 = 4\pi\varepsilon_0\,(12\,\mathrm{kV})\,r_2.$$

Dies setzen wir in Gleichung 1 ein:

$$20\,\mathrm{kV} = \frac{(12\,\mathrm{kV})\,r_1 + (12\,\mathrm{kV})\,r_2}{r_1} = 12\,\mathrm{kV} + 12\,\mathrm{kV}\left(\frac{r_2}{r_1}\right).$$

Daraus ergibt sich $\quad 8 = 12\left(\dfrac{r_2}{r_1}\right) \quad$ und $\quad r_2 = \frac{2}{3}\,r_1.$

L20.34 Die elektrische Energie des Systems aus Folgekern und α-Teilchen im Abstand r_{Pb} ist

$$E_{\mathrm{el}} = \frac{1}{4\pi\varepsilon_0} \frac{q_1\,q_2}{r_{\mathrm{Pb}}}.$$

Damit erhalten wir für den Abstand bzw. den Kernradius

$$r_{\mathrm{Pb}} = \frac{1}{4\pi\varepsilon_0} \frac{q_1\,q_2}{E_{\mathrm{el}}}$$

$$= \frac{(8{,}988 \cdot 10^9\,\mathrm{N} \cdot \mathrm{m}^2 \cdot \mathrm{C}^{-2}) \cdot 2 \cdot 82 \cdot (1{,}602 \cdot 10^{-19}\,\mathrm{C})^2}{(5{,}30\,\mathrm{MeV})\,(1{,}602 \cdot 10^{-19}\,\mathrm{C} \cdot \mathrm{eV}^{-1})}$$

$$= 44{,}6\,\mathrm{fm}.$$

L20.35 Wir gehen von der Definition der Oberflächenladungsdichte aus. Damit gilt

$$\sigma = \frac{q}{\pi\,r^2} \qquad \text{bzw.} \qquad q = \pi\,\sigma\,r^2, \qquad (1)$$

und das Potenzial beim Radius r ist

$$\phi(r) = \frac{1}{4\pi\varepsilon_0}\,2\pi\,\sigma\left(\sqrt{x^2 + r^2} - x\right).$$

Bei den beiden betrachteten Abständen gilt dann

$$80\,\mathrm{V} = \frac{1}{4\pi\varepsilon_0}\,2\pi\,\sigma\left(\sqrt{(0{,}60\,\mathrm{m})^2 + r^2} - 0{,}60\,\mathrm{m}\right),$$

$$40\,\mathrm{V} = \frac{1}{4\pi\varepsilon_0}\,2\pi\,\sigma\left(\sqrt{(1{,}5\,\mathrm{m})^2 + r^2} - 1{,}5\,\mathrm{m}\right).$$

Dividieren der ersten dieser Gleichungen durch die zweite ergibt

$$2 = \frac{\sqrt{(0{,}60\,\mathrm{m})^2 + r^2} - 0{,}60\,\mathrm{m}}{\sqrt{(1{,}5\,\mathrm{m})^2 + r^2} - 1{,}5\,\mathrm{m}}.$$

Hieraus erhalten wir $r = 0{,}80\,\mathrm{m}$.

Das elektrische Feld auf der Achse einer geladenen Scheibe ist gegeben durch

$$E_x = \frac{1}{4\pi\varepsilon_0}\,2\pi\,\sigma\left(1 - \frac{x}{\sqrt{x^2 + r^2}}\right).$$

Das lösen wir nach der Ladungsdichte auf:

$$\sigma = \frac{E_x}{\dfrac{1}{4\pi\varepsilon_0}\,2\pi\left(1 - \dfrac{x}{x^2 + r^2}\right)} = \frac{2\,\epsilon_0\,E_x}{1 - \dfrac{x}{\sqrt{x^2 + r^2}}}.$$

Mit Gleichung 1 erhalten wir schließlich

$$q = \pi\,\sigma\,r^2 = \frac{2\pi\,\epsilon_0\,r^2}{1 - \dfrac{x}{\sqrt{x^2 + r^2}}}\,E_x$$

$$= \frac{2\pi\,(8{,}854 \cdot 10^{-12}\,\mathrm{C}^2 \cdot \mathrm{N}^{-1} \cdot \mathrm{m}^{-2})\,(0{,}80\,\mathrm{m})^2}{1 - \dfrac{1{,}5\,\mathrm{m}}{\sqrt{(1{,}5\,\mathrm{m})^2 + 0{,}80\,\mathrm{m})^2}}}$$

$$\cdot\,(23{,}5\,\mathrm{V} \cdot \mathrm{m}^{-1})$$

$$= 7{,}1\,\mathrm{nC}.$$

L20.36 a) Die Elektronenladung dq' in einer Kugelschale mit dem Volumen $4\pi r^2\,dr$ im Abstand r vom Proton ist gegeben durch

$$dq' = \rho\,dV = \left(-\rho_0\,e^{-2r/a}\right)\left(4\pi r^2\,dr\right)$$
$$= -4\pi\,\rho_0\,r^2\,e^{-2r/a}\,dr\,.$$

Weil das Wasserstoffatom insgesamt neutral ist, muss die Gesamtladung der Kugelschale gleich e sein:

$$e = -4\pi\,\rho_0 \int_0^\infty r^2\,e^{-2r/a}\,dr\,.$$

Das Integral

$$\int x^2\,e^{bx}\,dx = \frac{e^{bx}}{b^3}\left(b^2\,x^2 - 2\,b\,x + 2\right)$$

schlagen wir nach und erhalten damit

$$\int_0^\infty r^2\,e^{-2r/a}\,dr = \frac{a^3}{4}\,.$$

Dies setzen wir in die obige Gleichung für die Ladung e ein:

$$e = -4\pi\,\rho_0\,\frac{a^3}{4} = -\pi\,\rho_0\,a^3\,.$$

Also ist die Ladungsdichte

$$\rho_0 = -\frac{e}{\pi\,a^3} = -\frac{1{,}602\cdot10^{-19}\,\mathrm{C}}{\pi\,(0{,}523\,\mathrm{nm})^3} = -3{,}56\cdot10^8\,\mathrm{C}\cdot\mathrm{m}^{-3}\,.$$

b) Das elektrische Potenzial des Proton-Elektron-Systems ist die Summe der elektrischen Potenziale seiner Ladungsdichten:

$$\phi = \phi_1 + \phi_2\,, \tag{1}$$

mit

$$\phi_1 = \frac{1}{4\pi\varepsilon_0}\left(\frac{e}{r} + \frac{q_1}{r}\right),\ \phi_2 = \frac{1}{4\pi\varepsilon_0}\int_r^\infty \frac{\rho(r')\,4\pi r'^2\,dr'}{r'} \tag{2}$$

und

$$q_1 = \int_0^r \rho(r')\,4\pi r'^2\,dr'\,.$$

Einsetzen der gegebenen Beziehung für die Ladungsdichte ergibt

$$q_1 = 4\pi\,\rho_0 \int_0^r r'^2\,e^{-2r'/a}\,dr'\,.$$

Hier liegt wieder das obige, bereits nachgeschlagene Integral vor:

$$\int x^2\,e^{bx}\,dx = \frac{e^{bx}}{b^3}\left(b^2\,x^2 - 2\,b\,x + 2\right)\,.$$

Damit können wir $\displaystyle\int_0^r r'^2\,e^{-2r'/a}\,dr'$ berechnen:

$$\int_0^r r'^2\,e^{-2r'/a}\,dr'$$

$$= -\frac{a^3\,e^{-2r'/a}}{8}\left[\frac{4}{a^2}\,r'^2 + 2\left(\frac{2}{a}\right)r' + 2\right]_0^r$$

$$= -\frac{a^3\,e^{-2r/a}}{8}\left(\frac{4}{a^2}\,r^2 + \frac{4}{a}\,r + 2\right) - \left[-\frac{a^3}{8}\,(2)\right]$$

$$= -\frac{a^3\,e^{-2r/a}}{8}\left(\frac{4}{a^2}\,r^2 + \frac{4}{a}\,r + 2\right) + \frac{a^3}{4}\,.$$

Somit ist

$$q_1 = 4\pi\rho_0\left[-\frac{a^3\,e^{-2r/a}}{8}\left(\frac{4}{a^2}\,r^2 + \frac{4}{a}\,r + 2\right) + \frac{a^3}{4}\right],$$

und für das Potenzial ϕ_1 ergibt sich

$$\phi_1 = \frac{1}{4\pi\varepsilon_0}\,\frac{e}{r} + \frac{1}{4\pi\varepsilon_0}\,\frac{4\pi\,\rho_0}{r}$$
$$\cdot\left[-\frac{a^3\,e^{-2r/a}}{8}\left(\frac{4}{a^2}\,r^2 + \frac{4}{a}\,r + 2\right) + \frac{a^3}{4}\right]\,.$$

Für die Ladungsdichte ρ_0 setzen wir den Ausdruck aus Teilaufgabe a ein:

$$\phi_1 = \frac{1}{4\pi\varepsilon_0}\,\frac{e}{r} + \frac{1}{4\pi\varepsilon_0}\,\frac{4\pi\left(-\dfrac{e}{\pi\,a^3}\right)}{r}$$
$$\cdot\left[-\frac{a^3\,e^{-2r/a}}{8}\left(\frac{4}{a^2}\,r^2 + \frac{4}{a}\,r + 2\right) + \frac{a^3}{4}\right]$$

$$= \frac{1}{4\pi\varepsilon_0}\,\frac{e}{r}\,e^{-2r/a}\left(\frac{2}{a^2}\,r^2 + \frac{2}{a}\,r + 1\right)\,.$$

Nun wenden wir uns dem Potenzial ϕ_2 der Elektronenladungsverteilung zu. Einsetzen der gegebenen Beziehung für die Ladungsdichte in Gleichung 2 ergibt

$$\phi_2 = \frac{1}{4\pi\varepsilon_0}\int_r^\infty \frac{\rho_0\,e^{-2r'/a}\,4\pi\,r'^2\,dr'}{r'}$$

$$= \frac{1}{4\pi\varepsilon_0}\,4\pi\,\rho_0 \int_r^\infty e^{-2r'/a}\,r'\,dr'\,.$$

Auch dieses Integral können wir nachschlagen:

$$\int x\,e^{bx}\,dx = \frac{e^{bx}}{b^2}\left(b\,x - 1\right)\,.$$

Damit ergibt sich

$$\int_r^\infty \mathrm{e}^{-2r'/a}\, r'\, \mathrm{d}r' = \frac{a^2}{4}\, \mathrm{e}^{-2r'/a} \left(\frac{2}{a}\, r' + 1\right)\Bigg|_r^\infty$$

$$= -\frac{a^2}{4}\, \mathrm{e}^{-2r/a} \left(\frac{2}{a}\, r + 1\right).$$

Dies und den Ausdruck für die Ladungsdichte ρ_0 aus Teilaufgabe a setzen wir in die Beziehung für ϕ_2 ein und erhalten

$$\phi_2 = \frac{1}{4\pi\varepsilon_0}\, 4\pi \left(-\frac{e}{\pi a^3}\right) \mathrm{e}^{-2r/a} \left[-\frac{a^2}{4} \left(\frac{2}{a}\, r + 1\right)\right]$$

$$= \frac{1}{4\pi\varepsilon_0}\, e \left(\frac{1}{a}\right) \mathrm{e}^{-2r/a} \left(\frac{2}{a}\, r + 1\right).$$

Die Summe beider Potenzialbeiträge ist somit

$$\phi = \frac{1}{4\pi\varepsilon_0}\, \frac{e}{r}\, \mathrm{e}^{-2r/a} \left(\frac{2}{a^2}\, r^2 + \frac{2}{a}\, r + 1\right)$$

$$+ \frac{1}{4\pi\varepsilon_0} \left(\frac{e}{a}\right) \mathrm{e}^{-2r/a} \left(\frac{2}{a}\, r + 1\right)$$

$$= \frac{1}{4\pi\varepsilon_0}\, e \left(\frac{1}{a} + \frac{1}{r}\right) \mathrm{e}^{-2r/a}.$$

L20.37 a) Das Potenzial der beiden geladenen Ringe ist die Summe $\phi(x) = \phi_{\text{linker Ring}} + \phi_{\text{rechter Ring}}$.

Das Potenzial einer Ringladung im axialen Abstand x vom Ring ist allgemein

$$\phi(x) = \frac{1}{4\pi\varepsilon_0}\, \frac{q_{\mathrm{R}}}{\sqrt{x^2 + r_{\mathrm{R}}^2}},$$

wobei r_{R} der Radius des Rings und q_{R} seine Ladung ist. Also gilt für die beiden Ringe

$$\phi_{\text{linker Ring}} = \frac{1}{4\pi\varepsilon_0}\, \frac{q_{\mathrm{R}}}{\sqrt{(x+l)^2 + l^2}},$$

$$\phi_{\text{rechter Ring}} = \frac{1}{4\pi\varepsilon_0}\, \frac{q_{\mathrm{R}}}{\sqrt{(x-l)^2 + l^2}}.$$

Einsetzen in die erste Gleichung für $\phi(x)$ ergibt für die Summe der Potenziale

$$\phi(x) = \frac{1}{4\pi\varepsilon_0} \left(\frac{q_{\mathrm{R}}}{\sqrt{(x+l)^2 + l^2}} + \frac{q_{\mathrm{R}}}{\sqrt{(x-l)^2 + l^2}}\right).$$

b) Die erste Ableitung des Potenzials nach x ist

$$\frac{\mathrm{d}\phi}{\mathrm{d}x} = \frac{q_{\mathrm{R}}}{4\pi\varepsilon_0} \left\{\frac{l-x}{\left[(l-x)^2 + l^2\right]^{3/2}} - \frac{l+x}{\left[(l+x)^2 + l^2\right]^{3/2}}\right\}.$$

Damit das Potenzial ein Minimum hat, muss dieser Ausdruck null sein. Nullsetzen des Klammerausdrucks ergibt $l - x =$

$l + x$. Also liegt bei $x = 0$ ein Extremwert vor. Wenn dies ein Minimum ist, muss die zweite Ableitung positiv sein. Das prüfen wir nun nach. Die zweite Ableitung ist

$$\frac{\mathrm{d}^2\phi}{\mathrm{d}x^2} = \frac{q_{\mathrm{R}}}{4\pi\varepsilon_0} \left\{\frac{3\,(l-x)^2}{\left[(l-x)^2 + l^2\right]^{5/2}} - \frac{1}{\left[(l-x)^2 + l^2\right]^{3/2}}\right.$$

$$\left. + \frac{3\,(l+x)^2}{\left[(l+x)^2 + l^2\right]^{5/2}} - \frac{1}{\left[(l-x)^2 + l^2\right]^{3/2}}\right\}.$$

Einsetzen von $x = 0$ ergibt

$$\frac{\mathrm{d}^2\phi}{\mathrm{d}x^2}(0) = \frac{1}{4\pi\varepsilon_0}\, \frac{q_{\mathrm{R}}}{2\sqrt{2}\, l^3} > 0.$$

Somit liegt hier wirklich ein Minimum vor.

c) Wir verwenden die Taylor-Entwicklung des Potenzials:

$$\phi(x) = \phi(0) + \phi'(0)\, x + \tfrac{1}{2}\, \phi''(0)\, x^2 + \cdots.$$

Für $x \ll l$ können wir die Reihe nach den ersten drei Gliedern abbrechen und erhalten

$$\phi(x) \approx \phi(0) + \phi'(0)\, x + \tfrac{1}{2}\, \phi''(0)\, x^2.$$

Mit den in Teilaufgabe b ermittelten Ableitungen des Potenzials nach x ergibt sich daraus (wobei wir uns der Näherung aufgrund der abgebrochenen Reihe bewusst sind):

$$\phi(x) = \frac{1}{4\pi\varepsilon_0}\, \frac{\sqrt{2}\, q_{\mathrm{R}}}{l} + (0)\, x + \frac{1}{2} \left(\frac{1}{4\pi\varepsilon_0}\, \frac{q_{\mathrm{R}}}{2\sqrt{2}\, l^3}\right) x^2$$

$$= \frac{1}{4\pi\varepsilon_0}\, \frac{\sqrt{2}\, q_{\mathrm{R}}}{l} + \frac{1}{4\pi\varepsilon_0}\, \frac{q_{\mathrm{R}}}{4\sqrt{2}\, l^3}\, x^2.$$

Also ist $\phi(x) = \phi(0) + \alpha x^2$,

mit $\quad \phi(0) = \dfrac{1}{4\pi\varepsilon_0}\, \dfrac{\sqrt{2}\, q_{\mathrm{R}}}{l} \quad$ und $\quad \alpha = \dfrac{1}{4\pi\varepsilon_0}\, \dfrac{q_{\mathrm{R}}}{4\sqrt{2}\, l^3}.$

d) Der in Teilaufgabe c aufgestellte Ausdruck für das Potenzial hat die gleiche Form wie der für eine harmonisch schwingende Masse m an einer Feder mit der Federkonstanten k_{F}. Hierbei gilt für die Kreisfrequenz

$$\omega = \sqrt{\frac{k_{\mathrm{F}}}{m}}.$$

Mit dem eben aufgestellten Ausdruck für das Potenzial gilt also für die potenzielle Energie der Ladung

$$E_{\mathrm{el}}(x) = q\, \phi(0) + \frac{1}{2} \left(\frac{1}{4\pi\varepsilon_0}\, \frac{q\, q_{\mathrm{R}}}{2\sqrt{2}\, l^3}\right) x^2$$

$$= q\, \phi(0) + \tfrac{1}{2}\, k_{\mathrm{F}}\, x^2.$$

Der Vergleich der Koeffizienten zeigt, dass die hier betrachtete Anordnung die „Federkonstante"

$$k_{\mathrm{F}} = \frac{1}{4\pi\varepsilon_0} \frac{q\,q_{\mathrm{R}}}{2\,\sqrt{2}\,l^3}$$

hat. Damit ist ihre Kreisfrequenz

$$\omega = \sqrt{\frac{k_{\mathrm{F}}}{m}} = \sqrt{\frac{1}{4\pi\varepsilon_0} \frac{q\,q_{\mathrm{R}}}{2\,m\,\sqrt{2}\,l^3}}\,.$$

L20.38 Wir gehen vor, wie im Hinweis in der Aufgabenstellung empfohlen, leiten also einen Ausdruck für die elektrische Energie $\mathrm{d}E_{\mathrm{el}}$ her, die aufgewendet werden muss, um eine Schicht der Dicke $\mathrm{d}r$ aus dem Unendlichen an die Oberfläche zu bringen. Wir stellen uns dazu die Kugel als aus Schichten aufgebaut vor; dann ist ihre jeweilige Ladung beim Radius r gegeben durch

$$q(r) = q\left(\frac{r}{r_{\mathrm{K}}}\right)^3\,.$$

Dabei haben wir berücksichtigt, dass die Kugel homogen geladen ist. Die Teilkugel mit dem Radius r hat gegenüber dem Unendlichen das Potenzial

$$\phi(r) = \frac{q(r)}{4\pi\varepsilon_0\,r} = \frac{q}{4\pi\varepsilon_0} \frac{r^2}{r_{\mathrm{K}}^3}\,.$$

Die Arbeit $\mathrm{d}W$, die aufgewendet werden muss, um die Ladung $\mathrm{d}q$ einer Kugelschale aus dem Unendlichen auf die Oberfläche der Kugel zu bringen, ist:

$$\mathrm{d}W = \mathrm{d}E_{\mathrm{el}} = \phi(r)\,\mathrm{d}q$$

$$= \frac{q}{4\pi\varepsilon_0} \frac{r^2}{r_{\mathrm{K}}^3} \left(4\pi\,r^2\, \frac{3\,q}{4\pi\,r_{\mathrm{K}}^3}\,\mathrm{d}r\right) = \frac{3\,q^2}{4\pi\varepsilon_0\,r_{\mathrm{K}}^6}\,r^4\,\mathrm{d}r\,.$$

Die Integration von 0 bis r_{K} ergibt

$$W = E_{\mathrm{el}} = \frac{3\,q^2}{4\pi\varepsilon_0\,r_{\mathrm{K}}^6} \int_0^{r_{\mathrm{K}}} r^4\,\mathrm{d}r = \frac{3\,q^2}{4\pi\varepsilon_0\,r_{\mathrm{K}}^6} \left[\frac{r^5}{5}\right]_0^{r_{\mathrm{K}}}$$

$$= \frac{3\,q^2}{20\pi\varepsilon_0\,r_{\mathrm{K}}}\,.$$

L20.39 a) In Aufgabe 20.38 hatten wir für die elektrische Energie der Kugel den Ausdruck

$$E_{\mathrm{el}} = \frac{3\,e^2}{20\pi\varepsilon_0\,r_{\mathrm{K}}}$$

erhalten. Diese Energie setzen wir gleich der Ruheenergie $E_0 = m_0\,c^2$ des Elektrons:

$$E_{\mathrm{el}} = \frac{3\,e^2}{20\pi\varepsilon_0\,r} = E_0\,.$$

Also gilt für den Radius

$$r = \frac{3\,e^2}{20\pi\epsilon_0} \frac{1}{E_0}\,. \tag{1}$$

Mit den gegebenen Werten erhalten wir

$$r = \frac{3\,(1{,}602 \cdot 10^{-19}\,\mathrm{C})^2}{20\pi\,(8{,}854 \cdot 10^{-12}\,\mathrm{C}^2 \cdot \mathrm{N}^{-1} \cdot \mathrm{m}^{-2})}$$

$$\cdot \frac{1}{(5{,}11 \cdot 10^5\,\mathrm{eV})\,(1{,}602 \cdot 10^{-19}\,\mathrm{J} \cdot \mathrm{eV}^{-1})}$$

$$= 1{,}7 \cdot 10^{-15}\,\mathrm{m}\,.$$

Allerdings erklärt dieses Modell nicht, wodurch die Ladung des Elektrons gegen ihre Eigenabstoßung zusammengehalten wird.

b) Mit Gleichung 1 erhalten wir beim Proton für den Radius

$$r = \frac{3\,(1{,}602 \cdot 10^{-19}\,\mathrm{C})^2}{20\pi\,(8{,}854 \cdot 10^{-12}\,\mathrm{C}^2 \cdot \mathrm{N}^{-1} \cdot \mathrm{m}^{-2})}$$

$$\cdot \frac{1}{(938 \cdot 10^6\,\mathrm{eV})\,(1{,}602 \cdot 10^{-19}\,\mathrm{J} \cdot \mathrm{eV}^{-1})}$$

$$\approx 1 \cdot 10^{-18}\,\mathrm{m}\,.$$

Dieser Wert ist um rund drei Größenordnungen kleiner als der experimentell ermittelte.

Die Kapazität

Die Kapazität

© Springer-Verlag GmbH Deutschland, ein Teil von Springer Nature 2019

A. Knochel (Hrsg.), *Arbeitsbuch zu Tipler/Mosca, Physik*, https://doi.org/10.1007/978-3-662-58919-9_21

Aufgaben

Verständnisaufgaben

21.1 • Ein Plattenkondensator ist an eine Batterie angeschlossen. Der Raum zwischen den Platten ist leer. Nun wird der Abstand der Kondensatorplatten bei weiterhin angeschlossener Batterie verdreifacht. Wie ist das Verhältnis der am Ende gespeicherten Energie zu der am Anfang gespeicherten Energie?

21.2 • Wie ändert sich das Verhältnis der gespeicherten Energien in dem Kondensator aus Aufgabe 21.1, wenn dieser von der Batterie getrennt wird, bevor der Abstand der Platten verdreifacht wird?

21.3 • Zwei ungeladene Kondensatoren mit den Kapazitäten C_0 und $2\,C_0$ sind in Reihe geschaltet. Diese Reihenschaltung wird dann an die Anschlüsse einer Batterie angeschlossen. Welche der folgenden Aussagen ist dann richtig? a) Der Kondensator mit der Kapazität $2\,C_0$ wird mit der doppelten Ladung geladen wie der Kondensator C_0. b) Die Spannungen über beiden Kondensatoren sind gleich. c) Die in jedem Kondensator gespeicherten Energien sind gleich. d) Die Ersatzkapazität ist $3\,C_0$. e) Die Ersatzkapazität ist $2\,C_0/3$.

21.4 •• Wir betrachten zwei Kondensatoren A und B mit gleichen Plattenflächen und Zwischenräumen (Abb. 21.1). Der Raum zwischen den Platten jedes Kondensators ist, wie gezeigt, zur Hälfte mit einem Dielektrikum gefüllt. Hat der Kondensator A oder der Kondensator B die höhere Kapazität? Erläutern Sie Ihre Antwort.

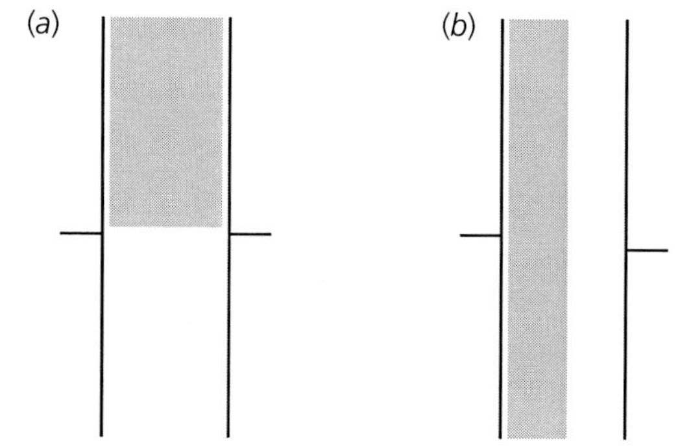

Abb. 21.1 Zu Aufgabe 21.4

Schätzungs- und Näherungsaufgaben

21.5 •• Es soll ein Stickstoff-Pulslaser entwickelt werden. Die für den Betrieb eines solchen Lasers erforderlichen hohen Energiedichten werden durch Entladung von Hochspannungskondensatoren erzeugt. Pro Puls (d. h. pro Entladung) wird üblicherweise eine Energie von $100\,\mathrm{J}$ benötigt. Schätzen Sie die Kapazität ab, die benötigt wird, wenn die Entladung einen Funken über eine $1{,}0\,\mathrm{cm}$ lange Funkenstrecke erzeugen soll. Nehmen Sie dabei an, dass die Durchschlagspannung von Stickstoff dieselbe wie die von Luft ist.

21.6 •• Schätzen Sie die Kapazität er in Abb. 21.2 gezeigten Leidener Flasche ab. Die Figur hat knapp 1/10 der Größe eines durchschnittlichen Mannes.

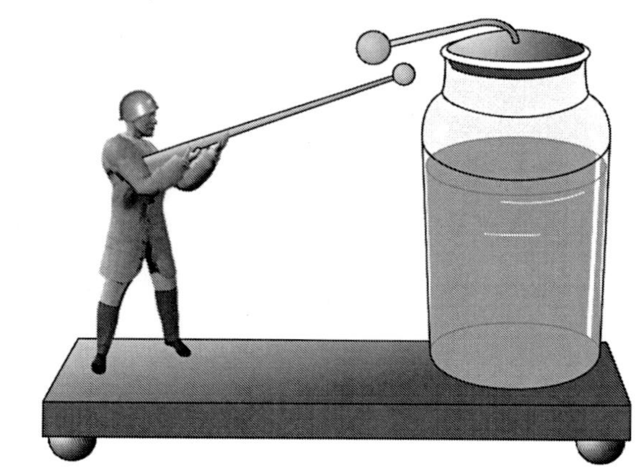

Abb. 21.2 Zu Aufgabe 21.6

Kapazität

21.7 •• Sie schneiden zwei DIN A4 große Stücke Aluminiumfolie aus, legen ein Blatt herkömmliches 80-g-Papier dazwischen und pressen den Stapel zusammen. a) Welche Kapazität hat der resultierende Kondensator ungefähr? b) Welche Induktivität müsste eine Spule haben, damit Sie aus beidem einen behelfsmäßigen Kurzwellenempfänger konstruieren können?

21.8 •• Zwei isolierte leitende Kugeln mit dem gleichen Radius r haben die Ladungen $+q$ und $-q$. Der Abstand d der Mitten der beiden Kugeln ist groß gegenüber ihrem Radius. Geben Sie einen angenäherten Ausdruck für die Kapazität dieses etwas ungewöhnlichen Kondensators an.

Die Speicherung elektrischer Energie

21.9 • Ein 185-μF-Kondensator wird auf $200\,\mathrm{V}$ geladen. Welche Energie ist anschließend in ihm gespeichert?

21.10 •• Gegeben sind eine Metallvollkugel mit einem Radius von $10{,}0\,\mathrm{cm}$ und eine zu ihr konzentrische Metallhohlkugel mit einem Innenradius von $10{,}5\,\mathrm{cm}$. Die Vollkugel trägt eine Ladung $q = 5{,}00\,\mathrm{nC}$. a) Schätzen Sie die Energie ab, die in dem elektrischen Feld im Gebiet zwischen den Kugeln gespeichert ist. (*Hinweis:* Sie können die Kugeloberflächen im Wesentlichen als parallele ebene Platten im Abstand von $0{,}5\,\mathrm{cm}$ behandeln.) b) Schätzen Sie die Kapazität des Doppelkugelsystems ab. c) Schätzen Sie mithilfe der Beziehung $\frac{1}{2}\,q^2/C$ die im elektrischen Feld gespeicherte Gesamtenergie ab und vergleichen Sie sie mit dem Ergebnis von Teilaufgabe a.

21.11 •• Ein Plattenkondensator, dessen Platten eine Fläche von $500\,cm^2$ haben, ist an die Anschlüsse einer Batterie angeschlossen. Nach einer gewissen Zeit wird er von der Batterie getrennt. Anschließend werden die Platten um $0,40\,cm$ voneinander wegbewegt. Während die Ladung auf jeder Platte gleich bleibt, steigt die Potenzialdifferenz zwischen den Platten um $100\,V$ an. a) Wie groß ist der Betrag der Ladung auf jeder Platte? b) Erwarten Sie, dass die in dem Kondensator gespeicherte Energie zunimmt, abnimmt oder gleich bleibt, während die Platten auseinandergezogen werden? Erläutern Sie Ihre Antwort. c) Untermauern Sie Ihre Antwort von Teilaufgabe b, indem Sie bestimmen, wie sich die in dem Kondensator gespeicherte Energie durch die Bewegung der Platten ändert.

Parallel- und Reihenschaltung von Kondensatoren

21.12 • a) Wie viele parallelgeschaltete $1,00\text{-}\mu\text{F-Kondensatoren}$ sind erforderlich, um bei einer Spannung von $10,0\,V$ über jedem Kondensator eine Gesamtladung von $1,00\,mC$ zu speichern? Zeichnen Sie die Parallelschaltung. b) Wie groß ist hierbei die Spannung über allen parallelgeschalteten Kondensatoren? c) Ermitteln Sie die Ladung auf jedem Kondensator sowie die Spannung über der Kondensatoranordnung, wenn die Kondensatoren von Teilaufgabe a entladen, dann in Reihe geschaltet und anschließend so lange geladen werden, bis die Spannung über jedem von ihnen $10,0\,V$ beträgt.

21.13 •• Drei gleiche Kondensatoren werden so zusammengeschaltet, dass ihre maximal mögliche Ersatzkapazität von $15,0\,\mu\text{F}$ erreicht wird. a) Ermitteln Sie, wie die Kondensatoren zusammengeschaltet werden, und skizzieren Sie die Schaltung. b) Es gibt drei weitere Möglichkeiten, die Kondensatoren zusammenzuschalten. Skizzieren Sie diese weiteren Möglichkeiten und ermitteln Sie die Ersatzkapazität jeder Schaltung.

21.14 •• a) Zeigen Sie, dass die Ersatzkapazität zweier in Reihe geschalteter Kondensatoren durch

$$C = \frac{C_1\,C_2}{C_1 + C_2}$$

ausgedrückt werden kann. b) Zeigen Sie allein anhand dieses Ausdrucks durch algebraische Rechenoperationen, dass C stets kleiner als C_1 und als C_2 und somit auch kleiner als der kleinere dieser beiden Werte sein muss. c) Zeigen Sie, dass die Ersatzkapazität dreier in Reihe geschalteter Kondensatoren durch

$$C = \frac{C_1\,C_2\,C_3}{C_1\,C_2 + C_2\,C_3 + C_1\,C_3}$$

ausgedrückt werden kann. d) Zeigen Sie allein anhand dieses Ausdrucks durch algebraische Rechenoperationen, dass C stets kleiner als C_1, C_2 und C_3 und somit kleiner als der kleinste der drei Werte sein muss.

21.15 •• Es soll ein Kondensatornetz mit einer Ersatzkapazität von $2,00\,\mu\text{F}$ und einer Durchschlagspannung von $400\,V$ konstruiert werden. Zur Verfügung stehen nur Kondensatoren mit einer Kapazität von $2,00\,\mu\text{F}$ und einer Durchschlagspannung von $100\,V$. Skizzieren Sie die Schaltung.

Plattenkondensatoren

21.16 • Ein $89\text{-pF-Plattenkondensator}$ wird mit einem Dielektrikum mit der relativen Dielektrizitätskonstanten $\varepsilon_{\mathrm{rel}} = 2,0$ gefüllt. a) Wie groß ist danach seine Kapazität? b) Bestimmen Sie die Ladung auf dem Kondensator mit eingeführtem Dielektrikum, wenn dieser an eine 12-V-Batterie angeschlossen ist.

21.17 • Der Kondensator aus der vorigen Aufgabe wird nun ohne Dielektrikum auf $12\,V$ geladen und anschließend von der Batterie getrennt. Danach wird das Dielektrikum mit der Dielektrizitätskonstanten $\varepsilon_{\mathrm{rel}} = 2,0$ eingeführt. Welchen Wert haben dann a) die Ladung q, b) die Spannung U und c) die Kapazität C?

21.18 • Ein Plattenkondensator hat die Kapazität $2,00\,\mu\text{F}$ und den Plattenabstand $1,60\,mm$. a) Wie groß kann die maximale Spannung zwischen seinen Platten sein, ohne dass es in der Luft zwischen den Platten zum dielektrischen Durchschlag kommt? b) Welche Ladung ist bei dieser Spannung gespeichert?

21.19 •• Konstruieren Sie einen luftgefüllten Plattenkondensator mit einer Kapazität von $0,100\,\mu\text{F}$, der auf eine maximale Spannung von $1000\,V$ geladen werden kann, ohne dass es zum dielektrischen Durchschlag kommt. a) Wie groß muss der Abstand zwischen den Platten mindestens sein? b) Welchen Flächeninhalt muss jede Platte des Kondensators mindestens haben?

Zylinderkondensatoren

21.20 • Gegeben ist ein Geiger-Müller-Zählrohr, dessen Mitteldraht die Länge $12,0\,cm$ und den Radius $0,200\,mm$ hat. Der Mantel des Rohrs ist ein leitender Hohlzylinder mit dem Innenradius $1,50\,cm$. Der Zylinder ist koaxial zum Draht und hat dieselbe Länge wie dieser. Berechnen Sie a) die Kapazität des Rohrs unter der Annahme, dass das Gas im Rohr die relative Dielektrizitätskonstante $\varepsilon_{\mathrm{rel}} = 1,00$ hat, und b) die lineare Ladungsdichte auf dem Draht, wenn zwischen ihm und dem Hohlzylinder eine Spannung von $1,20\,kV$ herrscht.

21.21 ••• Ein *Goniometer* ist ein Präzisions-Winkelmessinstrument. Abb. 21.3a zeigt ein *kapazitives Goniometer*. Jede Platte des Drehkondensators besteht aus einem flachen Metallhalbkreis mit dem Innenradius r_1 und dem Außenradius r_2 (Abb. 21.3b). Die Platten haben eine gemeinsame Drehachse; der Luftspalt zwischen ihnen hat eine Dicke d. Ermitteln Sie die Kapazität in Abhängigkeit vom Winkel θ und von den anderen genannten Parametern.

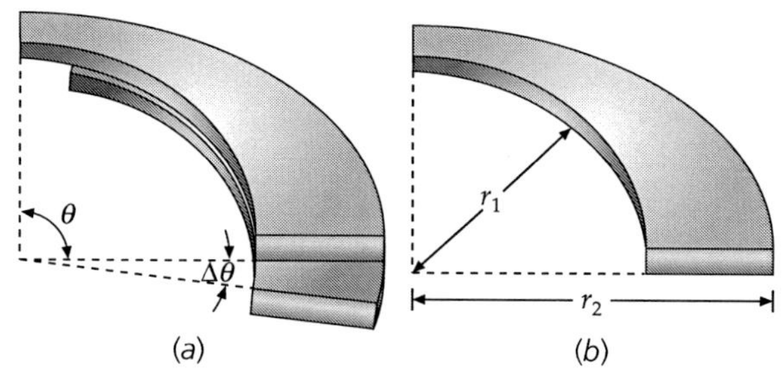

Abb. 21.3 Zu Aufgabe 21.21

Kugelkondensatoren

21.22 •• Ein Kugelkondensator besteht aus einer dünnen Hohlkugel mit dem Radius r_1 und einer zu ihr konzentrischen dünnen Hohlkugel mit dem Radius r_2, wobei $r_2 > r_1$ ist. a) Zeigen Sie, dass er die Kapazität $C = 4\pi\varepsilon_0\, r_1\, r_2/(r_2 - r_1)$ hat. b) Zeigen Sie, dass die Kapazität (mit A als Oberflächeninhalt der Kugel und der Beziehung $d = r_2 - r_1$) näherungsweise durch den Ausdruck $C = \varepsilon_0\, A/d$ für die Kapazität eines Plattenkondensators gegeben ist, wenn die Hohlkugeln nahezu gleiche Radien haben.

21.23 • Wie groß ist der Radius eines kugelförmigen Leiters mit einer Kapazität von 1,0 F?

Getrennte und wieder verbundene Kondensatoren

21.24 •• Ein 2,00-µF-Kondensator wird auf eine Spannung von 12,0 V geladen. Anschließend werden die Drähte, die den Kondensator mit der Batterie verbinden, von der Batterie getrennt und an einen zweiten, zunächst ungeladenen Kondensator angeschlossen. Daraufhin sinkt die Spannung über dem 2,00-µF-Kondensator auf 4,00 V. Wie groß ist die Kapazität des zweiten Kondensators?

21.25 •• Ein 20-pF-Kondensator wird auf 3,0 kV aufgeladen. Anschließend wird er von der Batterie getrennt und mit einem ungeladenen 50-pF-Kondensator verbunden. a) Wie groß ist danach die Ladung auf jedem Kondensator? b) Wie groß ist die Energie, die im 20-pF-Kondensator gespeichert ist, bevor er von der Batterie getrennt wird, sowie die Energie, die in beiden Kondensatoren gespeichert ist, nachdem sie miteinander verbunden wurden? Nimmt die gespeicherte Energie zu oder ab, wenn die beiden Kondensatoren miteinander verbunden werden?

Dielektrika

21.26 •• Der Mitteldraht eines bestimmten Geiger-Müller-Zählrohrs hat den Radius 0,200 mm und die Länge 12,0 cm. Der Mantel des Rohrs ist ein leitender Hohlzylinder mit dem Innenradius 1,50 cm. Der Hohlzylinder ist koaxial zu dem Draht und hat dieselbe Länge wie dieser. Das Rohr ist mit einem Gas mit der relativen Dielektrizitätskonstanten $\varepsilon_{\mathrm{rel}} = 1{,}08$ und einer Durchschlagfestigkeit von $2{,}00 \cdot 10^6$ V/m gefüllt. a) Welche maximale Spannung kann zwischen dem Draht und dem Hohlzylinder aufrechterhalten werden? b) Wie groß ist die maximale Ladung pro Längeneinheit auf dem Draht?

21.27 •• Es wurde ein Dielektrikum mit der außergewöhnlich hohen relativen Dielektrizitätskonstanten $\varepsilon_{\mathrm{rel}} = 24$ und einer Durchschlagfestigkeit von $4{,}0 \cdot 10^7$ V/m entwickelt. Mit diesem Dielektrikum soll ein 0,10-µF-Plattenkondensator gebaut werden, der eine Spannung von 2,0 kV aushält. a) Wie groß muss der Plattenabstand dabei mindestens sein? b) Welchen Flächeninhalt muss jede Platte bei diesem Abstand haben?

21.28 •• Die Membran des Axons einer Nervenzelle kann als dünner Hohlzylinder mit dem Radius $1{,}00 \cdot 10^{-5}$ m, der Länge 10,0 cm und der Dicke 10,0 nm modelliert werden. Auf der einen Seite der Membran sitzt eine positive Ladung und auf der anderen eine negative. Die Membran wirkt im Grunde wie ein Plattenkondensator mit dem Flächeninhalt $2\pi r\, l$ und dem Plattenabstand d. Nehmen Sie an, dass die Membran mit einem Material mit einer Dielektrizitätskonstanten von 3,00 gefüllt ist. a) Wie groß ist die Kapazität der Membran? Ermitteln Sie b) die Ladung auf der positiv geladenen Seite der Membran sowie c) die elektrische Feldstärke in der Membran, wenn über ihr eine Spannung von 70,0 mV herrscht.

21.29 •• Die positiv geladene Platte eines Plattenkondensators trägt die Ladung q. Wenn der Zwischenraum zwischen den Platten luftleer ist, beträgt die elektrische Feldstärke zwischen ihnen $2{,}5 \cdot 10^5$ V/m. Nachdem der Zwischenraum mit einem bestimmten Dielektrikum gefüllt wurde, sinkt die Feldstärke zwischen den Platten auf $1{,}2 \cdot 10^5$ V/m. a) Wie groß ist die relative Dielektrizitätskonstante des Dielektrikums? b) Wie groß ist der Flächeninhalt der Platten bei $q = 10$ nC? c) Wie groß ist die insgesamt induzierte gebundene Ladung auf jeder Seite des Dielektrikums?

Allgemeine Aufgaben

21.30 • Gegeben sind vier gleiche Kondensatoren und eine 100-V-Batterie. Wenn lediglich einer der Kondensatoren mit der Batterie verbunden ist, ist in ihm die Energie $E_{\mathrm{el},0}$ gespeichert. Schalten Sie die vier Kondensatoren so zusammen, dass die in allen vier Kondensatoren insgesamt gespeicherte Gesamtenergie gleich $E_{\mathrm{el},0}$ ist. Beschreiben Sie die Schaltung und erläutern Sie Ihre Antwort.

21.31 •• Bestimmen Sie die Ersatzkapazität jedes der in Abb. 21.4 gezeigten Kondensatornetze, ausgedrückt durch C_0.

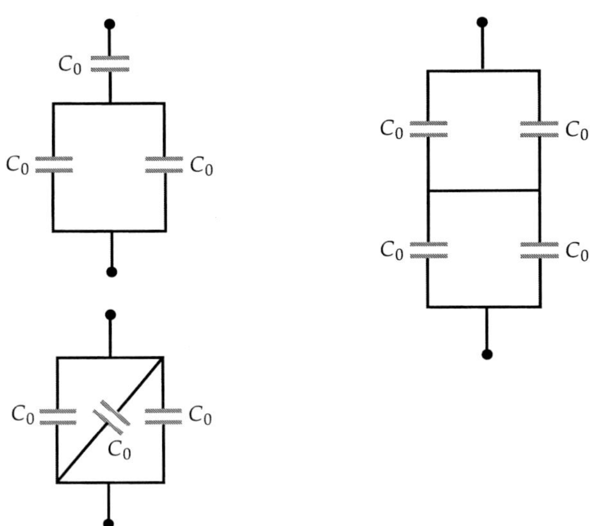

Abb. 21.4 Zu Aufgabe 21.31

21.32 •• Abb. 21.5 zeigt vier Kondensatoren, die in einer sogenannten Kondensatorbrücke zusammengeschaltet sind. Anfangs sind die Kondensatoren ungeladen. Welche Beziehung muss zwischen den vier Kapazitäten gelten, damit die Spannung zwischen den Punkten c und d null bleibt, wenn zwischen den Punkten a und b eine Spannung U angelegt wird?

Abb. 21.5 Zu Aufgabe 21.32

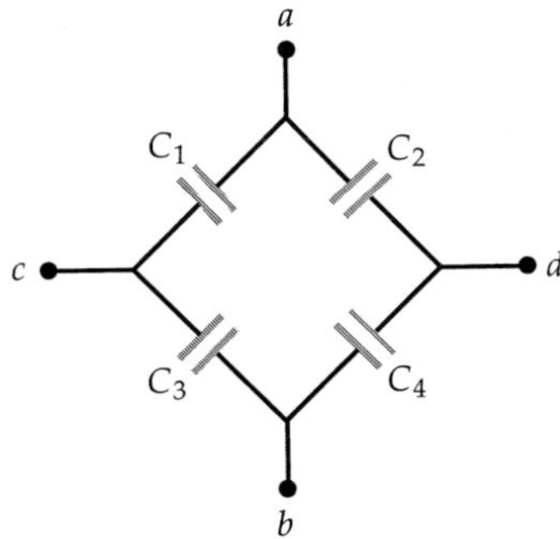

21.33 •• Eine Parallelschaltung zweier gleicher 2,00-µF-Plattenkondensatoren (ohne Dielektrikum im Zwischenraum zwischen den Platten) wird an eine 100-V-Batterie angeschlossen. Anschließend wird die Verbindung zur Batterie getrennt und der Abstand zwischen den Platten eines der Kondensatoren verdoppelt. Ermitteln Sie die Ladung auf der positiv geladenen Platte jedes Kondensators.

21.34 •• Ein Plattenkondensator mit einer Plattenfläche A ist, wie in Abb. 21.6 gezeigt, mit zwei Dielektrika mit gleichen Abmessungen gefüllt. a) Zeigen Sie, dass dieses System als zwei Kondensatoren modelliert werden kann, die parallelgeschaltet sind und jeweils die Fläche $A/2$ haben. b) Zeigen Sie,

dass die Kapazität durch $\frac{1}{2}\left(\varepsilon_{\mathrm{rel},1} + \varepsilon_{\mathrm{rel},2}\right)C_0$ gegeben ist, wobei C_0 die Kapazität ist, wenn sich in dem Raum zwischen den Platten kein Dielektrikum befindet.

Abb. 21.6 Zu Aufgabe 21.34

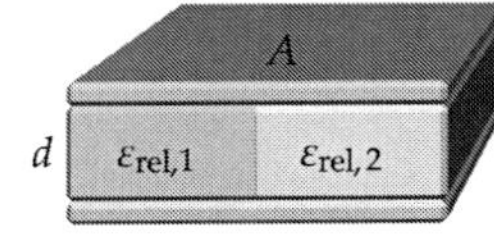

21.35 •• Die Platten eines Plattenkondensators haben den Abstand d_0 voneinander und jeweils die Fläche A. Zwischen die Platten wird parallel zu ihnen eine Metallschicht mit der Dicke d und der Fläche A eingeführt. a) Zeigen Sie, dass die Kapazität danach – unabhängig vom Abstand zwischen der Metallschicht und der positiv geladenen Platte – stets durch $C = \varepsilon_0\, A/(d_0 - d)$ gegeben ist. b) Zeigen Sie, dass diese Anordnung als ein Kondensator mit dem Plattenabstand a modelliert werden kann, der mit einem zweiten Kondensator mit dem Plattenabstand b in Reihe geschaltet ist, wobei $a + b + d = d_0$ gilt.

21.36 ••• Ein elektrisch isolierter Kondensator mit der Ladung q auf seiner positiv geladenen Platte ist, wie in Abb. 21.7 gezeigt, teilweise mit einer dielektrischen Substanz gefüllt. Der Kondensator enthält zwei quadratische Platten mit der Seitenlänge a und dem Abstand d voneinander. Das Dielektrikum ist längs der Strecke x in den Zwischenraum eingeführt. a) Ermitteln Sie die in dem Kondensator gespeicherte Energie. (*Hinweis:* Der Kondensator kann als zwei parallelgeschaltete Kondensatoren modelliert werden.) b) Da die Energie des Kondensators mit wachsendem x abnimmt, muss das elektrische Feld an dem Dielektrikum Arbeit verrichten. Somit muss es eine elektrische Kraft geben, die das Dielektrikum hineinzieht. Ermitteln Sie diese Kraft, indem Sie untersuchen, wie sich die gespeicherte Energie mit der Strecke x ändert. c) Drücken Sie die Kraft durch die Kapazität und die Spannung U zwischen den Platten aus. d) Woher rührt diese Kraft?

Abb. 21.7 Zu Aufgabe 21.36

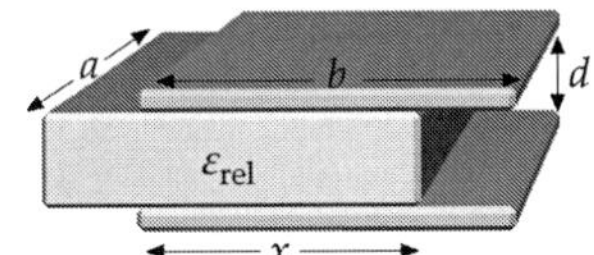

21.37 ••• Abb. 21.8 zeigt eine kapazitive Waage. An einer Seite der Waage ist ein Gewichtsstück angebracht, während an der anderen ein Kondensator befestigt ist, dessen Plattenzwischenraum verändert werden kann. Nehmen Sie an, dass die Masse der oberen Platte des Kondensators vernachlässigt werden kann. Wenn die Kondensatorspannung zwischen den Platten U_0 ist, ist die Anziehungskraft zwischen den Platten mit der Gewichtskraft der angehängten Masse im Gleichgewicht. a) Ist die Waage stabil? Betrachten Sie dazu den Fall, dass die Waage zunächst im Gleichgewicht ist und anschließend die Platten etwas zusammengedrückt werden. Stabil ist die Waage dann, wenn die Platten nun nicht zusammenklappen, sondern ins Gleichgewicht zurückkehren. b) Ermitteln Sie die Spannung U_0, die für ein Gleichgewicht mit einer Masse m erforderlich ist, wenn die Platten den Abstand d_0 und den Flächeninhalt A haben. *Hinweis:* Sie können dabei die Tatsache ausnutzen, dass die Kraft zwischen den Platten gleich der Ableitung der gespeicherten Energie nach dem Plattenabstand ist.

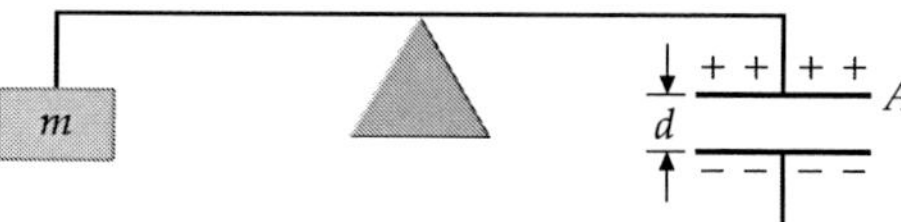

Abb. 21.8 Zu Aufgabe 21.37

21.38 ••• Sie sollen einen luftgefüllten Plattenkondensator für Pulslaser konstruieren, der eine Energie von $100\,\mathrm{kJ}$ speichern kann. a) Welches Volumen muss der Zwischenraum zwischen den Platten mindestens haben? b) Nehmen Sie an, Sie hätten ein Dielektrikum mit der Durchschlagfestigkeit $3{,}00 \cdot 10^8\,\mathrm{V/m}$ und der relativen Dielektrizitätskonstanten $5{,}00$ entwickelt. Welches Volumen muss dieses Dielektrikum zwischen den Platten einnehmen, damit der Kondensator eine Energie von $100\,\mathrm{kJ}$ speichern kann?

21.39 ••• Die Platten eines luftgefüllten Plattenkondensators mit einem Plattenabstand d haben jeweils einen Flächeninhalt A. Der Kondensator wird auf eine Spannung U geladen und anschließend von der Spannungsquelle getrennt. Nun wird, wie in Abb. 21.9 gezeigt, ein Dielektrikum mit der relativen Dielektrizitätskonstanten $2{,}00$, einer Dicke d und einem Flächeninhalt $A/2$ eingeführt. Wir bezeichnen die Dichte der freien Ladungen auf der Grenzfläche zwischen Leiter und Dielektrikum mit σ_1 und die Dichte der freien Ladungen auf der Grenzfläche zwischen Leiter und Luft mit σ_2. a) Erläutern Sie, weshalb das elektrische Feld im Dielektrikum den gleichen Wert wie im leeren Raum zwischen den Platten haben muss. b) Zeigen Sie, dass $\sigma_1 = 2\,\sigma_2$ ist. c) Zeigen Sie, dass die Kapazität nach dem Einführen des Dielektrikums $1{,}50$-mal so groß ist wie die Kapazität des luftgefüllten Kondensators. d) Zeigen Sie, dass die Potenzialdifferenz nach Einführen des Dielektrikums $\tfrac{2}{3}\,U$ ist. e) Zeigen Sie, dass die nach dem Einführen des Dielektrikums gespeicherte Energie nur $\tfrac{2}{3}$ der zuvor gespeicherten Energie beträgt.

Abb. 21.9 Zu Aufgabe 21.39

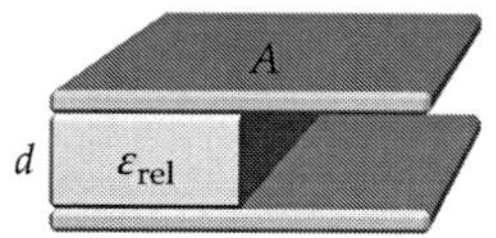

21.40 ••• Nicht alle Dielektrika zwischen den Platten von Kondensatoren sind starr. So ist z. B. die Membran eines Nervenaxons eine Lipid-Doppelschicht mit endlicher Kompressibilität. Wir betrachten als Modell einen Plattenkondensator, dessen Plattenabstand durch ein Material mit der Dielektrizitätskonstanten $3{,}00$, der Durchschlagfestigkeit $40{,}0\,\mathrm{kV/mm}$ und dem Elastizitätsmodul $5{,}00 \cdot 10^6\,\mathrm{N/m^2}$ aufrechterhalten wird. Wenn die Spannung zwischen den Kondensatorplatten null ist, ist die Dicke des Dielektrikums $0{,}200\,\mathrm{mm}$, wobei der Kondensator die Kapazität C_0 hat. a) Leiten Sie einen Ausdruck für die Kapazität als Funktion der Spannung zwischen den Kondensatorplatten her. b) Wie groß ist der Maximalwert der Spannung? (Gehen Sie davon aus, dass sich die Dielektrizitätskonstante und die Durchschlagfestigkeit bei Kompression *nicht* ändern.)

Lösungen zu den Aufgaben

Verständnisaufgaben

L21.1 Im Kondensator ist die Energie $E_{\mathrm{el}} = \tfrac{1}{2}\,q\,U$ gespeichert. Die Ladung kann mithilfe der Definition der Kapazität durch $q = C\,U$ ausgedrückt werden: $E_{\mathrm{el}} = \tfrac{1}{2}\,C\,U^2$. Ein Plattenkondensator hat die Kapazität $C = \varepsilon_0\,A/d$, wobei A der Flächeninhalt der Platten ist. Damit erhalten wir

$$E_{\mathrm{el}} = \frac{1}{2}\,C\,U^2 = \frac{\varepsilon_0\,A\,U^2}{2\,d}.$$

Weil E_{el} proportional zu $1/d$ ist, verringert sich die im Kondensator gespeicherte Energie auf ein Drittel des Anfangswerts, wenn der Abstand der Platten verdreifacht wird.

L21.2 Die Spannung über dem Kondensator sei U, der Abstand der Platten zu Beginn d und die zu diesem Zeitpunkt im Kondensator gespeicherte Energie E_{el}. Die entsprechenden Größen nach dem Verdreifachen des Abstands seien U', d' und E'_{el}. Die im Kondensator zu Beginn gespeicherte Energie ist

$$E_{\mathrm{el}} = \tfrac{1}{2}\,q\,U.$$

Weil sich die Ladung auf den Platten beim Verdreifachen des Abstands nicht ändert, ist die Energie danach

$$E'_{\mathrm{el}} = \tfrac{1}{2}\,q\,U'.$$

Damit ergibt sich für das Verhältnis der Energien

$$\frac{E'_{\mathrm{el}}}{E_{\mathrm{el}}} = \frac{\tfrac{1}{2}\,q\,U'}{\tfrac{1}{2}\,q\,U} = \frac{U'}{U}.$$

Wir drücken nun die Spannungen über den Kondensatorplatten vor und nach dem Erhöhen des Abstands durch das elektrische Feld E zwischen den Platten aus. Dabei berücksichtigen wir, dass das elektrische Feld hier nur von den Ladungen abhängt. Weil diese sich nicht ändern, ist das elektrische Feld das gleiche, sodass gilt:

$$U = E\,d \qquad \text{und} \qquad U' = E\,d'.$$

Mit $d' = 3\,d$ erhalten wir also

$$\frac{E'_{\mathrm{el}}}{E_{\mathrm{el}}} = \frac{E\,d'}{E\,d} = \frac{3\,d}{d} = 3.$$

L21.3 a) Falsch. In Reihe geschaltete Kondensatoren haben dieselbe Ladung q. b) Falsch. Die Spannung U über dem Kondensator mit der Kapazität C_0 ist q/C_0, die über dem anderen Kondensator dagegen $q/(2\,C_0)$. c) Falsch. Die in einem Kondensator gespeicherte Energie ist $q\,U/2$. Weil beide dieselbe Ladung tragen, aber unterschiedliche Spannungen über ihnen abfallen, sind die Energien nicht gleich. d) Falsch. Dies wäre die Ersatzkapazität, wenn sie parallelgeschaltet wären. e) Richtig. Der Kehrwert der Summe der Kehrwerte von C_0 und $2\,C_0$ ist $C = 2\,C_0/3$.

L21.4 Wir betrachten den linken Kondensator als zwei parallelgeschaltete und den rechten als zwei in Reihe geschaltete Kondensatoren. In beiden Fällen bezeichnen wir die Kapazität des mit dem Dielektrikum gefüllten Teilkondensators mit C_1 und die des mit Luft gefüllten Teilkondensators mit C_2. Den Abstand der Platten bezeichnen wir mit d und ihren Flächeninhalt mit A. Für den linken Kondensator gilt dann

$$C_\mathrm{L} = C_1 + C_2 \,.$$

Die beiden Kapazitäten sind, weil das Dielektrikum die Hälfte der Plattenfläche A besetzt:

$$C_1 = \frac{\varepsilon_\mathrm{rel}\,\varepsilon_0\,A_1}{d_1} = \frac{\varepsilon_\mathrm{rel}\,\varepsilon_0\,\frac{1}{2}\,A}{d} = \frac{\varepsilon_\mathrm{rel}\,\varepsilon_0\,A}{2\,d}$$

und

$$C_2 = \frac{\varepsilon_0\,A_2}{d_2} = \frac{\varepsilon_0\,\frac{1}{2}\,A}{d} = \frac{\varepsilon_0\,A}{2\,d}\,.$$

Einsetzen und Zusammenfassen ergibt

$$C_\mathrm{L} = C_1 + C_2 = \frac{\varepsilon_\mathrm{rel}\,\varepsilon_0\,A}{2\,d} + \frac{\varepsilon_0\,A}{2\,d} = \frac{\varepsilon_0\,A}{2\,d}\,(\varepsilon_\mathrm{rel} + 1)\,.$$

Der rechte Kondensator ist eine Reihenschaltung eines Kondensators mit Dielektrikum und eines luftgefüllten Kondensators, jeweils mit derselben Plattenfläche A. Also gilt für ihn

$$\frac{1}{C_\mathrm{R}} = \frac{1}{C_1} + \frac{1}{C_2} \quad \text{und daher} \quad C_\mathrm{R} = \frac{C_1\,C_2}{C_1 + C_2}\,.$$

Die Kapazitäten C_1 und C_2 sind hier

$$C_1 = \frac{\varepsilon_\mathrm{rel}\,\varepsilon_0\,A_1}{d_1} = \frac{\varepsilon_\mathrm{rel}\,\varepsilon_0\,A}{\frac{1}{2}\,d} = \frac{2\,\varepsilon_\mathrm{rel}\,\varepsilon_0\,A}{d}$$

und

$$C_2 = \frac{\varepsilon_0\,A_2}{d_2} = \frac{\varepsilon_0\,A}{\frac{1}{2}\,d} = \frac{2\,\varepsilon_0\,A}{d}\,.$$

Wir setzen die Ausdrücke für C_1 und C_2 in die Gleichung für C_R ein und vereinfachen:

$$C_\mathrm{R} = \frac{\left(\dfrac{2\,\varepsilon_\mathrm{rel}\,\varepsilon_0\,A}{d}\right)\left(\dfrac{2\,\varepsilon_0\,A}{d}\right)}{\dfrac{2\,\varepsilon_\mathrm{rel}\,\varepsilon_0\,A}{d} + \dfrac{2\,\varepsilon_0\,A}{d}} = \frac{\left(\dfrac{2\,\varepsilon_\mathrm{rel}\,\varepsilon_0\,A}{d}\right)\left(\dfrac{2\,\varepsilon_0\,A}{d}\right)}{\dfrac{2\,\varepsilon_0\,A}{d}\,(\varepsilon_\mathrm{rel} + 1)}$$

$$= \frac{2\,\varepsilon_0\,A}{d}\,\frac{\varepsilon_\mathrm{rel}}{\varepsilon_\mathrm{rel} + 1}\,.$$

Das Verhältnis der beiden Kapazitäten ist

$$\frac{C_\mathrm{R}}{C_\mathrm{L}} = \frac{\left(\dfrac{2\,\varepsilon_0\,A}{d}\right)\left(\dfrac{\varepsilon_\mathrm{rel}}{\varepsilon_\mathrm{rel} + 1}\right)}{\dfrac{\varepsilon_0\,A}{2\,d}\,(\varepsilon_\mathrm{rel} + 1)} = \frac{4\,\varepsilon_\mathrm{rel}}{(\varepsilon_\mathrm{rel} + 1)^2}\,.$$

Wegen $\varepsilon_\mathrm{rel} > 1$ ist $4\,\varepsilon_\mathrm{rel}/(\varepsilon_\mathrm{rel} + 1)^2 < 1$, also $C_\mathrm{L} > C_\mathrm{R}$.

Schätzungs- und Näherungsaufgaben

L21.5 In einem Kondensator mit der Kapazität C ist bei der Spannung U die Energie $E_\mathrm{el} = C\,U^2/2$ gespeichert. Daher gilt für die Kapazität $C = 2\,E_\mathrm{el}/U^2$. Die Spannung über der Entladungsstrecke ergibt sich aus deren Länge d und dem darin herrschenden elektrischen Feld E zu $U = E\,d$. Damit erhalten wir für die Kapazität

$$C = \frac{2\,E_\mathrm{el}}{E^2\,d^2} = \frac{2\,(100\,\mathrm{J})}{(3 \cdot 10^6\,\mathrm{V} \cdot \mathrm{m}^{-1})^2\,(1{,}0\,\mathrm{cm})^2} = 22\,\mu\mathrm{F}\,.$$

L21.6 Wir modellieren die Leidener Flasche als einen Plattenkondensator mit der Kapazität

$$C = \frac{\epsilon_\mathrm{rel}\,\epsilon_0\,A}{d}\,.$$

Die äquivalente Plattenfläche A ist hier die Summe aus der Mantelfläche und der Grundfläche der Flasche:

$$A = A_\mathrm{Mantel} + A_\mathrm{Grundfl.} = 2\pi\,r\,h + \pi\,r^2\,,$$

wobei h die Höhe und r der Innenradius der Flasche ist. Einsetzen dieses Ausdrucks für die Fläche in die erste Gleichung ergibt

$$C = \frac{\epsilon_\mathrm{rel}\,\epsilon_0\,(2\pi\,r\,h + \pi\,r^2)}{d} = \frac{\pi\,\epsilon_\mathrm{rel}\,\epsilon_0\,r}{d}\,(2\,h + r)\,.$$

Wenn wir annehmen, dass die Flasche aus 2,0 mm dickem Bakelit besteht und den Radius 4,0 cm sowie die Höhe 20 cm hat, dann ist ihre Kapazität

$$C = \frac{\pi\,(4{,}9)\,(8{,}854 \cdot 10^{-12}\,\mathrm{C}^2 \cdot \mathrm{N}^{-1}\,\mathrm{m}^{-2})\,(4{,}0\,\mathrm{cm})}{2{,}0\,\mathrm{mm}}$$

$$\cdot\,[(2)\,(20\,\mathrm{cm}) + (4{,}0\,\mathrm{cm})]$$

$$= 1{,}1\,\mathrm{nF}\,.$$

Kapazität

L21.7 a) Der Flächeninhalt eines DIN A4-Blattes beträgt etwa $A = \frac{1}{16}\,\mathrm{m}^2$. Handelsübliches 80-g-Papier besitzt eine Dicke von etwa $d = 0{,}1\,\mathrm{mm} = 1 \cdot 10^{-4}\,\mathrm{m}$. Die relative Permittivität ϵ_r von

Papier wird in der Literatur mit $\epsilon_r \approx 4$ angegeben. Damit besitzt der einfache Kondensator die Kapazität

$$C = \frac{\epsilon_0 \epsilon_r A}{d} = \frac{8{,}85 \cdot 10^{-12} \cdot 4 \cdot \frac{1}{16}}{10^{-4}}\,\mathrm{F}$$
$$= 22 \cdot 10^{-9}\,\mathrm{F} = 22\,\mathrm{nF}\,.$$

b) Kurzwellen-Rundfunk findet bei Sendefrequenzen von einigen MHz bis einigen zehn MHz statt. Nehmen wir $f = 10\,\mathrm{MHz} = 10^7\,\mathrm{s}^{-1}$ und damit $\omega = 2\pi \cdot 10^7\,\mathrm{s}^{-1}$. Es ist

$$\omega^2 = \frac{1}{LC}$$

und damit

$$L = \frac{1}{\omega^2 C} = \frac{1}{(2\pi)^2 \cdot 10^{14}\,\mathrm{s}^{-2} \cdot 22 \cdot 10^{-9}\,\mathrm{C/V}}$$
$$= 1{,}2 \cdot 10^{-8}\,\mathrm{Vs/A} = 0{,}012\,\mathrm{\mu H}\,.$$

L21.8 Außerhalb der beiden Kugeln ist das elektrische Feld gleich dem Feld zweier Punktladungen $+q$ und $-q$ in den jeweiligen Kugelmittelpunkten mit dem Abstand d. Wir leiten einen Ausdruck für das Potenzial an der Oberfläche jeder Kugel her und ermitteln aus der Potenzialdifferenz zwischen beiden Kugeln die Kapazität der Anordnung.

Das Potenzial an einem beliebigen Punkt außerhalb der beiden Kugeln ist

$$\phi = \frac{1}{4\pi\varepsilon_0}\frac{+q}{r_1} + \frac{1}{4\pi\varepsilon_0}\frac{-q}{r_2}\,,$$

wobei r_1 und r_2 die Abstände dieses betrachteten Punkts von den Kugelmittelpunkten sind. An einem Punkt an der Oberfläche der Kugel mit der Ladung $+q$ gilt

$$r_1 = r \quad \text{und} \quad r_2 = d + \delta\,, \quad \text{mit} \quad |\delta| < r\,.$$

Einsetzen ergibt für das Potenzial dieser Kugel

$$\phi_{+q} = \frac{1}{4\pi\varepsilon_0}\frac{+q}{r} + \frac{1}{4\pi\varepsilon_0}\frac{-q}{d + \delta}\,.$$

Für $\delta \ll d$ ist

$$\phi_{+q} = \frac{1}{4\pi\varepsilon_0}\frac{q}{r} - \frac{1}{4\pi\varepsilon_0}\frac{q}{d}\,.$$

Analog dazu ist das Potenzial der anderen Kugel

$$\phi_{-q} = -\frac{1}{4\pi\varepsilon_0}\frac{q}{r} + \frac{1}{4\pi\varepsilon_0}\frac{q}{d}\,.$$

Damit erhalten wir für die Spannung zwischen beiden Kugeln

$$U = \Delta\phi = \phi_q - \phi_{-q}$$
$$= \frac{1}{4\pi\varepsilon_0}\frac{q}{r} - \frac{1}{4\pi\varepsilon_0}\frac{q}{d} - \left(\frac{1}{4\pi\varepsilon_0}\frac{-q}{r} + \frac{1}{4\pi\varepsilon_0}\frac{q}{d}\right)$$
$$= \frac{1}{2\pi\varepsilon_0}q\left(\frac{1}{r} - \frac{1}{d}\right)\,.$$

Hieraus ergibt sich die Kapazität der Anordnung zu

$$C = \frac{q}{U} = \frac{q}{\dfrac{1}{2\pi\varepsilon_0}q\left(\dfrac{1}{r} - \dfrac{1}{d}\right)} = \frac{2\pi\varepsilon_0}{\dfrac{1}{r} - \dfrac{1}{d}} = \frac{2\pi\varepsilon_0\,r}{1 - \dfrac{r}{d}}\,.$$

Bei $d \gg r$ ist $C \approx 2\pi\varepsilon_0\,r$.

Die Speicherung elektrischer Energie

L21.9 Die gespeicherte Energie ist

$$E = \frac{1}{2}CU^2 = \frac{1}{2} \cdot 185 \cdot 10^{-6}\,\mathrm{C/V} \cdot (200\,\mathrm{V})^2$$
$$= 3{,}7\,\mathrm{J}\,.$$

L21.10 a) Die im elektrischen Feld gespeicherte Energie ist

$$E_{\mathrm{el}} = w_{\mathrm{el}}\,V\,,$$

wobei w_{el} die Energiedichte und V das Volumen zwischen den beiden Kugeloberflächen ist. Für die Energiedichte des elektrischen Felds E zwischen den Kugeloberflächen gilt

$$w_{\mathrm{el}} = \tfrac{1}{2}\varepsilon_0\,E^2\,.$$

Das Volumen zwischen den beiden Kugeloberflächen ist mit der angesetzten Näherung ebener Platten

$$V \approx 4\pi\,r_1^2\,(r_2 - r_1)\,.$$

Einsetzen ergibt für die elektrische Energie

$$E_{\mathrm{el}} = w_{\mathrm{el}}\,V = 2\pi\varepsilon_0\,E^2\,r_1^2\,(r_2 - r_1)\,. \tag{1}$$

Das elektrische Feld zwischen den beiden konzentrischen Kugeloberflächen ist die Summe der elektrischen Felder der beiden Ladungsverteilungen auf ihnen:

$$E = E_q + E_{-q}\,.$$

Da die Oberflächen eng beieinander liegen, ist das elektrische Feld zwischen ihnen näherungsweise gleich der Summe der Felder zweier ebener Ladungsverteilungen:

$$E \approx \frac{\sigma_q}{2\,\varepsilon_0} + \frac{\sigma_{-q}}{2\,\varepsilon_0} = \frac{\sigma_q}{\varepsilon_0}\,.$$

Dabei ist σ_q die Oberflächenladungsdichte, die sich aus der Ladung und dem Flächeninhalt einer Kugeloberfläche ergibt. Folglich ist

$$E \approx \frac{q}{4\pi\,r_1^2\,\varepsilon_0}\,.$$

Einsetzen in Gleichung 1 ergibt die elektrische Energie

$$E_{\text{el}} \approx 2\pi\varepsilon_0 \left(\frac{q}{4\pi r_1^2 \varepsilon_0}\right)^2 r_1^2 (r_2 - r_1) = \frac{q^2}{8\pi\varepsilon_0} \frac{r_2 - r_1}{r_1^2}$$

$$= \frac{(5,00\,\text{nC})^2 (10,5\,\text{cm} - 10,0\,\text{cm})}{8\pi \left(8,854 \cdot 10^{-12}\,\text{C}^2 \cdot \text{N}^{-1} \cdot \text{m}^{-2}\right) (10,0\,\text{cm})^2}$$

$$= 56,2 \cdot 10^{-9}\,\text{J} = 0,06\,\mu\text{J}\,.$$

b) Die Kapazität ist gegeben durch $C = q/U$. Dabei ist $U = \phi_1 - \phi_2$ die Spannung, d. h. die Differenz zwischen den elektrischen Potenzialen auf den beiden Kugeloberflächen. Diese Potenziale sind

$$\phi_1 = \frac{q}{4\pi\varepsilon_0\, r_1} \qquad \text{und} \qquad \phi_2 = \frac{q}{4\pi\varepsilon_0\, r_2}\,.$$

Somit ist die Kapazität

$$C = \frac{q}{\phi_1 - \phi_2} = \frac{q}{\dfrac{q}{4\pi\varepsilon_0\, r_1} - \dfrac{q}{4\pi\varepsilon_0\, r_2}} = 4\pi\varepsilon_0 \frac{r_1\, r_2}{r_2 - r_1}$$

$$= 4\pi \left(8,854 \cdot 10^{-12}\,\text{C}^2 \cdot \text{N}^{-1} \cdot \text{m}^{-2}\right) \frac{(10,0\,\text{cm})\,(10,5\,\text{cm})}{10,5\,\text{cm} - 10,0\,\text{cm}}$$

$$= 0,2337\,\text{nF} = 0,2\,\text{nF}\,.$$

c) Die zwischen den beiden Kugeloberflächen gespeicherte Gesamtenergie ergibt sich zu

$$E_{\text{el}} = \frac{1}{2}\frac{q^2}{C} = \frac{1}{2}\left[\frac{(5,00\,\text{nC})^2}{0,2337\,\text{nF}}\right] = 53,5 \cdot 10^{-9}\,\text{J} = 0,05\,\mu\text{J}\,.$$

Dieses exakte Resultat weicht von dem in Teilaufgabe a berechneten Näherungswert nur um rund 5 % ab.

L21.11 Die Ladung auf der positiven Kondensatorplatte ist $q = \sigma A$, wobei σ die Flächenladungsdichte und A der Flächeninhalt der Platte ist. Die Ladungsdichte kann aus dem elektrischen Feld berechnet werden: $\sigma = \epsilon_0 E$. Da sich die Ladungen nicht ändern, während die Platten auseinandergezogen werden, bleibt das Feld ($E = \Delta U / \Delta d$) konstant, während sich die Spannung um ΔU ändert. Damit ergibt sich

$$q = \epsilon_0\, A\, E = \epsilon_0\, A\, \frac{\Delta U}{\Delta d}$$

$$= \left(8,854 \cdot 10^{-12}\,\text{C}^2 \cdot \text{N}^{-1} \cdot \text{m}^{-2}\right) \left(500\,\text{cm}^2\right) \frac{100\,\text{V}}{0,40\,\text{cm}}$$

$$= 11,1\,\text{nC} = 11\,\text{nC}\,.$$

b) Weil Arbeit verrichtet werden muss, um die Platten weiter auseinanderzuziehen, ist zu erwarten, dass die im Kondensator gespeicherte Energie zunimmt.

c) Die elektrische Energie ändert sich um

$$\Delta E_{\text{el}} = \tfrac{1}{2}\, q\, \Delta U = \tfrac{1}{2}\,(11,1\,\text{nC})\,(100\,\text{V}) = 0,55\,\mu\text{J}\,.$$

Parallel- und Reihenschaltung von Kondensatoren

L21.12 a) Wenn die Kondensatoren parallelgeschaltet sind, addieren sich die Ladungen q_0 der n gleichen Kondensatoren zur Gesamtladung $q = n\, q_0$.

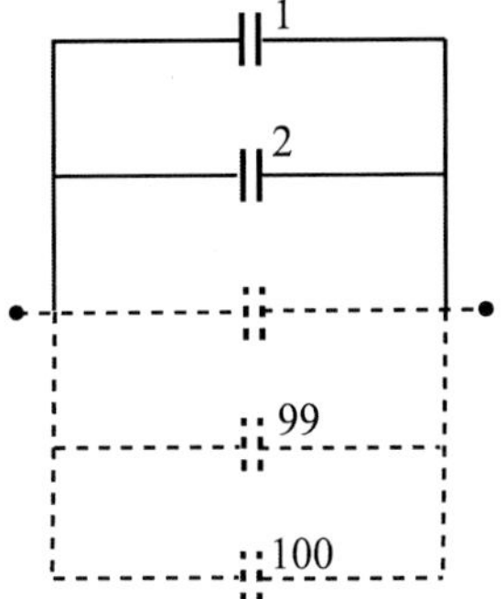

Die Ladung auf einem Kondensator ergibt sich aus seiner Kapazität und der angelegten Spannung zu $q_0 = C\, U$. Einsetzen in die obige Beziehung $q = n\, q_0$ ergibt für die Anzahl der Kondensatoren

$$n = \frac{q}{C\, U} = \frac{1,00\,\text{mC}}{(1,00\,\mu\text{F})\,(10,0\,\text{V})} = 100\,.$$

b) Weil die Kondensatoren parallelgeschaltet sind, ist die Spannung über jedem einzelnen Kondensator ebenso groß wie die Spannung über der gesamten Anordnung:

$$U_{\text{parallel}} = U = 10,0\,\text{V}\,.$$

c) Wenn die Kondensatoren in Reihe geschaltet sind, ist die Spannung über der Reihenschaltung gleich der Summe der Spannungen über jedem einzelnen Kondensator:

$$U_{\text{Reihe}} = 100\, U = 100\,(10,0\,\text{V}) = 1,00\,\text{kV}\,.$$

Jeder Kondensator trägt dann die Ladung

$$q_0 = C\, U = (1\,\mu\text{F})\,(10\,\text{V}) = 10,0\,\mu\text{C}\,.$$

L21.13 a) Damit die Kondensatoren (jeder mit der Kapazität C_0) die maximale Gesamtkapazität haben, müssen sie parallelgeschaltet sein, wie in der ersten Abbildung gezeigt ist.

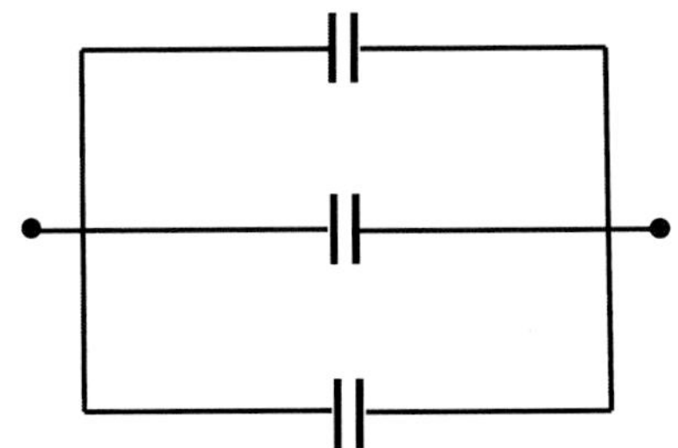

Die Ersatzkapazität soll $C = 3\,C_0 = 15{,}0\,\mu\mathrm{F}$ betragen; daher muss $C_0 = 5{,}00\,\mu\mathrm{F}$ sein.

b) Die zweite Abbildung zeigt den Fall, dass die drei Kondensatoren in Reihe geschaltet sind.

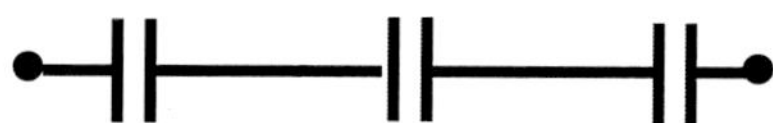

Hierfür erhalten wir

$$\frac{1}{C} = \frac{1}{5{,}00\,\mu\mathrm{F}} + \frac{1}{5{,}00\,\mu\mathrm{F}} + \frac{1}{5{,}00\,\mu\mathrm{F}}$$

und daraus $C = 1{,}67\,\mu\mathrm{F}$.

Nun sollen zwei Kondensatoren parallel und der dritte zu dieser Parallelschaltung in Reihe geschaltet sein (siehe dritte Abbildung).

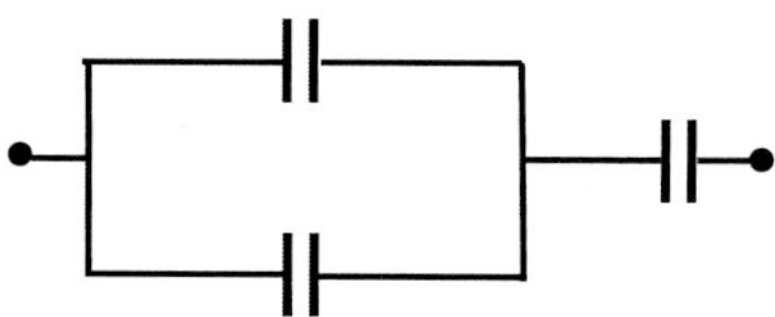

In diesem Fall ist

$$C_{\text{zwei parallel}} = 2\,(5{,}00\,\mu\mathrm{F}) = 10{,}0\,\mu\mathrm{F}\,,$$

und wir erhalten

$$\frac{1}{C} = \frac{1}{10{,}0\,\mu\mathrm{F}} + \frac{1}{5{,}00\,\mu\mathrm{F}}\,, \qquad \text{also} \qquad C = 3{,}33\,\mu\mathrm{F}\,.$$

Schließlich können zwei Kondensatoren in Reihe und der dritte zu der Reihenschaltung parallelgeschaltet sein (siehe vierte Abbildung).

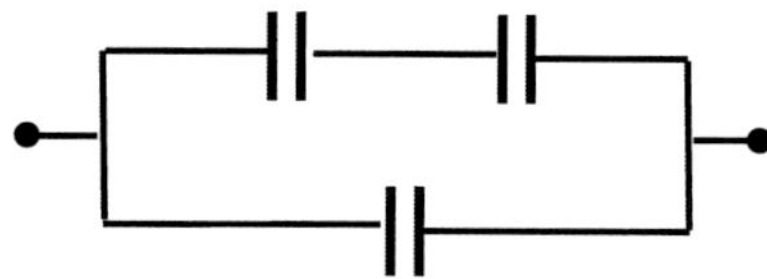

Dafür ergibt sich

$$\frac{1}{C_{\text{zwei in Reihe}}} = \frac{1}{5{,}00\,\mu\mathrm{F}} + \frac{1}{5{,}00\,\mu\mathrm{F}}$$

und daraus $C_{\text{zwei in Reihe}} = 2{,}50\,\mu\mathrm{F}$.

Die Ersatzkapazität der beiden parallelgeschalteten Kapazitäten $2{,}50\,\mu\mathrm{F}$ und $5{,}00\,\mu\mathrm{F}$ ist

$$C = 2{,}50\,\mu\mathrm{F} + 5{,}00\,\mu\mathrm{F} = 7{,}50\,\mu\mathrm{F}\,.$$

L21.14 a) Der Kehrwert der Ersatzkapazität zweier in Reihe geschalteter Kondensatoren mit den Kapazitäten C_1 und C_2 ist gegeben durch

$$\frac{1}{C} = \frac{1}{C_1} + \frac{1}{C_2} = \frac{C_2 + C_1}{C_1\,C_2}\,.$$

Also ist $C = \dfrac{C_1\,C_2}{C_1 + C_2}$.

b) Wir dividieren in der letzten Gleichung den Zähler und den Nenner durch C_1:

$$C = \frac{C_2}{1 + C_2/C_1}\,.$$

Wegen $(1 + C_2/C_1) > 1$ muss $C < C_2$ sein.

Dividieren wir Zähler und Nenner jedoch durch C_2, dann erhalten wir:

$$C = \frac{C_1}{1 + C_1/C_2}\,.$$

Wegen $(1 + C_1/C_2) > 1$ muss auch $C < C_1$ sein.

Somit muss die Ersatzkapazität C kleiner als die kleinere der beiden Kapazitäten sein.

c) Wir verwenden das Ergebnis von Teilaufgabe a und schalten einen dritten Kondensator C_3 mit den ersten beiden in Reihe. Dann ist der Kehrwert der Ersatzkapazität

$$\frac{1}{C} = \frac{C_1 + C_2}{C_1\,C_2} + \frac{1}{C_3} = \frac{C_1\,C_3 + C_2\,C_3 + C_1\,C_2}{C_1\,C_2\,C_3}\,,$$

und der Kehrwert hiervon ist

$$C = \frac{C_1\,C_2\,C_3}{C_1\,C_2 + C_2\,C_3 + C_1\,C_3}\,.$$

d) Wir schreiben das Ergebnis von Teilaufgabe c um:

$$C = \left(\frac{C_1\,C_2}{C_1\,C_2 + C_2\,C_3 + C_1\,C_3}\right) C_3\,.$$

Hierin dividieren wir Zähler und Nenner durch $C_1\,C_2$:

$$C = \left(\frac{1}{\dfrac{C_1\,C_2}{C_1\,C_2} + \dfrac{C_2\,C_3}{C_1\,C_2} + \dfrac{C_1\,C_3}{C_1\,C_2}}\right) C_3$$

$$= \left(\frac{1}{1 + \dfrac{C_3}{C_1} + \dfrac{C_3}{C_2}}\right) C_3\,.$$

Weil gilt: $1 + \dfrac{C_3}{C_1} + \dfrac{C_3}{C_2} > 1$ muss $C < C_3$ sein.

Ähnlich lässt sich zeigen, dass $C < C_1$ und $C < C_2$ gelten muss.

Somit muss die Ersatzkapazität C stets kleiner als die kleinste der drei Einzelkapazitäten sein.

L21.15 Zunächst werden vier Kondensatoren in Reihe geschaltet. Wenn über jedem Kondensator die Spannung 100 V anliegt, beträgt die Spannung über der Reihenschaltung 400 V. Die Ersatzkapazität dieser Reihenschaltung ist 0,500 µF. Werden nun vier solche Reihenschaltungen, wie in der Abbildung gezeigt, parallelgeschaltet, dann beträgt die Gesamtkapazität zwischen den Anschlüssen 2,00 µF.

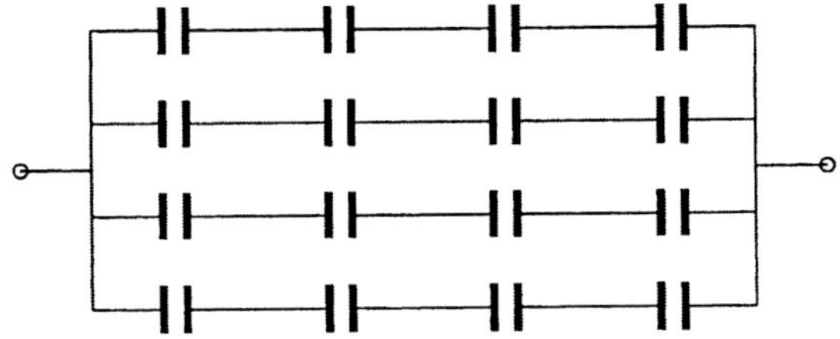

Plattenkondensatoren

L21.16 a) Die Kapazität verdoppelt sich einfach zu $C = 2 \cdot 89\,\text{pF} = 178\,\text{pF}$.

b) Die Ladung ist

$$q = CU = 178 \cdot 10^{-12}\,\text{F} \cdot 12\,\text{V} = 2,14 \cdot 10^{-9}\,\text{C} = 2,14\,\text{nC}.$$

L21.17 a) Die Ladung beträgt zunächst

$$q = CU = 89 \cdot 10^{-12}\,\text{F} \cdot 12\,\text{V} = 1,1 \cdot 10^{-9}\,\text{C} = 1,1\,\text{nC}.$$

Sie ändert sich durch das Einführen des Dielektrikums nicht, da der Kondensator getrennt ist.

b) Nach dem Einführen des Dielektrikums verdoppelt sich die Kapazität. Aus $q = CU = \text{const.}$ folgt, dass die Spannung sich auf $U = 6\,\text{V}$ halbiert.

c) Die Kapazität des Kondensators beträgt nun wieder $C = 178\,\text{pF}$.

L21.18 a) Die Spannung U über den Platten des Kondensators ergibt sich aus deren Abstand d und dem elektrischen Feld E zu $U = E\,d$. Die maximale Spannung, bei der es zum dielektrischen Durchschlag kommt, ist:

$$U_{\text{max}} = (3,00\,\text{MV} \cdot \text{m}^{-1})\,(1,60\,\text{mm}) = 4,80\,\text{kV}.$$

b) Gemäß der Definition der Kapazität ergibt sich die Ladung bei maximaler Spannung zu

$$q = C\,U_{\text{max}} = (2,00\,\mu\text{F})\,(4,80\,\text{kV}) = 9,60\,\text{mC}.$$

L21.19 a) Der mindestens erforderliche Plattenabstand ergibt sich aus der Spannung und der maximalen Feldstärke, für die wir $E_{\text{max}} = 3,00\,\text{MV} \cdot \text{m}^{-1}$ annehmen:

$$d_{\text{min}} = \frac{U}{E_{\text{max}}} = \frac{1000\,\text{V}}{3,00\,\text{MV} \cdot \text{m}^{-1}} = 0,333\,\text{mm}.$$

b) Die Kapazität des Plattenkondensators ist $C = \varepsilon_0\,A/d$, und wir erhalten für die Fläche

$$A = \frac{C\,d}{\varepsilon_0} = \frac{(0,100\,\mu\text{F})\,(0,333\,\text{mm})}{8,854 \cdot 10^{-12}\,\text{C}^2 \cdot \text{N}^{-1} \cdot \text{m}^{-2}} = 3,76\,\text{m}^2.$$

Zylinderkondensatoren

L21.20 a) Wenn das Geiger-Müller-Zählrohr als Zylinderkondensator mit der Länge l sowie den Radien r_1 und r_2 betrachtet wird, gilt für dessen Kapazität:

$$\begin{aligned} C &= \frac{2\pi\,\varepsilon_{\text{rel}}\,\varepsilon_0\,l}{\ln\,(r_2/r_1)} \\ &= \frac{2\pi\,(1,00)\,(8,854 \cdot 10^{-12}\,\text{C}^2 \cdot \text{N}^{-1} \cdot \text{m}^{-2})\,(0,120\,\text{m})}{\ln\,(1,50\,\text{cm}/0,200\,\text{mm})} \\ &= 1,546\,\text{pF} = 1,55\,\text{pF}. \end{aligned}$$

b) Unter Verwendung der Definitionen der linearen Ladungsdichte λ und der Kapazität C erhalten wir

$$\lambda = \frac{q}{l} = \frac{C\,U}{l} = \frac{(1,546\,\text{pF})\,(1,20\,\text{kV})}{0,120\,\text{m}} = 15,5\,\text{nC} \cdot \text{m}^{-1}.$$

L21.21 Die Abbildung zeigt die Gegebenheiten beim Verdrehen um den Winkel $\Delta\theta$.

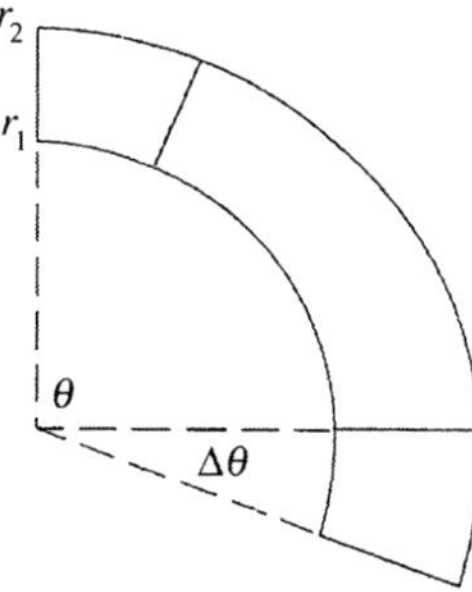

Wir verwenden die Formel für die Kapazität des Plattenkondensators, wobei wir annehmen, dass der Flächeninhalt der übereinanderliegenden Plattenanteile beim Verdrehen um die Größe ΔA vermindert wird:

$$C = \frac{\varepsilon_0\,(A - \Delta A)}{d}.$$

Hierbei ist die Gesamtfläche der Platten vor dem Verdrehen gegeben durch

$$A = \pi\,(r_2^2 - r_1^2)\,\frac{\theta}{2\pi} = (r_2^2 - r_1^2)\,\frac{\theta}{2},$$

und die Änderung ΔA des Flächeninhalts beim Verdrehen der oberen Platte um den Winkel $\Delta\theta$ ist gegeben durch

$$\Delta A = \pi\,(r_2^2 - r_1^2)\,\frac{\Delta\theta}{2\pi} = (r_2^2 - r_1^2)\,\frac{\Delta\theta}{2}.$$

Einsetzen von A und ΔA in die obige Gleichung für die Kapazität ergibt

$$C = \frac{\varepsilon_0 \, (A - \Delta A)}{d} = \frac{\varepsilon_0}{d} \left[(r_2^2 - r_1^2) \, \frac{\theta}{2} - (r_2^2 - r_1^2) \, \frac{\Delta \theta}{2} \right]$$
$$= \frac{\varepsilon_0 \, (r_2^2 - r_1^2)}{2 \, d} \, (\theta - \Delta \theta) \, .$$

Kugelkondensatoren

L21.22 a) Die Kapazität ist der Quotient aus der Ladung und der Spannung: $C = q/U$. Die Spannung zwischen den beiden Hohlkugeln ist gleich der Potenzialdifferenz, sodass gilt:

$$U = \frac{1}{4\pi\varepsilon_0} \, q \left(\frac{1}{r_1} - \frac{1}{r_2} \right) = \frac{1}{4\pi\varepsilon_0} \, q \, \frac{r_2 - r_1}{r_1 \, r_2} \, .$$

Somit gilt für die Kapazität

$$C = \frac{q}{U} = \frac{q}{\dfrac{1}{4\pi\varepsilon_0} \, q \, \dfrac{r_2 - r_1}{r_1 \, r_2}} = 4\pi\varepsilon_0 \, \frac{r_1 \, r_2}{r_2 - r_1} \, .$$

b) Mit $r_2 = r_1 + d$ gilt für kleines d die Näherung

$$r_1 \, r_2 = r_1 \, (r_1 + d) = r_1^2 + r_1 \, d \approx r_1^2 = r^2 \, .$$

Das setzen wir, mit $r_2 - r_1 = d$ und dem Ausdruck $A = 4 \, \pi \, r^2$ für die Kugeloberfläche, in die Gleichung für die Kapazität ein und erhalten

$$C = 4\pi\varepsilon_0 \, \frac{r_1 \, r_2}{r_2 - r_1} \approx \frac{4\pi\varepsilon_0 \, r^2}{d} = \frac{\varepsilon_0 \, A}{d} \, .$$

L21.23 Die Kapazität einer Kugel ist durch den Ausdruck

$$C = 4\pi \, \epsilon_0 \, r$$

gegeben. Wir lösen auf und erhalten mit 1 F= 1 C/V

$$r = \frac{C}{4\pi \, \epsilon_0} = \frac{1 \, \mathrm{F}}{1{,}11 \cdot 10^{-10} \mathrm{C/Vm}} = 9{,}0 \cdot 10^9 \, \mathrm{m} \, .$$

Dies entspricht dem 1400-Fachen des Erdradius.

Getrennte und wieder verbundene Kondensatoren

L21.24 Wir bezeichnen die Kapazität des 2,00-µF-Kondensators mit C_1 und die des anderen Kondensators mit C_2. Die Ladung auf dem Kondensator C_1 nach dem Trennen von der Batterie ist

$$q_1 = C_1 \, U = (2{,}00 \, \mu\mathrm{F}) \, (12{,}0 \, \mathrm{V}) = 24{,}0 \, \mu\mathrm{C} \, .$$

Danach wird dieser erste Kondensator mit dem zweiten Kondensator parallelgeschaltet, sodass über beiden Kondensatoren

die gleiche Spannung anliegt. Die Ersatzkapazität ist wegen der Parallelschaltung $C = C_1 + C_2$. Also ist $C_2 = C - C_1$.

Gemäß der Definition der Kapazität gilt

$$C = \frac{q_2}{U_2} = \frac{q_1}{U_2} \, .$$

Darin ist U_2 die gemeinsame Spannung über den parallelgeschalteten Kondensatoren, und q_1 und q_2 sind die Ladungen auf ihnen. Einsetzen in die Gleichung für C_2 ergibt

$$C_2 = C - C_1 = \frac{q_1}{U_2} - C_1 = \frac{24{,}0 \, \mu\mathrm{C}}{4{,}00 \, \mathrm{V}} - 2{,}00 \, \mu\mathrm{F} = 4{,}00 \, \mu\mathrm{F} \, .$$

L21.25 a) Wir bezeichnen den 20-pF-Kondensator mit dem Index 1 und den 50-pF-Kondensator mit dem Index 2. Nachdem die Kondensatoren verbunden wurden, tragen sie die Ladungen

$$q_{1,\mathrm{E}} = C_1 \, U_\mathrm{E} \tag{1}$$

und

$$q_{2,\mathrm{E}} = C_2 \, U_\mathrm{E} \, . \tag{2}$$

Weil beim Verbinden keine Ladung verlorengeht, ist die Ladung, die sich anfangs auf dem 20-pF-Kondensator befand, gleich der Summe der Ladungen beider Kondensatoren, nachdem sie verbunden wurden. Also gilt

$$q_{1,\mathrm{A}} = q_{1,\mathrm{E}} + q_{2,\mathrm{E}} \quad \mathrm{bzw.} \quad C_1 \, U_{1,\mathrm{A}} = C_1 \, U_\mathrm{E} + C_2 \, U_\mathrm{E} \, .$$

Auflösen nach U_E ergibt $\quad U_\mathrm{E} = \dfrac{C_1}{C_1 + C_2} \, U_{1,\mathrm{A}} \, .$

Das setzen wir in Gleichung 1 und 2 ein und erhalten

$$q_{1,\mathrm{E}} = \frac{C_1^2}{C_1 + C_2} \, U_{1,\mathrm{A}} \quad \mathrm{sowie} \quad q_{2,\mathrm{E}} = \frac{C_1 \, C_2}{C_1 + C_2} \, U_{1,\mathrm{A}} \, .$$

Mit den gegebenen Werten ergibt sich für die Ladungen

$$q_{1,\mathrm{E}} = \frac{(20 \, \mathrm{pF})^2}{20 \, \mathrm{pF} + 50 \, \mathrm{pF}} \, (3{,}0 \, \mathrm{kV}) = 17{,}1 \, \mathrm{nC} = 17 \, \mathrm{nC} \, ,$$

$$q_{2,\mathrm{E}} = \frac{(20 \, \mathrm{pF}) \, (50 \, \mathrm{pF})}{20 \, \mathrm{pF} + 50 \, \mathrm{pF}} \, (3{,}0 \, \mathrm{kV}) = 42{,}9 \, \mathrm{nC} = 43 \, \mathrm{nC} \, .$$

b) Bevor der 20-pF-Kondensator von der Batterie getrennt wurde, war in ihm die Energie

$$E_{\mathrm{el,A}} = E_{\mathrm{el,1,A}} = \tfrac{1}{2} \, C_1 \, U_{1,\mathrm{A}}^2 = \tfrac{1}{2} \, (20 \, \mathrm{pF}) \, (3{,}0 \, \mathrm{kV})^2 = 90 \, \mu\mathrm{J}$$

gespeichert. Dagegen ist die in beiden Kondensatoren insgesamt gespeicherte Energie, nachdem sie verbunden wurden:

$$E_{\mathrm{el,E}} = E_{\mathrm{el,1,E}} + E_{\mathrm{el,2,E}} = \frac{q_{1,\mathrm{E}}^2}{2 \, C_1} + \frac{q_{2,\mathrm{E}}^2}{2 \, C_2}$$
$$= \frac{(17{,}1 \, \mathrm{nC})^2}{2 \, (20 \, \mathrm{pF})} + \frac{(42{,}9 \, \mathrm{nC})^2}{2 \, (50 \, \mathrm{pF})} = 26 \, \mu\mathrm{J} \, .$$

Es ist also $E_{\mathrm{el,E}} < E_{\mathrm{el,A}}$. Das bedeutet, dass die gespeicherte Energie beim Verbinden der beiden Kondensatoren abnimmt.

Dielektrika

L21.26 a) Um die Spannung zwischen dem Draht und dem zylinderförmigen Außenleiter zu ermitteln, gehen wir von der Definition der Kapazität sowie von der Formel für die Kapazität eines Zylinderkondensators aus. Mit der linearen Ladungsdichte $\lambda = q/l$ gilt

$$U = \frac{q}{C} = \frac{q}{\dfrac{2\pi\,\varepsilon_{\text{rel}}\,\varepsilon_0\,l}{\ln\,(r_{\text{A}}/r)}} = \frac{2\,\lambda}{4\pi\varepsilon_0\,\varepsilon_{\text{rel}}}\,\ln\frac{r_{\text{A}}}{r}\,. \qquad (3)$$

Darin ist ε_{rel} die Dielektrizitätskonstante des Gases im Geiger-Müller-Zählrohr, r der Radius des Drahts und r_{A} der Radius des koaxialen zylinderförmigen Außenleiters sowie l die Länge. Die lineare Ladungsdichte ist mit dem elektrischen Feld E über

$$E = \frac{2\,\lambda}{4\pi\varepsilon_0\,\varepsilon_{\text{rel}}\,r} \qquad \text{bzw.} \qquad \frac{2\,\lambda}{4\pi\varepsilon_0\,\varepsilon_{\text{rel}}} = E\,r \qquad (4)$$

verknüpft. Das setzen wir in Gleichung 1 ein und erhalten

$$U = \frac{2\,\lambda}{4\pi\varepsilon_0\,\varepsilon_{\text{rel}}}\,\ln\frac{r_{\text{A}}}{r} = E\,r\,\ln\frac{r_{\text{A}}}{r}\,.$$

Die maximale Feldstärke herrscht an der Oberfläche des Drahts, also bei $r = 0{,}200\,\text{mm}$. Einsetzen der Werte ergibt für die maximale Spannung

$$U_{\text{max}} = \left(2{,}00 \cdot 10^6\,\text{V} \cdot \text{m}^{-1}\right)(0{,}200\,\text{mm})\,\ln\frac{1{,}50\,\text{cm}}{0{,}200\,\text{mm}}$$
$$= 1{,}73\,\text{kV}\,.$$

b) Wir lösen Gleichung 2 nach λ auf und berechnen die maximale Linienladungsdichte:

$$\lambda_{\text{max}} = 4\pi\varepsilon_0\,\frac{E_{\text{max}}\,\varepsilon_{\text{rel}}\,r}{2}$$
$$= \frac{\left(2{,}00 \cdot 10^6\,\text{V} \cdot \text{m}^{-1}\right)(1{,}08)(0{,}200\,\text{mm})}{(8{,}988 \cdot 10^9\,\text{N} \cdot \text{m}^2 \cdot \text{C}^{-2})\,2}$$
$$= 24{,}0\,\text{nC} \cdot \text{m}^{-1}\,.$$

L21.27 a) Der Plattenabstand d hängt mit dem elektrischen Feld E des Kondensators und mit der Spannung U über $E = U/d$ zusammen. Somit erhalten wir für den Mindestabstand der Platten, damit es beim maximalen Feld E_{max} nicht zum Durchschlag kommt:

$$d_{\text{min}} = \frac{U}{E_{\text{max}}} = \frac{2000\,\text{V}}{4{,}0 \cdot 10^7\,\text{V} \cdot \text{m}^{-1}} = 50\,\mu\text{m}\,.$$

b) Für die Kapazität eines Plattenkondensators gilt $C = \varepsilon_{\text{rel}} \cdot \varepsilon_0\,A/d$. Auflösen nach der Fläche und Einsetzen der Zahlenwerte ergibt

$$A = \frac{C\,d}{\varepsilon_{\text{rel}}\,\varepsilon_0} = \frac{(0{,}10\,\mu\text{F})(50\,\mu\text{m})}{24\,(8{,}854 \cdot 10^{-12}\,\text{C}^2 \cdot \text{N}^{-1} \cdot \text{m}^{-2})}$$
$$= 2{,}4 \cdot 10^{-2}\,\text{m}^2\,.$$

L21.28 a) Weil $d \ll r$ ist, können wir die Membran als einen Plattenkondensator mit der Kapazität $C = \varepsilon_{\text{rel}}\,\varepsilon_0\,A/d$ auffassen. Wir setzen den Flächeninhalt $A = 2\pi\,r\,l$ der Membran ein und erhalten

$$C = \frac{2\pi\,\varepsilon_{\text{rel}}\,\varepsilon_0\,r\,l}{d} = 4\pi\varepsilon_0\,\frac{\varepsilon_{\text{rel}}\,r\,l}{2\,d}$$
$$= \frac{(3{,}00)\,(1{,}00 \cdot 10^{-5}\,\text{m})\,(0{,}100\,\text{m})}{(8{,}988 \cdot 10^9\,\text{N} \cdot \text{m}^2\text{C}^{-2})\,2\,(10{,}0\,\text{nm})} = 16{,}69\,\text{nF}$$
$$= 16{,}7\,\text{nF}\,.$$

b) Mit der Definition der Kapazität ergibt sich für die Ladung

$$q = C\,U = (16{,}69\,\text{nF})\,(70{,}0\,\text{mV}) = 1{,}17\,\text{nC}\,.$$

c) Das elektrische Feld über der Membran ergibt sich aus deren Dicke und der über ihr anliegenden Spannung:

$$E = \frac{U}{d} = \frac{70{,}0\,\text{mV}}{10 \cdot 10^{-9}\,\text{m}} = 7{,}0\,\text{MV} \cdot \text{m}^{-1}\,.$$

L21.29 a) Die relative Dielektrizitätskonstante ε_{rel} verknüpft das elektrische Feld E_0 ohne Dielektrikum mit dem Feld E bei Vorhandensein eines Dielektrikums: $E = E_0/\varepsilon_{\text{rel}}$. Damit ergibt sich

$$\varepsilon_{\text{rel}} = \frac{E_0}{E} = \frac{2{,}5 \cdot 10^5\,\text{V} \cdot \text{m}^{-1}}{1{,}2 \cdot 10^5\,\text{V} \cdot \text{m}^{-1}} = 2{,}08 = 2{,}1\,.$$

b) Das elektrische Feld E_0 zwischen den Platten und die Oberflächenladungsdichte σ hängen miteinander folgendermaßen zusammen:

$$E_0 = \frac{\sigma}{\varepsilon_0} = \frac{q/A}{\varepsilon_0}\,.$$

Damit erhalten wir für die Fläche

$$A = \frac{q}{\varepsilon_0\,E_0}$$
$$= \frac{10\,\text{nC}}{(8{,}854 \cdot 10^{-12}\,\text{C}^2 \cdot \text{N}^{-1} \cdot \text{m}^{-2})\,(2{,}5 \cdot 10^5\,\text{V} \cdot \text{m}^{-1})}$$
$$= 4{,}52 \cdot 10^{-3}\,\text{m}^2 = 45\,\text{cm}^2\,.$$

c) Die Oberflächenladungsdichten der induzierten gebundenen und der freien Ladungen hängen miteinander zusammen über

$$\sigma_{\text{geb.}} = -\left(1 - \frac{1}{\varepsilon_{\text{rel}}}\right)\sigma_{\text{frei}}\,.$$

Damit gilt für das Verhältnis der Ladungsdichten und auch der Ladungen

$$\frac{\sigma_{\text{geb.}}}{\sigma_{\text{frei}}} = \frac{q_{\text{geb.}}}{q_{\text{frei}}} = -\left(1 - \frac{1}{\varepsilon_{\text{rel}}}\right)\,.$$

Für den Betrag der gebundenen Ladungen ergibt sich daraus

$$q_{\text{geb.}} = -\left(1 - \frac{1}{\varepsilon_{\text{rel}}}\right)q_{\text{frei}} = -\left(1 - \frac{1}{2{,}08}\right)(10\,\text{nC})$$
$$= -5{,}2\,\text{nC}\,.$$

Allgemeine Aufgaben

L21.30 Wenn nur ein Kondensator mit der Kapazität C_0 an die 100-V-Batterie angeschlossen ist, ist in ihm die Energie

$$E_{\mathrm{el},0} = \tfrac{1}{2}\, C_0\, U^2$$

gespeichert. Sind dagegen alle vier Kondensatoren in der gesuchten Kombination zusammengeschaltet, dann ist mit der Ersatzkapazität C die in ihnen gespeicherte Energie

$$E_{\mathrm{el}} = \tfrac{1}{2}\, C\, U^2 .$$

Weil $E_{\mathrm{el}} = E_{\mathrm{el},0}$ sein soll, muss gelten:

$$\tfrac{1}{2}\, C\, U^2 = \tfrac{1}{2}\, C_0\, U^2 , \qquad \text{also} \qquad C = C_0 .$$

Die Ersatzkapazität C' zweier in Reihe geschalteter Kondensatoren mit der Kapazität C_0 ist gegeben durch

$$C' = \frac{C_0^2}{C_0 + C_0} = \tfrac{1}{2}\, C_0 .$$

Wenn wir jeweils zwei der Kondensatoren in Reihe schalten und diese beiden Reihenschaltungen parallelschalten, hat die gesamte Anordnung die Ersatzkapazität

$$C = C' + C' = \tfrac{1}{2}\, C_0 + \tfrac{1}{2}\, C_0 = C_0 .$$

Dies ist die gesuchte Kapazität. Die Gesamtenergie einer Parallelschaltung von jeweils zwei in Reihe geschalteten gleichen Kondensatoren ist also gleich der eines allein angeschlossenen Kondensators. Die Abbildung zeigt die erforderliche Verschaltung.

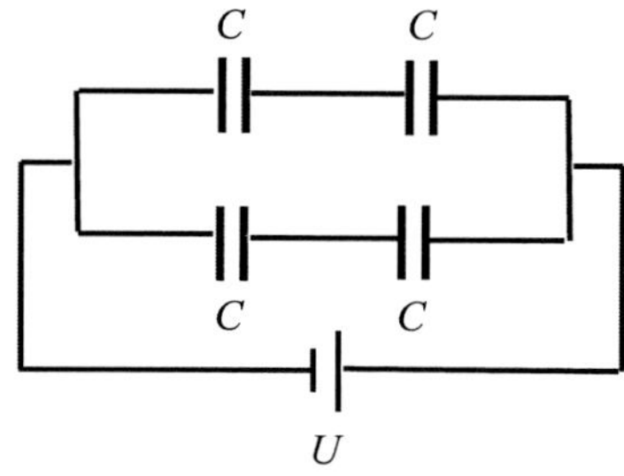

L21.31 a) Die Ersatzkapazität der beiden parallelgeschalteten Kondensatoren ist $C_1 = C_0 + C_0 = 2\,C_0$. Weil hierzu eine weitere Kapazität C_0 in Reihe geschaltet ist, ergibt sich für die Gesamtkapazität

$$C_2 = \frac{C_1\, C_0}{C_1 + C_0} = \frac{(2\,C_0)\, C_0}{2\,C_0 + C_0} = \tfrac{2}{3}\, C_0 .$$

b) Die Ersatzkapazität von zwei parallelgeschalteten Kondensatoren ist $C_1 = 2\,C_0$. Zwei dieser Anordnungen sind in Reihe geschaltet. Damit ist die Gesamtkapazität

$$C_2 = \frac{C_1\, C_1}{C_1 + C_1} = \frac{(2\,C_0)\,(2\,C_0)}{2\,C_0 + 2\,C_0} = C_0 .$$

c) Die Ersatzkapazität der drei gleichen parallelgeschalteten Kondensatoren ist $C = C_0 + C_0 + C_0 = 3\,C_0$.

L21.32 Wenn zwischen den Punkten a und b eine Spannung U angelegt ist, sind die Kondensatoren C_1 und C_3 sowie die Kondensatoren C_2 und C_4 jeweils in Reihe geschaltet. Da die Potenzialdifferenzen über den beiden Kondensatoren in einer Reihenschaltung jeweils umgekehrt proportional zu den Kapazitäten sind, können wir Verhältnisgleichungen für die linke und für die rechte Seite der Brücke aufstellen. Anschließend eliminieren wir die Potenzialdifferenzen mithilfe der Beziehung $U_{cd} = 0$.

Mit der Ladung q auf den Kondensatoren C_1 und C_3 gilt für die Spannungen über ihnen

$$U_1 = \frac{q}{C_1} \qquad \text{und} \qquad U_3 = \frac{q}{C_3} .$$

Dividieren der ersten Gleichung durch die zweite ergibt

$$\frac{U_1}{U_3} = \frac{C_3}{C_1} . \tag{1}$$

Analog dazu erhalten wir

$$\frac{U_2}{U_4} = \frac{C_4}{C_2} . \tag{2}$$

Dividieren von Gleichung 1 durch Gleichung 2 liefert

$$\frac{U_1\, U_4}{U_3\, U_2} = \frac{C_3\, C_2}{C_1\, C_4} . \tag{3}$$

Bei $U_{cd} = 0$ muss gelten $U_1 = -U_2$ und $U_3 = -U_4$.

Einsetzen in Gleichung 3 ergibt $C_2\, C_3 = C_1\, C_4$.

L21.33 Die Ersatzkapazität der beiden parallelgeschalteten 2,00-µF-Plattenkondensatoren ist

$$C = 2{,}00\,\mathrm{µF} + 2{,}00\,\mathrm{µF} = 4{,}00\,\mathrm{µF} .$$

Gemäß der Definition der Kapazität beträgt die Ladung auf dem Ersatzkondensator

$$q = C\, U = (4{,}00\,\mathrm{µF})\,(100\,\mathrm{V}) = 400\,\mathrm{µC} .$$

Diese Ladung verteilt sich nach dem Trennen von der Batterie auf beide Kondensatoren:

$$q = q_1 + q_2 . \tag{1}$$

Weil die Kondensatoren parallelgeschaltet sind, gilt nach dem Trennen von der Batterie und dem Verdoppeln des Plattenabstands:

$$U_1 = U_2 \qquad \text{und} \qquad \frac{q_1}{C_1} = \frac{q_2}{C_{2,2d}} = \frac{q_2}{\tfrac{1}{2}\, C_2} = \frac{2\, q_2}{C_2} .$$

Dabei haben wir berücksichtigt, dass die Kapazität des zweiten Kondensators $C_{2,2d}$ nach dem Verdoppeln des Plattenabstands nur noch halb so groß ist. Auflösen nach q_1 liefert

$$q_1 = 2\, \frac{C_1}{C_2}\, q_2 . \tag{2}$$

Einsetzen von Gleichung 2 in Gleichung 1 und Auflösen nach q_2 ergibt

$$q_2 = \frac{q}{2\dfrac{C_1}{C_2} + 1} = \frac{400\,\mu C}{2\dfrac{2{,}00\,\mu F}{2{,}00\,\mu F} + 1} = 133\,\mu C\,.$$

Mit Gleichung 1 oder 2 und der zuvor berechneten Ladung q ergibt sich $q_1 = 267\,\mu C$.

L21.34 a) Weil die Kondensatorplatten leitend sind, ist die gesamte obere Platte auf demselben Potenzial; dasselbe trifft daher für die untere Platte zu. Daher ändert sich nichts, wenn wir den Kondensator längs der Mitte auftrennen und die nun separaten Platten, die jeweils die Fläche $A/2$ haben, über elektrische Leiter miteinander verbinden.

b) Ein Kondensator mit der Fläche A hat ohne Dielektrikum die Kapazität

$$C_0 = \frac{\epsilon_0\, A}{d}\,.$$

Für die Kapazität des mit den beiden Dielektrika gefüllten Kondensators ergibt sich aufgrund der in Teilaufgabe a begründeten Parallelschaltung der beiden Kondensatorhälften mit jeweils der Fläche $A/2$:

$$C = C_1 + C_2 = \frac{\epsilon_{\mathrm{rel},1}\,\epsilon_0\,(A/2)}{d} + \frac{\epsilon_{\mathrm{rel},2}\,\epsilon_0\,(A/2)}{d}$$

$$= \frac{\epsilon_0\, A}{2\,d}\left(\epsilon_{\mathrm{rel},1} + \epsilon_{\mathrm{rel},2}\right).$$

Damit können wir das Verhältnis der Kapazitäten mit und ohne Dielektrika ermitteln:

$$\frac{C}{C_0} = \frac{\dfrac{\epsilon_0\, A}{2\,d}\left(\epsilon_{\mathrm{rel},1} + \epsilon_{\mathrm{rel},2}\right)}{\dfrac{\epsilon_0\, A}{d}} = \tfrac{1}{2}\left(\epsilon_{\mathrm{rel},1} + \epsilon_{\mathrm{rel},2}\right).$$

L21.35 a) Wir gehen von der Definition $C = q/U$ der Kapazität aus, wobei q die Ladung des Kondensators und U die Spannung über ihm ist. Diese können wir gemäß der Beziehung $U = E\,d_0$ durch das elektrische Feld E ausdrücken. Nun berücksichtigen wir aber, dass in dem Teil d, in dem sich die leitende Metallschicht befindet, das Feld null ist:

$$U = E\,(d_0 - d)\,.$$

Das elektrische Feld zwischen den Platten, jedoch außerhalb der Metallschicht, ist gegeben durch

$$E = \frac{\sigma}{\varepsilon_0} = \frac{q}{\varepsilon_0\, A}\,.$$

Einsetzen ergibt

$$C = \frac{q}{U} = \frac{q}{E\,(d_0 - d)} = \frac{q}{\dfrac{q}{\varepsilon_0\, A}\,(d_0 - d)} = \frac{\varepsilon_0\, A}{d_0 - d}\,.$$

b) Die Ersatzkapazität C der beiden in Reihe geschalteten Kondensatoren mit den Kapazitäten C_1 und C_2 ist

$$C = \frac{C_1\, C_2}{C_1 + C_2}\,.$$

Die Kapazitäten C_1 und C_2 der beiden Platten mit dem Abstand a bzw. b sind

$$C_1 = \frac{\varepsilon_0\, A}{a} \qquad \text{und} \qquad C_2 = \frac{\varepsilon_0\, A}{b}\,.$$

Diese setzen wir in die Gleichung für die Ersatzkapazität ein:

$$C = \frac{C_1\, C_2}{C_1 + C_2} = \frac{\left(\dfrac{\varepsilon_0\, A}{a}\right)\left(\dfrac{\varepsilon_0\, A}{b}\right)}{\dfrac{\varepsilon_0\, A}{a} + \dfrac{\varepsilon_0\, A}{b}} = \frac{\varepsilon_0\, A}{a + b}\,.$$

Weil die Platten den Abstand d haben, addieren sich die beiden Abstände und die Dicke d der Metallschicht. Also gilt

$$a + b + d = d_0 \qquad \text{und daher} \qquad a + b = d_0 - d\,.$$

Einsetzen in die Gleichung für die Ersatzkapazität ergibt

$$C = \frac{\varepsilon_0\, A}{d_0 - d}\,.$$

Dies entspricht dem Ergebnis von Teilaufgabe a.

L21.36 a) Wir modellieren den Kondensator als zwei parallelgeschaltete Teilkondensatoren. Dabei ist der Teilkondensator 1 mit einem Dielektrikum mit der Dielektrizitätskonstanten $\varepsilon_{\mathrm{rel}}$ gefüllt, der Teilkondensator 2 dagegen mit Luft. Die in einem Kondensator gespeicherte Energie ist allgemein gegeben durch

$$E_{\mathrm{el}} = \frac{1}{2}\frac{q^2}{C}\,.$$

Die beiden Teilkondensatoren haben die Kapazitäten

$$C_1 = \frac{\varepsilon_{\mathrm{rel}}\,\varepsilon_0\, a\, x}{d} \qquad \text{und} \qquad C_2 = \frac{\varepsilon_0\, a\,(a - x)}{d}\,.$$

Weil beide Teilkondensatoren parallelgeschaltet sind, ist die Gesamtkapazität die Summe der einzelnen Kapazitäten:

$$C = C_1 + C_2 = \frac{\varepsilon_{\mathrm{rel}}\,\varepsilon_0\, a\, x}{d} + \frac{\varepsilon_0\, a\,(a - x)}{d}$$

$$= \frac{\varepsilon_0\, a}{d}\left(\varepsilon_{\mathrm{rel}}\, x + a - x\right) = \frac{\varepsilon_0\, a}{d}\left[\left(\varepsilon_{\mathrm{rel}} - 1\right) x + a\right].$$

Damit ergibt sich für die Energie in der Anordnung:

$$E_{\mathrm{el}} = \frac{1}{2}\frac{q^2}{C} = \frac{1}{2}\frac{q^2\, d}{\varepsilon_0\, a\,\left[\left(\varepsilon_{\mathrm{rel}} - 1\right) x + a\right]}\,.$$

b) Die vom elektrischen Feld ausgeübte Kraft ist gleich der Ableitung der potenziellen Energie nach dem Abstand:

$$F = -\frac{\mathrm{d}E_{\mathrm{el}}}{\mathrm{d}x} = -\frac{\mathrm{d}}{\mathrm{d}x}\left(\frac{1}{2}\frac{q^2\,d}{\varepsilon_0\,a\,[(\varepsilon_{\mathrm{rel}}-1)\,x + a]}\right)$$

$$= -\frac{q^2\,d}{2\,\varepsilon_0\,a}\frac{\mathrm{d}}{\mathrm{d}x}\left\{[(\varepsilon_{\mathrm{rel}}-1)\,x + a]^{-1}\right\}$$

$$= \frac{(\varepsilon_{\mathrm{rel}}-1)\,q^2\,d}{2\,a\,\varepsilon_0\,[(\varepsilon_{\mathrm{rel}}-1)\,x + a]^2}\,.$$

c) Umformen der in Teilaufgabe b aufgestellten Gleichung ergibt für die Kraft

$$F = \frac{(\varepsilon_{\mathrm{rel}}-1)\,q^2\,\dfrac{a\,\varepsilon_0}{d}}{2\left(\dfrac{a\,\varepsilon_0}{d}\right)^2[(\varepsilon_{\mathrm{rel}}-1)\,x + a]^2}$$

$$= \frac{(\varepsilon_{\mathrm{rel}}-1)\,q^2\,\dfrac{a\,\varepsilon_0}{d}}{2\,C^2} = \frac{(\varepsilon_{\mathrm{rel}}-1)\,a\,\varepsilon_0\,U^2}{2\,d}\,.$$

Beachten Sie, dass dieser Ausdruck nicht von x abhängt, also nicht davon, wie weit das Dielektrikum in den Kondensator hineingeschoben ist.

d) Die Kraft rührt daher, dass die auf der Oberfläche des Dielektrikums erzeugten gebundenen Ladungen von den freien Ladungen auf den Kondensatorplatten angezogen werden.

L21.37 a) Wir bezeichnen den Abstand der Platten voneinander mit d. Die Kraft F auf die obere Platte hängt mit der beim Laden des Kondensators am Gewichtsstück verrichteten mechanischen Arbeit $\mathrm{d}W$ bzw. mit der mechanischen Energie $\mathrm{d}E_{\mathrm{mech}}$ zusammen über

$$\mathrm{d}W = \mathrm{d}E_{\mathrm{mech}} = -F\,\mathrm{d}d \qquad \text{bzw.} \qquad F = -\frac{\mathrm{d}E_{\mathrm{mech}}}{\mathrm{d}d}\,.$$

Andererseits ist im Kondensator die elektrische Energie

$$E_{\mathrm{el}} = \tfrac{1}{2}\,C\,U_0^2 = \frac{\varepsilon_0\,A}{2\,d}\,U_0^2$$

gespeichert. Die Änderung der mechanischen Energie ist gleich der Änderung der gespeicherten elektrischen Energie, und wir erhalten für die Kraft

$$F = -\frac{\mathrm{d}E_{\mathrm{el}}}{\mathrm{d}d} = -\frac{\mathrm{d}}{\mathrm{d}d}\left(\frac{1}{2}\frac{\varepsilon_0\,A}{d}\,U_0^2\right) = \frac{\varepsilon_0\,A}{2\,d^2}\,U_0^2\,.$$

Da die Kraft F mit abnehmendem Abstand d zunimmt, liegt kein Gleichgewicht vor. Die Waage ist also instabil.

b) Anwenden des zweiten Newton'schen Axioms $\sum F_i = 0$ auf das Gewichtsstück mit der Masse m ergibt

$$m\,g - \frac{\varepsilon_0\,A}{2\,d_0^2}\,U^2 = 0\,, \qquad \text{also} \qquad U = d_0\sqrt{\frac{2\,m\,g}{\varepsilon_0\,A}}\,.$$

L21.38 a) Die elektrische Energie, die im Kondensator höchstens gespeichert werden kann, ergibt sich aus der Spannung, die maximal möglich ist, ohne dass es zum dielektrischen Durchschlag kommt:

$$E_{\mathrm{el,max}} = \tfrac{1}{2}\,C\,U_{\mathrm{max}}^2\,.$$

Ein luftgefüllter Plattenkondensator mit der Fläche A und dem Abstand d der Platten hat die Kapazität

$$C = \varepsilon_0\,A/d\,.$$

Die maximale Spannung zwischen den Platten ergibt sich aus dem maximal möglichen elektrischen Feld E_{max} zwischen ihnen, also aus der Durchschlagfestigkeit:

$$U_{\mathrm{max}} = E_{\mathrm{max}}\,d\,.$$

Mit dem Volumen $V = A\,d$ zwischen den Platten folgt daraus

$$E_{\mathrm{el,max}} = \tfrac{1}{2}\,C\,U_{\mathrm{max}}^2 = \frac{\varepsilon_0\,A}{2\,d}\,(E_{\mathrm{max}}\,d)^2$$

$$= \tfrac{1}{2}\,\varepsilon_0\,(A\,d)\,E_{\mathrm{max}}^2 = \tfrac{1}{2}\,\varepsilon_0\,V\,E_{\mathrm{max}}^2\,.$$

Für das Volumen zwischen den Platten gilt daher

$$V = \frac{2\,E_{\mathrm{el,max}}}{\varepsilon_0\,E_{\mathrm{max}}^2}\,, \tag{1}$$

und mit den gegebenen Werten sowie mit der Durchschlagfestigkeit $3{,}00\,\mathrm{MV/m}$ der Luft erhalten wir

$$V = \frac{2\,(100\,\mathrm{kJ})}{(8{,}854\cdot 10^{-12}\,\mathrm{C}^2\cdot\mathrm{N}^{-1}\cdot\mathrm{m}^{-2})\,(3{,}00\,\mathrm{MV}\cdot\mathrm{m}^{-1})^2}$$

$$= 2{,}51\cdot 10^3\,\mathrm{m}^3\,.$$

b) Nach dem Einführen des Dielektrikums wird Gleichung 1 zu

$$V = \frac{2\,E_{\mathrm{el,max}}}{\varepsilon_{\mathrm{rel}}\,\varepsilon_0}\cdot\frac{1}{E_{\mathrm{max}}^2}\,.$$

Mit $\varepsilon_{\mathrm{rel}} = 5{,}00$ und dem maximalen elektrischen Feld bzw. der Durchschlagfestigkeit $E_{\mathrm{max}} = 3{,}00\cdot 10^8\,\mathrm{V}\cdot\mathrm{m}^{-1}$ ergibt sich das Volumen zu

$$V = \frac{2\,(100\,\mathrm{kJ})}{(5{,}00)\,(8{,}854\cdot 10^{-12}\,\mathrm{C}^2\cdot\mathrm{N}^{-1}\cdot\mathrm{m}^{-2})}$$

$$\cdot\frac{1}{(3{,}00\cdot 10^8\,\mathrm{V}\cdot\mathrm{m}^{-1})^2}$$

$$= 5{,}02\cdot 10^{-2}\,\mathrm{m}^3\,.$$

L21.39 a) Die Kondensatorplatten sind Äquipotenzialflächen. Weil die Potenzialdifferenz zwischen den Platten in beiden Hälften des Kondensators gleich ist, ist auch $E = U/d$ in beiden Fällen gleich.

b) Das elektrische Feld ist in jedem Gebiet

$$E = \frac{\sigma}{\varepsilon_{\mathrm{rel}}\,\varepsilon_0}\,,$$

wobei für die Oberflächenladungsdichte σ bzw. für ε_{rel} die betreffenden Werte einzusetzen sind. Wir lösen nach σ auf:

$$\sigma = \varepsilon_{\text{rel}} \, \varepsilon_0 \, E \, .$$

Somit gilt in den jeweiligen Gebieten

$$\sigma_1 = \varepsilon_{\text{rel},1} \, \varepsilon_0 \, E_1 = 2 \, \varepsilon_0 \, E_1 \, ,$$
$$\sigma_2 = \varepsilon_{\text{rel},2} \, \varepsilon_0 \, E_2 = \varepsilon_0 \, E_1 \, .$$

Dividieren der ersten dieser Gleichungen durch die zweite ergibt $\sigma_1 = 2\sigma_2$.

c) Wir modellieren den halb gefüllten Kondensator durch zwei parallelgeschaltete Kondensatoren mit der Gesamtkapazität

$$C = C_1 + C_2 \, .$$

Dabei sind die Einzelkapazitäten

$$C_1 = \frac{\varepsilon_{\text{rel}} \, \varepsilon_0 \left(\frac{1}{2} A\right)}{d} = \frac{\varepsilon_{\text{rel}} \, \varepsilon_0 \, A}{2 \, d} \, , \quad C_2 = \frac{\varepsilon_0 \left(\frac{1}{2} A\right)}{d} = \frac{\varepsilon_0 \, A}{2 \, d} \, .$$

Mit der vorigen Gleichung erhalten wir mit $\varepsilon_{\text{rel}} = 2$ für die Gesamtkapazität

$$C = C_1 + C_2 = \frac{\varepsilon_{\text{rel}} \, \varepsilon_0 \, A}{2 \, d} + \frac{\varepsilon_0 \, A}{2 \, d} = \frac{2 \, \varepsilon_0 \, A}{2 \, d} + \frac{\varepsilon_0 \, A}{2 \, d}$$
$$= \frac{3 \, \varepsilon_0 \, A}{2 \, d} = \tfrac{3}{2} \, C_{\text{Luft}} \, .$$

d) Für die Endspannung U_{E} nach dem Einführen des Dielektrikums gilt, mit der Ladung q_{E} und der Kapazität C_{E}:

$$U_{\text{E}} = \frac{q_{\text{E}}}{C_{\text{E}}} \, .$$

Weil sich die Ladung auf den Platten beim Einführen des Dielektrikums nicht ändert, ist:

$$q_{\text{E}} = q_{\text{A}} = U C_{\text{A}} = \frac{U \, \varepsilon_0 \, A}{d} \, .$$

Daraus folgt für die Spannung

$$U_{\text{E}} = \frac{U \, \varepsilon_0 \, A}{C_{\text{E}} \, d} = \frac{U \, \varepsilon_0 \, A}{\dfrac{3 \, \varepsilon_0 \, A}{2 \, d} \, d} = \tfrac{2}{3} \, U \, .$$

e) Die nach dem Einführen des Kondensators gespeicherte Energie beträgt unter Berücksichtigung der Ergebnisse für C_{E} und U_{E}

$$E_{\text{El,E}} = \tfrac{1}{2} \, C_{\text{E}} \, U_{\text{E}}^2 = \tfrac{1}{2} \left(\tfrac{3}{2} \, C_{\text{A}}\right) \left(\tfrac{2}{3} \, U\right)^2 = \tfrac{1}{3} \, C_{\text{A}} \, U^2 = \tfrac{2}{3} \, U_{\text{A}} \, .$$

Das Dielektrikum verringert die Potenzialdifferenz zwischen den Kondensatorplatten und damit die im Kondensator gespeicherte Energie.

L21.40 a) Die Abbildung zeigt das Dielektrikum des als Modell betrachteten Plattenkondensators links im entspannten Zustand und rechts nach dem Komprimieren auf die Dicke x.

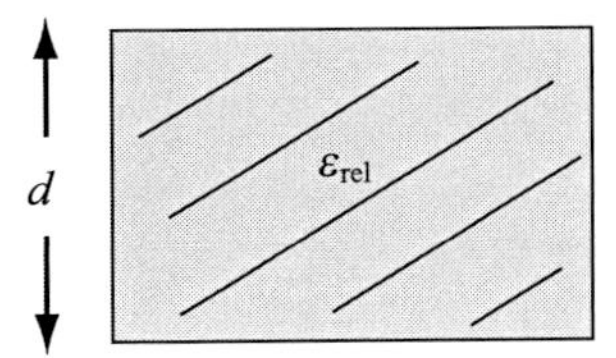
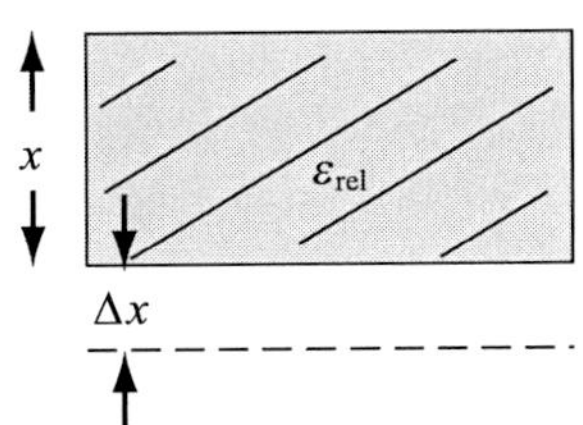

Für die Kapazität des Kondensators gilt

$$C(U) = \frac{q}{U} \, . \tag{1}$$

Mit der Fläche A und dem Plattenabstand d gilt für die Kapazität im entspannten Zustand

$$C_0 = \frac{\epsilon_{\text{rel}} \, \epsilon_0 \, A}{d}$$
$$= \frac{3 \left(8{,}854 \cdot 10^{-12} \, \text{C}^2 \cdot \text{N}^{-1} \, \text{m}^{-2}\right) A}{0{,}200 \, \text{mm}}$$
$$= \left(0{,}133 \cdot 10^{-6} \, \text{C}^2 \cdot \text{N}^{-1} \, \text{m}^{-3}\right) A \, .$$

Nun betrachten wir den Abstand der Platten als veränderlich und bezeichnen ihn mit x. Weil die Dielektrizitätskonstante ϵ_{rel} unabhängig vom Abstand x ist, gilt:

$$C(x) = \frac{\epsilon_{\text{rel}} \, \epsilon_0 \, A}{x}$$

und

$$q(x) = C(x) \, U = \frac{\epsilon_{\text{rel}} \, \epsilon_0 \, A}{x} \, U \, .$$

Einsetzen in Gleichung 1 ergibt

$$C(U) = \frac{q(x)}{U} = \frac{\dfrac{\epsilon_{\text{rel}} \, \epsilon_0 \, A}{x} \, U}{U} = \frac{\epsilon_{\text{rel}} \, \epsilon_0 \, A}{x} = \frac{\epsilon_{\text{rel}} \, \epsilon_0 \, A}{d - \Delta x} \, . \tag{2}$$

Die Anziehungskraft zwischen den Platten eines Luftkondensators wurde in Aufgabe 21.37a berechnet. In Anwesenheit des Dielektrikums ist sie hier beim Plattenabstand x gegeben durch

$$F = \frac{\varepsilon_{\text{rel}} \, \varepsilon_0 \, A}{2 \, x^2} \, U^2 \, .$$

Mit dem Elastizitätsmodul E_{El} gilt gemäß dem Hooke'schen Gesetz

$$E_{\text{El}} = \frac{F/A}{\Delta x / x} \quad \text{bzw.} \quad \frac{\Delta x}{x} = \frac{F}{E_{\text{El}} \, A} \, .$$

Mit dem zuvor aufgestellten Ausdruck für die Kraft ergibt sich

$$\frac{\Delta x}{x} = \frac{\epsilon_{\text{rel}} \, \epsilon_0 \, U^2}{2 \, E_{\text{El}} \, x^2} \, .$$

Für $\Delta x \ll d$, also $x = d$, folgt daraus

$$\Delta x = \frac{\epsilon_{\text{rel}}\,\epsilon_0\,U^2}{2\,E_{\text{El}}\,x} = \frac{\epsilon_{\text{rel}}\,\epsilon_0\,U^2}{2\,E_{\text{El}}\,d}\,. \tag{5}$$

Nun können wir mit Gleichung 2 die Kapazität ermitteln:

$$\begin{aligned}
C(U) &= \frac{\epsilon_{\text{rel}}\,\epsilon_0\,A}{d - \dfrac{\epsilon_{\text{rel}}\,\epsilon_0\,U^2}{2\,E_{\text{El}}\,d}} = \frac{\epsilon_{\text{rel}}\,\epsilon_0\,A}{d\left(1 - \dfrac{\epsilon_{\text{rel}}\,\epsilon_0\,U^2}{2\,E_{\text{El}}\,d^2}\right)} \\
&= C_0\left(1 - \frac{\epsilon_{\text{rel}}\,\epsilon_0\,U^2}{2\,E_{\text{El}}\,d^2}\right)^{-1} \approx C_0\left(1 + \frac{\epsilon_{\text{rel}}\,\epsilon_0\,U^2}{2\,E_{\text{El}}\,d^2}\right),
\end{aligned}$$

wobei die Näherung für kleines d gilt.

b) Um die Dickenänderung Δx der Membran berechnen zu können, müssen wir zuvor die maximale Spannung über dem Kondensator vor der Kompression ermitteln:

$$U_{\text{max}} = E_{\text{max}}\,d = (40{,}0\,\text{kV} \cdot \text{mm}^{-1})\,(0{,}200\,\text{mm}) = 8{,}00\,\text{kV}\,.$$

Dies und $\varepsilon_{\text{rel}} = 3{,}00$ setzen wir nun in Gleichung 3 ein und erhalten für die Dickenänderung

$$\begin{aligned}
\Delta x &= \frac{(3{,}00)\,(8{,}854 \cdot 10^{-12}\,\text{C}^2 \cdot \text{N}^{-1}\,\text{m}^{-2})\,(8{,}00\,\text{kV})^2}{2\,(5{,}00 \cdot 10^6\,\text{N} \cdot \text{m}^{-2})\,(0{,}200\,\text{mm})} \\
&= 8{,}50 \cdot 10^{-4}\,\text{mm}\,.
\end{aligned}$$

Damit ergibt sich für die maximale Spannung im komprimierten Zustand

$$\begin{aligned}
U_{\text{max,k}} &= E_{\text{max}}\,(d - \Delta x) \\
&= (40{,}0\,\text{kV} \cdot \text{mm}^{-1})\,(0{,}200\,\text{mm} - 8{,}50 \cdot 10^{-4}\,\text{mm}) \\
&= 7{,}97\,\text{kV}\,.
\end{aligned}$$

Elektrischer Strom – Gleichstromkreise

© Springer-Verlag GmbH Deutschland, ein Teil von Springer Nature 2019
A. Knochel (Hrsg.), *Arbeitsbuch zu Tipler/Mosca, Physik*, https://doi.org/10.1007/978-3-662-58919-9_22

Aufgaben

Verständnisaufgaben

22.1 • Geben Sie den Wert des Widerstands R51 in Abb. 22.1 und den zugehörigen Toleranzbereich an.

Abb. 22.1 Zu Aufgabe 22.1

22.2 • Bei der Diskussion der Elektrostatik hatten wir festgestellt, dass in einem Leiter im elektrostatischen Gleichgewicht kein elektrisches Feld existiert. Warum können wir jetzt über elektrische Felder innerhalb des Materials von Leitern sprechen?

22.3 • Gegeben sind zwei Kupferdrähte gleicher Masse mit kreisförmigen Querschnitten; Draht A ist doppelt so lang wie Draht B. Wie verhalten sich die Widerstände der Drähte zueinander (unter Vernachlässigung von Temperatureffekten)? a) $R_A = 8\,R_B$, b) $R_A = 4\,R_B$, c) $R_A = 2\,R_B$, d) $R_A = R_B$.

22.4 • Zwei Ohm'sche Widerstände R_1 und R_2 werden parallel geschaltet. Wie groß ist ungefähr der Ersatzwiderstand der Schaltung, wenn $R_1 \gg R_2$ ist? a) R_1, b) R_2, c) 0, d) unendlich groß.

22.5 • Zwei Ohm'sche Widerstände R_1 und R_2 werden in Reihe geschaltet. Wie groß ist ungefähr der Ersatzwiderstand der Schaltung, wenn $R_1 \gg R_2$ ist? a) R_1, b) R_2, c) 0, d) unendlich groß.

22.6 • Eine Parallelschaltung zweier Ohm'scher Widerstände A und B ist an die Klemmen einer Batterie angeschlossen. Der Widerstand von A ist doppelt so groß wie der von B. Wenn durch A ein Strom I fließt, welcher Strom fließt dann durch B? a) I, b) $2\,I$, c) $I/2$, d) $4\,I$, e) $I/4$.

22.7 • Eine Reihenschaltung zweier Ohm'scher Widerstände A und B ist an die Klemmen einer Batterie angeschlossen. Der Widerstand von A ist doppelt so groß wie der von B. Wenn durch A ein Strom I fließt, welcher Strom fließt dann durch B? a) I, b) $2\,I$, c) $I/2$, d) $4\,I$, e) $I/4$.

22.8 • Richtig oder falsch? a) Der Innenwiderstand eines idealen Voltmeters ist null. b) Der Innenwiderstand eines idealen Amperemeters ist null. c) Der Innenwiderstand einer idealen Spannungsquelle ist null.

22.9 • Der Kondensator C in Abb. 22.2 ist anfangs entladen. Welche der folgenden Aussagen trifft unmittelbar nach dem Schließen des Schalters zu? a) An C liegt die Spannung U_Q an. b) An R liegt die Spannung U_Q an. c) Im Stromkreis fließt kein Strom. d) Die Aussagen a und c sind richtig.

Abb. 22.2 Zu den Aufgaben 22.9 und 22.10

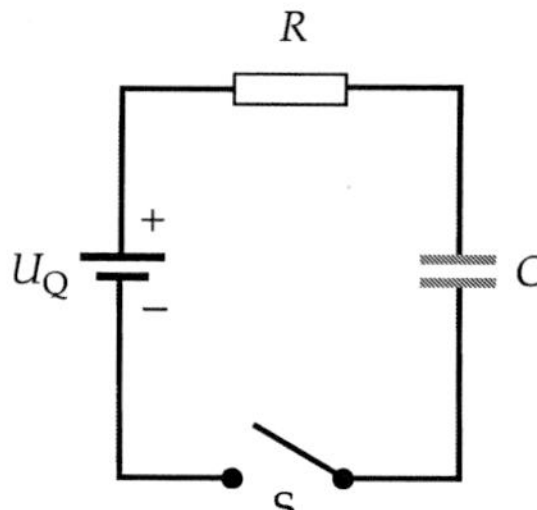

22.10 •• Der Kondensator C in Abb. 22.2 ist anfangs entladen. Welche der folgenden Aussagen trifft zu, wenn der Schalter seit längerer Zeit geschlossen ist? a) Die Batterie hat die Energie $\frac{1}{2}\,C\,U_Q^2$ abgegeben. b) Im Ohm'schen Widerstand wurde die Energie $\frac{1}{2}\,C\,U_Q^2$ umgesetzt. c) Im Ohm'schen Widerstand wird Energie mit konstanter Rate umgesetzt. d) Durch den Ohm'schen Widerstand fließt insgesamt die Ladung $\frac{1}{2}\,C\,U_Q$.

22.11 •• Für die Werte der Widerstände R_1, R_2 und R_3 in Abb. 22.3 gilt die Beziehung $R_2 = R_3 = 2\,R_1$. In R_1 wird die Leistung P umgesetzt. Welche Leistungen werden dann in R_2 und in R_3 umgesetzt?

Abb. 22.3 Zu Aufgabe 22.11

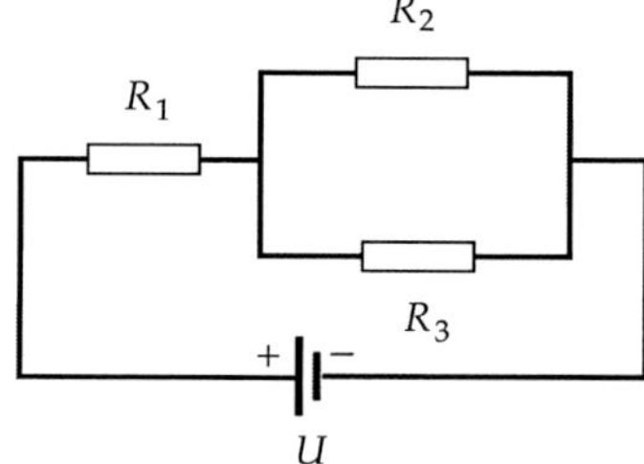

Schätzungs- und Näherungsaufgaben

22.12 •• a) Schätzen Sie den Widerstand eines Fremdstartkabels für Personenwagen ab. b) Finden Sie heraus, welcher Strom beim Starten eines durchschnittlichen Personenwagens ungefähr benötigt wird. Wie groß ist die Spannung, die bei diesem Strom über dem Fremdstartkabel abfällt? c) Welche Leistung wird dabei im Kabel umgesetzt?

22.13 •• Der Querschnitt der im Haushalt verlegten elektrischen Leitungen muss hinreichend groß sein, damit sie sich nicht so weit erhitzen, dass ein Brand entsteht. Durch eine bestimmte, aus Kupfer bestehende Leitung soll ein Strom von 20 A fließen; die Joule'sche Erwärmung in ihr darf dabei 2,0 W/m nicht übersteigen. Welchen Durchmesser muss die Leitung haben, um der Anforderung zu genügen?

22.14 • In einem elektrischen Gerät wird ein Kondensator mit $C = 10\,\mu F$ im Betrieb mit einer Spannung von bis zu $U = 10\,000$ V geladen. Die übrige Schaltung wirkt zwischen den Anschlüssen des Kondensators effektiv wie ein Widerstand mit $R = 10\,M\Omega$. Wie lange muss man nach dem Ausschalten warten, bis vermutlich keine berührungsgefährliche Spannung mehr im Gerät vorliegt?

Elektrischer Strom und die Bewegung von Ladungsträgern

22.15 •• Zwei kupferne Drahtstücke mit Durchmessern von 2,6 mm bzw. 1,6 mm sind hintereinander verschweißt und werden von einem 15 A starken Strom durchflossen. a) Berechnen Sie die Driftgeschwindigkeit der Elektronen in jedem Drahtabschnitt unter der Annahme, dass auf jedes Kupferatom genau ein freies Elektron kommt. b) Geben Sie das Verhältnis der Stromdichten in beiden Drahtstücken an.

22.16 •• Ein Teilchenbeschleuniger erzeugt einen Protonenstrahl mit einem kreisförmigen Querschnitt und einem Durchmesser von 2,0 mm; hindurch fließt ein Strom von 1,0 mA. Die Stromdichte ist homogen über den Strahlquerschnitt verteilt. Jedes Proton hat eine kinetische Energie von 20 MeV. Der Strahl trifft auf ein metallisches Target, von dem er absorbiert wird. a) Geben Sie die Anzahldichte der Protonen im Strahl an. b) Wie viele Protonen treffen pro Minute auf das Target? c) Wie groß ist der Betrag der Stromdichte im Strahl?

22.17 •• Die Protonen eines 5,00-mA-Strahls in einem geplanten Protonenspeicherring, einem sogenannten *Supercollider*, sollen sich nahezu mit Lichtgeschwindigkeit bewegen. Die Stromdichte sei homogen über den Strahl verteilt. a) Berechnen Sie die Protonenanzahl pro Längenmeter des Strahls. b) Der Strahlquerschnitt sei $1,00 \cdot 10^{-6}$ m^2. Geben Sie die Anzahldichte der Protonen an. c) Berechnen Sie den Betrag der Stromdichte im Strahl.

Widerstand und Ohm'sches Gesetz

Hinweis: **Falls nicht anders angegeben, handelt es sich in diesem Abschnitt stets um Widerstände mit Ohm'schem Verhalten.**

22.18 • Durch einen 10 m langen Draht mit einem Widerstand von 0,20 Ω fließt ein Strom von 5,0 A. a) Wie groß ist der Spannungsabfall über dem Draht? b) Geben Sie die elektrische Feldstärke im Draht an.

22.19 •• Gegeben ist ein 1,00 cm langer Zylinder aus Glas, das den spezifischen Widerstand $1,01 \cdot 10^{12}\,\Omega$ m hat. Wie lang muss ein Kupferkabel mit der gleichen Querschnittsfläche wie der des Glaszylinders sein, um denselben Widerstand wie dieser aufzuweisen?

22.20 •• Für Stromstärken bis zu 30 A werden Kupferkabel mit einem Durchmesser von 2,6 mm verwendet. a) Wie groß ist der Widerstand eines solchen Kabels von 100 m Länge? b) Wie groß ist die elektrische Feldstärke im Kabel, wenn ein Strom von 30,0 A fließt? c) Wie lange dauert es unter diesen Bedingungen, bis sich ein Elektron entlang des Kabels um 100 m weiterbewegt hat?

22.21 ••• Geben Sie einen Ausdruck für den Widerstand zwischen den Enden des in Abb. 22.4 dargestellten Halbrings an. Der spezifische Widerstand des Materials sei r. (*Hinweis:* Modellieren Sie den Halbring als Parallelschaltung sehr vieler sehr dünner Halbringe. Nehmen Sie an, dass die Stromdichte jeweils homogen über eine Querschnittsfläche des Halbrings verteilt ist.)

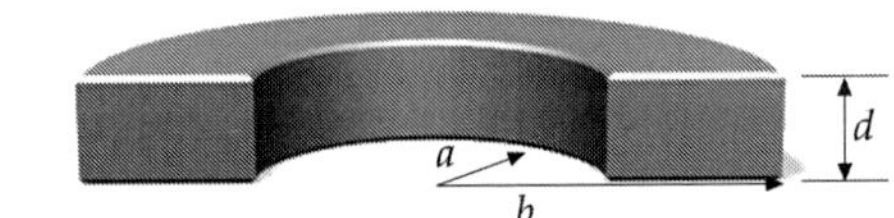

Abb. 22.4 Zu Aufgabe 22.21

Temperaturabhängigkeit des Widerstands

22.22 • Bei welcher Temperatur hat ein Kupferdraht einen um 10 % größeren Widerstand als bei 20 °C?

22.23 •• Sie möchten die Arbeitstemperatur der aus der Legierung Nichrom bestehenden Heizschlange Ihres Toasters ermitteln. Bei 20 °C messen Sie einen Widerstand des Heizelements von 80,0 Ω. Als Nächstes stellen Sie fest, dass unmittelbar nach dem Anschalten des Geräts durch die noch nicht signifikant erwärmte Heizschlange ein Strom von 8,70 A fließt. Nachdem die Heizschlange ihre Endtemperatur erreicht hat, beträgt die Stromstärke nur noch 7,00 A. Wie heiß wird das Heizelement?

22.24 ••• Zwei Drähte mit gleicher Querschnittsfläche A, den Längen l_1 bzw. l_2, den spezifischen Widerständen r_1 bzw. r_2 und den zugehörigen Temperaturkoeffizienten α_1 bzw. α_2 sind an den Enden so miteinander verbunden, dass durch beide der gleiche Strom fließt. a) Zeigen Sie, dass der Widerstand R der gesamten Anordnung bei kleinen Temperaturänderungen nicht von der Temperatur abhängt, wenn gilt: $r_1 l_1 \alpha_1 + r_2 l_2 \alpha_2 = 0$. b) Der eine Draht besteht aus Kohlenstoff, der andere aus Kupfer. In welchem Verhältnis müssen die Längen der Drähte zueinander stehen, damit R näherungsweise unabhängig von der Temperatur ist?

22.25 ••• Eine kleine, im Elektronikpraktikum verwendete 5,00-V-Kohlefadenlampe hat einen zylinderförmigen Glühfaden mit einer Länge von 3,00 cm und einem Durchmesser $d = 40{,}0\,\mu\text{m}$. Der spezifische Widerstand von Kohlenstoff, der zur Herstellung von Glühfäden eingesetzt wird, beträgt bei Temperaturen zwischen 500 K und 700 K ungefähr $3{,}00 \cdot 10^{-5}\,\Omega\,\text{m}$. a) Wie heiß wird der Glühfaden beim Betrieb der Lampe? Behandeln Sie die Glühlampe als idealen schwarzen Strahler. b) Der spezifische Widerstand von Kohlenstoff nimmt mit steigender Temperatur ab, aber der von Metallen wie beispielsweise Wolfram nicht. Bei Kohlefadenlampen kann es deshalb zu Problemen kommen, die bei Glühlampen mit Wolframdraht nicht auftreten. Erklären Sie, warum.

Energie in elektrischen Stromkreisen

22.26 • An eine Batterie mit einer Quellenspannung von 6,0 V und einem Innenwiderstand von $0{,}30\,\Omega$ wird ein regelbarer Lastwiderstand R angeschlossen. Berechnen Sie die Stromstärke und die Leistungsabgabe der Batterie für a) $R = 0$, b) $R = 5{,}0\,\Omega$, c) $R = 10\,\Omega$ bzw. d) einen unendlich großen Lastwiderstand.

22.27 •• Ein mit einem Elektromotor ausgerüstetes Leichtfahrzeug wird mit zehn 12,0-V-Akkumulatoren betrieben. Jeder Akkumulator kann eine Ladungsmenge von 160 A h abgeben, bevor er nachgeladen werden muss. Die mittlere Reibungskraft bei einer Geschwindigkeit von 80,0 km/h beträgt 1,20 kN. a) Wie groß muss die vom Motor abgegebene Leistung mindestens sein, damit das Auto sich mit einer Geschwindigkeit von 80 km/h bewegt? b) Geben Sie die Gesamtladungsmenge in Coulomb an, die alle Akkumulatoren zusammengenommen während eines Entladezyklus liefern können. c) Wie viel elektrische Energie geben die Akkumulatoren zusammengenommen während eines Entladezyklus ab? d) Wie weit kann das Auto mit einer Geschwindigkeit von 80,0 km/h fahren, bevor die Akkumulatoren nachgeladen werden müssen? e) Das Aufladen der Akkumulatoren koste 24,00 Eurocent pro Kilowattstunde. Geben Sie die (Strom-)Kosten pro gefahrenem Kilometer an.

Zusammenschaltungen von Widerständen

22.28 • a) Zeigen Sie, dass der Ersatzwiderstand zwischen den Punkten a und b in Abb. 22.5 gleich R ist. b) Welchen Effekt hat das Einfügen eines fünften Widerstands R zwischen den Punkten c und d auf diesen Ersatzwiderstand?

Abb. 22.5 Zu Aufgabe 22.28

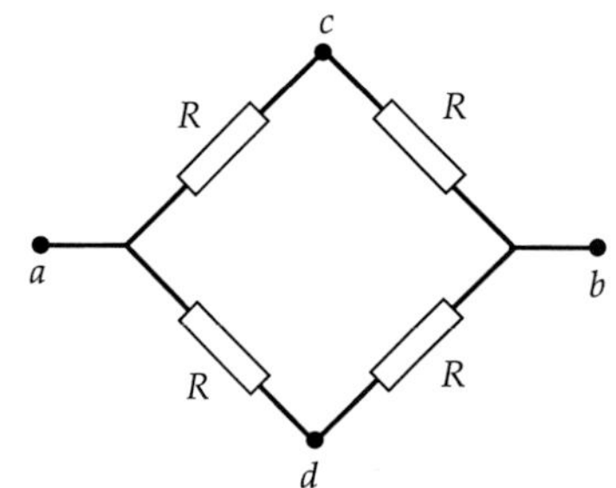

22.29 •• Sie vermessen eine unbekannte Batterie: Zuerst schließen Sie an die Klemmen einen Lastwiderstand $R_1 = 5{,}00\,\Omega$ an. Die Stromstärke im Stromkreis beträgt dann 0,500 A. Schließen Sie danach stattdessen einen Widerstand $R_2 = 11{,}0\,\Omega$ an, so fließt ein Strom von nur 0,250 A. Berechnen Sie a) die Quellenspannung U_Q und b) den Innenwiderstand R_{in} der Batterie.

22.30 •• Aus einem Ohm'schen Widerstand $R_1 = 8{,}00\,\Omega$, einem unbekannten Widerstand R_2, einem weiteren Widerstand $R_3 = 16{,}0\,\Omega$ und einer idealen Spannungsquelle werden nacheinander zwei verschiedene Stromkreise aufgebaut: Zuerst wird eine parallele Kombination aus R_1 und R_2 in Reihe mit R_3 und der Batterie geschaltet, und danach werden alle drei Ohm'schen Widerstände mit der Batterie in Reihe geschaltet. In beiden Fällen fließt durch R_1 der gleiche Strom. Wie groß ist der unbekannte Widerstand R_2?

22.31 •• Gegeben ist die in Abb. 22.6 skizzierte Schaltung mit dem Ersatzwiderstand R_{ab} zwischen den Punkten a und b. Zu berechnen ist: a) R_3, wenn $R_{ab} = R_1$ sein soll, b) R_2, wenn $R_{ab} = R_3$ sein soll, und c) R_1, wenn $R_{ab} = R_1$ sein soll.

Abb. 22.6 Zu Aufgabe 22.31

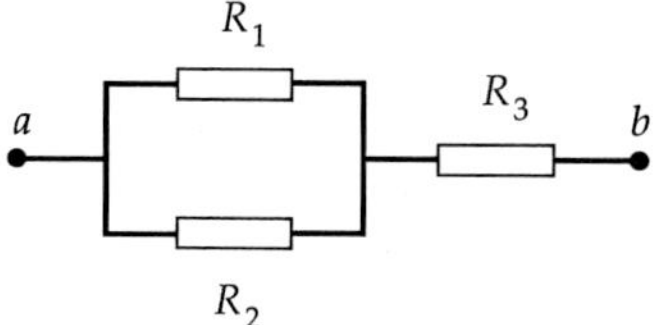

Kirchhoff'sche Regeln

Hinweis: **Zur Lösung der Aufgaben in diesem Abschnitt sollen die Kirchhoff'schen Regeln angewendet werden, auch wenn es einen alternativen Weg über die Berechnung von Ersatzwiderständen gibt.**

22.32 • Gegeben ist der in Abb. 22.7 skizzierte Stromkreis. Berechnen Sie a) die Stromstärke mit der Kirchhoff'schen Maschenregel, b) die von jeder der Spannungsquellen abgegebene oder aufgenommene Leistung sowie c) die Rate der Joule'schen Erwärmung jedes Ohm'schen Widerstands. (Die Innenwiderstände der Batterien seien zu vernachlässigen.)

Abb. 22.7 Zu Aufgabe 22.32

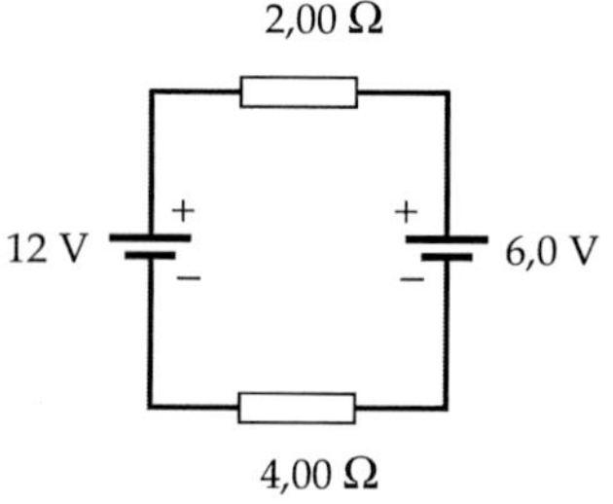

22.33 •• Betrachten Sie den Stromkreis in Abb. 22.8: Das Amperemeter zeigt den gleichen Wert an, wenn die Schalter beide geöffnet oder beide geschlossen sind. Wie groß ist R?

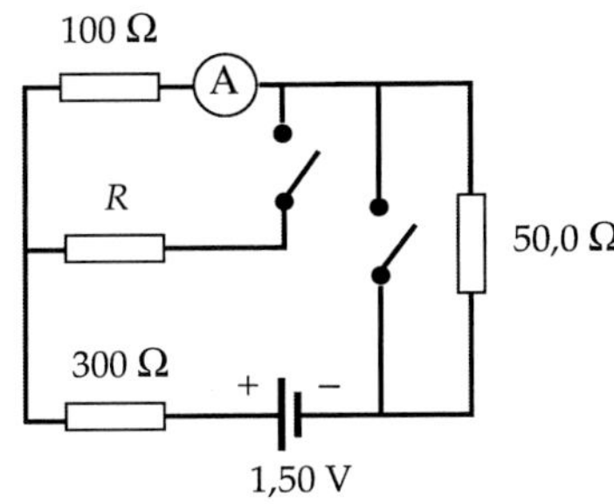

Abb. 22.8 Zu Aufgabe 22.33

22.34 •• Gegeben ist der Stromkreis in Abb. 22.9; die Innenwiderstände der Batterien seien zu vernachlässigen. Berechnen Sie a) den durch jeden Ohm'schen Widerstand fließenden Strom, b) die Spannung zwischen den Punkten a und b sowie c) die von jeder der beiden Batterien abgegebene Leistung.

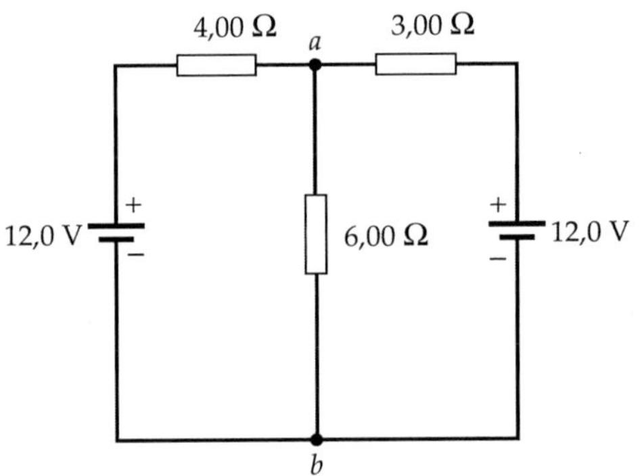

Abb. 22.9 Zu Aufgabe 22.34

22.35 •• Die in Abb. 22.10 skizzierte Schaltung nennt man *Spannungsteiler*. a) Zeigen Sie, dass

$$U_{\mathrm{aus}} = U \, \frac{R_2}{R_1 + R_2}$$

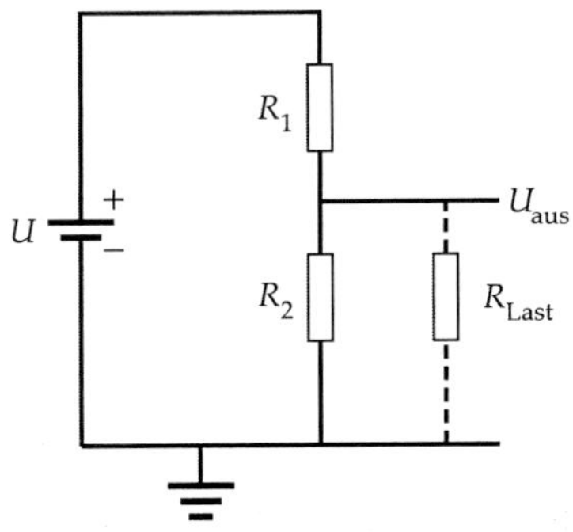

Abb. 22.10 Zu Aufgabe 22.35

ist, wenn kein Lastwiderstand R_{Last} angeschlossen ist. b) Es sei $R_1 = R_2 = 10\,\mathrm{k\Omega}$. Wie groß muss R_{Last} dann mindestens sein, damit die Ausgangsspannung U_{aus} gegenüber ihrem Wert ohne Last um weniger als 10 % abnimmt? (U_{aus} wird relativ zur Erde gemessen.)

22.36 ••• Berechnen Sie die Spannung zwischen den Punkten a und b in der in Abb. 22.11 skizzierten Schaltung.

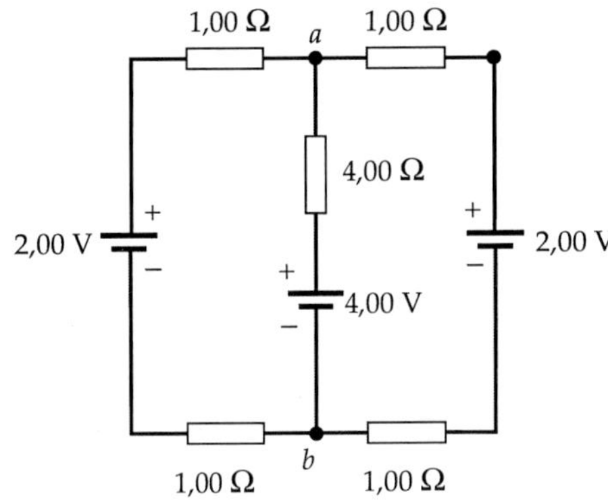

Abb. 22.11 Zu Aufgabe 22.36

Strom- und Spannungsmessgeräte

22.37 •• Der Zeiger eines D'Arsonval-Galvanometers schlägt voll aus, wenn ein Strom von $50,0\,\mathrm{\mu A}$ durch das Messgerät fließt. Der Spannungsabfall über dem Galvanometer beträgt dabei $0,250\,\mathrm{V}$. Geben Sie den Innenwiderstand des Galvanometers an.

22.38 •• Der Zeiger eines D'Arsonval-Galvanometers schlägt voll aus, wenn ein Strom von $50,0\,\mathrm{\mu A}$ durch das Messgerät fließt. Der Spannungsabfall über dem Galvanometer beträgt dabei $0,250\,\mathrm{V}$. Angenommen, Sie wollen dieses Gerät in ein Amperemeter umwandeln, mit dem man Ströme bis zu $100\,\mathrm{mA}$ messen kann. Zeigen Sie, dass Sie dazu einen Ohm'schen Widerstand parallel zum Messgerät schalten müssen. Wie groß muss dieser Widerstand sein?

RC-Stromkreise

22.39 • Betrachten Sie den in Abb. 22.12 skizzierten Stromkreis. Der Schalter befand sich lange Zeit in Position a

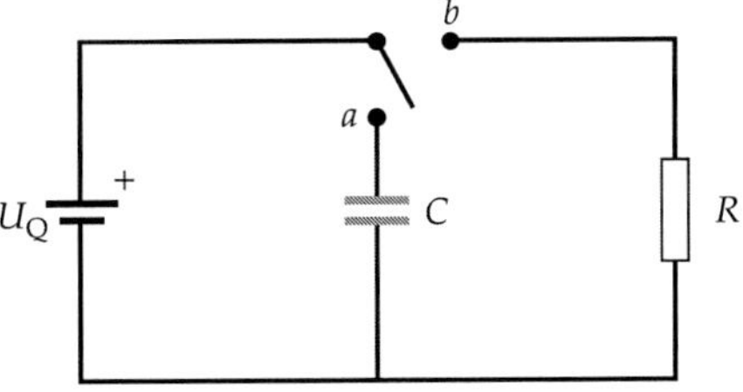

Abb. 22.12 Zu Aufgabe 22.39

und wird dann zum Zeitpunkt $t = 0$ in die Position b gebracht. a) Geben Sie einen Ausdruck für die unmittelbar vor dem Umschalten im Kondensator gespeicherte Energie an. b) Drücken Sie die im Kondensator gespeicherte Energie E_{el} als Funktion der Zeit t nach dem Umschalten aus. c) Skizzieren Sie den Graphen von E_{el} als Funktion von t.

22.40 •• Betrachten Sie den in Abb. 22.13 skizzierten Stromkreis. Die Batterie liefert eine Spannung von 6,00 V, ihr Innenwiderstand sei zu vernachlässigen. Gegeben sind außerdem $R = 2,00\,\mathrm{M}\Omega$ und $C = 1,50\,\mu\mathrm{F}$. Der Schalter war lange Zeit geschlossen und wird nun geöffnet. Berechnen Sie für den Zeitpunkt, zu dem nach dem Öffnen genau eine Zeitkonstante des Stromkreises vergangen ist: a) die Ladung der rechten Kondensatorplatte, b) die Rate, mit der die Ladung zunimmt, c) den fließenden Strom, d) die von der Batterie abgegebene Leistung, e) die dem Widerstand zugeführte Leistung und f) die Rate, mit der die im Kondensator gespeicherte Energie zunimmt.

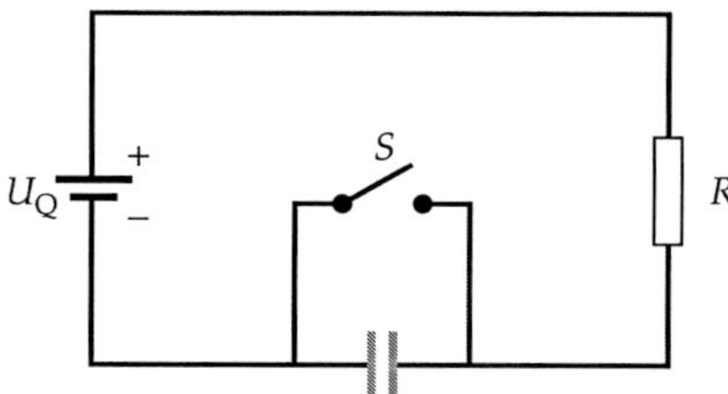

Abb. 22.13 Zu Aufgabe 22.40

22.41 •• Zeigen Sie, dass sich die Gleichung

$$U - R\,\frac{\mathrm{d}q}{\mathrm{d}t} - \frac{q}{C} = 0$$

auch folgendermaßen schreiben lässt:

$$\frac{\mathrm{d}q}{U\,C - q} = \frac{\mathrm{d}t}{R\,C}$$

Integrieren Sie diesen Ausdruck, um zu der Gleichung

$$q = C\,U\left(1 - \mathrm{e}^{-t/(R\,C)}\right) = q_{\mathrm{E}}\left(1 - \mathrm{e}^{-t/\tau}\right)$$

zu gelangen.

22.42 • Zeigen Sie, dass

$$q(t) = C\,U\left[1 - \mathrm{e}^{-t/(RC)}\right] = q_E(1 - \mathrm{e}^{-t/\tau})$$

tatsächlich eine Lösung von

$$U - R\frac{\mathrm{d}q(t)}{\mathrm{d}t} - \frac{q(t)}{C} = 0$$

ist, indem Sie $q\,(t)$ und $\mathrm{d}q/\mathrm{d}t$ einsetzen.

22.43 ••• Betrachten Sie die in Abb. 22.14 skizzierte Schaltung. Der Schalter S war lange Zeit geöffnet und wird zum Zeitpunkt $t = 0$ geschlossen. a) Berechnen Sie den Strom, der unmittelbar nach dem Schließen des Schalters durch die Batterie fließt. b) Wie groß ist dieser Strom, lange nachdem der Schalter geschlossen wurde? c) Geben Sie den Strom durch den Ohm'schen Widerstand mit $600\,\Omega$ als Funktion der Zeit an.

Abb. 22.14 Zu Aufgabe 22.43

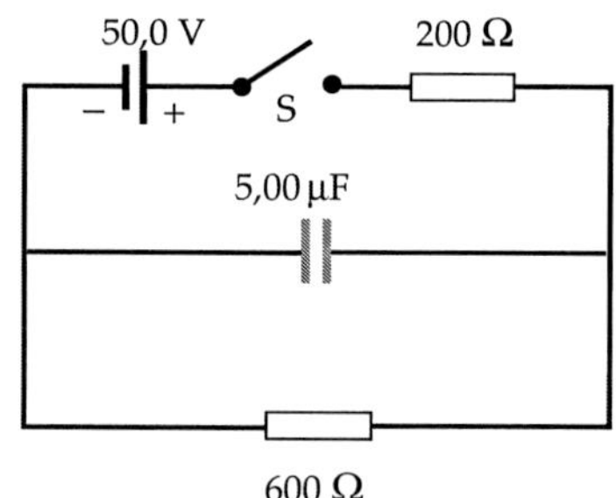

Allgemeine Aufgaben

22.44 •• An einer Reihenschaltung aus einer 25,0-W- und einer 100-W-Glühlampe (beide mit konstantem Widerstand) liegt eine Spannung von 230 V an. a) Welche Lampe leuchtet heller? Begründen Sie Ihre Antwort. (*Hinweis:* Überlegen Sie zunächst, was die Leistungsangabe bedeutet: Unter welchen Bedingungen werden in einer 25,0-W-Lampe tatsächlich 25,0 W umgesetzt?) b) Berechnen Sie die in den beiden Lampen unter den angegebenen Bedingungen jeweils umgesetzte Leistung. Bestätigt das Ergebnis Ihre Überlegung aus Teilaufgabe a?

22.45 •• Gegeben ist die in Abb. 22.15 skizzierte Schaltung. Der Schalter S war lange Zeit geöffnet und wird nun geschlossen. a) Wie groß ist der durch die Batterie fließende Strom unmittelbar nach dem Schließen des Schalters S? b) Wie groß ist dieser Strom, lange nachdem der Schalter geschlossen wurde? c) Geben Sie die Ladung der Kondensatorplatten an, lange nachdem der Schalter geschlossen wurde. d) Der Schalter wurde wieder geöffnet, und seitdem ist eine lange Zeit vergangen. Wie groß ist nun die Ladung der Kondensatorplatten?

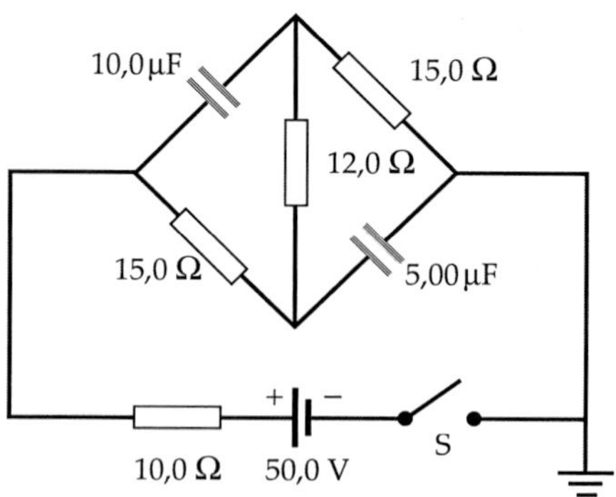

Abb. 22.15 Zu Aufgabe 22.45

22.46 •• Das Schaltbild in Abb. 22.16 zeigt eine Widerstandsmessbrücke (eine sogenannte *Wheatstone-Brücke*) zur Messung eines unbekannten Widerstands R_x mithilfe dreier bekannter Widerstände R_1, R_2 und R_0. Ein 1,00 m langer Draht wird durch einen Gleitkontakt (im Punkt a) in zwei (voneinander abhängig) variable Widerstände R_1 und R_2 unterteilt, wobei der Wert von R_1 proportional zum Abstand des Gleitkontakts vom linken Drahtende („0 cm") und der Wert von R_2 proportional zum Abstand des Gleitkontakts vom rechten Drahtende („100 cm") ist. Die Summe von R_1 und R_2 ist konstant. Befinden sich die Punkte a und b auf gleichem Potenzial, so fließt kein Strom durch das Galvanometer, und die Brücke ist abgeglichen. (Das Galvanometer wird hier verwendet, um die Abwesenheit eines Stroms anzuzeigen; man nennt es deshalb auch *Nulldetektor*.) Gegeben sei bei dieser Schaltung $R_0 = 200\,\Omega$. Berechnen Sie den Wert von R_x, wenn die Brücke bei folgenden Positionen von a (relativ zum Nullpunkt links) abgeglichen ist: a) 18,0 cm, b) 60,0 cm bzw. c) 95,0 cm.

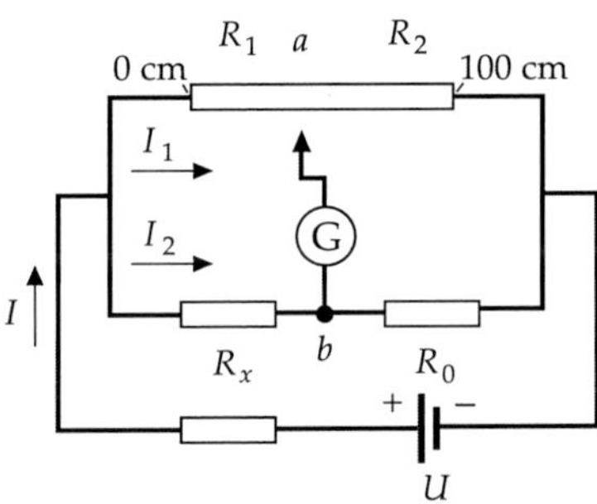

Abb. 22.16 Zu Aufgabe 22.46

22.47 •• Die Ladungsdichte auf der Oberfläche des Ladungsbands eines Van-de-Graaff-Generators beträgt 5,00 mC/m². Das Band ist 0,500 m breit und bewegt sich mit einer Geschwindigkeit von 20,0 m/s. a) Wie groß ist der fließende Strom? b) Die Ladung der Kuppel wird nun auf ein Potenzial von 100 kV gegen Masse angehoben. Wie viel Leistung muss der Motor mindestens abgeben, um das Band zu bewegen?

22.48 •• Die Spulen großer herkömmlicher Elektromagneten werden in der Regel mit Wasser gekühlt, um eine Überhitzung zu verhindern. Durch die Spulen eines großen Labormagneten fließt ein Strom von 100 A, wenn eine Spannung von 240 V anliegt. Das Kühlwasser hat eine Anfangstemperatur von 15 °C. Wie viele Liter Wasser pro Sekunde müssen an den Spulen vorbeigeführt werden, wenn deren Temperatur 50 °C nicht übersteigen soll?

22.49 ••• In Abb. 22.17 sehen Sie die Prinzipschaltung eines Sägezahngenerators, wie er in Oszillographen verwendet wird. Der elektronische Schalter S schließt sich, wenn die an ihm anliegende Spannung einen bestimmten Wert U_{zu} erreicht, und öffnet sich, wenn die Spannung auf 0,200 V abgesunken ist. Die Spannungsquelle gibt die Spannung U ab (die viel größer als U_{zu} ist) und lädt den Kondensator C über den Ohm'schen Widerstand R_1 auf. Der Ohm'sche Widerstand R_2 steht für den

kleinen, aber endlichen Innenwiderstand des Schalters. Bei einem typischen Sägezahngenerator liegen folgende Werte vor: $U = 800\,\text{V}$, $U_{zu} = 4{,}20\,\text{V}$, $R_2 = 1{,}00\,\text{m}\Omega$, $R_1 = 0{,}500\,\text{M}\Omega$ und $C = 20{,}0\,\text{nF}$. a) Berechnen Sie die Zeitkonstante für die Aufladung des Kondensators C. b) Während der Zeit, die erforderlich ist, um die Spannung über dem Schalter von 0,200 V auf 4,20 V anzuheben, steigt die Spannung am Kondensator nahezu linear mit der Zeit an. Zeigen Sie dies. (*Hinweis:* Verwenden Sie die für $|x| \ll 1$ gültige Näherung $e^x \approx 1 + x$. Sie geht aus der Reihenentwicklung der Exponentialfunktion für kleine Exponenten hervor.) c) Wie groß ist R_1 zu wählen, damit der Kondensator innerhalb von 0,100 s von 0,200 V auf 4,20 V aufgeladen wird? d) Wie lange dauert es nach dem Schließen des Schalters, bis sich der Kondensator entladen hat? e) Geben Sie die mittlere Rate der Wärmeerzeugung am Ohm'schen Widerstand R_1 während des Ladens und am Innenwiderstand des Schalters R_2 während des Entladens des Kondensators an.

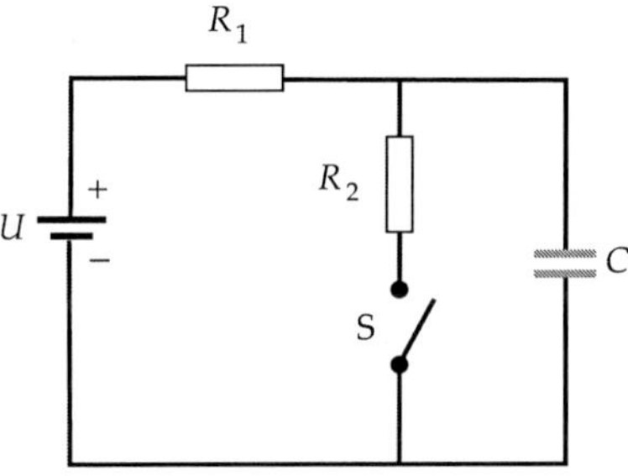

Abb. 22.17 Zu Aufgabe 22.49

22.50 ••• Gegeben sind zwei parallel geschaltete Batterien mit den Quellenspannungen $U_{Q,1}$ bzw. $U_{Q,2}$ und den Innenwiderständen $R_{in,1}$ bzw. $R_{in,2}$ sowie ein zu dieser Kombination parallel geschalteter Lastwiderstand R. Beweisen Sie: Der optimale Lastwiderstand (also der Wert von R, bei dem die Leistungsabgabe der Batterien maximal wird) ist gegeben durch

$$R = \frac{R_{in,1}\,R_{in,2}}{R_{in,1} + R_{in,2}}.$$

22.51 ••• Ein Gleichspannungsnetzteil mit $U = 20\,\text{V}$ ohne äußere Last habe einen Innenwiderstand von 0,1 Ω. Wir schließen einen ungeladenen Kondensator mit $C = 1000\,\mu\text{F}$ an das Netzteil an und warten eine Weile, bis er nahezu vollständig geladen ist. a) Welche Energiemenge wurde während des Ladevorgangs im Netzteil als Verlustwärme frei? b) Wie groß ist der prozentuelle Verlust im Vergleich zur im Kondensator gespeicherten Energie?

22.52 ••• Betrachten Sie die in Abb. 22.18 skizzierte Schaltung. Die Kondensatoren C_1 und C_2 sind mit einem Ohm'schen Widerstand R und einer idealen Spannungsquelle (mit der Klemmenspannung U_0) verbunden. Der Schalter befand sich ursprünglich in Position a, und beide Kondensatoren waren entladen. Dann wurde er auf Position b geschaltet; nach langer Zeit wurde schließlich zum Zeitpunkt $t = 0$ zurück auf Position a geschaltet. a) Vergleichen Sie quantitativ die zum Zeitpunkt

$t = 0$ in den Kondensatoren insgesamt gespeicherte Energie mit der lange Zeit danach in ihnen gespeicherten Energie. b) Geben Sie den Strom, der durch R fließt, für $t > 0$ als Funktion der Zeit t an. c) Geben Sie die dem Widerstand R zugeführte Energie für $t > 0$ als Funktion der Zeit t an. d) Wie groß ist die Energie, die im Ohm'schen Widerstand nach $t = 0$ insgesamt dissipiert wird? Vergleichen Sie das Ergebnis mit dem Verlust an gespeicherter Energie, den Sie in Teilaufgabe a berechnet haben.

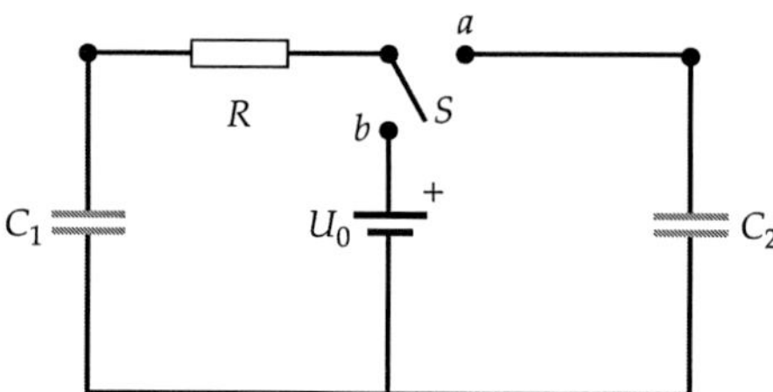

Abb. 22.18 Zu Aufgabe 22.52

22.53 ••• Abb. 22.19 zeigt den Zusammenhang zwischen Strom und Spannung bei einer Esaki-Diode. a) Skizzieren Sie die Abhängigkeit des differenziellen Widerstands der Diode von der Spannung. Der differenzielle (oder dynamische) Widerstand R_{diff} eines Bauelements ist definiert als $R_{\text{diff}} = \mathrm{d}U / \mathrm{d}I$; dabei ist U die am Bauelement anliegende Spannung und I der hindurchfließende Strom. b) Bei welchem Spannungsabfall wird der differenzielle Widerstand negativ? c) Wie groß ist der maximale differenzielle Widerstand dieser Esaki-Diode im dargestellten Spannungsbereich? Bei welcher Spannung wird er erreicht? d) Gibt es im dargestellten Bereich Werte der Spannung, bei denen der differenzielle Widerstand der Diode null ist? Wenn ja, um welche(n) Wert(e) handelt es sich?

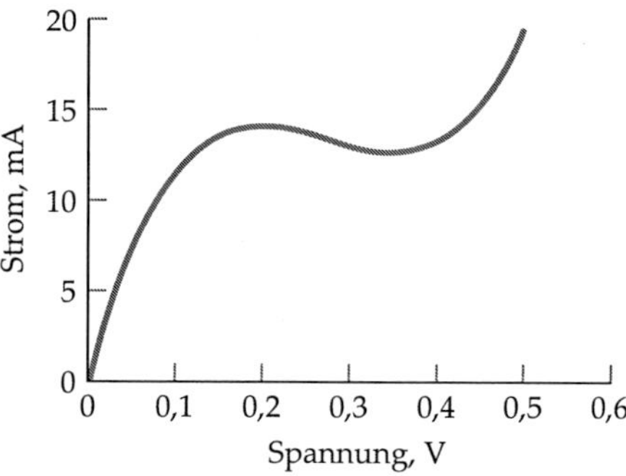

Abb. 22.19 Zu Aufgabe 22.53

22.54 •• Ein Teilchenbeschleuniger erzeugt einen Protonenstrahl mit einer Stromstärke von $3{,}50\,\mu\text{A}$. Jedes Proton darin hat eine Energie von $60{,}0\,\text{MeV}$. Die Protonen treffen in einer Vakuumkammer auf ein Kupfertarget mit einer Masse von $50{,}0\,\text{g}$ und kommen in diesem zur Ruhe. Dabei erhitzt sich das Target. a) Wie viele Protonen treffen pro Sekunde auf das Kupfertarget auf? b) Wie viel Energie wird diesem dadurch pro Sekunde zugeführt? c) Wie lange dauert es, bis sich das Kup-

fertarget auf $300\,^{\circ}\text{C}$ erhitzt hat? Vernachlässigen Sie, dass das Metall währenddessen einen kleinen Teil der Wärme wieder abgibt.

22.55 ••• Stellen Sie einen Ausdruck für den Ersatzwiderstand zwischen den Punkten a und b bei einer unendlich ausgedehnten „Leiter" aus Ohm'schen Widerständen auf (einen Ausschnitt der Leiter zeigt Abb. 22.20). a) Nehmen Sie zunächst an, alle Widerstände seien gleich, sodass also gilt: $R = R_1 = R_2$. b) Wiederholen Sie die Aufgabe für den Fall, dass R_1 und R_2 unterschiedlich sind. c) Überprüfen Sie Ihr Resultat, indem Sie in Ihre Formel aus Teilaufgabe b nun für R_1 wie auch für R_2 jeweils R einsetzen; Sie sollten dann dieselbe Formel wie in Teilaufgabe a erhalten.

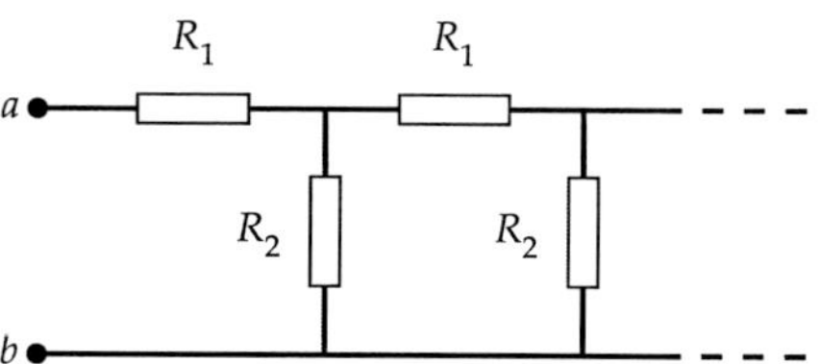

Abb. 22.20 Zu Aufgabe 22.55

Lösungen zu den Aufgaben

Verständnisaufgaben

L22.1 Die Farbringe stehen für **1**, **0**, den Multiplikator $\text{k}\Omega$ und die Toleranz $5\,\%$. Damit ergibt sich $R = 10\,\text{k}\Omega$.

L22.2 Ein elektrischer Strom fließt, wenn die Bedingung des elektrostatischen Gleichgewichts nicht mehr erfüllt ist. Das unterscheidet die hier besprochenen Gegebenheiten von denen in den vorigen Kapiteln.

L22.3 Der elektrische Widerstand eines Leiters mit der Länge l und der Querschnittsfläche A ist gegeben durch $R = r\,l/A$. Darin ist r der spezifische Widerstand des Materials, aus dem der Leiter besteht. Draht A ist doppelt so lang wie Draht B, sodass gilt: $l_A = 2\,l_B$. Wir kennen zwar nicht die Querschnittsflächen A_A und A_B, wissen aber, dass die Volumina beider Drähte gleicher Masse ebenfalls gleich sind, weil wegen desselben Materials die Dichten gleich sind. Also ist $l_A\,A_A = l_B\,A_B$ und daher $2\,l_B\,A_A = l_B\,A_B$. Daraus folgt $A_A = A_B/2$.

Wir dividieren nun den Ausdruck für den Widerstand von Draht A durch den für Draht B und setzen die eben aufgestellten Ausdrücke für l_A und A_A ein:

$$\frac{R_A}{R_B} = \frac{r\,l_A/A_A}{r\,l_B/A_B} = \frac{l_A}{A_A}\,\frac{A_B}{l_B} = \frac{2\,l_B}{A_B/2}\,\frac{A_B}{l_B} = 4\,.$$

Also gilt $R_A = 4\,R_B$, und Lösung b ist richtig.

L22.4 Für den Ersatzwiderstand R der Parallelschaltung zweier Widerstände R_1 und R_2 gilt die Beziehung

$$\frac{1}{R} = \frac{1}{R_1} + \frac{1}{R_2}\,.$$

Daraus ergibt sich für den Ersatzwiderstand

$$R = \frac{R_1\,R_2}{R_1 + R_2}\,.$$

Wir klammern im Nenner R_1 aus und kürzen:

$$R = \frac{R_1\,R_2}{R_1\,(1 + R_2/R_1)} = \frac{R_2}{1 + R_2/R_1}\,.$$

Bei $R_1 \gg R_2$ kann der Bruch R_2/R_1 im Nenner vernachlässigt werden, und es ist $R \approx R_2$. Also ist Lösung b richtig.

L22.5 Der Ersatzwiderstand der Reihenschaltung zweier Widerstände R_1 und R_2 ist $R = R_1 + R_2$. Ausklammern von R_1 liefert

$$R = R_1 \left(1 + \frac{R_2}{R_1}\right)\,.$$

Bei $R_1 \gg R_2$ kann der Bruch vernachlässigt werden, und es ist $R \approx R_1$. Also ist Lösung a richtig.

L22.6 Gemäß dem Ohm'schen Gesetz $U = R\,I$ ist der Strom I proportional zum Spannungsabfall U über dem Widerstand und umgekehrt proportional zum Widerstandswert R. Im vorliegenden Fall haben beide Widerstände wegen der Parallelschaltung den gleichen Spannungsabfall U. Daher führt der Widerstand B mit dem halb so großen Wert von R einen doppelt so großen Strom wie der andere Widerstand. Also ist Lösung b richtig.

L22.7 Wegen der Reihenschaltung muss durch beide Widerstände derselbe Strom fließen, da es keine „Ausweichmöglichkeit" gibt. Also ist Lösung a richtig.

L22.8 a) Falsch. Ein ideales Voltmeter hat einen unendlich hohen Innenwiderstand. Ein Voltmeter besteht im Prinzip aus einem Galvanometer, das mit einem sehr großen Widerstand in Reihe geschaltet ist. Der Widerstand ist aus zwei Gründen sehr groß: Zum einen schützt er das Galvanometer, indem er den hindurchfließenden Strom begrenzt, und zum anderen belastet er den Stromkreis nur wenig, denn er wird ja parallel zu dem Bauteil angeschlossen, an dem der Spannungsabfall gemessen werden soll.

b) Richtig. Ein ideales Amperemeter hat den Innenwiderstand null. Ein Amperemeter besteht im Prinzip aus einem Galvanometer, das mit einem sehr kleinen Widerstand parallel geschaltet ist. Der Widerstand ist aus zwei Gründen sehr klein: Zum einen schützt er das Galvanometer, indem er selbst den größten Teil des Stroms aufnimmt (sodass nur ein geringer Strom durch das Galvanometer fließt), und zum anderen belastet er den Stromkreis nur wenig, weil ein sehr geringer Widerstand zu den vorhandenen Bauteilen in Reihe geschaltet wird.

c) Richtig. Eine ideale Spannungsquelle hat den Innenwiderstand null. Die Potenzialdifferenz an ihren Anschlüssen ist

$$\Delta\phi = U_Q - R_{\text{in}}\,I\,.$$

Darin ist U_Q die Spannung einer idealen Spannungsquelle, R_{in} der Innenwiderstand der realen Spannungsquelle und I der ihr entnommene Strom.

L22.9 Wir wenden auf den Stromkreis die Kirchhoff'sche Maschenregel an: $U_Q - R\,I - U_C = 0$. Unmittelbar nach dem Einschalten der Stromquelle ist $I = I_{\max}$ und $U_C = 0$. Dabei ist $U_Q = R\,I_{\max}$. Somit ist Aussage b richtig.

L22.10 Die im vollständig geladenen Kondensator gespeicherte Energie ist gegeben durch $E_{\text{el}} = \frac{1}{2}\,C\,U^2$. Während der Entladung fließt insgesamt die Ladung $Q_E = C\,U$ durch die Batterie. Diese verrichtet also die Arbeit $W_{\text{el}} = Q_E\,U = C\,U^2$. Die im Widerstand umgesetzte Energie ist die Differenz zwischen W_{el} und E_{el}. Somit ist Aussage b richtig.

L22.11 Die dem Widerstand R_1 durch den Strom I zugeführte und in ihm umgesetzte elektrische Leistung ist $P = R_1\,I^2$. Durch die Widerstände R_2 und R_3 fließt jeweils nur ein Teil des Stroms, und zwar jeweils der halbe Strom, weil die Widerstände gleich sind. Für die Leistung in R_2 gilt mit $R_2 = 2\,R_1$ also

$$P_2 = R_2\,I_2^2 = R_2\,(I/2)^2 = 2\,R_1\,(I/2)^2 = \tfrac{1}{2}\,R_1\,I^2 = \tfrac{1}{2}\,P\,.$$

Entsprechendes erhalten wir für den dritten Widerstand, der ebenfalls gleich $\frac{1}{2}\,R_1$ ist:

$$P_3 = \tfrac{1}{2}\,P\,.$$

Dass in den Widerständen R_2 und R_3 *insgesamt* dieselbe Leistung P umgesetzt wird wie in R_1, ist plausibel, denn die Parallelschaltung zweier Widerstände $2\,R_1$ hat den Ersatzwiderstand R_1.

Schätzungs- und Näherungsaufgaben

L22.12 a) Der Widerstand eines Leiters mit der Länge l und der Querschnittsfläche A ist $R = r\,l/A$. Darin ist r der spezifische Widerstand des Materials, aus dem der Leiter besteht. Wir nehmen eine Querschnittsfläche von $10\,\text{mm}^2$ und eine Kabellänge von 3 m an. Dabei müssen wir aber die doppelte Länge ansetzen, weil das Startkabel ja eine Hin- und eine Rückleitung hat. Außerdem besteht das Kabel sicherlich aus Kupfer, dessen spezifischer Widerstand $1,7 \cdot 10^{-8}\,\Omega \cdot \text{m}$ beträgt. Damit ergibt sich der gesamte Widerstand des Fremdstartkabels zu

$$R = r\,\frac{l}{A} = (1,7 \cdot 10^{-8}\,\Omega \cdot \text{m})\,\frac{6,0\,\text{m}}{10\,\text{mm}^2}$$
$$= 10,2 \cdot 10^{-3}\,\Omega = 10\,\text{m}\Omega\,.$$

b) Der Spannungsabfall über dem gesamten Kabel ist

$$U = R\,I = (10,2 \cdot 10^{-3}\,\Omega)\,(90\,\text{A}) = 0,918\,\text{V} = 0,92\,\text{V}\,.$$

c) Die im Kabel umgesetzte Leistung ist

$$P = I\,U = (90\,\text{A})\,(0{,}918\,\text{V}) = 82\,\text{W}\,.$$

L22.13 Die beim Strom I in einer Leitung mit dem Widerstand R umgesetzte Leistung ist $P = R\,I^2$. Der Widerstand R einer Leitung mit der Länge l und der Querschnittsfläche A ist gegeben durch $R = r\,l/A$. Darin ist r der spezifische Widerstand des Materials, aus dem die Leitung besteht. Somit ergibt sich für den Widerstand einer Leitung mit dem Durchmesser d und der Länge l:

$$R = r\,\frac{l}{A} = r\,\frac{l}{\frac{1}{4}\,\pi\,d^2} = \frac{4\,r\,l}{\pi\,d^2}\,.$$

Damit gilt für die Leistung pro Längeneinheit

$$\frac{P}{l} = \frac{R\,I^2}{l} = \frac{4\,I^2\,r}{\pi\,d^2}\,.$$

Wir lösen nach dem Durchmesser auf und setzen die Zahlenwerte ein:

$$d = 2\,I\,\sqrt{\frac{r}{\pi\,(P/l)}} = 2\,(20\,\text{A})\,\sqrt{\frac{1{,}7\cdot 10^{-8}\,\Omega\cdot\text{m}}{\pi\,(2{,}0\,\text{W}\cdot\text{m}^{-1})}} = 2{,}1\,\text{mm}\,.$$

L22.14 Die Zeitkonstante beim Entladen ist hier

$$\tau = RC = 10^7\,\text{V/A}\cdot 10\cdot 10^{-6}\,\text{C/V} = 100\,\text{C/A} = 100\,\text{s}\,.$$

Der Spannungsverlauf ist also durch

$$U(t) = 10\,000\,\text{V}\cdot e^{-t/100\,\text{s}}$$

gegeben. Wir setzen $U = 60\,\text{V}$ als Sicherheitsgrenze an und setzen gleich:

$$60 = 10\,000\cdot e^{-t/100\,\text{s}}$$

Auflösen nach t ergibt

$$t = -100\,\text{s}\cdot \ln\left(\frac{60}{10\,000}\right) = 512\,\text{s}\,.$$

Man sollte also mindestens ca. 9 min warten.

Elektrischer Strom und die Bewegung von Ladungsträgern

L22.15 a) Mit der Querschnittsfläche A des Leiters und der Anzahldichte n/V der Ladungsträger (Elektronen), die jeweils den Ladungsbetrag e haben, ist die Driftgeschwindigkeit gegeben durch

$$v_{\text{d}} = \frac{I}{(n/V)\,e\,A}\,.$$

Wir berechnen zunächst die Anzahldichte n/V der Elektronen, die ja gleich derjenigen der Kupferatome sein soll. Daher ist $n/V = \varrho\,N_{\text{A}}/m_{\text{Mol}}$, wobei ϱ die Dichte und m_{Mol} die Molmasse von Kupfer sowie N_{A} die Avogadro-Zahl ist. Wir erhalten damit

$$\frac{n}{V} = \frac{\varrho\,N_{\text{A}}}{m_{\text{Mol}}} = \frac{(8{,}93\,\text{g}\cdot\text{cm}^{-3})\,(6{,}022\cdot 10^{23}\,\text{mol}^{-1})}{63{,}55\,\text{g}\cdot\text{mol}^{-1}}$$
$$= 8{,}462\cdot 10^{28}\,\text{m}^{-3}\,.$$

Mit dem Leitungsquerschnitt $A_{2,6} = \frac{1}{4}\,\pi\,d^2 = 5{,}309\,\text{mm}^2$ erhalten wir mithilfe der ersten Gleichung die Driftgeschwindigkeit im 2,6 mm starken Draht:

$$v_{\text{d},2,6} = \frac{I_{2,6}}{(n/V)\,e\,A_{2,6}}$$
$$= \frac{15\,\text{A}}{(8{,}462\cdot 10^{28}\,\text{m}^{-3})\,(1{,}602\cdot 10^{-19}\,\text{C})\,(5{,}309\,\text{mm}^2)}$$
$$= 0{,}2084\,\text{mm}\cdot\text{s}^{-1} = 0{,}21\,\text{mm}\cdot\text{s}^{-1}\,.$$

Für die Driftgeschwindigkeit im dünneren, 1,6 mm starken Draht gilt

$$v_{\text{d},1,6} = \frac{I_{1,6}}{(n/V)\,e\,A_{1,6}}\,.$$

Diese können wir anhand der eben ermittelten Driftgeschwindigkeit $v_{\text{d},2,6}$ leicht berechnen. In beiden Drähten, die ja hintereinandergeschaltet sind, fließt derselbe Strom $I_{2,6} = I_{1,6}$. Also ist

$$(n/V)\,e\,v_{\text{d},1,6}\,A_{1,6} = (n/V)\,e\,v_{\text{d},2,6}\,A_{2,6}\,.$$

Weil in beiden Drähten auch die Anzahldichte n/V der Ladungsträger und deren Ladung gleich sind, ergibt sich

$$v_{\text{d},1,6} = v_{\text{d},2,6}\,\frac{A_{2,6}}{A_{1,6}} = (0{,}2084\,\text{mm}\cdot\text{s}^{-1})\,\frac{5{,}309\,\text{mm}^2}{2{,}0106\,\text{mm}^2}$$
$$= 0{,}53\,\text{mm}\cdot\text{s}^{-1}\,.$$

b) Die Stromdichte j ist der Quotient aus der Stromstärke I und der Querschnittsfläche A, sodass gilt: $j = I/A$. Damit ergibt sich mit $I_{2,6} = I_{1,6}$ das Verhältnis der Stromdichtebeträge

$$\frac{j_{2,6}}{j_{1,6}} = \frac{I_{2,6}/A_{2,6}}{I_{1,6}/A_{1,6}} = \frac{A_{1,6}}{A_{2,6}} = \frac{2{,}084\,\text{mm}^2}{5{,}309\,\text{mm}^2} = 0{,}393\,.$$

L22.16 a) Mit der Anzahldichte n/V der Protonen und deren Driftgeschwindigkeit v gilt für die Stromstärke

$$I = (n/V)\,|e|\,A\,v\,.$$

Die Querschnittsfläche ist $A = \frac{1}{4}\,\pi\,d^2$, wobei d der Durchmesser des Strahls ist. Die Geschwindigkeit können wir aus dem Ausdruck $E_{\text{kin}} = \frac{1}{2}\,m\,v^2$ für die kinetische Energie herleiten. Mit der Masse m_{p} des Protons ist sie gegeben durch

$$v = \sqrt{\frac{2\,E_{\text{kin}}}{m_{\text{p}}}}\,.$$

Wir lösen die obige Gleichung für die Stromstärke nach der Anzahldichte auf und setzen die gerade aufgestellten Ausrücke für die Querschnittsfläche und für die Geschwindigkeit ein. Das ergibt für die Anzahldichte

$$\frac{n}{V} = \frac{I}{|e|\,A\,v} = \frac{I}{|e|\,\frac{1}{4}\,\pi\,d^2\,\sqrt{2\,E_{\text{kin}}/m_{\text{p}}}} = \frac{4\,I}{\pi\,|e|\,d^2}\sqrt{\frac{m_{\text{p}}}{2\,E_{\text{kin}}}}$$

$$= \frac{4\,(1{,}0\,\text{mA})}{\pi\,(1{,}602\cdot 10^{-19}\,\text{C})\,(2{,}0\,\text{mm})^2}$$

$$\cdot\sqrt{\frac{1{,}673\cdot 10^{-27}\,\text{kg}}{2\,(20\,\text{MeV})\,(1{,}602\cdot 10^{-19}\,\text{J}\cdot\text{eV}^{-1})}}$$

$$= 3{,}21\cdot 10^{13}\,\text{m}^{-3} = 3{,}2\cdot 10^{13}\,\text{m}^{-3}\,.$$

b) Mit der Querschnittsfläche A des Strahls gilt mit der Anzahl n_t der pro Zeiteinheit auf das Target auftreffenden Protonen

$$\frac{n_t}{\Delta t} = A\,\frac{n}{V}\,v\,.$$

Darin ist v die Geschwindigkeit der Protonen, und $A\,v$ ist das Volumen des Strahlabschnitts, in dem sich die Protonen befinden, die pro Sekunde das Target erreichen. Wir lösen nach n_t auf und setzen die Zeitspanne $\Delta t = 60\,\text{s}$ und die aus Teilaufgabe a bekannten Ausdrücke für A und E_{kin} sowie die dort berechnete Teilchenzahldichte ein:

$$n_t = A\,\frac{n}{V}\,\Delta t\,v = \frac{1}{4}\,\pi\,d^2\,\frac{n}{V}\,\Delta t\,\sqrt{\frac{2\,E_{\text{kin}}}{m_{\text{p}}}}$$

$$= \tfrac{1}{4}\,\pi\,(2{,}0\,\text{mm})^2\,(3{,}21\cdot 10^{13}\,\text{m}^{-3})\,(60\,\text{s})$$

$$\cdot\sqrt{\frac{2\,(20\,\text{MeV})\,(1{,}602\cdot 10^{-19}\,\text{J}\cdot\text{eV}^{-1})}{1{,}673\cdot 10^{-27}\,\text{kg}}}$$

$$= 3{,}7\cdot 10^{17}\,.$$

c) Die Stromdichte j im Strahl ist der Quotient aus der Stromstärke I und der Querschnittsfläche A. Ihr Betrag ergibt sich daher zu

$$j = \frac{I}{A} = \frac{I}{\pi\,(d/2)^2} = \frac{1{,}0\,\text{mA}}{\pi\,(1{,}0\cdot 10^{-3}\,\text{m})^2} = 0{,}32\,\text{kA}\cdot\text{m}^{-2}\,.$$

L22.17 a) Mit der (gegebenen) Querschnittsfläche A gilt für die Anzahl n_l der Protonen pro Längeneinheit des Strahls:

$$\frac{n_l}{l} = \frac{n}{V}\,A\,.$$

Darin ist n/V die Anzahldichte der Teilchen. Die (ebenfalls gegebene) Stromstärke entspricht der Anzahl der pro Zeiteinheit die Querschnittsfläche passierenden Ladungsträger, multipliziert mit ihrer Ladung: $I = (n/V)\,e\,v_{\text{d}}\,A$.

Daraus folgt $\dfrac{n}{V} = \dfrac{I}{e\,v_{\text{d}}\,A}$.

Gemäß der ersten Gleichung ist $n/V = n_l/(l\,A)$, und wir erhalten für die Anzahl der Protonen pro Längeneinheit

$$\frac{n_l}{l} = \frac{I\,A}{e\,v_{\text{d}}\,A} = \frac{I}{e\,v_{\text{d}}}$$

$$= \frac{5{,}00\,\text{mA}}{(1{,}602\cdot 10^{-19}\,\text{C})\,(2{,}998\cdot 10^{8}\,\text{m}\cdot\text{s}^{-1})}$$

$$= 1{,}041\cdot 10^{8}\,\text{m}^{-1} = 1{,}04\cdot 10^{8}\,\text{m}^{-1}\,.$$

b) Aus der ersten Gleichung in Teilaufgabe a ergibt sich mit der eben berechneten Anzahl der Teilchen pro Längeneinheit die Anzahldichte zu

$$\frac{n}{V} = \frac{n_l/l}{A} \approx \frac{1{,}041\cdot 10^{8}\,\text{m}^{-1}}{1{,}00\cdot 10^{-6}\,\text{m}^2} = 1{,}04\cdot 10^{14}\,\text{m}^{-3}\,.$$

c) Die Stromdichte j im Strahl ist der Quotient aus der Stromstärke I und der Querschnittsfläche A. Ihr Betrag ergibt sich daher zu

$$j = \frac{I}{A} = \frac{5{,}00\,\text{mA}}{1{,}00\cdot 10^{-6}\,\text{m}^2} = 5{,}00\,\text{kA}\cdot\text{m}^{-2}\,.$$

Widerstand und Ohm'sches Gesetz

L22.18 a) Der Spannungsabfall über dem Draht ist

$$U = R\,I = (0{,}20\,\Omega)\,(5{,}0\,\text{A}) = 1{,}0\,\text{V}\,.$$

b) Für die elektrische Feldstärke im Draht erhalten wir

$$E = \frac{U}{l} = \frac{1{,}0\,\text{V}}{10\,\text{m}} = 0{,}10\,\text{V}\cdot\text{m}^{-1}\,.$$

L22.19 a) Für den Widerstand des Zylinders aus Glas (G) mit der Länge l_{G} und der Querschnittsfläche A_{G} gilt

$$R_{\text{G}} = r_{\text{G}}\,l_{\text{G}}/A_{\text{G}}\,.$$

Darin ist r_{G} der spezifische Widerstand des Glases. Entsprechend gilt für das Kupferkabel

$$R_{\text{Cu}} = r_{\text{Cu}}\,l_{\text{Cu}}/A_{\text{Cu}}\,.$$

Wir bilden den Quotienten beider Ausdrücke und berücksichtigen, dass die Querschnittsflächen A gleich sein sollen:

$$\frac{R_{\text{Cu}}}{R_{\text{G}}} = \frac{r_{\text{Cu}}\,l_{\text{Cu}}/A_{\text{Cu}}}{r_{\text{G}}\,l_{\text{G}}/A_{\text{G}}} = \frac{r_{\text{Cu}}}{r_{\text{G}}}\,\frac{l_{\text{Cu}}}{l_{\text{G}}}\,.$$

Dieser Quotient muss gleich 1 sein, da auch die Widerstände R gleich sein sollen. Also ist

$$1 = \frac{r_{\text{Cu}}}{r_{\text{G}}}\,\frac{l_{\text{Cu}}}{l_{\text{G}}}\,.$$

Wir schlagen den spezifischen Widerstand r_{Cu} von Kupfer nach und erhalten für die Länge des Kupferkabels

$$l_{\text{Cu}} = \frac{r_{\text{G}}}{r_{\text{Cu}}}\,l_{\text{G}} = \frac{1{,}01\cdot 10^{12}\,\Omega\cdot\text{m}}{1{,}7\cdot 10^{-8}\,\Omega\cdot\text{m}}\,(1{,}00\,\text{cm}) = 5{,}9\cdot 10^{17}\,\text{m}\,.$$

Das entspricht rund 63 Lichtjahren.

L22.20 a) Der Widerstand eines Kabels mit der Länge l und der Querschnittsfläche A ist $R = r\,l/A$. Darin ist r der spezifische Widerstand des Materials, aus dem es besteht. Wir setzen die Zahlenwerte ein und erhalten

$$R = r\,\frac{l}{A} = (1{,}7 \cdot 10^{-8}\,\Omega \cdot \mathrm{m})\,\frac{100\,\mathrm{m}}{5{,}309\,\mathrm{mm}^2}$$
$$= 0{,}320\,\Omega = 0{,}32\,\Omega\,.$$

b) Die elektrische Feldstärke ist der Quotient aus dem Spannungsabfall und der Länge:

$$E = \frac{U}{l} = \frac{R\,I}{l} = \frac{(0{,}320\,\Omega)\,(30{,}0\,\mathrm{A})}{100\,\mathrm{m}} = 96\,\mathrm{mV} \cdot \mathrm{m}^{-1}\,.$$

c) Die Zeitspanne ist der Quotient $\Delta t = l/v_\mathrm{d}$ aus der Strecke l und der Driftgeschwindigkeit v_d. Diese können wir aus der Stromstärke ermitteln, denn es gilt:

$$I = (n/V)\,e\,v_\mathrm{d}\,A\,.$$

Darin ist n/V die Anzahldichte der Elektronen und A die Querschnittsfläche des Leiters. Wir lösen nach der Driftgeschwindigkeit auf:

$$v_\mathrm{d} = \frac{I}{(n/V)\,e\,A}\,.$$

Wir schlagen die Anzahldichte der Elektronen im Kupfer nach und erhalten für die Zeitspanne

$$\Delta t = \frac{l}{v_\mathrm{d}} = \frac{(n/V)\,e\,A\,l}{I}$$
$$= \frac{(8{,}47 \cdot 10^{28}\,\mathrm{m}^{-3})(1{,}602 \cdot 10^{-19}\,\mathrm{C})(5{,}309\,\mathrm{mm}^2)(100\,\mathrm{m})}{30{,}0\,\mathrm{A}}$$
$$= 2{,}40 \cdot 10^5\,\mathrm{s}\,.$$

Das entspricht knapp 67 Stunden.

L22.21 Wir betrachten ein halbkreisförmiges Widerstandselement, das den Radius r_S, die radiale Dicke $\mathrm{d}r_\mathrm{S}$ und die Höhe d hat (siehe Abbildung). Daher hat es die Länge $l = \pi r_\mathrm{S}$ und die Querschnittsfläche $A = d\,\mathrm{d}r_\mathrm{S}$. Mit dem spezifischen Widerstand r ist wegen $R = r\,l/A$ sein Widerstand gegeben durch

$$\mathrm{d}R = \frac{r\,\pi\,r_\mathrm{S}}{d\,\mathrm{d}r_\mathrm{S}}\,.$$

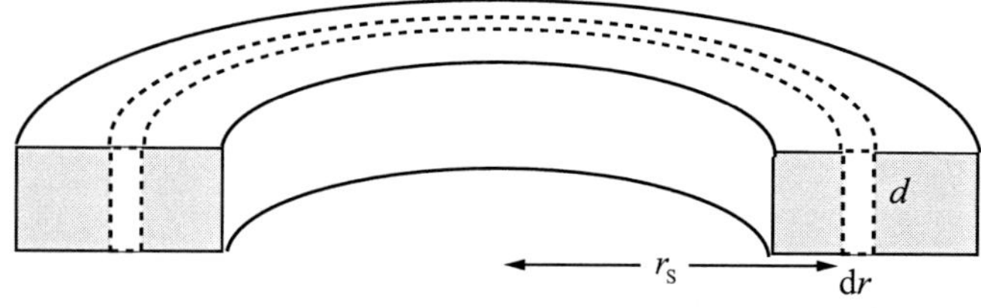

Im gesamten Halbring sind sehr viele solcher Widerstandselemente sozusagen parallel geschaltet. Daher müssen wir die

reziproken Einzelwiderstände addieren bzw. über den reziproken Widerstand integrieren, und zwar vom Innenradius a bis zum Außenradius b (vgl. die Abbildung zur Aufgabenstellung):

$$\frac{1}{R} = \frac{d}{\pi r} \int_a^b \frac{\mathrm{d}r_\mathrm{S}}{r_\mathrm{S}} = \frac{d}{\pi r}\,\ln\frac{b}{a}\,.$$

Dies ergibt für den gesamten Widerstand zwischen den Stirnflächen des Halbrings

$$R = \frac{\pi r}{d\,\ln(b/a)}\,.$$

Temperaturabhängigkeit des Widerstands

L22.22 Für den Widerstand des Kupferdrahts bei der Temperatur T gilt

$$R_T = R_{20}\left[1 + \alpha\left(\frac{T}{\degree\mathrm{C}} - 20\right)\degree\mathrm{C}\right]\,.$$

Darin ist R_{20} der Widerstand bei 20 °C und α der Temperaturkoeffizient des spezifischen Widerstands. Nun soll R_T um 10 % größer sein als R_{20}. Dann gilt

$$1{,}10 \cdot R_{20} = R_{20}\left[1 + \alpha\left(\frac{T}{\degree\mathrm{C}} - 20\right)\degree\mathrm{C}\right]$$

und daher

$$0{,}10 = \alpha\left(\frac{T}{\degree\mathrm{C}} - 20\right)\degree\mathrm{C}\,.$$

Wir lösen nach T auf, schlagen den Temperaturkoeffizienten α nach und erhalten

$$T = \frac{0{,}10}{\alpha} + 20\,\degree\mathrm{C} = \frac{0{,}10}{3{,}9 \cdot 10^{-3}\,(\degree\mathrm{C})^{-1}} + 20\,\degree\mathrm{C} = 46\,\degree\mathrm{C}\,.$$

L22.23 Bei der Temperatur T gilt für den Widerstand der Heizschlange

$$R_T = R_{20}\left[1 + \alpha\left(\frac{T}{\degree\mathrm{C}} - 20\right)\degree\mathrm{C}\right]\,.$$

Darin ist R_{20} der Widerstand bei 20 °C und α der Temperaturkoeffizient des spezifischen Widerstands.

Der Spannungsabfall unmittelbar nach dem Einschalten ist

$$U_1 = R_{20}\,I_{20}\,.$$

Entsprechend ist der Spannungsabfall nach dem Erreichen der Endtemperatur T

$$U_2 = R_T\,I_T\,.$$

Weil beide Spannungsabfälle gleich (nämlich gleich der Netzspannung) sind, ergibt sich

$$R_T \, I_T = R_{20} \, I_{20} \qquad \text{sowie} \qquad R_T = \frac{R_{20} \, I_{20}}{I_T} \, .$$

Mit der eingangs angeführten Gleichung für den Widerstand R_T erhalten wir daraus

$$\frac{R_{20} \, I_{20}}{I_T} = R_{20} \left[1 + \alpha \left(\frac{T}{{}^\circ\text{C}} - 20 \right) {}^\circ\text{C} \right]$$

sowie

$$\frac{I_{20}}{I_T} = 1 + \alpha \left(\frac{T}{{}^\circ\text{C}} - 20 \right) {}^\circ\text{C} \, .$$

Dies ergibt für die Endtemperatur

$$T = \frac{\dfrac{I_{20}}{I_T} - 1}{\alpha} + 20\,{}^\circ\text{C} = \frac{\dfrac{8{,}70\,\text{A}}{7{,}00\,\text{A}} - 1}{0{,}4 \cdot 10^{-3}\,({}^\circ\text{C})^{-1}} + 20\,{}^\circ\text{C}$$
$$\approx 6 \cdot 10^2\,{}^\circ\text{C} \, .$$

Beachten Sie, dass das Ergebnis mit nur einer gültigen Stelle anzugeben ist, weil der Temperaturkoeffizient α auch nicht genauer eingesetzt wurde.

L22.24 a) Für den gesamten Widerstand der in Reihe geschalteten Drähte gilt

$$R = R_1 + R_2 = r_1 \frac{l_1}{A} \left(1 + \alpha_1 \, \Delta T \right) + r_2 \frac{l_2}{A} \left(1 + \alpha_2 \, \Delta T \right)$$
$$= \frac{1}{A} \left[r_1 \, l_1 \left(1 + \alpha_1 \, \Delta T \right) + r_2 \, l_2 \left(1 + \alpha_2 \, \Delta T \right) \right]$$
$$= \frac{1}{A} \left[r_1 \, l_1 + r_2 \, l_2 + \left(r_1 \, l_1 \, \alpha_1 + r_2 \, l_2 \, \alpha_2 \right) \Delta T \right] .$$

Mit der gegebenen Bedingung $r_1 \, l_1 \, \alpha_1 + r_2 \, l_2 \, \alpha_2 = 0$ ergibt sich daraus $R = (r_1 \, l_1 + r_2 \, l_2)/A$. Also ist der Widerstand in diesem Fall unabhängig von der Temperatur.

b) Wir wenden dieselbe Bedingung wie in Teilaufgabe a auf Kohlenstoff und Kupfer an: $r_\text{C} \, l_\text{C} \, \alpha_\text{C} + r_\text{Cu} \, l_\text{Cu} \, \alpha_\text{Cu} = 0$. Damit erhalten wir für das Längenverhältnis

$$\frac{l_\text{Cu}}{l_\text{C}} = -\frac{r_\text{C} \, \alpha_\text{C}}{r_\text{Cu} \, \alpha_\text{Cu}}$$
$$= -\frac{(3500 \cdot 10^{-8}\,\Omega \cdot \text{m})\,(-0{,}5 \cdot 10^{-3}\,\text{K}^{-1})}{(1{,}7 \cdot 10^{-8}\,\Omega \cdot \text{m})\,(3{,}9 \cdot 10^{-3}\,\text{K}^{-1})} \approx 3 \cdot 10^2 \, .$$

Beachten Sie, dass das Ergebnis mit nur einer gültigen Stelle anzugeben ist, weil der Temperaturkoeffizient α_C auch nicht genauer eingesetzt wurde.

L22.25 a) Nach dem Stefan-Boltzmann'schen Gesetz ist die von einem idealen schwarzen Körper mit dem Emissionsvermögen $e = 1$ abgestrahlte Leistung gegeben durch $P = \sigma A \, T^4$. Darin ist $\sigma = 5{,}67 \cdot 10^{-8}\,\text{W} \cdot \text{m}^{-2} \cdot \text{K}^{-4}$ die Stefan-Boltzmann-Konstante. Die abstrahlende zylindrische Oberfläche des

Glühfadens mit dem Durchmesser d und der Länge l ist $A = \pi \, d \, l$. Damit sowie mit $P = U^2/R$ ergibt sich für die Temperatur

$$T = \sqrt[4]{\frac{P}{\sigma A}} = \sqrt[4]{\frac{P}{\sigma \pi d \, l}} = \sqrt[4]{\frac{U^2}{\sigma \pi d \, l R}} \, .$$

Mit dem spezifischen Widerstand r sowie der Länge l, dem Durchmesser d und der Querschnittsfläche $A_\text{Q} = \frac{1}{4} \pi d^2$ des Glühfadens gilt für dessen Widerstand

$$R = \frac{r \, l}{A_\text{Q}} = \frac{4 \, r \, l}{\pi \, d^2} \, .$$

Dies setzen wir in die Gleichung für die Temperatur ein, schlagen den spezifischen Widerstand von Kohlenstoff nach und erhalten mit dem oben angegebenen Wert von σ:

$$T = \sqrt[4]{\frac{U^2}{\sigma \pi d \, l \, [4 \, r \, l/(\pi \, d^2)]}} = \sqrt[4]{\frac{U^2 \, d}{4 \, \sigma \, l^2 \, r}}$$
$$= \sqrt[4]{\frac{(5{,}00\,\text{V})^2 \,(40{,}0 \cdot 10^{-6}\,\text{m})}{4 \, \sigma \,(0{,}0300\,\text{m})^2 \,(3{,}00 \cdot 10^{-5}\,\Omega \cdot \text{m})}} = 636\,\text{K} \, .$$

b) Weil der spezifische Widerstand von Kohlenstoff mit steigender Temperatur abnimmt, wird bei der Erwärmung mehr Leistung umgesetzt, wodurch die Temperatur weiter steigt und der Widerstand noch geringer wird, usw. Ohne Strombegrenzung wird der Kohlefaden daher durchbrennen. Im Gegensatz dazu steigt der spezifische Widerstand von Metallen, darunter Wolfram, mit höherer Temperatur an, sodass die umgesetzte Leistung verringert wird.

Energie in elektrischen Stromkreisen

L22.26 Wir stellen zunächst die benötigte Formel für die Stromstärke auf. Gemäß der Kirchhoff'schen Maschenregel gilt für die Quellenspannung $U_\text{Q} = R \, I + R_\text{in} \, I$

und daher für die Stromstärke $I = \dfrac{U_\text{Q}}{R + R_\text{in}} \, .$

Die Leistung ist $P = R \, I^2$.

a) Bei $R = 0$ ist $I = \dfrac{6{,}0\,\text{V}}{0 + 0{,}30\,\Omega} = 20\,\text{A}$

und $P = 0 \cdot (20\,\text{A})^2 = 0$.

b) Bei $R = 5{,}0\,\Omega$ ist $I = \dfrac{6{,}0\,\text{V}}{5{,}0\,\Omega + 0{,}30\,\Omega} = 1{,}13\,\text{A} = 1{,}1\,\text{A}$

und $P = (5{,}0\,\Omega)\,(1{,}13\,\text{A})^2 = 6{,}4\,\text{W}$.

c) Bei $R = 10\,\Omega$ ist $I = \dfrac{6{,}0\,\text{V}}{10\,\Omega + 0{,}30\,\Omega} = 0{,}583\,\text{A} = 0{,}58\,\text{A}$

und $P = (10\,\Omega)\,(0{,}583\,\text{A})^2 = 3{,}4\,\text{W}$.

d) Bei $R = \infty$ ist $I = \lim\limits_{R \to \infty} \dfrac{6{,}0\,\text{V}}{R + 0{,}30\,\Omega} = 0$

und $P = 0$.

L22.27 a) Die Leistung ist das Produkt aus der Reibungskraft und der Geschwindigkeit:

$$P = F_{\mathrm{R}}\, v = (1{,}20\,\mathrm{kN}) (80{,}0\,\mathrm{km} \cdot \mathrm{h}^{-1}) = 26{,}7\,\mathrm{kW}\,.$$

b) Die von allen 10 Akkus abzugebende Ladungsmenge ist

$$q = I\,\Delta T = 10 \cdot (160\,\mathrm{A} \cdot \mathrm{h}) (3600\,\mathrm{s} \cdot \mathrm{h}^{-1}) = 576\,\mathrm{kC}\,.$$

c) Die abgegebene elektrische Energie bzw. Arbeit ist das Produkt aus der umgesetzten Ladung und der Quellenspannung:

$$W = q\,U_{\mathrm{Q}} = (576\,\mathrm{kC}) (12{,}0\,\mathrm{V}) = 69{,}12\,\mathrm{MJ} = 69{,}1\,\mathrm{MJ}\,.$$

d) Die erzielbare Fahrtstrecke s können wir aus der verrichteten Arbeit W und der Reibungskraft F_{R} berechnen, denn es ist $W = F_{\mathrm{R}}\,s$. Die Strecke ergibt sich daraus zu

$$s = \frac{W}{F_{\mathrm{R}}} = \frac{69{,}12\,\mathrm{MJ}}{12{,}0\,\mathrm{kN}} = 57{,}6\,\mathrm{km}\,.$$

e) Für die eben berechnete Strecke von 57,6 km werden 69,12 MJ benötigt, also 19,2 kWh. Dividieren durch die Strecke ergibt 0,33 kWh pro Kilometer. Wir multiplizieren das mit dem Preis 0,09 EU/kWh und erhalten für die Stromkosten 0,03 EU pro Kilometer.

Zusammenschaltung von Widerständen

L22.28 a) Der Widerstand zwischen den Punkten a und c ist mit dem Widerstand zwischen c und b in Reihe geschaltet. Das Gleiche gilt für den Widerstand zwischen a und d sowie für den zwischen d und b. Also liegen zwischen den Punkten a und b letztlich zwei parallel geschaltete Widerstände $2\,R$ vor. Für den gesamten Ersatzwiderstand R_{Ers} gilt daher

$$\frac{1}{R_{\mathrm{Ers}}} = \frac{1}{R_{acb}} + \frac{1}{R_{adb}} = \frac{1}{2\,R} + \frac{1}{2\,R}\,.$$

Daraus folgt $R_{\mathrm{Ers}} = R$.

b) Weil alle Widerstände gleich groß sind, ist zwischen den Punkten c und d die Potenzialdifferenz gleich null. Deshalb fließt durch einen zwischen diesen Punkten eingefügten Widerstand kein Strom, sodass er den Ersatzwiderstand der Anordnung nicht ändert, weil an ihm keine Spannung abfällt.

L22.29 a) und b) Wir wenden auf beide Stromkreise die Kirchhoff'sche Maschenregel an. Das liefert uns zwei Gleichungen für die beiden Variablen U_{Q} und R_{in}.

Im ersten Stromkreis gilt $U_{\mathrm{Q}} - R_{\mathrm{in}}\,I_1 - R_5\,I_1 = 0$.

Also ist

$$U_{\mathrm{Q}} - R_{\mathrm{in}} (0{,}500\,\mathrm{A}) - (5{,}00\,\Omega) (0{,}500\,\mathrm{A}) = 0$$

und daher

$$U_{\mathrm{Q}} - R_{\mathrm{in}} (0{,}500\,\mathrm{A}) = 2{,}50\,\mathrm{V}\,. \tag{1}$$

Im zweiten Stromkreis gilt $U_{\mathrm{Q}} - R_{\mathrm{in}}\,I_2 - R_{11}\,I_2 = 0$.

Also ist

$$U_{\mathrm{Q}} - R_{\mathrm{in}} (0{,}250\,\mathrm{A}) - (11{,}0\,\Omega) (0{,}250\,\mathrm{A}) = 0$$

und daher

$$U_{\mathrm{Q}} - R_{\mathrm{in}} (0{,}250\,\mathrm{A}) = 2{,}75\,\mathrm{V}\,. \tag{2}$$

Die Lösungen der Gleichungen 1 und 2 lauten

$$U_{\mathrm{Q}} = 3{,}00\,\mathrm{V} \quad \text{und} \quad R_{\mathrm{in}} = 1{,}00\,\Omega\,.$$

L22.30 Die Abbildung zeigt die erste Schaltung mit den beiden bekannten Widerständen $R_1 = 8{,}00\,\Omega$ und $R_3 = 16{,}0\,\Omega$ sowie dem unbekannten Widerstand R_2. Wir werden hierfür – und dann auch für die zweite Schaltung – einen Ausdruck für den Strom aufstellen, der durch R_1 fließt. Diese Ausdrücke werden wir, um R_2 zu ermitteln, gleichsetzen, weil der Strom durch R_1 in beiden Fällen der gleiche sein soll.

Die erste Abbildung zeigt die Version mit der Parallelschaltung von R_1 und R_2.

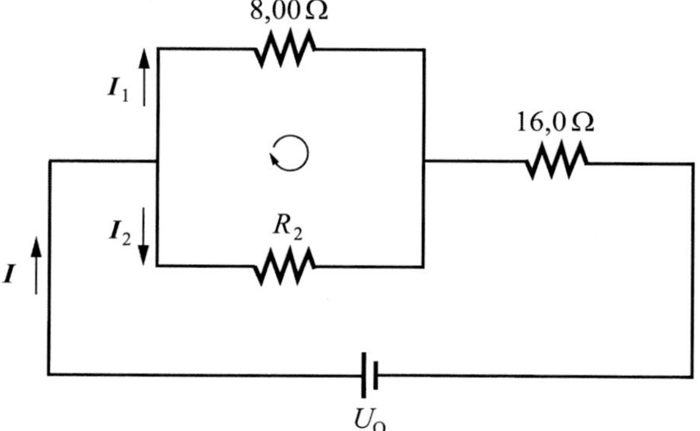

Die Batterie mit der Spanunng U_{Q} liefert den Strom I. Mit dem Ersatzwiderstand R der gesamten Schaltung gilt gemäß der Kirchhoff'schen Maschenregel $U_{\mathrm{Q}} - R\,I = 0$ und daher $I = U_{\mathrm{Q}}/R$.

Der Ersatzwiderstand ist die Summe aus dem Widerstand der Parallelschaltung von $R_1 = 8{,}00\,\Omega$ mit R_2 sowie dem hiermit in Reihe geschalteten Widerstand $R_3 = 16{,}0\,\Omega$. Dafür gilt

$$R = \frac{(8{,}00\,\Omega)\,R_2}{8{,}00\,\Omega + R_2} + 16\,\Omega = \frac{(24{,}0\,\Omega)\,R_2 + 128\,\Omega^2}{R_2 + 8{,}00\,\Omega}\,.$$

Wegen $I = U_{\mathrm{Q}}/R$ erhalten wir für den von der Batterie gelieferten Strom

$$I = \frac{U_{\mathrm{Q}}}{\dfrac{(24{,}0\,\Omega)\,R_2 + 128\,\Omega^2}{R_2 + 8{,}00\,\Omega}} = \frac{U_{\mathrm{Q}}\,(R_2 + 8{,}00\,\Omega)}{(24{,}0\,\Omega)\,R_2 + 128\,\Omega^2}\,.$$

Für die Teilschaltung mit R_1 und R_2 gilt gemäß der Kirchhoff'schen Maschenregel $-(8{,}00\,\Omega)\,I_1 + R_2\,I_2 = 0$ und wegen $I = I_1 + I_2$ daher $-(8{,}00\,\Omega)\,I_1 + R_2\,(I - I_1) = 0$.

Daraus erhalten wir für den Strom, der durch R_1 fließt:

$$I_1 = \frac{R_2}{R_2 + 8{,}00\,\Omega}\, I$$

$$= \left(\frac{R_2}{R_2 + 8{,}00\,\Omega}\right) \left(\frac{U_Q\,(R_2 + 8{,}00\,\Omega)}{(24{,}0\,\Omega)\,R_2 + 128\,\Omega^2}\right)$$

$$= \frac{U_Q\,R_2}{(24{,}0\,\Omega)\,R_2 + 128\,\Omega^2}\,.$$

Die zweite Abbildung zeigt die Version mit der Reihenschaltung aller drei Widerstände.

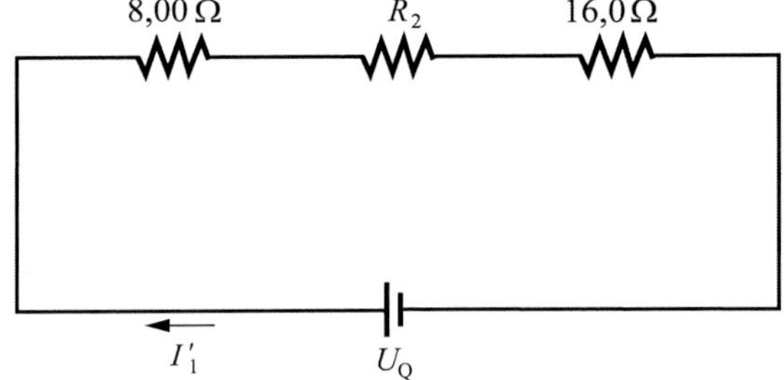

Der Ersatzwiderstand ist hier gleich der Summe aller drei Widerstände:

$$R' = 8{,}00\,\Omega + R_2 + 16{,}0\,\Omega = R_2 + 24{,}0\,\Omega\,.$$

Durch jeden Widerstand fließt derselbe Strom, den wir hier mit I_1' bezeichnen können, weil er auch durch R_1 fließt. Zudem ist I_1' gleich dem von der Batterie gelieferten Strom. Mit dem Ersatzwiderstand R' dieser Reihenschaltung gilt daher gemäß der Kirchhoff'schen Maschenregel $U_Q - R'\,I_1' = 0$.

Hiermit ergibt sich für den Strom durch R_1

$$I_1' = \frac{U_Q}{R_2 + 24{,}0\,\Omega}\,.$$

Wie eingangs erläutert, soll $I_1 = I_1'$ sein:

$$\frac{U_Q\,R_2}{(24{,}0\,\Omega)\,R_2 + 128\,\Omega^2} = \frac{U_Q}{R_2 + 24{,}0\,\Omega}\,.$$

Daraus ergibt sich $R_2 = 11{,}3\,\Omega$.

L22.31 Der Ersatzwiderstand zwischen den Punkten a und b ist gegeben durch

$$R_{ab} = \frac{R_1\,R_2}{R_1 + R_2} + R_3\,.$$

a) Für $R_{ab} = R_1$ ergibt sich

$$R_1 = \frac{R_1\,R_2}{R_1 + R_2} + R_3$$

und daraus $R_3 = \dfrac{R_1^2}{R_1 + R_2}$.

b) Für $R_{ab} = R_3$ ergibt sich

$$R_3 = \frac{R_1\,R_2}{R_1 + R_2} + R_3$$

und daraus $R_2 = 0$.

c) Für $R_{ab} = R_1$ ergibt sich

$$R_1 = \frac{R_1\,R_2}{R_1 + R_2} + R_3$$

und daraus die in R_1 quadratische Gleichung

$$R_1^2 - R_3\,R_1 - R_2\,R_3 = 0$$

sowie schließlich $R_1 = \dfrac{R_3 + \sqrt{R_3^2 + 4\,R_2\,R_3}}{2}$.

Dabei haben wir nur die positive Lösung der quadratischen Gleichung verwendet, weil Widerstände nicht negativ sein können.

Kirchhoff'sche Regeln

L22.32 a) Gemäß der Kirchhoff'schen Maschenregel gilt für diesen Stromkreis $U_{Q,12} - R_2\,I - U_{Q,6} - R_4\,I = 0$.

Daraus ergibt sich für die Stromstärke

$$I = \frac{U_{Q,12} - U_{Q,6}}{R_2 + R_4} = \frac{12{,}0\,\text{V} - 6{,}00\,\text{V}}{2{,}00\,\Omega - 4{,}00\,\Omega} = 1{,}00\,\text{A}\,.$$

b) Die von der 12,0-V-Spannungsquelle abgegebene Leistung ist

$$P_{12} = I\,U_{Q,12} = (1{,}00\,\text{A})\,(12{,}0\,\text{V}) = 12{,}0\,\text{W}\,.$$

Entsprechend ist die Leistung der anderen Spannungsquelle

$$P_6 = I\,U_{Q,6} = (1{,}00\,\text{A})\,(-6{,}00\,\text{V}) = -6{,}00\,\text{W}\,.$$

Wie am negativen Vorzeichen zu erkennen ist, nimmt diese Batterie Leistung auf.

c) Die Raten der Joule'schen Erwärmung, also die in den beiden Widerständen umgesetzten Leistungen, sind

$$P_{12} = R_2\,I^2 = (2{,}00\,\Omega)\,(1{,}00\,\text{A})^2 = 2{,}00\,\text{W}\,,$$
$$P_6 = R_4\,I^4 = (4{,}00\,\Omega)\,(1{,}00\,\text{A})^2 = 4{,}00\,\text{W}\,.$$

L22.33 Wenn beide Schalter offen sind, fließt der Strom im äußeren Stromkreis, und gemäß der Kirchhoff'schen Maschenregel gilt $U_Q - (300\,\Omega)\,I - (100\,\Omega)\,I - (50{,}0\,\Omega)\,I = 0$.

Daraus ergibt sich für die Stromstärke

$$I = \frac{U_Q}{450\,\Omega} = \frac{1{,}50\,\text{V}}{450\,\Omega} = 3{,}33\,\text{mA}\,.$$

Wenn beide Schalter geschlossen sind, ist der Spannungsabfall am 100-Ω-Widerstand ebenso groß wie der am Widerstand R, sodass gilt: $(100\,\Omega)\,I_{100} = R\,I_R$.

Nun wenden wir die Kirchhoff'sche Knotenregel auf den Verzweigungspunkt zwischen dem 100-Ω-Widerstand und dem Widerstand R an. Dies ergibt

$$I_{\text{ges}} = I_{100} + I_R \qquad \text{und daher} \qquad I_R = I_{\text{ges}} - I_{100}\,.$$

Darin ist I_{ges} der Strom, der der Spannungsquelle entnommen wird, wenn beide Schalter geschlossen sind. Wir setzen diesen Ausdruck für I_R in die vorige Gleichung ein und erhalten

$$(100\,\Omega)\,I_{100} = R\,(I_{\text{ges}} - I_{100})$$

sowie daraus

$$I_{100} = \frac{R\,I_{\text{ges}}}{R + 100\,\Omega}\,. \tag{1}$$

Da beide Schalter geschlossen sind, ist $I_{\text{ges}} = U_Q / R_{\text{Ers}}$, und der Ersatzwiderstand ist

$$R_{\text{Ers}} = \frac{(100\,\Omega)\,R}{R + 100\,\Omega} + 300\,\Omega\,.$$

Damit gilt für den Gesamtstrom

$$I_{\text{ges}} = \frac{1{,}50\,\text{V}}{\dfrac{(100\,\Omega)\,R}{R + 100\,\Omega} + 300\,\Omega}\,,$$

und gemäß Gleichung 1 erhalten wir für den Strom durch den 100-Ω-Widerstand

$$I_{100} = \frac{R}{R + 100\,\Omega}\,I_{\text{ges}} = \frac{R}{R + 100\,\Omega}\,\frac{1{,}50\,\text{V}}{\dfrac{(100\,\Omega)\,R}{R + 100\,\Omega} + 300\,\Omega}$$

$$= \frac{(1{,}50\,\text{V})\,R}{(400\,\Omega)\,R + 30\,000\,\Omega^2}\,.$$

Dieser Strom soll nun gleich dem eingangs berechneten Strom von 3,33 mA sein, der bei geschlossenen Schaltern fließt. Daraus ergibt sich $R = 600\,\Omega$.

L22.34 Wir bezeichnen jede Stromstärke mit einem Index, der dem jeweiligen Widerstandswert entspricht. Ferner setzen wir die Abwärtsrichtung als positiv an. Wir wenden dann die Kirchhoff'schen Regeln auf drei Teile des Stromkreises an und erhalten damit drei Gleichungen für die drei Stromstärken.

Im Punkt a ist gemäß der Knotenregel die Stromstärke

$$I_4 + I_3 = I_6\,. \tag{1}$$

Im äußeren Stromkreis gilt gemäß der Maschenregel

$$12{,}0\,\text{V} - (4{,}00\,\Omega)\,I_4 + (3{,}00\,\Omega)\,I_3 - 12{,}0\,\text{V} = 0$$

und daher

$$-(4{,}00\,\Omega)\,I_4 + (3{,}00\,\Omega)\,I_3 = 0\,. \tag{2}$$

Im linken Teilstromkreis ist entsprechend

$$12{,}0\,\text{V} - (4{,}00\,\Omega)\,I_4 - (6{,}00\,\Omega)\,I_6 = 0\,. \tag{3}$$

a) Die Lösungen der Gleichungen 1 bis 3 lauten

$$I_4 = 0{,}667\,\text{A}\,, \quad I_3 = 0{,}889\,\text{A}\,, \quad I_6 = 1{,}56\,\text{A}\,.$$

b) Die Spannung zwischen den Punkten a und b ist

$$U_{\text{ab}} = (6{,}00\,\Omega)\,I_6 = (6{,}00\,\Omega)\,(1{,}56\,\text{A}) = 9{,}36\,\text{V}\,.$$

c) Die von den beiden Batterien abgegebenen Leistungen sind

$$P_{\text{links}} = I_4\,U_Q = (0{,}667\,\text{A})\,(12{,}0\,\text{V}) = 8{,}00\,\text{W}\,,$$
$$P_{\text{rechts}} = I_3\,U_Q = (0{,}889\,\text{A})\,(12{,}0\,\text{V}) = 10{,}7\,\text{W}\,.$$

L22.35 a) Wir bezeichnen den der Spannungsquelle entnommenen Strom mit I. Dann gilt $U_{\text{aus}} = R_2\,I$. Außerdem ist gemäß der Kirchhoff'schen Maschenregel

$$U - R_1\,I - R_2\,I = 0\,, \quad \text{also} \quad I = \frac{U}{R_1 + R_2}\,.$$

Damit ergibt sich

$$U_{\text{aus}} = R_2\,I = R_2\,\frac{U}{R_1 + R_2} = U\,\frac{R_2}{R_1 + R_2}\,. \tag{1}$$

b) Für den Ersatzwiderstand R der Parallelschaltung von R_{Last} und R_2 im belasteten Stromkreis gilt

$$\frac{1}{R} = \frac{1}{R_2} + \frac{1}{R_{\text{Last}}}\,.$$

Also ist

$$R_{\text{Last}} = \frac{R_2\,R}{R_2 - R}\,. \tag{2}$$

Die Ausgangsspannung U'_{aus} des belasteten Spannungsteilers soll um weniger als 10 % kleiner als die Ausgangsspannung U_{aus} des nicht belasteten Spannungsteilers sein:

$$\frac{U_{\text{aus}} - U'_{\text{aus}}}{U_{\text{aus}}} = 1 - \frac{U'_{\text{aus}}}{U_{\text{aus}}} < 0{,}10\,. \tag{3}$$

Bei belastetem Spannungsteiler müssen wir in Gleichung 1, also in der Lösung der Teilaufgabe a, den Widerstand R_2 durch den Ersatzwiderstand R ersetzen. Dies ergibt

$$U'_{\text{aus}} = U\,\frac{R}{R_1 + R}\,.$$

Dies und auch Gleichung 1 setzen wir nun in Gleichung 3 ein und erhalten

$$1 - \frac{\dfrac{R}{R_1 + R}}{\dfrac{R_2}{R_1 + R_2}} < 0{,}10 \quad \text{sowie} \quad 1 - \frac{R\,(R_1 + R_2)}{R_2\,(R_1 + R)} < 0{,}10 \,.$$

Dies ergibt

$$R > \frac{0{,}90\,R_1\,R_2}{R_1 + 0{,}10\,R_2} = \frac{0{,}90\,(10\,\text{k}\Omega)\,(10\,\text{k}\Omega)}{10\,\text{k}\Omega + 0{,}10\,(10\,\text{k}\Omega)} = 8{,}18\,\text{k}\Omega \,.$$

Daraus erhalten wir mit Gleichung 2 für den Lastwiderstand

$$R_{\text{Last}} > \frac{R_2\,R}{R_2 - R} = \frac{(10\,\text{k}\Omega)\,(8{,}18\,\text{k}\Omega)}{10\,\text{k}\Omega - 8{,}18\,\text{k}\Omega} = 45\,\text{k}\Omega \,.$$

L22.36 Wir bezeichnen den Strom im linken Schaltungszweig mit I_1 (nach oben gerichtet), den im mittleren mit I_3 (nach unten gerichtet) und den im rechten mit I_2 (nach oben gerichtet). Mithilfe der Kirchhoff'schen Regeln ermitteln wir I_3 und daraus die Potenzialdifferenz zwischen den Punkten a und b.

Für die Potenziale an diesen Punkten gilt

$$\phi_a - R_4\,I_3 - 4{,}00\,\text{V} = \phi_b \,, \quad \text{also}$$
$$\phi_a - \phi_b = R_4\,I_3 + 4{,}00\,\text{V} .$$

Gemäß der Kirchhoff'schen Knotenregel gilt am Punkt a für die Ströme

$$I_1 + I_2 = I_3 \,. \tag{1}$$

Mithilfe der Kirchhoff'schen Maschenregel erhalten wir für die äußere Masche des Stromkreises

$$\begin{aligned} 2{,}00\,\text{V} - (1{,}00\,\Omega)\,I_1 &+ (1{,}00\,\Omega)\,I_2 \\ &- 2{,}00\,\text{V} + (1{,}00\,\Omega)\,I_1 - (1{,}00\,\Omega)\,I_2 = 0 \end{aligned}$$

und daraus

$$I_1 - I_2 = 0 \,. \tag{2}$$

Entsprechend gilt für die linke Masche des Stromkreises

$$\begin{aligned} 2{,}00\,\text{V} - (1{,}00\,\Omega)\,I_1 &- (4{,}00\,\Omega)\,I_3 \\ &- 4{,}00\,\text{V} - (1{,}00\,\Omega)\,I_1 = 0 \end{aligned}$$

und daher

$$-(1{,}00\,\Omega)\,I_1 - (2{,}00\,\Omega)\,I_3 = 1{,}00\,\text{V} \,. \tag{3}$$

Die Lösungen der Gleichungen 1 bis 3 lauten

$$I_1 = -0{,}200\,\text{A} \,, \quad I_2 = -0{,}200\,\text{A} \,, \quad I_3 = -0{,}400\,\text{A} \,.$$

Dabei gibt das Minuszeichen an, dass der betreffende Strom entgegengesetzt zur eingangs angenommenen Richtung fließt. Einsetzen in die obige Gleichung für die Potenzialdifferenz ergibt

$$\begin{aligned} \phi_a - \phi_b &= R_4\,I_3 + 4{,}00\,\text{V} = (4{,}00\,\Omega)\,(-0{,}400\,\text{A}) + 4{,}00\,\text{V} \\ &= 2{,}40\,\text{V} \,. \end{aligned}$$

Beachten Sie, dass der Punkt a auf höherem Potenzial liegt als der Punkt b.

Strom- und Spannungsmessgeräte

L22.37 Die Abbildung zeigt das Voltmeter und den parallel geschalteten Innenwiderstand R.

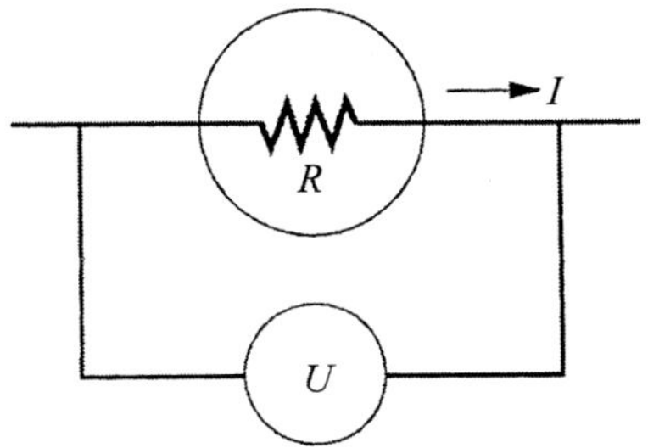

Gemäß der Kirchhoff'schen Maschenregel gilt

$$U - R\,I = 0 \quad \text{und daher} \quad R = U/I \,,$$

und wir erhalten

$$R = \frac{0{,}250\,\text{V}}{50{,}0\,\mu\text{A}} = 5{,}00\,\text{k}\Omega \,.$$

L22.38 Die Abbildung zeigt das Galvanometer und den parallel geschalteten Innenwiderstand R_1. Dieser begrenzt den Strom auf $50{,}0\,\mu\text{A}$. Beim Vollausschlag beträgt der Spannungsabfall an ihm $0{,}250\,\text{V}$.

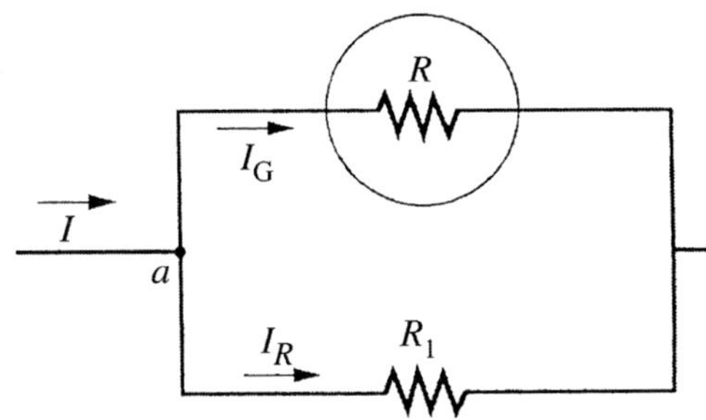

Gemäß der Kirchhoff'schen Maschenregel gilt für den dargestellten Teilstromkreis

$$-R\,I_\text{G} + R_1\,I_R = 0 \,,$$

und gemäß der Kirchhoff'schen Knotenregel gilt am Punkt a

$$I_R = I - I_\text{G} \,.$$

Dies setzen wir in die vorige Gleichung ein:

$$-R\,I_\text{G} + R_1\,(I - I_R) = 0 \,.$$

Mit $R\,I_\text{G} = 0{,}250\,\text{V}$ ergibt sich daraus

$$R_1 = \frac{R\,I_\text{G}}{I - I_\text{G}} = \frac{0{,}250\,\text{V}}{100\,\text{mA} - 50{,}0\,\mu\text{A}} = 2{,}50\,\Omega \,.$$

RC-Stromkreise

L22.39 a) Die zu Beginn im vollständig aufgeladenen Kondensator gespeicherte Energie ist

$$E_{\text{el},0} = \tfrac{1}{2}\, C\, U_{C,0}^2\,.$$

Darin ist $U_{C,0}$ die Spannung am Kondensator unmittelbar vor dem Zeitpunkt $t = 0$.

b) Zur Zeit t seit Beginn der Entladung gilt für die im Kondensator gespeicherte Energie

$$E_{\text{el}}(t) = \tfrac{1}{2}\, C\, [U_C(t)]^2\,, \quad \text{mit} \quad U_C(t) = U_{C,0}\, \mathrm{e}^{-t/\tau}\,.$$

Einsetzen ergibt

$$E_{\text{el}}(t) = \tfrac{1}{2}\, C\, (U_{C,0}\, \mathrm{e}^{-t/\tau})^2 = \tfrac{1}{2}\, C\, U_{C,0}^2\, \mathrm{e}^{-2t/\tau} = U_{C,0}\, \mathrm{e}^{-2t/\tau}\,.$$

c) Die Abbildung zeigt den zeitlichen Verlauf der im Kondensator gespeicherten Energie im Verhältnis zur anfänglich gespeicherten Energie.

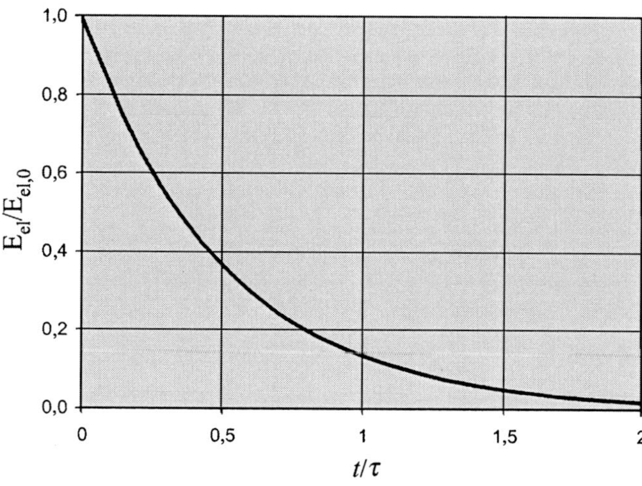

L22.40 a) Mit der Zeitkonstanten $\tau = R\,C$ und der Ladung q_{E} des vollständig geladenen Kondensators gilt für dessen Ladung in Abhängigkeit von der Zeit

$$q(t) = q_{\text{E}}\, (1 - \mathrm{e}^{-t/\tau}) = C\, U_Q\, (1 - \mathrm{e}^{-t/\tau})\,.$$

Nach Ablauf einer Zeitkonstanten beträgt die Ladung

$$q(\tau) = (1{,}50\,\mu\text{F})\,(6{,}00\,\text{V})\,(1 - \mathrm{e}^{-1}) = 5{,}689\,\mu\text{C} = 5{,}69\,\mu\text{C}\,.$$

b) und c) Diese Teilaufgaben sind gleichbedeutend, weil die pro Zeiteinheit zunehmende Ladung dem fließenden Strom entspricht.

Wir differenzieren die eingangs angegebene Gleichung:

$$\frac{\mathrm{d}q(t)}{\mathrm{d}t} = I(t) = I_0\, \mathrm{e}^{-t/\tau}\,.$$

Wir bezeichnen die Spannung am Kondensator zum Zeitpunkt $t = 0$, also unmittelbar nach dem Öffnen des Schalters, mit $U_{C,0}$. Dabei gilt gemäß der Kirchhoff'schen Maschenregel

$$U_Q - R\, I_0 - U_{C,0} = 0\,.$$

Wegen $U_{C,0} = 0$ wird daraus $I_0 = U_Q/R$.

Einsetzen in die obige Gleichung für das Differenzial ergibt für den Zeitpunkt $t = \tau$

$$I(\tau) = \frac{\mathrm{d}q(\tau)}{\mathrm{d}t} = \frac{U_Q}{R}\, \mathrm{e}^{-t/\tau} = \frac{6{,}00\,\text{V}}{2{,}00\,\text{M}\Omega}\, \mathrm{e}^{-1}$$
$$= 1{,}104\,\mu\text{C}\cdot\text{s}^{-1} = 1{,}104\,\mu\text{A} = 1{,}10\,\mu\text{A}\,.$$

d) Die dem Ohm'schen Widerstand von der Batterie zugeführte Leistung ist das Produkt aus Stromstärke und Spannung: $P = I\, U$. Damit ergibt sich zum Zeitpunkt $t = \tau$

$$P(\tau) = I(\tau)\, U_Q = (1{,}104\,\mu\text{A})\,(6{,}00\,\text{V}) = 6{,}62\,\mu\text{W}\,.$$

e) Die im Ohm'schen Widerstand R umgesetzte Leistung ist $P_R = I^2\, R$, und wir erhalten für sie zum Zeitpunkt $t = \tau$

$$P_R(\tau) = I^2(\tau)\, R = (1{,}104\,\mu\text{A})^2\,(2{,}00\,\text{M}\Omega) = 2{,}44\,\mu\text{W}\,.$$

f) Für die in einem Kondensator mit der Kapazität C gespeicherte elektrische Energie gilt $E_{\text{el}} = \tfrac{1}{2}\, q^2/C$. Diesen Ausdruck leiten wir nach der Zeit ab:

$$\frac{\mathrm{d}E_{\text{el}}(t)}{\mathrm{d}t} = \frac{1}{2\,C}\, \frac{\mathrm{d}}{\mathrm{d}t}\big[q^2(t)\big] = \frac{1}{2\,C}\, [2\,q(t)]\, \frac{\mathrm{d}q(t)}{\mathrm{d}t}$$
$$= \frac{q(t)}{C}\, I(t)\,.$$

Damit erhalten wir für den Zeitpunkt $t = \tau$

$$\frac{\mathrm{d}E_{\text{el}}(\tau)}{\mathrm{d}t} = \frac{5{,}689\,\mu\text{C}}{1{,}50\,\mu\text{F}}\, (1{,}104\,\mu\text{A}) = 4{,}19\,\mu\text{W}\,.$$

Anmerkung: Das Ergebnis von Teilaufgabe f entspricht der Differenz zwischen der von der Batterie zum Zeitpunkt $t = \tau$ gelieferten Energie und der Rate, mit der Energie zum selben Zeitpunkt im Ohm'schen Widerstand umgesetzt bzw. dissipiert wird.

L22.41 Umformen der gegebenen Gleichung

$$U - R\, \frac{\mathrm{d}q}{\mathrm{d}t} - \frac{q}{C} = 0$$

ergibt $\quad \dfrac{\mathrm{d}q}{\mathrm{d}t} = \dfrac{C\,U - q}{R\,C}\,.$

Wir separieren die Variablen, $\quad \dfrac{\mathrm{d}q}{C\,U - q} = \dfrac{\mathrm{d}t}{R\,C}\,,$

und führen die Integration aus:

$$\int_0^{q'} \frac{\mathrm{d}q'}{C\,U - q'} = \frac{1}{R\,C} \int_0^{t'} \mathrm{d}t'\,.$$

Daraus folgt $\quad \ln \dfrac{C\,U}{C\,U - q} = \dfrac{t}{R\,C}$.

Entlogarithmieren liefert

$$\frac{C\,U}{C\,U - q} = \mathrm{e}^{t/(RC)}\,,$$

und Auflösen nach q ergibt, mit $t = R\,C$, schließlich

$$q = C\,U\,(1 - \mathrm{e}^{-t/(RC)}) = q_{\mathrm{E}}\,(1 - \mathrm{e}^{-t/\tau})\,.$$

L22.42 Wir berechnen zunächst die Zeitableitung von

$$q(t) = q_E(1 - e^{-t/\tau})\,.$$

Sie lautet

$$\dot q(t) = q_E(0 - (-1/\tau)e^{-t/\tau}) = \frac{q_E}{\tau}e^{-t/\tau}\,.$$

Die Zeitkonstante kann durch $\tau = RC$ ausgedrückt werden, und wir erhalten dann

$$\dot q(t) = \frac{q_E}{RC}e^{-t/\tau}\,.$$

Einsetzen in die Differenzialgleichung ergibt

$$\begin{aligned}
U - R \cdot \frac{q_E}{RC}e^{-t/\tau} - \frac{q_E}{C}(1 - e^{-t/\tau}) \\
= U - \frac{q_E}{C}e^{-t/\tau} - \frac{q_E}{C} + \frac{q_E}{C}e^{-t/\tau} \\
= U - \frac{q_E}{C} = 0\,.
\end{aligned}$$

Im letzten Schritt verwenden wir den Zusammenhang $q_E = C\,U$.

L22.43 Wir setzen $R_1 = 200\,\Omega$ und $R_2 = 600\,\Omega$. Die Ströme, die durch diese Widerstände fließen, bezeichnen wir jeweils mit dem entsprechenden Index, und I_3 ist der Strom, der in den Kondensator fließt.

a) Unmittelbar nach dem Schließen des Schalters S gilt gemäß der Kirchhoff'schen Maschenregel

$$U_{\mathrm{Q}} - (200\,\Omega)\,I_0 - U_{C,0} = 0\,.$$

Der Kondensator ist anfangs nicht geladen. Also ist $U_{C,0} = 0$, und wir erhalten für die Stromstärke unmittelbar nach dem Schließen des Schalters

$$I_0 = \frac{U_{\mathrm{Q}}}{200\,\Omega} = \frac{50{,}0\,\mathrm{V}}{200\,\Omega} = 0{,}250\,\mathrm{A}\,.$$

b) Lange nach dem Schließen des Schalters gilt gemäß der Kirchhoff'schen Maschenregel

$$500{,}0\,\mathrm{V} - (200\,\Omega)\,I_\infty - (600\,\Omega)\,I_\infty = 0\,.$$

Damit erhalten wir $I_\infty = \dfrac{50{,}0\,\mathrm{V}}{800\,\Omega} = 62{,}5\,\mathrm{mA}$.

c) Gemäß der Kirchhoff'schen Knotenregel gilt am Verzweigungspunkt zwischen dem 200-Ω-Widerstand und dem Kondensator

$$I_1 = I_2 + I_3\,, \tag{1}$$

und gemäß der Maschenregel gilt für den Teilstromkreis mit der Spannungsquelle, dem 200-Ω-Widerstand und dem Kondensator

$$U_{\mathrm{Q}} - R_1\,I_1 - \frac{q}{C} = 0\,. \tag{2}$$

Entsprechend erhalten wir für den Teilstromkreis mit dem 600-Ω-Widerstand und dem Kondensator

$$\frac{q}{C} - R_2\,I_2 = 0\,. \tag{3}$$

Wir leiten Gleichung 2 nach der Zeit ab:

$$\begin{aligned}
\frac{\mathrm{d}}{\mathrm{d}t}\left(U_{\mathrm{Q}} - R_1\,I_1 - \frac{q}{C}\right) &= 0 - R_1\frac{\mathrm{d}I_1}{\mathrm{d}t} - \frac{1}{C}\frac{\mathrm{d}q}{\mathrm{d}t} \\
&= -R_1\frac{\mathrm{d}I_1}{\mathrm{d}t} - \frac{1}{C}\,I_3 = 0\,.
\end{aligned}$$

Das ist gleichbedeutend mit

$$R_1\frac{\mathrm{d}I_1}{\mathrm{d}t} = -\frac{1}{C}\,I_3\,. \tag{4}$$

Die Ableitung von Gleichung 3 nach der Zeit ergibt

$$\frac{\mathrm{d}}{\mathrm{d}t}\left(\frac{q}{C} - R_2\,I_2\right) = \frac{1}{C}\frac{\mathrm{d}q}{\mathrm{d}t} - R_2\frac{\mathrm{d}I_2}{\mathrm{d}t} = 0$$

und daher

$$R_2\frac{\mathrm{d}I_2}{\mathrm{d}t} = \frac{1}{C}\,I_3\,. \tag{5}$$

Hierin setzen wir $I_3 = I_1 - I_2$ gemäß Gleichung 1 ein und formen um:

$$\frac{\mathrm{d}I_2}{\mathrm{d}t} = \frac{1}{R_2\,C}\,(I_1 - I_2)\,. \tag{6}$$

Nun lösen wir Gleichung 2 nach I_1 auf:

$$I_1 = \frac{U_{\mathrm{Q}} - q/C}{R_1} = \frac{U_{\mathrm{Q}} - R_2\,I_2}{R_1}\,.$$

Einsetzen in Gleichung 6 liefert schließlich

$$\begin{aligned}
\frac{\mathrm{d}I_2}{\mathrm{d}t} &= \frac{1}{R_2\,C}\left(\frac{U_{\mathrm{Q}} - R_2\,I_2}{R_1} - I_2\right) \\
&= \frac{U_{\mathrm{Q}}}{R_1\,R_2\,C} - \frac{R_1 + R_2}{R_1\,R_2\,C}\,I_2\,.
\end{aligned}$$

Für die Lösung dieser linearen Differenzialgleichung mit konstanten Koeffizienten nehmen wir eine Gleichung der folgenden Form an:

$$I_2(t) = a + b\,\mathrm{e}^{-t/\tau}\,. \tag{7}$$

Diese leiten wir nach der Zeit ab:

$$\frac{dI_2}{dt} = \frac{d}{dt}\left(a + b\,e^{-t/\tau}\right) = -\frac{b}{\tau}\,e^{-t/\tau}\,.$$

Darin setzen wir die obigen Ausdrücke für I_2 und dI_2/dt ein:

$$-\frac{b}{\tau}\,e^{-t/\tau} = \frac{U_Q}{R_1\,R_2\,C} - \frac{R_1 + R_2}{R_1\,R_2\,C}\left(a + b\,e^{-t/\tau}\right)\,.$$

Gleichsetzen der Koeffizienten von $e^{-t/\tau}$ gemäß der vorigen Gleichung ergibt

$$\tau = \frac{R_1\,R_2\,C}{R_1 + R_2}\,.$$

Wenn die Lösung für alle Werte von a gelten soll, muss gelten:

$$a = \frac{U_Q}{R_1 + R_2}\,.$$

Die Bedingung, dass $I_2 = 0$ bei $t = 0$ sein soll, führt zu

$$0 = a + b \qquad \text{und damit zu} \qquad b = -a = -\frac{U_Q}{R_1 + R_2}\,.$$

Das setzen wir in Gleichung 7 ein:

$$I_2(t) = \frac{U_Q}{R_1 + R_2} - \frac{U_Q}{R_1 + R_2}\,e^{-t/\tau} = \frac{U_Q}{R_1 + R_2}\left(1 - e^{-t/\tau}\right)\,.$$

Darin ist

$$\tau = \frac{R_1\,R_2\,C}{R_1 + R_2} = \frac{(200\,\Omega)\,(600\,\Omega)\,(5{,}00\,\mu\text{F})}{200\,\Omega + 600\,\Omega} = 0{,}750\,\text{ms}\,,$$

und es ergibt sich

$$\begin{aligned}
I_2(t) &= \frac{U_Q}{R_1 + R_2}\left(1 - e^{-t/\tau}\right)\\
&= \frac{50{,}0\,\text{V}}{200\,\Omega + 600\,\Omega}\left(1 - e^{-t/(0{,}750\,\text{ms})}\right)\\
&= (62{,}5\,\text{mA})\left(1 - e^{-t/(0{,}750\,\text{ms})}\right)\,.
\end{aligned}$$

Allgemeine Aufgaben

L22.44 a) Die 25-W-Glühlampe leuchtet heller. Die Lichtintensität einer Lampe ist proportional zur Joule'schen Leistung P, die in ihr umgesetzt wird. Der Ohm'sche Widerstand einer 25-W-Glühlampe ist 4-mal so hoch wie der einer 100-W-Glühlampe. Bei der Reihenschaltung fließt derselbe Strom I durch beide Glühlampen. Wegen $P = R\,I^2$ ist $R_{25}\,I^2 > R_{100}\,I^2$. Die Leistung beträgt nur dann 25,0 W, wenn an der Lampe die volle Netzspannung von 230 V anliegt.

b) Die umgesetzte elektrische Leistung ist jeweils gegeben durch $P = R\,I^2$, und wir müssen zunächst die Widerstandswerte ermitteln. Diese erhalten wir mit der bekannten Leistung jeder Glühlampe, wenn sie wie gewöhnlich – also *parallel* zur

anderen – am 230-V-Stromnetz betrieben wird. Mithilfe der Beziehung $P = U^2/R$ bzw. $R = U^2/P$ ergibt sich

$$R_{25} = \frac{(230\,\text{V})^2}{25\,\text{W}} = 2116\,\Omega\,, \qquad R_{100} = \frac{(230\,\text{V})^2}{100\,\text{W}} = 529\,\Omega\,.$$

Im vorliegenden Fall sind die Glühlampen aber *in Reihe* geschaltet, sodass durch beide Glühlampen derselbe Strom fließt. Für diesen gilt

$$I = \frac{U}{R} = \frac{U}{R_{25} + R_{100}} = \frac{230\,\text{V}}{2116\,\Omega + 529\,\Omega} = 0{,}08696\,\text{A}\,.$$

Damit können wir die elektrischen Leistungen berechnen:

$$\begin{aligned}
P_{25} &= R_{25}\,I^2 = (2116\,\Omega)\,(0{,}08696\,\text{A})^2 = 16\,\text{W}\,,\\
P_{100} &= R_{100}\,I^2 = (529\,\Omega)\,(0{,}08696\,\text{A})^2 = 4\,\text{W}\,.
\end{aligned}$$

Dies bestätigt unsere in Teilaufgabe a angestellte Überlegung.

Anmerkung: Es mag überraschen, dass die 25-W-Lampe eine höhere Leistung aufnimmt und heller leuchtet. Das rührt daher, dass hier eine *Reihen*schaltung vorliegt. Hierbei liegt an der 25-W-Lampe wegen ihres höheren Widerstands der größere Spannungsabfall vor, sodass in ihr gemäß $P = R\,I^2$ eine höhere elektrische Leistung umgesetzt wird.

L22.45 a) Bevor der Schalter geschlossen wird, sind die anfänglichen Potenzialdifferenzen an beiden Kondensatoren null (diese sind also nicht geladen). Daher wirken die drei Widerstände im Brückenteil (bei den Kondensatoren) unmittelbar nach dem Schließen des Schalters wie parallel geschaltet. Gemäß der Kirchhoff'schen Maschenregel gilt (mit ihrem Ersatzwiderstand R) zu diesem Zeitpunkt

$$50{,}0\,\text{V} - (10{,}0\,\Omega)\,I_0 - R\,I_0 = 0\,.$$

Daraus folgt $I_0 = \dfrac{50{,}0\,\text{V}}{10{,}0\,\Omega + R}$.

Für den Ersatzwiderstand R der drei Widerstände gilt hierbei

$$\frac{1}{R} = \frac{1}{15{,}0\,\Omega} + \frac{1}{12{,}0\,\Omega} + \frac{1}{15{,}0\,\Omega}\,.$$

Also ist $R = 4{,}615\,\Omega$. Einsetzen ergibt

$$I_0 = \frac{50{,}0\,\text{V}}{10{,}0\,\Omega + 4{,}615\,\Omega} = 3{,}42\,\text{A}\,.$$

b) Lange Zeit ($t = \infty$) nach dem Schließen des Schalters fließt kein Strom mehr in die Kondensatoren, und die drei Widerstände im Brückenteil wirken nun wie in Reihe geschaltet. Ihren jetzigen Ersatzwiderstand bezeichnen wir mit R'. Gemäß der Kirchhoff'schen Maschenregel gilt dabei

$$50{,}0\,\text{V} - (10{,}0\,\Omega)\,I_\infty - R'\,I_\infty = 0\,.$$

Daraus folgt $I_\infty = \dfrac{50{,}0\,\text{V}}{10{,}0\,\Omega + R'}$.

Der Ersatzwiderstand R' der drei Widerstände ist hier, wie gesagt, wegen der Reihenschaltung gleich ihrer Summe:

$$R' = 15{,}0\,\Omega + 12{,}0\,\Omega + 15{,}0\,\Omega = 42{,}0\,\Omega\,.$$

Damit ergibt sich der Strom zu

$$I_\infty = \frac{50{,}0\,\text{V}}{10{,}0\,\Omega + 42{,}0\,\Omega} = 0{,}962\,\text{A}\,.$$

c) Für die Endladung des 10,0-μF-Kondensators, an dem nun die Spannung U_{10} anliegt, gilt

$$q_{10} = C_{10}\,U_{10}\,.$$

Wir wenden die Kirchhoff'sche Maschenregel auf die Masche an, die einen 15,0-Ω- und den 12,0-Ω-Widerstand sowie den 10,0-μF-Kondensator enthält:

$$U_{10} = -(15{,}0\,\Omega)\,I_\infty - (12{,}0\,\Omega)\,I_\infty = 0\,.$$

Also ist $U_{10} = (27{,}0\,\Omega)\,I_\infty$.

Einsetzen in die Gleichung für die Ladung ergibt

$$\begin{aligned}
q_{10} = C_{10}\,U_{10} &= C_{10}\,(27{,}0\,\Omega)\,I_\infty \\
&= (10{,}0\,\mu\text{F})\,(27{,}0\,\Omega)\,(0{,}962\,\text{A}) = 260\,\mu\text{C}\,.
\end{aligned}$$

Nun zum anderen Kondensator: Für die Endladung des 5,00-μF-Kondensators, an dem jetzt die Spannung U_5 anliegt, gilt

$$q_5 = C_5\,U_5\,.$$

Wir wenden die Kirchhoff'sche Maschenregel auf die Masche an, die den 12,0-Ω- und einen 15,0-Ω-Widerstand sowie den 5,00-μF-Kondensator enthält:

$$U_5 = -(15{,}0\,\Omega)\,I_\infty - (12{,}0\,\Omega)\,I_\infty = 0\,.$$

Also ist $U_5 = (27{,}0\,\Omega)\,I_\infty$.

Einsetzen in die Gleichung für die Ladung ergibt

$$\begin{aligned}
q_5 = C_5\,U_5 &= C_5\,(27{,}0\,\Omega)\,I_\infty \\
&= (5{,}00\,\mu\text{F})\,(27{,}0\,\Omega)\,(0{,}962\,\text{A}) = 130\,\mu\text{C}\,.
\end{aligned}$$

d) Lange nachdem der Schalter wieder geöffnet wurde, sind die Ladungen auf den Kondensatorplatten gleich null.

L22.46 Wir bezeichnen den durch das Galvanometer fließenden Strom mit I_G. Zuerst wenden wir die Kirchhoff'sche Maschenregel auf den Teilstromkreis an, der das Galvanometer sowie die Widerstände R_1 und R_x enthält:

$$-R_1\,I_1 + R_x\,I_2 = 0\,. \tag{1}$$

Entsprechend gilt für den Teilstromkreis mit dem Galvanometer sowie den Widerständen R_2 und R_0:

$$-R_2\,(I_1 - I_\text{G}) + R_0\,(I_2 + I_\text{G}) = 0\,. \tag{2}$$

Wenn die Brücke abgeglichen ist, gilt $I_\text{G} = 0$. Aus den Gleichungen 1 und 2 wird dann

$$R_1\,I_1 = R_x\,I_2 \tag{3}$$

und

$$R_2\,I_1 = R_0\,I_2\,. \tag{4}$$

Dividieren von Gleichung 3 durch Gleichung 4 ergibt

$$R_x = R_0\,\frac{R_1}{R_2}\,. \tag{5}$$

Mit dem spezifischen Widerstand r und der Querschnittsfläche A des Drahts gilt für die Widerstände der beiden abgegriffenen Teilstücke mit den Längen l_1 und l_2:

$$R_1 = r\,\frac{l_1}{A} \qquad \text{sowie} \qquad R_2 = r\,\frac{l_2}{A}\,.$$

Einsetzen in Gleichung 5 ergibt $R_x = R_0\,\dfrac{l_1}{l_2}$.

a) Bei $l_1 = 18{,}0\,\text{cm}$ ist $l_2 = 82{,}0\,\text{cm}$, und wir erhalten

$$R_x = (200\,\Omega)\,\frac{18{,}0\,\text{cm}}{82{,}0\,\text{cm}} = 43{,}9\,\Omega\,.$$

b) Bei $l_1 = 60{,}0\,\text{cm}$ ist $l_2 = 40{,}0\,\text{cm}$, und wir erhalten

$$R_x = (200\,\Omega)\,\frac{60{,}0\,\text{cm}}{40{,}0\,\text{cm}} = 300\,\Omega\,.$$

c) Bei $l_1 = 95{,}0\,\text{cm}$ ist $l_2 = 5{,}0\,\text{cm}$, und wir erhalten

$$R_x = (200\,\Omega)\,\frac{95{,}0\,\text{cm}}{5{,}0\,\text{cm}} = 3{,}8\,\text{k}\Omega\,.$$

L22.47 a) Mit der Flächenladungsdichte σ und der Breite b sowie der Geschwindigkeit v des Bands in x-Richtung ergibt sich aus der Definition der Stromstärke

$$\begin{aligned}
I = \frac{\mathrm{d}q}{\mathrm{d}t} &= \sigma\,b\,\frac{\mathrm{d}x}{\mathrm{d}t} = \sigma\,b\,v \\
&= (5{,}00\,\text{mC}\cdot\text{m}^{-2})\,(0{,}500\,\text{m})\,(20{,}0\,\text{m}\cdot\text{s}^{-1}) = 50{,}0\,\text{mA}\,.
\end{aligned}$$

b) Die vom Motor mindestens aufzubringende Leistung ist

$$P = I\,U = (50{,}0\,\text{mA})\,(100\,\text{kV}) = 5{,}00\,\text{kW}\,.$$

L22.48 Mit der Masse m und der spezifischen Wärmekapazität c_W des Wassers sowie der Temperaturdifferenz ΔT ist die aufzubringende Wärmemenge gegeben durch

$$Q = m\,c_\text{W}\,\Delta T\,.$$

Daher gilt beim Massendurchsatz $\mathrm{d}m/\mathrm{d}t$ des Wassers für die mit dem Wasser abzuführende Wärmeleistung

$$P = \frac{\mathrm{d}Q}{\mathrm{d}t} = \frac{\mathrm{d}m}{\mathrm{d}t}\,c_\text{W}\,\Delta T\,.$$

Mit $P = I\,U$ erhalten wir daraus für den Massendurchsatz

$$
\begin{aligned}
\frac{\mathrm{d}m}{\mathrm{d}t} &= \frac{P}{c_{\mathrm{W}}\,\Delta T} = \frac{I\,U}{c_{\mathrm{W}}\,\Delta T} \\
&= \frac{(100\,\mathrm{A})\,(240\,\mathrm{V})}{(4{,}184\,\mathrm{kJ}\cdot\mathrm{kg}^{-1}\cdot\mathrm{K}^{-1})\,(323\,\mathrm{K} - 288\,\mathrm{K})} \\
&= 0{,}16\,\mathrm{kg}\cdot\mathrm{s}^{-1}\,.
\end{aligned}
$$

Weil die Dichte des Wassers $1{,}0\,\mathrm{kg}\cdot\mathrm{l}^{-1}$ beträgt, müssen also pro Sekunde 0,16 Liter Wasser durchgesetzt werden.

L22.49 a) Wenn der Kondensator aufgeladen wird, ist der Schalter offen, und der wirksame Widerstand ist R_1. Die Zeitkonstante ist dann

$$
\tau_1 = R_1\,C = (0{,}500\,\mathrm{M\Omega})\,(20{,}0\,\mathrm{nF}) = 10{,}0\,\mathrm{ms}\,.
$$

b) Für die Zeitabhängigkeit der Spannung am Kondensator gilt $U_C(t) = U\left(1 - \mathrm{e}^{-t/\tau}\right)$.

Für $t/\tau \ll 1$ können wir die Exponentialfunktion in eine Potenzreihe entwickeln und nach dem ersten Summanden abbrechen:

$$
\mathrm{e}^{t/\tau} = 1 + \frac{t}{\tau} + \frac{1}{2!}\left(\frac{t}{\tau}\right)^2 + \cdots \approx 1 + \frac{1}{\tau}\,t\,.
$$

Einsetzen dieser Näherung in die vorige Gleichung liefert

$$
U_C(t) = U\left[1 - \left(1 + \frac{1}{\tau}\,t\right)\right] = \frac{U}{\tau}\,t\,.
$$

c) Mit der eben aufgestellten Beziehung gilt für den Zusammenhang zwischen der Spannungsänderung $\Delta U_C(t)$ am Kondensator und der dafür nötigen Zeitspanne Δt:

$$
\Delta U_C(t) = \frac{U}{\tau}\,\Delta t\,.
$$

Damit ist $\tau = R_1\,C = \dfrac{U}{\Delta U_C(t)}\,\Delta t$ und wir erhalten

$$
R_1 = \frac{U\,\Delta t}{C\,\Delta U_C(t)} = \frac{(800\,\mathrm{V})\,(0{,}100\,\mathrm{s})}{(20{,}0\,\mathrm{nF})\,(4{,}20 - 0{,}200)\,\mathrm{V}} = 1{,}00\,\mathrm{G\Omega}\,.
$$

d) Mit $\tau' = R_2\,C$ gilt für die Zeitabhängigkeit der Potenzialdifferenz am Kondensator

$$
U_C(t) = U_{C,0}\,\mathrm{e}^{-t/\tau'}\,.
$$

Wir logarithmieren, lösen nach t auf und setzen die Zahlenwerte ein:

$$
\begin{aligned}
t &= -\tau'\,\ln\frac{U_C(t)}{U_{C,0}} = -R_2\,C\,\ln\frac{U_C(t)}{U_{C,0}} \\
&= -(1{,}00\,\mathrm{m\Omega})\,(20{,}0\,\mathrm{nF})\,\ln\frac{0{,}200\,\mathrm{V}}{4{,}20\,\mathrm{V}} = 60{,}89\,\mathrm{ps} = 60{,}9\,\mathrm{ps}\,.
\end{aligned}
$$

e) Die umgesetzte Leistung ist der Quotient aus der Energieänderung $\Delta E_{\mathrm{el},1}$ und der Zeitspanne:

$$
P_1 = \frac{\Delta E_{\mathrm{el},1}}{\Delta t} = R_1\,I^2\,.
$$

Weil die Stromstärke von der Zeit abhängt, müssen wir integrieren. Dabei setzen wir für R_1 den in Teilaufgabe c erhaltenen Wert $1{,}00\,\mathrm{G\Omega}$ ein, außerdem die Zeitkonstante

$$
\tau = (1{,}00\,\mathrm{G\Omega})\,(20{,}0\,\mathrm{nF}) = 20{,}0\,\mathrm{s}\,.
$$

Damit erhalten wir

$$
\begin{aligned}
\Delta E_{\mathrm{el},1} &= \int_{t_1}^{t_2} R_1\,I^2\,\mathrm{d}t = \int_{t_1}^{t_2}\left(\frac{U_C(t)}{R_1}\right)^2 R_1\,\mathrm{d}t \\
&= \int_{t_1}^{t_2}\left(\frac{U\,t}{\tau\,R_1}\right)^2 R_1\,\mathrm{d}t \\
&= \left(\frac{U}{\tau}\right)^2 \frac{1}{R_1}\int_{0{,}005\,\mathrm{s}}^{0{,}105\,\mathrm{s}} t^2\,\mathrm{d}t \\
&= \left(\frac{800\,\mathrm{V}}{20{,}0\,\mathrm{s}}\right)^2 \frac{1}{1{,}00\,\mathrm{G\Omega}}\left[\frac{t^3}{3}\right]_{0{,}005\,\mathrm{s}}^{0{,}105\,\mathrm{s}} = 6{,}17\cdot 10^{-10}\,\mathrm{J}\,.
\end{aligned}
$$

Damit ist die im Widerstand R_1 umgesetzte Leistung

$$
P_1 = \frac{6{,}17\cdot 10^{-10}\,\mathrm{J}}{0{,}100\,\mathrm{s}} = 6{,}17\,\mathrm{nW}\,.
$$

Für die im Innenwiderstand des Schalters umgesetzte Leistung ergibt sich mit den Anfangswerten (Index A) und den Endwerten (Index E):

$$
\begin{aligned}
P_2 &= \frac{\Delta E_{\mathrm{el},C}}{\Delta t} = \frac{E_{\mathrm{el},C,E} - E_{\mathrm{el},C,A}}{\Delta t} \\
&= \frac{\frac{1}{2}\,C\,U_{C,E}^2 - \frac{1}{2}\,C\,U_{C,A}^2}{\Delta t} = \frac{\frac{1}{2}\,C\,(U_{C,E}^2 - U_{C,A}^2)}{\Delta t} \\
&= \frac{\frac{1}{2}\,(20{,}0\,\mathrm{nF})\left[(4{,}20\,\mathrm{V})^2 - (0{,}200\,\mathrm{V})^2\right]}{60{,}89\,\mathrm{ps}} = 2{,}89\,\mathrm{kW}\,.
\end{aligned}
$$

L22.50 Die Abbildung zeigt die Anordnung. Mithilfe der Kirchhoff'schen Regeln können wir für die drei Ströme drei Gleichungen aufstellen, aus denen wir I_3 ermitteln. Damit bestimmen wir die im Widerstand R umgesetzte Leistung und stellen die Bedingung für ihr Maximum auf.

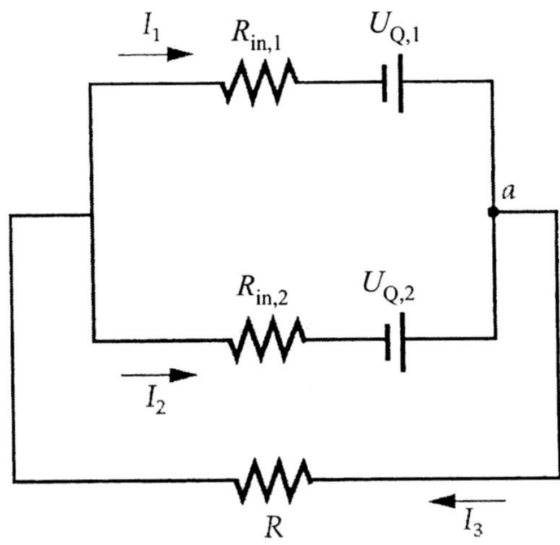

Gemäß der Kirchhoff'schen Knotenregel gilt am Punkt a

$$I_1 + I_2 = I_3 \,. \tag{1}$$

Nun wenden wir die Maschenregel auf den äußeren Teilstromkreis (mit der Batterie 1) an:

$$U_{Q,1} - R\,I_3 - R_{\text{in},1}\,I_1 = 0 \,. \tag{2}$$

Entsprechend gilt für den inneren Teilstromkreis (mit der Batterie 2)

$$U_{Q,2} - R\,I_3 - R_{\text{in},2}\,I_2 = 0 \,. \tag{3}$$

Wir eliminieren I_1 aus den Gleichungen 1 und 2:

$$U_{Q,1} - R\,I_3 - R_{\text{in},1}\,(I_3 - I_2) = 0 \,. \tag{4}$$

Nun lösen wir Gleichung 3 nach I_2 auf:

$$I_2 = \frac{U_{Q,2} - R\,I_3}{R_{\text{in},2}} \,.$$

Einsetzen in Gleichung 4 liefert

$$U_{Q,1} - R\,I_3 - R_{\text{in},1}\left(I_3 - \frac{U_{Q,2} - R\,I_3}{R_{\text{in},2}}\right) = 0$$

und daher

$$I_3 = \frac{U_{Q,1}\,R_{\text{in},2} + U_{Q,2}\,R_{\text{in},1}}{R_{\text{in},1}\,R_{\text{in},2} + R\,(R_{\text{in},1} + R_{\text{in},2})} \,.$$

Die im Widerstand R umgesetzte Leistung ist damit

$$
\begin{aligned}
P = R\,I_3^2 &= R\left(\frac{U_{Q,1}\,R_{\text{in},2} + U_{Q,2}\,R_{\text{in},1}}{R_{\text{in},1}\,R_{\text{in},2} + R\,(R_{\text{in},1} + R_{\text{in},2})}\right)^2 \\
&= \frac{R}{(R + R_{\text{Ers}})^2}\left(\frac{U_{Q,1}\,R_{\text{in},2} + U_{Q,2}\,R_{\text{in},1}}{R_{\text{in},1} + R_{\text{in},2}}\right)^2 .
\end{aligned}
$$

Darin ist $R_{\text{Ers}} = \dfrac{R_{\text{in},1}\,R_{\text{in},2}}{R_{\text{in},1} + R_{\text{in},2}}$ der Ersatzwiderstand der parallel geschalteten Innenwiderstände der Batterien. Der eingeklammerte Bruch in der Gleichung für P ist unabhängig von R. Daher können wir ihn als Konstante B vor die Ableitung ziehen, die wir nun berechnen, damit wir das Maximum der Leistung ermitteln können:

$$
\begin{aligned}
\frac{\mathrm{d}P}{\mathrm{d}R} &= B^2\,\frac{\mathrm{d}}{\mathrm{d}R}\left(\frac{R}{(R + R_{\text{Ers}})^2}\right) \\
&= B^2\,\frac{(R + R_{\text{Ers}})^2 - R\,\dfrac{\mathrm{d}}{\mathrm{d}R}(R + R_{\text{Ers}})^2}{(R + R_{\text{Ers}})^4} \\
&= B^2\,\frac{(R + R_{\text{Ers}})^2 - 2\,R\,(R + R_{\text{Ers}})}{(R + R_{\text{Ers}})^4} \,.
\end{aligned}
$$

Bei einem Extremwert muss die Ableitung null sein. Wir vergewissern uns, dass der Nenner nicht null sein kann, und setzen den Zähler gleich null. Dies ergibt

$$R = R_{\text{Ers}} = \frac{R_{\text{in},1}\,R_{\text{in},2}}{R_{\text{in},1} + R_{\text{in},2}} \,.$$

Um zu überprüfen, ob hierfür wirklich ein Maximum vorliegt, ermitteln wir die zweite Ableitung:

$$
\begin{aligned}
\frac{\mathrm{d}^2 P}{\mathrm{d}R^2} &= B^2\,\frac{\mathrm{d}}{\mathrm{d}R}\left(\frac{(R + R_{\text{Ers}})^2 - 2\,R\,(R + R_{\text{Ers}})}{(R + R_{\text{Ers}})^4}\right) \\
&= B^2\,\frac{2\,R - 4\,R_{\text{Ers}}}{(R + R_{\text{Ers}})^4} \,.
\end{aligned}
$$

Die Ableitung an der Stelle $R = R_{\text{Ers}}$ ist also

$$\left.\frac{\mathrm{d}^2 P}{\mathrm{d}R^2}\right|_{R = R_{\text{Ers}}} = B^2\,\frac{-2\,R_{\text{Ers}}}{(R + R_{\text{Ers}})^4} < 0 \,.$$

Wegen des negativen Vorzeichens der zweiten Ableitung stellt das Extremum ein Maximum dar. Also ist die von den Batterien abgegebene Leistung maximal, wenn gilt:

$$R = \frac{R_{\text{in},1}\,R_{\text{in},2}}{R_{\text{in},1} + R_{\text{in},2}} \,.$$

L22.51 a) Wir können als Ersatzschaltbild eine Reihenschaltung des Kondensators mit $C = 1000\,\mu\text{F}$ und dem Widerstand mit $R = 0{,}1\,\Omega$ an einer stabilen Spannungsquelle mit $U_0 = 20\,\text{V}$ annehmen. Der Stromverlauf durch Widerstand und Kondensator ist nach dem Einschalten durch

$$I(t) = I_0\,e^{-t/RC}$$

gegeben, wobei $I_0 = U_0/R$. Bei konstanter Leistung ist die dissipierte Energie an einem Ohm'schen Widerstand in der Zeit t gerade $E_{\text{diss}} = P \cdot t = I \cdot U \cdot t$. Da sich die Stromstärke während des Ladevorgangs ändert, müssen wir hier integrieren:

$$E_{\text{diss}} = \int_0^\infty P(t)\,\mathrm{d}t = \int_0^\infty U(t)I(t)\,\mathrm{d}t = R\int_0^\infty I^2(t)\,\mathrm{d}t$$

Wir setzen die Lösung für $I(t)$ ein und erhalten

$$E_{\text{diss}} = R \int_0^\infty I^2(t)\, dt = R I_0^2 \int_0^\infty e^{-2t/RC}\, dt$$

$$= R I_0^2 \left(-\frac{RC}{2}\right) \left[e^{-2t/RC}\right]_0^\infty = \frac{R^2 I_0^2 C}{2}\,.$$

Wir setzen $I_0 = U_0/R$ ein und erhalten

$$E_{\text{diss}} = \frac{1}{2} U_0^2 C\,.$$

Die Verlustwärme beträgt in unserem Beispiel daher

$$E_{\text{diss}} = \frac{1}{2} \cdot (20\,\text{V})^2 \cdot 10^{-3}\,\text{F} = 0,2\,\text{J}.$$

b) Der Kondensator wird bis zur Spannung U_0 aufgeladen. Für die Energie eines geladenen Kondensators gilt

$$E = \frac{1}{2} U_0^2 C\,.$$

Dies ist identisch mit dem Ausdruck für die dissipierte Energie! Beim Laden wurde also genau die Hälfte der vom Netzteil zur Verfügung gestellten Energie im Kondensator gespeichert, die andere Hälfte als Verlustwärme umgesetzt. Bemerkenswert ist, dass dieser Anteil unabhängig von Spannung, Kapazität und verwendetem Widerstand ist.

L22.52 a) Wir bezeichnen die am Ende vorhandenen Ladungen der Kondensatoren mit $q_{1,\text{E}}$ und mit $q_{2,\text{E}}$. Weil die Gesamtladung bei der Umverteilung zwischen den Kondensatoren erhalten bleibt und weil die Potenzialdifferenzen über ihnen am Ende gleich sind, können wir zwei simultane Gleichungen mit den Unbekannten $q_{1,\text{E}}$ und $q_{2,\text{E}}$ aufstellen.

Für die Anfangsenergie in beiden Kondensatoren zum Zeitpunkt $t = 0$ gilt

$$E_{\text{el,A}} = \frac{1}{2} C_1 U_0^2\,, \tag{1}$$

und für die Endenergie gilt

$$E_{\text{el,E}} = \frac{1}{2} \frac{q_{1,\text{E}}^2}{C_1} + \frac{1}{2} \frac{q_{2,\text{E}}^2}{C_2}\,. \tag{2}$$

Für die am Anfang vorhandene Gesamtladung beider Kondensatoren q gilt (da sie nach der Umverteilung ebenso groß ist):

$$q = C_1 U_0 = q_{1,\text{E}} + q_{2,\text{E}}\,. \tag{3}$$

Weil die Potenzialdifferenzen über beiden Kondensatoren am Ende gleich sind, ist

$$\frac{q_{1,\text{E}}}{C_1} = \frac{q_{2,\text{E}}}{C_2}\,. \tag{4}$$

Wir lösen Gleichung 4 nach $q_{1,\text{E}}$ auf und setzen den dabei erhaltenen Ausdruck in Gleichung 3 ein. Das ergibt

$$\frac{C_1}{C_2} q_{2,\text{E}} + q_{2,\text{E}} = C_1 U_0\,, \quad \text{also} \quad q_{2,\text{E}} = \frac{C_1 C_2}{C_1 + C_2} U_0\,.$$

Nun setzen wir $q_{2,\text{E}}$ in Gleichung 3 oder 4 ein und lösen nach $q_{1,\text{E}}$ auf:

$$q_{1,\text{E}} = \frac{C_1^2}{C_1 + C_2} U_0\,.$$

Einsetzen von $q_{1,\text{E}}$ und $q_{2,\text{E}}$ in Gleichung 2 und Vereinfachen liefert

$$E_{\text{el,E}} = \frac{1}{2} \frac{\left(\dfrac{C_1^2}{C_1 + C_2} U_0\right)^2}{C_1} + \frac{1}{2} \frac{\left(\dfrac{C_1 C_2}{C_1 + C_2} U_0\right)^2}{C_2}$$

$$= \frac{1}{2} \frac{C_1^2}{C_1 + C_2} U_0^2\,.$$

Hiermit und mit Gleichung 1 kennen wir die End- und die Anfangsenergie. Ihre Differenz ist

$$E_{\text{el,A}} - E_{\text{el,E}} = \frac{1}{2} C_1 U_0^2 - \frac{1}{2} \frac{C_1^2}{C_1 + C_2} U_0^2 = \frac{1}{2} \frac{C_1 C_2}{C_1 + C_2} U_0^2\,,$$

und ihr Quotient ist

$$\frac{E_{\text{el,A}}}{E_{\text{el,E}}} = \frac{\dfrac{1}{2} C_1 U_0^2}{\dfrac{1}{2} \dfrac{C_1^2}{C_1 + C_2} U_0^2} = 1 + \frac{C_2}{C_1}\,.$$

Also ist $E_{\text{el,A}}$ um den Faktor $(1 + C_2/C_1)$ größer als $E_{\text{el,E}}$.

b) Wir wenden die Kirchhoff'sche Maschenregel auf den Stromkreis mit dem Schalter in Position a an und berücksichtigen, dass $I = \mathrm{d}q_2/\mathrm{d}t$ ist. Das ergibt

$$\frac{q_1}{C_1} - R I - \frac{q_2}{C_2} = 0\,, \quad \text{also} \quad \frac{q_1}{C_1} - R \frac{\mathrm{d}q_2}{\mathrm{d}t} - \frac{q_2}{C_2} = 0\,.$$

Wegen der Erhaltung der Gesamtladung q während ihrer Umverteilung gilt

$$q_1 = q - q_2 = C_1 U_0 - q_2\,.$$

Einsetzen in die vorige Gleichung liefert

$$U_0 - \frac{q_2}{C_1} - R \frac{\mathrm{d}q_2}{\mathrm{d}t} - \frac{q_2}{C_2} = 0\,.$$

Durch Umstellen erhalten wir eine Differenzialgleichung erster Ordnung:

$$R \frac{\mathrm{d}q_2}{\mathrm{d}t} + \left(\frac{C_1 + C_2}{C_1 C_2}\right) q_2 = U_0\,.$$

Wir nehmen an, dass ihre Lösung folgende Form hat:

$$q_2(t) = a + b\, \mathrm{e}^{-t/\tau}. \tag{5}$$

Dies leiten wir nach der Zeit ab:

$$\frac{\mathrm{d}q_2(t)}{\mathrm{d}t} = \frac{\mathrm{d}}{\mathrm{d}t}\left(a + b\, \mathrm{e}^{-t/\tau}\right) = -\frac{b}{\tau}\, \mathrm{e}^{-t/\tau}.$$

Nun setzen wir die eben erhaltenen Ausdrücke für $\mathrm{d}q_2/\mathrm{d}t$ und q_2 in die Differenzialgleichung ein,

$$R\left(-\frac{b}{\tau}\, \mathrm{e}^{-t/\tau}\right) + \frac{C_1 + C_2}{C_1\, C_2}\left(a + b\, \mathrm{e}^{-t/\tau}\right) = U_0,$$

und stellen um:

$$\left(-\frac{R}{\tau}\, \mathrm{e}^{-t/\tau}\right) b + \frac{C_1 + C_2}{C_1\, C_2}\, a + \left(\frac{C_1 + C_2}{C_1\, C_2}\, \mathrm{e}^{-t/\tau}\right) b = U_0.$$

Wenn diese Gleichung für alle Werte von t erfüllt sein soll, muss (mit der Ersatzkapazität C) gelten:

$$a = \frac{C_1\, C_2}{C_1 + C_2}\, U_0 = C\, U_0$$

und

$$\left(-\frac{R}{\tau}\, \mathrm{e}^{-t/\tau}\right) b + \left(\frac{C_1 + C_2}{C_1\, C_2}\, \mathrm{e}^{-t/\tau}\right) b = 0.$$

Vereinfachen liefert $-\dfrac{R}{\tau} + \dfrac{C_1 + C_2}{C_1\, C_2} = 0,$

woraus folgt: $\tau = R\, \dfrac{C_1\, C_2}{C_1 + C_2} = R\,C.$

Mit der Anfangsbedingung $q_2(0) = 0$ ergibt sich aus Gleichung 5:

$$0 = a + b \quad \text{und daraus} \quad b = -a = -C\, U_0.$$

Wir setzen dies in Gleichung 5 ein und erhalten

$$q_2(t) = C\, U_0 - C\, U_0\, \mathrm{e}^{-t/\tau} = C\, U_0\left(1 - \mathrm{e}^{-t/\tau}\right).$$

Das leiten wir nach der Zeit ab, um den Strom durch R als Funktion der Zeit zu erhalten:

$$I(t) = \frac{\mathrm{d}q_2(t)}{\mathrm{d}t} = C\, U_0\, \frac{\mathrm{d}}{\mathrm{d}t}\left(1 - \mathrm{e}^{-t/\tau}\right)$$

$$= C\, U_0\left(\mathrm{e}^{-t/\tau}\right)\left(-\frac{1}{\tau}\right) = \frac{C\, U_0}{\tau}\, \mathrm{e}^{-t/\tau} = \frac{U_0}{R}\, \mathrm{e}^{-t/\tau}.$$

Darin ist $\tau = R\, \dfrac{C_1\, C_2}{C_1 + C_2}.$

c) Mit demselben Ausdruck für τ wie in Teilaufgabe c erhalten wir für die im Widerstand dissipierte Leistung als Funktion der Zeit

$$P(t) = R\, I(t)^2 = \left(\frac{U_0}{R}\, \mathrm{e}^{-t/\tau}\right)^2 R = \frac{U_0^2}{R}\, \mathrm{e}^{-2t/\tau}.$$

d) Die gesamte im Widerstand dissipierte Energie erhalten wir durch Integration. Dabei berücksichtigen wir, dass die Kondensatoren in Reihe geschaltet sind, also die Ersatzkapazität

$$C = \frac{C_1\, C_2}{C_1 + C_2}$$

haben. Die dissipierte Energie ergibt sich damit zu

$$E = \frac{U_0^2}{R} \int_0^\infty \mathrm{e}^{-2t/(RC)}\, \mathrm{d}t = \tfrac{1}{2}\, U_0^2\, C = \frac{1}{2}\, \frac{C_1\, C_2}{C_1 + C_2}\, U_0^2.$$

Die im Widerstand als Joule'sche Wärme dissipierte Energie ist also exakt gleich der Differenz zwischen Anfangs- und Endenergie, die wir in Teilaufgabe a ermittelt haben.

L22.53 Wir lesen aus der Abbildung in der Aufgabenstellung an einigen Punkten die Steigung ab und berechnen aus ihrem Reziprokwert den differenziellen Widerstand.

U/V	R_{diff}/Ω
0,0	6,67
0,1	17,9
0,3	−75,2
0,4	42,9
0,5	8

a) Diese Werte sind in der Abbildung gegen die Spannung aufgetragen.

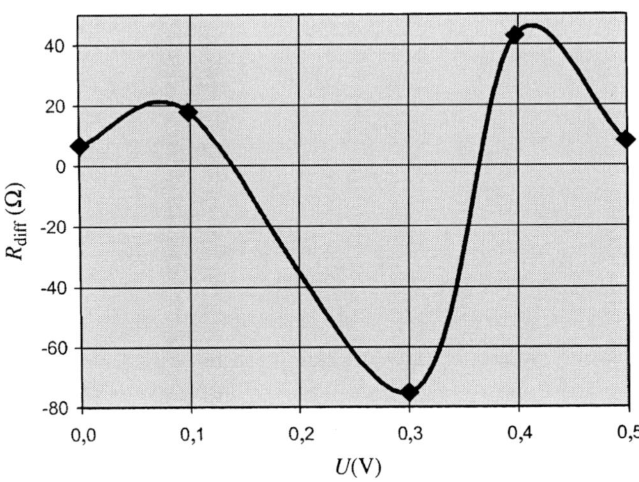

b) Der differenzielle Widerstand dieser Diode wird bei etwa 0,14 V negativ.

c) Der maximale differenzielle Widerstand beträgt etwa 45 Ω und tritt bei rund 0,42 V auf.

d) Die Diode weist keinen Widerstand auf, wenn die Kurve die Abszisse schneidet, also bei 0,14 V und bei 0,36 V.

L22.54 a) Die Stromstärke I ist der Quotient aus der Anzahldichte n_t/t der pro Sekunde fließenden Ladungsträger und ihrer Ladung, die hier gleich $|e|$ ist. Die Anzahl der Protonen, die pro Sekunde auf das Target treffen, können wir direkt berechnen, weil $1\,\mathrm{A} = 1\,\mathrm{C}\cdot\mathrm{s}^{-1}$ ist:

$$\frac{n_t}{t} = \frac{I}{|e|} = \frac{3,50\,\mu\mathrm{A}}{1,602\cdot10^{-19}\,\mathrm{C}} = 2,18\cdot10^{13}\,\mathrm{s}^{-1}\,.$$

b) Mit der Energie von 60,0 MeV pro Proton ergibt sich die dem Target zugeführte Leistung zu

$$P = I\,U = (3,50\,\mu\mathrm{A})\,(60,0\,\mathrm{MeV}) = 210\,\mathrm{W}\,.$$

c) Die zugeführte Wärmemenge Q ist das Produkt aus der Masse m und der spezifischen Wärmekapazität c_{Cu} des Kupfers sowie der Temperaturdifferenz ΔT:

$$Q = m\,c_{\mathrm{Cu}}\,\Delta T = P\,\Delta t\,.$$

Diese Wärmemenge ist, wie hier bereits eingesetzt, außerdem gleich dem Produkt aus der zugeführten Leistung P und der Zeitspanne Δt. Für diese erhalten wir

$$\begin{aligned}
\Delta t &= \frac{m\,c_{\mathrm{Cu}}\,\Delta T}{P} \\
&= \frac{(50,0\,\mathrm{g})\,(0,386\,\mathrm{kJ}\cdot\mathrm{kg}^{-1}\cdot\mathrm{K}^{-1})\,(300\,\mathrm{K})}{210\,\mathrm{J}\cdot\mathrm{s}^{-1}} = 27,6\,\mathrm{s}\,.
\end{aligned}$$

L22.55 Der in der Abbildung eingezeichnete Widerstand R_{Ers} ist der Ersatzwiderstand der unendlich ausgedehnten Widerstandsleiter.

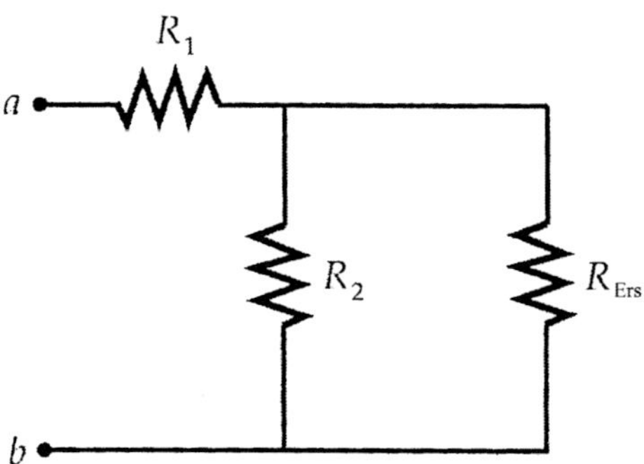

Wenn die Widerstände weder null noch unendlich groß sind, ändert sich der Ersatzwiderstand der Widerstandsleiter wegen ihrer unendlichen Ausdehnung nicht, wenn eine Sprosse zugefügt oder entfernt wird.

a) Es soll $R_1 = R_2 = R$ sein. Dann ist der Ersatzwiderstand der Parallelschaltung von $R_2 = R_1$ mit dem Ersatzwiderstand R_{Ers} gegeben durch

$$R_3 = \frac{R_1\,R_{\mathrm{Ers}}}{R_1 + R_{\mathrm{Ers}}}\,.$$

Daher gilt für den Ersatzwiderstand der Widerstandsleiter

$$R_{\mathrm{Ers}} = R_1 + R_3 = R_1 + \frac{R_1\,R_{\mathrm{Ers}}}{R_1 + R_{\mathrm{Ers}}}\,.$$

Dies ergibt die in R_{Ers} quadratische Gleichung

$$R_{\mathrm{Ers}}^2 - R_1\,R_{\mathrm{Ers}} - R_1^2 = 0$$

mit der positiven Lösung

$$R_{\mathrm{Ers}} = \frac{R_1 + \sqrt{R_1^2 + 4\,R_1^2}}{2} = \frac{1 + \sqrt{5}}{2}\,R_1 \approx 1,618\,R_1\,.$$

b) Bei unterschiedlichen Widerständen R_1 und R_2 ist der Ersatzwiderstand der Parallelschaltung von R_2 mit dem Ersatzwiderstand R_{Ers} gegeben durch

$$R_3 = \frac{R_2\,R}{R_2 + R}\,.$$

Daher gilt für den Ersatzwiderstand der Widerstandsleiter

$$R_{\mathrm{Ers}} = R_1 + R_3 = R_1 + \frac{R_2\,R_{\mathrm{Ers}}}{R_2 + R_{\mathrm{Ers}}}\,.$$

Dies ergibt die in R_{Ers} quadratische Gleichung

$$R_{\mathrm{Ers}}^2 - R_1\,R_{\mathrm{Ers}} - R_1\,R_2 = 0$$

mit der positiven Lösung

$$R_{\mathrm{Ers}} = \frac{R_1 + \sqrt{R_1^2 + 4\,R_1\,R_2}}{2}\,.$$

c) In der Lösung von Teilaufgabe b setzen wir $R_1 = R_2 = R$. Das ergibt

$$R_{\mathrm{Ers}} = \frac{R_1 + \sqrt{R_1^2 + 4\,R_1\,R_2}}{2} = \frac{R_1 + \sqrt{R_1^2 + 4\,R_1^2}}{2}\,,$$

also denselben Ausdruck wie in Teilaufgabe a.

Das Magnetfeld

© Springer-Verlag GmbH Deutschland, ein Teil von Springer Nature 2019
A. Knochel (Hrsg.), *Arbeitsbuch zu Tipler/Mosca, Physik*, https://doi.org/10.1007/978-3-662-58919-9_23

Das Magnetfeld

Aufgaben

Verständnisaufgaben

23.1 • Die Achse einer Kathodenstrahlröhre liegt waagerecht in einem Magnetfeld, dessen Vektor senkrecht nach oben zeigt (Abb. 23.1). Auf welcher der gestrichelt eingezeichneten Bahnen bewegen sich die von der Kathode emittierten Elektronen? a) Bahn 1, b) Bahn 2, c) Bahn 3, d) Bahn 4, e) Bahn 5.

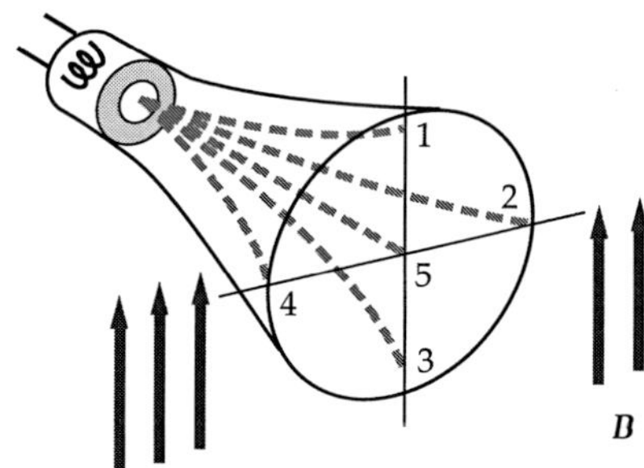

Abb. 23.1 Zu Aufgabe 23.1

23.2 • Richtig oder falsch? a) Das magnetische Moment eines Stabmagneten zeigt von dessen Nordpol zu dessen Südpol. b) Im Inneren eines Stabmagneten zeigt das von diesem Magneten erzeugte Feld vom Südpol zum Nordpol. c) Wenn die Stromstärke in einer stromdurchflossenen Leiterschleife verdoppelt und gleichzeitig die Querschnittsfläche der Schleife halbiert wird, ändert sich der Betrag ihres magnetischen Moments nicht. d) Wenn die Ebene einer stromdurchflossenen Leiterschleife senkrecht zur Richtung eines umgebenden Magnetfelds ausgerichtet ist, wird das auf sie wirkende Drehmoment maximal.

23.3 • Ein Elektron, das sich in $+x$-Richtung bewegt, tritt in ein homogenes, in $+y$-Richtung zeigendes Magnetfeld ein. Wird es dabei a) zur $+y$-Richtung hin, b) zur $-y$-Richtung hin, c) zur $+z$-Richtung hin, d) zur $-z$-Richtung hin abgelenkt, oder e) fliegt es unabgelenkt in $+x$-Richtung weiter?

23.4 • Vergleichen Sie elektrische und magnetische Feldlinien. Erläutern Sie Gemeinsamkeiten und Unterschiede.

Schätzungs- und Näherungsaufgabe

23.5 • Schätzen Sie die magnetische Kraft ab, die das Erdmagnetfeld auf einen Meter einer stromdurchflossenen Leitung im 16-A-Stromkreis eines Wohnhauses maximal ausüben kann.

Die magnetische Kraft

23.6 • Ein punktförmiges Teilchen mit einer Ladung $q = -3{,}64\,\mathrm{nC}$ bewegt sich mit einer Geschwindigkeit von $2{,}75 \cdot$ $10^6\,\widehat{\boldsymbol{x}}\,\mathrm{m/s}$. Berechnen Sie die Kraft, die folgende Magnetfelder auf das Teilchen ausüben: a) $\boldsymbol{B} = 0{,}38\,\widehat{\boldsymbol{y}}\,\mathrm{T}$, b) $\boldsymbol{B} = (0{,}75\,\widehat{\boldsymbol{x}} + 0{,}75\,\widehat{\boldsymbol{y}})\,\mathrm{T}$, c) $\boldsymbol{B} = 0{,}65\,\widehat{\boldsymbol{x}}\,\mathrm{T}$ und d) $\boldsymbol{B} = (0{,}75\,\widehat{\boldsymbol{x}} + 0{,}75\,\widehat{\boldsymbol{z}})\,\mathrm{T}$.

23.7 • In einem geraden, stromdurchflossenen Leiterabschnitt befindet sich das Stromelement $I\,\boldsymbol{l}$ mit $I = 2{,}7\,\mathrm{A}$ sowie $\boldsymbol{l} = (3{,}0\,\widehat{\boldsymbol{x}} + 4{,}0\,\widehat{\boldsymbol{y}})\,\mathrm{cm}$. Es ist von einem homogenen Magnetfeld $\boldsymbol{B} = 1{,}3\,\widehat{\boldsymbol{x}}\,\mathrm{T}$ umgeben. Berechnen Sie die auf den Leiterabschnitt wirkende Kraft.

23.8 •• Durch den in Abb. 23.2 skizzierten Leiterabschnitt fließt von a nach b ein Strom von $1{,}8\,\mathrm{A}$. Den Leiterabschnitt umgibt ein Magnetfeld $\boldsymbol{B} = 1{,}2\,\widehat{\boldsymbol{z}}\,\mathrm{T}$. Berechnen Sie die insgesamt auf den Leiter wirkende Kraft und zeigen Sie, dass sich die gleiche Kraft ergibt, wenn der Leiterabschnitt geradlinig von a nach b verläuft und vom selben Strom durchflossen wird.

Abb. 23.2 Zu Aufgabe 23.8

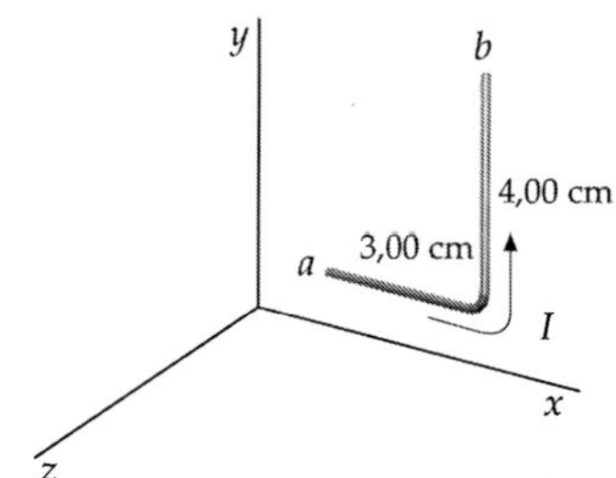

23.9 ••• Durch einen in beliebiger Form gebogenen, in einem homogenen Magnetfeld $\boldsymbol{B}$ befindlichen Draht fließt ein Strom I. Zeigen Sie explizit, dass die Kraft auf einen Abschnitt des Drahts, der von den beliebig gewählten Punkten a und b begrenzt wird, gegeben ist durch $\boldsymbol{F} = I\,\boldsymbol{l} \times \boldsymbol{B}$; dabei ist $\boldsymbol{l}$ der Längenvektor, der vom Punkt a zum Punkt b zeigt. Anders ausgedrückt: Zeigen Sie, dass auf den beliebig gebogenen Leiterabschnitt dieselbe Kraft wirkt wie auf einen geraden Abschnitt, der die gleichen Endpunkte miteinander verbindet und durch den derselbe Strom fließt.

Die Bewegung einer Punktladung in einem Magnetfeld

23.10 • Ein Proton bewegt sich auf einer Kreisbahn mit einem Radius von 65 cm. Die Bahn befindet sich in einem Magnetfeld mit einer Feldstärke von 0,75 T, das senkrecht auf der Bahn steht. Berechnen Sie a) die Periode der Kreisbewegung, b) die Bahngeschwindigkeit und c) die kinetische Energie des Protons.

23.11 • Ein Elektron mit einer kinetischen Energie von 4,5 keV bewegt sich auf einer Kreisbahn, die sich in einem senkrecht zur Bahn gerichteten Magnetfeld mit einer Feldstärke von 0,325 T befindet. a) Berechnen Sie den Radius der Bahn. b) Berechnen Sie die Frequenz und die Periode der Kreisbewegung.

23.12 •• Ein Proton, ein Alphateilchen und ein Deuteron bewegen sich auf Kreisbahnen, die alle den gleichen Radius haben und sich in einem homogenen Magnetfeld befinden. Die

Ladung des Deuterons ist gleich der Ladung des Protons, und die Ladung des Alphateilchens ist doppelt so groß. Nehmen Sie an, dass gilt: $m_\alpha = 2m_\mathrm{d} = 4m_\mathrm{p}$. Vergleichen Sie a) die Geschwindigkeiten, b) die kinetischen Energien und c) die Beträge der Drehimpulse bezüglich der Bahnmittelpunkte der drei Teilchen.

23.13 •• Ein Teilchenstrahl mit der Geschwindigkeit $\boldsymbol{v}$ tritt in ein homogenes Magnetfeld $\boldsymbol{B}$ ein, das in $+x$-Richtung zeigt. Die x-Komponente der Verschiebung eines Teilchens sei gegeben durch $2\,\pi\,m/|q|\,|\boldsymbol{B}|)\,v\cos\theta$, wobei θ der Winkel ist, den $\boldsymbol{v}$ mit $\boldsymbol{B}$ einschließt. Zeigen Sie, dass der Geschwindigkeitsvektor des Teilchens dann in dieselbe Richtung zeigt wie beim Eintritt in das Feld.

Die auf geladene Teilchen wirkende magnetische Kraft

23.14 • Ein Geschwindigkeitsfilter arbeitet mit einem 0,28 T starken Magnetfeld senkrecht zu einem 0,46 MV/m starken elektrischen Feld. a) Wie schnell muss sich ein Teilchen bewegen, um das Filter ohne Ablenkung zu durchqueren? Welche kinetische Energie müssen b) Protonen bzw. c) Elektronen haben, um das Filter ohne Ablenkung zu durchqueren?

23.15 •• Es gibt zwei stabile Chlorisotope: ^{35}Cl und ^{37}Cl. Eine Mischung einfach ionisierter Chloratome in der Gasphase soll mithilfe eines Massenspektrometers in die Isotopenanteile getrennt werden. Das Spektrometer arbeitet mit einer Magnetfeldstärke von 1,2 T. Welche Beschleunigungsspannung muss mindestens anliegen, damit die räumliche Trennung der Isotope nach dem Durchlaufen der Halbkreisbahn 1,4 cm beträgt?

23.16 •• Ein Zyklotron zur Beschleunigung von Protonen arbeitet mit einem Magnetfeld von 1,4 T und hat einen Radius von 0,70 m. a) Geben Sie die Zyklotronfrequenz an. b) Berechnen Sie die kinetische Energie der Protonen beim Austritt aus dem Zyklotron. c) Wie ändern sich Ihre Ergebnisse, wenn Sie Deuteronen anstelle von Protonen betrachten?

23.17 •• Zeigen Sie: Der Bahnradius eines geladenen Teilchens in einem Zyklotron ist proportional zur Wurzel aus der Anzahl der absolvierten Umläufe.

Das auf Leiterschleifen und Magnete ausgeübte Drehmoment, magnetische Momente

23.18 • Ein elektrischer Leiter hat die Form eines Quadrats mit der Seitenlänge $l = 6{,}0$ cm und liegt in der x-y-Ebene. Durch den Leiter fließt ein Strom $I = 2{,}5$ A, und es herrscht ein äußeres homogenes Magnetfeld mit einer Stärke von 0,30 T. Geben Sie den Betrag des Drehmoments an, das auf den Leiter wirkt, wenn das Magnetfeld a) in $+z$-Richtung bzw. b) in $+x$-Richtung zeigt.

23.19 • Ein elektrischer Leiter hat die Form eines gleichseitigen Dreiecks mit der Seitenlänge $l = 8{,}0$ cm und liegt in der x-y-Ebene. Durch den Leiter fließt ein Strom $I = 2{,}5$ A, und es herrscht ein äußeres homogenes Magnetfeld mit einer Stärke von 0,30 T. Geben Sie den Betrag des Drehmoments an, das auf den Leiter wirkt, wenn das Magnetfeld a) in $+z$-Richtung bzw. b) in $+x$-Richtung zeigt.

23.20 •• Eine Leiterschleife besteht aus zwei Halbkreisbögen, verbunden durch gerade Abschnitte (Abb. 23.3). Der innere Radius beträgt 0,30 m, der äußere 0,50 m. Durch die Schleife fließt (im äußeren Bogen in Uhrzeigerrichtung) ein Strom $I = 1{,}5$ A. Geben Sie das magnetische Moment der Leiterschleife an.

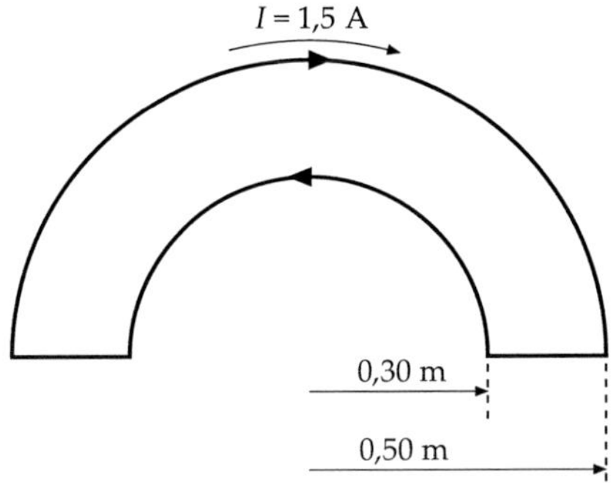

Abb. 23.3 Zu Aufgabe 23.20

23.21 •• Ein Teilchen mit der Ladung q und der Masse m bewegt sich mit der Winkelgeschwindigkeit ω auf einer Kreisbahn mit dem Radius r. a) Zeigen Sie, dass der Mittelwert des Stroms, der durch die Bewegung des Teilchens erzeugt wird, gegeben ist durch $I = q\,\omega/(2\pi)$ und dass der Betrag des magnetischen Moments gegeben ist durch $\mu = \frac{1}{2}\,q\,\omega\,r^2$. b) Zeigen Sie, dass der Betrag des Drehimpulses $L = m\,r^2\,\omega$ ist und dass die Beziehung zwischen den Vektoren des magnetischen Moments und des Drehimpulses $\boldsymbol{\mu} = \left(\frac{1}{2}\,q/m\right)\boldsymbol{L}$ lautet; darin ist $\boldsymbol{L}$ der Drehimpuls bezüglich des Mittelpunkts der Bahn.

23.22 ••• Gegeben ist ein nichtleitender Hohlzylinder mit der Länge l, dem Außenradius r_a und dem Innenradius r_i (Abb. 23.4), der sich mit der Winkelgeschwindigkeit ω um seine Längsachse dreht. In der Zylinderschale herrscht eine homogene Raumladungsdichte ρ. Leiten Sie einen Ausdruck für das magnetische Moment des Hohlzylinders her.

Abb. 23.4 Zu Aufgabe 23.22

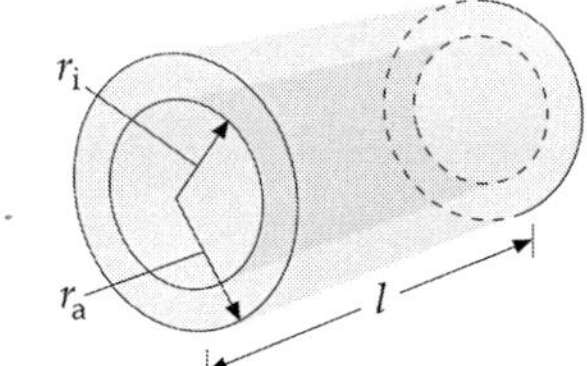

23.23 ••• An der Oberfläche einer Kugelschale mit dem Radius r herrscht eine homogene Flächenladungsdichte σ. Die

Kugelschale rotiert mit der Winkelgeschwindigkeit ω um ihren Durchmesser. Geben Sie einen Ausdruck für ihr magnetisches Moment an.

Der Hall-Effekt

23.24 • Ein 2,00 cm breiter und 0,100 cm dicker Metallstreifen wird von einem Strom mit einer Stärke von 20,0 A durchflossen und befindet sich in einem homogenen Magnetfeld von 2,00 T (Abb. 23.5). Es wird eine Hall-Spannung von 4,27 μV gemessen. Berechnen Sie a) die Driftgeschwindigkeit der freien Elektronen und b) deren Anzahldichte im Leiter. c) Befindet sich Punkt a oder Punkt b auf höherem Potenzial? Erläutern Sie Ihre Antwort.

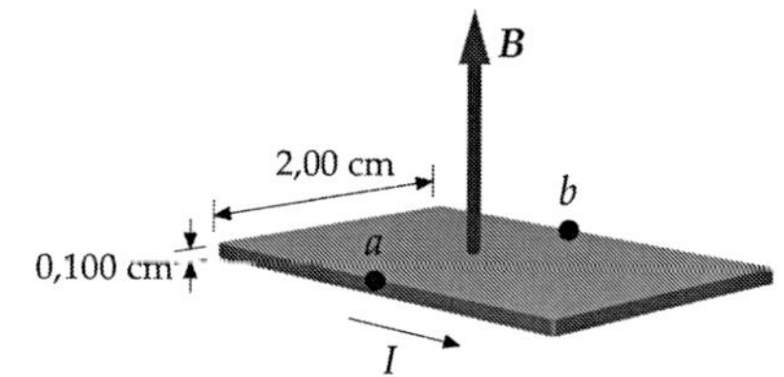

Abb. 23.5 Zu Aufgabe 23.24

23.25 •• Eine Anwendung aus der Biologie: Blut enthält geladene Teilchen (Ionen), sodass es beim Fließen eine Hall-Spannung über dem Durchmesser einer Ader hervorrufen kann. Die Fließgeschwindigkeit des Bluts in einer großen Arterie mit einem Durchmesser von 0,85 cm sei maximal 0,60 m/s. Ein Abschnitt der Arterie befinde sich in einem Magnetfeld von 0,20 T. Welche maximale Potenzialdifferenz baut sich dabei über dem Durchmesser der Ader auf?

23.26 •• Der Hall-Koeffizient R_H, eine Eigenschaft von Leitern (ähnlich dem spezifischen Widerstand), ist definiert als $R_\mathrm{H} = E_y/(j_x\,B_z)$, wobei j_x die x-Komponente der Stromdichte im Material, B_z die z-Komponente der Magnetfeldstärke und E_y die y-Komponente des resultierenden Hall-Felds ist. Zeigen Sie, dass der Hall-Koeffizient durch $1/[(n/V)\,q]$ gegeben ist. (Darin ist q die Ladung pro Ladungsträger, also $-e$ bei Elektronen, und n/V deren Anzahldichte; die Hall-Koeffizienten einwertiger Metalle wie Kupfer, Silber und Natrium sind folglich negativ.)

Allgemeine Aufgaben

23.27 • Ein Alphateilchen (Ladung $+2\,e$) bewegt sich in einem Magnetfeld von 0,10 T auf einer Kreisbahn mit einem Radius von 0,50 m. Berechen Sie a) die Periode, b) den Betrag der Geschwindigkeit und c) die kinetische Energie (in Elektronenvolt) des Teilchens. Setzen Sie die Masse des Teilchens zu $m = 6,65 \cdot 10^{-27}$ kg an.

23.28 •• Ein langer, dünner Stabmagnet mit dem magnetischen Moment μ parallel zu seiner Längsachse ist in der Mitte reibungsfrei gelagert und wird als Kompassnadel verwendet.

In einem horizontal orientierten Magnetfeld B richtet sich die Nadel an den Feldlinien aus. Zeigen Sie, dass die Nadel nach einer Auslenkung um den kleinen Winkel θ mit der Frequenz $\nu = \frac{1}{2\pi}\sqrt{|\mu|\,|B|/I_\mathrm{T}}$ um ihre Gleichgewichtslage schwingt. Darin ist I_T das Trägheitsmoment bezüglich der Lagerung.

23.29 •• Ein 20 m langer, leitfähiger Draht ist parallel zur y-Achse ausgerichtet und bewegt sich mit einer Geschwindigkeit von 20 m/s in $+x$-Richtung. Die Anordnung befindet sich in einem Magnetfeld $B = 0{,}50\,\widehat{z}$ T. Durch die magnetische Kraft bewegen sich die Elektronen so lange zu einem Ende des Drahts (wodurch das andere Ende eine positive Ladung erhält), bis die Kraft des durch die Ladungstrennung erzeugten elektrischen Felds die magnetische Kraft kompensiert. a) Ermitteln Sie Betrag und Richtung des elektrischen Felds in diesem stationären Zustand. b) Welches Ende des Drahts ist positiv geladen und welches negativ? c) Der bewegte Leiter sei nun 2,0 m lang. Welche Potenzialdifferenz baut sich durch das in Teilaufgabe a berechnete elektrische Feld zwischen den Enden des Leiters auf?

23.30 ••• Das magnetische Moment μ eines kleinen Stabmagneten schließt mit der x-Achse einen Winkel θ ein. Der Magnet befindet sich in einem *inhomogenen* Magnetfeld $B = B_x(x)\,\widehat{x} + B_y(y)\,\widehat{y}$. Zeigen Sie, dass auf den Magneten die resultierende Kraft

$$F = \mu_x \frac{\partial B_x}{\partial x}\,\widehat{x} + \mu_y \frac{\partial B_y}{\partial y}\,\widehat{y}$$

wirkt. Verwenden Sie die Beziehungen $F_x = -\partial E_\mathrm{pot}/\partial x$, $F_y = -\partial E_\mathrm{pot}/\partial y$ und $F_z = -\partial E_\mathrm{pot}/\partial z$.

23.31 ••• Wir wollen ein Ampère-Messgerät konstruieren, indem wir an der Achse eines gedämpften Drehpendels eine Leiterschleife befestigen und diese in einen homogenes Magnetfeld bringen. Ein Strom durch die Leiterschleife bewirkt ein Drehmoment, welches das Drehpendel in eine neue Ruhelage auslenkt und so die Stromstärke anzeigt. Die Schleife soll die Querschnittsfläche $|\mathbf{A}| = 10\,\mathrm{cm}^2$ und 10 Windungen besitzen. Das homogene Magnetfeld habe $|\mathbf{B}| = 0{,}1$ T. Wir wählen die Ruhelage so, dass die Querschnittsfläche der Leiterschleife senkrecht zur Richtung des Magnetfelds steht ($\theta = 90°$). a) Argumentieren Sie, dass der Winkel des Zeigerausschlags nur für kleine Winkel proportional zur Stromstärke ist. Welche Obergrenze kann der Winkel nicht überschreiten? b) Welche Federkonstante (Nm/rad) müssen wir für das Rückstelldrehmoment wählen, damit eine Stromstärke von 1 A gerade in einen Zeigerausschlag von 45° resultiert?

Lösungen zu den Aufgaben

Verständnisaufgaben

L23.1 Die Elektronen bewegen sich anfangs in einem Winkel von 90° relativ zum Magnetfeld. Dabei werden sie in Richtung der auf sie einwirkenden magnetischen Kraft abgelenkt, für die gilt: $\boldsymbol{F} = q\,\boldsymbol{v} \times \boldsymbol{B}$. Weil die Teilchen negativ geladen sind, ist die Richtung der Kraft entgegengesetzt zu derjenigen, die sich aus der Rechte-Hand-Regel ergibt. Also folgen die Elektronen der Bahn 2, und Lösung b ist richtig.

L23.2 a) Falsch. Gemäß der Definition zeigt das magnetische Moment eines Stabmagneten von dessen Südpol zu dessen Nordpol.

b) Richtig. Das äußere Magnetfeld eines Stabmagneten zeigt von dessen Südpol zu dessen Nordpol. Weil magnetische Feldlinien geschlossene Schleifen darstellen, müssen sie im Inneren des Stabmagneten in die Gegenrichtung zeigen, also vom Südpol zum Nordpol.

c) Richtig. Für das magnetische Moment einer Leiterschleife gilt $\boldsymbol{\mu} = n\,I\,\boldsymbol{A}$, wobei $\boldsymbol{A}$ der Flächenvektor in Richtung der Normalen auf der Ebene der Leiterschleife ist. Daher bleibt das magnetische Moment unverändert, wenn der Strom verdoppelt und gleichzeitig die Fläche der Leiterschleife halbiert wird.

d) Falsch. Der Betrag des Drehmoments auf eine stromdurchflossene Leiterschleife bzw. auf deren Dipolmoment ist gegeben durch $M = |\boldsymbol{\mu}|\,|\boldsymbol{B}|\sin\theta$. Darin ist θ der Winkel zwischen dem Magnetfeld und der Achse der Leiterschleife, d. h. der Normalen auf ihrer Ebene. Wenn die Ebene der Leiterschleife senkrecht zum Feld ausgerichtet ist, dann verläuft die Normale auf ihr parallel zum Feld, sodass in die obige Beziehung $\theta = 0°$ einzusetzen ist. Also ist das Drehmoment in diesem Fall gleich null.

L23.3 Die x-Achse soll nach rechts, die y-Achse nach hinten und die z-Achse nach oben zeigen. Dann ergibt die Anwendung der Rechte-Hand-Regel, dass in der vorliegenden Situation ein positiv geladenes Teilchen eine nach unten gerichtete Kraft erfährt und daher bei Abwesenheit anderer Kräfte nach unten abgelenkt wird. Weil das Elektron negativ geladen ist, hat die Kraft die entgegengesetzte Richtung, also nach oben, in $+z$-Richtung, und Lösung c ist richtig.

L23.4 *Gemeinsamkeiten:*
Die Dichte der Feldlinien an einer Oberfläche senkrecht zu den Feldlinien ist ein Maß für die Feldstärke.
Die Feldlinien zeigen in Feldrichtung.
Die Feldlinien schneiden einander nicht.

Unterschiede:
Magnetische Feldlinien haben weder Anfang noch Ende, sondern stellen geschlossene Schleifen dar. Dagegen beginnen elektrische Feldlinien an positiven Ladungen und enden an negativen Ladungen.
Die Richtungen magnetischer Kräfte verlaufen senkrecht zu den magnetischen Feldlinien. Dagegen verlaufen die Richtungen elektrischer Kräfte parallel oder antiparallel (entgegengesetzt) zu den elektrischen Feldlinien.

Schätzungs- und Näherungsaufgabe

L23.5 Die magnetische Kraft auf einen Leiter, in dem der Strom I fließt, ist gegeben durch $\boldsymbol{F} = I\,\boldsymbol{l} \times \boldsymbol{B}$. Daher ist sie maximal, wenn der Winkel zwischen dem Längenvektor $\boldsymbol{l}$ des Leiters und dem $\boldsymbol{B}$ Magnetfeld 90° beträgt. Dann ist der maximale Betrag der Feldstärke pro Längeneinheit: $(F/l)_{\mathrm{max}} = IB$. Mit dem Erdmagnetfeld $B = 0{,}5 \cdot 10^{-4}\,\mathrm{T}$ erhalten wir

$$(F/l)_{\mathrm{max}} = IB = (16\,\mathrm{A})\,(0{,}5 \cdot 10^{-4}\,\mathrm{T}) = 0{,}8\,\mathrm{mN\,m^{-1}}\,.$$

Die magnetische Kraft

L23.6 Auf ein Teilchen mit der Ladung q und der Geschwindigkeit $\boldsymbol{v}$ wirkt die magnetische Kraft $\boldsymbol{F} = q\,\boldsymbol{v} \times \boldsymbol{B}$. Mit den gegebenen Werten der Ladung und der Geschwindigkeit erhalten wir daraus folgende Formel, in die wir den jeweiligen Wert für das Magnetfeld einsetzen können:

$$\boldsymbol{F} = (-3{,}64\,\mathrm{nC})\left[(2{,}75 \cdot 10^{6}\,\mathrm{m\,s^{-1}})\,\widehat{\boldsymbol{x}} \times \boldsymbol{B}\right].$$

a) Bei $\boldsymbol{B} = (0{,}38\,\widehat{\boldsymbol{y}})\,\mathrm{T}$ ist die Kraft

$$\begin{aligned}
\boldsymbol{F} &= (-3{,}64\,\mathrm{nC})\left[(2{,}75 \cdot 10^{6}\,\mathrm{m\,s^{-1}})\,\widehat{\boldsymbol{x}} \times (0{,}38\,\mathrm{T})\,\widehat{\boldsymbol{y}}\right] \\
&= -(0{,}38\,\widehat{\boldsymbol{z}})\,\mathrm{mN}\,.
\end{aligned}$$

b) Bei $\boldsymbol{B} = (0{,}75\,\widehat{\boldsymbol{x}} + 0{,}75\,\widehat{\boldsymbol{y}})\,\mathrm{T}$ ist die Kraft

$$\begin{aligned}
\boldsymbol{F} &= (-3{,}64\,\mathrm{nC}) \\
&\quad \cdot \left\{(2{,}75 \cdot 10^{6}\,\mathrm{m\,s^{-1}})\,\widehat{\boldsymbol{x}} \times [(0{,}75\,\mathrm{T})\,\widehat{\boldsymbol{x}} + (0{,}75\,\mathrm{T})\,\widehat{\boldsymbol{y}}]\right\} \\
&= -(7{,}5\,\widehat{\boldsymbol{z}})\,\mathrm{mN}\,.
\end{aligned}$$

c) Bei $\boldsymbol{B} = (0{,}65\,\widehat{\boldsymbol{x}})\,\mathrm{T}$ ist die Kraft

$$\boldsymbol{F} = (-3{,}64\,\mathrm{nC})\left[(2{,}75 \cdot 10^{6}\,\mathrm{m\,s^{-1}})\,\widehat{\boldsymbol{x}} \times (0{,}65\,\mathrm{T})\,\widehat{\boldsymbol{x}}\right] = 0\,.$$

d) Bei $\boldsymbol{B} = (0{,}75\,\widehat{\boldsymbol{x}} + 0{,}75\,\widehat{\boldsymbol{z}})\,\mathrm{T}$ ist die Kraft

$$\begin{aligned}
\boldsymbol{F} &= (-3{,}64\,\mathrm{nC}) \\
&\quad \cdot \left\{(2{,}75 \cdot 10^{6}\,\mathrm{m\,s^{-1}})\,\widehat{\boldsymbol{x}} \times [(0{,}75\,\mathrm{T})\,\widehat{\boldsymbol{x}} + (0{,}75\,\mathrm{T})\,\widehat{\boldsymbol{z}}]\right\} \\
&= (7{,}5\,\widehat{\boldsymbol{y}})\,\mathrm{mN}\,.
\end{aligned}$$

L23.7 Auf den Leiter, dessen Längenvektor $\boldsymbol{l}$ in Richtung des Stroms I zeigt, wirkt die Kraft

$$\begin{aligned}
\boldsymbol{F} &= I\,\boldsymbol{l} \times \boldsymbol{B} \\
&= (2{,}7\,\mathrm{A})\left[(3{,}0\,\mathrm{cm})\,\widehat{\boldsymbol{x}} + (4{,}0\,\mathrm{cm})\,\widehat{\boldsymbol{y}}\right] \times (1{,}3\,\mathrm{T})\,\widehat{\boldsymbol{x}} \\
&= -(0{,}14\,\widehat{\boldsymbol{z}})\,\mathrm{N}\,.
\end{aligned}$$

L23.8 Mit der Beziehung $\boldsymbol{F} = I\,\boldsymbol{l} \times \boldsymbol{B}$ ermitteln wir zunächst die Kräfte $\boldsymbol{F}_{3\,\mathrm{cm}}$ und $\boldsymbol{F}_{4\,\mathrm{cm}}$, die auf die beiden Leiterabschnitte wirken:

$$\begin{aligned}
\boldsymbol{F}_{3\,\mathrm{cm}} &= (1{,}8\,\mathrm{A})\left[(3{,}0\,\mathrm{cm})\,\widehat{\boldsymbol{x}} \times (1{,}2\,\mathrm{T})\,\widehat{\boldsymbol{z}}\right] = -(0{,}0648\,\widehat{\boldsymbol{y}})\,\mathrm{N}\,, \\
\boldsymbol{F}_{4\,\mathrm{cm}} &= (1{,}8\,\mathrm{A})\left[(4{,}0\,\mathrm{cm})\,\widehat{\boldsymbol{y}} \times (1{,}2\,\mathrm{T})\,\widehat{\boldsymbol{z}}\right] = (0{,}0864\,\widehat{\boldsymbol{x}})\,\mathrm{N}\,.
\end{aligned}$$

Die Gesamtkraft ist also

$$\begin{aligned}
\boldsymbol{F} &= \boldsymbol{F}_{3\,\mathrm{cm}} + \boldsymbol{F}_{4\,\mathrm{cm}} = -(0{,}0648\,\widehat{\boldsymbol{y}})\,\mathrm{N} + (0{,}0864\,\widehat{\boldsymbol{x}})\,\mathrm{N} \\
&= (86\,\widehat{\boldsymbol{x}} - 65\,\widehat{\boldsymbol{y}})\,\mathrm{mN}\,.
\end{aligned}$$

Bei einem geradlinigen, von a nach b verlaufenden Leiter ist

$$\boldsymbol{l} = (3{,}0\,\text{cm})\,\widehat{\boldsymbol{x}} + (4{,}0\,\text{cm})\,\widehat{\boldsymbol{y}}\,,$$

und wir erhalten für die Gesamtkraft

$$\begin{aligned}
\boldsymbol{F}_{\text{g}} &= I\,\boldsymbol{l} \times \boldsymbol{B}\\
&= (1{,}8\,\text{A})\,[(3{,}0\,\text{cm})\,\widehat{\boldsymbol{x}} + (4{,}0\,\text{cm})\,\widehat{\boldsymbol{y}}] \times (1{,}2\,\text{T})\,\widehat{\boldsymbol{z}}\\
&= -(0{,}0648\,\widehat{\boldsymbol{y}}\,)\,\text{N} + (0{,}0864\,\widehat{\boldsymbol{x}}\,)\,\text{N}\\
&= (86\,\widehat{\boldsymbol{x}} - 65\,\widehat{\boldsymbol{y}}\,)\,\text{mN}\,.
\end{aligned}$$

Dies ist dieselbe Kraft wie die auf die beiden abgewinkelten Leiterstücke einwirkende Gesamtkraft.

L23.9 Auf den Leiterabschnitt $\text{d}\boldsymbol{l}$ wirkt die Kraft

$$\text{d}\boldsymbol{F} = I\,\text{d}\boldsymbol{l} \times \boldsymbol{B}\,.$$

Wir integrieren und berücksichtigen dabei, dass $\boldsymbol{B}$ und I konstant sind:

$$\boldsymbol{F} = \int_{a}^{b} I\,\text{d}\boldsymbol{l} \times \boldsymbol{B} = I\left(\int_{a}^{b} \text{d}\boldsymbol{l}\right) \times \boldsymbol{B} = I\,\boldsymbol{l} \times \boldsymbol{B}\,.$$

Die Bewegung einer Punktladung in einem Magnetfeld

L23.10 a) Die Periode bzw. Umlaufdauer der Bewegung ist der Quotient aus dem Umfang und der Geschwindigkeit: $T = 2\pi r/v$. Da die Beträge der Zentripetalkraft und der magnetischen Kraft gleich sind, gilt:

$$q\,v\,B = m\,\frac{v^2}{r} \qquad \text{und daher} \qquad r = \frac{m\,v}{q\,B}\,.$$

Einsetzen ergibt

$$T = \frac{2\pi m}{q\,B} = \frac{2\pi\,(1{,}673 \cdot 10^{-27}\,\text{kg})}{(1{,}602 \cdot 10^{-19}\,\text{C})\,(0{,}75\,\text{T})} = 87{,}4\,\text{ns} = 87\,\text{ns}\,.$$

b) Mithilfe der eingangs angegebenen Beziehung für die Umlaufdauer erhalten wir für die Geschwindigkeit

$$\begin{aligned}
v &= \frac{2\pi r}{T} = \frac{2\pi\,(0{,}65\,\text{m})}{87{,}4\,\text{ns}} = 4{,}67 \cdot 10^{7}\,\text{m}\,\text{s}^{-1}\\
&= 4{,}7 \cdot 10^{7}\,\text{m}\,\text{s}^{-1}\,.
\end{aligned}$$

c) Mit dem in Teilaufgabe b erhaltenen Wert für die Geschwindigkeit ergibt sich die kinetische Energie zu

$$\begin{aligned}
E_{\text{kin}} &= \tfrac{1}{2}\,m\,v^2 = \tfrac{1}{2}\,(1{,}673 \cdot 10^{-27}\,\text{kg})\,(4{,}67 \cdot 10^{7}\,\text{m}\,\text{s}^{-1})^2\\
&= \frac{1{,}82 \cdot 10^{-12}\,\text{J}}{1{,}602 \cdot 10^{-19}\,\text{J}\,\text{eV}^{-1}} = 11\,\text{MeV}\,.
\end{aligned}$$

L23.11 a) Weil bei der Kreisbewegung die Beträge der Zentripetalkraft und der magnetischen Kraft gleich sind, gilt:

$$q\,v\,B = m\,\frac{v^2}{r} \qquad \text{und daher} \qquad r = \frac{m\,v}{q\,B}\,.$$

Für die kinetische Energie gilt

$$E_{\text{kin}} = \tfrac{1}{2}\,m\,v^2\,, \qquad \text{woraus folgt} \qquad v = \sqrt{\frac{2\,E_{\text{kin}}}{m}}\,.$$

Das setzen wir ein und erhalten für den Radius

$$\begin{aligned}
r &= \frac{m}{q\,B}\,\sqrt{\frac{2\,E_{\text{kin}}}{m}} = \frac{\sqrt{2\,E_{\text{kin}}\,m}}{q\,B}\\[2mm]
&= \frac{\sqrt{2\,(4{,}5\,\text{keV})\,(9{,}109 \cdot 10^{-31}\,\text{kg})\,\dfrac{1{,}602 \cdot 10^{-19}\,\text{C}}{1\,\text{eV}}}}{(1{,}602 \cdot 10^{-19}\,\text{C})\,(0{,}325\,\text{T})}\\[2mm]
&= 0{,}696\,\text{mm} = 0{,}70\,\text{mm}\,.
\end{aligned}$$

b) Die Periode bzw. Umlaufdauer der Bewegung ist der Quotient aus dem Umfang und der Geschwindigkeit: $T = 2\pi r/v$. Mit der bereits in Teilaufgabe a verwendeten Beziehung

$$r = \frac{m\,v}{q\,B}$$

erhalten wir für die Periodendauer

$$\begin{aligned}
T &= \frac{2\pi r}{v} = \frac{2\pi\,\dfrac{m\,v}{q\,B}}{v} = \frac{2\pi m}{q\,B}\\[2mm]
&= \frac{2\pi\,(9{,}109 \cdot 10^{-31}\,\text{kg})}{(1{,}602 \cdot 10^{-19}\,\text{C})\,(0{,}325\,\text{T})} = 1{,}099 \cdot 10^{-10}\,\text{s}\\[2mm]
&= 0{,}11\,\text{ns}\,.
\end{aligned}$$

Für die Frequenz ergibt sich damit

$$\nu = \frac{1}{T} = \frac{1}{1{,}099 \cdot 10^{-10}\,\text{s}} = 9{,}1\,\text{GHz}\,.$$

L23.12 a) Weil bei der Kreisbewegung die Beträge der Zentripetalkraft und der magnetischen Kraft gleich sind, gilt:

$$q\,v\,B = m\,\frac{v^2}{r} \qquad \text{und daher} \qquad v = \frac{q\,B\,r}{m}\,.$$

Damit ergibt sich für die Geschwindigkeiten der drei gegebenen Teilchen

$$v_{\text{p}} = \frac{q_{\text{p}}\,B\,r}{m_{\text{p}}}\,, \tag{1}$$

$$v_{\alpha} = \frac{q_{\alpha}\,B\,r}{m_{\alpha}}\,, \tag{2}$$

$$v_{\text{d}} = \frac{q_{\text{d}}\,B\,r}{m_{\text{d}}}\,. \tag{3}$$

Dividieren von Gleichung 2 durch Gleichung 1 liefert

$$\frac{v_\alpha}{v_p} = \frac{\dfrac{q_\alpha\, B\, r}{m_\alpha}}{\dfrac{q_p\, B\, r}{m_p}} = \frac{q_\alpha\, m_p}{q_p\, m_\alpha} = \frac{2\, e\, m_p}{e\,(4\, m_p)} = \frac{1}{2}$$

und damit $2\, v_\alpha = v_p$.

Entsprechend ergibt die Division von Gleichung 3 durch Gleichung 1

$$\frac{v_d}{v_p} = \frac{\dfrac{q_d\, B\, r}{m_d}}{\dfrac{q_p\, B\, r}{m_p}} = \frac{q_d\, m_p}{q_p\, m_d} = \frac{e\, m_p}{e\,(2\, m_p)} = \frac{1}{2}$$

und damit $2\, v_d = v_p$.

Wir kombinieren die beiden Beziehungen für die Geschwindigkeiten und erhalten $2\, v_\alpha = 2\, v_d = v_p$.

b) Mit dem obigen Ausdruck $v = q\, B\, r/m$ für die Geschwindigkeit gilt für die kinetische Energie eines Teilchens in der Umlaufbahn

$$E_{kin} = \frac{1}{2}\, m\, v^2 = \frac{1}{2}\, m \left(\frac{q\, B\, r}{m} \right)^2 = \frac{q^2\, B^2\, r^2}{2\, m}\, .$$

Damit erhalten wir für die kinetischen Energien der drei gegebenen Teilchen

$$E_{kin,p} = \frac{q_p^2\, B^2\, r^2}{2\, m_p}\, , \tag{4}$$

$$E_{kin,\alpha} = \frac{q_\alpha^2\, B^2\, r^2}{2\, m_\alpha}\, , \tag{5}$$

$$E_{kin,d} = \frac{q_d^2\, B^2\, r^2}{2\, m_d}\, . \tag{6}$$

Dividieren von Gleichung 5 durch Gleichung 4 liefert

$$\frac{E_{kin,\alpha}}{E_{kin,p}} = \frac{\dfrac{q_\alpha^2\, B^2\, r^2}{2\, m_\alpha}}{\dfrac{q_p^2\, B^2\, r^2}{2\, m_p}} = \frac{q_\alpha^2\, m_p}{q_p^2\, m_\alpha} = \frac{(2\, e)^2\, m_p}{e^2\,(4\, m_p)} = 1$$

und damit $E_{kin,\alpha} = E_{kin,p}$.

Entsprechend ergibt die Division von Gleichung 6 durch Gleichung 4

$$\frac{E_{kin,d}}{E_{kin,p}} = \frac{\dfrac{q_d^2\, B^2\, r^2}{2\, m_d}}{\dfrac{q_p^2\, B^2\, r^2}{2\, m_p}} = \frac{q_d^2\, m_p}{q_p^2\, m_d} = \frac{e^2\, m_p}{e^2\,(2\, m_p)} = \frac{1}{2}$$

und damit $E_{kin,p} = 2\, E_{kin,d}$.

Wir kombinieren die beiden Beziehungen für die kinetischen Energien und erhalten $E_{kin,\alpha} = 2\, E_{kin,d} = E_{kin,p}$.

c) Für den Betrag des Bahndrehimpulses eines Teilchens in der Umlaufbahn gilt $L = m\, v\, r$.

Für den Quotienten der Drehimpulse von α-Teilchen und Proton erhalten wir daher

$$\frac{L_\alpha}{L_p} = \frac{m_\alpha\, v_\alpha\, r}{m_p\, v_p\, r} = \frac{(4\, m_p)\left(\frac{1}{2}\, v_p \right)}{m_p\, v_p} = 2$$

und daraus $L_\alpha = 2\, L_p$.

Entsprechend ist der Quotient der Drehimpulse von Deuteron und Proton

$$\frac{L_d}{L_p} = \frac{m_d\, v_d\, r}{m_p\, v_p\, r} = \frac{(2\, m_p)\left(\frac{1}{2}\, v_p \right)}{m_p\, v_p} = 1\, ,$$

sodass gilt: $L_d = L_p$.

Kombinieren der beiden Beziehungen für die Drehimpulse liefert $L_\alpha = 2\, L_d = 2\, L_p$.

L23.13 Die Geschwindigkeit der Teilchen hat eine Komponente v_1 parallel zu $\boldsymbol{B}$ und eine Komponente v_2 senkrecht zu $\boldsymbol{B}$. Die parallele Komponente ist konstant und gegeben durch $v_1 = v \cos \theta$. Dagegen ist $v_2 = v \sin \theta$, und es resultieren eine magnetische Kraft auf den Teilchenstrahl sowie eine Kreisbahn senkrecht auf $\boldsymbol{B}$. Während eines Umlaufs in der Kreisbahn legt ein Teilchen in Richtung von $\boldsymbol{B}$ die Strecke $x = v_1\, T$ zurück, wobei T die Umlaufdauer ist. Mit dem Radius r der Kreisbahn ist sie gegeben durch $T = 2\, \pi\, r/v_2$. Die in radialen Richtungen wirkenden Kräfte (die magnetische Kraft und die Zentripetalkraft) gleichen einander aus. Deshalb gilt gemäß dem zweiten Newton'schen Axiom: $v_2\, |q|\, |\boldsymbol{B}| = m\, v_2^2/r$ und daher $v_2 = |q|\, |\boldsymbol{B}|\, r/m$. Damit erhalten wir für die Umlaufdauer

$$T = \frac{2\, \pi\, r}{|q|\, |\boldsymbol{B}|\, r/m} = \frac{2\, \pi\, m}{|q|\, |\boldsymbol{B}|}\, .$$

Mit den eingangs aufgestellten Beziehungen $v_1 = v \cos \theta$ und $x = v_1\, T$ ergibt sich schließlich

$$x = (v \cos \theta)\, \frac{2\, \pi\, m}{|q|\, |\boldsymbol{B}|} = 2\, \pi\, \frac{m}{|q|\, |\boldsymbol{B}|}\, v \cos \theta\, .$$

Die auf geladene Teilchen wirkende magnetische Kraft

L23.14 Wir nehmen an, dass sich positiv geladene Teilchen von links nach rechts durch das Geschwindigkeitsfilter bewegen und dass das elektrische Feld nach oben gerichtet ist. Dann wirkt die magnetische Kraft nach unten, und das Magnetfeld weist aus der Papierebene heraus.

a) Wenn keine Ablenkung erfolgt, gleichen die elektrische und die magnetische Kraft in y-Richtung einander aus, sodass gemäß dem zweiten Newton'schen Axiom gilt:

$$F_{el} - F_{mag} = 0 \qquad \text{und daher} \qquad |q|\, |\boldsymbol{E}| - v\, |q|\, |\boldsymbol{B}| = 0\, .$$

Damit erhalten wir

$$\upsilon = \frac{|\boldsymbol{E}|}{|\boldsymbol{B}|} = \frac{0{,}46\,\mathrm{MV\,m^{-1}}}{0{,}28\,\mathrm{T}} = 1{,}64 \cdot 10^{6}\,\mathrm{m\,s^{-1}}$$
$$= 1{,}6 \cdot 10^{6}\,\mathrm{m\,s^{-1}}\,.$$

b) Die kinetische Energie von Protonen, die das Geschwindigkeitsfilter ohne Ablenkung durchqueren können, ergibt sich zu

$$E_{\mathrm{kin,p}} = \tfrac{1}{2}\,m_{\mathrm{p}}\,\upsilon^{2} = \tfrac{1}{2}\,(1{,}673 \cdot 10^{-27}\,\mathrm{kg})\,(1{,}64 \cdot 10^{6}\,\mathrm{m\,s^{-1}})$$
$$= (2{,}26 \cdot 10^{-15}\,\mathrm{J})\,\frac{1\,\mathrm{eV}}{1{,}602 \cdot 10^{-19}\,\mathrm{J}} = 14\,\mathrm{keV}\,.$$

c) Entsprechend erhalten wir für die kinetische Energie ebenfalls nicht abgelenkter Elektronen

$$E_{\mathrm{kin,e}} = \tfrac{1}{2}\,m_{\mathrm{e}}\,\upsilon^{2} = \tfrac{1}{2}\,(9{,}109 \cdot 10^{-31}\,\mathrm{kg})\,(1{,}64 \cdot 10^{6}\,\mathrm{m\,s^{-1}})$$
$$= (1{,}23 \cdot 10^{-18}\,\mathrm{J})\,\frac{1\,\mathrm{eV}}{1{,}602 \cdot 10^{-19}\,\mathrm{J}} = 7{,}7\,\mathrm{eV}\,.$$

L23.15 Die Abbildung zeigt die kreisförmigen Bahnen der beiden Ionensorten mit dem Atommassen 35 u bzw. 37 u. Die Ionen treten von links in das Magnetfeld ein, und wegen der unterschiedlichen Massen führt die magnetische Kraft zu Kreisbahnen mit unterschiedlichen Radien.

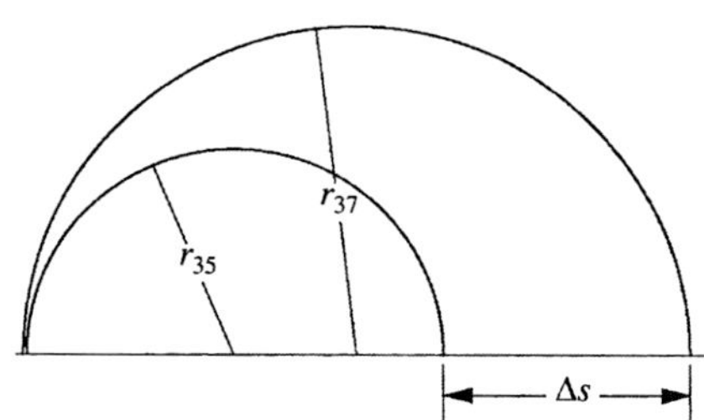

Aufgrund der geometrischen Gegebenheiten ist der räumliche Abstand der Ionen am Detektor gegeben durch

$$\Delta s = 2\,(r_{37} - r_{35})\,. \tag{1}$$

Die in radialen Richtungen auf ein Ion einwirkenden Kräfte (die magnetische Kraft und die Zentripetalkraft) gleichen einander aus. Daher gilt gemäß dem zweiten Newton'schen Axiom $\upsilon\,|q|\,|\boldsymbol{B}| = m\,\upsilon^{2}/r$, und für den Radius ergibt sich

$$r = \frac{m\,\upsilon}{|q|\,|\boldsymbol{B}|}\,. \tag{2}$$

Mit der Beschleunigungsspannung ΔU ist die kinetische Energie, die ein Ion mit der Ladung q im elektrischen Feld aufnimmt: $\tfrac{1}{2}\,m\,\upsilon^{2} = |q|\,\Delta U$. Daraus folgt

$$\upsilon = \sqrt{\frac{2\,|q|\,\Delta U}{m}}\,.$$

Dies setzen wir in Gleichung 2 ein und erhalten

$$r = \frac{m\,\upsilon}{|q|\,|\boldsymbol{B}|} = \frac{m}{|q|\,|\boldsymbol{B}|}\sqrt{\frac{2\,|q|\,\Delta U}{m}} = \sqrt{\frac{2\,m\,\Delta U}{|q|\,B^{2}}}\,.$$

Also sind die beiden Radien gegeben durch

$$r_{35} = \sqrt{\frac{2\,m_{35}\,\Delta U}{|q|\,B^{2}}} \quad\text{und}\quad r_{37} = \sqrt{\frac{2\,m_{37}\,\Delta U}{|q|\,B^{2}}}\,.$$

Gemäß Gleichung 1 gilt dann für den räumlichen Abstand der beiden Ionensorten

$$\Delta s = 2\,(r_{37} - r_{35}) = 2\left(\sqrt{\frac{2\,m_{37}\,\Delta U}{|q|\,B^{2}}} - \sqrt{\frac{2\,m_{35}\,\Delta U}{|q|\,B^{2}}}\right)$$
$$= 2\,\frac{1}{B}\sqrt{\frac{2\,\Delta U}{|q|}}\left(\sqrt{m_{37}} - \sqrt{m_{35}}\right)\,.$$

Daraus können wir die Beschleunigungsspannung berechnen:

$$\Delta U = \frac{|q|\,B^{2}\,(\Delta s/2)^{2}}{2\,(\sqrt{m_{37}} - \sqrt{m_{35}})^{2}}$$
$$= \frac{(1{,}602 \cdot 10^{-19}\,\mathrm{C})\,(1{,}2\,\mathrm{T})^{2}\,(0{,}7\,\mathrm{cm})^{2}}{2\,(\sqrt{37\,\mathrm{u}} - \sqrt{35\,\mathrm{u}})^{2}}$$
$$= \frac{5{,}65 \cdot 10^{-24}\,\mathrm{C\,T^{2}\,m^{2}}}{(\sqrt{37} - \sqrt{35})^{2}\,(1{,}66 \cdot 10^{-27}\,\mathrm{kg})} = 0{,}12\,\mathrm{MV}\,.$$

L23.16 a) Mit der Bahngeschwindigkeit υ, dem Bahnradius r und der Umlaufdauer T gilt für die Zyklotronfrequenz

$$\nu = \frac{1}{T} = \frac{1}{2\,\pi\,r/\upsilon} = \frac{\upsilon}{2\,\pi\,r}\,.$$

Die in radialen Richtungen auf ein Proton einwirkenden Kräfte (die magnetische Kraft und die Zentripetalkraft) gleichen einander aus. Also gilt gemäß dem zweiten Newton'schen Axiom $\upsilon\,|q|\,|\boldsymbol{B}| = m\,\upsilon^{2}/r$. Daraus ergibt sich für den Bahnradius im Zyklotron

$$r = \frac{m\,\upsilon}{|q|\,|\boldsymbol{B}|}\,. \tag{1}$$

Mit der eingangs angegebenen Gleichung erhalten wir daraus für die Zyklotronfrequenz

$$\nu = \frac{\upsilon}{2\,\pi\,r} = \frac{\upsilon\,|q|\,|\boldsymbol{B}|}{2\,\pi\,m\,\upsilon} = \frac{|q|\,|\boldsymbol{B}|}{2\,\pi\,m}$$
$$= \frac{(1{,}602 \cdot 10^{-19}\,\mathrm{C})\,(1{,}4\,\mathrm{T})}{2\,\pi\,(1{,}673 \cdot 10^{-27}\,\mathrm{kg})} = 21\,\mathrm{MHz}\,.$$

b) Die maximale kinetische Energie der Protonen ist

$$E_{\mathrm{kin,max}} = \tfrac{1}{2}\,m\,\upsilon_{\mathrm{max}}^{2}\,.$$

Gemäß Gleichung 1 gilt daher für ihre maximale Geschwindigkeit $\upsilon_{\mathrm{max}} = |q|\,|\boldsymbol{B}|\,r_{\mathrm{max}}/m$. Damit erhalten wir

$$E_{\mathrm{kin,max}} = \frac{1}{2}\,m\left(\frac{|q|\,|\boldsymbol{B}|\,r_{\mathrm{max}}}{m}\right)^{2} = \frac{q^{2}\,B^{2}}{2\,m}\,r_{\mathrm{max}}^{2}$$
$$= \frac{(1{,}602 \cdot 10^{-19}\,\mathrm{C})\,(1{,}4\,\mathrm{T})^{2}}{2\,(1{,}673 \cdot 10^{-27}\,\mathrm{kg})}\,(0{,}7\,\mathrm{m})^{2}$$
$$= (7{,}37 \cdot 10^{-12}\,\mathrm{J})\,\frac{1\,\mathrm{eV}}{1{,}602 \cdot 10^{-19}\,\mathrm{J}} = 46\,\mathrm{MeV}\,.$$

c) Wie in Teilaufgabe a gezeigt, ist die Zyklotronfrequenz bei gleicher Ladung umgekehrt proportional zur Masse. Daher ist sie bei Deuteronen halb so groß wie bei Protonen und beträgt 11 MHz.

Wie in Teilaufgabe b gezeigt, ist die maximale kinetische Energie bei gleicher Ladung umgekehrt proportional zur Masse. Daher ist sie bei Deuteronen halb so groß wie bei Protonen und beträgt 23 MeV.

L23.17 Die in radialen Richtungen wirkenden Kräfte (die magnetische Kraft und die Zentripetalkraft) gleichen einander aus. Daher gilt gemäß dem zweiten Newton'schen Axiom $v\,|q|\,|\boldsymbol{B}| = m\,v^2/r$. Daraus ergibt sich für den Radius der Kreisbahn

$$r = \frac{m\,v}{|q|\,|\boldsymbol{B}|}\,. \tag{1}$$

Die kinetische Energie eines Teilchens mit der Masse m und dem Geschwindigkeitsbetrag v ist $E_{\mathrm{kin}} = \frac{1}{2}\,m\,v^2$. Daraus folgt

$$v = \sqrt{\frac{2\,E_{\mathrm{kin}}}{m}}\,. \tag{2}$$

Die (konstante) Zunahme der kinetischen Energie während eines Umlaufs bezeichnen wir mit $E_{\mathrm{kin,U}}$. Dann ist die kinetische Energie nach n absolvierten Umläufen $E_{\mathrm{kin},n} = n\,E_{\mathrm{kin,U}}$. Dies und Gleichung 2 setzen wir in Gleichung 1 ein und erhalten für den Radius nach n Umläufen

$$r = \frac{m\,v}{|q|\,|\boldsymbol{B}|} = \frac{m}{|q|\,|\boldsymbol{B}|}\,\sqrt{\frac{2\,E_{\mathrm{kin},n}}{m}} = \frac{1}{|q|\,|\boldsymbol{B}|}\,\sqrt{2\,m\,E_{\mathrm{kin},n}}$$
$$= \frac{1}{|q|\,|\boldsymbol{B}|}\,\sqrt{2\,m\,n\,E_{\mathrm{kin,U}}} = \frac{\sqrt{2\,m\,E_{\mathrm{kin,U}}}}{|q|\,|\boldsymbol{B}|}\,\sqrt{n}\,.$$

Also ist der Bahnradius proportional zur Wurzel aus der Anzahl n der absolvierten Umläufe.

Das auf Leiterschleifen und Magnete ausgeübte Drehmoment, magnetische Momente

L23.18 Das Drehmoment ist gegeben durch $\boldsymbol{M} = \boldsymbol{\mu} \times \boldsymbol{B}$, und mit der Fläche $A = l^2$ der Leiterschleife ist deren magnetisches Moment $\boldsymbol{\mu} = \pm\,I A\,\hat{\boldsymbol{z}} = \pm\,I\,l^2\,\hat{\boldsymbol{z}}$.

a) Wenn das Magnetfeld in $+z$-Richtung zeigt, ist das Drehmoment $\boldsymbol{M} = \pm\,I\,l^2\,\hat{\boldsymbol{z}} \times B\,\hat{\boldsymbol{z}} = \pm\,I\,l^2\,B\,(\hat{\boldsymbol{z}} \times \hat{\boldsymbol{z}}) = 0$.

b) Wenn das Magnetfeld in $+x$-Richtung zeigt, ist das Drehmoment

$$\boldsymbol{M} = \pm\,I\,l^2\,\hat{\boldsymbol{z}} \times B\,\hat{\boldsymbol{x}} = \pm\,I\,l^2\,B\,(\hat{\boldsymbol{z}} \times \hat{\boldsymbol{x}})$$
$$= \pm(2{,}5\,\mathrm{A})\,(0{,}060\,\mathrm{m})^2\,(0{,}30\,\hat{\boldsymbol{y}})\,\mathrm{T} = \pm(2{,}7\,\hat{\boldsymbol{y}})\,\mathrm{mN\,m}\,,$$

und sein Betrag ist $|\boldsymbol{M}| = 2{,}7\,\mathrm{mN\,m}$.

L23.19 Das Drehmoment ist gegeben durch $\boldsymbol{M} = \boldsymbol{\mu} \times \boldsymbol{B}$, und das magnetische Moment ist $\boldsymbol{\mu} = \pm\,I A\,\hat{\boldsymbol{z}}$. Darin ist A die vom Leiter umschlossene Fläche. Beim gleichseitigen Dreieck ist sie gleich dem halben Produkt aus der Höhe und der Seitenlänge:

$$A = \frac{1}{2}\,l\,\frac{\sqrt{3}\,l}{2} = \frac{\sqrt{3}}{4}\,l^2\,.$$

Damit gilt für das magnetische Moment

$$\boldsymbol{\mu} = \pm\,I A\,\hat{\boldsymbol{z}} = \pm\,\frac{\sqrt{3}\,l^2\,I}{4}\,\hat{\boldsymbol{z}}\,.$$

a) Wenn das Magnetfeld in $+z$-Richtung zeigt, ist das Drehmoment

$$\boldsymbol{M} = \pm\,\frac{\sqrt{3}\,l^2\,I}{4}\,\hat{\boldsymbol{z}} \times B\,\hat{\boldsymbol{z}} = \pm\,\frac{\sqrt{3}\,l^2\,I B}{4}\,(\hat{\boldsymbol{z}} \times \hat{\boldsymbol{z}}) = 0\,.$$

b) Wenn das Magnetfeld in $+x$-Richtung zeigt, ist das Drehmoment

$$\boldsymbol{M} = \pm\,\frac{\sqrt{3}\,l^2\,I}{4}\,\hat{\boldsymbol{z}} \times B\,\hat{\boldsymbol{x}} = \pm\,\frac{\sqrt{3}\,l^2\,I B}{4}\,(\hat{\boldsymbol{z}} \times \hat{\boldsymbol{x}})$$
$$= \pm\,\frac{\sqrt{3}\,(0{,}080\,\mathrm{m})^2\,(2{,}5\,\mathrm{A})\,(0{,}30\,\mathrm{T})}{4}\,\hat{\boldsymbol{y}}$$
$$= \pm(2{,}1\,\hat{\boldsymbol{y}})\,\mathrm{mN\,m}\,,$$

und sein Betrag ist $|\boldsymbol{M}| = 2{,}1\,\mathrm{mN\,m}$.

L23.20 Das magnetische Moment der Leiterschleife ist gegeben durch $\mu = I A$, und die von ihr eingeschlossene Fläche ist $\frac{1}{2}\,\pi\,(r_{\mathrm{a}}^2 - r_{\mathrm{i}}^2)$. Darin ist r_{a} der äußere und r_{i} der innere Radius. Damit erhalten wir für den Betrag des magnetischen Moments

$$\mu = \frac{\pi\,I}{2}\,(r_{\mathrm{a}}^2 - r_{\mathrm{i}}^2) = \frac{\pi\,(1{,}5\,\mathrm{A})}{2}\,\big[(0{,}50\,\mathrm{m})^2 - (0{,}30\,\mathrm{m})^2\big]$$
$$= 0{,}38\,\mathrm{A\,m}^2\,.$$

Mithilfe der Rechte-Hand-Regel stellen wir fest, dass das magnetische Moment $\boldsymbol{\mu}$ in die Papierebene hinein zeigt.

L23.21 a) Wenn die Ladung q jeweils nach der Zeit Δt einen bestimmten Punkt auf einer Kreisbahn passiert, ist der Mittelwert des Stroms gleich dem Quotienten aus der geflossenen Ladung Δq und der Zeitspanne Δt:

$$I = \frac{\Delta q}{\Delta t} = \frac{q}{T} = q\,v\,.$$

Darin ist T die Umlaufdauer und v die Umlauffrequenz. Mit $v = \omega/(2\,\pi)$, wobei ω die Kreisfrequenz bzw. Winkelgeschwindigkeit ist, erhalten wir daraus $I = q\,\omega/(2\,\pi)$. Damit ergibt sich für das magnetische Moment

$$\mu = I A = \frac{q\,\omega}{2\,\pi}\,\pi\,r^2 = \frac{1}{2}\,q\,\omega\,r^2\,.$$

b) Der Betrag des Drehimpulses ist gegeben durch $L = I_{\mathrm{T}}\,\omega$, und das Trägheitsmoment des Teilchens ist $I_{\mathrm{T}} = m\,r^2$. Daraus folgt direkt $L = m\,r^2\,\omega$, und der Quotient der Beträge von magnetischem Moment und Drehimpuls ist

$$\frac{\mu}{L} = \frac{\frac{1}{2}\,q\,\omega\,r^2}{m\,r^2\,\omega} = \frac{q}{2\,m}\,.$$

Daraus ergibt sich $\mu = \left(\frac{1}{2}\,q/m\right) L$. Weil sowohl μ als auch L parallel zu ω sind, gilt $\mu = \left(\frac{1}{2}\,q/m\right) L$.

L23.22 Das magnetische Moment eines Stromelements $\mathrm{d}I$ ist gegeben durch $\mathrm{d}\mu = A\,\mathrm{d}I$. Mit der eingeschlossenen Kreisfläche $A = \pi\,r^2$ ergibt es sich zu $\mathrm{d}\mu = \pi\,r^2\,\mathrm{d}I$. Im vorliegenden Fall rührt das Stromelement von der auf einer Kreisbahn rotierenden Ladung $\mathrm{d}q$ her. Mit der Raumladungsdichte ρ sowie der Länge l und dem Radius r des Zylinders gilt $\mathrm{d}q = 2\,\pi\,l\,\rho\,r\,\mathrm{d}r$. Damit erhalten wir für das Stromelement bei einem Umlauf (mit der Dauer T):

$$\mathrm{d}I = \frac{\mathrm{d}q}{T} = \frac{\omega}{2\,\pi}\,\mathrm{d}q = \frac{\omega}{2\,\pi}\,(2\,\pi\,l\,\rho\,r\,\mathrm{d}r) = l\,\omega\,\rho\,r\,\mathrm{d}r\,.$$

Darin ist ω die Kreisfrequenz bzw. die Winkelgeschwindigkeit. Einsetzen in die obige Beziehung ergibt für das magnetische Moment

$$\mathrm{d}\mu = \pi\,r^2\,\mathrm{d}I = \pi\,r^2\,(l\,\omega\,\rho\,r\,\mathrm{d}r) = l\,\omega\,\rho\,\pi\,r^3\,\mathrm{d}r\,.$$

Das integrieren wir vom inneren bis zum äußeren Radius:

$$\mu = l\,\omega\,\rho\,\pi \int_{r_\mathrm{i}}^{r_\mathrm{a}} r^3\,\mathrm{d}r = \tfrac{1}{4}\,l\,\omega\,\rho\,\pi\,(r_\mathrm{a}^4 - r_\mathrm{i}^4)\,.$$

Weil μ und ω parallel zueinander sind, gilt

$$\mu = \tfrac{1}{4}\,l\,\varrho\,\pi\,(r_\mathrm{a}^4 - r_\mathrm{i}^4)\,\omega\,.$$

L23.23 Wie in Aufgabe 23.21 gezeigt wurde, ist das magnetische Moment gegeben durch $\mu = \left(\frac{1}{2}\,q/m\right) L$. Darin ist L der Drehimpuls. Mit dem Trägheitsmoment I_T gilt für ihn bei einer Kugelschale mit der Masse m und dem Radius r:

$$L = I_\mathrm{T}\,\omega = \tfrac{2}{3}\,m\,r^2\,\omega\,.$$

Darin ist ω die Kreisfrequenz bzw. die Winkelgeschwindigkeit. Die Ladung auf der Oberfläche A der Kugelschale ist, mit der Flächenladungsdichte σ, gegeben durch

$$q = \sigma\,A = 4\,\pi\,r^2\,\sigma\,.$$

Wir setzen nun die beiden Ausdrücke für L und q in die obige Beziehung für das magnetische Moment ein und erhalten

$$\mu = \frac{q}{2\,m}\,L = \frac{4\,\pi\,r^2\,\sigma}{2\,m}\left(\frac{2}{3}\,m\,r^2\,\omega\right) = \frac{4}{3}\,\pi\,r^4\,\sigma\,\omega\,.$$

Der Hall-Effekt

L23.24 a) Mit der Driftgeschwindigkeit v_d der Elektronen gilt für die Hall-Spannung $U_\mathrm{H} = v_\mathrm{d}\,B\,b$. Darin ist B das Magnetfeld und b die Breite des Streifens. Wir erhalten damit

$$v_\mathrm{d} = \frac{U_\mathrm{H}}{B\,b} = \frac{4{,}27\,\mu\mathrm{V}}{(2{,}00\,\mathrm{T})\,(2{,}00\,\mathrm{cm})} = 0{,}1068\,\mathrm{mm\,s^{-1}}$$
$$= 0{,}107\,\mathrm{mm\,s^{-1}}\,.$$

b) Mit der Anzahldichte n/V der Ladungsträger gilt für die Stromstärke $I = (n/V)\,A\,q\,v_\mathrm{d}$. Darin ist A die Querschnittsfläche des Leiters und q die Ladung pro Ladungsträger. Wir erhalten daraus, mit $q = 1{,}602 \cdot 10^{-19}\,\mathrm{C}$, für die Anzahldichte der Ladungsträger

$$n/V = \frac{I}{A\,q\,v_\mathrm{d}}$$
$$= \frac{20{,}0\,\mathrm{A}}{(2{,}00\,\mathrm{cm})\,(0{,}100\,\mathrm{cm})\,q\,(0{,}1068\,\mathrm{mm\,s^{-1}})}$$
$$= 5{,}85 \cdot 10^{28}\,\mathrm{m^{-3}}\,.$$

c) Die Anwendung der Rechte-Hand-Regel auf $I\,l$ und B ergibt, dass sich die positive Ladung bei a und die negative Ladung bei b ansammeln. Also befindet sich der Punkt a auf höherem Potenzial als der Punkt b. Das vom Hall-Effekt hervorgerufene elektrische Feld weist somit von a nach b.

L23.25 Mit der Driftgeschwindigkeit v_d der Elektronen gilt für die Hall-Spannung $U_\mathrm{H} = v_\mathrm{d}\,B\,d$. Darin ist B das Magnetfeld und d der Durchmesser der Arterie. Damit erhalten wir

$$U_\mathrm{H} = (0{,}60\,\mathrm{m\,s^{-1}})\,(0{,}20\,\mathrm{T})\,(0{,}85\,\mathrm{cm}) = 1{,}0\,\mathrm{mV}\,.$$

L23.26 Der Hall-Koeffizient ist definiert als

$$R_\mathrm{H} = \frac{E_y}{j_x\,B_z}\,.$$

Darin ist j_x die Stromdichte (die Stromstärke pro Flächeneinheit) in x-Richtung, B_z die Stärke des Magnetfelds in z-Richtung und E_y das resultierende Hall-Feld in y-Richtung. Wegen $U_\mathrm{H} = E_\mathrm{H}\,b$, wobei b die Breite des Stabs ist, gilt $E_y = U_\mathrm{H}/b$. Mit der Anzahldichte n/V und der Driftgeschwindigkeit v_d der Ladungsträger gilt für die Stromdichte im Stab, der die Dicke d hat:

$$j_x = \frac{I}{b\,d} = (n/V)\,q\,v_\mathrm{d}\,.$$

Die Hall-Spannung ist gegeben durch $U_\mathrm{H} = v_\mathrm{d}\,B_z\,b$. Einsetzen der Ausdrücke für E_y, j_x und U_H in die erste Gleichung ergibt schließlich

$$R_\mathrm{H} = \frac{E_y}{j_x\,B_z} = \frac{U_\mathrm{H}/b}{(n/V)\,q\,v_\mathrm{d}\,B_z} = \frac{v_\mathrm{d}\,B_z\,b/b}{(n/V)\,q\,v_\mathrm{d}\,B_z} = \frac{1}{(n/V)\,q}\,.$$

Allgemeine Aufgaben

L23.27 a) Die Periodendauer beim Umlauf des Alphateilchens, das die Geschwindigkeit v hat, ist $T = 2\pi r/v$. Darin ist r der Radius der Kreisbahn. Die in radialen Richtungen wirkenden Kräfte (die magnetische Kraft und die Zentripetalkraft) gleichen einander aus. Daher gilt gemäß dem zweiten Newton'schen Axiom $v\,|q|\,|\boldsymbol{B}| = m\,v^2/r$. Daraus ergibt sich für die Geschwindigkeit $v = |q|\,|\boldsymbol{B}|\,r/m$, und wir erhalten

$$T = \frac{2\pi r}{v} = \frac{2\pi r}{|q|\,|\boldsymbol{B}|\,r/m} = \frac{2\pi m}{|q|\,|\boldsymbol{B}|} = \frac{2\pi m}{2\,e\,|\boldsymbol{B}|}$$

$$= \frac{2\pi\,(6{,}65 \cdot 10^{-27}\,\mathrm{kg})}{2\,(1{,}602 \cdot 10^{-19}\,\mathrm{C})\,(0{,}10\,\mathrm{T})} = 1{,}30\,\mu\mathrm{s} = 1{,}3\,\mu\mathrm{s}\,.$$

b) Für den Betrag der Geschwindigkeit ergibt sich

$$v = \frac{2\pi r}{T} = \frac{2\pi\,(0{,}50\,\mathrm{m})}{1{,}30\,\mu\mathrm{s}} = 2{,}409 \cdot 10^{6}\,\mathrm{m\,s}^{-1}$$

$$= 2{,}4 \cdot 10^{6}\,\mathrm{m\,s}^{-1}\,.$$

c) Für die kinetische Energie erhalten wir

$$E_{\mathrm{kin}} = \tfrac{1}{2}\,m\,v^2 = \tfrac{1}{2}\,(6{,}65 \cdot 10^{-27}\,\mathrm{kg})\,(2{,}409 \cdot 10^{6}\,\mathrm{m\,s}^{-1})^2$$

$$= (1{,}930 \cdot 10^{-14}\,\mathrm{J})\,\frac{1\,\mathrm{eV}}{1{,}602 \cdot 10^{-19}\,\mathrm{J}} = 0{,}12\,\mathrm{MeV}\,.$$

L23.28 Gemäß dem zweiten Newton'schen Axiom für Drehbewegungen gilt für das resultierende Drehmoment auf den Stabmagneten $\sum \boldsymbol{M} = I_{\mathrm{T}}\,\boldsymbol{\alpha}$. Darin ist I_{T} das Trägheitsmoment und $\boldsymbol{\alpha}$ die Winkelbeschleunigung. Mit dem magnetischen Moment μ und dem Magnetfeld B gilt also für die Beträge

$$-\mu\,B\,\sin\theta = I_{\mathrm{T}}\,\alpha\,I_{\mathrm{T}}\,\frac{\mathrm{d}^2\theta}{\mathrm{d}t^2}\,.$$

Das Minuszeichen besagt, dass das Drehmoment in einer solchen Richtung wirkt, dass der Magnet am Magnetfeld ausgerichtet ist. Bei kleinen Auslenkungen ist $\sin\theta \approx \theta$, und wir können mit dieser Näherung schreiben:

$$I_{\mathrm{T}}\,\frac{\mathrm{d}^2\theta}{\mathrm{d}t^2} = -\mu\,B\,\theta \qquad \text{bzw.} \qquad \frac{\mathrm{d}^2\theta}{\mathrm{d}t^2} = -\frac{\mu\,B}{I_{\mathrm{T}}}\,\theta\,.$$

Ebenfalls bei geringen Auslenkungen gilt, mit der Winkelgeschwindigkeit ω, für eine einfache harmonische Bewegung

$$\frac{\mathrm{d}^2\theta}{\mathrm{d}t^2} = -\omega^2\,\theta\,.$$

Vergleichen der Koeffizienten von θ ergibt $\omega = \sqrt{\mu\,B/I_{\mathrm{T}}}$, und wir erhalten für die Frequenz

$$v = \frac{\omega}{2\pi} = \frac{1}{2\pi}\,\sqrt{\frac{\mu\,B}{I_{\mathrm{T}}}}\,.$$

L23.29 a) Die Summe der Kräfte ist im stationären Zustand (d. h. im Gleichgewicht) null, sodass gilt:

$$q\,\boldsymbol{E} + \boldsymbol{F} = 0 \qquad \text{und daher} \qquad \boldsymbol{E} = -\frac{\boldsymbol{F}}{q}\,.$$

Die auf ein Elektron, das die Geschwindigkeit $\boldsymbol{v}$ hat, im Leiter einwirkende magnetische Kraft ist

$$\boldsymbol{F} = q\,\boldsymbol{v} \times \boldsymbol{B} = q\,v\,\widehat{\boldsymbol{x}} \times |\boldsymbol{B}|\,\widehat{\boldsymbol{z}} = v\,|q|\,|\boldsymbol{B}|\,(\widehat{\boldsymbol{x}} \times \widehat{\boldsymbol{z}})$$

$$= -v\,|q|\,|\boldsymbol{B}|\,\widehat{\boldsymbol{y}}\,.$$

Damit erhalten wir für das elektrische Feld

$$\boldsymbol{E} = -\frac{\boldsymbol{F}}{q} = -\frac{-v\,|q|\,|\boldsymbol{B}|\,\widehat{\boldsymbol{y}}}{q} = v\,|\boldsymbol{B}|\,\widehat{\boldsymbol{y}}$$

$$= (20\,\mathrm{m\,s}^{-1})\,(0{,}50\,\widehat{\boldsymbol{y}})\,\mathrm{T} = (10\,\widehat{\boldsymbol{y}})\,\mathrm{V\,m}^{-1}\,.$$

b) Die auf die Leitungselektronen einwirkende elektrische Kraft wirkt in $+y$-Richtung; daher wird das in dieser Richtung liegende Ende des Leiters negativ geladen. Entsprechend wird das in $-y$-Richtung liegende Ende positiv geladen. Dabei hat das positiv geladene Ende den kleineren y-Wert.

c) Die Potenzialdifferenz ist

$$U = |\boldsymbol{E}|\,\Delta y = (10{,}0\,\mathrm{V\,m}^{-1})\,(2{,}0\,\mathrm{m}) = 20\,\mathrm{V}\,.$$

L23.30 Die auf den Stabmagneten wirkende resultierende Kraft ist $\boldsymbol{F} = F_x\,\widehat{\boldsymbol{x}} + F_y\,\widehat{\boldsymbol{y}}$, und das magnetische Moment ist gegeben durch seine Komponenten: $\boldsymbol{\mu} = \mu_x\,\widehat{\boldsymbol{x}} + \mu_y\,\widehat{\boldsymbol{y}} + \mu_z\,\widehat{\boldsymbol{z}}$. Damit gilt für die potenzielle Energie

$$E_{\mathrm{pot}} = -\boldsymbol{\mu} \cdot \boldsymbol{B}$$

$$= -(\mu_x\,\widehat{\boldsymbol{x}} + \mu_y\,\widehat{\boldsymbol{y}} + \mu_z\,\widehat{\boldsymbol{z}}) \cdot \left[B_x(x)\,\widehat{\boldsymbol{x}} + B_y(y)\,\widehat{\boldsymbol{y}} \right]$$

$$= -\mu_x\,B_x(x) - \mu_y\,B_y(y)\,.$$

Weil $\boldsymbol{\mu}$ und daher auch μ_x konstant sind, während $\boldsymbol{B}$ von x und von y abhängt, gilt für die x-Komponente und die y-Komponente der Kraft

$$F_x = -\frac{\mathrm{d}E_{\mathrm{pot}}}{\mathrm{d}x} = \mu_x\,\frac{\partial B_x}{\partial x}\,, \qquad F_y = -\frac{\mathrm{d}E_{\mathrm{pot}}}{\mathrm{d}y} = \mu_y\,\frac{\partial B_y}{\partial y}\,.$$

Einsetzen in die Beziehung für die Gesamtkraft liefert

$$\boldsymbol{F} = F_x\,\widehat{\boldsymbol{x}} + F_y\,\widehat{\boldsymbol{y}} = \mu_x\,\frac{\partial B_x}{\partial x}\,\widehat{\boldsymbol{x}} + \mu_y\,\frac{\partial B_y}{\partial y}\,\widehat{\boldsymbol{y}}\,.$$

L23.31 a) Das Drehmoment auf eine Spule mit magnetischem Dipolmoment $\boldsymbol{\mu}$ ist $\boldsymbol{M} = \boldsymbol{\mu} \times \boldsymbol{B}$. Der Betrag des Drehmoments in der vorliegenden Situation ist dann durch

$$M = |\boldsymbol{M}| = \mu \cdot B \cdot \sin(\theta)$$

gegeben. Die Auslenkung $\delta = \theta - \pi/2$ der Drehpendelfeder aus der Ruhelage $\theta = \pi/2$ ist proportional zum angelegten Drehmoment, $M = k \cdot \delta$, und wir erhalten mit $\sin(\theta) = \cos(\delta)$

$$k \cdot \delta = \mu \cdot B \cdot \cos(\delta)\,.$$

Für kleine Winkel gilt $\cos(\delta) \approx 1$, und es besteht der lineare Zusammenhang

$$\delta \approx \frac{\mu \cdot B}{k}\,.$$

Für Auslenkungen nahe $\delta \approx \pi/2$, d. h. nahe $90°$ divergiert aber das Verhältnis $\delta/\cos(\delta)$, und es werden beliebig große magnetische Momente benötigt, um sich diesem Winkel anzunähern.

b) Um das magnetische Moment für eine Auslenkung aus der Ruhelage von $\delta = 45° = \pi/4$ zu berechnen, setzen wir ein und erhalten

$$k \cdot \pi/4 = \mu \cdot 0{,}1\,\mathrm{T} \cdot \cos(\pi/4)\,.$$

Auch das magnetische Moment können wir berechnen:

$$\mu = n\,I\,A = 10 \cdot 1\,\mathrm{A} \cdot 10^{-3}\,\mathrm{m}^2 = 10^{-2}\,\mathrm{Am}^2$$

Schließlich erhalten wir

$$k = \frac{10^{-2}\,\mathrm{Am}^2 \cdot 0{,}1\,\mathrm{T}}{\sqrt{2} \cdot \pi/4} = 9 \cdot 10^{-4}\,\mathrm{Nm/rad}\,.$$

Hier haben wir die Definition des Tesla, $1\,\mathrm{T} = 1\,\mathrm{kg/As}^2$, verwendet.

Quellen des Magnetfelds

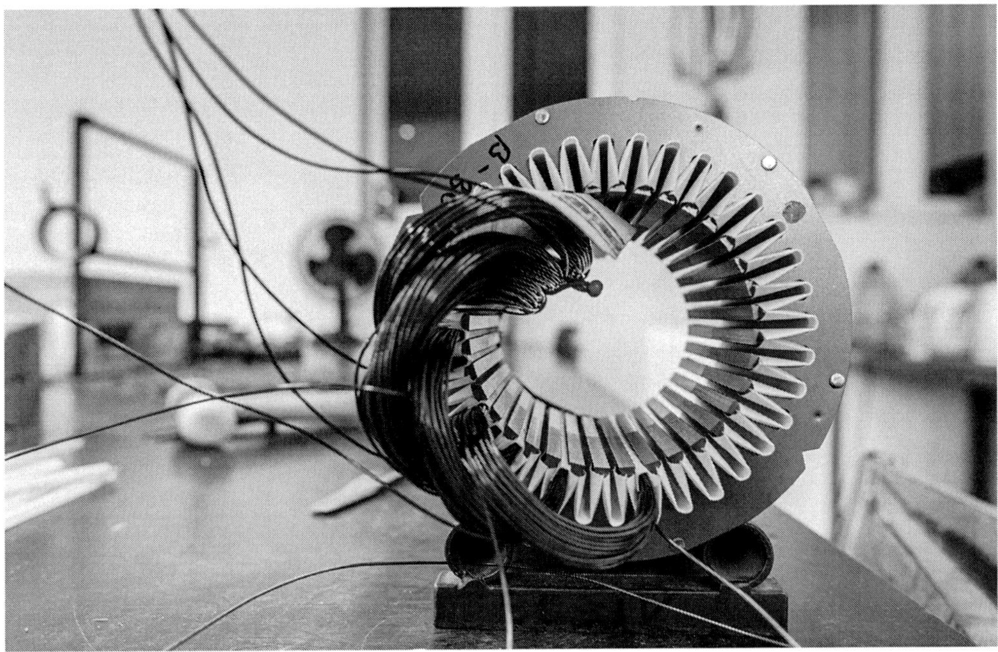

© Springer-Verlag GmbH Deutschland, ein Teil von Springer Nature 2019

A. Knochel (Hrsg.), *Arbeitsbuch zu Tipler/Mosca, Physik*, https://doi.org/10.1007/978-3-662-58919-9_24

Aufgaben

Verständnisaufgaben

24.1 • Skizzieren Sie die Feldlinien der beiden in Abb. 24.1 dargestellten Dipole. Vergleichen Sie die Erscheinungsbilder der Feldlinien in unmittelbarer Nähe des Mittelpunkts der Dipole.

Abb. 24.1 Zu Aufgabe 24.1

24.2 • Zwei in der Papierebene liegende Leiter werden in entgegengesetzten Richtungen von gleich starken Strömen durchflossen (Abb. 24.2). Betrachten Sie den von beiden Leitern gleich weit entfernten Punkt. Welche Aussage über das Magnetfeld an diesem Punkt trifft zu? a) Es ist null. b) Es zeigt in die Papierebene hinein. c) Es zeigt aus der Papierebene heraus. d) Es zeigt zum oberen oder zum unteren Seitenende. e) Es zeigt in Richtung eines der beiden Leiter.

Abb. 24.2 Zu Aufgabe 24.2

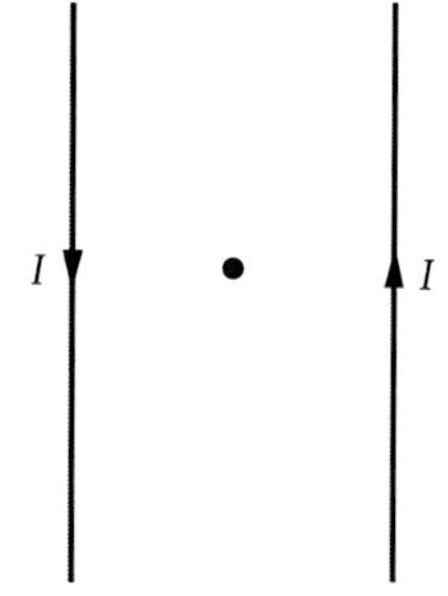

24.3 • Diskutieren Sie Übereinstimmungen und Unterschiede des Gauß'schen Satzes für das elektrische Feld gegenüber dem für das Magnetfeld.

24.4 • Wie müsste Ihrer Meinung nach der Gauß'sche Satz für das Magnetfeld abgewandelt werden, falls doch noch die Existenz isolierter magnetischer Monopole nachgewiesen würde?

24.5 • Stellen Sie sich vor, Sie blicken entlang der Längsachse einer langen, stromdurchflossenen Spule, deren Magnetfeld von Ihnen weg zeigt. Wie fließt aus Ihrer Sicht der Strom durch die Windungen: im Uhrzeigersinn oder im Gegenuhrzeigersinn?

24.6 • Die beiden Enden einer elektrisch leitenden Schraubenfeder werden mit den Klemmen einer Batterie verbunden. Wird der Abstand zwischen den einzelnen Windungen der Feder größer oder kleiner, oder bleibt er gleich, wenn der Strom zu fließen beginnt? Erläutern Sie Ihre Antwort.

24.7 • In einem langen, geraden Leiter mit kreisförmigem Querschnitt herrscht eine konstante und homogene Stromdichte. Welche der folgenden Aussagen ist bzw. sind richtig? a) Die Stärke des vom Leiter erzeugten Magnetfelds ist an der Oberfläche des Leiters maximal. b) Die Stärke des Magnetfelds ist umgekehrt proportional zum Quadrat des Abstands des betrachteten Feldpunkts von der Längsachse des Leiters. c) An allen Punkten auf der Längsachse des Leiters ist das Magnetfeld null. d) Innerhalb des Leiters nimmt die Stärke des Magnetfelds linear mit dem Abstand von der Längsachse des Leiters ab.

24.8 • Welche der vier Gase Kohlendioxid, Sauerstoff, Stickstoff und Wasserstoff sind diamagnetisch, welche paramagnetisch?

Das Magnetfeld von Punktladungen und Strömen

24.9 • Ein Proton, das sich mit der Geschwindigkeit $\boldsymbol{v} = (1{,}0 \cdot 10^2 \, \widehat{\boldsymbol{x}} + 2{,}0 \cdot 10^2 \, \widehat{\boldsymbol{y}}) \, \mathrm{m/s}$ bewegt, befindet sich zu einem bestimmten Zeitpunkt t in der Ebene mit $z = 0$ im Punkt $x = 3{,}0 \, \mathrm{m}$, $y = 4{,}0 \, \mathrm{m}$. Berechnen Sie das Magnetfeld des Protons in folgenden Punkten in derselben Ebene: a) $x = 2{,}0 \, \mathrm{m}$, $y = 2{,}0 \, \mathrm{m}$, b) $x = 6{,}0 \, \mathrm{m}$, $y = 4{,}0 \, \mathrm{m}$ und c) $x = 3{,}0 \, \mathrm{m}$, $y = 6{,}0 \, \mathrm{m}$.

24.10 • In einem klassischen Modell des Wasserstoffatoms bewegt sich das Elektron auf einer Kreisbahn mit einem Radius von $5{,}29 \cdot 10^{-11} \, \mathrm{m}$ um das Proton. Berechnen Sie die Stärke des Magnetfelds, das nach diesem Modell durch die Bahnbewegung des Elektrons am Ort des Protons erzeugt wird. Vernachlässigen Sie die Eigenbewegung des Protons.

24.11 • Ein kleines, 2,0 mm langes Stromelement, das von einem Strom $I = 2{,}0 \, \mathrm{A}$ in $+z$-Richtung durchflossen wird, liegt mit dem Mittelpunkt im Koordinatenursprung. Berechnen Sie das Magnetfeld $\boldsymbol{B}$ in folgenden Punkten: a) auf der x-Achse bei $x = 3{,}0 \, \mathrm{m}$, b) auf der x-Achse bei $x = -6{,}0 \, \mathrm{m}$, c) auf der z-Achse bei $z = 3{,}0 \, \mathrm{m}$ und d) auf der y-Achse bei $y = 3{,}0 \, \mathrm{m}$.

Leiterschleifen

24.12 • Zeigen Sie, dass sich der Ausdruck für das Magnetfeld auf der Achse einer Leiterschleife an der Position z,

$$B_z = \frac{\mu_0}{4\pi} \frac{2\pi r_{\mathrm{LS}}^2 \, I}{\left(z^2 + r_{\mathrm{LS}}^2\right)^{\frac{3}{2}}} \, ,$$

im Mittelpunkt der Leiterschleife auf $B_z = \mu_0 \, I / 2 \, r_{\mathrm{LS}}$ reduziert.

24.13 • Durch eine einzelne kreisrunde Leiterschleife mit einem Radius von 3,0 cm fließt ein Strom von 2,6 A. Berechnen Sie die Stärke des Magnetfelds an folgenden Positionen auf der

Achse, die senkrecht zur Ebene der Leiterschleife durch deren Mittelpunkt verläuft: a) im Mittelpunkt der Schleife, b) 1,0 cm vom Mittelpunkt entfernt, c) 2,0 cm vom Mittelpunkt entfernt, d) 35 cm vom Mittelpunkt entfernt.

24.14 ●●● Der Abstand zwischen zwei identischen Spulen mit je 250 Windungen sei gleich dem Radius der Spulen, nämlich 30 cm. Die Spulen sind koaxial angeordnet und werden von gleichen Strömen ($I = 15$ A) so durchflossen, dass ihre axialen Magnetfelder gleichgerichtet sind. Eine besondere Eigenschaft solcher sogenannter *Helmholtz-Spulen* ist die bemerkenswerte Homogenität des Magnetfelds im Bereich zwischen den Spulen. Berechnen Sie mithilfe eines Tabellenkalkulationsprogramms dieses Magnetfeld als Funktion von z, d. h. dem Abstand vom Mittelpunkt der Anordnung auf der gemeinsamen Achse der Spulen, für -30 cm $< z < +30$ cm. Wie groß ist der Bereich von z, in dem sich die Feldstärke um nicht mehr als 20 % ändert? Skizzieren Sie die Abhängigkeit des Magnetfelds von z.

24.15 ●●● Die Achsen zweier Helmholtz-Spulen aus Aufgabe 24.14, jeweils mit dem Radius r, liegen auf der z-Achse. Eine Spule liegt in der Ebene mit $z = -\frac{1}{2}\,r$, die andere in der Ebene mit $z = +\frac{1}{2}\,r$. Zeigen Sie, dass auf der z-Achse bei $z = 0$ gilt: $\mathrm{d}B_z/\mathrm{d}z = 0$, $\mathrm{d}^2 B_z/\mathrm{d}z^2 = 0$ und $\mathrm{d}^3 B_z/\mathrm{d}z^3 = 0$. (*Anmerkung:* Das Resultat soll zeigen, dass das Magnetfeld in Punkten beiderseits nahe der Mitte der Anordnung in Betrag und Richtung annähernd dem Feld im Mittelpunkt selbst entspricht.)

Geradlinige Leiterabschnitte

Die Aufgaben 24.16 und 24.17 beziehen sich auf die Anordnung in Abb. 24.3: Zwei lange, gerade Leiter liegen parallel zur x-Achse in der x-y-Ebene. Ein Leiter befindet sich bei $y = +6{,}0$ cm, der andere bei $y = -6{,}0$ cm. Die Stromstärke in den Leitern betrage jeweils 20 A.

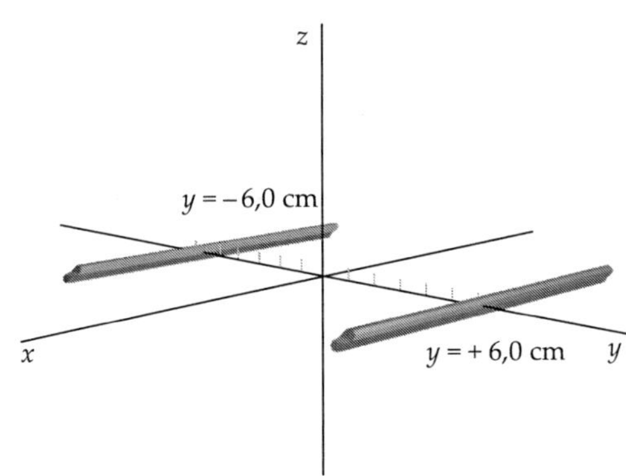

Abb. 24.3 Zu den Aufgaben 24.16 und 24.17

24.16 ● Die Ströme in Abb. 24.3 fließen in $-x$-Richtung. Berechnen Sie B in folgenden Punkten auf der y-Achse: a) $y = -3{,}0$ cm, b) $y = 0$, c) $y = +3{,}0$ cm, d) $y = +9{,}0$ cm.

24.17 ●● Betrachten Sie Abb. 24.3 zu dieser und zur vorigen Aufgabe. Der Strom in dem Leiter bei $y = -6{,}0$ cm fließt in $-x$-Richtung, der in dem Leiter bei $y = +6{,}0$ cm dagegen in $+x$-Richtung. Berechnen Sie B in folgenden Punkten auf der y-Achse: a) $y = -3{,}0$ cm, b) $y = 0$, c) $y = +3{,}0$ cm, d) $y = +9{,}0$ cm.

24.18 ●● Nehmen Sie an, Sie bereiten einen Demonstrationsversuch zum Thema „Berührungsfreie magnetische Aufhängung“ vor. Sie wollen einen 16 cm langen, starren Draht an leichten Anschlussleitungen über einem zweiten, langen, geraden Draht beweglich aufhängen. Wenn die Leiter von Strömen gleicher Stärke, aber entgegengesetzten Richtungen durchflossen werden, soll der 16-cm-Draht spannungsfrei (ohne Last auf den Befestigungen) im Abstand h über dem zweiten Draht schweben. Wie müssen Sie die Stromstärke wählen, wenn der 16-cm-Draht eine Masse von 14 g hat und h, der senkrechte Abstand zwischen den Längsachsen der beiden Leiter, 1,5 mm betragen soll?

24.19 ●● Ein unendlich langer, isolierter Draht liegt auf der x-Achse eines Koordinatensystems und wird in $+x$-Richtung von einem Strom I durchflossen. Ein zweiter, ebensolcher Draht liegt auf der y-Achse, und der Strom I durchfließt ihn in $+y$-Richtung. An welchem Punkt (oder an welchen Punkten) in der Ebene mit $z = 0$ ist das resultierende Magnetfeld null?

24.20 ●● Drei lange parallele Drähte verlaufen senkrecht durch drei Eckpunkte des in Abb. 24.4 gezeigten Quadrats. Durch jeden Draht fließt ein Strom I. Geben Sie, in Abhängigkeit von I und l, das Magnetfeld B im unbesetzten Eckpunkt unter folgenden Bedingungen an: a) Alle Stromrichtungen zeigen in die Papierebene hinein, b) I_1 und I_3 verlaufen in die Papierebene hinein und I_2 verläuft heraus, c) I_1 und I_2 verlaufen in die Papierebene hinein und I_3 verläuft heraus.

Abb. 24.4 Zu Aufgabe 24.20

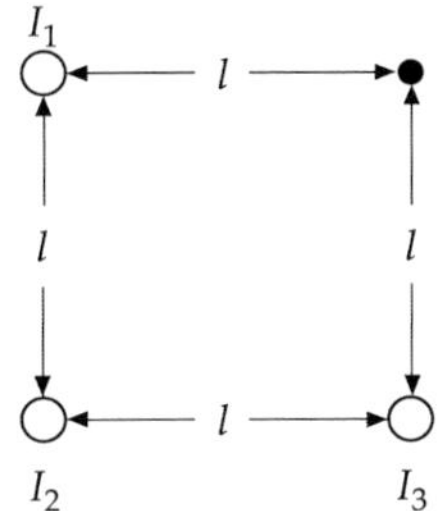

Das Magnetfeld einer Zylinderspule

24.21 ● Durch eine Zylinderspule mit einer Länge von 2,7 m, einem Radius von 0,85 cm und 600 Windungen fließt ein Strom von 2,5 A. Berechnen Sie B im Inneren der Spule, weit entfernt von ihren Enden.

24.22 ●● Durch eine Zylinderspule mit einer Länge von 30 cm, einem Radius von 1,2 cm und 300 Windungen fließt ein Strom von 2,6 A. Berechnen Sie B auf der Achse der Spule, und zwar a) in der Mitte der Spule bzw. b) an einem Ende der Spule.

24.23 •• Durch eine Spule mit n/l Windungen pro Längeneinheit, dem Radius r und der Länge l fließt ein Strom I. Ihre Achse ist die z-Achse, und ihre Enden liegen in den Punkten $z = -\frac{1}{2}l$ und $z = +\frac{1}{2}l$. Zeigen Sie, dass das Magnetfeld B in einem Punkt auf der z-Achse im Bereich $z > \frac{1}{2}l$, also außerhalb der Spule, gegeben ist durch

$$B = \tfrac{1}{2}\mu_0 \frac{n}{l} I \left(\cos\theta_1 - \cos\theta_2\right),$$

wobei aufgrund der geometrischen Gegebenheiten gilt:

$$\cos\theta_1 = \frac{z + \frac{1}{2}l}{\sqrt{\left(z + \frac{1}{2}l\right)^2 + r^2}}, \quad \cos\theta_2 = \frac{z - \frac{1}{2}l}{\sqrt{\left(z - \frac{1}{2}l\right)^2 + r^2}}.$$

Das Ampère'sche Gesetz

24.24 • Durch einen langen, geraden, dünnwandigen Hohlzylinder mit dem Radius r fließt parallel zu seiner Längsachse ein Strom I. Beschreiben Sie die Magnetfelder (hinsichtlich Betrag und Richtung) innerhalb und außerhalb des Hohlzylinders.

24.25 •• Zeigen Sie, dass es homogene Magnetfelder ohne Streufelder an den Rändern, wie in Abb. 24.5 dargestellt, nicht geben kann, weil hierbei das Ampère'sche Gesetz verletzt würde. Wenden Sie dazu das Ampère'sche Gesetz auf den gestrichelt eingezeichneten rechteckigen Weg an.

Abb. 24.5 Zu Aufgabe 24.25

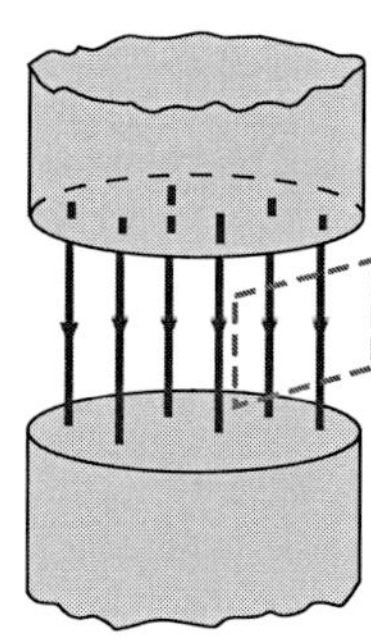

24.26 •• Abb. 24.6 zeigt eine Zylinderspule mit n/l Windungen pro Längeneinheit, durch die ein Strom I fließt. Leiten Sie einen Ausdruck für die Magnetfeldstärke unter der Bedingung her, dass $\boldsymbol{B}$ im Inneren der Spule homogen und parallel zur Längsache der Spule gerichtet, jedoch außerhalb der Spu-

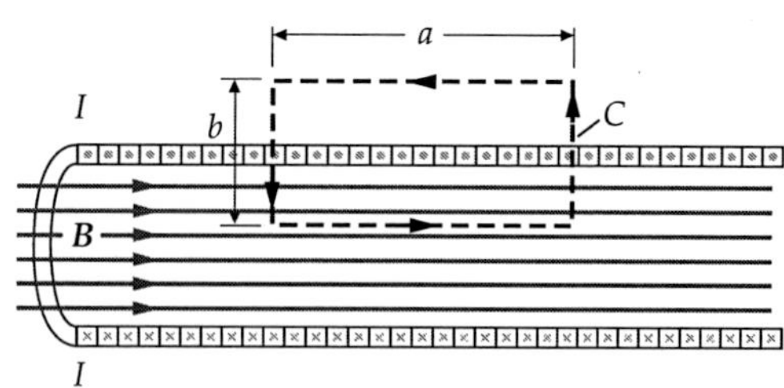

Abb. 24.6 Zu Aufgabe 24.26

le null ist. Wenden Sie dazu das Ampère'sche Gesetz auf den eingezeichneten rechteckigen Weg an.

Magnetisierung und magnetische Suszeptibilität

24.27 • Durch eine eng gewickelte, 20,0 cm lange Zylinderspule mit 400 Windungen fließt ein Strom von 4,00 A; das axiale Magnetfeld der Spule zeigt in $+z$-Richtung. Berechnen Sie B und B_{aus} in der Mitte der Spule, wenn diese a) keinen Kern bzw. b) einen Weicheisenkern mit der Magnetisierung $M = 1{,}2 \cdot 10^6$ A/m hat.

24.28 • Durch eine lange Spule mit Wolframkern fließt ein Strom. a) Der Kern wird bei konstant gehaltenem Strom entfernt. Wird das Magnetfeld im Inneren der Spule dadurch stärker oder schwächer? b) Um wie viel Prozent ändert sich die Magnetfeldstärke im Spuleninneren bei diesem Vorgang?

24.29 •• Stellen Sie sich vor, Sie bringen während eines Praktikumsversuchs eine zylindrisch geformte Probe eines unbekannten magnetischen Materials in eine lange Spule mit n/l Windungen pro Längeneinheit, durch die ein Strom I fließt. In der Tabelle finden Sie Messwerte für die Feldstärke B innerhalb des Zylinders für verschiedene Werte von $(n/l)\,I$.

$(n/l)\,I$, A/m	0	50	100	150
B, T	0	0,04	0,67	1,00
$(n/l)\,I$, A/m	200	500	1000	10 000
B, T	1,2	1,4	1,6	1,7

Skizzieren Sie mithilfe dieser Angaben B als Funktion von B_{aus} und μ_{rel} als Funktion von $(n/l)\,I$. Dabei ist B_{aus} das von I hervorgerufene Feld, und μ_{rel} ist die relative Permeabilität Ihrer Probe.

Magnetische Momente von Atomen

24.30 •• Nickel hat eine Dichte von 8,70 g/cm^3 und eine molare Masse von 58,7 g/mol sowie eine Sättigungsmagnetisierung von $\mu_0 M_{\mathrm{S}} = 0{,}610$ T. Geben Sie das magnetische Moment eines Nickelatoms in Vielfachen des Bohr'schen Magnetons an.

*Paramagnetismus

24.31 •• Vereinfacht können wir uns die Situation in einem paramagnetischen Material folgendermaßen vorstellen: Die magnetischen Momente eines Anteils f der Atome oder Moleküle sind in Feldrichtung orientiert, während die magnetischen Momente aller anderen Moleküle zufällig ausgerichtet sind und daher nicht zum Gesamtmagnetfeld beitragen. a) Zeigen Sie im Rahmen dieses Modells mithilfe des Curie'schen Gesetzes, dass der Anteil ausgerichteter Moleküle bei der Temperatur T und dem äußeren Magnetfeld B gegeben ist durch $f = \mu B/(3 k_B T)$. b) Berechnen Sie f für eine Probentemperatur von 300 K und ein äußeres Feld von 1,00 T; außerdem sei $\mu = 1,00\,\mu_{Bohr}$.

24.32 •• Eine vom Strom I durchflossene Ringspule mit n Windungen hat den mittleren Radius r_{RS} und den Querschnittsradius r, wobei $r \ll r_{RS}$ ist (Abb. 24.7). Ist die Ringspule mit einem Material gefüllt, so nennt man sie auch *Rowland-Ring*. Berechnen Sie B_{aus} und B in einem solchen Ring, wenn die Magnetisierung überall parallel zu B_{aus} ist.

Abb. 24.7 Zu Aufgabe 24.32

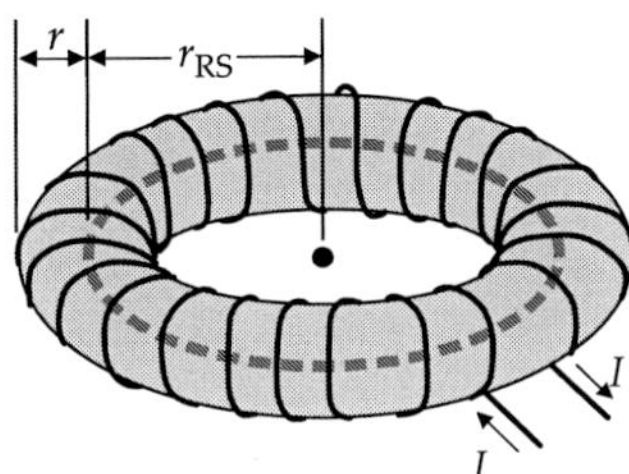

Strom I. Zeigen Sie, dass das Magnetfeld in der Mitte der Spule gegeben ist durch $B = \mu_0\, \pi\, n^2\, I/l$.

24.37 •• Ein 2,0 m unter der Erdoberfläche verlegtes Starkstromkabel führt einen Strom von 50 A. Die genaue Lage und die Richtung des Kabels sind nicht bekannt. Wie könnten Sie beides mithilfe eines Kompasses ermitteln? Das Kabel befinde sich in unmittelbarer Nähe des Äquators, wo das Erdmagnetfeld mit einer Stärke von 0,700 G nach Norden zeigt.

24.38 •• In Abb. 24.8 sehen Sie eine geschlossene Leiterschleife. Sie führt einen Strom von 8,0 A, der entgegen dem Uhrzeigersinn fließt. Der Radius des äußeren Bogens ist 0,60 m, der des inneren Bogens 0,40 m. Wie stark ist das Magnetfeld im Punkt P?

Abb. 24.8 Zu Aufgabe 24.38

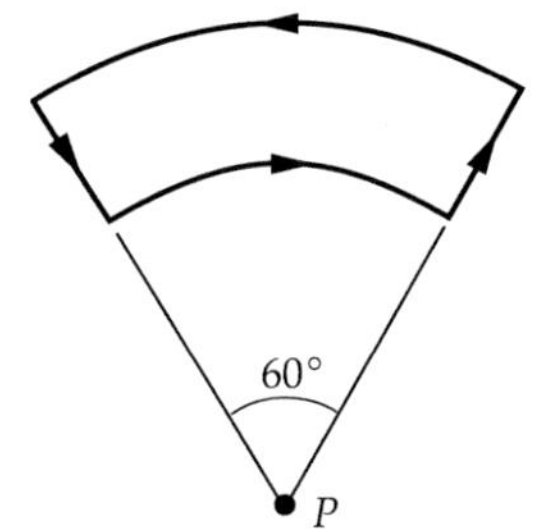

*Ferromagnetismus

24.33 •• Die Sättigungsmagnetisierung von gehärtetem Eisen wird bei $B_{aus} = 0{,}201$ T erreicht. Berechnen Sie für diese Situation die Permeabilität und die relative Permeabilität.

24.34 •• Durch eine lange, dünne Spule mit 50 Windungen pro Zentimeter fließt ein Strom von 2,00 A. Nachdem ein Eisenkern in die Spule gebracht wurde, wird eine Magnetfeldstärke von 1,72 T gemessen. Berechnen Sie unter Vernachlässigung von Randeffekten a) B_{aus}, b) die Magnetisierung und c) die relative Permeabilität.

24.35 ••• Ein langer, gerader Draht mit kreisrundem Querschnitt und einem Radius von 1,00 mm ist mit einer 3,00 mm dicken Schicht eines ferromagnetischen Materials mit einer relativen Permeabilität von 400 überzogen. Das Material des Drahts selbst ist nicht magnetisch, und die Anordnung befindet sich in Luft. Durch den Draht fließt ein Strom von 40,0 A. Berechnen Sie in Abhängigkeit vom senkrechten Abstand r zwischen dem betrachteten Feldpunkt und der Längsachse: a) das Magnetfeld im Inneren des Drahts, b) das Magnetfeld im Inneren der ferromagnetischen Schicht und c) das Magnetfeld außerhalb von Draht und Schicht. d) Wie groß müssen die Beträge der Ampère'schen Ströme an den Oberflächen des ferromagnetischen Materials (also an dessen Innen- und Außenseite) sein, und welche Richtungen müssen die Ströme haben, um die beobachteten Magnetfelder hervorzurufen?

Allgemeine Aufgaben

24.36 •• Ein Draht mit der Länge l ist zu einer kreisrunden Spule mit n Windungen aufgewickelt. Durch diese fließt ein

24.39 •• Durch einen sehr langen geraden Leiter fließt ein Strom von 20,0 A. In 1,00 cm Entfernung vom Draht bewegt sich ein Elektron mit einer Geschwindigkeit von $5{,}00 \cdot 10^6$ m/s. Welche Kraft wirkt auf das Elektron, wenn es sich a) direkt vom Draht weg, b) parallel zum Draht in Stromrichtung bzw. c) senkrecht zum Draht auf einer Tangente an einen zum Draht koaxialen Kreis bewegt?

24.40 •• Eine Kompassnadel in Form eines homogenen Stäbchens hat eine Länge von 3,00 cm, einen Radius von 0,850 mm und eine Dichte von $7{,}96 \cdot 10^3$ kg/m^3. Sie ist in der Waagerechten frei drehbar. Die horizontale Komponente des Erdmagnetfelds beträgt 0,600 G. Nach einer geringen Auslenkung führt die Nadel mit einer Frequenz von 1,40 Hz eine einfache harmonische Schwingung um die Gleichgewichtslage aus. a) Geben Sie das magnetische Dipolmoment der Nadel an. b) Wie groß ist die Magnetisierung? c) Berechnen Sie den Ampère'schen Strom an der Oberfläche der Nadel.

Hinweis: Zeigen Sie zuerst, dass ein langer dünner und reibungsfrei gelagerter Stabmagnet nach einer geringen Auslenkung aus seiner Gleichgewichtslage um einen kleinen Winkel θ mit der Frequenz $\nu = \frac{1}{2\pi}\sqrt{\mu B / I_T}$ zu schwingen beginnt. Darin ist I_T das Trägheitsmoment bezüglich des Lagerungspunkts und $\mu = |\boldsymbol{\mu}|$ das parallel zu seiner Längsachse stehende magnetische Moment des Stabmagneten.

24.41 •• Am magnetischen Nordpol der Erde herrscht ein Magnetfeld mit einer Feldstärke von rund 0,600 G, das senkrecht nach unten zeigt. Angenommen, dieses Feld würde von einem elektrischen Strom erzeugt, der eine Leiterschleife mit dem Radius des inneren Eisenkerns der Erde (etwa 1300 km)

durchfließt. a) Wie groß müsste die Stromstärke in der Leiterschleife sein? b) In welcher Richtung müsste der Strom durch die Leiterschleife fließen – in Richtung der Erdrotation oder entgegengesetzt? Erläutern Sie Ihre Antwort.

24.42 •• a) Geben Sie das Magnetfeld im Punkt P für den in Abb. 24.9 skizzierten, einen Strom I führenden Leiter an. b) Leiten Sie unter Verwendung Ihres Ergebnisses aus Teilaufgabe a einen Ausdruck für das Magnetfeld im Mittelpunkt eines n-seitigen Vielecks her. c) Zeigen Sie, dass dieser Ausdruck für sehr großes n in die Beziehung für das Magnetfeld im Mittelpunkt einer kreisförmigen Leiterschleife übergeht.

Abb. 24.9 Zu Aufgabe 24.42

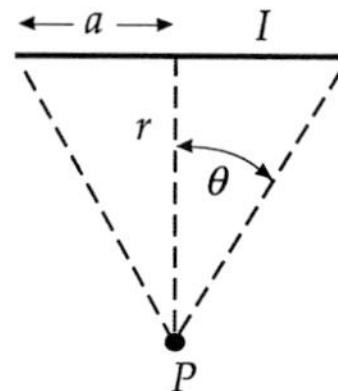

24.43 •• Durch einen langen zylindrischen Leiter mit dem Radius $r_{\mathrm{LZ}} = 10\,\mathrm{cm}$ fließt ein Strom, dessen Stärke vom senkrechten Abstand r von der Leiterachse abhängt, wobei gilt: $I(r) = (50\,\mathrm{A/m})\,r$. Berechnen Sie das Magnetfeld für a) $r = 5{,}0\,\mathrm{cm}$, b) $r = 10\,\mathrm{cm}$ und c) $r = 20\,\mathrm{cm}$.

24.44 ••• Auf einer nicht leitfähigen Scheibe mit dem Radius r_{LS} herrscht eine homogene Flächenladungsdichte σ. Die Scheibe rotiert mit der Winkelgeschwindigkeit ω. a) Betrachten Sie einen ringförmigen Streifen mit dem Radius r und der Breite $\mathrm{d}r$, der die Ladung $\mathrm{d}q$ trägt. Zeigen Sie, dass dieser rotierende Streifen den Strom $\mathrm{d}I = \omega\,\mathrm{d}q/(2\pi) = \omega\,\sigma\,r\,\mathrm{d}r$ erzeugt. b) Zeigen Sie mithilfe Ihres Ergebnisses von Teilaufgabe a, dass das Magnetfeld im Mittelpunkt der Scheibe gegeben ist durch $B = \frac{1}{2}\,\mu_0\,\sigma\,\omega\,r_{\mathrm{LS}}$. c) Ermitteln Sie mithilfe des Ergebnisses von Teilaufgabe a einen Ausdruck für das Magnetfeld in einem Punkt auf der Achse der Scheibe in einem Abstand z von deren Mittelpunkt.

24.45 ••• Eine quadratische Leiterschleife mit der Seitenlänge l liegt in der $z = 0$-Ebene mit ihrem Mittelpunkt im Koordinatenursprung. Durch die Schleife fließt der Strom I. a) Leiten Sie einen Ausdruck für die Magnetfeldstärke B in beliebigen Punkten auf der z-Achse her. b) Zeigen Sie, ausgehend von Ihrem Resultat, dass für $z \gg l$ gilt:

$$B \approx \frac{\mu\,\mu_0}{2\,\pi\,z^3},$$

wobei $\mu = I\,l^2$ das magnetische Moment der Schleife ist.

Lösungen zu den Aufgaben

Verständnisaufgaben

L24.1 Wie die Abbildungen erkennen lassen, sehen die Felder in großer Entfernung vom jeweiligen Dipol gleich aus, aber in der Nähe unterscheiden sie sich.

Elektrisches Feld:

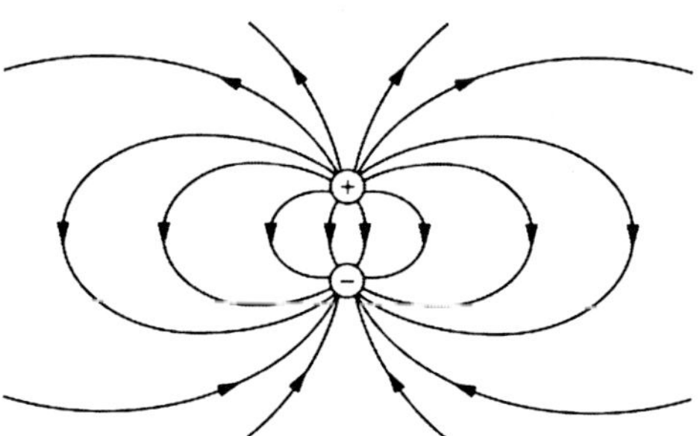

Im Mittelpunkt des elektrischen Dipols verläuft das elektrische Feld antiparallel zur Richtung des Fernfelds oberhalb und unterhalb des Dipols. Die elektrischen Feldlinien gehen stets von einer Ladung aus und enden auf einer Ladung.

Magnetfeld:

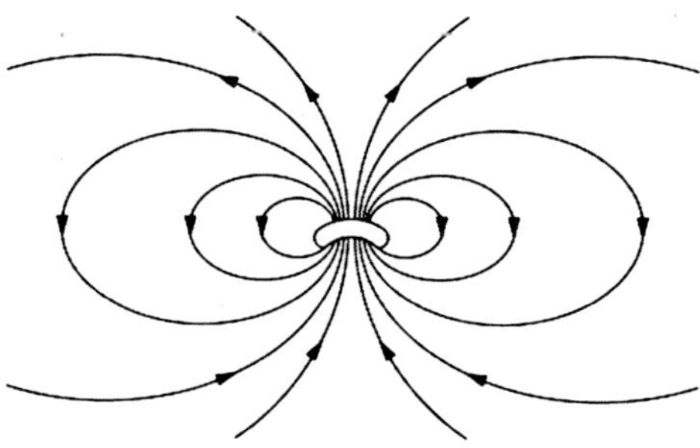

Im Mittelpunkt des magnetischen Dipols verläuft das magnetische Feld parallel zur Richtung des Fernfelds oberhalb und unterhalb des Dipols. Die magnetischen Feldlinien bilden geschlossene Schleifen, haben also weder Anfang noch Ende.

L24.2 Wie mithilfe der Rechte-Hand-Regel zu ermitteln ist, zeigt das Magnetfeld, das vom Strom im linken Leiter erzeugt wird, zwischen den Leitern aus der Papierebene heraus. Das Gleiche gilt für das vom Strom im rechten Leiter erzeugte Magnetfeld. Also weist das resultierende Magnetfeld an allen von beiden Leitern gleich weit entfernten Punkten aus der Papierebene heraus, und Antwort c ist richtig.

L24.3 Beide Sätze beschreiben den Fluss durch geschlossene Oberflächen.

Beim elektrischen Feld ist der elektrische Fluss proportional zur eingeschlossenen Gesamtladung.

Im Gegensatz dazu ist das Magnetfeld um eine ruhende elektrische Ladung stets gleich null, denn die Quelle des Magnetfelds ist kein magnetischer „Monopol" (der die Entsprechung einer einzelnen elektrischen Ladung wäre). Vielmehr rührt der magnetische Fluss bzw. das Magnetfeld von einer *bewegten* elektrischen Ladung her.

L24.4 Der Gauß'sche Satz für das Magnetfeld lautet folgendermaßen: „Der magnetische Fluss durch eine geschlossene Oberfläche ist stets gleich null."

Falls aber die Existenz isolierter magnetischer Monopole nachgewiesen würde, dann hätte ein magnetischer Monopol eine „magnetische Ladung" mit einem bestimmten Betrag, und der Gauß'sche Satz müsste lauten: „Der Fluss des Magnetfelds durch eine geschlossene Oberfläche ist proportional zur Gesamtmenge der von ihr umschlossenen magnetischen Ladung."

L24.5 Mithilfe der Rechte-Hand-Regel stellen wir fest, dass der Strom im Uhrzeigersinn fließt.

L24.6 Wenn der Strom fließt, ziehen die Windungen der Spirale einander an, sodass sie die Tendenz haben, sich einander zu nähern. Die in gleicher Richtung verlaufenden Stromelemente ziehen einander nämlich an, und ein Stromelement in einer Windung der Spirale ist denjenigen Stromelementen in benachbarten Windungen nahe, die dieselbe Richtung haben.

L24.7 a) Richtig. Für das Magnetfeld eines unendlich langen, geraden Leiters gilt

$$ B = \frac{\mu_0 \, 2 \, I}{4 \, \pi \, r} \, , $$

wobei r der senkrechte Abstand des Feldpunkts vom Leiter ist. Weil die magnetische Feldstärke linear mit dem senkrechten Abstand von der Achse des Leiters abnimmt, hat das vom gegebenen Strom hervorgerufene Magnetfeld an der Oberfläche des Leiters seine maximale Feldstärke.

b) Falsch. Wie schon in der Lösung zur Teilaufgabe a bemerkt, nimmt die elektrische Feldstärke linear mit dem senkrechten Abstand r von der Achse des Leiters ab.

c) Richtig. Gemäß dem Ampere'schen Gesetz $\oint_C \boldsymbol{B} \cdot \mathrm{d}\boldsymbol{l} = \mu_0 \, I_C$ ist wegen $I_C = 0$ das Magnetfeld auf der Längsachse des Leiters gleich null.

d) Richtig. Aus dem Ampere'schen Gesetz ergibt sich, dass für das Magnetfeld innerhalb des Leiters gilt:

$$ B = \frac{\mu_0 \, I}{2 \, \pi \, r_{\mathrm{LD}}^2} \, r_\perp \, , $$

wobei r_{LD} der Radius des Leiters und $r_\perp$ der senkrechte Abstand von der Längsachse des Leiters ist.

L24.8 Diamagnetisch (also mit $\chi_{\mathrm{mag}} < 0$) sind Wasserstoff, H_2, Kohlendioxid, CO_2, und Stickstoff, N_2. Dagegen ist Sauerstoff, O_2, diamagnetisch (mit $\chi_{\mathrm{mag}} > 0$).

Das Magnetfeld von Punktladungen und Strömen

L24.9 Wir stellen zunächst die Formel auf, mit der wir das Magnetfeld des Protons an den einzelnen Punkten berechnen können. Mit dem Einheitsvektor $\hat{\boldsymbol{r}}$ zwischen dem Proton und dem jeweiligen Punkt ergibt sich

$$
\begin{aligned}
\boldsymbol{B} &= \frac{\mu_0}{4\,\pi} \frac{q \, \boldsymbol{v} \times \hat{\boldsymbol{r}}}{r^2} \\
&= (10^{-7}\,\mathrm{N} \cdot \mathrm{A}^{-2})\,(1{,}602 \cdot 10^{-19}\,\mathrm{C}) \\
&\quad \cdot \frac{\left[(1{,}0 \cdot 10^2\,\hat{\boldsymbol{x}})\,\mathrm{m} \cdot \mathrm{s}^{-1} + (2{,}0 \cdot 10^2\,\hat{\boldsymbol{y}})\,\mathrm{m} \cdot \mathrm{s}^{-1}\right] \times \hat{\boldsymbol{r}}}{r^2} \\
&= (1{,}60 \cdot 10^{-24}\,\mathrm{T} \cdot \mathrm{m}^2)\,\frac{(1{,}0\,\hat{\boldsymbol{x}} + 2{,}0\,\hat{\boldsymbol{y}}) \times \hat{\boldsymbol{r}}}{r^2}\,.
\end{aligned}
$$

a) Der Ortsvektor zwischen dem Ort $(3{,}0\,\mathrm{m},\, 4{,}0\,\mathrm{m})$ des Protons und dem Punkt $(2{,}0\,\mathrm{m},\, 2{,}0\,\mathrm{m})$ ist

$$ \boldsymbol{r} = -(1{,}0\,\hat{\boldsymbol{x}})\,\mathrm{m} - (2{,}0\,\hat{\boldsymbol{y}})\,\mathrm{m}\,. $$

Der Abstand beider Punkte beträgt $r = \sqrt{5}\,\mathrm{m}$, und der Einheitsvektor zwischen ihnen ist

$$ \hat{\boldsymbol{r}} = -\frac{1}{\sqrt{5}}\,\hat{\boldsymbol{x}} - \frac{2}{\sqrt{5}}\,\hat{\boldsymbol{y}}\,. $$

Damit ergibt sich das Magnetfeld am Punkt $(2{,}0\,\mathrm{m},\, 2{,}0\,\mathrm{m})$ zu

$$
\begin{aligned}
\boldsymbol{B}_{2,2} &= (1{,}60 \cdot 10^{-24}\,\mathrm{T} \cdot \mathrm{m}^2) \\
&\quad \cdot \frac{(1{,}0\,\hat{\boldsymbol{x}} + 2{,}0\,\hat{\boldsymbol{y}}) \times \left(-\dfrac{1}{\sqrt{5}}\,\hat{\boldsymbol{x}} - \dfrac{2}{\sqrt{5}}\,\hat{\boldsymbol{y}}\right)}{r^2} \\
&= \frac{1{,}60 \cdot 10^{-24}\,\mathrm{T} \cdot \mathrm{m}^2}{\sqrt{5}}\left(\frac{-2{,}0\,\hat{\boldsymbol{z}} + 2{,}0\,\hat{\boldsymbol{z}}}{(\sqrt{5}\,\mathrm{m})^2}\right) = 0\,.
\end{aligned}
$$

b) Der Ortsvektor zwischen dem Ort $(3{,}0\,\mathrm{m},\, 4{,}0\,\mathrm{m})$ des Protons und dem Punkt $(6{,}0\,\mathrm{m},\, 4{,}0\,\mathrm{m})$ ist $\boldsymbol{r} = (3{,}0\,\hat{\boldsymbol{x}})\,\mathrm{m}$.

Der Abstand beider Punkte beträgt $r = 3{,}0\,\mathrm{m}$, und der Einheitsvektor zwischen ihnen ist $\hat{\boldsymbol{r}} = \hat{\boldsymbol{x}}$.

Damit ergibt sich das Magnetfeld am Punkt $(6{,}0\,\mathrm{m},\, 4{,}0\,\mathrm{m})$ zu

$$
\begin{aligned}
\boldsymbol{B}_{6,4} &= (1{,}60 \cdot 10^{-24}\,\mathrm{T} \cdot \mathrm{m}^2)\,\frac{(1{,}0\,\hat{\boldsymbol{x}} + 2{,}0\,\hat{\boldsymbol{y}}) \times \hat{\boldsymbol{x}}}{(3{,}0\,\mathrm{m})^2} \\
&= (1{,}60 \cdot 10^{-24}\,\mathrm{T} \cdot \mathrm{m}^2)\,\frac{-2{,}0\,\hat{\boldsymbol{z}}}{9{,}0\,\mathrm{m}^2} = (-3{,}6 \cdot 10^{-25}\,\hat{\boldsymbol{z}})\,\mathrm{T}\,.
\end{aligned}
$$

c) Der Ortsvektor zwischen dem Ort $(3{,}0\,\mathrm{m},\, 4{,}0\,\mathrm{m})$ des Protons und dem Punkt $(3{,}0\,\mathrm{m},\, 6{,}0\,\mathrm{m})$ ist $\boldsymbol{r} = (2{,}0\,\hat{\boldsymbol{y}})\,\mathrm{m}$.

Der Abstand beider Punkte beträgt $r = 2{,}0$ m, und der Einheitsvektor zwischen ihnen ist $\widehat{r} = \widehat{y}$.

Damit ergibt sich das Magnetfeld am Punkt (3,0 m, 6,0 m) zu

$$\boldsymbol{B}_{3,6} = (1{,}60 \cdot 10^{-24}\,\mathrm{T \cdot m^2})\,\frac{(1{,}0\,\widehat{x} + 2{,}0\,\widehat{y})\times\widehat{y}}{(2{,}0\,\mathrm{m})^2}$$

$$= (1{,}60 \cdot 10^{-24}\,\mathrm{T \cdot m^2})\,\frac{\widehat{z}}{4{,}0\,\mathrm{m^2}} = (4{,}0 \cdot 10^{-25}\,\widehat{z})\,\mathrm{T}.$$

L24.10 Das mit der Geschwindigkeit v um das Proton kreisende Elektron erzeugt an dessen Ort das Magnetfeld

$$B = \frac{\mu_0}{4\pi}\,\frac{e\,v}{r^2}.$$

Die Zentripetalkraft zwischen Elektron und Proton rührt von der elektrischen Kraft her, für die das Coulomb'sche Gesetz gilt. Beim Umlauf mit konstantem Abstand r ist die resultierende Kraft in radialer Richtung null, und gemäß dem zweiten Newton'schen Axiom muss gelten

$$\frac{1}{4\pi\varepsilon_0}\,\frac{e^2}{r^2} = m\,\frac{v^2}{r}.$$

Daraus folgt für die Umlaufgeschwindigkeit

$$v = \sqrt{\frac{1}{4\pi\varepsilon_0}\,\frac{e^2}{m\,r}}.$$

Das setzen wir in die obige Gleichung für das Magnetfeld ein und erhalten

$$B = \frac{\mu_0}{4\pi}\,\frac{e\,v}{r^2} = \frac{\mu_0}{4\pi}\,\frac{e}{r^2}\sqrt{\frac{1}{4\pi\varepsilon_0}\,\frac{e^2}{m\,r}} = \frac{\mu_0}{4\pi}\,\frac{e^2}{r^2}\sqrt{\frac{1}{4\pi\varepsilon_0}\,\frac{1}{m\,r}}$$

$$= (10^{-7}\,\mathrm{N \cdot A^{-2}})\,\frac{(1{,}602 \cdot 10^{-19}\,\mathrm{C})^2}{(5{,}29 \cdot 10^{-11}\,\mathrm{m})^2}$$

$$\cdot\sqrt{\frac{8{,}988 \cdot 10^9\,\mathrm{N \cdot m^2 \cdot C^{-2}}}{(9{,}109 \cdot 10^{-31}\,\mathrm{kg})\,(5{,}29 \cdot 10^{-11}\,\mathrm{m})}}$$

$$= 12{,}5\,\mathrm{T}.$$

L24.11 Wir stellen zunächst die Formel auf, mit der wir das Magnetfeld an den einzelnen Punkten berechnen können. Mit den gegebenen Werten erhalten wir gemäß dem Biot-Savart'schen Gesetz

$$\mathrm{d}\boldsymbol{B} = \frac{\mu_0}{4\pi}\,\frac{I\,\mathrm{d}\boldsymbol{l}\times\widehat{r}}{r^2}$$

$$= (10^{-7}\,\mathrm{N \cdot A^{-2}})\,\frac{(2{,}0\,\mathrm{A})\,(2{,}0\,\mathrm{mm})\,\widehat{z}\times\widehat{r}}{r^2}$$

$$= (0{,}400\,\mathrm{nT \cdot m^2})\,\frac{\widehat{z}\times\widehat{r}}{r^2}.$$

a) Der Ortsvektor zwischen dem Ursprung und dem Punkt (3,0 m, 0 m, 0 m) ist $r = (3{,}0\,\widehat{x})$ m, der Abstand zwischen

diesen Punkten beträgt $r = 3{,}0$ m, und der Einheitsvektor zwischen ihnen ist $\widehat{r} = \widehat{x}$. Damit ergibt sich das Magnetfeld

$$\mathrm{d}\boldsymbol{B}_{3,0,0} = (0{,}400\,\mathrm{nT \cdot m^2})\,\frac{\widehat{z}\times\widehat{x}}{(3{,}0\,\mathrm{m})^2} = (44\,\widehat{y})\,\mathrm{pT}.$$

b) Der Ortsvektor zwischen dem Ursprung und dem Punkt (−6,0 m, 0 m, 0 m) ist $r = (-6{,}0\,\widehat{x})$ m, der Abstand zwischen diesen Punkten beträgt $r = 6{,}0$ m, und der Einheitsvektor zwischen ihnen ist $\widehat{r} = -\widehat{x}$. Damit ergibt sich das Magnetfeld

$$\mathrm{d}\boldsymbol{B}_{-6,0,0} = (0{,}400\,\mathrm{nT \cdot m^2})\,\frac{\widehat{z}\times(-\widehat{x})}{(6{,}0\,\mathrm{m})^2} = (-11\,\widehat{y})\,\mathrm{pT}.$$

c) Der Ortsvektor zwischen dem Ursprung und dem Punkt (0 m, 0 m, 3,0 m) ist $r = (3{,}0\,\widehat{z})$ m, der Abstand zwischen diesen Punkten beträgt $r = 3{,}0$ m, und der Einheitsvektor zwischen ihnen ist $\widehat{r} = \widehat{z}$. Damit ergibt sich das Magnetfeld

$$\mathrm{d}\boldsymbol{B}_{0,0,3} = (0{,}400\,\mathrm{nT \cdot m^2})\,\frac{\widehat{z}\times\widehat{z}}{(3{,}0\,\mathrm{m})^2} = 0.$$

d) Der Ortsvektor zwischen dem Ursprung und dem Punkt (0 m, 3,0 m, 0 m) ist $r = (3{,}0\,\widehat{y})$ m, der Abstand zwischen diesen Punkten beträgt $r = 3{,}0$ m, und der Einheitsvektor zwischen ihnen ist $\widehat{r} = \widehat{y}$. Damit ergibt sich das Magnetfeld

$$\mathrm{d}\boldsymbol{B}_{0,3,0} = (0{,}400\,\mathrm{nT \cdot m^2})\,\frac{\widehat{z}\times\widehat{y}}{(3{,}0\,\mathrm{m})^2} = (-44\,\widehat{x})\,\mathrm{pT}.$$

Leiterschleifen

L24.12 Einsetzen von $z = 0$ ergibt sofort

$$B_z = \frac{\mu_0}{4\pi}\,\frac{2\pi r_{\mathrm{LS}}^2 I}{(r_{\mathrm{LS}}^2)^{\frac{3}{2}}} = \frac{\mu_0}{2}\,\frac{r_{\mathrm{LS}}^2 I}{r_{\mathrm{LS}}^3} = \frac{\mu_0}{2}\,\frac{I}{r_{\mathrm{LS}}}.$$

L24.13 Die Leiterschleife hat den Radius $r_{\mathrm{LS}} = 0{,}030$ m. Dann gilt für das Magnetfeld auf ihrer Achse im Abstand x von ihrem Mittelpunkt

$$B_x = \frac{\mu_0}{4\pi}\,\frac{2\pi r_{\mathrm{LS}}^2 I}{(x^2 + r_{\mathrm{LS}}^2)^{3/2}}$$

$$= (10^{-7}\,\mathrm{N \cdot A^{-2}})\,\frac{2\pi\,(0{,}030\,\mathrm{m})^2\,(2{,}6\,\mathrm{A})}{[x^2 + (0{,}030\,\mathrm{m})^2]^{3/2}}$$

$$= \frac{1{,}470 \cdot 10^{-9}\,\mathrm{T \cdot m^3}}{[x^2 + (0{,}030\,\mathrm{m})^2]^{3/2}}.$$

a) In der Mitte der Leiterschleife, also beim Abstand $x = 0$, ist das Magnetfeld

$$B_0 = \frac{1{,}470 \cdot 10^{-9}\,\mathrm{T \cdot m^3}}{[0 + (0{,}030\,\mathrm{m})^2]^{3/2}} = 54\,\mu\mathrm{T}.$$

b) Für den Abstand $x = 1{,}0\,\text{cm}$ erhalten wir

$$B_1 = \frac{1{,}470 \cdot 10^{-9}\,\text{T} \cdot \text{m}^3}{[(0{,}010\,\text{m})^2 + (0{,}030\,\text{m})^2]^{3/2}} = 46\,\mu\text{T}\,.$$

c) Für den Abstand $x = 2{,}0\,\text{cm}$ erhalten wir

$$B_2 = \frac{1{,}470 \cdot 10^{-9}\,\text{T} \cdot \text{m}^3}{[(0{,}020\,\text{m})^2 + (0{,}030\,\text{m})^2]^{3/2}} = 31\,\mu\text{T}\,.$$

d) Für den Abstand $x = 35\,\text{cm}$ erhalten wir

$$B_{35} = \frac{1{,}470 \cdot 10^{-9}\,\text{T} \cdot \text{m}^3}{[(0{,}35\,\text{m})^2 + (0{,}030\,\text{m})^2]^{3/2}} = 34\,\text{nT}\,.$$

L24.14 Wir legen das Koordinatensystem so an, dass die Spulen, jede mit dem Radius r, symmetrisch zum Ursprung liegen. Somit liegt die Mitte der einen, mit 1 bezeichneten Spule bei $z = -\frac{r}{2}$, und die Mitte der anderen, mit 2 bezeichneten Spule liegt bei $z = +\frac{r}{2}$.

Das Magnetfeld auf der z-Achse ist die Summe der Magnetfelder beider Spulen:

$$B_z = B_1(z) + B_2(z)\,.$$

Mit der Anzahl n der Windungen und der Stromstärke I sind die beiden Magnetfelder gegeben durch

$$B_1(z) = \frac{\mu_0\, n\, r^2\, I}{2\left[\left(z + \frac{r}{2}\right)^2 + r^2\right]^{3/2}}\,,$$

$$B_2(z) = \frac{\mu_0\, n\, r^2\, I}{2\left[\left(z - \frac{r}{2}\right)^2 + r^2\right]^{3/2}}\,.$$

Damit ergibt sich für das gesamte Magnetfeld

$$B_z = B_1(z) + B_2(z)$$

$$= \frac{\mu_0\, n\, r^2\, I}{2\left[\left(z + \frac{r}{2}\right)^2 + r^2\right]^{3/2}} + \frac{\mu_0\, n\, r^2\, I}{2\left[\left(z - \frac{r}{2}\right)^2 + r^2\right]^{3/2}}$$

$$= \frac{\mu_0\, n\, r^2\, I}{2}$$

$$\cdot \left\{ \left[\left(z + \frac{r}{2}\right)^2 + r^2\right]^{-3/2} + \left[\left(z - \frac{r}{2}\right)^2 + r^2\right]^{-3/2} \right\}\,.$$

Die erste Tabelle enthält auszugsweise die Eingaben zur Berechnung mit einem Tabellenkalkulationsprogramm. Hierin setzen wir

$$K_1 = \left[\left(z + \frac{r}{2}\right)^2 + r^2\right]^{-3/2}\,, \quad K_2 = \left[\left(z - \frac{r}{2}\right)^2 + r^2\right]^{-3/2}\,.$$

Zelle	Formel/Inhalt	Algebraischer Ausdr.
B1	$1.13 \cdot 10^{-7}$	μ_0
B2	0.30	r
B3	250	n
B4	15	I
B5	0.5*$B$1*$B$3*($B$2^2) *$B$4	$K = \dfrac{\mu_0\, n\, r^2\, I}{2}$
A8	−0.30	$-r$
B8	$B$5*(($B$2/2+A8)^2 +$B$2^2)^(−3/2)	$K \cdot K_2$
C8	$B$5*(($B$2/2−A8)^2 +$B$2^2)^(−3/2)	$K \cdot K_1$
D8	10^4(B8+C8)	$B_z = 10^4\,(B_1 + B_2)$

Die zweite Tabelle enthält auszugsweise die Ergebnisse der Berechnung mit dem Tabellenkalkulationsprogramm.

	A	B	C	D
1	$\mu_0 =$	1.2E−06	N/A^2	
2	$r =$	0.30	m	
3	$n =$	250	Windungen	
4	$I =$	15	A	
5	Koeff. $=$	2.13E−04	Koeffizient	
6				
7	$z.$	$B_1(z)$	$B_1(z)$	$B(z)$
8	−0.30	5.63E−03	1.34E−03	70
9	−0.29	5.86E−03	1.41E−03	73
10	−0.28	6.08E−03	1.48E−03	76
11	−0.27	6.30E−03	1.55E−03	78
12	−0.26	6.52E−03	1.62E−03	81
13	−0.25	6.72E−03	1.70E−03	84
14	−0.24	6.92E−03	1.78E−03	87
15	−0.23	7.10E−03	1.87E−03	90
...				
61	0.23	1.87E−03	7.10E−03	90
62	0.24	1.78E−03	6.92E−03	87
63	0.25	1.70E−03	6.72E−03	84
64	0.26	1.62E−03	6.52E−03	81
65	0.27	1.55E−03	6.30E−03	78
66	0.28	1.48E−03	6.08E−03	76
67	0.29	1.41E−03	5.86E−03	73
68	0.30	1.34E−03	5.63E−03	70

In Abb. 24.10 ist anhand der Daten in der zweiten Tabelle die Magnetfeldstärke B_z gegen z aufgetragen.

Der Maximalwert von B_z beträgt 113 G. Davon 80 % sind 90 G. Der Abbildung entnehmen wir, dass die Magnetfeldstärke im Bereich $-0{,}23\,\text{m} < z < 0{,}23\,\text{m}$ diesen Wert nicht unterschreitet.

L24.15 Wir verwenden den Index 1 für die Spule, deren Mitte bei $z = -\frac{r}{2}$ liegt, und den Index 2 für die Spule, deren Mitte bei $z = +\frac{r}{2}$ liegt.

Das Magnetfeld auf der z-Achse, das von der Spule 1 erzeugt wird, ist (mit der Anzahl n ihrer Windungen) in Abhängigkeit

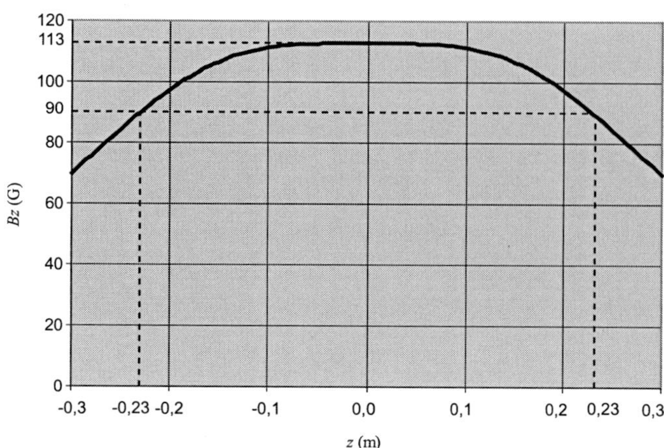

Abb. 24.10 zu Lösung 24.14

von z gegeben durch

$$B_1(z) = \frac{\mu_0 \, n \, r^2 \, I}{2 \left[\left(z + \frac{r}{2}\right)^2 + r^2 \right]^{3/2}} = \frac{\mu_0 \, n \, r^2 \, I}{2 \, z_1^3} \, .$$

Darin haben wir $z_1 = \sqrt{\left(z + \frac{r}{2}\right)^2 + r^2}$ gesetzt.

Entsprechend gilt für das Magnetfeld der zweiten Spule

$$B_2(z) = \frac{\mu_0 \, n \, r^2 \, I}{2 \left[\left(z - \frac{r}{2}\right)^2 + r^2 \right]^{3/2}} = \frac{\mu_0 \, n \, r^2 \, I}{2 \, z_2^3} \, ,$$

wobei wir $z_2 = \sqrt{\left(z - \frac{r}{2}\right)^2 + r^2}$ gesetzt haben.

Das gesamte Magnetfeld entlang der z-Achse ist die Summe dieser beiden Felder:

$$B_z(z) = B_1(z) + B_2(z) = \frac{\mu_0 \, n \, r^2 \, I}{2 \, z_1^3} + \frac{\mu_0 \, n \, r^2 \, I}{2 \, z_2^3}$$

$$= \frac{\mu_0 \, n \, r^2 \, I}{2} \left(\frac{1}{z_1^3} + \frac{1}{z_2^3} \right) .$$

Die Ableitung von B_z nach z ist

$$\frac{\mathrm{d}B_z}{\mathrm{d}z} = \frac{\mu_0 \, n \, r^2 \, I}{2} \, \frac{\mathrm{d}}{\mathrm{d}z} \left(\frac{1}{z_1^3} + \frac{1}{z_2^3} \right)$$

$$= \frac{\mu_0 \, n \, r^2 \, I}{2} \left(\frac{-3}{z_1^4} \, \frac{\mathrm{d}z_1}{\mathrm{d}z} - \frac{-3}{z_2^4} \, \frac{\mathrm{d}z_2}{\mathrm{d}z} \right) .$$

Wir leiten nun $z_1 = \left[\left(z + \frac{r}{2}\right)^2 + r^2 \right]^{1/2}$ nach z ab:

$$\frac{\mathrm{d}z_1}{\mathrm{d}z} = \tfrac{1}{2} \left[\left(z + \frac{r}{2}\right)^2 + r^2 \right]^{-1/2} \left[2 \left(z + \frac{r}{2}\right) \right] = \frac{z + \frac{r}{2}}{z_1} \, ,$$

und wir leiten $z_2 = \left[\left(z - \frac{r}{2}\right)^2 + r^2 \right]^{1/2}$ nach z ab:

$$\frac{\mathrm{d}z_2}{\mathrm{d}z} = \tfrac{1}{2} \left[\left(z - \frac{r}{2}\right)^2 + r^2 \right]^{-1/2} \left[2 \left(z - \frac{r}{2}\right) \right] = \frac{z - \frac{r}{2}}{z_2} \, .$$

Diese Ableitungen setzen wir in den eben ermittelten Ausdruck für $\mathrm{d}B_z / \mathrm{d}z$ ein:

$$\frac{\mathrm{d}B_z}{\mathrm{d}z} = \frac{\mu_0 \, n \, r^2 \, I}{2} \left[\frac{-3}{z_1^4} \left(\frac{z + \frac{r}{2}}{z_1} \right) + \frac{-3}{z_2^4} \left(\frac{z - \frac{r}{2}}{z_1} \right) \right]$$

$$= \frac{\mu_0 \, n \, r^2 \, I}{2} \left(\frac{-3 \left(z + \frac{r}{2}\right)}{z_1^5} + \frac{-3 \left(z - \frac{r}{2}\right)}{z_2^5} \right) .$$

Um die Ableitung von B_z an der Stelle $z = 0$ zu ermitteln, müssen wir hierfür z_1 und z_2 bestimmen:

$$z_1(0) = \left[\left(0 + \frac{r}{2}\right)^2 + r^2 \right]^{1/2} = \left(\frac{5}{4} \, r^2 \right)^{1/2} ,$$

$$z_2(0) = \left[\left(0 - \frac{r}{2}\right)^2 + r^2 \right]^{1/2} = \left(\frac{5}{4} \, r^2 \right)^{1/2} .$$

Das setzen wir in die Ableitung von B_z ein und erhalten

$$\left. \frac{\mathrm{d}B_z}{\mathrm{d}z} \right|_{z=0} = \frac{\mu_0 \, n \, r^2 \, I}{2} \left(\frac{-3 \left(\frac{r}{2}\right)}{\left(\frac{5}{4} \, r^2\right)^{5/2}} + \frac{-3 \left(-\frac{r}{2}\right)}{\left(\frac{5}{4} \, r^2\right)^{5/2}} \right) = 0 \, .$$

Die zweite Ableitung von B_z nach z ist

$$\frac{\mathrm{d}^2 B_z}{\mathrm{d}z^2} = \frac{\mu_0 \, n \, r^2 \, I}{2} \, \frac{\mathrm{d}}{\mathrm{d}z} \left(\frac{-3 \left(z + \frac{r}{2}\right)}{z_1^5} + \frac{-3 \left(z - \frac{r}{2}\right)}{z_2^5} \right)$$

$$= \frac{\mu_0 \, n \, r^2 \, I}{2}$$

$$\cdot (-3) \left(\frac{1}{z_1^5} - \frac{5 \left(z + \frac{r}{2}\right)^2}{z_1^7} + \frac{1}{z_2^5} - \frac{5 \left(z - \frac{r}{2}\right)^2}{z_2^7} \right) .$$

Wir berechnen nun diese Ableitung an der Stelle $z = 0$ und setzen dabei zur Abkürzung $a = \frac{5}{4} \, r^2$:

$$\left. \frac{\mathrm{d}^2 B_z}{\mathrm{d}z^2} \right|_{z=0} = \frac{\mu_0 \, n \, r^2 \, I}{2}$$

$$\cdot (-3) \left(\frac{1}{a^{5/2}} - \frac{5 \left(\frac{r}{2}\right)^2}{a^{7/2}} + \frac{1}{a^{5/2}} - \frac{5 \left(-\frac{r}{2}\right)^2}{a^{7/2}} \right)$$

$$= \frac{\mu_0 \, n \, r^2 \, I}{2} \, (-3) \left(\frac{1}{a^{5/2}} - \frac{a}{a^{7/2}} + \frac{1}{a^{5/2}} - \frac{a}{a^{7/2}} \right)$$

$$= \frac{\mu_0 \, n \, r^2 \, I}{2} \, (-3) \left(\frac{1}{a^{5/2}} - \frac{1}{a^{5/2}} + \frac{1}{a^{5/2}} - \frac{1}{a^{5/2}} \right)$$

$$= 0 \, .$$

Die dritte Ableitung von B_z nach z ist

$$\frac{\mathrm{d}^3 B_z}{\mathrm{d}z^3} = \frac{\mu_0 \, n \, r^2 \, I}{2} \, (-3)$$

$$\cdot \frac{\mathrm{d}}{\mathrm{d}z} \left(\frac{1}{z_1^5} - \frac{5 \left(z + \frac{r}{2}\right)^2}{z_1^7} + \frac{1}{z_2^5} - \frac{5 \left(z - \frac{r}{2}\right)^2}{z_2^7} \right)$$

$$= \frac{\mu_0 \, n \, r^2 \, I}{2} \, (-3) \left(\frac{35 \left(z + \frac{r}{2}\right)^3}{z_1^9} - \frac{15 \left(z + \frac{r}{2}\right)}{z_1^7} \right.$$

$$\left. - \frac{15 \left(z - \frac{r}{2}\right)}{z_2^7} + \frac{35 \left(z - \frac{r}{2}\right)^3}{z_2^9} \right) .$$

An der Stelle $z = 0$ ergibt sich für diese Ableitung

$$\left. \frac{\mathrm{d}^3 B_z}{\mathrm{d}z^3} \right|_{z=0} = \frac{\mu_0\, n\, r^2\, I}{2}\,(-3)$$

$$\cdot \left(\frac{35 \left(\frac{r}{2}\right)^3}{z_1^9} - \frac{15\, \frac{r}{2}}{z_1^7} - \frac{15 \left(-\frac{r}{2}\right)}{z_2^7} + \frac{35 \left(-\frac{r}{2}\right)^3}{z_2^9} \right)$$

$$= \frac{\mu_0\, n\, r^2\, I}{2}\,(-3)\left(\frac{35 \left(\frac{r}{2}\right)^3}{\left(\frac{5}{4}\, r^2\right)^{9/2}} - \frac{15\, \frac{r}{2}}{\left(\frac{5}{4}\, r^2\right)^{7/2}} \right.$$

$$\left. + \frac{15\, \frac{r}{2}}{\left(\frac{5}{4}\, r^2\right)^{7/2}} - \frac{35 \left(\frac{r}{2}\right)^3}{\left(\frac{5}{4}\, r^2\right)^{9/2}} \right)$$

$$= 0\,.$$

Geradlinige Leiterabschnitte

L24.16 Für den Betrag des von einem geradlinigen Leiter hervorgerufenen Magnetfelds gilt im senkrechten Abstand $r_\perp$ vom Leiter

$$B = \frac{\mu_0}{4\pi}\, \frac{2I}{r_\perp} = (10^{-7}\,\mathrm{T \cdot m \cdot A^{-1}})\, \frac{2I}{r_\perp}\,.$$

Wir bezeichnen den Leiter bei $y = +6{,}0\,\mathrm{cm}$ mit dem Index a und den bei $y = -6{,}0\,\mathrm{cm}$ mit dem Index b.

a) Bei $y = -3{,}0\,\mathrm{cm}$ ist das resultierende Magnetfeld

$$\boldsymbol{B}_{-3} = \boldsymbol{B}_{\mathrm{a},-3} + \boldsymbol{B}_{\mathrm{b},-3}\,,$$

und die Beträge der beiden Felder sind hier

$$B_{\mathrm{a},-3} = (10^{-7}\,\mathrm{T \cdot m \cdot A^{-1}})\, \frac{2\,(20\,\mathrm{A})}{0{,}090\,\mathrm{m}} = 44{,}4\,\mu\mathrm{T}\,,$$

$$B_{\mathrm{b},-3} = (10^{-7}\,\mathrm{T \cdot m \cdot A^{-1}})\, \frac{2\,(20\,\mathrm{A})}{0{,}030\,\mathrm{m}} = 133\,\mu\mathrm{T}\,.$$

Mit der Rechte-Hand-Regel ergibt sich für die beiden Felder

$$\boldsymbol{B}_{\mathrm{a},-3} = (44{,}4\,\widehat{\boldsymbol{z}})\,\mu\mathrm{T} \quad \text{und} \quad \boldsymbol{B}_{\mathrm{b},-3} = (-133\,\widehat{\boldsymbol{z}})\,\mu\mathrm{T}\,.$$

Damit erhalten wir für das resultierende Magnetfeld

$$\boldsymbol{B}_{-3} = (44{,}4\,\widehat{\boldsymbol{z}})\,\mu\mathrm{T} + (-133\,\widehat{\boldsymbol{z}})\,\mu\mathrm{T} = (-89\,\widehat{\boldsymbol{z}})\,\mu\mathrm{T}\,.$$

b) Bei $y = 0$ ist das resultierende Magnetfeld

$$\boldsymbol{B}_0 = \boldsymbol{B}_{\mathrm{a},0} + \boldsymbol{B}_{\mathrm{b},0}\,.$$

Aufgrund der Symmetrie ist $\boldsymbol{B}_{\mathrm{a},0} = -\boldsymbol{B}_{\mathrm{b},0}$, sodass das resultierende Feld $\boldsymbol{B}_0 = 0$ ist.

c) Die gleiche Berechnung wie in Teil a ergibt für $y = +3{,}0\,\mathrm{cm}$:

$$\boldsymbol{B}_{\mathrm{a},3} = (133\,\widehat{\boldsymbol{z}})\,\mu\mathrm{T} \quad \text{und} \quad \boldsymbol{B}_{\mathrm{b},3} = (-44{,}4\,\widehat{\boldsymbol{z}})\,\mu\mathrm{T}$$

sowie für das resultierende Magnetfeld

$$\boldsymbol{B}_3 = (133\,\widehat{\boldsymbol{z}})\,\mu\mathrm{T} + (-44{,}4\,\widehat{\boldsymbol{z}})\,\mu\mathrm{T} = (89\,\widehat{\boldsymbol{z}})\,\mu\mathrm{T}\,.$$

d) Wiederum wie in Teil a ergibt sich für $y = +9{,}0\,\mathrm{cm}$:

$$\boldsymbol{B}_{\mathrm{a},9} = (-133\,\widehat{\boldsymbol{z}})\,\mu\mathrm{T} \quad \text{und} \quad \boldsymbol{B}_{\mathrm{b},9} = (-26{,}7\,\widehat{\boldsymbol{z}})\,\mu\mathrm{T}$$

sowie für das resultierende Magnetfeld

$$\boldsymbol{B}_9 = (-133\,\widehat{\boldsymbol{z}})\,\mu\mathrm{T} + (-26{,}7\,\widehat{\boldsymbol{z}})\,\mu\mathrm{T} = (-160\,\widehat{\boldsymbol{z}})\,\mu\mathrm{T}\,.$$

L24.17 Für den Betrag des von einem geradlinigen Leiter hervorgerufenen Magnetfelds gilt im senkrechten Abstand $r_\perp$ vom Leiter

$$B = \frac{\mu_0}{4\pi}\, \frac{2I}{r_\perp} = (10^{-7}\,\mathrm{T \cdot m \cdot A^{-1}})\, \frac{2I}{r_\perp}\,.$$

Wir bezeichnen den Leiter bei $y = +6{,}0\,\mathrm{cm}$ mit dem Index a und den bei $y = -6{,}0\,\mathrm{cm}$ mit dem Index b.

a) Bei $y = -3{,}0\,\mathrm{cm}$ ist das resultierende Magnetfeld

$$\boldsymbol{B}_{-3} = \boldsymbol{B}_{\mathrm{a},-3} + \boldsymbol{B}_{\mathrm{b},-3}\,,$$

und die Beträge der beiden Felder sind hier

$$B_{\mathrm{a},-3} = (10^{-7}\,\mathrm{T \cdot m \cdot A^{-1}})\, \frac{2\,(20\,\mathrm{A})}{0{,}090\,\mathrm{m}} = 44{,}4\,\mu\mathrm{T}\,,$$

$$B_{\mathrm{b},-3} = (10^{-7}\,\mathrm{T \cdot m \cdot A^{-1}})\, \frac{2\,(20\,\mathrm{A})}{0{,}030\,\mathrm{m}} = 133\,\mu\mathrm{T}\,.$$

Mit der Rechte-Hand-Regel ergibt sich für die beiden Felder

$$\boldsymbol{B}_{\mathrm{a},-3} = (-44{,}4\,\widehat{\boldsymbol{z}})\,\mu\mathrm{T} \quad \text{und} \quad \boldsymbol{B}_{\mathrm{b},-3} = (-133\,\widehat{\boldsymbol{z}})\,\mu\mathrm{T}\,.$$

Damit erhalten wir für das resultierende Magnetfeld

$$\boldsymbol{B}_{-3} = (-44{,}4\,\widehat{\boldsymbol{z}})\,\mu\mathrm{T} + (-133\,\widehat{\boldsymbol{z}})\,\mu\mathrm{T} = (-0{,}18\,\widehat{\boldsymbol{z}})\,\mathrm{mT}\,.$$

b) Die gleiche Berechnung wie in Teil a ergibt für $y = 0$:

$$\boldsymbol{B}_{\mathrm{a},0} = (-66{,}7\,\widehat{\boldsymbol{z}})\,\mu\mathrm{T} \quad \text{und} \quad \boldsymbol{B}_{\mathrm{b},0} = (-66{,}7\,\widehat{\boldsymbol{z}})\,\mu\mathrm{T}$$

sowie für das resultierende Magnetfeld

$$\boldsymbol{B}_0 = (-66{,}7\,\widehat{\boldsymbol{z}})\,\mu\mathrm{T} + (-66{,}7\,\widehat{\boldsymbol{z}})\,\mu\mathrm{T} = (-0{,}13\,\widehat{\boldsymbol{z}})\,\mathrm{mT}\,.$$

c) Wiederum wie in Teil a ergibt sich für $y = +3{,}0\,\mathrm{cm}$:

$$\boldsymbol{B}_{\mathrm{a},3} = (-133\,\widehat{\boldsymbol{z}})\,\mu\mathrm{T} \quad \text{und} \quad \boldsymbol{B}_{\mathrm{b},3} = (-44{,}4\,\widehat{\boldsymbol{z}})\,\mu\mathrm{T}$$

sowie für das resultierende Magnetfeld

$$\boldsymbol{B}_3 = (-133\,\widehat{\boldsymbol{z}})\,\mu\mathrm{T} + (-44{,}4\,\widehat{\boldsymbol{z}})\,\mu\mathrm{T} = (-0{,}18\,\widehat{\boldsymbol{z}})\,\mathrm{mT}\,.$$

d) Wiederum wie in Teil a ergibt sich für $y = +9{,}0\,\mathrm{cm}$:

$$\boldsymbol{B}_{\mathrm{a},9} = (133\,\widehat{\boldsymbol{z}})\,\mu\mathrm{T} \quad \text{und} \quad \boldsymbol{B}_{\mathrm{b},9} = (-26{,}7\,\widehat{\boldsymbol{z}})\,\mu\mathrm{T}$$

sowie für das resultierende Magnetfeld

$$\boldsymbol{B}_9 = (133\,\widehat{\boldsymbol{z}})\,\mu\mathrm{T} + (-26{,}7\,\widehat{\boldsymbol{z}})\,\mu\mathrm{T} = (0{,}11\,\widehat{\boldsymbol{z}})\,\mathrm{mT}\,.$$

L24.18 Auf den beweglichen Draht, der die Masse m hat, wirken nach oben die magnetische Kraft F_{mag} und nach unten die Gewichtskraft $m\,g$. Beide gleichen einander aus, sodass gemäß dem zweiten Newton'schen Axiom gilt: $\sum F_y = 0$ und daher

$$F_{\mathrm{mag}} - m\,g = 0\,.$$

Der Betrag der magnetischen Kraft, die den oberen Draht abstößt, ist gegeben durch

$$F_{\mathrm{mag}} = 2\,\frac{\mu_0}{4\pi}\,\frac{I^2\,l}{r_\perp}\,.$$

Darin ist l die Länge des oberen Drahts, $r_\perp$ der Abstand der Drähte und I die Stromstärke in jedem Draht. Mit der obigen Gleichung für die Kräfte erhalten wir

$$2\,\frac{\mu_0}{4\pi}\,\frac{I^2\,l}{r_\perp} - m\,g = 0\,.$$

Damit ergibt sich für die Stromstärke

$$\begin{aligned}
I &= \sqrt{\frac{4\pi}{\mu_0}\,\frac{m\,g\,r_\perp}{2\,l}}\\[2mm]
&= \sqrt{\frac{(14\cdot 10^{-3}\,\mathrm{kg})\,(9{,}81\,\mathrm{m\cdot s^{-2}})\,(1{,}5\cdot 10^{-3}\,\mathrm{m})}{(10^{-7}\,\mathrm{T\cdot m\cdot A^{-1}})\,2\,(0{,}16\,\mathrm{m})}} = 80\,\mathrm{A}\,.
\end{aligned}$$

L24.19 Wir verwenden den Index 1 für den in positiver x-Richtung fließenden Strom und für das von ihm erzeugte Magnetfeld sowie den Index 2 für den in positiver y-Richtung fließenden Strom und für das von ihm erzeugte Magnetfeld. Die beiden Magnetfelder sind gegeben durch

$$\boldsymbol{B}_1 = \frac{\mu_0}{4\pi}\,\frac{2\,I_1}{y}\,\widehat{\boldsymbol{z}}\,,\qquad \boldsymbol{B}_2 = -\frac{\mu_0}{4\pi}\,\frac{2\,I_2}{x}\,\widehat{\boldsymbol{z}}\,.$$

Mit $I = I_1 = I_2$ ergibt sich daraus für das resultierende Magnetfeld

$$\begin{aligned}
\boldsymbol{B} &= \boldsymbol{B}_1 + \boldsymbol{B}_2 = \frac{\mu_0}{4\pi}\,\frac{2\,I_1}{y}\,\widehat{\boldsymbol{z}} - \frac{\mu_0}{4\pi}\,\frac{2\,I_2}{x}\,\widehat{\boldsymbol{z}}\\[2mm]
&= \left(\frac{\mu_0}{4\pi}\,\frac{2\,I}{y} - \frac{\mu_0}{4\pi}\,\frac{2\,I}{x}\right)\widehat{\boldsymbol{z}} = \frac{\mu_0\,I}{2\pi}\left(\frac{1}{y} - \frac{1}{x}\right)\widehat{\boldsymbol{z}}\,.
\end{aligned}$$

Damit das Magnetfeld null wird, muss gelten

$$\frac{1}{y} - \frac{1}{x} = 0$$

und daher $x = y$. Das bedeutet, das Magnetfeld ist in der derjenigen Ebene gleich null, die durch die z-Achse und die Gerade $y = x$ in der x-y-Ebene (d. h. mit $z = 0$) aufgespannt wird.

L24.20 Das Magnetfeld im unbesetzten Eckpunkt ist jeweils die Summe der von den drei Strömen erzeugten Felder:

$$\boldsymbol{B} = \boldsymbol{B}_1 + \boldsymbol{B}_2 + \boldsymbol{B}_3\,. \qquad (1)$$

a) Alle Stromrichtungen zeigen in die Papierebene hinein; daher haben die Magnetfelder die in der ersten Abbildung gezeigten Richtungen.

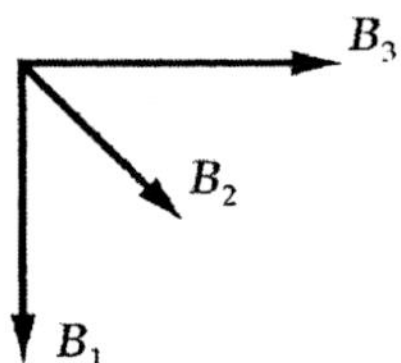

Die drei Felder im unbesetzten Eckpunkt sind

$$\begin{aligned}
\boldsymbol{B}_1 &= -\frac{\mu_0}{4\pi}\,\frac{2\,I}{l}\,\widehat{\boldsymbol{y}}\,,\\[2mm]
\boldsymbol{B}_2 &= \frac{\mu_0}{4\pi}\,\frac{2\,I}{l\,\sqrt{2}}(\cos 45^\circ)\,(\widehat{\boldsymbol{x}} - \widehat{\boldsymbol{y}}) = \frac{\mu_0}{4\pi}\,\frac{2\,I}{2\,l}\,(\widehat{\boldsymbol{x}} - \widehat{\boldsymbol{y}})\,,\\[2mm]
\boldsymbol{B}_3 &= \frac{\mu_0}{4\pi}\,\frac{2\,I}{l}\,\widehat{\boldsymbol{x}}\,.
\end{aligned}$$

Wir setzen diese drei Ausdrücke in Gleichung 1 ein, wobei wir die gemeinsamen Brüche sofort ausklammern:

$$\begin{aligned}
\boldsymbol{B} &= \frac{\mu_0}{4\pi}\,\frac{2\,I}{l}\left[-\widehat{\boldsymbol{y}} + \tfrac{1}{2}(\widehat{\boldsymbol{x}} - \widehat{\boldsymbol{y}}) + \widehat{\boldsymbol{x}}\right]\\[2mm]
&= \frac{\mu_0}{4\pi}\,\frac{2\,I}{l}\left[\left(1 + \tfrac{1}{2}\right)\widehat{\boldsymbol{x}} + \left(-1 - \tfrac{1}{2}\right)\widehat{\boldsymbol{y}}\right] = \frac{3\,\mu_0\,I}{4\pi\,l}\,(\widehat{\boldsymbol{x}} - \widehat{\boldsymbol{y}})\,.
\end{aligned}$$

b) Hier zeigt nur I_2 aus der Papierebene heraus, und die Magnetfelder haben die in der zweiten Abbildung dargestellten Richtungen.

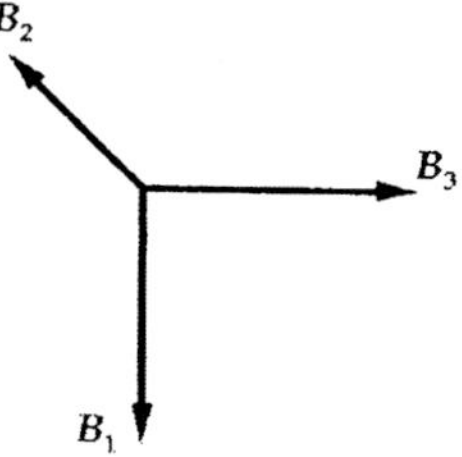

Die Felder $\boldsymbol{B}_1$ und $\boldsymbol{B}_3$ sind dieselben wie in Teilaufgabe a, und das von I_2 erzeugte Feld im unbesetzten Punkt ist

$$\boldsymbol{B}_2 = \frac{\mu_0}{4\pi}\,\frac{2\,I}{l\,\sqrt{2}}(\cos 45^\circ)\,(-\widehat{\boldsymbol{x}} + \widehat{\boldsymbol{y}}) = \frac{\mu_0}{4\pi}\,\frac{2\,I}{2\,l}\,(-\widehat{\boldsymbol{x}} + \widehat{\boldsymbol{y}})\,.$$

Einsetzen aller drei Felder in Gleichung 1 und Ausklammern ergibt

$$\begin{aligned}
\boldsymbol{B} &= \frac{\mu_0}{4\pi}\,\frac{2\,I}{l}\left[-\widehat{\boldsymbol{y}} + \tfrac{1}{2}(-\widehat{\boldsymbol{x}} + \widehat{\boldsymbol{y}}) + \widehat{\boldsymbol{x}}\right]\\[2mm]
&= \frac{\mu_0}{4\pi}\,\frac{2\,I}{l}\left[\left(1 - \tfrac{1}{2}\right)\widehat{\boldsymbol{x}} + \left(-1 + \tfrac{1}{2}\right)\widehat{\boldsymbol{y}}\right]\\[2mm]
&= \frac{\mu_0}{4\pi}\,\frac{2\,I}{l}\left(\tfrac{1}{2}\,\widehat{\boldsymbol{x}} - \tfrac{1}{2}\,\widehat{\boldsymbol{y}}\right) = \frac{\mu_0\,I}{4\pi\,l}\,(\widehat{\boldsymbol{x}} - \widehat{\boldsymbol{y}})\,.
\end{aligned}$$

c) Hier zeigt nur I_3 aus der Papierebene heraus, und die Magnetfelder haben die in der dritten Abbildung dargestellten Richtungen.

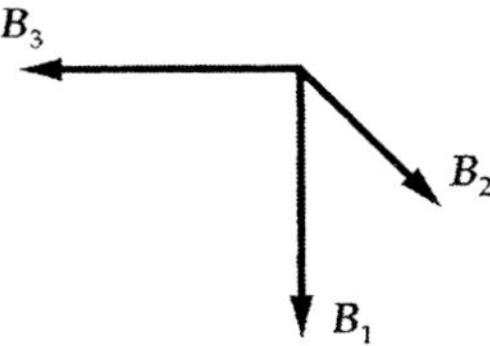

Die Felder $\boldsymbol{B}_1$ und $\boldsymbol{B}_2$ sind dieselben wie in Teilaufgabe a, und das von I_3 erzeugte Feld im unbesetzten Punkt ist

$$\boldsymbol{B}_3 = -\frac{\mu_0}{4\pi}\,\frac{2\,I}{l}\,\widehat{\boldsymbol{x}}\,.$$

Einsetzen aller drei Felder in Gleichung 1 und Ausklammern ergibt

$$\begin{aligned}\boldsymbol{B} &= \frac{\mu_0}{4\pi}\,\frac{2\,I}{l}\left[-\widehat{\boldsymbol{y}} + \tfrac{1}{2}\,(\widehat{\boldsymbol{x}} - \widehat{\boldsymbol{y}}) - \widehat{\boldsymbol{x}}\right]\\ &= \frac{\mu_0}{4\pi}\,\frac{2\,I}{l}\left[\left(-1 + \tfrac{1}{2}\right)\widehat{\boldsymbol{x}} + \left(-1 - \tfrac{1}{2}\right)\widehat{\boldsymbol{y}}\right]\\ &= \frac{\mu_0\,I}{4\pi\,l}\,(-\widehat{\boldsymbol{x}} - 3\,\widehat{\boldsymbol{y}})\,.\end{aligned}$$

Das Magnetfeld einer Zylinderspule

L24.21 Das Magnetfeld am Ende der Spule ist gegeben durch $B = \mu_0\,(n/l)\,I$. Darin ist n/l die Anzahl der Windungen pro Längeneinheit und I die Stromstärke. Damit erhalten wir

$$B = (4\pi \cdot 10^{-7}\,\mathrm{T \cdot m \cdot A^{-1}})\,\frac{600}{2{,}7\,\mathrm{m}}\,(2{,}5\,\mathrm{A}) = 0{,}70\,\mathrm{mT}\,.$$

L24.22 Wir stellen zunächst die Formel auf, mit der wir das Magnetfeld jeweils berechnen können. Mit den Abständen a und b von den beiden Enden einer Spule mit dem Radius r_{LS} ist das Magnetfeld auf deren Achse gegeben durch

$$B_x = \tfrac{1}{2}\,\mu_0\,\frac{n}{l}\,I\left(\frac{b}{\sqrt{b^2 + r_{\mathrm{LS}}^2}} - \frac{a}{\sqrt{a^2 + r_{\mathrm{LS}}^2}}\right)\,.$$

Wir setzen die Werte ein:

$$\begin{aligned}B_x &= \tfrac{1}{2}\,(4\pi \cdot 10^{-7}\,\mathrm{T \cdot m \cdot A^{-1}})\left(\frac{300}{0{,}30\,\mathrm{m}}\right)(2{,}6\,\mathrm{A})\\ &\quad \cdot \left[\frac{b}{\sqrt{b^2 + (0{,}012\,\mathrm{m})^2}} - \frac{a}{\sqrt{a^2 + (0{,}012\,\mathrm{m})^2}}\right]\\ &= (1{,}63\,\mathrm{mT})\left[\frac{b}{\sqrt{b^2 + (0{,}012\,\mathrm{m})^2}} - \frac{a}{\sqrt{a^2 + (0{,}012\,\mathrm{m})^2}}\right]\,.\end{aligned}$$

a) In der Mitte der Spule ist $-a = b = 0{,}15\,\mathrm{m}$, und wir erhalten $B_{x,\mathrm{Mitte}} = 3{,}3\,\mathrm{mT}$.

b) An einem Ende der Spule ist $a = 0$ und $b = 0{,}30\,\mathrm{m}$ und daher $B_{x,\mathrm{Ende}} = 1{,}6\,\mathrm{mT}$.

Beachten Sie, dass die Feldstärke am Ende der Spule halb so groß ist wie in der Mitte.

L24.23 Die Abbildung zeigt ein infinitesimales Längenelement $\mathrm{d}z'$ der Spule bei der Koordinate z' sowie einen Punkt auf der z-Achse, außerhalb der Spule, bei der Koordinate z.

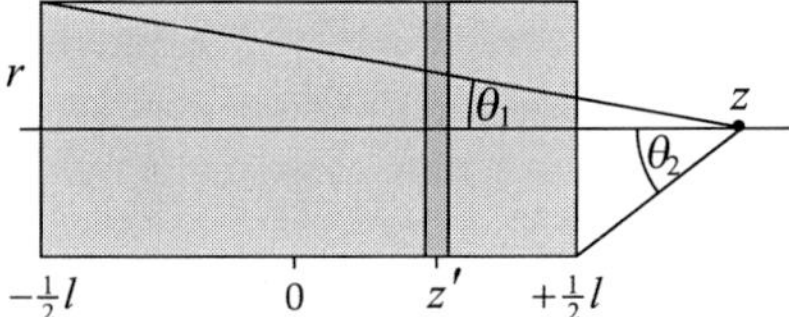

Wir können das Längenelement $\mathrm{d}z'$ als Spule mit $(n/l)\,\mathrm{d}z'$ Windungen auffassen, die den Strom I führt. Das von ihr bei z erzeugte Feldelement ist

$$\mathrm{d}B_z = \frac{\mu_0}{4\pi}\,\frac{n}{l}\,\frac{2\pi r^2}{[(z - z')^2 + r^2]^{3/2}}\,\mathrm{d}z'\,.$$

Wir integrieren von $-l/2$ bis $l/2$:

$$\begin{aligned}B_z &= \frac{\mu_0\,(n/l)\,I\,r^2}{2}\int_{-l/2}^{l/2}\frac{\mathrm{d}z'}{[(z - z')^2 + r^2]^{3/2}}\\ &= \frac{\mu_0\,(n/l)\,I}{2}\left(\frac{z + l/2}{\sqrt{(z + l/2)^2 + r^2}} - \frac{z - l/2}{\sqrt{(z - l/2)^2 + r^2}}\right)\,.\end{aligned}$$

Die beiden Brüche in der Klammer sind die gegebenen Ausdrücke für $\cos\theta_1$ und $\cos\theta_2$. Damit erhalten wir

$$B_z = \tfrac{1}{2}\,\mu_0\,(n/l)\,I\,(\cos\theta_1 - \cos\theta_2)\,.$$

Das Ampere'sche Gesetz

L24.24 Wir wenden das Ampere'sche Gesetz

$$\oint_C \boldsymbol{B} \cdot \mathrm{d}\boldsymbol{l} = \mu_0\,I_C$$

auf einen mit der Zylinderachse konzentrischen Kreis an. Beachten Sie, dass aufgrund der Symmetrie das Feld überall auf diesem Kreis das gleiche ist. Mit dem Radius r des Hohlzylinders gilt in dessen Innerem, also für $r_\perp < r$:

$$\oint_C \boldsymbol{B}_{\mathrm{innen}} \cdot \mathrm{d}\boldsymbol{l} = \mu_0\,(0) = 0\,.$$

Damit ergibt sich für den Betrag des Felds $B_{\text{innen}} = 0$.

Außerhalb des Hohlzylinders, also für $r_\perp > r$, gilt:

$$\oint_C \boldsymbol{B}_{\text{außen}} \cdot \mathrm{d}\boldsymbol{l} = B\,(2\,\pi\,r) = \mu_0\,I\,.$$

Damit ergibt sich für den Betrag des Felds

$$B_{\text{außen}} = \frac{\mu_0\,I}{2\,\pi\,r}\,.$$

Die Richtung der Magnetfeldlinien ist die der gekrümmten Finger der rechten Hand, wenn man den Zylinder mit ihr so umfasst, dass der Daumen in Stromrichtung zeigt.

L24.25 Das Umlaufintegral hat im vorliegenden Fall vier Anteile, nämlich zwei horizontale Anteile mit $\oint_C \boldsymbol{B} \cdot \mathrm{d}\boldsymbol{l} = 0$ und zwei vertikale Anteile. Der Anteil innerhalb des Magnetfelds ergibt einen nicht verschwindenden Beitrag, während der Anteil außerhalb des Felds nichts zum Umlaufintegral beiträgt. Daher hat es einen endlichen Wert. Weil es jedoch keinen Strom umschließt, scheint das Ampere'sche Gesetz verletzt zu sein. Also muss ein Rand- oder Streufeld existieren, sodass das gesamte Umlaufintegral null wird.

L24.26 Die von der rechteckigen Fläche eingeschlossene Anzahl von Windungen ist $(n/l)\,a$. Wir nummerieren die Ecken des Rechtecks entgegen dem Uhrzeigersinn, wobei wir bei der linken unteren Ecke mit 1 beginnen. Das gesamte Umlaufintegral setzt sich dann aus vier Anteilen zusammen:

$$\oint_C \boldsymbol{B} \cdot \mathrm{d}\boldsymbol{l} = \int_{1\to2} \boldsymbol{B} \cdot \mathrm{d}\boldsymbol{l} + \int_{2\to3} \boldsymbol{B} \cdot \mathrm{d}\boldsymbol{l} + \int_{3\to4} \boldsymbol{B} \cdot \mathrm{d}\boldsymbol{l} + \int_{4\to1} \boldsymbol{B} \cdot \mathrm{d}\boldsymbol{l}\,.$$

Der erste Beitrag ist

$$\int_{1\to2} \boldsymbol{B} \cdot \mathrm{d}\boldsymbol{l} = a\,B\,.$$

Beim zweiten und beim vierten Beitrag ist das Feld entweder null (außerhalb der Spule) oder steht senkrecht auf dem Weg $\mathrm{d}\boldsymbol{l}$:

$$\int_{2\to3} \boldsymbol{B} \cdot \mathrm{d}\boldsymbol{l} = \int_{4\to1} \boldsymbol{B} \cdot \mathrm{d}\boldsymbol{l} = 0\,.$$

Beim dritten Beitrag, außerhalb der Spule, ist das Feld null:

$$\int_{3\to4} \boldsymbol{B} \cdot \mathrm{d}\boldsymbol{l} = 0\,.$$

Einsetzen aller vier Ausdrücke in die erste Gleichung liefert

$$\oint_C \boldsymbol{B} \cdot \mathrm{d}\boldsymbol{l} = a\,B + 0 + 0 + 0 = a\,B = \mu_0\,I_C = \mu_0\,(n/l)\,a\,I\,.$$

Also ist $a\,B = \mu_0\,(n/l)\,a\,I$ und daher $B = \mu_0\,(n/l)\,I$.

Magnetisierung und magnetische Suszeptibilität

L24.27 a) Ohne Eisenkern ist das Magnetfeld

$$B = B_{\text{aus}} = \mu_0\,\frac{n}{l}\,I$$
$$= (4\,\pi \cdot 10^{-7}\,\text{N} \cdot \text{A}^{-2})\,\frac{400}{0{,}200\,\text{m}}\,(400\,\text{A}) = 10{,}1\,\text{mT}\,.$$

b) Mit dem Eisenkern ergibt sich das Feld zu

$$B' = B_{\text{aus}} + \mu_0\,M$$
$$= 10{,}1\,\text{mT} + (4\,\pi \cdot 10^{-7}\,\text{T} \cdot \text{m} \cdot \text{A}^{-1})\,(1{,}2 \cdot 10^6\,\text{A} \cdot \text{m}^{-1})$$
$$= 1{,}5\,\text{T}\,.$$

L24.28 Für das Magnetfeld im Inneren der Spule mit dem Wolframkern gilt $B = B_{\text{aus}}\,(1 + \chi_{\text{mag,w}})$.

Dabei ist B_{aus} das Feld in Abwesenheit des Wolframkerns und $\chi_{\text{mag,w}}$ die magnetische Suszeptibilität von Wolfram.

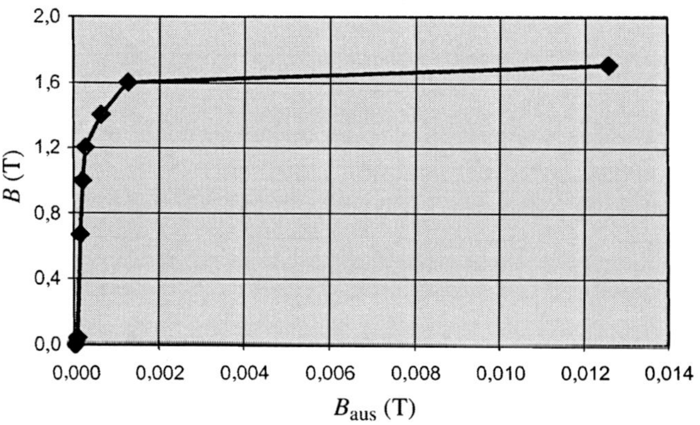

Abb. 24.11 zu Lösung 24.29

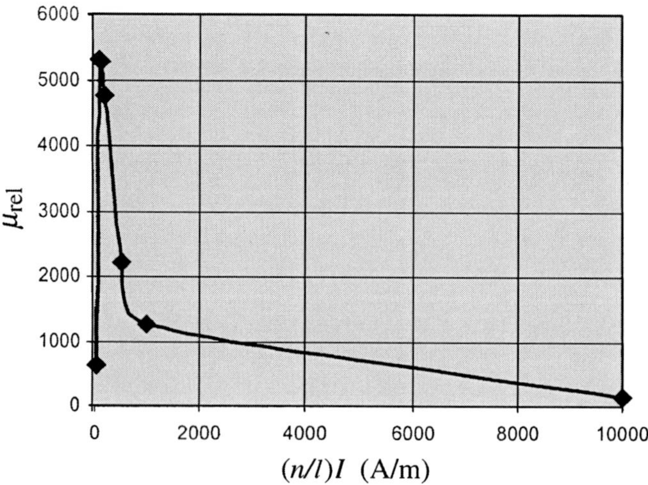

Abb. 24.12 zu Lösung 24.29

Zum Vergleich der Felder ohne und mit Wolframkern formen wir die obige Gleichung um, d. h., wir bilden den Quotienten

$$\frac{B}{B_{\text{aus}}} = 1 + \chi_{\text{mag,W}} \,.$$

a) Bei Wolfram ist $\chi_{\text{mag,W}} > 0$, sodass $B > B_{\text{aus}}$ ist. Also wird das Feld schwächer, wenn der Wolframkern entfernt wird.

b) Die magnetische Suszeptibilität von Wolfram ist $\chi_{\text{mag,W}} = 6{,}8 \cdot 10^{-5}$. Somit entspricht gemäß der obigen Gleichung für B/B_{aus} die relative Änderung $6{,}8 \cdot 10^{-3}$.

L24.29 Abb. 24.11 zeigt, wie B von B_{aus} abhängt. Die Abszissenwerte wurden durch Multiplizieren von $(n/l)\,I$ mit μ_0 erhalten, denn es gilt $B_{\text{aus}} = \mu_0\,(n/l)\,I$. Die Kurve zeigt den für ferromagnetische Materialien charakteristischen Verlauf, nämlich die Abflachung nach einem sehr steilen anfänglichen Anstieg.

In Abb. 24.12 ist $\mu_{\text{rel}} = B/B_{\text{aus}}$ gegen $(n/l)\,I$ aufgetragen. Bei kleinen Werten von $(n/l)\,I$ ist die relative Permeabilität groß und sinkt danach bei steigenden Werten zunächst schnell ab. Eine Auftragung von $B/[(n/l)\,I]$ ließe erkennen, dass μ_{rel} bei kleinen Werten von $(n/l)\,I$ sehr groß ist und bei der Sättigungsmagnetisierung, also bei rund $10\,000\,\text{A/m}$, nahezu null wird.

Magnetische Momente von Atomen

L24.30 Die Sättigungsmagnetisierung M_{S} ist das Produkt aus der Anzahldichte n/V der Atome und dem magnetischen Moment μ eines Atoms: $M_{\text{S}} = (n/V)\,\mu$. Die Anzahldichte der Atome ist gegeben durch

$$\frac{n}{V} = \frac{N_{\text{A}}\,\rho}{m_{\text{Mol}}} \,.$$

Darin ist N_{A} die Avogadro-Zahl, ρ die Dichte des Materials und m_{Mol} dessen Molmasse. Einsetzen ergibt, mit $\mu_0\,M_{\text{S}} = 0{,}610\,\text{T}$, wie gegeben:

$$
\begin{aligned}
\mu &= \frac{M_{\text{S}}}{n/V} = \frac{M_{\text{S}}}{N_{\text{A}}\,\rho/m_{\text{Mol}}} = \frac{(\mu_0\,M_{\text{S}})\,m_{\text{Mol}}}{\mu_0\,N_{\text{A}}\,\rho} \\
&= \frac{(0{,}610\,\text{T})\,(58{,}7\,\text{g} \cdot \text{mol}^{-1})}{(4\pi \cdot 10^{-7}\,\text{N} \cdot \text{A}^{-2})\,(6{,}022 \cdot 10^{23}\,\text{mol}^{-1})\,(8{,}70\,\text{g} \cdot \text{cm}^{-3})} \\
&= 5{,}439 \cdot 10^{-24}\,\text{A} \cdot \text{m}^2 \,.
\end{aligned}
$$

Der Quotient aus dem magnetischen Moment eines Nickelatoms und dem Bohr'schen Magneton ist damit

$$\frac{\mu}{\mu_{\text{Bohr}}} = \frac{5{,}439 \cdot 10^{-24}\,\text{A} \cdot \text{m}^2}{9{,}27 \cdot 10^{-24}\,\text{A} \cdot \text{m}^2} = 0{,}587 \,.$$

*Paramagnetismus

L24.31 a) Mit dem Anteil f der ausgerichteten Moleküle ist die Magnetisierung $M = f\,M_{\text{S}}$. Gemäß dem Curie'schen Gesetz

gilt

$$M = \frac{1}{3}\,\frac{\mu\,B_{\text{aus}}}{k_{\text{B}}\,T}\,M_{\text{S}} \,.$$

Wir setzen beide Ausdrücke für die Magnetisierung gleich:

$$f\,M_{\text{S}} = \frac{1}{3}\,\frac{\mu\,B_{\text{aus}}}{k_{\text{B}}\,T}\,M_{\text{S}} \,.$$

Daraus folgt, weil das in der Aufgabenstellung gegebene Magnetfeld B das äußere Feld B_{aus} ist:

$$f = \frac{\mu\,B}{3\,k_{\text{B}}\,T} \,.$$

b) Einsetzen der gegebenen Werte in die eben aufgestellte Gleichung ergibt

$$f = \frac{(9{,}27 \cdot 10^{-24}\,\text{A} \cdot \text{m}^2)\,(1{,}00\,\text{T})}{3\,(1{,}381 \cdot 10^{-23}\,\text{J} \cdot \text{K}^{-1})\,(300\,\text{K})} = 7{,}46 \cdot 10^{-4} \,.$$

L24.32 Im Bereich $r_{\text{RS}} - r < a < r_{\text{RS}} + r$ gilt für das Magnetfeld einer eng gewickelten Ringspule mit n Windungen

$$B_{\text{aus}} = \frac{\mu_0\,n\,I}{2\pi\,a} \,.$$

Das resultierende Feld innerhalb des Rings ist gleich der Summe von B_{aus} und $\mu_0\,M$:

$$B = B_{\text{aus}} + \mu_0\,M = \frac{\mu_0\,n\,I}{2\pi\,a} + \mu_0\,M \,.$$

*Ferromagnetismus

L24.33 Die Permeabilität μ, die relative Permeabilität μ_{rel} und die magnetische Suszeptibilität χ_{mag} hängen miteinander zusammen über

$$\mu = \mu_{\text{rel}}\,\mu_0 = (1 + \chi_{\text{mag}})\,\mu_0 \,,$$

und für die Magnetisierung gilt

$$M = \chi_{\text{mag}}\,\frac{B_{\text{aus}}}{\mu_0} \,.$$

Wir formen diese Gleichung um, schlagen den Wert von $\mu_0\,M$ für gehärtetes Eisen nach und erhalten

$$\chi_{\text{mag}} = \frac{\mu_0\,M}{B_{\text{aus}}} = \frac{2{,}16\,\text{T}}{0{,}201\,\text{T}} = 10{,}746 \,.$$

Damit ergibt sich die relative Permeabilität zu

$$\mu_{\text{rel}} = 1 + \chi_{\text{mag}} = 1 + 10{,}746 = 11{,}746 = 11{,}7 \,.$$

Mit der ersten Gleichung können wir schließlich die Permeabilität berechnen:

$$
\begin{aligned}
\mu &= \mu_{\text{rel}}\,\mu_0 \\
&= (11{,}746)\,(4\pi \cdot 10^{-7}\,\text{N} \cdot \text{A}^{-2}) = 1{,}48 \cdot 10^{-5}\,\text{N} \cdot \text{A}^{-2} \,.
\end{aligned}
$$

L24.34 a) Das Magnetfeld auf der Achse der Spule ist $B_{\text{aus}} = \mu_0\,(n/l)\,I$, wobei n/l die Anzahl der Windungen pro Längeneinheit und I die Stromstärke ist. Damit erhalten wir

$$B_{\text{aus}} = (4\,\pi \cdot 10^{-7}\,\text{N} \cdot \text{A}^{-2})\,(50\,\text{cm}^{-1})\,(2,00\,\text{A}) = 12,6\,\text{mT}\,.$$

b) Mithilfe der Beziehung $B = B_{\text{aus}} + \mu_0\,M$ erhalten wir

$$\begin{aligned}
M &= \frac{B - B_{\text{aus}}}{\mu_0} \\
&= \frac{1,72\,\text{T} - 12,6\,\text{mT}}{4\,\pi \cdot 10^{-7}\,\text{N} \cdot \text{A}^{-2}} = 1,36 \cdot 10^6\,\text{A} \cdot \text{m}^{-1}\,.
\end{aligned}$$

c) Mithilfe der Beziehung $B = \mu_{\text{rel}}\,B_{\text{aus}}$ erhalten wir

$$\mu_{\text{rel}} = \frac{B}{B_{\text{aus}}} = \frac{1,72\,\text{T}}{12,6\,\text{mT}} = 137\,.$$

L24.35 a) Wir wenden das Ampere'sche Gesetz auf einen mit dem Draht konzentrischen Kreis mit einem Radius $r < 1,00\,\text{mm}$ an:

$$\oint_C \boldsymbol{B} \cdot \mathrm{d}\boldsymbol{l} = B\,(2\,\pi\,r) = \mu_0\,I_C\,.$$

Nun nehmen wir an, dass der Strom über die Querschnittsfläche des Drahts gleichmäßig verteilt ist (d. h. dass die Stromdichte gleichförmig ist). Mit dem Radius r_{LD} des Drahts gilt dann

$$\frac{I_C}{\pi\,r^2} = \frac{I}{\pi\,r_{\text{LD}}^2} \quad \text{und daher} \quad I_C = \frac{I\,r^2}{r_{\text{LD}}^2}\,.$$

Dies setzen wir in die erste Gleichung ein und erhalten

$$B\,(2\,\pi\,r) = \frac{\mu_0\,I\,r^2}{r_{\text{LD}}^2}$$

sowie daraus

$$\begin{aligned}
B &= \frac{\mu_0\,I}{2\,\pi\,r_{\text{LD}}^2}\,r = \frac{(4\,\pi \cdot 10^{-7}\,\text{N} \cdot \text{A}^{-2})\,(40,0\,\text{A})}{2\,\pi\,(1,00\,\text{mm})^2}\,r \\
&= (8,00\,\text{T} \cdot \text{m}^{-1})\,r\,.
\end{aligned}$$

b) Das Magnetfeld innerhalb des ferromagnetischen Materials ist gegeben durch $B = \mu_{\text{rel}}\,B_{\text{aus}}$. Nach dem Ampere'schen Gesetz gilt für einen mit dem Draht konzentrischen Kreis mit einem Radius $1,00\,\text{mm} < r < 4,00\,\text{mm}$:

$$\oint_C \boldsymbol{B} \cdot \mathrm{d}\boldsymbol{l} = B_{\text{aus}}\,(2\,\pi\,r) = \mu_0\,I_C = \mu_0\,I\,.$$

Damit ergibt sich

$$B_{\text{aus}} = \frac{\mu_0\,I}{2\,\pi\,r}\,,$$

und mit der obigen Beziehung $B = \mu_{\text{rel}}\,B_{\text{aus}}$ erhalten wir

$$\begin{aligned}
B &= \frac{\mu_{\text{rel}}\,\mu_0\,I}{2\,\pi\,r} = \frac{400\,(4\,\pi \cdot 10^{-7}\,\text{N} \cdot \text{A}^{-2})\,(40,0\,\text{A})}{2\,\pi\,r} \\
&= (3,20 \cdot 10^{-3}\,\text{T} \cdot \text{m})\,\frac{1}{r}\,.
\end{aligned}$$

c) Nach dem Ampere'schen Gesetz gilt für einen mit dem Draht konzentrischen Kreis mit einem Radius $r > 4,00\,\text{mm}$:

$$\oint_C \boldsymbol{B} \cdot \mathrm{d}\boldsymbol{l} = B\,(2\,\pi\,r) = \mu_0\,I_C = \mu_0\,I\,.$$

Damit erhalten wir

$$\begin{aligned}
B &= \frac{\mu_0\,I}{2\,\pi\,r} = \frac{(4\,\pi \cdot 10^{-7}\,\text{N} \cdot \text{A}^{-2})\,(40,0\,\text{A})}{2\,\pi\,r} \\
&= (8,00 \cdot 10^{-6}\,\text{T} \cdot \text{m})\,\frac{1}{r}\,.
\end{aligned}$$

d) Das Feld im ferromagnetischen Material ist dasjenige, das in einem nichtmagnetischen Material durch den Strom $400\,I = 1600\,\text{A}$ erzeugt würde. Daher muss für den Ampere'schen Strom an der inneren Oberfläche des ferromagnetischen Materials gelten $(1600 - 40)\,\text{A} = 1560\,\text{A}$, wobei er dieselbe Richtung wie der Strom I hat. An der äußeren Oberfläche des ferromagnetischen Materials muss ein gleich starker Ampere'scher Strom die entgegengesetzte Richtung haben.

Allgemeine Aufgaben

L24.36 Das Magnetfeld in der Mitte einer Leiterschleife mit n Windungen und dem Radius r ist

$$B = \frac{\mu_0\,n\,I}{2\,r}\,.$$

Die Länge des Drahts entspricht dem n-Fachen des Umfangs der Leiterschleife: $l = 2\,\pi\,r\,n$. Daraus ergibt sich für den Radius $r = l/(2\,\pi\,n)$. Das setzen wir ein und erhalten für das Magnetfeld

$$B = \frac{\mu_0\,n\,I}{2\,l/(2\,\pi\,n)} = \frac{\mu_0\,\pi\,n^2\,I}{l}\,.$$

L24.37 Gemäß dem Ampere'schen Gesetz gilt für einen geschlossenen Kreis, der konzentrisch mit der Kabelmitte ist und den Radius r hat:

$$\oint_C \boldsymbol{B} \cdot \mathrm{d}\boldsymbol{l} = B_{\text{Kabel}}\,(2\,\pi\,r) = \mu_0\,I_C = \mu_0\,I\,.$$

Damit erhalten wir

$$B_{\text{Kabel}} = \frac{\mu_0\,I}{2\,\pi\,r} = \frac{(4\,\pi \cdot 10^{-7}\,\text{N} \cdot \text{A}^{-2})\,(50\,\text{A})}{2\,\pi\,(2,0\,\text{m})} = 0,0500\,\text{G}\,.$$

Der Quotient aus diesem Feld und dem Erdmagnetfeld ist

$$\frac{B_{\text{Kabel}}}{B_{\text{Erde}}} = \frac{0,0500\,\text{G}}{0,7\,\text{G}} \approx 0,07\,.$$

Daher sollte das Kabel mithilfe eines guten Kompasses zu orten sein.

Wenn das Kabel in einer anderen als der Ost-West-Richtung verläuft, weist sein Magnetfeld in eine andere Richtung als die des Erdmagnetfelds, und beim Darüber-Hinweg-Bewegen des Kompasses sollte eine Auslenkung der Kompassnadel festzustellen sein.

Wenn das Kabel in Ost-West-Richtung verläuft, weist sein Magnetfeld in Nord-Süd-Richtung und addiert sich (positiv oder negativ, je nach der Stromrichtung) zum Erdmagnetfeld.

Wenn das Magnetfeld nach Norden weist, addieren sich beide Felder, und das resultierende Feld ist stärker. Nach leichtem Anstoßen schwingt die Kompassnadel um ihre Gleichgewichtsposition, wobei die Frequenz umso höher ist, je stärker das Feld ist.

Beim Herumlaufen mit dem Kompass und häufigem Anstoßen der Kompassnadel sollte eine Frequenzänderung festzustellen sein, die ein Anzeichen für eine Änderung der magnetischen Feldstärke ist.

L24.38 Die positive x-Richtung soll aus der Papierebene heraus weisen. Mit den Indices 40 und 60 bezeichnen wir die Kreisbögen mit dem Radius 40 cm bzw. 60 cm. Der Punkt P ist der Schnittpunkt der Verlängerungen der geradlinigen Segmente des Leiters. Diese Segmente tragen wegen der entgegengesetzten Stromrichtungen nichts zum Magnetfeld am Punkt P bei. Daher ist dieses Feld gleich der Summe der von den beiden kreisförmigen Segmenten erzeugten Magnetfelder:

$$\boldsymbol{B}_P = \boldsymbol{B}_{40} + \boldsymbol{B}_{60}.$$

Das Magnetfeld im Mittelpunkt einer vollständigen Leiterschleife mit dem Radius r ist gegeben durch

$$B = \frac{\mu_0 I}{2r}.$$

Wegen des 60°-Winkels liegt hier ein Sechstel eines Kreises vor, und für das Magnetfeld eines solchen Segments gilt

$$B' = \frac{1}{6}\frac{\mu_0 I}{2r} = \frac{\mu_0 I}{12r}.$$

Damit sind die beiden Felder

$$\boldsymbol{B}_{40} = -\frac{\mu_0 I}{12\,r_{40}}\,\widehat{\boldsymbol{x}} \qquad \text{und} \qquad \boldsymbol{B}_{60} = \frac{\mu_0 I}{12\,r_{60}}\,\widehat{\boldsymbol{x}},$$

und für das Gesamtfeld ergibt sich

$$\begin{aligned}
\boldsymbol{B}_P &= -\frac{\mu_0 I}{12\,r_{40}}\,\widehat{\boldsymbol{x}} + \frac{\mu_0 I}{12\,r_{60}}\,\widehat{\boldsymbol{x}} = \frac{\mu_0 I}{12}\left(\frac{1}{r_{60}} - \frac{1}{r_{40}}\right)\widehat{\boldsymbol{x}} \\
&= \frac{(4\pi \cdot 10^{-7}\,\mathrm{N}\cdot\mathrm{A}^{-2})\,(8{,}0\,\mathrm{A})}{12}\left(\frac{1}{0{,}60\,\mathrm{m}} - \frac{1}{0{,}40\,\mathrm{m}}\right)\widehat{\boldsymbol{x}} \\
&= (-0{,}70\,\widehat{\boldsymbol{x}})\,\mu\mathrm{T}.
\end{aligned}$$

Das Feld weist in die Papierebene hinein.

L24.39 Wir legen das Koordinatensystem so an, dass der Strom in positiver x-Richtung fließt. Das Elektron befindet sich, wie in der Abbildung gezeigt, bei (1,00 cm, 0, 0).

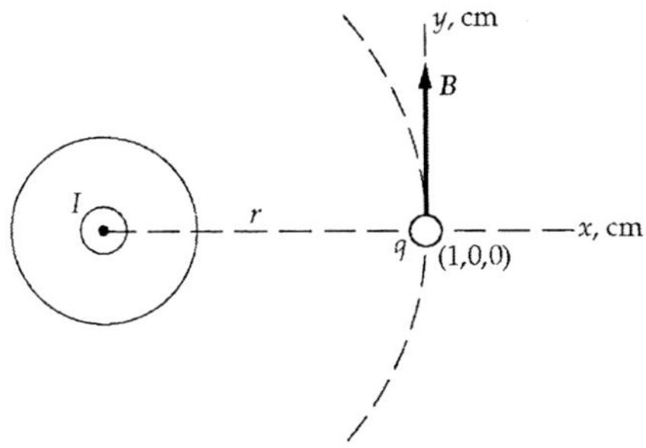

Wir stellen zunächst die Formel auf, mit der wir die jeweilige Kraft berechnen können. Die Kraft auf eine Ladung q, die sich mit der Geschwindigkeit $\boldsymbol{v}$ in einem Magnetfeld $\boldsymbol{B}$ bewegt, ist

$$\boldsymbol{F} = q\,\boldsymbol{v}\times\boldsymbol{B}.$$

Für das Magnetfeld gilt im senkrechten Abstand r vom geradlinigen Leiter, in dem der Strom I fließt:

$$\boldsymbol{B} = \frac{\mu_0}{4\pi}\frac{2I}{r}\,\widehat{\boldsymbol{y}}.$$

Also ist die Kraft gegeben durch

$$\boldsymbol{F} = q\,\boldsymbol{v}\times\frac{\mu_0}{4\pi}\frac{2I}{r}\,\widehat{\boldsymbol{y}} = \frac{\mu_0}{4\pi}\frac{2qI}{r}\,(\boldsymbol{v}\times\widehat{\boldsymbol{y}}). \qquad (1)$$

a) Wenn sich das Elektron direkt vom Draht weg bewegt, ist seine Geschwindigkeit $\boldsymbol{v} = v\,\widehat{\boldsymbol{x}}$, und mit Gleichung 1 ergibt sich für die Kraft auf das Elektron

$$\begin{aligned}
\boldsymbol{F} &= \frac{\mu_0}{4\pi}\frac{2qI}{r}\,(v\,\widehat{\boldsymbol{x}}\times\widehat{\boldsymbol{y}}) = \frac{\mu_0}{4\pi}\frac{2qIv}{r}\,\widehat{\boldsymbol{z}} \\
&= (10^{-7}\,\mathrm{N}\cdot\mathrm{A}^{-2}) \\
&\quad \cdot \frac{2\,(-1{,}602\cdot 10^{-19}\,\mathrm{C})\,(20{,}0\,\mathrm{A})\,(5{,}00\cdot 10^{6}\,\mathrm{m}\cdot\mathrm{s}^{-1})}{0{,}0100\,\mathrm{m}}\,\widehat{\boldsymbol{z}} \\
&= (-3{,}20\cdot 10^{-16}\,\widehat{\boldsymbol{z}})\,\mathrm{N}.
\end{aligned}$$

Die Kraft hat also den Betrag $3{,}20\cdot 10^{-16}\,\mathrm{N}$ und ist in die Papierebene hinein gerichtet.

b) Wenn sich das Elektron parallel zum Draht in Richtung des Stroms bewegt, ist seine Geschwindigkeit $\boldsymbol{v} = v\,\widehat{\boldsymbol{z}}$, und wir erhalten für die Kraft

$$\begin{aligned}
\boldsymbol{F} &= \frac{\mu_0}{4\pi}\frac{2qI}{r}\,(v\,\widehat{\boldsymbol{z}}\times\widehat{\boldsymbol{y}}) = -\frac{\mu_0}{4\pi}\frac{2qIv}{r}\,\widehat{\boldsymbol{x}} \\
&= -(10^{-7}\,\mathrm{N}\cdot\mathrm{A}^{-2}) \\
&\quad \cdot \frac{2\,(-1{,}602\cdot 10^{-19}\,\mathrm{C})\,(20{,}0\,\mathrm{A})\,(5{,}00\cdot 10^{6}\,\mathrm{m}\cdot\mathrm{s}^{-1})}{0{,}0100\,\mathrm{m}}\,\widehat{\boldsymbol{x}} \\
&= (3{,}20\cdot 10^{-16}\,\widehat{\boldsymbol{x}})\,\mathrm{N}.
\end{aligned}$$

Die Kraft hat also den Betrag $3{,}20\cdot 10^{-16}\,\mathrm{N}$ und ist nach rechts gerichtet.

c) Wenn sich das Elektron senkrecht zum Draht auf einer Tangente an einen um den Draht verlaufenden Kreis bewegt, ist seine Geschwindigkeit $v = v\,\widehat{\boldsymbol{y}}$, und wir erhalten für die Kraft

$$\boldsymbol{F} = \frac{\mu_0}{4\pi}\,\frac{2\,q\,I}{r}\,(v\,\widehat{\boldsymbol{y}} \times \widehat{\boldsymbol{y}}) = 0\,.$$

L24.40 Wir wenden auf den Magneten das zweite Newton'sche Axiom $\sum M = I_T\,\alpha$ für Drehbewegungen an. Darin ist I_T das Trägheitsmoment des Magnets bezüglich des Drehpunkts, und α ist die Winkelbeschleunigung. Mit dem magnetischen Moment μ, dem Magnetfeld B und dem Drehwinkel θ gilt dann

$$-\mu\,B\,\sin\theta = I_T\,\alpha = I_T\,\frac{\mathrm{d}^2\theta}{\mathrm{d}t^2}\,.$$

Bei kleinen Auslenkungen ist $\sin\theta = \theta$, sodass gilt

$$-\mu\,B\,\theta = I_T\,\frac{\mathrm{d}^2\theta}{\mathrm{d}t^2} \qquad \text{bzw.} \qquad \frac{\mathrm{d}^2\theta}{\mathrm{d}t^2} + \frac{\mu\,B}{I_T}\,\theta = 0\,.$$

Ebenfalls bei geringen Auslenkungen gilt, mit der Winkelgeschwindigkeit ω, für eine einfache harmonische Bewegung

$$\frac{\mathrm{d}^2\theta}{\mathrm{d}t^2} + \omega^2\,\theta = 0\,.$$

Der Vergleich der Koeffizienten von θ ergibt $\omega^2 = \mu\,B/I_T$ und daher

$$\omega = \sqrt{\frac{\mu\,B}{I_T}} \qquad \text{bzw.} \qquad v = \frac{\omega}{2\pi} = \frac{1}{2\pi}\sqrt{\frac{\mu\,B}{I_T}}\,.$$

Wir lösen nach dem magnetischen Moment auf und erhalten

$$\mu = \frac{4\pi^2\,v^2\,I_T}{B}\,.$$

Bezüglich ihrer Mitte ist das Trägheitsmoment der Nadel, die die Dichte ρ, die Länge l, den Radius r und das Volumen V hat, gegeben durch

$$I_T = \tfrac{1}{12}\,m\,l^2 = \tfrac{1}{12}\,\rho\,V\,l^2 = \tfrac{1}{12}\,\rho\,\pi\,r^2\,l^3\,.$$

Damit ergibt sich für ihr magnetisches Moment

$$\mu = \frac{4\pi^2\,v^2\,I_T}{B} = \frac{\pi^3\,v^2\,\rho\,r^2\,l^3}{3\,B}$$

$$= \frac{\pi^3\,(1{,}40\,\mathrm{s}^{-1})^2\,(7{,}96\,\mathrm{g}\cdot\mathrm{cm}^{-3})\,(0{,}850\,\mathrm{mm})^2\,(0{,}0300\,\mathrm{m})^3}{3\,(0{,}600\cdot10^{-4}\,\mathrm{T})}$$

$$= 5{,}24\cdot10^{-2}\,\mathrm{A}\cdot\mathrm{m}^2\,.$$

b) Die Magnetisierung ist der Quotient aus dem magnetischen Moment und dem Volumen:

$$M = \frac{\mu}{V} = \frac{\mu}{\pi\,r^2\,l} = \frac{5{,}24\cdot10^{-2}\,\mathrm{A}\cdot\mathrm{m}^2}{\pi\,(0{,}850\cdot10^{-3}\,\mathrm{m})^2\,(0{,}0300\,\mathrm{m})}$$

$$= 7{,}70\cdot10^5\,\mathrm{A}\cdot\mathrm{m}^{-1}\,.$$

c) Der Ampere'sche Strom an der Oberfläche der Nadel ist

$$I_{\mathrm{Amp}} = M\,l = (7{,}70\cdot10^5\,\mathrm{A}\cdot\mathrm{m}^{-1})\,(0{,}0300\,\mathrm{m}) = 23{,}1\,\mathrm{kA}\,.$$

L24.41 a) Die Stromstärke können wir aus der Beziehung für das Magnetfeld auf der Achse einer Leiterschleife erhalten. Mit deren Radius r_{LS} ist es gegeben durch

$$B_x = \frac{\mu_0}{4\pi}\,\frac{2\pi\,r_{\mathrm{LS}}^2\,I}{(x^2 + r_{\mathrm{LS}}^2)^{3/2}}\,.$$

Damit erhalten wir für die Stromstärke

$$I = \frac{4\pi\,(x^2 + r_{\mathrm{LS}}^2)^{3/2}\,B_x}{2\pi\,\mu_0\,r_{\mathrm{LS}}^2}$$

$$= \frac{2\left[(6370\,\mathrm{km})^2 + (1300\,\mathrm{km})^2\right]^{3/2}\,(0{,}600\,\mathrm{G})\,\dfrac{1\,\mathrm{T}}{10^4\,\mathrm{G}}}{(4\pi\cdot10^{-7}\,\mathrm{N}\cdot\mathrm{A}^{-2})\,(1300\,\mathrm{km})^2}$$

$$= 15{,}5\,\mathrm{GA}\,.$$

b) Am Nordpol weist das Erdmagnetfeld nach unten, und mithilfe der Rechte-Hand-Regel ermitteln wir, dass der Strom – von oben gesehen – entgegen dem Uhrzeigersinn fließen müsste.

L24.42 a) Mit $\theta_1 = -\theta_2 = \theta$ gilt für das Magnetfeld, das am Punkt P im senkrechten Abstand r von einem geradlinigen Leiterabschnitt mit dem Strom I hervorgerufen wird:

$$B_P = \frac{\mu_0}{4\pi}\,\frac{I}{r}\,(\sin\theta_1 - \sin\theta_2) = \frac{\mu_0}{4\pi}\,\frac{I}{r}\,2\sin\theta = \frac{\mu_0}{2\pi}\,\frac{I}{r}\,\sin\theta\,.$$

Den geometrischen Gegebenheiten (siehe die Abbildung bei der Aufgabenstellung) entnehmen wir, dass gilt:

$$\sin\theta = \frac{a}{\sqrt{a^2 + r^2}}\,.$$

Das setzen wir ein und erhalten

$$B_P = \frac{\mu_0\,a\,I}{2\pi\,r\,\sqrt{a^2 + r^2}}\,.$$

b) Wenn der betrachtete geradlinige Leiterabschnitt Teil eines n-Ecks mit dem Mittelpunkt P ist, gilt für den Winkel $\theta = \pi/n$. Weil jede Seite des n-Ecks gleich viel zum Magnetfeld am Punkt P beiträgt, ist dieses dann gegeben durch

$$B = \frac{n\,\mu_0\,I}{2\pi\,r}\,\sin\frac{\pi}{n}\,, \qquad \text{mit} \qquad n = 3,\,4,\,5,\,\ldots$$

Für sehr großes n ist $\sin(\pi/n) \approx \pi/n$, und wir erhalten im Grenzfall

$$B_{n\to\infty} \approx \frac{n\,\mu_0\,I}{2\pi\,r}\,\frac{\pi}{n} = \frac{\mu_0\,I}{2\,r}\,.$$

Dies ist der Ausdruck für das Magnetfeld im Mittelpunkt einer kreisförmigen Leiterschleife.

L24.43 Gemäß dem Ampere'schen Gesetz gilt für einen geschlossenen Kreis, der konzentrisch zu dem zylindrischen Leiter verläuft und von dessen Achse den Abstand $r < r_{\mathrm{LZ}} = 10\,\mathrm{cm}$ hat:

$$\oint_C \boldsymbol{B} \cdot \mathrm{d}\boldsymbol{l} = B_r\,(2\pi\,r) = \mu_0\,I_C = \mu_0\,I(r)\,.$$

Damit erhalten wir

$$B_{r<r_{\text{LZ}}} = \frac{\mu_0\, I(r)}{2\pi r} = \frac{\mu_0\,(50\,\text{A}\cdot\text{m}^{-1})\,r}{2\pi r} = \frac{\mu_0\,(50\,\text{A}\cdot\text{m}^{-1})}{2\pi}\,.$$

a) und b) Hier hängt B nicht von r ab, und wir erhalten für beide Abstände

$$B_5 = B_{10} = \frac{(4\pi\cdot 10^{-7}\,\text{N}\cdot\text{A}^{-2})\,(50\,\text{A}\cdot\text{m}^{-1})}{2\pi} = 10\,\mu\text{T}\,.$$

c) Wir verwenden wieder das Ampere'sche Gesetz, diesmal für einen Abstand $r > r_{\text{LZ}}$ von der Achse des zylindrischen Leiters:

$$\oint_C \boldsymbol{B}\cdot\mathrm{d}\boldsymbol{l} = B_r\,(2\pi r) = \mu_0\,I_C = \mu_0\,I(r_{\text{LZ}})\,.$$

Damit ergibt sich

$$\begin{aligned}
B_{20} &= \frac{\mu_0\,I(r_{\text{LZ}})}{2\pi r} \\
&= \frac{(4\pi\cdot 10^{-7}\,\text{N}\cdot\text{A}^{-2})\,(50\,\text{A}\cdot\text{m}^{-1})\,(0{,}10\,\text{m})}{2\pi\,(0{,}20\,\text{m})} = 5{,}0\,\mu\text{T}\,.
\end{aligned}$$

L24.44 Die Abbildung zeigt den ringförmigen Streifen der Scheibe, der beim Radius r liegt und die Breite $\mathrm{d}r$ hat. Er trägt die Ladung $\mathrm{d}q$.

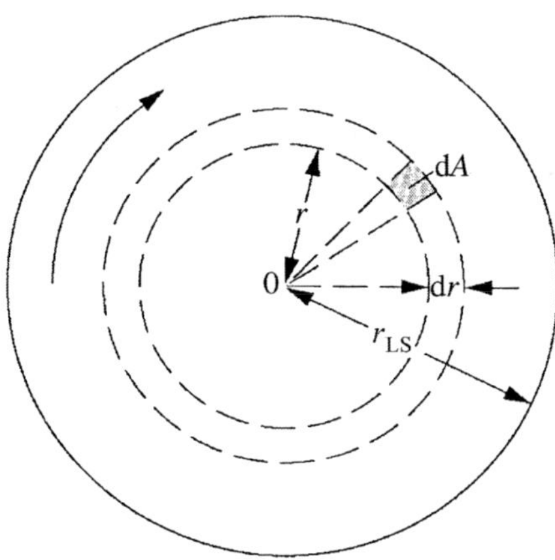

a) Die Ladung, die während eines Umlaufs einen bestimmten Punkt passiert, ist das Produkt aus der Flächenladungsdichte σ und der Fläche A des Rings: $\mathrm{d}q = \sigma\,\mathrm{d}A = 2\pi\sigma r\,\mathrm{d}r$.

Mit der Winkelgeschwindigkeit ω ergibt sich daraus für den Strom

$$\mathrm{d}I = \frac{\mathrm{d}q}{\mathrm{d}t} = \frac{2\pi\sigma r\,\mathrm{d}r}{2\pi/\omega} = \omega\sigma r\,\mathrm{d}r\,.$$

b) Diese Teilaufgabe lösen wir am besten erst nach der Teilaufgabe c.

c) Für das Magnetfeld auf der Achse der Scheibe im Abstand z von ihr, das vom eben betrachten Ring beim Radius r mit der Breite $\mathrm{d}r$ herrührt, gilt mit dem eben ermittelten Ausdruck für den Strom

$$\mathrm{d}B_x = \frac{\mu_0}{4\pi}\frac{2\pi r^2\,\mathrm{d}I}{(z^2+r^2)^{3/2}} = \frac{\mu_0\,\omega\sigma r^3}{2\,(z^2+r^2)^{3/2}}\,\mathrm{d}r\,.$$

Wir integrieren von $r = 0$ bis $r = r_{\text{LS}}$:

$$\begin{aligned}
B_x &= \frac{\mu_0\,\omega\sigma}{2}\int_0^{r_{\text{LS}}}\frac{r^3}{(z^2+r^2)^{3/2}}\,\mathrm{d}r \\
&= \frac{\mu_0\,\omega\sigma}{2}\left(\frac{2z^2+r_{\text{LS}}^2}{\sqrt{z^2+r_{\text{LS}}^2}} - 2z\right).
\end{aligned}$$

b) Wir setzen $z = 0$ in die Gleichung für B_x ein:

$$B_{x,0} = \frac{\mu_0\,\omega\sigma}{2}\frac{r_{\text{LS}}^2}{\sqrt{r_{\text{LS}}^2}} = \tfrac{1}{2}\mu_0\,\omega\sigma r_{\text{LS}}\,.$$

L24.45 Aufgrund der Symmetrie der Anordnung (siehe die erste Abbildung) haben die von den vier Segmenten mit der gleichen Länge l bei $(x, 0, 0)$ erzeugten Magnetfelder denselben Betrag.

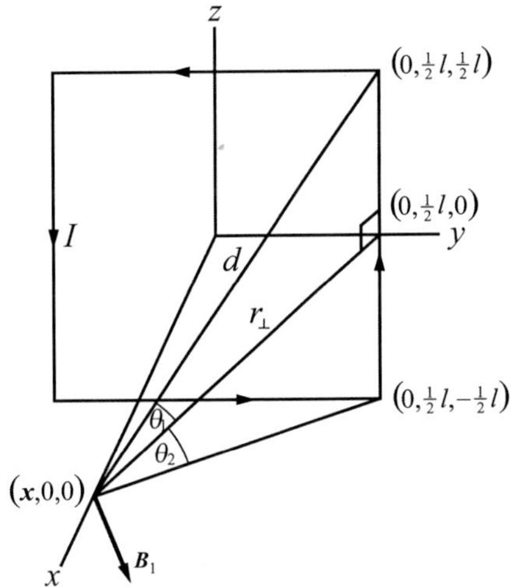

a) Das von einem der vier geradlinigen Leiter erzeugte Magnetfeld ist im senkrechten Abstand $r_\perp$ gegeben durch

$$B = \frac{\mu_0}{4\pi}\frac{I}{r_\perp}\,(\sin\theta_1 - \sin\theta_2)\,.$$

Mit $\theta_1 = -\theta_2$ und $r_\perp = \sqrt{x^2 + l^2/4}$ erhalten wir für das Magnetfeld einer Quadratseite am Punkt $(x, 0, 0)$

$$B_{1,x,0,0} = \frac{\mu_0}{4\pi}\frac{I\,(2\sin\theta_1)}{\sqrt{x^2+l^2/4}} = \frac{\mu_0}{2\pi}\frac{I}{\sqrt{x^2+l^2/4}}\,(\sin\theta_1)\,.$$

Wie wir der ersten Abbildung entnehmen können, ist

$$\sin\theta_1 = \frac{l/2}{d} = \frac{l/2}{\sqrt{x^2+l^2/2}}\,.$$

Einsetzen liefert

$$\begin{aligned}
B_{1,x,0,0} &= \frac{\mu_0}{2\pi}\frac{I}{\sqrt{x^2+l^2/4}}\frac{l/2}{\sqrt{x^2+l^2/2}} \\
&= \frac{\mu_0\,I}{4\pi\sqrt{x^2+l^2/4}}\frac{l}{\sqrt{x^2+l^2/2}}\,.
\end{aligned}$$

Die zweite Abbildung zeigt einen Blick auf die x-y-Ebene; hier ist auch der Winkel β zwischen dem Magnetfeld $\boldsymbol{B}_1$ und der x-Achse eingezeichnet.

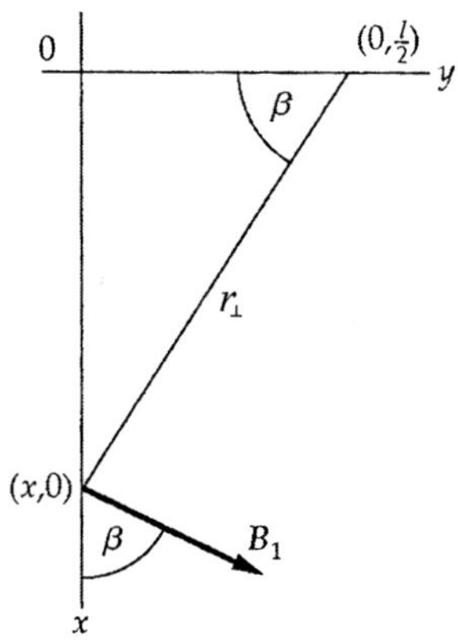

Aufgrund der Symmetrie müssen die Summen der y- und der z-Komponenten verschwinden, während sich die x-Komponenten addieren. Dabei gilt $B_{1,x} = B_1 \cos\beta$. Das setzen wir ein und erhalten

$$B_{1,x} = \frac{\mu_0\, I}{4\,\pi}\, \frac{1}{\sqrt{x^2 + l^2/4}}\, \frac{l}{\sqrt{x^2 + l^2/2}}\, \frac{l/2}{\sqrt{x^2 + l^2/4}}$$

$$= \frac{\mu_0\, I\, l^2}{8\,\pi\,(x^2 + l^2/4)\,\sqrt{x^2 + l^2/2}}\,.$$

Damit ergibt sich für das Feld aller vier Segmente

$$\boldsymbol{B} = 4\, B_{1,x}\, \widehat{\boldsymbol{x}} = \frac{\mu_0\, I\, l^2}{2\,\pi\,(x^2 + l^2/4)\,\sqrt{x^2 + l^2/2}}\,\widehat{\boldsymbol{x}}\,.$$

b) Ausklammern von x^2 im Nenner der vorigen Gleichung liefert

$$\boldsymbol{B} = \frac{\mu_0\, I\, l^2}{2\,\pi\, x^2 \left(1 + \dfrac{l^2}{4\,x^2}\right) \sqrt{x^2 \left(1 + \dfrac{l^2}{2\,x^2}\right)}}\,\widehat{\boldsymbol{x}}$$

$$= \frac{\mu_0\, I\, l^2}{2\,\pi\, x^3 \left(1 + \dfrac{l^2}{4\,x^2}\right)\left(1 + \dfrac{l^2}{2\,x^2}\right)^{1/2}}\,\widehat{\boldsymbol{x}}\,.$$

Mit $\mu = I\, l^2$ erhalten wir für den Grenzfall $x \gg l$ schließlich

$$\boldsymbol{B} \approx \frac{\mu_0\, I\, l^2}{2\,\pi\, x^3}\,\widehat{\boldsymbol{x}} = \frac{\mu_0\, \mu}{2\,\pi\, x^3}\,\widehat{\boldsymbol{x}}\,.$$

Die magnetische Induktion

© Springer-Verlag GmbH Deutschland, ein Teil von Springer Nature 2019
A. Knochel (Hrsg.), *Arbeitsbuch zu Tipler/Mosca, Physik*, https://doi.org/10.1007/978-3-662-58919-9_25

Aufgaben

Verständnisaufgaben

25.1 • Zwei Leiterschleifen sind parallel zueinander angeordnet (Abb. 25.1). In der Schleife A fließt, von links gegen die Ebenen der Schleifen gesehen, ein Strom entgegengesetzt zum Uhrzeigersinn. In welcher Richtung fließt ein Strom in der Schleife B, wenn die Stromstärke in A zunimmt? Stellen Sie fest, ob die Schleifen einander abstoßen oder anziehen; erläutern Sie Ihre Antwort.

Abb. 25.1 Zu Aufgabe 25.1

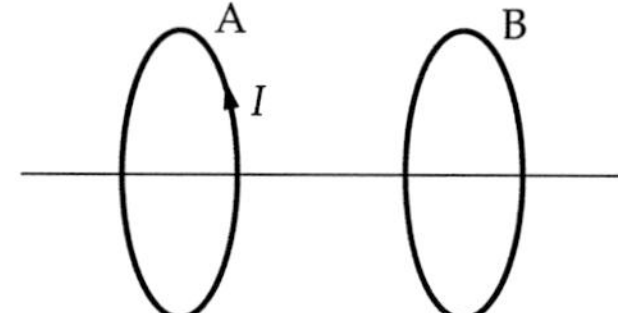

25.2 • Ein Stabmagnet ist am Ende einer Spiralfeder befestigt und führt eine einfache harmonische Schwingung entlang der Achse einer Leiterschleife aus (Abb. 25.2). Der Magnet befindet sich im Gleichgewicht, wenn sein Mittelpunkt in der Ebene der Schleife liegt. a) Skizzieren Sie den zeitlichen Verlauf des Flusses Φ_{mag} durch die Schleife. Markieren Sie die Zeitpunkte t_1 und t_2, zu denen sich der Magnet gerade auf halbem Wege durch die Schleife befindet. b) Skizzieren Sie den zeitlichen Verlauf des Stroms I in der Schleife. Die Uhrzeigerrichtung, von oben gesehen, soll positiven Werten von I entsprechen.

Abb. 25.2 Zu Aufgabe 25.2

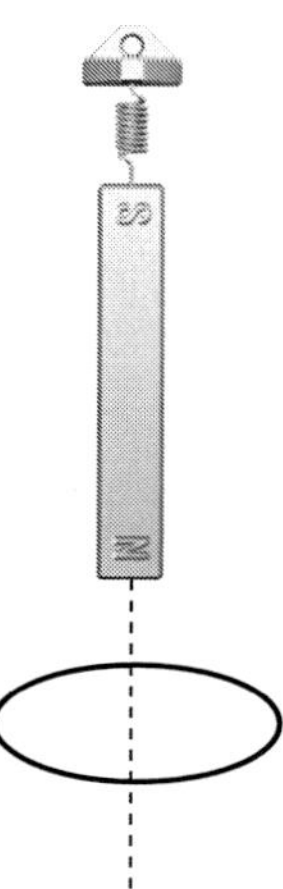

25.3 • Der magnetische Äquator ist die Linie entlang der Erdoberfläche, an der das Erdmagnetfeld horizontal verläuft. Wie müsste man dort ein Blatt Papier halten, damit der Betrag des magnetischen Flusses durch die Papierebene a) maximal bzw. b) minimal wird?

25.4 • Man lässt einen Stabmagneten senkrecht in ein langes Rohr hineinfallen. Besteht das Rohr aus einem Metall,

so erreicht der Magnet rasch seine Endgeschwindigkeit; besteht das Rohr jedoch aus Pappe, so fällt der Magnet mit konstanter Beschleunigung. Erklären Sie diesen Unterschied.

Schätzungs- und Näherungsaufgaben

25.5 • Vergleichen Sie die im elektrischen Feld und die im Magnetfeld der Erde (jeweils in der Nähe der Erdoberfläche) gespeicherten Energiedichten.

25.6 •• Stellen Sie sich ein typisches, in der Luft befindliches Passagierflugzeug vor. a) Schätzen Sie die durch die Bewegung im Erdmagnetfeld zwischen den Spitzen der Tragflächen maximal induzierte Spannung. b) Wie groß ist dabei die elektrische Feldstärke zwischen den Spitzen der Tragflächen?

Der magnetische Fluss

25.7 • Betrachten Sie eine kreisrunde Spule mit 25 Windungen und einem Radius von 5,0 cm, die sich in der Nähe des Äquators befindet. Das Erdmagnetfeld hat dort eine Stärke von 0,70 G und zeigt nach Norden. Die Achse der Spule steht senkrecht auf der Spulenebene und verläuft durch den Mittelpunkt der Spule. Wie groß ist der magnetische Fluss durch die Spule, wenn ihre Achse a) senkrecht, b) waagerecht nach Norden zeigend, c) waagerecht nach Osten zeigend bzw. d) waagerecht im Winkel von 30° relativ zur Nordrichtung orientiert ist?

25.8 •• Eine kreisrunde Spule mit 15,0 Windungen und einem Radius von 4,00 cm befindet sich in einem homogenen, 4,00 kG starken, in die positive x-Richtung zeigenden Magnetfeld. Geben Sie den magnetischen Fluss durch die Spule an, wenn der Normalen-Einheitsvektor $\widehat{n}$ der Spulenebene folgendermaßen lautet: a) $\widehat{n} = \widehat{x}$, b) $\widehat{n} = \widehat{y}$, c) $\widehat{n} = (\widehat{x} + \widehat{y})/\sqrt{2}$, d) $\widehat{n} = \widehat{z}$ bzw. e) $\widehat{n} = 0{,}60\,\widehat{x} + 0{,}80\,\widehat{y}$.

25.9 ••• a) Stellen Sie einen Ausdruck für den magnetischen Fluss durch die rechteckige Schleife in Abb. 25.3 auf. b) Berechnen Sie den Fluss für $a = 5{,}0$ cm, $b = 10$ cm, $d = 2{,}0$ cm und $I = 20$ A.

Abb. 25.3 Zu Aufgabe 25.9

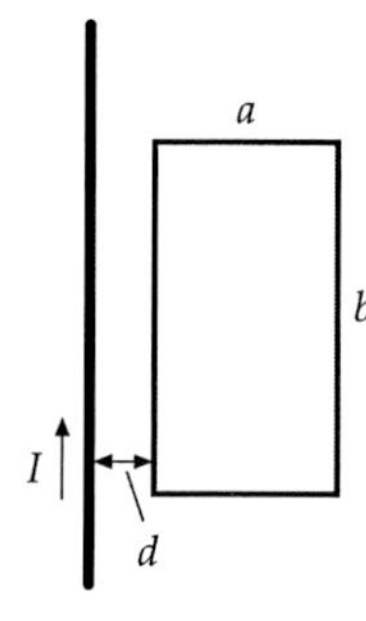

25.10 ••• Durch einen langen, zylindrischen Leiter mit der Länge l und dem Radius r_{LZ} fließt homogen über den Querschnitt verteilt ein Strom I. Geben Sie den magnetischen Fluss pro Längeneinheit durch die in Abb. 25.4 markierte Fläche an.

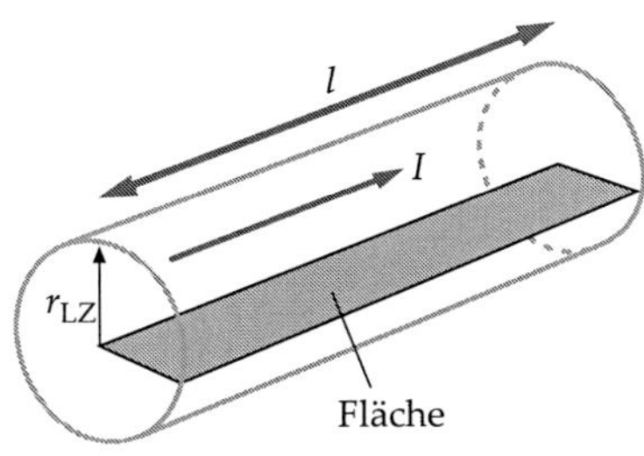

Abb. 25.4 Zu Aufgabe 25.10

Induktionsspannung und Faraday'sches Gesetz

25.11 •• Eine kreisrunde Spule mit 100 Windungen hat einen Durchmesser von 2,00 cm und einen Widerstand von 50,0 Ω. Die beiden Enden des Spulendrahts sind miteinander verbunden. Senkrecht zur Ebene der Spule ist ein homogenes äußeres Magnetfeld mit einer Stärke von 1,00 T ausgerichtet. Nun kehrt sich die Feldrichtung um. a) Berechnen Sie die einen Querschnitt der Spule insgesamt passierende Ladung. Die Umkehr der Feldrichtung dauert 0,100 s; berechnen Sie b) den mittleren Spulenstrom und c) die mittlere Spannung in der Spule während des Umkehrvorgangs.

25.12 •• Ein *Stromintegrator* misst den Strom in Abhängigkeit von der Zeit und ermittelt durch Integrieren (Aufaddieren) die insgesamt fließende Ladungsmenge. (Wegen $I = \mathrm{d}q/\mathrm{d}t$ ist das Integral des Stroms $q = \int I \, \mathrm{d}t$.) Eine kreisrunde Spule mit 300 Windungen und einem Radius von 5,00 cm ist mit einem solchen Instrument verbunden. Der Gesamtwiderstand des Stromkreises beträgt 20,0 Ω. Zu Beginn des Versuchs bildet die Ebene der Spule einen Winkel von 90° mit der Richtung des Erdmagnetfelds am betreffenden Ort. Dann wird die Spule um 90° um eine Achse gedreht, die in der Spulenebene liegt. Dabei wird am Stromintegrator insgesamt eine Ladungsmenge von 9,40 µC abgelesen. Berechnen Sie die Stärke des Erdmagnetfelds an diesem Ort.

Induktion durch Bewegung

25.13 • Ein 40 cm langer Stab bewegt sich senkrecht zu seiner Längsachse mit einer Geschwindigkeit von 12 m/s in einer Ebene, auf der ein Magnetfeld von 0,30 T senkrecht steht. Wie groß ist die im Stab induzierte Spannung?

25.14 •• In Abb. 25.5 ist $B = 0{,}80$ T, $v = 10$ m/s, $l = 20$ cm und $R = 2{,}0$ Ω. (Der Widerstand des Stabs und der Schienen soll vernachlässigt werden.) Bestimmen Sie a) die im Stromkreis induzierte Spannung, b) den dadurch hervorgerufenen Strom (Betrag und Richtung) und c) die zur Bewegung des Stabs mit konstanter Geschwindigkeit erforderliche Kraft (vernachlässigen Sie die Reibung). d) Welche Leistung wird dem System durch die in Teilaufgabe c berechnete Kraft zugeführt? e) Geben Sie die Leistung (die Rate der Wärmeerzeugung im Widerstand) an.

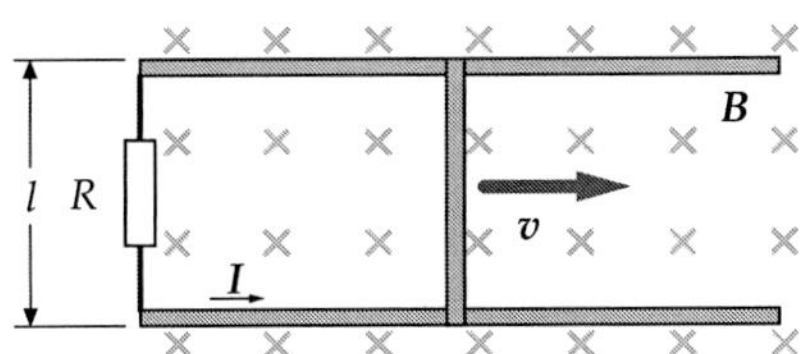

Abb. 25.5 Zu Aufgabe 25.14

25.15 •• Der Stab in Abb. 25.6 hat die Masse m und den Widerstand R. Der Widerstand der waagerecht angeordneten, reibungsfreien Schienen sei vernachlässigbar gering; der Abstand zwischen den Schienen ist l. An die Punkte a und b des Stromkreises ist eine Batterie mit der Spannung U und einem vernachlässigbaren Innenwiderstand so angeschlossen, dass der Strom im Stab von oben nach unten fließt. Zum Zeitpunkt $t = 0$ wird der zuvor ruhende Stab losgelassen. a) Geben Sie einen Ausdruck für die auf den Stab wirkende Kraft in Abhängigkeit von dessen Geschwindigkeit an. b) Zeigen Sie, dass der Stab schließlich eine Endgeschwindigkeit erreicht, mit der er sich weiterbewegt. Geben Sie einen Ausdruck für diese Geschwindigkeit an. c) Geben Sie einen Ausdruck für die Stromstärke an, wenn der Stab seine Endgeschwindigkeit erreicht hat.

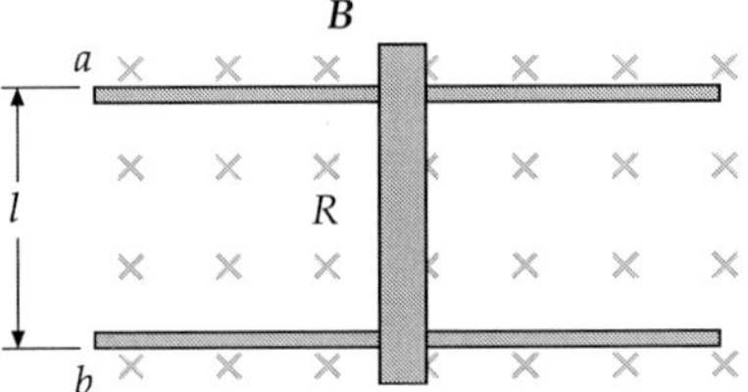

Abb. 25.6 Zu Aufgabe 25.15

25.16 •• Betrachten Sie die Anordnung in Abb. 25.7: Der leitfähige Stab mit der Masse m gleitet reibungsfrei auf zwei parallelen Schienen; der elektrische Widerstand aller dieser Bauelemente sei vernachlässigbar. Der Abstand zwischen den Schienen ist l, und an einem Ende sind die Schienen über einen Ohm'schen Widerstand R miteinander verbunden. Die Schienen sind auf eine ebene Platte montiert, die mit der Waagerechten den Winkel θ einschließt. Die ganze Anordnung befindet sich in einem Magnetfeld, das senkrecht nach oben zeigt. a) Zeigen Sie, dass entlang der geneigten Ebene eine Kraft $F =$

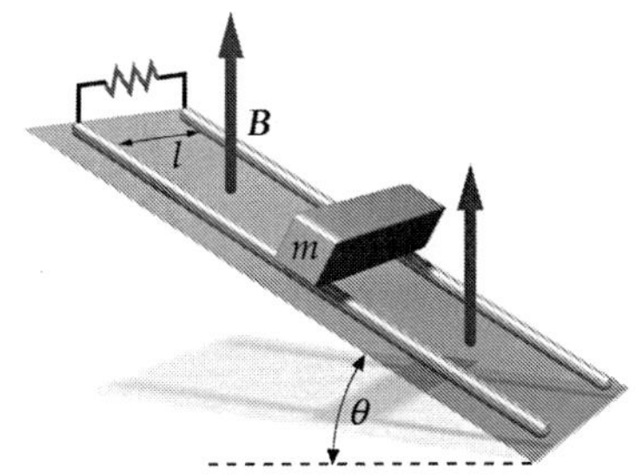

Abb. 25.7 Zu Aufgabe 25.16

$(B^2 l^2 v \cos^2 \theta)/R$ aufwärts wirkt, die die Abwärtsbewegung des Stabs bremst. b) Zeigen Sie, dass für die Endgeschwindigkeit des Stabs gilt: $v_E = (m \, g \, R \sin \theta)/(B^2 l^2 \cos^2 \theta)$.

25.17 •• Betrachten Sie die Anordnung in Abb. 25.8: Eine rechteckige Leiterschleife mit Seitenlängen von 10 cm und 5,0 cm und einem Ohm'schen Widerstand von 2,5 Ω bewegt sich mit einer konstanten Geschwindigkeit von 2,4 cm/s durch ein Gebiet, in dem ein homogenes, aus der Papierebene heraus zeigendes Magnetfeld mit einer Feldstärke von 1,7 T herrscht. Zum Zeitpunkt $t = 0$ tritt die Vorderkante der Schleife in das Magnetfeld ein. Erfassen Sie in den beiden folgenden Teilaufgaben das Intervall $0 \leq t \leq 16$ s. a) Skizzieren Sie den zeitlichen Verlauf des magnetischen Flusses durch die Schleife. b) Skizzieren Sie den zeitlichen Verlauf der Induktionsspannung und des durch die Schleife fließenden Stroms. Vernachlässigen Sie Selbstinduktionseffekte.

Abb. 25.8 Zu Aufgabe 25.17

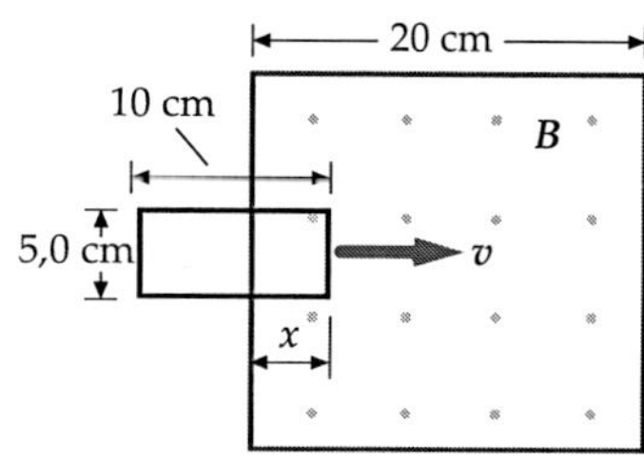

25.18 ••• Ein Metallstab mit der Länge l rotiert mit konstanter Winkelgeschwindigkeit ω um eines seiner Enden. Senkrecht zur Rotationsebene orientiert ist ein homogenes Magnetfeld B (Abb. 25.9). a) Zeigen Sie, dass sich zwischen den Enden des Stabs die Potenzialdifferenz $U = \frac{1}{2} B \omega l^2$ aufbaut. b) Der Winkel θ zwischen dem rotierenden Stab und der in der Skizze gestrichelten Linie sei gegeben durch $\theta = \omega t$. Zeigen Sie, dass die Fläche des Kreissektors, der von dieser Linie und dem Stab begrenzt wird, dann gegeben ist durch $A = \frac{1}{2} l^2 \theta$. c) Berechnen Sie den magnetischen Fluss durch diese Fläche und zeigen Sie, dass die Anwendung des Faraday'schen Gesetzes ($U_{\text{ind}} = -\mathrm{d}\Phi_{\text{mag}}/\mathrm{d}t$) auf den Kreissektor die Beziehung $U_{\text{ind}} = \frac{1}{2} B \omega l^2$ liefert.

Abb. 25.9 Zu Aufgabe 25.18

Die magnetische Induktion

Wechselstromgeneratoren

25.19 • Gegeben ist eine Spule mit 250 Windungen; jede Windung umschließt eine Fläche von 3,0 cm². Wie groß ist die Amplitude der Spannung (U_{max}), wenn die Spule mit einer Frequenz von 60 Umdrehungen pro Sekunde in einem Magnetfeld von 0,40 T rotiert?

25.20 • Eine Spule mit rechteckigem Querschnitt (Seitenlängen: 2,00 cm und 1,50 cm) und 300 Windungen rotiert in einem Magnetfeld von 0,400 T. a) Geben Sie den Maximalwert der induzierten Spannung an, wenn sich die Spule mit einer Frequenz von 60,0 Hz dreht. b) Wie groß muss die Rotationsfrequenz sein, damit eine Spannung von 110 V (Maximalwert) induziert wird?

Induktivität

25.21 • Wie schnell muss sich der Strom in einer Spule mit $L = 6{,}28 \cdot 10^{-5}$ H ändern, damit eine Spannung von 20,0 V induziert wird?

25.22 • Durch eine Spule mit einer Induktivität von 8,00 H fließt ein Strom von 3,00 A, der sich mit einer Rate von 200 A/s ändert. Berechnen Sie a) den magnetischen Fluss durch die Spule und b) die in der Spule induzierte Spannung.

25.23 •• Zwei Zylinderspulen mit dem Radius 2,00 cm bzw. 5,00 cm sowie mit 300 bzw. 1000 Windungen sind koaxial so angeordnet, dass sich die dünnere Spule vollständig innerhalb der dickeren befindet. Beide Spulen sind 25,0 cm lang. Berechnen Sie die Gegeninduktivität.

25.24 ••• Betrachten Sie die Ringspule mit rechteckigem Querschnitt aus Abb. 25.10. Zeigen Sie, dass die Induktivität der Spule gegeben ist durch

$$L = \frac{\mu_0 \, n^2 \, x \, \ln(b/a)}{2 \, \pi} .$$

Dabei ist n die Anzahl der Windungen, a der innere Radius, b der äußere Radius und x die Höhe des Rings.

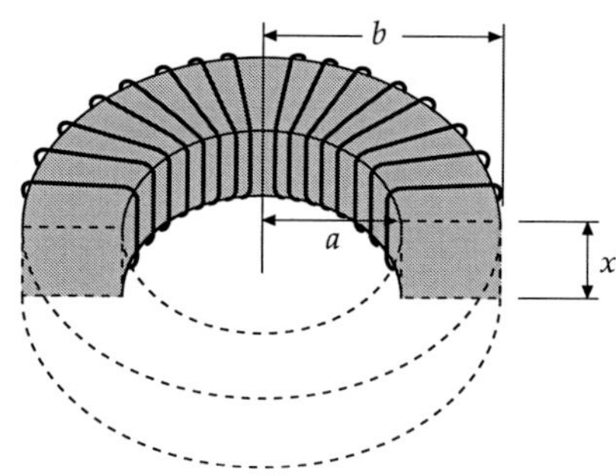

Abb. 25.10 Zu Aufgabe 25.24

25.25 •• Berechnen Sie die Gegeninduktivität L_{21} der in Abb. 25.11 gezeigten koaxialen Spulen, indem Sie den Fluss durch die innere Spule ermitteln, der von einem Strom I_2 durch die äußere Spule hervorgerufen wird.

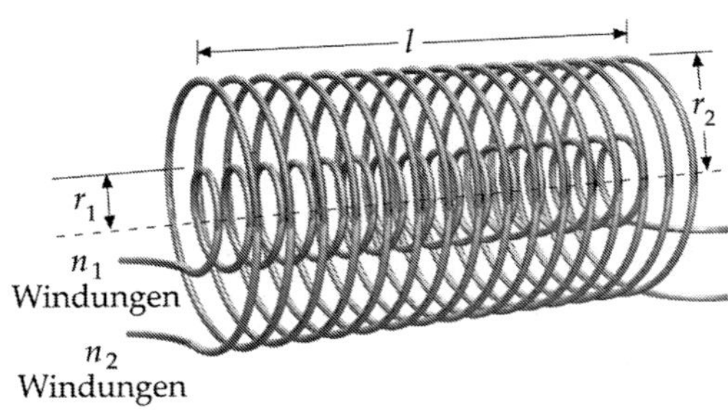

Abb. 25.11 Zu Aufgabe 25.25

Die Energie des Magnetfelds

25.26 • Wir betrachten eine ebene elektromagnetische Welle, etwa eine Lichtwelle. Die Beziehung zwischen der elektrischen und der magnetischen Feldstärke lautet hier $E = c\,B$ mit der Lichtgeschwindigkeit $c = 1/\sqrt{\varepsilon_0\,\mu_0}$. Zeigen Sie, dass die Energiedichten des elektrischen und des magnetischen Felds gleich sind, wenn die Bedingung $E = c\,B$ erfüllt ist.

25.27 •• Durch eine Zylinderspule mit 2000 Windungen, einer Querschnittsfläche von $4{,}0\,\mathrm{cm}^2$ und einer Länge von $30\,\mathrm{cm}$ fließt ein Strom von $4{,}0\,\mathrm{A}$. a) Berechnen Sie die in der Spule gespeicherte magnetische Energie mithilfe der Beziehung $E_{\mathrm{mag}} = \frac{1}{2}\,L\,I^2$. b) Geben Sie die magnetische Energie pro Volumeneinheit in der Spule an; dividieren Sie dazu Ihr Ergebnis der Teilaufgabe a durch das Volumen der Spule. c) Berechnen Sie die Energiedichte des Magnetfelds mithilfe der Beziehung $w_{\mathrm{mag}} = B^2/(2\,\mu_0)$, wobei gilt: $B = \mu_0\,(n/l)\,I$. Vergleichen Sie das Resultat mit Ihrem Ergebnis aus Teilaufgabe b.

25.28 •• Die Wicklung einer Ringspule mit einem mittleren Radius von $25{,}0\,\mathrm{cm}$ und kreisrundem Querschnitt, dessen Radius $2{,}00\,\mathrm{cm}$ beträgt, besteht aus einem supraleitenden Material. Der Wicklungsdraht ist $1000\,\mathrm{m}$ lang. Durch die Spule fließt ein Strom von $400\,\mathrm{A}$. a) Wie viele Windungen hat die Spule? b) Geben Sie die Magnetfeldstärke und die Energiedichte des Magnetfelds beim mittleren Radius an. c) Berechnen Sie die insgesamt in der Spule gespeicherte Energie unter der Annahme, dass die Energiedichte innerhalb der Ringspule homogen verteilt ist.

RL-Stromkreise

25.29 •• Betrachten Sie den Stromkreis in Abb. 25.12. Es sei $U_0 = 12{,}0\,\mathrm{V}$, $R = 3{,}00\,\Omega$ und $L = 0{,}600\,\mathrm{H}$. Zum Zeit-

Abb. 25.12 Zu den Aufgaben 25.29 und 25.33

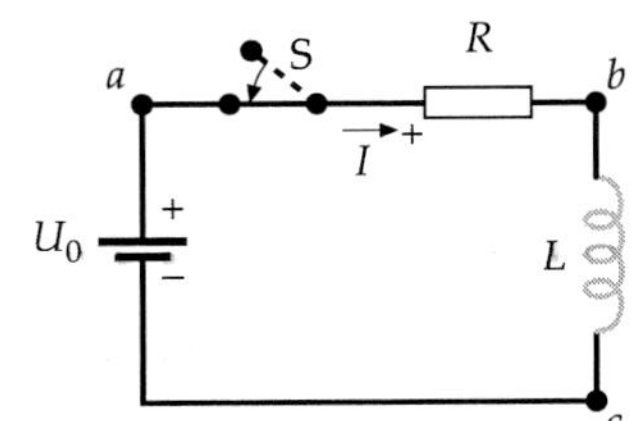

punkt $t = 0$ wird der Schalter geschlossen. Berechnen Sie für den Zeitpunkt $t = 0{,}500\,\mathrm{s}$: a) die Rate, mit der die Batterie Energie liefert, b) die Rate der Wärmeerzeugung im Ohm'schen Widerstand und c) die Rate, mit der Energie in der Spule gespeichert wird.

25.30 •• Eine Spule ($4{,}00\,\mathrm{mH}$), ein Ohm'scher Widerstand ($150\,\Omega$), eine ideale Batterie ($12{,}0\,\mathrm{V}$) und ein Schalter sind in Reihe geschaltet. Der zunächst offene Schalter wird geschlossen. a) Geben Sie an, mit welcher Anfangsrate die Stromstärke zunimmt. b) Wie groß ist die Anstiegsrate, wenn die Stromstärke die Hälfte ihres stationären Werts erreicht hat? c) Geben Sie diese stationäre Stromstärke an. d) Wie lange dauert es, bis die Stromstärke $99\,\%$ ihres stationären Werts erreicht hat?

25.31 •• Ein bestimmter Stromkreis besteht aus einer Reihenschaltung eines großen Elektromagneten mit der Induktivität $50{,}0\,\mathrm{H}$, einem Ohm'schen Widerstand von $8{,}00\,\Omega$, einer 250-V-Gleichspannungsquelle und einem zunächst geöffneten Schalter. Wie viel Zeit vergeht nach dem Schließen des Schalters, bis die Stromstärke a) $10\,\mathrm{A}$ bzw. b) $30\,\mathrm{A}$ erreicht hat?

25.32 •• Betrachten Sie den Stromkreis in Abb. 25.13. Der Innenwiderstand der Spule soll vernachlässigt werden; nehmen Sie außerdem an, dass der Schalter S seit langer Zeit geschlossen ist, sodass die Spule von einem stationären Strom durchflossen wird. a) Berechnen Sie den Batteriestrom und den Strom, der durch den 100-Ω-Widerstand fließt, sowie den Strom, der durch die Spule fließt. b) Berechnen Sie den Spannungsabfall an der Spule unmittelbar nach dem Öffnen des Schalters. c) Tragen Sie mithilfe eines Tabellenkalkulationsprogramms den Spulenstrom und den Spannungsabfall an der Spule jeweils als Funktion der Zeit auf, während der Schalter geöffnet ist.

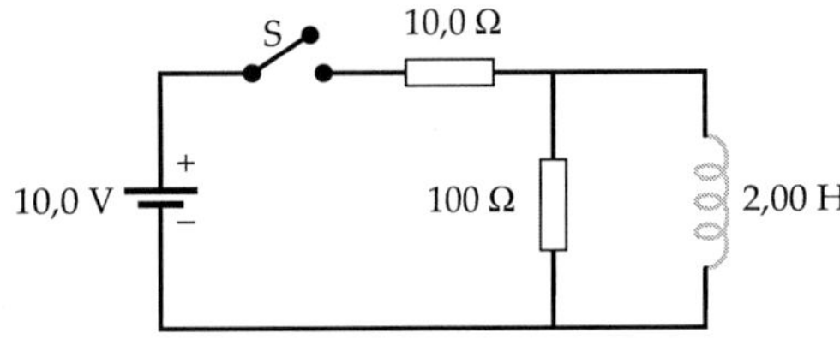

Abb. 25.13 Zu Aufgabe 25.32

25.33 ••• In dem in Abb. 25.12 skizzierten Stromkreis sei $U_0 = 12{,}0\,\mathrm{V}$, $R = 3{,}00\,\Omega$ und $L = 0{,}600\,\mathrm{H}$. Zum Zeitpunkt $t = 0$ wird der Schalter geschlossen. Betrachten Sie den Zeitraum zwischen $t = 0$ und $t = L/R$. a) Wie viel Energie wird in diesem Zeitraum insgesamt von der Batterie abgegeben? b) Wie viel Energie wird im Widerstand in Wärme umgewandelt? c) Wie viel Energie wird der Spule zugeführt? (*Hinweis:* Geben Sie die Raten der Energieübertragung als Funktion der Zeit an und integrieren Sie zwischen den angegebenen Grenzen.)

Allgemeine Aufgaben

25.34 • Gegeben ist eine Spule mit 100 Windungen, einem Radius von 4,00 cm und einem Widerstand von 25,0 Ω. a) Die Spule befindet sich in einem homogenen Magnetfeld, dessen Richtung senkrecht auf der Spulenebene steht. Mit welcher Rate muss sich die Magnetfeldstärke ändern, damit in der Spule ein Strom von 4,00 A induziert wird? b) Wie lautet die Antwort auf Frage a, wenn die Feldrichtung einen Winkel von 20° mit der Normalen auf der Spulenebene einschließt?

25.35 •• In Abb. 25.14 sehen Sie einen Wechselstromgenerator, bestehend aus einer rechteckigen, mit Schleifringen verbundenen Leiterschleife mit den Seitenlängen a und b sowie mit n Windungen. Die Schleife dreht sich, von außen angetrieben, mit der Winkelgeschwindigkeit ω in einem homogenen Magnetfeld B. a) Zeigen Sie, dass die induzierte Potenzialdifferenz zwischen den Schleifringen gegeben ist durch $U = n\,B\,a\,b\,\omega\,\sin\omega t$. b) Es sei $a = 2{,}00$ cm, $b = 4{,}00$ cm, $n = 250$ und $B = 0{,}200$ T. Mit welcher Winkelgeschwindigkeit ω muss die Schleife rotieren, damit eine Spannung mit einem Maximalwert von 100 V induziert wird?

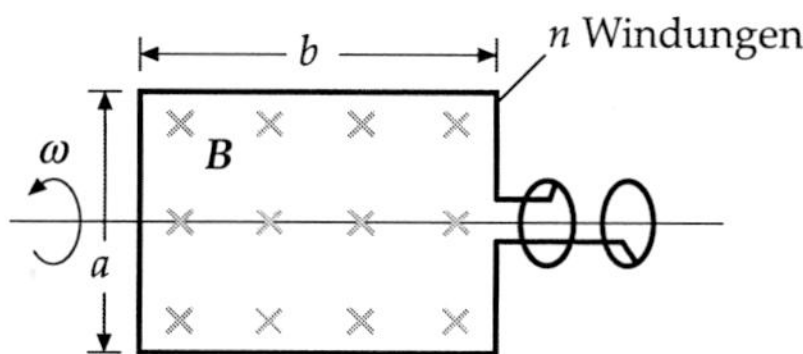

Abb. 25.14 Zu Aufgabe 25.35

25.36 •• Zwei Spulen mit den Selbstinduktivitäten L_1 und L_2 sind parallel geschaltet, wobei keine Spule vom Magnetfeld der anderen durchdrungen wird. Zeigen Sie, dass für die Selbstinduktivität L der gesamten Anordnung dann gilt:

$$\frac{1}{L} = \frac{1}{L_1} + \frac{1}{L_2}.$$

25.37 •• In Abb. 25.15a ist eine Anordnung skizziert, mit deren Hilfe man die Gravitationsbeschleunigung messen kann. Um ein langes Plastikrohr ist ein Draht so gewickelt, dass einfache Drahtschleifen im Abstand von jeweils 10 cm entstehen. Nun lässt man einen starken Permanentmagneten senkrecht von oben durch das Rohr fallen. Jedes Mal, wenn der Magnet eine Schleife passiert, erreicht die Spannung nach kurzer Zeit einen negativen Wert mit maximalem Betrag und steigt danach unter Nulldurchgang steil auf einen positiven Maximalwert an, um dann wieder auf null abzufallen (Abb. 25.15b). a) Erklären Sie, wie das Experiment funktioniert. b) Warum muss das Rohr aus einem Isolator bestehen? c) Erklären Sie die Form des Signals in Abb. 25.15b qualitativ. d) In der Tab. 25.1 sind die Zeiten für die Nulldurchgänge der Spannung während eines solchen Experiments angegeben. Berechnen Sie daraus einen Wert für die Gravitationsbeschleunigung g.

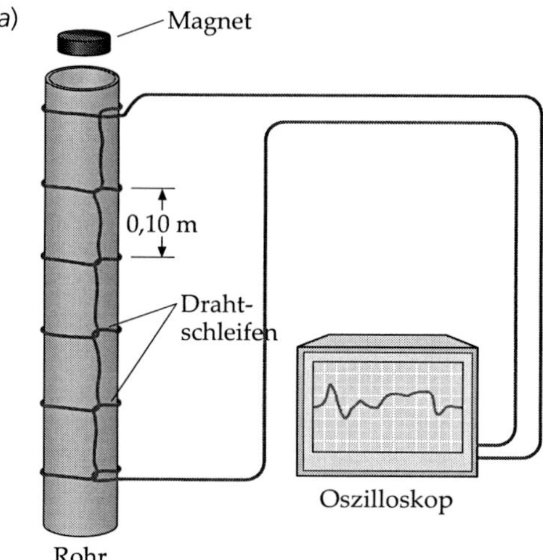

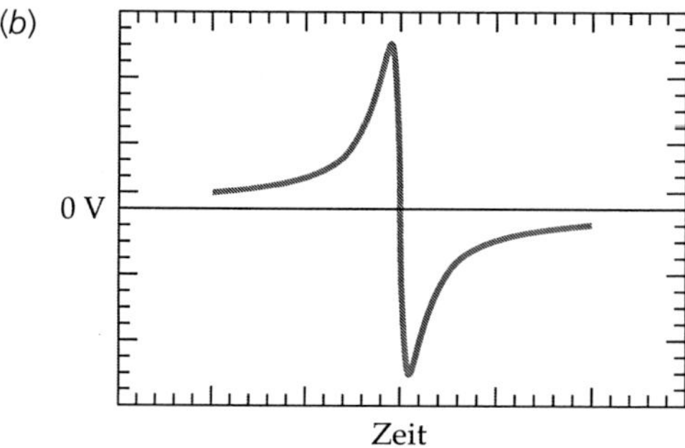

Abb. 25.15 Zu Aufgabe 25.37

Tab. 25.1 Zu Aufgabe 25.37

Nr. der Schleife	Nulldurchgang (s)
1	0,011189
2	0,063133
3	0,10874
4	0,14703
5	0,18052
6	0,21025
7	0,23851
8	0,26363
9	0,28853
10	0,31144
11	0,33494
12	0,35476
13	0,37592
14	0,39107

25.38 •• Die in Abb. 25.16 skizzierte rechteckige Spule mit einer Länge von 30 cm, einer Breite von 25 cm und 80 Windungen befindet sich zur Hälfte in einem Magnetfeld $B = 0{,}14$ T, das aus der Papierebene heraus zeigt. Der Widerstand der Spule beträgt 24 Ω. Ermitteln Sie Betrag und Richtung des induzierten Stroms, wenn die Spule mit einer Geschwindigkeit von 2,0 m/s bewegt wird, und zwar: a) nach rechts, b) nach oben, c) nach links bzw. d) nach unten.

Abb. 25.16 Zu Aufgabe 25.38

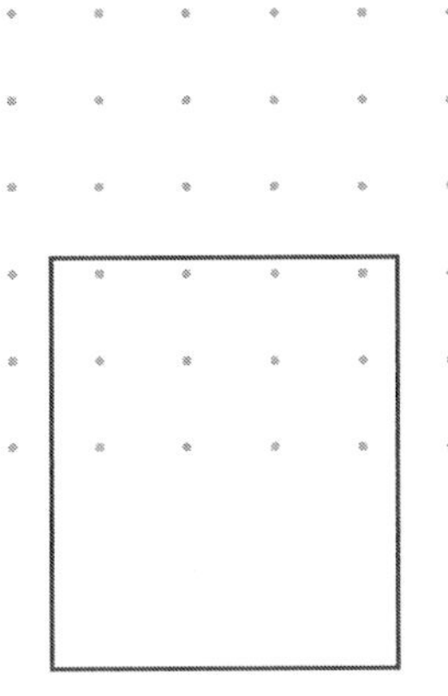

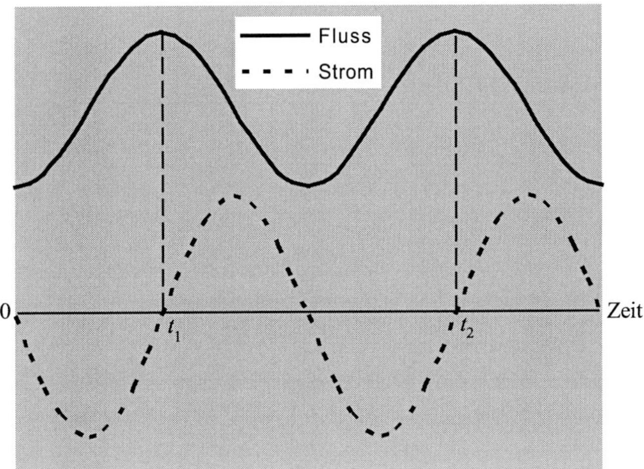

25.39 •• Durch eine lange Zylinderspule mit der Windungsdichte (n/l) fließt ein zeitabhängiger Strom $I = I_0 \sin \omega t$. Die Spule hat einen kreisrunden Querschnitt mit dem Radius r_{LS}. Geben Sie einen Ausdruck für das induzierte elektrische Feld in Punkten an, die sich auf der von beiden Spulenenden gleich weit entfernten Ebene befinden: a) bei $r < r_{LS}$ bzw. b) bei $r > r_{LS}$. Betrachten Sie dabei das Feld als Funktion der Zeit t und des radialen Abstands r von der Achse.

25.40 ••• Eine Spule mit n Windungen und einer Fläche A hängt an einem Draht mit linearem Rückstellmoment und der Torsionskonstanten κ. Die beiden Enden des Spulendrahts sind miteinander verbunden; die Spule hat den Widerstand R und das Trägheitsmoment I_T. Wenn der Draht nicht verdrillt ist $(\theta = 0)$, steht die Spulenebene vertikal und dabei parallel zu einem homogenen horizontalen Magnetfeld B. Nun wird die Spule um einen kleinen Winkel $\theta = \theta_0$ um eine senkrechte, durch ihren Mittelpunkt verlaufende Achse gedreht und losgelassen. Sie vollführt dann eine gedämpfte harmonische Schwingung. Zeigen Sie, dass für diese gilt: $\theta(t) = \theta_0 \, \mathrm{e}^{-t/(2\tau)} \cos \omega' t$, mit $\tau = R\, I_T/(n\, BA)^2$, $\omega_0 = \sqrt{\kappa/I_T}$ und $\omega' = \omega_0 \sqrt{1 - (2\,\omega_0\, \tau)^{-2}}$.

Lösungen zu den Aufgaben

Verständnisaufgaben

L25.1 Wenn der in der Schleife A entgegen dem Uhrzeigersinn fließende Strom zunimmt, dann tut dies auch der magnetische Fluss durch die Schleife B. Um gemäß der Lenz'schen Regel diesem Effekt entgegenzuwirken, fließt in der Schleife B ein induzierter Strom im Uhrzeigersinn. Wegen $F = I\, l \times B$ stoßen die Schleifen einander ab.

L25.2 a) und b) In der Abbildung sind – in willkürlichen Einheiten – der magnetische Fluss und der induzierte Strom gegen die Zeit aufgetragen.

Der induzierte Strom ist proportional zur zeitlichen Ableitung $\mathrm{d}\Phi_{\mathrm{mag}}/\mathrm{d}t$ des magnetischen Flusses. Sein Betrag ist daher maximal, wenn sich der Fluss am stärksten ändert, und null, wenn der Fluss bei einem lokalen Maximum oder Minimum momentan konstant ist.

L25.3 a) Das Blatt ist so zu halten, dass die Normale auf seiner Ebene horizontal verläuft und dabei senkrecht auf der Tangente am magnetischen Äquator steht.

b) Das Blatt ist so zu halten, dass die Normale auf seiner Ebene senkrecht zu der Richtung der Normalen verläuft, die in Teilaufgabe a ermittelt wurde.

L25.4 Das sich aufgrund der Bewegung des Magneten zeitlich ändernde Magnetfeld induziert Wirbelströme in der Metallröhre. Das von ihnen hervorgerufene Magnetfeld ist dem des sich bewegenden Magneten entgegengerichtet. Dadurch wird eine Kraft erzeugt, die ihn abbremst. Wenn die Röhre jedoch aus nichtleitendem Material besteht, treten keine Wirbelströme und damit auch kein entgegengerichtetes Magnetfeld auf.

Schätzungs- und Näherungsaufgaben

L25.5 Die Energiedichte im Magnetfeld ist $w_{\mathrm{mag}} = \frac{1}{2} B^2/\mu_0$, und die im elektrischen Feld ist $w_{\mathrm{el}} = \frac{1}{2} \varepsilon_0 E^2$.

Wir setzen für das Magnetfeld der Erde $0{,}3\,\mathrm{G}$ und für ihr elektrisches Feld $100\,\mathrm{V} \cdot \mathrm{m}^{-1}$ an.

Damit erhalten wir für den Quotienten

$$\frac{w_{\mathrm{mag}}}{w_{\mathrm{el}}} = \frac{\frac{1}{2} B^2/\mu_0}{\frac{1}{2} \varepsilon_0 E^2} = \frac{1}{\mu_0\, \varepsilon_0} \frac{B^2}{E^2}$$

$$= \frac{1}{(4\pi \cdot 10^{-7}\,\mathrm{N} \cdot \mathrm{A}^{-2})\,(8{,}854 \cdot 10^{-12}\,\mathrm{C}^2 \cdot \mathrm{N}^{-1} \cdot \mathrm{m}^{-2})}$$

$$\cdot \frac{\left[(0{,}3\,\mathrm{G})\, \dfrac{1\,\mathrm{T}}{10^4\,\mathrm{G}} \right]^2}{(100\,\mathrm{V} \cdot \mathrm{m}^{-1})^2}$$

$$\approx 8 \cdot 10^3 \,.$$

Die Energiedichte des Magnetfelds der Erde ist also weitaus höher als die ihres elektrischen Felds.

L25.6 a) Für die zwischen den Spitzen der Tragflächen induzierte Spannung gilt $U_{\mathrm{ind}} = v\,B\,l$. Darin ist v die Geschwindigkeit des Flugzeugs, $B = 0{,}3\,\mathrm{G}$ das Erdmagnetfeld und $l = 70\,\mathrm{m}$ der Abstand der Tragflächenspitzen voneinander, also die Spannweite. Mit der zu $220\,\mathrm{m \cdot s^{-1}}$ angenommenen Geschwindigkeit des Flugzeugs ergibt sich

$$U_{\mathrm{ind}} = (220\,\mathrm{m \cdot s^{-1}}) \left[(0{,}3\,\mathrm{G})\,\frac{1\,\mathrm{T}}{10^4\,\mathrm{G}} \right] (70\,\mathrm{m}) \approx 0{,}5\,\mathrm{V}\,.$$

b) Der Betrag der elektrischen Feldstärke zwischen den Flügelspitzen ist der Quotient aus der Potenzialdifferenz und dem Abstand:

$$E = \frac{U}{d} \approx \frac{0{,}5\,\mathrm{V}}{70\,\mathrm{m}} = 7\,\mathrm{mV \cdot m^{-1}}\,.$$

Der magnetische Fluss

L25.7 Wir stellen zunächst die benötigte Formel für den magnetischen Fluss auf. Das Magnetfeld $\boldsymbol{B}$ der Erde ist an einem bestimmten Punkt auf der Erdoberfläche in Stärke und Richtung jeweils konstant. Die Spule hat die Querschnittsfläche A, und der Normalenvektor auf ihrer Ebene bildet mit dem Erdmagnetfeld den Winkel θ. Damit ergibt sich für den magnetischen Fluss

$$\begin{aligned}
\varPhi_{\mathrm{mag}} &= n\,BA\cos\theta = n\,B\,\pi\,r^2\cos\theta \\
&= 25\,(0{,}70\,\mathrm{G}) \left(\frac{1\,\mathrm{T}}{10^4\,\mathrm{G}} \right) \pi\,(5{,}0 \cdot 10^{-2}\,\mathrm{m})^2 \cos\theta \\
&= (13{,}7\,\mathrm{\mu Wb})\cos\theta\,.
\end{aligned}$$

a) Bei waagerechter Spule ist $\theta = 90°$, und der Fluss ist

$$\varPhi_{\mathrm{mag,90}} = (13{,}7\,\mathrm{\mu Wb})\cos 90° = 0\,.$$

b) Wenn die Spulenebene senkrecht steht und die Achse nach Norden weist, ist $\theta = 0°$, und der Fluss ergibt sich zu

$$\varPhi_{\mathrm{mag,0}} = (13{,}7\,\mathrm{\mu Wb})\cos 0° = 14\,\mathrm{\mu Wb}\,.$$

c) Wenn die Spulenebene senkrecht steht und die Achse nach Osten weist, ist $\theta = 90°$, und der Fluss ist

$$\varPhi_{\mathrm{mag,90}} = (13{,}7\,\mathrm{\mu Wb})\cos 90° = 0\,.$$

d) Wenn die Spulenebene senkrecht steht und die Achse mit der Nordrichtung den Winkel $\theta = 30°$ bildet, dann erhalten wir für den Fluss

$$\varPhi_{\mathrm{mag,30}} = (13{,}7\,\mathrm{\mu Wb})\cos 30° = 12\,\mathrm{\mu Wb}\,.$$

L25.8 Wir stellen zunächst die benötigte Formel für den magnetischen Fluss auf. Der Fluss bei einer Spule mit n Windungen und der umschlossenen Fläche A ist

$$\varPhi_{\mathrm{mag}} = n \int_A \boldsymbol{B} \cdot \widehat{\boldsymbol{n}}\,\mathrm{d}A\,.$$

Weil das Magnetfeld $\boldsymbol{B}$ konstant ist, wird dies zu

$$\varPhi_{\mathrm{mag}} = n\,\boldsymbol{B} \cdot \widehat{\boldsymbol{n}} \int_A \mathrm{d}A = n\,(\boldsymbol{B} \cdot \widehat{\boldsymbol{n}})\,A = n\,(\boldsymbol{B} \cdot \widehat{\boldsymbol{n}})\,\pi\,r^2\,.$$

Daraus folgt $\boldsymbol{B} = (0{,}400\,\widehat{\boldsymbol{x}})\,\mathrm{T}$ sowie

$$\begin{aligned}
\varPhi_{\mathrm{mag}} &= (15{,}0)\,[\,(0{,}400\,\mathrm{T})\,\widehat{\boldsymbol{x}} \cdot \widehat{\boldsymbol{n}}\,]\,\pi\,(0{,}0400\,\mathrm{m})^2 \\
&= (0{,}03016\,\mathrm{T \cdot m^2})\,\widehat{\boldsymbol{x}} \cdot \widehat{\boldsymbol{n}}\,.
\end{aligned}$$

a) Mit $\widehat{\boldsymbol{n}} = \widehat{\boldsymbol{x}}$ ergibt sich

$$\varPhi_{\mathrm{mag}} = (0{,}03016\,\mathrm{T \cdot m^2})\,\widehat{\boldsymbol{x}} \cdot \widehat{\boldsymbol{x}} = 30{,}2\,\mathrm{mWb}\,.$$

b) Mit $\widehat{\boldsymbol{n}} = \widehat{\boldsymbol{y}}$ ergibt sich

$$\varPhi_{\mathrm{mag}} = (0{,}03016\,\mathrm{T \cdot m^2})\,\widehat{\boldsymbol{x}} \cdot \widehat{\boldsymbol{y}} = 0\,.$$

c) Mit $\widehat{\boldsymbol{n}} = (\widehat{\boldsymbol{x}} + \widehat{\boldsymbol{y}})/\sqrt{2}$ ergibt sich

$$\begin{aligned}
\varPhi_{\mathrm{mag}} &= (0{,}03016\,\mathrm{T \cdot m^2})\,\widehat{\boldsymbol{x}} \cdot \frac{(\widehat{\boldsymbol{x}} + \widehat{\boldsymbol{y}})}{\sqrt{2}} \\
&= \frac{0{,}03016\,\mathrm{T \cdot m^2}}{\sqrt{2}} = 21{,}3\,\mathrm{mWb}\,.
\end{aligned}$$

d) Mit $\widehat{\boldsymbol{n}} = \widehat{\boldsymbol{z}}$ ergibt sich

$$\varPhi_{\mathrm{mag}} = (0{,}03016\,\mathrm{T \cdot m^2})\,\widehat{\boldsymbol{x}} \cdot \widehat{\boldsymbol{z}} = 0\,.$$

e) Mit $\widehat{\boldsymbol{n}} = 0{,}60\,\widehat{\boldsymbol{x}} + 0{,}80\,\widehat{\boldsymbol{y}}$ ergibt sich

$$\begin{aligned}
\varPhi_{\mathrm{mag}} &= (0{,}03016\,\mathrm{T \cdot m^2})\,\widehat{\boldsymbol{x}} \cdot (0{,}60\,\widehat{\boldsymbol{x}} + 0{,}80\,\widehat{\boldsymbol{y}}) \\
&= (0{,}60)\,(0{,}03016\,\mathrm{T \cdot m^2})\,\widehat{\boldsymbol{x}} \cdot \widehat{\boldsymbol{x}} \\
&\quad + (0{,}80)\,(0{,}03016\,\mathrm{T \cdot m^2})\,\widehat{\boldsymbol{x}} \cdot \widehat{\boldsymbol{y}} \\
&= 18\,\mathrm{mWb}\,.
\end{aligned}$$

L25.9 a) Der magnetische Fluss durch ein Rechteck mit dem Flächeninhalt $\mathrm{d}A$ ist $\mathrm{d}\varPhi_{\mathrm{mag}} = B\,\mathrm{d}A$, und das Magnetfeld im Abstand x von einem langen, geraden Leiter ist gegeben durch

$$B = \frac{\mu_0}{4\pi}\,\frac{2\,I}{x} = \frac{\mu_0}{2\pi}\,\frac{I}{x}\,.$$

Mit $\mathrm{d}A = b\,\mathrm{d}x$ erhalten wir

$$\mathrm{d}\varPhi_{\mathrm{mag}} = B\,\mathrm{d}A = \frac{\mu_0}{2\pi}\,\frac{I}{x}\,b\,\mathrm{d}x = \frac{\mu_0\,I\,b}{2\pi}\,\frac{\mathrm{d}x}{x}\,.$$

Die Integration liefert

$$\Phi_{\mathrm{mag}} = \frac{\mu_0 \, I \, b}{2\pi} \int\limits_{d}^{d+a} \frac{\mathrm{d}x}{x} = \frac{\mu_0 \, I \, b}{2\pi} \, \ln \frac{d+a}{d} \, .$$

b) Mit den gegebenen Werten ergibt sich der Fluss zu

$$\Phi_{\mathrm{mag}} = \frac{(4\pi \cdot 10^{-7} \, \mathrm{N \cdot A^{-2}}) \, (20 \, \mathrm{A}) \, (0{,}10 \, \mathrm{m})}{2\pi} \, \ln \frac{7{,}0 \, \mathrm{cm}}{2{,}0 \, \mathrm{cm}}$$
$$= 0{,}50 \, \mu\mathrm{Wb} \, .$$

L25.10 Wir betrachten ein Flächenelement $\mathrm{d}A = l \, \mathrm{d}r$, wobei l die Länge und r der Radius des Leiters ist. Dieses Flächenelement wird durchsetzt vom Fluss

$$\mathrm{d}\Phi_{\mathrm{mag}} = B \, \mathrm{d}A = B \, l \, \mathrm{d}r \, .$$

Gemäß dem Ampere'schen Gesetz gilt innerhalb eines zylindrischen Bereichs mit $r < r_{\mathrm{LZ}}$:

$$\oint\limits_{C} \boldsymbol{B} \cdot \mathrm{d}\boldsymbol{l} = 2\pi r \, B = \mu_0 \, I_C \quad \text{und daher} \quad B = \frac{\mu_0 \, I_C}{2\pi r} \, .$$

Weil der Strom gleichmäßig über den Querschnitt des Leiters verteilt ist, gilt

$$\frac{I(r)}{I} = \frac{\pi r^2}{\pi r_{\mathrm{LZ}}^2} \, , \quad \text{also} \quad I(r) = I_C = I \, \frac{r^2}{r_{\mathrm{LZ}}^2} \, .$$

Einsetzen ergibt für das Magnetfeld

$$B = \frac{\mu_0 \, I_C}{2\pi r} = \frac{\mu_0}{2\pi r} \, \frac{I \, r^2}{r_{\mathrm{LZ}}^2} = \frac{\mu_0 \, I}{2\pi r_{\mathrm{LZ}}^2} \, r \, .$$

Das setzen wir in die eingangs angegebene Gleichung für den magnetischen Fluss ein und erhalten

$$\mathrm{d}\Phi_{\mathrm{mag}} = B \, l \, \mathrm{d}r = \frac{\mu_0 \, I \, l}{2\pi r_{\mathrm{LZ}}^2} \, r \, \mathrm{d}r \, .$$

Wir integrieren von $r = 0$ bis $r = r_{\mathrm{LZ}}$:

$$\Phi_{\mathrm{mag}} = \frac{\mu_0 \, I \, l}{2\pi r_{\mathrm{LZ}}^2} \int\limits_{0}^{r_{\mathrm{LZ}}} r \, \mathrm{d}r = \frac{\mu_0 \, I \, l}{4\pi} \, .$$

Daraus folgt für den magnetischen Fluss pro Längeneinheit

$$\frac{\Phi_{\mathrm{mag}}}{l} = \frac{\mu_0 \, I}{4\pi} \, .$$

Induktionsspannung und Faraday'sches Gesetz

L25.11 a) Die insgesamt durch die Spule tretende Ladung ist das Produkt aus der mittleren Stromstärke und der Zeitspanne: $\Delta q = \langle I \rangle \, \Delta t$, und der induzierte Strom ist der Quotient aus der induzierten Spannung und dem Widerstand: $I = \langle I \rangle = U_{\mathrm{ind}}/R$. Ferner gilt gemäß dem Faraday'schen Gesetz für die induzierte Spannung $U_{\mathrm{ind}} = -\Delta\Phi_{\mathrm{mag}}/\Delta t$. Wegen der Umkehr der Feldrichtung ist $\Delta\Phi_{\mathrm{mag}} = 2\,\Phi_{\mathrm{mag}}$, und wir erhalten für den Betrag der geflossenen Ladung

$$|\Delta q| = \langle I \rangle \, \Delta t = \frac{|U_{\mathrm{ind}}|}{R} \, \Delta t = \frac{\Delta\Phi_{\mathrm{mag}}/\Delta t}{R} \, \Delta t = \frac{2\,\Phi_{\mathrm{mag}}}{R} \, .$$

Mit der Windungsanzahl n, der Querschnittsfläche A und dem Durchmesser d der Spule gilt $\Phi_{\mathrm{mag}} = n \, B A$. Damit ergibt sich schließlich für den Betrag der geflossenen Ladung

$$|\Delta q| = \frac{2 \, n \, BA}{R} = \frac{2 \, n \, B \, \left(\frac{1}{4}\pi d^2\right)}{R} = \frac{n \, B \, \pi \, d^2}{2R}$$
$$= \frac{100 \, (1{,}00 \, \mathrm{T}) \, \pi \, (0{,}0200 \, \mathrm{m})^2}{2 \, (50{,}0 \, \Omega)} = 1{,}257 \, \mathrm{mC} = 1{,}26 \, \mathrm{mC} \, .$$

b) Der Betrag des mittleren Spulenstroms ist

$$\langle I \rangle = \frac{|\Delta q|}{\Delta t} = \frac{1{,}257 \, \mathrm{mC}}{0{,}100 \, \mathrm{s}} = 12{,}57 \, \mathrm{mA} = 12{,}6 \, \mathrm{mA} \, .$$

c) Für die mittlere Spannung in der Spule ergibt sich mithilfe des Ohm'schen Gesetzes

$$\langle U_{\mathrm{ind}} \rangle = \langle I \rangle \, R = (12{,}57 \, \mathrm{mA}) \, (50{,}0 \, \Omega) = 628 \, \mathrm{mV} \, .$$

L25.12 Gemäß dem Faraday'schen Gesetz ist die induzierte Spannung U_{ind} gleich dem Quotienten aus der Änderung des magnetischen Flusses und der Zeitspanne. Wegen $-\Delta\Phi_{\mathrm{mag}} = \Phi_{\mathrm{mag}} = n \, BA$ ergibt sich – mit der Anzahl n der Windungen, der Querschnittsfläche A und dem Radius r der Spule – für den Betrag der induzierten Spannung

$$|U_{\mathrm{ind}}| = \left| -\frac{\Delta\Phi_{\mathrm{mag}}}{\Delta t} \right| = \frac{n \, BA}{\Delta t} = \frac{n \, B \, \pi \, r^2}{\Delta t} \, .$$

Mit der in der Zeitspanne Δt durch den Stromintegrator geflossenen Ladung Δq gilt gemäß dem Ohm'schen Gesetz für die induzierte Spannung $U_{\mathrm{ind}} = I R = (\Delta q/\Delta t) \, R$. Das setzen wir in die vorige Gleichung ein, lösen nach B auf und erhalten für das Magnetfeld schließlich

$$B = \frac{|U_{\mathrm{ind}}| \, \Delta t}{n \, \pi \, r^2} = \frac{(\Delta q/\Delta t) \, R \, \Delta t}{n \, \pi \, r^2} = \frac{\Delta q \, R}{n \, \pi \, r^2}$$
$$= \frac{(9{,}40 \, \mu\mathrm{C}) \, (20{,}0 \, \Omega)}{(300) \, \pi \, (0{,}0500 \, \mathrm{m})^2} = 79{,}8 \, \mu\mathrm{T} \, .$$

Induktion durch Bewegung

L25.13 Der pro Zeit vom Stab überstrichene magnetische Fluss beträgt

$$v \, l \, B_\perp = 12 \, \mathrm{m/s} \cdot 0{,}4 \, \mathrm{m} \cdot 0{,}30 \, \mathrm{T} = 1{,}44 \, \mathrm{V} \, .$$

L25.14 a) Mit der Geschwindigkeit v und der Länge l des Stabs ergibt sich die im Stromkreis induzierte Spannung zu

$$U_{\text{ind}} = v\,B\,l = (10\,\text{m}\cdot\text{s}^{-1})\,(0{,}80\,\text{T})\,(0{,}20\,\text{m}) = 1{,}60\,\text{V}$$
$$= 1{,}6\,\text{V}\,.$$

b) Die Stromstärke berechnen wir mit dem Ohm'schen Gesetz:

$$I = \frac{U_{\text{ind}}}{R} = \frac{1{,}60\,\text{V}}{2{,}0\,\Omega} = 0{,}80\,\text{A}\,.$$

Der Stab bewegt sich nach rechts; daher nimmt der Fluss durch den Bereich zu, der von Stab, Schienen und Widerstand definiert wird. Also muss aufgrund der Lenz'schen Regel der Strom entgegengesetzt zum Uhrzeigersinn fließen, damit sein Magnetfeld der Zunahme des Flusses entgegenwirkt.

c) Weil sich der Stab mit konstanter Geschwindigkeit bewegt, wirkt keine Gesamtkraft auf ihn, sodass nach dem zweiten Newton'schen Axiom gilt: $\sum F_x = F_{\text{mech}} - F_{\text{mag}} = 0$. Damit erhalten wir

$$F_{\text{mech}} = F_{\text{mag}} = B\,I\,l = (0{,}80\,\text{T})\,(0{,}80\,\text{A})\,(0{,}20\,\text{m})$$
$$= 0{,}128\,\text{N} = 0{,}13\,\text{N}\,.$$

d) Die zugeführte Leistung ist

$$P = F\,v = (0{,}128\,\text{N})\,(10\,\text{m}\cdot\text{s}^{-1}) = 1{,}3\,\text{W}\,.$$

e) Die Joule'sche Rate der Wärmeerzeugung ergibt sich zu

$$P = R\,I^2 = (2{,}0\,\Omega)\,(0{,}80\,\text{A})^2 = 1{,}3\,\text{W}\,.$$

L25.15 a) Wenn sich der Stab in x-Richtung bewegt, gilt gemäß dem zweiten Newton'schen Axiom für die auf ihn wirkenden Kräfte $\sum F_x = m\,a_x$. Dabei ist die magnetische Kraft gleich der beschleunigenden Kraft: $F_{\text{mag}} = B\,I\,l = m\,\mathrm{d}v/\mathrm{d}t$.

Der Strom I rührt von zwei einander entgegenwirkenden Ursachen her: der Batteriespannung U und der durch die Bewegung des Stabs im Magnetfeld induzierten Spannung $B\,l\,v$. Die Anwendung der Rechte-Hand-Regel ergibt, dass sich der Stab nach dem Loslassen nach rechts bewegt. Für die Stromstärke gilt dabei

$$I = \frac{U - B\,l\,v}{R}\,,$$

und wir erhalten für die magnetische Kraft

$$F_{\text{mag}} = B\,I\,l = B\,\frac{U - B\,l\,v}{R}\,l = \frac{B\,l}{R}\,(U - B\,l\,v)\,.$$

b) Wir setzen die Bewegungsrichtung des Stabs als positive x-Richtung an. Dann ergibt die Anwendung des zweiten Newton'schen Axioms $\sum F_x = m\,a_x$ auf den Stab:

$$\frac{B\,l}{R}\,(U - B\,l\,v) = m\,\frac{\mathrm{d}v}{\mathrm{d}t}$$

sowie daraus

$$\frac{\mathrm{d}v}{\mathrm{d}t} = \frac{B\,l}{m\,R}\,(U - B\,l\,v)\,.$$

Wenn die Geschwindigkeit zunimmt, streben die beiden Größen $(U - B\,l\,v)$ und $\mathrm{d}v/\mathrm{d}t$ nach null. Der Stab erreicht seine Endgeschwindigkeit v_{E}, wenn $\mathrm{d}v/\mathrm{d}t$ gleich null ist. Dann gilt

$$\frac{B\,l}{m\,R}\,(U - B\,l\,v_{\text{E}}) = 0 \qquad \text{und daher} \qquad v_{\text{E}} = \frac{U}{B\,l}\,.$$

c) Mit den in den Teilaufgaben a und b aufgestellten Gleichungen für die Stromstärke und für die Endgeschwindigkeit erhalten wir für die am Ende vorliegende Stromstärke

$$I_{\text{E}} = \frac{U - B\,l\,v_{\text{E}}}{R} = \frac{U - B\,l\,\dfrac{U}{B\,l}}{R} = 0\,.$$

L25.16 Das Kräftediagramm zeigt, welche Kräfte auf den Stab einwirken, während er auf den geneigten Schienen herabgleitet. Diese Kräfte sind seine Gewichtskraft $m\,a$, die Normalkraft $\boldsymbol{F}_{\text{n}}$ zwischen Schienen und Stab sowie die magnetische Kraft $\boldsymbol{F}_{\text{mag}}$ aufgrund der Bewegung des Leiters im Magnetfeld. Die Kraft, die die Abwärtsbewegung des Stabs verzögert, ist die Komponente der magnetischen Kraft $\boldsymbol{F}_{\text{mag}}$ in Aufwärtsrichtung der Schienen. Diese Richtung setzen wir als $-x$-Richtung an.

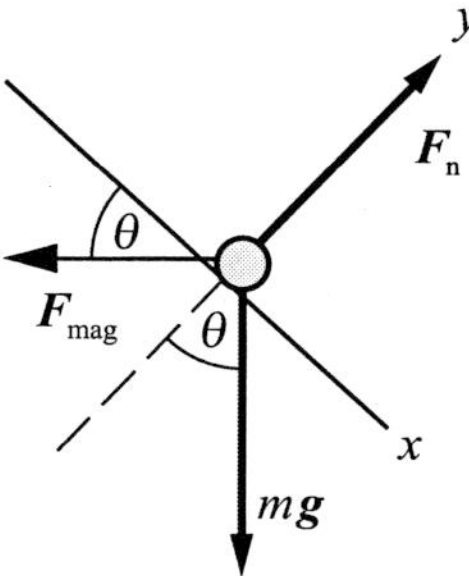

Wir betrachten im Folgenden nur die Beträge der Kräfte.

a) Die Kraft, die die Abwärtsbewegung des Stabs verzögert, ist gegeben durch

$$F = F_{\text{mag}}\cos\theta = I\,l\,B\cos\theta\,,$$

weil $F_{\text{mag}} = I\,l\,B$ ist. Darin ist I der aufgrund der Bewegung im Stab induzierte Strom, B das Magnetfeld und l der Abstand der Schienen, also die Länge des Leiters. Bei der Geschwindigkeit v des Stabs gilt für die in ihm induzierte Spannung

$$U_{\text{ind}} = B\,l\,v\cos\theta\,.$$

Mit dem Ohm'schen Gesetz $I = U / R$ wird daraus

$$I = \frac{U_{\text{ind}}}{R} = \frac{B\,l\,v\cos\theta}{R}\,.$$

Das setzen wir in die obige Gleichung für die verzögernde Kraft ein und erhalten für diese

$$F = I\, l\, B \cos\theta = \frac{B\, l\, v \cos\theta}{R}\, l\, B \cos\theta = \frac{B^2\, l^2\, v}{R} \cos^2\theta\,.$$

b) Wir wenden nun das zweite Newton'sche Axiom $\sum F_x = m\, a_x$ auf den Stab an. Das bedeutet: Die Differenz der entlang des Stabs abwärts gerichteten Komponente $m\, g\, \sin\theta$ der Gewichtskraft und der eben berechneten verzögernden Kraft ist gleich der beschleunigenden Kraft $m\, \mathrm{d}v/\mathrm{d}t$:

$$m\, g\, \sin\theta - \frac{B^2\, l^2\, v}{R} \cos^2\theta = m\, \frac{\mathrm{d}v}{\mathrm{d}t}\,.$$

Daraus ergibt sich für die Beschleunigung in Abwärtsrichtung entlang der Schienen

$$\frac{\mathrm{d}v}{\mathrm{d}t} = g\, \sin\theta - \frac{B^2\, l^2\, v}{m\, R} \cos^2\theta\,.$$

Wenn der Stab seine Endgeschwindigkeit v_E erreicht hat, ist die Beschleunigung gleich null, sodass gilt:

$$0 = g\, \sin\theta - \frac{B^2\, l^2\, v_\mathrm{E}}{m\, R} \cos^2\theta\,.$$

Daraus ergibt sich für die Endgeschwindigkeit

$$v_\mathrm{E} = \frac{m\, g\, R \sin\theta}{B^2\, l^2 \cos^2\theta}\,.$$

L25.17 a) Wir müssen drei Zeitspannen berechnen: 1) die für den vollständigen Eintritt der Schleife in das Magnetfeld, 2) diejenige, während der sich die Schleife vollständig im Magnetfeld befindet, und 3) die für das vollständige Austreten der Schleife aus dem Magnetfeld. Für jede dieser Zeitspannen berechnen wir auch den magnetischen Fluss Φ_mag.

Zeitspanne 1 (Eintreten in das Magnetfeld):
Mit der Geschwindigkeit v der Schleife und deren Länge l ergibt sich für die erste Zeitspanne vom Beginn des Eintretens bis zum vollständigen Eintreten in das Magnetfeld

$$t_1 = \frac{l}{v} = \frac{10\,\mathrm{cm}}{2{,}4\,\mathrm{cm \cdot s^{-1}}} = 4{,}17\,\mathrm{s}\,.$$

Die Schleife hat die Windungsanzahl $n = 1$ sowie die Breite d und die Querschnittsfläche $A = d\, l$. Während des Eintretens in das Magnetfeld ist die Schleife aber nur auf der zeitabhängigen Länge $l' = v\, t$ vom Magnetfeld durchsetzt. Somit gilt während der Zeitspanne t_1 für den magnetischen Fluss

$$\begin{aligned}
\Phi_{\mathrm{mag},1} &= n\, BA = B\, d\, l' = B\, d\, v\, t \\
&= (1{,}7\,\mathrm{T})\,(0{,}050\,\mathrm{m})\,(0{,}024\,\mathrm{m \cdot s^{-1}})\, t \\
&= (2{,}04\,\mathrm{mWb \cdot s^{-1}})\, t\,.
\end{aligned}$$

Zeitspanne 2 (Schleife vollständig im Magnetfeld):
Der Bereich des Magnetfelds ist doppelt so lang wie die Schleifenlänge l. Daher ergibt sich für die zweite Zeitspanne, während der sich die Schleife vollständig im Magnetfeld befindet:

$$t_2 = \frac{l}{v} = \frac{10\,\mathrm{cm}}{2{,}4\,\mathrm{cm \cdot s^{-1}}} = 4{,}17\,\mathrm{s}\,.$$

Die Schleife befinde sich also bis zur Zeit $t = 8{,}34\,\mathrm{s}$ vollständig innerhalb des Magnetfelds. Während der zweiten Zeitspanne, d. h. bei $4{,}17\,\mathrm{s} < t < 8{,}34\,\mathrm{s}$, ist der magnetische Fluss daher gegeben durch

$$\begin{aligned}
\Phi_{\mathrm{mag},2} &= n\, BA = B\, d\, l \\
&= (1{,}7\,\mathrm{T})\,(0{,}050\,\mathrm{m})\,(0{,}10\,\mathrm{m}) = 8{,}50\,\mathrm{mWb}\,.
\end{aligned}$$

Zeitspanne 3 (Austreten aus dem Magnetfeld):
Während dieser Zeit verlässt die Schleife das Magnetfeld, und die benötige Zeitspanne ist ebenso groß wie die beim vollständigen Eintreten, also wiederum gleich $4{,}17\,\mathrm{s}$. Daher tritt die Schleife zur Zeit $t = 12{,}5\,\mathrm{s}$ vollständig aus dem Magnetfeld aus. Während der Zeitspanne des Austretens nimmt der magnetische Fluss linear ab, und wir können hierfür eine Geradengleichung aufstellen:

$$\Phi_{\mathrm{mag},3} = m\, t + b\,.$$

Darin ist m die Steigung und b der Ordinatenabschnitt der Geraden bzw. der Anfangswert des Flusses. Hierfür, also bei $t = 8{,}34\,\mathrm{s}$, gilt

$$8{,}50\,\mathrm{mWb} = m\,(8{,}34\,\mathrm{s}) + b\,.$$

Entsprechend gilt beim vollständigen Austritt aus dem Feld, also bei $t = 12{,}5\,\mathrm{s}$:

$$0 = m\,(12{,}5\,\mathrm{s}) + b\,.$$

Aus den beiden letzten Gleichungen erhalten wir

$$\Phi_{\mathrm{mag},3} = -(2{,}04\,\mathrm{mWb \cdot s^{-1}})\, t + 25{,}5\,\mathrm{mWb}\,.$$

Nachdem die Schleife das Magnetfeld vollständig verlassen hat, also bei $t > 12{,}5\,\mathrm{s}$, ist der Fluss gleich null.

Die erste Abbildung, die (wie auch die beiden folgenden) mithilfe eines Tabellenkalkulationsprogramms erzeugt wurde, zeigt den zeitlichen Verlauf des magnetischen Flusses für alle Zeitspannen. Der letzte, vierte Abschnitt der Kurve entspricht der Zeit nach dem vollständigen Austreten der Schleife, also $t > 12{,}5\,\mathrm{s}$.

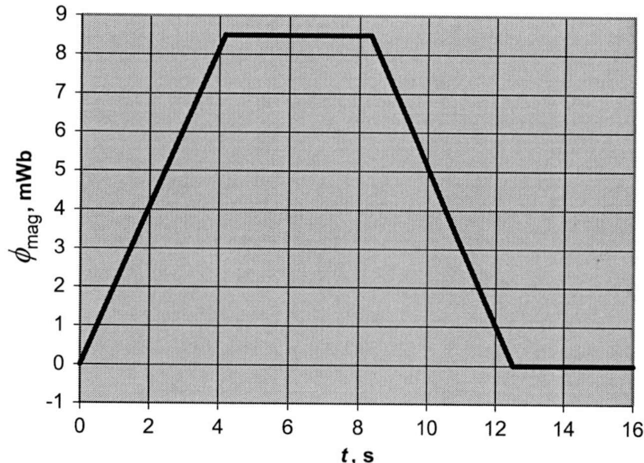

b) Gemäß dem Faraday'schen Gesetz gilt für die induzierte Spannung $U_{\text{ind}} = -\mathrm{d}\Phi_{\text{mag}}/\mathrm{d}t$.

Für die Zeitspanne 1, also $0 < t < 4{,}17\,\text{s}$, erhalten wir

$$U_{\text{ind},1} = -\frac{\mathrm{d}}{\mathrm{d}t}\left[(2{,}04\,\text{mWb}\cdot\text{s}^{-1})\,t\right] = -2{,}04\,\text{mV}\,.$$

Für die Zeitspanne 2, also $4{,}17\,\text{s} < t < 8{,}34\,\text{s}$, erhalten wir

$$U_{\text{ind},2} = -\frac{\mathrm{d}}{\mathrm{d}t}(8{,}50\,\text{mWb}) = 0\,.$$

Für die Zeitspanne 3, also $8{,}34\,\text{s} < t < 12{,}5\,\text{s}$, erhalten wir

$$U_{\text{ind},3} = -\frac{\mathrm{d}}{\mathrm{d}t}[(-2{,}04\,\text{mWb}\cdot\text{s}^{-1})\,t + 25{,}5\,\text{mWb}] = 2{,}04\,\text{mV}\,.$$

Danach, also bei $t > 12{,}5\,\text{s}$, ist der induzierte Strom gleich null, weil sich die Schleife nicht mehr im Magnetfeld befindet.

Die zweite Abbildung zeigt den zeitlichen Verlauf der induzierten Spannung für alle drei Zeitspannen sowie nach dem vollständigen Austreten der Schleife aus dem Magnetfeld.

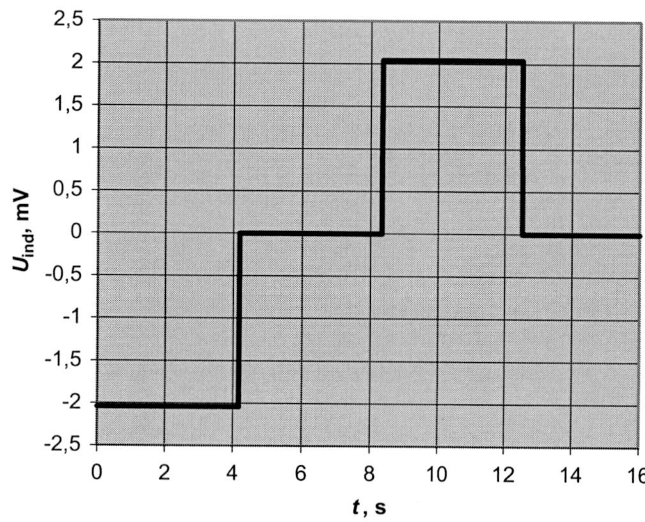

Die dritte Abbildung zeigt den zeitlichen Verlauf des induzierten Stroms $I = U_{\text{ind}}/R$ für alle drei Zeitspannen sowie nach dem vollständigen Austreten der Schleife aus dem Magnetfeld.

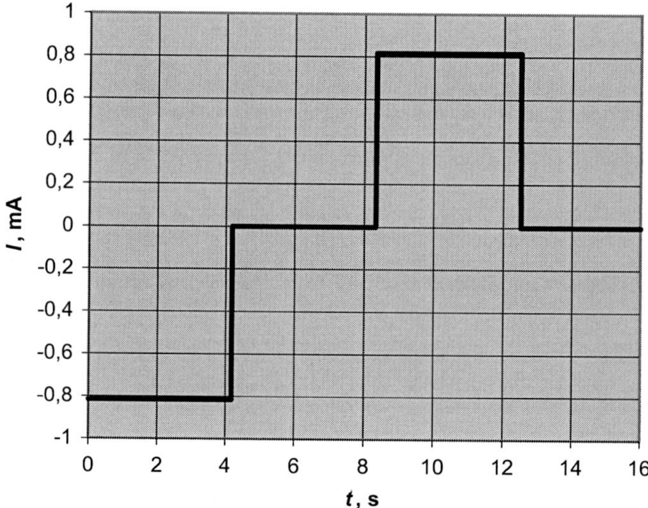

L25.18 a) Die in einem Segment der Länge $\mathrm{d}r$ des Stabs induzierte Spannung ist $\mathrm{d}U_{\text{ind}} = B\,r\,\mathrm{d}v = B\,r\,\omega\,\mathrm{d}r$. Dabei ist r der Abstand vom Drehpunkt.

Das integrieren wir von $r = 0$ bis $r = l$ und erhalten

$$\int_0^{U_{\text{ind}}} \mathrm{d}U_{\text{ind}} = B\,\omega \int_0^l r\,\mathrm{d}r \qquad \text{sowie} \qquad U_{\text{ind}} = \tfrac{1}{2}\,B\,\omega\,l^2\,.$$

b) Gemäß dem Faraday'schen Gesetz gilt für die Zeitabhängigkeit der induzierten Spannung $|U_{\text{ind}}| = |\mathrm{d}\Phi_{\text{mag}}|/\mathrm{d}t$. Bei einem beliebigen Drehwinkel θ ist das vom magnetischen Fluss Φ_{mag} durchsetzte Flächenelement zwischen r und $r + \mathrm{d}r$ gegeben durch $\mathrm{d}A = r\,\theta\,\mathrm{d}r$. Das integrieren wir von $r = 0$ bis $r = l$ und erhalten für die Fläche

$$A = \theta \int_0^l r\,\mathrm{d}r = \tfrac{1}{2}\,\theta\,l^2\,.$$

c) Damit ergibt sich für den magnetischen Fluss

$$|\Phi_{\text{mag}}| = BA = \tfrac{1}{2}\,B\,\theta\,l^2\,.$$

Die Ableitung des Flusses nach der Zeit liefert die induzierte Spannung:

$$|U_{\text{ind}}| = \frac{\mathrm{d}}{\mathrm{d}t}\left(\tfrac{1}{2}\,B\,\theta\,l^2\right) = \tfrac{1}{2}\,B\,l^2\,\frac{\mathrm{d}\theta}{\mathrm{d}t} = \tfrac{1}{2}\,B\,\omega\,l^2\,.$$

Wechselstromgeneratoren

L25.19 Der Fluss durch die Spule (multipliziert mit der Windungszahl) ist abhängig vom Winkel

$$
\begin{aligned}
\phi_{\text{mag}} &= n \cdot B \cdot A \cdot \sin(\omega t) \\
&= 250 \cdot 0{,}4\,\text{Vs/m}^2 \cdot 3 \cdot 10^{-4}\,\text{m}^2 \cdot \sin(2\pi \cdot 60\,\text{s}^{-1}\,t) \\
&= 0{,}03\,\text{Vs} \cdot \sin(2\pi \cdot 60\,\text{s}^{-1}\,t)\,.
\end{aligned}
$$

Die induzierte Spannung ist dann

$$
U_{\text{ind}} = -\dot{\phi}_{\text{mag}} = -11{,}3\,\text{V} \cdot \cos(2\pi \cdot 60\,\text{s}^{-1}\,t)\,.
$$

Die Amplitude beträgt also $U_{\text{max}} = 11{,}3\,\text{V}$.

L25.20 a) Bei der Kreisfrequenz ω bzw. der Frequenz ν der Rotation ist (mit der Windungszahl n, dem Magnetfeld B und der vom magnetischen Fluss durchsetzten Fläche $A = l\,b$) die in der rechteckigen Spule induzierte maximale Spannung

$$
\begin{aligned}
U_{\text{ind,max}} &= n\,BA\,\omega = 2\pi n\,BA\,\nu = 2\pi n\,B\,l\,b\,\nu \\
&= 2\pi\,(300)\,(0{,}400\,\text{T})\,(2{,}00\,\text{cm})\,(1{,}50\,\text{cm})\,(60\,\text{s}^{-1}) \\
&= 14\,\text{V}\,.
\end{aligned}
$$

b) Mithilfe der vorigen Gleichung erhalten wir für die Rotationsfrequenz, bei der eine Maximalspannung von $110\,\text{V}$ induziert wird:

$$
\begin{aligned}
\nu' &= \frac{U'_{\text{ind,max}}}{2\pi n\,B\,l\,b} \\
&= \frac{110\,\text{V}}{2\pi\,(300)\,(0{,}400\,\text{T})\,(2{,}00\,\text{cm})\,(1{,}50\,\text{cm})} = 486\,\text{Hz}\,.
\end{aligned}
$$

Induktivität

L25.21 Es gilt $U = L\dot{I}$, also

$$
\dot{I} = U/L = \frac{20{,}0\,\text{V}}{6{,}28 \cdot 10^{-5}\,\text{H}} = 3{,}18 \cdot 10^5\,\text{A/s}\,.
$$

L25.22 a) Mit der Stromstärke I und der Induktivität L erhalten wir für den magnetischen Fluss bei einer Stromstärke von $3{,}00\,\text{A}$

$$
\Phi_{\text{mag}} = L\,I = (8{,}00\,\text{H})\,(3{,}00\,\text{A}) = 24{,}0\,\text{Wb}\,.
$$

b) Mithilfe des Faraday'schen Gesetzes ergibt sich für die bei der gegebenen Änderungsrate der Stromstärke induzierte Spannung

$$
U_{\text{ind}} = -L\,\frac{\mathrm{d}I}{\mathrm{d}t} = -(8{,}00\,\text{H})\,(200\,\text{A}\cdot\text{s}^{-1}) = -1{,}60\,\text{kV}\,.
$$

L25.23 Die Gegeninduktivität der beiden Spulen ist

$$
\begin{aligned}
L_{2,1} &= \frac{\Phi_{\text{mag,2,1}}}{I_1} = \mu_0 \left(\frac{n_1}{l}\right)\left(\frac{n_2}{l}\right) l\,\pi\,r_1^2 \\
&= (4\pi \cdot 10^{-7}\,\text{N}\cdot\text{A}^{-2}) \left(\frac{300}{0{,}250\,\text{m}}\right)\left(\frac{1000}{0{,}250\,\text{m}}\right) \\
&\quad \cdot (0{,}250\,\text{m})\,\pi\,(0{,}0200\,\text{m})^2 \\
&= 1{,}89\,\text{mH}\,.
\end{aligned}
$$

L25.24 Mit dem magnetischen Fluss Φ_{mag} und der Stromstärke I ist die Selbstinduktivität einer Spule mit n Windungen gegeben durch $L = n\,\Phi_{\text{mag}}/I$. Für einen geschlossenen Weg mit dem Radius r, für den $a < r < b$ gilt, besagt das Ampere'sche Gesetz:

$$
\oint_C \boldsymbol{B} \cdot \mathrm{d}\boldsymbol{l} = 2\pi r\,B = \mu_0\,I_C\,.
$$

Mit $I_C = n\,I$ ergibt sich daraus

$$
2\pi r\,B = \mu_0\,n\,I \qquad \text{sowie} \qquad B = \frac{\mu_0\,n\,I}{2\pi r}\,.
$$

Der magnetische Fluss in einem Streifen der Höhe x und der Breite $\mathrm{d}r$ ist $\mathrm{d}\Phi_{\text{mag}} = B\,x\,\mathrm{d}r$. Einsetzen des eben ermittelten Ausdrucks für B ergibt

$$
\mathrm{d}\Phi_{\text{mag}} = \frac{\mu_0\,n\,I\,x}{2\pi r}\,\mathrm{d}r\,.
$$

Nun integrieren wir von $r = a$ bis $r = b$:

$$
\Phi_{\text{mag}} = \frac{\mu_0\,n\,I\,x}{2\pi} \int_a^b \frac{\mathrm{d}r}{r} = \frac{\mu_0\,n\,I\,x}{2\pi}\,\ln\frac{b}{a}\,.
$$

Damit ergibt sich für die Selbstinduktivität

$$
L = \frac{n\,\Phi_{\text{mag}}}{I} = \frac{\mu_0\,n^2\,x}{2\pi}\,\ln\frac{b}{a}\,.
$$

L25.25 Wir nehmen an, dass durch die innere Spule der Strom I fließt. Die magnetische Feldstärke im Inneren einer langen Spule ist näherungsweise konstant mit $H = n_1\,I/l$. Damit ist die Flussdichte $B = \mu_0\,n_1\,I/l$ und der Fluss

$$
\Phi_{\text{mag}} = \frac{\mu_0\,n_1\,I\,A_1}{l}\,.
$$

Der Fluss durch die große Spule ist dank der Anordnung identisch. Die induzierte Spannung in der großen Spule ist pro Windung damit $U_{\text{ind}} = -\dot{\Phi}$, und insgesamt ergibt sich

$$
U_{\text{ind}} = -n_2\,\dot{\Phi} = \frac{\mu_0\,n_1\,n_2\,A_1}{l}\,\dot{I}\,.
$$

Der Proportionalitätsfaktor

$$
L_{12} = L_{21} = \frac{\mu_0\,n_1\,n_2\,A_1}{l} = \mu_0 \left(\frac{n_1}{l}\right)\left(\frac{n_2}{l}\right) l\,\pi\,r_1^2
$$

heißt Gegeninduktivität. Berechnet man die Gegeninduktivität von der großen Spule ausgehend, erhält man auf anderem Wege dasselbe Ergebnis. Häufig ist bei solchen Berechnungen eine der Varianten wesentlich einfacher.

Die Energie des Magnetfelds

L25.26 Der Quotient der Energiedichten von magnetischem und elektrischem Feld ist

$$\frac{w_{\text{mag}}}{w_{\text{el}}} = \frac{\frac{1}{2}\,B^2/\mu_0}{\frac{1}{2}\,\varepsilon_0\,E^2} = \frac{B^2}{\mu_0\,\varepsilon_0\,E^2}\,.$$

Mit der gegebenen Beziehung $E = c\,B$ folgt daraus

$$\frac{w_{\text{mag}}}{w_{\text{el}}} = \frac{B^2}{\mu_0\,\varepsilon_0\,c^2\,B^2} = \frac{1}{\mu_0\,\varepsilon_0\,c^2}\,,$$

und mit $c = 1/\sqrt{\varepsilon_0\,\mu_0}$ ergibt sich schließlich

$$\frac{w_{\text{mag}}}{w_{\text{el}}} = \frac{1}{\mu_0\,\varepsilon_0\,(1/\sqrt{\varepsilon_0\,\mu_0})^2} = \frac{\mu_0\,\varepsilon_0}{\mu_0\,\varepsilon_0} = 1\,.$$

Also ist $w_{\text{mag}} = w_{\text{el}}$.

L25.27 a) Die in der Spule gespeicherte magnetische Energie ist $E_{\text{mag}} = \frac{1}{2}\,L\,I^2$. Mit der Windungszahl n und der Länge l gilt für die Selbstinduktivität

$$L = \mu_0 \left(\frac{n}{l}\right)^2 A\,l\,.$$

Dies setzen wir ein und erhalten

$$\begin{aligned}
E_{\text{mag}} &= \frac{1}{2}\,\mu_0 \left(\frac{n}{l}\right)^2 A\,l\,I^2 \\
&= \frac{1}{2}\,(4\,\pi \cdot 10^{-7}\,\text{N} \cdot \text{A}^{-2}) \left(\frac{2000}{0{,}30\,\text{m}}\right)^2 \\
&\quad \cdot (4{,}0 \cdot 10^{-4}\,\text{m}^2)\,(0{,}30\,\text{m})\,(4{,}0\,\text{A})^2 \\
&= 53{,}6\,\text{mJ} = 54\,\text{mJ}\,.
\end{aligned}$$

b) Die magnetische Energie pro Volumeneinheit in der Spule ergibt sich zu

$$\frac{E_{\text{mag}}}{V} = \frac{E_{\text{mag}}}{A\,l} = \frac{53{,}6\,\text{mJ}}{(4{,}0 \cdot 10^{-4}\,\text{m}^2)\,(0{,}30\,\text{m})} = 0{,}45\,\text{kJ} \cdot \text{m}^{-3}\,.$$

c) Mit $B = \mu_0\,(n/l)\,I$ erhalten wir für die Energiedichte des Magnetfelds

$$\begin{aligned}
w_{\text{mag}} &= \frac{B^2}{2\,\mu_0} = \frac{\left(\mu_0\,\frac{n}{l}\,I\right)^2}{2\,\mu_0} = \frac{\mu_0\,n^2\,I^2}{2\,l^2} \\
&= \frac{(4\,\pi \cdot 10^{-7}\,\text{N} \cdot \text{A}^{-2})\,(2000)^2\,(4{,}0\,\text{A})^2}{2\,(0{,}30\,\text{m})^2} \\
&= 0{,}45\,\text{kJ} \cdot \text{m}^{-3}\,.
\end{aligned}$$

Das entspricht unserem Ergebnis von Teilaufgabe b.

L25.28 a) Die Anzahl n der Windungen entspricht dem Quotienten aus der Drahtlänge l und dem Umfang der Spule:

$$n = \frac{l}{2\,\pi\,r} = \frac{1000\,\text{m}}{2\,\pi\,(0{,}0200\,\text{m})} = 7958 = 7{,}96 \cdot 10^3\,.$$

b) Das Magnetfeld beim mittleren Radius $r_{\text{m}} = 25{,}0\,\text{cm}$ ergibt sich zu

$$\begin{aligned}
B &= \frac{\mu_0\,n\,I}{2\,\pi\,r_{\text{m}}} = \frac{(4\,\pi \cdot 10^{-7}\,\text{N} \cdot \text{A}^{-2})\,7958\,(400\,\text{A})}{2\,\pi\,(0{,}250\,\text{m})} \\
&= 2{,}547\,\text{T} = 2{,}55\,\text{T}\,.
\end{aligned}$$

Die Energiedichte des Magnetfelds in der Spule ist

$$\begin{aligned}
w_{\text{mag}} &= \frac{B^2}{2\,\mu_0} = \frac{(2{,}547\,\text{T})^2}{2\,(4\,\pi \cdot 10^{-7}\,\text{N} \cdot \text{A}^{-2})} \\
&= 2{,}580\,\text{MJ} \cdot \text{m}^{-3} = 2{,}58\,\text{MJ} \cdot \text{m}^{-3}\,.
\end{aligned}$$

c) Die insgesamt in der Spule gespeicherte Energie ist das Produkt aus der Energiedichte und dem Volumen der Ringspule: $E_{\text{mag}} = w_{\text{mag}}\,V$. Das Volumen der Ringspule entspricht dem eines Zylinders mit dem Radius r und der Höhe $2\,\pi\,r_{\text{m}}$:

$$V = \pi\,r^2\,(2\,\pi\,r_{\text{m}}) = 2\,\pi^2\,r^2\,r_{\text{m}}\,.$$

Das setzen wir ein und erhalten für die gespeicherte magnetische Energie

$$\begin{aligned}
E_{\text{mag}} &= w_{\text{mag}}\,V = w_{\text{mag}}\,2\,\pi^2\,r^2\,r_{\text{m}} \\
&= (2{,}580\,\text{MJ} \cdot \text{m}^{-3})\,2\,\pi^2\,(0{,}0200\,\text{m})^2\,(0{,}250\,\text{m}) \\
&= 5{,}09\,\text{kJ}\,.
\end{aligned}$$

*RL-Stromkreise

L25.29 Wir stellen zunächst die benötigten Gleichungen für die Stromstärke und für ihre Ableitung nach der Zeit (also ihre Änderungsrate) auf. Mit der am Ende vorliegenden Stromstärke I_{E} und der Zeitkonstanten $\tau = L/R$ gilt für die Zeitabhängigkeit der Stromstärke

$$I = I_{\text{E}}\,(1 - \text{e}^{-t/\tau})\,.$$

Ihr Endwert ist

$$I_{\text{E}} = \frac{U_0}{R} = \frac{12{,}0\,\text{V}}{3{,}00\,\Omega} = 4{,}00\,\text{A}\,,$$

und für die Zeitkonstante erhalten wir

$$\tau = \frac{L}{R} = \frac{0{,}600\,\text{H}}{3{,}00\,\Omega} = 0{,}200\,\text{s}\,.$$

Einsetzen in die obige Gleichung für die Stromstärke liefert

$$I = (4{,}00\,\text{A})\,(1 - \text{e}^{-t/(0{,}200\,\text{s})})\,.$$

Die Änderungsrate der Stromstärke ist deren Ableitung nach der Zeit:

$$\frac{\mathrm{d}I}{\mathrm{d}t} = (4{,}00\,\mathrm{A})\,(-\mathrm{e}^{-t/(0{,}200\,\mathrm{s})})\,(-5{,}00\,\mathrm{s}^{-1})$$
$$= (20{,}0\,\mathrm{A}\cdot\mathrm{s}^{-1})\,\mathrm{e}^{-t/(0{,}200\,\mathrm{s})}\,.$$

a) Die Rate, mit der die Batterie elektrische Energie liefert, ist gleich ihrer elektrischen Leistung $P_{\mathrm{el}} = I\,U_0$. Mit der eben aufgestellten Beziehung für die Stromstärke gilt für ihre zeitliche Abhängigkeit

$$P_{\mathrm{el},\,t} = I\,U_0 = (4{,}00\,\mathrm{A})\,(1 - \mathrm{e}^{-t/(0{,}200\,\mathrm{s})})\,(12{,}0\,\mathrm{V})$$
$$= (48{,}0\,\mathrm{W})\,(1 - \mathrm{e}^{-t/(0{,}200\,\mathrm{s})})\,.$$

Zum Zeitpunkt $t = 0{,}500\,\mathrm{s}$ beträgt die elektrische Leistung

$$P_{\mathrm{el},\,(0{,}500\,\mathrm{s})} = (48{,}0\,\mathrm{W})\,(1 - \mathrm{e}^{-(0{,}500\,\mathrm{s})/(0{,}200\,\mathrm{s})}) = 44{,}1\,\mathrm{W}\,.$$

b) Die Rate der Joule'schen Wärmeerzeugung ist $P_{\mathrm{J}} = I^2 R$, sodass für ihre zeitliche Abhängigkeit gilt:

$$P_{\mathrm{J},\,t} = I^2 R = \left[(4{,}00\,\mathrm{A})\,(1 - \mathrm{e}^{-t/(0{,}200\,\mathrm{s})})\right]^2 (3{,}00\,\Omega)$$
$$= (48{,}0\,\mathrm{W})\,(1 - \mathrm{e}^{-t/(0{,}200\,\mathrm{s})})^2\,.$$

Zum Zeitpunkt $t = 0{,}500\,\mathrm{s}$ beträgt die Rate der Joule'schen Erwärmung daher

$$P_{\mathrm{J},\,(0{,}500\,\mathrm{s})} = (48{,}0\,\mathrm{W})\,(1 - \mathrm{e}^{-(0{,}500\,\mathrm{s})/(0{,}200\,\mathrm{s})})^2 = 40{,}4\,\mathrm{W}\,.$$

c) Für die Rate, mit der magnetische Energie in der Spule gespeichert wird, gilt:

$$\frac{\mathrm{d}E_{\mathrm{mag}}}{\mathrm{d}t} = \frac{\mathrm{d}}{\mathrm{d}t}\left(\frac{1}{2}\,L\,I^2\right) = L\,I\,\frac{\mathrm{d}I}{\mathrm{d}t}$$
$$= (0{,}600\,\mathrm{H})\,(4{,}00\,\mathrm{A})\,(1 - \mathrm{e}^{-t/(0{,}200\,\mathrm{s})})$$
$$\cdot\,(20{,}0\,\mathrm{A}\cdot\mathrm{s}^{-1})\,\mathrm{e}^{-t/(0{,}200\,\mathrm{s})}$$
$$= (48{,}0\,\mathrm{W})\,(1 - \mathrm{e}^{-t/(0{,}200\,\mathrm{s})})\,\mathrm{e}^{-t/(0{,}200\,\mathrm{s})}\,.$$

Für den Zeitpunkt $t = 0{,}500\,\mathrm{s}$ erhalten wir daraus

$$\left(\frac{\mathrm{d}E_{\mathrm{mag}}}{\mathrm{d}t}\right)_{0{,}500\,\mathrm{s}} = (48{,}0\,\mathrm{W})\,(1 - \mathrm{e}^{-(0{,}500\,\mathrm{s})/(0{,}200\,\mathrm{s})})$$
$$\cdot\,\mathrm{e}^{-(0{,}500\,\mathrm{s})/(0{,}200\,\mathrm{s})}$$
$$= 3{,}62\,\mathrm{W}\,.$$

Anmerkung: Wie die Ergebnisse zeigen, gilt in guter Näherung $\mathrm{d}E_{\mathrm{mag}}/\mathrm{d}t = P_{\mathrm{el}} - P_{\mathrm{J}}$.

L25.30 a) Mit der Batteriespannung U_0 und dem Ohm'schen Widerstand R gilt für die zeitliche Abhängigkeit der Stromstärke

$$I = \frac{U_0}{R}\,(1 - \mathrm{e}^{-t/\tau})\,. \tag{1}$$

Ihre Änderungsrate ergibt sich durch Ableiten nach der Zeit:

$$\frac{\mathrm{d}I}{\mathrm{d}t} = \frac{U_0}{R}\,\frac{\mathrm{d}}{\mathrm{d}t}(1 - \mathrm{e}^{-t/\tau}) = \frac{U_0}{R}\,(-\mathrm{e}^{-t/\tau})\left(-\frac{1}{\tau}\right)$$
$$= \frac{U_0}{\tau\,R}\,\mathrm{e}^{-(R/L)\,t} = \frac{U_0}{L}\,\mathrm{e}^{-(R/L)\,t}\,.$$

Zu Beginn, bei $t = 0$, ist die Änderungsrate der Stromstärke

$$\left(\frac{\mathrm{d}I}{\mathrm{d}t}\right)_{t=0} = \frac{U_0}{L}\,\mathrm{e}^0 = \frac{12{,}0\,\mathrm{V}}{4{,}00\,\mathrm{mH}} = 3{,}00\,\mathrm{kA}\cdot\mathrm{s}^{-1}\,.$$

b) Der schließlich erreichte Endwert bzw. stationäre Wert der Stromstärke ist gegeben durch $I_{\mathrm{E}} = U_0/R$. Beim halben Endwert $\frac{1}{2}\,I_{\mathrm{E}}$ gilt daher gemäß Gleichung 1

$$\frac{1}{2} = 1 - \mathrm{e}^{-t/\tau}\,, \qquad \text{also} \qquad \mathrm{e}^{-t/\tau} = \frac{1}{2}\,,$$

und wir erhalten

$$\left(\frac{\mathrm{d}I}{\mathrm{d}t}\right)_{I = 0{,}5\,I_{\mathrm{E}}} = \frac{1}{2}\,\frac{U_0}{L} = \frac{1}{2}\,\frac{12{,}0\,\mathrm{V}}{4{,}00\,\mathrm{mH}} = 1{,}50\,\mathrm{kA}\cdot\mathrm{s}^{-1}\,.$$

c) Die stationäre (End-)Stromstärke ist

$$I_{\mathrm{E}} = \frac{U_0}{R} = \frac{1}{2}\,\frac{12{,}0\,\mathrm{V}}{150\,\Omega} = 80{,}0\,\mathrm{mA}\,.$$

d) Wenn 99 % dieser Stromstärke erreicht sind, gilt:

$$0{,}99 = 1 - \mathrm{e}^{-t/\tau}\,, \qquad \text{also} \qquad \mathrm{e}^{-t/\tau} = 0{,}01\,,$$

und die bis dahin verstrichene Zeitspanne ist

$$t_{0{,}99\,I_{\mathrm{E}}} = -\tau\,\ln(0{,}01) = -\frac{L}{R}\,\ln(0{,}01)$$
$$= \frac{4{,}00\,\mathrm{mH}}{150\,\Omega}\,\ln(0{,}01) = 0{,}123\,\mathrm{ms}\,.$$

L25.31 Wir ermitteln zunächst die Endstromstärke und die Zeitkonstante, um daraus ihre Abhängigkeit von der verstrichenen Zeit t zu erhalten. Mit der Batteriespannung U_0 und dem Ohm'schen Widerstand R ergibt sich für die am Ende, beim stationären Zustand, erreichte Stromstärke

$$I_{\mathrm{E}} = \frac{U_0}{R} = \frac{250\,\mathrm{V}}{8{,}00\,\Omega} = 31{,}25\,\mathrm{A}\,,$$

und für die Zeitkonstante erhalten wir

$$\tau = \frac{L}{R} = \frac{50{,}0\,\mathrm{H}}{8{,}00\,\Omega} = 6{,}25\,\mathrm{s}\,.$$

Wie eingangs erwähnt, benötigen wir zum Lösen der beiden Teilaufgaben die Beziehung zwischen der Stromstärke I und der verstrichenen Zeit t. Wenn die Stromstärke im LR-Stromkreis anfangs null ist, gilt für ihre Zeitabhängigkeit:

$$I = I_{\mathrm{E}}\,(1 - \mathrm{e}^{-t/\tau})\,.$$

Diese Gleichung lösen wir nach der Zeit auf und setzen die eben ermittelten Werte von τ und I_E ein:

$$t = -\tau \, \ln\left(1 - \frac{I}{I_\mathrm{E}}\right) = -(6{,}25\,\mathrm{s}) \, \ln\left(1 - \frac{I}{31{,}25\,\mathrm{A}}\right).$$

a) Die Stromstärke 10 A wird erreicht nach der Zeit

$$t_{10} = -(6{,}25\,\mathrm{s}) \, \ln\left(1 - \frac{10\,\mathrm{A}}{31{,}25\,\mathrm{A}}\right) = 2{,}4\,\mathrm{s}.$$

b) Die Stromstärke 30 A wird erreicht nach der Zeit

$$t_{30} = -(6{,}25\,\mathrm{s}) \, \ln\left(1 - \frac{30\,\mathrm{A}}{31{,}25\,\mathrm{A}}\right) = 20\,\mathrm{s}.$$

L25.32 a) Im stationären Zustand ist die selbstinduzierte Spannung an der Spule gleich null. Daher können wir den Strom, der der Batterie entnommen wird und durch die Spule sowie den 10,0-Ω-Widerstand fließt, mithilfe der Kirchhoff'schen Maschenregel ermitteln. Dazu wenden wir diese Regel auf die Masche an, die die Batterie, den 10,0-Ω-Widerstand und die 2,00-H-Spule, die einen vernachlässigbaren Ohm'schen Widerstand hat, enthält. Damit erhalten wir

$$(10{,}0\,\mathrm{V}) - (10{,}0\,\Omega)\, I_{10\,\Omega} = 0$$

und daraus $I_{10\,\Omega} = I_{2\,\mathrm{H}} = 1{,}0\,\mathrm{A}$.

Nun wenden wir die Kirchhoff'sche Knotenregel auf den Verbindungspunkt der beiden Widerstände an:

$$I_{100\,\Omega} = I_{\text{Batterie}} - I_{2\,\mathrm{H}} = 0.$$

b) Nachdem der Schalter geschlossen wurde, kann der Strom im Stromkreis wegen der Gegenwart der Induktivität nicht unmittelbar null werden. Während einer gewissen Zeitspanne fließt also in der vom 100-Ω-Widerstand und der Spule gebildeten Schleife noch ein Strom. Zu Beginn, unmittelbar nach dem Öffnen des Schalters, beträgt bei der Stromstärke 1,0 A der Spannungsabfall am 100-Ω-Widerstand 100 V. Aufgrund der Energieerhaltung bzw. der Kirchhoff'schen Maschenregel muss er an der Spule ebenso groß sein, also auch 100 V betragen.

c) Wir wenden die Kirchhoff'sche Maschenregel auf den RL-Stromkreis an:

$$L\,\frac{\mathrm{d}I}{\mathrm{d}t} + R\,I = 0.$$

Die Lösung dieser Differenzialgleichung lautet

$$I(t) = I_0 \, \mathrm{e}^{-(R/L)t} = I_0 \, \mathrm{e}^{-t/\tau},$$

mit $\tau = \dfrac{L}{R} = \dfrac{2{,}0\,\mathrm{H}}{100\,\Omega} = 0{,}020\,\mathrm{s}$.

Die erste Tabelle enthält die Eingaben zur Berechnung mit einem Tabellenkalkulationsprogramm.

Zelle	Formel/Inhalt	Algeb. Ausdruck
B1	2,0	L
B2	100	R
B3	1	I_0
A6	0	t_0
B6	\$B\$3*EXP(−\$B\$2/\$B\$1*A6)	$I_0\,\mathrm{e}^{-(R/L)t}$

Die zweite Tabelle enthält auszugsweise die Ergebnisse der Berechnung.

	A	B	C
1	$L =$	2	H
2	$R =$	100	Ω
3	$I_0 =$	1	A
4			A
5	t	$I(t)$	$U(t)$
6	0,000	1,00E+00	100,00
7	0,005	7,79E−01	77,78
8	0,010	6,07E−01	60,65
9	0,015	4,72E−01	47,24
10	0,020	3,68E−01	36,79
11	0,025	2,87E−01	28,65
12	0,030	2,23E−01	22,31
...			
32	0,130	1,50E−03	0,15
33	0,135	1,17E−03	0,12
34	0,140	9,12E−04	0,09
35	0,145	7,10E−04	0,07
36	0,150	5,53E−04	0,06

Die erste Abbildung zeigt den zeitlichen Verlauf der Stromstärke in der Spule nach dem Öffnen des Schalters. Die Werte entsprechen denen in den Spalten A und B des Tabellenkalkulationsprogramms.

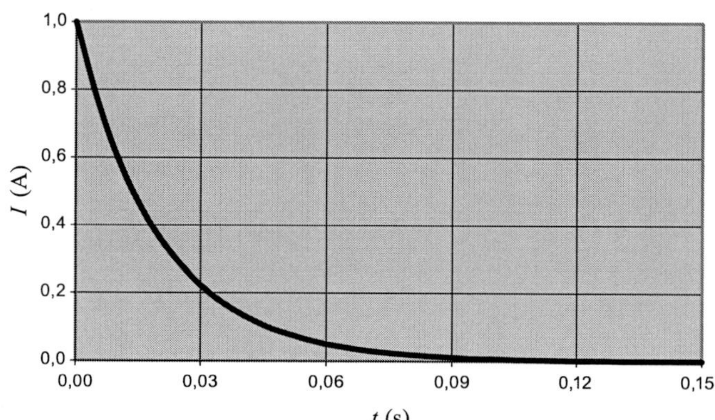

Die zweite Abbildung zeigt den zeitlichen Verlauf des Spannungsabfalls über der Spule nach dem Öffnen des Schalters. Die Werte entsprechen denen in den Spalten A und C des Tabellenkalkulationsprogramms.

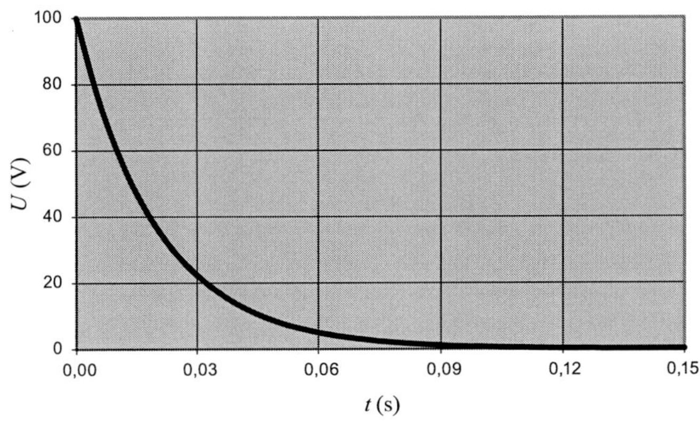

c) Die in der Spule zur Zeit $t = L/R = \tau$ gespeicherte Energie ist

$$U_{\mathrm{L},\tau} = \tfrac{1}{2}\, L\, [I(\tau)]^2$$

$$= \tfrac{1}{2}\, L \left[\frac{U_0}{R}\,(1 - \mathrm{e}^{-1}) \right]^2 = \frac{U_0^2\, L}{2\, R^2}\,(1 - \mathrm{e}^{-1})^2$$

$$= \frac{(12{,}0\,\mathrm{V})^2\,(0{,}600\,\mathrm{H})}{2\,(3{,}00\,\Omega)^2}\,(1 - \mathrm{e}^{-1})^2 = 1{,}92\,\mathrm{J}\,.$$

Anmerkung: Wie wegen der Energieerhaltung zu erwarten war, ist $E_{\mathrm{el}} = E_{\mathrm{J}} + E_{\mathrm{L}}$.

Allgemeine Aufgaben

L25.34 Wir betrachten nur die Beträge der einzelnen Größen.

a) Gemäß dem Faraday'schen Gesetz gilt für die induzierte Spannung

$$U_{\mathrm{ind}} = \frac{\mathrm{d}\Phi_{\mathrm{mag}}}{\mathrm{d}t} = n\, A\, \frac{\mathrm{d}B}{\mathrm{d}t}\,.$$

Darin ist Φ_{mag} der magnetische Fluss, n die Anzahl der Windungen und A die Querschnittsfläche der Spule sowie B die Magnetfeldstärke.

Mit dem Ohm'schen Gesetz $U_{\mathrm{ind}} = R\, I$ wird daraus

$$n\, A\, \frac{\mathrm{d}B}{\mathrm{d}t} = R\, I\,.$$

Für die Änderungsrate des Magnetfelds erhalten wir damit

$$\frac{\mathrm{d}B}{\mathrm{d}t} = \frac{R\, I}{n\, A} = \frac{R\, I}{n\, \pi\, r^2} = \frac{(4{,}00\,\mathrm{A})\,(25{,}0\,\Omega)}{(100)\,\pi\,(0{,}0400\,\mathrm{m})^2}$$

$$= 199\,\mathrm{T}\cdot\mathrm{s}^{-1}\,.$$

b) Mit dem Winkel θ zwischen der Feldrichtung und der Normalen auf der Spulenebene ist gemäß dem Faraday'schen Gesetz die induzierte Spannung gegeben durch

$$U_{\mathrm{ind}} = \frac{\mathrm{d}\Phi_{\mathrm{mag}}}{\mathrm{d}t} = \frac{\mathrm{d}}{\mathrm{d}t}\,[n\, A\,(\boldsymbol{B}\cdot\hat{\boldsymbol{n}})] = n\, A\,(\cos\theta)\,\frac{\mathrm{d}B}{\mathrm{d}t}\,.$$

Wir gehen ebenso vor wie in Teilaufgabe a und erhalten für die Änderungsrate des Magnetfelds

$$\frac{\mathrm{d}B}{\mathrm{d}t} = \frac{R\, I}{n\, A} = \frac{R\, I}{n\, \pi\, r^2 \cos\theta} = \frac{(4{,}00\,\mathrm{A})\,(25{,}0\,\Omega)}{(100)\,\pi\,(0{,}0400\,\mathrm{m})^2 \cos 20^\circ}$$

$$= 212\,\mathrm{T}\cdot\mathrm{s}^{-1}\,.$$

L25.35 a) Gemäß dem Faraday'schen Gesetz gilt für die induzierte Spannung $U_{\mathrm{ind}} = -\mathrm{d}\Phi_{\mathrm{mag}}/\mathrm{d}t$, und der magnetische Fluss ist gegeben durch $\Phi_{\mathrm{mag}} = n\, B A \cos\omega t$. Darin ist ω die Winkelgeschwindigkeit und A die umschlossene Fläche, für die $A = a\, b$ gilt. Einsetzen ergibt

$$U_{\mathrm{ind}} = -\frac{\mathrm{d}}{\mathrm{d}t}\,(n\, B A \cos\omega t) = -n\, B\, a\, b\, \omega\,(-\sin\omega t)$$

$$= n\, B\, a\, b\, \omega\,\sin\omega t\,.$$

L25.33 a) Die Rate, mit der die Batterie elektrische Energie abgibt, ist $\mathrm{d}E_{\mathrm{el}}/\mathrm{d}t = U_0\, I$. Für die Zeitabhängigkeit der Stromstärke in der Schaltung gilt

$$I = \frac{U_0}{R}\,(1 - \mathrm{e}^{-t/\tau})\,.$$

Einsetzen ergibt

$$\frac{\mathrm{d}E_{\mathrm{el}}}{\mathrm{d}t} = U_0\, I = \frac{U_0^2}{R}\,(1 - \mathrm{e}^{-t/\tau})\,.$$

Wir trennen die Variablen und integrieren von $t = 0$ bis $t = L/R = \tau$. Damit ergibt sich für die elektrische Energie, die die Batterie während dieser Zeitspanne insgesamt abgibt:

$$E_{\mathrm{el}} = \frac{U_0^2}{R} \int_0^\tau (1 - \mathrm{e}^{-t/\tau})\,\mathrm{d}t$$

$$= \frac{U_0^2}{R}\,[\tau - (-\tau\,\mathrm{e}^{-1} + \tau)] = \frac{U_0^2}{R}\,\frac{\tau}{\mathrm{e}} = \frac{U_0^2\, L}{R^2\, \mathrm{e}}$$

$$= \frac{(12{,}0\,\mathrm{V})^2\,(0{,}600\,\mathrm{H})}{(3{,}00\,\Omega)^2\,\mathrm{e}} = 3{,}53\,\mathrm{J}\,.$$

b) Die Rate der Erzeugung Joule'scher Wärme im Widerstand ist

$$\frac{\mathrm{d}E_{\mathrm{J}}}{\mathrm{d}t} = R\, I^2 = R \left[\frac{U_0}{R}\,(1 - \mathrm{e}^{-t/\tau}) \right]^2$$

$$= \frac{U_0^2}{R}\,(1 - 2\,\mathrm{e}^{-t/\tau} + \mathrm{e}^{-2t/\tau})\,.$$

Auch hier trennen wir die Variablen und integrieren von $t = 0$ bis $t = L/R = \tau$. Dies ergibt für die während dieser Zeitspanne im Widerstand umgesetzte Joule'sche Wärme

$$E_{\mathrm{J}} = \frac{U_0^2}{R} \int_0^\tau (1 - 2\,\mathrm{e}^{-t/\tau} + \mathrm{e}^{-2t/\tau})\,\mathrm{d}t$$

$$= \frac{U_0^2}{R} \left(\frac{2\,\tau}{\mathrm{e}} - \frac{\tau}{2} - \frac{\tau}{2\,\mathrm{e}^2} \right) = \frac{U_0^2\, L}{R^2} \left(\frac{2}{\mathrm{e}} - \frac{1}{2} - \frac{1}{2\,\mathrm{e}^2} \right)$$

$$= \frac{(12{,}0\,\mathrm{V})^2\,(0{,}600\,\mathrm{H})}{(3{,}00\,\Omega)^2} \left(\frac{2}{\mathrm{e}} - \frac{1}{2} - \frac{1}{2\,\mathrm{e}^2} \right) = 1{,}61\,\mathrm{J}\,.$$

b) Die induzierte Spannung ist maximal, wenn $\sin \omega t = 1$ ist, und wir erhalten

$$\omega = \frac{U_{\text{ind,max}}}{n\,B\,a\,b} = \frac{100\,\text{V}}{250\,(0{,}200\,\text{T})\,(0{,}0200\,\text{m})\,(0{,}0400\,\text{m})}$$
$$= 2{,}50\,\text{krad} \cdot \text{s}^{-1}\,.$$

L25.36 Für die Induktivität L der Parallelschaltung gilt

$$L = \frac{U}{\mathrm{d}I/\mathrm{d}t} \qquad \text{bzw.} \qquad \frac{\mathrm{d}I}{\mathrm{d}t} = \frac{U}{L}\,. \tag{1}$$

Darin ist U der Spannungsabfall, der an beiden parallel geschalteten Spulen derselbe ist. Daher gilt mit den von der Selbstinduktion herrührenden Induktionsspannungen U_1 bzw. U_2 für die erste Spule

$$U_1 = U = L_1\,\frac{\mathrm{d}I_1}{\mathrm{d}t} \qquad \text{und daher} \qquad \frac{\mathrm{d}I_1}{\mathrm{d}t} = \frac{U}{L_1} \tag{2}$$

sowie für die zweite Spule

$$U_2 = U = L_2\,\frac{\mathrm{d}I_2}{\mathrm{d}t} \qquad \text{und daher} \qquad \frac{\mathrm{d}I_2}{\mathrm{d}t} = \frac{U}{L_2}\,. \tag{3}$$

Der gesamte in die Schaltung fließende Strom I ist gleich der Summe der beiden Einzelströme: $I = I_1 + I_2$. Also ist

$$\frac{\mathrm{d}I}{\mathrm{d}t} = \frac{\mathrm{d}I_1}{\mathrm{d}t} + \frac{\mathrm{d}I_2}{\mathrm{d}t}\,.$$

Mit den Gleichungen 2 und 3 ergibt sich daraus

$$\frac{\mathrm{d}I}{\mathrm{d}t} = \frac{U}{L_1} + \frac{U}{L_2} = U\left(\frac{1}{L_1} + \frac{1}{L_2}\right).$$

Einsetzen in Gleichung 1 und Herauskürzen von U liefert

$$\frac{1}{L} = \frac{1}{L_1} + \frac{1}{L_2}\,.$$

L25.37 a) Jedes Mal, wenn der Magnet eine Leiterschleife passiert, induziert er eine Spannung in ihr. Anhand ihres zeitlichen Verlaufs werden die Zeitpunkte der Spannungsmaxima erfasst, sodass die Bewegung des Magneten verfolgt werden kann.

b) Wenn das Rohr aus einem elektrisch leitfähigen Material bestünde, würden durch die Bewegung des Magneten Wirbelströme in ihm induziert, die den Magnet abbremsen würden.

c) Sobald die Unterkante des Magneten eine Leiterschleife erreicht hat, steigt der magnetische Fluss durch diese an, und es wird in ihr eine negative Spannung mit zunehmendem Betrag induziert. Während der Magnet die Schleife weiter passiert, wird der Betrag des magnetischen Flusses wieder geringer und nach dem Nulldurchgang der Spannung, die nun also positiv ist, wieder größer. Der Zeitpunkt des Nulldurchgangs der Spannung ist derjenige, zu dem die Mitte des Magneten die Leiterschleife passiert.

d) Zwischen den in der Tabelle der Aufgabenstellung angegebenen Zeitpunkten liegt jeweils eine zurückgelegte Strecke von 10 cm. Die Kurve in der Abbildung wurde mit der Excel-Funktion „Hinzufügen einer Trendlinie" erzeugt.

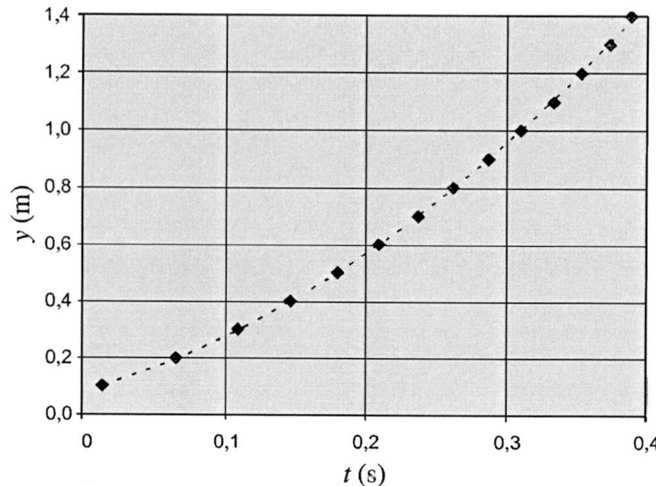

Die Gleichung für die Ausgleichskurve ergibt sich zu

$$y = (4{,}9257\,\text{m} \cdot \text{s}^{-2})\,t^2 + (1{,}3931\,\text{m} \cdot \text{s}^{-1})\,t + 0{,}0883\,\text{m}\,.$$

Wir vergleichen sie mit der Gleichung für eine gleichförmig beschleunigte Bewegung:

$$y = \tfrac{1}{2}\,a\,t^2 + v_0\,t + y_0\,.$$

Somit entspricht der Koeffizient des quadratischen Terms dem halben Wert der hieraus experimentell ermittelten Fallbeschleunigung:

$$\tfrac{1}{2}\,a = \tfrac{1}{2}\,g_{\text{exp}} = 4{,}9257\,\text{m} \cdot \text{s}^{-2}\,.$$

Daraus ergibt sich $g_{\text{exp}} = 9{,}85\,\text{m} \cdot \text{s}^{-2}$.

L25.38 Solange die Spule das Magnetfeld nicht ganz verlassen hat, gilt für den Betrag der induzierten Stromstärke

$$|I_{\text{ind}}| = \frac{|U_{\text{ind}}|}{R}\,. \tag{1}$$

Gemäß dem Faraday'schen Gesetz ist der Betrag der induzierten Spannung $|U_{\text{ind}}| = |\mathrm{d}\varPhi_{\text{mag}}/\mathrm{d}t|$.

a) Wenn die Spule nach rechts bewegt wird, ändert sich die durchsetzte Fläche und damit der magnetische Fluss nicht; also ist $\mathrm{d}\varPhi_{\text{mag}}/\mathrm{d}t = 0$ und damit $U_{\text{ind}} = 0$ sowie gemäß Gleichung 1 auch $I_{\text{ind}} = 0$.

b) Der magnetische Fluss ist gegeben durch $\varPhi_{\text{mag}} = n\,B\,b\,y$. Darin ist n die Windungszahl, B das Magnetfeld, b die Breite und y die Höhe der durchsetzten Fläche, im vorliegenden Fall also der Teil der senkrechten Spulenseiten, der sich im Magnetfeld befindet. Bei senkrechter Bewegung der Spule mit

$\mathrm{d}y/\mathrm{d}t = 2\,\mathrm{m}\cdot\mathrm{s}^{-1}$ ergibt sich der Betrag der induzierten Spannung zu

$$|\mathrm{d}U_{\mathrm{ind}}| = \frac{|\mathrm{d}\Phi_{\mathrm{mag}}|}{\mathrm{d}t} = n\,B\,b\,\frac{|\mathrm{d}y|}{\mathrm{d}t}$$
$$= 80\,(0{,}14\,\mathrm{T})\,(0{,}25\,\mathrm{m})\,(2{,}0\,\mathrm{m}\cdot\mathrm{s}^{-1}) = 5{,}60\,\mathrm{V}\,.$$

Der Betrag der Stromstärke ergibt sich mit Gleichung 1 zu

$$|I_{\mathrm{ind}}| = \frac{5{,}60\,\mathrm{V}}{24\,\Omega} = 0{,}23\,\mathrm{A}\,.$$

Bei der Bewegung der Spule nach oben nimmt der magnetische Fluss aus der Papierebene heraus zu. Der induzierte Strom erzeugt einen hinein gerichteten Fluss, fließt also im Uhrzeigersinn.

c) Wenn die Spule nach links bewegt wird, sind die Verhältnisse dieselben wie in Teilaufgabe a: Der magnetische Fluss ändert sich nicht; also ist $\mathrm{d}\Phi_{\mathrm{mag}}/\mathrm{d}t = 0$ und damit $U_{\mathrm{ind}} = 0$ sowie gemäß Gleichung 1 auch $I_{\mathrm{ind}} = 0$.

d) Die Verhältnisse sind dieselben in Teilaufgabe b, nur dass der aus der Papierebene heraus gerichtete magnetische Fluss bei der Bewegung der Spule nach unten nicht zu-, sondern abnimmt. Der induzierte Strom von 0,23 A fließt also entgegen dem Uhrzeigersinn.

L25.39 a) Gemäß dem Faraday'schen Gesetz gilt für das induzierte elektrische Feld $\boldsymbol{E}$ im zylindrischen Bereich mit dem Radius $r < r_{\mathrm{LS}}$:

$$\int\limits_{C} \boldsymbol{E}\cdot\mathrm{d}\boldsymbol{l} = -\frac{\mathrm{d}\Phi_{\mathrm{mag}}}{\mathrm{d}t}\,, \quad \text{also} \quad 2\,\pi\,r\,E = -\frac{\mathrm{d}\Phi_{\mathrm{mag}}}{\mathrm{d}t}\,. \quad (1)$$

Darin ist Φ_{mag} der magnetische Fluss. Das Magnetfeld in der Spule ist $B = \mu_0\,(n/l)\,I$, und der Betrag des magnetischen Flusses durch eine Kreisfläche A mit dem Radius $r < r_{\mathrm{LS}}$ ist

$$\Phi_{\mathrm{mag}} = BA = \pi\,r^2\,\mu_0\,(n/l)\,I\,.$$

Das setzen wir in Gleichung 1 ein:

$$2\,\pi\,r\,E = -\frac{\mathrm{d}}{\mathrm{d}t}\big[\pi\,r^2\,\mu_0\,(n/l)\,I\big] = -\pi\,r^2\,\mu_0\,(n/l)\,\frac{\mathrm{d}I}{\mathrm{d}t}\,.$$

Mit $I = I_0 \sin\omega t$ wird daraus

$$E = -\tfrac{1}{2}\,r\,\mu_0\,(n/l)\,\frac{\mathrm{d}}{\mathrm{d}t}(I_0 \sin\omega t)$$
$$= -\tfrac{1}{2}\,r\,\mu_0\,(n/l)\,I_0\,\omega\cos\omega t\,.$$

b) Auf dieselbe Weise wie in Teilaufgabe a ergibt sich für einen Abstand $r > r_{\mathrm{LS}}$:

$$2\,\pi\,r\,E = -\frac{\mathrm{d}}{\mathrm{d}t}\big[\pi\,r_{\mathrm{LS}}^2\,\mu_0\,(n/l)\,I\big] = -\pi\,r_{\mathrm{LS}}^2\,\mu_0\,(n/l)\,\frac{\mathrm{d}I}{\mathrm{d}t}$$
$$= -\pi\,r_{\mathrm{LS}}^2\,\mu_0\,(n/l)\,I_0\,\omega\cos\omega t$$

sowie daraus

$$E = -\frac{r_{\mathrm{LS}}^2\,\mu_0\,(n/l)\,I_0\,\omega}{2\,r}\cos\omega t\,.$$

L25.40 Wenn die Spule um den Winkel θ verdreht bzw. ausgelenkt ist, wirkt ein Rückstellmoment mit dem Betrag $\kappa\,\theta$. Wenn sie sich mit der Winkelgeschwindigkeit $\omega = \mathrm{d}\theta/\mathrm{d}t$ zurückbewegt, wird in ihr eine Spannung induziert. Der dadurch hervorgerufene Strom I_{ind} ist so gerichtet, dass das von ihm erzeugte Magnetfeld der von der Bewegung herrührenden Flussänderung entgegenwirkt. Das Magnetfeld übt also auf die Spule letztlich ein Drehmoment in einer Richtung aus, die derjenigen der Winkelgeschwindigkeit entgegengesetzt ist, und das führt zu einer Abbremsung der Bewegung.

Gemäß dem zweiten Newton'schen Axiom für Drehbewegungen, $\sum_i M_i = I_{\mathrm{T}}\alpha$, ist das resultierende Drehmoment gleich der Differenz aus dem rückstellenden und dem verzögernden Drehmoment:

$$M_{\mathrm{R.}} - M_{\mathrm{V.}} = I_{\mathrm{T}}\alpha = I_{\mathrm{T}}\,\frac{\mathrm{d}^2\theta}{\mathrm{d}t^2}\,.$$

Dabei ist $\alpha = \mathrm{d}^2\theta/\mathrm{d}t$ die Winkelbeschleunigung und I_{T} das Trägheitsmoment (das wir mit dem Index T bezeichnen, um es von der Stromstärke I zu unterscheiden). Das rückstellende Drehmoment ist

$$M_{\mathrm{R.}} = -\kappa\,\theta\,,$$

und das verzögernde Drehmoment ist

$$M_{\mathrm{V.}} = n\,I_{\mathrm{ind}}\,BA\cos\theta\,.$$

Diese beiden Ausdrücke setzen wir in die obige Gleichung für die Differenz der Drehmomente ein:

$$-\kappa\,\theta - n\,I_{\mathrm{ind}}\,BA\cos\theta = I_{\mathrm{T}}\,\frac{\mathrm{d}^2\theta}{\mathrm{d}t^2}\,. \quad (1)$$

Gemäß dem Faraday'schen Gesetz gilt für die in der Spule induzierte Spannung

$$U_{\mathrm{ind}} = -\frac{\mathrm{d}}{\mathrm{d}t}(n\,BA\sin\theta) = -(n\,BA\cos\theta)\,\frac{\mathrm{d}\theta}{\mathrm{d}t}\,.$$

Mit dem Ohm'schen Gesetz ergibt sich daraus für den induzierten Strom

$$I_{\mathrm{ind}} = \frac{U_{\mathrm{ind}}}{R} = \frac{n\,BA\cos\theta}{R}\,\frac{\mathrm{d}\theta}{\mathrm{d}t}\,.$$

Einsetzen in Gleichung 1 liefert

$$-\kappa\,\theta - \frac{n^2\,B^2\,A^2\cos^2\theta}{R}\,\frac{\mathrm{d}\theta}{\mathrm{d}t} = I_{\mathrm{T}}\,\frac{\mathrm{d}^2\theta}{\mathrm{d}t^2}\,.$$

Bei kleinen Auslenkungen ist $\cos\theta \approx 1$, sodass gilt:

$$-\kappa\,\theta - \frac{n^2 B^2 A^2}{R}\,\frac{\mathrm{d}\theta}{\mathrm{d}t} \approx I_{\mathrm{T}}\,\frac{\mathrm{d}^2\theta}{\mathrm{d}t^2}\,.$$

Das formen wir in die Differenzialgleichung für die Drehbewegung der Spule um und nehmen dabei die Näherung als Gleichheit an:

$$\frac{\mathrm{d}^2\theta}{\mathrm{d}t^2} + \frac{n^2 B^2 A^2}{R\,I_{\mathrm{T}}}\,\frac{\mathrm{d}\theta}{\mathrm{d}t} + \frac{\kappa}{I_{\mathrm{T}}}\,\theta = 0\,.$$

Mit den gegebenen Ausdrücken

$$\omega_0 = \sqrt{\kappa/I_{\mathrm{T}}} \qquad \text{und} \qquad \beta = \frac{n^2 B^2 A^2}{R\,I_{\mathrm{T}}}$$

wird daraus

$$\frac{\mathrm{d}^2\theta}{\mathrm{d}t^2} + \frac{1}{\tau}\,\frac{\mathrm{d}\theta}{\mathrm{d}t} + \omega_0^2\,\theta = 0\,. \tag{2}$$

Wir nehmen an, dass diese Gleichung folgende Lösung hat:

$$\theta(t) = \theta_0\,\mathrm{e}^{-t/(2\tau)}\cos\omega't\,.$$

Hiervon bilden wir die erste und die zweite Ableitung nach der Zeit:

$$\begin{aligned}
\frac{\mathrm{d}\theta}{\mathrm{d}t} &= \theta_0\,\frac{\mathrm{d}}{\mathrm{d}t}\big(\mathrm{e}^{-t/(2\tau)}\cos\omega't\big)\\
&= \theta_0\left[\mathrm{e}^{-t/(2\tau)}\,\frac{\mathrm{d}}{\mathrm{d}t}(\cos\omega't) + (\cos\omega't)\,\frac{\mathrm{d}}{\mathrm{d}t}(\mathrm{e}^{-t/(2\tau)})\right]\\
&= \theta_0\left(-\omega'\,\mathrm{e}^{-t/(2\tau)}\sin\omega't - \frac{1}{2\tau}\,\mathrm{e}^{-t/(2\tau)}\cos\omega't\right)\\
&= -\theta_0\,\mathrm{e}^{-t/(2\tau)}\left(\omega'\sin\omega't + \frac{1}{2\tau}\cos\omega't\right)
\end{aligned}$$

und

$$\begin{aligned}
\frac{\mathrm{d}^2\theta}{\mathrm{d}t^2} &= \frac{\mathrm{d}}{\mathrm{d}t}\left(-\theta_0\,\omega'\,\mathrm{e}^{-t/(2\tau)}\sin\omega't - \theta_0\,\frac{1}{2\tau}\,\mathrm{e}^{-t/(2\tau)}\cos\omega't\right)\\
&= -\theta_0\,\mathrm{e}^{-t/(2\tau)}\frac{\mathrm{d}}{\mathrm{d}t}\left(\omega'\sin\omega't + \frac{1}{2\tau}\cos\omega't\right)\\
&\quad - \theta_0\left(\omega'\sin\omega't + \frac{1}{2\tau}\cos\omega't\right)\frac{\mathrm{d}}{\mathrm{d}t}\,\mathrm{e}^{-t/(2\tau)}\\
&= -\theta_0\,\mathrm{e}^{-t/(2\tau)}\left[(\omega')^2\cos\omega't - \frac{\omega'}{2\tau}\sin\omega't\right]\\
&\quad + \theta_0\,\frac{1}{2\tau}\left(\omega'\sin\omega't + \frac{1}{2\tau}\cos\omega't\right)\mathrm{e}^{-t/(2\tau)}\\
&= -\theta_0\,\mathrm{e}^{-t/(2\tau)}\\
&\quad \cdot\left[(\omega')^2\cos\omega't - \frac{\omega'}{\tau}\sin\omega't - \frac{1}{4\tau^2}\cos\omega't\right].
\end{aligned}$$

Einsetzen der beiden Ableitungen in Gleichung 2 ergibt

$$\begin{aligned}
&-\theta_0\,\mathrm{e}^{-t/(2\tau)}\left[(\omega')^2\cos\omega't - \frac{\omega'}{\tau}\sin\omega't - \frac{1}{4\tau^2}\cos\omega't\right]\\
&\quad -\frac{1}{\tau}\,\theta_0\,\mathrm{e}^{-t/(2\tau)}\left(\omega'\sin\omega't + \frac{1}{2\tau}\cos\omega't\right)\\
&\quad +\omega_0^2\,\theta_0\,\mathrm{e}^{-t/(2\tau)}\cos\omega't = 0\,.
\end{aligned}$$

Weil θ_0 und $\mathrm{e}^{t/\tau}$ niemals null sind, können wir sie aus der Gleichung herauskürzen und erhalten nach Vereinfachen

$$-(\omega')^2\cos\omega't - \frac{1}{4\tau^2}\cos\omega't + \omega_o^2\cos\omega't = 0$$

bzw.

$$\left[-(\omega')^2 - \frac{1}{4\tau^2} + \omega_0^2\right]\cos\omega't = 0\,.$$

Diese Gleichung ist für alle Werte von t erfüllt, wenn gilt:

$$-(\omega')^2 - \frac{1}{4\tau^2} + \omega_0^2 = 0\,.$$

Daraus folgt

$$\omega' = \omega_0\,\sqrt{1 - (2\,\omega_0\,\tau)^{-2}}\,.$$

Damit haben wir gezeigt, dass für die Winkelposition der schwingenden Spule relativ zu ihrer Gleichgewichtsposition folgende Zeitabhängigkeit gilt:

$$\theta(t) = \theta_0\,\mathrm{e}^{-t/(2\tau)}\cos\omega't\,,$$

mit $\tau = \dfrac{R\,I_{\mathrm{T}}}{(n\,BA)^2}$

sowie

$$\omega_0 = \sqrt{\kappa/I_{\mathrm{T}}} \qquad \text{und} \qquad \omega' = \omega_0\,\sqrt{1 - (2\,\omega_0\,\tau)^{-2}}\,.$$

Wechselstromkreise

© Springer-Verlag GmbH Deutschland, ein Teil von Springer Nature 2019

A. Knochel (Hrsg.), *Arbeitsbuch zu Tipler/Mosca, Physik*, https://doi.org/10.1007/978-3-662-58919-9_26

Aufgaben

Verständnisaufgaben

26.1 •   Was geschieht mit der maximalen Spannung in einem Wechselstromkreis, wenn man die effektive Spannung verdoppelt? a) Sie verdoppelt sich auch. b) Sie halbiert sich. c) Sie nimmt um den Faktor $\sqrt{2}$ zu. d) Sie ändert sich nicht.

26.2 •   Betrachten Sie den Stromkreis in Abb. 26.1. Wie ändert sich der induktive Blindwiderstand der Spule, wenn die Frequenz der Wechselspannung verdoppelt wird? a) Er verdoppelt sich auch. b) Er ändert sich nicht. c) Er halbiert sich. d) Er vervierfacht sich.

Abb. 26.1   Zu Aufgabe 26.2

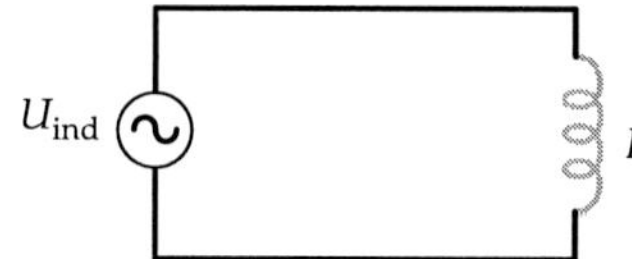

26.3 •   Betrachten Sie den Stromkreis in Abb. 26.2. Wie ändert sich der kapazitive Blindwiderstand des Kreises, wenn die Frequenz der Wechselspannung verdoppelt wird? a) Er verdoppelt sich auch. b) Er ändert sich nicht. c) Er halbiert sich. d) Er vervierfacht sich.

Abb. 26.2   Zu Aufgabe 26.3

26.4 •   Wenn Sie mit dem Auto zwischen zwei Städten unterwegs sind, können Sie auf der an Ihrem Autoradio eingestellten Empfangsfrequenz manchmal zwei Sender gleichzeitig hören. Erklären Sie, wie es dazu kommt.

26.5 •   Richtig oder falsch? a) Bei Frequenzen weit oberhalb oder weit unterhalb der Resonanzfrequenz eines *RLC*-Reihenschwingkreises ist der Leistungsfaktor nahezu null. b) Der Leistungsfaktor eines *RLC*-Reihenschwingkreises ist umso höher, je größer dessen Bandbreite ist. c) Die Bandbreite eines *RLC*-Reihenschwingkreises nimmt mit dem Ohm'schen Widerstand des Kreises zu.

26.6 •   Betrachten Sie einen idealen Transformator mit n_1 Windungen auf der Primär- und n_2 Windungen auf der Sekundärspule. Bei gegebener Primärspannung U_1 wird an einem Lastwiderstand R im Sekundärkreis eine mittlere Leistung P_2 umgesetzt. Fließt in der Primärspule dann der Strom a) P_2/U_1, b) $(n_1/n_2)\,(P_2/U_1)$, c) $(n_2/n_1)\,(P_2/U_1)$ oder d) $(n_2/n_1)^2\,(P_2/U_1)$?

Schätzungs- und Näherungsaufgabe

26.7 ••   Die in Motoren, Transformatoren und Elektromagneten enthaltenen Spulen haben Ohm'sche Widerstände und induktive Blindwiderstände. Eine große Industrieanlage nimmt bei Volllast eine elektrische Leistung von 2,3 MW auf. Der Phasenwinkel der Gesamtimpedanz der Anlage beträgt dann 25°. Die Energieversorgung der Anlage übernimmt ein 4,5 km entferntes Umspannwerk; geliefert wird eine Netzspannung mit einem Effektivwert von 40 kV und einer Frequenz von 60 Hz. Der Widerstand der Freileitung zwischen Umspannwerk und Anlage beträgt 5,2 Ω. Eine Kilowattstunde Elektroenergie kostet 20 Eurocent, wobei der Betreiber der Anlage nur für die tatsächlich aus dem Netz entnommene Energie bezahlen muss. a) Geben Sie den Ohm'schen Widerstand und den induktiven Blindwiderstand der gesamten Anlage bei Volllastbetrieb an. b) Welche Stromstärke herrscht in den Zuleitungen? Wie groß muss die effektive Spannung am Umspannwerk sein? c) Wie groß sind die Leistungsverluste bei der Übertragung? d) Durch Einbau eines Kondensatorblocks (in Reihenschaltung zum Lastwiderstand) wird der Phasenwinkel, um den der Strom der anliegenden Spannung nacheilt, auf 18° abgesenkt. Wie viel Kosten spart der Betreiber dann pro Monat, wenn die Anlage täglich 16 Stunden lang unter Volllast betrieben wird? e) Wie groß muss die Kapazität des Kondensatorblocks sein, damit die angegebene Änderung des Phasenwinkels erreicht wird?

Wechselspannung an Ohm'schen Widerständen, Spulen und Kondensatoren

26.8 •   Ein bestimmter Schutzschalter (eine Sicherung) ist für eine effektive Stromstärke von 15 A bei einer effektiven Spannung von 120 V ausgelegt. a) Wie groß darf I_{max} höchstens sein, damit der Stromkreis gerade noch geschlossen bleibt? b) Welche mittlere Leistung kann dem Stromkreis höchstens entnommen werden?

26.9 •   Eine Spule hat einen Blindwiderstand von 100 Ω, wenn eine Wechselspannung mit einer Frequenz von 80 Hz anliegt. a) Geben Sie die Induktivität der Spule an. b) Wie groß ist der Blindwiderstand, wenn die Frequenz der Spannung 160 Hz beträgt?

26.10 •   Wie groß muss die Frequenz einer anliegenden Wechselspannung sein, damit die Blindwiderstände eines Kondensators mit $C = 10\,\mu\mathrm{F}$ und einer Spule mit $L = 1{,}0\,\mathrm{mH}$ gleich sind?

Stromkreise mit Kondensatoren, Spulen und Widerständen ohne Wechselspannungsquelle

26.11 ••   Wir betrachten drei *LC*-Stromkreise: Kreis 1 mit der Kapazität C_1 und der Induktivität L_1, Kreis 2 mit der Kapazität $C_2 = \frac{1}{2}\,C_1$ und $L_2 = 2\,L_1$ sowie Kreis 3 mit der Kapazität $C_3 = 2\,C_1$ und der Induktivität $L_3 = \frac{1}{2}\,L_1$. a) Zeigen Sie, dass die Frequenzen der drei Schwingkreise gleich sind. b) Nehmen Sie an, die drei Kondensatoren werden auf das gleiche maximale Potenzial aufgeladen. In welchem Stromkreis ist die maximale Stromstärke dann am größten?

26.12 •• Abb. 26.3 zeigt einen Stromkreis mit einem Kondensator und einer Spule. Bei geöffnetem Schalter sei die Ladung auf der linken Kondensatorplatte gleich q_0. Nun wird der Schalter geschlossen. a) Skizzieren Sie den Verlauf von q und von I in einem einzigen Diagramm als Funktion der Zeit und erläutern Sie anhand der beiden Kurven, woran man erkennt, dass der Strom der Ladung um 90° vorauseilt. b) Der Strom und die Ladung sind durch $I = -I_{max} \sin \omega t$ bzw. $q = q_{max} \cos \omega t$ gegeben. Zeigen Sie, dass der Strom der Ladung um 90° vorauseilt; nehmen Sie trigonometrische Beziehungen zu Hilfe.

Abb. 26.3 Zu Aufgabe 26.12

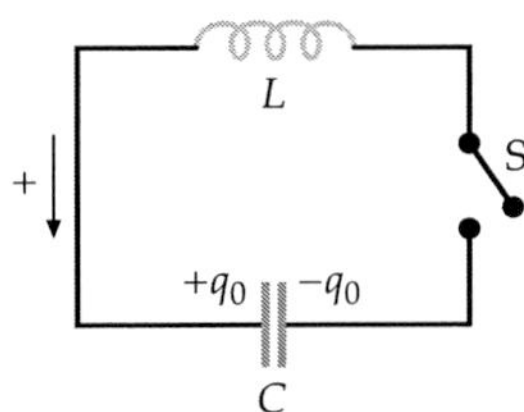

RL-Kreise mit Wechselspannungsquelle

26.13 •• Durch eine zweiadrige Leitung werden simultan zwei Wechselspannungssignale übertragen, nämlich

$$U_1 = (10{,}0\,\mathrm{V}) \cos (\omega_1 t) \quad \text{und} \quad U_2 = (10{,}0\,\mathrm{V}) \cos (\omega_2 t),$$

wobei $\omega_1 = 100\,\mathrm{rad/s}$ und $\omega_2 = 10\,000\,\mathrm{rad/s}$ ist. Die Potenzialdifferenz zwischen den beiden Leitern ist gegeben durch $U = U_1 + U_2$. Wie in Abb. 26.4, ist eine Spule mit $L = 1{,}00\,\mathrm{H}$ in Reihe mit den Spannungsquellen geschaltet. Zusätzlich ist ein Nebenschlusswiderstand $R = 1{,}00\,\mathrm{k\Omega}$ eingebaut. Die Schaltung sei am Ausgang mit einem Lastwiderstand verbunden, durch den ein vernachlässigbar geringer Strom fließt. a) Beschreiben Sie das Spannungssignal U_A, das sich am Ausgang der Schaltung abgreifen lässt. b) Geben Sie das Verhältnis der Amplituden des niederfrequenten und des hochfrequenten Signals am Ausgang an.

Abb. 26.4 Zu Aufgabe 26.13

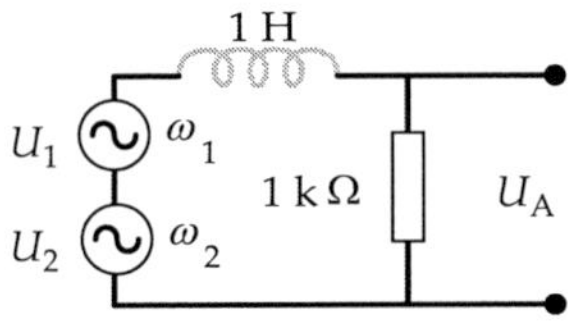

26.14 •• Wir betrachten eine Parallelschaltung aus einer Spule und einem Ohm'schen Widerstand mit einer idealen Wechselspannungsquelle ($U = U_{max} \cos \omega t$; Abb. 26.5). Zeigen Sie Folgendes: a) Durch den Ohm'schen Widerstand fließt der Strom $I_R = (U_{max}/R) \cos \omega t$. b) Durch die Spule fließt der Strom $I_L = (U_{max}/X_L) \cos (\omega t - 90°)$. c) Für den Gesamtstrom

aus der Spannungsquelle gilt $I = I_R + I_L = I_{max} \cos (\omega t - \delta)$, mit $I_{max} = U_{max}/Z$.

Abb. 26.5 Zu Aufgabe 26.14

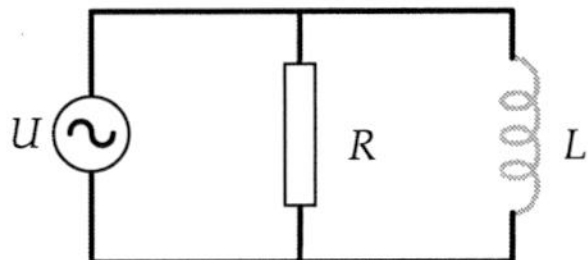

Filter und Gleichrichter

26.15 •• Den in Abb. 26.6 gezeigten Stromkreis nennt man *RC*-Hochpassfilter: Er lässt Signale mit hoher Frequenz verlustarm durch, während Signale mit niedriger Frequenz unterdrückt werden. Gegeben ist eine Eingangsspannung $U_E = U_{max} \cos \omega t$. Die Schaltung sei am Ausgang mit einem Lastwiderstand verbunden, durch den ein vernachlässigbar geringer Strom fließt. Zeigen Sie, dass die Ausgangsspannung dann gegeben ist durch $U_A = U_H \cos (\omega t - \delta)$, mit

$$U_H = \frac{U_{max}}{\sqrt{1 + \left(\dfrac{1}{\omega R C}\right)^2}} \,.$$

Erläutern Sie, warum die Bezeichnung „Hochpassfilter" angebracht ist.

Abb. 26.6 Zu Aufgabe 26.15

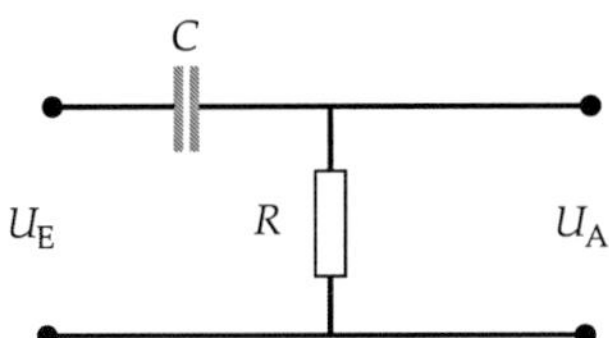

26.16 •• Betrachten Sie noch einmal den Hochpassfilter in Aufgabe 26.15. Das Eingangssignal ist nun eine niederfrequente Wechselspannung $U(t)$. (Niederfrequent bedeutet hier, dass sich während einer Zeitkonstanten RC die Spannung nicht signifikant ändert.) Zeigen Sie, dass das Ausgangssignal dieser sogenannten *Differenziationsschaltung* dann proportional zur Ableitung des Eingangssignals nach der Zeit ist.

26.17 •• In der Dezibel-Skala können wir das Ausgangssignal des Hochpassfilters von Aufgabe 26.15 wie folgt beschreiben:

$$\beta = (20\,\mathrm{dB}) \log_{10} \frac{U_H}{U_{max}} \,.$$

Zeigen Sie, dass für $U_H = U_{max}/\sqrt{2}$ gilt: $\beta = 3{,}0\,\mathrm{dB}$. Die Frequenz, für die dies zutrifft, wird als 3-db-Frequenz $\nu_{3\,dB}$ eines Hochpassfilters bezeichnet. Zeigen Sie, dass bei $\nu \ll \nu_{3\,dB}$ das Ausgangssignal bei einer Halbierung der Frequenz ν um 6 dB schwächer wird.

26.18 •• Den in der Abbildung gezeigten Stromkreis nennt man Tiefpassfilter: Er unterdrückt Signale mit hoher Frequenz. Der Ausgang der Schaltung sei mit einem Lastwiderstand verbunden, durch den ein vernachlässigbar geringer Strom fließt.

a) Gegeben ist eine Eingangsspannung $U_E = U_{max} \cos \omega t$. Zeigen Sie, dass für die Ausgangsspannung dann gilt:

$$U_A = U_T \cos (\omega t - \delta), \quad \text{mit} \quad U_T = \frac{U_{max}}{\sqrt{1 + (\omega R C)^2}}.$$

b) Diskutieren Sie das Verhalten der Ausgangsspannung in den Grenzfällen $\omega \to 0$ und $\omega \to \infty$.

Abb. 26.7 Zu Aufgabe 26.18

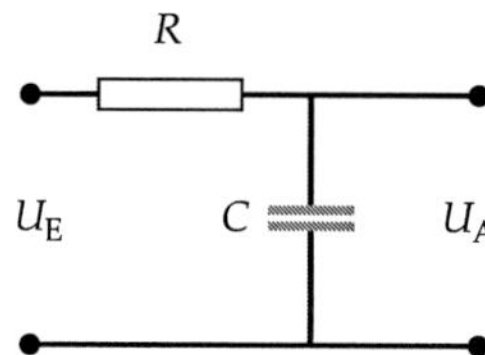

26.19 ••• Abb. 26.8 zeigt einen Gleichrichter, der eine Wechselspannung in eine pulsierende Gleichspannung umwandelt. Die Diode können Sie sich wie ein „Einwegventil" für den Strom vorstellen: Es fließt nur dann ein Strom in Pfeilrichtung, wenn gilt $U_E - U_A \geq +0{,}60$ V; andernfalls geht der Widerstand der Diode gegen unendlich. Zeichnen Sie für ein Eingangssignal $U_E = U_{max} \cos \omega t$ die zeitlichen Verläufe von U_E und U_A in ein gemeinsames Koordinatensystem ein (jeweils zwei Perioden).

Abb. 26.8 Zu Aufgabe 26.19

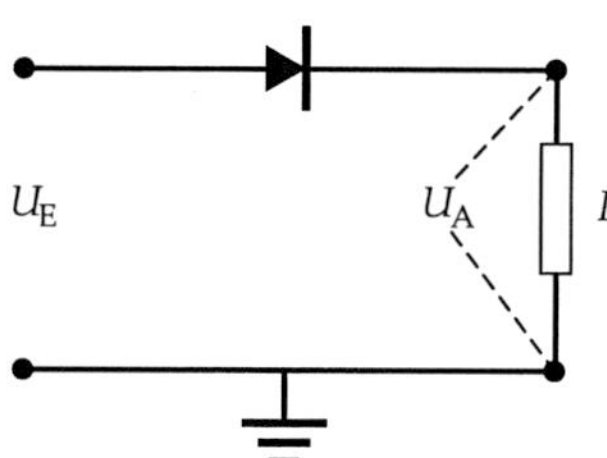

26.20 ••• Das Ausgangssignal des Gleichrichters von Aufgabe 26.19 kann man durch Nachschaltung eines Tiefpassfilters

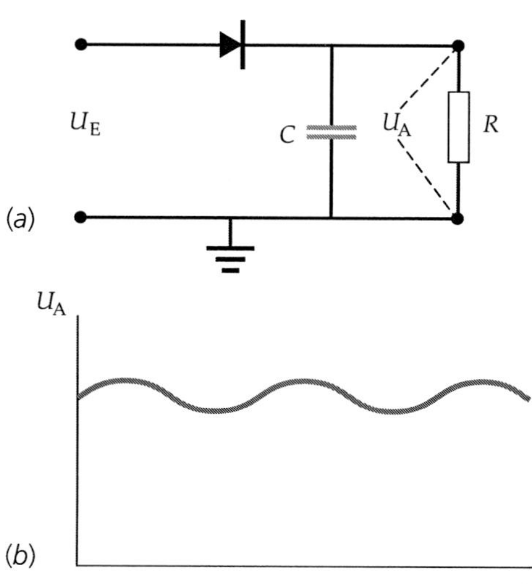

Abb. 26.9 Zu Aufgabe 26.20

glätten (Abb. 26.9a). Dadurch erhält man eine Gleichspannung mit nur noch geringfügigen zeitlichen Schwankungen (Abb. 26.9b). Gegeben sind die Frequenz $\nu = 60$ Hz des Eingangssignals sowie $R_L = 1{,}00$ kΩ. Wie groß muss C sein, damit das Ausgangssignal im Laufe einer Periode um weniger als 5 % seines Mittelwerts schwankt?

LC-Stromkreise mit Wechselspannungsquelle

26.21 •• Wir betrachten den Stromkreis in Abb. 26.10. Die Generatorspannung ist $U_G = (100$ V$) \cos (2 \pi \nu t)$. a) Geben Sie für jeden Zweig des Stromkreises die Amplitude des Stroms sowie den Phasenwinkel zwischen Strom und Spannung an. b) Wie groß muss die Kreisfrequenz ω sein, damit der Generatorstrom null wird? c) Wie groß sind in diesem Resonanzfall die Stromstärken in der Spule und im Kondensator? Formulieren Sie Ihr Ergebnis in Abhängigkeit von der Zeit. d) Zeichnen Sie ein Zeigerdiagramm zur Verdeutlichung der Beziehungen zwischen der anliegenden Spannung und den Strömen durch Generator, Kondensator und Spule für den Fall, dass der induktive Blindwiderstand größer ist als der kapazitive.

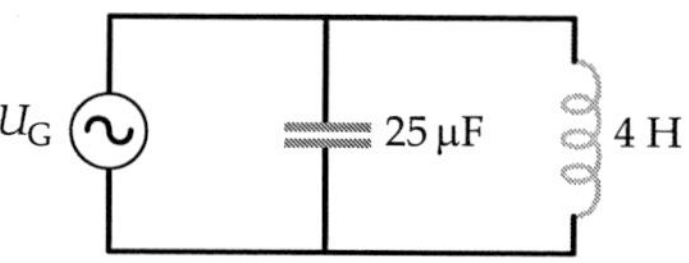

Abb. 26.10 Zu Aufgabe 26.21

RLC-Stromkreise mit Wechselspannungsquelle

26.22 • Ein Kondensator ($C = 20$ μF) und ein Ohm'scher Widerstand ($R = 80$ Ω) sind in Reihe mit einem idealen Wechselspannungsgenerator geschaltet, der eine Maximalspannung von 20 V bei einer Kreisfrequenz von 400 rad/s liefert. Die Induktivität des Stromkreises ist null. Berechnen Sie a) den Leistungsfaktor, b) die effektive Stromstärke und c) die mittlere Leistung des Generators.

26.23 •• Zeigen Sie, dass die Beziehung $\langle P \rangle = R U_{eff}^2 / Z^2$ das richtige Ergebnis für einen Stromkreis liefert, der neben einem idealen Wechselspannungsgenerator a) nur einen Ohm'schen Widerstand (also $C = 0$, $L = 0$), b) nur einen Kondensator (also $R = 0$, $L = 0$) bzw. c) nur eine Spule (also $R = 0$, $C = 0$) enthält. In der eingangs angeführten Beziehung ist $\langle P \rangle$ die vom Generator abgegebene mittlere Leistung und U_{eff} die effektive Generatorspannung.

26.24 •• Zwischen den Trägerfrequenzen einzelner UKW-Sendestationen liegt ein Abstand von 0,20 MHz. Damit man nicht gleichzeitig die Signale benachbarter Stationen hört, wenn man ein Rundfunkgerät auf eine Station einstellt (z. B. auf 100,1 MHz), sollte die Bandbreite des Schwingkreises im Empfänger wesentlich kleiner sein als 0,20 MHz. Wie groß ist der Gütefaktor eines Schwingkreises, der bei $\nu_0 = 100{,}1$ MHz die Bandbreite $\Delta \nu = 0{,}050$ MHz aufweist?

26.25 •• Wir betrachten eine Parallelschaltung aus einem Kondensator und einem Ohm'schen Widerstand an einer idealen Wechselspannungsquelle ($U = U_{\max} \cos \omega t$; Abb. 26.11). Zeigen Sie: a) Durch den Ohm'schen Widerstand fließt der Strom $I_R = (U_{\max}/R) \cos \omega t$. b) Durch den Kondensator fließt der Strom $I_C = (U_{\max}/X_C) \cos (\omega t + 90°)$. c) Durch den Generator fließt der Strom $I = I_{\max} \cos (\omega t + \delta)$, mit $\tan \delta = R/X_C$ und $I_{\max} = U_{\max}/Z$.

Abb. 26.11 Zu Aufgabe 26.25

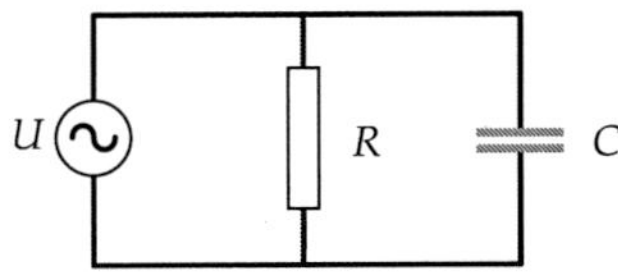

26.26 •• In dem Stromkreis in der Abb. 26.12 beträgt die effektive Spannung des idealen Generators 115 V bei 60 Hz. Geben Sie den effektiven Spannungsabfall zwischen folgenden Punkten an: a) A und B, b) B und C, c) C und D, d) A und C sowie e) B und D.

Abb. 26.12 Zu Aufgabe 26.26

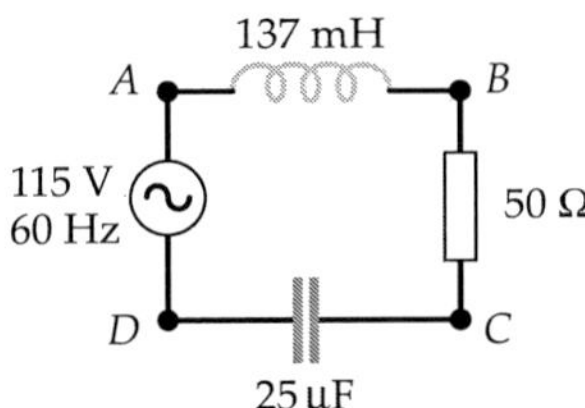

26.27 •• Skizzieren Sie die Abhängigkeit der Impedanz von ω für a) eine RL-Reihenschaltung, b) eine RC-Reihenschaltung und c) einen RLC-Reihenschwingkreis (die sämtlich mit einer Wechselspannungsquelle verbunden sind).

26.28 •• Die Induktivität einer Spule kann man folgendermaßen messen: Man schaltet die Spule in Reihe mit einer bekannten Kapazität, einem bekannten Ohm'schen Widerstand, einem Wechselstrom-Amperemeter und einem durchstimmbaren Frequenzgenerator. Die Frequenz des Signals wird bei konstanter Spannung variiert, bis die Stromstärke maximal ist. Bei einer solchen Anordnung ist gegeben: $C = 10\,\mu F$, $U_{\max} = 10\,V$, $R = 100\,\Omega$, und die effektive Stromstärke wird maximal bei $\omega = 5000\,\mathrm{rad/s}$. a) Wie groß ist L? b) Wie groß ist der Maximalwert von I_{eff}?

26.29 •• Betrachten Sie eine RLC-Reihenschaltung aus einer Spule mit einer Induktivität von 10 mH, einem Kondensator mit einer Kapazität von 2,0 µF, einem Ohm'schen Widerstand von 5,0 Ω und einer idealen Wechselspannungsquelle mit einer Maximalspannung von 100 V. Berechnen Sie a) die Resonanzfrequenz und b) die effektive Stromstärke im Resonanzfall. Berechnen Sie dann für eine Frequenz von 8000 rad/s: c) den kapazitiven und den induktiven Blindwiderstand, d) die Impedanz, e) die effektive Stromstärke und f) den Phasenwinkel.

26.30 •• Für die Schaltung in Aufgabe 26.29 sind zu berechnen: a) der Gütefaktor und b) die Bandbreite. c) Wie groß ist der Leistungsfaktor bei $\omega = 8000\,\mathrm{rad/s}$?

26.31 •• Eine Spule ist an einen Wechselspannungsgenerator angeschlossen, der eine maximale Spannung von 100 V mit einer Frequenz von 60 Hz abgibt. Bei dieser Frequenz beträgt die Impedanz der Spule 10 Ω und ihr induktiver Blindwiderstand 8,0 Ω. a) Berechnen Sie die maximale Stromstärke in der Spule. b) Wie groß ist der Phasenwinkel zwischen Strom und angelegter Spannung? c) Ein Kondensator soll mit der Spule und dem Generator in Reihe geschaltet werden. Welche Kapazität muss er haben, damit der Strom mit der Generatorspannung in Phase ist? d) Welche Spannung fällt am Kondensator maximal ab?

26.32 •• Ein RLC-Stromkreis enthält einen Ohm'schen Widerstand von 60,0 Ω, einen Kondensator mit einer Kapazität von 8,00 µF und eine ideale Wechselspannungsquelle mit einer Maximalspannung von 200 V und einer Kreisfrequenz von 2500 rad/s. Die Induktivität der Spule lässt sich durch Verschieben eines Eisenkerns zwischen 8,00 mH und 40,0 mH variieren. Die Spannung am Kondensator soll 150 V nicht übersteigen. a) Wie groß darf dabei der maximale Strom sein? b) In welchen Bereichen darf dabei die Induktivität liegen?

26.33 ••• Zeigen Sie durch direktes Einsetzen, dass die Gleichung

$$L \frac{\mathrm{d}^2 q}{\mathrm{d}t^2} + R \frac{\mathrm{d}q}{\mathrm{d}t} + \frac{1}{C} q = 0$$

erfüllt wird von $q = q_0 \, \mathrm{e}^{-t/\tau} \cos \omega' t$, mit

$$\tau = 2L/R \quad \text{und} \quad \omega' = \sqrt{1/(LC) - (R/2L)^2}.$$

Dabei ist q_0 die Ladung des Kondensators zur Zeit $t = 0$.

26.34 ••• Die magnetische Suszeptibilität einer Probe kann man z. B. mithilfe eines LC-Schwingkreises messen, der eine Zylinderspule ohne Kern (also mit Luft gefüllt) und einen Kondensator enthält. Man ermittelt die Resonanzfrequenz des Kreises einmal ohne die Probe und einmal, nachdem die Probe in die Zylinderspule gebracht wurde. Die Spule sei 4,00 cm lang, habe 400 Windungen aus dünnem Draht und einen Durchmesser von 3,00 mm. Das zu vermessende Materialstück sei ebenfalls 4,00 cm lang und fülle das Innere der Spule exakt aus. Randeffekte sollen vernachlässigt werden. a) Wie groß ist die Induktivität der luftgefüllten Spule? b) Wie groß muss die Kapazität des Kondensators sein, damit die Resonanzfrequenz des Schwingkreises (ohne Probe) bei exakt 6,0000 MHz liegt? c) Nachdem die Probe in die Spule gebracht wurde, sinkt die Resonanzfrequenz auf 5,9989 MHz. Wie groß ist die Suszeptibilität des Materials?

Der Transformator

26.35 • Ein elektrisches Gerät mit einer Impedanz von 12 Ω soll mit einer Spannung von 24 V betrieben werden. a) Wie groß muss das Windungsverhältnis des Transformators sein, mit dem sich das Gerät am Haushaltsnetz (230 V) betreiben lässt? b) Nehmen Sie an, das Netzteil ist falsch verschaltet, sodass die Primärwicklung am Gerät und die Sekundärwicklung am 230-V-Netz angeschlossen sind. Wie groß ist dann die effektive Stromstärke in der Primärwicklung?

26.36 • Wir betrachten einen Transformator mit 400 Windungen auf der Primär- und 8 Windungen auf der Sekundärspule. a) Transformiert er die Spannung herauf oder herunter? b) Geben Sie die Leerlaufspannung des Sekundärkreises an, wenn an der Primärspule eine effektive Spannung von 120 V anliegt. c) Im Primärkreis fließt ein Strom von 0,100 A. Wie groß ist die Stromstärke im Sekundärkreis, wenn man den Magnetisierungsstrom und Leistungsverluste vernachlässigen kann?

Allgemeine Aufgaben

26.37 •• In Abb. 26.13 ist der zeitliche Verlauf einer sogenannten *Rechteckspannung* skizziert. Gegeben ist $U_0 = 12\,\text{V}$. a) Wie groß ist die effektive Spannung bei dieser Wellenform? b) Die Welle soll durch Entfernung der negativen Abschnitte gleichgerichtet werden. Wie groß ist die effektive Spannung bei der dadurch entstehenden Wellenform?

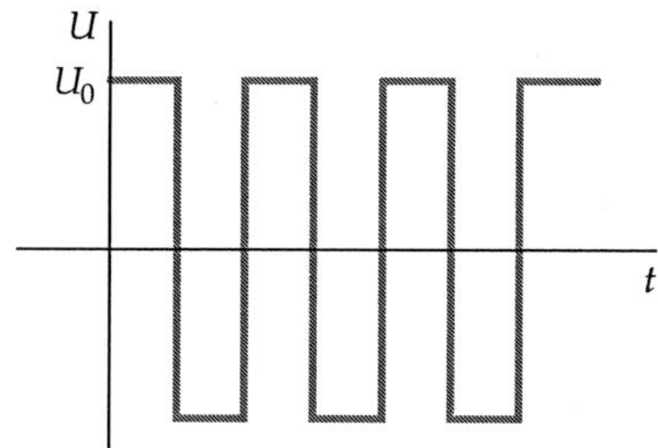

Abb. 26.13 Zu Aufgabe 26.37

26.38 •• Abb. 26.14 zeigt zwei verschiedene Wellenformen der Zeitabhängigkeit der Stromstärke. Geben Sie jeweils die mittlere und die effektive Stromstärke an.

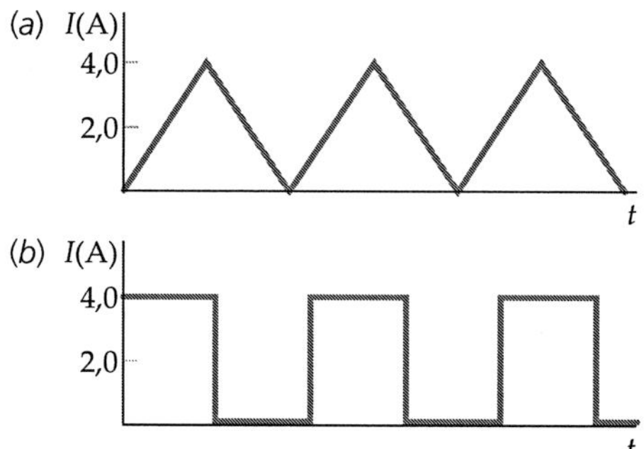

Abb. 26.14 Zu Aufgabe 26.38

26.39 •• Bei dem Stromkreis in Abb. 26.15 ist gegeben: $U_1 = (20\,\text{V})\cos(2\pi\nu t)$, $\nu = 180\,\text{Hz}$, $U_2 = 18\,\text{V}$ und

$R = 36\,\Omega$. Geben Sie die maximale, die minimale, die effektive und die mittlere Stromstärke im Ohm'schen Widerstand an.

Abb. 26.15 Zu den Aufgaben 26.39 und 26.40

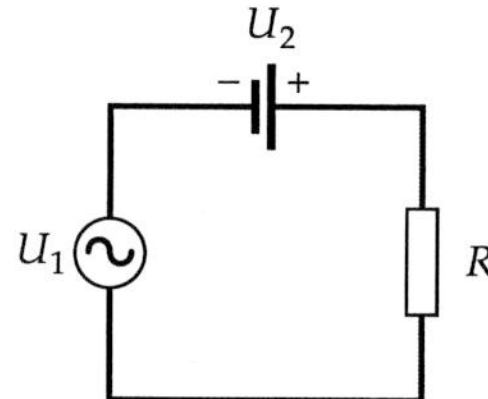

26.40 •• Wiederholen Sie Aufgabe 26.39, wobei Sie den Ohm'schen Widerstand R durch einen Kondensator mit $C = 2,0\,\mu\text{F}$ ersetzen.

26.41 •• Sogenannte Drehstromanschlüsse in Haushalten enthalten üblicherweise einen neutralen Leiter und drei Außenleiter, an denen relativ zum neutralen Leiter jeweils eine sinusförmige Wechselspannung mit $U_{\text{eff}} = 230\,\text{V}$ anliegt. Die drei Wechselspannungen sind dabei jeweils um 120° zueinander phasenverschoben. a) Berechnen Sie die effektive Spannung und die Spitzenspannung, die jeweils zwischen zwei Außenleitern anliegt. b) Begründen Sie, weshalb bei gleichem Leitungsquerschnitt mehr Leistung übertragen werden kann, als von drei herkömmlichen Einzelleitern mit $U_{\text{eff}} = 230\,\text{V}$.

26.42 ••• Betrachten Sie eine Reihenschaltung aus einem Wechselspannungsgenerator, einem Kondensator und einer idealen Spule. Die Generatorspannung ist gegeben durch $U = U_{\text{max}} \cos \omega t$. a) Zeigen Sie, dass die Ladung des Kondensators folgende Gleichung erfüllt:

$$L\,\frac{\mathrm{d}^2 q}{\mathrm{d}t^2} + \frac{q}{C} = U_{\text{max}} \cos \omega t\,.$$

b) Zeigen Sie durch direktes Einsetzen, dass diese Gleichung erfüllt wird durch

$$q = q_{\text{max}} \cos \omega t\,, \qquad \text{mit} \qquad q_{\text{max}} = -\frac{U_{\text{max}}}{L\left(\omega^2 - \omega_0^2\right)}\,.$$

c) Zeigen Sie, dass man den Strom als $I = I_{\text{max}} \cos(\omega t - \delta)$ ausdrücken kann, mit

$$I_{\text{max}} = \frac{\omega\,U_{\text{max}}}{L\,|\omega^2 - \omega_0^2|} = \frac{U_{\text{max}}}{|X_L - X_C|}$$

sowie $\delta = -90°$ für $\omega < \omega_0$ und $\delta = 90°$ für $\omega > \omega_0$. Dabei ist ω_0 die Resonanzfrequenz.

26.43 ••• Wir wollen für eine Lautsprecherbox mit zwei Lautsprechern eine einfache Frequenzweiche konstruieren. Sie muss für den Hochtonlautsprecher tiefe Frequenzen ausfiltern, für den Tieftonlautsprecher dementsprechend hohe Frequenzen. Der Tieftonlautsprecher wird dazu mit einer Spule in Reihe geschaltet, der Hochtonlautsprecher mit einem Kondensator. Diese einfache Schaltung wird Frequenzweiche erster Ordnung genannt. Wir nehmen vereinfachend an, dass beide Lautsprecher

Ohm'sche Widerstände mit $R = 8\,\Omega$ darstellen. a) Die Spannung an einem RC-Hochpass ist durch

$$U_H = \frac{U_{\max}}{\sqrt{1 + \left(\frac{1}{\omega RC}\right)^2}}$$

gegeben. Zeigen Sie analog, dass die Spannung am Widerstand in einem als RL-Reihenschaltung ausgeführten Tiefpass durch

$$U_T = \frac{U_{\max}}{\sqrt{1 + \left(\frac{L\omega}{R}\right)^2}}$$

gegeben ist. b) Die Grenzfrequenz der Weichenzweige wird definiert als die Frequenz, an der die Spannung am Lautsprecher um den Faktor $1/\sqrt{2}$ gegenüber der Eingangsspannung abgesunken ist. Wie müssen die Kapazität und die Induktivität gewählt sein, damit beide Zweige der Weiche die Grenzfrequenz $\nu = 1000\,\text{Hz}$ aufweisen? c) Stellen sie $U(\omega)/U_{\max}$ für beide Lautsprecher wie in der Elektrotechnik üblich in einem doppellogarithmischen Diagramm dar.

Lösungen zu den Aufgaben

Verständnisaufgaben

L26.1 Für die effektive und die maximale Spannung in einem Wechselstromkreis gilt $U_{\text{eff}} = U_{\max}/\sqrt{2}$. Bei doppelter effektiver Spannung ist daher $2\,U_{\text{eff}} = U'_{\max}/\sqrt{2}$. Dividieren der zweiten dieser Gleichungen durch die erste ergibt

$$\frac{2\,U_{\text{eff}}}{U_{\text{eff}}} = \frac{U'_{\max}/\sqrt{2}}{U_{\max}/\sqrt{2}} \quad \text{und damit} \quad 2 = \frac{U'_{\max}}{U_{\max}}.$$

Daraus folgt $U'_{\max} = 2\,U_{\max}$. Somit ist Lösung a richtig.

L26.2 Der induktive Blindwiderstand einer Spule ist das Produkt aus der Kreisfrequenz und der Induktivität: $X_L = \omega L$. Daher verdoppelt er sich, wenn die Frequenz der Wechselspannung verdoppelt wird. Somit ist Lösung a richtig.

L26.3 Der kapazitive Blindwiderstand eines Kondensators ist gleich dem reziproken Produkt aus der Kreisfrequenz und der Kapazität: $X_C = 1/(\omega C)$. Daher halbiert er sich, wenn die Frequenz der Wechselspannung verdoppelt wird. Somit ist Lösung c richtig.

L26.4 Die Kurven, die die Frequenzabhängigkeiten der an der Antenne des Autoradios ankommenden Signale beschreiben, haben stets eine gewisse Bandbreite. Daher können sie sich im Empfänger zuweilen teilweise überlappen.

L26.5 a) Richtig. Der Leistungsfaktor ist gegeben durch

$$\cos \delta = \frac{R}{\sqrt{\left(\omega L - \frac{1}{\omega C}\right)^2 + R^2}}.$$

Bei Werten von ω, die weit oberhalb oder weit unterhalb der Resonanzfrequenz liegen, ist der Ausdruck unter der Wurzel sehr groß, sodass $\cos \delta$ sehr klein ist.

b) Falsch. Wenn die Resonanzkurve ziemlich schmal (also die Bandbreite gering) ist, kann der Gütefaktor durch $Q \approx \omega_0/\Delta\omega$ angenähert werden. Also entspricht ein hoher Gütefaktor einer schmalen Resonanzkurve.

c) Richtig. Das wird bei einer Auftragung der Leistungsaufnahme gegen die Frequenz deutlich.

L26.6 Wir verwenden die Indices 1 bzw. 2 für die Primär- bzw. die Sekundärspule. Unter der Annahme, dass im Transformator kein Leistungsverlust auftritt, ist $P_1 = P_2$. Mit den jeweiligen Effektivwerten ist das gleichbedeutend mit $I_1 U_1 = I_2 U_2$, und wir erhalten

$$I_1 = \frac{I_2\,U_2}{U_1} = \frac{P_2}{U_1}.$$

Also ist Lösung a richtig.

Schätzungs- und Näherungsaufgabe

L26.7 Die Abbildung zeigt den Stromkreis. Der Widerstand der Zuleitungen ist mit $R_{\text{Zul.}}$ bezeichnet.

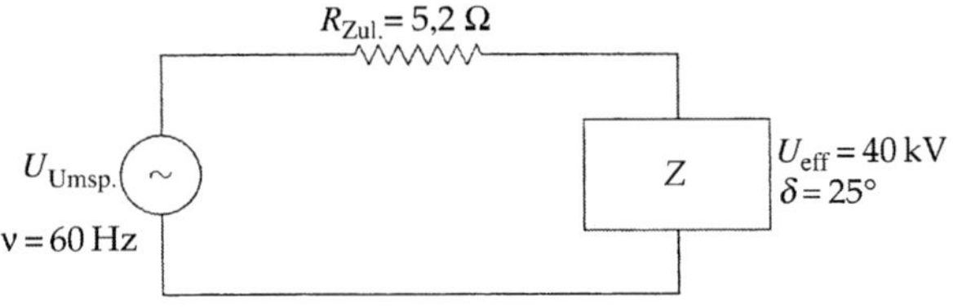

a) Mit der Stromstärke I in den Zuleitungen ist die Impedanz $Z = U_{\text{eff}}/I_{\text{eff}}$, und die der Industrieanlage zugeführte mittlere Leistung ist $\langle P \rangle = U_{\text{eff}}\,I_{\text{eff}}\cos\delta$. Daraus ergibt sich für die effektive Stromstärke

$$I_{\text{eff}} = \frac{\langle P \rangle}{U_{\text{eff}}\cos\delta}.$$

Einsetzen liefert mit den gegebenen Werten

$$Z = \frac{U_{\text{eff}}^2\cos\delta}{\langle P \rangle} = \frac{(40\,\text{kV})^2 \cos 25°}{2{,}3\,\text{MW}} = 630\,\Omega.$$

Damit erhalten wir

$$R = Z\cos\delta = (630\,\Omega)\cos 25° = 571\,\Omega = 0{,}57\,\text{k}\Omega,$$
$$X_L = Z\sin\delta = (630\,\Omega)\sin 25° = 266\,\Omega = 0{,}27\,\text{k}\Omega.$$

b) Die effektive Stromstärke ergibt sich mit der obigen Gleichung zu

$$I_{\text{eff}} = \frac{\langle P \rangle}{U_{\text{eff}}\cos\delta} = \frac{2{,}3\,\text{MW}}{(40\,\text{kV})\cos 25°} = 63{,}4\,\text{A} = 63\,\text{A}.$$

Gemäß der Kirchhoff'schen Maschenregel gilt mit dem Widerstand $R_{\text{Zul.}}$ der Zuleitungen und der Spannung $U_{\text{Umsp.}}$ am Umspannwerk

$$U_{\text{Umsp.}} - I_{\text{eff}}\,R_{\text{Zul.}} - I_{\text{eff}}\,Z_{\text{ges}} = 0$$

und daher

$$U_{\text{Umsp.}} = I_{\text{eff}}\,(R_{\text{Zul.}} + Z_{\text{ges}}) = (63{,}4\,\text{A})\,(5{,}2\,\Omega + 630\,\Omega)$$
$$= 40{,}3\,\text{kV} = 40\,\text{kV}\,.$$

c) Der Leistungsverlust bei der Übertragung in den Zuleitungen errechnet sich damit zu

$$P_{\text{Zul.}} = I_{\text{eff}}^2\,R_{\text{Zul.}} = (63{,}4\,\text{A})^2\,(5{,}2\,\Omega) = 20{,}9\,\text{kW} = 21\,\text{kW}\,.$$

d) Der beim Phasenwinkel $18°$ in den Zuleitungen auftretende Leistungsverlust ist $P_{18°} = I_{18°}^2\,R_{\text{Zul.}}$.

Wir berechnen zunächst die Stromstärke:

$$I_{18°} = \frac{2{,}3\,\text{MW}}{(40\,\text{kV})\cos 18°} = 60{,}5\,\text{A}\,.$$

Der Leistungsverlust ist damit

$$P_{18°} = (60{,}5\,\text{A})^2\,(5{,}2\,\Omega) = 19{,}0\,\text{kW}\,,$$

und die Differenz der Leistungsverluste beträgt

$$\Delta P = 20{,}9\,\text{kW} - 19{,}0\,\text{kW} = 1{,}90\,\text{kW}\,.$$

Die in einem Monat mit 30 mal 16 Betriebsstunden weniger benötigte Energiemenge ist damit

$$\Delta E = \Delta P\,\Delta t = (1{,}90\,\text{kW})\,(480\,\text{h}) = 912\,\text{kWh}\,.$$

Bei einem Preis von 20 Eurocent pro kWh wird also durch die angegebene Änderung des Phasenwinkels eine Einsparung von 182 Euro pro Betriebsmonat erzielt.

e) Mit dem neuen Phasenwinkel $\delta' = 18°$ und dem zuzufügenden kapazitiven Blindwiderstand X_C gilt

$$\tan\delta' = \frac{X_L - X_C}{R}\,.$$

Daraus ergibt sich

$$X_C = X_L - R\tan\delta' = 266\,\Omega - (571\,\Omega)\tan 18° = 80{,}5\,\Omega\,,$$

und wir erhalten für die Kapazität des Kondensatorblocks

$$C = \frac{1}{\omega\,X_C} = \frac{1}{2\,\pi\,(60\,\text{s}^{-1})\,(80{,}5\,\Omega)} = 33\,\mu\text{F}\,.$$

Wechselspannung an Ohm'schen Widerständen, Spulen und Kondensatoren

L26.8 a) Die maximale Stromstärke ergibt sich zu

$$I_{\max} = \sqrt{2}\,I_{\text{eff}} = \sqrt{2}\,(15\,\text{A}) = 21\,\text{A}\,.$$

b) Die mittlere Leistung ist

$$\langle P\rangle = U_{\text{eff}}\,I_{\text{eff}} = (15\,\text{A})\,(120\,\text{V}) = 1{,}8\,\text{kW}\,.$$

L26.9 a) Für den induktiven Blindwiderstand gilt $X_L = \omega\,L = 2\,\pi\,\nu\,L$. Daraus ergibt sich die Induktivität der Spule zu

$$L = \frac{X_L}{2\,\pi\,\nu} = \frac{100\,\Omega}{2\,\pi\,(80\,\text{s}^{-1})} = 0{,}199\,\text{H} = 0{,}20\,\text{H}\,.$$

b) Bei $\nu = 160\,\text{Hz}$ ist der Blindwiderstand

$$X_L' = 2\,\pi\,\nu'L = 2\,\pi\,(160\,\text{s}^{-1})\,(0{,}199\,\text{H}) = 0{,}20\,\text{k}\Omega\,.$$

L26.10 Für den induktiven Blindwiderstand gilt $X_L = \omega\,L = 2\,\pi\,\nu\,L$, und der kapazitive Blindwiderstand ist gegeben durch

$$X_C = \frac{1}{\omega\,C} = \frac{1}{2\,\pi\,\nu\,C}\,.$$

Gleichsetzen beider Blindwiderstände ergibt

$$2\,\pi\,\nu\,L = \frac{1}{2\,\pi\,\nu\,C}\,.$$

Daraus erhalten wir für die Frequenz

$$\nu = \frac{1}{2\,\pi}\sqrt{\frac{1}{L\,C}} = \frac{1}{2\,\pi}\sqrt{\frac{1}{(10\,\mu\text{F})\,(1{,}0\,\text{mH})}} = 1{,}6\,\text{kHz}\,.$$

Stromkreise mit Kondensatoren, Spulen und Widerständen ohne Wechselspannungsquelle

L26.11 a) Die Resonanzfrequenz eines Schwingkreises ist gegeben durch

$$\nu_0 = \frac{1}{2\,\pi\,\sqrt{L\,C}}\,.$$

Daher müssen wir für die drei Schwingkreise nur das Produkt $L\,C$ betrachten:

Kreis 1: $L\,C = L_1\,C_1$,

Kreis 2: $L\,C = L_2\,C_2 = (2\,L_1)\,(\tfrac{1}{2}\,C_1) = L_1\,C_1$,

Kreis 3: $L\,C = L_3\,C_3 = (\tfrac{1}{2}\,L_1)\,(2\,C_1) = L_1\,C_1$.

Alle drei Produkte sind gleich, also sind es auch die Resonanzfrequenzen.

b) Die maximale Stromstärke ist gegeben durch $I_{\max} = \omega\,q_0$. Dabei gilt für die Ladung q_0 des Kondensators, der auf die Spannung U aufgeladen ist: $q_0 = C\,U$. Einsetzen in die vorige Gleichung ergibt $I_{\max} = \omega\,C\,U$. Weil im vorliegenden Fall die Kreisfrequenz ω und die Spannung U konstant sind, ist $I_{\max}$ proportional zu C. Also hat der Schwingkreis mit $C = C_3 = 2\,C_1$ den größten Maximalstrom.

L26.12 a) Wir wenden die Kirchhoff'sche Maschenregel auf die Schleife an, in der der Strom im Uhrzeigersinn fließt. Unmittelbar nach dem Schließen des Schalters gilt dabei

$$\frac{q}{C} + L\,\frac{\mathrm{d}I}{\mathrm{d}t} = 0 \,.$$

Wegen $I = \mathrm{d}q/\mathrm{d}t$ wird daraus

$$L\,\frac{\mathrm{d}^2 q}{\mathrm{d}t^2} + \frac{q}{C} = 0 \quad \text{bzw.} \quad \frac{\mathrm{d}^2 q}{\mathrm{d}t^2} + \frac{1}{LC}\,q = 0 \,.$$

Diese Gleichung hat die Lösung

$$q(t) = q_0 \cos\,(\omega t - \delta)\,, \qquad \text{mit} \qquad \omega = \sqrt{\frac{1}{LC}} \,.$$

Wegen $q(0) = q_0$ ist $\delta = 0$; also gilt $q(t) = q_0 \cos \omega t$.

Damit ergibt sich für die Stromstärke

$$I = \frac{\mathrm{d}q}{\mathrm{d}t} = \frac{\mathrm{d}}{\mathrm{d}t}(q_0 \cos \omega t) = -\omega\, q_0 \sin \omega t \,.$$

In der Abbildung sind die Ladung C des Kondensators und die Stromstärke I gegen die Zeit aufgetragen. Das Diagramm wurde mit einem Tabellenkalkulationsprogramm erstellt, wobei der Einfachheit halber die Zahlenwerte von L, C und q_0 in der betreffenden Einheit jeweils auf 1 gesetzt wurden.

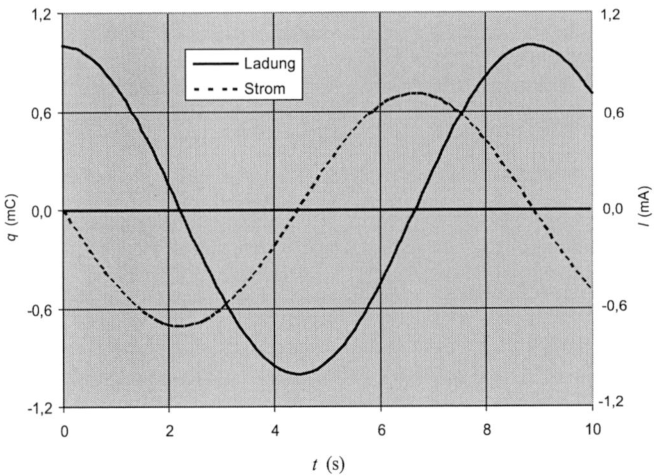

Beachten Sie, dass der Strom der Ladung um 90°, also um ein Viertel einer Periode, vorauseilt.

b) Wie in Teilaufgabe a gezeigt, gilt für die Stromstärke

$$I = -\omega\, q_0 \sin \omega t \,.$$

Mit der trigonometrischen Beziehung

$$-\sin \theta = \cos\,(\theta + \pi/2)$$

wird daraus $I = \omega\, q_0 \cos\,(\omega t + \pi/2)$.

Auch hieraus wird deutlich, dass der Strom der Ladung um 90° vorauseilt.

RL-Kreise mit Wechselspannungsquelle

L26.13 a) Für die beiden Signale am Ausgang A der Schaltung gilt $U_{1,\mathrm{A}} = R\,I_1$ und $U_{2,\mathrm{A}} = R\,I_2$. Für die beiden Stromstärken ergibt sich daher

$$
\begin{aligned}
I_1 &= \frac{U_1}{Z_1} = \frac{(10{,}0\,\mathrm{V}) \cos\,(100\,\mathrm{s}^{-1}\,t)}{\sqrt{(1{,}00\,\mathrm{k\Omega})^2 + [(100\,\mathrm{s}^{-1})\,(1{,}00\,\mathrm{H})]^2}} \\
&= (9{,}95\,\mathrm{mA}) \cos\,(100\,\mathrm{s}^{-1}\,t)\,, \\
I_2 &= \frac{U_2}{Z_2} = \frac{(10{,}0\,\mathrm{V}) \cos\,(10^4\,\mathrm{s}^{-1}\,t)}{\sqrt{(1{,}00\,\mathrm{k\Omega})^2 + [(10^4\,\mathrm{s}^{-1})\,(1{,}00\,\mathrm{H})]^2}} \\
&= (0{,}995\,\mathrm{mA}) \cos\,(10^4\,\mathrm{s}^{-1}\,t)\,.
\end{aligned}
$$

Damit erhalten wir für die beiden Spannungssignale

$$
\begin{aligned}
U_{1,\mathrm{A}} &= (1{,}00\,\mathrm{k\Omega})\,(9{,}95\,\mathrm{mA}) \cos\,(100\,\mathrm{s}^{-1}\,t) \\
&= (9{,}95\,\mathrm{V}) \cos\,(100\,\mathrm{s}^{-1}\,t)\,, \\
U_{2,\mathrm{A}} &= (1{,}00\,\mathrm{k\Omega})\,(0{,}995\,\mathrm{mA}) \cos\,(10^4\,\mathrm{s}^{-1}\,t) \\
&= (0{,}995\,\mathrm{V}) \cos\,(10^4\,\mathrm{s}^{-1}\,t)\,.
\end{aligned}
$$

Das Spannungssignal U_A am Ausgang A der Schaltung ist die Summe dieser beiden Signale: $U_\mathrm{A} = U_{1,\mathrm{A}} + U_{2,\mathrm{A}}$.

b) Das Verhältnis der Amplituden des niederfrequenten und des hochfrequenten Signals am Leitungsende ist

$$\frac{U_{1,\mathrm{A,max}}}{U_{2,\mathrm{A,max}}} = \frac{9{,}95\,\mathrm{V}}{0{,}995\,\mathrm{V}} = 10 \,.$$

L26.14 a) Die von der Spannungsquelle abgegebene Spannung ist $U = U_\mathrm{max} \cos \omega t$. Wegen der Parallelschaltung sind die Spannungsabfälle am Ohm'schen Widerstand und an der Spule gleich: $U_\mathrm{max} \cos \omega t = R\,I_R$.

Der Strom im Ohm'schen Widerstand ist mit dem Spannungsabfall an ihm in Phase, sodass gilt: $I_R = I_{R,\mathrm{max}} \cos \omega t$.

Mit $I_{R,\mathrm{max}} = U_\mathrm{max}/R$ erhalten wir daraus

$$I_R = \frac{U_\mathrm{max}}{R}\,\cos \omega t \,.$$

b) Der Strom in der Spule eilt der an ihr anliegenden Spannung um 90° nach, sodass gilt:

$$I_L = I_{L,\mathrm{max}} \cos\,(\omega t - 90°)\,.$$

Wegen $I_{L,\mathrm{max}} = U_\mathrm{max}/X_L$ erhalten wir

$$I_L = \frac{U_\mathrm{max}}{X_L}\,\cos\,(\omega t - 90°)\,.$$

c) Der der Spannungsquelle entnommene Gesamtstrom ist

$$I = I_R + I_L \,.$$

Wir erstellen nun das Zeigerdiagramm mit den einzelnen Strömen im gegebenen Stromkreis. Der Momentanwert ist die jeweilige Projektion des betreffenden Zeigers auf die horizontale Achse, und der Zeiger I des Gesamtstroms entspricht der Summe der Zeiger der Einzelströme: $I = I_L + I_R$.

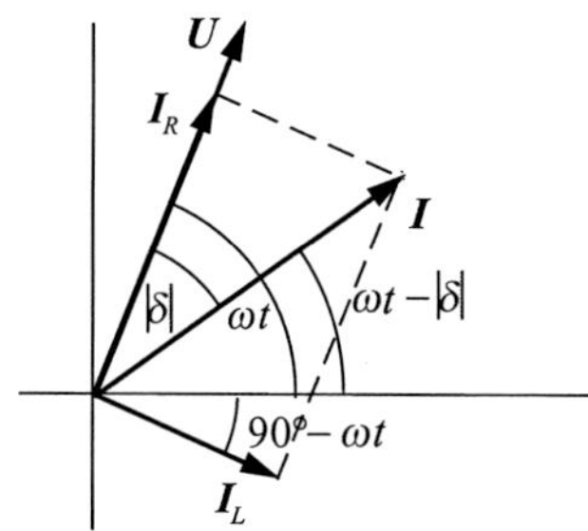

Der maximale Strom durch die Parallelschaltung mit der Impedanz Z ist U_{max}/Z. Daher gilt für den Strom

$$I = I_{max} \cos (\omega t - |\delta|), \qquad \text{mit} \qquad I_{max} = \frac{U_{max}}{Z}.$$

Dem Zeigerdiagramm können wir folgenden Zusammenhang entnehmen:

$$I_{max}^2 = I_{R,max}^2 + I_{L,max}^2 = \left(\frac{U_{max}}{R}\right)^2 + \left(\frac{U_{max}}{X_L}\right)^2$$

$$= U_{max}^2 \left(\frac{1}{R}^2 + \frac{1}{X_L}^2\right) = \frac{U_{max}^2}{Z^2}.$$

Also ist

$$I_{max} = \frac{U_{max}}{Z}, \qquad \text{mit} \qquad \frac{1}{Z^2} = \frac{1}{R^2} + \frac{1}{X_L^2}.$$

In der oben bereits aufgestellten Gleichung

$$I = I_{max} \cos (\omega t - |\delta|)$$

gilt dabei für den Phasenwinkel δ

$$\tan |\delta| = \frac{I_{L,max}}{I_{R,max}} = \frac{U_{max}/X_L}{U_{max}/R} = \frac{R}{X_L}.$$

Filter und Gleichrichter

L26.15 Wir erstellen das Zeigerdiagramm für diesen Hochpassfilter. U_E ist der Zeiger für die Eingangsspannung. Die Projektion des Zeigers U_E auf die horizontale Achse entspricht der Eingangsspannung U_E, und die Projektion von U_R auf die horizontale Achse entspricht der am Widerstand anliegenden Ausgangsspannung $U_R = U_A$.

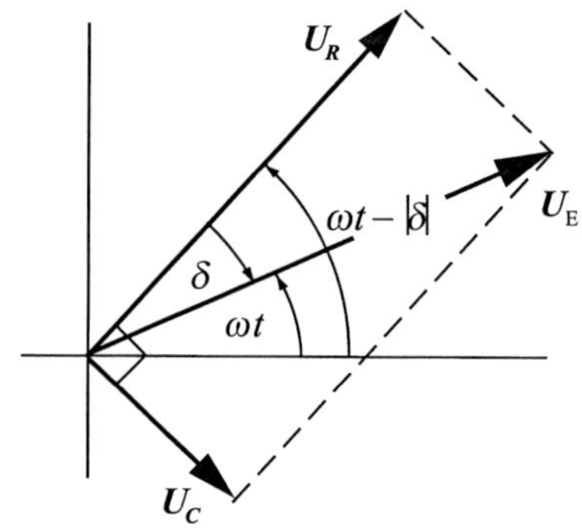

Somit ist die angelegte Spannung gegeben durch

$$U_E = U_{max} \cos \omega t ,$$

wobei gilt: $U_{max} = I_{max}\, Z$ und $Z^2 = R^2 + X_C^2$.

Für den Phasenwinkel δ gilt $\tan \delta = -X_C/R$. Der Phasenwinkel ist negativ; das bedeutet, U_E eilt U_R um $|\delta|$ nach.

Wegen $\delta < 0$ ist außerdem $\omega t + |\delta| = \omega t - \delta$.

Für die Spannung am Ohm'schen Widerstand gilt

$$U_R = U_{R,max} \cos (\omega t - \delta) ,$$

mit $U_{R,max} = U_H = I_{max}\, R$.

Mit der eben angegebenen Gleichung für Z^2 und dem bekannten Ausdruck $X_C = 1/(\omega C)$ erhalten wir

$$Z = \sqrt{R^2 + \left(\frac{1}{\omega C}\right)^2}.$$

Wegen $U_A = U_R$ ergibt sich

$$U_A = U_{R,max} \cos (\omega t - \delta) = I_{max}\, R \cos (\omega t - \delta)$$
$$= \frac{U_{max}}{Z}\, R \cos (\omega t - \delta).$$

Hierin setzen wir den eben ermittelten Ausdruck für Z ein und vereinfachen:

$$U_A = \frac{U_{max}}{\sqrt{R^2 + \left(\dfrac{1}{\omega C}\right)^2}}\, R \cos (\omega t - \delta)$$

$$= \frac{U_{max}}{\sqrt{1 + \left(\dfrac{1}{\omega R C}\right)^2}} \cos (\omega t - \delta) = U_H \cos (\omega t - \delta).$$

Darin ist $\quad U_H = \dfrac{U_{max}}{\sqrt{1 + \left(\dfrac{1}{\omega R C}\right)^2}}.$

Wenn die Kreisfrequenz ω sehr groß wird, dann wird der Ausdruck in der Klammer unter der Wurzel sehr klein, und U_H strebt gegen U_{max}. Die Eingangsspannung wird also umso besser durchgelassen, je höher ihre Frequenz ist, und die Bezeichnung Hochpassfilter ist gerechtfertigt.

L26.16 Gemäß der Kirchhoff'schen Maschenregel gilt für die Eingangsseite des Filters $U_E - U_C - R\,I = 0$. Darin ist U_E die Eingangsspannung und U_C die Spannung am Kondensator. Die Eingangsspannung ist eine Wechselspannung, sodass folgt:

$$U_{\max} \cos \omega t - U_C - R\,\frac{\mathrm{d}q}{\mathrm{d}t} = 0\,.$$

Wegen $q = C\,U_C$ gilt

$$\frac{\mathrm{d}q}{\mathrm{d}t} = \frac{\mathrm{d}}{\mathrm{d}t}(C\,U_C) = C\,\frac{\mathrm{d}U_C}{\mathrm{d}t}\,.$$

Das setzen wir ein und erhalten

$$U_{\max} \cos \omega t - U_C - R\,C\,\frac{\mathrm{d}U_C}{\mathrm{d}t} = 0\,.$$

Diese Differenzialgleichung beschreibt die Potenzialdifferenz am Kondensator. Weil sich während einer Zeitkonstanten die Spannung nicht wesentlich ändert, können wir schreiben

$$\frac{\mathrm{d}U_C}{\mathrm{d}t} = 0 \qquad \text{bzw.} \qquad R\,C\,\frac{\mathrm{d}U_C}{\mathrm{d}t} = 0\,.$$

Einsetzen in die vorige Gleichung liefert

$$U_{\max} \cos \omega t - U_C = 0\,, \qquad \text{also} \qquad U_C = U_{\max} \cos \omega t\,.$$

Für den Spannungsabfall über dem Widerstand gilt daher

$$U_R = R\,C\,\frac{\mathrm{d}U_C}{\mathrm{d}t} = R\,C\,\frac{\mathrm{d}}{\mathrm{d}t}(U_{\max} \cos \omega t)\,.$$

Das bedeutet, die Ausgangsspannung ist – im Rahmen der angenommenen Näherung – proportional zur Ableitung der Eingangsspannung nach der Zeit.

L26.17 Wie in Aufgabe 26.15 gezeigt wurde, gilt

$$U_H = \frac{U_{\max}}{\sqrt{1 + \left(\dfrac{1}{\omega\,R\,C}\right)^2}} \qquad \text{bzw.} \qquad \frac{U_H}{U_{\max}} = \frac{1}{\sqrt{1 + \left(\dfrac{1}{\omega\,R\,C}\right)^2}}\,.$$

Mit den beiden Frequenzen ν und $\nu_{3\,\mathrm{dB}}$ ergibt sich daraus

$$\frac{U_H}{U_{\max}} = \frac{1}{\sqrt{1 + \left(\dfrac{\nu_{3\,\mathrm{dB}}}{\nu}\right)^2}} = \frac{\nu}{\sqrt{\nu_{3\,\mathrm{dB}}^2 \left(1 + \dfrac{\nu^2}{\nu_{3\,\mathrm{dB}}^2}\right)}}\,.$$

Bei $\nu \ll \nu_{3\,\mathrm{dB}}$ wird dies zu $U_H/U_{\max} \approx \nu/\nu_{3\,\mathrm{dB}}$, da der Klammerausdruck unter der Wurzel dann nahezu gleich 1 ist. Einsetzen in die gegebene Gleichung

$$\beta = (20\,\mathrm{dB}) \log_{10} \frac{U_H}{U_{\max}}$$

liefert

$$\beta \approx (20\,\mathrm{dB}) \log_{10} \frac{\nu}{\nu_{3\,\mathrm{dB}}}\,.$$

Bei halber Frequenz, also eine Oktave darunter, gilt

$$\beta' \approx (20\,\mathrm{dB}) \log_{10} \frac{\nu/2}{\nu_{3\,\mathrm{dB}}}\,,$$

und die Differenz ergibt sich zu

$$\Delta\beta = \beta' - \beta \approx (20\,\mathrm{dB}) \log_{10} \frac{\nu/2}{\nu_{3\,\mathrm{dB}}} - (20\,\mathrm{dB}) \log_{10} \frac{\nu}{\nu_{3\,\mathrm{dB}}}$$

$$= (20\,\mathrm{dB}) \left(-\log_{10} \tfrac{1}{2}\right) \approx -6\,\mathrm{dB}\,.$$

L26.18 Wir erstellen das Zeigerdiagramm für diesen Tiefpassfilter. U_E ist die Eingangsspannung. Die Projektion des Zeigers $\boldsymbol{U}_E$ auf die horizontale Achse entspricht der Eingangsspannung U_E, und die Projektion von $\boldsymbol{U}_C$ auf die horizontale Achse entspricht der am Kondensator anliegenden Ausgangsspannung $U_C = U_A$. Dabei ist ϕ der Winkel zwischen der horizontalen Achse und $\boldsymbol{U}_C$.

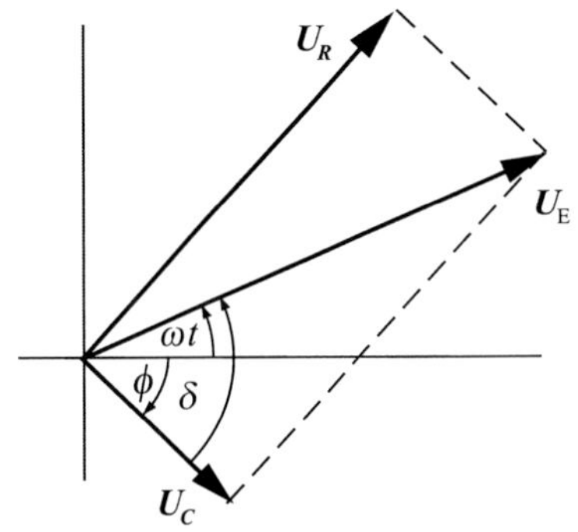

a) Die Eingangsspannung ist gegeben durch

$$U_E = U_{\max} \cos \omega t\,,$$

wobei gilt: $U_{\max} = I_{\max}\,Z$ und $Z^2 = R^2 + X_C^2$.

Die Ausgangsspannung ist gegeben durch

$$U_A = U_C = U_{C,\max} \cos \phi = I_{\max}\,X_C \cos \phi\,.$$

Mit dem in der Abbildung dargestellten Phasenwinkel δ erhalten wir daraus

$$U_A = I_{\max}\,X_C \cos(\omega t - \delta) = \frac{U_{\max}}{Z}\,X_C \cos(\omega t - \delta)\,.$$

Mit der eben angegebenen Gleichung für Z^2 und dem bekannten Ausdruck $X_C = 1/(\omega\,C)$ erhalten wir

$$Z = \sqrt{R^2 + \left(\frac{1}{\omega\,C}\right)^2}\,.$$

Das setzen wir in die gerade ermittelte Gleichung für die Ausgangsspannung ein und vereinfachen:

$$U_A = \frac{U_{\max}}{\sqrt{R^2 + \left(\dfrac{1}{\omega\,C}\right)^2}}\,\frac{1}{\omega\,C} \cos(\omega t - \delta)$$

$$= \frac{U_{\max}}{\sqrt{1 + (\omega\,R\,C)^2}} \cos(\omega t - \delta) = U_T \cos(\omega t - \delta)\,.$$

Darin ist $\quad U_{\mathrm{T}} = \dfrac{U_{\max}}{\sqrt{1 + (\omega R C)^2}}$.

b) Wenn die Kreisfrequenz ω sehr klein wird, dann wird der Ausdruck in der Klammer unter der Wurzel sehr klein, und U_{T} strebt gegen $U_{\max}$. Physikalisch bedeutet dies, dass X_C bei sehr tiefen Frequenzen sehr klein ist, sodass eine höhere Maximalspannung ausgegeben wird als bei höheren Frequenzen. Anders ausgedrückt: Die Eingangsspannung wird umso besser durchgelassen, je niedriger ihre Frequenz ist (daher rührt die Bezeichnung Tiefpassfilter für diese Schaltung).

Wenn die Kreisfrequenz ω aber sehr groß wird, dann wird der Nenner des Bruchs sehr groß, und U_{T} strebt gegen null. Physikalisch bedeutet dies, dass X_C bei hohen Frequenzen sehr klein ist, sodass eine wesentlich geringere Maximalspannung ausgegeben wird als bei tiefen Frequenzen.

L26.19 Bei Eingangsspannungen U_{E} über $0{,}60\,\mathrm{V}$ entspricht die Ausgangsspannung U_{A} der um $0{,}60\,\mathrm{V}$ verminderten Eingangsspannung. Dagegen ist bei Werten von U_{E} unterhalb von $0{,}60\,\mathrm{V}$ die Ausgangsspannung gleich null.

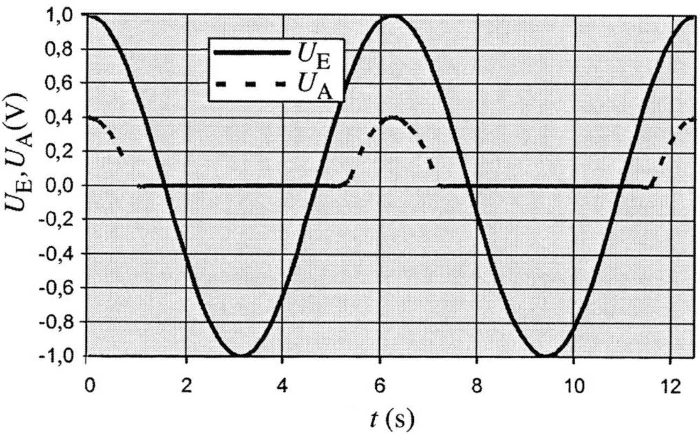

Die Kurven in der Abbildung wurden mit einen Tabellenkalkulationsprogramm erzeugt, wobei die Einheiten für die maximale Spannung und die Kreisfrequenz willkürlich gewählt wurden.

L26.20 Für den zeitlichen Verlauf der Spannung am Kondensator gilt $U_C = U_{\mathrm{E}}\, e^{-t/(RC)}$. Wir nähern die Exponentialfunktion durch die Reihenentwicklung an:

$$ e^{-t/(RC)} \approx 1 - \frac{1}{RC}\, t . $$

Soll die Spannung um weniger als $5\,\%$ sinken, muss gelten:

$$ 1 - \frac{1}{RC}\, t \le 0{,}95 \quad \text{bzw.} \quad C \ge \frac{20}{R}\, t . $$

Wegen $\nu = 60\,\mathrm{s}^{-1}$ wird die Spannung nach jeweils $(1/60)\,\mathrm{s}$ wieder positiv. Also setzen wir $t = (1/60)\,\mathrm{s}$, sodass für die Kapazität ungefähr gelten muss:

$$ C \ge \frac{20}{1{,}00\,\mathrm{k\Omega}} \left(\frac{1}{60}\,\mathrm{s} \right) = 330\,\mathrm{\mu F} . $$

LC-Stromkreise mit Wechselspannungsquelle

L26.21 a) Mit $X_L = \omega L$ erhalten wir für die Amplitude des Stroms durch die Spule

$$ I_{L,\max} = \frac{U_{\max}}{X_L} = \frac{U_{\max}}{\omega L} = \frac{100\,\mathrm{V}}{\omega\,(4{,}00\,\mathrm{H})} = \frac{25{,}0\,\mathrm{V \cdot H^{-1}}}{\omega} . $$

Der Strom eilt der Spannung um $90°$ nach.

Entsprechend gilt beim Kondensator $X_C = 1/(\omega C)$, und für die Amplitude des Stroms durch den Kondensator ergibt sich

$$ I_{C,\max} = \frac{U_{\max}}{X_C} = \frac{U_{\max}}{1/(\omega C)} = U_{\max} C\, \omega $$
$$ = (100\,\mathrm{V})\,(25{,}0\,\mathrm{\mu F})\,\omega = (2{,}50\,\mathrm{mV \cdot F})\,\omega . $$

Der Strom eilt der Spannung um $90°$ voraus.

b) Wenn der Generatorstrom I_{G} null sein soll, dann muss gelten $|I_L| = |I_C|$ und daher

$$ \frac{U_{\mathrm{G}}}{\omega L} = \frac{U_{\mathrm{G}}}{1/(\omega C)} = \omega C\, U_{\mathrm{G}} . $$

Daraus ergibt sich die Kreisfrequenz zu

$$ \omega = \frac{1}{\sqrt{LC}} = \frac{1}{\sqrt{(4{,}00\,\mathrm{H})\,(25{,}0\,\mathrm{\mu F})}} = 100\,\mathrm{rad \cdot s^{-1}} . $$

c) Im Resonanzfall ist die Stromstärke in der Spule

$$ I_{L,\mathrm{Res}} = \frac{25{,}0\,\mathrm{V \cdot H^{-1}}}{100\,\mathrm{s^{-1}}} \cos\left(\omega t - \pi/2\right) $$
$$ = (250\,\mathrm{mA}) \cos\left(\omega t - \pi/2\right) , $$

mit $\omega = 100\,\mathrm{rad \cdot s^{-1}}$. Die Stromstärke im Kondensator ergibt sich bei derselben Kreisrequenz ω zu

$$ I_{C,\mathrm{Res}} = (2{,}50\,\mathrm{mV \cdot F})\,(100\,\mathrm{s^{-1}}) \cos\left(\omega t + \pi/2\right) $$
$$ = -(250\,\mathrm{mA}) \cos\left(\omega t + \pi/2\right) . $$

d) In der Abbildung ist das Zeigerdiagramm für den Fall dargestellt, dass der induktive Blindwiderstand größer als der kapazitive Blindwiderstand ist.

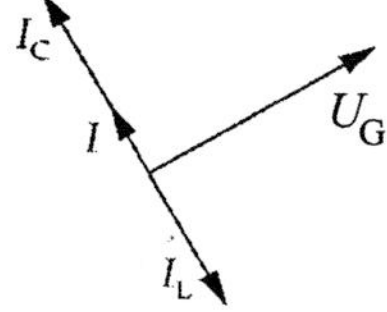

RLC-Stromkreise mit Wechselspannungsquelle

L26.22 Die Abbildung zeigt den Zusammenhang zwischen den Größen δ, $X_L - X_C$, R und Z.

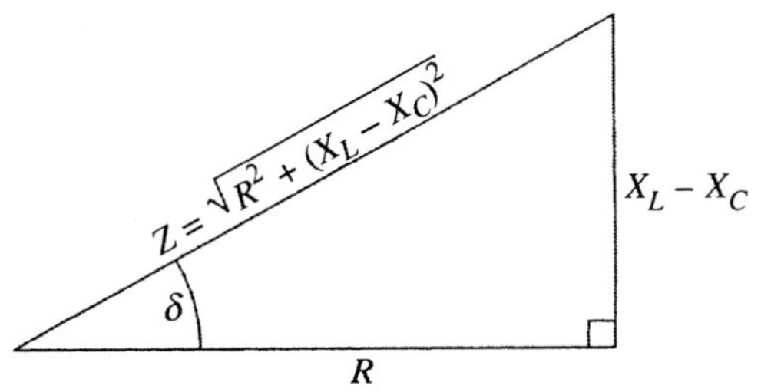

Diesem Referenzdreieck entnehmen wir, dass für den Leistungsfaktor gilt:

$$\cos \delta = \frac{R}{Z} = \frac{R}{\sqrt{R^2 + (X_L - X_C)^2}} \, .$$

a) Wenn der Stromkreis keine Induktivität enthält, ist $X_L = 0$, und wir erhalten für den Leistungsfaktor

$$\cos \delta = \frac{R}{\sqrt{R^2 + X_C^2}} = \frac{R}{\sqrt{R^2 + \dfrac{1}{\omega^2 C^2}}}$$

$$= \frac{80 \, \Omega}{\sqrt{(80 \, \Omega)^2 + \dfrac{1}{(400 \, \mathrm{s}^{-1})^2 \, (20 \, \mu\mathrm{F})^2}}} = 0{,}54 \, .$$

b) Die effektive Stromstärke ergibt sich zu

$$I_{\mathrm{eff}} = \frac{U_{\mathrm{eff}}}{Z} = \frac{U_{\mathrm{max}}/\sqrt{2}}{\sqrt{R^2 + X_C^2}} = \frac{U_{\mathrm{max}}}{\sqrt{2} \sqrt{R^2 + \dfrac{1}{\omega^2 C^2}}}$$

$$= \frac{20 \, \mathrm{V}}{\sqrt{2} \sqrt{(80 \, \Omega)^2 + \dfrac{1}{(400 \, \mathrm{s}^{-1})^2 \, (20 \, \mu\mathrm{F})^2}}}$$

$$= 95{,}3 \, \mathrm{mA} = 95 \, \mathrm{mA} \, .$$

c) Die vom Generator abgegebene mittlere Leistung ist

$$\langle P \rangle = R \, I_{\mathrm{eff}}^2 = (80 \, \Omega) \, (95{,}3 \, \mathrm{mA})^2 = 0{,}73 \, \mathrm{W} \, .$$

L26.23 Die Impedanz ist $Z = \sqrt{R^2 + (X_L - X_C)^2}$.

a) Wenn nur ein Ohm'scher Widerstand vorhanden ist, dann ist $X = 0$, und wir erhalten für die mittlere Leistung

$$\langle P \rangle = \frac{R \, U_{\mathrm{eff}}^2}{Z^2} = \frac{R \, U_{\mathrm{eff}}^2}{R^2} = \frac{U_{\mathrm{eff}}^2}{R} \, .$$

b) und c) Wenn *kein* Ohm'scher Widerstand vorhanden ist, dann ist $R = 0$, und wir erhalten für die mittlere Leistung

$$\langle P \rangle = \frac{R \, U_{\mathrm{eff}}^2}{Z^2} = \frac{(0) \, U_{\mathrm{eff}}^2}{(X_L - X_C)^2} = 0 \, .$$

Anmerkung: In einer idealen Induktion erfolgt also, wie auch in einer idealen Kapazität, keine Dissipation von Energie, d. h., es wird darin keine Energie umgesetzt.

L26.24 Der Gütefaktor ist

$$Q = \frac{\nu_0}{\Delta \nu} = \frac{100{,}1 \, \mathrm{MHz}}{0{,}050 \, \mathrm{MHz}} \approx 2{,}0 \cdot 10^3 \, .$$

L26.25 a) Wegen der Parallelschaltung von Widerstand und Kondensator sind die Spannungsabfälle an ihnen gleich. Außerdem ist der Gesamtstrom gleich der Summe der Ströme durch den Widerstand und durch den Kondensator. Jedoch sind beide Ströme nicht in Phase, sodass wir ein Zeigerdiagramm erstellen müssen. Die Amplituden der anglegten Spannung bzw. der Ströme entsprechen jeweils dem Betrag des Zeigers:

$$|\boldsymbol{U}| = U_{\mathrm{max}} \, , |\boldsymbol{I}| = I_{\mathrm{max}} \, , |\boldsymbol{I}_R| = U_{R,\mathrm{max}} \, , |\boldsymbol{I}_C| = U_{C,\mathrm{max}} \, .$$

a) Die von der Spannungsquelle abgegebene Spannung ist gegeben durch $U = U_{\mathrm{max}} \cos \omega t$. Also gilt für den Spannungsabfall am Widerstand und am Kondensator

$$U_{\mathrm{max}} \cos \omega t = R \, I_R \, .$$

Beim Widerstand ist der Strom mit dem Spannungsabfall an ihm in Phase. Daher ergibt sich mit dem Ohm'schen Gesetz $I_{R,\mathrm{max}} = U_{\mathrm{max}}/R$ für den Strom durch den Widerstand

$$I_R = I_{R,\mathrm{max}} \cos \omega t = \frac{U_{\mathrm{max}}}{R} \cos \omega t \, .$$

b) Beim Kondensator eilt der Strom dem Spannungsabfall um $90°$ voraus, sodass mit $I_{C,\mathrm{max}} = U_{\mathrm{max}}/X_C$ für den Strom durch den Kondensator gilt

$$I_C = I_{C,\mathrm{max}} \cos \left(\omega t + 90° \right) = \frac{U_{\mathrm{max}}}{X_C} \cos \left(\omega t + 90° \right) \, .$$

c) Wir erstellen nun das Zeigerdiagramm mit den einzelnen Strömen im gegebenen Stromkreis. Der Momentanwert ist die Projektion des betreffenden Zeigers auf die horizontale Achse, und der Zeiger $\boldsymbol{I}$ des Gesamtstroms entspricht der Summe der Zeiger der Einzelströme: $\boldsymbol{I} = \boldsymbol{I}_R + \boldsymbol{I}_C$.

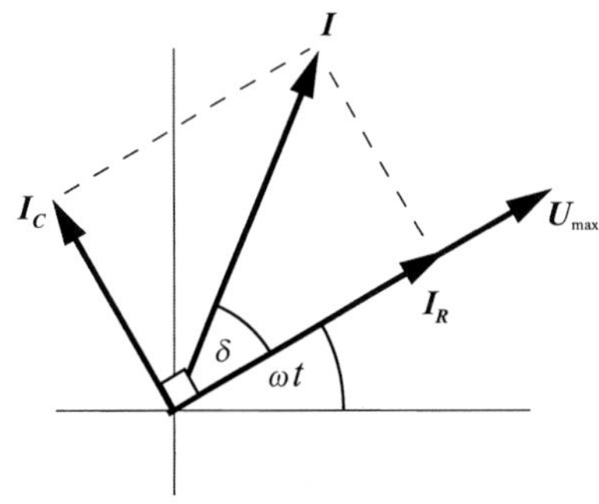

Der maximale Gesamtstrom durch die Schaltung ist U_{max}/Z, sodass für den Gesamtstrom gilt:

$$I = I_{\mathrm{max}} \cos \left(\omega t - |\delta| \right) \, , \qquad \text{mit} \qquad I_{\mathrm{max}} = \frac{U_{\mathrm{max}}}{Z} \, .$$

Dem Zeigerdiagramm können wir folgenden Zusammenhang entnehmen:

$$I_{\max}^2 = I_{R,\max}^2 + I_{C,\max}^2 = \left(\frac{U_{\max}}{R}\right)^2 + \left(\frac{U_{\max}}{X_C}\right)^2$$

$$= U_{\max}^2 \left(\frac{1}{R}^2 + \frac{1}{X_C}^2\right) = \frac{U_{\max}^2}{Z^2}\,.$$

Also ist

$$I_{\max} = \frac{U_{\max}}{Z}\,, \qquad \text{mit} \qquad \frac{1}{Z^2} = \frac{1}{R^2} + \frac{1}{X_C^2}\,.$$

Dem Phasendiagramm entnehmen wir den Zusammenhang

$$I = I_{\max} \cos\left(\omega t + \delta\right),$$

wobei für den Phasenwinkel δ gilt:

$$\tan \delta = \frac{I_{C,\max}}{I_{R,\max}} = \frac{U_{\max}/X_C}{U_{\max}/R} = \frac{R}{X_C}\,.$$

L26.26 Wir ermitteln zunächst die Stromstärke im Stromkreis und berechnen daraus dann die einzelnen Spannungsabfälle. Mit der Generatorspannung U_{G} ist die effektive Stromstärke gegeben durch

$$I_{\mathrm{eff}} = \frac{U_{\mathrm{G}}}{Z} = \frac{U_{\mathrm{G}}}{\sqrt{R^2 + (X_L - X_C)^2}}\,.$$

Die beiden Blindwiderstände sind

$$X_L = 2\,\pi\,\nu\,L = 2\,\pi\,(60\,\mathrm{s^{-1}})\,(137\,\mathrm{mH}) = 51{,}648\,\Omega\,,$$

$$X_C = \frac{1}{2\,\pi\,\nu\,C} = \frac{1}{2\,\pi\,(60\,\mathrm{s^{-1}})\,(25\,\mu\mathrm{F})} = 106{,}10\,\Omega\,.$$

Damit ergibt sich die Stromstärke zu

$$I_{\mathrm{eff}} = \frac{115\,\mathrm{V}}{\sqrt{(50\,\Omega)^2 + (51{,}648\,\Omega - 106{,}10\,\Omega)^2}} = 1{,}5556\,\mathrm{A}\,.$$

a) Der Spannungsabfall zwischen A und B ist

$$U_{AB} = I_{\mathrm{eff}}\,X_L = (1{,}5556\,\mathrm{A})(51{,}648\,\Omega) = 80{,}344\,\mathrm{V} = 80\,\mathrm{V}\,.$$

b) Der Spannungsabfall zwischen B und C ist

$$U_{BC} = I_{\mathrm{eff}}\,R = (1{,}5556\,\mathrm{A})\,(50\,\Omega) = 77{,}780\,\mathrm{V} = 78\,\mathrm{V}\,.$$

c) Der Spannungsabfall zwischen C und D ist

$$U_{CD} = I_{\mathrm{eff}}\,X_C = (1{,}5556\,\mathrm{A})\,(106{,}10\,\Omega) = 165{,}05\,\mathrm{V}$$

$$= 0{,}17\,\mathrm{kV}\,.$$

d) Wie aus dem Zeigerdiagramm in der ersten Abbildung hervorgeht, eilt der Spannungsabfall an der Spule dem Spannungsabfall am Widerstand voraus.

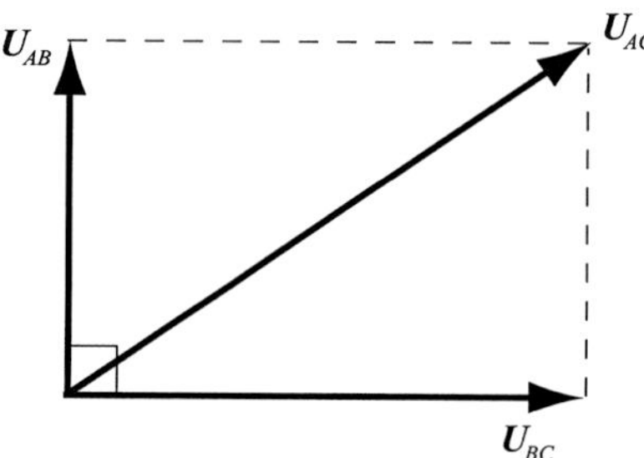

Gemäß dem Satz des Pythagoras ergibt sich der Spannungsabfall zwischen A und C zu

$$U_{AC} = \sqrt{U_{AB}^2 + U_{BC}^2} = \sqrt{(80{,}0\,\mathrm{V})^2 + (77{,}780\,\mathrm{V})^2}$$

$$= 111{,}58\,\mathrm{V} = 0{,}11\,\mathrm{kV}\,.$$

e) Wie aus dem Zeigerdiagramm in der zweiten Abbildung hervorgeht, eilt der Spannungsabfall am Kondensator dem Spannungsabfall am Widerstand nach.

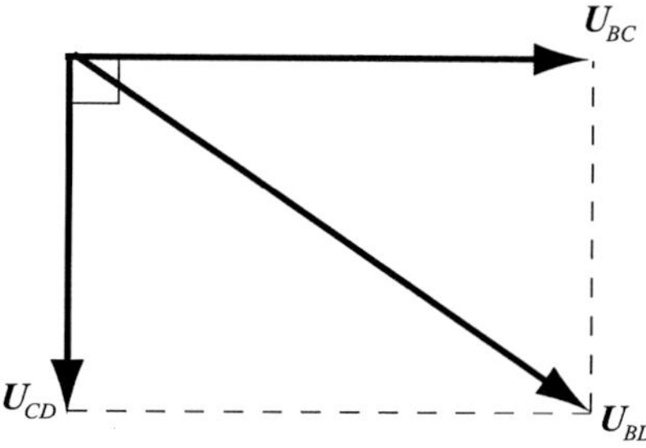

Gemäß dem Satz des Pythagoras ergibt sich der Spannungsabfall zwischen B und D zu

$$U_{BD} = \sqrt{U_{CD}^2 + U_{BC}^2} = \sqrt{(165{,}05\,\mathrm{V})^2 + (77{,}780\,\mathrm{V})^2}$$

$$= 182{,}46\,\mathrm{V} = 0{,}18\,\mathrm{kV}\,.$$

L26.27 Die Abbildungen zeigen für die drei Schaltungen die Abhängigkeit der Impedanz von der Kreisfrequenz ω. Die gestrichelte Linie ist jeweils die Asymptote für sehr hohe Kreisfrequenzen.

a) RL-Reihenschaltung:

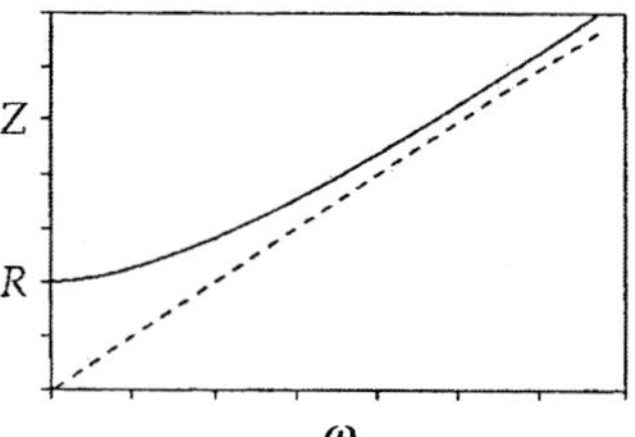

b) *RC*-Reihenschaltung:

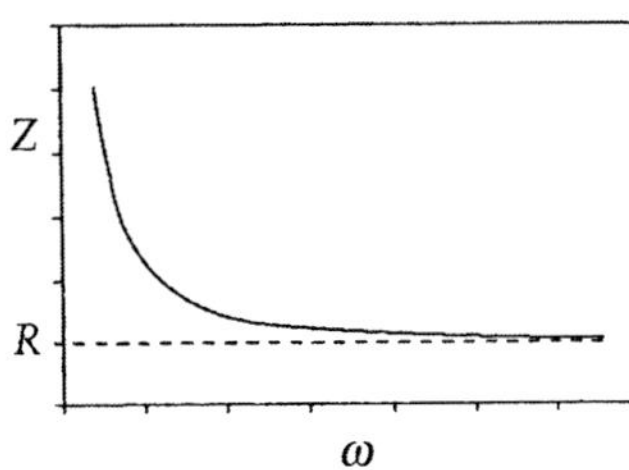

c) *RLC*-Reihenschwingkreis:

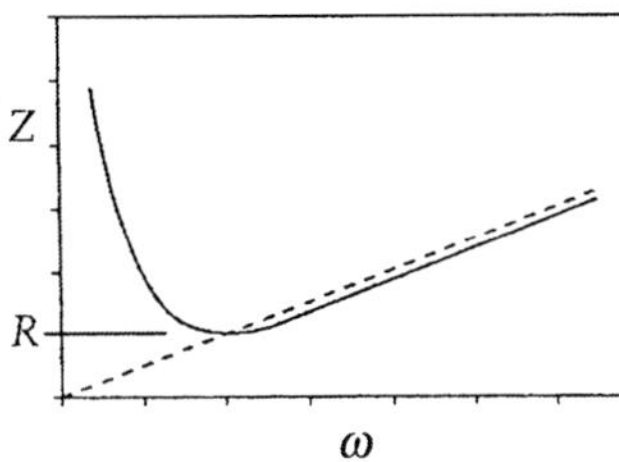

L26.28 a) Wir nutzen die Tatsache aus, dass bei maximaler Stromstärke (also bei Resonanz) $X_L = X_C$ ist. Dabei gilt

$$\omega_0 L = \frac{1}{\omega_0 C},$$

und wir erhalten

$$L = \frac{1}{\omega_0^2 C} = \frac{1}{(5000\,\text{rad} \cdot \text{s}^{-1})^2 (10\,\mu\text{F})} = 4{,}0\,\text{mH}.$$

b) Die maximale Stromstärke (bei Resonanz) ist gleich dem Quotienten aus der maximalen Spannung und der Impedanz. Bei Resonanz ist $X_L = X_C$ bzw. $X = 0$, und die Impedanz ist gleich dem Ohm'schen Widerstand. Dabei ist die Stromstärke

$$I_{\text{eff,max}} = \frac{U_{\text{eff}}}{Z} = \frac{U_{\text{max}}}{\sqrt{2}\,Z} = \frac{10\,\text{V}}{\sqrt{2}\,(100\,\Omega)} = 71\,\text{mA}.$$

L26.29 a) Für die Resonanzfrequenz erhalten wir

$$\omega_0 = \frac{1}{\sqrt{LC}} = \frac{1}{\sqrt{(10\,\text{mH})\,(2{,}0\,\mu\text{F})}} = 7{,}1 \cdot 10^3\,\text{rad} \cdot \text{s}^{-1}.$$

b) Im Resonanzfall ($X_L = X_C$) ist die Stromstärke

$$I_{\text{eff,Res.}} = \frac{U_{\text{eff}}}{R} = \frac{U_{\text{max}}}{\sqrt{2}\,R} = \frac{100\,\text{V}}{\sqrt{2}\,(5{,}0\,\Omega)} = 14\,\text{A}.$$

c) Bei 8000 rad/s sind die Impedanzen

$$X_C = \frac{1}{\omega C} = \frac{1}{(8000\,\text{rad} \cdot \text{s}^{-1})\,(2{,}0\,\mu\text{F})} = 62{,}50\,\Omega = 63\,\Omega,$$

$$X_L = \omega L = (8000\,\text{rad} \cdot \text{s}^{-1})\,(10\,\text{mH}) = 80\,\Omega.$$

d) Mit den Ergebnissen von Teilaufgabe c ergibt sich für die Impedanz

$$Z = \sqrt{R^2 + (X_L - X_C)^2}$$
$$= \sqrt{(5{,}0\,\Omega)^2 + (80\,\Omega - 62{,}50\,\Omega)^2} = 18{,}2\,\Omega = 18\,\Omega.$$

e) Bei 8000 rad/s ergibt sich die effektive Stromstärke zu

$$I_{\text{eff}} = \frac{U_{\text{eff}}}{Z} = \frac{U_{\text{max}}}{\sqrt{2}\,Z} = \frac{100\,\text{V}}{\sqrt{2}\,(18{,}2\,\Omega)} = 3{,}9\,\text{A}.$$

f) Für den Phasenwinkel erhalten wir

$$\delta = \text{atan}\left(\frac{X_L - X_C}{R}\right) = \text{atan}\left(\frac{80\,\Omega - 62{,}50\,\Omega}{5{,}0\,\Omega}\right) = 74°.$$

L26.30 a) Mit der Resonanzfrequenz $\omega_0 = 1/\sqrt{LC}$ ergibt sich der Gütefaktor zu

$$Q = \frac{\omega_0 L}{R} = \frac{L}{\sqrt{LC}\,R} = \frac{1}{R}\sqrt{\frac{L}{C}} = \frac{1}{5{,}0\,\Omega}\sqrt{\frac{10\,\text{mH}}{2{,}0\,\mu\text{F}}}$$
$$= 14{,}1 = 14.$$

b) Die Resonanzfrequenz ω_0 wurde in Aufgabe 26.29 zu $7{,}1 \cdot 10^3\,\text{rad} \cdot \text{s}^{-1}$ berechnet. Damit ergibt sich mit dem eben ermittelten Gütefaktor 14,1 die Bandbreite zu

$$\Delta\omega = \frac{\omega_0}{Q} = \frac{7{,}1 \cdot 10^3\,\text{rad} \cdot \text{s}^{-1}}{2\,\pi\,(14{,}1)} = 504\,\text{rad} \cdot \text{s}^{-1}.$$

Das entspricht einer Frequenzbandbreite von 80 Hz.

c) Mit $\omega = 8000\,\text{rad} \cdot \text{s}^{-1}$ ergibt sich der Leistungsfaktor zu

$$\cos\delta = \frac{R}{Z} = \frac{R}{\sqrt{R^2 + (X_L - X_C)^2}}$$
$$= \frac{R}{\sqrt{R^2 + \left(\omega L - \dfrac{1}{\omega C}\right)^2}}$$
$$= \frac{5{,}0\,\Omega}{\sqrt{(5{,}0\,\Omega)^2 + \left(\omega\,(10\,\text{mH}) - \dfrac{1}{\omega\,(2{,}0\,\mu\text{F})}\right)^2}}$$
$$= 0{,}27.$$

L26.31 a) Der maximale Strom durch die Spule ist

$$I_{\text{max}} = \frac{U_{\text{max}}}{Z} = \frac{100\,\text{V}}{10\,\Omega} = 10\,\text{A}.$$

b) Für den Phasenwinkel erhalten wir

$$\delta = \text{acos}\,\frac{R}{Z} = \text{asin}\,\frac{X_L}{Z} = \text{asin}\,\frac{8{,}0\,\Omega}{10\,\Omega} = 53°.$$

c) Damit der Strom mit der Generatorspannung in Phase ist, muss gelten $X_L = X_C = 1/(\omega C)$. Für die benötigte Kapazität ergibt sich daraus

$$C = \frac{1}{\omega X_L} = \frac{1}{2\pi\nu X_L} = \frac{1}{2\pi(60\,\mathrm{s}^{-1})(8{,}0\,\Omega)} = 332\,\mu\mathrm{F}$$
$$= 0{,}33\,\mathrm{mF}\,.$$

d) Bei $X_L = X_C$ gilt für den maximalen Spannungsabfall am Kondensator $U_{C,\mathrm{max}} = X_C\,I_{\mathrm{max}}$. Darin ist $I_{\mathrm{max}} = U_{\mathrm{max}}/R$ der maximale Strom. Außerdem ergibt sich aus der Beziehung

$$Z = \sqrt{R^2 + X^2}$$

ein Ausdruck für den Widerstand:

$$R = \sqrt{Z^2 - X^2}\,.$$

Dies setzen wir in die Gleichung für den Spannungsabfall am Kondensator ein und erhalten

$$U_C = X_C\,I_{\mathrm{max}} = \frac{U_{\mathrm{max}}}{\omega C R} = \frac{U_{\mathrm{max}}}{2\pi\nu C\,\sqrt{Z^2 - X^2}}$$
$$= \frac{100\,\mathrm{V}}{2\pi(60\,\mathrm{s}^{-1})(332\,\mu\mathrm{F})\sqrt{(10\,\Omega)^2 - (8{,}0\,\Omega)^2}}$$
$$= 0{,}13\,\mathrm{kV}\,.$$

L26.32 a) Der maximale Strom ist der Quotient aus dem maximalen Spannungsabfall am Kondensator und dessen Blindwiderstand:

$$I_{\mathrm{max}} = \frac{U_{C,\mathrm{max}}}{X_C} = \omega C\,U_{C,\mathrm{max}}$$
$$= (2500\,\mathrm{rad}\cdot\mathrm{s}^{-1})(8{,}00\,\mu\mathrm{F})(150\,\mathrm{V}) = 3{,}00\,\mathrm{A}\,.$$

b) Der maximale Gesamtstrom ist der Quotient aus der maximal anliegenden Spannung und der Impedanz:

$$I_{\mathrm{max}} = U_{\mathrm{max}}/X_C\,.$$

Mit $Z^2 = R^2 + (X_L - X_C)^2$ folgt daraus

$$\frac{U_{\mathrm{max}}^2}{I_{\mathrm{max}}^2} = R^2 + (X_L - X_C)^2\,.$$

Der kapazitive Blindwiderstand ist

$$X_C = \frac{1}{\omega C} = \frac{1}{(2500\,\mathrm{rad}\cdot\mathrm{s}^{-1})(8{,}00\,\mu\mathrm{F})} = 50{,}0\,\Omega\,.$$

Hiermit sowie mit $X_L = \omega L$ erhalten wir eine in L quadratische Gleichung:

$$\frac{(200\,\mathrm{V})^2}{(3{,}00\,\mathrm{A})^2} = (60{,}0\,\Omega)^2 + \left[(2500\,\mathrm{rad}\cdot\mathrm{s}^{-1})\,L - (50{,}0\,\Omega)\right]^2\,.$$

Sie hat die Lösungen

$$L_+ = \frac{50{,}0\,\Omega + \sqrt{844\,\Omega^2}}{2500\,\mathrm{rad}\cdot\mathrm{s}^{-1}} = 31{,}6\,\mathrm{mH}\,,$$
$$L_- = \frac{50{,}0\,\Omega - \sqrt{844\,\Omega^2}}{2500\,\mathrm{rad}\cdot\mathrm{s}^{-1}} = 8{,}38\,\mathrm{mH}\,.$$

Also sind die erlaubten Bereiche der Induktivität:

$$8{,}00\,\mathrm{mH} < L < 8{,}38\,\mathrm{mH}\,, \quad 31{,}6\,\mathrm{mH} < L < 40{,}0\,\mathrm{mH}\,.$$

L26.33 Für die Gleichung

$$L\,\frac{\mathrm{d}^2 q}{\mathrm{d}t^2} + R\,\frac{\mathrm{d}q}{\mathrm{d}t} + \frac{1}{C}\,q = 0$$

nehmen wir, wie in der Aufgabenstellung gegeben, eine Lösung der folgenden Form an:

$$q = q_0\,\mathrm{e}^{-t/\tau}\cos\omega't\,.$$

Dies leiten wir zweimal nach t ab:

$$\frac{\mathrm{d}q}{\mathrm{d}t} = q_0\left[\mathrm{e}^{-t/\tau}\frac{\mathrm{d}}{\mathrm{d}t}(\cos\omega't) + (\cos\omega't)\frac{\mathrm{d}}{\mathrm{d}t}\,\mathrm{e}^{-t/\tau}\right]$$
$$= q_0\,\mathrm{e}^{-t/\tau}\left[-\omega'\sin\omega't - \frac{1}{\tau}\cos\omega't\right]\,,$$
$$\frac{\mathrm{d}^2 q}{\mathrm{d}t^2} = q_0\,\mathrm{e}^{-t/\tau}\left[\left(\frac{1}{\tau^2} - \omega'^2\right)\cos\omega't + \frac{2\,\omega'}{\tau}\sin\omega't\right]\,.$$

Einsetzen der beiden Ableitungen in die Differenzialgleichung und Vereinfachen liefert

$$L\,q_0\,\mathrm{e}^{-t/\tau}\left[\left(\frac{1}{\tau^2} - \omega'^2\right)\cos\omega't + \frac{2\,\omega'}{\tau}\sin\omega't\right]$$
$$+ R\,q_0\,\mathrm{e}^{-t/\tau}\left(-\omega'\sin\omega't - \frac{1}{\tau}\cos\omega't\right)$$
$$+ \frac{1}{C}\,q_0\,\mathrm{e}^{-t/\tau}\cos\omega't\ =\ 0\,.$$

Weil weder q_0 noch $\mathrm{e}^{-t/\tau}$ null sein können, dürfen wir diese Ausdrücke herauskürzen:

$$L\left(\frac{1}{\tau^2} - \omega'^2\right)\cos\omega't + \frac{2\,L\,\omega'}{\tau}\sin\omega't$$
$$- \omega'R\sin\omega't - \frac{R}{\tau}\cos\omega't + \frac{1}{C}\cos\omega't\ =\ 0\,.$$

Diese Gleichung bringen wir nun in die Form

$$A\cos\omega't + B\sin\omega't = 0$$

und erhalten dadurch

$$(R\,\omega' - R\,\omega')\,\sin\omega't$$
$$+ \left[L\left(\frac{1}{\tau^2} - \omega'^2\right) + \frac{1}{C} - \frac{R}{\tau}\right]\cos\omega't\ =\ 0\,.$$

Das ist gleichbedeutend mit

$$\left[L\left(\frac{1}{\tau^2} - \omega'^2 \right) + \frac{1}{C} - \frac{R}{\tau} \right] \cos \omega' t = 0 .$$

Damit diese Beziehung für alle Werte von t gilt, muss der Koeffizient der Kosinusfunktion null sein:

$$L\left(\frac{1}{\tau^2} - \omega'^2 \right) + \frac{1}{C} - \frac{R}{\tau} = 0 .$$

Mit $\tau = 2\,L/R$ folgt daraus $\omega' = \sqrt{\dfrac{1}{L\,C} - \left(\dfrac{R}{2\,L} \right)^2}$.

Dies muss also gelten, damit $q = q_0\, \mathrm{e}^{-t/\tau} \cos \omega' t$ die gegebene Differenzialgleichung erfüllt.

L26.34 a) Mit der Länge l, der Windungsdichte n/l und der Fläche A erhalten wir für die Induktivität der luftgefüllten Spule

$$L = \mu_0 \left(\frac{n}{l} \right)^2 A\, l$$

$$= (4\pi \cdot 10^{-7}\,\mathrm{N \cdot A^{-2}})\left(\frac{400}{4{,}00\,\mathrm{cm}} \right)^2 \frac{\pi}{4}\,(3{,}00\,\mathrm{cm})^2\,(4{,}00\,\mathrm{cm})$$

$$= 3{,}553\,\mathrm{mH} = 3{,}55\,\mathrm{mH} .$$

b) Die Resonanzbedingung lautet

$$X_L = X_C \qquad \text{bzw.} \qquad 2\,\pi\,\nu_0\,L = \frac{1}{2\,\pi\,\nu_0\,C} . \tag{1}$$

Daraus ergibt sich die Kapazität zu

$$C = \frac{1}{4\,\pi^2\,\nu_0^2\,L} = \frac{1}{4\,\pi^2\,(6{,}0000\,\mathrm{MHz})^2\,(3{,}553\,\mathrm{mH})}$$

$$= 1{,}9803 \cdot 10^{-13}\,\mathrm{F} = 0{,}198\,\mathrm{pF} .$$

c) Die magnetische Suszeptibilität der Probe ist gegeben durch $\chi_{\mathrm{mag}} = \Delta L/L$, und aus Gleichung 1 ergibt sich für die Resonanzfrequenz

$$\nu_0 = \frac{1}{2\,\pi\,\sqrt{L\,C}} .$$

Das leiten wir nach L ab:

$$\frac{\mathrm{d}\nu_0}{\mathrm{d}L} = \frac{1}{2\,\pi\,\sqrt{C}}\,\frac{\mathrm{d}}{\mathrm{d}L} L^{-1/2} = -\frac{1}{4\,\pi\,\sqrt{C}}\, L^{-3/2}$$

$$= -\frac{1}{4\,\pi\,L\,\sqrt{L\,C}} = -\frac{\nu_0}{2\,L} .$$

Annähern der Differenziale durch die Differenzen liefert

$$\frac{\Delta\nu_0}{\Delta L} = -\frac{\nu_0}{2\,L} \qquad \text{sowie} \qquad -2\,\frac{\Delta\nu_0}{\nu_0} = \frac{\Delta L}{L} .$$

Damit ergibt sich für die magnetische Suszeptibilität

$$\chi_{\mathrm{mag}} = \frac{\Delta L}{L} = -2\,\frac{\Delta\nu_0}{\nu_0}$$

$$= -2\,\frac{5{,}9989\,\mathrm{MHz} - 6{,}0000\,\mathrm{MHz}}{6{,}0000\,\mathrm{MHz}} = 3{,}7 \cdot 10^{-4} .$$

Der Transformator

L26.35 a) Die effektiven Spannungen U_{eff} und die Windungsanzahlen n hängen folgendermaßen miteinander zusammen:

$$U_{\mathrm{eff},2}\, n_1 = U_{\mathrm{eff},1}\, n_2 .$$

Damit erhalten wir

$$\frac{n_2}{n_1} = \frac{U_{\mathrm{eff},2}}{U_{\mathrm{eff},1}} = \frac{24\,\mathrm{V}}{230\,\mathrm{V}} \approx \frac{1}{10} .$$

b) Für die Stromstärke in der Primärwicklung gilt

$$I_{\mathrm{eff},1} = \frac{n_2}{n_1}\, I_{\mathrm{eff},2} ,$$

und für die Stromstärke in der Sekundärwicklung gilt

$$I_{\mathrm{eff},2} = U_{\mathrm{eff},2}/Z_2 .$$

Das müssen wir in die Beziehung für die Stromstärke in der Primärwicklung einsetzen. – Aber für das Verhältnis der Windungsanzahlen müssen wir wegen des falschen Anschlusses nicht den eben berechneten Wert $n_2/n_1 \approx 1/10$ einsetzen, sondern dessen Kehrwert. Das ergibt

$$I_{\mathrm{eff},1} = \left(\frac{n_2}{n_1} \right)^{-1} \frac{U_{\mathrm{eff},2}}{Z_2} \approx 10 \cdot \frac{230\,\mathrm{V}}{12\,\Omega} \approx 0{,}2\,\mathrm{kA} .$$

L26.36 a) Weil die Sekundärspule weniger Windungen hat als die Primärspule, wird die Spannung heruntertransformiert.

b) Die Leerlaufspannung im Sekundärkreis ist

$$U_{\mathrm{eff},2} = \frac{n_2}{n_1}\, U_{\mathrm{eff},1} = \frac{8}{400}\,(120\,\mathrm{V}) = 2{,}40\,\mathrm{V} .$$

c) Unter der Annahme, dass keine Leistungsverluste auftreten, gilt $U_{\mathrm{eff},1}\, I_{\mathrm{eff},1} = U_{\mathrm{eff},2}\, I_{\mathrm{eff},2}$, und wir erhalten

$$I_{\mathrm{eff},2} = \frac{U_{\mathrm{eff},1}}{U_{\mathrm{eff},2}}\, I_{\mathrm{eff},1} = \frac{120\,\mathrm{V}}{2{,}40\,\mathrm{V}}\,(0{,}100\,\mathrm{A}) = 5{,}00\,\mathrm{A} .$$

Allgemeine Aufgaben

L26.37 a) Für die effektive Spannung erhalten wir

$$U_{\mathrm{eff}} = \sqrt{\langle U_0^2 \rangle} = U_0 = 12\,\mathrm{V} .$$

b) Nach der beschriebenen Gleichrichtung ist die Spannung in der zweiten Hälfte jeder Periode, also während der Zeitspanne $\frac{1}{2}\,T$, gleich null, und während der ersten Hälfte ist sie gleich U_0. Der Mittelwert einer Größe innerhalb eines Zeitintervalls T ist gleich dem Integral der Größe über dieses Intervall, dividiert durch das Intervall. Mit $U^2 = U_0^2$ in diesem Halbzyklus ergibt sich

$$\langle U^2 \rangle = \frac{U_0^2}{T} \int_0^{T/2} \mathrm{d}t = \frac{U_0^2}{T}\,[t]_0^{T/2} = \tfrac{1}{2}\,U_0^2 ,$$

und die effektive Spannung ist

$$U_{\mathrm{eff}} = \sqrt{\tfrac{1}{2}\,U_0^2} = \frac{U_0}{\sqrt{2}} = \frac{12\,\mathrm{V}}{\sqrt{2}} = 8{,}5\,\mathrm{V} .$$

L26.38 Der Mittelwert einer Größe innerhalb eines Zeitintervalls T ist gleich dem Integral der Größe über dieses Intervall, dividiert durch das Intervall. Die mittlere Stromstärke und die effektive Stromstärke sind also gegeben durch

$$\langle I \rangle = \frac{1}{T} \int_0^T I \, \mathrm{d}t \qquad \text{und} \qquad I_{\mathrm{eff}} = \sqrt{\langle I^2 \rangle} \,.$$

a) Hier ist während der ersten Hälfte jeder Periode T die Stromstärke gegeben durch $I_a = (4{,}0\,\mathrm{A})\, t/T$. Damit ergibt sich die mittlere Stromstärke zu

$$\langle I_a \rangle = \frac{1}{T} \int_0^T \frac{4{,}0\,\mathrm{A}}{T}\, t \, \mathrm{d}t = \frac{4{,}0\,\mathrm{A}}{T^2} \int_0^T t \, \mathrm{d}t$$

$$= \frac{4{,}0\,\mathrm{A}}{T^2} \left[\frac{t^2}{2} \right]_0^T = 2{,}0\,\mathrm{A} \,.$$

Aus dem obigen Ausdruck für die Stromstärke I_a ergibt sich

$$I_a^2 = \frac{(4{,}0\,\mathrm{A})^2}{T^2}\, t^2 \,,$$

und wir erhalten

$$\langle I_a^2 \rangle = \frac{1}{T} \int_0^T \frac{(4{,}0\,\mathrm{A})^2}{T^2}\, t^2 \, \mathrm{d}t = \frac{(4{,}0\,\mathrm{A})^2}{T^3} \left[\frac{t^3}{3} \right]_0^T = \frac{16}{3}\,\mathrm{A}^2 \,.$$

Also ist $I_{\mathrm{eff},a} = \sqrt{\dfrac{16}{3}\,\mathrm{A}^2} = 2{,}3\,\mathrm{A}$.

b) Hier ist während der ersten Hälfte jeder Periode T die Stromstärke $I_b = 4{,}0\,\mathrm{A}$, und während der zweiten Hälfte ist sie null. Damit ergibt sich die mittlere Stromstärke zu

$$\langle I_b \rangle = \frac{4{,}0\,\mathrm{A}}{T} \int_0^{T/2} \mathrm{d}t = \frac{4{,}0\,\mathrm{A}}{T} \, [t]_0^{T/2} = 2{,}0\,\mathrm{A} \,.$$

Wegen $I_b = 4{,}0\,\mathrm{A}$ ist $I_b^2 = (4{,}0\,\mathrm{A})^2$, und wir erhalten

$$\langle I_b^2 \rangle = \frac{(4{,}0\,\mathrm{A})^2}{T} \int_0^{T/2} \mathrm{d}t = \frac{(4{,}0\,\mathrm{A})^2}{T} \, [t]_0^{T/2} = 8{,}0\,\mathrm{A}^2 \,.$$

Also ist $I_{\mathrm{eff},b} = \sqrt{8{,}0\,\mathrm{A}^2} = 2{,}8\,\mathrm{A}$.

L26.39 Gemäß der Kirchhoff'schen Maschenregel gilt

$$U_{1,\mathrm{max}} \cos \omega t + U_2 - R\,I = 0 \,.$$

Daraus ergibt sich für die Stromstärke

$$I = \frac{U_{1,\mathrm{max}}}{R} \cos \omega t + \frac{U_2}{R} = A_1 \cos \omega t + A_2 \,,$$

mit $\quad A_1 = \dfrac{U_{1,\mathrm{max}}}{R} \quad$ und $\quad A_2 = \dfrac{U_2}{R}$.

Wir setzen die Zahlenwerte ein:

$$I = \frac{20\,\mathrm{V}}{36\,\Omega} \cos \left[2\,\pi \, (180\,\mathrm{s}^{-1})\, t \right] + \frac{18\,\mathrm{V}}{36\,\Omega}$$

$$= (0{,}556\,\mathrm{A}) \cos (1131\,\mathrm{s}^{-1}\, t) + 0{,}50\,\mathrm{A} \,.$$

Beim Maximum der Stromstärke gilt

$$\cos (1131\,\mathrm{s}^{-1}\, t) = 1 \,.$$

Damit erhalten wir $I_{\mathrm{max}} = 0{,}556\,\mathrm{A} + 0{,}50\,\mathrm{A} = 1{,}06\,\mathrm{A}$.

Entsprechend gilt beim Minimum der Stromstärke

$$\cos (1131\,\mathrm{s}^{-1}\, t) = -1 \,,$$

und wir erhalten $I_{\mathrm{min}} = -0{,}556\,\mathrm{A} + 0{,}50\,\mathrm{A} = -0{,}06\,\mathrm{A}$.

Weil der Mittelwert von $\cos \omega t$ null ist, ist gemäß der obigen Gleichung die mittlere Stromstärke $\langle I \rangle = 0{,}50\,\mathrm{A}$.

Für das mittlere Quadrat der Stromstärke gilt

$$\langle I^2 \rangle = \langle (A_1 \cos \omega t + A_2)^2 \rangle$$

$$= \langle A_1^2 \cos^2 \omega t + 2\,A_1 A_2 \cos \omega t + A_2^2 \rangle$$

$$= \langle A_1^2 \cos^2 \omega t \rangle + \langle 2\,A_1 A_2 \cos \omega t \rangle + \langle A_2^2 \rangle$$

$$= A_1^2 \langle \cos^2 \omega t \rangle + 2\,A_1 A_2 \langle \cos \omega t \rangle + A_2^2 \,.$$

Wegen $\langle \cos^2 \omega t \rangle = \frac{1}{2}$ und $\langle \cos \omega t \rangle = 0$ folgt daraus

$$\langle I^2 \rangle = \frac{1}{2} A_1^2 + A_2^2 \,.$$

Für die effektive Stromstärke erhalten wir schließlich

$$I_{\mathrm{eff}} = \sqrt{\langle I^2 \rangle} = \sqrt{\tfrac{1}{2} A_1^2 + A_2^2}$$

$$= \sqrt{\frac{1}{2} \left(\frac{U_{1,\mathrm{max}}}{R} \right)^2 + \left(\frac{U_2}{R} \right)^2}$$

$$= \sqrt{\frac{1}{2} \left(\frac{20\,\mathrm{V}}{36\,\Omega} \right)^2 + \left(\frac{18\,\mathrm{V}}{36\,\Omega} \right)^2} = 0{,}64\,\mathrm{A} \,.$$

L26.40 Gemäß der Kirchhoff'schen Maschenregel gilt

$$U_{1,\mathrm{max}} \cos \omega t + U_2 - \frac{q(t)}{C} = 0 \,.$$

Daraus folgt für die Zeitabhängigkeit der Ladung des Kondensators

$$q(t) = C\, (U_{1,\mathrm{max}} \cos \omega t + U_2) = A_1 \cos \omega t + A_2 \,,$$
mit $\quad A_1 = C\, U_{1,\mathrm{max}} \quad$ und $\quad A_2 = C\, U_2 \,.$

Die Stromstärke ist die Ableitung der geflossenen Ladung nach der Zeit, sodass wir erhalten:

$$I = \frac{dq}{dt} = \frac{d}{dt}(A_1 \cos \omega t + A_2)$$
$$= -\omega A_1 \sin \omega t = -\omega C U_{1,\max} \sin \omega t$$
$$= -2\pi (180\,\mathrm{s}^{-1}) (2{,}0\,\mu\mathrm{F}) (20\,\mathrm{V}) \sin [2\pi (180\,\mathrm{s}^{-1})\,t]$$
$$= (-2{,}26\,\mathrm{mA}) \sin (1131\,\mathrm{s}^{-1}\,t)\,.$$

Beim Minimum der Stromstärke gilt

$$\sin (1131\,\mathrm{s}^{-1}\,t) = 1\,.$$

Daraus erhalten wir $I_{\min} = -2{,}3\,\mathrm{mA}$.

Entsprechend gilt beim Maximum der Stromstärke

$$\sin (1131\,\mathrm{s}^{-1}\,t) = -1\,,$$

und wir erhalten $I_{\max} = 2{,}3\,\mathrm{mA}$.

Weil der Kondensator für die Gleichspannungsquelle wie ein offener Schalter wirkt und der Mittelwert der Sinusfunktion über eine gesamte Periode null ist, gilt: $\langle I \rangle = 0$.

Für das mittlere Quadrat der Stromstärke gilt

$$\langle I^2 \rangle = \langle (A_1 \cos \omega t + A_2)^2 \rangle$$
$$= \langle A_1^2 \cos^2 \omega t + 2 A_1 A_2 \cos \omega t + A_2^2 \rangle$$
$$= \langle A_1^2 \cos^2 \omega t \rangle + \langle 2 A_1 A_2 \cos \omega t \rangle + \langle A_2^2 \rangle$$
$$= A_1^2 \langle \cos^2 \omega t \rangle + 2 A_1 A_2 \langle \cos \omega t \rangle + A_2^2\,.$$

Wegen $\langle \cos^2 \omega t \rangle = \frac{1}{2}$ und $\langle \cos \omega t \rangle = 0$ folgt daraus

$$\langle I^2 \rangle = \frac{1}{2} A_1^2 + A_2^2\,.$$

Für die effektive Stromstärke erhalten wir schließlich

$$I_{\mathrm{eff}} = \sqrt{\langle I^2 \rangle} = \sqrt{\tfrac{1}{2} A_1^2 + A_2^2}$$
$$= \sqrt{\tfrac{1}{2} (C U_{1,\max})^2 + (C U_2)^2} = C \sqrt{\tfrac{1}{2} U_{1,\max}^2 + U_2^2}$$
$$= (2{,}0\,\mu\mathrm{F}) \sqrt{\tfrac{1}{2} (20\,\mathrm{V})^2 + (18\,\mathrm{V})^2} = 46\,\mu\mathrm{A}\,.$$

L26.41 a) Die beiden Außenleiter haben zum neutralen Leiter eine Spannung von $U_{\mathrm{eff}} = 230\,\mathrm{V}$. Dies entspricht einer Amplitude der Wechselspannung (dem sog. Scheitelwert) von $230 \cdot \sqrt{2}\,\mathrm{V} = 325\,\mathrm{V}$. Wir können die beiden Wechselspannungen als phasenverschobene Schwingungen

$$U_1 = 325\,\mathrm{V} \cdot \sin (\omega t + 120°)\,, \qquad U_2 = 325\,\mathrm{V} \cdot \sin (\omega t)$$

beschreiben. Die Spannung zwischen den Außenleitern ist dann durch die Differenz $U_1 - U_2$ gegeben. Um die Amplitude der Differenz zu berechnen, verwenden wir die trigonometrische Identität

$$\sin (x) + \sin (y) = 2 \sin \left(\frac{x+y}{2} \right) \cos \left(\frac{x-y}{2} \right)\,.$$

Um die Differenz zu beschreiben, kehren wir einfach das Vorzeichen eines Arguments um:

$$\sin (x) - \sin (y) = \sin (x) + \sin (-y)$$
$$= 2 \sin \left(\frac{x-y}{2} \right) \cos \left(\frac{x+y}{2} \right)$$

Einsetzen der Phasenwinkel aus unserem Beispiel ergibt

$$U(t) = 325\,\mathrm{V} \cdot (\sin (\omega t + 120°) - \sin (\omega t))$$
$$= 325\,\mathrm{V} \cdot 2 \sin \left(\frac{120°}{2} \right) \cos \left(\omega t + \frac{120°}{2} \right)\,.$$

Die Amplitude dieser Spannung ist durch die Faktoren ohne Zeitabhängigkeit gegeben:

$$325\,\mathrm{V} \cdot 2 \sin \left(\frac{120°}{2} \right) = \sqrt{3} \cdot 325\,\mathrm{V} = 563\,\mathrm{V}$$

Der Scheitelwert beträgt also ganze 563 V. Um den Effektivwert zwischen den Außenleitern zu erhalten, teilen wir wieder durch $\sqrt{2}$ und erhalten den bekannten Wert

$$563\,\mathrm{V}/\sqrt{2} = 398\,\mathrm{V} = 230\,\mathrm{V} \cdot \sqrt{3} \approx 400\,\mathrm{V}\,.$$

b) Schließen wir an den Außenleitern drei identische Ohm'sche Verbraucher z. B. durch Verbindung in der Mitte zu einer Sternschaltung an, fließen durch die drei Außenleiter phasenverschobene Ströme; der Neutralleiter wird nicht belastet, da $\sin (0°) + \sin (120°) + \sin (240°) = 0$. Jeder der Außenleiter wird wie ein herkömmliches 230-V-Netzkabel belastet, da die effektive Spannung zwischen Außenleiter und Neutralleiter 230 V beträgt. Damit werden drei Verbraucher über drei Kabel mit einer effektiven Netzspannung von jeweils 230 V versorgt.

Werden die Außenleiter stattdessen ohne Phasenverschiebung betrieben, ist der Nulleiter mit der dreifachen Stromstärke der Außenleiter belastet. Der resultierende Materialaufwand entspricht den drei Leiterpaaren, die bei einer getrennten Versorgung von drei Verbrauchern notwendig wären. Der Materialaufwand halbiert sich also dank der Phasenverschiebung von sechs auf drei Kabel.

L26.42 a) Gemäß der Kirchhoff'schen Maschenregel gilt

$$U - \frac{q}{C} - L \frac{dI}{dt} = 0\,.$$

Mit der gegebenen Beziehung $U = U_{\max} \cos \omega t$ folgt daraus

$$L \frac{dI}{dt} + \frac{q}{C} = U_{\max} \cos \omega t\,,$$

und mit $I = dq/dt$ ergibt sich

$$L \frac{d^2 q}{dt} + \frac{q}{C} = U_{\max} \cos \omega t\,.$$

b) Für die eben bewiesene Differenzialgleichung nehmen wir folgende Lösung an:

$$q = q_{\max} \cos \omega t\,.$$

Das leiten wir zweimal nach t ab und erhalten

$$\frac{dq}{dt} = -\omega\, q_{max} \sin \omega t \quad \text{und} \quad \frac{d^2 q}{dt^2} = -\omega^2\, q_{max} \cos \omega t \,.$$

Diese beiden Ableitungen setzen wir in die obige Differenzialgleichung ein:

$$-\omega^2 L\, q_{max} \cos \omega t + \frac{q_{max}}{C} \cos \omega t = U_{max} \cos \omega t \,.$$

Ausklammern von $\cos \omega t$ auf der linken Seite liefert

$$\left(-\omega^2 L\, q_{max} + \frac{q_{max}}{C}\right) \cos \omega t = U_{max} \cos \omega t \,.$$

Wenn diese Gleichung für alle Werte von t erfüllt sein soll, muss gelten:

$$-\omega^2 L\, q_{max} + \frac{q_{max}}{C} = U_{max} \,.$$

Mit $\omega_0^2 = 1/(L C)$ erhalten wir daraus

$$q_{max} = \frac{U_{max}}{-\omega^2 L + \dfrac{1}{C}} = \frac{U_{max}}{L\left(-\omega^2 + \dfrac{1}{L C}\right)}$$

$$= -\frac{U_{max}}{L\left(\omega^2 - \omega_0^2\right)} \,.$$

c) Mit den Ergebnissen der Teilaufgaben a und b ergibt sich

$$I = \frac{dq}{dt} = -\omega\, q_{max} \sin \omega t = \frac{\omega\, U_{max}}{L\left(\omega^2 - \omega_0^2\right)} \sin \omega t$$

$$= I_{max} \sin \omega t = I_{max} \cos\left(\omega t - \delta\right) \,.$$

Darin ist

$$I_{max} = \frac{\omega\, U_{max}}{L\left|\omega^2 - \omega_0^2\right|} = \frac{U_{max}}{\dfrac{L}{\omega}\left|\omega^2 - \omega_0^2\right|} = \frac{U_{max}}{\left|\omega L - \dfrac{1}{\omega C}\right|}$$

$$= \frac{U_{max}}{\left|X_L - X_C\right|} \,.$$

Bei $\omega > \omega_0$ ist $X_L > X_C$, und der Strom eilt der Spannung um $90°$ nach (es ist $\delta = 90°$).

Bei $\omega < \omega_0$ ist $X_L < X_C$, und der Strom eilt der Spannung um $90°$ vor (es ist $\delta = -90°$).

L26.43 a) Der Spannungsabfall am Widerstand wäre ohne Spule einfach $U_{max}(t)$. Die Spannung am Widerstand reduziert sich aber um die in der Spule induzierte Spannung, und wir erhalten

$$U_R(t) = U_{max}(t) - \dot{I}(t) L \,.$$

Der Strom durch die Spule ist aber gleich dem Strom durch den Widerstand, $U_R(t)/R$, und wir erhalten nun

$$U_R(t) = U_{max}(t) - \dot{U}_R(t)\frac{L}{R} \,.$$

Wir wollen Signale fester Frequenz betrachten und könnten den Ansatz $U_R(t) = \sin(\omega t) U_R$ machen. Hier zeigt sich aber die Stärke des Rechnens mit komplexen Zahlen in der Elektrotechnik. Wir machen den Ansatz

$$U_R(t) = e^{i\omega t} U_R$$

und für die Eingangsspannung

$$U_{max}(t) = e^{i\omega + i\varphi} U_{max} \,.$$

Hier haben wir eine mögliche Phasenverschiebung φ mit berücksichtigt.

Jetzt können wir einsetzen, die Zeitableitung auswerten und erhalten

$$U_R\, e^{i\omega t} = U_{max} e^{i\omega t + i\varphi} - i\,\omega\, e^{i\omega t} U_R \frac{L}{R} \,.$$

Hier können wir $e^{i\omega t}$ kürzen und nach U_R auflösen und erhalten

$$U_R \left(1 + i\,\omega\,\frac{L}{R}\right) = U_{max} e^{i\varphi}$$

bzw.

$$U_R = \frac{U_{max} e^{i\varphi}}{1 + i\,\omega\,\dfrac{L}{R}} \,.$$

Um die Amplitude der Wechselspannung $U_R e^{i\omega t}$ zu ermitteln, bilden wir den Betrag und erhalten

$$|U_R| = \frac{U_{max}}{\sqrt{1 + \omega^2 \left(\dfrac{L}{R}\right)^2}} = \frac{U_{max}}{\sqrt{1 + \left(\dfrac{L\omega}{R}\right)^2}} \,.$$

b) Aus der Bedingung für die Übergangsfrequenz erhalten wir

$$\frac{1}{\sqrt{2}} = \sqrt{\frac{1}{1 + \left(\dfrac{1}{\omega R C}\right)^2}} \,, \quad \frac{1}{\sqrt{2}} = \sqrt{\frac{1}{1 + \left(\dfrac{L\omega}{R}\right)^2}} \,.$$

Diese Bedingungen reduzieren sich sofort zu

$$\omega R C = 1 \,, \quad \frac{L\omega}{R} = 1 \,.$$

Die Frequenz $\nu = 1000\,\text{Hz}$ entspricht $\omega = 2\pi \cdot 10^3\,\text{s}^{-1}$. Bei einem Widerstand der Verbraucher von $8\,\Omega$ erhalten wir für die beiden Bauteile

$$C = \frac{1}{\omega R} = \frac{1}{2\pi \cdot 10^3\,\text{s}^{-1} \cdot 8\,\text{V/A}} = 2{,}0 \cdot 10^{-5}\,\text{C/V} = 20\,\mu\text{F}$$

und

$$L = \frac{R}{\omega} = \frac{8\,\text{V/A}}{2\pi \cdot 10^3\,\text{s}^{-1}} = 0{,}00127\,\text{Vs/A} = 1{,}27\,\text{mH} \,.$$

c) Darzustellen sind die Funktionen

$$\frac{1}{\sqrt{1 + \left(\dfrac{1}{\omega R C}\right)^2}} = \frac{1}{\sqrt{1 + \left(\dfrac{2\pi \cdot 1000\,\text{Hz}}{\omega}\right)^2}}$$

und

$$\frac{1}{\sqrt{1 + \left(\frac{L\omega}{R}\right)^2}} = \frac{1}{\sqrt{1 + \left(\frac{\omega}{2\pi \cdot 1000\,\text{Hz}}\right)^2}}.$$

Umgeschrieben auf die Frequenz $\nu = \omega/(2\pi)$ erhalten wir

$$\frac{1}{\sqrt{1 + \left(\frac{1000\,\text{Hz}}{\nu}\right)^2}}, \quad \frac{1}{\sqrt{1 + \left(\frac{\nu}{1000\,\text{Hz}}\right)^2}}.$$

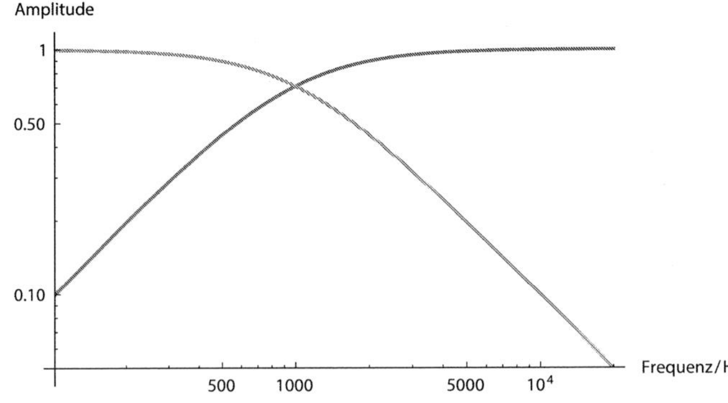

Wir können erkennen, dass beispielsweise der Tieftonlautsprecher bis zu einer Frequenz von etwa 500 Hz mit fast voller Spannung beliefert wird. Bei höheren Frequenzen halbiert sich die Spannung dann mit jeder Frequenzverdopplung (Oktave). Man spricht von einer Trennung mit 6 dB pro Oktave. Umgekehrt verhält es sich bei dem Hochtonlautsprecher.

Die qualitativen Verläufe in der doppellogarithmischen Darstellung kann man mithilfe der Grenzfälle erklären. Im Term für den Tiefpass

$$\frac{1}{\sqrt{1 + \left(\frac{\nu}{1000\,\text{Hz}}\right)^2}}$$

ist für $\nu \gg 1000\,\text{Hz}$ der Summand 1 vernachlässigbar und wir erhalten $\sim 1000\,\text{Hz} \cdot \nu^{-1}$. Die Steigung im doppellogarithmischen Plot entspricht dem Exponenten, und ν^{-1} ergibt näherungsweise einen fallenden Geradenabschnitt. Für kleine Frequenzen $\nu \ll 1000\,\text{Hz}$ hingegen ist

$$\frac{1}{\sqrt{1 + \left(\frac{\nu}{1000\,\text{Hz}}\right)^2}} \sim 1 = \nu^0,$$

und wir erhalten näherungsweise einen waagrechten Geradenabschnitt.

Die Maxwell'schen Gleichungen – Elektromagnetische Wellen

© Springer-Verlag GmbH Deutschland, ein Teil von Springer Nature 2019
A. Knochel (Hrsg.), *Arbeitsbuch zu Tipler/Mosca, Physik*, https://doi.org/10.1007/978-3-662-58919-9_27

Aufgaben

Verständnisaufgaben

27.1 • Richtig oder falsch? a) Die Maxwell'schen Gleichungen gelten nur für zeitunabhängige elektrische und magnetische Felder. b) Die Wellengleichung für elektromagnetische Wellen lässt sich aus den Maxwell'schen Gleichungen herleiten. c) Elektromagnetische Wellen sind Transversalwellen. d) Das elektrische und das magnetische Feld einer elektromagnetischen Welle im Vakuum sind in Phase.

27.2 • Eine senkrecht ausgerichtete Dipolantenne wird als Sender verwendet. Der Empfänger befindet sich einen Kilometer vom Sender entfernt auf gleicher Höhe. a) Wie sollte die Dipolantenne des Empfängers ausgerichtet sein, um das Signal optimal zu empfangen? b) Wie sollte die Ebene einer Ringantenne ausgerichtet sein, um das Signal optimal zu empfangen?

27.3 • Radiowellen können mit Dipol- oder mit Ringantennen empfangen werden. a) Ist das Funktionsprinzip einer Dipolantenne das Faraday'sche Gesetz? Betrachten Sie jetzt eine linear polarisierte Welle, die sich auf Sie zu bewegt. Sind die folgenden Aussagen richtig oder falsch? b) Wenn das elektrische Feld einer solchen Welle vertikal oszilliert, kann man das Signal am besten mit einer Ringantenne empfangen, die so orientiert ist, dass die Normale auf ihrer Ebene nach links oder nach rechts zeigt. c) Wenn das elektrische Feld einer solchen Welle in einer horizontalen Ebene oszilliert, dann kann man das Signal am besten mit einer Dipolantenne empfangen, die vertikal ausgerichtet ist.

Schätzungs- und Näherungsaufgaben

27.4 •• Einer der ersten amerikanischen Satelliten, die in den 1950er Jahren erfolgreich auf eine Umlaufbahn gebracht wurden, bestand im Wesentlichen aus einem großen, kugelförmigen Ballon aus aluminiumbeschichteter Mylar-Folie, der Radiowellen reflektierte. Nach einigen Umläufen beobachtete das Bodenpersonal, dass sich die Bahn des Flugkörpers allmählich verschob. Schließlich fand man die bei der Planung nicht berücksichtigte Ursache: den Strahlungsdruck des Sonnenlichts. Schätzen Sie das Verhältnis der Kräfte ab, die der Strahlungsdruck und die Erdanziehung auf den Satelliten ausübten.

27.5 •• Laserkühlung und Atomfallen sind moderne Forschungsgebiete. In beiden Fällen nutzt man die vom Strahlungsdruck herrührende Kraft, um Atome von thermischen Geschwindigkeiten (bei Raumtemperatur mehrere hundert Meter pro Sekunde) auf einige Meter pro Sekunde oder weniger abzubremsen. Isolierte Atome absorbieren Strahlungsenergie nur bei bestimmten Resonanzfrequenzen. Bestrahlt man ein Atom mit Laserlicht einer solchen Frequenz, so findet die sogenannte Resonanzabsorption statt. Der effektive Querschnitt des Atoms ist bei diesem Prozess ungefähr gleich λ^2 (dabei ist λ die ein-

gestrahlte Wellenlänge). a) Schätzen Sie die Beschleunigung ab, die ein Rubidiumatom (Molmasse 85 g/mol) durch einen Laserstrahl mit einer Wellenlänge von 780 nm und einer Intensität von $10\,\mathrm{W/m^2}$ erfährt. b) Wie lange dauert es ungefähr, mit diesem Laserstrahl ein Rubidiumatom in einem Gas bei Raumtemperatur (300 K) nahezu zum Stillstand zu bringen?

Der Maxwell'sche Verschiebungsstrom

27.6 • Die parallel angeordneten Platten eines Kondensators ohne Dielektrikum sind kreisförmig und haben einen Radius von 2,3 cm. Der Abstand zwischen den Platten beträgt 1,1 mm. Mit einer Rate von 5,0 A fließt Ladung von der unteren Platte ab und zur oberen Platte hin. a) Geben Sie die Rate der Änderung des elektrischen Felds zwischen den Platten an. b) Berechnen Sie den Verschiebungsstrom im Bereich zwischen den Platten und zeigen Sie, dass er gleich 5,0 A ist.

27.7 •• Betrachten Sie noch einmal den Kondensator in Aufgabe 27.6 und zeigen Sie, dass das Magnetfeld zwischen den Platten im Abstand r von deren gemeinsamer Achse gegeben ist durch $B = (1{,}9 \cdot 10^{-3}\,\mathrm{T/m})\,r$.

27.8 •• Ein Ohm'scher Widerstand und ein Plattenkondensator (ohne Dielektrikum, Fläche der Platten je $0{,}50\,\mathrm{m^2}$) sind in Reihe geschaltet; durch die Schaltung fließt ein Strom von 10 A. a) Geben Sie den Verschiebungsstrom zwischen den Platten an. b) Mit welcher Rate ändert sich die elektrische Feldstärke zwischen den Platten? c) Berechnen Sie das Integral $\oint_C \boldsymbol{B} \cdot \mathrm{d}\boldsymbol{l}$. Der Integrationsweg C sei ein Kreis mit einem Radius von 10 cm, der parallel zur Ebene der Platten ausgerichtet ist und sich vollständig im Bereich zwischen den Platten befindet.

Maxwell'sche Gleichungen und elektromagnetisches Spektrum

27.9 • Der größte Teil des Lichts, das uns von der Sonne erreicht, liegt im gelbgrünen Bereich des sichtbaren elektromagnetischen Spektrums. Schätzen Sie die Wellenlänge und die Frequenz dieses Lichts ab.

27.10 • a) Wie groß ist die Frequenz von Röntgenstrahlung mit einer Wellenlänge von 0,100 nm? b) Besonders empfindlich ist das menschliche Auge für Licht mit einer Wellenlänge von 550 nm. Wie hoch ist die Frequenz dieser Strahlung? Welche Farbe hat sie? Vergleichen Sie Ihr Ergebnis mit dem von Aufgabe 27.9 und erläutern Sie Ihre Antwort.

Elektrische Dipolstrahlung

Hinweis: **Die folgenden beiden Aufgaben beziehen sich auf Abb. 27.1. Die Intensität elektrischer Dipolstrahlung in einem Punkt weit entfernt vom Sender ist proportional zu $(\sin^2\theta)/r^2$, wobei θ der Winkel zwischen den Richtungen**

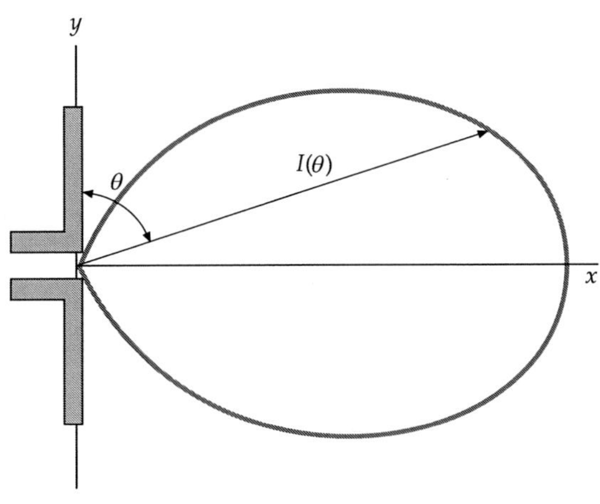

Abb. 27.1 Intensität der elektromagnetischen Strahlung einer Dipolantenne in Abhängigkeit von θ; $I(\theta)$ ist proportional zur Länge des Pfeils und wird maximal bei $\theta = 90°$ (senkrecht zur Antenne), minimal hingegen bei $\theta = 0°$ oder $\theta = 180°$ (in Richtung der Antenne)

des Dipolmomentvektors und des Ortsvektors r des Feldpunkts relativ zum Mittelpunkt der Antenne ist. Das Intensitätsmuster, das eine solche Dipolantenne abstrahlt, hängt nicht vom Azimutwinkel ab. Das bedeutet, dass das Muster symmetrisch bezüglich der Rotation um die Längsachse der Antenne ist.

27.11 ●● Ein elektrischer Dipol ist entlang der z-Achse ausgerichtet (sein Dipolmoment zeigt dann in z-Richtung). Darin ist $I_{\mathrm{em,1}}$ die Intensität der ausgesendeten Strahlung im Abstand $r = 10\,\mathrm{m}$ unter dem Winkel $\theta = 90°$. Geben Sie die Strahlungsintensität I_{em} an folgenden Positionen an: a) $r = 30\,\mathrm{m}$, $\theta = 90°$; b) $r = 10\,\mathrm{m}$, $\theta = 45°$ und c) $r = 20\,\mathrm{m}$, $\theta = 30°$.

27.12 ●●● Eine Radiostation sendet mit einer senkrechten Dipolantenne bei einer Frequenz von $1{,}20\,\mathrm{MHz}$; die abgestrahlte Leistung beträgt insgesamt $500\,\mathrm{kW}$. Berechnen Sie die Intensität des Signals $120\,\mathrm{km}$ waagerecht von der Station entfernt.

Energie und Impuls elektromagnetischer Wellen

27.13 ● Die Amplitude einer elektromagnetischen Welle sei $E_0 = 400\,\mathrm{V/m}$. Berechnen Sie a) E_{eff}, b) B_{eff}, c) die Intensität I_{em} und d) den Strahlungsdruck P_{S}.

27.14 ●● a) Eine elektromagnetische Welle mit einer Intensität von $200\,\mathrm{W/m^2}$ trifft senkrecht auf ein rechteckiges Stück schwarzer Pappe mit den Seitenlängen $20\,\mathrm{cm}$ und $30\,\mathrm{cm}$. Die Pappe absorbiert die Strahlung zu $100\,\%$. Welche Kraft übt die Strahlung auf das Stück Pappe aus? b) Welche Kraft übte die Strahlung aus, wenn sie nicht absorbiert, sondern zu $100\,\%$ reflektiert würde?

27.15 ●● Ein Laserpuls mit einer Energie von $20{,}0\,\mathrm{J}$ und einem Strahlradius von $2{,}00\,\mathrm{mm}$ dauert $10{,}0\,\mathrm{ns}$, wobei die Energiedichte während des Pulses gleichmäßig verteilt ist. a) Geben Sie die räumliche Länge des Pulses an. b) Wie groß ist die Energiedichte innerhalb des Pulses? c) Berechnen Sie die Amplituden des elektrischen und des magnetischen Felds im Laserpuls.

27.16 ●● Auf einen $10{,}0\,\mathrm{mg}$ schweren Körper, der an einem $4{,}00\,\mathrm{cm}$ langen, dünnen Faden aufgehängt ist, trifft ein $200\,\mathrm{ns}$ dauernder Lichtpuls aus einem Laser mit einer Leistung von $1000\,\mathrm{MW}$. Um welchen Winkel wird dieses Pendel aus seiner Ruhelage ausgelenkt, wenn der Körper die Strahlung vollständig absorbiert? (Behandeln Sie das System als ballistisches Pendel; der Körper soll senkrecht nach unten hängen, bevor der Lichtpuls ihn trifft.)

27.17 ●● In einen bestimmten Laser sind Spiegel eingebaut, die die Strahlung zu $99{,}99\,\%$ reflektieren. a) Der Laser hat eine mittlere Ausgangsleistung von $15\,\mathrm{W}$. Wie groß ist die mittlere Strahlungsleistung, die auf einen dieser Spiegel fällt? b) Welche Kraft wird dabei durch den Strahlungsdruck ausgeübt?

27.18 ●● Das Projekt Breakthrough Starshot will kleine, nur wenige Gramm schwere Sonden mit einer Reisezeit von ca. 20 Jahren zu unseren Nachbarsternen Proxima Centauri oder Alpha Centauri schicken. Damit das funktionieren kann, dürfen die Sonden ihren Treibstoff und Antrieb nicht mittransportieren. Stattdessen sollen die Sonden mit verspiegelten Folien ausgestattet und von der Erde aus mit einem starken Laserstrahl beschleunigt werden. a) Berechnen Sie den Impuls, der von den Photonen in einem Lichtstrahl der Leistung P pro Sekunde weggetragen wird. b) Welche Kraft erfährt die Sonde, wenn sie einen senkrecht von der Erde einfallenden Laserstrahl der Leistung $P = 100\,\mathrm{GW}$ komplett reflektiert? c) Wie lange dauert es, bis eine Sonde der Masse $m = 10\,\mathrm{g}$ die vorgesehene Reisegeschwindigkeit $c/6$ erreicht? Wie weit fliegt die Sonde in dieser Zeit?

Die Wellengleichung für elektromagnetische Wellen

27.19 ● Zeigen Sie durch direktes Einsetzen, dass die Wellenfunktion

$$E_y = E_0 \sin(kx - \omega t) = E_0 \sin[k(x - ct)]$$

mit $c = \omega/k$ die folgende Wellengleichung erfüllt:

$$\frac{\partial^2 E}{\partial x^2} = \frac{1}{c^2}\frac{\partial^2 E}{\partial t^2}.$$

27.20 ●● Zeigen Sie, dass jede beliebige Funktion der Form $y(x,t) = f(x - vt)$ oder $y(x,t) = g(x + vt)$ die folgende Wellengleichung erfüllt:

$$\frac{\partial^2 y(x,t)}{\partial x^2} = \frac{1}{v^2}\frac{\partial^2 y(x,t)}{\partial t^2}.$$

Allgemeine Aufgaben

27.21 • Zeigen Sie, dass die Einheit des Poynting-Vektors $S = (E \times B)/\mu_0$ Watt pro Quadratmeter ist (also gleich der SI-Einheit für die Intensität einer elektromagnetischen Welle), wenn E in Volt pro Meter und B in Tesla eingesetzt werden.

27.22 •• Für die von einer Radiostation abgestrahlte elektrische Feldstärke gilt in einer bestimmten Entfernung vom Sender $E = (1,00 \cdot 10^4 \,\mathrm{N/C}) \cos\left[(1,00 \cdot 10^6 \,\mathrm{rad/s})\, t\right]$, wobei t in Sekunden einzusetzen ist. a) Welche maximale Spannung baut sich entlang eines 50,0 cm langen Drahts auf, der in Feldrichtung orientiert ist? b) Welche Spannung kann maximal in einer Leiterschleife mit einem Radius von 20,0 cm induziert werden, und wie muss die Schleife dazu ausgerichtet sein?

27.23 •• Zeigen Sie, dass die Gleichung

$$\frac{\partial B_z}{\partial x} = -\mu_0\, \varepsilon_0\, \frac{\partial E_y}{\partial t}$$

für $I = 0$ aus der Gleichung

$$\oint_C \boldsymbol{B} \cdot \mathrm{d}\boldsymbol{l} = \mu_0\, \varepsilon_0 \int_A \frac{\partial E_\mathrm{n}}{\partial t}\, \mathrm{d}A$$

folgt. Integrieren Sie dazu entlang eines geeigneten Wegs C und über eine geeignete Fläche A; orientieren Sie sich an der Herleitung der Gleichung

$$\frac{\partial E_y}{\partial x} = -\frac{\partial B_z}{\partial t}\,.$$

27.24 ••• Die Mittelpunkte der runden parallelen Platten eines Kondensators mit dem Radius r_P sind durch einen dünnen Draht miteinander verbunden, der den Ohm'schen Widerstand R hat; der Abstand zwischen den Platten ist d. An den Platten liegt eine zeitabhängige Spannung $U_0 \sin \omega t$ an. a) Welcher Strom fließt durch den Kondensator? b) Geben Sie das Magnetfeld zwischen den Platten als Funktion des radialen Abstands r von der Mittellinie an. c) Geben Sie die Phasenverschiebung zwischen Strom und angelegter Spannung an.

27.25 ••• Eine intensive Punktquelle mit einer Leistung von 1,00 MW strahlt isotrop (d. h. in alle Raumrichtungen gleichmäßig) Licht ab. Sie befindet sich 1,00 m oberhalb einer unendlich ausgedehnten, ideal reflektierenden Ebene. Geben Sie einen Ausdruck für die Kraft an, die der Strahlungsdruck auf die Ebene ausübt.

27.26 ••• Durch den Strahlungsdruck der Sonne werden kleine Teilchen aus dem Sonnensystem hinaus „geweht". Betrachten Sie kugelförmige Teilchen mit dem Radius r und einer Dichte von $1,00 \,\mathrm{g/cm^3}$, die über einen effektiven Querschnitt πr^2 sämtliche Strahlung absorbieren. Die Teilchen befinden sich im Abstand d von der Sonne, die eine Gesamtleistung von $3,83 \cdot 10^{26}$ W abgibt. a) Bei welchem kritischen Teilchenradius r_k gleichen sich die von der Strahlung ausgeübte Abstoßungskraft und die Anziehungskraft der Sonne infolge der Gravitation

gerade aus? b) Welche Teilchen verlassen unser Sonnensystem – solche mit einem kleineren oder solche mit einem größeren Radius als dem kritischen Wert? Erläutern Sie Ihre Antwort.

Lösungen zu den Aufgaben

Verständnisaufgaben

L27.1 a) Falsch. Die Maxwell'schen Gleichungen gelten sowohl für zeitunabhängige als auch für zeitabhängige Felder.

b) Richtig. Die Wellengleichung lässt sich aus den Maxwell'schen Gleichungen mithilfe des Faraday'sche Gesetzes und der modifizierten Version des Ampere'schen Gesetzes herleiten.

c) Richtig. Elektromagnetische Wellen sind Transversalwellen. Die Richtungen des magnetischen und des elektrischen Felds stehen dabei senkrecht aufeinander und auf der Ausbreitungsrichtung.

d) Richtig. Das elektrische und das magnetische Feld einer elektromagnetischen Welle im Vakuum sind in Phase.

L27.2 a) Die Dipolantenne sollte senkrecht ausgerichtet werden.

b) Die Ringantenne sollte in derselben senkrechten Ebene wie die sendende Dipolantenne ausgerichtet werden.

L27.3 a) Nein. Eine Dipolantenne wird parallel zum elektrischen Feld einer ankommenden elektromagnetischen Welle ausgerichtet, damit die Welle in ihr einen Wechselstrom induzieren kann.

b) Richtig. Die Ebene einer Ringantenne wird senkrecht zum Magnetfeld einer ankommenden elektromagnetischen Welle ausgerichtet, damit der sich ändernde magnetische Fluss durch die Schleife einen Strom in ihr induzieren kann. Dazu ist die Normale auf der Ebene der Schleife so auszurichten, dass sie relativ zur Ausbreitungsrichung der Welle nach links oder nach rechts zeigt.

c) Falsch. Die Dipolantenne muss parallel zum elektrischen Feld ausgerichtet werden, damit die Welle in ihr einen Wechselstrom induzieren kann.

Schätzungs- und Näherungsaufgaben

L27.4 Die Kraft F_S, die der Strahlungsdruck P_S ausübt, ist das Produkt aus ihm und der Querschnittsfläche A des Ballons: $F_\mathrm{S} = P_\mathrm{S}\, A$. Weil die Strahlung reflektiert wird, ist der Strahlungsdruck doppelt so groß, wie wenn sie absorbiert würde. Daher gilt mit der Intensität I für den Strahlungsdruck $P_\mathrm{S} = 2\, I / c$. Mit dem Durchmesser d des Ballons ist dessen Querschnittsfläche $A = \frac{1}{4}\pi\, d^2$.

Einsetzen der Ausdrücke für P_S und A in die Beziehung für die vom Strahlungsdruck herrührende Kraft liefert

$$F_S = P_S A = \frac{2I\left(\frac{1}{4}\pi d^2\right)}{c} = \frac{\pi d^2 I}{2c}.$$

Die Kraft, die die Erdanziehung auf den Ballon ausübt, setzen wir wegen der erdnahen Umlaufbahn der Einfachheit gleich seiner Gewichtskraft F_G an der Erdoberfläche. Damit erhalten wir mit dem Volumen V_M der Mylar-Folie für die Gravitationskraft der Erde auf den Ballon

$$F_G = m_M\,g = \varrho_M\,V_M\,g = \varrho_M\,A_{Ob}\,s\,g.$$

Darin ist $A_{Ob} = \pi d^2$ die Kugeloberfäche und s die Schichtdicke der Mylar-Folie, die die Dichte ϱ_M hat. Damit erhalten wir

$$F_G = \pi\,\varrho_M\,d^2\,s\,g.$$

Um die Kräfte zu vergleichen, bilden wir den Quotienten und setzen die Werte ein. Die relative Dichte ϱ_M der Mylar-Folie setzen wir gleich der von Wasser, und ihre Schichtdicke s nehmen wir zu 1 mm an. Mit $c = 2{,}998 \cdot 10^8\,\mathrm{m\,s^{-1}}$ erhalten wir

$$\begin{aligned}
\frac{F_S}{F_G} &= \frac{\dfrac{\pi d^2 I}{2c}}{\pi\,\varrho_M\,d^2\,s\,g} = \frac{I}{2\,\varrho_M\,s\,g\,c} \\[2mm]
&= \frac{1{,}35\,\mathrm{kW\,m^{-2}}}{2\,(1{,}00\cdot 10^3\,\mathrm{kg\,m^{-3}})\,(1\,\mathrm{mm})\,(9{,}81\,\mathrm{m\,s^{-2}})\,c} \\[2mm]
&\approx 2\cdot 10^{-7}.
\end{aligned}$$

L27.5 a) Gemäß dem zweiten Newton'schen Axiom gilt für die das Atom abbremsende Kraft $F = m\,|a|$. Dabei ist $|a|$ der Betrag der (wegen des Abbremsens negativen) Beschleunigung. Die vom Strahlungsdruck herrührende Kraft ist das Produkt aus dem Strahlungsdruck P_S und der Querschnittsfläche A des Atoms, also $F_S = P_S A$, und der Strahlungsdruck ist der Quotient aus der elektromagnetischen Intensität des Strahls und der Lichtgeschwindigkeit: $P_S = I_{em}/c$. Mit der gegebenen Fläche $A = \lambda^2$ und der obigen Beziehung $F = m\,|a|$ gilt daher für die vom Strahlungsdruck herrührende Kraft

$$F_S = P_S A = \frac{I_{em}}{c}\,\lambda^2 = m\,|a|.$$

Die Masse m eines Atoms ist der Quotient aus der Molmasse m_{Mol} und der Avogadro-Zahl: $m = m_{Mol}/N_A$. Damit ergibt sich für den Betrag der Beschleunigung

$$\begin{aligned}
|a| &= \frac{I_{em}\lambda^2}{m\,c} = \frac{I_{em}\lambda^2\,N_A}{m_{Mol}\,c} \\[2mm]
&= \frac{(10\,\mathrm{W\,m^{-2}})\,(780\,\mathrm{nm})^2\,(6{,}022\cdot 10^{23}\,\mathrm{mol^{-1}})}{(85\,\mathrm{g\,mol^{-1}})\,(2{,}998\cdot 10^8\,\mathrm{m\,s^{-1}})} \\[2mm]
&= 1{,}44\cdot 10^5\,\mathrm{m\,s^{-2}} = 1{,}4\cdot 10^5\,\mathrm{m\,s^{-2}}.
\end{aligned}$$

b) Die Zeitspanne für das Abbremsen ist der Quotient aus der Differenz von End- und Anfangsgeschwindigkeit und der Beschleunigung:

$$\Delta t = \frac{v_E - v_A}{a} \approx \frac{-v_A}{a}.$$

Dabei haben wir $v_E \approx 0$ gesetzt, weil nahezu bis zum Stillstand abgebremst wird. Die Anfangsgeschwindigkeit ist die quadratisch gemittelte Geschwindigkeit eines Gasteilchens bei der gegebenen Temperatur:

$$v_A = v_{rms} = \sqrt{\frac{3\,k_B\,T}{m}}.$$

Mit $m = m_{Mol}/N_A$ (siehe Teilaufgabe a) erhalten wir mit der wegen der Abbremsung negativ anzusetzenden Beschleunigung a:

$$\begin{aligned}
\Delta t &\approx -\frac{1}{a}\sqrt{\frac{3\,k_B\,T}{m}} = -\frac{1}{a}\sqrt{\frac{3\,k_B\,T}{m_{Mol}/N_A}} \\[2mm]
&= -\frac{1}{-(1{,}44\cdot 10^5\,\mathrm{m\,s^{-2}})} \\[2mm]
&\quad \cdot\sqrt{\frac{3\,(1{,}38\cdot 10^{-23}\,\mathrm{J\,K^{-1}})\,(300\,\mathrm{K})}{(85\,\mathrm{g\,mol^{-1}})\,(6{,}022\cdot 10^{23}\,\mathrm{mol^{-1}})^{-1}}} \\[2mm]
&\approx 2\,\mathrm{ms}.
\end{aligned}$$

Der Maxwell'sche Verschiebungsstrom

L27.6 a) Für die elektrische Feldstärke zwischen den Platten des Kondensators, die die Fläche A haben, gilt:

$$E = \frac{q}{\varepsilon_0\,A}.$$

Wir leiten dies nach der Zeit ab und setzen $I = \mathrm{d}q/\mathrm{d}t$ sowie $A = \pi r^2$ ein. Damit ergibt sich

$$\begin{aligned}
\frac{\mathrm{d}E}{\mathrm{d}t} &= \frac{\mathrm{d}}{\mathrm{d}t}\frac{q}{\varepsilon_0\,A} = \frac{1}{\varepsilon_0\,A}\frac{\mathrm{d}q}{\mathrm{d}t} = \frac{I}{\varepsilon_0\,A} \\[2mm]
&= \frac{5{,}0\,\mathrm{A}}{(8{,}854\cdot 10^{-12}\,\mathrm{C^2\,N^{-1}\,m^{-2}})\,\pi\,(0{,}023\,\mathrm{m})^2} \\[2mm]
&= 3{,}40\cdot 10^{14}\,\mathrm{V\,m^{-1}\,s^{-1}} = 3{,}4\cdot 10^{14}\,\mathrm{V\,m^{-1}\,s^{-1}}.
\end{aligned}$$

b) Mit dem magnetischen Fluss Φ_{el}, der elektrischen Feldstärke E und der Fläche A ist der Verschiebungsstrom zwischen den Platten

$$\begin{aligned}
I_V &= \varepsilon_0\,\frac{\mathrm{d}\Phi_{el}}{\mathrm{d}t} = \varepsilon_0\,\frac{\mathrm{d}}{\mathrm{d}t}(EA) = \varepsilon_0\,A\,\frac{\mathrm{d}E}{\mathrm{d}t} \\[2mm]
&= (8{,}854\cdot 10^{-12}\,\mathrm{C^2\,N^{-1}\,m^{-2}})\,\pi\,(0{,}023\,\mathrm{m})^2 \\[2mm]
&\quad \cdot (3{,}40\cdot 10^{14}\,\mathrm{V\,m^{-1}\,s^{-1}}) \\[2mm]
&= 5{,}0\,\mathrm{A}.
\end{aligned}$$

L27.7 Gemäß dem Ampere'schen Gesetz gilt für einen kreisförmigen Weg mit dem Radius r zwischen den Platten

$$\oint_C \boldsymbol{B}\cdot\mathrm{d}\boldsymbol{l} = 2\pi r\,B = \mu_0\,I_{innen} = \mu_0\,I.$$

Unter der Annahme, dass der Verschiebungsstrom gleichmäßig verteilt ist, erhalten wir mit dem Radius r_P der Platten

$$\frac{I}{\pi r^2} = \frac{I_\mathrm{V}}{\pi r_\mathrm{P}^2} \quad \text{und daher} \quad I = \frac{r^2}{r_\mathrm{P}^2}\, I_\mathrm{V}\,.$$

Einsetzen in die erste Gleichung ergibt

$$2\,\pi\, r\, B = \frac{\mu_0\, r^2}{r_\mathrm{P}^2}\, I_\mathrm{V}\,,$$

und wir erhalten für das Magnetfeld

$$B = \frac{\mu_0\, I_\mathrm{V}}{2\,\pi\, r_\mathrm{P}^2}\, r = \frac{(4\,\pi \cdot 10^{-7}\,\mathrm{N\,A^{-2}})\,(5{,}0\,\mathrm{A})}{2\,\pi\,(0{,}023\,\mathrm{m})^2}\, r$$
$$= (1{,}9 \cdot 10^{-3}\,\mathrm{T\,m^{-1}})\, r\,.$$

L27.8 a) Wegen der Erhaltung der Ladung muss der Verschiebungsstrom gleich der gegebenen Stromstärke sein. Also ist $I_\mathrm{V} = 10\,\mathrm{A}$.

b) Mit dem elektrischen Fluss Φ_el, der elektrischen Feldstärke E und der Fläche A gilt für den Verschiebungsstrom

$$I_\mathrm{V} = \varepsilon_0\, \frac{\mathrm{d}\Phi_\mathrm{el}}{\mathrm{d}t} = \varepsilon_0\, \frac{\mathrm{d}}{\mathrm{d}t}\, (EA) = \varepsilon_0\, A\, \frac{\mathrm{d}E}{\mathrm{d}t}\,.$$

Damit erhalten wir für die Änderungsrate der elektrischen Feldstärke zwischen den Platten

$$\frac{\mathrm{d}E}{\mathrm{d}t} = \frac{I_\mathrm{V}}{\varepsilon_0\, A} = \frac{10\,\mathrm{A}}{(8{,}854 \cdot 10^{-12}\,\mathrm{C^2\,N^{-1}\,m^{-2}})\,(0{,}50\,\mathrm{m^2})}$$
$$= 2{,}3 \cdot 10^{12}\,\mathrm{V\,m^{-1}\,s^{-1}}\,.$$

c) Wir wenden das Ampere'sche Gesetz auf einen kreisförmigen Weg zwischen den Platten an, der den Radius r hat und parallel zu ihren Oberflächen verläuft:

$$\oint_C \boldsymbol{B} \cdot \mathrm{d}\boldsymbol{l} = \mu_0\, I_\mathrm{innen}\,.$$

Wir nehmen an, dass der Verschiebungsstrom I_V gleichmäßig verteilt ist. Mit der Oberfläche A der Platten gilt dann

$$\frac{I_\mathrm{innen}}{\pi r^2} = \frac{I_\mathrm{V}}{A} \quad \text{und daher} \quad I_\mathrm{innen} = \frac{\pi r^2}{A}\, I_\mathrm{V}\,.$$

Damit erhalten wir

$$\oint_C \boldsymbol{B} \cdot \mathrm{d}\boldsymbol{l} = \mu_0\, I_\mathrm{innen} = \frac{\mu_0\, \pi r^2}{A}\, I_\mathrm{V}$$
$$= \frac{(4\,\pi \cdot 10^{-7}\,\mathrm{N\,A^{-2}})\,\pi\,(0{,}10\,\mathrm{m})^2}{0{,}50\,\mathrm{m^2}}\, (10\,\mathrm{A})$$
$$= 0{,}79\,\mathrm{\mu T\,m^{-1}}\,.$$

Maxwell'sche Gleichungen und elektromagnetisches Spektrum

L27.9 Die mittlere Wellenlänge des sichtbaren Lichts können wir nachschlagen. Sie beträgt etwa 580 nm. Die Frequenz dieser elektromagnetischen Strahlung ist

$$\nu = \frac{c}{\lambda} = \frac{2{,}998 \cdot 10^8\,\mathrm{m\,s^{-1}}}{580\,\mathrm{nm}} = 5{,}17 \cdot 10^{14}\,\mathrm{Hz}\,.$$

L27.10 a) Mithilfe der Beziehung $c = \nu\,\lambda$ ergibt sich die Frequenz

$$\nu = \frac{c}{\lambda} = \frac{2{,}998 \cdot 10^8\,\mathrm{m\,s^{-1}}}{0{,}100 \cdot 10^{-9}\,\mathrm{m}} = 3{,}00 \cdot 10^{18}\,\mathrm{Hz}\,.$$

b) Sichtbares Licht mit der Wellenlänge 550 nm liegt etwa in der Mitte des sichtbaren Bereichs, und wir nehmen es als gelb-grün wahr. Seine Frequenz ist

$$\nu = \frac{c}{\lambda} = \frac{2{,}998 \cdot 10^8\,\mathrm{m\,s^{-1}}}{550 \cdot 10^{-9}\,\mathrm{m}} = 5{,}45 \cdot 10^{14}\,\mathrm{Hz}\,.$$

Elektrische Dipolstrahlung

L27.11 Wir stellen zunächst die benötigte Gleichung für die Intensität $I_\mathrm{em}(\theta, r)$ auf. Mit einer Proportionalitätskonstanten b gilt, wie gegeben, für die Intensität in Abhängigkeit von θ und r:

$$I_\mathrm{em}(\theta, r) = \frac{b}{r^2}\, \sin^2 \theta\,. \tag{1}$$

Die gegebene Intensität ist

$$I_{\mathrm{em},1} = I_\mathrm{em}(90°, 10\,\mathrm{m}) = \frac{b}{(10\,\mathrm{m})^2}\, \sin^2 90° = \frac{b}{100\,\mathrm{m^2}}\,.$$

Also ist $b = (100\,\mathrm{m^2})\, I_{\mathrm{em},1}$. Einsetzen in Gleichung 1 ergibt

$$I_\mathrm{em}(\theta, r) = \frac{(100\,\mathrm{m^2})\, I_{\mathrm{em},1}}{r^2}\, \sin^2 \theta\,.$$

Damit erhalten wir:

a) $I_\mathrm{em}(90°, 30\,\mathrm{m}) = \dfrac{(100\,\mathrm{m^2})\, I_{\mathrm{em},1}}{(30\,\mathrm{m})^2}\, \sin^2 90° = \frac{1}{9}\, I_{\mathrm{em},1}$.

b) $I_\mathrm{em}(45°, 10\,\mathrm{m}) = \dfrac{(100\,\mathrm{m^2})\, I_{\mathrm{em},1}}{(10\,\mathrm{m})^2}\, \sin^2 45° = \frac{1}{2}\, I_{\mathrm{em},1}$.

c) $I_\mathrm{em}(30°, 20\,\mathrm{m}) = \dfrac{(100\,\mathrm{m^2})\, I_{\mathrm{em},1}}{(20\,\mathrm{m})^2}\, \sin^2 30° = \frac{1}{16}\, I_{\mathrm{em},1}$.

L27.12 Mit einer Konstanten C, die die Dimension einer Leistung hat, gilt für die Intensität des Signals als Funktion von r und θ

$$I_\mathrm{em}(r, \theta) = C\, \frac{\sin^2 \theta}{r^2}\,.$$

In 120 km Abstand vom Sender und beim Winkel 90°, also in direkter Front zum Sender, ist die Intensität

$$I_{\text{em}}(120\,\text{km},\ 90°) = C\,\frac{\sin^2 90°}{(120\,\text{km})^2} = \frac{C}{(120\,\text{km})^2}\,. \quad (1)$$

Aus der Definition der Intensität ergibt sich für die Leistung, die auf ein Flächenelement $\text{d}A$ trifft: $\text{d}P = I_{\text{em}}\,\text{d}A$. Die gesamte Leistung des Senders ist, in Polarkoordinaten ausgedrückt:

$$P_{\text{ges}} = \iint I_{\text{em}}(r,\theta)\ \text{d}A\,,$$

wobei $\text{d}A = r^2 \sin\theta\ \text{d}\theta\ \text{d}\phi$ ist. Mit dem eingangs angegebenen Ausdruck für $I_{\text{em}}(r,\theta)$ ergibt sich daraus

$$P_{\text{ges}} = \int_0^{2\pi}\!\!\int_0^{\pi} I_{\text{em}}(r,\theta)\,r^2 \sin\theta\ \text{d}\theta\ \text{d}\phi = C\int_0^{2\pi}\!\!\int_0^{\pi} \sin^3\theta\ \text{d}\theta\ \text{d}\phi\,.$$

Die Lösung des einen Integrals kann in Tabellen nachgeschlagen werden:

$$\int_0^{\pi} \sin^3\theta\ \text{d}\theta = \left[-\tfrac{1}{3}(\cos\theta)(\sin^2\theta + 2)\right]_0^{\pi} = \frac{4}{3}\,.$$

Das setzen wir ein und integrieren über ϕ:

$$P_{\text{ges}} = \frac{4}{3}\,C\int_0^{2\pi} \text{d}\phi = \frac{4}{3}\,C\,[\phi]_0^{2\pi} = \frac{8\,\pi}{3}\,C\,.$$

Daraus folgt

$$C = \frac{3}{8\,\pi}\,P_{\text{ges}} = \frac{3}{8\,\pi}\,(500\,\text{kW}) = 59{,}68\,\text{kW}\,.$$

Einsetzen in Gleichung 1 liefert

$$I_{\text{em}}(120\,\text{km},\ 90°) = \frac{59{,}68\,\text{kW}}{(120\,\text{km})^2} = 4{,}14\,\mu\text{W m}^{-2}\,.$$

Energie und Impuls elektromagnetischer Wellen

L27.13 a) Die effektive elektrische Feldstärke ist

$$E_{\text{eff}} = \frac{E_0}{\sqrt{2}} = \frac{400\,\text{V m}^{-1}}{\sqrt{2}} = 282{,}8\,\text{V m}^{-1} = 283\,\text{V m}^{-1}\,.$$

b) Die effektive magnetische Feldstärke ergibt sich zu

$$B_{\text{eff}} = \frac{E_{\text{eff}}}{c} = \frac{282{,}8\,\text{V m}^{-1}}{2{,}998 \cdot 10^8\,\text{m s}^{-1}} = 0{,}9434\,\mu\text{T} = 943\,\text{nT}\,.$$

c) Die Intensität der elektromagnetischen Welle ist

$$I_{\text{em}} = \frac{E_{\text{eff}}\,B_{\text{eff}}}{\mu_0} = \frac{(282{,}8\,\text{V m}^{-1})\,(0{,}9434\,\mu\text{T})}{4\,\pi \cdot 10^{-7}\,\text{N A}^{-2}}$$
$$= 212{,}3\,\text{W m}^{-2} = 212\,\text{W m}^{-2}\,.$$

d) Für den Strahlungsdruck erhalten wir

$$P_{\text{S}} = \frac{I_{\text{em}}}{c} = \frac{212{,}3\,\text{W m}^{-2}}{2{,}998 \cdot 10^8\,\text{m s}^{-1}} = 708\,\text{nPa}\,.$$

L27.14 a) Die vom Strahlungsdruck P_{S} ausgeübte Kraft ist das Produkt aus ihm und der Fläche, also $F_{\text{S}} = P_{\text{S}}\,A$, wobei für den Strahlungsdruck gilt: $P_{\text{S}} = I_{\text{em}}/c$. Damit ergibt sich für die Kraft

$$F_{\text{S}} = P_{\text{S}}\,A = \frac{I_{\text{em}}\,A}{c}$$
$$= \frac{(200\,\text{W m}^{-2})\,(0{,}20\,\text{m})\,(0{,}30\,\text{m})}{2{,}998 \cdot 10^8\,\text{m s}^{-1}} = 40\,\text{nN}\,.$$

b) Wenn die Strahlung vollständig reflektiert wird, ist die Kraft doppelt so groß wie bei vollständiger Absorption, beträgt also 80 nN.

L27.15 a) Die räumliche Länge des Pulses ist das Produkt aus der Lichtgeschwindigkeit und der Pulsdauer:

$$l = c\,\Delta t = (2{,}998 \cdot 10^8\,\text{m s}^{-1})\,(10{,}0\,\text{ns}) = 2{,}998\,\text{m}$$
$$= 3{,}00\,\text{m}\,.$$

b) Die Energiedichte w_{el} ist der Quotient aus der elektromagnetischen Energie und dem Volumen, und wir erhalten

$$w_{\text{el}} = \frac{E_{\text{el}}}{V} = \frac{E_{\text{el}}}{\pi\,r^2\,l} = \frac{20{,}0\,\text{J}}{\pi\,(2{,}00\,\text{mm})^2\,(2{,}998\,\text{m})}$$
$$= 530{,}9\,\text{kJ m}^{-3} = 531\,\text{kJ m}^{-3}\,.$$

c) Die Energiedichte w_{el} hängt mit dem Effektivwert E_{eff} der elektrischen Feldstärke zusammen über $w_{\text{el}} = \varepsilon_0\,E_{\text{eff}}^2$. Damit ergibt sich

$$E_{\text{eff}} = \sqrt{\frac{w_{\text{el}}}{\varepsilon_0}} = \sqrt{\frac{530{,}9\,\text{kJ m}^{-3}}{8{,}854 \cdot 10^{-12}\,\text{C}^2\,\text{N}^{-1}\,\text{m}^{-2}}}$$
$$= 244{,}9\,\text{MV m}^{-1} = 245\,\text{MV m}^{-1}\,.$$

Die effektive Magnetfeldstärke ist

$$B_{\text{eff}} = \frac{E_{\text{eff}}}{c} = \frac{244{,}9\,\text{MV m}^{-1}}{2{,}998 \cdot 10^8\,\text{m s}^{-1}} = 0{,}817\,\text{T}\,.$$

L27.16 Die Abbildung zeigt die Gegebenheiten. Die potenzielle Energie des Körpers nehmen wir am untersten Punkt seiner Bahn zu null an. Die Absorption der Strahlung führt zu einem Impuls auf den Pendelkörper, der dadurch um den Winkel θ ausgelenkt wird.

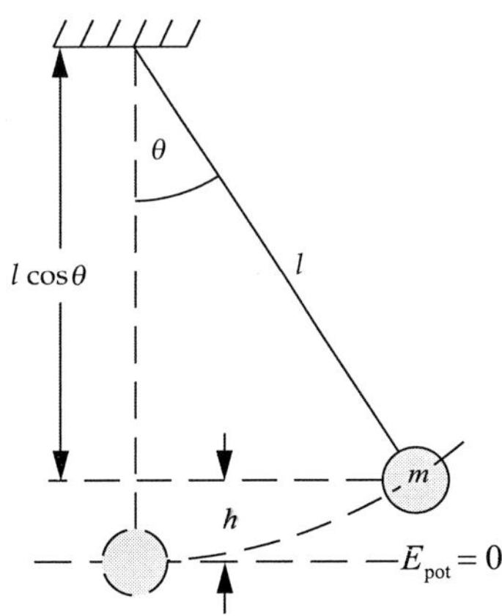

Wir bezeichnen, wie üblich, den Anfangszustand mit dem Index A und den Endzustand mit dem Index E.

Wegen der Energieerhaltung muss für die kinetischen und die potenziellen Energien gelten

$$E_{\mathrm{kin,E}} - E_{\mathrm{kin,A}} + E_{\mathrm{pot,E}} - E_{\mathrm{pot,A}} = 0 \,.$$

Am Anfang ist die potenzielle Energie $E_{\mathrm{pot,A}}$ gleich null, und am Ende ist die kinetische Energie $E_{\mathrm{kin,E}}$ gleich null. Daher gilt für die Energiebilanz

$$-E_{\mathrm{kin,A}} + E_{\mathrm{pot,E}} = 0 \,.$$

Die anfängliche kinetische Energie ist gegeben durch $p_{\mathrm{A}}^2/(2\,m)$, und für die am Ende erreichte potenzielle Energie gilt aufgrund der geometrischen Gegebenheiten

$$E_{\mathrm{pot,E}} = m\,g\,h = m\,g\,l\,(1 - \cos\theta) \,.$$

Damit lautet die Energiebilanz

$$-\frac{p_{\mathrm{A}}^2}{2\,m} + m\,g\,l\,(1 - \cos\theta) = 0 \,.$$

Daraus lösen wir nach dem Auslenkungswinkel auf:

$$\theta = \mathrm{acos}\left(1 - \frac{p_{\mathrm{A}}^2}{2\,m^2\,g\,l}\right) \,.$$

Der Laserpuls hat die Zeitdauer Δt, und den von seiner elektromagnetischen Strahlung ausgeübten Impuls bezeichnen wir mit p_{em}. Mit der Leistung P_{em} und der Energie E_{em} der Strahlung muss wegen der Erhaltung des Impulses gelten

$$p_{\mathrm{em}} = \frac{E_{\mathrm{em}}}{c} = \frac{P_{\mathrm{em}}\,\Delta t}{c} = p_{\mathrm{A}} \,.$$

Das setzen wir ein und erhalten mit $c = 2{,}998 \cdot 10^8\,\mathrm{m\,s^{-1}}$ und $g = 9{,}81\,\mathrm{m\,s^{-2}}$ für den Auslenkungswinkel

$$\theta = \mathrm{acos}\left(1 - \frac{p_{\mathrm{A}}^2}{2\,m^2\,g\,l}\right) = \mathrm{acos}\left(1 - \frac{P_{\mathrm{em}}^2\,(\Delta t)^2}{2\,m^2\,c^2\,g\,l}\right)$$

$$= \mathrm{acos}\left(1 - \frac{(1000\,\mathrm{MW})^2\,(200\,\mathrm{ns})^2}{2\,(10{,}0\,\mathrm{mg})^2\,c^2\,g\,(0{,}0400\,\mathrm{m})}\right)$$

$$= (6{,}10 \cdot 10^{-3})^{\circ} \,.$$

Anmerkungen: Die hier vorgestellte Lösung gilt nur bei einer vernachlässigbar geringen Auslenkung des Pendelkörpers (weil andernfalls dessen horizontaler Impuls während des Auftreffens des Laserpulses nicht erhalten bleibt). Dass die Auslenkung tatsächlich sehr gering ist, kann man zeigen, indem man die Gleichung nach der Geschwindigkeit des Pendelkörpers auflöst und dabei die Impulserhaltung ($m\,v = P_{\mathrm{em}}\,\Delta t/c$) ansetzt. Das ergibt $v = 6{,}67 \cdot 10^{-7}\,\mathrm{m\,s^{-1}}$. Bei dieser Geschwindigkeit wird während der Pulsdauer von 200 ns eine Strecke von $1{,}33 \cdot 10^{-13}$ m zurückgelegt, also rund ein Tausendstel des Durchmessers des Wasserstoffatoms. Außerdem ist die eben berechnete Geschwindigkeit gleich der vom Pendelkörper während der Einwirkung des Laserpulses maximal erreichten Geschwindigkeit.

L27.17 a) Weil nur 0,01 % der Leistung aus dem Laser „entweichen", ist die mittlere Strahlungsleistung, die auf einen der Spiegel im Laser auftrifft:

$$\langle P \rangle = \frac{15\,\mathrm{W}}{1{,}0 \cdot 10^{-4}} = 1{,}5 \cdot 10^5\,\mathrm{W} \,.$$

b) Der Strahlungsdruck ist der Quotient aus der von ihm ausgeübten Kraft F_{S} und der Spiegelfläche: $P_{\mathrm{S}} = F_{\mathrm{S}}/A$. Andererseits ist er mit der elektromagnetischen Leistung P_{em} gegeben durch

$$P_{\mathrm{S}} = \frac{2\,I_{\mathrm{em}}}{c} = \frac{2\,P_{\mathrm{em}}}{A\,c} \,.$$

Dabei haben wir die Beziehung $I_{\mathrm{em}} = P_{\mathrm{em}}/A$ verwendet. Gleichsetzen beider Ausdrücke für den Strahlungsdruck ergibt

$$\frac{F_{\mathrm{S}}}{A} = \frac{2\,P_{\mathrm{em}}}{A\,c} \,.$$

Damit erhalten wir für die Kraft

$$F_{\mathrm{S}} = \frac{2\,P_{\mathrm{em}}}{c} = \frac{2\,(1{,}5 \cdot 10^5\,\mathrm{W})}{2{,}998 \cdot 10^8\,\mathrm{m\,s^{-1}}} = 1{,}0\,\mathrm{mN} \,.$$

L27.18 a) Ein Photon der Energie E_γ trägt den Impuls E_γ/c. Wir nehmen an, dass in einem Lichtstrahl alle Photonen dieselbe Richtung besitzen. Also addieren sich sowohl die Energien und Impulse, und es gilt weiterhin, dass ein Abschnitt des Lichtstrahls der Energie E den Impuls E/c trägt. Bei gegebener Leistung P ist der abgegebene Impuls pro Zeit also $\dot{p} = P/c$.

b) Ein Laser der Leistung $P = 100\,\mathrm{GW}$ gibt pro Zeit den Impuls $\dot{p} = 100 \cdot 10^9\,\mathrm{W}/(3 \cdot 10^8\,\mathrm{m/s}) \approx 334\,\mathrm{kg\,m/s^2}$ ab.

Wird der Laser komplett von der Sonde reflektiert, erfährt die Sonde die doppelte Impulsänderung pro Zeit als einwirkende Kraft:

$$F = 2\dot{p} = 667\,\mathrm{kg\,m/s^2} = 667\,\mathrm{N}$$

c) Die resultierende Beschleunigung bei $m = 0{,}010\,\mathrm{kg}$ beträgt

$$a = 667\,\mathrm{N}/0{,}010\,\mathrm{kg} = 6{,}7 \cdot 10^4\,\mathrm{m/s^2} \,.$$

Damit ist die gesuchte Zeit etwa

$$t \approx \frac{3 \cdot 10^8\,\mathrm{m/s}}{6{,}7 \cdot 10^4\,\mathrm{m/s^2}} \approx 4500\,\mathrm{s} \approx 75\,\mathrm{min} \,.$$

Die zurückgelegte Strecke ist etwa

$$s = \tfrac{1}{2}a\,t^2 = \tfrac{1}{2} \cdot 6{,}7 \cdot 10^4 \cdot 4477^2\,\mathrm{m}$$

$$\approx 6{,}7 \cdot 10^{11}\,\mathrm{m} = 670\,\mathrm{Mio.km} \,.$$

Dies ist vergleichbar mit dem Abstand zur Jupiterbahn.

Die Wellengleichung für elektromagnetische Wellen

L27.19 Wir leiten den gegebenen Ausdruck

$$E_y = E_0 \sin (kx - \omega t)$$

zweimal nach x ab:

$$\frac{\partial E_y}{\partial x} = \frac{\partial}{\partial x} \left[E_0 \sin (kx - \omega t) \right] = k\, E_0 \cos (kx - \omega t),$$

$$\begin{aligned}\frac{\partial^2 E_y}{\partial x^2} &= \frac{\partial}{\partial x} \left[k\, E_0 \cos (kx - \omega t) \right] \\ &= -k^2 E_0 \sin (kx - \omega t).\end{aligned} \tag{1}$$

Die zweimalige Ableitung nach t ergibt

$$\frac{\partial E_y}{\partial t} = \frac{\partial}{\partial t} \left[E_0 \sin (kx - \omega t) \right] = -\omega\, E_0 \cos (kx - \omega t),$$

$$\begin{aligned}\frac{\partial^2 E_y}{\partial t^2} &= \frac{\partial}{\partial t} \left[-\omega\, E_0 \cos (kx - \omega t) \right] \\ &= -\omega^2 E_0 \sin (kx - \omega t).\end{aligned} \tag{2}$$

Wir dividieren nun Gleichung 1 durch Gleichung 2:

$$\frac{\partial^2 E_y / \partial x^2}{\partial^2 E_y / \partial t^2} = \frac{-k^2 E_0 \sin (kx - \omega t)}{-\omega^2 E_0 \sin (kx - \omega t)} = \frac{k^2}{\omega^2}.$$

Mit $c = \omega / k$ ist dies gleichbedeutend mit

$$\frac{\partial^2 E_y}{\partial x^2} = \frac{k^2}{\omega^2} \frac{\partial^2 E_y}{\partial t^2} = \frac{1}{c^2} \frac{\partial^2 E_y}{\partial t^2}.$$

L27.20 Wir leiten die beiden Funktionen mithilfe der Kettenregel zweimal nach x bzw. nach t ab. Bei der ersten Funktion $y(x,t) = f(x - \upsilon t)$ setzen wir $u = x - \upsilon t$ und erhalten für die ersten Ableitungen

$$\frac{\partial f}{\partial x} = \frac{\partial u}{\partial x} \frac{\partial f}{\partial u} = \frac{\partial f}{\partial u} \quad \text{und} \quad \frac{\partial f}{\partial t} = \frac{\partial u}{\partial t} \frac{\partial f}{\partial u} = -\upsilon \frac{\partial f}{\partial u}.$$

Die zweiten Ableitungen sind

$$\frac{\partial^2 f}{\partial x^2} = \frac{\partial^2 f}{\partial u^2} \quad \text{und} \quad \frac{\partial^2 f}{\partial t^2} = \upsilon^2 \frac{\partial^2 f}{\partial u^2}.$$

Nun dividieren wir die erste dieser Gleichungen durch die zweite und erhalten

$$\frac{\partial^2 f / \partial x^2}{\partial^2 f / \partial t^2} = \frac{1}{\upsilon^2} \quad \text{bzw.} \quad \frac{\partial^2 f}{\partial x^2} = \frac{1}{\upsilon^2} \frac{\partial^2 f}{\partial t^2}.$$

Bei der zweiten Funktion $y(x,t) = g(x + \upsilon t)$ setzen wir entsprechend $u = x + \upsilon t$ und erhalten für die ersten Ableitungen

$$\frac{\partial g}{\partial x} = \frac{\partial u}{\partial x} \frac{\partial g}{\partial u} = \frac{\partial g}{\partial u} \quad \text{und} \quad \frac{\partial g}{\partial t} = \frac{\partial u}{\partial t} \frac{\partial g}{\partial u} = \upsilon \frac{\partial g}{\partial u}.$$

Die zweiten Ableitungen sind

$$\frac{\partial^2 g}{\partial x^2} = \frac{\partial^2 g}{\partial u^2} \quad \text{und} \quad \frac{\partial^2 g}{\partial t^2} = \upsilon^2 \frac{\partial^2 g}{\partial u^2}.$$

Nun dividieren wir die erste dieser Gleichungen durch die zweite und erhalten

$$\frac{\partial^2 f / \partial x^2}{\partial^2 f / \partial t^2} = \frac{1}{\upsilon^2} \quad \text{bzw.} \quad \frac{\partial^2 g}{\partial x^2} = \frac{1}{\upsilon^2} \frac{\partial^2 g}{\partial t^2}.$$

Allgemeine Aufgaben

L27.21 Für die Einheit des Poynting-Vektors

$$\boldsymbol{S} = (\boldsymbol{E} \times \boldsymbol{B}) / \mu_0$$

erhalten wir

$$\begin{aligned}\frac{(\mathrm{V\,m^{-1}}) \cdot \mathrm{T}}{\mathrm{N\,A^{-2}}} &= \frac{(\mathrm{J\,C^{-1}\,m^{-1}}) \cdot \dfrac{\mathrm{N}}{(\mathrm{C\,m\,s^{-1}})}}{\mathrm{N\,A^{-2}}} \\ &= \frac{\mathrm{J\,m^{-2}}}{\mathrm{s}} = \mathrm{W\,m^{-2}}.\end{aligned}$$

L27.22 a) Die Spannung entlang des Drahts ist das Produkt aus der Feldstärke und seiner Länge:

$$\begin{aligned}U &= E\, l \\ &= (1{,}00 \cdot 10^{-4}\,\mathrm{N\,C^{-1}}) \cos (1{,}00 \cdot 10^{6}\,\mathrm{s^{-1}}\, t)\, (0{,}500\,\mathrm{m}) \\ &= (50{,}0\,\mu\mathrm{V}) \cos (1{,}00 \cdot 10^{6}\,\mathrm{s^{-1}}\, t).\end{aligned}$$

Die maximale Spannung beträgt $V_{\max} = 50{,}0\,\mu\mathrm{V}$.

b) Die in einer Leiterschleife mit der Querschnittsfläche $A = \pi r^2$ induzierte maximale Spannung ist

$$U_{\mathrm{i,\,max}} = \omega\, B_0\, A = \omega\, B_0\, \pi\, r^2.$$

Mit dem Ausdruck $B_0 = E_0 / c$ für die Amplitude des Magnetfelds erhalten wir

$$\begin{aligned}U_{\mathrm{i,\,max}} &= \frac{\omega\, E_0\, \pi\, r^2}{c} \\ &= \frac{(1{,}00 \cdot 10^{6}\,\mathrm{s^{-1}})\,(1{,}00 \cdot 10^{-4}\,\mathrm{N\,C^{-1}})\, \pi\, (0{,}200\,\mathrm{m})^2}{2{,}998 \cdot 10^{8}\,\mathrm{m\,s^{-1}}} \\ &= 41{,}9\,\mathrm{nV}.\end{aligned}$$

Die Ringantenne ist so auszurichten, dass sie in der Ebene der Senderantenne liegt.

L27.23 Wir wählen den Weg so, dass die Seiten Δx und Δz des Wegs in der x-y-Ebene liegen (siehe Abbildung).

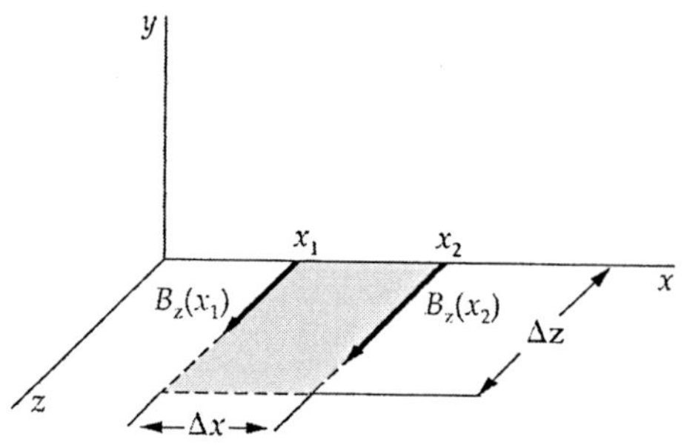

Weil $\Delta x = x_2 - x_1$ sehr klein ist, können wir folgende Näherung ansetzen:

$$B_z(x_2) - B_z(x_1) = \Delta B \approx \frac{\partial B_z}{\partial x}\,\Delta x\,.$$

Dann gilt

$$\oint_C \boldsymbol{B} \cdot \mathrm{d}\boldsymbol{l} \approx \mu_0\,\varepsilon_0\,\frac{\partial E_y}{\partial t}\,\Delta x\,\Delta z\,.$$

Der elektrische Fluss durch die von der angegebenen Kurve umschlossene Fläche ist daher

$$\int_A E_\mathrm{n}\,\mathrm{d}A = E_y\,\Delta x\,\Delta y\,.$$

Mit dem Faraday'schen Gesetz ergibt sich daraus

$$\frac{\partial B_x}{\partial x}\,\Delta x\,\Delta z = -\mu_0\,\varepsilon_0\,\frac{\partial E_y}{\partial t}\,\Delta x\,\Delta z$$

und somit $\dfrac{\partial B_x}{\partial x} = -\mu_0\,\varepsilon_0\,\dfrac{\partial E_y}{\partial t}\,.$

L27.24 a) Die Abbildung zeigt die Anordnung.

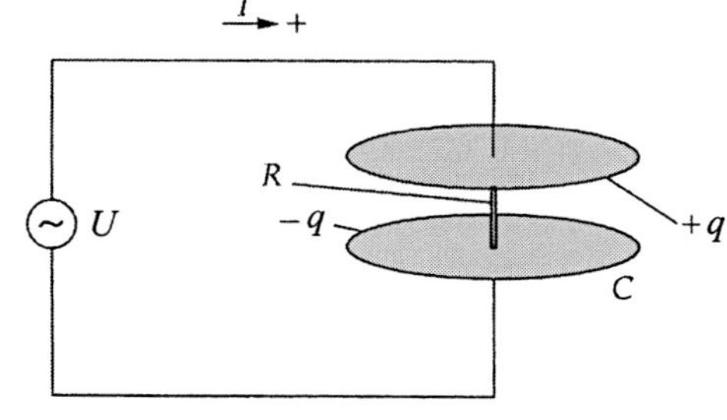

Der in den Kondensator fließende Strom ist gegeben durch

$$I = I_\mathrm{L} + \frac{\mathrm{d}q}{\mathrm{d}t}\,. \tag{1}$$

Darin ist I_L der durch den Widerstand fließende Anteil des gesamten Stroms, nämlich der Leitungsstrom. Für ihn gilt

$$I_\mathrm{L} = \frac{U}{R} = \frac{U_0}{R}\,\sin\omega t\,.$$

Mit $q = C\,U$ ist der andere Anteil des Gesamtstroms, der Verschiebungsstrom, gegeben durch

$$\frac{\mathrm{d}q}{\mathrm{d}t} = C\,\frac{\mathrm{d}U}{\mathrm{d}t} = \omega\,C\,U_0\,\cos\omega t\,.$$

Beide Ausdrücke für die Ströme setzen wir in Gleichung 1 ein:

$$I = \frac{U_0}{R}\,\sin\omega t + \omega\,C\,U_0\,\cos\omega t\,. \tag{2}$$

Mit dem Abstand d und der Fläche $A = \pi\,r_\mathrm{P}^2$ der Platten gilt für die Kapazität des Kondensators

$$C = \frac{\varepsilon_0\,A}{d} = \frac{\varepsilon_0\,\pi\,r_\mathrm{P}^2}{d}\,.$$

Damit ergibt sich gemäß Gleichung 2 für den Strom

$$I = U_0\left(\frac{1}{R}\,\sin\omega t + \frac{\omega\,\varepsilon_0\,\pi\,r_\mathrm{P}^2}{d}\,\cos\omega t\right)\,.$$

b) Gemäß der verallgemeinerten Form des Ampere'schen Gesetzes gilt für einen kreisförmigen Weg, der konzentrisch mit den Kondensatorplatten ist und den Radius r hat:

$$\oint_C \boldsymbol{B}\cdot\mathrm{d}\boldsymbol{l} = \mu_0\,(I_\mathrm{L} + I_\mathrm{V}')\,.$$

Darin ist I_V' der Verschiebungsstrom durch die ebene Fläche A, die vom Weg umschlossen wird, und I_L ist der Leitungsstrom durch dieselbe Fläche. Aufgrund der Symmetrie ist das Umlaufintegral gleich dem Produkt aus dem Umfang des Kreises und der Magnetfeldstärke:

$$2\,\pi\,r\,B = \mu_0\,(I_\mathrm{L} + I_\mathrm{V}')\,. \tag{3}$$

Zwischen den Kondensatorplatten herrscht ein homogenes elektrisches Feld, das von den Ladungen $+q$ und $-q$ herrührt. Mit der eben angegebenen Kreisfläche $A' = \pi\,r^2$ gilt (wenn $r \le r_\mathrm{P}$ ist) für den Verschiebungsstrom durch diese Fläche:

$$I_\mathrm{V}' = \varepsilon_0\,\frac{\mathrm{d}\Phi_\mathrm{el}}{\mathrm{d}t} = \varepsilon_0\,\frac{\mathrm{d}}{\mathrm{d}t}(A'\,E) = \varepsilon_0\,A'\,\frac{\mathrm{d}E}{\mathrm{d}t} = \varepsilon_0\,\pi\,r^2\,\frac{\mathrm{d}E}{\mathrm{d}t}\,.$$

Mit der Feldstärke $E = U/d$ ergibt sich

$$I_\mathrm{V}' = \varepsilon_0\,\pi\,r^2\,\frac{\mathrm{d}E}{\mathrm{d}t} = \varepsilon_0\,\pi\,r^2\,\frac{\mathrm{d}}{\mathrm{d}t}\frac{U}{d} = \frac{\varepsilon_0\,\pi\,r^2}{d}\,\frac{\mathrm{d}U}{\mathrm{d}t}$$
$$= \frac{\varepsilon_0\,\pi\,r^2}{d}\,\frac{\mathrm{d}}{\mathrm{d}t}(U_0\,\sin\omega t) = \omega\,\frac{\varepsilon_0\,\pi\,r^2}{d}\,U_0\,\cos\omega t\,.$$

Das und den in Teilaufgabe a erhaltenen Ausdruck für I_L setzen wir nun in Gleichung 3 ein und lösen nach dem Magnetfeld auf:

$$B = \frac{\mu_0\,(I_\mathrm{L} + I_\mathrm{V}')}{2\,\pi\,r}$$
$$= \frac{\mu_0}{2\,\pi\,r}\left(\frac{U_0}{R}\,\sin\omega t + \omega\,\frac{\varepsilon_0\,\pi\,r^2}{d}\,U_0\,\cos\omega t\right)$$
$$= \frac{\mu_0\,U_0}{2\,\pi\,r}\left(\frac{1}{R}\,\sin\omega t + \omega\,\frac{\varepsilon_0\,\pi\,r^2}{d}\,\cos\omega t\right)\,.$$

c) Die Ladung q und der Leitungsstrom sind in Phase mit der Spannung U. Nun ist $\mathrm{d}q/\mathrm{d}t$ bei $r \geq r_\mathrm{P}$ gleich dem Verschiebungsstrom I_V durch die in Teilaufgabe a angegebene Fläche und eilt der Spannung U um $90°$ nach. Die Spannung eilt dem Strom $I = I_\mathrm{L} + I_\mathrm{V}$ um den Phasenwinkel δ vor. Also gilt

$$I_{\max} = \sin(\omega t + \delta) = I_{\mathrm{L},\max} \sin \omega t + I_{\mathrm{V},\max} \cos \omega t \,.$$

Für die beiden Maximalströme gilt dabei

$$I_{\mathrm{L},\max} = \frac{U_0}{R} \quad \text{und} \quad I_{\mathrm{V},\max} = \frac{\omega \, \varepsilon_0 \, \pi \, r_\mathrm{P}^2 \, U_0}{d} \,.$$

In der Abbildung ist das Zeigerdiagramm für die Addition von I_L und I_V dargestellt.

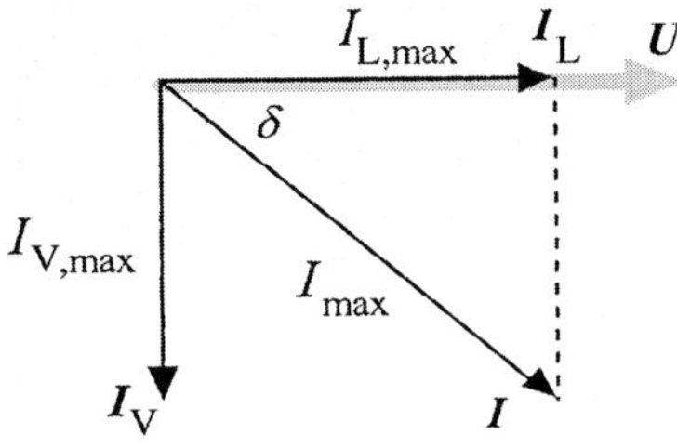

Der Leitungsstrom I_L ist mit der Spannung über dem Widerstand in Phase, und der Verschiebungsstrom I_V eilt ihr um $90°$ nach. Der Abbildung entnehmen wir, dass gilt:

$$\tan \delta = \frac{I_{\mathrm{V},\max}}{I_{\mathrm{L},\max}} = \frac{U_0 \, \dfrac{\omega \, \varepsilon_0 \, \pi \, r_\mathrm{P}^2}{d}}{U_0/R} = \frac{R \, \omega \, \varepsilon_0 \, \pi \, r_\mathrm{P}^2}{d} \,.$$

Also ist der Phasenwinkel $\delta = \operatorname{atan} \dfrac{R \, \omega \, \varepsilon_0 \, \pi \, r_\mathrm{P}^2}{d}$.

Anmerkung: Der Kondensator und der Widerstandsdraht sind parallel geschaltet, und die Potenzialdifferenz über ihnen ist jeweils die angelegte Spannung $U_0 \sin \omega t$.

L27.25 Die Punktquelle befindet sich im Abstand $a = 1{,}00\,\mathrm{m}$ über der reflektierenden Ebene. Wir betrachten nun einen Ring mit dem Radius r und der Dicke $\mathrm{d}r$, der in der Ebene liegt und an dem Punkt zentriert ist, der senkrecht unterhalb der Punktquelle liegt. Die Intensität ist der Quotient aus der elektromagnetischen Strahlungsleistung P_em der Quelle und der Fläche, auf die die Strahlung auftrifft. Daher ist die Intensität in der Ebene

$$I_\mathrm{em} = \frac{P_\mathrm{em}}{4 \, \pi \, (r^2 + a^2)} \,.$$

Die vom Strahlungsdruck herrührende Kraft auf den infinitesimal schmalen Ring ist das Produkt aus dem Strahlungsdruck $P_\mathrm{S} = I_\mathrm{em}/c$ und der Fläche $A = 2 \, \pi \, r \, \mathrm{d}r$ des Rings. Wir berücksichtigen außerdem, dass nur die Normalkomponente der Strahlung zur Kraft auf die Ebene beiträgt, und erhalten für die Kraft auf den Ring

$$\mathrm{d}F = \frac{P_\mathrm{em} \, r \, \mathrm{d}r}{c \, (r^2 + a^2)} \, \frac{a}{\sqrt{r^2 + a^2}} = \frac{P_\mathrm{em} \, a \, r \, \mathrm{d}r}{c \, (r^2 + a^2)^{3/2}} \,.$$

Die Gesamtkraft auf die Ebene ergibt sich durch Integration:

$$F = \frac{P_\mathrm{em} \, a}{c} \int_0^\infty \frac{r \, \mathrm{d}r}{(r^2 + a^2)^{3/2}} \,.$$

Das Integral können wir nachschlagen:

$$\int_0^\infty \frac{r \, \mathrm{d}r}{(r^2 + a^2)^{3/2}} = \left. \frac{-1}{\sqrt{r^2 + a^2}} \right|_0^\infty = \frac{1}{a} \,.$$

Damit erhalten wir für die Kraft, die die Strahlung auf die Ebene ausübt:

$$F = \frac{P_\mathrm{em} \, a}{c} \, \frac{1}{a} = \frac{P_\mathrm{em}}{c} = \frac{1{,}00\,\mathrm{MW}}{2{,}998 \cdot 10^8 \, \mathrm{m\,s^{-1}}} = 3{,}34\,\mathrm{mN} \,.$$

L27.26 a) Wenn sich die Teilchen im translatorischen Gleichgewicht befinden, gleichen die vom Strahlungsdruck und die von der Gravitation herrührenden Kräfte einander aus: $F_\mathrm{S} - F_\mathrm{G} = 0$. Mit dem Strahlungsdruck P_S und der Querschnittsfläche A gilt $F_\mathrm{S} = P_\mathrm{S} \, A$, und die Gravitationskraft ist gegeben durch

$$F_\mathrm{G} = \frac{\Gamma \, m_\mathrm{S} \, m}{d^2} \,.$$

Darin ist Γ die Gravitationskonstante, m_S die Sonnenmasse, m die Teilchenmasse und d der Abstand von der Sonne. Wir erhalten damit

$$F_\mathrm{S} - F_\mathrm{G} = P_\mathrm{S} \, A - \frac{\Gamma \, m_\mathrm{S} \, m}{d^2} = 0 \,. \tag{1}$$

Der Strahlungsdruck hängt mit der Intensität I_em der Sonnenstrahlung zusammen über $P_\mathrm{S} = I_\mathrm{em}/c$, und die elektromagnetische Intensität ist der Quotient aus der gesamten Strahlungsleistung P_em der Sonne und der kugelförmigen Fläche im Abstand d von der Sonne:

$$I_\mathrm{em} = \frac{P_\mathrm{em}}{4 \, \pi \, d^2} \,.$$

Daraus folgt für den Strahlungsdruck

$$P_\mathrm{S} = \frac{I_\mathrm{em}}{c} = \frac{P_\mathrm{em}}{4 \, \pi \, d^2 \, c} \,.$$

Das setzen wir in Gleichung 1 ein. Wir verwenden dabei die Ausdrücke $\pi \, r^2$ für die Querschnittsfläche und $\frac{4}{3} \, \pi \, r^3 \rho$ (also das Produkt aus Volumen und Dichte) für die Masse eines Teilchens und erhalten

$$\frac{P_\mathrm{em}}{4 \, \pi \, d^2 \, c} \, \pi \, r^2 - \frac{\frac{4}{3} \, \pi \, r^3 \rho \, \Gamma \, m_\mathrm{S}}{d^2} = 0 \,.$$

Darin ist der Teilchenradius gleich dem kritischen Radius r_k, weil wir in Gleichung 1 die Kräfte gleichgesetzt haben. Auflösen nach dem kritischen Teilchenradius und Einsetzen der

Zahlenwerte liefert

$$r_{k} = \frac{3}{16\pi\rho c}\frac{P_{em}}{\Gamma m_{S}}$$

$$= \frac{3}{16\pi\,(1{,}00\,\mathrm{g\,cm^{-3}})\,(2{,}998\cdot10^{8}\,\mathrm{m\,s^{-1}})}$$

$$\cdot\,\frac{3{,}83\cdot10^{26}\,\mathrm{W}}{(6{,}673\cdot10^{-11}\,\mathrm{N\,m^{2}\,kg^{-2}})\,(1{,}99\cdot10^{30}\,\mathrm{kg})}$$

$$= 574\,\mathrm{nm}\,.$$

b) Sowohl die Gravitationskraft als auch die Strahlungsintensität und damit der Strahlungsdruck sind umgekehrt proportional zum Quadrat des Abstands d von der Sonne. Dabei ist die Gravitationskraft proportional zur Teilchenmasse, während die vom Strahlungsdruck ausgeübte Kraft proportional zur Querschnittsfläche ist. Also müssen wir vergleichen, wie die Masse und die Querschnittsfläche des Teilchens vom Teilchenradius abhängen.

Die Masse ist, wie das Volumen, proportional zur dritten Potenz des Teilchenradius, aber die Querschnittsfläche ist proportional zu dessen zweiter Potenz. Also haben größere Teilchen eine relativ zu ihrer Querschnittsfläche höhere Masse und unterliegen daher einer im Verhältnis stärkeren Gravitationskraft. Der kritische Radius ist also eine Obergrenze, und Teilchen mit kleinerem Radius als dem kritischen werden aus dem Sonnensystem hinaus „geweht".

Optik

© *espy3008/Getty Images/iStock*

Eigenschaften des Lichts

28

© Springer-Verlag GmbH Deutschland, ein Teil von Springer Nature 2019
A. Knochel (Hrsg.), *Arbeitsbuch zu Tipler/Mosca, Physik*, https://doi.org/10.1007/978-3-662-58919-9_28

Aufgaben

Verständnisaufgaben

28.1 • Ein Lichtstrahl fällt aus der Luft auf eine Glasoberfläche, und zwar in einem Winkel von 40° zum Einfallslot. Der Winkel zwischen dem gebrochenen Strahl und dem Einfallslot beträgt 28°. Wie groß ist der Winkel zwischen dem einfallenden und dem gebrochenen Strahl? a) 12°, b) 28°, c) 40°, d) 68°.

28.2 • Ein Lichtstrahl fällt aus der Luft auf eine Wasserfläche, und zwar in einem Winkel von 45° zum Einfallslot. Welche der nachfolgend genannten vier Größen ändert bzw. ändern sich, wenn das Licht in das Wasser eintritt? a) Die Wellenlänge, b) die Frequenz, c) die Ausbreitungsgeschwindigkeit, d) die Ausbreitungsrichtung, e) keine der genannten Größen.

28.3 • Die Dichte der Atmosphäre wird mit zunehmender Höhe geringer, dadurch auch die Brechzahl der Luft. Erklären Sie, warum man die Sonne unmittelbar nach dem Untergang noch sehen kann, wenn sie sich also schon unter dem Horizont befindet. (Der Horizont ist die Fortsetzung einer Ebene, die tangential an der Erdoberfläche anliegt.) Warum erscheint die Sonne beim Untergang abgeflacht?

28.4 • Ein Schwimmer befindet sich am Punkt S in einem ruhigen See, nicht sehr weit vom Ufer entfernt (Abb. 28.1). Er bekommt einen Muskelkrampf und ruft um Hilfe. Eine Rettungsschwimmerin am Punkt R hört den Hilferuf. Sie kann 9,0 m/s schnell laufen und 3,0 m/s schnell schwimmen. Sie will natürlich denjenigen Weg von R nach S einschlagen, der sie in der kürzesten Zeit zum Schwimmer bringt. Welcher der in der Abbildung dargestellten Wege ist dies?

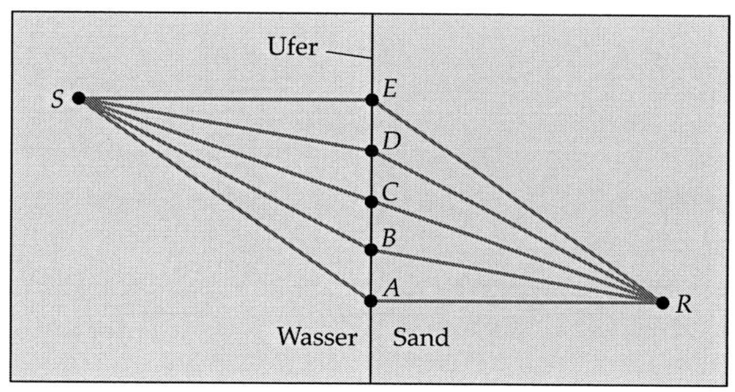

Abb. 28.1 Zu Aufgabe 28.4

Schätzungs- und Näherungsaufgaben

28.5 • Bei Galileis Versuch, die Lichtgeschwindigkeit zu messen, standen er und sein Assistent auf zwei knapp 9 km voneinander entfernten Hügeln. Welche Zeitspanne für den Hin- und den Rückweg des Lichts hätte Galilei größenordnungsmäßig messen müssen, um die Lichtgeschwindigkeit zumindest ungefähr bestimmen zu können? Vergleichen Sie diese Zeitspanne mit der menschlichen Reaktionszeit. Wie genau, glauben Sie, konnte seine Messung sein?

28.6 • Schätzen Sie die Zeitspanne ab, um die sich das Auftreffen eines Lichtstrahls auf die Netzhaut Ihres Auges verzögert, wenn Sie eine Brille aufsetzen.

28.7 •• Wenn der Einfallswinkel klein genug ist, dann kann das Snellius'sche Brechungsgesetz vereinfacht werden, indem man die Näherung für kleine Winkel ansetzt: $\sin \theta \approx \theta$. Nehmen Sie an, Sie wollen einen Brechungswinkel berechnen. Wie groß darf der Einfallswinkel höchstens sein, wenn der auf diese Näherung zurückzuführende Fehler – verglichen mit der Anwendung der exakten Formel – nicht mehr als 1 % ausmachen soll?

Die Lichtgeschwindigkeit

28.8 •• Die Entfernung eines Punkts auf der Erdoberfläche von einem Punkt auf der Mondoberfläche soll aus der Laufzeit (hin und zurück) eines Laserstrahls errechnet werden, der an einer Spiegelanordnung auf dem Mond reflektiert wird. Die Unsicherheit Δx der ermittelten Entfernung hängt mit der Unsicherheit Δt der gemessenen Zeitspanne zusammen über $\Delta x = \frac{1}{2} c \, \Delta t$. Nehmen Sie an, die Laufzeit wird auf $\pm 1{,}00$ ns genau gemessen. a) Wie groß ist dann, in Metern angegeben, die Unsicherheit der Entfernung? b) Wie viel macht sie prozentual aus?

Reflexion und Brechung

28.9 • Ein Lichtstrahl fällt auf einen von zwei Spiegeln, die einen rechten Winkel bilden. Die Einfallsebene steht senkrecht auf beiden Spiegeln. Zeigen Sie, dass der Lichtstrahl nach der Reflexion an beiden Spiegeln in entgegengesetzter Richtung verläuft, unabhängig vom Einfallswinkel.

28.10 •• Licht fällt senkrecht auf eine Glasscheibe; die Brechzahl des Glases beträgt $n = 1{,}50$. a) Bestimmen Sie näherungsweise den Anteil der einfallenden Lichtintensität, der aus der Rückseite der Glasscheibe austritt. b) Wiederholen Sie Teilaufgabe a für eine in Wasser eingetauchte Glasscheibe.

28.11 ••• Abb. 28.2 zeigt einen Lichtstrahl, der auf eine Glasplatte mit der Dicke d und der Brechzahl n fällt. a) Stellen Sie einen Ausdruck für den Einfallswinkel auf, bei dem der Abstand b zwischen dem an der oberen Grenzfläche reflektierten Strahl und demjenigen Strahl maximal ist, der nach der Reflexion an der unteren Grenzfläche aus der oberen Grenzfläche schließlich austritt. b) Wie groß ist dieser Einfallswinkel, wenn die Brechzahl des Glases 1,60 beträgt? c) Welchen Abstand haben die beiden Lichtstrahlen, wenn die Glasplatte 4,0 cm dick ist?

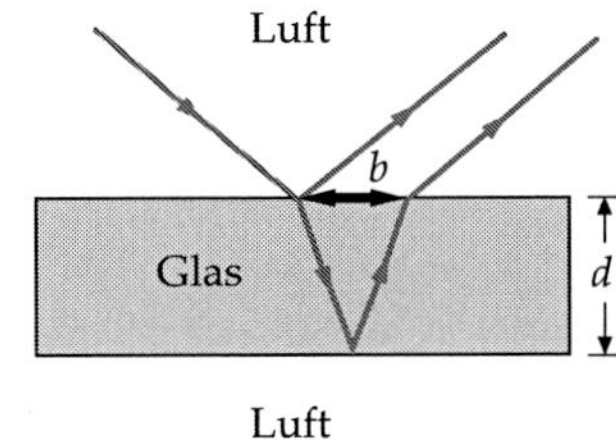

Abb. 28.2 Zu Aufgabe 28.11

unterschiedlich hoch (Abb. 28.4). Dieses als Dispersion bezeichnete Phänomen kann in Glasfasern zu Problemen führen, wenn die Lichtimpulse sehr weit übertragen werden müssen. Betrachten Sie zwei kurze Lichtimpulse mit den Wellenlängen 700 nm bzw. 500 nm, die in einer aus Silikatkronglas bestehenden Glasfaser übertragen werden. Berechnen Sie die Differenz der Zeitspannen, die die beiden Impulse benötigen, um in der Glasfaser eine 15,0 km lange Strecke zurückzulegen.

Totalreflexion

28.12 •   Auf einer Oberfläche aus Glas mit der Brechzahl 1,50 befindet sich eine Wasserschicht (Brechzahl 1,33). Licht, das sich im Glas ausbreitet, fällt auf die Glas-Wasser-Grenzfläche. Berechnen Sie den kritischen Winkel der Totalreflexion.

28.13 ••   In einer Glasfaser breiten sich Lichtstrahlen über eine lange Strecke aus, wobei sie total reflektiert werden. Wie in Abb. 28.3 gezeigt ist, besteht die Faser aus einem Kern mit der Brechzahl n_2 und dem Radius b. Der Kern ist umgeben von einem Mantel mit der Brechzahl $n_3 < n_2$. Die *numerische Apertur* der Faser ist definiert als $\sin \theta_1$. Dabei ist θ_1 der Einfallswinkel eines Lichtstrahls an der Stirnfläche der Faser, der an der Grenzfläche zum Mantel unter dem kritischen Winkel der Totalreflexion reflektiert wird. Zeigen Sie anhand der Abbildung, dass bei einem aus der Luft in die Glasfaser eintretenden Lichtstrahl für die numerische Apertur gilt:

$$\sin \theta_1 = \sqrt{n_2^2 - n_3^2} \, .$$

(*Hinweis:* Evtl. ist der Satz des Pythagoras anzuwenden.)

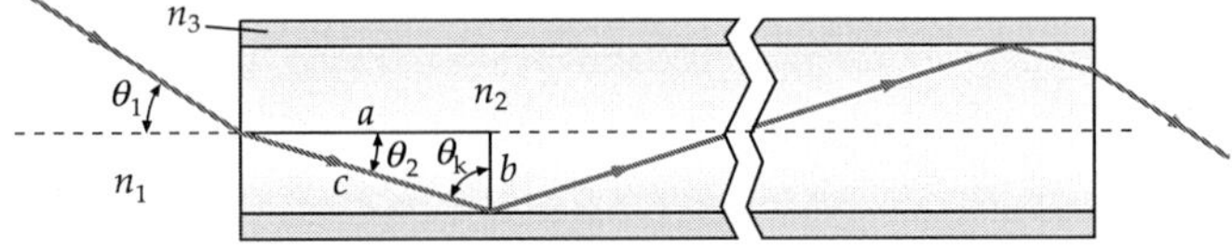

Abb. 28.3 Zu Aufgabe 28.13

28.14 •••   Überlegen Sie sich, wie ein dünner Wasserfilm auf einer Glasoberfläche den kritischen Winkel der Totalreflexion verändert. Die Brechzahlen sind 1,50 beim Glas und 1,33 beim Wasser. a) Wie groß ist der kritische Winkel der Totalreflexion an der Glas-Wasser-Grenzfläche? b) Gibt es einen Bereich von Einfallswinkeln, die größer als der kritische Winkel θ_k der Totalreflexion an der Glas-Luft-Grenzfläche sind und bei denen Lichtstrahlen das Glas verlassen, sich durch das Wasser ausbreiten und schließlich in die Luft austreten?

Dispersion

28.15 ••   Für Licht verschiedener Farben (bzw. Frequenzen) sind die Ausbreitungsgeschwindigkeiten in einem Medium

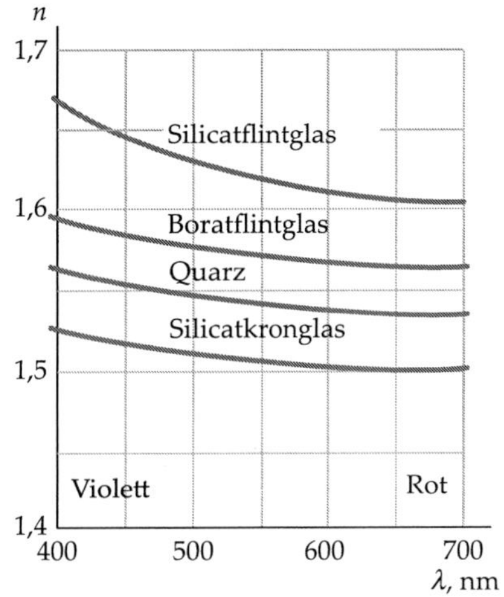

Abb. 28.4 Zu Aufgabe 28.15

Polarisation

28.16 •   In horizontaler Richtung polarisiertes Licht fällt auf eine bestimmte Polarisationsfolie. Experimentell wird festgestellt, dass sie nur 15 % der Energie des auftreffenden Lichts durchlässt. Welchen Winkel schließt ihre Polarisationsachse mit der Horizontalen ein?

28.17 ••   Die Achsen zweier Polarisationsfolien sind gekreuzt, sodass kein Licht durchgelassen wird. Zwischen ihnen wird eine dritte Polarisationsfolie angebracht, deren Polarisationsachse mit derjenigen der ersten Folie den Winkel θ bildet. a) Wie hängt die Intensität des von allen drei Polarisationsfolien durchgelassenen Lichts von θ ab? b) Zeigen Sie, dass sie bei $\theta = 45°$ maximal ist.

28.18 •••   Eine zirkular polarisierte Welle nennt man *rechtszirkular polarisiert*, wenn – in Ausbreitungrichtung betrachtet – der elektrische und der magnetische Feldvektor im Uhrzeigersinn rotieren. Entsprechend ist sie *links-zirkular polarisiert*, wenn die Feldvektoren entgegen dem Uhrzeigersinn rotieren. Betrachten Sie folgende Welle:

$$\boldsymbol{E} = E_0 \sin\left(kx - \omega t\right) \widehat{\boldsymbol{y}} + E_0 \cos\left(kx - \omega t\right) \widehat{\boldsymbol{z}} \, .$$

a) In welchem Drehsinn ist sie zirkular polarisiert? b) Wie lautet der entsprechende Ausdruck für eine im gegenläufigen Drehsinn zirkular polarisierte Welle, die sich in derselben Richtung ausbreitet? c) Zeigen Sie mathematisch, dass eine linear polarisierte

Welle als Überlagerung einer rechtsläufig und einer linksläufig zirkular polarisierten Welle angesehen werden kann.

28.19 • In 3-D-Kinos neuerer Bauart wird links und rechts zirkular polarisiertes Licht verwendet, um die Bilder für das linke und rechte Auge zu trennen. Welchen Vorteil bietet dieses Verfahren für den Kinobesucher gegenüber dem älteren System, das mit linear polarisiertem Licht arbeitete?

Allgemeine Aufgaben

28.20 • Monochromatisches rotes Licht mit der Wellenlänge 700 nm tritt aus der Luft in Wasser ein. a) Wie groß ist seine Wellenlänge im Wasser? b) Sieht es ein Taucher in der gleichen oder einer anderen Farbe?

28.21 •• Zeigen Sie Folgendes: Wenn ein ebener Spiegel um eine Achse, die in der Spiegelebene liegt, um den Winkel θ gedreht wird, dann dreht sich der reflektierte Strahl um den Winkel $2\,\theta$. Dabei soll vorausgesetzt werden, dass der unverändert einfallende Strahl senkrecht zur Drehachse auftrifft.

28.22 •• Licht fällt unter dem Einfallswinkel θ_1 auf eine Platte aus transparentem Material, wie in Abb. 28.5 gezeigt ist. Die Platte hat die Dicke h, und ihr Material hat die Brechzahl n. Zeigen Sie, dass gilt:

$$n = \frac{\sin \theta_1}{\sin \left[\mathrm{atan}\ (d/h)\right]}.$$

Dabei ist d der in der Abbildung dargestellte Abstand, und atan (d/h) ist der Winkel, dessen Tangens gleich d/h ist.

Abb. 28.5 Zu Aufgabe 28.22

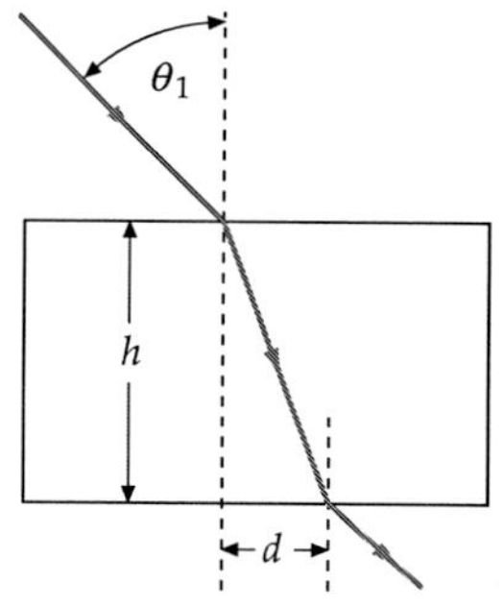

28.23 •• Ein sogenanntes Brewster'sches Fenster kann dazu dienen, einen Strahl polarisierten Laserlichts zu erzeugen. Es besteht, wie in Abb. 28.6 gezeigt ist, aus einer Platte aus transparentem Material, die im Laserhohlraum so ausgerichtet ist, dass der Strahl im Polarisationswinkel auf sie auftrifft. Zeigen Sie Folgendes: Wenn der Polarisationswinkel an der n_1/n_2-Grenzfläche θ_{P1} ist, dann ist der Polarisationswinkel an der n_2/n_1-Grenzfläche gleich θ_{P2}.

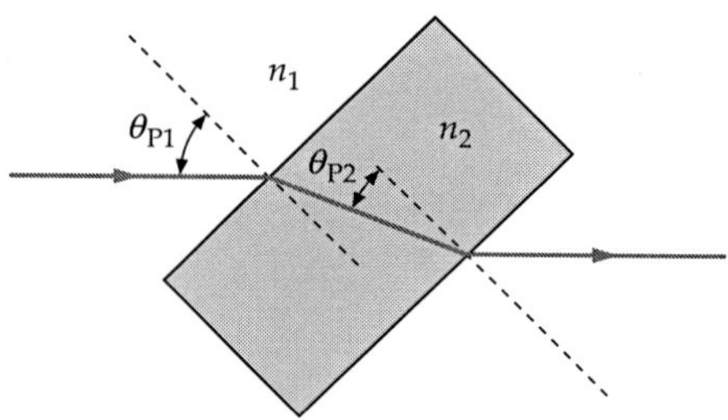

Abb. 28.6 Zu Aufgabe 28.23

28.24 •• Ein Lichtstrahl breitet sich in einem transparenten Medium aus, das eine ebene Grenzfläche zum Vakuum aufweist. a) Zeigen Sie, dass dabei der Polarisationswinkel θ_{p} und der kritische Winkel θ_{k} der Totalreflexion über $\tan \theta_{\mathrm{p}} = \sin \theta_{\mathrm{k}}$ miteinander zusammenhängen. b) Welcher der beiden Winkel ist größer?

28.25 •• Ein Lichtstrahl fällt aus der Luft unter einem Winkel von 58° zum Einfallslot auf die Grenzfläche zu einer transparenten Substanz. Der reflektierte und der gebrochene Strahl stehen senkrecht aufeinander. a) Wie groß ist die Brechzahl der transparenten Substanz? b) Wie groß ist in ihr der kritische Winkel der Totalreflexion?

28.26 ••• Licht mit der Intensität I_0 trifft aus der Luft senkrecht auf eine Glasplatte mit der Brechzahl n. a) Zeigen Sie, dass für die von ihr durchgelassene (transmittierte) Intensität gilt:

$$I_{\mathrm{t}} \approx I_0 \left(\frac{4\,n}{(n+1)^2}\right)^2.$$

b) Ermitteln Sie mit dem Ergebnis der Teilaufgabe a das Verhältnis der von N parallelen Glasscheiben insgesamt durchgelassenen Intensität zur ebenfalls senkrecht einfallenden Intensität. c) Wie viele Scheiben aus Glas mit der Brechzahl 1,5 sind nötig, um die austretende Intensität auf 10 % der einfallenden Intensität zu verringern?

28.27 ••• Während einer Sonnenfinsternis im Jahr 1868 beobachtete der Astronom Jules Janssen das Linienspektrum der Chromosphäre. Dabei fiel ihm eine intensive Linie bei $\lambda = 587,49$ nm auf. Aus dieser Beobachtung wurde auf die Existenz eines bisher unbekannten Elements geschlossen, das nach der Sonne *Helium* genannt wurde. a) In welcher Farbe erscheint die Linie? b) Weshalb kann durch eine solche Beobachtung auf die Existenz eines neuen Elements geschlossen werden? c) Bewegt sich die Lichtquelle relativ zum Beobachter mit der Geschwindigkeit v, verschiebt sich aufgrund des Dopplereffekts die beobachtete Frequenz ν_B zur Frequenz der Quelle ν_Q um den Faktor

$$\nu_B = \nu_Q \sqrt{\frac{c+v}{c-v}}.$$

Natrium besitzt zwei Linien bei $\lambda = 588,995$ nm und $\lambda = 589,592$ nm, die nah bei der oben genannten Heliumlinie liegen. Besteht die Gefahr, dass bei den Temperaturen von bis zu $T = 35\,000$ K in der äußeren Chromosphäre die Heliumlinie und die Natriumlinien durch die Dopplerverbreiterung ineinanderverlaufen und ununterscheidbar werden?

Lösungen zu den Aufgaben

Verständnisaufgaben

L28.1 Der Winkel zwischen dem einfallenden Strahl und dem gebrochenen Strahl entspricht der Differenz zwischen dem Einfallswinkel und dem Brechungswinkel. Also ist Aussage a richtig.

L28.2 Wenn Licht aus der Luft (L) in Wasser (W) eintritt, ändert sich seine Wellenlänge gemäß der Beziehung $\lambda_W = \lambda_L/n_W$, und seine Geschwindigkeit ändert sich gemäß der Beziehung $v_W = c/n_W$. Für die Änderung der Ausbreitungsrichtung gilt dabei das Brechungsgesetz. Weil sich die Frequenz nicht ändert, ändern sich die Größen a, c und d.

L28.3 Die Verringerung der Dichte der Atmosphäre und damit ihrer Brechzahl n mit steigender Höhe führt zu einer Brechung des Sonnenlichts. Dadurch krümmen sich die Lichtstrahlen zur Erde hin, wie in der Abbildung gezeigt ist.

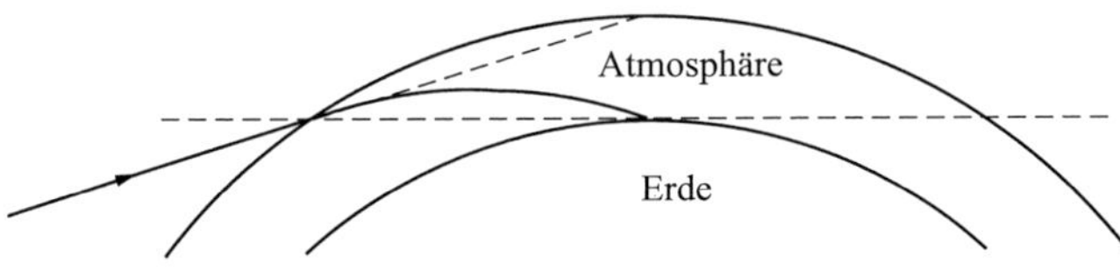

Deswegen ist die Sonne unmittelbar nach dem Untergang unter den Horizont noch sichtbar. Außerdem wird das vom unteren Teil der Sonne ausgehende Licht stärker gebrochen als das vom oberen Teil ausgehende, sodass der untere Teil etwas höher zu liegen scheint. Dadurch erscheint die Sonne kurz vor dem Untergehen abgeflacht.

L28.4 Der Weg mit dem geringsten Zeitbedarf ist der Weg *RDS*. Ähnlich wie bei der Brechung von Licht beim Eintritt in Wasser entspricht das Verhältnis des Sinus des Einfallswinkels zum Sinus des Brechungswinkels dem Verhältnis der Geschwindigkeiten der Rettungsschwimmerin in den beiden Medien. Diese Bedingung wird, wie auch Experimente ergaben, vom Weg *RDS* am besten erfüllt.

Schätzungs- und Näherungsaufgaben

L28.5 a) Der Abstand zwischen Galilei und seinem Assistenten betrug etwa $d = 9\,\text{km}$. Dabei war die vom Licht zurückgelegte Strecke $2\,d = c\,\Delta t$, wobei das Licht die Zeitspanne Δt benötigte, um die Strecke von Galilei zu seinem Assistenten und zurück zu durchlaufen. Wir erhalten für diese Zeitspanne

$$\Delta t = \frac{2\,d}{c} = \frac{2\,(9\,\text{km})}{3 \cdot 10^8\,\text{m s}^{-1}} = 6 \cdot 10^{-5}\,\text{s}\,.$$

b) Der Vergleich mit der menschlichen Reaktionszeit $t_R \approx 0{,}3\,\text{s}$ ergibt $t_R/\Delta t \approx (0{,}3\,\text{s})/(6 \cdot 10^{-5}\,\text{s}) = 5 \cdot 10^3$.

Die Reaktionszeit ist also rund 5000-mal länger als die Zeitspanne, die Galilei zu messen versuchte.

L28.6 Den Abstand des Auges von der Lichtquelle bezeichnen wir mit l, und die Dicke der Brillengläser setzen wir zu $d = 2\,\text{mm}$ an. Schließlich soll das Glas die Brechzahl $n = 1{,}5$ haben. Die Laufzeit des Lichts ohne Brille ist $\Delta t_o = l/c$. Mit den Indices L für Luft und G für Glas gilt für die Laufzeit mit Brille:

$$\Delta t_m = \Delta t_L + \Delta t_G = \frac{l-d}{c} + \frac{d}{c/n} = \frac{l+(n-1)\,d}{c}$$
$$= \Delta t_o + \frac{(n-1)\,d}{c}\,.$$

Die Verzögerung ist daher

$$\Delta t_\text{Verz.} = \Delta t_o - \Delta t_m = \frac{(n-1)\,d}{c}$$
$$= \frac{(1{,}5-1)\,(2\,\text{mm})}{3 \cdot 10^8\,\text{m s}^{-1}} \approx 3\,\text{ps}\,.$$

L28.7 Der aus der Näherung für kleine Winkel resultierende relative Fehler ist gegeben durch

$$\delta(\theta) = \frac{\theta - \sin\theta}{\sin\theta} = \frac{\theta}{\sin\theta} - 1\,.$$

Er kann auf mehrere Arten ermittelt werden: durch Ausprobieren verschiedener Werte, mit einem Tabellenkalkulationsprogramm oder mit einem wissenschaftlichen Taschenrechner. Die mithilfe eines Tabellenkalkulationsprogramms erstellte Abbildung zeigt die Abhängigkeit des relativen Fehlers vom Winkel θ.

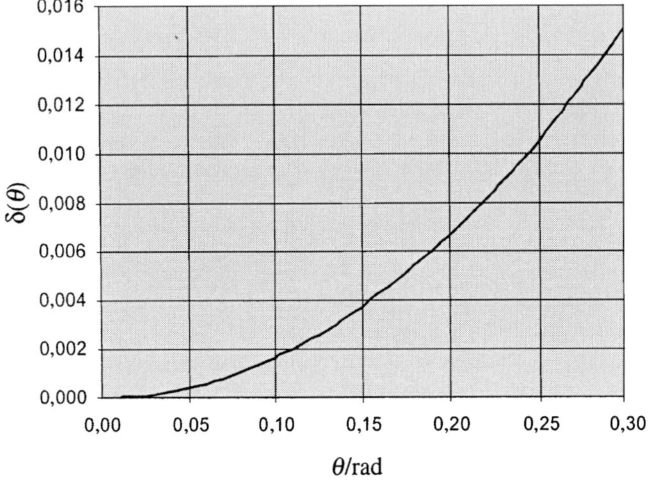

Der Grafik entnehmen wir $\delta(\theta) < 1\,\%$ für $\theta \leq 0{,}24\,\text{rad}$. Das entspricht $\theta \leq 14°$.

Die Lichtgeschwindigkeit

L28.8 a) Die Unsicherheit der Entfernung ist

$$\Delta x = c\,\tfrac{1}{2}\,\Delta t = \tfrac{1}{2}\,(2{,}998\cdot 10^{8}\,\mathrm{m\,s^{-1}})\,(\pm 1{,}0\,\mathrm{ns}) = \pm 0{,}15\,\mathrm{m}\,.$$

b) Mit dem Abstand $d_{\mathrm{E\text{-}M}}$ zwischen Erde und Mond berechnen wir die relative Unsicherheit:

$$\frac{\Delta x}{d_{\mathrm{E\text{-}M}}} = \frac{0{,}15\,\mathrm{m}}{3{,}84\cdot 10^{8}\,\mathrm{m}} = 0{,}04\cdot 10^{-10} \approx 10^{-8}\,\%\,.$$

Reflexion und Brechung

L28.9 Der ankommende Lichtstrahl 1 fällt mit dem Einfallswinkel θ_1 auf den linken Spiegel, der ihn mit dem gleich großen Reflexionswinkel als Lichtstrahl 2 reflektiert (siehe Abbildung). Dieser Strahl gelangt mit dem Einfallswinkel θ_3 auf den unteren Spiegel, der ihn schließlich mit dem gleich großen Reflexionswinkel als Lichtstrahl 3 reflektiert. Es soll also bewiesen werden, dass die Lichtstrahlen 1 und 3 parallel verlaufen bzw. dass $\theta_1 = \theta_4$ ist.

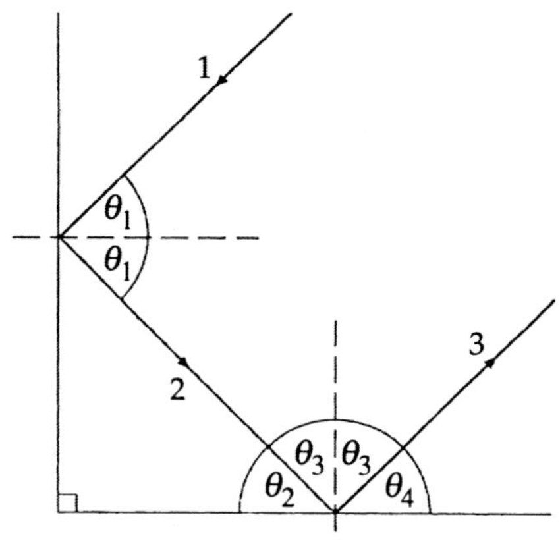

Die Winkel in dem Dreieck, das vom Lichtstrahl 2 und den beiden Spiegeln gebildet wird, addieren sich zu 180°. Also ist

$$\theta_2 + 90° + (90° - \theta_1) = 180° \quad \text{und daher} \quad \theta_1 = \theta_2\,.$$

Die Winkel θ_2 und θ_3 addieren sich zu einem rechten Winkel, sodass gilt $\theta_3 = 90° - \theta_2$. Aus $\theta_1 = \theta_2$ (Wechselwinkel an Parallelen) folgt $\theta_3 = 90° - \theta_1$. Auch die Winkel θ_3 und θ_4 addieren sich zu einem rechten Winkel: $\theta_3 + \theta_4 = 90°$. Das setzen wir ein und erhalten $90° - \theta_1 + \theta_4 = 90°$ sowie daraus $\theta_1 = \theta_4$.

L28.10 Wir wählen die Indices 1 für das Medium (Luft) links von der ersten Grenzfläche und 2 für das Medium (Glas) rechts von der ersten Grenzfläche sowie 3 für das Medium (wiederum Luft) rechts von der zweiten Grenzfläche. Bei den reflektierten Intensitäten I_r vermerken wir im Index jeweils die Nummer der Grenzfläche, an der sie reflektiert wurden. Wir vernachlässigen Mehrfachreflexionen an den Glas-Luft-Grenzflächen.

a) Die in das Medium 2 gelangende, von der ersten Grenzfläche durchgelassene Intensität ist gegeben durch

$$I_2 = I_1 - I_{r,1} = I_1 - \left(\frac{n_1 - n_2}{n_1 + n_2}\right)^2 I_1$$
$$= I_1\left[1 - \left(\frac{n_1 - n_2}{n_1 + n_2}\right)^2\right],$$

und für die in das Medium 3 gelangende, von der zweiten Grenzfläche durchgelassene Intensität gilt

$$I_3 = I_2 - I_{r,2} = I_2 - \left(\frac{n_2 - n_3}{n_2 + n_3}\right)^2 I_2$$
$$= I_2\left[1 - \left(\frac{n_2 - n_3}{n_2 + n_3}\right)^2\right].$$

Einsetzen des obigen Ausdrucks für I_2 ergibt

$$I_3 = I_1\left[1 - \left(\frac{n_1 - n_2}{n_1 + n_2}\right)^2\right]\left[1 - \left(\frac{n_2 - n_3}{n_2 + n_3}\right)^2\right].$$

Damit erhalten wir

$$\frac{I_3}{I_1} = \left[1 - \left(\frac{n_1 - n_2}{n_1 + n_2}\right)^2\right]\left[1 - \left(\frac{n_2 - n_3}{n_2 + n_3}\right)^2\right]$$
$$= \left[1 - \left(\frac{1{,}00 - 1{,}50}{1{,}00 + 1{,}50}\right)^2\right]\left[1 - \left(\frac{1{,}50 - 1{,}00}{1{,}50 + 1{,}00}\right)^2\right] = 0{,}92\,.$$

b) Wenn sich die Glasscheibe in Wasser befindet, ergibt sich

$$\frac{I_3}{I_1} = \left[1 - \left(\frac{1{,}33 - 1{,}50}{1{,}33 + 1{,}50}\right)^2\right]\left[1 - \left(\frac{1{,}50 - 1{,}33}{1{,}50 + 1{,}33}\right)^2\right] = 0{,}99\,.$$

L28.11 Wir bezeichnen mit x den seitlichen Abstand zwischen den beiden letztlich von der Glasplatte nach oben abgehenden Lichtstrahlen und mit l den horizontalen Abstand zwischen dem Reflexions- und dem Austrittspunkt (siehe Abbildung).

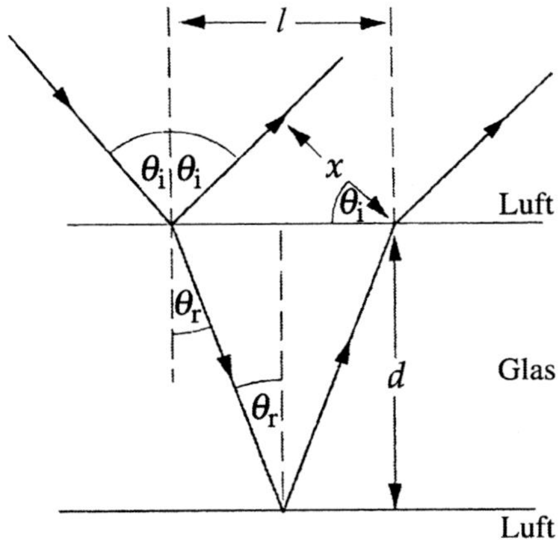

a) Der Abstand l hängt vom Brechungswinkel θ_r folgendermaßen ab: $l = 2\,d\tan\theta_r$. Mit dem Einfallswinkel θ_i ergibt sich daraus $x = 2\,d\tan\theta_r\cos\theta_i$. Das leiten wir nach θ_i ab:

$$\frac{\mathrm{d}x}{\mathrm{d}\theta_i} = 2\,d\,\frac{\mathrm{d}}{\mathrm{d}\theta_i}\,(\tan\theta_r\cos\theta_i)$$

$$= 2\,d\left(-\tan\theta_r\sin\theta_i + \sec^2\theta_r\cos\theta_i\,\frac{\mathrm{d}\theta_r}{\mathrm{d}\theta_i}\right). \qquad (1)$$

Gemäß dem Brechungsgesetz gilt hier $n_1\sin\theta_i = n_2\sin\theta_r$. Mit $n_1 = 1$ und $n_2 = n$ folgt daraus

$$\sin\theta_i = n\sin\theta_r. \qquad (2)$$

Wir differenzieren implizit nach θ_i und erhalten

$$\cos\theta_i\,\mathrm{d}\theta_i = n\cos\theta_r\,\mathrm{d}\theta_r \quad\text{sowie}\quad \frac{\mathrm{d}\theta_r}{\mathrm{d}\theta_i} = \frac{1}{n}\frac{\cos\theta_i}{\cos\theta_r}.$$

Das setzen wir in Gleichung 1 ein:

$$\frac{\mathrm{d}x}{\mathrm{d}\theta_i} = 2\,d\left(-\frac{\sin\theta_r}{\cos\theta_r}\sin\theta_i + \frac{1}{n}\frac{\cos\theta_i}{\cos^2\theta_r}\frac{\cos\theta_i}{\cos\theta_r}\right)$$

$$= 2\,d\left(\frac{1}{n}\frac{\cos^2\theta_i}{\cos^3\theta_r} - \frac{\sin\theta_r\sin\theta_i}{\cos\theta_r}\right).$$

Wir ersetzen nun $\cos^2\theta_i$ durch $1 - \sin^2\theta_i$ sowie $\sin\theta_r$ durch $(1/n)\sin\theta_i$. Das ergibt

$$\frac{\mathrm{d}x}{\mathrm{d}\theta_i} = 2\,d\left(\frac{1 - \sin^2\theta_i}{n\cos^3\theta_r} - \frac{\sin^2\theta_i}{n\cos\theta_r}\right).$$

Wir erweitern den letzten Bruch mit $\cos^2\theta_r$ und vereinfachen:

$$\frac{\mathrm{d}x}{\mathrm{d}\theta_i} = 2\,d\left(\frac{1 - \sin^2\theta_i}{n\cos^3\theta_r} - \frac{\sin^2\theta_i\cos^2\theta_r}{n\cos^3\theta_r}\right)$$

$$= \frac{2\,d}{n\cos^3\theta_r}\left(1 - \sin^2\theta_i - \sin^2\theta_i\cos^2\,\theta_r\right).$$

Mit $1 - \sin^2\theta_r = \cos^2\theta_r$ erhalten wir daraus

$$\frac{\mathrm{d}x}{\mathrm{d}\theta_i} = \frac{2\,d}{n\cos^3\theta_r}\left[1 - \sin^2\theta_i - \sin^2\theta_i\left(1 - \sin^2\theta_r\right)\right].$$

Schließlich setzen wir $\sin\theta_r = (1/n)\sin\theta_i$ und klammern $1/n^2$ aus:

$$\frac{\mathrm{d}x}{\mathrm{d}\theta_i} = \frac{2\,d}{n\cos^3\theta_r}\left[1 - \sin^2\theta_i - \sin^2\theta_i\left(1 - \frac{1}{n^2}\sin^2\theta_i\right)\right]$$

$$= \frac{2\,d}{n^3\cos^3\theta_r}\left(\sin^4\theta_i - 2\,n^2\sin^2\theta_i + n^2\right).$$

Bei einem Extremum muss die Ableitung $\mathrm{d}x/\mathrm{d}\theta_i$ gleich null sein; es muss also gelten: $\sin^4\theta_i - 2\,n^2\sin^2\theta_i + n^2 = 0$.

Die Lösung dieser Gleichung vierten Grades lautet

$$\theta_i = \mathrm{asin}\left(n\sqrt{1 - \sqrt{1 - 1/n^2}}\right).$$

b) Einsetzen von $n = 1{,}60$ in die letzte Gleichung ergibt

$$\theta_i = \mathrm{asin}\left(1{,}60\sqrt{1 - \sqrt{1 - 1/(1{,}60)^2}}\right) = 48{,}5°.$$

c) In Teilaufgabe a haben wir gezeigt, dass $x = 2\,d\tan\theta_r\cos\theta_i$ ist. Den Winkel θ_r erhalten wir aus Gleichung 2:

$$\theta_r = \mathrm{asin}\left(\frac{n_1}{n_2}\sin\theta_i\right) = \mathrm{asin}\left(\frac{1}{1{,}60}\sin 48{,}5°\right) = 27{,}9°.$$

Einsetzen in den Ausdruck für x liefert

$$x = 2\,(4{,}0\,\mathrm{cm})\tan 27{,}9°\cos 48{,}5° = 2{,}8\,\mathrm{cm}.$$

Totalreflexion

L28.12 Die Gegebenheiten gehen aus der Abbildung hervor.

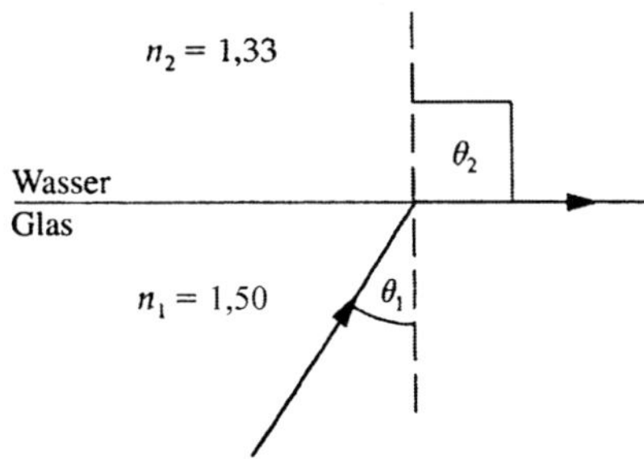

Gemäß dem Brechungsgesetz gilt $n_1\sin\theta_1 = n_2\sin\theta_2$, und beim kritischen Winkel $\theta_1 = \theta_k$ der Totalreflexion ist $\theta_2 = 90°$, sodass gilt $n_1\sin\theta_k = n_2\sin 90°$. Damit erhalten wir

$$\theta_k = \mathrm{asin}\left(\frac{n_2}{n_1}\sin 90°\right) = \mathrm{asin}\left(\frac{1{,}33}{1{,}50}\cdot 1\right) = 62{,}5°.$$

L28.13 Aufgrund der geometrischen Gegebenheiten (siehe die Abbildung bei der Aufgabenstellung) gilt

$$\sin\theta_k = n_3/n_2 = a/c \quad\text{sowie}\quad \sin\theta_2 = b/c\,.$$

Nach dem Satz des Pythagoras ist

$$a^2 + b^2 = c^2 \quad\text{und daher}\quad a^2/c^2 + b^2/c^2 = 1\,.$$

Daraus folgt $b/c = \sqrt{1 - a^2/c^2}$. Mit der obigen Beziehung $n_3/n_2 = a/c$ ergibt sich daraus

$$\sin\theta_2 = \sqrt{1 - n_3^2/n_2^2}\,.$$

Mit dem Brechungsgesetz $n_1 \sin\theta_1 = n_2 \sin\theta_2$ und mit $n_1 = 1$ für Luft erhalten wir schließlich

$$\sin\theta_1 = n_2\sqrt{1 - n_3^2/n_2^2} = \sqrt{n_2^2 - n_3^2}\,.$$

L28.14 Die Gegebenheiten gehen aus der Abbildung hervor.

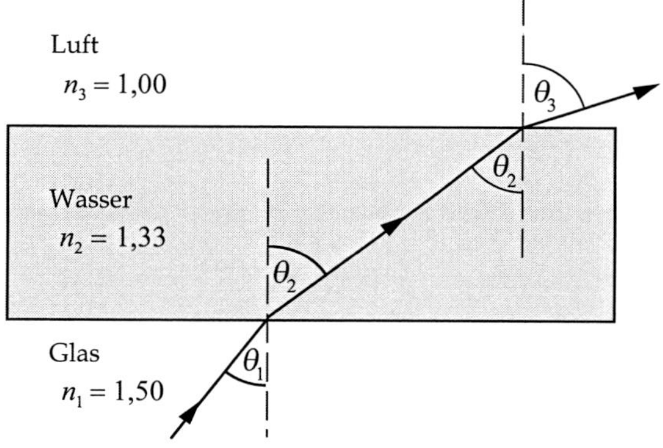

a) Gemäß dem Brechungsgesetz gilt an der Glas-Wasser-Grenzfläche $n_1 \sin\theta_1 = n_2 \sin\theta_2$. Beim kritischen Winkel $\theta_1 = \theta_k$ der Totalreflexion ist $\theta_2 = 90°$, sodass gilt: $n_1 \sin\theta_k = n_2 \sin 90°$. Damit erhalten wir

$$\theta_k = \operatorname{asin}\left(\frac{n_2}{n_1}\sin 90°\right) = \operatorname{asin}\left(\frac{1{,}33}{1{,}50}\cdot 1\right) = 62{,}5°\,.$$

b) An der Wasser-Luft-Grenzfläche gilt hier

$$n_2 \sin\theta_k = n_3 \sin 90°\,.$$

Dies ergibt $\theta_k = \operatorname{asin}(n_3/n_2) = \operatorname{asin}(1{,}00/1{,}33) = 48{,}8°$.

Für den Lichtstrahl, der hier auf die Glas-Wasser-Grenzfläche trifft, gilt gemäß dem Brechungsgesetz $n_1 \sin\theta_1 = n_2 \sin\theta_2$, und für $\theta_2 = \theta_k$ erhalten wir

$$\theta_1 = \operatorname{asin}\left(\frac{n_2}{n_1}\sin\theta_2\right) = \operatorname{asin}\left(\frac{n_2}{n_1}\frac{n_3}{n_2}\right) = \operatorname{asin}\left(\frac{n_3}{n_1}\right)$$

$$= \operatorname{asin}\left(\frac{1{,}00}{1{,}50}\right) = 41{,}8°\,.$$

Dies ist der kritische Winkel der Totalreflexion an einer Glas-Wasser-Grenzfläche. Daher tritt der Lichtstrahl aus dem Wasser in die Luft aus, wenn $\theta_1 \geq 41{,}8°$ ist.

Dispersion

L28.15 Mit den Brechzahlen n_{500} und n_{700} und der Wegstrecke l ist die Differenz der Zeitspannen, die die beiden Pulse benötigen, gegeben durch

$$\Delta t = \frac{l}{c/n_{500}} - \frac{l}{c/n_{700}} = \frac{n_{500}\, l}{c} - \frac{n_{700}\, l}{c} = \frac{l}{c}\,(n_{500} - n_{700})\,.$$

Die Brechzahlen können beispielsweise der Abbildung zur Aufgabenstellung entnommen werden. Mit $n_{500} \approx 1{,}52$ und $n_{700} \approx 1{,}50$ erhalten wir

$$\Delta t \approx \frac{15{,}0\,\text{km}}{2{,}998\cdot 10^8\,\text{m s}^{-1}}\,(1{,}52 - 1{,}50) \approx 1\,\mu s\,.$$

Polarisation

L28.16 Für die Intensität I_2 des transmittierten Lichts gilt $I_2 = I_1 \cos^2\theta$. Darin ist I_1 die Intensität des einfallenden polarisierten Lichts und θ der Winkel, den die Transmissionsachse mit der Horizontalen bildet. Wir erhalten damit

$$\theta = \operatorname{acos}\sqrt{\frac{I_2}{I_1}} = \operatorname{acos}\left(\sqrt{0{,}15}\right) = 67°\,.$$

L28.17 Wir bezeichnen mit I_0 die ankommende Intensität und mit I_n die von der n-ten Polarisationsfolie durchgelassene Intensität. a) Die von der ersten Folie durchgelassene Intensität ist $I_1 = \frac{1}{2}I_0$, und für die Intensität zwischen der zweiten und der dritten Folie gilt $I_2 = I_1 \cos^2\theta_{1,2} = \frac{1}{2}I_0 \cos^2\theta$.

Damit erhalten wir für die von der dritten Folie durchgelassene Intensität

$$I_3 = I_2 \cos^2\theta_{2,3} = \frac{1}{2}I_0 \cos^2\theta \cos^2(90° - \theta)$$

$$= \frac{1}{2}I_0 \cos^2\theta \sin^2\theta = \frac{1}{8}I_0\,(2\cos\theta\sin\theta)^2 = \frac{1}{8}I_0 \sin^2 2\theta\,.$$

b) Weil die Sinusfunktion bei $90°$ ihr Maximum hat, ist I_3 bei $\theta = 45°$ maximal.

L28.18 a) Das elektrische Feld der Welle ist

$$\boldsymbol{E} = E_0 \sin(kx - \omega t)\,\widehat{\boldsymbol{y}} + E_0 \cos(kx - \omega t)\,\widehat{\boldsymbol{z}}\,,$$

und für das zugehörige magnetische Feld gilt

$$\boldsymbol{B} = B_0 \sin(kx - \omega t)\,\widehat{\boldsymbol{z}} - B_0 \cos(kx - \omega t)\,\widehat{\boldsymbol{y}}\,.$$

Weil diese Felder (in Ausbreitungsrichtung betrachtet) im Uhrzeigersinn rotieren, ist die Welle rechts-zirkular polarisiert.

b) Für eine sich in der Gegenrichtung ausbreitende Welle, die links-zirkular polarisiert ist, gilt

$$\boldsymbol{E} = E_0 \sin(kx + \omega t)\,\widehat{\boldsymbol{y}} - E_0 \cos(kx + \omega t)\,\widehat{\boldsymbol{z}}\,.$$

c) Eine zirkular polarisierte Welle nennt man rechts-zirkular polarisiert, wenn – in Ausbreitungrichtung betrachtet – der elektrische und der magnetische Feldvektor im Uhrzeigersinn rotieren.

Bei gegenläufigem Drehsinn (also gegen den Uhrzeigersinn) ist die Welle links-zirkular polarisiert. Die Komponenten des elektrischen Felds einer zirkular polarisierten Welle sind

$$E_x = E_0 \cos(kx - \omega t) \quad \text{und}$$
$$E_y = E_0 \sin(kx - \omega t) \quad \text{bzw.} \quad E_y = -E_0 \sin(kx - \omega t),$$

wobei das Minuszeichen bei E_0 für die links-zirkular polarisierte Welle zutrifft. Für eine in Richtung der x-Achse polarisierte Welle gilt also

$$\boldsymbol{E}_{\mathrm{re}} + \boldsymbol{E}_{\mathrm{li}} = E_0 \cos(kx - \omega t)\,\widehat{\boldsymbol{x}} + E_0 \cos(kx - \omega t)\,\widehat{\boldsymbol{x}}$$
$$= 2\,E_0 \cos(kx - \omega t)\,\widehat{\boldsymbol{x}}.$$

L28.19 Werden die respektiven Bildanteile für das linke und rechte Auge von senkrecht aufeinander stehenden Polarisationen transportiert, müssen die Filter in der Brille exakt gleich ausgerichtet sein. Sobald die Brille nicht genau waagerecht gehalten wird, mischen sich die Bilder, und beide Augen empfangen Anteile des Bilds, das für das jeweils andere Auge bestimmt ist. Beim Einsatz von links und rechts zirkular polarisiertem Licht besteht dieses Problem nicht. Allerdings muss der Kopf für die korrekte 3-D-Wahrnehmung nach wie vor näherungsweise waagrecht gehalten werden, da sonst die Teilbilder zueinander versetzt gesehen werden.

Allgemeine Aufgaben

L28.20 a) Die Wellenlänge des Lichts in einem Medium mit der Brechzahl n ist

$$\lambda_n = \frac{c_{\mathrm{n}}}{v} = \frac{c}{n\,v} = \frac{\lambda_0}{n}.$$

In Wasser ist die Wellenlänge daher

$$\lambda_{\mathrm{Wasser}} = \frac{700\,\mathrm{nm}}{n_{\mathrm{Wasser}}} = \frac{700\,\mathrm{nm}}{1{,}33} = 526\,\mathrm{nm}.$$

b) Die Farbe, die man wahrnimmt, hängt nur von der Frequenz ab, nicht aber von der Wellenlänge. Daher sieht ein Taucher dieselbe rote Farbe wie an Land.

L28.21 Zu Beginn steht der Spiegel waagerecht, und wir bezeichnen den hierbei vorliegenden ersten Einfallswinkel mit ϕ (beachten Sie, dass er zum Einfallslot hin gemessen wird). Der Reflexionswinkel ist dabei ebenfalls ϕ. Daher ist der Winkel zwischen einfallendem und reflektiertem Strahl gleich $2\,\phi$.

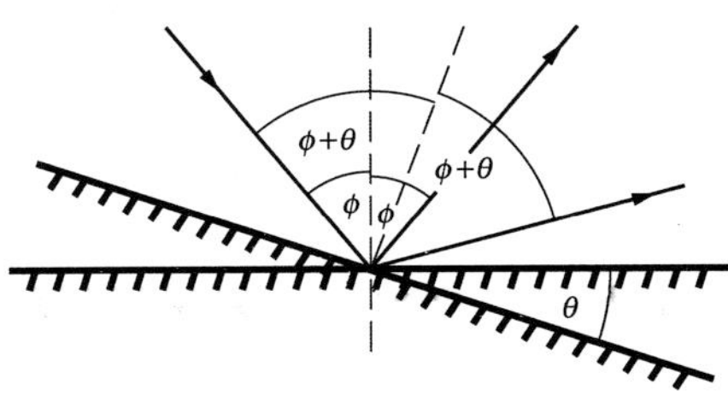

Nun wird der Spiegel um den Winkel θ rechts herum gedreht. Dadurch erhöhen sich Einfalls- und Reflexionswinkel jeweils um θ auf $\phi + \theta$. Also ist, wie wir der Abbildung entnehmen können, der nun reflektierte Strahl gegenüber dem zuerst reflektierten Strahl um $2(\phi + \theta) - 2\phi = 2\theta$ gedreht.

L28.22 Die Gegebenheiten gehen aus der Abbildung hervor.

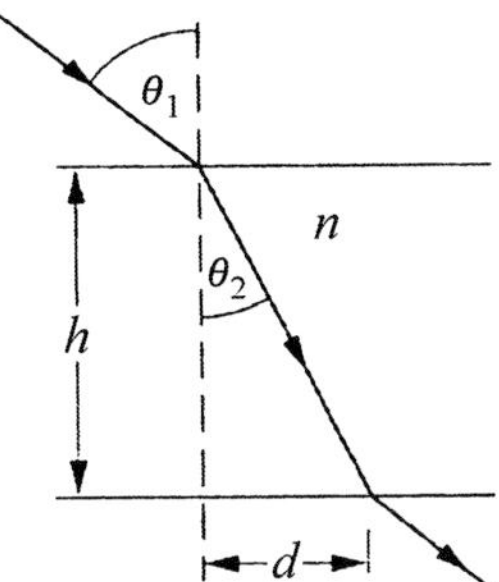

An der oberen Grenzfläche gilt gemäß dem Brechungsgesetz

$$\sin\theta_1 = n \sin\theta_2 \quad \text{und daher} \quad n = (\sin\theta_1)/(\sin\theta_2).$$

Aus den geometrischen Zusammenhängen ergibt sich

$$d = h \tan\theta_2 \quad \text{und daraus} \quad \theta_2 = \mathrm{atan}\,(d/h).$$

Dies setzen wir ein und erhalten

$$n = \frac{\sin\theta_1}{\sin[\mathrm{atan}\,(d/h)]}.$$

L28.23 Wir bezeichnen den Brechungswinkel an der ersten Grenzfläche mit θ_1 und den an der zweiten Grenzfläche mit θ_2. An der n_1/n_2-Grenzfläche gilt gemäß dem Brewster'schen Gesetz $\tan\theta_{\mathrm{P1}} = n_2/n_1$. Die Abbildung zeigt das zugehörige Referenzdreieck.

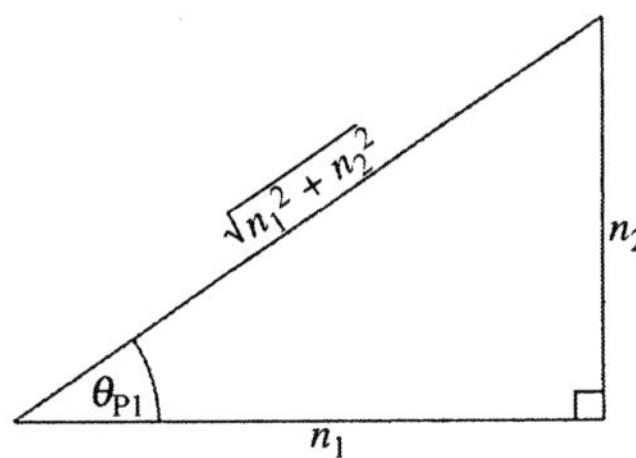

Gemäß dem Brechungsgesetz gilt an der n_1/n_2-Grenzfläche $n_1 \sin\theta_{\mathrm{P1}} = n_2 \sin\theta_1$. Damit ergibt sich (unter Berücksichtigung der Gegebenheiten am Referenzdreieck):

$$\theta_1 = \mathrm{asin}\left(\frac{n_1}{n_2}\sin\theta_{\mathrm{P1}}\right) = \mathrm{asin}\left(\frac{n_1}{n_2}\frac{n_2}{\sqrt{n_1^2 + n_2^2}}\right)$$
$$= \mathrm{asin}\left(\frac{n_1}{\sqrt{n_1^2 + n_2^2}}\right).$$

Das bedeutet, dass θ_1 der Komplementwinkel von θ_{P1} ist.

Gemäß dem Brechungsgesetz gilt an der n_2/n_1-Grenzfläche $n_2 \sin \theta_1 = n_1 \sin \theta_2$. Damit ergibt sich (unter Berücksichtigung der Gegebenheiten am Referenzdreieck):

$$\theta_2 = \text{asin}\left(\frac{n_2}{n_1} \sin \theta_1\right) = \text{asin}\left(\frac{n_2}{n_1} \frac{n_1}{\sqrt{n_1^2 + n_2^2}}\right)$$

$$= \text{asin}\left(\frac{n_2}{\sqrt{n_1^2 + n_2^2}}\right) = \theta_{P2}.$$

Wir setzen beide Ausdrücke für $n_2 \sin \theta_1$ gleich und erhalten

$n_1 \sin \theta_{P1} = n_1 \sin \theta_2$ sowie daraus $\theta_2 = \theta_{P1}$.

L28.24 a) Gemäß dem Brechungsgesetz gilt an der Grenzfläche zwischen Medium und Vakuum $n_1 \sin \theta_1 = n_2 \sin \theta_r$. Es ist $n_2 = 1$, und wir setzen $n_1 = n$. Für $\theta_1 = \theta_k$ ist dann

$$n \sin \theta_k = \sin 90° = 1.$$

Für $\theta_1 = \theta_P$ ergibt sich $\tan \theta_P = n_2/n_1 = 1/n$ und daraus

$$n \tan \theta_P = 1.$$

Beide Ausdrücke sind gleich 1; also ist $\tan \theta_P = \sin \theta_k$.

b) Für Winkel θ zwischen 0° und 90° gilt $\tan \theta > \sin \theta$. Also ist $\theta_P < \theta_k$.

L28.25 Wir verwenden den Index 1 für die Einfallsseite der brechenden Grenzfläche und den Index 2 für die Austrittsseite. Das erste Medium ist Luft; also ist $n_1 = 1$, und für die Brechzahl des zweiten Mediums (der Substanz) setzen wir $n_2 = n$.

a) Gemäß dem Brechungsgesetz gilt an der ersten Grenzfläche (beim Eintritt aus der Luft in die Substanz) $\sin \theta_1 = n \sin \theta_2$. Weil reflektierter und gebrochener Strahl senkrecht aufeinander stehen, ist

$$\theta_1 + \theta_2 = 90° \quad \text{und daher} \quad \theta_2 = 90° - \theta_1.$$

Daraus folgt $\sin \theta_1 = n \sin (90° - \theta_1) = n \cos \theta_1$.

Also ist $n = \tan \theta_1 = \tan \theta_P = \tan 58° = 1{,}6$.

b) Gemäß dem Brechungsgesetz gilt bei Totalreflexion

$$n_2 \sin \theta_k = n_1 \sin 90° = n_1.$$

Mit $n_2 = n$ und $n_1 = 1$ ist $n \sin \theta_k = 1$. Daraus folgt

$$\theta_k = \text{asin}\,(1/n) = \text{asin}\,(1/1{,}6) = 39°.$$

L28.26 Die verschiedenen Größen sind in der Abbildung eingezeichnet.

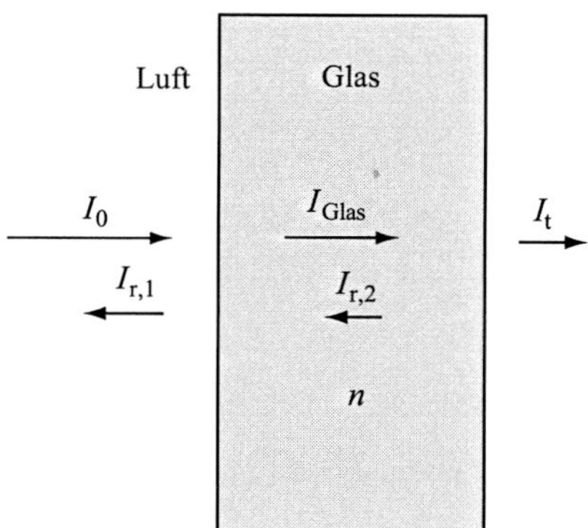

a) Die in das Glas hinein gelangende Intensität ist $I_{Glas} = I_0 - I_{r,1}$. Darin ist I_0 die auftreffende Intensität und $I_{r,1}$ die an der ersten Grenzfläche (Luft–Glas) reflektierte Intensität. Für diese gilt

$$I_{r,1} = \left(\frac{1-n}{1+n}\right)^2 I_0,$$

und wir erhalten

$$I_{Glas} = I_0 - \left(\frac{1-n}{1+n}\right)^2 I_0 = I_0 \left[1 - \left(\frac{1-n}{1+n}\right)^2\right]$$

$$= I_0 \frac{4n}{(1+n)^2}.$$

Die aus dem Glas an der zweiten Grenzfläche (Glas–Luft) austretende, also von der Glasscheibe insgesamt transmittierte Intensität ist $I_t = I_{Glas} - I_{r,2}$. Darin ist $I_{r,2}$ die an der zweiten Grenzfläche (in das Glas zurück) reflektierte Intensität. Für diese gilt

$$I_{r,2} = \left(\frac{1-n}{1+n}\right)^2 I_{Glas} = \left(\frac{1-n}{1+n}\right)^2 \frac{4n}{(1+n)^2} I_0.$$

Damit ergibt sich für die von der Scheibe durchgelassene Intensität

$$I_t = I_0 \frac{4n}{(1+n)^2} - \left(\frac{1-n}{1+n}\right)^2 \frac{4n}{(1+n)^2} I_0$$

$$= I_0 \left[1 - \left(\frac{1-n}{1+n}\right)^2\right] \frac{4n}{(1+n)^2}$$

$$= I_0 \frac{4n}{(1+n)^2} \frac{4n}{(1+n)^2} = I_0 \left(\frac{4n}{(1+n)^2}\right)^2.$$

b) Wie in Teilaufgabe a ermittelt, verringert jede Glasscheibe die Intensität um den Faktor

$$\left(\frac{4n}{(n+1)^2}\right)^2.$$

Daher gilt bei N Glasscheiben

$$I_{t,N} = I_0 \left(\frac{4n}{(n+1)^2}\right)^{2N}, \quad \text{also} \quad \frac{I_{t,N}}{I_0} = \left(\frac{4n}{(n+1)^2}\right)^{2N}.$$

c) Wir logarithmieren die eben erhaltene Gleichung:

$$\log \frac{I_{\mathrm{t},N}}{I_0} = \log \left(\frac{4\,n}{(n+1)^2} \right)^{2N} = 2\,N \, \log \frac{4\,n}{(n+1)^2} \,.$$

Die Anzahl der Glasscheiben ergibt sich daraus zu

$$N = \frac{\log \dfrac{I_{\mathrm{t},N}}{I_0}}{2 \log \dfrac{4\,n}{(n+1)^2}} = \frac{\log (0{,}1)}{2 \log \dfrac{4\,(1{,}5)}{(1{,}5+1)^2}} = 28{,}2 \approx 28 \,.$$

L28.27 a) Die Wellenlänge 587,49 nm entspricht einer gelben Spektrallinie.

b) Die Spektrallinien dienen als regelrechte Daumenabdrücke der verschiedenen Atome und Moleküle. Weist keiner der bekannten Stoffe eine Linie exakt dieser Wellenlänge auf, handelt es sich um eine neue Substanz.

c) Wir berechnen die typischen Geschwindigkeiten der Atome in der 35 000 K heißen Chromosphäre und untersuchen, ob der resultierende Dopplereffekt die Heliumlinie bis zu den benachbarten Natriumlinien verwischen kann. Wir setzen als Abschätzung an, dass

$$\tfrac{1}{2}mv^2 = E_{\mathrm{th}} = \tfrac{1}{2}k_B T$$

und damit

$$v = \sqrt{\frac{k_B\,T}{m}} \,.$$

Die Masse eines Heliumatoms beträgt $m \approx 4\,\mathrm{g/mol} = 0{,}004\,\mathrm{kg}/N_{\mathrm{A}} = 6{,}6 \cdot 10^{-27}\,\mathrm{kg}$. Das Produkt $k_B\,T$ ergibt

$$k_B\,T = 1{,}38 \cdot 10^{-23}\,\mathrm{J/K} \cdot 35\,000\,\mathrm{K} = 4{,}83 \cdot 10^{-19}\,\mathrm{J} \,.$$

Damit ist

$$v = \sqrt{\frac{k_B\,T}{m}} \approx 8600\,\mathrm{m/s} \,.$$

Der Dopplerfaktor bei dieser Geschwindigkeit beträgt

$$\sqrt{\frac{3 \cdot 10^8 + 8600}{3 \cdot 10^8 - 8600}} \approx 1 + 29 \cdot 10^{-6} \,.$$

Die Frequenz schwankt um diesen Faktor, und so auch die Wellenlänge:

$$587{,}49\,\mathrm{nm} \cdot (1 + 29 \cdot 10^{-6}) \approx 587{,}51\,\mathrm{nm}$$

Diese Verbreiterung ist also noch weit von den Natriumlinien entfernt.

Geometrische Optik

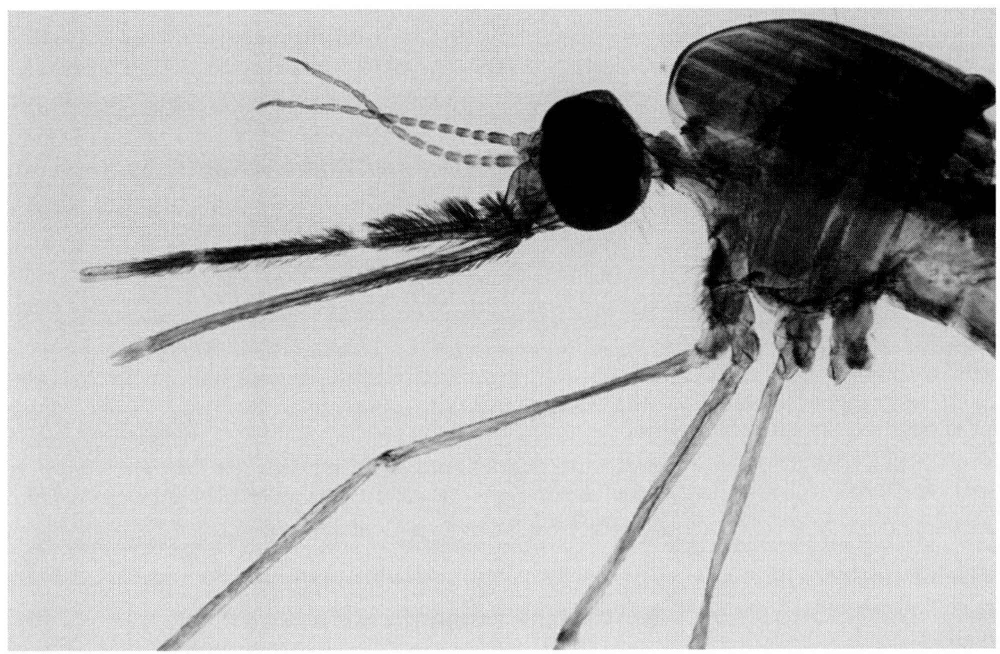

© Springer-Verlag GmbH Deutschland, ein Teil von Springer Nature 2019

A. Knochel (Hrsg.), *Arbeitsbuch zu Tipler/Mosca, Physik*, https://doi.org/10.1007/978-3-662-58919-9_29

Aufgaben

Verständnisaufgaben

29.1 • Nehmen Sie an, jede der drei Achsen eines kartesischen Koordinatensystems wird in einer anderen Farbe gezeichnet. Dann wird dieses Koordinatensystem fotografiert, außerdem sein von einem ebenen Spiegel erzeugtes Spiegelbild. Kann man den Aufnahmen entnehmen, dass eine von ihnen ein Spiegelbild zeigt, d. h. dass nicht beide Fotos das reale Koordinatensystem – mit unterschiedlichen Betrachtungswinkeln – zeigen?

29.2 • Richtig oder falsch? a) Das von einem Konkavspiegel entworfene virtuelle Bild ist stets kleiner als der Gegenstand. b) Ein Konkavspiegel erzeugt stets ein virtuelles Bild. c) Ein Konvexspiegel erzeugt niemals ein reelles Bild eines realen Gegenstands. d) Ein Konkavspiegel erzeugt niemals ein vergrößertes reelles Bild eines Gegenstands.

29.3 • Ein Gegenstand steht auf der optischen Achse 40 cm weit vor einer Zerstreuungslinse mit der Brennweite −10 cm. Wie sieht das Bild aus? a) Reell, umgekehrt und verkleinert, b) reell, umgekehrt und vergrößert, c) virtuell, umgekehrt und verkleinert, d) virtuell, aufrecht und verkleinert, e) virtuell, aufrecht und vergrößert.

29.4 • Ein Gegenstand steht zwischen dem Brennpunkt und der Mitte einer Sammellinse. Wie sieht das Bild aus? a) Reell, umgekehrt und vergrößert, b) virtuell, aufrecht und verkleinert, c) virtuell, aufrecht und vergrößert, d) reell, umgekehrt und verkleinert.

29.5 • Richtig oder falsch? a) Ein virtuelles Bild kann nicht auf einem Schirm betrachtet werden. b) Eine negative Bildweite bedeutet, dass das Bild virtuell ist. c) Alle Strahlen, die parallel zur optischen Achse eines sphärischen Spiegels verlaufen, werden in einen einzigen Punkt reflektiert. d) Eine Zerstreuungslinse kann kein reelles Bild eines realen Gegenstands erzeugen. e) Bei einer Sammellinse (positiven Linse) ist die Bildweite stets positiv.

29.6 •• Rückspiegel bei Fahrzeugen sind oft als Konvexspiegel ausgeführt, damit der Blickwinkel möglichst groß ist. Nehmen Sie an, unter einem solchen Spiegel ist folgender Warnhinweis angebracht: „Achtung! Fahrzeuge sind näher, als sie in diesem Spiegel erscheinen." Aus der Bildkonstruktion geht jedoch hervor, dass bei einem enfernten Gegenstand die Bildweite viel kleiner ist als die Gegenstandsweite. Warum scheint er dennoch weiter entfernt zu sein?

Schätzungs- und Näherungsaufgaben

29.7 • Schätzen sie die Bildweite und die Bildhöhe ab, wenn Sie einen blanken Löffel etwa 30 cm weit vor Ihr Gesicht halten, wobei die konvexe Seite des Löffels Ihnen zugewandt ist.

29.8 •• Schätzen Sie mithilfe der Gleichung

$$V_{\mathrm{L}} = \frac{\varepsilon}{\varepsilon_0} = \frac{s_0}{f}$$

den Maximalwert der Vergrößerung ab, die man mit einer Lupe in der Praxis erreichen kann. (*Hinweis:* Überlegen Sie sich, wie groß die kleinste Brennweite einer Sammellinse aus Glas sein kann, die noch als Linse brauchbar ist.)

Ebene Spiegel

29.9 • Eine 1,62 m große Person möchte ihr gesamtes Bild in einem senkrecht stehenden ebenen Spiegel sehen. a) Wie hoch muss der Spiegel mindestens sein? b) Wie hoch muss er über dem Boden stehen, wenn sich der Scheitel der Person 14 cm oberhalb der Augenhöhe befindet? Zeichnen Sie die Bildkonstruktion und erläutern Sie daran Ihre Antwort.

Sphärische Spiegel

29.10 • Ein sphärischer Konkavspiegel hat eine Brennweite von 4,0 cm. a) Wie groß ist sein Krümmungsradius? b) Wie groß ist die Bildweite eines Gegenstands, der sich 2,0 cm vor dem Spiegel befindet?

29.11 •• Ein sphärischer Konkavspiegel hat einen Krümmungsradius von 24 cm. Konstruieren Sie jeweils das Bild (sofern eines entworfen wird) eines Gegenstands, der a) 55 cm, b) 24 cm, c) 12 cm bzw. d) 8,0 cm vom Spiegel entfernt ist. Geben Sie jeweils an, ob das Bild reell oder virtuell ist, ob es aufrecht steht oder umgekehrt ist und ob es vergrößert, verkleinert oder ebenso groß wie der Gegenstand ist.

29.12 •• Konvexspiegel dienen beispielsweise in Kaufhäusern dazu, bei vernünftiger Spiegelgröße einen guten Überblick (bzw. ein großes Blickfeld) zu bieten. Der Spiegel in Abb. 29.1 erlaubt es der 5,0 m von ihm entfernten Verkäuferin, den gesamten Verkaufsraum zu überwachen. Der Krümmungsradius beträgt 1,2 m. a) Wenn der Kunde 10 m vom Spiegel entfernt ist, wie weit ist dann sein Bild von der Spiegeloberfläche entfernt? b) Liegt das Bild vor oder hinter dem Spiegel? c) Wenn der Kunde 2,0 m groß ist, wie groß ist dann sein Bild?

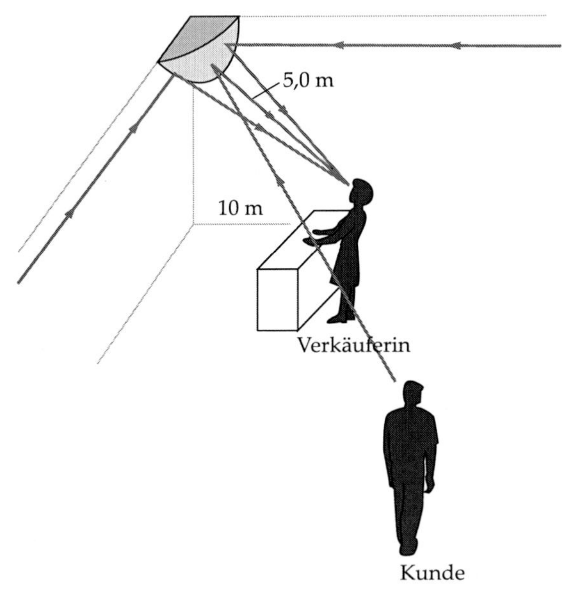

Abb. 29.1 Zu Aufgabe 29.12

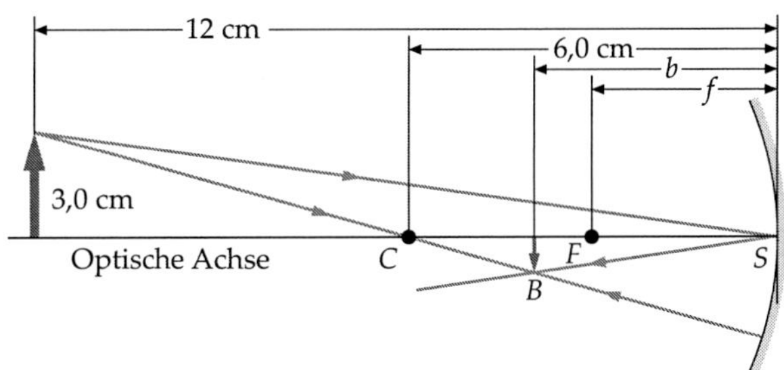

Abb. 29.2 Zu Aufgabe 29.16

29.13 ●● Der sphärische Konkavspiegel eines Teleskops hat einen Krümmungsradius von 8,0 m. Wo befindet sich das von ihm entworfene Bild des Monds, und welchen Durchmesser hat es? Der Mond hat einen Durchmesser von ca. $3{,}5 \cdot 10^6$ m und ist von der Erde rund $3{,}8 \cdot 10^8$ m entfernt.

Durch Brechung erzeugte Bilder

29.14 ● Ein Fisch befindet sich 10 cm weit hinter der Vorderseite eines kugelförmigen Gefäßes, dessen Radius 20 cm beträgt. a) Wie weit hinter dem Glas erscheint der Fisch einem Betrachter, der direkt von vorn auf das Gefäß blickt? b) Um wie viel ändert sich der scheinbare Abstand des Fischs von der vorderen Glaswand, wenn er 30 cm weit von ihr weg schwimmt?

29.15 ●● Bei einem sehr langen Glasstab mit einem Durchmesser von 1,75 cm wurde ein Ende zu einer konkaven Halbkugel mit einem Radius von 7,20 cm geschliffen und blank poliert. Die Brechzahl des Glases beträgt 1,68. Auf der Achse des Stabs, 15,0 cm vor der sphärischen Oberfläche, wird ein Gegenstand platziert. Bestimmen Sie den Ort des Bilds und geben Sie an, ob es reell oder virtuell ist. Zeichnen Sie die Bildkonstruktion.

Dünne Linsen und die Linsengleichung

29.16 ● Zeigen Sie, dass in Abb. 29.2 für die Abstände B des Bildpunkts und G des Gegenstandspunkts von der Achse folgende Beziehung gilt:

$$\frac{B}{G} = -\frac{r/2}{g - (r/2)}$$

(*Hinweis:* Lösen Sie $1/g + 1/b = 2/r$ nach b auf und setzen Sie das Ergebnis in $B/G = -b/g$ ein.)

29.17 ● Zeigen Sie, dass aus

$$\frac{1}{g} + \frac{1}{b} = \frac{2}{r} \tag{1}$$

folgt:

$$b = \frac{r}{2 - r/g}$$

Zeigen Sie dann, dass für $g \to \infty$ gilt: $b \to r/2$

29.18 ● Eine bikonkave Linse aus Glas mit der Brechzahl 1,45 hat Krümmungsradien mit dem Betrag 30,0 cm bzw. 25,0 cm. Ein Gegenstand befindet sich links von ihr, 80,0 cm weit entfernt. Berechnen Sie a) die Brennweite der Linse, b) die Bildweite, c) die Vergrößerung. d) Ist das Bild reell oder virtuell? Steht es aufrecht oder ist es umgekehrt?

29.19 ● Die nachfolgend spezifizierten Linsen bestehen aus Glas mit der Brechzahl 1,50. Bei den Radien ist nachstehend jeweils der *Betrag* angegeben. Skizzieren Sie jede Linse und berechnen Sie ihre Brennweite in Luft: a) bikonvex mit den Krümmungsradien 15 cm und 26 cm, b) plankonvex mit dem Krümmungsradius 15 cm, c) bikonkav mit Krümmungsradien von 15 cm, d) plankonkav mit dem Krümmungsradius 26 cm.

29.20 ●● a) Was bedeutet eine negative Gegenstandsweite, und wie kann sie zustande kommen? Nennen Sie ein konkretes Beispiel dafür. b) Bestimmen Sie für eine Sammellinse mit einer Brennweite von 20 cm die Bildweite und die Vergrößerung, wenn die Gegenstandsweite −20 cm beträgt. Beschreiben Sie das Bild: Ist es virtuell oder reell? Steht es aufrecht, oder ist es umgekehrt? c) Wiederholen Sie Teilaufgabe b für eine Zerstreuungslinse mit einer Brennweite von betragsmäßig 30 cm sowie für eine Gegenstandsweite von −10 cm.

29.21 ●● Zwei Sammellinsen, beide mit der Brennweite 10 cm, sind 35 cm voneinander entfernt. Links vor der ersten Linse, 20 cm entfernt, befindet sich ein Gegenstand. a) Zeichnen Sie die Bildkonstruktion und geben Sie an, wo das Endbild liegt. Lösen Sie diese Aufgabe auch mithilfe der Linsengleichung. b) Ist das Endbild reell oder virtuell? Steht es aufrecht, oder ist es umgekehrt? c) Wie hoch ist die durch beide Linsen insgesamt erzielte Lateralvergrößerung?

29.22 ●● a) Damit man mit einer dünnen Sammellinse der Brennweite f die Vergößerung $|V|$ erzielt, muss für die Gegenstandsweite gelten: $g = (1 + |V|^{-1}) f$. Leiten Sie diese Beziehung her. b) Mit einer Kamera, deren Objektivbrennweite 50,0 mm beträgt, soll eine 1,75 m große Person aufgenommen werden. Wie weit muss sie von der Kamera entfernt sein, damit ihr Bild auf dem Film 24,0 mm hoch ist?

29.23 ••• Newton verwendete eine Form der Abbildungsgleichung für dünne Linsen, bei der die Bildweite b' und die Gegenstandsweite g' relativ zu den Brennpunkten angegeben sind, also nicht relativ zur Mitte der Linse. a) Fertigen Sie eine Skizze einer Linse an und tragen Sie die Größen b' und g' ein. Zeigen Sie, dass mit $b' = b - f$ und $g' = g - f$ die Linsengleichung lautet: $g' b' = f^2$. b) Zeigen Sie, dass die Vergrößerung damit gegeben ist durch: $V = -b'/f = -f/g'$.

Abbildungsfehler

29.24 • Eine symmetrische bikonvexe Linse hat Krümmungsradien mit dem Betrag 10,0 cm. Sie besteht aus Glas mit den Brechzahlen 1,530 für blaues und 1,470 für rotes Licht. Wie groß ist ihre Brennweite a) für rotes Licht und b) für blaues Licht?

Das Auge

29.25 • Damit zwei sehr nahe beieinander liegende punktförmige Gegenstände getrennt erkennbar sind, müssen ihre Bilder auf der Netzhaut des Auges auf zwei nicht benachbarte Zäpfchen fallen. Zwischen ihren Bildern muss also mindestens ein nicht aktiviertes Zäpfchen liegen. Die Zäpfchen haben einen Abstand von etwa 1,00 μm. Stellen Sie sich den Augapfel als homogene Kugel mit dem Durchmesser 2,50 cm und der Brechzahl 1,34 vor. a) Wie groß ist der kleinste Winkel ε in Abb. 29.4, unter dem die beiden Punkte noch getrennt zu erkennen sind? b) Welchen Abstand dürfen die Punkte dabei voneinander haben, wenn sie 20,0 m vom Auge entfernt sind?

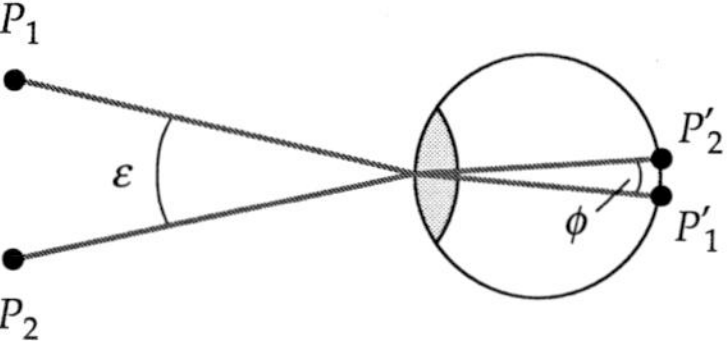

Abb. 29.4 Zu Aufgabe 29.25

29.26 • Nehmen Sie an, als Modell des Auges dient eine Kamera, deren Objektivlinse die feste Brennweite 2,50 cm hat. Die Linse kann zur „Netzhaut" (der Kamerarückwand) hin und von ihr weg verschoben werden. Wie weit muss die Linse ungefähr verschoben werden, damit ein von der Linse 25,0 cm weit entfernter Gegenstand scharf auf die „Netzhaut" abgebildet wird? (*Hinweis:* Ermitteln Sie, wie weit hinter der „Netzhaut" das Bild des 25,0 cm weit entfernten Gegenstands entworfen wird.)

29.27 •• Ein einfaches Modell des Auges kann man realisieren, indem man eine Linse mit veränderlicher Brechkraft D im festen Abstand x vor einem Schirm anbringt (Abb. 29.3).

Zwischen Linse und Schirm befindet sich Luft. Dieses „Auge" kann unter Akkommodation scharf abbilden, wenn die Gegenstandsweite g zwischen s_0 (der deutlichen Sehweite) und s_1 liegt. Es wird als „normalsichtig" angesehen, wenn es auf sehr weit entfernte Gegenstände fokussiert werden kann.

a) Zeigen Sie, dass die minimale Brechkraft dieses „normalsichtigen Auges" gegeben ist durch

$$D_{\min} = \frac{1}{x} .$$

b) Zeigen Sie, dass seine maximale Brechkraft gegeben ist durch

$$D_{\max} = \frac{1}{s_0} + \frac{1}{x} .$$

c) Die Differenz $\Delta D = D_{\max} - D_{\min}$ nennt man Akkommodation. Wie groß sind die minimale Brechkraft und die

Abb. 29.3 Zu Aufgabe 29.27

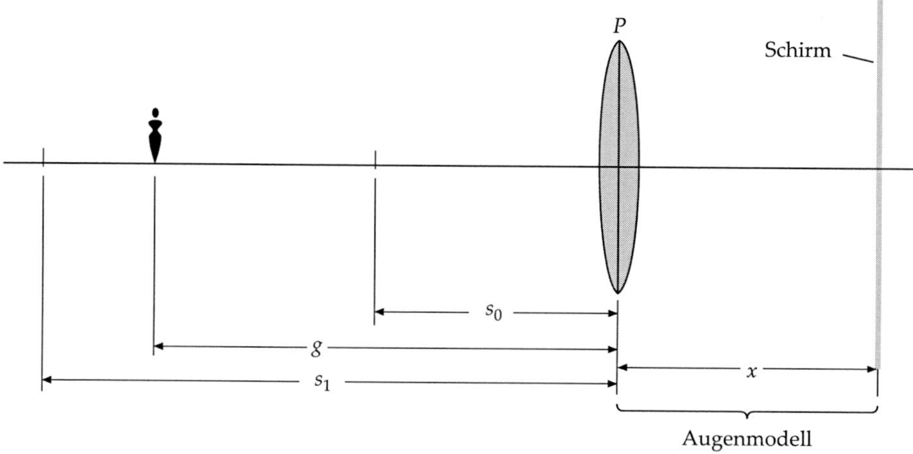

Akkommodation des Augenmodells, wenn $x = 2{,}50\,\mathrm{cm}$ und $s_0 = 25{,}0\,\mathrm{cm}$ ist?

29.28 •• Die Brechzahl der Augenlinse unterscheidet sich nur wenig von der des sie umgebenden Materials. Dagegen ändert sich die Brechkraft beim Übergang von Luft ($n = 1{,}00$) zur Hornhaut ($n \approx 1{,}38$) sehr stark. Die Brechung im Auge geschieht daher vor allem in der Hornhaut. a) Nehmen Sie an, die Gesamtheit aus Hornhaut, Augenlinse und Glaskörper sei eine homogene Kugel mit der Brechzahl 1,38, und berechnen Sie ihren Radius, wenn sie parallele Lichtstrahlen auf die Netzhaut fokussiert, die 2,50 cm hinter der Vorderseite liegt. b) Erwarten Sie, dass das Ergebnis größer oder dass es kleiner ist als der tatsächliche Krümmungsradius der Hornhaut?

Die Lupe

29.29 • Eine Linse mit der Brennweite 6,0 cm soll als Lupe dienen. Bei einem Benutzer liegt der Nahpunkt bei 25 cm und bei einem anderen bei 40 cm. a) Wie hoch ist jeweils die effektive Vergrößerung? b) Vergleichen Sie die Größen der beiden Bilder auf der Netzhaut, wenn die beiden Benutzer mit dieser Lupe denselben Gegenstand betrachten.

29.30 •• Ein Botaniker verwendet eine Konvexlinse der Brechkraft 12 dpt als Lupe und betrachtet mit ihr ein Blatt. Wie hoch ist die Winkelvergrößerung, wenn das Endbild a) im Unendlichen bzw. b) in 25 cm Abstand liegt?

Das Mikroskop

29.31 •• Das Objektiv eines Mikroskops hat die Brennweite 17,0 mm. Es erzeugt 16,0 cm von seinem zweiten Brennpunkt entfernt ein Bild. a) Wie weit vor dem Objektiv befindet sich der Gegenstand? b) Welche Vergrößerung ergibt sich für einen Betrachter, dessen Nahpunkt bei 25,0 cm liegt, wenn das Okular die Brennweite 51,0 mm hat?

29.32 ••• Ein Mikroskop hat die Vergrößerung 600, und sein Okular hat die Winkelvergrößerung 15,0. Die Objektivlinse ist 22,0 cm vom Okular entfernt. Berechnen Sie a) die Brennweite des Okulars, b) den Abstand des Gegenstands vom Objektiv, wenn das Bild mit normalsichtigem, entspanntem Auge betrachtet werden kann, c) die Brennweite des Objektivs.

Das Teleskop

29.33 • Ein einfaches Teleskop hat ein Objektiv mit der Brennweite 100 cm und ein Okular mit der Brennweite 5,00 cm. Mit ihm wird der Mond betrachtet, der unter einem Winkel von etwa 9,00 mrad erscheint. a) Welchen Durchmesser hat das vom Objektiv entworfene Bild? b) Unter welchem Winkel erscheint das Endbild im Unendlichen? c) Welche Vergrößerung hat das Teleskop?

29.34 •• Der 5,10-m-Spiegel des Teleskops auf dem Mount Palomar hat eine Brennweite von 1,68 m. a) Um welchen Faktor ist seine Lichtstärke größer als die des 1,02-m-Refraktors (Linsenteleskops) im Yerkes-Observatorium? b) Wie hoch ist seine Vergrößerung, wenn die Brennweite des Okulars 1,25 cm beträgt?

29.35 •• Ein Teleskop hat für Beobachtungen von Objekten auf der Erde den Nachteil, dass es ein umgekehrtes Endbild erzeugt. Beim sogenannten Galilei-Teleskop ist die Objektivlinse eine Sammellinse (wie gewöhnlich), die Okularlinse jedoch eine Zerstreuungslinse. Das vom Objektiv entworfene Bild liegt hinter dem Okular an dessen Brennpunkt. Daher ist das Endbild virtuell sowie aufrecht und liegt im Unendlichen. a) Zeigen Sie, dass die Vergrößerung des Galilei-Teleskops $V = -f_{\mathrm{Ob}}/f_{\mathrm{Ok}}$ ist. Darin ist f_{Ob} die Brennweite des Objektivs und V_{Ok} die (hier negative) Brennweite des Okulars. b) Skizzieren Sie den Strahlengang in diesem Teleskop und zeigen Sie daran, dass das Endbild tatsächlich virtuell ist, aufrecht steht und im Unendlichen liegt.

Allgemeine Aufgaben

29.36 • Mit einer (dünnen) Sammellinse der Brennweite 10 cm wird ein Bild erzeugt, das doppelt so groß ist wie der (kleine) Gegenstand. Wie groß sind jeweils die Gegenstands- und die Bildweite, wenn das Bild a) aufrecht steht bzw. wenn es b) umgekehrt ist? Zeichnen Sie jeweils den Strahlengang.

29.37 •• Sie haben zwei Sammellinsen mit den Brennweiten 75 mm bzw. 25 mm. a) Wie müssen diese Linsen angeordnet werden, damit sie ein einfaches astronomisches Teleskop ergeben? Geben Sie an, welche Linse als Objektiv und welche als Okular dienen muss, welchen Abstand sie voneinander haben müssen und welche Winkelvergrößerung das Teleskop haben wird. b) Skizzieren Sie den Strahlengang und zeigen Sie an ihm, wie mithilfe dieses Teleskops weit entfernte Gegenstände vergrößert abgebildet werden können.

29.38 •• a) Eine dünne Linse hat in Luft die Brennweite f_{L}. Zeigen Sie, dass für ihre Brennweite f_{W} in Wasser gilt:

$$f_{\mathrm{W}} = -\frac{(n_{\mathrm{W}}/n_{\mathrm{L}})\,(n - n_{\mathrm{L}})}{(n - n_{\mathrm{W}})}\, f_{\mathrm{L}}\,.$$

Darin ist n_{W} die Brechzahl des Wassers, n die des Linsenmaterials und n_{L} die der Luft. b) Berechnen Sie die Brennweite in Luft sowie in Wasser einer bikonkaven Linse, deren Material die Brechzahl 1,50 hat und deren Krümmungsradien 30 cm und 35 cm betragen.

29.39 ••• a) Zeigen Sie, dass eine geringe Änderung $\mathrm{d}n$ der Brechzahl des Linsenmaterials eine geringe Änderung $\mathrm{d}f$ der Brennweite zur Folge hat, für die gilt:

$$\frac{\mathrm{d}f}{f} \approx -\frac{\mathrm{d}n}{n - n_{\mathrm{Luft}}}\,.$$

b) Berechnen Sie mit dieser Beziehung die Brennweite einer dünnen Linse für blaues Licht (mit $n = 1{,}530$), wenn für rotes Licht (mit $n = 1{,}470$) ihre Brennweite 20,0 cm beträgt.

29.40 ••• Der Abbildungsmaßstab eines sphärischen Spiegels oder einer dünnen Linse ist $V = -b/g$. Zeigen Sie, dass sich für Gegenstände mit geringer horizontaler Ausdehnung die longitudinale Vergrößerung näherungsweise zu $-V^2$ ergibt. (*Hinweis:* Zeigen Sie, dass gilt: $\mathrm{d}b/\mathrm{d}g = -b^2/g^2$.)

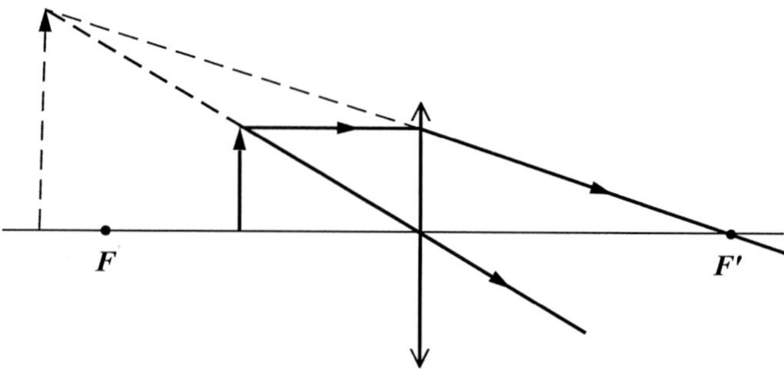

Lösungen zu den Aufgaben

Verständnisaufgaben

L29.1 Ja; das Bild eines rechtshändigen Koordinatensystems ist ein linkshändiges Koordinatensystem und umgekehrt. Das bedeutet: Ein Koordinatensystem und sein Spiegelbild haben stets entgegengesetzte Händigkeiten.

L29.2 a) Falsch. Wenn sich der Gegenstand zwischen Brennpunkt und Scheitelpunkt befindet, dann hängt die Größe des vom Konkavspiegel entworfenen virtuellen Bilds vom Abstand des Gegenstands vom Scheitelpunkt ab, und das Bild ist stets größer als der Gegenstand. b) Falsch. Das Bild ist reell, wenn sich der Gegenstand außerhalb der Brennweite befindet. c) Richtig. d) Falsch. Wenn sich der Gegenstand zwischen dem Krümmungsmittelpunkt und dem Brennpunkt befindet, ist das Bild vergrößert und reell.

L29.3 In der Abbildung wurden der Mittelpunktsstrahl und der achsenparallele Strahl zur Bildkonstruktion herangezogen.

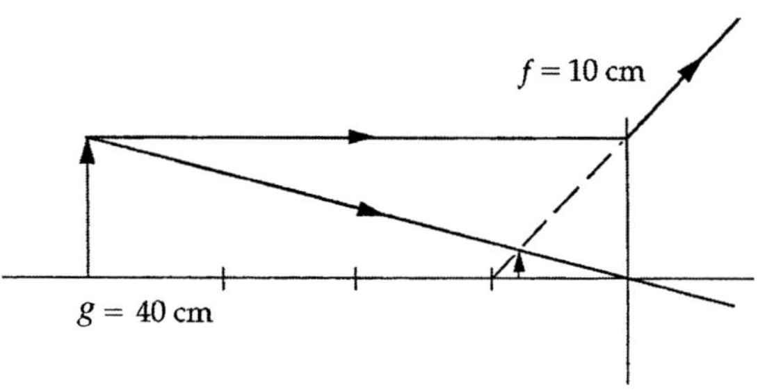

Das Bild ist aufrecht und außerdem virtuell, denn nur ein von der Pfeilspitze des Gegenstands ausgehender Strahl verläuft durch den entsprechenden Bildpunkt. Außerdem ist das Bild aufrecht und verkleinert. Also ist Aussage d richtig.

L29.4 In der Abbildung wurden der Mittelpunktsstrahl und der achsenparallele Strahl zur Bildkonstruktion herangezogen. (Beachten Sie, dass der Gegenstand recht nahe bei der Linse gezeichnet ist, damit das Bild nicht zu groß wird und nicht zu weit links liegt.)

Der Zeichnung entnehmen wir, dass das Bild aufrecht und außerdem virtuell ist, denn kein von der Pfeilspitze des Gegenstands ausgehender Strahl verläuft durch den entsprechenden Bildpunkt. Also ist Aussage c richtig.

L29.5 a) Richtig. b) Richtig. c) Falsch. Wo die reflektierten Strahlen die Achse eines sphärischen Spiegels schneiden, hängt davon ab, in welchem Abstand von der Achse sie am Spiegel reflektiert wurden. d) Richtig. e) Falsch. Die Bildweite eines virtuellen Bilds ist negativ.

L29.6 Der Gegenstand scheint weiter entfernt zu sein, weil die Winkelgröße des Bilds bei einem Konvexspiegel kleiner ist als bei einem ebenen Spiegel. Die Winkelgröße des Bilds ist hier gegeben durch

$$\frac{B}{|b| + l},$$

wobei B die Bildhöhe, b die Bildweite und l der Abstand zwischen Spiegel und Beobachter ist. Bei einem ebenen Spiegel ist $B = G$ und $b = -g$.

Wir müssen daher beweisen, dass bei einem Konvexspiegel gilt:

$$\frac{B}{|b| + l} < \frac{G}{g + l}. \tag{1}$$

Dies ist gleichbedeutend mit

$$\frac{|b| + l}{B} > \frac{g + l}{G} \qquad \text{oder} \qquad \frac{|b|}{B} + \frac{l}{B} > \frac{g}{G} + \frac{l}{G}. \tag{2}$$

Die Lateralvergrößerung ist $V = \dfrac{B}{G} = -\dfrac{b}{g}$. Also gilt

$$\frac{B}{|b|} = \frac{G}{g}. \tag{3}$$

Dies kombinieren wir mit Gleichung 2 und erhalten

$$\frac{l}{B} > \frac{l}{G} \qquad \text{bzw.} \qquad B < G. \tag{4}$$

Wenn also $B < G$ ist, dann soll gelten $|b| < g$.

Um nun zu zeigen, dass dies der Fall ist, verwenden wir die Abbildungsgleichung für sphärische Spiegel:

$$\frac{1}{g} + \frac{1}{b} = \frac{1}{f}\,.$$

Daraus folgt $\quad b = g\,\dfrac{f}{g - f}\,.$

Weil f negativ und g positiv ist, erhalten wir schließlich

$$|b| = g\,\frac{|f|}{g + |f|} \qquad \text{sowie} \qquad |b| < g\,.$$

Damit haben wir bewiesen, dass Gleichung 4 gilt, wenn Gleichung 1 gilt. Um deren Gültigkeit zu beweisen, ist in umgekehrter Reihenfolge vorzugehen.

Schätzungs- und Näherungsaufgaben

L29.7 Der Löffel ähnelt einem sphärischen Spiegel, für den mit $f = r/2$ die Abbildungsgleichung

$$\frac{1}{g} + \frac{1}{b} = \frac{1}{f} = \frac{2}{r}$$

gilt. Mit dem angegebenen Abstand 30 cm zwischen Löffel und Auge sowie dem zu 2 cm angenommenen Krümmungsradius des Löffels ergibt sich daraus die Bildweite

$$b = \frac{r\,g}{r - 2\,g} = \frac{(2\,\mathrm{cm})\,(30\,\mathrm{cm})}{2\,\mathrm{cm} - 2\,(30\,\mathrm{cm})} \approx -1\,\mathrm{cm}\,.$$

Das Bild liegt also rund 1 cm hinter dem Löffel.

Die Gegenstandshöhe (also die Höhe des Gesichts) nehmen wir zu 25 cm an. Mit der Vergrößerung $V = B/G = -b/g$ ergibt sich damit die Bildhöhe

$$B = -\frac{b}{g}\,G = -\frac{1\,\mathrm{cm}}{30\,\mathrm{cm}}\,(25\,\mathrm{cm}) \approx 0{,}8\,\mathrm{cm}\,.$$

L29.8 Die Vergrößerung der Lupe ist umgekehrt proportional zu ihrer Brennweite: $V_\mathrm{L} = s_0/f$. Die reziproke Brennweite ist $1/f = (n - 1)\,(1/r_1 - 1/r_2)$.

Bei einer plankonvexen Linse (die sich gut auflegen lässt) ist $r_2 = \infty$. Damit ergibt sich

$$\frac{1}{f} = \frac{n - 1}{r_1} \quad \text{und daher} \quad V_\mathrm{L} = \frac{s_0}{f} = \frac{(n - 1)\,s_0}{r_1}\,.$$

Je kleiner r_1 ist, desto höher ist also die Vergrößerung.

Ein vernünftiger Mindestwert für den Krümmungsradius einer Lupe ist $r_1 = 1{,}0\,\mathrm{cm}$. Mit der Brechzahl $n = 1{,}5$ für Glas erhalten wir dafür

$$V_\mathrm{max} = \frac{(1{,}5 - 1)\,(25\,\mathrm{cm})}{1{,}0\,\mathrm{cm}} = 13\,.$$

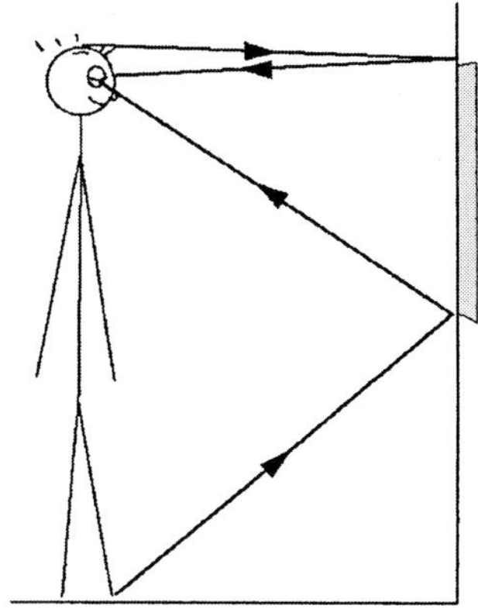

Abb. 29.5 zu Lösung 29.9

Ebene Spiegel

L29.9 a) Der Spiegel muss halb so hoch sein, wie die Person groß ist, also 81 cm. b) Seine Oberkante muss sich 7 cm unterhalb der Scheitelhöhe befinden; dies entspricht 155 cm über dem Boden. Die Unterkante des Spiegels muss sich also 155 cm − 81 cm = 74 cm über dem Boden befinden. In Abb. 29.5 sind einige Strahlen eingezeichnet.

Sphärische Spiegel

L29.10 a) Der Krümmungsradius ist beim sphärischen Spiegel die doppelte Brennweite, also $r = 8{,}0\,\mathrm{cm}$.

b) Es gilt

$$\frac{1}{b} = \frac{1}{f} - \frac{1}{g} = \frac{1}{4\,\mathrm{cm}} - \frac{1}{2\,\mathrm{cm}} = -\frac{1}{4\,\mathrm{cm}}\,.$$

Also ist die Bildweite $b = -4\,\mathrm{cm}$.

L29.11 Das Bild kann auf recht einfache Weise konstruiert werden: Der achsenparallele Strahl verläuft nach der Reflexion durch den Brennpunkt des Spiegels, der Mittelpunktsstrahl wird in sich selbst reflektiert, und der Brennpunktsstrahl wird achsenparallel reflektiert. Für die Bildkonstruktion genügen zwei beliebige dieser drei Strahlen, hier ausgehend von der Oberkante des Gegenstands, der auf der Achse steht.

a) Das Bild ist reell, umgekehrt und verkleinert.

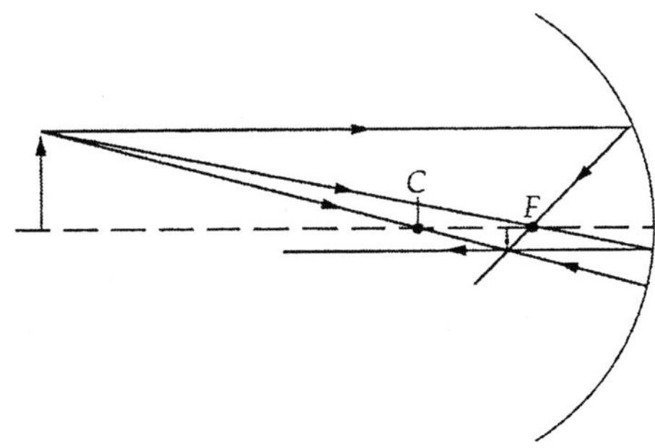

b) Das Bild ist reell, umgekehrt und ebenso groß wie der Gegenstand.

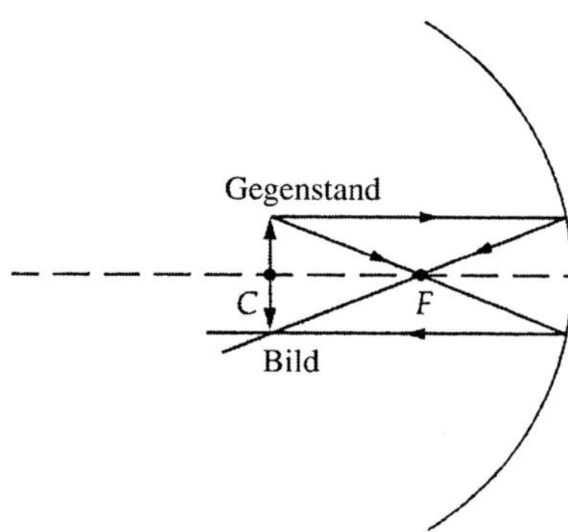

c) Wenn sich der Gegenstand am Brennpunkt befindet, entsteht kein Bild, denn die Strahlen treten parallel aus.

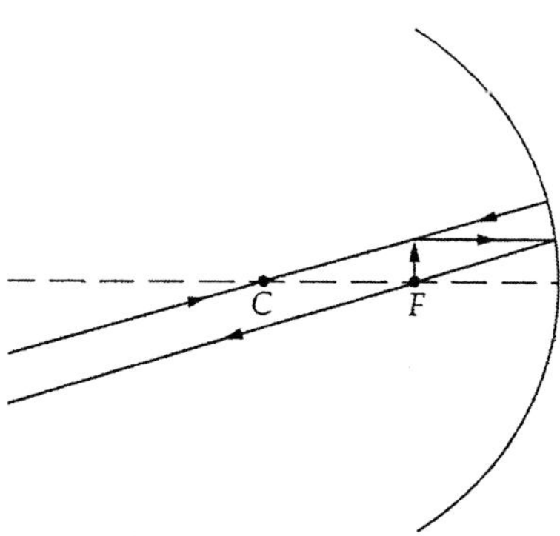

d) Das Bild ist virtuell, aufrecht und vergrößert.

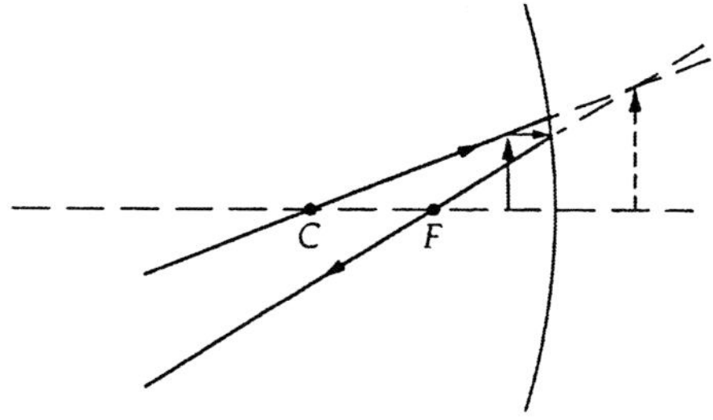

L29.12 a) Die Brennweite entspricht dem halben Krümmungsradius: $f = r/2$. Damit ergibt sich aus der Abbildungsgleichung für sphärische Spiegel die Bildweite zu

$$b = \frac{g\,f}{g-f} = \frac{g\,r/2}{g-r/2} = \frac{g\,r}{2\,g-r}$$
$$= \frac{(-1,2\,\text{m})\,(10\,\text{m})}{2\,(10\,\text{m}) - (-1,2\,\text{m})} = -56,6\,\text{cm}.$$

Die Bildweite hat also einen Betrag von rund 57 cm.

b) Die Bildweite ist negativ; das Bild befindet sich also hinter dem Spiegel.

c) Die Vergrößerung des Spiegels ist $V = B/G = -b/g$. Damit erhalten wir für die Bildhöhe

$$B = -\frac{b}{g}\,G = -\frac{-0,566\,\text{m}}{10\,\text{m}}\,(2,0\,\text{m}) = 11\,\text{cm}.$$

L29.13 Die Brennweite entspricht dem halben Krümmungsradius: $f = r/2$. Damit ergibt sich aus der Abbildungsgleichung für sphärische Spiegel die Bildweite zu

$$b = \frac{g\,f}{g-f} = \frac{g\,(r/2)}{g-r/2} = \frac{g\,r}{2\,g-r}$$
$$= \frac{(8,0\,\text{m})\,(3,8 \cdot 10^8\,\text{m})}{2\,(3,8 \cdot 10^8\,\text{m}) - 8,0\,\text{m}} = 4,0\,\text{m}.$$

Die Vergrößerung des Spiegels ist $V = B/G = -b/g$. Damit erhalten wir für die Bildhöhe

$$B = -\frac{b}{g}\,G = -\frac{4,0\,\text{m}}{3,8 \cdot 10^8\,\text{m}}\,(3,5 \cdot 10^6\,\text{m}) = -3,7\,\text{cm}.$$

Das Bild hat also einen Durchmesser von 3,7 cm und liegt (die Bildweite ist ja positiv) 4 cm vor dem Spiegel.

Durch Brechung erzeugte Bilder

L29.14 In der Abbildung sind nur zwei Strahlen eingezeichnet, die das eigentlich vorhandene Strahlenbündel begrenzen. Die Brechzahl der Luft ist kleiner als die von Wasser, sodass die Strahlen vom Einfallslot weg gebrochen werden, wenn sie aus dem Wasser austreten. Das Bild erscheint näher, als der Fisch wirklich ist.

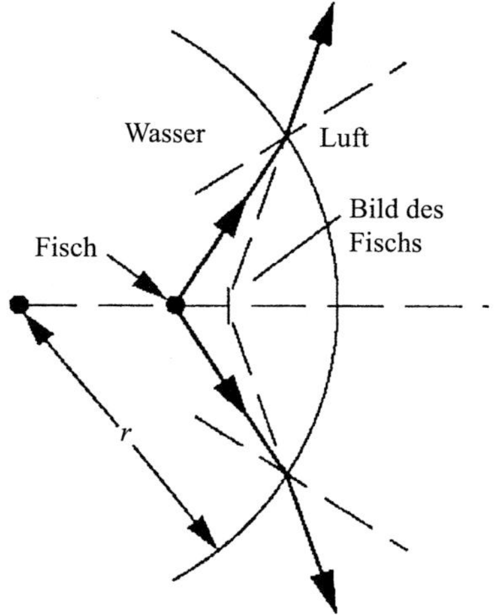

a) Bei der Brechung an einer einzelnen Oberfläche gilt

$$\frac{n_1}{g} + \frac{n_2}{b} = \frac{n_2 - n_1}{r}.$$

Im vorliegenden Fall ist $n_1 = 1,33$ (Wasser) und $n_2 = 1,00$ (Luft) sowie $g = -10\,\text{cm}$ und $r = 20\,\text{cm}$. Damit ergibt sich für die Bildweite

$$b = \frac{r\,g\,n_2}{(n_2 - n_1)\,g - n_1\,r}$$
$$= \frac{(20\,\text{cm})\,(-10\,\text{cm})\,(1,00)}{(1,00 - 1,33)\,(-10\,\text{cm}) - 1,33\,(20\,\text{cm})} = 8,6\,\text{cm}.$$

Das positive Vorzeichen besagt, dass sich das Bild um den angegebenen Abstand *hinter* der Vorderfläche des Gefäßes befindet.

b) Bei der Gegenstandsweite $g = -30\,\text{cm}$ erhalten wir für die Bildweite

$$b = \frac{(20\,\text{cm})\,(-30\,\text{cm})\,(1,00)}{(1,00 - 1,33)\,(-30\,\text{cm}) - 1,33\,(20\,\text{cm})} = 36\,\text{cm}.$$

Auch hier befindet sich, wie das positive Vorzeichen angibt, das Bild *hinter* der Vorderfläche der Gefäßwand. Das Bild des Fisches verschiebt sich also um $36\,\text{cm} - 8,6\,\text{cm} \approx 27\,\text{cm}$.

L29.15 Bei der Brechung an einer einzelnen Oberfläche gilt

$$\frac{n_1}{g} + \frac{n_2}{b} = \frac{n_2 - n_1}{r}.$$

Im vorliegenden Fall ist $n_1 = 1,00$ (Luft), $n_2 = 1,68$ (Glas) sowie $g = 15,0\,\text{cm}$ und $r = -7,20\,\text{cm}$. Damit ergibt sich für die Bildweite

$$b = \frac{r\,g\,n_2}{(n_2 - n_1)\,g - n_1\,r}$$
$$= \frac{(-7,20\,\text{cm})\,(15,0\,\text{cm})\,(1,68)}{(1,68 - 1,00)\,(15,0\,\text{cm}) - 1,00\,(-7,2\,\text{cm})} = -10\,\text{cm}.$$

Am negativen Vorzeichen erkennen wir, dass das Bild vor dem Stab liegt und virtuell ist.

In der Abbildung befinden sich der Gegenstand am Punkt P und das Bild am Punkt $P\,'$.

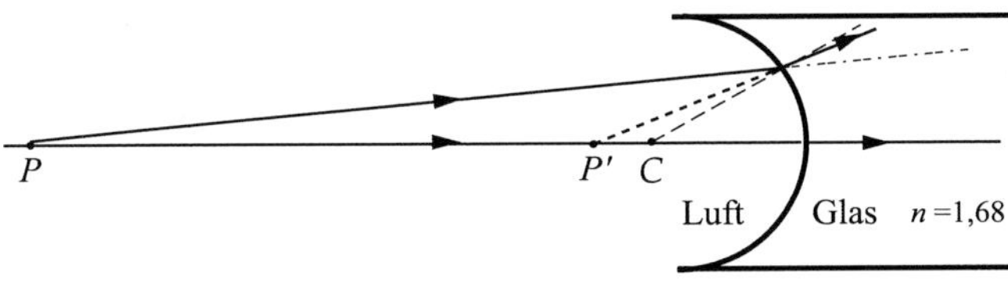

Dünne Linsen und die Linsengleichung

L29.16 Aus $2/r - 1/g = 1/b$ folgt durch Bilden des Kehrwerts

$$b = \frac{1}{\dfrac{2}{r} - \dfrac{1}{g}}.$$

Setzen wir dies in den Zusammenhang $B/G = -b/g$ ein, erhalten wir

$$\frac{B}{G} = -\frac{1}{g\left(\dfrac{2}{r} - \dfrac{1}{g}\right)} = -\frac{1}{\dfrac{2g}{r} - 1}.$$

Diesen Bruch erweitern wir mit $r/2$ und erhalten

$$\frac{B}{G} = -\frac{\dfrac{r}{2}}{g - \dfrac{r}{2}}.$$

L29.17 Aus $2/r - 1/g = 1/b$ folgt wieder durch Bilden des Kehrwerts

$$b = \frac{1}{\dfrac{2}{r} - \dfrac{1}{g}}.$$

Wir erweitern nun mit r und erhalten

$$b = \frac{r}{2 - \dfrac{r}{g}}.$$

Mit dem Grenzwert $\lim_{g \to \infty} \frac{r}{g} = 0$ folgt

$$\lim_{g \to \infty} b = \frac{r}{2 - 0} = \frac{r}{2}.$$

L29.18 a) Mit den Indices 1 und 2 für die brechenden Oberflächen gilt für die reziproke Brennweite dieser dünnen Linse

$$\frac{1}{f} = \left(\frac{n}{n_{\text{Luft}}} - 1\right)\left(\frac{1}{r_1} - \frac{1}{r_2}\right)$$
$$= \left(\frac{1,45}{1,00} - 1\right)\left(\frac{1}{-30,0\,\text{cm}} - \frac{1}{25,0\,\text{cm}}\right).$$

Daraus ergibt sich die Brennweite $f = -30,3\,\text{cm}$.

b) Die Abbildungsgleichung für dünne Linsen lautet $1/g + 1/b = 1/f$, und wir erhalten für die Bildweite

$$b = \frac{g\,f}{g - f} = \frac{(80,0\,\text{cm})\,(-30,3\,\text{cm})}{(80,0\,\text{cm}) - (-30,3\,\text{cm})}$$
$$= -21,98\,\text{cm} = -22,0\,\text{cm}.$$

Das Bild befindet sich auf der gleichen Seite der Linse wie der Gegenstand.

c) Die Lateralvergrößerung ist

$$V = -\frac{b}{g} = -\frac{-21,98\,\text{cm}}{80,0\,\text{cm}} = 0,27.$$

d) Es ist $b < 0$ und $V > 0$: Das Bild ist virtuell und aufrecht.

L29.19 Mit den Indices 1 und 2 für die jeweiligen brechenden Oberflächen gilt für die reziproke Brennweite einer dünnen Linse

$$\frac{1}{f} = \left(\frac{n}{n_{\text{Luft}}} - 1\right)\left(\frac{1}{r_1} - \frac{1}{r_2}\right).$$

Die Brechzahl ist jeweils $n = 1,50$.

a) Für $r_1 = 15\,\mathrm{cm}$ und $r_2 = -26\,\mathrm{cm}$ ergibt sich

$$\frac{1}{f} = \left(\frac{1{,}50}{1{,}00} - 1\right)\left(\frac{1}{15\,\mathrm{cm}} - \frac{1}{-26\,\mathrm{cm}}\right), \quad \text{also} \quad f = 19\,\mathrm{cm}.$$

Eine bikonvexe Linse ist in der ersten Abbildung gezeigt.

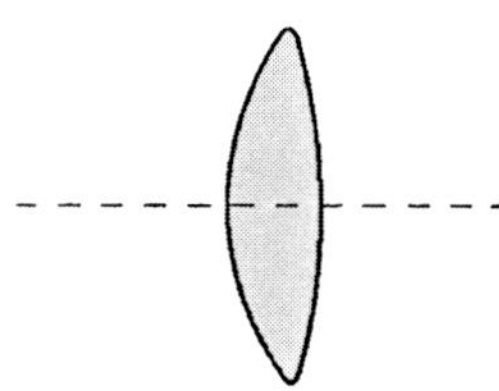

b) Für $r_1 = \infty$ und $r_2 = -15\,\mathrm{cm}$ ergibt sich

$$\frac{1}{f} = \left(\frac{1{,}50}{1{,}00} - 1\right)\left(\frac{1}{\infty} - \frac{1}{-15\,\mathrm{cm}}\right), \quad \text{also} \quad f = 30\,\mathrm{cm}.$$

Eine plankonvexe Linse ist in der zweiten Abbildung gezeigt.

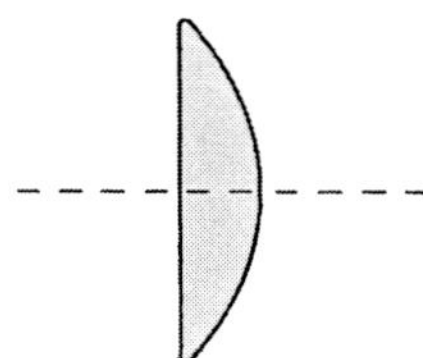

c) Für $r_1 = -15\,\mathrm{cm}$ und $r_2 = +15\,\mathrm{cm}$ ergibt sich

$$\frac{1}{f} = \left(\frac{1{,}50}{1{,}00} - 1\right)\left(\frac{1}{-15\,\mathrm{cm}} - \frac{1}{15\,\mathrm{cm}}\right), \quad \text{also}$$
$$f = -15\,\mathrm{cm}.$$

Eine bikonkave Linse ist in der dritten Abbildung gezeigt.

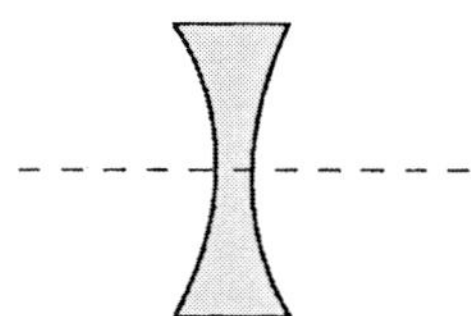

d) Für $r_1 = \infty$ und $r_2 = +26\,\mathrm{cm}$ ergibt sich

$$\frac{1}{f} = \left(\frac{1{,}50}{1{,}00} - 1\right)\left(\frac{1}{\infty} - \frac{1}{26\,\mathrm{cm}}\right), \quad \text{also} \quad f = -52\,\mathrm{cm}.$$

Eine plankonkave Linse ist in der vierten Abbildung gezeigt.

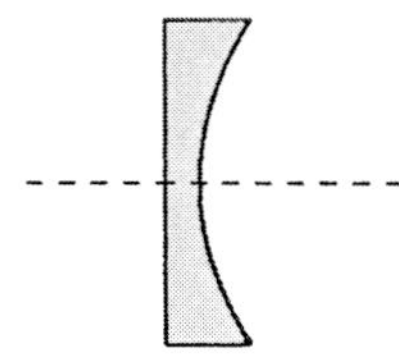

L29.20 a) Eine negative Gegenstandsweite bedeutet, dass ein virtueller Gegenstand vorliegt. Es laufen also Verlängerungen von Lichtstrahlen auf den jeweiligen Gegenstandspunkt zu, anstatt dass Lichtstrahlen von ihm ausgehen. Ein virtueller Gegenstand kann bei Linsenkombinationen auftreten, wenn die erste Linse ein Bild im Abstand $-|g|$ von der zweiten Linse entwirft.

b) Die Abbildungsgleichung für dünne Linsen lautet $1/g + 1/b = 1/f$, und wir erhalten für die Bildweite

$$b = \frac{g\,f}{g - f} = \frac{(-20\,\mathrm{cm})\,(20\,\mathrm{cm})}{-20\,\mathrm{cm} - (20\,\mathrm{cm})} = 10\,\mathrm{cm}.$$

c) Die Vergrößerung ist

$$V = -\frac{b}{g} = -\frac{10\,\mathrm{cm}}{-20\,\mathrm{cm}} = 0{,}50.$$

Die Abbildung zeigt die Bildkonstruktion mithilfe des achsenparallelen Strahls und des Mittelpunktsstrahls.

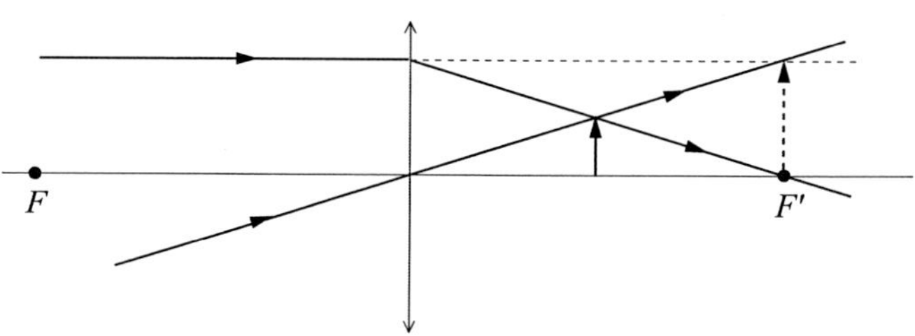

Es ist $b > 0$ und $V > 0$. Also ist das Bild reell und aufrecht. Wie aus dem Betrag 0,50 der Vergrößerung hervorgeht, ist das Bild halb so groß wie der virtuelle Gegenstand.

c) Für $g = -10\,\mathrm{cm}$ und $f = -30\,\mathrm{cm}$ erhalten wir (auf die gleiche Weise wie in Teilaufgabe a):

$$b = \frac{(-10\,\mathrm{cm})\,(-30\,\mathrm{cm})}{-10\,\mathrm{cm} - (-30\,\mathrm{cm})} = 15\,\mathrm{cm}$$

und

$$V = -\frac{15\,\mathrm{cm}}{-10\,\mathrm{cm}} = 1{,}5.$$

Die Abbildung zeigt die Bildkonstruktion mithilfe des achsenparallelen Strahls und des Mittelpunktsstrahls.

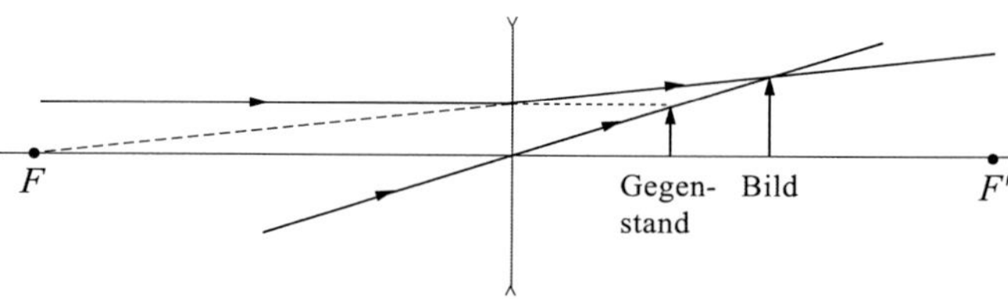

Es ist $b > 0$ und $V = 1{,}5$. Also ist das Bild reell, aufrecht und 1,5-mal so groß wie der virtuelle Gegenstand.

L29.21 a) Die Abbildung zeigt die Bildkonstruktion mithilfe des achsenparallelen Strahls und des Mittelpunktsstrahls sowie (bei der ersten Linse) auch des Brennpunktsstrahls.

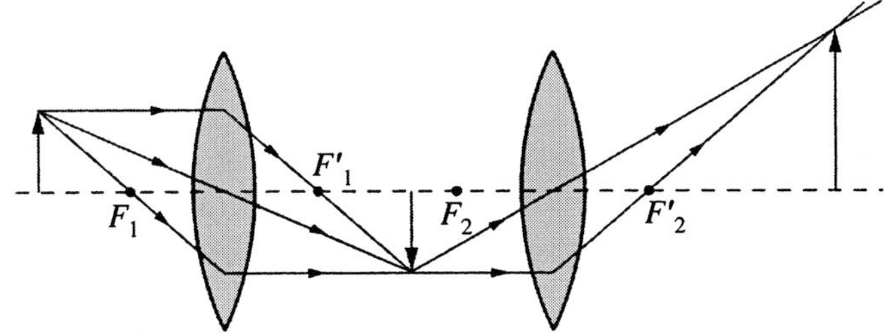

Das Endbild ist reell, aufrecht und größer als der Gegenstand. Es befindet sich außerhalb der Brennweite der zweiten Linse.

Die Abbildungsgleichung für dünne Linsen lautet $1/g + 1/b = 1/f$, und wir erhalten für die Bildweite bei der ersten Linse

$$b_1 = \frac{g_1\, f_1}{g_1 - f_1} = \frac{(20\,\mathrm{cm})\,(10\,\mathrm{cm})}{20\,\mathrm{cm} - 10\,\mathrm{cm}} = 20\,\mathrm{cm}.$$

Die Vergrößerung durch die erste Linse ist damit

$$V_1 = -\frac{b_1}{g_1} = -\frac{20\,\mathrm{cm}}{20\,\mathrm{cm}} = -1{,}0.$$

Beide Linsen sind 35 cm voneinander entfernt. Daher ist die Gegenstandsweite für die Abbildung durch die zweite Linse:

$$g_2 = 35\,\mathrm{cm} - 20\,\mathrm{cm} = 15\,\mathrm{cm}.$$

Damit ergibt sich die Bildweite bei der zweiten Linse zu

$$b_2 = \frac{g_2\, f_2}{g_2 - f_2} = \frac{(15\,\mathrm{cm})\,(10\,\mathrm{cm})}{15\,\mathrm{cm} - 10\,\mathrm{cm}} = 30\,\mathrm{cm}.$$

Somit ist das Endbild 85 cm vom Gegenstand entfernt. Die Vergrößerung durch die zweite Linse ist

$$V_2 = -\frac{b_2}{g_2} = -\frac{30\,\mathrm{cm}}{15\,\mathrm{cm}} = -2{,}0.$$

b) und c) Die Gesamtvergrößerung ist das Produkt der beiden Vergrößerungen: $V = V_1\, V_2 = (-1{,}0)\,(-2{,}0) = +2{,}0$. Wie schon in Teilaufgabe a grafisch ermittelt, ist das Endbild reell ($b_2 > 0$) sowie aufrecht und größer ($V = +2{,}0$) als der Gegenstand.

L29.22 a) Die Vergrößerung ist gegeben durch $V = -b/g$. Daher gilt für ihren Betrag

$$|V| = \left| -\frac{b}{g} \right|$$

und für die Bildweite $b = |V|\, g$.

Das setzen wir in die Abbildungsgleichung $1/g + 1/b = 1/f$ für dünne Linsen ein und erhalten

$$\frac{1}{g} + \frac{1}{|V|\, g} = \frac{1}{f} \quad \text{sowie daraus} \quad g = \left(1 + |V|^{-1}\right) f.$$

b) Der Betrag der Vergrößerung ist

$$|V| = \left| -\frac{B}{G} \right| = \frac{24{,}0\,\mathrm{mm}}{1{,}75\,\mathrm{m}} = 0{,}0137.$$

Damit erhalten wir für die Gegenstandsweite

$$g = \frac{(0{,}0137 + 1)\,(50{,}0\,\mathrm{mm})}{0{,}0137} = 3{,}70\,\mathrm{m}.$$

L29.23 Die Abbildung zeigt die heute üblichen Größen, darunter die Gegenstandsweite g und die Bildweite b, sowie die von Newton verwendeten Größen g' und b'.

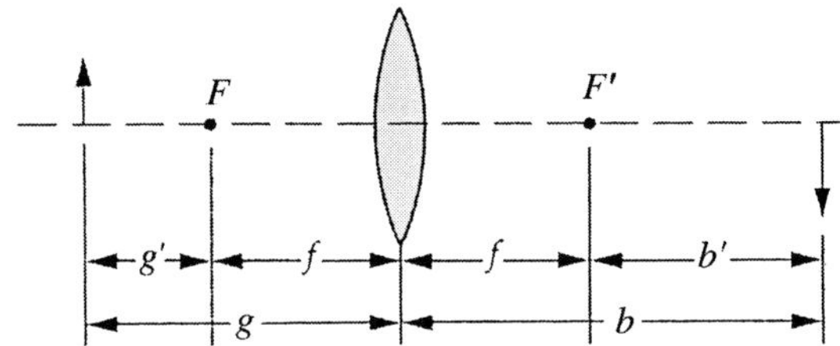

Die Abbildungsgleichung für dünne Linsen lautet $1/g + 1/b = 1/f$. Mit $g' = g - f$ und $b' = b - f$ ergibt sich

$$\frac{1}{g' + f} + \frac{1}{b' + f} = \frac{1}{f}.$$

Dies formen wir um:

$$f\,(b' + g' + 2f) = (g' + f)(b' + f)$$
$$= g'\,b' + g'\,f + b'\,f + f^2.$$

Vereinfachen ergibt

$$g'\,b' = f^2. \tag{1}$$

Ebenfalls mit $g' = g - f$ und $b' = b - f$ können wir den Ausdruck für die Vergrößerung umformen:

$$V = -\frac{b}{g} = -\frac{b' + f}{g' + f}.$$

Aus Gleichung 1 folgt $g' = f^2/b'$. Dies setzen wir ein und erhalten

$$V = -\frac{b' + f}{(f^2/b') + f} = -\frac{b' + f}{f\,(f + b')/b'} = -\frac{b'}{f}.$$

Für die Vergrößerung gilt außerdem, wie eben gezeigt:

$$V = -\frac{b' + f}{g' + f}.$$

Aus Gleichung 1 folgt $b' = f^2/g'$. Dies setzen wir ein und erhalten

$$V = -\frac{(f^2/g') + f}{g' + f} = -\frac{f\,(f/g' + 1)}{x\,(1 + f/g')} = -\frac{f}{g'}.$$

Abbildungsfehler

L29.24 Für die reziproke Brennweite einer dünnen Linse gilt

$$\frac{1}{f} = \left(\frac{n}{n_{\text{Luft}}} - 1\right)\left(\frac{1}{r_1} - \frac{1}{r_2}\right).$$

a) $\dfrac{1}{f_{\text{rot}}} = \left(\dfrac{1,470}{1,00} - 1\right)\left(\dfrac{1}{10,0\,\text{cm}} - \dfrac{1}{-10,0\,\text{cm}}\right).$

Die Brennweite ist also $f_{\text{rot}} = 10,6\,\text{cm}$.

b) $\dfrac{1}{f_{\text{blau}}} = \left(\dfrac{1,530}{1,00} - 1\right)\left(\dfrac{1}{10,0\,\text{cm}} - \dfrac{1}{-10,0\,\text{cm}}\right).$

Die Brennweite ist also $f_{\text{blau}} = 9,43\,\text{cm}$.

Das Auge

L29.25 a) Mit dem Durchmesser $d_{\text{Auge}} = 2,50\,\text{cm}$ und dem minimalen Sehwinkel $\varepsilon_{\min}$ muss gelten $d_{\text{Auge}}\,\varepsilon_{\min} \approx 2,00\,\mu\text{m}$. Hierbei ist der doppelte Abstand der Stäbchen angesetzt, weil ja ein nicht aktiviertes Stäbchen dazwischen liegen muss. Der minimale Sehwinkel ergibt sich damit zu

$$\varepsilon_{\min} \approx \frac{2,00\,\mu\text{m}}{2,50\,\text{cm}} = 80,0\,\mu\text{rad}.$$

b) Der Abstand, den zwei $x = 20,0\,\text{m}$ entfernte Punkte voneinander haben müssen, um noch einzeln erkennbar zu sein, ist $y_{\min} = x\,\varepsilon_{\min} = (20,0\,\text{m})\,(80,0\,\mu\text{rad}) = 1,60\,\text{mm}$.

L29.26 Die Strecke, um die die Linse verschoben werden muss, ist $x = b - f$. Aus der Abbildungsgleichung für dünne Linsen folgt $b = g\,f/(g - f)$. Dies setzen wir in den Ausdruck für x ein und erhalten

$$x = \frac{g\,f}{g - f} - f = \frac{(25,0\,\text{cm})\,(2,50\,\text{cm})}{25,0\,\text{cm} - 2,50\,\text{cm}} - 2,50\,\text{cm} = 0,28\,\text{cm}.$$

Die Linse muss also um $0,28\,\text{cm}$ näher an den Gegenstand herangerückt werden.

L29.27 a) Gemäß der Abbildungsgleichung für dünne Linsen gilt für die Brechkraft D:

$$\frac{1}{g} + \frac{1}{b} = \frac{1}{f} = D.$$

Mit der Bildweite $b = x$ und der Gegenstandsweite $g = \infty$ ist die minimale Brechkraft $D_{\min} = 1/b = 1/x$.

b) Wenn der Gegenstand bis auf den minimalen Abstand s_0 herangerückt wird, bei dem das Bild auf dem Schirm noch scharf sein soll, muss für die maximale Brechkraft gelten

$$D_{\max} = 1/s_0 + 1/x.$$

c) Mit dem Ergebnis aus Teilaufgabe a erhalten wir

$$D_{\min} = 1/(2,50\,\text{cm}) = 40,0\,\text{dpt}.$$

Die Akkommodation entspricht der Differenz zwischen maximaler und minimaler Brechkraft:

$$A = D_{\max} - D_{\min} = \frac{1}{s_0} + \frac{1}{x} - \frac{1}{x} = \frac{1}{25,0\,\text{cm}} = 4,00\,\text{dpt}.$$

L29.28 a) Gemäß der Linsengleichung gilt

$$\frac{n_1}{g} + \frac{n_2}{b} = \frac{n_2 - n_1}{r}.$$

Hier ist $n_2 = n$ und $n_1 = 1$. Die Gegenstandsweite setzen wir zu $g = \infty$ an, weil parallele Lichtstrahlen eintreffen. Damit ergibt sich $n/b = (n - 1)/r$, und wir erhalten für den Krümmungsradius der Hornhaut

$$r = \frac{b\,(n - 1)}{n} = \left(1 - \frac{1}{n}\right)b = \left(1 - \frac{1}{1,38}\right)(2,50\,\text{cm})$$
$$= 0,69\,\text{cm}.$$

b) Der eben berechnete Wert für den Abstand von der Netzhaut ist etwas zu groß, weil das Auge keine homogene Kugel ist. Außerdem haben wir die zusätzliche Brechung an der Linse nicht berücksichtigt.

Die Lupe

L29.29 a) Die Winkelvergrößerung der Lupe ist gegeben durch

$$V_{\text{L}} = \frac{s_0}{f}.$$

Wir verwenden den Index 1 für die Person mit dem Nahpunkt bei 25 cm und den Index 2 für die Person mit dem Nahpunkt bei 40 cm. Damit erhalten wir

$$V_{\text{L},1} = \frac{25\,\text{cm}}{6,0\,\text{cm}} = 4,17 = 4,2, \qquad V_{\text{L},2} = \frac{40\,\text{cm}}{6,0\,\text{cm}} = 6,67 = 6,7.$$

Bei $s_{0,1} = 25\,\text{cm}$ beträgt die Vergrößerung also 4,2, und bei $s_{0,2} = 40\,\text{cm}$ beträgt sie 6,7.

b) Weil derselbe Gegenstand betrachtet wird, reicht es aus, die Vergrößerungen zu vergleichen:

$$\frac{V_{\text{L},1}}{V_{\text{L},2}} = \frac{4,17}{6,67} = 0,63.$$

Bei der Person mit dem Nahpunkt bei 40 cm ist das Bild auf der Netzhaut also 1,6-mal größer.

L29.30 a) Das Bild soll im Unendlichen liegen. Dann ist mit der Brechkraft D die Vergrößerung der Lupe

$$V_{\text{L}} = s_0/f = s_0\,D = (25\,\text{cm})\,(12\,\text{m}^{-1}) = 3,0.$$

b) Aus der Abbildungsgleichung für dünne Linsen folgt

$$g = \frac{b\,f}{b - f}.$$

Damit ergibt sich bei der Bildweite $b = 25\,\text{cm}$ die Vergrößerung zu

$$V = -\frac{b}{g} = -\frac{b}{b\,f/(b-f)} = -\frac{b-f}{f} = -\frac{b}{f} + 1$$
$$= 1 - b\,D = 1 - (-0{,}25\,\text{m})\,(12\,\text{m}^{-1}) = 4{,}0\,.$$

Das Mikroskop

L29.31 a) Mit der Tubuslänge l und der Brennweite f_{Ob} des Objektivs ergibt sich dessen Bildweite zu

$$b = f_{\text{Ob}} + l = 1{,}70\,\text{cm} + 16{,}0\,\text{cm} = 17{,}7\,\text{cm}\,.$$

Die Abbildungsgleichung für dünne Linsen lautet $1/g + 1/b = 1/f_{\text{Ob}}$. Damit erhalten wir für die Gegenstandsweite am Objektiv

$$g = \frac{b\,f_{\text{Ob}}}{b - f_{\text{Ob}}} = \frac{(17{,}7\,\text{cm})\,(1{,}70\,\text{cm})}{17{,}7\,\text{cm} - 1{,}70\,\text{cm}} = 1{,}88\,\text{cm}\,.$$

b) Die Vergrößerung des Mikroskops ist

$$V_{\text{M}} = -\frac{l}{f_{\text{Ob}}}\,\frac{s_0}{f_{\text{Ok}}} = -\frac{16{,}0\,\text{cm}}{1{,}70\,\text{cm}} \cdot \frac{25{,}0\,\text{cm}}{5{,}10\,\text{cm}} = -46{,}1\,.$$

L29.32 a) Die Brennweite f_{Ok} des Okulars erhalten wir aus der Vergrößerung $V_{\text{Ok}} = s_0/f_{\text{Ok}}$. Damit ergibt sich $f_{\text{Ok}} = s_0/V_{\text{Ok}} = (25{,}0\,\text{cm})/15{,}0 = 1{,}67\,\text{cm}$.

b) Die Gegenstandsweite g am Objektiv erhalten wir aus der Vergrößerung $V_{\text{Ob}} = -b/g$. Daraus folgt $g = -b/V_{\text{Ob}}$. Die Bildweite beim Objektiv ist

$$b = 22{,}0\,\text{cm} - f_{\text{Ok}} = 22{,}0\,\text{cm} - 1{,}67\,\text{cm} = 20{,}33\,\text{cm}\,,$$

und seine Vergrößerung V_{Ob} ergibt sich aus der Beziehung $V_{\text{M}} = V_{\text{Ob}}\,V_{\text{Ok}}$. Sie ist also gegeben durch $V_{\text{Ob}} = V_{\text{M}}/V_{\text{Ok}}$. Damit erhalten wir für die Gegenstandsweite

$$g = -\frac{b}{V_{\text{Ob}}} = -\frac{b\,V_{\text{Ok}}}{V_{\text{M}}} = -\frac{(20{,}33\,\text{cm})\,(15{,}0)}{-600} = 0{,}508\,\text{cm}\,.$$

c) Die Brennweite des Objektivs ergibt sich direkt aus der Abbildungsgleichung für dünne Linsen:

$$f_{\text{Ok}} = \frac{b\,g}{b + g} = \frac{(20{,}33\,\text{cm})\,(0{,}508\,\text{cm})}{20{,}33\,\text{cm} + 0{,}508\,\text{cm}} = 0{,}496\,\text{cm}\,.$$

Das Teleskop

L29.33 a) Für die Bildhöhe (also für den Durchmesser d des Mondbilds, das vom Objektiv entworfen wird) gilt $d = b_{\text{Ob}}\,\varepsilon$. Weil der Mond sehr weit entfernt ist, also parallele Lichtstrahlen eintreffen, liegt das Bild in der Brennebene. Daher ist die Bildweite b_{Ob} gleich der Brennweite f_{Ob}, und wir erhalten

$$d = f_{\text{Ob}}\,\varepsilon = (100\,\text{cm})\,(9{,}00\,\text{mrad}) = 9{,}00\,\text{mm}\,.$$

b) und c) Der Winkel, unter dem das Endbild im Unendlichen erscheint, ist $\varepsilon_{\text{Ok}} = V_{\text{T}}\,\varepsilon_{\text{Ob}} = V_{\text{T}}\,\varepsilon$. Wir müssen also zunächst die Vergrößerung des Teleskops berechnen:

$$V_{\text{T}} = -\frac{f_{\text{Ob}}}{F_{\text{Ok}}} = -\frac{100\,\text{cm}}{5{,}00\,\text{cm}} = -20{,}0\,.$$

Damit ergibt sich für den gesuchten Betrachtungswinkel

$$\varepsilon_{\text{Ok}} = |V_{\text{T}}|\,\varepsilon = |-20{,}0| \cdot (9{,}00\,\text{mrad}) = 180\,\text{mrad}\,.$$

L29.34 a) Die Lichtstärke ist proportional zur Eintrittsfläche des Spiegels und damit proportional zum Quadrat seines Durchmessers. Also ist das Verhältnis der Lichtstärken

$$\frac{P_{\text{Palomar}}}{P_{\text{Yerkes}}} = \frac{d_{\text{Palomar}}^2}{d_{\text{Yerkes}}^2} = \frac{(5{,}10\,\text{m})^2}{(1{,}02\,\text{m})^2} = 25{,}0\,.$$

b) Die Vergrößerung des Palomar-Teleskops ist

$$V_{\text{T,Palomar}} = -\frac{f_{\text{Ob}}}{f_{\text{Ok}}} = -\frac{1{,}68\,\text{m}}{1{,}25\,\text{cm}} = -134\,.$$

L29.35 a) Die Vergrößerung eines Teleskops ist gegeben durch $V_{\text{T}} = \varepsilon_{\text{Ok}}/\varepsilon_{\text{Ob}}$. Das vom Objektiv entworfene Bild (mit der Höhe h) liegt in der Brennebene des Objektivs. Aufgrund der geometrischen Zusammenhänge (siehe die Abbildung zur Lösung der Teilaufgabe b) ist $\tan\varepsilon_{\text{Ob}} = h/f_{\text{Ob}} \approx \varepsilon_{\text{Ob}}$. Diese Näherung ist zulässig, weil $\varepsilon_{\text{Ob}} \ll 1$ und daher $\tan\varepsilon_{\text{Ob}} \approx \varepsilon_{\text{Ob}}$ ist. Am Okular gilt (mit der negativen Brennweite f_{Ok}) entsprechend $\varepsilon_{\text{Ok}} = h/f_{\text{Ok}}$. Wir setzen die Winkel in den Ausdruck für die Vergrößerung ein und erhalten

$$V_{\text{T}} = \frac{h/f_{\text{Ok}}}{h/f_{\text{Ob}}} = \frac{f_{\text{Ob}}}{f_{\text{Ok}}}\,.$$

Weil f_{Ok} negativ ist, ergibt sich mit der Formel $V_{\text{T}} = -f_{\text{Ob}}/f_{\text{Ok}}$ eine positive Gesamtvergrößerung; das Endbild ist also aufrecht.

b) Die Abbildung zeigt den Strahlengang.

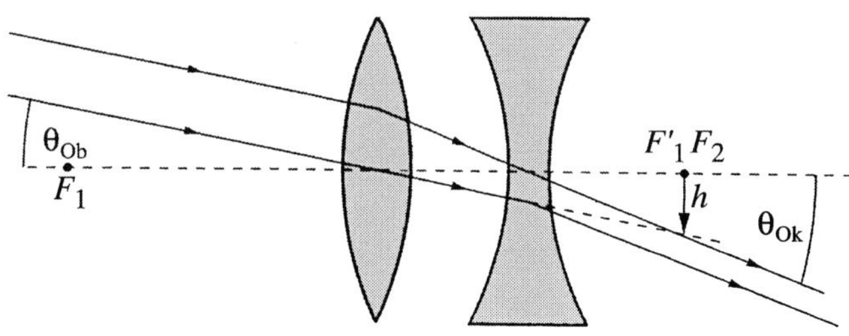

Weil sich der vom Okular abgebildete Gegenstand (also das vom Objektiv entworfene Bild) in der Brennebene des Okulars befindet, liegt das Endbild im Unendlichen. Es ist virtuell und aufrecht.

Allgemeine Aufgaben

L29.36 a) Das aufrechte Bild ist doppelt so groß wie der Gegenstand. Also ist $V = B/G = -b/g = 2$ und daher $b = -2\,g$. Das setzen wir in die Abbildungsgleichung für dünne Linsen ein:

$$\frac{1}{g} + \frac{1}{-2\,g} = \frac{1}{f}.$$

Daraus ergibt sich $g = \frac{1}{2}\,f = \frac{1}{2}\,(10\,\mathrm{cm}) = 5{,}0\,\mathrm{cm}$,

und wir erhalten $b = 2\,g = (-2)\,(5{,}0\,\mathrm{cm}) = -10\,\mathrm{cm}$.

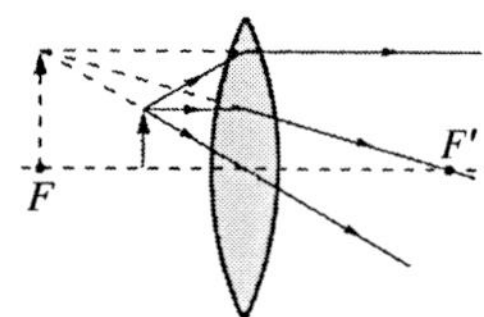

b) Wenn das Bild umgekehrt ist, dann gilt $b = 2\,g$ und daher

$$\frac{1}{g} + \frac{1}{2\,g} = \frac{1}{f}.$$

Daraus ergibt sich $g = \frac{3}{2}\,f = \frac{3}{2}\,(10\,\mathrm{cm}) = 15\,\mathrm{cm}$,

und wir erhalten $b = 2\,g = 2\,(15\,\mathrm{cm}) = 30\,\mathrm{cm}$.

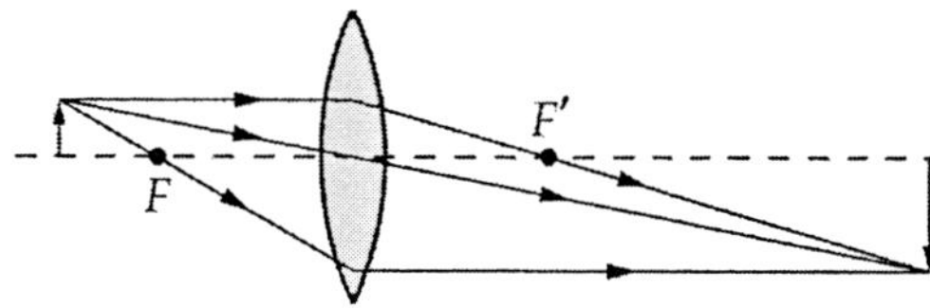

L29.37 a) Beim astronomischen Teleskop hat das Okular eine kleine und das Objektiv eine große Brennweite. Wir wählen also die Linse mit 25 mm Brennweite als Okularlinse und die andere (mit 75 mm Brennweite) als Objektivlinse. Der Abstand beider Linsen muss der Summe ihrer Brennweiten, hier 100 mm, entsprechen. Die Vergrößerung ist

$$V_{\mathrm{T}} = -\frac{f_{\mathrm{Ob}}}{f_{\mathrm{Ok}}} = -\frac{75\,\mathrm{mm}}{25\,\mathrm{mm}} - 3.$$

b) Die Abbildung zeigt den Strahlengang und das jeweils erzeugte Bild.

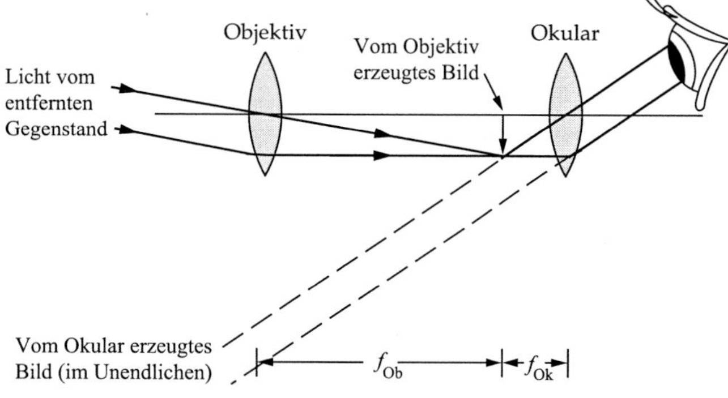

Die Objektivlinse entwirft nahe an ihrem zweiten Brennpunkt ein umgekehrtes, reelles Bild des weit entfernten Gegenstands. Die Okularlinse entwirft ein vergrößertes, aufrechtes virtuelles Bild des vom Objektiv erzeugten Bilds.

L29.38 a) An der Wasser-Glas-Grenzfläche gilt

$$\frac{n_{\mathrm{W}}}{g} + \frac{n}{b_1} = \frac{n - n_{\mathrm{W}}}{r_1},$$

und an der Glas-Wasser-Grenzfläche entsprechend

$$\frac{n}{-b_1} + \frac{n}{b} = \frac{n_{\mathrm{W}} - n}{r_2}.$$

Wir addieren beide Gleichungen:

$$n_{\mathrm{W}}\left(\frac{1}{g} + \frac{1}{b}\right) = (n - n_{\mathrm{W}})\left(\frac{1}{r_1} - \frac{1}{r_2}\right).$$

Wir setzen

$$\frac{1}{g} + \frac{1}{b} = \frac{1}{f_{\mathrm{W}}}$$

und erhalten damit

$$\frac{n_{\mathrm{W}}}{f_{\mathrm{W}}} = (n - n_{\mathrm{W}})\left(\frac{1}{r_1} - \frac{1}{r_2}\right). \tag{1}$$

Mit dem Index L für Luft gilt für dünne Linsen

$$\frac{1}{f_{\mathrm{L}}} = \left(\frac{n}{n_{\mathrm{L}}} - 1\right)\left(\frac{1}{r_1} - \frac{1}{r_2}\right)$$

bzw.

$$\frac{1}{r_1} - \frac{1}{r_2} = \frac{1}{\left(\dfrac{n}{n_{\mathrm{L}}} - 1\right) f_{\mathrm{L}}} = \frac{n_{\mathrm{L}}}{(n - n_{\mathrm{L}})\, f_{\mathrm{L}}}.$$

Dies setzen wir in Gleichung 1 ein:

$$\frac{n_{\mathrm{W}}}{f_{\mathrm{W}}} = (n - n_{\mathrm{W}})\,\frac{n_{\mathrm{L}}}{(n - n_{\mathrm{L}})\, f_{\mathrm{L}}}$$

und erhalten schließlich $\quad f_{\mathrm{W}} = \dfrac{(n_{\mathrm{W}}/n_{\mathrm{L}})\,(n - n_{\mathrm{L}})}{n - n_{\mathrm{W}}}\, f_{\mathrm{L}}.$

b) Für die Linse gilt in Luft

$$\frac{1}{f_{\mathrm{L}}} = \left(\frac{1{,}50}{1{,}00} - 1\right)\left(\frac{1}{-30\,\mathrm{cm}} - \frac{1}{35\,\mathrm{cm}}\right),$$

und ihre Brennweite in Luft ergibt sich zu

$$f_{\mathrm{L}} = -32{,}3\,\mathrm{cm} = -32\,\mathrm{cm}.$$

Mit der in Teilaufgabe a ermittelten Formel erhalten wir die Brennweite der Linse in Wasser:

$$f_{\mathrm{W}} = \frac{(1{,}33/1)\,(1{,}50 - 1)}{1{,}50 - 1{,}33}\,(-32{,}3\,\mathrm{cm}) = -1{,}3\,\mathrm{m}.$$

L29.39 a) Mit dem Index L für Luft und mit dem Ausdruck $C = 1/r_1 - 1/r_2$ lautet die Linsengleichung

$$\frac{1}{f} = \left(\frac{n}{n_L} - 1\right)\left(\frac{1}{r_1} - \frac{1}{r_2}\right) = \left(\frac{n}{n_L} - 1\right) C \, .$$

Wir bilden auf beiden Seiten das Differenzial:

$$-\frac{\mathrm{d}f}{f^2} = \frac{\mathrm{d}n}{n_L} \, C \, .$$

Nun dividieren wir die zweite Gleichung durch die erste:

$$\frac{-\dfrac{\mathrm{d}f}{f^2}}{\dfrac{1}{f}} = \frac{\dfrac{\mathrm{d}n}{n_L} C}{\left(\dfrac{n}{n_L} - 1\right) C} = \frac{\dfrac{\mathrm{d}n}{n_L}}{\dfrac{n}{n_L} - 1} = \frac{\dfrac{\mathrm{d}n}{n_L}}{\dfrac{n - n_L}{n_L}} \, .$$

Kürzen liefert schließlich

$$\frac{\mathrm{d}f}{f} = -\frac{\mathrm{d}n}{n - n_L} \, .$$

b) Wir verwenden die eben ermittelte Formel und nähern die Differenziale durch die Differenzen an. Das ergibt

$$\frac{\Delta f}{f} \approx -\frac{\Delta n}{n - n_L} \quad \text{sowie} \quad \Delta f = -\frac{f \, \Delta n}{n - n_L} \, .$$

Die beiden Brennweiten unterscheiden sich um Δf, wobei gilt $f_\mathrm{blau} = f_\mathrm{rot} + \Delta f$. Damit ergibt sich die Brennweite für blaues Licht zu

$$f_\mathrm{blau} = f_\mathrm{rot} - \frac{f_\mathrm{rot} \, \Delta n}{n_\mathrm{rot} - n_L} = f_\mathrm{rot}\left(1 - \frac{\Delta n}{n_\mathrm{rot} - n_L}\right)$$

$$= (20{,}0\,\mathrm{cm})\left(1 - \frac{1{,}530 - 1{,}470}{1{,}470 - 1{,}00}\right) = 17\,\mathrm{cm} \, .$$

L29.40 Wir untersuchen, wie sich die Bildweite b bei einer geringen Änderung der Gegenstandsweite verändert. Aus der Abbildungsgleichung für dünne Linsen ergibt sich

$$b = \left(\frac{1}{f} - \frac{1}{g}\right)^{-1} \, .$$

Dies leiten wir nach der Gegenstandsweite g ab:

$$\frac{\mathrm{d}b}{\mathrm{d}g} = \frac{\mathrm{d}}{\mathrm{d}g}\left[\left(\frac{1}{f} - \frac{1}{g}\right)^{-1}\right] = -\frac{1/g^2}{\left(\dfrac{1}{f} - \dfrac{1}{g}\right)^2} = -\frac{b^2}{g^2} = -V^2 \, .$$

Das Bild eines Gegenstands mit der Tiefe Δg hat also die Tiefe $-V^2 \Delta g$.

Interferenz und Beugung

30

© Springer-Verlag GmbH Deutschland, ein Teil von Springer Nature 2019

A. Knochel (Hrsg.), *Arbeitsbuch zu Tipler/Mosca, Physik*, https://doi.org/10.1007/978-3-662-58919-9_30

Aufgaben

Verständnisaufgaben

30.1 • Welche der nachfolgend genannten Paare von Lichtquellen sind kohärent? a) Zwei Kerzen, b) eine Punktquelle und ihr von einem ebenen Spiegel erzeugtes Spiegelbild, c) zwei von derselben Punktquelle beleuchtete kleine Öffnungen, d) zwei Scheinwerfer eines Autos, e) zwei Bilder einer Punktquelle, die durch Reflexion an der Vorder- bzw. an der Rückseite des Flüssigkeitsfilms einer Seifenblase entstehen.

30.2 • Warum muss eine Schicht (z. B. ein Flüssigkeitsfilm) dünn sein, damit man an ihr Interferenzfarben beobachten kann?

30.3 • Die Gleichung $d \sin \theta_m = m \lambda$ und die Gleichung $a \sin \theta_m = m \lambda$ werden zuweilen verwechselt. Geben Sie jeweils die Bedeutungen der Größen an und erklären Sie die Anwendung der Gleichungen.

Schätzungs- und Näherungsaufgaben

30.4 • Oft liest man, die Große Chinesische Mauer sei das einzige von Menschen errichtete Objekt auf der Erde, das vom Weltraum aus mit bloßem Auge zu erkennen ist. Können Sie diese Aussage anhand des Auflösungsvermögens des menschlichen Auges bestätigen? Trifft sie für einen Astronauten in einer nur 250 km hohen Umlaufbahn zu?

30.5 •• Nehmen Sie an, die beiden Sterne eines bestimmten Doppelsterns sind 50-mal weiter voneinander entfernt als die Erde von der Sonne. Schätzen sie die Entfernung ab, in der sich dieser Doppelstern befinden kann, damit er noch mit bloßem Auge als solcher zu erkennen (d. h. von einem Einzelstern zu unterscheiden) ist. Vernachlässigen Sie jegliche störenden Einflüsse der Erdatmosphäre.

Phasendifferenz und Kohärenz

30.6 • Licht der Wellenlänge 500 nm fällt aus der Luft senkrecht auf eine $y = 1{,}00\,\mu\text{m}$ dicke Wasserschicht. Die Brechzahl des Wassers ist 1,33. a) Welche Wellenlänge hat das Licht im Wasser? b) Wie viele Wellenlängen entfallen auf die im Wasser zurückgelegte Gesamtstrecke $2\,y$? c) Nehmen Sie an, die Wasserschicht ist beiderseits von Luft umgeben, und betrachten Sie die an der oberen Luft-Wasser-Grenzfläche reflektierte Welle und die Welle, die an der unteren Wasser-Luft-Grenzfläche reflektiert wurde und sich dann zunächst im Wasser ausbreitet. Wie groß ist dort, wo beide Wellen einander überlagern, ihre Phasendifferenz?

Interferenz an dünnen Schichten

30.7 •• Der Durchmesser feiner Drähte (oder auch Fasern) lässt sich mithilfe von Interferenzmustern sehr genau bestimmen. Abb. 30.1 zeigt das Schema der Anordnung. Zwischen zwei planparallele Glasplatten wird an einem Ende der Draht gelegt, und senkrecht von oben wird monochromatisches Licht eingestrahlt. Nehmen Sie an, das gelbe Licht kommt aus einer Natriumdampflampe ($\lambda = 590\,\text{nm}$) und auf der Länge $l = 20{,}0\,\text{cm}$ werden 19 helle Streifen beobachtet. Zwischen welchen Werten muss der Durchmesser d des Drahts liegen? (*Hinweis:* Der 19. Streifen liegt evtl. nicht genau am Rand der Glasplatten, jedoch erscheint kein 20. Streifen.)

Abb. 30.1 Zu Aufgabe 30.7

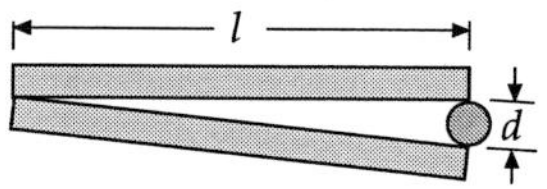

30.8 •• Auf Wasser schwimmt ein dünner Ölfilm (Brechzahl 1,45). Es fällt weißes Licht senkrecht ein, und im reflektierten Licht herrschen die Wellenlängen 700 nm und 500 nm vor. Wie dick ist der Ölfilm?

Newton'sche Ringe

30.9 •• Eine Anordnung zur Ausmessung Newton'scher Ringe besteht aus einer plankonvexen Glaslinse mit einem großen Krümmungsradius R, die auf einer ebenen Glasplatte liegt (Abb. 30.2). Die dünne Schicht ist hier die Luftschicht; ihre Dicke s nimmt mit steigendem Radius r (dem Abstand vom Auflagepunkt in der Mitte) zu. Die Anordnung wird von oben mit gelbem Licht aus einer Natriumdampflampe ($\lambda = 590\,\text{nm}$) beleuchtet, und die Ringe werden im reflektierten Licht beobachtet.

Abb. 30.2 Zu Aufgabe 30.9

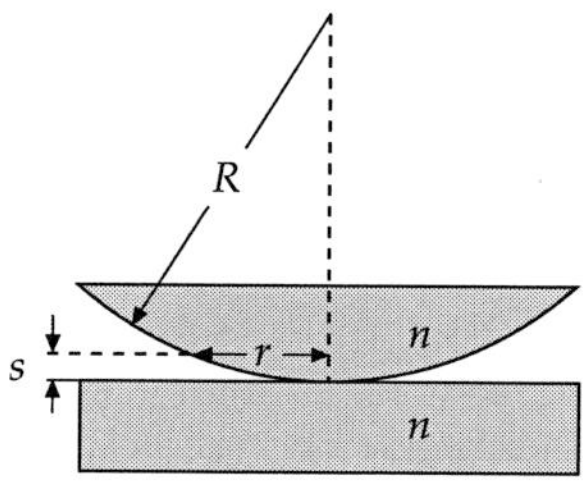

a) Zeigen Sie, dass bei der Dicke s der Luftschicht die Bedingung für das Auftreten eines hellen Rings (also für konstruktive Interferenz) lautet:

$$2s = \left(m + \tfrac{1}{2}\right) \lambda, \qquad m = 0, 1, 2, \ldots$$

b) Zeigen Sie, dass für $s \ll R$ der Radius r eines Rings gegeben ist durch $r = \sqrt{2\,s\,R}$. (*Hinweis:* Wenden Sie den Satz des Pythagoras auf das rechtwinklige Dreieck mit den Katheten r und $R - s$ sowie mit der Hypotenuse R an.) c) Wenn der Krümmungsradius der Linse 10,0 m und ihr Durchmesser

4,00 cm beträgt, wie viele helle Ringe sind im dann reflektierten Licht zu beobachten? d) Welchen Durchmesser hat dabei der sechste helle Ring? e) Nehmen Sie an, das Glas hat die Brechzahl $n = 1{,}50$ und der Raum zwischen den Glasflächen wird nun mit Wasser gefüllt. Beschreiben Sie qualitativ, wie sich dadurch das Muster der hellen Ringe ändert.

Interferenzmuster beim Doppelspalt

30.10 •   Zwei enge Spalte werden mit Licht der Wellenlänge 589 nm beleuchtet, und auf einem 3,00 m weit entfernten Schirm werden 28 helle Streifen pro Zentimeter beobachtet. Welchen Abstand haben die Spalte?

30.11 ••   Zwei enge Spalte haben voneinander den Abstand d. Das Interferenzmuster wird auf einem Schirm beobachtet, der den großen Abstand l von den Spalten hat. a) Berechnen Sie den Abstand Δy aufeinanderfolgender Maxima nahe beim mittleren Streifen auf dem Schirm, wenn das Licht die Wellenlänge $\lambda = 500$ nm hat und $l = 1{,}00$ m sowie $d = 1{,}00$ cm ist. b) Erwarten Sie unter diesen Bedingungen überhaupt ein Interferenzmuster auf dem Schirm? c) Wie dicht müssen sich die Spalte beieinander befinden, damit unter sonst gleichen Bedingungen die Interferenzmaxima auf dem Schirm den Abstand 1,00 mm haben?

30.12 ••   Licht fällt unter dem Winkel ϕ zum Einfallslot auf eine vertikale Ebene, die zwei enge Spalte mit dem Abstand d aufweist (Abb. 30.3). Zeigen Sie, dass die Interferenzmaxima bei Winkeln θ_m liegen, für die gilt: $\sin \theta_m + \sin \phi = m\,\lambda/d$.

Abb. 30.3 Zu Aufgabe 30.12

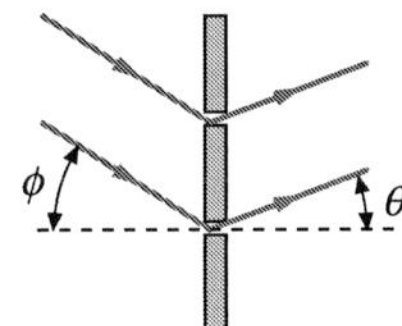

Beugungsgitter

30.13 •   Mit einem Beugungsgitter, das 2000 Linien pro Zentimeter aufweist, sollen die Wellenlängen der Strahlung von angeregtem Wasserstoffgas gemessen werden. a) Bei welchen Winkeln θ erwarten Sie im Spektrum 1. Ordnung die beiden violetten Linien mit den Wellenlängen 434 nm und 410 nm? b) Wie groß sind die Winkel, wenn das Gitter 15 000 Linien pro Zentimeter hat?

30.14 ••   Mit einem Beugungsgitter, das 2000 Linien pro Zentimeter aufweist, soll die Strahlung von angeregtem Quecksilberdampf untersucht werden. a) Berechnen Sie die Winkeldifferenz im Spektrum 1. Ordnung der beiden Linien mit den Wellenlängen 579 nm und 577 nm. b) Wie breit muss der auf das Gitter treffende Lichtstrahl sein, damit die beiden Linien noch aufgelöst werden können?

30.15 ••   Das Spektrum von Neon weist im sichtbaren Bereich außergewöhnlich viele Linien auf. Zwei dieser zahlreichen Linien haben die Wellenlängen 519,313 nm und 519,322 nm. Das Licht einer Neon-Entladungslampe fällt senkrecht auf ein Transmissionsgitter mit 4800 Linien pro Zentimeter, und es wird das Spektrum 2. Ordnung betrachtet. Wie breit muss die beleuchtete Fläche des Gitters sein, damit die beiden erwähnten Linien noch aufzulösen sind?

30.16 •••   Ein Beugungsgitter hat n Linien pro Längeneinheit. Zeigen Sie, dass die Winkeldifferenz $\Delta\theta$ zweier Linien mit den Wellenlängen λ und $\lambda + \Delta\lambda$ näherungsweise durch

$$\Delta\theta = \frac{\Delta\lambda}{\sqrt{\dfrac{1}{n^2 m^2} - \lambda^2}}$$

gegeben ist, wobei m die Ordnung ist.

30.17 •••   Hier soll die Beziehung $A = \lambda/|\Delta\lambda| = m\,N$ für das Auflösungsvermögen eines Gitters hergeleitet werden, das N Linien mit dem Abstand g voneinander hat. Dazu ist zunächst der Ausdruck für die Winkeldifferenz zwischen Maximum und Minimum der Intensität bei einer bestimmten Wellenlänge λ aufzustellen. Er ist dann gleichzusetzen mit dem Ausdruck für die Winkeldifferenz der Maxima m-ter Ordnung für zwei nahe beieinander liegende Wellenlängen. a) Zeigen Sie, dass die Phasendifferenz ϕ zwischen Strahlen von zwei benachbarten Linien des Gitters gegeben ist durch

$$\phi = \frac{2\,\pi\,g}{\lambda} \sin \theta \,.$$

b) Differenzieren Sie diesen Ausdruck, um zu zeigen, dass durch eine kleine Winkeländerung $d\theta$ folgende Phasenänderung bewirkt wird:

$$d\phi = \frac{2\,\pi\,g}{\lambda} \cos \theta \; d\theta \,.$$

c) Bei N Spalten entspricht die Winkeldifferenz zwischen einem Interferenzmaximum und einem Interferenzminimum der Phasendifferenz $d\phi = 2\pi/N$. Zeigen Sie damit, dass bei der gleichen Wellenlänge λ für die Winkeldifferenz $d\theta$ zwischen dem Maximum und dem Minimum der Intensität gilt:

$$d\theta = \frac{\lambda}{N g \cos \theta} \,.$$

d) Für den Winkel des Interferenzmaximums m-ter Ordnung bei der Wellenlänge λ gilt $g \sin \theta_m = m\,\lambda$. Stellen Sie das Differenzial jeder Seite dieser Gleichung auf und zeigen Sie damit, dass für die Maxima m-ter Ordnung bei zwei Wellenlängen, die sich nur um $d\lambda$ unterscheiden, die Winkeldifferenz gegeben ist durch

$$d\theta_m \approx \frac{m\,d\lambda}{g \cos \theta_m} \,.$$

e) Gemäß dem Rayleigh'schen Kriterium der Auflösung werden zwei Linien mit sehr ähnlicher Wellenlänge λ in der m-ten

Ordnung aufgelöst, wenn ihre Winkeldifferenz gemäß dem in Teilaufgabe d hergeleiteten Ausdruck der Winkeldifferenz zwischen Interferenzmaximum und -minimum gemäß dem in Teilaufgabe c hergeleiteten Ausdruck entspricht. Leiten Sie daraus nun die eingangs angeführte Beziehung $A = \lambda / |\Delta\lambda| = m\,N$ für das Auflösungsvermögen eines Gitters her.

Beugungsmuster beim Einzelspalt

30.18 • Licht der Wellenlänge 600 nm fällt auf einen langen, engen Spalt. Berechnen Sie den Winkel des ersten Beugungsminimums für folgende Spaltbreiten: a) 1,0 mm, b) 0,10 mm, c) 0,010 mm.

Interferenz- und Beugungsmuster beim Doppelspalt

30.19 •• Bei zwei Spalten wird mit Licht der Wellenlänge 700 nm ein Fraunhofer'sches Interferenz- und Beugungsmuster beobachtet. Die Spalte haben die Breite 0,010 mm und den Abstand 0,20 mm. Wie viele helle Streifen treten im zentralen Beugungsmaximum auf?

30.20 •• Licht der Wellenlänge 550 nm trifft auf zwei Spalten mit der Breite 0,030 mm und dem Abstand 0,15 mm. a) Wie viele Interferenzmaxima treten in der gesamten Breite des zentralen Beugungsmaximums auf? b) Wie verhält sich die Intensität des dritten Interferenzmaximums auf einer Seite von der (nicht mitgezählten) Mitte zur Intensität des zentralen Interferenzmaximums?

Vektoraddition harmonischer Wellen

30.21 •• Monochromatisches Licht fällt auf eine Platte mit drei engen, parallelen Spalten, die jeweils den Abstand d voneinander haben. a) Zeigen Sie, dass für die Lagen der Interferenzminima auf einem Schirm in großem Abstand l von den drei äquidistanten Spalten (mit dem jeweiligen Abstand $d \gg \lambda$) gilt:

$$y \approx \frac{n\,\lambda\,l}{3\,d}.$$

Dabei ist $n = 1, 2, 4, 5, 7, 8, 10, \ldots$, also kein Vielfaches von 3. b) Berechnen Sie für diese drei Spalte für den Schirmabstand $l = 1{,}00$ m sowie die Wellenlänge $\lambda = 500$ nm und den Spaltabstand $d = 0{,}100$ mm die Breite der Hauptmaxima der Interferenz (den Abstand zwischen aufeinanderfolgenden Minima).

30.22 •• Licht mit der Wellenlänge 480 nm fällt senkrecht auf vier Spalte der Breite 2,00 µm, deren Mittenabstand jeweils 6,00 µm beträgt. a) Berechnen Sie die Winkelbreite des zentralen Beugungsmaximums für einen Einzelspalt auf einem entfernten Schirm. b) Berechnen Sie die Winkelpositionen aller Interferenzmaxima innerhalb des zentralen Beugungsmaximums.

c) Berechnen Sie die Winkelbreite des zentralen Interferenzmaximums bzw. den Winkel zwischen den ersten Interferenzminima auf beiden Seiten des zentralen Interferenzmaximums.
d) Skizzieren Sie die relative Intensität in Abhängigkeit vom Sinus des Winkels.

Beugung und Auflösung

30.23 • Licht mit der Wellenlänge 700 nm trifft auf eine runde Öffnung mit dem Durchmesser 0,100 mm. a) Wie groß ist beim Fraunhofer'schen Beugungsmuster der Winkel zwischen dem zentralen Maximum und dem ersten Beugungsminimum? b) Wie groß ist auf einem 8,00 m weit entfernten Schirm der Abstand zwischen dem zentralen Maximum und dem ersten Beugungsminimum?

30.24 • Zwei punktförmige Lichtquellen, aus denen Licht mit der Wellenlänge 700 nm austritt, sind 10,0 m weit von einer runden Öffnung mit dem Durchmesser 0,100 mm entfernt. Welchen Abstand müssen die Lichtquellen voneinander haben, damit ihre Beugungsmuster gemäß dem Rayleigh'schen Kriterium voneinander unterscheidbar sind?

30.25 •• Die Decke eines Saals ist mit schalldämmenden Platten versehen, in denen sich kleine Löcher befinden. Deren Abstand beträgt 6,0 mm. a) Aus welcher Entfernung kann man bei einer Lichtwellenlänge von 500 nm die Löcher gerade noch einzeln erkennen? Setzen Sie den Pupillendurchmesser zu 5,0 mm an. b) Kann man die Löcher bei rotem oder bei violettem Licht aus größerer Entfernung einzeln erkennen? Begründen Sie Ihre Antwort.

30.26 •• Das Event Horizon Telescope (EHT) ist ein Zusammenschluss mehrerer auf der ganzen Erde verteilter Radioteleskope, deren empfangene Mikrowellensignale digital aufgezeichnet und dann mithilfe von Großrechnern kohärent kombiniert werden. Damit wird ein effektives Teleskop mit dem Durchmesser der Erde geschaffen. Das primäre Ziel dieses Riesenteleskops ist es, erstmals die Umrisse des Schwarzen Lochs Sagittarius A* im Zentrum unserer Milchstraße aufzulösen. Der vermutete Schwarzschildradius von Sagittarius A* beträgt etwa $r = 13$ Mio. km, die Entfernung von der Erde beträgt etwa $d = 26\,000$ Lj. Schätzen Sie ab, dass es dem EHT mit Mikrowellen der Wellenlänge $\lambda \le 1$ mm gerade so möglich ist, Sagittarius A* aufzulösen.

Allgemeine Aufgaben

30.27 • Licht mit der Wellenlänge 632,8 nm aus einem Helium-Neon-Laser trifft auf ein menschliches Haar, dessen Durchmesser mithilfe des Beugungsmusters bestimmt werden soll. Das Haar ist in einem Rahmen eingespannt, der 7,5 m von einem Schirm entfernt ist. Auf diesem wird die Breite des zentralen Beugungsmaximums zu 14,6 cm gemessen. Welcher Durchmesser d des Haars ergibt sich daraus? (Das von dem

Haar erzeugte Beugungsmuster ist dasselbe wie dasjenige eines Einzelspalts mit der Breite $d = a$.)

30.28 • Das Radioteleskop bei Arecibo, Puerto Rico, hat einen effektiven Durchmesser (eine Apertur) von 300 m. Wie groß ist der kleinste Winkelabstand zweier Objekte, die mit diesem Teleskop noch zu erkennen sind, wenn mit ihm Mikrowellen mit der Wellenlänge 3,2 cm empfangen werden?

30.29 •• Ein *Fabry-Perot-Interferometer* (Abb. 30.4) besteht aus zwei parallelen, teilversilberten Spiegeln, die den kleinen Abstand a voneinander haben. Diese lassen 50 % der auftreffenden Lichtintensität durch und reflektieren die anderen 50 %. Zeigen Sie Folgendes: Wenn Licht unter dem Einfallswinkel θ auf das Interferometer trifft, dann ist die Intensität des transmittierten Lichts maximal, wenn gilt: $2\,a = m\,\lambda\cos\theta$.

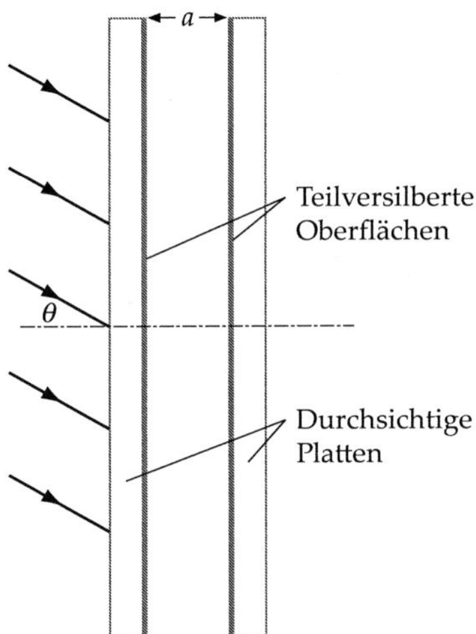

Abb. 30.4 Zu Aufgabe 30.29

30.30 •• Die Bilder des impressionistischen Malers Georges Seurat (1859–1891) sind Beispiele für den *Pointillismus*. Das Gemälde besteht dabei aus vielen kleinen, nahe beieinander liegenden Punkten, die jeweils mit einer reinen Farbe gemalt sind und einen Durchmesser von rund 2,0 mm haben. Die Vermischung der Farben geschieht im Auge des Betrachters durch Beugungseffekte. Berechnen Sie den minimalen Betrachtungsabstand, bei dem diese Vermischung gerade eintritt. Setzen Sie diejenige Wellenlänge des sichtbaren Lichts an, die dabei den *größten* Mindestabstand erfordert. Dann tritt der gewünschte Effekt im *gesamten* sichtbaren Spektralbereich ein. Setzen Sie den Pupillendurchmesser zu 3,0 mm an.

30.31 •• Eine punktförmige Lichtquelle mit $\lambda = 589$ nm wird 0,40 mm über einem Glasspiegel angebracht. Auf einem 6,0 m entfernten Schirm werden Interferenzstreifen beobachtet. Dabei erfolgt Interferenz zwischen den an der Glasoberfläche reflektierten Strahlen und den Strahlen, die direkt von der Quelle zum Schirm gelangen. Berechnen Sie den Abstand der Streifen auf dem Schirm.

Lösungen zu den Aufgaben

Verständnisaufgaben

L30.1 Kohärente Lichtquellen müssen eine konstante Phasendifferenz haben. Die Lichtquellenpaare, die diese Bedingung erfüllen, sind b, c und e.

L30.2 Farben können beobachtet werden, wenn das von der vorderen Oberfläche reflektierte Licht und das von der hinteren Oberfläche reflektierte Licht bei einigen Wellenlängen destruktiv und bei anderen Wellenlängen konstruktiv interferieren. Damit diese Interferenz auftritt, muss die Phasendifferenz zwischen dem vorn und dem hinten reflektierten Licht jeweils konstant sein. Dafür muss die doppelte Schichtdicke kleiner als die Kohärenzlänge des Lichts sein (doppelte Schichtdicke, weil das Licht hin und zurück verläuft). Nur in diesem Fall liegt eine „dünne" Schicht vor.

L30.3 Die erste Gleichung, $d \sin\theta_m = m\,\lambda$, gibt die Bedingung für das Auftreten von Intensitätsmaxima bei der Interferenz am Doppelspalt an. Dabei ist d der Spaltabstand, λ die Wellenlänge, m die (ganzzahlige) Ordnung und θ der Winkel, bei dem das jeweilige Interferenzmaximum auftritt.

Die zweite Gleichung, $a \sin\theta_m = m\,\lambda$, gibt die Bedingung für das Auftreten von Beugungsminima beim Einzelspalt an. Hier ist a die Spaltbreite, λ die Wellenlänge und θ_m der Winkel, bei dem in der jeweiligen ganzzahligen Ordnung m (die nicht null ist) ein Beugungsminimum auftritt.

Schätzungs- und Näherungsaufgaben

L30.4 Wir setzen als Durchmesser der Pupille $D = 5,0$ mm an. Außerdem nehmen wir den günstigsten Fall an, also eine optimale Auflösung bzw. eine minimale Größe eines noch erkennbaren Objekts. Daher setzen wir die kleinste vom menschlichen Auge wahrnehmbare Wellenlänge 400 nm an.

Wenn ein Gegenstand der Breite x aus der Entfernung h gerade noch zu erkennen ist, gilt nach dem Rayleigh'schen Kriterium der Auflösung: $\tan\alpha_k = x/h$. Daraus folgt $x = h\tan\alpha_k$. Der minimale Winkelabstand, bei dem zwei Punkte noch getrennt zu erkennen sind, ist gegeben durch $\alpha_k = 1{,}22\,\lambda/D$. Damit erhalten wir

$$x = h\tan\left(1{,}22\,\frac{\lambda}{D}\right) = (250\,\text{km})\tan\left(1{,}22\,\frac{400\,\text{nm}}{5{,}0\,\text{mm}}\right)$$
$$\approx 24\,\text{m}.$$

Daher muss die Aussage falsch sein, dass ein Astronaut in 250 km Höhe die Große Chinesische Mauer erkennen kann. Dabei kommt es ja nicht auf ihre Länge an, sondern auf ihre Breite, die nur rund 5 m beträgt und daher unter den gegebenen Bedingungen kleiner als der Mindestabstand auflösbarer Punkte ist. Mit einem einfachen Feldstecher, der eine Vergrößerung von beispielsweise 8 hat, ist die Mauer jedoch zu erkennen, ebenso auf Fotos, die mit einer Kamera mit großer Apertur aufgenommen werden.

L30.5 Wir setzen als Durchmesser der Pupille $D = 5{,}0$ mm an, außerdem die Wellenlänge $\lambda = 550$ nm, die etwa in der Mitte des vom menschlichen Auge wahrnehmbaren Bereichs liegt. Wir bezeichnen den Abstand der beiden Sterne des Doppelsterns mit y und dessen Entfernung von der Erde mit x.

Wenn die Sterne gerade noch einzeln zu erkennen sind, gilt nach dem Rayleigh'schen Kriterium der Auflösung: $\alpha_k = 1{,}22\,\lambda/D$. Der (sehr kleine) Betrachtungswinkel ist $\alpha \approx \tan\alpha = y/x$. Gleichsetzen beider Winkel ergibt $y/x = 1{,}22\,\lambda/D$.

Die Sterne haben voneinander den Abstand $y = 50\,l$, wobei $l = 1{,}5 \cdot 10^{11}$ m der mittlere Abstand zwischen Erde und Sonne ist. Also ergibt sich ihr Abstand x von der Erde mit der Einheit Lj = Lichtjahr zu

$$
\begin{aligned}
x = y\,\frac{D}{1{,}22\,\lambda} &= 50\,l\,\frac{D}{1{,}22\,\lambda} = \\
&= 50\,(1{,}5 \cdot 10^{11}\,\mathrm{m})\,\frac{5{,}0\,\mathrm{mm}}{1{,}22\,(550\,\mathrm{nm})} \\
&\approx 5{,}59 \cdot 10^{13}\,\mathrm{km}\,\frac{1\,\mathrm{Lj}}{9{,}46 \cdot 10^{12}\,\mathrm{km}} \approx 6\,\mathrm{Lj}\,.
\end{aligned}
$$

Phasendifferenz und Kohärenz

L30.6 a) Wenn das Licht im Vakuum (oder in Luft) die Wellenlänge λ_L hat, dann ergibt sich seine Wellenlänge im Wasser mit der Brechzahl $n_\mathrm{W} = 1{,}33$ zu

$$
\lambda_\mathrm{W} = \frac{\lambda_\mathrm{L}}{n_\mathrm{W}} = \frac{500\,\mathrm{nm}}{1{,}33} = 376\,\mathrm{nm}\,.
$$

b) Die Anzahl j der Wellenlängen ist der Quotient aus der Weglänge (also dem Doppelten der Schichtdicke y) und der Wellenlänge λ_W in Wasser:

$$
j = \frac{2\,y}{\lambda_\mathrm{W}} = \frac{2\,(1{,}00\,\mu\mathrm{m})}{376\,\mathrm{nm}} = 5{,}32 \approx 5\,.
$$

c) Die Phasendifferenz δ ergibt sich aus der Phasendifferenz $\delta_\mathrm{Refl.}$ aufgrund der Reflexion zuzüglich der Phasendifferenz $\delta_\mathrm{zus.\,Weg}$ infolge der im Wasser zurückgelegten zusätzlichen Wegstrecke $2\,y$. Wir setzen dabei die eben berechneten Werte ein und erhalten

$$
\begin{aligned}
\delta = \delta_\mathrm{Refl.} + \delta_\mathrm{zus.\,Weg} &= \pi + \frac{2\,y}{\lambda_\mathrm{W}}\,2\pi = \pi + 2\pi\,j \\
&= \pi\,\mathrm{rad} + 2\pi\,(5{,}32\,\mathrm{rad}) = (11{,}64\,\pi)\,\mathrm{rad} \\
&= (0{,}4\,\pi)\,\mathrm{rad} = 1{,}1\,\mathrm{rad}\,.
\end{aligned}
$$

Der Wert in der letzten Zeile ergibt sich durch Subtraktion des Ergebnisses von $(12\,\pi)$ rad.

Interferenz an dünnen Schichten

L30.7 Der m-te Streifen tritt dort auf, wo der Gangunterschied $2\,d$ gleich m Wellenlängen ist. Das bedeutet $2\,d = m\,\lambda$ und daher $d = m\,\lambda/2$. Es ist der 19. Streifen zu beobachten, jedoch kein 20. Streifen. Also muss gelten

$$
\left(m - \frac{1}{2}\right)\frac{\lambda}{2} < d < \left(m + \frac{1}{2}\right)\frac{\lambda}{2}\,.
$$

Mit $m = 19$ ergibt sich

$$
\left(19 - \frac{1}{2}\right)\frac{590\,\mathrm{nm}}{2} < d < \left(19 + \frac{1}{2}\right)\frac{590\,\mathrm{nm}}{2}\,.
$$

Somit ist $5{,}4\,\mu\mathrm{m} < d < 5{,}8\,\mu\mathrm{m}$.

L30.8 Die Brechzahl der Luft ist kleiner als die des Öls. Daher tritt bei der Reflexion an der Luft-Öl-Grenzfläche ein Phasensprung von π rad bzw. $\lambda/2$ auf. Dagegen ist die Brechzahl des Öls größer als die des Wassers, sodass bei der Reflexion an der Öl-Wasser-Grenzfläche kein Phasensprung auftritt. Wir bezeichnen die Dicke des Ölfilms mit s und die Wellenlänge im Öl mit λ'. Die Bedingung für konstruktive Interferenz zwischen den Wellen, die an der Luft-Öl-Grenzfläche reflektiert werden, und denen, die an der Öl-Wasser-Grenzfläche reflektiert werden, lautet:

$$
2\,s + \tfrac{1}{2}\,\lambda' = \lambda',\, 2\,\lambda',\, 3\,\lambda',\,\ldots
$$

Mit $m = 0, 1, 2, \ldots$ gilt also

$$
2\,s = \tfrac{1}{2}\,\lambda',\, \tfrac{3}{2}\,\lambda',\, \tfrac{5}{2}\,\lambda',\,\ldots = \left(m + \tfrac{1}{2}\right)\lambda'\,. \tag{1}
$$

Mit der Brechzahl n gilt daher für die Wellenlänge in Luft

$$
\lambda = n\,\lambda' = n\,\frac{2\,s}{m + \frac{1}{2}}\,,
$$

und für die beiden vorherrschenden Wellenlängen ergibt sich daraus

$$
700\,\mathrm{nm} = \frac{2\,n\,s}{m + \frac{1}{2}} \quad \text{sowie} \quad 500\,\mathrm{nm} = \frac{2\,n\,s}{m + \frac{3}{2}}\,.
$$

Dividieren der ersten dieser Gleichungen durch die zweite ergibt

$$
\frac{700\,\mathrm{nm}}{500\,\mathrm{nm}} = \frac{\dfrac{2\,n\,s}{m + \frac{1}{2}}}{\dfrac{2\,n\,s}{m + \frac{3}{2}}} = \frac{m + \frac{3}{2}}{m + \frac{1}{2}}\,.
$$

Damit erhalten wir $m = 2$ für $\lambda = 700$ nm, und Einsetzen in Gleichung 1 liefert

$$
s = \left(m + \tfrac{1}{2}\right)\frac{\lambda}{2\,n} = \left(2 + \tfrac{1}{2}\right)\frac{700\,\mathrm{nm}}{2\,(1{,}45)} = 603\,\mathrm{nm}\,.
$$

Newton'sche Ringe

L30.9 Die Anordnung entspricht derjenigen einer dünnen, hier aber aus Luft bestehenden, Schicht mit der (vom Radius abhängigen) Dicke s. Bei der Reflexion an der Oberfläche der ebenen Glasplatte tritt ein Phasensprung von 180° bzw. $\lambda/2$ auf.

a) Mit der Wellenlänge λ in Luft lautet die Bedingung für konstruktive Interferenz

$$2\,s + \tfrac{1}{2}\,\lambda = \lambda,\, 2\,\lambda,\, 3\,\lambda,\, \ldots$$

Mit $m = 0, 1, 2, \ldots$ gilt daher

$$2\,s = \tfrac{1}{2}\,\lambda,\, \tfrac{3}{2}\,\lambda,\, \tfrac{5}{2}\,\lambda,\, \ldots = \left(m + \tfrac{1}{2}\right)\lambda\,.$$

Damit ist die Schichtdicke

$$s = \left(m + \tfrac{1}{2}\right)\frac{\lambda}{2} \quad \text{mit} \quad m = 0, 1, 2, \ldots \tag{1}$$

b) Aus den geometrischen Zusammenhängen ergibt sich

$$r^2 + (R - s)^2 = R^2\,, \quad \text{also} \quad R^2 = r^2 + R^2 - 2\,R\,s + s^2\,.$$

Für $s \ll R$ können wir den letzten Term vernachlässigen: $R^2 \approx r^2 + R^2 - 2\,R\,s$. Daraus folgt

$$r = \sqrt{2\,R\,s}\,. \tag{2}$$

c) Wir quadrieren Gleichung 2 und setzen die Schichtdicke s gemäß Gleichung 1 ein. Das ergibt $r^2 = \left(m + \tfrac{1}{2}\right)R\,\lambda$, und wir erhalten

$$m = \frac{r^2}{R\,\lambda} - \frac{1}{2} = \frac{(2{,}00\,\mathrm{cm})^2}{(10{,}0\,\mathrm{m})\,(590\,\mathrm{nm})} - \frac{1}{2} = 67\,.$$

Also sind 68 helle Ringe zu beobachten.

d) Der Durchmesser des 6. hellen Rings (also bei $m = 5$) ist

$$d = 2\,r = 2\sqrt{\left(m + \tfrac{1}{2}\right)R\,\lambda}$$
$$= \sqrt{\left(5 + \tfrac{1}{2}\right)(10{,}0\,\mathrm{m})\,(590\,\mathrm{nm})} = 1{,}14\,\mathrm{cm}\,.$$

e) Die Wellenlänge des Lichts im Wasser ist $\lambda' = \lambda_{\mathrm{Luft}}/n = 444$ nm. Der Abstand der Ringe wird kleiner, und die Anzahl der sichtbaren Ringe steigt um den Faktor $n = 1{,}33$ an.

Interferenzmuster beim Doppelspalt

L30.10 Die Abstände der Streifen für m und für $m + 1$ von der Mitte des Schirms sind gegeben durch

$$y_m = m\,\frac{\lambda\,l}{d} \quad \text{und} \quad y_{m+1} = (m + 1)\,\frac{\lambda\,l}{d}\,.$$

Darin ist d der Spaltabstand und l der Abstand vom Schirm. Die Subtraktion der ersten dieser Gleichungen von der zweiten ergibt $\Delta y = \lambda\,l/d$. Die Anzahl n der Streifen pro Längeneinheit ist der Kehrwert von Δy (d. h., es ist $n = 1/\Delta y$), und wir erhalten

$$d = \frac{\lambda\,l}{\Delta y} = n\,\lambda\,l = (28\,\mathrm{cm}^{-1})\,(589\,\mathrm{nm})\,(3{,}00\,\mathrm{m}) = 4{,}95\,\mathrm{mm}\,.$$

L30.11 a) Die Abstände der Streifen für m und für $m + 1$ von der Mitte des Schirms sind gegeben durch

$$y_m = m\,\frac{\lambda\,l}{d} \quad \text{und} \quad y_{m+1} = (m + 1)\,\frac{\lambda\,l}{d}\,.$$

Darin ist d der Spaltabstand und l der Abstand vom Schirm. Die Subtraktion der ersten dieser Gleichungen von der zweiten und Einsetzen der Werte ergibt

$$\Delta y = \frac{\lambda\,l}{d} = \frac{(500\,\mathrm{nm})\,(1{,}00\,\mathrm{m})}{1{,}00\,\mathrm{cm}} = 50{,}0\,\mathrm{\mu m}\,.$$

b) Die Anwendung des Rayleigh'schen Kriteriums zeigt, dass das Interferenzmuster mit bloßem Auge gerade noch zu erkennen ist.

c) Umformen der letzten Gleichung in Teilaufgabe a und Einsetzen der Werte ergibt

$$d = \frac{\lambda\,l}{\Delta y} = \frac{(500\,\mathrm{nm})\,(1{,}00\,\mathrm{m})}{1{,}00\,\mathrm{mm}} = 0{,}500\,\mathrm{mm}\,.$$

L30.12 Der gesamte Gangunterschied ist gegeben durch $\Delta r = d\,\sin\theta_m + d\,\sin\phi$. Konstruktive Interferenz tritt bei einem ganzzahligen Vielfachen der Wellenlänge auf: $\Delta r = m\,\lambda$. Dies setzen wir ein und erhalten

$$d\,\sin\theta_m + d\,\sin\phi = m\,\lambda\,.$$

Dividieren beider Seiten dieser Gleichung durch d ergibt

$$\sin\theta_m + \sin\phi = m\,\lambda/d\,.$$

Beugungsgitter

L30.13 Die Interferenzmaxima im Beugungsmuster erscheinen bei Winkeln θ, für die gilt: $g\,\sin\theta = m\,\lambda$. Darin ist g der Abstand der Spalte bzw. die Gitterkonstante, und es ist $m = 0, 1, 2, \ldots$

Die Anzahl der Spalte pro Zentimeter ist $N = 1/g$. Damit ergibt sich für die Winkel der Maxima

$$\theta_m = \mathrm{asin}\,\frac{m\,\lambda}{g} = \mathrm{asin}\,(m\,N\,\lambda)\,.$$

a) Bei 2000 Linien pro Zentimeter erhalten wir mit $m = 1$ für $\lambda = 434$ nm

$$\theta_1 = \mathrm{asin}\left[1 \cdot (2000\,\mathrm{cm}^{-1})\,(434\,\mathrm{nm})\right] = 86{,}9\,\mathrm{mrad}$$

und für $\lambda = 410$ nm entsprechend

$$\theta_1 = \mathrm{asin}\left[1 \cdot (2000\,\mathrm{cm}^{-1})\,(410\,\mathrm{nm})\right] = 82{,}1\,\mathrm{mrad}\,.$$

b) Bei 15 000 Linien pro Zentimeter erhalten wir mit $m = 1$ für $\lambda = 434$ nm

$$\theta_1 = \mathrm{asin}\left[1 \cdot (15\,000\,\mathrm{cm}^{-1})\,(434\,\mathrm{nm})\right] = 709\,\mathrm{mrad}$$

und für $\lambda = 410$ nm entsprechend

$$\theta_1 = \mathrm{asin}\left[1 \cdot (15\,000\,\mathrm{cm}^{-1})\,(410\,\mathrm{nm})\right] = 662\,\mathrm{mrad}\,.$$

L30.14 a) Die gesuchte Winkeldifferenz der beiden Linien im Spektrum erster Ordnung ist $\Delta\theta = \theta_{579\,\text{nm}} - \theta_{577\,\text{nm}}$.

Die Interferenzmaxima im Beugungsmuster erscheinen im Spektrum erster Ordnung ($m = 1$) bei Winkeln θ, für die gilt: $g\sin\theta = m\lambda = \lambda$. Darin ist g der Abstand der Spalte bzw. die Gitterkonstante. Der jeweilige Winkel ist für $m = 1$ gegeben durch $\theta = \text{asin}\,(m\lambda/g)$. Damit ergibt sich für die Winkeldifferenz

$$\Delta\theta = \text{asin}\,\frac{m\,(579\,\text{nm})}{1/(2000\,\text{cm}^{-1})} - \text{asin}\,\frac{m\,(577\,\text{nm})}{1/(2000\,\text{cm}^{-1})}$$
$$= \text{asin}\,[1 \cdot (0{,}1158)] - \text{asin}\,[1 \cdot (0{,}1154)]$$
$$= 6{,}65° - 6{,}63° = 0{,}02°\,.$$

b) Für die notwendige Breite b der beleuchteten Gitterfläche gilt $b = Ng$, und das Auflösungsvermögen ist $\lambda/|\Delta\lambda| = mN$. Für $m = 1$ erhalten wir

$$b = \frac{\lambda\,g}{|\Delta\lambda|} = \frac{(578\,\text{nm})\,[1/(2000\,\text{cm}^{-1})]}{2\,\text{nm}} = 1\,\text{mm}\,.$$

L30.15 Für die notwendige Breite b der beleuchteten Gitterfläche gilt $b = Ng$, und das Auflösungsvermögen ist $\lambda/|\Delta\lambda| = mN$. Als Wellenlänge λ setzen wir das arithmetische Mittel der beiden gegebenen Wellenlängen an. Mit $m = 2$ erhalten wir

$$b = \frac{\lambda\,g}{m\,|\Delta\lambda|}$$
$$= \frac{\frac{1}{2}\,(519{,}313\,\text{nm} + 519{,}322\,\text{nm})\,[1/(8400\,\text{cm}^{-1})]}{2\,(519{,}322\,\text{nm} - 519{,}313\,\text{nm})}$$
$$= 3\,\text{cm}\,.$$

L30.16 Mit der Gitterkonstanten g gilt für die Winkel θ der Interferenzmaxima beim Gitter

$$g\sin\theta = m\lambda\,, \qquad m = 0, 1, 2, \ldots \qquad (1)$$

Wir leiten nach λ ab und erhalten

$$\frac{\text{d}}{\text{d}\lambda}(g\sin\theta) = \frac{\text{d}}{\text{d}\lambda}(m\lambda) \quad \text{sowie} \quad g\,\frac{\text{d}\theta}{\text{d}\lambda}\cos\theta = m\,.$$

Mit $n = 1/g$ wird daraus $\quad \dfrac{\text{d}\theta}{\text{d}\lambda}\cos\theta = n\,m\,,$

und Auflösen nach n ergibt $\quad n = \dfrac{1}{m}\,\dfrac{\text{d}\theta}{\text{d}\lambda}\cos\theta\,.$

Wir können die Differenziale durch die Differenzen annähern:

$$n = \frac{1}{m}\,\frac{\Delta\theta}{\Delta\lambda}\cos\theta\,.$$

Die Winkeldifferenz ist damit

$$\Delta\theta = \frac{n\,m\,\Delta\lambda}{\cos\theta} = \frac{n\,m\,\Delta\lambda}{\sqrt{1 - \sin^2\theta}}\,.$$

Aus Gleichung 1 ergibt sich $\sin\theta = m\lambda/g = n\,m\,\lambda$. Dies setzen wir ein und erhalten (unter Division von Zähler und Nenner durch $n\,m$):

$$\Delta\theta = \frac{n\,m\,\Delta\lambda}{\sqrt{1 - n^2\,m^2\,\lambda^2}} = \frac{\Delta\lambda}{\dfrac{1}{n\,m}\,\sqrt{1 - n^2\,m^2\,\lambda^2}}$$
$$= \frac{\Delta\lambda}{\sqrt{\dfrac{1 - n^2\,m^2\,\lambda^2}{n^2\,m^2}}} = \frac{\Delta\lambda}{\sqrt{\dfrac{1}{n^2\,m^2} - \lambda^2}}\,.$$

L30.17 a) Für den Zusammenhang zwischen der Phasendifferenz ϕ und dem Gangunterschied Δr gilt

$$\frac{\phi}{2\pi} = \frac{\Delta r}{\lambda} \quad \text{und daher} \quad \phi = \frac{2\pi\,\Delta r}{\lambda}\,.$$

Wegen $\Delta r = g\sin\theta$ ergibt dies $\quad \phi = \dfrac{2\pi\,g}{\lambda}\sin\theta\,.$

b) Wir leiten nach θ ab:

$$\frac{\text{d}\phi}{\text{d}\theta} = \frac{\text{d}}{\text{d}\theta}\left(\frac{2\pi\,g}{\lambda}\sin\theta\right) = \frac{2\pi\,g}{\lambda}\cos\theta\,.$$

Daraus folgt $\quad \text{d}\phi = \dfrac{2\pi\,g}{\lambda}\cos\theta\,\text{d}\theta\,.$

c) Wir stellen die vorige Gleichung um und setzen $\text{d}\phi = 2\pi/N$ ein:

$$\text{d}\theta = \frac{\lambda\,\text{d}\phi}{2\pi\,g\cos\theta} = \frac{\lambda}{N\,g\cos\theta}\,.$$

d) Für die Winkel θ der Interferenzmaxima beim Gitter gilt

$$g\sin\theta = m\lambda\,, \qquad m = 0, 1, 2, \ldots$$

Wir leiten nach λ ab und erhalten

$$\frac{\text{d}}{\text{d}\lambda}(g\sin\theta) = \frac{\text{d}}{\text{d}\lambda}(m\lambda) \quad \text{sowie} \quad g\,\frac{\text{d}\theta}{\text{d}\lambda}\cos\theta = m\,.$$

Auflösen nach der Winkeldifferenz ergibt $\quad \text{d}\theta = \dfrac{m\,\text{d}\lambda}{g\cos\theta}\,.$

e) Wir setzen die beiden Ausdrücke für $\text{d}\theta$ gleich, die wir in den Teilaufgaben c und d ermittelt haben:

$$\frac{\lambda}{N\,g\cos\theta} = \frac{m\,\text{d}\lambda}{g\cos\theta}\,.$$

Nun nähern wir $\text{d}\lambda$ durch $|\Delta\lambda|$ an und lösen nach $\lambda/|\Delta\lambda|$ auf, also nach dem Auflösungsvermögen: $A = \lambda/|\Delta\lambda| = mN$.

Beugungsmuster beim Einzelspalt

L30.18 Die ersten Nullstellen der Intensität liegen bei Winkeln θ, für die gilt: $\sin\theta = \lambda/a$. Also ist $\theta = \text{asin}\,(\lambda/a)$.

a) Für $a = 1{,}0\,\text{mm}$ ist $\theta = \text{asin}\,\dfrac{600\,\text{nm}}{1{,}0\,\text{mm}} = 0{,}60\,\text{mrad}$.

b) Für $a = 0{,}10\,\text{mm}$ ist $\theta = \text{asin}\,\dfrac{600\,\text{nm}}{0{,}10\,\text{mm}} = 6{,}0\,\text{mrad}$.

c) Für $a = 0{,}010\,\text{mm}$ ist $\theta = \text{asin}\,\dfrac{600\,\text{nm}}{0{,}010\,\text{mm}} = 60\,\text{mrad}$.

Interferenz- und Beugungsmuster beim Doppelspalt

L30.19 Für die Anzahl N der Streifen im zentralen Beugungsmaximum gilt $N = 2\,m - 1$. Der Winkel θ_1, bei dem das erste Beugungsminimum auftritt, hängt mit der Spaltbreite a zusammen über $\sin\theta_1 = \lambda/a$. Der Winkel θ_m, bei dem die m-ten Interferenzmaxima auftreten, hängt mit dem Spaltabstand d zusammen über $\sin\theta_m = m\,\lambda/d$. Weil $\theta_1 = \theta_m$ sein soll, können wir die beiden letzten Ausdrücke gleichsetzen. Dies ergibt $m\,\lambda/d = \lambda/a$ und daher $m = d/a$. Somit erhalten wir

$$N = 2\,m - 1 = 2\,\frac{d}{a} - 1 = 2\,\frac{0{,}20\,\text{mm}}{0{,}010\,\text{mm}} - 1 = 39\,.$$

L30.20 a) Für die Anzahl N der Streifen im zentralen Beugungsmaximum gilt $N = 2\,m - 1$. Der Winkel θ_1, bei dem das erste Beugungsminimum auftritt, hängt mit der Spaltbreite a zusammen über $\sin\theta_1 = \lambda/a$. Der Winkel θ_m, bei dem die m-ten Interferenzmaxima auftreten, hängt mit dem Spaltabstand d zusammen über $\sin\theta_m = m\,\lambda/d$. Weil $\theta_1 = \theta_m$ sein soll, können wir die beiden letzten Ausdrücke gleichsetzen. Dies ergibt $m\,\lambda/d = \lambda/a$ und daher $m = d/a$. Somit erhalten wir

$$N = 2\,m - 1 = 2\,\frac{d}{a} - 1 = 2\,\frac{0{,}15\,\text{mm}}{0{,}030\,\text{mm}} - 1 = 9\,.$$

b) Beim Einzelspalt hängt die Intensität von der Phasendifferenz ϕ folgendermaßen ab:

$$I = I_0 \left(\frac{\sin\frac{1}{2}\phi}{\frac{1}{2}\phi} \right)^2 .$$

Darin ist die Phasendifferenz $\phi = \dfrac{2\,\pi}{\lambda}\,a\sin\theta$.

Für $m = 3$ ist $\sin\theta_3 = 3\,\lambda/d$, und wir erhalten

$$\phi = \frac{2\,\pi}{\lambda}\,a\sin\theta_3 = \frac{2\,\pi}{\lambda}\,a\,\frac{3\,\lambda}{d} = 6\pi\,\frac{a}{d} = 6\,\pi\,\frac{0{,}030\,\text{mm}}{0{,}15\,\text{mm}} = \frac{6\pi}{5}\,.$$

Mit der obigen Gleichung für die Intensität ergibt sich

$$\frac{I_3}{I_0} = \left(\frac{\sin\frac{1}{2}\phi}{\frac{1}{2}\phi} \right)^2 = \left(\frac{\sin\left(\frac{1}{2}\cdot\frac{6\pi}{5}\right)}{\frac{1}{2}\cdot\frac{6\pi}{5}} \right)^2 = 0{,}25\,.$$

Vektoraddition harmonischer Wellen

L30.21 a) Mit der Anzahl N der Zeiger, die beim ersten Minimum ein geschlossenes Vieleck mit N Seiten bilden, gilt für den Phasenwinkel

$$\delta = n\,\frac{2\pi}{N}\,, \qquad n = 1, 2, 3, 4, 5, 6, 7, \ldots$$

Bei drei äquidistanten Spalten sind der Phasenwinkel δ und der Gangunterschied Δr gegeben durch

$$\delta = n\,\frac{2\pi}{3} \qquad \text{und} \qquad \Delta r = n\,\frac{\lambda}{2\pi}\,\delta = n\,\frac{\lambda}{3}\,.$$

Interferenzmaxima treten auf für $n = 3, 6, 9, 12, \ldots$, und Interferenzminima treten auf für $n = 1, 2, 4, 5, 7, 8, \ldots$ (wobei n kein Vielfaches von 3 ist.)

Der Gangunterschied ist $\Delta r = d\sin\theta$. Mit dem Abstand l des Schirms von den Spalten, die den Abstand d voneinander haben, gilt für kleine Winkel $\Delta r \approx y\,d/l$ und daher $y \approx l\,\Delta r/d$.

Mit der obigen Beziehung $\Delta r = n\,\lambda/3$ erhalten wir damit für die Lagen der Interferenzminima:

$$y_{\min} \approx \frac{l}{d}\,\Delta r = n\,\frac{\lambda\,l}{3\,d} \qquad \text{mit} \qquad n = 1, 2, 4, 5, 7, 8, 10, \ldots$$

b) Mit $l = 1{,}00\,\text{m}$, $\lambda = 500\,\text{nm}$ und $d = 0{,}100\,\text{mm}$ ergibt sich die Breite der Hauptmaxima zu

$$2\,y_{\min} = \frac{2\,(500\,\text{nm})\,(1{,}00\,\text{m})}{3\,(0{,}100\,\text{mm})} = 3{,}33\,\text{mm}\,.$$

L30.22 a) Die ersten Nullstellen der Intensität treten bei Winkeln auf, für die gilt $\sin\theta = \lambda/a$. Damit erhalten wir

$$\theta = \text{asin}\,\frac{\lambda}{a} = \text{asin}\,\frac{480\,\text{nm}}{2{,}00\,\mu\text{m}} = 242\,\text{mrad}\,.$$

b) Bei vier Spalten treten Interferenzmaxima bei Winkeln auf, für die gilt $d\sin\theta = m\,\lambda$, wobei $m = 0, 1, 2, 3, \ldots$ ist. Damit erhalten wir

$$\theta_m = \text{asin}\,\frac{m\,\lambda}{d} = \text{asin}\,\frac{m\cdot(480\,\text{nm})}{6{,}00\,\mu\text{m}} = \text{asin}\,[m\,(0{,}0800)]\,.$$

Wir berechnen nun die Werte für $m = 0, 1, 2, 3, \ldots$

$$\theta_0 = \text{asin}\,[0\cdot(0{,}0800)] = 0\,,$$
$$\theta_1 = \text{asin}\,[1\cdot(0{,}0800)] = \pm 80{,}1\,\text{mrad}\,,$$
$$\theta_2 = \text{asin}\,[2\cdot(0{,}0800)] = \pm 161\,\text{mrad}\,,$$
$$\theta_3 = \text{asin}\,[3\cdot(0{,}0800)] = \pm 242\,\text{mrad}\,.$$

Das Maximum bei θ_3 wird jedoch nicht beobachtet, weil es mit dem ersten Minimum im Interferenzmuster zusammenfällt.

c) Für $m = 1$ erscheinen die ersten Interferenzminima bei

$$\theta_{\min} = \frac{n\,\lambda}{4\,d} = \frac{480\,\text{nm}}{4\,(6{,}00\,\mu\text{m})} = 20\,\text{mrad}\,.$$

d) In der Abbildung ist das Zeigerdiagramm für die Überlagerung von vier Wellen dargestellt, die die gleiche Amplitude A_0 sowie die konstante Phasendifferenz $\delta = (2\pi/\lambda)\, d \sin\theta$ haben.

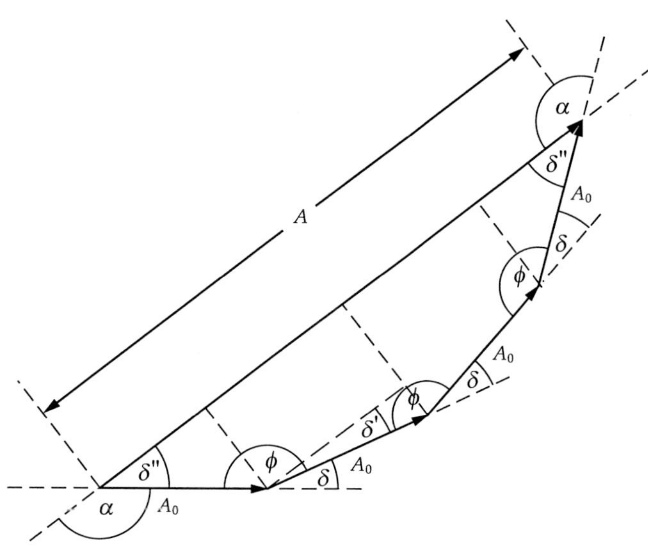

Für die Amplitude gilt also:

$$A = 2 A_0 \left(\cos\delta'' + \cos\delta'\right). \qquad (1)$$

Weil die Summe der Außenwinkel an einem Dreick gleich 2π ist, gilt $2\alpha + 3\delta = 2\pi$.

Der Abbildung entnehmen wir $\alpha + \delta'' = \pi$.

Damit ergibt sich $\delta'' = \frac{3}{2}\delta$.

Die Summe der Innenwinkel eines n-Ecks ist $(n-2)\pi$, sodass sich aus der Abbildung ergibt $3\phi + 2\delta'' = 3\pi$.

Aus der Definition einer Geraden können wir ableiten:

$$\phi - \delta' + \delta = \pi.$$

Eliminieren von ϕ liefert $\delta' = \frac{1}{2}\delta$.

Die Ausdrücke für δ'' und δ' setzen wir in Gleichung 1 ein und erhalten

$$A = 2 A_0 \left(\cos\tfrac{3}{2}\delta + \cos\tfrac{1}{2}\delta\right).$$

Die Intensität ist proportional zum Quadrat der Amplitude, sodass für die resultierende Welle gilt:

$$I = 4 I_0 \left(\cos\tfrac{3}{2}\delta + \cos\tfrac{1}{2}\delta\right)^2.$$

In Abb. 30.5 ist I/I_0 gegen $\sin\theta$ aufgetragen. Die Einhüllende dieses Interferenz- und Beugungsmusters resultiert aus der

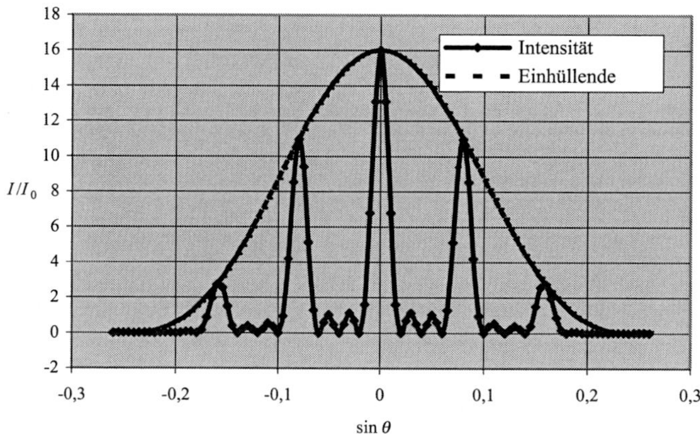

Abb. 30.5 zu Lösung 30.22

Auftragung von

$$\frac{I}{I_0} = 4^2 \left(\frac{\sin\frac{1}{2}\phi}{\frac{1}{2}\phi}\right)^2, \qquad \text{mit} \quad \phi = \frac{2\pi}{\lambda}\, a \sin\theta.$$

Beachten Sie die gute Übereinstimmung mit den Ergebnissen der Teilaufgaben a bis c.

Beugung und Auflösung

L30.23 a) Der Winkel zwischen dem zentralen Maximum und dem ersten Beugungsminimum ist beim Fraunhofer'schen Beugungsmuster gegeben durch $\sin\theta \approx 1{,}22\,\lambda/D$. Darin ist D der Durchmesser der Öffnung. Für kleine Winkel erhalten wir

$$\theta \approx 1{,}22\,\frac{\lambda}{D} = 1{,}22\,\frac{700\,\text{nm}}{0{,}100\,\text{mm}} = 8{,}54\,\text{mrad}.$$

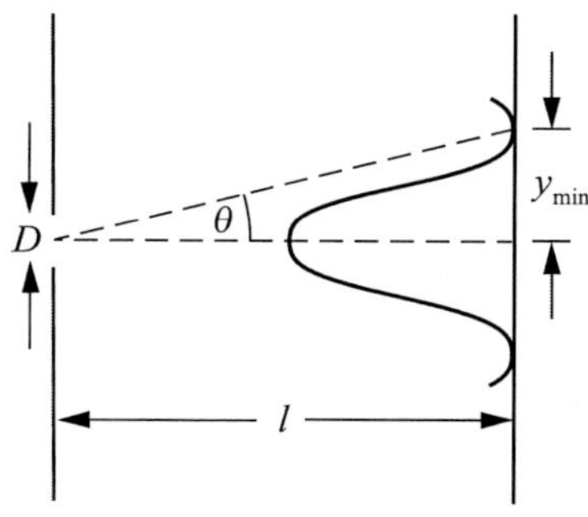

b) Aus den geometrischen Zusammenhängen (siehe Abbildung) ergibt sich

$$y_{\min} = l \tan\theta = (8{,}00\,\text{m}) \tan(8{,}54\,\text{mrad}) = 6{,}83\,\text{cm}.$$

L30.24 Wir bezeichnen den Abstand der Lichtquellen voneinander mit Δy und ihren Abstand von der Öffnung mit l (siehe Abbildung).

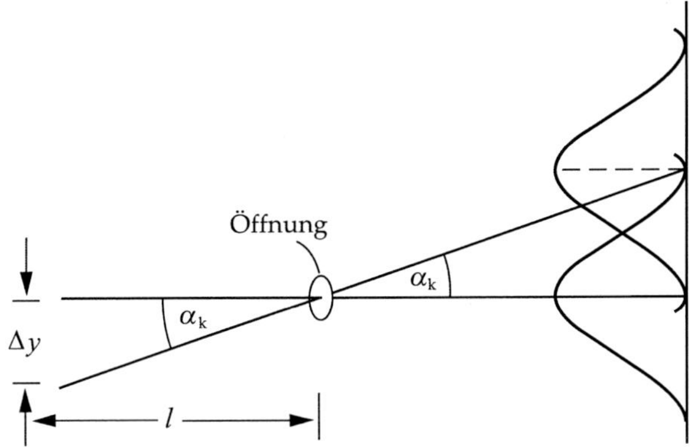

Nach dem Rayleigh'schen Kriterium ist der kritische Winkel der Auflösung $\alpha_k \approx 1{,}22\,\lambda/D$. Darin ist D der Durchmesser der Öffnung. Für einen kleinen Winkel α_k gilt aufgrund der geometrischen Zusammenhänge $\alpha_k \approx \tan \alpha_k = \Delta y/l$, und wir erhalten

$$\Delta y \approx \alpha_k\, l = 1{,}22 \, \frac{\lambda\, l}{D}$$

$$= 1{,}22 \, \frac{(700\,\text{nm})\,(10{,}0\,\text{m})}{0{,}100\,\text{mm}} = 8{,}54\,\text{cm}.$$

L30.25 a) Wir bezeichnen die Entfernung zwischen Auge und Saaldecke mit l und den Abstand der Löcher voneinander mit x. Aus den geometrischen Zusammenhängen (siehe Abbildung) ergibt sich für kleine Winkel $\alpha_k \approx x/l$.

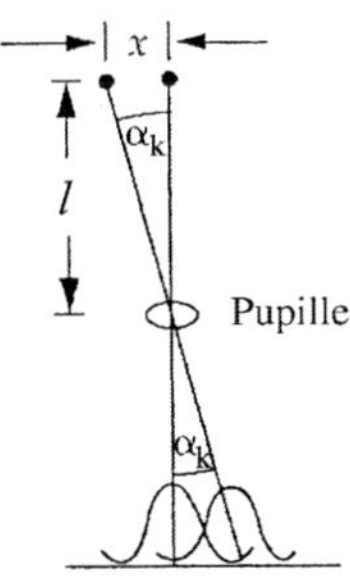

Gemäß dem Rayleigh'schen Kriterium der Auflösung gilt für kreisförmige Öffnungen, die den Durchmesser D haben: $\alpha_k = 1{,}22\,\lambda/D$. Gleichsetzen beider Ausdrücke liefert $x/l \approx 1{,}22\,\lambda/D$, und wir erhalten

$$l = \frac{x\,D}{1{,}22\,\lambda} = \frac{(6{,}0\,\text{mm})\,(5{,}0\,\text{mm})}{1{,}22\,(500\,\text{nm})} = 49\,\text{m}.$$

b) Weil l umgekehrt proportional zu λ und der kritische Winkel direkt proportional zu λ ist, sind die Löcher bei kleinerer Wellenlänge, also bei violettem Licht, aus größerer Entfernung zu erkennen.

L30.26 Der Winkel, unter dem das Schwarze Loch von der Erde aus erscheint, ist im Bogenmaß in Kleinwinkelnäherung gegeben durch

$$\alpha = \frac{2r}{d} = \frac{2 \cdot 13 \cdot 10^9\,\text{m}}{26\,000 \cdot 9{,}46 \cdot 10^{15}\,\text{m}} \approx 1{,}06 \cdot 10^{-10}.$$

Als grobe Abschätzung für die notwendige Größe des Teleskops können wir nun berechnen, wie groß der Abstand l seiner Ränder sein muss, damit der Winkelunterschied von α gerade einem Phasenunterschied von einer Wellenlänge entspricht. Hier gilt wieder in Kleinwinkelnäherung

$$\alpha = \frac{\lambda}{l}$$

und damit

$$l = \frac{\lambda}{\alpha} = \frac{1 \cdot 10^{-3}\,\text{m}}{1{,}06 \cdot 10^{-10}} \approx 9{,}4 \cdot 10^6\,\text{m} = 9400\,\text{km}.$$

Der Durchmesser der Erde beträgt etwa $12\,700\,\text{km}$. Der notwendige Basisabstand ist nach dieser einfachen Abschätzung also vergleichbar mit dem Durchmesser der Erde. Auf der Erde verteilte Radioteleskope können also über Interferometrie mit 1-mm-Wellen das Schwarze Loch gerade so auflösen.

Allgemeine Aufgaben

L30.27 Die Abbildung zeigt die Gegebenheiten: Das Haar hat den Durchmesser $a = d$, und sein Abstand vom Schirm ist l. Auf diesem hat das zentrale Beugungsmaximum die Breite Δy.

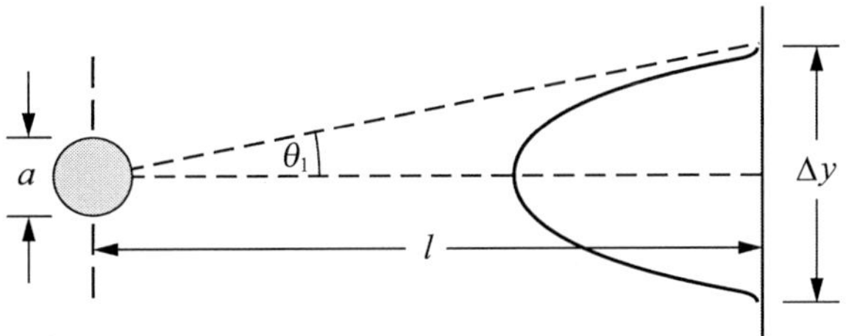

Beim Einzelspalt gilt für die halbe Breite $\frac{1}{2}\,\Delta y$ des Beugungsmaximums: $\tan \theta_1 = (\frac{1}{2}\,\Delta y/l)$, also $\theta_1 = \text{atan}\,[\Delta y/(2\,l)]$.

Weil das Beugungsmuster dasselbe ist wie das bei einem Einzelspalt mit der Breite a, gilt für die erste Nullstelle im Beugungsmuster: $a \sin \theta = \lambda$.

Mit dem obigen Ausdruck für θ gilt für den Durchmesser des Haars $a = \lambda/\sin \theta$, und wir erhalten

$$a = \frac{\lambda}{\sin\left(\text{atan}\,\dfrac{\Delta y}{2\,l}\right)} = \frac{632{,}8\,\text{nm}}{\sin\left(\text{atan}\,\dfrac{14{,}6\,\text{cm}}{2\,(7{,}5\,\text{cm})}\right)} = 65\,\mu\text{m}.$$

L30.28 Mit dem Rayleigh'schen Kriterium der Auflösung erhalten wir

$$\alpha_{k} = \frac{1,22\,\lambda}{D} = 1,22\,\frac{3,2\,\text{cm}}{300\,\text{m}} = 0,13\,\text{mrad}\,.$$

L30.29 Damit beim transmittierten Licht konstruktive Interferenz eintritt, muss der Gangunterschied eine ganzzahlige Anzahl von Wellenlängen betragen. Er ist gegeben durch $\Delta r = m\,\lambda$, wobei $m = 0, 1, 2, \ldots$ ist.

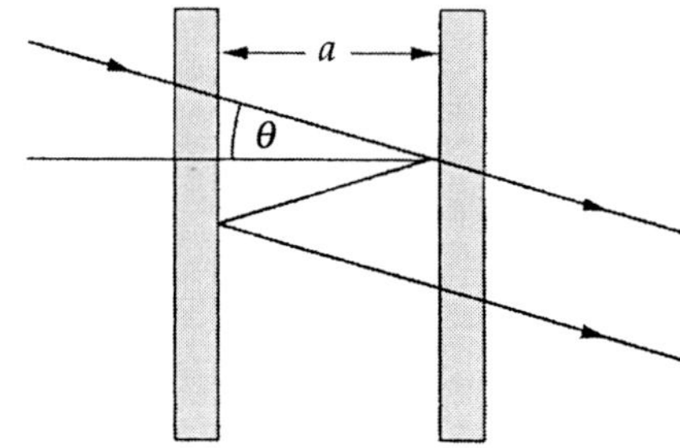

Der Gangunterschied ergibt sich aus den geometrischen Zusammenhängen zu $\Delta r = 2\,a/\cos\theta$. Wir setzen beide Ausdrücke für den Gangunterschied Δr gleich und erhalten

$$m\,\lambda = \frac{2\,a}{\cos\theta} \quad \text{sowie daraus} \quad 2\,a = m\,\lambda\cos\theta\,.$$

L30.30 Mit dem Durchmesser D der Pupille gilt gemäß dem Rayleigh'schen Kriterium der Auflösung $\alpha_{k} = 1,22\,\lambda/D$.

Aus den geometrischen Zusammenhängen ergibt sich für kleine Winkel $\theta \approx d/l$. Für $\theta = \alpha_{k}$ erhalten wir daher mit der obigen Beziehung $d/l \approx 1,22\,\lambda/D$. Auflösen nach dem Abstand ergibt für die kleinste Wellenlänge 400 nm im sichtbaren

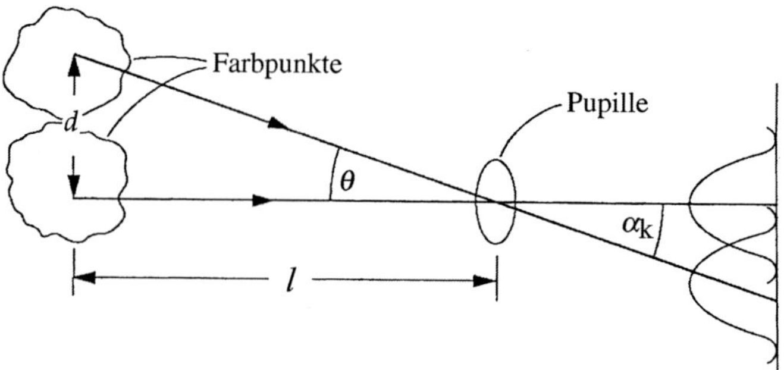

Spektralbereich

$$l \approx \frac{D\,d}{1,22\,\lambda} = \frac{(3,0\,\text{mm})\,(2,0\,\text{mm})}{1,22\,(400\,\text{nm})} = 12\,\text{m}\,.$$

L30.31 Wir ersetzen den Glasspiegel durch eine zweite punktförmige Lichtquelle, die 0,40 mm unterhalb angebracht ist. Die beiden Lichtquellen besitzen nun einen vertikalen Abstand von 0,80 mm. Der Gangunterschied der Strahlen, die die beiden Lichtquellen unter einem Winkel α verlassen, beträgt gerade

$$\Delta d = 0,80\,\text{mm} \cdot \sin\left(\alpha\right) \approx 0,80\,\text{mm} \cdot \alpha\,.$$

Soll er gerade eine Wellenlänge betragen, erhalten wir

$$\alpha = \frac{589\,\text{nm}}{0,80\,\text{mm}} = 7,36 \cdot 10^{-4}\,.$$

Auf dem Schirm in 6 m Abstand übersetzt sich dies in Streifenabstände von

$$6\,\text{m} \cdot 7,36 \cdot 10^{-4} = 4,4\,\text{mm}\,.$$

Einsteins Relativitätstheorien

VII

© Science Photo Library/Alamy Stock Foto

Die Relativitätstheorien

© Springer-Verlag GmbH Deutschland, ein Teil von Springer Nature 2019

A. Knochel (Hrsg.), *Arbeitsbuch zu Tipler/Mosca, Physik*, https://doi.org/10.1007/978-3-662-58919-9_31

Aufgaben

Verständnisaufgaben

31.1 • Die Gesamtenergie eines Teilchens der Masse m, das sich mit der Geschwindigkeit $v \ll c$ bewegt, ist näherungsweise a) $m\,c^2 + \frac{1}{2}\,m\,v^2$, b) $\frac{1}{2}\,m\,v^2$, c) $c\,m\,v$, d) $m\,c^2$, e) $\frac{1}{2}\,c\,m\,v$?

31.2 • Richtig oder falsch? a) Die Lichtgeschwindigkeit ist in allen Bezugssystemen gleich. b) Kein Zeitintervall zwischen zwei Ereignissen ist kürzer als das Eigenzeitintervall zwischen den beiden Ereignissen. c) Absolute Bewegung kann anhand der Längenkontraktion festgestellt werden. d) Das Lichtjahr ist eine Längeneinheit. e) Gleichzeitige Ereignisse müssen am selben Ort stattfinden. f) Finden zwei Ereignisse in einem Bezugssystem nicht gleichzeitig statt, so können sie auch in keinem anderen Bezugssystem gleichzeitig stattfinden. g) Sind zwei Teilchen durch starke Anziehungskräfte fest miteinander verbunden, so ist die Masse dieses Systems kleiner als die Summe aus den Massen der voneinander getrennten Einzelteilchen.

31.3 • Die Lorentz-Transformation liefert für die Koordinaten y und z dasselbe Ergebnis wie die klassische Physik: $y^{(A)} = y^{(B)}$ und $z^{(A)} = z^{(B)}$. Die relativistische Geschwindigkeitstransformation führt jedoch nicht auf das klassische Ergebnis $v_y^{(A)} = v_y^{(B)}$ und $v_z^{(A)} = v_z^{(B)}$. Erklären Sie, warum das so ist.

Schätzungs- und Näherungsaufgaben

31.4 •• Die Sonne strahlt mit einer Leistung von etwa $4 \cdot 10^{26}$ W. Nehmen Sie an, dass die Energie in einer Reaktion erzeugt wird, deren Nettoeffekt die Verschmelzung von vier Protonen zu einem ^{4}He-Kern ist, wobei pro erzeugtem Heliumkern 25 MeV an Energie frei werden, die in den Weltraum abgestrahlt werden. Berechnen Sie den Massenverlust der Sonne pro Tag.

Zeitdilatation und Längenkontraktion

31.5 • Wir wollen von der Erde aus mit einem Raumschiff zu einem 3 Lj entfernten Stern reisen, den wir näherungsweise als zur Erde ruhend annehmen. Mit welcher Geschwindigkeit relativ zur Erde müssen wir reisen, damit während der Reise an Bord gerade drei Jahre vergehen?

31.6 • Ein Raumschiff fliegt mit einer Geschwindigkeit von $2{,}7 \cdot 10^8$ m/s zu einem 35 Lichtjahre entfernten Stern. Wie lange braucht das Raumschiff a) aus Sicht eines Beobachters auf der Erde, b) aus Sicht eines Beobachters im Raumschiff, um zu dem Stern zu gelangen?

31.7 • Verwenden Sie die für $x \ll 1$ gültige Binomialentwicklung

$$(1 + x)^n = 1 + n\,x + \frac{n\,(n-1)}{2}\,x^2 + \cdots \approx 1 + n\,x,$$

um folgende Formeln für den Fall $v \ll c$ herzuleiten:
a) $\gamma \approx 1 + \frac{1}{2}\,v^2/c^2$, b) $1/\gamma \approx 1 - \frac{1}{2}\,v^2/c^2$, c) $\gamma - 1 \approx 1 - 1/\gamma \approx \frac{1}{2}\,v^2/c^2$.

31.8 •• Im Linearbeschleuniger an der Stanford University werden kleine Pakete aus Elektronen und Positronen aufeinander geschossen. Im Laborsystem hat jedes Paket eine Länge von etwa $1{,}0$ cm und einen Durchmesser von etwa $10\,\mu$m. Im Kollisionsgebiet besitzt jedes Teilchen eine Energie von 50 GeV, und die Elektronen und Positronen bewegen sich in entgegengesetzter Richtung. a) Wie lang und wie breit ist jedes Paket in seinem Ruhesystem? b) Wie groß muss die Ruhelänge des Beschleunigers mindestens sein, damit beide Enden eines Pakets in seinem eigenen Ruhesystem noch gleichzeitig in den Beschleuniger passen? (Die derzeitige Eigenlänge des Beschleunigers beträgt weniger als 1000 m.) c) Welche Länge hat ein Positronenpaket im Ruhesystem des Elektronenpakets?

Die Lorentz-Transformation, Uhrensynchronisation und Gleichzeitigkeit

31.9 •• Zeigen Sie, dass die relativistischen Transformationsgleichungen für x, t und v_x in die Gleichungen der Galilei-Transformation übergehen, wenn $v_B^{(A)} \ll c$ ist.

31.10 •• Im Bezugssystem S findet das Ereignis B gerade $2{,}0\,\mu$s nach dem Ereignis A statt. Ereignis A findet am Ursprung statt, Ereignis B auf der x-Achse bei $x = 1{,}5$ km. Wie schnell und in welche Richtung muss sich ein Beobachter bewegen, damit die Ereignisse A und B für ihn gleichzeitig stattfinden? Kann es einen Beobachter geben, für den das Ereignis B vor dem Ereignis A stattfindet?

31.11 ••• Die Ereignisse 1 und 2 sind im Bezugssystem S_A durch die räumliche Distanz $\Delta x = x_2^{(A)} - x_1^{(A)}$ und das Zeitintervall $\Delta t = t_2^{(A)} - t_1^{(A)}$ voneinander getrennt. a) Zeigen Sie mithilfe der Lorentz-Transformation, dass der zeitliche Abstand in einem Bezugssystem S_B, das sich mit der Geschwindigkeit $v_B^{(A)}$ längs der x-Achse relativ zu S_A bewegt, durch $t_2^{(B)} - t_1^{(B)} = \gamma\,(\Delta t - v_B^{(A)}\,\Delta x/c^2)$ gegeben ist. b) Zeigen Sie, dass die Ereignisse im Bezugssystem S_B nur dann gleichzeitig stattfinden können, wenn Δx größer als $c\,\Delta t$ ist. c) Wenn eines der Ereignisse die *Ursache* für das andere ist, muss die Distanz Δx kleiner als $c\,\Delta t$ sein, da ein Signal mindestens die Zeit $\Delta x/c$ benötigt, um in S_A von $x_1^{(A)}$ nach $x_2^{(A)}$ zu gelangen. Zeigen Sie, dass für den Fall $\Delta x < c\,\Delta t$ in allen Bezugssystemen $t_2^{(B)} > t_1^{(B)}$ gilt. Das bedeutet: Wenn die Ursache der Wirkung in einem Bezugssystem vorausgeht, so ist dies auch in allen anderen Bezugssystemen der Fall. d) Nehmen Sie an, ein Signal kann sich mit der Geschwindigkeit $c' > c$ ausbreiten, sodass im Bezugssystem S_A die Ursache der Wirkung um

$\delta t = \Delta x / c'$ vorausgeht. Zeigen Sie, dass in diesem Fall ein Bezugssystem existiert, dessen Geschwindigkeit $v_{\mathrm{B}}^{(\mathrm{A})}$ kleiner als die Lichtgeschwindigkeit ist und in dem die Wirkung der Ursache vorausgeht.

31.12 ••• In populären Darstellungen der speziellen Relativitätstheorie wird oft behauptet: „Bewegte Uhren laufen langsamer". Wir wollen untersuchen, weshalb diese Aussage in dieser vereinfachten Form nicht sinnvoll ist. Die spezielle Relativitätstheorie kennt keine absolute Geschwindigkeit: Fliegen beispielsweise zwei Raumschiffe A und B mit der Geschwindigkeit v aneinander vorbei, ist aus der Sicht von A die Uhr in B bewegt, aus der Sicht von B ist die Uhr in A bewegt. Gemäß der naiven Version der Zeitdilatation müssten dann beide Uhren „langsamer" sein. Diskutieren Sie anhand der genauen Definition der Zeitdilatation und der Uhrensynchronisation, wie sich dieses scheinbare Paradoxon auflöst.

Die Geschwindigkeitstransformation und der relativistische Doppler-Effekt

31.13 • Zeigen Sie, dass die Doppler-Verschiebung für den Fall $v \ll c$ durch $\Delta v / v \approx \pm v/c$ angenähert werden kann.

31.14 •• Leiten Sie die Gleichung

$$v^{(\mathrm{A})} = \frac{\sqrt{1 - \beta^2}}{1 - \beta}\, v^{(\mathrm{B})}$$

für die Frequenz ab, die ein Beobachter misst, wenn er sich mit der Geschwindigkeit $v_{\mathrm{B}}^{(\mathrm{A})}$ auf eine ruhende Quelle elektromagnetischer Strahlung zu bewegt.

31.15 •• Für Licht, dessen Frequenz in Bezug auf einen gegebenen Beobachter einer Doppler-Verschiebung unterliegt, definieren wir den Rotverschiebungsparameter z als

$$z = \frac{v - v'}{v'}.$$

Darin ist v die Frequenz des Lichts, wie sie im Ruhesystem der Quelle gemessen wird, und v' die Frequenz, wie sie im Ruhesystem des Beobachters gemessen wird. Zeigen Sie, dass die Relativgeschwindigkeit zwischen Quelle und Beobachter für den Fall, dass die Quelle sich geradewegs vom Beobachter entfernt, durch

$$v = c \left(\frac{u^2 - 1}{u^2 + 1} \right)$$

gegeben ist. Dabei ist $u = z + 1$.

Relativistischer Impuls und relativistische Energie

31.16 •• Ein Teilchen mit einem Impuls von $6{,}00\,\mathrm{MeV}/c$ hat in einem bestimmten Bezugssystem eine Gesamtenergie von 8,00 MeV. a) Welche Masse hat das Teilchen? b) Wie groß ist seine Gesamtenergie in einem Bezugssystem, in dem sein Impuls 4,00 MeV/c beträgt? c) Wie groß ist die Relativgeschwindigkeit zwischen den beiden Bezugssystemen?

31.17 •• Zeigen Sie, dass gilt:

$$\mathrm{d}\left(\frac{m\,v}{\sqrt{1 - (v^2/c^2)}} \right) = m \left(1 - \frac{v^2}{c^2} \right)^{-3/2} \mathrm{d}v\,.$$

31.18 •• Ein Antiproton $\overline{\mathrm{p}}$ besitzt dieselbe Ruhemasse wie ein Proton und lässt sich in der Reaktion $\mathrm{p} + \mathrm{p} \to \mathrm{p} + \mathrm{p} + \mathrm{p} + \overline{\mathrm{p}}$ erzeugen. Bei einem Experiment werden im Labor ruhende Protonen mit Protonen der kinetischen Energie $E_{\mathrm{kin}}^{(\mathrm{L})}$ beschossen. $E_{\mathrm{kin}}^{(\mathrm{L})}$ muss dabei so groß sein, dass mindestens ein Betrag von $2\,m\,c^2$ an kinetischer Energie in Ruheenergie der beiden Teilchen umgewandelt werden kann. Im Laborsystem kann aufgrund der Impulserhaltung nicht die gesamte kinetische Energie in Ruheenergie umgewandelt werden. Im Schwerpunktsystem der zwei ursprünglichen Protonen dagegen, in dem sich diese mit gleicher Geschwindigkeit $v^{(\mathrm{S})}$ aufeinander zu bewegen, steht der Umwandlung der gesamten kinetischen Energie in Ruheenergie nichts entgegen. a) Berechnen Sie die Geschwindigkeit $v^{(\mathrm{S})}$ der Protonen für den Fall, dass im Schwerpunktsystem die gesamte kinetische Energie gleich $2\,m\,c^2$ ist. b) Gehen Sie auf das Laborsystem über, in dem eines der Protonen in Ruhe ist, und berechnen Sie die Geschwindigkeit $v^{(\mathrm{L})}$ des anderen Protons. c) Zeigen Sie, dass die kinetische Energie des nicht ruhenden Protons im Laborsystem gleich $6\,m\,c^2$ ist.

*Minkowski-Diagramme

31.19 • Leiten Sie den Umrechnungsfaktor zwischen den Einheiten der beiden x-Achsen eines Minkowski-Diagramms

$$\frac{1 x^{(\mathrm{B})}\ \text{Einheit}}{1 x^{(\mathrm{A})}\ \text{Einheit}} = \sqrt{\frac{1 + \beta^2}{1 - \beta^2}} \qquad (1)$$

her.

31.20 •• Stellen Sie die Lorentz-Kontraktion eines Stabs der Eigenlänge l in einem Minkowski-Diagramm dar und erläutern Sie anhand des Diagramms, wie ein Beobachter, der relativ zum Stab ruht, und ein Beobachter in einem dazu bewegten Bezugssystem diesen wahrnehmen. Leiten Sie mithilfe geometrischer Konstruktionen im Minkowski-Diagramm die Formel für die Längenkontraktion

$$l_{\mathrm{kontr.}} = l_{\mathrm{eigen}} \sqrt{1 - \beta^2}\,. \qquad (2)$$

her.

Die allgemeine Relativitätstheorie

31.21 •• Licht, das sich in Richtung eines ansteigenden Gravitationspotenzials ausbreitet, unterliegt einer Rotverschiebung seiner Frequenz. Wie groß ist die Wellenlängenänderung, wenn ein Lichtstrahl der Wellenlänge $\lambda = 632{,}8\,\mathrm{nm}$ einen vertikalen Schacht mit einer Höhe von $l = 100\,\mathrm{m}$ hinaufgeschickt wird?

31.22 ••• In dieser Aufgabe soll die Näherungsformel für die gravitative Rotverschiebung anhand des Äquivalenzprinzips hergeleitet werden. Betrachten Sie dazu eine im Weltall mit konstant $a = 9{,}81\,\mathrm{m/s^2}$ beschleunigte Rakete der Höhe h, von deren Boden aus ein Lichtimpuls der Frequenz ν zur Decke ausgesandt wird. Wie stark steigt die Geschwindigkeit des Aufzugs während der Flugdauer zur Decke? Welche relative Rotverschiebung der Frequenz ergibt sich daraus anhand des Dopplereffekts (in erster Ordnung genähert)

$$\frac{\Delta \nu}{\nu} \approx \frac{\Delta \nu}{c}\,?$$

Hinweis: Sie können in der hier betrachteten ersten Näherung im Ausdruck für die Flugdauer des Lichtstrahls vernachlässigen, dass der Aufzug beschleunigt.

31.23 ••• Eine horizontale Drehscheibe rotiert mit der Winkelgeschwindigkeit ω. Auf der Scheibe befinden sich zwei identische Uhren, eine im Mittelpunkt der Scheibe, die andere in einer radialen Entfernung r vom Mittelpunkt. In einem Inertialsystem, in dem die Uhr im Mittelpunkt in Ruhe ist, bewegt sich die zweite Uhr mit der Geschwindigkeit $v = r\,\omega$. a) Leiten Sie aus der Formel für die Zeitdilatation ab, dass ein Zeitintervall $\Delta t^{(0)}$ auf der ruhenden Uhr und das zugehörige Zeitintervall $\Delta t^{(R)}$ auf der bewegten Uhr durch die folgende Beziehung miteinander verknüpft sind:

$$\frac{\Delta t^{(R)} - \Delta t^{(0)}}{\Delta t^{(0)}} = -\frac{r^2\,\omega^2}{2\,c^2} \qquad \text{für} \qquad r\,\omega \ll c\,.$$

b) In einem mit der Scheibe mitrotierenden Bezugssystem sind beide Uhren in Ruhe. Zeigen Sie, dass die Uhr im radialen Abstand r vom Mittelpunkt der Scheibe in diesem rotierenden (beschleunigten) Bezugssystem einer Pseudokraft $F^{(R)} = m\,r\,\omega^2$ ausgesetzt ist und dass dies äquivalent dazu ist, dass zwischen dem Ursprung und einem Punkt im Abstand r eine Differenz im Gravitationspotenzial von $\phi^{(R)} - \phi^{(0)} = -\frac{1}{2}\,r^2\,\omega^2$ besteht. c) Zeigen Sie ausgehend von dieser Potenzialdifferenz, dass die Differenz der Zeitintervalle in diesem Bezugssystem genauso groß ist wie in dem Inertialsystem.

Allgemeine Aufgaben

31.24 • Die mittlere Lebensdauer eines ruhenden Myons beträgt $2{,}2\,\mu\mathrm{s}$. Mit welcher Geschwindigkeit muss sich ein Myon bewegen, damit seine mittlere Lebensdauer $46\,\mu\mathrm{s}$ beträgt?

31.25 •• Das neutrale Pion π^0 hat eine Masse von $135{,}0\,\mathrm{MeV}/c^2$ und lässt sich durch einen Proton-Proton-Stoß erzeugen:

$$\mathrm{p} + \mathrm{p} \to \mathrm{p} + \mathrm{p} + \pi^0\,.$$

Wie groß muss die kinetische Energie mindestens sein, damit beim Stoß zwischen einem bewegten und einem ruhenden Proton ein neutrales Pion (π^0) entstehen kann (Siehe Aufgabe 31.18.)?

31.26 •• Zeigen Sie: Wenn in der Beziehung

$$v_x^{(A)} = \frac{v_x^{(B)} + v_B^{(A)}}{1 + v_B^{(A)}\,v_x^{(B)}/c^2}$$

die Größen $v_x^{(B)}$ und $v_B^{(A)}$ beide positiv und kleiner als c sind, dann ist auch $v_x^{(A)}$ positiv und kleiner als c. (*Hinweis:* Setzen Sie $v_x^{(B)} = (1 - \varepsilon_1)\,c$ und $v_B^{(A)} = (1 - \varepsilon_2)\,c$, wobei ε_1 und ε_2 positive Zahlen und kleiner als 1 sind.)

31.27 ••• Verwenden Sie die Gesetze der relativistischen Impuls- und Energieerhaltung sowie die Beziehung zwischen Energie und Impuls eines Photons, $E = p\,c$, um zu zeigen, dass ein freies Elektron (ein Elektron, das nicht an einen Atomkern gebunden ist) kein Photon absorbieren oder emittieren kann.

31.28 ••• Ein Teilchen bewegt sich mit der Geschwindigkeit v entlang der y-Achse des Bezugssystems S_A. Zeigen Sie, dass für diesen Spezialfall der Impuls und die Energie des Teilchens im Bezugssystem S_B, das sich mit der Geschwindigkeit $v_B^{(A)}$ entlang der x-Achse bewegt, mit dem Impuls und der Energie in S_A durch die folgenden Transformationsgleichungen verknüpft sind:

$$p_x^{(B)} = \gamma\left(p_x^{(A)} - \frac{v_B^{(A)}\,E^{(A)}}{c^2}\right),$$

$$p_y^{(B)} = p_y^{(A)},$$

$$p_z^{(B)} = p_z^{(A)},$$

$$\frac{E^{(B)}}{c} = \gamma\left(\frac{E^{(A)}}{c} - \frac{v_B^{(A)}\,p_x^{(A)}}{c}\right).$$

Vergleichen Sie diese Gleichungen mit der Lorentz-Transformation für $x^{(B)}$, $y^{(B)}$, $z^{(B)}$ und $t^{(B)}$. Beachten Sie, dass sich die Größen $p_x^{(A)}$, $p_y^{(A)}$, $p_z^{(A)}$ und $E^{(A)}/c$ in derselben Weise transformieren wie $x^{(A)}$, $y^{(A)}$, $z^{(A)}$ und $c\,t^{(A)}$.

31.29 ••• Die Gleichung für die sphärische Wellenfront eines Lichtpulses, der zum Zeitpunkt $t^{(A)} = 0$ vom Ursprung eines Bezugssystems S_A ausgeht, lautet:

$$(x^{(A)})^2 + (y^{(A)})^2 + (z^{(A)})^2 - (c\,t^{(A)})^2 = 0\,.$$

Zeigen Sie mithilfe der Lorentz-Transformation, dass ein solcher Lichtpuls auch im Bezugssystem S_B, das sich mit der Geschwindigkeit $v_B^{(A)}$ längs der x-Achse bewegt, eine sphärische Wellenfront hat, dass in S_B also gilt:

$$(x^{(B)})^2 + (y^{(B)})^2 + (z^{(B)})^2 - (c\,t^{(B)})^2 = 0\,.$$

31.30 ••• In Aufgabe 31.29 wurde gezeigt, dass die Größe $x^2 + y^2 + z^2 - (c\,t)^2$ in den Bezugssystemen S_A und S_B denselben Wert, nämlich null, annimmt. Eine solche Größe heißt *Lorentz-Invariante*. Nach den Ergebnissen von Aufgabe 31.28 muss auch die Größe $p_x^2 + p_y^2 + p_z^2 - E^2/c^2$ eine Lorentz-Invariante sein. Zeigen Sie, dass diese Größe sowohl im Bezugssystem S_A als auch im Bezugssystem S_B den Wert $-m^2\,c^2$ annimmt.

31.31 ••• In einem Bezugssystem S_A beträgt die Beschleunigung eines Teilchens $\boldsymbol{a}^{(A)} = a_x^{(A)}\,\widehat{\boldsymbol{x}} + a_y^{(A)}\,\widehat{\boldsymbol{y}} + a_z^{(A)}\,\widehat{\boldsymbol{z}}$. Leiten Sie Ausdrücke für die Beschleunigungskomponenten $a_x^{(B)}$, $a_y^{(B)}$ und $a_z^{(B)}$ des Teilchens in einem Bezugssystem S_B her, das sich mit der Geschwindigkeit $v_B^{(A)}$ in Richtung der x-Achse relativ zu S_A bewegt.

Lösungen zu den Aufgaben

Verständnisaufgaben

L31.1 Die gesamte relativistische Energie eines Teilchens entspricht der Summe aus kinetischer Energie und Ruheenergie: $E = E_{\mathrm{kin}} + m\,c^2 = \frac{1}{2}\,m\,v^2 + m\,c^2$. Also ist Aussage a richtig.

L31.2 a) Richtig. b) Richtig. c) Falsch. Die Längenkontraktion eines Gegenstands in seiner Bewegungsrichtung ist unabhängig von der Geschwindigkeit des Bezugssystems, aus dem er beobachtet wird. d) Richtig. e) Falsch. Betrachten Sie beispielsweise zwei Explosionen, die sich an verschiedenen Orten im Bezugssystem des Beobachters ereignen und von ihm dabei aus entgegengesetzten Richtungen beobachtet werden. f) Falsch. Ob Ereignisse als gleichzeitig wahrgenommen werden, hängt von der Bewegung des Beobachters ab. g) Richtig.

L31.3 Es gilt $\Delta y^{(A)} = \Delta y^{(B)}$, jedoch $\Delta t^{(A)} \neq \Delta t^{(B)}$.

Also ist $v_y^{(A)} = \Delta y^{(A)}/\Delta t^{(B)} \neq \Delta y^{(B)}/\Delta t^{(B)} = v_y^{(B)}$.

Schätzungs- und Näherungsaufgaben

L31.4 Die Sonne mit der Masse m_S erfährt in der Zeitspanne Δt den Massenverlust $\Delta m_S = n\,\Delta m\,\Delta t$. Darin ist n die Anzahl der Einzelreaktionen pro Sekunde; diese Anzahl ist gegeben durch den Quotienten aus der gesamten Strahlungsleistung P und der Energie E pro Einzelreaktion: $n = P/E$. Für den Massenverlust pro Einzelreaktion gilt $\Delta m = E/c^2$. Die Zeitspanne Δt beträgt einen Tag bzw. $86\,400$ s. Damit erhalten wir für den Massenverlust pro Tag

$$\Delta m_S = n\,\Delta m\,\Delta t = \frac{P}{E}\,\frac{E}{c^2}\,\Delta t$$
$$= \frac{4 \cdot 10^{26}\,\mathrm{W}}{(2{,}998 \cdot 10^8\,\mathrm{m \cdot s^{-1}})^2}\,(86\,400\,\mathrm{s}) = 4 \cdot 10^{14}\,\mathrm{kg}\,.$$

Zeitdilatation und Längenkontraktion

L31.5 Sei t die vergangene Zeit im Ruhesystem der Erde. Dann ist die an Bord vergangene Zeit gegeben durch $t' = t\sqrt{1 - v^2/c^2}$. Die Reisezeit über die Entfernung d ist von der Erde aus gemessen $t = d/v$. Die Reisezeit an Bord t' soll gleich der im Erdsystem gemessenen Reisezeit eines Lichtstrahls zum gleichen Ziel d/c sein. Einsetzen ergibt

$$\frac{d}{c} = \frac{d}{v}\sqrt{1 - v^2/c^2}\,,$$

und daraus folgt

$$1 = \frac{c}{v}\sqrt{1 - v^2/c^2} = \sqrt{c^2/v^2 - 1}\,.$$

Daraus folgt $c^2/v^2 = 2$ und schließlich für die kritische Geschwindigkeit

$$v_k = \frac{c}{\sqrt{2}}\,.$$

L31.6 a) Die Flugdauer, wie sie von der Erde aus gemessen wird, ist

$$\Delta t^{(E)} = \frac{l^{(E)}}{v^{(E)}} = \frac{35\,\mathrm{Lj}}{2{,}7 \cdot 10^8\,\mathrm{m \cdot s^{-1}}} = \frac{35\,c\,(1\,\mathrm{a})}{2{,}7 \cdot 10^8\,\mathrm{m \cdot s^{-1}}}$$
$$= \frac{35\,\mathrm{a}}{(2{,}7 \cdot 10^8\,\mathrm{m \cdot s^{-1}})/c} = \frac{35\,\mathrm{a}}{0{,}9} = 38{,}9\,\mathrm{a} = 39\,\mathrm{a}\,.$$

b) Für die Flugdauer aus der Sicht eines Beobachters im Raumschiff ergibt sich

$$\Delta t^{(R)} = \frac{\Delta t^{(E)}}{\gamma} = \Delta t^{(E)}\sqrt{1 - \left(\frac{v^{(E)}}{c}\right)^2} =$$
$$= (38{,}9\,\mathrm{a})\sqrt{1 - (0{,}90)^2} = 17\,\mathrm{a}\,.$$

L31.7 a) Wir formen den bekannten Ausdruck für γ um und setzen die Binomialentwicklung an, wobei wir wegen $v \ll c$ nur den ersten Summanden berücksichtigen:

$$\gamma = \frac{1}{\sqrt{1 - \dfrac{v^2}{c^2}}} = \left(1 - \frac{v^2}{c^2}\right)^{-1/2} = 1 + \left(-\frac{1}{2}\right)\left(-\frac{v^2}{c^2}\right) + \cdots$$
$$\approx 1 + \frac{1}{2}\,\frac{v^2}{c^2}\,.$$

b) Wir bilden den Reziprokwert $1/\gamma$ und setzen wiederum die Binomialentwicklung für $v \ll c$ an:

$$\frac{1}{\gamma} = \left(1 - \frac{v^2}{c^2}\right)^{1/2} = 1 + \left(\frac{1}{2}\right)\left(-\frac{v^2}{c^2}\right) + \cdots \approx 1 - \frac{1}{2}\,\frac{v^2}{c^2}\,.$$

c) Wir bilden den Ausdruck $\gamma - 1$ und setzen wiederum die Binomialentwicklung für $v \ll c$ an:

$$\gamma - 1 = \left(1 - \frac{v^2}{c^2}\right)^{-1/2} - 1 = 1 + \left(-\frac{1}{2}\right)\left(-\frac{v^2}{c^2}\right) - 1 + \cdots$$

$$\approx \frac{1}{2}\frac{v^2}{c^2}.$$

L31.8 a) Die Eigenlänge $l_{\mathrm{P,eigen}}$ eines Pakets ist die Länge, wie sie in einem Bezugssystem gemessen wird, in dem es sich nicht bewegt. Sie hängt mit seiner Länge $l^{(\mathrm{L})}$ im Laborsystem zusammen über $l_{\mathrm{P,eigen}} = \gamma\, l^{(\mathrm{L})}$. Für die Energie des Pakets gilt entsprechend $E = \gamma\, m\, c^2$. Damit erhalten wir

$$\gamma = \frac{E}{m\,c^2} = \frac{50\,\mathrm{GeV}}{0{,}511\,\mathrm{MeV}} = 9{,}785 \cdot 10^4 \,,$$

und für die Eigenlänge ergibt sich

$$l_{\mathrm{P,eigen}} = (9{,}785 \cdot 10^4)\,(1{,}0\,\mathrm{cm}) = 978{,}5\,\mathrm{m} = 0{,}98\,\mathrm{km}\,.$$

Der Durchmesser des Pakets bleibt unverändert.

b) Die Länge des Beschleunigers im Ruhesystem des Elektronenpakets ist $l_{\mathrm{Bes}}^{(\mathrm{E})} = l_{\mathrm{Bes,eigen}}/\gamma$. Wir setzen diese Länge des Beschleunigers gleich der eben berechneten Eigenlänge des Pakets und erhalten $l_{\mathrm{P,eigen}} = l_{\mathrm{Bes,eigen}}/\gamma$ sowie daraus

$$l_{\mathrm{Bes,eigen}} = \gamma\, l_{\mathrm{P,eigen}} = (9{,}785 \cdot 10^4)(978{,}5\,\mathrm{m}) = 9{,}6 \cdot 10^7\,\mathrm{m}\,.$$

c) Die Länge eines Positronenpakets im Ruhesystem des Elektronenpakets ist

$$l_{\mathrm{Pos}}^{(\mathrm{E})} = \frac{l^{(\mathrm{E})}}{\gamma} = \frac{1{,}0\,\mathrm{cm}}{9{,}785 \cdot 10^4} = 0{,}10\,\mathrm{\mu m}\,.$$

Die Lorentz-Transformation, Uhrensynchronisation und Gleichzeitigkeit

L31.9 Gemäß der inversen Lorentz-Transformation für die x-Koordinate ist $x^{(\mathrm{B})} = \gamma\,(x^{(\mathrm{A})} - v_{\mathrm{B}}^{(\mathrm{A})}\, t^{(\mathrm{A})})$. In Aufgabe 31.6a wurde für $v_{\mathrm{B}}^{(\mathrm{A})} \ll c$ gezeigt, dass gilt:

$$\gamma \approx 1 + \frac{1}{2}\frac{\left(v_{\mathrm{B}}^{(\mathrm{A})}\right)^2}{c^2}\,.$$

Wir setzen ein und multiplizieren aus:

$$x^{(\mathrm{B})} \approx \left(1 + \frac{1}{2}\frac{\left(v_{\mathrm{B}}^{(\mathrm{A})}\right)^2}{c^2}\right)\left(x^{(\mathrm{A})} - v_{\mathrm{B}}^{(\mathrm{A})}\, t^{(\mathrm{A})}\right)$$

$$= x^{(\mathrm{A})} - v_{\mathrm{B}}^{(\mathrm{A})}\, t^{(\mathrm{A})} + \frac{1}{2}\frac{\left(v_{\mathrm{B}}^{(\mathrm{A})}\right)^2}{c^2}\, x^{(\mathrm{A})} - \frac{1}{2}\frac{\left(v_{\mathrm{B}}^{(\mathrm{A})}\right)^3}{c^2}\,.$$

Für $v_{\mathrm{B}}^{(\mathrm{A})} \ll c$ ist also $x^{(\mathrm{B})} \approx x^{(\mathrm{A})} - v_{\mathrm{B}}^{(\mathrm{A})}\, t^{(\mathrm{A})}$.

Mit der inversen Lorentz-Transformation für die Zeit erhalten wir entsprechend

$$t^{(\mathrm{B})} = \gamma\left(t^{(\mathrm{A})} - \frac{v_{\mathrm{B}}^{(\mathrm{A})}\, x^{(\mathrm{A})}}{c^2}\right)$$

$$= \left(1 + \frac{1}{2}\frac{(v_{\mathrm{B}}^{(\mathrm{A})})^2}{c^2}\right)\left(t^{(\mathrm{A})} - \frac{v_{\mathrm{B}}^{(\mathrm{A})}\, x^{(\mathrm{A})}}{c^2}\right)$$

$$= t^{(\mathrm{A})} - \frac{v_{\mathrm{B}}^{(\mathrm{A})}\, x^{(\mathrm{A})}}{c^2} + \frac{1}{2}\frac{(v_{\mathrm{B}}^{(\mathrm{A})})^2}{c^2}\, t^{(\mathrm{A})} - \frac{1}{2}\frac{(v_{\mathrm{B}}^{(\mathrm{A})})^3}{c^4}\, x^{(\mathrm{A})}\,.$$

Für $v_{\mathrm{B}}^{(\mathrm{A})} \ll c$ ist also $t^{(\mathrm{B})} \approx t^{(\mathrm{A})}$.

Die inverse Lorentz-Transformation für die Geschwindigkeit in x-Richtung lautet

$$v_x^{(\mathrm{B})} = \frac{v_x^{(\mathrm{A})} - v_{\mathrm{B}}^{(\mathrm{A})}}{1 - \dfrac{v_{\mathrm{B}}^{(\mathrm{A})}\, v_x^{(\mathrm{A})}}{c^2}}\,.$$

Für $v_{\mathrm{B}}^{(\mathrm{A})} \ll c$ ist also $v_x^{(\mathrm{B})} \approx v_x^{(\mathrm{A})} - v_{\mathrm{B}}^{(\mathrm{A})}$.

L31.10 Wir kennzeichnen den Beobachter bzw. sein Ruhesystem mit O sowie die Ereignisse A und B mit den entsprechenden Indices. Mit der inversen Lorentz-Transformation für die Zeit ergibt sich

$$t_{\mathrm{B}}^{(\mathrm{O})} - t_{\mathrm{A}}^{(\mathrm{O})} = \gamma\left[(t_{\mathrm{B}}^{(\mathrm{S})} - t_{\mathrm{A}}^{(\mathrm{S})}) - \frac{v_x^{(\mathrm{S})}\,(x_{\mathrm{B}}^{(\mathrm{S})} - x_{\mathrm{A}}^{(\mathrm{S})})}{c^2}\right]$$

$$= \gamma\left(\Delta t^{(\mathrm{S})} - \frac{v_x^{(\mathrm{S})}\,\Delta x^{(\mathrm{S})}}{c^2}\right).$$

Darin ist $\Delta t^{(\mathrm{S})} = t_{\mathrm{B}}^{(\mathrm{S})} - t_{\mathrm{A}}^{(\mathrm{S})}$ und $\Delta x^{(\mathrm{S})} = x_{\mathrm{B}}^{(\mathrm{S})} - x_{\mathrm{A}}^{(\mathrm{S})}$.

Bei Gleichzeitigkeit der Ereignisse A und B muss gelten

$$\Delta t^{(\mathrm{S})} - \frac{v_x^{(\mathrm{S})}\,\Delta x^{(\mathrm{S})}}{c^2} = 0\,.$$

Damit erhalten wir

$$v_x^{(\mathrm{S})} = \frac{c^2\,\Delta t^{(\mathrm{S})}}{\Delta x^{(\mathrm{S})}} = \frac{(2{,}998 \cdot 10^8\,\mathrm{m\cdot s^{-1}})^2\,(2{,}0\,\mathrm{\mu s})}{1{,}5\,\mathrm{km}}$$

$$= 1{,}20 \cdot 10^8\,\mathrm{m\cdot s^{-1}} = 0{,}40\,c\,.$$

Weil $\Delta t^{(\mathrm{S})} = t_{\mathrm{B}}^{(\mathrm{S})} - t_{\mathrm{A}}^{(\mathrm{S})} = 2{,}0\,\mathrm{\mu s}$ ist, muss sich der Beobachter in positiver x-Richtung bewegen. Wenn B vor A stattfindet, ist $t_{\mathrm{B}}^{(\mathrm{O})} - t_{\mathrm{A}}^{(\mathrm{O})} < 0$, und es folgt

$$\Delta t_{\mathrm{B}}^{(\mathrm{O})} = \gamma\left(\Delta t^{(\mathrm{S})} - \frac{v_x^{(\mathrm{S})}\,\Delta x^{(\mathrm{S})}}{c^2}\right)$$

sowie $\quad \Delta t^{(\mathrm{S})} - \dfrac{v_x^{(\mathrm{S})}\,\Delta x^{(\mathrm{S})}}{c^2} < 0$.

Damit erhalten wir $\quad v_x^{(\mathrm{S})} > \dfrac{c^2\,\Delta t}{\Delta x} = 0{,}40\,c\,.$

Das bedeutet: Es kann einen Beobachter geben, für den das Ereignis B vor dem Ereignis A stattfindet, nämlich wenn die Geschwindigkeit $v_x^{(\mathrm{S})}$ über dem hier berechneten Wert $0{,}40\,c$ liegt. Dann ist $t_{\mathrm{B}}^{(\mathrm{O})} < t_{\mathrm{A}}^{(\mathrm{O})}$.

L31.11 a) Gemäß der inversen Lorentz-Transformation gilt

$$t_2^{(B)} - t_1^{(B)} = \gamma \left[(t_2^{(A)} - t_1^{(A)}) - \frac{v_B^{(A)} (x_2^{(A)} - x_1^{(A)})}{c^2} \right]$$

$$= \gamma \left(\Delta t - \frac{v_B^{(A)} \Delta x}{c^2} \right).$$

Darin ist $\Delta t = t_2^{(A)} - t_1^{(A)}$ und $\Delta x = x_2^{(A)} - x_1^{(A)}$.

b) Bei Gleichzeitigkeit der beiden Ereignisse 1 und 2 im Bezugssystem S_B muss gelten $t_2^{(B)} = t_1^{(B)}$ bzw.

$$\Delta t - \frac{v_B^{(A)} \Delta x}{c^2} = 0 \quad \text{und daher} \quad \Delta x = \frac{c^2 \Delta t}{v_B^{(A)}}.$$

Wegen $v_B^{(A)} \leq c$ bedeutet dies $\Delta x \geq c \Delta t$.

c) Für $\Delta x < c \Delta t$ ist $t_2^{(B)} > t_1^{(B)}$, und die Ereignisse sind in S_B nicht gleichzeitig.

d) Für $\Delta x = c' \Delta t > c \Delta t$ gilt

$$\Delta t - \frac{v_B^{(A)} \Delta x}{c^2} = \Delta t \left(1 - \frac{v_B^{(A)}}{c} \frac{c'}{c} \right) = t_2^{(B)} - t_1^{(B)}.$$

In diesem Fall kann $t_2^{(B)} - t_1^{(B)}$ negativ sein. Dann wäre $t_2^{(B)}$ kleiner als $t_2^{(B)}$, und die Wirkung ginge der Ursache voraus.

L31.12 Gedankenexperimente zur Messung der Zeitdilatation einer bewegten Uhr benötigen auf der „ruhenden" Seite zwei voneinander entfernte, aber synchrone Vergleichsuhren, mit deren Gang der Gang der bewegten Uhr verglichen werden kann. Passiert die bewegte Uhr die erste der Uhren, laufen diese noch gleich. Passiert die bewegte Uhr nun die zweite Uhr, geht die bewegte Uhr im Vergleich um den Faktor $\sqrt{1 - \beta^2}$ nach. Auf den ersten Blick sieht es so aus, als ob eine im Raumschiff mitbewegte Beobachterin aus diesem Experiment ebenfalls schließen würde, dass die von ihr aus ruhende Borduhr langsamer läuft, während die von ihr aus *bewegten* Uhren auf der Erde *schneller* laufen, nicht langsamer. Dieses Paradoxon löst sich dadurch auf, dass die Beobachterin an Bord des Raumschiffes die beiden Uhren auf der Erde schlichtweg nicht als synchron wahrnimmt. Sie würde nach dem Experiment nicht schlussfolgern, dass ihre Borduhr langsamer läuft als die beiden Uhren auf der Erde. Stattdessen wäre aus ihrer Sicht die zweite der beiden Uhren auf der Erde früher als die erste gestartet worden. Dies erklärt aus Sicht der Beobachterin an Bord das scheinbare Nachgehen der ruhenden Borduhr beim zweiten Vergleich.

Die Geschwindigkeitstransformation und der relativistische Doppler-Effekt

L31.13 Die Doppler-Verschiebung ist definiert als

$$\frac{\Delta v}{v^{(B)}} = \frac{v^{(A)} - v^{(B)}}{v^{(B)}} = \frac{v^{(A)}}{v^{(B)}} - 1.$$

Wenn sich Quelle und Beobachter einander nähern, gilt für die relativistische Doppler-Verschiebung

$$v^{(A)} = \sqrt{\frac{1 + \beta}{1 - \beta}} \, v^{(B)}, \quad \text{also} \quad \frac{v^{(A)}}{v^{(B)}} = \sqrt{\frac{1 + \beta}{1 - \beta}}.$$

Mit dem obigen Ausdruck für $\Delta v / v^{(B)}$ erhalten wir daraus

$$\frac{\Delta v}{v^{(B)}} = \sqrt{\frac{1 + \beta}{1 - \beta}} - 1 = (1 + \beta)^{1/2} (1 - \beta)^{-1/2} - 1.$$

Die Binomialentwicklung liefert (mit Abbruch nach dem ersten Term):

$$\frac{\Delta v}{v^{(B)}} = \left(1 + \frac{1}{2} \beta \right) \left(1 + \frac{1}{2} \beta \right) - 1 \approx 1 + \beta - 1 = \beta = \frac{v}{c}.$$

Das negative Vorzeichen ergibt sich auf dieselbe Weise, wenn die entsprechende Gleichung für eine zunehmende Entfernung zwischen Quelle und Beobachter angesetzt wird.

L31.14 Wir betrachten zunächst die Anzahl n der Wellenberge, die während des Zeitintervalls $\Delta t^{(B)}$ im Ruhesystem B der Quelle beim Beobachter (der sich im Ruhesystem A befindet) eintreffen. Mit der Frequenz $v^{(B)}$ der Quelle sowie mit $\beta = v_B^{(A)}/c$ ist diese Anzahl gegeben durch

$$n = \frac{(c + v_B^{(A)}) \, \Delta t^{(B)}}{\lambda} = \frac{(c + v_B^{(A)}) \, v^{(B)} \Delta t^{(B)}}{c}$$

$$= v^{(B)} (1 + \beta) \, \Delta t^{(B)}.$$

Für das entsprechende Zeitintervall im Ruhesystem A des Beobachters gilt $\Delta t^{(A)} = \Delta t^{(B)}/\gamma$. Damit folgt

$$v^{(A)} = \frac{n}{\Delta t^{(A)}} = \gamma \, (1 + \beta) \, v^{(B)} = \frac{1 + \beta}{\sqrt{1 - \beta^2}} \, v^{(B)}$$

$$= \sqrt{\frac{1 + \beta}{1 - \beta}} \, v^{(B)} = \frac{\sqrt{1 - \beta^2}}{1 - \beta} \, v^{(B)}.$$

L31.15 Für den Rotverschiebungsparameter gilt, wie gegeben:

$$z = \frac{v - v'}{v'}.$$

Für die relativistische Doppler-Verschiebung gilt bei zunehmender Entfernung zwischen Quelle und Beobachter

$$v' = v \sqrt{\frac{1 - \beta}{1 + \beta}}.$$

Dies setzen wir in die erste Gleichung ein und erhalten

$$z = \frac{v - v \sqrt{\dfrac{1 - \beta}{1 + \beta}}}{v \sqrt{\dfrac{1 - \beta}{1 + \beta}}} = \frac{1 - \sqrt{\dfrac{1 - \beta}{1 + \beta}}}{\sqrt{\dfrac{1 - \beta}{1 + \beta}}} = \sqrt{\frac{1 + \beta}{1 - \beta}} - 1.$$

Damit ergibt sich $u = z + 1 = \sqrt{\dfrac{1 + \beta}{1 - \beta}}$,

und mit $\beta = v/c$ folgt $v = c \left(\dfrac{u^2 - 1}{u^2 + 1} \right)$.

Relativistischer Impuls und relativistische Energie

L31.16 a) Für die Masse des Teilchens erhalten wir

$$m = \frac{E_0}{c^2} = \frac{(8,00\,\text{MeV})\,(1,602 \cdot 10^{-19}\,\text{J} \cdot \text{eV}^{-1})}{(2,998 \cdot 10^8\,\text{m} \cdot \text{s}^{-1})^2}$$
$$= 1,43 \cdot 10^{-29}\,\text{kg}\,.$$

b) Für die Energie E des Teilchens gilt

$$E^2 = p^2 c^2 + m^2 c^4 = p^2 c^2 + E_0^2\,.$$

Damit erhalten wir

$$E_0 = \sqrt{E^2 - p^2 c^2} = \sqrt{(8,00\,\text{MeV})^2 - (6,00\,\text{MeV}/c)^2\, c^2}$$
$$= \sqrt{(8,00\,\text{MeV})^2 - (6,00\,\text{MeV})^2} = 5,292\,\text{MeV}\,.$$

Für die Gesamtenergie des Teilchens in einem Bezugssystem, in dem es den Impuls $4,00\,\text{eV}/c$ hat, ergibt sich also gemäß Gleichung 1:

$$E = \sqrt{p^2 c^2 + E_0^2} = \sqrt{(4,00\,\text{MeV}/c)^2\, c^2 + (5,292\,\text{MeV})^2}$$
$$= 6,63\,\text{MeV}\,.$$

c) Gemäß der inversen Lorentz-Transformation gilt

$$v_b = \frac{v_a - v_{\text{B}}^{(\text{A})}}{1 - v_{\text{B}}^{(\text{A})}\, v_a / c^2}\,.$$

Darin sind v_a und v_b die Geschwindigkeiten des Teilchens in den Teilaufgaben a bzw. b. Wir lösen nach $v_{\text{B}}^{(\text{A})}$ auf:

$$v_{\text{B}}^{(\text{A})} = \frac{v_a - v_b}{1 - v_a\, v_b / c^2}\,.$$

Die beiden Geschwindigkeiten v_a und v_b können wir aus der Energie bzw. aus dem Impuls berechnen.

In Teilaufgabe a ist $E = \dfrac{E_0}{\sqrt{1 - v_a^2 / c^2}}$. Daraus ergibt sich

$$v_a = c \sqrt{1 - \left(\frac{E_0}{E} \right)^2} = c \sqrt{1 - \left(\frac{5,292\,\text{MeV}}{8,00\,\text{MeV}} \right)^2} = 0,7499\,c\,.$$

In Teilaufgabe b ist $p = \dfrac{m_0\, v_b}{\sqrt{1 - v_b^2 / c^2}}$, und wir erhalten

$$v_b = \frac{p\,c}{\sqrt{p^2 + m_0 c^2}} = \frac{(4,00\,\text{MeV}/c)\,c}{\sqrt{(4,00\,\text{MeV}/c)^2 + (5,292\,\text{MeV}/c)^2}}$$
$$= 0,6030\,c\,.$$

Einsetzen der beiden Geschwindigkeiten in Gleichung 1 liefert

$$v_{\text{B}}^{(\text{A})} = \frac{0,7499\,c - 0,6030\,c}{1 - \dfrac{(0,7499\,c)\,(0,6030\,c)}{c^2}} = 0,268\,c\,.$$

L31.17 Nach den Regeln der Ableitung ergibt sich

$$\frac{\text{d}}{\text{d}v} \left(\frac{m\,v}{\sqrt{1 - \dfrac{v^2}{c^2}}} \right) = \frac{\sqrt{1 - \dfrac{v^2}{c^2}}\, m + \dfrac{m\,v^2}{c^2}\, \dfrac{1}{\sqrt{1 - v^2/c^2}}}{1 - \dfrac{v^2}{c^2}}\,.$$

Wir erweitern den Bruch mit $\sqrt{1 - v^2/c^2}$ und vereinfachen:

$$\frac{\text{d}}{\text{d}v} \left(\frac{m\,v}{\sqrt{1 - \dfrac{v^2}{c^2}}} \right) = \frac{\left(1 - \dfrac{v^2}{c^2} \right) m + \dfrac{m\,v^2}{c^2}}{\left(1 - \dfrac{v^2}{c^2} \right)^{3/2}} = m \left(1 - \frac{v^2}{c^2} \right)^{-3/2}\,.$$

Also ist $\quad \text{d} \left(\dfrac{m\,v}{\sqrt{1 - \dfrac{v^2}{c^2}}} \right) = m \left(1 - \dfrac{v^2}{c^2} \right)^{-3/2} \text{d}v\,.$

L31.18 a) Wir setzen die relativistische kinetische Energie jedes Protons gleich $2\,m\,c^2$. Dies ergibt $2\,(\gamma - 1)\,E_0 = 2\,m\,c^2$ und daher $\gamma = 2$.

Also ist $\quad \gamma = \dfrac{1}{\sqrt{1 - (v^{(\text{S})})^2 / c^2}} = 2,$

und wir erhalten $v^{(\text{S})} = (\sqrt{3}/2)\,c$.

b) Gemäß der inversen Lorentz-Transformation gilt

$$v_x^{(\text{L})} = \frac{v_x^{(\text{S})} - v^{(\text{S})}}{1 - \dfrac{v^{(\text{S})}\, v_x^{(\text{S})}}{c^2}} = \frac{-\dfrac{\sqrt{3}}{2}\,c - \dfrac{\sqrt{3}}{2}\,c}{1 - \dfrac{\left(-\dfrac{\sqrt{3}}{2}\,c \right) \left(\dfrac{\sqrt{3}}{2}\,c \right)}{c^2}}$$
$$= \frac{-4\sqrt{3}\,c}{7} = 0,990\,c\,.$$

c) Im Laborsystem ist die kinetische Energie eines Protons gegeben durch $E_{\text{kin}}^{(\text{L})} = (\gamma^{(\text{L})} - 1)\,E_0$. Darin ist

$$\gamma^{(\text{L})} = \frac{1}{\sqrt{1 - \dfrac{(v_x^{(\text{L})})^2}{c^2}}} = \frac{1}{\sqrt{1 - \dfrac{(-4\sqrt{3}\,c/7)^2}{c^2}}} = 7\,,$$

und es ergibt sich $E_{\text{kin}}^{(\text{L})} = (7 - 1)\,m\,c^2 = 6\,m\,c^2$.

*Minkowski-Diagramme

L31.19 Um die Abstände auf dem Papier der Einheitenstriche eines Minkowski-Diagramms zu berechnen, müssen wir den herkömmlichen Satz des Pythagoras anwenden und $\sqrt{(ct)^2 + x^2}$ berechnen (Achtung, hier fehlt in der 7. Auflage des Lehrbuchs auf S.1148 leider ein Wurzelzeichen auf der linken Seite des Gleichzeichens).

Wir rekapitulieren noch einmal kurz die Herleitung der Zeiteinheiten, also der Länge der Einheitsstriche auf der Zeitachse von System A. Die Lorentz-Transformation der Koordinaten eines beliebigen Punkts in der Raumzeit aus dem System B in das System A lautet

$$ct^{(A)} = \gamma(ct^{(B)} + \beta x^{(B)}), \tag{1}$$

$$x^{(A)} = \gamma(x^{(B)} + \beta ct^{(B)}). \tag{2}$$

Um den Vergleich der beiden Zeitachsen anzustellen, gehen wir von einem beliebigen Punkt auf der Zeitachse von System B aus, nehmen also einen Raumzeitpunkt mit $x^{(B)} = 0$ und $ct^{(B)}$ beliebig an. Die Lorentz-Transformation eines solchen Raumzeit-Punktes nach System A ergibt

$$ct^{(A)} = \gamma ct^{(B)}, \tag{3}$$

$$x^{(A)} = \gamma \beta ct^{(B)}. \tag{4}$$

Da die Achsen des Systems A gerade den herkömmlichen rechtwinkligen Koordinatenachsen entsprechen, können wir den Abstand dieses Punktes vom Ursprung auf dem Graphenpapier nach Pythagoras berechnen und erhalten

$$\sqrt{(ct^{(A)})^2 + (x^{(A)})^2} = \sqrt{\gamma^2(ct^{(B)})^2 + \gamma^2\beta^2(ct^{(B)})^2}$$
$$= ct^{(B)}\gamma\sqrt{1+\beta^2} = ct^{(B)}\frac{\sqrt{1+\beta^2}}{\sqrt{1-\beta^2}}. \tag{5}$$

Wenn dieser Raumzeitpunkt vom System A aus gesehen also den Papierabstand vom Ursprung

$$ct^{(B)}\frac{\sqrt{1+\beta^2}}{\sqrt{1-\beta^2}} \tag{6}$$

hat, dies im Systen B aber nur einer Zeit $ct^{(B)}$ entspricht, sind damit die Einheitsstriche des Systems B auf dem Papier um diesen Faktor $\sqrt{1+\beta^2}/\sqrt{1-\beta^2}$ weiter voneinander entfernt.

Die Rechnung für die Ortsachse läuft komplett gleich. Wir gehen nun von einem Raumzeitpunkt aus, der im System B auf der Ortsachse liegt, $x^{(B)}$ beliebig, $ct^{(B)} = 0$, und betrachten wieder die Lorentz-Transformation (2) der Koordinaten. Wir erhalten dieses Mal

$$ct^{(A)} = \gamma\beta x^{(B)} \tag{7}$$

$$x^{(A)} = \gamma x^{(B)}. \tag{8}$$

Die Abstandsrechnung ergibt nun

$$\sqrt{(ct^{(A)})^2 + (x^{(A)})^2} = \sqrt{\beta^2\gamma^2(x^{(B)})^2 + \gamma^2(x^{(B)})^2}$$
$$= x^{(B)}\gamma\sqrt{1+\beta^2} = x^{(B)}\frac{\sqrt{1+\beta^2}}{\sqrt{1-\beta^2}}. \tag{9}$$

Die Einheitsstriche der gekippten Ortsachse von System B haben also dieselben vergrößerten Abstände (verglichen mit den Einheitsstrichen der rechtwinkligen Achsen des Systems A) wie jene der gekippten ct-Achse des Systems B.

L31.20 Ein im (rechtwinkligen) System A ruhender und ewig existierender Stab der Länge l sieht im Minkowski-Diagramm wie ein nach oben und unten unendlich ausgedehnter vertikaler Streifen der Breite l aus. Es handelt sich dabei um die Weltfläche des Stabs. Die Situation ist in Abb. 31.1 dargestellt. Die Eigenlänge des Stabs ist bei (a) abzulesen.

Abb. 31.1 zu Aufgabe 31.20

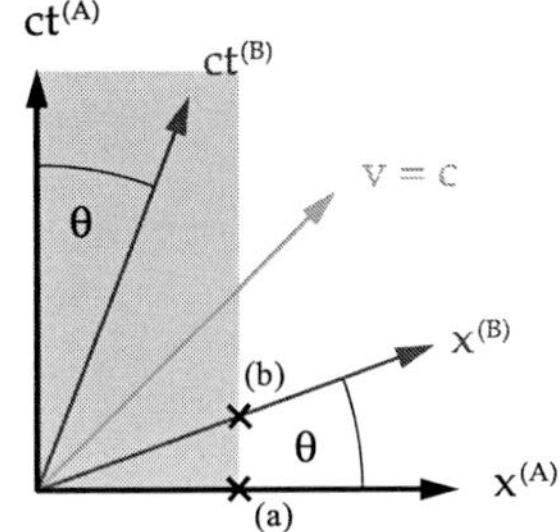

Wir nehmen an, dass der linke Rand der Stab-Weltfläche identisch mit der $ct^{(A)}$-Achse ist und damit durch den Ursprung des Diagramms geht. Nun müssen wir einfach herausfinden, bei welchem Einheitsstrich der rechte Rand dieses Streifens die gekippte Ortsachse des Systems B schneidet. Einerseits sind die Einheitsstriche um den Faktor $\sqrt{1+\beta^2}/\sqrt{1-\beta^2}$ weiter voneinander entfernt. Daher müssen wir durch diesen Faktor teilen. Zusätzlich steht die Achse $x^{(B)}$ im Winkel $\theta = \arctan\beta$ zur Achse $x^{(A)}$, was den abgelesenen Wert am Schnittpunkt (b) um den Faktor

$$\cos^{-1}\theta = \sqrt{1+\beta^2} \tag{10}$$

vergrößert. Insgesamt ändert sich die an der $x^{(B)}$-Achse abgelesene Länge des Stabs also um den Faktor

$$\sqrt{1-\beta^2}/\sqrt{1+\beta^2} \times \sqrt{1+\beta^2} = \sqrt{1-\beta^2}. \tag{11}$$

Da l die Länge des Stabs in seinem eigenen Ruhesystem ist, ist die kontrahierte Länge des bewegten Stabs

$$l_{\text{kontr.}} = l_{\text{eigen}}\sqrt{1-\beta^2}. \tag{12}$$

Die allgemeine Relativitätstheorie

L31.21 Die Frequenz und die Wellenlänge hängen miteinander zusammen über $c = v\lambda$ bzw. $v = c/\lambda$. Die Ableitung ergibt $dv/d\lambda = -c/\lambda^2$, woraus folgt:

$$dv = -\frac{c}{\lambda^2}\,d\lambda.$$

Wir nähern die Differenziale durch die Differenzen an und dividieren die Gleichung durch v. Das ergibt

$$\frac{\Delta v}{v} = \frac{-\frac{c}{\lambda^2}\,\Delta\lambda}{c/\lambda} = -\frac{\Delta\lambda}{\lambda} \quad \text{und} \quad \Delta\lambda = -\lambda\frac{\Delta v}{v}.$$

Die Energieänderung des Photons beim Aufstieg entlang der Strecke l ist $\Delta E = \Delta E_{\text{pot}} = m\,g\,l$. Mit $\Delta E = h\,\Delta\nu$ erhalten wir daraus $h\,\Delta\nu = m\,g\,l$.

Wenn wir m als Massenäquivalent des Protons setzen, gilt $E = h\,\nu = m\,c^2$. Der Quotient der beiden letzten Gleichungen ergibt

$$\frac{h\,\Delta\nu}{h\,\nu} = \frac{m\,g\,l}{m\,c^2} \quad \text{und daher} \quad \frac{\Delta\nu}{\nu} = \frac{g\,l}{c^2}\,.$$

Mit der zuvor ermittelten Beziehung $\Delta\lambda = -\lambda\,\Delta\nu/\nu$ erhalten wir für die Wellenlängenänderung

$$\Delta\lambda = -\frac{\lambda\,g\,l}{c^2} = -\frac{(632{,}8\,\text{nm})\,(9{,}81\,\text{m}\cdot\text{s}^{-2})\,(100\,\text{m})}{(2{,}998\cdot10^8\,\text{m}\cdot\text{s}^{-1})^2}$$
$$= -6{,}90\cdot10^{-12}\,\text{nm}\,.$$

L31.22 Der Lichtstrahl benötigt auf seinem Weg vom Boden zur Decke der Rakete näherungsweise die Zeit $t = h/c$. In dieser Zeit hat sich die Geschwindigkeit der Rakete aber um $\approx at = ah/c$ erhöht, d. h., das am Dach empfangene Licht kommt von einer um $\Delta\nu \approx -ah/c$ langsameren Quelle. Einsetzen in die Formel für den Dopplereffekt ergibt

$$\frac{\Delta\nu}{\nu} = -\frac{ah}{c^2}\,.$$

Setzen wir gemäß dem Äquivalenzprinzip die Fallbeschleunigung $a = g$ ein, erhalten wir die linear genäherte Formel für die gravitative Rotverschiebung

$$\frac{\Delta\nu}{\nu} = -\frac{gh}{c^2}\,.$$

L31.23 Wir können die Drehscheibe als riesigen Hohlzylinder ansehen, der um seine Achse rotiert. Eine Person an der Innenwand würde dann eine Zentripetalbeschleunigung erfahren, die von der Normalkraft der Wand auf sie erzeugt wird. Wir können umgekehrt auch annehmen, dass keine Beschleunigung vorliegt, sondern ein Gravitationsfeld $\boldsymbol{G} = \omega^2\,r\,\widehat{\boldsymbol{r}}$ auf die Person radial nach außen (von der Achse weg) wirkt, in Richtung des Einheitsvektors $\widehat{\boldsymbol{r}}$. Das entspricht dem Äquivalenzprinzip. Die Richtung „nach oben" sei die zur Achse hin, und näher an ihr liegende Punkte haben ein höheres Gravitationspotenzial.

a) Für die Zeitdilatation gilt $\Delta t^{(\text{R})} = \Delta t^{(0)}/\gamma$ und daher

$$\frac{\Delta t^{(\text{R})} - \Delta t^{(0)}}{\Delta t^{(0)}} = \frac{1}{\gamma} - 1\,.$$

Wir verwenden für $1/\gamma$ die in Aufgabe 31.7b aufgestellte Näherung (für $r\,\omega/c \ll 1$ gültig) und setzen darin $\upsilon = r\,\omega$:

$$\frac{1}{\gamma} \approx 1 - \frac{1}{2}\frac{\upsilon^2}{c^2} = 1 - \frac{r^2\,\omega^2}{2\,c^2}\,.$$

Einsetzen ergibt

$$\frac{\Delta t^{(\text{R})} - \Delta t^{(0)}}{\Delta t^{(0)}} \approx 1 - \frac{r^2\,\omega^2}{2\,c^2} - 1 = -\frac{r^2\,\omega^2}{2\,c^2}\,.$$

b) Die Pseudokraft ist $F^{(\text{R})} = -m\,a^{(\text{R})}$, wobei $a^{(\text{R})}$ die Beschleunigung des Nichtinertialsystems ist. In diesem Fall ist $a^{(\text{R})}$ die Zentripetalbeschleunigung, und es gilt

$$a^{(\text{R})} = -r\,\omega^2 \quad \text{sowie} \quad F^{(\text{R})} = m\,r\,\omega^2\,.$$

Die Potenzialdifferenz zweier Punkte, von denen sich der eine im Abstand r von der Achse und der andere auf ihr befindet, ist:

$$\phi^{(\text{R})} - \phi^{(0)} = -\int_0^r \boldsymbol{g}\cdot\mathrm{d}\boldsymbol{\ell} = -\int_0^r \omega^2\,r\,\widehat{\boldsymbol{r}}\cdot\mathrm{d}\boldsymbol{\ell} = -\int_0^r \omega^2\,r\,\mathrm{d}r$$
$$= -\frac{1}{2}\,r^2\,\omega^2\,.$$

Für die Zeitdilatation erhalten wir damit

$$\frac{\Delta t^{(\text{R})} - \Delta t^{(0)}}{\Delta t^{(0)}} = \frac{\phi^{(\text{R})} - \phi^{(0)}}{c^2} = \frac{-\frac{1}{2}\,r^2\,\omega^2}{c^2} = -\frac{r^2\,\omega^2}{2\,c^2}\,.$$

Allgemeine Aufgaben

L31.24 Es gilt

$$\gamma = \frac{1}{\sqrt{1 - (\upsilon/c)^2}} \quad \text{und daher} \quad \frac{\upsilon}{c} = \sqrt{1 - \frac{1}{\gamma^2}}\,.$$

Die mittlere Lebensdauer Δt des Myons ist $\Delta t = \gamma\,\Delta t_{\text{eigen}}$. Daraus folgt $\gamma = \Delta t/\Delta t_{\text{eigen}}$, und wir erhalten

$$\frac{\upsilon}{c} = \sqrt{1 - \left(\frac{\Delta t_{\text{eigen}}}{\Delta t}\right)^2} = \sqrt{1 - \left(\frac{2{,}2\,\mu\text{s}}{46\,\mu\text{s}}\right)^2} = 0{,}999\,.$$

Also ist $\upsilon = 0{,}999\,c$.

L31.25 Mit dem Anfangswert E_{A} und dem Endwert E_{E} der Energie gilt im Schwerpunktsystem $\gamma\,E_{\text{A}} = E_{\text{E}}$ und daher $\gamma = E_{\text{E}}/E_{\text{A}}$, und die Energiewerte sind

$$E_{\text{A}} = 938\,\text{MeV} + 938\,\text{MeV} = 1876\,\text{MeV}\,,$$
$$E_{\text{E}} = 938\,\text{MeV} + 938\,\text{MeV} + 135{,}0\,\text{MeV} = 2011\,\text{MeV}\,.$$

Damit ergibt sich $\quad \gamma = \dfrac{2011\,\text{MeV}}{1876\,\text{MeV}} = 1{,}072$.

Mit der Geschwindigkeit $\upsilon^{(\text{S})}$ des auftreffenden Protons gilt

$$\gamma = \frac{1}{\sqrt{1 - (\upsilon^{(\text{S})})^2/c^2}}\,.$$

Damit erhalten wir

$$\upsilon^{(\text{S})} = c\,\sqrt{1 - \frac{1}{\gamma^2}} = c\,\sqrt{1 - \frac{1}{(1{,}072)^2}} = 0{,}360\,c\,.$$

Im Laborsystem ergibt sich

$$\upsilon^{(\text{L})} = \frac{\upsilon^{(\text{S})} - \upsilon_{\text{L}}^{(\text{S})}}{1 - \dfrac{\upsilon_{\text{L}}^{(\text{S})}\,\upsilon^{(\text{S})}}{c^2}} = \frac{0{,}360\,c - (-0{,}360)\,c}{1 - \dfrac{(-0{,}360\,c)\,(0{,}360\,c)}{c^2}} = 0{,}637\,c\,.$$

Weiterhin gilt

$$\gamma = \frac{1}{\sqrt{1 - (v^{(\mathrm{S})})^2/c^2}} = \frac{1}{\sqrt{1 - (0{,}637\,c)^2/c^2}} = 1{,}297 \,.$$

Damit erhalten wir für die kinetische Energie des sich im Laborsystem bewegenden Protons

$$E_{\mathrm{kin}}^{(\mathrm{L})} = (\gamma^{(\mathrm{L})} - 1)\, E_0 = (1{,}297 - 1)\,(938\,\mathrm{MeV}) = 281\,\mathrm{MeV} \,.$$

L31.26 Gemäß der Lorentz-Transformation gilt

$$v_x^{(\mathrm{A})} = \frac{v_x^{(\mathrm{B})} + v_{\mathrm{B}}^{(\mathrm{A})}}{1 + v_{\mathrm{B}}^{(\mathrm{A})}\, v_x^{(\mathrm{B})}/c^2} \quad \text{bzw.} \quad \frac{v_x^{(\mathrm{A})}}{c} = \frac{v_x^{(\mathrm{B})} + v_{\mathrm{B}}^{(\mathrm{A})}}{c + v_{\mathrm{B}}^{(\mathrm{A})}\, v_x^{(\mathrm{B})}/c} \,.$$

Wir setzen, wie im Hinweis in der Aufgabenstellung angegeben, $v_x^{(\mathrm{B})} = (1 - \varepsilon_1)\, c$ und $v_{\mathrm{B}}^{(\mathrm{A})} = (1 - \varepsilon_2)\, c$. Damit erhalten wir

$$\begin{aligned}
\frac{v_x^{(\mathrm{A})}}{c} &= \frac{(1 - \varepsilon_1)\, c + (1 - \varepsilon_2)\, c}{c + [(1 - \varepsilon_2)\, c\,(1 - \varepsilon_1)\, c]/c} = \frac{2 - (\varepsilon_1 + \varepsilon_2)}{1 + (1 - \varepsilon_2)\,(1 - \varepsilon_1)} \\
&= \frac{2 - (\varepsilon_1 + \varepsilon_2)}{2 - (\varepsilon_1 + \varepsilon_2) + \varepsilon_1 \varepsilon_2} \,.
\end{aligned}$$

Weil ε_1 und ε_2 positive Zahlen und kleiner als 1 sind, ist der Zähler kleiner als der Nenner, sodass gilt: $v_x^{(\mathrm{A})}/c < 1$ und damit $v_x^{(\mathrm{A})} < c$.

L31.27 Wir betrachten ohne Beschränkung der Allgemeinheit den Fall der Absorption. Dabei nehmen wir an, dass sich das Elektron anfangs in Ruhe befindet und sich nach der Absorption des Photons mit der Geschwindigkeit v bewegt. Wir zeigen dann, dass die Anwendung der Erhaltungssätze für Energie und Impuls zu einem unsinnigen Ergebnis führt.

Wegen der Erhaltung des relativistischen Impulses muss das Elektron nach der Absorption des Photons den Impuls $p = \gamma\, m\, v$ haben. Und wegen der Erhaltung der Energie muss gelten:

$$m\, c^2 + p\, c = \gamma\, m\, c^2 \quad \text{und daher} \quad p = (\gamma - 1)\, m\, c \,.$$

Gleichsetzen der beiden Ausdrücke für den Impuls ergibt

$$\gamma\, m\, v = (\gamma - 1)\, m\, c \,.$$

Also gilt für die Geschwindigkeit nach der Absorption

$$v = \left(\frac{\gamma - 1}{\gamma}\right) c \,. \tag{1}$$

Wir quadrieren beide Seiten:

$$v^2 = \left(\frac{\gamma - 1}{\gamma}\right)^2 c^2 = \frac{\gamma^2 - 2\,\gamma + 1}{\gamma^2}\, c^2 \,. \tag{2}$$

Aus der Definition von γ folgt

$$\gamma^2 = \frac{1}{1 - v^2/c^2} = \frac{c^2}{c^2 - v^2} \,.$$

Daraus ergibt sich für das Quadrat der Geschwindigkeit

$$v^2 = \frac{\gamma^2 - 1}{\gamma^2}\, c^2 \,.$$

Dies setzen wir in Gleichung 2 ein und erhalten

$$\frac{\gamma^2 - 1}{\gamma^2}\, c^2 = \frac{\gamma^2 - 2\,\gamma + 1}{\gamma^2}\, c^2$$

sowie daraus $-1 = -2\,\gamma + 1$ und schließlich $\gamma = 1$.

Einsetzen in Gleichung 1 liefert $v = \left(\dfrac{1 - 1}{1}\right) c = 0$.

Unsere Annahme, dass das (anfangs ruhende) freie Elektron ein Photon absorbieren kann, führt also zu dem widersinnigen Ergebnis, dass seine Geschwindigkeit danach gleich null ist. Also kann es kein Photon absorbieren. Eine Beweisführung wie die hier angewandte nennt man *reductio ad absurdum*.

L31.28 Ein Teilchen mit der Geschwindigkeit v hat in einem Inertialsystem den Impuls

$$p = \frac{m\, v}{\sqrt{1 - v^2/c^2}}$$

und die Energie

$$E = \frac{m\, c^2}{\sqrt{1 - v^2/c^2}} \,.$$

Im Bezugssystem S_{A} sind die Komponenten des Impulses

$$p_x^{(\mathrm{A})} = \frac{m\, v_x^{(\mathrm{A})}}{\sqrt{1 - \dfrac{(v^{(\mathrm{A})})^2}{c^2}}} \,, \qquad p_y^{(\mathrm{A})} = \frac{m\, v_y^{(\mathrm{A})}}{\sqrt{1 - \dfrac{(v^{(\mathrm{A})})^2}{c^2}}} \,,$$

$$p_z^{(\mathrm{A})} = \frac{m\, v_z^{(\mathrm{A})}}{\sqrt{1 - \dfrac{(v^{(\mathrm{A})})^2}{c^2}}} \,.$$

Wie aus der Aufgabenstellung hervorgeht, ist $v_x^{(\mathrm{A})} = v_z^{(\mathrm{A})} = 0$ und $v_y^{(\mathrm{A})} = v^{(\mathrm{A})}$. Also gilt

$$p_x^{(\mathrm{A})} = p_z^{(\mathrm{A})} = 0 \quad \text{und} \quad p_y^{(\mathrm{A})} = \frac{m\, v^{(\mathrm{A})}}{\sqrt{1 - \dfrac{(v^{(\mathrm{A})})^2}{c^2}}} \,.$$

Wenn wir in den zu beweisenden Gleichungen die Größen $v_x^{(\mathrm{A})}$ und $v_y^{(\mathrm{A})}$ gleich null setzen, ergibt sich

$$p_x^{(\mathrm{B})} = \gamma \left(0 - \frac{v_{\mathrm{B}}^{(\mathrm{A})}\, E^{(\mathrm{A})}}{c^2}\right) = -\gamma\, \frac{v_{\mathrm{B}}^{(\mathrm{A})}\, E^{(\mathrm{A})}}{c^2}$$

und $\quad p_y^{(\mathrm{B})} = p_y^{(\mathrm{A})} \,, \qquad p_z^{(\mathrm{B})} = 0$

sowie $\quad \dfrac{E^{(\mathrm{B})}}{c} = \gamma \left(\dfrac{E^{(\mathrm{A})}}{c} - 0\right) = \gamma\, \dfrac{E^{(\mathrm{A})}}{c} \,.$

Im Bezugssystem S_B sind die Komponenten des Impulses

$$p_x^{(\mathrm{B})} = \frac{m\,v_x^{(\mathrm{B})}}{\sqrt{1 - \dfrac{(v^{(\mathrm{B})})^2}{c^2}}}\,, \qquad p_y^{(\mathrm{B})} = \frac{m\,v_y^{(\mathrm{B})}}{\sqrt{1 - \dfrac{(v^{(\mathrm{B})})^2}{c^2}}}$$

$$p_z^{(\mathrm{B})} = \frac{m\,v_z^{(\mathrm{B})}}{\sqrt{1 - \dfrac{(v^{(\mathrm{B})})^2}{c^2}}}\,.$$

Gemäß der inversen Lorentz-Transformation gilt

$$v_x^{(\mathrm{B})} = \frac{v_x^{(\mathrm{A})} - v_\mathrm{B}^{(\mathrm{A})}}{\sqrt{1 - \dfrac{v_\mathrm{B}^{(\mathrm{A})}\,v_x^{(\mathrm{A})}}{c^2}}}\,, \qquad v_y^{(\mathrm{B})} = \frac{v_y^{(\mathrm{A})}}{\sqrt{1 - \dfrac{v_\mathrm{B}^{(\mathrm{A})}\,v_y^{(\mathrm{A})}}{c^2}}}\,,$$

$$v_z^{(\mathrm{B})} = \frac{v_z^{(\mathrm{A})}}{\sqrt{1 - \dfrac{v_\mathrm{B}^{(\mathrm{A})}\,v_z^{(\mathrm{A})}}{c^2}}}\,.$$

Wir setzen $v_x^{(\mathrm{A})} = v_z^{(\mathrm{A})} = 0$ und $v_y^{(\mathrm{A})} = v^{(\mathrm{A})}$. Das ergibt

$$v_x^{(\mathrm{B})} = -v_\mathrm{B}^{(\mathrm{A})}\,, \qquad v_y^{(\mathrm{B})} = \gamma\,v^{(\mathrm{A})}\,, \qquad v_z^{(\mathrm{B})} = 0$$

und daraus

$$(v^{(\mathrm{B})})^2 = (v_x^{(\mathrm{B})})^2 + (v_y^{(\mathrm{B})})^2 + (v_z^{(\mathrm{B})})^2 = (v_\mathrm{B}^{(\mathrm{A})})^2 + \frac{(v^{(\mathrm{A})})^2}{\gamma^2}\,.$$

Zuerst zeigen wir, dass $p_z^{(\mathrm{B})} = p_z^{(\mathrm{A})} = 0$ ist:

$$p_z^{(\mathrm{B})} = \frac{m \cdot (0)}{\sqrt{1 - \dfrac{(v^{(\mathrm{B})})^2}{c^2}}} = p_z^{(\mathrm{A})} = 0\,.$$

Sodann zeigen wir, dass $p_y^{(\mathrm{B})} = p_y^{(\mathrm{A})}$ ist:

$$p_y^{(\mathrm{B})} = \frac{m\,v_y^{(\mathrm{B})}}{\sqrt{1 - \dfrac{(v^{(\mathrm{B})})^2}{c^2}}} = \frac{m\,v^{(\mathrm{A})}}{\gamma\,\sqrt{1 - \dfrac{(v_\mathrm{B}^{(\mathrm{A})})^2}{c^2} - \dfrac{(v^{(\mathrm{A})})^2}{\gamma^2\,c^2}}}$$

$$= \frac{m\,v^{(\mathrm{A})}}{\sqrt{1 - \dfrac{(v^{(\mathrm{A})})^2}{c^2}}}\;\frac{\sqrt{1 - \dfrac{(v^{(\mathrm{A})})^2}{c^2}}}{\gamma\,\sqrt{1 - \dfrac{(v_\mathrm{B}^{(\mathrm{A})})^2}{c^2} - \dfrac{(v^{(\mathrm{A})})^2}{\gamma^2\,c^2}}}$$

$$= \frac{m\,v^{(\mathrm{A})}}{\sqrt{1 - \dfrac{(v^{(\mathrm{A})})^2}{c^2}}}$$

$$\cdot\;\frac{\sqrt{\left(1 - \dfrac{(v^{(\mathrm{A})})^2}{c^2}\right)\left(1 - \dfrac{(v_\mathrm{B}^{(\mathrm{A})})^2}{c^2}\right)}}{\sqrt{1 - \dfrac{(v_\mathrm{B}^{(\mathrm{A})})^2}{c^2} - \dfrac{(v^{(\mathrm{A})})^2}{c^2}\left(1 - \dfrac{(v_\mathrm{B}^{(\mathrm{A})})^2}{c^2}\right)}}$$

$$= p_y^{(\mathrm{A})}\;\frac{\sqrt{1 - \dfrac{(v_\mathrm{B}^{(\mathrm{A})})^2}{c^2} - \dfrac{(v^{(\mathrm{A})})^2}{c^2}\left(1 - \dfrac{(v_\mathrm{B}^{(\mathrm{A})})^2}{c^2}\right)}}{\sqrt{1 - \dfrac{(v_\mathrm{B}^{(\mathrm{A})})^2}{c^2} - \dfrac{(v^{(\mathrm{A})})^2}{c^2}\left(1 - \dfrac{(v_\mathrm{B}^{(\mathrm{A})})^2}{c^2}\right)}}$$

$$= p_y^{(\mathrm{A})}\,.$$

Nun zeigen wir, dass gilt:

$$p_x^{(\mathrm{B})} = \gamma\left(p_x^{(\mathrm{A})} - \frac{v_\mathrm{B}^{(\mathrm{A})}\,E^{(\mathrm{A})}}{c^2}\right) = -\,\frac{\gamma\,v_\mathrm{B}^{(\mathrm{A})}}{c^2}\,E^{(\mathrm{A})}\,.$$

Wir erhalten dabei:

$$p_x^{(\mathrm{B})} = \frac{m\,v_x^{(\mathrm{B})}}{\sqrt{1 - \dfrac{(v^{(\mathrm{B})})^2}{c^2}}} = \frac{m\,v_\mathrm{B}^{(\mathrm{A})}}{\gamma\,\sqrt{1 - \dfrac{(v_\mathrm{B}^{(\mathrm{A})})^2}{c^2} - \dfrac{(v^{(\mathrm{A})})^2}{\gamma^2\,c^2}}}$$

$$= -\,\frac{\gamma\,v_\mathrm{B}^{(\mathrm{A})}}{c^2}\;\frac{m\,c^2}{\sqrt{1 - \dfrac{(v^{(\mathrm{A})})^2}{c^2}}}\;\frac{\gamma^{-1}\sqrt{1 - \dfrac{(v^{(\mathrm{A})})^2}{c^2}}}{\sqrt{1 - \dfrac{(v_\mathrm{B}^{(\mathrm{A})})^2}{c^2} - \dfrac{(v^{(\mathrm{A})})^2}{\gamma^2\,c^2}}}$$

$$= -\,\frac{\gamma\,v_\mathrm{B}^{(\mathrm{A})}}{c^2}\,E^{(\mathrm{A})}$$

$$\cdot\;\frac{\sqrt{\left(1 - \dfrac{(v^{(\mathrm{A})})^2}{c^2}\right)\left(1 - \dfrac{(v_\mathrm{B}^{(\mathrm{A})})^2}{c^2}\right)}}{\sqrt{1 - \dfrac{(v_\mathrm{B}^{(\mathrm{A})})^2}{c^2} - \dfrac{(v^{(\mathrm{A})})^2}{c^2}\left(1 - \dfrac{(v_\mathrm{B}^{(\mathrm{A})})^2}{c^2}\right)}}$$

$$= -\,\frac{\gamma\,v_\mathrm{B}^{(\mathrm{A})}}{c^2}\,E^{(\mathrm{A})}$$

$$\cdot\;\frac{\sqrt{1 - \dfrac{(v_\mathrm{B}^{(\mathrm{A})})^2}{c^2} - \dfrac{(v^{(\mathrm{A})})^2}{c^2}\left(1 - \dfrac{(v_\mathrm{B}^{(\mathrm{A})})^2}{c^2}\right)}}{\sqrt{1 - \dfrac{(v_\mathrm{B}^{(\mathrm{A})})^2}{c^2} - \dfrac{(v^{(\mathrm{A})})^2}{c^2}\left(1 - \dfrac{(v_\mathrm{B}^{(\mathrm{A})})^2}{c^2}\right)}}$$

$$= -\,\frac{\gamma\,v_\mathrm{B}^{(\mathrm{A})}}{c^2}\,E^{(\mathrm{A})}\,.$$

Schließlich zeigen wir, dass

$$\frac{E^{(\mathrm{B})}}{c} = \gamma\left(\frac{E^{(\mathrm{A})}}{c} - \frac{v_\mathrm{B}^{(\mathrm{A})}\,p_x^{(\mathrm{A})}}{c}\right) = \gamma\,\frac{E^{(\mathrm{A})}}{c}$$

gilt, also: $E^{(\mathrm{B})} = \gamma\, E^{(\mathrm{A})}$.

$$E^{(\mathrm{B})} = \frac{m\,c^2}{\sqrt{1 - \dfrac{(v^{(\mathrm{B})})^2}{c^2}}} = \frac{\gamma\,m\,c^2}{\sqrt{1 - \dfrac{(v^{(\mathrm{A})})^2}{c^2}}}\;\frac{\gamma^{-1}\sqrt{1 - \dfrac{(v^{(\mathrm{A})})^2}{c^2}}}{\sqrt{1 - \dfrac{(v^{(\mathrm{B})})^2}{c^2}}}$$

$$= \gamma\, E^{(\mathrm{A})}\;\frac{\gamma^{-1}\sqrt{1 - \dfrac{(v^{(\mathrm{A})})^2}{c^2}}}{\sqrt{1 - \dfrac{(v_{\mathrm{B}}^{(\mathrm{A})})^2}{c^2} - \dfrac{(v^{(\mathrm{A})})^2}{\gamma^2\,c^2}}}$$

$$= \gamma\, E^{(\mathrm{A})}\;\frac{\sqrt{\left(1 - \dfrac{(v^{(\mathrm{A})})^2}{c^2}\right)\left(1 - \dfrac{(v_{\mathrm{B}}^{(\mathrm{A})})^2}{c^2}\right)}}{\sqrt{1 - \dfrac{(v_{\mathrm{B}}^{(\mathrm{A})})^2}{c^2} - \dfrac{(v^{(\mathrm{A})})^2}{c^2}\left(1 - \dfrac{(v_{\mathrm{B}}^{(\mathrm{A})})^2}{c^2}\right)}}$$

$$= \gamma\, E^{(\mathrm{A})}\;\frac{\sqrt{1 - \dfrac{(v_{\mathrm{B}}^{(\mathrm{A})})^2}{c^2} - \dfrac{(v^{(\mathrm{A})})^2}{c^2}\left(1 - \dfrac{(v_{\mathrm{B}}^{(\mathrm{A})})^2}{c^2}\right)}}{\sqrt{1 - \dfrac{(v_{\mathrm{B}}^{(\mathrm{A})})^2}{c^2} - \dfrac{(v^{(\mathrm{A})})^2}{c^2}\left(1 - \dfrac{(v_{\mathrm{B}}^{(\mathrm{A})})^2}{c^2}\right)}}$$

$$= \gamma\, E^{(\mathrm{A})}.$$

Die Transformationsgleichungen für x, y, z und t lauten

$$x^{(\mathrm{B})} = \gamma\,(x^{(\mathrm{A})} - v_{\mathrm{B}}^{(\mathrm{A})}\,t^{(\mathrm{A})}), \quad y^{(\mathrm{B})} = y^{(\mathrm{A})}, \quad z^{(\mathrm{B})} = z^{(\mathrm{A})},$$

$$t^{(\mathrm{B})} = \gamma\left(t^{(\mathrm{A})} - \frac{v_{\mathrm{B}}^{(\mathrm{A})}\,x^{(\mathrm{A})}}{c^2}\right),$$

und die für x, y, z und $c\,t$ lauten

$$x^{(\mathrm{B})} = \gamma\left(x^{(\mathrm{A})} - \frac{v_{\mathrm{B}}^{(\mathrm{A})}}{c}\,c\,t^{(\mathrm{A})}\right), \quad y^{(\mathrm{B})} = y^{(\mathrm{A})}, \quad z^{(\mathrm{B})} = z^{(\mathrm{A})},$$

$$c\,t^{(\mathrm{B})} = \gamma\left(c\,t^{(\mathrm{A})} - \frac{v_{\mathrm{B}}^{(\mathrm{A})}\,x^{(\mathrm{A})}}{c}\right).$$

Schließlich lauten die Transformationsgleichungen für p_x, p_y, p_z und E/c:

$$p_x^{(\mathrm{B})} = \gamma\left(p_x^{(\mathrm{A})} - \frac{v_{\mathrm{B}}^{(\mathrm{A})}\,E^{(\mathrm{A})}}{c^2}\right),$$

$$p_y^{(\mathrm{B})} = p_y^{(\mathrm{A})}, \quad p_z^{(\mathrm{B})} = p_z^{(\mathrm{A})},$$

$$\frac{E^{(\mathrm{B})}}{c} = \gamma\left(\frac{E^{(\mathrm{A})}}{c} - \frac{v_{\mathrm{B}}^{(\mathrm{A})}\,p_x^{(\mathrm{A})}}{c}\right).$$

L31.29 Bei der Herleitung der Lorentz-Transformation wird zugrunde gelegt, dass das Licht in jedem Inertialsystem die Lichtgeschwindigkeit c hat. Wenn in den beiden Bezugssystemen S_{A} und S_{B} die Uhren bei $t^{(\mathrm{A})} = t^{(\mathrm{B})} = 0$ synchronisiert sind, dann ergibt sich aus den Einstein'schen Postulaten:

$$(r^{(\mathrm{A})})^2 = c^2\,(t^{(\mathrm{A})})^2 \quad \text{und} \quad (r^{(\mathrm{B})})^2 = c^2\,(t^{(\mathrm{B})})^2$$

sowie

$$(r^{(\mathrm{A})})^2 - c^2\,(t^{(\mathrm{A})})^2 = 0 = (r^{(\mathrm{B})})^2 - c^2\,(t^{(\mathrm{B})})^2.$$

Anders ausgedrückt: Die Größe

$$s^2 = (r^{(\mathrm{A})})^2 - c^2\,(t^{(\mathrm{A})})^2 = 0$$

ist eine relativistische Invariante und kann auch folgendermaßen ausgedrückt werden:

$$(x^{(\mathrm{A})})^2 + (y^{(\mathrm{A})})^2 + (z^{(\mathrm{A})})^2 - c^2\,(t^{(\mathrm{A})})^2 = 0.$$

Mit den Gleichungen der Lorentz-Transformation für x, y, z und t erhalten wir

$$(x^{(\mathrm{B})})^2 + (y^{(\mathrm{B})})^2 + (z^{(\mathrm{B})})^2 - (c\,t^{(\mathrm{B})})^2$$
$$= \gamma^2\big[(x^{(\mathrm{A})})^2 - 2\,v_{\mathrm{B}}^{\mathrm{A}}\,x^{(\mathrm{A})}\,t^{(\mathrm{A})} + v_{\mathrm{B}}^{\mathrm{A}}\,(t^{(\mathrm{A})})^2\big]$$
$$+ (y^{(\mathrm{A})})^2 + (z^{(\mathrm{A})})^2$$
$$- \gamma^2\big[c^2\,(t^{(\mathrm{A})})^2 - 2\,v_{\mathrm{B}}^{\mathrm{A}}\,x^{(\mathrm{A})}\,t^{(\mathrm{A})} + (v_{\mathrm{B}}^{\mathrm{A}})^2\,(x^{(\mathrm{A})})^2/c^2\big].$$

Die in x linearen Terme heben einander auf, und die in x quadratischen Terme ergeben

$$\gamma^2\,(x^{(\mathrm{A})})^2\,\big[1 - (v_{\mathrm{B}}^{\mathrm{A}})^2/c^2\big] = (x^{(\mathrm{A})})^2.$$

Aus den Koeffizienten der Terme mit $(c\,t^{(\mathrm{A})})^2$ erhalten wir

$$\gamma^2\,\big[(v_{\mathrm{B}}^{\mathrm{A}})^2/c^2 - 1\big] = -1.$$

Also gilt, wie in den Einstein'schen Postulaten gefordert:

$$(r^{(\mathrm{A})})^2 - c^2\,(t^{(\mathrm{A})})^2 - (r^{(\mathrm{B})})^2 + c^2\,(t^{(\mathrm{B})})^2 = 0.$$

L31.30 Es gilt

$$E^2 = p^2\,c^2 + (m\,c^2)^2 \qquad \text{bzw.} \qquad p^2\,c^2 - E^2 = -(m\,c^2)^2.$$

Wir dividieren die zweite Gleichung durch c^2:

$$p^2 - \left(\frac{E}{c}\right)^2 = -(m\,c)^2.$$

Das Impulsquadrat ist gegeben durch $p^2 = p_x^2 + p_y^2 + p_z^2$. Dies setzen wir ein:

$$p_x^2 + p_y^2 + p_z^2 - \left(\frac{E}{c}\right)^2 = -(m\,c)^2.$$

Die Masse m des Teilchens ist in dessen Ruhesystem unveränderlich; also muss die Größe

$$p^2 - \left(\frac{E}{c^2}\right)^2$$

eine relativistische Invariante sein.

Anmerkung: In Aufgabe 31.28 hatten wir gezeigt, dass die Komponenten von p und die Größe E/c wie die Komponenten von r bzw. wie die Größe $c\,t$ transformieren. Und in Aufgabe 31.29 haben wir gezeigt, dass die Größe $r^2 - (c\,t)^2$ eine relativistische Invariante ist. Auch daraus lässt sich ableiten, dass die Größe $p^2 - (E/c^2)^2$ ebenfalls eine relativistische Invariante ist.

L31.31 Das Differenzial der Geschwindigkeitskomponente in
x-Richtung ist

$$
\mathrm{d}v_x^{(\mathrm{B})} = \mathrm{d}\left(\frac{v_x^{(\mathrm{A})} - v_\mathrm{B}^{(\mathrm{A})}}{1 - \dfrac{v_\mathrm{B}^{(\mathrm{A})}\, v_x^{(\mathrm{A})}}{c^2}} \right)
$$

$$
= \frac{\left(1 - \dfrac{v_\mathrm{B}^{(\mathrm{A})}\, v_x^{(\mathrm{A})}}{c^2}\right) \mathrm{d}v_x^{(\mathrm{A})} + \left(v_x^{(\mathrm{A})} - v_\mathrm{B}^{(\mathrm{A})}\right) \dfrac{v_\mathrm{B}^{(\mathrm{A})}}{c^2}\, \mathrm{d}v_x^{(\mathrm{A})}}{\left(1 - \dfrac{v_\mathrm{B}^{(\mathrm{A})}\, v_x^{(\mathrm{A})}}{c^2}\right)^2}
$$

$$
= \frac{1 - \dfrac{(v_x^{(\mathrm{A})})^2}{c^2}}{\left(1 - \dfrac{v_\mathrm{B}^{(\mathrm{A})}\, v_x^{(\mathrm{A})}}{c^2}\right)^2}\, \mathrm{d}v_x^{(\mathrm{A})}\,.
$$

Für das Differenzial der Zeit erhalten wir

$$
\mathrm{d}t^{(\mathrm{B})} = \gamma\, \mathrm{d}\left(t^{(\mathrm{A})} - \frac{v_\mathrm{B}^{(\mathrm{A})}\, x^{(\mathrm{A})}}{c^2}\right) = \gamma\, \mathrm{d}t^{(\mathrm{A})} - \frac{\gamma\, v_\mathrm{B}^{(\mathrm{A})}}{c^2}\, \mathrm{d}x^{(\mathrm{A})}
$$

$$
= \frac{\gamma\, v_\mathrm{B}^{(\mathrm{A})}}{c^2}\, \frac{\mathrm{d}v_\mathrm{B}^{(\mathrm{A})}}{\mathrm{d}t^{(\mathrm{A})}}\, \mathrm{d}t^{(\mathrm{A})} = \gamma\left(1 - \frac{v_\mathrm{B}^{(\mathrm{A})}\, v_x^{(\mathrm{A})}}{c^2}\right) \mathrm{d}t^{(\mathrm{A})}\,.
$$

Die Beschleunigung entspricht dem Quotienten aus den beiden
Differenzialen:

$$
a_x^{(\mathrm{B})} = \frac{\mathrm{d}v_x^{(\mathrm{B})}}{\mathrm{d}t^{(\mathrm{B})}} = \frac{\dfrac{1 - \dfrac{(v_x^{(\mathrm{A})})^2}{c^2}}{\left(1 - \dfrac{v_\mathrm{B}^{(\mathrm{A})}\, v_x^{(\mathrm{A})}}{c^2}\right)^2}\, \mathrm{d}v_x^{(\mathrm{A})}}{\gamma\left(1 - \dfrac{v_\mathrm{B}^{(\mathrm{A})}\, v_x^{(\mathrm{A})}}{c^2}\right) \mathrm{d}t^{(\mathrm{A})}}
$$

$$
= \frac{1 - \dfrac{(v_x^{(\mathrm{A})})^2}{c^2}}{\gamma\left(1 - \dfrac{v_\mathrm{B}^{(\mathrm{A})}\, v_x^{(\mathrm{A})}}{c^2}\right)^3}\, \frac{\mathrm{d}v_x^{(\mathrm{A})}}{\mathrm{d}t^{(\mathrm{A})}} = \frac{1}{\gamma^3\, \delta^3}\, a_x^{(\mathrm{A})}\,.
$$

Darin ist $\quad \delta = 1 - \dfrac{v_\mathrm{B}^{(\mathrm{A})}\, v_x^{(\mathrm{A})}}{c^2}\,.$

Auf die gleiche Weise erhalten wir für die Beschleunigung in
y-Richtung

$$
a_y^{(\mathrm{B})} = \frac{1}{\gamma^2\, \delta^2}\, a_y^{(\mathrm{A})} + \frac{v_\mathrm{B}^{(\mathrm{A})}\, v_y^{(\mathrm{A})}}{\gamma^3\, \delta^3\, c^2}\, a_x^{(\mathrm{A})}\,.
$$

Wenn wir darin y durch z ersetzen, ergibt sich der entsprechende Ausdruck für $a_z^{(\mathrm{B})}$.

Quantenmechanik

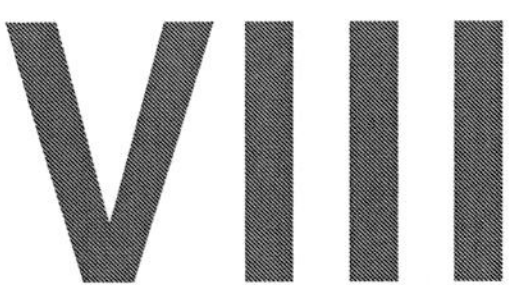

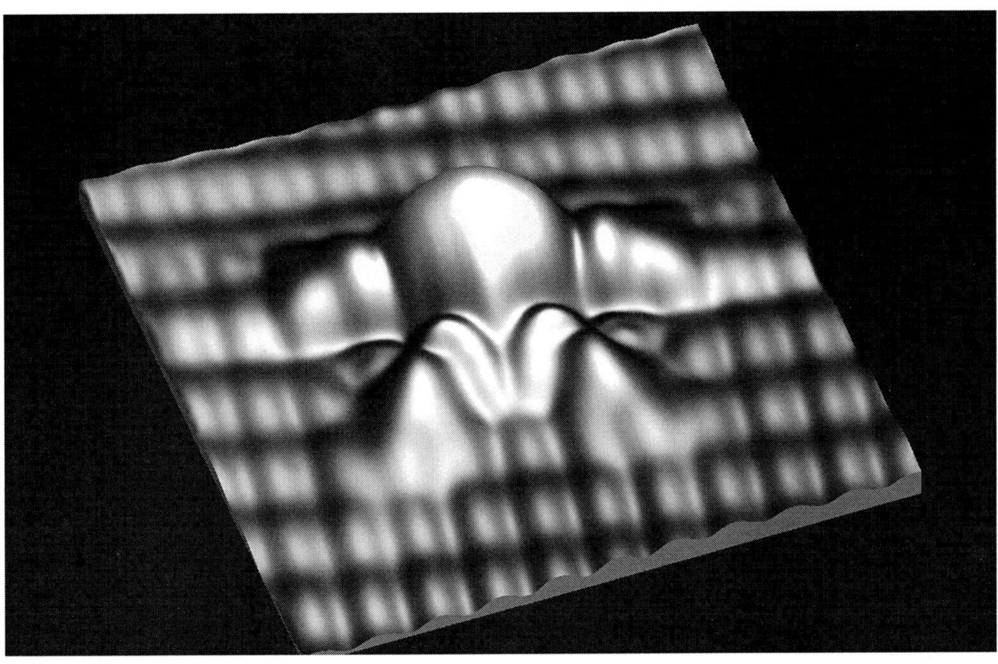

VIII

© Drs A. Yazdani & D.J. Hornbaker/Science Photo Library

Einführung in die Quantenphysik

32

© Springer-Verlag GmbH Deutschland, ein Teil von Springer Nature 2019

A. Knochel (Hrsg.), *Arbeitsbuch zu Tipler/Mosca, Physik*, https://doi.org/10.1007/978-3-662-58919-9_32

Aufgaben

Verständnisaufgaben

32.1 • Bei welcher Beobachtung wird die Energiequantisierung der elektromagnetischen Strahlung deutlich? a) Beim Young'schen Doppelspaltversuch, b) bei der Beugung des Lichts an einer engen Öffnung, c) beim photoelektrischen Effekt, d) beim Kathodenstrahlversuch von J. J. Thomson.

32.2 • Angenommen, die De-Broglie-Wellenlänge eines Elektrons und eines Protons sind gleich. Welche der folgenden Aussagen trifft dann zu? a) Die Geschwindigkeit des Protons ist höher als die des Elektrons. b) Proton und Elektron haben die gleiche Geschwindigkeit. c) Die Geschwindigkeit des Protons ist geringer als die des Elektrons. d) Die Energie des Protons ist höher als die des Elektrons. e) Die Aussagen a und d sind richtig.

32.3 • Der Parameter x stelle die Position eines Teilchens dar. Kann der Erwartungswert von x jemals gleich einem Wert sein, für den die Wahrscheinlichkeitsdichte $P(x)$ null ist? Nennen Sie ggf. ein konkretes Beispiel.

32.4 •• Früher nahm man an, dass bei der Durchführung zweier identischer Experimente an identischen Systemen unter denselben Bedingungen identische Ergebnisse erhalten werden müssen. Erklären Sie, warum diese Annahme nicht richtig ist und wie die Aussage geändert werden kann, um mit den Gesetzmäßigkeiten der Quantenmechanik vereinbar zu sein.

Schätzungs- und Näherungsaufgaben

32.5 •• Eine Gruppe von Physikstudenten misst im Praktikum die Compton-Wellenlänge λ_{Compton}. Für verschiedene Streuwinkel θ ergeben sich dabei folgende Wellenlängenverschiebungen $\lambda_2 - \lambda_1$:

$\theta/°$	45	75	90	135	180
$(\lambda_2 - \lambda_1)/\text{pm}$	0,647	1,67	2,45	3,98	4,95

Leiten Sie aus diesen Werten die Compton-Wellenlänge ab und vergleichen Sie das Ergebnis mit dem zu erwartenden Wert.

Die Teilchennatur des Lichts: Photonen

32.6 • Wie hoch ist die Photonenenergie in Joule und in Elektronenvolt einer Radiowelle mit der Frequenz a) 100 MHz im FM-Bereich bzw. b) 900 kHz im AM-Bereich?

32.7 •• Das von einem Helium-Neon-Laser mit einer Leistung von 3,00 mW emittierte Licht hat die Wellenlänge 633 nm. Angenommen, der Laserstrahl hat einen Durchmesser von 1,00 mm, wie hoch ist dann die Dichte an Photonen im Strahl? Nehmen Sie dabei an, dass die Intensität im Strahl gleichförmig verteilt ist.

Der photoelektrische Effekt

32.8 • Monochromatisches UV-Licht der Wellenlänge 300 nm fällt auf ein Metallstück aus Kalium, und die emittierten Elektronen haben eine maximale kinetische Energie von 2,03 eV. a) Wie hoch ist die Energie eines auftreffenden Photons? b) Wie groß ist die Ablösearbeit von Kalium? c) Wie hoch ist die maximale kinetische Energie der Elektronen, wenn das einfallende Licht eine Wellenlänge von 430 nm hat? d) Wie groß ist beim photoelektrischen Effekt bei Kalium die Grenzwellenlänge der auftreffenden elektromagnetischen Strahlung?

Die Schrödinger-Gleichung

32.9 •• Gegeben ist die Wellenfunktion eines freien Elektrons (d. h. $m = m_{\text{el}}$ mit verschwindendem Potenzial $E_{\text{pot}} = 0$) in einer Dimension

$$\psi(x, t) = C \cdot \sin(kx)\,\mathrm{e}^{-\mathrm{i}\omega t}\,.$$

Hierbei ist $k = 10^{-9}\ 1/\text{m}$ und C eine Konstante. a) Setzen Sie die Wellenfunktion in die zeitabhängige Schrödinger-Gleichung ein. Welchen Wert muss ω haben, damit die Wellenfunktion eine Lösung ist? b) Berechnen Sie anhand von ω die Energie des Teilchens. c) Argumentieren Sie, weshalb ψ nicht als Wellenfunktion eines realen Teilchens aufgefasst werden kann.

Compton-Streuung

32.10 • Arthur H. Compton verwendete bei seinen Versuchen u. a. Photonen der Wellenlänge 0,0711 nm. a) Wie hoch ist die Energie eines dieser Photonen? b) Wie groß ist die Wellenlänge der Photonen, die in einem Winkel von $\theta = 180°$, also entgegen der Einfallsrichtung, gestreut werden? c) Wie hoch ist die Energie eines unter diesem Winkel gestreuten Photons?

32.11 • Berechnen Sie für die Gegebenheiten in Aufgabe 32.10 den Impuls eines einfallenden und den eines unter 180°, also entgegen der Einfallsrichtung, gestreuten Photons. Berechnen Sie anhand der Impulserhaltung den Rückstoßimpuls, den das Elektron dabei aufnimmt.

Elektronen und Materiewellen

32.12 •• Ein Elektron, ein Proton und ein Alphateilchen haben jeweils eine kinetische Energie von 150 keV. Berechnen Sie jeweils a) den Betrag ihres Impulses und b) ihre De-Broglie-Wellenlänge.

32.13 • Im LiCl-Kristall haben die Ionen Li^+ und Cl^- voneinander den Abstand 0,257 nm. Berechnen Sie die kinetische Energie von Elektronen, deren Wellenlänge diesem Abstand entspricht.

Berechnung von Aufenthaltswahrscheinlichkeiten und Erwartungswerten

32.14 • Ein Teilchen befindet sich in einem eindimensionalen Kasten der Länge d im Grundzustand

$$\psi(x) = \sqrt{\frac{2}{d}} \sin\left(\frac{\pi x}{d}\right).$$

Ein Ende des Kastens liegt im Ursprung des Koordinatensystems und das andere auf der positiven x-Achse. Berechnen Sie die Wahrscheinlichkeit, das Teilchen im Intervall der Länge $\Delta x = 0,002\,d$ anzutreffen, wobei das Interval zentriert ist bei: a) $x = 4\,d$, b) $x = \frac{1}{2}\,d$ bzw. c) $x = \frac{3}{4}\,d$. (Weil Δx sehr klein ist, müssen Sie nicht integrieren, denn dabei ändert sich die Wellenfunktion im jeweiligen Intervall nur geringfügig.)

32.15 • Die klassische Funktion für die Wahrscheinlichkeitsdichte-Verteilung eines Teilchens im Bereich $0 < x < d$ in einem eindimensionalen Kasten ist gegeben durch $P(x) = 1/d$. Zeigen Sie, dass damit für den Grundzustand des klassischen Teilchens $\langle x \rangle = \frac{1}{2}\,d$ und $\langle x^2 \rangle = \frac{1}{3}\,d^2$ ist.

32.16 •• a) Ein eindimensionaler Kasten befindet sich auf der x-Achse im Bereich $0 \leq x \leq d$. Für ein Teilchen in diesem Kasten sind die Wellenfunktionen gegeben durch

$$\psi_n(x) = \sqrt{\frac{2}{d}} \sin\frac{n\,\pi\,x}{d}, \qquad n = 1, 2, 3, \dots$$

a) Zeigen Sie, dass sich für den Zustand mit der Quantenzahl n die Erwartungswerte $\langle x \rangle = \frac{1}{2}\,d$ und $\langle x^2 \rangle = \frac{1}{3}\,d^2 - d^2/(2\,n^2\,\pi^2)$ ergeben. b) Vergleichen Sie diese beiden Ausdrücke $\langle x \rangle$ und $\langle x^2 \rangle$ für den Fall $n \gg 1$ mit den entsprechenden Ausdrücken für die Erwartungswerte beim klassischen Teilchen in Aufgabe 32.15.

Allgemeine Aufgaben

32.17 • Photonen in einem gleichförmigen Lichtstrahl mit dem Durchmesser 4,00 cm und der Intensität $100\,\text{W/m}^2$ haben die Wellenlänge 400 nm. a) Wie hoch ist die Energie eines Photons in diesem Strahl? b) Wie viel Energie trifft in der Zeitspanne 1,00 s auf eine $1,00\,\text{cm}^2$ große Fläche auf, die senkrecht auf der Strahlrichtung steht? c) Wie viele Photonen treffen in der gleichen Zeit auf diese Fläche auf?

32.18 •• Bei normaler Zimmerbeleuchtung hat die Pupille des menschlichen Auges einen Durchmesser von rund 5 mm. Wie hoch muss die Intensität von Licht der Wellenlänge 600 nm sein, damit pro Sekunde ein Photon in die Pupille gelangt?

32.19 •• Ein Photon mit der Energie E erfährt Compton-Streuung unter dem Winkel θ. Zeigen Sie, dass die Energie E' des gestreuten Photons gegeben ist durch

$$E' = \frac{E}{1 + \dfrac{E}{m_e\,c^2}\,(1 - \cos\theta)}.$$

32.20 •• Ein mit Modenkopplung betriebener Titan-Saphir-Laser gibt Strahlung der Wellenlänge 850 nm ab und erzeugt dabei pro Sekunde 100 Millionen Lichtpulse. Jeder Puls dauert 125 Femtosekunden (es ist $1\,\text{fs} = 10^{-15}\,\text{s}$) und besteht aus $5 \cdot 10^9$ Photonen. Wie hoch ist die mittlere Lichtleistung dieses Lasers?

32.21 •• Hier soll die Zeitverzögerung abgeschätzt werden, die beim photoelektrischen Effekt nach den klassischen physikalischen Gesetzen zwar zu erwarten ist, jedoch nicht beobachtet wird. Der einfallende Strahl soll die Intensität $0,010\,\text{W/m}^2$ haben. a) Wenn das Atom des betreffenden Metalls eine Querschnittsfläche von $0,010\,\text{nm}^2$ hat, wie viel Energie trifft dann pro Sekunde auf ein Atom auf? b) Setzen Sie die Ablösearbeit des Metalls zu 2,0 eV an. Wie lange dauert es dabei nach den Gesetzen der klassischen Physik, bis der Lichtstrahl diese Energiemenge auf ein Atom eingestrahlt hat? Und wie lange dauert es, wenn die Energie in einzelnen Paketen (Photonen) eingestrahlt wird?

Lösungen zu den Aufgaben

Verständnisaufgaben

L32.1 Der Young'sche Doppelspaltversuch und die Beugung des Lichts an einer engen Öffnung demonstrieren die Wellennatur elektromagnetischer Strahlungen. Das Experiment von J. J. Thomson zeigt, dass die Strahlen in einer Kathodenstrahlröhre durch elektrische oder magnetische Felder abgelenkt werden und daher aus elektrisch geladenen Teilchen bestehen müssen. Dagegen ist der photoelektrische Effekt nur mit der Energiequantisierung der elektromagnetischen Strahlung zu erklären. Also ist Aussage c richtig.

L32.2 Wenn die De-Broglie-Wellenlängen eines Elektrons und eines Protons gleich sind, müssen ihre Impulse $m\,v$ gleich sein. Wegen $m_p > m_e$ muss also $v_p < v_e$ sein. Daher ist Aussage c richtig.

L32.3 Ja. Wir betrachten ein Teilchen in einem eindimensionalen Kasten der Länge d, der sich auf der x-Achse bei dem Intervall $0 < x < d$ befindet. Die Wellenfunktion eines Teilchens in dem (direkt über dem Grundzustand liegenden) Zustand $n = 2$ ist gegeben durch

$$\psi_2(x) = \sqrt{\frac{2}{d}} \sin\left(2\,\pi\,\frac{x}{d}\right).$$

Der Erwartungswert von x ist $\langle x \rangle = d/2$, und die Wahrscheinlichkeitsdichte bei $d/2$ ist $P(d/2) = 0$.

L32.4 Gemäß den Gesetzmäßigkeiten der Quantenmechanik liefert der Mittelwert vieler Messwerte einer Größe deren Erwartungswert. Jedoch kann das Ergebnis einer einzelnen Messung von diesem Erwartungswert abweichen.

Schätzungs- und Näherungsaufgabe

L32.5 Die Compton-Gleichung lautet

$$\lambda_2 - \lambda_1 = \lambda_{\text{Compton}} (1 - \cos \theta) \quad \text{mit} \quad \lambda_{\text{Compton}} = \frac{h}{m_e\, c}.$$

Diese Gleichung hat die Form $y = m x + b$, wenn wir $y = \lambda_2 - \lambda_1 = \Delta\lambda$ und $x = 1 - \cos\theta$ setzen. Dann können wir die Ausgleichsgerade für die gegebenen Werte der Wellenlängendifferenz $\Delta\lambda$ als Variabler y in Abhängigkeit von $1 - \cos\theta$ als Variabler x ermitteln. Ihre Steigung liefert einen experimentellen Wert für die Compton-Wellenlänge. Nachstehend sind die beispielsweise mit einem Tabellenkalkulationsprogramm zu errechnenden Werte aufgeführt.

$\theta/°$	$1 - \cos\theta$	$(\lambda_2 - \lambda_1)/(\text{m})$
45	0,293	$6{,}47 \cdot 10^{-13}$
75	0,741	$1{,}67 \cdot 10^{-12}$
90	1,000	$2{,}45 \cdot 10^{-12}$
135	1,707	$3{,}98 \cdot 10^{-12}$
180	2,000	$4{,}95 \cdot 10^{-12}$

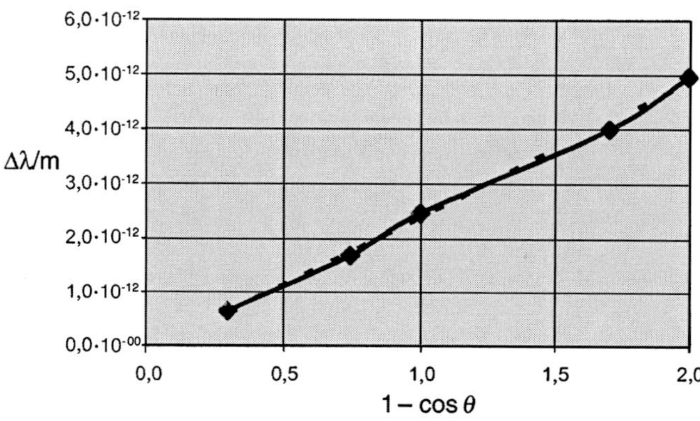

Die Ausgleichsgerade in der Abbildung wurde mit der Excel-Funktion „Hinzufügen einer Trendlinie" erzeugt und hat die Gleichung

$$\Delta\lambda/\text{m} = 2{,}48 \cdot 10^{-12} (1 - \cos\theta) - 1{,}03 \cdot 10^{-13}.$$

Daraus ergibt sich die experimentell ermittelte Compton-Wellenlänge zu $\lambda_{\text{Compton, exp.}} = 2{,}48 \cdot 10^{-12}\,\text{m} = 2{,}48\,\text{pm}$.

Der theoretische Wert ist

$$\lambda_{\text{Compton}} = \frac{h}{m_e\, c} = \frac{h c}{m_e\, c^2} = \frac{1240\,\text{eV} \cdot \text{nm}}{5{,}11 \cdot 10^5\,\text{eV}} = 2{,}43\,\text{pm}.$$

Damit ergibt sich die relative Abweichung

$$\frac{\lambda_{\text{C., exp.}} - \lambda_{\text{C.}}}{\lambda_{\text{C.}}} = \frac{\lambda_{\text{C., exp.}}}{\lambda_{\text{C.}}} - 1 = \frac{2{,}48\,\text{pm}}{2{,}43\,\text{pm}} - 1 \approx 0{,}02 = 2\,\%.$$

Die Teilchennatur des Lichts: Photonen

L32.6 Die Energie eines Photons mit der Frequenz ν ist $E = h\nu$; darin ist h das Planck'sche Wirkungsquantum.

a) Für $\nu = 100\,\text{MHz}$ erhalten wir (wobei wir gleich den Umrechnungsfaktor zwischen den Einheiten J und eV anbringen):

$$E = h\nu = (6{,}626 \cdot 10^{-34}\,\text{J} \cdot \text{s})(100 \cdot 10^6\,\text{s}^{-1})$$
$$= (6{,}626 \cdot 10^{-26}\,\text{J})\,\frac{1\,\text{eV}}{1{,}602 \cdot 10^{-19}\,\text{J}} = 4{,}14 \cdot 10^{-7}\,\text{eV}.$$

b) Für $\nu = 900\,\text{kHz}$ erhalten wir

$$E = h\nu = (6{,}626 \cdot 10^{-34}\,\text{J} \cdot \text{s})(900 \cdot 10^3\,\text{s}^{-1})$$
$$= (5{,}963 \cdot 10^{-28}\,\text{J})\,\frac{1\,\text{eV}}{1{,}602 \cdot 10^{-19}\,\text{J}} = 3{,}72 \cdot 10^{-9}\,\text{eV}.$$

L32.7 Die Anzahldichte an Photonen im Strahl ist deren Anzahl pro Volumen: $\varrho = n/V$. Die Anzahl n der pro Sekunde emittierten Photonen ist der Quotient aus der Leistung P des Lasers und der Energie $E = h\nu = h c/\lambda$ pro Photon:

$$n = \frac{P}{E} = \frac{P\,\lambda}{h\,c}.$$

Das Volumen V des pro Sekunde emittierten Photonenstrahls entspricht dem Produkt aus seiner Querschnittsfläche A und der Lichtgeschwindigkeit: $V = A\,c$. Mit der Fläche $A = \pi d^2/4$ erhalten wir für die Anzahldichte der Photonen

$$\varrho = \frac{n}{V} = \frac{P\,\lambda}{h\,c}\,\frac{1}{V} = \frac{P\,\lambda}{h\,c^2\,A} = \frac{4\,P\,\lambda}{\pi\,h\,c^2\,d^2}$$
$$= \frac{4\,(3{,}00\,\text{mW})\,(633\,\text{nm})}{\pi\,(6{,}626 \cdot 10^{-34}\,\text{J} \cdot \text{s})\,(2{,}998 \cdot 10^8\,\text{m} \cdot \text{s}^{-1})^2\,(1{,}00\,\text{mm})^2}$$
$$= 4{,}06 \cdot 10^{13}\,\text{m}^{-3}.$$

Der photoelektrische Effekt

L32.8 a) Für die Energie eines auftreffenden Photons gilt die Einstein'sche Gleichung

$$E = \frac{h\,c}{\lambda} = \frac{1240\,\text{eV} \cdot \text{nm}}{300\,\text{nm}} = 4{,}13\,\text{eV}.$$

b) Die Ablösearbeit von Kalium errechnen wir mit der Einstein'schen photoelektrischen Gleichung $E_{\text{kin,max}} = E - W_{\text{Abl}}$. Umstellen und Einsetzen der Werte liefert

$$W_{\text{Abl}} = E - E_{\text{kin,max}} = 4{,}13\,\text{eV} - 2{,}03\,\text{eV} = 2{,}10\,\text{eV}.$$

c) Mit derselben Gleichung wie in Teilaufgabe b sowie mit $E = h\,c/\lambda$ erhalten wir

$$E_{\text{kin,max}} = \frac{h\,c}{\lambda} - W_{\text{Abl}} = \frac{1240\,\text{eV} \cdot \text{nm}}{430\,\text{nm}} - 2{,}10\,\text{eV} = 0{,}78\,\text{eV} \,.$$

d) Die maximale Wellenlänge bzw. die Grenzwellenlänge bei Kalium ergibt sich zu

$$\lambda_{\text{k}} = \frac{h\,c}{W_{\text{Abl}}} = \frac{1240\,\text{eV} \cdot \text{nm}}{2{,}10\,\text{eV}} = 590\,\text{nm} \,.$$

Die Schrödinger-Gleichung

L32.9 a) Einsetzen in die Schrödinger-Gleichung ohne Potenzial ergibt

$$-\frac{\hbar^2}{2m} \frac{\partial^2 \psi(x,t)}{\partial x^2} = i\hbar \frac{\partial \psi(x,t)}{\partial t}$$

$$-\frac{\hbar^2}{2m}\left(-C\,k^2 \cdot \sin(kx)e^{-i\omega t}\right) = i\hbar\left(C \cdot \sin(kx)(-i\omega)e^{-i\omega t}\right)$$

$$\frac{\hbar^2 k^2}{2m}\psi(x,t) = \omega\hbar\,\psi(x,t) \,.$$

Durch einen Vergleich finden wir

$$\omega\hbar = \frac{(\hbar k)^2}{2m} \,.$$

b) Die Energie ist durch $\omega\hbar$ gegeben. Setzen wir Zahlen ein, erhalten wir

$$E = \omega\hbar = \frac{\left(10^9\,\text{m}^{-1} \cdot 1{,}055 \cdot 10^{-34}\,\text{Js}\right)^2}{2 \cdot 9{,}11 \cdot 10^{-31}\,\text{kg}} \approx 6{,}1 \cdot 10^{-21}\,\text{J} \,.$$

Dies entspricht einer Energie von $E = 0{,}038\,\text{eV}$.

c) Da diese Ortswellenfunktion eine unendlich ausgedehnte ebene Welle beschreibt, ist sie nicht auf $\int \mathrm{d}x\,|\psi|^2 = 1$ normierbar. Solche Lösungen der Schrödinger-Gleichung eignen sich zum Berechnen von Streuproblemen oder als Basisfunktionen, aus denen realistische normierbare Zustände wie Wellenpakete zusammengesetzt werden können.

Compton-Streuung

L32.10 a) Für die Energie E_1 eines auftreffenden Photons gilt die Einstein'sche Gleichung, und wir erhalten

$$E_1 = \frac{h\,c}{\lambda_1} = \frac{1240\,\text{eV} \cdot \text{nm}}{0{,}0711\,\text{nm}} = 17{,}4\,\text{keV} \,.$$

b) Die Wellenlänge λ_2 der gestreuten Photonen ergibt sich aus der Wellenlänge λ_1 vor der Streuung und der Wellenlängenänderung $\Delta\lambda$ infolge der Streuung:

$$\lambda_2 = \lambda_1 + \Delta\lambda = \lambda_1 + \frac{h}{m_{\text{e}}\,c}\left(1 - \cos\theta\right)$$

$$= 0{,}0711\,\text{nm}$$

$$+ \frac{6{,}626 \cdot 10^{-34}\,\text{J} \cdot \text{s}}{(9{,}109 \cdot 10^{-31}\,\text{kg})\,(2{,}998 \cdot 10^8\,\text{m} \cdot \text{s}^{-1})}\left(1 - \cos 180°\right)$$

$$= 0{,}0760\,\text{nm} \,.$$

c) Mit derselben Gleichung wie in Teilaufgabe a ergibt sich die Energie eines gestreuten Photons zu

$$E_2 = \frac{h\,c}{\lambda_2} = \frac{1240\,\text{eV} \cdot \text{nm}}{0{,}0760\,\text{nm}} = 16{,}3\,\text{keV} \,.$$

L32.11 Der Impuls eines einfallenden Photons ist

$$p_1 = \frac{h}{\lambda_1} = \frac{6{,}626 \cdot 10^{-34}\,\text{J} \cdot \text{s}}{71{,}1\,\text{pm}} = 9{,}32 \cdot 10^{-24}\,\text{kg} \cdot \text{m} \cdot \text{s}^{-1} \,.$$

Mit der Compton-Gleichung erhalten wir für die Wellenlänge eines gestreuten Photons

$$\lambda_2 = \lambda_1 + \lambda_{\text{Compton}}\left(1 - \cos\theta\right)$$

$$= 71{,}1\,\text{pm} + (2{,}43 \cdot 10^{-12}\,\text{m})\left(1 - \cos 180°\right) = 76{,}0\,\text{pm} \,.$$

Wegen der Impulserhaltung gilt $p_1 = p_{\text{e}} + p_2$. Damit ist der Rückstoßimpuls, den das Elektron aufnimmt:

$$p_{\text{e}} = p_1 - p_2$$

$$= 9{,}32 \cdot 10^{-24}\,\text{kg} \cdot \text{m} \cdot \text{s}^{-1} - \left(-\frac{6{,}626 \cdot 10^{-34}\,\text{J} \cdot \text{s}}{76{,}0\,\text{pm}}\right)$$

$$= 1{,}80 \cdot 10^{-23}\,\text{kg} \cdot \text{m} \cdot \text{s}^{-1} \,.$$

Elektronen und Materiewellen

L32.12 a) Der Impuls ist gegeben durch $p = \sqrt{2\,m\,E_{\text{kin}}}$. Damit erhalten wir für das Elektron

$$p_{\text{e}} = \sqrt{2\,m_{\text{e}}\,E_{\text{kin}}}$$

$$= \sqrt{2\,(9{,}109 \cdot 10^{-31}\,\text{kg})\,(150\,\text{keV})\,\frac{1{,}602 \cdot 10^{-19}\,\text{C}}{\text{eV}}}$$

$$= 2{,}092 \cdot 10^{-22}\,\text{N} \cdot \text{s} = 2{,}09 \cdot 10^{-22}\,\text{N} \cdot \text{s} \,.$$

Dieser Wert ist jedoch nur eine Näherung für den nichtrelativistischen Fall $v \ll c$.

Für das Proton ergibt sich entsprechend

$$p_{\text{p}} = \sqrt{2\,m_{\text{p}}\,E_{\text{kin}}}$$

$$= \sqrt{2\,(1{,}673 \cdot 10^{-27}\,\text{kg})\,(150\,\text{keV})\,\frac{1{,}602 \cdot 10^{-19}\,\text{C}}{\text{eV}}}$$

$$= 8{,}967 \cdot 10^{-21}\,\text{N} \cdot \text{s} = 8{,}97 \cdot 10^{-21}\,\text{N} \cdot \text{s} \,,$$

Einführung in die Quantenphysik

und für das Alphateilchen erhalten wir schließlich

$$p_\alpha = \sqrt{2\,m_\alpha\,E_{\text{kin}}}$$

$$= \sqrt{(8\,\text{u})(1{,}661 \cdot 10^{-27}\,\text{kg} \cdot \text{u}^{-1})(150\,\text{keV})\frac{1{,}602 \cdot 10^{-19}\,\text{C}}{\text{eV}}}$$

$$= 1{,}787 \cdot 10^{-20}\,\text{N} \cdot \text{s} = 1{,}79 \cdot 10^{-20}\,\text{N} \cdot \text{s}\,.$$

b) Die De-Broglie-Wellenlänge ist gegeben durch $\lambda = h/p$. Damit erhalten wir für das Elektron

$$\lambda_e = \frac{h}{p_e} = \frac{6{,}626 \cdot 10^{-34}\,\text{J} \cdot \text{s}}{2{,}092 \cdot 10^{-22}\,\text{N} \cdot \text{s}} = 3{,}17\,\text{pm}\,,$$

für das Proton

$$\lambda_p = \frac{h}{p_p} = \frac{6{,}626 \cdot 10^{-34}\,\text{J} \cdot \text{s}}{8{,}967 \cdot 10^{-21}\,\text{N} \cdot \text{s}} = 73{,}9\,\text{pm}$$

und für das Alphateilchen

$$\lambda_\alpha = \frac{h}{p_\alpha} = \frac{6{,}626 \cdot 10^{-34}\,\text{J} \cdot \text{s}}{1{,}787 \cdot 10^{-20}\,\text{N} \cdot \text{s}} = 37{,}0\,\text{pm}\,.$$

L32.13 Wenn wir die kinetische Energie in eV einsetzen, ist die Wellenlänge gegeben durch $\lambda = (1{,}226/\sqrt{E_{\text{kin}}})$ nm. Auflösen nach der kinetischen Energie und Einsetzen der Werte ergibt

$$E_{\text{kin}} = \left(\frac{1{,}226\,\text{nm} \cdot (\text{eV})^{1/2}}{\lambda}\right)^2 = \left(\frac{1{,}226\,\text{nm} \cdot (\text{eV})^{1/2}}{0{,}257\,\text{nm}}\right)^2$$

$$= 22{,}8\,\text{eV}\,.$$

Berechnung von Aufenthaltswahrscheinlichkeiten und Erwartungswerten

L32.14 Die Wahrscheinlichkeit, das Teilchen im Intervall Δx anzutreffen, ist $P = P(x)\,\Delta x = \psi^2(x)\,\Delta x$. Das gegebene Intervall $\Delta x = 0{,}002\,d$ ist so klein, dass wir bei der Berechnung der Wahrscheinlichkeit die Variation von $\psi(x)$ vernachlässigen können. Wir müssen also nicht integrieren, sondern können direkt $\psi^2(x)\,\Delta x$ auswerten. Die Wellenfunktion im Grundzustand ist

$$\psi_1(x) = \sqrt{\frac{2}{d}}\,\sin\left(\frac{\pi x}{d}\right)\,.$$

Dies setzen wir ein und erhalten

$$P = \frac{2}{d}\sin^2\left(\frac{\pi x}{d}\right)\Delta x = \frac{2}{d}\sin^2\left(\frac{\pi x}{d}\right)(0{,}002\,d)$$

$$= 0{,}004\sin^2\left(\frac{\pi x}{d}\right)\,.$$

a) Bei $x = 4\,d$ erhalten wir

$$P = 0{,}004\sin^2\left(\frac{\pi(4\,d)}{d}\right) = 0{,}004\sin^2(4\,\pi) = 0\,.$$

b) Bei $x = d/2$ erhalten wir

$$P = 0{,}004\sin^2\left(\frac{\pi d}{2\,d}\right) = 0{,}004\sin^2\left(\frac{\pi}{2}\right) = 0{,}004\,.$$

c) Bei $x = 3\,d/4$ erhalten wir

$$P = 0{,}004\sin^2\left(\frac{3\,\pi d}{4\,d}\right) = 0{,}004\sin^2\left(\frac{3\,\pi}{4}\right) = 0{,}003\,.$$

L32.15 Die klassischen Erwartungswerte sind

$$\langle x \rangle = \int x P(x)\,\mathrm{d}x \quad \text{und} \quad \langle x^2 \rangle = \int x^2 P(x)\,\mathrm{d}x\,.$$

Wir setzen $P(x) = 1/d$ und erhalten

$$\langle x \rangle = \int_0^d \frac{x}{d}\,\mathrm{d}x = \frac{x^2}{2\,d}\bigg|_0^d = \tfrac{1}{2}\,d$$

sowie

$$\langle x^2 \rangle = \int_0^d \frac{x^2}{d}\,\mathrm{d}x = \frac{x^3}{3\,d}\bigg|_0^d = \tfrac{1}{3}\,d^2\,.$$

L32.16 Wir verwenden die Beziehung

$$\langle f(x) \rangle = \int f(x)\psi^2(x)\,\mathrm{d}x, \quad \text{mit}$$

$$\psi_n(x) = \sqrt{\frac{2}{d}}\,\sin\left(\frac{n\,\pi x}{d}\right)\,.$$

a) Für ein Teilchen im Zustand n ist

$$\langle x \rangle = \int_0^d \frac{2\,x}{d}\sin^2\left(\frac{n\,\pi x}{d}\right)\mathrm{d}x\,.$$

Wir ändern die Integrationsvariable, indem wir $\theta = n\,\pi x/d$ setzen. Dies ergibt

$$x = \frac{d}{n\,\pi}\,\theta \quad \text{und} \quad \mathrm{d}\theta = \frac{n\,\pi}{d}\,\mathrm{d}x \quad \text{sowie} \quad \mathrm{d}x = \frac{d}{n\,\pi}\,\mathrm{d}\theta\,.$$

Die Integrationsgrenzen für θ sind jetzt 0 und $n\,\pi$. Damit liefert die Integration

$$\langle x \rangle = \frac{2}{d}\int_0^{n\pi} \left(\frac{d}{n\,\pi}\,\theta\right)\sin^2\theta\left(\frac{d}{n\,\pi}\,\mathrm{d}\theta\right)$$

$$= \frac{2\,d}{n^2\,\pi^2}\int_0^{n\pi}\theta\sin^2\theta\,\mathrm{d}\theta\,.$$

Das Integral kann in Tabellen nachgeschlagen werden, und wir erhalten

$$\langle x \rangle = \frac{2\,d}{n^2\,\pi^2} \left[\frac{\theta^2}{4} - \frac{\theta\,\sin 2\theta}{4} - \frac{\cos 2\theta}{8} \right]_0^{n\pi}$$

$$= \frac{2\,d}{n^2\,\pi^2} \left(\frac{n^2\,\pi^2}{4} - \frac{n\,\pi\,\sin 2n\pi}{4} - \frac{\cos 2n\pi}{8} + \frac{1}{8} \right)$$

$$= \frac{2\,d}{n^2\,\pi^2} \left(\frac{n^2\,\pi^2}{4} - \frac{1}{8} + \frac{1}{8} \right) = \frac{d}{2}\,.$$

Für ein Teilchen im Zustand n ist

$$\langle x^2 \rangle = \int_0^d \frac{2\,x^2}{d} \sin^2\left(\frac{n\,\pi\,x}{d} \right) \mathrm{d}x\,.$$

Wir ändern die Integrationsvariable, indem wir $\theta = n\,\pi\,x/d$ setzen. Dies ergibt

$$x = \frac{d}{n\,\pi}\,\theta \quad \text{und} \quad \mathrm{d}\theta = \frac{n\,\pi}{d}\,\mathrm{d}x \quad \text{sowie} \quad \mathrm{d}x = \frac{d}{n\,\pi}\,\mathrm{d}\theta\,.$$

Die Integrationsgrenzen für θ sind jetzt 0 und $n\,\pi$. Damit liefert die Integration

$$\langle x^2 \rangle = \frac{2}{d} \int_0^{n\pi} \left(\frac{d}{n\,\pi}\,\theta \right)^2 \sin^2\theta \left(\frac{d}{n\,\pi}\,\mathrm{d}\theta \right)$$

$$= \frac{2\,d^2}{n^3\,\pi^3} \int_0^{n\pi} \theta^2 \sin^2\theta\,\mathrm{d}\theta\,.$$

Auch dieses Integral kann in Tabellen nachgeschlagen werden, und wir erhalten

$$\langle x^2 \rangle = \frac{2\,d^2}{n^3\,\pi^3} \left[\frac{\theta^2}{6} - \left(\frac{\theta^2}{4} - \frac{1}{8} \right) \sin 2\theta - \frac{\theta\,\cos 2\theta}{4} \right]_0^{n\pi}$$

$$= \frac{2\,d^2}{n^3\,\pi^3} \left(\frac{n^3\,\pi^3}{6} - \frac{n\,\pi}{4} \right) = \frac{d^2}{3} - \frac{d^2}{2\,n^2\,\pi^2}\,.$$

b) Bei sehr großen Werten von n wird der zweite Bruch in der letzten Gleichung vernachlässigbar klein, und das Ergebnis stimmt mit dem klassischen Wert $d^2/3$ überein, wie er in Aufgabe 32.15 berechnet wurde.

Allgemeine Aufgaben

L32.17 a) Mit der Einstein'schen Gleichung für die Photonenenergie erhalten wir

$$E_{\text{Photon}} = h\,\nu = \frac{h\,c}{\lambda} = \frac{1240\,\text{eV} \cdot \text{nm}}{400\,\text{nm}} = 3{,}100\,\text{eV} = 3{,}10\,\text{eV}\,.$$

b) Die in der Zeitspanne Δt auf eine Fläche auftreffende Lichtenergie E ist das Produkt aus der Intensität I, der Fläche A und der Zeitspanne Δt:

$$E = I\,A\,\Delta t = (100\,\text{W} \cdot \text{m}^{-2})\,(1{,}00 \cdot 10^{-4}\,\text{m}^2)\,(1{,}00\,\text{s})$$

$$= (0{,}0100\,\text{J})\,\frac{1\,\text{eV}}{1{,}602 \cdot 10^{-19}\,\text{J}} = 6{,}242 \cdot 10^{16}\,\text{eV}$$

$$= 6{,}24 \cdot 10^{16}\,\text{eV}\,.$$

c) Die Anzahl der in der Zeitspanne $1{,}00\,\text{s}$ auf die gegebene Fläche auftreffenden Photonen erhalten wir aus dem Quotienten der gesamten Energie und der Energie pro Photon:

$$n = \frac{E}{E_{\text{Photon}}} = \frac{6{,}242 \cdot 10^{16}\,\text{eV}}{3{,}100\,\text{eV}} = 2{,}08 \cdot 10^{16}\,.$$

L32.18 Gemäß der Einstein'schen Gleichung ist die Energie eines Photons $E_{\text{Photon}} = h\,c/\lambda$. Die Intensität I_{Photon}, die beim Einfall eines Photons pro Sekunde auf die Fläche A trifft, ist der Quotient aus der Leistung P und der Fläche A. Mit dem obigen Ausdruck für die Photonenenergie ergibt sich also

$$I_{\text{Photon}} = \frac{P}{A} = \frac{E_{\text{Photon}}}{A\,\Delta t} = \frac{h\,c}{\lambda\,A\,\Delta t}$$

$$= \frac{(1240\,\text{eV} \cdot \text{nm})\,(1{,}602 \cdot 10^{-19}\,\text{J} \cdot \text{eV}^{-1})}{(600\,\text{nm})\left[\dfrac{\pi}{4}\,(5 \cdot 10^{-3}\,\text{m})^2 \right](1\,\text{s})}$$

$$= 2 \cdot 10^{-14}\,\text{W} \cdot \text{m}^{-2}\,.$$

L32.19 Die Energie des gestreuten Photons ist $E' = h\,c/\lambda'$, und für seine Wellenlänge gilt

$$\lambda' = \lambda + \frac{h}{m_{\text{e}}\,c}\,(1 - \cos\theta)\,.$$

Darin ist λ die Wellenlänge des einfallenden Photons. Einsetzen in die obige Gleichung für E' ergibt

$$E' = \frac{h\,c}{\lambda + \dfrac{h}{m_{\text{e}}\,c}\,(1 - \cos\theta)} = \frac{h\,c/\lambda}{1 + \dfrac{h\,c}{m_{\text{e}}\,c^2\,\lambda}\,(1 - \cos\theta)}$$

$$= \frac{E}{1 + \dfrac{E}{m_{\text{e}}\,c^2}\,(1 - \cos\theta)}\,.$$

L32.20 Die Energie der n emittierten Photonen ist gemäß der Einstein'schen Gleichung gegeben durch $\Delta E = n\,h\,\nu = n\,h\,c/\lambda$. Die Leistung ist die Energie pro Zeit, und wir erhalten

$$P = \frac{\Delta E}{\Delta t} = \frac{n\,h\,c}{\lambda\,\Delta t}$$

$$= \frac{(5 \cdot 10^9)\,(6{,}626 \cdot 10^{-34}\,\text{J} \cdot \text{s})\,(2{,}998 \cdot 10^8\,\text{m} \cdot \text{s}^{-1})}{(850\,\text{nm})\,(10^{-8}\,\text{s})}$$

$$\approx 0{,}1\,\text{W}\,.$$

Anmerkung: Die Pulsdauer von 15 fs geht in die Rechnung nicht ein, und der Faktor $10^{-8}\,\text{s}$ im Nenner entspricht der reziproken Anzahl der Pulse pro Sekunde.

L32.21 a) Die Strahlungsleistung entspricht dem Produkt aus der Intensität I und der Querschnittsfläche A:

$$P = I\,A = (0{,}010\,\mathrm{W} \cdot \mathrm{m}^{-2})\,(0{,}010 \cdot 10^{-18}\,\mathrm{m}^2)$$
$$= (10^{-22}\,\mathrm{J} \cdot \mathrm{s}^{-1})\,\frac{1\,\mathrm{eV}}{1{,}602 \cdot 10^{-19}\,\mathrm{J}} = 6{,}242 \cdot 10^{-4}\,\mathrm{eV} \cdot \mathrm{s}^{-1}$$
$$= 6{,}2 \cdot 10^{-4}\,\mathrm{eV} \cdot \mathrm{s}^{-1}.$$

b) Für die Zeitspanne, die nötig wäre, bis die zugeführte Energie der Ablösearbeit entspricht, erhalten wir

$$\Delta t = \frac{\Delta E}{P} = \frac{W_{\mathrm{Abl}}}{P} = \frac{2\,\mathrm{eV}}{6{,}242 \cdot 10^{-4}\,\mathrm{eV} \cdot \mathrm{s}^{-1}} = 3204\,\mathrm{s}\,.$$

Das entspricht etwa 53 Minuten.

Anwendungen der Schrödinger-Gleichung

33

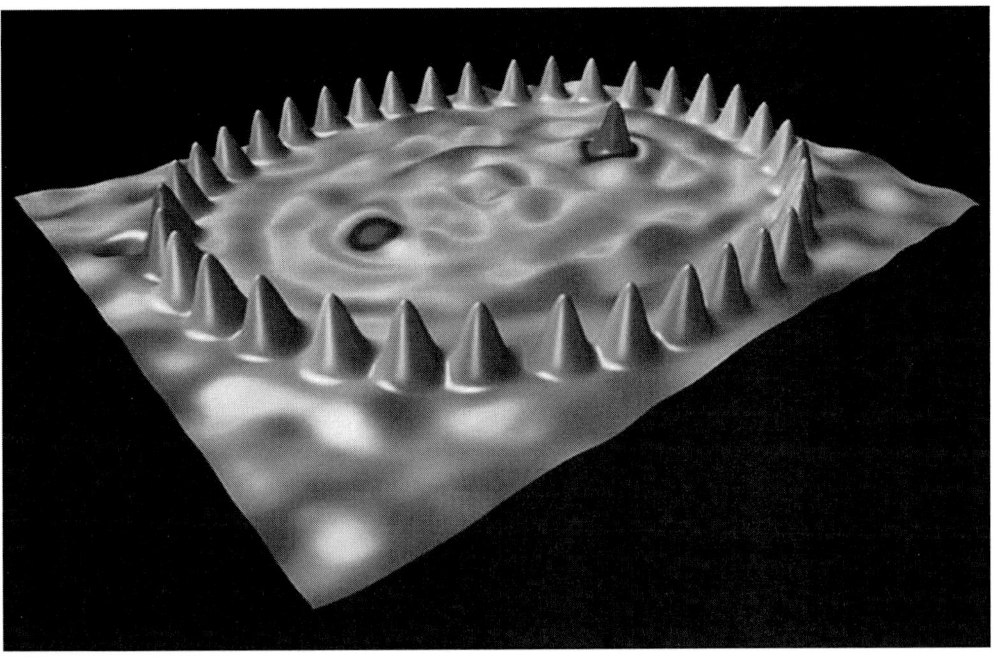

© Springer-Verlag GmbH Deutschland, ein Teil von Springer Nature 2019
A. Knochel (Hrsg.), *Arbeitsbuch zu Tipler/Mosca, Physik*, https://doi.org/10.1007/978-3-662-58919-9_33

Aufgaben

Verständnisaufgaben

33.1 • Skizzieren Sie für den Zustand $n = 4$ eines Teilchens in einem Kasten mit endlich hohem Potenzial a) die Wellenfunktion und b) die Wahrscheinlichkeitsdichte.

Die Schrödinger-Gleichung

33.2 •• Angenommen, $\psi_1(x)$ und $\psi_2(x)$ sind Lösungen der zeitunabhängigen Schrödinger-Gleichung

$$-\frac{\hbar^2}{2\,m} \frac{\mathrm{d}^2\psi(x)}{\mathrm{d}x^2} + E_{\text{pot}}(x)\,\psi(x) = E\,\psi(x).$$

Zeigen Sie, dass dann auch $\psi_3(x) = \psi_1(x) + \psi_2(x)$ eine Lösung ist. Diese Beziehung beschreibt das sogenannte Superpositionsprinzip, das für die Lösungen aller linearen Differenzialgleichungen gilt.

Der harmonische Oszillator

33.3 •• Mit dem Modell des harmonischen Oszillators kann man auch Schwingungen in Molekülen annähernd beschreiben. Beispielsweise weist das Wasserstoffmolekül H_2 äquidistante Energieniveaus der Schwingung auf, deren Abstand $8,7 \cdot 10^{-20}$ J beträgt. Wie hoch wäre dabei die Federkonstante, wenn man sich das halbe Molekül als einzelnes Wasserstoffatom vorstellt, das über eine Feder mit einer festen Wand verbunden ist? *Hinweis:* Der Abstand der Energieniveaus dieses halben Moleküls ist halb so groß wie der Abstand der Energieniveaus des vollständigen Moleküls. Außerdem ist die Kraftkonstante einer Feder umgekehrt proportional zu ihrer Länge im entspannten Zustand; wenn also die Hälfte der Feder die Kraftkonstante k_F hat, dann hat die gesamte Feder die Kraftkonstante $\frac{1}{2}\,k_F$.

33.4 •• Zeigen Sie, dass im Grundzustand des harmonischen Oszillators mit der Wellenfunktion $\psi_0(x) = A_0\,\mathrm{e}^{-ax^2}$ und der Normierungskonstanten $A_0 = (2\,m\,\omega_0/h)^{1/4}$ gilt:

$$\langle x^2 \rangle = \int x^2\,|\psi|^2\,\mathrm{d}x = \frac{\hbar}{2\,m\,\omega_0} = \frac{1}{4\,a}.$$

Zeigen Sie damit, dass die mittlere potenzielle Energie gleich der halben Gesamtenergie ist.

33.5 ••• Nach den Gesetzen der klassischen Physik ist die mittlere kinetische Energie des harmonischen Oszillators gleich seiner mittleren potenziellen Energie. Nehmen Sie an, dass dies auch für den quantenmechanischen harmonischen Oszillator gilt. Bestimmen Sie unter Verwendung des Ergebnisses von Aufgabe 33.4 den Erwartungswert von p_x^2 (wobei $p_x = m\,v_x$ ist) für den Grundzustand des eindimensionalen harmonischen Oszillators.

Reflexion und Transmission von Elektronenwellen: Barrierendurchdringung

33.6 •• Ein Teilchen mit der Energie E trifft auf eine Potenzialbarriere der Höhe W_0. Wie hoch muss der Quotient E/W_0 sein, damit der Reflexionskoeffizient gleich $\frac{1}{2}$ ist?

33.7 •• Ein Elektron mit der kinetischen Energie 10 eV trifft auf eine Potenzialbarriere der Höhe 25 eV und der Breite 1,0 nm. a) Berechnen Sie mit der Beziehung

$$T = \mathrm{e}^{-2\alpha a}, \qquad \text{mit} \quad \alpha a \gg 1$$

die Größenordnung der Wahrscheinlichkeit, mit der das Elektron durch die Barriere tunnelt. b) Wiederholen Sie die Berechnung für eine Barrierenbreite von 0,10 nm.

Die Schrödinger-Gleichung in drei Dimensionen

33.8 •• Ein Teilchen ist in einem dreidimensionalen Kasten mit den Kantenlängen d_1 und $d_2 = 2\,d_1$ sowie $d_3 = 3\,d_1$ eingeschlossen. a) Ermitteln Sie die Quantenzahlen n_1, n_2 und n_3 des Teilchens für die zehn energetisch niedrigsten Quantenzustände. (Hierfür kann ein Tabellenkalkulationsprogramm hilfreich sein.) b) Gibt es Quantenzahlen, die entarteten Energieniveaus entsprechen, und welche sind dies gegebenenfalls? c) Geben Sie eine Wellenfunktion für den fünften angeregten Zustand an. (Es gibt nur fünf Zustände, die Energien unterhalb des Energieniveaus des fünften angeregten Zustands haben.)

33.9 •• Ein Teilchen ist darauf beschränkt, sich innerhalb eines zweidimensionalen Gebiets frei zu bewegen, das definiert ist durch $0 \leq x \leq d$ und $0 \leq y \leq d$. Ermitteln Sie: a) die Wellenfunktionen, die diese Bedingungen erfüllen und Lösungen der Schrödinger-Gleichung sind; b) die diesen Wellenfunktionen entsprechenden Energien; c) die Quantenzahlen der zwei energetisch niedrigsten entarteten Zustände; d) die Quantenzahlen der drei energetisch niedrigsten Zustände mit gleichen Energien.

Die Schrödinger-Gleichung für zwei identische Teilchen

33.10 • Wie hoch ist die Energie des Grundzustands von sieben identischen, nicht wechselwirkenden Fermionen in einem eindimensionalen Kasten der Länge d? (Weil die mit dem Spin korrelierte Quantenzahl zwei Werte haben kann, kann jeder räumliche Zustand zwei Fermionen enthalten.)

Orthogonalität von Wellenfunktionen

Vorbemerkung: Das Integral zweier Funktionen über dasselbe Raumintervall weist Analogien zum Skalarprodukt zweier Vektoren auf. Wenn dieses Integral null ist, dann bezeichnet man *die Funktionen als orthogonal (was zwei aufeinander senkrecht stehenden Vektoren entspricht). Die folgende Aufgabe illustriert das Prinzip, nach dem zwei Wellenfunktionen orthogonal sind, die verschiedenen Energiezuständen im selben Potenzial entsprechen. Hinweis: Das Integral $\int_{x_1}^{x_2} f(x)$ ist gleich null, wenn x_1 gleich $-x_2$ und $f(x)$ gleich $-f(-x)$ ist.*

33.11 •• Die Wellenfunktionen

$$\psi_n(x) = A \sin \frac{n\,\pi\,x}{d} \qquad \text{mit} \qquad n = 1, 2, 3, \ldots$$

entsprechen einem Teilchen in einem Kasten, der sich von 0 bis d erstreckt und ein unendlich hohes Potenzial hat. Zeigen Sie, dass hierfür gilt: $\int_0^d \psi_m(x)\,\psi_n(x)\,\mathrm{d}x = 0$, wenn m und n ganze positive Zahlen sind und $m \neq n$ ist. Mit anderen Worten: Zeigen sie, dass die Wellenfunktionen orthogonal sind.

Allgemeine Aufgaben

33.12 •• Ein Teilchen ist in einem zweidimensionalen Kasten eingeschlossen, wobei folgende Randbedingungen gelten: $E_{\mathrm{pot}}(x, y) = 0$ für $-d/2 \leq x \leq d/2$ und $-3\,d/2 \leq y \leq 3\,d/2$ sowie $E_{\mathrm{pot}} = \infty$ außerhalb dieser Bereiche. a) Bestimmen Sie die Energien der drei energetisch niedrigsten Zustände. Sind unter ihnen entartete Zustände? b) Ermitteln Sie die Quantenzahlen der zwei energetisch niedrigsten entarteten Zustände und berechnen Sie deren Energie.

33.13 ••• In dieser Aufgabe soll der Ausdruck für die Energie des Grundzustands des harmonischen Oszillators hergeleitet werden, und zwar mit der exakten Formulierung der Heisenberg'schen Unschärferelation: $\Delta x\,\Delta p_x \geq \hbar/2$. Darin sind Δx und Δp_x als die Standardabweichungen definiert:

$$(\Delta x)^2 = \langle (x - \langle x \rangle)^2 \rangle \quad \text{und} \quad (\Delta p_x)^2 = \langle (p_x - \langle p_x \rangle)^2 \rangle \,.$$

Gehen Sie folgermaßen vor:

1. Stellen Sie den klassischen Ausdruck für die Gesamtenergie in Abhängigkeit von der Position x und vom Impuls p_x auf. Verwenden Sie dabei die Beziehungen $E_{\mathrm{pot}}(x) = \frac{1}{2}\,m\,\omega_0^2\,x^2$ und $E_{\mathrm{kin}} = \frac{1}{2}\,p_x^2/m$.

2. Zeigen Sie, dass gilt:

$$(\Delta x)^2 = \langle (x - \langle x \rangle)^2 \rangle = \langle x^2 \rangle - \langle x \rangle^2$$

und

$$(\Delta p_x)^2 = \langle (p_x - \langle p_x \rangle)^2 \rangle = \langle p_x^2 \rangle - \langle p_x \rangle^2 \,.$$

3. Zeigen Sie anhand der Symmetrie der Funktion der potenziellen Energie, dass $\langle x \rangle$ und $\langle p_x \rangle$ null sein müssen, sodass gilt: $(\Delta x)^2 = \langle x^2 \rangle$ und $(\Delta p_x)^2 = \langle p_x^2 \rangle$.

4. Setzen Sie $\Delta p_x\,\Delta x = \hbar/2$ und eliminieren Sie damit $\langle p_x^2 \rangle$ aus dem Ausdruck

$$\langle E \rangle = \langle \tfrac{1}{2}\,p_x^2/m + \tfrac{1}{2}\,m\,\omega_0^2\,x^2 \rangle = \tfrac{1}{2}\,\langle p_x^2 \rangle/m + \tfrac{1}{2}\,m\,\omega_0^2 \langle x^2 \rangle$$

für die mittlere Energie. Drücken Sie diese aus durch $\langle E \rangle = \hbar^2/(8\,m\,Z) + \frac{1}{2}\,m\,\omega_0^2\,Z$, wobei $Z = \langle x^2 \rangle$ ist.

5. Setzen Sie $\mathrm{d}E/\mathrm{d}Z = 0$, um den Wert von Z zu ermitteln, für den E ein Minimum hat.

6. Zeigen Sie, dass die minimale mittlere Energie gegeben ist durch $\langle E \rangle_{\mathrm{min}} = +\frac{1}{2}\,\hbar\,\omega_0$.

33.14 ••• Ein Teilchen mit der Masse m, das sich nahe der Erdoberfläche bei $z = 0$ befindet, hat folgende potenzielle Energie:

$$
\begin{aligned}
E_{\mathrm{pot}} &= m\,g\,z &\quad &\text{für} \quad z > 0 \\
E_{\mathrm{pot}} &= \infty &\quad &\text{für} \quad z < 0 \,.
\end{aligned}
$$

Skizzieren Sie die Abhängigkeit der potenziellen Energie E_{pot} von der Höhe z und zeichnen Sie für irgendeinen positiven Wert der Gesamtenergie E das nach den klassischen Gesetzen erlaubte Gebiet ein. Skizzieren Sie auch die Abhängigkeit der klassischen kinetischen Energie von z. Die Schrödinger-Gleichung ist in diesem Fall schwierig zu lösen. Bewerten Sie die Krümmung der Wellenfunktion, wie sie durch die Schrödinger-Gleichung gegeben ist. Skizzieren Sie jeweils den Verlauf der Wellenfunktion für den Grundzustand und für die beiden ersten angeregten Zustände.

33.15 •• Der Maser wurde vor dem Laser entwickelt und arbeitet nach einem vergleichbaren Prinzip im Mikrowellenbereich. In dieser Aufgabe betrachten wir ein System, das als Modell für die Zustände eines Ammoniak-Masers verwendet werden kann. Die beiden Zustände niedrigster Energie des Ammoniakmoleküls sind durch die Wellenfunktionen

$$\psi_1(\boldsymbol{x}, t) = \phi_1(\boldsymbol{x})e^{-iE_1 t/\hbar} \quad \text{und} \quad \psi_2(\boldsymbol{x}, t) = \phi_2(\boldsymbol{x})e^{-iE_2 t/\hbar}$$

gegeben, wobei $\boldsymbol{x}$ die Position des Wasserstoffatoms ist. Im Ammoniak beträgt der Energieunterschied zwischen den beiden relevanten Zuständen ca. $E_2 - E_1 \approx 9{,}87 \cdot 10^{-5}$ eV. Wir bringen das System jetzt in den Überlagerungszustand

$$\psi(\boldsymbol{x}, t) = \frac{1}{\sqrt{2}}\Big(\psi_1(\boldsymbol{x}, t) + \psi_2(\boldsymbol{x}, t)\Big).$$

a) Zeigen Sie, dass zum Zeitpunkt $t = 0$ die Ortswellenfunktion $(\phi_1 + \phi_2)/\sqrt{2}$ vorliegt. b) Klammern Sie das zeitabhängige Exponential in ψ_1 aus dem gesamten Zustand ψ aus. c) Zeigen Sie anhand des verbliebenen Ausdrucks in der Klammer, dass der Überlagerungszustand zwischen den Ortswellenfunktionen $(\phi_1 + \phi_2)/\sqrt{2}$ und $(\phi_1 - \phi_2)/\sqrt{2}$ hin und her oszilliert. d) Nach welcher Zeit hat das System eine vollständige Oszillation durchgeführt und kehrt wieder zur Ausgangsverteilung $(\phi_1 + \phi_2)/\sqrt{2}$ zurück? Leiten Sie daraus die Frequenz des Ammoniak-Masers ab.

Lösungen zu den Aufgaben

Verständnisaufgaben

L33.1 a) Die Wellenfunktion für den Zustand $n = 4$ muss im Bereich $0 < x < d$ vier Extrema aufweisen und in den Bereichen $x < 0$ und $x > d$ gegen null gehen.

a) Die Wellenfunktion hat folgendes Aussehen:

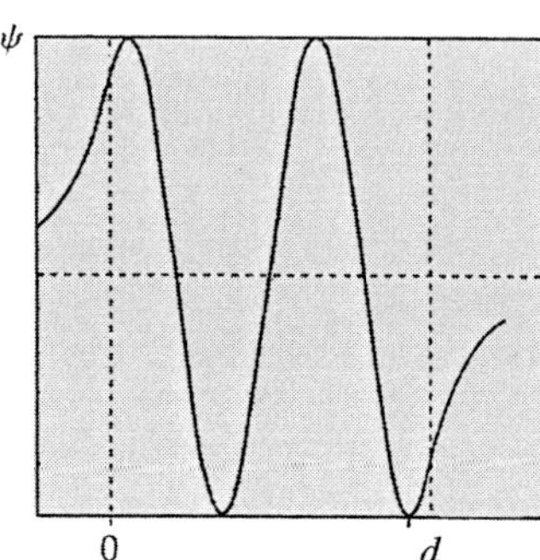

b) Das Quadrat der Wellenfunktion hat folgendes Aussehen:

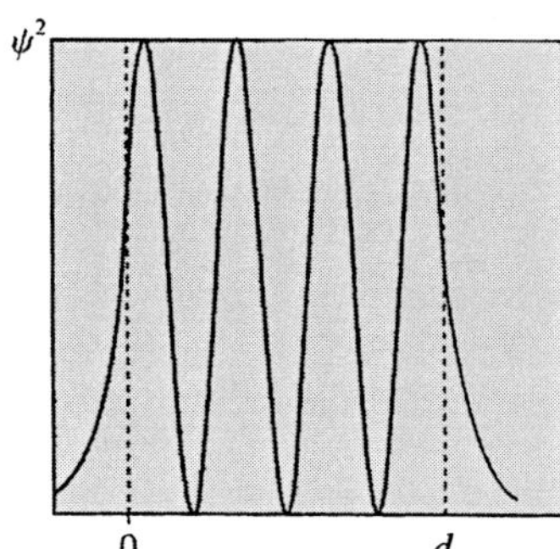

Die Schrödinger-Gleichung

L33.2 Die zeitunabhängige Schrödinger-Gleichung lautet

$$-\frac{\hbar^2}{2\,m}\,\frac{\mathrm{d}^2\psi(x)}{\mathrm{d}x^2} + E_{\mathrm{pot}}(x)\,\psi(x) = E\,\psi(x).$$

Wenn $\psi_1(x)$ und $\psi_2(x)$ Lösungen dieser Gleichung sind, muss gelten

$$-\frac{\hbar^2}{2\,m}\,\frac{\mathrm{d}^2\psi_1(x)}{\mathrm{d}x^2} + E_{\mathrm{pot}}(x)\,\psi_1(x) = E\,\psi_1(x)$$

und

$$-\frac{\hbar^2}{2\,m}\,\frac{\mathrm{d}^2\psi_2(x)}{\mathrm{d}x^2} + E_{\mathrm{pot}}(x)\,\psi_2(x) = E\,\psi_2(x).$$

Die Addition dieser beiden Gleichungen ergibt

$$-\frac{\hbar^2}{2\,m}\left(\frac{\mathrm{d}^2\psi_1(x)}{\mathrm{d}x^2} + \frac{\mathrm{d}^2\psi_2(x)}{\mathrm{d}x^2}\right) + E_{\mathrm{pot}}(x)\,[\psi_1(x) + \psi_2(x)]$$
$$= E\,[\psi_1(x) + \psi_2(x)]. \qquad (1)$$

Weil hierin die zweite Ableitung der Wellenfunktionen nach x auftritt, leiten wir auch die Funktion $\psi_3(x) = \psi_1(x) + \psi_2(x)$ zweimal ab. Dies ergibt

$$\frac{\mathrm{d}\psi_3(x)}{\mathrm{d}x} = \frac{\mathrm{d}\psi_1(x)}{\mathrm{d}x} + \frac{\mathrm{d}\psi_2(x)}{\mathrm{d}x}$$

und

$$\frac{\mathrm{d}^2\psi_3(x)}{\mathrm{d}x^2} = \frac{\mathrm{d}^2\psi_1(x)}{\mathrm{d}x^2} + \frac{\mathrm{d}^2\psi_2(x)}{\mathrm{d}x^2}.$$

Das setzen wir in Gleichung 1 ein und erhalten

$$-\frac{\hbar^2}{2\,m}\,\frac{\mathrm{d}^2\psi_3(x)}{\mathrm{d}x^2} + E_{\mathrm{pot}}(x)\,\psi_3(x) = E\,\psi_3(x).$$

Daraus geht unmittelbar hervor, dass $\psi_3(x)$ eine Lösung der eingangs angegebenen Schrödinger-Gleichung ist.

Der harmonische Oszillator

L33.3 Für die Federkonstante oder Kraftkonstante gilt $k_{\mathrm{F}} = m\,\omega^2$. Darin ist m die Masse und ω die Eigenfrequenz des Moleküls. Für die Energiedifferenz bei einem Übergang gilt

$$\Delta E = h\,\nu = \frac{h\,\omega}{2\,\pi} = \hbar\,\omega.$$

Daraus folgt $\omega = \Delta E/\hbar$. Dies setzen wir in die obige Beziehung für die Kraftkonstante ein und erhalten

$$k_{\mathrm{F}} = m\left(\frac{\Delta E}{\hbar}\right)^2$$
$$= (1\,\mathrm{u})\,\frac{1{,}661 \cdot 10^{-27}\,\mathrm{kg}}{1\,\mathrm{u}}\left(\frac{8{,}7 \cdot 10^{-20}\,\mathrm{J}}{1{,}055 \cdot 10^{-34}\,\mathrm{J \cdot s}}\right)^2$$
$$= 1{,}1\,\mathrm{kN \cdot m^{-1}}.$$

Anmerkungen: Dieser Wert ähnelt dem von gewöhnlichen Federn. Außerdem hätten wir streng genommen die reduzierte Masse des Wasserstoffmoleküls ansetzen müssen, anstatt als einfaches Modell ein Wasserstoffatom anzunehmen, das mit einer starren Wand verbunden ist.

L33.4 Die Wellenfunktion des harmonischen Oszillators im Grundzustand ist

$$\psi = A_0\,\mathrm{e}^{-a x^2} \qquad \mathrm{mit} \qquad a = \frac{m\,\omega_0}{2\,\hbar}.$$

Damit ermitteln wir den Erwartungswert

$$\langle x^2 \rangle = \int_{-\infty}^{+\infty} x^2 \, |\psi^2| \, dx = A_0^2 \int_{-\infty}^{+\infty} x^2 \, e^{-2ax^2} \, dx$$

$$= 2 \, A_0^2 \int_{0}^{+\infty} x^2 \, e^{-2ax^2} \, dx \, .$$

Die Lösung dieses Integrals kann in Tabellen nachgeschlagen werden, und wir erhalten

$$\langle x^2 \rangle = 2 \, A_0^2 \, \frac{1}{4} \, \sqrt{\frac{\pi}{(2\,a)^3}} = \frac{A_0^2}{4\,a} \, \sqrt{\frac{\pi}{2\,a}} \, .$$

Die Normierungsbedingung lautet

$$1 = \int_{-\infty}^{+\infty} |\psi|^2 \, dx = A_0^2 \int_{-\infty}^{+\infty} e^{-2ax^2} \, dx = 2 \, A_0^2 \int_{0}^{+\infty} e^{-2ax^2} \, dx \, .$$

Auch die Lösung dieses Integrals kann in Tabellen nachgeschlagen werden, und es ergibt sich

$$1 = 2 \, A_0^2 \, \frac{1}{2} \, \sqrt{\frac{\pi}{2\,a}} = A_0^2 \, \sqrt{\frac{\pi}{2\,a}} \quad \text{und daraus} \quad A_0^2 = \sqrt{\frac{2\,a}{\pi}} \, .$$

Dies und $a = m\,\omega_0/(2\,\hbar)$ setzen wir in den zuvor ermittelten Ausdruck für $\langle x^2 \rangle$ ein:

$$\langle x^2 \rangle = \frac{1}{4\,a} \, \sqrt{\frac{2\,a}{\pi}} \, \sqrt{\frac{\pi}{2\,a}} = \frac{1}{4\,a} \, .$$

Wiederum mit $a = m\,\omega_0/(2\,\hbar)$ erhalten wir

$$\langle x^2 \rangle = \frac{2\,\hbar}{4\,m\,\omega_0} = \frac{\hbar}{2\,m\,\omega_0} \, ,$$

und für die mittlere potenzielle Energie des harmonischen Oszillators ergibt sich

$$\langle E_{\text{pot}} \rangle = \tfrac{1}{2} \, m \, \omega_0^2 \, \langle x^2 \rangle = \tfrac{1}{2} \, m \, \omega_0^2 \, \frac{\hbar}{2\,m\,\omega_0} = \tfrac{1}{4} \, \hbar \, \omega_0 = \tfrac{1}{2} \, E_0 \, .$$

L33.5 Nach den Gesetzen der klassischen Physik ist die mittlere kinetische Energie des harmonischen Oszillators gleich seiner mittleren potenziellen Energie. Also gilt

$$\frac{\langle p_x^2 \rangle}{2\,m} = \tfrac{1}{2} \, k_{\text{F}} \, \langle x^2 \rangle \quad \text{und daher} \quad \langle p_x^2 \rangle = m \, k_{\text{F}} \, \langle x^2 \rangle \, .$$

Mit $\omega^2 = k_{\text{F}}/m$ wird daraus

$$\langle p_x^2 \rangle = m^2 \, \omega_0^2 \, \langle x^2 \rangle \, . \tag{1}$$

Wir müssen folgenden Ausdruck auswerten:

$$\langle x^2 \rangle = \int_{-\infty}^{+\infty} x^2 \, |\psi|^2 \, dx = A_0^2 \int_{-\infty}^{+\infty} x^2 \, e^{-2ax^2} \, dx \, . \tag{2}$$

Darin ist $a = m \, \omega_0/(2\,\hbar)$. Wir setzen nun $y^2 = 2\,a\,x^2$. Dann ist

$$x^2 = \frac{y^2}{2\,a} \quad \text{und} \quad dx = \frac{y \, dy}{2\,a\,x} \, ,$$

und es ergibt sich

$$\int_{-\infty}^{+\infty} \frac{y^2}{2\,a} \, e^{-y^2} \, \frac{y \, dy}{2\,a\,x} = \int_{-\infty}^{+\infty} \frac{y^3}{2\,a} \, e^{-y^2} \, \frac{\sqrt{2\,a}}{2\,a\,y} \, dy$$

$$= \frac{1}{(2\,a)^{3/2}} \int_{-\infty}^{+\infty} y^2 \, e^{-y^2} \, dy \, .$$

Die Lösung dieses Integrals kann in Tabellen nachgeschlagen werden und lautet

$$\int_{-\infty}^{+\infty} y^2 \, e^{-y^2} \, dy = \frac{1}{2} \, \sqrt{\pi} \, .$$

Dies und $A_0 = (2\,m\,\omega_0/h)^{1/4}$ setzen wir in Gleichung 2 ein:

$$\langle x^2 \rangle = \frac{1}{(2\,a)^{3/2}} \left(\frac{2\,m\,\omega_0}{h} \right)^{1/2} \frac{1}{2} \, \sqrt{\pi}$$

$$= \frac{1}{(m\,\omega_0/\hbar)^{3/2}} \left(\frac{2\,m\,\omega_0}{h} \right)^{1/2} \frac{1}{2} \, \sqrt{\pi} = \frac{\hbar}{2\,m\,\omega_0} \, .$$

Das setzen wir in Gleichung 1 ein:

$$\langle p_x^2 \rangle = m^2 \, \omega_0^2 \, \frac{\hbar}{2\,m\,\omega_0} = \tfrac{1}{2} \, \hbar \, m \, \omega_0 \, .$$

Reflexion und Transmission von Elektronenwellen: Barrierendurchdringung

L33.6 Im Bereich mit $E_{\text{pot}} = 0$ ist

$$E = \frac{\hbar^2 \, k_1^2}{2\,m} \quad \text{und daher} \quad k_1 = \sqrt{\frac{2\,m\,E}{\hbar^2}} \, .$$

Im Bereich mit $E_{\text{pot}} = W_0$ gilt entsprechend

$$E - W_0 = \frac{\hbar^2 \, k_2^2}{2\,m} \quad \text{und daher} \quad k_2 = \sqrt{\frac{2\,m\,(E - W_0)}{\hbar^2}} \, .$$

Wir bezeichnen den Quotienten beider Wellenzahlen mit r und erhalten für ihn

$$r = \frac{k_2}{k_1} = \frac{\sqrt{2\,m\,(E - W_0)/\hbar^2}}{\sqrt{2\,m\,E/\hbar^2}} = \sqrt{1 - \frac{W_0}{E}} \, .$$

Damit ergibt sich $W_0/E = 1 - r^2$.

Ebenfalls mit $r = k_2/k_1$ erhalten wir für den Reflexionskoeffizienten

$$R = \frac{(k_1 - k_2)^2}{(k_1 + k_2)^2} = \frac{(1 - k_2/k_1)^2}{(1 + k_2/k_1)^2} = \frac{(1 - r)^2}{(1 + r)^2},$$

und der Quotient der Wellenzahlen ist daher

$$r = \frac{1 - \sqrt{R}}{1 + \sqrt{R}}.$$

Das setzen wir in den obigen Ausdruck für den Quotienten der Energien ein:

$$\frac{W_0}{E} = 1 - r^2 = 1 - \left(\frac{1 - \sqrt{R}}{1 + \sqrt{R}}\right)^2.$$

Nun bilden wir den Reziprokwert und setzen den gegebenen Wert $R = \frac{1}{2}$ ein:

$$\frac{E}{W_0} = \left[1 - \left(\frac{1 - \sqrt{R}}{1 + \sqrt{R}}\right)^2\right]^{-1} = \left[1 - \left(\frac{1 - \sqrt{0{,}5}}{1 + \sqrt{0{,}5}}\right)^2\right]^{-1} = 1{,}03.$$

L33.7 a) Der Transmissionskoeffizient ist $T = \mathrm{e}^{-2\alpha a}$, mit

$$\alpha = \sqrt{\frac{2\,m\,(W_0 - E)}{\hbar^2}} = \frac{\sqrt{2\,m\,(W_0 - E)}}{\hbar}.$$

Wir erweitern den Bruch mit c und erhalten für das Elektron, das die Masse m_e hat:

$$\alpha = \frac{\sqrt{2\,m_\mathrm{e}\,c^2\,(W_0 - E)}}{\hbar\,c}.$$

Mit $\hbar c = 1{,}974 \cdot 10^{-13}\,\mathrm{MeV \cdot m}$ und $m_\mathrm{e} c^2 = 511\,\mathrm{keV}$ sowie $a = 1{,}0\,\mathrm{nm}$ erhalten wir

$$T = \mathrm{e}^{-2\alpha a}$$
$$= \exp\left[-2\,\frac{\sqrt{2\,(511\,\mathrm{keV})\,(25 - 10)\,\mathrm{eV}}}{1{,}974 \cdot 10^{-13}\,\mathrm{MeV \cdot m}}\,(1{,}0 \cdot 10^{-9}\,\mathrm{m})\right]$$
$$= 5{,}9 \cdot 10^{-18} \approx 10^{-17}.$$

b) Für $a = 0{,}10\,\mathrm{nm}$ ergibt sich entsprechend

$$T = \exp\left[-2\,\frac{\sqrt{2\,(511\,\mathrm{keV})\,(25 - 10)\,\mathrm{eV}}}{1{,}974 \cdot 10^{-13}\,\mathrm{MeV \cdot m}}\,(0{,}10 \cdot 10^{-9}\,\mathrm{m})\right]$$
$$= 1{,}9 \cdot 10^{-2} \approx 10^{-2}.$$

Die Schrödinger-Gleichung in drei Dimensionen

L33.8 a) Mit den Kantenlängen d_1, d_2, d_3 sowie den Quantenzahlen n_1, n_2, n_3 sind die erlaubten Gesamtenergien gegeben durch

$$E_{n_1, n_2, n_3} = \frac{\hbar^2 \pi^2}{2\,m}\left(\frac{n_1^2}{d_1^2} + \frac{n_2^2}{d_2^2} + \frac{n_3^2}{d_3^2}\right).$$

Mit den gegebenen Faktoren $d_2 = 2\,d_1$ und $d_3 = 3\,d_1$ der Kastenlängen erhalten wir daraus

$$E_{n_1, n_2, n_3} = \frac{\hbar^2 \pi^2}{2\,m}\left(\frac{n_1^2}{d_1^2} + \frac{n_2^2}{4\,d_1^2} + \frac{n_3^2}{9\,d_1^2}\right)$$
$$= \frac{h^2}{8\,m\,d_1^2}\left(n_1^2 + \frac{n_2^2}{4} + \frac{n_3^2}{9}\right)$$
$$= \frac{h^2}{288\,m\,d_1^2}\,(36\,n_1^2 + 9\,n_2^2 + n_3^2).$$

In der Tabelle sind die sich damit ergebenden niedrigsten Energieniveaus, in Vielfachen von $h^2/(288\,m\,d_1^2)$, mit den zugehörigen Quantenzahlen aufgeführt.

n_1	n_2	n_3	E_{n_1, n_2, n_3}
1	1	1	46
1	1	2	49
1	1	3	54
1	1	4	61
1	1	5	70
1	2	1	73
1	2	2	76
1	1	6	81
1	2	3	81
1	2	4	88

b) Die Quantenzahlen, die entarteten Energieniveaus entsprechen, sind $(1, 1, 6)$ und $(1, 2, 3)$.

c) Der fünfte angeregte Zustand hat die Quantenzahlen

$$(n_1, n_2, n_3) = (1, 2, 1),$$

und seine Wellenfunktion lautet

$$\psi(1, 2, 1) = A \sin\left(\frac{\pi}{d_1}\,x\right)\,\sin\left(\frac{\pi}{d_1}\,y\right)\,\sin\left(\frac{\pi}{3\,d_1}\,z\right).$$

L33.9 a) Die Lösung der zeitunabhängigen Schrödinger-Gleichung in zwei Dimensionen lautet

$$\psi(x, y) = A \sin k_1 x \,\sin k_2 y = A \sin\left(\frac{n_1 \pi}{d}\,x\right)\,\sin\left(\frac{n_2 \pi}{d}\,y\right).$$

Darin sind n_1 und n_2 ganze Zahlen.

b) Die Energien, die den Wellenfunktionen in Teilaufgabe a entsprechen, sind gegeben durch

$$E_{n_1, n_2} = \frac{h^2}{8\,m\,d^2}\,(n_1^2 + n_2^2).$$

c) Die Quantenzahlen der zwei energetisch niedrigsten Zustände, die die gleiche Energie haben, sind $(1, 2)$ und $(1, 1)$.

d) Die drei energetisch niedrigsten Zustände, die gleiche Energien haben, sind in der Tabelle in Vielfachen von $h^2/(8\,m\,d^2)$ zusammen mit den Quantenzahlen $(1, 7)$, $(7, 1)$ und $(5, 5)$ aufgeführt.

n_1	n_2	E_{n_1,n_2}
1	7	50
7	1	50
5	5	50

Die Schrödinger-Gleichung für zwei identische Teilchen

L33.10 Bei Fermionen ist die Spinquantenzahl $\frac{1}{2}$, und jeweils zwei dieser Teilchen können denselben räumlichen Zustand besetzen. Die kleinstmögliche Gesamtenergie von 7 Fermionen, also im Grundzustand, ist

$$E_{1,\,7\,\text{Fermionen}} = E_1 \left[2 \cdot (1^2 + 2^2 + 3^2) + 4^2 \right] = 44\, E_1 \,.$$

Darin ist E_1 die Energie eines Fermions, das sich im Grundzustand in einem eindimensionalen Kasten befindet. Für diese Energie gilt

$$E_1 = \frac{h^2}{8\,m\,d^2}\,,$$

und wir erhalten $E_{1,\,7\,\text{Fermionen}} = 44 \cdot \dfrac{h^2}{8\,m\,d^2} = \dfrac{11\,h^2}{2\,m\,d^2}$.

Orthogonalität von Wellenfunktionen

L33.11 Es ist zu zeigen, dass (mit ungleichen ganzen Zahlen n und m) Folgendes gilt:

$$\int_0^d \sin\frac{n\,\pi\,x}{d}\,\sin\frac{m\,\pi\,x}{d}\,\mathrm{d}x = 0\,.$$

Mit der trigonometrischen Umformung

$$\sin a\alpha\,\sin b\alpha = \tfrac{1}{2}\left\{\cos\left[(a-b)\alpha\right] - \cos\left[(a+b)\alpha\right]\right\}$$

erhalten wir

$$\sin\frac{n\,\pi\,x}{d}\,\sin\frac{m\,\pi\,x}{d}$$
$$= \frac{1}{2}\left\{\cos\left[(n-m)\frac{\pi\,x}{d}\right] - \cos\left[(n+m)\frac{\pi\,x}{d}\right]\right\}\,.$$

Dies setzen wir in die erste Gleichung ein:

$$\int_0^d \frac{1}{2}\left\{\cos\left[(n-m)\frac{\pi\,x}{d}\right] - \cos\left[(n+m)\frac{\pi\,x}{d}\right]\right\}\,\mathrm{d}x$$
$$= \frac{d}{\pi}\left[\frac{\sin\left[(n-m)\frac{\pi\,x}{d}\right]}{n-m} - \frac{\sin\left[(n+m)\frac{\pi\,x}{d}\right]}{n+m}\right]_0^d\,.$$

Wenn n und m ungleiche ganze Zahlen sind, dann sind die Sinusfunktionen bei den Integrationsgrenzen $x = 0$ und $x = d$ gleich null. Also ist für $n \neq m$ die eingangs angeführte Gleichung erfüllt.

Allgemeine Aufgaben

L33.12 a) Die Energieniveaus in einem zweidimensionalen Kasten mit den Längen $d_1 = d$ und $d_2 = 3\,d$ sind gegeben durch

$$E_{n_1,n_2} = \frac{h^2}{8\,m}\left(\frac{n_1^2}{d_1^2} + \frac{n_2^2}{d_2^2}\right) = \frac{h^2}{8\,m}\left(\frac{n_1^2}{d^2} + \frac{n_2^2}{9\,d^2}\right)$$
$$= \frac{h^2}{72\,m\,d^2}\left(9\,n_1^2 + n_2^2\right)\,.$$

Für die drei Zustände mit den niedrigsten Energien gilt

$$E_{1,1} = \frac{h^2}{72\,m\,d^2}\,(9+1) = \frac{5\,h^2}{36\,m\,d^2}\,,$$
$$E_{1,2} = \frac{h^2}{72\,m\,d^2}\,(9+4) = \frac{13\,h^2}{72\,m\,d^2}\,,$$
$$E_{1,3} = \frac{h^2}{72\,m\,d^2}\,(9+9) = \frac{h^2}{4\,m\,d^2}\,.$$

Keiner dieser Zustände ist entartet.

b) Wir bezeichnen die Quantenzahlen eines Zustands mit n_1, n_2 und die eines anderen Zustands mit m_1, m_2. Die Energien dieser Zustände sind gemäß der eingangs ermittelten Gleichung gegeben durch

$$E_{n_1,n_2} = \frac{h^2}{72\,m\,d^2}\,(9\,n_1^2 + n_2^2)$$
$$E_{m_1,m_2} = \frac{h^2}{72\,m\,d^2}\,(9\,m_1^2 + m_2^2)\,.$$

Entartung liegt vor wenn $E_{n_1,n_2} = E_{m_1,m_2}$ ist. Dann muss also auch gelten $9\,n_1^2 + n_2^2 = 9\,m_1^2 + m_2^2$.

Anstatt mühsam alle möglichen Kombinationen der Quantenzahlen durchzurechnen, beginnen wir mit der sinnvollen Annahme $n_1 = 1$ und $m_1 = 2$. Damit ergibt sich

$$9 \cdot 1^2 + n_2^2 = 9 \cdot 2^2 + m_2^2 \quad \text{bzw.} \quad 9 + n_2^2 = 36 + m_2^2\,.$$

Weil 9 und 36 Quadratzahlen sind, können wir schreiben:

$$3^2 + n_2^2 = 6^2 + m_2^2\,.$$

Eine Lösung erkennen wir unmittelbar: $n_2 = 6\,, m_2 = 3$.

Damit lauten die Quantenzahlen

$$n_1 = 2 \quad \text{und} \quad m_1 = 3 \quad \text{sowie} \quad n_2 = 1 \quad \text{und} \quad m_2 = 6\,.$$

Die Energie dieses zweifach entarteten Zustands ist

$$E_{2,3} = \frac{h^2}{72\,m\,d^2}\,(36+9) = \frac{5\,h^2}{8\,m\,d^2}\,.$$

L33.13 1) Gemäß den Gesetzen der klassischen Physik gilt für die Gesamtenergie

$$E_x = E_{\text{kin}} + E_{\text{pot}}(x) = \frac{p_x^2}{2m} + \tfrac{1}{2}\, m\, \omega_0^2 x^2$$

und für die mittlere Energie

$$\langle E \rangle = \left\langle \frac{p_x^2}{2m} + \tfrac{1}{2}\, m\, \omega_0^2 x^2 \right\rangle. \qquad (1)$$

2) Die Varianz von Δp_x ist

$$(\Delta p_x)^2 = \left\langle (p_x - \langle p_x \rangle)^2 \right\rangle = \left\langle p_x^2 - 2\, p_x \langle p_x \rangle + \langle p_x \rangle^2 \right\rangle$$
$$= \langle p_x^2 \rangle - 2 \langle p_x \rangle \langle p_x \rangle + \langle p_x \rangle^2 = \langle p_x^2 \rangle - \langle p_x \rangle^2.$$

Für Δx ergibt sich die Varianz entsprechend zu

$$(\Delta x)^2 = \langle x^2 \rangle - \langle x \rangle^2.$$

3) Aufgrund der Symmetrie der Funktion für die potenzielle Energie muss gelten: $\langle x \rangle = 0$ und $\langle p_x \rangle = 0$.

Daraus folgt $(\Delta x)^2 = \langle x^2 \rangle$ und $(\Delta p_x)^2 = \langle p_x^2 \rangle$.

4) Nun können wir Gleichung 1 folgendermaßen umschreiben:

$$\langle E \rangle = \frac{\langle p_x^2 \rangle}{2m} + \tfrac{1}{2}\, m\, \omega_0^2 \langle x^2 \rangle = \frac{(\Delta p_x)^2}{2m} + \tfrac{1}{2}\, m\, \omega_0^2 \langle x^2 \rangle.$$

Mithilfe der Unschärferelation, $\Delta x\, \Delta p_x = \tfrac{1}{2}\, \hbar$ eliminieren wir $\langle p_x^2 \rangle$ und erhalten

$$\langle E \rangle = \frac{\left(\dfrac{\hbar}{2\,\Delta x} \right)^2}{2m} + \tfrac{1}{2}\, m\, \omega_0^2 \langle x^2 \rangle = \frac{\hbar^2}{8\, m\, (\Delta x)^2} + \tfrac{1}{2}\, m\, \omega_0^2 \langle x^2 \rangle$$

$$= \frac{\hbar^2}{8\, m\, \langle x^2 \rangle} + \tfrac{1}{2}\, m\, \omega_0^2 \langle x^2 \rangle.$$

Wir setzen nun $Z = \langle x^2 \rangle$ und erhalten damit

$$\langle E \rangle = \frac{\hbar^2}{8\, m\, Z} + \tfrac{1}{2}\, m\, \omega_0^2 Z.$$

5) Das leiten wir nach Z ab:

$$\frac{\mathrm{d}\langle E \rangle}{\mathrm{d}Z} = \frac{\mathrm{d}}{\mathrm{d}Z} \left(\frac{\hbar^2}{8\, m\, Z} + \tfrac{1}{2}\, m\, \omega_0^2 Z \right) = -\frac{\hbar^2}{8\, m\, Z^2} + \tfrac{1}{2}\, m\, \omega_0^2.$$

Bei einem Extremum muss diese Ableitung null sein. Damit ergibt sich $Z = \dfrac{\hbar}{2\, m\, \omega_0}$.

6) Das setzen wir in die obige Gleichung für die mittlere Energie ein und erhalten einen Ausdruck für deren Minimalwert:

$$\langle E \rangle_{\text{min}} = \frac{\hbar^2}{8\, m}\, \frac{2\, m\, \omega_0}{\hbar} + \tfrac{1}{2}\, m\, \omega_0^2\, \frac{\hbar}{2\, m\, \omega_0} = +\tfrac{1}{2}\, \hbar\, \omega_0.$$

Anmerkung: Wir haben hier nur gezeigt, dass die mittlere Energie bei $Z = \hbar/(2\, m\, \omega_0)$ einen Extremwert hat, also entweder ein Minimum oder ein Maximum. Um zu zeigen, dass ein Minimum vorliegt, müssten wir entweder auch die zweite Ableitung von $\langle E \rangle$ an dieser Stelle berechnen oder die Auftragung von $\langle E \rangle$ gegen Z untersuchen.

L33.14 Der klassisch erlaubte Bereich ist derjenige, bei dem gilt $E \geq E_{\text{pot}}(z)$. In der ersten Abbildung erstreckt er sich von $z = 0$ bis $z = z_{\text{max}}$.

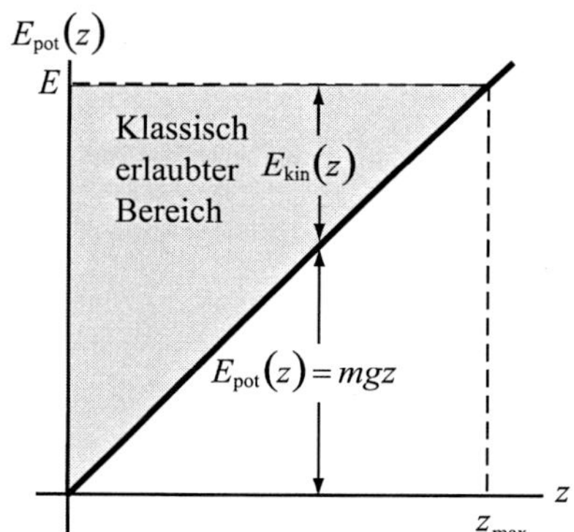

Die kinetische Energie ist $E_{\text{kin}}(z) = E - E_{\text{pot}}(z)$. Sie hängt, wie die zweite Abbildung zeigt, im Bereich von $z = 0$ bis $z = z_{\text{max}}$ linear von z ab.

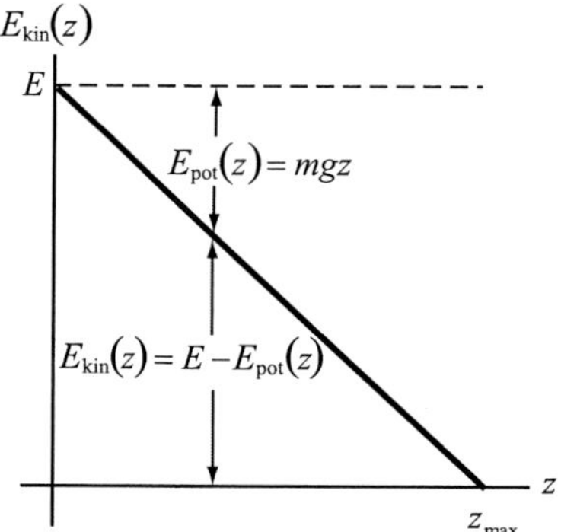

Die dritte Abbildung zeigt die Wellenfunktionen für die drei Zustände mit den geringsten Energien.

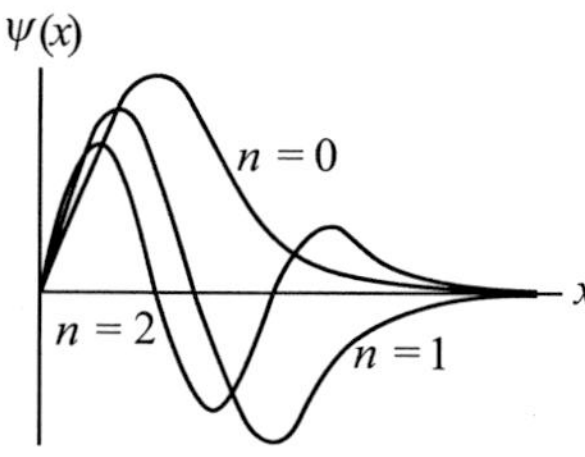

L33.15 a) Wir setzen in die Wellenfunktion für den Überlagerungszustand die Lösungen für ψ_1 und ψ_2 ein:

$$\psi(\vec{x}, t) = \frac{1}{\sqrt{2}} \left(\phi_1(\vec{x})\, e^{-iE_1 t/\hbar} + \phi_2(\vec{x})\, e^{-iE_2 t/\hbar} \right)$$

Setzen wir $t = 0$ ein, erhalten wir

$$\psi(\vec{x}, 0) = \frac{1}{\sqrt{2}} \left(\phi_1(\vec{x}) e^{-iE_1 \cdot 0/\hbar} + \phi_2(\vec{x}) e^{-iE_2 \cdot 0/\hbar} \right)$$
$$= \frac{1}{\sqrt{2}} \left(\phi_1(\vec{x}) + \phi_2(\vec{x}) \right).$$

b) Wir ziehen $e^{-iE_1 t/\hbar}$ vor die Klammer und erhalten

$$\psi(\vec{x}, t) = \frac{e^{-iE_1 t/\hbar}}{\sqrt{2}} \left(\phi_1(\vec{x}) + \phi_2(\vec{x}) e^{+iE_1 t/\hbar} e^{-iE_2 t/\hbar} \right)$$
$$= \frac{e^{-iE_1 t/\hbar}}{\sqrt{2}} \left(\phi_1(\vec{x}) + \phi_2(\vec{x}) e^{-i(E_2 - E_1)t/\hbar} \right).$$

c) Das Exponential $e^{-i(E_2 - E_1)t/\hbar}$ hat zu bestimmten periodisch wiederkehrenden Zeitpunkten die Werte ± 1. Der Wert $+1$ liegt

vor, wenn $(E_2 - E_1)t/\hbar = n \cdot 2\pi$, also

$$t_n = n \cdot \frac{2\pi\hbar}{E_2 - E_1} = n \cdot \frac{h_{Pl}}{E_2 - E_1}.$$

Der Wert -1 liegt jeweils vor, wenn $(E_2 - E_1)t/\hbar = \pi + n \cdot 2\pi$.

d) Die Zeit einer Periode ist direkt durch

$$t = \frac{h_{Pl}}{E_2 - E_1}$$

gegeben, die Frequenz durch den Kehrwert

$$\nu = \frac{E_2 - E_1}{h_{Pl}} = \frac{9{,}87 \cdot 10^{-5}\,\text{eV}}{h_{Pl}}$$
$$= \frac{1{,}58 \cdot 10^{-23}\,\text{J}}{6{,}626 \cdot 10^{-34}\,\text{Js}} = 23{,}9\,\text{GHz}.$$

Atome und Moleküle

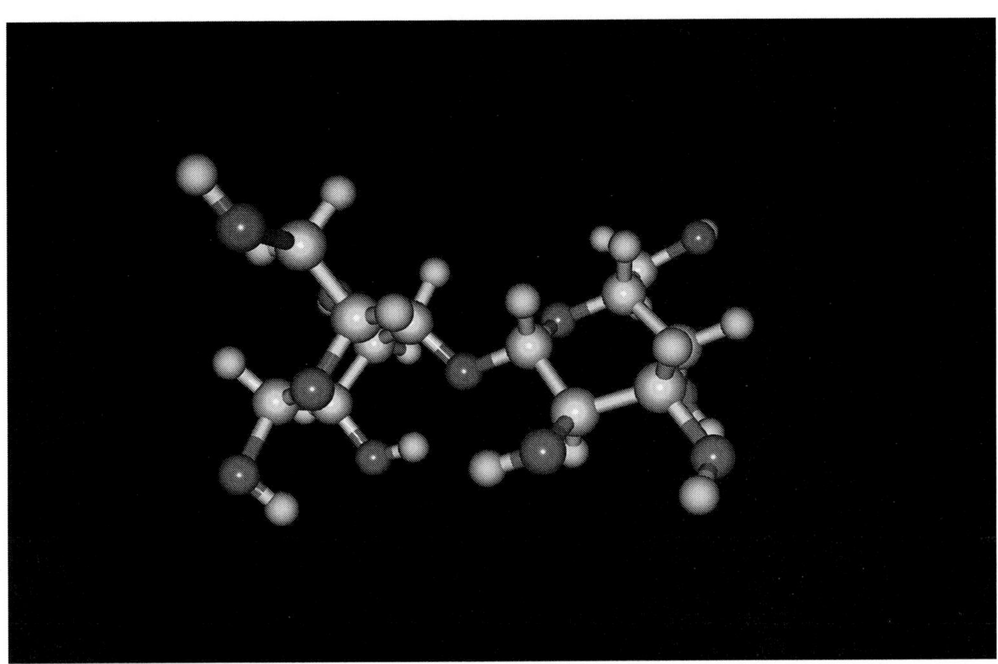

© *ollaweila/Getty Images/iStock*

Atome

© Springer-Verlag GmbH Deutschland, ein Teil von Springer Nature 2019
A. Knochel (Hrsg.), *Arbeitsbuch zu Tipler/Mosca, Physik*, https://doi.org/10.1007/978-3-662-58919-9_34

Aufgaben

Verständnisaufgaben

34.1 • Steigt oder sinkt im Wasserstoffatom bei zunehmender Hauptquantenzahl n der Abstand aufeinanderfolgender Energieniveaus?

34.2 • Wie groß ist die Energie des Grundzustands des doppelt ionisierten Lithiumatoms (mit $Z = 3$), wobei $E_0 = 13,6\,\text{eV}$ ist? a) $-9\,E_0$, b) $-3\,E_0$, c) $-E_0/3$, d) $-E_0/9$.

34.3 • Ist gemäß dem Bohr'schen Atommodell die Gesamtenergie eines Elektrons höher oder geringer, wenn es sich auf einer Bahn mit größerem Radius befindet? Ist seine kinetische Energie dann größer oder kleiner?

34.4 • Der Radius der Bahn mit $n = 1$ ist im Bohr'schen Atommodell $a_0 = 0,053\,\text{nm}$. Wie groß ist der Radius der Bahn mit $n = 5$? a) $25\,a_0$, b) $5\,a_0$, c) a_0, d) $a_0/5$, e) $a_0/25$.

34.5 • Welche Werte sind bei der Hauptquantenzahl $n = 3$ für die Quantenzahlen ℓ und m_ℓ jeweils möglich?

34.6 •• Warum ist im Natriumatom die Energie des 3s-Zustands deutlich geringer als die des 3p-Zustands, während im Wasserstoffatom beide Energien ähnlich hoch sind?

34.7 •• Mit dem Bohr'schen Atommodell und mit dem quantenmechanischen Modell (unter Verwendung der Schrödinger-Gleichung) ergeben sich beim Wasserstoffatom dieselben Energiewerte. Diskutieren Sie die Vorteile und die Nachteile beider Ansätze.

Schätzungs- und Näherungsaufgaben

34.8 •• a) Für ein Atom in einem Gas mit der Temperatur T kann man eine thermische De-Broglie-Wellenlänge λ_T definieren. Dabei entspricht die Geschwindigkeit des Atoms der quadratisch gemittelten Geschwindigkeit bei der jeweiligen Temperatur. (Die mittlere kinetische Energie eines Atoms ist $\frac{3}{2}\,k_\text{B}\,T$, wobei k_B die Boltzmann-Konstante ist. Berechnen Sie damit die quadratisch gemittelte Geschwindigkeit v_rms der Atome.) Zeigen Sie, dass gilt:

$$\lambda_T = \sqrt{\frac{h^2}{3\,m\,k_\text{B}\,T}}\,,$$

wobei m die Masse des Atoms ist. b) Neutrale Atome bilden bei tiefer Temperatur ein sogenanntes *Bose-Kondensat* (einen besonderen Materiezustand), wenn ihre thermische De-Broglie-Wellenlänge größer wird als ihr mittlerer Abstand. Schätzen Sie anhand dieses Kriteriums die Temperatur ab, auf die abgekühlt werden muss, damit in einem Gas aus ^{85}Rb-Atomen ein Bose-Kondensat entsteht, wenn die Anzahldichte der Atome $10^{12}\,\text{cm}^{-3}$ beträgt.

Das Bohr'sche Modell des Wasserstoffatoms

34.9 • Wie hoch ist jeweils die Energie eines Photons bei den drei größten Wellenlängen der Balmer-Serie des Wasserstoffatoms? Wie groß sind diese Wellenlängen?

34.10 •• Die Pickering-Serie im Spektrum des einfach ionisierten Heliumatoms (He$^+$) besteht aus Linien, die von Übergängen in die Elektronenschale mit $n_2 = 4$ herrühren. Experimentell zeigt sich, dass jede zweite Linie der Pickering-Serie sehr nahe bei einer Linie der Balmer-Serie (also bei einem Übergang zu $n_2 = 2$) des Wasserstoffatoms liegt. a) Zeigen Sie, warum dies der Fall ist. b) Berechnen Sie die Wellenlänge beim Übergang von $n_1 = 6$ zu $n_2 = 4$ bei He$^+$ und zeigen Sie, dass sie einer Wellenlänge der Balmer-Serie entspricht.

Quantenzahlen in Polarkoordinaten

34.11 • Ermitteln Sie für die Bahndrehimpulsquantenzahl $\ell = 1$ eines Elektrons in einem Atom: a) den Betrag L des Drehimpulses und b) die möglichen Werte der magnetischen Quantenzahl m_ℓ. c) Zeichnen Sie ein maßstabsgerechtes Vektordiagramm, aus dem die möglichen Orientierungen von $\boldsymbol{L}$ relativ zur $+z$-Richtung hervorgehen.

34.12 •• Ermitteln Sie für einen Zustand eines Elektrons in einem Atom mit $\ell = 2$: a) das Betragsquadrat L^2 des Drehimpulses, b) den Maximalwert von L_z^2 und c) den kleinstmöglichen Wert von $L_x^2 + L_y^2$.

Quantentheorie des Wasserstoffatoms

34.13 •• Berechnen Sie für den Grundzustand des Wasserstoffatoms die Wahrscheinlichkeit, das Elektron im Bereich zwischen r und $r + \Delta r$ (mit $\Delta r = 0,03\,a_0$) anzutreffen, und zwar a) bei $r = a_0$ bzw. b) bei $r = 2\,a_0$.

34.14 •• Zeigen Sie, dass die Wellenfunktion

$$\psi_{1,0,0} = \frac{1}{\sqrt{\pi}}\left(\frac{Z}{a_0}\right)^{3/2} e^{-Zr/a_0}$$

für den Grundzustand des Wasserstoffatoms eine Lösung der folgenden Schrödinger-Gleichung in Polarkoordinaten ist:

$$-\frac{\hbar^2}{2\,m\,r^2}\frac{\partial}{\partial r}\left(r^2\frac{\partial \psi}{\partial r}\right)$$
$$-\frac{\hbar^2}{2\,m\,r^2}\left[\frac{1}{\sin\theta}\frac{\partial}{\partial\theta}\left(\sin\theta\,\frac{\partial\psi}{\partial\theta}\right) + \frac{1}{\sin^2\theta}\frac{\partial^2\psi}{\partial\phi^2}\right]$$
$$+\,E_\text{pot}(r)\,\psi = E\,\psi\,.$$

Dabei ist die Abstandsabhängigkeit der potenziellen Energie gegeben durch

$$E_\text{pot}(r) = -\frac{1}{4\pi\varepsilon_0}\frac{Z\,e^2}{r}\,.$$

34.15 •• Die radiale Wahrscheinlichkeitsverteilung bei einem Ein-Elektronen-Atom im Grundzustand kann als $P(r) = C\, r^2\, e^{-2Zr/a_0}$ ausgedrückt werden, wobei C eine Konstante ist. Zeigen Sie, dass $P(r)$ bei $r = a_0/Z$ maximal ist.

34.16 ••• Zeigen Sie, dass für die Hauptquantenzahl n im Wasserstoffatom die Anzahl der möglichen Zustände gleich $2\,n^2$ ist.

Spin-Bahn-Kopplung und Feinstruktur

34.17 • Die potenzielle Energie eines magnetischen Moments $\boldsymbol{\mu}$ in einem äußeren Magnetfeld $\boldsymbol{B}$ ist $E_{\mathrm{pot}} = -\boldsymbol{\mu} \cdot \boldsymbol{B}$. a) Berechnen Sie die Energiedifferenz zwischen den beiden möglichen Orientierungen eines Elektrons im Magnetfeld $\boldsymbol{B} = (1{,}50\,\mathrm{T})\,\widehat{\boldsymbol{z}}$. b) Wenn dieses Elektron mit Photonen beschossen wird, deren Energie gleich dieser Energiedifferenz ist, dann kann sein Spin „umklappen". Ermitteln Sie die Wellenlänge der Photonen, die solche Übergänge bewirken können. Dieses Phänomen nennt man *Elektronenspinresonanz*.

34.18 • Skizzieren Sie ein maßstabsgerechtes Vektordiagramm und zeigen Sie daran, wie die Kombination des Bahndrehimpulses $\boldsymbol{L}$ und des Spindrehimpulses $\boldsymbol{S}$ beim Zustand mit $\ell = 3$ des Wasserstoffatoms zwei mögliche Werte für den gesamten Drehimpuls $\boldsymbol{J}$ ergibt.

Das Periodensystem der Elemente

34.19 • Geben Sie die Elektronenkonfiguration im Grundzustand a) des Kohlenstoffatoms und b) des Sauerstoffatoms an.

Optische Spektren und Röntgenspektren

34.20 • Die optischen Spektren von Atomen mit zwei Elektronen in der Elektronenschale mit der höchsten Energie ähneln sich sehr. Sie unterscheiden sich jedoch wegen der Wechselwirkung dieser beiden Elektronen stark von den Spektren von Atomen mit nur einem Außenelektron in jeweils derselben Schale. Teilen Sie die nachfolgend genannten Elemente in zwei Gruppen mit jeweils ähnlichen Atomspektren ein: Lithium, Beryllium, Natrium, Magnesium, Kalium, Calcium, Chrom, Nickel, Cäsium und Barium.

34.21 • a) Berechnen Sie die beiden nächstgrößeren Wellenlängen nach derjenigen der K_α-Linie in der K-Serie des Molybdäns. b) Wie groß ist die kleinste Wellenlänge in dieser Serie?

34.22 •• Das einfach ionisierte Heliumatom ist ein wasserstoffähnliches Atom, hat jedoch die Kernladung $2\,e$. Seine Energieniveaus sind gegeben durch $E_n = -4\,E_0/n^2$, wobei $n = 1, 2, 3, \ldots$ und $E_0 = 13{,}6\,\mathrm{eV}$ ist. Nehmen Sie an, sichtbares weißes Licht tritt durch Heliumgas hindurch, dessen Atome sämtlich einfach ionisiert sind. Bei welchen Wellenlängen treten im Spektrum des durchgelassenen Lichts dunkle Linien auf? (Sämtliche Ionen sollen sich vor der Einstrahlung im Zustand E_1 befinden.)

Laser

34.23 • Ein Puls aus einem Rubinlaser hat eine mittlere Leistung von $10\,\mathrm{MW}$ und eine Dauer von $1{,}5\,\mathrm{ns}$. a) Wie hoch ist seine Gesamtenergie? b) Wie viele Photonen werden bei diesem Puls emittiert?

Allgemeine Aufgaben

34.24 • Die Wellenlänge einer bestimmten Spektrallinie des Wasserstoffatoms beträgt $97{,}254\,\mathrm{nm}$. Welchem Übergang, der zum Grundzustand führt, entspricht sie?

34.25 • Im Jahre 1947 zeigten Lamb und Retherford, dass zwischen den Zuständen $2\mathrm{S}_{1/2}$ und $2\mathrm{P}_{1/2}$ eine geringe Energiedifferenz besteht. Lamb ermittelte die inzwischen nach ihm benannte *Lamb-Verschiebung* experimentell, wobei er mithilfe elektromagnetischer Strahlung sehr großer Wellenlänge Übergänge zwischen diesen beiden Zuständen auslöste. Die Lamb-Verschiebung beträgt $4{,}372 \cdot 10^{-6}\,\mathrm{eV}$ und wird in der Quantenelektrodynamik mit Fluktuationen im Energieniveau des Vakuums erklärt. a) Welche Frequenz hat ein Photon, dessen Energie derjenigen der Lamb-Verschiebung entspricht? b) Wie groß ist seine Wellenlänge, und zu welchem Spektralbereich gehört es?

34.26 • Unter einem Rydberg-Atom versteht man ein Atom, in dem ein äußeres Elektron in einen *sehr* hoch angeregten Zustand ($n \approx 40$ oder höher) versetzt ist. Solche Atome sind nützlich, wenn man den Übergang vom quantenmechanischen zum klassischen Verhalten experimentell untersuchen will. Derartige angeregte Zustände haben eine extrem lange Lebensdauer (d. h., die Elektronen befinden sich sehr lange in ihnen). Nehmen Sie nun an, bei einem Wasserstoffatom ist $n = 45$. a) Wie hoch ist die Ionisierungsenergie des Atoms in diesem Zustand? b) Wie groß ist der Energieunterschied (in eV) zwischen diesem Zustand und dem mit $n = 44$? c) Wie groß ist die Wellenlänge eines Photons, das Resonanz mit dem Übergang zwischen diesen beiden Zuständen zeigt? d) Wie groß ist der Radius des Atoms im Zustand mit $n = 45$?

34.27 •• Der Ausdruck $\alpha = \frac{1}{4\pi\varepsilon_0}\, e^2/(\hbar\,c)$ mit der Coulomb-Konstanten $1/(4\pi\varepsilon_0)$ wird in der Atomphysik als *Feinstrukturkonstante* bezeichnet. a) Zeigen Sie, dass α dimensionslos ist. b) Zeigen Sie, dass im Bohr'schen Modell des Wasserstoffatoms gilt: $v_n = c\,\alpha/n$, wobei v_n die Geschwindigkeit des Elektrons im Zustand mit der Quantenzahl n ist.

34.28 •• Damit im Röntgenspektrum eines Elements eine K-Linie beobachtet werden kann, muss zunächst eines der Elektronen der K-Schale (mit $n = 1$) aus dem Atom entfernt werden.

Dazu beschießt man das Metall gewöhnlich mit Elektronen, deren Energie so hoch ist, dass ein solches stark gebundenes Elektron herausgeschlagen wird. Welche Elektronenenergie ist mindestens nötig, damit K-Linien bei a) Wolfram, b) Molybdän bzw. c) Kupfer beobachtet werden können?

34.29 •• Die Erzeugung extrem kurzer Laserpulse hat verschiedene wichtige Anwendungen, zum Beispiel bei der Untersuchung chemischer Reaktionen auf sehr kurzen Zeitskalen. Nach den Regeln der Fourier-Analyse gilt für die Energieunschärfe ΔE und Zeitdauer Δt eines Zustands oder Signals ein Unschärfeprinzip, das der Heisenberg'schen Unschärferelation ähnelt:

$$\Delta E \, \Delta t \geq \frac{\hbar}{2}$$

Die Photonen in ultrakurzen Laserpulsen müssen daher notwendigerweise eine gewisse Energieunschärfe aufweisen, die einer Linienverbreiterung im Frequenzspektrum entspricht. a) Schreiben Sie diese Unschärferelation für die Variablen $\Delta\omega$ und Δt um, wobei ω die Winkelfrequenz der Lichtwelle ist. b) Welche Breite muss das Frequenzspektrum eines Lasers mit $\lambda \approx 800\,\mathrm{nm}$ aufweisen, wenn Impulse mit 15 Femtosekunden Länge erzeugt werden sollen? Welchem Wellenlängenbereich um 800 nm herum entspricht dies etwa? c) Erläutern Sie anhand einer kurzen Rechnung, weshalb es wenig Sinn ergibt, von Infrarotlicht mit Attosekunden-Impulsen zu sprechen.

Lösungen zu den Aufgaben

Verständnisaufgaben

L34.1 Für die Abhängigkeit der Energie von der Hauptquantenzahl n gilt $E_n = -Z^2\,E_0/n^2$. Der Betrag von E_n ist also umgekehrt proportional zu n^2. Das bedeutet: Bei zunehmender Hauptquantenzahl n sinkt der Abstand aufeinanderfolgender Energieniveaus in einem Atom.

L34.2 Die Energie eines Atoms mit der Ordnungszahl Z, das ein Elektron im Zustand n enthält, ist gegeben durch

$$E_n = -Z^2\,\frac{E_0}{n^2}, \quad \text{mit} \quad n = 1, 2, 3, \ldots$$

Darin ist $E_0 = 13{,}6\,\mathrm{eV}$. Beim Lithiumatom ist $Z = 3$, und wir erhalten $E_1 = -3^2\,E_0/1^2 = -9\,E_0$. Also ist Lösung a richtig.

L34.3 Die Gesamtenergie des Elektrons beim Umrunden des Kerns ist gemäß dem Bohr'schen Atommodell $E = E_{\mathrm{kin}} + E_{\mathrm{pot}}$. Das Elektron hat dabei die kinetische Energie

$$E_{\mathrm{kin}} = \frac{1}{4\pi\varepsilon_0}\,\frac{Z\,e^2}{2\,r}$$

und die potenzielle Energie $\quad E_{\mathrm{pot}} = -\dfrac{1}{4\pi\varepsilon_0}\,\dfrac{Z\,e^2}{r}.$

Wir setzen ein und erhalten

$$E = E_{\mathrm{kin}} + E_{\mathrm{pot}} = \frac{1}{4\pi\varepsilon_0}\left(\frac{Z\,e^2}{2\,r} - \frac{Z\,e^2}{r}\right) = -\frac{1}{4\pi\varepsilon_0}\,\frac{Z\,e^2}{2\,r}.$$

Bei ansteigendem Radius r wird die Energie E betragsmäßig kleiner, nimmt aber wegen des negativen Vorzeichens zu. Die kinetische Energie dagegen sinkt mit steigendem Radius.

L34.4 Der Bahnradius im Bohr'schen Atommodell ist umgekehrt proportional zur Ordnungszahl Z und proportional zum Quadrat der Hauptquantenzahl n. Für $n = 5$ und $Z = 1$ erhalten wir

$$r = n^2\,\frac{a_0}{Z} = 5^2\,\frac{a_0}{1} = 25\,a_0.$$

Also ist Lösung a richtig.

L34.5 Für die Quantenzahlen gelten folgende Beschränkungen:

$$n = 1, 2, 3, \ldots,$$
$$\ell = 0, 1, 2, \ldots, n-1,$$
$$m_\ell = -\ell, (-\ell+1), \ldots, -1, 0, 1, \ldots, (\ell-1), \ell.$$

Für $n = 3$ sind daher folgende Werte der anderen Quantenzahlen möglich: $\ell = 0, 1, 2$ und $m_\ell = -2, -1, 0, 1, 2$.

Daher sind folgende Kombinationen (ℓ, m_ℓ) möglich:

Für $\ell = 0$, $m_\ell = 0$:
1 Kombination: $(0, 0)$.

Für $\ell = 1$, $m_\ell = -1, 0, 1$:
3 Kombinationen: $(1, -1)$, $(1, 0)$, $(1, 1)$.

Für $\ell = 2$, $m_\ell = -2, -1, 0, 1, 2$:
5 Kombinationen: $(2, -2)$, $(2, -1)$, $(2, 0)$, $(2, 1)$, $(2, 2)$.

L34.6 Die Energie eines isolierten, gebundenen Systems, das aus zwei entgegengesetzten Ladungen, z. B. einem Elektron und einem Proton, besteht, hängt nur von der Hauptquantenzahl n ab. Beim Natriumatom, das aus 12 geladenen Teilchen besteht, hängt die Energie eines Elektrons mit $n = 3$ auch von dem Ausmaß ab, in dem seine Wellenfunktion diejenige der Elektronen mit $n = 1$ und mit $n = 2$ durchdringt. Ein Elektron in einem 3s-Zustand (mit $n = 3$, $\ell = 0$) durchdringt diese stärker als ein Elektron in einem 3p-Zustand (mit $n = 3$, $\ell = 1$). Daher hat im Natriumatom ein 3p-Elektron eine geringere Energie als ein 3s-Elektron. Dagegen können im Wasserstoffatom die Wellenfunktionen keine anderen Wellenfunktionen durchdringen, da nur ein Elektron vorliegt. Somit haben ein 3s-Elektron und ein 3p-Elektron hier dieselbe Energie.

L34.7 Nachfolgend sind die Vor- und Nachteile beider Theorien zusammengestellt.

Anwendung
Bohr'sches Modell: einfach
Quantenmechanisches Modell: schwierig

Energien der stationären Zustände
Bohr'sches Modell: richtige Werte
Quantenmechanisches Modell: richtige Werte

Drehimpulse
Bohr'sches Modell: nicht richtige Werte
Quantenmechanisches Modell: richtige Werte

Räumliche Verteilungen der Elektronen
Bohr'sches Modell: nicht richtige Werte
Quantenmechanisches Modell:
richtige Wahrscheinlichkeitsverteilung

Schätzungs- und Näherungsaufgaben

L34.8 a) Die kinetische Energie E_{kin} eines Atoms hängt mit seinem Impuls p zusammen über $E_{kin} = p^2/(2\,m)$. Gemäß der De-Broglie-Gleichung gilt $p = h/\lambda_T$, wobei λ_T die thermische De-Broglie-Wellenlänge ist. Damit erhalten wir

$$E_{kin} = \frac{h^2}{2\,m\,\lambda_T^2}\,.$$

Nach der kinetischen Gastheorie ist die kinetische Energie pro Atom $E_{kin} = \frac{3}{2}\,k_B\,T$. Gleichsetzen beider Ausdrücke für die kinetische Energie liefert

$$\frac{3}{2}\,k_B\,T = \frac{h^2}{2\,m\,\lambda_T^2} \quad \text{und damit} \quad \lambda_T = \sqrt{\frac{h^2}{3\,m\,k_B\,T}}\,.$$

b) Die Anzahldichte ϱ der Atome ist der Quotient aus ihrer Anzahl und dem Volumen, das sie besetzen: $\varrho = n/V$. Wir nehmen an, dass die Atome in einem kubischen Gitter mit dem Abstand d der Gitterebenen angeordnet sind. Dann gilt

$$V = n\,d^3 \quad \text{und} \quad \varrho = \frac{n}{n\,d^3} = \frac{1}{d^3}\,, \quad \text{also} \quad d = \varrho^{-1/3}\,.$$

Mit $d = \lambda_T$, wie gefordert, ergibt sich

$$\varrho^{-1/3} = \sqrt{\frac{h^2}{3\,m\,k_B\,T}}\,.$$

Wir lösen nach der Temperatur auf und setzen die Werte ein:

$$T = \frac{h^2\,\varrho^{2/3}}{3\,m\,k_B}$$

$$= \frac{(6{,}626 \cdot 10^{-34}\,\text{J} \cdot \text{s}) \left[(10^{12}\,\text{cm}^{-3})\,\dfrac{10^6\,\text{cm}^3}{1\,\text{m}^3} \right]^{2/3}}{3\,(85\,\text{u})\,(1{,}661 \cdot 10^{-27}\,\text{kg} \cdot \text{u}^{-1})\,(1{,}381 \cdot 10^{-23}\,\text{J} \cdot \text{K}^{-1})}$$

$$= 75\,\text{nK}\,.$$

Das Bohr'sche Modell des Wasserstoffatoms

L34.9 Bei der Balmer-Serie enden die Übergänge im Zustand $n = 2$. Also ist die Endenergie $E_E = E_2 = -3{,}40\,\text{eV}$. Die Energiedifferenzen für die Übergänge $n \rightarrow 2$ sind gegeben durch

$$E_{n \rightarrow 2} = E_n - E_2 = \frac{E_0}{n^2} - E_2 = -\frac{13{,}6\,\text{eV}}{n^2} + 3{,}40\,\text{eV}\,.$$

Die Wellenlänge ist umso größer, je geringer die Energiedifferenz ist, wobei gilt

$$\lambda = \frac{1240\,\text{eV} \cdot \text{nm}}{\Delta E}\,, \quad \text{mit} \quad \Delta E \quad \text{in eV}\,.$$

Mit diesen beiden Formeln können wir nun jeweils die Energiedifferenz und die Wellenlänge für die Übergänge mit den geringsten Energiedifferenzen und damit den größten Wellenlängen berechnen.

$$\Delta E_{3 \rightarrow 2} = -\frac{13{,}6\,\text{eV}}{3^2} + 3{,}40\,\text{eV} = 1{,}89\,\text{eV}\,,$$

$$\lambda_{3 \rightarrow 2} = \frac{1240\,\text{eV} \cdot \text{nm}}{1{,}89\,\text{eV}} = 656\,\text{nm}\,.$$

$$\Delta E_{4 \rightarrow 2} = -\frac{13{,}6\,\text{eV}}{4^2} + 3{,}40\,\text{eV} = 2{,}55\,\text{eV}\,,$$

$$\lambda_{4 \rightarrow 2} = \frac{1240\,\text{eV} \cdot \text{nm}}{2{,}55\,\text{eV}} = 486\,\text{nm}\,.$$

$$\Delta E_{5 \rightarrow 2} = -\frac{13{,}6\,\text{eV}}{5^2} + 3{,}40\,\text{eV} = 2{,}86\,\text{eV}\,,$$

$$\lambda_{5 \rightarrow 2} = \frac{1240\,\text{eV} \cdot \text{nm}}{2{,}86\,\text{eV}} = 434\,\text{nm}\,.$$

L34.10 a) Für die Energie eines Atoms mit der Ordnungszahl Z, das ein Elektron im Zustand n enthält, gilt:

$$E_n = -Z^2\,\frac{E_0}{n^2}\,, \quad \text{mit} \quad n = 1, 2, 3, \ldots$$

Darin ist $E_0 = 13{,}6\,\text{eV}$. Beim He^+-Ion ist $Z = 2$, und die Energien sind daher gegeben durch $E_n = -4\,E_0/n^2$.

Daraus können wir folgenden Sachverhalt ersehen: Ein Energieniveau mit gerader Quantenzahl n im He^+-Ion entspricht fast genau einem Energieniveau mit der Quantenzahl $n/2$ im Wasserstoffatom. Bei einem Übergang im He^+-Ion zwischen den Quantenzahlen $2\,n_1$ und $2\,n_2$ ist die Energiedifferenz daher gleich derjenigen bei einem Übergang im Wasserstoffatom zwischen den Quantenzahlen n_1 und n_2. Insbesondere haben Übergänge von $2\,n_1$ zu $2\,n_2 = 4$ im He^+-Ion dieselben Energiedifferenzen wie Übergänge von n_1 zu $n_2 = 2$ im Wasserstoffatom, die ja zur Balmer-Serie gehören.

b) Für die Energieniveaus mit den Quantenzahlen 6 und 4 im He^+-Ion gilt

$$E_6 = -4\,\frac{13{,}6\,\text{eV}}{6^2} = -1{,}51\,\text{eV}\,,$$

$$E_4 = -4\,\frac{13{,}6\,\text{eV}}{4^2} = -3{,}40\,\text{eV}\,.$$

Damit ergibt sich für die Wellenlänge des Übergangs:

$$\lambda_{6\to4} = \frac{h\,c}{E_6 - E_4} = \frac{1240\,\text{eV}\cdot\text{nm}}{-1{,}51\,\text{eV} - (-3{,}40\,\text{eV})} = 656\,\text{nm}\,.$$

Das ist dieselbe Wellenlänge wie beim Übergang $3 \to 2$ im Wasserstoffatom.

Quantenzahlen in Polarkoordinaten

L34.11 a) Der Betrag des Drehimpulses ist

$$L = \sqrt{\ell\,(\ell+1)}\;\hbar = \sqrt{1\,(1+1)}\;\hbar = \sqrt{2}\,\hbar$$
$$= \sqrt{2}\,(1{,}055\cdot10^{-34}\,\text{J}\cdot\text{s}) = 1{,}49\cdot10^{-34}\,\text{J}\cdot\text{s}\,.$$

b) Weil m_ℓ von $-\ell$ bis ℓ variieren kann, sind die möglichen Werte $m_\ell = -1,\,0,\,+1$.

c) Die Abbildung zeigt das Vektordiagramm.

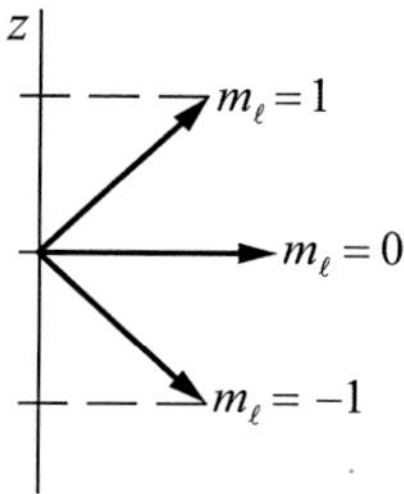

Es ist $L_z = m_\ell\,\hbar$ und $L = \sqrt{2}\,\hbar$. Die Vektoren für $m_\ell = +1$ und für $m_\ell = -1$ bilden also jeweils einen 45°-Winkel mit der z-Achse.

L34.12 a) Mit $L = \sqrt{\ell\,(\ell+1)}\,\hbar$ erhalten wir

$$L^2 = 2\,(2+1)\,\hbar^2 = 6\,\hbar^2\,.$$

b) Mit $L_z = m_\ell\,\hbar$ ergibt sich $L^2_{z,\,\text{max}} = 2^2\,\hbar^2 = 4\,\hbar^2$.

c) $(L_x^2 + L_y^2)_{\text{min}} = L^2 - L^2_{z,\,\text{max}} = 6\,\hbar^2 - 4\,\hbar^2 = 2\,\hbar^2$.

Quantentheorie des Wasserstoffatoms

L34.13 Die Wahrscheinlichkeit, das Elektron im Intervall Δr anzutreffen, ist $P = \int P(r)\,\mathrm{d}r$. Darin ist $P(r) = 4\pi r^2\,|\psi|^2$ die radiale Wahrscheinlichkeitsdichte. Die normierte Wellenfunktion des Grundzustands ist

$$\psi(r) = \frac{1}{\sqrt{\pi}} \left(\frac{Z}{a_0}\right)^{3/2} \mathrm{e}^{-Zr/a_0}\,.$$

Für $r = a_0$ und $Z = 1$ lautet sie

$$\psi_{a_0} = \frac{1}{\sqrt{\pi}} \left(\frac{1}{a_0}\right)^{3/2} \mathrm{e}^{-a_0/a_0} = \frac{1}{\mathrm{e}\,a_0\,\sqrt{\pi\,a_0}}\,,$$

und ihr Quadrat ist

$$\psi_{a_0}^2 = \left(\frac{1}{\mathrm{e}\,a_0\,\sqrt{\pi\,a_0}}\right)^2 = \frac{1}{\mathrm{e}^2\,a_0^3\,\pi}\,.$$

Damit erhalten wir für die radiale Wahrscheinlichkeitsdichte

$$P_{a_0} = 4\,\pi\,a_0^2\,|\psi_{a_0}|^2 = 4\,\pi\,a_0^2\,\frac{1}{\mathrm{e}^2\,a_0^3\,\pi} = \frac{4}{\mathrm{e}^2\,a_0}\,.$$

a) Mit dem eingangs angegebenen Ausdruck für die Wahrscheinlichkeit, das Elektron im Intervall Δr anzutreffen, erhalten wir für die Aufenthaltswahrscheinlichkeit im Intervall $\Delta r = 0{,}03\,a_0$ bei $r = a_0$:

$$P_{a_0} = \int P_{a_0}\,\mathrm{d}r \approx P_{a_0}\,\Delta r = \frac{4}{\mathrm{e}^2\,a_0}\,(0{,}03\,a_0) = 0{,}02\,.$$

b) Die normierte Wellenfunktion des Grundzustands lautet für $r = 2\,a_0$:

$$\psi_{2a_0} = \frac{1}{\sqrt{\pi}} \left(\frac{1}{a_0}\right)^{3/2} \mathrm{e}^{-2\,a_0/a_0} = \frac{1}{\mathrm{e}^2\,a_0\,\sqrt{\pi\,a_0}}\,,$$

und ihr Quadrat ist

$$\psi_{2a_0}^2 = \left(\frac{1}{\mathrm{e}^2\,a_0\,\sqrt{\pi\,a_0}}\right)^2 = \frac{1}{\mathrm{e}^4\,a_0^3\,\pi}\,.$$

Damit erhalten wir für die radiale Wahrscheinlichkeitsdichte

$$P_{2a_0} = 4\,\pi\,(2\,a_0)^2\,|\psi_{2a_0}|^2 = 16\,\pi\,a_0^2\,\frac{1}{\mathrm{e}^4\,a_0^3\,\pi} = \frac{16}{\mathrm{e}^4\,a_0}\,.$$

Schließlich ergibt sich für die Aufenthaltswahrscheinlichkeit im Intervall $\Delta r = 0{,}03\,a_0$ bei $r = 2\,a_0$:

$$P_{2a_0} = \int P_{2a_0}\,\mathrm{d}r \approx P_{2a_0}\,\Delta r = \frac{16}{\mathrm{e}^4\,a_0}\,(0{,}03\,a_0) = 0{,}009\,.$$

Die Wahrscheinlichkeit liegt also bei rund 2 %, das Elektron im Intervall $0{,}03\,a_0$ bei a_0 anzutreffen. Beim doppelten Abstand $2\,a_0$ vom Kern beträgt sie nur noch rund 0,9 %.

L34.14 Weil im Grundzustand Kugelsymmetrie vorliegt, können wir die Winkelabhängigkeiten ignorieren und brauchen daher nur folgende Schrödinger-Gleichung in Polarkoordinaten zu betrachten:

$$-\frac{\hbar^2}{2\,m\,r^2}\,\frac{\partial}{\partial r}\left(r^2\,\frac{\partial \psi}{\partial r}\right) + E_{\text{pot}}(r)\,\psi = E\,\psi\,.$$

Dabei ist die Abstandsabhängigkeit der potenziellen Energie gegeben durch

$$E_{\text{pot}}(r) = -\frac{1}{4\pi\varepsilon_0}\,\frac{Z\,e^2}{r}\,.$$

Wir setzen $C = \frac{1}{\sqrt{\pi}} \left(\frac{Z}{a_0}\right)^{3/2}$. Damit lautet die normierte Wellenfunktion für den Grundzustand

$$\psi_{1,0,0} = \frac{1}{\sqrt{\pi}} \left(\frac{Z}{a_0}\right)^{3/2} e^{-Zr/a_0} = C\, e^{-Zr/a_0}\,.$$

Wir leiten nach r ab:

$$\frac{\partial \psi_{1,0,0}}{\partial r} = C\, \frac{\partial}{\partial r}\left(e^{-Zr/a_0}\right) = -C\, \frac{Z}{a_0}\, e^{-Zr/a_0}\,.$$

Multiplizieren beider Seiten dieser Gleichung mit r^2 liefert

$$r^2\, \frac{\partial \psi_{1,0,0}}{\partial r} = -C\, \frac{Z}{a_0}\, r^2\, e^{-Zr/a_0}\,.$$

Auch dies leiten wir nach r ab:

$$\frac{\partial}{\partial r}\left(r^2\, \frac{\partial \psi_{1,0,0}}{\partial r}\right) = -C\, \frac{Z}{a_0}\, \frac{\partial}{\partial r}\left(r^2\, e^{-Zr/a_0}\right)$$
$$= \left[-\frac{2\,Z\,r}{a_0} + r^2 \left(\frac{Z}{a_0}\right)^2\right] C\, e^{-Zr/a_0}\,.$$

Das und den Ausdruck für die potenzielle Energie setzen wir in die obige Schrödinger-Gleichung ein:

$$-\frac{\hbar^2}{2\,m\,r^2}\left[-\frac{2\,Z\,r}{a_0} + r^2 \left(\frac{Z}{a_0}\right)^2\right] C\, e^{-Zr/a_0}$$
$$-\frac{1}{4\pi\varepsilon_0}\, \frac{Z\,e^2}{r}\, C\, e^{-Zr/a_0} = E\,C\, e^{-Zr/a_0}\,.$$

Auflösen nach E ergibt

$$E = -\frac{\hbar^2}{2\,m\,r^2}\left[-\frac{2\,Z\,r}{a_0} + r^2 \left(\frac{Z}{a_0}\right)^2\right] - \frac{1}{4\pi\varepsilon_0}\, \frac{Z\,e^2}{r}\,.$$

Mit $a_0 = (4\pi\varepsilon_0)\, \dfrac{\hbar^2}{m\,e^2}$ erhalten wir

$$E = -\frac{\hbar^2}{2\,m\,r^2}\left[-\frac{1}{4\pi\varepsilon_0}\, \frac{2\,m\,e^2\,Z\,r}{\hbar^2} + r^2 \left(\frac{1}{4\pi\varepsilon_0}\, \frac{Z\,m\,e^2}{\hbar^2}\right)^2\right]$$
$$-\frac{1}{4\pi\varepsilon_0}\, \frac{Z\,e^2}{r}$$
$$= \frac{1}{4\pi\varepsilon_0}\left(\frac{Z\,e^2}{r} - \frac{1}{4\pi\varepsilon_0}\, \frac{Z^2\,e^4\,m}{2\,\hbar^2} - \frac{Z\,e^2}{r}\right)$$
$$= -\frac{1}{(4\pi\varepsilon_0)^2}\, \frac{Z^2\,e^4\,m}{2\,\hbar^2}\,.$$

Dies ist die Energie des Grundzustands. Also haben wir bewiesen, dass die eingangs angegebene Wellenfunktion eine Lösung der obigen Schrödinger-Gleichung mit dem angegebenen Ausdruck für die potenzielle Energie ist.

L34.15 Wir leiten den Ausdruck für die radiale Aufenthaltswahrscheinlichkeitsdichte nach dem Radius ab, wobei wir eine positive Konstante C ansetzen:

$$\frac{dP(r)}{dr} = C\, \frac{d}{dr}\left(r^2\, e^{-2Zr/a_0}\right)$$
$$= C\left[2\,r\, e^{-2Zr/a_0} - \frac{2\,Z\,r^2}{a_0}\, e^{-2Zr/a_0}\right]$$
$$= \frac{2\,C\,Z\,r}{a_0}\, e^{-2Zr/a_0}\left(\frac{a_0}{Z} - r\right)\,.$$

Bei einem Extremwert muss dies gleich null sein. Das ergibt $r = a_0/Z$. Um zu zeigen, dass ein Maximum vorliegt, bilden wir die zweite Ableitung:

$$\frac{d^2 P(r)}{dr^2} = -\frac{2\,C\,Z\,r}{a_0}\, e^{-2Zr/a_0}$$
$$+ \left(\frac{a_0}{Z} - r\right)\left(\frac{4\,C\,Z^2}{a_0^2} + \frac{2\,C\,Z}{a_0}\right) e^{-2Zr/a_0}\,.$$

Wir setzen den eben ermittelten Ausdruck $r = a_0/Z$ ein und beachten, dass C eine positive Konstante ist:

$$\frac{d^2 P_{a_0/Z}}{dr^2} = -2\,C\, e^{-2} < 0\,.$$

Wegen des positiven Vorzeichens der Konstanten C ist die zweite Ableitung also negativ, und die radiale Aufenthaltswahrscheinlichkeitsdichte hat bei $r = a_0/Z$ wirklich ein Maximum.

L34.16 Die Anzahl N_{m_ℓ} der Zustände mit der Hauptquantenzahl n und den magnetischen Quantenzahlen m_ℓ ist gegeben durch

$$N_{m_\ell} = \sum_{\ell=0}^{n-1}(2\,\ell + 1) = 2 \sum_{\ell=0}^{n-1} \ell + \sum_{\ell=0}^{n-1}(1)\,. \tag{1}$$

Die Summe über alle ganzen Zahlen von 0 bis p ist

$$\sum_{\ell=0}^{p} \ell = \tfrac{1}{2}\, p\,(p+1)\,,$$

und wir erhalten für den ersten Summanden in Gleichung 1:

$$2 \sum_{\ell=0}^{n-1} \ell = 2 \left(\tfrac{1}{2}\right)(n-1)\,n = n^2 - n\,.$$

Der zweite Summand in Gleichung 1 ist $\displaystyle\sum_{\ell=0}^{n-1}(1) = n$.

Einsetzen beider Summanden liefert

$$N_{m_\ell} = n^2 - n + n = n^2\,.$$

Weil für jede magnetische Quantenzahl m_ℓ zwei Spinzustände möglich sind, ist die Gesamtzahl der Zustände doppelt so groß, also gleich $2\,n^2$.

Spin-Bahn-Kopplung und Feinstruktur

L34.17 a) Der Betrag der Energiedifferenz ist

$$\Delta E = 2\,\mu\,B = 2\,(5{,}79 \cdot 10^{-5}\,\text{eV} \cdot \text{T}^{-1})\,(1{,}50\,\text{T})$$
$$= 1{,}737 \cdot 10^{-4}\,\text{eV} = 174\,\mu\text{eV}\,.$$

b) Für die Wellenlänge der Photonen, die solche Übergänge bewirken können, erhalten wir

$$\lambda = \frac{h\,c}{\Delta E} = \frac{1240\,\text{eV} \cdot \text{nm}}{1{,}737 \cdot 10^{-4}\,\text{eV}} = 7{,}14\,\text{mm}\,.$$

L34.18 Der gesamte Drehimpuls J ist die Summe aus dem Bahndrehimpuls L und dem Spindrehimpuls S (siehe Abbildung).

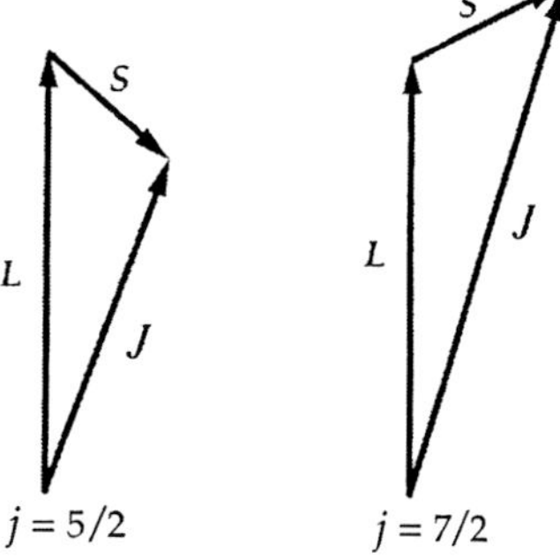

Die Quantenzahl j kann entweder $\ell + \frac{1}{2}$ oder $\ell - \frac{1}{2}$ sein, wobei $\ell \neq 0$ ist. Also kann j den Wert $3 + \frac{1}{2} = \frac{7}{2}$ oder den Wert $3 - \frac{1}{2} = \frac{5}{2}$ annehmen.

Das Periodensystem der Elemente

L34.19 a) Kohlenstoff hat die Ordnungszahl 6, und die Elektronenkonfiguration ist $1\text{s}^2 2\text{s}^2 2\text{p}^2$.

b) Sauerstoff hat die Ordnungszahl 8, und die Elektronenkonfiguration ist $1\text{s}^2 2\text{s}^2 2\text{p}^4$.

Optische Spektren und Röntgenspektren

L34.20 Lithium, Natrium, Kalium, Chrom und Cäsium haben ein einzelnes s-Elektron in der äußersten Elektronenschale. Ihre Atomspektren ähneln sich daher.

Im Gegensatz dazu weisen Beryllium, Magnesium, Calcium, Nickel und Barium in der äußersten Elektronenschale zwei s-Elektronen auf. Ihre Atomspektren ähneln sich daher, unterscheiden sich aber von denen der zuvor aufgeführten Elemente.

L34.21 Die Linien der K-Serie im Röntgenspektrum rühren von Übergängen aus Elektronenschalen mit einer Hauptquantenzahl $n > 1$ in die innerste Elektronenschale mit der Hauptquantenzahl $n = 1$ her. Für die Energiedifferenzen gilt also

$$\Delta E = E_n - E_1 \quad \text{mit} \quad E_n = -(Z-1)^2\,\frac{E_0}{n^2}, \quad n = 1, 2, \ldots,$$

und die Wellenlängen sind gegeben durch

$$\lambda = \frac{h\,c}{E_n - E_1} = \frac{1240\,\text{eV} \cdot \text{nm}}{-(Z-1)^2\,\dfrac{E_0}{n^2} - \left[-(Z-1)^2\,\dfrac{E_0}{1^2}\right]}$$
$$= \frac{1240\,\text{eV} \cdot \text{nm}}{(Z-1)^2\,E_0\left(1 - \dfrac{1}{n^2}\right)}\,.$$

Je größer n ist, desto kleiner ist also die Wellenlänge.

a) Mit $Z = 42$ für Molybdän ergibt sich für den Übergang von $n = 3$ zu $n = 1$:

$$\lambda_3 = \frac{1240\,\text{eV} \cdot \text{nm}}{(42-1)^2\,(13{,}6\,\text{eV})\left(1 - \dfrac{1}{3^2}\right)} = 0{,}0610\,\text{nm}\,,$$

und für den Übergang von $n = 4$ zu $n = 1$ erhalten wir

$$\lambda_4 = \frac{1240\,\text{eV} \cdot \text{nm}}{(42-1)^2\,(13{,}6\,\text{eV})\left(1 - \dfrac{1}{4^2}\right)} = 0{,}0578\,\text{nm}\,.$$

b) Die kleinste Wellenlänge entspricht der größten Energiedifferenz, rührt sozusagen von einem Übergang mit $n \approx \infty$ her. Daher setzen wir $1/n^2 = 0$ und erhalten

$$\lambda_\infty \approx \frac{1240\,\text{eV} \cdot \text{nm}}{(42-1)^2\,(13{,}6\,\text{eV})\,(1-0)} = 0{,}0542\,\text{nm}\,.$$

L34.22 Die Energiedifferenz zwischen dem Grundzustand und dem ersten angeregten Zustand ist $3\,E_0 = 40{,}8\,\text{eV}$. Sie entspricht einer Wellenlänge von 30,4 nm. Diese liegt im fernen Ultraviolett, d. h. weit außerhalb des sichtbaren Bereichs. Daher können im transmittierten Licht keine dunklen Linien beobachtet werden.

Laser

L34.23 a) Die Energie ist das Produkt aus Leistung und Zeitspanne: $E = P\,\Delta t = (10\,\text{MW})\,(1{,}5\,\text{ns}) = 15\,\text{mJ}$.

b) Die Energie eines Photons ist $E_{\text{Photon}} = h\,c/\lambda$. Die Anzahl n der Photonen entspricht dem Quotienten aus der Gesamtenergie und der Energie eines Photons:

$$n = \frac{E}{E_{\text{Photon}}} = \frac{\lambda\,E}{h\,c}$$
$$= \frac{(694{,}3\,\text{nm})\,(15\,\text{mJ})}{1240\,\text{eV} \cdot \text{nm}}\,\frac{1\,\text{eV}}{1{,}602 \cdot 10^{-19}\,\text{J}} = 5{,}2 \cdot 10^{16}\,.$$

Allgemeine Aufgaben

L34.24 Bei einem Übergang von der anfänglichen Hauptquantenzahl n_A zu der am Ende vorliegenden Hauptquantenzahl n_E ist die Energiedifferenz

$$\Delta E = |E_E - E_A| = -\frac{Z^2 E_0}{n_A^2} + \frac{Z^2 E_0}{n_E^2}$$
$$= Z^2 E_0 \left(\frac{1}{n_E^2} - \frac{1}{n_A^2} \right) = (13{,}6\,\text{eV}) \left(\frac{1}{n_E^2} - \frac{1}{n_A^2} \right).$$

Darin haben wir $Z = 1$ und $E_0 = 13{,}6\,\text{eV}$ eingesetzt. Für die entsprechende Wellenlänge erhalten wir

$$\lambda = \frac{h\,c}{\Delta E} = \frac{1240\,\text{eV} \cdot \text{nm}}{(13{,}6\,\text{eV}) \left(\frac{1}{n_E^2} - \frac{1}{n_A^2} \right)} = \frac{91{,}2\,\text{nm}}{\frac{1}{n_E^2} - \frac{1}{n_A^2}}.$$

Daraus ergibt sich $\quad \dfrac{1}{n_E^2} - \dfrac{1}{n_A^2} = \dfrac{91{,}2\,\text{nm}}{\lambda}.$

Mit $\lambda = 97{,}254\,\text{nm}$ und $n_E = 1$ erhalten wir

$$1 - \frac{1}{n_A^2} = \frac{91{,}2\,\text{nm}}{97{,}254\,\text{nm}} = 0{,}938 \quad \text{und daraus} \quad n_A = 4.$$

Der Übergang erfolgt also von $n_A = 4$ zu $n_E = 1$.

L34.25 a) Gemäß der Einstein'schen Gleichung ist die Energiedifferenz $\Delta E = h\,\nu$. Damit ergibt sich für die Frequenz des Photons

$$\nu = \frac{\Delta E}{h} = \frac{4{,}372 \cdot 10^{-6}\,\text{eV}}{4{,}136 \cdot 10^{-15}\,\text{eV} \cdot \text{s}} = 1{,}06\,\text{GHz}.$$

b) Die Wellenlänge des Photons ist

$$\lambda = \frac{h\,c}{\Delta E} = \frac{1240\,\text{eV} \cdot \text{nm}}{4{,}372 \cdot 10^{-6}\,\text{eV}} = 28{,}4\,\text{cm}.$$

Sie liegt im Mikrowellenbereich des elektromagnetischen Spektrums.

L34.26 a) Im Zustand mit der Hauptquantenzahl n ist die Energie $E_n = -E_0/n^2$, mit $E_0 = 13{,}6\,\text{eV}$. Für $n = 45$ erhalten wir

$$E_{45} = -\frac{13{,}6\,\text{eV}}{45^2} = -6{,}72\,\text{meV}.$$

Die Ionisierungsenergie aus diesem Zustand ist

$$E_{\text{ion}} = -E_{45} = 6{,}72\,\text{meV}.$$

b) Für den Abstand der Energieniveaus mit den Hauptquantenzahlen 44 und 45 erhalten wir

$$\Delta E_{44,45} = -\left(\frac{13{,}6\,\text{eV}}{45^2} - \frac{13{,}6\,\text{eV}}{44^2} \right) = 3{,}087 \cdot 10^{-4}\,\text{eV}$$
$$= 3{,}09 \cdot 10^{-4}\,\text{eV}.$$

c) Die Wellenlänge des Photons ergibt sich zu

$$\lambda = \frac{h\,c}{\Delta E} = \frac{1240\,\text{eV} \cdot \text{nm}}{3{,}087 \cdot 10^{-4}\,\text{eV}} = 4{,}02\,\text{mm}.$$

d) Der Bohr'sche Radius für $n = 45$ ist

$$r = n^2 \frac{a_0}{Z} = 45^2 \frac{0{,}0529\,\text{nm}}{1} = 107\,\text{nm}.$$

L34.27 a) Die Einheiten von $\alpha = \frac{1}{4\pi\varepsilon_0}\, e^2/(\hbar\,c)$ sind

$$\frac{\text{N} \cdot \text{m}^2}{\text{C}^2} \frac{\text{C}^2}{(\text{J} \cdot \text{s}) \cdot (\text{m} \cdot \text{s}^{-1})} = \frac{\text{N} \cdot \text{m}^2}{\text{J} \cdot \text{m}} = 1.$$

Die Einheiten kürzen sich heraus; also muss α dimensionslos sein.

b) Der Drehimpuls ist quantisiert, und für die Geschwindigkeiten gilt

$$\upsilon_n = \frac{n\,\hbar}{m\,r_n}.$$

Die Bohr'schen Radien sind (mit $Z = 1$ für Wasserstoff) gegeben durch

$$r_n = (4\pi\varepsilon_0)\, n^2\, \frac{\hbar^2}{m\,Z\,e^2} = (4\pi\varepsilon_0)\, n^2\, \frac{\hbar^2}{m\,e^2}.$$

Das setzen wir in die vorige Gleichung ein:

$$\upsilon_n = \frac{n\,\hbar}{(4\pi\varepsilon_0)\, m\, n^2\, \dfrac{\hbar^2}{m\,e^2}} = \frac{1}{4\pi\varepsilon_0} \frac{e^2}{n\,\hbar}.$$

Dividieren durch die Definition von α ergibt

$$\frac{\upsilon_n}{\alpha} = \frac{\frac{1}{4\pi\varepsilon_0} \dfrac{e^2}{n\,\hbar}}{\frac{1}{4\pi\varepsilon_0} \dfrac{e^2}{\hbar\,c}} = \frac{c}{n} \quad \text{und damit} \quad \upsilon_n = \frac{c\,\alpha}{n}.$$

L34.28 Es muss ein Elektron der K-Schale (mit $n = 1$) aus dem Atom entfernt werden. Dieses Elektron wird durch das andere 1s-Elektron gegen die Kernladung Z abgeschirmt. Daher ist die effektive Kernladung $Z - 1$, und die Ionisierungsenergie für das betrachtete 1s-Elektron ist $E_{\text{min}} = (Z - 1)^2 E_0$.

a) Wolfram ($Z = 74$): $E_{\text{min}} = 73^2\,(13{,}6\,\text{eV}) = 72{,}5\,\text{keV}$.

b) Molybdän ($Z = 42$): $E_{\text{min}} = 41^2\,(13{,}6\,\text{eV}) = 22{,}9\,\text{keV}$.

c) Kupfer ($Z = 29$): $E_{\text{min}} = 28^2\,(13{,}6\,\text{eV}) = 10{,}7\,\text{keV}$.

L34.29 a) Wir nutzen den Zusammenhang für Photonen $\Delta E = \Delta\omega\hbar$ und erhalten $\Delta\omega\hbar\,\Delta t \geq \frac{\hbar}{2}$ und schließlich

$$\Delta\omega\,\Delta t \geq \frac{1}{2}\,.$$

b) Die Breite der Spektralverteilung ist direkt durch die Unschärferelation gegeben:

$$\Delta\omega = \frac{1}{2\Delta t} = \frac{1}{2\cdot 15\cdot 10^{-15}\,\text{s}}$$

und damit

$$\Delta\nu = \frac{1}{2\pi\cdot 2\cdot 15\cdot 10^{-15}\,\text{s}} \approx 5{,}3\cdot 10^{12}\,\text{Hz}$$

Die Frequenz bei $\lambda = 800\,\text{nm}$ entspricht $\nu = c/\lambda = 3{,}7474\cdot 10^{14}\,\text{Hz}$. Die Unschärfe in der Wellenlänge ist also

$$\lambda = c/\nu = \frac{c}{3{,}7474\cdot 10^{14}\,\text{Hz} \pm 5{,}3\cdot 10^{12}\,\text{Hz}} \approx 800 \pm 11\,\text{nm}\,.$$

c) Sollen Lichtimpulse zeitlich im Attosekundenbereich begrenzt sein ($\Delta t = 10^{-18}\ldots 10^{-15}\,\text{s}$), muss die Breite des Frequenzspektrums entsprechend größer sein:

$$\Delta\nu \gg \frac{1}{2\cdot 10^{-15}\,\text{s}} \approx 5\cdot 10^{14}\,\text{Hz}$$

Damit muss das Spektrum auch entsprechend hohe Frequenzen im UV-Bereich enthalten.

Atome

Moleküle

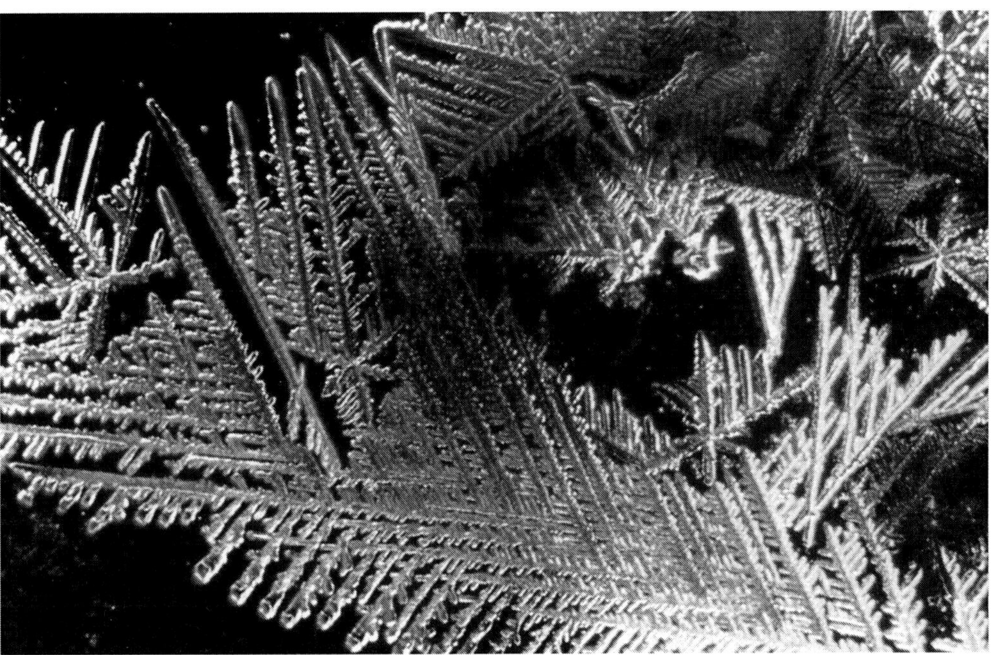

Moleküle

© Springer-Verlag GmbH Deutschland, ein Teil von Springer Nature 2019

A. Knochel (Hrsg.), *Arbeitsbuch zu Tipler/Mosca, Physik*, https://doi.org/10.1007/978-3-662-58919-9_35

Aufgaben

Verständnisaufgaben

35.1 • Die Atome welcher Elemente haben in den beiden äußersten (energetisch höchsten) Unterschalen dieselbe Elektronenkonfiguration wie Kohlenstoff? Erwarten Sie für diese Elemente dieselbe Art der Hybridisierung wie beim Kohlenstoff?

35.2 • Erklären Sie, warum das Trägheitsmoment eines zweiatomigen Moleküls mit zunehmendem Drehimpuls leicht ansteigt.

35.3 • Warum absorbiert ein Atom elektromagnetische Strahlung bei Raumtemperatur normalerweise nur im Grundzustand, während zweiatomige Moleküle gewöhnlich Strahlung absorbieren können, wenn sie sich in verschiedenen Rotationszuständen befinden?

35.4 •• Die (gasförmigen) Elemente der Gruppe VIII, also in der rechten Spalte des Periodensystems, nennt man Edelgase, weil sie in einem weiten Temperatur- und Druckbereich gasförmig sind und praktisch keine chemische Reaktionen zu Molekülen oder ionischen Verbindungen eingehen. Jedoch können Moleküle, wie beispielsweise das ArF, gebildet werden, wenn sie in einem elektronisch angeregten Zustand vorliegen. In diesem Fall schreibt man das Molekül als ArF* und spricht von einem Excimer (abgleitet vom englischen Ausdruck *exci*ted di*mer*, angeregtes Dimer). Wie sieht das Energieniveaudiagramm des Moleküls ArF aus, wenn sein Grundzustand instabil, jedoch sein angeregter Zustand ArF* stabil ist? (Excimere werden übrigens in bestimmten Lasertypen angewendet.)

Schätzungs- und Näherungsaufgaben

35.5 •• Trägt man die potenzielle Energie der Atome eines zweiatomigen Moleküls gegen den Abstand auf, so zeigt die Kurve ein Minimum. In der Nähe dieses Minimums kann die Abstandsabhängigkeit durch eine Parabel angenähert werden; sie entspricht der bei einem harmonischen Oszillator, der hier also als Näherung für das zweiatomige Molekül betrachtet werden kann. Bei einer besseren Näherung, die man anharmonischen Oszillator nennt, ist die Beziehung

$$E_{\mathrm{vib}} = \left(v + \tfrac{1}{2}\right) h\,\nu, \qquad v = 0, 1, 2, \ldots$$

modifiziert. Sie lautet dann

$$E_{\mathrm{vib}} = \left(v + \tfrac{1}{2}\right) h\,\nu - \left(v + \tfrac{1}{2}\right)^2 h\,\nu\,\alpha, \qquad v = 0, 1, 2, \ldots$$

Beim Molekül O_2 haben die Parameter die folgenden Werte: $\nu = 4{,}74 \cdot 10^{13}\,\mathrm{s}^{-1}$ und $\alpha = 7{,}6 \cdot 10^{-3}$. Schätzen Sie den kleinsten Wert der Quantenzahl v ab, bei der das Ergebnis der modifizierten Gleichung um 10 % von dem der nicht modifizierten ersten Gleichung abweicht.

35.6 •• Hier soll illustriert werden, dass es bei vielen makroskopischen Systemen nicht nötig ist, quantenmechanische Ansätze zu verwenden. Nehmen Sie an, eine massive Kugel mit der Masse $m = 300\,\mathrm{g}$ und dem Radius $r = 3\,\mathrm{cm}$ rotiert mit 20 Umdrehungen pro Sekunde um ihre Achse. Schätzen Sie die Rotationsquantenzahl J und den Abstand benachbarter Rotationsenergieniveaus ab. (*Hinweis:* Ermitteln Sie die Quantenzahl J, mit der die Beziehung $E_{\mathrm{rot}} = J\,(J+1)\,\hbar^2/(2\,I)$, mit $J = 0, 1, 2, \ldots$, die richtige Rotationsenergie des Systems ergibt, und berechnen Sie dann die Differenz zum nächsthöheren Energieniveau der Rotation.)

Chemische Bindung

35.7 • Im HF-Molekül beträgt der Gleichgewichtsabstand der Atome 0,0917 nm, und sein Dipolmoment wurde zu $6{,}40 \cdot 10^{-30}\,\mathrm{C\,m}$ gemessen. Zu welchem prozentualen Anteil ist die Bindung ionisch?

35.8 •• Der Gleichgewichtsabstand der Atome im Molekül HCl beträgt 0,128 nm. Sein elektrisches Dipolmoment wurde zu $3{,}60 \cdot 10^{-30}\,\mathrm{C \cdot m}$ gemessen. Wie hoch ist der ionische Anteil der Bindung im HCl-Molekül?

35.9 •• Im KCl-Kristall beträgt der Gleichgewichtsabstand der Ionen K^+ und Cl^- rund 0,267 nm. a) Berechnen Sie die potenzielle Energie der Anziehung zwischen den Ionen, wobei Sie sie als Punktladungen im gegebenen Abstand ansehen. b) Die Ionisierungsenergie von Kalium beträgt 4,34 eV, und Chlor hat eine Elektronenaffinität von $-3{,}62$ eV. Ermitteln Sie – unter Vernachlässigung jeglicher Abstoßungsenergie – die Dissoziationsenergie von KCl. c) Die gemessene Dissoziationsenergie beträgt 4,49 eV. Wie hoch ist die Abstoßungsenergie der Ionen bei ihrem Gleichgewichtsabstand?

35.10 •• a) Berechnen Sie die potenzielle Energie der Anziehung zwischen den Ionen Na^+ und Cl^- bei ihrem Gleichgewichtsabstand $r_0 = 0{,}236$ nm. Vergleichen Sie Ihr Ergebnis mit der Dissoziationsenergie. b) Wie groß ist die Abstoßungsenergie der Ionen bei ihrem Gleichgewichtsabstand?

Energieniveaus und Spektren zweiatomiger Moleküle

35.11 • Die Rotationskonstante (die charakteristische Rotationsenergie) B des N_2-Moleküls beträgt $2{,}48 \cdot 10^{-4}$ eV. Berechnen Sie damit den Abstand der Stickstoffatome (genauer gesagt: der Atomkerne) im Molekül.

35.12 •• Das CO-Molekül hat eine Bindungsenergie von rund 11 eV. Ermitteln Sie die Schwingungsquantenzahl v, bei der die Schwingungsenergie diesen Wert erreichen und das Molekül somit „zerrissen" würde.

35.13 •• Leiten Sie die Gleichung

$$I = m_{\text{red}}\, r_0^2, \quad \text{mit} \quad m_{\text{red}} = \frac{m_1\, m_2}{m_1 + m_2},$$

her, die den Zusammenhang zwischen dem Trägheitsmoment I und der reduzierten Masse m_{red} eines zweiatomigen Moleküls beschreibt.

35.14 ••• Berechnen Sie die reduzierten Massen der Moleküle $H^{35}Cl$ und $H^{37}Cl$ wie auch ihre relative Differenz $\Delta m_{\text{red}}/m_{\text{red}}$. Zeigen Sie, dass in einer Mischung beider Molekülsorten beim Übergang von einem Rotationszustand in einen anderen Spektrallinien mit der relativen Frequenzdifferenz $\Delta v/v = -\Delta m_{\text{red}}/m_{\text{red}}$ auftreten. Berechnen Sie $\Delta v/v$ und vergleichen Sie Ihr Ergebnis mit dem tatsächlichen Wert.

Allgemeine Aufgaben

35.15 • Zeigen Sie, dass die reduzierte Masse eines zweiatomigen Moleküls ungefähr gleich der Masse des leichteren Atoms ist, wenn das schwerere Atom eine wesentlich größere Masse hat.

35.16 •• Die effektive Kraftkonstante der Bindung im H_2-Molekül liegt bei $580\,\text{N}\,\text{m}^{-1}$. Ermitteln Sie die Energien der vier niedrigsten Schwingungszustände der Moleküle H_2, HD und D_2 (wobei D für Deuterium steht) sowie die Wellenlängen der Photonen, die bei Übergängen zwischen benachbarten Schwingungsenergieniveaus dieser Moleküle jeweils absorbiert oder emittiert werden.

35.17 •• Die Abhängigkeit der potenziellen Energie vom Abstand r der Atome in einem Molekül kann durch das soge-

nannte Lennard-Jones-Potenzial (oder 6–12-Potenzial)

$$E_{\text{pot}} = E_{\text{pot},0}\left[\left(\frac{a}{r}\right)^{12} - 2\left(\frac{a}{r}\right)^{6}\right]$$

beschrieben werden. Darin sind a und $E_{\text{pot},0}$ Konstanten. Ermitteln Sie die Abhängigkeit des Gleichgewichtsabstands r_0 der Atome vom Parameter a. (*Hinweis:* Bei diesem Abstand hat die potenzielle Energie ein Minimum.) Stellen Sie einen Ausdruck für den Minimalwert $E_{\text{pot,min}}$ bei $r = r_0$ auf. Ermitteln Sie mithilfe der Abb. 35.1 Zahlenwerte von r_0 und $E_{\text{pot},0}$ für das H_2-Molekül. Geben Sie Ihre Ergebnisse in Nanometer bzw. in Elektronenvolt an.

35.18 •• In dieser Aufgabe soll die Abstandsabhängigkeit der Van-der-Waals-Kräfte zwischen einem polaren und einem unpolaren Molekül berechnet werden. Das polare Molekül befindet sich im Ursprung, sein Dipolmoment weist in $+x$-Richtung, und es hat vom unpolaren Molekül den Abstand x. a) Wie hängt die von einem Dipol hervorgerufene elektrische Feldstärke in der angegebenen Richtung vom Abstand x ab? b) Die potenzielle Energie eines elektrischen Dipols mit dem Dipolmoment $\wp$ in einem elektrischen Feld $\boldsymbol{E}$ ist $E_{\text{pot}} = -\wp \cdot \boldsymbol{E}$, und der Betrag des im unpolaren Molekül induzierten Dipolmoments $\wp'$ ist in Richtung von $\boldsymbol{E}$ proportional zu dessen Betrag. Berechnen Sie mithilfe dieser Angaben die potenzielle Wechselwirkungsenergie der beiden Moleküle in Abhängigkeit von ihrem Abstand x. c) Berechnen Sie mithilfe der Beziehung $F_x = -\mathrm{d}E_{\text{pot}}/\mathrm{d}x$, wie die Kraft zwischen den zwei Molekülen von deren Abstand x abhängt.

35.19 •• Sogenannte Treibhausgase wie Wasserdampf und Kohlendioxid tragen zum Treibhauseffekt bei, indem sie infrarote Strahlung absorbieren und damit die Fähigkeit der Erde reduzieren, Wärme abzustrahlen. a) Geben Sie eine kurze Größenordnungsabschätzung an, weshalb vor allem die Anregung von Vibrationsmoden für die Wirkung von Treibhausgasen aus-

Abb. 35.1 Zu Aufgabe 35.17

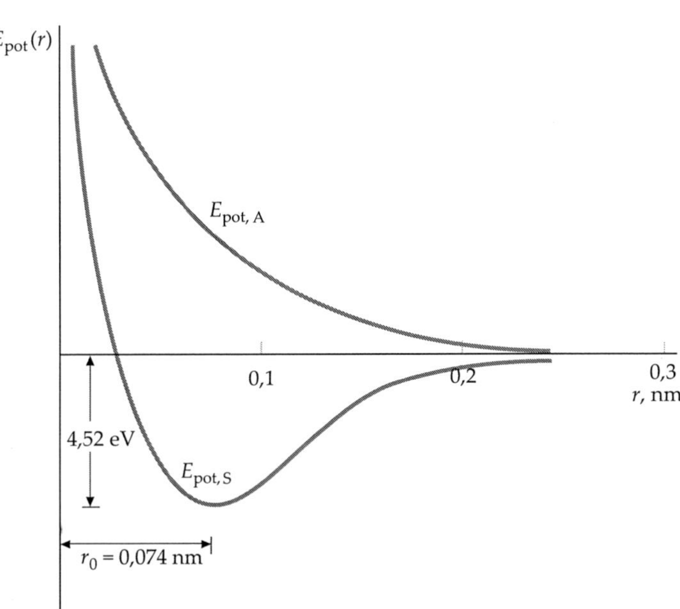

schlaggebend ist, die Anregung elektronischer Übergänge nicht.
b) Damit Vibrationsmoden effizient durch elektromagnetische Wellen angeregt werden können, muss durch die Verformung ein elektrisches Dipolmoment im Molekül entstehen. Argumentieren Sie, weshalb die beiden Luftbestandteile N_2 und O_2 keine Treibhausgase sind.

Lösungen zu den Aufgaben

Verständnisaufgaben

L35.1 Die Elemente Silicium, Germanium, Zinn und Blei haben in den beiden äußeren Unterschalen dieselbe Elektronenkonfiguration wie der Kohlenstoff. Man sollte dieselbe Art der Hybridisierung wie beim Kohlenstoff erwarten, und sie tritt beim Silicium und beim Germanium auch auf. Diese Elemente kristallisieren im Diamantgitter. Im Unterschied dazu haben Zinn und Blei metallischen Charakter.

L35.2 Wenn der Drehimpuls eines Moleküls ansteigt, nimmt der Abstand seiner Atomkerne leicht zu (man kann die Verbindung zwischen den Atomen mit der durch eine starke Feder vergleichen). Daher steigt auch das Trägheitsmoment mit zunehmendem Drehimpuls leicht an.

L35.3 Die Energie des ersten angeregten Zustands eines Atoms ist um Größenordnungen höher als die thermische Energie $k_B T$ bei gewöhnlichen Temperaturen. Daher liegen praktisch alle Atome im elektronischen Grundzustand vor. Im Unterschied dazu ist – ebenfalls bei gewöhnlichen Temperaturen – der Abstand zwischen dem Grundzustand und den ersten angeregten Zuständen der Rotation kleiner als die thermische Energie $k_B T$ oder vergleichbar mit ihr. Daher sind auch angeregte Rotationszustände infolge thermischer Anregung besetzt.

L35.4 Beim hypothetischen Molekül ArF weist das Diagramm einen nichtbindenden Grundzustand ohne Rotations- und Schwingungszustände auf, der der oberen Kurve in der Abbildung zu Aufgabe 35.17 entspricht.

Für ArF* existiert jedoch ein bindender angeregter Zustand mit einem deutlichen Minimum in der Abhängigkeit vom Atomabstand und auch mit Schwingungszuständen, ähnlich der oberen Kurve in der hier gezeigten Abbildung.

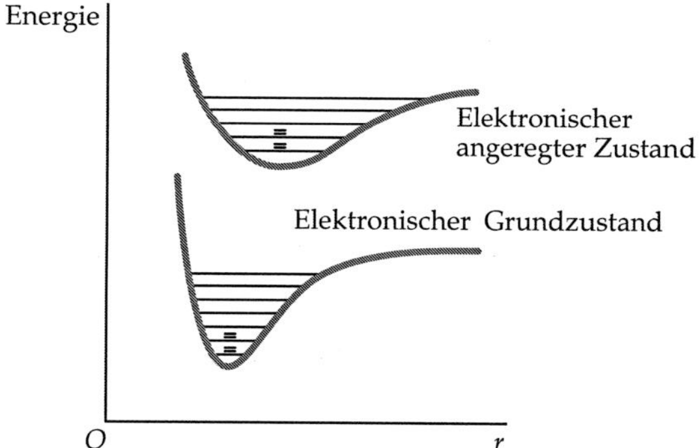

Schätzungs- und Näherungsaufgaben

L35.5 Wir müssen die Schwingungsquantenzahl υ ermitteln, bei der der Korrekturterm 10 % des Werts ergibt, der mit der ursprünglichen Gleichung berechnet wird. Wir bilden also den Quotienten und setzen ihn gleich 0,1:

$$\frac{\left(\upsilon + \frac{1}{2}\right)^2 h \nu \alpha}{\left(\upsilon + \frac{1}{2}\right) h \nu} = \left(\upsilon + \frac{1}{2}\right)\alpha = \frac{1}{10}.$$

Daraus folgt

$$\upsilon = \frac{1}{10\,\alpha} - \frac{1}{2} = \frac{1}{10\,(7{,}6\cdot 10^{-3})} - \frac{1}{2} = 12{,}7 \approx 13.$$

L35.6 Die Rotationsenergieniveaus der Kugel sind gegeben durch

$$E_J = \frac{J\,(J+1)\,\hbar^2}{2\,I}, \qquad J = 0, 1, 2, \dots$$

Darin ist J die Rotationsquantenzahl und I das Trägheitsmoment. Umformen liefert

$$J\,(J+1) = \frac{2\,I\,E_J}{\hbar^2} \quad \text{und} \quad J^2\left(1 + \frac{1}{J}\right) = \frac{2\,I\,E_J}{\hbar^2}.$$

Wie die weitere Berechnung ergeben wird, ist $J \gg 1$. Dies wollen wir im Augenblick erst einmal nur annehmen und erhalten damit

$$J^2 \approx \frac{2\,I\,E_J}{\hbar^2} \quad \text{und} \quad J \approx \frac{\sqrt{2\,I\,E_J}}{\hbar}.$$

Die Energie der massiven Kugel ist nur die der Rotation: $E_J = \frac{1}{2}\,I\,\omega^2$, und ihr Trägheitsmoment ist $I = \frac{2}{5}\,m\,r^2$. Damit ergibt sich

$$
\begin{aligned}
J &\approx \frac{\sqrt{2\,I\left(\frac{1}{2}\,I\,\omega^2\right)}}{\hbar} = \frac{\sqrt{I^2\,\omega^2}}{\hbar} = \frac{I\,\omega}{\hbar} = \frac{2\,m\,r^2\,\omega}{5\,\hbar} \\[2mm]
&\approx \frac{2\,(0{,}300\,\text{kg})\,(0{,}03\,\text{m})^2\left(\dfrac{20\,\text{U}}{1\,\text{min}}\dfrac{2\,\pi\,\text{rad}}{1\,\text{U}}\dfrac{1\,\text{min}}{60\,\text{s}}\right)}{5\,(1{,}055\cdot 10^{-34}\,\text{J}\cdot\text{s})} \\[2mm]
&\approx 2\cdot 10^{30}.
\end{aligned}
$$

Dieses Ergebnis rechtfertigt unsere Annahme $J \gg 1$. Der Abstand aufeinanderfolgender Energieniveaus der Rotation ist gleich der Rotationskonstanten (oder charakteristischen Rotationsenergie) B. Für diese erhalten wir (mit der obigen Beziehung für das Trägheitsmoment einer massiven Kugel):

$$B = \frac{\hbar^2}{2\,I} = \frac{5\,\hbar^2}{4\,m\,r^2} = \frac{5\,(1{,}055\cdot 10^{-34}\,\text{J}\cdot\text{s})^2}{4\,(0{,}300\,\text{kg})\,(0{,}03\,\text{m})^2} = 5\cdot 10^{-65}\,\text{J}.$$

Chemische Bindung

L35.7 Der prozentuale Anteil der ionischen Bindung ist gleich $100\,(\wp_{\text{exp}}/\wp_{\text{ion}})$. Darin ist $\wp_{\text{ion}} = e\,r_0$ das Dipolmoment der rein ionischen Bindung. Wir erhalten

$$100\,\frac{\wp_{\text{exp}}}{\wp_{\text{ion}}} = 100\,\frac{6{,}40\cdot 10^{-30}\,\text{C}\cdot\text{m}}{(1{,}602\cdot 10^{-19}\,\text{C})\,(0{,}0917\,\text{nm})} = 43{,}6\,\%.$$

L35.8 Der prozentuale Anteil der ionischen Bindung ist gleich $100 \, (\wp_{\mathrm{exp}}/\wp_{\mathrm{ion}})$. Darin ist $\wp_{\mathrm{ion}} = e \, r_0$ das Dipolmoment der rein ionischen Bindung, wobei r_0 der Gleichgewichtsabstand und e die Elementarladung sind. Wir erhalten hier

$$\frac{3{,}6 \cdot 10^{-30}\,\mathrm{C} \cdot \mathrm{m}}{0{,}128 \cdot 10^{-9}\,\mathrm{m} \cdot 1{,}60 \cdot 10^{-19}\,\mathrm{C}} \approx 0{,}176 = 17{,}6\,\%\,.$$

L35.9 a) Mit $\frac{1}{4\pi\varepsilon_0}\, e^2 = 1{,}44\,\mathrm{eV} \cdot \mathrm{nm}$ erhalten wir für die potenzielle Energie der Anziehung beim Gleichgewichtsabstand r_0:

$$E_{\mathrm{pot},0} = -\frac{1}{4\pi\varepsilon_0}\,\frac{e^2}{r_0} = -\frac{1{,}44\,\mathrm{eV} \cdot \mathrm{nm}}{0{,}267\,\mathrm{nm}} = -5{,}39\,\mathrm{eV}\,.$$

b) Die gesamte potenzielle Energie des Moleküls ist

$$E_{\mathrm{pot,ges}} = E_{\mathrm{pot},0} + \Delta E + E_{\mathrm{rep}} = E_{\mathrm{pot},0} + \Delta E\,.$$

Dabei haben wir im letzten Schritt die Energie E_{rep} der elektrostatischen Abstoßung vernachlässigt.

Die Größe ΔE ist die Differenz zwischen der Ionisierungsenergie von Kalium und der Elektronenaffinität von Chlor:

$$\Delta E = 4{,}34\,\mathrm{eV} - 3{,}62\,\mathrm{eV} = 0{,}72\,\mathrm{eV}\,.$$

Die berechnete Dissoziationsenergie ist gleich dem negativen Wert der Gesamtenergie:

$$\begin{aligned}
E_{\mathrm{Diss,ber.}} &= -E_{\mathrm{pot,ges}} = -(E_{\mathrm{pot},0} + \Delta E) \\
&= -(-5{,}39\,\mathrm{eV} + 0{,}72\,\mathrm{eV}) = 4{,}67\,\mathrm{eV}\,.
\end{aligned}$$

Die Abstoßungsenergie ist schließlich

$$E_{\mathrm{rep}} = E_{\mathrm{Diss,ber.}} - E_{\mathrm{Diss,exp.}} = 4{,}67\,\mathrm{eV} - 4{,}49\,\mathrm{eV} = 0{,}18\,\mathrm{eV}\,.$$

L35.10 a) Mit $\frac{1}{4\pi\varepsilon_0}\, e^2 = 1{,}44\,\mathrm{eV} \cdot \mathrm{nm}$ erhalten wir für die potenzielle Energie der Anziehung beim Gleichgewichtsabstand r_0:

$$E_{\mathrm{pot},0} = -\frac{1}{4\pi\varepsilon_0}\,\frac{e^2}{r_0} = -\frac{1{,}44\,\mathrm{eV} \cdot \mathrm{nm}}{0{,}236\,\mathrm{nm}} = -6{,}10\,\mathrm{eV}\,.$$

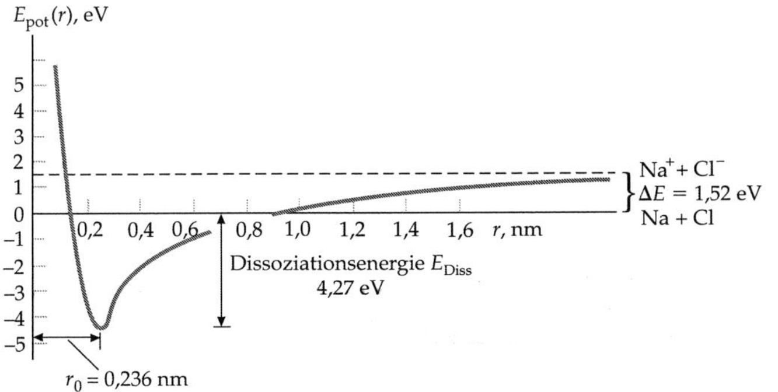

Wie aus der Abbildung hervorgeht, ist die Dissoziationsenergie $E_{\mathrm{Diss}} = 4{,}27\,\mathrm{eV}$. Wir vergleichen sie mit dem Betrag der potenziellen Energie der Anziehung:

$$\frac{|E_{\mathrm{pot},0}|}{E_{\mathrm{Diss}}} = \frac{6{,}10\,\mathrm{eV}}{4{,}27\,\mathrm{eV}} = 1{,}43\,.$$

b) Mit $\Delta E = 1{,}52\,\mathrm{eV}$ (siehe Abbildung) erhalten wir für die potenzielle Energie der Abstoßung

$$\begin{aligned}
E_{\mathrm{rep}} &= -(E_{\mathrm{pot},0} + E_{\mathrm{Diss}} + \Delta E) \\
&= -(-6{,}10\,\mathrm{eV} + 4{,}27\,\mathrm{eV} + 1{,}52\,\mathrm{eV}) = 0{,}31\,\mathrm{eV}\,.
\end{aligned}$$

Energieniveaus und Spektren zweiatomiger Moleküle

L35.11 Das Trägheitsmoment des N_2-Moleküls ist

$$I = 2\, m_{\mathrm{N}} \left(\frac{r}{2}\right)^2 = \tfrac{1}{2}\, m_{\mathrm{N}}\, r^2 = \tfrac{1}{2} \cdot 14\, m_{\mathrm{p}}\, r^2 = 7\, m_{\mathrm{p}}\, r^2\,.$$

Dabei haben wir der Einfachheit halber die Masse m_{N} eines Stickstoffatoms zu 14 Protonenmassen m_{p} angenommen. Für die Rotationskonstante (die charakteristische Rotationsenergie) B des N_2-Moleküls gilt damit

$$B = \frac{\hbar^2}{2\,I} = \frac{\hbar^2}{14\, m_{\mathrm{p}}\, r^2}\,.$$

Wir lösen nach dem Abstand r der Stickstoffatome auf. Mit der Protonenmasse $m_{\mathrm{p}} = 1{,}673 \cdot 10^{-27}\,\mathrm{kg}$ erhalten wir

$$\begin{aligned}
r &= \hbar\,\sqrt{\frac{1}{14\, m_{\mathrm{p}}\, B}} \\
&= (1{,}055 \cdot 10^{-34}\,\mathrm{J} \cdot \mathrm{s}) \\
&\quad \cdot \sqrt{\frac{1}{14\, m_{\mathrm{p}}\,(2{,}48 \cdot 10^{-4}\,\mathrm{eV})\,(1{,}602 \cdot 10^{-19}\,\mathrm{J} \cdot \mathrm{eV}^{-1})}} \\
&= 0{,}109\,\mathrm{nm}\,.
\end{aligned}$$

L35.12 Die Energieniveaus der Schwingung sind

$$E_{\upsilon} = \left(\upsilon + \tfrac{1}{2}\right) h\, \nu\,, \qquad \upsilon = 0, 1, 2, \ldots$$

Die Eigenfrequenz der Schwingung des CO-Moleküls kann in Tabellen nachgeschlagen werden. Sie beträgt $\nu = 6{,}42 \cdot 10^{13}\,\mathrm{Hz}$. Wir lösen die obige Gleichung nach der Schwingungsquantenzahl υ auf und setzen als zu erreichende Schwingungsenergie die gegebene Bindungsenergie von (11 eV) des Moleküls ein:

$$\begin{aligned}
\upsilon &= \frac{E_{\upsilon}}{h\,\nu} - \frac{1}{2} \\
&= \frac{(11\,\mathrm{eV})\,(1{,}602 \cdot 10^{-19}\,\mathrm{J} \cdot \mathrm{eV}^{-1})}{(6{,}626 \cdot 10^{-34}\,\mathrm{J} \cdot \mathrm{s})\,(6{,}42 \cdot 10^{13}\,\mathrm{Hz})} - \frac{1}{2} \approx 41\,.
\end{aligned}$$

L35.13 Die r-Koordinate des Massenmittelpunkts S des Moleküls ist mit dem Gleichgewichtsabstand r_0 der Atome gegeben durch

$$r_S = \frac{m_2}{m_1 + m_2}\, r_0.$$

Die Abstände der mit 1 und 2 bezeichneten Atome vom Massenmittelpunkt S sind $r_1 = r_S$ und

$$r_2 = r_0 - r_S = r_0 - \frac{m_2}{m_1 + m_2}\, r_0 = \frac{m_1}{m_1 + m_2}\, r_0.$$

Mit diesen beiden Ausdrücken für r_1 und r_2 ergibt sich für das Trägheitsmoment des zweiatomigen Moleküls

$$
\begin{aligned}
I &= m_1\, r_1^2 + m_2\, r_2^2 \\
&= m_1 \left(\frac{m_2}{m_1 + m_2}\, r_0 \right)^2 + m_2 \left(\frac{m_1}{m_1 + m_2}\, r_0 \right)^2 \\
&= \frac{m_1\, m_2}{m_1 + m_2}\, r_0^2 = m_{\text{red}}\, r_0^2.
\end{aligned}
$$

Dabei ist $m_{\text{red}} = \dfrac{m_1\, m_2}{m_1 + m_2}$.

L35.14 Für $H^{35}Cl$ erhalten wir

$$m_{\text{red},35} = \frac{(35\,\text{u})\,(1\,\text{u})}{(35\,\text{u}) + (1\,\text{u})} = \frac{35}{36}\,\text{u} = 0{,}972\,\text{u},$$

und für $H^{37}Cl$ ergibt sich

$$m_{\text{red},37} = \frac{(37\,\text{u})\,(1\,\text{u})}{(37\,\text{u}) + (1\,\text{u})} = \frac{37}{38}\,\text{u} = 0{,}974\,\text{u}.$$

Beim Berechnen der relativen Differenz setzen wir als reduzierte Masse m_{red} das arithmetische Mittel an und erhalten

$$
\begin{aligned}
\frac{\Delta m_{\text{red}}}{m_{\text{red}}} &= \frac{\dfrac{37}{38}\,\text{u} - \dfrac{35}{36}\,\text{u}}{\dfrac{1}{2}\left(\dfrac{35}{36}\,\text{u} + \dfrac{37}{38}\,\text{u} \right)} = \frac{\dfrac{37\cdot 36 - 35 \cdot 38}{36 \cdot 38}\,\text{u}}{\dfrac{35 \cdot 38 + 37 \cdot 36}{2 \cdot 36 \cdot 38}\,\text{u}} \\
&= 0{,}00150.
\end{aligned}
$$

Die Rotationsfrequenz ist umgekehrt proportional zum Trägheitsmoment, also auch umgekehrt proportional zur reduzierten Masse. Mit einer Proportionalitätskonstanten C gilt daher

$$\nu = \frac{C}{m_{\text{red}}}, \qquad \text{also} \qquad \mathrm{d}\nu = -C\,\frac{1}{m_{\text{red}}^2}\,\mathrm{d}m_{\text{red}}.$$

Damit ergibt sich

$$\frac{\mathrm{d}\nu}{\nu} = -\frac{\mathrm{d}m_{\text{red}}}{m_{\text{red}}} \qquad \text{bzw.} \qquad \frac{\Delta\nu}{\nu} \approx -\frac{\Delta m_{\text{red}}}{m_{\text{red}}}.$$

Wie man den gemessenen Spektren entnehmen kann, ist $\Delta\nu \approx 1 \cdot 10^{11}\,\text{Hz}$, und wir erhalten schließlich

$$\frac{\Delta\nu}{\nu} \approx \frac{1 \cdot 10^{11}\,\text{Hz}}{8{,}40 \cdot 10^{13}\,\text{Hz}} = 0{,}001.$$

Dieser Wert weicht um etwa 21 % von dem gemessenen Wert ab. Allerdings ist der exakte Wert aus den Spektren nur schwierig zu ermitteln.

Allgemeine Aufgaben

L35.15 Wir dividieren im Ausdruck für die reduzierte Masse den Zähler und den Nenner durch m_2:

$$m_{\text{red}} = \frac{m_1\, m_2}{m_1 + m_2} = \frac{m_1}{1 + \dfrac{m_1}{m_2}}.$$

Bei $m_2 \gg m_1$ ist $m_1/m_2 \ll 1$ und daher $m_{\text{red}} \approx m_1$.

L35.16 Die Energieniveaus der Schwingung sind

$$E_\nu = \left(\nu + \tfrac{1}{2} \right) h\,\nu \qquad \text{mit} \quad \nu = 0, 1, 2, \ldots,$$

und für die Schwingungsfrequenz gilt

$$\nu = \frac{1}{2\pi} \sqrt{\frac{k_F}{m_{\text{red}}}} \qquad \text{mit} \quad m_{\text{red}} = \frac{m_1\, m_2}{m_1 + m_2}.$$

Damit erhalten wir

$$
\begin{aligned}
E_\nu &= \frac{\left(\nu + \tfrac{1}{2} \right) h}{2\pi} \sqrt{k_F} \sqrt{\frac{m_1 + m_2}{m_1\, m_2}} \\
&= \frac{\left(\nu + \tfrac{1}{2} \right) (4{,}136 \cdot 10^{-15}\,\text{eV}\cdot\text{s})}{2\pi} \sqrt{\frac{580\,\text{N}\cdot\text{m}^{-1}}{1{,}661 \cdot 10^{-27}\,\text{kg}\cdot\text{u}^{-1}}} \\
&\quad \cdot \sqrt{\frac{m_1 + m_2}{m_1\, m_2}} \\
&= \left(\nu + \tfrac{1}{2} \right) (0{,}389\,\text{eV}\cdot\text{u}^{1/2}) \sqrt{\frac{m_1 + m_2}{m_1\, m_2}}.
\end{aligned}
$$

Für $m_1 = m_2 = 1\,\text{u}$ und $\nu = 0$ erhalten wir

$$E_{0,H_2} = \tfrac{1}{2}\, (0{,}389\,\text{eV}\cdot\text{u}^{1/2}) \sqrt{\frac{1\,\text{u} + 1\,\text{u}}{(1\,\text{u})\,(1\,\text{u})}} = 0{,}275\,\text{eV}.$$

In gleicher Weise sind mit der vorigen Gleichung die übrigen Werte zu berechnen:

	H_2	HD	D_2
E_0/eV	0,275	0,238	0,195
E_1/eV	0,825	0,715	0,584
E_2/eV	1,375	1,191	0,973
E_3/eV	1,925	1,667	1,362

Für die bei den Übergängen emittierten oder absorbierten Photonen gilt

$$\Delta E = h\,\nu = \frac{h\,c}{\lambda} \qquad \text{und daher} \qquad \lambda = \frac{h\,c}{\Delta E}.$$

Damit erhalten wir

$$\lambda_{H_2} = \frac{1240\,\text{eV}\cdot\text{nm}}{0{,}550\,\text{eV}} = 2{,}25\,\mu\text{m},$$

$$\lambda_{HD} = \frac{1240\,\text{eV}\cdot\text{nm}}{0{,}477\,\text{eV}} = 2{,}60\,\mu\text{m},$$

$$\lambda_{D_2} = \frac{1240\,\text{eV}\cdot\text{nm}}{0{,}389\,\text{eV}} = 3{,}19\,\mu\text{m}.$$

Moleküle

L35.17 Wir leiten den gegebenen Ausdruck für die potenzielle Energie nach r ab:

$$\frac{\mathrm{d}E_{\text{pot}}}{\mathrm{d}r} = \frac{\mathrm{d}}{\mathrm{d}r}\left\{ E_{\text{pot},0}\left[\left(\frac{a}{r}\right)^{12} - 2\left(\frac{a}{r}\right)^{6}\right]\right\}$$

$$= -\frac{E_{\text{pot},0}}{r}\left[12\left(\frac{a}{r}\right)^{11} - 12\left(\frac{a}{r}\right)^{5}\right].$$

Diese Ableitung ist für $r = r_0 = a$ offensichtlich gleich null. Um zu zeigen, dass an dieser Stelle ein Minimum vorliegt, bilden wir die zweite Ableitung:

$$\frac{\mathrm{d}^2 E_{\text{pot}}}{\mathrm{d}r^2} = \frac{\mathrm{d}}{\mathrm{d}r}\left\{ -\frac{E_{\text{pot},0}}{r}\left[12\left(\frac{a}{r}\right)^{11} - 12\left(\frac{a}{r}\right)^{5}\right]\right\}$$

$$= \frac{E_{\text{pot},0}}{r^2}\left[132\left(\frac{a}{r}\right)^{10} - 60\left(\frac{a}{r}\right)^{4}\right].$$

Wir setzen $r = a$ ein und erhalten

$$\left.\frac{\mathrm{d}^2 E_{\text{pot}}}{\mathrm{d}r^2}\right|_{r=a} = \frac{E_{\text{pot},0}}{a^2}(132 - 60) = \frac{72\,E_{\text{pot},0}}{a^2} > 0\,.$$

Das positive Vorzeichen der zweiten Ableitung besagt, dass hier ein Minimum vorliegt. Für $r = a$ ergibt sich der Minimalwert der potenziellen Energie zu

$$E_{\text{pot,min}} = E_{\text{pot},0}\left[\left(\frac{a}{a}\right)^{12} - 2\left(\frac{a}{a}\right)^{6}\right] = -E_{\text{pot},0}\,.$$

Der Abbildung bei der Aufgabenstellung entnehmen wir die Werte $r_0 = 0{,}074\,\text{nm}$ und $E_{\text{pot},0} = 4{,}52\,\text{eV}$.

L35.18 a) In großem Abstand x von einem elektrischen Dipol hat das elektrische Feld auf der Achse des Dipols den Betrag

$$E = \frac{1}{4\pi\varepsilon_0}\,\frac{2\,|\wp|}{|x|^3}\,.$$

Also ist $E \propto 1/|x|^3$.

b) Das induzierte Dipolmoment ist proportional zum Feld, durch das es induziert wird: $\wp \propto 1/|x|^3$. Damit ist

$$E_{\text{pot}} = -\wp \cdot E \propto \frac{1}{x^6}\,.$$

c) Wir leiten E_{pot} nach dem Abstand x ab und erhalten

$$|F_x| = -\frac{\mathrm{d}|E_{\text{pot}}|}{\mathrm{d}x} \propto \frac{1}{|x^7|}\,.$$

L35.19 a) Um eine grobe Abschätzung der Vibrationsfrequenz (und damit der Energieniveaus $h\nu$) zu erhalten, kann man zunächst einen Schätzwert für die Kraftkonstante finden. Die Vibrationsfrequenz ist dann gegeben durch

$$\nu = \frac{1}{2\pi}\sqrt{\frac{k_F}{m_{\text{red}}}}\,.$$

Wir könnten beispielsweise die Größenordnung der Coulombkraft berechnen:

$$F = \frac{n^2 e^2}{4\pi\epsilon_0 \cdot r^2}$$

Der Bindungsabstand in Kohlenstoffdioxid ist etwa 10^{-10} m; als Kernladungszahl nehmen wir hier $n = 8$ an. Das Verhältnis von Kraft und Bindungsabstand ergibt mit diesen Zahlen

$$k_F \approx F/r \approx 10^4\,\text{N/m}\,.$$

Setzen wir als reduzierte Masse $<\sim 10 m_p$ an, erhalten wir $\nu \approx 10^{14}$ Hz und $\lambda \approx 10^3$ nm, also Wellenlängen im Infrarotbereich.

Die elektronischen Energieniveaus in einem Kastenpotenzial der Größe $d \approx 10^{-10}$ m entsprechen Energien von $(h_{Pl}/d)^2/2m_e \gg$ eV. Damit lägen die entsprechenden Energieniveaus nicht mehr im infraroten Bereich.

Es gibt stringentere Möglichkeiten, die entsprechenden Energien zu ermitteln; diese Abschätzung soll aber für unsere Zwecke hier genügen.

b) Da diese Moleküle zweiatomig symmetrisch sind, entsprechen die Vibrationsmoden völlig symmetrischen Schwingungen, die nicht zu einem veränderlichen Dipolmoment führen und auch keines erzeugen. Damit existieren zwar Vibrationsmoden, die aber nicht effektiv durch Licht angeregt werden können.

Festkörperphysik

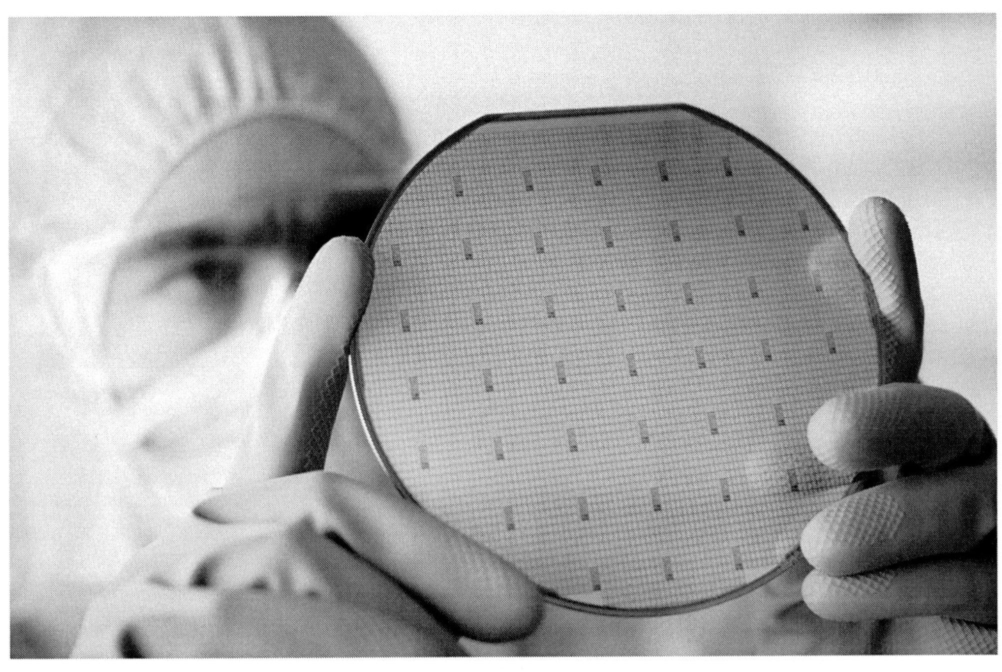

© *nicolas_/Getty Images/iStock*

Festkörper

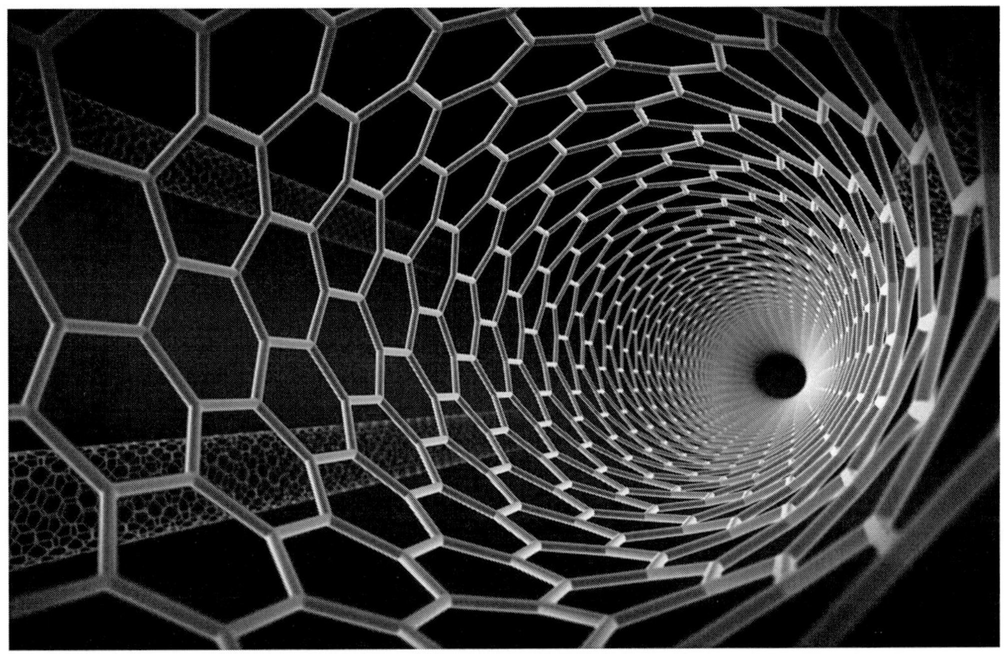

Festkörper

© Springer-Verlag GmbH Deutschland, ein Teil von Springer Nature 2019
A. Knochel (Hrsg.), *Arbeitsbuch zu Tipler/Mosca, Physik*, https://doi.org/10.1007/978-3-662-58919-9_36

Aufgaben

Verständnisaufgaben

36.1 • Ordnen Sie die folgenden Gitter nach steigender Symmetrie: a) triklin, b) kubisch raumzentriert, c) orthorhombisch flächenzentriert, d) hexagonal.

36.2 • In einem kubisch raumzentrierten Gitter haben die beiden Atome innerhalb einer Gitterzelle die Koordinaten $(0, 0, 0)$ und $(1/2, 1/2, 1/2)$. Wie weit sind dann die acht nächsten Nachbarn vom Atom bei $(1/2, 1/2, 1/2)$ entfernt, wenn die Gitterzelle eine Kantenlänge von a hat?

36.3 • Wie hoch ist die Packungsdichte (Atome/Volumen) für eine Gitterzelle in einem kubisch primitiven Gitter und in einem kubisch flächenzentrierten Gitter?

Die Struktur von Festkörpern

36.4 • Berechnen Sie den Gleichgewichtsabstand r_0 (von Mittelpunkt zu Mittelpunkt) zwischen den K^+- und den Cl^--Ionen in KCl. Nehmen Sie an, das Volumen eines jeden Ions sei ein Würfel der Kantenlänge r_0. Die molare Masse von KCl beträgt 74,55 g/mol, und die Massendichte ist 1,984 g/cm^3.

36.5 •• a) Berechnen Sie $E_{\mathrm{pot}}(r_0)$ für Calciumoxid (CaO) mit folgender Beziehung:

$$E_{\mathrm{pot}}(r_0) = -\alpha \, \frac{1}{4\pi\varepsilon_0} \, \frac{e^2}{r_0} \left(1 - \frac{1}{n}\right)$$

Der Gleichgewichtsabstand beträgt $r_0 = 0{,}208$ nm. Verwenden Sie den Wert $n = 8$. b) In der wievielten Stelle ändert sich $E_{\mathrm{pot}}(r_0)$, wenn man n von 8 auf 10 erhöht?

36.6 •• Sie wollen ein Kristall mit einfach kubischem Gitter und einem kubischen Gitterabstand von $a = 2\,\text{Å}$ durch Bragg-Reflexion untersuchen und strahlen dafür Röntgenlicht mit der Wellenlänge $\lambda = 1{,}5\,\text{Å}$ ein. a) Bei welchem Winkel θ kann man den Reflex der einfachen Netzebenen mit Abstand a beobachten? b) Identifizieren Sie zwei weitere Netzebenen mit kleinerem Abstand (z. B. anhand einer Zeichnung). Bei welchem Winkel θ werden die entsprechenden Bragg-Reflexe sichtbar, und in welchem Winkel ω zu dem kubischen Gitter muss das Röntgenlicht jeweils einfallen?

36.7 •• Im Debye-Scherrer-Verfahren wird statt eines Kristalls ein Pulver mit zufällig ausgerichteten Kristallstückchen verwendet. Das erspart die Variation der Winkel zur Suche der Netzebenen. Zeigen Sie anhand einer Skizze, dass Reflexe, die einem Bragg-Winkel von θ entsprechen, in diesem Verfahren hinter der Probe als Kegel um die Strahlrichtung mit dem Öffnungswinkel $4\,\theta$ austreten und damit als Kreise auf Film aufgenommen werden können.

Lösungen zu den Aufgaben

Verständnisaufgaben

L36.1 Triklin (keine gleichen Winkel oder Längen), orthorombisch flächenzentriert (unterschiedliche Längen), hexagonal, kubisch raumzentriert (gleiche Längen und rechte Winkel).

L36.2 Nehmen wir das Atom bei $(1/2, 1/2, 1/2)$ als das zentrale Atom der Zelle des bcc-Gitters an, liegen die acht nächsten Nachbarn in den Ecken bei $(0, 0, 0)$, $(1, 0, 0)$, $(0, 1, 0)$, $(0, 0, 1)$, $(1, 1, 0)$, $(1, 0, 1)$, $(0, 1, 1)$ und $(1, 1, 1)$. Sie sind also alle in jeder der drei Raumdimensionen um $\pm a/2$ entfernt. Nach Pythagoras ergibt das eine Länge der Raumdiagonale zwischen den Nachbarn von

$$\sqrt{\frac{1}{4}a^2 + \frac{1}{4}a^2 + \frac{1}{4}a^2} = \frac{\sqrt{3}}{2}a \, .$$

L36.3 Im einfachen kubischen Gitter (scp, α-Polonium-Typ) sieht man die Anzahl der Atome in einer Zelle am besten, wenn man die gedachte würfelförmige Zelle der Kantenlänge a so legt, dass ein Atom genau in der Mitte ist. Dann ist kein weiteres Atom in der Zelle, und die Anzahldichte ist einfach

$$\frac{1}{a^3} \, .$$

Alternativ kann man die gedachte kubische Zelle auch so legen, dass in jeder der 8 Ecken ein Atom liegt. Da jeder Ecke aber nur 1/8 des Atoms zugeschrieben wird (da jedes Atom in den Ecken von 8 beachbarten Zellen liegt und jede einen Anteil bekommt), erhalten wir wieder $1/8 \times (8/a^3) = 1/a^3$.

Im kubisch flächenzentrierten Gitter (fcc, Kupfer-Typ) legen wir die gedachte Zelle wieder so, dass in jeder der 8 Ecken ein Atom liegt. Nun liegt aber im Gegensatz zum einfachen kubischen Gitter mittig auf jeder der 6 Flächen der Zelle ebenfalls ein Atom, dass von der Fläche halbiert und daher der Zelle zu 1/2 zugeschrieben wird. Wir haben also insgesamt eine Anzahldichte von

$$(8 \times 1/8 + 6 \times 1/2)/a^3 = \frac{4}{a^3} \, .$$

Die Struktur von Festkörpern

L36.4 Mit der Avogadro-Zahl N_A gilt für das gesamte Molvolumen beider Ionensorten $V_{\mathrm{Mol}} = 2\,N_A\,r_0^3$. Mit dem Molvolumen $V_{\mathrm{Mol}} = m_{\mathrm{Mol}}/\varrho$ erhalten wir daraus

$$r_0 = \sqrt[3]{\frac{V_{\mathrm{Mol}}}{2\,N_A}} = \sqrt[3]{\frac{m_{\mathrm{Mol}}}{2\,\varrho\,N_A}}$$

$$= \sqrt[3]{\frac{74{,}55\,\text{g} \cdot \text{mol}^{-1}}{2\,(1{,}984\,\text{g} \cdot \text{cm}^{-3})\,(6{,}022 \cdot 10^{23}\,\text{mol}^{-1})}} = 0{,}315\,\text{nm} \, .$$

L36.5 a) Für die potenzielle Energie beim Gleichgewichtsabstand erhalten wir für $n = 8$:

$$
\begin{aligned}
E_{\mathrm{pot},8} &= -\alpha \, \frac{1}{4\pi\varepsilon_0} \, \frac{e^2}{r_0} \left(1 - \frac{1}{n}\right) \\
&= -\frac{1{,}7464 \, (8{,}988 \cdot 10^9 \, \mathrm{N \cdot m^2 \cdot C^{-2}})(1{,}602 \cdot 10^{-19} \, \mathrm{C})^2}{0{,}208 \cdot 10^{-9} \, \mathrm{m}} \\
&\quad \cdot \left(1 - \frac{1}{8}\right) \left(\frac{1 \, \mathrm{eV}}{1{,}602 \cdot 10^{-19} \, \mathrm{J}}\right) \\
&= -10{,}6 \, \mathrm{eV} \, .
\end{aligned}
$$

b) Für $n = 10$ ergibt sich

$$
\begin{aligned}
E_{\mathrm{pot},10} &= -\frac{1{,}7464 \, (8{,}988 \cdot 10^9 \, \mathrm{N \cdot m^2 \cdot C^{-2}})(1{,}602 \cdot 10^{-19} \, \mathrm{C})^2}{0{,}208 \cdot 10^{-9} \, \mathrm{m}} \\
&\quad \cdot \left(1 - \frac{1}{10}\right) \left(\frac{1 \, \mathrm{eV}}{1{,}602 \cdot 10^{-19} \, \mathrm{J}}\right) \\
&= -10{,}9 \, \mathrm{eV} \, ,
\end{aligned}
$$

und die relative Änderung ist

$$
\frac{\Delta E_{\mathrm{pot}}}{E_{\mathrm{pot},8}} = \frac{E_{\mathrm{pot},10} - E_{\mathrm{pot},8}}{E_{\mathrm{pot},8}} = \frac{-0{,}3 \, \mathrm{eV}}{-10{,}6 \, \mathrm{eV}} = 0{,}0283 \, .
$$

Das Ergebnis ändert sich um knapp 3 %, also in der zweiten Nachkommastelle.

L36.6 a) Die Netzebenen, die den Lagen des kubischen Gitters entsprechen, besitzen den angegebenen Abstand $d_{010} = a = 2 \, \text{Å}$. Nach der Bedingung $n\lambda = 2 \, d_{hkl} \sin(\theta)$ ist für $\lambda = 1{,}5 \, \text{Å}$ der erste Reflex ($n = 1$) bei

$$
\theta = \sin^{-1}(3/8) \approx 22{,}0°
$$

zu erwarten. Wie stark die verschiedenen Reflexe ausfallen, hängt von der genauen Struktur der Atome in den Gitterzellen ab.

b) Gehen wir zu den diagonal im Gitter liegenden Netzebenen über, ist der neue Netzebenenabstand

$$
d_{110} = 2 \, \text{Å} / \sqrt{1^2 + 1^2 + 0} = \sqrt{2} \, \text{Å} \, .
$$

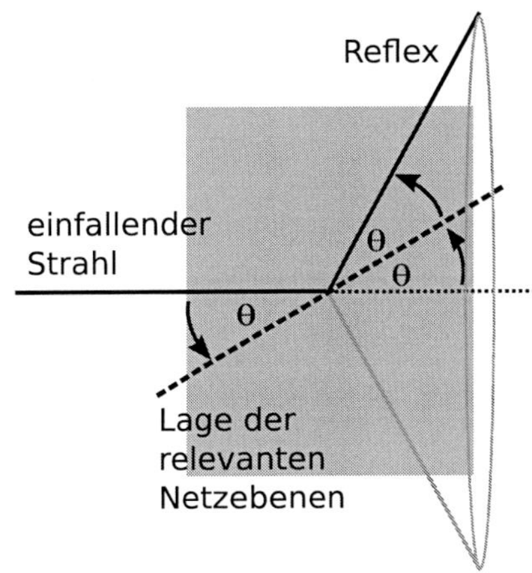

Abb. 36.1 zu Aufgabe 36.7

Der Bragg-Winkel für $n = 1$ ist dann

$$
\theta = \sin^{-1}(\sqrt{2} \cdot 3/8) \approx 32{,}0° \, .
$$

Diese Netzebenen liegen im Winkel $\omega = 45°$ im Kristall.

Die noch steiler liegenden Netzebenen mit

$$
d_{210} = 2 \, \text{Å} / \sqrt{2^2 + 1^2 + 0} = 2 \, \text{Å} / \sqrt{5}
$$

entsprechen dem Bragg-Winkel

$$
\theta = \sin^{-1}(\sqrt{5} \cdot 3/8) \approx 57{,}0° \, .
$$

Diese Netzebenen liegen im Winkel $\omega = \tan^{-1}(2) \approx 63{,}4°$ im Kristall.

L36.7 Wie in Abb. 36.1 gezeigt, finden sich in der Pulverprobe immer Kristallstücke, deren Netzebenen gerade im passenden Winkel θ zum einfallenden Licht liegen. Der Reflex, der wiederum im Winkel θ zur Netzebene ausläuft, liegt also im Winkel 2θ zur Strahlachse. Der Kegel hat damit insgesamt einen Öffnungswinkel von 4θ.

Elektrische Eigenschaften von Festkörpern

© Springer-Verlag GmbH Deutschland, ein Teil von Springer Nature 2019
A. Knochel (Hrsg.), *Arbeitsbuch zu Tipler/Mosca, Physik*, https://doi.org/10.1007/978-3-662-58919-9_37

"

Aufgaben

Verständnisaufgaben

37.1 • Im klassischen Modell der elektrischen Leitfähigkeit verliert ein Elektron im Durchschnitt bei jedem Stoß Energie, indem es die seit dem vorigen Stoß aufgenommene Driftgeschwindigkeit verliert. Wo tritt diese Energie in Erscheinung?

37.2 • Senkt man die Temperatur einer Probe aus reinem Kupfer von 300 K auf 4 K, so nimmt der spezifische Widerstand um ein Vielfaches stärker ab, als es bei einer Probe aus Messing der Fall wäre. Woran liegt das?

37.3 • Aus welchem Grund ist ein Metall ein guter elektrischer Leiter? a) Weil das Valenzband leer ist. b) Weil das Valenzband nur teilweise gefüllt ist. c) Weil das Valenzband zwar gefüllt ist, aber die Energielücke zum nächsthöheren leeren Band klein ist. d) Weil das Valenzband vollständig gefüllt ist. e) Keiner dieser Gründe trifft zu.

37.4 • Wie ändert sich der spezifische Widerstand von Kupfer verglichen mit dem von Silicium, wenn die Temperatur erhöht wird?

37.5 • Welche der folgenden Elemente eignen sich als Akzeptoratome in Germanium? a) Brom, b) Gallium, c) Silicium, d) Phosphor, e) Magnesium.

37.6 • Welche der folgenden Elemente können als Donatoratome in Germanium dienen? a) Brom, b) Gallium, c) Silicium, d) Phosphor, e) Magnesium.

Schätzungs- und Näherungsaufgaben

37.7 • Ein Bauelement wird als „ohmsch" bezeichnet, wenn die Strom-Spannungs-Kennlinie eine Gerade durch den Ursprung ist; der Widerstand R_Ω des Bauelements entspricht dann der reziproken Steigung dieser Geraden. Ein pn-Übergang ist ein Beispiel für ein nicht-ohm'sches Bauelement, wie der Abbildung zu entnehmen ist. Für nicht-ohm'sche Bauelemente definiert man gelegentlich den *differenziellen Widerstand* als reziproke Steigung der Kurve, die entsteht, wenn man I gegen U aufträgt. Betrachten Sie die Kurve in Abb. 37.1 und schätzen Sie den differenziellen Widerstand des pn-Übergangs für Vorspannungen von $-20\,\mathrm{V}$, $+0,2\,\mathrm{V}$, $+0,4\,\mathrm{V}$, $+0,6\,\mathrm{V}$ und $+0,8\,\mathrm{V}$ ab.

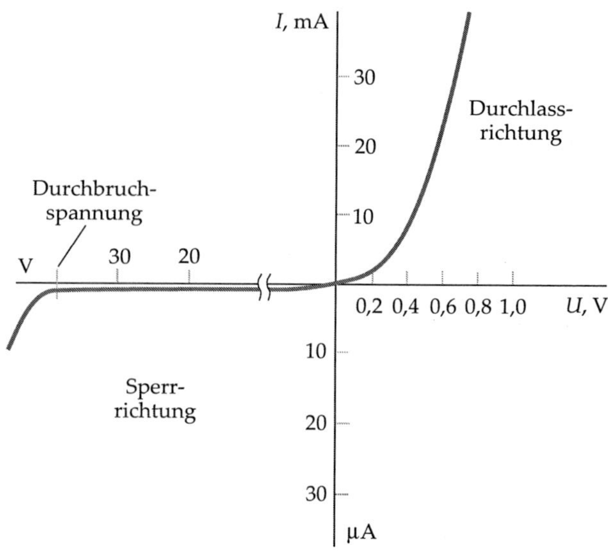

Abb. 37.1 Zu Aufgabe 37.7

Mikroskopische Betrachtung der elektrischen Leitfähigkeit

37.8 • Ein Maß für die Dichte der freien Elektronen in einem Metall ist der Abstand r_k, der definiert ist als Radius derjenigen Kugel, deren Volumen dem Volumen pro Leitungselektron entspricht. a) Zeigen Sie, dass gilt:

$$r_\mathrm{k} = \sqrt[3]{\frac{3}{4\,\pi\,(n_\mathrm{e}/V)}}\,,$$

wobei n_e/V die Teilchenzahldichte der freien Elektronen ist. b) Wie groß ist r_k (in nm) für Kupfer?

Freie Elektronen im Festkörper

37.9 • Berechnen Sie die Teilchenzahldichte freier Elektronen in a) Silber ($\rho = 10,5\,\mathrm{g/cm^3}$) und b) Gold ($\rho = 19,3\,\mathrm{g/cm^3}$) unter der Annahme eines freien Elektrons pro Atom. Vergleichen Sie Ihre Ergebnisse mit den tatsächlichen Werten.

37.10 • Berechnen Sie die Fermi-Temperatur für a) Magnesium, b) Mangan und c) Zink.

37.11 • Welche Geschwindigkeit hat ein Leitungselektron in a) Natrium, b) Gold bzw. c) Zinn, wenn seine Energie jeweils gleich der Fermi-Energie E_F für dieses Material ist?

37.12 •• Silicium hat die molare Masse 28,09 g/mol und die Dichte $2,41 \cdot 10^3\,\mathrm{kg/m^3}$. Jedes Siliciumatom hat vier Valenzelektronen, und die Fermi-Energie für Silicium beträgt 4,88 eV. a) Berechnen Sie den spezifischen Widerstand bei Raumtemperatur. Die mittlere freie Weglänge bei dieser Temperatur ist

$\lambda = 27{,}0\,\mathrm{nm}$. b) Silicium hat bei Raumtemperatur den spezifischen Widerstand $640\,\Omega\,\mathrm{m}$. Vergleichen Sie diesen allgemein anerkannten Wert mit dem in Teilaufgabe a berechneten Wert.

37.13 •• Zwischen dem Druck p eines einatomigen idealen Gases und der mittleren Energie $\langle E \rangle$ der Gasteilchen besteht die Beziehung $p V = \tfrac{2}{3} n \langle E \rangle$. Dabei ist n die Anzahl der Teilchen. Berechnen Sie mithilfe dieser Beziehung den Druck der freien Elektronen in einer Probe aus Kupfer (in der Einheit $\mathrm{N/m^2}$) und vergleichen Sie das Ergebnis mit dem Atmosphärendruck, der ungefähr $10^5\,\mathrm{N/m^2}$ beträgt. (*Hinweis*: Um die Einheiten möglichst leicht in den Griff zu bekommen, empfiehlt es sich, die folgenden Umrechnungsfaktoren zu verwenden: $1\,\mathrm{N/m^2} = 1\,\mathrm{J/m^3}$ und $1\,\mathrm{eV} = 1{,}602 \cdot 10^{-19}\,\mathrm{J}$.)

37.14 •• Der Kompressionsmodul K eines Materials kann folgendermaßen definiert werden:

$$K = -V\,\frac{\partial p}{\partial V}\,.$$

a) Zeigen Sie mithilfe der Formel $p V = \tfrac{2}{3} n \langle E \rangle$ für ein einatomiges ideales Gas mit n Teilchen sowie der Gleichungen

$$E_\mathrm{F} = \frac{h^2}{8\,m_\mathrm{e}} \left(\frac{3\,n_\mathrm{e}}{\pi V} \right)^{2/3} = (0{,}3646\,\mathrm{eV\,nm^2}) \left(\frac{n_\mathrm{e}}{V} \right)^{2/3}$$

und $\langle E \rangle = \tfrac{3}{5} E_\mathrm{F}$, dass gilt:

$$p = \frac{2\,n\,E_\mathrm{F}}{5\,V} = C\,V^{-5/3}\,.$$

Dabei ist C eine von V unabhängige Konstante. b) Zeigen Sie, dass für den Kompressionsmodul der freien Elektronen in einem Metall somit gilt:

$$K = \frac{5}{3}\,p = \frac{2\,n\,E_\mathrm{F}}{3\,V}\,.$$

c) Berechnen Sie den Kompressionsmodul (in $\mathrm{N/m^2}$) für die freien Elektronen in einer Probe aus Kupfer und vergleichen Sie das Ergebnis mit dem gemessenen Wert $140 \cdot 10^9\,\mathrm{N/m^2}$.

37.15 ••• Nehmen Sie an, in einem eindimensionalen Kasten befindet sich alle $0{,}1\,\mathrm{nm}$ ein Ion mit dazugehörigem freien Elektron. Berechnen Sie die Fermi-Energie. *Hinweis:* Schreiben Sie

$$E_\mathrm{F} = \left(\frac{n_\mathrm{e}}{2} \right)^2 \frac{h^2}{8\,m_\mathrm{e} l^2} = \frac{h^2}{32\,m_\mathrm{e}} \left(\frac{n_\mathrm{e}}{l} \right)^2 \qquad (1)$$

als

$$E_\mathrm{F} = \frac{(hc)^2}{32\,m_\mathrm{e}\,c^2} \left(\frac{n_\mathrm{e}}{l} \right)^2 = \frac{(1240\,\mathrm{eV \cdot nm})^2}{32 \cdot (0{,}511\,\mathrm{MeV})} \left(\frac{n_\mathrm{e}}{l} \right)^2 \,.$$

Die Quantentheorie der elektrischen Leitfähigkeit

37.16 • Bei $T = 273\,\mathrm{K}$ betragen die spezifischen Widerstände von Natrium, Gold und Zinn $4{,}2\,\mu\Omega\,\mathrm{cm}$, $2{,}04\,\mu\Omega\,\mathrm{cm}$ bzw. $10{,}6\,\mu\Omega\,\mathrm{cm}$, und ihre Fermi-Geschwindigkeiten sind $1{,}07 \cdot 10^6\,\mathrm{m/s}$, $1{,}39 \cdot 10^6\,\mathrm{m/s}$ bzw. $1{,}89 \cdot 10^6\,\mathrm{m/s}$. Berechnen Sie daraus die mittlere freie Weglänge λ der Leitungselektronen im jeweiligen Metall.

Das Bändermodell der Festkörper

37.17 •• Ein Photon der Wellenlänge $3{,}35\,\mu\mathrm{m}$ hat gerade genügend Energie, um ein Elektron vom Valenzband in das Leitungsband einer Probe aus Bleisulfid anzuregen. a) Berechnen Sie die Energielücke zwischen den beiden Bändern. b) Berechnen Sie die Temperatur T, für die der Wert von $k_\mathrm{B} T$ gerade der Energielücke entspricht.

Halbleiter

37.18 •• Eine dünne Schicht eines halbleitenden Materials wird monochromatischer Strahlung ausgesetzt. Bei Wellenlängen oberhalb von $1{,}85\,\mu\mathrm{m}$ wird die Strahlung größtenteils transmittiert, bei kleineren Wellenlängen jedoch größtenteils absorbiert. Wie groß ist die Bandlücke bzw. die Energielücke in diesem Halbleiter?

37.19 •• Im Leitungsband einer Probe aus dotiertem n-Silicium befinden sich pro Kubikzentimeter $1{,}00 \cdot 10^{16}$ Elektronen. Bei $300\,\mathrm{K}$ beträgt der spezifische Widerstand $5{,}00 \cdot 10^{-3}\,\Omega\,\mathrm{m}$. Berechnen Sie die mittlere freie Weglänge der Elektronen. Verwenden Sie als Masse des Elektrons die effektive Masse $0{,}2\,m_\mathrm{e}$. Vergleichen Sie das Ergebnis mit der mittleren freien Weglänge von Leitungsbandelektronen in Kupfer bei $300\,\mathrm{K}$.

37.20 ••• Der Hall-Koeffizient A_H ist definiert als $A_\mathrm{H} = E_y/(j_x\,B_z)$, wobei j_x der Strom pro Flächeneinheit in $+x$-Richtung, B_z die Stärke des Magnetfelds in $+z$-Richtung und E_y das resultierende Hall-Feld in $-y$-Richtung ist. Der gemessene Hall-Koeffizient einer dotierten Siliciumprobe beträgt bei Raumtemperatur $0{,}0400\,\mathrm{V\,m/(A\,T)}$. Nehmen Sie an, dass alle Fremdatome ihren Anteil an der Gesamtzahl der Ladungsträger in der Probe beigetragen haben. a) Wurde die Probe mit Donator- oder mit Akzeptoratomen dotiert? b) Berechnen Sie die Konzentration der Fremdatome.

Halbleiterübergänge und Bauelemente

37.21 •• Ein einfaches Modell beschreibt den Strom I an einem pn-Übergang als Funktion der Vorspannung U folgendermaßen:

$$I = I_0 \left(\mathrm{e}^{e\,U/(k_\mathrm{B} T)} - 1 \right)\,.$$

Skizzieren Sie I als Funktion von U für positive und für negative U-Werte.

37.22 •• Nehmen Sie an, dass für den pnp-Transistorverstärker in Abb. 37.2 gilt: $R_\mathrm{B} = 2{,}00\,\mathrm{k}\Omega$ und $R_\mathrm{V} = 10{,}0\,\mathrm{k}\Omega$. Weiterhin soll gelten, dass ein $10{,}0$-μA-Wechselstrom ΔI_B an der Basis einen $0{,}500$-mA-Wechselstrom ΔI_C am Kollektor erzeugt. Wie hoch ist die Spannungsverstärkung, wenn der innere Widerstand zwischen Basis und Emitter vernachlässigt werden kann?

Abb. 37.2 Zu Aufgabe 37.22

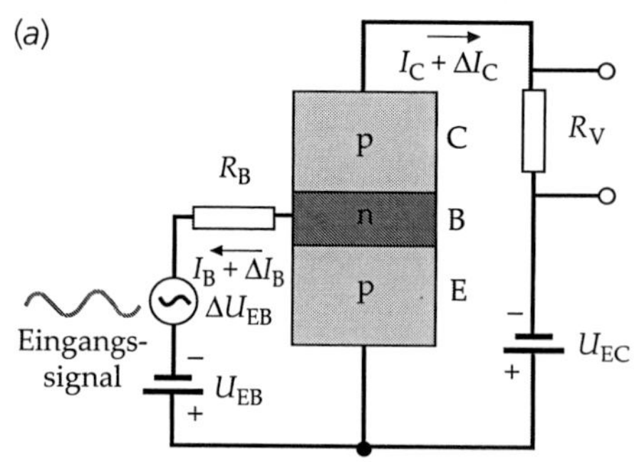
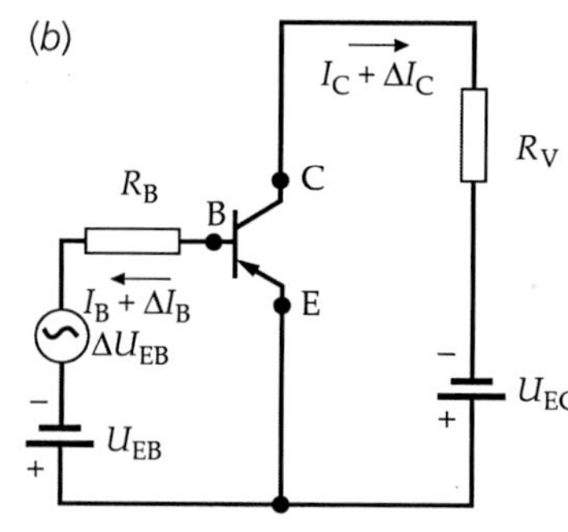

37.23 •• Skizzieren Sie die Valenz- und die Leitungsbandkanten sowie die Lage des Fermi-Energieniveaus einer a) in Durchlassrichtung bzw. b) in Sperrrichtung geschalteten pn-Diode.

Die BCS-Theorie

37.24 • a) Berechnen Sie mithilfe der Beziehung $E_g = \frac{7}{2} k_B T_c$ die Supraleiter-Energielücke E_g für Zinn und vergleichen Sie das Ergebnis mit dem gemessenen Wert $6{,}00 \cdot 10^{-4}$ eV. b) Berechnen Sie aus dem gemessenen Wert, welche Wellenlänge ein Photon hat, das gerade genug Energie aufweist, um die Bindung eines Cooper-Paars in Zinn bei $T = 0$ K aufzubrechen. Zinn hat die kritische Temperatur $T_c = 3{,}72$ K.

Die Fermi-Dirac-Verteilung

37.25 •• Wie viele Energiezustände stehen den Elektronen in einem Silberwürfel mit einer Kantenlänge von $1{,}00$ mm im Energiebereich zwischen $2{,}00$ eV und $2{,}20$ eV ungefähr zur Verfügung?

37.26 •• Um wie viel unterscheiden sich die Energien, für die der Fermi-Faktor bei 300 K gerade 0,9 bzw. 0,1 beträgt, im Fall von a) Kupfer, b) Kalium bzw. c) Aluminium?

37.27 •• Führen Sie das Integral

$$\langle E \rangle = \frac{1}{n_e} \int_0^{E_F} E\, g(e)\, dE$$

aus und zeigen Sie, dass die mittlere Energie bei $T = 0$ K gerade $\frac{3}{5} E_F$ beträgt.

37.28 •• In einem Eigenhalbleiter liegt das Fermi-Energieniveau ungefähr in der Mitte des verbotenen Bands zwischen der Oberkante des Valenzbands und der Unterkante des Leitungsbands. In Germanium hat das verbotene Band eine Breite von $0{,}70$ eV. Zeigen Sie, dass die Verteilungsfunktion der Elektronen im Leitungsband bei Raumtemperatur durch die Maxwell-Boltzmann-Verteilung gegeben ist.

Lösungen zu den Aufgaben

Verständnisaufgaben

L37.1 Die von den Elektronen bei ihren Stößen mit den Ionen im Kristall abgegebene Energie tritt als in ihm erzeugte Joule'sche Wärme in Erscheinung.

L37.2 Der spezifische Widerstand von Messing bei 4 K beruht fast vollständig auf dem Restwiderstand, der von Verunreinigungen und anderen Fehlern im Kristall herrührt. Im Messing sind die Zinkionen als Verunreinigung des Kupfers anzusehen. Im Gegensatz dazu beruht der spezifische Widerstand von Kupfer bei 4 K auf seinem Restwiderstand, der bei reinem Kupfer sehr gering ist.

L37.3 Wenn das Valenzband nur teilweise gefüllt ist, sind in ihm viele leere Zustände verfügbar, sodass die Elektronen im Band durch ein elektrisches Feld leicht in energetisch höhere Zustände angehoben werden können. Also ist Aussage b richtig.

L37.4 Der spezifische Widerstand von Kupfer nimmt mit steigender Temperatur zu. Im Gegensatz dazu sinkt der spezifische Widerstand von (reinem) Silicium mit zunehmender Temperatur, weil die Anzahldichte der Ladungsträger zunimmt.

L37.5 Das Galliumatom mit drei Außenelektronen kann aus dem Valenzband des Germaniums ein Elektron aufnehmen, wobei es seine vier kovalenten Bindungen komplettiert. Also eignet sich Gallium als Quelle von Akzeptoratomen in Germanium, und Aussage b ist richtig.

L37.6 Das Phosphoratom hat fünf Außenelektronen. Eines davon kann leicht in das Leitungsband des Germaniums angeregt werden, ohne dass im Valenzband ein Loch entsteht. Also eignet sich Phosphor als Quelle von Donatoratomen in Germanium, und Aussage d ist richtig.

Schätzungs- und Näherungsaufgabe

L37.7 An der Kurve (siehe die Abbildung bei der Aufgabenstellung) können wir bei den gegebenen Spannungswerten jeweils die Tangente einzeichnen und so die reziproke Steigung, also den differenziellen Widerstand, ermitteln. Wir erhalten folgende Werte:

U/V	-20	$+0,2$	$+0,4$	$+0,6$	$+0,8$
R/Ω	∞	40	20	10	5

Beachten Sie, dass dies nur Näherungswerte sind, weil die Steigungen von Messkurven nur schwierig exakt abzulesen sind.

Mikroskopische Betrachtung der elektrischen Leitfähigkeit

L37.8 a) Das von einem Elektron besetzte Volumen ist

$$\frac{1}{n_\text{e}/V} = \frac{4}{3}\,\pi\,r_\text{k}^3 \,.$$

Auflösen nach dem Radius ergibt $r_\text{k} = \sqrt[3]{\dfrac{3}{4\,\pi\,(n_\text{e}/V)}}\,.$

b) Wir schlagen die Anzahldichte der freien Elektronen in Kupfer nach: $(n_\text{e}/V)_\text{Cu} = 8{,}47 \cdot 10^{28}\ \text{m}^{-3}$. Damit erhalten wir

$$r_\text{k} = \sqrt[3]{\frac{3}{4\,\pi\,(8{,}47 \cdot 10^{28}\ \text{m}^{-3})}} = 0{,}141\ \text{nm}\,.$$

Freie Elektronen im Festkörper

L37.9 Mit der Dichte ϱ, der Avogadro-Zahl N_A sowie der Molmasse m_Mol und der Anzahldichte n_e/V der Leitungselektronen gilt bei einem Leitungselektron pro Atom

$$\frac{n_\text{e}/V}{N_\text{A}} = \frac{\varrho}{m_\text{Mol}}, \qquad \text{also} \qquad n_\text{e}/V = \frac{\varrho}{m_\text{Mol}}\,N_\text{A}\,.$$

a) Für Silber ergibt sich

$$(n_\text{e}/V)_\text{Ag} = \frac{10{,}5\ \text{g} \cdot \text{cm}^{-3}}{107{,}87\ \text{g} \cdot \text{mol}^{-1}}\,(6{,}022 \cdot 10^{23}\ \text{mol}^{-1})$$
$$= 5{,}86 \cdot 10^{22}\ \text{cm}^{-3}\,.$$

b) Für Gold erhalten wir

$$(n_\text{e}/V)_\text{Au} = \frac{19{,}3\ \text{g} \cdot \text{cm}^{-3}}{196{,}97\ \text{g} \cdot \text{mol}^{-1}}\,(6{,}022 \cdot 10^{23}\ \text{mol}^{-1})$$
$$= 5{,}90 \cdot 10^{22}\ \text{cm}^{-3}\,.$$

Beide hier berechneten Werte entsprechen den tatsächlichen Werten.

L37.10 Für die Fermi-Temperatur gilt $T_\text{F} = E_\text{F}/k_\text{B}$.

a) Magnesium: $T_\text{F} = \dfrac{7{,}11\ \text{eV}}{8{,}617 \cdot 10^{-5}\ \text{eV} \cdot \text{K}^{-1}} = 8{,}25 \cdot 10^4\ \text{K}.$

b) Mangan: $T_\text{F} = \dfrac{11{,}0\ \text{eV}}{8{,}617 \cdot 10^{-5}\ \text{eV} \cdot \text{K}^{-1}} = 1{,}28 \cdot 10^5\ \text{K}.$

c) Zink: $T_\text{F} = \dfrac{9{,}46\ \text{eV}}{8{,}617 \cdot 10^{-5}\ \text{eV} \cdot \text{K}^{-1}} = 1{,}10 \cdot 10^5\ \text{K}.$

L37.11 Für den Zusammenhang zwischen der Fermi-Energie E_F und der Fermi-Geschwindigkeit v_F der Leitungselektronen gilt

$$E_\text{F} = \tfrac{1}{2}\,m_\text{e}\,v_\text{F}^2\,, \qquad \text{also} \qquad v_\text{F} = \sqrt{\frac{2\,E_\text{F}}{m_\text{e}}}\,.$$

Wir schlagen die jeweilige Fermi-Energie nach und erhalten

a) für Natrium:

$$v_\text{F} = \sqrt{\frac{2\,(3{,}24\ \text{eV})\,(1{,}602 \cdot 10^{-19}\ \text{J})}{(9{,}109 \cdot 10^{-31}\ \text{kg})\,(1\ \text{eV})}} = 1{,}07 \cdot 10^6\ \text{m} \cdot \text{s}^{-1}\,,$$

b) für Gold:

$$v_\text{F} = \sqrt{\frac{2\,(5{,}53\ \text{eV})\,(1{,}602 \cdot 10^{-19}\ \text{J})}{(9{,}109 \cdot 10^{-31}\ \text{kg})\,(1\ \text{eV})}} = 1{,}39 \cdot 10^6\ \text{m} \cdot \text{s}^{-1}\,,$$

c) für Zinn:

$$v_\text{F} = \sqrt{\frac{2\,(10{,}2\ \text{eV})\,(1{,}602 \cdot 10^{-19}\ \text{J})}{(9{,}109 \cdot 10^{-31}\ \text{kg})\,(1\ \text{eV})}} = 1{,}89 \cdot 10^6\ \text{m} \cdot \text{s}^{-1}\,.$$

L37.12 a) Mit der mittleren freien Weglänge λ der Elektronen ist der spezifische Widerstand gegeben durch

$$r_\Omega = \frac{m_\text{e}\,\langle v \rangle}{(n_\text{e}/V)\,e^2\,\lambda}\,.$$

Für die mittlere Geschwindigkeit der Elektronen erhalten wir

$$\langle v \rangle = v_\text{F} = \sqrt{\frac{2\,E_\text{F}}{m_\text{e}}}$$
$$= \sqrt{\frac{2\,(4{,}88\ \text{eV})}{9{,}109 \cdot 10^{-31}\ \text{kg}}\,\frac{1{,}602 \cdot 10^{-19}\ \text{J}}{1\ \text{eV}}} = 1{,}31 \cdot 10^6\ \text{m} \cdot \text{s}^{-1}.$$

Mit der Dichte ϱ, der Avogadro-Zahl N_A sowie der Molmasse m_Mol und mit $n_\text{Val.} = 4$ Valenzelektronen pro Atom ist die Anzahldichte der Valenzelektronen im Silicium

$$(n_\text{e}/V) = \frac{\varrho}{m_\text{Mol}}\,N_\text{A}\,n_\text{Val.}$$
$$= \frac{2{,}41 \cdot 10^3\ \text{kg} \cdot \text{m}^{-3}}{0{,}02809\ \text{kg} \cdot \text{mol}^{-1}}\,(6{,}022 \cdot 10^{23}\ \text{mol}^{-1}) \cdot 4$$
$$= 2{,}06 \cdot 10^{29}\ \text{m}^{-3}\,.$$

Damit erhalten wir für den spezifischen Widerstand

$$
\begin{aligned}
r_\Omega &= \frac{m_e \langle v \rangle}{(n_e/V)\, e^2\, \lambda} \\
&= \frac{(9{,}109 \cdot 10^{-31}\,\mathrm{kg})\,(1{,}31 \cdot 10^{6}\,\mathrm{m \cdot s^{-1}})}{(2{,}06 \cdot 10^{29}\,\mathrm{m^{-3}})\,(1{,}602 \cdot 10^{-19}\,\mathrm{C})^2\,(27{,}0 \cdot 10^{-9}\,\mathrm{m})} \\
&= 8{,}3 \cdot 10^{-9}\,\Omega \cdot \mathrm{m} = 8{,}3\,\mathrm{n}\Omega \cdot \mathrm{m} .
\end{aligned}
$$

b) Der spezifische Widerstand des Siliciums von $640\,\Omega \cdot \mathrm{m}$ ist um mehrere Größenordnungen höher als der eben berechnete Wert. Zur Leitung können nur Valenzelektronen beitragen, und beim Halbleiter Silicium besteht zwischen dem Valenz- und dem Leitungsband eine Lücke. Daher können nur relativ wenige Elektronen mit ausreichend hoher Energie in das Leitungsband gelangen.

L37.13 Wir lösen die gegebene Gleichung nach dem Druck auf und setzen $\langle E \rangle = \frac{3}{5} E_F$ ein. Die Werte der Fermi-Energie E_F und der Anzahldichte n_e/V der Elektronen schlagen wir nach und erhalten

$$
\begin{aligned}
p &= \frac{2}{3}\,\frac{n_e}{V}\,\langle E \rangle = \frac{2}{3}\,\frac{n_e}{V}\,\frac{3}{5}\,E_F = \frac{2}{5}\,\frac{n_e}{V}\,E_F \\
&= \frac{2}{5}\,(8{,}47 \cdot 10^{22}\,\mathrm{cm^{-3}})\,(7{,}04\,\mathrm{eV})\,(1{,}602 \cdot 10^{-19}\,\mathrm{J \cdot eV^{-1}}) \\
&= 3{,}82 \cdot 10^{10}\,\mathrm{N \cdot m^{-2}} \approx 4 \cdot 10^{5}\,\mathrm{bar} .
\end{aligned}
$$

Der Druck des Fermi-Elektronengases ist also fast $400\,000$-mal höher als der Atmosphärendruck.

L37.14 a) Für die Fermi-Energie gilt, wie gegeben:

$$
E_F = \frac{h^2}{8\,m_e}\left(\frac{3\,n_e}{\pi V}\right)^{2/3} = \frac{h^2}{8\,m_e}\left(\frac{3\,n_e}{\pi}\right)^{2/3} V^{-2/3} .
$$

Dies setzen wir in den Ausdruck ein, den wir in Aufgabe 37.13 für den Druck hergeleitet haben:

$$
\begin{aligned}
p &= \frac{2}{5}\,\frac{n_e}{V}\,E_F = \frac{2}{5}\,\frac{n_e}{V}\,\frac{h^2}{8\,m_e}\left(\frac{3\,n_e}{\pi}\right)^{2/3} V^{-2/3} \\
&= \frac{n_e^{5/3}\,h^2}{20\,m_e}\left(\frac{3}{\pi}\right)^{2/3} V^{-5/3} = C\,V^{-5/3} .
\end{aligned}
$$

Darin ist $C = \dfrac{n_e^{5/3}\,h^2}{20\,m_e}\left(\dfrac{3}{\pi}\right)^{2/3}$ eine Konstante.

b) Für den Kompressionsmodul ergibt sich damit

$$
\begin{aligned}
K &= -V\,\frac{\partial p}{\partial V} = -V\,\frac{\partial}{\partial V}\left(C\,V^{-5/3}\right) \\
&= -C\,V\left(-\frac{5}{3}\,V^{-8/3}\right) = \frac{5}{3}\,C\,V^{-5/3} = \frac{5}{3}\,p .
\end{aligned}
$$

Mit dem obigen Ausdruck für p erhalten wir

$$
K = -V\,\frac{\partial p}{\partial V} = \frac{5}{3}\,p = \frac{5}{3}\left(\frac{2}{5}\,\frac{n_e}{V}\,E_F\right) = \frac{2}{3}\,\frac{n_e}{V}\,E_F .
$$

c) Wir setzen die Werte für Kupfer ein:

$$
\begin{aligned}
K &= \frac{2}{3}\,(8{,}47 \cdot 10^{22}\,\mathrm{cm^{-3}})\,(7{,}04\,\mathrm{eV})\,(1{,}602 \cdot 10^{-19}\,\mathrm{J \cdot eV^{-1}}) \\
&= 63{,}6 \cdot 10^{9}\,\mathrm{N \cdot m^{-2}} = 63{,}6\,\mathrm{GN \cdot m^{-2}} .
\end{aligned}
$$

Dies vergleichen wir mit dem gemessenen Wert:

$$
\frac{K_{\mathrm{ber.}}}{K_{\mathrm{gem.}}} = \frac{63{,}6\,\mathrm{GN \cdot m^{-2}}}{140\,\mathrm{GN \cdot m^{-2}}} = 0{,}454 .
$$

Der berechnete Wert des Kompressionsmoduls ist also knapp halb so groß wie der gemessene.

L37.15 Der mittlere Abstand ist $l/n_e = 0{,}1\,\mathrm{nm}$. Schreiben wir

$$
E_F = \frac{(1240\,\mathrm{eV \cdot nm})^2}{32 \cdot (0{,}511\,\mathrm{MeV})}\left(\frac{n_e}{l}\right)^2 ,
$$

können wir direkt $n_e/l = 10\,\mathrm{nm^{-1}}$ einsetzen und erhalten

$$
E_F = \frac{(1240\,\mathrm{eV \cdot nm \cdot 10\,nm^{-1}})^2}{32 \cdot (511\,000\,\mathrm{eV})} = 9{,}4\,\mathrm{eV} .
$$

Wie kommen wir auf die oben angenommene Formel? Hauptsächlich ist zu beachten, dass

$$
hc = 1{,}98645 \cdot 10^{-25}\,\mathrm{Jm} .
$$

Wir teilen durch den Zahlenwert von e, um die Einheit J in eV umzuwandeln, und erhalten

$$
hc = 1{,}24 \cdot 10^{-6}\,\mathrm{eV \cdot m} = 1240\,\mathrm{eV \cdot nm} .
$$

Die Quantentheorie der elektrischen Leitfähigkeit

L37.16 Für den spezifischen Widerstand gilt

$$
r_\Omega = \frac{m_e \langle v \rangle}{(n_e/V)\, e^2\, \lambda} .
$$

Darin ist $\langle v \rangle$ die mittlere Geschwindigkeit der Elektronen und n_e/V ihre Anzahldichte. Auflösen nach der mittleren freien Weglänge der Elektronen ergibt

$$
\lambda = \frac{m_e \langle v \rangle}{(n_e/V)\, e^2\, r_\Omega} .
$$

In Aufgabe 37.11 hatten wir die Fermi-Geschwindigkeiten berechnet: $v_{\mathrm{F,Na}} = 1{,}07 \cdot 10^{6}\,\mathrm{m \cdot s^{-1}}$, $v_{\mathrm{F,Au}} = 1{,}39 \cdot 10^{6}\,\mathrm{m \cdot s^{-1}}$, $v_{\mathrm{F,Sn}} = 1{,}89 \cdot 10^{6}\,\mathrm{m \cdot s^{-1}}$.

Diese setzen wir jeweils als mittlere Geschwindigkeit ein, schlagen die Anzahldichte der Elektronen nach und berechnen damit die mittlere freie Weglänge. Für Natrium ergibt sich:

$$
\begin{aligned}
\lambda_{\mathrm{Na}} &= \frac{(9{,}109 \cdot 10^{-31}\,\mathrm{kg})\,(1{,}07 \cdot 10^{6}\,\mathrm{m \cdot s^{-1}})}{(2{,}65 \cdot 10^{22}\,\mathrm{cm^{-3}})\,(1{,}602 \cdot 10^{-19}\,\mathrm{C})^2\,(4{,}2\,\mu\Omega \cdot \mathrm{cm})} \\
&= 34\,\mathrm{nm} ,
\end{aligned}
$$

für Gold:

$$\lambda_{\text{Au}} = \frac{(9,109 \cdot 10^{-31}\,\text{kg})\,(1,39 \cdot 10^{6}\,\text{m} \cdot \text{s}^{-1})}{(5,90 \cdot 10^{22}\,\text{cm}^{-3})\,(1,602 \cdot 10^{-19}\,\text{C})^2\,(2,04\,\mu\Omega \cdot \text{cm})}$$
$$= 41,1\,\text{nm}$$

und für Zinn:

$$\lambda_{\text{Sn}} = \frac{(9,109 \cdot 10^{-31}\,\text{kg})\,(1,89 \cdot 10^{6}\,\text{m} \cdot \text{s}^{-1})}{(14,8 \cdot 10^{22}\,\text{cm}^{-3})\,(1,602 \cdot 10^{-19}\,\text{C})^2\,(10,6\,\mu\Omega \cdot \text{cm})}$$
$$= 4,29\,\text{nm}\,.$$

Das Bändermodell der Festkörper

L37.17 a) Die Energielücke ist, wie angegeben, ebenso groß wie die Energie des Photons:

$$E_{\text{g}} = h\,v = \frac{h\,c}{\lambda} = \frac{1240\,\text{eV} \cdot \text{nm}}{3,35\,\mu\text{m}} = 0,3701\,\text{eV} = 0,370\,\text{eV}\,.$$

b) Für die Temperatur ergibt sich

$$T = \frac{E_{\text{g}}}{k_{\text{B}}} = \frac{0,3701\,\text{eV}}{8,617 \cdot 10^{-5}\,\text{eV} \cdot \text{K}^{-1}} = 4,29 \cdot 10^{3}\,\text{K}\,.$$

Halbleiter

L37.18 Die Energielücke entspricht der Energie der eingestrahlten Photonen:

$$E_{\text{g}} = h\,v = \frac{h\,c}{\lambda} = \frac{1240\,\text{eV} \cdot \text{nm}}{1,85\,\mu\text{m}} = 0,670\,\text{eV}\,.$$

L37.19 Für den spezifischen Widerstand gilt

$$r_{\Omega} = \frac{m_{\text{e}}\,\langle v \rangle}{(n_{\text{e}}/V)\,e^2\,\lambda}\,.$$

Darin ist n_{e}/V die Anzahldichte der Elektronen, λ ihre mittlere freie Weglänge und $\langle v \rangle$ ihre mittlere Geschwindigkeit. Für diese gilt

$$\langle v \rangle \approx v_{\text{rms}} = \sqrt{\frac{3\,k_{\text{B}}\,T}{m_{\text{e}}}}\,.$$

Wir setzen dies in die vorige Gleichung ein und lösen nach der mittleren freien Weglänge auf:

$$\lambda_{\text{Si}} \approx \frac{m_{\text{e}}\,\langle v \rangle}{(n_{\text{e}}/V)\,e^2\,r_{\Omega}} = \frac{m_{\text{e}}}{(n_{\text{e}}/V)\,e^2\,r_{\Omega}}\sqrt{\frac{3\,k_{\text{B}}\,T}{m_{\text{e}}}}$$
$$= \frac{\sqrt{3\,k_{\text{B}}\,m_{\text{e}}\,T}}{(n_{\text{e}}/V)\,e^2\,r_{\Omega}}$$
$$\approx \frac{\sqrt{3\,(1,381 \cdot 10^{-23}\,\text{J} \cdot \text{K}^{-1})\,(0,2)\,(9,109 \cdot 10^{-31}\,\text{kg})\,(300\,\text{K})}}{(10^{16}\,\text{cm}^{-3})\,(1,602 \cdot 10^{-19}\,\text{C})^2\,(5,00 \cdot 10^{-3}\,\Omega \cdot \text{m})}$$
$$= 37,1\,\text{nm}\,.$$

Mit der Dichte ϱ, der Avogadro-Zahl N_{A} und der Molmasse m_{Mol} ist bei einem Leitungselektron pro Atom die Anzahldichte der freien Elektronen gegeben durch $n_{\text{e}}/V = \varrho\,N_{\text{A}}/m_{\text{Mol}}$. Kupfer hat die Dichte $\varrho = 8,93\,\text{g} \cdot \text{cm}^{-3}$ und die Molmasse $m_{\text{Mol}} = 63,5\,\text{g} \cdot \text{mol}^{-3}$. Damit erhalten wir

$$(n_{\text{e}}/V) = \frac{(8,93\,\text{g} \cdot \text{cm}^{-3})\,(6,022 \cdot 10^{23}\,\text{mol}^{-1})}{63,5\,\text{g} \cdot \text{mol}^{-1}}$$
$$= 8,47 \cdot 10^{28}\,\text{m}^{-3}\,.$$

Für die mittlere freie Weglänge λ verwenden wir die eingangs angeführte Beziehung. Darin setzen wir als mittlere Geschwindigkeit $\langle v \rangle$ die Fermi-Geschwindigkeit ein. Den spezifischen Widerstand von Kupfer bei ca. $300\,\text{K}$ schlagen wir nach und erhalten damit

$$\lambda_{\text{Cu}} = \frac{m_{\text{e}}\,\langle v \rangle}{(n_{\text{e}}/V)\,e^2\,r_{\Omega}}$$
$$= \frac{(9,109 \cdot 10^{-31}\,\text{kg})\,(1,57 \cdot 10^{6}\,\text{m} \cdot \text{s}^{-1})}{(8,47 \cdot 10^{28}\,\text{m}^{-3})\,(1,602 \cdot 10^{-19}\,\text{C})^2\,(1,70 \cdot 10^{-8}\,\Omega \cdot \text{m})}$$
$$= 38,7\,\text{nm}\,.$$

Die beiden hier berechneten mittleren freien Weglängen unterscheiden sich nur um etwas mehr als $4\,\%$.

L37.20 a) Für den Hall-Koeffizienten gilt, wie gegeben: $A_{\text{H}} = E_y/(j_x\,B_z)$. Darin ist j_x der Strom pro Flächeneinheit in $+x$-Richtung, B_z die Stärke des Magnetfelds in $+z$-Richtung und E_y das resultierende Hall-Feld in $-y$-Richtung. Mit der Breite b der Probe gilt für dieses Feld $E_y = U_{\text{H}}/b$, und mit der Dicke d der Probe ist die Stromdichte

$$j_x = \frac{I}{b\,d} = \frac{n}{V}\,q\,v_{\text{d}}\,.$$

Für die Hall-Spannung gilt $U_{\text{H}} = v_{\text{d}}\,B_z\,b$.

Einsetzen der eben ermittelten Beziehungen in den obigen Ausdruck für A_{H} liefert schließlich

$$A_{\text{H}} = \frac{E_y}{j_x\,B_z} = \frac{U_{\text{H}}/b}{(n/V)\,q\,v_{\text{d}}\,B_z} = \frac{v_{\text{d}}\,B_z}{(n/V)\,q\,v_{\text{d}}\,B_z} = \frac{1}{(n/V)\,q}\,.$$

Wegen $A_{\text{H}} > 0$ ist $q > 0$, sodass Löcherleitung vorliegt. Die Probe enthält demnach Akzeptoratome.

b) Wir lösen die eben hergeleitete Gleichung nach n/V auf und setzen die Zahlenwerte ein:

$$n/V = \frac{1}{A_{\text{H}}\,q} = \frac{1}{(0,0400\,\text{V} \cdot \text{m} \cdot \text{A}^{-1} \cdot \text{T}^{-1})\,(1,602 \cdot 10^{-19}\,\text{C})}$$
$$= 1,56 \cdot 10^{20}\,\text{m}^{-3}\,.$$

Halbleiterübergänge und Bauelemente

L37.21 Die Abbildung zeigt, wie die relative Stromstärke I/I_0 von der Vorspannung U abhängt.

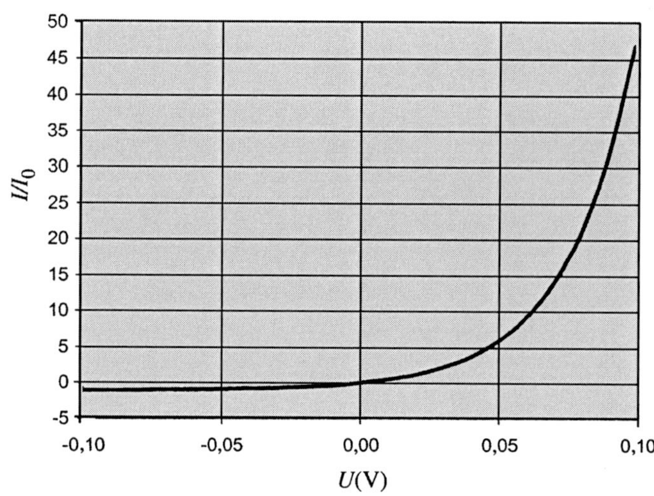

L37.22 Die Spannungsverstärkung ist

$$\frac{\Delta U_{EC}}{\Delta U_{EB}} = \frac{\Delta I_C \, R_V}{\Delta I_B \, R_B} = \frac{(0,500\,\text{mA})\,(10,0\,\text{k}\Omega)}{(10,0\,\mu\text{A})\,(2,00\,\text{k}\Omega)} = 250 \,.$$

L37.23 In den Abbildungen ist das nahezu gefüllte Leitungsband grau und das Fermi-Niveau gestrichelt eingezeichnet.

a)

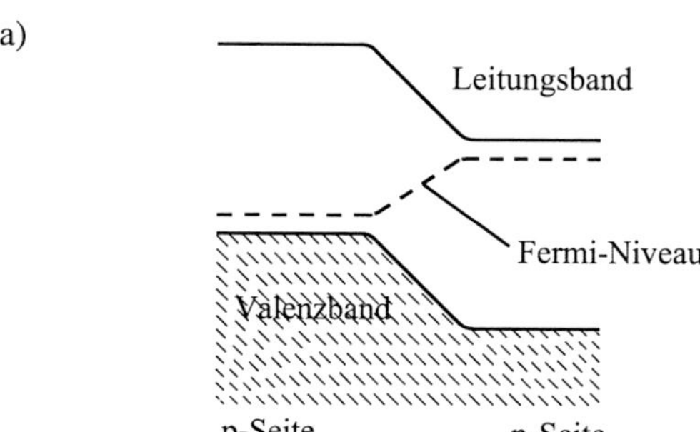

b)

Die BCS-Theorie

L37.24 a) Die Supraleiter-Energielücke ist

$$E_g = \tfrac{7}{2} k_B \, T_c = \tfrac{7}{2} \, (8{,}617 \cdot 10^{-5}\,\text{eV} \cdot \text{K}^{-1})\,(3{,}72\,\text{K})$$
$$= 1{,}12\,\text{meV} \,.$$

Wir berechnen den Quotienten aus diesem und dem experimentell ermittelten Wert:

$$\frac{E_{g,\,\text{ber.}}}{E_{g,\,\text{exp.}}} = \frac{1{,}12\,\text{meV}}{6{,}0 \cdot 10^{-4}\,\text{eV}} = 1{,}9 \,.$$

Der gemessene Wert ist knapp halb so groß wie der berechnete.

b) Für die Wellenlänge, die das Photon mindestens haben muss, erhalten wir

$$\lambda = \frac{h\,c}{E_g} = \frac{1240\,\text{eV} \cdot \text{nm}}{6{,}00 \cdot 10^{-4}\,\text{eV}} = 2{,}07 \cdot 10^6\,\text{nm} = 2{,}07\,\text{mm} \,.$$

Die Fermi-Dirac-Verteilung

L37.25 Die Anzahl der Energiezustände entspricht näherungsweise dem Produkt aus der Zustandsdichte und dem Energieintervall: $n \approx g(E)\,\Delta E$. Wir berechnen zunächst die Zustandsdichte:

$$\begin{aligned}
g(e) &= \frac{8\,\sqrt{2}\,\pi\,m_e^{3/2}\,V}{h^3}\,E^{1/2} \\
&= \frac{8\,\sqrt{2}\,\pi\,(9{,}109 \cdot 10^{-31}\,\text{kg})^{3/2}\,(1{,}00 \cdot 10^{-3}\,\text{m})^3}{(6{,}626 \cdot 10^{-34}\,\text{J} \cdot \text{s})^3} \\
&\quad \cdot \left((2{,}10\,\text{eV})\,\frac{1{,}602 \cdot 10^{-19}\,\text{J}}{1\,\text{eV}} \right)^{1/2} \\
&= 6{,}15 \cdot 10^{37}\,\text{J}^{-1} \,.
\end{aligned}$$

Damit ergibt sich

$$\begin{aligned}
n &\approx g(E)\,\Delta E \\
&= (6{,}15 \cdot 10^{37}\,\text{J}^{-1})\,[(2{,}20 - 2{,}00)\,\text{eV}]\,\frac{1{,}602 \cdot 10^{-19}\,\text{J}}{1\,\text{eV}} \\
&= 2{,}0 \cdot 10^{18} \,.
\end{aligned}$$

L37.26 a) Der Fermi-Faktor ist

$$f(e) = \frac{1}{e^{(E-E_F)/(k_B\,T)} + 1} \,.$$

Daraus folgt für die Energie

$$E = E_F + k_B\,T\,\ln\!\left(\frac{1}{f(e)} - 1 \right) ,$$

und die Energiedifferenz ergibt sich zu

$$
\begin{aligned}
\Delta E &= E_{0,1} - E_{0,9} \\
&= E_{\mathrm{F}} + k_{\mathrm{B}} T \, \ln\!\left(\frac{1}{0,1} - 1\right) - \left[E_{\mathrm{F}} + k_{\mathrm{B}} T \, \ln\!\left(\frac{1}{0,9} - 1\right)\right] \\
&= k_{\mathrm{B}} T \left[\ln\!\left(\frac{1}{0,1} - 1\right) - \ln\!\left(\frac{1}{0,9} - 1\right)\right] \\
&= \frac{(1{,}381 \cdot 10^{-23}\,\mathrm{J \cdot K^{-1}})\,(300\,\mathrm{K})}{1{,}602 \cdot 10^{-19}\,\mathrm{J \cdot eV^{-1}}} \\
&\quad \cdot \left[\ln\!\left(\frac{1}{0,1} - 1\right) - \ln\!\left(\frac{1}{0,9} - 1\right)\right] \\
&= 0{,}114\,\mathrm{eV}.
\end{aligned}
$$

b) und c) Die Ergebnisse sind dieselben, weil ΔE nicht von E_{F} abhängt.

L37.27 Für die Zustandsdichte gilt

$$
g(e) = \frac{3\,n_{\mathrm{e}}}{2} E_{\mathrm{F}}^{-3/2} E^{1/2}.
$$

Dies setzen wir in die gegebene Gleichung für die mittlere Energie ein und führen die Integration aus:

$$
\begin{aligned}
\langle E \rangle &= \frac{1}{n_{\mathrm{e}}} \int_0^{E_{\mathrm{F}}} E \, g(E) \, \mathrm{d}E = \frac{1}{n_{\mathrm{e}}} \int_0^{E_{\mathrm{F}}} E \, \frac{3\,n_{\mathrm{e}}}{2} E_{\mathrm{F}}^{-3/2} E^{1/2} \, \mathrm{d}E \\
&= \tfrac{3}{2} E_{\mathrm{F}}^{-3/2} \int_0^{E_{\mathrm{F}}} E^{3/2} \, \mathrm{d}E = \tfrac{3}{2} E_{\mathrm{F}}^{-3/2} \left(\tfrac{2}{5} E_{\mathrm{F}}^{5/2}\right) = \tfrac{3}{5} E_{\mathrm{F}}.
\end{aligned}
$$

L37.28 Wir verwenden die Beziehungen

$$
g(E) = \frac{3\,n_{\mathrm{e}}}{2} E_{\mathrm{F}}^{-3/2} E^{1/2} \quad \text{und} \quad f(e) = \frac{1}{e^{(E-E_{\mathrm{F}})/(k_{\mathrm{B}} T)} + 1}.
$$

Damit ist $n_{\mathrm{e}}(E) = g(E)\,f(E)$. Für den dimensionslosen Exponenten im Fermi-Faktor gilt

$$
\frac{E - E_{\mathrm{F}}}{k_{\mathrm{B}} T} = \frac{E - \tfrac{1}{2} E_{\mathrm{g}}}{k_{\mathrm{B}} T} \gg 1.
$$

Daher ist $\exp\!\left(\dfrac{E - \tfrac{1}{2} E_{\mathrm{g}}}{k_{\mathrm{B}} T}\right) \gg 1$, und wir erhalten

$$
f(E) = \frac{1}{e^{(E - \tfrac{1}{2} E_{\mathrm{g}})/(k_{\mathrm{B}} T)}} = e^{E_{\mathrm{g}}/(2 k_{\mathrm{B}} T)} \, e^{-E/(k_{\mathrm{B}} T)}
$$

sowie damit

$$
\begin{aligned}
n_{\mathrm{e}}(E) &= g(E)\,f(E) \\
&= \left(\tfrac{3}{2} n_{\mathrm{e}} E_{\mathrm{F}}^{-3/2} \, e^{E_{\mathrm{g}}/(2 k_{\mathrm{B}} T)}\right) E^{1/2} \, e^{-E/(k_{\mathrm{B}} T)}.
\end{aligned}
$$

Es liegt jedoch eine weitere Temperaturabhängigkeit vor, die daher rührt, dass E_{F} von der Temperatur abhängt. Bei Raumtemperatur gilt hierfür

$$
\exp\!\left(\frac{E - \tfrac{1}{2} E_{\mathrm{g}}}{k_{\mathrm{B}} T}\right) \geq \exp\!\left(\frac{0{,}35\,\mathrm{eV}}{0{,}0259\,\mathrm{eV}}\right) = 7{,}4 \cdot 10^5.
$$

Somit ist die Näherung mit der Maxwell-Boltzmann-Verteilung gerechtfertigt.

Kern- und Teilchenphysik

© CERN

38

© Springer-Verlag GmbH Deutschland, ein Teil von Springer Nature 2019

A. Knochel (Hrsg.), *Arbeitsbuch zu Tipler/Mosca, Physik*, https://doi.org/10.1007/978-3-662-58919-9_38

Aufgaben

Verständnisaufgaben

38.1 • Stickstoff, Eisen und Zinn haben die stabilen Isotope ^{14}N, ^{56}Fe bzw. ^{118}Sn. Geben Sie je zwei weitere Isotope zu a) Stickstoff, b) Eisen und c) Zinn an.

38.2 • Einem α-Zerfall folgt oft ein β-Zerfall. Dabei handelt es sich dann stets um einen β^-- und nicht um einen β^+-Zerfall. Warum ist das so?

38.3 • Wie würde sich eine lang anhaltende Variation der kosmischen Strahlungsaktivität auf die Genauigkeit der ^{14}C-Methode zur Altersbestimmung auswirken?

38.4 • Erklären Sie, warum Wasser wirksamer als Blei ist, um schnelle Neutronen abzubremsen.

38.5 • Das einzige stabile Isotop des Natriums ist das ^{23}Na. Welche Art von β-Zerfall würden Sie für a) ^{22}Na bzw. b) ^{24}Na erwarten?

Schätzungs- und Näherungsaufgaben

38.6 •• Der Energiebehörde der USA zufolge liegt der Energiebedarf der amerikanischen Bevölkerung bei etwa 10^{20} J pro Jahr. Schätzen Sie ab, a) wie viel Uran (in kg) nötig ist, um diese Energiemenge durch Kernspaltung zu erzeugen, b) wie viel Deuterium und Tritium (in kg) nötig wären, um diese Energiemenge durch Kernfusion zu erzeugen.

38.7 • a) Berechnen Sie die Gesamtenergie der acht Neutronen im eindimensionalen Kastenpotenzial aus Abb. 38.1a. b) Berechnen Sie die Gesamtenergie der vier Protonen und vier Neutronen im eindimensionalen Kastenpotenzial aus Abb. 38.1b.

Eigenschaften der Kerne

38.8 • Berechnen Sie die Bindungsenergie und die Bindungsenergie pro Nukleon für a) ^{12}C, b) ^{56}Fe und c) ^{238}U. Schlagen Sie dazu die Massen nach.

38.9 • Berechnen Sie mithilfe der Formel $r_{\mathrm{K}} = r_0\,A^{1/3}$ (mit $r_0 = 1{,}2\,\mathrm{fm}$) die Radien der folgenden Kerne: a) ^{16}O, b) ^{56}Fe und c) ^{197}Au.

38.10 •• Wird ein Neutron von einem Atomkern getrennt, so zerfällt es gemäß der folgenden Reaktionsgleichung in ein Proton, ein Elektron und ein Antineutrino: $\mathrm{n} \rightarrow {}^1\mathrm{H} + \mathrm{e}^- + \overline{\nu}$. Die thermische Energie eines Neutrons ist von der Größenordnung $k_{\mathrm{B}}\,T$, wobei k_{B} die Boltzmann-Konstante ist. a) Berechnen Sie die Energie eines thermischen Neutrons bei $25\,^\circ$C in J und in eV. b) Welche Geschwindigkeit hat das thermische Neutron? c) Ein Strahl monoenergetischer thermischer Neutronen wird bei einer Temperatur von $25\,^\circ$C erzeugt und hat eine Intensität I. Nachdem er eine Strecke von $1350\,\mathrm{km}$ zurückgelegt hat, ist die Intensität des Strahls auf $I/2$ gesunken. Schätzen Sie die Halbwertszeit der Neutronen ab; geben Sie das Ergebnis in Minuten an.

38.11 •• Im Jahre 1920, zwölf Jahre vor der Entdeckung des Neutrons, schlug Rutherford die Existenz von Elektron-Proton-Paaren im Kernbereich als Erklärung dafür vor, dass die Massenzahl A größer als die Kernladungszahl Z sein kann. Weiterhin, so argumentierte er, könnten diese Elektron-Proton-Paare die Quelle für die beim radioaktiven Zerfall auftretenden β-Teilchen sein. Die Streuexperimente, die Rutherford 1910 durchführte, ergaben, dass der Kern einen Durchmesser von etwa $10\,\mathrm{fm}$ hat. Verwenden Sie diesen Kerndurchmesser, die Unschärferelation und die Tatsache, dass β-Teilchen eine Energie zwischen $0{,}02\,\mathrm{MeV}$ und $3{,}40\,\mathrm{MeV}$ haben, um zu zeigen, dass die hypothetischen Elektronen nicht auf einen Bereich von der Größe des Kerns beschränkt sein können.

Abb. 38.1 Zu Aufgabe 38.7

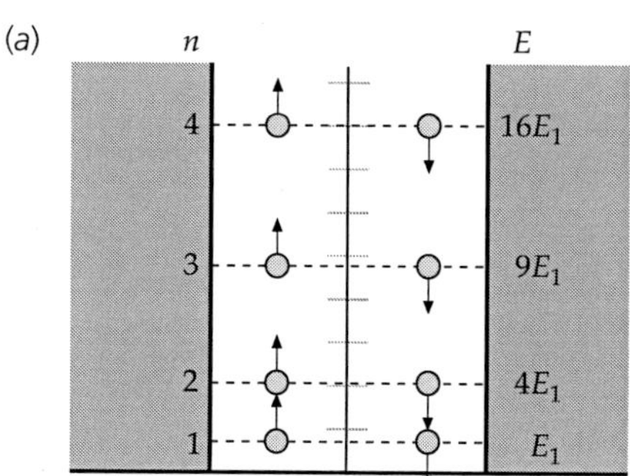

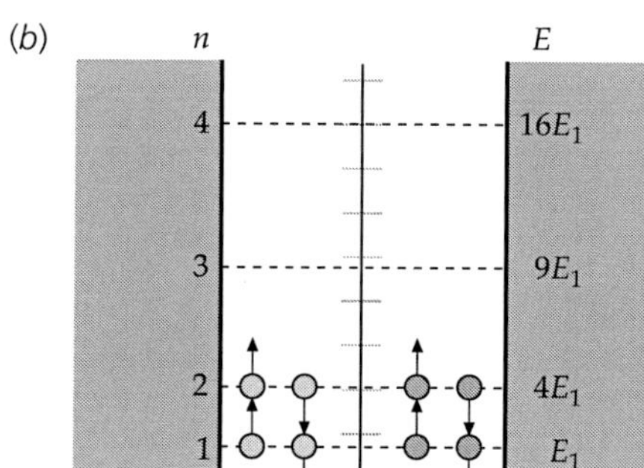

Radioaktivität

38.12 • An einer radioaktiven Quelle wird zur Zeit $t = 0$ eine Zählrate von 8000 Zählimpulsen pro Sekunde gemessen, 10 min später sind es 1000 Impulse pro Sekunde. a) Wie groß ist die Halbwertszeit? b) Wie groß ist die Zerfallskonstante? c) Welche Zählrate misst man nach 20 min?

38.13 • Schlagen Sie die Massen nach und berechnen Sie die Energie (in MeV), die beim α-Zerfall von a) ^{226}Ra bzw. b) ^{242}Pu freigesetzt wird.

38.14 • Eine Probe eines in einer archäologischen Forschungsstätte ausgegrabenen Knochens enthält 175 g Kohlenstoff. Die ^{14}C-Zerfallsrate beträgt 8,1 Bq. Wie alt ist der Knochen?

38.15 •• Plutonium ist ein hochgiftiges und daher für den Menschen lebensgefährliches Material. Einmal in den Körper gelangt, sammelt es sich hauptsächlich in den Knochen, obwohl es auch in anderen Organen zu finden ist. Im Knochenmark werden die roten Blutkörperchen gebildet. Das ^{239}Pu-Isotop ist ein α-Strahler mit einer Halbwertszeit von 24 360 Jahren. Da es sich bei α-Teilchen um eine ionisierende Strahlung handelt, wird die blutbildende Eigenschaft des Knochenmarks durch das ^{239}Pu nach und nach zerstört. Darüber hinaus löst die ionisierende Wirkung der α-Teilchen in dem Gewebe, das die ^{239}Pu-Isotope umgibt, verschiedene krebsartige Veränderungen aus. a) Angenommen, eine Person hat versehentlich 2,0 µg ^{239}Pu zu sich genommen, und dieses hat sich vollständig in den Knochen gesammelt; wie viele α-Teilchen werden dann pro Sekunde im Skelett des Opfers erzeugt? b) Nach wie vielen Jahren wird eine Aktivität von 1000 α-Teilchen pro Sekunde erreicht?

38.16 •• Das Rubidiumisotop ^{87}Rb ist ein β^--Strahler mit einer Halbwertszeit von $4{,}9 \cdot 10^{10}$ Jahren und zerfällt zu ^{87}Sr. Dieser Zerfallsprozess wird zur Bestimmung des Alters von Steinen und Fossilien genutzt. Berechnen Sie das Alter von Fossilien in Steinen, die ein Verhältnis von ^{87}Sr zu ^{87}Rb von 0,0100 aufweisen, unter der Annahme, dass die Steine bei ihrer Entstehung kein ^{87}Sr enthielten.

Kernreaktionen

38.17 • Schlagen Sie die Massen nach und berechnen Sie die Q-Werte für die folgenden Reaktionen: a) ^{2}H $+\, ^2$H $\rightarrow\, ^3$H $+\, ^1$H $+ Q$, b) ^{2}H $+\, ^3$He $\rightarrow\, ^4$He $+\, ^1$H $+ Q$ und c) ^{6}Li $+$ n $\rightarrow\, ^3$H $+\, ^4$He $+ Q$.

38.18 •• a) Berechnen Sie mit den bekannten Atommassen 14,003 242 u von $^{14}_{6}$C und 14,003 074 u von $^{14}_{7}$N den Q-Wert (in MeV) für den folgenden β-Zerfall:

$$^{14}_{6}\text{C} \rightarrow\, ^{14}_{7}\text{N} + \text{e}^- + \overline{\nu}_\text{e}\,.$$

b) Erläutern Sie, warum bei dieser Berechnung die Masse des Elektrons nicht zur Atommasse des $^{14}_{7}$N addiert werden muss.

38.19 • Das Isotop $^{99}_{43}$Tc von Technetium besitzt einen angeregten Zustand $^{99m}_{43}$Tc, dessen Zerfälle in den Grundzustand sich sehr gut zur Bestrahlung in der Nuklearmedizin einsetzen lassen. a) Begründen Sie anhand der Eigenschaften von ^{99m}Tc, weshalb es ungünstig ist, das Material direkt vom Forschungsreaktor in Kliniken und Arztpraxen auszuliefern. b) Stattdessen wird in Forschungsreaktoren ein Mutternuklid hergestellt, das dann am Einsatzort durch einen Betazerfall in ^{99m}Tc übergeht. Bestimmen Sie die Ordnungs- und Massenzahl – um welches Mutternuklid handelt es sich? c) Vergleichen Sie die Halbwertszeiten von ^{99m}Tc und seinem Mutternuklid. Schätzen Sie ab, in welchem Zeitraum nach dem Abfüllen des Mutternuklids am Reaktor das ^{99m}Tc erstmals zur Nutzung entnommen werden sollte, um die Quelle effizient zu nutzen.

38.20 • Bei der Herstellung von Halbleiterdioden, Transistoren und integrierten Schaltkreisen ist eine Dotierung des Halbleiters mit Fremdatomen notwendig. Dies kann durch die Bestrahlung mit Neutronen aus Kernreaktoren erreicht werden (Neutronen-Transmutationsdotierung). An Anlagen wie dem FRMII in Garching oder dem Nuclear Reactor Laboratory des MIT wird beispielsweise Silizium im industriellen Maßstab dotiert. a) Reines Silizium besteht zu 3 % aus dem Isotop ^{30}Si. Welches Isotop entsteht daraus nach dem Einfang eines Neutrons aus dem Reaktor? b) Das resultierende Isotop ist instabil und erfährt mit einer Halbwertszeit von 2,6 Stunden einen Betazerfall. Welches Element entsteht dabei? c) Handelt es sich hier um eine n- oder p-Dotierung des Siliziumkristalls? d) Weshalb trägt die Bestrahlung der häufigeren Siliziumisotope ^{28}Si und ^{29}Si nicht unmittelbar zu einer Dotierung des Halbleiters bei?

38.21 • Indien besitzt relativ geringe Uranvorkommen, dafür aber reiche Vorkommen des Thoriumisotops ^{232}Th. Daher besteht der Plan, das Kernenergieprogramm Indiens langfristig auf Thorium aufzubauen. Das Nuklid ^{232}Th selbst ist nicht spaltbar, kann aber analog zu ^{238}U zum Erbrüten anderer spaltbarer Nuklide verwendet werden. a) Welches Isotop entsteht aus $^{232}_{90}$Th unmittelbar nach einem Neutroneneinfang? Welche Ordnungs- und Massenzahl hat es? b) Im Anschluss daran tritt eine Zerfallsreihe mit zwei Betazerfällen auf. Welche Ordnungs- und Massenzahl liegt dann vor? Um welches spaltbare Nuklid handelt es sich also bei dem Endprodukt?

Kernspaltung und Kernfusion

38.22 • Angenommen, der Vermehrungsfaktor eines Kernreaktors beträgt 1,1. Nach wie vielen Generationen hat sich die Leistung des Reaktors a) auf das Doppelte, b) auf das Zehnfache bzw. c) auf das Hundertfache erhöht? Berechnen Sie die dafür jeweils benötigte Zeit, und zwar wenn d) keine verzögerten Neutronen vorhanden sind, sodass die Generationsdauer 1,0 ms beträgt, bzw. wenn e) sich die Generationsdauer aufgrund verzögerter Neutronen auf 100 ms erhöht.

38.23 •• Im Jahre 1989 stellten einige Wissenschaftler die heute allgemein bezweifelte Behauptung auf, eine Kernfusion bei Zimmertemperatur in einer elektrochemischen Zelle erreicht zu haben. Durch eine Deuteriumfusion an der Palladiumelektrode ihrer Apparatur wollten sie eine Leistungsabgabe von 4 W erzielt haben. Die beiden wahrscheinlichsten Reaktionen für eine solche Fusion sind

$$^2\text{H} + {}^2\text{H} \rightarrow {}^3\text{He} + \text{n} + 3,27\,\text{MeV}$$

und

$$^2\text{H} + {}^2\text{H} \rightarrow {}^3\text{H} + {}^1\text{H} + 4,03\,\text{MeV}\,.$$

Nehmen Sie an, dass beide mit der gleichen Wahrscheinlichkeit von 50 % ablaufen. Wie viele Neutronen müssten pro Sekunde emittiert werden, wenn die Leistungsabgabe 4,00 W betragen soll?

38.24 ••• In der Sonne und in anderen Sternen wird Energie durch Kernfusion erzeugt. Einer der dabei auftretenden Fusionszyklen, der Proton-Proton-Zyklus, besteht aus den folgenden Reaktionen:

$$^1\text{H} + {}^1\text{H} \rightarrow {}^2\text{H} + \text{e}^+ + \nu_\text{e}$$
$$^1\text{H} + {}^2\text{H} \rightarrow {}^3\text{He} + \gamma$$

gefolgt von

$$^1\text{H} + {}^3\text{He} \rightarrow {}^4\text{He} + \text{e}^+ + \nu_\text{e}\,.$$

a) Zeigen Sie, dass der Nettoeffekt dieser Reaktionen

$$4\,{}^1\text{H} \rightarrow {}^4\text{He} + 2\,\text{e}^+ + 2\,\nu_\text{e} + \gamma$$

ist. b) Zeigen Sie, dass dabei eine Energie von 24,7 MeV freigesetzt wird. (Lassen Sie dabei mögliche Annihilationsprozesse der Positronen mit Elektronen, bei denen 1,02 MeV freigesetzt würden, außer Acht.) c) Die Sonne strahlt mit einer Leistung von etwa $4,0 \cdot 10^{26}$ W. Nehmen Sie an, die abgestrahlte Energie wird nur durch die in Teilaufgabe a angegebene Nettoreaktion erzeugt. Bestimmen Sie die Rate des Protonenverbrauchs in der Sonne. Wie lange ist ein solcher Prozess prinzipiell möglich, wenn die abgestrahlte Leistung konstant bleibt und die Protonen etwa die Hälfte der Sonnenmasse von $2,0 \cdot 10^{30}$ kg ausmachen?

38.25 •• Die sogenannten Laufwellenreaktoren sind eine Variante des Brutreaktors, die vor allem mit nicht spaltbarem Material wie beispielsweise ^{238}U beladen werden. Lediglich zum Starten des Reaktors wird eine kleine Menge spaltbaren Materials eingebracht. Der weitere spaltbare Brennstoff wird erst im Laufe des Betriebs aus dem ^{238}U erbrütet und dann gespalten. Damit läuft die Region, in der Energie erzeugt wird, wie eine „Welle" durch den Reaktorkern. Bisher sind noch keine Reaktoren dieses Typs im Einsatz. Welche der im Lehrbuch erwähnten Sicherheitsprobleme schneller Brutreaktoren könnte diese Bauweise potenziell umgehen? Welche neuen Probleme könnten sich durch solch einen Aufbau ergeben?

Allgemeine Aufgaben

38.26 • Welche Energie muss aufgewendet werden, um ein Neutron a) aus einem ^4He-Kern bzw. b) aus einem ^7Li-Kern zu entfernen?

38.27 • Ein Neutronenstern hat etwa die gleiche Dichte wie Kernmaterie. Angenommen, unsere Sonne würde zu einem Neutronenstern kollabieren; welchen Radius hätte das entstehende Objekt?

38.28 • Die relative Isotopenhäufigkeit von ^{40}K beträgt $1,2 \cdot 10^{-4}$. Das ^{40}K-Isotop ist radioaktiv, hat eine molare Masse von 40,0 g/mol und eine Halbwertszeit von $1,3 \cdot 10^9$ Jahren. Kalium ist ein wesentliches Element jeder lebenden Zelle. Im menschlichen Körper macht Kalium etwa 0,36 % der Gesamtmasse aus. Bestimmen Sie die von dieser radioaktiven Quelle ausgehende Aktivität in einem Studenten mit einer Masse von 60 kg.

38.29 •• Durch γ-Strahlen kann in Kernen Photospaltung hervorgerufen werden. Darunter versteht man eine Kernspaltung, die durch die Absorption eines Photons ausgelöst wird. Berechnen Sie die Grenzwellenlänge des Photons für das Zustandekommen der folgenden Kernreaktion:

$$^2\text{H} + \gamma \rightarrow {}^1\text{H} + \text{n}\,.$$

Schlagen Sie dazu die Massen der beteiligten Teilchen nach.

38.30 •• a) Bestimmen Sie den Abstand größtmöglicher Annäherung bei dem zentralen Stoß zwischen einem α-Teilchen mit einer Energie von 8 MeV und einem ruhenden ^{197}Au-Kern bzw. einem ruhenden ^{10}B-Kern. Vernachlässigen Sie dabei den Rückstoß des jeweils getroffenen Kerns. b) Wiederholen Sie die Berechnung unter Berücksichtigung des Rückstoßes des jeweils getroffenen Kerns.

38.31 •• In einem Beschleuniger werden mit einer konstanten Rate R_P Kerne eines radioaktiven Isotops mit einer Zerfallskonstanten λ erzeugt. Dann gehorcht die Anzahl n der radioaktiven Kerne der Gleichung $\text{d}n/\text{d}t = R_\text{P} - \lambda\,n$. a) Skizzieren Sie den Verlauf von n in Abhängigkeit von t für den Fall, dass zum Zeitpunkt $t = 0$ gilt: $n = 0$. b) Das ^{62}Cu-Isotop wird mit einer Rate von 100 Kernen pro Sekunde erzeugt, wenn man gewöhnliches Kupfer (^{63}Cu) in einen Strahl von hochenergetischen Photonen bringt. Die entsprechende Reaktionsgleichung lautet:

$$\gamma + {}^{63}\text{Cu} \rightarrow {}^{62}\text{Cu} + \text{n}\,.$$

Die ^{62}Cu-Kerne zerfallen unter β-Emission mit einer Halbwertszeit von 10 min. Nach einer hinreichend langen Zeitspanne gilt $\text{d}n/\text{d}t \approx 0$. Wie viele ^{62}Cu-Kerne liegen dann vor?

38.32 ••• Der Tochterkern eines radioaktiven Ausgangskerns ist häufig selbst wieder radioaktiv. Nehmen Sie an, das Ausgangsmaterial A hat die Zerfallskonstante λ_A und das Tochtermaterial B die Zerfallskonstante λ_B. Die Zahl der Kerne der Substanz B, also n_B, ergibt sich dann als Lösung der Differenzialgleichung

$$\text{d}n_\text{B}/\text{d}t = \lambda_\text{A}\,n_\text{A} - \lambda_\text{B}\,n_\text{B}\,,$$

wobei n_A die Zahl der Kerne des Ausgangsmaterials bezeichnet. a) Erklären Sie, wie diese Differenzialgleichung zustandekommt. b) Zeigen Sie, dass ihre Lösung

$$n_{\mathrm{B}}(t) = \frac{n_{\mathrm{A},0}\,\lambda_{\mathrm{A}}}{\lambda_{\mathrm{B}} - \lambda_{\mathrm{A}}}\left(\mathrm{e}^{-\lambda_{\mathrm{A}}t} - \mathrm{e}^{-\lambda_{\mathrm{B}}t}\right)$$

lautet, wobei $n_{\mathrm{A},0}$ die Zahl der Kerne der Sorte A zum Zeitpunkt $t = 0$ bezeichnet; die Zahl der Kerne der Sorte B ist zu diesem Zeitpunkt gleich null. c) Zeigen Sie, dass für $n_{\mathrm{B}}(t)$ aus Teilaufgabe b stets $n_{\mathrm{B}}(t) > 0$ gilt, unabhängig davon, ob $\lambda_{\mathrm{A}} > \lambda_{\mathrm{B}}$ oder $\lambda_{\mathrm{B}} > \lambda_{\mathrm{A}}$ ist. d) Tragen Sie $n_{\mathrm{A}}(t)$ und $n_{\mathrm{B}}(t)$ für den Fall $\tau_{\mathrm{B}} = 3\,\tau_{\mathrm{A}}$ als Funktion der Zeit auf.

38.33 ••• Ein Beispiel für die in Aufgabe 38.32 behandelte Situation ist das radioaktive ^{229}Th-Isotop, ein α-Strahler mit einer Halbwertszeit von 7300 Jahren. Das Tochtermaterial, ^{225}Ra, ist ein β-Strahler und hat eine Halbwertszeit von 14,8 Tagen. In diesem Fall – wie auch in vielen anderen Fällen dieser Art – ist die Halbwertszeit des Ausgangsmaterials wesentlich länger als die des Tochtermaterials. Verwenden Sie den Ausdruck aus Aufgabe 38.32, Teil b, und gehen Sie davon aus, dass ursprünglich $n_{\mathrm{A},0}$ Kerne an reinem ^{229}Th vorliegen. Zeigen Sie, dass die Zahl n_{B} der ^{225}Ra-Kerne nach einigen Jahren konstant ist und der folgenden Beziehung gehorcht:

$$n_{\mathrm{B}} = \frac{\lambda_{\mathrm{A}}}{\lambda_{\mathrm{B}}}\,n_{\mathrm{A}}\,.$$

Dabei ist n_{A} die Zahl der ^{229}Th-Kerne. Man sagt in diesem Fall, dass sich die Zahl der Tochterkerne im *Dauergleichgewicht* befindet.

Lösungen zu den Aufgaben

Verständnisaufgaben

L38.1 a) ^{15}N und ^{16}N, b) ^{54}Fe und ^{55}Fe, c) ^{117}Sn und ^{119}Sn.

L38.2 Der β-Zerfall hinterlässt im Allgemeinen einen protonenreichen Tochterkern, der daher oberhalb der Stabilitätskurve liegt. Somit neigt der Tochterkern zum β^--Zerfall, bei dem ein Proton im Kern zu einem Neutron wird.

L38.3 Die Datierung würde unzuverlässig werden, weil die heutige Konzentration an ^{14}C in der Atmosphäre nicht der zu früheren Zeitpunkten entspräche.

L38.4 Damit es abgebremst wird, muss ein schnelles Neutron in einem elastischen Stoß Energie mit einem Atomkern austauschen. Beim Zusammenstoß zweier Teilchen verliert das schnellere am meisten Energie, wenn beide Teilchen die gleiche Masse haben. Diese Bedingung ist für Neutronen und Protonen (Wasserstoffkerne) erfüllt. Jedoch kann man als Moderator kein gewöhnliches Wasser verwenden, weil die Protonen (Wasserstoffkerne) langsamere Neutronen einfangen und dabei Deuteronen bilden.

L38.5 Der β-Zerfall tritt bei Kernen ein, die zu viele oder zu wenige Neutronen haben, um stabil zu sein. Die Massenzahl A ändert sich beim β-Zerfall nicht. Beim β^--Zerfall steigt die Kernladungszahl Z um 1 an, während sie beim β^+-Zerfall um 1 abnimmt.

a) $^{22}_{11}$Na $\rightarrow$ $^{22}_{10}$Ne $+$ $^{0}_{+1}\beta$, β^+-Zerfall.

b) $^{24}_{11}$Na $\rightarrow$ $^{24}_{12}$Mg $+$ $^{0}_{-1}\beta$, β^--Zerfall.

Schätzungs- und Näherungsaufgaben

L38.6 a) Die Anzahl n_{S} der Spaltungen von ^{235}U-Kernen, die zur Erzeugung von 10^{20} J an Energie nötig sind, ist

$$n_{\mathrm{S}} = \frac{10^{20}\,\mathrm{J}}{(200\,\mathrm{MeV})\,(1{,}602 \cdot 10^{-19}\,\mathrm{J} \cdot \mathrm{eV}^{-1})} = 3{,}13 \cdot 10^{30}\,.$$

Die dazu erforderliche Masse an ^{235}U ergibt sich mit der Avogadro-Zahl N_{A} zu

$$m_{^{235}\mathrm{U}} = \frac{n_{\mathrm{S}}}{N_{\mathrm{A}}}\,m_{\mathrm{Mol}} = \frac{3{,}13 \cdot 10^{30}}{6{,}022 \cdot 10^{23}\,\mathrm{mol}^{-1}}\,(235\,\mathrm{g} \cdot \mathrm{mol}^{-1})$$
$$\approx 5 \cdot 10^{6}\,\mathrm{kg}\,.$$

b) Die Anzahl n_{F} der Fusionsreaktionen von ^{2}H- und ^{3}H-Kernen, die zur Erzeugung von 10^{20} J an Energie nötig sind, ist

$$n_{\mathrm{F}} = \frac{10^{20}\,\mathrm{J}}{(18\,\mathrm{MeV})\,(1{,}602 \cdot 10^{-19}\,\mathrm{J} \cdot \mathrm{eV}^{-1})} = 3{,}47 \cdot 10^{31}\,.$$

Die dazu erforderliche Masse an Deuterium und Tritium mit der gesamten Molmasse $5\,\mathrm{g} \cdot \mathrm{mol}^{-1}$ ergibt sich zu

$$m_{^2\mathrm{H}+^3\mathrm{H}} = \frac{n_{\mathrm{F}}}{N_{\mathrm{A}}}\,m_{\mathrm{Mol}} = \frac{3{,}47 \cdot 10^{31}}{6{,}022 \cdot 10^{23}\,\mathrm{mol}^{-1}}\,(5\,\mathrm{g} \cdot \mathrm{mol}^{-1})$$
$$\approx 3 \cdot 10^{6}\,\mathrm{kg}\,.$$

L38.7 a) Wir finden

$$2 \times E_1 + 2 \times 4E_1 + 2 \times 9E_1 + 2 \times 16E_1 = 60E_1\,.$$

b) Wir finden

$$4 \times E_1 + 4 \times 4E_1 = 20E_1\,.$$

Eigenschaften der Kerne

L38.8 Wir addieren jeweils die Massen der Protonen und der Neutronen und subtrahieren davon die Masse des Kerns. Die Bindungsenergie ergibt sich durch Multiplikation dieser Differenz mit c^2.

a) Bei ^{12}C ist $Z = 6$ und $N = 6$. Die Summe der Teilchenmassen ist

$$\sum m = 6\,m_{\mathrm p} + 6\,m_{\mathrm n} = 6\,(1{,}007825\,\mathrm u) + 6\,(1{,}008665\,\mathrm u)$$
$$= 12{,}098940\,\mathrm u\,.$$

Damit berechnen wir die Massendifferenz zur Kernmasse

$$\Delta m = \sum m - m_{^{12}\mathrm C} = 12{,}098940\,\mathrm u - 12\,\mathrm u = 0{,}098940\,\mathrm u$$

und hieraus die Bindungsenergie

$$E_{\mathrm b} = \Delta m\,c^2 = (0{,}098940\,\mathrm u)\,c^2\,\frac{931{,}5\,\mathrm{MeV}/c^2}{1\,\mathrm u} = 92{,}2\,\mathrm{MeV}$$

sowie schließlich die Bindungsenergie pro Nukleon

$$\frac{E_{\mathrm b}}{A} = \frac{92{,}2\,\mathrm{MeV}}{12} = 7{,}68\,\mathrm{MeV}\,.$$

b) Bei ^{56}Fe ist $Z = 26$ und $N = 30$. Die Summe der Teilchenmassen ist

$$\sum m = 26\,m_{\mathrm p} + 30\,m_{\mathrm n}$$
$$= 26\,(1{,}007825\,\mathrm u) + 30\,(1{,}008665\,\mathrm u) = 56{,}463400\,\mathrm u\,.$$

Damit berechnen wir die Massendifferenz zur Kernmasse

$$\Delta m = \sum m - m_{^{56}\mathrm{Fe}} = 56{,}463400\,\mathrm u - 55{,}934942\,\mathrm u$$
$$= 0{,}528458\,\mathrm u$$

und hieraus die Bindungsenergie

$$E_{\mathrm b} = \Delta m\,c^2 = (0{,}528458\,\mathrm u)\,c^2\,\frac{931{,}5\,\mathrm{MeV}/c^2}{1\,\mathrm u} = 492\,\mathrm{MeV}$$

sowie schließlich die Bindungsenergie pro Nukleon

$$\frac{E_{\mathrm b}}{A} = \frac{492\,\mathrm{MeV}}{56} = 8{,}79\,\mathrm{MeV}\,.$$

c) Bei ^{238}U ist $Z = 92$ und $N = 146$. Die Summe der Teilchenmassen ist

$$\sum m = 92\,m_{\mathrm p} + 146\,m_{\mathrm n}$$
$$= 92\,(1{,}007825\,\mathrm u) + 146\,(1{,}008665\,\mathrm u) = 239{,}984990\,\mathrm u\,.$$

Damit berechnen wir die Massendifferenz zur Kernmasse

$$\Delta m = \sum m - m_{^{238}\mathrm U} = 239{,}984990\,\mathrm u - 238{,}050783\,\mathrm u$$
$$= 1{,}934207\,\mathrm u$$

und hieraus die Bindungsenergie

$$E_{\mathrm b} = \Delta m\,c^2 = (1{,}934207\,\mathrm u)\,c^2\,\frac{931{,}5\,\mathrm{MeV}/c^2}{1\,\mathrm u} = 1802\,\mathrm{MeV}$$

sowie schließlich die Bindungsenergie pro Nukleon

$$\frac{E_{\mathrm b}}{A} = \frac{1802\,\mathrm{MeV}}{238} = 7{,}57\,\mathrm{MeV}\,.$$

L38.9 Der Kernradius ist $r_{\mathrm K} = r_0\,A^{1/3} \approx (1{,}2\,\mathrm{fm})\,A^{1/3}$.

a) $r_{^{16}\mathrm O} \approx (1{,}2\,\mathrm{fm})\,(16)^{1/3} = 3{,}0\,\mathrm{fm}$,

b) $r_{^{56}\mathrm{Fe}} \approx (1{,}2\,\mathrm{fm})\,(56)^{1/3} = 4{,}6\,\mathrm{fm}$,

c) $r_{^{197}\mathrm{Au}} \approx (1{,}2\,\mathrm{fm})\,(197)^{1/3} = 7{,}0\,\mathrm{fm}$.

L38.10 a) Bei 25 °C ist die thermische Energie eines Neutrons näherungsweise

$$E_{\mathrm{therm.}} = k_{\mathrm B}\,T = (1{,}381 \cdot 10^{-23}\,\mathrm{J \cdot K^{-1}})\,(25 + 273)\,\mathrm K$$
$$= 4{,}11 \cdot 10^{-21}\,\mathrm J$$
$$= (4{,}11 \cdot 10^{-21}\,\mathrm J)\,\frac{1\,\mathrm{eV}}{1{,}602 \cdot 10^{-19}\,\mathrm J} = 25{,}7\,\mathrm{meV}\,.$$

b) Gleichsetzen der thermischen Energie $E_{\mathrm{term.}}$ mit der kinetischen Energie $\frac{1}{2}\,m_{\mathrm n}\,v^2$ ergibt für die Geschwindigkeit

$$v = \sqrt{\frac{2\,E_{\mathrm{term.}}}{m_{\mathrm n}}} = \sqrt{\frac{2\,(4{,}11 \cdot 10^{-21}\,\mathrm J)}{1{,}673 \cdot 10^{-27}\,\mathrm{kg}}} = 2{,}22\,\mathrm{km \cdot s^{-1}}\,.$$

c) Die Halbwertszeit ist

$$t_{1/2} = \frac{x}{v} = \frac{1350\,\mathrm{km}}{2{,}22\,\mathrm{km \cdot s^{-1}}} = (608\,\mathrm s)\,\frac{1\,\mathrm{min}}{60\,\mathrm s} = 10{,}1\,\mathrm{min}\,.$$

L38.11 Gemäß der Heisenberg'schen Unschärferelation ist $\Delta x\,\Delta p \approx \hbar/2$. Damit erhalten wir

$$\Delta p \approx \frac{h}{2\,\Delta x} = \frac{1{,}05 \cdot 10^{-34}\,\mathrm{J \cdot s}}{2\,(10 \cdot 10^{-15}\,\mathrm m)} = 5{,}25 \cdot 10^{-21}\,\mathrm{kg \cdot m \cdot s^{-1}}\,.$$

Bei einem solchen Impuls ist die kinetische Energie

$$E_{\mathrm{kin}} = p\,c = (5{,}25 \cdot 10^{-21}\,\mathrm{kg \cdot m \cdot s^{-1}})\,(2{,}998 \cdot 10^8\,\mathrm{m \cdot s^{-1}})$$
$$= (1{,}58 \cdot 10^{-12}\,\mathrm J)\,\frac{1\,\mathrm{eV}}{1{,}602 \cdot 10^{-19}\,\mathrm J} \approx 10\,\mathrm{MeV}\,.$$

Dieser Wert widerspricht experimentellen Ergebnissen, nach denen die Energie von Elektronen in instabilen Atomen etwa zwischen 1 eV und 1 keV liegt. Damit ist widerlegt, dass die Elektronen auf einen Bereich von der Größe des Kerns beschränkt sein können.

Radioaktivität

L38.12 a) Für die nach 10 Minuten gemessene Zählrate gilt $R_{10\,\mathrm{min}} = (\frac{1}{2})^n\,R_0$. Daraus ergibt sich

$$n = \frac{\ln\,(R_{10\,\mathrm{min}}/R_0)}{\ln \frac{1}{2}} = \frac{\ln \dfrac{1000\,\mathrm s^{-1}}{8000\,\mathrm s^{-1}}}{\ln \frac{1}{2}} = 3\,.$$

Es sind also drei Halbwertszeiten verstrichen, und wir erhalten $3\,t_{1/2} = 10\,\mathrm{min}$, also $t_{1/2} = 200\,\mathrm s$.

b) Die Halbwertszeit $t_{1/2}$ hängt mit der Zerfallskonstanten λ zusammen über $t_{1/2} = (\ln 2)/\lambda$. Damit ergibt sich

$$\lambda = \frac{\ln 2}{t_{1/2}} = \frac{\ln 2}{200\,\mathrm{s}} = 3{,}5 \cdot 10^{-3}\,\mathrm{s}^{-1}\,.$$

c) Nach 20 Minuten sind sechs Halbwertszeiten verstrichen, und die Zählrate ist $R_{20\,\mathrm{min}} = (\tfrac{1}{2})^6\,(8000\,\mathrm{Bq}) = 125\,\mathrm{Bq}$.

L38.13 a) $^{226}\mathrm{Ra} \rightarrow {}^{222}\mathrm{Rn} + {}^4\mathrm{He}$.

$$\Delta E = \frac{931{,}5\,\mathrm{MeV}/c^2}{1\,\mathrm{u}}$$
$$\cdot\,[(226{,}025403 - 222{,}017571 - 4{,}002603)\,\mathrm{u}]\,c^2$$
$$= 4{,}87\,\mathrm{MeV}\,.$$

b) $^{242}\mathrm{Pu} \rightarrow {}^{228}\mathrm{U} + {}^4\mathrm{He}$.

$$\Delta E = \frac{931{,}5\,\mathrm{MeV}/c^2}{1\,\mathrm{u}}$$
$$\cdot\,[(242{,}058737 - 238{,}050783 - 4{,}002603)\,\mathrm{u}]\,c^2$$
$$= 4{,}98\,\mathrm{MeV}\,.$$

L38.14 In einem lebenden Organismus erfolgen 15 Zerfälle pro Minute und pro Gramm Kohlenstoff. Daraus ergibt sich die anfängliche Aktivität (zum Zeitpunkt, da der betreffende Organismus starb) zu

$$R_0 = (15{,}0\,\mathrm{min}^{-1} \cdot \mathrm{g}^{-1})\,\frac{1\,\mathrm{min}}{60\,\mathrm{s}}\,(175\,\mathrm{g}) = 43{,}75\,\mathrm{Bq}\,.$$

Mit der Anzahl n der verstrichenen Halbwertszeiten ist die heutige Aktivität gegeben durch $R_n = (\tfrac{1}{2})^n\,R_0$. Daraus folgt

$$n = \frac{\ln\left(\dfrac{R}{R_0}\right)}{\ln\left(\tfrac{1}{2}\right)} = \frac{\ln\left(\dfrac{8{,}1\,\mathrm{Bq}}{43{,}75\,\mathrm{Bq}}\right)}{\ln\left(\tfrac{1}{2}\right)} = 2{,}433\,.$$

Die verstrichene Zeitspanne und damit das Alter der Probe ist

$$t = n\,t_{1/2} = 2{,}433 \cdot (5730\,\mathrm{a}) \approx 14\,000\,\mathrm{a}\,.$$

L38.15 a) Die Aktivität ist das Produkt aus der Zerfallskonstanten und der Anzahl der Kerne: $R = \lambda\,n$. Für die Zerfallskonstante gilt (mit $3{,}156 \cdot 10^7$ Sekunden pro Jahr):

$$\lambda = \frac{\ln 2}{t_{1/2}} = \frac{0{,}693}{(24\,360\,\mathrm{a})(3{,}156 \cdot 10^7\,\mathrm{s} \cdot \mathrm{a}^{-1})} = 9{,}016 \cdot 10^{-13}\,\mathrm{s}^{-1}\,.$$

Die Anzahl der vorhandenen Plutoniumkerne ist

$$n = m_{\mathrm{Pu}}\,\frac{N_{\mathrm{A}}}{m_{\mathrm{Mol}}} = (2{,}0\,\mu\mathrm{g})\,\frac{6{,}022 \cdot 10^{23}\,\mathrm{mol}^{-1}}{239\,\mathrm{g} \cdot \mathrm{mol}^{-1}} = 5{,}039 \cdot 10^{15}\,.$$

Damit ist die anfängliche Aktivität der α-Emission

$$R_0 = \lambda\,n = (9{,}016 \cdot 10^{-13}\,\mathrm{s}^{-1})\,(5{,}039 \cdot 10^{15})$$
$$= 4{,}543 \cdot 10^3\,\mathrm{s}^{-1} = 4{,}5 \cdot 10^3\,\mathrm{s}^{-1}\,.$$

b) Die Aktivität hängt folgendermaßen von der Zeit ab: $R = R_0\,\mathrm{e}^{-\lambda t}$. Damit erhalten wir für die Zeitspanne, bis 1000 Zerfälle pro Sekunde auftreten:

$$t = \frac{\ln\,(R/R_0)}{-\lambda}$$
$$= \frac{\ln\left(\dfrac{1 \cdot 10^3\,\mathrm{s}^{-1}}{4{,}543 \cdot 10^3\,\mathrm{s}^{-1}}\right)}{-(9{,}016 \cdot 10^{-13}\,\mathrm{s}^{-1})\,(3{,}156 \cdot 10^7\,\mathrm{s} \cdot \mathrm{a}^{-1})} = 5{,}3 \cdot 10^4\,\mathrm{a}\,.$$

L38.16 Die Zerfallsrate ist $R = R_0\,\mathrm{e}^{-\lambda t}$, und für die Zerfallskonstante gilt $\lambda = (\ln 2)/t_{1/2}$. Damit ist das Alter gegeben durch

$$t = \frac{\ln\left(\dfrac{R}{R_0}\right)}{-\lambda} = \frac{\ln\left(\dfrac{R}{R_0}\right)}{-\ln 2}\,t_{1/2} = \frac{\ln\left(\dfrac{n_{\mathrm{Rb}}}{n_{0,\mathrm{Rb}}}\right)}{-\ln 2}\,t_{1/2}\,.$$

Darin haben wir die Tatsache ausgenutzt, dass die Aktivität proportional zur jeweils vorhandenen Anzahl der Kerne ist. Für die Anzahlen der verschiedenen Kerne muss gelten

$$n_{\mathrm{Sr}} = n_{0,\mathrm{Rb}} - n_{\mathrm{Rb}}\,, \qquad \text{also} \qquad n_{0,\mathrm{Rb}} = n_{\mathrm{Sr}} + n_{\mathrm{Rb}}\,.$$

Aus dem gegebenen Wert folgt

$$n_{\mathrm{Sr}} = 0{,}0100\,n_{\mathrm{Rb}} \qquad \text{und daraus} \qquad n_{\mathrm{Sr}}/n_{\mathrm{Rb}} = 0{,}0100\,.$$

Es gilt folgendes Verhältnis:

$$\frac{n_{0,\mathrm{Rb}}}{n_{\mathrm{Rb}}} = \frac{n_{\mathrm{Sr}} + n_{\mathrm{Rb}}}{n_{\mathrm{Rb}}} = \frac{n_{\mathrm{Sr}}}{n_{\mathrm{Rb}}} + 1 = 0{,}0100 + 1 = 1{,}0100\,.$$

Dies und die ebenfalls gegebene Halbwertszeit $t_{1/2}$ setzen wir in die obige Gleichung für t ein:

$$t = \frac{\ln\left(\dfrac{1}{1{,}0100}\right)}{-\ln 2}\,(4{,}9 \cdot 10^{10}\,\mathrm{a}) \approx 7{,}0 \cdot 10^8\,\mathrm{a}\,.$$

Kernreaktionen

L38.17 Wir verwenden die Beziehung $Q = -\Delta m\,c^2$, müssen also zunächst die Massendifferenz ermitteln.

a) Die Massen der beteiligten Atome sind

$$m_{^2\mathrm{H}} = 2{,}014102\,\mathrm{u}\,, \ m_{^3\mathrm{H}} = 3{,}016049\,\mathrm{u}\,, \ m_{^1\mathrm{H}} = 1{,}007825\,\mathrm{u}\,.$$

Die anfängliche Gesamtmasse der Atome ist

$$m_{\mathrm{A}} = 2\,m_{^2\mathrm{H}} = 2\,(2{,}014102\,\mathrm{u}) = 4{,}028204\,\mathrm{u}\,,$$

und die Masse der am Ende vorhandenen Atome ist

$$m_{\mathrm{E}} = m_{^3\mathrm{H}} + m_{^1\mathrm{H}} = 3{,}016049\,\mathrm{u} + 1{,}007825\,\mathrm{u} = 4{,}023874\,\mathrm{u}\,.$$

Dies ergibt die Massendifferenz

$$\Delta m = m_{\mathrm{E}} - m_{\mathrm{A}} = 4{,}023874\,\mathrm{u} - 4{,}028204\,\mathrm{u} = -0{,}004330\,\mathrm{u}\,,$$

und wir erhalten

$$Q = -(-0{,}004330\,\mathrm{u})\, c^2\, \frac{931{,}5\,\mathrm{MeV}/c^2}{1\,\mathrm{u}} = 4{,}03\,\mathrm{MeV}\,.$$

b) Auf die gleiche Weise wie in Teilaufgabe a ergibt sich

$$Q = -(-0{,}019703\,\mathrm{u})\, c^2\, \frac{931{,}5\,\mathrm{MeV}/c^2}{1\,\mathrm{u}} = 18{,}4\,\mathrm{MeV}\,.$$

c) Wiederum auf die gleiche Weise erhalten wir

$$Q = -(-0{,}005135\,\mathrm{u})\, c^2\, \frac{931{,}5\,\mathrm{MeV}/c^2}{1\,\mathrm{u}} = 4{,}78\,\mathrm{MeV}\,.$$

L38.18 a) Wir verwenden die Beziehung $Q = -\Delta m\, c^2$, müssen also zunächst die Massendifferenz ermitteln. Die Massen der beteiligten Atome sind

$$m_{^{14}\mathrm{C}} = 14{,}003242\,\mathrm{u}\,, \quad m_{^{14}\mathrm{N}} = 14{,}003074\,\mathrm{u}\,,$$

und die Massenzunahme ist

$$\Delta m = 14{,}003074\,\mathrm{u} - 14{,}003242\,\mathrm{u} = -0{,}000168\,\mathrm{u}\,.$$

Damit erhalten wir

$$Q = -(-0{,}000168\,\mathrm{u})\, c^2\, \frac{931{,}5\,\mathrm{MeV}/c^2}{1\,\mathrm{u}} = 0{,}156\,\mathrm{MeV}\,.$$

b) Die gegebenen Massen sind die der Atome, nicht die der Kerne. Also sind die hier eingesetzten Massenwerte als Kernmassen um das Produkt aus der Kernladungszahl und der Elektronenmasse zu hoch. Für den Kohlenstoffkern müssen wir die Masse also um $6\,m_\mathrm{e}$ verringern und für den Stickstoffkern um $7\,m_\mathrm{e}$. Subtrahieren wir auf jeder Seite der Reaktionsgleichung $6\,m_\mathrm{e}$, dann bleibt auf der rechten Seite noch eine Elektronenmasse zu viel stehen. Wenn man die Masse des β-Teilchens (Elektrons) nicht berücksichtigt, so entspricht dies der Subtraktion von $1\,m_\mathrm{e}$ auf der rechten Seite.

L38.19 a) Das Nuklid $^{99m}\mathrm{Tc}$ besitzt eine Halbwertszeit von nur sechs Stunden. Bis zur Auslieferung an und Verwendung durch den Endnutzer wäre das Material daher in der Regel zerfallen.

b) Tc besitzt die Ordnungszahl 43. Das $^{99m}_{43}\mathrm{Tc}$ besitzt vor dem Betazerfall dieselbe Anzahl von 99 Nukleonen, aber ein Proton weniger (42). Das Element mit der Ordnungszahl 42 ist Molybdän, in diesem Fall $^{99}_{42}\mathrm{Mo}$.

c) Das Nuklid $^{99}_{42}\mathrm{Mo}$ besitzt eine Halbwertszeit von 66 Stunden. Sofort nach der Befüllung des Generators mit Mo beginnt der Zerfall in Tc. Nach 66 Stunden wäre die Hälfte des Mo zerfallen, allerdings dann auch bereits 10 Halbwertszeiten des Tc vergangen. Nach kurzen Zeiten $\ll$ 6 Stunden ist die Konzentration des Tc noch weit vom erreichbaren Wert entfernt. Nach ein bis zwei Halbwertszeiten des Technetiums nähert sich seine Menge der aktuellen Gleichgewichtsmenge an. Daher wird in der Praxis das erzeugte Technetium nach nicht viel mehr als 6 bis 12 Stunden zur Verwendung entnommen.

L38.20 a) Siliziumkerne besitzen 14 Protonen. Wenn $^{30}_{14}\mathrm{Si}$ ein Neutron einfängt, entsteht zunächst $^{31}_{14}\mathrm{Si}$.

b) Im Betazerfall wird ein Neutron in ein Proton umgewandelt, und es resultiert das Nuklid mit der Ordnungszahl 15. Dabei handelt es sich um das Element Phosphor und in diesem Fall um das Isotop $^{31}_{15}\mathrm{P}$. Dies ist das natürlich vorkommende stabile Phosphorisotop.

c) Phosphor besitzt verglichen mit Silizium ein zusätzliches Außenelektron und wirkt daher als Elektronendonator. Damit bewirkt Phosphor eine n-Dotierung.

d) Sowohl $^{29}\mathrm{Si}$ als auch $^{30}\mathrm{Si}$ sind stabil. Beim Einfang eines Neutrons durch $^{28}\mathrm{Si}$ oder $^{29}\mathrm{Si}$ entstehen also wieder stabile Siliziumisotope, die keine wesentlich unterschiedlichen elektronischen Eigenschaften aufweisen und daher nicht zu einer Dotierung führen.

L38.21 a) Aus $^{232}_{90}\mathrm{Th}$ wird nach Neutroneneinfang $^{233}_{90}\mathrm{Th}$.

b) Die Ordnungszahl steigt bei den Betazerfällen zuerst auf 91 (Protactinium) und dann auf 92 (Uran). Wir erhalten also nach einem Betazerfall das Nuklid $^{233}_{91}\mathrm{Pa}$ und nach dem zweiten Zerfall $^{233}_{92}\mathrm{U}$. Bei letzterem handelt es sich um eines der spaltbaren Isotope des Urans.

Kernspaltung und Kernfusion

L38.22 Mit dem Vermehrungsfaktor $k = 1{,}1$ ist die Aktivität nach n Generationen gegeben durch $R = k^n = (1{,}1)^n$. Die Leistung ist proportional zur Aktivität.

a) Verdopplung der Leistung:
$(1{,}1)^{n_2} = 2$, also $n_2 = (\ln 2)/(\ln 1{,}1) = 7{,}27 = 7{,}3$.

b) Verzehnfachung der Leistung:
$(1{,}1)^{n_{10}} = 10$, also $n_{10} = (\ln 10)/(\ln 1{,}1) = 24{,}2 = 24$.

c) Verhundertfachung der Leistung:
$(1{,}1)^{n_{100}} = 100$, also $n_{100} = (\ln 100)/(\ln 1{,}1) = 48{,}3 = 48$.

d) Wir multiplizieren die eben ermittelten Anzahlen der Generationen jeweils mit der Generationsdauer $t_{\mathrm{G},1} = 1\,\mathrm{ms}$:

$$t_2 = n_2\, t_{\mathrm{G},1} = (7{,}27)\,(1{,}0\,\mathrm{ms}) = 7{,}3\,\mathrm{ms}\,,$$
$$t_{10} = n_{10}\, t_{\mathrm{G},1} = (24{,}2)\,(1{,}0\,\mathrm{ms}) = 24\,\mathrm{ms}\,,$$
$$t_{100} = n_{100}\, t_{\mathrm{G},1} = (48{,}3)\,(1{,}0\,\mathrm{ms}) = 48\,\mathrm{ms}\,.$$

e) Wir multiplizieren die in Teilaufgabe a ermittelten Anzahlen der Generationen jeweils mit der Generationsdauer $t_{\mathrm{G},100} = 100\,\mathrm{ms}$:

$$t_2' = n_2\, t_{\mathrm{G},100} = (7{,}27)\,(100\,\mathrm{ms}) = 0{,}73\,\mathrm{s}\,,$$
$$t_{10}' = n_{10}\, t_{\mathrm{G},100} = (24{,}2)\,(100\,\mathrm{ms}) = 2{,}4\,\mathrm{s}\,,$$
$$t_{100}' = n_{100}\, t_{\mathrm{G},100} = (48{,}3)\,(100\,\mathrm{ms}) = 4{,}8\,\mathrm{s}\,.$$

L38.23 Die Anzahl der pro Sekunde emittierten Neutronen ist $n_\mathrm{n} = \frac{1}{2}\,n$ (weil nur die Hälfte der Reaktionen ein Neutron erzeugt). Darin ist n die Anzahl der Reaktionen pro Sekunde. Mit der geforderten Leistung von $4{,}00\,\mathrm{W} = 4{,}00\,\mathrm{J}\cdot\mathrm{s}^{-1}$ gilt für diese Anzahl

$$ n = 2 \cdot \frac{(4{,}00\,\mathrm{J}\cdot\mathrm{s}^{-1})\,\dfrac{1\,\mathrm{eV}}{1{,}602\cdot 10^{-19}\,\mathrm{J}}}{3{,}27\,\mathrm{MeV} + 4{,}03\,\mathrm{MeV}} = 6{,}841\cdot 10^{12}\,\mathrm{s}^{-1}\,. $$

Damit erhalten wir für die Anzahl der Neutronen, die pro Sekunde emittiert werden müssten:

$$ n_\mathrm{n} = \tfrac{1}{2}\,(6{,}841\cdot 10^{12}\,\mathrm{s}^{-1}) = 3{,}42\cdot 10^{12}\,\mathrm{s}^{-1}\,. $$

L38.24 a) Wir addieren die angegebenen Reaktionen:

$$ {}^{1}\mathrm{H} + {}^{1}\mathrm{H} + {}^{1}\mathrm{H} + {}^{2}\mathrm{H} + {}^{1}\mathrm{H} + {}^{3}\mathrm{He} \to $$
$$ {}^{2}\mathrm{H} + \beta^{+} + \nu_\mathrm{e} + {}^{3}\mathrm{He} + \gamma + {}^{4}\mathrm{He} + \beta^{+} + \nu_\mathrm{e}\,. $$

Vereinfachen ergibt

$$ 4\,{}^{1}\mathrm{H} \to {}^{4}\mathrm{He} + 2\,\beta^{+} + 2\,\nu_\mathrm{e} + \gamma\,. $$

b) Die dabei freigesetzte Ruheenergie ist

$$
\begin{aligned}
(\Delta m)\,c^2 &= (4\,m_\mathrm{p} - m_\alpha - 4\,m_\mathrm{e})\,c^2 \\
&= [4\,(1{,}007825\,\mathrm{u}) - 4{,}002603\,\mathrm{u}]\,c^2\,\frac{931{,}5\,\mathrm{MeV}/c^2}{1\,\mathrm{u}} \\
&\quad - 4\,(0{,}511\,\mathrm{MeV}) \\
&= 24{,}7\,\mathrm{MeV}\,.
\end{aligned}
$$

c) Die gesuchte Rate R des Protonenverbrauchs entspricht dem Quotienten aus der gegebenen Leistung P und der pro verbrauchtem Proton freigesetzten Energie: $R = P/E$. Diese Energie ist

$$ E = \tfrac{1}{4}\,(24{,}7\,\mathrm{MeV})\,\frac{1{,}602\cdot 10^{-19}\,\mathrm{J}}{1\,\mathrm{eV}} = 9{,}85\cdot 10^{-13}\,\mathrm{J}\,. $$

Damit ist die Rate des Protonenverbrauchs

$$ R = \frac{P}{E} = \frac{4{,}0\cdot 10^{26}\,\mathrm{W}}{9{,}85\cdot 10^{-13}\,\mathrm{J}} = 4{,}06\cdot 10^{38}\,\mathrm{s}^{-1}\,. $$

Die Anzahl der Protonen, deren Masse nach unserer Annahme der Hälfte der Sonnenmasse m_S entsprechen soll, ist:

$$ n_\mathrm{p} = \frac{\tfrac{1}{2}\,m_\mathrm{S}}{m_\mathrm{p}} = \frac{\tfrac{1}{2}\,(2{,}0\cdot 10^{30}\,\mathrm{kg})}{1{,}673\cdot 10^{-27}\,\mathrm{kg}} = 5{,}99\cdot 10^{56}\,. $$

Damit (und mit $3{,}156\cdot 10^{7}$ Sekunden pro Jahr) erhalten wir die Zeit, nach der die Protonen gemäß unseren Annahmen verbraucht wären:

$$ t = \frac{n_\mathrm{p}}{R} = \frac{5{,}99\cdot 10^{56}}{4{,}06\cdot 10^{38}\,\mathrm{s}^{-1}}\,\frac{1\,\mathrm{a}}{3{,}156\cdot 10^{7}\,\mathrm{s}} \approx 4{,}7\cdot 10^{10}\,\mathrm{a}\,. $$

L38.25 Zum Zeitpunkt des Erscheinens dieses Buches existieren noch keine definitiven realistischen Simulationen eines Laufwellenreaktors, die präzise Aussagen über das Verhalten des Designs in verschiedenen Szenarien erlauben. Prinzipiell wird das spaltbare Material während des Betriebs erst erbrütet, und somit spielt die charakteristische Zeit dieses Prozesses eine Rolle. Der Zerfall ${}^{239}\mathrm{Np} \to {}^{239}\mathrm{Pu}$, der den letzten Schritt bei der Erbrütung von Plutonium aus Uran darstellt, besitzt eine Halbwertszeit von ca. 2,3 Tagen. Damit ist viel weniger überschüssiges spaltbares Material im Reaktor als in herkömmlichen Leichtwasserreaktoren, die mit einer Füllung bis zu zwei Jahre lang betrieben werden.

Aus herkömmlichen Brutreaktoren kann unter Umständen waffenfähiges Plutonium entnommen werden, was im Hinblick auf die Proliferation von Kernwaffen ein Problem darstellen kann. Da Laufwellenreaktoren über Jahrzehnte ohne Öffnung und Austausch von Brennstoff laufen sollen und das erbrütete Plutonium direkt ohne Wiederaufbereitung verbrennen, können sie aus Sicht der Proliferation einen Vorteil gegenüber anderen Brutreaktoren bieten.

Andererseits läuft die Kernspaltung in diesem Reaktortyp lokalisiert ab: Die Energieabgabe geschieht nicht gleichmäßig über den Kern verteilt, sondern vor allem in jener Zone, in der die Spaltung gerade abläuft. Die Wärme muss also vor allem von dort abgeführt werden. Dies stellt Herausforderungen an das Design und die Beanspruchung der Materialien. Entsprechende zuverlässige Simulationen unter realistischen Bedingungen und eine entsprechende technische Umsetzung stehen noch aus.

Allgemeine Aufgaben

L38.26 Wir verwenden die Beziehung $Q = -\Delta m\,c^2$, müssen also zunächst die Massendifferenz zwischen dem anfänglich vorhandenen Atom und den Reaktionsprodukten ermitteln.

a) Die Reaktionsgleichung lautet ${}^{1}\mathrm{He} \to {}^{3}\mathrm{He} + \mathrm{n} + Q$, und die Massen sind

$$ m_{{}^{4}\mathrm{He}} = 4{,}002603\,\mathrm{u}\,, \quad m_{{}^{3}\mathrm{He}} = 3{,}016029\,\mathrm{u}\,, \quad m_\mathrm{n} = 1{,}008665\,\mathrm{u}\,. $$

Die anfängliche Masse ist $m_\mathrm{A} = m_{{}^{4}\mathrm{He}} = 4{,}002603\,\mathrm{u}$,

und die Masse der Reaktionsprodukte ist

$$ m_\mathrm{E} = m_{{}^{3}\mathrm{He}} + m_\mathrm{n} = 3{,}016029\,\mathrm{u} + 1{,}008665\,\mathrm{u} = 4{,}024694\,\mathrm{u}\,. $$

Dies ergibt die Massenzunahme

$$ \Delta m = m_\mathrm{E} - m_\mathrm{A} = 4{,}024694\,\mathrm{u} - 4{,}002603\,\mathrm{u} = 0{,}022091\,\mathrm{u}\,, $$

und wir erhalten

$$ Q = -(0{,}022091\,\mathrm{u})\,c^2\,\frac{931{,}5\,\mathrm{MeV}/c^2}{1\,\mathrm{u}} = -20{,}6\,\mathrm{MeV}\,. $$

Es sind also 20,6 MeV aufzuwenden.

b) Die Reaktionsgleichung lautet ${}^{7}\mathrm{Li} \to {}^{6}\mathrm{Li} + \mathrm{n} + Q$, und die Massen sind

$$ m_{{}^{7}\mathrm{Li}} = 7{,}016004\,\mathrm{u}\,, \quad m_{{}^{6}\mathrm{Li}} = 6{,}015122\,\mathrm{u}\,, \quad m_\mathrm{n} = 1{,}008665\,\mathrm{u}\,. $$

Die anfängliche Masse ist $m_A = m_{^7\mathrm{Li}} = 7{,}016004\,\mathrm{u}$,

und die Masse der Reaktionsprodukte ist

$$m_E = m_{^6\mathrm{Li}} + m_n = 6{,}015122\,\mathrm{u} + 1{,}008665\,\mathrm{u} = 7{,}023787\,\mathrm{u}\,.$$

Dies ergibt die Massenzunahme

$$\Delta m = m_E - m_A = 7{,}023787\,\mathrm{u} - 7{,}016004\,\mathrm{u} = 0{,}007783\,\mathrm{u}\,,$$

und wir erhalten

$$Q = -(0{,}007783\,\mathrm{u})\,c^2\,\frac{931{,}5\,\mathrm{MeV}/c^2}{1\,\mathrm{u}} = -7{,}25\,\mathrm{MeV}\,.$$

Es sind also 7,25 MeV aufzuwenden.

L38.27 Für die Masse m des Sterns, der den Radius r, die Dichte ϱ und das Volumen V hat, gilt $m = \varrho\,V = 4\,\pi\,\varrho\,r^3$.

Die Dichte der Kernmaterie, die derjenigen des Neutronensterns ähnelt, ist $\varrho = 1{,}174 \cdot 10^{17}\,\mathrm{kg \cdot m^{-3}}$.

Damit ergibt sich für den Radius, wobei wir für m die Sonnenmasse einsetzen:

$$r = \sqrt[3]{\frac{3\,m}{4\,\pi\,\varrho}} \approx \sqrt[3]{\frac{3\,(1{,}99 \cdot 10^{30}\,\mathrm{kg})}{4\,\pi\,(1{,}174 \cdot 10^{17}\,\mathrm{kg \cdot m^{-3}})}} = 15{,}9\,\mathrm{km}\,.$$

L38.28 Für die Berechnung der Aktivität müssen wir zunächst die Anzahl der $^{40}\mathrm{K}$-Kerne ermitteln. Die Anzahl der Kaliumatome im Körper des Studenten, der die Masse m hat, ist (mit dem angegebenen Masseanteil 0,36 %):

$$n_K = 0{,}0036 \cdot \frac{m\,N_A}{m_{\mathrm{Mol}}}$$

$$= 0{,}0036 \cdot \frac{(60\,\mathrm{kg})\,(6{,}022 \cdot 10^{23}\,\mathrm{mol^{-1}})}{39{,}098\,\mathrm{g \cdot mol^{-1}}} = 3{,}326 \cdot 10^{24}\,.$$

Mit der angegebenen relativen Häufigkeit des Isotops $^{40}\mathrm{K}$ ergibt sich die Anzahl dieser Atomkerne zu

$$n_{^{40}\mathrm{K}} = (1{,}2 \cdot 10^{-4})\,(3{,}326 \cdot 10^{24}) = 3{,}991 \cdot 10^{20}\,.$$

Damit erhalten wir für die Aktivität des Isotops $^{40}\mathrm{K}$ (wobei wir berücksichtigen, dass das Jahr rund $3{,}156 \cdot 10^7$ Sekunden hat):

$$R = n_{^{40}\mathrm{K}}\,\lambda = \frac{n_{^{40}\mathrm{K}}\,\ln 2}{t_{1/2}}$$

$$= \frac{(3{,}991 \cdot 10^{20})\,0{,}693}{(1{,}3 \cdot 10^9\,\mathrm{a})\,(3{,}156 \cdot 10^7\,\mathrm{s \cdot a^{-1}})} = 6{,}7 \cdot 10^3\,\mathrm{Bq}\,.$$

L38.29 Die Grenzwellenlänge λ_G können wir aus der Beziehung $E_G = h\,\nu_G = h\,c/\lambda_G$ berechnen. Die erforderliche Mindestenergie E_G ist gleich der Bindungsenergie E_b des Deuterons:

$$E_G = E_b = \left[m_D - (m_p + m_n) \right] c^2 \frac{931{,}5\,\mathrm{MeV}/c^2}{1\,\mathrm{u}}$$

$$= [2{,}014102\,\mathrm{u} - (1{,}007825\,\mathrm{u} + 1{,}008665\,\mathrm{u})]\,\frac{931{,}5\,\mathrm{MeV}}{1\,\mathrm{u}}$$

$$= -(2{,}22\,\mathrm{MeV})\,\frac{1{,}602 \cdot 10^{-19}\,\mathrm{J}}{1\,\mathrm{eV}} = -3{,}55 \cdot 10^{-13}\,\mathrm{J}\,.$$

Damit erhalten wir mit der eingangs angegebenen Beziehung für die Grenzwellenlänge

$$\lambda_G = \frac{h\,c}{E_G} = \frac{(6{,}626 \cdot 10^{-34}\,\mathrm{J \cdot s})\,(2{,}998 \cdot 10^8\,\mathrm{m \cdot s^{-1}})}{3{,}55 \cdot 10^{-13}\,\mathrm{J}}$$

$$= 5{,}60 \cdot 10^{-13}\,\mathrm{m} = 0{,}560\,\mathrm{pm}\,.$$

L38.30 Wir stellen zunächst die benötigten Formeln auf. Mit der kinetischen Energie $E_{\mathrm{kin}}^{(L)}$ im Laborsystem L ist die kinetische Energie eines Atomkerns mit der Masse m im Schwerpunktsystem S nach dem Stoß mit dem α-Teilchen

$$E_{\mathrm{kin}}^{(S)} = \frac{E_{\mathrm{kin}}^{(L)}}{1 + m_\alpha/m} = \frac{E_{\mathrm{kin}}^{(L)}}{1 + (4\,\mathrm{u})/m}\,.$$

Mit $\frac{1}{4\pi\varepsilon_0}\,e^2 = 1{,}44\,\mathrm{MeV \cdot fm}$ gilt beim Abstand der größtmöglichen Annäherung

$$E_{\mathrm{kin}}^{(S)} = \frac{1}{4\pi\varepsilon_0}\,\frac{q_1\,q_2}{r_{\min}} = \frac{1}{4\pi\varepsilon_0}\,\frac{(2\,e)\,(Z\,e)}{r_{\min}} = \frac{1}{4\pi\varepsilon_0}\,\frac{e^2\,2\,Z}{r_{\min}}$$

$$= \frac{(1{,}44\,\mathrm{MeV \cdot fm})\,2\,Z}{r_{\min}}\,.$$

Daraus folgt $r_{\min} = \dfrac{(1{,}44\,\mathrm{MeV \cdot fm})\,2\,Z}{E_{\mathrm{kin}}^{(S)}}$.

a) Den Rückstoß des getroffenen Kerns zu vernachlässigen, bedeutet, $E_{\mathrm{kin}}^{(S)}$ durch $E_{\mathrm{kin}}^{(L)}$ zu ersetzen. Dies ergibt für den $^{197}\mathrm{Au}$-Kern

$$r_{\min,\mathrm{Au}} = \frac{(1{,}44\,\mathrm{MeV \cdot fm})\,(2 \cdot 79)}{8{,}0\,\mathrm{MeV}} = 28\,\mathrm{fm}$$

und für den $^{10}\mathrm{B}$-Kern

$$r_{\min,\mathrm{B}} = \frac{(1{,}44\,\mathrm{MeV \cdot fm})\,(2 \cdot 5)}{8{,}0\,\mathrm{MeV}} = 1{,}8\,\mathrm{fm}\,.$$

b) Mit Berücksichtigung des Rückstoßes ergibt sich für den $^{197}\mathrm{Au}$-Kern

$$E_{\mathrm{kin,Au,R}}^{(S)} = \frac{8{,}0\,\mathrm{MeV}}{1 + (4\,\mathrm{u})/(197\,\mathrm{u})} = 7{,}841\,\mathrm{MeV}\,,$$

und der Abstand der größtmöglichen Annäherung ist

$$r_{\min,\mathrm{Au,R}} = \frac{(1{,}44\,\mathrm{MeV \cdot fm})\,(2 \cdot 79)}{7{,}841\,\mathrm{MeV}} = 29\,\mathrm{fm}\,.$$

Dieser Abstand ist um rund 2 % größer als der zuvor ohne Berücksichtigung des Rückstoßes berechnete Abstand.

Für den $^{10}\mathrm{B}$-Kern erhalten wir entsprechend

$$E_{\mathrm{kin,B,R}}^{(S)} = \frac{8{,}0\,\mathrm{MeV}}{1 + (4\,\mathrm{u})/(10\,\mathrm{u})} = 5{,}714\,\mathrm{MeV}\,,$$

$$r_{\min,\mathrm{B,R}} = \frac{(1{,}44\,\mathrm{MeV \cdot fm})\,(2 \cdot 5)}{5{,}714\,\mathrm{MeV}} = 2{,}5\,\mathrm{fm}\,.$$

Dieser Abstand ist um rund 40 % größer als der zuvor ohne Berücksichtigung des Rückstoßes berechnete Abstand.

L38.31 a) In der Differenzialgleichung $\mathrm{d}n/\mathrm{d}t = R_\mathrm{P} - \lambda\, n$ separieren wir die Variablen:

$$\frac{\mathrm{d}n}{R_\mathrm{P} - \lambda\, n} = \mathrm{d}t \, .$$

Wir integrieren die linke Seite von 0 bis n und die rechte Seite von 0 bis t:

$$\int_0^n \frac{\mathrm{d}n'}{R_\mathrm{P} - \lambda\, n'} = \int_0^t \mathrm{d}t' = t \, .$$

Nun setzen wir $u = R_\mathrm{P} - \lambda\, n'$, sodass $\mathrm{d}u = -\lambda\, \mathrm{d}n'$ ist. Damit erhalten wir für die linke Seite der Gleichung

$$\int_0^n \frac{\mathrm{d}n'}{R_\mathrm{P} - \lambda\, n'} = -\frac{1}{\lambda} \int_{u_1}^{u_2} \frac{\mathrm{d}u}{u} = -\frac{1}{\lambda} \ln u \Big|_{u_1}^{u_2}$$

$$= -\frac{1}{\lambda} \ln (R_\mathrm{P} - \lambda\, n') \Big|_0^n$$

$$= -\frac{1}{\lambda} \ln (R_\mathrm{P} - \lambda\, n) + \frac{1}{\lambda} \ln R_\mathrm{P}$$

$$= \frac{1}{\lambda} \ln \frac{R_\mathrm{P}}{R_\mathrm{P} - \lambda\, n} \, .$$

Wegen der Gleichheit mit $\int_0^t \mathrm{d}t' = t$ folgt daraus

$$\frac{1}{\lambda} \ln \frac{R_\mathrm{P}}{R_\mathrm{P} - \lambda\, n} = t \qquad \text{sowie} \qquad n = \frac{R_\mathrm{P}}{\lambda} (1 - e^{-\lambda t}) \, .$$

Die Abbildung zeigt die mit einem Tabellenkalkulationsprogramm ermittelte Auftragung von n gegen $\lambda\, t$. Beachten Sie, dass sich $n(t)$ dem Wert R_P/λ nähert, ähnlich wie sich die Ladung eines Kondensators dem Wert $C\, U$ nähert.

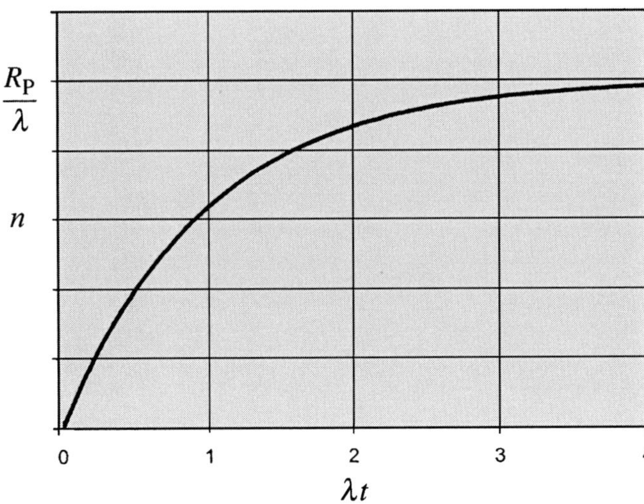

b) Für $\mathrm{d}n/\mathrm{d}t = 0$ ergibt sich $R_\mathrm{P} - \lambda\, n_\infty = 0$ und $n_\infty = R_\mathrm{P}/\lambda$. Mit der Zerfallskonstanten $\lambda = (\ln 2)/t_{1/2}$ erhalten wir daraus

$$n_\infty = \frac{R_\mathrm{P}}{\ln 2}\, t_{1/2} = \frac{100\,\mathrm{s}^{-1}}{\ln 2} (10\,\mathrm{min}) \frac{60\,\mathrm{s}}{1\,\mathrm{min}} = 8{,}7 \cdot 10^4 \, .$$

L38.32 a) Die Rate, mit der sich n_B ändert, ist gleich der Rate, mit der die Kerne B erzeugt werden, abzüglich der Rate $\lambda_\mathrm{B}\, n_\mathrm{B}$, mit der sie zerfallen. Die Erzeugungsrate von B ist hier gleich der Rate, mit der das Material A (zu B) zerfällt, also gleich $\lambda_\mathrm{A}\, n_\mathrm{A}$. Daraus ergibt sich unmittelbar die gegebene Differenzialgleichung.

b) Gegeben sind folgende Zusammenhänge:

$$\frac{\mathrm{d}n_\mathrm{B}}{\mathrm{d}t} = \lambda_\mathrm{A}\, n_\mathrm{A} - \lambda_\mathrm{B}\, n_\mathrm{B} \, , \tag{1}$$

$$n_\mathrm{B}(t) = \frac{n_{\mathrm{A},0}\, \lambda_\mathrm{A}}{\lambda_\mathrm{B} - \lambda_\mathrm{A}} (e^{-\lambda_\mathrm{A} t} - e^{-\lambda_\mathrm{B} t}) \, , \tag{2}$$

$$n_\mathrm{A}(t) = n_{\mathrm{A},0}\, e^{-\lambda_\mathrm{A} t} \, . \tag{3}$$

Wir leiten Gleichung 2 nach der Zeit ab:

$$\frac{\mathrm{d}}{\mathrm{d}t} n_\mathrm{B}(t) = \frac{n_{\mathrm{A},0}\, \lambda_\mathrm{A}}{\lambda_\mathrm{B} - \lambda_\mathrm{A}} \frac{\mathrm{d}}{\mathrm{d}t}(e^{-\lambda_\mathrm{A} t} - e^{-\lambda_\mathrm{B} t})$$

$$= \frac{n_{\mathrm{A},0}\, \lambda_\mathrm{A}}{\lambda_\mathrm{B} - \lambda_\mathrm{A}} (-\lambda_\mathrm{A}\, e^{-\lambda_\mathrm{A} t} + \lambda_\mathrm{B}\, e^{-\lambda_\mathrm{B} t}) \, .$$

Dies setzen wir in Gleichung 1 ein, wobei wir $n_\mathrm{B}(t)$ und $n_\mathrm{A}(t)$ gemäß den Gleichungen 2 und 3 ersetzen:

$$\frac{n_{\mathrm{A},0}\, \lambda_\mathrm{A}}{\lambda_\mathrm{B} - \lambda_\mathrm{A}} (-\lambda_\mathrm{A}\, e^{-\lambda_\mathrm{A} t} + \lambda_\mathrm{B}\, e^{-\lambda_\mathrm{B} t})$$

$$= \lambda_\mathrm{A}\, n_{\mathrm{A},0}\, e^{-\lambda_\mathrm{A} t} - \lambda_\mathrm{B} \left[\frac{n_{\mathrm{A},0}\, \lambda_\mathrm{A}}{\lambda_\mathrm{B} - \lambda_\mathrm{A}} (e^{-\lambda_\mathrm{A} t} - e^{-\lambda_\mathrm{B} t}) \right] \, .$$

Wir multiplizieren beide Seiten mit $\dfrac{\lambda_\mathrm{B} - \lambda_\mathrm{A}}{\lambda_\mathrm{B}\, \lambda_\mathrm{A}}$ und vereinfachen:

$$\frac{n_{\mathrm{A},0}}{\lambda_\mathrm{B}} (-\lambda_\mathrm{A}\, e^{-\lambda_\mathrm{A} t} + \lambda_\mathrm{B}\, e^{-\lambda_\mathrm{B} t})$$

$$= \frac{\lambda_\mathrm{B} - \lambda_\mathrm{A}}{\lambda_\mathrm{B}} n_{\mathrm{A},0}\, e^{-\lambda_\mathrm{A} t} - n_{\mathrm{A},0} (e^{-\lambda_\mathrm{A} t} - e^{-\lambda_\mathrm{B} t})$$

$$= n_{\mathrm{A},0}\, e^{-\lambda_\mathrm{A} t} - \frac{n_{\mathrm{A},0}\, \lambda_\mathrm{A}}{\lambda_\mathrm{B}} e^{-\lambda_\mathrm{A} t} - n_{\mathrm{A},0}\, e^{-\lambda_\mathrm{A} t} + n_{\mathrm{A},0}\, e^{-\lambda_\mathrm{B} t}$$

$$= -\frac{n_{\mathrm{A},0}\, \lambda_\mathrm{A}}{\lambda_\mathrm{B}} e^{-\lambda_\mathrm{A} t} + n_{\mathrm{A},0}\, e^{-\lambda_\mathrm{B} t}$$

$$= \frac{n_{\mathrm{A},0}}{\lambda_\mathrm{B}} (-\lambda_\mathrm{A}\, e^{-\lambda_\mathrm{A} t} + \lambda_\mathrm{B}\, e^{-\lambda_\mathrm{B} t}) \, .$$

Diese Identität beweist, dass Gleichung 2 die Lösung der Gleichung 1 ist.

c) Bei $\lambda_\mathrm{A} > \lambda_\mathrm{B}$ sind in Gleichung 2 sowohl der Nenner als auch der Ausdruck in Klammern negativ, wenn $t > 0$ ist. Bei $\lambda_\mathrm{A} < \lambda_\mathrm{B}$ sind beide negativ, wenn $t > 0$ ist. Also ist stets $n_\mathrm{B}(t) > 0$.

d) Die Kurve in der nachfolgenden Abbildung wurde mit einem Tabellenkalkulationsprogramm erzeugt. Dabei waren folgende Anweisungen einzugeben:

Zelle	Inhalt/Formel	Algebr. Ausdruck
A4	0	t
A5	A4 + 1	$t + 1$
B4	EXP(−A4)	$n_{\mathrm{A},0}\, e^{-\lambda_\mathrm{A} t}$
C4	−1,5 * (EXP(−A4) − EXP(−(1/3) * A4))	$\dfrac{n_{\mathrm{A},0}\, \lambda_\mathrm{A}}{\lambda_\mathrm{B} - \lambda_\mathrm{A}} \cdot (e^{-\lambda_\mathrm{A} t} - e^{-\lambda_\mathrm{B} t})$

Die zweite Tabelle enthält auszugsweise die einzugebenden Werte und die Ergebnisse.

	A	B	C
1			
2			
3	*Zeit*	n_A	n_B
4	0	1	0
5	1	0.367879	0.522978
6	2	0.135335	0.567123
7	3	0.049787	0.477139
...			
22	18	1.52E−08	0.003718
23	19	5.6E−09	0.002664
24	20	2.06E−09	0.001909

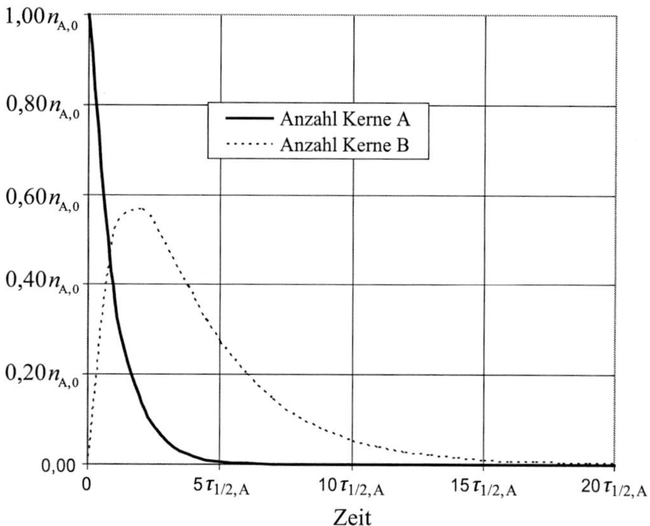

L38.33 Wie in Aufgabe 38.32 gilt

$$n_B(t) = \frac{n_{A,0}\,\lambda_A}{\lambda_B - \lambda_A}\left(e^{-\lambda_A t} - e^{-\lambda_B t}\right).$$

Wegen $\tau_A \gg \tau_B$ ist $\lambda_A \ll \lambda_B$.

Weil $\lambda_A\, t \ll 1$ ist, gilt nach einigen Jahren

$$e^{-\lambda_A t} - e^{-\lambda_B t} \approx 1.$$

Wegen $\lambda_A \ll \lambda_B$ ist außerdem $\dfrac{\lambda_A}{\lambda_B - \lambda_A} \approx \dfrac{\lambda_A}{\lambda_B}$.

Einsetzen der beiden letzten Gleichungen in die erste liefert

$$n_B(t) \approx \frac{\lambda_A}{\lambda_B}\, n_{A,0}.$$

*Teilchenphysik

© Springer-Verlag GmbH Deutschland, ein Teil von Springer Nature 2019
A. Knochel (Hrsg.), *Arbeitsbuch zu Tipler/Mosca, Physik*, https://doi.org/10.1007/978-3-662-58919-9_39

Aufgaben

Verständnisaufgaben

39.1 • In welcher Hinsicht ähneln sich Baryonen und Mesonen? Und worin unterscheiden sie sich?

39.2 • Das Myon und das Pion haben annähernd die gleiche Masse. Worin unterscheiden sich diese Teilchen?

39.3 • Ein Teilchen, das aus genau zwei Quarks besteht, ist a) ein Meson, b) ein Baryon, c) ein Lepton, d) entweder ein Meson oder ein Baryon, aber sicher kein Lepton?

Schätzungs- und Näherungsaufgaben

39.4 •• Die Großen Vereinheitlichten Theorien führen zu der Aussage, dass das Proton eine zwar lange, aber dennoch endliche Lebensdauer hat. Experimente, in denen der Zerfall von Protonen in Wasser gemessen wird, lassen darauf schließen, dass die Lebensdauer mindestens 10^{32} Jahre beträgt. Nehmen Sie an, die mittlere Lebensdauer des Protons beträgt 10^{32} Jahre, und schätzen Sie die Zeit zwischen zwei Protonenzerfällen in einem vollständig mit Wasser gefüllten Olympiaschwimmbecken ab. Ein solches Schwimmbecken hat die Abmessungen $100\,\mathrm{m} \times 25\,\mathrm{m} \times 2{,}0\,\mathrm{m}$. Geben Sie das Ergebnis in Tagen an.

Spin und Antiteilchen

39.5 • Zwei ruhende Pionen löschen entsprechend der Gleichung $\pi^+ + \pi^- \to \gamma + \gamma$ einander aus. a) Warum müssen die Energien der beiden γ-Strahlen gleich groß sein? b) Wie groß ist die Energie der γ-Strahlen? c) Bestimmen Sie die Wellenlänge der γ-Strahlen.

Die Erhaltungssätze

39.6 • Stellen Sie fest, ob bei den folgenden Zerfällen bzw. Prozessen Erhaltungssätze verletzt werden. Wenn ja, welche? a) $p^+ \to n + e^+ + \overline{\nu}_e$, b) $n \to p^+ + \pi^-$, c) $e^+ + e^- \to \gamma$, d) $p^+ + p^- \to \gamma + \gamma$, e) $\overline{\nu}_e + p^+ \to n + e^+$.

39.7 • Bestimmen Sie für jeden der folgenden Zerfälle die Änderung der Seltsamkeit und geben Sie an, ob der jeweilige Prozess über die starke oder über die schwache Wechselwirkung oder überhaupt nicht abläuft: a) $\Omega^- \to \Lambda^0 + \overline{\nu}_e + e^-$, b) $\Sigma^+ \to p^+ + \pi^0$.

39.8 •• Bestimmen Sie mithilfe der Abb. 39.1 und der Erhaltungssätze für Ladung, Baryonenzahl, Seltsamkeit und Spin die unbekannten Teilchen in den folgenden Prozessen: a) $p + \pi^- \to \Sigma^0 + ?$, b) $p + p \to \pi^+ + n + K^+ + ?$ und c) $p + K^- \to \Xi^- + ?$.

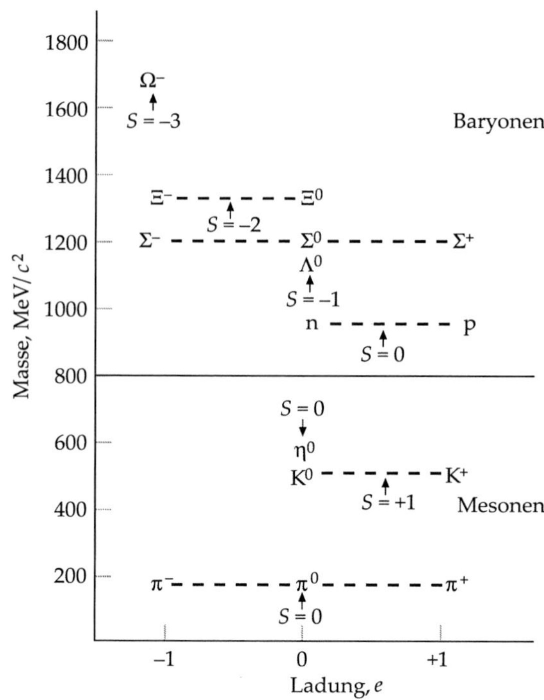

Abb. 39.1 Zu Aufgabe 39.8

Quarks

39.9 • Bestimmen Sie Baryonenzahl, Ladung und Seltsamkeit für die folgenden Quark-Kombinationen und geben Sie an, um welches Hadron es sich handelt: a) uud, b) udd, c) uus, d) dds, e) uss, f) dss.

39.10 • Das D^+-Meson besitzt keine Seltsamkeit, aber den Charm $C = +1$. a) Geben Sie eine mögliche Quark-Kombination für dieses Teilchen an. b) Wiederholen Sie Teilaufgabe a für das D^--Meson, das Antiteilchen des D^+-Mesons.

39.11 •• Geben Sie eine mögliche Quark-Kombination für die folgenden Teilchen an: a) $\overline{n}$, b) Ξ^0, c) Σ^+.

Allgemeine Aufgaben

39.12 •• Betrachten Sie den folgenden Prozess, bei dem ruhende Protonen mit einem Strahl hochenergetischer Protonen beschossen werden: $p + p \to \Lambda^0 + K^0 + p + ?$. a) Bestimmen Sie mithilfe der Erhaltungssätze für Ladung, Baryonenzahl, Seltsamkeit (siehe auch Abb. 39.1) und Spin das unbekannte Teilchen. b) Berechnen Sie den Q-Wert dieses Prozesses. c) Die Schwellenenergie $E_{\mathrm{kin,k}}$ dieses Prozesses ist gegeben durch

$$E_{\mathrm{kin,k}} = -\frac{1}{2}\, Q\, (m_{\mathrm{p}} + m_{\mathrm{p}} + m_1 + m_2 + m_3 + m_4)/m_{\mathrm{p}}\,.$$

Dabei sind m_1, m_2, m_3 und m_4 die Massen der Reaktionsprodukte. Bestimmen Sie $E_{\mathrm{kin,k}}$.

39.13 ••• In dieser Aufgabe soll die Differenz der Ankunftszeiten zweier Neutrinos unterschiedlicher Energie berechnet werden, die aus einer 170 000 Lichtjahre entfernten Supernova stammen. Die Energien der Neutrinos seien $E_1 = 20\,\text{MeV}$ und $E_2 = 5\,\text{MeV}$, die Ruhemasse jedes Neutrinos wollen wir als $2{,}0\,\text{eV}/c^2$ annehmen. Da die Gesamtenergie der Neutrinos jeweils sehr groß verglichen mit der Ruheenergie ist, liegt ihre Geschwindigkeit sehr nahe an der Lichtgeschwindigkeit, und ihre Energie ist in guter Näherung $E \approx p\,c$. a) Zeigen Sie, dass die Differenz der Ankunftszeiten

$$\Delta t = t_2 - t_1 = x\,\frac{v_1 - v_2}{v_1\,v_2} \approx \frac{x\,\Delta v}{c^2}$$

beträgt, wobei t_1 bzw. t_2 die Zeiten sind, die die Neutrinos der Geschwindigkeit v_1 bzw. v_2 benötigen, um die Strecke x zurückzulegen. b) Die Geschwindigkeit eines Teilchens mit der Ruhemasse m und der Energie E kann aus der Gleichung

$$E = m\,c^2\,\gamma = \frac{m\,c^2}{(1 - v^2/c^2)^{1/2}}$$

bestimmt werden. Zeigen Sie, dass für $E \gg m\,c^2$ die Geschwindigkeit näherungsweise durch

$$\frac{v}{c} \approx 1 - \frac{1}{2}\left(\frac{m\,c^2}{E}\right)^2$$

gegeben ist. c) Mit den Ergebnissen aus den Teilaufgaben a und b können Sie nun Δt für die Entfernung $x = 170\,000$ Lichtjahre berechnen. d) Wie ändern sich die Resultate, wenn die Ruhemasse des Neutrinos $20\,\text{eV}/c^2$ beträgt?

39.14 ••• Ein in Ruhe befindliches Σ^0-Teilchen zerfällt in ein Λ^0-Teilchen und ein Photon: $\Sigma^0 \rightarrow \Lambda^0 + \gamma$. a) Wie groß ist die gesamte Energie der Zerfallsprodukte? (Diese schließt auch die Ruheenergie ein.) b) Berechnen Sie näherungsweise den Impuls des Photons. Nehmen Sie dabei zunächst an, dass die kinetische Energie des Λ^0-Teilchens gegenüber der Energie des Photons vernachlässigt werden kann. c) Berechnen Sie nun mit diesem Resultat die ungefähre kinetische Energie des Λ^0-Teilchens und damit wiederum d) eine bessere Näherung für den Impuls und die Energie des Photons.

Das Higgs-Teilchen

39.15 • In Elektron-Positron-Kollidern wie dem LEP (der Vorgängermaschine des LHC im selben Tunnel) kann das Higgs-Boson besonders gut durch den sogenannten Higgs-Strahlungsprozess

$$\text{e}^- + \text{e}^+ \longrightarrow \text{H} + \text{Z}$$

erzeugt werden, bei dem es gemeinsam mit einem Z-Boson entsteht. Welche Schwerpunktsenergie muss ein Beschleuniger mindestens aufweisen, um diese beiden Teilchen gleichzeitig zu erzeugen? Recherchieren Sie die maximal erreichte Schwerpunktsenergie von LEP in der zweiten Betriebsphase (LEPII) und bewerten Sie, ob eine Entdeckung an dieser Maschine bereits möglich gewesen wäre.

39.16 •• Die Stärke, mit der das Higgs-Boson mit anderen Elementarteilchen wechselwirkt, ist ungefähr proportional zu deren Masse. Da in Protonen nur masselose und relativ leichte ($m \leq 3\,\text{MeV}$) Elementarteilchen vorkommen, kann das Higgs-Boson daher in Protonkollisionen nur extrem selten direkt entstehen. Insbesondere nimmt es nicht an der starken Wechselwirkung teil, die bei Protonkollisionen eine dominante Rolle spielt. Dennoch wurde das Higgs-Boson bei Protonenkollisionen am Large Hadron Collider entdeckt. Das war möglich, weil Elementarteilchen, die sowohl eine hohe Masse besitzen als auch an der starken Wechselwirkung teilnehmen, als „Vermittler" für die Produktion von Higgs-Bosonen auftreten können. Welche Elementarteilchen des Standardmodells kommen hier infrage?

Lösungen zu den Aufgaben

Verständnisaufgaben

L39.1 *Ähnlichkeiten:* Baryonen und Mesonen sind Hadronen; sie sind an der starken Wechselwirkung beteiligt. Beide Teilchenarten bestehen aus Quarks.

Unterschiede: Baryonen bestehen aus drei Quarks und sind Fermionen. Mesonen bestehen aus zwei Quarks und sind Bosonen. Baryonen haben die Baryonenzahl $+1$ oder -1, Mesonen dagegen die Baryonenzahl 0.

L39.2 Das Myon ist ein Lepton; es ist ein Spin-$\frac{1}{2}$-Teilchen und zählt zu den Fermionen. Es ist nicht an der starken Wechselwirkung beteiligt. Schließlich ist es ein Elementarteilchen, das dem Elektron ähnelt. – Das Pion ist ein Meson und hat den Spin 0. Es zählt zu den Bosonen, ist an der starken Wechselwirkung beteiligt und besteht aus Quarks.

L39.3 Ein Meson besteht aus zwei Quarks, ein Baryon dagegen aus drei Quarks. Also ist Aussage a richtig.

Schätzungs- und Näherungsaufgabe

L39.4 Die mittlere Zeitspanne zwischen zwei Protonenzerfällen ist der Quotient aus der Lebensdauer des Protons und der Anzahl n der Protonen im Schwimmbecken:

$$\langle \Delta t \rangle = (10^{32}\,\text{a})/n\,.$$

Mit der Anzahl n_P an Protonen pro Wassermolekül gilt

$$n/m_\text{W} = n_\text{P}\,N_\text{A}/m_\text{Mol,W}\,.$$

Darin ist $m_\text{Mol,W}$ die Molmasse des Wassers und m_W die Masse des Wassers im Becken. Mit dessen Volumen V erhalten wir für die Anzahl der in ihm vorhandenen Protonen

$$n = n_\text{P}\,N_\text{A}\,m_\text{W}/m_\text{Mol,W} = n_\text{P}\,N_\text{A}\,\varrho_\text{W}\,V/m_\text{Mol,W}\,.$$

Mit $n_P = 10$ und $V = (100\,\text{m}) \cdot (25\,\text{m}) \cdot (2\,\text{m}) = 5000\,\text{m}^3$ ergibt sich daraus die mittlere Zeitspanne zu

$$\langle \Delta t \rangle = \frac{10^{32}\,\text{a}}{n_P\,N_A\,\varrho_W\,V/m_{\text{Mol,W}}} = \frac{(10^{32}\,\text{a})\,m_{\text{Mol,W}}}{n_P\,N_A\,\varrho_W\,V}$$

$$= \frac{(10^{32}\,\text{a})\,(18\,\text{g mol}^{-1})\,(10^{-3}\,\text{kg g}^{-1})}{10 \cdot (6{,}02 \cdot 10^{23}\,\text{mol}^{-1})\,(10^3\,\text{kg m}^{-3})\,(5000\,\text{m}^3)}$$

$$= 0{,}0598\,\text{a} = (0{,}0598\,\text{a})\,(365{,}24\,\text{d a}^{-1}) \approx 22\,\text{d}\,.$$

Spin und Antiteilchen

L39.5 a) Der Anfangsimpuls ist null. Wegen der Impulserhaltung muss also auch der Impuls am Ende null sein. Der Impuls eines Photons ist E/c. Damit sowohl der Impuls als auch die Energie erhalten bleiben, müssen die Impulsbeträge der beiden γ-Photonen gleich sein, also auch ihre Energien.

b) Wir schlagen die Energie des Pions nach: $E_\gamma = 139{,}6\,\text{MeV}$.

c) Die Wellenlänge der γ-Strahlen ist

$$\lambda = \frac{h\,c}{E} = \frac{1240\,\text{MeV fm}}{E} = \frac{1240\,\text{MeV fm}}{139{,}6\,\text{MeV}} = 8{,}88\,\text{fm}\,.$$

Die Erhaltungssätze

L39.6 a) Energie: $m_p < m_n$; bleibt nicht erhalten.

Ladung: $+e \to 0 + e + 0 = +e$; bleibt erhalten.

Baryonenzahl: $1 \to 1 + 0 + 0 = 1$; bleibt erhalten.

Leptonenzahl, e^-: $0 \to 0 + 0 + 0 = 0$; bleibt erhalten.

Der Prozess $p^+ \to n + e^+ + \overline{\nu}_e$ ist nicht erlaubt, weil der Energieerhaltungssatz verletzt würde.

b) Energie: $m_n < m_p + m_{\pi^-}$; bleibt nicht erhalten.

Ladung: $0 \to +e + (-e) = 0$; bleibt erhalten.

Baryonenzahl: $1 \to 1 + 0 = 1$; bleibt erhalten.

Leptonenzahl, e^-: $0 \to 0 + 0 = 0$; bleibt erhalten.

Der Prozess $n \to p^+ + \pi^-$ ist nicht erlaubt, weil der Energieerhaltungssatz verletzt würde.

c) Zur Impulserhaltung müssten zwei (oder mehr) γ-Strahlen emittiert werden. Der Prozess $e^+ + e^- \to \gamma$ ist also nicht erlaubt, weil der Impulserhaltungssatz verletzt würde.

d) Energie: bleibt erhalten.

Ladung: $+1 + (-1) \to 0 + 0 = 0$; bleibt erhalten.

Baryonenzahl: $1 + (-1) \to 0 + 0 = 0$; bleibt erhalten.

Leptonenzahl, e^-: $0 \to 0 + 0 + 0 = 0$; bleibt erhalten.

Der Prozess $p^+ + p^- \to \gamma + \gamma$ ist erlaubt, weil kein Erhaltungssatz verletzt wird.

e) Energie: $m_n = m_p + m_{e^+}$; bleibt erhalten.

Ladung: $0 + 1 \to 0 + 1 = 1$; bleibt erhalten.

Baryonenzahl: $0 + 1 \to 1 + 0 = 1$; bleibt erhalten.

Leptonenzahl, e^-: $-1 + 0 \to 0 + (-1) = -1$; bleibt erhalten.

Der Prozess $\overline{\nu}_e + p^+ \to n + e^+$ ist erlaubt, weil kein Erhaltungssatz verletzt wird.

L39.7 a) Wir ermitteln für jedes Teilchen die Seltsamkeit: $\Omega^-: \ S = -3, \ \Lambda^0: \ S = -1, \ \overline{\nu}_e: \ S = 0, \ e^-: \ S = 0$.

Damit ist $\Delta S = -1 - (-3) = +2$.

Daher kann der Prozess $\Omega^- \to \Lambda^0 + \overline{\nu}_e + e^-$ nicht ablaufen.

b) Wir ermitteln für jedes Teilchen die Seltsamkeit: $\Sigma^+: \ S = -1, \ p: \ S = 0, \ \pi^0: \ S = 0$.

Damit ist $\Delta S = 0 - (-1) = +1$.

Somit ist der Prozess $\Sigma^+ \to p^+ + \pi^0$ erlaubt und kann über die schwache Wechselwirkung ablaufen.

L39.8 Wir ermitteln die Ladungszahlen, die Baryonenzahlen, die Seltsamkeiten und die Spins der angegebenen Teilchen und berechnen daraus den jeweiligen Wert für das noch unbekannte Teilchen.

a) Prozess: $p + \pi^- \to \Sigma^0 + ?$.

Ladung: $+1 - 1 = 0 + q$, also ist $q = 0$,

Baryonenzahl: $1 + 0 = 1 + B$, also ist $B = 0$,

Seltsamkeit: $0 + 0 = -1 + S$, also ist $S = +1$, Spin: $+\frac{1}{2} + 0 = +\frac{1}{2} + s$, also ist $s = 0$.

Diese Eigenschaften weisen auf das Kaon K^0 hin.

b) Prozess: $p + p \to \pi^+ + n + K^+ + ?$.

Ladung: $+1 + 1 = +1 + 0 + 1 + q$, also ist $q = 0$,

Baryonenzahl: $1 + 1 = 0 + 1 + 0 + B$, also ist $B = +1$,

Seltsamkeit: $0 + 0 = 0 + 0 + 1 + S$, also ist $S = -1$,

Spin: $+\frac{1}{2} + \frac{1}{2} = 0 + \frac{1}{2} + 0 + s$, also ist $s = +\frac{1}{2}$.

Diese Eigenschaften weisen auf das Baryon Σ^0 oder das Baryon Λ^0 hin.

c) Prozess: $p + \overline{K}^- \to \Xi^- + ?$.

Ladung: $+1 - 1 = -1 + q$, also ist $q = +1$,

Baryonenzahl: $1 + 0 = 1 + B$, also ist $B = 0$,

Seltsamkeit: $0 - 1 = -2 + S$, also ist $S = +1$,

Spin: $+\frac{1}{2} + 0 = +\frac{1}{2} + s$, also ist $s = 0$.

Diese Eigenschaften weisen auf das Kaon K^+ hin.

Quarks

L39.9 Wir bestimmen jeweils die Baryonenzahl B, die Ladung q und die Seltsamkeit S. Dann schlagen wir das zugehörige Hadron nach.

	Kombin.	B	q	S	Hadron
a)	u u d	1	$+1$	0	p^+
b)	u d d	1	0	0	n
c)	u u s	1	$+1$	-1	Σ^+
d)	d d s	1	-1	-1	Σ^-
e)	u s s	1	0	-2	Ξ^0
f)	d s s	1	-1	-2	Ξ^-

L39.10 a) Es ist $B = 0$. Also müssen wir nach einer Kombination aus einem Quark und einem Antiquark suchen. Weil das Teilchen den Charm $+1$ hat, muss eines der Quarks c sein. Wegen der Ladung $+e$ muss das Antiquark dann $\bar{\text{d}}$ sein. Also ist eine mögliche Quark-Kombination c$\bar{\text{d}}$.

b) Das Teilchen D$^-$ ist das Antiteilchen des D$^+$. Daher ist eine mögliche Quark-Kombination $\bar{\text{c}}$ d.

L39.11 a) Für $\bar{\text{n}}$ muss gelten: $q = 0$, $B = -1$, $S = 0$. Eine Quark-Kombination, die diese Bedingungen erfüllt, ist $\bar{\text{u}}\,\bar{\text{d}}\,\bar{\text{d}}$.

b) Für Ξ^0 muss gelten: $q = 0$, $B = +1$, $S = -2$. Eine Quark-Kombination, die diese Bedingungen erfüllt, ist u s s.

c) Für Σ^+ muss gelten: $q = +1$, $B = +1$, $S = -1$. Eine Quark-Kombination, die diese Bedingungen erfüllt, ist u u s.

Allgemeine Aufgaben

L39.12 a) Prozess: $\text{p} + \text{p} \rightarrow \Lambda^0 + \text{K}^0 + \text{p} + ?$.

Ladung: $+1 + 1 = 0 + 0 + 1 + q$, also ist $q = +1$,

Baryonenzahl: $1 + 1 = 1 + 0 + 1 + B$, also ist $B = 0$,

Seltsamkeit: $0 + 0 = -1 + 1 + 0 + S$, also ist $S = 0$,

Spin: $+\frac{1}{2} + \frac{1}{2} = +\frac{1}{2} + 0 + \frac{1}{2} + s$, also ist $s = 0$.

Diese Eigenschaften weisen auf das Pion π^+ hin.

b) Prozess: $\text{p} + \text{p} \rightarrow \Lambda^0 + \text{K}^0 + \text{p} + \pi^+$.

Wir schlagen die Massen- bzw. Energiewerte nach und erhalten für den Q-Wert

$$Q = -\Delta m\, c^2 = \left[(m_\text{p} + m_\text{p}) - (m_{\Lambda^0} + m_{\text{K}^0} + m_\text{p} + m_{\pi^+})\right] c^2$$
$$= [(938{,}3 + 938{,}3)$$
$$- (1116 + 497{,}7 + 938{,}3 + 139{,}6)]\,\text{MeV}$$
$$= -815\,\text{MeV}\,.$$

Der negative Wert besagt, dass der Prozess endotherm ist.

c) Die Schwellenenergie für diesen Prozess ist

$$E_{\text{kin,k}} = -\frac{Q}{2\,m_\text{p}}\,(m_\text{p} + m_\text{p} + m_{\Lambda^0} + m_{\text{K}^0} + m_\text{p} + m_{\pi^+})$$
$$= -\frac{-815\,\text{MeV}}{2\,(938{,}3\,\text{MeV})}\cdot(938{,}3 + 938{,}3 + 1116 + 497{,}7$$
$$+ 938{,}3 + 139{,}6)\,\text{MeV}$$
$$= 1984\,\text{MeV} = 1{,}98\,\text{GeV}\,.$$

L39.13 a) Mit $v_1\,v_2 \approx c^2$ gilt wegen $t = x/v$ für die Differenz der Ankunftszeiten

$$\Delta t = t_2 - t_1 = \frac{x}{v_2} - \frac{x}{v_1} = \frac{x\,(v_1 - v_2)}{v_1\,v_2} \approx \frac{x\,\Delta v}{c^2}\,.$$

Darin ist $\Delta v = v_1 - v_2$.

b) Wir formen den bekannten Ausdruck für v/c um und verwenden nur den Beginn der Entwicklung in eine binomische Reihe:

$$\frac{v}{c} = \sqrt{1 - \left(\frac{m\,c^2}{E}\right)^2} = \left[1 - \left(\frac{m\,c^2}{E}\right)^2\right]^{1/2} \approx 1 - \frac{1}{2}\left(\frac{m\,c^2}{E}\right)^2.$$

c) Nun setzen wir in den Ausdruck für die Geschwindigkeitsdifferenz die Energien ein:

$$\Delta v = v_1 - v_2 = \tfrac{1}{2}\,(m\,c^2)^2\left(\frac{1}{E_2^2} - \frac{1}{E_1^2}\right)$$
$$= \frac{c\,(m\,c^2)^2\,(E_1^2 - E_2^2)}{2\,E_1^2\,E_2^2}$$
$$= \frac{c\left(2{,}0\,\dfrac{\text{eV}}{c^2}\,c^2\right)^2\left[(20\,\text{MeV})^2 - (5{,}0\,\text{MeV})^2\right]}{2\,(20\,\text{MeV})^2\,(5{,}0\,\text{MeV})^2}$$
$$= 7{,}5\cdot 10^{-14}\,c\,.$$

Damit erhalten wir (mit $3{,}156\cdot 10^7$ Sekunden pro Jahr) für die Zeitdifferenz

$$\Delta t \approx \frac{x\,\Delta v}{c^2} = \frac{\left[(1{,}70\cdot 10^5\,\text{a})\cdot c\right]\,(7{,}5\cdot 10^{-14}\,c)}{c^2}$$
$$= (1{,}275\cdot 10^{-8}\,\text{a})\,(3{,}156\cdot 10^7\,\text{s}\,\text{a}^{-1}) = 0{,}40\,\text{s}\,.$$

d) Mit der Ruhemasse $m = 20\,\text{eV}/c^2$ des Neutrinos erhalten wir für die Geschwindigkeitsdifferenz

$$\Delta v = \frac{c\left(20\,\dfrac{\text{eV}}{c^2}\,c^2\right)^2\left[(20\,\text{MeV})^2 - (5{,}0\,\text{MeV})^2\right]}{2\,(20\,\text{MeV})^2\,(5{,}0\,\text{MeV})^2}$$
$$= 7{,}5\cdot 10^{-12}\,c\,.$$

und für die Zeitdifferenz

$$\Delta t \approx \frac{\left[(1{,}70\cdot 10^5\,\text{a})\cdot c\right]\,(7{,}5\cdot 10^{-12}\,c)}{c^2}$$
$$= (1{,}275\cdot 10^{-6}\,\text{a})\,(3{,}156\cdot 10^7\,\text{s}\,\text{a}^{-1}) = 40\,\text{s}\,.$$

Anmerkung: Aus der Differenz der Ankunftszeiten der Neutrinos einer Supernova kann man auf die Masse der Neutrinos schließen.

L39.14 a) Wir schlagen den Massen- bzw. Energiewert des Σ^0-Teilchens nach und erhalten für die gesamte kinetische Energie der Zerfallsprodukte

$$E_{\text{kin,ges}} = (m_{\Sigma^0})\, c^2 = \left(1193\,\text{MeV}/c^2\right) c^2 = 1193\,\text{MeV} \,.$$

b) Für den Impuls des Photons ergibt sich

$$p_\gamma = \frac{E_\gamma}{c} = \frac{E - m_{\Lambda^0}\, c^2}{c}$$
$$= \frac{(1193\,\text{MeV}) - (1116\,\text{MeV}/c^2)\, c^2}{c} = 77\,\text{MeV}/c \,.$$

c) Mit $p_{\Lambda^0} = p_\gamma$ ergibt sich für die kinetische Energie des Λ^0-Teilchens

$$E_{\text{kin},\Lambda^0} = \frac{p_{\Lambda^0}^2}{2\, m_{\Lambda^0}} = \frac{p_\gamma^2}{2\, m_{\Lambda^0}} = \frac{(77\,\text{MeV}/c)^2}{2\,(1116\,\text{MeV}/c^2)} = 2{,}7\,\text{MeV} \,.$$

d) Eine bessere Näherung für die Energie des Photons ist

$$E_\gamma = E - m_{\Lambda^0}\, c^2 - E_{\text{kin},\Lambda^0}$$
$$= 1193\,\text{MeV} - (1116\,\text{MeV}/c^2)\, c^2 - 2{,}7\,\text{MeV}$$
$$= 74\,\text{MeV} \,,$$

und für den entsprechenden Impuls erhalten wir

$$p_\gamma = \frac{E_\gamma}{c} = 74\,\text{MeV}/c \,.$$

Das Higgs-Teilchen

L39.15 Das im Jahr 2012 am Large Hadron Collider (LHC) entdeckte Higgs-Teilchen besitzt eine Masse von etwa $m_{\text{H}} \approx 125\,\text{GeV}/c^2$, das Z-Teilchen eine Masse von $m_Z \approx 91\,\text{GeV}/c^2$. Die mindestens benötigte Schwerpunktsenergie entspricht also die Summe der beiden Massen: $E_{CM} = 216\,\text{GeV}$. In der zweiten Betriebsphase erreichte LEP die Schwerpunktsenergie $E_{CM} = 209\,\text{GeV}$. Es fehlten also nur noch etwa 7 GeV, um in Kollisionen ein Higgs-Teilchen gemeinsam mit einem Z-Teilchen zu erzeugen. Die tatsächlich aus Daten von LEPII ermittelte Untergrenze der Higgs-Masse lag bei $m_{\text{H}} > 114\,\text{GeV}/c^2$.

L39.16 Die Quarks und Gluonen nehmen als Elementarteilchen direkt an der starken Wechselwirkung teil. Das sogenannte top-Quark (t) ist mit einer Masse von ca. 173 GeV bisher das schwerste bekannte Elementarteilchen. Es besitzt daher im Rahmen des Standardmodells die stärkste Wechselwirkung mit dem Higgs-Teilchen. Der wichtigste Produktionsprozess des Higgs-Teilchens an Beschleunigern wie dem LHC involviert dementsprechend die Produktion virtueller t-Quarks durch die starke Wechselwirkung, die dann ein Higgs-Teilchen erzeugen. Die Vorhersagen dieses Produktionsprozessess sind bisher mit den am LHC gemessenen Daten in sehr guter Übereinstimmung.